中国科学技术协会
年　鉴
2017

中国科学技术出版社
·北　京·

图书在版编目（CIP）数据

中国科学技术协会年鉴. 2017 / 中国科学技术协会组织编写. —北京：中国科学技术出版社，2018.4

ISBN 978-7-5046-7981-9

Ⅰ. ①中… Ⅱ. ①中… Ⅲ. ①中国科学技术协会—2017—年鉴 Ⅳ. ①G322.25-54

中国版本图书馆CIP数据核字（2018）第050706号

责任编辑 韩 颖 许 慧
责任校对 焦 宁
责任印制 李晓霖
装帧设计 中文天地

出　　版 中国科学技术出版社
发　　行 中国科学技术出版社有限公司发行部
地　　址 北京市海淀区中关村南大街16号
邮　　编 100081
发行电话 010-62173865
传　　真 010-62179148
网　　址 http://www.cspbooks.com.cn

开　　本 889mm × 1194mm 1/16
字　　数 2660千字
印　　张 72.75
印　　数 1-1600册
版　　次 2019年6月第1版
印　　次 2019年6月第1次印刷
印　　刷 北京华联印刷有限公司
书　　号 ISBN 978-7-5046-7981-9 / G·781
定　　价 150.00元

编辑说明

一、《中国科学技术协会年鉴》是一部综合性资料性工具书，由中国科学技术协会主办，2001 年创刊，每年出版一卷，旨在全面、系统地反映中国科协系统内部学会建设、学术交流、科普研究等各项事业发展变化的基本情况和发生的大事、要事、新事及有影响的事，为各方面了解中国科协提供信息和资料。

二、《中国科学技术协会年鉴》采用分类编辑法，主体内容设类目、分目、条目三个结构层次，以条目为表现内容的基本形式，全书条目的标题统一用黑体加【 】表示。

三、《中国科学技术协会年鉴》（2017）着重反映 2016 年中国科协系统的基本情况。全书设领导同志贺信批示讲话、中国科协主席党组书记讲话、重要文件、专题文章、主要活动和重要事件、人物、表彰奖励、统计公报、全国学会（协会、研究会）简况、省（自治区、直辖市）科协简况、大事记、附录 12 个类目。

四、本年鉴配备双重检索系统，书前刊有目录，书后配有索引。索引采用主题分析法，款目按汉语拼音字母顺序排列。

五、本年鉴的编辑出版工作得到中国科协领导的大力支持和各撰稿单位的通力合作，谨此致谢。本卷疏漏之处，敬请批评指正。

目　　录

领导同志在中国科协第九次全国代表大会上的讲话

领导同志贺信批示讲话

中国科协主席党组书记讲话

重要文件

专题文章

中国科协九大专题

中国科协 2016 年主要活动和重要事件

人　物

表彰奖励

中国科协 2016 年度事业发展统计公报

全国学会、协会、研究会（含受委托管理的学会）简况

省、自治区、直辖市科协，新疆生产建设兵团科协简况

大事记

附　录

索　引

中国科学技术协会章程

（2016年6月1日中国科学技术协会第九次全国代表大会通过）

第一章 总 则

第一条 中国科学技术协会是中国科学技术工作者的群众组织，是中国共产党领导下的人民团体，是党和政府联系科学技术工作者的桥梁和纽带，是国家推动科学技术事业发展的重要力量。

第二条 中国科学技术协会的宗旨是：高举中国特色社会主义伟大旗帜，坚持以马克思列宁主义、毛泽东思想、邓小平理论、“三个代表”重要思想、科学发展观为指导，深入贯彻落实习近平总书记系列重要讲话精神，按照全面建成小康社会、全面深化改革、全面依法治国、全面从严治党的战略布局，坚持科学技术是第一生产力，坚持把创新作为引领发展的第一动力，把人才作为支撑发展的第一资源，把创新摆在发展全局的核心位置，深入实施科教兴国战略、人才强国战略、创新驱动发展战略，认真履行为科学技术工作者服务、为创新驱动发展服务、为提高全民科学素质服务、为党和政府科学决策服务的职责定位，促进科学技术的繁荣和发展，促进科学技术的普及和推广，促进科学技术人才的成长和提高，反映科学技术工作者的意见建议，维护科学技术工作者的合法权益，营造良好科学文化氛围，坚定不移走中国特色社会主义群团发展道路，不断增强政治性、先进性和群众性，建设开放型、枢纽型、平台型科协组织，真正成为党领导下团结联系广大科技工作者的人民团体，提供科技类公共服务产品的社会组织，国家创新体系的重要组成部分，把广大科学技术工作者更加紧密地团结凝聚在党的周围，为实现中华民族伟大复兴的中国梦而努力奋斗。

第三条 中国科学技术协会由全国学会、协会、研究会（以下学会、协会、研究会简称学会），地方科学技术协会及基层组织组成。

地方科学技术协会由同级学会和下一级科学技术协会及基层组织组成。

第四条 中国科学技术协会贯彻自主创新、重点跨越、支撑发展、引领未来的科技工作方针，弘扬尊重劳动、尊重知识、尊重人才、尊重创造的风尚，倡导创新、求实、协作、奉献的精神，坚持独立自主、民主办会的原则和“百花齐放、百家争鸣”的方针，依法依章程开展工作。

第五条 中国科学技术协会高举爱国主义旗帜，加强与香港特别行政区、澳门特别行政区和台湾地区的科学技术交流，维护民族团结，促进祖国统一。

第二章 任 务

第六条 密切联系科学技术工作者，宣传党的路线方针政策，反映科学技术工作者的建议、意见和诉求，维护科学技术工作者的合法权益，建设科技工作者之家。

第七条 开展学术交流，活跃学术思想，倡导学术民主，优化学术环境，促进学科发展，推进国家创新体系建设。

第八条 组织科学技术工作者开展科技创新，参与科学论证和咨询服务，加快科学技术成果转化应用，助力创新发展，为增强企业自主创新能力作贡献。

第九条 弘扬科学精神，普及科学知识，推广先进技术，传播科学思想和科学方法，捍卫科学尊严，提高全民科学素质。

第十条 健全科学共同体的自律功能，推动建立和完善科学研究诚信监督机制，促进科学道德建设和学风建设，宣传优秀科学技术工作者，培育科学文化，践行社会主义核心价值观。

第十一条 组织科学技术工作者参与国家科技战略、规划、布局、政策、法律法规的咨询制定和国家事务的政治协商、科学决策、民主监督工作，建设中国特色高水平科技创新智库。

第十二条 组织所属学会有序承接科技评估、工程技术领域职业资格认定、技术标准研制、国家科技奖励推荐等政府委托工作或转移职能。

第十三条 注重激发青少年科技兴趣，发现培养杰出青年科学家和创新团队，表彰奖励优秀科学技术工作者，举荐科学技术人才。

第十四条 开展民间国际科学技术交流活动，促进国际科学技术合作，发展同国（境）外科学技术团体和科学技术工作者的友好交往，为海外科技人才来华创新创业提供服务。

第十五条 兴办符合中国科学技术协会宗旨的社会公益性事业。

第三章 会 员

第十六条 中国科学技术协会实行团体会员制。

学会和高等学校科协、大型企业科协等基层组织，符合条件的，经批准可成为同级科学技术协会的团体会员。

学会和基层组织发展个人会员。

第十七条 会员的权利和义务：

团体会员可推选代表参加科学技术协会代表大会，享有选举权、被选举权和监督权；参加科学技术协会的活动，对科学技术协会的工作提出建议和批评并进行监督。

团体会员须遵守本章程，接受科学技术协会的领导，执行科学技术协会的决议和决定，开展符合本章程规定的各项活动，承担科学技术协会委托的工作任务。

个人会员的权利和义务由学会和基层组织章程规定。

第四章 全国领导机构

第十八条 全国代表大会和它选举产生的全国委员会是中国科学技术协会全国领导机构。

全国代表大会常务委员会是全国代表大会的常设机构。

第十九条 全国代表大会每五年举行一次，由全国委员会召集。特殊情况下，可以提前或延期举行。

第二十条 全国代表大会的代表名额和选举办法由常务委员会决定，其代表经全国学会和省、自治区、直辖市科学技术协会及有关方面民主协商，选举产生。

代表大会代表实行任期制。

第二十一条 全国代表大会行使下列职权：

一、决定中国科学技术协会的工作方针和任务；

二、审议和批准全国委员会的工作报告；

三、制定和修改中国科学技术协会章程；

四、选举产生全国委员会；

五、决定其他重大事项。

第二十二条 全国委员会会议每年举行一次，由常务委员会召集。

第二十三条 全国委员会行使下列职权：

一、执行全国代表大会的决议；

二、选举主席、副主席和常务委员；

三、审议中国科学技术协会年度工作报告；

四、决定授予荣誉职务；

五、决定其他重大事项。

第二十四条 全国委员会闭会期间，常务委员会领导中国科学技术协会的工作，实施全国委员会确定的任务，批准全国委员会委员的变更、增补或撤销，会员的接纳、退出或处罚；决定常务委员会委员、全国委员会副主席的调整，并提交全国委员会会议批准。

常务委员会会议一般每半年举行一次，由主席召集，也可由主席委托副主席召集。

第二十五条 常务委员会下设书记处。书记处由第一书记和书记若干人组成，人选由主席提名，经常务委员会通过。书记处在常务委员会领导下主持中国科学技术协会的日常工作。

第二十六条 常务委员会设置若干工作委员会和专门委员会，协助审议需经常务委员会审定的有关事项。

第二十七条 常务委员会根据需要，聘请成就卓著的科学家为中国科学技术协会顾问。

第二十八条 全国委员会委员和常务委员会委员应珍惜荣誉，遵守纪律，认真履职。全国委员会委员连续两次无故缺席全国委员会会议，没有正常履职的，一般应辞去全国委员会委员职务；常务委员会委员三次无故缺席常务委员会会议，没有正常履职的，一般应辞去常务委员会委员职务。

因为严重违纪受到查处或受到刑事处罚的，撤销委员职务，同时终止全国代表大会代表资格。

第五章 全国学会

第二十九条 本章程所称全国学会是按自然科学、技术科学、工程技术及相关科学的学科组建或以促进科学技术发展和普及为宗旨的社会团体。

第三十条 加入中国科学技术协会的全国学会须满足以下基本条件：

一、承认中国科学技术协会章程；

二、按照社会团体登记管理规定依法登记；

三、学术带头人应在相关领域有重要影响，个人会员达到1000名以上；

四、经常开展国内外学术交流活动，具有较强的服务科技创新、决策咨询和科学技术普及能力，编辑出版科学技术或科学普及刊物，原则上应设有科学技术奖项；

五、有实体办事机构、固定办公场所和专职工作人员。

第三十一条 符合本章程第三十条规定的全国学会，向中国科学技术协会提出申请，经常务委员会批准，即为中国科学技术协会的团体会员。

第三十二条 加入中国科学技术协会的全国学会接受中国科学技术协会的领导，执行中国科学技术协会的决议，承担并完成中国科学技术协会委托的任务，选举代表参加中国科学技术协会全国代表大会。

全国学会退出中国科学技术协会，须经中国科学技术协会常务委员会批准。

第三十三条 全国学会会员代表大会每四至五年举行一次，决定学会的工作方针和任务，审议和批准学会理事会的工作报告和财务报告，制定、修改会章，选举新的理事会。

全国学会办事机构在理事会领导下开展工作。

第三十四条 全国学会可根据学科发展需要组建学会联合体，有条件的学会联合体应设立党的工作机构。学会联合体为非法人社团组织，其成立或解散须经中国科学技术协会常务委员会批准。

第三十五条 全国学会有下列情形之一的，经中国科学技术协会批准，给予限期整改、警告、撤销团体会员资格等处罚：

一、履职不力、组织涣散的，责令限期整改；

二、限期整改后仍无明显改进的，经批准，给予警告处分；

三、违反国家法律法规，或严重违反中国科学技术协会章程，造成严重不良后果的，经常务委员会批准，撤销团体会员资格。

第六章 地方科学技术协会

第三十六条 本章程所称地方科学技术协会指省（自治区、直辖市）科学技术协会，市（地、州、盟）科学技术协会和县（市、区、旗）科学技术协会。地方科学技术协会是中国科学技术协会的地方组织，是地方同级党委领导下的人民团体。

第三十七条 省、自治区、直辖市科学技术协会接受中国科学技术协会的业务指导。

市（地、州、盟）科学技术协会接受省（自治区、直辖市）科学技术协会的业务指导。

县（市、区、旗）科学技术协会接受市（地、州、盟）科学技术协会的业务指导。

省级以下（含省级）学会接受同级科学技术协会领导，业务上受相应的上级学会指导。

第三十八条 地方科学技术协会执行中国科学技术协会的章程和决议，推选代表参加上级科学技术协会代表大会。

第三十九条 地方科学技术协会代表大会每五年举行一次，决定本地区科学技术协会的工作方针和任务，审议地方科学技术协会委员会的工作报告，选举地方科学技术协会委员会。

地方科学技术协会主席、副主席选举结果应报上一级科学技术协会备案。

第七章 基层组织

第四十条 科学技术工作者集中的企业事业单位和有条件的乡镇、街道社区等建立的科学技术协会（科学技术普及协会）是中国科学技术协会的基层组织，依照本章程开展活动。

地方科学技术协会联系指导农村专业技术协会等基层组织。

第四十一条 中国科学技术协会和地方科学技术协会可依规模和影响发展符合条件的基层组织作为团体会员。

第四十二条 基层组织应立足自身特点，动员和组织科学技术工作者开展学术交流，普及科学技术，推广实用技术，助力创新驱动，服务大众创业、万众创新。

第四十三条 基层组织应大力发展个人会员，及时准确反映基层科学技术工作者的建议、意见和诉求，建好科技工作者之家、广交科技工作者之友。

第八章 工作人员

第四十四条 各级科学技术协会机关对其工作人员按照国家有关规定进行管理。

第四十五条 各级科学技术协会所属学会对其工作人员根据其编制性质和管理的需要，执行相应的人事管理制度。

第四十六条 各级科学技术协会所属事业单位的工作人员按国家对事业单位的管理规定进行管理。

第四十七条 各级科学技术协会工作人员应热爱科学技术协会的事业，牢固树立为科学技术工作者服务的思想，持续改进工作作风，深入实际和基层，密切联系和真诚服务科学技术工作者，不断提高政策水平、专业技能和社会服务能力。

第四十八条 各级科学技术协会要加强对工作人员的培养和教育，有计划有组织地开展培训工作，提高工作人员的政治和业务素质。

第四十九条 各级科学技术协会及所属团体工作人员应自觉加强纪律和道德约束，共同维护科学技术协会作为科技工作者之家的良好形象，不得肆意贬损诋毁。如有违犯者，视情节轻重给予处理。

第九章 经费及资产管理

第五十条 经费来源：

一、财政拨款；

二、资助；

三、捐赠；

四、会费；

五、企事业收入；

六、其他收入。

第五十一条 建立学术交流、科学技术普及、人才举荐和奖励等专项基金。

第五十二条 建立常务委员会领导下的民主理财管理体制。

第五十三条 各级科学技术协会的经费、资产及国家和地方拨给科学技术协会的不动产受法律保护，任何单位和个人不得侵占、挪用和任意调拨；各级科学技术协会所属企业、事业的资产隶属关系不得随意改变。

第十章　会　徽

第五十四条　中国科学技术协会会徽由古天象仪、航天器、齿轮、麦穗、蛇杖以及中文和英文标出的中国科学技术协会名称组成。

第五十五条　中国科学技术协会会徽可在办公地点、活动场所、会议会场悬挂，在出版物上印制，也可制作成徽章佩戴。

第十一章　附　则

第五十六条

中国科学技术协会简称中国科协。

中国科学技术协会会址设在北京。

中国科学技术协会的英文全称是 CHINA ASSOCIATION FOR SCIENCE AND TECHNOLOGY，缩写为 CAST。

第五十七条　全国委员会依照本章程制定《全国学会组织通则》。

第五十八条　全国学会依据有关社会团体登记管理规定、本章程制定学会章程。

地方科学技术协会可根据本章程制定实施细则。

第五十九条　本章程解释权属中国科学技术协会。

第六十条　本章程经中国科学技术协会全国代表大会通过实施。

中国科学技术协会会徽

中国科学技术协会会徽由古天象仪、航天器、齿轮、麦穗、蛇杖以及中文和英文标出的中国科学技术协会名称组成。

中国科学技术协会会徽可在办公地点、活动场所、会议会场悬挂，在出版物上印制，也可作为徽章佩戴。

中国科学技术协会标识

中国科学技术协会标识图案为双面拓扑图形，造型富于变化，富有动感。舞动的丝带寓意中国科协是党和政府联系广大科技工作者的桥梁和纽带，象征科协组织具有蓬勃的生命力和创造力。

中国科学技术协会简介

一、历史沿革

中华人民共和国成立前夕，党中央为团结科技工作者，为新中国建设事业贡献力量，邀请科技界派代表参加中国人民政治协商会议，批准由中国科学社、中华自然科学社、中国科学工作者协会和东北自然科学研究会等4个科学团体共同发起，筹备召开中华全国自然科学工作者代表会议（简称科代会）。1949年7月，科代会筹备会议在北平召开，选出正式代表15人和候补代表2人参加中国人民政治协商会议。1950年8月，科代会在北京举行，决定成立“中华全国自然科学专门学会联合会”（简称全国科联）和“中华全国科学技术普及协会”（简称全国科普），推举地质学家李四光为全国科联主席、林学家梁希为全国科普主席。

1958年9月，经党中央批准，全国科联和全国科普合并，正式成立全国科技工作者的统一组织——中国科学技术协会。50多年来，中国科协先后召开九次全国代表大会，李四光、周培源、钱学森、朱光亚曾分别担任第一、二、三、四届全国委员会主席，周光召为第五、六届全国委员会主席，韩启德为第七、八届全国委员会主席，2016年6月，万钢当选为第九届全国委员会主席。1991年1月，全国政协七届十二次常委会议决定，恢复中国科协为全国政协组成单位。目前，中国科协是国家科教工作领导小组、中央精神文明建设指导委员会和中央人才工作协调小组成员单位，第十二届全国政协有科协界委员43名。

二、宗旨任务

《中国科协章程》规定，科协的宗旨任务主要是：

1. 宗旨

高举中国特色社会主义伟大旗帜，坚持以马克思列宁主义、毛泽东思想、邓小平理论、“三个代表”重要思想、科学发展观为指导，深入贯彻落实习近平总书记系列重要讲话精神，按照全面建成小康社会、全面深化改革、全面依法治国、全面从严治党的战略布局，坚持科学技术是第一生产力，坚持把创新作为引领发展的第一动力，把人才作为支撑发展的第一资源，把创新摆在发展全局的核心位置，深入实施科教兴国战略、人才强国战略、创新驱动发展战略，认真履行为科学技术工作者服务、为创新驱动发展服务、为提高全民科学素质服务、为党和政府科学决策服务的职责定位，促进科学技术的繁荣和发展，促进科学技术的普及和推广，促进科学技术人才的成长和提高，反映科学技术工作者的意见建议，维护科学技术工作者的合法权益，营造良好科学文化氛围，坚定不移走中国特色社会主义群团发展道路，不断增强政治性、先进性和群众性，建设开放型、枢纽型、平台型科协组织，真正成为党领导下团结联系广大科技工作者的人民团体，提供科技类公共服务产品的社会组织，国家创新体系的重要组成部分，把广大科学技术工作者更加紧密地团结凝聚在党的周围，为实现中华民族伟大复兴的中国梦而努力奋斗。

2. 任务

一是密切联系科学技术工作者，宣传党的路线方针政策，反映科学技术工作者的建议、意见和诉求，维护科学技术工作者的合法权益，建设科技工作者之家；二是开展学术交流，活跃学术思想，倡导学术民主，优化学术环境，促进学科发展，推进国家创新体系建设；三是组织科学技术工作者开展科技创新，参与科学论证和咨询服务，加快科学技术成果转化应用，助力创新发展，为增强企业自主创新能力作贡献；四是弘扬科学精神，普及科学知识，推广先进技术，传播科学思想和科学方法，捍卫科学尊严，提高全民科学素质；五是健全科学共同体的自律功能，推动建立和完善科学研究诚信监督机制，促进科学道德建设和学风建设，宣传优秀科学技术工作者，培育科学文化，践行社会主义核心价值观；六是组织科学技术工作者参与国家科技战略、规划、布局、政策、法律法规的咨询制定和国家事务的政治协商、科学决策、民主监督工作，建设中国特色高水平科技创新智库；七是组织所属学会有序承接科技评估、工程技术领域职业资格认定、技术标准研制、国家科技奖励推荐等政府委托工作或转移职能；八是注重激发青少年科技兴趣，发现培养杰出青年科学家和创新团队，表彰奖励优秀科学技术工作者，举荐科学技术人才；九是开展民间国际科学技术交流活动，促进国际科学技术合作，发展同国（境）外科学技术团体和科学技术工作者的友好交往，为海外科技人才来华创新创业提供服务；十是兴办符合中国科学技术协会宗旨的社会公益性事业。

三、组织状况

中国科协由全国学会、协会、研究会（以下简称学会）和地方科协组成。地方科协由同级学会和下一级科协及基层组织组成。组织系统横向跨越绝大部分自然科学学科和大部分产业部门，是一个具有较大覆盖面的网络型组织体系。

1. 全国学会。目前，中国科协所属全国学会 210 个，其中业务主管的全国学会 189 个，中国科协团体会员 192 个。中国科协团体会员中，理科学会 42 个，工科学会 76 个，农科学会 15 个，医科学会 26 个，交叉学科学会 33 个。

2. 地方科协。地方科协包括省、自治区、直辖市科协，市（地）科协和县科协，总计 3141 个，其中省级科协 32 个，副省级、省会城市科协 32 个，地市级科协 381 个，县级科协 2696 个。此外，还有大量科协基层组织，如乡镇科协（科普协会）3.1 万多个、农村专业技术协会 9.4 万多个、企业科协 1.3 万多个、街道科协近 8400 多个、高校科协 550 个。

3. 科协机关。中国科协机关设有办公厅、计划财务部、组织人事部、调研宣传部、学会学术部（企业工作办公室）、科学技术普及部、国际联络部、机关党委、机关离退休干部办公室等部门，直属单位设有创新战略研究院、中国科普研究所、学会服务中心、信息中心、中国科技馆、青少年科技中心、企业创新服务中心等。

4. 领导体制。中国科协属中直系统，由中央书记处直接领导，中央政治局一位领导同志代表中央分管科协工作，国务院一位领导同志分工联系科协工作，中央书记处每年听取科协工作汇报。中国科协实行全国代表大会（五年召开一次）、全国委员会（每年召开会议一次）、常务委员会（每季度召开会议一次）领导制度。常务委员会设置组织建设专门委员会、学术交流专门委员会等 11 个专门委员会，协助审议需经常务委员会审定的有关事项。常务委员会下设书记处，书记处在常务委员会领导下主持中国科协的日常工作。

A Brief Introduction to the China Association for Science and Technology

As the largest non-governmental organization of scientific and technological professionals in China, the China Association for Science and Technology (CAST) serves as a bridge that links the Communist Party of China and the Chinese government to the country's science and technology community. Through its 210 national member societies and local branches all over the country, CAST maintains close ties with millions of Chinese scientists, engineers and other professionals working in the fields of science and technology.

The history of CAST can trace back to the eve of the founding of the People's Republic of China in 1949 when a number of the nation's primary scientific and technological organizations gathered at a meeting to call upon the country's science and technology community to dedicate all their efforts to the building of New China. The meeting led to the birth in 1950 of two new national organizations—the All-China Federation of Natural Science Societies and the All-China Association for Science Popularization. In September 1958, the two organizations decided at their joint congress to merge into a unified single organization—the China Association for Science and Technology.

Since its inauguration, CAST has made significant contributions to the prosperity and development of science and technology, to the popularization of science and technology among the public, to the emerging of large numbers of professional talents, and to the overall economic and social development in China.

As the bridge linking Chinese science and technology community with the Communist Party of China and the Chinese government, CAST is a constituent member of the country's top political advisory body—the Chinese People's Political Consultative Conference (CPPCC), where it joins all the political parties and other social groups in the state affairs through political consultation, policy-making and democratic supervision.

The highest leading organ of CAST is the National Congress that meets every five years and the National Committee elected by it. The President of the current National Committee is Prof. Wan Gang. The Secretariat appointed by the National Committee is responsible for the daily operation of CAST, which is headed by the Chief Executive Secretary—Dr. Huai Jinpeng.

Major tasks of CAST include:

1) to carry out academic exchanges, activate academic thinking, promote the development of all scientific disciplines, and stimulate independent innovation.

2) to organize scientific and technological professionals to contribute to the establishment of a technological innovation system that takes enterprises as the main body and can significantly enhance the enterprises' innovation ability.

3) to carry forward the scientific spirit, popularize scientific knowledge and disseminating scientific ideas and methods according to *the Law of the People's Republic of China on Science and Technology Popularization*; uphold the dignity of science, promote the application of advanced technologies, encourage and organize science educational activities among children and youth, and improve the scientific literacy of all citizens.

4) to reflect suggestions, opinions and demands of scientific and technological professionals, and safeguard their legitimate rights and interests.

5) to push forward the establishment and improvement of a research integrity supervision mechanism, and promote the construction of scientific ethics and a fine style of study.

6) to organize scientific and technological professionals to participate in the making of science- and technology-related policies and laws; organize scientific and technological professionals to participate in the political consultation, scientifically informed decisions and democratic supervision of state affairs.

7) to recognize and reward outstanding scientific and technological professionals, and recommend scientific and technological talents.

8) to provide scientific augmentation and consulting services, and policy advice, facilitate the transformation of research results; undertake project evaluation and appraisal, participate in the formulation of technical standards, professional qualification accreditation.

9) to organize international science and technology exchange programs, promote international scientific and technological cooperation, and develop cooperative relations with scientific and technological organizations and personnel worldwide.

10) to carry out continuing education and training programs.

11) to develop social and public welfare institutions cohering to the aim of the China Association for Science and Technology.

CAST maintains cooperative relations with scientific and technological organizations of many countries and, as the representative of the Chinese science and technology community, is the national members of ICSU, WFEO and many other international scientific and technological organizations. In 2004, CAST was granted consultative status with the Economic and Social Council of the United Nations.

领导同志在中国科协第九次全国代表大会上的讲话

为建设世界科技强国而奋斗

——在全国科技创新大会、两院院士大会、中国科协第九次全国代表大会上的讲话

（2016年5月30日）

习近平

各位院士，同志们，朋友们：

今天，我们在这里召开全国科技创新大会、两院院士大会、中国科协第九次全国代表大会。4000名代表齐聚一堂，群英荟萃，少长咸集，共商国家科技创新大计。这是共和国历史上的又一次科技盛会。

1956年1月，毛泽东同志等党和国家领导人以及1300多名领导干部，在中南海怀仁堂听取中国科学院4位学部主任关于国内外科技发展的报告，党中央向全党全国发出“向科学进军”的号召。其后10年，在各方共同努力下，我国建立了学科齐全的科学研究体系、工业技术体系、国防科技体系、地方科技体系，取得了以“两弹一星”为标志的一批重大科技成果。

1978年，党中央召开全国科学大会，邓小平同志在大会上做出科学技术是生产力的重要论断，我国迎来“科学的春天”。1995年，党中央、国务院召开全国科学技术大会，江泽民同志发表重要讲话，号召大力实施科教兴国战略，形成实施科教兴国战略热潮。2006年，党中央、国务院再次召开全国科学技术大会，胡锦涛同志发表重要讲话，部署实施《国家中长期科学和技术发展规划纲要（2006—2020年）》，动员全党全社会为建设创新型国家而努力奋斗。2012年，党中央、国务院召开全国科技创新大会，号召我国科技界奋力创新、为全面建成小康社会提供有力科技支撑。

今天，我们在这里召开这个盛会，就是要在我国发展新的历史起点上，把科技创新摆在更加重要的位置，吹响建设世界科技强国的号角。

我国现代化建设的目标是，到我们党成立100年时建成惠及十几亿人口的更高水平的小康社会，到新中国成立100年时基本实现现代化，建成富强民主文明和谐的社会主义现代化国家。党

中央今年颁布的《国家创新驱动发展战略纲要》明确，我国科技事业发展的目标是，到2020年时使我国进入创新型国家行列，到2030年时使我国进入创新型国家前列，到新中国成立100年时使我国成为世界科技强国。

两院院士和广大科技工作者是国家的财富、人民的骄傲、民族的光荣，大家责任重大、使命重大，应该努力为建成创新型国家、建成世界科技强国做出新的更大的贡献！

各位院士，同志们，朋友们！

历史经验表明，科技革命总是能够深刻改变世界发展格局。16、17世纪的科学革命标志着人类知识增长的重大转折。18世纪出现了蒸汽机等重大发明，成就了第一次工业革命，开启了人类社会现代化历程。19世纪，科学技术突飞猛进，催生了由机械化转向电气化的第二次工业革命。20世纪前期，量子论、相对论的诞生形成了第二次科学革命，继而发生了信息科学、生命科学变革，基于新科学知识的重大技术突破层出不穷，引发了以航空、电子技术、核能、航天、计算机、互联网等为里程碑的技术革命，极大提高了人类认识自然、利用自然的能力和社会生产力水平。一些国家抓住科技革命的难得机遇，实现了经济实力、科技实力、国防实力迅速增强，综合国力快速提升。

在绵延5000多年的文明发展进程中，中华民族创造了闻名于世的科技成果。我们的先人在农、医、天、算等方面形成了系统化的知识体系，取得了以四大发明为代表的一大批发明创造。马克思说："火药、指南针、印刷术——这是预告资产阶级社会到来的三大发明。火药把骑士阶层炸得粉碎，指南针打开了世界市场并建立了殖民地，而印刷术则变成新教的工具，总的来说变成科学复兴的手段，变成对精神发展创造必要前提的最强大的杠杆。"

近代以后，由于国内外各种原因，我国屡次与科技革命失之交臂，从世界强国变为任人欺凌的半殖民地半封建国家，我们的民族经历了一个多世纪列强侵略、战乱不止、社会动荡、人民流离失所的深重苦难。在那个国家积贫积弱的年代，多少怀抱科学救国、教育救国理想的人报国无门，留下了深深的遗憾。

经过新中国成立以来特别是改革开放以来的不懈努力，我国科技发展取得举世瞩目的伟大成就，科技整体能力持续提升，一些重要领域方向跻身世界先进行列，某些前沿方向开始进入并行、领跑阶段，正处于从量的积累向质的飞跃、点的突破向系统能力提升的重要时期。

多复变函数论、陆相成油理论、人工合成牛胰岛素等成就，高温超导、中微子物理、量子反常霍尔效应、纳米科技、干细胞研究、肿瘤早期诊断标志物、人类基因组测序等基础科学突破，"两弹一星"、超级杂交水稻、汉字激光照排、高性能计算机、三峡工程、载人航天、探月工程、移动通信、量子通讯、北斗导航、载人深潜、高速铁路、航空母舰等工程技术成果，为我国成为一个有世界影响的大国奠定了重要基础。从总体上看，我国在主要科技领域和方向上实现了邓小平同志提出的"占有一席之地"的战略目标，正处在跨越发展的关键时期。

现在，我们比历史上任何时期都更接近实现中华民族伟大复兴的目标，比历史上任何时期都更有信心、更有能力实现这个目标。我们要抓住这一历史机遇，同时我们要牢记，中华民族伟大复兴绝不是轻轻松松就能实现的。科技兴则民族兴，科技强则国家强。实现“两个一百年”奋斗目标，实现中华民族伟大复兴的中国梦，必须坚持走中国特色自主创新道路，面向世界科技前沿、面向经济主战场、面向国家重大需求，加快各领域科技创新，掌握全球科技竞争先机。这是我们提出建设世界科技强国的出发点。

各位院士，同志们，朋友们！

纵观人类发展历史，创新始终是一个国家、一个民族发展的重要力量，也始终是推动人类社会进步的重要力量。不创新不行，创新慢了也不行。如果我们不识变、不应变、不求变，就可能陷入战略被动，错失发展机遇，甚至错过整整一个时代。实施创新驱动发展战略，是应对发展环境变化、把握发展自主权、提高核心竞争力的必然选择，是加快转变经济发展方式、破解经济发展深层次矛盾和问题的必然选择，是更好引领我国经济发展新常态、保持我国经济持续健康发展的必然选择。

科技是国之利器，国家赖之以强，企业赖之以赢，人民生活赖之以好。中国要强，中国人民生活要好，必须有强大科技。新时期、新形势、新任务，要求我们在科技创新方面有新理念、新设计、新战略。我们要深入贯彻新发展理念，深入实施科教兴国战略和人才强国战略，深入实施创新驱动发展战略，统筹谋划，加强组织，优化我国科技事业发展总体布局。

第一，夯实科技基础，在重要科技领域跻身世界领先行列。推动科技发展，必须准确判断科技突破方向。判断准了就能抓住先机。“虽有智慧，不如乘势。”历史经验表明，那些抓住科技革命机遇走向现代化的国家，都是科学基础雄厚的国家；那些抓住科技革命机遇成为世界强国的国家，都是在重要科技领域处于领先行列的国家。

综合判断，我国已经成为具有重要影响力的科技大国，科技创新对经济社会发展的支撑和引领作用日益增强。同时，必须认识到，同建设世界科技强国的目标相比，我国发展还面临重大科技瓶颈，关键领域核心技术受制于人的格局没有从根本上改变，科技基础仍然薄弱，科技创新能力特别是原创能力还有很大差距。

科学技术是世界性、时代性的，发展科学技术必须具有全球视野、把握时代脉搏。当今世界，新一轮科技革命蓄势待发，物质结构、宇宙演化、生命起源、意识本质等一些重大科学问题的原创性突破正在开辟新前沿新方向，一些重大颠覆性技术创新正在创造新产业新业态，信息技术、生物技术、制造技术、新材料技术、新能源技术广泛渗透到几乎所有领域，带动了以绿色、智能、泛在为特征的群体性重大技术变革，大数据、云计算、移动互联网等新一代信息技术同机器人和智能制造技术相互融合步伐加快，科技创新链条更加灵巧，技术更新和成果转化更加快捷，产业更新换代不断加快，使社会生产和消费从工业化向自动化、智能化转变，社会生产力将再次大提高，劳动生产率将再次大飞跃。

抓科技创新，不能等待观望，不可亦步亦趋，应当有只争朝夕的劲头。时不我待，我们必须增强紧迫感，及时确立发展战略，全面增强自主创新能力。我国科技界要坚定创新自信，坚定敢为天下先的志向，在独创独有上下功夫，勇于挑战最前沿的科学问题，提出更多原创理论，作出更多原创发现，力争在重要科技领域实现跨越发展，跟上甚至引领世界科技发展新方向，掌握新一轮全球科技竞争的战略主动。

第二，强化战略导向，破解创新发展科技难题。科技创新的战略导向十分紧要，必须抓准，以此带动科技难题的突破。当前，国家对战略科技支撑的需求比以往任何时期都更加迫切。这里，我举几个例子。从理论上讲，地球内部可利用的成矿空间分布在地表到地下 1 万米，目前世界先进水平勘探开采深度已达 2500 米至 4000 米，而我国大多小于 500 米，向地球深部进军是我们必须解决的战略科技问题。材料是制造业的基础，目前我国在先进高端材料研发和生产方面差距甚大，关键高端材料远未实现自主供给。我国很多重要专利药物市场绝大多数被国外公司占据，高端医疗装备主要依赖进口，成为看病贵的主要原因之一，而创新药物研发集中体现了生命科学和生物技术领域前沿新成就和新突破，先进医疗设备研发体现了多学科交叉融合与系统集成。脑连接图谱研究是认知脑功能并进而探讨意识本质的科学前沿，这方面探索不仅有重要科学意义，而且对脑疾病防治、智能技术发展也具有引导作用。深海蕴藏着地球上远未认知和开发的宝藏，但要得到这些宝藏，就必须在深海进入、深海探测、深海开发方面掌握关键技术。空间技术深刻改变了人类对宇宙的认知，为人类社会进步提供了重要动力，同时浩瀚的空天还有许多未知的奥秘有待探索，必须推动空间科学、空间技术、空间应用全面发展。这样的领域还有很多。党中央已经确定了我国科技面向 2030 年的长远战略，决定实施一批重大科技项目和工程，要加快推进，围绕国家重大战略需求，着力攻破关键核心技术，抢占事关长远和全局的科技战略制高点。

成为世界科技强国，成为世界主要科学中心和创新高地，必须拥有一批世界一流科研机构、研究型大学、创新型企业，能够持续涌现一批重大原创性科学成果。党的十八届五中全会提出，要在重大创新领域组建一批国家实验室。这是一项对我国科技创新具有战略意义的举措。要以国家实验室建设为抓手，强化国家战略科技力量，在明确国家目标和紧迫战略需求的重大领域，在有望引领未来发展的战略制高点，以重大科技任务攻关和国家大型科技基础设施为主线，依托最有优势的创新单元，整合全国创新资源，建立目标导向、绩效管理、协同攻关、开放共享的新型运行机制，建设突破型、引领型、平台型一体的国家实验室。这样的国家实验室，应该成为攻坚克难、引领发展的战略科技力量，同其他各类科研机构、大学、企业研发机构形成功能互补、良性互动的协同创新新格局。

第三，加强科技供给，服务经济社会发展主战场。“穷理以致其知，反躬以践其实。”科学研究既要追求知识和真理，也要服务于经济社会发展和广大人民群众。广大科技工作者要把论文写在祖国的大地上，把科技成果应用在实现现代化的伟大事业中。

经过改革开放 30 多年努力，我国经济总量已经居世界第二。同时，我国经济发展不少领域大而不强、大而不优。新形势下，长期以来主要依靠资源、资本、劳动力等要素投入支撑经济增长和规模扩张的方式已不可持续，我国发展正面临着动力转换、方式转变、结构调整的繁重任务。现在，我国低成本资源和要素投入形成的驱动力明显减弱，需要依靠更多更好的科技创新为经济发展注入新动力；社会发展面临人口老龄化、消除贫困、保障人民健康等多方面挑战，需要依靠更多更好的科技创新实现经济社会协调发展；生态文明发展面临日益严峻的环境污染，需要依靠更多更好的科技创新建设天蓝、地绿、水清的美丽中国；能源安全、粮食安全、网络安全、生态安全、生物安全、国防安全等风险压力不断增加，需要依靠更多更好的科技创新保障国家安全。所以说，科技创新是核心，抓住了科技创新就抓住了牵动我国发展全局的牛鼻子。

推动我国经济社会持续健康发展，推进供给侧结构性改革，落实好“三去一降一补”任务，必须在推动发展的内生动力和活力上来一个根本性转变，塑造更多依靠创新驱动、更多发挥先发优势的引领性发展。要深入研究和解决经济和产业发展亟须的科技问题，围绕促进转方式调结构、建设现代产业体系、培育战略性新兴产业、发展现代服务业等方面需求，推动科技成果转移转化，推动产业和产品向价值链中高端跃升。

发展不协调是我国长期存在的突出问题，集中表现在区域、城乡、经济和社会，物质文明和精神文明，经济建设和国防建设等关系上。我们要立足于科技创新，释放创新驱动的原动力，让创新成为发展基点，拓展发展新空间，创造发展新机遇，打造发展新引擎，促进新型工业化、信息化、城镇化、农业现代化同步发展，提升发展整体效能，在新的发展水平上实现协调发展。

绿色发展是生态文明建设的必然要求，代表了当今科技和产业变革方向，是最有前途的发展领域。人类发展活动必须尊重自然、顺应自然、保护自然，否则就会受到大自然的报复。这个规律谁也无法抗拒。要加深对自然规律的认识，自觉以对规律的认识指导行动。不仅要研究生态恢复治理防护的措施，而且要加深对生物多样性等科学规律的认识；不仅要从政策上加强管理和保护，而且要从全球变化、碳循环机理等方面加深认识，依靠科技创新破解绿色发展难题，形成人与自然和谐发展新格局。

国际经济合作和竞争局面正在发生深刻变化，全球经济治理体系和规则正在面临重大调整。经济全球化表面上看是商品、资本、信息等在全球广泛流动，但本质上主导这种流动的力量是人才、是科技创新能力。要增强我们引领商品、资本、信息等全球流动的能力，推动形成对外开放新格局，增强参与全球经济、金融、贸易规则制订的实力和能力，在更高水平上开展国际经济和科技创新合作，在更广泛的利益共同体范围内参与全球治理，实现共同发展。

人民的需要和呼唤，是科技进步和创新的时代声音。随着经济社会不断发展，我国13亿多人民过上美好生活的新期待日益上升，提高社会发展水平、改善人民生活、增强人民健康素质对科技创新提出了更高要求。要想人民之所想、急人民之所急，聚焦重大疾病防控、食品药品安全、人口老龄化等重大民生问题，大幅增加公共科技供给，让人民享有更宜居的生活环境、更好的医疗卫生服务、更放心的食品药品。要依靠科技创新建设低成本、广覆盖、高质量的公共服务体系。要加强普惠和公共科技供给，发展低成本疾病防控和远程医疗技术，实现优质医疗卫生资源普惠共享。要发展信息网络技术，消除不同收入人群、不同地区间的数字鸿沟，努力实现优质文化教育资源均等化。

第四，深化改革创新，形成充满活力的科技管理和运行机制。创新是一个系统工程，创新链、产业链、资金链、政策链相互交织、相互支撑，改革只在一个环节或几个环节搞是不够的，必须全面部署，并坚定不移推进。科技创新、制度创新要协同发挥作用，两个轮子一起转。

我们最大的优势是我国社会主义制度能够集中力量办大事。这是我们成就事业的重要法宝。过去我们取得重大科技突破依靠这一法宝，今天我们推进科技创新跨越也要依靠这一法宝，形成社会主义市场经济条件下集中力量办大事的新机制。

要以推动科技创新为核心，引领科技体制及其相关体制深刻变革。要加快建立科技咨询支撑行政决策的科技决策机制，加强科技决策咨询系统，建设高水平科技智库。要加快推进重大科技决策制度化，解决好实际存在的部门领导拍脑袋、科技专家看眼色行事等问题。要完善符合科技创新规律的资源配置方式，解决简单套用行政预算和财务管理方法管理科技资源等问题，优化基础研究、战略高技术研究、社会公益类研究的支持方式，力求科技创新活动效率最大化。要着力改革和创新科研经费使用和管理方式，让经费为人的创造性活动服务，而不能让人的创造性活动为经费服务。要改革科技评价制度，建立以科技创新质量、贡献、绩效为导向的分类评价体系，正确评价科技创新成果的科学价值、技术价值、经济价值、社会价值、文化价值。

企业是科技和经济紧密结合的重要力量，应该成为技术创新决策、研发投入、科研组织、成果转化的主体。要制定和落实鼓励企业技术创新各项政策，强化企业创新倒逼机制，加强对中小企业技术创新支持力度，推动流通环节改革和反垄断反不正当竞争，引导企业加快发展研发力量。要加快完善科技成果使用、处置、收益管理制度，发挥市场在资源配置中的决定性作用，让机构、人才、装置、资金、项目都充分活跃起来，形成推动科技创新强大合力。要调整现有行业和地方的科研机构，充实企业研发力量，支持依托企业建设国家技术创新中心，培育有国际影响力的行业领军企业。

科研院所和研究型大学是我国科技发展的主要基础所在，也是科技创新人才的摇篮。要优化科研院所和研究型大学科研布局。科研院所要根据世界科技发展态势，优化自身科技布局，厚实学科基础，培育新兴交叉学科生长点，重点加强共性、公益、可持续发展相关研究，增加公共科技供给。研究型大学要加强学科建设，重点开展自由探索的基础研究。要加强科研院所和高校合作，使目标导向研究和自由探索相互衔接、优势互补，形成教研相长、协同育人新模式，打牢我国科技创新的科学和人才基础。

发挥各地在创新发展中的积极性和主动性，对形成国家科技创新合力十分重要。要围绕“一带一路”建设、长江经济带发展、京津冀协同发展等重大规划，尊重科技创新的区域集聚规律，因地制宜探索差异化的创新发展路径，加快打造具有全球影响力的科技创新中心，建设若干具有强大带动力的创新型城市和区域创新中心。

第五，弘扬创新精神，培育符合创新发展要求的人才队伍。“功以才成，业由才广。”科学技术是人类的伟大创造性活动。一切科技创新活动都是人做出来的。我国要建设世界科技强国，关键是要建设一支规模宏大、结构合理、素质优良的创新人才队伍，激发各类人才创新活力和潜力。要极大调动和充分尊重广大科技人员的创造精神，激励他们争当创新的推动者和实践者，使谋划创新、推动创新、落实创新成为自觉行动。

我国科技队伍规模是世界上最大的，这是产生世界级科技大师、领军人才、尖子人才的重要基础。科技人才培育和成长有其规律，要大兴识才爱才敬才用才之风，为科技人才发展提供良好环境，在创新实践中发现人才、在创新活动中培育人才、在创新事业中凝聚人才，聚天下英才而用之，让更多千里马竞相奔腾。要改革人才培养、引进、使用等机制，努力造就一大批能够把握世界科技大势、研判科技发展方向的战略科技人才，培养一大批善于凝聚力量、统筹协调的科技领军人才，培养一大批勇于创新、善于创新的企业家和高技能人才。要完善创新人才培养模式，强化科学精神和创造性思维培养，加强科教融合、校企联合等模式，培养造就一大批熟悉市场运作、具备科技背景的创新创业人才，培养造就一大批青年科技人才。要营造良好学术环境，弘扬学术道德和科研伦理，在全社会营造鼓励创新、宽容失败的氛围。要加强知识产权保护，积极实行以增加知识价值为导向的分配政策，包括提高科研人员成果转化收益分享比例，探索对创新人才实行股权、期权、分红等激励措施，让他们各得其所。

在基础研究领域，包括一些应用科技领域，要尊重科学研究灵感瞬间性、方式随意性、路径不确定性的特点，允许科学家自由畅想、大胆假设、认真求证。不要以出成果的名义干涉科学家的研究，不要用死板的制度约束科学家的研究活动。很多科学研究要着眼长远，不能急功近利，欲速则不达。要让领衔科技专家有职有权，有更大的技术路线决策权、更大的经费支配权、更大的资源调动权，防止瞎指挥、乱指挥。要建立相应责任制和问责制度，切实解决不同程度存在的一哄而起、搞大拼盘等问题。政府科技管理部门要抓战略、抓规划、抓政策、抓服务，发挥国家战略科技力量建制化优势。

科技创新、科学普及是实现创新发展的两翼，要把科学普及放在与科技创新同等重要的位置。没有全民科学素质普遍提高，就难以建立起宏大的高素质创新大军，难以实现科技成果快速转化。希望广大科技工作者以提高全民科学素质为己任，把普及科学知识、弘扬科学精神、传播科学思想、倡导科学方法作为义不容辞的责任，在全社会推动形成讲科学、爱科学、学科学、用科学的良好氛围，使蕴藏在亿万人民中间的创新智慧充分释放、创新力量充分涌流。

中国科学院、中国工程院是我国科技大师荟萃之地，要发挥好国家高端科技智库功能，组织广大院士围绕事关科技创新发展全局和长远问题，善于把握世界科技发展大势、研判世界科技革命新方向，为国家科技决策提供准确、前瞻、及时的建议。要发挥好最高学术机构学术引领作用，把握好世界科技发展大势，敏锐抓住科技革命新方向。“桐花万里丹山路，雏凤清于老凤声。”科技创新，贵在接力。希望广大院士发挥好科技领军作用，团结带领全国科技界特别是广大青年科技人才为建设世界科技强国建功立业。

中国科协各级组织要坚持为科技工作者服务、为创新驱动发展服务、为提高全民科学素质服务、为党和政府科学决策服务的职责定位，推动开放型、枢纽型、平台型科协组织建设，接长手臂，扎根基层，团结引领广大科技工作者积极进军科技创新，组织开展创新争先行动，促进科技繁荣发展，促进科学普及和推广，真正成为党领导下团结联系广大科技工作者的人民团体，成为科技创新的重要力量。

各级党委和政府要肩负起领导和组织创新发展的责任，善于调动各方面创新要素，善于发挥各类人才积极性，共同为建设创新型国家、建设世界科技强国凝心聚力。

各位院士，同志们，朋友们！

中国实现现代化，是人类历史上前所未有的大变革。中国实现了现代化，意味着比现在所有发达国家人口总和还要多的中国人民将进入现代化行列。从现在起到新中国成立100年只有30多年时间，我们的前景十分光明，我们的任务十分繁重。

有多大担当才能干多大事业，尽多大责任才能有多大成就。两院院士和广大科技工作者要发扬我国科技界追求真理、服务国家、造福人民的优良传统，勇担重任，勇攀高峰，当好建设世界科技强国的排头兵。

让我们扬起13亿多中国人民对美好生活憧憬的风帆，发动科技创新的强大引擎，让中国这艘航船，向着世界科技强国不断前进，向着中华民族伟大复兴不断前进，向着人类更加美好的未来不断前进！

科技工作者要争做创新发展的时代先锋

——在中国科协第九次全国代表大会上的祝词

（2016年5月31日）

刘云山

各位代表，同志们：

中国科协第九次全国代表大会，是在开启“十三五”奋斗征程、决胜全面建成小康社会的背景下召开的，是科技界和科技工作者的一次盛会。开好这次大会，对于激发广大科技工作者创新创造热情、加快实施创新驱动发展战略，对于实现“两个一百年”奋斗目标和中华民族伟大复兴的中国梦具有十分重要的意义。我受党中央委托，对大会的召开表示热烈的祝贺！

昨天，我们同全国科技创新大会、两院院士大会的代表一起，聆听了习近平总书记重要讲话。讲话立足党和国家发展战略全局，把握世界大势和时代潮流，深刻阐明了科技创新在人类社会进步中的重要地位，充分肯定了我国科技创新取得的丰硕成果，系统阐述了推进我国科技创新的战略目标、重点任务、重大举措和基本要求，发出了建设创新型国家、建设世界科技强国的有力号召，为在新的历史起点上实现我国科技事业跨越发展，指明了正确方向、提供了基本遵循。李克强同志在讲话中深入分析了我国科技工作面临的形势，阐明了推进科技创新的重大政策措施，明确了深化科技体制改革的重点任务。

中国科协八大以来，伴随着党和国家事业的历史性进步，我国科技事业也实现了历史性跨越。广大科技工作者胸怀报国理想、勇于探索实践，积极投身科技创新和经济建设，取得一大批重大科技成果，为促进经济社会发展、服务人民群众做出了突出贡献。实践再次表明，广大科技工作者不愧为先进生产力的开拓者和先进文化的传播者，不愧为国家创新发展的中坚力量！

五年来，中国科协和各级科协组织认真贯彻党中央决策部署，切实履行自身职能，主动作为、开拓进取，在引领和服务广大科技工作者、推动创新驱动发展、提升全民科学素质、服务党和政府科学决策等方面做了大量富有成效的工作，在加强自身建设、推进自身改革方面进行了积极努力，有力服务了改革发展稳定大局。

党的十八大以来，以习近平同志为核心的党中央高度重视科技创新，把创新摆在国家发展全局的核心位置，作出一系列重大部署。习近平总书记围绕加快推进以科技创新为核心的全面创新，提出一系列富有创见的新思想、新观点、新要求。广大科技工作者要认真学习贯彻习近平总书记的重要论述，把握时代前进和事业发展的新要求，自觉肩负起党和人民的期待和重托，在建设世界科技强国的进程中争当先锋，在决胜全面建成小康社会的实践中建功立业。

希望广大科技工作者进一步聚焦党和国家重大

发展战略和部署。要坚持面向党和国家发展重大需求、面向经济发展主战场，紧紧围绕“五位一体”总体布局和“四个全面”战略布局，围绕树立和落实新发展理念、适应和引领经济发展新常态，围绕“一带一路”建设、京津冀协同发展和长江经济带发展，来确定科技创新的主攻方向、任务目标，实现科技创新与经济社会发展深度融合。要着眼推进供给侧结构性改革，加大科技创新力度，抓紧突破制约经济发展的科技瓶颈，积极培育新动能、提供新供给，为提高发展质量和效益提供有力支撑，让更多创新成果造福社会、造福人民。

希望广大科技工作者勇于攀登科技发展高峰、推动自主创新实现新突破。现在，我国科技创新的基础仍待加强，自主创新特别是原创力还比较弱，关键领域核心技术受制于人的格局尚未根本改变。要抓住新一轮科技革命和产业革命契机，聚焦重大科学问题和核心技术问题，抢占科技发展的制高点。要更加重视基础研究，重视原始创新，形成更多具有自主知识产权的核心技术，推出更多中国智造、中国创造，实现我国更多领域由跟跑者向并行者、领跑者转变。要围绕“十三五”时期国家确定的重大科技专项，积极参与、聚力攻坚，创造更多引领世界潮流的科技成果。

希望广大科技工作者始终秉持求真求实的科学精神。要保持对科学事业的热爱，保持对科学真理的追求，既追求卓越，又脚踏实地，严谨务实、潜心钻研，在创新创造上取得新的成果。要敢为天下先、敢啃硬骨头，不断向未知领域挺进、向科技高峰进军，努力摘取科学殿堂上的皇冠。现在，科技创新涉及领域越来越宽，复杂程度越来越高，也越来越需要多学科共同攻关。特别是面对那些大科学计划、大科技工程，各领域科学家和团队更要精诚合作、协同创新，发挥团队优势，增强科学研究的整体合力。

希望广大科技工作者带头树立良好社会风尚。要继承和弘扬老一辈科学家的优良传统，坚持立德、立学、立言、立行相统一，自觉践行社会主义核心价值观，以模范行动影响和带动全社会。要增强国家担当和社会责任，坚持国家至上、民族至上、人民至上，把爱国之情、报国之志转化为投身科研的实际行动。要弘扬优良学风，讲求科学伦理，遵守学术道德和学术规范，营造良好学术生态。各领域领军人物和学术带头人要甘为人梯、提携后学，青年科技工作者要虚心学习、躬身实践，早日成长为独当一面的栋梁之材。

中国科协是党领导的科技工作者的群众组织，科协事业始终是党和国家事业的重要组成部分。做好新形势下的科协工作，要深入贯彻中央党的群团工作会议精神，按照习近平总书记提出的“四服务”职责定位，进一步强化责任担当，发挥好在推动科技进步、促进经济社会发展中的独特作用。

第一，牢牢把握科协事业发展的正确方向。科协组织作为党联系科技工作者的桥梁和纽带，要把保持和增强政治性、先进性、群众性作为主线贯穿工作各方面，坚定不移走中国特色社会主义群团发展道路。要自觉坚持党的领导，加强对科技界的思想政治引领，把广大科技工作者紧紧团结在党的周围。要引导科技工作者深入学习习近平总书记系列重要讲话精神，深刻领会党中央治国理政新理念新思想新战略，坚定中国特色社会主义道路自信、理论自信、制度自信，当好建设世界科技强国的排头兵。

第二，提高联系服务科技工作者的能力水平。要组织开展好创新争先行动，引导科技工作者积极进军科技创新，促进科技繁荣发展。要健全组织网络、创新服务模式，把科技工作者是否满意作为重要标准，以优质高效的服务赢得科技界的信赖、尊重和支持。要把握现代科技创新的特点和趋势，聚焦一线科技人员的创新需求，积极搭建协同创新平台，促进科技资源互联互通，促进科技成果转移转化。要多为科技工作者做好事、办实事、解难事，维护好他们的合法权益，使科协组织真正成为“科技工作者之家”。

第三，持之以恒促进全民科学素质的提升。做好科普工作、提高人民科学素质，是科协组织的一项经常性、基础性工作。要把普及科学知识、弘扬科学精神、传播科学思想、倡导科学方法作为重要责任。要坚持面向基层、面向青少年，建好用好科技馆、博物馆等科普基础设施，推动形成社会化科普工作格局，加快建立普惠共享的科普体系。要创新科普理念和服务模式，大力推进科普信息化，注重运用互联网技术开展科普教育，增强科普教育的知识性趣味性，提高科普工作的吸引力感染力，推动形成讲科学、爱科学、学科学、用科学的良好氛围。

第四，有力有序推进科协组织改革创新。要按照党中央批准的科协系统深化改革实施方案，加大工作力度，精心组织实施，确保在一些重要方面和关键环节尽早取得突破。要联系自身实际、强化问题导向，着力解决工作中存在的突出问题，着力创新科协工作的体制机制，着力打造开放型、枢纽型、平台型科协组织。要推进协会学会治理结构和治理方式改革，有序承接政府转移职能，增强提供科技类公共服务产品的能力。要结合“两学一做”学习教育，加强科协组织思想政治建设和作风建设，建立健全直接联系和服务科技工作者的长效机制，推动科协干部弘扬清风正气、树立良好形象。

办好中国的事情，关键在党、关键在人、关键在人才。各级党委和政府要对科技人才多一些关心和关爱、多一些包容和宽容，经常听取他们的意见建议，政治上充分信任、思想上主动引导、工作上创造条件、生活上关心照顾，把科技人才的积极性主动性调动好发挥好。要把科协工作摆上重要位置，加强和改进对科协工作的领导，加大政策支持和保障力度，关心科协干部成长，帮助解决科协组织在改革发展中遇到的实际困难和问题，全力支持科协组织依照法律和章程独立自主开展工作。

各位代表、同志们，推动创新发展、加快建设创新型国家、建设世界科技强国，广大科技工作者责任重大、使命光荣。我们要紧密团结在以习近平同志为核心的党中央周围，坚定不移走中国特色自主创新道路，勇挑重担、奋发有为，为实现“两个一百年”奋斗目标、实现中华民族伟大复兴的中国梦做出新的更大贡献！

预祝中国科协第九次全国代表大会圆满成功！

学习贯彻习近平总书记重要讲话精神 为建设世界科技强国创新争先建功立业

——在中国科协第九次全国代表大会闭幕会上的讲话

（2016年6月2日）

李源潮

中国科协第九次全国代表大会顺利完成各项任务，今天就要闭幕了。党中央对中国科协九大高度重视。中国科协九大和全国科技创新大会、两院院士大会一道召开，习近平总书记发表重要讲话，提出了建设世界科技强国的战略任务，对科协组织和工作提出了殷切希望。李克强总理作重要讲话，阐述了科技创新的重大意义和重要举措。刘云山同志代表党中央向中国科协九大致祝词，希望科协组织带领科技工作者争做创新发展的时代先锋。与会代表认真学习讨论中央领导同志重要讲话，倍感振奋鼓舞，认为中国科技创新迎来了又一个春天。大会发出“创新争先行动”倡议，体现了科技工作者响应中央号召、争当建设世界科技强国排头兵的使命担当。

大会全面回顾总结中国科协八大以来的工作。5年来特别是党的十八大以来，中国科协各级组织认真贯彻党中央决策部署，履职尽责、主动作为、开拓进取，做了大量卓有成效的工作。认真学习贯彻习近平总书记系列重要讲话精神，引导广大科技工作者进军科技创新和经济建设主战场；实施创新驱动助力工程，服务大众创业、万众创新，科技助力边疆和贫困地区发展；推进科协系统深化改革，有序承接政府转移职能；推进科普信息化建设，科普事业加紧跟上互联网时代的步伐；构建具有科协特色的科技智库网络，形成一批重大决策咨询成果；宣传优秀科技工作者，实施青年人才托举工程，加强科学道德和学风建设。中国科协的工作有力服务了党和国家大局，受到党中央的充分肯定和与会代表的高度评价。

大会民主选举产生了新一届中国科协领导机构，对未来5年科协工作作了全面部署。这是一次全国科协系统明确方向、振奋精神的大会，是一次动员广大科技工作者勇攀高峰、建功立业的大会。

科协工作目标任务已经明确，关键在抓好落实。我着重就贯彻落实党中央对科协工作的总体要求讲3点意见。

第一，认真学习领会习近平总书记重要讲话精神，团结带领广大科技工作者争做创新发展的时代先锋。习近平总书记的重要讲话，立足党和国家发展战略全局，把握世界大势和时代潮流，系统阐述了推进我国科技创新的战略目标和主要任务，发出了建设创新型国家、建设世界科技强国的有力号召，为实现我国科技事业跨越发展指明了方向。各级科协组织要认真学习领会，全面贯彻落实。一是坚持在党的领导下做团结引领广大科技工作者的人民团体，成为国家与社会科技创新的重要力量。引导科技工作者增强在党的领导下建设世界科技强国的信心，坚持走中国特色自主创新道路，积极进军科学和技术的创新，勇于挑战最前沿的科学之谜，勇于破解创新发展中的科技难题。二是坚持“四服务”的职责定位，发挥“两促进”的社会功能和作用。动员科技工作者服务经济社会发展主战场，把论文写在祖国的大地上，把科技成果应用在实现现代化的伟大事业中。激励科技工作者以提高全民科学素质为己任，积极普及科学知识、弘扬科学精神、传播科学思想、倡导科学方法。三是推动开放型、枢纽型、平台型科协组织建设，接长手臂，扎根基层。适应科技创新需要，根据科技工作者需求，集中科技工作者智慧，着力创新科协的体制机制、组织设置和工作方式，打造“三型”组织，更好为科技工作者创新创业服务。四是组织开展“创新争先行动”，为建设创新型国家、建设世界科技强国建功立业。这是习近平总书记提出的明确要求，李克强总理作的专门批示。要组织好“创新争先行动”，激发科技工作者面向世界科技前沿、面向经济主战场、面向国家重大需求勇于创新创造作贡献。

第二，认真落实党中央对科协组织和工作的各项要求，在全面建成小康社会大局中发挥独特作用。刘云山同志在祝词中提出，中国科协要强化责任担当，发挥好在推动科技进步、促进经济社会发展中的独特作用。各级科协组织要认真贯彻落实。一是坚持党的领导，牢牢把握科协事业发展的正确方向，坚定不移走中国特色社会主义群团发展道路，发挥好思想政治引领作用，把广大科技工作者紧紧团结在党的周围。二是紧紧围绕实施创新驱动发展战略、建设世界科技强国中心任务，发挥好组织动员作用，深入实施创新驱动助力等品牌服务工程，搭建产学研协同创新平台，促进科技成果转移转化。积极开展科技精准扶贫，为贫困地区、贫困家庭脱贫攻坚提供科技支撑。三是切实提升联系服务科技工作者的能力水平，解决与科技工作者不亲不近问题，建好科技工作者之家。要把科技工作者满不满意作为基本标准，多为科技工作者做好事、办实事、解难事，以优质高效的服务赢得信赖、尊重和支持。四是创新科普方式，更快更有效地提升全民科学素质。科技创新和科学普及是实现创新发展的两翼，科普要跟上科技创新特别是信息化普及的大趋势。要深入实施全民科学素质行动计划纲要，大力推进科普信息化，实施“互联网+科普”工程，创新科普理念、科普技术、科普手段，更好满足人民群众日益增长的科学文化需求，推动全社会讲科学、爱科学、学科学、用科学。

第三，贯彻落实中央党的群团工作部署，积极推进科协组织与工作改革创新。贯彻落实《中共中央关于加强和改进党的群团工作的意见》和中央党的群团工作会议精神，推进群团工作改革创新，是党中央今年重点抓的一项重要工作。中国科协九大对推进科协组织与工作改革创新作出部署。要以保持和增强政治性、先进性、群众性为方向，解决机关化、行政化等脱离群众的突出问题，在加强基层、提高能力、转变方式、改进作风上下功夫。一是建设“三型”组织，创新体制机制。开放型，就是面向世界、面向前沿开放创新，面向一线、面向基层联系服务，面向公众、面向青少年搞好科普。枢纽型，就是把各类科技工作者组织连接起来，把产学研等创新主体、创新要素连接起来，充分发挥人民团体的桥梁纽带作用。平台型，就是建好学术交流平台、创新创业平台、人才成长平台、科学普及平台、决策咨询平台，努力成为国家创新体系的重要组成部分。二是建设“网上科协”，创新工作方式。加强对科技工作者的网上联系、网上引导、网上动员、网上服务，在网上亮出旗帜、发出声音，让普通科技工作者能在网上找到组织，能在网上参加活动，能在网上向科协咨询求助。三是积极承接政府转移职能，推进学会治理结构和治理方式变革，拓展科协组织社会化服务职能。四是建立直接联系服务科技工作者制度，改进干部作风，加强与基层一线科技工作者和新领域新群体科技工作者的经常性联系。科协改革要落实到基层，在基层见效，让科技工作者感受到实实在在的变化，增强改革的获得感。

各级党委、政府要加强和改进对科协工作的领导，加大政策支持和保障力度，关心科协干部成长，帮助解决科协组织在改革发展中遇到的实际困难和问题，全力支持科协组织依法依章程开展工作。中国科协要结合“两学一做”学习教育，加强思想政治建设和作风建设，把中央要求和科协九大部署的任务落到实处。

建设世界科技强国的新征程已经开启。我们要紧密团结在以习近平同志为核心的党中央周围，带领科技工作者当好建设世界科技强国的排头兵，为实现“两个一百年”奋斗目标和中华民族伟大复兴的中国梦做出新的历史贡献！

领导同志贺信批示讲话

在知识分子、劳动模范、青年代表座谈会上的讲话

（2016 年 4 月 26 日）

习近平

大家好！我这次来安徽调研，正好是“五一”国际劳动节、“五四”青年节前夕。今天，我们在这里召开一个座谈会，请一些知识分子、劳动模范、青年代表来座谈，主要是想当面听听大家的意见和建议，号召广大知识分子、广大劳动群众、广大青年共同为全面建成小康社会而奋斗，并以此纪念即将到来的“五一”国际劳动节、“五四”青年节。

首先，我代表党中央，向在座各位，并通过你们，向全国广大知识分子、广大劳动群众、广大青年，致以诚挚的问候和节日的祝贺！

刚才，几位同志的发言，结合自己的学习和工作，谈认识、谈感受、提建议，很生动、很朴实、很有见地，听后很受鼓舞、很受启发。

今天这个座谈会，请来的是知识分子、劳动模范、青年代表。这样安排，我们是有考虑的。我国是工人阶级领导的、以工农联盟为基础的人民民主专政的社会主义国家。知识分子是工人阶级的一部分，劳动人民是国家的主人，青年是中国特色社会主义事业接班人，是国家的未来和民族的希望。我们要全面建成小康社会，进而建成富强民主文明和谐的社会主义现代化国家，实现中华民族伟大复兴，必须依靠知识，必须依靠劳动，必须依靠广大青年。这是我们国家和民族发展的力量所在，也是我们事业成功的力量所在。

党的十八大以来，每年“五一”国际劳动节、“五四”青年节，我都参加相关活动，也讲过一些话。就知识分子工作，我也在不同场合讲过一些意见。我的有关讲话归结起来，核心意思就是：经过近代以来特别是中国共产党诞生以来中国人民持续奋斗，中华民族伟大复兴已经展现出光明前景，现在我们比历史上任何时期都更接近中华民族伟大复兴的目标，比历史上任何时期都更有

信心、更有能力实现这个目标。同时，实现中华民族伟大复兴还有很长的路要走，前进道路并不平坦，必须坚定中国特色社会主义道路自信、理论自信、制度自信，随时准备应对各种困难和挑战，无论遇到什么风浪我们都不能停下前进步伐；实现中华民族伟大复兴是十分伟大而又十分艰巨的事业，需要全体中华儿女众志成城、万众一心，把一切力量都凝聚起来，把一切积极因素都调动起来，为了共同的目标不懈奋斗。

我们正处在实现“两个一百年”奋斗目标中第一个一百年奋斗目标、全面建成小康社会的决胜阶段。党的十八届五中全会和“十三五”规划纲要，描绘了全面建成小康社会的宏伟蓝图。现在，摆在我们面前的任务是把美好蓝图变为现实。广大知识分子、广大劳动群众、广大青年要紧跟时代、肩负使命、锐意进取，把自身的前途命运同国家和民族的前途命运紧紧联系在一起，努力为全面建成小康社会贡献智慧和力量。

这里，我就新形势下进一步发挥广大知识分子、广大劳动群众、广大青年的作用讲一些意见。

全面建成小康社会，我国广大知识分子能够提供十分重要的人才支撑、智力支撑、创新支撑。希望我国广大知识分子充分发挥自身优势，勇于担当、敢于创新，服务社会、报效人民，努力做出新的更突出的贡献。

知识分子，顾名思义，就是文化水平较高、知识比较丰富的人，其中不少是学有所长、术有专攻、在某个领域某个方面的行家专家。知识分子对知识、对技术掌握得比较多，对自然、对社会了解得比较深，在推动经济社会发展、推动社会文明进步中能够发挥十分重要的作用。在我们党领导革命、建设、改革 90 多年的历程中，广大知识分子为党和人民建立了彪炳史册的功勋。

伴随党和人民事业不断发展，我国知识分子队伍越来越大，遍布全社会各个领域。在全面建成小康社会进程中，广大知识分子要肩负起自己的使命，立足岗位、不断学习、学以致用，做好本职工作。当老师，就要心无旁骛，甘守三尺讲台，“春蚕到死丝方尽，蜡炬成灰泪始干”。做研究，就要甘于寂寞，或是皓首穷经，或是扎根实验室，“板凳要坐十年冷，文章不写一句空”。搞创作，就要坚持以人民为中心的创作思想，深入实践、深入群众、深入生活，努力创作出人民群众喜爱的精品力作。一个知识分子，不论在哪个行业、从事什么职业，也不论学历、职称、地位有多高，唯有秉持求真务实精神，才能探究更多未知，才能获得更多真理，也才能为社会做出更大贡献。

勇立潮头、引领创新，是广大知识分子应有的品格。面对日益激烈的国际竞争，我们必须把创新摆在国家发展全局的核心位置，不断推进理论创新、制度创新、科技创新、文化创新等各方面创新。广大知识分子要增强创新意识，敢于走前人没有走过的路，敢于抢占国内国际创新制高点。要把握创新特点，遵循创新规律，既奇思妙想、“无中生有”，努力追求原始创新，又兼收并蓄、博采众长，善于进行集成创新和引进消化吸收再创新；既甘于“十年磨一剑”，开展战略性创新攻关，又对接现实需求，及时开展应急性创新攻关；既尊重个人创造，发挥尖兵作用，又注重集体攻关，发挥合作优势。要坚持面向经济社会发展主战场、面向人民群众新需求，让创新成果更多更快造福社会、造福人民。

天下为公、担当道义，是广大知识分子应有的情怀。我国知识分子历来有浓厚的家国情怀，有强烈的社会责任感。“修身齐家治国平天下”“为天地立心、为生民立命、为往圣继绝学、为万世开太平”“先天下之忧而忧，后天下之乐而乐”，这些思想为一代又一代知识分子所尊崇。现在，党和人民更加需要广大知识分子发扬这样的担当精神，这是一份沉甸甸的责任。广大知识分子要坚持国家至上、民族至上、人民至上，始终胸怀大局、心有大我。要坚守正道、追求真理，立足我国国情，放眼观察世界，不妄自菲薄，不人云亦云。要实事求是、客观公允，重实情、看本质、谏真言，多为推进党和人民事业发展献计出力。任何时候任何情况下，都不能做有损国家民族尊严、有损知识分子良知的事。

知识分子工作是党的一项十分重要的工作。各级党委和政府要切实尊重知识、尊重人才，充分信任知识分子，努力为广大知识分子工作学习生活创造更好条件。要深化科技、教育、文化体制改革，深化人才发展体制改革，加快形成有利于知识分子干事创业的体制机制，放手让广大知识分子把才华和能量充分释放出来。要遵循知识分子工作特点和规律，减少对知识分子创造性劳动的干扰，让他们把更多精力集中于本职工作。要善于运用沟通、协商、谈心等方式做好知识分子思想工作，多了解他们工作学习生活中的困难，多同他们共同探讨一些问题，多鼓励他们取得的成绩和进步。

知识分子有思想、有主见、有责任，愿意对一些问题发表自己的见解。各级党委和政府、各级领导干部要就工作和决策中的有关问题主动征求他们的意见和建议，欢迎他们提出批评。对来自知识分子的意见和批评，只要出发点是好的，就要热忱欢迎，对的就要积极采纳。即使一些意见和批评有偏差，甚至不正确，也要多一些包容、多一些宽容，坚持不抓辫子、不扣帽子、不打棍子。人不是神仙，提意见、提批评不能要求百分之百正确。如果有的人提出的意见和批评不妥当或者是错误的，要开展充分的说理工作，引导他们端正认识、转变观点，而不要一下子就把人看死了，更不要回避他们、排斥他们。各级领导干部要善于同知识分子打交道，做知识分子的挚友、诤友。

全面建成小康社会，我国亿万劳动群众是主体力量。希望我国广大劳动群众以劳动模范为榜样，爱岗敬业、勤奋工作，锐意进取、勇于创造，不断谱写新时代的劳动者之歌。

“人生在勤，勤则不匮。”幸福不会从天降，美好生活靠劳动创造。全面建成小康社会的奋斗目标，为广大劳动群众指明了光明的未来；全面建成小康社会的历史任务，为广大劳动群众赋予了光荣的使命；全面建成小康社会的伟大征程，为广大劳动群众提供了宝贵的机遇。面对这样一个千帆竞发、百舸争流、有机会干事业、能干成事业的时代，广大劳动群众一定要倍加珍惜、倍加努力。

劳动模范是劳动群众的杰出代表，是最美的劳动者。劳动模范身上体现的“爱岗敬业、争创一流，艰苦奋斗、勇于创新，淡泊名利、甘于奉献”的劳模精神，是伟大时代精神的生动体现。

我们要在全社会大力宣传劳动模范的先进事迹，号召全社会向他们学习、向他们致敬。要为劳动模范更好施展才华、展现精神品格提供全方位支持，使他们的劳动技能、创新方法、管理经验能广泛传播，充分发挥示范带动作用。劳动模范要珍惜荣誉、谦虚谨慎、再接再厉，不断在新的起点上为党和人民创造更大业绩。

素质是立身之基，技能是立业之本。广大劳动群众要勤于学习，学文化、学科学、学技能、学各方面知识，不断提高综合素质，练就过硬本领。要立足岗位学，向师傅学，向同事学，向书本学，向实践学。三百六十行，行行出状元。任何一名劳动者，无论从事的劳动技术含量如何，只要勤于学习、善于实践，在工作上兢兢业业、精益求精，就一定能够造就闪光的人生。

人类是劳动创造的，社会是劳动创造的。劳动没有高低贵贱之分，任何一份职业都很光荣。广大劳动群众要立足本职岗位诚实劳动。无论从事什么劳动，都要干一行、爱一行、钻一行。在工厂车间，就要弘扬“工匠精神”，精心打磨每一个零部件，生产优质的产品。在田间地头，就要精心耕作，努力赢得丰收。在商场店铺，就要笑迎天下客，童叟无欺，提供优质的服务。只要踏实劳动、勤勉劳动，在平凡岗位上也能干出不平凡的业绩。

梦想属于每一个人，广大劳动群众要敢想敢干、敢于追梦。说到底，实现中华民族伟大复兴的中国梦，要靠各行各业人们的辛勤劳动。现在，党和国家事业空间很大，只要有志气有闯劲，普通劳动者也可以在宽广舞台上展示自己的人生价值。许多劳动模范平凡而感人的事迹，都充分说明了这一点。我们要在全社会大力弘扬劳动精神，提倡通过诚实劳动来实现人生的梦想、改变自己的命运，反对一切不劳而获、投机取巧、贪图享乐的思想。

各级党委和政府要关心和爱护广大劳动群众，切实把党和国家相关政策措施落实到位，不断推进相关领域改革创新，坚决扫除制约广大劳动群众就业创业的体制机制和政策障碍，不断完善就业创业扶持政策、降低就业创业成本，支持广大劳动群众积极就业、大胆创业。要切实维护广大劳动群众合法权益，帮助广大劳动群众排忧解难，积极构建和谐劳动关系。

现在，我国经济发展进入新常态，经济发展方式正在深刻转变，经济结构正在深刻调整，这对部分劳动群众就业带来了暂时的影响。各级党委和政府要落实好失业人员再就业和生活保障、财政专项奖补等支持政策，落实和完善援助措施，创造更多就业岗位，通过鼓励企业吸纳、公益性岗位安置、社会政策托底等多种渠道帮助就业困难人员，实现零就业家庭动态“清零”，确保安置分流有序、社会和谐稳定。

全面建成小康社会，广大青年是生力军和突击队。希望我国广大青年充分展现自己的抱负和激情，胸怀理想、锤炼品格，脚踏实地、艰苦奋斗，不断书写奉献青春的时代篇章。

实现中华民族伟大复兴的中国梦，需要一代又一代有志青年接续奋斗。青年人朝气蓬勃，是全社会最富有活力、最具有创造性的群体。党和人民对广大青年寄予厚望。

广大青年要自觉践行社会主义核心价值观，不断养成高尚品格。要以国家富强、人民幸福为己任，胸怀理想、志存高远，投身中国特色社会主义伟大实践，并为之终生奋斗。要加强思想道德修养，自觉弘扬爱国主义、集体主义精神，自觉遵守社会公德、职业道德、家庭美德。要坚持艰苦奋斗，不贪图安逸，不惧怕困难，不怨天尤人，依靠勤劳和汗水开辟人生和事业前程。“看似寻常最奇崛，成如容易却艰辛。”青年的人生之路很长，前进途中，有平川也有高山，有缓流也有险滩，有丽日也有风雨，有喜悦也有哀伤。心中有阳光，脚下有力量，为了理想能坚持、不懈怠，才能创造无愧于时代的人生。

“人才有高下，知物由学。”梦想从学习开始，事业靠本领成就。广大青年要自觉加强学习，不断增强本领。人生的黄金时期在青年。青年时期学识基础厚实不厚实，影响甚至决定自己的一生。广大青年要如饥似渴、孜孜不倦学习，既多读有字之书，也多读无字之书，注重学习人生经验和社会知识。“纸上得来终觉浅，绝知此事要躬行。”所有知识要转化为能力，都必须躬身实践。要坚持知行合一，注重在实践中学真知、悟真谛，加强磨炼、增长本领。

广大青年要自觉奉献青春，为全面建成小康社会多作贡献。青年时光非常可贵，要用来干事创业、辛勤耕耘，为将来留下珍贵的回忆。广大农村青年要在发展现代农业、建设社会主义新农村中展现现代农民新形象，广大企业青年要在积极参与生产劳动、产品研发、管理创新中创造更多财富，广大科研单位青年要在深入钻研学问、主动攻克难题中多出创新成果，广大机关事业单位青年要在提高为社会、为民众服务水平中建功立业。

广大青年要保持初生牛犊不怕虎的劲头，不懂就学，不会就练，没有条件就努力创造条件。“志之所趋，无远弗届，穷山距海，不能限也。”对想做爱做的事要敢试敢为，努力从无到有、从小到大，把理想变为现实。要敢于做先锋，而不做过客、当看客，让创新成为青春远航的动力，让创业成为青春搏击的能量，让青春年华在为国家、为人民的奉献中焕发出绚丽光彩。

各级党委和政府要充分信任青年、热情关心青年、严格要求青年、积极引导青年，为广大青年成长成才、创新创造、建功立业做好服务保障工作。各级领导干部要做青年朋友的知心人、青年工作的热心人。

我就讲这些。最后，祝大家工作顺利、身体健康、阖家幸福，在今后的工作中取得更大成绩！

致第19届国际麻风大会的贺信

（2016年9月17日）

习近平

值此第19届国际麻风大会开幕之际，我谨代表中国政府和中国人民，并以我个人的名义，对大会的召开表示诚挚的祝贺！向参加会议的麻风学界专家、学者及各位来宾表示热烈的欢迎！向为人类健康做出贡献的国际国内麻风学界所有人士表示崇高的敬意！

“创造一个没有麻风的世界”是全球麻风控制的终极目标。这次大会以“未竟事业—终止传播，预防残疾，促进融合”为主题，对促进早日实现这一目标具有积极意义。世界麻风防治事业取得了巨大成就，但依然任重道远，仍需要国际社会团结协作、克难攻关。中国将加大投入力度和保障措施，继续同世界各国一道，积极推动麻风学进步和创新，促进消灭麻风目标早日在中国实现，为全球消灭麻风做出贡献。

预祝大会圆满成功！

中华人民共和国主席　习近平

2016年9月17日于北京

李克强对中国科协在科技工作者中开展“创新争先行动”作出重要批示

中共中央政治局常委、国务院总理李克强对中国科协在科技工作者中开展“创新争先行动”作出重要批示。批示指出：创新是引领发展的第一动力。我国有8100万科技工作者，这是实施创新发展的中坚和脊梁。开展“创新争先行动”，就是要弘扬科技工作者立志报国、勇攀高峰的传统，进一步激发创新创造热情，担负起投身创新、推动创新、引领创新的历史使命。广大科技工作者要瞄准国际科技前沿，紧扣国家战略需求，抢抓发展新经济的机遇，敢为人先立潮头，攻坚克难补短板，积极投入蓬勃兴起的大众创业、万众创新，促进科技成果转化应用和全要素生产率的提高，汇聚经济社会发展的强大动能。希望中国科协进一步发挥开放型、枢纽型、平台型群团组织的优势，凝聚各方合力，厚植创新沃土，为科技人员放手创新创造提供更好的服务，为实施好创新驱动发展战略、建设创新型国家作出新贡献。

李克强对2016年世界生命科学大会作出重要批示

在2016年世界生命科学大会召开之际，中共中央政治局常委、国务院总理李克强作出重要批示。批示指出：生命科学是21世纪重要的综合性学科领域，关系人类的生存、健康和可持续发展。中国政府正在深入实施创新驱动发展战略，落实“健康中国2030”规划纲要，通过科技创新有力推动生命科学领域的研究与相关产业快速发展，对提高人民健康和生活水平、改善环境质量正发挥着日益重要和明显的作用。希望中国科学家、企业家与各国同行一起，围绕本次世界生命科学大会的主题，瞄准生命科学重大需求，进一步加强交流与合作，相互借鉴，以更多科学突破和创新积极应对人类生存发展面临的共同挑战，形成新的生产力，推动世界经济社会可持续发展，共创人类美好的未来。

李克强对中国发明协会第七次全国会员代表大会作出重要批示

在中国发明协会第七次全国会员代表大会召开之际，中共中央政治局常委、国务院总理李克强作出重要批示。批示指出：发明创新点亮人类文明之光。中华民族五千年的历史，是一部发明创新的历史，诸多伟大发明深远影响了世界进程。中国发明协会多年来积极推动群众发明创造，为促进科技进步、弘扬创新精神做了大量工作。目前我国正在实施创新驱动发展战略，推动大众创业、万众创新，将极大地激发广大人民群众中蕴藏的无穷创造力，促进新技术、新产业、新业态加快成长，新经济的壮大将成为推动经济社会持续健康发展的强大动能。希望协会继续发挥桥梁和纽带作用，厚植创业创新沃土，发掘和支持发明创造人才，聚众智、汇众力，为加快创新型国家建设做出新贡献。

李克强向第二十届太平洋地区核能大会致贺信

4月6日，国务院总理李克强向在北京开幕的第二十届太平洋地区核能大会致贺信。

李克强在贺信中表示，核科学技术是人类20世纪最伟大的科技成就之一。以核电为主要标志的和平利用核能，在保障能源供应、促进经济发展、应对气候变化、造福国计民生等方面发挥了不可替代的作用。

李克强指出，中国政府高度重视核能发展，坚持安全高效发展核电。近年来设计开发了“华龙一号”等三代核电技术，建成了一批核电站，建立了较完整的核科技工业体系。中国愿在平等互利、合作共赢的基础上，同世界各国开展和平利用核能合作。

李克强希望与会代表围绕“核能助力太平洋地区和世界发展”的会议主题，深入探讨，相互借鉴，进一步加强核能的安全发展、产业合作、科技交流和人才培养，共同为人类和平利用核能事业做出新贡献。

扎实推进全民科学素质行动 为建设世界科技强国奠定坚实的社会基础

——在推进全民科学素质行动电视电话会议上的讲话

（2016年6月22日）

刘延东

同志们：

今天，我们召开推进全民科学素质行动电视电话会议，主要任务是落实全国科技创新大会、两院院士大会、中国科协第九次全国代表大会精神，贯彻《全民科学素质行动计划纲要》的总体要求，部署“十三五”时期全民科学素质行动的实施工作。

不久前闭幕的全国科技创新大会、两院院士大会、中国科协第九次全国代表大会，是党中央、国务院在全面建成小康社会决胜阶段召开的历史性盛会，在我国发展历程中具有里程碑意义。这次大会，站在我国发展新的历史起点，吹响了向世界科技强国进军的伟大号角，鲜明地提出了面向世界科技前沿、面向经济主战场、面向国家重大需求的科技创新方针，对我国科技事业发展进行了总体布局。习近平总书记、李克强总理等中央领导同志出席大会并发表重要讲话。习近平总书记的重要讲话，围绕“为什么要建设世界科技强国、怎样建设世界科技强国”这一重大战略问题，从党和国家战略全局的高度，深刻分析了我国科技创新所处的历史方位、时代定位和国际地位，全面阐述了中国特色科技创新道路的丰富内涵、目标任务及总体要求。李克强总理在讲话中深入分析了我国科技工作面临的形势，阐明了深化科技体制改革的重点任务。

会上，习近平总书记还对全民科学素质和科协工作提出了明确要求，强调“科技创新、科学普及是实现创新发展的两翼”，要把科学普及放在与科技创新同等重要的位置；希望广大科技工作者把普及科学知识、弘扬科学精神、传播科学思想、倡导科学方法作为义不容辞的责任，在全社会推动形成讲科学、爱科学、学科学、用科学的良好氛围；要求科协各级组织坚持为科技工作者服务、为创新驱动发展服务、为提高全民科学素质服务、为党和政府科学决策服务的职责定位，接长手臂，扎根基层，真正成为党领导下团结联系广大科技工作者的人民团体，成为科技创新的重要力量。总书记的重要讲话，是新时期我们党关于科技创新的纲领性文献，为全面推进“十三五”时期全民科学素质行动提供了思想指引和战略指南。

过去5年，在党中央、国务院的高度重视和正确领导下，各地各部门扎实推进全民科学素质工作，我国科普事业取得了显著成绩，为“十三五”时期公民科学素质建设奠定了坚实基础。

一是公民科学素质快速提高。2015年我国公民具备科学素质比例达到6.2%，比2010年提高近90%，比2005年提高近3倍，缩小了与世界主要发达国家的差距。二是科普基础条件明显改善。中国特色现代科技馆体系建设取得长足发展，科普教育基地建设稳步推进。目前全国达标科技馆总数已达155座，同时还有50多座科技馆正在建设。三是公民科学素质公共服务能力明显提升。科学教育与培训基础条件大幅改善，科普资源开发开放与共享程度显著提高，信息化对科普工作的牵引作用不断显现，大众传媒科技传播能力明显增强。四是公民科学素质建设推进机制进一步完善。各地各部门密切配合，科普事业发展大联合、大协作工作格局日益形成。这些成绩的取得来之不易，是各地方、各部门高度重视、共同推动的结果，是广大科技工作者和科普工作者辛勤工作的结果。在此，我代表党中央、国务院，向大家表示衷心的感谢并致以崇高的敬意！

下面，我就今后5年全民科学素质行动计划的实施，讲几点意见。

一、深入学习贯彻习近平总书记重要讲话精神，准确把握全民科学素质行动的新要求新使命

习近平总书记的重要讲话，把科普工作提到了前所未有的战略高度。我们要深刻学习领会讲话精神实质，在科技事业发展的总体布局中定位科普工作，在推动经济转型升级、实现创新发展的战略大局中定位科普工作，在实现中华民族伟大复兴中国梦的历史进程中定位科普工作，充分认识、准确把握全民科学素质行动的重大意义和时代要求。

第一，提升全民科学素质是夯实建设世界科技强国社会之基的迫切要求。公民科学素质是科技创新的“土壤”，是国家竞争优势的基础。党中央今年颁布的《国家创新驱动发展战略纲要》明确，到2020年使我国进入创新型国家行列，到2030年进入创新型国家前列，到新中国成立100年时成为世界科技强国。如期实现“三步走”目标，战略基点在于全民科学素质的持续提升，形成创新人才不断涌现的源头活水。无论立足当前还是着眼长远，都必须把全民科学素质的提升跨越，作为攸关国家发展和民族未来的重大基础性社会工程。

第二，提升全民科学素质是落实新发展理念、推动经济发展方式转变的迫切要求。创新是引领发展的第一动力。我们实施创新驱动发展战略，是落实新发展理念、实现经济发展方式转变的具体行动。加快打造一支规模宏大、具有较高科学素质的劳动者大军，对助力创新型国家建设和全面建成小康社会具有重要战略意义。要围绕发展动力转换和经济转型升级这一关键环节，加快提升广大劳动者科学素质，推进以科技创新为核心的全面创新，推动大众创业、万众创新，引领经济发展新常态。

第三，提升全民科学素质是建设社会主义精神文明、建设和谐社会的迫切要求。科学素质决定着人们的思维和行为方式，是公民素质的重要组成部分。公民科学素质的高低，反映社会的文明程度，也关系着社会治理的成效。科学如果“缺席”，谣言就会“盛行”。传播科学思想，弘扬科学精神，是社会主义精神文明的重要内容，是消除封建迷信、伪科学、极端思潮滋生土壤的治本之策，是实现社会的良好治理与和谐稳定、弘扬社会主义核心价值观的关键举措。

第四，提升全民科学素质是顺应人民群众新期盼、促进人的全面发展的迫切要求。科学素质折射出一个人的生活品质和精神品位，科普工作不仅是提升科学素质的重要渠道，也是增进民生幸福、实现人的全面发展的重要手段。从这个意义上讲，科普工作也是民生工作。要把握时代发展脉搏，响应人民群众日益增长的科学文化需求，全面增强科普公共服务产品的有效供给，满足人们多样化的精神需求，提高人民群众文明生活和追求幸福的能力，增强人民群众的获得感。

可以说，国家的发展、社会的进步、人民的期盼把科普工作推向新的历史起点，全民科学素质行动面临着前所未有的发展机遇。同时，我们也必须清醒地看到，公民科学素质不高是我国创新发展的明显“短板”。2015年，我国公民科学素质总体水平仅相当于美国1991年（6.9%）、欧盟1992年（5%）和日本2001年（5%）的水平，即使到2020年我们成功实现了10%的公民科学素质发展目标，也只是跨过了创新型国家的最低门槛，与世界主要发达国家20%甚至30%的水平还存在很大差距。提升全民科学素质，仍然任重道远，面临诸多制约和挑战，突出表现在：一是对科普工作的认识还不到位。有的部门地方认为，全民科学素质提升是远水解不了近渴，还没有将其摆在与科技创新同等重要的位置。二是科普工作发展很不平衡。东部地区和中西部地区、城市和农村居民间的科学素质水平差距进一步拉大。农民、城镇新居民、边远和少数民族地区获取科学素质公共服务的机会明显偏少。三是科普投入严重不足。科普资源“碎片化”“孤岛现象”仍广泛存在。互联互通、高效配置资源的平台发展滞后。四是科普工作体制机制亟待创新。科普改革创新意识不足，科普的机构设置、资源配置、工作模式、工作习惯等还不适应现代科普发展的需要，市场活力有待进一步激发。我们必须坚持问题导向，树立忧患意识，增强做好科普工作的紧迫感责任感。

二、聚焦重点人群和关键环节，整体带动全民科学素质实现新跨越

“十三五”时期是实施《科学素质纲要》的收官阶段，也是承前启后开创全民科学素质行动新局面的关键阶段。确保《科学素质纲要》各项目标如期完成，时间紧、任务重。我们必须坚持“政府推动、全民参与、提升素质、促进和谐”的工作方针，围绕“节约能源资源、保护生态环境、保障安全健康、促进创新创造”的工作主题，进一步聚焦重点、补齐短板、精准发力，力争在重点人群和关键环节取得突破。

第一，突出产业劳动者这个主干，助力打造高素质的产业大军和大国工匠。应对新一轮全球科技革命和产业变革大势，提高我国产业发展的识变、应变、求变能力，迫切需要把加快提升产业劳动者的科学素质作为重要举措，形成终身学习、灵活应变的劳动者队伍。要实施新型职业农民培育工程和现代青年农场主计划，全方位、多层次培养各类新型职业农民和农村实用人才，深入开展文化科技卫生“三下乡”等丰富多彩的科普活动。要大规模开展职业培训，推动职业技能、安全生产、信息技术等知识和观念广泛普及，提高城镇劳动者科学生产和健康生活能力，促进劳动者科学素质整体水平提升。

第二，强化领导干部和公务员队伍这个关键，提高领导发展的科学决策能力。推动以创新发展为引领的全面发展，驾驭变革发展的时代潮流，关键在于建设一支熟悉科技创新和产业发展规律、有较高科学素养的领导干部和公务员队伍。要从党执政兴国的战略高度，把科学素质教育作为领导干部和公务员教育培训的长期任务，突出科学理论、科学方法和科技知识的学习培训以及科学思想、科学精神的培养。要把增强科学素质纳入党校、行政学院和各类干部培训院校教学计划，不断提升科学管理能力和科学决策水平。

第三，实施青少年科学素质行动，培养进军科技强国的强大后备军。少年强则国家强，青少年是建设科技强国的希望所在。把2亿名中小学生和4000万名大学生的科学素质提上去，建设世界科技强国就有了强大后劲。要以对民族未来高度负责的责任感，实施好青少年科学素质行动。把科普教育有机贯穿融合于各级各类学校教育中，推进校内外科普教育紧密结合，努力在科技活动进校园，科技教育进教材、进课堂方面迈出实质性步伐，使青少年在快乐和兴趣中提升创造力，增强创新自信，汲取一生发展所需要的科技滋养。

第四，推动行动实施重心下移，着力补齐全民科学素质的明显短板。科普工作重点在基层、难点也在基层。要坚持普惠共享的原则，围绕社区和乡村群众的生产生活需求，推动优质科普内容的精准推送和落地，畅通科普服务的“最后一公里”。要加强对农村特别是边远贫困地区的科普精准帮扶，加大对农村留守儿童、老人和农村妇女等困难群体的服务力度，强化面向革命老区、民族地区、边疆地区、集中连片贫困地区的科技帮扶和科普教育工作，为打赢脱贫攻坚战提供有力支持。要把社区科普作为重要阵地，广泛开展社区科技教育、传播与普及活动，面向城镇新居民开展适应城市生活的科普活动，帮助他们融入城市生活，拓展科技惠民的新空间。

第五，弘扬创新文化，为建设世界科技强国营造良好的社会氛围。崇尚科学、崇尚创新是社会文明的重要标志和国家发展的重要文化基因。要充分发挥好实施全民科学素质行动这一平台和载体的作用，精心打造科技周、科普日等主题活动，广泛吸引公众参与，不断在全社会营造浓厚的创新文化氛围，使关注科技、支持科技、参与科技成为公众的自觉行动，厚植竞相创新创业的民众基础，形成人人崇尚创新、人人渴望创新、人人皆可创新的社会氛围，汇聚起向世界科技强国进军的强大力量。

三、深化改革、强基固本，奋力开创实施全民科学素质行动的新局面

现在，我们实施全民科学素质行动的时间表和路线图都已经明确，关键在于抓好落实。我们必须以奋发进取、只争朝夕的精神，深化改革、大胆实践，确保实现阶段性目标，为长远发展奠定坚实基础。

第一，加强体制机制建设，形成公民科学素质建设的长效机制。全民科学素质行动是涉及全局的系统工程。各部门和地方要完善共建机制，既要守土有责，也要齐抓共管，一级带一级，层层抓落实，创造性地开展工作。要建立科研与科普相结合的机制，将科普工作作为国家科技创新工作的有机组成部分，重大科技项目要承担科普任务。要建立完善社会动员机制，加强科普的国际交流与合作，用好国际国内两种资源，形成政府推动、社会参与的良好局面。要完善科普产业发展政策，加强科普产业市场培育，推动科普产品研发与创新，支持和鼓励科幻小说、科幻影视等创作。

第二，要强化政策导向，发挥科技工作者主力军作用。科技工作者是先进生产力的开拓者，也是先进文化的传播者，在科学普及、提升全民科学素质中肩负着义不容辞的责任。要落实科技人员参与科普工作的政策激励措施，把开展科普工作成效作为与科技创新成果同样重要的考核内容，使服务全民科学素质提升成为科技工作者的本职所在和自觉行动。对高校、科研机构、企业等创新主体的评价，也要充分体现面向全社会的科普服务效果。同时还要完善促进公民科学素质建设的政策法规，落实有关鼓励科普事业发展的税收优惠等政策，为提高全民科学素质提供有力保障。

第三，创新科普理念和服务模式，打造信息化科普新引擎。大力实施“互联网＋科普”行动，以信息化推动科普工作理念和服务模式的现代化。要以互联网思维改造科普工作体制机制，建设众创、众筹、众包、众扶、分享的科普生态圈，促进颠覆式技术的迭代创新和商业模式创新。要强化传播协作，推动报刊、电视等传统媒体与新兴媒体深度合作，形成具有强大活力和竞争力的传播体系。要强化科普信息落地应用，依托大数据、云计算等信息技术手段，实现科普精准化服务。

第四，完善科普基础设施建设，筑牢全民科学素质行动的物质基础。加强对科普基础设施发展的顶层设计和宏观指导。要提升现代科技馆体系，推进实体科技馆、流动科技馆、科普大篷车、数字科技馆等的全面发展，提升科普基础设施的服务能力。要推动优质科普资源开发开放，鼓励企业依托优势领域建立开放的科普场所，支持社会力量兴办特色的科普场所，发挥高校、科研院所、企业等科技人才和资源优势，积极组织开展科普活动。

发展科普事业需要绵绵用力、久久为功。各级党委和政府要把提升全民科学素质工作摆上重要议事日程，在国家和地方国民经济和社会发展规划、相关专项规划以及有关科技教育传播与普及的法律法规中，体现公民科学素质建设的目标和要求，与经济社会发展其他指标同考核、同奖惩，把科普工作由“软任务”变成“硬措施”。要切实增加对科普的投入，按照国家预算管理规定和现行资金渠道，统筹考虑和落实公民科学素质建设所需经费。很多地方同志跟我讲，省市县各本级财政科普投入要达到人均一块钱，这是一个基本要求，中央财政已经实现了。这半根冰棍钱要舍得投入，这是对民族长远发展的战略投入。中国科协要认真落实习近平总书记提出的“两促进”的要求，充分发挥开放型、枢纽型、平台型的组织特色，发挥好综合协调作用，会同有关部门共同推进公民科学素质建设。

同志们，提高全民科学素质功在当代、利在千秋。让我们紧密团结在以习近平同志为核心的党中央周围，齐心协力、开拓创新，努力开创全民科学素质行动的新局面，为实现全面建成小康社会目标、实现中华民族伟大复兴的中国梦做出新的更大贡献！

为建设世界科技强国实现中国梦创新争先

——在第十八届中国科协年会开幕式上的讲话

（2016 年 9 月 24 日）

李源潮

今天，第十八届中国科协年会在西安召开，我受党中央委托，向各位与会专家和广大科技工作者表示亲切问候，向陕西省委、省政府对年会的大力支持表示感谢！

刚才，万钢主席与勤俭同志作了很好的讲话，我听了很受启发。本届年会以“创新发展·科技引领”为主题，很有意义。今年 5 月，习近平总书记在全国科技创新大会、两院院士大会、中国科协九大上提出了建设世界科技强国的宏伟目标，要求广大科技工作者当好建设世界科技强国的排头兵。中国科协积极响应总书记号召，倡议全国科技工作者投身“创新争先行动”，为向世界科技强国目标迈进贡献智慧和力量。希望广大科技工作者牢记总书记殷切嘱托，在建设世界科技强国、实现中华民族伟大复兴中国梦的奋斗征程中建功立业、创新争先。

第一，紧紧围绕国家战略需求，为抢占全球科技竞争制高点创新争先。科技兴则民族兴，科技强则国家强。在实现中华民族伟大复兴中国梦的新征程上，我们比以往任何时候都更加需要科技创新的战略支撑和先导引领作用。这也是建设世界科技强国的根本出发点。新一轮科技革命和产业变革正在孕育兴起，实现前沿科技领域的跨越赶超，才能抢占全球科技竞争的战略制高点。我国科技工作者已经在一些前沿领域取得了突破性进展。中国科技大学潘建伟院士的科研团队，15 年来潜心钻研，紧盯量子理论和量子通信前沿，取得了超百千米安全通信、全通型量子通信网络、量子实验卫星“墨子号”等多个“世界首次”的重大进展。英国《自然》杂志评价潘建伟团队，“帮助中国在量子通信领域，从 10 年前不起眼的国家崛起为领先于欧美的世界劲旅。”这样的成绩来之不易。建设世界科技强国需要更多前沿突破，比如，物质结构、宇宙演化、生命起源、意识本质等基础科学领域的开创性发现，信息技术、生物技术、制造技术、新材料、新能源等应用技术方面的颠覆性创新，互联网、机器人、大数据、3D 打印、清洁能源等高新技术产业的蓬勃发展。现在英美等国家尝试实行科技创新“悬赏制”，以开放性、结果导向的科研资助体系激发全社会创新活力，这样的经验值得科协组织借鉴。希望广大科技工作者坚定创新自信，勇攀科学高峰，竞相进入世界科技领跑者行列，为抢占全球科技竞争战略制高点作出贡献。

第二，紧紧围绕创新发展科技难题，为引领经济发展新常态创新争先。当前，我国经济发展进入新常态，低端产业产能过剩要集中消化，中高端产业要加快发展，数千万贫困人口要摆脱贫困，都要靠科技创新这个根本驱动力。经过改革开放 30 多年努力，中国已成为世界第二大经济体，但不少领域仍是大而不强、大而不优。比如，2015年中国生产14亿部、消费5.2亿部智能手机，是全球最大生产和消费国，但手机操作系统和芯片等核心部件大多要依赖国外企业。科技工作者是创新发展的引领力量，希望大家积极投身经济社会发展主战场，紧盯转型升级迫切需求，立足百姓生活美好期待，潜心钻研，攻克难关，为创新发展注入新动力。一是投身转型升级第一线。鞍钢的“工人发明家”李超，把自己的创新要点总结为“常出故障的地方，产品不达标的地方，与同行有差距的地方，都是改革创新重点”。他改造升级传统冷轧设备，获得国家科技进步二等奖，为企业增收上亿元。中国科协实施“创新驱动助力工程”，组织科技工作者直接对接地方和企业技术需求，很受欢迎。二是投身科技创业第一线。科技创业直接转化创新成果，高科技企业成长快、经济贡献大。“80后”汪滔自主研发无人机，创办大疆公司，10年时间占据了全球小型无人机市场70%的份额。三是投身科技扶贫第一线。已故的河北农业大学教授李保国同志，经常和果农老乡们说“你的幸福我包了”。他35年如一日奔走在太行山麓推广苹果种植技术，帮助农民开垦140万亩荒山果园，把“穷山沟”变成了“花果山”。在老乡们眼中，李保国教授是他们改变命运的“财神”。

第三，紧紧围绕提升全民科学素质，为推动全社会“讲科学、爱科学、学科学、用科学”创新争先。习近平总书记指出，科技创新、科学普及是实现创新发展的两翼，要把科学普及放在与科技创新同等重要的位置。前几天，刘云山同志在参加全国科普日活动时指出，建设科技强国，科普要先行。希望广大科技工作者以提升全民科学素质为己任，积极投身科普事业，面向社会，面向青少年传播科学知识，弘扬科学精神，为夯实科技强国社会基础贡献力量。一是把科普工作作为科学家的分内事。竺可桢先生说，科普是科研人员的分内事。紫金山天文台王思潮研究员说，科研人员应该负起公众科普的担子，不能让知识烂在肚子里。科学家做科普，专业上有优势，群众也更信服。联合国卡林加奖获得者李象益，科普“网红”范志红、郑永春，科研搞得好，科普也做得精彩。在欧美发达国家，科普是评价科研成果的重要指标，大型科研项目中会明确要求经费中多大比例、何种方式进行科普。最近，科技部开展了重大科技计划项目增设科普任务政策试点，引导科技工作者做科研的同时也做科普。中国科协和地方科协聘请了一批科普首席专家，这很好。希望广大科技工作者特别是科学家要带头做科普。二是科普重在激发青少年科学兴趣。全国优秀科技工作者王喜同志在学校组织电子、航模、太空种子等兴趣小组，指导100多名学生先后在各级青少年科技创新大赛中获奖。当了15年科普教师，王喜认为自己最大成绩不是得了这些奖项，而是“让孩子们喜欢上了科学实验课”，最深感受是“科学可以无限激发青少年的想象力”。三是为科普插上信息化与互联网的翅膀。现在，我们已进入社会信息化、信息网络化、网络移动化时代，并正在向互联网智能化方向发展。科普搭不上网络快车，就跟不上群众科普需求。中国科协大力推动科普信息化建设，许多科技工作者踊跃参加，“科技前沿大师谈”“玩转科学”等栏目都很受群众特别是青少年的喜爱。“科普中国”建成一年已有50多亿次访问量。

改革创新是各级科协的紧迫任务，要积极推动科协系统改革在基层落实、在基层见效，激发科协组织活力，使其真正成为建设世界科技强国的重要创新力量。要充分发挥科协开放型、枢纽型、平台型组织优势，更好服务学会承接政府转移职能，服务科技工作者创新创业创优，推动形成识才爱才敬才用才良好风气，让广大科技工作者有更多改革获得感。

西安是十三朝古都，古丝绸之路的东方起点。1300年前，在离今天会场不远的华严寺，一行和尚进行了人类历史上第一次地球子午线长度测定，成果领先西方近百年。今天，中华民族伟大复兴的时代召唤对科技工作者提出了更高要求，希望大家积极响应习近平总书记建设世界科技强国的号召，大胆创新创造、奋力争先领跑，努力做出无愧于时代、无愧于人民、无愧于国家的创新贡献。

努力成长为建设世界科技强国的栋梁之材

——在第31届全国青少年科技创新大赛闭幕式上的讲话

（2016 年 8 月 18 日）

李源潮

第 31 届全国青少年科技创新大赛今天就要闭幕了。首先，我向获奖的同学和老师们表示热烈的祝贺！

全国青少年科技创新大赛在“科学的春天”里应运而生，邓小平同志殷切寄语：“青少年是祖国的未来，科学的希望”。30 多年来，大赛发现培育了一批又一批科技新苗，促进了全国青少年讲科学、爱科学、学科学、用科学。昨天上午，我观看了同学们的创新创意项目，既有基因编辑、反常霍尔效应这样的前沿科学问题，也有雾霾净化、无人驾驶等实用创意发明，从你们身上我看到了中国科技创新的未来和希望。

前不久，习近平总书记在全国科技创新大会、两院院士大会和中国科协九大上发表重要讲话，吹响了到 2050 年建成世界科技强国的进军号。当代青少年的成长与这一时代征程是同步的，这个宏伟目标要靠你们去创新创造，将在你们手中成为现实。希望大家牢记总书记教导，努力成长为建设世界科技强国的栋梁之材。

第一，希望大家树立建设世界科技强国的远大志向。科技兴则民族兴，科技强则国家强。近代以来，中国积贫积弱、任人欺凌，一批又一批仁人志士怀抱科学救国理想，但却报国无门，留下了深深的遗憾。新中国成立后，科技工作者有了科学报国的广阔舞台，大踏步地“向科学进军”；改革开放后迎来了“科学的春天”，现在又站在建设世界科技强国的历史新起点上。高福院士说，如果一直在国外，我只是一个小领域的专家，回到祖国却可以让我最大限度发挥作用，做顶天立地的事业。科学无国界，科学家有祖国。希望大家继承老一辈科技工作者追求科学、报效国家的优良传统，从小学习科学本领，放飞科学梦想，胸怀报国志向，为建设世界科技强国奋力成长成才。

第二，希望大家坚定攀登科学高峰的创新自信。习近平总书记指出，我们要有强烈的创新自信，走前人没有走过的路。应当看到，目前我国关键领域核心技术受制于人的格局还没有从根本上改变，科技创新能力特别是原创能力同先进国家相比还有很大差距。但是，我国已有相当雄厚的科技创新基础条件，取得了超级杂交水稻、超级计算机、载人航天、北斗导航、量子通信等一批重大原创性科技成果；科技研发经费去年超过 1.4 万亿，位居世界第二；科技工作者总量达到 8100 万，规模世界第一，每年新毕业大学生近 800 万。这是一个中国科技跨越发展的新时代，你们这一代青少年恰逢其时！希望大家从小立下敢为天下先的创新志向，坚定攀登科学高峰的创新自信，努力成长为引领世界科技未来发展方向的优秀人才。

第三，希望大家继承和弘扬追求真理、不懈进取的科学精神。科学精神是科学家的优秀品质。大家要从科技新苗成长发展为未来的科学家，从小就要注重培育科学精神。一要充满科学好奇。许多科学发现都源自对未知世界的好奇之心。牛顿对落地苹果的好奇、瓦特对翻滚水壶盖的好奇、富兰克林对闪电的好奇，引领他们取得了划时代的科学发现。二要保持科学兴趣。爱因斯坦说过，兴趣是最好的老师。乔布斯设计苹果电脑，马斯克研发可回收运载火箭，都是在兴趣的引领下取得巨大成功。三要学习科学新知。站在巨人的肩膀上才能看得更远，掌握最前沿的科学知识才能有最新发现。四要不怕科研失败。科学之路不是一片坦途，爱迪生发明电灯试验6000多种材料，屠呦呦提取青蒿素经历190次失败。失败是成功之母。希望大家从小培养科学精神，立志献身科学事业，使自己的科学人生路越走越宽广。

青少年科技辅导员的工作很有意义，希望你们当好孩子们实现科学梦的引路人。希望全社会都来关心支持青少年科技创新活动，共同营造鼓励创新的良好社会氛围。

一代人有一代人的奋斗，一代人有一代人的责任。钱学森、邓稼先那一代科技工作者为中华民族自立于世界民族之林做出了重大科技贡献，改革开放新一代科技工作者实现了邓小平同志提出的中国要在世界主要科技领域“占有一席之地”的战略目标。当代和未来的科技工作者正肩负着建设世界科技强国的新使命。希望广大青少年把人生理想融入建设世界科技强国、实现中华民族伟大复兴中国梦的时代洪流，努力做出你们这一代人应有的历史贡献。

中国科协主席党组书记讲话

在2016年全国学会工作会议和地方科协工作会议上的讲话

（2016年1月26日）

韩启德

尊敬的李源潮副主席，同志们：

刚才，尚勇同志传达了中央书记处对中国科协工作的重要指示精神，令人鼓舞，催人奋进。下面，我就中国科协2015年的工作情况和2016年的工作安排谈几点意见，供大家参考。

关于2015年的主要工作

第一，深入贯彻中央重大决策部署特别是中央党的群团工作会议精神，全面推进科协系统深化改革。把深入学习党的十八大、十八届三中、四中、五中全会精神和习近平总书记系列重要讲话精神贯穿全年工作始终。与中央文献研究室联合编辑《习近平科技创新论述摘编》，组织在全国科协系统学习。分4批对机关和直属单位处以上领导干部300余人进行集中轮训，引导广大党员干部在思想上政治上行动上坚决与以习近平同志为核心的党中央保持高度一致。及时制定下发《关于贯彻落实中央群团工作部署 加强和改进科协工作的意见》，召开科协系统贯彻落实中央党的群团工作会议精神工作会议，研究提出《科协系统深化改革实施方案》。积极推进中办国办《中国科协所属学会有序承接政府转移职能扩大试点工作实施方案》落实，邀请24个政府部门召开扩大试点工作启动部署会议，源潮同志出席会议并作重要讲话。试点工作已在科技评估、团体标准研制、职业资格认定、国家科技奖励推荐等方面取得突破性进展。

第二，以提升学术交流质量为突破口，努力在服务创新驱动发展中增强科协组织的先进性。成功举办第十七届中国科协年会，全国学会学术活动国际化元素不断增强。联合五部门出台《关于准确把握科技期刊在学术评价中作用的若干意见》，合理引导科技工作者科研成果发表和传播行为。深入实施创新驱动助力工程，确定19个创新驱动示范市、3个副省级城市试点、4个省级试点、14个学会试点，与77家全国学会进行280次对接活动，形成良好态势。成功承办全国大众创业万众创新活动周，李克强、张高丽、刘延东、李源潮、马凯、杨晶等中央领导同志出席活动并给予高度评价，社会反响强烈。与中国邮政储蓄银行签署合作备忘录，与发展改革委发布关于共同推进双创工作的实施意见，形成协同推动全国双创的常态长效机制。与国家民委、统战部等共同实施援疆、援藏科技增效工程，开展科技扶贫精准推送，效果明显。鼓励18家全国学会率先成立生命科学学会联合体。

第三，以推进科普信息化为龙头，全力开创公民科学素质提升的新局面。实施科普信息化建设专项和“互联网+科普”行动，打造科普中国品牌，深化与新华网等机构的战略合作，形成开放协作的科普信息化建设格局。2015 年我国公民具备基本科学素质的比例达到 6.2%，超额完成十二五发展目标。完成科学素质读本的编辑出版工作。精心打造全国科普日升级版，重点活动和受益人数均创历史新高，刘云山、刘奇葆、李源潮、郭金龙等领导同志参加北京主场活动，给予充分肯定。在香港成功举办第 30 届全国青少年科技创新大赛等青少年科技教育活动。现代科技馆体系建设取得新进展，全国 92 家科技馆免费开放，社会反响良好。

第四，以第三方评估为重点，科技创新智库建设开局良好。制定《中国科协关于建设高水平科技创新智库的意见》，刘延东、李源潮等中央领导同志作出重要指示。完成国办委托的“双创”政策措施落实情况和“基层公共医疗设施建设、使用和管理”政策措施落实情况评估工作，受到李克强、张高丽、刘延东等国务院领导同志的肯定。目前正在积极推进国家科改领导小组办公室委托的职称制度改革等评估工作。按照“小中心、大外围”的建设思路，组建中国科协创新战略研究院，布局研究基地，形成网络化的科技智库格局。围绕京津冀协同发展提出建设产业协同创新共同体的建议，一批智库成果得到中央领导重视。

第五，积极服务科技人才队伍建设，着力拓展科技工作者成长成才通道。圆满完成院士候选人推荐提名工作，刘延东、李源潮同志分别作出重要批示，给予肯定。研究制定了《关于优化学术环境的指导意见》，将以国办文件印发。启动实施青年人才托举工程。鼓励学会设置人才奖项，配合国家科技奖励制度改革，扩大学会推荐范围。积极推进科协奖励体系改革，设立“全国杰出科技人才”奖和“中国优秀青年科技人才”奖。与教育部等部门联合加强高校科协、企业科协和农技协等科协基层组织建设。

第六，加强政治思想引领，发挥科技界在精神文明建设中的表率作用。研究出台《中国科协关于在科技界开展“作精神文明表率”活动的意见》，成功举办“共和国的脊梁——科学大师名校宣传工程”汇演活动。在人民大会堂举办“共和国的脊梁”专题节目，在科技界和社会各界引起强烈反响。组织召开科技界祝贺屠呦呦荣获诺贝尔生理学或医学奖座谈会。宣传赵忠贤、高福等一批优秀科技工作者和创新团队典型，推选 103 位“企业一线创新力量”优秀企业基层科技工作者。牵头制定《发表学术论文“五不准”》，营造良好学术生态环境。

第七，提升民间国际科技交流合作层次，利用国际资源服务国内创新发展。成功举办 2015 世界机器人大会，习近平总书记致信祝贺，李克强总理作出重要批示。刘延东同志参观展览并观摩世界青少年机器人邀请赛，李源潮同志在大会开幕式作重要讲话并专程参观博览会。本次大会达到了“一流的专家、一流的科研机构、一流的企业”参会的目标，在国内外产生了广泛影响。依托深圳等创新创业密集区建设海外人才离岸创业基地，打造国际化综合性创业平台。推动成立“海归创业联盟”，探索建立新型的两岸四地协同创新体制机制，积极推动一大批优秀科学家进入国际组织担任领导职务。

第八，认真开展巡视整改和“三严三实”专题教育，自身建设展现新气象。扎实开展巡视整改工作，截至目前，中央巡视组反馈的 35 个具体问题已全部办结。突出“以三严三实促忠诚清廉、拼搏实干”的科协特色主题，针对 8 类 24 个突出问题，开展专项整改。认真履行党风廉政建设主体责任和从严治党要求，加大从严治党、执纪查处力度，取得显著成效。严格选人用人制度，加强干部队伍建设，干部满意度大幅度提高，机关作风和政治生态明显转变。

关于 2016 年的工作考虑

2016 年，中国科协将按照“推动创新、强化服务、拓展提升、开放协同、普惠共享”的工作理念，强化政治担当，重点做好以下工作。

第一，坚持抓好中央决策部署的学习贯彻工作，更加自觉地与以习近平同志为核心的党中央保持高度一致。深入学习贯彻党的十八届五中全会精神和习近平总书记系列重要讲话精神，自觉用马克思主义中国化的最新理论成果武装头脑，确保正确政治方向。找准科协组织在全面建成小康社会决胜阶段大局中的位置，谋划事业转型升级的努力方向，提高政治性、先进性、群众性，强化政治担当。

第二，坚持精心筹备开好中国科协“九大”，强化对科技界的政治引领。经中央书记处原则同意，拟于 2016 年 6 月召开中国科协第九次全国代表大会，要精心做好筹备工作，争取把“九大”开成一次全国广大科技工作者凝心聚力的盛会。

第三，坚持全面深化改革，统筹谋划“十三五”

期间科协事业发展。根据中央批准的《科协系统深化改革实施方案》，推动科协系统的全面改革。制定好《中国科协事业发展“十三五”规划》，推进科协事业向更高的发展平台迈进。

第四，坚持学术先行，努力以高水平学术交流服务创新发展。办好第十八届中国科协年会，打造一批示范性品牌学术会议，推出更多具有国际一流水平的中国科技期刊，增强学术交流的实效性和吸引力。扎实推进创新驱动助力工程，办好全国双创活动周，推动中国科协科技传播中心建设，调动激发全社会创新创业活力。

第五，坚持开放协作，努力以科普信息化带动全民科学素质工作转型升级。发布《全民科学素质行动计划纲要实施方案（2016—2020年）》。抓好科普信息化建设的龙头工程和示范项目，深入推进现代科技馆体系建设，研发新一代虚拟现实科技馆关键技术。编写《新科技干部必读》等科普读本。继续办好全国科普日、青少年科技创新大赛、全民科学素质大赛等主题科普活动。

第六，坚持政策服务导向，争取进入国家高端智库建设试点行列。积极争取中央支持，与中宣部等有关部门加强沟通，尽早进入国家高端智库建设试点。强化为党和政府科学决策的服务能力，加大对科技界的政策服务。

第七，坚持聚焦“高精尖缺”，努力以务实高效的科技人文交流服务国家外交大局。加强与国际主要对口组织的交流合作，建立双边科学家高层战略对话机制。举办世界生命科学大会，推动学会面向“一带一路”沿线国家和地区开展科技交流。

第八，坚持从严治党、从严治会，持之以恒抓好党的建设工作。加强学会党建工作，在学会理事会层面加强党建试点工作，推动学会党组织切实发挥好政治核心作用。大力宣传优秀科技工作者，继续开展学术道德和学风建设。持之以恒地开展“三严三实”专题教育，形成常态化的长效机制，加强党的建设特别是党风廉政建设，切实履行“两个责任”，严格执行中央八项规定，持续开展“庸、懒、散、浮、拖”作风顽疾专项整治工作，把从严治党要求落在实处。

同志们，2016年是中国科协十三五事业发展的开局年，让我们高举中国特色社会主义伟大旗帜，更加紧密地团结在以习近平同志为核心的党中央周围，不辱时代赋予广大科技工作者和各级科协组织的光荣使命，团结协作、奋发有为，为全面建成小康社会努力奋斗！

在中国科协第九次全国代表大会上的闭幕词

（2016 年 6 月 2 日）

万　钢

各位代表，同志们，朋友们：

中国科协第九次全国代表大会圆满完成各项预定议程，今天就要闭幕了。会议期间，各位代表认真学习习近平总书记、李克强总理的重要讲话和刘云山同志代表中央所致祝词，积极履行职责，紧紧围绕会议主题，畅所欲言，集思广益，会议气氛热烈、团结和谐、催人奋进，开得很成功，对于团结带领广大科技工作者深入贯彻创新驱动发展战略、决胜全面建成小康社会、建设世界科技强国，必将产生重要和深远的影响。

本次大会与全国科技创新大会、两院院士大会一道召开，充分体现了党中央国务院对科技工作者和科协事业的高度重视，对于进一步凝聚科技界的力量、开创我国科技发展的新局面具有里程碑的意义。

习近平总书记在大会上的重要讲话，立足当代科技革命前沿，以历史的纵深和全球的视野，全面把握中国特色社会主义建设的历史方位，深刻洞察科技兴则民族兴、科技强则国家强的内在规律，战略谋划我国科技事业发展新布局，对科技发展改革和人才队伍建设等关系根本、关系全局的重大问题作出了科学回答，吹响了建设世界科技强国的号角。

李克强总理的重要讲话，立足全面建成小康社会的目标实践，立足供给侧结构性改革的迫切需求，聚焦新常态下支撑“双中高”战略目标，系统阐述了以科技创新为引领推动全面创新、培育竞争新优势的战略路径，体现了党中央国务院对我国经济社会发展新阶段新规律的深刻把握。

刘云山同志代表党中央在大会上的祝词，对学习贯彻总书记、总理重要讲话精神作出部署，亲切勉励广大科技工作者争做创新发展的时代先锋并提出四点希望，对科协组织按照“四服务”职责定位发挥好在推动科技进步、促进经济社会发展中的独特作用，提出明确要求。

刚才，李源潮同志就贯彻落实大会精神、扎实推进科协改革发展作出全面部署，系统阐述了在新的发展时期，科协开放型、枢纽型、平台型组织建设的时代特征和丰富内涵，对进一步履行“四服务”职责定位、团结带领科技工作者创新争先提出明确要求。我们要深入学习和全面贯彻落实中央领导同志的讲话精神，把握机遇、锐意进取、奋力开拓，不断开创我国科技创新和科协事业发展新局面。

大会审议通过了韩启德同志代表中国科协第八届全国委员会所作的工作报告、中国科协章程和中国科协事业发展“十三五”规划。工作报告系统回顾了中国科协八大以来的主要工作，全面分析科协事业形势，提出了未来 5 年的工作建议，报告思路明确、重点突出，贯穿改革精神，充分体现了大会精神和中央对科协改革发展的新要求，有很强的指导性和针对性。根据新的形势与任务要求，大会对章程进行了修改，充分体现了科协事业发展规律，强化了保持和增强政治性、先进性、群众性，推进开放型、枢纽型、平台型组织建设，履行“四服务”职责定位等重要内容，是新形势下指导科协工作创新发展的根本依据。《规划》明确提出以“创新争先行动”为主线、全面推进七大建设任务，是科协事业发展未来5年的路线图和时间表。会议期间，共收到代表建议案445件，充分体现了各位代表对科协事业的高度重视和主人翁精神，我们将认真研究并充分吸收到工作中。

各位代表，同志们！

过去的五年，在八届全委会领导下，中国科协高举中国特色社会主义伟大旗帜，坚持以邓小平理论、“三个代表”重要思想、科学发展观为指导，深入贯彻党的十八大和十八届三中、四中、五中全会精神，深入贯彻习近平总书记系列重要讲话精神，全面落实中央关于群团工作的部署和科协系统深化改革总体要求，团结带领广大科技工作者积极投身科技创新和经济建设主战场，在促进经济发展方式加快转变、推动学术交流繁荣发展、提升全民科学素质、服务科技人才成长、提高科技开放与交流水平等各个方面取得了显著成效。过去的五年，科协工作坚持围绕中心、服务大局，在继承中发展、在落实中提升，服务科技工作者、服务创新驱动发展、服务全民科学素质提高、服务党和政府科学决策的能力不断增强，工作领域和覆盖面不断拓展，自身建设迈上了新台阶，为科协事业的未来发展奠定了坚实的基础。在此，我谨代表中国科协九大全体代表，向八届全委会表示衷心的感谢！同时，恳请各位继续关心、指导和帮助科协工作。

我们要特别感谢韩启德主席。在担任中国科协全国委员会主席期间，启德主席自觉坚持党的领导，始终与以习近平同志为核心的党中央保持高度一致，团结带领八届常委会有力指导支持科协书记处主动作为、积极进取，燃烧创新创业的激情，开创了科协事业发展的新局面，为我国科技事业发展做出了重要贡献，为科协事业发展建立了卓越功勋。启德主席带领八届常委会全体委员为科协事业发展殚精竭虑、无怨无悔的奉献，我们将永远铭记。在此，让我们以热烈的掌声向启德主席及八届常委会各位委员，致以崇高的敬意！

各位代表，同志们、朋友们！

当今世界，新一轮科技革命和产业革命方兴未艾，世界发展格局面临深刻改变。习近平总书记发出向世界科技强国进军的号召，指明了科技创新和科协事业发展的方向。我们要积极响应总书记号召，坚决贯彻党中央国务院重大决策部署，面向世界科技前沿、面向经济主战场、面向国家重大需求，加快科技创新，掌握竞争先机，引领创新发展，努力在走中国特色自主创新道路上不断作出新贡献、取得新成就！

开展“创新争先行动”，是广大科技工作者积极响应习近平总书记号召的庄严承诺，也是科协组织团结带领科技工作者进军科技创新、建设世界科技强国的重大实践。我们要积极行动起来，短板攻坚争先突破，前沿探索争相领跑，转化创业争当先锋，普及服务争做贡献，切实担负起支撑引领创新发展第一动力和第一资源的作用，坚定不移地走中国特色自主创新道路，切实担负起党和政府联系科技工作者的桥梁纽带作用，以创新争先的实际成效为国家发展和民族复兴提供不竭动力。

创新是中华民族最深沉的禀赋，是科协事业持续发展的源泉所在。党中央在“四个全面”战略布局中定位科协组织，从夯实党在科技界执政基础的战略高度谋划科协事业发展，关心支持科协系统深化改革，描绘了科协事业创新发展的宏伟蓝图。中国科协第九次全国委员会将以强大的历史担当，全面贯彻习近平总书记、李克强总理、刘云山同志、李源潮同志的重要讲话精神，切实肩负起推动科协事业改革发展的历史重任，勇当改革的实干家和促进派，以抓铁有痕的意志和韧劲推动各项改革措施落地生根，不断保持和增强科协组织的政治性、先进性、群众性，更加突出开放型、枢纽型、平台型的组织优势，努力为科技工作者服务、为创新驱动发展服务、为提高全民科学素质服务、为党和政府科学决策服务，真正成为党领导下团结联系广大科技工作者的人民团体、提供科技类公共服务产品的社会组织、国家创新体系的重要组成部分，努力在走中国特色社会主义群团发展道路中不断迈出坚实步伐，为开创科协事业发展新局面而努力奋斗！

各位代表，同志们！

肩负着建设世界科技强国、实现中华民族伟大复兴中国梦的神圣使命，我们又一次站在了创新发展的时代前沿。让我们携起手来，最广泛地凝聚起8100万科技工作者的智慧和力量，更加紧密地团结在以习近平同志为核心的党中央周围，创新争先、攻坚克难，奋力向世界科技强国进军，以更加辉煌的创新业绩共同铸就中华民族更加美好的明天！

现在，我宣布，中国科学技术协会第九次全国代表大会闭幕！

在第十八届中国科协年会开幕式上的致辞

（2016年9月24日）

万　钢

尊敬的各位来宾，同志们，朋友们！

在这秋意融融的季节里，我们相聚历史文化名城西安，召开第十八届中国科协年会。本届年会以“创新发展科技引领”为主题，通过举办一系列内容丰富、形式多样的交流活动，进一步营造有利于创新发展的良好学术氛围和社会氛围，为实施创新驱动发展战略、建设世界科技强国贡献一分力量。在此我谨代表中国科协，向出席年会的各位专家学者以及海内外来宾，表示热烈的欢迎！向给予本届年会大力支持的陕西省委省政府、各有关单位以及社会各界，表示衷心的感谢！

5月30日，全国科技创新大会、两院院士大会和中国科协第九次全国代表大会同期召开。习近平总书记发表重要讲话，立足当代科技革命前沿，以历史纵深和全球视野，阐释了科技兴则民族兴、科技强则国家强的基本规律，科学分析了当前我国科技创新所面临的形势和任务，深刻阐明了推动创新发展的一系列重大理论与实践问题，对新形势下加快创新驱动发展作出了全面部署，发出了向世界科技强国进军的号召。

建设世界科技强国与中国梦同频共振、紧密相连。科技创新“三步走”的战略目标与“两个一百年”奋斗目标高度契合，这在我国科技事业发展的历史上是前所未有的。当前我国科技创新已步入历史上发展最快的时期，新一轮科技革命和产业变革带来难得的历史机遇。国家发展和创新大潮为每一个科技人员都提供了崭新的发展舞台，我们应当倍加珍惜，用责任和担当肩负起时代的呼唤，用智慧和力量去实现光荣与梦想。广大科技工作者要坚定创新自信，以敢为天下先的志向和信心，在攻坚克难中追求卓越，在科技创新的大赛场上迎头赶上、奋起直追、力争超越，努力创造引领世界潮流的科技成果。

习近平总书记在“科技三会”的重要讲话中强调，科技创新、科学普及是实现创新发展的两翼，要把科学普及放在与科技创新同等重要的位置。这是总书记对创新发展理念的新认识新论断，把科普工作提高到前所未有的战略高度，是对科学普及工作的新方向新要求。迈向创新型国家、建设世界科技强国，不但要有强大的科技实力和创新能力，也要具备坚实的社会基础和良好的创新氛围，更要有大众创业万众创新的生态环境和体制活力。创新是引领发展的第一动力，高水平创新源头供给和科学理性的价值观念是推动经济社会发展的重要引擎。服务社会、惠及民生，是科技创新和科学普及的共同目标，也是创新发展的根本出发点和落脚点。公民科学素质的高低，全社会讲科学、学科学、爱科学、用科学的广度和深度，直接影响一个国家科技创新的根基和“内力”。只有厚植创新土壤，引导公众深入理解创新、参与创新、支持创新，才能更好地激发全社会的创新智慧和创造活力，才能让创新发展真正成为全社会的共同行动。

前不久，我国第一颗量子通信卫星“墨子号”成功发射，这是我国科学家在国际科技前沿领域取得的一项重大突破。“高冷”的学术用语经过新闻媒体的解读和传播成为网络“热词”，媒体用形象生动的语言和表达方式让更多的人知道了什么是“量子”和“量子纠缠”，也让公众理解和感悟了科学家对无尽前沿探索的志气与追求。新闻性的科学事件为科学普及提供了契机，自动驾驶汽车、AlphaGo引发了对人工智能的关注,《星际穿越》和《三体》吸引了更多人成为科幻“粉丝”，让年轻人更深切地感受到了科学世界的无穷魅力。

科学普及让“高大上”的创新成果更加“接地气”。量子通信卫星这样的高科技，既是科技前沿的探索，也与大众的生活息息相关。近年来，我国通过实施科技重大专项，相继部署了北斗导航系统、高分系列卫星、“羲和”精密定位等一系列“天基工程”，有效地应用于保障国家安全、促进经济发展，同时也为南海的渔民、内蒙古的牧民和穿梭于大街小巷的“快递小哥”提供了方便、快捷的服务，遨游太空的卫星不仅“高大上”，也为百姓生活带来众多实惠，让国家科技投入得到了实实在在的产出。本届年会首次邀请国家科技重大专项技术总师和技术骨干参与大会并作主题报告，必将增进社会大众对科技重大专项的了解和参与度，使更多科技重大专项的“高大上”创新成果走入普通百姓的生活。

我们深感，新技术新成果的推广应用亟须科学普及。在生命科学、食品安全、资源环境等一些与公众生活密切相关领域，科研活动越来越感到来自社会舆论的影响。科研人员在服务经济社会发展的过程中不仅要做“负责任的科学研究”，也要在新技术的应用推广过程中主动为公众答疑解惑、示范演示。新技术推广应用往往会遇到行政部门管理者质疑的考量，也可能会触及传统经济中“利益相关者”的焦虑与迟疑，更常受到社会大众的好奇与追踪。从这个意义上讲，无论是媒体、管理者还是企业家，需要的不仅是知识的普及，更重要的是观念的更新。

我们看到，当前，科技创新和科学普及都呈现出越来越明显的大众化、社会化特征。从科技创新来看，随着新一轮科技革命的孕育和兴起，智能社会作为人类经济社会发展的新形态已初露端倪，技术的迭代创新和跨界融合的特征更加明显，新技术、新产品、新模式、新业态不断涌现，创新创业成本大幅度降低，创新创业活动逐渐从内部组织向开放协同发展，低成本、便利化、全要素、专业化的众创空间蓬勃发展，科技企业的“小巨人”正在创造更具竞争力的“大品牌”，科技创新的群体正加快从“小众”向“大众”转变，创新创业日益成为具有强烈时代特征的价值导向，大众创业、万众创新为经济社会提供新动能，创造新价值，开辟新空间。

从科学普及来看，信息技术发展催生了全新的科学传播方式和表达方式，社交媒体、自媒体、全媒体成为科学传播的生力军，互联网正在加快成为科学普及的主阵地和新平台。科学家向公众单向传播知识的传统模式，已经更多地转变为以受众为中心，多元化、多渠道的传播模式。众多调查和研究表明，随着经济社会发展和人民生活水平的提高，除了科学知识的普及之外，更重要的是科学思维方式和健康生活态度的传播。

我们认识到，作为创新发展的两翼，大众化的科技创新创业与社会化的科学普及之间是相互协调、相互促进的关系。科学普及是“双创”的重要社会基础，是创新生态系统的重要组成部分。“地薄者大木不产，水浅者大鱼不游”，如果没有全社会崇尚科学、乐于创新、鼓励创造的良好氛围，缺乏科学家与公众沟通交流的有效渠道，大众创业、万众创新的基础就不会牢靠，新知识、新技术、新产品也难以惠及人民大众。树立正确的价值导向，科学理性看待成功与失利，开展必要的创新创业教育，这些都是打造创新创业的栖息地所必需的“空气”“阳光”和“土壤”。

我们体会到，“双创”本身也是非常有效的科学普及途径。创新创业是一个对知识和技术不断搜寻、学习、使用、再创造的过程。今天，创新创业的社会化，已经在高度建制化的科学研究的“高墙”上打开了一扇新的窗户，不仅传统的科学研究活动可以“众包”，科学普及也从过去被动的“传授—接受”模式转变为“主动寻求”的过程。创新创业者通过自己的实践获取科学知识，懂得科学方法。一个外卖送餐软件，背后可能蕴藏着运筹学、统计学、数字地图和卫星导航等诸多知识和技术。更重要的是，创新创业会让人们更加切身感受到知识和科技创新的价值所在，增强人们求知、求新、求变的愿望和动力。科学普及为科技成果转化和产业化提供了高效的“催化剂”。科技革命和产业变革发轫之时，也是知识流动、技术扩散、科学普及空前活跃的阶段，科学家、工程师、企业家和公众之间的交流互动，新技术、新产品在生产生活中快速扩散，为企业家开拓市场提供了新的空间。社会心理和观念的发展变化，则更有可能创造出巨大的市场需求。如今在很多人眼里，驾驶电动汽车出行不仅是在使用一种新的产品，更是体现了一种环保的生活理念和时尚。

同志们，朋友们!

促进“创新”与“普及”的协同发展、比翼齐飞，需要政府部门、社会团体、新闻媒体、科研人员、社会公众等多方面的共同参与和群策群力。对政府部门来讲，要把科学普及和科学传播作为组织实施重大科学研究计划的重要目标之一，在科研评价机制上要体现对科学普及的导向。政府在研究论证重大科技项目和工程过程中，应当充分听取社会公众的意见和建议，这既是对纳税人负责，也是科学决策、民主决策的要求。

科学技术是根植于大众、反哺于大众的。我们的科学家和工程师要更加积极地投身科普、传播科学，自觉肩负起弘扬科学精神、传播科学思想、倡导科学方法、普及科学知识的重要社会责任，以更加主动的担当、更加平等的姿态、更加朴实的语言与公众沟通交流，让公众乐于倾听、接受、认同科学家的声音。科学家的权威性、科学共同体的公信力，不仅仅因为站在“知识高地”，更应当体现作为一种“公器”的社会价值。

科协组织是党领导下团结联系广大科技工作者的人民团体，是国家创新体系的重要组成部分。现在，科协事业创新发展的形势很好，总书记明确提出了科协四个服务的职责定位，对科协组织在促进科技繁荣发展、促进科学普及推广方面寄予殷切期望。我们一定不负重托，加快科协组织的创新发展，进一步凸显开放型、枢纽型、平台型组织的特色和优势，不断增强政治性、先进性、群众性，以“创新争先行动”为引领，积极开拓进取，奋力创新争先，更好地团结引领科技工作者进军经济建设和科技创新主战场，以科学普及为己任，为提升全民科学素质而现身说法、解疑释惑，带领社会大众创新创业，为建设世界科技强国建功立业。

陕西省是我国西部地区重要的创新资源集聚地和创新高地。截至目前，全省共有国家级高新区 7 个、高新技术产业化基地 6 个、国家重点实验室 19 个、国家工程技术研究中心 7 个。2015 年，综合科技进步水平指数为 62.99%，位列全国第九。西安是千年古都，是古代丝绸之路的起点，洋溢着厚重的历史积淀和浓郁的人文气息。我们在这里领略的不仅是秦汉勃兴、大唐盛世的历史风貌，更切身感受到三秦大地在改革开放、创新创业中奋进拼搏的勃勃英姿。作为国家自主创新示范区和全面创新改革试验区，西安正紧扣创新驱动发展目标，以推动科技创新为核心，着力打造内陆型改革开放新高地、建设丝绸之路经济带新起点，以改革创新为强大引擎，迈出发展新步伐。

本届年会也要为陕西的创新发展垒砖加瓦，举办全国科技工作者创新创业大赛决赛路演活动，陕西省党政领导要与院士专家进行座谈，我也期待与大学生代表见面交流。这些活动必将有效地推动陕西的创新发展，提高公众科学素养。

科技创新是关系人类福祉、国家发展、社会安康的伟大事业。古往今来，一代又一代科学家和工程师以追求真理为目标，用科学技术塑造人类生产生活方式，用科学理性提振人类探求新知、追求美好的信念，用科学精神引领人类的精神家园和文化世界。今天，我们站在一个新的历史起点上，时代赋予了广大科技工作者难得的历史机遇，我们要勇于担当，砥砺前行，在建设世界科技强国、实现中华民族伟大复兴中国梦的伟大征程中作出新的更大贡献。

预祝第十八届中国科协年会圆满成功!

谢谢大家!

在全国科技助力精准扶贫工程动员部署电视电话会议上的讲话

（2016 年 11 月 14 日）

万　钢

同志们：

在脱贫攻坚进入攻坚拔寨的冲刺阶段，中国科协、农业部、国务院扶贫办联合启动实施“科技助力精准扶贫工程”，动员广大科技工作者和各级科协组织积极投身脱贫攻坚，有着非常重要的意义。汪洋副总理非常关心这项工作，并专门给予重要批示。汪洋副总理的指示精神，体现了国务院对此项工作的高度重视，是我们贯彻落实中央精准扶贫决策部署和习近平总书记关于精准扶贫战略思想的具体要求，为我们实施助力精准扶贫工程指明了方向，我们要认真学习领会，坚决贯彻落实。下面，我就贯彻落实中央部署和国务院领导批示精神，讲几点意见。

一、深入贯彻落实中央精准扶贫战略部署，进一步增强打赢脱贫攻坚战的责任感、使命感和紧迫感

党的十八大以来，以习近平同志为核心的党中央高度重视扶贫开发工作，把扶贫作为关乎党和国家政治方向、根本制度和发展道路的大事，作为全面建成小康社会的重点、难点，摆到了社会主义现代化建设的突出位置，明确提出了到 2020 年实现“确保农村贫困人口如期实现脱贫，确保贫困县全部脱贫摘帽”的总目标。习近平总书记多次强调，要坚持“精准扶贫，精准脱贫”基本方略，为开展科技扶贫提供了遵循、指明了方向。目前，全国还有 800 多个贫困县、5000 多万贫困人口，脱贫攻坚形势依然严峻。我们一定要切实增强紧迫感和责任感，不以事艰而不为，不以任重而畏缩，真抓实干，深入开展科技精准扶贫，为打赢脱贫攻坚战提供坚强有力的科技支撑。

科技是国之利器，国家赖之以强，企业赖之以赢，人民生活赖之以好。运用科技创新这一利器，加快贫困地区经济发展，实现 5000 万贫困人口摆脱贫困，与全国人民一道享受富裕文明的现代生活，是全面建成小康社会的应有之义，是党中央交给科技工作者的重大任务，这是科技界的天赋人责。我们要牢记习近平总书记在全国“科技三会”上对科协组织的重要指示，把开展科技精准扶贫作为开展创新争先行动的重要内容，充分体现开放型、枢纽型、平台型的组织优势，团结带领广大科技工作者进军扶贫攻坚主战场，不断开创科技强国富民的新局面，为全面建成小康社会作出更大贡献。

二、紧密围绕中央确定的“五个一批”战略重心，拓展科技扶贫的新空间

“五个一批”工程是党中央确定的打赢脱贫攻坚战的重要举措，也是科技扶贫的重心所在。要全面把握“五个一批”的重点，认真谋划科技支撑的方式方法，切实体现更大作为。

一是为产业发展献计献策，助力发展生产脱贫一批。扶贫先扶智。推动贫困地区的经济转型，创造新的增长点，关键在于科学谋划在前，遵循市场规律，找准科技进入经济主战场与企业发展和现代农业生产紧密结合的切入点。在此基础上，将广大科技工作者的聪明才智与贫困地区的脱贫需求有机结合。在湖北大别山连片特困地区养殖“扶贫羊”，前几年选了热门的小尾寒羊，不服南方水土，天热都病死了；后来经专家咨询论证，养了本土黑山羊，得病少，长得快，价格也好，充分凸显了农业产业发展中科学论证的重要性。

二是为异地搬迁提供规划论证，助力异地搬迁脱贫一批。当前形势下，实施大规模搬迁移民，已不同于过去有土安置的方式，不是简单的人口迁徙，而是一项重构经济和社会体系的重大改革，不但要帮助贫困群众从“一方水土养不活一方人”的穷乡僻壤搬迁出来，更重要的是帮助他们解决生产生活出路问题。要充分发挥科技优势，为搬迁选址提供决策咨询和技术论证，确保“搬得出”“稳得住”“能致富”。这方面，科技应有更大的作为，要有前瞻意识、长远眼光和更扎实的部署，既要促进贫困地区人民的生产能力提升，也要统筹好社区发展、小城镇建设，用更加适宜的技术系统和现代理念为贫困地区创造优质的生产生活环境。

三是为绿色和谐发展提供技术支撑，助力生态补偿脱贫一批。小康全面不全面，生态环境质量是关键。要充分发挥科技的支撑作用，正确处理好扶贫工作中发展经济同保护生态环境的关系，构建科学合理的农业发展格局、生态安全格局，推动建立绿色低碳循环发展的扶贫新路子。

四是大力开展科学普及，助力发展科技教育脱贫一批。用先进的科技知识武装人民，以更好适应现代生产生活方式，是脱贫致富的治本之策和持续发展之道。要把面向贫困地区开展科学普及作为助力工程的重要内容，以更加贴近生产需求、生活需求和全面发展需求的工作导向，创新性地进行科普产品服务的精准推送和落地，确保到“十三五”末实现公众科学素养达到10%的目标。

三、坚持问题导向，精准发力，力求科技扶贫更大实效

要全面贯彻落实中央关于“精准扶贫、精准脱贫”的重大方略，科学研判不同地区、不同产业发展的实际需求，发挥科技创新四两拨千斤的重要作用，把握支点，准确发力，实现扶贫脱贫的倍增效应。

一是要加强农业关键技术集成应用，助力贫困地区农业转型升级的技术瓶颈。科技群团广泛联系各领域的科技工作者和科研单位，要发挥农业生产技术传递的枢纽作用，搭建农业科研机构、高校科技成果与贫困地区的桥梁，实现供需双方的高效对接。要特别发挥新农村发展研究院的作用，推动新农村发展研究院在贫困地区建设一批集中科技示范、成果推广转化、农民技术培训为一体的农科技服务基地，引进和孵化一批科技型的企业来支撑贫困地区的农业转型升级。

二是大力发展农技协和农技协联合会，发挥科技致富的“龙头”带动作用。针对生产经营分散、产品竞争力弱这一贫困地区经济发展滞后的短板，优先加强服务类平台建设，桥接技术、资金、人才要素，推进协同创新。农技协等基层科协组织要发挥更大的作用，担负起科技脱贫致富的龙头示范功能，架起农户与市场之间的桥梁。最近调查看到农科协、农技协成员大都是我们农业科技的特派员，目前这支队伍已经有70余万人。要贯彻落实好国务院《关于深入推行科技特派员制度的若干意见》，发挥好科技特派员的作用，组织动员科技特派员进村入户，以创业式扶贫为抓手，把致富带头人与贫困地区的需求，创业扶贫政策与贫困地区的扶贫项目紧密结合起来，走一条可持续的脱贫之路。

三是加强技术和商业模式创新，创造贫困地区新的经济增长点。新一轮科技和产业变革快速兴起，技术和商业模式创新层出不穷，不断塑造经济发展的新格局。广大贫困地区有着独特的生态环境和资源禀赋，释放传统产业的比较优势，形成新的增长优势，关键在于技术和商业模式创新的相互衔接。要充分发挥企业特别是平台企业的优势，引导更多的社会力量参与到助力工程中来，补齐短板，创造优势，努力走出一条贫困地区产业跨越发展的新路子。要加强农村版众创空间，组织动员科技特派员、大学生、各类创业人才深入到一线培育新的农业经营主体，以创业带动就业，带动农民增收脱贫致富。

四、大力创新，合力攻坚，科技扶贫要立新功

在全面建成小康社会的决胜阶段，广大科技工作者和科技组织必须采取超常规举措，不断创新科技助力精准脱贫的理念和方式，齐心协力、众志成城实现脱贫攻坚目标。

一是创新科技助力精准脱贫理念，处理好外扶与内力的关系。授人以鱼不如授人以渔。科技助力贫困地区发展，关键还要释放贫困地区人民的内生动力，增强持续致富的能力。要加强示范引导，用切实可行的模式和案例，让贫困群众看到科技脱贫的希望，增强科技脱贫的信心。通过助力工程的深入实施，在贫困地区扎实树立起依靠科技进步实现经济社会又好又快发展的理念，让科技创新深入人心，真正形成先富带后富、大家齐心奔小康的生动局面。

二是创新科技助力精准脱贫方式，发挥科技“倍增器”作用。要充分发挥网上科协的平台作用，把科技扶贫作为重要功能，搭建科协组织面向贫困地区提供科技类公共服务产品的核心载体。大力推进“互联网+科普”，充分发挥互联网的优势，为精准扶贫插上科技的翅膀，延伸服务空间。通过农业信息网、科普中国乡村e站，把课堂搬到网上，为贫困群众提供线上线下、点对点、面对面的培训。要大力吸引科技型企业到贫困地区创新创业，把贫困地区的资源优势转化为经济优势，用“市场之手”换穷业、拔穷根、摘穷帽。

三是形成合力攻坚大格局。实施“科技助力精准扶贫工程”，是我们“十三五”时期的一项重要工作。要进一步整合引导政策、人才、资金、项目等向贫困地区倾斜，把中央地方、系统内外的一切资源、一切积极因素全部调动起来，着力打造扶贫攻坚新格局，为打赢脱贫攻坚战凝聚强大合力。

同志们，脱贫攻坚是一场时间有限、任务明确、务求胜利的硬仗。我们要切实增强责任感、使命感、紧迫感，紧密合作，凝心聚力，组织动员全国广大科技工作者，尽其所力，尽其所能，积极投身科技扶贫精准脱贫第一线，为实现脱贫攻坚总目标、实现两个一百年中的第一个百年奋斗目标、实现中华民族伟大复兴的中国梦而努力奋斗！

在2016年科协系统深化改革工作电视电话会议上的讲话

（2016年11月14日）

万　钢

同志们：

党的十八届六中全会胜利闭幕不久，中国科协党组书记处就专门召开2016年科协系统深化改革工作电视电话会，研究落实推进改革任务落实的具体举措，非常有意义，也十分必要。

尚勇同志代表中国科协党组书记处分析了改革中的情况，对下一步推进改革提出明确要求和实施部署，我完全赞成。《科协系统深化改革实施方案》印发后，全国学会和地方科协都积极行动起来，主动作为，一些关系改革的重大问题已经取得明显进展。改革过程中有几个突出特点：

一是对标中央要求，始终保持正确的政治方向。中央改革要求去除“四化”特别是“机关化、行政化”，着力解决与科技工作者的“亲”和“紧”的问题，不断保持和增强政治性、先进性和群众性。中国科协团结带领广大科技工作者坚定不移地听党话、跟党走，自觉与以习近平同志为核心的党中央保持高度一致，对中央改革发展创新的战略布局形成了高度认同、高度共识和共同的行动。

二是主动作为。各地科协和各全国学会以“想事干、创新招、强协调、重实效”的工作精神，扎实推进改革，集聚各方力量共同推进科协事业发展。在中央统一部署下，上海、重庆两市作为中央第一批改革试点，市委高度重视并扎实推进，率先推出改革举措。江苏、青海也及时出台改革方案，体现了极强的大局意识和政治敏锐性。其他地方认真汲取试点经验，后发优势逐步显现。全国学会也大力推进治理结构和治理方式改革。总体来看，大家紧密结合中央方案要求，边研究、边落实、边深化，改革方案更加扎实，载体和平台更加丰富，步骤很稳，在群团改革和科技体制改革方面走在了前列。

三是关键突破。各地改革直指科协事业发展中的实质性问题，紧紧抓住密切联系科技工作者这一核心，这点特别重要。科协做的是人的工作，可以联系到人、深入基层，比如，精准扶贫工作可以一直把工作做到村子里面去，这是我们的优势和最大的特点。一定要抓住这种牵一发而动全身的问题作为主攻方向，不断从思想上团结凝聚广大科技工作者。

四是大胆实践。全国学会和地方科协结合各自工作实际和学科、区域特色，创造性地提出一系列的改革举措。刚才中国电子学会、重庆市科协、江苏省科协做了介绍，其他的也收入交流材料中，不再一一多说。政府职能转变和科协承接政府转移职能两者是相辅相成的，关键问题是我们要把事情办实、办好，少花钱多办事。从这个角度讲，科协承接更多职能更多任务后，面临一个编制的问题，不是说一定要同比例增加编制，而是要提高我们的效率，利用好新的职能特色、联系群众的特色、以“人”为核心做工作的特色。我们掌握新科技，包括微信、APP这些手段，建立一些群，更有效地团结带领广大科技工作者，把改革任务落实好。

科协系统改革是全面深化改革大局的重要组成部分，既要体现群众工作特色，又要体现科技体制改革特色。一方面，中央高度重视党的群众工作，从巩固党执政的社会基础和群众基础的政治高度扎实推进科协改革；另一方面，要充分发挥科协组织在创新驱动发展和深化科技体制改革方面的重要作用。中央全面深化改革领导小组和国家科改领导小组的每一项重大政策，都要征求科协的意见。中央对科协改革非常关心、抓得很紧，中央书记处多次听取中国科协工作汇报，中央领导出席我们很多重要的会议进行指导。科协系统深化改革是中央交给科协的一个政治任务，我们要主动抓住这个机遇。下面，结合学习领会中央关于改革的明确要求和习近平总书记系列重要讲话精神，我再讲几点意见。

一、深入贯彻落实党的十八届六中全会精神，通过改革不断深化科协组织作为人民团体的政治属性

党的十八大以来，以习近平同志为核心的党中央加强系统谋划和顶层设计，对包括科协组织在内的群团改革重视程度前所未有，委托的重任也是前所未有。新形势下加强和改进群团工作，新形势下加强创新驱动发展，新形势下推动科技体制改革，特别重要。要牢记党领导下团结联系广大科技工作者的人民团体这一政治属性，通过推进改革，保持和增强“三性”，防止和克服“机关化、行政化、贵族化、娱乐化”现象，为打开科协工作新局面提供强大动力。

一要把政治性作为科协组织的灵魂和第一位要求，自觉坚持中国共产党的领导、维护党的权威，树立政治意识、大局意识、核心意识和看齐意识，始终站在党和人民的立场上，坚持为党分忧、为科技工作者谋利，反映他们的诉求，凝聚人心、化解矛盾、增进感情、激发动力。当前最重要的，就是要把广大科技工作者紧密团结在以习近平同志为核心的党中央周围，听党话、跟党走，不断增强中国特色社会主义的道路自信、理论自信、制度自信和文化自信。

二要把保持和增强先进性作为重要着力点，凝聚并激活科技人才这个第一资源，奋力创新和发展科学技术这个第一生产力，创造和传播科学精神科技知识这一先进文化，组织动员广大科技工作者在贯彻落实党中央战略部署中率先垂范，在进军世界科技强国的伟大征程中奋发有为、走在前列。

三要树立把科技工作者更广泛更紧密地团结在党周围的工作标准，科协直接联系到人，一定要把“亲”和“紧”作为未来工作的重点，要眼睛向下，面向基层，改革和改进机构设置、管理模式、运行机制，减少中间层次，接长手臂、形成链条，更多把科技工作者纳入组织，更多关注、关心、关爱普通科技工作者、科普工作者、“双创”青年人才，多做雪中送炭的事，把8100多万科技工作者最广泛、最紧密地团结凝聚起来。刚才，在全国科技助力精准扶贫工程动员部署电视电话会议上，扶贫办还希望我们发现更多的深入到基层的科技人员，把他们扶贫脱贫的事迹表彰出来，科技应该作为扶贫主要力量，也应该作为先进人物的代表，我们一定要发挥自己的特点。

二、突出开放型、枢纽型、平台型的组织优势，努力提供更多更高水平的科技类公共服务产品

专业属性是科协组织区别于其他人民团体的最大特征，要准确把握科技创新规律和国家创新驱动发展的战略需求，加快改革传统的工作体制机制、服务渠道和手段、工作理念和工具，推动工作手段信息化、组织体系网络化、治理方式现代化迈上新台阶。要推进科技体制改革，及时反映问题，做好优势服务，承接转移职能后，做得不好就要承接抱怨，加强对科技工作者的理解和服务，团结带领他们围绕着党的要求为完成党的中心任务而共同奋斗。

一是苦练内功，推动学会有序承接政府转移职能工作常态化深入发展。目前，学会承接政府转移职能的扩大试点任务已基本完成，达到了政府放心、社会满意、科技工作者认可的预期目标。下一步，要按照习近平总书记要求和中央对科协系统深化改革的部署，把“承能”工作作为改革的日常性工作，创新学会组织的社会化服务职能，拓展科协工作新领域，建立可负责、可问责的常态化运行机制，按照接得住、接得好的标准提升学会能力。“承能”工作越往下走就会越难，任务就会越重，接得住、接得好这不是一句简单的话，既要看到学会在承接科技创新大的工作具有优势，又要有充分的思想准备。

二是搭建平台，围绕科技创新全链条提供有效服务。所谓全链条，就是从基础研究到技术开发、成果转化，转化过程中又产生新的科学问题、新的技术。在这方面，科协已经创造了很多很重要的经验。要适应广大科技工作者及时抓住前沿热点、把握重大需求、开展学术交流、有效成果转化、投身创新创业的迫切需求，加快推进网上科协建设，通过互联网的优势加强信息的推送供给，有效集成各方信息、资源、平台，推动科协业务流程、工作模式、工作方式和工作机制升级和再造，真正让各个领域、不同区域、产学研的各个主体充分交互，让科技成果转化更加便捷，在技术需求方和供给方之间建立联系和反应机制，加大开放协同力度。同时，要对未来的发展更加有前瞻，要提得出前瞻的问题。

三是建立普惠共享的现代科普体系，为社会公众提供多样化高质量的科普服务产品。以科普信息化为龙头，推进科普的内容创作、表达方式、传播手段、管理运行机制等的全方位创新，丰富优质科普内容，不断提高科普的呈现效果和传播水平。针对公众的不同需求和特点，通过科普服务精准推送方式，实现科技成果在全社会共享。组织广大科技工作者积极投身科普、传播科学，自觉肩负起弘扬科学精神、传播科学思想、倡导科学方法、普及科学知识的重要社会责任，围绕公众关切的健康安全、科技前沿等热点、焦点问题，及时、准确、便捷为公众解疑释惑，促进公众对国家科技战略发展政策的理解，推动“创新”与“普及”协同发展、比翼齐飞。科普不仅是知识传播，对社会、对文化也会产生很大的影响。科技进步了，老百姓会有更多的问题，如果不直接面对老百姓讲清楚这些问题，包括转基因、PX等，就会碰到麻烦。比如，人工智能很热，老百姓很新奇，机器人干了工作，我们干什么，我们召开世界机器人大会既要把前瞻讲清楚，又要把老百姓担心讲清楚，用机器人不是换人，而是把人的劳动强度减轻、智慧力量提高、创造的服务更多，所以人的工作更轻松、收入更高，这就是科技进步带来的社会性问题，与每个人都相关，科普不光讲一件事，还要把道理讲清楚。

四是发挥第三方评估的引领作用，为党和政府提供高水平的智库服务。坚持开放和前沿导向，主动把握新一轮科技和产业变革的发展趋势，加强前瞻研判，着力形成科技创新智库的核心竞争力。站在国家战略高度和第三方立场，认真开展好全面创新改革试验第三方评估等工作，为相关政策制定和调整提供实用、特色、科学的建议。强化智库的政策服务功能，有针对性地推动出台相关政策。我最有感触就是对“双创”的评估，国务院领导高度重视，要求每个部门都针对问题提出改革方案，科协评估来自学会、来自基层，作用很大。

三、准确把握科协组织肩负的历史使命，努力成为建设世界科技强国的重要创新力量

今年5月，习近平总书记在“科技三会”上提出建设世界科技强国的宏伟目标，要求广大科技工作者当好建设世界科技强国的排头兵。这不仅为实现我国科技事业跨越发展指明了方向，也对科协提出任务和担当，是科协系统深化改革的战略基点。我们一定要不辱使命、不负重托，把习近平总书记的要求落实到行动中，按照“面向世界科技前沿、面向经济主战场、面向国家重大需求”的科技创新方针，团结带领广大科技工作者领航创新，勇担国家创新发展的中流砥柱。

一要扎实落实好改革任务，转变工作方式，为创新驱动发展服务。深刻理解习近平总书记对中国科协各级组织提出的161字明确要求，这是中央对新形势下科协组织使命任务、职责定位、工作方向的进一步凝练和提升，是科协改革的基本遵循。科协组织要通过改革，更好履行为科技工作者服务、为创新驱动发展服务、为提高全民科学素质服务、为党和政府科学决策服务的职责定位，发挥促进科技繁荣发展，促进科学普及和推广的社会功能和作用，动员科技工作者进军科技创新，汇聚起广大科技工作者的智慧和能量，用科技创新托举起中华民族伟大复兴的中国梦。

二要打造好“创新争先行动”品牌。科协组织要切实强化服务意识，提升服务能力，挖掘服务资源，把“创新争先行动”打造成标志性行动，要有标志性成果、标志性人物，要不断更新，与科技创新工作紧密结合起来，团结带领广大科技工作者短板攻坚争先突破、前沿探索争相领跑、转化创业争当先锋、普及服务争做贡献。这是科协组织在新时期战略任务的进一步拓展和提升，符合实际，要认真组织实施好，取得实际效果。

三要组织科技工作者面向未来提出建议。科技工作者从事科研工作，对未来更有建议权和发言权。我们要组织科学家立足科研工作，多提出一些面向未来的前瞻性建议，对产业变革和产业转型提出建议，对未来科学问题提出建议，对未来基础研究提出建议。比如，在科学问题方面，大家高度关注脑科学、人工智能，我们能不能在发展方向、在可能带来社会问题上，提出一些有分量的建议。新能源、半导体照明、电动汽车、智能机器人这些领域发展到什么样程度、对新动能的贡献有多少，新动能不光是网络，这些还包括超级计算机、信息化等，都是实实在在的新动能，这些新动能对我们国家未来发展都有很重要的意义。要组织科技工作者多提前瞻性建议，做好这个工作。

当前，科协组织正处于改革发展的新起点、新长征，任务和压力前所未有，机遇和挑战前所未有。希望大家齐心协力，认真贯彻落实好习近平总书记系列重要讲话精神和党中央的战略部署，深入推进科协系统改革工作，争当改革的促进派和实干家，把广大科技工作者紧密团结凝聚在以习近平同志为核心的党中央周围，在决胜全面建成小康社会、向世界科技强国进军的历史进程中发挥更大作用、做出更大贡献。

谢谢大家！

在中国科协庆祝中国共产党成立 95 周年表彰大会上的讲话

（2016 年 7 月 1 日）

尚　勇

同志们：

今天，我们在这里隆重集会，庆祝伟大的中国共产党成立 95 周年，并借此表彰优秀共产党员、优秀党务工作者、先进基层党组织、优秀共青团员、优秀团干部、五四红旗团组织等先进典型。在此，我谨代表中国科协党组，向受到表彰的党员同志、基层党组织、青年朋友以及其他各类先进典型表示热烈的祝贺！向科协系统广大共产党员和入党积极分子致以节日的问候！

今天上午，习近平总书记在纪念中国共产党成立 95 周年大会上发表了重要讲话。总书记在讲话中全面回顾了我们党 95 年来团结带领中国人民不懈奋斗所走过的波澜壮阔历史进程和做出的伟大历史贡献。总书记用三个“伟大飞跃”，深刻阐明了中国共产党在 95 年波澜壮阔的历史进程中，为中华民族做出伟大历史贡献的重大意义。用三个“历史告诉我们”，全面论述了中国共产党领导中华民族伟大复兴事业，领导中国人民开辟中国特色社会主义道路，扎根中国大地、吸纳人类文明优秀成果、独立自主实现国家发展战略，是历史的选择、是人民的选择，必须长期坚持、永不动摇。

总书记在讲话中，以“不忘初心、继续前进”为主题，围绕八个方面，对全党上下提出了奋斗目标和明确要求。一是坚持不忘初心、继续前进，就要坚持马克思主义的指导地位，坚持把马克思主义基本原理同当代中国实际和时代特点紧密结合起来，推进理论创新、实践创新，不断把马克思主义中国化推向前进。二是坚持不忘初心、继续前进，就要牢记我们党从成立起就把为共产主义、社会主义而奋斗确定为自己的纲领，坚定共产主义远大理想和中国特色社会主义共同理想，不断把为崇高理想奋斗的伟大实践推向前进。三是坚持不忘初心、继续前进，就要坚持中国特色社会主义道路自信、理论自信、制度自信、文化自信，坚持党的基本路线不动摇，不断把中国特色社会主义伟大事业推向前进。四是坚持不忘初心、继续前进，就要统筹推进“五位一体”总体布局，协调推进“四个全面”战略布局，全力推进全面建成小康社会进程，不断把实现“两个一百年”奋斗目标推向前进。五是坚持不忘初心、继续前进，就要坚定不移高举改革开放旗帜，勇于全面深化改革，进一步解放思想、解放和发展社会生产力、解放和增强社会活力，不断把改革开放推向前进。六是坚持不忘初心、继续前进，就要坚信党的根基在人民、党的力量在人民，坚持一切为了人民、一切依靠人民，充分发挥广大人民群众积极性、主动性、创造性，不断把为人民造福事业推向前进。七是坚持不忘初心、继续前进，就要始终不渝走和平发展道路，始终不渝奉行互利共赢的开放战略，加强同各国的友好往来，同各国人民一道，不断把人类和平与发展的崇高事业推向前进。八是坚持不忘初心、继续前进，就要保持党的先进性和纯洁性，着力提高执政能力和领导水平，着力增强抵御风险和拒腐防变能力，不断把党的建设新的伟大工程推向前进。

总书记强调，全党同志一定要不忘初心、继续前进，永远保持谦虚、谨慎、不骄、不躁的作风，永远保持艰苦奋斗的作风，勇于变革、勇于创新，永不僵化、永不停滞，继续在这场历史性考试中经受考验，努力向历史、向人民交出新的更加优异的答卷。

总书记的重要讲话高屋建瓴，博大精深，内涵丰富，特色鲜明，贯穿着共产党人的坚定信仰追求、历史担当意识、真挚为民情怀，闪耀着马克思主义真理的光辉。会后，各级党组织和广大党员要认真学习、深刻领会、贯彻落实习近平总书记重要讲话精神，切实用总书记重要讲话精神指导工作实践。

今天下午的会议开始时，我们面向党旗庄严宣誓，重温入党誓词。那一刻，我们每一个人都热血沸腾、激情澎湃，更感到共产党员称号的神圣和骄傲，更意识到肩负的使命光荣伟大、责任重于泰山。这是每个共产党员的庄严承诺。言必行，行必果。在决胜全面建成小康社会、实现第一个“百年”目标的关键时刻，在向着实现中国梦胜利曙光进军的伟大征程中，如何做一名合格党员，是我们每个党员必须以实际行动来做出回答的问题，也是“两学一做”学习教育对我们每个党员提出的要求。下面，我结合学习习近平总书记重要讲话精神，谈几点认识和体会。

一、坚定理想信念永不动摇

理想信念是共产党人的政治灵魂，是人生的航标灯塔，是前进奋斗的不竭动力，是精神上的“钙”，是共产党人终生不渝、矢志不移的追求。

一是树立共产主义远大理想不动摇。共产主义理想是人类历史上最美好、最科学、最崇高的理想，也是共产党人的最高理想。共产主义理想的终极目标，就是彻底消除阶级差别和剥削压迫，使全人类共同过上平等幸福生活。这一伟大的信仰，召唤着无产者团结奋斗，前赴后继。革命战争年代，无数先辈就抱定为人民翻身求解放、造福天下百姓的朴素信念，舍己为公，舍生忘死，无私奉献，慷慨赴死，抛头颅洒热血，用生命追求着自己的信仰。今天，一辈辈共产党人浴血奋斗的理想正变成美好的现实，我们到了最接近实现中国梦这个阶段理想的关键时刻，更要像先辈们那样忠诚于自己的信仰，坚定理想信念始终不动摇。我相信，通过一代代人不懈努力、矢志奋斗，我们必然会一步步接近这个伟大目标。

二是坚定马克思主义信仰不动摇。指导思想是一个政党的精神旗帜。马克思主义是我们立党立国的根本指导思想。背离或放弃马克思主义，我们党就会失去灵魂、迷失方向。时代越发展、社会越进步，越需要我们在实践上大胆探索、在理论上不断突破，不断开辟21世纪马克思主义发展新境界，放射出更加灿烂的真理光芒。党的十八大以来，习近平总书记结合治国理政新实践发表的系列重要讲话，是马克思主义中国化的重大理论创新成果，是中国特色社会主义理论体系的重大发展，为我们在新的历史起点上实现新的奋斗目标提供了科学指南和基本遵循。科协全体党员必须始终坚持用习近平总书记系列重要讲话精神这个时代化中国化的马克思主义武装思想、指导实践，提升思想理论新境界。

三是坚定中国特色社会主义信念不动摇。中国特色社会主义是迈向共产主义的必由之路，也是13亿中国人民实现伟大复兴中国梦的必然抉择。改革开放特别是十八大以来，按照“五位一体”的总体布局，社会主义建设事业取得了举世瞩目的辉煌成就，我们只用短短30多年就走完了西方资本主义国家要用几百年才能走完的发展之路，充分显示了中国特色社会主义制度的优越性。伴随着国际风云变幻，前进的道路上艰难坎坷和激流险滩更加突显，坚持和发展中国特色社会主义面临着长期、复杂、严峻的考验。我们必须坚定信念，不改初心，坚定道路自信、理论自信、制度自信、文化自信，不听任西方敌对势力蛊惑煽动，坚定不移走中国特色社会主义发展道路，坚持新的发展理念，发挥创新驱动发展第一动力作用，努力建设世界科技强国，进而实现中华民族的伟大复兴。

四是坚定中国共产党领导不动摇。中国共产党是中国特色社会主义事业的领导核心，这个领导核心是中国人民的历史选择。事实证明，中华民族取得民族独立，实现经济实力跃居世界前列，根本在于坚持了中国共产党的领导。没有党的领导或者削弱党的领导，就不会有中国特色社会主义事业的伟大胜利。党的十八大以来，以习近平同志为核心的党中央运筹帷幄、总揽全局，从确立“两个一百年”奋斗目标到提出“中国梦”，从统筹“五位一体”总体布局到协调推进“四个全面”战略布局，从把握中国经济发展新常态到牢固树立五大发展理念，不断完善治国理政顶层架构，改革发展稳定、内政外交国防、治党治国治军全方位推进。这是中华民族躬逢其盛的幸运时代。科协广大党员要以无比的信任和崇敬，坚定不移地团结在以习近平同志为核心的党中央周围，牢固树立政治意识、大局意识、核心意识、看齐意识，自觉从思想上、政治上、行动上与党中央保持高度一致。

二、抱定为民情怀永不淡漠

人民群众是我们党的安身立命之本，是我们的立党之基、力量之源。人民是历史的创造者，群众是真正的英雄。我们党来自人民，依靠人民，为了人民。人民群众对美好生活的向往，就是全体共产党人的奋斗目标。

一是要把人民放在心中最高位置。全心全意为人民服务是我们党的根本宗旨，造福全体人民是我们党的光荣使命。党除了工人阶级和最广大人民群众的利益，没有自己特殊的利益，人民群众的所需所求就是党员领导干部要谋要办的实在事。全体党员干部要时刻牢记我是谁、为了谁，在任何时候都要把人民群众的利益放在第一位，把一切工作的出发点和落脚点都聚焦到人民的福祉上，坚持权为民所用，情为民所系，利为民所谋，自觉做到吃苦在前、享受在后，绝不允许任何党员脱离群众、凌驾于群众之上。

二是要密切联系群众。群众路线是党的生命线和根本工作路线。科协系统每位党员特别是领导干部都要牢固树立群众观念，诚心尽意为广大科技工作者服好务。要接长手臂、扎根基层，深入高校、科研院所、企业、农村等科技创新一线，深入田间地头、社区乡镇等农技推广和科学普及一线，切实了解疾苦，倾听呼声，听取建议，集中智慧。要大力开展网上“建家交友”活动，倡导科协各级领导实名上网，直接听取科技工作者意见建议和呼声，增强工作联系和情感交流，努力成为可亲可信、知心知意的“科技工作者之友”。要密切关注、准确把握科技工作者的思想动态，有针对性地加强思想引领，及时宣传解读中央重大决策部署特别是科技创新决策部署，引导科技工作者把智慧和力量凝聚到党领导的中国特色社会主义事业上来。

三是要努力为群众谋利益。一个合格的共产党员，要做到想群众之所想，解群众之所急，奔群众之所向，乐群众之所乐。科协系统广大党员干部要千方百计为科技工作者谋利益，把广大科技工作者满意不满意、高兴不高兴、得没得到实惠，作为衡量我们工作的唯一标准。要主动提供政策服务和法律咨询，推动加强知识产权保护，引导科技工作者依法维护合法权益。要支持科技工作者创新创业，为科研成果转化搭建平台，积极营造良好学术环境，使科技工作者充分发挥聪明才智，充分实现知识价值，创新源泉充分涌流。要响应人民群众日益增长的科学文化需求，全面增强科普公共服务产品的有效供给，满足人民多样化的精神需求，提高人民群众文明生活和追求幸福的能力，增强人民群众的获得感。

三、勇于历史担当永不懈怠

坚持原则、敢于担当是党的干部必须具备的基本素质。革命战争年代，老一辈共产党人毅然肩负起推翻三座大山、实现民族独立的历史担当。而今，我们面临着推动创新驱动发展、建设创新型国家、进而向世界科技强国进军的历史担当。这是党中央和全国人民交给科技界的历史重任，我们必须迎难而上、勇挑重担。

一是要有高度的责任感。责任只有轻重之分，而无有无之别。在中国特色社会主义建设和中华民族伟大复兴的征程上，我们每个人也许只是一颗微不足道的螺丝钉，但正是这千千万万不起眼的螺丝钉，支撑着“中国梦”巨轮破浪前行，成为中华民族伟大复兴进程中不可或缺的一环。科协全体党员特别是党员领导干部要率先垂范，立足本职、爱岗敬业、埋头工作，真正把岗位当责任、把工作当使命，时时兢兢业业、事事精益求精，做到“在位一分钟，干好六十秒”，在平凡岗位干出不平凡的业绩，努力向历史、向人民交出一份合格的答卷。

二是要勇于开拓创新。当前，改革已进入深水区和攻坚期，充满风险和挑战，正如逆水行舟、滚石上坡，不进则退。科协广大党员干部必须深入贯彻落实《科协系统深化改革实施方案》，坚持“想事干、创新招、强协调、重实效”的进取精神，敢于迎难而上，大胆创新，主动接受挑战，直面矛盾和问题，不计个人名利得失，敢于自我革命，不断开拓科协工作新局面。

三是要不断提升业务能力。科协广大党员干部要克服新形势下“本领恐慌”的危机感，不断加强理论学习，用总书记重要系列讲话精神武装头脑，熟悉党和国家的大政方针和最新决策部署，敏锐把握世界科技创新发展趋势。必须强化业务能力，丰富知识储备，完善知识结构，熟练掌握工作技能，做到理论与实践相结合，在实践中增长才干，成为科技管理和服务的内行。必须加强团结协作，科学规划、专业分工、密切配合，依靠团队力量开展工作，实现一加一大于二的聚合效应。

四是要有实干苦干的韧劲。锲而不舍，金石可镂。习近平总书记在“科技三会”上的重要讲话中，明确要求各级科协组织要坚持为科技工作者服务、为创新驱动发展服务、为提高全民科学素质服务、为党和政府科学决策服务的职责定位，对科协工作提出了新的更高要求。要完成党中央赋予我们的重大任务，科协全体党员干部必须提振精神、鼓足干劲，燃旺打拼激情，既要有只争朝夕的紧迫感，又要有百折不挠的韧劲，更要有抓铁有痕、踏石留印的狠劲，咬定青山不放松，以钉钉子的精神攻坚克难，干在实处、走在前列，确保各项任务取得实效，向党中央交上一份满意的答卷。

四、严明纪律规矩永不放松

纪律是事业胜利的坚强保证。我们党是靠革命理想和铁的纪律组织起来的马克思主义政党，严明的纪律是我们党的独特优势，也是党的生命线。面对当今错综复杂的社会环境和舒适安逸的生活条件，我们比以往任何时候都需要通过铁的纪律来维护党的团结统一，保持党的纯洁，确保全党统一意志、步调一致前进。

一是要在政治上时刻清醒坚定。党的政治纪律是一切纪律的基石，必须摆在首要位置。广大党员干部要牢固树立大局观念和全局意识，坚持全党服从中央，自觉维护中央权威，决不允许阳奉阴违、自行其是，决不允许“上有政策、下有对策”，决不允许有令不行、有禁不止，决不允许在贯彻执行中央决策部署上打折扣、做选择、搞变通。要坚决维护党的团结，自觉提高政治敏锐性和政治鉴别力，不散布违背党的理论和路线方针政策的意见，不发表违背中央决定的言论，在思想上政治上行动上同以习近平同志为总书记的党中央保持高度一致。

二是要在廉洁自律上严格要求。坚守清贫是共产党人的伟大人格。吏不畏吾严而畏吾廉，民不服吾能而服吾公。清廉才能取信于民，秉公才能赢得人心。科协虽然是大家眼中的“清水衙门”，但在刚刚结束的国家专项审计中，还是发现不少问题，特别是随着科协经费规模越来越大、项目越来越多，经济问题将处于多发易发期，廉洁形势将更加严峻。这就要求科协各级党员干部把《准则》和《条例》牢记于心，严格执行中央“八项规定”精神，严格遵守各项规章制度，时刻保持头脑清醒，更加严守廉洁纪律，履行好党风廉政建设责任，自觉接受监督，做到公私分明、克己奉公、严于律己，洁身自好，坚持高线、守住底线。要严格遵守群众纪律和生活纪律，在日常小事和生活细节上，做到“慎独”“慎初”“慎微”“慎交友”，不以“不是我一个”原谅自己，不以“一次不要紧”为自己开脱，不以“小事无所谓”放纵自己，不以搞特殊而最终害人害己害亲人，永葆共产党人的政治和清廉本色。

三是要在工作中高标准严要求。党的力量来自组织，组织能使力量倍增。科协各级党员干部要增强组织纪律观念，坚持个人服从组织、少数服从多数、下级服从上级、全党服从中央的原则，始终相信组织、依靠组织、服从组织，不搞任何形式的派别活动和非组织活动。要懂规矩、按程序办事，不超越职权范围行事，不违背规章制度办事，严格执行个人事项请示报告制度。在工作纪律方面，通过“庸、懒、散、浮、拖”专项整治，科协系统作风建设取得了积极进展，工作面貌和工作作风焕然一新，但无事生非、诬告陷害、讲价钱、要私利的情况仍然存在，还没有从根子上完全解决。科协广大党员干部要进一步严格要求自己，自省自律。各部门、各单位要加强监督检查力度，坚决纠正不良风气，让真正想干事、敢干事、能干事的人没有后顾之忧，创造科协系统干事创业的良好氛围。

五、作风品格修养永不止步

作风问题根本上是党性问题，是党性修养的外在体现，而品德修养则是内功。党员是人民群众中的先进分子，理应在作风建设和道德修养上走在前、做表率。

一是要对党忠诚。对党忠诚是全体党员的义务，是首要的政治本色。每位共产党员都要坚决拥护党的纲领，遵守党的章程，履行党员义务，执行党的决定，严守党的纪律，保守党的秘密，对党忠诚，永不叛党。要对组织忠诚老实，不讲谎话；对同志诚恳实在，不讲假话；对人民真情实意，不讲空话。要做老实人、说老实话、干老实事，做到光明磊落、襟怀坦白，公道正派、表里如一。一个党员如果连与人坦诚相待都做不到，当面一套背后一套，当面是人背后是鬼，这样的人就绝不可能对党忠诚，更不用谈随时准备为党和人民的利益牺牲一切、付出所有。

二是要坚持实事求是。实事求是作为党的思想路线，始终是中国共产党人认识世界和改造世界的根本要求，是我们党的基本思想方法、工作方法和领导方法，是党带领人民推动中国革命、建设、改革事业不断取得胜利的重要法宝。这四个字听起来耳熟能详，但说易行难，稍不留神就会脱离实际。现实中，有的干部急功近利，不按客观规律办事；有的干部好大喜功，重形式走过场；有的干部工作漂浮，盲目决策，这背后都有私心杂念在作怪。我们共产党人做工作干事业，一定要坚持从实际出发，眼睛向下，深入基层一线、深入群众之中调查研究，掌握第一手资料。要坚持问题导向，善于解剖麻雀，把准脉搏，对症下药，使点子、政策、方案符合实际情况、符合客观规律、符合科学精神，决不能好高骛远、脱离实际、生搬硬套。

三是要始终艰苦奋斗。艰苦奋斗是我们党的优良作风之一。在物质极大丰富的今天，在纷繁复杂的社会环境中，我们要始终清醒地认识到，各种危险诱惑考验依然存在，稍不留神就会被名利所支配，踏入欲望的陷阱。广大党员干部要牢记“由俭入奢易，由奢入俭难”的古训，在思想上高度重视起来，把艰苦奋斗精神与中央八项规定精神紧密联系起来，把艰苦奋斗这个党的传家宝重新拾起来、传下去，做到“一粥一饭，当思来之不易；半丝半缕，恒念物力维艰”，生活再富裕也不能降低对自己的严格要求。要淡泊名利、不搞特权，守得住清贫，耐得住寂寞，自觉抵御物质的诱惑，不做欲望的奴隶。

伴随着科协事业的不断发展，科协干部队伍中涌现出了一批爱岗敬业、敢于担当、团结协作、拼搏进取、无私奉献的干部职工。让人欣喜的是，各部门、各单位都涌现出一批富有朝气、勇于创新的青年同志，为科协事业注入源源不断的生机与活力，这是科协事业的希望所在。科协广大青年要深刻学习领会习近平总书记讲话精神，坚定不移跟党走，勇做科协事业的奋进者、开拓者、奉献者，在实践中历练成才，让青春焕发出绚丽光彩。

全体科协干部职工要以受表彰的同志为榜样，以中国科协“九大”胜利召开为契机，坚持“四服务”职责定位，燃旺打拼激情，勇担重任，创新争先。做科协系统的合格党员，就要立足岗位争创佳绩，做建设世界科技强国的排头兵，做科学发展的时代先锋，做科学普及的主力军，做科技工作者的知心人，做精神文明的表率，在科协系统深化改革和事业发展中作出无愧于时代的新业绩。

同志们，95年弹指一挥间。忆往昔，雄关漫道真如铁。看今朝，人间正道是沧桑。展未来，长风破浪会有时。党领导下日益繁荣富强的祖国令我们倍感自豪。中华民族伟大复兴的光明前景就在前方，我们比历史上任何时期都更加接近这一伟大目标。我们要信心百倍、壮志满怀，以对党的赤诚和忠贞，紧密团结在以习近平同志为核心的党中央周围，高举中国特色社会主义伟大旗帜，团结凝聚8100万科技工作者的智慧和力量，不忘初心、继续前进，为全面建成小康社会、建设世界科技强国、实现中华民族伟大复兴的中国梦做出新的更大贡献！

谢谢大家！

在2016年科协系统深化改革工作电视电话会议上的讲话

（2016年11月14日）

尚　勇

同志们：

今天，我们召开科协系统深化改革工作电视电话会议，主要任务是认真学习、深入贯彻党的十八届六中全会精神和习近平总书记系列重要讲话精神，进一步对照中央要求，交流改革工作经验，研究部署深化改革的具体措施。

前几天召开了中国科协所属学会有序承接政府转移职能试点工作总结会，李源潮同志、杨晶同志分别作重要讲话，对改革取得成效和经验给予充分肯定。自中央《科协系统深化改革实施方案》印发以来，各级科协组织以高度的政治责任感和对事业发展充分负责的精神，积极进取，奋力开拓，为科协系统深化改革顺利开局并取得初步成效作出了艰苦努力，这些成绩令人鼓舞，经验弥足珍贵。一会儿，万钢主席将作重要讲话，对下一步改革工作提出指示和要求。下面，我重点就推进改革方案的落实，讲三点意见。

一、进一步强化问题导向，增强改革的忧患意识和紧迫感

启动实施科协系统深化改革，是党中央作出的一项重大决策。回顾半年多来的改革实践，我们取得了阶段性成绩和重大突破，为我们进一步坚定信心，把改革引向深入奠定了重要基础。在看到成绩的同时，我们必须清醒地认识到，目前的进步只是万里长征的第一步，与中央的要求和科技工作者的期盼仍有很大差距，特别是在改革中暴露出的一些问题，尤其需要我们高度重视并加以解决。主要表现在以下几个方面：

一是“倒三角”问题成为改革方案系统推进的结构性制约。1/5的改革任务虽已落实，但系统推进的进展缓慢，越往下越难推动，一定程度存在上面加油门、中间挂空挡、基层踩刹车的情况。“不想改、不会改、不实改”的问题在一些地方和学会仍广泛存在。

二是在改革设计中存在上下一般粗的现象。一些地方和学会在改革方案设计中，对中央改革方案精神实质理解不透，缺乏对省情区情和学会实际情况的深入研究，出台的改革方案同质化现象明显，精准施策不够，千篇一律，缺乏特色，停留在对传统工作体制机制的修修补补，缺乏具有突破效应的改革举措。

三是在改革思路和措施上存在新瓶装旧酒、因循守旧的问题。对科协事业发展面临的新形势、新任务判断不清，对世情、科情、国情全面把握不够，对科技和产业变革、国家创新体系建设和群团发展的新规律洞察不力，推进中习惯性地用机关化、行政化思维，创造性开展工作、虚功实做的能力薄弱。

四是缺乏改革的忧患意识和担当精神。一些学会和地方对科协事业转型升级的重要性紧迫性认识还停留在表面，有的把改革当作包袱，危机意识、主体意识和责任意识淡漠，“等、靠、要”思想严重，有的甚至把改革当作要权要钱的借口，迷恋于维护“小众俱乐部”的既得利益，对脱离科技工作者这一突出问题的危害缺乏足够的警惕，在重大改革任务的落实中高挂免战牌，贻误丧失改革时机。

我们必须充分认识到这些问题对科协系统改革和事业发展的危害性，充分认识尽快解决这些问题的紧迫性。半年多来，改革取得了快速进展，“低垂的果实”已经快摘完了，科协改革已进入深水区，新旧体制机制的交锋对峙日益突出，改革如滚石上山，逆水行舟，不进则退。当前，最关键的是要全面增强攻坚克难的改革魄力，以高度的政治责任感和担当精神挺进改革深水区，以刮骨疗毒、伤筋动骨之决心苦练内功，确保中央确定的科协系统深化改革的重大任务落地生根。

二、科学施策，系统推进，赢得改革攻坚的新成效

科协系统改革是一项复杂的系统工程。落实好实施方案的各项任务，关键在于以习近平总书记的一系列重要指示精神为基本遵循，全面贯彻落实好中央《科协系统深化改革实施方案》，用系统的改革思维和科学的方法，统筹推进，形成科协系统强大的改革合力。在下一步的深化改革中，要紧扣中央实施方案确定的“三三四”的改革主线，努力在三个主攻方向上取得实质进展。

一是要在治理结构和体系改革中取得新突破。科协系统改革是自身组织结构、运行机制的一场深刻调整。学会治理直接关系改革成效，是科协系统改革的重中之重，也是地方科协改革的重点。学会改革要以增强服务能力、增强凝聚力、增强影响力为目标导向，聚焦常务理事会、专门委员会、秘书处职能转变的改革重点，重点解决虚、散、软的突出问题，真正使常务理事特别是理事长、副理事长名副其实，尽职尽责，使专门委员会增强组织开展活动的主动性和活力，使秘书处提升职业化水平和执行力，使学会真正成为联系凝聚科技工作者的可靠平台，成为推动科技创新及服务发展的重要力量。50家列入创新和服务能力提升工程的学会，要进一步振奋精神，切实担负起探路和龙头作用，在改革方面先行一步，努力在学会治理方式中不断探索可复制推广的新经验。其他学会要迎头赶上，赶不上的，要进行警告或者脱钩。地方科协的改革进展不一，今年年底完成改革方案设计是基本要求，要紧紧围绕中央改革精神，紧扣地方党委政府中心工作，加快工作思路和理念创新，创造性地设计改革的主攻目标和重点任务，突出区域特色，边设计边推进，赢得改革的主动权。特别是要加强县级科协和高校、企业科协建设，补齐基层组织薄弱这一短板，是改革的优先任务。在改革中加强基层组织是重要目标，但不能因编制、经费的缺乏而裹足不前，不求进取，陷入事业发展的恶性循环。要全面提高基层科协组织谋事干事、搭建平台、借船出海的能力，用创新的思路和机制，上下联动，突破困境，以更大的作为拓展更加广阔的发展空间。

二是要在密切联系科技工作者的机制创新上迈出新步伐。要主动适应当前科技产业变革浪潮迅猛发展的新形势，全面启动深化改革的新引擎，以工作手段信息化、组织体系网络化、治理方式现代化，扎实推进开放型、枢纽型、平台型科协组织建设，为解决凝聚力不够、活力不强、组织松散等突出问题提供治本之策。今年，中国科协已启动网上科协建设，这是当今密切与科技工作者联系的最便捷、最有效的新途径，是中央对群团发展提出的明确要求，也是科协系统改革任务落地的重要平台。建设网上科协的核心目标，就是树立以科技工作者为中心的用户价值导向，破除机关化、行政化的思维痼疾，打造紧密联系科技工作者的网上社区，促进学术交流、科普服务、创业转化等资源的互联互通，使其成为科协组织面向全社会提供科技类公共服务产品的核心载体。通过网上科协建设，充分尊重科技工作者的首创精神，用他们易于接受的形式，满足他们开展科技社交的需求，真正实现中国科协有网站、各级组织有门户、每个成员有户口、基层组织有平台、每个干部有窗口、每项活动有舞台，突破行业、领域、地域、层级等传统限制，与科技工作者开展零距离联系，全面增强线上线下对科技工作者高效动员组织的能力，提高政治思想引导的有效性，拓展有利其开展学术交流的网络空间，拓宽其服务社会的渠道，畅通其表达诉求、谏言献策的通道。要充分发挥“创新争先行动”的引领功能，将其作为各项改革任务落地的重要载体，有效整合集成各类工作平台和资源，为不同领域的科技工作者创新争先提供强有力的支持。

三是要在服务科技工作者的机制创新方面取得更大进展。要紧密围绕“四服务”的职责定位，围绕

“创新争先行动”的四大方面，加大科协组织提供服务产品的供给侧改革力度，在科普产品的精准推送和落地、科技创新智库精品创造、人才托举、助力创新驱动发展、服务双创的平台建设等方面，都要不断创新思路和举措。今年，学会承接政府转移职能的扩大试点任务已基本完成，下一步，要把承接政府转移的科技服务职能纳入深化改革常态化工作，抓实抓好。

三、强化主体责任，在改革任务落实中检验科协领导干部的战斗力

各级科协组织的领导干部是改革的领导者和中坚，必须深刻领会习近平总书记关于“既当改革促进派又当改革实干家，盯住干、马上办”的指示和要求，以强大的使命担当，投身到这一伟大的进程中，以改革的实效交出一份合格的答卷，不负党的重托，不负科技工作者的期待。

一是主动学习，增强驾驭改革的能力。要全面贯彻以习近平同志为核心的党中央治国理政的新思想、新理论、新战略，特别是要系统学习习近平总书记科技创新思想，准确把握当代科技和产业变革以及群团发展规律，提高把握大势，熟练运用科学理论和方法谋划改革、推动改革的能力。切实做到识变革于端倪之初，驭变革于兴起之时，始终以锐意创新的进取精神，紧跟改革时代潮流，勇作科协系统改革的弄潮儿。

二是强化问责，以踏石留印、抓铁有痕的劲头抓好改革落实。学会理事长（会长）、地方科协党组书记要切实履行改革工作主体责任，把改革作为一项刚性任务，加强对改革工作的研究谋划、统筹协调，及时解决问题，确保各项改革任务落到实处。已经出台改革方案的，要把工作重点放在加大贯彻落实力度、取得实际效果上，要敢于啃骨头，确保改革不走过场不走形式。改革是利益的调整，对于一些顽疾重症不能“只施麻药、不做手术”。要对照中央改革方案，认真检查有无挂空挡甚至是踩刹车的现象，对那些改革中不思进取的领导干部，要加大惩戒力度，彻底消除一些学会和科协组织中存在的消极应对改革的现象。

三是充分发挥各级党组织的把关引航作用。坚持党的领导是做好党的群团工作的根本保证，是必须坚持的正确方向。加强党建工作，既是深化改革的重点任务，也是极端重要的政治保障。各级党组织要切实担负起深化改革的把关引航作用，引导党员干部不断增强坚决落实中央改革部署的自觉性，不断强化“四个意识”特别是核心意识和看齐意识。

四是加强监测评估，切实增强科技工作者的获得感。建立正向激励机制，从活跃度、影响力、联系范围、服务水平等多方面科学监测，动态把握学会改革进展情况，对改革成效突出的学会进行激励，奖先罚惰，形成竞相创新改革的风尚，特别是政策激励要立竿见影、速效易行，体现在当年的各项工作中。中国科协已启动科协系统深化改革工作监测评估和改革过程中科技工作者获得感专项调查，客观及时地评估各地科协改革进展情况和效果，并将成果报送中央改革办、地方党委政府和有关部门参考。各地科协也要加强改革的监测评估和跟踪问效，建立健全相应的督办协调、督查落实、考评激励和问责等工作机制。

同志们！科协系统深化改革已进入关键阶段，落实任务十分繁重。希望大家充分认识改革已进入深水区的重大挑战，抢抓机遇、勇涉险滩，以昂扬的斗志打好深化改革的攻坚战，在以习近平同志为核心的党中央领导下，用丰硕的改革成果迎接党的十九大胜利召开！

在2016年全国学会工作会议上的讲话

（2016年1月27日）

尚　勇

同志们：

这次全国学会工作会议的主题是学习贯彻习近平总书记系列重要讲话精神，落实《科协系统深化改革实施方案》。刚才6位同志作了交流发言，从不同角度总结了一年来在改革发展中的经验体会，很有启发性。学会是科协直接联系服务科技工作者的载体和纽带，学会工作是科协的主体工作，学会治理结构和治理方式的改革是科协系统改革的重中之重，学会改革进展直接关系到科协系统深化改革的成效，大家担负着十分重要的使命。

下面，我围绕学会改革工作着重讲三个方面的问题。

一、全面学习领会中央对中国科协及所属学会的指示精神，不断增强深化改革的信心和紧迫感

一是中国科协及所属全国学会具备良好的工作基础。改革开放以来，特别是进入新世纪以来，学会改革工作不断推进，学会事业取得了长足发展。中国科协及所属全国学会通过自我革新，不断增强发展内生动力，特别是一批学会率先改革，在治理结构、治理方式、服务机制等方面大胆探索，创造了很多好的经验，增强了自我发展活力，增强了对广大会员、广大科技工作者的凝聚力和影响力。各全国学会广泛开展各类学术交流活动，积极搭建学术交流平台，有效提高了学会的凝聚力、影响力；有序承接政府转移职能扩大试点工作，取得突破性进展；积极参与创新驱动助力工程，踊跃投身科技创新和经济建设主战场，在加速科技成果转化、服务区域和行业发展中发挥了重要作用；积极维护广大会员权益，认真倾听科技工作者的意见建议，为科技工作者排忧解难，加快青年人才的举荐和培养。有的学会还发挥自身优势，组织开展各种决策咨询和科技评估工作，在智库建设方面取得了优异成绩。以上工作充分体现了全国学会改革发展的潜力巨大，为下一步深化改革奠定了良好的基础。我们要不断总结经验，把贯彻落实中央精神和学习推广先进经验结合起来，坚定改革信心。

二是中国科协及所属全国学会的改革发展正迎来难得的历史机遇。党中央对新时期、新形势下进一步强化科技创新，深入实施创新驱动发展战略，提出了新的更高要求。经济发展新常态下，关键是要增强创新动力，实现动力转换。十八大以来，习近平总书记就科技创新问题发表了几十次重要讲话，特别是在党的十八届五中全会上，习近平总书记提出了“创新、协调、绿色、开放、共享”五大发展理念，把创新发展放在首位，强调创新是引领发展的第一动力，人才是支撑发展的第一资源，必须把创新摆在国家发展全局的核心位置。在省部级主要领导干部学习贯彻党的十八届五中全会精神专题研讨班上，习近平总书记再次提出，抓住了创新，就抓住了牵动经济社会发展全局的“牛鼻子”。创新的核心是科技创新，要通过科技创新引领制度、文化、经济、社会等各方面创新，这为学会积极进军科技创新和经济建设主战场，奋发有为提供了广阔舞台和新的发展机遇。

三是全国学会在服务创新驱动发展方面担负着重要使命。十八届三中全会后，党和政府更加强调社会组织是社会治理的重要力量，社会治理是国家治理体系的重要组成部分，这也赋予了全国学会推动科技创新和服务创新驱动发展的重要使命。学会在推动科技创新方面发挥着不可替代的重要作用，比如英国皇家学会在国际自然科学领域起到主导性作用，美国化学会、电气和电子工程师协会等都在本国相关行业的科技进步、产学研结合、协同创新等方面起到了政府无法做到的关键独特作用。服务国家创新驱动发展，推进治理方式和治理体系的现代化，迫切需要形成一大批具有发展活力的现代学会，在国际竞争中不断扩大影响力，增强对广大科技工作者的吸引力。各全国学会在这方面肩负着重大使命，要树立全球视野，加快创新发展步伐。

四是全国学会发展现状与中央的要求还不相适应。近年来，党中央国务院对加强群团工作做出一系列重大部署。去年党中央召开了党的群团工作会议，强调要切实加强和改进党的群团工作，保持和增强“政治性、先进性、群众性”，坚决克服“机关化、行政化、贵族化、娱乐化”倾向。中央全面深化改革领导小组去年以来两次研究科协深化改革工作，充分说明党中央国务院对科技创新的高度重视，对科协系统深化改革寄予厚望。在经济新常态下，我们如何贯彻落实好中央部署，担负起推动科技创新、实施创新驱动发展战略的重任，在贯彻落实五大新发展理念中发挥科技引领作用和创新推动作用，是每个全国学会面临的历史使命，也是非常现实而急迫的任务。我们要坚持问题导向，直面自身存在的问题，才能找准落实中央部署的切入点。目前，很多全国学会存在着不适应、跟不上队的问题。一是学会发展很不平衡，在中国科协所属的207个全国学会中，约1/3的学会通过改革创新获得较好发展，学会活力、凝聚力、影响力都有大幅提升；有近一半的学会改革创新步伐缓慢，缺乏活力，缺乏动力；其他学会广泛存在运营质量相对较差，有的甚至属于“休眠型”学会。二是学会存在“小众俱乐部”现象，会员数量虽不少，但真正参与活动和工作的只是一小部分，导致学会无法履行社会服务职能，很难紧密团结广大科技工作者。三是个别学会存在“散、虚、弱”的问题，所谓“散”，就是组织松散，领导班子涣散，纪律散漫，治理体系存在很大问题；所谓“虚”，就是工作虚化，没有明确的工作目标，职位虚挂，存在领导挂名现象，不作为；所谓“弱”，就是工作能力弱、对内凝聚力弱、对外影响力弱。上述三个问题的存在，主要原因是工作机制过于陈旧，归根结底属于治理结构和治理方式不合理，必须在深化改革中切实加以解决。

二、深化学会治理体系改革，引导学会更好发展

学会深化改革的重点是治理体系改革，目标是要建立一个符合国家治理体系现代化总体要求、适应社会主义市场经济体制、适应国家创新体系要求的全国学会治理体系，主要包括以下六个方面改革内容：

一是改革学会治理结构，推动学会领导机构有效履职。从先进学会的经验来看，学会健康发展要有一个好的领导班子，最主要的是有一个好的理事长、一个好的秘书长。要通过改革，进一步明确理事长、副理事长、常务理事甚至每位理事的工作职责，不断增强学会领导班子的责任感。要加强纪律约束，中国科协章程修改中增加了对科协全委、常委的纪律要求，各全国学会下一步也要对章程作相应修改。要明确决策层、执行层的工作职责，明确主席办公会、专业委员会、秘书长办公会的职责和工作内容。

二是改革学会会员结构，增强学会会员凝聚力。目前大多数学会会员结构主体是团体会员，个人会员比例较低，学会活力不足。在巩固和完善团体会员制度的同时，要通过改善组织机制、服务方式，大幅增加对个人会员的吸引力和凝聚力。要拓宽视野，向其他社会新型组织延伸，向服务科技人才方面延伸，特别是要引导已退休但仍活跃在行业和科技领域的老科技工作者，在学术交流、技术服务、培养人才等方面发挥更大作用；要吸引大批年轻人才，利用学会平台加以扶持培养，帮助他们获得社会认可。

三是改革学会办事机构，推动学会办事机构职业化建设。学会办事机构职业化是一个先进理念，也是大势所趋。办事机构在学会中发挥着承上启下的重要枢纽作用，很多学会实质上就是秘书长、副秘书长领导秘书处负责具体工作，对学会发展立下了汗马功劳，但学会发展只靠秘书处是远远不够的。学会要真正发挥在社会治理体系中的重要作用，还要加强职业化建设，要在改革实践中不断探索，通过挂职、兼职、流动、聘任等手段，建设一支专业化的学会管理团队，加强职业化的机构建设，形成在理事长领导下的专业化、职业化的工作班子。

四是加强学会联合体建设，促进学会间协作联合。鼓励社会组织蓬勃发展是国家社团改革的方向。随着社会团体直接登记制度的实施，一批富有活力的新兴学会应运而生。随着学会数量的增长，每个学会面向的学科也越来越细、领域越来越窄。要解决学会间存在的交叉、重复、分散问题，成立学会联合体是一个很好的方式。学会联合体不是独立法人组织，不会影响学会的独立性，而是按照学会专业发展需要建立起来的大平台，有利于发挥每个学会在各自领域的学术带头作用，促进大学科的交叉融合。从去年成立的中国科协生命科学学会联合体的运转情况来看，在推动学科交叉融合方面发挥了很大的作用，示范效应和社会效果都很好。“十三五”期间，中国科协计划在清洁能源、电子信息、装备制造、新材料等领域推动组建学会联合体，鼓励学会之间通过多种形式加强合作。

五是改革学会运营思路，提高自主运营能力。学会是科协的主体，也是社会组织的重要组成部分，只有按照社会组织的扁平式结构、网络化体系来运营，才能充满活力，在激烈的市场竞争环境中生存下来。目前，有一部分学会按照科技规律、市场规律运行，优胜劣汰，有较大自主权，经营得有声有色。但还有很多学会存在行政化、机关化倾向，甚至官僚主义等作风问题，必须通过深化改革，促使学会按照市场经济规律和科技规律办事，增强自主经营的能力。面对社团改革工作的不断推进，中国科协将加大支持力度，争取优惠政策，支持全国学会主动创新管理体制和运行机制，不断增强自主运营能力。

六是改革学会评价方式，建立奖优罚劣的评价管理机制。要通过建立科学的学会运营绩效评价体系，对学会实行分类管理，提高学会质量。基本思路是“三个一批”，即重点支持一批，联系改造一批，脱钩一批。要重点支持一批整体运行情况较好的学会，加大经费倾斜力度，特别是对大学科和重点学科领域的学会给予直接帮助。要联系一批目前运转基本正常、通过改革可能取得明显成效的学会，鼓励他们在改革中自我革新改造、脱颖而出，争取进入重点支持的学会行列。对一批存在严重问题的学会，特别是不能正常活动的“休眠学会”，要采取果断措施，直至取消其中国科协团体会员资格。

三、加大学会治理方式创新，加强服务平台建设，为科协系统深化改革奠定坚实基础

学会深化改革要着眼学会的长远发展。学会治理方式改革主要是搭建服务平台、提升服务方式，为学会发展全局打好基础。要明确改革目标，创新方式方法，以事业凝聚人心和力量。

一是搭建优质学术交流平台。学术会议能不能吸引人，关键要看能不能出好交流题目，让大家感兴趣。下一步改革中，要对学术会议进行大的调整，不图规模和数量，而要重质量、抓精品，搭建真正有利于学科发展的学术交流平台。

二是组织协同创新。现在我们的创新资源比较分散，比如国家支持的各种项目分属于不同的业务主管部门，存在交叉重复现象，实验室、仪器设备等科研资源分散重复和闲置的情况也很多。在这方面学会可以做一些政府部门想做而做不到的事情，特别是大学科的学会联合体，可以发挥自己的独特优势，集成资源，提高效率，跨地区跨部门跨领域组织科技人员进行交流合作，取得高水平成果。

三是强化学术期刊影响力提升。学术期刊和SCI论文发表促进了学术繁荣，调动了科技工作者的积极性，但近年来学术期刊发展存在的导向问题日益突出，唯“SCI”论对我国科技发展和创新带来极大的负面影响，已经到了不得不解决的程度。根据中国科协学会学术部统计，2014年我国科技工作者发表SCI论文26.3万篇，其中在国内发表的SCI文章仅占总量的8.8%。这说明我们的学术导向出现了大的偏差，职称评定、奖励、项目申报都要以SCI论文发表作为依据。针对这个问题，中国科协已起草完成了《关于改革学术评价导向的意见》，近期将上报中央审议。《意见》将对改革科技评价导向，提升我国科技期刊的国际影响力提出一系列重大改革举措。中国科协联系管理着1080种科技期刊，无论是学术型期刊、应用型期刊，还是科普型期刊，都要结合改革的方向，开展提升影响力工作，通过竞争产生一批精品科技期刊。

四是推进承接政府转移职能。目前学会承接的政府转移职能主要包括科技评估与评价、战略研究与政策建议、奖励推荐、标准研制和人才评价等，在一些方面已获得突破性进展。比如在科技评价方面，中国科协受国务院委托起草了《关于优化学术环境的指导意见》，该文件含金量高，改革力度大，任务分工明确，学会可以大有作为。特别是在创建优良学术环境、培养正确学术导向、完善人才举荐培养制度方面，学会能够发挥出比政府部门还要大的作用，大家要有这个信心。要鼓励有条件的学会自己设奖，不断提高奖项的含金量和影响力。要向国际同类学会学习，在标准制定方面下大功夫，把这个职能研究好、发挥好。要配合中国科协实施的“青年人才托举工程”，进一步加强人才培养举荐力度，切实加强对优秀青年科技工作者的凝聚力。

五是组织好成果转化和科技服务。习近平总书记多次强调要下大气力解决科研成果转化问题，组织更多的科学家为加快成果转化服务，为“大众创业、万众创新”做贡献。中国科协打出“创新驱动助力工程”这面大旗，就是要加强科技成果转化和科技服务。据中国科协统计，目前科技人员中有创业意向的占60%，但真正投身创业的仅为2.5%，创业潜力巨大，我们要多牵线搭桥，把他们的创业热情和积极性充分调动起来。

六是强化学会科普职能。学会直接联系广大科技工作者，应该成为科普工作的主体。科技工作者不但要潜心科学研究，致力成果转化和推广，还要履行社会责任，更多地开展科学普及。只有科技工作者真正参与的科学普及才有权威性。各学会可结合自身实际，选择公众健康、雾霾、转基因等与公众利益密切相关的问题作为科普重点，通过学会组织发出权威的声音。

同志们，站在新的历史起点上，我们既要充分肯定取得的成绩，也要敢于直面存在的问题。看成绩，找问题，主要是增强我们深化改革的信心和责任感。在经济新常态和建设创新型国家的进程中，党中央、国务院将科技创新提到了前所未有的高度，对科协组织充分履行职能，引导广大科技工作者积极投身科技创新和经济建设主战场寄予厚望。我们一定要不负重托，不辱使命，在全面深化改革中争当先行者、排头兵。希望各学会的理事长、副理事长、秘书长、副秘书长要增强责任意识，勇于承担责任，在其位，谋其政；在其职，履其责，真正把学会改革深入推进下去，通过改革大幅提高学会自我发展的能力，提高学会的内部凝聚力和社会影响力，真正成为国家创新体系的一支重要力量，为建设创新型国家做出新的更大贡献。

在中国科协学会党建工作会议上的讲话

（2016年9月28日）

尚　勇

同志们：

今天，我们在这里召开全国学会党建工作会议，主要目的是深入贯彻落实党中央关于加强社会组织党建工作总体部署，切实加强党对学会工作的领导，促进学会健康有序发展。

社会组织是我国社会主义现代化建设的重要力量，是我们党执政的重要社会基础，在促进经济发展、繁荣社会事业、创新社会治理、扩大对外交往等方面发挥了积极作用。党中央历来高度重视社会组织党的建设工作。十八大以来，以习近平同志为核心的党中央在加强和改进党的群团工作、改革社会组织管理等重大部署中，都对加强社会组织党建工作提出明确要求。特别是今年6月，习近平总书记在中直机关工委的报告上作出重要批示，强调要夯实党执政的组织基础，把在社会组织中建立健全党组织作为一个专项工作来抓，明确要求用一两年时间在社会组织中实现党的组织全覆盖和工作全覆盖。这为今后一段时期社会组织党建工作指明了方向、明确了目标，是从严治党工作向社会组织延伸的总动员令，必须高度重视，深入学习领会，不折不扣地贯彻落实。今天的会议，既是科协所属全国学会加强党建的工作动员会，也是实现科协所属全国学会党建工作“两个全覆盖”目标任务的工作布置会。下面，我就深入贯彻落实中央部署、进一步加强学会党建工作讲几点意见，供大家参考。

一、充分认识加强学会党建的重要意义，切实把广大科技工作者团结凝聚在以习近平同志为核心的党中央周围

党的十八大报告指出，“要加大非公有制经济组织、社会组织党建工作力度，全面推进各领域基层党建工作，扩大党组织和党的工作覆盖面，充分发挥推动发展、服务群众、凝聚人心、促进和谐的作用，以党的基层组织建设带动其他各类基层组织建设。”2011年以来，中央书记处每年听取中国科协党组工作汇报时都对加强学会党的建设提出明确要求。作为党领导下的人民团体、科技工作者的群众组织，加强学会党建工作是党中央交给科协组织的一项重要政治任务，是科协组织贯彻落实中央关于加强党的群团工作、深化科协系统改革的重要举措。各级科协和所属学会要从巩固党的执政地位的高度和关系自身生存发展的大局着眼，充分认识学会党建工作的重要性。

一是加强社会组织党的建设，坚定不移走中国特色社会主义群团道路的重要组成部分。群团事业是党的事业的重要组成部分，群团工作是党治国理政的一项经常性、基础性工作，是党广泛组织和动员广大人民群众为完成中心任务而奋斗的重要法宝。中国特色社会主义群团发展道路是群团组织与时俱进、发展壮大的必由之路，是中国特色社会主义道路的重要组成部分。历史经验表明，党的领导是做好群团工作的根本保证，党提出和坚持的中国特色社会主义群团发展道路为做好新形势下的群团工作开辟了广阔的空间。科协所属学会是新社会组织的重要组成部分、是国家科技创新体系的有机组成部分、是社会治理创新的重要依托力量，在新形势下，只有自觉服从党的领导，始终坚持正确的政治方向，深入贯彻落实党的路线方针政策，才能适应党对群团工作的新要求，充分发挥自身优势，在全面建设小康社会、全面深化改革、全面推进依法治国、全面从严治党的时代大潮中找准位置、发挥作用，在实现“两个一百年”奋斗目标和中华民族伟大复兴中国梦的宏伟事业中更加奋发有为。

二是强化政治思想引领，深化党同科技工作者血肉联系的必然要求。中国科协是党领导下的人民团体，科协工作是党的群众工作的重要组成部分，科协所属学会是科协紧密联系服务广大科技工作者、履行好桥梁纽带职责的重要抓手。加强学会党组织的建设，有利于充分发挥学会在联系科技工作者方面的先天优势，面向广大科技工作者宣传解读党的路线方针政策和重大战略部署，及时准确地把党的声音传达下去，进一步强化对科技界的政治思想引领；有利于及时准确反映科技工作者的意见建议和呼声，做好科技工作者的思想政治工作，引导科技工作者通过正常渠道建言献策，履行社会责任，实现有序政治参与；有利于充分发挥党的组织优势，健全制度、规范行为，为会员办好事、解难事，提供政治学习、学术交流、业务培训的平台和条件，保障会员参与学会管理和监督的民主权利，在维护会员和广大科技工作者正当权益方面敢于发声，从根本上解决科协组织与科技工作者联系不紧不亲的突出问题，更加紧密地把科技工作者团结凝聚在以习近平同志为核心的党中央周围，听党话、跟党走，夯实党在科技界的执政基础和群众基础。

三是激发学会生机活力，组织动员广大科技工作者进军科技创新和经济建设主战场、投身世界科技强国建设的有效手段。科协所属学会是组织引导广大科技工作者积极开展“创新争先行动”、为我国现代化建设事业建功立业的重要平台。学会党建工作与学会业务工作的紧密结合，既是学会党建工作的生命力所在，也是学会业务工作的活力之源。加强学会党建工作，有利于学会在学术交流和对外交往中坚持正确政治方向，在开展科学普及等社会服务活动中得到党政部门大力支持，放大活动效果；有利于拓宽优秀人才脱颖而出的举荐通道，让更多的优秀科技人才拥有更加广阔的干事创业平台；有利于提高科技工作者建言献策的针对性和组织性，把个体智慧凝聚上升为有组织的集体智慧；有利于调动发挥党员科技工作者的先锋模范作用，更好地组织动员科技工作者积极投身科技创新和经济建设主战场，为建设世界科技强国贡献力量。

四是促进学会健康发展，确保科协系统深化改革整体推进的基础和保障。学会是科协的组织基础，学会工作是科协的主体工作。科协系统深化改革，必须紧紧抓住所属学会这个牛鼻子，进一步健全学会治理结构、优化学会治理方式，不断推进学会治理能力现代化。从目前的情况来看，学会治理结构不健全、治理方式落后是制约学会健康发展的突出问题。加强学会党建工作，有利于提高学会党组织在学会决策层的发言权，充分发挥学会党组织在“三重一大”工作中的政治保障作用，提升学会依法依章程办会的意识和水平；有利于进一步拓宽科协与学会间的联系渠道，巩固和强化科协与学会的关系，加强科协对学会的业务指导与政治引导能力，从根本上解决学会凝聚力不够、活力不强、组织松散等突出问题，对于协调推进科协系统深化改革具有重大意义。

中国科协与其他人民团体不同，是枢纽型的人民团体，所属全国学会200多个，占中直工委所属社会组织的近一半，而且大多数学会是双重领导，即接受中国科协和学会挂靠单位的领导；学会会员更是来自各个不同单位，多数会员的人事关系、党的关系在原来所在单位。经过不懈努力，目前，中国科协所属207个全国学会中已建立党组织的有114个，党组织覆盖率55.1%，学会党组织的凝聚力显著增强，党员的模范作用得到有效发挥，党组织在学会中的地位和作用得到明显提升。全国学会和省区市科协在中国科协的指导下也形成了各具特色的学会党建工作机制。实践证明，学会党建工作搞得好，学会的活力和凝聚力就强，业务工作就开展得好。但是，我们也要清醒地看到学会党建工作目前存在的问题和困难：一是学会党建工作的领导体制和工作机制还没有完全理顺，有关学会党建工作的研究还不够充分，致使学会层面党组织的建设工作缺乏创新，推进缓慢，中国科协所属207个全国学会还没有一个建立起学会层面的党的组织；二是一些学会理事会或学会挂靠单位对党建工作认识不到位、重视不够、支持不力，导致尚有93个全国学会的办事机构尚未建立有党组织；三是不少学会办事机构由于工作人员中党员人数不足3人，甚至一个党员也没有，或党员组织关系接转存在管理问题，导致无法建立党的组织，等等。这些学会通常功能不明确，组织涣散，业务活动开展很少；有的甚至徒有虚名，成了“空壳”或者“僵尸”，还有个别学会成了理事长或秘书长的“个人俱乐部”。这些困难和问题，需要我们认真研究加以解决。

二、明确任务、突出重点，确保党的组织和党的工作两个“全覆盖”目标按期实现

按照中央总体部署，今后一个时期，科协所属学会党建工作的总体目标任务是实现学会党的组织和党的工作全覆盖，党建工作的制度和机制科学规范，党组织的政治核心和战斗堡垒作用充分发挥。中国科协专门制定了《中国科协关于加强科技社团党建工作的若干意见》，要求从现在起到2016年年底，中国科协所属207个全国学会的党组织覆盖率由目前的55.1%提升到80%，党的工作实现全覆盖；到2017年6月底，207个全国学会实现党的组织全覆盖，确保“两个全覆盖”的目标任务全面完成，迎接中央检查。因此，各全国学会要切实采取有效措施，积极加以推动，确保按期完成学会党的组织和党的工作全覆盖任务。

一是加强组织建设，按期实现学会党的组织全覆盖。要把党建工作和学会改革、能力提升紧密结合，把党建工作作为学会治理体系和治理能力的重点内容和考核指标。按照中央关于社会组织党组织应建尽建的要求，以及民政部今年9月18日印发的《关于社会组织成立登记时同步开展党建工作有关问题的通知》精神，申请加入中国科协作为团体会员的全国学会，建立党组织将作为必要条件和前置条件加以审核。已经加入中国科协作为团体会员的全国学会必须建立党的组织。学会理事会层面成立党组织，应按照党章及有关规定进行报批。这个工作目前做起来很艰巨，但是必须做，学会理事会层面党组织的功能和一般基层党组织的功能还不一样，其主要特点就是要发挥政治核心、思想引领、组织保障作用。学会在召开理事会或者常务理事会时，可提前召开党委会或党组织会议，对提交理事会或常务理事会的重大问题提前研究、政治把关。因为党组织负责人都是从学会常务理事中产生，因而重大问题容易达成一致意见。中国科协为此专门成立了科技社团党委，专门负责学会党建日常工作管理，职责之一就是负责审批学会理事会层面成立的党组织。有条件的学会办事机构必须成立基层党组织，接受相应的上级党组织管理；有条件的学会分支机构可设立党的基层组织。学会党组织书记由学会党员主要负责人担任；规模较大、成员较多或没有合适党组织书记人选的学会，按规定将由上级党组织选派。要以“抓组建、促规范”为重点，通过责任部门包建、党建工作指导员帮建、科协职能部门助建、支撑单位党组织协建等多种方式，积极扩大学会党组织的覆盖面，按时完成中国科协所属全国学会党组织的全覆盖工作任务。这里强调一点，不能按时完成学会党建工作的学会，将不能得到中国科协各个业务部门任何经费支持。我刚才提到科协所属200多个学会，为什么不说具体数字呢？就是因为这个数字将在变动之中。现在科协一方面要加强一批学会，且加强的数量将越来越多；另外要整改提升一批学会，这也占不小的数量；还要脱钩一批整改不好的学会，申请民政部给予销号。对一定时期不见改革成效的学会，要予以“脱钩”“摘帽”“除名”。今天有些人是代人参会的，请你们一定要把会议精神带回去传达，让学会领导真正把党建工作重视起来，按时完成“两个全覆盖”任务，千万别糊里糊涂地把“帽子”给摘了。

二是创新工作方式，高质量完成学会党的工作全覆盖。学会党组织要发挥思想引领作用，及时传达学习中央重要指示精神和重大决策部署，面向相关领域科技工作者宣传党的路线方针政策，贯彻执行中央和上级党组织的决议；要发挥政治保障作用，参与学会“三重一大”事项研究，对学会重要事项决策、重要业务活动、大额经费开支、接收大额捐赠、开展涉外活动等事前开会提出意见，保证学会的正确政治方向。学会办事机构党组织要深入开展“党建强会”计划，结合学会业务工作探索开展助教、义诊、扶贫、支农、科学普及、科技咨询、政策宣讲等形式多样的党组织活动，充分发挥党组织的战斗堡垒作用和党员的先锋模范作用，努力把党的工作贯穿到学会工作的方方面面。要建立健全学会各级党组织的会议制度、活动制度、组织制度、管理制度、责任制度和监督制度，强化工作计划，形成按制度办事、靠制度管人的工作局面。

三是做好学会党员的教育管理和党员发展工作。

学会各级党组织要以党性教育为重点，从严从实推进“两学一做”学习教育，严格落实“三会一课”、党性分析、民主评议党员等制度，加强教育培训，不断提高党员素质。要加强对党员的日常管理和组织关系管理，做好党员基本信息登记工作，及时接转党员组织关系；对暂时不能转移组织关系的，按照“一方隶属、参加多重组织生活”原则，组织他们参加学会党组织活动。切实做好学会党员的发展规划和培养计划，认真做好党员发展工作，要特别注重发展符合条件的学会负责人和业务骨干。要强化党员监督，及时处理不合格党员，保持党员队伍的先进性和纯洁性。

四是以党建促会建，实现党的领导与学会依法依章程自主办会相统一。党建工作与学会自身建设是有机统一、相互促进的关系，决不能彼此孤立、割裂开来。要在学会业务工作中依靠党的坚强领导，引领学会坚持正确政治方向，引导学会自觉在政治上思想上行动上同党中央保持一致，稳妥有序承接政府转移职能，推动学会工作和改革事业有序运行、稳步推进。要把学会党建工作与学会业务工作有机结合起来，以敢于担当的勇气和勇于创新的精神，围绕学会承接政府转移职能、提升学会能力建设、提升中国科技期刊国际影响力、打造高端前沿跨学科的学术交流平台、创新科普工作手段、加快自身改革等工作任务，赋予“党建强会”计划新的内容和形式。要结合学会实际，深入研究和把握学会党组织的特点和规律，不断推进学会党建工作体制机制创新，探索组织设置创新、方式方法创新，推动学会党建工作制度化规范化科学化，提高党建工作的针对性与实效性，切实增强学会党组织的活力和凝聚力，把党建工作作为提升学会服务能力的动力保障作用充分发挥出来，把学会作为科协履行党和政府联系服务科技工作者桥梁纽带职责的枢纽节点作用充分发挥出来。

三、加强领导、落实责任，切实把学会党建工作各项部署要求落到实处

加强学会党建工作是科协系统党的建设的一项重要工作，是一项长期的、系统的工程，关系到党的组织基础，关系到科协事业发展，关系到学会发展方向，各学会负责人必须高度重视，常抓不懈，切实把党中央关于社会组织党建工作的部署要求落到实处，确保学会党建工作任务目标保质保量按时完成。

一是加强组织领导。明确中国科协党组对学会党建工作的主体责任，2015年已成立中国科协学会党建工作领导小组，牵头推动学会党建工作。党组主要负责同志对学会党建工作要亲自抓、亲自过问、亲自部署。要进一步理顺学会党建工作领导体制和管理机制，科协党组已决定成立中国科协科技社团党委，专门负责学会党建工作的具体事务，为完成学会党建工作“两个全覆盖”任务提供组织保障。要建立科协机关党委指导、有关部门协同配合、科技社团党委具体负责的学会党建工作格局。定期召开学会党建工作会议，及时传达贯彻中央关于社会组织党建工作的任务要求，研究部署全国学会党建工作，摸清家底，掌握情况，坚持分类指导、精准施策，制定工作台账、时间表、路线图、销号制度，切实保证“两个全覆盖”目标任务按时完成。学会党组织受中国科协科技社团党委领导，定期汇报工作。要加大对学会党建工作的支持力度，通过党费支持、以奖代补、购买服务等多种方式对党建工作开展好的学会给予鼓励。学会要探索建立党建工作保障机制，列支管理费用，为学会党组织开展活动提供场所、设施等工作条件。要进一步加强学会党组织党风廉政建设，探索对全国学会党建工作和经费使用管理的体制机制，加强对办事机构挂靠在中国科协的全国学会、承担科协项目的全国学会及其他有关单位和组织的审计工作，推动学会党建工作科学化、制度化、规范化发展。这里特别强调，中国科协直属的14个学会要率先垂范，下一步也要加大整改力度，优化组合，对不能发挥作用的学会也要进行清理，对党建工作抓不好的要采取组织处理措施。

二是加强队伍建设。坚持专职、兼职、挂职相结合的学会党建队伍建设，多渠道、多样化选用、组建一支素质优良、结构合理、规模稳定的学会党务工作者队伍。把选派优秀党员干部到学会担任党建联络员、指导员，指导学会党建工作，纳入科协干部交流挂职范围内统筹考虑安排。面向学会党务工作者广泛开展党的理论和路线方针政策、党内法规和国家法律法规、党务知识、社会组织管理等方面的教育培训，不断提高其业务水平和工作能力。学会各级党组织要定期召开党员领导干部民主生活会和党员组织生活会，防止组织生活随意化、平淡化、娱乐化、庸俗化。学会党务工作者要主动加强政治理论学习和党务知识学习，践行“三严三实”要求，做“两学一做”模范，不断改进和提高党务工作水平。

三是加强考核监督。探索建立符合科协所属学会特点的党务干部管理考核和激励约束机制，使学会党务干部干事有平台、待遇有保障、工作有纪律。学会党组织书记要认真落实党建工作责任制，定期向上级党组织报告工作并接受评议监督。要建立学会专职党务干部职务变动报告制度，根据学会实际和党建工作业绩给予学会党组织书记和专职党务工作者适当工作津贴。要及时宣传推广学会党建工作先进经验，推荐优秀专职党务干部作为各类先进人物人选，给予表彰奖励。这些都是中组部提出的明确要求。各学会要进一步提高认识、明确职责，自觉把党建工作与业务工作有机结合起来，把学会党建工作纳入学会章程，把“两个全覆盖”落实情况作为一项重要政治任务贯彻落实好。中国科协将把学会党建工作纳入学会综合考核评价范围，实行党建工作一票否决制度，严格管理，强化监督。在学会申请业务主管单位或加入团体会员时，同步采集党员信息；年检时，同步检查党建工作；评估时，同步将党建工作作为评估重要内容。学会申请科协各业务部门项目、经费时，要把党建工作作为重要的考评指标，实现“三同步”。对党建工作开展不力的学会，要依据相关规定予以严肃处理，该约谈的约谈，该通报的通报，该问责的问责。

按照中央部署和中直工委的要求，摆在我们面前的工作任务十分繁重而紧迫。从现在起到今年年底，科协相关管理部门和各全国学会要建立学会工作台账，对每个学会都要做到“五个清”，即业务运行情况清、职工队伍情况清、党员队伍情况清、负责人情况清、未建党组织原因清，并据此制定完成“两个全覆盖”的具体工作实施方案。今年 12 月底前，要把学会党组织覆盖率大幅度提升达 80%，并实现党的工作实现全覆盖。到 2017 年 6 月底，全国学会都要实现党的组织全覆盖，并督促不符合要求的学会及时整改，确保各项工作要求落实到位，全面完成“两个全覆盖”目标任务。要通过 3 ~ 5 年的持续努力，使学会党建管理体制和工作机制更加完善，学会党组织的政治核心作用和战斗堡垒作用得到充分发挥，学会公信力凝聚力影响力进一步增强。为此，会议结束后，要求科协相关部门抓紧行动，主动与科协所属学会联系，指导其抓紧建立党组织，积极开展党的工作。各全国学会要迅速向理事会成员和办事机构工作人员传达会议精神，抓紧谋划、启动实施学会党建工作；并把学习贯彻落实会议的情况和下一步工作规划，在一个月内报中国科协科技社团党委。要在中国科协科技社团党委的指导下，全面推开在领导层面也即理事会层面成立党组织的工作；尚未在办事机构成立党组织的学会，要积极创造条件成立党的组织，开展党的工作。这是一项硬任务、硬要求，容不得丝毫的懈怠。

同志们，新形势、新要求既对学会党建工作提出了新挑战，也提供了新机遇。希望大家切实增强加强学会党建工作的政治责任感，自觉担负起巩固党在科技界的执政基础的政治责任，将学会党建工作作为当前重要的专项政治任务来抓，更加紧密地把广大科技工作者团结在以习近平同志为核心的党中央周围，组织引导科技工作者积极参与创新争先行动，把论文写在祖国的大地上，努力在建设世界科技强国、实现中华民族伟大复兴中国梦的宏伟征程中书写新的华章。

谢谢大家！

在 2016 年地方科协工作会议上的总结讲话

（2016 年 1 月 26 日）

尚　勇

2016 年地方科协工作会议共两天时间。会议期间，同志们认真学习领会习近平总书记重要讲话精神和党中央的部署，特别是认真学习了中央书记处关于今年科协工作的重要指示精神，聆听了源潮同志的重要讲话和启德主席的工作报告，尤其是我们这次采取了“以会代训”的形式，由党组书记处的四位领导同志就科协重点工作做了诠释性的报告，大家经过讨论，都感到这种方式很好。今天下午五位地方科协主要负责同志就五个专题进行了典型发言，这些工作经验对推动全局工作具有重要意义，各省区市科协之间应相互学习借鉴。这次会议时间紧、任务重、强度大，同志们的表现让我们看到了“三严三实”专项教育的成效，大家集中力量认真研讨、相互交流，确实取得了很好的效果。

结合学习领会习近平总书记重要讲话精神和中央指示精神，结合学习源潮同志和启德同志的讲话精神，以及大家比较关心的一些问题，我再讲几点意见。

一、认清科协工作面临的新机遇、新使命和自身的不足

在新的历史时期，科协工作面临着前所未有的有利机遇，党中央、国务院赋予了科协更多更新的重大使命，完成中央交付的各项任务，我们义不容辞。科协要做到创新引领、改革推动，首先必须要认清新使命、把握新机遇，清醒认识我们自身存在着很多不足。

一是科技创新被摆在前所未有的重要位置。特别是十八大以来，创新驱动发展战略成为国家的主体战略，习近平总书记就科技创新发表了多次重要讲话，中央提出经济新常态，就是把动力转换、创新驱动摆在十分关键的位置，速度换挡、结构调整、动力转换，这里面最关键的是创新驱动。党的十八届五中全会中，总书记提出五大新的发展理念，创新发展摆在首位，总书记提出“两个第一”和“一个核心”，即创新是引领发展的第一驱动力，人才是支撑发展的第一资源，要把创新摆在发展全局的核心地位。我们的主要任务是推动创新，我们的主要优势资源是科技人才，我们的整个工作摆在发展全局的核心地位。在中央举办的省部级主要领导干部研讨班上，总书记又进一步强调抓住了创新就抓住了经济社会发展的“牛鼻子”。在新常态下，创新特别是科技创新已经提到了前所未有的重要战略地位。科协作为推动科技创新的人民团体、社会组织，在社会主义市场经济条件下，在推动创新方面担负着极其重要的使命。

二是落实新的发展理念大幅度提升了对科技的需求。新常态提出了新的发展理念，现在提出来的主要抓手是供给侧的结构性改革，而供给侧的最大短板是科技创新，从沿海到中西部，成熟技术产品的产能普遍过剩，但是新技术、新产品却是严重短缺。总书记在十八届五中全会的讲话和在省部级主要领导干部研讨班上的讲话中两次提到了“阿喀琉斯之踵”，阿喀琉斯是一个很壮的大巨人，但是他的整个脚后跟非常软，是短板。现在中央把科技创新摆到了极其重要的位置，但是科技创新的供给力、支撑力远远不够。科协服务管理着这么多科技人才，中国的创新能力不足，满足不了供给，科协有不可推卸的责任。比如，我国现在很多产品都过剩，但是每年进口芯片就有2000多亿美元，各种高端材料，包括化工材料、有色金属、钢铁、建材这些材料加起来一年进口3000多亿美元，先进的机械装备，从飞机、数控机床到专业设备一年进口几千亿美金，这说明供给侧在高端的技术产品方面和先进技术方面，我国自身供给不足，从根本上讲是自主创新能力不足。怎样适应这个需求？这是摆在我们面前的一个新课题。

三是党中央、国务院赋予了科协组织重要使命。1月11日的中央全面深化改革领导小组会议提出，科协系统的深化改革，要把自觉接受党的领导、团结服务科技工作者、依法依章程开展工作有机统一起来，改革联系服务科技工作者的体制机制，改革治理结构和治理方式，创新面向社会提供公共服务产品的机制，把科协组织建设成为党领导下团结联系广大科技工作者的人民团体。科协组织和其他人民团体有所不同，我们既有人民团体的属性，担负着团结凝聚广大科技工作者跟党走的政治责任，但是我们还有很重要的一项职能，就是向社会提供公共服务产品的社会组织，这与其他一些群团组织有所不同。十八届三中全会提出，改革的目标是国家治理体系和治理方式的现代化，一个很重要的任务是社会治理的现代化，社会治理需要靠社会组织，我们作为提供科技公共服务的社会组织，在这方面应发挥重要的作用。这次中央书记处对科协有更明确的定位，提出了四点任务和要求，源潮同志在讲话中也提出了明确要求，这说明科协组织一方面是党领导下的人民团体，我们要在政治上、思想上引领、团结、服务、凝聚广大科技工作者，另一方面还是为全社会提供公共服务产品的社会主体。科协组织能不能满足这个要求？当前我们与党中央、国务院的要求还有不少差距。

四是科协系统不适应的问题还比较突出。科协系统与提供公共服务的社会主体的要求差距比较大，与团结、凝聚广大科技工作者的人民团体的要求差距也比较大。中国科协在党中央、国务院的领导下和源潮同志的具体指导下开拓了很多领域，增加强化了很多职能，但是我们发现不少职能还没有履行好，地方科协中，能把中国科协一些职能都承接下去，并把工作推动起来的比例并不高。特别是省、市、县科协还面临着一些典型问题，就是“不想干、不会干、不实干”的问题，这并不是指全部，虽然是一部分和不同程度地存在这些问题，我们仍需高度重视。“不想干”，主要是指有的同志有懈怠的思想，有怕担风险的想法，大家总觉得科协是比较闲的地方，到这里来就等着退休，不要冒风险，顺利退就算了，不要大干了。还有的感觉到要干成一件事，基础不好，困难重重，干事存在风险，就算了，不干了。“不会干”，我很有体会，我原来在政府工作过，也在党委工作过，毕竟是有权力的，用权力来推动干事是比较容易的。到科协后，用新的思路，作为一个社会组织怎么来推动事情，确实没有经验。所以，有些事情怎么干成？举措在哪儿？推动的切入点在哪儿？杠杆在哪儿？不好找。“不实干”，作为科协组织，大家认为有些事搞得声势很好，宣传宣传、活动活动就好。如果要真正把这个事落到实处、见到实效，那就需要下大功夫了。总书记说过“一分部署，九分落实”，这里面的攻坚克难存在很多风险，所以有些工作就只是部署一下、造个声势、发个文件、开个会议就完了，讲起来也能讲出来个一二三四，但是效果不明显。

这些问题，我认为还是思想认识的问题，虽然这是个别问题，不是普遍问题，但是我们要有清醒认识。科协系统要按照严的标准、实的要求，高度重视，真正从思想观念上转变，在具体工作中克服，这样才能真正抓住难得的历史机遇，担负起党中央、国务院和地方党委政府交给我们的重要任务，在新常态新形势下，在贯彻落实新的发展理念过程中，发挥好科技创新的重要作用，发挥好科协组织的重要作用。

二、强化开拓创新的责任与担当

科技创新是国家创新体系的重要组成部分，科协作为推动科技创新的人民团体，担负着极其重要的使命，要承担起这个责任，整体工作都要开拓创新。

一是强化积极主动服务大局的意识。围绕党和政府的工作重心、围绕发展全局，找准我们的立足点、聚焦点和着力点，打造硬的抓手，取得务实的成效。要登高望远，想着如何为全面建成小康社会、建成创新型国家作贡献；如何在落实新的发展理念，在创新驱动发展中彰显优势、发挥好生力军作用，使我们更加有所作为。在供给侧结构性改革中，如何提高科技的产出和成果转化的能力，转变生产方式、调整经济结构，实现去产能、去杠杆、去库存、降成本、补短板，在这方面可以发挥出我们的优势。

二是强化主战场上奋发有为的担当。现在大家逐步形成共识，科协系统可以在主战场上奋发有为，以前我们总觉得主战场是政府部门主管的事，有人认为科协就是敲敲边鼓，像打仗中的游击队，不是正规军。现在我们在科技创新和经济建设主战场上不但要进入而且还要奋发有为。现在科技创新和经济建设两个主战场融汇一体，形成创新驱动发展主战场。我们科协完全有能力、有优势大有作为。我们最大的优势是人才，科协联系的科技工作者超过了7000万，这是一个极其宝贵的资源。现在我们很多工作没有做到位，还没有把科技人才的潜力充分挖掘出来。目前，政府主管部门在改革过程中有大量职能转移，审批事项、权力事项大幅度减少。比如，在上游的科技原始创新方面，我们的优势是什么？可以概括为营造学术环境、改革学术评价导向、搭建学术交流合作平台、举荐优秀青年人才。创新需要交流合作，可以通过学会建立学术交流平台。还有，就是学术环境是科技创新的土壤，最近国务院办公厅下发了《国务院办公厅关于优化学术环境的指导意见》，这个文件含金量很高，文件提到的五方面任务要求，包括优化科研管理环境、宏观政策环境、学术民主环境、学术诚信环境、人才成长环境等，包含大量改革内容，都是啃硬骨头的改革。文件中针对以下问题都提出了解决办法，如我们把科技人员当公务员来管理，动辄用行政化“参公管理”约束科学家、科技人员，这次明确提出要消除科研院所管理中存在的“行政化”和“官本位”弊端，实行有利于开放、协同、高效、创新的扁平化管理结构。还有，宏观政策环境上提出减少对科研机构的行政干预、直接干预，要授予科研机构包括研究团队更多的自主权，这个自主权包括在立项、用人、分配方面的自主权。授予自主权之后，科技工作者不用天天想怎么样立项，主要精力用于搞科研，课题负责人可以招自己需要的团队，直接扁平管理，不搞政府的等级式管理。还有要改革拨款方式，取消出国各方面的限制。在优化学术民主环境上提出了“四个不得”，在优化学术环境方面，还有“五个不准”等。在学术评价导向改革方面，学术论文过度发表和依赖问题突出。奖励、职称晋升、课题申请、学位授予都和论文挂钩，这导致我们有些机构急功近利。改革学术期刊制度，核心是改革学术导向、职称评定，一方面加强学术环境建设，另一方面把握住学术导向，搞好学术交流，把一些优秀人才团结在我们周围，这样我们才能在创新驱动发展主战场上有立足之地，才可以把政府的资源用得更高效，才能把科技人员的积极性、创新活力、创新潜力激发出来，在主战场上有所作为。

在服务经济建设方面，我们的主要抓手，一是创新驱动助力工程，核心是促进科技成果转化和科技服务，建立起学会和地方企业联系的桥梁，来解决现在的科技成果转化不畅的问题。“海智计划”、科技信息服务等都可以在创新驱动助力方面有所作为。二是受国务院委托，开展大众创业、万众创新的全国性评估工作，承办双创活动周。国家发展改革委牵头，科协承办，这样我们就有了平台，在创造新产业、新企业方面可以大有作为。

三是要强化团结凝聚科技工作者的政治责任。我们一个重要责任就是让广大科技工作者跟党走，7000多万科技工作者中有近75%是非中共党员，如何把广大科技工作者紧密地团结在以习近平同志为核心的党中央周围，使他们真正在思想上政治上行动上与党中央保持一致，真正拥护党、跟党走，科协任务艰巨、责任重大。我们只有和科技工作者建立了密切的心连心的联系，才能真正从思想上使他们和我们党同心同德。所以，科协系统首先要强化党的意识，这是我们的政治使命。科技人员的思想很活跃，政治敏感性强，引导得好他们就能起到正作用，引导不好就会起反作用。各级科协组织要切实加强对科技工作者的政治引领、思想沟通，真正把中央的部署通过学会的联系，贯彻到每个科技工作者中间去，真正使他们听党话、跟党走。

四是强化工作中的改革创新精神。科协要担负起时代使命，开创工作新局面，法宝就是“改革创新”。我们有着创新的潜力，如何把这个潜力变成实践，变成我们现实的优势，就是要改革我们的工作方式、组织结构，转职能、转机制、转作风，而这本身就是一种改革。所以，这个时候我们就要积极进取，要有“想事干、创新招、求人帮、重实效”的工作态度。通过这一年多的工作，大家对这方面体会更深，我们没多大权力资源，很多事情我们想着干、找着干，就得用新点子，有新思路，有的时候需要其他资源来支持，借助政府的资源，借助他们的职能来一起推动工作。虽然在谈的过程中不容易，去求人不容易，但是为了工作求求人，最后取得的实效很好。最典型的是中国科协跟国家发展改革委的合作，优势互补，合作共赢，越合作领域越宽。

五是要强化在工作中虚功实作的本领。一个好的思路最后变成一个好的成果，首先要深入实际，找准问题，特别是要找准问题的切入点、着力点。找准问题，才能发力。对科协来说，我们最大的优势是无限的舞台，特别是在我们推动科技创新、服务创新驱动方面，要干的事情很多。有创新的思维更要有抓落实的精神，从设计就要开始考虑硬举措，建立评价考核体系。更重要的是要发扬钉钉子的精神，既要有咬定青山不放松的劲儿，也要有锲而不舍的意志，真正抓铁有痕、踏石留印。对科协的干部来讲，要在操作力、执行力上下大功夫，要在带队伍、抓作风上下大功夫。

三、抓住重点带动整体工作的提升

我们现在的重点任务已基本明确，工作谋划、顶层设计基本形成了完整的部署，特别是《中国科协事业发展“十三五”规划》和《科协系统深化改革实施方案》印发后，我们要认真贯彻落实。应该看到国家和地方工作各有特点，有相通的地方，也有不同的地方，各地有其自身的特点，不能强求齐步走。各地要以中央的精神为准绳，鼓励结合自身实际，不断探新路、创特色、强优势。总体而言，要抓好以下六个方面的重点工作。

一是落实好中央下发的《科协系统深化改革实施方案》，搞好自身改革。方案明确的改革重点包括五个方面：一是领导机构和机关的改革，二是学会治理结构和治理方式的改革，三是联系服务科技工作者体制机制的改革，四是向社会提供服务产品机制的改革创新，五是强化对科技工作者政治思想引领。目前中国科协已制定了任务分工方案，路线图、时间表都已比较明确，关键是抓好落实。考虑到各地实际情况的不同，我这里强调几点：一是不能照搬中国科协的有些做法，如领导机构改革，这次代表大会将提高基层科技工作者比例，增强代表性和广泛性，兼职副主席主要从不同行业、领域的有代表性的一线优秀科技工作者中产生，实行轮流定期驻会制度，深化科协机关改革和事业单位改革，所属事业单位编制缩减，加强基层单位同志到中国科协机关挂职、机关同志到学会和地方科协挂职等，这些改革措施各地科协不能照搬套用，要把握好。二是把握好改革的核心，即学会治理结构和治理方式的改革。越是发达国家、越是创新型国家，学会的能力就越强。我们的学会跟国际知名学会相比差距很大，治理体系陈旧、工作方式落伍、吸引力也比较弱，改革必须下大力气、敢啃硬骨头。三是要注重加强平台建设，我们要改革联系科技工作者的机制，怎么联系？要跟服务平台的建设相辅相成，怎么服务学术交流、怎么服务论文发表、怎么服务成果转化、怎么服务双创、怎么服务人才培养，在这些方面都可以通过平台来加强。总之，各地改革一定要联系实际，不能机械地照搬这个比例那个比例，最主要的是改革体制机制，达到增强活力、增强干部职工工作能力、增强服务能力的目的。

二是深入实施创新驱动助力工程。各地党委政府都把创新发展放到了极其重要的位置，对新技术、对先进人才如饥似渴，2016 年创新驱动助力工程的实施要在 2015 年的基础上取得更大突破。对地方科协来讲，就是要把握好本地企业和经济发展的趋势，做好和全国学会的对接，抓好试点，发挥好桥梁纽带的作用，同时组织本地学会搞好服务。科技信息服务是推动创新驱动发展的一个重点项目，对企业的信息水平和技术改造提升很有帮助，各地科协要做好对接。另外，还要利用好海智计划、离岸创新创业基地等，这些都要做好。

三是贯彻好国家发展改革委、中国科协《关于共同推动大众创业万众创新工作的意见》，在推动双创中有所作为。要把推动大众创业万众创新的职能真正承担起来，首先需要我们具备很好的工作作风和工作机制，要与发展改革委搞好合作，找准我们的平台和抓手，科协是个大平台，谁来合作我们都要容纳。源潮同志上午讲话时说了，科技人员 60% 愿意创业，但真正创业的只有 2.5%，可以说潜力巨大。我们怎么样组织好科技人员创业，关键就是落实好《意见》，我们要发挥科协连接四方的优势，把知识产权保护、金融服务、科技保险等做好，为双创做好服务。

四是实施好“互联网＋科普”，推进科普信息化落地和现代科技馆体系的建设。去年用了半年的时间，我们动员社会力量来研发科普信息化，现在内容已比较丰富，下一步关键是要落地。要逐步深入到社区、学校，并进一步延伸到农村，2016 年争取在全国

1/3的学校和社区能落地。中国科协将很快推出科普中国云，就是利用宽带把内容输送出去，把服务给大家送去。科普“十三五”规划纲要提出了六个体系的建设，其中现代科技馆体系建设非常重要，提出要引导人口100万以上的城市都建科技馆，增加科技馆免费开放的补贴，加强科技馆建设标准体系的建设，加大中学科技馆的建设力度，继续实施科普大篷车工程等，都要做好，促进资源的普惠共享。

五是组织好第三方评估，提升科技智库对党委政府决策的影响力、支撑力。科技评估是“裁判”，一方面要开展常态化评估，把双创政策环境的评估、学术环境的评估长期坚持下去，像公布GDP指标一样公布各地的指数。另一方面也要开展科技创新战略、规划、政策等的评估，开展包括转方式、调结构等方面的评估，形成高质量的评估报告，给党委政府决策提供强有力支撑。

六是下气力抓好基层组织建设，提高县级科协的工作水平。县级科协在科协工作体系中很重要，但在当前全面深化改革的大背景下，科协作为群团组织要胸怀大局，科协就是大舞台，只要搭建好舞台，才能扩大队伍，有些大的企业、中央所属高校的科协也会作为科协的组成部分，地方科协也要顺应改革，引导发挥好高校、企业科协的作用。基层组织是我们的立足之本，是我们在基层的腿、根，要做好。农技协是我们重要的基层组织，我们现在提出建设农技协2.0版，就是围绕现代农业经营体系的改革，怎么样把科技服务搞好，基层组织建立起各种服务平台，才能真正地和科技工作者建立起联系，才能维护好他们的权益，才能真正团结凝聚他们。

今天讲了“四个认识、五个强化、六个重点”。做好科协工作核心还在“打铁还需自身硬”，必须加强科协系统的自身建设，首先是作风建设，中国科协抓的整治“庸、懒、散、浮、拖”很有成效，当前科协工作量很大，但大家加班加点没有怨言，通过加强作风建设，才能进一步做好队伍建设、能力建设，希望各地方科协借鉴。另外，科协系统必须加强上下联动、左右联合，各省、区、市科协之间也要加强合作，特别是在援疆援藏工作、扶贫攻坚工作等方面，要取长补短，形成合力，取得实效。

总之，去年我们的工作取得很大成绩。今年的工作将更加繁重，希望大家齐心协力，贯彻落实好习近平总书记系列讲话精神和中央的部署，把广大科技工作者紧密团结凝聚在以习近平同志为核心的党中央周围，深入推进科协系统的改革工作，开创科协工作的新局面，在创新驱动发展中发挥科协更大的作用，为决胜建成全面小康社会和创新型国家做出更大的贡献。

在中国科协 2016 年科普工作会上的讲话

（2016 年 3 月 30 日）

尚　勇

同志们：

这次会议既是科普工作继往开来的研讨会，也是科普工作转型升级的推进会。章良同志传达了党中央国务院对公民科学素质工作和科普工作的指示精神。延豪同志代表中国科协党组书记处作了工作报告，对“十三五”期间特别是 2016 年科普工作进行了全面部署。束为同志以及科普部等相关负责同志对做好科普工作提出一些新的明确的要求。刚才听了八位代表的典型发言，无论是地方科协还是全国学会的科普工作经验和思路，都让我很受启发，大家提出的意见和建议我们都会认真研究，作为推动改进工作的重要参考，纳入今后的工作部署中。

下面，结合近期调研情况以及一些思考，讲三点意见。

一、继往开来，开创科普工作转型升级新局面

（1）“十二五”科普工作成效明显，为“十三五”奠定了良好的基础。“十二五”期间，科普工作虽然风风雨雨，但也始终保持持续发展、提升拓展，成效非常明显。

第一，公民科学素质纲要目标圆满完成。我国具备公民科学素质的比例由“十二五”初的 3.27%，提高到“十二五”末的 6.2%，差不多翻了一番，这是了不起的成绩。

第二，科普工作新机制初步形成。一是市场机制在科普工作中发挥日益重要的作用。现在以果壳网为代表的一批民营科普网站纷纷成立，几家大型门户网站积极参与科普工作。科普企业生机勃勃，科普创作正走向市场化的道路，以《三体》为代表的国产科幻电影百花齐放、百家争鸣，有 3 部预计今年上映，还有 80 多部正在创作中，市场机制发挥了积极作用。科普是公益事业，与市场机制结合才能满足公众的需求。二是科技工作者参与机制初步形成。刚才典型发言的四个学会都谈到，科学大师和科技工作者做科普报告、参加科普活动蔚然成风。三是部门协作机制得以完善。全民科学素质纲要实施部门现在有 33 个，这些单位都发挥各自优势，各显其能，通过协作形成合力。四是社会动员机制逐步形成。现在全社会都积极参与科普工作，特别是媒体新闻导入式的参与，给科普工作增强了活力。五是政府支持机制不断增强，各级党委政府对科普工作越来越重视，支持强度也越来越大。

第三，科普信息化建设取得突破性进展。在源潮同志亲自关心、倡导和指导下，科普信息化建设工作在“十二五”后两年取得突飞猛进的进展和重大突破。特别是在内容建设上，“互联网 + 科普”初步形成体系框架，无论是利用普通互联网还是移动互联网，各种终端、各种传播形式相补充、相结合，内容多种多样，形成“科普中国”品牌，这是一个重大的突破性进展。

第四，各类科普活动覆盖面和水平大幅提升。科普活动载体日益增多，特别是青少年创新大赛、英才计划、小小科学家、高校科学营等一系列面向青少年的活动不断增多。其他面向基层的科普活动也不断丰富，质量越来越高。如全国科普日等中央领导每年都参加活动，每年都有大的创新，影响范围也逐步扩大。

第五，科普基地建设展现出新局面。科技馆体系发挥了骨干作用，城市科技馆覆盖率逐步提高，全国达标的科技馆达155个，各种专业科技馆作用越来越大，各部门在专业科技馆建设方面发挥了很大的作用。流动科技馆、科普大篷车覆盖率不断提高，展品不断丰富。还有一个重要方面，就是推动国家科研基地、重点实验室对外开放，推动企业建设科普基地，还有农村中学科技馆建设等，科普场馆和设施形成了一个体系，展现出新局面。

第六，科普在服务“五大建设”中的作用日益突显。无论是经济建设、政治建设、文化建设、社会建设、生态文明建设，还有精神文明建设中，科普都找到了发挥作用领域和服务支点。科普在这些方面确实功不可没。

总的来看，这些成就为“十三五”期间的科普转型升级奠定了非常好的基础，也坚定了大家的信心。

（2）国家“十三五”发展规划对科普工作提出了新的要求。党的十八届五中全会提出“十三五”规划建议，习总书记提出了新的发展理念，特别是这次“两会”通过了国民经济和社会发展“十三五”规划纲要，把创新发展摆在首位，把创新作为引领发展的第一动力，创新驱动发展战略成为国家的主体战略。现在全社会都特别重视科技创新，应用科技推动发展转型升级的认识和积极性大幅度提高，也对科技创新和科学普及提出了新的要求和希望。令人鼓舞的是，这次“十三五”规划纲要中把公民具备科学素质的比例超过10%列为硬指标，提出实施“互联网+科普”行动，这是科普工作历史上一个大的突破。而且其他方面虽然没有明确写科普，但是实际上对科普也有很多要求。因此，我们肩负的任务非常艰巨、使命非常光荣，为我们提供了更多大有作为的空间。

（3）中央对科协系统改革发展赋予了新使命。中央关于科协系统深化改革的实施方案已经正式公布，《新闻联播》连续两天播送有关的内容，《焦点访谈》作了专题报道，还有其他的媒体都在进行系列深度的解析报道，引起了社会关注。习近平总书记在中央党的群团工作会议上要求切实保持和增强群团工作的政治性、先进性、群众性，深化改革实施方案对科协提出了“三三四”的定位。第一个“三”是三个大的功能，即科协是党领导下团结联系广大科技工作者的人民团体；是提供科技类公共服务产品的社会组织；是国家创新体系的重要组成部分，这是重大的突破。第二个“三”是突出科协“三型”，即开放型、枢纽型、平台型的作用要更加突显。对科协科普工作同样也要突出“三型”的要求，科普工作体系、队伍和人员的思路要更加开放，要建立科技传播转化平台，各级科协组织要成为科技传播的枢纽。“四”是四个服务，为科技工作者服务、为创新驱动发展战略服务、为公民科学素质提高服务、为党委和政府科学决策服务。不能单纯地认为只有“为公民科学素质提高服务”是科普，“四个服务”里面都有科普工作的空间。但是，我们也要认识到，目前科协系统从中国科协机关本级到地方科协、各级学会仍然存在着视野不宽、观念落后、手段陈旧、能力不足等问题，所以转型升级的任务是非常繁重的。

（4）科普顶层设计的关键在于落地生根。科普工作在延豪同志的主持下，“十三五”规划准备得比较早，研究得也比较充分。国务院办公厅已经发布《全民科学素质行动计划纲要实施方案（2016—2020年）》，《中国科协事业发展“十三五”规划》将在科协“九大”通过后发布，《中国科协科普发展规划（2016—2020年）》已经发布。为贯彻落实习近平总书记的五大发展理念，科普发展规划中提出四个工作理念，即“创新、提升、协同、普惠”。这八个字很好地贯穿体现了五大理念，但落实起来也有难度。特别是具体到科普“六大工程”，每个工程都贯穿了转型升级的要求，内容很丰富。继承和延续性强，但创新性更强，因为原来的思维、手段、方法已经实现不了新的理念和任务要求。今年是“十三五”开局之年，我们要实现转型升级，必须开好局。现在的科普事业鼓舞人心，但也要重点解决最薄弱的“最后一公里”问题，抓好落实工作。

二、突出重点，实现科普拓展普惠新突破

要实现科普工作转型升级、拓展普惠，全面落实“十三五”规划，必须抓住重点、找准短板。科普工作最大的短板就是我们满足不了人民群众的需求。所以要抓住重点、重点突破、纲举目张、系统推进，带动科普全面转型升级，这就是我们的推进策略。具体任务“六大工程”都很明确，章良同志的传达和延豪同志的工作报告都讲到了，我不全面来讲，下面讲几个重点。

（1）科普中国要落地生根，“互联网＋科普”要实现全覆盖。我们提出科普工作以科普信息化为核心，这就是要最大化地在科普手段上、内容上、传播方式和管理机制上实现转型升级。目前在科普中国内容制作和网站建立上实现了突破，下一步要重点解决这些内容落地生根，关键是突破“最后一公里”的问题。现在科普内容很丰富，动漫和视频已经有几千部，丰富多彩，但是没能普遍落地。科普网站内容繁多，海量的信息如何推送给公众？现在提炼还不够。所以要做到“精细分类、精准推送”。

精细分类首先要保证从科协传播出去的知识的科学性、权威性。老百姓对科普知识特别需要，最需要的就是健康方面的知识，特别是进入老龄化社会，中老年对科学保健的问题很重视。我们要保持权威性，下一步就得横向上连起来，纵向上贯到底。

精准推送的重点是“四进”。一是“进社区”，这是关键。社区是一个很好的平台，基本上每个社区都建有服务中心，是个综合文化平台。但社区服务中心科普知识不够，而且形式以文字为主。现在我们有很多科普小动漫，特别是快闪、秒播，非常生动，科普中国点击率增长很快，已提高到26亿次了，现在需要把这些内容全部分好类再落地。二是“进学校”，重点是进中小学。现在学校都有设备，都能播放视频。三是“进农村”。农村全覆盖有难度，但不是没有渠道，比如农村党员干部现代远程教育平台就可以研究合作事宜。进农村的内容和进社区、进学校的不一样，要分类落地。四是“进公益广告”，特别是电视公益广告。这是个非常好的平台，目前科普方面的内容很少。

“四进”的每一个方面都要分类研究，工作做细。比如进社区，哈尔滨700个社区有显示屏，科协把科普信息资源都推送过去，内容可以通过网络下载或者光盘等多种形式结合发放，播放安排也得有具体的指导和规范，这才能落地好。进学校，特别是进中小学，要与青少年科技教育结合起来。进农村，要更多针对农村的需要普及知识和实用技术，落地一定要注意需求引导，精准推送。同时要注重新闻导入。特别是在承担科普信息化项目的单位中贯彻这个理念非常重要。新闻抓住了大家的热点和兴趣点，科普很有效。像AlphaGO“人机大战”新闻导入科普就做得很好，解读了一个误区，即不是机器把人战胜，是人类自我战胜，人类的自我发展就是自我战胜的进步，人是驾驭机器的。引力波等抽象的问题科普也做得很好。

“十三五”期间要实现“互联网＋科普”全覆盖，科普信息化落地生根这个问题要作为一个重大的问题，以“四进”为重点，解决科普“最后一公里”的问题。

（2）开展青少年科学素养行动，实现青少年科学素质全达标。青少年包括中学生和小学生，甚至学前教育，全国共计2亿多人。如果他们科学素养全达标，我国公民基本科学素质比例就会远远超过10%，所以公民科学素质建设要从青少年抓起。青少年科学素养行动就是要集成已有的精品活动，像青少年科技创新竞赛、明天小小科学家活动、英才计划、高校科学营等，把它们贯穿起来，对青少年每一个阶段的科学素养都要有指标体系、题库和普及内容。青少年科学素养行动要与教育部、共青团中央等部门单位联合开展。将科普知识通过科普中国、青少年科学素质读本、学校和校内外科技馆等结合推送。还有一个重要的工作是全国青少年科学素质电视大赛，这是一个组合拳，要好好策划。总之，青少年科学素质建设工作方面要重点突破。

（3）科技馆体系要有大拓展，转型升级要基本实现。现在全国科技馆数量虽然很多，展示方式也有一些信息化内容、有不少创新，但总体来看还是比较传统。上次全国科技馆工作会提出了“七化”，科技馆要与时俱进，拓展科学前沿和科学进展，更加贴近人民的生活和青少年的兴趣，更加突出趣味性、互动性、体验性。今天会场外边在展示虚拟现实技术，下一步科技馆升级的重点就是要利用虚拟现实和增强现实。虚拟现实的科普内容要做成裸眼能看的，让更多人愿意看。实体科技馆、流动科技馆、科普大篷车也都要关注科学前沿。像可组装机器人、3D打印机、小型无人机等，都可以装备中小学科技馆、流动科技馆、科普大篷车。另外，还要重视社会各方面的科技展示，推动更多的科研基地、重点实验室开放。还要发挥企业的积极性，可以动员他们自己建设科普场馆，也可以在科技馆为他们开辟一席之地，介绍科学前沿和技术原理。还要推动专业性的地质、植物、动物类特色科技馆建设。总而言之，要广泛动员社会资源，形成科技馆上下左右互联互通的完善的体系，大幅度提升信息化的水平，与大的企业、科研机构等结合，用现代感知技术、信息技术来改造提升科技馆展示水平。“十三五”时期末，农村中学科技馆保有量要达到1000所，实现680个贫困地区全覆盖，这要作为一个硬任务来抓。

（4）科普惠民要加大力度，科技要在全面脱贫中做出贡献。中国科协“七大”时启动了“基层科普行动计划”，这个旗帜举得非常好，我们要与时俱进，赋予更多新内容。科普的难点、最大的短板还是在农村。科协现在正在研究农技协2.0版，还要研究在产业扶贫中科协的作用。可以组织科技工作者形成数以千万计的科技扶贫小组，深入到每个贫困村开展产业扶贫。全国学会，像中国药学会、中国食品科学技术学会、中国农业方面的学会等，在这方面都大有可为。

当然，科普工作规划“六大工程”有很多工作，我主要讲几个短板比较明显、亟须取得突破的，要通过这些重点突破，带动整个系统全面提升。

三、加强协调，汇聚科普工作新动能

科普工作是全体科技界的工作，科协组织一定要发挥开放型、枢纽型、平台型作用，动员广大科技工作者的力量一起做科普。

（1）要动员更多的科技工作者参与科普，成为创新争先行动的重要内容。经中央批准，中国科协马上要启动创新争先行动，其中一个重要的方面就是“普及服务竞贡献”。现在可喜的是学会和科技工作者开展科普的积极性都被调动起来了，在科普工作上都有很大的进步。3月19日在中国科技馆举办的2015年度“中国生命科学领域十大进展”颁奖活动上，施一公、匡廷云院士等科学大家给听众特别是青少年做的科普报告非常精彩，把世界前沿的科学成果给孩子们讲明白，这就是科普大家的水平。我们需要让更多的科学家走上台、走向社会，给公众特别是青少年作报告。科协要想办法充分调动科技工作者的积极性。

（2）科普要与大众创业万众创新互动共振。现在李克强总理关注的一个热点就是“双创”。在动员社会力量开展创业创新的过程中，很多创业者需要普及科技知识，培训科技应用，了解科普知识，科普工作就要跟他们的需求结合起来。还有些投资者要“众筹”，不知投资哪个领域和行业，这也需要对他们做科学普及。要吸引更多人打开“科普中国”网站来了解科普信息。百度百科的科学词条也要更加精细、更加准确，与双创结合起来。

（3）科普要与精神文明建设更加紧密结合。精神文明和核心价值观的践行其中很重要的一方面就是科普工作。科普既是基层精神文明建设好的切入点，又是一个好的平台。刚才提到的“四进”，都要与精神文明建设结合，取得各级党委和政府的高度重视和支持，让科普成为精神文明建设的主题性工作之一。要与宣传部门和文化部门等加强合作，用好宣传和文化的平台做科普。

（4）科普要与更多的部门协同，实现优势互补。总结“十二五”时期科普取得的成就，经验之一就是部门协同。不但要加强与33个全民素质行动计划纲要实施成员单位的合作，还要加强与更多部门的合作，让科普工作也成为每个部门业务工作的一部分，发挥他们各自优势。首先群团组织之间，科协与工会、共青团、妇联、侨联、残联、文联、作协等都要密切联系和合作。延豪同志正在推进和中国作协合作，跟文联也要开展这方面的合作。下一步还要跟政府部门、行业部门、企业、高校等多方面联手，科协搭平台、建枢纽，更好地发挥这些单位的优势。

（5）科普政策运用要到位。很多政策虽然不是科协制定的，但只要是有利于开展科普工作的政策，科协都要呼吁，要协助推动落实，运用好政策工具。其中一个非常重要的就是科普投入的政策，科普经费在GDP中的比例要明确。大家提的人均科普经费一元钱，是要明确是各级地方的本级财政中实现人均一元，即省级、市级、县区级均以本区域的人口计算一人一元。中央财政已经超过了这个标准，但很多省级财政还没有达标。再就是要利用好其他的政策，比如科研计划规定实验室开放补贴、科普创作的税收优惠政策等。这些问题我们都要积极推动部门之间、科协上下级之间联手协调。

同志们，“十三五”时期科普任务已经明确。“一分部署，九分落实”，要真正抓好落实，就必须从上到下都保持高昂的精神状态，要奋发进取、敢于担当、攻坚克难、锲而不舍。习近平总书记和党中央赋予我们光荣使命，我们要团结带领广大科技工作者一起为实现“十三五”规划的宏伟目标，建设创新型国家，决胜全面建成小康社会做出我们应有的贡献！

谢谢大家！

在全国科协系统对口援藏工作座谈会上的讲话

（2016 年 9 月 25 日）

尚　勇

同志们：

2014 年 10 月，我们在拉萨召开了全国科协系统对口援藏工作会议。会后，中国科协和中央统战部联合印发了《关于组织实施“援藏科技增效工程”的意见》，建立了中国科协对口支援西藏科协、全国学会和省市科协对口支援西藏地市科协的机制，来实施科技援藏工作。今年，特别是“科技三会”召开之后，各单位、各部门都在忙着贯彻落实中央最新精神，工作十分繁忙。但是，再忙也要把对口援藏工作纳入重要的工作日程。考虑大家的实际情况，我们决定借中国科协年会的契机召开全国科协系统对口援藏工作座谈会。

今天，多托书记受自治区党委政府的委托，率领西藏各个地市州的有关领导同志和有关部门的同志专程参加会议。我代表中国科协向多托书记和西藏来的各位同志，表示崇高的敬意和热烈的欢迎！2014 年全国科协系统对口援藏工作会以来，各省市科协、全国学会充分发挥自身优势，紧紧围绕西藏实际需求，大力实施“援藏科技增效工程”，在提升项目科技含量等方面，取得了初步成效。我代表中国科协向各对口援藏省市科协和学会的同志们，表示衷心的感谢！

今天会议的主要任务是深入贯彻落实中央第六次西藏工作座谈会精神和习近平总书记系列重要讲话精神，总结交流近两年来科协系统对口援藏工作情况，分析形势、研究部署“十三五”时期科协系统对口援藏任务。下面，我就做好“十三五”时期科协系统对口援藏工作，讲三点意见。

一、进一步增强对口援藏工作的责任感和使命感

西藏是我国重要的国家安全屏障和生态安全屏障，在党和国家战略全局中居于重要地位。西藏经济社会发展和长治久安关系国家安全、民族团结和社会稳定大局，关系中华民族伟大复兴。党中央先后六次召开座谈会部署西藏工作，在各个历史时期相继作出一系列重大决策部署，不断丰富治藏方略。特别是党的十八大以来，习近平总书记多次对西藏工作作出了重要批示，在中央第六次西藏工作座谈会上提出“治国必治边、治边先稳藏”的战略思想，深入阐述了新形势下西藏工作要坚持“依法治藏、富民兴藏、长期建藏、凝聚人心、夯实基础”的重要原则，开辟了我们党治藏方略的新纪元，为全党全国把握西藏工作大局统一了思想认识，为进一步做好西藏工作提供了行动指南。对口支援西藏是推动我国区域协调发展、共同发展的大战略，我们要深刻理解对口援藏工作的重大意义，以实际行动落实好中央的决策部署。

到 2020 年全面建成小康社会，是我们党确定“两个一百年”奋斗目标的第一个百年奋斗目标。全面建成小康社会有一个重要指标，就是到2020年我们要迈入创新型国家行列。而成为创新型国家的一个门槛就是公民科学素质要达标。我们必须清楚地认识到，西藏当前的公民科学素质水平与我国很多地区相比仍有很大差距，这成为西藏全面建成小康社会的最大短板，快速提升西藏地区公民科学素质尤为重要和迫切。习近平总书记多次强调，“到2020年全面建成小康社会，任何一个地区、任何一个民族都不能落下”。如果西藏公民科学素质提升不上去，我们就辜负了党中央的希望。我们开展援藏工作一定要充分认识公民科学素质是进入创新型国家和全面建成小康社会的重要指标，充分认识提高西藏的公民科学素质是科协系统义不容辞的政治责任和全国科技界的历史担当。

随着科技的进步，现代科技在西藏有了一定的普及应用，但相对来说，科技惠及广大西藏人民生产生活的程度较全国其他地区仍有较大差距，体现为生产生活方式的现代化水平和科技含量都比较低。新形势下做好对口援藏工作必须要凝聚广大科技工作者的智慧和力量，深入开展科技援藏，勇于担当，主动作为，帮助西藏人民运用现代科技手段脱贫致富，推动西藏加快实施创新驱动发展战略，为西藏与全国一道全面建成小康社会提供有力的科技支撑。

同志们，围绕实现“两个一百年”奋斗目标和中央西藏工作决策部署，我们要从政治的高度、战略的高度和全局的高度，进一步增强对口援藏的紧迫感、责任感和使命感，加大对西藏的帮扶力度，下大力气“补短板”，确保实现西藏公民科学素质的建设目标，真正帮助西藏人民和全国人民一起到2020年全面建成小康社会，一起进入创新型国家的行列。

二、进一步聚焦重点，加大对口援藏工作力度

当前，科学技术作用于我们经济社会发展、人民生活的方方面面。科协系统对口援藏一定要聚焦重点，找准西藏发展的最大短板，锁定最迫切需要科学技术和人才的地方来开展工作。同时，要注意把我们对口支援的资源与西藏的内生动力有机结合起来，形成合力，加速西藏的超常发展、跨越发展。围绕这个总要求，我认为应全力帮助西藏重点做好如下五个方面、十五件实事。

一是坚持以重点人群为着力点，推进西藏公民科学素质跨越式提升。

我们知道，“到2020年公民具备科学素质的比例提到10%以上”的目标已写入国家“十三五”规划。西藏也根据自身情况，设计上报了本地区的公民科学素质指标。看了这个指标，我觉得西藏定的指标太低。实事求是地讲，全国要达到10%，西藏到2020年公民科学素质指标最起码要提升到5%以上。“十三五”时期，科协系统要牢牢把握改善民生、凝聚人心这个出发点和落脚点，充分发挥人才和科技优势，集中优质科普资源，力争使西藏地区的公民科学素质在现有1.93%的基础上，提高到5%以上。这是我们下一步工作重中之重。要实现这个目标，从现在算起，每年需提升将近0.8%，任务还是比较艰巨的。我们必须坚持聚焦重点人群，找准需求，分类施策，做好以下工作。

（1）着眼于创新人才培养，加强青少年科技教育。要把青少年、我们的下一代，作为提高公民科学素质的重中之重，切实加强青少年科技教育。中国科协牵头，全民科学素质纲要实施工作办公室成员单位共同组织创作的《中国公民科学素质系列读本》（以下简称《读本》）已经出版。该《读本》是针对领导干部和公务员、农民、城镇劳动者、社区居民、中学生、小学生等六类重点人群需求和阅读习惯，量身打造的科普读物，内容涉及科技前沿、社会焦点以及与人们工作、生活应知应会的各类科普常识。《读本》是我们开展全民科学素质工作和实现西藏公民科学素质达到5%以上目标的一个重要抓手。中国科协有关部门会后要尽快开发《读本》汉藏双语版本并免费配送，还要依托科普信息化，做好《读本》数字化的配套设计，使其内容能以影视、动漫等丰富形式更好地向西藏青少年等科普人群呈现。教育方式方面，要重视把学校教育与科学技术的普及结合起来，把知识灌输和兴趣培养结合起来。要多为西藏青少年特别是少数民族青少年提供参与全国科技活动和竞赛的机会。加大对西藏地区一线科学教师和骨干科技辅导员培训力度。围绕培养科学精神、科学思想、科学思维和创新思维开展科技教育，使他们成为真正的创新型人才。

（2）着眼于脱贫致富，提升农牧民现代化生产技能。大力支持西藏开展“科普惠农兴村计划”，加强科普示范体系建设。组织科技专家为藏区基层农技人员、农牧业带头人、科普带头人等本土人才，采取多种方式开展技术培训，帮助农牧民提高脱贫致富的本领，实现增产增收。重点围绕西藏地域的特色农牧业、冬虫夏草、藏红花等技术创新和生产经营需求，开展“定点、定向、订单”式的技能和实用技术等培训活动。顺应一二三产深度融合的现代农业产业体系发展路径，重视加强对农业加工业的科技指导和支撑，大力培训电子商务知识，促进农产品销售增值。

（3）着眼于科学管理和决策水平，重点提升领导干部和公务员科学思维能力。科普的重点在青少年、农牧民，但是科普的关键是领导干部。领导干部重视了科技，就会带动整个地区公民科学素质大幅度提高。所以，要聚焦西藏各级领导干部和公务员，大力开展前沿科技知识的专题教育，帮助提升科学管理和决策水平。既可“请进来”教，也要“送出去”学，充分利用现场授课和网络信息教育等方式，加强科技知识、科学方法的培训和科学思想、科学精神的培养，使领导干部和公务员的科学素质在西藏各类职业人群中位居前列。

（4）着眼于产业转型升级，加快城镇劳动者、产业工人专业知识和技能更新。西藏工业化的进程在加快，第三产业服务业、现代服务业发展迅猛。围绕着产业转型升级，加快西藏城镇劳动者、产业工人的专业技术和专业知识更新，也是我们科普的重要内容。要根据不同产业、不同岗位，大力开展职业教育和技能培训，切实增强劳动者和产业工人安全生产、科学生产和使用信息技术的能力。同时，开展岗前培训、在岗培训、再就业培训等短期技能培训，有针对性、有步骤地促进城镇劳动者科学素质整体提升。支持西藏深入开展“社区科普益民计划”和科普示范社区创建活动，依托社区服务中心，加强居民科普宣传教育，倡导科学健康的生活方式。

二是坚持以推进科普资源集成和设施建设为着力点，实施科普服务精准推送。

（1）加强科普基础设施建设。在西藏科普设施实现“三个全覆盖”的基础上，加大中学、小学科技馆的建设力度，力争实现地、市、州全覆盖。要重点帮助西藏科学规划和完善使用科普基础设施，进一步丰富展品内容，确保展品及时更新换代。要选择一些在城市刚刚普及的展品，如机器人拼装、3D 打印、VR、AR 等，配备给西藏的科技馆，争取使西藏的科技馆和我们内地科技馆处于一个水平。同时，还要充分运用信息化手段，提升西藏地区科普资源集成和共享水平，大力开展远程科普教育和交流互动。最终，让西藏地区尤其是边远少数民族地区的孩子能和都市的孩子一样，同时间感受到世界科技前沿的发展，不能让孩子们输在起跑线上。

（2）推动科普中国信息化落地应用。科普中国信息化建设现在基本到了一个新阶段，科普信息展现形式和资源内容都得到了丰富。我们下一步的工作重点，就是要实现其在全国各地的落地应用。我们对口援藏要把这项工作在西藏落地作为一项重点任务来推动落实。要大力支持西藏建设科普中国校园 e 站、乡村 e 站和社区 e 站等，构建校园、乡村和社区科技教育服务枢纽。针对需求，坚持精准原则，加大开发面向青少年、农牧民和社区居民的科普资源，开展科普信息定制推送服务。

（3）搭建西藏科普传播平台。要积极推动西藏地区电视台开设科普节目、栏目，各级广播电台开设科普频道；充分运用中国科协已有网络平台和渠道，加大科普传播力度，扩大科普影响力。建设“科普西藏”信息化平台，推动西藏科普全媒体传播渠道建设，支持西藏提升科普信息化水平。通过科普中国移动终端覆盖到西藏地区所有教育、科技、农技、卫生和文化等领域，直接服务一线工作人员，提升优质科普内容供给能力。同时，还要充分尊重当地的民族习惯、宗教信仰、群众意愿，开展科普走进宗教场所、走进信教群众活动。

三是坚持以支持西藏创新发展为着力点，大力提升科技创新和成果转化能力。

（1）支持西藏实施“创新驱动助力工程”。全国学会要在西藏地区广泛开展“产学研用”合作和科技成果转化，结合西藏客观条件和实际需求，在西藏设立一批较高水平的科研专项，支持西藏围绕特色农牧业、生物产业、藏医药业、新能源、高原生态与环境等领域，引进和研发新技术、新设备，加快科技成果吸收和转化。推广适合西藏的农作物种植、特色养殖技术，提高生产水平，增加产品附加值。

（2）搭建企业技术创新、成果转化平台。要帮助西藏在高新技术企业、产业园区培育一批示范性专家工作站、学会服务站和成果转化服务中心，吸引高端人才创新创业，切实提高企业技术创新能力。要发挥全国学会、企业人才和科技工作者各自优势，帮助西藏培育一批跨学科、跨地域的“产学研”企业创新平台和服务平台，大力推广农业新技术、新品种、新模式，加快科技成果在西藏地区应用，帮助西藏打开市场。要积极引导东部优势产业向西藏地区转移，加大对西藏地区同质化产业的对口帮扶。

（3）提高民生科技创新能力和服务水平。要以西藏地区人口健康、防灾减灾、公共安全、安全生产等重大民生科技问题为核心，加强科技研发和集成示范。全国学会、企业科协要针对发展西藏民生科技，联合举办主题学术论坛、报告会、技术交流会，搭建民生科技研究交流平台，促进西藏民生科技创新，服务民生科技成果转化。

四是坚持以强化科技人才队伍建设为着力点，为西藏经济社会发展提供智力支撑。

（1）大力支持西藏科技人才建设。要继续组织专家在西藏举办各类学术活动，帮助西藏培养高层次创新创业人才，加大对西藏中青年科技人才培养和扶持力度。要加大“一线创新工程师培养”、知识产权巡讲等人才培养项目向西藏的倾斜力度。要帮助西藏培养当地科技人才，广泛激励在藏工作的科技工作者加入相应的专业学会和科普组织，共同开展相关科普培训活动。要进一步加大对西藏基层一线科技工作者的评选表彰力度，鼓励科技工作者在推动西藏科技进步上创新争先。

（2）为西藏地区引进智力资源牵线搭桥。全国学会和对口援藏科协要结合西藏各地区实际需要，有针对性地选派科技人才“组团式”赴藏开展工作。还要依托西藏重大科技项目、科研基地，帮助引进西藏发展亟须的战略性人才和创新创业领军人才。要加大“海智计划”在西藏的实施力度，帮助西藏创建海外人才离岸创业基地，大力引进海外人才和技术项目为西藏创新驱动发展服务。

（3）支援西藏科普人才队伍建设。通过轮训的方式，帮助西藏培养结构优化、素质优良、具备较高专业水平和创新能力的科普领军人才。支持西藏培养科普场馆建设运营、科普创作设计、科普活动策划等方面的急需人才。加强科普双语师资力量，为西藏民族地区干部群众学习科学知识和生产技能创造良好条件。

五是坚持以提高西藏各级科协自身建设为着力点，大力提升科技服务能力。

（1）协助西藏科协推进群团改革。支持和加强西藏科协、各级学会和农技协、企业科协等基层组织建设，大力提升服务能力，为西藏提供高质量科技类社会化公共服务平台，始终保持和增强各级组织的政治性、先进性和群众性。稳步推进所属学会深化改革和发展，支持西藏实施学会创新和服务能力提升工程，拓展社会服务领域。全国学会要加大对西藏科协所属学会的帮扶力度，建立合作交流机制，帮助西藏所属学会进一步规范运作和增强发展能力，努力为西藏创新驱动发展战略提供支撑和保障。借此机会，请西藏自治区党委、政府继续支持西藏科协深化改革，加强西藏科协基层组织建设，提升自身能力和水平，落实好中央群团改革工作部署。

（2）做好干部双向交流和培训工作。大力支持西藏科协干部与中国科协、内地科协干部双向交流和挂职锻炼。对口援藏科协要选派后备干部、优秀年轻干部进藏工作，使每个受援地市科协都有内地科协干部挂职。鼓励对口援藏科协积极为受援方基层干部创造培训学习、参观考察的机会，帮助提升业务能力和水平。在中国科协人才发展规划和干部教育培训规划实施过程中加大对西藏的倾斜力度。

三、进一步明确对口援藏工作的有关要求

今年7月，习近平总书记在东西部扶贫协作座谈会上强调，东西部协作和对口支援，要由东部单向帮扶西部地区，拓展为在对口帮扶框架下东西双向互动、共同发展；要由最初主要是政府援助，拓展为各类市场主体共同参与，再拓展到社会各界的广泛参与，实现共赢多赢、可持续发展；要由给钱给物“输血式”帮扶，拓展为增强自我发展能力的“造血式”帮扶。科协系统对口援藏工作也要坚持贯彻这几项要求。从明年开始，要在现有援藏工作基础上，围绕科技增效和公民科学素质提升，逐年持续加大支持力度。中国科协带好头，并与全国学会、地方科协形成合力，真抓实干，推动援藏工作取得实效。

一是西藏各级科协组织在对口援藏工作中发挥好枢纽作用。西藏各级科协是对口援藏科协组织与受援地区的桥梁纽带。西藏各级科协要切实加强自身建设，提升内生动力，要在对口援藏工作中更加主动作为，积极加强与对口省市科协联系，扎扎实实地组织完成好受援任务。西藏科协要加强对七地市受援科协的督促指导，确保对口援藏工作取得实效。受援地科协每年都要深入一线开展调研，找准问题，合理提出受援需求，做好援藏项目落地实施，并针对重点人群大力开展科普工作，努力在当地营造出学科学、用科学、爱科学、讲科学的浓厚氛围。

二是对口援藏省市科协发挥好主力军作用。各对口援藏科协要增强责任意识和大局意识，加强组织领导，主要负责同志要亲力亲为推动工作，每年要召开联席会议，加强援受双方沟通衔接，推动援藏工作科学化、常态化、规范化。要经常到西藏开展调研，找准西藏需求，制定年度工作计划，提高支援的精度和力度。要积极争取将科协援藏项目纳入本地党委政府的援藏规划和任务中。要完善结对帮扶机制，在省市结对关系基础上，要着力推动辖区内县、市、区层面的结对帮扶。要动员东部各级科协组织，包括所属学会、企业科协、农技协，以及东部有关企业、高校等社会各界积极参与对口援藏任务。根据不同专业领域和实际人才需求，积极为西藏引进人才、技术和科普资源。要尽快制定落实本次会议精神的工作方案，并于 11 月底完成方案制定报送。此外，还要帮扶对口地市县实现公民科学素质考核指标，如果考核不达标，这个省份援藏任务就没有完成。

三是全国学会发挥好生力军作用。全国学会组织网络健全，专业门类齐全，汇聚了两院院士、知名专家等广大的科技工作者，在对口援藏工作中要充分发挥好生力军作用。全国学会尤其是农科、医科和相关工科学会要积极投身援藏工作，建立对接帮扶机制，明确专人负责，把对口援藏任务纳入“创新驱动助力工程”等项目的重要内容，作为项目考核的重要依据。全国学会还要结合自身优势和特点积极与西藏相应的学会进行对接，开展一对一帮扶，帮助西藏相关学会提升服务科技创新能力、自身发展能力。要通过搭建各类学术交流、技术服务和科普教育平台，大力开展对口援藏工作。结合自身领域，每年在西藏地区开展防震减灾、健康养生、科学生产等与人民生产生活紧密相关的科普培训活动。相关医科学会要争取每年在西藏开展一次疾病检查和义诊活动，为西藏各族群众免费印发《西藏常见病用药手册》。农科和相关工科学会要争取每年组织科技专家，结合西藏实际需求，开展组团式援藏，为特色产业发展献言献策，提供智力支持。

四是中国科协各部门各单位发挥好表率作用。中国科协援藏办公室要加强对西藏的基层调研和研究，加强顶层设计和资源统筹，加大政策、项目和资金向西藏倾斜力度。组织有关部门认真谋划“十三五”时期对口援藏工作，建立可考核、可量化的目标和任务考核体系，发挥好综合协调、督促指导、示范引领作用。科普部要围绕西藏公民科学素质“十三五”末达到 5% 以上的目标，制定可行性方案和目标绩效考核办法。中国科协各部门各单位要主动加强与对口援藏科协相关部门和单位的联系与沟通，在自身开展好援藏工作的同时，负责组织好科协系统的相应部门和单位协调推进援藏工作。

同志们，对口援藏工作已经站在了一个新的起点上，党中央和国务院对西藏发展和援藏工作提出了更高的要求，科协系统要在中央第六次西藏工作座谈会精神的指引下，以踏石留印、抓铁有痕的劲头，推动新时期西藏的科技进步和科协事业发展，不断开创对口援藏工作新局面，努力实现西藏与全国同步进入小康社会和创新型国家行列的目标！

重要文件

中共中央办公厅印发《科协系统深化改革实施方案》

中共中央办公厅印发《科协系统深化改革实施方案》，并发出通知，要求各地区各部门结合实际认真贯彻执行。

《科协系统深化改革实施方案》全文如下。

科协是科技工作者的群众组织，是党领导下的人民团体，是党和政府联系科技工作者的桥梁纽带，是国家推动科技事业发展的重要力量。为深入贯彻习近平总书记有关重要讲话精神，切实增强科协组织的政治性、先进性、群众性，进一步密切与科技工作者的联系，更好地发挥党和政府与广大科技工作者的桥梁纽带作用，根据中央全面深化改革的总体部署和《中共中央关于加强和改进党的群团工作的意见》要求，现就科协系统深化改革提出如下实施方案。

一、总体要求

1．指导思想。科协系统深化改革，必须高举中国特色社会主义伟大旗帜，全面贯彻党的十八大和十八届三中、四中、五中全会以及中央党的群团工作会议精神，以邓小平理论、"三个代表"重要思想、科学发展观为指导，深入贯彻习近平总书记系列重要讲话精神，以有效增强政治性、先进性、群众性为目标，紧紧围绕"四个全面"战略布局明确改革方向和重点，按照走中国特色社会主义群团发展道路的总要求确定改革路径，把自觉接受党的领导、团结服务科技工作者、依法依章程开展工作有机统一起来，真正把科协组织建设成为对科技工作者有强大吸引力凝聚力、能够为党委和政府及社会各界提供不同形式高质量科技类社会化公共服务产品的中国特色社会主义群团，团结带领广大科技工作者为实现中华民族伟大复兴中国梦而努力奋斗。

2．基本原则。

——加强政治引领。牢牢把握政治性这一灵魂，坚持党的领导，凝聚带领科技工作者勇担创新发展主力军重任，充分发挥创新作为引领发展第一动力和人才作为支撑发展第一资源的作用，紧紧围绕党和国家工作大局和中央全面深化改革的总体部署，不断强化科协系统深化改革的责任和担当，强化公共服务，当好桥梁纽带，夯实执政之基。

——密切联系群众。准确把握群众性这个根本特点，把团结联系服务科技工作者作为科协组织的基本职能，坚持眼睛向下、面向基层，积极联系引导科技相关社会组织，健全基层组织，扩大有效覆盖，增强代表性，建立联系科技工作者长效机制，把科技工作者紧紧团结在以习近平同志为核心的党中央周围。

——突出问题导向。聚焦科协系统不同程度存在的脱离群众、组织松散、能力薄弱、庸懒散浮拖等现象，坚决从体制机制入手，下大力气铲除上述问题滋生的土壤，改进机关作风，释放学会活力，从根本上解决科技工作者与科协组织联系不亲、不紧等突出问题。

——强化学会主体地位。突出学会治理这一科协改革的关键环节，以治理结构和治理方式现代化为目标，全面推进学会组织方式、运行机制和党建工作创新，提升学会创新和服务能力，切实增强学会在科协事业发展中的主体地位和作用。

——坚持系统推进。强化顶层设计，以机关改革为切入点和引领，推动包括学会在内的整个科协系统的改革，科学谋划改革的整体推进和政策配套，注重学会改革和机关改革、科协系统上下改革的联动，加强各级科协组织落实改革任务的能力建设，推进工作平台和资源共享，充分发挥试点先行的示范功能，加快形成可复制的模式并稳步推广，形成系统效应。

3．总体目标。通过深化改革，力争从根本上解决机关化、行政化、贵族化、娱乐化等脱离群众的突出问题，所属学会发展和服务能力显著提升，工作手段信息化、组织体系网络化、治理方式现代化迈上新台阶，科协组织的政治性、先进性、群众性更加突出，开放型、枢纽型、平台型特色更加鲜明，服务科技工作者、服务创新驱动发展战略、服务公民科学素质提高、服务党委和政府科学决策的能力明显增强，真正成为党领导下团结联系广大科技工作者的人民团体，成为提供科技类公共服务产品的社会组织，成为国家创新体系的重要组成部分，为更好地服务党和国家中心工作奠定坚实基础。

二、改革联系服务科技工作者的体制机制

增强科协组织的群众性，团结联系服务好科技工作者，必须切实克服"小众俱乐部"倾向，把眼光更多地投向基层，把力量更多地配置到基层，扩大基层组织覆盖面，构建畅通稳定的双向联系渠道，从体制机制上解决科技工作者与科协组织联系不亲、不紧的问题，发挥好党和政府联系科技工作者的桥梁纽带作用。

1．提高科协领导机构中基层科技工作者代表比例，增强代表性和广泛性。扩大中国科协全国代表大会代表中一线人员的广泛性，来自企业、高等学校、科研院所、农村等基层一线科技工作者的比例由目前的58%提高至65%左右，45岁以下青年科技工作者不少于1/3，同时注重吸收新经济组织、新社会组织、新型研发机构和战略性新兴产业的代表人物，减少领导干部所占比例。优化科协领导机构人员组成，来自基层一线的中国科协全委会委员比例由58%提高至70%左右，常委会委员比例由56%提高至75%左右。兼职副主席主要从不同行业领域有代表性的一线优秀科技工作者中产生，实行轮流定期驻会制度。从科研单位、高等学校和有关学术机构择优选拔一名书记处书记驻会工作，人事关系保留在原单位，职级不与书记处书记职务挂钩，原则上在中国科协要干满一届。

2. 深化科协机关改革，建立更直接服务基层的体制机制。改革中国科协机构设置，所属事业单位2016年年底前压缩至13个，事业编制2016年年底前精简至1120名左右。加大力量配备和服务资源向基层倾斜力度，在压缩撤并部分直属单位的基础上重组成立直接面向基层科技工作者服务的企业创新服务中心、全国“双创”服务中心、农村技术服务中心、创新战略研究院、国际科技交流中心、培训和人才服务中心等，机关各部门、各直属单位要突出服务基层一线科技工作者职能。

3. 拓宽干部交流成长渠道，培养有活力有能力的科技群团骨干。扩大中国科协机关与学会、地方科协的人员双向挂职交流规模与范围，科协机关和事业单位抽调一定数量干部到学会和学会联合体挂职锻炼，保留人事关系不变，任期一般不少于两年。机关留出10%～15%的局处级岗位，择优选拔科研单位、高等学校和学会的科技工作者或管理人员挂职，择优选拔一批学会和地方科协工作人员到中国科协挂职，定期轮换。建立科协干部直接联系科技工作者制度，与包括知名科学家在内的科技工作者广交朋友，经常深入基层听取意见建议。

4. 推动科协组织向基层延伸，扩大有效覆盖。推动科协组织向园区和企业延伸，采取单独组建、区域联建、行业统建、依托组建等多种方式，大力发展企业科协、园区科协或企业科协联盟等，重点在新经济组织建立科协，把创客之家等新型科技社团纳入科协，接长“手臂”、形成链条。推动科协组织向高等学校和科研院所延伸，鼓励支持高等学校建立科协，支持大学生科协活动，根据需要建立高等学校科协联盟，促进学科交叉融合。推动科协组织向农村延伸，鼓励支持乡镇依托农技站建立乡镇科普协会，促进农村专业技术协会转型升级，为农民提供精准的科技推广和科普服务。加大对科协基层组织的指导力度，建设全国科协基层组织网，拓宽基层一线科技工作者联系渠道，让他们更多地了解科协组织、认同科协工作、参与科协活动。抓紧出台加强县级科协工作的意见，强化对基层组织的业务指导。

5. 扩大有序承接政府转移职能试点工作，为科技工作者搭建更加广阔的工作平台。贯彻落实中共中央办公厅、国务院办公厅印发的《中国科协所属学会有序承接政府转移职能扩大试点工作实施方案》，按照中央全面深化改革总体部署，进一步明确目标，突出重点，服务政府职能转变和简政放权改革。拓宽学会参与公共科技服务渠道，及时了解、准确把握政府职能转移趋势，引导学会积极参与政府购买服务市场竞争。紧紧抓住建立有效管用的监管体制机制这个关键，加强监管督查，及时对承接政府转移职能的学会进行风险评估，切实防止监管不到位，推动试点工作不断深化，做到让中央放心、让政府部门满意、让学会和科技工作者有积极性，为推进国家治理体系和治理能力现代化作出应有贡献。

6. 建设网上科技工作者之家，打造科技工作者的精神纽带和情感家园。准确把握科技工作者熟悉并习惯使用互联网的特点，加强建网、管网、用网工作，探索“互联网+政策服务”的工作模式，开展网上“建家交友”活动，科协各级领导实名上网，直接听取科技工作者意见建议和呼声，提供政策服务，引导科技工作者依法维护合法权益，努力成为可亲可信、知心知意的“科技工作者之友”。针对科协以兼职人员为主的组织特点，引导兼职科技工作者自觉树立兼职不等于业余的意识，正确处理本职工作和兼职工作的关系，通过网络交流、视频会议等方式有效化解履职困难，加强工作联系。以学术交流为媒介，建设网上科技社团和科技社区，打造网络科技工作者联系服务平台，增强工作联系和情感交流。围绕做实做好“互联网+科普”工作，充分发挥“科普中国”的品牌作用，引导和帮助科技工作者向社会公众普及科技知识、弘扬科学精神。依托老科学家学术成长资料采集工程，建设中国最大的科技人物专题网站，打造中国科技工作者的精神殿堂和情感家园，着力塑造科技工作者之家的良好社会形象。

7. 改革人才服务机制，助力科技工作者成长成才。积极参与院士制度改革，努力提升作为两院院士推荐渠道的效能，扩大影响力。发挥好创新人才推进计划推荐渠道的重要作用，积极举荐科技领军人才和创新团队，推荐更多优秀中国科学家进入国际民间科技组织任职，联系服务好在华外国科技工作者，促进科教协同。推动青少年科学实践活动向人才发现和培养转型，做好青年人才托举工作，推动青年创新人才脱颖而出。加强科技队伍科学精神培育，推动科学道德与学术规范建设，在打击学术不端行为中发挥重要作用。探索设立“杰出科技人才”“杰出工程师”等具有广泛公信力和社会影响力的科技界社会奖励，调动激发科技工作者的创造活力和潜能。

三、全面改革学会治理结构和治理方式

学会是科协的组织基础，学会工作是科协的主体工作，科协系统深化改革必须紧紧抓住所属学会这个牛鼻子，突出学会治理结构和治理方式改革这个重点，全面推进会员结构、办事机构、人事聘任、治理结构、管理方式改革，提升服务能力，加强国家级学会与地方科协的协同发展，从根本上解决凝聚力不够、活力不强、组织松散等突出问题，真正把学会做实做强做好。

1. 改革团体会员制度，突出科技工作者主体地位。抓紧修订《中国科学技术协会章程》，进一步完善科协团体会员制度，接收部分规模和影响较大、承认科协章程、工作积极主动的大型企业科协和高等学校科协作为中国科协团体会员。支持所属学会重点发展个人会员，鼓励单位会员中的科技工作者以个人身份加入学会，突出科技工作者的主体地位，强化学会的会员服务意识，密切与科技工作者的直接联系。探索建立科协会员分类服务和管理办法，明确不同类型会员的责任、权利、义务及审批程序，提供针对性的服务。

2. 深化学会治理结构改革，建设能负责可问责的中国特色现代科技社团。修改完善《中国科协全国学会组织通则（试行）》，指导各级学会加强组织建设，依照法律和章程独立自主开展活动。指导学会设立规模适中的理事会及常务理事会、权责明晰的监事会、实体化的秘书处，形成适合我国国情和学会发展规律的组织体制，理顺学会决策机构、执行机构、监督机构的关系。规范学会分支机构设置，加强分支机构管理，努力做到类型、数量合理适度，管理依法合规。推进学会秘书处实体化建设，建立办事机构挂靠单位动态调整机制，明确挂靠单位与学会权责关系，扩大无挂靠、无业务主管单位学会的试点范围，着力打造运转高效、规范有序的实体办事机构。

3. 健全完善学会治理方式，调动激发学会的创新热情和创造活力。指导学会研究制定务实高效、位阶有序的会议制度，督促学会领导机构按期换届，确保代表大会、理事会（常务理事会）、监事会依法依章程履职。优化学会领导人员构成，全国学会代表大会代表应主要为基层一线科技工作者，学会理事会理事 3/4 以上、常务理事会常务理事 2/3 以上应为基层一线科技工作者，提高中青年科技工作者比例。支持学会人事制度改革，扩大专职工作人员聘任制试点，实行理事会聘任秘书长制，推动秘书长职业化，通过社会公开招聘，逐步建立一支政治素质高、专业能力强、工作作风实的专职工作人员队伍。逐步规范在职及退（离）休领导干部在学会兼职，明确兼职人员的责任和义务，及时调整不能正常履职的学会工作人员，调动激发兼职人员尽职尽责的积极性和主动性。完善学会办事机构管理制度，加强规范化建设，制定学会社会服务良好行为规则，为学会依法依章程办事提供制度保障。

4. 探索建立学会联合体，进一步提高凝聚力和权威性。适应学科分化细化和交叉融合并存的大趋势，鼓励学科相近、联系密切的学会成立学会联合体，推动面向大学科领域或全产业链的学会集群发展，促进成员之间的信息交流与资源共享，推动科技成果转化应用，承接政府转移职能，形成工作合力。加强党的建设，建立平等、民主的运行机制，确保学会联合体活动进入常态化、规范化轨道。加强对学会联合体的指导，及时总结成功经验和做法、发现和解决问题、创造有利条件，推动学会联合体健康有序开展活动。

四、创新面向社会提供公共服务产品的机制

保持和增强科协组织的先进性，最重要的是解决资源积累不足、专业化服务能力不强、平台支撑不力等突出问题，调动激发科技工作者的积极性主动性创造性，充分发挥科协组织在提供社会化公共服务产品方面的独特优势，团结带领广大科技工作者助力创新发展，为完成党的中心任务而共同奋斗。

1. 创新服务学术活动机制，优化学术环境。支持鼓励各级科协搭建高水平前沿学术交流平台，进一步优化学术会议结构，既要举办大型综合性学术活动，服务科技工作者开展跨学科多领域研讨交流的需求，又要主动聚焦前沿目标，适当提高小型前沿高水平专题交流活动的比重，提高学术交流的质量和水平，激荡自主创新的源头活水。深化科技期刊改革，坚持正确办刊导向，建立优胜劣汰机制，引进吸收一批在国际上有较高学术影响力的专家进入科技期刊编委和审稿人队伍，着力打造具有核心竞争力和国际影响力的一流科技期刊。以互联网思维深化学术交流方式创新，使面对面的学术交流和依托互联网的线上交流相互补充，增强时效性和针对性，提高学术交流的实效。

2．创新服务科技成果转化机制，引导学会助力创新发展。积极探索“互联网＋创新创业”公共服务模式，联合科协系统力量加快建设“双创”服务云，建立互联互通的科技成果信息服务平台，促进资源整合，提高科技领域公共服务能力和水平。支持学会和地方科协积极参与实施创新驱动助力工程，及时总结创新驱动示范市的成功经验，引导学会创新资源融入产业链，服务大众创业、万众创新。依托学会建立发展一批产业协同创新共同体，特别是围绕京津冀协同发展、“一带一路”建设等国家战略以及重大科技专题、学科交叉前沿，加大协同创新力度，牵头成立区域性国际科技组织，促进战略性新兴产业发展。引导地方科协大力推进海外人才离岸创新创业基地建设，引导海外优秀人才和创新资源向国内流动，吸引动员更多海外优秀人才和团队来华创新创业。

3．创新科学文化公共服务机制，建立普惠共享的现代科普体系。实施科普信息化建设工程，采用政府和社会资本合作（PPP）模式，搭建面向学会和地方科协的科普资源集成共享平台，共同开发适应社会需求、易于取用、便于传播的优质科普资源，大幅度增加科普资源供给。加大科普资源集成力度，推动中国特色现代科技馆体系建设，提升科技馆展品研发能力，促进科研机构、高等学校科普资源的开发开放，引进海外优质科普资源。建设中国科学文化传媒集团，整合中国科学技术出版社（暨科学普及出版社）和科技导报社以及丰富权威的科技期刊资源，打造拥有海量信息的科学数据集团和内容供应商。支持地方科协搭建精准推送科普服务平台，创新科普公共服务产品供给模式，建立健全公民科学素质评价和共建责任制度，发挥基层综合性文化服务中心的平台作用，为社会公众提供多样化高质量的科普服务产品。

4．创新党委和政府决策服务机制，建设开放高端科技创新智库。拓宽科协参与政治协商渠道，积极参与人民团体协商，规范协商内容、程序和形式，发挥好政协科协界委员作用，搭建服务科学民主决策的平台。打造小中心、大外围的科技社团智库体系，做实做强中国科协创新战略研究院，依托学会联合体柔性布局一批虚拟专业研究所，依托有条件的地方科协建设一批智库研究基地，积极推动中国特色高端科技创新智库相关建设工作，为我国科技创新提供智力支撑，加强业务联系与人员交流，努力把科技工作者的个体智慧凝聚上升为有组织的集体智慧。加强科技工作者状况调查站点建设工作，准确把握科技工作者的思想动态、规模结构、变化趋势等，及时反映科技工作者的意见建议和呼声，为党委和政府科学决策提供支撑。扎实开展第三方创新评估工作，树立品牌、扩大影响，发挥好对学会和地方科协的示范引领作用，服务创新驱动发展战略。扩大科协对外交流合作，发挥在人文交流中的生力军作用。

五、加强对科技工作者的政治引领

突出和增强科协组织的政治性，必须加强党的领导特别是学会党建工作，解决重业务活动、轻政治思想引领以及学会党组织覆盖和党建工作覆盖不广、工作层次水平不高等问题，通过建设强有力的学会党组织，切实履行好全面从严治党的主体责任，落实好全面从严治党要求，把科技工作者紧紧团结在党的周围，切实担负起团结带领广大科技工作者听党话、跟党走的政治任务。

1．改革学会党建工作机制，扩大组织覆盖。明确学会党组织功能定位，着力扩大学会党组织的覆盖范围，始终把学会置于党的领导之下。在学会办事机构层面普遍建立基层党组织，发挥好党支部的战斗堡垒作用和党员先锋模范作用；积极探索在学会理事会层面设立党委或党建工作小组，发挥好学会党组织的政治核心和保障作用；探索学会联合设立党组织，有效扩大党的组织覆盖，确保学会始终坚持正确的政治方向。

2．创新学会党组织运行机制，强化工作覆盖。创新学会党建领导体制，积极推动各级科协设立科技社团党工委，探索科协党组领导学会党的工作、科技社团党工委指导学会办事机构党建工作的新机制，理顺科协指导学会党建工作的体制机制。改革学会党组织的领导方式、工作模式和保障机制，以促进学会党员领导干部过双重组织生活、定期召开专题民主生活会、参与“三重一大”决策为突破口，强化党的领导，实现工作全覆盖。以开展“两学一做”学习教育为契机，深入实施“党建强会”计划，积极探索通过党建促进学会创新发展的新途径新模式，定期举办学会党建工作学习班、交流会，加强学会党建理论研究，增强学会负责人、办事机构工作人员党性修养，树立学会党建活动品牌。

3. 加强思想引领机制，不断保持和增强政治性。科协系统领导干部和广大党员要进一步增强政治意识、大局意识、核心意识、看齐意识，坚定政治立场，严守政治纪律和政治规矩，自觉把党的工作贯穿到科协工作的各个环节各个方面。密切关注、准确把握科技工作者的思想动态，有针对性地加强思想引领，面向基层一线科技工作者特别是青年科技工作者举办不同形式的国情研修班、读书班等，引导科技工作者坚定理想信念，自觉在思想上政治上行动上始终同以习近平同志为核心的党中央保持高度一致，维护党中央权威。把为科技工作者提供政策服务作为科协的基本任务，及时宣传解读中央重大决策部署特别是科技创新决策部署，引导科技工作者把智慧和力量凝聚到党领导的中国特色社会主义事业上来。

4. 突出和增强先进性，引导科技工作者自觉践行社会主义核心价值观。面向科技界持续开展“作精神文明表率”活动，大力宣传事迹突出的基层一线杰出科学家和优秀工程师，树立科技界的精神文明标兵，发挥其在引领和促进社会好风尚中的表率作用。以学会和高等学校为重点，持续加强科学道德和学风教育，建立健全科学研究诚信监督机制，加大对学术造假、成果剽窃等学术不端行为的调查公布力度，以真善美抑制假恶丑，不断提高思想觉悟和道德水平，通过营造风清气正的学术氛围弘扬正气、增强凝聚力。

关于组织科技工作者深入开展学习《习近平关于科技创新论述摘编》的通知

科协发调字〔2016〕11号

各全国学会、协会、研究会，各省、自治区、直辖市科协，新疆生产建设兵团科协：

党的十八大以来，习近平总书记高度重视科技创新，把创新摆在国家发展全局的核心位置，围绕实施创新驱动发展战略、加快推进以科技创新为核心的全面创新，提出一系列新思想新论断新要求，指明了科技改革发展的根本方向。此次中共中央文献研究室编辑出版的《习近平关于科技创新论述摘编》(以下简称《论述摘编》)，集中体现了习近平总书记关于科技创新的重大战略思想、理论观点和决策部署。各级科协组织和全国学会要精心组织学习《论述摘编》，引导广大科技工作者深入领会、准确把握精神实质和工作要求。

一要充分认识习近平总书记科技创新重要论述的深刻内涵。总书记的论述高屋建瓴、思想深邃、要求明确，深刻回答了新形势下推动科技事业发展的一系列重大理论和现实问题，提出了许多富有创见性的新思想新观点新论断，丰富了中国特色自主创新道路的理论内涵和实践内涵，是中国特色社会主义理论体系的最新成果，为科技事业发展和创新强国建设提供了基本遵循。学习好《论述摘编》，对科技界和广大科技工作者适应和引领我国经济发展新常态、发挥科技创新在全面创新中的引领作用、加快形成以创新为主要引领和支撑的经济体系和发展模式、实现“两个一百年”奋斗目标、实现中华民族伟大复兴的中国梦，具有十分重要的指导意义。

二要结合实际深入学习，自觉将习近平总书记关于科技创新的要求和部署贯彻落实到各项工作中。各级科协组织和全国学会要把学习贯彻《论述摘编》作为当前的一项重要政治任务，领导干部带头学、层层学、深入学，做到内化于心、外化于行，学以致用、用以促学、学用相长，切实将《论述摘编》作为指导科协工作的基本遵循和行动指南。要结合《科协系统深化改革实施方案》，把自觉接受党的领导、团结服务科技工作者、依法依章程开展工作有机统一起来，改革联系服务科技工作者的体制机制，改革治理结构和治理方式，创新面向社会提供公共服务产品的机制，使科协组织的政治性、先进性和群众性更加突出，开放型、枢纽型、平台型特色更加鲜明，切实把科协组织建设成为党领导下的团结联系广大科技工作者的人民团体。

三要加强宣传引导，团结带领科技工作者积极投身科技和创新驱动发展主战场。各级科协组织和全国学会要充分履行桥梁纽带职责，加强对科技工作者的思想引领，面向基层一线科技工作者特别是青年科技工作者，通过研修班、读书班等不同形式进行宣讲，引导科技工作者坚定理想信念，自觉在思想上政治上行动上始终同以习近平同志为核心的党中央保持高度一致。要把为科技工作者提供政策服务作为基本任务，及时宣传解读中央重大科技创新决策部署，引导科技工作者把智慧和力量凝聚到创新驱动发展战略上来。要努力优化学术环境，加强科学道德和学风教育，营造风清气正的学术氛围。要加强统筹协调，促进产学研用深度结合，着力搭建科技成果转化桥梁，不断激发广大科技工作者的创新创造活力，引导科技工作者在科技创新和经济建设主战场更加奋发有为，为全面建成小康社会和创新型国家作出新的更大贡献。

各全国学会、地方科协要将学习贯彻《论述摘编》中的好经验、好做法及时报告中国科协。

中国科协
2016年2月19日

中国科协 农业部 国务院扶贫办关于联合印发《科技助力精准扶贫工程实施方案》的通知

科协发计字〔2016〕94号

各全国学会，各省、自治区、直辖市科协、农业（农牧、农村经济）厅（局、委）、扶贫办，新疆生产建设兵团科协、农业局、扶贫办：

为贯彻落实中央脱贫攻坚重大决策部署和习近平总书记在全国科技创新大会、两院院士大会、中国科协第九次全国代表大会上的重要讲话精神，组织动员各级科技组织和广大科技工作者广泛开展“创新争先行动”，助力各级党委、政府如期完成脱贫攻坚任务，中国科协、农业部、国务院扶贫办决定，在“十三五”时期联合实施“科技助力精准扶贫工程”，现将《科技助力精准扶贫工程实施方案》印发给你们，请结合本地实际，认真贯彻执行，为打赢脱贫攻坚战做出应有的贡献。

中国科协　农业部
国务院扶贫办
2016年10月24日

科技助力精准扶贫工程实施方案

为贯彻落实中央脱贫攻坚重大决策部署和习近平总书记在全国科技创新大会、两院院士大会、中国科协第九次全国代表大会上的重要讲话精神，组织动员各级科技组织和广大科技工作者广泛开展“创新争先行动”，助力各级党委、政府如期完成脱贫攻坚任务，中国科协、农业部、国务院扶贫办决定，在“十三五”时期联合实施“科技助力精准扶贫工程”（以下简称“助力扶贫工程”），制定如下实施方案。

一、总体要求

（一）指导思想

深入贯彻党的十八大、十八届三中、四中、五中全会和习近平总书记系列重要讲话精神，团结动员各级科技组织和广大科技工作者，认真落实中央精准扶贫、精准脱贫基本方略和东西协作扶贫重要战略，围绕脱贫攻坚总目标和扶贫先扶智的根本要求，广泛开展“创新争先行动”，积极投身脱贫攻坚，加大科技供给和支撑，大力增强贫困户依靠科技脱贫致富的积极性和主动性，大力提高贫困户的科学素质和生产技能，为实现脱贫攻坚目标作出新贡献。

（二）主要目标

到2020年，在贫困地区支持建设1000个以上农技协联合会（联合体）和10000个以上农村专业技术协会，实现农技协组织和服务在贫困县全覆盖；组织10万名以上来自各级学会、高校和科研院所等的科技专家参与脱贫攻坚，实现科技服务在贫困村全覆盖；引导优质科技资源和服务向基层集聚，大幅提高贫困地区公民科学素质和生产技能。

——支持每个贫困县建立1个农技专家服务站；配备1辆科普大篷车；流动科技馆巡展2次；至少建设1所农村中学科技馆；贫困家庭的青少年接受科技教育、参与科普活动的机会明显提升；为每个贫困县制订科技脱贫攻坚规划和产业发展政策提供决策咨询。

——支持有产业发展基础的贫困乡镇建立1个乡镇农技协联合会（联合体）；培育1个乡镇特色产业；建立各级学会特别是农科、医科和工科学会对接乡镇产业发展科技信息与人才帮扶机制。

——支持适合发展“一村一品”的贫困村建设1个农技协；培育1个以上新型经营主体；打造1个特色品牌；建设1个科普中国乡村e站。

——通过培训，使每个有劳动生产能力的贫困家庭至少掌握1～2项脱贫致富的实用技术和技能，至少能够参与1项农业增收项目，提高农民依靠科技致富的能力。

（三）实施原则

（1）精准脱贫，科技助力。坚持地方党委、政府在脱贫攻坚中的主导地位，围绕地方党委、政府脱贫攻坚中心任务，集聚科技资源优势，加大对贫困地区的支持力度，助力脱贫攻坚。

（2）聚力到户，增智增收。始终瞄准贫困地区建档立卡贫困户，坚持扶持对象精准、项目安排精准、资金使用精准、措施到户精准、脱贫成效精准的要求，帮助建档立卡户提升科学素质、实现增收脱贫。

（3）结对帮扶，择优支持。建立东西对口帮扶、各级科技组织和专家与贫困村户结对帮扶机制，每年对做出突出贡献的科技组织和专家给予资助支持，实现东西互动、上下联动。

（4）公开遴选，奖补结合。坚持公开透明，严格执行公示制度，广泛听取各界意见，确保遴选工作的公正性和公信力，对通过评审的各级科技组织和个人通过“以奖代补、奖补结合”的方式给予支持。

二、重点任务

（一）服务科学决策，促进特色产业发展。发挥科技专家优势，为贫困地区特色产业发展提供智力支持。按照《特色农产品区域布局规划》和省县两级产业扶贫规划，结合现代农业产业技术体系布局，重点解决当地产业发展瓶颈，助力“一村一品、一乡一业”产业扶贫行动。引导东部优势产业向贫困地区转移，加大对贫困地区同质化产业发展的对口帮扶。确立产业与贫困户稳定的带动关系，因地制宜，采取土地托管、牲畜托养、农民土地经营权入股、吸收贫困人口就业等途径，带动贫困户增收脱贫。

（二）推广农村先进实用技术，提升科技帮扶含量。搭建科技成果推广应用平台，加快科技成果在贫困地区应用，大力普及先进实用技术。结合贫困地区的发展基础，大力推广农业新技术、新品种、新模式。帮助延伸产业链条，发展农产品精深加工，大力提升农产品附加值。围绕贫困地区产业发展需求，组织专家力量加强技术攻关。

（三）培养乡土人才，夯实人力资源基础。围绕贫困地区生产经营实际需求，对贫困户开展“定点、定向、订单”式的培训，提高其劳动生产技能。加强就业指导培训，帮助贫困户到发达地区转移就业。统筹各类农技人员力量，建立农技人员与贫困户联系服务制度。通过专家授课、现场指导、网络信息平台远程指导等方式，免费为贫困户提供生产技术培训。为农村贫困地区有针对性地编印农村先进实用技术图书资料。大力培养懂技术、善经营、能带动的科普带头人、致富带头人、新型职业农民、乡土技术人才和技术骨干，切实提升农民致富能力。

（四）培育新型经营主体，不断完善农技服务体系。培育发展一批农民专业合作社、龙头企业、种养大户等新型经营主体，为贫困户提供就业岗位，建立与贫困户稳定的带动关系。建立农产品网上销售、流通追溯和运输配送体系，帮助对接连锁超市，支持发展订单农业。积极发挥网络、微博、微信等新兴媒介优势，开展网络实时问答、培训交流。帮助建立O2O、B2C等电子商务模式，提供多元化便捷服务。搭建有效的金融保险服务平台，拓展融资渠道，抵御经营风险。

（五）完善科普设施建设，提升科普能力。在贫困地区大力推动县、乡、村科普基础设施硬件和软件建设。专门研发适用于贫困县推广实用技术的科普大篷车。流动科技馆、科普大篷车、农村中学科技馆等项目优先向贫困地区配发配送。发挥已有的科普服务站、校园科技活动中心、科普示范基地等作用，大力推动科普中国校园e站、乡村e站和社区e站，用信息化手段武装基层科普基础设施。

（六）广泛开展科普活动，提升贫困地区公民科学素质。将科普中国的科普信息资源免费提供给贫困地区电视台和广播电台，推动其开设科普节目、栏目、频道。各级学会要深入贫困县针对因灾返贫、因病致贫、贫困代际传递等问题，大力开展防灾减灾、卫生与健康和青少年科技教育等科普工作。开展科普中国V视快递、科普文化进万家等活动。大力培养贫困地区科技教师、青少年科技辅导员，引导青少年参加各类科技教育和科普活动。大力开展经常性科普文化活动，坚决破除封建迷信和伪科学的消极影响，树立科学、文明、健康的社会风尚。

三、实施步骤

（一）宣传动员。各级科协、农业部门和扶贫办要加强宣传力度，通过当地的主要媒体广泛宣传，动员各级科技组织和专家积极投身脱贫攻坚，为实施“助力扶贫工程”营造浓厚的舆论氛围。各级科协按照实施方案的总体要求，结合自身特点和实际情况，制订具体的实施细则。

（二）签订协议。各级科协要帮助提供对接信息资源，积极组织有条件的科技组织和专家与贫困村户结成“帮扶对子”，签订帮扶协议书，要明确帮扶的时间、目标、任务、机制等内容，对参与的科技专家要列入名册并报省级或省级以下科协备案，实行项目化跟踪管理。帮扶协议书由省级科协汇总后，报中国科协入库动态管理。

（三）实施帮扶。结对双方要认真履行帮扶协议的相关内容，深入开展精准扶贫结对帮扶工作。各级科协要加强对科技扶贫的组织协调，为结对帮扶工作顺利实施提供服务。

（四）评估考核。科协组织对申报备案的结对帮扶协议负责督促指导、跟踪服务和评估考核。结对帮扶实施情况要开展评估验收，建立分级考核评价机制，细化考核指标，强化责任担当。根据年度结对帮扶的评估考核情况，择优逐级报送省级科协。

（五）组织申报。省级科协按照中国科协下达的推荐指标，经过专家评审遴选，将推荐对象报送中国科协。推荐对象应为入库备案管理的组织和个人。推荐对象名单应在本地区至少公示一周。

（六）遴选支持。中国科协、农业部、国务院扶贫办联合成立评审委员会，对各省科协推荐对象进行评审，并依据年度经费安排等情况确定年度支持数量和名单。凡在开展科技精准扶贫工作方面做出突出贡献的各级学会、农村专业技术协会（联合会）、农村科普示范基地、农民专业合作社、农技推广站、农技专家服务站等科技组织和科技专家均可参加。

四、保障措施

（一）加强组织领导。各级科协、农业部门和扶贫部门联合成立国家、省、市、县四级科技助力精准扶贫工程领导小组，办公室设在各级科协。切实加强贫困县科协和农技协组织建设，提高组织开展科技扶贫能力和服务水平。全国科技助力精准扶贫工程领导小组负责统筹规划、组织协调等实施中的重大问题。省、市、县科技扶贫工程领导小组要紧紧围绕当地党委、政府的扶贫总体部署开展工作，负责本地区科技助力精准扶贫工程的组织实施、评估考核。

（二）明确工作职责。各级科协负责组织“助力扶贫工程”的具体实施，指导督促对口帮扶协议，为帮扶协议顺利实施提供服务；农业部门负责组织指导农技推广站开展科技扶贫工作，统筹协调农业部门现有的专家资源参与脱贫攻坚；扶贫办负责提供建档立卡贫困村（户）等基础数据，指导科技扶贫成效的考核评估验收。

（三）加大投入支持力度。中国科协将统筹基层科普行动计划、科普大篷车、流动科技馆、农村中学科技馆、创新助力工程等项目经费，加大对“助力扶贫工程”的保障力度；所有面向基层实施的项目要加大向贫困地区倾斜力度。各级科协要积极争取当地党委和政府的支持，确保“助力扶贫工程”顺利实施。中国科协、农业部、国务院扶贫办所属单位、各级组织要积极配合工程实施，加大支持投入力度。

（四）创新工作机制。建构“东部带西部、先富帮后富”的工作机制，东部地区省市科协在解决区域内欠发达的县市帮扶工作的同时，还要积极主动承担贫困县的各类科技组织、新型经营主体和贫困村户的帮扶对接任务。中国科协将搭建对口帮扶综合管理平台，汇聚各类需求与供给的信息资源，切实解决东西帮扶双方资源信息不平衡、不对称的问题。

（五）严格考核监督。每年对各省科协开展“助力扶贫工程”的实施成效开展综合考核评估。评估考核结果作为下一年度下达奖补指标的重要依据。全国科技助力精准扶贫工程领导小组将根据实施方案制定帮扶协议备案管理办法、扶贫成效评估办法、评审遴选办法、经费使用管理办法等实施细则。严肃纪律，严格审核，对虚构事迹材料、违反评审规定等行为，一经发现，撤销评选资格，并追究有关单位和人员的责任。

（六）营造良好氛围。注重挖掘、总结和宣传基层科技组织参与扶贫攻坚的好思路、好经验、好做法，积极宣传脱贫攻坚中有突出贡献的基层科技组织和个人的先进事迹。通过互联网、报纸、广播、电视等各种媒体渠道加大宣传力度，及时宣传扶贫开发工作的新经验、新模式、新成效，营造“助力扶贫工程”实施的浓厚氛围，努力形成普及服务竞贡献、创新争先竞服务的良好局面。

中国科协 科技部 人力资源社会保障部 印发《关于进一步加强和改进老科技工作者协会工作的意见》的通知

科协发学字〔2016〕105 号

各省、自治区、直辖市科协、科技厅（委）、人力资源社会保障厅，新疆生产建设兵团科协、科技局、人力资源社会保障局，中国科协所属各全国学会、协会、研究会：

中国科协、科技部和人力资源社会保障部研究制定了《关于进一步加强和改进老科技工作者协会工作的意见》，现印发给你们，请结合实际，认真贯彻执行。

中国科协　科技部　人力资源社会保障部

2016 年 12 月 8 日

关于进一步加强和改进老科技工作者协会工作的意见

为深入学习贯彻落实习近平总书记在全国科技创新大会、两院院士大会、中国科协第九次全国代表大会（以下简称“科技三会”）重要讲话精神，深入贯彻落实中央《关于加强和改进党的群团工作的意见》等文件，在新形势下进一步发挥好老科技工作者的作用，现就加强和改进老科技工作者协会（以下简称老科协）工作提出如下意见。

一、充分认识新时期老科协工作的责任和使命

（1）建设世界科技强国人才是关键。在“科技三会”上，习近平总书记再次发表重要讲话，进一步立足当代科技革命发展态势，系统提出了我国科技创新的发展目标、战略路径和战略部署，发出了向世界科技强国进军的时代号召。建设世界科技强国，根本上是要成为人才强国。创新驱动归根到底是人才驱动，要把人才作为支撑经济社会发展的第一资源。要努力形成各类科技人才资源充分有效利用、创新创业热情竞相进发的局面，为向世界科技强国进军提供有力人才保障。

（2）老科技工作者是科技人才队伍的组成部分，是重要的智力资源。我国老科技工作者长期奋斗在经济、科技、教育、卫生等领域，在岗时奋战在科技第一线，为国家做出了重要贡献，退休后继续关注国家经济社会发展大业，继续关心科技事业，发挥一技之长，在各个领域发挥着积极作用。建设创新型国家，进军世界科技强国，必须充分发挥老科技工作者在内的科技人才的积极性，特别是要善于用好广大老科技工作者在长期实践中形成的宝贵经验，为国家创新发展提供智力支持。

（3）高度重视和发挥老科协组织的作用。老科协是老科技工作者的群众组织，是党和政府联系老科技工作者的重要桥梁和纽带。老科协组织要保持和增强政治性、先进性和群众性，突出开放型、枢纽型、平台型特色。坚持为老科技工作者服务的宗旨，搭建平台，资源共享，更好发挥老科技工作者服务创新驱动发展、服务提高全民科学素质、服务党和政府科学决策的作用。要增强做好新时期老科协工作的紧迫性，提高认识、采取措施，发挥好老科协作用，让广大老科技工作者在建设世界科技强国的伟业中做出新贡献。

二、畅通老科技工作者充分发挥作用的渠道

（1）发挥智库作用，为党和政府科学决策服务。充分发挥老科协跨学科、经验丰富的优势，从现实需要出发，以问题为导向，围绕党和政府关心、科技人员关注、人民群众关心的重大问题，组织老科技工作者开展决策咨询，积极建言献策，提出意见建议，为党和政府科学决策发挥参谋咨询作用。

（2）创新科普工作方式，为提高全民科学素质服务。老科技工作者是科学普及事业的重要力量，在提高全民科学素质方面发挥着重要作用。要在老科协组织各个层面组建老专家科普报告团。助力农村中学科技馆公益项目，关心培养青少年，特别是农村青少年。支持广大老科技工作者进学校、进社区、进农村、进企业、进机关，为在全社会推动形成讲科学、爱科学、学科学、用科学的良好氛围，为提高全民科学素质贡献力量。

（3）充分发挥老科技工作者服务企业、服务“三农”的重要作用。鼓励老专家进企业，支持老科协为企业创新发展提供咨询、提出建议，提供技术和人才支撑，促进企业技术创新，服务企业转型升级。在有条件的地方组织老科技工作者助力精准扶贫，进村入户，引进种植、养殖等扶贫项目，开展种植、养殖等技术培训和创业技能培训，为农村培训科技能手、创业带头人，促进农村发展、农业增产和农民增收。

（4）充分发挥退休专业技术人才的重要作用，助力大众创业、万众创新。鼓励符合条件的退休专业技术人才依托研究机构开展科研创新，可以受聘作为项目组成员，参与国家科技计划项目。要发扬老科技工作者识才、爱才、惜才、助才的好传统，注意发现那些有潜力、肯钻研的好苗子，倾心传授所学所长，帮助他们培养良好科学道德，更好成长成才，创新创业，出一流成果，发挥更大作用。

三、竭诚为老科技工作者服务

（1）加强老科技工作者人才资源开发。要把老科技工作者人才资源开发纳入党和国家人才工作整体规划之中，在有关人才规划、意见等政策制定中要充分考虑老科技工作者的独特优势，重视老科技工作者特别是离退休专业技术人才资源的开发利用。凡符合条件的离退休专业技术人员可以参加专业技术人员职业资格考试，考试合格取得证书者按照规定登记注册，老科协组织主动为离退休专业技术人员取得职业资格、发挥专业技术特长做好服务。

（2）鼓励老科技工作者开展科技成果转化和产业化。建立老科技工作者科技成果、专利成果库，倡导、鼓励和支持有条件的老科技工作者参与大众创业、万众创新活动，发挥专业、技术、智力、经验优势和特长，在符合相关规定的条件下创办、参办、帮办企业，推动老科技工作者科技成果和专利成果的转化和产业化。

（3）关心老科技工作者老有所养问题。支持民政部门和有关社会机构解决好老科技工作者的机构养老、社区养老、居家养老问题。重视和关心老科技工作者中的空巢老人问题，协助有关部门研究开展针对老科技工作者特点、满足老科技工作者特殊需求的家政服务等问题。要关心老科技工作者的生活，对那些生活中存在困难的老科技工作者开展“送温暖”帮扶活动。

（4）表彰典型，鼓励先进。表彰奖励老科协工作者，对在建言献策、人才培养、科技创新、技术推广、科学技术普及、科技扶贫、企业技术进步等方面做出显著成绩和突出贡献的老科技工作者进行表彰和奖励。关心老科技工作者的精神生活，活跃老科技工作者的业余文化生活，开展既能发挥老科技工作者爱好特长又有助于老科技工作者身心健康的美术、书法、春（秋）游、健步走等各种文体活动。

（5）加大宣传、弘扬正气，增添社会正能量。协同推进老科学家学术成长资料采集工作，征集老科技工作者的优良家训、家教和家风故事，解读、阐释优良家风熏陶的独特作用。开展老科学家系列纪念活动。通过网络、刊物、宣讲等多种形式，大力宣传、弘扬老科学家、老科技工作者诚信友善、爱国敬业、拼搏奉献等优秀品格和高尚精神，发挥他们在全社会，特别是青少年中的引导和榜样作用，搞好文明传承。

四、高度重视老科协组织建设

（1）加强和创新老科技工作者党组织建设。要把老科技工作者党组织建设纳入各级党的建设总体布局之中，要让老科技工作者党员都能编入党的基层组织，参加党的组织生活和各项党内活动，履行党员义务，行使党员权利。加强对老科技工作者的政治引领，自觉与以习近平同志为核心的党中央保持高度一致。

（2）要重视加强各级老科协组织的班子建设。老科协是离退休科技工作者的群众组织，在老科协班子建设和其他有关活动中要考虑到这个不同于其他群众组织的特点。退休领导干部在老科协兼任职务，须按干部管理权限审批或备案后方可兼职。

（3）加强地方、分支机构组织建设。重点做好在老科技工作者集中的部门、行业、城市建立老科协组织的工作。鉴于城市特别是中心城市老科技工作者相对集中、大量企事业单位的老科技工作者退休后转入城市社区的实际状况，在有条件的城市社区建立老科协组织，加强分支机构建设。

五、为老科协开展工作创造良好环境

（1）强化为老科协服务的意识。老科协是党的群众工作重要组成部分，是老科技工作者之家。要把加强老科协工作放到突出位置，主动服务，推动有关法规政策的制定、完善和落地，为老科协的改革发展创造条件，不断增强老科协对老科技工作者的凝聚力。

（2）加强对老科协工作的业务指导，为老科协承担有关任务创造条件。深入开展调查研究，分析存在困难和问题的原因，提出进一步发挥老科技工作者作用、加强和改善老科协工作的措施和对策，完善老科协工作制度机制，切实加强对发挥老科协作用工作的业务指导。

（3）建立联系老科协制度。定期听取老科协工作汇报，及时掌握情况，帮助老科协解决改革发展中的实际问题，努力营造老科协健康发展的外部环境。重视发挥老科协在决策咨询、科学技术普及等方面的独特作用，支持老科协承接有关任务，推动社会管理体制创新。支持老科协适应科技经济社会发展需要，多渠道筹集经费，创办新的社会服务项目。总结经验，巩固和拓展发展空间。

中国科协 民政部印发《关于加强国际科技组织人才培养与推送工作的意见》的通知

科协发外字〔2016〕31号

中国科协所属全国学会、协会、研究会：

为适应新形势下国际科技组织工作的需要，切实做好国际科技组织人才的培养、推送和管理服务等相关工作，充分发挥中国科协所属全国学会、协会、研究会等社会组织发掘人才、联系服务、培养能力、对外交流等作用，现将《关于加强国际科技组织人才培养与推送工作的意见》印发给你们。请结合实际，认真组织实施。

中国科协 民政部

2016年4月8日

关于加强国际科技组织人才培养与推送工作的意见

为适应新形势下国际科技组织工作的需要，配合国家总体发展战略，进一步做好“十三五”期间国际科技组织人才培养和推送工作，充分发挥中国科协所属全国学会、协会、研究会等社会组织在发掘人才、联系服务、培养能力、对外交流等方面的积极作用，按照统筹管理与开放治理相结合，探索人才培养与推送的新路径和新体制的工作要求，针对国际科技组织工作任职有届期限制、更换速度快、竞争性强等特点，为扩大国际科技组织任职人员数量和提升国际科技组织任职层次，积极承担国际责任和义务，保证任职队伍持续发展，现就加强国际科技组织人才培养与推送工作提出如下意见。

一、建立健全国际科技组织任职工作体制机制

（1）建立国际科技组织工作领导机制，全面规划和指导中国科协系统国际科技组织工作，制订“十三五”期间国际科技组织人才培养和重点推送工作计划。

（2）充分调动和发挥全国学会、协会、研究会等社会组织的作用，建立统筹管理与开放治理相结合、分级分类管理的工作模式，形成多层次、多渠道的国际科技组织人才培养和推送机制。中国科协直接加入的国际科技组织任职及后备人才选拔、培养和推送由中国科协国际联络部负责；中国科协所属全国学会、协会、研究会及中国科协直属事业单位加入的国际科技组织任职及后备人才选拔、培养和推送由各加入单位分工负责。中国科协根据不同阶段工作目标，对相应国际科技组织人才培养和推送工作进行重点支持。

（3）鼓励开展创新性、引导性的国际科技组织工作。在我国科技领先或具有竞争力的领域，积极新建或引导国际科技组织在我国登记并设立总部，将在我国登记的国际科技组织作为人才和培养推送工作的重要目标，充分发挥其在人才培养和推送工作中的重要作用。提高在我国已登记的国际科技组织运用国际规则、增强国际影响、凝聚行业共识的能力。支持国际科技组织在我国设立分支机构。支持科学家在国际科技组织中参与或发起有影响力的大型国际科学计划。

（4）会同有关部门为我国专家在国际科技组织任职创造良好的政策环境。积极推动建立评估激励机制：将国际科技组织任职、国际化能力建设和国际影响力提升等要素列入全国性社会组织评估指标体系；将国际科技组织任职列入人才评价体系，从国家层面制定鼓励科技人员参与国际科技组织任职和国际科技交流的激励机制。

（5）充分发挥国际科技组织任职和后备人员的作用，结合中国科协高水平科技创新智库建设整体规划，利用好国际科技组织平台，加强智库对外传播能力和话语体系建设，积极在重大科技问题上发出声音，以务实高效的科技人文交流服务国家外交大局。

二、建设可持续发展的人才培养和推送工作体系

（1）建设后备人才库。根据国际科技组织职位及后备人才特点，建设高级职位后备人才库和一般职位后备人才库。鼓励和支持中国科协所属全国学会、协会、研究会及中国科协直属事业单位通过高等学校、科研机构、企业、有关事业单位、社会组织和党政机关等多元化渠道选拔推荐政治过硬、业务能力强、综合素质高、外语基础好的专门人才入库。

（2）制订后备工作计划。根据参与的国际科技组织的具体情况，中国科协机关和中国科协所属全国学会、协会、研究会及中国科协直属事业单位为后备人才制订具体的任职目标、后备期限及后备工作计划；积极创造有利条件，使后备人才自觉自愿地根据制定的后备工作计划，保持和加强与目标国际科技组织的联系，积极参与目标组织的活动；协助任职后备人员有针对性地参与国际组织项目，获得必要工作经历，

争取在后备期限内实现任职目标。

（3）做好换届竞选工作。支持全国学会、协会、研究会等社会组织积极参与重要国际科技组织换届竞选工作，进一步加强对国际科技组织重要职位竞选的统筹、指导和支持。建立重点国际科技组织重要职位竞选案例库，用于国际科技组织任职培训和指导工作。

中国科协所属全国学会、协会、研究会及中国科协直属事业单位推荐人员参加国际科技组织重要职位竞选，需针对国际组织的特点提前做好充分准备，认真分析竞选形势，制订可行竞选方案，并加强与有关部门的沟通，有针对性地做好协同工作。

（4）加强信息化建设。建立中国科协系统国际科技组织任职人员数据库，全面了解掌握中国科协机关和中国科协所属全国学会、协会、研究会及中国科协直属事业单位在国际科技组织中任职人员的基本情况，分类支持和管理，加强与民政部门社会组织登记管理数据信息共享。

中国科协所属全国学会、协会、研究会及中国科协直属事业单位要建立健全所参与的国际科技组织重要职位与任职信息统计机制，建立我任职人员的工作档案，加强与专家的沟通与联系。

三、做好国际组织人才培养和推送的配套支撑工作

（1）与时俱进努力创造良好政策环境，为国际科技组织任职人员参与国际组织工作、后备人员参与国际组织职位竞选工作提供便利；鼓励全国学会、协会、研究会等社会组织吸收国际科技组织任职人员担任学会领导层职务；鼓励为国际科技组织任职后备人员创造条件参加目标组织相关活动。推动在我国登记的国际科技组织及其工作人员同等享受国家给予境外国际科技组织及其工作人员的相关待遇。

（2）中国科协机关和中国科协所属全国学会、协会、研究会及中国科协直属事业单位要根据对外交往和任职工作的需要，有计划地在不同层面为国际科技组织任职及后备人员提供必要的培训服务，以培训班或其他适宜方式向任职和后备人员提供国际形势、国家方针政策、国际组织知识、处理国际事务的准则及实操外语等方面的系统培训，不断提高任职及后备人员个人综合素质和实际工作能力，把握好原则性和灵活性，协调好国内规则和国际惯例，处理好国家利益和国际组织关切之间的平衡。

（3）鼓励全国学会、协会、研究会等社会组织为国际科技组织任职及后备人员参与相关活动提供经费支持，不断扩大支持力度和资助面。支持国际科技组织领导职务任职人员履职所需出国参加行政性会议及相关活动经费，努力为担任重要国际科技组织领导职务专家提供国内办公经费，支持其开展国际组织任职相关研究等工作，争取为国际科技组织任职后备人员参与目标组织活动提供资助。

关于学习贯彻落实中国科协第九次全国代表大会精神的通知

科协发厅字〔2016〕55 号

各省、自治区、直辖市、副省级城市科协，新疆生产建设兵团科协：

中国科协九大和全国科技创新大会、两院院士大会同期召开，这是我国科技发展历史上一次具有里程碑意义的盛会，也是实现中华民族伟大复兴中国梦征程中一次具有里程碑意义的盛会。这次大会把科技创新摆在了党和国家全局工作中前所未有的位置，把科协的地位和作用提高到前所未有的位置。这次大会是科协工作的新起点，也是提升科协工作、发挥好科协作用的重大机遇。各地科协一定要牢牢抓住这一次重要机遇，乘势而上，推动科协工作跃上新的台阶。现将深入贯彻落实中国科协第九次全国代表大会精神的有关要求通知如下。

一、深入学习领会会议精神

各省、区、市科协要在会后立即召开全委会，传达学习大会精神。组织科技工作者深入学习领会习近平总书记的重要讲话，学习李克强总理重要讲话和批示、刘云山同志祝词和李源潮同志在闭幕会上的讲话。各高校、企业、科研机构等基层一线单位的大会代表，会议之后要向所在单位的主要领导汇报大会的主要精神，并在较大范围内传达学习，要通过各种途径把本次历史性盛会主要精神传递给广大科技工作者。各地方科协要结合实际组织好科技领军人才和科技骨干的专题学习。

二、认真组织开展好“创新争先行动”

“创新争先行动”是科协“十三五”工作的主线，是带动科协工作跃上新台阶的火车头。要在充分学习深刻领会习近平总书记号召和李克强总理重要批示精神的基础上，认真组织设计、精心策划本地区本单位开展“创新争先行动”的实施方案，要紧扣主题，聚焦四大方面，通过多种形式组织科技工作者广泛参与，务求实效。各级科协组织和各高等学校、科研机构、企业科协组织，要充分发挥自身优势，动员和激发广大科技工作者面向世界科技前沿、面向经济主战场、面向国家重大需求勇于创新创造，形成万马奔腾、千帆竞发的创新争先热潮。

三、认真研究提出落实大会精神和党中央国务院重大战略部署的措施

各地方科协要把落实大会精神作为当前的一项重要政治任务，紧密结合“两学一做”学习教育，立足本地区本单位实际，就落实习近平总书记、李克强总理重要讲话精神和大会提出的各项战略任务，研究提出具体措施，并及时向党委政府汇报，力争科协工作在各地贯彻落实的文件讲话中占有更重要的位置。各级科协组织和大会代表，要进一步树立大局意识和机遇意识，以高度的责任感和使命感，以时不我待的紧迫感，加强对大会精神落实情况的督促，及时发现落实情况中存在的问题并切实推动解决。

有关落实情况要及时报送中国科协。

附：尚勇同志在落实中国科协九大精神地方科协党组书记座谈会上的讲话（6月2日，根据录音整理）

中国科协

2016年6月3日

尚勇同志在落实中国科协九大精神地方科协党组书记座谈会上的讲话
（6月2日，根据录音整理）

在中国科协第九次全国代表大会刚刚胜利闭幕之际，我们在这里召开地方科协党组书记座谈会，主要目的是就学习传达、贯彻落实大会精神进行研究部署。

中国科协九大和全国科技创新大会、两院院士大会同期召开，这是我国科技发展历史上一次具有里程碑意义的盛会，也是实现中华民族伟大复兴中国梦征程中一次具有里程碑意义的盛会。这次大会，习近平总书记发出了向建设世界科技强国进军的号召，把科技创新摆在了党和国家全局工作中前所未有的位置，把科协的地位和作用提高到前所未有的位置。所以说，这次会议是科协工作的新起点，也是提升科协工作、发挥好科协作用的重大机遇。各地科协一定要牢牢抓住这次重要机遇，乘势而上，推动科协工作跃上新的台阶。下面，我就贯彻落实大会精神提四点要求：

第一，在学习传达、贯彻落实大会精神中科协系统要上位。各省委省政府的主要领导同志都来参会了，回到地方后会开常委会研究，甚至开大会。所以，各地科协回去后首要的任务就是要结合科协工作把这次大会精神，体现到省委省政府传达大会精神的文件讲话中，科协的工作和作用要在传达落实的文件讲话中占有更高的地位，避免科协工作被边缘化。习近平总书记的重要讲话和李克强总理的重要讲话，刘云山同志的祝词、刘延东同志和李源潮同志的总结讲话，都对中国科协工作给予了高度评价。特别是总书记的重要讲话，把科协工作的定位提高到前所未有的高度，要求我们坚持“四个服务”的职责定位，团结引领广大科技工作者进军科技创新，积极组织开展“创新争先行动”，促进科技繁荣发展，促进科学普及和推广，努力成为党领导下团结带领广大科技工作者的人民团体，成为推动科技创新的重要力量，做建设科技强国的排头兵。总理开始就说“科协功不可没”，并对科协、对科协所属学会提出了更高的要求，特别是在大会这么重要的时刻，总理专门对科协组织开展“创新争先行动”作出重要批示，要求中国科协进一步发挥开放型、枢纽型、平台型群团组织的优势，为实施好创新驱动发展战略、建设创新型国家作出新贡献。刘云山同志要求我们要做创新发展的时代先锋，等等。

怎么把这些重要的指示落实到各省区市党委和政府的中心工作、重点工作中，各地科协一定要好好地策划推动。回去后，要按照源潮同志的要求，尽快向省委书记、省长汇报，汇报要有思路，有措施，要结合科协工作汇报到点子上。

另外，我们一些同志对这次大会重要性的认识还不够，还没有认识到把这次大会作为推动科协事业发展、提升、跨越的一个新起点、新机遇。有的认识还停留在老观念、老套路上。各位科协领导同志回去后，一定要下大功夫学习，提高认识，珍惜、抓住这次来之不易的机遇！

第二，要把贯彻落实中央关于科协系统深化改革的实施方案的意见起草好。源潮同志今天说，中央政治局把群团的改革作为今年的工作重点，今天上午中央常委会又听取了群团改革的汇报。在各人民团体中，全系统推进深化改革的唯有科协一家。科协一些老同志跟我说，从钱学森同志当主席开始就努力争取中央印发加强科协工作的意见，但一直没有印发下来。科协系统深化改革实施方案实质上就是加强科协工作，或者说是加强科协改革与发展的一个实施意见，我们一定要抓好贯彻落实。中央书记处在听取工青妇科侨关于深化改革工作汇报时指出，这次群团改革的特点也不一样，比如，科协的改革是改革中加强，因为与政府部门一同改革，承接了很多政府职能。目前我们了解到，江苏、重庆和上海三个地方科协已经印发了相应文件，我认为这几个文件的分量还是很重的，可以作为样本，很值得大家认真研读。这些文件后面的“干货”更多，比如重庆要保证县级科协至少有四个编制、经费要有保证等。

另外，现在中央群团改革过程中，对一些群团的机关编制作了不小的压缩，但中国科协机关没压一个，大家要注意到这个特点。我们基层的组织本身就比较薄弱，改革中要加强这个短板。深改方案要尽量争取省委单独研究下发文件，尽量避免科协编制的压缩。

第三，要把“创新争先行动”部署好。“创新争先行动”是科协“十三五”规划工作的主线，是带动我们工作跃上新台阶的火车头。我们一定要设计好、发动好、组织好相关工作。“创新争先行动”涉及了四大部分，在前沿探索争相领跑方面，一些地方可能涉及的不是太多，但在短板攻坚争先突破、转化创业争当先锋、普及服务争做贡献三个方面大家都有所涉及，关键是抓实，落到实处。另外，发动工作很重要，我们的各个学会在这上面起什么作用？我们的高校、企业、农村科协在这上面发挥什么作用？要通过好的策划，加大媒体宣传，建立激励机制，真正把科技工作者动员起来，把氛围营造起来，带领大家行动起来。

第四，要不断改进和加强科协自身建设。国家现在正向科技创新进军，向创新发展转型，科协逐渐从过去的比较边缘化的游击队，变成在现代战争主战场体系作战、立体作战的正规军。但是，我们的自身队伍怎么样？能不能适应新形势？任务来了能不能担起来？机遇来了能不能抓住？中央给了我们更高的台阶、更好的环境，但真正要提升科协的地位，还要靠我们干出实绩。能力不足是各级科协面临的最大挑战，人不自助天难助。所以，我们要狠抓队伍自身建设。首先要把大家的精气神振奋起来，努力学习、提高。同样一个人，精神面貌变了，积极性调动起来了，判若两人。其次，要解放思想，要大胆地引入一批优秀人才，改善我们的队伍结构，提高整个队伍的素质。

今天跟大家在一起就是谈谈心，我觉得这次机遇非常好，但机遇稍纵即逝。请大家回去后，甚至在回去的路上，就要认真思考，提早动手，在省委政府研究决策时争得话语权，在部署工作的安排落实中占据重要位置，真正推动大会精神在科协系统和各行各业的贯彻落实。

关于学习贯彻落实中国科协第九次全国代表大会精神的通知

科协发厅字〔2016〕56号

各全国学会、协会、研究会：

中国科协九大和全国科技创新大会、两院院士大会同期召开，这是我国科技发展历史上一次具有里程碑意义的盛会，也是实现中华民族伟大复兴中国梦征程中一次具有里程碑意义的盛会。这次大会把科技创新摆在了党和国家全局工作中前所未有的位置，把科协的地位和作用提高到前所未有的位置。这次大会是科协工作的新起点，也是提升科协工作、发挥好科协作用的重大机遇。各全国学会、协会、研究会一定要牢牢抓住这一次重要机遇，乘势而上，推动科协工作跃上新的台阶。现将深入贯彻落实中国科协第九次全国代表大会精神的有关要求通知如下。

一、深入学习领会会议精神

各全国学会、协会、研究会要抓紧召开理事扩大会，传达学习大会精神。组织科技工作者深入学习领会习近平总书记的重要讲话，学习李克强总理重要讲话和批示、刘云山同志祝词和李源潮同志在闭幕会上的讲话。各高校、企业、科研机构等基层一线单位的大会代表，会议之后要向所在单位的主要领导汇报大会主要精神，并在较大范围内传达学习，要通过各种途径把本次历史性盛会的主要精神传递给广大科技工作者。

二、认真组织开展好“创新争先行动”

“创新争先行动”是科协“十三五”工作的主线，是带动科协工作跃上新台阶的火车头。各全国学会、协会、研究会要在充分学习深刻领会习近平总书记号召和李克强总理重要批示精神的基础上，认真组织设计、精心策划本地区本单位开展“创新争先行动”的实施方案，要紧扣主题，聚焦四大方面，通过多种形式组织科技工作者广泛参与，务求实效。各全国学会、协会、研究会要充分发挥自身优势，动员和激发广大科技工作者面向世界科技前沿、面向经济主战场、面向国家重大需求勇于创新创造，形成万马奔腾、千帆竞发的创新争先热潮。

三、认真研究提出落实大会精神和党中央国务院重大战略部署的措施

各全国学会、协会、研究会要把落实大会精神作为当前的一项重要政治任务，紧密结合“两学一做”学习教育，立足本地区本单位实际，就落实习近平总书记、李克强总理重要讲话精神和大会提出的各项战略任务，研究提出具体措施。大会代表要进一步树立大局意识和机遇意识，以高度的责任感和使命感，以时不我待的紧迫感，加强对大会精神落实情况的督促，及时发现落实情况中存在的问题并切实推动解决。

有关落实情况要及时报送中国科协。

中国科协
2016 年 6 月 3 日

关于深入贯彻落实《科协系统深化改革实施方案》的通知

科协发厅字〔2016〕22 号

各省、自治区、直辖市、副省级城市科协，新疆生产建设兵团科协：

为深入贯彻落实中共中央办公厅近日印发的《科协系统深化改革实施方案》(以下简称《实施方案》)精神，切实把科协系统深化改革任务落实到位，现将有关要求通知如下。

一、深入学习领会中央精神

《实施方案》是在科协系统深入学习贯彻党的十八大和十八届三中、四中、五中全会精神和习近平总书记系列重要讲话精神基础上，认真落实中央党的群团工作会议要求和部署的重要举措，是未来很长一段时间内加强和指导科协工作的行动指南。各地科协要认真组织学习领会《实施方案》，充分认识《实施方案》对科协事业的重要推动作用，结合中央精神和各自实际，学深学通，吃透文件精神，进一步把握大局，明确改革目标和任务要求，加快改革步伐，加大改革力度，增强改革的自觉性和主动性。

二、积极争取各地党委政府的大力支持

《实施方案》主要针对各级科协系统普遍存在的共性问题，只有中国科协和各级地方科协统一认识、上下联动，才能确保各项改革举措落实落地。各地科协要在认真学习研究的基础上，主动向地方分管领导和主要领导汇报，及时让地方党委政府掌握科协系统改革情况，形成改革共识。各地科协要结合本地区的实际情况，特别要突出加强基层科协建设，研究出台落实《实施方案》的具体举措，主动向地方党委汇报，积极争取参照中央文件形式出台本地区的实施方案，为地方科协改革提供保障。

三、扎实推进科协系统改革

《实施方案》的出台吹响了科协系统深化改革的号角。改革成败的关键在于落实，在于革除科协系统的积弊顽疾。各地科协要认真贯彻《实施方案》的要求和地方党委的指示意见，充分体现科协组织的政治性、先进性、群众性，主动作为、奋勇当先，大力加强自身能力建设，抓住时机不放手，积极走在当地群团改革的前列。要坚持突出问题导向，把加强对科技工作者的政治引领作为科协系统的首要政治任务，以学会为改革主体，以科技工作者是否满意作为评价标准，注重系统推进、整体联动。

四、加强对科协系统改革的宣传督查

要大力加强宣传工作，让各级党委政府、社会各界和科技工作者了解科协改革、参与科协改革、支持科协改革。要善于发现总结科协系统改革中的好典型、好案例，做好宣传工作，普及科协系统深化改革的新理念，塑造科协新形象。

各地科协要及时发现改革中遇到的新情况、新问题，总结改革中的好做法和成功经验，及时上报中国科协。中国科协也将加强与地方科协间改革经验的交流，增进沟通协调。同时，中国科协将开展科协系统深化改革指导督查工作，推动改革取得实效。

附：中共中央办公厅关于《科协系统深化改革实施方案》的通知（略）

中国科协
2016 年 3 月 23 日

关于印发《中国科协贯彻落实〈关于深化人才发展体制机制改革的意见〉的实施方案》的通知

科协发组字〔2016〕38号

各全国学会、协会、研究会，各省、自治区、直辖市科协，新疆生产建设兵团科协：

《中国科协贯彻落实〈关于深化人才发展体制机制改革的意见〉的实施方案》已经中国科协党组讨论通过。现印发给你们，请结合实际，认真贯彻落实。

中国科协

2016年5月5日

中国科协贯彻落实《关于深化人才发展体制机制改革的意见》的实施方案

为深入贯彻落实习近平总书记关于知识分子工作的重要指示精神，团结带领广大科技工作者为建设创新型国家、决胜全面建成小康社会奋发有为、建功立业，根据中共中央《关于深化人才发展体制机制改革的意见》，制定本实施方案。

一、充分认识深化科技人才发展体制机制改革的重大意义

创新是引领发展的第一动力，人才资源是支撑发展的第一资源。科技人才是知识分子的重要组成部分，是党和国家事业发展的宝贵财富。当前，我国科技人力资源总量已超过8000万，充分发挥各类科技人才在推动创新发展、建设创新型国家中的重要作用，关键在于通过体制机制的不断创新，激发释放他们的创新创造活力。

推动科技人才发展的体制机制创新，必须高举中国特色社会主义伟大旗帜，全面贯彻党的十八大和十八届三中、四中、五中全会精神，以邓小平理论、“三个代表”重要思想、科学发展观为指导，深入贯彻习近平总书记系列重要讲话精神，全面落实五大发展理念，遵循科技人才发展规律，树立问题导向，以深化改革为动力，破除束缚科技人才发展的体制机制障碍，构建符合社会主义市场经济规律和科技创新规律、适应创新驱动发展要求的科技人才治理结构和工作体制。

二、重点任务

（一）加强对科技人才的思想政治引领

（1）引导广大科技工作者全面领会党中央治国理政新理念新思想新战略。通过举办学习贯彻习近平总书记系列重要讲话精神高层次科技领军人才研修班、青年科技领军人才国情研修班，组织科技工作者深刻领会党中央关于中国特色社会主义建设的战略部署，自觉增强政治意识、大局意识、核心意识和看齐意识，增强对国情的了解。特别是要全面领会习近平总书记系列重要讲话中蕴含的深厚民族情怀和强大历史担当、大局意识和强烈问题导向、基本原则立场和系统思想方法，不断增强对中国特色社会主义的道路自信、理论自信和制度自信，把自身前途命运同国家和民族的前途命运紧密联系在一起，努力为全面建成小康社会贡献智慧和力量。

（2）引导科技工作者率先践行社会主义核心价值观。强化科技人才天下为公、担当道义的历史担当，坚持国家至上、民族至上、人民至上，始终胸怀大局、心有大我，把爱国主义作为第一位要求。加强对优秀科学家、杰出科技人才先进事迹和爱国情怀的宣传，扎实推进老科学家学术成长资料采集工程实施，做好“共和国的脊梁——科学大师名校宣传工程”，建设中国科学家博物馆，突出对基层、一线和青年科技人才的宣传，展示科技工作者的突出贡献和感人事迹，激发科技工作者的爱国之情、报国之志、强国之行。创新科学道德和学风建设的工作机制，发挥好科技领军人才示范带动作用，以科技界优良学风建设带动社会风气的整体好转，努力在践行社会主义核心价值观方面走在前列。

（二）加强科技人才成长全链条发展的体制创新

（1）补齐青年科技人才扶持的结构短板。高度重视青年科技人才的发现和培养，针对支持的薄弱环节，改进支持方式，弥补发展短板。深入实施“青年人才托举工程”，发挥学会和学会联合体的同行举荐作用，重点资助32岁以下青年科技人才自主选题开展原创性研究，连续三年给予稳定支持。加大托举工程与国家自然科学基金和重点研发计划的对接，形成对青年人才职业成长、接续支持的重要平台。

（2）健全企业一线科技人才的培养机制。立足企业创新的实际需求，拓展一线技术人才的培养渠道，大力弘扬“爱岗敬业、争创一流，艰苦奋斗、勇于创新，淡泊名利、甘于奉献”的劳模精神，弘扬“工匠精神”，为企业科技人才立足岗位、创新创业提供全方位支持。扩大学会面向科技工作者开展继续教育的覆盖面，开展企业创新方法培训、知识产权巡讲，依托专家工作站，为企业提供科技创新人才信息和中介服务，积极组织引导企业一线科技人员立足技术创新实践，干中学、用中学。

（3）健全青少年创新素养培育机制。推动科技人才培养重心前移，厚实创新发展的人才队伍长远基础。完善青少年科技教育模式，加强校园内外创新素质培养资源的整合，扩大和提升全国青少年科技创新大赛、高校科学营、中学生英才计划等青少年科技教育活动的覆盖面和影响力，形成未来科技人才发现、培养、跟踪机制，为具有科学潜质的青少年未来从事科研事业创造条件和机会。

（4）健全科普人才队伍网络。实施科普领军人才计划，加强科学传播专家团队建设，探索设立全国杰出科学传播人年度奖项。推动科普专业学科建设，深入推进科普专门人才培养，加强科普人员继续教育。建立完善科普志愿者激励机制，健全高校科协或学生团体开展科普志愿服务工作的组织机制，推进在高校建立大学生科普社团。发展离退休科普志愿者队伍。建立应急科普志愿服务机制，建设科普志愿者社团组织和网络服务平台，加强科普志愿者培训。

（三）完善科技人才评价奖励机制

（1）拓展科技工作者成长成才通道。充分发挥学术共同体的同行评价作用，积极向国内外重要奖项、重大人才工程推荐人选。积极参与院士制度改革，突出学术导向，努力提升作为两院院士推荐渠道的效能，做好院士候选人后备队伍的挖掘、储备。建立优秀拔尖人才发现、举荐机制。加大青年科技人才举荐力度，破除论资排辈、求全责备等陈旧观念，努力为青年英才脱颖而出创造条件。

（2）改革完善科协表彰奖励体系。不断提高中国青年科技奖、中国青年女科学家奖、求是杰出青年奖、全国优秀科技工作者等奖励的影响力。办好“中国优秀青年科技人才”奖和“全国杰出科技人才”奖，进一步优化评选标准，扩大推荐渠道，改进评审办法，提升评选质量。探索设立“杰出工程师”奖。

（3）鼓励和规范学会奖励。发挥全国学会在人才举荐中的重要作用，强化科技人物奖励的品牌效应，加大对基层一线科技人才的奖励。配合国家科学技术奖励制度改革，扩大有推荐资格的学会范围。

（4）开展工程技术领域职业资格认证。逐步推进注册工程师制度改革试点，扩大工程教育专业认证范围，推动工程师评价专业化、社会化、国际化。开展水平评价类职业资格认证。开展非公有制经济组织专业技术人员职称评定试点。开展企业科技工作者职称评定，建立企业创新工程师职称（或标准）认证体系。

（四）着力优化科技人才发展的学术环境

（1）开展学术环境建设状况评估。落实好国务院办公厅《关于优化学术环境的指导意见》，以科研管理环境、宏观政策环境、学术民主环境、学术诚信环境和人才成长环境为重点，定期进行评估，发布我国学术环境指数，督促指导各项建设学术环境建设，努力为科技人才成长营造良好学术生态环境。

（2）持续开展科学道德和学风建设。着力构建科学道德宣讲教育长效机制。推动建立学术不端行为独立调查机制，探索建立科研诚信监督曝光机制。建设科技工作者科研诚信档案和科技专家资信评价系统，发布科学道德与学风建设年度报告。

（3）发挥学会在推动科技人才发展中的主体作用。发挥学会的平台和枢纽功能，搭建高水平的学术交流平台，拓展人才成长的空间，促进跨学科的交叉融合和集成创新。顺应学科广泛交叉、领域深度融合的发展趋势，推动学科相近、联系密切的学会组建学会联合体，加快形成跨学科领域人才协同创新的发展平台。

（五）拓展国际民间科技交流渠道，促进科技人才的开放创新

（1）积极搭建高水平国际学术交流平台。鼓励支持科技工作者更广泛地参与国际学术交流与合作，持续增强全国学会学术活动的国际化程度，搭建在创新前沿主导国际合作的平台，办好世界机器人大会、世界生命科学大会、世界清洁能源大会等，推动我国在前沿领域与世界各国的合作交流。

（2）建设海外人才离岸创新创业基地。依托创新创业密集区，建设海外人才离岸创业基地，探索“区内注册、海内外经营”等离岸模式，打造具有引才引智、创业孵化、专业服务保障等功能的国际化综合性创业平台，吸引各类海外高端人才来华创新创业。推动在港澳地区建立离岸创新创业基地，探索两岸四地创新人才协同创业新模式。深入实施海智计划，成立“海归创业联盟”，与有关部委联合，为国家重大科技项目、国家实验室等举荐引进人才，积极探索吸引世

界顶尖科技专家来华工作新模式。

（3）提升我国科技界的国际地位和话语权。加强与国际主要对口组织的交流合作，建立双边科学家高层战略对话机制。积极搭建国际交流平台，推动成立以我为主、产学研密切结合、总部或秘书处设在中国的新型国际科技组织。推进我国科学家在国际科技组织任职，形成多层次、多渠道的国际科技组织人才培养和推送机制。

三、在科技工作者中广泛开展“创新争先行动”

（1）鼓励科技人才勇立潮头、引领创新。激发科技人才的创新意识，敢于走前人没有走过的路，敢于抢占国内国际创新制高点。把握创新特点，遵循创新规律，既奇思妙想、“无中生有”，努力追求原始创新，又兼收并蓄、博采众长，善于进行集成创新和引进消化吸收再创新；既甘于“十年磨一剑”，开展战略性创新攻关，又对接现实需求，及时开展应急性创新攻关；既尊重个人创造，发挥尖兵作用，又注重集体攻关，发挥合作优势。坚持面向经济社会发展主战场、面向人民群众新需求，让创新成果更多更快造福社会、造福人民。

（2）鼓励科技人才短板攻坚竞突破。加快弥补自主创新能力不强、高端技术自给不足这一最大短板，全力攻克产业转型升级和国家安全的核心关键技术，着力消除我国经济发展存在的“阿喀琉斯之踵”，以科技创新引领支撑供给侧结构性调整，不断推进产业发展向全球价值链中高端迈进，掌握国际竞争的主动权。团结引领广大科技工作者积极投身科技体制改革，推动国家创新体系建设，促进创新环境的不断优化。

（3）鼓励科技人才科技前沿竞领跑。立足当代科技前沿，树立勇攀科技高峰的雄心壮志，以“安、专、迷”的科学态度，全面加强基础研究、高技术等原始性创新，努力取得一批颠覆式技术创新成果。增强勇于超越、敢为人先的创新气魄，敢于与国际先进同行分伯仲、争高下，使我国更多领域进入世界先进行列，为早日实现我国科技与国际同行并跑、领跑，建成科技强国奋力拼搏。

（4）鼓励科技人才创业转化竞实效。积极投身大众创业、万众创新，切实发挥主体作用。切实转变观念，落实好《促进科技成果转化法》及相关政策，积极投身科技改革和成果转化新机制建设，不畏困难风险，以多种形式推进先进成果向产业、企业转移转化，领头或参与创办新企业，积极参与“创新驱动助力工程”，努力将更多的创新成果转化为切切实实的产业活动和效益，服务经济社会发展。

（5）鼓励科技人才普及服务竞贡献。争做科技创新的开拓者，又当好科技知识和科学精神、科学方法的传播者，走进人民群众，积极参与科学普及，充分利用信息化手段，加快“互联网＋科普”落地生根，为全民科学素质提升贡献力量。深入农村、企业开展多种形式的科技服务活动，积极参与科技扶贫，为广大农民脱贫致富提供先进技术支持，为企业脱困转型注入科技动力，为绿色发展、人民共享科技文明贡献智慧力量。

四、改革联系服务科技人才的体制机制

（1）建立科协直接联系科技人才的工作制度。提高科协领导机构中基层科技工作者代表比例，增强代表性和广泛性，注重吸收新经济组织、新社会组织、新型研发机构和战略性新兴产业的代表人物，减少领导干部所占比例。广开言路，拓展同科技人才的沟通、协商渠道。充分利用中国科协高水平科技创新智库建设的工作平台，鼓励科技人才对国家科技战略和政策制定建言献策，敢于担当，如实发表自己的见解。

（2）建设网上科技工作者之家，打造科技工作者精神纽带和情感家园。探索“互联网＋政策服务”工作模式，开展网上“建家交友”活动，科协各级领导实名上网直接听取科技工作者意见建议和呼声，提高各级科协领导干部同科技工作者打交道的能力和水平，主动就工作和决策中的有关问题征求科技工作者的意见建议，包容和宽容科技工作者的意见和批评，做科技工作者的挚友、诤友。

（3）扩大科协对科技人才的组织覆盖和工作覆盖。推动科协组织向园区和企业延伸，采取单独组建、区域联建、行业统建、依托组建等多种方式，大力发展企业科协、园区科协或企业科协联盟等，重点在新经济组织建立科协，把创客之家等新型科技社团纳入科协，接长手臂、形成链条。推动科协组织向高校和科研院所延伸，鼓励支持高校建立科协和高校科协联盟，促进学科交叉融合和师生创新创业。推动科协组织向农村延伸，鼓励支持乡镇依托农技站建立乡镇科普协会，促进农村专业技术协会转型升级，服务农村农业生产一线人才创业。加大对科协基层组织的指导力度，建设全国科协基层组织网，拓宽基层一线科技工作者联系渠道，让他们更多地了解科协组织、认同科协工作、参与科协活动。

五、加强和改进对科技人才工作的领导

（1）坚持党管人才。建立完善科协人才工作宏观指导、科学决策、统筹协调机制，加强对重大人才工作和重点任务的研究、规划和督促落实，形成科协党组统一领导，组织部门牵头协调，有关部门各司其职、密切配合的科协人才工作新格局。发挥科技团体独特优势，配合有关部门共同推进人才发展体制机制改革工作，因地制宜开展差别化改革探索。在科协系统加强政策落实和宣传引导，形成关心支持科技人才发展体制机制改革的良好氛围。

（2）实行人才工作目标责任制考核。建立科协系统领导班子和领导干部人才工作目标责任制，细化考核目标，加大考核力度，考核结果作为领导班子评优、干部评价的重要依据。将人才工作作为落实党建工作责任制重要内容。

（3）加强学会党建，提升人才服务水平。深入实施“党建强会”计划，以党建促会建，进一步加强服务科技人才的能力和水平，发挥好学会党组织在联系服务科技人才中的枢纽作用。

关于印发《“创新争先行动”实施方案》的通知

科协发调字〔2016〕102号

各全国学会、协会、研究会，各省、自治区、直辖市科协，新疆生产建设兵团科协：

根据习近平总书记在全国科技创新大会、两院院士大会、中国科协第九次全国代表大会上的重要讲话精神，以及李克强总理的重要批示精神，“十三五”期间，中国科协将在广大科技工作者中深入组织开展“创新争先行动”，进一步激发创新创造热情，抢抓发展新经济机遇，促进科技成果转化应用和全要素生产率提高，汇聚向世界科技强国进军的强大动能。经研究，中国科协制定了《“创新争先行动”实施方案》，现印发给你们，请结合实际认真贯彻执行。

中国科协

2016年12月1日

“创新争先行动”实施方案

为贯彻落实习近平总书记在全国科技创新大会、两院院士大会、中国科协第九次全国代表大会上的重要讲话精神和李克强总理关于“创新争先行动”的重要批示精神，激发科技人才支撑发展第一资源作用，汇聚向世界科技强国进军的强大动能，“十三五”期间，中国科协将面向广大科技工作者深入开展“创新争先行动”。制定方案如下：

一、总体要求

坚持面向世界科技前沿、面向经济主战场、面向国家重大需求的科技创新方针，认真履行科协组织为科技工作者服务、为创新驱动发展服务、为提高全民科学素质服务、为党和政府科学决策服务的职责定位，充分发挥开放型、枢纽型、平台型的组织优势，以“创新争先行动”为统领，引导科协各方面工作调整升级，更加贴近和有效服务党和国家中心全局工作，更加有效激励科技工作者创新创业热情，有效带动科协各项工作提质增效、落地生根。突出示范引领，集成各方资源，团结引领广大科技工作者攻坚克难、拼搏奉献，为建设创新型国家、决胜全面建成小康社会创新争先、再立新功。

实施“创新争先行动”，要坚持以下原则：

（1）坚持开放协同。发挥科协组织在促进开放创新、政产学研协同创新和作为民间科技交流合作主体的独特优势，围绕建设创新型国家、进军世界科技强国的战略任务，推进跨部门领域创新要素的整合，以激发科技工作者创新创业为核心，有效汇聚创新发展的强大动能。

（2）强化枢纽连接。发挥科协系统的第三方特色和三型组织特色，接长手臂、深入基层，做好桥梁纽带，引导创新要素聚集，实现各创新主体紧密联系，提升国家整体创新效能，推动国家创新体系建设。

（3）突出平台功能。利用科协自身高效联动的扁平化组织体系，搭建高水平前沿学术交流的平台，大众创业万众创新的平台，科技工作者成长成才的平台，公众科学素质提升的平台，党委和政府科学决策的平台。

（4）坚持以人为本。牢固树立以科技工作者为本的工作理念，加强思想政治引领，以表彰奖励为抓手，创新优秀科技人物、创新团队的表彰激励机制和手段，持续优化人才成长和发展环境，充分调动激发科技工作者的积极性、主动性、创造性。

二、重点内容

（1）短板攻坚争先突破。围绕国家重大科技与产业战略需求，以强化自主创新供给能力为重点，着力支撑供给侧结构性改革，凝聚学会、企业、高校和科研院所力量，破解创新发展科技难题，掌握核心技术的自主知识产权，全力攻克产业转型升级和保障国家安全的关键技术瓶颈，推动我国相关产业和产品不断向全球价值链中高端跃升。

（2）前沿探索争相领跑。瞄准国际科学前沿，立足国情实际，做好重大创新领域国家实验室、创新基地科技人才服务工作，特别是支持国内外一流科研机构青年科技人才开展对口学术交流，引导他们自由畅想，大胆假设，认真求证，在独创独有上下功夫，挑战前沿科学问题，在重大科学问题上取得一批原创性突破，掌握一批重大颠覆性技术创新成果。

（3）转化创业争当先锋。围绕促进转方式调结构、建设现代产业体系、培育战略性新兴产业、发展现代服务业等方面需求，破除观念、体制和政策障碍，以创新驱动助力工程和推动大众创业万众创新为抓手，积极推进科技成果转移转化，打通从实验室到产品化和产业化的“最后一公里”，依靠科技创新为经济发展注入新动力、引领新常态。

（4）普及服务争作贡献。加强科普信息化建设，运用互联网等现代信息技术手段把科技送到千家万户，使科技文明普惠共享。引导广大科技工作者以提高全民科学素质为己任，当好科技知识和科学思想的传播者、科学精神的弘扬者和科学方法的倡导者。深入农村和老少边穷地区开展精准科技扶贫活动，为农牧民依靠科技脱贫致富提供支撑，把论文写在祖国的大地上。

三、工作抓手

采取政策引导、事后激励等综合手段，对在“创新争先行动”中涌现出来的优秀个人和团队、机构给予鼓励，增强广大科技工作者发挥在建设世界科技强国中先锋探路的荣誉感，使科技工作者在“创新争先”中名利双收、形成示范。

围绕“前沿探索”“短板攻坚”“成果转化”“社会服务”4个方面，面向科技界特别是基层一线科技工作者，对年度在基础研究和前沿技术攻关、推动学术交流、加速科技成果转移转化、助力区域经济转型升级、推动科学普及、精准扶贫、决策咨询和企业技术创新等方面取得突出成就的个人和团队（科研团队、机构、基地、基层科协组织等），经过评议后给予表彰激励。

鼓励企业采用“悬赏”制度，加强与高校和科研院所的联系，围绕关键技术瓶颈和核心技术进行联合攻关，不断提升企业技术创新能力和核心竞争力。

（一）前沿探索

在基础研究方面，按照“高精尖”导向，鼓励瞄准前沿基础交叉学科，敢为天下先，在独创独有上下功夫，在重大科学问题上取得重要理论性突破，掌握重大颠覆性技术创新成果的科技工作者和团队（机构、基地）。主要从以下方面进行遴选推荐：

（1）在基础研究和前沿科学领域取得较大突破、做出突出成绩的科技工作者。

（2）对所在学科发展有重大影响或能够开拓和引领学科发展的优秀论文作者。

（3）对在科技期刊转型升级、融合发展方面作出表率作用，在提升学术质量、服务科技创新和科技工作者、提升国际影响力等方面起到领军作用的科技期刊编辑部、出版社。

（4）在基础研究领域和前沿交叉学科取得重大科学突破的研究机构、基地。

（二）短板攻坚

在技术创新方面，瞄准国家重大科技战略需求，聚焦高端技术供给不足这一短板，全力攻克产业转型升级和保障国家安全的重点难点关键技术瓶颈和核心技术难题，填补国内空白，为提升企业技术创新能力和核心竞争力做出突出贡献的科技工作者和团队（机构、基地）。主要从以下方面进行遴选推荐：

（1）围绕区域产业升级和企业技术创新，填补国内技术空白，为提升企业技术创新能力和核心竞争力作出突出贡献的科技工作者或科研团队。

（2）瞄准国家重大科技战略需求，在攻克产业转型升级、保障国家安全的重点难点关键技术瓶颈和核心技术方面作出突出贡献的科研机构和基地。

（三）成果转化

在科技产业方面，鼓励科技工作者自觉把科技创新成果引入市场，积极推进转移转化，为提升企业技术创新能力和核心竞争力作出突出贡献；着力打通从实验室到生产应用和产业化的“最后一公里”，实现知识转化为财富，经济效益、惠民效果显著的科技工作者和团队（机构、基地）。主要从以下方面进行遴选推荐：

（1）积极投身创新创业活动，探索实践符合新经济发展趋势的新技术、新产品、新业态、新模式，产生一定经济效益和社会效益的创业者或创业团队。

（2）推动科技成果转移转化并取得优异成绩的科技工作者；从事创新产品及项目研发并实现产业化，或开展技术创新活动、解决企业生产实践中的技术难题并取得显著效益的企业一线科技工作者或技术创新小组；积极开展科技成果转化研究、探索科技成果转化理论体系、推动科技成果模式创新的科技服务机构负责人。

（3）积极践行新技术、新产品、新业态、新模式并取得突出经济效益和社会效益的创业企业，孵化科技类企业并取得优异成绩的科技孵化器、众创空间等专业化机构。

（4）开展创新创业培训教育、推动相当数量的高端科技创新成果项目转化落地的科技服务机构。

（四）社会服务

在利用科技服务社会方面，鼓励科技工作者以为社会提供优质科技类社会化公共服务产品、提高全民科学素质、服务科学决策为己任，在推广应用最新创新创造成果取得突出成绩、利用科技扶贫取得显著效果、服务科学决策产生重大影响的科技工作者和团队（机构、基地）。主要从以下方面进行遴选推荐：

（1）在开展科技教育、科普信息化落地、基层一线科普活动中作出突出贡献、取得较大社会影响的优秀个人或团队。

（2）在创作具有思想性、科学性、艺术性的高水平科普产品方面作出突出贡献，社会影响广泛的创作者或创作团队。

（3）在科技援疆援藏、科技精准扶贫第一线脚踏实地、成效显著、深受人民群众欢迎的优秀个人或团队。

（4）围绕党和国家工作大局和地方经济社会发展全局，深入开展调研，把科技工作者的个体智慧凝聚上升为有组织的集体智慧，为党委和政府科学决策提供重要支撑的优秀专家和科研团队。

（5）积极承担政府转移职能，扎实开展第三方评估工作，在科技评估、人才举荐、技术标准研制、继续教育等科技公共服务方面取得显著效果，得到政府、行业领域和社会广泛认可的先进个人和优秀学会。

（五）评审机制

为确保评选的权威性和公正性，前沿探索、短板攻坚领域由全国学会推荐提名科学家，独立背靠背推荐，不通知被推荐者填报材料、参加评审答辩，短板攻坚领域也可邀请相关领域知名企业家或技术总工参与推荐评审；转化创业、社会服务领域面向全社会征集人选和团队，有关科技组织、科技企业、社会组织均可推荐。

建立科学家领衔评审机制，前沿探索、短板攻坚领域评审委员会由战略科学家领衔组成，转化创业领域由科技企业家领衔组成，社会服务领域由科技应用与科普专家领衔组成。领衔科学家独立组织评审团队，独立选择评审方式，牵头组织评审工作。实行严格的评审专家回避制度，避免非学术因素干扰。

四、保障措施

（一）搭建平台

通过搭建系列工作平台，为“创新争先行动”提供工作抓手和有力支撑。

（1）搭建产业协同创新共同体平台。围绕国家重大科技战略需求，以产业转型升级的“卡脖子”问题和保障国家安全的关键技术为主攻方向，以“学会＋协会”为支撑，以龙头企业为主体，整合高校、科研机构力量，围绕企业共性技术需求开展攻关，引入创业投资和金融服务，推进产业链、创新链、资金链有机融合。

（2）搭建高水平学术交流平台。每年支持800名国内一流科研机构的青年科学家和200名国外一流科研机构的青年科学家（45岁以下的博士、博士后），到对口科研机构和高校的实验室进行为期2～3周的双向学术交流，资助部分经费用于国际旅费及食宿费等相关支出，促进我国科技人员在职业生涯早期充分融入全球研发网络，与创新型国家重点科研机构和团队建立伙伴关系。

（3）搭建人才协同创新平台。分领域分学科收集整理国内外高端科技人才数据资料，形成前沿领域顶尖科学家数据库、最有潜力青年科学家数据库、海外华人科学家数据库等一批子库，分析研究其科研动向、合作需求，建设全球科技人才地理信息系统。以引才目录和离岸创新创业基地等紧密结合，动员驻外使领馆科技处（组）力量，形成“基地＋项目＋人才”的平台式引才机制。推荐我国优秀科学家有组织、有计划地进入国际科技组织领导层，在重要国际科技组织中发挥更加积极的作用。

（4）搭建网上科协平台。全面启动实施“网上科协”建设工程，重点建设“中国科技工作者之家网”，完善精准服务手段和机制，为全国学会、地方科协，以及高校科协、企业科协、园区科协等基层组织和广大科技工作者提供单一用户认证的一站式服务，打通学术交流、科技成果转化、科学普及等产品提供者和需求方的通道，建立与各类科技创新创业数据资源和服务的联结。为广大科技工作者提供在线科技政策解读、知识产权咨询、法律咨询和法律援助服务等，帮助科技工作者了解政策、熟悉政策、掌握政策、运用政策，让科技人员充分享受创新创造收益，保护科技工作者合法权益。吸引社会资本参与平台建设、开发利用数据资源，形成开放、互联、共享的运行机制，着力提升网上联系、网上引导、网上动员、网上服务科技工作者的能力，打造成8100万科技工作者的活跃社区。

（二）营造氛围

以“创新争先行动”宣传工作作为科协“十三五”时期宣传工作主线，采取传统与现代相结合、线上与线下相结合的宣传方式，在全社会大力弘扬科技工作者立志报国、勇攀高峰的光荣传统和敢为人先、攻坚克难的创新精神。

（1）拍摄公益广告。围绕“人”这个核心元素，拍摄制作接地气、有深度、感动人的公益广告，提高“创新争先行动”在全社会的知晓度。制作国际版本，满足外宣需求，向国际展示中国科技发展和科技工作者的正面形象。

（2）推出系列报道。与主流媒体加强合作，开辟专栏、专题，组织媒体记者深度调研走访，从“沾泥土、带露珠、冒热气”的选题角度，以纪实的风格、平实的文字，展现不同领域科技工作者在科研、科普工作道路和日常生活中的真实状况和心路历程，塑造有血有肉、有笑有泪的科技工作者形象。

（3）举办专题晚会。与中央电视台联合举办专题晚会，发布“创新争先”优秀典型名单，塑造一批“科技之星”，在全社会营造尊崇科学、崇尚创新的良好舆论氛围。

（4）制作专题纪录片。制作推出《大国脊梁》《创新强国》等一批高水平专题纪录片，系统展现我国科技工作者爱国奉献、默默耕耘的高尚情怀和求实创新、勇攀高峰的科学精神。按照不同主题加工制作一批微视频，在网络平台和微信客户端推出，满足公众碎片化、泛在化阅读需求，扩大传播力和影响力。

贯彻落实“科技三会”精神、组织开展“创新争先行动”是中央赋予科协的一项重要政治任务，社会高度关注，科技工作者十分期待，各级科协组织必须高度重视，特别要充分发挥高校科协、企业科协、县级科协等基层科协组织作用，接长手臂、扎根基层，推动形成开放协同包容的工作格局，团结引领广大科技工作者积极进军科技创新，切实将“创新争先行动”抓紧抓好、抓出成效。

中国科协印发《关于动员和组织广大科技工作者为打赢脱贫攻坚战做贡献的意见》的通知

科协发计字〔2016〕3号

各全国学会、协会、研究会，各省、自治区、直辖市科协，新疆生产建设兵团科协：

为深入贯彻落实中央扶贫开发工作会议精神和习近平总书记关于扶贫开发的战略思想，充分发挥科技扶贫的优势，进一步动员和组织广大科技工作者积极投身脱贫攻坚，为打赢脱贫攻坚战提供坚强有力的人才、技术和公民科学素质保障，现将《关于动员和组织广大科技工作者为打赢脱贫攻坚战做贡献的意见》印发给你们，请结合实际，认真组织实施。

中国科协

2016年1月12日

关于动员和组织广大科技工作者为打赢脱贫攻坚战做贡献的意见

为深入贯彻落实中央扶贫开发工作会议精神和习近平总书记关于扶贫开发的战略思想，充分发挥科技扶贫的优势，进一步动员和组织广大科技工作者积极投身脱贫攻坚，为打赢脱贫攻坚战提供坚强有力的人才、技术和公民科学素质保障，现提出以下意见。

一、积极投身脱贫攻坚是广大科技工作者的重要历史使命

（1）充分发挥科技在脱贫攻坚中的重要作用。扶贫先扶智，治贫先治愚。依靠科技进步是贫困地区经济发展的根本途径。当前，我国脱贫攻坚已经到了啃硬骨头、攻坚拔寨的冲刺阶段，科学技术是第一生产力，发挥科技支撑作用尤为重要。贫困地区落后的一个重要原因，就是科技滞后，劳动者科学素质相对较低。实践证明，提升贫困地区自我发展能力，激发内生动力，增强造血机能，提高农民科学素质，帮助农民脱贫致富，必须充分发挥科技优势和支撑作用。在这场艰巨而伟大的扶贫攻坚战役中，党和政府寄希望于科学技术，贫困人民期盼着科学技术。各级科协组织和广大科技工作者要积极行动起来，与贫困地区干部、群众一起共同奋斗，真抓实干，创造出更加辉煌的业绩。

（2）积极投身脱贫攻坚是各级科协组织和广大科技工作者的重要历史使命。习近平总书记在中央扶贫开发工作会议上强调，消除贫困、改善民生、逐步实现共同富裕，是社会主义的本质要求，是我们党的重要使命；全面建成小康社会，是我们对全国人民的庄严承诺。科技界历来有以民族兴衰为己任的大义和优良传统，涌现过一大批自觉把实现个人抱负与国家民族前途命运紧密结合起来的优秀代表。在扶贫攻坚战役中，各级科协组织和广大科技工作者具有不可替代的重要作用。脱贫攻坚战的冲锋号已经吹响，走出一条中国特色的扶贫开发道路，早日实现脱贫攻坚目标的重大战略任务，是各级科协组织和广大科技工作者肩负的重要历史使命。各级科协组织和广大科技工作者要继续发扬优良传统，自觉站在时代前列，勇挑重担，奋发有为，为实现脱贫攻坚目标而努力奋斗。

（3）各级科协组织和广大科技工作者要切实增强责任感和紧迫感。长期以来，各级科协组织和广大科技工作者认真贯彻落实中央的决策部署和要求，坚持把支持贫困地区发展和贫困群众脱贫致富作为重要的政治任务，在贫困地区农村实用技术人才培养、农民科学素质提升、优势特色产业发展和农牧民增收等方面做出了积极贡献。做好新时期脱贫攻坚工作，要求科协系统和广大科技工作者进一步从全局和战略高度，切实把思想和行动统一到中央的战略决策部署上来，准确把握脱贫攻坚面临的新情况、新形势和新任务，切实增强责任感和紧迫感，充分发挥科协组织优势和科技的支撑作用，以贫困地区和贫困人口为重点对象，以增加贫困群众收入和自我发展能力为主要目标，以科技培训、技术服务、人才培养、提升农民科学素质等为主要手段，采取更加有力的措施，切实提高脱贫攻坚实效，为实现全面建成小康社会奋斗目标做出新贡献。

二、大力推广先进实用技术和科技成果转化

（1）大力推广农村先进实用技术。各级科协组织要广泛动员科技工作者深入贫困地区乡村，有针对性地提供先进的技术培训，传授适用的科技知识，帮助解决生产中遇到的技术问题。统筹各类农技人员力量，建立贫困村、贫困户农技人员跟踪联系服务制度，并通过专家授课、现场指导、网络信息平台远程指导等方式，免费为贫困户提供生产技术培训。要为农村贫困地区有针对性地编印推广示范农村先进实用技术的科教宣传资料、图书，并让贫困地区农民免费获得科普图书资料。要通过培训使每个有劳动生产能力的农民至少掌握 1～2 项脱贫致富的实用技术和技能，至少能够参与 1 项种植、养殖、林下经济、花卉苗木培育、沙产业、设施农业等增收项目，提高农民依靠科技致富的能力。

（2）大力推动科技成果转化。组织科技工作者深入贫困地区开展产学研用合作，搭建科技成果转化平台。结合贫困地区的发展现状、产业基础，大力推广应用农业新技术、新品种、新模式，发展精深加工产业技术，提高农业生产水平，增加产品附加值，加速科技成果在贫困地区的转化和推广，提高广大农民收入水平。

（3）发挥好农科学会技术保障作用。农科学会是直接为农业生产、农业技术研究服务的学术团体，在农村贫困地区精准扶贫中应发挥核心作用。要在精准施策上出实招、在精准推进上下实功、在精准落地上见实效。各级农科学会应主动作为，切实解决好“扶持谁”“怎么扶”等问题，做到因户施策、因人施策，组织专业技术人员到农村指导实用技术的普及应用和服务，帮助贫困地区培育扶植适合当地资源的技术和产业，帮助贫困户解决技术难题，促进贫困农户稳步增收。同时发挥好其他有关学会的作用，通过技能培训提升就业能力，多渠道帮扶贫困户脱贫致富。

三、加强农村实用技术人才队伍建设

（1）加强贫困地区实用技术人才培训。按照当地产业扶贫项目需要，结合生产生活实际，选择实用性强的职业、工种和农业适用技术，因势利导开展精准特色培训。针对贫困村、贫困户开展点对点、面对面、手把手的农村实用技术培训，着力构建“先进实用科技直接到户、关键技术要领直接到人”的科技推广机制，提高群众科学种植和养殖水平，提升贫困群众致富的内生动力。同时鼓励各级科协组织因地制宜、因贫施策，针对贫困地区的产业需求，加大重点领域实用科技人才的培养。引导支持各级学会根据学科特点发挥自身资源优势，适应城镇化发展需要，开展农村劳动力转移职业技术培训。

（2）加大农民科技致富带头人培养力度。针对有一定生产规模、当地影响较好、示范带动作用较强的职业农民，重点加强培训交流，合理设置培训内容，有效开展一对一职业技能提升培训，促使更多的农民从体能型向技能型、智能型转变，培养一批懂技术、善经营、会管理、留得住、用得上、扎住根的科技致富带头人，充分发挥技能示范和致富示范的作用，引领带动帮扶贫困农民脱贫致富。

（3）加强贫困地区继续教育和就业培训。充分发挥农函大农民教育培训的主渠道和主阵地作用，通过利用多媒体教学、自编教材、科普基地，针对贫困户积极组织多层次、多渠道、多形式的农村实用科技培训。组织专家对贫困地区科技从业人员开展科技创业与岗位技能培训，切实提升他们的科技创业能力和科技执业能力。

四、大力提升农民科学素质水平

（1）大力开展经常性科普活动。通过报告会、技术现场会、科普讲座、专题科普培训班、夜校和广播函授等形式，大力普及科学知识、倡导科学方法、传播科学思想、弘扬科学精神，引导贫困地区广大农民树立科技意识、提升科学素质，坚决破除封建迷信和伪科学的消极影响，树立科学、文明、健康的社会风尚。

（2）加快科普信息在贫困地区落地应用。依托大数据、云计算等信息技术手段，大力建设“科普中国农村 e 站”和“校园 e 站”，采集和挖掘贫困地区广大人民群众的科普需求，定向、精准地将科普信息资源送达目标人群，推动科普信息在农村贫困地区的学校、村屯落地应用。要借助远程教育资源进村活动，通过现代化的手段为农民提供更多的科普服务，切实提高贫困地区广大群众的科技意识和信科技、学科技、用科技的积极性和主动性。

（3）充分发挥惠农资金的示范辐射效应。“十三五”期间，进一步完善“基层科普行动计划”实施方案，重点聚焦脱贫攻坚任务，充分发挥表彰对象的示范辐射带动作用。要发挥科普惠农资金的重要作用，“科普惠农兴村计划”“社区科普益民计划”等中央转移支付资金要进一步向贫困地区、贫困农户倾斜，确保每个贫困县都有奖励名额，贫困县获得的奖补资金和获奖单位数量逐年增长。

（4）加大科普基础设施投入力度。“十三五”期间，实现科普大篷车、流动科技馆、农村中学科技馆等科普基础设施在贫困地区基本覆盖和科普服务全覆盖。加强科普工作站、科普宣传栏和实用型科普教育基地建设，创造条件加大中国数字科技馆向农村贫困边远地区的覆盖力度。进一步加大对革命老区、民族地区、边疆地区、贫困地区的科普基础设施支持力度。

五、积极围绕精准脱贫建言献策

（1）为地方党委政府制定精准扶贫实施方案提供决策建议。积极动员支持院士、海内外专家、科技团体采取多种形式深入贫困地区尤其是集中连片特殊困难地区开展调研，为贫困地区的优势资源开发和特色产业发展提供有价值的建议，为破解制约贫困地区发展瓶颈出谋划策。引导鼓励广大科技工作者围绕扶贫攻坚重点难点，发挥智力优势开展战略研究，强化农业科技专家库和农业科技成果资源数据库建设，为农业各类经营主体提供高质量的信息服务。

（2）为贫困地区提供农村实用技术咨询与服务。着力凝聚专家资源、技术资源，积极组建跨学科、具有综合科技咨询能力的专家团队深入贫困地区田间地头，围绕扶贫开发产业、民生工程实施需求，结合当地扶贫产业的客观条件，开展有针对性的技术咨询与服务。充分利用各级农科学会、协会的人才、成果优势，积极为贫困地区提供专家和技术支撑。

六、大力提升农技协科技服务质量

（1）加强农村科技服务体系建设。充分发挥农技协主体作用，提高农村科技服务信息化水平和农业生产组织化水平，引导贫困群众依托生产发展脱贫致富。大力支持贫困县农技协的发展壮大，各级科协组织要努力帮助贫困县贫困村建立农技协组织。力争到 2018 年实现具备条件的建卡贫困村农技协组织基本覆盖，实现农技协服务全覆盖。

（2）充分发挥农技协在科技精准扶贫中的独特作用。发挥农技协组织带动功能，要辐射带动周边还没有建立农技协组织的贫困村脱贫致富。发挥农技协脱贫攻坚前沿阵地作用，切实重点加强对贫困县、建卡贫困户的帮扶，对建卡贫困户的种植养殖技术培训、服务、指导和农产品销售等方面需求给予优先保障。大力帮助贫困地区建立和完善农产品网络销售渠道，加大对贫困地区农产品品牌推介营销支持。组织当地贫困农民前往各地优秀协会、示范基地进行考察学习，提高广大贫困农民科技文化水平和现代农业生产技能，成为有文化、懂技术、会管理的新型农民。

（3）积极为贫困县农技协搭建融资服务平台。通过中国科协与中国邮储银行建立“银会合作”平台，优先满足贫困县基层农技协会员的融资需求。为中国邮储银行大力推荐信誉好、能力强、规模经营且有融资需求的贫困县基层农技协会员，使其能够在同等条件下简化业务办理流程。进一步加大贫困县的授信额度，引导金融扶贫资金向贫困地区、特别是向建卡贫困户倾斜。要及时掌握贫困户贷款中遇到的情况和问题，会同中国邮储银行研究建立贫困户融资办法。鼓励有条件的地区通过贴息支持等方式机制，为贫困地区农技协提供金融支持和帮助。

七、切实保障脱贫攻坚取得实效

（1）加强组织领导。各级科协组织要高度重视，加强领导，落实责任，要把脱贫攻坚作为头等大事来抓，要在科协工作与扶贫开发工作的结合上下功夫，确保取得实效。中国科协将成立脱贫攻坚领导小组，各级科协也要建立健全脱贫攻坚组织领导机制和责任机制。要建立年度脱贫攻坚报告制度，加强对各级科协组织参与脱贫攻坚的督促指导。注重实效，设立脱贫攻坚考核指标，加强考核指标完成情况统计分析。

（2）加大投入力度。要创新机制，多渠道、多方式开辟扶贫资金渠道。要加强扶贫资金阳光化管理，确保资金合法、合规、高效使用。大力支持鼓励各级科协组织和有条件的科技工作者开展定点精准扶贫工作。认真落实好“科技援藏援疆增效工程”。中国科协将加强对山西省岚县、临县定点帮扶工作的指导，在智力、资金、项目等方面加大扶持力度。各级科协组织要按照党委和政府的统一安排，做好相应的定点扶贫工作，结合当地扶贫工作实际以及贫困群众的现实需求，想方设法为定点扶贫地区协调政策、争取资源，不断提高科协组织定点帮扶工作的针对性和实效性。

（3）创新体制机制。要注意发挥广大科技工作者的主动性和创造性，结合当地实际，共同创新合作项目和载体，探索工作模式，积极打造具有地方特色的扶贫工作品牌。强化东西部扶贫协作，鼓励先进地区科协组织对落后地区科协组织的帮扶，开展“科协帮科协”“协会帮协会”“学会帮学会”的“一帮一”精准帮扶行动。贫困地区科协组织要结合当地实际研究制定本地工作方案，要加大工作力度，提高工作积极性和主动性。各地科协组织要坚持党建带群建，不断加强贫困地区科协组织建设，切实增强科协组织对广大科技工作者的吸引力和凝聚力。同时，加强与各级扶贫开发办等地方政府部门的沟通协调、统筹谋划，形成强大合力。

（4）营造良好氛围。要注重挖掘和总结科协组织参与扶贫开发的好经验和好做法，通过互联网、报纸、广播、电视等媒体加强宣传，努力营造良好的工作氛围。要发扬群团优势，充分发挥各领域科技人员之间、专业技术人才和乡土科技人才之间、科技人员和农民之间加强交流的桥梁和纽带作用，为广大科技工作者参与脱贫攻坚搭建平台。要建立考核评价表彰机制，对长期在贫困地区工作并做出突出贡献的科技工作者，以及对脱贫攻坚取得成绩的基层科协组织和个人予以表彰，营造脱贫攻坚的浓厚社会氛围。

关于印发《中国科协高水平科技创新智库建设“十三五”规划》的通知

科协发调字〔2016〕32号

各全国学会、协会、研究会，各省、自治区、直辖市、副省级城市科协，新疆生产建设兵团科协：

为落实中共中央办公厅、国务院办公厅印发的《关于加强中国特色新型智库建设的意见》，中国科协《科协系统深化改革实施方案》《中国科学技术协会事业发展“十三五”规划》《中国科协关于建设高水平科技创新智库的意见》等文件精神，加强科协系统高水平科技创新智库建设工作，中国科协在认真研究国家经济社会与科技事业发展需要、突出群团组织特色、紧密结合科协系统工作实际、立足已有决策咨询工作经验的基础上，形成《中国科协高水平科技创新智库建设“十三五”规划》，现印发给你们，请结合本单位本部门工作实际，认真贯彻落实。

中国科协

2016年4月14日

中国科协高水平科技创新智库建设“十三五”规划

为贯彻落实中央《关于加强中国特色新型智库建设的意见》，深化科协系统改革，全面推进中国科协高水平科技创新智库建设，特制订本规划。

一、创新提升，全面推进高水平科技创新智库建设

动员组织广大科技工作者紧紧围绕党和政府中心

工作，深入调查研究，积极建言献策，是科协事业发展的优势领域。“十二五”时期，中国科协以国家级科技思想库建设为引领，积极推进科技思想库试点发展，实施学会决策咨询资助计划，提升科协系统决策咨询能力，动员组织广大科技工作者紧紧围绕创新驱动发展战略实施开展调查研究，形成一批高质量的研究成果，第三方评估工作取得突破性进展，得到党中央、国务院的高度重视，在科技界和全社会产生广泛影响。中国创新50人论坛、中国科协年会党政领导与院士专家座谈会、中国科技政策论坛、全国学会高端学术沙龙等活动品牌影响力持续增强，对决策咨询成果向政策工具转化发挥了重要平台作用。国家级科技思想库建设的不断深化，为高水平科技创新智库建设奠定了坚实的基础。

完成“十三五”时期全面建成小康社会的重大目标，关键在于发挥创新引领发展的第一动力作用，发挥人才第一资源的支撑作用，推进科技创新、理论创新和体制机制等全面创新。党中央作出建设中国特色高端智库的重大部署，明确要求把中国科协建设成为创新引领、国家倚重、社会信任、国际知名的高水平科技创新智库，这为中国科协发挥党和政府联系科技工作者的桥梁纽带作用，努力开创事业发展新局面确立了新的战略奋斗目标。面向“十三五”，中国科协必须牢固树立创新、协调、绿色、开放、共享的发展理念，把建设高水平科技创新智库作为事业转型升级的重要支点，把服务党委政府科学决策作为增强政治性、先进性、群众性的重要体现，努力在走中国特色群团发展道路上不断创造新经验。

二、指导思想、基本原则和主要目标

（一）指导思想

高举中国特色社会主义伟大旗帜，坚持以马列主义、毛泽东思想、邓小平理论、“三个代表”重要思想和科学发展观为指导，全面贯彻党的十八大和十八届三中、四中、五中全会精神，习近平总书记系列重要讲话精神，落实中央《关于加强中国特色新型智库建设的意见》，坚持按照推动创新、强化服务、拓展提升、开放协同、普惠共享的工作理念，强化学会主体和试点示范，广泛促进上下联动，在释放改革动力中不断强化科协智库发展的系统优势。

（二）基本原则

（1）强化政治担当。坚持中国特色群团发展方向，始终围绕党和政府中心工作谋划智库建设主攻方向，把服务党和政府科学决策作为使命担当，立足国情、立足当代，坚守正确导向，严守法律法规，把坚决维护国家利益和人民利益贯穿智库建设全过程，彰显作为国家智库的中国特色、中国风格和中国气派。

（2）突出高端引领。坚持围绕国家发展战略、围绕科技创新前沿、围绕全面深化科技体制改革开展决策咨询，有效汇聚广大科技工作者智慧，服务党委政府科学决策，展现中国科技界的国际视野和战略眼光。坚持以高端人才引领高端智库建设，以先进的理念、一流的团队、崭新的方法提升科协智库建设水平。

（3）注重开放协同。坚持开门办智库，主动加强与党政部门沟通联系，争取决策咨询选题，畅通成果报送渠道；积极加强与其他智库的交流合作，大力推进咨询理论、方法、数据、成果的开放共享，以开放促升级，以共享求共进。坚持协同办智库，积极发挥好全国学会的学科人才优势和地方科协的组织网络优势，集聚跨学科、跨部门、多元化的丰富决策咨询资源，构建覆盖各类创新主体的网络型科技智库结构，为科协高端智库建设汇聚强大合力。

（4）坚持人才驱动。强化人才在智库发展中的核心地位，坚持培养和使用相结合，着力培养一批思想敏锐、专业精深、熟悉政策的高端决策咨询人才，积极聚集一批思维活跃、问题感强、富有创新精神的外围专家，打造一支素质优良、结构合理的专业化智库人才团队。创新人才聚集使用机制，坚持以我为主、专兼结合，不求所有、但求所用，充分调动激发各类决策咨询人才的积极性主动性创造性，为科协智库建设提供坚实的人才支撑。

（三）主要目标

到2020年，按照“小中心、大外围”的模式，系统优化资源配置，建成创新引领、国家倚重、社会信任、国际知名的高水平科技创新智库，为国家科技创新战略和体制改革提供决策支撑，成为集中科技界智慧、反映科技界情况的重要渠道和第三方评估的重要力量。

——国家科技创新智库网络初步形成。以中国科协创新战略研究院为核心，以10个地方科协智库、10～15个学会智库、5个左右高校科协智库为支撑，一个科技特点突出、科协特色鲜明、资源共建共享的跨学科、跨单位、跨区域、网络化的国家科技创新智库格局初步形成。

——政策和社会影响力大幅提升。每年推出一批有重大政策影响的咨询成果，相关政策建议能直接转化为政策举措。定期推出一批有重大学科影响的咨询成果，相关建议成为科技界信得过、用得上的决策依据。集中打造一批具有广泛政策和社会影响力的智库活动品牌，有效服务科学决策、引领社会思潮。

——基础条件支撑更加坚实。提升调查站点工作质量，增加调查站点覆盖密度，到2018年年底，全国调查站点增加到700个左右，到2020年年底，增加到1000个左右。推进专家库、选题库、成果库信息化建设，科协系统共建共享的智库工作平台顺利运行。科技数据中心建成，实现相关数据的及时更新和有效维护。

——智库管理模式和运行机制基本成熟定型。科协系统智库建设统一领导体制确立，智库建设专门管理部门健全，智库人才培养、聚集、激励机制更加完善，智库成果报送、发布、宣传渠道更加多样，智库建设经费稳定增长，投入机制更加合理多元。

三、重点任务

1. 开展国家科技创新智库体系建设

——发挥好中国科协创新战略研究院的示范带动作用。按照现代院所制度要求做实做强中国科协创新战略研究院，发挥好在重大选题、组织策划、咨询形式、专家队伍建设等方面的核心引领作用，提升在决策咨询理论、方法、数据和平台建设中的关键支撑作用。坚持全球视野、时代高度、历史纵深、科技前沿的科研导向，以创新战略、创新人才、创新文化、创新评估为主攻方向，持续扎实做好第三方评估、老科学家学术成长资料采集工程、科技人才政策和科技人力资源研究等重点项目。坚持以任务和重大项目为纽带，发挥好创新战略研究院的示范带动作用，发挥好高端决策咨询的辐射孵化功能，通过开放、合作、共享的机制，协同全国学会、地方科协、专业机构和专家学者参与科协智库建设。

——依托学会联合体建设一批专业研究所。在信息技术、材料技术、能源技术、智能制造、生命科学、节能环保、现代农业、健康、资源环境等领域，依托学会联合体成立一批专业研究所。研究所将围绕发挥自身学科、人才和专业优势，科学预判科技发展趋势，提出科技前沿取得突破的可能领域及方向，为培育国家未来核心竞争力提供基础性科技知识储备方向性建议。瞄准新一轮科技革命和产业变革的前沿热点，围绕关键核心技术，提出技术突破与产业发展路线图，引导相关产业向精、深、特、新方向发展。针对本领域国家科技发展战略、规划、政策等的落实情况开展评估，聚焦重点问题，为科学调整国家科技资源的方向、力度、重点等提出政策建议。依托生命科学学会联合体开展生命科学专业研究所建设试点，积累经验，推广扩大。

——依托地方科协建设一批区域研究基地。围绕“一带一路”、长江经济带、京津冀协同发展等重大战略，依托10个左右区位优势明显、决策咨询基础较好的地方科协建设区域研究基地，围绕区域经济社会发展的重大难点和前瞻性问题开展深入调研，引导产业优化布局和协作，服务区域协调发展和国家重大战略实施。开展地方科协智库建设试点，从“十二五”期间国家级科技思想库建设试点单位中分期分批遴选一批成绩突出的地方科协开展智库建设试点，适当扩大试点单位范围，尽快形成可复制、可推广的智库建设经验，带动地方科协提升决策咨询能力。依托重庆等省区市科协共建“一带一路”与“长江经济带”协同创新研究中心，推动京津冀协同创新研究基地创立工作。

——推进智库与媒体融合。推动科技创新发展与宣传工作的融合，加强对科技界的政治思想引领，合作建设新型媒体智库。聚焦科技领域，以全球视野和中国视角谋划智库建设，传播推动广泛分布在各类学会的专家学者对创新发展的新理念、新见解、新思想。坚持正确政治方向，突出问题导向，回应社会关切，瞄准关键人群，提升科协智库成果传播水平。及时反映科技界声音，研判科技界舆情。重点建设柔性智库，充分运用现代传播方式。中国科协和人民日报社及人民网共同开展智库与媒体融合研究基地建设。

2. 推进智库人才队伍建设

——构建学会为主体的智库专家网络。聚焦智库发展重点方向，跨领域集成学会专家资源，建立健全学术交流成果提炼转化机制，发挥全国学会作为高端人才蓄水池的功能，以重大项目为纽带，广泛凝聚科技、产业和政府专家资源，稳定联系一批专业功底扎实、学术水平精湛、具有战略思维的高端决策咨询专家。

——建立开放流动的智库人才使用机制。积极引进高端人才。广泛吸引多元学科背景的高层次人才参与智库建设，设立客座研究员、访问学者、特聘专家等多种类型研究岗位，争取用5年时间建成一支总量适度、素质一流、结构合理、专兼结合的高端智库人才队伍。

——建立人才激励机制。设立“创新发展研究奖”，对在决策咨询工作中表现突出的优秀个人和团体予以奖励，重点奖励产生重大政策和社会影响的优秀决策咨询成果，引导各方力量积极参与科协国家科技创新智库建设。

——充分发挥海外人才作用。建立海外人才离岸研究基地，鼓励海外人才以多种形式参与智库研究工作。拓展“海智计划”功能，将引导组织海外高端人才为国发展建言献策常态化机制化。

3. 加强智库成果转化平台建设

——打造智库品牌论坛。坚持以开放和前沿为导向，办好“中国创新50人论坛”，广泛汇聚科技、经济领域的战略与政策专家，围绕科技创新中的重大战略问题开展研讨交流，提出新思想、新观点，形成高质量的决策咨询建议。办好“中国科协年会党政领导与院士专家座谈会”“中国科技政策论坛”等活动。

——打造智库品牌报告。办好《科技界情况》《科技工作者建议》《调研动态》等智库专刊，不断提高报送成果的质量。努力打造《科学文化》《创新研究》《科协研究》等一批知名刊物，不断扩大期刊公开发行量。定期推出《大众创业万众创新评估报告》《中国学术环境建设评估报告》《国家创新力评估报告》《科技人力资源发展报告》《科学文化发展报告》《科技人才创新环境发展报告》等。形成科协智库的标志性成果。

——挖掘转化学术会议资源。加强对科协系统现有学术会议资源的集成和成果转化，着力从完善国家科技政策角度提出意见和建议，健全学术会议成果整理、提炼、报送机制，促进学术会议资源向决策咨询资源转化。

——积极参与立法咨询。发挥好科协系统的专业和人才优势，主动为建立完善国家科技发展法律法规体系建言，为科技事业发展提供更加良好健全的法治环境。积极承接国家立法机关有关立法咨询任务，坚持客观公正立场，从专业角度提出立法咨询建议，服务法治中国建设。积极推荐政治素质一流、学术造诣精深、学风作风过硬的优秀人才担任检察司法部门的咨询专家，为公正司法提供有力的科技人才支撑。

——大力加强协商民主建设。围绕涉及科技工作者切身利益的实际问题，推动建立健全民主协商机制，搭建与党委政府的沟通交流平台，有效反映科技工作者的意愿和利益诉求，更好地代表科技工作者参与公共事务，为推进协商民主广泛多层制度化做贡献。每年定期参与组织政协科协界委员协商、视察、调研等活动，主动密切与政协各专门委员会的联系，推动相关智库调研成果以委员提案等形式进入决策工作程序。

——着力提升“智库发展”网络宣传实效。充分发挥现代网络传播覆盖面广、时效性强、影响力大的优势，加强中国科协“智库发展”网络宣传平台建设，及时面向社会各界发布中国科协智库最新重要研究成果，探索建立重大咨询成果公开发布制度，放大科协智库声音，提升科协智库的社会影响力和权威性，更好发挥服务科学决策、引领社会思潮的智库功能。

——拓展成果报送渠道。根据重大问题研究专项成果的内容特点，有的可以中国科协党组文件形式直报中央，有的可以院士专家联名形式上报，有的可以《科技界情况》《科技工作者建议》渠道上报。在不违反保密原则前提下，适时公开发布重大问题研究专项成果，努力放大研究成果的社会影响，提升科协智库的社会显示度和影响力。

4. 做好科技工作者政策服务能力建设

——强化智库政策服务功能。把为科技工作者提供政策服务作为各级科协的重要职能，利用现代信息系统，建立国家科技政策数据库，及时收集、定期更新、系统整理中央和各地新近出台的科技政策、科技人才政策，实现科协系统科技政策信息的共通共享。

——提高政策精准推送能力。构建科技政策宣传咨询体系，依托科协宣传网络，利用科协内外宣传资源，面向科技工作者做好科技政策的宣传解读，依据特定政策的工作重点开展定向精准宣传。研究设立专门机构，安排专职人员，接受科技工作者关于相关科技政策的查阅咨询，准确放大科技政策效果，有效服务科技工作者创新创业。

5. 实施重大问题研究专项

——突出重大问题导向。把握当代科技革命和产业变革发展趋势，紧紧围绕新一代信息通信、新能源、新材料、航空航天、生命科学等重大发展方向，加强前瞻性战略性研究、研判。围绕深化科技体制改革、优化创新资源配置、优秀创新人才成长规律和科学技术普及等重大问题，每年凝练提出5～8个重大研究选题，组织精干优势研究力量开展协同攻关，提出具有宽广视野和战略眼光的高质量政策建议，体现中国科协智库主动服务中央重大决策的政治担当。

——促进交叉创新和力量集成。建立学会、地方科协、专业机构等科协系统内外资源协同开展研究机制，鼓励跨学科领域的智力集成和融合创新，提出高质量政策建议，以重大问题的研究带动科协智库整体能力提升。

6. 实施重大评估专项

——开展年度重大评估。坚持把组织开展第三方科技评估作为科协智库建设的战略重点，坚持委托与自选相结合，每年围绕科技发展战略、规划、政策、人才、项目、基地、制度等的实施效果、社会影响，确定年度评估重点，发挥科协作为独立第三方的独特优势开展战略评估，更好服务国家科技发展的战略决策。

——加强评估组织体系建设。切实发挥好中国科协创新评估指导委员会、创新评估专家遴选与报告审查专家委员会、创新评估专家委员会、创新评估办公室、创新战略研究院等的各自作用，各负其责、密切协同、优势互补，真正使创新评估工作体现公开透明、客观中立、责权一致、科学高效原则，确保评估成果质量和公信力。

——夯实科学评估方法基础。根据创新评估工作整体需要，建立创新评估项目通用的统计指标和调查指标体系，建立国家、领域、行业层面反映科技相关情况与发展趋势及其经济社会影响的专题指标和评估分析框架，建立科学合理的评估数据采集标准和规范，确保创新评估数据的通用性、可比性和可靠性，为创新评估工作提供基础数据保障。

——建立开放协同的评估工作机制。面向科协系统，分类分学科建设创新评估专家库，建立智能化的创新评估专家支持系统。推进创新评估方法、分析工具、技术手段等协同一致，为全国学会和地方科协开展创新评估提供方法和工具支撑。发挥新媒体、新技术等新兴信息发布平台的作用，分级分类向公众开放、共享创新评估成果，方便社会各界及时获取创新评估成果信息。

7. 实施智库基础设施建设专项

——建设科技数据中心。建立数据服务器系统，统筹数据库建设和运维工作，科学汇集、整理和存储各类数据资源，重点建设科技工作者调查数据库、科学与工程指标数据库、科技人才政策文本库、国外科技创新动态信息库、中国学会统计数据库、科协事业发展统计数据库等。着力提升项目设计、指标构建、抽样设计、调查实施、数据分析、数学建模、大数据挖掘、数据库建设和相关软件开发等能力，为历时性比较、区域比较、分类比较研究提供数据案例资料，为智库建设提供多元化的数据产品和信息服务。

——推进调查站点体系建设。以重点高校、大型央企、知名民营高科技企业为重点，逐步扩大全国科技工作者状况调查站点数量，优化站点布局，力争到2018年全国调查站点数量超过700个，到“十三五”期末达到1000个。以提高现有调查站点工作质量为导向，定期开展站点轮换，统筹安排站点工作任务，加强对站点的业务培训和工作指导，定期对调查站点工作进行绩效考核，选优汰劣、奖勤罚懒。运用数字化、网络化、智能化等现代技术建设在线调查系统，以建设全国科技工作者信息服务平台为目标，通过调查站点拓展和及时更新信息平台终端用户群，及时向科技工作者宣传推送党的路线方针政策和科技政策信息，准确收集科技界的思想观念、利益表达、工作诉求等动态信息，真正把调查站点建成党的政策宣传站和科技人员的工作服务站。

——建设科技工作者状况样本库。到“十三五”末，形成科学分布、结构合理的50000人规模的样本库，满足开展各职业、各地区、各领域、各学科科技工作者状况调查的需要。

四、条件保障

（1）加强组织领导。发挥好中国科协决策咨询专家委员会、创新评估指导委员会的专业指导作用。全国学会和地方科协要加强智库建设的统一领导，组建或明确具体承担部门。有条件的全国学会和地方科协要研究制定本单位高水平科技创新智库建设工作规划和年度计划。加强智库单位的绩效考核，制定完善科学合理的绩效考核标准，建立严格规范的绩效考核程序，将科技创新智库建设工作纳入年终考核范围。

（2）加大投入力度。坚持大联合、大协作的工作机制，强化与科技、财政、民政等政府部门的沟通协调，积极争取各级党委政府、各级财政主管部门的支持，不断增加财政收入。加强项目顶层设计，发挥财政资金的激励、引导、带动作用。树立大开放、大协同观念，坚持财政投入和市场争取资源相结合的机制，搭建社会资金参与科协工作的平台，积极探索PPP模式，鼓励各方资源共同参与支持科协事业发展。加强财力资源的集成与统筹，以规划确定的重大任务为引导，切实把资源集中到主体工作上来。优化智库资源配置，统筹安排科协系统内外的优秀决策咨询资源服务重大问题研究专项实施，每年根据重大研究选题提出预算安排方案，确保研究经费的支持力度和集中使用。

（3）加快推动智库交流开放共享。坚持开放办智库，积极主动与国际著名科技创新智库开展合作研究，联合发布具有国际影响力的智库成果。主动加强与美国国家自然科学基金会、联合国教育科学及文化组织等的联系，积极与在创新评估、创新文化、创新人才、科技数据等研究领域中有国际影响力的国外高校院所开展沟通交流。探索建立与国外智库双向交流、互派研究人员的机制，促进新思想、新方法、新工具、新数据的交流共享。加强与国内高端智库交流合作。做好对外宣传，办好中国科协创新战略研究院中英文网，拓展数据采集、观点评论、即时访谈等功能，介绍科技创新智库的主要工作领域、研究方法、突出成果和最新动态，展示国家科技创新智库工作新形象。

关于印发《中国科协学会学术工作创新发展“十三五”规划》的通知

科协发学字〔2016〕26号

各全国学会、协会、研究会，各省、自治区、直辖市、副省级城市科协，新疆生产建设兵团科协，各有关单位：

为深入贯彻习近平总书记系列重要讲话精神，全面落实《国民经济和社会发展第十三个五年规划纲要》部署和《中共中央关于加强和改进党的群团工作的意见》要求，准确把握中国科协学会学术工作面临的发展环境和总体任务，明确未来五年的指导思想、基本原则、主要目标和工作重点，根据《中国科协事业发展第十三个五年规划》安排，中国科协研究制定《中国科协学会学术工作创新发展“十三五”规划》，现印发给你们，请结合实际，认真贯彻落实。

中国科协

2016年4月1日

中国科协学会学术工作创新发展“十三五”规划

为深入贯彻习近平总书记系列重要讲话精神，全面落实《国民经济和社会发展第十三个五年规划纲要》部署和《中共中央关于加强和改进党的群团工作的意见》要求，准确把握中国科协学会学术工作面临的发展环境和总体任务，明确未来五年的指导思想、基本原则、主要目标和工作重点，根据《中国科协事业发展第十三个五年规划》安排，制定中国科协学会学术工作创新发展规划如下。

一、形势与任务

“十二五”期间，中国科协学会学术工作全面贯彻中央重大决策部署，认真学习习近平总书记系列重要讲话精神，紧紧抓住全面深化改革的机遇，坚持以科技工作者为本，以学会工作为科协主体工作，着力加强学会学术建设，使好学会更多、强学会更强，学会创新与服务能力稳步提升；学术交流日益活跃，学术会议质量进一步提高，科技期刊影响力逐步扩大；创新驱动助力工程开局良好，学会在科技创新和经济建设主战场上更加有所作为；学会有序承接政府转移职能取得突破性进展，公共服务领域进一步拓展；学会治理改革逐步深入，青年人才托举工程平稳起步，学会联合体试点取得重要突破。总起来看，经过五年的艰苦努力，《中国科学技术协会事业发展“十二五”规划》确定的学会学术工作相关任务圆满完成，科协学会学术工作上了一个新的台阶。

“十三五”时期是全面建成小康社会的决胜阶段，也是科协事业改革发展的重要机遇期。面对新形势新任务，面对党和国家对科协事业发展的新要求，面对科技工作者的殷切期待，必须清醒地认识到学会学术工作面临的新挑战，科协工作重业务活动、轻政治思想引领的倾向突出，团结带领广大科技工作者听党话、跟党走的政治任务要进一步落实；所属学会不能充分适应实施创新驱动发展紧迫需要，支撑国家创新体系建设的能力还需要进一步增强；学会发展总体水平不高，治理方式落后，学会经营能力、公共服务产品质量和水平有待提高；促进科技人才成长，提高工作碎片化孤岛化，“高精尖缺”人才构成重大制约。履行好中央赋予中国科协的重要职责，加快形成引领经济发展新常态的体制机制和发展方式，发挥好科技类社会化公共服务产品提供者的重要职能，必须牢记创新是引领发展的第一动力、人才是支撑发展的第一资源，自觉把创新放在发展全局的核心位置，坚持推动创新、强化服务、拓展提升、开放协同、普惠共享的工作方向，准确把握学会学术工作的特点和规律，树立经营学会意识，深化学会治理体系改革，突出重点、抓住关键，开拓创新、务求实效，努力开创学会学术工作的新局面。

二、指导思想、基本原则和主要目标

（一）指导思想

高举中国特色社会主义伟大旗帜，以邓小平理论、“三个代表”重要思想、科学发展观为指导，深入贯彻习近平总书记系列重要讲话精神，按照“四个全面”的战略布局和“五位一体”的总体布局，坚持创新、协调、绿色、开放、共享的发展理念，坚持把学会工作作为科协主体工作，以扩大学会组织覆盖和工作覆盖、提升学会创新和发展能力为导向，以深化学会治理结构和治理方式改革为主线，以积极进军科技创新和经济建设主战场为重点，着力提高学术交流的质量和水平，着力增强服务创新发展的能力和实效，着力促进科技人才的成长和提高，着力推进有序承接政府转移社会化服务职能，构建学会学术工作新格局，突出代表科技界的重要功能，广泛开展“创新争先行动”，把科技工作者紧紧团结凝聚起来，为夺取全面建成小康社会决胜阶段新胜利作出新的更大贡献。

（二）基本原则

——改革驱动。贯彻落实中央关于科协系统深化改革的总体部署，以学会治理结构和治理方式改革为突破口，以增强学会学术建设能力、社会服务能力和基础保障能力为导向，以提供更多更好社会化公共服务产品为目标，重点建设一批能够发挥示范引领作用的优秀学会，引导学会依法依章程办会，带动科协所属学会创新和服务能力的整体跃升。

——强基固本。突出学术建设这个学会工作的重要根基，进一步加强对学术活动的指导、监督与服务，提升科技期刊质量和影响力，稳步提高学术交流的质量和水平，厚植创新发展的土壤，夯实学会服务科技工作者、服务创新驱动发展、服务科学素质工作、服务党委政府科学决策的基础。

——助力创新。着眼于服务创新驱动发展战略，通过扩大助力工程示范市覆盖面，动员组织更多的学会参与创新助力工作，创新服务机制，搭建服务平台，丰富服务手段，凝炼和推广工作模式，充分发挥学会的生力军作用，在大众创业万众创新浪潮中更加奋发有为。

——协同开放。充分发挥学会的平台作用，用大开放建设大团体，树立经营学会理念，促进联合协作，积极进军政府购买服务市场，让更多的科技工作者可以共享科技信息，让更多的企业可以共享科技成果，让更多的群众可以共享科技知识，让更多的决策部门可以共享科学思想，在协同开放中激荡自主创新的源头活水。

（三）主要目标

经过五年的共同努力，学会治理结构和治理方式改革取得初步成效，学术建设能力、社会服务能力和基础保障能力明显提高，科协所属学会占全国科技类社团的比例总体稳定，优秀学会占比大幅度上升，会员占全国科技工作者比例明显提高。科技工作者“短板攻坚竞突破，科技前沿竞领跑，创业转化竞实效，普及服务竞贡献”实效明显。学会发展活力、凝聚力、服务能力、影响力大幅提升。学术交流更加活跃，学术环境明显优化，原始创新能力不断增强，涌现出一批具有世界先进水平的优秀科技成果和杰出科学家，中国科学家的国际话语权和影响力明显提高。学会助力创新发展、承接政府转移职能的领域进一步拓宽，科技成果转化率明显提高，在公共服务产品市场上占有重要地位，形成适应创新发展需要的工作格局，使学会提供科技类社会化公共服务产品的市场占有率大幅度提高，真正成为国家创新体系建设的重要力量。到2020年将达到以下目标：

——学会改革取得明显成效，创新和服务能力大幅度提升。打造20个优先建设学会、50个重点建设学会、30个特色建设学会，形成若干具有国际影响的科技社团，科协所属学会在科技界的代表性和影响力明显提高。

——学术环境明显优化，学术交流更加活跃。培育10～15个品牌学术会议、100个示范学术会议，会议结构明显优化，学术交流质量和水平显著提高。打造50种攀登世界科技高峰的英文期刊，20种进入世界期刊学科排名Q1区，初步建立起中国特色现代科技期刊体系。

——在经济建设主战场上更加奋发有为，服务创新发展的能力进一步凸显。参与助力工程的学会达到100个，创新驱动示范市达到40个，学会牵头成立25个产业协同创新共同体，建立200个示范院士专家工作站，成为国家创新体系建设的重要力量。

——承接政府转移职能工作常态化，公共服务市场地位明显提高。更多学会参与科技评估、团体标准研制、工程技术领域专业技术人员职业资格认定、科技奖励提名工作，更多政府部门向科协所属学会购买社会化公共服务产品，形成一批承接政府转移职能操作规范，学会成为科技类公共服务产品的重要提供者。

——人才工作特色鲜明，发现培养表彰举荐宣传初成体系。聚焦“高精尖缺”，畅通科技人才从同行认可走向社会认可和政府认可的通道，表彰奖励和宣传一批杰出科学家和工程师，通过青年人才托举工程遴选支持1000名青年优秀科技工作者，面向未来、面向世界科技前沿的青年科技创新主力团队雏形初具规模。

三、全面推进学会治理体系改革

改革是未来五年科协工作的主基调，也是学会学术事业持续发展的不竭动力。要以建设中国特色现代科技社团为导向，通过深化学会治理体系改革，引导学会牢固树立经营学会理念，大幅度提升所属学会的学术建设能力、社会服务能力和基础保障能力，推动科协所属学会结构进一步优化，强化学会党建工作，让学会真正成为科协发挥党和政府联系科技工作者桥梁纽带作用的重要抓手，成为面向科技工作者、面向党和政府、面向社会提供科技类社会化公共服务产品的重要组织。

（一）改革学会治理结构

以《科协系统深化改革实施方案》和《中国科学技术协会章程》为依据，以推动学会理顺决策机构、执行机构、监督机构的关系为重点，抓紧修订《中国科协全国学会组织通则》，开展学会治理体系改革试点，建立学会分支机构备案制，指导学会设立规模适中的理事会及常务理事会、权责明晰的监事会、职业化的办事机构；制定《中国科协所属全国学会分支机构管理办法》，加强对学会分支机构建设的指导，规范分支机构设置，加强分支机构管理，强化分支机构依法依章程办事，努力做到类型、数量合理适度，管理依法合规，打造创新发展、充满活力的分支机构；分优先、重点和特色三个层次分类推进符合中国国情和学会发展规律的中国特色现代科技社团建设，让科协所属学会中好学会更多、强学会更强，结构不断优化。

（二）改革学会治理方式

重点推进学会制定实施务实高效、位阶有序的会议制度，督促学会领导机构按期换届，确保代表大会、理事会（常务理事会）、监事会依法依章程履职。推动扩大学会领导人员代表性和覆盖面，原则上全国学会代表大会代表五分之四以上应为基层一线科技人员，学会理事会四分之三、常务理事会三分之二应为基层一线科技工作者，中青年科技工作者比例明显提高。制定发布学会兼职人员行为准则，规范在职及退（离）休领导干部在学会兼职，明确兼职人员的责任和义务，及时调整不能正常履职的学会工作人员，牢固树立兼职不等于业余的意识，调动激发兼职人员尽职尽责的积极性和主动性。

（三）改革学会办事机构

以增强学会办事机构基础保障能力为主线，重点推进学会办事机构实体化建设，建立办事机构支撑单位动态调整机制，扩大无挂靠、无业务主管单位学会的试点范围，着力打造运转高效、规范有序的专职办事机构，真正做到有家、有业、有队伍。推进学会人事制度改革，推进学会办事机构工作人员职业化建设，扩大专职工作人员聘任制试点，实施理事会聘任秘书长制，推进秘书长职业化，通过社会公开招聘逐步建立一支政治素质高、专业能力强、工作作风实的专职工作人员队伍，学会办事机构中专职工作人员比例达到80%以上。推进学会办事机构规范化建设，完善学会财务、档案、监督、信息公开等管理制度，制定学会社会服务良好行为准则和学会工作人员行为规范，为学会依法依章程办事提供制度保障。

（四）改革会员发展与服务方式

以推动学会发展个人会员为重点，进一步优化会员结构，在巩固保持单位会员规模的基础上，鼓励单位会员中的科技工作者以个人会员身份加入学会，扩大学会个人会员数量，规定加入中国科协团体会员的学会个人会员数量必须达到1000人以上。拓展会员种类，突出个人会员的主体地位，设立资深会员，大力发展学生会员和赞助会员，大幅度提高基层一线科技工作者在学会领导机构中的比例，扩大代表性。强化学会的会员服务意识，制定学会会员分类服务管理办法，明确不同类型会员的责任、权利、义务，制定会员服务标准和联系服务制度，推行学会年报制度，让会员及时了解学会工作，拥有更大的获得感和荣誉感。健全个人会员入会申请审批制度、注册制度和付费收缴制度，制定会员行为规范，严肃会员纪律。

（五）创新学会组织体系

顺应学科广泛交叉、领域深度融合的发展趋势，推动学科相近、联系密切的学会组建学会联合体，在生命科学、信息科技、清洁能源等重点领域成立10个左右学会联合体，发挥联合体共谋发展、联合攻关、协同改革的大平台作用，通过开展大学术交流、科技评估、设立重大奖项、提出重大计划、承接政府转移职能等工作，促进学科发展和协同创新，建设高端科技战略思想库、打造国际影响力提升国际话语权。研究制定学会联合体章程范本，提出学会联合体管理办法，制定联合体建设规划和建设工作细则，明晰联合体工作任务。及时召开联合体工作会议，总结成功经验和做法，不断创造有利条件，推动学会联合体健康有序开展活动。

（六）深入实施学会创新和服务能力提升工程

以强化学会能力意识、提升创新和服务能力为导向，遴选支持20个优先建设学会、50个重点建设学会、30个特色建设学会，推动科协所属学会能力的整体跃升。以培育学术交流、学术评价和学术规范能力为重点，研制学术会议规范标准和分级标准，建设科技工作者科研诚信档案和科技专家资信评价系统，健全对学术不端行为进行提议、评判、裁定、公开的民主决策规程和标准，发布科学道德与学风建设年度报告，着力提升学会的学术建设能力。以培育服务创新发展、服务科学素质工作、服务科学决策的能力为重点，强化对纳税人负责的意识，拓宽创新服务渠道，制定学会社会服务良好行为准则，定期发布科技与民生年度报告和社会服务报告，着力提升学会的社会服务能力。以加强学会会员发展和服务能力、办事机构支撑能力和社会资源动员能力为重点，加大会员动员和资源募集力度，推动办事机构实体化专业化规范化建设，整合社会资源支持学会发展，着力提升学会的基础保障能力。强化资产意识，树立经营理念，明确学会资源优势及其规模结构，明确学会能够提供的公共服务产品的功能类型及其性质，明确学会在公共服务市场上的竞争地位及发展趋势，争取在政府购买服务中占有更大份额，努力在公共服务市场上有所作为。开展年度示范学会评选活动，打造50个学术水平高、服务能力强、内部管理规范、社会信誉好的示范学会，发挥好典型示范作用。

（七）建立团体会员动态调整机制

以科技类社会团体直接登记为契机，按照总量控制、适度增加、动态调整、末位淘汰原则，建立科协团体会员动态调整机制，优化科协团体会员结构。鼓励和支持新兴学科领域新成立的全国学会加入中国科协作为团体会员，主动吸收优秀全国学会成为中国科协团体会员。研究制定中国科协所属全国学会综合考核评价指标体系和考核办法，对学会实行奖优罚劣，重点建设一批优秀学会，整改落后学会，逐步淘汰一批个人会员过少、学术和社会影响不够突出的学会，形成中国科协好学会更多、强学会更强，学会奋勇争先主动作为的良性发展格局。加大纪律执行强度，依据执行科协决定、参与科协工作、学术发展、社会服务、基础保障情况等综合评价学会，对5% ~ 10%的末位学会给予黄牌警告，情况严重者取消中国科协团体会员资格。

（八）加强学会党的建设

以扩大党的组织覆盖为重点，在学会办事机构层面普遍建立党组织，发挥好党支部的战斗堡垒作用和党员先锋模范作用；积极探索在学会理事会层面设立党委或党建工作小组，发挥好学会党组织的政治核心和保障作用；探索学会联合设立党组织，确保学会始终坚持正确政治方向。明确学会党组织功能定位，着力扩大学会党组织的覆盖范围，通过建设强有力的学会党组织，始终把学会置于党的领导之下，进一步增强领导干部和广大党员的政治意识、大局意识、核心意识和看齐意识，切实履行好全面从严治党的主体责任，落实好全面从严治党要求，把科技工作者紧紧团结在党的周围，切实担负起团结带领广大科技工作者听党话、跟党走的政治任务。

以扩大党的工作覆盖为导向，创新学会党建领导体制，积极推动各级科协设立科技社团党工委，探索科协党组领导学会党的工作、科技社团党工委指导学会办事机构党建工作的新机制，理顺科协指导学会党建工作的体制机制。改革学会党组织的领导方式、工作模式和保障机制，以促进学会党员领导干部过双重组织生活、定期召开专题民主生活会、参与“三重一大”决策为突破口，强化党的领导，实现工作全覆盖。召开中国科协学会党建工作会议，出台中国科协关于加强学会党建工作的文件。

以加强党的领导为导向，以开展“两学一做”学习教育为契机，深入实施“党建强会”计划，积极探索通过党建促进学会创新发展的新途径、新模式。选派一批科协机关人员进入学会担任党务干部，加强学会党建工作。定期举办学会党建工作学习班、交流会，加强学会党建理论研究，增强学会负责人、办事机构工作人员党性修养。加强学会领导干部廉洁自律意识，推动学会反腐倡廉制度建设，树立学会党建活动品牌。

四、努力在科技创新主战场上奋发有为

科协所属学会是相关学科领域科技工作者的群众组织，也是国家创新体系的重要组成部分，肩负着通过学术交流、学术评价、学术规范活动促进学科发展、引导学术方向、规范学术行为、激荡自主创新的源头活水的重要职能，应该而且必须充分发挥科技社团的独特优势，以调动激发科技工作者创新热情和创造活力为目标，营造环境、搭建平台、举荐人才，把更多的科技工作者团结凝聚起来，积极投身科技革命和产业变革的历史洪流，推动打破科技资源配置分散、封闭、孤岛化现象，在科技创新主战场上奋发有为、建功立业。

（一）努力为科技工作者营造良好学术环境

重点推动落实国办《关于优化学术环境的指导意见》，制定任务分解方案，明确有关单位任务职责和时间节点，协同完成有关优化科研管理、宏观政策、学术民主、学术诚信和人才成长环境的各项具体任务。以充分发挥学会在营造维护保障学术自由良好环境方面的重要作用和同行评议的基础性作用为导向，按照“四个不得”“五个不准”的要求，推动消除科研管理中的“行政化”“官本位”弊端，减少对学术活动的行政干预，确保科技工作者有六分之五的时间安心搞科研，建立学术诚信档案，推动学术评价改革，完善科技工作者特别是青年科学家奖励制度等措施的落实。发挥中国科协及所属学会第三方评估职能，对文件落实的成效和问题进行评估，实施动态监测，相关结果向全社会公布，促进各项政策措施真正落地，见到实效。

（二）提升科技期刊质量和国际影响力

实施精品科技期刊工程，通过中国科技期刊国际影响力提升计划进一步扩大英文期刊数量，重点在交叉学科和新兴领域创办50种英文科技期刊，打造50种在学科国际排名靠前的英文期刊，支持20种英文期刊攀登世界先进水平。在国家重点科技领域或最具创新能力且能够代表我国科技发展水平的学科领域，优先支持50种中国科协精品科技期刊，遴选培育一批在本学科和专业领域内有较强影响力和辐射力的中文科技期刊，推动形成以少量综合性科技期刊为高端、专业学术期刊为主体、推广应用性期刊为支撑、科普性期刊为辅助的中国特色科技期刊体系。加强科技期刊管理，遴选一批学术水平高、办刊能力强、学术交流活跃的期刊主办单位，在建立高水平编委队伍和审稿人队伍、提高学术引证指标、深化出版体制改革、数字出版建设、集群（联盟）建设、人才培养等方面实现重点突破，建立优胜劣汰、能进能出的弹性机制。落实学会主办单位职责，加强学会对期刊编辑部等出版单位的管理，健全科技期刊奖励激励机制，开展中国科技期刊年度优秀论文评选推介活动，对优秀科技期刊和办刊人、审稿人进行奖励，掌握学术评价主导权，建设具有国际水准的高水平编委队伍和编辑队伍。深化科技期刊国际交流与合作，联合国家新闻出版广电总局共同举办年度中国科技期刊发展论坛，支持期刊依据国际标准聘请高水平主编，以及具有国际水准的期刊编委、审稿人，通过国际合作方式进行编辑人员业务培训，提升期刊的国际话语权和影响力。

（三）着力搭建高水平学术交流平台

以提高学术会议的质量和水平为重点，进一步优化学术会议结构，构建以大型综合性会议为导向、学会年会和论坛为主体、小型高端前沿会议为补充的学术会议合理布局，搭建不同形式、不同层次学术交流平台。重点办好中国科协年会、世界生命科学大会、世界机器人大会、中外科学家战略对话等一批重点学术会议，鼓励全国学会、地方科协结合国家经济建设和科技发展的重大课题举办年会或论坛，在国家层面培育100个学术会议示范品牌。鼓励科技工作者领衔申办以同一学科或专业领域的同行研究者为主体、交流最新学术成果和学术信息的小型高端前沿专题学术会议，支持100项高端专题学术会议。创新学术交流新模式，每年举办30个“会、展、赛”三位一体的综合性会议，把面向科技工作者的学术交流、面向社会公众的科普展示、面向爱好者的人才选拔培养有机结合起来。鼓励学会向国际组织申办或牵头主办国际学术会议，支持办好国际地理学大会、国际植物学大会、国际生理科学大会、国际工业微生物遗传学大会等世界水平的科技盛会，提高国内学术会议的国际化水平。

（四）着眼“高精尖缺”加大人才培养举荐力度

以发现和培养“高精尖缺”人才为重点，实施青年人才托举工程，每年选拔200个左右32岁以下青年科技人才连续三年予以稳定支持，资助开展原创性研究，支持他们在创造力黄金时期脱颖而出。加大青年人才托举工程与国家自然科学基金和重点研发计划的对接，形成对青年科技工作者职业成长、接续支持的重要平台，着力打造攀登世界科技高峰的主力团队。协调推动在《华盛顿协议》框架下完善认证标准，支持学会参与承担机械、建筑等10个重点领域工程教育专业认证工作，积极开展工程师国际互认工作。支持学会推动我国科学家在国际组织任职，加大向国际科技组织举荐人才的力度。鼓励学会帮助年轻科技人员制定职业拓展规划，开展与年轻科技人员职业拓展有关的培训交流活动，试点在非公有制经济组织中开展专业技术职称评审工作，逐步扩大对青年专业人才群体的覆盖面。开展学科年度科技人物评选推介活动，鼓励支持学会面向会员设立科技人才奖项，加大学会科技人才宣传力度，着力打通优秀科技工作者从同行认可走向政府认可和社会认可的通道，帮助科技工作者成长成才。

（五）强化进军科技创新主战场的制度保障

以健全学术发布制度为重点，定期面向社会发布学科发展、学科发展路线图和学科史系列研究报告，明确科技创新的重点领域和发展趋势，促进学科资源开放共享，引导学科发展。开展科技与社会研究，综合运用技术预见和情景分析方法，结合经济社会发展趋势，提出关键技术、重大选题、重大专项建议，服务科技决策。依托学会联合体开展年度科技进展评选发布活动，引导科技工作者准确掌握最新科技进展和发展方向，抢占科技发展制高点。建设中国学会网，支持通过网络视频进行学术交流，引导学术会议信息、论文和成果及时上网，以视频形式展示传播1000场学术会议情况。以建立学术会议监测评估制度为突破口，发布学术会议服务标准规范，完善学术会议管理制度及实施细则，制定学术会议评价指标体系，对学术会议质量进行第三方评估监测并发布年度学术会议评估报告，培育竞争共生的学术生态，形成正确导向。

（六）加强对地方学会的业务指导

支持全国学会与地方学会加强联系，对地方学会业务活动提供指导，面向地方学会会员联合举办小型前沿专题研讨班、培训班，帮助地方科技工作者拓宽视野、把握前沿。鼓励全国学会与地方科协联合举办符合当地经济社会需要和科技发展实际的专题论坛，加强决策咨询，服务创新发展。树立科协大团体意识，由科协所属全国学会牵头，按学科领域建设全国共享的学会专家库、课题库和成果库，推荐专家参与地方学会活动，把更多的全国学会资源引向地方、引向基层。

五、积极进军经济建设主战场

实现创新、协调、绿色、开放、共享五大发展理念，必须把创新摆在国家发展全局的核心位置，深入实施创新驱动发展战略，汇聚创新发展新动能，消除科技成果转移转化的中梗阻，打通从科技强到产业强、经济强、国家强的通道，这就要求科协所属学会积极行动起来，发挥优势、展现特色，积极进军经济建设主战场，以支撑发展、引领未来为导向，把更多的创新要素引入企业、引入基层，真正把创新作为引领发展第一动力的作用充分发挥出来，把人才作为支撑发展第一资源的作用充分发挥出来，把科技社团作为国家创新体系重要组成部分的作用充分发挥出来。

（一）深入实施创新驱动助力工程

以促进区域发展转型升级为目标，以中小企业为重点，广泛动员组织学会参与创新驱动助力工作，支持企业开展共性关键技术研究，参与学会数量增加到100个以上，创新驱动示范市扩大到40个，形成进军经济建设主战场的标志性行动。及时举办总结交流会和成果展示会，总结推广创新驱动试点成功经验，推出一批创新驱动优秀示范典型，重点推广创新驱动助力10种工作模式。围绕企业技术需求建设统一有效的专家库和成果库，整合社会资源，实行专家首接负责制，实现企业需求与专家服务的精准对接，形成学会联系企业的长效机制。加大对地方科协的指导力度，定期组织业务培训，加强能力建设，打造助力工程地方支撑枢纽，提高对创新链上下游的整合能力，促进创新要素深度对接经济转型升级。

（二）着力促进科技成果转移转化

以国家《促进科技成果转移转化行动方案》为指导，以促进科技工作者向企业转移技术成果或创新创业为重点，发挥科技社团促进成果转移转化的纽带作用，提升学会服务科技成果转化能力和水平。依托中关村天合科技成果转化促进中心等建立中国科协创新驱动科技成果转化服务中心，在全部40个创新驱动示范市建立分中心。充分发挥邮储银行在促进科技成果转移转化中的金融支撑作用，支持在条件成熟的创新驱动示范市设立金融扶持机制，促成邮储银行与学会开展业务合作，通过邮储银行1000亿元意向授信额度及有关信贷资金支持，共同促进科技与金融深度融合。与中国保监会、中国人保集团共同研究探索科技保险机制，推动出台相关政策规定，最大程度减少科技成果转移转化风险。鼓励支持学会结合学术交流活动定期举办世界先进水平的行业性新技术、新成果展示展览活动，促进行业科技成果信息汇聚交流，搭建科技洽谈和交易的平台。

（三）积极投身大众创业万众创新

以贯彻落实《国家发展改革委、中国科协关于共同推动大众创业万众创新工作的意见》为抓手，精心组织好全国大众创业万众创新活动周，建设全国双创服务云平台，推动建设创新创业服务基地，建设全国双创服务中心，积极主动搭建创新创业活动平台，支持科技工作者创新创业，帮助科技工作者把创新创业意愿转化为实际行动。持续开展“讲、比”活动和全国基层评选表彰活动，以“互联网+”企业服务方式建设信息开放、资源共享、运行高效的企业技术创新信息服务平台，开展企业创新方法培训、知识产权巡讲活动，大力推进专家工作站建设，2020年建站总数达到5000个，创建200个示范站，把更多的科技创新和人才资源引入企业。加强创新创业宣传工作，普及创业创新知识，开展年度双创人物评选活动，加强创新创业监测评估，营造人人参与创业、支持创新的良好氛围。

（四）打造一批产业协同创新共同体

加大学会进军科技创新主战场的支持力度，推动学会打破部门和单位壁垒，牵头组建学会主导，企业、高校、科研机构、金融机构以及其他机构共同参与的产业协同创新共同体。配合京津冀协同发展、“一带一路”倡议、长江经济带建设等国家战略，联合地方科协和省级学会，组建若干个符合区域实际、具有地方特色、产业创新支撑有力的区域性产业协同创新共同体。构建跨学科、跨界别的产业创新集群，探索多种、长效、稳定的协同创新运作机制，打通创新要素便利流动的通道，集成力量实现相关产业领域的技术创新和产业升级。

（五）建设一批海外人才离岸创新创业基地

以提供项目评价、创业导师、决策支撑、产业链布局等高端专业化服务为核心内容，进一步深化深圳、上海、武汉等地海外人才离岸创新创业基地建设，推动在港澳地区建立离岸创新创业基地，探索两岸四地创新人才协同创业新模式。以突破核心关键技术为重点，结合地方、企业对人才的实际需求，注重人才落地和服务的操作环节，建设新型科研机构联合会、原创力孵化器等人才服务载体工程，进一步发挥聚集效应，将海外人才智力引进回国。充分发挥海归创业联盟作用，搭建海外人才助力企业创新发展平台，运用更灵活的政策，探索吸引世界顶尖科技专家来华工作新模式。结合国家经济社会发展重要领域，组织开展海智专家专项调研，为国家科技和经济社会建设献计献策。

（六）推动科技精准扶贫和生态文明建设

加强学会科技传播队伍建设，整合科协力量支持学会广泛开展形式多样的科学传播和科普活动，及时回应重大社会关切，引导社会公众理解科技知识、支持科技活动，参与科技决策，让科技知识惠及更广大的人民群众。围绕扶贫攻坚和生态文明建设工作，充分动员涉农、涉医学会以及农村专业技术协会，动员科技工作者深入革命老区和贫困地区，与贫困村、贫困户结对子，开展技术培训、技术服务和科学普及，培养农村实用技术人才，使科技的力量真正铺天盖地、落地生根。着眼于科技援疆增效工程和援藏工作，立足新疆、西藏区域发展与扶贫攻坚实际，集中扶贫资源，帮扶重点户和科技型龙头企业，培育壮大特色产业链，实现“扶持一个、带动一片、致富一方”的效果。把信息扶贫作为科技扶贫的重要内容，广泛开展精准科普扶贫行动，为创业扶贫带头人提供精准的创业辅导和服务，提升他们带动贫困群众脱贫致富的精准度和有效性。通过创业骨干自身的创业活动，带动贫困农户发展产业增收脱贫，形成科技创业助推精准扶贫的新机制。

六、稳妥推进学会有序承接政府转移职能

全面深化改革、推进国家治理体系和治理能力现代化，一个重要方面就是深化行政体制改革，进一步转变政府职能，而科协所属学会承接政府转移职能就是服务政府职能转变、推动简政放权的重要举措。科协所属学会要从服务全面深化改革大局的战略高度，充分认识承接政府转移职能工作的重要意义，自觉围绕政府确需转移、学会有能力承接的科技评估、团体标准研制、工程技术领域专业技术人员职业资格认定、科技奖励提名等，积极争取和承接政府转移职能，进军公共服务市场，参与政府购买服务，努力提供更多更好的科技类社会化公共服务产品，在服务国家治理体系与治理能力现代化方面发挥好探路先锋作用。

（一）稳步推进试点工作

全面推进学会科技评估工作，支持20个左右全国学会成为重大科技计划、项目评估的主要承接者；稳妥承接专业技术人才水平评价工作，推动10个左右全国学会开展工程技术领域专业技术人员职业资格认定；积极组织团体标准研制，指导全国学会在战略和新兴领域制定推广200项左右团体标准；大力推动全国学会参与国家科技奖励推荐，使获得国家科技奖励推荐资格的全国学会规模扩大到40个左右。完善可负责可问责的职能转接机制，做到政府认可、社会认可、科技工作者认可，使科技类公共服务成为学会重要职能。

（二）制定发布行为规范

按照学会承接的政府转移职能具体领域，制定推进相关工作规范，明确学会承接政府转移职能的内容、途径和程序，及时把试点经验凝练上升为制度性规范文件。引导学会强化自律功能，制定严格的工作流程和工作制度，规范工作行为，确保提供优质高效的社会化公共服务产品。按照相关改革要求及政府购买服务有关规定，研究明确适合向学会购买的服务事项，推动纳入政府购买服务范围。

（三）加强监督评估工作

引导激励学会建立承接政府转移职能工作的绩效评价机制，通过内部建章立制落实可问责的工作模式，建立健全自我约束机制，提高自身承接能力和服务标准。加强事中、事后考核评价，改进和完善对学会监督评估的制度文件，形成稳定有效的学会监管和评估体系，实现从综合实力、管理质量、服务水平等方面对学会的承接资格和履职能力进行评估。建立奖惩制度，设立学会优秀社会服务奖，以适当方式对提供优质社会化公共服务产品的学会给予奖励。

（四）拓宽提供科技类社会化公共服务产品通道

引导学会把提供科技公共服务作为提升学会社会职能的重要抓手，完善与有关政府部门对接配合的常态化机制，持续推动学会科技公共服务品牌建设，支持50个左右学会形成科技类公共服务产品竞争优势和品牌。强化学会经营理念和经营意识，鼓励引导学会参与竞争性的政府购买服务，在市场竞争中不断拓展学会的科技公共服务职能和领域。

（五）建立上下联动的工作机制

积极搭建工作平台，建立工作简报制度，及时沟通信息，发现问题、推动工作，加大对地方科协承接政府转移职能工作的指导力度。鼓励全国学会与对口地方学会协同开展承接工作，推动科协系统的信息和专家资源共享，强化对地方科协及所属学会的业务培训和研讨交流，形成协同对接、上下联动的工作机制。开展全国学会和地方科协承接政府转移职能工作年度经验交流活动，及时总结形成可复制可推广的成功经验模式，促进宣传推广。

七、保障措施

规划再好，重在落实。为如期实现规划确定的各项目标任务，必须采取得力措施，确保中国科协学会学术工作创新发展“十三五”规划落地生根，务求实效。

（一）加强组织协同

深化人事、组织等方面的改革，在机构设置、运行机制方面确保学会工作的需要。发挥好学术与学会工作专门委员会、继续教育专门委员会、促进企业自主创新专门委员会的专业指导作用。强化培训交流，及时总结提炼可复制可推广的成功经验模式，加强信息共享和实践推广。加强对地方科协工作指导，着力形成左右协同、上下联动的良好局面。

（二）强化队伍建设

建立与主体工作相匹配的一流学会学术工作队伍，完善机构设置，调动各方资源，配齐配强配优工作人员；加强对工作人员的培养，通过在岗培训、挂职交流等手段提升工作人员能力水平；加强学会负责人领导力建设，开展高层次科技领军人才研修计划，强化对学会领导层党情世情国情科情教育；将自身队伍与外部专家、专业机构协同起来，将学会事业与其服务对象、所在生态、所处环境等整合起来，构建支持学会学术工作创新发展大格局。

（三）确保资源配置

强化与发展改革、科技、财政、民政等政府部门的沟通协调，汇聚政策和行政资源，创造良好政策与行政资源条件；科学规划重大项目，积极争取财政部门的支持，创造良好资金支持条件；搭建社会资金参与科协工作的平台，引导鼓励各方资源共同参与支持发展，创造良好的市场资源环境；坚持做好对人财物的使用监督、项目监理、资金审计等工作。

（四）建立监测评估和动态调整机制

建立监测评估机制，加大监测力度，利用第三方力量定期对规划实施情况进行监测，对实施情况好的及时表彰奖励，对执行差的加以督促解决。建立动态调整机制，根据中央最新指示精神和宏观形势的最新变化，及时调整工作重点和方式方法，调整资源配置结构和强度，使之更加符合实际，确保取得良好效果。

关于印发《青年人才托举工程项目管理办法（试行）》的通知

科协办发学字〔2016〕25号

各全国学会、协会、研究会：

为规范和加强中国科协“青年人才托举工程”项目的管理，现将《青年人才托举工程项目管理办法（试行）》印发给你们，请遵照执行。

中国科协办公厅

2016年7月1日

青年人才托举工程项目管理办法（试行）

第一章 总 则

第一条 为规范和加强中国科协青年人才托举工程项目（以下简称“本项目”）管理及实施，根据《中国科协项目管理办法（试行）》及相关法律法规，制定本管理办法。

第二条 本项目旨在引导中国科协所属全国学会（学会联合体）探索创新青年科技人才的选拔机制、培养模式和评价标准，鼓励32岁以下青年科技工作者开展原创性研究，支持他们在创造力黄金期脱颖而出。

第三条 中国科协对项目承担单位开展青年人才托举工作，按照3年一周期，给予定额补助，所需经费由中国科协向中央财政申请或向社会筹集。

第四条 本项目管理遵循以下原则：

（一）服务大局，明确目标。坚持把学会服务国家、全面深化改革大局作为根本出发点和落脚点，推动学会持续改革创新，不断提升学会服务凝聚科技工作者的能力。

（二）创新模式，稳定支持。引导学会积极探索选拔、扶持和评价青年科技人才的有效路径和模式，为国家人才制度改革探索路径、积累经验、提供案例。

（三）加强监管，注重实效。在中央财政资金支持基础上，积极募集社会资金，对项目工作进行持续稳定支持。项目实行年度绩效检查，采取优胜劣汰滚动机制，对托举对象的学术行为轨迹进行跟踪记录，对项目绩效进行过程评估。

第五条 本项目由中国科协具体组织实施。

第二章 职责与分工

第六条 中国科协负责项目的组织策划、统筹协调、总体部署等工作，并委托中国科协直属单位或第三方机构承担项目的具体实施工作；中国科协所属全国学会（学会联合体）作为项目承担单位负责按照约定方案开展项目具体实施工作，并制定相关管理细则报送中国科协备案。

第七条 项目承担单位主要职责为：

（一）负责本单位项目申报、实施和总结工作。

（二）负责制定人才培养方案及评价机制、项目经费管理细则等，负责项目经费的执行工作。

（三）接受中国科协的监督，并按要求提供项目预算执行情况和有关财务资料。

（四）以学会联合作为项目承担单位的，由牵头学会负责项目的实施工作。

第八条 托举对象的主要职责为：

（一）在项目承担单位的组织下配合项目申报工作。

（二）积极落实培养实施计划。

（三）配合中国科协的各项监督工作并及时反馈有关意见。

第三章 申报与立项

第九条 中国科协所属全国学会（学会联合体）为本项目承担单位。采用项目承担单位集中申报制，不受理个人申报。

第十条 中国科协学会学术部负责制定项目评审办法，组织召开评审会议。评审会采用项目申报单位现场答辩、专家评审的方式进行。

第十一条 项目承担单位须每年度签署《中国科学技术协会项目任务书》(以下简称《项目任务书》)。《项目任务书》作为项目管理和项目总结验收的主要依据。

第十二条 《项目任务书》主要包括项目目标、工作任务、考核指标和费用预算等四部分内容。具体要求如下：

（一）项目目标：项目目标应界定清晰，必须有量化指标，对于定性指标也应采用分级分档等形式予以明确。

（二）工作任务：工作任务应按项目目标设定，做到每一项目标都有明确的任务，所有的工作任务汇总起来能达成全部项目目标。

（三）考核指标：包括质量指标、时间指标、财务指标等，考核指标应与项目目标和任务相对应。

（四）费用预算：项目承担单位要按照《中国科协项目管理办法（试行）》及相关法律法规编制预算。

第四章 管理与实施

第十三条 中国科协依据项目管理办法，对项目的实施过程和经费使用进行监督检查。

第十四条 项目经费主要用于项目承担单位扶持选定的青年人才的学术成长所发生的各项直接支出，不得用于项目承担单位的基本建设、对外投资、罚款、捐赠、工作人员工资及福利等。鼓励有条件的项目承担单位给予托举对象人力、物力以及配套资金支持。

第十五条 中国科协培训和人才服务中心负责对托举对象学术行为轨迹进行跟踪记录，建立基于大数据的项目绩效评估体系，定期编制项目进展分析报告。具体落实人才培养工作的绩效评价工作。

第十六条 项目承担单位要建立项目实施信息公开和社会监督机制，广泛接受社会各方面监督。

第十七条 项目承担单位应将项目实施工作纳入重要议事日程，完善工作机制，落实有关方面责任，并为项目完成提供必要的条件，确保项目的实施、完成，并按规定督促项目负责人做好项目的结题（验收）工作。

第十八条 项目获准立项后，周期为3年，项目承担单位应设立项目负责人，主要负责项目周期内的实施工作。项目执行过程中，原则上不得变更托举人选。若需更改实施计划、变更托举人选、提前结题或延长项目时间的，项目承担单位应提出书面报告，上报中国科协批准。若托举对象在培养周期内入选国家其他人才计划，个人可提出不再接受该项目资助，项目单位可以将未支出资金用于支持本单位后续入选的其他托举对象，书面报告中国科协批准。

第十九条 项目承担单位对项目计划执行不力或难以按原定计划完成的项目，可建议予以终止、撤销立项，项目承担单位应及时写出阶段工作总结，上报中国科协同意后办理有关手续。

第二十条 项目接收拨款单位与项目承担单位必须一致。项目承担单位须指定专门银行账户，按项目单独核算。项目承担单位的银行账户等信息发生变更，应及时函告中国科协。

第二十一条 项目经费分年度进行划拨，项目承担单位应按照《项目任务书》内约定的经费支出计划，在相应年度内完成经费支出。

第五章　总结与验收

第二十二条 项目结项时须提交年度绩效报告、项目承担单位对托举对象的绩效考核报告、项目自评报告、经费使用情况报告、三年总结报告等。

第二十三条 结项报告应以《项目任务书》的规定为依据，能够完成《项目任务书》确定的全部目标。

第二十四条 中国科协对于结项报告予以接受、验收、审计和评价。对结项报告的后续使用由中国科协负责，项目承担单位不得超出《项目任务书》约定的范围和方式使用结项报告。

第二十五条 中国科协将对弄虚作假、虚报业绩等违规行为，依照《中国科协项目管理办法（试行）》进行严肃查处，限期整改。对整改不力的项目承担单位进行通报批评，同时连续3年取消其申报资格。对涉嫌违法违纪的，提交国家司法机关追究当事人责任。

第六章　附　则

第二十六条 本办法由中国科协学会学术部负责解释和修订。

第二十七条 本办法自发布之日起施行。

关于命名首批2016—2020年度全国科普示范县（市、区）的决定

科协发普字〔2016〕8号

各省、自治区、直辖市科协，新疆生产建设兵团科协：

为加强基层科普服务能力建设，推动《全民科学素质行动计划纲要（2006—2010—2020年）》的贯彻落实，促进县域经济社会全面协调可持续发展，2014年年底中国科协启动首批2016—2020年度全国科普示范县（市、区）创建工作。

创建工作开展两年以来，各省、自治区、直辖市科协和新疆生产建设兵团科协注重指导和服务，成立创建工作组，下发省级创建工作通知，制定测评指标，分解工作任务，积极指导各县（市、区）开展创建工作。各创建单位党委、政府高度重视，加强组织领导，完善工作机制，强化保障措施，将创建工作作为提高广大人民群众科学素质的有力举措，积极落实各项创建目标任务，取得显著成效。各级党政部门和社会各界大力支持创建工作，各部门整合资源，联合协作，以创建工作为契机，初步形成科普工作大联合大协作的良好工作局面。

经过各创建单位认真自查，各省、自治区、直辖市科协和新疆生产建设兵团科协严格检查，中国科协组织实地抽查，共有435个县（市、区）达到全国科普示范县（市、区）标准。中国科协决定，命名北京市西城区等435个县（市、区）为首批“2016—2020年度全国科普示范县（市、区）”（名单见附件），示范期为5年。

希望被命名的全国科普示范县（市、区）认真贯彻落实党的十八大和十八届三中、四中、五中全会精神，发扬成绩，再接再厉，继续坚持“政府推动、全民参与、提升素质、促进和谐”的指导方针，紧紧围绕“节约能源资源、保护生态环境、保障安全健康、促进创新创造”的工作主题，运用信息化等手段努力实现科学技术教育、传播与普及的公平普惠，开创性

地做好全民科学素质工作，为我国公民科学素质实现跨越提升，支撑创新型国家建设和全面建成小康社会，为推动落实“四个全面”战略布局、实现“两个一百年”宏伟目标、实现中华民族伟大复兴的中国梦做出新贡献。

附件：首批2016—2020年度全国科普示范县（市、区）名单

中国科协

2016年2月4日

附件

首批2016—2020年度全国科普示范县（市、区）名单

省　份	全国科普示范县（市、区）
北京市（3）	西城区、朝阳区、房山区
天津市（4）	津南区、东丽区、和平区、南开区
河北省（27）	石家庄市桥西区、石家庄市长安区、石家庄市新乐市、石家庄市行唐县、承德市滦平县、承德市平泉县、张家口市张北县、张家口市桥西区、秦皇岛市青龙满族自治县、秦皇岛经济技术开发区、唐山市迁西县、唐山市路南区、沧州市河间市、沧州市运河区、沧州市任丘市、衡水市冀州市、衡水市武强县、邢台市南和县、邢台市邢台县、邢台市柏乡县、邯郸市峰峰矿区、邯郸市馆陶县、邯郸市大名县、邯郸市魏县、定州市、辛集市、衡水市景县
山西省（14）	朔州市平鲁区、朔州市应县、忻州市岢岚县、吕梁市方山县、晋中市和顺县、晋中市祁县、晋中市灵石县、阳泉市矿区、长治市城区、长治市潞城市、晋城市高平市、临汾市霍州市、临汾市翼城县、临汾市蒲县
内蒙古自治区（15）	呼和浩特市赛罕区、呼和浩特市新城区、呼伦贝尔市海拉尔区、呼伦贝尔市阿荣旗、通辽市奈曼旗、赤峰市林西县、锡林郭勒盟正蓝旗、锡林郭勒盟西乌珠穆沁旗、乌兰察布市集宁区、乌兰察布市凉城县、鄂尔多斯市准格尔旗、鄂尔多斯市鄂托克前旗、巴彦淖尔市乌拉特中旗、巴彦淖尔市磴口县、呼伦贝尔市满洲里市
辽宁省（16）	沈阳市和平区、沈阳市新民市、大连市瓦房店市、大连市庄河市、鞍山市铁东区、鞍山市海城市、抚顺市抚顺县、本溪市桓仁满族自治县、丹东市东港市、锦州市义县、营口市老边区、辽阳市辽阳县、铁岭市开原市、朝阳市喀喇沁左翼蒙古族自治县、盘锦市盘山县、葫芦岛市建昌县
吉林省（10）	吉林市桦甸市、辽源市东丰县、白山市抚松县、通化市辉南县、白城市洮南市、延边朝鲜族自治州延吉市、延边朝鲜族自治州敦化市、松原市前郭尔罗斯蒙古族自治县、长春市朝阳区、长春市九台市
黑龙江省（14）	哈尔滨市南岗区、哈尔滨市道里区、哈尔滨市五常市、齐齐哈尔市龙江县、牡丹江市林口县、牡丹江市东宁市、佳木斯市富锦市、大庆市林甸县、鸡西市鸡东县、伊春市嘉荫县、黑河市北安市、黑河市孙吴县、绥化市安达市、绥化市肇东市
上海市（4）	闵行区、宝山区、长宁区、青浦区
江苏省（23）	南京市鼓楼区、南京市江宁区、无锡市江阴市、无锡市宜兴市、徐州市丰县、常州市武进区、常州市金坛区、苏州市太仓市、苏州市张家港市、苏州市吴中区、南通市崇川区、南通市通州区、南通市海门市、连云港市东海县、淮安市淮阴区、盐城市大丰区、扬州市宝应县、镇江市扬中市、泰州市靖江市、宿迁市宿豫区、南京市玄武区、泰州市泰兴市、苏州市常熟市
浙江省（11）	杭州市拱墅区、杭州市桐庐县、宁波市江东区、宁波市象山县、温州市瓯海区、温州市乐清市、湖州市德清县、湖州市安吉县、嘉兴市海盐县、衢州市江山市、台州市椒江区
安徽省（18）	马鞍山市雨山区、黄山市祁门县、合肥市肥东县、蚌埠市怀远县、安庆市桐城市、安庆市迎江区、宣城市宁国市、马鞍山市当涂县、合肥市蜀山区、芜湖市镜湖区、安庆市宿松县、淮南市凤台县、芜湖市鸠江区、淮北市濉溪县、六安市金寨县、铜陵市铜官山区、蚌埠市固镇县、黄山市歙县
福建省（14）	福州市鼓楼区、厦门市思明区、厦门市湖里区、漳州市芗城区、漳州市华安县、泉州市鲤城区、泉州市晋江市、泉州市安溪县、三明市永安市、三明市宁化县、莆田市荔城区、南平市武夷山市、龙岩市新罗区、宁德市福安市

续表

省　份	全国科普示范县（市、区）
江西省（16）	南昌市南昌县、九江市修水县、吉安市吉水县、赣州市上犹县、南昌市新建区、赣州市赣县、鹰潭市余江县、九江市庐山区、上饶市德兴市、赣州市瑞金市、南昌市西湖区、上饶市余干县、景德镇市乐平市、宜春市奉新县、南昌市青山湖区、九江市九江县
山东省（19）	济南市历下区、济南市槐荫区、青岛市市南区、青岛西海岸新区（黄岛区）、淄博市沂源县、淄博市高青县、枣庄市滕州市、东营市垦利县、烟台市莱州市、潍坊市奎文区、济宁市金乡县、泰安市泰山区、威海市乳山市、日照市岚山区、临沂市郯城县、德州市齐河县、聊城市临清市、滨州市无棣县、菏泽市郓城县
河南省（27）	郑州市荥阳市、开封市杞县、洛阳市涧西区、平顶山市舞钢市、安阳市文峰区、鹤壁市淇县、新乡市辉县市、焦作市解放区、濮阳市清丰县、许昌市魏都区、漯河市郾城区、三门峡市渑池县、南阳市卧龙区、商丘市梁园区、信阳市浉河区、周口市项城市、驻马店市遂平县、固始县、永城市、长垣县、鹿邑县、汝州市、周口市扶沟县、驻马店市泌阳县、信阳市淮滨县、商丘市夏邑县、南阳市方城县
湖北省（19）	武汉市武昌区、武汉市洪山区、武汉市江夏区、仙桃市、武汉市硚口区、宜昌市宜都市、咸宁市赤壁市、武汉市蔡甸区、黄石市大冶市、宜昌市当阳市、十堰市丹江口市、武汉市黄陂区、宜昌市枝江市、黄冈市浠水县、襄阳市宜城市、随州市广水市、宜昌市夷陵区、武汉市江岸区、恩施州恩施市
湖南省（18）	长沙市浏阳市、长沙市雨花区、长沙市宁乡县、岳阳市汨罗市、岳阳市临湘市、常德市武陵区、衡阳市蒸湘区、衡阳市常宁市、郴州市宜章县、郴州市桂阳县、湘潭市岳塘区、娄底市涟源市、邵阳市绥宁县、益阳市沅江市、怀化市通道县、永州市东安县、张家界市慈利县、湘西自治州龙山县
广东省（17）	广州市越秀区、广州市海珠区、深圳市宝安区、深圳市龙岗区、深圳市南山区、佛山市禅城区、佛山市高明区、汕头市金平区、汕头市澄海区、汕头市龙湖区、汕头市潮阳区、河源市和平县、惠州市惠城区、惠州市惠东县、江门市开平市、江门市新会区、肇庆市高要区
广西壮族自治区（15）	防城港市东兴市、北海市海城区、来宾市武宣县、贺州市八步区、百色市隆林各族自治县、崇左市江州区、桂林市龙胜各族自治县、梧州市藤县、桂林市兴安县、河池市宜州市、贵港市港北区、玉林市兴业县、柳州市柳北区、钦州市浦北县、南宁市宾阳县

续表

省　份	全国科普示范县（市、区）
海南省（4）	万宁市、琼中黎族苗族自治县、白沙黎族自治县、澄迈县
重庆市（11）	渝中区、南岸区、渝北区、涪陵区、江北区、沙坪坝区、九龙坡区、璧山区、永川区、酉阳县、黔江区
四川省（25）	成都市郫县、成都市蒲江县、成都市新都区、成都市新津县、成都市金堂县、攀枝花市仁和区、泸州市泸县、绵阳市游仙区、遂宁市射洪县、遂宁市大英县、南充市嘉陵区、南充市仪陇县、宜宾市江安县、宜宾市长宁县、广安市邻水县、达州市大竹县、达州市通川区、达州市渠县、巴中市通江县、巴中市平昌县、雅安市汉源县、阿坝州金川县、甘孜州泸定县、凉山州会理县、凉山州宁南县
贵州省（17）	贵阳市南明区、遵义市余庆县、六盘水市盘县、安顺市西秀区、毕节市大方县、铜仁市石阡县、黔南布依族苗族自治州福泉市、黔东南苗族侗族自治州锦屏县、黔西南布依族苗族自治州兴仁县、贵阳市息烽县、遵义市凤冈县、铜仁市万山区、黔南布依族苗族自治州荔波县、黔东南苗族侗族自治州从江县、黔东南苗族侗族自治州黎平县、遵义市仁怀市、贵阳市云岩区
云南省（15）	昆明市五华区、昆明市西山区、昆明市石林彝族自治县、曲靖市麒麟区、曲靖市会泽县、玉溪市新平彝族傣族自治县、楚雄州楚雄市、红河州泸西县、文山州丘北县、普洱市西盟佤族自治县、大理州大理市、迪庆州香格里拉市、临沧市凤庆县、临沧市沧源佤族自治县、昆明市安宁市
西藏自治区（7）	日喀则市定结县、日喀则市江孜县、日喀则市康马县、日喀则市仁布县、日喀则市谢通门县、林芝市朗县、林芝市巴宜区
陕西省（16）	西安市新城区、商洛市镇安县、咸阳市秦都区、汉中市汉台区、安康市汉滨区、咸阳市长武县、咸阳市旬邑县、咸阳市兴平市、渭南市大荔县、安康市宁陕县、延安市吴起县、汉中市略阳县、安康市旬阳县、宝鸡市太白县、延安市志丹县、商洛市丹凤县
甘肃省（12）	白银市靖远县、平凉市静宁县、张掖市甘州区、庆阳市正宁县、张掖市高台县、庆阳市华池县、白银市白银区、定西市临洮县、金昌市金川区、定西市渭源县、白银市平川区、酒泉市瓜州县
青海省（5）	海东市乐都区、海北藏族自治州祁连县、海西蒙古族藏族自治州德令哈市、海西蒙古族藏族自治州都兰县、海南藏族自治州共和县

续表

省 份	全国科普示范县（市、区）
宁夏回族自治区（5）	银川市兴庆区、吴忠市青铜峡市、银川市永宁县、石嘴山市大武口市、银川市贺兰县
新疆维吾尔自治区（12）	伊犁哈萨克自治州伊宁市、塔城地区乌苏市、阿勒泰地区富蕴县、克拉玛依市白碱滩区、博尔塔拉蒙古自治州博乐市、昌吉回族自治州昌吉市、昌吉回族自治州呼图壁县、乌鲁木齐市高新技术产业开发区（新市区）、乌鲁木齐市经济技术开发区（头屯河区）、巴音郭楞蒙古自治州尉犁县、阿克苏地区库车县、喀什地区疏附县
新疆生产建设兵团（2）	双河市、石河子市

关于公布2016年“基层科普行动计划”奖补单位和个人的通知

科协发普字〔2016〕62号

各省（自治区、直辖市）科协、财政厅（局），新疆生产建设兵团科协、财务局：

为贯彻党的十八大和十八届三中、四中、五中全会精神，落实《全民科学素质行动计划纲要（2006—2010—2020年）》，充分发挥基层科普组织和带头人的引领示范作用，激发广大群众学科学、用科学的积极性和创新热情，提高城乡居民科学文化素质，助力社会主义新农村和社会主义和谐社区建设，中国科协、财政部2016年继续联合实施“基层科普行动计划”。经过推荐、评审，中国科协、财政部决定，2016“基层科普行动计划”对北京市昌平区崔村镇苹果协会等962个农村专业技术协会、北京金粟种植科普基地（延庆县）等386个农村科普示范基地、赵玉忠等558名农村科普带头人、内蒙古自治区呼伦贝尔市阿荣旗少数民族科普工作队等5个少数民族科普工作队、北京市西城区广安门外街道莲花河社区等500个科普示范社区进行奖补。

希望受奖补的单位和个人再接再厉，通过实施“基层科普行动计划”，进一步发挥辐射带动作用，引导和帮助更多的农民和社区居民建立起科学、文明、健康的生产和生活方式，激发广大公众创新创造热情，提高科学文化素质，让科普公共服务持续惠及广大基层群众。

各地科协和财政部门要大力宣传受奖补单位和个人的事迹，发挥好奖补对象的引领示范作用，提升基层科普组织和个人科普服务能力和水平，完善基层科普工作长效机制。广大基层科普组织要积极实施“基层科普行动计划”，创新科普工作内容、形式和方法，激发全社会创新创业的活力，为农业现代化和助力城镇化发展，为服务创新驱动发展战略，全面建成小康社会做出更大贡献。

附件：2016年“基层科普行动计划”奖补单位和个人名单

中国科协　财政部
2016年6月13日

附件

2016年“基层科普行动计划”奖补单位和个人名单

（一）农村专业技术协会（962个）

1　北京市昌平区崔村镇苹果协会
2　北京市怀柔区种子协会
3　天津市武清区奶业协会
4　河北省石家庄市鹿泉区香椿协会
5　河北省唐山市迁西县板栗协会
6　河北省保定市顺平县台鱼乡桃产业协会
7　河北省沧州市吴桥县蔡庄农业科技服务协会
8　河北省邢台市宁晋县垄上行土地托管协会
9　河北省邯郸市涉县黄花山优质核桃种植协会
10　河北省承德市承德县蔬菜销售协会
11　河北省张家口市怀安县经济林间作中药材产业协会
12　河北省衡水市阜城县蔬菜瓜果协会
13　河北省秦皇岛市昌黎县两山乡林果协会
14　河北省廊坊市三河市畜牧兽医联合会
15　河北省石家庄市平山县元坊林果协会
16　河北省唐山市滦县百信花生种植协会
17　河北省保定市定兴县农业特产种植协会
18　河北省沧州市任丘市惠富蔬菜种植协会
19　河北省邢台市威县高效农业发展协会

20 河北省邯郸市馆陶县草莓协会
21 河北省衡水市武邑县玉恒园林苗木种植协会
22 河北省定州市大辛庄镇花木产业联合会
23 河北省辛集市养羊协会
24 河北省石家庄市鹿泉区紫藤葡萄协会
25 河北省邯郸市魏县林果技术协会
26 河北省唐山市丰南区东田庄乡棉花生产协会
27 河北省邢台市临西县农业技术协会
28 河北省沧州市南皮县农民专业合作社联合会
29 河北省张家口市万全县现代农业发展协会
30 河北省保定市满城区红杏协会
31 河北省秦皇岛市青龙满族自治县食用菌协会
32 河北省廊坊市大城县林果业联合会
33 河北省邢台市平乡县农副产品流通协会
34 河北省沧州市泊头市齐桥镇蔬菜协会
35 河北省石家庄市灵寿县食用菌协会
36 河北省邯郸市广平县艺峰果蔬种植协会
37 河北省邢台市清河县山楂技术服务协会
38 河北省承德市围场满族蒙古族自治县四道沟乡翠怡果品协会
39 河北省唐山市遵化市亚太绿色农业发展协会
40 河北省衡水市枣强县粮油协会
41 河北省张家口市宣化县洋河南禽业协会
42 河北省秦皇岛市海港区林果协会
43 河北省廊坊市霸州市南孟镇西粉营村蔬菜种植技术协会
44 河北省唐山市丰润区新军屯镇生姜协会
45 河北省保定市高碑店市北城农民技术协会
46 河北省张家口市张北县坝上马铃薯产业协会
47 山西省太原市娄烦县华太农业协会
48 山西省运城市垣曲县富民中药材种植协会
49 山西省临汾市安泽县畜禽养殖服务协会
50 山西省朔州市右玉县祥和岭上养羊协会
51 山西省忻州市河曲县兴科养殖技术协会
52 山西省吕梁市离石区严村蔬菜协会
53 山西省晋中市榆次区东赵乡种养加协会
54 山西省长治市长子县菌菜高效种植技术协会
55 山西省阳泉市平定县前徐峪沟新兴种植协会
56 山西省晋城市高平市猪业协会
57 山西省大同市广灵县花卉协会
58 山西省忻州市保德县荣发养殖专业技术协会
59 山西省长治市沁源县瓜果与特色花卉种植协会
60 山西省运城市临猗瑞特果业生产技术协会
61 山西省太原市古交市邢家社乡菜农协会
62 山西省大同市南郊区水泊寺乡马铃薯种植技术协会
63 山西省朔州市平鲁区狐狸养殖协会
64 山西省忻州市岢岚县温泉乡果树协会
65 山西省吕梁市临县万家乐食用菌协会
66 山西省晋中市灵石县坛镇乡养殖协会
67 山西省阳泉市盂县北下庄乡富达康核桃产业协会
68 山西省长治市潞城市农业技术科普协会
69 山西省临汾市古县俊芳绿色果品科技协会
70 山西省晋城市泽州县养殖协会
71 山西省临汾市大宁县林源苗木协会
72 山西省临汾市吉县壶口镇南垣村苹果技术协会
73 山西省临汾市汾西县蜂业协会
74 山西省运城市临猗县瑞林农资服务协会
75 山西省长治市壶关县养猪技术协会
76 山西省阳泉市平定县裕盛养兔协会
77 山西省晋城市城区蜂业协会
78 山西省朔州市右玉县小杂粮种植研究会
79 山西省忻州市宁武县食用菌协会
80 山西省晋中市和顺县禽业协会
81 山西省吕梁市兴县亚龙蔬菜协会
82 山西省太原市娄烦县佳丰科技养殖协会
83 山西省运城市新绛县种子协会
84 山西省朔州市怀仁县利宏农牧养殖协会
85 山西省晋中市榆次区榆次长凝大蒜种植科技协会
86 山西省长治市潞城市惠农玉米专业技术协会
87 山西省临汾市曲沃县养羊协会
88 山西省临汾市古县核桃产业发展协会
89 山西省吕梁市兴县盛源干果协会
90 山西省运城市万荣县葡萄科技协会
91 山西省朔州市山阴县西瓜协会
92 山西省忻州市五寨县惠民胡麻种植协会
93 山西省吕梁市方山县积翠生态种养协会
94 山西省晋中市榆次区庄子乡杂粮种植协会
95 山西省长治市武乡县蔬菜协会
96 山西省晋城市阳城县中药材协会
97 山西省阳泉市平定县蜂业协会
98 山西省阳泉市盂县秀水镇科丰种养技术协会
99 山西省临汾市蒲县兴农核桃协会
100 山西省长治市屯留县民康中药材专业技术协会

101 山西省临汾市洪洞县绿康红薯种植技术协会
102 内蒙古自治区鄂尔多斯市达拉特旗王爱召种养殖协会
103 内蒙古自治区包头市固阳县启源种养殖专业技术协会
104 内蒙古自治区呼伦贝尔市新巴尔虎右旗贝尔苏木畜牧业产业化经营牧民协会
105 内蒙古自治区兴安盟科尔沁右翼前旗天甲马铃薯种植加工协会
106 内蒙古自治区通辽市开鲁县大榆树镇李子产业协会
107 内蒙古自治区赤峰市阿鲁科尔沁旗宝迪塔拉蒙古羊养殖协会
108 内蒙古自治区乌兰察布市商都县瓜菜产业协会
109 内蒙古自治区巴彦淖尔市五原县旭日种植养殖协会
110 内蒙古自治区呼和浩特市赛罕区丰源生态农牧业科技协会
111 内蒙古自治区通辽市科尔沁区大林前黑坨子葡萄协会
112 内蒙古自治区乌兰察布市化德县恒达生猪养殖专业技术协会
113 内蒙古自治区巴彦淖尔市乌拉特中旗乌拉特快马协会
114 内蒙古自治区通辽市扎鲁特旗白绒山羊种羊协会
115 内蒙古自治区通辽市库伦旗扣河子镇文家杖子村科技技术蔬菜协会
116 内蒙古自治区赤峰市敖汉旗惠民种植协会
117 内蒙古自治区锡林郭勒盟苏尼特右旗苏尼特羊协会
118 内蒙古自治区乌兰察布市卓资县聚源养殖协会
119 内蒙古自治区鄂尔多斯市伊金霍洛旗红庆河细毛羊养殖协会
120 内蒙古自治区兴安盟乌兰浩特市达峰禽类养殖协会
121 内蒙古自治区兴安盟扎赉特旗好力保农牧业技术服务协会
122 内蒙古自治区乌兰察布市察哈尔右翼后旗土牧尔台肉牛肉羊养殖专业技术协会
123 内蒙古自治区通辽市科尔沁左翼中旗巴彦塔拉镇布淇浩嘎查和信综合种养殖协会
124 内蒙古自治区乌兰察布市四子王旗顺和养殖专业技术协会
125 内蒙古自治区鄂尔多斯市乌审旗苏力德苏木朝岱嘎查妇女养殖协会
126 内蒙古自治区兴安盟突泉县赛银花现代设施农业专业技术协会
127 内蒙古自治区呼和浩特市武川县富兴民种养专业技术协会
128 辽宁省阜新市新邱区长营子镇肉驴养殖专业协会
129 辽宁省葫芦岛市绥中县荣利蔬菜协会
130 辽宁省葫芦岛市建昌县小德营子乡农村专业技术协会
131 辽宁省辽阳市辽阳县吉洞乡刚家村食用菌协会
132 辽宁省抚顺市清原满族自治县宇檑水稻玉米种植协会
133 辽宁省营口市盖州市蚕业协会
134 辽宁省大连市普兰店市莲山街道水门子社区果菜协会
135 辽宁省丹东市凤城市圣武果树技术协会
136 辽宁省鞍山市台安县高力房镇程家村养猪协会
137 辽宁省朝阳市凌源市牛营子镇干鲜果协会
138 辽宁省盘锦市大洼县唐家镇袁家村养猪协会
139 辽宁省铁岭市昌图县古榆树镇超越甘薯协会
140 辽宁省锦州市凌海市忠利养猪协会
141 辽宁省铁岭市西丰县绿源特色种植栽培协会
142 辽宁省朝阳市北票市西官营蛋鸡协会
143 辽宁省铁岭市铁岭县鸡冠山土特产协会
144 辽宁省锦州市义县七里河镇花卉种植协会
145 辽宁省本溪市明山区金坑马铃薯种植协会
146 吉林省长春市榆树市五棵树镇养牛协会
147 吉林省四平市公主岭市怀德镇三里堡子蔬菜专业技术协会
148 吉林省白城市通榆县兴隆山镇喜海养猪及种猪繁育示范基地协会
149 吉林省吉林市桦甸市绿色水稻专业协会
150 吉林省通化市梅河口市众旺鹿业科技协会
151 吉林省白山市临江市食用菌协会
152 吉林省延边朝鲜族自治州敦化市雁鸣湖有机农业协会
153 吉林省吉林市蛟河市食用菌研究会
154 吉林省四平市双辽市盛满种植专业技术协会
155 吉林省辽源市东辽县泉太镇生猪经济协会
156 吉林省通化市集安市清河镇香菇协会

157 吉林省延边朝鲜族自治州龙井市德新乡龙岩村养牛专业技术协会
158 吉林省松原市乾安县让字镇辣椒协会
159 黑龙江省哈尔滨市阿城区有机水稻种植技术协会
160 黑龙江省哈尔滨市方正县老兵超氧化物富硒米专业技术协会
161 黑龙江省牡丹江市宁安市玄武湖水稻种植技术协会
162 黑龙江省绥化市庆安县久旭水稻种植协会
163 黑龙江省双鸭山市宝清县旺得丰高新栽培技术推广协会
164 黑龙江省牡丹江市林口县玉米良种培育技术协会
165 黑龙江省哈尔滨市巴彦县大豆协会
166 黑龙江省齐齐哈尔市梅里斯达斡尔族区大八旗洋葱技术研究协会
167 黑龙江省齐齐哈尔市讷河市学田镇燎原村果菜协会
168 黑龙江省黑河市北安市二井镇建革村食用菌协会
169 黑龙江省绥化市绥棱县众旺养牛协会
170 黑龙江省黑河市逊克县旭日南瓜协会
171 上海市宝山区林业协会
172 江苏省常州市金坛区建昌红香芋协会
173 江苏省徐州市邳州市车辐山镇农业新技术推广协会
174 江苏省苏州市吴中区吴中澄湖水八仙水生蔬菜行业协会
175 江苏省盱眙龙虾协会（淮安市盱眙县）
176 江苏省扬州市宝应县射阳湖荷藕种植协会
177 江苏省南通市如皋市种植业协会
178 江苏省镇江市润州区花木园艺协会
179 江苏省泰州市姜堰区姜财蛋鸡养殖协会
180 江苏省宿迁市泗洪县科园果蔬种苗协会
181 江苏省徐州市沛县肉制品加工协会
182 江苏省淮安市食用菌协会（洪泽县）
183 浙江省宁波市奉化市竹笋专业技术协会
184 浙江省金华市武义县茶业协会
185 浙江省绍兴市嵊州市花卉产业协会
186 浙江省温州市乐清市铁皮石斛产业协会
187 浙江省衢州市龙游县龙和水产技术推广协会
188 浙江省丽水市遂昌县茶叶产业协会
189 浙江省舟山市定海区水产养殖行业协会
190 浙江省台州市黄岩区农产品质量研究会
191 浙江省杭州市淳安县蚕茧产业协会
192 安徽省合肥市长丰县艳阳天草莓育苗专业技术协会
193 安徽省蚌埠市五河县朱顶镇陈台蔬菜协会
194 安徽省马鞍山市当涂县乌溪镇蟹苗养殖协会
195 安徽省黄山市徽州区先锋早莲藕专业技术协会
196 安徽省芜湖市鸠江区三为特色葡萄产业协会
197 安徽省马鞍山市含山县顺达水产养殖协会
198 安徽省安庆市潜山县鸽业协会
199 安徽省宣城市旌德县粮食行业协会
200 安徽省宿州市灵璧县渔沟镇纸房村蔬菜协会
201 安徽省宣城市郎溪县侯村蜜枣协会
202 安徽省合肥市巢湖市坝镇都督山茶叶产业协会
203 安徽省蚌埠市蚌山区金鹰生态农业协会
204 安徽省芜湖市繁昌县荻港镇庆大村葡萄协会
205 安徽省蚌埠市固镇县刘集镇农副产品流通协会
206 安徽省宿松县二郎镇界岭村油茶产业协会
207 安徽省宿州市萧县畜牧标准化生产协会
208 安徽省六安市寿县羊业协会
209 安徽省六安市霍邱县水产养殖专业技术协会
210 安徽省阜阳市颍上县半岗镇稻米协会
211 安徽省淮南市潘集区蔬菜协会
212 安徽省芜湖市无为县花卉苗木种植协会
213 安徽省合肥市肥东县响导乡土鸡养殖专业技术协会
214 安徽省安庆市宜秀区罗岭水稻协会
215 安徽省滁州市定远县水库渔业协会
216 安徽省亳州市谯城区华佗镇祥瑞养殖协会
217 安徽省六安市金寨县茶叶产业协会
218 福建省福州市仓山区茶叶行业协会
219 福建省漳州市华安县马坑乡反季节蔬菜技术协会
220 福建省泉州市安溪县龙涓茶产业发展研究会
221 福建省三明市宁化县畜禽养殖协会
222 福建省南平市建瓯市北苑贡茶协会
223 福建省龙岩市漳平市厚德蔬菜协会
224 福建省宁德市柘荣县茶叶协会
225 福建省宁德市福安市油茶协会
226 福建省龙岩市上杭县园艺产业协会
227 福建省南平市光泽县烟草农业协会
228 福建省三明市沙县郑湖乡板鸭协会
229 福建省莆田市仙游县杨梅产业协会
230 福建省泉州市永春县岵山镇茂霞村荔枝协会

231 福建省漳州市诏安县茶叶协会
232 福建省福州市闽清县橄榄行业协会
233 福建省漳州市平和县南胜镇青枣专业科学技术协会
234 福建省泉州市南安市台湾水果种植推广协会
235 福建省南平市政和县蜂业协会
236 福建省龙岩市武平县养禽协会
237 福建省宁德市屏南县长桥金森林业协会
238 福建省宁德市福安市穆云畲乡刺葡萄协会
239 福建省龙岩市永定区虎岗镇灌洋芙蓉李专业技术协会
240 福建省南平市邵武市竹业协会小径竹分会
241 福建省三明市泰宁县雷公藤协会
242 福建省泉州市丰泽区蔬菜协会
243 福建省漳州市龙文区郭坑镇淡水养殖协会
244 福建省漳州市长泰县岩溪镇石铭村畜禽养殖协会
245 福建省泉州市南安市东联优质稻推广技术协会
246 福建省三明市大田县福梅辣椒协会
247 福建省宁德市福安市穆阳镇线面协会
248 福建省三明市尤溪县油茶协会
249 福建省南平市浦城县濠村乡锥栗协会
250 福建省龙岩市长汀县大同镇翠峰村果业协会
251 福建省三明市永安市竹业协会竹香芯分会
252 福建省三明市将乐县农村实用技术推广协会
253 福建省龙岩市生猪产业协会
254 福建省南平市松溪县茶平乡芋业协会
255 福建省漳州市华安县安得坪有机农业开发技术协会
256 福建省泉州市德化县食用菌专业技术协会
257 福建省莆田市仙游县金线莲产业协会
258 福建省三明市建宁县种业协会
259 江西省吉安市青原区富滩蔬菜种植协会
260 江西省上饶市余干县青海水产养殖协会
261 江西省吉安市永新县三湾茶叶科普协会
262 江西省萍乡市上栗县长平山羊协会
263 江西省九江市武宁县板栗专业技术协会
264 江西省上饶市德兴市兴兴蔬菜协会
265 江西省九江市湖口县舜德联盛油茶种植专业技术协会
266 江西省上饶市铅山县绿和有机茶叶科技协会
267 江西省景德镇市昌江区旸府滩肉鸽养殖协会
268 江西省赣州市石城县油茶协会
269 江西省吉安市井冈山市湘洲红豆杉苗木培育协会
270 江西省九江市都昌县黄栀子产业协会
271 江西省吉安市吉水县红毛鸭养殖协会
272 江西省赣州市瑞金市叶坪乡脐橙协会
273 江西省新余市分宜县凤阳乡大路边村葡萄协会
274 江西省赣州市会昌县果业协会
275 江西省南昌市进贤县肉鸽协会
276 江西省鹰潭市余江县信江蔬菜协会
277 江西省景德镇市乐平市白茶种植专业技术协会
278 江西省抚州市资溪县兰花协会
279 山东省潍坊市临朐县寺头镇山楂协会
280 山东省济南市历城区唐王白菜产业协会
281 山东省威海市乳山市海参协会
282 山东省临沂市沂南县果蔬种植协会
283 山东省淄博市沂源县宏宇果蔬专业技术协会
284 山东省潍坊市寒亭区西瓜协会
285 山东省莱芜市钢城区养鸡协会
286 山东省日照市五莲县苹果技术协会
287 山东省德州市平原县蔬菜协会
288 山东省枣庄市山亭区洪门葡萄种植协会
289 山东省潍坊市诸城市甜瓜协会
290 山东省济宁市金乡县农业科技合作推广协会
291 山东省泰安市宁阳县乡饮乡南赵村粉皮协会
292 山东省威海市荣成市荫子镇花生协会
293 山东省聊城市冠县毛皮动物产业协会
294 山东省滨州市沾化县农机协会
295 山东省滨州市博兴县林业协会
296 山东省济南市章丘市华宝蔬菜果品协会
297 山东省淄博市张店区银基蔬菜种植协会
298 山东省潍坊市昌邑市昌邑山阳大梨协会
299 山东省枣庄市台儿庄区益农果蔬专业协会
300 山东省济宁市曲阜市九仙山果品协会
301 山东省威海市文登区高村镇黑猪养殖协会
302 山东省临沂市郯城县郯城茶业协会
303 山东省德州市禹城市莒镇三黄鸡养殖协会
304 山东省德州市庆云县尚堂镇铁皮石斛种植协会
305 山东省聊城市临清市先锋办事处瓜果蔬菜协会
306 山东省聊城市莘县奥瑞食用菌协会
307 山东省滨州市阳信县富农花卉种植协会
308 山东省菏泽市巨野县慧福康富硒粮油协会
309 山东省菏泽市曹县辣椒种植协会
310 山东省济南市商河县孙集镇设施蔬菜种植协会

311 山东省济南市济阳县黄瓜协会
312 山东省青岛市黄岛区浓香山有机茶研究会
313 山东省烟台市海阳市朱吴镇九岭夼村樱桃协会
314 山东省枣庄市滕州市惠民种业发展协会
315 山东省东营市利津县农业技术服务协会
316 山东省潍坊市昌乐县瓜菜协会
317 山东省济宁市泗水县圣公源溪金银花协会
318 山东省淄博市桓台县果里盛春苗木花卉协会
319 山东省淄博市高青县水稻种植产业协会
320 山东省烟台市蓬莱市潮水镇大菱鲆鱼养殖协会
321 山东省日照市莒县葡萄协会
322 山东省菏泽市鄄城县信民小麦新技术推广协会
323 山东省烟台市招远市阜山镇富硒农副产品协会
324 山东省泰安市肥城市王庄镇有机蔬菜协会
325 山东省临沂市沂水县雪山风情马尾松培育协会
326 山东省临沂市沂南县辛集镇生物环保养殖协会
327 山东省德州市临邑县升华马铃薯协会
328 山东省聊城市茌平县利群林果协会
329 山东省菏泽市单县大蒜协会
330 山东省济南市平阴县孔村镇食用菌协会
331 山东省枣庄市高新区枣庄润农蔬菜种植协会
332 山东省东营市河口区石榴技术协会
333 山东省烟台市莱阳市果蔬种植与加工协会
334 山东省菏泽市成武县林木种苗协会
335 山东省临沂市沂水县食用菌协会
336 山东省烟台市栖霞市土壤肥料协会
337 山东省淄博市临淄区敬仲镇养猪协会
338 山东省东营市垦利县三源林下食用菌种植协会
339 山东省临沂市河东区郑旺酱菜协会
340 山东省德州市乐陵市瑞丰金银花种植协会
341 山东省聊城市阳谷县优质粮油作物种植协会
342 山东省菏泽市定陶县种子技术协会
343 山东省菏泽市牡丹区安兴镇木瓜协会
344 山东省济宁市鱼台县苗木协会
345 山东省淄博市淄川区有机蔬菜服务协会
346 山东省菏泽市东明县城关镇狐狸养殖协会
347 山东省德州市齐河县祝阿镇农产品开发协会
348 山东省潍坊市安丘市大汶河王封蔬菜发展协会
349 山东省济宁市汶上县次丘镇蔬菜协会
350 山东省泰安市东平县州城镇奶牛养殖协会
351 山东省烟台市莱州市菊花协会
352 山东省潍坊市青州市养蜂协会
353 山东省济宁市梁山县大义和养猪协会
354 山东省莱芜市莱城区蚕桑研究协会
355 河南省焦作市孟州市城伯镇畜牧养殖专业协会
356 河南省南阳市新野县蔬菜专业技术协会
357 河南省新乡市封丘县冯村乡养猪协会
358 河南省驻马店市上蔡县肉牛养殖与技术推广协会
359 河南省开封市尉氏县鑫牛源养殖协会
360 河南省周口市商水县周口诚信种业联繁技术科普协会
361 河南省安阳市安阳县天鑫特种养殖协会
362 河南省商丘市柘城县方圆作物种植协会
363 河南省焦作市博爱县维多维康种植专业协会
364 河南省商丘市梁园区绿源蔬菜协会
365 河南省新乡市卫辉市永丰蔬菜种植技术协会
366 河南省周口市扶沟县汴岗镇蔬菜协会
367 河南省鹤壁市鹤山区龙祥养殖协会
368 河南省周口市鹿邑县农村专业技术协会
369 河南省开封市杞县保鲜信息技术协会
370 河南省漯河市舞阳县玫瑰产业协会
371 河南省濮阳市范县大米协会
372 河南省商丘市虞城县农业科技协会
373 河南省焦作市修武县食用菌研究会
374 河南省驻马店市西平县畜牧业协会
375 河南省新乡市延津县金粒小麦协会
376 河南省开封市兰考县绿坡园特色农业种植协会
377 河南省商丘市宁陵县白蜡杆种植科研协会
378 河南省焦作市温县平安种业种植协会
379 河南省周口市商水县黄寨镇科技兴农协会
380 河南省新乡市延津县园林专业技术协会
381 河南省周口市郸城县优质小麦良种繁育协会
382 河南省新乡市新乡县独联养殖协会
383 河南省南阳市邓州市晚秋黄梨协会
384 河南省郑州市中牟县西瓜协会
385 河南省漯河市召陵区爱农果蔬种植协会
386 河南省安阳市林州市东姚镇养猪协会
387 河南省商丘市民权县双塔乡养殖协会
388 河南省焦作市沁阳市丰收筲帚加工协会
389 河南省南阳市卧龙区南都赋芳苗木繁育及新技术推广协会
390 河南省商丘市夏邑县蓝天食用菌协会
391 河南省焦作市温县鸿苑奶牛养殖协会
392 河南省信阳市商城县油茶协会

393 河南省三门峡市灵宝市阳店镇果品科技协会
394 河南省许昌市鄢陵县花木协会
395 河南省驻马店市遂平县凤鸣谷畜牧养殖协会
396 河南省洛阳市孟津县西瓜科技开发协会
397 河南省信阳市浉河区浉河港茶叶协会
398 河南省开封市开封新区水稻乡孙庄村农业协会
399 河南省周口市淮阳县向阳养殖协会
400 河南省洛阳市伊川县食用菌协会
401 河南省漯河市舞阳县食用菌协会
402 河南省濮阳市濮阳县绿源丝瓜种植协会
403 河南省驻马店市泌阳县养猪业协会
404 河南省漯河市临颍县农村技术普及协会
405 河南省开封市开封新区君尧雪莲藕专业种植协会
406 河南省三门峡市灵宝市焦村镇果品产业协会
407 河南省濮阳市清丰县振丰林农诚信协会
408 河南省商丘市永城市吉丰农机科普惠农协会
409 河南省安阳市文峰区宝莲寺镇盛蕊花木种植协会
410 河南省信阳市固始县粮油协会
411 河南省洛阳市偃师市才智小麦种子协会
412 河南省南阳市西峡县绿色猕猴桃种植专业技术协会
413 河南省漯河市临颍县大蒜产业协会
414 河南省平顶山市汝州市梦想专用绿色小麦种植协会
415 河南省安阳市滑县小麦种子繁育工程协会
416 河南省濮阳市台前县益民樱桃种植协会
417 河南省济源市邵原镇薄皮核桃协会
418 河南省洛阳市伊川县鸦岭养殖协会
419 河南省郑州市惠济区孟屯大河家禽养殖户专业技术协会
420 河南省濮阳市台前县永平乌鸡养殖协会
421 湖北省武汉市黄陂区木兰特种养殖技术协会
422 湖北省黄冈市麻城市夫子河鱼面协会
423 湖北省十堰市张湾区白马山茶叶协会
424 湖北省宜昌市五峰土家族自治县五峰五倍子产业协会
425 湖北省鄂州市梁子湖生猪养殖协会
426 湖北省孝感市应城市养猪协会
427 湖北省荆州市石首市蔬菜协会
428 湖北省咸宁市通山县枇杷协会
429 湖北省随州市广水市武胜关茶叶协会
430 湖北省恩施土家族苗族自治州来凤县大鲵养殖保护协会
431 湖北省武汉市蔡甸区侏儒街薛山村瓜菜协会
432 湖北省黄冈市黄梅县水产养殖协会
433 湖北省荆州市公安县夹竹园镇北湖中华鳖养殖协会
434 湖北省黄冈市浠水县巴河莲藕协会
435 湖北省咸宁市赤壁市曙光种植养殖专业技术协会
436 湖北省荆门市沙洋县养牛协会
437 湖北省襄阳市宜城市葛根种植协会
438 湖北省宜昌市枝江市土缘生泥鳅协会
439 湖北省咸宁市崇阳县蔬菜协会
440 湖北省十堰市竹溪县高山农产品加工协会
441 湖北省黄石市阳新县小龙虾养殖协会
442 湖北省武汉市黄陂区蜂业协会
443 湖北省黄冈市麻城市鼓楼办高山咀村养猪协会
444 湖北省十堰市郧西县蔬菜（山野菜）流通协会
445 湖北省荆州市江陵县金菊茶叶协会
446 湖北省孝感市大悟县宣化店镇灵芝专业技术协会
447 湖北省随州市曾都区金元蛋品协会
448 湖北省黄冈市罗田县中药材种植协会
449 湖北省天门市义河蚶养殖协会
450 湖北省仙桃市山羊养殖协会
451 湖北省潜江市西大垸农场水产养殖营销协会
452 湖北省神农架林区宋洛乡养猪协会
453 湖北省恩施土家族苗族自治州鹤峰县走马坪养蜂协会
454 湖北省黄冈市武穴市张冲村庆宁葡萄种植协会
455 湖北省荆州市松滋市荞麦制品产销协会
456 湖北省十堰市郧阳区红岩背林场余河村竹子专业技术协会
457 湖北省宜昌市秭归县郭家坝镇牛岭村柑橘协会
458 湖北省襄阳市南漳县长坪香耳山茶叶专业技术协会
459 湖北省恩施土家族苗族自治州咸丰县光明茶叶技术协会
460 湖北省鄂州市梁子湖区农村种养殖专业技术协会
461 湖北省武汉市东西湖区药食两用蔬菜协会
462 湖北省十堰市竹山县溢水镇华家湾村蛋鸡养殖协会
463 湖北省咸宁市嘉鱼县明建花卉种植技术协会
464 湖北省孝感市孝南区香润香米开发技术协会
465 湖北省武汉市新洲区徐古镇食用菌协会

466 湖北省咸宁市通城县有机茶协会
467 湖北省恩施土家族苗族自治州建始县三里乡枫香树村芋荷梗专业技术协会
468 湖北省宜昌市远安县农业机械协会
469 湖北省鄂州市华容区野生蔬菜种植加工协会
470 湖北省黄冈市英山县杨柳湾镇半夏协会
471 湖北省随州市随县万和镇猕猴桃协会
472 湖北省十堰市房县城关镇畜禽协会
473 湖北省孝感市汉川市汈汊湖鸿吉达水产种养殖专业技术协会
474 湖北省荆州市洪湖市黄家口镇生态甲鱼养殖协会
475 湖北省荆门市钟祥市油菜籽产购销协会
476 湖南省怀化市鹤城区清水井无公害蔬菜专业协会
477 湖南省长沙市浏阳市蔬菜协会
478 湖南省娄底市涟源市红星特优水果种植专业技术协会
479 湖南省湘潭市湘潭县谭家山镇全丰种养技术协会
480 湖南省常德市汉寿县龟鳖产业协会
481 湖南省邵阳市武冈市淀粉开发协会
482 湖南省岳阳市华容县龙开湖苗木协会
483 湖南省长沙市望城区格塘镇无公害生态优质稻种植协会
484 湖南省衡阳市衡阳县华鑫黑山羊养殖专业协会
485 湖南省衡阳市蒸湘区灵山养羊协会
486 湖南省邵阳市绥宁县长江现代龙虾养殖协会
487 湖南省湘西自治州凤凰县落潮井乡落潮井村红心猕猴桃协会
488 湖南省永州市零陵区永州雅大新法酿酒技术协会
489 湖南省张家界市慈利县花卉盆景苗木专业技术协会
490 湖南省衡阳市常宁市宜潭葡萄产业协会
491 湖南省郴州市永兴县养殖业协会
492 湖南省株洲市炎陵县平乐乡果蔬协会
493 湖南省郴州市桂阳县葡萄协会
494 湖南省永州市祁阳县樱桃种植专业技术协会
495 湖南省怀化市洪江市黔阳冰糖橙协会
496 湖南省衡阳市衡山县绿源有机稻种植协会
497 湖南省怀化市通道侗族自治县花苗木协会
498 湖南省常德市鼎城区油茶协会
499 湖南省长沙市长沙县高桥镇食用菌协会
500 湖南省湘西自治州泸溪县武陵罗汉果专业技术协会
501 湖南省株洲市茶陵县东冲村生态种养协会
502 湖南省怀化市溆浦县养殖专业技术协会
503 湖南省长沙市宁乡县兴旺水果专业技术协会
504 湖南省邵阳市邵东县养猪技术协会
505 湖南省邵阳市北塔区食用菌种植协会
506 湖南省益阳市桃江县红太阳水稻种植专业技术协会
507 湖南省娄底市东方万事利油茶种植农民专业技术协会
508 广东省江门市新会区新会陈皮行业协会
509 广东省肇庆市封开县杏花鸡养殖协会
510 广东省江门市开平市马冈镇马冈鹅协会
511 广东省梅州市蕉岭县文福镇柚果协会
512 广东省韶关市武江区龙归镇龙安村淮山专业协会
513 广东省茂名市高州市储良龙眼协会
514 广东省梅州市平远县黑米专业协会
515 广东省肇庆市鼎湖区粉葛协会
516 广东省潮州市潮安区金石镇花卉协会
517 广东省揭阳市普宁市潮州蕉柑协会
518 广东省湛江市徐闻县金源甘蔗栽培技术协会
519 广东省韶关市仁化县扶溪镇左龙村毛竹抚育技术协会
520 广东省河源市连平县陂头镇农副产品专业技术协会
521 广西壮族自治区桂林市阳朔县阳朔镇柑橘协会
522 广西壮族自治区桂林市荔浦县新坪镇金斛药材营销协会
523 广西壮族自治区南宁市武鸣县府城镇西厢农业新技术协会
524 广西壮族自治区梧州市藤县大果红花油茶协会
525 广西壮族自治区北海市海城区垌尾生态养殖协会
526 广西壮族自治区防城港市上思县扶兴养鸡协会
527 广西壮族自治区钦州市灵山县宇峰仙草生产技术协会
528 广西壮族自治区桂林市全州县白宝乡红辣椒种植协会
529 广西壮族自治区贵港市桂平市养猪行业协会
530 广西壮族自治区玉林市兴业县富立水稻种植协会
531 广西壮族自治区百色市德保县桑蚕养殖技术协会
532 广西壮族自治区贺州市八步区灵峰镇养牛协会
533 广西壮族自治区崇左市江州区驮卢镇山羊圈养协会

534 广西壮族自治区来宾市武宣县二塘镇樟村葡萄协会
535 广西壮族自治区柳州市融安县板榄镇罗汉果协会
536 广西壮族自治区桂林市资源县资源镇三木药材种植协会
537 广西壮族自治区桂林市灵川县潮田乡柑桔协会
538 广西壮族自治区桂林市兴安县现代农业专业服务协会
539 广西壮族自治区南宁市宾阳县大桥农产品产销协会
540 广西壮族自治区桂林市恭城瑶族自治县龙虎乡沙田柚协会
541 广西壮族自治区梧州市岑溪市大隆镇网箱养鱼协会
542 广西壮族自治区贵港市覃塘区金沙果蔬协会
543 广西壮族自治区河池市大化瑶族自治县大化镇惠农甘蔗产销管理协会
544 广西壮族自治区来宾市合山市河里乡马安村养殖协会
545 广西壮族自治区桂林市平乐县沙子镇环颈山鸡产销协会
546 广西壮族自治区南宁市上林县养殖协会
547 广西壮族自治区防城港市防城区防城金花茶产业协会
548 广西壮族自治区钦州市三娘湾渔家种养旅游技术协会
549 广西壮族自治区贵港市港北区鑫农桑蚕种养协会
550 广西壮族自治区来宾市金秀瑶族自治县金秀镇生态大鲵保护和发展养殖协会
551 广西壮族自治区河池市天峨县食用菌协会
552 广西壮族自治区贺州市平桂管理区羊头镇养猪协会
553 广西壮族自治区北海市银海区侨港镇水产协会
554 广西壮族自治区柳州市柳江县白沙乡油葵技术协会
555 广西壮族自治区崇左市龙州县龙州镇叫及葡萄协会
556 广西壮族自治区来宾市忻城县润华土鸡养殖协会
557 广西壮族自治区桂林市全州县特种养殖协会
558 广西壮族自治区贵港市平南县大鹏镇仙台茶协会
559 广西壮族自治区百色市靖西县南天蔬菜种植专业合作协会
560 广西壮族自治区钦州市钦北区大垌镇英华养鸡协会
561 广西壮族自治区南宁市江南区奶业协会
562 广西壮族自治区南宁市隆安县八哥生态养猪技术协会
563 广西壮族自治区桂林市平乐县石崖茶协会
564 广西壮族自治区玉林市北流市百香果协会
565 广西壮族自治区柳州市柳城县冲脉镇大伍种养协会
566 广西壮族自治区桂林市永福县名特优农产品协会
567 广西壮族自治区贺州市平桂管理区水口镇瑶山六保茶协会
568 广西壮族自治区贵港市桂平市麻垌镇安文村生态种养殖协会
569 广西壮族自治区玉林市高新农业推广协会
570 广西壮族自治区梧州市藤县三黄鸡协会
571 海南省儋州市龟鳖养殖行业协会
572 海南省海口市琼山区福昌蜜柚协会
573 海南省琼海市辣椒专业技术协会
574 海南省临高县临高富波甘蔗发展协会
575 重庆市涪陵区李渡街道花椒专业技术协会
576 重庆市綦江区隆盛镇中桥蔬菜专业技术协会
577 重庆市黔江区辣椒协会
578 重庆市江津区花椒产业协会
579 重庆市永川区黄瓜山生姜种植专业技术协会
580 重庆市南川区南平镇水丰禽蛋养殖专业技术协会
581 重庆市铜梁区旧县街道办事处花椒协会
582 重庆市璧山区德康现代家庭农场养殖协会
583 重庆市荣昌区清升镇白鹅养殖专业技术协会
584 重庆市梁平县茶叶协会
585 重庆市城口县羊耳坝板栗种植专业技术协会
586 重庆市武隆县长坝镇无花果种植专业技术协会
587 重庆市云阳县大果水晶梨种植协会
588 重庆市巫溪县中药材产业协会
589 重庆市秀山土家族苗族自治县杨祝大蒜专业技术协会
590 重庆市酉阳土家族苗族自治县桃花源镇天山堡村中药材专业技术协会
591 重庆市彭水苗族土家族自治县巾帼散养土鸡协会
592 重庆市万州区山胡椒专业技术协会
593 四川省凉山彝族自治州宁南县芒果专业技术协会
594 四川省宜宾市珙县洛表镇养牛协会

595 四川省德阳市罗江县新盛镇养鱼协会
596 四川省达州市渠县茶叶协会
597 四川省巴中市恩阳区福寿果蔬协会
598 四川省广元市剑阁县花生流通协会
599 四川省广元市旺苍县张华镇种植业协会
600 四川省广元市朝天区花石乡食用菌协会
601 四川省绵阳市游仙区食用菌产业协会
602 四川省内江市威远县茶叶协会
603 四川省南充市顺庆区搬罾蔬菜协会
604 四川省成都市龙泉驿区十陵家禽专业技术协会
605 四川省泸州市泸县优质仔猪产业化开发总会
606 四川省德阳市中江县石泉乡中药材协会
607 四川省泸州市泸县云龙镇名优水果专业技术协会
608 四川省南充市营山县锦桦生态果业综合开发技术协会
609 四川省宜宾市宜宾县合什镇特色农产品协会
610 四川省攀枝花市仁和区田园种养殖协会
611 四川省成都市天府新区新兴镇农业科技协会
612 四川省泸州市纳溪区上马镇杉树湾珍禽养殖协会
613 四川省广元市青川县骑马竹荪协会
614 四川省乐山市夹江县迎江乡苦笋协会
615 四川省宜宾市南溪区四川白鹅养殖协会
616 四川省宜宾市屏山县书楼镇尖山村茵红李协会
617 四川省达州市大竹县养兔协会
618 四川省达州市通川区蒲家蜀丰生态产业协会
619 四川省德阳市旌阳区新中寿源薄壳核桃专业技术协会
620 四川省内江市隆昌县水产协会
621 四川省乐山市沙湾区范店中药材协会
622 四川省自贡市荣县水产协会
623 四川省攀枝花市盐边县惠民核桃协会
624 四川省乐山市市中区天成出口蔬菜协会
625 四川省宜宾市长宁县龙头镇粉丝协会
626 四川省巴中市平昌县炳鑫魔芋生产专业技术协会
627 四川省雅安市石棉县兴农枇杷协会
628 四川省资阳市乐至县中天镇农机化服务协会
629 四川省阿坝藏族羌族自治州九寨沟县中药材种植协会
630 四川省凉山彝族自治州昭觉县碗厂乡农村养羊专业协会
631 四川省成都市蒲江县冬枣协会
632 四川省泸州市古蔺县琣溪蜜柚专业技术协会
633 四川省达州市宣汉县淡水鱼养殖协会
634 四川省南充市阆中市宝马镇蚕桑专业技术协会
635 四川省巴中市通江县山霸王野生食品研究协会
636 四川省成都市金堂县清江食用菌协会
637 四川省德阳市什邡市红白镇豆制品协会
638 四川省遂宁市蓬溪县水产协会
639 四川省内江市资中县正鑫养鱼协会
640 四川省内江市市中区甘蔗种植专业技术协会
641 四川省达州市开江县健智源核桃生态种植协会
642 四川省雅安市汉源县皇木镇高山蔬菜专业协会
643 四川省绵阳市平武县生态养猪专业技术协会
644 四川省凉山彝族自治州雷波县五官乡青杠村脐橙协会
645 四川省成都市大邑县韩场镇葡萄协会
646 四川省绵阳市梓潼县生姜专业协会
647 四川省遂宁市射洪县新农界现代种养专业技术协会
648 四川省乐山市马边雪河大鲵养殖协会（马边彝族自治县）
649 四川省资阳市雁江区蔬菜协会
650 四川省自贡市富顺县食用菌协会
651 四川省眉山市彭山区黄丰镇果品协会
652 四川省成都市金堂县赵家镇食用菌协会
653 四川省广安市广安区利民养猪协会
654 四川省广安市岳池县益民蔬菜种植协会
655 四川省巴中市巴州区金碑果蔬产业协会
656 四川省阿坝藏族羌族自治州汶川县岷江甜樱桃协会
657 四川省眉山市青神县竹编协会
658 四川省攀枝花市米易县山药种植专业技术协会
659 四川省成都市彭州市葛仙山镇果业协会
660 四川省南充市嘉陵区养蜂协会
661 四川省眉山市东坡区果业协会
662 四川省阿坝藏族羌族自治州理县养兔协会
663 四川省甘孜藏族自治州甘孜县呷拉乡自贡村蔬菜协会
664 四川省甘孜藏族自治州得荣县红星农特产品农民专业协会
665 四川省自贡市贡井区五宝花生协会
666 四川省绵阳市盐亭县琪霞土鸡养殖协会
667 四川省凉山彝族自治州甘洛县黑苦荞技术协会
668 四川省雅安市雨城区生猪养殖专业技术协会

669 四川省泸州市叙永县车家坝苗木花卉协会
670 四川省南充市仪陇县九月干果和青花椒协会
671 四川省南充市南部县碾盘水稻良繁制种协会
672 四川省广安市邻水县峰源生态鱼养殖协会
673 四川省眉山市仁寿县河口乡不知火协会 +C744
674 四川省自贡市沿滩区仙市水产协会
675 四川省广安市前锋区观阁镇葡萄种植产业协会
676 四川省遂宁市大英县霖麟水产养殖协会
677 四川省宜宾市江安镇黄泥坝萝卜协会（江安县）
678 四川省眉山市洪雅县槽渔滩宏益茶叶专业技术协会
679 四川省资阳市安岳县永兴柠檬协会
680 四川省阿坝藏族羌族自治州松潘县镇江优质水果种植协会
681 贵州省贵阳市息烽县青山苗族乡大林村干辣椒协会
682 贵州省遵义市凤冈县凤冈溢鲵源大鲵养殖农村专业技术协会
683 贵州省六盘水市盘县平关镇岩上村马铃薯协会
684 贵州省安顺市西秀区宁谷镇木山村种养殖协会
685 贵州省铜仁市万山区黄道侗族乡长坳红薯绿色食品加工协会
686 贵州省黔南布依族苗族自治州荔波县朝阳镇八烂村种养技术开发协会
687 贵州省黔东南苗族侗族自治州三穗县长吉乡吉态蔬菜种植协会
688 贵州省黔西南布依族苗族自治州兴义市敬南镇拢岸村竹鼠养殖协会
689 贵州省遵义市仁怀市红缨子高粱协会
690 贵州省贵阳市息烽县小寨坝镇红岩村葡萄种植协会
691 贵州省遵义市汇川区团泽镇鹌鹑养殖协会
692 贵州省六盘水市水城县化乐镇迷达村养殖协会
693 贵州省安顺市平坝县十字乡大院村经济发展协会
694 贵州省铜仁市碧江区梵净山竹鼠养殖协会
695 贵州省黔南布依族苗族自治州龙里县龙山镇新场村五子登科养殖协会
696 贵州省黔东南苗族侗族自治州黎平县妇女创业促进会
697 贵州省遵义市习水县柑甜花果协会
698 贵州省六盘水市六枝特区大用镇黑晒村人杰种植养殖专业技术协会
699 贵州省安顺市镇宁布依族苗族自治县天之和种植协会
700 贵州省铜仁市德江县堰塘凤凰山天麻种植协会
701 贵州省黔南布依族苗族自治州长顺县白云山镇果蔬茶业协会
702 贵州省黔东南苗族侗族自治州剑河县观么乡白胆村养羊协会
703 贵州省遵义市正安县谢坝乡农村经济协会
704 贵州省安顺市紫云苗族布依族自治县白石岩乡新驰村养牛协会
705 贵州省铜仁市石阡县中坝镇绿壳蛋鸡养殖协会
706 贵州省黔南布依族苗族自治州惠水县涟江街道惠明村生猪养殖协会
707 贵州省黔东南苗族侗族自治州天柱县渡马乡万里生猪养殖协会
708 贵州省遵义市道真仡佬族苗族自治县养蜂协会
709 贵州省铜仁市松桃苗族自治县太平营乡白果村红肉蜜柚种植协会
710 贵州省黔南布依族苗族自治州罗甸县栗木乡摆贡村发展协会
711 贵州省黔东南苗族侗族自治州从江县停洞镇朝天辣协会
712 贵州省遵义市湄潭县绿色食品协会
713 贵州省黔南布依族苗族自治州瓮安县桐梓坡村蔬菜协会
714 贵州省黔东南苗族侗族自治州榕江县兰花协会
715 贵州省遵义市赤水市张家湾生态观光农村专业技术协会
716 贵州省黔东南苗族侗族自治州雷山县乌东村农村经济发展协会
717 贵州省六盘水市盘县刘官镇红岩村柑桔协会
718 云南省昆明市盘龙区双龙冬桃协会
719 云南省昆明市五华区西翥街道凯普蔬菜协会
720 云南省昆明市西山区团结果蔬中草药种植协会
721 云南省昭通市镇雄县乌峰镇旧府举旺养殖协会
722 云南省昭通市鲁甸县七彩山鸡养殖协会
723 云南省昭通市盐津县桃园奇异果种植户专业协会
724 云南省曲靖市麒麟区越州镇横大路大蒜协会
725 云南省曲靖市会泽县火红乡马铃薯产销协会
726 云南省曲靖市宣威市倘塘黄豆腐协会
727 云南省玉溪市新平彝族傣族自治县中草药种植专业技术协会

728 云南省玉溪市澄江县洋桔梗种植协会
729 云南省楚雄彝族自治州楚雄市家禽养殖业协会
730 云南省楚雄彝族自治州元谋县金土地果蔬开发协会
731 云南省楚雄彝族自治州双柏县特色蔬菜产销协会
732 云南省红河哈尼族彝族自治州泸西县金马镇所得村早实核桃协会
733 云南省文山壮族苗族自治州文山市生态三七种植协会
734 云南省文山壮族苗族自治州麻栗坡县老山石斛产业种植开发协会
735 云南省普洱市西盟佤族自治县新厂镇阿莫村西盟米荞协会
736 云南省普洱市宁洱哈尼族彝族自治县磨黑镇团结村商品猪养殖协会
737 云南省大理白族自治州南涧彝族自治县联合黄草坝核桃协会
738 云南省大理白族自治州宾川县烟叶生产技术专业化服务协会
739 云南省大理白族自治州弥渡县珍禽养殖业协会
740 云南省迪庆藏族自治州香格里拉县三坝乡哈巴村花椒研究会
741 云南省迪庆藏族自治州德钦县燕门乡养猪合作协会
742 云南省迪庆藏族自治州维西傈僳族自治县维登乡山加村白皮大蒜种植协会
743 云南省临沧市临翔区圈内乡斗阁油菜种植协会
744 云南省临沧市耿马傣族佤族自治县大兴乡岩榴村重楼产业协会
745 云南省临沧市沧源佤族自治县岩帅镇岩丙村茶叶协会
746 云南省昆明市安宁市县街礼义红梨协会
747 云南省昆明市嵩明县杨林蔬菜协会
748 云南省临沧市双江拉祜族佤族布朗族傣族自治县勐勐镇千蚌蔬菜协会
749 云南省昭通市昭阳区洒渔镇苹果产销协会
750 云南省昭通市水富县李子产业技术服务协会
751 云南省曲靖市马龙县通泉镇文生养殖协会
752 云南省曲靖市罗平县罗雄镇法金甸日升昌养猪协会
753 云南省楚雄彝族自治州姚安县光禄镇蔬菜产业协会
754 云南省楚雄彝族自治州牟定县双丰收蔬菜种植加工协会
755 云南省玉溪市华宁县华溪镇特色果品协会
756 云南省玉溪市红塔区研和镇养殖协会
757 云南省玉溪市易门县花卉切叶协会
758 云南省红河哈尼族彝族自治州河口瑶族自治县莲花滩乡莲花滩村热带水果种植协会
759 云南省红河哈尼族彝族自治州绿春县大兴石斛协会
760 云南省红河哈尼族彝族自治州石屏县顺伟果蔬协会
761 云南省红河哈尼族彝族自治州红河县嘎他养鸭协会
762 云南省红河哈尼族彝族自治州弥勒市巡检司镇翠泉水果协会
763 云南省红河哈尼族彝族自治州开远市东营绿色农业产业化开发技术协会
764 云南省红河哈尼族彝族自治州个旧市卡房镇大黑山马铃薯发展协会
765 云南省文山壮族苗族自治州砚山县盘龙乡果蔬协会
766 云南省文山壮族苗族自治州广南县谷多高峰黄牛养殖协会
767 云南省普洱市镇沅彝族哈尼族拉祜族自治县和平乡泡核桃专业技术协会
768 云南省普洱市景东彝族自治县大街镇大山泡核桃种植管理协会
769 云南省西双版纳傣族自治州景洪市勐养镇石斛种植协会
770 云南省大理白族自治州云龙县旧州优质米产业协会
771 云南省大理白族自治州巍山彝族回族自治县南诏镇河西村委会无公害蔬菜协会
772 云南省大理白族自治州永平县云南白鹅养殖协会
773 云南省保山市隆阳区石斛产业技术协会
774 云南省保山市施甸县昌茂果蔬种植加工技术协会
775 云南省保山市龙陵县家禽养殖协会
776 云南省临沧市镇康县忙丙乡茶叶协会
777 云南省德宏傣族景颇族自治州芒市西山小耳朵猪养殖协会
778 云南省德宏傣族景颇族自治州陇川县姐乌养牛协会

779 云南省德宏傣族景颇族自治州梁河县河西乡养猪专业技术协会
780 云南省丽江市古城区金安乡核桃产业技术经济合作协会
781 云南省丽江市宁蒗彝族自治县翠玉乡元宝生态产业经济技术协会
782 云南省丽江市永胜县优质林果技术经济合作协会
783 云南省丽江市玉龙纳西族自治县黎明乡林果专业技术经济合作协会
784 云南省怒江傈僳族自治州贡山独龙族怒族自治县普拉底乡腊咱村农业科学技术协会
785 云南省怒江傈僳族自治州福贡县马吉乡旺基独村生态农业发展种养殖协会
786 云南省临沧市云县茂兰镇茂兰社区甘蔗种植协会
787 云南省昭通市威信县罗布乡郭家村金秋梨协会
788 云南省文山壮族苗族自治州麻栗坡县马街乡养猪专业技术协会
789 云南省大理白族自治州剑川县金华镇梅园石雕协会
790 云南省昆明市呈贡区斗南非洲菊种苗协会
791 云南省昆明市东川区铜都镇水果种植协会
792 云南省普洱市孟连傣族拉祜族佤族自治县银辉咖啡农民专业技术协会
793 云南省玉溪市通海县青禾卫士植物保护协会
794 云南省昭通市大关县益珠中药材种植开发协会
795 云南省普洱市镇沅彝族哈尼族拉祜族自治县宣河村养猪专业技术协会
796 云南省红河哈尼族彝族自治州金平苗族瑶族傣族自治县广西寨经济林协会
797 云南省曲靖市陆良县三岔河草席营销协会
798 云南省文山壮族苗族自治州文山市扎门村佛手瓜种植销售协会
799 西藏自治区拉萨市曲水县玉珠黄改（黄牛改良）专业协会
800 西藏自治区日喀则市江孜县紫金乡努堆村农机协会
801 西藏自治区日喀则市白朗县洛江镇蔬菜种植分会
802 西藏自治区日喀则市江孜县江孜镇东郊村奶牛协会
803 陕西省宝鸡市陈仓区新街镇官村核桃专业协会
804 陕西省咸阳市长武县丰乐果业技术协会
805 陕西省咸阳市秦都区园林花卉协会
806 陕西省铜川市王益区王益乡韩塬村富强养鸡协会
807 陕西省渭南市临渭区向阳红果蔬专业技术协会
808 陕西省渭南市合阳县荷塘水产养殖协会
809 陕西省延安市吴起县湖羊养殖协会
810 陕西省延安市安塞县招安镇牛皮梁山地果业技术协会
811 陕西省延安市宜川县绿丰果农协会
812 陕西省榆林市米脂县米金谷小米产业技术协会
813 陕西省榆林市清涧县普发草产业协会
814 陕西省汉中市佛坪县袁家庄镇鑫农中药材种植专业技术协会
815 陕西省安康市镇坪县上竹镇香菇产业协会
816 陕西省商洛市柞水县曹坪镇冷水鱼养殖协会
817 陕西省西安市阎良区有机富硒果蔬产业协会
818 陕西省宝鸡市岐山县大营乡瓜菜协会
819 陕西省宝鸡市千阳县三合村鸿富果品协会
820 陕西省宝鸡市太白县绿阳农业专业协会
821 陕西省宝鸡市眉县横渠万家塬绿园蔬菜协会
822 陕西省宝鸡市金台区金河镇生猪养殖农民专业协会
823 陕西省咸阳市彬县香庙镇富农果业协会
824 陕西省咸阳市淳化县官庄镇北山生态养羊协会
825 陕西省铜川市印台区广阳镇广阳村花椒协会
826 陕西省渭南市华阴市秦兴养猪协会
827 陕西省渭南市澄城县中药材种植协会
828 陕西省延安市富县吉子现果业协会
829 陕西省延安市延长县鑫盛养殖协会
830 陕西省延安市延川县腾达生态农业发展协会
831 陕西省延安市洛川县石泉乡畔里果农协会
832 陕西省榆林市横山县稻地沟养羊协会
833 陕西省榆林市佳县店镇枣农协会
834 陕西省汉中市留坝县江口镇无公害蔬菜专业协会
835 陕西省汉中市镇巴县大池镇中药材种植协会
836 陕西省汉中市略阳县远丰干果种植专业技术协会
837 陕西省汉中市西乡县城关镇莲花村樱桃产业协会
838 陕西省安康市汉滨区瀛湖镇清泉果业协会
839 陕西省安康市白河县卡子镇仓房茶叶种植产业协会
840 陕西省安康市平利县城关镇龙古村绞股蓝专业协会
841 陕西省商洛市丹凤县阳荫秦麓猪苓产业协会
842 陕西省商洛市镇安县秦绣产业协会

843 陕西省渭南市韩城市养羊协会
844 陕西省西安市临潼区石瓮谷土鸡蛋专业协会
845 陕西省西安市周至县金朝阳果品技术推广协会
846 陕西省宝鸡市麟游县招贤镇梨家沟秦川牛养殖专业技术协会
847 陕西省宝鸡市凤翔县彪角镇希尔康辣椒协会
848 陕西省宝鸡市凤县平木镇寺沟村蔬菜专业技术协会
849 陕西省咸阳市泾阳县绿地食用菌协会
850 陕西省咸阳市永寿县诚信果业协会
851 陕西省咸阳市旬邑县赤道社区东盛果业协会
852 陕西省铜川市宜君县高山果蔬专业协会
853 陕西省渭南市潼关县牛头塬芦笋种植协会
854 陕西省渭南市蒲城县金粟山养鸡专业技术协会
855 陕西省渭南市白水县上徐果农协会
856 陕西省延安市宝塔区伟尚果业协会
857 陕西省榆林市榆阳区杜八黑猪养殖协会
858 陕西省榆林市定边县杨井镇农村专业技术协会
859 陕西省榆林市神木县中鸡镇托拉湾村光荣养殖协会
860 陕西省汉中市城固县崔家山镇孟家营村果品苗木种植专业技术协会
861 陕西省汉中市宁强县庙坝乡大鲵保护与发展协会
862 陕西省安康市旬阳县白山羊养殖协会
863 陕西省安康市紫阳县双安镇大湾特色种植协会
864 陕西省安康市石泉县后柳镇中坝村养殖协会
865 陕西省商洛市山阳县家兴中药材种植业协会
866 陕西省渭南市大荔县段家富民核桃专业协会
867 陕西省榆林市子洲县羊产业专业技术协会
868 陕西省咸阳市三原县颐盛园散养鸡协会
869 陕西省咸阳市兴平市秦一辣椒协会
870 陕西省安康市汉阴县双乳镇安林村核桃协会
871 陕西省西安市户县新农养鸡协会
872 陕西省延安市黄龙县三岔乡木昌桥村玉米协会
873 甘肃省平凉市崇信县沼气服务协会
874 甘肃省定西市渭源县路园峪口蔬菜产业开发协会
875 甘肃省酒泉市肃州区三旺养殖技术协会
876 甘肃省陇南市成县兴丰林果协会
877 甘肃省兰州市皋兰县中心乡九合村养鸡协会
878 甘肃省陇南市武都区江南街道办事处大堡蔬菜专业协会
879 甘肃省庆阳市宁县盘克镇盘农果业协会
880 甘肃省定西市黑土豆产业协会（陇西县）
881 甘肃省兰州市西固区园艺村蔬菜产销协会
882 甘肃省白银市会宁县红玉马铃薯协会
883 甘肃省张掖市肃南裕固族自治县桦林生态养殖协会
884 甘肃省酒泉市玉门市下西号乡枸杞协会
885 甘肃省张掖市甘州区梁家墩镇清绿蔬菜种植协会
886 甘肃省白银市靖远乌兰九牧源养羊协会（靖远县）
887 甘肃省白银市平川区陇药产业协会
888 甘肃省张掖市临泽县有机农产品专业技术协会
889 甘肃省平凉市崆峒区锦旺红牛生猪推广发展协会
890 甘肃省平凉市庄浪县育苗协会
891 甘肃省临夏回族自治州临夏县土桥镇草莓种植业协会
892 甘肃省武威市凉州区祥瑞蔬菜协会
893 甘肃省武威市天祝藏族自治县旦马乡细毛羊养殖协会
894 甘肃省定西市漳县武阳镇新庄门村韭菜种植协会
895 甘肃省兰州市红古区小尾寒羊示范养殖协会
896 甘肃省武威市民勤县肉苁蓉产业协会
897 甘肃省临夏回族自治州东乡族自治县沿岭养羊协会
898 甘肃省兰州市榆中县柏木村百合洋芋协会
899 甘肃省天水市张家川回族自治县马鹿镇益发养殖协会
900 甘肃省陇南市礼县良源果业协会
901 甘肃省庆阳市西峰区什社谷子生产技术协会
902 甘肃省张掖市山丹县新型职业农民协会
903 甘肃省天水市麦积区三岔镇闫西村大红袍花椒产业协会
904 甘肃省天水市甘谷县六峰镇巩家将军岭畜禽养殖协会
905 甘肃省庆阳市正宁县步天中药材专业技术协会
906 甘肃省白银市白银区四龙镇果树协会
907 甘肃省武威市古浪县马铃薯产业协会
908 甘肃省酒泉市瓜州县西湖乡永强果蔬农民专业技术协会
909 甘肃省酒泉市玉门市景旺瓜果蔬产业协会
910 青海省海东市民和县土族刺绣协会
911 青海省海东市互助县董家村养殖协会
912 青海省海东市乐都区元太种养殖协会
913 青海省海东市化隆县金源乡白日光唐卡艺术协会

914 青海省海东市民和县樱桃协会
915 青海省海东市循化县哈三农机推广协会
916 青海省海西州德令哈市顺龙种植养殖协会
917 青海省西宁市大通县林下经济中藏药协会
918 青海省海东市平安县创业青年富硒蔬菜种植协会
919 青海省海东市循化县南台杂果协会
920 青海省海东市化隆县汇源种养殖协会
921 青海省海东市平安县富民生猪养殖协会
922 宁夏回族自治区石嘴山市大武口区星海镇农产品流通专业协会
923 宁夏回族自治区固原市隆德县山河花卉苗木发展协会
924 宁夏回族自治区固原市泾源县回乡青年特色苗木专业技术协会
925 宁夏回族自治区银川市永宁县杨和镇奶牛养殖协会
926 宁夏回族自治区石嘴山市平罗县高仁乡乐海山西瓜协会
927 宁夏回族自治区吴忠市利通区诚丰良种种养协会
928 宁夏回族自治区固原市西吉县心雨林下经济科技服务协会
929 宁夏回族自治区中卫市沙坡头区中卫市梨枣协会
930 宁夏回族自治区银川市灵武市灵武黄河生态特禽养殖协会
931 宁夏回族自治区吴忠市盐池县花马池镇柳杨堡种养协会
932 宁夏回族自治区吴忠市青铜峡市红十月葡萄协会
933 宁夏回族自治区固原市彭阳县杨家坪农副产品专业技术协会
934 新疆维吾尔自治区昌吉回族自治州呼图壁县农产品保鲜技术协会
935 新疆维吾尔自治区博尔塔拉蒙古自治州博乐市小营盘镇甜菜种植协会
936 新疆维吾尔自治区阿勒泰地区富蕴县喀拉通克乡肥源苦山羊协会
937 新疆维吾尔自治区喀什地区疏附县布拉克苏乡努尔蓝肉羊养殖专业技术协会
938 新疆维吾尔自治区巴音郭楞蒙古自治州若羌县铁干里克乡亚喀吾斯塘蔬菜专业协会
939 新疆维吾尔自治区巴音郭楞蒙古自治州且末县库拉木勒克乡高原香蒜协会
940 新疆维吾尔自治区阿克苏地区阿瓦提县慕萨莱思协会
941 新疆维吾尔自治区阿勒泰地区阿勒泰市巴里巴盖乡夏乐戈恩牲畜养殖协会
942 新疆维吾尔自治区伊犁哈萨克自治州察布查尔锡伯自治县海努克乡林下生态养鸡协会
943 新疆维吾尔自治区塔城地区沙湾县东湾镇玉米制种协会
944 新疆维吾尔自治区塔城地区托里县骆驼奶协会
945 新疆维吾尔自治区昌吉回族自治州奇台县东湾镇鑫源养猪协会
946 新疆维吾尔自治区乌鲁木齐市米东区绿丰经济作物种植协会
947 新疆维吾尔自治区乌鲁木齐市达坂城区雪菊协会
948 新疆维吾尔自治区吐鲁番市鄯善县双水磨畜禽养殖协会
949 新疆维吾尔自治区哈密地区巴里坤哈萨克自治县山南众鑫养殖协会
950 新疆维吾尔自治区巴音郭楞蒙古自治州库尔勒市阿瓦提乡其盖克其克村香梨协会
951 新疆维吾尔自治区巴音郭楞蒙古自治州博湖县辣椒协会
952 新疆维吾尔自治区克孜勒苏柯尔克孜自治州阿克陶县特色林果业协会
953 新疆维吾尔自治区和田地区皮山县科克铁热克乡葡萄协会
954 新疆维吾尔自治区阿克苏地区阿克苏市喀拉塔勒镇棉花协会专业技术协会
955 新疆维吾尔自治区塔城地区额敏县上户乡农乐打瓜协会
956 新疆维吾尔自治区吐鲁番市托克逊县葡萄协会
957 新疆维吾尔自治区巴音郭楞蒙古自治州和静县巴音布鲁克黑头羊协会
958 新疆维吾尔自治区阿勒泰地区福海县齐干吉迭乡阿勒泰羊养殖协会
959 新疆维吾尔自治区吐鲁番市高昌区小母牛协会
960 新疆生产建设兵团第二师 33 团养鹿协会
961 新疆生产建设兵团第四师 66 团新伊鸵鸟养殖协会
962 新疆生产建设兵团第十三师火箭农场龙泉蔬菜协会

（二）农村科普示范基地（386 个）

1 北京金粟种植科普基地（延庆县）

2 北京融青生态农业有限公司科普基地（大兴区）

3 天津滨海无瑕农业生态设施有限公司科普示范基地（东丽区）

4 天津市北辰区双街农业科技开发有限公司科普示范基地

5 天津市百姓一兰梓大蒜种植基地（宝坻区）

6 河北省石家庄市平山县大兴水产养殖基地

7 河北省唐山市开平区凤凰花卉科普示范基地

8 河北省保定市雄县雄润种羊养殖示范基地

9 河北省沧州市黄骅市古贡枣园科普示范基地

10 河北省邢台市南和县芝兰中药材种植基地

11 河北省邯郸市峰峰矿区新潘养殖技术科普示范基地

12 河北省石家庄市行唐县深山农业科普示范基地

13 河北省承德市兴隆县你我他山楂科普示范基地

14 河北省衡水市安平县泓迪花木园林科普示范基地

15 河北省廊坊市固安县宏穗种植示范基地

16 河北省秦皇岛市卢龙县博兴农业科技有限公司科普示范基地

17 河北省张家口市沽源县五花草甸蔬菜种植基地

18 山西省朔州市西山生态农业综合开发有限公司科普示范基地（朔城区）

19 山西省阳泉市平定县泰东耘鼎农业科技示范园科普示范基地

20 山西省晋中市德牧农业开发有限公司科普示范基地（和顺县）

21 山西省长治市长子县晋潞种植专业合作社科普示范基地

22 山西省运城市稷山县桐下村“板枣一号”科普示范基地

23 山西省朔州市怀仁县隆兴养殖专业合作社科普示范基地

24 山西省忻州市河曲县日光温室“科创”优质葡萄基地科普示范基地

25 山西省晋城市陵川县中药材科普示范基地

26 山西省临汾市襄汾县襄陵镇黄崖村大棚蔬菜基地

27 山西省太原市尖草坪区山西慕云山生态科技有限公司科普示范基地

28 山西省晋中市祁县腾达生态农业专业合作社设施蔬菜科普示范基地

29 山西省忻州市忻府区旺荣生态养殖科普示范基地

30 山西省晋城市阳城县绿源林果种植农民专业合作社科普示范基地

31 山西省吕梁市交口县温泉乡群欣养殖专业合作社科普示范基地

32 山西省长治市沁县天源核桃产业开发基地科普示范基地

33 内蒙古自治区兴安盟科尔沁右翼中旗二龙屯有机农业科普示范基地

34 内蒙古自治区鄂尔多斯市鄂托克前旗农牧业创新科普示范基地

35 内蒙古自治区乌海市海南区巴音宝养殖发展有限公司乌鸡繁育示范基地

36 内蒙古自治区呼和浩特市清水河县杨家窑科普教育培训示范基地

37 内蒙古自治区呼伦贝尔市水稻产业科普示范基地（扎兰屯市）

38 内蒙古自治区赤峰市元宝山区大北海现代农业科技有限责任公司科普示范基地

39 内蒙古自治区乌兰察布市兴和县城关镇八十三号村设施农业科普示范基地

40 内蒙古自治区通辽市奈曼旗新中农沙漠水稻示范基地

41 内蒙古自治区巴彦淖尔市杭锦后旗腾达繁育养殖科普示范基地

42 内蒙古自治区锡林郭勒盟镶黄旗萨嘎萨尔牛羊良种繁育基地

43 内蒙古自治区通辽市科尔沁左翼后旗努古斯台镇图古日格嘎查基础母牛繁育科普示范基地

44 内蒙古自治区呼伦贝尔市鄂伦春自治旗多布库尔育种科普示范基地

45 内蒙古自治区赤峰市克什克腾旗新开地乡马铃薯种植与加工科普示范基地

46 内蒙古自治区包头市土默特右旗内蒙古绿蒙奶牛养殖科普示范基地

47 内蒙古自治区乌兰察布市丰镇市大汉种养殖科普示范基地

48 辽宁省丹东市东港市鳅地大米科普示范基地

49 辽宁省沈阳市辽中县种蛋鸡养殖科普示范基地

50 辽宁省鞍山市岫岩满族自治县朝阳镇富民食用菌种植协会基地

51 辽宁省朝阳市朝阳县绿色豆角科普示范基地

52 辽宁省阜新市阜新蒙古族自治县福兴地镇蔬菜种植科普示范基地

53 辽宁省大连市瓦房店市李官镇葡萄科普示范基地
54 辽宁省本溪市本溪满族自治县万顺达牛羊养殖基地
55 辽宁省铁岭市银州区龙山乡西辽海村特种玉米科普示范基地
56 辽宁省营口市大石桥市沟沿养鸡协会科普示范基地
57 辽宁省盘锦市盘山县坝墙子张家蔬菜生产科普示范基地
58 辽宁省锦州市北镇市食用菌生产基地
59 辽宁省辽阳市太子河区辽阳兴宇花卉苗木科普示范基地
60 辽宁省大连市旅顺口区水师营街道小南生态产业发展专业技术协会科普示范基地
61 吉林省长春市农安县高家店镇葡萄栽培科普示范基地
62 吉林省松原市前郭尔罗斯蒙古族自治县宝华果树栽培科普示范基地
63 吉林省通化市通化县沿江天地和生态农业科普示范基地
64 吉林省白山市浑江区白山中天农业科技示范基地
65 黑龙江省哈尔滨市五常市大农庄有机水稻种植基地
66 黑龙江省哈尔滨市木兰县益丰水稻种植科普示范基地
67 黑龙江省佳木斯市同江市东明现代农村科普示范基地
68 黑龙江省绥化市安达市澳佳牧业科普示范基地
69 黑龙江省绥化市青冈县祯祥镇景春玉米种植基地
70 上海上房园艺有限公司科普示范基地（闵行区）
71 江苏省盐城市东台市梁垛镇张倪村科普示范基地
72 江苏省徐州市丰县合作种羊场科普示范基地
73 江苏省淮安市金湖县金湖丰收蔬菜专业合作社科普示范基地
74 江苏省扬州市高邮市连标葡萄科普示范基地
75 江苏省南京市溧水区溧水县晶桥镇枫香岭苗木专业合作社
76 江苏省南通市海门市科创现代农业开发有限公司科普示范基地
77 江苏省镇江市丹徒区茗缘茶叶专业合作社科普示范基地
78 浙江省宁波市镇海区庄市街道繁荣瓜果蔬菜试验示范场科普示范基地
79 浙江省衢州市龙游县山野土鸡养殖示范基地
80 浙江省舟山市岱山县岱西镇林家生态农业科普基地
81 安徽省宿州市埇桥区群富甜叶菊专业合作社科普示范基地
82 安徽省芜湖市繁昌县杏湖孔雀园科普基地
83 安徽省安庆市桐城市牯牛背农业开发有限公司科普示范基地
84 安徽省宣城市宁国市天行健乌骨羊养殖示范基地
85 安徽省马鞍山市当涂县盛农现代粮食科普示范基地
86 安徽省阜阳市颍州区昊源养殖家庭农场
87 安徽省宿松县乡园禽业公司科普基地
88 安徽省蚌埠市五河县特种家禽繁殖场
89 安徽省合肥市肥西县金牛蚕桑生产基地
90 安徽省六安市霍邱县灵草中药材药业科普示范基地
91 安徽省池州市青阳县九华中药材科技有限公司科普示范基地
92 福建省福州弥高仙茶叶有限公司科普示范基地（晋安区）
93 福建省厦门市振坤记养殖有限公司科普示范基地（同安区）
94 福建省云霄县绿州果蔬开发有限公司科普示范基地（漳州市）
95 福建省泉州市安溪县感德铁观音制作技术研究会生态茶园科普示范基地
96 福建省莆田市仙游县龙眼科普示范基地
97 福建省三明市永安市安砂果蔬生产加工科普示范基地
98 福建省南平市延平区恒丰果蔬科普示范基地
99 福建省龙岩市万家兔业发展有限公司科普示范基地（永定区）
100 福建省宁德如是茶业有限公司科普示范基地（柘荣县）
101 福建省绿祥生态农业开发有限公司科普示范基地（平潭综合实验区）
102 江西省萍乡市湘东区衍龙生态蛇类驯养繁殖科普示范基地
103 江西省九江市彭泽县元坤禽业科普示范基地
104 江西省赣州市定南县汇丰农业科技有限公司科普示范基地

105 江西省景德镇市乐平市徐家畈粮食高产科普示范基地
106 江西省萍乡市芦溪县长丰乡种禽养殖科普示范基地
107 江西省南昌市南昌县南昌龙豪农业发展有限公司科普示范基地
108 江西省九江市九江县九江还林油茶科普示范基地
109 江西省萍乡市莲花县棋盘山颐年柚科普示范基地
110 江西省赣州市兴国县蒙山有机脐橙科普示范基地
111 江西省宜春市靖安县江林竹产业科普示范基地
112 江西省赣州市崇义县田源红豆杉科普示范基地
113 江西省鹰潭市贵溪市樟塘养殖场科普示范基地
114 江西省上饶市弋阳县雷竹生产示范基地
115 江西省抚州市东乡县欣荣花猪科普示范基地
116 江西省吉安市安福县武明毛竹培育科普示范基地
117 山东省烟台市莱州市金城镇林书平海珍品养殖基地
118 山东省德州市齐河县致中和林果蔬菜种植基地
119 山东省菏泽市郓城县蔬菜种植示范基地
120 山东省济南市长清区益和“中秋红”大枣科普示范基地
121 山东省青岛市崂山区青岛涵雪饮品科普示范基地
122 山东省枣庄市滕州市坝桥高产小麦科普示范基地
123 山东省威海市文登区海和鲆鲽鱼无公害育苗养殖示范基地
124 山东省泰安市东平县山东泰禾食用菌养殖基地
125 山东省潍坊市临朐县生态循环农业科普示范基地
126 山东省临沂市平邑县夫利苗木农业科普示范基地
127 山东省德州市夏津县粮丰恒兴粮食种植示范基地
128 山东省临沂市费县桂荷苑苗木培育示范基地
129 山东省莱芜市莱城区优质花椒种植科普示范基地
130 山东省日照市岚山区凇晨有机茶叶科普示范基地
131 山东省青岛市即墨市青岛天富林果茶专业合作社
132 山东省济宁市汶上县嘉润良种繁育推广基地
133 山东省烟台市长岛县大钦岛深水网箱养鱼科普示范基地
134 山东省潍坊市高密市利和农产品科普示范基地
135 山东省临沂市罗庄区雅鸣苗木科普示范基地
136 山东省济宁市微山县鲁桥永喜家庭农场科普示范基地
137 山东省泰安市岱岳区曼华庄园农业科普示范基地
138 山东省临沂市莒南县三龙山科普示范基地
139 山东省枣庄市峄城区坛山街道中桥绿色蔬菜科普示范基地
140 河南省周口市郸城县钱店镇高淀粉红薯基地
141 河南省鹤壁市浚县乐丰高效农业科技示范园
142 河南省三门峡市渑池县军健畜禽养殖科普示范基地
143 河南省信阳市罗山县子路镇问津种养殖科普示范基地
144 河南省焦作市温县老龙头科普示范基地
145 河南省商丘市柘城县金鑫牧业肉牛养殖基地
146 河南省濮阳市范县陈庄镇黄河藕业种植基地
147 河南省新乡市长垣县古蒲农业科技园科普示范基地
148 河南省驻马店市确山县立兴牧业生态养殖基地
149 河南省开封市尉氏县鑫瑞种植基地
150 河南省许昌市许昌县丰广展蔬菜育苗种植基地
151 河南省周口市扶沟县吕潭乡绿发生猪养殖示范基地
152 河南省济源市鸿润苗木精品林果基地
153 河南省郑州市登封市三和兴养殖有限公司示范基地
154 河南省洛阳市栾川县拨云岭核桃栽植科普示范基地
155 河南省新乡市辉县市枣园林果种植基地
156 河南省漯河市郾城区绿色粮食种植科普示范基地
157 河南省濮阳市清丰县农业科技良种推范基地
158 河南省安阳市汤阴县滨河生态农业科普示范基地
159 河南省济源市花卉制种科普示范基地
160 河南省平顶山市宝丰县周庄镇花柳饲养专业合作社养殖示范基地
161 河南省南阳市桐柏县毛集镇中药材种植科普示范基地
162 湖北省襄阳市谷城县石花镇龙湾油茶科普示范基地
163 湖北省荆州市江陵县沙岗镇白鹭湖藕带种植科普示范基地
164 湖北省孝感市安陆市富山美国王鸽科普示范基地
165 湖北省黄冈市蕲春县向桥乡向杨桃科普示范基地
166 湖北省咸宁市通山县惠民食用菌种植科普示范基地
167 湖北省黄石市阳新县兴国镇宝塔藜蒿科普示范基地

168 湖北省黄冈市团风县团风百福寺村油茶科普示范基地
169 湖北省天门市四海水产品养殖专业合作社科普示范基地
170 湖北省随州市曾都区洛阳镇七彩农谷花卉科普示范基地
171 湖北省潜江市熊口镇白果树村虾稻连作科普示范基地
172 湖北省十堰市丹江口市丁家营镇花园村花卉苗木基地
173 湖北省恩施土家族苗族自治州利川市箭竹溪黄连高产栽培科普示范基地
174 湖北省宜昌市宜都市恺杰生态农业综合种养科普示范基地
175 湖北省鄂州市华容区鄂州禾润农业发展有限公司稻虾混作科普示范基地
176 湖北省咸宁市咸安区健民油茶科普示范基地
177 湖南省湘潭市农之源农业科技有限公司黄桃繁殖基地
178 湖南省娄底市健民食品有限公司农产品生产加工基地
179 湖南省岳阳市汨罗市原种场优质水稻生产科普示范基地
180 湖南省郴州市宜章县众富种养科普示范基地
181 湖南省株洲市醴陵市大塘生态养殖基地
182 湖南省常德市石门县株木岗柑桔高效科普示范基地
183 湖南省岳阳市临湘市楠竹科技示范园
184 湖南省益阳市安化县冷市镇万顺果业示范基地
185 湖南省益阳市南县港湾生态生畜养殖基地
186 湖南省永州市东安县惠民优质金银花基地
187 湖南省益阳市沅江市同辉蛋鸡生态养殖科普示范基地
188 湖南省张家界市永定区荷花大鲵养殖科普示范基地
189 湖南省张家界市慈利县张家界慈姑生态农业科普示范基地
190 湖南省湘西自治州龙山县生态农业科技示范园
191 湖南省岳阳市蔬菜食用菌协会君山区蔬菜食用菌基地
192 湖南省衡阳市雁峰区富菊农业科普示范基地
193 湖南省常德市桃源县富硒稻米生产加工示范基地
194 湖南省邵阳市大云山红豆杉科普示范基地
195 广东省汕头市澄海区文生食用菌研究所科普示范基地
196 广东省梅州市兴宁市广东鑫龙湾生态休闲农业发展有限公司科普示范基地
197 广东省阳江市阳西县绿康水产养殖专业合作社农村科普示范基地
198 广东省清远市英德市永和农业发展有限公司科普示范基地
199 广东省茂名市信宜市黄华江网箱鱼专业合作社科普示范基地
200 广东省江门市恩平市黄亚山茶业专业合作社科普示范基地
201 广东省湛江市雷州市香蕉技术协会科普示范基地
202 广西壮族自治区桂林市龙胜各族自治县亚冷水鱼养殖科普示范基地
203 广西壮族自治区北海市铁山港区名贵鱼类网箱养殖科普示范基地
204 广西壮族自治区柳州市柳城县社冲乡社冲村委西盘龙千亩蔬菜种植基地
205 广西壮族自治区南宁市青秀区刘圩镇绿色蔬菜种植科普示范基地
206 广西壮族自治区防城港市东兴市盛泽生态农业示范基地
207 广西壮族自治区钦州市钦南区康熙岭镇特种龟鳖养殖场
208 广西壮族自治区贵港市港北区夏里现代农业综合开发科普示范基地
209 广西壮族自治区百色市右江区大楞乡黑山羊养殖示范基地
210 广西壮族自治区玉林市玉州区玉林市绿野农牧科普示范基地
211 广西壮族自治区贺州市钟山县佳欣果蔬科普示范基地
212 广西壮族自治区河池市宜州市三岔镇葆华生猪养殖科普示范基地
213 广西壮族自治区来宾市武宣县安东水果种植科普示范基地
214 广西壮族自治区崇左市宁明县那楠乡黑灵芝种植基地
215 广西壮族自治区桂林市临桂县南边山镇塘头红心猕猴桃科普示范基地

216 广西壮族自治区梧州市岑溪市悦绿源蔬菜生产基地
217 广西壮族自治区百色市隆林各族自治县隆林者保生态养殖示范基地
218 广西壮族自治区贺州市富川瑶族自治县富阳镇巩塘沙糖桔黄龙病综合防控科普示范基地
219 广西壮族自治区崇左市江州区新和镇新村村振发茂谷柑种植基地
220 广西壮族自治区百色市凌云县那山生态种养综合示范基地
221 广西壮族自治区桂林市荔浦县海狸养殖科普示范基地
222 广西壮族自治区来宾市合山市北泗镇云堡村澳洲坚果示范基地
223 广西壮族自治区贵港市覃塘区黄练镇科宝小蚕共育基地
224 广西壮族自治区玉林市容县恒楚农牧有限公司示范基地
225 广西壮族自治区百色市靖西县化峒镇民强蔬菜种植科普示范基地
226 广西壮族自治区柳州市柳江县进德镇三千食用菌生产示范基地
227 广西壮族自治区南宁市马山县金钗镇科学养猪科普示范基地
228 海南省三亚市三亚兰德国际玫瑰谷科普示范基地
229 海南省临高县博厚雅新园艺苗圃基地
230 重庆市万州区金菜篮生态农业科普示范基地
231 重庆市大足区正东生猪养殖科普示范基地
232 重庆市长寿区现代果蔬科普示范基地
233 重庆市江津区欧尔农业科普示范基地
234 重庆市万盛丛林镇生态食用菌科普示范基地（綦江区）
235 重庆市垫江县食用菌高产栽培科普示范基地
236 重庆市开县滕裕农业科技开发有限公司科普示范基地
237 重庆市酉阳土家族苗族自治县鑫娃大鲵驯养繁殖中心科普示范基地
238 重庆市彭水苗族土家族自治县三义豪猪科普示范基地
239 重庆市永川区云雾山无公害茶科普示范基地
240 重庆市巫溪县云祥食用菌股份专业合作社科普示范基地
241 四川省乐山市犍为县清溪茉莉花科普示范基地
242 四川省阿坝藏族羌族自治州茂县太平乡木耳村绿色转有机蔬菜种植科普示范基地
243 四川省绵阳市北川羌族自治县老山生态农业种植科普基地
244 四川省广元市苍溪县三会连片扶贫科普示范基地
245 四川省南充市仪陇县赛金镇兴建柑桔科普示范基地
246 四川省雅安市汉源甜樱桃特色农业科普示范基地
247 四川省宜宾市川红集团可久茶叶基地（高县）
248 四川省泸州市叙永县大土土川米优化工程科普示范基地
249 四川省广元市利州区嘉沃生态农业科普示范基地
250 四川省德阳市绵竹市汉旺镇食用菌科普示范基地
251 四川省德阳市广汉市松林镇万亩优质水果科普示范基地
252 四川省达州市宣汉县明月乡众城莲藕种植科普示范基地
253 四川省凉山彝族自治州布拖县特木里镇四且村高山肉牛养殖科普示范基地
254 四川省攀枝花市盐边县红格脐橙保护性栽培科普示范基地
255 四川省内江市东兴区优质粮食种植科普示范基地
256 四川省南充市蓬安县凯旺农牧业科普示范基地
257 四川省达州市通川区蒲家花卉苗木基地
258 四川省巴中市恩阳区柳林镇玉金村果蔬基地
259 四川省甘孜藏族自治州丹巴县岳扎乡大棚蔬菜种植基地
260 四川省成都市龙泉驿区都市近郊现代园艺科普基地
261 四川省成都市汇众优质粮菜科普基地（双流县）
262 四川省成都市青白江区葛佬九葛根种植示范基地
263 四川省自贡市富顺县泥鳅养殖科技示范基地
264 四川省雅安市雨城区顶峰生态种植科普示范基地
265 四川省甘孜藏族自治州九龙县魔芋科普示范基地
266 四川省成都市金田种苗基地（郫县）
267 四川省泸州市合江县向阳药场科普示范基地
268 四川省绵阳市春泉茶生态种植科普示范基地（安县）
269 四川省资阳市安岳县绿丰柠檬科普示范基地
270 四川省阿坝藏族羌族自治州金川县万林乡西里寨村中藏药科普示范基地

271 四川省凉山彝族自治州昭觉县色底乡马母乃拖村核桃基地
272 四川省乐山市峨眉山市安吉白茶科普示范基地
273 四川省眉山市彭山区天蓬生猪养殖科普示范基地
274 四川省遂宁市四川正品农业科普示范基地（大英县）
275 四川省巴中市南江县关门红梅种植科普示范基地
276 四川省眉山市丹棱县生态蚕桑科普示范基地
277 四川省宜宾市江安县蟠龙兴盛泥鳅养殖科普示范基地
278 贵州省贵阳市修文县扎佐镇双月养殖基地
279 贵州省遵义市余庆县敖溪镇绍洋生猪养殖科普示范基地
280 贵州省安顺市普定县中国科学院普定喀斯特生态系统观测研究站
281 贵州省毕节市七星关区田坎乡百诚养鸡科普示范基地
282 贵州省铜仁市玉屏侗族自治县亚鱼乡郭家湾村米业科普示范基地
283 贵州省黔东南苗族侗族自治州黄平县新州镇七草冲桃园科普示范基地
284 贵州省黔西南布依族苗族自治州兴义市鸿鑫农业发展有限责任公司科普示范基地
285 贵州省毕节市威宁彝族回族苗族自治县龙街镇龙河村发营樱桃种植科普示范基地
286 贵州省贵阳市花溪区久安乡云盘春茶叶专业合作社猫冲示范基地
287 贵州省遵义市遵义县枫香镇花茂村蔬菜科普示范基地
288 贵州省铜仁市思南县康道生猪养殖科普示范基地
289 贵州省黔南布依族苗族自治州瓮安县清新茶业科普示范基地
290 贵州省黔东南苗族侗族自治州岑巩县晟发大鲵养殖科普示范基地
291 贵州省黔西南布依族苗族自治州贞丰县下江黑猪生态养殖科普示范基地
292 贵州省遵义市绥阳县长远生态绿茶科普示范基地
293 贵州省黔东南苗族侗族自治州施秉县甘溪乡何家坝精品水果科普示范基地
294 贵州省毕节市黔西县钟山镇龙洞村种植业科普示范基地
295 贵州省铜仁市沿河土家族自治县鑫兴李王科普示范基地
296 云南省昆明市石林彝族自治县石林锦苑花卉科技示范园
297 云南省昆明市宜良县雪峰生态园科普示范基地
298 云南省文山壮族苗族自治州丘北县尚金色大地玫瑰花种植示范基地
299 云南省临沧市凤庆县营盘镇景杏村阿兴科学养猪科普示范基地
300 云南省临沧市沧源佤族自治县刀董村林下生态养殖示范基地
301 云南省迪庆藏族自治州香格里拉县上江乡种桑养蚕科普兴农示范园
302 云南省红河哈尼族彝族自治州元阳县甜菜种植科普示范基地
303 云南省昭通市大关县利和优质果蔬科普示范基地
304 云南省曲靖市沾益县林林青养殖科普示范基地
305 云南省曲靖市师宗县云南龙布瑞农特产品有限公司种养殖科普示范基地
306 云南省楚雄彝族自治州永仁县维汉黑山羊养殖营销专业协会科普示范基地
307 云南省红河哈尼族彝族自治州建水县环宇中药材种植科普示范基地
308 云南省文山壮族苗族自治州马关县科普服务中药材种植示范基地
309 云南省普洱市景谷傣族彝族自治县益智乡科普培训基地
310 云南省西双版纳傣族自治州景洪市无公害茶园套种沉香、嘛切示范基地
311 云南省大理白族自治州鹤庆县玫瑰花种植科普示范中心
312 云南省保山市腾冲市腾冲县高黎贡山清水生态茶园科普示范基地
313 云南省保山市昌宁县傣乡河谷蔬菜科普示范基地
314 云南省德宏傣族景颇族自治州盈江县林立油茶科普示范基地
315 云南省丽江市华坪县辣子庄西瓜科普示范基地
316 云南省昭通市威信县春风中华蜜蜂科普示范基地
317 西藏自治区昌都市丁青县鹏胜农牧民油菜加工基地
318 西藏自治区林芝市朗县拉多嘎村山羊养殖基地
319 西藏自治区日喀则市定结县陈塘镇比塘村鸡爪谷糌粑加工基地

320 西藏自治区那曲地区双湖县玛乡绵羊育肥科普基地
321 西藏自治区林芝市工布江达县错高乡结巴村藏猪养殖基地
322 西藏自治区日喀则市仁布县康雄乡亚德细褐羊毛制品基地
323 西藏自治区山南地区乃东县草莓基地
324 西藏自治区日喀则市拉孜县扎西岗乡苏村奶牛养殖基地
325 陕西省宝鸡市金台区宝鸡新态农业科普示范基地
326 陕西省咸阳市武功县武功镇绿益现代猕猴桃科普示范基地
327 陕西省咸阳市兴平市陕西禾益现代农业科普示范基地
328 陕西省渭南市大荔县文岭科技育苗科普示范基地
329 陕西省延安市洛川县有机苹果生产科普示范基地
330 陕西省榆林市绥德县满堂川乡圪针湾村万亩核桃种植基地
331 陕西省汉中市洋县长丰核桃科普示范基地
332 陕西省安康市宁陕县滨海科普示范基地
333 陕西省商洛市山阳县惠康板栗产业基地
334 陕西省西安市阎良区关山鑫源甜瓜科技示范园
335 陕西省宝鸡市扶风县扶杨生态农业种植科普示范基地
336 陕西省铜川市宜君县云梦乡刘家埝村玉米科普示范基地
337 陕西省安康市白河县天宝现代农业园区科普示范基地
338 陕西省商洛市柞水县丰北河镇云岭五味子科普示范基地
339 陕西省榆林市榆阳区绿原恒丰养殖有限公司岔河则科普示范基地
340 陕西省宝鸡市陇县温水镇坪头村宏勃食用菌农村科普示范基地
341 陕西省渭南市华阴市凤饮阁草莓种植基地
342 陕西省杨凌示范区杨凌天成养殖科普示范基地
343 陕西省汉中市宁强县毛坝河镇生态仿野生天麻种植科普示范基地
344 陕西省安康市平利县汉水女娲茶业科普示范基地
345 陕西省咸阳市旬邑县兴农堡科普示范基地
346 甘肃省张掖市民乐县金阳光现代农业开发有限公司种植基地
347 甘肃省白银市景泰县谐丰种植科普示范基地
348 甘肃省兰州市七里河区兰州振兴百合种植繁育科普示范基地
349 甘肃省平凉市静宁县甘沟镇万亩苹果种植示范基地
350 甘肃省庆阳市镇原县鑫盛种植示范基地
351 甘肃省平凉市崆峒区四十里铺镇庙底下红富士苹果科普示范基地
352 甘肃省酒泉市瓜州县广至藏族乡日光温室科技种植示范基地
353 甘肃省天水市武山县蔬菜产业科技示范园区
354 甘肃省定西市安定区甘肃凯凯农业科技发展科普示范基地
355 甘肃省甘南藏族自治州夏河县达麦乡尕阴山犏雌牛养殖科普示范基地
356 甘肃省张掖市高台县德昌肉羊育肥基地
357 甘肃省平凉市华亭县策底绿沃源种猪繁育基地
358 甘肃省天水市秦州区稠泥河流域优质高效蔬菜栽培科普基地
359 甘肃省甘南藏族自治州夏河县牙利吉阿纳扎西牦牛养殖科普示范基地
360 甘肃省陇南市宕昌县大河坝中华蜂养殖科普示范基地
361 青海省海南州贵德县园艺场（设施示范基地）
362 青海省西宁市伊腾果品蔬菜种植科普示范基地
363 青海省海西州德令哈市新堉种植示范园区专业合作社种植示范基地
364 青海省海东市乐都区生态养殖科普示范基地
365 宁夏回族自治区银川市贺兰县常信乡四十里店稻蟹立体种养科普示范基地
366 宁夏回族自治区中卫市中宁县鑫森源枸杞生态养殖基地
367 宁夏回族自治区银川市西夏区沙城子畜禽养殖科普示范基地
368 宁夏回族自治区银川市兴庆区通贵养鹅专业合作社科普示范基地
369 宁夏回族自治区中卫市沙坡头区阳光怡然生态观光农业科普示范基地
370 新疆维吾尔自治区昌吉回族自治州呼图壁县大丰镇万亩农业高效节水灌溉科普示范基地
371 新疆维吾尔自治区塔城地区乌苏市八十四户乡万亩无公害蔬菜基地

372　新疆维吾尔自治区巴音郭楞蒙古自治州尉犁县兴平乡达西村科普示范基地
373　新疆维吾尔自治区昌吉回族自治州阜康市 3 万亩绿色农产品科普示范基地
374　新疆维吾尔自治区乌鲁木齐市乌鲁木齐县南山泓发蛋鸡养殖科普示范基地
375　新疆维吾尔自治区巴音郭楞蒙古自治州且末县托格拉克勒克乡甘草种植科普示范基地
376　新疆维吾尔自治区伊犁哈萨克自治州昭苏县喀夏加尔镇森塔斯新疆褐牛科普示范养殖基地
377　新疆维吾尔自治区阿勒泰地区青河县哈萨克牧羊犬养殖基地
378　新疆维吾尔自治区博尔塔拉蒙古自治州精河县托里镇绿色枸杞科普示范基地
379　新疆维吾尔自治区吐鲁番市高昌区海力其汗特色林果业科普示范基地
380　新疆维吾尔自治区和田地区民丰县安迪尔乡畜禽养殖科普示范基地
381　新疆维吾尔自治区和田地区和田市肖尔巴格乡阿热要勒村蔬菜基地
382　新疆维吾尔自治区伊犁哈萨克自治州伊宁县绿色食品原料标准化生产科普示范基地
383　新疆维吾尔自治区喀什地区巴楚县阿克萨克马热勒乡绿色天地核桃种植产业化科普示范基地
384　新疆维吾尔自治区巴音郭楞蒙古自治州轮台县依明贾帕尔养殖基地
385　新疆生产建设兵团第一师 10 团枣园科普示范基地
386　新疆生产建设兵团第七师 131 团精量露播滴灌甜菜优质高产科普示范基地

（三）农村科普带头人（558 名）

1　赵玉忠，北京市延庆县康庄镇小丰营村
2　陈　领，北京市顺义区马坡地区马坡花园
3　张进刚，北京市房山区周口店镇黄山店村委会
4　刘春明，北京市怀柔区渤海镇渤海所村
5　沈建春，北京市通州区郎府农业技术推广站
6　王　忠，北京市平谷区峪口镇西营大街
7　王海力，北京市密云县高岭镇人民政府
8　张海疆，北京市昌平区延寿镇黑山寨村
9　李　丽，天津市津南区八里台镇毛家沟村
10　相连会，河北省石家庄市新乐市大岳镇青村
11　修占云，河北省承德市平泉县卧龙镇杏树园子村
12　代树桓（回族），河北省沧州市青县清州镇耿官屯村
13　肖凤仙（女），河北省保定市涿州市清凉寺
14　史凤水，河北省邢台市新河县西流乡申家庄村
15　李海平，河北省邯郸市成安县富康路北延路东
16　秦　磊，河北省石家庄市正定县正定镇
17　常山政，河北省张家口市怀来县小南辛堡镇南窑村
18　王万寿，河北省衡水市饶阳县尹村镇南北岩村
19　李素环（女），河北省保定市清苑县东闾乡南王庄村
20　杨振武，河北省石家庄市栾城区圣康无花果种植基地
21　邢连亭，河北省沧州市黄骅市黄骅镇后街村
22　赵俊彬，河北省唐山市迁西县罗家屯镇水泉村
23　陈安荣，山西省太原市尖草坪区西焉乡陈家窑村
24　张宝艳（女），山西省晋中市太谷县水秀村
25　武高强，山西省忻州市静乐县鹅城镇西林社区
26　郝帅林，山西省朔州市平鲁区向阳堡乡郝小峰村
27　江利斌，山西省长治市黎城县西井镇北委泉村
28　雷茂端，山西省运城市盐湖区三路里镇沟东村
29　刘怀亮，山西省忻州市静乐县堂尔上乡大德沟村
30　李　江，山西省吕梁市汾阳市贾家庄镇古浮图村
31　赵树芳（女），山西省长治市郊区老顶山镇双桥庄村
32　刘向阳，山西省临汾市浮山县北王乡南安村
33　曾明理，山西省忻州市岢岚县集贸小区 57 号
34　石春云（女），内蒙古自治区乌兰察布市兴和县赛乌素镇段家村
35　田国军，内蒙古自治区锡林郭勒盟多伦县大北沟镇大北沟村
36　马跃斌，内蒙古自治区鄂尔多斯市乌审旗嘎鲁图镇沙沙滩村
37　王三文，内蒙古自治区包头市土默特右旗明沙淖乡肖大营村
38　王吉拉（蒙古族），内蒙古自治区赤峰市翁牛特旗海拉苏镇乌兰吉达嘎嘎查
39　王明会，内蒙古自治区通辽市奈曼旗大沁他拉镇昂乃村
40　梅佰发，内蒙古自治区满洲里市扎赉诺尔矿区养狐基地
41　高喜亮（蒙古族），内蒙古自治区呼和浩特市回民区攸板镇东棚子村

42 六十三（蒙古族），内蒙古自治区兴安盟科尔沁右翼前旗德伯斯镇乌力根嘎查

43 贾俊岐，内蒙古自治区巴彦淖尔市临河区新华镇农科站

44 郭彩军，内蒙古自治区乌兰察布市察哈尔右翼前旗巴音镇红雷大队李三村

45 张日锋，内蒙古自治区乌兰察布市商都县小海子镇麻尼卜村

46 那仁德力格尔（蒙古族），内蒙古自治区鄂尔多斯市鄂托克旗阿尔巴斯苏木呼和陶勒盖嘎查

47 朝鲁巴特尔（蒙古族），内蒙古自治区阿拉善盟额济纳旗温图高勒苏木巴音高勒嘎查

48 阿日布敦道尔吉（蒙古族），内蒙古自治区呼伦贝尔市新巴尔虎左旗吉布胡郎图苏木呼伦嘎查

49 周永东，内蒙古自治区巴彦淖尔市磴口县渡口镇城东村城北社

50 宁　勇，内蒙古自治区呼和浩特市土默特左旗毕克旗镇兵州亥村

51 连　锁（蒙古族），内蒙古自治区锡林郭勒盟苏尼特左旗满都拉图镇巴彦乌拉苏木巴彦塔拉嘎查

52 张　学，内蒙古自治区赤峰市敖汉旗新惠镇老烧锅

53 李海金，内蒙古自治区通辽市库伦旗水泉乡东窑子村

54 刘国军，内蒙古自治区呼伦贝尔市莫力达瓦达斡尔族自治旗绘图莫丁村

55 范志斌，内蒙古自治区乌兰察布市察哈尔右翼后旗白音察干镇大六号村

56 陶格陶花拉（女，蒙古族），内蒙古自治区巴彦淖尔市乌拉特后旗呼和温都尔镇呼和嘎查

57 王占荣，内蒙古自治区鄂尔多斯市东胜区折家梁村

58 王精华（女），内蒙古自治区呼和浩特市武川县可镇青山路

59 乌日根达来（蒙古族），内蒙古自治区锡林郭勒盟阿巴嘎旗洪格尔高勒镇伊和宝拉格嘎查

60 丁福生，内蒙古自治区通辽市科尔沁区大林镇枕头村

61 阿玉娟（女，鄂伦春族），内蒙古自治区呼伦贝尔市鄂伦春自治旗乌鲁布铁镇乌鲁布铁猎民村

62 那顺朝格图（蒙古族），内蒙古自治区赤峰市巴林右旗大板镇玛拉沁嘎查

63 赵福元，内蒙古自治区阿拉善盟阿拉善右旗雅布赖镇伊和呼都格嘎查

64 刘海林（蒙古族），内蒙古自治区兴安盟科尔沁右翼中旗西日道卜嘎查

65 郎艳国，内蒙古自治区通辽市开鲁县建华镇庆发村

66 巴雅斯呼楞（蒙古族），内蒙古自治区锡林郭勒盟东乌珠穆沁旗萨麦苏木满都拉图嘎查

67 苏彦萍（女），内蒙古自治区乌海市乌达区乌兰淖尔镇

68 王庆福，辽宁省大连市庄河市新华小区

69 张桂华（女），辽宁省沈阳市浑南区祝家乡段家沟村

70 张　青（女），辽宁省鞍山市海城市耿庄镇北耿村

71 赵春富，辽宁省阜新市清河门区河西镇六台村

72 战世凯，辽宁省丹东市东港市站前街

73 于新清，辽宁省营口市盖州市红旗大街人民路幸福小区

74 张　月（女，满族），辽宁省锦州市黑山县太和镇太和村

75 许华勇，辽宁省盘锦市大洼县大洼镇兴盛路

76 徐振辉，辽宁省辽阳市灯塔市佟二堡东荒水稻协会

77 康广明，辽宁省朝阳市北票市哈尔脑乡刘杖子村

78 霍庆军（满族），辽宁省铁岭市清河区聂家乡西老谷峪村

79 张文弟，辽宁省本溪市溪湖区东风街道办事处彩北新村豆房沟村民组

80 鄂迎春（满族），辽宁省丹东市宽甸满族自治县西关街道

81 张绍华，辽宁省葫芦岛市连山区山神庙子乡西孤山子村

82 曹　霞（女），辽宁省丹东市振安区珍珠街曙光路

83 王宝庆，辽宁省辽阳市辽阳县兴隆镇下洼村

84 廉清皓，辽宁省朝阳市喀喇沁左翼蒙古族自治县中三家镇中三家村

85 王兴已，辽宁省营口市大石桥市石佛镇北营村

86 孙宝俊（满族），辽宁省丹东市凤城市草河区丹东农科院内

87 孙　民，吉林省长春市榆树市大坡乡大坡村

88 孙亚鹃（女），吉林省长春市宽城区兰家镇姜家村

89 张衍江，吉林省吉林市舒兰市上营乡平安村

90 于喜波，吉林省吉林市船营区大绥河镇太平岭村
91 陈　倖（满族），吉林省吉林市昌邑区中兴街
92 王忠英（女，满族），吉林省吉林市蛟河市拉法街乡新乡村
93 于长江，吉林省吉林市桦甸市公吉乡联合村
94 黄如刚，吉林省四平市铁西区平西乡獾子洞村
95 刘淑杰（女），吉林省四平市公主岭市龙山乡民族村
96 吴喜明，吉林省四平市公主岭市响水镇岳家店村
97 赵玉莲（女，朝鲜族），吉林省辽源市东丰县三合乡鲜明村
98 金胜贤（满族），吉林省辽源市东辽县安恕镇彩岚村
99 李兆兴，吉林省白山市靖宇县龙泉镇南阳村
100 王相钦，吉林省白山市抚松县露水河镇长胜村
101 康清利，吉林省通化市二道江区二道江乡桦树村
102 曲德金，吉林省通化市通化县大泉源乡新设村升平林场
103 李鸿雁（女），吉林省通化市辉南县庆阳镇长碾沟村
104 刘　俭，吉林省白城市镇赉县镇赉镇
105 王宝东，吉林省白城市通榆县开通镇红旗村
106 张　艳（女），吉林省延边朝鲜族自治州图们市长安镇长上村三组
107 姜露梅（女），吉林省延边朝鲜族自治州珲春市板石镇孟岭村
108 刘振江，吉林省延边朝鲜族自治州敦化市大蒲柴河镇大蒲柴河村
109 张立柱，吉林省延边朝鲜族自治州汪清县汪清镇城关村
110 范学勇，吉林省延边朝鲜族自治州和龙市福洞镇福洞村
111 郑福臣，吉林省延边朝鲜族自治州安图县亮兵镇南沟村
112 苏冠文，吉林省延边朝鲜族自治州延吉市小营镇
113 陈景华，吉林省松原市扶余市三岔河镇
114 刘本泉，吉林省通化市梅河口市吉乐乡吉庆村
115 肖德浩，吉林省通化市梅河口市农资批发市场
116 姜成东，黑龙江省哈尔滨市延寿县黑山村
117 赵福明，黑龙江省哈尔滨市尚志市老街基乡联丰村
118 胡春城（满族），黑龙江省齐齐哈尔市依安县新发乡新里村
119 张雅丽（女），黑龙江省齐齐哈尔市克山县克山镇
120 王玉敬（女），黑龙江省齐齐哈尔市拜泉县三道镇合乐村
121 徐连堂，黑龙江省牡丹江市东宁县东宁镇北河沿村
122 武殿举，黑龙江省佳木斯市桦川县梨丰乡梨树村
123 王伟清，黑龙江省佳木斯市富锦市锦山镇久安村
124 刘成宝，黑龙江省佳木斯市同江市乐业镇盛昌村
125 马树平，黑龙江省大庆市肇源县和平乡立功村
126 滕永军，黑龙江省大庆市肇州县肇州镇万宝村
127 张　保，黑龙江省大庆市林甸县三合乡红星村
128 田文忠，黑龙江省双鸭山市友谊县兴盛乡
129 孙红敏（女），黑龙江省伊春市铁力市双丰镇长有村
130 王　琦，黑龙江省七台河市勃利县永乡永顺村
131 王金喜，黑龙江省鹤岗市萝北县团结镇红镇村
132 武殿生，黑龙江省鹤岗市绥滨县忠仁镇兴龙村
133 石平安，黑龙江省黑河市孙吴县沿江满达乡西霍尔莫津村
134 罗传志，黑龙江省黑河市逊克县宏疆村
135 郑希国，黑龙江省黑河市爱辉区二站乡东山村
136 许晓光，黑龙江省黑河市五大连池市和平镇四平村
137 王洪涛，黑龙江省黑河市北安市海星镇治安村
138 李照国，黑龙江省黑河市嫩江县联兴乡联兴村
139 丁济文，黑龙江省大兴安岭地区呼玛县呼玛镇
140 毕玉忠，黑龙江省大兴安岭地区塔河县依西肯乡依西肯村
141 贾海珍（女），黑龙江省大兴安岭地区漠河县西林吉镇
142 潘　军，黑龙江省抚远县鸭南乡平原村
143 陆巧英（女），上海市松江区泖港镇曙光村
144 邢青松，江苏省南京市高淳区淳溪镇水产批发市场295号
145 赵逸人（女），江苏省无锡市惠山区阳山镇冬青村
146 封文雅，江苏省徐州市沛县沛城镇
147 陈雪林，江苏省苏州市昆山市玉山镇跃进路
148 席日峰，江苏省南通市如皋市如城镇解放路动植物检测中心
149 王怀忠，江苏省连云港市赣榆区海头镇小口村

150 王　永，江苏省宿迁市宿城区耿车镇耿车村
151 乐绍琪，江苏省盐城市盐都区尚庄镇姚伙村
152 刘金伟，江苏省扬州市仪征市新集镇八桥村
153 王金和，江苏省镇江市丹阳市云阳街道丹金路迈村
154 徐根明，江苏省泰州市海陵区海陵工业园区标准厂房A座内兽医站
155 王晓鹏，江苏省淮安市盱眙县盱城镇怡和家园
156 金玉堂，浙江省温州市文成县黄坦镇
157 王振洲，浙江省丽水市庆元县教场路神州食用菌研究所
158 姚金林，浙江省嘉兴市南湖区新丰镇
159 施鸣峰，浙江省金华市金东区源东乡
160 石志辉，浙江省绍兴市新昌县大市聚镇
161 陈金权，浙江省湖州市南浔区双林镇
162 胡冬益，浙江省宁波市宁海县黄坛镇
163 朱枝昌，浙江省台州市临海市白水洋镇
164 吴华勤，安徽省合肥市肥西县高店乡五四村
165 宁光雅，安徽省阜阳市颍泉区宁老庄镇枣树行行政村姚庄
166 赵玉贵，安徽省合肥市庐江县汤池镇
167 谢士峰，安徽省淮南市毛集实验区焦岗湖景区管理处
168 何元兰（女），安徽省马鞍山市和县香泉镇香泉街道
169 胡仲华，安徽省阜阳市界首市邴集乡姜楼行政村张忙自然村
170 陈国平，安徽省安庆市怀宁县高河镇振宁路龙池茶研所
171 俞志荣，安徽省黄山市歙县富堨镇富堨村
172 潘　刚，安徽省亳州市利辛县城关镇前进路
173 刘绍炎，安徽省安庆市大观区山口乡联胜村
174 章启虎，安徽省池州市青阳县陵阳镇梅山村
175 李　雷，安徽省宿州市灵璧县尤集工业园区
176 姚成凤（女），安徽省铜陵市铜陵县东湖村
177 徐　建，安徽省蚌埠市固镇县城关镇溧涧村
178 李家宝，安徽省六安市霍山县衡山镇文峰社区
179 鲁　超，安徽省芜湖市三山区峨桥镇响水涧村
180 包法家，安徽省宣城市绩溪县荆州乡下胡村
181 陈赛仙（女），福建省福州市闽侯县白沙镇大目埕村
182 陈水库，福建省厦门市同安区洪塘镇龙泉村
183 陈江山，福建省漳州市龙海市白水镇崎汾村
184 林鹏美，福建省泉州市南安市向阳乡卓厝村
185 刘坤泳，福建省莆田市仙游县度尾镇湘溪村
186 余友煌，福建省三明市尤溪县新阳镇上井村
187 毛信昌，福建省南平市浦城县山下乡小溪村
188 丁晓红（女），福建省龙岩市上杭县通贤乡
189 戴维浩，福建省宁德市古田县吉巷乡永安村
190 周细珠，福建省平潭综合实验区平潭县流水镇谢厝村
191 林从泰，福建省宁德市蕉城区七都镇六都村
192 王德星，福建省福州市仓山区城门镇胪雷村
193 李志阳，福建省漳州市长泰县岩溪镇顶山村
194 林溪水，福建省泉州市安溪县西坪镇龙地村
195 黄元伟，福建省莆田市仙游县石苍乡隔壁村
196 钟小花（女），江西省赣州市瑞金市象湖镇红都大道
197 陈　红，江西省赣州市安远县欣山镇
198 刘明利，江西省萍乡市安源区青山镇光辉村
199 温曙光，江西省赣州市宁都县果业局内茶叶协会
200 张金香（女），江西省吉安市遂川县泉江镇螺溪村
201 王彩霞（女），江西省景德镇市乐平市涪口镇涪口村
202 帅明池，江西省宜春市铜鼓县温泉镇凤山村
203 邱耀君（女），江西省九江市永修县白槎镇第一林场
204 钟高良，江西省新余市分宜县高岚乡夏塘村
205 游正刚，江西省吉安市吉州区长塘镇陈家村
206 徐高生，江西省九江市庐山区赛阳镇金桥村
207 黄铁梁，江西省赣州市全南县城厢镇贸易广场
208 熊次桂，江西省九江市共青城市江益镇红星村
209 赵云峰，山东省青岛市莱西市马连庄镇大森格庄村
210 孙朝霞（女），山东省淄博市高青县常家镇许管村
211 孙印国，山东省枣庄市山亭区店子镇店子村
212 徐宝岗，山东省烟台市莱阳市山前店镇泊北头村
213 孙茂贤，山东省烟台市莱山区莱山街道解格庄村
214 于兴平，山东是潍坊市临朐县九山镇牛寨村
215 王文进，山东省济宁市金乡县胡集镇周大楼村
216 郭延留，山东省济宁市汶上县义桥镇东芦庄村
217 鞠洪鹏，山东省威海市临港经济技术开发区苘山镇
218 高丽霞（女），山东省临沂市平邑县丰阳镇郑家

峪村
219 刘欢迎，山东省德州市庆云县常家镇四柳社区西柳村
220 杨绍明，山东省济南市章丘市刁镇北芽村
221 张书辉，山东省青岛市平度市旧店镇且格庄
222 高圣和，山东省淄博市沂源县中庄镇桃树洼村
223 孙守德，山东省枣庄市峄城区阴平镇赵村
224 谢　荟（女），山东省泰安市岱岳区天平街道孙家沟村
225 李志功，山东省临沂市沂水县杨庄镇李家坡村
226 刁书云，山东省烟台市海阳市小纪镇大刁家村
227 季立峰，山东省临沂市蒙阴县桃墟镇安乐庄村
228 李保强，山东省莱芜市莱城区鹏泉街道办事处兴隆村
229 葛夫香（女），山东省临沂市临沭县曹庄镇郭村
230 黄树强，山东省聊城市阳谷县寿张镇荣街村
231 刘建波，山东省济南市槐荫区吴家堡街道席庄村
232 潘雪雁（女），山东省淄博市周村区北郊镇北涯村
233 刘贤斗，山东省枣庄市薛城区临城街道绳桥村
234 赵登山，山东省泰安市新泰市翟镇春阳庄畜禽养殖协会
235 刘向东，山东省潍坊市坊子区坊安街道洼里村
236 王志国，河南省开封市祥符区兴隆乡程砦村
237 仵剑杰，河南省周口市郸城县支农路中段
238 董青林，河南省开封市尉氏县永兴镇西黎岗村
239 叶启营，河南省驻马店市正阳县真阳镇乐堂村
240 郭建新，河南省洛阳市栾川县三川镇柳子村
241 高卫东，河南省安阳市林州市河顺镇石口村
242 余群生，河南省许昌市襄城县紫云镇孟沟村
243 张坤朋，河南省周口市扶沟县城郊乡八里营村
244 孙景堂，河南省洛阳市洛宁县城郊乡经局村
245 李坤武，河南省新乡市延津县僧固乡王潭村
246 王铁功，河南省漯河市舞阳县保和乡宗堂村
247 姜胜利，河南省郑州市登封市唐庄乡玉台村
248 何伟华，河南省三门峡市灵宝市西阎乡东古驿村
249 王　岩，河南省南阳市淅川县毛堂乡店子村
250 张　德，河南省信阳市息县项店镇朱店村
251 彭江磊，河南省许昌市魏都区高桥营乡板桥社区
252 赵前普，河南省濮阳市南乐县城关镇岳固村
253 李瑞英（女），河南省驻马店市上蔡县东洪乡河北村
254 牛全良，河南省周口市鹿邑县穆店乡牛店行政村
255 贾永学，河南省驻马店市遂平县 石寨铺镇石寨铺村
256 刘跟明，河南省焦作市博爱县孝敬镇坞庄村
257 李艳霞（女），河南省鹤壁市淇县高村镇三里屯村
258 韩雪云（女），河南省商丘市虞城县杜集镇北街村
259 王麦场，河南省安阳市汤阴县宜沟镇向阳庄村
260 李如田，河南省商丘市梁园区谢集镇杨洼村
261 宋建胜，河南省平顶山市汝州市纸坊镇赵北村
262 章　龙，湖北省潜江市后湖农场
263 张业阔，湖北省天门市岳口镇健康村
264 吴祖树，湖北省随州市随县华宝山村
265 夏成茂，湖北省鄂州市鄂城区长港镇峒山村
266 李清林，湖北省孝感市安陆市烟店镇董桥村
267 徐　红，湖北省武汉市江夏区乌龙泉街民主村
268 李兴胜，湖北省十堰市郧阳区谭家湾镇核桃树垭村
269 吴绪林，湖北省荆州市监利县容城镇上信城
270 陈文海，湖北省宜昌市当阳市草埠湖镇
271 王争鸣，湖北省咸宁市崇阳县天城镇鹿门村
272 朱贤彦，湖北省神农架林区大九湖镇东溪村
273 李守旺，湖北省襄阳市保康县歇马镇盘龙村
274 黄　洲，湖北省黄石市大冶市陈贵镇余洪村
275 夏卫阳，湖南省株洲市芦淞区白关乡白关村
276 何清明，湖南省岳阳市岳阳楼区郭镇乡枣树村面厂
277 黄红专，湖南省岳阳市汨罗市沙溪乡关山村
278 佘飞娥（女，苗族），湖南省怀化市会同县青朗侗族苗族乡青朗村
279 唐昭旭，湖南省永州市蓝山县毛俊镇沙溪村
280 彭传若，湖南省衡阳市耒阳市哲桥镇石仙村
281 何婷婷（女），湖南省郴州市桂东县沙田镇文昌村
282 刘成光，湖南省郴州市嘉禾县普满乡下庄村
283 王作洲，湖南省常德市临澧县九里乡伏牛村
284 刘海生（白族），湖南省张家界市桑植县洪家关白族乡化香峪村
285 吴长春（女），湖南省娄底市涟源市安平镇岛石村
286 何跃刚，湖南省邵阳市邵阳县黄塘乡陡水村
287 陈海华，湖南省邵阳市隆回县滩头镇石陂村
288 张孝周（土家族），湖南省湘西土家族苗族自治州吉首市马颈坳镇竹寨村
289 田仁福（土家族），湖南省湘西土家族苗族自治州保靖县碗米坡镇磋比村

290 宋世友，湖南省怀化市芷江侗族自治县芷江镇东门口村
291 陈建华，广东省潮州市潮安区东凤镇东一村
292 林伟忠，广东省惠州市龙门县龙城街道城内居委会
293 宋泰良，广东省茂名市化州市鉴江区旺山村委会金埚岭村
294 谢松楷，广东省汕头市南澳县深澳镇金山村
295 熊桂林，广东省韶关市乳源瑶族自治县东坪镇东田村委大寮下村（东坪中学旧址）
296 谢光辉，广东省梅州市梅县区白渡镇建桥村
297 郭芳荣，广东省汕尾市海丰县可塘镇郭厝寨村
298 李志强，广东省清远市清新区浸潭镇龙须带村委会牛一村
299 林良菊（女），广东省阳江市江城区岗列乡三洲村
300 刘福春，广东省梅州市兴宁市合水镇罗英村
301 谭计成，广东省阳江市阳东区雅韶镇五丰村委会柳西村
302 李运雄，广东省惠州市惠阳区镇隆镇山顶村委会高面
303 黄国香，广东省河源市和平县阳明镇梅埔村
304 张发开，广东省韶关市始兴县顿岗镇寨头村
305 郑　健，广东省湛江市遂溪县乐民镇尖角园村
306 马建业，广东省肇庆市广宁县赤坑镇惠爱村委会
307 李艳忠（苗族），广西壮族自治区桂林市资源县车田乡车田村
308 胡淑玉（女，苗族），广西壮族自治区柳州市融水苗族自治县白云乡高兰村
309 蒙世俭（壮族），广西壮族自治区南宁市横县横州镇蒙村
310 农雄谷（壮族），广西壮族自治区崇左市天等县进结镇进结社区
311 罗世贤，广西壮族自治区梧州市龙圩区龙圩镇念村
312 石先胜，广西壮族自治区北海市合浦县山口镇山角村
313 陈猛棠，广西壮族自治区防城港市防城区那梭镇东山公路1号那梭香料厂
314 刘新宁，广西壮族自治区钦州市灵山县伯劳镇大路村
315 黄于轩（女，苗族），广西壮族自治区百色市隆林各族自治县克长乡海长村七队
316 许宏德（壮族），广西壮族自治区百色市平果县马头镇新港路
317 陆仁胜（瑶族），广西壮族自治区贺州市昭平县文竹镇七冲村镜屏小组
318 刘汉金，广西壮族自治区来宾市金秀瑶族自治县六巷乡青山村
319 陈福海（壮族），广西壮族自治区河池市巴马瑶族自治县巴马镇设长村班足屯
320 邓崇书（壮族），广西壮族自治区崇左市大新县龙门乡宝山村礼合屯
321 刘有义（京族），广西壮族自治区防城港市东兴市江平镇巫头村
322 谭秋良（女，壮族），广西壮族自治区贵港市覃塘区樟木 乡元金村
323 李海萍（女，壮族），广西壮族自治区百色市德保县燕峒乡那布村邦吓屯
324 覃明武（壮族），广西壮族自治区河池市大化瑶族自治县乙圩乡乙圩村
325 施如启（壮族），广西壮族自治区南宁市宾阳县和吉镇燕山村委林山村
326 蒋钦礼，广西壮族自治区桂林市全州县田伟村
327 吴锦菊（女），海南省省儋州市白马井镇福村
328 邢福甫，海南省乐东黎族自治县黄流镇佛老村
329 曾德江，海南省海口市琼山区红旗镇文明西路
330 龙德立，重庆市北碚区静观镇吉安村三社
331 周万里，重庆市大足区拾万镇长虹村二队
332 张国华，重庆市合川区官渡镇铺坝村一社
333 刘天仁，重庆市永川区吉安镇黄沙村
334 姜国强，重庆市南川区大观镇金龙村4社
335 左元辉，重庆市铜梁区巴川街道大北街
336 丁程涔（女），重庆市潼南区龙形镇丁坝村
337 敖长龙，重庆市城口县北屏乡北屏村7社
338 谭长根，重庆市奉节县吐祥镇石笋村
339 何泽奉（土家族），重庆市石柱土家族自治县南宾镇城北路
340 黄华飞（土家），重庆市酉阳土家族苗族自治县桃花源街道双福村
341 史进洪，四川省宜宾市珙县上罗镇代家村
342 何子廷，四川省广元市昭化区沙坝乡照壁村
343 王　蓉（女），四川省南充市阆中市江南办事处金银观村
344 王连会（彝族），四川省攀枝花市仁和区大田镇

片那立村
345 赵晓瑛（女），四川省雅安市雨城区碧峰峡镇名扬村
346 田明阔，四川省德阳市中江县集凤镇石垭子村
347 何晓文，四川省凉山彝族自治州西昌市西乡乡株木村
348 罗　学（女），四川省泸州市叙永县马岭镇高店村
349 杨利贵，四川省攀枝花市米易县草场乡龙华村
350 邓　刚，四川省内江市资中县孟塘镇梨园村
351 汪　瑶，四川省乐山市峨边彝族自治县宜坪乡
352 瓜　汤（藏族），四川省阿坝藏族羌族自治州红原县江茸乡茸日玛村
353 丁金云，四川省阿坝藏族羌族自治州黑水县色尔古镇色尔古村
354 陈　凯，四川省自贡市大安区三多寨镇联合村
355 罗晓琴（女），四川省巴中市巴州区清江镇东井村
356 石　宝（藏族），四川省甘孜藏族自治州雅江县呷拉乡昆地村
357 奉光荣，四川省遂宁市安居区东禅镇黄桷垭村
358 唐本勇，四川省广安市广安区井河镇高桥村
359 樊友良，四川省资阳市简阳市简城镇金水街
360 李健铭（回族），贵州省贵阳市清镇市红枫湖镇陈亮村
361 罗兴贵，贵州省遵义市余庆县龙溪镇田坝村
362 王光锐，贵州省六盘水市盘县柏果镇松树村
363 赵雪飞，贵州省安顺市关岭布依族苗族自治县关索街道办文化社区
364 杨　勇，贵州省毕节市黔西县金碧镇杨家店村
365 田太平（土家族），贵州省铜仁市沿河土家族自治县沙子镇南庄村
366 周晓波，贵州省黔南布依族苗族自治州龙里县醒狮镇高吏目村
367 陈德清，贵州省黔东南苗族侗族自治州台江县台拱镇秀眉社区
368 时锦华（仡佬族），贵州省黔西南布依族苗族自治州贞丰县小屯乡集贤村
369 舒存鹏，贵州省遵义市仁怀市长征井坝村
370 李　莉（女，彝族），贵州省毕节市威宁彝族回族苗族自治县东风镇黄泥村
371 陶秋运，贵州省贵阳市开阳县南江乡龙广村
372 朱时娟（女，仡佬族），贵州省遵义市务川仡佬族苗族自治县大坪镇官坝村
373 杨金刚（苗族），贵州省安顺市西秀区新场乡枝杨村
374 张玉兴（土家族），贵州省铜仁市德江县青龙镇红旗街
375 田儒凯，贵州省黔南布依族苗族自治州惠水县断杉镇纳理村
376 杨乔勇（苗族），贵州省黔东南苗族侗族自治州丹寨县兴仁镇摆泥村
377 古应海，云南省昭通市巧家县白鹤滩镇库着村第四村民小组
378 夏蓝宁，云南省昭通市绥江县新滩镇石龙村
379 周小七，云南省曲靖市麒麟区越州镇横大路村委会
380 郭沅鑫，云南省玉溪市新平彝族傣族自治县水塘镇邦迈村
381 郭喜兵，云南省文山壮族苗族自治州麻栗坡县下金厂乡云岭村
382 恩帅岩（傣族），云南省德宏傣族景颇族自治州瑞丽市姐相乡贺赛村
383 旺　堆（藏族），云南省迪庆藏族自治州德钦县拖顶乡拖顶村
384 阿　茸（藏族），云南省迪庆藏族自治州维西傈僳族自治县塔城镇巴珠村
385 和正东（纳西族），云南省迪庆藏族自治州香格里拉县三坝乡哈巴村
386 李跃华，云南省昆明市倘甸两区管委会红土地镇新乐村
387 曹　忠，云南省昆明市宜良县匡远街道办万家凹村
388 郭　飞（女），云南省昭通市镇雄县牛场镇牛场村
389 朱建楠，云南省昭通市彝良县牛街镇花果村
390 杨文山，云南省昭通市大关县吉利镇吉利村利和社
391 付天财，云南省曲靖市富源县墨红镇墨红村
392 范美稳，云南省曲靖市宣威市得禄乡肥谷村
393 耿　云，云南省楚雄彝族自治州大姚县金碧镇南塔路
394 郭宝金，云南省楚雄彝族自治州元谋县元马镇清和社区小那巫村
395 钱小和，云南省楚雄彝族自治州双柏县法脿镇红栗村委会阿达矣村
396 魁德存（彝族），云南省楚雄彝族自治州姚安县

左门乡阿苤啦村
397 李国福（彝族），云南省玉溪市峨山彝族自治县双江街道办事处高平村委会他达旧寨组
398 高应乔（彝族），云南省玉溪市通海县四街镇四寨村
399 何学桥，云南省红河哈尼族彝族自治州元阳县南沙镇人民路
400 李玉华（女），云南省红河哈尼族彝族自治州建水县临安镇迎晖路268号
401 李　萍，云南省红河哈尼族彝族自治州屏边苗族自治县玉屏镇小街子村三社
402 罗四明，云南省红河哈尼族彝族自治州金平苗族瑶族傣族自治县大寨乡新发寨村委会大秧田村
403 柏会兰（女），云南省红河哈尼族彝族自治州红河县迤萨镇勐龙村委会
404 普　伟（彝族），云南省红河哈尼族彝族自治州屏边苗族自治县新现乡新现村委会新现村
405 解家喜，云南省文山壮族苗族自治州西畴县蚌谷乡木者村民委员会高棚村小组
406 李连成，云南省文山壮族苗族自治州富宁县木央镇木寒村委会关口村小组
407 牟艳波（女），云南省文山壮族苗族自治州广南县莲城镇莲湖社区坡极岭48号
408 杨江华（哈尼族），云南省普洱市江城哈尼族彝族自治县曲水镇高山村
409 李　鑫（哈尼族），云南省普洱市澜沧拉祜族自治县勐朗镇大林窝村
410 罗庭学（哈尼族），云南省普洱市墨江哈尼族自治县团田镇老围村
411 岩　糯（傣族），云南省西双版纳傣族自治州勐海县勐海镇勐翁村委会
412 岩　少（傣族），云南省西双版纳傣族自治州景洪市勐养镇曼纳庄村委会曼龙岗村小组
413 熊润华（哈尼族），云南省西双版纳傣族自治州勐腊县勐腊镇曼纳伞村委会南亮村小组
414 朱红青，云南省大理白族自治州祥云县飞龙小区
415 曾岳辉（白族），云南省大理白族自治州剑川县金华镇北门文照街
416 杨碧秀（女，白族），云南省大理白族自治州洱源县邓川镇旧州村
417 尹德茂，云南省保山市腾冲市芒棒镇坪地社区山尾巴村民小组
418 杨永芬（女），云南省保山市昌宁县温泉镇温泉社区饶家寨村民小组
419 杨耀水（纳西族），云南省丽江市古城区七河镇共和村
420 和红友（纳西族），云南省丽江市玉龙纳西族自治县黄山镇白华居委会加乐组
421 汉秋燕（女，怒族），云南省怒江傈僳族自治州贡山独龙族怒族自治县捧当乡捧当村四组
422 李学华（傈僳族），云南省怒江傈僳族自治州泸水县上江镇新建村大南茂一组
423 段国成（白族），云南省临沧市云县爱华镇草皮街社区
424 周怀忠（彝族），云南省临沧市镇康县勐堆乡勐堆村
425 李正荣，云南省临沧市双江拉祜族佤族布朗族傣族自治县勐库镇亥公村
426 杨从美（女），云南省保山市龙陵县龙山镇白家寨村
427 拉巴次仁（藏族），西藏自治区拉萨市城关区蔡公堂乡白定村
428 尼　琼（藏族）西藏自治区拉萨市当雄县纳木湖乡达布村
429 阿旺次丁（藏族），西藏自治区昌都市卡若区日通乡温达村
430 江　永（藏族），西藏自治区昌都市芒康县嘎托镇加他村
431 单增平措（藏族），西藏自治区山南地区措美县措美乡当许村
432 贡　嘎（藏族），西藏自治区日喀则市聂拉木县门布乡查益村
433 久　松（藏族），西藏自治区日喀则市定结县陈塘镇那塘村
434 次　巴（藏族），西藏自治区那曲地区申扎县买巴乡5村
435 扎　西（藏族），西藏自治区那曲地区双湖县措折罗玛镇
436 平　措（藏族），西藏自治区林芝市巴宜区布久乡简切村
437 桑加曲培（藏族），西藏自治区林芝市米林县南伊乡南伊村
438 旦　巴（藏族），西藏自治区拉萨市曲水县南木乡南木村

439 格桑顿珠（藏族），西藏自治区拉萨市堆龙德庆县马乡常木村
440 通　美（藏族），西藏自治区昌都市芒康县嘎托镇普拉村
441 阿旺扎堆（藏族）西藏自治区昌都市丁青县当堆乡洛河村
442 旦增群培（藏族），西藏自治区日喀则市仁布县仁布乡日龙布村
443 扎西平措（藏族），西藏自治区日喀则市拉孜县扎西岗乡乃琼村
444 丹　巴（藏族），西藏自治区那曲地区尼玛县卓尼乡来差村
445 赞　玉（藏族），西藏自治区那曲地区班戈县北拉那宗村
446 洛　土（藏族），西藏自治区林芝市波密县多吉乡达大村
447 江安扎西（藏族），西藏自治区林芝市察隅县上察隅镇阿扎村
448 扎　平（藏族），西藏自治区日喀则市康马县嘎啦乡克村
449 夺　央（藏族），西藏自治区那曲地区班戈县牧场
450 乔次仁（藏族）西藏自治区林芝市巴宜区米瑞乡色果拉村
451 米玛卓玛（女，藏族），西藏自治区日喀则市康马县涅如堆乡色修村
452 扎　西（藏族），西藏自治区日喀则市萨迦县岗坚村
453 拉巴次仁（藏族），西藏自治区林芝市朗县拉多乡新扎村
454 次仁巴珠（藏族），西藏自治区林芝市工布江达县金达镇达金村
455 次仁达瓦（藏族），西藏自治区昌都市芒康县嘎托镇达然街
456 周吉国（藏族），西藏自治区山南地区桑日县桑日镇雪巴村
457 常　勇，陕西省西安市周至县集贤镇赵代村
458 李桂芳（女），陕西省宝鸡市陇县东南镇演峪山村
459 张长江，陕西省咸阳市彬县龙高镇龙马村
460 郝春侠（女），陕西省铜川市耀州区石柱镇西古庄村
461 刘双奎，陕西省延安市黄陵县阿党镇唐呼村
462 白如祥，陕西省榆林市清涧县双庙河乡贺家畔村
463 殷培全，陕西省汉中市南郑县新集镇水城村
464 任步武，陕西省汉中市洋县黄家营镇石家坎村
465 李　琼（女），陕西省安康市旬阳县城关镇鲁家台社区瑞莲路
466 党显茹（女），陕西省杨凌示范区管委会杨陵区大寨镇农业园区
467 孙幼贞，陕西省渭南市韩城市芝阳镇北寿司村
468 常亚琼（女），陕西省咸阳市秦都区双照乡消渡村
469 弋增善，陕西省渭南市华县柳枝镇王宿村
470 孙　萌（女），陕西省延安市延长县七里村镇孙家河村
471 曾小飞，陕西省安康市紫阳县焕古镇东河村
472 刘玉洁（女），陕西省商洛市商南县富水镇茶坊村
473 李文存，陕西省商洛市丹凤县棣花镇中坪村中坪组
474 尹兴科，陕西省宝鸡市麟游县丈八镇常村村
475 杨长军，甘肃省武威市凉州区下双镇
476 罗炜杰，甘肃省平凉市静宁县城川乡陈马村
477 郭玉珍（女），甘肃省张掖市临泽县沙河镇自由路
478 董淑芳（女），甘肃省定西市通渭县华家岭乡高尧村
479 马永奎（东乡族），甘肃省临夏回族自治州东乡族自治县春台乡阳洼村
480 鲜文俊（回族），甘肃省白银市靖远县乌兰镇红嘴村
481 郭永红，甘肃省平凉市灵台县星火乡西村
482 马福云（东乡族），甘肃省临夏回族自治州临夏县安家坡乡北小塬村
483 董小云（女，藏族），甘肃省陇南市文县尚德镇横丹村
484 权志斌，甘肃省陇南市两当县权坪村
485 李兴民，甘肃省张掖市甘州区乌江镇大湾村
486 李长荣，甘肃省甘南藏族自治州临潭县新城镇肖家沟村
487 任廷贵，甘肃省酒泉市瓜州县西湖乡中沟村
488 红卫东（蒙古族），青海省海西州大柴旦行委柴旦镇柴旦村
489 余庆福，青海省海南州贵德县瓦家村
490 李利什吉（女，藏族），青海省海北州海晏县青海湖乡达玉日秀村
491 罗晓军，青海省海南州贵德县河东乡保宁村
492 邹新芝（女），宁夏回族自治区石嘴山市惠农区

庙台乡李岗村四队
493 赵淳钊，宁夏回族自治区固原市原州区张易镇毛庄村
494 马宝仓（回族），宁夏回族自治区固原市彭阳县古城镇刘沟门村东洼队 173 号
495 刘平远，新疆维吾尔自治区塔城地区乌苏市九间楼乡七户地村
496 朱小红（女），新疆维吾尔自治区乌鲁木齐市新市区安宁渠镇
497 买买提·沙吾尔（维吾尔族），新疆维吾尔自治区巴音郭楞蒙古自治州尉犁县达西村
498 朱淑兰（女），新疆维吾尔自治区伊犁哈萨克自治州伊宁县巴依托海乡阿热温村
499 贾　祥，新疆维吾尔自治区塔城地区塔城市二工镇满城村
500 刘光祯，新疆维吾尔自治区阿勒泰地区布尔津县也格孜托别乡江阿塔勒村
501 巴合提卡力·索勒坦喀力木（哈萨克族），新疆维吾尔自治区阿勒泰地区吉木乃县托普铁热克镇文明路
502 张成义，新疆维吾尔自治区博尔塔拉蒙古自治州精河县大河沿子镇夏日托然村
503 刘文山，新疆维吾尔自治区博尔塔拉蒙古自治州精河县托里镇克孜勒加尔村
504 莫合塔尔·赛买提（维吾尔族），新疆维吾尔自治区克孜勒苏柯尔克孜自治州阿克陶县皮拉勒乡
505 吾布力卡斯木·阿布都瓦依提（维吾尔族），新疆维吾尔自治区喀什地区巴楚县阿克萨克马热勒乡麻扎贝希（19）村
506 张　伟，新疆维吾尔自治区吐鲁番市鄯善县东巴扎乡前街村
507 苏　涛（回族），新疆维吾尔自治区乌鲁木齐市米东区羊毛工镇蒋家湾村
508 康文广，新疆维吾尔自治区昌吉回族自治州奇台县东湾镇中渠十七村
509 郑延军，新疆维吾尔自治区昌吉回族自治州木垒哈萨克自治县西吉尔镇西吉尔村
510 尹启宝，新疆维吾尔自治区昌吉回族自治州玛纳斯县包家店镇柴场村
511 吴佩东，新疆维吾尔自治区昌吉回族自治州呼图壁县良种场二组
512 李　军，新疆维吾尔自治区克拉玛依市克拉玛依区小拐乡榆树村
513 艾孜孜·卡日（维吾尔族），新疆维吾尔自治区喀什地区伽师县英买里乡阿迪拉村
514 买合木提·依明（维吾尔族），新疆维吾尔自治区和田地区于田县阿日希乡英艾日克村
515 蒋地超，新疆维吾尔自治区伊犁哈萨克自治州巩留县阿尕尔森镇沙尔乌泽克村
516 李芝芳（女），新疆维吾尔自治区博尔塔拉蒙古自治州温泉县安格里格镇托里村
517 袁福明，新疆维吾尔自治区乌鲁木齐市新市区六十户乡大梁村
518 唐忠仁，新疆维吾尔自治区巴音郭楞蒙古自治州若羌县铁干里克乡亚喀吾斯塘村
519 阿斯力别克·哈力海（哈萨克族），新疆维吾尔自治区哈密地区伊吾县前山乡石磨沟村
520 刘斌汉，新疆维吾尔自治区克孜勒苏柯尔克孜自治州乌恰县黑孜苇乡叶克铁列克村
521 帕孜力卡日·提力瓦地（维吾尔族），新疆维吾尔自治区克孜勒苏柯尔克孜自治州阿图什市阿扎克乡翁鲁克村
522 艾莎江·木萨（维吾尔族），新疆维吾尔自治区克孜勒苏柯尔克孜自治州阿图什市上阿图什镇栏杆村
523 谢恒成，新疆维吾尔自治区克孜勒苏柯尔克孜自治州乌恰县黑孜苇乡加吉尔村
524 冶存德（回族），新疆维吾尔自治区巴音郭楞蒙古自治州和静县和静镇夏孜尕提开发区
525 尼沙汗·牙生（女，维吾尔族），新疆维吾尔自治区巴音郭楞蒙古自治州博湖县博斯腾湖乡库代力克村
526 陈学光，新疆维吾尔自治区昌吉回族自治州吉木萨尔县老台乡二工河村
527 丁彦成，新疆维吾尔自治区昌吉回族自治州吉木萨尔县大有乡广泉村
528 赛尔江·木合江（哈萨克族），新疆维吾尔自治区阿勒泰地区哈巴河县库勒拜乡塔斯哈拉村
529 阿卜杜瓦斯提·阿卜杜热西提（维吾尔族），新疆维吾尔自治区喀什地区英吉沙县芒辛乡喀拉巴格村
530 邓玉宝，新疆维吾尔自治区喀什地区英吉沙县城镇六社区
531 周　勤（女），新疆维吾尔自治区阿勒泰地区福

海县阿尔达乡
532 秦　忠，新疆维吾尔自治区昌吉回族自治州木垒哈萨克自治县照壁乡南闸村
533 吐尔逊·吐尔地（维吾尔族），新疆维吾尔自治区阿克苏地区柯坪县玉尔其乡玉尔其村
534 杨文艺，新疆维吾尔自治区伊犁哈萨克自治州巩留县羊场阔斯阿尕什南路
535 加苏尔·阿合旦木（维吾尔族），新疆维吾尔自治区伊犁哈萨克自治州察布查尔锡伯自治县察布查尔镇
536 卡米力·亚森（维吾尔族），新疆维吾尔自治区巴音郭楞蒙古自治州轮台县群巴克镇诺乔喀村
537 马福云（回），新疆维吾尔自治区伊犁哈萨克自治州霍城县科技局生产力促进中心
538 丁　铭，新疆维吾尔自治区克拉玛依市克拉玛依区小拐乡
539 塞尔哈孜·苏拉汗（哈萨克族），新疆维吾尔自治区阿勒泰地区阿勒泰市切尔克齐乡
540 蒋　跃，新疆维吾尔自治区阿勒泰地区青河县青河镇
541 李　子，新疆生产建设兵团第一师 14 团
542 鲁建英（女），新疆生产建设兵团第二师 29 团机关
543 朱洛成，新疆生产建设兵团第三师 53 团 4 连
544 郑文江，新疆生产建设兵团第四师 66 团科学技术委员会
545 周生伟，新疆生产建设兵团第六师奇台农场
546 洪亚军（女），新疆生产建设兵团第七师 128 团
547 牛亚鸽（女），新疆生产建设兵团第八师 121 团 27 连
548 张士勤，新疆生产建设兵团第九师 166 团
549 李国保，新疆生产建设兵团第十师 184 团
550 林　儒（女），新疆生产建设兵团第十二师头屯河农场
551 柳建民，新疆生产建设兵团第十三师红星二场
552 李　坪，新疆生产建设兵团第一师阿拉尔市 10 团
553 张拥军，新疆生产建设兵团第四师 76 团
554 秦建林，新疆生产建设兵团第五师 81 团机关
555 谭　磊，新疆生产建设兵团第六师新湖农场
556 陈绍栋，新疆生产建设兵团第七师 126 团
557 贾　斌，新疆生产建设兵团第九师 163 团
558 贺笃银，新疆生产建设兵团第十师 186 团

（四）少数民族科普工作队（5 个）

1 内蒙古自治区呼伦贝尔市阿荣旗少数民族科普工作队
2 吉林省延边朝鲜族自治州图们市少数民族科普工作队
3 湖南省怀化市靖州苗族自治县少数民族科普工作队
4 云南省大理白族自治州少数民族科普工作队
5 新疆维吾尔自治区哈密地区少数民族科普工作队

（五）科普示范社区（500 个）

1 北京市西城区广安门外街道莲花河社区
2 北京市朝阳区来广营乡红军营社区
3 北京市密云县果园街道果园新里北区社区
4 北京市大兴区博兴街道亦城茗苑社区
5 北京市延庆县百泉街道颍泽洲社区
6 北京市丰台区东铁匠营街道红狮家园社区
7 北京市顺义区石园街道石园北区第三社区
8 北京市门头沟区大峪街道峪园社区
9 北京市房山区拱辰街道绿地花都苑社区
10 北京市昌平区霍营街道龙锦苑东一区社区
11 北京市海淀区甘家口街道水科院社区
12 北京市平谷区兴谷街道光明社区
13 北京市石景山区五里坨街道南宫社区
14 北京市通州区北苑街道玉带路社区
15 北京市平谷区渔阳地区迎宾花园社区
16 北京市昌平区小汤山镇行政区社区
17 天津市滨海新区杭州道街贻丰园社区
18 天津市武清区下朱庄街越秀园社区
19 天津市北辰区佳荣里街人民家园社区
20 天津市宝坻区海滨街蓝水湾社区
21 天津市河北区建昌道街三和社区
22 天津市东丽区张贵庄街詹滨西里居民委员会
23 天津市河西区天塔街五一阳光社区
24 天津市红桥区咸阳北路街本溪社区
25 天津市津南区葛沽镇东风里社区
26 天津市河东区春华街聚安东园社区
27 河北省石家庄市长安区阜康街道工人街社区
28 河北省唐山市路北区钓鱼台街道裕华嘉苑社区
29 河北省保定市莲池区东关街道河大社区居民委员会
30 河北省沧州市新华区建新街社区居民委员会
31 河北省邯郸市邱县城区街道新华社区居委会

32 河北省邢台市桥西区富水社区
33 河北省张家口市经开区南站街道办事处富强路社区
34 河北省石家庄市井陉矿区凤山街道办事处荆蒲兰居民委员会
35 河北省沧州市运河区永和社区
36 河北省邯郸市丛台区丛东街道办事处青年楼社区
37 河北省唐山市路南区永红桥富庄东里社区
38 河北省张家口市桥东区红旗楼街道办事处红南社区
39 河北省邯郸市邯山区陵园路街道办事处陵北社区
40 河北省张家口市桥西区南营坊街道建设桥社区
41 河北省唐山市开平区开平街道普光南里社区
42 河北省承德市丰宁满族自治县大阁街道华泽社区居民委员会
43 河北省承德市双桥区中华路街道办事处山庄社区居民委员会
44 河北省张家口市下花园区市场街社区
45 山西省晋城市城区东街街道办事处凤台社区
46 山西省长治市城区西街街道瓦窑沟社区
47 山西省晋中市祁县丹枫城区丹枫路社区
48 山西省临汾市翼城县文昌社区
49 山西省运城市稷山县社区办事处西城社区
50 山西省忻州市保德县居民办事处西湾社区
51 山西省临汾市乡宁县昌宁镇幸福湾社区
52 山西省太原市杏花岭区职工新街街道办事处迎春社区
53 山西省忻州市岢岚县城镇居民办事处西城社区
54 内蒙古自治区呼和浩特市新城区迎新路办事处团结小区社区
55 内蒙古自治区锡林郭勒盟锡林浩特市宝力根街道乌兰图嘎社区
56 内蒙古自治区乌海市乌达区巴音赛街道办事处团结社区
57 内蒙古自治区兴安盟科尔沁右翼前旗科尔沁镇兴科社区
58 内蒙古自治区乌兰察布市察哈尔右翼中旗科布尔镇第一社区
59 内蒙古自治区巴彦淖尔市乌拉特后旗巴音镇蓝天社区
60 内蒙古自治区阿拉善盟阿拉善左旗西花园社区
61 内蒙古自治区满洲里市湖西社区
62 内蒙古自治区二连浩特市呼和社区社会服务管理中心
63 内蒙古自治区包头市青山区富强路办事处富润社区
64 内蒙古自治区赤峰市红山区站前街道昭乌达社区
65 内蒙古自治区呼伦贝尔市牙克石市新工街道办事处新华社区
66 内蒙古自治区通辽市霍林郭勒市莫斯台街道友谊社区
67 内蒙古自治区鄂尔多斯市东胜区纺织街道办事处曙光社区居民委员会
68 辽宁省沈阳市于洪区城东湖街道三隆社区
69 辽宁省大连市西岗区北京街道黄河社区
70 辽宁省阜新市太平区孙家湾街道东山社区
71 辽宁省锦州市古塔区新铁社区
72 辽宁省鞍山市立山区深北街道深东社区
73 辽宁省朝阳市双塔区光明街道光明社区
74 辽宁省盘锦市兴隆台区兴隆街道乐园社区
75 辽宁省本溪市桓仁满族自治县八卦城街道新市社区
76 辽宁省营口市站前区建设街道办事处永进社区
77 辽宁省鞍山市铁东区鞍山市铁东区和平街道健身社区
78 辽宁省铁岭市铁岭经济技术开发区盛峰嘉苑社区
79 辽宁省丹东市元宝区六道口街道天增社区
80 辽宁省沈阳市和平区八经街道宝环社区
81 辽宁省辽阳市白塔区人兴社区
82 辽宁省沈阳市皇姑区辽河街道铁路东社区
83 辽宁省葫芦岛市绥中县工人社区
84 辽宁省抚顺市新抚区南阳街道台南嘉苑社区
85 辽宁省抚顺市望花区和平街道南一社区
86 辽宁省铁岭市昌图县昌图镇关山社区
87 辽宁省大连市中山区人民路街道兴和社区
88 辽宁省丹东市振安区鸭绿江街道东泰社区
89 辽宁省沈阳市浑南区五三街道浑河堡社区
90 辽宁省葫芦岛市连山区连山街道抚民社区
91 吉林省长春市二道区八里堡街道东荣社区
92 吉林省长春市朝阳区桂林街道西康路西社区
93 吉林省吉林市丰满区江南街道南山社区
94 吉林省吉林市船营区青岛街道庆丰社区
95 吉林省辽源市龙山区北寿社区
96 吉林省通化市东昌区胜利社区

97 吉林省白山市抚松县松江河镇松江社区
98 吉林省白城市镇赉县团结社区
99 吉林省延边朝鲜族自治州延吉市河南街道白山社区
100 吉林省延边朝鲜族自治州汪清县新华社区
101 吉林省松原市宁江区沿江街道金伦社区
102 吉林省长白山保护开发区管理委员会池北区白山社区
103 吉林省四平市铁西区仁兴社区
104 黑龙江省哈尔滨市南岗区花园街道办事处繁荣街社区居民委员会
105 黑龙江省哈尔滨市道里区兆麟街道兆麟社区居民委员会
106 黑龙江省哈尔滨市香坊区大庆路街道办事处景和社区居民委员会
107 黑龙江省齐齐哈尔市龙沙区湖滨街道办事处园艺社区居委会
108 黑龙江省齐齐哈尔市铁锋区光荣街道办事处先进社区居民委员会
109 黑龙江省东宁县城区办事处光明社区居民委员会
110 黑龙江省牡丹江市西安区日照社区居民委员会
111 黑龙江省大庆市让胡路区乘风社区乘新二居委会
112 黑龙江省鸡西市鸡冠区向阳街道办事处向阳社区居民委员会
113 黑龙江省黑河市孙吴县城区街道办事处新华社区居民委员会
114 黑龙江省双鸭山市宝山区红升社区居民委员会
115 黑龙江省佳木斯市富锦市繁荣社区居民委员会
116 黑龙江省伊春市乌马河区乌马河团结社区居民委员会
117 黑龙江省鹤岗市向阳区第五社区居民委员会
118 黑龙江省绥化市肇东市人民政府西园区办事处民益路社区居民委员会
119 黑龙江省大兴安岭地区漠河县西林吉镇阳光社区居民委员会
120 上海市黄浦区五里桥街道中一居民委员会
121 上海市浦东新区东明路街道盛源居民委员会
122 上海市静安区静安寺街道愚谷村居民委员会
123 上海市虹口区嘉兴路街道虹叶居民委员会
124 上海市闵行区江川路街道好第坊文馨苑居委会
125 上海市金山区山阳镇金豪居民委员会
126 上海市宝山区高境镇高境一村第一居民委员会
127 上海市青浦区夏阳街道青平社区居委会
128 上海市徐汇区斜土路街道日晖六村第一居民委员会
129 上海市嘉定区马陆镇天马社区居民委员会
130 上海市松江区方松街道开元居委会
131 上海市长宁区虹桥街道爱建居民委员会
132 上海市崇明县向化镇向宏居委会
133 上海市杨浦区大桥街道广杭居委会
134 上海市普陀区真如镇街道真光新村第五社区居民委员会
135 上海市闸北区彭浦镇万荣新苑居民委员会
136 上海市奉贤区青村镇北唐社区居民委员会
137 上海市虹口区凉城新村街道广灵二路居民委员会
138 上海市金山区漕泾镇绿地居民委员会
139 上海市闵行区梅陇镇春申景城居民委员会
140 上海市黄浦区南京东路街道新昌居民委员会
141 江苏省南京市鼓楼区宁海路街道三步两桥社区
142 江苏省无锡市江阴市新桥镇绿园社区
143 江苏省徐州市丰县中阳里街道东大社区
144 江苏省常州市天宁区天宁街道前后北岸社区
145 江苏省苏州市张家港市张家港经济技术开发区（杨舍镇）金塘社区居民委员会
146 江苏省南通市崇川区学田街道紫荆花社区
147 江苏省连云港市海州区新海街道河西社区
148 江苏省淮安市金湖县黎城镇西苑社区
149 江苏省盐城市亭湖区新民社区
150 江苏省扬州市邗江区新盛街道绿杨新苑社区
151 江苏省镇江市京口区正东路街道酒海街社区
152 江苏省宿迁市宿城区古城街道楚苑社区
153 江苏省南京市秦淮区月牙湖办事处苜蓿园社区居民委员会
154 江苏省无锡市惠山区长安街道新惠社区
155 江苏省南通市港闸区唐闸镇街道怡园社区
156 江苏省南京市栖霞区尧化街道青田雅居社区
157 江苏省淮安市清浦区清安街道新新家园社区
158 江苏省盐城市大丰区大中镇新东苑社区居民委员会
159 江苏省南京市建邺区南苑街道吉庆社区
160 江苏省苏州市相城区元和街道华辰嘉园社区
161 江苏省扬州市广陵区天顺花园社区
162 江苏省镇江市润州区和平路街道桃园第一社区
163 江苏省泰州市海陵区城中街道高桥社区

164 江苏省宿迁市沭阳县沭城街道新桥社区
165 江苏省苏州市吴江区平望镇梅堰社区
166 江苏省南通市通州区金沙街道安康社区
167 江苏省南京市鼓楼区江东街道腾飞园社区
168 江苏省无锡市锡山区云林街道云林社区
169 江苏省徐州市鼓楼区牌楼街道办事处华厦社区居民委员会
170 江苏省苏州市昆山市巴城镇巴城社区
171 江苏省盐城市盐都区新区管委会刘朋社区
172 浙江省湖州市安吉县昌硕街道桃园社区居民委员会
173 浙江省嘉兴市桐乡市梧桐街道庆丰社区
174 浙江省金华市义乌市稠江街道锦都社区
175 浙江省宁波市江东区东胜街道泰和社区
176 浙江省衢州市柯城区荷花街道荷西苑社区
177 浙江省宁波市余姚市凤山街道季卫桥社区
178 浙江省宁波市鄞州区中河街道剑桥社区
179 浙江省宁波市象山县丹东街道梅园社区
180 浙江省绍兴市新昌县七星街道七星社区
181 浙江省金华市浦江县浦阳街道中山路社区
182 浙江省杭州市下城区东新街道东新园社区
183 浙江省金华市永康市五星社区
184 浙江省舟山市普陀区东港街道南岙社区
185 浙江省温州市鹿城区南汇街道大自然社区居民委员会
186 浙江省杭州市萧山区城厢街道育才东苑社区
187 浙江省温州市平阳县昆阳镇横阳社区
188 浙江省杭州市桐庐县桐君街道东门社区
189 浙江省台州市路桥区路桥街道古街社区
190 浙江省温州市瓯海区梧田街道明瓯社区居民委员会
191 浙江省湖州市吴兴区爱山街道安定书院社区
192 浙江省嘉兴市嘉善县罗星街道玉兰社区
193 浙江省衢州市柯城区信安街道书院社区
194 浙江省嘉兴市秀洲区嘉北街道阳光社区
195 安徽省合肥市瑶海区大通路街道繁昌路社区
196 安徽省安庆市迎江区光荣社区居民委员会
197 安徽省马鞍山市花山区花山社区居民委员会
198 安徽省黄山市休宁县海阳镇横江社区
199 安徽省马鞍山市雨山区雨山街道永泰社区居民委员会
200 安徽省六安市金安区三里桥街道阳光社区
201 安徽省安庆市大观区大湖社区居民委员会
202 安徽省滁州市来安县新安镇西门社区居民委员会
203 安徽省淮南市田家庵区泉山街道西苑社区
204 安徽省芜湖市鸠江区裕溪口街道新裕路社区
205 安徽省合肥市庐阳区逍遥津街道义仓社区
206 安徽省黄山市屯溪区昱东街道上新社区
207 安徽省宣城市宣州区鳌峰办事处宝城社区
208 安徽省铜陵市郊区金苑社区
209 安徽省宿州市埇桥区道东街道东方社区
210 安徽省蚌埠市蚌山区天桥街道喻义巷社区
211 安徽省亳州市利辛县城关镇振兴社区
212 安徽省池州市东至县尧渡镇老街社区居委会
213 安徽省淮北市濉溪县濉溪镇北关居委会
214 福建省厦门市思明区厦港街道鸿山社区
215 福建省厦门市湖里区江头街道吕岭社区
216 福建省厦门市湖里区禾山街道禾欣社区
217 福建省厦门市湖里区殿前街道长乐社区
218 福建省福州市仓山区下渡街道下藤社区
219 福建省泉州市南安市溪美街道长富社区
220 福建省泉州市永春县桃城镇桃溪社区
221 福建省莆田市荔城区镇海街道凤山社区居民委员会
222 福建省三明市尤溪县城关镇北门社区居民委员会
223 福建省南平市武夷山市崇安街道温岭社区居民委员会
224 福建省龙岩市上杭县临江镇镇中社区
225 福建省漳州市南靖县山城镇江滨社区
226 福建省泉州市石狮市湖滨街道玉湖社区
227 福建省宁德市福鼎市桐城街道富民社区
228 江西省上饶市信州区茅家岭街道钟灵社区
229 江西省上饶市鄱阳县鄱阳镇湖城社区
230 江西省南昌市湾里区幸福街办牌楼社区
231 江西省宜春市丰城市河洲街道丰水湖社区
232 江西省南昌市西湖区西湖街道西湖路社区
233 江西省九江市瑞昌市桂林街道瑞民社区
234 江西省九江市浔阳区金鸡坡街道大塘社区
235 江西省鹰潭市月湖区东湖街道办事处高桥社区
236 江西省赣州市上犹县东山镇城南社区
237 江西省景德镇市浮梁县浮梁镇万平社区
238 江西省新余市渝水区城北街道办事处仙来湖社区
239 江西省赣州市章贡区赣江街道人民巷社区
240 江西省上饶市婺源县蚺城街道天佑社区

241 江西省赣州市信丰县大塘埠镇圩镇社区
242 江西省吉安市吉州区北门街道马铺前社区
243 江西省萍乡市安源区后埠街九龙社区
244 江西省南昌市青山湖区青山路街道满庭春社区
245 江西省赣州市南康市南康区东山街道坪岭社区
246 山东省济南市历下区解放路街道历山路社区居委会
247 山东省青岛市城阳区流亭街道西后楼社区
248 山东省烟台市芝罘区芝罘岛街道芝罘岛社区居民委员会
249 山东省济南市天桥区泺口街道尚品清河社区
250 山东省青岛市李沧区湘潭路街道大枣园社区
251 山东省济南市市中区大观园街道办事处万紫巷社区居民委员会
252 山东省青岛市市北区洛阳路街道商丘路社区
253 山东省淄博市周村区大街街道元宝湾社区居民委员会
254 山东省枣庄市市中区光明路街道东龙头社区
255 山东省烟台市牟平区宁海街道师范路社区居民委员会
256 山东省潍坊市奎文区大虞街道孙家社区居民委员会
257 山东省济南市槐荫区西市场街道纬十路社区
258 山东省青岛市市南区八大湖街道高邮湖路社区
259 山东省潍坊市潍城区南关街道人民商城社区居委会
260 山东省烟台市福山区清洋街道香逸中央社区居民委员会
261 山东省枣庄市薛城区常庄镇珠江社区
262 山东省潍坊市寿光市圣城街道学院社区
263 山东省威海市环翠区孙家疃街道合庆社区居民委员会
264 山东省威海市荣成市河东社区
265 山东省烟台市海阳市凤城街道凤凰社区居民委员会
266 山东省潍坊市青州市青州经济开发区王七联社区
267 山东省东营市东营区东城街道辽河社区工作站
268 山东省菏泽市开发区丹阳办事处张花园社区
269 山东省泰安市新泰市青云街道金斗社区
270 山东省济宁市邹城市凫山街道三里营社区
271 山东省临沂市临沂高新技术产业开发区后崔庄社区居民委员会
272 山东省德州市德城区新湖街道办城隍庙社区
273 山东省泰安市泰山区上高街道双龙社区
274 山东省威海市威海经济技术开发区西苑街道办事处祥台社区
275 山东省聊城市东阿县铜城街道办事处凌山社区
276 山东省日照市东港区石臼街道林海社区
277 山东省枣庄市滕州市龙泉街道跻云桥社区
278 山东省滨州市滨城区市东街道政通社区居委会
279 河南省郑州市上街区中心路街道办事处江南小镇社区
280 河南省郑州市管城回族区二里岗街道办事处铁路新村社区
281 河南省平顶山市舞钢市垭口街道办事处鑫源社区
282 河南省周口市沈丘县北城街道办事处张庄社区
283 河南省驻马店市上蔡县蔡都街道办事处贾竹园社区
284 河南省濮阳市华龙区胜利路街道办事处胜北社区
285 河南省开封市开封新区宋城街道集英社区
286 河南省驻马店市汝南县古塔街道办事处宋庄社区
287 河南省南阳市方城县广阳镇袁庄社区
288 河南省济源市天坛街道中原国际商贸城社区居民委员会
289 河南省焦作市解放区焦西街道办事处电建社区
290 河南省焦作市山阳区定和街道办事处丰收社区
291 河南省开封市开封新区梁苑街道梁苑社区
292 河南省洛阳市西工区王城路街道办事处行署社区
293 河南省商丘市永城市马桥镇世纪家园社区
294 河南省信阳市商城县赤城办事处东街社区
295 河南省洛阳市洛龙区古城街道办事处英才社区
296 河南省濮阳市华龙区长庆路街道办事处南江社区
297 河南省商丘市梁园区白云街道大陈社区
298 河南省三门峡市灵宝市涧西区桃林街社区居委会
299 河南省新乡市牧野区荣校路办事处中原东路社区
300 湖北省武汉市武昌区杨园街柴东社区居委会
301 湖北省襄阳市襄城区古城办事处王府口社区
302 湖北省宜昌市伍家岗区沈家店社区
303 湖北省武汉市洪山区狮子山街 712 社区
304 湖北省荆州市荆州区东城街道办事处玄妙观社区居委会
305 湖北省咸宁市赤壁市赤马港办事处赤马港社区居民委员会
306 湖北省随州市广水市应山街道办事处东关社区

居民委员会
307 湖北省十堰市张湾区车城路街道办事处公园社区
308 湖北省武汉市硚口区汉中街万兴社区
309 湖北省黄冈市黄州区望月堤社区
310 湖北省鄂州市鄂城区月畔湾社区
311 湖北省武汉市汉阳区桥西社区
312 湖北省神农架林区松柏镇狮象坪社区
313 湖北省荆门市东宝区龙泉街道办事处塔影社区居民委员会
314 湖北省孝感市云梦县城关镇幸福社区
315 湖北省荆州市沙市区立新乡张居正社区居民委员会
316 湖北省咸宁市通山县通羊镇双泉社区居民委员会
317 湖北省恩施土家族苗族自治州恩施市六角亭街道办事处解放路社区居民委员会
318 湖北省天门市经济开发区群力社区
319 湖北省潜江市广华寺办事处彭河社区居民委员会
320 湖北省仙桃市龙华山街道办事处流潭社区居委会
321 湖北省黄石市黄石港区南岳社区居委会
322 湖南省长沙市望城区高塘岭街道高塘岭社区
323 湖南省株洲市醴陵市黄泥坳街道办事处国光社区居委会
324 湖南省常德市武陵区光荣路社区居民委员会
325 湖南省永州市冷水滩区杨家桥街道办事处伍家院社区居民委员会
326 湖南省怀化市麻阳苗族自治县高村镇兰家社区居民委员会
327 湖南省衡阳市石鼓区建设新村社区居民委员会
328 湖南省株洲市天元区嵩山路街道办事处湘银社区居委会
329 湖南省岳阳市岳阳县城关镇天鹅社区居民委员会
330 湖南省衡阳市祁东县河洲镇振兴社区
331 湖南省郴州市汝城县卢阳镇濂溪社区居民委员会
332 湖南省益阳市赫山区赫山街道台家塅社区居民委员会
333 湖南省郴州市苏仙区苏仙岭街道四普庄社区居民委员会
334 湖南省长沙市天心区白沙花园社区居民委员会
335 湖南省娄底市冷水江市冷水江街道办事处红日社区居委会
336 湖南省湘西土家族苗族自治州保靖县迁陵镇二月坡社区
337 湖南省常德市安乡县深柳镇潺陵社区居民委员会
338 湖南省永州市东安县白牙市镇茶亭社区居委会
339 湖南省娄底市新化县上渡办事处唐家岭社区
340 湖南省永州市双牌县阳明社区居委会
341 湖南省邵阳市大祥区城西街道城西社区居委会
342 湖南省湘西土家族苗族自治州永顺县灵溪镇城东社区居民委员会
343 湖南省湘潭市韶山市银田寺社区
344 湖南省岳阳市云溪区云溪镇下街社区居委会
345 湖南省怀化市洪江区高坡街街道办事处长岭界社区居民委员会
346 湖南省张家界市桑植县澧源镇汪家坪社区
347 广东省汕头市龙湖区新津街道丽东社区居委会
348 广东省韶关市曲江区马坝镇城东社区居委会
349 广东省东莞市莞城街道办事处北隅社区居民委员会
350 广东省肇庆市高要区南岸街道湖西社区居民委员会
351 广东省深圳市龙岗区布吉街道三联社区工作站
352 广东省深圳市宝安区新安街道洪浪社区工作站
353 广东省广州市荔湾区西村街西湾社区居民委员会
354 广东省汕头市濠江区广澳街道东湖社区居委会
355 广东省广州市荔湾区冲口街杏花社区居民委员会
356 广东省佛山市高明区荷城街道三洲社区居民委员会
357 广东省汕头市潮阳区海门镇新德社区居民委员会
358 广东省深圳市宝安区新安街道海华社区工作站
359 广东省惠州市惠城区小金口街道金源社区居民委员会
360 广东省东莞市樟木头镇金河社区居民委员会
361 广东省茂名市茂南区官渡街道沿江社区居民委员会
362 广东省中山市三角镇中心社区居民委员会
363 广东省韶关市始兴县太平镇城郊社区居民委员会
364 广东省汕尾市陆河县螺溪镇螺溪社区居民委员会
365 广东省深圳市罗湖区桂园街道办事处大塘龙社区工作站
366 广东省惠州市惠阳区松岭社区居民委员会
367 广东省河源市龙川县老隆镇泰华城社区居民委员会
368 广东省汕头市金平区广厦街道金禧社区居民委员会

369 广东省江门市蓬江区白沙街农林社区居民委员会
370 广东省河源市源城区东埔街兴源路社区居民委员会
371 广东省佛山市禅城区祖庙街红棉社区居民委员会
372 广东省潮州市饶平县黄冈镇上林社区居委会
373 广东省珠海市香洲区南屏镇华发社区居民委员会
374 广东省梅州市五华县水寨镇府前社区居民委员会
375 广东省阳江市阳春市春城街道龙湾社区居民委员会
376 广东省清远市连州市连州镇燕喜社区居委会
377 广东省湛江市霞山区新园街道新园南社区居民委员会
378 广东省揭阳市惠来县惠城镇南美社区居民委员会
379 广东省云浮市云城区腰古镇腰古社区居民委员会
380 广西壮族自治区南宁市兴宁区兴东街道澳华社区
381 广西壮族自治区柳州市柳北区雀儿山街道南雀社区
382 广西壮族自治区桂林市象山区象山办事处西城社区
383 广西壮族自治区崇左市龙州县利民社区
384 广西壮族自治区来宾市象州县象州镇城东社区
385 广西壮族自治区玉林市玉州区玉城街道南观社区
386 广西壮族自治区北海市银海区银滩镇贵兴社区
387 广西壮族自治区贺州市钟山县钟山镇城南社区
388 广西壮族自治区梧州市万秀区梧州市富安社区
389 海南省三亚市天涯区南海社区居民委员会
390 海南省琼中黎族苗族自治县营根镇营南社区居民委员会
391 海南省琼海市嘉积镇红星社区居民委员会
392 海南省儋州市那大镇群英社区居民委员会
393 海南省东方市八所镇福民社区居民委员会
394 重庆市渝中区解放碑街道公园路社区
395 重庆市渝中区上清寺街道上清寺路社区
396 重庆市大渡口区八桥镇丽景社区
397 重庆市江北区大石坝街道石油社区
398 重庆市九龙坡区华岩镇民安华福社区
399 重庆市沙坪坝区天星桥街道晒光坪社区
400 重庆市南岸区花园路街道古楼湾社区
401 重庆市北碚区歇马镇解放台社区
402 重庆市渝北区宝圣湖街道湖滨西路社区
403 重庆市渝北区双凤桥街道溜马山社区
404 重庆市巴南区龙洲湾街道龙海社区
405 重庆市万州区百安坝街道百安社区
406 重庆市涪陵区崇义街道白鹤梁社区
407 重庆市黔江区城南街道沙坝社区
408 重庆市潼南区桂林街道井田社区
409 四川省达州市大竹县白塔街道西城社区居民委员会
410 四川省广元市剑阁县下寺镇渡口社区居民委员会
411 四川省宜宾市筠连县筠连镇中城社区居民委员会
412 四川省绵阳市涪城区铁牛街社区居民委员会
413 四川省达州市渠县文崇镇社区居民委员会
414 四川省攀枝花市仁和区仁和镇仁和街社区居民委员会
415 四川省德阳市绵竹市剑南镇茂泉社区居民委员会
416 四川省巴中市通江县诺江镇南街社区居民委员会
417 四川省自贡市大安区大安街马草山社区居民委员会
418 四川省绵阳市游仙区魏城镇桂花社区居民委员会
419 四川省广元市旺苍县东河镇治城社区居民委员会
420 四川省雅安市石棉县棉城街道办事处岩子社区居民委员会
421 四川省泸州市纳溪区永宁街道较场坝社区居委会
422 四川省遂宁市船山区燕山社区居民委员会
423 四川省资阳市乐至县天池镇西街社区居民委员会
424 四川省凉山彝族自治州冕宁县泸沽镇东北社区居民委员会
425 四川省成都市龙泉驿区人民政府龙泉街道办事处平江路社区居民委员会
426 四川省泸州市龙马潭区高坝厂区化工苑社区居民委员会
427 四川省眉山市东坡区大石桥街道白玉社区居民委员会
428 四川省内江市市中区人民政府城南街道办事处黄桷井社区居民委员会
429 四川省巴中市平昌县人民政府同州街道办事处政法街社区居民委员会
430 四川省广安市武胜县沿口镇河东社区居民委员会
431 四川省南充市西充县晋城镇府南社区居民委员会
432 四川省乐山市五通桥区竹根镇黄桷井社区居民委员会
433 四川省成都市成华区建设路街道办事处培华路社区居民委员会
434 四川省甘孜藏族自治州泸定县冷碛镇老街道社

区居民委员会
435 四川省成都市新都区新都街道锦水苑社区居民委员会
436 四川省成都市金牛区西安路街道青羊北路社区居民委员会
437 四川省德阳市旌阳区城南街道花园巷社区居民委员会
438 四川省宜宾市翠屏区象鼻街道振兴社区居民委员会
439 贵州省贵阳市南明区新华社区服务中心
440 贵州省遵义市红花岗区中山路街道新华桥社区
441 贵州省六盘水市钟山区荷泉社区区府路居民委员会
442 贵州省毕节市七星关区市西街道办事处天河社区
443 贵州省贵阳市云岩区贵乌社区
444 贵州省黔东南苗族侗族自治州锦屏县三江镇排洞社区
445 贵州省遵义市仁怀市中枢街道葡萄井社区
446 贵州省黔南布依族苗族自治州荔波县玉屏街道办事处城北社区居委会
447 贵州省铜仁市江口县双江街道办事处双月社区居民委员会
448 云南省昆明市盘龙区明通巷社区
449 云南省昆明市官渡区关上中心区社区
450 云南省红河哈尼族彝族自治州个旧市金湖南社区
451 云南省楚雄彝族自治州牟定县平屯社区
452 云南省普洱市镇沅彝族哈尼族拉祜族自治县城关社区
453 云南省大理白族自治州大理市榆华社区
454 云南省红河哈尼族彝族自治州蒙自市银河社区
455 云南省临沧市凤庆县东城社区
456 云南省昆明市五华区翠湖西路社区
457 云南省曲靖市麒麟区文华街道代河社区
458 西藏自治区拉萨市城关区拉鲁社区居委会
459 西藏自治区日喀则市江孜县江孜镇拉则居委会
460 陕西省西安市未央区谭家街道百花园社区
461 陕西省西安市临潼区骊山街道东关社区
462 陕西省宝鸡市渭滨区姜谭路街道办事处姜谭街社区居民委员会
463 陕西省铜川市耀州区天宝路天宝滩社区
464 陕西省渭南市临渭区解放街道新世纪社区居民委员会
465 陕西省安康市汉滨区老城办事处西关社区居民委员会
466 陕西省延安市宝塔区凤凰山街道办事处文化沟社区
467 陕西省汉中市汉台区东大街街道办事处北街口社区
468 陕西省商洛市商州区丹南社区
469 陕西省西安市灞桥区席王街道办事处汽配社区
470 陕西省咸阳市渭城区渭阳街道办金旭路社区
471 陕西省西安市新城区新园社区
472 甘肃省金昌市金川区滨河路街道龙集里社区
473 甘肃省嘉峪关市雄关区福民社区
474 甘肃省金昌市永昌县河西堡镇车站路社区
475 甘肃省平凉市泾川县街道办东街社区
476 甘肃省定西市临洮县洮阳镇椒山社区
477 甘肃省临夏回族自治州临夏市西关街道办事处新桥社区居民委员会
478 甘肃省嘉峪关市长城区永乐社区
479 青海省海西州格尔木市昆仑路办事处育红巷社区
480 青海省海东市乐都区雨润镇社区居民委员会
481 青海省海南州贵德县河阴镇城西社区居民委员会
482 宁夏回族自治区石嘴山市大武口区锦林街道丽日社区居民委员会
483 宁夏回族自治区银川市西夏区翟靖巷社区
484 宁夏回族自治区吴忠市盐池县城关街道北关社区
485 新疆维吾尔自治区塔城地区乌苏市南苑街道办事处长征路社区居委会
486 新疆维吾尔自治区乌鲁木齐市高新技术产业开发区（新市区）长春中路片区管委会冬融街社区
487 新疆维吾尔自治区博尔塔拉蒙古自治州博乐市顾里木图街道友谊社区居民委员会
488 新疆维吾尔自治区乌鲁木齐市经济技术开发区三十五户路社区
489 新疆维吾尔自治区克拉玛依市白碱滩区三平路街道振兴社区
490 新疆维吾尔自治区伊犁哈萨克自治州伊宁市西城区边合区街道办事处汉宾公园社区
491 新疆维吾尔自治区阿勒泰地区富蕴县库额尔齐斯镇文化东路居委会
492 新疆维吾尔自治区喀什地区疏附县托克扎克镇阿瓦提社区居委会
493 新疆维吾尔自治区伊犁哈萨克自治州奎屯市团结路街道办风华里社区

494 新疆维吾尔自治区巴音郭楞蒙古自治州若羌县若羌镇文化居民委员会
495 新疆维吾尔自治区阿克苏地区沙雅县沙雅镇人民南路社区
496 新疆维吾尔自治区乌鲁木齐市天山区黑甲山前街社区
497 新疆维吾尔自治区和田地区墨玉县其尼巴格街办奥依巴格社区
498 新疆生产建设兵团第二师34团金鹿社区
499 新疆生产建设兵团第三师48团社区
500 新疆生产建设兵团第五师工业区社区居委会

关于印发《中国科协科普发展规划（2016—2020年）》的通知

科协发普字〔2016〕20号

各全国学会、协会、研究会，各省、自治区、直辖市、副省级城市科协，新疆生产建设兵团科协，各有关单位：

根据《中华人民共和国国民经济和社会发展第十三个五年规划纲要》《全民科学素质行动计划纲要实施方案（2016—2020年）》，为满足人民群众科技文化需求和提高自身科学素质的愿望，更好地服务于全面建成小康社会和创新驱动发展，实现2020年我国科普发展和公民科学素质达到创新型国家水平，中国科协研究制定《中国科协科普发展规划（2016—2020年）》，现印发给你们，请结合实际，认真贯彻落实。

中国科协

2016年3月18日

中国科协科普发展规划（2016—2020年）

根据《中华人民共和国国民经济和社会发展第十三个五年规划纲要》《全民科学素质行动计划纲要实施方案（2016—2020年）》，为满足人民群众科技文化需求和提高自身科学素质的愿望，更好地服务于全面建成小康社会和创新驱动发展，实现2020年我国科普发展和公民科学素质达到创新型国家水平，特制定本规划。

一、背景和形势

“十二五”时期，在党中央、国务院的正确领导下，各级科协组织紧密围绕党和国家事业发展大局，以《全民科学素质行动计划纲要》实施为主线，推进建立共建机制，充分发挥综合协调作用，会同纲要实施的相关部门和地方各级政府共同推进公民科学素质建设，科学技术教育、传播与普及成效显著，基本形成公民科学素质建设的组织实施、基础设施、条件保障、监测评估等体系，全面完成“十二五”时期公民科学素质建设确定的各项目标任务。着力高校、科研机构、企业等优质科普资源开发开放，科普服务水平明显提升；着力中国特色现代科技馆体系等科普阵地条件建设，科普支撑保障条件明显改善；着力科学传播专家团队等科普动员机制建设，科普参与面、覆盖面和影响力进一步扩大；青少年科技教育与人才培育取得新进展，高层次科普专门人才培养取得新突破；探索与互联网企业合作新模式，进一步开拓网络科普主战场，科普信息化和科普产业发展取得新进展。2015年我国公民具备科学素质的比例达到6.20%，比2010年的3.27%提高近90%，超额完成“十二五”末我国公民具备科学素质比例超过5%的既定目标，进一步缩小了与世界主要发达国家的差距，为“十三五”公民科学素质建设奠定了坚实基础。

“十三五”时期是全面建成小康社会的决胜阶段，树立和落实创新发展、协调发展、绿色发展、开放发展、共享发展的新理念，对提升公民科学素质提出新的更高要求。面对新形势，必须清醒地认识科普面临的新挑战，目前我国科普服务水平和公民科学素质水平不能满足全面建成小康社会和建设创新型国家的需要。主要表现在：农村、偏远、欠发达和少数民族等地区公众的科学素质明显偏低，青少年科技创新能力培养还需进一步加强；科普信息化落后于信息化发展进程，不能满足公众需求，原创优质科普内容相对匮乏；科普基础设施条件有待改善，全社会参与科普的动员机制有待完善。“十三五”时期，科普发展大有空间、大有可为，全面创新科普工作，加强科普信息化，提升科普整体水平，对于实现我国公民科学素质跨越提升，具有重要意义。

二、指导思想和目标任务

（一）指导思想。高举中国特色社会主义伟大旗帜，全面贯彻党的十八大和十八届三中、四中、五中全会精神，以马克思列宁主义、毛泽东思想、邓小平理论、“三个代表”重要思想、科学发展观为指导，深入贯彻习近平总书记系列重要讲话精神，以《全民科学素质行动计划纲要》实施为主线，以科普信息化为核心，以科技创新为导向，以群众关切为主题，以政策支持为支柱，以市场机制为动力，着力优质科普内容资源、科普阵地条件、科普社会动员机制建设，推动科普人才和科普产业发展，开启传统科普创新与科普信息化“双引擎”，全面创新科普理念和服务模式，精细分类，精准推送，全面提升科普覆盖面和实效性，实现到2020年我国科普发展和公民科学素质达到创新型国家水平，为协调推进“四个全面”战略布局，倡导科学思想，弘扬科学精神，抵制伪科学，激发大众创业、万众创新的热情和潜力，推动创新驱动发展，夺取全面建成小康社会决胜阶段的伟大胜利厚植公民科学素质基础，为实现中华民族伟大复兴的中国梦做出应有贡献。

（二）目标任务。到2020年，建成适应全面小康社会和创新型国家、以科普信息化为核心、普惠共享的现代科普体系，科普的国家自信力、社会感召力、公众吸引力显著提升，实现科普转型升级。以青少年、农民、城镇劳动者、领导干部和公务员等重点人群科学素质行动带动全民科学素质整体水平持续提升，我国公民具备科学素质比例超过10%，达到创新型国家水平。

（三）工作理念。实现科普发展目标，必须牢固树立并且切实贯彻创新、提升、协同、普惠的工作理念。

——创新。解放思想，转变观念，坚持创新发展，推进科普的内容创作、表达方式、传播手段、管理运行机制等的全方位创新。

——提升。坚持在继承中创新，在创新中提升，以科普信息化为龙头，着力实施重点工程，丰富优质科普内容，大幅提高科普的呈现效果和传播水平，大力提升科普的受益面和实效性。

——协同。坚持协同发展，会同科技、教育、宣传、文化、新闻出版等相关部门，广泛动员科研院所、学校、企业、社会组织等各方面，形成开源、开放、协调的全社会科普大格局。

——普惠。坚持普惠发展，针对公众的不同需求和特点，通过科普服务精准推送方式，实现科技成果在全社会共享，让科普有效惠及最广大公众。

三、重点任务

着力实施六大重点工程，带动科普和公民科学素质建设整体水平的显著提升。

（一）实施“互联网+科普”建设工程

——提升“科普中国”示范性和影响力。更加广泛汇聚各方力量共同打造“科普中国”，不断提升品牌的口碑和影响力。充分发挥品牌的统领作用，推动科普领域牢固树立精品意识和质量意识，引导建设众创、众筹、众包、众扶、分享的科普生态，打造科普开源发展新格局。充分发挥“科普中国”和科协组织的影响力，进一步把政府与市场、需求与生产、内容与渠道、事业与产业有效连接起来，实现科普的倍增效应。

——深入实施科普信息化建设专项。按照“2015年搭建框架、初见成效，2016年完善提升、效果凸显，2017年体系完善、持续运行，2018年后常态高效运营”的目标，迭代建设内容丰富、形式多样、方便实用的网络科普大超市，迭代建设公众与公众、公众与网站、网站与网站、线上线下等的网络科普互动空间，不断提升科普精准推送服务品质和水平，建立完善科普信息化运行保障机制。到2020年，保持专项经费稳定投入，实现15家以上主流门户网站开设科普栏目（频道），开发运行30个以上科普中国系列APP和微信订阅号，各频道PC端和移动端年总计浏览量100亿人次以上，其中移动端年浏览量70亿人次以上。

——提升优质科普内容供给能力。聚焦公众需求，采用新闻导入、好奇心驱使、科学解读等形式，创新科普内容表达方式，优化科普内容的科学性审核把关，建立完善专家审核和公众纠错相结合的科学传播内容把关机制。到2020年，把科普中国打造成最权威、最具影响力的科普平台。形成机构、专家和公众共同参与，各地、各部门、各类机构协同联动的科普信息生产和分享的生动局面，科学性、趣味性、体验性和精彩度大幅提升。

——拓展科普信息传播渠道。充分利用和借助现有传播渠道，拓宽网络特别是移动互联网的科学传播渠道。发挥好互联网企业等专业机构的主体作用。积极组织和动员传统科普渠道与新媒体深度融合，与服务运营商、设备制造商深度合作，拓展科学传播领域和空间。到2020年实现公民通过互联网有效获取科技信息的比例达到70%以上；城镇社区、学校的科普信息到达率90%以上，乡村社区的科普信息到达率70%以上。

——实施科普信息化落地普惠行动。创新科普的精准化服务模式，依托大数据、云计算等信息技术手段，采集和挖掘公众的科普需求数据，洞察和感知公众科普需求，定向、精准地将科普信息资源送达目标人群，推动科普信息在社区、学校、农村等的落地应用。加大对老少边穷地区及青少年等重点人群的科普信息服务定制化推送。强化移动端科普推送，支持移动端科普融合创作，推送科普头条新闻。

——建设科普中国服务云。以提升科普服务效能为核心，以科普信息汇聚生产与有效利用为目标，立足现有基础条件，迭代建设科普中国服务云和科普中国门户网。推动科普大数据开发开放，实现科普信息汇聚、数据分析挖掘、应用服务、即时获取、精准推送、决策支持，创新科普产品和服务，提高科普投入效率和科普信息资源的高效利用。到2020年建成能全面支撑科普信息化服务的科普中国服务云，实现PB级的优质科普信息资源的快速生产与汇聚，实现为亿级科普受众的科普资源获取和推送服务能力。

（二）实施科普创作繁荣工程

——加大科普创作的支持力度。探索设立科普创作基金，支持优秀科普原创作品以及重大科技成果普及、健康生活、科幻、动漫、科普游戏开发等重要选题。支持科研人员开展科普创作、科普创作人才培养、青年重大科普创作和科普文艺作品创作，以及文艺工作者跨界从事科普创作等。到2020年，科普作品数量和质量达到国际先进水平。优秀科普图书在文化科学体育类图书出版中占比达到10%。

——繁荣科幻创作。推动制定科幻创作的扶持政策，将科幻创作和产品纳入相关专项资金支持和税收优惠范围。设立国家科幻奖项，成立全国科幻社团组织，兴办国际科幻节，支持建设科幻产业园，推动我国科幻作品创作与生产进入国际一流水平。到2020年，国产科幻电影产业票房收入占电影产业年票房总收入比例达到15%。

——推动科普游戏开发。支持科普新游戏开发、现有游戏增加科普内容，开展技术交流和创意交流，加大科普游戏传播推广力度。到2020年，实现40%的网络用户使用含有科普内容的游戏进行娱乐和学习。

——推动科普产品研发与创新。推动将科普产品研发纳入国家科技计划。推动科普产品研发中心建设，支持优秀科普作品的产业转化。推动科普产品交易平台建设，加大对重点科普企业产品的政府采购力度。

——加强科普创作的国际交流与合作。着力面向世界推广展示中华文明和智慧的科幻、动漫、游戏、科普展览、图书等作品，增强我国在国际科学传播领域中的话语权。开展科普创作国际交流活动，增强对国际一流科普作品的引进消化吸收和再创新能力。

（三）实施现代科技馆体系提升工程

——推动科技馆体系创新升级。突出信息化、时代化、体验化、标准化、体系化、普惠化和社会化，以现代信息技术为手段，互联互通，虚实结合，推动科技馆由数量与规模增长的外延式发展模式向提升科普能力与水平的内涵式发展模式转变，强化科技前沿的展教力度，进一步建立完善以实体科技馆为龙头和基础，流动科技馆、科普大篷车、虚拟现实科技馆、数字科技馆为拓展和延伸，辐射基层科普设施的现代科技馆体系，发挥自然博物馆和专业行业类科技馆等场馆的作用。充分发挥中国数字科技馆在现代科技馆体系中的科普资源集散与服务平台作用，进一步提升影响力和示范性，到2020年，ALEXA国内网站排名提升到100名以内。

——建设虚拟现实科技馆。把虚拟现实等技术作为科技馆展教的主要手段，以“超现实体验、多感知互动、跨时空创想”为核心理念，建设实体虚拟现实科技馆、流动虚拟现实科技馆、在线虚拟现实科技馆等，通过虚拟现实技术营造互动参与场景，使公众能够身临其境般地参与互动体验，突破科普的时空局限，充分激发公众的创造力和想象力。

——推动大中城市科技馆建设。进一步优化布局和结构，加强对新建科技馆的支持，推动中西部地区和地市级科技馆的建设，逐步缩小地区差距；推动展教场地设施不足、科普功能薄弱的中小型科技馆改造或改建，大幅提升科技馆的覆盖率和利用率。到2020年，推动地市级至少拥有1座科技馆，全国科技馆年接待观众量突破5000万人次。

——大力推动特色科技馆建设。推动有条件的地方及企事业单位等，因地制宜建设一批具有地方、产业特色的专题科技馆。充分利用城市经济转型遗留的工业遗产，结合城市发展规划，建设专业行业类科技馆。引导、鼓励各地科技馆根据本地情况突出专业和地方特色，逐步形成多样化、特色化的场馆结构布局。加快农村中学科技馆建设，到2020年保有量达到1000所。

——建设完善流动科普设施。加大流动科普设施配发力度和服务范围，提升流动科普设施展教资源的开发能力与水平，实现巡回展览展品和教育活动的专题化和特色化，丰富内容形式，增强展教效果。到

2020年，实现中国流动科技馆的保有量达到300套，力争全国尚未建设科技馆的县（市）每2年巡展1次；科普大篷车的保有量突破2000辆，活动和服务范围基本覆盖全国建有科技馆城市近郊以外的所有乡镇；流动科普设施年服务观众总量突破1亿人次。

——建设完善科技馆标准体系及协同机制。推动建立科普标准化组织，制定科技馆行业国家标准体系以及相关标准规范，并创新可复制、可推广的科技馆建设和运营模式。开展科技馆评级与分级评估。推动博物馆、科研机构、高等院校、企业、重点实验室、生产车间等面向公众开放优质科普资源，开展科普活动。建立健全科技馆免费开放制度，提高科技馆公共服务质量和水平。

（四）实施科技教育体系创新工程

——推进青少年科技教育模式创新。把提高青少年科学素质作为教育的重要内容。配合文明学校创建工作，把科学和创新文化作为校园文化建设的重要内容，在加强科学知识传播的同时，注重学生创新思维和科学精神的培养，把创新型人才培养贯穿教育各阶段。推动将科学课列为基础教育阶段的主要课程，用现代科技教育理念指导和促进科技教育的发展，充分发挥非正规教育对科技教育的促进作用，建立校内外融合的科技教育体系。

——创新青少年科技活动。扩大和提升全国青少年科技创新大赛等青少年科技教育活动的覆盖面和影响力，到2020年实现开展科技教育活动在所有中小学的全覆盖。完善科技创新后备人才培养模式和机制，推动所有中小学配备科学教师或科技辅导员，到2020年每个学校建立至少1个科技兴趣小组。扩大中学生英才计划覆盖面，每年培养学生2000人以上，到2020年累计培养中学生1万人以上。扩大高校科学营覆盖面和营员数，每年高校科学营扩大到100个以上，营员人数2万人以上，到2020年累计参加全国高校科学营的中学生10万人以上。

——拓展校外青少年科技教育渠道。动员鼓励青少年广泛参加科技类活动，实现每位在校学生每年参观科技类博物馆（含流动科普设施）1次以上，参加科技类活动2次以上。构建青少年在线科技教育平台，动员高校、科研院所、科技型企业等机构面向青少年开放实验室等教学科研设施。以培养学生学习科技的兴趣，提高青少年科技实践探究和创新创造能力为目的，举办全国青少年科学素质电视大赛，实现年直接参与各级竞赛的青少年2000万人次以上，通过电视、网络收视和点击人数2亿人次以上。

——实施科学教师和科技辅导员培训专项。编制科学教师和科技辅导员教育培训大纲、培训教材，建设完善网络学习平台，积极拓展国际交流合作渠道，引进国外优质科教资源，建立和形成培训师资队伍，建立一批国家级科学教师和科技辅导员培训基地，完善国家、省级和基层三级培训体系，到2020年，实现全国一线科学教师和骨干科技辅导员培训的全覆盖。

——加强青少年科技教育研究。加强新形势下青少年科技创新人才培养体系、政策、方式、内容、对象、主体等的研究，研究建立符合我国青少年特点、有利于推动青少年科学素质提高和创新人才培养的青少年科学素质测评体系，发布我国青少年科学素质发展报告。

（五）实施科普传播协作工程

——推动开办科技频道（栏目）。推动开办全国电视科普频道；推动县级以上电视台、广播电台均开设科教栏目；推动各类报纸杂志开设科普专栏或增加科普专栏版面。到2020年，实现开设科教栏目的电视台、广播电台达到2000家，开设科普专栏的报纸达500种，期刊达1000种。

——发挥科学家和专家在科普传播中的生力军作用。动员科学家和专家开展科普创作，举办讲座、咨询、展览等多种形式的科普活动，充分利用互联网、电台、电视台、报纸、杂志等渠道，围绕社会关切解疑释惑。

——开展科学传媒从业者培训。组织科技新闻记者、编辑记者等培训，提升大众传媒从业者的科学素质与科学传播能力，到2020年实现骨干培训2000人次以上。

——组织全民科学素质大赛。面向全体公众广泛动员、分级选拔、常年滚动举办全民科学素质大赛。每年在央视举办总决赛。通过电视、广播、报刊、互联网等全媒体收视的人群和网上点击量超过3亿人次。

——推动跨媒体跨终端传播。推动传统科普媒体与新兴媒体的深度融合，通过科普内容一次创作、多次开发、全媒体呈现，实现跨媒体、跨终端传播。

（六）实施科普惠民服务拓展工程

——提高科普惠农服务水平。实施科普助力精准扶贫行动。充分依托农村现有公共文化服务设施，建设科普中国乡村e站，到2020年实现全国行政村的全覆盖。进一步开展农村科普示范活动，拓展农村科普服务领域、提高服务成效。加强农村专业技术协会自身建设，打造同行凝聚、跨界合作、基于信息化的农技协 2.0 升级版。

——提升社区科普益民服务能力。充分依托社区现有公共文化服务设施，建设科普中国社区 e 站，到 2020 年实现全国社区的全覆盖。针对社区居民特别是老年人的科普需求，深入开展社区科普示范活动，充分调动各方积极性。深入推动社区科普益民服务站、科普学校、科普网络建设，进一步加强社区科普组织和队伍建设。

——实施西部科普行动专项。实施科普生态文明绿色发展西部行动。实施科普援藏援疆专项行动。建设区域科普服务中控，实现西部地区、老少边穷地区的乡村社区科普数字终端全覆盖。组织动员科技特派员、大学生村官、气象信息员、中小学教师等担任科普宣传员，实现乡村社区科普宣传员全覆盖。实现流动科技馆巡展和科普大篷车活动在老少边穷地区的全覆盖。

——开展“智爱妈妈”行动。开展“小手拉大手”活动，重点面向老少边穷地区家庭，通过青少年为农村贫困母亲组织开展科普活动；在县级以上电视台和广播电台开设“智爱妈妈”栏目；搭建“智爱妈妈”信息服务平台；编发妇女科学素质读本；组织开展妇女科学素质培训和竞赛活动。

——实施“智慧蓝领”专项行动。发挥企业、科普机构、科普场馆、科普学校的作用，开展职工创新技能培训和进城务工人员素质培训，到 2020 年所有地市都建有培训站点。依托科技创新服务云，建设职工在线教育学习服务平台，开设“蓝领”慕课空间。深入开展“讲理想、比贡献”等职工群众性技术创新活动，弘扬双创精神，聚焦创新创造创业主题，开展职工技能创新和生产创意大赛。

——组织开展主题性、全民性、群众性科普活动。深入开展全国科普日，以及防灾减灾、健康中国行、食品安全宣传等活动，围绕公众关切的健康安全、科技前沿等热点、焦点问题，及时、准确、便捷为公众解疑释惑。广泛开展针对领导干部和公务员的各类科普活动，着力提高领导干部和公务员的科学执政水平、科学治理能力、科学生活素质。

四、保障措施

（一）加强组织领导

——积极争取党委政府的领导和支持。科普是重要的社会公益服务和社会人力人才建设基础，要认真做好科普发展规划。各级科协要加强对科普工作的谋划和统筹，积极争取党委政府的领导和支持，将科普工作和公民科学素质建设的目标任务纳入国家、地方、部门发展规划。各级学会要把科普作为学会创新和服务能力提升的重要方面，将学术交流与科普活动紧密结合，建立健全科普组织机构，为会员参与科普活动提供更多的机会和途径。

——联合协作，协同实施。各级科协组织要履行好《全民科学素质纲要》实施牵头部门责任，切实履行综合协调的职责，会同相关部门，密切配合，形成合力，将各项任务目标落在实处。

——建立完善目标管理和激励考核制度。加强科普组织自身建设，改革创新科普工作的组织管理机制。建立以公众关注度和满意度为核心的科普绩效评价标准的评价体系。认真总结推广经验，对在科普工作中涌现的优秀组织和个人进行激励表扬。

（二）完善保障机制

——推动科普政策的完善。推动建立完善科普发展的相关政策、体系和激励机制，推动建立完善科普内容知识产权保护、开放等制度。建立健全全国科普统计制度，建立完善公民科学素质监测评估体系。加强科普理论研究和长远规划，创新科普方法，把握科普的基本规律和国际社会发展趋势，为实践工作提供指导。

——建立完善科研与科普相结合的机制。推进将科普纳入各级科技计划项目、重大工程项目等的目标任务，保证一定比例经费用于科普，在项目验收中增加科普绩效考核的权重。中国科协探索开展国家科技计划项目、重大工程项目等的科普效果评估。

——建立完善科普动员机制。完善公民科学素质建设联合协作机制，加强综合协调和服务工作，进一步凝聚形成合力。深入推进全民科学素质行动计划共建机制建设，将“十三五”公民科学素质建设目标细化和分解到各地，提出指导建议，签订公民科学素质共建协议，推动层层落实。组织开展全国科普示范县（市、区）创建工作，推动基层公民科学素质公共服务能力提升。开展全国科普教育基地创建活动，进一步形成社会广泛参与科普的良性互动机制。深入实施“基层科普行动计划”，以奖代补、奖补结合，进一步发挥农村科普先进集体和带头人，以及科普先进社区的示范带动作用。

——建立完善科技人员从事科普的激励机制。设立国家级科普奖项，奖励在科普方面作出突出贡献的科技工作者和科普工作者。建立完善科普专业人员的职称系列。在科技人员职称评定和晋升、科研成果评价等环节设立科普考核要素。

（三）加强科普队伍建设

——实施科普领军人才计划。每年选拔 100 名国家级科普拔尖人才，支持在各自科普领域发挥引领创新发展的作用。加强科学传播专家团队建设，到 2020 年 80% 以上全国学会建有科学传播专家团队，受聘科学传播专家超过 1 万人，首席科学传播专家超过 600 人。开设全国杰出科学传播人年度奖项。

——全面提升科普人员水平。推动科普专业学科建设，深入推进科普专门人才培养。加强科普人员继续教育，实现所有骨干科普人员每年轮训 1 次。

——充分发挥科普组织的作用。充分发挥科普作家、科普影视、自然科学博物馆、科技辅导员、科技新闻、科普基金等社团组织的作用，建立科幻创作、科普游戏等社团组织，搭建培训和服务平台，汇聚和支持各方专家参与科普。

——加强科普志愿者队伍建设。建立科普志愿者社团组织，建设科普志愿者网络服务平台，加强科普志愿者培训。建立健全高校科协或学生团体开展科普志愿服务工作的组织机制，通过项目引导和组织培训，推进在高校建立大学生科普社团。发展离退休科普志愿者队伍，建立应急科普志愿服务机制，建立完善科普志愿者激励机制，到 2020 年实现全国科普志愿者超过 500 万人。

（四）加大科普投入

——积极争取财政投入。各级科协组织要积极争取政府及相关部门对科普的政策扶持、条件支持和项目投入，将科普经费列入同级财政预算。国家、省、地市、县四级合理分担科普财政投入，逐步提高科普经费的投入水平。加强科普经费使用情况的绩效考评，确保专款专用和使用效果。

——设立科普重大专项。加大基层科普行动计划和科技馆免费开放转移支付力度。在优化和创新现有科普项目的基础上，设立科普创作专项基金，启动实施科普领军人才计划、西部科普行动专项等重点专项。

——拓展科普资金来源渠道。通过众筹众包、项目共建、捐款捐赠、政府购买服务等方式，发挥市场在配置资源方面的基础性作用，鼓励引导社会机构、企业、个人投入科普事业。组建中国科学文化出版传媒集团等科普产业龙头企业，培育若干个上市公司。推动科普新业态发展，推动科普出版、期刊、影视等与新媒体深度融合和转型升级。

关于聘任第四批首席科学传播专家的通知

科协发普字〔2016〕21 号

各全国学会、协会、研究会，各省、自治区、直辖市科协，新疆生产建设兵团科协：

为全面贯彻落实党的十八大和全国科技创新大会精神，加强科普人才队伍建设，提升科普公共服务能力，促进公民科学素质建设目标的实现，中国科协于 2013 年启动组建科学传播专家团队。

继中国科协在全国学会中组建科学传播专家团队并聘任三批首席科学传播专家之后，经各全国学会组织推荐，中国科协认真研究，决定聘任地质出版社总编辑王章俊等 55 名同志为第四批全国首席科学传播专家，聘期 3 年。首席科学传播专家开展公益性科普活动时，可以“全国 ×× 学科首席科学传播专家”名义进行宣传和介绍。各全国学会、各级科协要为科学传播专家引好路、搭好台、服好务，紧紧依托首席科学传播专家及科学传播专家团队，大力推进科学传播工作，不断提升学科科普服务水平和社会影响力。

希望首席科学传播专家及团队珍惜荣誉、承担责任，带领科学传播专家团队，按照《全民科学素质行动计划纲要实施方案（2016—2020 年）》的部署，围绕党和国家经济社会发展中心任务和人民群众生产生活实际需求，大力开展科普创作、科学传播，不断创新科技推广和科普活动方式方法，推动拓展学科科普工作，团结引领广大科技工作者，积极投身公民科学素质建设，为实施创新驱动发展战略、全面建成小康社会、实现两个一百年奋斗目标、实现中华民族伟大复兴的中国梦作出新的更大贡献！

附件：全国首席科学传播专家名单（第四批）

中国科协

2016 年 3 月 22 日

附件

全国首席科学传播专家名单
（第四批）

中国地质学会

姓　名	专业领域	工作单位
王章俊	生物进化学学科	地质出版社
李长安	第四纪地质学学科	中国地质大学（武汉）
陈建平	定量地学、数学地质学科	中国地质大学（北京）
黄润秋	工程地质学科	国家环境保护部

中国地理学会

姓　名	专业领域	工作单位
宁越敏	城市地理	华东师范大学中国现代城研究中心
刘　闯	世界地理	中国科学院地理科学与资源研究所

中国海洋学会

姓　名	专业领域	工作单位
王培刚	海洋调查	北海技术中心
王菊英	海洋生态环境保护	国家海洋环境监测中心
方国洪	海洋物理	国家海洋局第一海洋研究所
左其华	海洋工程	南京水利科学研究院
石绥祥	海洋信息技术与应用	国家海洋信息中心
杨胜雄	海洋地质与资源	广州海洋地质调查局
何广顺	海岛科学	国家海洋信息中心
张　偲	热带海洋	中国科学院南海海洋研究所
陈　敏	海洋化学	厦门大学海洋与地球研究院
罗续业	海洋观测技术	国家海洋技术中心
徐兴永	海岸带开发与管理	国家海洋局第一海洋研究所
高从堦	海水淡化	杭州水处理技术研究开发中心
曹丛华	海洋预报预警及防灾减灾	国家海洋局北海预报中心
章新华	军事海洋	海军大连舰艇学院
蒋兴伟	海洋遥感	国家卫星海洋应用中心
韩立民	海洋经济	中国海洋大学海洋经济发展研究院
韩　震	海洋技术与海岸带遥感	上海海洋大学
缪锦来	海洋生物	国家海洋局第一海洋研究所

中国植物学会

姓　名	专业领域	工作单位
朱瑞良	苔藓植物学	华东师范大学
赵世伟	植物迁地保护与环境教育	北京市植物园
黄璐琦	药用植物及植物药	中国中医科学院中药资源中心

中国农业工程学会

姓　名	专业领域	工作单位
兰玉彬	农业航空技术学科	华南农业大学
朱　明	农业工程技术集成理论与方法学科	农业部规划设计研究院
刘　鹰	水产设施养殖与装备工程学科	大连海洋大学
杜松怀	农村电力与自动化技术学科	中国农业大学
李保明	畜禽健康养殖环境及工程学科	中国农业大学
李道亮	农业物联网技术学科	中国农业大学
张全国	农业生物环境与能源工程学科	河南农业大学
尚书旗	田间育种试验机械化工程学科	青岛农业大学
罗锡文	农业机械化工程学科	华南农业大学
胡国胜	蓖麻经济与生态保护学	中北大学
郧文聚	土地利用工程学科	国土资源部土地整治中心
郭新宇	农业工程技术传播学	国家农业智能装备工程技术研究中心
康绍忠	农业水土工程学科	中国农业大学
魏秀菊	农业工程科技出版及信息传播学	《农业工程学报》编辑部

中国生物工程学会

姓　名	专业领域	工作单位
朱　祯	农业转基因技术学科	中国人民解放军总参第六十一研究所

中国电机工程学会

姓　名	专业领域	工作单位
何雅玲	动力工程及工程热物理	西安交通大学
张伯明	电力系统调度自动化	清华大学

中国人工智能学会

姓　名	专业领域	工作单位
李德毅	智能机器人	中国人民解放军总参第六十一研究所
张　钹	人工智能及其应用	清华大学
谭铁牛	智能感知与计算	中国科学院

中国生物医学工程学会

姓　名	专业领域	工作单位
王一飞	生物治疗与细胞工程	暨南大学
王　磊	人体传感器网络	中国科学院深圳先进技术研究院
纪建松	影像诊断与介入微创	丽水市中心医院
李世俊	孤独症儿童诊断与临床工程	解放军总医院器械处
张敏鸣	影像学检查基础知识与辐射防护知识	浙江大学医学院附属第二医院
康静波	肿瘤精确放疗技术	海军总医院肿瘤诊疗中心

中国毒理学会

姓　名	专业领域	工作单位
陆　林	精神病学	中国药物依赖性研究所

中国科学技术史学会

姓　名	专业领域	工作单位
孙小淳	天文学史	中国科学院大学人文学院

关于印发 2016 年全国科技馆免费开放试点单位名单的通知

科协发普字〔2016〕35 号

各省、自治区、直辖市、计划单列市科协，新疆生产建设兵团科协：

根据《中国科协、中宣部、财政部关于全国科技馆免费开放的通知》（科协发普字〔2015〕20 号）精神，在各地依据《关于做好 2016 年科技馆免费开放补助资金测算工作的通知（财办教〔2016〕15 号）》申报基础上，经专家组审核，确定纳入 2016 年全国科技馆免费开放试点单位共计 123 家（以下简称免费开放试点科技馆，名单详见附件）。

各地科协要在 2015 年免费开放工作的基础上，继续做好科技馆免费开放工作的组织实施和协调管理工作，指导各免费开放试点科技馆制定完善免费开放工作方案和相关制度办法，加强宣传，推动免费开放试点科技馆不断提升科普展教水平，增强科普公共服务能力，吸引更多公众走进科技馆，充分发挥免费开放科技馆在中国特色现代科技馆体系建设中的示范引领作用，为提高公民科学素质做出更大贡献。

附件：2016 年全国科技馆免费开放试点单位名单

中国科协

2016 年 4 月 21 日

附件

2016 年全国科技馆免费开放试点单位名单
（按行政区划排序）

1　天津科学技术馆
2　河北省科学技术馆
3　河北省邯郸市科学技术馆
4　河北省张家口市科技馆
5　山西省科学技术馆
6　内蒙古自治区科学技术馆
7　内蒙古自治区呼伦贝尔市科学技术馆
8　内蒙古自治区巴彦淖尔市青少年科技馆
9　内蒙古自治区鄂尔多斯市科学技术馆
10　内蒙古自治区满洲里市扎赉诺尔区儿童科技馆
11　内蒙古自治区鄂尔多斯市东胜区科学技术馆
12　辽宁省科学技术馆

13 辽宁省辽阳市科学技术馆
14 辽宁省阜新市科技馆
15 辽宁省朝阳市科学技术馆
16 辽宁省抚顺市科技馆
17 辽宁省铁岭市科学馆
18 辽宁省营口市科学技术馆
19 辽宁省葫芦岛市科技馆
20 辽宁省鞍山市科技馆
21 吉林省科学技术馆
22 吉林省延边州科学技术馆
23 吉林省集安市科学技术馆
24 黑龙江省科学技术馆
25 黑龙江省大庆科技馆
26 黑龙江省哈尔滨科学宫
27 黑龙江省伊春市科技馆
28 黑龙江省绥化市科技馆
29 黑龙江省北安市科技馆
30 上海市松江区科技馆
31 江苏省南京科技馆
32 江苏省盐城市科技馆
33 江苏省扬州科技馆
34 江苏省南通科技馆
35 江苏省东海科技馆
36 浙江省科技馆
37 浙江省中国杭州低碳科技馆
38 浙江省温州科技馆
39 浙江省绍兴科技馆
40 浙江省湖州市科技馆
41 浙江省嘉兴市科技馆
42 浙江省杭州市余杭区科技馆
43 安徽省科学技术馆
44 安徽省合肥市科技馆
45 安徽省芜湖科技馆
46 安徽省铜陵市科学技术馆
47 安徽省蚌埠市科学技术馆
48 安徽省滁州市科学技术馆
49 安徽省池州市科学技术馆
50 安徽省安庆科技馆
51 福建省科技馆
52 福建省福州科技馆
53 福建省三明市科技馆
54 福建省泉州市科技馆
55 福建省漳州科技馆
56 福建省晋江市科技馆
57 厦门市同安区科学技术馆
58 江西省科学技术馆
59 江西省上饶市科技馆
60 山东省科学技术宣传馆
61 山东省临沂市科技馆
62 山东省济宁市科技馆
63 山东省潍坊市科技馆
64 山东省东营市科学技术馆
65 山东省泰安市科技馆
66 山东省威海市科学技术馆
67 山东省曹县科技馆
68 青岛市科技馆
69 河南省郑州科学技术馆
70 河南省焦作市科技馆
71 河南省济源市科学技术馆
72 河南省洛阳市科学技术馆
73 河南省永城市科技馆
74 湖北省武汉科学技术馆
75 湖北省黄石市科学技术馆
76 湖北省襄阳市科技馆
77 湖北省荆门市科技馆
78 湖北省荆州市科技馆
79 湖北省黄冈市科技馆
80 湖北省十堰市科学技术馆
81 湖北省浠水县科技馆
82 湖北省保康县科技馆
83 湖南省科技馆
84 湖南省岳阳市科技馆
85 湖南省常德市科技馆
86 广东省惠州科技馆
87 广东省东莞科学馆
88 广东省韶关市科技馆
89 广东省河源市科技馆
90 广东省广州市青少年科技中心（广州青少年科技馆）
91 深圳市科学馆
92 广西壮族自治区科学技术馆
93 广西壮族自治区防城港市科技馆
94 广西壮族自治区柳州科技馆
95 重庆科技馆
96 重庆市万盛经济技术开发区科技馆

97 四川科技馆
98 四川省芦山县科技馆
99 贵州科技馆
100 贵州省毕节市科学技术馆
101 云南省科学技术馆
102 云南省普洱市科学技术馆
103 西藏自然科学博物馆
104 陕西科学技术馆
105 陕西省延安市科学技术馆
106 陕西省榆林市科学技术馆
107 甘肃省张掖市科技馆
108 甘肃省金昌市科技馆
109 青海省科学技术馆
110 青海省果洛藏族自治州科技馆
111 宁夏回族自治区科学技术馆
112 宁夏回族自治区石嘴山市科技馆
113 宁夏回族自治区固原市科技馆
114 宁夏回族自治区吴忠市青少年科技馆
115 宁夏回族自治区中卫市科技馆
116 宁夏回族自治区盐池县科技馆
117 新疆维吾尔自治区科学技术馆
118 新疆维吾尔自治区克拉玛依科学技术馆
119 新疆维吾尔自治区乌鲁木齐市科学技术馆
120 新疆维吾尔自治区和田地区青少年科技馆
121 新疆维吾尔自治区库尔勒市科学技术馆
122 新疆维吾尔自治区伊宁市科技馆
123 新疆生产建设兵团石河子科学技术馆

关于印发《中国科协关于加强科技社团党建工作的若干意见》的通知

科协党组发〔2016〕81号

各全国学会、协会、研究会，各省、自治区、直辖市科协，新疆生产建设兵团科协：

中国科协党组2016年第二十五次会议已审议通过《中国科协关于加强科技社团党建工作的若干意见》，现印发给你们，请结合实际，认真抓好贯彻落实。

中国科协党组

2016年9月27日

中国科协关于加强科技社团党建工作的若干意见

为切实加强党对科技社团工作的领导，促进科协所属学会健康有序发展，按照习近平总书记系列重要讲话精神要求和中央关于社会组织党建工作的总体部署，依据《中共中央关于加强和改进党的群团工作的意见》《科协系统深化改革方案》以及《中国科学技术协会章程》，就加强科协所属学会党建工作提出意见如下。

一、切实增强做好学会党建工作的政治责任感

（1）加强学会党建工作是中央交给科协及所属学会的重要政治任务。党的十八大以来，党中央在加强和改进党的群团工作、改革社会组织管理等重大部署中，都对加强社会组织党建工作提出明确要求，习近平总书记特别强调要用一两年时间在社会组织中实现党的组织全覆盖和工作全覆盖。2015年9月，中央办公厅印发《关于加强社会组织党的建设工作的意见（试行）》，从明确功能定位、健全工作体制机制、推进组织和工作有效覆盖、拓展作用途径、加强队伍建设、加强组织领导等方面作出明确具体部署。科协所属学会是社会组织的重要组成部分，加强学会党建工作是中央交给科协组织及所属学会的重要政治任务，是科协组织贯彻落实好中央关于加强党的群团工作、深化科协改革等重大决策部署的重要政治保障，必须进一步增强政治意识、大局意识、核心意识和看齐意识，强化政治责任感和使命感，切实加大工作力度，不折不扣地贯彻执行。

（2）加强学会党建工作是确保学会健康发展、更好服务科技工作者的有效手段。科协所属学会是由科技工作者组成的群众组织，是广大科技工作者积极开展创新争先行动、为我国现代化建设事业建功立业的重要平台。加强学会党建工作，有利于把坚持党的领导、团结联系服务群众和依法依章程独立自主开展活动有机结合起来。充分发挥党组织的政治核心和战斗堡垒作用，有利于调动发挥党员科技工作者的先锋模范作用，不断提升学会依法依章程办会的意识和水平，规范学会行为，激发学会活力，更好地组织动员科技工作者积极进军科技创新和经济建设主战场，在迈入创新型国家行列、建设世界科技强国的伟大事业中建功立业。

（3）加强学会党建工作是强化政治引领、团结带领科技工作者听党话跟党走的重要基础。科协工作是党的群众工作的重要组成部分，科协所属学会是科协紧密联系服务广大科技工作者、履行好桥梁纽带职责的重要抓手。加强学会党的建设，有助于从根本上解决科协组织与科技工作者联系不紧不亲的突出问题，进一步强化对科技界的政治思想引领，牢牢把握科协事业和学会工作的正确方向，更加紧密地把科技工作者团结凝聚在以习近平同志为核心的党中央周围，听党话、跟党走，夯实党在科技界的执政基础和群众基础。

二、加强学会党建工作的总体要求和目标任务

（1）总体要求。做好新时期新形势下的学会党建工作，必须深入贯彻习近平总书记系列重要讲话精神，按照中央关于加强社会组织党建工作总体部署，坚持党的领导与学会依法依章程自主办会相统一，努力实现学会党的组织和工作全覆盖，提高党建工作的针对性与实效性，推动学会党建工作制度化规范化科学化，把党建工作作为提升学会服务能力的动力保障作用充分发挥出来，把学会作为科协履行党和政府联系服务科技工作者桥梁纽带职责的枢纽节点作用充分发挥出来。

（2）目标任务。按照中央总体部署，今后一个时期科协所属学会党建工作的总体目标任务是实现学会党的组织和工作全覆盖，党建工作的制度和机制科学规范，党组织的政治核心和战斗堡垒作用充分发挥。

1）从现在起到2016年年底：建立学会党建工作台账，做到“五个清”，即业务运行情况清、职工队伍情况清、党员队伍情况清、负责人情况清、未建党组织原因清。12月底前，学会党组织覆盖率提升到80%，党的工作实现全覆盖。

2）到2017年6月底：科协所属学会实现党的组织全覆盖，督促不符合要求的学会及时整改，确保各项工作要求落实到位，全面完成目标任务。

3）通过3年至5年的持续努力，学会党建管理体制和工作机制更加完善，学会党组织的政治核心作用和战斗堡垒作用得到充分发挥，学会公信力凝聚力影响力进一步增强。

三、突出重点，尽快实现学会党建工作的两个全覆盖

（1）加强组织建设，按期实现学会党的组织全覆盖。按照中央关于社会组织党组织应建尽建的决策部署，已经加入中国科协作为团体会员的全国学会必须建立党的组织；申请加入中国科协作为团体会员的全国学会，应把建立党组织作为重要条件同步审核。学会成立党组织（党委、总支、支部或者党的工作小组），应按照党章及有关规定向中国科协科技社团党委报批。有条件的学会办事机构和分支机构可设立党的基层组织，归学会党组织领导。学会党组织书记一般由是党员的学会主要负责人担任；规模较大、成员较多或没有合适党组织书记人选的学会，可按规定由上级党组织选派。

（2）创新工作方式，高质量完成学会党的工作全覆盖。按照确保在学会建设发展中发挥政治核心、思想引领、组织保障作用的总要求，组织党员科技工作者及时传达学习中央重要指示精神和重大决策部署，面向科技工作者宣传党的路线方针政策，贯彻执行中央和上级党组织的决议。参与学会“三重一大”事项研究，对学会重要事项决策、重要业务活动、大额经费开支、接收大额捐赠、开展涉外活动等提出意见，保证学会的正确政治方向。深入开展党建强会行动，结合学会业务工作探索开展形式多样的党组织活动，充分发挥党组织的战斗堡垒作用和党员的先锋模范作用，努力把党的工作贯穿到学会工作的方方面面。建立健全学会党组织的会议制度、活动制度、组织制度、管理制度、责任制度和监督制度，强化工作规划和计划，形成按制度办事、靠制度管人的学会党建工作局面。

（3）做好学会党员的教育管理和党员发展工作。以党性教育为重点，从严从实推进“两学一做”学习教育，严格落实“三会一课”、党性分析、民主评议党员等制度，加强教育培训，不断提高党员素质。加强对党员的日常管理和组织关系管理，做好党员基本情况登记工作，及时接转党员组织关系；对暂时不能转移组织关系的，按照“一方隶属、参加多重组织生活”原则，组织他们积极参加学会党组织活动。切实做好学会党员的发展规划和培养计划，高标准严要求开展学会党员发展工作，特别注重发展符合条件的学会负责人和业务骨干。强化党员监督，及时处置不合格党员，保持党员队伍的先进性纯洁性。

（4）加强学会党务干部队伍建设。坚持专兼职结合，多渠道、多样化选用，组建一支素质优良、结构合理、规模稳定的学会党务工作者队伍。面向党务工作者广泛开展党的理论和路线方针政策、党内法规和国家法律法规、党务知识、社会组织管理等方面的教育培训，不断提高业务水平和工作能力。定期召开党员领导干部民主生活会和党员组织生活会，防止组织生活随意化、平淡化、娱乐化、庸俗化。学会党务工作者要主动加强政治理论学习和党务知识学习，践行“三严三实”要求，不断改进和提高党务工作水平。

四、加强领导，为做好学会党建工作提供有力支撑

（1）进一步理顺管理体制。明确中国科协党组对学会党建工作的主体责任，中国科协学会党建工作领导小组牵头推动学会党建工作，成立中国科协科技社团党委，建立科协机关党委指导、有关部门协同配合，科技社团党委具体负责的工作格局。定期召开学会党建工作会议，及时传达贯彻中央关于社会组织党建工作的任务要求，研究部署科协所属学会党建工作。学会党组织受中国科协科技社团党委领导，定期汇报工作。

（2）加大学会党建工作支持力度。把选派优秀党员干部到学会担任党建联络员、指导员，指导学会党建工作，纳入科协机关和事业单位干部交流挂职范围内统筹考虑安排。加大对学会党建工作的经费支持力度，通过党费支持、以奖代补、购买服务等多种方式对党建工作开展好的学会给予鼓励。学会要探索建立党建工作经费保障机制，列支管理费用，为学会党组织开展活动提供场所、设施等工作条件。

（3）建立学会党务干部管理监督激励机制。探索建立符合科协所属学会特点的党务干部管理考核和激励约束机制，使学会党务干部干事有平台、条件有保障、工作有纪律。学会党组织书记要认真落实党建工作责任制，定期向上级党组织报告工作并接受评议监督。建立学会专职党务工作者职务变动报告制度，根据学会实际和党建工作业绩给予学会党组织书记和专职党务工作者适当工作津贴。及时宣传推广学会党建工作先进经验，推荐优秀专职党务干部作为各类先进人物人选，给予表彰奖励。

（4）把党建纳入学会考核评价体系。各学会要进一步提高认识、明确职责，自觉把党建工作与业务工作有机结合起来，把学会党建工作纳入学会章程，把“两个全覆盖”落实情况作为一项重要政治任务贯彻落实好。中国科协学会管理部门将把学会党建工作纳入学会综合考核评价范围，实行党建工作一票否决制度，严格管理，强化监督。在学会申请业务主管单位或加入团体会员时，同步采集党员信息；年检时，同步检查党建工作；评估时，同步将党建工作作为评估重要内容。对党建工作开展不力的学会，依据相关规定予以严肃处理。

（5）本意见自发布之日起实施，主要适用于中国科协所属全国学会、协会、研究会。地方科协可结合本地实际参照执行。

专题文章

争当建设世界科技强国的排头兵

——学习习近平总书记在“科技三会”重要讲话的体会

中国科协党组书记、常务副主席、书记处第一书记　尚　勇

习近平总书记在全国科技创新大会、两院院士大会、中国科协第九次全国代表大会开幕式上发表重要讲话，立足当代科技革命前沿，以历史纵深和全球视野，深刻阐释了科技兴则民族兴、科技强则国家强的基本规律，把科技创新摆在更加重要位置，鲜明提出面向世界科技前沿、面向经济主战场、面向国家重大需求的科技创新方针，发出向世界科技强国进军的号召。这一重大历史宣示，充分体现了以习近平同志为核心的党中央对国家发展和民族未来的强大担当，为我国在新的历史起点上加快创新发展，向民族伟大复兴的新征程迈进提供了战略指南。在建设世界科技强国的旗帜下，我国8100万科技工作者积极响应习近平总书记和党中央号召，争当排头兵，勇担创新发展时代先锋的重任，向着实现中华民族伟大复兴的未来拓路启航。

一、准确把握建设世界科技强国的重大战略意义

在全球化浪潮和日趋激烈的国际竞争中，科技创新如逆水行舟，不进则退，深刻关乎国家根本。决胜全面建成小康社会，必须更多依靠创新驱动为我国经济社会发展注入强大动力，以创新发展引领全面发展，这是涉及我国发展全局的一次深刻变革。向世界科技强国进军，鲜明地指出了中国这一现代化航船驾驭变革浪潮的时代走向，是实现“两个一百年”奋斗目标、实现中华民族伟大复兴中国梦的必然选择。

建设世界科技强国是民族复兴的必由之路。近200年来，历次科技革命和产业变革无不深刻改变世界发展走向、重塑国际竞争新格局。科技创新已成为国力消长的决定因素，成为民族兴衰的关键所在。当前，我们比历史上任何时期都更接近实现中华民族伟大复兴的目标，建设世界科技强国，正是在攸关民族未来命运的历史关头，以习近平同志为核心的党中央，面向世界、面向未来，对国家发展和民族未来做出的历史宣示，是焕发创新这一中华民族最深沉禀赋、走向民族伟大复兴的庄严抉择。

建设世界科技强国是抢抓历史交汇机遇期的必然选择。当今世界科技浪潮风起云涌，学科领域发展千帆竞进、百舸争流。新一轮科技和产业变革正加速推动社会生产力再次飞跃。科技革命与产业变革历史交汇引发竞争赛场迭加兴起、快速转移，恰与我国发展动力转换和经济转型升级同频共振，两大历史交汇的到来，为我们开启了重要的战略窗口期，机遇难得、形势逼人。

建设世界科技强国是凝聚力量实现跨越赶超的鲜明旗帜。我国正处在科技创新跨越发展的关键时期，在一些重要领域方向已跻身世界先进行列，在某些前沿方向开始进入并行、领跑阶段。对标世界科技强国，我们有突出优势也有明显短板，把科技界、产业界和全社会的力量凝聚在向世界科技强国进军的旗帜下，中国特色自主创新道路就可以越走越宽广，以科技创新的迅速赶超实现国家发展的快速跨越。

建设世界科技强国使广大科技工作者与国家民族前途命运的紧密相连。救亡图存，发展科技生产力，科教兴国，人才强国，一代代科技工作者在国家发展、民族兴亡的关键时刻，无不以强大的使命担当，肩负起中流砥柱的历史责任。花繁果茂正逢时。在建设世界科技强国、实现中华民族伟大复兴的历史征程中，广大科技工作者将再次担当起创新驱动发展、勇立科技变革潮头的时代重任，发扬我国科技界追求真理、服务国家、造福人民的优良传统，把个人事业与国家民族发展紧密相连，以创新成就为国家赢得未来，在中华民族伟大复兴的历史进程中谱写光辉篇章。

二、努力肩负“三个面向”的重大战略部署

新时期新形势新任务，要求我们在科技创新方面有新理念新设计新战略。“三个面向”是向科技强国进军的战略遵循，是科技创新的基本方针，是建设科技强国主攻方向和战略路径的科学化、清晰化，是科技与经济深度融合的方向所在，也是科技体制改革的核心目标。

面向世界科技前沿，就是要以全球化视野谋划科技强国之路，为人类文明做出大国应有贡献。成为科技强国必须具有世界一流的原始创新能力。我们要抓住新一轮世界科技革命蓄势待发的机遇，瞄准国际科学前沿，立足国情实际，以时不我待、只争朝夕的劲头，坚定敢为天下先的志向，自由畅想，大胆假设，认真求证，力戒浮躁，执着追求，在独创独有上下功夫，挑战前沿科学问题，在重大科学问题上取得一批原创性突破，掌握一批重大颠覆性技术创新成果，力争在重要科技领域实现跨越发展，跻身世界先进行列，实现我国科技创新从跟跑向并行、领跑的战略性转变，成为世界主要科学中心和创新高地。

面向经济主战场，就是要以创新为引领，推动协调、绿色、开放、共享发展。推进五大发展理念的战略任务，开辟科技创新的广阔空间，核心在于聚焦供给侧结构性改革，释放和发展生产力，补齐自主创新能力不足这一最大短板，以强劲的创新动力，拓展发展新空间，创造发展新机遇，促进新型工业化、信息化、城镇化、农业现代化同步发展，跨越发达国家几百年来走过的线性递进道路，走出一条四化并进的中国特色社会主义发展通途。

面向国家重大需求，就是要强化战略导向、破解创新发展科技难题。我们要瞄准国家重大科技战略需求，全力攻克产业转型升级和保障国家安全的关键技术瓶颈，破解创新发展科技难题，掌握核心技术的自主知识产权，推动我国产业和产品不断向全球价值链中高端跃升，占领国际综合竞争的战略制高点。瞄准经济和产业发展亟须解决的科技问题，围绕促进转方式调结构、建设现代产业体系、培育战略性新兴产业、发展现代服务业等方面需求，掌握一大批能带动技术更新换代甚至颠覆性的战略高技术，积极推进科技成果转移转化，打通从实验室到生产应用和产业化的“最后一公里”，把知识变成财富，依靠科技创新为经济发展注入新动力、引领新常态。

三、深化改革释放科技人才巨大创新能量

人才资源是支撑发展的第一资源。当今世界，创新竞争已演化为人才之争、体系之争。建设世界科技强国，根本上是要成为人才强国。我国拥有 8100 万科技人力资源，这是建设世界科技强国最为宝贵的财富。在全球人才流动中，大批华人高端人才活跃在国际科技舞台，他们对国家发展的向心力日益增强，希望以各种形式为国服务。面临日益激烈的国际人才竞争，必须以更大的力度和决心深化创新体制机制改革，以一流的创新生态吸引和汇聚全球人才，让各类人才为我所用，在全球人才的大流动中取得主动。

建立以创新为导向的人才培养、引进、使用机制。要以人才发展的全链条谋划体制机制改革，顺木之天、以致其性，建设一支结构合理、素质优良的创新人才队伍，完善创新人才培养模式，把创新素质的养成作为教育的核心，坚持创新人才培养从青少年抓起，强化科学精神和创造性思维培养，提升科学教育水平，加强对青年科技人才的托举，不拘一格选荐人才，使其在创新黄金期得到应有的支持。深化评价机制改革，明确创新激励导向，使各类人才竞相发展，价值得到充分体现。

让科学家拥有更多自主权。要遵循科学研究的创造性活动和自由探索规律。推动科技体制及其相关机制深刻变革，通过“松绑”释放创新创造活力，加快推进重大科技决策制度化，切实解决部门领导拍脑袋、科技专家看眼色等问题。不以出成果的名义干涉科学家的研究，不用死板的制度约束科学家的研究活动，充分信任科学家，让领衔科技专家有职有权，有更大的技术路线决策权、更大的经费支配权、更大的资源调动权。

让科技人员充分分享受创新创造收益。用好科研人员，既要用科技强国的伟大事业激发其创新勇气和毅力，也要用必要的物质激励，让他们充分享受创新收益，没有后顾之忧。要进一步完善符合科技创新规律的资源配置方式，力求科技创新活动效率最大化。着力改革和创新科研经费使用和管理方式，让经费为人的创造性活动服务。实行以增加知识价值为导向的分配政策，提高科研人员成果转化收益分享比例，敢于让科技人员依靠独创突破和发明发现一招致富、一夜致富，形成强有力的价值实现和激励导向，最大限度激发他们的创新创造活力。

四、不负重托开创科协事业改革发展新局面

充分发挥科协组织作为党和政府联系科技工作者的桥梁纽带作用，团结带领8100万科技工作者共同为建设世界科技强国努力奋斗，是新时期科协组织肩负的重大任务。习近平总书记在讲话中对科协组织提出明确要求，党中央、国务院对科协组织寄予厚望，这是指导新时期科协事业改革发展的强大思想武器，更是做好新形势下科协各项工作的行动指南。

为科技工作者服务、为创新驱动发展服务、为提高全民科学素质服务、为党和政府科学决策服务，是科协各级组织必须始终坚持的职责定位，是科协组织在“四个全面”战略布局中功能的丰富和拓展，也是科协组织进一步服务大局的主要着力点。“团结引领广大科技工作者积极进军科技创新，组织开展创新争先行动，”是习近平总书记交付给科协的光荣任务。我们要不负重托，牢牢把握科协事业发展的正确方向，进一步强化责任担当，不断提高对科技工作者的政治引领主动，组织科技工作者进军科技创新和经济主战场，奋力促进科技繁荣发展，促进全民科学素质提升，真正成为党领导下团结联系广大科技工作者的人民团体。

建设开放型、枢纽型、平台型科协组织的要求，内涵丰富、时代特征鲜明，是科协组织有力有序推进改革发展的重要指针。我们要不断创新体制机制，面向世界、面向前沿，面向一线、面向基层，面向公众、面向青少年，开放创新、接长手臂，扎根基层、做好服务，努力把各类科技工作者组织连接起来，把产学研等创新主体、创新要素连接起来，建好学术交流、创新创业、人才成长、科学普及、决策服务的平台，加快推进工作手段信息化、组织体系网络化、治理方式现代化，以“三化”促“三型”，真正成为国家创新体系的重要组成部分。

科技创新、科学普及是实现创新发展的两翼，要放在同等重要的位置，这是习近平总书记对科协工作的明确要求。广大科技工作者既要勇做先进生产力的开拓者，又要做科学知识、思想、方法和精神的传播者，要面向锻造建设世界科技强国后备军的长远需要，走进校园，助推青少年科学教育。在完成科技创新三步走的战略目标中，确保全民科学素质不掉队、大发展，力争到“十三五”末我国公民具备基本科学素质的比例达到10%，并向更高的目标迈进。

（刊于2016年6月22日《人民日报》）

想事干，就有干不完的事

中国科协党组书记、常务副主席、书记处第一书记　尚　勇

"'十三五'规划建议把创新发展排在新发展理念之首，并提出创新是引领发展的第一动力。创新归根到底是人才创新，创新驱动归根到底是人才驱动，人才是支撑创新发展的第一资源。中国科协最大的资源就是科技人才，我们整个工作，就是要全面贯彻落实党中央关于科协系统深化改革实施方案，围绕新的发展理念，服务创新发展大局，释放科技人才的创新活力和能量，把我国的自主创新能力搞上去。"对于"十三五"时期中国科协的核心任务和工作方向，中国科协党组书记、常务副主席、书记处第一书记尚勇有着深刻的认识。

定位明确后，中国科协将如何服务创新发展、服务人才创新？近日，本报记者独家专访了尚勇。

现在创业是草根踊跃，高端科研人员还不活跃，科协要释放科研人员的创新创业能量

"中国科协有两重属性，它既是党领导下的人民团体，又是提供公共服务产品的社会组织。科协联系着7000万科技工作者，我们提供科技服务，其中核心任务就是为科技工作者服务。"尚勇说。

"我国科技人才总量世界第一，但总体质量不高，世界级水平的少。国家推动供给侧结构性改革，而供给侧最大的短板是科技创新，说明科技对产业引领支撑不够。"尚勇认为，我国科技创新能力不强，对经济社会发展支撑能力不够，主要原因是科技人才创造力不足，而既有的创新能力又没有释放出来。作为联系科技工作者的桥梁和纽带，中国科协为他们服务，在服务创新发展方面大有可为。

高校科研院所聚集大量科研人才，是科技成果主要产出地。但长期以来，这些成果转化不畅，甚至白白浪费，不能转化为对产业的有力支撑。尚勇说，科协的优势是充当科技人员和企业的纽带，通过学会组织双方对接需求，组织科技工作者协同创新，打通成果转化"最后一公里"。他介绍，中国科协近年实施的创新驱动助力工程，选择一些城市试点，搭建起了科技工作者和科研机构与企业对接的平台，把先进技术输送到企业，服务技术升级改造。

创新创业已成为经济发展的新引擎。"现在创业是草根踊跃，高端科研人员这一主力军还不活跃。我们调查发现，60%的科技工作者有创业愿望，但付诸实施的只有2%多一点。"尚勇说，草根创业带动就业比例通常是1∶3，而一个科研人员创业则能带动10个人以上就业。当前真正以科技创新驱动的创业明显不足，"十三五"时期，中国科协要组织力量，通过举办"双创周"等活动释放科研人员的创新创业能量。

提升全民科学素质一直是科协工作的重要内容。在尚勇看来，从服务创新发展大局看，这项工作意义重大。首先，我国经济要转型升级，产业要向中高端、智力密集型迈进，社会劳动者素质要有质的提升，科学素质尤为关键。另外，提高全社会创新水平，光靠宝塔尖的一批科学家远远不够，要在全民尤

其是青少年中间营造创新氛围，搭建创新人才梯队。

“过去五年我国公民科学素质提升较快，具备基本科技素质的人才达到比重6.2%，但与发达国家还有较大差距。按照创新型国家最低的门槛标准，‘十三五’期间，我们要将这一比重提高到10%，这是硬任务。”尚勇说。

尚勇坦言，完成10%的目标并不容易。信息爆炸、价值多元以及互联网的发展都给传统科学传播方式带来很大挑战。“我们科普工作要紧跟时代潮流，利用网络化、信息化创新科普手段，从公众需求出发，以影像、图画、文字相结合方式呈现，并借助移动互联网平台，拓展传播面。”

2014年9月，中国科协启动了科普信息化建设专项和“互联网＋科普”行动，打造科普中国品牌。尚勇说，一年多来，科协与科普网站合作，页面浏览量超过16亿人次，其中移动端占80%，科普中国微平台阅读量超过4.6亿人次。他表示，推动科普信息化将贯穿“十三五”始终，传统的科技馆将借助虚拟现实、增强现实的手段，增强体验性、互动性。

科研管理体制最大的弊端就是把科研院所当作行政单位来管理，“行政化”“官本位”观念根深蒂固

“科技人才创造力不足，关键是现有体制把创新能力束缚住了。”尚勇说，从人才工作出发，主要有三个问题，即创新环境不优、评价体系导向错位和合作协同不够。服务科技人才，中国科协在“十三五”期间重点要推动这三方面改革。

尚勇说，我国科研管理体制最大的弊端就是把科研院所当作行政单位来管理，“行政化”和“官本位”观念根深蒂固。“有时候行政决策直接代替了学术决策，对科研创新和学术活动的直接干预较多。而科学发展最需要宽松的环境，有了好环境，无心插柳柳成荫，创新成果自然多起来。”

针对优化学术环境亟待解决的问题，不久前中国科协联合多个部门起草了《关于优化学术环境的指导意见》(以下简称《意见》)，并由国务院办公厅发布。尚勇认为，应给予科研机构在科研立项、人财物管理等方面的自主权。“政府应该做好服务工作，什么课题值得研究，科学家比政府清楚。有了自主权，科研人员积极性就能提上去，不用跟着政府指挥棒天天转。”

《意见》提出了“四个不得”，即不得以“出成果”名义干涉科学家研究工作，不得动辄用行政化“参公管理”约束科学家，不得以过多的社会事务干扰学术活动，不得用“官本位”“等级制”等压制学术民主。尚勇说，“四个不得”是对科研管理部门、高校和科研院所的要求，就是直指目前学术行政化、官本位问题。用“不得”表述，是设立一道“警戒线”，规范科研管理部门、高校和科研院所的行为边界。

“减少行政干预，让科研人员安心研究，要确保他们用于科研和学术的时间不少于工作时间的5/6。”尚勇说。给予科研人员宽松环境同时，还要加强道德的约束，为此《意见》还针对科学研究中弄虚作假、论文抄袭、代写论文等学术不端行为提出了五个“不准”。“对违反科学道德的行为的严格限制，就是对科技工作者学术自由的保障。”

尚勇说，当前以论文为主要考核指标的评价体系也不利于激发科研人员创新。“从事临床和工程技术研究，应该重点看业务的水平，发不发表论文并不重要。论文也不能光看数量，还要看质量水平到底如何。”尚勇说，推动建立合理的评价体系，也是中国科协“十三五”时期的重要工作。

针对科研人员各自为政问题，尚勇说，学科交叉、融合是大趋势，现在已经不是单打独斗的时代了。“十三五”期间中国科协将搭建协作平台，促进学术交流、碰撞，推动协同创新。

服务创新发展，青年科学家的成长很重要。尚勇说，现实中青年科技人员在创新最活跃时期恰恰难以获得成长的资源和机会。“十三五”期间，中国科协将依托青年人才托举工程，优先扶持一批30岁左右的年轻人，给予稳定支持，引导他们潜心研究，打造国家高层次科技创新人才后备队伍。未来中国科协的奖励重点也将以奖励人为主，让杰出青年科学家脱颖而出。

“我们要找事干，虚功实做。按科协的定位，想安逸可以很安逸，想事干就有干不完的事。科协没有太多的政府资源，也没有那么多权力，就要出新招，与相关政府部门合作，借梯上楼，一块来推动科技体制改革、优化学术环境。”尚勇说，国家层面推动社会组织承接政府转移职能，也为科协发展提供了机遇，“十三五”期间科协必须找准定位、干实事。

自觉当好裁判员角色，用科学指标给学术环境、创新创业环境、学术导向做出客观评估

打铁还需自身硬，要实现“十三五”期间诸多规划，对中国科协的自身能力是一项挑战。“学会建设是科协的主体工作，也是推进工作的主要抓手，今年的工作重点就是深化改革，加强学会自身建设。”尚勇说。

“在科研活动中，学术组织承担重任是科技发达国家的通行经验。英国皇家学会、德国马普学会、美国电气和电子工程师协会等协会，在推动相关领域科研和创新上的作用比政府大得多。”尚勇说。当前，加快实施政府和社会组织分开，激发社会组织活力是大势所趋。新形势下，科协要力争成为国家创新体系的重要组成部分。

尚勇说，“十三五”期间要重点推动学会治理体系和治理方式改革，减少政府干预。首先，要增强学会凝聚力。目前只有几个秘书长、秘书处工作人员来运转，未来理事、常务理事、理事长都要在学会中发挥实打实的作用。其次，学会之间还要加强联合，组建学会联合体。比如，生命科学领域里面18个学会组成了中国生命科学联合体，目前运转很好，能促进学科交叉、交流，也能共同提出建议供政府决策。

“学会必须得找事干，建立起自己的服务平台，积极承接政府转移职能。学会与学会之间也要优胜劣汰，引入竞争机制，要淘汰一批。”尚勇说。

尚勇说，国务院给了中国科协和所属学会第三方评估的职能，这是开展工作的“杀手锏”。“十三五”期间，科协要自觉当好裁判员角色，用科学指标给学术环境、创新创业环境和学术导向等做出客观的评估，将相关情况向党中央、国务院报告，并将相关结果向全社会公布，促进改革政策措施落地，见到实效。

“科技体制弊端由来已久，改革不可能一蹴而就，病去如抽丝。我们要保持钉钉子精神，保持战略定力，要直面问题，不怕得罪人，尖锐指出问题，真正推动问题解决，调动科技人员创新积极性。”尚勇说。

尚勇说，“十三五”期间中国科协还要建设高水平科技创新智库，为国家科技创新战略和科技体制改革提供决策支撑。到“十三五”末期，形成以中国科协创新战略研究院为核心，以10个地方科协智库、10～15个学会智库、5个左右高校科协智库为支撑，科技特点突出、科协特色鲜明、资源共建共享的跨学科、跨单位、跨区域、网络化的国家科技创新智库格局。

（刊于2016年1月29日《人民日报》）

科技创新有能力担当第一驱动力的重任

“十三五”开局，党中央、国务院和全社会都对科技工作给予高度重视和关注。今年的政府工作报告再次强调“创新”的重要性，希望将其作为“第一动力”，引领中国的发展。就科技体制改革在充分发挥科技创新第一驱动力作用等方面的话题，中国科协党组书记、常务副主席、书记处第一书记尚勇日前接受了《中国科学报》专访。

《中国科学报》：您如何看待科技界担负的历史使命？科技工作面临的机遇和挑战有哪些？

尚勇：党的十八大以来，习近平总书记就科技创新作出了一系列重要论述，形成了新时期科技工作的指针。党的十八届五中全会、今年两会政府工作报告和国家“十三五”规划都对科技创新进行了战略部署。总体来看，到2020年要把我国建成创新型国家是一个重大而繁重的任务，科技界担负着光荣而艰巨的历史使命。

一是我国科技发展成就巨大，但大而不强的矛盾凸显，科技界必须更加强化问题意识。目前，我国科技进步贡献率达55.1%，国家创新能力世界排名大幅上升，国际科技论文数量、申请专利数量、研发投入等指标均居世界前列，在基础研究和前沿技术研究领域不断取得重大突破。

但目前我国尖端人才数量堪忧，高被引科学家数量不足全球的4%，我国没有一家企业进入“全球创新百强”最新榜单，这与我国科技大国的地位和形象反差很大。

二是科技界必须进一步增强责任担当。我国经济大个头存在的“阿喀琉斯之踵”，已成为竞争发展的心头之忧。特别是事关国家安全和产业竞争的核心技术自给率严重不足等成为供给侧的最大短板。如果不下大力气扭转，“第一动力”的支撑作用就难以发挥。

三是产业变革、新科技革命与我国动力转换和经济转型同频共振。从科技创新能力看，我国同发达国家的差距不断缩小。当前，全球正处在新科技和产业革命的交汇点上，追赶跨越的战略窗口期清晰可见。我们必须敏锐把握发展趋势，选择恰当的突破口，在科技创新的新赛场和游戏规则转变中把握主动权，后来居上、弯道超车。

四是创新驱动发展的顶层设计蓝图已经绘就，关键是狠抓落实。“十三五”规划纲要为全面建成小康社会、进入创新型国家行列制定了清晰的路线图，科技界必须发扬钉钉子的实干精神，既要有咬定青山不放松的韧劲，也要有锲而不舍的意志。

《中国科学报》：科技体制改革在发挥第一驱动力作用方面，具有什么样的作用？需要加快突破的关键改革方向有哪些？

尚勇：科技创新与体制改革是一车两轮。“十三五”时期，要把深化科技改革作为推动科技创新的杠杆和切入点，以鲜明的问题导向和目标导向，破除制约创新的体制机制藩篱。

一是着力解决创新资源配置碎片化和效率不高的问题。要把科技体制改革措施落实到位，解决创新资源分散重复问题，加快建立健全各主体、各方面、各环节有机互动、协同高效的国家创新体系。科技体制的改革抓住了宏观管理改革的要害，下一步要建立完善沟通协调机制，打破部门隔阂，清除阻碍协同创新的体制机制障碍。

二是着力解决创新力量优化配置问题。优化科技布局，以国家实验室建设为引领，打造国家的创新战略力量，带动科技力量的系统布局。聚焦科技和产业变革的战略方向，前瞻布局，主动作为，实施一批体现国家战略意图的重大科技项目。通过基金扶持引导，支持科研人员好奇心驱动的发明创造，使企业真正成为创新主体。

三是着力解决创新人才发展和学术环境优化问题。不久前，国务院办公厅发布了《关于优化学术环境的指导意见》，提出了五大环境建设的任务。优化科研管理环境，关键是消除科研机构管理中存在的“行政化”和“官本位”弊端。优化宏观政策环境，关键在于减少对科研机构和学术活动的直接干预。优化学术民主环境，必须大力倡导科学面前人人平等，鼓励学术争鸣和质疑批判。优化学术诚信环境，树立良好学风。优化人才成长环境，促进优秀科研人才脱颖而出。

四是着力解决科技评价导向问题。深化科技评价导向改革，关键在于改变目前存在的论文至上、过度依赖 SCI 的导向，遵循科技创新规律和服务国家目标的导向，形成针对不同类型创新活力和创新主体，科学分类、差别评价的科技评价体系。重点在评价标准改革、全面落实评价自主权，建立市场评价技术创新成果的机制，改革宏观管理，强化第三方评价等方面综合施策。

五是着力突破科研成果转化的体制机制障碍。要接好创新和转化的接力棒，处理好政府和市场的关系，加快建立主要由市场评价技术创新成果的机制，落实好成果转化法和科研成果转化实施细则，鼓励科技人员自主创业，打通从科技强到产业强、经济强、国家强的通道，以改革点燃释放创新活力。

《中国科学报》：去年以来，中央对科协系统深化改革进行了系统部署，您认为科协在实施创新驱动发展中将发挥什么样的作用？

尚勇：不久前，中央全面深化改革领导小组已经审议通过《科协系统深化改革方案》，这为科协组织进一步围绕党和国家发展大局，组织带领科技工作者在科技创新和经济建设主战场建功立业指明了方向。

科协的核心任务可以归纳为“四个服务”，即“为科学技术工作者服务、为创新驱动发展服务、为提升全民科学素质服务、为党和政府科学决策服务”。“为科学技术工作者服务”是核心，就是要更加广泛地联系科技工作者，充分听取他们的意见和建议，高度重视他们的利益关切，切实为他们排忧解难，充分激发他们的创新创造活力。

“十三五”期间，科协将全力推动平台型、开放型、枢纽型组织建设，搭建学术交流协同创新平台，促进学术交流与碰撞，鼓励学科交叉与融合，打造学会联合体，加快实施创新驱动助力工程，积极推动协同创新。

中央已明确要求科协要成为国家高端科技创新智库，这是科协组织“四服务”中的一个重要内容。我们将围绕国家科技创新战略和科技体制改革，强化决策支撑，逐步形成具有科协组织特点，在国内外有较大影响力的高端科技创新智库。

《中国科学报》：您认为“十三五”科技改革发展的各项任务在推动落实中的关键是什么？

尚勇：推动改革的关键在于选准突破口，扭住关键、精准发力，使重大改革任务切实发挥牵一发动全身的效应。同时，科技改革必须更加注重系统性，要与经济社会领域的改革同步推进、相互协调，为科技事业的持续发展提供有效的体制保障。

目前，改革已日益进入深水区，对现有利益格局的调整势在必行，难度也不断加大。所以更要始终牢固树立全局意识和责任意识，把抓改革作为一项重大政治责任，坚定改革的决心和信心，增强推进改革的思想自觉和行动自觉，既当拥护改革、支持改革、敢于担当的促进派，更要以实干家的狠劲韧劲，把改革举措落地生根。

（刊于 2016 年 3 月 15 日《中国科学报》）

建设世界科技强国的战略意义

中国科协党组书记、常务副主席、书记处第一书记　尚　勇

在全球化浪潮和日趋激烈的国际竞争中，科技创新如逆水行舟，不进则退，深刻关乎国家根本。决胜全面建成小康社会，必须更多依靠创新驱动为中国经济社会发展注入强大动力，以创新发展引领全面发展，这是涉及中国发展全局的一次深刻变革。向世界科技强国进军，鲜明地指出了中国这一现代化航船驾驭变革浪潮的时代走向，是实现“两个一百年”奋斗目标、实现中华民族伟大复兴中国梦的必然选择。

建设世界科技强国是民族复兴的必由之路。近200年来，历次科技革命和产业变革无不深刻改变世界发展走向、重塑国际竞争新格局。科技创新已成为国力消长的决定因素，成为民族兴衰的关键所在。当前，我们比历史上任何时期都更接近实现中华民族伟大复兴的目标，建设世界科技强国，正是在攸关民族未来命运的历史关头，以习近平同志为核心的党中央，面向世界、面向未来，对国家发展和民族未来做出的历史宣示，是焕发创新这一中华民族最深沉禀赋、走向民族伟大复兴的庄严抉择。

建设世界科技强国是抢抓历史交汇机遇期的必然选择。当今世界科技浪潮风起云涌，学科领域发展千帆竞进、百舸争流。新一轮科技和产业变革正加速推动社会生产力再次飞跃。科技革命与产业变革历史交汇引发竞争赛场迭加兴起、快速转移，恰与中国发展动力转换和经济转型升级同频共振，两大历史交汇的到来，为我们开启了重要的战略窗口期，机遇难得、形势逼人。

建设世界科技强国是凝聚力量实现跨越赶超的鲜明旗帜。中国正处在科技创新跨越发展的关键时期，在一些重要领域方向已跻身世界先进行列，在某些前沿方向开始进入并行、领跑阶段。对标世界科技强国，我们有突出优势也有明显短板，把科技界、产业界和全社会的力量凝聚在向世界科技强国进军的旗帜下，中国特色自主创新道路就可以越走越宽广，以科技创新的迅速赶超实现国家发展的快速跨越。

成为科技强国必须具有世界一流的原始创新能力。我们要抓住新一轮世界科技革命蓄势待发的机遇，瞄准国际科学前沿，立足国情实际，以时不我待、只争朝夕的劲头，坚定敢为天下先的志向，自由畅想，大胆假设，认真求证，力戒浮躁，执着追求，在独创独有上下功夫，挑战前沿科学问题，在重大科学问题上取得一批原创性突破，掌握一批重大颠覆性技术创新成果，力争在重要科技领域实现跨越发展，跻身世界先进行列，实现中国科技创新从跟跑向并行、领跑的战略性转变，成为世界主要科学中心和创新高地。

[刊于2016年7月19日《人民日报》(海外版)]

着力打造吸引华人高端科技人才“候鸟”栖息地

中国科协党组书记、常务副主席、书记处第一书记　尚　勇

编者按：《华人高端科技人才发展状况研究报告》一书由中国科学技术出版社正式出版发行。该书围绕生命、材料、信息、能源、海洋、航空航天、人工智能等新一轮科技和产业变革的重大方向，对华人高端科技人才的分布和流动趋势、成长和使用规律进行了深入研究分析。中国科协党组书记、常务副主席、书记处第一书记尚勇为该书作序。序言全文如下：

党的十八届五中全会提出创新、协调、绿色、开放、共享的发展理念，强调把创新作为引领发展的第一动力，把人才资源作为支撑发展的第一资源。习近平总书记深刻指出，走创新发展之路，首先要重视创新人才的聚集，既要充分运用好、发挥好现有人才资源的作用，也要敞开大门招四方之才，吸引国际上的人才，择天下英才而用之。党中央的重大部署和习近平总书记的重要指示，为新时期我国科技人才队伍建设指明了方向。

当前，新一轮科技和产业变革蓄势待发，国际竞争日趋激烈。综合国力之争，根本上是人才队伍质量的竞争。千军易得，一将难求。一个国家拥有世界级科学家的数量，体现了国家的整体科技创新能力，也是核心竞争力的关键因素。改革开放以来，我国大批人才求学或工作于海外，并学有所成，成就事业，日益活跃在世界创新创业前沿领域。当今国际创新舞台上，华人高端科技人才已成为一支重要力量。他们的创新成就，既是个人的荣誉，也是全体华人的骄傲，是中华民族为推动世界科技发展和文明进步做出的集体贡献。在为他们成就赞叹欢呼的同时，我们也要深刻思考，为什么大量的人才在国外能够崭露头角、取得突破性成就，而在国内发展不尽如人意？除了科研基础条件的差异之外，是否还有学术科研环境等因素？在党和国家对人才工作给予如此重视的当下，我们的科研机构、高校等用人单位需要高度重视这一现象，有必要对人才成长和使用的环境进行深入思考和系统谋划。

为此，中国科协组织专门力量，围绕生命、材料、信息、能源、海洋、航空航天、人工智能等新一轮科技和产业变革的重大方向，对华人高端科技人才的发展状况进行了研究。管窥这些人才的分布和流动趋势，审视其成长和使用规律，均与其所处的学术和创业环境息息相关。恰如森林中的蘑菇，温度和湿度适宜，则会繁茂成长。于人才而言，宽松适宜的学术环境，则可充分激发其创新潜能，看似普通的小人物，会很快崭露头角、脱颖而出，成为科研和创业的将才甚至帅才。良好生态系统的养成，会进一步释放人才的集聚效应，新思想、新观点的高密度碰撞，才能闪耀出绚丽的创新火花，如同核聚变一旦引发，就会促使突破性成果层出不穷。

基于此，我国在新一轮的人才竞争中，必须把全面深化体制机制改革、营造良好的学术和创新环境作为建设人才强国的首要任务。要树立全球视野，充分借鉴国外先进的人才培养理念和机制，在国家科研基地管理中大胆创新，打造吸引和凝聚高端人才的平台，使其成为聚集更多“候鸟”的最佳栖息地。要融入全球人才流动的双向循环中，以更加优质的创新创业生态环境广揽贤才，为我所用。

人类科技和文明发展的历史和当代华人科技创新的实践充分证明，中华民族具有足够的智慧和创造力，完全有基础、有潜力在新的变革时代持续创新，产生更大的创新成果，推出更多的高端科技人才。通过进一步加大教育和科技体制改革力度，克服阻碍人才培养选拔的体制机制束缚，营造出吸引成就高端科技人才的学术环境和创新环境，蕴藏在广大人才中的创新热情和创造活力就一定能够释放和激发出来，成为实现中华民族伟大复兴中国梦的不竭动力！

是为序。

中国科协九大专题

中国科协第九次全国代表大会在北京隆重召开 习近平总书记发表重要讲话

科技是国家强盛之基，创新是民族进步之魂。5月30日，全国科技创新大会、中国科学院第十八次院士大会和中国工程院第十三次院士大会、中国科协第九次全国代表大会在北京人民大会堂隆重召开。4000名代表齐聚一堂，共商科技创新大计，这是共和国历史上又一次具有里程碑意义的科技盛会。中共中央总书记、国家主席习近平发表重要讲话强调，在我国发展新的历史起点上，把科技创新摆在更加重要位置，吹响建设世界科技强国的号角。实现“两个一百年”奋斗目标，实现中华民族伟大复兴的中国梦，必须坚持走中国特色自主创新道路，加快各领域科技创新，掌握全球科技竞争先机。会议由中共中央政治局常委、国务院总理李克强主持。张德江、俞正声、刘云山、王岐山出席大会。

习近平在讲话中强调，科技是国之利器，国家赖之以强，企业赖之以赢，人民生活赖之以好。中国要强，中国人民生活要好，必须有强大科技。新时期、新形势、新任务，要求我们在科技创新方面有新理念、新设计、新战略。实现“两个一百年”奋斗目标，实现中华民族伟大复兴的中国梦，必须坚持走中国特色自主创新道路，加快各领域科技创新，掌握全球科技竞争先机。这是我们提出建设世界科技强国的出发点。

习近平就建设世界科技强国提出五点要求：一是夯实科技基础，在重要科技领域跻身世界领先行列；二是强化战略导向，破解创新发展科技难题；三是加强科技供给，服务经济社会发展主战场；四是深化改革创新，形成充满活力的科技管理和运行机制；五是弘扬创新精神，培育符合创新发展要求的人才队伍。

习近平强调，科技创新、科学普及是实现创新发展的两翼，要把科学普及放在与科技创新同等重要的位置，普及科学知识、弘扬科学精神、传播科学思想、倡导科学方法，在全社会推动形成讲科学、爱科学、学科学、用科学的良好氛围，使蕴藏在亿万人民中间的创新智慧充分释放、创新力量充分涌流。

习近平指出，中国科协各级组织要坚持为科技工作者服务、为创新驱动发展服务、为提高全民科学素质服务、为党和政府科学决策服务的职责定位，推动开放型、枢纽型、平台型科协组织建设，接长手臂，扎根基层，团结引领广大科技工作者积极进军科技创新，组织开展创新争先行动，促进科技繁荣发展，促进科学普及和推广，真正成为党领导下团结联系广大科技工作者的人民团体，成为科技创新的重要力量。

5月31日，中国科协第九次全国代表大会第三次全体会议在北京人民大会堂召开。中共中央政治局常委、中央书记处书记刘云山出席会议，并代表党中央作了题为《科技工作者要争做创新发展的时代先锋》的祝词。刘云山在祝词中指出，中国科协八大以来，广大科技工作者积极投身科技创新和经济建设，取得一大批重大科技成果，为促进经济社会发展、服务人民群众做出突出贡献。中国科协和各级科协组织切实履行自身职责，在引领服务科技工作者、助力创新驱动发展、提升全民科学素质、服务党和政府科学决策等方面做了大量富有成效的工作。

刘云山强调，广大科技工作者要紧紧围绕实现“两个一百年”奋斗目标、实现中华民族伟大复兴的中国梦，聚焦党和国家重大发展战略和部署，勇于攀登科技发展高峰，秉持求真求实的科学精神，自觉践行社会主义核心价值观，在建设世界科技强国的实践中建功立业。科协组织要牢牢把握科协事业发展的正确方向，提高联系服务科技工作者的能力水平，持之以恒促进全民科学素质提升，有力有序推进科协组织改革创新，发挥好在推动科技进步、促进经济社会发展中的独特作用。各级党委和政府要加强和改进对科协工作的领导，关心关爱科技人才，加大政策支持和保障力度，为推进科技创新创造良好条件。

6月2日，中共中央政治局委员、国家副主席李源潮出席中国科协第九次全国代表大会闭幕会议并讲话。他指出，中国科协各级组织要认真学习贯彻习近平总书记在大会上的重要讲话精神，团结带领广大科技工作者为建设世界科技强国创新争先，为实现“两个一百年”奋斗目标和中华民族伟大复兴的中国梦建功立业。

李源潮指出，习近平总书记重要讲话是做好新形势下科协工作的行动指南，各级科协组织要认真学习宣传，抓好贯彻落实。牢牢把握建设世界科技强国的时代要求，坚持做党领导下团结联系广大科技工作者的人民团体，成为科技创新的重要力量。坚持“四服务”职责定位，发挥“两促进”社会功能作用，组织开展创新争先行动，大力推进科普信息化。坚持改革创新，建设开放型、枢纽型、平台型科协组织，建设“网上科协”，接长手臂，扎根基层，加强对科技工作者的直接联系服务。

全国政协副主席、中国科协主席万钢在闭幕词中指出，中国科协第九次全国委员会将以强大的历史担当，全面贯彻习近平总书记、李克强总理、刘云山同志、李源潮同志的重要讲话精神，切实肩负起推动科协事业改革发展的历史重任，勇当改革的实干家和促进派，以抓铁有痕的意志和韧劲推动各项改革措施落地生根，不断保持和增强科协组织的政治性、先进性、群众性，更加突出开放型、枢纽型、平台型的组织优势，努力为科技工作者服务、为创新驱动发展服务、为提高全民科学素质服务、为党和政府科学决策服务，真正成为党领导下团结联系广大科技工作者的人民团体、提供科技类公共服务产品的社会组织、国家创新体系的重要组成部分，努力在走中国特色社会主义群团发展道路中不断迈出坚实步伐，为开创科协事业发展新局面而努力奋斗！

响应习近平总书记“向世界科技强国进军”的伟大号召和“组织开展创新争先行动”的指示，中国科协发出《关于在科技工作者中开展“创新争先行动”的倡议》，从“短板攻坚争先突破、前沿探索争相领跑、转化创业争当先锋、普及服务争做贡献”四个方面，倡导广大科技工作者开展创新争先行动，为深入实施创新驱动发展战略、奋力向世界科技强国目标迈进贡献智慧和力量，在科技界和全社会形成强烈反响。李克强总理对中国科协在科技工作者中开展“创新争先行动”作出重要批示。批示指出，创新是引领发展的第一动力。我国有8100万科技工作者，这是实施创新发展的中坚和脊梁。开展“创新争先行动”，就是要弘扬科技工作者立志报国、勇攀高峰的传统，进一步激发创新创造热情，担负起投身创新、推动创新、引领创新的历史使命。广大科技工作者要瞄准国际科技前沿，紧扣国家战略需求，抢抓发展新经济的机遇，敢为人先立潮头，攻坚克难补短板，积极投入蓬勃兴起的大众创业、万众创新，促进科技成果转化应用和全要素生产率的提高，汇聚经济社会发展的强大动能。希望中国科协进一步发挥开放型、枢纽型、平台型群团组织的优势，凝聚各方合力，厚植创新沃土，为科技人员放手创新创造提供更好的服务，为实施好创新驱动发展战略、建设创新型国家做出新贡献。

在中国科协第九次全国代表大会第三次全体会议上，中国工程院院长周济代表科技界致辞，共青团中央书记处第一书记秦宜智代表各人民团体致辞，科技工作者代表施一公宣读了《关于在科技工作者中开展“创新争先行动”的倡议》，中国科协八届全委会主席韩启德代表第八届全国委员会作工作报告，总结回顾过去五年科协工作，并对未来五年科协工作提出建议：一是强化对科技工作者的团结引领，更好引导广大科技工作者与党同心同德；二是以拓展科技工作者成长成才通道为着力点，充分激发和释放创新创业潜力；三是搭建高水平学术交流平台，促进科技繁荣发展；四是助力创新驱动发展，带领广大科技工作者积极进军经济建设主战场；五是以建立普惠共享的现代科普体系为切入点，全力开创公民科学素质提升的新局面；六是以建设高水平科技创新智库为抓手，为党和政府科学决策提供强有力支撑；七是全面落实《科协系统深化改革实施方案》，扎实推进治理体系和治理能力现代化；八是坚持党的领导，全面加强科协组织自身建设。

中国科协第九次全国代表大会代表共1323名，代表结构比例全部达到《科协系统深化改革实施方案》

要求，与中国科协八大相比呈现四个特点：一是坚持代表广泛性。注重把眼光更多地投向基层，减少党政领导干部所占比例。来自高校、企业、科研院所、农村等基层一线科技工作者代表944名，占代表总数的71.4%，较八大增加13.5个百分点，其中企业代表254名，占代表总数的19.2%，较八大增加2.4个百分点。同时注重吸收新经济组织、新社会组织、新型研发机构和战略性新兴产业的代表人物。二是增强学科覆盖面。科技工作者是九大代表的主体，涵盖理、工、农、医四大学科和科普、交叉学科、新兴学科等领域。既有从事科学研究、技术开发工作的代表，又有从事科学技术普及推广和科技管理工作的代表，也包括了农业高技能人才、大国工匠等企业高技能人才，获得全国劳动模范荣誉称号的代表占有一定比例。三是代表结构更合理。女性代表335名，占代表总数的25.3%，较八大增加5.6个百分点；45岁以下代表453名，占代表总数的34.2%，较八大增加5.5个百分点；少数民族代表111名，占代表总数的8.4%，与八大基本持平；民主党派和无党派代表156名，占代表总数的11.8%，与八大基本持平。四是认真履行民主程序。全国学会选举产生代表412名，占代表总数的31.1%；省（自治区、直辖市）科协和新疆生产建设兵团科协选举产生代表799名，占代表总数的60.4%；中国科协机关、军队系统、国资委系统和中国科协常委会有关专门委员会选举产生代表112名，占代表总数的8.5%。各选举单位选举产生的代表人数与八大基本持平。

九大代表认真履行职责，审议通过了中国科协九大关于《中国科学技术协会章程》的决议、关于中国科协八届全委会工作报告的决议、关于《中国科协事业发展“十三五”规划（2016—2020）的决议》，选举产生了丁小燕等383名中国科协九届全委会委员。

在中国科协九届一次全国委员会会议上，万钢当选为中国科协第九届全国委员会主席，马伟明、王曦、邓秀新、李华、李洪、李静海、何华武、怀进鹏、沈岩、陈左宁、周守为、郑晓静、赵玉沛、施一公、袁亚湘、徐延豪、高松、潘建伟18人当选为中国科协第九届全国委员会副主席，万钢等54人当选为中国科协第九届全国委员会常务委员会委员，尚勇当选为中国科协第九届书记处第一书记，徐延豪、王春法、吴海鹰（女）、束为、项昌乐（挂职）当选为中国科协第九届书记处书记。会议宣布了《中国科协九届全委会关于授予中国科协荣誉职务的决定》，授予韩启德中国科协名誉主席职务，授予干勇、王兴、王韧、王小兰、王诗宬、王恩哥、方新、邓中翰、卢锡城、冯长根、吕植、刘玠、许振超、孙家广、杨卫、杨劼、杨玉良、吴跃、吴明江、沈爱民、张勤、张桃林、陈惠娟、陈赛娟、周建平、郑南宁、赵沁平、哈木拉提·吾甫尔、饶子和、秦大河、袁家军、夏强、唐启升、黄伯云、龚克、屠海令、程东红、谢克昌、樊明武39人荣誉委员职务

中国科协第九届全国委员会委员中，基层一线科技工作者占72.1%，成立了组织建设专门委员会、学术交流专门委员会等11个专门委员会，人员结构和履职能力更加契合时代要求。

中国科协九大闭幕会议听取了关于中国科协九大代表建议案有关情况的报告。大会共收到九大代表建议案445件，建议案内容涵盖了科协工作的方方面面，主要集中在以下方面：一是围绕服务科技工作者，提出创建网上“科技工作者之家”、鼓励科技工作者开展原创性科研、培养青年科技工作者等方面的建议案82件；二是围绕服务创新驱动发展，提出强化创新驱动助力工作、促进科技成果转化、搭建创新创业平台等方面的建议案75件；三是围绕服务全民科学素质提高，提出加强科普工作信息化和网络化、推进基层科普设施建设、改善青少年科技教育等方面的建议案72件；四是围绕服务党和政府科学决策，提出加快行业技术标准制定和评审、提升学会能力、有序承接政府转移职能等方面的建议案118件；五是围绕科协自身建设，提出推进科协系统深化改革、加强基层科协组织建设、强化人才队伍建设等方面的建议案65件。建议案为中国科协全面深化改革，切实履行好“四个服务”的职责，推进“三型”组织建设，提供了重要决策依据。

闭幕式上还为王东等10名“中国优秀青年科技人才”和毛明等10名“全国杰出科技人才”获奖者颁奖。

中国科协九大，是一次全国科协系统明确方向、振奋精神的大会，是一次动员广大科技工作者勇攀高峰、建功立业的大会。各级科协组织将认真学习领会习近平总书记重要讲话精神，坚持“四服务”的职责定位，推动“三型”科协组织建设，团结带领广大科技工作者争做创新发展的时代先锋，为建设创新型国家、建设世界科技强国建功立业。

在中国科学技术协会第九次全国代表大会上的致辞

（2016年5月31日）

中国工程院院长　周济

各位领导、各位代表、同志们：

值此中国科学技术协会第九次全国代表大会隆重召开之际，我谨代表科技界，向大会的胜利召开表示热烈的祝贺！向出席大会的各位代表和广大科技工作者、科协工作者致以崇高的敬意！

“十二五”时期，在党中央、国务院的坚强领导下，广大科技工作者勇攀高峰、勇挑重担，科技支撑引领发展的作用不断增强，为国家创新发展做出了突出贡献。5年来，中国科协团结带领广大科技工作者围绕中心、服务大局，搭建高水平的学术交流平台，促进产学研协同创新，不断加快推进高水平科技创新智库建设，助力创新驱动发展，以信息化推动科普工作转型升级，大力举荐宣传科技工作者，服务科技人才成长，各项事业不断开创新局面。实践证明，科协组织不愧为党和政府联系科技工作者的桥梁和纽带，不愧为国家创新体系的重要力量，不愧为广大科技工作者之家。

这次全国科技创新大会、两院院士大会、中国科协第九次全国代表大会共同召开，习近平总书记在大会上向全党全国发出了全面实施创新驱动发展战略的号召，吹响了向世界科技强国进军的号角。这次会议是中国现代化进程中的历史性会议，是中国科技事业发展史上的历史性会议，对于我们国家实现现代化、实现中华民族伟大复兴具有重大而深远的战略意义。习近平总书记在讲话中，对为什么建设世界科技强国、怎样建设世界科技强国进行了深刻阐述，围绕夯实科学基础、强化战略导向、加强科技供给、深化改革创新、弘扬创新精神进行了战略部署，科技界深受鼓舞、倍感振奋。李克强总理在大会上所作的重要讲话，强调要发挥科技创新在全面创新中的引领作用，以体制机制改革激发创新活力。总书记和总理的重要讲话，是党中央对科技界和广大科技工作者的深切期望，是科技工作未来发展的重要指南，我们一定要深刻领会，全面贯彻到创新发展的具体实践中。

科协组织是党和政府联系科技工作者的桥梁纽带，是国家发展科技事业的重要力量。衷心希望中国科协紧紧围绕“四个全面”战略布局，在创新、协调、绿色、开放、共享发展理念的指引下，深入贯彻落实中央关于科协系统深化改革的重大部署，不断彰显开放型、枢纽型、平台型的组织特色，团结带领8100万科技工作者，迎着新一轮科技和产业变革的时代浪潮，聚焦发展动力转换和经济转型升级，聚焦供给侧结构性改革，创新争先，努力在短板攻坚中不断取得新突破，使我国在更多科技前沿实现领跑，在创业转化中取得更大实效，在科学普及和服务发展中做出新贡献，真正把科协组织打造成为党领导下团结联系广大科技工作者的人民团体、提供科技类公共服务产品的社会组织、国家创新体系的重要力量。

各位代表、同志们：

让我们更加紧密地团结在以习近平同志为核心的党中央周围，以攻坚克难、勇于担当的精神，坚定不移走中国特色自主创新道路，在建成创新型国家、建成世界科技强国的伟大征程中，以更加丰硕的创新成就，为实现中华民族伟大复兴的中国梦做出新的更大贡献！

预祝中国科协第九次全国代表大会圆满成功！

在中国科学技术协会第九次全国代表大会上的致辞

（2016年5月31日）

共青团中央书记处第一书记　秦宜智

各位领导、各位代表、同志们：

中国科学技术协会第九次全国代表大会隆重开幕了。这是我国科技界的一次盛会，也是人民团体事业发展的一件盛事。在此，我谨代表全国总工会、共青团中央、全国妇联、中国文联、中国作协、中国侨联、全国台联、中国残联，对大会的召开表示热烈的祝贺！向出席大会的各位代表和广大科技工作者致以崇高的敬意！

科技工作者是我国工人阶级的重要组成部分，是先进生产力的开拓者和先进文化的传播者，在推动经济社会发展和社会文明进步中发挥着重要作用。5年来，在党和政府的正确领导下，广大科技工作者继承和发扬我国老一辈科学家的光荣传统，面向国家经济社会发展中心任务和世界科技创新前沿，锐意进取、开拓创新，在基础研究和技术领域不断取得重大突破，推动科技成果向现实生产力转化成效显著，引领发展动力转换和经济转型升级成绩巨大，得到党和政府的充分肯定，赢得了全社会的广泛赞誉。

中国科协第八次全国代表大会以来，中国科协认真贯彻落实中央决策部署，自觉履行党和政府联系广大科技工作者的桥梁纽带职责，坚定不移地走中国特色社会主义群团发展道路，在创新发展中不断保持和增强政治性、先进性、群众性，服务科技工作者、服务创新驱动发展战略、服务公民科学素质提高、服务党和政府科学决策能力显著增强，开放型、枢纽型、平台型特色日益显现。五年来，中国科协着力提升学术交流服务的层次和水平，引导广大科技工作者积极进军科技创新和经济建设主战场；组织所属学会积极承接政府转移职能，服务改革发展大局；大力加强科普信息化建设，推动全民科学素质显著提升；深入开展高端科技创新智库建设，为党委政府科学决策提供有力支撑；不断创新选拔、举荐、表彰、宣传优秀科技工作者的形式，联系服务科技工作者的体制机制逐步完善；丰富拓展国际民间交流渠道，推动开放协同创新迈上新平台；及时反映并推动解决关系科技工作者切身利益的实际问题，建家交友不断迈出新步伐，赢得了广大科技工作者的充分信赖，得到党委政府的高度重视和支持。我们各人民团体为中国科协取得的突出成就感到由衷的高兴，并诚挚祝愿科协在新的征途上取得新的业绩。

各位代表、同志们：

群团事业是党的事业的重要组成部分。中央党的群团工作会议和党中央关于群团改革发展的重大部署，为做好新形势下群团工作指明了方向。我们必须牢固树立政治意识、大局意识、核心意识、看齐意识，切实保持和增强政治性、先进性、群众性，加强对所联系群众的思想政治引领，与党同心同德、同向而行；紧紧围绕党和国家工作大局，组织动员所联系群众在改革发展稳定第一线建功立业；引导所联系群众自觉践行社会主义核心价值观，为实现中华民族伟大复兴中国梦奋力前行，真正成为党长期执政的强大支持力量和深厚社会基础。

未来五年，是我国决胜全面建成小康社会、建设创新型国家，实现第一个百年奋斗目标的关键时期。昨天，习近平总书记、李克强总理出席全国科技创新大会、两院院士大会、中国科协“九大”全体会议并作重要讲话，对广大科技工作者提出明确要求、寄予厚望，广大科技工作者和科协组织肩负着更加艰巨和光荣的历史使命。衷心希望科协组织深入贯彻落实习近平总书记系列重要讲话精神，扎实推动《科协系统深化改革实施方案》各项措施落地生根，坚持以工作手段信息化、组织网络体系化、治理方式现代化，做好四种服务，建设三型组织，真正成为党领导下团结联系广大科技工作者的人民团体、提供科技类公共服务产品的社会组织、国家创新体系的重要组成部分，为更好地服务党和国家中心工作奠定坚实基础。

长期以来，各人民团体团结协作、共同奋斗，建立了良好的合作关系和深厚的友谊。今后，我们要一如既往地加强交流，密切配合，互相支持，为不断开创党的群团事业发展新局面、更好地服务党和国家工作大局携手共进。

各位代表、同志们：

实现中华民族伟大复兴中国梦的航船已经扬帆启航，迈向世界科技强国的号角已经吹响。我们相信，中国科协一定能够不辱使命、不负重托，团结带领广大科技工作者在新的历史征程中再创辉煌。

让我们更加紧密地团结在以习近平同志为核心的党中央周围，高举中国特色社会主义伟大旗帜，以邓小平理论、“三个代表”重要思想、科学发展观为指导，深入学习贯彻习近平总书记系列重要讲话精神，携手并肩、万众一心，在建设创新型国家、全面建成小康社会的伟大实践中建立新功业！

预祝中国科协第九次全国代表大会圆满成功！

中国科学技术协会第九次全国代表大会关于第八届全国委员会工作报告的决议

（2016 年 6 月 2 日中国科学技术协会第九次全国代表大会通过）

中国科学技术协会第九次全国代表大会认真审议了韩启德主席代表第八届全国委员会所作题为《坚定不移走中国特色社会主义群团发展道路，团结带领广大科技工作者为决胜全面建成小康社会、建设世界科技强国而奋斗》的工作报告，认为工作报告对过去五年的工作总结实事求是，对形势的分析透彻深入，对今后五年的工作建议切实可行，决定通过第八届全国委员会工作报告。

中国科学技术协会第九次全国代表大会关于《中国科学技术协会章程》的决议

（2016 年 6 月 1 日中国科学技术协会第九次全国代表大会通过）

中国科学技术协会第九次全国代表大会认真审议了第八届全国委员会提请审议的《中国科学技术协会章程（修改草案）》，决定予以通过，并自通过之日起实施。

中国科学技术协会第九次全国代表大会关于《中国科学技术协会事业发展“十三五”规划（2016—2020）》的决议

（2016年6月2日中国科学技术协会第九次全国代表大会通过）

中国科学技术协会第九次全国代表大会认真审议了《中国科学技术协会事业发展“十三五”规划（2016—2020）》，认为规划目标明确，重点任务突出，符合科协实际，决定予以通过。

中国科学技术协会事业发展“十三五”规划（2016—2020）

（2016年6月2日中国科学技术协会第九次全国代表大会通过）

根据《国民经济和社会发展第十三个五年规划纲要》的部署，依照《中国科学技术协会章程》，全面分析科协事业发展面临的发展环境和总体任务，阐明未来五年改革发展思路、目标和实施原则，明确重点任务、实施步骤和保障措施，制定《中国科学技术协会事业发展“十三五”规划》。

一、适应形势，开创科协事业发展新局面

深刻理解、全面把握党和国家发展大局对科协事业发展的新要求，坚持在继承中发展，在落实中提升，在深化改革中推进全面创新，推进科协事业向更高的发展平台迈进。

（一）“十二五”时期科协事业发展成就

“十二五”时期，特别是党的十八大以来，在党中央、国务院的正确领导下，各级科协组织认真落实中央党的群团工作会议精神，紧密围绕党和国家事业发展大局，在促进经济发展方式加快转变、推动学术交流繁荣发展、提升全民科学素质、促进科技人才成长、提升科技开放与交流水平、加强自身能力建设等方面取得了显著成效。组织动员广大科技工作者积极进军科技创新和经济建设主战场，创新驱动助力工程开局良好，学会有序承接政府转移职能取得突破性进展，学会治理体系改革不断深化，创新和服务能力明显增强。《全民科学素质行动计划纲要》实施取得突破性进展，科普信息化迈出新步伐，中国特色科技馆体系建设和基层科普工作取得明显成效，我国公民具备科学素质的比例达到6.2%。国家科技思想库和老科学家学术成长资料采集工程扎实推进，第三方评估、高水平科技创新智库建设成效显著。民间对外科技交流日益活跃，国际科技组织任职和后备人才队伍建设取得新成效，工程教育国际互认迈出关键一步，双边交流进一步拓展，海智计划和海外人才离岸创新创业基地建设迈出实质性步伐。成功举办首届全国双创活动周主场活动和首届世界机器人大会。“建家交友”取得新进展，科技工作者的满意度显著提高，密切联系科技工作者的工作手段和平台进一步拓展，“科技工作者之家”的社会形象更加鲜明。党的建设不断加强，科协基层组织的覆盖面进一步扩大，自身能力建设不断增强。圆满完成中国科协八大确定的“十二五”规划目标任务，形成科协事业的新格局。

（二）“十三五”时期科协事业发展环境的基本特征

“十三五”是决胜全面建成小康社会、建设创新型国家、实现中华民族伟大复兴第一个百年目标的关键时期。全球新一轮科技和产业变革孕育兴起，日益引发国际发展格局的深刻变革，以创新为核心的综合国力竞争之激烈前所未有，重大原始性创新引发的革命性技术突破与商业模式创新相互交织，深刻影响着人类社会的生产生活方式，加速推动工业社会与信息社会深度融合并向更高水平跃升。在日趋激烈的国际创新体系竞争中，创新发展如逆水行舟，不进则退。加快提升科技创新对我国发展的全面支撑能力，攸关中华民族伟大复兴。

党的十八大以来，习近平总书记就科技创新作出了一系列重要论述，党的十八届五中全会提出了五大发展理念，强调创新是引领发展的第一动力，人才

资源是支撑发展的第一资源，要求把科技创新摆在发展全局的核心位置。习近平总书记在全国科技创新大会、两院院士大会、中国科协第九次全国代表大会上做了重要讲话，提出了面向世界科技前沿、面向经济主战场、面向国家重大需求的新时期科技方针，发出了进军世界科技强国的号召，为新时期的科技创新提供了思想纲领和战略指南。

世界性的变革潮流恰与我国发展动力转换和经济转型升级同频共振，为科协事业发展开启了一个重要的战略窗口期，机遇难得、形势逼人。必须清醒地看到，我国虽已成为科技大国，但大而不强的结构性矛盾凸显，同建设世界科技强国的目标相比，我国发展还面临重大科技发展瓶颈，关键领域核心技术受制于人的格局没有从根本上改变，科技基础仍然薄弱，科技创新能力特别是原始创新能力还有很大差距。高端人才严重短缺，大个头经济中存在的“阿喀琉斯之踵”已成为我国发展的心头之忧，事关国家安全和产业竞争的核心技术自给不足成为供给侧的最大短板。必须深刻地认识到，科协组织适应全面建成小康社会和创新驱动发展的工作体制机制还不健全，支撑发展动力转换和经济转型升级的能力明显不足；全面提升全民科学素质的任务十分艰巨，工作手段亟待创新；在全面深化科技体制改革和国家创新体系建设中的作用尚未得到有效发挥，提供科技公共服务的能力还不强；学会发展不均衡，治理方式落后；科协组织体系尚不健全，基层组织总体薄弱，覆盖面有待扩展；不同程度地存在着机关化行政化问题，与科技工作者“不亲不紧”等问题依然突出。

党中央、国务院从“四个全面”战略布局推进国家治理能力和治理体系现代化的战略高度，顶层设计科协改革发展工作，明确发展任务、主攻方向，强调科协组织要紧密围绕服务科技工作者、服务创新驱动发展战略、服务公民科学素质提高、服务党和政府科学决策的核心任务，扎实推进开放型、枢纽型、平台型组织建设，永葆政治性、先进性、群众性，真正成为党领导下团结联系广大科技工作者的人民团体、提供科技类公共服务产品的社会组织、国家创新体系的重要组成部分。这为新时期科协事业的发展提出了明确要求和更高目标。

综合来看，“十三五”时期，科协事业发展处于大有作为、快速发展的难得历史机遇期，也面临艰巨任务，必须牢牢把握新一轮科技和产业变革的时代机遇，充分体现全面推进和攻坚克难的鲜明特征，积极投身科技改革发展，责无旁贷地肩负起第一动力和第一资源作用，锐意改革、不断创新，努力开创事业发展新局面，为国家繁荣发展、民族伟大复兴做出新的历史性贡献。

（三）“十三五”时期科协事业发展指导思想

高举中国特色社会主义伟大旗帜，全面贯彻党的十八大和十八届三中、四中、五中全会精神，以马克思列宁主义、毛泽东思想、邓小平理论、“三个代表”重要思想、科学发展观为指导，深入贯彻习近平总书记系列重要讲话精神，紧密围绕全面建成小康社会、全面深化改革、全面依法治国、全面从严治党的战略布局，全面落实创新、协调、绿色、开放、共享的发展理念，坚持为科学技术工作者服务、为创新驱动发展服务、为提高全民科学素质服务、为党和政府科学决策服务，切实加强自身建设，不断增强政治性、先进性、群众性，按照新时期科技事业发展总体布局，以“创新争先行动”为引领，加快形成服务全面建成小康社会和创新型国家建设的事业发展格局和工作体制，为全面建成小康社会，建设世界科技强国，实现中华民族伟大复兴的中国梦做出应有贡献。

全面推进科协“十三五”事业发展，应坚持以下主要原则：

——强化政治担当。牢牢把握党的领导这一群团发展的核心和灵魂，以不断提高政治性、先进性、群众性为核心，把加强和改进党的领导与服务广大科技工作者高度统一，当好桥梁纽带，体现责任担当，不断夯实党在科技界的执政基础。

——突出科技工作者主体地位。坚持以人为本，紧密围绕科技工作者的现实需求，始终抓住服务科技工作者的工作主线，坚持特色发展、集群发展，发挥学会联系科技工作者的主体平台作用，提升学会的创新服务能力。

——坚持改革驱动全面创新。坚持把改革创新作为科协事业发展的强大动力，紧密围绕党和国家事业发展大局，谋划事业转型升级的努力方向，加强发展理念、组织结构、治理方式的全面创新，全面推进治理能力和治理体系现代化。

——推进协同发展。坚持大联合大协作的理念，健全科协组织网络，打造事业发展平台，推进科技资源互联互通，紧密协作。发挥学会联合体、产业协同创新共同体、海外人才离岸创新创业基地、海智计划基地、国家科学技术传播中心等平台作用，促进产业链、创新链、资金链融合，充分利用国内国际两种资源，服务创新驱动发展。

二、“十三五”时期科协事业发展的主要目标和基本理念

（一）“十三五”时期科协事业发展的主要目标

“十三五”时期，科协事业发展的总体目标是：支撑全面建成小康社会和创新型国家建设的能力明显增强。科协系统全面深化改革取得突破性进展，基本形成符合科技创新规律和国家发展需要的中国特色群团发展体制机制。自身能力建设明显增强，开放型、枢纽型、平台型的科协组织功能充分体现。

——成为国家创新体系的重要力量。建设50～80个具有国内一流、国际知名的优秀学会，现代化学会治理体系基本形成；培育100个学术会议示范品牌，打造100种代表国家水平的精品期刊，引领学科发展、促进学术交流、提供科技公共服务的能力不断增强，成为助力创新驱动发展、服务大众创业万众创新的重要力量。

——促进全民科学素质跨越提升。到2020年，建成适应全面小康社会和创新型国家、服务创新驱动发展和人民科技文化需求、依托互联网等信息技术的现代科普体系，科普的国家自信力、社会感召力、公众吸引力显著提升，我国公民具备科学素质比例超过10%，达到创新型国家水平。

——建成中国特色智库体系的重要组成部分。成为创新引领、国家倚重、社会信任、国际知名的高水平科技创新智库，在国家科技创新战略规划和政策制定中发挥重要支撑作用，“小中心、大外围”的智库发展格局基本形成。

——基本形成深度融合、开放合作、互利共赢的对外民间科技交流新格局。我国科技界国际地位、影响力、话语权和主导权显著提升，服务创新型国家建设的能力显著提升，服务国家对外开放新体制能力显著提升，服务国家外交和港澳台工作大局能力显著提升。

——“建家交友”取得明显成效。与科技工作者联系更加密切，维护科技工作者权益的工作机制日益完善，建成人才举荐的重要渠道、事业发展的重要平台，科技工作者的认可度大幅提高，凝聚力显著增强，成为名副其实的科技工作者之家。

——能力建设明显增强。学会治理方式现代化、组织体系网络化、工作手段信息化实现新跨越，建设成为平台型、枢纽型、开放型的科协组织。

（二）“十三五”时期科协事业发展的工作理念

加快推进科协事业发展，必须坚决贯彻落实创新、协调、绿色、开放、共享的发展理念，树立推动创新、强化服务、拓展提升、开放协同、普惠共享的工作理念，切实把中央精神转化为科协事业发展的指南和举措。

——推动创新。充分发挥群团特点，担负起国家创新体系重要组成部分的作用，推进科技改革等制度创新，推进各级科协组织及所属学会的治理体系和方式创新，在推动研究开发、成果转化、科学普及、大众创业万众创新等方面奋发有为，取得成效。

——强化服务。坚持与时俱进，拓展功能定位，紧紧把握时代特色，进一步强化为科技工作者服务，为创新驱动发展服务，为提高全民科学素质服务，为党和政府科学决策服务，努力提高科协工作的质量和覆盖面。

——拓展提升。全面深化科协系统改革，切实增强群团的政治性、先进性、群众性，不断拓展工作领域和覆盖面，创新提升服务水平和质量，扩大社会影响力。

——开放协同。善于利用各方资源，强化与科技界的紧密协同，加强与党政部门、群团组织和地方等协同，用好国内国际两种资源，形成各方力量共同推动科协事业发展的新格局。

——普惠共享。强化科协组织的平台枢纽功能，坚持发展为了人民，全面提升科协工作水平，让科技创新成果和现代文明普惠人民，让科技工作者共享科技资源和政策红利。

“十三五”时期，各级科协及所属团体要深入贯彻落实习近平总书记系列重要讲话精神，团结引领广大科技工作者积极进军科技创新，组织开展创新争先行动，弘扬立志报国、勇攀高峰的传统，进一步激发创新创造热情，担负起投身创新、推动创新、引领创新的历史使命。短板攻坚争先突破，前沿探索争相领跑，转化创业争当先锋，普及服务争做贡献，汇聚经济社会发展的强大动能，为实施好创新驱动发展战略、建设创新型国家、向世界科技强国迈进作出新贡献。

三、推进服务创新驱动发展平台建设

紧密围绕全面建成小康社会决胜阶段的战略部署，以实施创新驱动助力工程为引领，组织动员广大科技工作者在科技创新和经济建设主战场中更加奋发有为。

（一）实施助力创新发展工程

（1）推进创新驱动助力工程的实施。坚持政府主导、企业主体、学会主角、专家主力的原则，按照“点状分布、链状辐射、面状延伸”的布局，动员组织100个全国学会、40个创新驱动示范市，推进创新要素深度对接区域经济转型升级，促进产业链、创新链、资金链的融合，形成科协进军经济建设主战场的标志性行动。围绕企业需求建设专家成果库，整合社会资源，实现精准对接，形成学会联系企业的长效机制。

（2）强化企业技术创新服务体系建设。强化面向企业的科技信息服务，开展专利信息转化应用。深入开展“讲、比”活动，推进院士专家工作站建设，建站总数达到5000个以上，示范站突破200个。广泛开展技术成果评估鉴定、企业创新方法培训、知识产权巡讲。

（3）打造产业协同创新共同体。配合京津冀协同发展、“一带一路”倡议、长江经济带建设等国家战略，建设学会主导，企业、高校、科研机构、金融机构以及其他机构共同参与的产业协同创新共同体。探索多种、长效、稳定的协同创新运作机制，打通创新要素便利流动的通道，集成力量实现相关产业领域的技术创新和产业升级。

（4）助力大众创业万众创新。精心组织好全国大众创业万众创新活动周。建设全国双创服务中心，打造组织协调、交流交易、信息加工、技术支持、展示宣传、综合评价六大平台。坚持开放、融合、共享、高效的原则，打造全国双创服务云平台，推动建设创新创业服务基地，积极主动搭建创新创业活动平台。建设国家科学技术传播中心，服务科学技术成果展示和转化。开展年度双创人物评选活动，加强创新创业监测评估，营造人人参与创业、支持创新的良好氛围。

（5）实施科技精准扶贫行动。充分发挥科技在脱贫攻坚中的重要作用，大力推广先进实用技术，促进科技成果转化。加强农村实用技术人才队伍建设，大力提升农民科学素质水平。充分发挥农技协在科技精准扶贫中的独特作用，搭建融资服务平台。强化东西部扶贫协作，发挥科协的系统优势，开展“一帮一”精准扶贫。实施援藏、援疆科技增效工程，完善全国科协系统对口援藏、援疆的联合工作机制，扩大倍增效应。

（二）实施学术会议质量提升计划

（1）提升学术会议质量。搭建高水平学术交流平台，重点办好中国科协年会、世界生命科学大会、世界机器人大会、中外科学家高端对话等一批重点学术交流活动。培育100个国家层面的学术会议示范品牌。鼓励全国学会、地方科协举办标志性年会或论坛。支持100项小型高端前沿专题学术会议。创新学术交流模式，支持建立“会、展、赛”或产学研三位一体的学术会议模式。建设中国科技工作者之家网，打造在线学术交流展示平台。建立学术会议监测评估制度，制定学术会议评价指标体系。

（2）健全学术发布制度。开展学科发展研究，定期面向社会发布学科发展、学科发展路线图和学科史系列研究报告。

（三）实施科技期刊影响力提升计划

（1）推进精品科技期刊建设。实施中国科技期刊国际影响力提升计划，进一步扩大英文期刊数量，在交叉学科和新兴领域创办50种英文科技期刊，打造50种在学科国际排名靠前的英文期刊，支持20种英文期刊攀登世界先进水平。优先支持50种中国科协精品科技期刊，遴选培育一批在本学科和专业领域内有较强影响力和辐射力的中文科技期刊，推动形成综合性科技期刊、专业学术期刊、应用性期刊、科普性期刊协同发展的科技期刊体系。建立优胜劣汰、能进能出的管理机制，优化科技期刊结构布局。

（2）健全科技期刊奖励激励机制。开展中国科技期刊年度优秀论文遴选活动，推介一批发表在我国正式出版的科技期刊上的优秀论文，对优秀科技期刊及其编辑部、主编、编辑和审稿人进行激励。

（3）深化科技期刊国际交流与合作。举办年度中国科技期刊发展论坛，搭建高层次交流平台，支持期刊依据国际标准建设高水平办刊工作队伍，通过国际合作方式进行编辑人员业务培训，提升期刊的国际影响力。

四、推进学会改革与创新能力建设

坚持治理结构、治理方式、运行机制、党的建设四位一体，全面深化学会改革，积极稳妥推进学会有序承接政府转移职能工作，实现学会治理能力和治理体系的现代化。

（一）全面深化学会治理体系改革

（1）改革学会治理结构。以推动学会理顺决策机构、执行机构、监督机构的关系为重点，开展学会治理体系改革试点，建立学会分支机构备案制，指导学会设立规模适中的理事会及常务理事会、权责明晰的监事会、职业化的办事机构，学会分支机构类型数量合理适度、管理依法合规，分优先、重点和特色三个层次分类推进符合中国国情和学会发展规律的中国特色现代科技社团建设。

（2）改革学会治理方式。推动学会制定实施务实高效、位阶有序的会议制度，推动学会领导机构依法依章程履职，确保代表大会、理事会（常务理事会）、监事会按期换届和正常运转。推动扩大学会领导人员代表性和覆盖面，基层一线科技人员和中青年科技工作者比例明显提高。规范在职及退（离）休领导干部在学会兼职。

（3）改革会员发展与服务方式。健全个人会员入会申请审批制度、注册制度。进一步优化会员结构，丰富会员种类，大力发展学生会员和赞助会员，鼓励单位会员中的科技工作者以个人会员身份加入学会，扩大学会个人会员数量。

（4）改革学会办事机构。推进学会办事机构实体化建设，建立办事机构支撑单位动态调整机制，扩大无挂靠、无业务主管单位学会的试点范围。推进学会办事机构工作人员职业化建设，实施理事会聘任秘书长制，推动秘书长职业化，着力打造运转高效、规范有序的专职办事机构。扩大专职工作人员聘任制试点。推进学会办事机构规范化建设。

（二）深入实施学会创新和服务能力提升工程

（1）加强优秀学会建设。支持20个优先建设学会、50个重点建设学会、30个特色建设学会，着力提升学会的学术建设能力、社会服务能力和基础保障能力。开展年度示范学会评选活动，打造50个学术水平高、服务能力强、内部管理规范、社会信誉好的示范学会。

（2）建立学会联合体。适应学科广泛交叉、领域深度融合的发展趋势，推动学科相近、联系密切的学会组建学会联合体，在生命科学、清洁能源、信息科技等重点领域成立10个左右学会联合体，发挥联合体平台作用，通过开展智库建设、学术交流、科技评估等工作，促进学科交叉和协同创新。

（3）加强学会党的建设。推动在学会办事机构层面普遍建立党组织，探索学会联合设立党组织，定期选拔优秀科协干部到学会担任党务干部。积极探索在学会理事会层面设立党委或党建工作小组，探索科协党组领导学会党的工作、科技社团党工委指导学会办事机构党建工作的新机制，强化组织覆盖和工作覆盖。

（4）推动全国学会与地方学会协同发展。鼓励全国学会与地方科协联合举办符合当地经济社会需要和科技发展实际的专题论坛。建设全国共享的学会专家库、课题库和成果库，把更多的全国学会资源引向地方、引向基层。

（三）推进学会有序承接政府转移职能

（1）稳步推进试点工作。全面推进学会科技评估工作，支持20个左右全国学会成为重大科技计划、项目评估的主要承接者；稳妥承接专业技术人才水平评价工作，推动10个左右全国学会开展工程技术领域专业技术人员职业资格认定；积极组织团体标准研制，指导全国学会在战略和新兴领域制定推广200项左右团体标准；大力推动全国学会参与国家科技奖励推荐，使获得国家科技奖励推荐资格的全国学会规模扩大到40个左右。

（2）加强各级学会承接政府转移职能的工作协同。加强顶层设计和学会的培训、交流、宣传，推进信息共享和承接政府转移职能的实践推广。搭建工作平台，推动全国学会与地方学会的资源共享和协同对接，共同开展承接政府转移职能工作。制定发布行为规范，建立监管机制和奖惩制度，加强对学会承接政府转移职能的监督管理。

五、推进现代科普体系建设

以推动《全民科学素质行动计划纲要》实施为主线，以科普信息化为核心，着力实施“互联网+科普”等六大工程，全方位创新科普理念和服务模式，形成联合协作的全社会科普大格局，实现我国科普发展和公民科学素质达到创新型国家水平的目标。

（一）充分发挥全民科学素质行动实施牵头和综合协调作用

（1）建立完善全民科学素质工作动员体系。完善公民科学素质建设联合协作机制，深入推进全民科学素质行动计划共建机制建设，组织开展全国科普示范县（市、区）创建工作，开展全国科普教育基地创建活动，进一步形成社会广泛参与科普的良性互动机制。

（2）组织开展主题性、全民性、群众性科普活动。深入开展好全国科普日活动，围绕公众关切的热点、焦点问题，及时、准确、便捷为公众解疑释惑，广泛开展针对领导干部和公务员的各类科普活动，编发领导干部新科技知识读本。

（3）加强科普队伍建设。实施科普领军人才计划，加强科学传播专家团队建设，到2020年80%以上全国学会建有科学传播专家团队，受聘科学传播专家超过1万人。开设全国杰出科学传播人年度奖项。推动科普专业学科建设，深入推进科普专门人才培养，加强科普人员继续教育。建立科普志愿者社团组织，加强科普志愿者培训。

（二）实施“互联网＋科普”建设工程

（1）提升“科普中国”示范性和影响力。汇聚各方力量打造“科普中国”品牌，引导建设众创、众筹、众包、众扶、分享的科普生态，打造科普开源发展新格局，有效连接政府与市场、需求与生产、内容与渠道、事业与产业，实现倍增效应。

（2）深入实施科普信息化建设专项。推进网络科普大超市、网络科普互动空间的迭代建设，不断提升科普精准推送服务品质和水平，建立完善科普信息化运行保障机制。到2020年，实现各频道PC端和移动端年浏览量总计达100亿人次以上。

（3）提升优质科普内容供给能力。聚焦公众需求，创新科普内容表达方式，形成机构、专家和公众共同参与，各地、各部门、各类机构协同联动的科普信息生产和分享的生动局面。

（4）拓展科普信息传播渠道。充分利用现有传播渠道，强化网络特别是移动互联网的传播功能。发挥互联网平台企业的主体作用，促进传统科普渠道与新媒体深度融合。

（5）实施科普信息化落地普惠行动。创新科普精准化服务模式，感知公众科普需求，定向、精准推送科普信息资源。推动科普文化进万家，强化科普信息在社区、学校、农村等的落地应用。加大对老少边穷地区及青少年等重点人群的科普信息服务定制化推送。

（6）建设科普中国服务云。以提升科普服务效能为核心，以科普信息汇聚生产与有效利用为目标，建设科普中国服务云和科普中国门户网。推动科普大数据开发开放，全面提高科普公共服务产品的供给能力。

（三）实施科普创作繁荣工程

（1）加大科普创作的支持力度。探索设立国家科普创作基金，支持优秀科普原创作品。推动科研与科普、文艺与科普的结合。繁荣科幻创作，设立国家科幻奖项，成立全国科幻社团组织，举办中国国际科幻节。推动科普游戏开发。

（2）推动科普产品研发与创新。推动将科普产品研发纳入国家科技计划，推动科普产品研发中心和科普产品交易平台建设，支持优秀科普作品的产业转化。

（3）加强科普创作的国际交流与合作。增强我国在国际科学传播领域中的话语权，开展科普创作国际交流活动，增强对国际一流科普作品的引进消化吸收再创新能力。

（四）实施现代科技馆体系提升工程

（1）推动科技馆体系创新升级。进一步建立完善以实体科技馆为依托和基础，流动科技馆、科普大篷车、虚拟科技馆、数字科技馆为拓展和延伸，辐射基层科普设施的现代科技馆体系，发挥自然科学类博物馆和专题、行业科技馆等场馆的作用，进一步提升中国数字科技馆影响力和示范性。

（2）建设虚拟现实科技馆。把虚拟现实等信息技术作为科技馆展教的主要手段，建设实体虚拟科技馆、流动虚拟科技馆、在线虚拟科技馆，加强虚拟科技馆的内容建设。

（3）推动实体科技馆建设。进一步优化布局和结构，加强对新建科技馆的支持，推动中西部地区和地市级科技馆的建设，推动建设和发展一批具有地方、产业特色的专题科技馆和行业科技馆，加快农村中学科技馆建设，大幅提升科技馆的覆盖率和利用率。到2020年，推动地市级城市至少拥有1座科技馆。

（4）建设完善流动科普设施。加大流动科普设施配发力度和服务范围，提升流动科普设施专题化和特色化展教资源开发和服务水平。到2020年实现中国流动科技馆的保有量达到300套，科普大篷车的保有量突破2000辆，服务基本覆盖全国未建科技馆地区的所有乡镇。

（5）建设完善科技馆标准体系及协同机制。推动建立科普标准化组织，制定科技馆行业国家标准体系以及相关标准规范，开展科技馆评级与分级评估，建立健全全国科技馆免费开放制度。

（五）实施科技教育体系创新工程

（1）创新青少年科技活动。扩大和提升全国青少年科技创新大赛、高校科学营、中学生英才计划等青少年科技教育活动的覆盖面和影响力，形成未来科技人才发现、培养、跟踪机制，为具有科学潜质的青少年未来从事科研事业创造条件和机会。

（2）拓展校外青少年科技教育渠道。充分利用科普基地，动员鼓励青少年广泛参加科技类活动，组织开展全国青少年科学素养电视大赛。

（3）推动青少年科技教育模式创新。加强青少年科技教育研究，推动建立校内外融合的科技教育体系，动员高校、科研院所、科技型企业等机构面向青少年开放实验室等教学科研设施，形成支持开展青少年科技教育活动的社会化网络。

（4）实施科学教师和科技辅导员培训专项。建立一批国家级科学教师和科技辅导员培训基地，完善国家、省级和基层三级培训体系。

（六）实施科普传播协作工程

（1）推动大众传媒科技传播。开展科学传媒从业者培训，提升大众传媒从业者的科学素质与科学传播能力。推动县级以上电视台、广播电台开办科技频道（栏目），推动开办全国电视科普频道，推动各类报纸杂志开设科普专栏或增加科普专栏版面。

（2）推动传统科普媒体与新兴媒体的深度融合。通过科普内容一次创作、多次开发、全媒体呈现，实现跨媒体、跨终端传播。组建中国科学文化传媒集团。

（3）推动科研活动与科普工作的协同发展。推进将科普纳入国家重大科技计划和工程的实施环节，探索开展绩效评估。推动设立国家级科普奖项。以学会为纽带，整合产学研力量，加强科学传播专家团队建设。

（七）实施科普惠民服务拓展工程

（1）深入实施基层科普行动计划。大力提升基层科普服务能力，全面提升改造科普惠农兴村计划和社区科普益民计划，进一步发挥示范引领作用，壮大科普队伍、拓展工作领域、提高服务成效。建设科普中国乡村、社区e站，到2020年实现对全国行政村和社区的基本全覆盖。

（2）实施西部科普行动专项。持续开展科普助力生态文明西部行、科普助力精准扶贫行动、实施科普援藏援疆专项行动，实现在革命老区、民族地区、边疆地区、集中连片贫困地区的乡村、社区科普数字终端和科普宣传员全覆盖。

（3）开展“智爱妈妈”和“智慧蓝领”行动。组织开展“小手拉大手”亲子科学教育活动，编发妇女科学素质读本，组织妇女科学素质培训和竞赛活动。开展职工创新技能培训和进城务工人员素质培训，建设职工在线教育学习服务平台。

六、推进高水平科技创新智库建设

紧密围绕创新驱动发展战略实施，强化政治担当，突出高端引领，注重开放协同，坚持人才驱动，按照“小中心、大外围”的模式，系统优化资源配置，打造创新引领、国家倚重、社会信任、国际知名的高水平科技创新智库，为服务党委政府科学决策提供支撑。

（一）开展国家科技创新智库体系建设

（1）发挥好中国科协创新战略研究院的示范带动作用。按照现代院所制度要求做实做强中国科协创新战略研究院，发挥好在重大选题、组织策划、咨询形式、专家队伍建设等方面的核心引领作用，提升在决策咨询理论、方法、数据和平台建设中的关键支撑作用。

（2）依托学会联合体建设一批专业研究所。围绕科技创新和产业变革的关键领域，依托学会联合体在制造、信息、能源、材料、生命等重大创新前沿领域，建设若干专业研究所，鼓励支持其紧跟世界创新发展前沿，实现战略研判和研究向精深特方向发展。

（3）依托地方科协建设一批区域研究基地。围绕“一带一路”、京津冀协同发展、长江经济带等国家战略和东北振兴等区域发展战略，由区位优势明显、决策咨询工作较好的地方科协，牵头建设一批跨区域的创新战略研究基地，为区域发展战略提供决策支撑。

（4）拓展智库对外交流合作渠道。鼓励科协系统与国际著名的科技创新智库开展研究，联合发布具有国际影响力的高端报告，依托国外高校为我国培养专业高端智库人才。

（二）推进智库人才队伍建设

（1）构建学会为主体的智库专家网络。聚焦智库发展重点方向，跨领域集成学会专家资源，建立健全学术交流成果提炼转化机制，发挥全国学会作为高端人才蓄水池的功能，以重大项目为纽带，广泛凝聚科技、产业和政府专家资源，稳定联系一批专业功底扎实、学术水平精湛、具有战略思维的高端决策咨询专家。

（2）建立开放流动的智库人才使用机制。依托战略研究院建立海外智库人才离岸创新基地，吸引海外人才以多种形式参与智库研究工作。支持地方科协和学会建设新型科研组织形式的智库，加强智库领军人才培养，畅通后备人才上升通道，形成一批有远见、懂管理、肯实干、出成果的智库领导者团队。

（三）加强智库成果转化平台建设

（1）打造智库品牌论坛。坚持以开放和前沿为导向，办好“中国创新50人论坛”，广泛汇聚科技、经济领域的战略与政策专家，围绕科技创新中的重大战略问题开展研讨交流，提出新思想、新观点，形成高质量的决策咨询建议。办好“中国科协年会党政领导与院士专家座谈会”“中国科技政策论坛”等活动。

（2）打造智库品牌报告。办好《科技工作者建议》等智库专刊。推出《大众创业万众创新评估报告》《学术环境建设评估报告》《国家创新力评估报告》，形成科协智库的标志性成果。加强学会学术会议资源的汇交，加强对科协系统学术会议资源的深度挖掘，促进学术会议资源向决策咨询资源转化。

（3）完善人民团体协商机制。认真贯彻《中共中央关于加强社会主义协商民主建设的意见》精神，建立完善科协搭台、党政参与的科技界定期协商机制。围绕科技界普遍关切的重大问题，通过协商会议、委员提案、调研报告等形式及时反映科技工作者呼声，努力做到把握热点难点。发挥科协智库优势，积极承担国家立法咨询任务。

（四）做好科技工作者政策服务能力建设

（1）强化智库的政策服务功能。建立科技政策数据库，实现信息共享。加强对政策工具的深入解读，面向不同的科技工作者群体提供咨询服务。

（2）提高政策的精准推送能力。加强与新闻媒体的战略合作，依托双创服务云平台、国家科技传播中心、科技工作者状况调查站点系统，广泛开展面向科技工作者的政策宣传，提高精准推送能力。

（五）实施重大问题研究专项

（1）强化选题的战略前瞻。把握新一轮科技和产业变革的发展趋势，紧紧围绕信息、能源、材料、生命科学创新前沿，加强前瞻研判。围绕深化科技体制改革和科技人才成长，坚持问题导向，凝练重大选题。

（2）促进交叉创新和力量集成。建立学会、地方科协、专业机构等科协系统内外资源协同开展研究机制，鼓励跨学科领域的智力集成和融合创新，提出高质量政策建议，以重大问题的研究带动科协智库整体能力提升。

（六）实施重大评估专项

（1）开展年度重点评估。坚持委托与自选相结合，围绕国家科技创新战略、规划、政策、人才、项目、基地、制度等实施效果、社会影响，开展持续评估，彰显第三方优势，服务国家科技发展的战略决策。

（2）加强评估体系建设。发挥中国科协创新评估指导委员会、专家委员会的宏观指导和把关作用，确保评估成果质量和权威性。规范评估数据采集标准，建设创新评估专家库，为全国学会和地方科协开展创新评估提供方法和工具支撑。加强评估成果的扩散应用，分级分类向公众开放。

（七）实施智库基础设施建设专项

（1）建设科技数据中心。加强科技工作者状况调查数据库、科学与工程指标数据库、科技人才政策文本库等专业数据库建设。加强数据挖掘和分析能力建设。

（2）推进调查站点体系建设。以重点高校、大型央企、高科技企业为重点，扩大全国科技工作者状况调查站点数量，优化站点布局。加强对站点的业务培训和绩效考核，提升站点工作能效。建设在线调查系统，提高调查的时效性和覆盖面。建设科学分布、结构合理的科技工作者状况调查样本库。

七、推进科技人才队伍建设

遵循科技人才成长规律，完善教育培养、表彰奖励机制，夯实人才工作基础，充分激发和释放科技人员的创新创业潜力，持续优化人才成长和发展环境。

（一）加强对科技工作者的团结引领

（1）引领科技工作者全面领会党中央治国理政新理念新思想新战略。加强对习近平总书记系列重要讲话精神的学习宣传，组织科技工作者深刻领会党中央关于中国特色社会主义建设的战略部署，自觉增强政治意识、大局意识、核心意识和看齐意识，不断增强对中国特色社会主义的道路自信、理论自信和制度自信。

（2）引领科技工作者积极为经济社会发展贡献智慧。鼓励支持科技工作者围绕事关国计民生的问题积极发声，拓展畅通同科技工作者的沟通、协商渠道，把科技工作者的个体智慧凝聚上升为有组织的集体智慧。加强建言献策与宣传引领的有机融合，与媒体联合发力，相互支撑，巩固壮大主流思想舆论，弘扬主旋律，传播正能量。

（二）加大人才培养举荐力度

（1）深入实施青年人才托举工程。以发现和培养高精尖缺人才为重点，发挥学会和学会联合体的同行举荐作用，重点资助32岁以下青年科技人才自主选题开展原创性研究，给予连续三年的稳定支持。加大托举工程与国家自然科学基金和重点研发计划的对接，形成对青年人才职业成长接续支持的重要平台。

（2）加强企业技术人员培训。组织引导企业科技人员立足技术创新实践，干中学、用中学。依托专家工作站，建立工程硕士研究生站点，为企业培养符合一线需求的适用人才。

（3）鼓励学会帮助年轻科技人员制定职业拓展规划。开展与年轻科技人员职业拓展有关的培训交流活动。开展学科年度科技人物评选推介活动，打通优秀科技工作者从同行认可走向政府认可和社会认可的通道。

（三）改进创新人才表彰举荐机制

（1）突出科技人物表彰奖励。以“全国杰出科技人才”奖、“中国优秀青年科技人才”奖为重点，形成全国学会、地方科协、社会力量广泛参与的多元化、多层次科技人物奖励体系。改进表彰奖励办法，扩大同行专家推荐渠道。承担、完成国家引才目录制定工作。

（2）举荐院士候选人。落实院士制度改革要求，突出学术导向，严格标准程序，做好院士候选人推荐（提名）工作。引导、支持全国学会、地方科协建立完善高层次人才发现、培养、凝聚机制。

（3）支持我国科学家在国际科技组织任职。推荐我国优秀科学家有组织、有计划地进入国际科技组织领导层，在重要国际组织中发挥更加积极作用。

（四）创新科技人物宣传机制

（1）打造科技人物宣传精品。以弘扬科学文化、培育践行社会主义核心价值观为核心内容，加强人物宣传。扎实推动“共和国的脊梁——科学大师名校宣传工程”，宣传好杰出科学家的突出成就和高尚品格。

（2）强化一线科技工作者宣传。突出对基层、一线和青年科技人才的宣传，展示科技工作者的突出贡献和感人事迹，维护好、塑造好中国科技界的社会形象。

（3）实施老科学家学术成长资料采集工程。加大对采集成果的深度开发利用，坚持资料采集与加工整理、宣传展示与学术研究并重，扩大工程的社会影响力。支持地方科协开展本地区老科学家的资料采集工作。探索将海外杰出华裔科学家纳入采集范围。建设中国科学家博物馆，突出“藏、研、展、宣、教”功能。

（4）构建科学道德和学风建设长效机制。深入开展科学道德和学风建设宣讲教育工作，推动高校将科学道德和学风建设教育纳入研究生培养环节。推动建立学术不端行为独立调查机制。

（5）努力为科技工作者营造良好学术环境。推动落实《关于优化学术环境的指导意见》，聚焦五大环境建设，开展落实情况进展评估。

（五）提升服务科技人才的基础能力

（1）开展“创建科技工作者之家”活动。明确“科技工作者之家”建设标准、服务规范。开展专家休假、文化交流、走访慰问等活动，关心科技工作者身心健康，密切思想沟通、情感交流和工作联系。推动设立“全国科技工作者日”。

（2）维护科技工作者合法权益。设立会员法律咨询服务机构。积极参与国家涉及科技工作者利益调整的法律法规的立、改、废、释工作。

（3）建立科技人才动态调研机制。定期开展科技工作者状况调查，针对不同年龄、行业、性别、地域分类开展科技人才发展研究，及时掌握发展需求，改进完善人才工作内容。充实完善专家信息库。

八、推进民间科技开放与交流合作机制建设

充分发挥民间科技开放与交流合作的优势，完善战略布局，创新交流机制，充分利用国际科技资源，服务国家创新驱动发展战略，服务国家外交和对港澳台工作大局。

（一）提升我国科技和科学家国际地位和影响力

（1）加强与国际科技组织合作交流。推动我国科学家在国际组织任职，加大向国际科技组织举荐人才的力度，增强我国科技界的国际话语权。积极争取在华举办高水平国际科技会议，鼓励参与、承办和发起国际科学计划。争取重要的国际科技组织总部、分支机构和科学计划项目办公室落户中国。支持建立以我为主的新型国际科技组织。

（2）配合国家承担国际责任和义务。充分发挥中国科协作为联合国经社理事会特别咨商机构的作用，围绕联合国2030年可持续发展议程，组织我国科学家积极参与应对全球气候变化、防灾减灾、网络安全、人类健康等全球挑战。

（3）推动我国职业工程师的国际互认和地区互认。以加入国际工程教育认证体系《华盛顿协议》为契机，进一步加强与国际工程师组织和国际工程教育认证组织的交流合作，推动工程教育国际互认，配合国家工程师制度改革。

（二）拓展和建立双边科技交流合作新渠道、新机制

（1）加强与发达国家创新战略交流合作。加强在基础科学研究、前沿技术研发等领域的交流合作。建立中美、中英、中日、中俄、中瑞（典）等科学家高层战略对话机制。

（2）推动与新兴经济体国家科技与产业交流合作。推动与新兴经济体国家在新型研发机构和产业化孵化平台等方面的交流合作，发挥学会的主体作用，提高科技人文交流的水平。

（3）推动与发展中国家务实交流合作。推动与发展中国家共同建设先进适用技术转移中心、数据共享库等合作平台建设。加强在农业、能源、交通、资源、环境、防灾减灾等领域的交流合作。

（三）打造“一带一路”科技人文交流合作平台

（1）推动和支持创建区域性国际科技组织。配合国家“一带一路”倡议，深入开展科技外交，积极推动和支持围绕“一带一路”成立区域性国际科技组织和联合中心等机构，设立双边科技合作项目和双边科技人文交流项目。

（2）实施“一带一路”研究人员交流计划。加强与“一带一路”沿线国家的科技人员交流，建立人员交流机制，依托国家重点科研基地开展科技人员的交流工作。

（四）推进海峡两岸暨港澳协同创新

（1）继续实施“海峡两岸暨港澳协同创新工程”。支持海峡两岸暨港澳协同创新联盟发展，打造“协同创新澳门论坛”品牌，设立海峡两岸暨港澳协同创新训练营和大赛，建立海峡两岸暨港澳协同创新创业合作基地等。

（2）继续实施对港澳台科技人文交流品牌项目。继续开展“海峡论坛”之“海峡科技专家论坛”“海峡两岸暨港澳科技合作论坛”“当代杰出华人科学家公开讲座”“海峡两岸科学传播论坛”等重点交流项目，支持全国学会和地方科协开展对港澳台重点交流项目。

（3）继续实施对港澳台青少年交流品牌项目。继续开展“青少年高校科学营”“中国科协港澳台大学生暑期内地实习活动”“海峡两岸青年学子科技交流活动”“海峡两岸大学生辩论赛”“海峡两岸青年科学家学术活动月”等，扩大内地与港澳台青年交流规模，推进内地与港澳台青年创新创业合作。

（五）提升海智计划水平，打造海智计划升级版

（1）推动海外人才离岸创新创业基地建设。加强深圳、上海、武汉、苏州等地离岸创新创业基地建设，适度拓展建设范围，搭建海外人才服务国家创新发展平台。

（2）深入实施海智计划。建成70个左右中国科协海智基地、20个左右海智计划示范项目，与100个海外科技团体建立合作关系，推动建立中国海归创业联盟，搭建海外人才助力企业创新发展平台。

九、推进科协组织体系建设

适应科协事业发展的新形势新任务，扩大科协组织覆盖面，全面推进组织网络体系建设，密切联系广大科技工作者。

（一）加强民主办会制度建设

（1）制定中国科协代表大会组织工作条例。规范各级科协组织代表大会、委员会、常委会的运行机制和组织制度，明确人员构成原则、履职条件和纪律约束。贯彻实施好代表大会代表任期制。

（2）完善中国科协团体会员制度。建立科协团体会员动态调整机制，优化科协团体会员结构。鼓励和支持新兴学科领域新成立的全国学会加入中国科协作为团体会员。制定中国科协所属全国学会考核评价办法。

（二）加强基层科协组织建设

（1）加强园区和企业科协组织建设。依托国家高新区等科技园区，加强园区和企业科协组织建设。实现科协组织在国家级科技园区全覆盖，加强对新型研发机构、非公有制经济组织的联系和服务。

（2）加强高校科协组织建设。以高校密集区域为重点，推动高校科协规模增长和质量提升，实现高校科协组织覆盖率超过40%。鼓励高校集中的省（区、市）建立高校科协联盟，推动建立全国高校科协联盟。

（3）加强农村专业技术协会建设。以现代农业和当地主导产业发展需求为导向，强化同行凝聚和跨界合作，提升信息化水平和服务能力，为农民提供精准的科技推广和科普服务。鼓励支持乡镇依托农技站建立乡镇科普协会。

（4）加强县级科协组织建设。出台加强和改进县级科协工作的意见。推动建立下级科协组织领导班子人选向上级科协组织备案的工作机制，鼓励和引导上级科协资源向县级科协倾斜。加强县级科协主席能力

建设，拓展交流培训渠道。

十、强化规划实施的保障

充分发挥各级党组织在规划实施中的政治引领作用，上下联动、强化集成，形成推动规划落实的强大合力。

（一）加强各级党组织对规划实施的领导

把落实规划确定的重大任务作为党建工作的重要内容。强化主体责任，加强党风廉政建设，为规划实施创造风清气正的良好氛围。把规划实施的成效纳入领导干部的考核内容。

（二）加强干部队伍建设，为规划实施提供坚强的组织保障

优化干部队伍结构，加大干部交流力度，完善干部考核评价机制，强化作风建设，营造干事创业的良好氛围。健全干部教育培训体系，加强干部教育培训，提高各级科协干部落实规划各项任务的执行力。

（三）加强信息化建设，为提升科协管理水平和服务能力提供支撑

推进中国科协公务网站群建设，扩大网站社会影响力。建设中国科协内网、外网办公系统。建设中国科协公文和影像档案数据库、基础信息数据库和政务网站资源数据库，推进中国科协业务数据中心。加强科协网络基础设施建设，强化网络安全和支撑保障能力。

（四）强化绩效管理，为规划实施提供财力保障

强化预算管理，做好中期财政规划和科协事业发展规划的衔接。注重发挥财政资金的政策导向作用，确保各项重大改革举措和任务的落实。加强对规划实施的绩效评估，加强财政经费监管，健全内控制度，完善纠错问责机制。强化与相关政府部门的沟通协调，凝神聚力，把各方资源汇聚到落实“十三五”规划确定的各项重大任务上来。

关于在科技工作者中开展“创新争先行动”的倡议

各位代表：

习近平总书记在本次大会上的重要讲话，吹响了建设世界科技强国的号角，提出了坚持走中国特色自主创新道路，面向世界科技前沿、面向经济主战场、面向国家重大需求，加快各领域科技创新，掌握全球科技竞争先机的明确要求，指明了新时期我国科技创新的方向，特别对科协组织提出了组织开展创新争先行动的号召，赋予科技工作者更加光荣伟大的使命。李克强总理对科技创新提出了明确要求和具体任务，对开展创新争先行动作出重要批示。我们广大科技工作者倍受鞭策鼓舞，激情振奋、信心倍增，深感使命光荣、责任重大。为此，中国科协第九次全国代表大会向全国科技工作者发出倡议，积极响应总书记号召和中央部署，开展创新争先行动，为深入实施创新驱动发展战略、奋力向世界科技强国目标迈进贡献智慧和力量。

一、短板攻坚争先突破

瞄准国家重大科技战略需求，围绕供给侧结构性改革，聚焦自主创新能力不强、高端技术供给不足这一短板，全力攻克产业转型升级和保障国家安全的关键技术瓶颈，破解创新发展科技难题，掌握核心技术的自主知识产权，推动我国产业和产品不断向全球价值链中高端跃升。积极投身科技体制改革，攻克束缚创新的顽瘴痼疾，促进创新环境的不断优化，让创新成为发展基点，不断拓展发展新空间，创造发展新机遇，打造发展新引擎。

二、前沿探索争相领跑

抓住新一轮世界科技革命蓄势待发的机遇，瞄准国际科学前沿，立足国情实际，以时不我待、只争朝夕的劲头，坚定敢为天下先的志向，自由畅想，大胆假设，认真求证，力戒浮躁，执着追求，在独创独有上下功夫，挑战前沿科学问题，在重大科学问题上取得一批原创性突破，掌握一批重大颠覆性技术创新成果，力争在重要科技领域实现跨越发展，跻身世界先进行列，实现我国科技创新从跟跑向并行、领跑的战略性转变，成为世界主要科学中心和创新高地。

三、转化创业争当先锋

瞄准经济和产业发展亟须解决的科技问题，围绕促进转方式调结构、建设现代产业体系、培育战略性新兴产业、发展现代服务业等方面需求，破除观念、体制和政策障碍，积极推进科技成果转移转化，打通从实验室到生产应用和产业化的“最后一公里”，把知识变成财富，依靠科技创新为经济发展注入新动力、引领新常态。积极投身创业创新，以科技创新引领支撑大众创业、万众创新，当好生力军，传好接力棒，引导和支持企业加快发展研发力量，加快培育创新型中小企业，拓宽从科技强到产业强、经济强、国家强的通道，形成推动科技创新的强大合力。

四、普及服务争做贡献

自觉把人民的需求和呼唤当作科技进步和创新的时代声音，以提高全民科学素质为己任，当好科技知识和科学思想的传播者、科学精神的弘扬者和科学方法的倡导者，走进人民群众，运用互联网等现代信息手段，把科技送到千家万户，使科技文明普惠共享。深入农村企业开展科技服务活动，积极参与科技扶贫、科技支边，为农牧民依靠科技脱贫致富提供支撑，为企业转型升级注入科技动力，为人民共享科技进步成果贡献智慧和力量，把论文写在祖国的大地上，把科技成果应用在实现现代化的伟大事业中。

全国广大科技工作者立即行动起来，担当创新驱动发展重任，释放创新智慧能量，燃烧创造发明激情，汇成创新创业热潮，形成万马奔腾、竞相创新的大好局面，实现科技事业发展繁荣昌盛，为建成创新型国家、迈向世界科技强国拼搏建功！

中国科学技术协会第九次全国代表大会代表名单

全国学会第一代表团（36人）
袁亚湘　武向平　陈利顶　王发洲　王成树
王诗宬　王建中　王跃飞　付小兵　朱立新
刘运全　孙茂松　李青文　李德生　李儒新
杨志明　张正峰　张百平　张晓玲（女）
陈大岳　武　强　欧阳竹　郑宪忠　孟庆金
郝卫东　胡彩萍（女）胡瑞忠　林　生
秦礼萍（女）徐永模　徐兴永　高瑞平（女）
康克军　蒋兴伟　韩惠丽（女）蒲嘉陵

全国学会第二代表团（39人）
詹文龙　王会军　池　宏　干　勇　王小云（女）
王小民　王向东　王利兵　王恩哥　方　忠
他得安（土家族）刘　毅　刘军萍（女）
孙　超（女）孙秀冬（女）严纯华
李　建　李小军　李化元　杨　毅（女）
吴　岚（女）何大明　余　刚　张己芹（女）
张会平　张志强　张忠占　张知彬
金红光（朝鲜族）孟智勇（女）胡　楠（女）
胡旭东　侯雪松　秦大河　龚旗煌　彭震中
韩满璇　缪小林　潘世烈

全国学会第三代表团（36人）
姚建年　吴　季　汪寿阳　万卫星　王　训
王玲华（女）方　方　成升魁　乔　晗（女）
乔忠梅（女）刘正平　汤亚南（女）
孙　松　苏晓东　李　森（满族）杨　卫
杨国强　杨继平　何满潮　陈祥宝　陈常青
范青华　尚　勇　周晋峰　郑素萍（女）
赵洪顺　胡国庆　姜鲁光　姚檀栋　贺　永
高　松　高　翅　郭日生　郭华东　蒋尚达
傅小兰（女）

全国学会第四代表团（39人）
许宁生　金东寒　杨　慧（女）王　婷（女）
王　群　王一然　王少萍（女）云晓春
田　煜　刘站国　刘海峰　刘检华　孙丽丽（女）
孙韶辉　纪正昆　李　洪　李静海　杨海成
吴伟仁　宋　军　张红文　张秀春　张彦敏
陈运法　陈维江　易　光　周守为　周抚生
郑惠强　袁家军　徐跃明　高德利　唐　宏
曹淑敏（女）龚　克　鲁宗相　温向明
谢明亮　阚　津

全国学会第五代表团（42人）
孙家广　杨庆新　朱文一　于小虎　马福海
王飞跃　王新蕊（女）毛大庆　公维洁（女）
卢春房　冯长根　朱克非（女）朱学晨
朱拴成　朱美芳（女）朱蓓薇（女）
向友权　刘　波　刘　峰　孙长银　孙宝国
李元元　李晓刚　李德毅　邴树奎　何华武
张　楠（女）张　霖　张玉卓　张加涛
张进华　陈　芳（女）陈　颖（女）
周微微（女）孟　红（女）赵　罡

赵红梅（女） 赵沁平 徐 文 曹振雷
韩家新 裴相精

全国学会第六代表团（33 人）
尤 政 张广军 徐晓兰（女） 方宪法
尹耐冬（女） 艾邦成 石宝林 付丽霞（女）
刘 玠 刘文杰 孙振川 严宏强 李红锁
李红霞（女） 李建钢 杨元一 吴春颖（女）
吴曼青 孙正河 张 莉（女） 张立峰
张建红（女） 赵 沛 胡承淼 秦继荣
晏志勇 唐志共 梅 宏 梁 靓 董奎勇
焦玉华（女） 雷定演 戴厚良

全国学会第七代表团（37 人）
包为民 朱 明 黄 如（女，回族）
于琪洋 王丽军（女） 王应宽 王禹民
王蕴红（女） 公茂琼 叶 聪 白 泉
向 河（女） 苏义脑 杜子德 李朝晖（女）
杨士强 吴 松 吴姗姗（女） 宋代勇
宋延林 张洪国 陈 晖（女） 林宪东
房 芳（女） 孟庆国 胡 孟 胡 鹏
胡四一 段海滨 贾明星 崔 鹏 屠海令
韩银和 蒲长城 雷增光 窦希萍（女，满族）
谭铁牛

全国学会第八代表团（35 人）
张桃林 万建民 孟 平（满族） 王 飞
王 韧 王 堃 王思明 邓秀新 叶乃好
田淑芬（女） 白由路 刘守新（蒙古族）
江用文 许世卫 麦康森 杜永臣 李尚兰
李彦捷 邹瑞苍（女） 沈仁芳 张显良
张海林 张德权 张德强 陆宴辉 陈万权
陈幸良 周雪松 胡义萍 胡章翠（女）
侯云鹏 崔 鹏 彭友良 葛体达 鲁 成

全国学会第九代表团（37 人）
郝希山 俞光岩 苏 志 王 岚（女）
王发强 王建业 王慧梅（女） 龙 江
朱建华 刘乃丰 刘芝华（女） 刘德培
李 丽（女） 李 黎 李一石（女）
李宗浩 吴文铭 吴明江 吴欣娟（女）
宋天强 张幼怡（女） 张抒扬（女）
张澍田（回族） 陈晓军（女，满族） 金大鹏
孟 昕（女） 赵文华（女）
赵玉沛 柯 杨（女） 饶克勤 姜保国
顾法明 殷 菊（女） 黄叶莉（女）
彭丽华（女） 曾益新 雷 平

全国学会第十代表团（34 人）
黄璐琦 马 辛（女，回族） 张永祥
丁丽霞（女） 马 骏 王 凯 王 婷（女）
王拥军 王国强 方国恩 冯 琴（女）
西英俊 成诗明（女） 朱志国 刘保延
刘慧荣（女） 孙东晓（女） 苏 帆
吴以岭 宋维平 张 兰（女） 张 良
张 霞（女） 张国成 陈香美（女）
周平坤 郝海平 夏 庆 殷佩浩 高 月（女）
黄路生 韩 芳 翟恒利 潘建伟

全国学会第十一代表团（32 人）
周忠和 殷 皓 李海龙 马秀山 王永民
王建华 王荄祥 方 新（女） 邓小军
石 勇（苗族） 石 楠 任胜利 刘通海
孙小淳 李 平 李晓亮 杨春光 吴启迪（女）
张 帆 张 勤 张亚雷 陈伟明 宗宝泉
姜文波 真才基 顾朝林 徐文珍（女）
高凤林 梁 勇 韩永进 穆荣平（回族）
戴国强（蒙古族）

全国学会第十二代表团（41 人）
饶子和 秦 川（女） 黄 和 丁小燕（女）
万 钢 马树恒 马原野（回族） 王 旭（女）
王 韵（女） 王奇慧（女） 王海滨
东秀珠（女） 田志刚 吕 植（女）
刘小龙 李 林 杨 瑾（女） 杨月欣（女）
吴 晨（女） 吴孔明 何祖华 沈 岩
张纪岩（女） 张绍祥 武维华 周 琪
周钢桥 郑海荣（回族） 孟安明 段树民
施一公 顾红雅（女） 徐 涛 高 福
曹雪涛 戚益军 康 乐 阎锡蕴（女）
韩军花（女） 谢 植 薛勇彪

北京市科协代表团（46 人）
顾秉林 马 林 李金涛（回族） 于德明

马云飞（女） 马玉国 王小艺 王小兰（女）
王丹玉（女） 王立峰 王华庆 王秋生
方维海 邓中翰 田宝朋 毕天姝（女）
朱希铎 伍险峰 刘 伟 刘亚军 刘清珺
孙 杰（女） 孙 鹏 李 斌 李云飞
李云伏 杨绍磊 吴海鹰（女，回族）
何素兴（女） 张 琦 张力立 张宏家
张艳珍（女） 陈立平（女） 金文岭
周 辉 房建成 聂建国 夏 强
爱 伦（女，蒙古族） 高 峰（蒙古族）
郭维胜 董银卯 韩永贵 焦 阳 戴卫红（女）

天津市科协代表团（27 人）
姚建军 周其林 陈志华 马 蕙（女）
王 敏（女） 王东江 尹耀光 叶正良
刘 涛 刘光明 刘晓明（女） 齐志红（女）
孙卫军 张勉之 邵云华（女） 周 军
周春林 赵 晨（女） 赵维民 贾 堤
高元鸿 高秀梅（女） 高金权（满族）
高学虎 高建忠 黄厚祥 魏民新

河北省科协代表团（26 人）
段惠军 李宗民 杨金深 王贵英（女）
王保国 王淑芳（女） 王智森 卢怀玉
卢朝晖 刘金铜 关跃刚 杜凤山 杨 华（女）
杨绍普 张红亮 张怀明 张德强 陈 哲（女）
陈健敏 范海明 封心青 郭 毅 黄云祥
崔海霞（女） 梁希才（满族） 蔡淑红（女）

山西省科协代表团（23 人）
杨伟民 王德贵 方敬爱（女，朝鲜族）
于 斌 卫三平 马三强 师晋恺 李桂玲（女）
张元存 张元庆（女） 张宏伟 张俊林
武忠民 金智新（满族） 周 然 房瑞标
郝建新 郝振海 郝慧琴（女） 党美芳（女）
陶 胜 韩长青 谢克昌

内蒙古自治区科协代表团（21 人）
牛广明 马 强 包海梅（女，蒙古族）
于 健（蒙古族）乌 兰（女，蒙古族）
艾保民 白 颖（女，蒙古族） 任 宇（蒙古族）
任海东 齐 飞（女） 孙俊民 李开元
李国婧（女） 李春萍（女）
杨 劼（女，蒙古族） 辛满喜（蒙古族）
张 钧 张志慧 陈苏依勒（蒙古族）
凌 云（女，鄂伦春族） 郭晋龙

辽宁省科协代表团（35 人）
康 捷（女，满族） 赵 继 张国徽 王 博
王 巍 王天然 王文选（满族） 王洪新
巨海燕（女） 史玉学 任 甫 刘 哲（女）
刘振天 汲 涌（满族） 孙 云 孙保国 孙富余
李 宁（女，满族） 李 杰
李玉善（女，朝鲜族） 邹天来 宋永臣 张 阳
张丽华（女） 张敬伟 钟红珊（女）
宫秀英（女） 聂晓玲（女） 夏 明
倪 左（满族） 徐兆东 徐洪斌 高大彬 曹新全
龚 鹏

吉林省科协代表团（27 人）
冯守华 曹 军 于化东 于吉红（女） 王守东
王春凤（女） 冯 江 吕爱辉（女） 刘长青
安立佳 孙成军 严干贵 李 冰（女） 吴兴宏
冷春生 宋柏林 张明耀 张海波（女） 陈 岗
赵 茜（女） 赵志魁 赵宏伟 俞龙男（朝鲜族）
梁荣罡 琴 钢（朝鲜族）廖 红（女） 戴 昕

黑龙江省科协代表团（29 人）
马淑洁（女） 毕卫星 韩 枫 王 辉
王凯甲 卢春莲（女） 田有奎
白 卉（女，蒙古族） 兰 岚（女）
朱永信 乔 钢 任福君 刘 扬 刘金成
许 万（朝鲜族）孙建华 孙柏涛 李翠霞（女）
宋 艳（女） 张开宇 张道野 张福元
范玉宝 周 玉 孟庆刚 胥 军 戚大雷
董淑娟（女） 蔺绍勇

上海市科协代表团（48 人）
杨建荣 李虹鸣（女） 李志卫 马平春
王 斌 王 曦 王敏慧（女，回族）卞黎霞（女）
代守仑 宁 伟（壮族） 毕湘利 吕亚范（女）
刘晓华 闫文娟（女） 江世亮 汤芷萍（女）
孙立军 苏异钢 李 胜 李 斌 李健民
杨 蕾（女） 杨小康 杨玉良 吴 跃

吴蓓丽（女） 张　弘　张　杰　张　炜（女）
张　浪　张培璋　陈凯先　陈海波　陈赛娟（女）
荆　勇　徐　鉴　徐玉芳（女） 徐学敏（女）
徐建光　曹振全　彭丽瑾（女） 蒋欣泉　蒋浩民
韩启德　鲁耀华　曾　骥　潘　祺（女） 魏东芝

江苏省科协代表团（34 人）
陈　骏　陈惠娟（女） 沈家聪　王友根　王华平
尤肖虎　田　明　朱　玲（女） 朱　焱　任晋生
刘　畅　许东方（女） 孙岳明　纪顺俊　严　伟
李顺英（女） 杨　辉（回族） 吴体恩　沈　立
宋　平　张运林　张宜英（女） 陈永平
郁霞秋（女） 易中懿　金　磊（女） 徐瀚文
黄　敏　黄　维　葛江宏　程　纯
谢旅荣（女，壮族） 潘丙才　薛　谊

浙江省科协代表团（29 人）
姚　克　郑金平　陆　锦　叶　剑
田欣幸（女，苗族） 许轶洲（女）
孙小晓（女） 杜时贵　李轩渠　李青绵（女）
李秦川　杨志达　杨林江　何少华　忻　皓　陈荣昌
陈剑平　金　坚　郑健波　赵国秋　胡海岚（女）
柳　堤　俞小莉（女） 俞元洪　袁辉尧
黄玲琳（女） 蒋焕煜　韩喜球（女） 楼余产

安徽省科协代表团（27 人）
赵　韩　王　洵　李　琳　王英俭　王道伦　王群京
宁中伟（女） 司　敏（女） 朱求胜　伍　军
刘正红（女） 刘庆峰　李　莉（女）
李　群（女，回族） 李志菊（女） 吴志辉
吴满霞（女） 谷　强　怀　凯　陈明义　陈学东
范守斌　郑　念　姚美蓉（女） 郭　静（女）
傅文发　戴茂方

福建省科协代表团（27 人）
郑兰荪　杨江帆　陈永宝　王美玲（女） 尤典真
付贤智　兰思仁（畲族） 李　晔　李步洪
肖惠敏（女） 吴联派　何仲全　张铭华　陈文哲
陈进周　陈祺星　陈锦章　林达群　林国强　郑南峰
施　庆　倪　莉（女） 徐爱聪（女，回族）
翁伯琦　郭荔花（女，回族） 谢华安　蔡啸杰

江西省科协代表团（23 人）
李华栋　罗　莹　王小中　王小华　王延祜
兰亚青（女，畲族） 刘贵生　杨济海
吴　青（女） 何桂春（女） 邹玉萍（女）
宋财华　欧阳贵明　欧阳婷（女） 周继强
赵和明　俞文生　洪　蕾（女） 徐雅英（女）
殷建敏　涂国卿　黄晓凤（女） 曹玲玲（女）

山东省科协代表团（38 人）
唐启升　王春秋　纪洪波　于心玉　于金明
王　涛（女） 王麦壮　王进展　王志亮
尹　花（女） 史本康　包振民　宁允展
成　巍（回族） 仲崇岳　许振超　李士新　李卫民
李宏岚（女） 吴明花（女） 辛华龙　汪传生
张　建　张志斌　张秀峰（女） 陈　华　陈培敦
孟现壮　赵作军　赵国群　赵敏静（女） 胡　辛
胡云霞（女） 徐　欣（女，回族） 徐　锐
黄金国　雷卫国　路盛芝

河南省科协代表团（31 人）
曹　奎　霍金花（女） 李孟周　王爱莲（女）
王雪莉（女，回族） 刘　峰　刘广芝（女）
刘炯天　刘海虹（女） 祁　征　李　林（女）
李　贵　吴予红（女） 张　元　张　涛　张东晓
张改平　张治军　张建国　张善伟　张新友　陈广文
赵　辉（女，满族） 郝立运　郝利军　胡四全
娄　琳（女） 殷贵鸿　高文生　彭　岩　雷廷宙

湖北省科协代表团（35 人）
樊明武　夏　航　桑建平　王延轶（女） 王应军
王焰新　毛新平　邓　敏（女） 石召华　乔拥军
严建兵　苏　轩（女） 李　平　李　霆　李平湘
杨　芳（女） 杨吉平（女，苗族） 杨宗凯
但蓓蓓（女） 佟书华（女） 张友兵　张志成
张群利（女） 郑　建　胡　新（土家族）柳会祥
姚　敏（女） 骆清铭　秦顺全　袁运斌　徐新平
涂军明　蒋再秋　程繁杨　熊友辉

湖南省科协代表团（28人）

黄伯云　刘小明　李范坤　王　清（土家族）王先有
王金斌　田红旗（女）　邬国凡　刘中华　李　华
肖和元　易小刚　罗序英（女）　周后德　周贤斌
郑健龙　赵小燕（女）　柏连阳　段美娟（女）
秦裕辉　唐小兰（女）　彭　立　彭万喜　葛建中
蒋晓云（女）　廖纯力　谭蔚泓　熊玉琼（女）

广东省科协代表团（36人）

何　真　罗　俊　陈　义　王迎军（女）　王春法
卢　钻（女）　朱华平　刘若鹏　刘奕志　阳成伟
劳长石　李才圣　李文峰　李汉明　吴素香（女）
邱显扬　邹采荣　张　莉（女）　张　毅（壮族）
张玉成（蒙古族）陈　勇　陈　爽（女）　陈　新
陈海佳　罗金星　郑辉印　孟建民　洪建芬（女）
郭　姣（女）　海春生　黄少兰（女）　黄达人
黄振瑞　蒋宇扬　蔡　康　廖　明

广西壮族自治区科协代表团（19人）

郑皆连　叶宗波　张佩娟（女）　王　洲（仫佬族）
王双飞　叶长洲　白先进（回族）　刘思妤（女）
李丽和　杨胜锋　吴舒沁（女）　邱勇娟（女）
陈保善（壮族）　陈振锋　林铁坚　郑　立（女）
高程海　覃山羽（女，壮族）　覃明文（壮族）

海南省科协代表团（15人）

康耀红　胡月明　蔡　敏　史海涛　吕传柱
刘丽琼（女）　李海凤（女，瑶族）　张　丽（女）
张治礼　周　鹏　赵牧秋（女，满族）　耿　静（女）
郭红星　曹　阳　曹　瑜

重庆市科协代表团（22人）

王合清　李儒冠　李攀富（女）　王启贵　王国华
王建国　王艳晖（女）　冉业凡（土家族）刘敢新
许洪斌　杨春江　杨培增　杨新民　陈秀强　罗凌飞
荆　秋（女）　胡国辉　唐　乐　唐　霓（女）
黄　迪　蒋兴良　程东红（女）

四川省科协代表团（39人）

谢和平　吴群刚　蔡晓军　王　印　王　健　王代文
王志刚　王建录　毛国慧（女）　文云英（女，苗族）
邓　话　朱　玲（女）　任兴江（土家族）刘仓理
闫　筑　牟文平　李　伟　李　华　李天利（女）
杨　凡（女）　杨　森　张　平　张蓉（女，羌族）
陈云彬　陈海燕（女）　罗振远（藏族）　骆建国
徐延豪　黄　寰　黄竞跃　曹家福　康建平　韩　东
喻淑蓉（女）　谢丽娜（女）　谭志昕　谭祖全
薛　凯　戴元龙

贵州省科协代表团（17人）

张美圣（侗族）　宋宝安　李素英（女，彝族）
王培莉（女，布依族）　卢　瑶（女）
冯才伟（壮族）　刘元贵　李　胜（侗族）
李清超　杨　智（侗族）　吴　强
张　胤（女，彝族）陈晓灵　赵震海　常　芮（女）
谭　红（女）　熊文峰（土家族）

云南省科协代表团（20人）

朱有勇　张泽军（纳西族）陈　方（女）
于　虹（女）　于　黎（女）　刘光华
李玉梅（女，纳西族）　李正有（彝族）
宋有兴　张　超　张　颢（女，纳西族）　张永林
罗　晖（女，白族）　罗世明　和文武（纳西族）
查建伟（彝族）　涂洁磊（女，哈尼族）　赖　仞
雷振涛　蔡俊丰

西藏自治区科协代表团（12人）

李秀珍（女）　巴　琼（藏族）　王敬龙
扎　桑（女，藏族）　巴桑次仁（藏族）
尼玛扎西（藏族）　尼玛次仁（藏族）
次　央（女，藏族）　肖长伟　图登克珠（藏族）
赵　辉　德吉秧宗（女，藏族）

陕西省科协代表团（33人）

蒋庄德　呼　燕（女）　亚斌建　王　荃　石光明
吕　剑　吕　萌（女）　刘　云　刘　峰（回族）
孙　鹏（满族）　李　赟（女）　杨祖培（女）
杨静涛（女）　时　炜　邱学军　何文欣　沙爱民
张开富　张元卿　张战利　郑南宁　郑晓静（女）
赵　燕（女）　赵永涛　赵德怀　高　岭　唐宏波
阎彩芹（女）　扈广法　彭　宁（女）　董念文
解文涛　薛占山

甘肃省科协代表团（23人）

杨新科　陈发虎　陈炳东　王文东　成永军
祁文明（东乡族）牟丽明（女）李　毅
杨志强　杨举民　肖金珍　吴永斌　张新华（女）
陈　敏（女）周　峰　党梓文（女）侯兆乾
倪　宏　崔增团　雷思维　鲜静林　潘艳芝（女）
魏向华

青海省科协代表团（16人）

石昆明（藏族）　钟惠琴（女）韩长青
马艳艳（女）王建民　王建锋　王晓英（女）
孙雪青（女）杨予海　肖　麓（女）
宋　萍（女）张文山　罗仙平　周　园
赵生秀（女）黄延寿（土族）

宁夏回族自治区科协代表团（15人）

刘平和　李　星　张　芳（女，满族）丁建宝
马良宏（回族）　田军仓　刘　轶　刘天锡
李　健（女）姚　敏　徐　方（女）
曹晓虹（女）梁明道　鲁　玮（回族）　蔡进军

新疆维吾尔自治区科协代表团（含兵团科协　22人）

李春阳　王红德　张元明　王　娜（女）
王　晖（女）邓铭江　甘尚权　吉　祥
刘　浪（女）束　为　宋晓玲（女）　张旺锋
阿吉艾克拜尔·艾萨（维吾尔族）　陈　彤　陈新发
郑文新　波拉提·马卡比力（哈萨克族）
哈木拉提·吾甫尔（维吾尔族）贾殿赠
塔西甫拉提·特依拜（维吾尔族）彭　延　温　浩

解放军代表团（21人）

马伟明　周建平　樊邦奎　王永良　卢锡城
向　巧（女，苗族）李东旭（女）李海涛
张金成　陈　薇（女）陈左宁（女）陈志南
郑　辉　项昌乐　胡立群　查柏林
洪延姬（女，朝鲜族）曹国侯　崔翛龙　梁秀兵
熊　伟

企业代表团（18人）

官　庆　才　让（藏族）　刘　辉　马丽群（女）
李　军（女）李正茂　李冬萍（女）杨金成
吴礼军　张　栋　张继军　陈国瑛　岳清瑞　郝小明
姚　燕（女）黄　莹（女）梁建英（女）
谢在库

中国科学技术协会第九次全国代表大会主席团组成人员名单

（共158名，按姓氏笔画排序）

干　勇　干福熹　万　钢　马　林　马伟明
马淑洁（女）　王　曦　王小兰（女）　王延祜
王合清　王连铮　王诗宬　王春法　王恩哥　尤　政
牛广明　邓中翰　邓秀新　邓　楠（女）　左铁镛
石昆明（藏族）　卢怀玉　卢锡城　白春礼（满族）
包为民　冯长根　冯守华　宁允展　尼玛扎西（藏族）
吕　植（女）　朱有勇　朱高峰　朱蓓薇（女）
伍业钢　向　巧（女，苗族）　刘　玠　刘仓理
刘平和　刘庆峰　刘若鹏　刘　恕（女）　齐　让
许宁生　许振超　孙大涌　孙家广　苏纪兰　杜祥琬
李　华　李　洪　李元元　李华栋　李秀珍（女）
李依依（女）　李春阳　李静海　杨　卫　杨　乐
杨玉良　杨伟民　杨　劼（女，蒙古族）　杨金成
杨建荣　杨新科　杨福家　束　为　吴　跃　吴孔明
吴伟仁　吴明江　吴海鹰（女，回族）　吴曼青
何　真　何　康　何华武　沈　岩　宋　军　张　杰
张　勤　张开逊　张玉台　张玉卓　张美圣（侗族）
张桃林　陈　勇　陈　骏　陈可冀　陈左宁（女）
陈佳洱　陈维江　陈赛娟（女）　武向平　欧阳竹
尚　勇　国　林　易小刚　周守为　周忠和　周建平
郑兰荪　郑南宁　郑皆连　郑晓静（女）　官　庆
孟　红（女）　项昌乐　赵　韩　赵玉沛　赵沁平
赵忠贤　郝希山　哈木拉提·吾甫尔（维吾尔族）
段惠军　饶子和　施一公　姚　克　姚建年　姚建军
秦大河　袁亚湘　袁家军　夏　强　顾秉林
钱　易（女）　徐延豪　徐晓兰（女）　徐善衍
栾恩杰（满族）　高　松　高　福　高润霖　郭桂蓉
唐启升　黄　维　黄伯云　黄璐琦　曹　奎　曹振全
曹淑敏（女）　龚　克　龚旗煌　符淙斌
康　捷（女，满族）康耀红　屠海令
塔西甫拉提·特依拜（维吾尔族）　蒋庄德　韩启德
韩喜球（女）　程东红（女）　曾益新　谢克昌
谢和平　雷增光　詹文龙　管华诗　樊明武　潘建伟

中国科学技术协会第九次全国代表大会
常务主席团组成人员名单

（共 61 名，按姓氏笔画排序）

万　钢　马伟明　马淑洁（女）王　曦　尤　政
牛广明　邓中翰　邓秀新　卢锡城　包为民　冯长根
冯守华　朱有勇　刘　玠　许宁生　孙家广　李　华
李　洪　李华栋　李静海　何华武　沈　岩　张　勤
张桃林　陈　骏　陈左宁（女）陈赛娟（女）
尚　勇　周守为　周忠和　郑兰荪　郑皆连
郑晓静（女）官　庆　赵　韩　赵玉沛　赵沁平
郝希山　段惠军　饶子和　施一公　姚　克　姚建年
秦大河　袁亚湘　袁家军　顾秉林　徐延豪　高　松
唐启升　黄伯云　黄璐琦　康耀红　蒋庄德　韩启德
程东红（女）谢克昌　谢和平　詹文龙　樊明武
潘建伟

中国科学技术协会第九次全国代表大会
秘书长、副秘书长名单

秘 书 长：尚　勇

副秘书长：张　勤　徐延豪　王春法　吴海鹰（女，回族）束　为　项昌乐　王延祜　宋　军

中国科学技术协会第九届全国委员会主席、副主席、常务委员、委员名单

一、中国科学技术协会第九届全国委员会主席

万　钢

二、中国科学技术协会第九届全国委员会副主席

（共18人，按姓氏笔画排序）

马伟明　王　曦　邓秀新　李　华　李　洪　李静海　何华武　沈　岩　陈左宁（女）　尚　勇　周守为　郑晓静（女）　赵玉沛　施一公　袁亚湘　徐延豪　高　松　潘建伟

三、中国科学技术协会第九届全国委员会常务委员会委员

（共54人，按姓氏笔画排序）

万　钢　马　林　马伟明　王　曦　王春法　邓秀新　卢怀玉　宁允展　尼玛扎西（藏族）　朱蓓薇（女）　向　巧（女，苗族）　刘庆峰　刘若鹏　李　华　李　洪　李元元　李静海　杨金成　束　为　吴孔明　吴伟仁　吴海鹰（女，回族）　吴曼青　何华武　沈　岩　张　杰　陈　勇　陈左宁（女）　陈维江　武向平　欧阳竹　尚　勇　周守为　郑晓静（女）　孟　红（女）　项昌乐　赵玉沛　施一公　姚建年　袁亚湘　徐延豪　徐晓兰（女）　高　松　高　福　黄　维　黄璐琦　曹淑敏（女）　龚旗煌　塔西甫拉提·特依拜（维吾尔族）　韩喜球（女）　曾益新　谢和平　雷增光　潘建伟

四、中国科学技术协会第九届全国委员会委员名单

（共383名，按姓氏笔画排序）

丁小燕（女）　丁丽霞（女）　于　黎（女）　于小虎　于琪洋　才　让（藏族）　万　钢　万卫星　万建民　马　辛（女，回族）　马　林　马　骏　马　强　马　蕙（女）　马伟明　马秀山　马福海　王　荃　王　洵　王　涛（女）　王　堃　王　博　王　婷（女）　王　韵（女）　王　群　王　曦　王一然　王小民　王飞跃　王天然　王永民　王发强　王成树　王延轶（女）　王延祜　王向东　王会军　王合清　王守东　王红德　王进展　王利兵　王奇慧（女）　王国强　王建中　王建华　王建录　王春法　王春秋　王荄祥　王禹民　王艳晖（女）　王淑芳（女）　王蕴红（女）　尤　政　毛大庆　卞黎霞（女）　方　忠　方国恩　方宪法　尹　花（女）　尹耐冬（女）　邓小军　邓秀新　石　勇（苗族）　石　楠　石昆明（藏族）　东秀珠（女）　卢伟国　卢怀玉　卢春房　叶乃好　叶宗波　田　明　田志刚　白由路　包为民　冯守华　宁允展　尼玛扎西（藏族）尼玛次仁（藏族）成升魁　成永军　成诗明（女）　毕卫星　吕爱辉（女）　朱　明　朱文一　朱立新　朱有勇　朱蓓薇（女）　伍业钢　任胜利　任福君　向　巧（女，苗族）　向友权　刘　峰（中国煤炭工业协会）　刘　峰（西北工业大学，回族）　刘　浪（女）　刘　辉　刘　毅　刘小明　刘广芝（女）　刘文杰　刘平和　刘庆峰　刘军萍（女）　刘若鹏　刘金铜

刘保延　刘炯天　刘通海　江用文　汲　涌（满族）
池　宏　许宁生　孙　松　孙小淳　孙茂松　孙宝国
牟丽明（女）　纪正昆　麦康森　严宏强　严纯华
严晋跃　苏义脑　苏晓东　杜永臣　杜时贵　李　平
李　华　李　林　李　洪　李　斌　李　黎
李　赞（女）　李一石（女）　李小军　李元元
李化元　李正茂　李红霞（女）　李志菊（女）
李秀珍（女）　李青文　李尚兰　李国婧（女）
李宗民　李宗浩　李建钢　李春阳　李彦捷　李晓刚
李晓亮　李静海　李德毅　李儒新　杨　凡（女）
杨士强　杨月欣（女）　杨伟民　杨庆新　杨江帆
杨国强　杨金成　杨建荣　杨海成　杨继平　杨新科
束　为　邴树奎　吴　松　吴　季　吴　晨（女）
吴孔明　吴以岭　吴伟仁　吴启迪（女）
吴海鹰（女，回族）　吴曼青　吴群刚　何　真
何华武　何祖华　何桂春（女）　何满潮
邹瑞苍（女）　汪寿阳　沈　立　沈　岩　沈仁芳
宋　军　宋　艳（女）　宋延林　宋宝安　张　良
张　杰　张　建　张　胤（女，彝族）
张　霖　张力立　张广军　张永祥　张幼怡（女）
张百平　张进华　张国成　张忠占　张泽军（纳西族）
张绍祥　张显良　张彦敏　张美圣（侗族）　张洪国
张晓玲（女）　阿吉艾克拜尔·艾萨（维吾尔族）
陈　勇　陈　骏　陈　颖（女）　陈　薇（女）
陈万权　陈左宁（女）　陈立平（女）　陈伟明
陈利顶　陈幸良　陈凯先　陈香美（女）
陈保善（壮族）　陈海佳　陈祥宝　陈常青　陈维江
武　强　武向平　武维华　范青华　林宪东　欧阳竹
尚　勇　易小刚　呼　燕（女）　罗　莹
罗　晖（女，白族）　罗凌飞　金东寒
金红光（朝鲜族）　金智新（满族）　周　玉
周　园　周　琪　周　辉　周平坤　周守为　周抚生
周其林　周忠和　郑兰荪　郑金平　郑南峰
郑晓静（女）　郑惠强　宗宝泉　官　庆　房建成
孟　红（女）　孟庆国　孟庆金　孟安明　孟现壮
项昌乐　赵　沛　赵　罡　赵文华（女）　赵玉沛
赵牧秋（女，满族）　赵洪顺　郝卫东　郝希山
郝慧琴（女）　荆　勇　胡　鹏　胡月明　胡四一
胡旭东　胡承淼　胡海岚（女）　胡章翠（女）
胡瑞忠　段树民　段美娟（女）　侯雪松　俞光岩
饶克勤　施一公　姜文波　姜保国　姚建年　姚建军
姚檀栋　贺　永　秦　川（女）　秦礼萍（女）
秦顺全　秦继荣　袁亚湘　袁运斌　聂晓玲（女）
贾明星　夏　航　顾朝林　晏志勇　倪　莉（女）
徐　文　徐　涛　徐文珍（女）　徐永模　徐延豪
徐晓兰（女）　殷　皓　殷建敏　高　松　高　翅
高　福　高凤林　高瑞平（女）　郭　姣（女）
郭日生　郭晋龙　唐志共　黄　如（女，回族）
黄　维　黄叶莉（女）　黄路生　黄璐琦　梅　宏
曹　奎　曹振雷　曹雪涛　曹淑敏（女）　龚旗煌
崔　鹏（清华大学）　崔　鹏（中国科学院）
崔世平　崔脩龙　康　乐　康　捷（女，满族）
康克军　阎锡蕴（女）　梁　勇　梁建英（女）
塔西甫拉提·特依拜（维吾尔族）　彭友良　彭震中
蒋庄德　蒋兴伟　蒋宇扬　蒋尚达　蒋浩民　韩永进
韩家新　韩喜球（女）　覃山羽（女，壮族）
傅小兰（女）　鲁　成　鲁　玮（回族）　曾益新
温向明　谢伟铨　谢明亮　谢和平　蒲长城　蒲嘉陵
雷增光　詹文龙　谭铁牛　翟恒利　樊邦奎　潘建伟
穆荣平（回族）　戴国强（蒙古族）戴厚良

中国科学技术协会第九届常务委员会各专门委员会职责及主任名单

（一）老科技工作者专门委员会

工作职责：

1．研究制定中国科协老科技工作者工作的总体规划、工作目标并指导实施。

2．组织开展多种活动，为老科技工作者发挥专业特长、建言献策、服务社会搭建平台。

3．组织老专家参与国家和地方经济、科技与社会发展规划的编制，积极向政府部门提出决策性的建议和意见。

4．反映老科技工作者的意见、建议和要求。

5．完成常委会交办的其他任务。

主　任：沈　岩

（二）青年科技工作者专门委员会

工作职责：

1．研究制定和组织实施中国科协系统促进青年科技工作者成长成才以及青少年科学教育的工作规划和年度工作计划。

2．落实全委会、常委会有关青年工作的决定和决议。

3．围绕中国科协的中心任务，以提高未成年人的科学素质为目的，开展青少年科学教育方面的调查研究，对青少年科学教育工作的政策、现状提出意见和建议。

4．组织青年科技工作者开展学术交流、科学技术普及和为经济社会发展服务等活动。

5．联络和指导全国学会、地方科协青年工作（专门）委员会工作，以及科协系统青少年科学教育工作。

6．协助中国科协等表彰奖励优秀青年科技工作者、举荐青年科技人才。

7．协助审议需经常委会审定的、与本委员会职责相关的事项。

8．积极反映广大青年科技工作者的意见、建议和要求。

9．完成常委会交办的其他任务。

主　任：潘建伟

（三）女科技工作者专门委员会

工作职责：

1．研究制定促进女科技工作者成长与发展的工作目标、重点任务并指导实施。

2．审议中国科协开展女科技工作者工作的规划、年度工作计划。

3．组织开展国内外学术交流活动，为女科技工作者提高学术水平、展示才华、建言献策、服务社会搭建平台。

4．推广普及科学技术知识，促进女性科学素质的提高。

5．开展女科技工作者状况调查并提出相关政策建议，维护女科技工作者合法权益，反映女科技工作者的建议、意见和诉求。

6．协助中国科协等表彰、奖励、宣传、举荐女性科技人才。

7. 推动科协系统女科技工作者团体的组织建设，为加强女科技工作者队伍建设服务。

8. 完成常委会交办的其他任务。

主　任：郑晓静

（四）组织建设专门委员会

工作职责：

1. 研究制定中国科协系统组织建设工作目标、任务、计划并组织实施。

2. 审议科协系统组织管理条例、规范、制度、通则等文件。

3. 研究提出健全组织机构、建立有利于科协事业发展的组织体制、运行机制的意见。

4. 指导、协调、促进学会改革发展和学会组织建设工作，贯彻常委会关于学会工作的指示精神，推进学会工作。

5. 指导参加组织建设专题调研。

6. 审议提交常委会讨论和决定的有关科协组织建设工作的报告和建议。

7. 完成常委会交办的其他任务。

主　任：王春法

（五）科技工作者道德与权益专门委员会

工作职责：

1. 大力弘扬科学思想和科学精神，针对学术界存在的不端行为和学术研究中存在的浮躁现象，积极开展调查研究，向政府有关部门提出意见和建议。

2. 积极推动各全国学会、协会、研究会和省（区、市）科协制定科技工作者及学术交流活动道德规范和行为准则，促进科学道德与学风建设逐步规范化、制度化。

3. 维护科技工作者的合法权益，反映科技工作者的呼声和要求，提出有关建议。

4. 指导全国学会、协会、研究会和省（区、市）科协道德权益工作。

5. 督促检查全委会、常委会有关科技工作者道德与权益的决定、决议执行情况。

6. 协助审议需经常委会审定的、与本委员会职责相关的事项。

7. 完成常委会交办的其他任务。

主　任：高　松

（六）企业自主创新专门委员会

工作职责：

1. 审议提交常委会讨论和审定的有关报告和建议。

2. 指导企业群众性技术创新活动和企业科协组织建设等有关工作，组织调查研究，提出建议。

3. 向常委会提出本委员会的年度工作报告。

4. 根据工作需要成立专题组，并确定组成人员。

5. 完成常委会交办的其他任务。

主　任：何华武

（七）学术交流专门委员会

工作职责：

1. 审议学术交流工作规划和年度工作计划。

2. 指导、协调和监督有关学术交流业务工作。

3. 审议提交常委会讨论的有关学术交流工作的报告和建议等文件。

4. 审议学术交流重大研究课题，组织开展重大学术活动调查研究，并提出建议。

5. 负责对中国科协科技出版工作提出指导性和政策性意见和建议。

6. 审核科技期刊发展规划，鼓励和促进科技期刊学术交流，并对提高科技期刊学术质量等相关工作起引导和咨询作用。

7. 对科技期刊发展的重大学术问题、学术观点或存有异议的其他重要问题提出论证意见。

8. 完成常委会交办的其他任务。

主　任：李静海

（八）科学技术普及专门委员会

工作职责：

1. 贯彻落实《中华人民共和国科学技术普及法》和《全民科学素质行动计划纲要》，弘扬科学精神，普及科学知识，传播科学思想和科学方法，提高全民科学素质。

2. 审议中国科协科普工作长远规划、年度计划，推进科普工作的政策措施，从宏观上推动科普事业的发展。

3. 研究在农村开展科普工作以及面向少数民族开展科普工作急需解决的问题，提出加强和改进农村科普工作、少数民族科普工作的意见和建议。

4. 指导和监督科普部、科普团体等开展的科普工作，促进各项科普事业的发展。

5. 充分发挥科普主要社会力量作用，加强科普工作法制化和制度化建设，搭建社会化科普服务平台。

6. 加大科普资源的开发力度，促进科普阵地规划、建设和发展。

7. 督促全国学会和地方科协落实中国科协在农村以及面向少数民族开展科普工作规划、计划和安排的项目。

8. 组织听取有关科普工作的汇报，开展调查研究，提出建议。

9. 审议提交常委会讨论和决定的有关科普工作报告和建议。

10. 完成常委会交办的其他任务。

主　任：徐延豪

（九）决策咨询专门委员会

工作职责：

1. 研究制定本委员会工作规划、计划。

2. 指导科协的决策咨询工作，对科技、经济和社会发展中的重大问题进行科学论证和提出建议。

3. 引导科技工作者对科技活动进行深层次的人文思考，加强科技工作者与社会科学工作者的交流合作，促进自然科学与社会科学共同发展。

4. 加强对科技工作者的思想政治引领，引导科技工作者深入实施创新驱动发展战略，为建设创新型国家做出贡献。

5. 指导科协系统的创新文化建设工作，推动形成有利于创新的良好社会氛围。

6. 完成常委会交办的其他任务。

主　任：李　洪

（十）人才与继续教育专门委员会

工作职责：

1. 研究制定中国科协系统促进科技人才成长和人才继续教育工作规划。

2. 研究、部署科协系统人才与继续教育重点工作。

3. 审议中国科协人才与继续教育工作年度计划及总结。

4. 组织对科协系统人才与继续教育工作的考察与调研。

5. 指导开展人才与继续教育工作国际交流与合作。

6. 向中央以及相关政府部门提出人才与继续教育方面的意见建议。

7. 完成常委会交办的其他任务。

主　任：袁亚湘

（十一）国际合作与对外联络专门委员会

工作职责：

1. 研究制定中国科协国际合作与对外联络工作目标、工作思路、重点任务并指导实施。

2. 审议中国科协国际合作与对外联络重大项目的组织方案。

3. 审议中国科协国际合作与对外联络年度计划项目、年度工作总结。

4. 讨论中国科协国际合作与对外联络工作中的重大问题、热点问题、国际组织中的涉台问题。

5. 研究国际组织后备力量的建设问题。

6. 根据国际科技发展情况提出相关调研课题并指导实施。

7. 完成常委会交办的涉及中国科协对外交流合作的其他任务。

主　任：施一公

中国科学技术协会第九届书记处第一书记和书记名单

一、中国科学技术协会第九届书记处第一书记

尚　勇

二、中国科学技术协会第九届书记处书记

徐延豪　王春法　吴海鹰（女）束　为　项昌乐（挂职）

关于授予中国科学技术协会名誉主席职务的决定

（2016年6月2日中国科学技术协会九届一次全委会议通过）

为深入贯彻落实中共中央批准的《科协系统深化改革实施方案》，根据《中国科学技术协会章程》关于授予中国科协荣誉职务的规定，按照中国科学技术协会第九次全国代表大会主席团第三次会议通过的《关于授予中国科协荣誉职务的原则》，决定授予韩启德同志中国科学技术协会名誉主席职务。

关于授予中国科学技术协会荣誉委员职务的决定

（2016年6月2日中国科学技术协会九届一次全委会议通过）

为深入贯彻落实中共中央批准的《科协系统深化改革实施方案》，根据《中国科学技术协会章程》关于授予中国科协荣誉职务的规定，按照中国科学技术协会第九次全国代表大会主席团第三次会议通过的《关于授予中国科协荣誉职务的原则》，决定授予下列39名同志中国科学技术协会荣誉委员职务（按姓氏笔画排序）：

干　勇　王　兴　王　韧　王小兰（女）　王诗宬
王恩哥　方　新（女）　邓中翰　卢锡城　冯长根
吕　植（女）　刘　玠　许振超　孙家广　杨　卫
杨　劼（女，蒙古族）　杨玉良　吴　跃　吴明江
沈爱民　张　勤　张桃林　陈惠娟（女）
陈赛娟（女）　周建平　郑南宁　赵沁平
哈木拉提·吾甫尔（维吾尔族）　饶子和　秦大河
袁家军　夏　强　唐启升　黄伯云　龚　克　屠海令
程东红（女）　谢克昌　樊明武

中国科学技术协会第九次全国代表大会文件起草工作委员会、组织工作委员会、代表资格审查委员会职责及委员名单

（2016年5月29日中国科学技术协会八届全委会第八次会议通过）

文件起草工作委员会

主　任：韩启德

副主任：张桃林　王春法

委　员（按姓氏笔画排序）：

陈赛娟（女）　项昌乐　赵沁平　秦大河

秘　书：郭 哲

职　责：

一、根据中央的有关指示精神，在第九次全国代表大会筹备和召开期间，指导文件组起草、修改中国科协八届八次全委会议、中国科协第九次全国代表大会相关文件。

二、以多种形式听取对上述文件的意见。

三、提出对文件的修改意见，督促文件组进行修改。

组织工作委员会

主　任：尚　勇

副主任：张　勤　徐延豪　杨　卫

委　员（按姓氏笔画排序）：

李　洪　束　为　欧阳竹　龚　克

秘　书：王守东

职　责：

一、负责“九大”筹备和大会期间的组织工作事项。

二、对提名为九届全国委员会委员的候选人进行审核。

三、按照中央书记处的指示精神，由中组部牵头，酝酿提出全国委员会主席、副主席、常务委员候选人人选。

四、负责提出授予荣誉职务的原则及建议名单。

五、向全体代表预备会议、全国委员会会议、常务委员会会议、主席团会议和常务主席团会议汇报有关组织工作情况。

六、负责其他需组织工作委员会承办的事项。

代表资格审查委员会

主　任：卢锡城

副主任：黄伯云　吴海鹰（女，回族）

委　员（按姓氏笔画排序）：

王延祜　李静海　沈　岩　宋　军　谢和平

秘　书：解　欣

职　责：

一、按照《中国科学技术协会第九次全国代表大会代表名额分配及选举办法方案》审查选举产生的代表是否符合代表条件。

二、审查有效选举单位（中国科协所属和委托管理各全国学会、协会、研究会，各省、自治区、直辖市科协、新疆生产建设兵团科协，中国科协机关，军队系统，国资委系统，中国科协常委会有关专门委员会）选举产生的代表是否符合民主程序。

三、对不符合代表条件或不符合民主程序产生的代表，提出取消其代表资格或要求选举单位重新进行选举产生人选的意见。

四、向八届八次全委会会议作代表资格审查的报告。

科技日报评论：凝聚起向科技强国迈进的磅礴力量

科技创新的本质是人才的创新，创新的事业呼唤创新的人才。

5月30日，习近平总书记在全国科技创新大会重要讲话中强调，我国要建设世界科技强国，关键是要建设一支规模宏大、结构合理、素质优良的创新人才队伍。

纵观当今世界，科技浪潮风起云涌，蓄势待发的变革浪潮正加速推动人类社会生产力新的飞跃发展，重塑国家发展和综合国力竞争的动能和格局。在日趋激烈的国际竞争中，创新发展如逆水行舟，不进则退。新一轮科技革命和产业变革潮流恰与我国发展动力转换和经济转型升级同频共振，为我们开启了一个重要的战略窗口期，机遇难得、形势逼人。国家兴亡、匹夫有责。创新驱动发展，实现民族复兴，科技工作者重任在肩、责无旁贷。

经过长期的努力奋斗，我国科技事业快速发展，在基础科学和前沿技术、战略高技术等关系国家安全和综合国力竞争的众多领域不断取得重大突破，科技创新对经济社会发展、民生改善的支撑作用不断增强，在许多领域实现了由跟跑向并跑甚至领跑的转变，科技人力资源总量已突破8100万，科技体制改革深入推进，创新创业环境不断改善，大众创业、万众创新蓬勃发展，奠定了我们在新的历史起点上创新发展的强大基础。

党的十八大以来，以习近平同志为总书记的党中央高瞻远瞩，科学把握世界发展大势，把创新作为引领发展的第一动力，把人才资源作为支撑发展的第一资源，把科技创新摆在发展全局的核心位置，顶层设计创新驱动发展，绘就了新时期向建成创新型国家目标迈进的宏伟蓝图。这是党中央对国家发展和民族复兴的历史宣言，是赋予广大科技工作者的千钧重任！

作为党和政府联系科技工作者的桥梁纽带，中国科协在团结带领广大科技工作者投身创新驱动发展事业中有着不可替代的作用。贯彻习近平总书记在全国科技创新大会重要讲话精神，必须坚持为科技工作者服务、为创新驱动发展服务、为提高全民科学素质服务、为党和政府科学决策服务的职责定位，团结引领广大科技工作者积极进军科技创新，组织开展创新争先行动，短板攻坚争先突破，前沿探索争相领跑，转化创业争当先锋，普及服务争做贡献，释放蕴藏在广大科技工作者中的巨大红利，汇聚成转型升级的强大新动能。

处于新的历史起点，我国科技事业正迎来又一个春天。在党中央、国务院的坚强领导下，8100万科技工作者一定能够担负起支撑引领发展的第一动力和第一资源作用，汇聚起向科技强国迈进的磅礴力量，为全面建成小康社会、实现中华民族伟大复兴的中国梦做出新的更大贡献！

（刊于2016年6月1日《科技日报》）

光明日报评论：在创新驱动的时代建功立业

“在我国发展新的历史起点上，把科技创新摆在更加重要位置，吹响建设世界科技强国的号角。”在全国科技创新大会、两院院士大会、中国科协第九次全国代表大会上，习近平总书记发表重要讲话，发出了向世界科技强国进军的号召，对加速科技创新进行了重大战略部署，这是党中央对国家发展、民族复兴的历史性宣示，是广大科技工作者的行动指南。

党的十八大以来，以习近平同志为核心的党中央高度重视科技创新，把创新作为引领发展的第一动力，把科技创新摆在发展全局的核心位置。今年是“十三五”规划开局之年，在党中央的坚强领导下，全国各族人民正满怀信心地向着全面建成小康社会、建设创新型国家迈进。“三会聚首”，吹响了广大科技工作者投身世界科技强国建设的号角。

综观当今世界，科技浪潮风起云涌，变革浪潮蓄势待发，正加速推动人类社会生产力新的飞跃发展，科技创新的重大突破和加快应用正在重塑全球经济结构。在以创新发展为重要特征的当今时代，国家之间的竞争已变成以科技和人才为核心的综合国力竞争。能否积极顺应和有效驾驭这次潮流乘势而上，攸关国家兴衰未来，决定我国在未来世界新格局中的战略主动，我们必须迎头赶上。

在激烈的国际竞争中，惟创新者进，惟创新者强，惟创新者胜。广大科技工作者要全面贯彻习近平总书记系列重要讲话精神，特别是关于科技创新思想的重要论述，围绕全面建成小康社会这一中心任务，短板攻坚竞突破，全力攻克产业转型升级的核心关键技术，着力消除我国经济发展存在的“阿喀琉斯之踵”，以科技创新引领支撑供给侧结构性改革，不断推进产业发展向全球价值链中高端迈进；科技前沿竞领跑，立足当代科技前沿，树立勇攀科技高峰的雄心壮志，瞄准世界科技前沿，全面加强基础研究、高技术等原始性创新，敢于走别人没有走过的路，在攻坚克难中追求卓越；创业转化竞实效，积极投身大众创业、万众创新，推进先进成果向产业、企业转移转化；普及服务竞贡献，当好科技知识和科学精神、科学方法的传播者，为绿色发展、人民共享科技文明贡献智慧和力量。

创新是中华民族最深沉的精神禀赋。在党中央、国务院的坚强领导下，我们期待广大科技工作者，以势在必得、此战必胜的勇气，勇立科技攻关和科技产业变革的时代潮头，在创新驱动的时代洪流中，在全面建设创新型国家的伟大实践中，为国家、为人民建功立业。

（刊于 2016 年 6 月 2 日《光明日报》）

全国政协副主席、中国科协第八届全委会主席韩启德出席中国科协第九次全国代表大会

中国科协第九次全国代表大会在北京人民大会堂举行

全国政协副主席、中国科协第九届全委会主席万钢在中国科协第九次全国代表大会上致闭幕词

中国科协第九次全国代表大会闭幕会议

“中国优秀青年科技人才”入选者在中国科协第九次全国代表大会闭幕会上接受颁奖

“全国杰出科技人才”入选者在中国科协第九次全国代表大会闭幕会上接受颁奖

中国科学技术协会第九届全国委员会第一次会议

中国科学技术协会第九次全国代表大会选举产生中国科协第九届全委会委员

中国科协第九次全国代表大会分团会议

中国科协第九次全国代表大会代表

中国科学技术协会第九届常委会第一次会议

中国科协第九届书记处成员：第一书记尚勇（左三），书记徐延豪（右三）、王春法（左二）、吴海鹰（女）（右二）、束为（左一）、项昌乐（挂职）（右一）

中国科协八届常委会
第十四次会议

中国科协八届常委会
第十五次会议

中国科协八届全委会
第八次会议

中国科协学习贯彻十八届六中全会精神辅导报告会

2016 年科协系统深化改革工作电视电话会议

中国科协庆祝中国共产党成立 95 周年表彰大会

中国科协党组书记、常务副主席、书记处第一书记尚勇到广东科学中心调研

中国科协党组书记、常务副主席、书记处第一书记尚勇调研辽宁省科技馆运营情况

中国科协党组书记、常务副主席、书记处第一书记尚勇率调研组赴黑龙江省大兴安岭地区调研考察

中国科协学会党建工作会议

全民科学素质行动实施工作电视电话会议

中国科协 2016 年科普工作会

2016 年中国科协海智计划联席会议暨首届海智菁英创新峰会

2016 年中国科协海智计划基地工作会议

中国科协国际组织任职工作座谈会

中国科协清洁能源学会联合体成立大会

中国科协信息科技学会联合体成立大会

中国科协智能制造学会联合体成立大会

2016 年全国大众创业万众创新活动周——北京会场启动仪式暨中关村创新创业季开幕式

2016 年全国大众创业万众创新活动周——北京双创面对面

2016 年全国大众创业万众创新活动周——北京双创微视频展映暨宣传品颁奖典礼

2016 年全国大众创业万众创新活动周深圳主会场、北京会场以及全国各省（区、市）分会场，围绕“发展新经济、培育新动能”主题举办了内容丰富、形式多样的双创活动。

北京会场按照构建创新创业新生态、引领新经济澎湃新动能、京津冀协同创新共同体、创业文化和双创活动以及室外展示的创业服务机构等 5 个板块共展示项目 195 个。

中国科协党组书记、常务副主席、书记处第一书记尚勇会见美国物理联合会首席执行官罗伯特·布朗

中国科协党组书记、常务副主席、书记处第一书记尚勇会见施普林格·自然集团董事长斯蒂芬·冯·霍尔茨布林克

中国科协党组书记、常务副主席、书记处第一书记尚勇为中国科协-FCPAE欧洲（比利时）海智创新创业基地授牌

中国科协党组副书记、副主席、书记处书记张勤率团赴美国科学促进会（AAAS）、电气和电子工程师协会（IEEE）等机构进行工作访问和学术交流

中国科协党组副书记、副主席、书记处书记张勤会见世界工程组织联合会主席乔治·斯皮塔尼克

中国科协副主席、中国科学院院士潘建伟会见英国物理学会（IOP）首席执行官保罗·哈达克

中国科协党组成员、书记处书记吴海鹰率团访问捷克科学技术学会联合会

中国科协党组成员、书记处书记束为会见英国皇家学会会长文卡特拉曼·拉马克里希南一行

中国科协党组成员兼学会学术部部长宋军会晤国际科学、技术和医学出版商协会（STM 协会）首席执行官迈克尔·梅布

中国科协代表中国正式加入《华盛顿协议》

中国科协与美国科促会签署合作备忘录

工程教育认证国际研讨会

中国科协党组副书记、副主席、书记处书记张勤出席澳门创新经济多元化模式研讨会

中国科协党组成员、书记处书记徐延豪率中国科协高层代表团赴台湾地区进行工作访问，与台湾新竹清华大学产学合作运营总中心进行会谈

中国科协 2016 年
主要活动和重要事件

口，确定科协基层组织建设、人才举荐、学会治理体系、网上科协建设等10项重点改革任务，以关键环节突破带动科协改革整体推进。目前，领导机构和机关改革已经完成，兼职副主席轮流定期驻会制度顺利实施并取得良好效果，挂职书记处书记发挥重要作用，挂职局、处级干部全部到位，事业单位功能定位重组调整完成。学会治理结构和治理方式出现积极变化，半数以上全国学会正式提交改革方案，全国学会普遍设立实体化秘书处，21个学会已实行理事会聘任秘书长制。修订《中国科学技术协会全国学会组织通则》，实施优胜劣汰的学会动态调整机制，通报约谈14个全国学会，要求限期整改。新组建清洁能源、信息科技和智能制造学会联合体，强化协同创新平台功能。制定《地方科学技术协会主席、副主席选举结果备案规定（试行）》，加强上级科协组织对下级科协组织的指导。《方案》确定的70项改革任务中，已有21项（占30%）基本完成，23项（占32.9%）取得突破性进展，其余26项（占37.1%）全部启动。

二是上下联动系统推进改革。组织地方科协开展改革交流，以快带慢，力戒浮拖。在地方党委政府的重视与推动下，涌现出一大批有地方特色的突破性改革举措。目前，重庆、上海、江苏、青海、河北、吉林、广西、贵州、安徽9省市科协正式印发改革方案，示范带动效应明显。浙江、山东、陕西、云南、四川、江西、湖北、福建8省份科协改革方案已经审议通过，正在办理印发程序。内蒙古、河南、湖南、海南、西藏、甘肃、宁夏、新疆、黑龙江、山西、天津、新疆生产建设兵团12家科协的改革方案已正式上报当地党委或全面深化改革领导小组。其余省份也正在抓紧完善上报中。

三是学会“承能”扩大试点工作达到预期。累计68个全国学会参与常态化承接政府转移职能试点工作，21个政府部门转移委托86个（类）试点项目，涵盖40个学科领域，形成40多个核心专家库以及100余项专业工作制度、规范和标准，带动全国710多个地方学会承接转移职能或委托任务1500多项，形成学会开展公共服务的5种转接类型和4种工作模式。以成为《华盛顿协议》正式会员为契机，支持28个学会参与工程教育专业认证工作，受理专业认证点194个、进校认证160个。中国电子学会获批国家级专业技术人员继续教育基地，成为首个获得批准的科技社团。

第三，服务科技工作者不断拓展新领域

一是推动设立全国科技工作者日。习近平总书记向世界科技强国进军的号召是我国科技发展史上新的里程碑。为纪念这一重大历史事件，中国科协响应广大科技工作者强烈要求，积极推动将每年5月30日定为“全国科技工作者日”，国务院已正式批复同意。

二是积极搭建网上科协平台。改造升级中国科协门户网站，开通“今日科协”“科协改革进行时”“中国科协科技工作者之家网”“中国科协党风廉政建设”“代表之家”等网站和微信公众号，畅通与科技工作者的交流渠道。启动“网上科协”建设工程，突出科技社交主题，提升网上联系、网上引导、网上动员、网上服务科技工作者的能力，努力打造科技工作者活跃的网上社区。

三是深入实施青年人才托举工程。实施新一轮项目遴选，新增206名入选者。制定项目管理办法，建立跟踪服务系统，探索适合青年科技工作者的培养评价模式，在优秀青年科技人才最需要帮助的成长阶段提供有针对性的支持服务。启动实施“高端科技创新智库青年项目”，支持高校、科研机构在读博士生和在站博士后开展科技政策及相关研究，夯实智库发展的人才基础。

四是贯彻落实深化人才发展体制机制改革的意见。积极承担中央人才工作协调小组成员单位职责，出台《中国科协贯彻落实〈关于深化人才发展体制机制改革的意见〉的实施方案》，提出27条重点任务。受中组部委托，制定国家引进海外高层次人才参考目录，得到中央有关领导同志和中组部的充分肯定；着手开展《国家中长期人才发展规划纲要（2010—2020年）》实施情况第三方评估工作。探索实施与国际接轨的背靠背奖项提名制度，成立中国科协奖项提名委员会。建立中国科协领导、机关部门联系科技工作者机制，中国科协党组领导带头联系10名以上科学家、10名以上基层科技人员。

五是成功召开中国科协年会。以“创新驱动　科技引领”为主题，聚焦“一带一路”等国家重大需求，与陕西省人民政府共同主办第十八届中国科协年会。119名院士及国家重大科技专项总师牵头，围绕学科前沿领域和陕西经济社会发展难点问题展开研讨交流；丝绸之路经济带沿线国家和地区的124家产学研机构联合签署《关于发起成立丝绸之路经济带创新设计联盟倡议书》，组建“丝绸之路创新设计研究院”；近

100 项重点科普活动的参与公众超过 15.3 万人次。

六是广泛开展学术交流活动。实施中国科协学术会议质量提升计划，培育重点学术交流活动品牌，全年共支持小型高端学术交流活动 160 余项。“新观点新学说学术沙龙”“青年科学家论坛”“中国科技期刊发展论坛”“中国湖泊论坛”“山地城镇可持续发展专家论坛”等学术活动影响力不断扩大。

七是期刊质量水平进一步提升。联合财政部等六部委实施中国科技期刊国际影响力提升计划，遴选 105 种英文科技期刊连续 3 年给予稳定支持，有效填补了我国相关领域空白。启动中国科技期刊登峰行动计划，在重点学科领域中遴选 16 种期刊进行精准扶持。深入实施精品科技期刊工程，期刊学术质量和影响力稳居我国同类期刊前列。遴选激励一批发表在我国科技期刊上的优秀论文，鼓励科技工作者多出科研精品和原创性研究成果，引导更多优秀科研成果在国内期刊发表，从源头上推动我国科技期刊质量的提升。

八是强化群团奖励对科技工作者的激励作用。在中国科协“九大”闭幕式上表彰 10 位“全国杰出科技人才”和 10 位“中国优秀青年科技人才”。向中央有关部门建议授予屠呦呦研究员国家荣誉称号，推荐 6 位杰出科学家为“人民科学家”荣誉称号人选，推荐龙冉博士获得世界最具潜力女科学家奖，追授李保国同志“全国杰出科技人才”称号。中国青年科技奖、中国青年女科学家奖、未来女科学家计划等社会影响力进一步扩大，基于同行认可的科协奖项社会公信力显著提高。

第四，服务创新驱动发展取得新成效

一是创新驱动助力工程示范效应显现。广泛动员地方科协和全国学会积极参与，创新驱动示范市增加到 30 个，探索形成技术咨询、项目论证、联合攻关等 15 种工作模式。据不完全统计，全年累计推动 90 余个全国学会开展地方对接活动，促成签订合作协议近 1200 项，在地方新建学会服务站（专家工作站、基地等）800 余个，累计落地项目 1800 余项，参与专家超过万名，受到地方政府和企业的高度认可和普遍欢迎。在全国 16 家创新驱动示范单位设立科技成果转化服务分中心，推进成果转化累计总投资 100 亿元。初步建成科技创新服务云平台，成功举办 2016 中国创新创业成果交易会，支持中国电子学会等开展成果转化平台建设，推动在湖南成立首家省级创客协会，在保定、秦皇岛、连云港、岳阳等多个城市成立地级创客协会。

二是推动 2016 年全国大众创业、万众创新活动取得丰硕成果。在全国 17 个城市举办“创响中国”巡回接力系列活动 400 余场，各地共举办活动近 5000 场，接待观众超过 2000 万人次，达成合作意向金额近 1000 亿元。李克强总理出席深圳主会场重点活动，赞扬活动周双创成果超出预期，展现活力令人难以想象。建设中国双创在线平台。支持 40 余个全国学会开展双创服务工作 400 多项，山东、重庆等 22 家省级科协开展双创服务工作近 300 项。“四高一联”成为双创活动的鲜明特征，更多的高水平大学和科研机构融入双创热潮，高学历人才领衔创业的比重明显增加，高技术企业成为中坚力量，以高附加值产品为引领的双创活动推动产业结构向中高端迈进，以“互联网 +”为基础的平台建设为双创注入了新的动力。

三是探索助力创新驱动发展新机制。组织近 20 个学会、数百名专家形成《京津冀协同推进产业协同创新共同体方案》，提交国家发展改革委在工作层面推进落实。推动煤炭清洁高效利用、脑联结图谱、人工智能等学科协同和产业协同创新共同体建设。试点先行，探索“学会 + 协会”、产学研协同推进创新发展的新机制，在谋划科技发展制高点、事关未来发展的战略方向和经济转型升级的重大领域发挥科技群团的支撑作用。

四是启动科技助力精准扶贫工程。贯彻中央脱贫攻坚决策部署和习近平总书记扶贫开发战略思想，出台《关于动员和组织广大科技工作者为打赢脱贫攻坚战作贡献的意见》，联合农业部、国务院扶贫办实施科技助力精准扶贫工程，召开全国科技助力精准扶贫工程动员部署电视电话会议，到 2020 年将在贫困地区支持建设 1000 个以上的农技协联合会（联合体）和 10000 个以上的农村专业技术协会，实现农技协组织和服务在贫困县全覆盖，组织 10 万名以上科技专家参与脱贫攻坚，实现科技服务在贫困村全覆盖，汪洋副总理对此作出重要批示。形成《关于推动实施科技创新平台托举战略　进一步提升科技援藏效益的建议》，提出构建科技援藏统筹协调保障机制、建立柔性人才引进与选拔培养政策等建议，得到刘延东副总理的批示。组织实施援疆援藏科技增效工程，大力支持延安等地科普能力建设。选派干部赴西藏、山西开展科技援藏和精准扶贫，开展“中国薯网 + 马铃薯科技种植惠万家活动”及“枣木香菇”种植推广示范项目，帮助千户贫困户脱贫。

五是深入开展服务企业技术创新工作。在27600多家企业中开展双创科技信息服务，培训专利应用工程师3万多人，产生新技术4794项、新产品2871个、新专利6329项，综合经济效益达294.8亿元。指导和推动地方科协和全国学会在3200多个院士专家工作站中为企业开展技术创新服务。服务企业创新人才培养，“一线创新工程师”培训工作覆盖全国，成功举办首届全国企业创新方法大赛。改革和创新企业科协组织建设，大力推进“互联网+”企业创新服务，企业创新综合信息服务平台上线运行。

第五，服务全民科学素质工作实现新提升

一是推动全民科学素质工作顶层设计和实施。推动印发《全民科学素质行动计划纲要实施方案（2016—2020年）》，系统提出总体思路和任务部署，推动将“到2020年公民具备科学素质的比例超过10%”的奋斗目标纳入《国民经济和社会发展第十三个五年规划纲要》和《“十三五”国家科技创新规划》。制定落实细化措施，公布2020年公民具备科学素质比例发展目标值，将公民科学素质建设目标分解落实到各地区。组织召开全民科学素质行动实施工作电视电话会议，刘延东副总理出席会议并发表重要讲话。推动科技工作者积极履行科普社会责任，制定相关评价办法。开展科普经费专项检查，联合中组部等9部委表彰“十二五”纲要实施先进集体和个人。推动全国科普示范县（市、区）创建，加强全国科普教育基地考核和服务。组织57位院士编写《新科技知识干部读本》，服务各级领导干部系统了解新科技革命和产业变革的迫切需求，提升依靠科技进步推动创新发展能力。新组建全国学会科学传播专家团队16个，累计组建近400个，成员累计4699人，全国学会成为科技工作者参与科普的重要平台。

二是科普信息化带动科普服务全面创新升级。服务产品的供给能力显著增强，累计建设内容信息资源近12TB，总浏览量累计超过70亿人次。形成超过1000人的高水平专业创作团队和超过2000人的专家团队，聚拢291家科普融合创作新锐团队、55家主流网络媒体渠道，催生和孵化出8个科普专业团队，在新华网、人民网、光明网、腾讯、百度等知名网站平台上实现互联互通。建立“新闻导入，科学解读”的科普快速响应机制，一批新锐科普团队、科普创客参与科普中国生态建设，对重大科技事件及时解疑释惑的能力进一步增强。上线运行科普中国网，开展典赞科普中国等系列品牌推广活动，形成具有相当影响力和知晓度的科普中国品牌。联合环境保护部、农业部、卫生计生委、食品药品监管总局等部门开展全国科普信息化建设试点工作。联合文化部启动“科普文化进万家”活动，累计建成11330个科普中国校园e站、乡村e站和社区e站，加大对西藏、新疆、陕西延安、山西吕梁的支持力度，打通科普“最后一公里”。

三是现代科技馆体系不断完善。全国科技馆免费开放试点单位达123家，以实体科技馆为龙头和基础，以流动科技馆、科普大篷车、虚拟现实科技馆、农村中学科技馆、数字科技馆为拓展和延伸，中国特色现代科技馆体系日益完善，全年共服务公众8000多万人次。流动科技馆完成四年基本覆盖所有县市的预期目标，初步实现科技馆教育理念在县域的推广。积极推进、全面开展虚拟现实科技馆建设。联合财政部深入实施“基层科普行动计划”，联合农业部等五部委组织开展全国农民科学素质网络科普知识竞赛。

四是青少年科技教育活动创新升级。与中央电视台携手开启中国青少年科学素质大会。全国青少年科技创新大赛、中国青少年机器人竞赛和“明天小小科学家”等品牌活动规模均创历史新高。创新英才计划、高校科学营活动形式覆盖港澳台和内地1800多所学校的1万余名高中生。50万青少年参加“家书载梦”航天科普教育主题实践活动，400多万中小学生参加青少年科学调查体验活动。支持《加油向未来》《脑洞大开》等电视科普节目制作传播。探索以信息化手段全面提升和推进青少年科技教育工作，建设在线学习资源，开展科学教师和科技辅导员培训。

五是全国科普日等活动反响强烈。在中央书记处的关心支持下，全国科普日活动圆满成功。围绕“创新放飞梦想，科技引领未来”主题，北京主会场与全国各分会场共组织重点活动9400余项，参与人数超过2亿人次，均创历史新高。中央领导同志亲临北京主场，与首都群众一起参加科普活动并给予高度评价。其中，由中国食品科学技术学会、中华医学会、中国药学会、中华中医药学会、中国体育科学学会等23家全国学会承办的“健康伴我行”主题活动参与公众逾170万人次。以“科学创想　智遇未来”为主题的2016中国科幻季系列活动掀起科幻热潮。中国药学会、中国预防医学会、中国宇航学会、中国生物工程学会、中国水产学会等在卫生与健康、航天航空等重要节日和纪念活动中开展主题科普宣传，取得良好社会反响。

第六，服务党和政府科学决策工作迈出新步伐

一是第三方评估工作扎实推进。受中组部委托，启动国家中长期人才规划纲要的第三方评估。受国家发展改革委委托，开展双创示范基地建设和政策措施落实情况评估，会同科技部、中科院所属专业机构对全面创新改革试验“8+2”区域进行第三方评估。发布双创指数报告，结合双创督查结果形成评估报告报送国务院，得到李克强总理、张高丽副总理、刘延东副总理批示。受国家科改领导小组办公室委托，组织开展职称制度改革进展情况第三方评估，为中央出台《关于深化职称制度改革的意见》提供重要参考；开展事业单位高层次人才收入分配激励机制政策实施情况第三方评估，推动相关部门研究制定相关改革措施。落实完善学术评价体系、治理遏制论文发表不良倾向的专项任务，开展推动改进完善学术评价、人才评价体系的相关研究。清洁能源、信息科技、生命科学等学会联合体发挥学科交叉和资源整合优势，在评估组织和机制创新中不断积累新的经验。

二是地方科协成为第三方评估工作的重要力量。山东省科协受省人才工作领导小组委托，牵头实施山东省智库高端人才队伍建设重点人才工程。河南省科协组织开展河南省基本科研业务费专项资金绩效评价等多项第三方评估任务，得到省领导及人才办、省发改委、省财政厅好评。江苏省科协开展全省装备制造业企业重点研发机构能力提升评估，得到省委省政府的高度肯定。江西省科协提出的《我省推进脱贫攻坚面临的主要问题及对策建议》获省委主要领导同志批示。其他各省（区、市）科协也在第三方评估方面开展了大量卓有成效的工作。

三是“小中心、大外围”的科技群团智库格局初步形成。以中国科协创新战略研究院为中心，广泛联合各方力量推动科技创新智库体系建设，与重庆市人民政府共建“一带一路”与长江经济带协同创新研究中心，建设长三角协同发展研究基地、中国老科协创新发展研究中心，依托信息学会联合体建设首家以智能社会为主题的专业研究所，积极推进京津冀协同创新研究基地、生命科学、新能源等专业研究所建设，实现科技特点突出、科协特色鲜明、资源共建共享，跨学科、跨单位、跨区域、网络化的国家科技创新智库格局初步形成。在国内智库评价机构首次通过社交大数据方式进行的智库评价排名中，中国科协科技创新智库名列综合排名第一，智库建设的系统优势不断显现。加强科技工作者状况调查体系建设，优化调查站点布局，新增调查站点，收集和反映科技工作者所思所想、利益诉求。推动融媒体创新实验室平台建设，探索科技智库研究成果网络化、数字化的有效途径。开展智库建设国际合作，与美国密歇根大学、英国伦敦政经学院、日本筑波大学建立合作伙伴关系。

四是重点科技领域前瞻研判取得新进展。深入实施学科发展引领与资源整合集成工程，对世界科技前沿加强跟踪，组织 300 余位院士专家团队对信息技术、材料、能源等重点领域的发展趋势和创新力进行评估，系统研判新一轮科技和产业变革对我国发展的机遇和挑战。110 个全国学会开展了 220 次学科发展研究，编辑出版学科发展报告 220 卷，发行约 22 万册；500 余位中国科学院和中国工程院院士、1.2 万位专家学者参与学科发展研讨，支撑决策的能力进一步增强。

第七，民间科技交流主渠道作用进一步显现

一是推动更多优秀科学家进入国际科技组织领导层。与民政部联合发布《关于加强国际科技组织人才培养与推送工作的意见》，推动更多中国科学家进入国际组织担任领导职务，扩大我国科技界的国际话语权和主导权。推荐我国科技工作者竞选世界工程组织联盟主席，推动我国科技工作者担任太平洋科学协会主席，合计推荐 183 位中国科学家担任重要国际科技组织主席、副主席和执委等领导职务。支持相关全国学会和学会联合体在华举办和申办重大国际会议。成功转为国际工程教育认证体系《华盛顿协议》正式会员。

二是海外人才离岸创新创业基地扩建增能。继上海、深圳、武汉后，新建苏州、成都海外人才离岸创新创业基地。在比利时建立首家“海外智力为国服务行动计划”工作基地，美国、欧洲的基地建设进入议事日程。依托“海归创业联盟”，积极组织海外专家回国服务，举办首届“中国（成都）海外人才创新创业项目大赛”，参赛的高、精、尖项目受到业界一致好评。

三是搭建主场国际高水平学术交流平台。中国麻风防治协会承办的第 19 届国际麻风大会吸引了近百个国家和地区的知名专家学者和国际组织代表参加，习近平主席致信祝贺。召开2016世界生命科学大会，10位诺贝尔奖获得者和多位生命科学领域的国际大家应邀出席，全方位展示世界生命科学前沿及我国生命科学进展，产生广泛国际影响。李克强同志对大会作出重要批示，刘延东同志会见了参会科学家代表。2016世界机器人大会持续得到各界广泛关注和踊跃参与，300余位全球一流专家学者、企业家和多个重要国际组织齐聚北京，共话智能未来，美国、德国等140余家知名机器人企业、科研院参展，22.8万余人次现场参观。由中国地理学会、中国自动化学会等全国学会承办的第33届国际地理大会、2016世界人工智能大会等有效促进国内外科技界的交流合作，推动相关产业的繁荣发展。

第八，科协组织自身建设全面加强

一是坚持全面从严治党。全力配合中央纪委派驻纪检组开展“三重一大”和党风廉政建设派驻监督工作。进一步加大警示教育力度，积极运用监督执纪“四种形态”，分别给予有关党员干部停止提拔程序、取消拟提拔人选资格、诫勉谈话及通报批评等处分。召开党风廉政建设推进会，结合审计署意见制定整改方案，逐项检查验收。开展机关和直属单位党组织书记述职述廉评议考核，推动全面从严治党向基层延伸。

二是从严从实抓好“两学一做”学习教育。把“两学一做”学习教育作为重大政治任务抓紧抓实，成立中国科协“两学一做”学习教育领导小组和督导组，坚持以上率下、问题导向，层层传导压力，扎实向纵深推进。坚持边学边查边改，把教育成果真正化为做合格党员的行动自觉。开展落实中央八项规定精神“回头看”、巡视整改“回头看”等工作，狠抓作风建设，科协系统政治生态和发展环境进一步优化，党员干部作风不断改善，改革进取、干事创业的氛围不断增强。

三是科协基层组织建设取得突破。联合教育部、国资委、农业部等部门推动科协组织向基层延伸，大力培育高校科协、企业科协、乡镇街道科协、农技协等基层组织，不断夯实党在科技界的执政基础和群众基础。开展全国县级科协组织状况普查，举办全国县级科协建设现场会，推动县级科协加大改革力度。积极探索发展高校科协、大型企业科协成为团体会员的工作机制，密切中国科协与基层组织的联系。举办全国高校科协建设论坛，推动中国人民大学、清华大学、吉林大学、上海交通大学等多所知名大学相继成立科协组织，开展高校科协组织网络体系建设试点，推动高校科协联盟建设。加快在国有企业特别是央企建立科协组织步伐，建成15家央企科协、11个行业企业科协创新联盟和2个区域创新联盟。打造升级版农技协，全国已有29个省（区、市）成立省级农技协联合会，有效推动基层农技协的交流合作和资源共享。

四是干部队伍建设切实加强。以开放的姿态加大识才引才聚才用才力度，建立干部双向交流挂职制度，优选调入一批政策研究和管理领域的优秀人才，为科协事业持续发展奠定坚实基础。认真落实老同志政治待遇，积极组织离退休干部参加中组部、中央宣讲团全会精神辅导报告会，及时通报党和国家大事、科协重点工作。改进和规范干部人事制度，制定《关于加强干部人事管理工作的若干意见（试行）》，配套制定《事业单位专业技术岗位聘用实施办法（试行）》《事业单位聘用合同管理办法（试行）》等系列制度，干部选拔任用满意率显著提升，科协干部精气神和工作激情明显改观。

综　合

【中央全面深化改革领导小组审议通过《科协系统深化改革实施方案》】 1月11日，中共中央总书记、国家主席、中央军委主席、中央全面深化改革领导小组组长习近平主持召开中央全面深化改革领导小组第二十次会议并发表重要讲话。中共中央政治局常委、中央全面深化改革领导小组副组长李克强、刘云山、张高丽出席会议。

会议审议通过了《科协系统深化改革实施方案》。会议指出，科协系统深化改革，要把自觉接受党的领导、团结服务科技工作者、依法依章程开展工作有机统一起来，改革联系服务科技工作者的体制机制，改革治理结构和治理方式，创新面向社会提供公共服务产品的机制，把科协组织建设成为党领导下团结联系广大科技工作者的人民团体。

【刘云山参加全国科普日活动】 中共中央政治局常委、中央书记处书记刘云山和刘奇葆、李源潮、郭金龙、万钢等领导同志，9月18日上午来到中国科技馆，参加全国科普日北京主场活动。刘云山指出，要深入贯彻习近平总书记在全国科技创新大会上的重要讲话精神，加强科普工作，激发创新热情，推动形成讲科学、爱科学、学科学、用科学的浓厚氛围，为建设世界科技强国提供有力支撑。

2016年的全国科普日北京主场活动内容丰富，吸引了各界群众和青少年前来参观。上午10时，刘云山首先来到航天放飞中国梦主题展区，在听取专家介绍后说，我国航天成就令人鼓舞，载人航天精神弥足珍贵，要大力弘扬航天人艰苦奋斗、攻坚克难、勇于创新、敢于担当的精神，使之转化为建设创新型国家的强大动力。

裸眼3D电视为参观者提供身临其境的体验。刘云山饶有兴致地驻足观看，称赞用新技术开展科普的方式很好，有利于科普内容和形式的创新提升、增强科普的知识性和趣味性。当看到青少年动手制作的科技创新成果时，刘云山走到孩子们中间，参与科技小课堂活动，勉励他们打好学习基础，放飞想象翅膀，努力实现科技梦想。在科技酷品展区，刘云山强调要深入实施创新驱动发展战略，让企业成为科技创新的主体，充分发挥创新引领发展的第一动力作用。刘云山还参观了“健康伴我行”等活动，与现场群众交流。

参观结束时，刘云山说，科技创新、科学普及是实现创新发展的两翼，要把科学普及放在与科技创新同等重要的位置，真正使科普工作强起来。要围绕建设世界科技强国的目标，找准科普工作的方位方向和着力点，普及科学知识、弘扬科学精神、传播科学思想、倡导科学方法。要突出青少年这个重点，把科技教育贯穿青少年成长成才各阶段，帮助他们养成科学兴趣、树立创新自信。要坚持科普为民、科普惠民，紧贴群众需求开展科普教育，更好服务人们生产生活。要创新科普方式方法，增强吸引力感染力，让人们在亲身感知中享受科学、体验创造。各级党委和政府要加大对科普工作支持力度，推动形成社会化科普工作格局。科协要当好科普工作的主力军，科技、教育和媒体工作者、科普作家要积极参与科学普及，为提升全民科学素质贡献力量。

中国科协党组书记处领导同志尚勇、徐延豪、王春法、束为、王延祜、宋军，以及全民科学素质纲要实施工作办公室各成员单位有关负责同志和首都群众代表5000余人参加了北京主场活动。

【刘延东听取全民科学素质纲要实施工作汇报】

1月13日，中共中央政治局委员、国务院副总理刘延东主持召开国家科技体制改革和创新体系建设领导小组第十四次会议，总结2015年科技体制改革情况，部署2016年重点工作，听取国家科技创新“十三五”规划总体思路和《全民科学素质行动计划纲要》实施情况汇报。全国政协副主席、科技部部长万钢，国务院副秘书长江小涓，中国科协党组书记、常务副主席、书记处第一书记尚勇，以及科技体制改革领导小组各成员单位负责同志参加会议。会议听取了“十二五”《全民科学素质行动计划纲要》实施情况汇报和2016年工作安排，审议通过了《全民科学素质行动计划纲要实施方案（2016—2020年）》。

会议强调，提升全民科学素质是建设创新型国家和人才强国的一项基础性工程，各地各部门要紧紧围绕中央决策部署，抓住机遇，乘势而上，进一步提高全民科学素质，提升人力资源质量，筑牢创新驱动发展的群众基础。

中国科协党组成员、书记处书记徐延豪，中国科协党组成员、中国科技馆馆长束为参加会议。

【刘延东、李源潮出席学习习近平总书记系列重要讲话精神高层次科技领军人才专题研修班】 7月19日，中共中央政治局委员、国务院副总理刘延东在北京出席由中央党校和中国科协联合举办的学习习近平总书记系列重要讲话精神“高层次科技领军人才专题研修班”并讲话。刘延东强调，要深入学习贯彻全国科技创新大会精神，抓住科技革命和产业变革机遇，依靠创新驱动转换发展动力，锐意进取，创新争先，为建设世界科技强国、实现中华民族伟大复兴而努力奋斗。

刘延东说，习近平总书记发出了建设世界科技强国的时代号召，这是顺应科技革命大势的战略抉择，是转变发展方式的迫切需要，也是建设中国特色社会主义事业的必然要求，具有重要历史和现实意义。刘延东强调，广大科技工作者要勇担使命，引领创新，作建设世界科技强国的中流砥柱。要聚焦国家战略需求，攻克制约发展的核心关键技术，为实现两个一百年目标和中国梦做出贡献。要树立全球视野，瞄准世界前沿，深化国际合作，实现更多原创性突破，在科技革命浪潮中勇立潮头。要适应引领经济发展新常态，加速创新创业和成果转化，推动大众创业万众创新和我国产业向价值链中高端跃升，促进经济提质增效升级。要大力推进科技体制改革，坚决破除制约创新创业的不合理束缚，促进科技创新活力持续迸发。

她要求，要把人才作为第一资源，打造高素质科技人才特别是领军人才队伍，加大对青年人才支持，着力提升全民科学素质，为建设世界科技强国提供有力人才保障。

全国政协副主席、中国科协主席万钢主持开班式。

7月19日上午，中国科协党组书记、常务副主席、书记处第一书记尚勇，中央党校常务副校长何毅亭出席开班式，开班式由中央党校副校长徐伟新主持。陈左宁、詹文龙、薛其坤、郇贺铨、李洪、何华武、袁亚湘、陈化兰等230余位来自全国高校、科研院所和企业的科技领军人才参加开班式。

7月22日举行的研修班结业式上，中共中央政治局委员、国家副主席李源潮表示，希望广大科技工作者积极响应习近平总书记建设世界科技强国的号召，勇攀科学高峰，创造一流成果，在实现中华民族伟大复兴中国梦的创业史上留下自己奋斗的足迹。李源潮说，领军人才是引领科技创新的灵魂人物，当好建设世界科技强国排头兵应有更高标杆，希望大家争当进军世界科技前沿的先锋，坚定创新自信，勇于挑战最前沿科学问题，为我国抢占全球科技竞争战略制高点作贡献；争当破解创新发展科技难题的先锋，精选题目、多出成果、促进转化，为培育新的经济结构、强化新的发展动力作贡献；争当培养提携科技创新人才的先锋，甘当人梯、提携后学，为形成创新人才辈出的生动局面作贡献；争当播种科学的先锋，带头用先进理念和技术普及科学知识、弘扬科学精神、传播科学思想、倡导科学方法，为提升全民科学素质、夯实科技强国社会基础作贡献。

全国政协副主席、中国科协主席万钢出席结业式。

【刘延东出席2016世界机器人大会开幕式】 10月20—25日，以“共创共享共赢，开启智能时代”为主题的2016世界机器人大会在北京举行，近150家全球知名机器人企业参会。中共中央政治局委员、国务院副总理刘延东出席大会开幕式并作重要讲话。中共中央政治局委员、北京市委书记郭金龙，全国政协副主席、中国科协主席、科技部部长万钢出席开幕式。

刘延东指出，当前世界科技日新月异，机器人技术发展在支撑智能制造、提升生产效率、增进民众福祉等方面发挥着重要作用，开启了人类经济社会发展的新时代。中国政府高度重视机器人技术创新和产业发展，希望与各国共同抓住工业化与信息化深度融合的契机，加快发展以机器人为代表的智能产业，建设共创、共享、共赢的智能社会，更好服务和造福全人类。她倡议，各国要深入挖掘科技创新潜力，加大机器人重点领域的研发力度，加快科技创新和成果转化；促进机器人产业健康发展，推动各领域交叉融合和协同创新，完善政策措施，创新应用模式，拓展服务领域，催生新的经济增长点；加强创新人才培养，完善产学研用结合的协同育人机制和激励评价机制，让创新人才竞相涌流；深化国际交流合作，共同制定机器人国际标准，加强专利申请和知识产权保护，努力形成包容开放、资源共享、优势互补的机器人发展格局。

2016世界机器人大会主论坛分为大会报告和高峰对话两个环节。来自国内外机器人领域知名专家共聚一堂，就机器人前沿科学研究、技术发展路线及战略政策制定等问题开展高水平的学术交流和探讨。与会专家分享了他们在协作机器人、微纳机器人、无人机、智能汽车、自动驾驶、工业机器人、智能制造等领域的研究和实践成果，以及对未来的展望。

2016世界机器人大会会议合作模式进一步创新，形成北京市人民政府牵头、中国科协与工业与信息化部共同支持、全国学会承办的有效模式。“会展赛”模式进一步发展，论坛吸引近2万人参与，300余位全球一流专家学者与企业家登台；博览会面积4万平方米，“智能飞鸟”等诸多国际一流智能机器人产品首次来华展出，吸引了22.8万余人次现场参观；六项机器人赛事覆盖“海”“陆”“空”，各国精英切磋技艺。国际影响力进一步提升，大会得到IEEE机器人与自动化学会、国际机器人研究基金会等13家权威国际机构的支持，美国、德国、日本、法国等10多个国家和地区的140余家知名机器人企业、科研院参展。社会关注度进一步提高，央视《焦点访谈》栏目报道大会盛况，大量自媒体推升舆情热度，参会人数再创新高，在线观看直播人数突破440万人。

【刘延东出席2016世界生命科学大会】 11月1—6日，由中国科协主办的以“健康、农业、环境”为主题的2016世界生命科学大会在北京召开。中共中央政治局常委、国务院总理李克强对大会作出重要批示，中共中央政治局委员、国务院副总理刘延东会见参加大会的中外著名科学家代表。10位诺贝尔奖获得者、4位世界粮食奖和沃尔夫农业奖获得者、英国皇家学会会长、美国科学院院长等众多生命科学领域国际大师应邀出席。这次大会是我国举办的生命科学领域层次最高、覆盖面最广、影响力最大的一次国际学术盛会。中国科协生命科学学会联合体作为承办单位，在学科前沿把握、知名专家推荐、重点企业联络等方面，充分反映出学会联合体面向科技前沿发挥作用的优势，在业界产生广泛影响。大会设生物学、基础医学、临床医学、药学、农业、环境、动物等66个分会主题，400余名国际著名学者在会上作邀请报告，探讨最新研究进展及发展趋势。大会附设世界生命科学展，全方位展示世界生命科学前沿进展及我国生命科学所取得的辉煌成果，举办墙报交流、金砖国家等国青年交流会、青年科学家论坛等活动，吸引了5000余名生命科学领域的科技工作者参会。大会组织科学家走出会场，开展"诺奖大师与中学生面对面"科普报告会、诺奖大师校园行等活动，营造出支持生命科学发展的良好社会氛围。中央电视台、新华社等中央主流媒体予以大范围、全视角的深度报道，全面介绍生命科学领域的前沿进展，激发了广大社会公众关注和支持生命科学研究的热情。

【李源潮出席中国科协所属学会有序承接政府转移职能试点工作总结电视电话会议】 10月20日，中国科协所属学会有序承接政府转移职能试点工作总结电视电话会在北京召开，中共中央政治局委员、国家副主席李源潮出席会议并讲话。

学会承接政府转移职能首轮试点于2014年6月启动，2015年5月经中央深改组会议审议后扩大试点，目前共有69家全国学会承接了21个政府部门转移委托的87项职能。

李源潮指出，改革试点基本达到政府放心、社会满意、科技工作者认可的预期目标，常态化推进要按照习近平总书记要求和中央对科协系统深化改革的部署，响应政府职能转变号召，在党的领导和政府主导下开展承接工作，主动服务建设世界科技强国大局；推进科协系统深化改革，拓展科协工作新领域；创新学会组织的社会化服务职能，提供更多更高质量科技公共服务；建立可负责、可问责的常态化运行机制，按照接得住、接得好标准提升学会能力。

【李源潮出席第十八届中国科协年会】 9月24—26日，中国科协与陕西省人民政府共同主办第十八届中国科协年会。年会以"创新驱动科技引领"为主题，以"高、精、实"为总体要求，以"会、展、赛"为主要形式，打造精品，提升实效。李源潮、万钢、路甬祥、陈至立、王志珍5位党和国家领导人，119位两院院士，24位副部级以上领导，104位港澳台代表，来自17个国家89位外国专家代表参加年会各项活动。

李源潮在讲话中指出，在实现中国梦的新征程上，我们比以往任何时候都更加需要科技创新的战略支撑和先导引领作用。习近平总书记要求广大科技工作者当好建设世界科技强国的排头兵，希望大家紧紧围绕国家战略需求，为抢占全球科技竞争制高点创新争先，坚定创新自信，勇攀科学高峰；紧紧围绕创新发展科技难题，为引领经济发展新常态创新争先，投身转型升级第一线、科技创业第一线、科技扶贫第一线；紧紧围绕提升全民科学素质，为推动全社会讲科学、爱科学、学科学、用科学创新争先，把科普作为分内事，激发青少年科学兴趣，借助网络快车普及科学知识、弘扬科学精神。

万钢在致辞中说，建设世界科技强国与中国梦同频共振，紧密相连，科技创新三步走的战略目标与两个一百年的奋斗目标高度契合，这在我国科技事业发展历史上是前所未有的。当前，我国科技创新已经步入历史上发展最快、最好的时期，新一轮科技革命和产业变革带来难得机遇，国家发展和创新大潮为每一个科技人员都提供了崭新的舞台，我们应当倍加珍惜，用责任和担当肩负起时代的呼唤，用智慧和力量去实现光荣与梦想。

本届年会呈现出以下特点：论坛层次高。路甬祥在海峡两岸暨港澳科技合作论坛作主旨报告，工业和信息化部副部长、中国科学院院士怀进鹏，西安交通大学教授、中国工程院院士、中国机械工程学会副理事长卢秉恒，清华大学教授、长江学者特聘教授颜宁，中国科协副主席、中国运载火箭技术研究院院长李洪，分别作大会特邀报告《深化制造业与互联网融合发展，加快制造强国建设》《智能制造与增材制造》《关于细胞"吃"糖的分子机理》《铸科技丰碑，圆强国之梦》。43位院士担任分会场学术召集人并作学术报告，33位院士为陕西省经济社会发展建言献策。活动效果实。会议期间，丝绸之路经济带沿线国家和地区的产学研机构共124家联合签署"关于发起成立丝绸之路经济带创新设计联盟倡议书"，组建"丝绸之路创新设计研究院"，有效服务国家重大需求。

【李源潮出席2016中国科幻大会开幕式】 9月

8日，由中国科协主办的2016中国科幻大会在北京开幕，中共中央政治局委员、国家副主席李源潮出席开幕式并致辞。他说，希望科普科幻工作者牢记习近平总书记嘱托，用奇思妙想描绘科技未来、传播科学知识、弘扬科学精神，为建设世界科技强国、实现中华民族伟大复兴中国梦做出应有贡献。

李源潮参观了中国科幻史和科幻嘉年华展览。他与参会的科普科幻作家和科幻出版、影视、游戏企业负责人亲切交流，详细了解他们的创作开发思路，希望他们的创想创意大胆展望科技未来，更加贴近青少年梦想。

李源潮说，科普科幻工作者肩负着提升全民科学素质、建设世界科技强国的时代使命，希望大家成为建设世界科技强国的科普先锋，坚持以人民为中心的创作导向，创作更多视野宽阔、富有前瞻性的优秀作品；成为点燃青少年科学梦想的星星之火，用好的作品传递真善美的价值观，引领青少年成长为建设世界科技强国的栋梁之材，成为繁荣发展中国特色科普科幻事业的创新力量，让科普科幻插上互联网和产业化的翅膀，制作耳目一新、引人入胜，展现中国想象、中国风格、中国气派的科幻影视作品。

中国科协党组书记、常务副主席、书记处第一书记尚勇，中国科协党组副书记、副主席、书记处书记徐延豪，文化部副部长丁伟，国家新闻出版广电总局副局长吴尚之，中国作家协会副主席、书记处书记白庚胜，北京航空航天大学校长徐惠彬，中宣部文艺局局长汤恒，著名科幻作家王晋康、刘慈欣等国内外知名科普科幻作家、研究专家、科幻企业负责人、科幻媒体、科幻迷约500人参加科幻大会。

【李源潮出席中国科协2016年全国学会地方科协工作会议】 1月26日，中国科协在北京举行2016年全国学会、地方科协工作会议，学习贯彻党的十八大、十八届三中、四中、五中全会精神和习近平总书记系列重要讲话精神，深入落实中央党的群团工作会议和党中央、国务院对科协工作的指示精神，交流研讨中国科协事业发展“十三五”规划，落实科协系统深化改革实施方案，谋划未来发展。中共中央政治局委员、国家副主席李源潮出席并作重要讲话。全国政协副主席、中国科协主席韩启德出席会议并讲话。中国科协党组书记、常务副主席、书记处第一书记尚勇主持会议并传达了中央书记处关于科协工作的指示精神。

李源潮指出，要深入学习贯彻习近平总书记重要讲话精神，全面推进科协工作改革创新，团结动员广大科技工作者为实现“十三五”良好开局提供科技和智力支撑。

李源潮充分肯定2015年科协工作取得的成绩。他指出，各级科协组织和科协干部要深入学习贯彻中央决策部署，引领科技工作者坚定跟党走中国特色社会主义道路，为实现中国梦奋斗。紧紧围绕全面建成小康社会目标任务，激励科技工作者勇于创新、带头创业，为新常态创造新动力；深入贫困地区开展对接服务，推动精准脱贫。坚持不懈推进科普信息化，抓好龙头工程和示范项目，探索新体制、新机制、新源泉，增强科普服务的有效性和影响力。

李源潮指出，要按照保持和增强政治性先进性群众性的要求，全面推进科协组织和工作改革创新，切实解决群众组织脱离群众的突出问题。继续推进承接政府转移职能试点工作，改革学会治理结构和治理方式。建立直接联系服务科技工作者制度，在直接联系中加深友情、增进信任。按照全面从严治党精神加强科协干部队伍思想作风建设，增强看齐意识，坚持廉洁干事，树立良好形象。

中国科协党组、书记处全体成员，中国科协所属全国学会、协会、研究会理事长或秘书长，各省、自治区、直辖市、副省级城市科协党组书记和驻会专职主席，新疆生产建设兵团科协党组书记，以及中国科协机关、直属单位有关负责人等参加会议。

【韩启德出席茅以升先生诞辰120周年纪念活动】 1月9日，由九三学社中央和中国科协举办的茅以升与中国梦——纪念茅以升先生诞辰120周年座谈会在北京人民大会堂举行，全国政协副主席、九三学社中央主席、中国科协主席韩启德，第十一届全国政协副主席、九三学社中央原副主席、茅以升科技教育基金会主任王志珍，中国科协党组成员、书记处书记王春法，北京市科协党组书记、常务副主席夏强，第九、十、十一届全国政协委员、茅以升科技教育基金会秘书长、茅以升先生女儿茅玉麟等近200人出席会议。

韩启德在座谈会上讲话。他回顾了茅以升先生的光辉业绩和崇高精神，希望大家学习茅老与时俱进的爱国精神，开拓创新的科学精神，自强不息的奋斗精神，赤子报国的奉献精神，为实现中华民族伟大复兴的中国梦贡献力量。

会上还举行了由茅以升科技教育基金会主编的《茅以升全集》新书发布仪式。

【万钢、陈至立出席全国老科技工作者日北京主场活动】 10月9日，全国老科技工作者日主场活动在北京雕塑园举办，北京第十二届老科技工作者日活动也同时启动。全国政协副主席、中国科协主席、科技部部长万钢，十一届全国人大常委会副委员长、中国老科协会长陈至立，中国科协党组书记、常务副主席、书记处第一书记尚勇，全国政协人口资源环境委员会副主任、中国老科协常务副会长齐让，全国政协教科文卫体委员会副主任、中国老科协副会长陈小娅，中国老科协副会长杨继平、冯长根，北京市科协党组书记、常务副主席马林，北京市老科学技术工作者总会会长叶文虎等出席启动仪式。

陈至立在讲话中说，习近平总书记在“科技三会”上的重要讲话对各级科协组织和各地科技工作者提出的要求和期望，既是对科协组织的要求，同时也是对老科协组织的要求；既是对广大科技工作者的期望，也是对广大老科技工作者的期望。我们希望通过老科技工作者日的设立和开展的活动，更好地贯彻落实习近平总书记的重要讲话精神，进一步树立老科技工作者的社会形象，展现老科技工作者的风采，扩大老科技工作者组织的社会影响，充分发挥老科技工作者服务“三农”、服务企业、服务社会、服务人民群众、服务创新驱动的作用，使老科协组织真正成为党领导下团结联系广大老科技工作者的群众组织，成为“老科技工作者之家”，使广大老科技工作者成为科技创新的重要力量。

中国老科学技术工作者协会设立老科技工作者日旨在充分发挥中国老科协联系和服务老科技工作者的桥梁纽带作用，搭建为老科技工作者服务的平台。老科技工作者日设在每年农历九月初九的重阳节。2016年的老科技工作者日分为北京主场活动、全国统一活动和各地活动三个部分。

启动仪式后，陈至立等参观了由各级老科协组织、老科技工作者参与的医疗义诊、心理和法律咨询、科普大课堂、书画摄影展和航模表演等活动。

【全国政协召开“大力加强科普教育”双周协商座谈会】 3月24日，全国政协在北京召开第47次双周协商座谈会，围绕“大力加强科普教育”建言献策。全国政协主席俞正声主持会议并讲话。

全国政协委员张玉台、邵鸿、张桃林、黄力、严俊、郑静晨、刘迎龙、王涛、齐让、陈放、董小平、王元青、孙运锋、徐世杰，以及褚君浩、嵇晓华、恰汗·合孜尔等专家学者在座谈会上发言。

委员们认为，党中央、国务院高度重视科普教育。2002年我国颁布世界上第一部《科普法》，2006年国务院颁布《全民科学素质行动计划纲要》。近年来，我国积极开展科普教育活动，改善科普教育基础条件，推进科普信息化，科普教育工作有很大进步。但仍存在科普教育水平不高、国民科学素质差距较大、科普教育重视不够、科普教育供给能力有待提高等问题。“十三五”时期是全面建成小康社会的决胜阶段，国民素质和社会文明程度显著提高是今后五年经济社会发展的重要目标之一。“十三五”规划纲要已将“我国公民具备科学素质比例超过10%”纳入国民经济社会发展目标，国务院办公厅印发了《全民科学素质行动计划纲要实施方案（2016—2020）》，关键在于狠抓落实。

委员们认为，一个民族的科学素质关系到科技创新、社会和谐、社会共识、科学决策和人民健康水平。一些委员围绕“大力加强科普教育”提出意见建议。一方面，社会各界要高度重视。领导干部培训要增加科学知识的课程，鼓励科学家参与科普工作。要增加对科普工作的财政投入，有条件的科研单位要开放实验室，学校增加科普知识的教学内容，专业博物馆加强科普功能，传媒界要增加具备科技知识的人才。另一方面，要改进科普教育的方法。注重运用网络技术开展科普教育，重视科普教育的知识性和趣味性。科普教育的重点要放在青少年和农村，要发挥市场力量和社会组织的作用。委员们还就科普工作列入科技人员考评体系、天文学等列入中小学通识教育、农村科技馆建设、提高科普出版物质量等提出建议。俞正声认真听取委员发言，不时与大家交流。

全国政协副主席韩启德、万钢在座谈会上发言。中国科协党组书记、常务副主席、书记处第一书记尚勇介绍了有关情况。共青团中央书记处第一书记秦宜智、教育部副部长杜占元、科技部副部长侯建国等与委员互动交流。

全国政协一直十分关注科普教育。许多委员通过提案、大会发言、信息等形式提出加大科普教育力度的意见和建议。会前，九三学社中央和全国政协教科文卫体委员会组织部分委员分别在北京、四川、云南等地进行了专题调研。

全国政协副主席张庆黎、卢展工出席座谈会。

【中国科协第八届全国委员会常务委员会第14次会议】 1月22日，中国科协第八届全国委员会第14次常委会议在北京召开，会议由全国政协副主席、中国科协主席韩启德主持。

中国科协党组书记、常务副主席、书记处第一书记尚勇传达了中央书记处对中国科协工作的指示精神。

会议审议并原则通过了《中国科学技术协会第九次全国代表大会代表名额分配及选举办法方案》《中国科学技术协会第九届全国委员会委员候选人名额分配及推选办法方案》《中国科协第八届全委会在中国科协第九次全国代表大会上的工作报告》（审议稿）、《中国科协章程（修改草案）》（审议稿）、《中国科协事业发展“十三五”规划》（审议稿），会议要求书记处按照常委会议审议的意见做进一步的修改和完善。

会议审议通过了中国光学工程学会、中国微米纳米技术学会、中国指挥与控制学会、中国检验检疫学会申请加入中国科协团体会员事项。

中国科协党组书记处同志对会议审议事项进行了汇报。

会议还听取了《科协系统深化改革实施方案》有关情况的报告、中国科协生命科学学会联合体试点建设情况的汇报、八届常委会科学技术普及专委会工作情况的汇报，书面审阅了《中国科协第八届常委会各专门委员会2015年工作总结和2016年工作计划》。

中国科协常务副主席尚勇，中国科协副主席邓中翰、卢锡城、冯长根、刘玠、李静海、张勤、张桃林、陈赛娟、赵沁平、秦大河、唐启升、黄伯云、程东红、谢克昌，常委干勇、王诗宬、王春法、方新、孙家广、李洪、杨劼、杨玉良、吴跃、吴明江、张玉卓、欧阳竹、易小刚、周建平、郑南宁、饶子和、徐延豪、高福、曹振全、曹淑敏、屠海令、谢和平等出席会议。

中国科协党组成员、书记处书记吴海鹰，党组成员、中国科技馆馆长束为，党组成员、机关党委书记王延祜以及机关有关部门和直属单位负责人列席会议。

【中国科协第八届全国委员会常务委员会第15次会议】 5月29日，中国科协第八届全国委员会第15次常委会议在北京召开，会议由全国政协副主席、中国科协主席韩启德主持。

中国科协党组书记、常务副主席、书记处第一书记尚勇传达了中央书记处对中国科协九大筹备工作的指示精神。

会议议程还包括：审议并通过中国科协九大议程和日程安排；审议中国科协第八届全国委员会工作报告，通过《关于中国科协第八届全国委员会工作报告的决议》；听取关于修改《中国科协章程》的情况报告，审议《中国科协章程（修改草案）》，通过《关于〈中国科协章程（修改草案）〉（审议稿）的决议》；审议《中国科协事业发展“十三五”规划（2016—2020）》，通过《关于〈中国科协事业发展“十三五”规划（2016—2020）（审议稿）〉的决议》；听取关于中国科协“九大”代表选举和九届委员候选人推选情况的报告，审议中国科协第九届全国委员会常务委员会组成原则、关于授予中国科协荣誉职务的原则；审议中国科协“九大”主席团组成原则和组成人员建议名单，中国科协“九大”秘书长、副秘书长建议名单，中国科协“九大”文件起草工作委员会、组织工作委员会、代表资格审查委员会职责及组成人员建议名单；听取第七届“全国优秀科技工作者”和“全国杰出科技人才”奖评选情况以及评审结果的汇报；审议关于撤销毕华中国科协第八届全委委员职务、终止其第八届全国代表大会代表资格的事项；审议关于中国科协第八届全国委员会常务委员会委员调整的事项；书面审定《中国科协八届常委会各专门委员会工作总结及下一步工作建议》等。

常委们围绕上述议题进行了讨论，发表了意见，议定了相关事项。对需要提交中国科协八届全委会第八次会议审议的事项，韩启德要求书记处根据常委提出的意见和建议做进一步的修改或将常委会审议意见一并提交中国科协八届全委会第八次会议审议。

中国科协常务副主席尚勇，中国科协副主席邓中翰、卢锡城、冯长根、刘玠、李静海、张勤、张桃林、陈章良、陈赛娟、赵沁平、秦大河、袁家军、唐启升、黄伯云、程东红、谢克昌，常委干勇、王小兰、王春法、王恩哥、吕植、刘仓理、许振超、李洪、杨卫、杨劼、吴明江、沈爱民、张玉卓、欧阳竹、易小刚、周建平、郑南宁、饶子和、姚建年、夏强、徐延豪、高福、曹振全、曹淑敏、龚克、屠海令、樊明武等出席会议。

中国科协党组成员、书记处书记吴海鹰，党组成员、中国科技馆馆长束为，党组成员、机关党委书记王延祜，以及机关有关部门和直属单位负责人列席会议。

【中国科协第八届常委会组织建设专门委员会第五次会议】 1 月 21 日，中国科协第八届常委会组织建设专门委员会第五次会议在中国科技会堂召开。中国科协党组副书记、副主席、书记处书记、组织建设专门委员会主任张勤主持会议。组织建设专门委员会副主任齐让、姚建年、曹振全，委员刘华平、干勇、郑纬民、王晓民、张爱林、叶顺煌、秦大河、白宝玉、屠海令、刘雁飞、朱明、李森出席会议。

中国科协组织人事部部长王守东汇报了《中国科学技术协会第九次全国代表大会代表名额分配及选举办法方案》《中国科学技术协会第九届全国委员会委员候选人名额分配及推选办法方案》，中国科协创新战略研究院副院长周大亚汇报了《中国科学技术协会章程（修改草案）》。

各位委员们围绕代表、委员候选人名额分配原则，代表、委员候选人条件，《章程》中科协的任务宗旨、委员和常委纪律约束、团体会员制度等方面的内容进行了充分讨论，提出了建议。

会议听取了学会学术部部长宋军关于中国光学工程学会、中国微米纳米技术学会、中国指挥与控制学会、中国检验检疫学会基本情况汇报，审议通过了 4 个学会加入中国科协作为团体会员的申请。会议书面审议通过了《中国科协第八届常务委员会组织建设专门委员会 2015 年工作总结和 2016 年工作计划》。

【中国科协第八届常委会继续教育专门委员会第五次工作会议】 1 月 14 日，中国科协第八届常委会继续教育专门委员会第五次工作会议在中国科技会堂召开。全国人大常委、中国科协副主席、继续教育专委会主任冯长根出席并主持会议。专委会副主任郝希山，专委会委员蒲嘉陵、吴明江、杨俊华、于浩、朱成斌参加会议。专委会办公室相关负责人参加会议。中国科协办公厅、学会学术部、学会服务中心有关人员列席会议。

会议听取并审议了专委会办公室关于专委会 2015 年继续教育工作的总结和 2016 年工作思路汇报，充分肯定 2015 年继续教育工作所取得的成绩和经验，特别是开展以企业继续教育为重点的专题调研的收获和成立联合协作的全国学会继续教育工作群所取得的成果。

根据工作会议的总体部署和面临的新形势，会议确定了 2016 年工作主要思路：一是加强政策和规划设计，研究新时期科协系统继续教育的方向和定位。二是推进继续教育项目试点，着力提升质量和影响。三是坚持做强做大做新，支持学会打造继续教育品牌。四是强化横向联合，进一步发挥继续教育学会工作群的作用。

【中国科协第八届常委会继续教育专门委员会赴福建调研】 5 月 25—27 日，由全国人大常委、中国科协副主席、继续教育专委会主任冯长根带队，中国科协继续教育专门委员会专家组在福建省科协及福建省部分民营纺织企业调研继续教育工作情况。天津医科大学附属肿瘤医院院长、中国抗癌协会理事长、中国工程院院士郝希山，中科院自然科学史研究所研究员、中国科技史学会理事长廖育群，中国纺织工程学会副理事长龚进礼，中华医学会原副会长吴明江，中国宇航学会原副理事长兼秘书长杨俊华，人力资源社会保障部专业技术人员管理司继续教育处处长高擎等参与调研。

专家组先后考察了 3 家纺织行业民营企业，听取相关企业负责人汇报针对企业专业技术人员、技术骨干、青年人才的继续教育和培训，并与企业技术骨干、一线技术人员座谈交流，考察了企业的生产车间、员工培训工作室等；与福建省科协、泉州市科协及福建省级学会开展座谈，就科协系统开展继续教育工作的总体情况、经验体会及遇到的困难和困惑等开展研讨。

冯长根强调，科协系统在服务于企业继续教育方面有很大的作用，要把继续教育作为服务企业的一个重要手段，搭起高校、科研机构与企业的沟通桥梁。要高度重视民营企业人才培养和继续教育的服务和支持，要通过建设院士服务站、学会专家服务站，举办专业技能培训班等方式为企业带来最新的科技信息和科研成果，帮助企业开展继续教育工作。

【中国科协第八届常委会企业自主创新专门委员会开展调研】 1 月 7 日，中国科协第八届常委会促进企业自主创新专门委员会到广东省深圳市调研，专委会一行先后到华为公司、赛格集团、柔宇科技考察“大众创业，万众创新”新常态下企业创新发展的情况。调研组由中国科协副主席、中国工程院院士、专委会主任刘玠，以及全国政协委员、中国科协副主席、党组副书记、书记处书记张勤，中国可再生能源学会理事长石定环，中国科技新闻学会理事长宋南平，全国政协委员、中国石化集团公司科技委顾问、中国化工学会理事长、中国工程院院士曹湘洪等专委会副主任组成。

在华为公司，专委会一行参观了公司展厅，听取了企业工作汇报，并与华为公司总裁任正非进行座谈交流。在赛格创客汇及创客中心，专委会一行考察了国企在经济新常态下的转型调整工作。

1月18—21日，专委会赴黑龙江省齐齐哈尔市、大庆市调研东北老工业基地传统企业开展技术创新工作情况。刘玠、张勤、宋南平，中国科协常委、中国运载火箭技术研究院院长李洪，中国科技新闻学会副理事长、安徽省政协常委、科教文卫专委会副主任周建强等委员参加调研。

专委会委员先后走访了中国第一重型机械集团公司、北方机器有限责任公司、中车齐齐哈尔车辆有限公司，详细询问了各企业在生产、销售、运行方面的情况以及企业技术发展情况、科技创新遇到的问题等。在黑龙江省调研的建议被黑龙江省科协整理汇入向省委省政府报送的《关于助推企业创新发展全面振兴龙江的建议》得到黑龙江省委省政府领导批示，获得有关部门采纳和重视。

【中国科协第九届常委会女科技工作者专门委员会工作沟通会】 12月8日，中国科协第九届常委会女科技工作者专门委员会工作沟通会在中国科技会堂召开。中国科协副主席、女科技工作者专门委员会主任、西安电子科技大学校长郑晓静院士和部分在京的专委会委员出席会议。工作沟通会由中国科协党组成员、书记处书记、女科技工作者专门委员会副主任吴海鹰主持。

吴海鹰指出，为贯彻落实“科技三会”对中国科协的总体要求和任务，加强自身组织建设，中国科协第九届全国委员会常务委员会第一次会议审议通过郑晓静院士为女科技工作者专门委员会主任。中国科协书记处决定女科技工作者专门委员会办公室设在中国科协培训和人才服务中心，负责日常工作。专委会成员通过多种渠道进行举荐，并经过严谨的申报程序确定最终成员名单。本次会议重点研讨任期内工作规划建议框架以及2017年工作计划，为女科技工作者专门委员会第一次会议做准备。

郑晓静强调，“科技三会”使科技界和中国科协受到更高关注和期待。在此背景下，女科技工作者专门委员会委员要转换好角色，牢牢把握中国科协“四服务”职责定位，充分发挥女科技工作者专门委员会对建设科协开放型、枢纽型、平台型组织的桥梁作用。郑晓静对女科技工作者专门委员会任期内的工作提出四点建议：一是搭平台。主动搭建平台，以多角度全方位对优秀女性科技工作者进行宣传。二是举人才。加强遴选在科技界有话语权的优秀女性科技工作者，加强对优秀女性科技工作者的推荐表彰力度。三是创品牌。每年举办1～2个亮点活动，提高女性科技工作者的影响力。四是促同步。通过调研及外联的方式，了解女性科技工作者的需求并争取对女性科技工作者的政策支持，促进女性科技工作者在科技发展中同步前进。

会上，女科技工作者专门委员会办公室主任范唯介绍了2017年度工作计划建议框架和任期内五年重点工作规划建议框架起草情况。

【尚勇等中国科协党组、书记处领导与一线科技工作者座谈】 2月1日，中国科协党组书记、常务副主席、书记处第一书记尚勇一行专程赴中国工程物理研究院北京应用物理与计算数学研究所走访调研，与一线科技工作者见面座谈并看望慰问科技工作者。中国科协党组成员、书记处书记王春法，中国科协党组成员、中国科技馆馆长束为，以及中国科协调研宣传部、学会学术部负责人一同参加。

中国工程物理研究院科协主席谭志昕汇报了中国工程物理研究院相关情况和院科协所开展的工作，专项总指挥兼总设计师张维岩院士和北京应用物理与计算数学研究所所长李华及多位工作在一线的中青年科技工作者作了发言。尚勇认真听取大家的发言，并就有关问题与大家一起讨论。

尚勇表示，中国工程物理研究院是“两弹一星”元勋的聚集地，一大批为我国国防科技事业做出杰出贡献的科技工作者兢兢业业、默默无闻，奋力开拓创新，为新时期国家安全和国防科技发展发挥了关键作用，是共和国不可或缺的脊梁。希望中国工程物理研究院不断探索，在科技体制改革和创新型国家建设上创造出更多的新经验，谱写新的壮丽篇章。中国科协将发挥自身优势，加强与中国工程物理研究院的合作，在举荐优秀人才、加强学术交流、提升期刊影响力等方面对中国工程物理研究院给予积极支持。

座谈会后，尚勇等到家中看望慰问了于敏、贺贤土、李德元等院士专家，代表中国科协向他们致以新春问候，并表示几位科学家为我国科技事业做出了突出贡献，中国科协要进一步做好联系和服务工作，号召广大科技工作者学习他们对党和国家无限忠诚的爱国情怀和默默无闻的奉献精神，动员和组织广大科技工作者紧密团结在以习近平同志为核心的党中央周围，为实现中国梦和建设创新型国家做出新的更大贡献。

【尚勇看望全国政协科协界委员并参加科协界联组会议】 3月8日，中国科协党组书记、常务副主席、书记处第一书记尚勇来到全国政协科协界委员驻地，看望全国政协科协界委员并参加界别联组会议。会议由小组召集人秦大河主持。

会上，齐让、曹效业、王光谦、程津培、陈平平、田力普、钟志华、寿子琪、李兰娟、王超等10位委员围绕学习贯彻习近平总书记2013年在科协科技界联组会上发表有关创新驱动发展战略的重要讲话和习近平总书记关于科技创新论述，结合政府工作报告和“十三五”规划，分别就深化科技体制改革、增强自主创新能力、激发科技人员创新创造活力、提升全民科学素质、科普信息化等方面进行了发言。

委员们在发言中提出，实施创新驱动发展战略，是实施“十三五”规划的一条主线，战略的核心是推动科技创新与经济社会发展深度融合，关键是提升自主创新能力，基础是提高全民科学素质水平。深度融合、创新能力和科学素质三者互为条件，因果关系密不可分，因此必须高度重视公民科学素质问题，建议将“到2020年实现我国公民具备科学素质比例超过10%”的内容写入国民经济与社会发展“十三五”规划中，建议公民科学素质目标、内容和国家重点实验室等方面的内容在政府工作报告中也有所体现。

在听取委员们发言后，尚勇说，各位政协科协界委员讲真话、建真言，发言中都提出了很多富有见地的意见和建议。中国科协是科技工作者之家，科协工作核心是为科技工作者服务，服务好广大科技工作者是我们的根本宗旨。新时期，中国科协工作重点要做好“四个服务”——“为科技工作者服务、为创新驱动发展服务、为提升全民科学素质服务、为党和政府科学决策服务”，通过各种渠道和平台广泛听取科技工作者的意见和建议，反映科技工作者的合法权益，着力解决科技工作者反映强烈的合理诉求，集合广大科技工作者的集体智慧共同解决经济社会发展中存在的问题。

教育部副部长杜占元、国家知识产权局副局长贺华、中国地震局副局长赵和平、中国气象局副局长郑小峰等有关部门负责人以及中国科协办公厅、调研宣传部有关人员列席会议。

【中国科协党组、书记处领导看望老科学家和老同志】 在新春佳节来临之际，中国科协党组、书记处领导同志尚勇、张勤、徐延豪、王春法、吴海鹰、束为、王延祜分别走访看望了中国科协名誉主席周光召，在京中国科协荣誉委员何康、胡亚美、王连铮、石元春、孙大涌、李振声、张存浩、朱高峰、杨乐、闵桂荣、陈可冀、陈佳洱、聂力、顾方舟、左铁镛、刘恕、江泽慧、张玉台、国林、胡启恒、钱易、徐善衍、曾庆存、邓楠、韦钰、白春礼、齐让、陆延昌、赵忠贤、栾恩杰、马国馨、王永炎、王震西、艾国祥、杜祥琬、张开逊，以不同形式分别走访慰问了中国科协老同志和离退休干部刘恕、宋南平、沈爱民、苑郑民、王麦林、王景盛、项苏云及老领导遗属遗孀等，代表党组、书记处和全体干部职工，向他们致以诚挚问候和新春祝福，感谢他们为科协事业发展做出的重要贡献，希望他们一如既往地关心和支持科协事业发展，衷心祝愿老同志们生活愉快、福寿安康。

在走访看望过程中，中国科协党组书记、常务副主席、书记处第一书记尚勇向老科学家和老同志们介绍了2015年中国科协改革创新、事业发展取得的重大突破性进展和2016年要抓好的重点工作，以及中国科协“九大”筹备情况，征求了他们对科协工作的意见建议，并希望他们继续关心、关注和支持科协事业发展。尚勇说，各位老科学家和老同志是我们事业发展的宝贵财富，为我国科技事业发展做出了突出贡献。中国科协要成为科技工作者之家，首先要做到的就是要认真做好科技工作者的联系和服务工作，切实关心科技工作者特别是老科学家和老同志的工作和生活，为科技工作者搭好台、服好务，把科技工作者紧密团结在以习近平同志为核心的党中央周围，在建设创新型国家、实现中华民族伟大复兴中国梦的历史进程中努力发挥他们的重要作用。

尚勇还以多种形式，向路甬祥、宋健、徐匡迪等科技界的老领导和老同志祝贺新年，对他们关心支持并积极参与科协工作表示了诚挚谢意，同时也征求了他们对科协工作的意见和建议，并殷切邀请他们继续支持、指导和参与科协工作。

【全国政协科协界委员赴北京化工研究院专题调研】 5月12日，全国政协科协界委员专题调研组赴中国石化北京化工研究院，围绕如何更好发挥科技工作者的作用进行专题调研。考察调研期间，调研组召开座谈会，与一线科技工作者、科技项目管理者等进行交流座谈，实地考察了北京化工研究院。

全国政协常委、教科文卫体委员会副主任邓楠，全国政协人口资源环境委员会副主任、中国科协决策咨询专委会主任齐让，全国政协委员、中石化科技委资深委员、中国工程院院士曹湘洪，全国政协委员、中国知识产权研究会理事长田力普，全国政协委员、中国科学院理论物理研究所原所长、中国科学院院士欧阳钟灿，全国政协委员、中国科学院软件研究所计算机科学国家重点实验室主任、中国科学院院士林惠民，全国政协委员、中国铁道科学研究院主任研究员李和平，全国政协委员、中国航天科技集团公司第十一研究院研究员周伟江，全国政协委员、北京化工大学能源工程中心主任刘振宇，全国政协委员、中国石油大学（北京）教授、长江学者邓金根等参加调研。中国科协办公厅、创新战略研究院等部门和单位负责人一同调研。

调研组在中国石化北京化工研究院听取了中石化集团公司和北京化工研究院有关科技工作情况，并同一线科技人员就科研人员的断层和流失、政策如何落地、科技人员申报项目、科技风险承担机制、标准化建设的困难、企业科技人员参加国际学术会议困难、年轻科技人员的待遇、知识产权检索、科技人才评价和激励措施等方面进行了深入的交流和座谈。

2016年全国两会期间，经全国政协科协界委员集体讨论，确定2016年重点围绕“如何更好发挥科技工作者的作用”开展专题调研，下一步还将分赴高等院校、科研院所和企业，同一线科技人员交流座谈、听取意见建议，并形成调研报告以全国两会大会发言、委员联名提案的形式报送全国政协，以更好地发挥科协界别作用，促进科技事业发展，为服务创新驱动发展战略献计出力。

调研期间，调研组先后实地考察了分析研究室大型仪器实验室、乙烯实验室模拟裂解装置、聚烯烃国家工程研究中心等，听取实验室负责人有关工作情况汇报。

【中国科协代表调研课题专项资助活动】 8月5日，中国科协八大代表2015—2016年调研课题成果评审会议召开。全国政协人口资源环境委员会副主任、中国老科学技术工作者协会常务副会长齐让担任评审组组长，中国科协党组成员、书记处书记吴海鹰担任评审组副组长并主持会议，中国科协机关相关部门和有关直属单位负责人担任评审组成员。

本次评审涉及52位八大代表牵头完成的51项调研课题，其中由全国学会代表牵头完成的课题23个，地方科协代表牵头完成的课题27个，还有1位军队系统的八大代表牵头完成的课题。这些调研课题是2015年10月经评审后获得专项资助的代表们历时数月完成的，涉及学会工作、科普工作、人才工作、基层科协组织建设等多个方面。

评审组从选题角度、调研方法、篇章文字、问题分析、对策建议等多个方面对调研报告进行了评阅，评委们结合本部门或单位工作实际进行交流发言，一致认为此次调研报告整体质量较高，反映问题比较客观，对策建议较有针对性，并对如何更好发挥这些研究成果的效用、做好九大代表调研课题专项资助提出很多建议。

吴海鹰说，2015—2016年八大代表调研课题成果具有三个特色：更加聚焦科协工作、选题更有新意、突出调研特点。调研报告中有丰富的问卷调查内容，提供了大量调查数据，对科协开展相关工作具有很重要的参考价值，各相关部门和单位可分门别类研究本领域的课题成果，逐步形成更全面的研究成果。齐让强调，代表调研课题专项资助活动有其特殊意义，进一步加强了代表和科协组织的密切联系，建议做好调研报告成果利用的后续工作，为下一步开展九大代表调研课题专项资助活动做好准备。

10月14日，中国科协九大代表调研课题资助评审会召开。齐让担任评审组组长并主持会议，中国科协机关相关部门和有关直属单位负责人担任评审组成员。

中国科协办公厅作了关于课题申报、前期评审、下一步工作建议等有关情况的汇报。2016年的九大代表课题资助活动围绕科协重点和热点工作，采取命题的形式，代表从选题目录中选择相关课题进行申报，选题包括“网上科协”互动模式研究、国外科技社团服务高级会员方式和机制研究、科技社团对科技工作者进行精准化服务方式调研等20个调研题目。通知印发后，得到九大代表积极响应，各全国学会和省级科协也积极组织代表进行课题申报，共收到课题申报材料224份。

评审会上，经评委们认真评议并现场投票，最终确定资助 45 个课题。齐让指出，代表调研课题资助活动是提升代表履职意识和能力、促进代表作用发挥的重要方式，开展四年来取得了良好效果。这次资助活动是九大召开后第一次开展，代表积极性很高，课题申报书的质量水平也普遍较高。课题目录围绕《科协系统深化改革实施方案》，由部门参与题目制定，办公厅会同调宣部等汇总研究确定了课题目录，20 个调研题目突出科协重点和热点工作，针对性较强。科协机关各部门要将代表的调研课题和本部门展开的调研项目优化组合，增加调研成果利用率，为科协开展相关工作提供可靠参考。

【中国科协求是杰出青年奖获奖者座谈会】 9 月 24 日，中国科协求是杰出青年奖获奖者座谈会在陕西省西安市举行。中国科协副主席、中国科学院副院长李静海，中国科协党组成员、书记处书记吴海鹰，中央军委政治工作部干部局副局长刘惠斌，求是奖评审委员会办公室、求是科技基金会及有关部门和单位负责人出席座谈会。吴海鹰主持座谈会。

与会获奖者结合各自工作领域进行了交流，就科技创新、科技体制改革、促进企业科技成果转化、科技创新自信、科研与科普结合等方面谈了自身认识。围绕青年人才培养、创新环境营造、科普工作等提出了意见和建议。

李静海向获奖者表示祝贺，希望大家珍惜荣誉，不辜负老一辈科学家的殷切期望，在科研工作中始终要有争当第一的决心，要有卓越的理念和正确的价值观念，作为优秀的科技工作者的代表，要有社会责任感和责任担当。

5 月 4 日，第十九届中国科协求是杰出青年奖评审会议在北京召开。经评审委员会审议通过，共有 25 名青年科技工作者获奖，其中实用工程奖 15 名、成果转化奖 10 名。截至 2016 年，中国科协求是杰出青年奖共评选产生 400 余名获奖者。其中，实用工程奖共评选产生 280 余名获奖者，多数已成为国防科技领域学术带头人。成果转化奖共评选产生 100 余名获奖者，中国科协在其创业阶段给予支持。在这中间，涌现出了许多优秀企业家，在高新技术领域取得了突出成就，如杨元庆、郭为、梁稳根、邓中翰、田溯宁、李彦宏、马化腾、王传福、罗永章、雷军等。

【中国科协地方科协党组书记座谈会】 9 月 24 日，中国科协在陕西省西安市召开地方科协党组书记贯彻落实中央部署、深化地方科协改革座谈会。中国科协党组书记、常务副主席、书记处第一书记尚勇主持会议并讲话，党组成员、书记处书记王春法、吴海鹰、束为、项昌乐，党组成员宋军出席会议。全国 31 个省、自治区、直辖市，以及 14 个副省级城市科协有关负责人参加会议。会议围绕贯彻落实中央部署、深化地方科协改革进行了交流讨论。

与会同志认为，中央印发的《科协系统深化改革实施方案》赋予了科协系统特色鲜明的功能定位，通过深化改革，使科协系统真正成为党领导下团结联系广大科技工作者的人民团体、成为提供科技类公共服务产品的社会组织、成为国家创新体系的重要组成部分。各地科协工作目标明确，工作思路清晰，在服务科技工作者、服务创新驱动发展、服务提高全民科学素质、服务党和政府科学决策与加强自身建设等方面不断深化改革，工作活跃，富有成效。

尚勇在总结讲话中指出，各级科协在落实中央部署、深化科协系统改革的各项工作中抓得紧、落得实，谋划协调能力不断增强，长效工作机制相继建立。总体来说，取得了三方面的显著提升：一是科协系统整体工作能力取得显著提升，二是在党委和政府中的地位取得显著提升，三是社会影响力取得显著提升。

尚勇强调，下一步要重点做好五个方面工作：一要进一步全面推进各地科协系统全面深化改革，做好改革工作的路线图和时间表的谋划，特别要加强基层组织建设，通过全面改革学会治理结构和治理方式，充分激发学会发展活力；二要推动科普工作再上新台阶，完善公民科学素质指标体系，大力推广公民科学素质读本，做好科普资源的“四进”，真正让科普信息化工作落地；三要在开展“创新争先”行动上出思路、创新招，充分调动高校科协和企业科协参与，联合科技管理部门设立项目和奖项，促进“创新争先”行动取得实效；四要扎实推进创新驱动助力工程和双创工作，不断创新专利信息推送渠道，促进学会科技成果转化，聚合海外智力，积极开展双创评估等工作；五要在科技精准扶贫方面抓落实，动员科技工作者成立种植养殖服务队，统筹科普惠农经费向基层、向贫困地区倾斜，调动科普、人才等优势资源助力精准扶贫，率先在一批有基础、有思路的省会做出示范，取得成效。

【中国科协九大代表首期履职培训班】 11 月 21—23 日，中国科协首期九大代表履职培训班在中国科技会堂举行。中国科协党组成员、书记处书记吴海鹰出席，传达了中国科协党组书记、常务副主席、书记处第一书记尚勇对代表服务工作的批示：贯彻实施好代表任期制是落实中央党的群团工作会议精神，不断深化科协系统改革的一项重要举措。中国科协全国代表大会代表不仅是我国科技事业的中坚力量，也是中国科协的领导力量和最为宝贵的智力资源，是中国科协联系凝聚广大科技工作者的重要纽带。做好代表服务工作，促进代表积极履职，对于科协系统更好地履行“四服务”职能，推动开放型、枢纽型、平台型科协组织建设，提升民主办会水平意义重大。下一步代表服务工作要在完善配套制度、深化平台建设、强化网络作用等方面继续努力，为代表更好履职提供坚强保障。

中国科协常委、中国航空发动机集团有限公司总经理助理、科技委副主任向巧，中国科协常委、国家海洋局第二海洋研究所海底科学实验室副主任韩喜球，中国矿业大学（北京）深部岩土与地下工程国家重点实验室主任、中国科学院院士何满潮，山西焦煤集团总经理、中国工程院院士金智新，部分全国学会理事长、秘书长，部分地方科协党组书记，来自科研院所、高等院校和基层的科技工作者等共计140余位中国科协九大代表参加培训。

吴海鹰作了题为“深入学习党的十八届六中全会精神，强化政治引领，做好代表服务工作”的专题辅导报告。她结合科技界实际，深入阐述了学习党的十八届六中全会精神的重大意义，强调中国科协九大代表作为全国8100多万科技工作者中的优秀代表，作为科协组织全国领导机构的组成人员，作为科协组织联系广大科技工作者的重要枢纽和节点，必须发挥引导、表率作用，在学习贯彻六中全会精神上走在前头，坚决贯彻习近平总书记治国理政新理念、新思想、新战略，全面落实好习近平总书记系列重要讲话精神特别是科技创新思想，坚定不移地与以习近平同志为核心的党中央保持高度一致。

吴海鹰还从实施好代表任期制，切实发挥代表作用；积极探索代表服务工作的内容和方式，为代表履职提供保障；与时俱进，不断创新和提升代表服务工作等三个方面对中国科协做好代表服务工作，实施代表任期制的主要举措进行了全面阐述。

培训班特邀中国科协党组成员、书记处书记王春法和中国科协调研宣传部（改革工作办公室）部长郭哲作专题辅导报告。王春法就学习习近平总书记科技创新思想，作了题为“习近平科技创新思想与科协组织的使命”的报告，从十个方面深刻阐述了习近平科技创新思想的科学内涵，从“全球视野、历史纵深、战略高度、问题导向、机遇意识、以人为本”六个方面总结了习近平科技创新思想的特点。重点分析了新形势下科协组织的历史使命，介绍了科协系统深化改革实施方案要点、在科技工作者中开展“创新争先行动”实施初步方案。

郭哲作题为“变革时代的科协事业转型升级”的报告，从新一轮科技和产业变革、国家创新体系建设、“四个全面”战略布局和中国特色群团发展四个维度阐述了科协系统深化改革的时代背景，提出了促进“三型组织”建设的路径，并就科协系统开展的“创新争先行动”等进行了详细解读。

【全国科协系统对口援藏工作座谈会】 9月25日，全国科协系统对口援藏工作座谈会在陕西省西安市召开。中国科协党组书记、常务副主席、书记处第一书记尚勇出席会议并讲话，西藏自治区党委常委、区直机关工委书记多托出席会议并致辞。中国科协党组成员、书记处书记束为主持会议并作总结讲话。中国科协机关、直属单位有关负责人、部分全国学会、17个对口援藏省市科协、西藏自治区各地州市的领导、西藏自治区各级科协领导，以及来自基层农技协、企业科协等代表共110多人参加会议。

会议总结交流了近两年来科协系统对口援藏工作情况，分析形势、研究部署“十三五”时期科协系统对口援藏任务，重点提出要牢牢把握改善民生、凝聚人心这个出发点和落脚点，充分发挥人才资源和科技资源优势，集中优质科普资源，力争使西藏地区的公民科学素质提高到5%以上的总目标。据统计，2014年以来，各对口援藏有关部门、省市科协主动对接西藏科技、社会发展实际需求，在项目资金、科技创新、人才培养、设施建设和科普工作等方面给予西藏大力支持，累计投入援藏资金约8100万元，有力地支持西藏地区的建设发展。

尚勇在座谈会上讲话指出，科协系统对口援藏工作要牢牢把握改善民生、凝聚人心这个出发点和落脚点，充分发挥人才资源和科技资源优势，集中优质科普资源，力争使西藏地区的公民科学素质在现有1.93%的基础上，提高到5%以上。围绕这一总目标，全国科协系统要帮助西藏重点做好五个方面工作并取得实效：一是坚持以重点人群为着力点，推进西藏公民科学素质跨越式提升；二是坚持以推进科普资源和设施建设为着力点，实施科普服务精准推送；三是坚持以实施“一带一路”倡议为着力点，大力提升科技创新和成果转化能力；四是坚持以强化科技人才队伍建设为着力点，为创新型西藏提供智力支撑；五是坚持以提高西藏各级科协自身建设为着力点，大力提升科技服务能力。

多托在致辞中对科协系统给予西藏地区各项事业的大力支持表示衷心感谢。他表示，“十三五”期间，西藏自治区将以建设创新型西藏为核心，紧紧抓住全国科协系统支持西藏科协发展机遇，着力建设好学术交流、创新创业、人才成长、科学普及、决策服务的平台，加快推进工作手段信息化、组织体系网络化、治理方式现代化，为推进西藏经济社会发展和长治久安提供重要支撑。

会前，对口援藏省市科协、有关学会、协会、企业与西藏各受援地市分组进行对口会商和项目洽谈对接。

【全国科技助力精准扶贫工程动员部署电视电话会议】 11 月 14 日，全国科技助力精准扶贫工程动员部署电视电话会议在北京召开。全国政协副主席、中国科协主席、科技部部长万钢，中国科协党组书记、常务副主席、书记处第一书记尚勇，国务院扶贫办党组书记、主任刘永富，农业部副部长张桃林，中国科协党组副书记、书记处书记徐延豪，中国科协党组成员、书记处书记王春法、吴海鹰、束为、项昌乐，党组成员宋军出席会议。尚勇主持会议并作总结讲话。

电视电话会议设置 1 个主会场和 36 个分会场。中国科协机关部门、直属单位负责同志，北京市科协、农业局的有关负责同志，在京全国学会负责人近 400 人参加主会场会议。各省、自治区、直辖市、计划单列市和新疆生产建设兵团科协、扶贫办和农业厅（局）有关负责同志近 2000 人参加 36 个分会场会议。

万钢传达国务院副总理汪洋对组织实施“科技助力精准扶贫工程”的重要批示，对贯彻落实批示精神提出具体要求。万钢强调，要深入贯彻落实中央精准扶贫战略部署，进一步增强打赢脱贫攻坚战的责任感、使命感和紧迫感，把开展科技精准扶贫作为开展创新争先行动的重要内容，为打赢脱贫攻坚战提供坚强有力的科技支撑。要紧密围绕中央确定的“五个一批”战略重心，拓展科技扶贫的新空间。要坚持问题导向，精准发力，力求科技扶贫取得更大实效。要创新科技助力精准扶贫理念和方式，处理好外扶与内力的关系，发挥科技“倍增器”作用，把中央地方、系统内外的一切资源、一切积极因素全部调动起来，着力打造脱贫攻坚新格局。

徐延豪宣读了由中国科协、农业部、国务院扶贫办联合印发的《科技助力精准扶贫工程实施方案》。

尚勇在总结讲话中指出，要从政治、战略和全局的高度充分认识科技助力精准扶贫工作的重要性，自觉把思想和行动统一到中央的决策部署上来，进一步坚定打赢脱贫攻坚战的信心和决心。要会同各级农业部门和扶贫部门，大力组织科技专家和基层农技协等科技组织深入到贫困地区乡村、学校和企业，深入到田间地头，围绕科技培训、农技服务、就业指导、农村科普等方面，扎实开展精准结对帮扶工作，做到“真扶贫、扶真贫”，确保方案提出的各项目标任务圆满完成。要加强组织领导、强化东西帮扶、加强资源整合、强化作风保障，扎实推进助力扶贫工程的顺利实施，为如期实现脱贫攻坚总目标做出应有贡献。

【中国科协代表我国正式加入《华盛顿协议》】 6 月 2 日，在马来西亚吉隆坡举行的国际工程联盟 2016 年会议（IEAM 2016）上，《华盛顿协议》全票通过中国科协（CAST）代表我国由《华盛顿协议》预备会员转正，成为该协议第 18 个正式成员，这是我国科技组织在国际舞台上取得重要话语权的标志。通过中国科协所属中国工程教育专业认证协会（CEEAA）认证的中国大陆工程专业本科学位将得到美、英、澳等所有该协议正式成员的承认。

此次加入《华盛顿协议》，有利于提高我国工程教育质量、促进我国按照国际标准培养工程师、提高工程技术人才的培养质量，是推进我国工程师资格国际互认的基础和关键，对于我国工程技术领域应对国际竞争、走向世界具有重要意义。

《华盛顿协议》是一项工程教育本科专业认证的国际互认协议，1989 年由美国、英国、加拿大、爱尔兰、澳大利亚、新西兰 6 个国家的工程专业团体发起成立，旨在建立共同认可的工程教育认证体系，实现各国工程教育水准的实质等效，促进工程教育质量的共同提高，为工程师资格国际互认奠定基础。《华盛顿协议》所有签约成员均为本国（地区）政府授权的、独立的非政府专业性团体，目前 18 个正式成员包括澳大利亚、加拿大、中国、中国台北、中国香港、印度、爱尔兰、日本、韩国、马来西亚、新西兰、俄罗斯、新加坡、南非、斯里兰卡、土耳其、英国、美国，6个预备成员为孟加拉国、哥斯达黎加、墨西哥、巴基斯坦、秘鲁、菲律宾。

国际工程联盟目前包括《华盛顿协议》《悉尼协议》《都柏林协议》《国际职业工程师协议》《亚太工程师协议》和《国际工程技术员协议》6个协议，其中《华盛顿协议》是国际工程师互认体系六个协议中最具权威性、国际化程度较高、体系较为完整的“协议”，是加入其他相关协议的门槛和基础。

我国从2005年起启动了全国工程师制度改革协调工作，中国科协作为全国工程师制度改革协调小组副组长单位，负责参与综合性国际工程师组织举行的活动，促进相关领域的国际互认。随着我国实施更加开放的人才政策，开发利用国内国际两种人才资源、确立人才竞争比较优势等项工作逐步深入，工程技术人才国际交流合作日益频繁，加入国际工程教育互认体系的需求日益紧迫。

2013年1月底，中国科协正式向《华盛顿协议》秘书处提交了中国科协作为预备成员加入《华盛顿协议》的申请报告。2013年6月19日在韩国首尔举行的IEAM《华盛顿协议》会议上，中国科协八届副主席、书记处书记张勤代表中国科协作了申请成为《华盛顿协议》预备会员陈述并就各正式成员提问进行答辩。之后，经全体正式成员闭门表决，全票通过接纳中国科协为《华盛顿协议》预备成员。按照《华盛顿协议》要求，2016年1月由来自新加坡、美国、爱尔兰的3位专家组成的考察小组，代表《华盛顿协议》秘书处实地考察了CAST/CEEAA对北京交通大学和燕山大学共计四个专业的入校认证过程。考查小组认为，CAST/CEEAA的认证过程符合《华盛顿协议》要求，认证结论与其他各正式成员实质等效，建议同意中国科协由预备会员转为正式成员。2016年6月2日《华盛顿协议》闭门会议期间，所有正式成员对考查小组的报告进行讨论并就推荐结果进行投票，最终全票通过中国科协转正。

张勤率领由中国科协、教育部、人力资源和社会保障部、中国工程教育专业认证协会和中国国际科技交流中心等多家单位共同组成的代表团，参加了于5月30日至6月3日在马来西亚吉隆坡举行的国际工程联盟2016年会议。

【中国科协与中国作协就战略合作进行会商】 11月16日，中国科协党组副书记、副主席、书记处书记徐延豪在中国科技会堂会见中国作协党组成员、书记处书记、副主席白庚胜一行。双方就加强中国科协和中国作协战略合作进行了会商。

徐延豪表示，中国作协是党和政府联系广大作家、文学工作者的桥梁和纽带，是繁荣文学事业、加强社会主义精神文明建设的重要社会力量。中国科协与中国作协应进一步加强合作，共同培养科普科幻创作人才，促进科普科幻创作，用文学和艺术的手法表达丰富的中国科技历史文化，用老百姓喜闻乐见的方式传播科学，在全社会营造科学氛围，增强广大人民群众的文化自信，为中国梦提供强大的精神支撑。

白庚胜表示，中国作协将与中国科协开展更加紧密的交流与合作，共同为推动科技文化的繁荣发展、提升中华民族的文化自信做出更大贡献。他就组织科普科幻作家培训、促进科普科幻青年创作人才成长、重大科普文创选题等提出了具体的合作建议。

中国科协科普部部长杨文志、中国科普研究所所长王康友、中国作协创联部副主任冯秋子等参加会见。

【中国科协事业发展“十三五”规划编制颁布】 6月2日,《中国科协事业发展“十三五”规划》经中国科协第九次全国代表大会审议通过并颁布实施。中国科协“十三五”规划充分体现了认真贯彻落实习近平总书记在“科技三会”上的重要讲话精神、中央群团工作会议精神和科协系统深化改革部署等要求。同时，在设计制定中，注重加强了中国科协“十三五”规划与国家“十三五”规划，以及国家中长期人才发展规划、国家中长期科学和技术发展规划等专项规划的有机衔接，取得了中国科协“十三五”规划工作的诸多创新和突破。中国科协“十三五”规划明确了未来五年中国科协事业发展思路、重点任务、目标和实施原则，是中国科协“十三五”事业发展的指导性文件。规划共十章，以创新争先行动为引领，提出“推动创新、强化服务、拓展提升、开放协同、普惠共享”五大理念和“推进服务创新驱动发展平台建设、推进学会改革与创新能力建设”等七大建设任务，部署32项重点任务和99项工作，提出全面深化学会治理体系改革等改革任务，明确大力组织实施创新争先行动计划、创新驱动助力工程、“互联网+科普”、青年科技人才托举工程等重点项目。

【中国科协系统综合统计指标体系修改】 为贯彻落实习近平总书记在“科技三会”上的重要讲话精

神，中国科协计划财务部以《中国科学技术协会事业发展“十三五”规划（2016—2020）》《科协系统深化改革实施方案》为主要依据，充分体现科协组织为科技工作者服务、为创新驱动发展服务、为提高全民科学素质服务、为党和政府科学决策服务的职责定位，反映开放型、枢纽型、平台型科协组织特点，坚持科学性、实用性、延续性、可行性、可比性原则，组织修改中国科协系统综合统计指标体系。指标体系修订经中国科协书记处会议审议通过，并报国家统计局批准。

修改后的中国科协综合统计指标体系指标数达到 272 个，其中新增指标 97 个。重点新增反映科协系统组织建设的改革发展情况的“驻会领导班子人数”“代表大会人数”“专门委员会 / 专门工作委员会”等指标 26 个；反映服务科技工作者情况的“向省部级（含）以上科技奖项和人才计划（工程）举荐人才数”“设立科技奖项数”“宣传科技工作者人次”等指标 19 个；反映服务创新驱动发展情况的“建设双创服务平台 / 中心”“开展推进大众创业万众创新活动”“学会联合体”等业务类指标 14 个；反映服务提高全民科学素质情况的“实行免费开放的科技馆”“科普中国 e 站”“主办科普 APP”等业务类指标 25 个；反映服务党和政府科学决策情况的“组织政协科协界委员协商或调研活动”“组织政策解读活动”“发布智库品牌报告”等业务类指标 13 个。指标体系设计科学合理、系统规范、实用可行，更能全面、系统、客观反映科协事业发展新状况和新格局，为指导科协事业发展科学决策提供基础数据和参考依据。

【2016 年智库和宣传工作培训会】 中国科协调研宣传部于 5 月 3—5 日在北京举办 2016 年智库和宣传工作培训会。中国科协党组成员、书记处书记王春法出席会议并讲话。他强调，要进一步明确方向，开展好科技工作者状况调查、加强对科技工作者的政治思想引领、组织科技相关重大问题研究、加强科协组织和科协工作研究、建好智库和宣传工作平台，推动智库和宣传工作提升为科协的中心工作。

调研宣传部部长郭哲作了题为“变革时代的科协系统深化改革”的发言，强调智库宣传工作要紧紧围绕科协系统深化改革实施方案的主线，加大对改革联系服务科技工作者的体制机制、全面改革学会治理结构和治理方式、创新面向社会提供公共服务产品的机制、加强对科技工作者的政治引领四个方面 19 项重要改革任务的全面支撑，有针对性地开展前瞻性研究，宣传地方科协、学会改革实践。郭哲在总结发言中表示，当前智库建设情况存在区域差异较大的现象，未来应按照中央关于中国特色智库建设整体布局，进一步深化改革，强化智库建设的战略支点，形成小中心大外围的网络化智库发展格局，推进智库建设与宣传工作加速融合，合力推进科协系统调研宣传工作再上新台阶。

会上，传达了中央宣传部长会议有关精神。中国科协创新战略研究院院长罗晖、中国科学院科技政策与管理科学研究所党委书记穆荣平、中国科学技术发展战略研究院科研组织管理办公室主任邵学清、中央电视台新闻中心资深策划余仁山分别作了题为“深化改革与建设高端科技创新智库”“中国科学院建设科技智库的思路和举措”“科技部战略院建设国家科技创新高端智库的探索与未来设想”“实行新闻供给侧改革，推动多方共赢”的授课。围绕智库建设与宣传工作的思路、体会和存在问题，与会代表进行了交流研讨。江苏省、湖北省、重庆市、北京市科协以及生命科学学会联合体分别在大会上作典型发言。

各省（自治区、直辖市）科协、新疆生产建设兵团科协、副省级城市科协和部分全国学会的有关负责人，中国科协调宣部、创新战略研究院、学会服务中心有关负责人参加培训会。

【中国科协发布智库建设“十三五”规划】 2016 年，为落实中共中央办公厅、国务院办公厅印发的《关于加强中国特色新型智库建设的意见》等文件精神，中国科协出台了《中国科协高水平科技创新智库建设“十三五”规划》（简称《规划》），按照推动创新、强化服务、拓展提升、开放协同、普惠共享的工作理念，强化学会主体和试点示范，广泛促进上下联动，在释放改革动力中不断强化科协智库发展的系统优势。

《规划》以强化政治担当、突出高端引领、注重开放协同、坚持人才驱动的基本原则，以开展国家科技创新智库体系建设、推进智库人才队伍建设、加强智库成果转化平台建设、做好科技工作者政策服务能力建设、实施重大问题研究专项、实施重大评估专项、实施智库基础设施建设专项为重点任务，到 2020 年，按照“小中心、大外围”的模式，系统优化资源配置，建成创新引领、国家倚重、社会信任、国际知名的高水平科技创新智库，为国家科技创新战略和体制改革提供决策支撑，成为集中科技界智慧、反映科技界情况的重要渠道和第三方评估的重要力量。

【中国科协启动实施“高端科技创新智库青年项目”】 按照《科协系统深化改革实施方案》有关要求，为扎实推进中国科协高水平科技创新智库建设，2016年中国科协启动实施“高端科技创新智库青年项目”。该项目每年开展一次，每年资助50项左右，资助强度为10万元/项，资助期限为1年。项目旨在充分发挥项目资助在培养青年科技政策研究人员的创新能力和科研能力的重要作用，加强对创新型青年人才的培养，打造中国科协科技创新智库后备人才队伍。

2016年选拔支持了首批49位博士、博士后研究人员，支持他们围绕创新驱动和世界科技强国建设潜心开展科技政策及经济、金融、科技、产业与政策交叉领域相关研究，打造科技创新智库后备人才队伍。

【《科协系统深化改革实施方案》落实工作推进会】 经中国科协党组研究决定，由中国科协调宣部挂副牌改革协调办公室，承担科协系统深化改革协调工作。为全面贯彻中央关于科协改革工作的指示精神，确保《科协系统深化改革实施方案》（以下简称《方案》）各项任务落实到位，7月27日上午，改革协调办公室组织召开《方案》落实工作推进会。中国科协党组成员、书记处书记王春法出席会议并作总结讲话。中国科协党组成员兼学会学术部部长、企业工作办公室主任宋军，办公厅、组织人事部、调研宣传部、学会学术部、科学技术普及部、国际联络部、机关党委等改革任务牵头部门的有关负责人出席会议，并详细介绍了各自牵头负责的改革任务进展情况。会议由改革协调办公室主任郭哲主持。

会议强调，要认真贯彻落实刘云山同志代表党中央在中国科协九大祝词中关于改革工作的指示精神，严格对标《方案》，加大工作力度，精心组织实施，确保在一些重要方面和关键环节尽早取得突破。会议明确了近期拟重点推进的10项改革任务，具体包括：加强基层科协组织建设；建设网上科协、打造中国科学文化传媒集团；改革人才培养、选拔、奖励和宣传机制；全面改革学会治理结构和治理方式；改革学术交流评价支持机制、优化学术环境；引导学会助力创新发展、推动产业协同创新共同体建设；推动科普信息化服务体系建设；建设开放高端科技创新智库；拓展对外科技人文交流渠道；加强对科技工作者的政治引领等。

王春法在总结讲话中提出3点要求：一要抓好10项重点任务的落实。改革协调办公室要加强对重点任务落实情况的督查、协调力度。二要强化改革思维。不能用日常工作来代替改革任务，而要针对中央《方案》中明确的改革任务，进一步体现改革思维，适应科协工作新常态，创新工作思路、体制机制和工作方式。三要办好《改革专报》。各牵头部门要及时将改革进展情况、典型经验、存在突出问题等发送至改革协调办公室，同时确定改革工作的联系处室，加强联系互动。改革办组织编印《改革专报》，及时反映改革工作重要进展，报送有关中央领导同志以及中央改革办等部门参考。

【2016年地方科协深化改革工作交流研讨活动】 9月22日，2016年地方科协深化改革工作交流研讨活动在河南省郑州市举办。中国科协党组成员、书记处书记王春法参加交流研讨活动并作总结讲话。来自30个省级科协、重庆市合川区科协以及中国科协调研宣传部、创新战略研究院等单位的近90人参加活动。中国科协调研宣传部（改革工作办公室）部长郭哲主持。

各省、自治区、直辖市科协有关改革工作负责人分别交流了本地区改革工作的主要进展、典型经验和存在问题。重庆市合川区科协作典型发言，带来了基层科协改革的鲜活经验。

王春法在总结讲话中充分肯定了各地科协深化改革工作的成效，指出这些经验对于深入推进改革具有重要意义，要相互学习借鉴。王春法强调，各地科协要准确把握中央对科协系统深化改革的要求，吃透中央精神，牢牢抓住科协改革的逻辑主线，着力把握好“三型”组织新要求、“三大功能”新定位，“四个服务”新使命，突出重点任务，确保改革的正确方向。要充分认识当前地方科协深化改革面临的严峻挑战，加快解决责任意识和紧迫意识不强、政策措施缺乏精准性、思想不够解放、科协系统内部整合协调不够等问题，确保在一些重要方面和关键环节尽早取得突破。

【全国学会改革工作交流推进会】 为深入了解全国学会改革的最新进展，推动改革经验交流，研究解决难点问题，确保各项改革任务落地，10月21日上午，中国科协改革工作办公室组织中国林学会、中国农学会、中国药学会等17全国学会办事机构的负责人，召开全国学会改革工作交流推进会。中国科协党组成员、书记处书记王春法，中国科协党组成员兼学会学术部部长、企业工作办公室主任宋军出席会议并讲话。中国科协调研宣传部（改革工作办公室）部长郭哲主持会议。

中国科协学会学术部汇报了 207 家全国学会的改革整体进展情况，17 家全国学会详细汇报了各自改革的主要进展、存在问题和下一步工作考虑。与会人员围绕学会党建“两个全覆盖”、与挂靠单位“脱钩”、工作人员队伍建设等热点问题进行了深入交流研讨，对科协相关工作提出意见建议。

王春法指出，全面改革学会治理结构和治理方式是中央《科协系统深化改革实施方案》中明确的一项重要任务，包括团体会员制度、治理结构、治理方式、组织方式改革以及党建工作等 5 部分内容。中国科协党组高度重视学会改革，并积极创造条件，为学会改革提供有力支撑和政策保障。

王春法强调，今后全国学会改革工作要注重以下五方面问题：一要切实增强改革的紧迫感，不拖延、不等靠，学会改革工作要有专人负责，持续推进，抓紧抓实，抓出新形象、抓出新声音、抓出新变化。二要大胆探索，勇于创新。聚焦个人会员收费、学会“脱钩”等老大难问题，积极试点，努力争取。三要特别关注中国科协网上科技工作者之家建设工作，将学会自身建设的专业网站（网络社区）同中国科协相关网页互联互通、资源共享。四要改革会员管理制度，在继续发展团体会员的同时，鼓励团体会员的科技工作者作为个人会员加入学会，注重发展 35 岁以下的年轻科技工作者，要珍惜学会组织体系中重要职位的人选确定工作。五要抓紧推进学会党建工作，“两个全覆盖”是中央的明确要求和硬任务，必须按时间节点完成。中国科协近日召开了学会党建工作会，成立了科技社团党委，印发了党建工作意见，未来将进一步加大对学会党建工作的推动和支持力度。

【2016 年科协系统深化改革工作电视电话会议】 11 月 14 日下午，2016 年科协系统深化改革工作电视电话会议在北京召开。全国政协副主席、中国科协主席、科技部部长万钢，中国科协党组书记、常务副主席、书记处第一书记尚勇出席会议并讲话。中国科协党组书记处同志、在京全国学会理事长（秘书长）、中国科协机关各部门和直属单位有关同志在北京主会场参加了会议，各省（自治区、直辖市）科协和计划单列市科协有关负责同志、秘书处设在京外的全国学会有关负责同志在各分会场参加了会议。会议由中国科协党组成员、书记处书记项昌乐主持。

中国科协党组成员、书记处书记王春法作了关于科协深化改革进展情况的报告，从领导机构和机关改革、改革联系服务科技工作者的体制机制、学会治理结构和治理方式、面向科技工作者和社会公众提供公共服务产品的机制、对科技工作者的政治思想引领等 5 方面汇报了改革主要进展。中国电子学会、重庆市科协、江苏省科协的有关负责同志作了典型发言。

万钢充分肯定了全国学会和地方科协的改革进展，对下一步深化改革工作提出三点明确要求：一是深入贯彻落实党的十八届六中全会精神，通过改革不断强化科协组织作为人民团体的政治属性，把科技工作者更广泛更紧密地团结在党的周围；二是要突出开放型、枢纽型、平台型的组织优势，推动学会有序承接政府转移职能，围绕科技创新全链条提供有效服务，建立普惠共享的现代科普体系，以第三方评估为引领建设科技创新智库，努力提供更多更高水平的科技类公共服务产品；三是准确把握科协组织肩负的历史使命，深刻理解习近平总书记对中国科协各级组织提出的明确要求，打造好“创新争先行动”品牌，努力成为建设世界科技强国的重要创新力量。

【组织编写《新科技知识干部读本》】 党的十八大以来，习近平总书记就当代科技革命的发展、国际竞争趋势和我国创新驱动发展战略实践等重大问题做出一系列重要论述，形成博大精深的科技创新思想，为我国走中国特色自主创新道路提供了重要理论指针。为深入落实习近平总书记系列指示精神，进一步激励各级领导干部带头学习科技新知的热情，满足各级领导干部不断增强的现代科技知识需求，增强把握当代科技发展浪潮的能力，在中央组织部等部门的指导支持下，中国科协组织编写了《新科技知识干部读本》（简称《读本》）。《读本》编写工作自 2015 年 12 月启动，由 57 位院士专家担任编委，内容涵盖当代科技发展前沿和新兴产业发展，力求突出科学性、前瞻性，又强调实用性和针对性。2016 年 11 月，《读本》正式出版发行。

【中国科协正式启动全面创新改革试验第三方评估工作】 11 月 8 日下午，中国科协在北京召开全面创新改革试验第三方评估工作启动会，对相关工作进行部署。中国科协党组成员、书记处书记王春法，中国科协副主席、中国科协决策咨询专委会主任、中国运载火箭技术研究院院长李洪，清华大学社会科学学院副院长李正风，北京大学首都发展研究院副院长蔡满堂，南开大学城市与区域经济研究所所长江曼琦，中国城市规划学会副理事长石楠，中国科学院大学人文学院教授胡志强，北京城市管理学会常务副理事长张耘等出席会议。中国科协调研宣传部部长、改革协调办公室主任郭哲主持会议。

王春法对全面创新改革试验第三方评估做了动员讲话。他指出，全面创新改革是新时期下，党中央、国务院提出的重大战略，是协调推进“四个全面”战略布局的关键举措，对于贯彻落实创新驱动发展战略、加快建设创新型国家具有重要意义。要举科协系统之力，做好全面创新改革试验区评估工作。在开展评估工作时要站在国家战略的高度和第三方的立场，对创新改革情况给出客观、公正、严谨、科学的评价，并为下一步的改革创新提供实用、特色、科学的建议。

中国科协创新战略研究院院长罗晖对全面创新改革评估的背景进行了介绍。全面创新改革试验区改革方案的实施期限为三年，对改革方案落实情况及实施效果的评估工作将在此期间持续开展。中国科协受国家发展改革委的委托，对8个区域改革举措的落实情况进行评估和总结，具体的评估工作由中国科协创新战略研究院、中国科学院科技战略咨询研究院和科技部评估中心联合实施。中国科协创新战略研究院承担京津冀全面创新改革试验区和上海有全球影响力的科技创新中心建设方案落实情况的评估工作。

中国科协创新战略研究院院务委员陈锐介绍了开展全面创新改革试验第三方评估的整体方案，并对评估的重点内容、关键议题、组织方式等进行了全面介绍。

【《中国现代科学家（七）》纪念邮票首发式】 5月8日，《中国现代科学家（七）》纪念邮票首发式在中国科技会堂举行。《中国现代科学家（七）》纪念邮票一套4枚，入选的四位科学家分别是：地质学家丁文江、农学家金善宝、物理学家叶企孙、气象学家叶笃正。中国科协党组成员、书记处书记王春法和中国邮政集团公司副总经理李丕征共同为《中国现代科学家（七）》纪念邮票首发揭幕。

王春法表示，召开《中国现代科学家（七）》邮票首发式，通过邮票这个国家名片的展示平台推出我国系列杰出科学家代表，主要目的是为了让科学大师走近社会公众，让科学精神成为时代风尚，让科学文化融入中国发展，更好地调动激发广大科技工作者服务创新驱动发展战略的热情和活力，同时也为即将召开的中国科学技术协会第九次全国代表大会献上一份厚礼。

该套邮票根据历史照片、以素描的手法再现了四位科学家的风采，而画面背景则提示了成就他们毕生事业的主要领域。这四位科学家不仅学术成就卓著，而且为发展中国现代科学、教育事业作出了杰出贡献，在中国现代科学史上占有重要地位。结合《中国现代科学家（七）》纪念邮票的发行，北京集邮公司特别推出《时代》《丰碑》等系列精美的邮品。

《中国现代科学家》系列纪念邮票自1988年首次发行以来，截至2016年已经发行七组，共有30位中国现代科学家入选。

【老科学家学术成长资料采集工程2016年科学家资料捐赠仪式】 11月7日，老科学家学术成长资料采集工程（以下简称“采集工程”）2016年科学家资料捐赠仪式在中国科技会堂举行。中国科协党组成员、书记处书记王春法出席捐赠仪式。李廷栋院士、傅依备院士、徐志磊院士等3位老科学家，刘广志院士、经福谦院士、周毓麟院士、潘君骅院士、刘更另院士、陶鼎来教授的亲属或采集小组负责人，以及采集工程相关专家、中国科协有关部门领导、采集小组及采集工程各管理方代表出席捐赠仪式。

本次捐赠仪式是采集工程自2010年启动以来规模最大的一次，9位科学家、家属以及所在工作单位共捐赠资料达8000余件。捐赠仪式上，采集工程首席专家、中国科协创新战略研究院副院长张藜教授介绍了这批资料的重要价值。

王春法向到场的科学家、家属和采集小组颁发了捐赠证书、采集工程纪念品和科学家邮册。中国科协创新战略研究院院长罗晖介绍了采集工程总体进展和中国科学家博物馆建设的最新情况。

徐志磊院士作为科学家代表发言，从自己生活和科研成长经历出发，以复兴中国梦为己任，鼓励后来者要传承科学精神，并用中国工程物理研究院“自力更生、无私奉献、艰苦奋斗、大力协同、共攀高峰”的精神激励后来人继续完成祖国民族复兴的伟大理想。

【“科学大师名校宣传工程”工作座谈会】 11月11日，“共和国的脊梁——科学大师名校宣传工程”（以下简称“科学大师名校宣传工程”）工作座谈会在中国地质大学（武汉）举行，中国科协党组成员、书记处书记王春法出席会议并讲话。清华大学、北京交通大学、南开大学、天津大学、吉林大学、上海交通大学、浙江大学、厦门大学、中国地质大学（武汉）、中国科技大学、北京航空航天大学等高校以及湖北省科协、中国科协创新战略研究院等分管领导和相关部门负责人共40余人出席会议。会议由中国科协调研宣传部部长郭哲主持。

会上，清华大学、北京交通大学、南开大学、天津大学、吉林大学、上海交通大学、浙江大学、厦门大学、中国地质大学（武汉）、中国科技大学、北京航空航天大学等高校结合各自剧目排演情况，全面系统地对前期工作进行了梳理，分析工作中存在的问题、困难和不足。与会专家分别结合各自专业对进一步开展好科学大师名校宣传工程提出意见建议。

王春法听取大家的发言后，从三方面对进一步扎实做好科学大师名校宣传工作提出明确要求。一是突出政治引领功能，进一步强化工程质量。坚持多演出、多打磨、多交流，广泛宣传一批以人民利益为最高利益、以报效祖国尤其是社会主义新中国为最高荣耀的科学家，打造一批“思想精深、艺术精湛、制作精良”的红色精品剧目，生动体现中华民族不会忘记、共和国不会忘记、人民不会忘记、党不会忘记的历史观和价值观，让社会主义核心价值观入脑入心、铸魂育人。二是突出问题导向原则，进一步提升工程社会影响。坚持校友演校友、学弟演学长的表现方式，在完善剧本上下苦功夫、在舞台表演上下狠功夫、在观众培养上下巧功夫，把握好年度会演的宣传时机，利用好新媒体平台优势，整合好宣传资源优势，努力推出更多、更好、更有影响的艺术作品。三是突出可持续发展理念，进一步打造高素质人员队伍。做好学生演员尤其是主要演员的代际培养，树立学生表演创作的自信心，确保常演常新。建立建强一支既懂思想政治教育又熟悉我国科技界、对科学家充满感情的教师队伍，增强主题剧目宣传教育工作的实际效果。培养锻炼一支高素质的宣传工作队伍，切实发挥出科学大师名校宣传工程对于引导践行社会主义核心价值观的推动作用。

人　才

【2016 年新当选院士研修班学员论坛】 3 月 1—5 日，中央组织部在中央党校举行 2016 年新当选院士研修班。受中央组织部委托，中国科协于 3 月 3 日举行以“加强科学道德建设，推动优化学术环境”为主题的学员论坛。中国科协党组书记、常务副主席、书记处第一书记尚勇出席论坛并讲话。中国科协副主席、常委会道德与权益专委会主任黄伯云院士主持论坛。中国科协常委会道德与权益专委会顾问杜祥琬院士，委员杨卫院士、龚克教授、王红阳院士，中国科协党组成员、中国科技馆馆长束为以及 120 余名新当选的两院院士出席论坛。

尚勇表示，当选为院士，就成了科技界乃至全社会道德修养的表率和标杆，一言一行对全社会道德和文明修养的提升起着至关重要的引领作用。不仅要在自身道德修养上严格要求、率先垂范，而且要自觉担负起带动全科技界道德建设、引导全社会美好道德风尚的社会责任；不仅要当好专业学术导师，也要做好青年科技工作者道德操守的导师。要带头恪守学术诚信和道德操守，不为名利诱惑，不急功近利，不弄虚作假，坚决反对科学研究中的浮躁风气和不端行为；倡导拼搏奉献精神，把个人事业发展与爱国奉献紧密结合，以强大的使命感和责任感投身到建设创新型国家的伟大实践，永葆谦逊清正品德，事业上孜孜不倦地执着追求，名利上淡薄大度、高风亮节，努力谱写中国科技工作者的时代篇章。

杨卫院士以“走向学术楷模的修身之路”为题作了主题报告。他向新当选院士们讲述了当选院士后会面临的动力、压力和扰力。他以钱学森、周光召、张存浩等老一辈科学家的事迹以及现实中发生的大量学术不端案例，鼓励和警醒大家要时刻保持定力。永做“谦谦君子”，将学术道德视为至上宝典，牢固树立学术楷模修身意识。

黄伯云院士向新当选院士介绍了中国科协在加强科学道德建设、推动优化学术环境方面做的一些重要工作，特别是 2015 年中国科协与教育部、科技部等六部委联合，牵头制定了《发表学术论文“五不准”》，重申和明确了科技工作者在发表学术论文过程中的科学道德行为规范。2016 年 1 月，中国科协联合科技部积极研究制定的《关于优化学术环境的指导意见》由国办印发，进一步明确了优化学术环境的总体思路、基本原则、重点任务和落实举措。

论坛上，研修班学员围绕国际出版集团撤稿事件、避免“语言润色服务”陷阱、完善科技评价导向、人才评价中避免过分倚重 SCI 论文数量等方面的内容与杜祥琬、杨卫、龚克、王红阳等几位院士专家进行了交流研讨。

【全国科学道德宣讲教育领导小组召开工作会议】 3月23日，全国科学道德和学风建设宣讲教育领导小组2016年第一次工作会议在中国科技会堂召开。全国科学道德宣讲教育领导小组组长、中国科协党组副书记、副主席、书记处书记张勤主持会议，领导小组副组长、中国科学院副秘书长邓勇，领导小组副组长，国家自然科学基金委员会副主任、党组成员何鸣鸿，领导小组成员兼办公室主任王守东等出席会议。

会议认为，2016年是“十三五”开局之年，科学道德宣讲教育工作要深入贯彻落实“十三五”规划纲要和《国务院办公厅关于优化学术环境的指导意见》，深入推进宣讲教育工作，优化学术诚信环境，促进创新文化建设。积极引导各省（区、市）、各全国学会、科研院所、高校附属医院广泛开展以《发表学术论文“五不准”》为主要内容的集中宣讲教育活动，推进科学道德教育课程、教材和专家队伍建设取得更大成效，着力构建科学道德宣讲教育长效机制，推动科学道德宣讲教育工作纳入科技教育体制改革。

中国科协、教育部、中科院、社科院、工程院、自然科学基金委有关部门负责人参加会议。

【2016首都高校科学道德和学风建设宣讲教育报告会】 9月20日，2016年首都高校科学道德和学风建设宣讲教育报告会在北京大学百年讲堂隆重举行。本次报告会由全国科学道德和学风建设宣讲教育领导小组与北京市科学道德和学风建设宣讲教育领导小组联合主办，北京大学承办。中国工程院副院长、第四军医大学西京消化病医院院长樊代明院士到会作宣讲报告。中国科协党组成员、书记处书记王春法代表全国宣讲教育领导小组致辞。北京市宣讲教育领导小组组长、市科协党组书记、常务副主席马林主持报告会。全国宣讲教育领导小组副组长、国家自然科学基金委员会副主任、党组成员何鸣鸿，中国社会科学院原副秘书长、中国城市经济学会会长晋保平，北京大学常务副校长柯杨，北京市宣讲教育领导小组副组长、北京市科协党组成员、副主席田文等出席报告会。

王春法在致辞中表示，各高校要不断推进科技体制改革，加大青年人才培养力度，加强科学道德和学风建设，将科学道德列入大学和研究生必修课程，使青年学生从学生时代就养成恪守学术诚信的自觉。各级科协组织将继续发挥科技社团自律机制的重要作用，与宣讲教育领导小组成员单位一道持续深入开展科学道德和学风建设宣讲教育，加强科研诚信制度建设，完善科学道德规范体系，发挥好同行评议的关键作用，认真处理学术不端行为举报和投诉，积极营造风清气正的学术生态环境。

樊代明院士作了题为“三千年医学的进与退”的精彩报告。通过历史名人的事迹及成就，向青年学生和科技工作者传授了从事科学研究应保持的良好心态和采取的方式方法。他勉励广大青年朋友，要坚持弘扬科学精神，尊崇科学道德，坚守科研诚信，用哲学的思维思考科学问题，要使科学研究从微观回到宏观，打开视野，努力做出无愧于时代、无愧于国家和民族期盼的优异成绩。

北京大学2016级博士研究生翟盛代表研究生新生发言，他表达了广大青年学子对老一辈科学家的崇高敬意，同时倡议：继承和发扬老一辈科学家的优良传统，以实际行动维护学术的纯洁与尊严，为国家科技进步和经济社会发展贡献自己的青春力量。

全国科学道德和学风建设宣讲教育领导小组成员单位、北京市科学道德和学风建设宣讲教育领导小组成员单位有关负责同志，以及来自首都高校、科研院所和学会团体的新入学研究生代表、高年级本科生代表、新晋升导师、青年科研骨干代表共2000余人参加了本次报告会。

【“全国杰出科技人才奖”“中国优秀青年科技人才奖”评审会】 4月29日，“全国杰出科技人才奖”“中国优秀科技人才奖”评审会在北京召开。全国政协副主席、中国科协主席、中国科学院院士韩启德，十一届全国政协副主席、中国科学院院士王志珍担任评审委员会主任委员，国家自然科学基金委员会主任、中国科学院院士杨卫，全国政协人口资源环境委员会副主任齐让担任副主任委员，分别主持了两个奖项的评审工作。来自数理、化学、生命、农业、医学、地球、工程、材料、信息、环境等学科领域近30名院士、专家参与评审。中央组织部人才局、人力资源社会保障部专技司相关负责人出席评审会。

会上，评审委员会办公室汇报了“全国杰出科技人才奖”“中国优秀青年科技人才奖”基本情况和候选人推荐情况。本次“全国杰出科技人才奖”候选人通过两个渠道产生：一是由全国学会推荐，包括学会独立推荐、学会联合体推荐以及按照大的学科领域由牵头学会商相关学会形成的学科群共同推荐等三种方式；二是邀请中国科协常委、荣委等100多位科学家进行提名，共推荐提名“全国杰出科技人才奖”有效候选人 80 名。“中国优秀青年科技人才奖”候选人通过 3 个渠道产生：一是第十四届中国青年科技奖评审委员会评审推荐获奖者作为“中国优秀青年科技人才奖”候选人；二是专家和全国学会推荐提名历届中国青年科技奖获奖者；三是相关全国学会推荐，共推荐提名“中国优秀青年科技人才奖”有效候选人 57 名。评审专家经过审阅候选人材料、进行分学科领域和集中评议、无记名表决投票，评选产生“全国杰出科技人才奖”“中国优秀青年科技人才奖”入选者各 10 名。

“全国杰出科技人才奖”是“全国优秀科技工作者奖”的子奖项，由中国科协设立和组织实施，每两年评选一次，每次评选名额不超过 10 名。该奖是在深入实施创新驱动发展战略、大力推进大众创业万众创新的新形势下，针对科技大师缺乏、尖子人才不足的科技人才结构性矛盾，评选那些承担重大科研项目、重大工程以及前沿、重点学科领域的领军人才，特别是那些学术成果特别突出、在科技创新中起到核心领军作用的科学家，培养造就世界水平的科学家和科技领军人才。

“中国优秀青年科技人才奖”是“中国青年科技奖”的子奖项，由中央组织部、人力资源社会保障部、中国科协共同设立和组织实施，每两年评选一次，每次评选名额不超过 10 名。该奖项从“中国青年科技奖”获奖者中优中选优评选产生，旨在从成绩突出的青年科技人员中着力培养、发现和造就一批能够承担重任的拔尖青年科技人才，激励他们瞄准世界科技前沿奋力攻关，激发他们在人生创造力最旺盛的黄金期做出突出业绩。

【全国学会内设机构骨干培训班】 9 月 12—14 日、27—29 日，中国科协分两期在京举办了全国学会内设机构骨干培训班，这是科协系统基层业务骨干和青年干部学习贯彻中国科协“九大”会议精神系列轮训任务的重要安排。全国政协人口资源环境委员会副主任、中国老科技工作协会常务副会长齐让出席并为学员授课，中国科协党组成员、书记处书记王春法为培训班学员作了题为“习近平科技创新思想与科技社团的历史使命”的主题报告。中国科协党组成员、机关党委书记王延祜，科协机关有关部门负责人、民政部有关部门负责人，以及中央党校和中国人民大学教师为学员授课。来自全国学会内设机构的近 300 名业务骨干参加了培训。培训班由中国科协组织人事部主办，中国科协培训和人才服务中心承办。

王春法强调，全国学会要按照科协系统深化改革实施方案的有关要求，深化学会治理结构和治理方式改革，加强对科技工作者的思想政治引领，加强学会文化建设，成为科技类公共产品的提供者，全面提升创新与服务能力。全国学会内设机构骨干必须了解党和国家的工作大局，了解科协组织的属性，了解本学科领域的动态、发展趋势，熟悉社团政策，善于科技社团运营管理，清正廉洁地做好学会各项工作。

全国学会内设机构骨干培训班课程包括政治引领、科技创新、科协系统改革和社会组织管理等突出改革的内容。

【省科协机关部门负责人和地级市科协主席培训班】 10 月 25—28 日、11 月 8—12 日，中国科协分两期在浙江宁波、重庆两地举办了省（区、市）、副省级城市科协机关部门负责人和地级市科协主席培训班，这是科协系统基层业务骨干和青年干部学习贯彻中国科协九大会议精神系列轮训任务的重要安排。全国政协人口资源环境委员会副主任、中国老科技工作者协会常务副会长齐让出席并为学员作了题为“关于建设世界科技强国几点思考”的主题报告。来自省（区、市）、副省级城市科协机关部门负责人和地级市科协主席 360 余人参加了培训。

齐让谈到，科协系统专职干部要从历史与现状来认识建设世界科技强国的必要性，从目标与路径来理解建设世界科技强国的可行性，从时代要求来认清科协组织在建设世界科技强国中应承担的历史使命；要大力提升分析问题、问题决策和决策执行的能力，善于搭平台、借外力，懂沟通、强合作、求共赢，努力推动各项工作落地生根。

本次培训班课程包括政治引领、科技创新、科协系统改革、省级科协试点改革实践等突出改革的内容，将“党的十八届六中全会精神解读”作为重要课程列入培训内容。中国科协有关部门、有关直属单位负责人，北京市科协原主要领导、重庆市科协主要领导，以及浙江省委党校、重庆市委党校教师为学员授课。

【2016 全国高校科协建设论坛】 10 月 18—19 日，由中国科协主办，上海市科协、上海交通大学承办的全国高校科协建设论坛在上海市举行。中国科协党组成员、书记处书记王春法出席并讲话，中国科协常委、上海交通大学校长、中国科学院院士张杰致

辞，教育部科技司副司长高润生主持开幕式。开幕式上，王春法、张杰共同为上海交通大学科学技术协会成立揭牌。

王春法在讲话中强调，高校科协建设总体进展良好，组织覆盖面迅速扩大，工作模式逐渐成型，高校科协联盟趋势明显，推动高校科协建设的工作机制初步建立。同时，高校科协也面临诸多亟待破解的问题，如重视程度亟待提高，存在“不建不用”“重建轻用”现象；高校科协职责定位不清晰，缺乏工作抓手；高校科协组织发展活力不强，高校科协地区发展不平衡等。

他强调，要认真贯彻落实“科技三会”精神，贯彻落实科协系统深化改革要求和《关于加强高等学校科协工作的意见》要求，明确高校科协的性质和地位，厘清高校科协、高校科协联盟、科协组织三者之间的关系。要明确高校科协的工作任务，认真做好搭建跨学科跨领域学术交流平台、广泛开展科学普及活动、积极举荐表彰宣传优秀科技工作者、参与智库建设、服务大众创业万众创新、推进科学道德和学风建设、承担好挂靠学会办事机构的管理协调职能、建设科技工作者之家八个方面的重点工作。要明确科协组织在推进高校科协建设中的职责，不断扩大高校科协组织覆盖，协调高校科协联盟建设。要加大高校科协干部队伍建设力度，加强理论研究和政策探索，努力为高校科协建设提供更加有利的政策环境。

论坛邀请了江苏、湖北、陕西、福建、重庆科协负责人和南京航空航天大学、华中科技大学、北京大学、中南大学、重庆大学、沈阳航空航天大学6所高校科协负责人作交流发言。

来自31个省（区、市）科协、新疆生产建设兵团科协有关负责人和近90所高校科协主席或秘书长近150人参加了论坛。

【中国科协县级科协主席专题培训班】 10月12日，中国科协县级科协主席专题培训班（第一期）在甘肃省兰州市举行，这是科协系统基层业务骨干和青年干部学习贯彻中国科协“九大”会议精神系列轮训的重要组成。中国科协党组成员、书记处书记王春法出席开班式并作了题为“习近平科技新思想与科协组织的历史使命”的主题报告，甘肃省科协党组书记、第一副主席杨新科在开班式上致辞，中国科协组织人事部部长王守东出席开班式。

王春法指出，全国学会和县级科协是中国科协组织体系中的两个重点，必须抓好这两方面的工作，才能真正发挥好新时期中国科协的职能和作用。如果不抓好全国学会，科协就存在空壳化的危险；如果不抓好县级科协，科协系统就会成为“泥足巨人”。因此，加强县级科协工作人员培训，特别是提升县级科协主席的履职能力，非常必要，也十分紧迫。县级科协不应仅仅把工作局限于科普工作，要把团结、联系、服务、引领科技工作者这个短板补齐，从根本上加强县级科协建设。县级科协主席要了解党和国家工作大局和重大决策部署，了解科协组织的属性、职责和任务，了解科技发展情况，熟悉科技政策，熟悉科技界情况，具备较强的工作能力，清正廉洁地做好本职工作。

中国科协组织人事部部长王守东为培训班学员作了《中国科协章程》专题讲座，重点介绍了《关于加强县级科协工作的意见（讨论稿）》的起草背景和主要内容，并在交流研讨环节征求了学员意见。

县级科协主席专题培训班课程主要包括政治引领、科协组织、系统改革等突出改革的内容。此外，还特别安排了农技协转型升级、县级科协工作经验交流等针对性强的课程。中国科协机关有关部门、有关直属单位负责人，以及西北师范大学老师等为培训班学员授课。

来自全国27个省（区、市）以及新疆生产建设兵团科协的180名县级科协主席、副主席参加了培训，172人完成全部培训内容，考核合格获得中国科协颁发的培训证书。

【全国县级科协建设现场会】 10月13—14日、24—25日，全国县级科协建设现场会先后在甘肃省庆阳市、福建省福安市举行。中国科协党组成员、书记处书记王春法出席并讲话，会议由中国科协组织人事部副部长解欣主持。

王春法指出，要进一步加大县级科协改革力度，把县级科协建好做强。要明确工作定位和职责任务，实现以科普工作为主的单一工作格局到服务基层科技工作者、服务创新驱动发展、服务提高公民科学素质、服务党和政府科学决策的综合工作格局的转变。要加强基层组织建设，接长手臂、形成链条，大力培育发展乡镇（街道）科协、农技协联合会、县级学会、企业科协，扩大科协基层组织有效覆盖，筑牢科协系统组织基础。要牢固树立服务意识，密切联系基层一线科技工作者，加强对广大基层一线科技工作者的政治引领，通过政策服务、宣传表彰优秀人才等多种方式扩大联系服务科技工作者的广度和深度。要创新工作方式方法，提升科协工作社会显示度，在县域经济社会建设亮点中植入科协元素。要加强干部队伍建设，切实提升履职能力，打造一支“想干事、能干事、干成事”的科协干部队伍。要拓宽联系沟通渠道，发挥科协大团体的优势，将上级科协组织开展的活动向县级科协及基层组织延伸，推动形成县级党委和上级科协组织协同推进县级科协建设的良好工作机制。

各省（区、市）科协负责人汇报了本地区县级科协建设现状、存在问题和下一步工作思路，提出了对《关于加强县级科协建设的若干意见（讨论稿）》的意见建议。甘肃省庆阳市、福建省福安市市委负责人分别介绍了县级科协建设方面的典型做法和成功经验。

甘肃省科协党组书记、第一副主席杨新科，福建省科协党组书记、副主席杨江帆，以及 30 个省（区、市）科协负责人和甘肃省庆阳市、福建省福安市有关人员 100 余人先后参加了现场会。

学术交流与学会建设

【全国学会学习贯彻中国科协“九大”精神工作会议】 6 月 21 日，全国学会学习贯彻中国科协“九大”精神工作会议在北京中国科技会堂召开。中国科协党组成员、书记处书记王春法，中国科协党组成员、书记处书记项昌乐出席会议并讲话。会议由中国科协党组成员兼学会学术部部长、企业工作办公室主任宋军主持。

王春法传达了中国科协“九大”会议精神，系统深入地解读了习近平总书记重要讲话精神，全面介绍了全国科技创新大会、两院院士大会和中国科协第九次全国代表大会的基本情况，重点解读了中国科协“九大”的会议情况和主要成果，传达了中央对科协工作的新指示、新精神、新要求。

王春法指出，当前中国科协及所属学会正迎来良好的发展契机，中央对中国科协及所属学会工作的关心支持前所未有，科技工作者和社会公众对中国科协及所属学会的期待前所未有，各政府部门和中央单位对中国科协工作的支持前所未有，中国科协及所属学会未来工作的目标方向清晰程度前所未有，科协系统和学会的干部职工对未来发展的信心前所未有。各学会要深入学习贯彻会议精神，认真落实好“创新争先行动”，使之成为增强中国科协及所属学会与科技工作者联系、发挥科技工作者在建设世界科技强国过程中作用的重要载体。

项昌乐结合中国科协“九大”精神和科协工作实际，对学会下一阶段工作提出明确要求，各学会要深刻学习领会习近平总书记重要讲话精神，全面贯彻落实中国科协“九大”精神，要把学习贯彻活动作为当前学会工作的重中之重，摆在最重要、最突出的位置，并以此为统领，全面推动学会深化改革，推进学会各项工作深入开展；要坚持中央赋予科协的职责定位和工作要求，积极开展好“创新争先行动”，不断增强建设世界科技强国的使命感和责任感；要以学术建设能力、社会服务能力和基础保障能力为中心，加快改革步伐，着力提升学会的综合能力；要加强学会党的建设，充分发挥党组织在学会中的政治核心作用。

中国地质学会秘书长朱立新、中国机械工程学会副理事长兼秘书长张彦敏分别结合各自学会实际情况，围绕贯彻落实中国科协“九大”会议精神，引领广大科技工作者创新争先，积极推动学会改革等内容作大会发言。

【第十八期中国科协学会改革发展论坛】 11 月 11 日，第十八期中国科协学会改革发展论坛在浙江省绍兴市召开。本期论坛以“提升公共服务能力，发挥学会在科技评估中的主导作用”为主题，由中国科协学会学术部主办，中国岩石力学与工程学会承办。中国科协荣誉委员冯长根教授，中国岩石力学与工程学会理事长钱七虎院士、副理事长何满潮院士出席论坛。

冯长根、钱七虎分别作了以“用学术影响力评价学术论文——兼论关于学术传承效应和长期引用的两个新指标”“笃实科技评估主导作用，提升学会公共服务能力”为题的主报告。

中国金属学会、中国地球物理学会、浙江省科协作了交流发言。参会人员围绕新形势下学会科技评估的优势、如何提高学会在第三方科技评估的公信力，以及目前学会主导科技评估工作遇到的主要问题及对策等，进行交流讨论。来自中国科协及所属全国学会、地方科协、省市级学会、高校等单位的 86 人参加了本次论坛。

【第三届石墨烯高峰论坛】 4 月 14 日，第三届石墨烯高峰论坛在清华大学深圳研究生院开幕。本次论坛由中国科协主办，清华大学深圳研究生院和中国科学院金属研究所共同承办，深圳市科协和国家自然科学基金委员会支持。2010年诺贝尔物理学奖获得者、英国曼彻斯特大学教授Konstantin Novoselov等著名专家学者作大会报告，来自中国、美国、英国、西班牙、新加坡、日本、韩国等国家和地区的600余名代表参加此次论坛。

Konstantin Novoselov教授和中国科学院院士、清华大学教授范守善分别以范德瓦尔斯异质结构及如何使碳纳米管材料实用化为题作论坛主旨报告。新加坡国立大学Kian-Ping Loh教授，西班牙光子科学研究所Frank Koppens教授，中国科学院院士、中国科学院化学研究所研究员李玉良，英国剑桥大学Andrea C. Ferrari教授等专家学者先后作大会报告，与产业界人士一道，从学术和产业化视角探讨石墨烯、碳纳米管及其他二维材料的研究进展和产业发展现状。

【中国科协企业工作座谈会】 4月26日，中国科协企业工作座谈会在重庆市召开。会议全面落实科协系统深化改革实施方案和中国科协“十三五”规划，认真研究新形势下如何推动科协企业工作，进一步理顺科协服务企业工作的体制机制。中国科协党组副书记、副主席、书记处书记张勤出席会议并讲话。座谈会由中国科协学会学术部部长、企业工作办公室主任宋军主持，来自全国各省、自治区、直辖市科协、副省级城市科协的有关负责人、部分企业、园区科协代表等80余人参加会议。

张勤在讲话中就下一步工作提出了具体的工作要求，一是要理顺工作体制机制，形成推动企业创新强大合力，各地科协要有负责企业工作的专门分管领导和工作部门，积极成立企业工作办公室；二是强化改革意识，提升“讲、比”形象，抓住开展“讲、比”活动30周年的机遇，在更大范围、更宽领域、更深程度上加强改革，大力兴起“讲、比”活动的新高潮，推动“讲、比”活动迈上新台阶；三是要加强企业科协组织建设，以推动国有企业科协组织建设为抓手，推动企业科协组织建设，加强组织建设模式创新，提高企业科协组织覆盖面，坚持示范典型带动，搭建宣传推广平台。

中国科协企业工作办公室副主任、企业创新服务中心主任郑浩峻介绍了2016年中国科协企业工作总体安排，重庆市科协、南京市科协、太原高新区科协、中石化长岭炼化公司科协、郑州光力科技股份有限公司科协分别作了交流发言。

【地方科协有序承接政府转移职能经验交流活动】 5月20日，地方科协有序承接政府转移职能（简称“承能”）工作经验交流活动在山东省济南市举行。中国科协党组成员、书记处书记王春法出席活动并讲话。山东省副省长王书坚出席活动并致辞。来自31个省级科协、15个副省级科协领导及学会学术部门负责人，部分全国学会和地方学会负责人，有关研究单位专家共140余人参加活动。活动由中国科协学会学术部部长、企业工作办公室主任宋军主持。

王春法谈到，围绕落实中办国办印发的《中国科协所属学会有序承接政府转移职能扩大试点工作实施方案》部署，地方科协梳理总结学会有序承接政府转移职能的好经验好做法，推动解决当前工作中存在的问题和困难，努力形成围绕中心、服务大局、上下联动、协同推进工作格局，具有重要意义。目前，各地党委政府高度重视，地方科协所属学会有序承接政府转移职能工作进展良好，及时传达中央部署，抓紧做好顶层设计，加强部门对接沟通，建立信息共享机制，启动调研试点工作，提升专业服务能力，700多个地方学会已经承接1500多项职能任务，取得阶段性成果，为持续推进打下良好基础。

王春法要求，地方科协要充分发挥协调保障作用，把中央改革部署落到实处。要把承接政府转移职能工作摆上重要位置，党组主要领导要亲自抓好总体规划制定、重要职能对接、重大项目策划、重要学会指导、典型宣传推广等工作；地方科协要建设职能转接的服务平台，为学会提供“担保”和“授信”；要深化改革探索，强化监督机制，抓紧形成可复制可推广的经验模式，坚持问题导向开展重点和有针对性的改革探索；同时，要着力推进学会治理结构和治理机制改革，强化所属学会的会员服务能力、社会服务能力和自身发展能力，努力提供更多更好的科技类社会化公共服务产品，扩大学会专业影响，打造服务品牌。

北京市、江苏省、山东省、内蒙古自治区、贵州省等地方科协负责人及中国机械工程学会、中华医学会、甘肃省腐蚀与防护学会等学会负责人作了典型发言，交流活动编印了20万字的中国科协与地方科协相关工作进展的经验交流材料。参会人员围绕主题，结合地方实际开展了多层次、多角度的研讨交流。

【2016中国创新创业成果交易会】 5月27日，

2016“创响中国”巡回接力首站活动暨 2016 中国创新创业成果交易会（以下简称创交会）在广东省广州市开幕。中国科协党组书记、常务副主席、书记处第一书记尚勇、国家发展改革委副主任林念修出席活动并致辞。中国工程院院长周济，广东省委副书记、省长朱小丹，九三学社中央副主席赖明，广东省委常委、广州市委书记任学锋，广州市委副书记、市长温国辉，广州市人大常委会主任陈建华等出席活动。

尚勇强调，“创响中国”巡回接力活动作为国务院部署的 2016 年全国双创活动周的重要组成部分，对于在全国持续营造双创氛围、打造双创热点具有十分重要的作用。要通过此次展会，积极传播双创理念，助力大众创业万众创新，助推产学研用协同创新，让创新创业的活力竞相迸发，让创新创业的成果充分展现，为实现中国梦奉献力量。

本届创交会采用“会、展、赛、奖”等多种形式，其中创新创业成果展览展示展区面积近 2 万平方米，具体展示项目 2000 多个，有 1000 多家单位参展，还设有创新创业竞赛专区和路演活动区；举办 28 场创业创新大赛和活动路演、15 场创新创业论坛沙龙，参观人数约 6.7 万人次，41 个项目已经签约落地，投资或合作金额接近 140 亿元。

【中国科协信息科技学会联合体、中国科协智能制造学会联合体筹建工作座谈会】 6 月 15 日，中国科协信息科技学会联合体筹建工作座谈会在北京召开。中国科协党组书记、常务副主席、书记处第一书记尚勇出席座谈会并讲话。中国工程院原常务副院长潘云鹤院士，工业和信息化部副部长、中国电子学会理事长怀进鹏院士，中国仪器仪表学会理事长李天初院士，中国中文信息学会理事长李生教授，中国电影电视技术学会理事长何宗就教授，中国指挥与控制学会理事长戴浩院士等中国科协信息科技学会联合体发起学会负责人、有关专家参加了座谈会。座谈会由中国科协党组成员兼学会学术部部长、企业工作办公室主任宋军主持。

尚勇强调，成立中国科协信息科技学会联合体，顺应世界科技发展趋势，符合国家科技发展战略需求，是贯彻落实全国科技创新大会、两院院士大会、中国科协第九次全国代表大会精神的重要举措，是落实中央关于科协系统深化改革要求的重要举措。

尚勇希望，中国科协信息科技学会联合体要建成为高端科技智库，为党和政府的科学决策、学科发展、重点领域科技评估等提供意见建议；要成为中国信息科技领域的协同创新联盟，汇聚一些大企业，形成协同创新的共同体；要成为信息科技发展的重要引领支撑平台，为科技成果转化和创新创业提供服务和支撑；要成为培养和举荐人才的大舞台，及时培养举荐科研领军人物和创新创业者，并通过设置奖励等表彰这些优秀人物。

怀进鹏院士表示，学会联合体是学科专业化和交叉融合的具体体现，有利于促进学科交叉融合，有利于促进信息科技人才培养，有利于推动国家科技创新发展。发起学会有条件、有能力、有基础、有信心成立并建设好中国科协信息科技学会联合体，力争把中国科协信息科技学会联合体建设成为提供重大决策咨询的高端智库、促进国际学术交流的有效渠道。

座谈会上，中国科协常委、中国电子学会副理事长兼秘书长徐晓兰代表中国科协信息科技学会联合体发起学会，从组建中国科协信息科技学会联合体的必要性、联合体主要任务和工作构想以及目前筹备工作进展等方面，汇报了中国科协信息科技学会联合体的筹建情况。与会代表围绕中国科协信息科技学会联合体的核心任务、组织架构、工作进度等内容进行了讨论。

中国科协信息科技学会联合体是由中国电子学会、中国光学学会、中国空间科学学会、中国汽车工程学会、中国电工技术学会、中国自动化学会、中国仪器仪表学会、中国图学学会、中国中文信息学会、中国航空学会、中国宇航学会、中国仿真学会、中国电影电视技术学会、中国指挥与控制学会、中国密码学会 15 个学会共同发起。

11 月 26 日，中国科协智能制造学会联合体筹备座谈会在北京召开。尚勇主持座谈会并讲话。中国机械工程学会荣誉理事长、中国工程院院长周济院士，宋军，中国汽车工程学会理事长付于武，中国电工技术学会理事长杨庆新，智能制造学会联合体发起学会负责人参加座谈。

尚勇希望，智能制造学会联合体要以智能制造工程为主线，以打造智能制造领域高端智库、搭建智能制造领域的学术交流服务平台、搭建智能制造领域协同创新服务平台和建设智能制造领域人才培养平台为核心任务，制定发展规划，对接市场需求，真正把大量的先进技术推广应用，推动传统制造业转型升级，在创新型国家建设和世界科技强国建设中发挥应有的作用。

周济介绍了国内外智能制造领域的发展情况，阐释了智能制造在我国经济发展和科技进步中的关键作用，分析了智能制造未来的发展方向，提出了我国智能制造领域的发展建议。他指出，智能制造是新一轮工业革命的核心技术，是《中国制造2025》的主攻方向，是新一轮工业革命和产业革命的交汇点之一。我国制造业有着独特而巨大的发展优势，有着光明而美好的发展未来。在新一轮科技革命和产业变革中，智能制造将推动我国制造业实现战略性的重点突破、重点跨越。他强调，成立智能制造学会联合体有利于凝聚各方力量，为我国制造业的转型升级做出积极的贡献。

座谈会上，中国仪器仪表学会常务副理事长吴幼华代表智能制造学会联合体各发起学会，介绍了学会联合体的筹备情况。与会代表讨论了联合体的发展规划和重点工作。

中国科协智能制造学会联合体是由中国机械工程学会、中国仪器仪表学会、中国汽车工程学会、中国电工技术学会、中国电子学会、中国自动化学会、中国农业机械学会、中国人工智能学会、中国微米纳米技术学会、中国光学工程学会等学会共同发起。

【中国科协清洁能源学会联合体在京成立】 6月28日，中国科协清洁能源学会联合体成立大会在北京举行。中国科协党组书记、常务副主席、书记处第一书记尚勇，国家能源局副局长李仰哲，学会联合体理事长、中国能源研究会理事长吴新雄出席大会并讲话。会议由学会联合体副理事长、中国能源研究会常务副会长史玉波主持。

中国科协党组成员兼学会学术部部长、企业工作办公室主任宋军，中国科协清洁能源学会联合体理事会副理事长张玉卓、郑宝森、杨庆新、张基尧、王显政、王玉庆等出席会议。中国电力科学研究院名誉院长周孝信院士等57个学会联合体理事单位代表，科技部、工业和信息化部、环境保护部等部委相关负责人100余人出席成立大会。

尚勇指出，习近平总书记明确提出了"推进能源消费、供给、技术、体制革命和全方位加强能源国际合作"的能源工作总要求，明确了"节约、清洁、安全"的能源战略方针。组建清洁能源学会联合体，是体制机制创新，是改革工作的体现。本着协同创新、优势互补、利益共享的原则，清洁能源学会联合体可以开展针对我国能源领域内的发展战略研究，助力清洁能源领域产学研的协同创新，推进清洁能源技术创新和推广应用，促进科技成果转化，提升科技自主创新能力，为政府提供决策咨询，为经济社会发展服务，推动清洁能源建设的安全、高效、可持续发展。

尚勇表示，中国科协将加大对清洁能源学会联合体的支持力度，支持学会联合体发挥各学会的智力优势和企事业单位技术力量、科研院所的科研条件，建立资源集成共享和共用的协作机制；支持学会联合体整合行业高端智库资源，为清洁能源的发展提出指导性的意见和建议；支持学会联合体打造清洁能源高端国际学术品牌会议，搭建融合创新的清洁能源交流平台；支持学会联合体服务政府和企业，开展科技咨询和促进成果转化工作。

学会联合体理事长吴新雄表示，清洁能源学会联合体将搭建起各个能源学会之间协同创新、优势互补、利益共享的平台，发挥好清洁能源科技人才的领军作用，团结凝聚广大能源领域专家的智力、智慧，共同推进清洁能源重大科技创新，共同促进清洁能源科技成果转化，共同推动清洁能源重大国际交流合作，共同组织清洁能源重大课题，为党中央国务院统筹谋划能源战略，为主管部门部署能源工作，进一步发展好、运用好、监管好清洁能源，提供强有力的科技支撑和智力支撑。

国家能源局副局长李仰哲表示，成立中国科协清洁能源学会联合体，对于加强我国清洁能源领域研究合作，服务国家能源发展战略，推动能源科技创新和能源革命具有十分重要的意义。

中国科协清洁能源学会联合体副理事长郑宝森作了关于《中国科协清洁能源学会联合体组建方案》和《中国科协清洁能源学会联合体章程（草案）》的说明，大会审议后一致通过。随着中国科协清洁能源学会联合体的成立，清洁能源战略智库也同时宣告成立。

会后，中国科协清洁能源学会联合体召开了第一届理事会第一次理事长会议。

中国科协清洁能源学会联合体是由中国能源研究会、中国电机工程学会、中国电工技术学会、中国水力发电工程学会、中国水利学会、中国核学会、中国石油学会、中国煤炭学会和中国环境科学学会9家中国科协所属学会共同发起成立的非独立法人学会联合体。成员单位还包括21家企业、19家科研机构和8

家高等院校。清洁能源学会联合体有四大主要任务：一是立足协同发展，建立机制形成科技资源集成共享和共用平台。联合体将利用信息化方式搭建科技资源网络平台，为联合体单位服务，提高协同创新发展的能力。二是整合高端智库资源，开展战略发展研究，为清洁能源的发展提出指导性的意见和建议，支撑清洁能源发展。三是引领科技创新，打造清洁能源高端国际学术品牌会议，搭建融合创新的清洁能源交流平台，将其打造成国际知名的学术品牌盛会，推动清洁能源的协同创新，不断提升国际影响力和话语权。四是服务政府以及企业，开展科技咨询和促进成果转化。联合体积极承接政府委托任务，为政府有关政策的制定以及重大项目的实施、评估等献计献策，发挥作用，积极推动科技成果转移转化，促进产学研用结合，推动国家能源资源合理配置有效利用，提高我国清洁能源相关产业的影响力和市场占有率。

【中国科协信息科技学会联合体在京成立】 7 月 13 日，中国科协信息科技学会联合体成立大会在北京举行。全国政协副主席、中国科协主席、科技部部长万钢出席大会并讲话。中国科协党组书记、常务副主席、书记处第一书记尚勇，学会联合体 2016 年度执行主席、工业和信息化部副部长、党组成员怀进鹏，中国科学院副院长、党组成员相里斌，中国科协党组成员兼学会学术部部长、企业工作办公室主任宋军，专家代表沈昌祥院士、蔡吉人院士、顾国彪院士、李伯虎院士、郭光灿院士、戴浩院士、郑建华院士、丁文华院士、张军院士、陆建华院士、王恩东院士、黄如院士等出席大会。会议由学会联合体主席团成员、中国仿真学会理事长赵沁平院士主持。

万钢指出，组建学会联合体是落实习近平总书记系列重要讲话精神的创新举措，是落实全国科技创新大会、两院院士大会、中国科协第九次全国代表大会和党的群团工作改革要求的具体行动，是中国科协在新时期新形势新要求下，创新学会组织工作模式的一项改革尝试。学会联合体的主要任务是面向世界科技前沿、面向经济主战场、面向国家重大需求，一要有效发挥学科相近、联系紧密学会的科技创新资源和人才优势；二要聚焦前沿战略科技重大发展需求；三要顺应当前学科交叉融合产学研紧密结合的科技创新的新特点、新趋势，齐心协力干大事，更好地发挥中国科协及所属学会人才、学科方面的优势。

万钢希望，中国科协信息科技学会联合体要强化战略导向，围绕学会联合体的核心任务，想事干、创新招、强协调、重实效，有效集成各方资源，凝聚各方力量，积极参与科技计划体制改革、国家重大科技专项制定工作，切实担负起建设世界科技强国的历史责任。

万钢表示，中国科协将主动支持信息科技学会联合体组建工作队伍、制定工作规划、搭建工作平台、创新工作模式，打造工作品牌，推动独创独有创新科技成果不断涌现；科技部将充分利用信息科技学会联合体的资源优势，在重大科技专项制定、重大科技项目评估中发挥好学会联合体的评估功能。希望各有关部门单位共同努力，做好信息科技学会联合体的工作，提供更多的政策和资源条件，支持学会联合体团结引领我国信息科技领域科技工作者创新争先，推动我国信息科技工作发展，引领世界信息科技发展新方向，把我国建设成为世界科技强国，为实现中华民族伟大复兴“中国梦”作出新的更大贡献！

怀进鹏表示，信息科技学会联合体致力于高端智库建设、创新平台和成果转移转化机制建设、人才建设平台以及国际合作交流平台的建设，通过大力实施创新驱动发展战略，特别是通过任务驱动融合发展，将推进网络强国建设，加快信息化和工业化的高层次深度结合。

相里斌表示，中国科学院相关领域专家学者将全力支持、积极参与信息科技学会联合体的各项工作，共同推进我国信息科技的进步。

郭光灿院士代表专家委员会发言。他表示，专家委员会将在联合体的领导下开展国家信息科技领域战略发展、产业政策等方面的前瞻性研究，为信息科技领域重大政策的制定和评估工作提供专家的建议，使专家委员会逐渐成为国家实施《中国制造 2025》战略的一支重要研究力量。

中国科协信息科技学会联合体 2016 年度秘书长徐晓兰汇报了学会联合体筹建工作情况。

中国科协信息科技学会联合体主要开展以下工作：一是建设信息科技领域高端智库；二是搭建信息科技领域协同创新服务平台；三是建立信息科技领域科技成果转移转化的合作机制；四是搭建培养和举荐信息科技人才的平台；五是搭建国际信息科技领域交流与合作的平台。

科技部、中国工程院、国家自然科学基金委、中国移动、中国联通、中国电信、中央电视台、北京大学、北京航空航天大学、北京理工大学、电子科技大学等相关单位代表，中国科协学会学术部、国际联络部、机关党委、创新战略研究院、学会服务中心等有关部门出席成立大会。

会后，中国科协信息科技学会联合体召开了主席团第一次会议。

【中国科协智能制造学会联合体在京成立】 12月24日，中国科协智能制造学会联合体成立大会在北京举行。中国科协党组书记、常务副主席、书记处第一书记尚勇，中国科协智能制造学会联合体理事长、中国工程院院长、中国机械工程学会荣誉理事长周济院士，中国科协副主席、中国科学院副院长、党组成员李静海院士，中国机械工业联合会常务副会长薛一平出席大会并讲话。会议由学会联合体副理事长、中国电工技术学会理事长、天津工业大学校长杨庆新主持。

中国科协党组成员、书记处书记项昌乐，中国科协党组成员兼学会学术部部长、企业工作办公室主任宋军，中国科协智能制造学会联合体副理事长孙瑞哲，中国科协智能制造学会联合体秘书长张彦敏以及11位学会联合体发起单位代表；中国科协智能制造学会联合体专家委员会李培根院士、蒋庄德院士、周立伟院士、叶声华院士、顾国彪院士、桂卫华院士、闫楚良等27位专家；工业和信息化部、中国工程院等相关部委、企业、高校、科研院所代表共100余人出席成立大会。

尚勇在讲话中强调，智能制造学会联合体要坚持建设高端智库、搭建学术交流平台、协同创新服务平台和人才培养平台的职能定位，以智能制造工程为主线，大力加强智能制造的国际交流能力，搭建好高水平国际交流舞台；联系一批智能制造领域研发基地和平台，集中力量办大事；联系一批智能制造示范城市和示范产业园区，推广和应用智能制造技术。他希望智能制造学会联合体能够有效集成各方面资源，凝聚各方面力量，推动我国智能制造产业的快速发展和传统产业的转型升级，助力我国实体经济做大做强。

周济院士在成立大会上围绕智能制造作了专题报告。他强调中国科协智能制造学会联合体将从提升我国智能制造产业的技术创新能力与核心竞争力出发，在各成员单位和各位专家的共同努力下，成为大力推进我国智能制造发展的一支非常重要的力量。

会后，中国科协智能制造学会联合体召开了第一届理事会第一次会议，审议通过了《中国科协智能制造学会联合体章程》、专家委员会名单。

中国科协智能制造学会联合体由中国机械工程学会等11个学会共同发起成立。成员单位还包括15个企业、10个科研机构、11个高等院校。

【中国科技期刊国际影响力提升计划完成二期评审】 为贯彻党的十八大和十八届三中、四中、五中全会精神，紧紧围绕建设创新型国家的总体目标，进一步促进我国科技期刊国际化发展，提升英文科技期刊国际影响力与核心竞争能力，增强科技期刊服务创新能力，中国科协、财政部、教育部、国家新闻出版广电总局、中国科学院、中国工程院决定继续共同实施中国科技期刊国际影响力提升计划。

7月29日，中国科技期刊国际影响力提升计划第二期项目评审会在北京召开。中国科协党组成员、书记处书记项昌乐，中国科协党组成员兼学会学术部部长宋军，期刊影响力计划评审监督小组组长、中国科学院院士王乃彦等出席，包括12位院士在内的87位在专业学科领域有较高学术成就且熟悉科技期刊工作的专家参加，会议由专家委员会主任郝希山院士主持。

项目通知发布后，引起了科技界和期刊界的高度重视，符合申报条件的英文科技期刊积极申报。通过形式审查参加陈述答辩的期刊达267种，其中70种申请创办新刊。

评审分为12个学科进行，其中1—9组为已出版期刊组，包括：综合、多学科、农学组；数理学科组；地学组；生物学组；医学一组，预防医学、基础医学、临床医学；医学二组，综合、药学、中医、特种医学；化学、材料、化学工程组；工程一组，交通、航天、土木建筑、能源、环境；工程二组，电子、信息、电力、计算机、控制、机械。10—12组为拟创办期刊组，包括：基础科学、信息科学、农学、综合组；工程技术组；医学组。

在专家委员会全体会议上，郝希山介绍了专家委员会及监督小组的组成情况。项昌乐对期刊影响力计划实施的背景和总体目标进行了介绍，并对评审工作提出具体要求。中国科协学会学术部副部长刘兴平代表办公室介绍了本次评审会评审细则、期刊遴选指标、评审程序及评审要求。

通过专家委员会评审及学术影响力指标定量计分，遴选出A类项目15项、B类项目40项、C类项目50项，支持周期为3年，D类创刊项目20项，待获支持项目取得刊号后给予一次性支持。评审结果在中国科协等联合实施部门网站公示。

包括26位院士在内的一些著名专家、学者作为申报期刊的主要负责人亲自带队参加陈述答辩。中国科协、教育部、国家新闻出版广电总局、中国科学院、中国工程院等相关部门有关人员参加评审。

【第十二届中国科技期刊发展论坛】 由中国科协、国家新闻出版广电总局联合主办，甘肃省科协、甘肃省新闻出版广电局、中国科协学会服务中心承办的第十二届中国科技期刊发展论坛于10月27—28日在甘肃省兰州市举行。本届论坛的主题是“服务科技创新建设一流期刊”。甘肃省副省长、省科协主席夏红民，中国科协党组成员兼学会学术部部长宋军，国家新闻出版广电总局新闻报刊司司长李军出席开幕式并讲话。中国科学院院士、中国科学院动物研究所所长康乐，中国工程院院士、华东理工大学教授钱旭红，中国科学院院士、中国矿业大学（北京）教授何满潮，中国科学院院士、兰州大学教授陈发虎，爱思唯尔期刊出版全球总裁菲利普·特赫根先生等出席会议。来自相关领域的专家、学者以及科技期刊工作者450余人参加会议。开幕式由中国科协学会服务中心主任刘兴平主持。

宋军说，在做好中国科技期刊国际影响力提升计划和中国科协精品科技期刊工程等项目的基础上，2016年中国科协又规划启动了中国科技期刊年度优秀论文遴选推介活动和中国科技期刊登峰行动计划，进一步加大对优秀科技期刊主办或出版单位的奖励和支持。

钱旭红、康乐、菲利普·特赫根以及读者出版集团有限公司总经理陈泽奎分别作大会主报告《在中国大地发出声音——关于我国科技期刊的发展》《走国际化之路，提升学术影响力》《研究型杂志如何更好地支持全球创新》《期刊编辑意识的个人思考》。何满潮院士主持大会报告会。

本届论坛包括开幕式及大会主报告、高峰论坛、专题分论坛、科技期刊展览、实地考察出版企业、科技期刊主编与科技工作者面对面活动等内容。

在高峰论坛上，与会专家围绕科技期刊的国际化建设、学术道德建设、传播能力建设三个主题进行了广泛交流和深入研讨。何满潮院士、自然科研大中华区总监安诺杰、中华医学会杂志社社长姜永茂等6位国内外专家、学者分别作报告。陈发虎院士主持高峰论坛。

针对科技期刊发展态势，论坛还设置了科技期刊的数字出版与传播、科技期刊服务创新驱动发展、科技期刊与学术生态环境建设、国际影响力提升计划项目实施经验交流4个分论坛。

【中国科协实施中国科技期刊登峰行动计划】 为认真贯彻习近平总书记在全国科技创新大会、两院院士大会、中国科协第九次全国代表大会上的讲话精神，落实中共中央办公厅印发《科协系统深化改革实施方案》中关于“着力打造具有核心竞争力和国际影响力的一流科技期刊”的要求，中国科协决定从2016年起实施中国科技期刊登峰行动计划，推动一批科技期刊攀登世界一流科技期刊高峰。

12月8日，中国科协举行中国科技期刊登峰行动计划备选期刊陈述答辩会议，中国科协党组成员、书记处书记项昌乐出席并讲话。项昌乐指出，中国科技期刊登峰行动计划是中国科协按照面向世界科技前沿、面向经济主战场、面向国家重大需求的要求，围绕建设世界科技强国的战略目标设置的科技期刊奖补项目，主要目的是集中力量遴选打造一批世界一流科技期刊。一方面重点建设优势学科、优秀期刊，增长板、出高峰；另一方面重点建设新兴交叉学科科研水平领先、发展潜力大的期刊，补短板、求突破，集中力量打造一批世界一流科技期刊，发挥示范引领作用，带动我国科技期刊整体水平跨越式发展，切实提升我国在国际科技界的学术话语权，为建成创新型国家提供支撑。通过陈述答辩，共有16种科技期刊入选该计划。

【中国科协实施“青年人才托举工程”】 根据《中国科协办公厅关于开展“青年人才托举工程”项目实施工作的通知》要求，经自愿申报、社会公示、专家评审，确定182名青年科技人才入选中国科协“青年人才托举工程”（2015—2017年度）。中国科协给予指导和经费支持，希望入选的青年人才潜心研究、深入探索，打好职业基础，在“科研黄金期”做出突出业绩，努力成长为品德优秀、专业能力出类拔萃、社会责任感强、综合素质全面、具有国际视野的学术技术带头人，成为德才兼备、勇于创新的国家科技领域高层次领军人才和高水平创新团队的重要后备力量。

9月14日，中国科协“青年人才托举工程”座谈会在北京中国科技会堂召开。中国科协党组成员、书记处书记项昌乐出席会议并讲话。培训和人才服务中心主任范唯、“青年人才托举工程”入选者代表、项目承担学会负责人参加了座谈。会议由学会学术部副部长苏小军主持。

项昌乐在座谈中指出,"青年人才托举工程"与其他人才计划相比有三个显著特点:一是"托举"对象来源更加广泛,涵盖高校、企业、科研院所等多个行业,充分体现了科协及所属学会的影响力和覆盖面;二是遴选"托举"对象不唯"成分论、出身论",充分依托本专业领域专家的同行评价,注重"托举"对象的发展潜力;三是充分利用学会的资源优势、人才优势,为青年科技人才创造成才机会和发展空间,同时也进一步拓展了学会"为科技工作者服务、为创新驱动发展服务"的工作空间和途径。

项昌乐强调,随着国家科技体制改革和人才发展体制机制改革的不断深入,科协有关部门单位及相关学会要及时研究解决"青年人才托举工程"项目实施中遇到的实际问题,进一步加大项目及经费使用的宏观指导,不断明确项目自身定位,共同探索青年科技人才发现、培养的新途径新方法。要加大宣传力度,树立"青年人才托举工程"品牌,发挥品牌效应。

座谈会上,"青年人才托举工程"入选者代表一致认为,"青年人才托举工程"定位独特,有效填补了现有国家人才计划的空白,是科协系统对青年科技人才挖潜方式、评价体系、培育模式探索的创新举措。与会者围绕举办跨学科学术交流活动、加强"青年人才托举工程"宣传、做好青年人才成长服务、更有效地使用项目经费等方面,对中国科协和全国学会推进"青年人才托举工程"项目提出了意见和建议。项目承担学会负责人围绕"青年人才托举工程"实施现状、取得经验、存在问题以及后续工作设想等方面进行了广泛交流。

【2016 年全国院士专家工作站建设经验交流会】 10 月 28 日,中国科协与中国工程院在福建省福州市联合召开"2016 年全国院士专家工作站建设经验交流会",中国科协党组成员、书记处书记项昌乐,中国工程院副院长徐德龙院士出席会议并讲话。福建省副省长黄琪玉到会致辞,中国工程院院士钱七虎、王一德,中国工程院三局局长李仁涵、副局长高战军,中国科协企业工作办公室副主任、中国科协企业创新服务中心主任郑浩峻,福建省科协党组书记、副主席杨江帆等,以及来自各省(自治区、直辖市)科协系统领导、建站企业代表、部分全国学会代表近 150 人出席交流会。中国科协企业创新服务中心副主任郭昊主持会议。

会上公布了 2016 年度示范院士专家工作站评选结果。示范院士专家工作站评选工作得到了地方科协和院士专家工作站建站单位的积极响应,评选结果也得到了各地党委政府的高度重视。

项昌乐对近年来院士专家工作站建设情况进行了回顾和总结。他指出,在中国科协和中国工程院等国家相关部委及各地方政府部门的共同努力下,院士专家工作站建设得到了蓬勃发展,据不完全统计,目前全国共有院士专家工作站 3247 家,其中,企业建站占比 80.7%。随着院士专家工作站数量规模不断扩大,运行效果日益显著,已成为各地促进企业创新发展、促进产学研结合、促进地方经济社会发展的重要抓手。对下一步院士专家工作站建设,项昌乐提出四点意见:一是加强顶层设计,统筹规划院士专家工作站的建设工作;二是加强分类指导,推动院士专家工作站建设区域平衡发展;三是加强规范管理,不断提升院士专家工作站运行质量水平;四是加强协调推进,推动院士工作站和专家工作站建设并行发展。

徐德龙院士在讲话中指出,院士专家工作站是科协系统开创和管理的产学研合作模式,也是中国工程院参与和开展产学研合作的重要平台。多年实践证明,院士专家工作站的建设带动了地方和企业的项目实施、基地建设和人才培养的一体化,推进了科技合作的组织化、制度化、长效化。他表示,中国工程院将继续支持中国科协加强对院士专家工作站建设的规范指导工作,提高院士专家工作站运行质量和效益,完善产学研合作机制,集中力量推进科技创新,真正把实施创新驱动落到实处。

会上宣布了 2016 年全国示范院士专家工作站(园区服务中心)名单和 2016 年院士专家工作站建设示范单位名单,进站院士、地方科协、示范院士专家工作站(园区服务中心)和全国学会的代表作了大会交流和座谈讨论。

与会人员希望中国科协能够进一步整合资源,加大投入,联合中国工程院等部门共同出台相关指导意见,帮助地方规范院士专家工作站的管理和运行,提质增效,动员更多的院士、专家进站开展工作,努力使院士专家工作站建设开创新的局面。

在中国科协、中国工程院等国家相关部委及各地政府部门的共同努力下,院士专家工作站建设得到了蓬勃发展,据不完全统计,截至 2015 年 8 月,全国共有院士专家工作站 3247 家，企业建站占比 80.7%，科研院所和高校占比 7.4%、4.9%；进站院士 3023 人次，其中，工程院院士 2154 人次、科学院院士 869 人次。在 3247 家工作站中，科协指导建立的有 2350 家，占比 72.4%；全国共有 26 个省市区科协主导建站或参与建站工作。

随着院士专家工作站数量规模不断扩大，运行效果日益显著，院士专家工作站已成为各地促进企业创新发展、促进产学研结合、促进地方经济社会发展的重要抓手。

【中国科协创新驱动示范市建设】 截至 2016 年年底，创新驱动示范市达到 40 个，省级副省级试点达到 14 个，试点单位覆盖面进一步扩大，涉及全国 26 个省（区市），紧密围绕一带一路建设、京津冀协同发展与雄安新区建设、长江经济带建设、中国制造 2025、自由贸易试验区建设、国家自主创新示范区建设、大众创业万众创新示范基地建设等国家和区域重大发展战略部署。以 108 个示范项目和 70 家奖补学会为带动，鼓励学会、地方和企业联合协作，围绕咨询服务、技术攻关、成果转化、智力扶贫等典型项目开展务实合作，形成一批围绕地方需求和学会特色的助力工程品牌。在地方建立学会服务站（专家工作站、基地等）1000 余个，参与专家数万名，探索形成了技术咨询、项目论证、联合攻关等 13 种工作模式，示范效应显现，受到地方政府和企业的高度认可和普遍欢迎。

【2016 年全国学会理事长秘书长培训班】 12 月 20—22 日，由中国科协学会学术部主办、中国科协学会服务中心承办的 2016 年全国学会理事长、秘书长培训班在北京举办。中国科协党组成员、书记处书记项昌乐，中国科协党组成员兼学会学术部部长、企业工作办公室主任宋军出席培训班活动。民政部党组成员、国家社会组织管理局局长詹成付参加开班仪式并作专题讲座。来自 84 个全国学会的 96 位理事长、秘书长参加了培训。

项昌乐指出，全国学会要主动适应当前科技产业变革浪潮迅猛发展的新形势，全面启动深化学会治理结构和治理方式改革的新引擎，真抓实干，务实高效，以工作手段信息化、组织体系网络化、治理方式现代化，扎实推进开放型、枢纽型、平台型科协组织建设。全国学会要紧紧把握社团改革的方向，遵循科技类社团的发展规律，发挥自身优势，大力开展科学普及、人才举荐、继续教育、高端智库建设等工作，积极稳妥地承接好政府有关职能工作，努力将学会建设成为提供科技类公共服务产品的社会组织。

詹成付作了题为“中国特色社会组织发展之路”的报告，从国家层面对社会组织发展的政策、法规及社会组织党建的必要性做了深入解读。中国科协科技社团党委书记李志刚作了题为“新形势下的学会党建工作”的专题报告，介绍了学会党建工作的新精神新要求。中央党校教授刘玉瑛对十八届六中全会精神进行了精彩解读。

此次培训班专门设置了学会改革成功案例交流环节，中国食品科学技术学会副理事长兼秘书长邵薇、中国公路学会副理事长兼秘书长刘文杰、中国针灸学会会长刘保延与大家一起分享了各学会在承接政府转移职能、学会办事机构改革、打造公共服务品牌等方面的好经验好做法。

【第 22 期全国学会秘书长沙龙】 11 月 23—25 日，由中国科协学会学术部主办、中国纺织工程学会承办的第 22 期中国科协所属全国学会秘书长沙龙在北京举办。中国科协党组成员兼学会学术部部长、企业工作办公室主任宋军，中国纺织工程学会常务副理事长伏广伟、副理事长龚进礼出席沙龙。本届沙龙的主题是“全国学会会员发展与服务”。来自 37 个全国学会的秘书长、副秘书长、学会部负责人参加了沙龙活动。

宋军在座谈中指出，各学会要认真落实中央关于科协系统深化改革的部署，深入研究会员发展服务工作的重点难点问题，增强意识，重点发展个人会员，鼓励单位会员中的科技工作者以个人身份加入学会，突出科技工作者的主体地位，强化学会的会员服务意识，密切与科技工作者的直接联系，用“家的温馨”团结凝聚广大科技工作者在世界科技强国建设中创新争先、建功立业。

伏广伟围绕如何提高会员的归属感、荣誉感和责任感等内容，交流了中国纺织工程学会会员发展服务工作的思路。中国核学会秘书长王德林，中国麻风防治协会秘书长王红，中国心理学会副秘书长、国际应用心理协会秘书长韩布新，中国纺织工程学会副秘书长刘军分别作主题发言《中国核学会会员发展与服务工作经验交流》《做好服务是学会会员发展的基础》《国际心理学组织的会员管理与服务》《全方位建设全国纺织科技工作者之家》。

参加沙龙的全国学会秘书长围绕主题发言，就学会会员发展的组织机制、服务方式等展开探讨，表示要进一步开拓工作思路，丰富工作手段，不断提高学会对会员的吸引力、凝聚力，主动适应当前形势下对学会会员发展服务工作的新要求。

【第五届山地城镇可持续发展专家论坛】 11月24日，第五届山地城镇可持续发展专家论坛在浙江省台州市开幕，论坛主题为“山地城镇文化保护与文化建设”。本次论坛由中国科协主办，中国城市规划学会、浙江省住房和城乡建设厅、浙江省科协和台州市人民政府共同承办。来自中国城市规划学会、中国地理学会、中国建筑学会、中国岩石力学与工程学会、中国土地学会、中国风景园林学会等十余家全国学会和各省、自治区、直辖市的200余名专家学者参加论坛。中国科协党组成员、书记处书记项昌乐，台州市副市长董贵波出席开幕式并致辞。开幕式由中国科协学会服务中心主任刘兴平主持。

项昌乐表示，探讨山地城镇可持续发展问题，对于在城镇化过程中贯彻落实“创新、协调、绿色、开放、共享”发展理念，实施创新驱动发展战略具有十分典型的意义。山地城镇大多都面临着复杂的生态保护、开发建设、交通运输难题，如何挖掘城市创新文化、助力城市创新发展将成为每一个山地城镇未来发展的重要命题。本届论坛紧扣城市文化这一城市形象的体现和城市发展的内核，有新意、有意义。

中国城市规划学会副理事长兼秘书长、国际城市与区域规划师学会副主席石楠，中国城市规划学会副理事长张泉分别主持学术报告会。来自学会、机构和地方的专家围绕山地城镇文化的历史传承、挖掘、保护与输出等主题作报告。

山地城镇可持续发展专家论坛是中国科协自2012年起创办的系列学术活动，旨在进一步发挥中国科协及所属全国学会在促进科技创新和经济社会发展方面的重要作用，搭建多学科、多部门、产学研相结合的交流平台，为山地城镇建设方面的热点和难点问题寻求研究思路和解决途径，为党和政府科学决策服务。

【全国学会深化改革情况督导工作】 12月5日，全国学会深化改革情况督导工作正式启动。督导工作由学会学术部牵头，以贯彻落实2016年科协系统深化改革工作电视电话会议精神，进一步深入推进学会改革工作，巩固和总结学会改革的成果和经验为目标，选择50个学会创新和服务能力提升工程优秀科技社团建设项目学会为督导对象。

中国科协党组书记处领导高度重视督导工作，亲自抓顶层设计，成立了领导小组和5个工作组。领导小组由党组成员、书记处书记项昌乐担任组长，党组成员兼学会学术部部长、企业工作办公室主任宋军担任副组长。督导过程中，党组书记处王春法、吴海鹰、束为、项昌乐、王延祜、宋军等同志分别带队深入20个学会进行督导。

督导工作坚持“抓改革、提能力、促发展”的原则，着力落实万钢主席、尚勇书记在科协系统深化改革工作电视电话会议上的重要指示精神，坚持问题导向，聚焦学会改革中存在的“倒三角”、上下一般粗、新瓶装旧酒、因循守旧等制约性问题，督导学会增强改革的忧患意识和担当精神，释放学会活力。重点围绕学会治理结构和治理方式改革、学会创新和服务能力提升、学会党建等方面开展督导，确保学会改革任务落到实处。

督导工作遵循“边督导、边整改、边推进、边宣传”的工作思路，采取实地调研、集中座谈、查阅资料等形式进行督导，共召开座谈会23次，收集材料251份，采集各类改革数据2000余项。

督导工作总结了学会改革的四个方面主要经验，即必须以深化改革方案为引领、必须以增强广大会员获得感为目标、必须以自我革命精神为动力、必须以学会治理结构和治理方式改革为重点。

督导中发现，50个督导学会改革成效显著，学会治理结构和治理方式明显改善。个人会员数量明显增长，会员结构明显优化，会员服务形式更加多样；形成规模更加适中的理事会，监事会建设进展顺利，学会办事机构改革逐步推进，分支机构管理更加规范；学会领导人员中基层一线科技工作者的比例增加，理事会聘任秘书长制取得进展，学会专职工作人员队伍实力逐渐壮大，兼职工作人员积极性和活力逐渐增强，学会党建工作覆盖面逐步扩大。通过改革，学会与科技工作者联系更加紧密，公共服务意识不断增强，服务能力显著提升，深化改革取得明显实效。

督导过程中，学会也反映了一些改革中出现的问题，如学会工作人员职称评定缺少渠道、出国政策影响国际学术交流活动开展、对学会科普工作支持力度有待加强、学科与学会发展不平衡现象亟须改善等。

【2016年团体标准试点工作推进会】 12月22日，由国家标准委主办、中国标准化协会承办的2016年团体标准试点工作推进会召开。中国科协党组成员兼学

会学术部部长宋军、国家标准委副主任殷明汉出席会议并讲话。

宋军指出，团体标准已经成为我国新型标准体系中的一类重要标准，《中国科协所属学会有序承接政府转移职能扩大试点工作实施方案》中将“技术标准研制”作为学会承接政府转移职能扩大试点工作的四个重点领域之一。目前，国家标准委批准中国科协遴选推荐的13个学会全部纳入试点，占试点单位总数的1/3，在3D打印、物联网、智能制造、机器人、中医药等14个领域开展团体标准研制试点，累计研制230项，已发布55项。学（协）会制定团体标准优势明显：一是快速响应市场前沿交叉急需；二是体现前沿交叉技术创新成果；三是国际深度合作方面呈现突出优势。下一步，中国科协将按照国家标准委的统一部署，积极配合协作，持续鼓励支持，强化评价监督，推动所属学会有序开展团体标准研制工作。

殷明汉指出，团体标准发展势头良好，团体标准化工作推进步伐在逐渐加快，团体标准快速反应市场需求、满足创新发展、制定灵活高效等优势逐渐显现。他要求团体标准工作要贯彻落实好中央经济工作会议精神，继续围绕全面深化改革的总体部署，大力实施标准化战略，进一步加大培育发展团体标准工作的力度。

此次推进会上，与会人员交流了试点工作中的经验和创新点，分享了典型案例和做法、认识，并将试点工作中遇到的困难、疑惑和政策建议直接向标准化主管部门进行了沟通和反馈，为进一步推进试点工作，使试点工作取得实效，并获得可复制、可推广的经验模式，提出了针对性强、操作性强的政策制度建议。

中国汽车工程学会、中华中医药学会、中国实验动物学会、中国电子学会等中国科协所属学会在内的14个团体标准试点单位代表作典型发言，首批39个团体标准试点单位和国家标准委、中国科协、中国标准化研究院的人员参加了会议。

【创新驱动科技成果转化服务分中心建设】 为促进科技成果转化推广应用，加快推进创新驱动助力工程，中国科协企业工作办公室与中关村天合科技成果转化促进中心签署合作协议，在各地建设创新驱动助力科技成果转化分中心。为推进建设、规范管理，出台《中国科协创新驱动科技成果转化服务分中心建设及管理办法（试行）》。在各助力试点市建设了保定、鄂尔多斯、菏泽、日照、营口、晋中、四平、苏州、绍兴、芜湖、襄阳、岳阳、广州、德阳、重庆永川、咸阳、石嘴山、哈密18个分中心，开展转化需求挖掘、成果对接、项目推介等活动和科技成果转化技术标准制定、理论研究、机制探索，形成了以组织架构、资源架构、数据架构为基础，技术架构、业务架构为核心的五层架构体系，信息助力、活动助力、项目助力、平台助力、市场助力、人才助力、智库助力、标准助力等8种典型助力模式。2016年在试点城市开展科技成果推介会、企业需求调研会、创新驱动报告会、产业前沿技术大讲堂等多种活动，积极将好项目推向试点城市，促进50个成果转化落地项目，其中重大项目30个，投资规模100亿。开发完成的T-CAM评价体系成为我国首个针对科技成果转化成熟度进行评价的标准规范，已经用于160多个科技成果项目的评价。部分分中心做到了办公场地、工作人员、工作经费和工作任务四落实；开发建设了科技成果转化大数据库，包括成果库、专家库、需求库、在促项目库等，实现分中心与全国中心信息的交流、互换，科技成果与企业需求的对接；对部分企业需求和科技成果进行评价并提出评价和商业报告，对企业需求和科技成果进行深度挖掘和推广；指导分中心与地方高新区、科技局、学会、产业创新联盟、创业企业开展广泛合作，调研、走访、挖掘企业需求；开展前沿技术大讲堂、双创火花会、优秀科技成果推介会及企业需求对接交流会等100余次。

科学素质工作与科普活动

【国务院办公厅印发《全民科学素质行动计划纲要实施方案（2016—2020年）》】 2月25日，国务院办公厅印发《全民科学素质行动计划纲要实施方案（2016—2020年）》（以下简称《实施方案》）。《实施方案》对“十三五”期间我国公民科学素质实现跨越提升作出总体部署。

《实施方案》指出，公民科学素质是实施创新驱动发展战略的基础，是国家综合国力的体现。要坚持“政府推动、全民参与、提升素质、促进和谐”的工作方针，围绕“节约能源资源、保护生态环境、保障安全健康、促进创新创造”的工作主题，继承创新、拓展提升，开放协同、普惠共享，精准发力、全面跨越，推动科技教育、传播与普及，扎实推进全民科学素质工作，激发大众创业创新的热情和潜力，为创新驱动发展、夺取全面建成小康社会决胜阶段伟大胜利筑牢公民科学素质基础。

《实施方案》提出，到2020年我国全民科学素质工作的目标是：科技教育、传播与普及长足发展，建成适应创新型国家建设需求的现代公民科学素质组织实施、基础设施、条件保障、监测评估等体系，公民科学素质建设的公共服务能力显著增强，公民具备科学素质的比例由2015年的6.20%提升到10%以上。

《实施方案》强调，要促进创新、协调、绿色、开放、共享的发展理念深入人心，大力宣传普及高新技术、绿色发展、健康生活等知识和观念，以青少年、农民、城镇劳动者、领导干部和公务员为重点，深入实施科技教育与培训、社区科普益民、科普信息化、科普基础设施、科普产业助力和科普人才建设等重大工程，大幅提升公民科学素质建设的公共服务能力，不断完善公民科学素质建设的共建、社会动员、监测评估等机制，建立科研与科普相结合的长效机制，确保我国公民提高科学素质的机会与途径显著增多。

《实施方案》要求，各地各有关部门要将公民科学素质建设相关任务纳入工作规划和计划，加大政策支持，加大投入保障，加强督促检查，推动各项工作任务落到实处。

【公民科学素质发展目标写入国家“十三五”规划】 3月，《国民经济和社会发展第十三个五年规划纲要》发布，明确提出到2020年“公民具备科学素质的比例超过10%”的奋斗目标，标志着公民科学素质建设作为一项基础性社会工程，在我国国民经济和社会发展全局中摆在了更加重要的位置，成为全面建成小康社会和创新型国家建设的标志性工作之一。

党中央、国务院一直非常重视全民科学素质工作，2006年国务院颁布实施《全民科学素质行动计划纲要（2006—2010—2020年）》，就全民科学素质工作做出一系列部署要求。十年来，全民科学素质工作取得显著成效，我国公民具备科学素质的比例由2005年的1.60%增长到2015年的6.20%。研究资料表明，西方进入创新型国家行列的30多个发达国家，公民具备科学素质的比例都在10%以上。为有效支撑创新型国家建设和全面建成小康社会，我国将“公民具备科学素质的比例超过10%”作为“十三五”国民经济和社会发展的目标之一。

此次公民科学素质发展目标写入国家“十三五”规划，是在实施创新驱动发展战略、建设创新型国家、全面建成小康社会的决胜阶段党中央、国务院作出的战略部署。

【全民科学素质纲要实施工作办公室2016年第一次、第二次全体会议】 2月26日，全民科学素质纲要实施工作办公室2016年第一次全体会议在中国科技馆召开。中国科协党组成员、书记处书记、全民科学素质纲要实施工作办公室主任徐延豪主持会议。中国科协党组成员、中国科技馆馆长束为，中央组织部、中央宣传部、国家发展改革委、教育部、科技部、财政部、人力资源社会保障部、农业部等33个全民科学素质纲要实施工作办公室成员单位的有关人员出席会议。

会议传达了国家科技体制改革和创新体系建设领导小组第十四次会议有关精神。徐延豪指出，“十二五”公民科学素质建设目标的圆满完成，是各单位团结协作、共同努力的成果。2016年是“十三五”的开局之年，是实现2020年全面建成小康社会宏伟目标的关键一年，做好2016年的全民科学素质工作意义重大，要认真贯彻落实中央决策部署，抢抓新机遇、迎接新挑战，推动全民科学素质工作再上新台阶；要把握好印发《全民科学素质行动计划纲要实施方案（2016—2020年）》、全面启动“十三五”共建协议签订、开展好全国科普日等重要科技传播活动、深入推进科普信息化建设等工作重点；要进一步加强合作，凝聚起公民科学素质工作的强大合力，形成全民科学素质工作协作配合、多方共赢的局面。

会议听取了中国科协科普部部长杨文志作的全民科学素质纲要实施工作办公室2015年工作情况及2016年工作安排汇报。会议审议了《2016年全民科学素质行动工作要点（审议稿）》，全民科学素质纲要实施工作办公室各成员单位提出了相关意见和建议，研究部署了全民科学素质纲要实施工作办公室下一步的各项工作。

11月18日，全民科学素质纲要实施工作办公室2016年第二次全体会议在中国科技会堂召开。徐延豪主持会议。中央组织部等33个全民科学素质纲要实施工作办公室成员单位的相关人员出席会议。

徐延豪强调，2017年是全面落实“十三五”全民科学素质工作部署的关键一年，各单位要围绕学习贯彻党的十八届六中全会精神，把习近平总书记对科普工作和全民科学素质工作的指示要求切实落实到全民科学素质行动下一步工作中，发挥好自身优势，同舟共济，共同推动我国公民科学素质建设事业取得更大成绩。徐延豪要求，中国科协要认真做好全民科学素质纲要实施工作办公室的牵头协调职责，搭建平台，做好服务。

会议听取了杨文志2016年工作专题汇报，审议了《全民科学素质行动2016年工作总结和2017年重点工作计划安排（框架草稿）》。全民科学素质纲要实施工作办公室各成员单位就如何落实2016年全民科学素质实施工作发言，提出了相关意见和建议。会议研究部署了全民科学素质纲要实施工作办公室下一步的各项工作。

【2016年全国科普日活动】 9月18日起，全国科普日活动在全国各地展开。全国各级科协及所属学会（协会）、科普教育基地、高校、科研院所等3061家单位组织开展了9418项线上线下重点科普活动，参与人数逾2亿人次，活动总场次比2015年增加20%。其中全国学会组织76场、省级科协组织505场、地市级科协组织1868场、县级科协及基层科普组织等组织6436场、高等院校组织120场、科研院所组织79场、企业组织328场。

2016年全国科普日活动分设北京主场活动、“科普中国”在线系列活动和全国科普日系列联合行动三部分。北京主场活动延续A区+B区的模式，活动内容丰富多彩。A区活动以“让科技知识在网上流行”为主线，突出“科学性、知识性、创新性、互动性、趣味性、国际性”定位，集中展示了10个国家55家机构的近300项科学互动体验项目。B区以“航天放飞中国梦、感触科技前沿”为主线，结合中国航天事业创建60周年重大契机，围绕航天事业的发展和航天科技成果在生产生活中的应用、青少年科普活动成效、前沿科技在民生领域的应用成果和公众关切的健康话题，发动60余家参展单位，通过实物展示、互动体验、虚拟现实等方式，向公众展现航天科技成就和科普成果，展示健康科普发展成就，展示前沿科技在经济社会中的应用。其中“健康伴我行”主题活动以“爱科学生活，享快乐健康”为口号，从我国公众健康状况和实际需求出发，动员了23个健康相关全国学会和72个社会机构，邀请276位健康方面的院士专家，整合各方优质科普资源，开展了50多项健康科普活动，线上线下参与公众逾170万人次。全国科普日官方微博微信平台以“健康伴我行”为话题，对主场情况进行实时视频直播，话题阅读量达76.8万次，讨论330次。

中国科协围绕全国科普日活动主题组织开展了科普歌曲征集及传唱活动、摄影大赛作品征集活动等创新性科普活动。制作全国科普日公益广告，并首次在科普日期间亮相中央电视台，3个频道合计播放13次，使科普日受到广泛关注。中国科协网开设全国科普日专题宣传，制作“天天科普日”专题页，发动并汇聚科普中国信息建设各项目单位资源，汇总相关报道258篇。据统计，科普中国网传播量达474万。

据舆情专报显示，9月16—23日，共监测到“全国科普日”相关话题信息为17956篇。中央电视台及地方电视台，《人民日报》、新华社、《光明日报》《科技日报》《工人日报》《中国科学报》等主流平面媒体，人民网、新华网、光明网、中国新闻网等中央重点新闻网站和新浪、凤凰、搜狐、网易等门户网站均对全国科普日予以报道。

【中国科协2016年科普工作会】 3月30—31日，中国科协2016年科普工作会在北京中国科技会堂召开。中国科协党组书记、常务副主席、书记处第一书记尚勇出席会议并讲话。中国科协党组成员、书记处书记徐延豪、束为出席会议。尚勇在讲话中表示，此次会议是科普工作继往开来的一次研讨会，也是科普工作转型升级的一个推进会。尚勇肯定了“十二五”时期科普工作，对“十三五”科普工作提出了新要求：一方面要突出重点，实现科普拓展普惠的新突破。一是科普中国落地生根，互联网+科普实现全覆盖。二是开展青少年科学素养行动，实现青少年科学素质的全达标。三是科技馆体系要有大的拓展，转型升级要基本实现。四是科普惠民要加大力度，科技在全面脱贫中做出贡献。另一方面要加强协调，汇聚科普工作的新动能。一是要动员更多的科技工作者参与，成为创新争先行动的重要内容。二是科普要与大众创业万众创新互动共振。三是科普与精神文明建设结合更加紧密，要成为精神文明建设主题性工作之一。四是要协同更多的部门优势互补。五是政策要到位。

会议传达了党中央、国务院对公民科学素质工作和科普工作的指示精神。会议举行了中国科协首席科学传播专家聘任仪式和2016—2020年度全国科普示范县（市、区）授牌仪式，与会领导为出席会议的首席科学传播专家颁发了聘书，为全国科普示范县

（市、区）代表颁发了奖牌。

徐延豪在会上作了题为“奋发蹈厉创新提升协同普惠　全面开创新时期科普工作新局面”的工作报告。他对今后科普工作安排进行了部署，一要全面推动实施《全民科学素质行动计划纲要实施方案（2016—2020年）》。二要大力推进科普信息化体系建设。三要深入推进中国特色现代科技馆体系创新提升。四要繁荣科普创作，着力提升科普内容有效供给。五要大力推动青少年科技教育体系创新。六要全面强化科普重点攻坚和惠民服务。七要着力推动科普队伍和科普产业发展。

中国科协科普部部长杨文志、科普部和科普口事业单位相关负责人围绕各专项工作进行了专题部署。全国学会、地方科协科普工作分管领导和负责人，全民科学素质纲要办公室部分成员单位负责人和联络员，中国科协第四批首席科学传播专家代表，全国科普示范县代表，中国科协机关有关部门、直属单位主要负责人，科普口部门和单位中层以上干部职工分8组进行了面对面研讨交流。闭幕式上，各组召集人作了典型发言。

【中国科协命名首批2016—2020年全国科普示范县（市、区）】 2016年2月，中国科协决定命名435个县（市、区）为首批“2016—2020年度全国科普示范县（市、区）”，示范期为5年。

2014年年底，中国科协启动首批2016—2020年度全国科普示范县（市、区）创建工作，创建工作开展两年以来，各省、自治区、直辖市科协和新疆生产建设兵团科协注重指导和服务，成立创建工作组，下发省级创建工作通知，制定测评指标，分解工作任务，积极指导各县（市、区）开展创建工作。各创建地区党委、政府高度重视，加强组织领导，完善工作机制，强化保障措施，将创建工作作为提高广大人民群众科学素质的有力举措。各级党政部门和社会各界大力支持创建工作，各部门整合资源，联合协作，以创建工作为契机，初步形成科普工作大联合大协作的良好工作局面。

【2016年“基层科普行动计划”】 6月，中国科协、财政部联合印发《关于公布2016年“基层科普行动计划”奖补单位和个人的通知》，对2411个集体和个人进行表彰，中央安排4亿元，对评选出的962个农村专业技术协会、386个农村科普示范基地、558名农村科普带头人、5个少数民族科普工作队和500个科普示范社区进行奖补。

截至2016年，“基层科普行动计划”共安排中央财政转移支付资金30.5亿元，在全国评比、筛选、奖补了18283个有突出贡献、有较强区域示范作用、辐射性强的农村专业技术协会、科普示范基地、农村科普带头人、少数民族科普工作队和科普示范社区，有效地发挥了基层科普组织和带头人的引领示范作用，激发了广大群众学科学、用科学的积极性和创新热情，提高了城乡居民科学文化素质，助力了社会主义新农村和社会主义和谐社区建设。

【第31届全国青少年科技创新大赛】 第31届全国青少年科技创新大赛8月18日在上海市闭幕。中共中央政治局委员、国家副主席李源潮参观竞赛项目并出席闭幕式。他指出，希望广大青少年牢记习近平总书记嘱托，把人生理想融入实现中国梦的时代洪流，努力成长为建设世界科技强国的栋梁之材。

李源潮来到华东师范大学竞赛项目展示现场，认真观看中学生、小学生和国外学生展示的参赛项目，详细询问学生们的创意来源、科研思路和设计方法，称赞他们的奇思妙想和研究价值，鼓励他们探索无止境、创新无止境。

李源潮在闭幕式上说，当代青少年的成长与建设世界科技强国的征程是同步的，这个宏伟目标要靠你们去创新创造，将在你们手中成为现实。希望广大青少年继承老一辈科技工作者追求科学、报效国家的优良传统，学习科学本领，放飞科学梦想，为建设世界科技强国奋力成长成才。从小立下敢为天下先的创新志向，坚定攀登科学高峰的创新自信，努力成长为引领世界科技未来发展方向的优秀人才。弘扬追求真理、不懈进取的科学精神，充满科学好奇，保持科学兴趣，立志献身科学事业，使自己的科学人生路越走越宽广。

全国政协副主席、中国科协主席、科技部部长万钢出席闭幕式。

【2016年青少年高校科学营】 7月17日，来自全国各地的2210名高中生集聚清华大学，代表两岸及港澳地区所有营员参加2016年青少年高校科学营全国开营式暨北京营开营活动。中国科协党组副书记、副主席、书记处书记徐延豪，教育部副部长、党组成员林蕙青，清华大学党委副书记史宗恺，中国工程院院士、清华大学教授钱易，北京市政府副秘书长刘印春，以及中国科协、教育部、中国科学院、中国铁路

总公司和北京市教委、北京市政府外事办、北京市科协相关负责人出席开营活动。

徐延豪向北京 10 所分营的营员代表依次授分营营旗。林蕙青代表主办单位宣布 2016 年青少年高校科学营开营。

史宗恺在开营式上致欢迎辞。他希望营员努力培养善于观察的能力，很多重大的科学发现都来源于敏锐的观察，从精细中找出路，于细节处见真章；努力培养敢于行动的魄力，清华大学校友、著名的数学家华罗庚曾说过，面对悬崖峭壁，一百年也看不出一条缝来，但用斧凿，能进一寸进一寸，得进一尺进一尺，不断积累，飞跃必来，突破随之；努力培养持之以恒的精神，要有一股知难而进、不屈不挠的韧劲，敢于挑战权威，敢于坚持到底。

钱易寄语本届营员。她希望广大青少年朋友能早日肩负祖国的重任，燃起研究、发明、创新、创业的热情，下决心投入绿色科技的队伍，为中国和世界的光明未来贡献自己的力量。

2016 年高校科学营活动包括由北京大学、清华大学等全国 51 个高校承办的常规营，14 个高校与企业、科研院所联合承办的专题营及 1 个西部营。活动共招募 10440 名营员，其中内地营员 9510 人，香港营员 500 人，澳门营员 300 人，台湾地区营员 130 人。

【第 16 届"明天小小科学家"奖励活动】 10 月 29 日，由中国科协、中国科学院、中国工程院、国家自然科学基金委员会和周凯旋基金会共同主办的第 16 届"明天小小科学家"奖励活动颁奖典礼在上海交通大学举行。来自北京市第四中学的施则威、上海市上海中学的魏洵婧和江苏省苏州中学的刘君达获得"明天小小科学家"的奖杯。

中国科协党组副书记、副主席、书记处书记徐延豪，上海交通大学校长、中国科学院院士张杰出席颁奖典礼并致辞，活动组委会顾问韦钰院士、评委会荣誉顾问王乃彦院士，评审委员会主任吴岳良院士，国家自然科学基金委员会副主任高瑞平，周凯旋基金会董事张培薇，中国科学院、中国工程院有关部门负责人出席颁奖典礼并为获奖选手颁奖。颁奖典礼还邀请了诺贝尔奖获得者埃里克·维斯查斯教授出席并寄语参加活动的青少年。

徐延豪在致辞中表示，十多年前，"明天小小科学家"奖励活动创立，在一批科学家的关心指导下，开启了青少年科技创新后备人才培养、选拔机制的探索创新。这项活动是中国科学界联手打造的著名科学家与优秀青少年科技爱好者交流的高端平台，它更大的价值和意义是发现有潜质的青少年，鼓励他们把科学研究作为自己的人生理想。他勉励在座的同学不断学习，厚积薄发，让兴趣和好奇心成为终生探索的不竭动力，始终保持创新的自信和激情，为把祖国建设为世界科技强国而不懈奋斗。

张杰在致辞中寄语青少年要树立追求科学真理的鸿鹄之志，保持探索未知的好奇之心，坚持走好实践的科研之路。他希望这次"明天小小科学家"的经历，更加坚定同学们步入神圣科学殿堂的志向。希望青少年把对科学精神的追求作为自己的人生价值，把国家的需要作为自己终生奋斗的事业，成为未来的科学大师。

本届活动共有 1470 名学生注册报名，883 名学生提交了申报材料。经 140 名专家初评，100 名学生入围终评。终评阶段，国内重点高校和科研院所的近 60 位院士、专家组成终评评审委员会，通过研究项目问辩、综合素质考察、笔试等多种方式的测评，最终确定了"明天小小科学家"称号获得者 3 名、一等奖 12 名、二等奖 35 名、三等奖 48 名。

参加终评的学生在活动期间与诺贝尔奖获得者、著名科学家面对面交流，在"青年科学沙龙"和"明天小小科学家"同学会等活动中结识爱好科学的同龄人，深入交流科学研究的感想体会。此外，"小科学家们"还走进上海交通大学的国家重点实验室，体验创新实践课程，在校园历史文化主题定向越野活动中感受高校的学术氛围和校园文化。

【中国青少年科学素质大会启动仪式】 11 月 19 日，由中国科协、中央电视台共同主办的中国青少年科学素质大会启动仪式在北京中国科技馆举行。中国科协党组书记、常务副主席、书记处第一书记尚勇，中国科协党组副书记、副主席、书记处书记徐延豪，中央电视台副总编辑张宁，教育部副部长杜占元，共青团中央书记处常务书记贺军科，全国妇联副主席、书记处书记邓丽等出席。刚刚完成我国载人航天任务的航天员景海鹏、陈冬，在太空中录制了视频，宣布中国青少年科学素质大会启动。来自北京、天津、河北、山西、内蒙古、辽宁、吉林、黑龙江、山东 9 省（自治区、直辖市）的选手代表及高中生、科技教师代表 300 余人参加了启动仪式。启动仪式由中央电视台主持人张腾岳主持。

尚勇代表主办方在致辞中表示，科技创新人才的培养要从青少年抓起，青少年的科学素质是建成世界科技强国的基石。提升青少年科学素质，不但要让他们拥有丰富的科学技术知识，更需要培养他们科学的思维、创新的思维、创新的精神和科学的思想。要充分利用网络媒体传播介质做好科学传播，包括科学知识、科学思维、科学精神、科学道德。中国青少年科学素质大会利用电视这个主媒体，辅助于网络传播，让更多的青少年及社会公众参与大会，理解科学、热爱科学、学习科学。

中国青少年科学素质大会是中国科协与中央电视台合作开展的面向广大青少年和社会公众的全新大型科普益智类节目，旨在培养青少年对科学的兴趣，提高青少年科技实践探究和创新创造能力。科学素质大会注重对参赛选手基本科学知识、动手制作能力考查，通过对主题化、系列化科学技术主题的挖掘与提炼，实现与当前热播节目要素的融合与再创作，打造大型趣味性、科技竞技类节目，让科学成为青少年的爱好，让科学成就梦想。启动仪式上，中国工程院院士、中国运载火箭技术研究院运载火箭系列总设计师龙乐豪，中国科学院光电研究院研究员、博士生导师徐颖，曾获全国青少年科技创新大赛一等奖、国际科学与工程学大奖赛专项奖得主贺虎与青少年分享了他们投身科学事业的经历。

刚刚完成我国载人航天任务的航天员景海鹏、陈冬，在“回程”前夕特别录制的长达47秒的祝福中，寄语全国广大青少年在奇妙的科学世界里快乐遨游，奋发进取，勇攀高峰。两位航天员宣布中国青少年科学素质大会启动，拉开了中国青少年科学素质大会赛区遴选面试的帷幕。通过各省、自治区、直辖市层层选拔的近150位中学生在北京、杭州、广州、长沙、成都、兰州赛区参加现场面试，竞争进入全国决赛的资格。

【全国科普文化进万家暨第十八届中国科协年会科普活动】 9月23日，全国“科普文化进万家”暨第十八届中国科协年会科普活动在陕西省延安市启动。中国科协党组书记、常务副主席、书记处第一书记尚勇出席启动仪式并讲话。启动仪式由中国科协党组副书记、副主席、书记处书记徐延豪主持。延安市委副书记、市长梁宏贤致欢迎辞。

尚勇在讲话中指出，年会科普活动集中在延安市开展，是落实习近平总书记在科技三会上的“科技创新、科学普及是实现创新发展的两翼，要把科学普及放在与科技创新同等重要的位置”的要求的具体举措，是助力革命老区创新驱动发展的惠民行动。各级科协组织要秉承延安精神，锐意进取，开拓创新，扎实推进科普文化服务群众、科普中国“四进”等工作，不断加强科普信息化建设，努力增加科普有效供给，为奠定全面建成小康社会、建设世界科技强国社会基础做出新的更大的贡献。

启动仪式上，尚勇等为延安市的27个科普中国e站授牌。科普中国e站是在基层传统科普阵地基础上打造的科普信息服务落地应用的新阵地。中国科协、文化部支持在延安首批建成27个科普中国e站，其中校园e站12个、乡村e站10个、社区e站5个。文化部、中国海洋学会、中国水产学会、中国科技馆发展基金会、北京市科协、山西省科协、上海市科协、中国科学技术出版社等单位向延安市捐赠了科普设施、科普展品和图书。

与往届年会科普活动相比，第十八届中国科协年会科普活动进行了全面改革和创新。主要内容包括全国科普文化进万家活动暨第十八届中国科协年会科普活动启动仪式、科普文化惠农家活动、科普文化进社区活动、科普进校园活动、延安科技馆科普活动、科普大篷车活动、科普v视进延安活动7个版块近100项重点活动。

陕西省有关领导、文化部和中国科协相关部门负责人，各省、自治区、直辖市科协有关领导，延安市有关部门负责人等200余人出席启动仪式。

【“2016中国科幻季”活动】 9月上旬，中国科协在北京举办以“科学创想智遇未来”为主题的“2016中国科幻季”活动。本次活动由深圳市腾讯计算机系统有限公司、新华网、科幻世界杂志社和中国科普作家协会等单位具体承办，包括2016中国科幻大会、2016中国科幻高峰论坛、“银河奖”颁奖典礼、中国科幻史展、魅力科幻嘉年华、“科幻·中国与世界”国际科幻高峰论坛、第七届“全球华语科幻星云奖”颁奖、科幻明星进校园、当代科幻名家对话、大型作家签售活动、印象科幻片展映等系列活动。

9月8日，由中国科协主办的2016中国科幻大会在北京航空航天大学举行，大会以专家专题报告的形式探讨科幻文学创意、科幻产业发展、科幻与科学的关系等主要议题。北京师范大学科幻创意研究中心首次发布了《2016中国科幻创意与创新方向年度报告》，报告旨在对中国科幻文学做出梳理与整合的基础上，从文学作品中扫描提取科技创新和创意设想，为正在从事各类创意创新的理论和实践工作者提供启发，为中国未来的科技与科学发展提供促进作用。

9 月 8 日，第 27 届科幻“银河奖”颁奖典礼在北京航空航天大学举行。历届“银河奖”获奖作家代表、科幻产业界人士及 700 多名来自全国各地的科幻迷参加颁奖典礼。中国科协党组副书记、副主席、书记处书记徐延豪，世界科幻大会主席克丽丝特尔・米利亚姆・赫夫等出席颁奖典礼并为获奖者颁奖。颁奖典礼共颁出最佳原创图书奖、最佳编辑奖、最受欢迎外国作家奖、特别贡献奖等 13 个奖项。

本届“银河奖”颁奖典礼以“不忘初心，继续前进——30 周年再出发”为主题，意在将“银河奖”打造为中国首屈一指的科幻行业大奖和科幻产业交流平台。此次颁奖典礼也是“银河奖”三十周年纪念庆典。“银河奖”由《科幻世界》杂志社主办，被公认为中国科幻文学最高奖。

9 月 10 日，“科幻・中国与世界”国际科幻高峰论坛暨第七届全球华语科幻星云奖开幕式在北京中国国家图书馆举行。中国科协党组副书记、副主席、书记处书记徐延豪，新华社副社长、党组成员刘思扬，中国作家协会党组成员、书记处书记阎晶明，中国科学院院士、中国科普作家协会理事长刘嘉麒等出席开幕式并致辞。本次活动吸引了来自中国、美国、日本等国家和地区的上千名科幻爱好者参加。“科幻・中国与世界”国际科幻高峰论坛由三个主题篇章构成，分别为：“世界科幻之巅”“时光猜想之旅”“多维边界之美”。会议探讨华语科幻作品创作的国际化进程及华语科幻产业链的发展等话题，本届论坛还特别探究了电影、游戏等科幻产业链的发展模式。

9 月 11 日，2016 年第七届“全球华语科幻星云奖”颁奖典礼在国家图书馆举行，颁发了最佳长篇小说奖、最佳中篇小说奖、最佳短篇小说奖、最佳原创图书奖、最佳引进图书奖、最佳少儿图书奖、年度新秀奖、最佳评论奖、最佳编辑奖、最佳科幻社团奖、最佳美术作品奖等 15 项大奖。

【全国食品安全宣传周中国科协主题日活动】 6 月 25 日，全国食品安全宣传周中国科协主题日活动在北京举行。活动由中国科协主办，中国食品科学技术学会、北京经济开发区管委会承办。中国科协党组副书记、副主席、书记处书记徐延豪和国家食品药品监督管理总局党组成员、药品安全总监孙咸泽出席活动并致辞。

2016 年的中国科协主题日活动包括食品安全进社区、食品安全进网络、食品安全进工厂等方面内容。食品安全进社区活动通过现场科普展台宣传、专家互动、播放科普视频、发放科普宣传折页和科普书、赠送印制科普内容的小礼品等形式宣传科普知识。食品安全进网络由中国科协与光明网等网络媒体共同打造线上网络科普节目，在网络空间传递科普正能量。食品安全进工厂活动通过参观三元集团生产基地，走访食品生产车间等活动，让消费者切身实地地看到食品的加工生产、质量控制过程，感受现代食品工业的魅力，了解安全的食品给我们带来的美好生活。

2016 年全国食品安全宣传周由国务院食品安全办、中国科协等 17 部门联合举办，主题为“尚德守法，共治共享食品安全”，主场活动于 6 月 14 日在北京举办，国务院副总理、国务院食品安全委员会副主任汪洋出席活动并作重要讲话，中国科协党组书记、常务副主席、书记处第一书记尚勇出席活动。各有关主办单位主题日活动于 6 月 14—27 日陆续举办。

【第七届中国（芜湖）科普产品博览交易会】 11 月 11 日，由中国科协、安徽省人民政府主办，安徽省科协、芜湖市人民政府承办的第七届中国（芜湖）科普产品博览交易会在芜湖国际会展中心开幕。中国科协党组副书记、副主席、书记处书记徐延豪，安徽省委常委、芜湖市委书记宋国权，中国科协党组原副书记、副主席程东红，解放军原总装备部科技委顾问唐贤民少将，航天员大队航天员王亚平，安徽省政协副主席、省科协主席赵韩，中国科协科普部部长杨文志等出席开幕式，安徽省科协党组书记、常务副主席王洵主持开幕式。徐延豪、宋国权分别致辞，徐延豪宣布第七届中国（芜湖）科普产品博览交易会开幕。

本届科博会以“创新驱动发展，科技引领未来”为主题，采取“科普 + 科技”的方式，集中展示我国近年来重大科技成就、最新科普产品和技术。来自美国、法国、德国、澳大利亚等 23 个国家和地区以及 20 多个省、自治区、直辖市的 449 家单位参加了展示。

与往届相比，本届科博会具有以下突出特点。

一是大幅增加高科技产品的展示。量子通信、高铁轻轨、新能源、节能环保、航天航空等一大批高科技展品纷纷亮相，本届科博会还首次设立了机器人展区。安徽省 21 个战略性新兴产业集聚发展基地、20 个高层次科技人才团队也携高科技成果参与集中展示。

二是“专家+企业”。科博会邀请了28名海外高端人才与相关企业开展中国科协海智计划项目对接活动；邀请20名国内知名学会的专家与相关企业开展中国科协创新驱动助力工程对接活动；近30位国内机器人业界专家学者出席本届科博会，与装备制造企业对接，以进一步提升企业自主创新能力，促进企业科技进步。

三是“科普+信息化”。“互联网+”、移动互联网、物联网技术、云计算、智慧城市、VR/AR虚拟现实周边产品等集体亮相。中国科协在展会上专门开设了科普信息落地应用产品展示，集中展示中国科协科普信息化工作成果。

【中国科技馆荣膺ASPAC两项大奖】 5月18日，在第十六届亚太科技中心协会年会（ASPAC 2016）上，ASPAC执委会举行了本年度颁奖仪式，为在亚太科技中心协会的工作和科学普及领域做出突出贡献的个人和团体颁发了3项年度大奖，中国科技馆荣膺“创意科学传播奖”和“创意科学展品奖”两个奖项。中国科协党组成员、书记处书记徐延豪，党组成员、中国科技馆馆长束为和ASPAC执委出席颁奖仪式。

亚太科技中心协会成立于1997年，是亚太地区最主要的科技馆（科学中心）组织。自2012年，先后设置“ASPAC主席奖”“ASPAC创意科学传播奖”“ASPAC创意科学展品奖”年度奖项。2015年年底，按照奖项评选标准和组织评选程序，中国科技馆组织开展的《探知未来——全国青年科普创新实验暨作品大赛》《“光之嘉年华”短期展览》分别申报2016年ASPAC“创意科学传播奖”和“创意科学展品奖”。经过ASPAC执委会评审，两个项目全部获奖。颁奖仪式上，徐延豪和联合国教科文组织项目专家约斯兰·努尔分别为获奖团队和个人颁奖。

【科学普及出版社建社60周年座谈会】 12月24日，科学普及出版社60周年座谈会在中国科技会堂召开。中国科协党组书记、常务副主席、书记处第一书记尚勇致辞，中国科协党组副书记、副主席、书记处书记徐延豪讲话，中国科学院院士林群、刘嘉麒、高福，中国工程院院士郑静晨，科普出版社社长秦德继，中国科协、中宣部、国家新闻出版广电总局等相关负责人，来自科技界、科普界的作者、读者代表，出版社同行代表共同见证科普出版社60载的光荣与梦想。座谈会由科学普及出版社党委书记、副社长辛兵主持。

中央宣传部出版局副局长冯士新、国家新闻出版广电总局出版管理司副司长李一昕对科学普及出版社取得的成绩给予肯定，也为科学普及出版社的发展提出了建议。林群、刘嘉麒、郑静晨、高福代表读者、作者作了重点发言，向科学普及出版社60周年表示热烈祝贺，同时对科学普及出版社在科普创业理念、融合发展、科技创新、市场营销、内容创新等方面提出了意见和建议。

【2016年“英才论坛”】 12月24日，2016年“英才论坛”在北京大学举行。中国科协党组副书记、副主席、书记处书记徐延豪，中国科学院副院长、党组成员、中国科学院院士王恩哥，教育部高教司司长张大良，北京航空航天大学原校长、中国科学院院士李未，北京大学数学科学学院院长、中国科学院院士田刚，中国科学院国家天文台研究员、中国科学院院士武向平，北京大学物理学院院长、中国科学院院士谢心澄，“英才计划”专家咨询委员会等相关专家，省级管理办公室项目负责人，以及来自20所高校推荐的86名英才学员参加论坛的相关活动。王恩哥代表“英才计划”专家咨询委员会作评议报告。

此次论坛主要包括数学、物理、化学、生物、计算机等分论坛，学科年度总结，学生培养成果展示交流和科学家面对面等活动。最终评选出52名2016年“英才论坛”优秀学生和29名具有参加2017年中国科协青少年国际科技交流资格的学生。

“英才计划”由中国科协和教育部共同主办。为展示学生培养成果，“英才计划”每年在学生培养结束后组织“英才论坛”，对学生培养情况进行评价，并促进学生互相交流。

【“典赞·2016科普中国”现场活动】 12月30日，由中国科协主办的“典赞·2016科普中国”现场活动在人民日报社新媒体大厦举行。活动以“定格精彩记忆，传播科学精神”为主题，现场发布2016年度“十大科学传播事件”“十大‘科学’流言终结榜”“十大网络科普作品”“十大科学传播人物”及“科普中国特别贡献者”。

中国科协党组副书记、副主席、书记处书记徐延豪，中国科学院院士刘嘉麒，中国工程院院士陈君石，中国工程院院士金涌，科技部、国土资源部、国家林业局、中国科学院、中国工程院、国家自然科学基金委员会、国家文物局、国家食品药品监管总局、共青团中央、北京市科协、人民网等有关部门负责人出席活动。

中国工程院副巡视员王元晶和国家自然科学基金委员会科学传播中心副主任韩智勇率先揭晓了“十大科学传播事件”。科技界“三会聚首”、科学普及与科技创新“两翼齐飞”等 10 个事件当选。

活动现场公布了“十大‘科学’流言终结榜”名单,“美国人不吃转基因?”等 10 条年度热点流言当选。中国园艺学会草莓分会常务理事齐长红对十大流言之一“个儿大草莓因为打了激素?”进行了破解。

国家文物局博物馆与社会文物司司长段勇和共青团中央宣传部副部长张健为共同揭晓“十大网络科普作品”、《天宫新传奇起源》等 10 个优秀科普作品当选。

国家林业局科技司巡视员厉建祝和科技部政策法规与监督司巡视员宋德正共同揭晓 2016 年“十人科学传播人物”及“科普中国特别贡献者”,陈耀等 10 人获得“十大科学传播人物”称号,北京化工大学 David G. Evan 教授获“科普中国特别贡献者”。

科普中国形象大使徐颖作了题为“‘青稞’的科普之路”的主题演讲。她说,做科普工作,能够在分享中获得快乐,科普工作不仅是青年科研人员的社会责任,也是每一位科研工作者、每一位教育工作者、每一位媒体工作者责无旁贷、义无反顾的使命。

国际学术交流

【2016 青岛国际脱盐大会】 2016 青岛国际脱盐大会于 6 月 28 日在山东省青岛市开幕。大会主题为“脱盐:创新驱动与绿色发展”。中国科协党组成员王延祐,中欧水资源交流平台欧方秘书处主任亨里克·迪森,中国科协国际联络部部长张建生,中国科学院院士、中国海洋大学副校长吴立新,工业和信息化部节能与综合利用司副司长高宁等出席大会开幕式。青岛市科协党组书记、主席胡辛主持开幕式。

来自美国、德国、加拿大、日本、奥地利、以色列等 20 多个国家(地区)和国内脱盐及水资源利用领域的专家,以及青岛水务、懿华水处理、巴安水务、景津集团、倍杰特、科林环保、新源国能、博天环境、天创、杭州上拓、东硕环保、陶氏化学、沃特尔、旭硝子、宝利事、埃尔科技、弗雷西阀门等 400 多家知名企业负责人,共 700 多人参加了本次大会。

王延祐代表大会主办单位致开幕词。王延祐表示,发展海水淡化与水再利用以及非常规水源利用等技术,对缓解我国沿海地区水资源严重短缺、水环境质量改善、水生态系统功能恢复都具有重要意义。2016 年是我国“十三五”规划的开局之年,是全面建成小康社会决胜阶段的关键之年,是推进结构性改革的攻坚之年,也是建设海洋强国的战略机遇期,提升海洋科技自主创新能力,突破一批制约产业发展的关键技术,进一步提高海洋资源利用效率,加速海洋科技成果转化步伐,是未来我国海洋经济发展的重要任务。

开幕式后,举行了主题报告会,7 位专家、学者和企业代表作主题报告,水利部非常规水源工程技术研究中心综合部副主任陈莹作报告《落实最严格水资源管理制度推进非常规水源利用》,工业和信息化部节能与综合利用司副司长高宁作报告《加快推进工业节水促进工业绿色发展》,青岛西海岸新区管委会主任李奉利作报告《新黄岛、新开放、新梦想》,青岛水务集团有限公司董事长兼总经理魏成吉作报告《壮大海淡产业助力蓝色经济》,懿华水处理技术公司产品及技术全球总裁 Stefan Abramo 作报告《创新技术驱动水资源可持续性发展》,上海巴安水务股份有限公司工程主管 Roumen Kaltchev 作报告《气浮设备在海水淡化项目中的应用》,景津集团董事长、中国环保产业协会副会长姜桂廷作报告《100 公斤滤榨机在污泥脱水中的突破》。

大会期间,举办了工业节水治污技术交流研讨会、浓盐水综合利用国际会议、青岛西海岸新区脱盐产业对接会暨中欧水资源交流平台对接会、水务投融资(PPP)研讨会、黑臭水体整治及污泥处理处置研讨会、中国净水行业发展峰会、海水淡化技术的创新与发展、全国冶金节水与废水综合利用技术研讨会、合同节水管理模式专题会、市政污水处理与回用技术研讨会、全国印染行业废水处理新技术研讨会、水处理药剂应用技术研讨会、新三板战略合作闭门研讨会等,共 13 个主题,19 个专场研讨会。

【2016 应用能源国际论坛】 由中国科协国际联络部、济南市政府、《应用能源》国际期刊编委会共同主办,山东大学、中国科协海智办、济南市科协联合承办的“2016 应用能源国际论坛(CUE 2016–Applied Energy Symposium and Forum 2016)”于 6 月 13—15 日

在山东省济南市举行。山东大学“千人计划”特聘教授罗纳德·温纳斯特教授和日本东京工业大学 Kunio Yoshikawa 教授等出席论坛并作大会主题报告。

罗纳德·温纳斯特教授在论坛开幕式上作了题为“中国城市化进程中的能源转型战略”的主题报告。罗纳德教授说，中国的能源结构以煤炭为主，未来很长一段时间都难以改变，以清洁能源支撑当前的中国经济是不现实的。从短期来看，中国一方面应该提高化石能源的利用率并控制污染，另一方面应逐步推动能源结构低碳以及清洁化。从中长期来看，中国应积极地进行技术投入，完善政策和教育，为构建更加可持续的能源结构做准备。日本东京工业大学 Kunio Yoshikawa 教授和清华大学教授孙宏斌的主题报告分别介绍了采用水热法将固体废物生产为高品质固体燃料的技术以及能源互联网的相关研究。

论坛“济南低碳产业发展论坛暨技术项目对接活动”于 6 月 15 日举行，欧洲科学与艺术院院士、瑞典皇家理工学院首席教授严晋跃、清华大学长江学者孙宏斌教授分别作了有关低碳能源发展和能源互联网的主题报告。对接活动中，来自瑞典、意大利、芬兰和以色列等国家的 30 多家能源企业分别介绍了 40 多个技术项目的相关信息，并组织了海外专家赴有对接意向的园区和企业进行实地考察对接。

本届论坛共举办报告 18 场，口头报告 96 人次，展出展报 32 幅，收到论文投稿 160 余篇，涉及低碳城市、城市能源系统、城市能源规划、建筑能效、城市可再生能源利用、智能城市与微网、智能能源管理等 20 多个主题领域。

【第 33 届国际地理大会】 8 月 22 日，第 33 届国际地理大会（33rd International Geographical Congress）在北京国家会议中心开幕。本届大会以“构建我们的和谐世界”为主题，来自 100 多个国家和地区的近 5000 名专家、学者参会。国际科学理事会（ICSU）副主席、中国科协副主席、中国科学院副院长、中国科学院院士李静海，中国科协党组成员、书记处书记束为，国际地理联合会主席、俄罗斯科学院研究员 Vladimir Kolosov，大会学术委员会主席、中国科学院院士秦大河，大会组织委员会主席、国务院参事刘燕华出席大会开幕式并致辞。大会组织委员会主席、中国地理学会理事长、中国科学院院士傅伯杰，中国科学院院士刘昌明、郑度、孙九林、王颖、陆大道、叶嘉安、姚檀栋、郭华东、崔鹏、陈发虎、夏军，俄罗斯地理学会名誉理事长 Vladimir Kotlyakov 院士，俄罗斯地理学会第一副主席 Nikolay Kasimov 院士，法国地理学会主席 Jean R. Pitte 院士，国际地理联合会秘书长 Michael Meadows 院士，以及国际地理联合会执行委员会全体副主席等出席大会。大会组委会秘书长、国际地理联合会副主席、中国科学院院士周成虎主持大会开幕式。

李静海在致辞中表示，地理学正处于一个地球科学发展的重要时期。地理学科的国际化发展、国家经济和社会发展等需求为地理学的发展提供了一个良好的机遇。地理学已经成为世界上的一个热门话题，它为全球气候和环境的变化、经济全球化和世界地缘政治结构的变化提供了战略决策支持。同时，地理学在国家科技战略决策和智库发展中发挥着显著作用。面对产业结构调整、资源与环境、社会可持续发展等国家发展中的一系列问题，地理学能够充分发挥优势，寻求解决一系列问题的办法。

在 5 天的会期内，未来地球计划科学委员会主席 Mark Stafford Smith，傅伯杰院士，韩国前驻华大使、首尔大学教授柳佑益，法国巴黎第一大学教授 Denise Pumain，加拿大女王大学地理系教授兼公共健康科学系教授 Mark W. Rosenberg 博士，秦大河院士，南非开普敦大学地理系主任 Michael Meadows，德国耶拿大学教授 Benno Werlen，荷兰阿姆斯特丹大学教授 Virginie Mamadouh，日本大阪市立大学教授 Takashi Yamazaki 等 10 位国际知名科学家分别作大会特邀报告《地理科学和未来地球计划：研究解决方案，从区域尺度到全球尺度》《了解中国的地理位置：链接科学与社会》《回到未来：探究区域生活方式》《地理科学和未来的地球：研究解决方案，从区域尺度到全球尺度》《了解中国的地理位置：链接科学与社会》《回到未来：探究区域生活方式》《城市动力学和地理差异：从理论到建模》《通过区域卫生和护理研究塑造“和谐世界”》《气候变化及其影响》。

大会围绕地理科学与未来地球、气候变化与全球理解、城市化与可持续发展、环境健康与人类福祉、地理学与多元文化 5 个主要议题设立分会场，共安排了 260 个专题、400 多场次报告、论坛和研讨会，以及非洲对话、拉美对话、青年沙龙等活动，引导与会者展开交流和讨论。大会开幕式前，有 6 个国际地理联合会（IGU）所属专门委员会在北京、上海、南京、广州、西安等城市召开专业学术年会。

大会面向中国国家战略需求，开设"一带一路"国际科学家联盟智库论坛、国际科学家联盟关于"一带一路"倡议论坛、丝绸之路经济带中亚资源与环境论坛、山地论坛等特色论坛展开研讨。作为第 33 届国际地理大会最大规模的分论坛之一，"一带一路"国际科学家联盟智库论坛聚焦寻求"一带一路"相关国家和地区之间更好的合作形式和发展道路。该论坛收到摘要及全文 30 余篇，来自中国、俄罗斯、日本、蒙古、德国等国近 100 位专家、学者报名参加，其中 26 位学者作口头报告，9 位学者作海报报告。报告主题涵盖共建绿色一带一路、丝绸之路环境变迁与共同应对全球气候变化、推进"一带一路"跨境合作、"一带一路"人才培训与能力建设等方面。论坛成果以智库报告形式提交"一带一路"沿线国家政府，成为科技支撑"一带一路"建设的代表性成果。

开幕式上，大会还向"第十三届国际地理奥林匹克竞赛"获奖者颁发了金牌奖。8 月 16 日，来自 45 个国家和地区的 174 名参赛学生和 88 名带队老师参加了为期一周的第 13 届国际地理奥林匹克竞赛，此次竞赛包括笔试、多媒体测验和野外实地考察三部分，竞赛内容集中在"气候与气候变化""经济地理与全球化""发展地理与空间不平衡"等 12 个主题和地图技能（读、分析、解释和画地图的能力）、探究和问题解决的技能、描述判断技能（读、分析、解释图像、照片、统计资料和图表的技能）等 3 个技能。

国际地理大会是国际地理联合会主办的四年一次的全球规模最大、水平最高、最具国际影响力的大型国际地理盛会。本届大会由国际地理联合会主办，中国地理学会和中国科学院地理科学与资源研究所承办，全国 20 余家地理学术机构协办。大会得到了中国科协、中国科学院和国家自然科学基金委员会的支持。

【第 33 届国际半导体物理大会】 经国际纯粹与应用物理学联合会（International Union of Pure and Applied Physics, IUPAP）批准，由中国物理学会等相关部门共同申办，北京大学主办的第 33 届国际半导体物理大会（The 33rd International Conference on the Physics of Semiconductors, ICPS 2016）于 8 月 1 日在北京国际会议中心开幕。开幕式由会议主席、北京大学信息科学技术学院"海外高层次人才引进计划"教授徐洪起主持。

北京大学校长林建华向来自 38 个国家和地区的 1000 余位与会代表致欢迎辞。中国科学院院长、中国科学院院士白春礼，国家自然科学基金委员会主任杨卫，IUPAP 半导体物理专业委员会（IUPAP C8）主席 Michael Thewalt 教授致辞。大会名誉主席、中国科学院副院长、中国科学院院士王恩哥，清华大学副校长、中国科学院院士薛其坤，大会名誉主席、中国科学院院士、中国科学院半导体研究所研究员郑厚植，中国科学院院士、清华大学教授朱邦芬，中国科学院院士、中国科学院物理研究所研究员于渌，诺贝尔物理学奖获得者、日本名古屋大学教授 Hiroshi Amano、曼彻斯特大学教授 Andre Geim、圣巴巴拉加州大学教授 Shuji Nakamura、马普固体物理研究所教授 Klaus von Klitzing 出席大会。

哥本哈根大学教授 Charle Marcus、普林斯顿大学教授 Ali Yazdani、芝加哥大学教授 David Awschalom、东京大学教授 Yasuhiko Arakawa 分别以马拉约纳电子学、原子链中的马拉约纳费米子、半导体中的量子自旋电子学、腔量子电动力学为主题作大会报告。

在 5 天的会议中，与会专家、学者就半导体物理与凝聚态物理领域的各个研究方向和前沿进展展开讨论，议题涵盖材料生长和结构表征、宽禁带和窄禁带半导体、纳米碳管和石墨烯、新型二维材料、拓扑材料和拓扑态、半导体异质结构、量子霍尔效应、自旋电子学、新型电子器件、半导体光学性质和光电子学、量子光学和纳米光子学、量子信息技术、固态中的马约拉纳费米子等。

7 月 31 日下午，在先期举行的诺贝尔论坛上，Klaus von Klitzing、Hiroshi Amano、Shuji Nakamura 3 位诺贝尔物理学奖获得者，以及中芯国际集成电路制造有限公司技术研发副总裁吴汉明作的关于量子霍尔效应、氮化物、蓝光二极管、我国超大规模集成电路晶圆代工的报告和主题对话吸引了近 600 名青年研究人员和学生参与。

【第八届世界两栖爬行动物学大会】 第八届世界两栖爬行动物学大会于 8 月 15—21 日在浙江省桐庐市举办。本次会议的主题为"两栖爬行动物的适应、进化与全球生存危机"。会议主要内容：适应 / 进化、两栖动物监测、人类干扰影响、辅助繁殖技术、生物地化方法、气候变化、多样性 / 分布、生态 / 行为、生态毒理学、化石记录等。共有来自 60 个国家和地区的 683 位注册代表参会，其中国外注册代表 451 人，我国大陆、台湾地区和香港特别行政区代表 232 人。

会议先后开展了专题研讨会4个、专题30个、开放专题13个，会议共举办大会报告（45分钟）9个、微大会报告（25分钟）5个、报告（15分钟）471个、墙报180个；收集摘要640余篇。

大会期间，召开两次世界两栖爬行动物学大会（WCH）执委会会议，其中1次与WCH国际委员会联合召开。第二次WCH执委会会议推举南京师范大学教授计翔接任WCH秘书长，匈牙利国家自然博物馆Judit Vörös博士为WCH候任秘书长，决定第九届世界两栖爬行动物学大会（WCH9）于2020年在新西兰达尼丁（Dunedin）举办，由奥塔哥大学（University of Otago）主办。

大会期间还召开了中国动物学会两栖爬行学分会会员代表大会，完成了换届选举。

【第七届国际作物科学大会】 受国际作物学会委托，由中国农业科学院和中国作物学会联合主办、中国农科院作物科学研究所承办的第七届国际作物科学大会于8月14—19日在北京举办。农业部副部长、中国农科院院长李家洋，中国工程院副院长刘旭，中国科协党组成员、书记处书记束为，中国作物学会荣誉理事长、农业部原副部长路明，中国作物学会理事长、第七届国际作物科学大会组委会主席翟虎渠，中国工程院院士盖钧镒，中国农科院副院长吴孔明、万建民等出席开幕式。国际作物学会副主席肖恩·开普勒（Shawn Kaeppler）和农业部副部长李家洋，分别代表国际作物学会委员会和第七届国际作物大会主办国政府在大会开幕式上致辞。

本届大会为中国首次主办的国际作物科学大会，会议以“作物科学——创新与可持续发展”为主题，共设19个大会报告、300多个分会报告、900多张墙报，同时还有丰富多彩的产品展览、形式多样的参观考察。来自全世界70多个国家和地区的2000多位作物科技工作者一起分享作物科技研究的最新进展，探讨作物科技和产业发展的未来。

【第34届非开挖技术研讨会】 第34届非开挖技术研讨会于10月10—12日在北京举行。非开挖技术研讨会已在欧、亚、美洲轮流举办了33届，本届为首次在中国大陆举办。本届会议由国际非开挖技术协会主办，中国地质学会非开挖专业技术委员会承办，会期3天，围绕“新材料、新产品、新技术”这一议题组织开展一系列专题论坛与专场展览活动，并开设两个分会场进行学术交流。

中国地质学会非开挖技术专业委员会主席、中国工程院院士王复明，德国非开挖技术协会主席Jens Hoelterhoff出席了开幕式并应邀作学术报告，来自英国、美国、德国、波兰、日本、加拿大、新加坡、荷兰、中国大陆和台湾地区的高校、科研院所、设备制造、勘察设计及施工单位共计1043名代表注册参加了此次研讨会。

【第三届诺贝尔奖获得者医学峰会】 9月2日，由中华中医药学会、中国高科技产业化研究会、中国医师协会、诺贝尔奖得主国际科学交流协会主办，中国国际科技交流中心承办的第三届诺贝尔奖获得者医学峰会暨中美院士论坛在四川省成都市开幕。国家卫计委副主任、国家中医药管理局局长王国强，中国科协党组成员、书记处书记束为，成都市副市长傅永林，中国高科技产业化研究会副理事长刘延宁，中国国际科技交流中心主任纳翔等出席开幕式。

6位诺贝尔奖得主，10余位中国科学院、中国工程院、美国国家科学院院士，50余位中外科学家和近100名国内专家、学者，以“生命科学未来，共话人类健康”为主题，围绕精准医学、中医药学重点学科进展问题，从生物医药产业新机遇、新趋势、新政解读等多个热点进行交流探讨。

本届峰会着眼于国际医学前沿课题，设立了国际精准医学高峰论坛、中医精准医学与转化医学论坛、国际生物医药产业论坛、世界青年创新论坛4个主题论坛及系列分论坛。会议期间，与会的专家、学者重点关注精准医学在医学领域重点学科的学术研究及技术应用，广泛探讨生物医药产业新机遇和新趋势，深入研究中医以人为本、辨证论治的理念对现代医学的借鉴作用。

本次峰会中的世界青年创新论坛，5位诺贝尔奖获得者以“科学发现的机缘”为主题，结合自己的亲身经历，探讨“机缘”在各自科研和产业研究中的影响和作用，与中外青年科学家和生物医药企业代表共同分享自己科研工作中遇到的困难、解决方案以及国际基础研究产业化方面的经验。

诺贝尔奖获得者医学峰会是诺贝尔奖得主国际科学交流协会在中国举办的年度国际医学峰会。从2014年起，在中组部、国家卫计委、国家中医药管理局、中国科协等大力支持下，中国国际科技交流中心承办了两届诺贝尔奖获得者医学峰会，共有10位诺贝尔奖获得者、30位中美院士、100多位国内外知名医学专家、2000多名医生、学者参与了交流。

【第二届中欧生命科学论坛】 6月20—24日，由中国科协海智办、全欧华人专业协会联合会联合主办，杭州市科协、绍兴市科协、南京市科协承办的第二届中欧生命科学论坛先后在浙江省杭州市、绍兴市和江苏省南京市召开。本届论坛以“中欧生命科学创新、实践与合作”为主题，结合三地海智项目对接活动开展。

6月20—21日论坛杭州站，杭州市委常委佟桂莉，中国科协国际部部长、海智办主任张建生，浙江省科协党组成员、副主席姜长才，全欧华人专业协会联合会副秘书长贺毅出席开幕式并先后致辞。19位海外专家携带20个生物医药、体外诊断、医疗器械等相关领域项目参会，部分项目与当地企业达成了初步合作意向。6月21日，海外专家分别到萧山科技园区、临安市青山湖科技城考察有关生物科技企业、园区创业环境等，并开展对接交流活动。

6月22—23日论坛绍兴站，全国人大常委会委员、中国科协原副主席、书记处书记冯长根和绍兴市领导尹永杰、徐晓光等出席活动。开幕式上，中国工程院院士、南通大学教授顾晓松作了题为“生物可降解组织工程神经构建与应用”的院士主旨报告。来自全欧华人专业协会联合会的专家就欧洲医疗器械市场、体外诊断系统及耗材、老龄产业、生物医药研发四个方面发展现状等问题作专题报告。30位海智专家携带的50个先进生命科学项目在会上进行了发布。

6月24日论坛南京站，中国药科大学校长来茂德，江苏省科协副主席、中国工程院院士王广基，江苏省科协副主席阮仁良，中国科协海智办副主任方进，贺毅等出席论坛。江苏省海智基地负责人、园区企业代表和国内知名风险投资机构的代表300多人出席活动。

中国工程院院士王广基，德国法兰克福大学医学院附属医院肿瘤缺氧研究室主任周捷，瑞士电子微技术中心高级研发工程师高惠、贺毅，技术商业化专家古春婧分别作主题报告。来自欧洲的21位生命科学领域专家携各自最新项目为参会代表作了项目路演。

【亚洲大洋洲地球科学学会学术大会】 7月31日—8月5日，亚洲大洋洲地球科学学会（Asia Oceania Geosciences Society, AOGS）2016年度学术大会在北京召开，大会由中国科协国际大地测量和地球物理学联合会中国委员会（Chinese National Committee for International Union of Geodesy and Geophysics, CNC-IUGG）承办。中国科协党组成员、书记处书记束为出席开幕式并致辞。

中国科学院院士、第三世界科学院院士、全国政协常委秦大河，中国科学院院士、第三世界科学院院士、国际数字地球学会主席郭华东受邀在开幕式艾克斯福特讲座（Axford Lectures）上作特邀报告。本届大会艾克斯福特嘉奖（Axford Medal）奖授予国际IUGG上任主席（2011—2015）、原AOGS主席（2010—2012）Harsh Gupta教授，以表彰他所取得的杰出学术成就和为AOGS国际交流与合作所做出的贡献。

AOGS成立于2003年，是亚洲与大洋洲最重要的地球科学学术组织之一，一年一度的年会是AOGS最重要的学术活动。近年来，AOGS年会的规模不断扩大，本届大会参会人数逾3000人。

【工程教育认证国际研讨会】 4月11日，由中国科协国际联络部与中国工程教育专业认证协会联合主办的工程教育认证国际研讨会在中国科技会堂召开。中国科协党组副书记、副主席、书记处书记、中国工程教育专业认证协会副理事长张勤，教育部副部长刘利民，中国工程教育专业认证协会理事长吴启迪，世界工程组织联合会主席Jorge Spitalnik，《华盛顿协议》副主席、澳大利亚工程师协会认证委员会主席Elizabeth Taylor，中国工程教育专业认证协会副理事长兼秘书长吴岩等出席研讨会并致辞。澳大利亚工程师协会、英国工程理事会等13个《华盛顿协议》正式成员组织的主席、副主席、认证部门负责人，中国教育界、产业界、学术领域的专家、学者等近70人参加研讨会。

张勤代表中国科协致辞，他表示，中国致力于为社会培养高质量的工程技术人员。提高工程教育质量不仅是教育机构义不容辞的责任，也是学术领域、产业界、政府及其他众多利益相关方的共同期待。通过教育认证保证教育质量，既是现实需要，也是国际趋势。中国科协作为中国最大的科技社团，承担着工程教育国际互认相关工作。希望通过工程教育认证国际研讨会向各国学习世界先进的教育理念、教学方式，也与各位分享中国在工程教育认证领域取得的成就和积累的有益经验。

刘利民代表教育部致辞，他表示，中国拥有世界最大规模的工程教育，在中国高等教育版图中占有极其重要的地位。2015年，工程教育的学生数占总在学人数38.2%，工程专业布点数占本科专业总数的1/3，工科毕业生超过毕业生总数的1/3，90%以上的高校开设有工科专业。中国的工程教育将进一步扩大开放，融入世界工程教育改革和发展的潮流。

吴启迪表示，11年前，中国按照开放互认、提高质量、推动改革的总体要求，全面构建国际实质等效的工程教育认证体系，并开展了几百个专业的认证。站在新的发展阶段，中国工程教育认证将继续承担保障质量、推动改革的历史使命，在国际实质等效的基本原则下，以创新变革谋发展，以开放融合促发展。

研讨会围绕成果导向教育与工程教育认证、工程教育认证最佳实践、工程教育及认证体系的创新与多样性发展3个主题进行专题研讨。

4月12日下午，与会外国专家赴清华大学核能与新能源技术研究院进行考察。

【中国科协代表团出席世界工程减灾大会】 由世界工程组织联合会（World Federation of Engineering Organizations, WFEO）主办的2016世界工程减灾大会12月5日在秘鲁国家会议中心开幕，秘鲁国家副总统Martin Vizcarra、WFEO主席Jorge Spitalnik、秘鲁工程师协会主席Jorge Alva出席开幕式并致辞。中国科协荣誉委员、WFEO副主席龚克，WFEO国家代表李若梅，中国科协国际联络部相关负责人等13位中国科协代表参加了会议。龚克应邀作大会主题报告。

12月3—4日、7—9日WFEO先后召开了执委会会议和若干专门委员会会议。中国科协代表根据分工出席了WFEO执委会和全部10个专门委员会会议，并有7位专家在各相关专门委员会会议上作专题报告。

由中国科协承办的世界工程组织联合会技术创新专委会（WFEO-CEIT）于12月3日召开首次工作会议。来自中国、新加坡、秘鲁、阿根廷、德国、西班牙、美国、加拿大、尼日利亚、南非等国家的近20位代表出席会议。为了进一步发挥WFEO作为国际科学组织平台的作用，汇聚更广泛的科技工作者协调开展全球范围的尖端科学研究，在本次会议上，龚克代表中方提出了国际科学计划“国际子午圈科学计划倡议”，得到了与会人员的关注。中国代表团希望通过这一项目的提出，开启并推进WFEO设立国际大型科学计划项目的进程。

为了推进中国科协与南美地区对口组织的合作，会议期间，中国科协国际联络部相关负责人专程拜会了秘鲁工程师协会主席Jorge Alva，就进一步开展双边合作交流交换了意见。

【2016中俄工程技术论坛】 9月23日，由中国科协和俄罗斯科学工程协会联合会（简称俄罗斯科工联）共同主办的2016中俄工程技术论坛在陕西省西安市举行。中国科协党组成员、书记处书记束为，俄罗斯科工联副主席德鲁卡连科·谢尔盖·彼得罗维奇，西北工业大学校长汪劲松出席会议并致辞。中俄工程界的专家、学者和科技人员共300余人参加了本次论坛。中国科协国际联络部副部长陈剑主持论坛。

束为在致辞中表示，过去两年，中国科协已连续举办了两届中俄工程技术论坛，对船舶、航空、信息安全、机器人技术等问题进行了充分研讨和交流，对加强两国科学技术多领域、多层次的合作起到了积极作用。中国科协希望以中俄工程技术论坛为平台，继续推动中俄两国间相关技术与产业领域的务实合作，大力促进我国信息安全与核电技术升级、产品升级，提升产业核心竞争力，为两国产业升级和经济转型提供新的契机。

本届论坛在核技术领域和信息安全领域，中俄两国的专家分别在核辐射探测与测量、辐射屏蔽与防护、核应急与核安全、材料辐照效应、乏燃料后处理、抗辐射电子学和密码学、网络安全、系统安全、可信计算、网络应用、空间信息安全等领域开展交流。

德鲁卡连科·谢尔盖·彼得罗维奇、国家数字交换系统工程技术研究中心副主任季新生、俄罗斯科工联信息安全办公室副主任谢利瓦诺夫·丹尼斯·弗拉基米罗维奇、中国工程院院士赵政国、“51中央船舶修理工艺设计研究所”开放式股份公司总专家科佩洛夫·叶夫根尼·维克托罗维奇分别作主题报告《俄罗斯科工联和中国科协的合作新前景》《网络安全再平衡战略抓手——拟态防御》《俄罗斯联邦“信息安全”专业工程人员的培训》《近期中国粒子探测技术的发展》《“51中央船舶修理工艺设计研究所”的核技术安全问题》。

大会报告后，中俄技术专家按照技术领域，参加了核辐射探测技术、信息安全技术分会场，13位中俄科学家、教授作了专题报告。

外事活动

【韩启德率团赴香港工作访问】 4月9—12日，全国政协副主席、中国科协主席韩启德率团赴香港特别行政区进行工作访问并出席香港求是科技基金会顾问和执行委员第二十四次周年联席会议等活动。

4 月 10 日，韩启德出席香港求是科技基金会顾问和执行委员第二十四次周年联席会议，参与审议基金会工作报告，评审 2016 年度“求是”奖，听取求是杰出青年学者奖遴选进展和执行团队工作报告，并参与讨论确定 2017 年基金会相关工作。4 月 9 日，韩启德以荣誉主席身份出席香港海外学人联合会创会十周年庆典，他在致辞时表示，希望香港海外学人联合会在推动香港进一步融入国家发展战略和激发香港青年创新、创业热情上，更加奋发有为。

在香港期间，韩启德会见了全国政协副主席、前香港特别行政区政府行政长官董建华，就科技、教育体制改革等议题交换了意见。韩启德还会见了香港医学界人士，与他们进行专业交流。4 月 11 日，韩启德一行访问香港工程师学会，就双方进一步加强合作举行座谈，特别就双方今后在国际组织中的合作、中国科协承接政府转移职能、科学评价等方面加强交流进行了探讨。

访问香港期间，韩启德出席了由京港学术交流中心组织的与香港青年科技人员代表座谈会，重点了解青年科技人员面临的问题，听取意见建议。4 月 11 日，韩启德一行赴香港科学园，了解科学园运行情况，参访雅诗能基因科技有限公司等企业，并与企业管理人员进行交流。

中国科协交流部部长张建生等陪同出访。

【尚勇率中国科协代表团访问法国、比利时、奥地利】 应国际科学理事会（International Council for Science, ICSU）、比利时皇家科学院（Royal Academies of Belgium）和奥地利上奥州政府的邀请，中国科协党组书记、常务副主席、书记处第一书记尚勇率代表团于 8 月 30 日至 9 月 7 日访问法国、比利时和奥地利。

代表团此行的主要任务是推动建立中国与法国、比利时、奥地利双边科技人文交流机制，拓展双边科技创新和科学普及交流合作，同时落实中国科协“海外人才离岸创新创业基地”工作，吸引海外科技人才及团队来华创业。代表团在法国、比利时和奥地利期间先后访问了国际科学理事会（ICSU）、法国国家科学传播中心（Universcience）、全欧华人专业协会联合会（FCPAE）、新鲁汶大学、比利时皇家科学院、奥地利联邦交通创新与技术部、奥地利科学园量子信息研究所、上奥州政府等机构，协商围绕双边科技人文交流机制，拓展双边科技创新和科学普及交流开展合作。尚勇一行还参观了中国－比利时高科技孵化园（CBTC）、比利时佛莱芒科学中心、维也纳科技馆、林茨市电子艺术中心等科技机构，了解国外前沿科技成果。

访问期间，尚勇一行出席了中国科协“海外智力为国服务行动计划”（以下简称“海智计划”）欧洲（比利时）工作基地授牌仪式。代表团还与中国科协“海智计划”在法国、比利时和奥地利的代表分别座谈，听取海外科技工作者的意见和建议。

【尚勇会见杜克大学校长理查德·布罗德海德】 1 月 14 日，中国科协党组书记、常务副主席、书记处第一书记尚勇在北京中国科技会堂会见杜克大学校长理查德·H·布罗德海德（Richard H. Brodhead）一行，其中包括昆山杜克大学校长、中国工程院院士刘经南，昆山杜克大学常务副校长丹尼斯·西蒙（Denis Simon）等。双方围绕海外人才离岸创新创业基地建设展开实质性合作进行了磋商。

尚勇表示，中国科协目前正在推动海外人才离岸创新创业基地建设，为海外人才在中国创新创业、实现科技成果转化提供便利条件，在研发基础设施、产业链、资金配置和政策支持等方面提供良好的环境。

布罗德海德表示，把科学与创新实践相结合是现代大学面临的一个挑战。杜克大学于 2014 年在江苏省昆山市建立了昆山杜克大学，希望探索新的教育模型，将昆山杜克大学建设成为国际化的科教融合、协同创新的试验区。他对中国科协推动形成创新创业的环境和文化表示赞赏。他说，杜克大学希望与中国科协建立实质性的合作关系。

中国科协学会学术部部长宋军、国际联络部部长张建生等参加会见。

【尚勇会见捷克和摩拉维亚共产党主席沃伊捷赫·菲利普】 1 月 14 日，中国科协党组书记、常务副主席、书记处第一书记尚勇在北京中国科技会堂会见捷克和摩拉维亚共产党（简称“捷摩共”）主席、捷克众议院副议长沃伊捷赫·菲利普（Vojtech Filip）一行。

尚勇代表中国科协对菲利普主席的来访表示欢迎。尚勇表示，中国科协是中国共产党领导下的团结广大科技工作者的人民团体，是国家科技创新体系的重要组成部分，在推动创新驱动发展和科学研究方面发挥着重要作用。中国科协在推动和服务科学家开展科学研究和科技创新的同时，大力推动先进科技成果的转化和中小型企业的创新创业。近年来，中国科协与捷克科技联保持着友好合作关系，多次签署战略合作协议。捷摩共是捷克具有重要影响力的政党，希望能够以此次来访为契机，进一步推动中捷科技合作。中捷两国企业在先进技术方面互有需求，具有广泛的合作前景。

菲利普提出，捷克的科研机构和企业对与中国开展科研合作充满兴趣，希望捷克和中国在科技成果转化、学术交流、教育交流、互派留学生等方面进一步合作。捷克愿意为中国与中东欧16国和欧盟的科技合作牵线搭桥。

捷克总统外事顾问、前副总理兼外长、捷中高新技术合作平台主席、布拉格新丝绸之路研究会会长扬·科胡特（Jan Kohout）表示，捷中商会愿意加强捷克与中国在航空航天、卫生领域、药物研发等方面建立合作；前捷摩共中央委员、捷中商会秘书长鲁博米尔·莱德尔（Lubomir Ledl）表示，希望与中国科协签署合作协议或备忘录，推动捷中的科研合作；Metatron国际风投公司总裁维拉迪米尔·约翰内斯（Vladimir Johanes）介绍了公司开展风险投资的情况；中捷经贸文化交流咨询专家弗朗基谢克·菲亚拉（Frantisek Fiala）介绍了捷克在药物研发领域尤其是抗癌药方面的新发展，希望与中国企业开展合作。

尚勇表示，希望以菲利普主席此次访问为新起点，深入探讨双方下一步合作的重点和方式。在此基础上，双方可以签订务实可行的合作协议。期待双方在开展科技合作并带动经贸合作方面取得新成果，也希望捷克在推动中国与欧洲其他国家的合作上发挥积极作用。

中共中央对外联络部欧亚局局长赵磊，中国科协学会学术部部长宋军，中国科协国际联络部部长张建生等参加会见。

【尚勇会见美国物理联合会首席执行官罗伯特·布朗】 3月2日，中国科协党组书记、常务副主席、书记处第一书记尚勇在北京中国科技会堂会见美国物理联合会（AIP）首席执行官罗伯特·布朗（Robert G.W. Brown）一行。双方就期刊国际化、学术交流、战略对话、采集工程等方面开展业务合作进行了深入探讨。

尚勇表示，中国科协愿意以此次访问为契机，推动长期合作，为提高学会管理水平、引导学会成立联合体等改革发展提供借鉴。双方的合作也可以作为促进物理学术活动的桥梁，在开展活动、业务等方面建立长效机制和长期合作关系。

罗伯特·布朗表示，美国物理联合会与中国科协之间有很多相似且共通的业务范围，可以建立长期密切的合作关系。美国物理联合会在近几年也做了结构上的调整，将更多的注意力集中在新旧成员学会间的合作上，并且更重视数字平台之间的交流。罗伯特·布朗表示了在工业物理，尤其是在物理领域学术成果向产业和应用转化方面合作的愿望。

中国科协国际联络部部长张建生、青少年科技中心主任刘阳等参加会见。

会见后，中国科协党组副书记、副主席、书记处书记张勤主持座谈会，双方就期刊国际化、学术交流、战略对话、采集工程等方面开展业务合作进行了深度探讨。张勤表示，中国科协可与美国物理联合会的成员组织美国物理教师协会（AAPT）建立具体合作关系，促进中美物理教师学生的交换交流，推动中美物理教育的发展。双方探讨了互派学者到中国科协和AIP历史中心及档案馆实习，相互学习对方的管理方法、经验，并共同举办物理学术会议和活动的可能性。张勤表示，希望双方在科技传媒、科普大众领域建立联系，开展密切合作。

【尚勇会见施普林格·自然集团董事长霍尔茨布林克】 9月9日，中国科协党组书记、常务副主席、书记处第一书记尚勇在中国科技会堂会见施普林格·自然集团董事长斯蒂芬·冯·霍尔茨布林克，就中国科协与施普林格·自然集团深化期刊方面合作进行磋商。

尚勇表示，中国科协高度重视科学道德和学风建设，学术诚信是科学研究的灵魂和生命，中国科协对学术不端行为“零容忍”，希望营造风清气正的良好学术生态环境，引导科学家坚持真理，求实探索。2015年，施普林格出版集团宣布撤回在同行评议过程涉嫌造假的40多篇论文，其中部分论文涉及中国作者，中国科协对学术论文造假的原因进行了深层次的研究，并联合6部门发布了《发表学术论文“五不准”》，肃清学术研究领域中的不正之风。中国科协希望与施普林格·自然集团一道共同推进科学道德和学风诚信。

尚勇表示，中国科协希望与施普林格·自然集团深化交流与合作，打造一流的中国英文科技期刊；扩大与施普林格·自然集团在期刊培训方面的合作，在对科学家进行论文撰写培训的基础上，对科技期刊的评审、编辑和出版环节进行专业培训；扩大与施普林格·自然集团在出版发行方面的合作，借“船”出海，借助国际出版平台，扩大中国科学家的国际学术影响力。中国科协期待与施普林格·自然集团在合作中实现双赢。

霍尔茨布林克表示，近年来，施普林格·自然集团与中国科协在期刊合作、科学家论文写作培训、期刊推广等方面开展了富有成果的合作，已为 2 万多名中国科学家在论文写作、科学诚信等方面进行了培训。他说，2015 年的撤稿事件不仅仅是科学家面临的危机，也是出版社面临的危机，不仅仅是中国也是世界各国面临的共同挑战。施普林格·自然集团愿意采取多种措施，完善论文出版系统，规范科学家的论文出版，进一步监管学术不端行为，坚守科学道德。他表示，近年来，施普林格·自然集团在学术论文评价体系和期刊出版管理等方面进行了创新性探索，愿与中国科协分享经验。中国期刊近年来发展很快，一些期刊已有较高的国际影响力，施普林格·自然集团愿在中国期刊与世界海洋之间做好“摆渡”，期待与中国科协在合作中取得丰硕成果。

中国科协国际联络部部长张建生、调研宣传部部长郭哲、中国科学技术出版社社长秦德继，施普林格·自然集团大中华区总裁刘珺、施普林格·自然集团中国自然科学与工程编辑总监叶路等参加会见。

【张勤赴美出席美国科促会年会并进行工作访问】 2 月 13—19 日，应美国科学促进会（AAAS）、电气和电子工程师协会（IEEE）等机构的邀请，中国科协党组副书记、副主席、书记处书记张勤率代表团赴美国华盛顿特区出席美国科促会 2016 年年会并于会后赴安娜堡、纽约等地进行工作访问和学术交流。

在美期间，张勤会见了 AAAS 新任首席执行官 Rush Holt 博士，双方回顾了两会友好关系及合作成果，同意加强在学术交流、科研诚信等领域合作，并就领导人访问及共同举办科学家对话活动等进行了较深入的讨论。张勤专程就中国科协华盛顿协议转正工作与美国工程认证委员会首席执行官 Michael Milligan 做了进一步沟通，通报中方有关工作进展。围绕学术团体运营与国际化、科研诚信建设及学术不端行为惩治、科技体制及项目评审机制、公众科学素养测评与分析体系的理论与实践等问题，张勤与 IEEE，美国健康与卫生服务部科研诚信办公室，美国科促会科学道德、自由与法律委员会，美国国立卫生研究院，密歇根大学国际科学素养促进中心等机构的领导人及专家、学者开展了学术座谈及研讨活动。

张勤还出席了由美国科促会、中国科协、欧洲科学开放论坛、巴西科学促进会、日本科技振兴机构、韩国科学文化创意财团等机构共同参与的工作组会议，讨论了该合作机制由“四国五方”拓展为“六国七方”。张勤在讨论中提出将合作主题由围绕“基于实证的政策制定”相关讨论转为为各国科研人员的科技成果转化提供政策环境和制度支持，得到各方积极回应。

在美国科促会年会期间，张勤分别与多国政府科技机构和民间科技组织的领导人进行了会晤和深入交谈，在科研诚信、科技政策、科技外交、人员交流、完善双边工作机制等方面的交流合作与上述组织达成多项共识。

在美期间，张勤等还应邀在华盛顿、纽约等地出席了中国科协“海外智力为国服务计划”成员机构组织的旅美华人科技学者座谈会。张勤向与会华人学者介绍了国内经济科技发展的情况，特别是中国科协在实施创新驱动发展战略、海外人才离岸创新创业基地建设等方面的工作。他表示，希望旅美科技协会等团体及其所代表的广大海外华人科技组织更加广泛地联系海外学者，积极开展学术交流与技术合作，更多地参与国内科技经济发展，在国际科技界更加活跃地发出自己的声音。

代表团的访问得到我国驻美使领馆的高度重视，使馆科技处及驻芝加哥、纽约总领馆科技组陪同出席会见活动。

【张勤会见 IEEE 前任主席霍华德·米歇尔】 1 月 25 日，中国科协党组副书记、副主席、书记处书记张勤在北京中国科技会堂会见电气和电子工程师协会（IEEE）前任主席霍华德·米歇尔（Howard Michel）。

张勤表示，中国科协非常重视标准化工作，正在积极推进相关学会开展标准体系建设。IEEE 是国际电气和电子领域知名的专业技术学会，IEEE 标准协会（IEEE Standard Association）在标准制定方面世界领先。中国科协及相关学会愿意与 IEEE 在标准制定、认证培训方面与 IEEE 深化合作，探讨可以共同建立新兴技术标准的潜在领域。

霍华德·米歇尔表示，IEEE 是国际性的电子技术与信息科学工程师的协会，会员极具国际化，分布在世界 150 多个国家和地区，IEEE 将其分为美国、加拿大、拉丁美洲、中国等 10 个大区进行会员管理。

IEEE 标准协会在信息技术、通信、电力和能源等领域已制定了多个行业标准，在标准体系建设方面富有经验。IEEE 愿意与中国科协在标准制定等方面开展交流与合作。

中国科协国际联络部部长张建生等参加会见。

【张勤会见世界工程组织联合会主席斯皮塔尼克】 4 月 5 日，中国科协党组副书记、副主席、书记处书记张勤会见世界工程组织联合会（WFEO）主席乔治·斯皮塔尼克（Jorge Spitalnik）。

张勤对斯皮塔尼克主席来访中国科协表示欢迎，感谢斯皮塔尼克主席对中国科协的支持。他表示，中国科协将以承办 WFEO 创新专委会为契机，进一步加强与WFEO的合作，在WFEO中发挥更加积极的作用。

斯皮塔尼克表示，感谢中国科协对 WFEO 的一贯支持。WFEO 希望与中国科协进一步加强合作，不断提升 WFEO 的国际影响力。WFEO 愿意为中国科协与《华盛顿协议》的交流与合作做出贡献。

中国科协国际联络部部长张建生，WFEO 执委（国家代表）、WFEO 能源专委会副主席李若梅，中国电子学会、中国国际科技交流中心相关负责人一同会见。

【张勤会见联合国教科文组织代表】 5 月 17 日，中国科协党组副书记、副主席、书记处书记张勤在北京中国科技会堂会见联合国教科文组织科学部助理总干事史凤雅（Flavia Schlegel）。

张勤表示，中国科协参与的国际科学理事会（ICSU）、世界工程组织联合会（WFEO）等国际组织都是联合国教科文组织的会员。中国科协希望与联合国教科文组织建立更加紧密的联系，共同推动民间科技交流与合作。

史凤雅表示，联合国教科文组织希望与中国科协加强联系与合作，促进世界科技的发展。她说，联合国教科文组织每五年发布一次科学报告，对全球科研与发展趋势进行总结，并提出针对性建议。《2015 年科学报告：面向 2030》已经正式发布，希望与中国科协共同合作翻译出版。她同时表示，11 月 10 日是联合国教科文组织设立的“世界和平与发展科学日”，每年在世界范围内举行相关活动，希望中国科协能够参与相关活动。

中国科协国际联络部相关人员参加会见。

【张勤率团赴澳门出席澳门创新经济多元化模式研讨会并进行工作访问】 1 月 27—29 日，应中央人民政府驻澳门特别行政区联络办公室（以下简称澳门中联办）邀请，中国科协党组副书记、副主席、书记处书记张勤率中国科协代表团出席澳门创新经济多元化模式研讨会。

1 月 28 日，澳门创新经济多元化模式研讨会在澳门中联办驻地召开，会议旨在研讨如何通过科技创新加快澳门特色金融、“互联网 +”等新兴产业模式发展。全国政协副主席何厚铧专程出席会议。张勤在研讨会上致辞。他表示，澳门发展与国家发展大局密切相关，发展环境十分优越。中国科协是广大科技工作者的群众组织，愿意与澳门中联办积极合作，搭建多方合作的广阔平台，促进澳门经济适度多元化发展。澳门中联办副主任姚坚，全国政协常委、中国（澳门）金融科技智库（以下简称金科智库）执行主席杨俊文，中国科协学会学术部部长、企业工作办公室主任宋军，中国科协交流部副部长陈剑，中国科协企业工作办公室副主任、企业创新服务中心主任郑浩峻等出席研讨会。研讨会由中国（澳门）金科智库主办。

研讨会期间，中国科协企业创新服务中心与金科智库、中国（澳门）金融科技产业智库共同签署了《关于促进澳门科技创新发展的战略合作协议》。

研讨会前，澳门特区政府行政长官崔世安会见代表团一行，就促进澳门经济适度多元化、科技创新等议题进行了交流讨论。

【徐延豪率中国科协代表团赴台湾地区工作访问】 3 月 15—21 日，应台湾中华青年交流协会的邀请，中国科协党组成员、书记处书记徐延豪率中国科协代表团赴台湾地区进行工作访问并出席台湾“中华青年交流协会”成立二十周年庆祝活动。

代表团访问台湾李国鼎科技发展基金会，就第六届海峡两岸科学传播论坛的筹备工作进行座谈；访问台湾玉山科技协会、台湾“中华公共事务管理学会”、台湾中技社、台湾新竹清华大学、台湾东海大学，重点就海峡两岸暨港澳协同创新及产学研合作进行介绍，探讨深化两岸青少年交流和科普交流，以及探讨两岸携手与“一带一路”沿线国家开展科技人文交流的可行性。代表团还访问了台湾科学教育馆、台湾海洋生物博物馆、台湾自然科学博物馆、台湾师范大学科学教育研究所等单位，就科普工作进行交流。

3 月 19—20 日，徐延豪出席了台湾“中华青年交流协会”成立二十周年系列庆祝活动并致辞。他在致辞中回顾了台湾“中华青年交流协会”与中国科协在“海峡两岸大学生辩论赛”“青少年高校科学营”等品牌活动中建立的多年良好合作关系，肯定了该协会在搭建两岸青年交流平台方面所付出的努力，表达了对协会创始人李钟桂博士的敬佩之意。他指出，青年交流代表着两岸关系发展的未来，希望海峡两岸更多的朋友与中国科协携起手来，为两岸青年创新创业贡献力量。

中国科协青少年科技中心主任刘阳、交流部副部长陈剑等一同访问。

【潘建伟会见英国物理学会首席执行官】 9月1日，中国科协副主席、中国科学院院士潘建伟在北京中国科技会堂会见英国物理学会（IOP）首席执行官保罗·哈达克（Paul Hardaker）一行。

潘建伟表示，中国科协及相关学会与IOP及其下属出版社（IOPP）有着良好的合作基础。近年来，中国科协在推进中国科技期刊发展方面进行了很多努力。通过中国科协开展的精品科技期刊工程和科技期刊国际影响力提升计划，中国科技期刊的质量和国际影响力有了明显提升，形成了一批有国际影响力的科技期刊群。未来中国科协及相关学会可以和IOP开展包括科技期刊、培训、学术交流等在内的多种形式一揽子合作计划。

哈达克介绍了IOP的基本情况以及IOPP在学术期刊、网站、电子书、期刊编辑培训等方面的进展情况。他表示，IOP与中国科协主管的多个物理学期刊建立了伙伴关系，保持着富有成效的合作。未来，IOP将扩大其在中国的业务与合作，非常希望得到中国科协及相关学会的支持，进一步开展合作。

双方还对学会分类管理、科研人员评价体系改革、物理知识科普等问题进行了交流。

中国科协国际联络部、学会学术部、科学技术普及部有关负责人参加会见。

【束为会见美国科促会首席执行官拉什·霍尔特】 11月7日，中国科协党组成员、书记处书记束为在北京中国科技会堂会见美国科促会（AAAS）首席执行官拉什·霍尔特（Rush Holt）一行。双方围绕两会的交流与合作进行了会谈，并签署了合作谅解备忘录。

束为表示，中国科协与美国科促会长期以来保持友好交流，在多个领域取得丰硕成果。特别是2005年以来，双方在科研诚信、科学教育、科学传播等多个领域的合作上取得积极进展。束为表示，中国科协希望与美国科促会在以往合作的基础上，进一步在科学道德诚信与科学伦理建设、科学出版物合作、科学传播与科学教育等方面加强合作，在开展科技政策合作研究和搭建中美科学家高层战略对话等方面展开新的探索与合作，希望双方以此次签署合作谅解备忘录为契机，加强交流合作，共同开启新的里程碑。

拉什·霍尔特表示，美国科促会一直以来与中国科协在多个领域保持合作，他希望通过此次签署合作谅解备忘录，进一步在科学道德诚信建设、科技出版、促进公众理解科学等方面加强合作，对科技政策研究和中美科学家高层战略对话等议题进行探索与合作，促进两会的共同发展。

双方就如何在合作谅解备忘录下开展实质性合作进行了深入交流，会谈后双方签署了合作谅解备忘录。

中国科协国际联络部部长张建生、美国科促会国际事务总监Tom Wang、《科学》杂志社社长Bill Moran等参加会见。

【束为会见英国皇家学会会长】 11月7日，中国科协党组成员、书记处书记束为在北京中国科技会堂会见英国皇家学会会长文卡特拉曼·拉马克里希南（Venki Ramakrishnan）一行。

束为说，中国科协与英国皇家学会之间已经开展了30多年的合作，英国皇家学会是中国科协重要的合作伙伴，中国正在实施“一带一路”倡议，中国科协希望通过“一带一路”国家之间的科技智库建设、国际科技组织交流与合作、促进公众理解科学和开展科学传播等层面，推动“一带一路”建设。近年来，中国科协聚焦重要科技领域开展了一系列国际性学术交流，举办了世界机器人大会、世界生命科学大会等国际会议，2017年还将举办国际清洁能源大会，希望英国皇家学会就感兴趣的议题参与学术交流活动。束为还就双方在建立高端对话机制、开展科技政策研究、促进中英科学家交流等方面展开探索与合作提出了建议。他表示，希望通过两会之间的合作搭建良好的平台，继续推进中英民间科技交流与合作。

文卡特拉曼·拉马克里希南表示十分关注中国开展的“一带一路”倡议，希望通过两会之间的合作推动英中科技的交流与合作。英国皇家学会非常关注转基因技术、生命科学、机器学习、可再生能源、能源储存等重要领域，十分关注公众对这些新科技的理解，以及这些新技术在文化和社会方面的影响，希望与中国科协在这些领域中展开多层面的探讨与合作。拉马克里希南还就双方在牛顿奖学金项目、促进公众理解科学、开展科技政策研究等方面开展探索与合作提出建设性意见。

中国科协国际联络部部长张建生、英国皇家学会副会长兼司库托尼·奇塔姆、英国皇家学会国际事务总监拉佩拉·扎曼参等参加会见。

【束为会见爱思唯尔集团董事会主席池永硕】 11月15日，中国科协党组成员、书记处书记束为在北京中国科技会堂会见爱思唯尔集团董事会主席池永硕一行。

束为说，爱思唯尔集团是全球知名的科技和医学领域的出版商，其先进的发展理念对中国科协期刊出版等工作具有非常好的借鉴意义。中国科协与爱思唯尔在一些方面有合作机会，希望双方加强沟通了解。

池永硕介绍了爱思唯尔集团的发展及其在数字化时代的转型历程。过去十年，爱思唯尔实现了从以纸质出版物为主向电子出版物和以解决方案为主的转型，其中，内容始终是爱思唯尔关注的核心。目前，爱思唯尔一方面致力于为用户提供可靠的内容，另一方面致力于为科技工作者提供专业的解决方案，既囊括了科学层面的专业需求，也包括科学评估等宏观需求。爱思唯尔愿与中国科协分享经验，开展更加紧密的交流与合作。

双方围绕科学评估、大数据平台、科技期刊评价、科技出版平台等议题进行了广泛交流。

中国科协国际联络部、学会学术部、中国科协创新战略研究院等部门负责人，励讯集团中国区政府关系副总裁张玉国、爱思唯尔大中华区科技及创新事业部总裁李琳等参加会见。

【宋军会晤STM协会首席执行官迈克尔·梅布】 11月8日，中国科协党组成员、学会部部长宋军在北京中国科技会堂与国际科学、技术和医学出版商协会（STM协会）首席执行官迈克尔·梅布进行会晤，双方就科技出版相关工作进行深入交流。

宋军表示，中国的科技期刊出版业正面临着很好的发展机遇，中国科协愿与STM协会在科技期刊出版培训方面开展进一步交流与合作，希望双方能共同探讨合作方式，考虑中国科技期刊发展的特点，做好培训课程的总体设计，有针对性地开展科技期刊出版培训、期刊发展研究等活动，为中国科技期刊从业者学习借鉴STM协会在出版领域的成功经验提供平台。

迈克尔·梅布表示，STM协会是全球最大的学术和专业出版商协会之一，在出版领域有着成熟的发展模式和经验。STM协会希望通过与中国科协所属期刊的进一步合作和交流，加强对中国科技期刊的了解。同时与中国科协共同探索一种共赢的发展模式，为中国科技期刊从业者量身打造有特点的期刊出版培训课程。希望双方在开放科学、高科技如何应用于出版行业等方面开展交流与合作。STM协会愿与中国科协分享《STM报告》，该报告重点发布国际期刊的现状和未来发展趋势，并有章节专门介绍中国期刊出版行业。

中国科协国际联络部副部长陈剑、STM协会的马克·加林豪斯先生参加会议。

【中国科协国际组织任职工作座谈会】 7月29日，中国科协国际组织任职工作座谈会在北京中国科技会堂召开。中国科协党组书记、常务副主席、书记处第一书记尚勇出席会议并讲话。中国科协党组成员兼书记处书记束为主持会议。中国科协副主席、中国科学院副院长、国际科学理事会副主席李静海，中国科协副主席、中国科学院院士袁亚湘，中国科协党组成员兼学会学术部部长宋军，中国科学院院士吴国雄，中国科学院院士、国际数字地球学会主席郭东华等出席会议。160多位中国科协所属全国学会的负责人、在国际组织任职的中国科学家代表参加会议。

尚勇在讲话中指出，中国科协及其所属学会要将做好国际科技组织工作作为落实“科技三会”精神的一项重要工作来抓，努力提升我国在国际科技组织的影响力和话语权。尚勇强调，针对我国的国际组织工作还存在加入国际科技组织比例不高、在国际科技组织重要岗位任职比例不均衡、国际科技组织在华落户极少等问题，中国科协与全国学会要共同搭建平台，开拓渠道，推动国际组织工作，着力提升我国在国际科技组织中的地位；要扩大我国科学家在国际科技组织的任职和覆盖面，争取更多国际科技组织的总部在中国落户，中国科协及其所属学会要为国际科技组织工作提供支持和保障；要扩大多渠道、多方式的国际科技合作交流，采取请进来、走出去的方式，加大国际科技交流与合作的力度；要增强政治意识和大局意识，在国际交往中维护好国家的主权和尊严。

会议特邀国台办交流局副局长王冰就海峡两岸民间交流的相关情况作辅导报告。

中国化学会、中国地理学会、中国生物化学与分子生物学会、中国电子学会、中国宇航学会、中华预防医学会的代表分别就各学会的国际科技组织工作和国际学术交流工作进行了交流发言。

【国际科联工作协调委员会全体会议】 1月18日，中国科协国际科联工作协调委员会（ICSU-CHINA）全体会议在北京中国科技会堂召开。中国科协党组副书记、副主席、书记处书记张勤，中国科学院副院长、国际科学理事会（ICSU）副主席、科学计划与评估委员会（CSPR）主席李静海，ICSU-CHINA 主席、中国科学院院士吴国雄，ICSU-CHINA 工作协调委员会委员，相关学会代表及 ICSU-CHINA 秘书处有关人员出席会议。会议由吴国雄主持。

ICSU-CHINA 秘书长王庆林作 ICSU-CHINA2015 年工作总结和 2016 年工作计划的报告。2015 年，ICSU-CHINA 积极推荐中国科学家在 ICSU 及各委员会任职，参与国际科联行政机构活动，创新 ICSU-CHINA 工作机制，加强与 ICSU 执行机构的联系，大力支持参与国际科联相关活动，积极开展国际科联科学计划相关活动。2016 年，ICSU-CHINA 计划加强和完善 ICSU-CHINA 体系建设，增强 ICSU-CHINA 领导机构和秘书处的协调能力，创造更好的外部和内部工作条件，努力提升 ICSU-CHINA 能力和影响力，在国内和国际创新与可持续发展方面发挥更积极的作用。

李静海介绍了 ICSU 的整体发展动态，新增重要科学计划，参与国际减灾、气候变化、世界科技论坛，开展新的五年战略规划，以及科学计划与评估委员会的情况。国际摄影测量与遥感学会（ISPRS）主席陈军介绍了国际摄影测量与遥感学会通过引领学术发展方向，为会员和业界提供更好服务、促进更密切的跨学科合作、服务国内科技创新等方面开展的工作和下一步工作思路，以及中国科学家目前在开展国际科技计划方面面临的困难和问题。国际纯粹与应用化学联合会（IUPAC）副主席、候任主席周其凤介绍了国际纯粹与应用化学联合会在国际化学界承担的重要任务，以及在化学语言标准制定、国际会议、化学教育、出版物、奖励等方面开展的具有特色的活动。灾害风险综合研究计划（IRDR）科学委员会委员，IRDR-CHINA 主席郭华东介绍了灾害风险综合研究计划科学委员会的整体情况，以及中国科协灾害风险综合研究计划工作协调委员会在中国综合减灾科学智库建设、积极参与“一带一路”建设、开展机制建设与成果对外宣传、国际综合减灾能力发展建设等方面开展的工作。新任 IRDR 科学委员会委员崔鹏提出了由我国科学家发起，开展“丝绸之路经济带自然灾害风险与综合减灾计划”的建议。世界数据系统（WDS）科学委员会委员李国庆对世界数据系统科学委员会委员的总体状况、管理机制和关注的重要议题等进行了介绍。国际天文学联合会太阳与日球层分部主席颜毅华对参加第 29 届国际天文学联合会太阳与日球层分部大会的情况进行了介绍。

委员们对推荐国际组织后备人才的选拔和培养、推进国际科学计划的实施、围绕“一带一路”倡议开展科技合作、谋划建立国际组织等提出了建设性建议。委员们还希望，中国科协与有关部门协商，争取更多政策支持，以便中国科学家在国际组织工作中更好地发挥作用。

张勤表示，中国科协非常注重国际组织人才的培养和推送工作。中国科协将积极搭建国际化平台，鼓励和支持我国科学家提出和发起对地区和全球可持续发展具有重大意义同时又切实可行的重大国际科学计划，并做出更积极的贡献。

【2015 年度中国科协联合国咨商工作总结会】 2 月 2 日，中国科协联合国咨商工作 2015 年度工作总结会在中国科技会堂召开。中国科协党组副书记、副主席、书记处书记张勤出席会议并致辞。国际联络部副部长王庆林主持会议。中国科协联合国咨商人类健康与生命科学专业委员会、信息社会与信息通信技术专业委员会、可持续发展与资源环境专业委员会，以及咨商工作秘书处相关人员参加会议。

张勤表示，联合国咨商工作一向是中国科协外事工作的一个重点。2015 年，中国科协联合国咨商工作在 3 个专业委员会全体专家以及相关学会、科研院所等的共同努力下，积极参与了包括联合国互联网治理论坛（IGF）、第二十一届联合国气候变化框架公约缔约方大会（COP21）以及第九届欧洲热带病医学与国际卫生大会等，积极配合外交部、中联部开展工作，代表我国科技界发表意见，在联合国舞台上有力配合了国家总体外交工作。

张勤指出，2016 年是“十三五”开局之年，面对国家和世界发展的新形势，中国科协联合国咨商工作也应积极融入科协智库系统的建设之中，积极搭建民间智库交流平台，多渠道多层次地加强与国际组织、国际知名智库、名牌高校和权威专家之间的联系，建立伙伴关系和合作系统机制，拓展智库成果对外传播渠道，不断提升对外传播能力和话语权；要更好地统筹国内资源和国际资源，从更高层次更广角度，为国家外交战略服务，为国家经济社会发展建言献策。

中国科协联合国咨商工作秘书处对联合国咨商工作总体情况、中国科协在此方面开展的工作及当前工作面临的国内外新形势进行了回顾和分析。王庆林介绍了中国科协联合国咨商工作的新想法。他提出要建立和完善中国科协多边工作全面发展的理念；与国内外相关机构建立良好的沟通联系渠道，搭建好咨商工作网络平台体系；完善咨商工作的内部机制；全面提升咨商工作服务大局能力、组织协调能力、对外开拓能力、预先研究能力，不断提升国际交流水平和层次，更积极地配合国家外交战略开展工作。

会议围绕如何创新思路，做好中国科协联合国咨商工作进行了讨论。与会人员建议，咨商工作要更好地配合国家战略，更紧密地结合国家需求，就共同关注的热点问题，提出咨商报告；中国科协应积极创造更好的支撑条件，促进中国科学家在联合国咨商工作中发挥更积极作用；中国科协联合国咨商工作要更注重品牌建设和宣传工作；各委员会要创新思路，打破边界，协同发展，进行跨学科、跨领域合作，谋求重大项目和计划，为国家发展服务。

中国国际科技会议中心主任纳翔、中华预防医学会秘书长杨维中、中国电子学会副秘书长林润华、中国科学院大气物理研究所研究员周天军等参加会议。

【“一带一路”国际科技组织平台建设会议】 12月23日，中国科协“一带一路”国际科技组织合作平台建设会议在北京召开。中国抗癌学会理事长、中国工程院院士郝希山，中国青藏高原研究会理事长、中国科学院院士姚檀栋，世界针灸学会联合会主席刘保延等项目负责人及有关人员出席会议。会议旨在以分类指导、精准研判的方式推动项目实施，为项目承担单位打造交流平台，展示项目特色并分享经验做法。

会议听取了来自中国针灸学会、中国青藏高原研究会、中国数学会、中国免疫学会、中华医学会、中国抗癌协会、国际数字地球学会、中国科学技术史学会、中国公路学会和中国电子学会10个项目承担单位的项目进展汇报，并围绕项目实施工作开展研讨、交流意见。

项目领导小组办公室有关人员介绍了项目的具体目标、任务及阶段性评估方案，并希望各项目执行单位充分发挥民间组织的独特优势，以“边做边建，以做促建”的方式，积累资源、聚集人脉、持之以恒、形成合力，推动实现民心相通，促进国际科技组织建设。

中国科协“一带一路”国际科技组织合作平台建设项目领导小组办公室主任、国际联络部副部长王庆林作总结发言。他解读了新时期下以“和平发展、合作共赢”为内容的国家外交政策，进一步阐述了中国科协“一带一路”项目设计的背景、意义和方向，要求各项目承担单位有序推动项目开展，通过建设以我为主的科技社团和机构，更深入地参与全球治理新格局。

中国科协国际联络部、中国国际科技交流中心和“一带一路”国际科技组织合作平台建设项目领导小组办公室有关人员参会。

【陆佑楣获世界工程组织联合会工程成就奖】 4月21日，中国三峡集团召开座谈会，表彰中国工程院院士陆佑楣荣获2015年世界工程组织联合会（WFEO）工程成就奖，又称优秀工程奖。这是该奖项设立27年来中国大陆工程师首次获此殊荣。中国科协党组副书记、副主席、书记处书记张勤出席座谈会。

2015年，经中国水力发电工程学会推荐、中国科协组织评审，WFEO决定授予陆佑楣院士工程成就奖。年已82岁的陆佑楣院士，60年来一直从事水利水电工程建设的技术和管理工作，先后参与、组织了长江三峡、刘家峡、盐锅峡、石泉、安康、龙羊峡等水电工程的建设。在任水电部副部长、能源部副部长期间，主管全国水电工作，推进了水电建设体制改革，领导了鲁布革、二滩、漫湾、水口、隔河岩等水电站的建设，成功决策了漫湾、水口、龙羊峡电站一些重大工程技术和管理中的难题，使我国水电建设能力上了一个新的台阶。1986年担任三峡工程论证领导小组副组长，协助钱正英同志工作，负责水库水位和综合组专题论证工作。1993—2003年主持长江三峡工程建设，根据中央方针，提出“用社会主义市场经济法则建设三峡工程，用先进科学技术武装三峡工程，用现代管理科学管理三峡工程”的总体思路，并在实践中积极推行，从实际出发及时决策和解决了工程建设中的许多技术和管理问题，表现出很高的决策、管理水平和理论基础。2003年当选为中国工程院院士。

WFEO工程成就奖被誉为世界工程领域的“奥斯卡”，设立于1989年12月，每两年颁发一次，旨在增强全球公众对工程的实践、理论和社会贡献的关注。该奖主要颁发给具备丰富职业经验，在实践、理论等方面有突出成就，并具有较强国际影响力的工程师。

陆佑楣院士说，三峡工程从孙中山提出到现在全面建成运行，将近一个世纪时间，今天能取得巨大成绩，中国工程界的工程师都付出了极大的努力。中国要面向世界，把清洁能源品牌打出去。每一个工程师都要充分认识到，自己做的每一件事都要有利于人类可持续发展。

【崔鹏当选灾害风险综合研究计划科学委员会委员】 2015 年 11 月 16—18 日，在南非召开的第十四届灾害风险综合研究计划（IRDR）科学委员会（SC）会议上，国际科学理事会（ICSU）、国际社会科学理事会（ISSC）、联合国国际减灾战略（UNISDR）共同宣布，根据全球范围内提名并通过认真遴选，共有 5 位来自全球灾害研究领域的知名科学家当选为 IRDR 新一届科学委员会委员。至此，IRDR 科学委员会共包括 16 名科学委员会委员、4 名当然委员。

由中国科协推荐的中国科学院院士、中国科学院成都山地灾害与环境研究所研究员崔鹏当选 IRDR 科学委员会委员，任期至 2018 年 12 月 31 日。这是自 2010 年 IRDR 成立以来，我国当选的唯一一位科学委员会委员。此前，中国科学院遥感地球所郭华东院士曾当选为 IRDR 当然委员。其他新当选的 4 名委员分别来自澳大利亚、英国、日本、卢旺达。

【张兴栋任国际生物材料科学与工程学会联合会主席】 5 月 22 日，在加拿大蒙特利尔举行的第十次世界生物材料大会特别全体大会上，中国工程院院士、美国工程院外籍院士、中国生物材料学会名誉理事长、四川大学教授张兴栋正式接任国际生物材料科学与工程学会联合会（International Union of Societies for Biomaterials Science and Engineering，IUSBSE，以下简称联合会）主席一职。

张兴栋在致辞中谈到，生物材料是一类多学科交叉发展出来的、造福于全人类的高技术新材料，国际合作对其发展十分重要，这是 1980 年建立国际材料学会联络委员会，即后来的国际生物材料科学与工程学会联合会的重要原因。近 40 年的发展表明，联合会对世界生物材料的发展发挥了重要作用，出席本次大会的代表从第一次大会的 100 余人增至近 4000 人，就是一个证明。

张兴栋表示，面临生物材料科学与产业正在发生重大变革和高速发展的重要时期，对联合会的工作也提出了更高的要求和挑战。

张兴栋于 20 世纪 80 年代在中国率先开展磷酸钙生物活性陶瓷及植入器械研究，研发出羟基磷灰石人工骨、牙种植体、人工关节等生物材料产品，取得国家食品药品监督管理总局（CFDA）生产注册证，并广泛应用于临床。20 世纪 90 年代，率先发现并确证无生命的生物材料可诱导有生命的机体组织和器官再生或形成，提出组织诱导性生物材料（Tissue Inducing Biomaterials）新概念，在国际上首（独）创新一代人工骨——骨诱导人工骨及其工程化技术，开拓了生物材料科学和产业发展的新方向。张兴栋于 2007 年当选中国工程院院士，2014 年因其在肌肉骨骼系统治疗及生物材料产品开发方面的贡献当选美国国家工程院外籍院士。张兴栋对国际生物材料界的合作交流和我国生物材料界国际地位的提高作出了显著贡献。

【高福当选亚洲生物技术联合会主席】 8 月 17 日，由中国生物工程学会和亚洲生物技术联合会（Asian Federation of Biotechnology，AFOB）联合主办的 AFOB 夏季论坛（AFOB Summer Forum）在山东省青岛市举行。AFOB 现任主席 Ho Nam Chang 教授在开幕式上介绍了 AFOB 主席换届选举情况，正式宣布中国科协常委、中国生物工程学会理事长、中国科学院院士高福当选 AFOB 下任主席，任期为 2016 年 10 月 1 日至 2018 年 9 月 30 日。根据 AFOB 的规定，每届主席任期为 2 年，可连任 2 届。这是中国科学家首次担任 AFOB 主席一职。

亚洲生物技术联合会（AFOB）成立于 2008 年，现已发展成为拥有 12 个分支机构和 13 个国家和地区会员的非营利性国际性组织，也是目前亚洲生物技术领域覆盖面最广、参与国家和地区最多、最具代表性、具有广泛影响力的国际学术组织。亚洲生物技术联合会通过组织国际生物技术研讨会、年会及论坛促进相关学术机构、研发中心、工业界和政府组织之间的合作。中国生物工程学会是 AFOB 团体会员，一向积极推动并参与 AFOB 组织的各项学术交流活动。

【吕永龙当选太平洋科学协会主席】 6 月 12—17 日，第 23 届太平洋科学大会在台湾地区举行。会议主题为“科学、技术以及创新：构建亚太地区可持续未来”。大会期间召开了太平洋科学协会理事会会议并选举协会相关官员。经中国科协推荐提名，中国科学院生态环境研究中心研究员吕永龙当选太平洋科学协会主席，任期为 2016 至 2020 年。这是继周光召院士、符淙斌院士任该协会主席之后，我国科学家第三次在该国际组织任主席职位。

太平洋科学协会成立于1920年8月，旨在促进太平洋地区科学与技术的合作与交流，探讨太平洋地区共同关心的科学问题和优先领域，并以科学大会、届间大会和其他学术会议的方式为讨论上述共同关心的问题提供多学科的讲坛。截至2015年，太平洋科学协会正式会员有19个，中国科协代表中国参与其活动，是其创始成员之一。

港澳台

【中国科协与香港工程师学会执委会访京团座谈】 11月14日，中国科协与香港工程师学会执委会访京团在北京中国科技会堂举行座谈。中国科协党组成员、书记处书记束为，香港工程师学会上任会长陈志超，香港工程师学会执委会观察员、中国科协第八、九届全委会委员卢伟国等出席座谈会。中国科协交流部副部长陈剑主持座谈会。

束为表示，中国科协与香港工程师学会一直保持着紧密的联系与合作，希望双方在巩固现有合作的基础上，在参与国家“一带一路”倡议方面加强合作。束为提议，双方共同推动“一带一路”智库建设，共同推动“一带一路”科学院的建立，共同推动在“一带一路”国家中建立国际组织，加强在“一带一路”国家中开展科普工作的合作。

陈志超表示，香港工程师学会2016年围绕“一带一路”倡议设立了学会的发展主题“五个一”工程，即“一个学会、一个专业、一个未来、一带一路”。希望香港工程师学会能够助力国家发展战略，聚焦“一带一路”主题，与中国科协进一步开展深入合作。

中国机械工程学会副秘书长陈超志介绍了丝绸之路创新设计产业联盟及其联盟计划在“一带一路”、创新设计等方面开展的工作。

【澳门创新经济多元化座谈会】 3月8日，澳门创新经济多元化座谈会在北京中国科技会堂召开。中国科协党组副书记、副主席、书记处书记张勤与全国政协常委、澳门金融科技产业智库执行主席杨俊文共同主持座谈会。

双方就落实《关于促进澳门科技创新发展的战略合作协议》的具体内容，主要包括共同建立离岸创新创业园区、开展优续发展计划、共同举办学术活动、促进“科技桥”信息服务平台与双创服务云对接等进行了磋商。

座谈结束后，张勤与杨俊文交换了《关于促进澳门科技创新发展的战略合作协议》签约文本。该协议是2016年1月，中国科协企业创新服务中心、澳门金融科技产业智库、澳门生产力暨科技转移中心在澳门共同签署的，旨在加强各方合作，充分发挥中国科协在智力和人才方面的优势，通过大力开展科技创新，聚集各方资源，为澳门经济社会发展出谋划策，积极开展金融科技项目，做好人才队伍建设工作，创造更多机会支持澳门青年创业创新。

【中国科协与澳门科技协进会签订“科技师友计划”协议】 3月10日，中国科协与澳门科技协进会在北京中国科技会堂签订了“科技师友计划”合作协议。中国科协党组副书记、副主席、书记处书记张勤与全国人大代表、中国科协第八届全委会委员、澳门科技协进会理事长崔世平代表双方签字。

为了推动澳门科技与经济发展，鼓励和支持澳门科技工作者投身科技创新，借助内地科技资源优势推动澳门产业多元化，中国科协与澳门科技协进会协商共同启动了“科技师友计划”，计划在未来三年遴选澳门的优秀科技工作者来内地的科研、科技管理岗位实习，与内地的优秀科学家建立师友联系，以此提升澳门科技工作者的科研和管理水平，为澳门科技界培养领军人才。

张勤表示，中国科协与澳门科技协进会联系紧密，澳门科技协进会一直以来积极支持中国科协年会、两岸四地协同创新联盟、当代杰出华人科学家公开讲座等活动。在此基础上，为了推动澳门多元化产业发展，今后应进一步加强有针对性的深入合作。崔世平表示，澳门在科技创新方面需要解决的问题还有很多，希望双方能在环境保护、智能交通、智慧城市、科技金融等领域开展深层次交流与合作，共同推动两地的协同创新。

双方还就“两岸四地协同创新联盟”2016年工作计划及2017年将在澳门举行的“第二届协同创新澳门论坛”等相关事宜交换了意见。

澳门科技协进会副理事长韩子天、中国科协企业创新服务中心主任郑浩峻、中国科协交流部相关负责人等参加签字仪式。

【第十五届海峡两岸大学生辩论赛】 7月22—24日，第十五届海峡两岸大学生辩论赛（以下简称“海辩赛”）在福建省福州市举行。福建省委常委、宣传部长高翔，中国科协党组成员、书记处书记束为，台湾地区“中华青年交流协会”创办人、真善美基金会董事长李锺桂共同为荣获冠亚季军的代表队颁奖。本届海辩赛由中国科协支持，由福建省科协、福建省教育交流协会和云南、上海、江苏、湖北、四川、甘肃科协与台湾地区“中华青年交流协会”共同举办，由福建省科协闽台科技交流中心具体承办。

本届海辩赛参赛队伍16支，两岸各8支。大陆参赛队分别是云南师范大学、华东师范大学、河海大学、华中师范大学、四川大学、西北民族大学、福建师范大学、厦门理工学院；台湾地区参赛队分别是台湾大学、政治大学、东吴大学、世新大学、中国文化大学、逢甲大学、淡江大学、台北科技大学。他们围绕“科技越发展，人越有安全感 / 科技越发展，人越没有安全感”“人的自我价值体现过程更重要 / 人的自我价值体现结果更重要”“新媒体会取代传统媒体 / 新媒体不会取代传统媒体”3个辩题展开激烈辩论。

经过三天紧张激烈角逐，台湾大学、福建师范大学和台湾政治大学分获冠、亚、季军；台湾大学洪玉珍和福建师范大学吴淑娟荣获本届比赛最佳辩手。

颁奖仪式上，束为、李锺桂分别代表中国科协、台湾地区主办单位致辞。

辩论赛结束后，两岸青年大学生自编自演了联欢晚会。

【海峡两岸暨港澳科技合作论坛】 9月25日，由中国科协、陕西省人民政府主办，中国机械工程学会、陕西省科协、西安市人民政府承办的第十八届中国科协年会“海峡两岸暨港澳科技合作论坛”在陕西省西安市举行。论坛主题为“创新设计引领制造强国”。全国人大常委会原副委员长、中国创新设计产业战略联盟会长路甬祥，中国科协党组成员、书记处书记束为，西安市副市长赵敏，中国工程院院士徐志磊、卢秉恒等出席论坛，中国航天科技集团总工程师、中国机械工程学会副理事长杨海成主持论坛开幕式。来自海峡两岸、香港、澳门及部分“一带一路”沿线国家的科技、设计、创新、创业等领域的500余名专家、学者参加论坛活动。

路甬祥作了题为“关于创新设计竞争力的再思考”的主旨报告，报告通过回顾人类历史发展各阶段设计创新推动产业革命的历史，阐述知识网络时代的创新设计3.0的时代特征。他指出，在知识网络时代，设计进入3.0时代，呈现出“绿色低碳、网络智能、开放融合、共创分享”的新特征。知识技术、价值理念、体制机制、方法路径、创意创造构成设计创新的五大动力要素。开放自由、多样包容、鼓励创意创造的社会氛围是设计创新沃土，开放公平的市场竞争、公平分享知识信息资源、依法保护知识产权，是激励保护创新设计必要的法律环境，全球网络、大数据、云计算、云平台为创新设计造就了全新的信息网络、物理和计算环境。报告指出，认知设计的动力和环境，研究创新设计竞争力评价，对于制定我国创新设计规划、改革设计教育、建设先进设计文化、提升创新设计能力、促进向中国创造转变、建设科技创新强国有重大意义。

开幕式后举行了“丝绸之路创新设计产业联盟”的成立仪式，来自陕西、甘肃、宁夏、青海、内蒙古、河南等省、自治区，以及丝绸之路经济带沿线国家和地区的产学研机构共124家发起单位签署了合作协议。签约各方共同承诺将立足丝绸之路沿线国家与地区，促进和深化本地区内和本地区与世界其他地区之间交流合作。同期还举行了“丝绸之路创新设计研究院”发起倡议仪式，以及“中国好设计西安中心”揭牌仪式。

中国创新设计产业战略联盟副理事长、中国工程院院士徐志磊，台湾成功大学创意产业设计研究所所长陆定邦教授，香港理工大学设计学院院长方启思教授，澳门大学校长赵伟教授分别作报告《创新设计与智能制造》《“无即是有”的设计产业思维》《创新设计劳动力开发》《科技、创新、人才培养》。

在高端研讨会部分，来自我国大陆和香港、澳门特别行政区及台湾地区，俄罗斯、孟加拉国、荷兰、马来西亚等国的20多位专家、学者围绕创新设计与智能制造、创新设计应用与市场、创新设计与人才培养、创新设计与港澳台地区合作、创新设计与“一带一路”国家合作等5个主题开展深度对话和研讨。与会专家、学者探讨了创新设计与智能制造的关系及相互作用，分享了创新设计推动产业发展的实践和应用，交流了创新设计能力的提升途径与人才培养模式，以及合作领域与方向等。

【第六届海峡两岸科学传播论坛】 10月25—26日，第六届海峡两岸科学传播论坛在四川大学举办。本届论坛主题为“科学传播创意与技术创新”，由中国科协和李国鼎科技发展基金会共同主办。

本届论坛的内容主要包括大会主旨报告，分论坛研讨、合作洽谈和科普产品展示展播等。中国科协科普部部长杨文志作了题为“迎接新时代科学传播的变革”的主旨报告，台湾世新大学广播电视电影学系副教授关尚仁作了题为“台湾科普计划的亮点与未来”的主旨报告。

论坛期间，两岸专家、学者聚焦网络科普传播与融合创作、科学与艺术创意创造、科幻与虚拟现实展演三个分论坛主题，进行了交流和讨论，来自大陆和台湾地区58位专家、学者作了分论坛演讲。论坛还设置了虚拟现实展、高层次科普专门人才培养、高校科普硕士设计展等科普作品展演展示专区。

【2016海峡科技专家论坛】 6月12日，由中国科协主办、福建省科协承办，海峡两岸55家单位共同协办的第八届海峡论坛·2016海峡科技专家论坛在厦门市开幕。论坛的主题为“两岸携手，创新创业，合作共赢”。中国科协党组成员、书记处书记、中国科技馆馆长束为，福建省政协副主席、省科协主席、中国科学院院士郑兰荪，台湾工商建设研究会理事长廖万隆出席论坛开幕式并致辞。福建省科协党组书记、副主席杨江帆主持开幕式暨签约仪式。中国科协、厦门市政府、福建省科协、厦门市科协等有关单位负责人，以及来自海峡两岸的300多位专家、学者、企业家参加了论坛主会场活动。

束为在致辞中表示，2016海峡科技专家论坛紧紧围绕国家实施创新驱动发展战略，顺应“大众创业万众创新”的大潮，瞄准“一带一路”、云计算、物联网、青年创新创业等热点领域，对不断推动海峡两岸科技交流合作向更宽领域、更大规模和更高层次迈进具有重要的意义。他表示，海峡两岸科技界都要牢固树立“两岸一家亲”“两岸命运共同体”的理念，共创两岸互利双赢，增进海峡两岸同胞福祉，共同维护好两岸和平发展的局面。

郑兰荪希望，海峡两岸科技界能够把握区域科技融合发展的新机遇，通过海峡科技专家论坛，深化海峡两岸科技交流合作，共创两岸同胞互利双赢。

开幕式上，由全国学会、福建省级学会、厦门市科协、泉州市科协推荐的“共建三维创客3D打印公共服务平台”“石斑鱼抗病技术合作”等8个两岸科技经济合作项目进行了现场签约。开幕式后，腾讯政务民生中心主编、“互联网+”创新中心研究员何建红，台湾大学前校长、电机系教授李嗣涔分别作了题为“大数据时代科技信息的精准传播”和“个人照护产业发展的策略——以台大为例”的主题报告。

2016海峡科技专家论坛被列为第八届海峡论坛的重要活动，是中国科协、国务院台办的重点对台交流项目。论坛下设海峡科技专家论坛主会场和海峡两岸管理论坛等10个分会场，分别在厦门、福州、泉州、漳州等地举行，来自海峡两岸的1000多位科技专家和业界人士参加论坛活动，提交大会交流论文300多篇，共有13个两岸科技合作项目在主会场或分会场签约。

海智计划

【2016年中国科协海智计划联席会议暨首届海智菁英创新峰会】 9月20日，2016年中国科协海智计划联席会议暨首届海智菁英创新峰会开幕式在湖北省武汉市举行。中国科协党组书记、常务副主席、书记处第一书记尚勇，湖北省副省长、省科协主席郭生练出席并分别致辞，湖北省委常委、统战部部长梁惠玲，湖北省政府秘书长刘仲初，中国工程院院士顾晓松，中国科学院院士邹志刚出席会议。海外华人科技团体负责人、海外专家学者、优秀归国创业海归代表、离岸创新创业基地负责人等百余人参会。

尚勇和梁惠玲为中国科协（武汉）海外人才离岸创新创业中心揭牌，并与郭生练、顾晓松院士、邹志刚院士共同见证中国科协（武汉）海外人才离岸创新创业基地与海外9个高科技项目合作签约仪式。

【2016年中国科协海智计划基地工作会议】 2016年中国科协海智计划基地工作会议于10月17日在广东省东莞市召开。中国科协党组成员、书记处书记束为出席会议并讲话。广东省科协党组书记、常务副主席何真出席会议并致辞。中国科协海智办有关负责人，有关省、市科协、海智计划工作基地负责人，部分海智计划特聘专家等100余人参加会议。中国科协国际联络部部长、海智办主任张建生，中国国际科技交流中心主任纳翔分别主持大会开幕式和主旨报告部分。

束为在讲话中表示，海智计划实施12年来，中国科协已在各地建立了50多家海智计划工作基地。海智计划在服务科技工作者，服务地方经济发展，服务创新驱动发展等方面起到了积极的助推作用。当前，中国科协要着力打造新的海智计划2.0版本，使海智计划的作用发挥得“更大”，联系覆盖面“更广”，对海智的服务要“更实”。

束为强调，中国科协和地方科协海智办要根据各地特点，描绘好海智计划2.0地方版本。第一，各地方科协海智办要积极争取地方党政领导的全力支持，紧密结合当地经济社会发展和当地“十三五”规划开展工作，使海智计划工作得到重点推广。第二，要加强与各兄弟部门的沟通，得到兄弟部门的支持，使海智工作基地得到可持续发展，发挥更大作用。第三，各海智工作基地要因地制宜，打造独具特色的海智计划2.0地方版本。50多个海智计划工作基地的优势和发展模式各不相同，其发展与当地经济社会发展现状、产业结构、创新创业氛围、创新创业基础密切相关。各海智基地要切实使海智计划与当地的“十三五”发展规划紧密联系，在创新驱动发展和产业转型方面发挥重大作用。

安徽省科协等9个省级科协、中国科协（成都）海外人才离岸创新创业基地等5个海外人才离岸创新创业基地、中国科协海智计划安徽（安庆）工作基地等21个海智计划工作基地荣获海智计划工作先进单位。

【中国科协海智计划示范项目美时医疗集团授牌】 1月26日，中国科协海智计划示范项目——美时医疗集团授牌仪式在安徽美时影像技术有限公司举行，仪式由中国科协副主席冯长根主持，中国科协荣誉委员、中国科学院院士赵忠贤为示范项目授牌，安徽省科协党组成员、副主席王海彦、中国科协海智办副主任方进出席仪式。

赵忠贤在讲话中表示，美时医疗集团董事长马启元自2005年在美国时策划回国创业，到今日缔造美时医疗的辉煌，已历经10余载，他希望马启元不负众望，继续引领中国自主创新品牌的打造，美时医疗的明天会更好。

美时医疗技术有限公司是一家具有自主知识产权的医疗诊断设备研发和制造企业，由国家“千人计划”特聘专家马启元教授于2005年创办。成立10余年来，美时医疗在医疗器械研发领域研制出多项具有自主知识产权的高精尖医疗产品，并取得良好市场业绩，为海归创业人员树立了良好示范作用，为此获批“中国科协海智计划示范项目”。

【中国科协海智计划示范项目宁波市海智材料产业创新研究院挂牌】 8月25—26日，中国科协海智计划示范项目宁波市海智材料产业创新研究院挂牌仪式在浙江省宁波市举行。中国科协荣誉委员、中国科学院院士、中国海智计划专家委员会主席赵忠贤，中国科协国际联络部部长、海智办主任张建生、中国科协海智办副主任方进，宁波市副市长李关定出席启动仪式暨洽谈会。

宁波市海智材料产业创新研究院由国家“千人计划”特聘专家巨东英领衔创办，汇聚多位国家千人计划特聘专家、教授、研究员以及世界500强企业负责人。该研究院依托日本埼玉工业大学及在日中国科技者联盟等合作机构，向宁波市输送海外先进科技成果，引进高端技术人才和项目，使科研成果在本地产业化，并提供产业化过程全套服务，实现海外“智团”规模性服务地方经济发展，助力江北打造“北岸智谷”人才新高地。

在研究院的牵线下，宁波市与日本埼玉工业大学协议共建“宁波—埼玉工业大学产业创新研究中心”，该研究中心以校地合作的方式，实现日本埼玉工业大学先进技术在宁波的产业化转化。来自海内外的材料学相关领域的多位著名专家出席了启动仪式，并作交流发言。由研究院引入的一些优秀人才项目在现场进行了路演，并有4个人才团队与企业代表签约。

【中国科协海智计划基地建设】 4月17日，中国科协海智计划山东（菏泽）工作基地授牌仪式在山东省菏泽市举行。中国科协党组成员、机关党委书记王延祜为海智计划山东（菏泽）工作基地授牌，中国科协国际联络部部长、海智办主任张建生出席活动，山东省科协副主席纪洪波主持仪式，菏泽市市委副书记李建华出席仪式并致辞。

菏泽市借助中国科协、省科协海外智力为国服务行动计划，抢抓机遇，大力开展海智基地建设，采取“大联合、大协作”的工作方式，构建海智工作大格局，建立了“基地+工作站”的海智工作架构，将海智工作落到了实处。

6月24日，在2016中国·成都全球创新创业交易会上，中国（成都）海外人才离岸创新创业基地被正式授牌。8月，该基地首批两个海外工作站已正式落定德国法兰克福和丹麦哥本哈根。

中国（成都）海外人才离岸创新创业基地创新管理服务模式，主要以在海内外“双向”建立离岸创新资源汇聚站点的方式，探索构建具有引智引才、技术转移、知识产权交易、投融资服务、法律咨询、产品推广等功能于一体的“双向离岸”柔性引才机制和国际化离岸基地。

12月4日，中国科协（苏州）海外人才离岸创新创业基地在苏州工业园区挂牌成立。

中国科协（苏州）海外人才离岸创新创业基地是

继在上海、深圳、武汉之后设立的第四个离岸基地。该基地遵循“总体规划、试点先行；融合推进、合作共享”的建设原则，围绕将苏州离岸基地打造成为“创新创业全程综合服务的枢纽站、国际招才引智模式的先行区、深化创新创业体制机制改革的试验田”这一功能定位，采取“‘以实体基地为载体、以创新联盟为支撑、以专业团队为主体’，实现‘离岸基地+联盟+市场主体+风投基金’‘国内国外联动、线上线下互动、基地内外共享’”的运作模式，选择苏州工业园区作为试点，致力于搭建海外人才离岸创新创业项目引进落地及成果转化，助推本土企业赴海外拓展市场的双向离岸服务平台。

【海智办组织海内外专家调研长江流域生态环境】 4月24日—30日，海智办组织海内外专家一行13人赴四川省宜宾市、湖南省岳阳市和上海市进行为期一周的长江流域生态环境调研，提出促进长江流域社会、经济、生态和环境协调发展的对策建议。此次考察还结合环保部长江经济带“大保护”专题调研，目的在于摸清长江经济带的环境容量，研究分析环境污染治理的轻重缓急及优先性。

参加考察的海内外专家有：中国水科院水资源所名誉所长，中国工程院院士、我国环保部咨询委员会委员王浩，上海博大生态城市规划设计院院长、国际生态城市建设理事会秘书长伍业钢，国家“千人计划”特聘专家、瑞典皇家理工学院和梅拉达伦大学教授严晋跃，美国加利福尼亚大学河滨分校数学与生态学终身教授李百炼，美国阿拉巴马农工大学教授、孔子学院院长王勇，中国科学院水生生物研究所“百人计划”研究员、美国水产（渔业）学会水质与流域专业委员会主席陈宇顺，北京东方园林生态城市规划设计院生态经济分析所所长刘文晋，南方科技大学教授刘俊国，中国科学院重庆绿色智能技术研究院三峡所生态环境研究所生态过程与重建研究中心主任吴胜军，中国水科院水资源所教授级高工王芳、马静、张双虎，环境保护部环境与经济政策研究中心助理研究员黄德生。中国科协国际联络部部长、海智办主任张建生，海智办副主任邱爱军、方进等陪同调研。

此次调研结束后，调研团向中国科协和环保部提交调研报告，报告内容包括长江经济带及长江流域生态大保护战略及长江流域介绍，长江经济带生态大保护的重点措施及科学依据，长江经济带生态大保护的生态效益、经济效益、社会效益等。

【中国科协首个海外海智创新创业基地授牌】 9月1日，中国科协党组书记、常务副主席、书记处第一书记尚勇率领中国科协代表团赴比利时考察访问时，为中国科协—欧洲（比利时）海智创新创业基地（简称欧洲海智创新创业基地）授牌。

欧洲（比利时）海智创新创业基地以企业国际化需求为推动力，以专业化服务和人才覆盖为手段，通过采用海外智力和中外企业合作的经济和非经济运作模式，发挥欧洲专业人士的活力优势，以人才辨别、对接、服务企业，打造FCPAE一带一路中欧海外创新资源聚集平台。力争在3—5年内打造成为具有国际影响力的海外创新资源汇聚中心、专业化离岸服务中心、创业项目加速中心、国际创客合作中心，海外项目人才储备中心、项目成果展示中心。

【2016中国（昆山）国际创新创业大会】 12月5—6日，由中国科协、江苏省政府和美国杜克大学共同主办，江苏省科协、省人才办、苏州市政府、昆山市政府共同承办的2016中国（昆山）国际创新创业大会在江苏省昆山市举办。12月5日上午，大会举行开幕式，江苏省政府副秘书长王志忠宣读了江苏省省长石泰峰的贺信，中国科协党组成员、书记处书记束为代表中国科协致辞。随后举行了海外项目签约仪式。

本次大会围绕“汇聚国际人才合作双创共赢”主题，采用会、展、商、赛一体化形式，征集1310项海外项目，向海外发布350项国内项目需求，经过国内企业与海外专家多次接洽，实现218个项目对接成功，达成60个项目合作，涉及美国、德国、澳大利亚、以色列等12个国家，涵盖机器人与智能制造、电子信息、生物医药、新材料、环保、文化创意六大产业领域，还精选了100个项目路演，19位国内外专家作报告，200项江苏省千人计划创新创业成果展和海外最新科技项目展，来自美国、英国、法国、德国、西班牙、澳大利亚、以色列、日本等国外嘉宾以及国内高校、科研院所、高新技术园区、企业、海智基地等500余人参会。

本次大会还举办了千人计划海智专家创新创业论坛、海外人员离岸创新创业沙龙等活动，大会还在苏州市、连云港市和海门市设置了分会场。

【首届中国（成都）海外人才创新创业项目大赛】 9月19日，首届中国（成都）海外人才创新创业项目大赛决赛暨颁奖仪式在成都高新区菁蓉国际广场举行。中国科协党组书记、常务副主席、书记处第一书记尚勇，成都市委书记唐良智，中国科协党组成员、书记处书记束为，成都市委副书记、代市长罗强等出席仪式，并为获奖者颁奖。

本次大赛由中国科协、成都市政府主办，中国科协海智办、四川省科协、成都市科协、成都高新区管委会共同承办。整个大赛历时两个多月，得到了中国科协海归创业联盟、中国科协海智专家及海外华人科技团体的大力支持，共聚集了 16 个国家的海外人才创新创业项目 166 个。入围决赛的 30 个项目于 9 月 18 日在成都进行了决赛，产生了获奖项目和优秀项目。

本次大赛决赛评选出新一代信息技术、生物技术与医药、高端装备制造和新材料 / 新能源三个专业一等奖各 1 名、二等奖各 2 名、三等奖各 3 名、优秀奖 12 名。通过项目路演，评选出最佳人气奖、最具投资价值奖、最佳技术创新奖各 1 名。6 个获奖的原创性项目代表当场表达了落户成都进行成果转化的意愿，并接受了成都高新区管委会颁发的创业启动资金奖励。

【海智专家助力企业创新创业广东行活动】 10 月 17—18 日，由中国科协海智办、广东省科协、东莞市人民政府和中山市人民政府共同主办的海智专家助力企业创新创业广东行活动在东莞市和中山市举行。中国科协党组成员、书记处书记束为，广东省科协党组书记、副主席何真，东莞市副市长杨晓棠，中山市委常委、统战部部长梁丽娴出席活动并致辞。

此次活动集聚广东企业发展需求，邀请中国科协海智专家携项目到现场进行推介和对接。路演的项目集中在智能制造、电子信息、生物医药、节能环保等战略新兴产业方面，共有“智能家居服务机器人”“文化创意在现代建筑中的应用”等 15 个优质项目。活动得到了社会各界的广泛关注和响应支持，东莞、中山两地来自市镇区科协、各学会（协会，研究会）、有关企业、科技园区负责人和高校学生代表分别有 100 多人参加活动。

党　建

【传达学习贯彻中央精神，自觉与以习近平同志为核心的党中央保持高度一致】 2016 年，中国科协机关党委贯彻落实中央精神和部署安排，按照科协党组要求，全年共组织科协党组理论学习中心组集中学习 36 次，围绕传达学习党的十八届六中全会精神、十八届中央纪委六次全会、“全国两会”“科技三会”、庆祝建党 95 周年大会、纪念红军长征胜利 80 周年大会、纪念孙中山先生诞辰 150 周年大会等重要会议精神，以及“两学一做”学习教育、《科协系统深化改革实施方案》等中央重大部署，特别是围绕习近平总书记重要讲话精神展开学习研讨。

为加强科协党员干部培训，引导广大党员干部坚定理想，研究制定了《中国科协学习十八届六中全会精神工作方案》，把学习贯彻全会精神落实到科协系统每一个基层党组织、每一位党员。11 月 19 日，召开中国科协学习贯彻十八届六中全会精神党员干部大会，对科协系统深入学习贯彻落实全会精神进行动员部署。11 月 25 日，召开中国科协学习贯彻党的十八届六中全会精神辅导报告会，十八届六中全会精神中央宣讲团成员、全国政协社会和法制委员会副主任施芝鸿同志应邀作辅导报告。

组织各部门、各直属单位党务干部近 20 人参加中直机关组织的培训班，深化学习、强化理论基础。

开设中国科协网“学习贯彻党的十八届六中全会精神”专栏，加大对十八届六中全会精神的宣传教育力度。运用中国科协网“党的建设”二级栏目平台，及时发布中国科协机关和直属单位、地方科协、全国学会党建工作动态。2016 年，中国科协网“党的建设”栏目共编辑发布各类信息 111 篇。开通“中国科协党风廉政建设”微信公众号，自 9 月 1 日开通至 12 月 31 日，共推送 272 篇信息，累计阅读量 22867 次。

组织参加中央组织部、中直机关等举办的各类学习报告会、中央和国家机关“强素质·作表率”读书活动主题讲坛、“展望十三五”系列报告会、2016 年“双百”活动中央和国家机关专场报告会等专题培训教育、中央文明办举办的志愿服务工作培训班等。

【深入开展“两学一做”学习教育】 成立中国科协“两学一做”学习教育领导小组，党组书记、常务副主席、书记处第一书记尚勇同志担任组长，领导小组办公室设在机关党委，负责学习教育的组织协调和具体工作落实；同时设立督导组，对各部门、各单位党组织的学习教育进行督导检查。明确各部门、各单位党组织主要负责人为本部门、本单位“两学一做”学习教育第一责任人。研究制定《中国科协“两学一做”学习教育实施方案》，明确学习教育的总体要求、学习内容、方式方法、工作安排和工作要求等。分三个专题召开中国科协“两学一做”学习教育动员部署会议，传达习近平总书记关于“两学一做”学习教育重要指示精神和中央“两学一做”学习教育工作座谈会精神，部署安排中国科协“两学一做”学习教育工作。

多次召开专题会议，学习贯彻习近平总书记关于“两学一做”学习教育重要指示精神和中央“两学一做”学习教育工作座谈会精神、习近平总书记“七一”重要讲话精神，以及中央组织部有关“两学一做”学习教育会议、文件精神和要求。3月、6月，分两次每次集中两天时间召开党组理论学习中心组扩大会议，分专题学习《中国共产党章程》《中国共产党廉洁自律准则》《中国共产党纪律处分条例》《习近平总书记系列重要讲话读本（2016年版）》《习近平关于严明党的纪律和规矩论述摘编》《习近平关于科技创新论述摘编》，以及习近平总书记在中国科协“九大”上的重要讲话和习近平总书记关于新的发展理念等内容，紧密结合科协实际及自身思想、工作实际，开展交流讨论，谈学习认识和体会，就坚决贯彻中央有关决策部署，提出具体落实意见。

科协各级党组织定期召开支部党员大会、支部委员会、党小组会，按时上好党课。党组领导以普通党员身份参加党内生活，并带头讲党课。9月9日，特别邀请中央纪委派驻纪检组原组长郭向远以“落实全面从严治党主体责任　把纪律挺在前面”为题为科协全体党员干部讲“两学一做”学习教育专题党课。

按照《关于开展党员组织关系集中排查的通知》（中直工办发〔2016〕9号）要求，以党支部为单位针对党员基本信息、组织关系转接、交纳党费和参加组织生活、外出流动等情况普遍开展了摸底核查，建立了《中国科协党员组织关系集中排查信息登记表》，完善党员名册、党员档案等基础资料。对2007年实行党组织关系回执制度以来，对正式组织关系转出后尚未收到回执的党员，逐一与接收单位进行联系确认，近年来216名未收到回执的党员组织关系得以落实。规范党员组织关系开具流程及档案管理，重新印发党员组织关系介绍信，加强了对各级党组织相关工作的管理和指导。

按照《中共中央组织部关于在“两学一做”学习教育中对基层党组织按期换届情况进行专项检查的通知》（组通字〔2016〕26号）要求，科协各级党组织开展了排查、摸底和整改工作，切实加强基层党组织按期换届、委员增补选、档案管理等工作。

按照《中共中央组织部关于在“两学一做”学习教育中开展党费收缴工作专项检查的通知》（组通字〔2016〕33号）要求，机关党委对2008年4月以来党员交纳党费情况进行全面检查。及时向各级党组织发放《党费工作手册》、向全体党员发放《中国共产党员党费交纳手册》，并对基层党组织提出的相关问题进行释疑解惑。针对可能少交、漏交党费等情况，研究制定《关于党员补交党费有关事项的说明》。

【加强党风廉政建设，切实把全面从严治党落到实处】 6月22日，召开中国科协党风廉政建设推进会暨审计整改工作会，中国科协党组书记、常务副主席、书记处第一书记尚勇，中央纪委派驻纪检组组长郭向远，中直纪工委副书记刘斌出席会议。会议就进一步贯彻落实习近平总书记对科协工作的各项要求，全面加强党风廉政建设作出部署。会议要求进一步健全完善党风廉政建设体制机制，严肃财经纪律，建立严谨规范的风险防控机制；严格执行中央八项规定，扎紧“反四风”制度笼子；强化干部管理和队伍建设，健全完善作风建设长效机制。同时，要求各部门各单位针对党风廉政建设中存在的问题和薄弱环节，狠抓整改和落实，强化建章立制，堵塞漏洞，切实健全完善党风廉政建设长效机制，为科协党风廉政建设和反腐败工作提供坚强有力保障。

按照中直纪工委《关于开展遵守党的政治纪律和政治规矩情况专项检查的通知》要求，结合中国科协基层党组织书记抓组织建设和党风廉政建设述职评议考核以及“两学一做”学习教育，抓好专项检查工作的贯彻落实，做到科协机关各部门、各直属单位自查“零报告”，对发现的问题及时予以纠正和整改，涉及违规违纪的，坚决予以查处。

以建立和完善廉政风险防控长效机制为主线，把重大项目、重点岗位、关键环节的管理作为廉政风险防范管理工作的重点，围绕科协重要事项审批、重大财政资金使用、重大项目和扶贫资金拨款、项目招投标等情况进行监督检查，认真排查廉政风险点，积极制定各项防控措施。各部门、各事业单位开展廉政风险点排查工作，制定防控措施条例，有效地做好廉政风险的化解和防范工作。

组织党员干部认真学习贯彻《中国共产党廉洁自律准则》《中国共产党纪律处分条例》《中国共产党问责条例》《关于新形势下党内政治生活的若干准则》《中国共产党党内监督条例》等党内法规，使全面从严治党和各项党内法规入脑入心，转化为具体行动，增强全体党员特别是党员领导干部的纪律意识、责任意识。进一步健全和改进科协各级党组织的组织生活，领导干部带头自觉接受监督，认真抓好同级监督、民主监督和组织监督，全面践行从严治党。

在元旦春节、五一端午、中秋国庆等重要时间节点，通过召开联席会议、发送廉政短信、电子显示屏宣传、开通监督举报电话和邮箱、微信公众号推送警示内容等形式，加强对党员干部的提醒力度。结合审计署对中国科协开展的专项审计以及后续整改工作，聚焦“四风”问题，努力健全完善遏制“四风”长效机制。进一步加强对各类会议和活动的规范管理，严格执行领导干部出差报告制度，严格加强干部出国（境）管理，推进机关作风建设。针对审计中发现的问题，特别强调加强预决算管理、项目管理和经费管理，提高财务工作规范化水平，完善监督检查机制。

结合“两学一做”学习教育，开展反腐倡廉宣传教育、理论学习和思想政治工作，营造风清气正的良好环境氛围。在科协机关和直属单位、全国学会范围内举办“清风家园”文艺作品征集活动，开展“我身边的勤政廉洁事例”征集活动，组织编写《党员违规违纪案例选编》，建立“中国科协纪检干部”微信群等，以喜闻乐见的形式和鲜活的事例，加强对党员干部的教育和引导。

以建立和完善廉政风险防控长效机制为主线，把重大项目、重点岗位、关键环节的管理作为廉政风险防范管理工作的重点，围绕科协重大项目管理、重大财政资金使用、重大科普项目和扶贫资金拨款、项目招投标等情况进行审计监督检查，排查廉政风险点，制定防控措施。贯彻落实《中国科协党组关于加强领导干部经济责任审计和监督工作的意见（试行）》精神，重点审计监督领导干部廉洁从政情况、大额资金执行情况、中央八项规定执行情况，做到“钱到哪里、审到哪里”。围绕审计署提出的整改问题，制定审计整改方案，建立整改台账，逐一提出整改措施。

开展机关纪委内设组织机构改革。按照中央纪委“三转”要求，围绕监督执纪问责主业，深化机关纪委组织机构改革，不断理顺工作体制机制。在保持内设机构总数、领导职数不变前提下，组建成立了办公室、党风监督室和纪律检查室（审计室），专门为纪检工作增加1个编制。按照中国科协党组要求，4个设党委的直属单位全部设立了纪委并配备了专职纪委书记；在设总支、支部的22个机关部门和直属单位中，纪检委员由班子成员担任的比率达92%。结合“两学一做”学习教育，举办纪检干部专题培训班，加强廉洁从政宣传教育。通过借调、抽调人员从事相关工作或阶段性任务等方式，加大对基层纪检干部的选拔、培养和锻炼。

【加强学会党建，推动科协所属全国学会党建工作尽快实现“两个全覆盖”】 9月28日，中国科协在北京召开学会党建工作会议，围绕“加强学会党建工作，实现‘两个全覆盖’”主题，传达习近平总书记重要批示精神，对推进科协所属全国学会党建工作进行总动员、总部署。中直工委有关领导，中组部、中央纪委派驻纪检组、民政部有关部门负责同志，中国科协在京党组、书记处领导，机关各部门、各直属单位党组织负责人，所属全国学会负责人300余人出席会议。中国科协党组书记、常务副主席、书记处第一书记尚勇发表讲话，就中国科协深入贯彻落实中央部署、进一步加强学会党建工作、实现学会党的组织和党的工作全覆盖总体目标任务，提出具体工作要求。

经科协党组研究决定，成立了中国科协科技社团党委。科技社团党委由中国科协党组领导，接受机关党委业务指导，专事中国科协所属全国学会党建工作。主要职责是贯彻落实中央关于社会组织党建工作的决策部署，推动全国学会党组织发挥政治核心、思想引领和组织保障作用；推动所属全国学会党组织全覆盖、党的工作全覆盖；依规做好党风廉政建设、纪律检查、监察审计、群团组织、统一战线、精神文明建设等工作；对所属党的基层组织和党员进行日常管理，组织开展党员学习教育活动等，推动学会党建工作科学化、制度化、规范化发展，为按期完成学会党建工作“两个全覆盖”任务提供了组织保障。截至2016年12月31日，中国科协所属207家全国学会中党组织覆盖200家，覆盖率为96.6%。

10月11日，中国科协出台《中国科协关于加强科技社团党建工作的若干意见》，从加强学会党建工作的政治责任感、学会党建工作总体要求和目标任务、实现学会党建工作“两个全覆盖”、为做好学会党建工作提供支撑等4个方面，提出14项具体工作要求，做出明确部署，作为推动学会党建工作的指导性文件印发各全国学会参照执行。

【加强基层党组织和党员队伍建设】 指导7个部门、单位党组织完成换届选举，10个部门、单位党组织完成委员增补选，按规定完成发展预备党员、党员转正事项，新成立培训和人才服务中心党支部。为保证发展党员质量，按照《中国共产党发展党员工作细则》有关要求，研究制定2016年发展党员实施方案，按照“择优、选优、从严、从紧”原则，综合考虑各部门、各单位推荐的发展对象政治觉悟、道德品质、现实表现、家庭情况及所在单位党组织工作情况，并适当向基层一线倾斜，组织机关各部门和直属单位有计划地推荐重点发展对象，提交党委会研究审议，确定12名发展对象人选。

以建党95周年为契机，开展优秀共产党员、优秀党务工作者、先进基层党组织表彰，共评选出4名优秀共产党员标兵、70名优秀共产党员、27名优秀党务工作者、16个先进基层党组织，其中4名同志被评为中直机关优秀共产党员、1名同志被评为中直机关优秀党务工作者、2个党支部被评为中直机关先进基层党组织。开展机关、直属单位优秀共青团员、优秀共青团干部和五四红旗团组织评选表彰工作。评选出14名中国科协优秀共青团员，13名中国科协优秀共青团干部，7个中国科协五四红旗团组织。其中2人获“中央直属机关优秀共青团员”称号，1人获得“中央直属机关优秀共青团干部”称号，1个团组织获得“中央直属机关五四红旗团组织”称号。开展“党在我心中”诗歌征文活动。12篇推荐作品在中直系统获奖。

做好中国科协推荐参评第十届全国五好文明家庭、第八届中央直属机关文明家庭、“2016年北京榜样”、2015—2016年度“首都精神文明建设奖”等奖项候选人评选、推荐、报送等工作。在2016年春节期间开展“我们的节日”主题活动。开展中国科协推进精神文明建设工作专项调研，总结研究精神文明工作。按照中直机关文明办要求，开展中国科协中直机关文明单位抽查总结工作。2016年中国科技馆成功创建升级为中直机关第二批首都学雷锋志愿服务示范站。

中国科协机关党委组成党建研究课题组，根据中央直属机关党建研究会年度重点课题任务安排，开展“机关基层党组织建设面临的新情况新变化”研究。中国科协精神文明委组成课题组，就当前科协系统推进精神文明建设工作的进展和成效，以及科技界反映精神文明建设实践中的突出问题开展调研。在《科协论坛》2016年第9期发表文章《完善科技社团党建组织体系增强对科技社团的政治引领》，在《中直党建》2016年第9期发表文章《认真谋划监督执纪工作为科协事业全面发展保驾护航》。

人　物

中国科学技术协会第九届全国委员会主席、副主席、常务委员

（副主席、常务委员按姓氏笔画为序）

万钢，全国政协副主席，中国科协主席，科技部部长。

1952 年 8 月出生，上海人。1969 年 4 月参加工作，工学博士，教授，十一届全国政协副主席，中国致公党中央主席。1969 年吉林省延边朝鲜族自治州下乡知青。1978 年毕业于东北林业学院并留校任教，1979 年至 1981 年在同济大学结构理论研究所实验力学专业学习，1981 年获硕士学位并留校任教。1985 年至 1991 年赴德国克劳斯塔尔工业大学机械系攻读博士学位。1991 年至 2001 年在德国奥迪汽车公司工作。

2001 年 1 月，任同济大学新能源汽车工程中心主任，2001 年 8 月任同济大学校长助理，2003 年 6 月任同济大学副校长（主持工作），2004 年 7 月起任同济大学校长（副部长级）。2006 年 11 月，当选为上海市科协第八届委员会副主席。2006 年 12 月，任中国致公党中央副主席。2007 年 4 月起，任科技部部长。2007 年 12 月，任中国致公党中央主席。2003 年起，当选十届全国政协委员、常委；2008 年 3 月，当选为十一届全国政协副主席。2013 年 3 月，当选为十二届全国政协副主席。2016 年 6 月，当选为中国科协第九届全国委员会主席。

尚勇，十八届中央候补委员，中国科协党组书记、常务副主席、书记处第一书记。

1957 年 1 月出生，山东梁山人。1981 年 1 月入党，1973 年 3 月参加工作，研究生，工学博士，副教授。历任中国矿业大学北京研究生部副主任，国家科委办公厅调研室副主任，国家科委办公厅副主任、政策法规与体制改革司司长，科技部政策法规与体制改革司司长。2001 年 4 月起先后任科技日报社社长（副部长级），科技部党组成员、副部长。2008 年 8 月任江西省委常委、省纪委书记，2011 年 12 月担任江西省委副书记、省纪委书记，2012 年 9 月以后担任江西省委副书记。2014 年 6 月起，任中国科协党组书记。2014 年 9 月起，任中国科协书记处第一书记。2015 年 1 月当选中国科协第八届全国委员会副主席（主持常务工作），2016 年 6 月当选中国科协第九届全国委员会副主席（主持常务工作）。

十七届中央纪委委员。

马伟明，十八届中央候补委员，中国科协副主席，中国工程院院士。

1960 年 4 月出生，江苏扬中人。中共党员，工学博士，教授，第九、第十一、第十二届全国人大代表，中国人民解放军海军工程大学电力电子技术研究所所长。

长期致力于电气领域研究，带领团队在舰船综合电力、电磁发射和新能源接入技术等领域取得系列具有革命性意义的原创性成果。两获国家科技进步奖一等奖，被评为首届“十佳全国优秀科技工作者”，获何梁何利科技成就奖。

王曦，中国科协副主席，中国科学院院士。

1966 年 8 月出生，江苏南通人。中共党员，工学博士，研究员，中国科学院上海微系统与信息技术研究所所长。历任上海微系统所党委副书记兼副所长、党委书记兼常务副所长、第十一届全国青联副主席等。

长期致力于载能粒子束与固体相互作用物理现象研究，曾获国家科技进步奖一等奖和省部级科技进步奖一等奖。

邓秀新，全国人大常委会委员，中国科协副主席，中国工程院院士。

1961 年 11 月出生，湖南宜章人。中共党员，民盟盟员，民盟第十一届中央常委，华中农业大学教授、校长，中国农学会副会长。历任华中农业大学副校长、中国园艺学会副理事长、中国柑橘学会理事长、国际柑橘学会主席等职。

长期从事柑橘遗传改良和品种选育研究，曾获国家科技进步奖二等奖和省部级科技进步奖一等奖。

李华，中国科协副主席。

1962 年 11 月出生。中共党员，研究员，中国工程物理研究院科技委主任。历任中国工程物理研究院北京应用物理与计算数学研究所三室副主任、所长助理、科技委副主任、科技委主任、党委书记、所长，曾获国家科技进步奖一等奖和军队科技进步奖一等奖。

李洪，中国科协副主席。

1964年5月出生，辽宁沈阳人。中共党员，研究员，国际宇航科学院院士，中国运载火箭技术研究院院长、党委副书记。历任中国运载火箭技术研究院质量技术部部长、院长助理、副院长等职务。

长期从事运载火箭技术和管理研究，专注航天型号科研技术攻关与质量管理，在组织导弹武器和运载火箭研制与管理等方面做出积极贡献，曾获国家科技进步奖特等奖、“中国载人航天工程突出贡献者”“首次月球探测工程突出贡献者”“探月工程嫦娥二号任务突出贡献者”称号、全国五一劳动奖章、享受政府特殊津贴。

李静海，中国科协副主席，中国科学院院士。

1956年10出生，山西静乐人。中共党员，研究员，中国科学院原副院长、党组成员。

主要从事化工过程量化设计和放大研究，提出了能量最小多尺度（EMMS）模型，提出并发展了多尺度计算模式，广泛应用于复杂系统的模拟和工业过程仿真，目前致力于推动介尺度科学研究，国家自然科学基金委介尺度科学重大研究计划首席科学家。第三世界科学院院士，瑞士工程院、英国皇家工程院和澳大利亚工程院外籍院士。担任国际期刊*Particuology*主编和多个期刊的编委或顾问。

何华武，中国科协副主席，中国工程院院士。

1955年8月出生，四川资阳人。中共党员，教授级高级工程师，中国铁路总公司总工程师。历任铁道部工程设计鉴定中心副主任，经济规划研究院副院长，铁道部副总工程师、总工程师等职。

一直从事铁路工程科技研究与实践，主持并参与中国高速铁路、既有铁路第六次改造升级提速、现代铁路枢纽等工程技术工作，创造性地解决重大、关键工程科技问题。曾获国家科技进步奖特等奖、何梁何利科技进步奖。

沈岩，中国科协副主席，中国科学院院士。

1951年10月出生，河北石家庄人。中共党员，研究员，国家自然科学基金委员会副主任、党组成员。

主要从事人类遗传病基因研究，与临床单位合作，先后发现遗传性乳光牙本质、儿童失神癫痫、红斑肢痛症、单纯先天性白内障和反常性痤疮等疾病基因，曾获国家自然科学奖二等奖、何梁何利科技进步奖。

陈左宁，中共中央候补委员，中国科协副主席，中国工程院院士。

1957年10月出生，北京人。中共党员，高级工程师，中国工程院副院长、党组成员。曾任国家并行计算机工程技术研究中心总工程师等。在计算机软件领域和高端计算机方面做出重要贡献，曾获国家科技进步奖特等奖。

周守为，中国科协副主席，中国工程院院士。

1950年11月出生，四川蓬溪人。中共党员，教授级高级工程师，中国海洋石油总公司原副总经理、党组成员，油气藏地质及开发工程国家重点实验室主任，中国海洋学会副理事长。

长期从事海上油气生产科研和管理工作，推动中国海洋石油勘探开发不断取得新突破，曾率领团队获国家科技进步奖特等奖、二等奖，省部级一等奖多项。

郑晓静，中国科协副主席，中国科学院院士。

1958年5月出生，浙江乐清人。中共党员，发展中国家科学院院士。现任西安电子科技大学校长、党委书记、教授，中国力学学会副理事长、中华全国妇女联合会常委、第十二届全国政协委员等。曾任兰州大学副校长、甘肃省科协副主席等。

长期从事弹性力学、电磁材料结构力学和风沙环境力学等方面的科学研究和人才培养工作。曾获国家自然科学奖二等奖、国家科技进步奖二等奖、何梁何利科技进步奖和首届中国青年科技奖等。

赵玉沛，中共中央候补委员，中国科协副主席，中国科学院院士。

1954年7月出生，吉林长春人。中共党员，主任医师，中央保健委员会副主任，北京协和医院院长，中华医学会副会长。

一直工作在普通外科临床、科研和教学第一线，在胰腺癌早期诊断和综合治疗方面作了系统性研究，曾获国家科技进步奖二等奖。

施一公，中国科协副主席，中国科学院院士。

1967 年 5 月出生，河南郑州人。无党派，清华大学副校长、教授，千人计划专家联谊会会长。曾任清华大学生命科学学院院长、生命科学与医学研究院院长等。作为海外归国优秀人才代表，在细胞凋亡调控机理和生物大分子机器的结构与功能研究方面做出重要贡献。曾获求是杰出科学家奖、国际生物物理赛克勒奖、阿明诺夫奖。

袁亚湘，中国科协副主席，中国科学院院士。

1960 年 1 月出生，湖南资兴人。中共党员，中国科学院数学与系统科学研究院研究员。曾任中国科学院计算数学与科学工程计算研究所所长，中国科学院数学与系统科学研究院副院长等。长期从事计算数学、应用数学、运筹学等领域研究工作，在信赖域法、拟牛顿法、非线性共轭梯度法等方面取得重要成果，曾获国家自然科学奖二等奖、发展中国家科学院数学奖、中国数学会陈省身奖。

徐延豪，中国科协党组副书记、副主席、书记处书记。

1962 年 10 月出生，辽宁辽阳人。1984 年 12 月入党，1985 年 7 月参加工作，中国医科大学组织胚胎学专业毕业，研究生学历，医学博士，教授。历任中国医科大学团委书记、校长办公室副主任、主任，沈阳市科委综合计划处副处长兼火炬高新技术中心主任、社会发展处处长兼可持续发展中心主任，沈阳市科协副主席兼沈阳生物技术研究所所长，沈阳医学院院长、党委副书记，中国科技馆馆长、党委副书记。

2010 年 1 月任中国科协党组成员，2011 年 5 月任中国科协常委、书记处书记，2016 年 6 月任中国科协党组副书记、副主席、书记处书记。十一届全国政协委员、教科文卫体委员会委员。中国共产党第十七、第十八次全国代表大会代表。

高松，中国科协副主席，中国科学院院士。

1964 年 2 月出生，安徽省泗县人。中共党员，理学博士，教授，发展中国家科学院院士，北京大学副校长兼教务长，中国晶体学会理事长。长期致力于配位化学与分子磁性研究，在发现新的磁现象、发展新类型分子磁体方面做出深入系统的工作，发表 SCI 论文 460 余篇，累计被引用 21400 余次。2006 年获国家自然科学奖二等奖，2013 年获何梁何利科学与技术进步奖。

潘建伟，中国科协副主席，中国科学院院士。

1970 年 3 月出生，浙江东阳人。理学博士，教授，九三学社第十三届中央常委，中国科学技术大学常务副校长，全国青联副主席，中国青年科技工作者协会会长。曾任中国科学技术大学校长助理、副校长等。在量子物理和量子信息研究领域取得重大科研成果，曾获国家自然科学奖一等奖、何梁何利科技成就奖、求是杰出科学家奖、中国青年科学家奖和国际量子通信奖等。

马林，中国科协常委。

1961 年 6 月出生，黑龙江哈尔滨人。中共党员，管理学博士，研究员，北京市科协党组书记、常务副主席。历任清华大学副秘书长兼校长办公室主任，北京市海淀区副区长、海淀园工委书记、管委会主任、中关村科技园区管委会副主任、“海淀数字园区”管理中心党组书记，北京市科委党组副书记、副主任、党组书记、主任，北京市政府副秘书长等。

王春法，中国科协党组成员、书记处书记，中国科协常委。

1963 年 11 月出生，山东乳山人。中共党员，经济学博士，研究员。历任中国社会科学院世界经济与政治研究所发展中国家经济研究室副主任、综合专题研究室主任、世界产业结构研究室主任、院政策研究室学术秘书（副局级），全国人大常委会办公厅研究室国际室主任，中国科协调研宣传部部长，中国科协机关党委书记等。

卢怀玉，中国科协常委。

1971 年 12 月出生，河北河间人。中共党员，高级农艺师，河北省河间市国欣农村技术服务总会会长，中国农村专业技术协会副理事长。长期致力于培育筛选棉花优良品种，注重棉花育种技术的实际应用和推广，培育出多个具有自主知识产权的“国欣”牌棉种。参与的“棉花化学控制栽培技术体系的建立与应用”和“棉花种质创新及强优势杂交棉新品种选育与应用”分获国家科技进步奖二等奖，曾获全国劳动模范、河北省特等劳动模范等荣誉。

宁允展，中国科协常委。

1972 年 3 月出生，山东青岛人。中共党员，高技技师，中车青岛四方机车车辆股份有限公司车辆钳工。主要从事高速动车组转向架研磨、装配工作，是国内第一位掌握高铁转向架“定位臂”有关工艺的技术工人，发明“风动砂轮纯手工研磨操作法”，破解制约高速动车组转向架批量生产的瓶颈难题，先后获国家专利两项，获全国职工职业道德建设标兵等荣誉，是大国工匠的模范代表。

尼玛扎西，中国科协常委。

1966 年 4 月出生，西藏扎囊人，藏族。中共党员，理学博士，研究员，西藏自治区农牧科学院党委副书记、院长。历任西藏农业科学所育种室主任、西藏农牧科学院培训处处长、农业研究所所长等，长期从事青稞种质资源、育种和栽培技术研究，带领团队在青稞育种上取得重要突破，选育出“藏青 2000”等一批青稞主推品种；先后获 12 项省部级科技奖项、中国青年科技奖、全国留学回国人员成就奖、何梁何利基金科技创新奖和全国先进工作者称号等。

朱蓓薇，中国科协常委，中国工程院院士。

1957 年 3 月出生，江苏宜兴人。中共党员，教授，大连工业大学国家海洋食品工程技术研究中心主任，大连工业大学学术委员会主任。历任大连工业大学生物与食品工程学院院长、食品学院院长等。长期致力于水产品、农产品精深加工的基础理论和应用研究，曾获国家技术发明奖二等奖、国家科技进步奖二等奖、何梁何利基金科技创新奖等。

向巧，中国科协常委，中国工程院院士。

1963 年 6 月出生，重庆彭水人，苗族。中共党员，军队科技领军人才，中国航空发动机集团有限公司总经理助理、科技委副主任，联合国教科文组织奥尔堡中心咨询委员会委员。长期从事航空发动机维修工程管理和技术研究并做出突出贡献。曾获国家科技进步奖二等奖 1 项，军队及省部级科技进步奖一等奖 8 项，专利 34 项。“十八大”代表，全国劳动模范。

刘庆峰，中国科协常委。

1973 年 2 月出生，安徽泾县人。博士，高级工程师，中国科技大学兼职教授、博导，语音及语言国家工程实验室主任，科大讯飞股份有限公司董事长，中国中文信息学会副理事长，中国语音产业联盟理事长，曾任国家 863 智能计算机成果转化基地总工程师。主要从事智能语音及人工智能核心技术研究，在核心技术研究、科技成果产业化方面做出突出成绩，获国家科技进步奖二等奖、何梁何利基金科技创新奖等。

刘若鹏，中国科协常委。

1983 年 9 月出生，陕西西安人。中共党员，博士，高级工程师，深圳光启高等理工研究院院长，光启科学有限公司董事会主席。开创性地开发电磁调制、智能光子、超材料、新型空间等一系列革命性的创新技术，为我国超材料学科领域的发展做出较大贡献，在技术创新、专业人才引进培养、产业化应用及创新平台搭建、新型科研机构体制创新、企业管理及全球创新共同体建设等方面有丰富经验和突出贡献，获国际和国内专利授权近 1800 项。

李元元，中国科协常委，中国工程院院士。

1958 年 10 月出生，广东梅县人。中共党员，工学博士，教授，中国材料研究学会理事长，吉林大学党委常委、校长。历任华南理工大学党委常委、副校长、党委副书记、校长等职。粉末冶金和铸造专家。主要从事材料加工工程领域的教学和科研工作，先后主持国家科技计划项目和国防军工项目 26 项，发表学术论文 300 余篇，获授权国家发明专利 55 项，获国家科技进步奖二等奖 2 项、省部级科技奖一等奖 4 项。

杨金成，中国科协常委。

1963 年 11 月出生，湖北武汉人。中共党员，研究员，中国船舶重工集团公司党组成员、副总经理。历任中国船舶重工集团公司第七一九研究所所长助理、副所长、所长，中国船舶重工集团公司总工程师等职。曾获国家科技进步奖二等奖、国防科技工业有突出贡献专家、全国先进工作者称号。

束为，中国科协党组成员、书记处书记兼中国科技馆馆长，中国科协常委。

1967 年 12 月出生，浙江长兴人。中共党员，副教授。历任清华大学团委副书记、书记，清华大学党委学生工作部部长、武装部部长、学生工作处处长，北京市朝阳区副区长、北京商务中心区管委会主任，北京市商务局党组成员、副局长，北京市商务委员会党组成员、副主任，党组副书记、副主任，中国科技馆馆长、党委副书记，中国科协党组成员等。

吴孔明，中国科协常委，中国工程院院士。

1964 年 7 月出生，河南固始人。中共党员，研究员，中国农业科学院党组成员、副院长。历任中国农业科学院植物保护研究所副所长、党委副书记，所长等职。长期从事农业害虫监测预警与控制技术研究工作，研发了棉铃虫种群监测和对转基因抗虫棉花的抗性治理技术体系。在《自然》和《科学》等国际著名学术刊物发表多篇研究论文，曾获国家科技进步奖二等奖、中国青年科技奖和何梁何利科学与技术进步奖。

吴伟仁，中国科协常委，中国工程院院士。

1953 年 10 月出生，四川平昌人。中共党员，研究员，国际宇航科学院院士，探月工程总设计师。历任航天 704 所副所长、航天 210 厂厂长、国防科工委科技司司长等职。长期从事航天测控通信研究和深空探测工程总体设计，负责研制成功我国第一代计算机遥测系统和远程航天测控通信系统，主持完成中国月球探测嫦娥二号、中国月球探测嫦娥三号重大工程。曾获国家科技进步奖特等奖 2 项。

吴海鹰，中国科协党组成员、书记处书记，中国科协常委。

1963 年 5 月出生，甘肃临潭人，回族。中共党员，教授。历任宁夏大学副校长、党委委员，宁夏社会科学院院长、党组副书记，宁夏社会科学界联合会第四届委员会副主席，宁夏回族自治区人口和计划生育委员会主任、党组书记，中国科协办公厅主任，党组成员兼办公厅主任等。

吴曼青，十八届中央候补委员，中国科协常委，中国工程院院士。

1965 年 8 月出生，安徽桐城人。中共党员，中国电子科技集团公司党组成员、总工程师兼电子科学研究院（总体院）院长。在数字阵列雷达技术的自主创新与工程应用上取得多项成果，曾获国家科技进步奖一等奖 1 项、二等奖 2 项。目前正在从事网络信息体系、天地一体化信息网络的研究工作。曾获第五届中国青年科技奖，第二届国防科技工业杰出人才奖，安徽省最高科学技术奖，全国先进工作者等奖项。

张杰，中共中央候补委员，中国科协常委，中国科学院院士。

1958年1月出生，山西太原人。中共党员，中国科学院副院长、党组成员，兼任中国科学院大学党委书记，第十七届、第十八届中央候补委员，中国科协常委。中国科学院院士、德国科学院院士、第三世界科学院院士、英国皇家工程院外籍院士、美国科学院外籍院士，2015 年获激光聚变研究领域国际最高奖项——爱德华·泰勒奖。

陈勇，中国科协常委，中国工程院院士。

1957 年 6 月出生，浙江宁波人。中共党员，国家欧亚科学院院士，中国科学院广州分院、中国科学院广州能源研究所研究员。历任中国科学院广州能源研究所所长、中科院广州分院院长、广东省科学院院长、广东省人民政府副秘书长、中国科学院广州能源所集成技术研发中心主任等。长期从事有机废物的能源化与资源化利用理论研究和工程技术开发，曾获国家科技进步奖二等奖 2 项、何梁何利科技进步奖。

陈维江，中国科协常委，中国科学院院士。

1958 年 12 月出生，山东淄博人。中共党员，教授级高级工程师，国家电网公司副总工程师。曾任中国电力科学研究院高压所所长、副院长，国网武汉高压研究院院长等。长期从事电力系统电磁瞬态分析方法与防护技术研究，在特高压输电系统过电压与绝缘配合、电磁环境控制、雷电防护等方面做出突出贡献，曾获国家科技进步奖特等奖、二等奖和国家技术发明奖二等奖。

武向平，中国科协常委，中国科学院院士。

1961 年 1 月出生，陕西黄龙人。无党派，研究员，中国科学院国家天文台研究员，中国天文学会理事长。主要从事宇宙学方面的研究，在理论天体物理和观测宇宙学等方面造诣颇深，曾获中国青年科学家奖、国家杰出青年基金、中国科学院自然科学奖一等奖、国家自然科学奖二等奖。

欧阳竹，中国科协常委。

1961 年 2 月出生，江苏南京人。中共党员，研究员，中国科学院地理科学与资源研究所农业生态系统研究中心主任。主要从事农田生态系统可持续管理研究，为解决我国高效生态农业和滨海盐碱地高产高效种植的技术难题做出重要贡献，曾获国家科技进步奖一等奖、中国科学院黄淮海平原农业开发奖一等奖、中国科学院科技进步奖一等奖，全国野外科技工作先进个人，中国科学院先进工作者。

孟红，中国科协常委。

1971 年 3 月出生。中共党员，研究员，中国北方车辆研究所副所长，中国兵器工业集团公司兵器地面无人平台研发中心常务副主任。长期从事智能地面无人平台和装甲车辆技术研究工作，先后任地面无人平台等多个国家重点项目总设计师，获得国家、国防等科学技术奖 9 项。

项昌乐，中国科协常委。

1963 年 4 月出生，安徽六安人。中共党员，教授，博士研究生导师，长江学者特聘教授。中国科协书记处书记（挂职）、党组成员（挂职），北京理工大学党委副书记、副校长。曾任北京理工大学机械与车辆学院院长等。长期从事车辆传动和车辆动力学方面的研究工作，研究成果在新一代装甲装备中全面应用，获国家科技进步奖一等奖、二等奖，部级科技进步奖特等奖、一等奖、二等奖。发表论文 110 余篇，培养博士、硕士研究生 60 多名。

姚建年，中国科协常委，中国科学院院士。

1953 年 9 月出生，福建晋江人。研究员，第十一、第十二届全国人大常委会委员，全国人大教育科学文化卫生委员会副主任委员，农工党第十五届中央副主席，国家自然科学基金委员会副主任，中国化学会理事长。长期从事新型光功能材料的基础和应用探索研究，在有机低维功能材料等方面取得开创性成果。曾两次获国家自然科学奖二等奖（第一获奖人），何梁何利科学与技术进步奖，中国分析测试协会科学技术奖（CAIA）一等奖（第二获奖人）。

徐晓兰，中国科协常委。

1964 年 2 月出生，陕西人。致公党员，工学博士，高级工程师，致公党第十四届中央委员，第十一届、第十二届全国政协委员，中国电子学会副理事长兼秘书长。历任信息产业部计算机与微电子发展研究中心媒体总编、社长，中国电子信息产业发展研究院副院长等职务。长期从事电子信息领域研究，完成科研项目 20 余项，出版《迈向机器人时代的中国选择》《机器人简史》等学术著作。

高福，中国科协常委，中国科学院院士。

1961 年 11 月出生，山西应县人。中共党员，理学博士，第三世界科学院院士、欧洲分子生物学组织（EMBO）外籍院士、美国微生物科学院院士，研究员，中国疾病预防控制中心副主任，中国科学院微生物研究所研究员，中国生物工程学会理事长。曾任中国科学院微生物研究所所长，中国科学院病原微生物与免疫学重点实验室主任等。主要从事病原微生物跨宿主传播、感染机制与宿主细胞免疫研究及公共卫生政策与全球健康策略研究，在流感病毒流行病学、跨种传播分子机制研究领域取得诸多成就，曾获国家科技进步奖一等奖、二等奖，中国青年科技奖、全国杰出科技人才奖。

黄维，中国科协常委，中国科学院院士。

1965 年 5 月出生，河北唐山人。中共党员，理学博士，俄罗斯科学院、英国谢菲尔德大学名誉博士，西北工业大学党委常委、常务副校长，中国管理科学学会副会长，中国化学会副理事长，江苏省科协副主席，江苏省侨联副主席，*Advanced Materials*、*Advanced Electronic Materials* 和 *npj Flexible Electronics* 等国际权威学术杂志主编或（顾问）编委。历任北京大学化学系党委副书记、复旦大学先进材料研究院院长、南京邮电大学副校长、南京工业大学校长等职。长期从事有机光电、柔性电子等相关领域的研究，在有机 / 柔性电子领域取得丰硕成果。曾获国家自然科学奖二等奖和何梁何利基金科技进步奖等奖励。

黄璐琦，中国科协常委，中国工程院院士。

1968 年 3 月出生，江西婺源人。中共党员，理学博士，研究员，中国中医科学院党委常委、常务副院长，中药资源中心主任，中国药学会副理事长。历任中国中医科学院中药研究所所长，中国中医科学院党委常委、副院长等。长期从事中医药研究和管理工作，获国家科学技术进步奖二等奖 4 项、国家发明专利 13 项。

曹淑敏，中共中央候补委员，中国科协常委。

1966 年 7 月出生，河北束鹿人。中共党员，管理学博士，教授级高级工程师，江西省鹰潭市市委书记。曾任中国信息通信研究院院长，长期从事移动通信标准、技术发展策略和研发产业化研究和推进工作，对第三代、第四代移动通信等领域的突破发展起到关键作用。曾获国家科技进步奖特等奖、国家科技进步奖一等奖、二等奖，入选中组部“万人计划”第一批科技创新领军人才。

龚旗煌，中国科协常委，中国科学院院士。

1964 年 8 月出生，福建莆田人。中共党员，理学博士，教授，北京大学副教务长、研究生院常务副院长，中国光学学会副理事长，中国物理学会副理事长。长期从事非线性光学前沿与时空小尺度光学研究，曾获国家自然科学奖二等奖、北京市科学技术奖一等奖、教育部科技进步奖一等奖、中国青年科技奖等。

韩喜球，中国科协常委。

1969 年 1 月出生，浙江台州人。中共党员，理学博士，研究员，国家海洋局第二海洋研究所海底科学实验室副主任，中国共产党十八大代表。历任中国大洋勘查技术与深海科学研究开发基地副主任，国家海洋局第二海洋研究所国际合作中心主任等。长期致力于海底成矿系统及环境记录的调查和研究，在海底多金属结核、富钴结壳、热液硫化物和天然气水合物及其相关领域取得突出业绩。曾获中国青年女科学家奖、全国先进工作者等荣誉。

曾益新，中国科协常委，中国科学院院士。

1962年10月出生，湖南涟源人。中共党员，医学博士、教授，国家卫生计生委副主任、党组成员，中央保健委员会副主任，中国抗癌协会副理事长，中华医学会全科医学分会主任委员，华南肿瘤学国家重点实验室主任，国际欧亚科学院院士，发展中国家科学院院士。历任中山大学肿瘤防治中心主任，北京协和医学院副校长、校长，北京医院院长等职。主要从事恶性肿瘤发病机理及生物治疗研究，多次取得相关研究领域的重要进展，曾获国家自然科学奖二等奖、何梁何利基金科学与技术进步奖和中国青年科学家奖等奖项，并荣获中国科协“全国优秀科技工作者”称号。

谢和平，中国科协常委，中国工程院院士。

1956年1月出生，湖南双峰人。中共党员，工学博士，教授，四川大学校长，国务院学位委员会委员，四川省科协主席，第十二届全国人大代表。历任原煤炭工业部科技教育司司长、中国矿业大学校长等职。长期从事矿山工程力学的理论与应用研究，开拓了裂隙损伤力学研究新领域，开创了CO_2矿化发电利用新领域。曾获国家自然科学奖二等奖、三等奖，国家科技进步奖二等奖、三等奖，何梁何利科技进步奖等多项奖励。

雷增光，中国科协常委。

1961年4月出生，陕西澄城人。中共党员，工学博士，研究员级高级工程师，中国核工业集团公司总工程师，中国核学会副理事长。历任四〇五厂总工程师，核工业理化工程研究院院长、党委书记等职。长期从事铀同位素分离工程实施和技术研究，曾获3项国家科技进步奖二等奖及多项省部级科技奖、全国劳动模范等荣誉称号。

2016年新当选的全国学会、协会、研究会理事长

（按中国科协团体会员序列排序）

吴季，中国空间科学学会理事长。

1958年4月出生，北京人。长期从事空间科学探测计划系统设计和微波遥感技术研究，曾任我国“地球空间双星探测计划”应用系统总设计师，国家重大科技基础设施——“子午工程”总经理，中俄火星联合探测计划“萤火一号”首席科学家，嫦娥1号、嫦娥2号和嫦娥3号探测器有效载荷总指挥，现任中国科学院空间科学先导专项负责人。1997—2005年，历任中国科学院国家空间科学中心副主任、常务副主任、主任。担任的社会职务有国际空间研究委员会（COSPAR）副主席、中国宇航学会理事、国家国防科技工业局科技委航天领域专家组专家，国际宇航科学院（IAA）院士（Full Member）、美国电子与电气工程师协会（IEEE）会士（Fellow）、国际电磁科学院（EMA）成员（Member），《遥感技术与应用》主编、《空间科学学报》主编等。

钟自然，中国地质学会理事长。

1962年8月出生，安徽桐城人。研究员。1979年9月至1983年8月，合肥工业大学地质系矿产地质普查与勘探专业学习；1983年8月至1985年9月，化学工业部化学矿山规划设计院干部；1985年9月至1991年9月，中国地质科学院研究生部矿床学专业硕士研究生、博士研究生；1991年9月至1994年5月，地质矿产部矿产开发管理局干部；1994年5月至1997年4月，地质矿产部矿产开发管理局法制处副处长、处长；1997年4月至1997年9月，地质矿产部矿产开发管理局副局长；1997年9月至1998年7月，全国矿产资源委员会石油天然气资源管理办公室副主任（副局级）；1998年7月至2003年1月，国土资源部规划司副司长；2003年1月至2005年1月，中国地质环境监测院院长、党委副书记；2005年1月至2007年3月，国土资源部地质勘查司司长，中国地质环境监测院院长、党委副书记。2007年3月，中国地质调查局副局长、党组副书记；2011年11月，国土资源部总工程师；2014年6月，国土资源部党组成员，中国地质调查局党组书记；2014年7月，国土资源部党组成员，中国地质调查局局长、党组书记。

邓子新，中国微生物学会理事长，中国科学院院士。

1957年3月出生，湖北房县人。1982年获华中农业大学学士学位，1987年获英国东英吉利大学（University of East Anglia）博士学位，在英国John Innes研究中心做博士后一年。1988年至1992年，先后任华中农业大学讲师、副教授、教授；2000年至今，任上海交通大学教授。2004年被评为教育部“长江学者”特聘教授。现任微生物代谢国家重点实验室主任，中国农业生物技术学会副理事长，国际工业微生物遗传学组织专家委员会委员。为国家“973”项目首席科学家，国家“863”计划领域专家组成员以及数十个国内外刊物编辑或编委，第三世界科学院院士，美国微生物科学院会士。

主要从事放线菌遗传学及抗生素生物合成的生物化学和分子生物学研究，研究领域涉及微生物农（医）药的高新技术研究，链霉菌质粒和噬菌体的分子生物学，DNA复制调控、限制和修饰系统，微生物代谢途径、代谢工程及次生代谢产物的生物化学、抗生素基因簇的克隆、定位，基因的结构、功能、表达和调控，非天然性抗生素药物创新的基因工程等。共主持30余项国家级和国际合作项目，已在国内外学术刊物上发表100余篇论文。

白学军，中国心理学会理事长。

1966年12月出生，宁夏青铜峡人。天津师范大学教授、博士生导师，国家重点学科发展与教育心理学带头人，《心理与行为研究》主编，教育部人文社会科学重点研究基地主任，天津师范大学心理与行为研究院院长、教育科学学院院长、教育学部副部长。现任国务院学位委员会心理学科评审组成员，中国心理学会理事长，教育部高等学校心理学类专业教学指导委员会副主任委员，教育部高等学校大学生心理健康专家指导委员会副秘书长，天津市心理学会理事长，天津市社会科学联合会副主席等。

先后主持国家自然科学基金、教育部重大项目等10余项，在国内外心理学专业期刊上发表大量高水平科学论文。在个体阅读能力发展、个体高效率学习的心理机制、个体心理健康调控等研究和实践方面做出了成绩。先后入选教育部“新世纪优秀人才支持计划”“新世纪百千万人才工程”、天津市高校“学科领军人才培养计划”人选、中宣部文化名家暨“四个一批”人才以及“万人计划”哲学社会科学领军人才。享受国务院政府特殊津贴。曾获天津市“十一五”立功奖章、天津市劳动模范等荣誉称号。

冯夏庭，中国岩石力学与工程学会理事长。

1964 年 9 月出生，安徽潜山人。研究员，博士生导师，国际岩石力学学会前主席，国际地质工程联合会主席团成员，国际岩石力学学会设计方法委员会主席，岩土力学与工程国家重点实验室主任，国家杰出青年科学基金获得者，“长江学者”特聘教授，国家“万人计划”百千万人才工程领军人才，国际深部地质工程合作研究计划主席，国家“973”项目首席科学家，国家自然科学基金创新群体项目负责人。曾任英国帝国理工大学、美国俄克拉荷马大学、法国里尔科技大学、瑞典皇家工学院、南非金山大学、日本资源环境综合研究所等科研院校访问学者、教授。

长期从事岩石工程安全性分析与应用研究，在岩体力学参数确定、岩石工程设计方法和岩爆监测预警与控制技术等方面做出了突出贡献。主持国家“973”项目 2 项，国家“863”项目 1 项，国家杰出青年科学基金 1 项，国家自然科学基金创新群体 1 项、国际合作重大项目 3 项、重点项目 2 项、面上项目 5 项，重大工程科研项目等 40 余项。作为第一完成人获国家科技进步奖二等奖 3 项，省部级特等奖 3 项、一等奖 10 项。发表 SCI 收录论文 150 余篇、EI 收录论文 200 余篇，获国家发明专利 70 余项，主持编写国际岩石力学学会测试建议方法 5 项，出版英文专著 2 部、中文专著 9 部、译著 3 部。荣获中国青年科技奖和光华工程科技奖等奖项。

何满潮，中国岩石力学与工程学会理事长，中国科学院院士。

1956 年 5 月出生，河南灵宝人。1981 年毕业于长春地质学院工程地质专业，1989 年博士毕业于中国矿业大学（北京）工程力学专业。现任中国矿业大学（北京）深部岩土力学与地下工程国家重点实验室主任，国际岩石力学学会副主席，中国矿业科学协同创新联盟理事长，全国软岩工程与深部灾害控制分会理事长。国家杰出青年基金获得者，国家自然科学基金重大项目首席科学家，国家“973”项目首席科学家。

主要从事地质及矿山岩体大变形灾害控制理论和技术研究。提出了“缓变型”和“突变型”大变形灾害的概念及分类，研发了多套大变形灾害机理实验系统，创建了深部岩体力学和地质灾害控制实验室。通过大量实验揭示了地质岩体大变形灾害的成灾规律；国际上首次研制成功岩爆灾害的实验系统并在实验室再现了岩爆的全过程；研发了具有负泊松比效应的恒阻大变形锚杆（索）的理念及产品，在“缓变型”和“突变型”两类矿山灾害的控制方面取得了良好效果。作为第一完成人，获国家奖 4 项，其中技术发明奖二等奖 1 项、科技进步奖二等奖 3 项。获国家发明专利、美国和香港发明专利 35 项。出版专著 4 部，学术论文 200 余篇。

陈凤学，中国野生动物保护协会会长。

1956年6月出生，黑龙江木兰人。1975年10月至1978年8月，就读于东北林学院林学系森林保护专业，大学毕业后分配到黑龙江省营林局工作。大学普通班学历，高级工程师。1978年8月至1998年3月，历任黑龙江省营林局技术员，黑龙江省林业厅病虫害防治检疫站科员、副科长、科长，黑龙江省森林植物园副主任，黑龙江省林业厅经协办副主任、主任，国营林场开发公司副经理，黑龙江省林业厅驻大连办事处主任，黑龙江省林业厅外资项目办主任。1998年3月，调国家林业局工作，历任森林病虫害防治总站总站长、党委书记，三北防护林建设局局长、党组书记，林业工作站管理总站总站长。2002年9月至2003年3月，中央党校地厅级干部进修班学习。2011年5月，任国家林业局总工程师；2014年2月至2017年1月，任国家林业局副局长、党组成员。

胡旭东，中国运筹学会理事长。

1962年12月出生，北京人。中国科学院数学与系统科学研究院研究员。1980年9月至1985年7月，清华大学应用数学系本科生，获学士学位；1985年9月至1989年10月，中国科学院应用数学研究所运筹学专业研究生，获博士学位。1989年11月至今，在中国科学院从事运筹学的理论研究和教学工作，先后任助理研究员、副研究员和研究员（其间赴美国新泽西州州立大学运筹学研究中心和美国基金会离散数学与理论计算机科学中心做博士后）。2012年被评为第五届“全国优秀科技工作者”，2016年获“中国科学院朱李月华优秀教师奖”。

主要研究方向为组合优化、网络博弈、近似算法等。与他人合作，对通信网络中的一系列基础性问题进行了系统的研究：建立数学模型，分析相应问题的计算复杂性，设计求解算法，分析算法的性能和数学模型的效用。在相关方向与他人合作出版英文著作2部，编写中英文研究生教材各1部，发表论文100余篇。

苏晓东，中国晶体学会理事长。

1963年5月出生，四川成都人。北京大学生命科学学院长江特聘教授，博士生导师。2003年度国家杰出青年科学基金获得者。亚洲晶体学会（AsCA）副主席。本科毕业于北京大学物理学院，1988年起在瑞典皇家Karolinska医学院细胞与分子生物学系攻读博士学位；1995年至1998年，在美国加州理工学院生物学部Howard Hughes医学研究所（HHMI）做博士后；1998年至2002年，在瑞典隆德（LUND）大学化学中心、分子生物物理学系先后担任助理教授、副教授；2003年至今作为长江特聘教授任教于北京大学。

主要研究领域为结构生物学、生物化学及分子生物学、单分子生物物理、新一代基因组测序技术、基于结构的药物及疫苗合理化设计等。自1994年以来，发表SCI学术论文150多篇，译作及著作5部，翻译了结构生物学畅销教科书《结构生物学——从原子到生命》。在国际权威学术期刊如*Nature*、*Science*等多种学术期刊发表论文，科学论文总引用近3000次，总影响因子700多。

李培根，中国机械工程学会理事长，中国工程院院士。

1948年12月出生，湖北武汉人。1987年毕业于美国威斯康辛–麦迪逊大学，获博士学位。华中科技大学教授。1995年至2002年任华中科技大学机械学院院长；2005年3月至2014年3月任华中科技大学校长。教育部高等学校机械学科教学指导委员会主任委员。

长期从事机械制造及其自动化领域的教学及科研工作。所主持的CAPP（计算机辅助工艺规划）系统的研究与开发，于2000年和2001年分获中国高校科技进步奖一等奖和国家科技进步奖二等奖。曾获多项省部级科技成果奖一、二等奖，2010年获国家教学成果奖二等奖。

张野，中国水力发电工程学会理事长。

1957年4月出生，吉林舒兰人。毕业于武汉水利电力学院（今武汉大学）水工建筑专业。长期从事水利水电工程建设技术及组织管理工作。先后任水电七局局长，中国葛洲坝集团董事长、总经理，南水北调中线干线建设管理局局长，2007年12月至今，任国务院南水北调工程建设委员会办公室副主任、党组成员。

1997年至1999年连续三年被评为四川省重点建设先进个人，2000年被评为第六届全国优秀建筑企业经理，2002年被授予湖北省劳动模范，2004年被评为第三届全国优秀创业企业家。主持开展的《三峡工程明渠截流施工关键技术研究与实践》2005年被湖北省人民政府评为科技进步奖一等奖。

金东寒，中国内燃机学会理事长，中国工程院院士。

1961年1月出生，浙江新昌人。现任上海大学校长，1989年毕业于中国舰船研究院并获博士学位。长期在中船重工集团公司第七一一研究所工作，历任工程师、高级工程师、研究员、博士生导师，2001年任所总工程师，2004年2月起任所长兼总工程师。兼任国际内燃机学会（CIMAC）副主席，上海市科协副主席，国防科技奖船舶专业评审委员会主任委员，国家科学技术奖评审专家，国家海上风电工程技术研究中心学术委员会主任，第十二届全国人大代表，第十一届全国政协委员。

长期从事热气机及其动力系统研究与应用开发。先后主持上海市科技攻关、国家自然科学基金、国防重点预研、先期技术演示验证和重大型号研制等重大科研和工程项目20多项，取得了一系列开创性成果，并得到批量应用，为发展中国新一代特种船舶技术做出了突出贡献。曾获国家科技进步奖特等奖1项、一等奖1项，省部级科技进步奖一等奖3项，其他奖4项。出版专著1部，发表论文30多篇。先后获得中国青年科技奖，中国青年科技创新奖，全国五一劳动奖章，全国优秀科技工作者，何梁何利科学与技术进步奖，上海市科技功臣等荣誉称号。

金嘉玮，中国制冷学会理事长。

1950年6月出生，浙江嘉兴人。1980年7月毕业于黑龙江商学院制冷系。1980年8月至1999年3月，商业部设计院工程师、高级工程师、副处长、处长、副院长（其间有14个月任内贸部扶贫工作组组长、凉山彝族自治州副州长）。1999年4月至2011年6月，任国内贸易工程设计研究院院长、党委书记。2004年4月至2016年4月，任中国制冷学会第六、第七、第八届理事会秘书长。享受国务院政府特殊津贴。

主持或组织完成了多项重点工程项目的可研、设计、总承包工作，并多次获得由商业部和商业联合会颁发的优秀设计奖。组织、参与多项国家工程建设规范、制冷相关标准的制修订工作。

纪正昆，中国标准化协会理事长。

1950年1月出生，天津人。1968年11月参加工作，天津大学精密仪器专业毕业，中央党校世界经济专业研究生，高级工程师。曾任国家技术监督局政策法规司副司长、质量司副司长，中国计量学院党委书记，国家质量技术监督局监督司司长、办公室主任，国家质量监督检验检疫总局产品质量监督司司长。2008年任国家质量监督检验检疫总局党组成员、国家标准化管理委员会主任，党组书记（副部长级）。2011年8月至今，任中国标准化协会理事长。

陈肇雄，中国通信学会理事长。

1961年9月出生，福建莆田人。1985年2月参加工作，研究生学历，工学博士，研究员。

先后在中国科学院、中国电子信息产业集团、湖南省人民政府、工业和信息化部从事科学研究、企业管理、地方政府、国家部委相关工作。现任工业和信息化部副部长、党组成员。中国共产党第十八次代表大会代表、第十二届全国人民代表大会代表。曾获国家科技进步奖一等奖，中国十大杰出青年、中国杰出青年科学家、全国十大优秀发明企业家、国家有突出贡献的中青年科技专家等荣誉。享受国务院政府特殊津贴。

方滨兴，中国中文信息学会理事长，中国工程院院士。

1960年7月出生，江西万年人。1989年毕业于哈尔滨工业大学，获博士学位。曾在国防科技大学从事博士后研究工作。曾任北京邮电大学校长，国家计算机网络与信息安全管理中心主任兼总工程师。现任中国电子信息产业集团首席科学家，哈尔滨工业大学深圳研究生院教授。

长期从事信息网络与信息安全研究，主要研究方向是网络安全、信息内容安全、并行处理、互联网技术等领域。先后获得国家科技进步奖一等奖1项、二等奖3项，部级科技进步奖10余项，省、市青年科技奖3次，何梁何利基金科学与技术奖1次。出版著作3部，发表论文400余篇。

翁孟勇，中国公路学会理事长。

1955年7月出生，浙江鄞县人。上海海事大学硕士研究生毕业，工程师。先后在交通部上海航道局、中国港湾建设总公司驻墨西哥办事处工作。1996年1月任交通部上海航道局局长、中国港湾（集团）总公司上海航道局局长。2000年4月任交通部副部长、党组成员。2006年11月任交通部党组副书记、副部长。2008年3月至2015年10月任交通运输部党组副书记、副部长。2015年11月至今，任交通运输部副部长级（退出一线领导岗位）。

雷凡培，中国宇航学会理事长。

1963年5月出生，陕西合阳人。1987年4月至1997年12月，任航天工业部、航空航天工业部、中国航天工业总公司067基地11所设计员、研究室副主任、研究室主任，副所长、所长。1997年12月至2002年4月，任067基地副主任、主任。2002年4月任中国航天科技集团公司第六研究院院长，2004年1月兼任第六研究院党委副书记。2005年2月任中国航天科技集团公司党组成员、副总经理。2013年4月任中国航天科技集团公司党组成员、董事、总经理。2014年5月任中国航天科技集团公司党组书记、董事长。现兼任中国航天科技集团公司直属党委书记、党校校长，亚太卫星控股有限公司董事长，新一代运载火箭工程总指挥，国际宇航科学院院士等。获国家科技进步奖特等奖2项、国家科技进步奖一等奖1项、国防科技进步奖一等奖2项、部级科技进步奖一等奖2项等科技奖项，享受国务院政府特殊津贴，获国家百千万人才工程第一、第二层次人选，全国科技系统劳动模范和先进工作者，中国航天奖，中国航天基金奖，全国十大杰出青年，中国航天科技集团公司有突出贡献专家等荣誉称号。

干勇，中国金属学会理事长，中国工程院院士。

1947年8月出生，四川内江人。教授级高级工程师，博士生导师。1970年8月毕业于东北工学院（现东北大学）热能工程专业，1982年获上海工业大学（现上海大学）硕士学位，1987年获冶金部钢铁研究总院工学博士学位。1994年至今任连铸技术国家工程研究中心主任，1995年4月任钢铁研究总院常务副院长，2001年4月至今任钢铁研究总院院长。2002年当选中国共产党十六大代表、主席团成员，2007年当选中国共产党十七大代表。2010年6月当选中国工程院副院长，现任十二届全国政协委员及人口、资源与环境委员会副主任。

长期从事冶金、新材料及现代钢铁流程技术研究，是我国材料冶金、现代钢铁流程的学术带头人之一。主持国家“十一五”重大支撑计划项目“新一代可循环钢铁流程工艺技术”的研究工作。获国家科技进步奖二等奖2项及省部级科技进步奖一等奖5项，获准专利24项，其中发明专利15项，发表论文140余篇，出版著作3部。享受国务院政府特殊津贴，获国家级有突出贡献中青年专家、国家“八五”科技攻关计划“全国先进工作者”、国家“九五”科技攻关计划“全国突出贡献者”称号。

贾明星，中国有色金属学会理事长。

1963 年 3 月出生，陕西宝鸡人。1985 年毕业于北京航空航天大学材料科学与工程系，1988 年获北京有色金属研究总院金属材料专业硕士学位。曾任有色金属技术经济研究院院长，党委副书记，现任中国有色金属工业协会副会长兼秘书长、党委常委。曾获国家和中国有色金属工业科技进步奖一、二、三等奖共 11 项。

长期负责有色金属行业的科研开发和技术管理工作，从事有色金属材料基础研究、应用研究和相关标准制定与信息化建设工作。主持完成了稀土材料标准研究、再生有色金属标准体系研究和有色金属节能材料标准研究等多项行业标准的制定修订。承担国家经济信息系统有色金属工业分系统建设工程，主持完成了中国有色金属工业网络信息系统。参与起草制定国家有色金属产业调整和振兴规划、发展规划；为国家发改委、工信部、科技部、商务部、环保总局及开发银行和有色金属企业提供了多项有色金属工业发展战略、有色金属资源开发与环境保护等专题研究成果。系统总结了我国有色金属行业发展历程和发展成果，参与完成《中国有色金属工业改革开放 30 年》《新中国有色金属 60 年》等多部专著的编写工作。

李春龙，中国稀土学会理事长。

1961 年 7 月出生，黑龙江阿城人。东北大学博士，教授级高级工程师，享受国务院政府特殊津贴。东北大学兼职教授，中南大学兼职教授。

长期从事金属材料、稀土材料、白云鄂博矿资源综合利用、循环经济等领域的科学研究与技术开发工作，主持国家“863”计划课题及内蒙古自治区重大科技项目 20 余项；获国家科技进步奖二等奖 2 项、内蒙古科技进步奖一等奖 4 项、中国冶金科学技术奖二等奖 3 项等；获全国杰出专业技术人才、全国优秀科技工作者、内蒙古自治区科学技术特别贡献奖、内蒙古自治区草原英才等荣誉称号。曾任包钢冶金研究所所长，包钢（集团）公司技术中心副主任兼钢铁研究院副院长，包钢（集团）公司副总工程师兼技术中心副主任，包钢（集团）公司总工程师，包钢（集团）公司总经理、党委副书记，内蒙古自治区经信委副主任（正厅级），中国稀土学会副理事长、稀土在钢中应用委员会主任委员、内蒙古自治区科协副主席等职务。

赵政璋，中国石油学会理事长。

1952年11月出生，山西应县人。教授级高级工程师，中国海洋发展基金会理事、中国海洋发展研究会理事、国家信息安全协会副理事长。1982年1月至1985年1月武汉地质学院北京研究生部石油地质专业硕士研究生。在中国石油天然气行业工作30余年，历任华北石油管理局副总地质师、中国石油天然气总公司勘探局副局长兼新区勘探事业部主任、中国石油勘探与生产公司总经理、中国石油天然气股份公司副总裁兼长庆油田分公司总经理、中国石油天然气集团公司副总经理、党组成员等职。作为中国石油国内油气勘探开发业务的组织者和实施者，发现四川盆地川中龙王庙等一批高产大油气田。组织或直接参与的科技重大项目20多项，有8项获省部级以上科技奖励，其中“苏里格特大型气田的发现及综合勘探技术”获国家科学技术进步奖一等奖，“陆上主要含油气盆地石油地质理论新进展及未来油气勘探重点领域评价”获北京市科学技术奖二等奖。50余篇论文（报告）在省部级以上刊物发表或专业会议上交流。

谭天伟，中国可再生能源学会理事长，中国工程院院士。

1964年2月出生，湖南湘潭人。现任北京化工大学校长，教育部“长江学者奖励计划”特聘教授，“国家杰出青年基金”获得者，国家级高等学校教学名师，“973”项目首席科学家。国家自然科学基金委员会学科评审组成员，国家生物化工重点实验室学术委员会委员，国家生物反应器重点实验室学术委员会委员。兼任中国化工学会理事，生物化工专业委员会副主任委员，中国可再生能源学会理事。《化工学报》《生物工程学报》《微生物通报》《化工进展》《化学反应工程与工艺》《过程工程学报》《现代化工》《生物加工过程》8个核心刊物的编委。历任北京化工大学生命科学与技术学院院长、副校长。

长期致力于工业生物技术研究，包括生物基化学品、生物能源和生物材料。作为项目负责人承担了国家“863”、国家“九五”“十五”攻关项目5项，国家自然科学基金重点和面上项目6项。以第一获奖人获得国家技术发明奖二等奖2项、省部级一等奖4项、二等奖4项。在核心刊物发表论文300多篇，其中SCI收录150余篇，EI收录200余篇。

李元元，中国材料研究学会理事长，中国工程院院士。

1958年10月出生，广东梅县人。工学博士。曾任华南理工大学校长、国家金属材料近净成形工程技术研究中心主任等。现任吉林大学教授、博士生导师、校长，第十二届全国人大代表，吉林省第十二届人大常委，中共吉林省委委员，兼任中国科协第九届委员会常务委员。

主要从事粉末冶金和有色合金材料的应用基础和工程化研究。先后主持国家自然科学基金、国家“973”和“863”计划、国家科技攻关和科技支撑计划、国防军工等项目24项，主持和参与完成省部级等项目46项。获国家科技进步奖二等奖2项，省部级科技奖一等奖5项、二等奖3项、三等奖3项，发表论文220余篇，出版专著2部、教材1部，参编著作3部，授权发明专利55项。

孟素荷，中国食品科学技术学会理事长。

1950年10月出生，天津人。1965年至1973年，兰州军区生产建设兵团二师班长、排长，师政治部秘书科干事。1973年至1976年，兰州铁路机械工程学院脱产学习。1976年至1984年，天津市食品研究所办公室主任。1984年至1986年，天津科技大学食品工程系学习。1986年至1992年，天津市商业委员会、天津市食品学会从事科技管理。1992年至今，历任中国食品科学技术学会主任、秘书长、副理事长、第五届理事会理事长。兼任《中国食品学报》杂志社社长、中国轻工业联合会常务理事，国家发改委工业司、工信部消费品司专家组成员，国家质检总局特殊膳食标准化委员会副主任、国务院食品安全专家委员会成员、第一届国家食品安全风险评估专家委员会委员等职务。

陈祥宝，中国复合材料学会理事长，中国工程院院士。

1956年4月出生，江苏常熟人。研究员级高级工程师。1982年3月至1984年7月北京航空航天大学材料科学与工程高分子及复合材料硕士，1989年4月至1992年2月鲁汶大学工学院材料学博士。1984年至今，北京航空材料研究院研究人员、副主任、主任、副总师、副院长。荣立航空预研和型号研制一等功，获总装“十五”装备预研和863（军口）项目研究先进个人、中航一集团“风云人物”和中航工业“发明之星”称号。相关成果分别于1999、2007和2009年获国防（部）科技进步奖二等奖3项，授权国防专利6项；国家科技进步奖二等奖（排名1）；国家技术发明奖二等奖（排名2）。

谭铁牛，中国图象图形学学会理事长，中国科学院院士。

1964年1月出生，湖南茶陵人。研究员，博士生导师。1998年回国到中国科学院自动化研究所工作，曾任中国科学院自动化研究所所长、模式识别国家重点实验室主任、中国科学院副秘书长、中国科学院副院长。现为中央人民政府驻香港特别行政区联络办公室副主任、智能感知与计算研究中心主任。2014年当选英国皇家工程院外籍院士和发展中国家科学院院士，2016年当选巴西科学院通讯院士。

主要从事图像处理、计算机视觉和模式识别等相关领域的研究工作。主持过一批由国家基金委、国家“973”计划、“863”计划、国际合作计划等资助的科研项目。出版编（专）著13部，在主要的国内外学术期刊和国际学术会议上发表论文500多篇，获准和申请发明专利100多项。获中国青年“五四奖章”、中国青年科技奖，获国家自然科学奖二等奖、国家技术发明奖二等奖和国家科技进步奖二等奖各1项。

卞永明，中国工程机械学会理事长。

1965年12月出生，江苏泰州人。1999年毕业于同济大学工程机械专业，获工学博士学位。现任同济大学机械与能源工程学院教授、博士生导师，重大工程施工技术与装备教育部工程研究中心主任，国家土建结构预制装配化工程技术研究中心副主任。主要从事重大工程施工装备及其新工艺等方面的研究工作，主持完成200余项国家重大工程施工关键装备与技术的研究课题，发表学术论文100余篇，授权国家发明专利30余项。获国家科技进步奖二等奖1项，省部级发明奖一等奖2项、省部级发明奖二等奖1项，省部级科技进步奖一等奖3项、省部级科技进步奖二等奖4项、省部级科技进步奖三等奖5项。

王杰，中国密码学会理事长。

1956年6月出生，北京人。现任北京大学党委常委、副校长。1982年7月北京大学数学系本科毕业，获理学学士学位；1985年北京大学数学系研究生毕业，获理学硕士学位，留校任教。1991年获北京大学理学博士学位。1994年至1995年澳大利亚西澳大学高级访问学者。1995年8月起任北京大学教授，1998年被遴选为博士生导师。1995年至1998年任北京大学数学科学学院党委书记、常务副院长。1998年至2000年任北京大学党委组织部长，1999年1月当选北京大学党委常委。2000年至2013年任国家自然科学基金委员会第四、第五、第六届副主任、党组成员。曾任中国数学会奥林匹克委员会主席。

长期从事代数学、组合数学和密码学的教学与研究工作，主要研究方向为本原置换群的结构理论、群论的计算方法、代数图论以及它们在密码学中的应用。先后主持和承担国防应用数学研究项目、国家密码发展基金、国家自然科学基金、教育部博士点基金等科研项目，取得了一系列比较系统、深刻的理论成果和若干应用成果。发表论文40余篇。获霍英东青年教师奖，享受国务院政府特殊津贴。

沈仁芳，中国土壤学会理事长。

1965年10月出生，浙江杭州人。1986年毕业于浙江农业大学（现浙江大学）土壤农化系，1989、1993年分别获中国科学院南京土壤研究所理学硕士、博士学位，1994年至1995年在英国洛桑研究所从事博士后工作。1998年至2000年在日本国立农业环境技术研究所任日本科技厅特别研究员，2000年至2002年在日本香川大学任日本学术振兴会特别研究员。2010年8月任中国科学院南京土壤研究所所长，目前兼任农业部耕地保育重点实验室主任，是中国科学院“百人计划”和国家“跨世纪百千万人才工程”入选者，国家杰出青年基金获得者，“973”项目首席科学家。

长期在国内外从事土壤肥力、植物生理等方面的研究工作，在土壤酸化过程、植物适应酸性土壤生理和分子机制、作物养分高效吸收利用机制等方面取得了一定的成绩。研究成果获中国土壤学会科学技术奖一等奖（排名第一）和中国科学院科技促进发展奖二等奖（排名第三）。主编专著1部。发表中英文学术论文160余篇，其中SCI收录论文70余篇。

黄路生，中国畜牧兽医学会理事长，中国科学院院士。

1964年12月出生，江西上犹人。江西农业大学教授、博士生导师。2008年至今任江西农业大学校长、党委副书记，科技部/江西省部省共建猪遗传改良与养殖技术国家重点实验室主任。1984、1987年分别获江西农业大学学士学位和硕士学位，并留校任教，1991年至1995年在俄罗斯全俄农业科学院留学，1995年获俄罗斯国家农业科学院生物学科学博士学位，2002年至2004年在英国剑桥大学病理学系任Research Fellow，2006年至2007年在德国哥廷根大学做洪堡学者。中国畜牧兽医学会动物遗传标记学分会副理事长、江西省畜牧兽医学会名誉理事长。德国哥廷根科学与人文学院院士，国家杰出青年基金获得者，中国侨联特聘专家委员会副主任。

长期从事家猪遗传改良的基础及应用技术研究，主持构建了国际上最完善的中国及世界地方猪种资源基因组DNA库、设计并组织构建了国际上唯一的家猪嵌合群体等多个全国共享的重要遗传材料研究平台。获国家技术发明奖二等奖、国家科技进步奖二等奖等省部级奖一等以上奖励8项，累计在*Nature Genetics*等国际SCI刊物发表学术论文170余篇。

廖森泰，中国蚕学会理事长。

1962年8月出生，广东顺德人。研究员。1979年8月至1986年7月，华南农业大学蚕学专业先后获得学士、硕士学位。1986年8月至1992年11月广东省农业科学院蚕业研究所技术干部，1992年12月任广东省农业科学院蚕业研究所副所长，1997年1月至2000年6月任广东省农业科学院蚕业研究所所长、党总支书记，1999年8月至2000年10月任广东省农业科学院茶叶研究所所长、党总支书记，2000年10月至2010年5月任广东省农业科学院副院长、党组成员，2010年5月至2013年9月任广东省农业科学院党组副书记，2013年9月至今任广东省农业科学院党委书记。国家蚕桑产业技术体系加工研究室主任，中国食品科学技术学会功能食品分会副理事长。

长期从事蚕桑资源开发利用和蚕病防控技术研究，为推动我国蚕业资源的开发利用，实现蚕业多元化、可持续发展做出了贡献。获省部级科技奖一等奖2项、二等奖2项、三等奖3项。主编著作6部，发表论文100多篇。

刘宁，中国水土保持学会理事长。

1962年1月出生，辽宁丹东人。1983年7月至1996年10月任长江水利委员会设计院枢纽处设计室副主任、主任、副处长，1996年10月至2001年12月任长江水利委员会总工助理、副总工，2001年12月至2003年2月任水利部副总工、南水北调设计管理局总工，2003年2月至2009年5月任水利部总工，2009年1月至今，水利部副部长。

何新天，中国草学会理事长。

1957年5月出生，山西沁县人。高级经济师、研究员。1978年3月至1982年2月在湖南师范学院政教系政治教育专业学习，1982年2月至1983年8月任湖南长沙师范学校政史组教师，1983年9月至1986年11月任农牧渔业部人事司任免处干事，1986年11月至1991年1月任农牧渔业部畜牧局人事处副处长，1991年1月至1994年11月任全国畜牧兽医总站人事处劳资处处长，1994年11月至1997年11月任农业部人事劳动司公务员处处长，1997年11月至2000年5月任农业部劳动司副司长（1998年10月至2000年5月兼任农业部人力资源开发中心副主任），2000年5月至2006年11月任全国畜牧兽医总站党委书记（2000年5月至2003年11月兼任全国畜牧兽医总站站长），2006年2月至今，任全国畜牧兽医总站党委书记、副站长。兼任中国畜牧业协会秘书长和中国饲料工业协会副秘书长。

主编的《畜禽标准规模养殖技术图册系列丛书》获中华农业科技奖的科普奖（等同科研成果奖二等奖），参加了中国牛遗传资源分子遗传多样性、起源分化及保护利用课题，获得中华农业科技奖三等奖（第五完成人），主持了《草原虫害生物防控综合配套技术推广应用》课题，获农业部丰收奖一等奖。

白由路，中国植物营养与肥料学会理事长。

1961年11月出生，河南焦作人。中国农业科学院农业资源与农业区划研究所研究员、博士生导师、植物营养与肥料研究室主任、中国农业科学院国家测土施肥中心实验室主任、农业部测土配方施肥技术专家组专家、《植物营养与肥料学报》主编。1982年7月至1986年9月在豫西农业专科学校任教。1990年1月至1996年9月在河南农业大学任教。1999年7月至今在中国农业科学院土壤肥料研究所（现中国农业科学院农业资源与农业区划研究所）工作。

主要研究方向为3S技术在土壤养分管理中的应用，主持了“河南省引黄灌区农业高产高效配套技术研究”“黄河小浪底水利枢纽温孟滩移民安置区土壤特性与改土指标的研究”和“黄河小浪底水利枢纽移民安置区农业扶持与发展研究”，参加国家“973”项目“土壤质量演变规律与可持续发展研究”和“精准农业”技术体系研究等项目。获河南省科技进步奖二等奖1项，星火科技奖三等奖2项，河南省教委科技进步奖一等奖1项、二等奖2项。主编有《测土施肥原理与技术》《微机操作精解》《精准农业与土壤养分管理》等著作。撰写研究论文40多篇。

刘保延，中国针灸学会会长。

1955年5月出生，陕西临潼人。主任医师，博士研究生导师，中国中医科学院首席研究员，国际欧亚科学院院士。1988年毕业于中国中医研究院，获硕士学位，1988年9月至1997年11月历任中国中医科学院广安门医院针灸科医师、科室主任、科研处处长、副院长，1997年12月至2001年1月任国家中医药管理局科技司副司长，2001年2月至2015年10月任中国中医科学院副院长、常务副院长。现任中国中医科学院中医药数据中心主任，兼任世界针灸学会联合会主席。

带领团队发表论文300余篇、SCI 59篇、专著23部，获国家科技进步奖二等奖2项，中华中医药学会科技奖一等奖2项、二等奖1项、三等奖1项，中华医学会科技奖三等奖1项，教育部科技进步奖一等奖1项，“十一五”国家科技计划执行突出贡献奖，获卫生部有突出贡献中青年专家、中医药科技管理优秀工作者，享受国务院政府特殊津贴。引领构建了针灸技术标准体系，组织了23项针灸国家标准和5项针灸循证临床实践指南的制定和发布，奠定了针灸临床规范化与评价研究基础，促进了针灸国际化进程。

马辛，中国心理卫生协会理事长。

1959年5月出生，河南郑州人。博士研究生导师。1983年毕业于北京医学院分院，1983年12月至1991年8月就职于首都医科大学附属北京安定医院，1991年9月至1996年9月任首都医科大学附属北京安定医院老年病区主任，1996年赴美国华盛顿大学、西部州立医院进修老年精神病学、社区精神病学，1996年10月至2000年9月任首都医科大学附属北京安定医院老年病区主任，2000年9月至2003年9月任首都医科大学附属北京安定医院副院长，兼任北京市精神卫生保健所所长，2003年9月至2016年11月任首都医科大学附属北京安定医院院长、党委副书记、北京市精神卫生保健所所长。“十八大”代表，中国科协第九届全国委员会委员。

发表论文60余篇，其中SCI收录20余篇，主编、副主编医学专著8部、参编20余部，主持科研项目20余项。2010年入选北京市“十百千”“十”人次卫生人才培养项目。获“2009—2010年度卫生部有突出贡献中青年专家”称号，享受国务院政府特殊津贴。

俞光岩，中华口腔医学会会长。

1952年3月出生，浙江诸暨人。1979年毕业于浙江医科大学口腔系，1982、1987年先后获北京医科大学口腔颌面外科医学硕士、博士学位。1990年和1995年先后以高级访问学者身份赴德国汉堡大学和英国爱丁堡皇家外科学院访问进修。现任北京大学口腔医学院口腔颌面外科教授、主任医师、博士生导师。1996年11月至2009年4月任北京大学口腔医学院院长。兼任亚洲口腔颌面外科医师协会前任主席，中国医师协会口腔医师分会名誉会长。全国政协委员，中国科协第九届全国委员会委员。长期担任国家科技奖、"中国优秀青年科技人才"、国家自然科学基金评审专家。

主要研究方向为口腔颌面部肿瘤、唾液腺疾病及唾液腺外科，承担了38项国家及省部级科研基金项目，发表论文420余篇，其中SCI收录120余篇。以第一完成人获国家科技进步奖二等奖1项，省部级科技奖6项，其中一等奖2项。获"杰出口腔医师奖""中国医师奖"和中华口腔医学会邱蔚六口腔颌面外科发展基金"杰出贡献奖"，被评为"北京市有突出贡献科学技术专家""全国卫生系统先进工作者""全国五一劳动奖章获得者"和"全国优秀科技工作者"。先后被香港牙医师学院、英国爱丁堡皇家外科医师学院和英国英格兰皇家外科医师学院授予"Honorary Fellowship"。

李平，中国技术经济学会理事长。

1959年6月出生，河南洛阳人。1986年9月至1989年7月，中国社会科学院研究生院技术经济系硕士研究生。1989年7月至2008年9月，中国社会科学院数量经济与技术经济研究所助理研究员、副研究员、研究员（1998年起任副所长）。2008年9月至2011年8月，中国社会科学院工业经济研究所党委书记兼副所长。2011年8月至今，中国社会科学院数量经济与技术经济研究所所长。享受国务院政府特殊津贴。曾获中国社会科学院优秀科研成果奖、中国科协全国优秀科技工作者、中国技术经济学会首届技术经济奖杰出贡献奖。

主要从事技术经济学理论和应用研究，在国家规划和项目评价领域，围绕国家重大需求开展研究，参与多个国家五年计划的前期研究；承担十八届三中全会提出的"国家深化体制改革方案"评估工作；负责国家中长期科技发展规划中国家科技重大专项评估"科技促进发展影响的理论、方法和模型"研究；长期参与制造业发展战略研究，在《中国制造2025》制定中发挥支撑作用；承担三峡工程、南水北调、京沪高速铁路等工程的可行性研究和审查工作；是国家规范性文件《建设项目经济评价方法与参数》第三版的主研人员。

仇保兴，中国城市科学研究会理事长。

1953年11月生，浙江乐清人。1971年9月参加工作，杭州大学物理专业、复旦大学经济学专业、同济大学城市规划专业毕业，获经济学博士学位、工学博士学位，高级城市规划师。1984年任浙江省乐清县委书记，1994年任浙江省金华市委书记，1999年任浙江省杭州市委副书记、市长。曾任住房和城乡建设部副部长、党组成员，国务院三峡工程建设委员会委员。十二届全国政协委员、人口资源环境委员会副主任。

周忠和，中国科普作家协会理事长，中国科学院院士。

1965年1月出生，江苏江都人。研究员，中国科学院古脊椎动物与古人类研究所所长。1986年毕业于南京大学地质系地层古生物学专业，1989年获中国科学院研究生院硕士学位，1999年获美国堪萨斯大学博士学位。

主要从事早期鸟类演化、相关陆相地层古生物学及其古环境背景的综合研究。获中国科学院杰出科学成就奖、中国青年科技奖、国家自然科学奖二等奖等。2010年当选为美国科学院外籍院士，2015年分别当选发展中国家科学院院士和巴西科学院通讯院士。目前担任国际古生物学会主席，全国政协常委,《国家科学评论》地学副主编。

王浩，中国可持续发展研究会理事长，中国工程院院士。

1953年8月出生，北京人。现任流域水循环模拟与调控国家重点实验室主任，兼任全球水伙伴副主席。1978年至1982年清华大学水利系本科，1982年至1985年清华大学水利系硕士，1987年至1989年清华大学经管系统工程博士。

长期从事水文水资源研究，主持完成国家项目以及其他部门和地方项目数10项，世界银行、亚洲开发银行以及其他国际合作项目多项。系统创建了“自然－人工”二元水循环理论，并构建了水资源监测与模拟、评价与配置、调度与管理的成套技术体系，整体引领并推动了水文水资源学科的发展，上述理论与技术已在水利、环保、林业、国土等部门得到了广泛应用，有力支撑了南水北调工程、三峡工程等规划与调度运行，取得了显著的社会经济与生态环境效益。出版专著30余部，以第一作者发表论文60余篇，获中国图书奖1次；主编国家标准1项，行业标准3项；获全球人居环境奖1项，国家科学技术进步奖一等奖1项、二等奖6项，省部级特等奖、一等奖18项，其他科技奖励30余项；获全国先进工作者、全国优秀科技工作者、全国杰出专业技术人才等荣誉称号。

柳忠勤，中国国土经济学会理事长。

1951年7月出生，河南商丘人。《今日国土》杂志社社长兼总编辑，研究员。1991年至1997年任中国国土资源开发促进会常务副秘书长、秘书长，1998年至2009年任中国国土经济学会秘书长，2009年9月至2016年10月任中国国土经济学会副理事长兼秘书长。

致力于中国的资源环境保护与国土经济研究事业，充分调动社会力量，为保护我国的资源环境，推动国土资源的高效利用、集约利用，推动国土经济的持续发展做了大量宣传、理论研究和社会实践工作。从2001年起，先后创建并组织实施全国中小城市生态环境建设实验区、全国低碳国土实验区、全国国土空间优化发展实验区三个共建工程，推动“百佳深呼吸小城”共建发展，为环保事业发展做出了贡献。

王世元，中国土地学会理事长。

1955年12月出生，内蒙古通辽人。南京农业大学管理学硕士，土地估价师。1974年6月参加工作，在吉林省通辽县角干公社青龙山大队下乡当知青。1976年12月入伍，青岛海军基建工程兵十团战士、班长、副排长、政治处书记、干事。1983年3月任北京海军政治部保卫部干事。1988年5月任原国家土地管理局局长秘书、综合处副处长、处长。1992年9月任国家土地管理局政策法规司副司长。1994年2月任国家土地管理局政策法规与监督检察司副司长。1996年5月任国家土地管理局土地利用规划司司长。1998年7月任国土资源部地籍管理司司长。2000年12月任国土资源部办公厅主任。2002年7月任国土资源部党组成员、办公厅主任。2005年12月任国土资源部党组成员、副部长、办公厅主任。2006年10月任国土资源部党组成员、副部长。2009年2月任国土资源部党组成员、副部长，直属机关党委书记。2011年7月任国土资源部党组成员、副部长。2016年7月至今，任国土资源部咨询研究中心主任。主要科技著作及成果有《新型城镇化之土地制度改革路径》《中国土地调查技术》《中国土地资源与利用》《第二次全国土地调查成果分析》《第二次全国土地调查数据集》《第二次全国土地调查成果应用选编》《第二次全国土地调查工作报告》等。

潘云鹤，中国发明协会理事长，中国工程院院士。

1946年11月出生，浙江杭州人。1970年毕业于上海同济大学建筑学系，1981年浙江大学计算机系毕业获硕士学位，并留校任计算机系教授、系主任、人工智能研究所所长、工业设计研究所所长。1995年5月至2006年8月任浙江大学校长。2006年6月至2014年6月任中国工程院党组副书记、常务副院长（正部长级）。2013年3月起任第十二届全国政协常委、外事委员会主任。兼任国务院学位委员会委员、中国经济社会理事会副主席、中国科学技术协会顾问、中国图像图形学学会名誉理事长等职。中共中央第十六届、第十七届候补委员。

中国智能CAD和计算机美术领域的开拓者之一，长期从事计算机图形学、计算机辅助设计、人工智能和工业设计的研究，在计算机美术、智能CAD、计算机辅助产品创新、虚拟现实、数字文物保护和数字图书馆等领域承担过多个重要科研课题，发表研究论文多篇，取得了多项重要研究成果，分别获得国家、省部级科技奖励，并持有多项发明专利。

谢植，国际粉体检测与控制联合会理事长。

1957年12月出生，江苏南京人。1982年北方交通大学电气工程系毕业，获学士学位；1984年获东北大学仪表系自动控制技术与装置学硕士学位；1992年获东北大学热能系冶金热能工程学博士学位。1984年至1993年在东北大学自动化仪表系任教，1993年1月至10月任德国联邦技术物理研究院（PTB）客座研究员，1993年10月至1994年12月任英国国家物理实验室英国皇家学会客座研究员，1995年至今任东北大学自动化仪表研究所所长、教授、博士生导师，国际粉体检测与控制联合会第三届和第四届理事会理事长。

2016年新当选的省、自治区、直辖市科协主席

段惠军，河北省科协主席。

1955年11月出生，河北栾城人。现任河北省政协副主席，农工党中央常委、河北省委主委，河北医科大学副校长。1977年毕业于河北新医大学医学系；1983年获河北医学院硕士学位；1983年至1986年在河北医学院担任助教、讲师；1987年至1993年赴日本信州大学医学部学习，获病理学博士学位，并在细胞生物学专业从事博士后研究两年；1993年至1999年担任河北医科大学讲师、教授、病理教研室主任、基础医学院副院长、院长，河北省基础医学研究所所长。2002年至今连续担任农工党河北省第五、第六、第七届委员会主任委员，农工党十三、第十四、第十五届中央常委；1995年至今先后担任河北省政协第七、第八届政协常委，第九、第十、第十一届政协副主席；2011年至今担任河北省科协主席；第十届、第十一届、第十二届全国政协委员。河北省高等教育学会副会长，河北省医学会名誉会长，河北省病理学会主任委员。

孙俊青，内蒙古自治区科协主席。

1971年3月出生，内蒙古伊金霍洛旗人。无党派，研究生学历，硕士学位。1988年9月至1992年7月在内蒙古师范大学汉语言文学系汉语言文学专业学习，1992年7月至2000年9月任内蒙古自治区伊克昭盟师范学校教师，2000年9月至2004年10月任内蒙古自治区鄂尔多斯教育学院教师（其间：1998年9月至2001年4月内蒙古师范大学中国现当代文学专业学习），2004年10月至2006年6月任内蒙古自治区锡林郭勒盟文化体育局副局长（其间：2006年2月至2006年6月在北京市东城区文化委员会挂职任文委主任助理），2006年6月至2007年12月任内蒙古自治区锡林郭勒盟教育局副局长，2007年12月至2012年12月任内蒙古自治区二连浩特市副市长（其间：2008年9月至2009年1月在内蒙古党校第15期中青班学习，2009年10月至2012年12月在蒙古农业大学农业经济学专业学习），2012年12月至2015年10月任内蒙古自治区锡林郭勒盟副盟长（其间：2014年12月至2015年2月在浙江省金华市政府挂职任副秘书长），2015年10月至2016年7月任内蒙古自治区妇联副主席，2016年7月至2016年12月经内蒙古自治区党委决定，提名任内蒙古科协主席，2016年12月至今，任内蒙古自治区科协主席。

姚克，全国政协常委，浙江省科协主席。

1950年9月出生，浙江杭州人。上海第二医科大学博士。现任浙江省政协副主席，农工党浙江省委会主委，中华医学会眼科学分会主任委员，浙江省特级专家，浙江大学眼科研究所所长、主任。《中华眼科杂志》《中华实验眼科杂志》《实用防盲技术》《英国眼科学杂志》中文版等杂志副主编，《Eye World》亚太版、《中华医学杂志》《中国实用眼科杂志》《眼科》等杂志编委。

以第一负责人，获得了瑞士Alfred-Vogt奖，国家科技进步奖二等奖，上海市科技进步奖二等奖，浙江省教委科技进步奖一等奖、二等奖、科技进步奖，浙江省科技进步奖二等奖、三等奖，卫生部科技进步奖三等奖，浙江省医学科学技术进步奖一等奖，教育部科技进步奖二等奖，浙江省医药卫生科技创新奖一等奖，浙江省科学技术奖一等奖等奖项。全国人民代表大会第八、第九、第十届代表，第十一届全国政协委员、第十二届全国政协常委，全国先进工作者，国家中青年有突出贡献专家，五一劳动奖章获得者，浙江省劳动模范，全国首届中青年医学科技之星，有突出贡献的中国博士学位获得者，浙江省优秀中青年科技工作者，浙江省优秀医生，全国残疾人康复工作先进个人，全国医德标兵，浙江大学“十一五”科技创新先进个人。

卢天锡，江西省科协主席。

1965年12月出生，江西修水人。全国政协委员。1987年8月参加工作，省委党校在职研究生学历，江西财经大学高级管理人员工商管理专业硕士。历任修水县政府副县长，九江市国土资源局副局长、局长，九江市政府副市长等职务。民进九江市委会主委、民进江西省委副主委、民进中央委员，中华全国青年联合会第十届委员会委员。

张尧学，湖南省科协主席，中国工程院院士。

1956年1月出生，湖南澧县人。全国政协委员。现任中南大学校长、国务院学位委员会委员、中国作家协会会员、湖南省互联网协会理事长、《电子学报》英文版主编，兼任清华大学教授、博士生导师。曾任教育部科学技术司司长、高等教育司司长、学位管理与研究生司司长、国务院学位委员会办公室主任等职务。

主要研究方向为计算机网络和透明计算/云计算。主持研制成功国内首台网络路由器。率先在国际上开展主动服务和透明计算领域的研究，提出了透明计算理论与方法，并推动产业化。以第一完成人获国家自然科学奖一等奖1项，国家技术发明奖二等奖1项、国家科技进步奖二等奖2项、省部级奖励6项。获2005年何梁何利基金科技进步奖，获第九届中国专利优秀奖等。发表学术论文200余篇，出版专著和教材9部。

李晓波，宁夏回族自治区科协主席。

1968 年 11 月出生，宁夏同心人。中央党校研究生学历。历任宁夏青少年发展基金会副秘书长，共青团宁夏回族自治区委员会学校部副部长，宣传部副部长、部长，共青团宁夏回族自治区委员会党组成员、办公室主任；石嘴山区委常委、副区长（正处级），大武口区委副书记、纪委书记；石嘴山市政府副秘书长、办公室党组成员、督查室主任，市委副秘书长、督查室主任兼市国家保密局局长，市教育局局长、党委副书记、书记；宁夏理工学院党委书记，自治区政府派驻宁夏理工学院督导员（副厅级）；宁夏回族自治区科协党组成员、副主席，自治区科学技术厅（知识产权局）副厅长、党组成员等职务。现任宁夏回族自治区科协党组书记、主席。

孔军，新疆生产建设兵团科协主席。

1962 年 8 月出生，山东滕州人。1983 年 8 月参加工作，石河子大学农学专业毕业，农学学士，中央党校经济管理专业研究生，现任新疆生产建设兵团科技局党组书记、局长，新疆生产建设兵团科协主席。1992 年 2 月至 1996 年 4 月任新疆生产建设兵团农业局农业处副主任科员，1996 年 4 月至 2002 年 12 月任新疆生产建设兵团农业局农业处副处长、处长，2002 年 12 月至 2003 年 10 月任新疆生产建设兵团农业局总农艺师，2003 年 10 月至 2004 年 1 月任新疆生产建设兵团农一师党委常委、副师长，2004 年 1 月至 2012 年 12 月任新疆生产建设兵团一师阿拉尔市党委常委、副师长，2012 年 12 月至 2016 年 10 月任新疆生产建设兵团农业局（畜牧兽医局、林业局）党组书记、局长，2016 年 10 月至今任新疆生产建设兵团科技局（知识产权局）党组书记、局长，新疆生产建设兵团科协主席。

表彰奖励

关于追授李保国同志“全国杰出科技人才”称号的决定

科协发组字〔2016〕63号

各全国学会、协会、研究会，各省、自治区、直辖市科协，新疆生产建设兵团科协：

李保国同志生前系河北农业大学林学院教授、博士生导师，1958年2月出生，1975年8月参加工作，1989年7月加入中国共产党，因常年高强度工作积劳成疾，2016年4月10日突发心脏病去世。

李保国同志是我国新时期知识分子的优秀代表，是全国科技工作者的楷模。他35年如一日，长期奋战在扶贫攻坚和科技创新第一线，把毕生精力投入到山区生态建设和科技富民事业之中，用自己的模范行动彰显了党员科技工作者的优秀品格。他重视科研与生产实践的结合，把广阔天地作为实验室，带领学生和科研团队，先后主持完成国家级、省部级科研课题26项，把论文写在了祖国的大地上。他发挥专业优势，无偿向群众提供科研成果，一年行程4万千米，200多天扎在农村、深入群众，帮助企业和农民解决技术难题，用科技染绿荒山，把富裕带给乡亲，为推进科技扶贫作出了突出贡献，赢得山区人民群众的深情爱戴，被称为太行山上的新愚公。

为表彰李保国同志在我国科技事业和科技扶贫工作中作出的突出贡献，充分调动激发广大科技工作者投身科技创新和经济建设主战场，深入实施创新驱动发展战略，为建成创新型国家和世界科技强国而奋斗的热情和活力，中国科协书记处决定，追授李保国同志“全国杰出科技人才”称号。

全国广大科技工作者积极行动起来，贯彻落实习近平总书记关于对李保国同志先进事迹的重要批示精神，广泛开展向李保国同志学习活动，学习他始终坚持全心全意为人民服务的宗旨、听党话跟党走、用实际行动彰显共产党员的优秀品格；学习他心系群众、扎实苦干、奋发作为、无私奉献的高尚精神，自觉为人民服务、为人民造福；学习他国家至上、民族至上、群众至上的家国情怀，脚踏实地，矢志拼搏，把论文写在祖国的大地上，把科技成果应用在实现现代化的伟大事业中。各级科协组织要深入学习贯彻习近平总书记系列重要讲话精神特别是在全国科技创新大会、两院院士大会、中国科协第九次全国代表大会上的重要讲话精神，引导广大科技工作者以李保国同志为榜样，发扬我国科技界追求真理、服务国家、造福人民的优良传统，始终保持昂扬向上、积极进取的精神状态，秉持强烈的社会责任感和使命感，面向科技前沿、面向经济主战场、面向国家重大需求，广泛深入开展创新争先行动，短板攻坚争先突破，前沿探索争相领跑，转化创业争当先锋，普及服务争做贡献，切实担负重任，真正发挥支撑创新引领发展第一动力和第一资源的作用，努力做出无愧于时代的光辉业绩。

中国科协

2016年6月16日

关于表彰第七届“全国优秀科技工作者”奖获奖者的决定

科协发组字〔2016〕45号

各全国学会、协会、研究会，各省、自治区、直辖市科协，新疆生产建设兵团科协，中央军委政治工作部干部局：

为全面贯彻落实党的十八大、十八届三中、四中、五中全会精神和中央党的群团工作会议精神，深入学习贯彻习近平总书记系列重要讲话精神，在全社会弘扬尊重劳动、尊重知识、尊重人才、尊重创造的良好风尚，充分调动激发广大科技工作者的创新创造创业活力和热情、积极投身创新型国家建设，经推荐单位评选推荐、“全国优秀科技工作者”评审委员会评审，中国科协决定授予乔杰等494名同志“全国优秀科技工作者”奖。

获得“全国优秀科技工作者”奖的同志，是我国广大科技工作者的优秀代表，他们自觉地把自身前途命运同国家和民族的前途命运紧紧联系在一起，围绕国家创新驱动发展战略，大力推进大众创业、万众创新，立足本职、敬业奉献、开拓进取、奋发有为，取得一大批事关经济社会发展的创新性成果，为我国科技事业发展做出重要贡献。希望受到表彰的科技工作者珍惜荣誉、谦虚谨慎、再接再厉，进一步提高自主创新能力、弘扬创新文化，在本职工作岗位上再立新功、再创辉煌，持续推动我国在科技创新道路上快速前进。

广大科技工作者要以获奖者为榜样，深入学习贯彻习近平总书记系列重要讲话精神特别是关于科技创新、人才工作的重要指示精神，牢固树立和贯彻落实“创新、协调、绿色、开放、共享”的发展理念，深入实施国家创新驱动发展战略，进一步增强自主创新的决心和信心，坚定不移走中国特色自主创新发展道路，充分发挥自身优势，勇立潮头、引领创新，服务社会、报效人民，为祖国的科技事业发展贡献智慧和力量，为全面建成小康社会、实现中华民族伟大复兴的中国梦作出新的更大贡献。

附件：“全国优秀科技工作者”奖获奖者名单

中国科协办公厅
2016 年 5 月 19 日

附件

“全国优秀科技工作者”奖获奖者名单
（按推荐单位、姓氏笔画排序）

专家提名
乔杰（女）
中国机械工程学会、中国光学工程学会等 13 个学会
相里斌
中国金属学会、中国化工学会等 5 个学会
戴厚良
中国农学会、中国畜牧兽医学会等 16 个学会 / 专家提名
陈化兰（女）
中国数学会
王维克
中国物理学会
梁作堂
中国力学学会
冯　雪　庄　茁　李玉龙　陈伟球
中国光学学会
孙洪波
中国声学学会
颜永红
中国化学会
方向晨　唐　勇　潘秀莲（女）
中国天文学会
刘　祥　刘继峰
中国气象学会
沈学顺　苗爱梅（女）　范可（女）
费建芳　廖宏（女）
中国空间科学学会
刘银年
中国地质学会
王贵玲　郭　颖　谢玉洪
中国地理学会
邓　伟　刘卫东　秦伯强
中国地球物理学会
张建清
中国矿物岩石地球化学学会
孙卫东
中国海洋湖沼学会
隋锡林
中国海洋学会
王宗灵　王树青　王菊英（女）
中国地震学会
张永仙（女）
中国动物学会
卢　欣
中国植物学会
杨维才
中国昆虫学会
杨　定　康　乐
中国微生物学会
黄　力
中国生物化学与分子生物学会
许琛琦
中国细胞生物学学会
朱学良　陈　佺　陈晔光
中国植物生理与植物分子生物学学会
夏光敏（女）
中国生物物理学会
许瑞明
中国遗传学会
储成才
中国心理学会
乐国安　李其维　莫　雷
中国生态学学会
欧阳志云　薛建辉
中国环境科学学会
吴振斌　陈吕军　高吉喜

中国自然资源学会

吴敢南　何大明　董锁成

中国感光学会

刘志红

中国优选法统筹法与经济数学研究会

李建平

中国岩石力学与工程学会

马　栋　何满潮　周小平

中国野生动物保护协会

孙悦华　李德生　张明海

中国系统工程学会

杨晓光

中国实验动物学会

师长宏　谭　毅

中国青藏高原研究会

王　磊

中国运筹学会

闫桂英（女）

中国菌物学会

戴玉成

中国神经科学学会

吴志英（女）

中国机械工程学会

杨铁成　徐小力　雒建斌　谭建荣

中国汽车工程学会

刘　波　杨世春　吴志新　高振海

中国农业机械学会

方宪法

中国农业工程学会

朱　明　李保明　廖庆喜

中国电机工程学会

毛　庆　冯树荣　刘建明　黎小林

中国电工技术学会

邹孟奇　南　寅　秦　勇　唐　炬

中国水力发电工程学会

张建民

中国水利学会

王国庆　余钟波　贾仰文

中国内燃机学会

黄佐华

中国真空学会

高鸿钧

中国自动化学会

王飞跃　孙长银

中国仪器仪表学会

郗继贵　徐立军　徐建平

中国计量测试学会

闫小克　李晓维

中国标准化协会

吴道洪　管新元

中国图学学会

李　华

中国电子学会

邓中亮　百　晓　林学春　韩金林

中国通信学会

沈少艾（女）忻向军　张知恒

中国中文信息学会

孙茂松

中国测绘地理信息学会

邵振峰　童小华

中国造船工程学会

徐　青　楼丹平

中国航海学会

李海波　吴　澎

中国铁道学会

赵　勇　高宗余

中国公路学会

杨忠胜　欧阳效勇　裴岷山

中国航空学会

王永庆　冯　军　黄维娜（女）梁晓庚

中国宇航学会

朱广生　江　涌　杨　宏　张金红（女）

中国兵工学会

卢福刚　芮筱亭　张喜乐　桂　林

中国金属学会

朱　荣　刘雪峰　李国保　杨景玲

中国有色金属学会

范景莲（女）聂祚仁

中国化工学会

马光辉（女）乔金樑　李伯耿　陈国强

中国核学会

邢　继　唐　立

中国石油学会

刘　合

中国煤炭学会
刘志强　李全生　林柏泉
中国能源研究会
吕庭彦
中国硅酸盐学会
张　龙　傅正义
中国建筑学会
丁洁民　龙卫国　张　利
中国土木工程学会
郑　刚　洪开荣　葛耀君
中国生物工程学会
应汉杰　张学工
中国纺织工程学会
丁彩玲（女）王华平　王锐（女）陈南梁
中国造纸学会
张美云（女）郑丽萍（女）
中国印刷技术协会
褚庭亮
中国材料研究学会
侯仰龙　铁生年
中国食品科学技术学会
王　强　石彦国　陈历俊　郜海燕（女）
中国粮油学会
王兴国　卞　科
中国职业安全健康协会
康荣学
中国仿真学会
杨　明
中国振动工程学会
伊廷华
中国颗粒学会
曹军骥
中国照明学会
徐　华
中国动力工程学会
徐雪元
中国惯性技术学会
刘付成
中国风景园林学会
贾建中
中国电源学会
阮新波

中国复合材料学会
成来飞　徐　坚
中国消防协会
康青春
中国人工智能学会
蒋昌俊
中国体视学学会
赵忠明
中国遥感应用协会
王　桥
中国指挥与控制学会
高会军
中国光学工程学会
蒋亚东
中国微米纳米技术学会
王跃林
中国农学会
白先进　孙占祥　李付广　谢江辉
中国林学会
李俊清　陈晓鸣　施季森
中国土壤学会
张　民
中国水产学会
陈新军　柳学周　梁　峻
中国畜牧兽医学会
呙于明
中国植物保护学会
高希武
中国作物学会
赵　明
中国热带作物学会
彭　政
中国蚕学会
鲁　成
中国水土保持学会
刘国彬　刘宝元　余新晓
中国茶叶学会
王　云　夏　涛　屠幼英（女）
中华医学会
孙殿军　张学军　曾小峰
中华中医药学会
刘建勋　张洪春　彭清华

中国中西医结合学会
刘　平
中国药学会
任　进（女）　赵宇亮　贺浪冲　梁争论
中华护理学会
李庆印（女）
中国生理学会
马兰（女）　王世强
中国解剖学会
赵春华
中国生物医学工程学会
王　平　顾　宁　潘湘斌
中国病理生理学会
陈　琪
中国营养学会
马爱国　蔡　威
中国药理学会
缪朝玉（女）
中国针灸学会
王　舒　赵百孝　常小荣（女）
中国防痨协会
肖和平
中国麻风防治协会
张锡宝
中国心理卫生协会
樊富珉（女）
中国抗癌协会
石远凯　步　宏　周清华
中国体育科学学会
任　海　敖英芳
中国毒理学会
周平坤
中国康复医学会
李晓捷（女）
中华免疫学会
吴玉章
中华预防医学会
王健伟　顾东风　陶芳标　阚　飙
中华口腔医学会
邓旭亮　陈谦明　金　岩　蒋欣泉
中国女医师协会
华克勤（女）　沈琳（女）
中国研究型医院学会
柴家科
中国自然辩证法研究会
尚智丛
中国现场统计研究会
郭建华
中国科学技术情报学会
曾祥效
中国图书馆学会
李春明　李俊国　陈　锐（女）
中国农村专业技术协会
顾　君（女）
中国自然科学博物馆协会
贾跃明
中国青少年科技辅导员协会
王克伟
中国流行色学会
徐海松
中国科技新闻学会
王　宁
中国科学探险协会
屈建军
中国城市规划学会
杨保军　吴志强　赵万民
中国产学研合作促进会
吉训明　曹丰（女）
中国检验检疫学会
陈　颖（女）
中国生物材料学会
陈海佳
中国微循环学会
孙子林
中国密码学会
王小云（女）
中国睡眠研究会
韩　芳
中国高科技产业化研究会
徐洪青
中国卒中学会
王拥军
国际粉体检测与控制联合会
赵　勇

北京市科协

王　广　毛克彪　李彦（女）陈树君　祝连庆
傅志斌

天津市科协

张振学　陈冠益　黄　田　程　涛

河北省科协

邓志成　沈彦俊　张玉星　张铭连　姜慧卿

山西省科协

王增全　任家骏　张全秀　张辉（女）高秀萍（女）

内蒙古自治区科协

孙德俊　宋彦明　张德健　孟兴凯　雷丙旺

辽宁省科协

王小奇　史泽林　杨学明　姜福茂　彭孝军　程卯生

吉林省科协

冯晓纯（女）刘　斌　姜启川　徐抒岩　蔡建辉

黑龙江省科协

王喜军　申宝忠　付玉杰（女）孙柏涛　潘国君

上海市科协

白志山　冯伟忠　李明华　林鸿宣　金亚秋　高　峰

江苏省科协

张国良　张保龙　胡永红（女）姜建新　廖文和
滕皋军

浙江省科协

何润云（女）张治芬（女）陈　智　徐志康
黄　河　舒英钢

安徽省科协

马立云　方朝晖　关卫和　曹承富　梁海卫

福建省科协

江文清　许长同　陈　江　郭秋维　谢素原

江西省科协

任　军　刘成梅　刘季春　陈日新　廖春发

山东省科协

王军成　宋明春　张师前　张贵民　陈增敬　陈德展

河南省科协

王梅云（女）尹新明（女）冯笑山　范国强
姚为正　雷振生

湖北省科协

王焰新　杨艳丽（女）吴元欣　张献龙　桑子阳

湖南省科协

阳春华（女）李昌珠　李映兰（女）陈江华　梁红文

广东省科协

李　卫　何晓顺　周国逸　周福霖　侯金林　谢绍河

广西壮族自治区科协

杨章旗　陈萍（女）范航清　童张法　曾明华

海南省科协

李向民　陈光英（女）郑少江　姜　宏　魏建和

重庆市科协

王学峰　王家序　吴礼军　龚素华（女）韩　直
裴　炎

四川省科协

叶　锐　余曙光　陈　功　周小秋　郑小康　黄辉跃

贵州省科协

刘再华　杨友昌　沈春勇　邵　宇　潘炉台

云南省科协

张　力　黄必志　黄佳聪　番兴明　束洪春

西藏自治区科协

扎西次仁　格桑罗布　高延鸿　强巴央宗（女）
熊卫萍（女）

陕西省科协

何胜强　张修社　赵　卫　赵立波　康振生

甘肃省科协

王东明　李新荣　张学斌　段文山　黄建平

青海省科协

王祖郧　刘玉皎　李增荣　李　毅　董全民

宁夏回族自治区科协

田军仓　刘建海　李健（女）徐方（女）常占东

新疆维吾尔自治区科协

王维庆　加尔肯·叶生别克　克力木·阿布都热依木
贾希玉　管永平

新疆生产建设兵团科协

于　军　杨永林　郇红忠　段维（女）郭淑霞（女）

中央军委政治工作部

王飞雪　王过中　王煊军　王福生　付小兵　朱元昌
庄亚平　刘东红（女）　刘志远　刘新峰　孙景工
李忠平　李晓明　杨维忠　肖　飞　何明利　沈同圣
张立民　张道炽　陈　春　陈鸿昶　罗晓广　周　旭
侯世科　姜秋喜　诸雪征　常　伟　窦文平　廖万清
翟宇梅（女）

关于表彰“全国杰出科技人才”奖获奖者的决定

科协发组字〔2016〕46号

各全国学会、协会、研究会，各省、自治区、直辖市科协，新疆生产建设兵团科协，中央军委政治工作部干部局：

根据中央全面深化改革的总体部署、《中共中央关于加强和改进党的群团工作的意见》《科协系统深化改革实施方案》，为改革人才服务机制、助力科技工作者成长成才，经中央批准，中国科协设立“全国杰出科技人才”奖。该奖是“全国优秀科技工作者”奖的子奖项，旨在培养和造就世界水平的科技创新领军人才，充分发挥辐射引领和核心示范带动作用，调动激发广大科技工作者创新创造创业活力和潜能。

经推荐单位评选推荐、专家提名，“全国杰出科技人才”奖评审委员会评审，中国科协决定授予毛明等10名同志“全国杰出科技人才”奖。获得“全国杰出科技人才”奖的同志，是我国广大科技工作者的杰出代表，他们紧紧围绕国家创新驱动发展战略、瞄准世界科技发展前沿，积极投身创新型国家建设，取得的重大突破性创新性成果代表我国科技水平，在促进国家科技事业发展中做出突出贡献，在科技创新中起到核心领军作用。希望受到表彰的“全国杰出科技人才”奖获奖者，珍惜荣誉、谦虚谨慎、再接再厉，进一步发挥高层次科技领军人才及其团队的引领示范作用，不断在新的起点上为提升我国自主创新能力、加快建设创新型国家、持续推动经济社会发展再立新功、再创辉煌。

创新的事业呼唤创新的人才，知识就是力量、人才就是未来。广大科技工作者要以获奖者为榜样，深入学习贯彻习近平总书记系列重要讲话精神特别是关于科技创新、人才工作的重要指示精神，牢固树立和贯彻落实“创新、协调、绿色、开放、共享”的发展理念，紧跟时代、肩负使命、矢志拼搏、锐意进取，把自身的前途命运同国家和民族的前途命运紧紧联系在一起，坚定不移走中国特色自主创新发展道路，敢于担当、勇于超越、找准方向、扭住不放，牢固树立敢为天下先的志向和信心，敢于走别人没有走过的路，在攻坚克难中追求卓越，努力创造引领世界潮流的科技成果，在加快建设科技强国、人才强国的征程中奋发有为、再建新功，为实现“两个一百年”奋斗目标、实现中华民族伟大复兴的中国梦提供重要的人才支撑、智力支撑、创新支撑。

附件：“全国杰出科技人才”奖获奖者名单

中国科协

2016年5月18日

附件

“全国杰出科技人才”奖获奖者名单

（按姓氏笔画排序）

姓　名	工作单位
毛　明	中国北方车辆研究所
方　忠	中国科学院物理研究所
乔　杰（女）	北京大学第三医院
李　灿	中国科学院大连化学物理研究所
何满潮	中国矿业大学（北京）
陈化兰（女）	中国农业科学院哈尔滨兽医研究所
相里斌	中国科学院光电研究院
高　福	中国科学院微生物研究所/中国疾病预防控制中心
廖　宏（女）	南京信息工程大学
戴厚良	中国石油化工集团公司

关于表彰《全民科学素质行动计划纲要》“十二五”实施工作先进集体和先进个人的决定

科协发普字〔2016〕77号

自2006年国务院颁布《全民科学素质行动计划纲要（2006—2010—2020年）》以来，特别是过去五年来，在党中央、国务院的正确领导下，在各地各部门和广大科技工作者及广大科普工作者的共同努力下，全民科学素质工作取得显著成效，超额完成既定发展目标，为“十三五”时期的公民科学素质建设奠定坚实基础。为深入贯彻落实全国科技创新大会、两院院士大会、中国科协第九次全国代表大会，以及全民科学素质行动实施工作电视电话会议精神，表彰先进、激发动力，广泛动员各地各部门和广大科技工作者参与科普工作的积极性，推动各项工作再上新台阶，经全国评比达标表彰工作协调小组批准，中央组织部、中央宣传部、发展改革委、教育部、科技部、财政部、人力资源社会保障部、农业部、中国科协决定联合对2011年以来在《全民科学素质行动计划纲要》实施工作中做出突出贡献和业绩的北京学生活动管理中心科技活动部等260个先进集体，韩晔等347个先进个人进行表彰（表彰名单见附件1、附件2）。

希望受到表彰的集体和个人发挥表率作用，珍惜荣誉，再接再厉，开拓创新，再立新功。希望各地各部门激励先进，树立典范，进一步营造创新争先的良好氛围，共同为推动全民科学素质实现新跨越，为全面建成小康社会、建设世界科技强国、实现中华民族伟大复兴的中国梦作出新的更大贡献！

附件1:《全民科学素质行动计划纲要》“十二五”实施工作先进集体表彰对象名单

附件2:《全民科学素质行动计划纲要》“十二五”实施工作先进个人表彰对象名单

中央组织部　中央宣传部　发展改革委　教育部
科技部　财政部　人力资源保障部　农业部　中国科协
2016年8月10日

附件1

《全民科学素质行动计划纲要》“十二五”实施工作先进集体表彰对象名单

北京学生活动管理中心科技活动部
北京首都博物馆
北京科技报社
北京市朝阳区人民政府来广营地区办事处
北京交通大学物理演示与探索实验室
北京青少年科技俱乐部
天津市和平区委组织部
天津广播电视台科教频道
天津市发展和改革委员会高技术产业处
天津市财政局教科文处
天津市津南区科学技术协会
河北省教育厅基础教育处
河北省科技厅政策法规处
河北省唐山市妇女联合会
河北省沧州市科学技术协会
河北省邯郸市科学技术协会
河北省行唐县科学技术协会
河北省张家口市科学技术协会
河北柳江盆地地质遗迹国家级自然保护区管理处
河北省衡水职业技术学院科研培训处
山西省科学技术馆
山西省阳泉市科学技术协会
山西省吕梁市方山县科学技术协会
山西省气象服务中心
山西省中北大学动态测试技术省部共建国家重点实验室培养基地
山西省太原市实验小学
山西省农业厅科教处
内蒙古自治区财政厅科技文化处
内蒙古自治区教育厅科学技术与教育信息化处
内蒙古自治区通辽市科学技术协会
内蒙古自治区巴彦淖尔市科学技术局
内蒙古自治区环境保护厅环境保护宣传教育中心
内蒙古自治区地震局呼和浩特基准地震台
内蒙古自治区巴彦淖尔市气象局
辽宁省发展和改革委员会高新技术处
辽宁省科学技术厅政策法规与体制改革处
辽宁省科学技术协会科学技术普及部
辽宁省沈阳市植物保护站
辽宁省基础教育教研培训中心中小学技术教育研训部
辽宁省辽阳市科学技术协会
中共辽宁省大连市委宣传部宣传处
辽宁省丹东市科学技术协会
吉林省第二实验学校
吉林省新闻出版广电局宣传处（电视剧处）
吉林省农业委员会科技教育处
吉林省辽源市科学技术协会
吉林省敦化市科学技术协会
吉林省梅河口市委宣传部
黑龙江省财政厅教科文处
黑龙江省农业委员会科技教育处
黑龙江省科技厅政策法规处
黑龙江省委组织部干部教育处
黑龙江省委宣传部宣教处
黑龙江省哈尔滨市南岗区科学技术协会

黑龙江省社会科学界联合会社会科学普及部
上海市宝山区科学技术协会
上海地铁公共文化发展中心
上海市科普作家协会
上海市科学技术协会科学普及部
上海市委宣传部宣传处
江苏省教育厅基础教育处
江苏省科技厅政策法规与体制改革处
江苏省水利学会
江苏省无锡市科学技术协会
江苏省南京市鼓楼区科学技术协会
江苏省苏州市张家港市科协
江苏省泰州市泰兴市科协
江苏省南通市如东县农业委员会
浙江省环境宣传教育中心
浙江省教育技术中心
浙江省杭州市科普教育基地联合会
浙江省宁波市青少年科技中心
浙江省温州科技馆
浙江省衢州市科学技术协会
浙江省台州市科学技术协会
浙江省湖州市科学技术协会
安徽省科学技术馆
安徽省财政厅教科文处
安徽省地质博物馆
安徽省合肥市科学技术协会
安徽省芜湖市科学技术协会
安徽省六安市科学技术协会
安徽省淮北市濉溪县科学技术协会
安徽省计量科学研究院
中国科学技术大学教务处
福建省委组织部干部教育处
福建省教育厅基础教育处
福建省科学技术厅政策法规处
福建省财政厅教科文处
福建省科技馆
福建省厦门市思明区科学技术协会
福建省泉州市科学技术协会
福建省三明市科学技术协会
江西省委组织部人才工作处
江西省抚州市临川区科协
江西省科技厅政策法规与体制改革处
江西省吉安市科协
江西省南昌市南昌县科协
江西省气象学会
江西省社联社科普及开发管理处
山东省财政厅教科文处
山东省公务员局培训教育处
山东省济南市市中区科学技术协会
山东省青岛市黄岛区科学技术协会
山东省枣庄市科学技术协会
山东省烟台市科学技术协会
山东省济宁市科学技术协会
山东省泰安市科学技术协会
山东省临沂市科学技术协会
山东省德州市全民科学素质工作领导小组办公室
河南省委宣传部新闻出版处
河南省发展和改革委员会高技术产业处
河南省财政厅科技文化处
河南省妇联妇女发展部
河南省科学院科研外事处
河南省气象学会秘书处
河南省青少年科技中心
河南省焦作市科学技术协会
河南省漯河市科学技术协会
湖北省财政厅教科文处
湖北省妇联权益部
中科院武汉分院科普部
湖北省公众气象服务中心
湖北省襄阳市科协
湖北省宜昌市科协
湖北省荆州市荆州区科协
中南民族大学科学技术处
湖南省委组织部干部教育处
湖南广播电视台《新闻大求真》栏目组
湖南省隆回县教育局
湖南省湘潭市科技局
湖南省财政厅教科文处
湖南省长沙市国家公务员培训中心
湖南省科协普及工作部
广东省教育研究院教学教材研究室
广东广播电视台电视新闻中心
广东省广州市科学技术普及中心
广东省深圳市罗湖区科学技术协会

广东省汕头市科学技术协会
广东省河源市科学技术协会
广东省韶关市委组织部
广东省阳江市农业科学研究所
广西壮族自治区委员会宣传部精神文明建设活动处
广西壮族自治区财政厅教科文处
广西壮族自治区科学技术协会科技普及部
广西壮族自治区南宁市教育局
广西壮族自治区南宁市科学技术协会
广西壮族自治区贺州市科学技术协会
广西壮族自治区桂林市兴安县科学技术协会
海南省委组织部人才工作处
海南省农业科学院植物保护研究所
海南省三亚市科学技术协会
海南省琼中黎族苗族自治县科学技术协会
海南省万宁兴隆热带植物园
重庆课堂内外杂志社有限责任公司
重庆市农业委员会科技教育处
重庆市教育信息技术与装备中心
重庆市巫山县文物管理所（巫山博物馆）
四川省委组织部干部教育培训处
四川省教育厅基础教育处
四川省农业厅科技教育处
中科院成都分院科技合作处
四川省科学技术协会科普部
四川省成都市科学技术协会
四川省德阳市科学技术协会
四川省巴中市科学技术协会
四川省资阳市科学技术协会
贵州省教育厅基础教育处
贵州省气象学会
贵州省遵义市道真县农牧局
贵州飞龙湖文化旅游开发有限责任公司
贵州省六盘水市盘县科学技术协会
贵州省铜仁市石阡县科学技术协会
贵州省黔东南州锦屏县新化乡政府
云南省楚雄彝族自治州科学技术协会
云南省大理白族自治州科学技术协会
云南省文山壮族苗族自治州科学技术协会
云南省玉溪市澄江县科学技术协会
云南省财政厅教育科技文化处
云南省教育厅基础教育处
云南省科学技术厅政策法规处
西藏自治区拉萨市科协
西藏自治区那曲地区地委组织部
西藏自治区日喀则市康马县科协
西藏自治区昌都市科协
西藏作物学会
陕西省委组织部宣教干部处
陕西西部网
陕西省教育厅科学技术处
陕西省科学技术协会科普部
陕西省宝鸡实验小学
陕西省榆林市榆阳区科学技术协会
陕西省安康市旬阳县科学技术协会
陕西省防震减灾宣传教育中心
甘肃省白银市靖远县科学技术协会
甘肃省庆阳市科学技术协会
甘肃省农业广播电视学校
甘肃省妇幼保健院
甘肃省全民科学素质工作领导小组办公室
甘肃省食品药品监督管理局宣传处
甘肃省金川集团股份有限公司镍冶炼厂
宁夏回族自治区同心县预旺农业服务中心
宁夏回族自治区中卫市沙坡头区镇罗镇人民政府
宁夏回族自治区银川市兴庆区科学技术协会
宁夏回族自治区党委组织部人才工作处
宁夏回族自治区科技厅创新体系建设处
青海省科学技术馆
青海省海西蒙古族藏族自治州科学技术协会
青海省海北藏族自治州教育科技局（科协）
青海省海南藏族自治县州科学技术协会
青海省海东市乐都区科学技术协会
新疆维吾尔自治区富蕴县委组织部
新疆维吾尔自治区党委宣传部新媒体中心
新疆维吾尔自治区塔城地区乌苏市科学技术协会
新疆维吾尔自治区克拉玛依市克拉玛依区昆仑路街道南苑社区
新疆维吾尔自治区乌鲁木齐市科学技术馆
新疆维吾尔自治区吐鲁番市高昌区人力资源和社会保障局
新疆维吾尔自治区和田地区科学技术协会
新疆维吾尔自治区党委宣传部宣传处
新疆生产建设兵团第五师教育局

新疆生产建设兵团塔里木大学科学技术协会
新疆生产建设兵团日报社专刊编辑部
新疆生产建设兵团第二师科协
中央组织部干部教育局一处
教育部基础教育一司综合办公室
教育部职业教育与成人教育司教学与教材处
中国科学技术交流中心科普处
科技日报社中国科普网编辑部
工业和信息化部科技司综合处
民政部基层政权和社区建设司城市社区建设处
人力资源社会保障部工伤保险司综合处
人力资源社会保障部专业技术人员管理司继续教育处
国土资源科普基地管理办公室
环境保护部宣传教育中心音像室
农业部科技教育司教育处
中国农学会科普处
全国公共文化发展中心研发推广部
卫生计生委宣传司健康促进处
中央电视台科教频道《走近科学》栏目
国家体育总局运动医学研究所运动员医疗中心
中国林业科学研究院办公室
旅游局规划财务司资源利用处
中科院计算机网络信息中心网络科普教育中心
中科院西双版纳热带植物园科学传播与培训部
中科院老科学家科普演讲团
社科院科研局成果与出版管理处
社科院考古研究所考古资料信息中心
中国工程院二局科学道德办公室
中国气象学会秘书处科学技术普及部
国家自然科学基金委员会计划局人才处
中国文物报社报纸编辑部
中国工会网教育培训中心
共青团中央网络影视中心未来网
中国儿童中心教育活动部
中国科普研究所科学素质研究室
中国科技馆资源管理部
中国核学会科普部
新华网股份有限公司科普信息化事业部
光明网科普事业部
《知识就是力量》杂志社

附件 2

《全民科学素质行动计划纲要》"十二五"实施工作先进个人表彰对象名单

韩　晔　北京市疾病预防控制中心健康教育所
段玉龙　北京人民广播电台节目制作中心
马　红　北京市林业碳汇工作办公室
李　彤　北京市妇女联合会发展部
郝合奎　北京市延庆区科学技术协会
王　军　北京老年痴呆防治协会
张宇晶　北京市总工会宣教部
陆一帆　北京体育大学
支修益　首都医科大学
范志红　中国农业大学
饶　毅　北京大学
马冠生　北京大学
王万江　天津市实验小学
刘　梅　天津市科学技术信息研究所
杨　栻　天津市人力资源和社会保障局
王芝学　天津市农业科学院林业果树研究所
杨　硕　天津市河东区科学技术协会
孙凤国　天津市宝坻区科学技术协会科普科
刘景泰　南开大学
于　海　河北省环境科学学会、河北省环境科学研究院
修宗睿　河北省财政厅
任嵘嵘　东北大学秦皇岛分校
穆国清　河北人民广播电台科教频道
王一报　河北省石家庄市科学技术协会普及部
朱景柱　河北省承德市科学技术协会普及部
单悦平　河北省衡水市科学技术协会普及部
张忠良　河北省石家庄市辛集市科学技术协会
刘树娟　河北省廊坊市科学技术协会普及部
刘瑞霞　河北省唐山市农牧局科教处
何　炬　河北省保定市第二中学德育处
张其会　河北省广宗县实验小学
刘　珍　山西省朔州市平鲁区科协
薛全龙　山西省广灵县科协科技咨询服务中心
刘晓舟　山西省科学技术协会科学素质部
朱德荣　山西省长治市科学技术协会普及部
张文萍　山西省临汾市霍州市科学技术协会
郭玉平　山西省太原市杏花岭区同熙苑社区
吴维娟　山西省运城市科学技术协会普及部

秦嘉磊　山西省晋中市科学技术协会科学素质部
朱　峰　山西省晋城市科学技术协会
杨红雨　内蒙古自治区党委组织部干部教育处
韩　真　内蒙古自治区党委宣传部宣传处
郝彦龙　内蒙古自治区乌海市海勃湾区科学技术协会
张秀梅　内蒙古自治区呼伦贝尔市农牧业局科教科
温美琴　内蒙古自治区包头市就业服务局培训科
康振祥　内蒙古自治区巴彦淖尔市科学技术协会综合科普部
曹福中　内蒙古自治区鄂尔多斯市农业技术推广站
周　刚　内蒙古自治区食品药品监督局食品药品检验所
李　良　辽宁省鞍山市岫岩县科协
孙保国　辽宁省本溪满族自治县科协
厉　明　辽宁省大连市科协科普部
甄　欣　辽宁省葫芦岛市科学技术协会普及部
杨春雷　中共辽宁省委党校科研处科研协作科
秦艳萍　辽宁省财政厅教科文处
孙　强　中共辽宁省委组织部人才工作处
王　亮　辽宁省盘锦野禾果蔬种植农民专业合作联合社
崔高清　辽宁省农业广播电视学校
刘兴耀　大连民族大学科技开发服务中心
王德林　吉林省吉林市科学技术协会
史金芬　吉林省白山市中心医院内分泌科
王丽馥　吉林省辉南县科学技术协会科普部
王元生　吉林省梅河口市科学技术馆
于　森　吉林省人力资源和社会保障厅专业技术人员管理处
单国本　吉林省松原市前郭尔罗斯蒙古族自治县科学技术协会
邬士东　黑龙江省绥化市安达市科学技术协会
赵献涛　黑龙江省大庆市肇源县和平乡人民政府
盛　坚　黑龙江省齐齐哈尔市科学技术协会普及部
仇尚媛　黑龙江省防震减灾宣传教育中心
刘志海　黑龙江省哈尔滨工程大学理学院
蔺绍勇　黑龙江省机器人学会
李明珠　黑龙江省科学技术协会科普部
霍　慧　黑龙江省教育厅科技处
吴　琼　黑龙江省妇女联合会宣传部
李　光　黑龙江省哈尔滨市香坊区教育局校外教育办公室
曹晓清　上海市科技艺术教育中心科技教育部
龚　健　上海市虹口区科学技术协会科普工作部
龙　琳　上海市科协普及部
沈湫莎　文汇报科教卫中心
徐　超　上海市青浦区科学技术协会基层普及部
钟　倩　上海市科学技术委员会科普工作处
尚艳华　上海市徐汇区凌云街道梅陇三村
侯晓远　复旦大学
孙玮瑛　江苏省财政厅科教文处
李家宝　江苏省中医药学会学术发展部
刘双丽　南京航空航天大学科协
竺大明　江苏省泰州市科学技术协会
纪顺俊　江苏省苏州市科学技术协会
袁留照　江苏省常州市金坛区食用菌协会
史建梅　江苏省连云港市海州区科协
赵　健　江苏省盐城市大丰区科协
章奇特　江苏省镇江市科协科普部
戴国翠　江苏省南京市秦淮区秦虹街道旭光里社区
徐水洋　浙江省疾病预防控制中心健康教育所
尹晓铄　浙江省科学技术协会科普部
胡兰珍　浙江省杭州市上城区望江街道办事处
徐奕才　浙江省奉化市溪口镇人民政府科学技术协会
沈建良　浙江省桐乡市科学技术协会科技服务中心
许以则　浙江省绍兴科技馆
沈文华　浙江省金华市兰溪市科学技术协会
徐瑞祥　浙江省丽水市遂昌县科学技术协会
陈凤武　浙江省舟山市科学技术协会
吴金芳　安徽省农业委员会科技教育处
许明荣　安徽省气象学会
姜相民　安徽广播电视台新闻中心
张春雨　安徽省五河县科学技术协会
骆奉根　安徽省和县科学技术协会
杜　敏　安徽省歙县科学技术协会
程晓迟　安徽省灵璧县科协
余德海　安徽省池州市科学技术协会学会普及部
陈　璇　中共福建省委宣传部宣教处
王东波　福建省发展和改革委员会高技术处
李启咏　福建省公务员局培训与监督处
黄兆津　福建省福州市科学技术协会、福州市业余科技大学
江晓云　福建省厦门市科学技术协会
方坤宗　福建省漳州市科学技术协会普及工作部
谢宗辉　福建省莆田市科学技术协会普及部
郑柏榆　福建省南平市科技咨询服务中心

陈　锋　福建省宁德市科学技术协会科普部
杨朝勇　厦门大学
李淑慧　江西省上饶市余干县科协
胡逢星　江西省财政厅教科文处
邱红锋　江西省青少年科技活动中心展教科
吴登飞　江西省农业厅科教处
李　明　江西省教育厅基教处
李晓群　江西省九江市科协普及部
淦　勇　江西省人力资源和社会保障厅职建处
胡小玲　江西省新闻出版广电局宣传处
马学强　中共山东省委政策研究室社会文化处
孙　鹏　中共山东省委组织部干部教育处
姜照辉　中共山东省委宣传部宣传教育处
朱俊青　山东省发展改革委高技术产业处
孔　玲　山东省教育科学研究院
张志丹　山东省科学技术厅政策法规处
石敬祥　山东省农业厅科技处
吴　杰　山东省全民科学素质工作领导小组办公室
郑永祺　山东省青岛市科协科普部
冯勤亮　山东省东营市科技服务中心
张学锋　山东省潍坊市科协科普部
朱红英　山东省威海市科协科普部
胡秋艳　山东省菏泽市科协科普部
曹同华　山东省淄博市委宣传部宣传科
李　冰　中共河南省委组织部干部教育处
姜光荣　河南省开封市教育局
朱乐宁　河南省科学技术厅政策法规处
刘海东　河南省人力资源和社会保障厅
张祎雯　河南省农业厅科教处
张新华　河南省科普中心
吴予红　河南省郑州市科学技术协会
马义雷　河南省洛阳市科学技术协会科学普及部
林加峰　河南省濮阳市科学技术协会科普部
韩守平　河南省商丘市科学技术协会科普研究室
于　健　河南省周口市郸城县人民医院
成东梅　河南省济源市农业科学院
陈玉芬　湖北省科协普及部
董祖恩　湖北省武汉市洪山区科协
张　波　湖北省发展改革委高技术处
黄旭林　湖北省科技厅政法处
高润保　湖北省农业厅科技教育处
杨　勇　湖北省地震局震害防御处（政策法规处）
范　栋　湖北省人力资源和社会保障厅职业能力建设处
刘　兵　湖北省委宣传部网络宣传处
邓小云　湖南省发展和改革委员会高技术产业处
曾鸽旗　湖南省农委科教处
戴定杰　湖南省长沙市浏阳市科协
欧阳雪云　湖南省岳阳市科技馆
曹国华　湖南省郴州市政府办公室秘书四科
杨常林　湖南省常德市汉寿县科协
彭绍宽　湖南省湘西土家族苗族自治州龙山县科协
王　清　湖南省张家界市慈利县科协
周　升　湖南省怀化市科普惠农服务站
龚定名　湖南省委宣传部宣教处
叶新鹏　广东省青少年科技中心
孙　楠　广东省深圳市科学技术协会科普和学会工作部
梁　宁　广东省疾病预防控制中心办公室
郭　媛　广东省地震局应急与信息中心
黎鹤龄　广东省东莞市科学技术协会科普部
吴钟秀　广东省佛山市教育局关工委
颜自能　广东省江门市科学技术协会办公室
何　晖　广东省清远市科学技术协会业务部
郑　伟　广东省揭阳市科学技术协会科普部
刘成毅　广东省云浮市科学技术协会办公室
姚文军　广东省总工会宣教部
李和平　深圳出入境检验检疫局食品检验检疫技术中心
曹　静　广州气象卫星地面站
江　洪　广西科技馆、广西青少年科技中心
李子权　广西科学活动中心科普培训部
曾　卉　广西壮族自治区北海市科学技术协会普及部
钱德生　广西壮族自治区防城港市东兴市科学技术协会
李　蕾　广西壮族自治区百色市科学技术协会科普部
覃明文　广西壮族自治区河池市大化瑶族自治县科学技术协会
韦秀金　广西壮族自治区来宾市合山市科学技术协会
范志标　广西壮族自治区崇左市科学技术协会科学技术咨询服务中心
朱俊奎　海南省委宣传部社宣处
范鸿雁　海南省农业科学院热带果树研究所果树病虫害研究室
韩　东　海南省定安黄竹彩虹生态科普农场
李正安　海南省乐东县科协
邢福顺　海南省白沙县科学技术协会
朱珈仪　重庆科技馆展览教育部

李　晶　重庆市科学技术委员会宣传统战与科普处
高　胜　重庆市酉阳土家族苗族自治县财政局
贺存定　重庆中国三峡博物馆
张　京　重庆市妇女联合会
董　涛　重庆市人力资源和社会保障局职业能力建设处
欧　雅　重庆市江北区委宣传部宣传科
蒋　秋　重庆市青少年宫
符　莉　中共四川省委宣传部宣传处
李皓迪　四川省发展和改革委员会高技术产业处
罗　琳　四川省科技厅科技交流中心科普部
黄　晋　四川省财政厅教科文处
杨　有　四川省人力资源和社会保障厅专业技术人员管理处
陆太俊　四川省攀枝花市科协
赵　祎　四川省泸州市科协科普部
张　彬　四川省绵阳市财政局教科文科
刘利炯　四川省宜宾市科协科普部
郭　静　四川省达州市科协科普部
任　玲　四川省雅安市科协办公室
余文孝　四川省凉山州盐源县科协
张伟年　四川大学
傅舒安　贵州省科技厅科技创新体系建设处
周香君　贵州省科学技术协会科普部
李　猛　贵州省贵阳市科学技术协会
刘海光　贵州省安顺市普定县中等职业学校
谭玉娟　贵州省毕节市大方县人力资源和社会保障局
谌鸿溪　贵州省黔东南州从江县委宣传部
黄学兰　贵州省黔南州荔波县委组织部
白忠艳　贵州省黔西南州兴仁县科学技术协会
罗本道　云南省德宏州科协科普科
格茸品楚　云南省迪庆州科协综合办公室
朱辉明　云南省红河州科学技术协会
刘　戎　云南省昆明市盘龙区科学技术协会
饶发芝　云南省华坪县科学技术协会
高利华　云南省怒江州科学技术协会
高江梅　云南省西双版纳州科学技术协会
李伟文　云南省民族宗教事务委员会教育科技处
徐　娴　中国科学院昆明分院科技与教育处
仁青次仁　西藏自治区林芝市科协
高尚军　西藏自治区山南贡嘎县科技局、科协
周国玺　西藏自治区昌都市教体局教育科学研究所
达娃次仁　西藏自治区阿里地区科协
旦　增　西藏化学学会、西藏大学理学院
杨小锋　西藏自治区水利学会、水利厅
尼　玛　西藏藏医药学会、西藏自治区藏医院
何晓宁　陕西省西安市集成电路产业发展中心
李恩群　陕西省延安市科技局农社科
刘宝平　陕西省财政厅教科文处
陈建强　陕西省人力资源和社会保障厅专业技术人员管理处
蔡筱玲　陕西农业杂志社
高　峰　陕西省西安市雁塔区电子城街道西京社区
李志明　陕西省咸阳市科协科普部
李焕能　陕西省渭南市科学素质纲要实施工作办公室
贾国荣　甘肃省政府办公厅秘书八处
胥庭辉　甘肃日报社机动新闻部
漆新平　甘肃广电总台电视新闻中心
武建成　甘肃省电机工程学会
杨举民　甘肃省平凉市静宁县科协
王宁涛　甘肃省财政厅科技文化处
蔡红卫　甘肃省地震局震害防御处（市县工作处）
王　刚　甘肃省人力资源和社会保障厅专技处
雷麦莉　甘肃省兰州市地震博物馆
王月霞　宁夏回族自治区青铜峡市裕民街道办事处
马津垠　宁夏回族自治区固原市泾源县农牧局
卓尉新　宁夏长庆高级中学
吕鸿钧　宁夏回族自治区农业广播学校
刘利锋　宁夏回族自治区人力资源和社会保障厅办公室
赵文象　宁夏回族自治区科协科普部
张晓蕾　青海省科学技术协会科普部
祁泽宏　青海省健康教育所
沈　军　青海省海北州祁连县科学技术协会
司建平　青海省海南州同德县科学技术协会、科学技术局
沈得贵　青海省畜牧兽医学会、动物疫病预防控制中心
颜亮东　青海省气象学会、青海省气象科学研究所
叶剑锋　新疆维吾尔自治区交通技师培训学院机械电子工程研究中心
苏德宏　新疆维吾尔自治区教育厅基础教育处
阿卜杜加帕尔·托合提　新疆维吾尔自治区和田地区墨玉县农业技术推广中心
李世忠　新疆维吾尔自治区伊犁州昭苏县科学技术协会
叶丽努尔·巴合道吾列提　新疆维吾尔自治区阿勒泰地区吉木乃县托普热克乡畜牧兽医站

金国平　新疆维吾尔自治区博尔塔拉蒙古自治州科学技术馆
吴佩东　新疆维吾尔自治区昌吉回族自治州呼图壁县兴丑奶牛养殖农民专业合作社
哈西巴特　新疆维吾尔自治区巴音郭楞蒙古自治州和静县畜牧兽医站
张彦海　新疆维吾尔自治区克孜勒苏柯尔克孜自治州政协教科文卫体委员会、科协
孙艺轩　新疆生产建设兵团第二师科协（科技局）
丁苏宏　新疆生产建设兵团石河子总场龙福泉社区
涂明建　新疆生产建设兵团第四师科学技术协会
杨丽兰　新疆生产建设兵团第三师 53 团农业科
张世杰　新疆生产建设兵团党委组织部党员教育中心
张　卫　新疆生产建设兵团第六师五家渠第一小学
黄钦阳　中央组织部干部教育局
田　哲　中央宣传部宣教局时政处
朱小萍　教育部科技委
李　明　教育部基础教育二司课程发展处
吴爱华　教育部高等教育司理工科教育处
王炳明　教育部教师工作司教师培训处
吴　英　科技部政策法规司人才与科普处
杨旭东　科技部基础司科研平台处
姚昆仑　国家科学技术奖励工作办公室
佟贺丰　中国科学技术信息研究所办公室
陈　红　中国通信标准化协会互动媒体产业联盟
张义忠　中国电子信息产业发展研究院工业科技研究所
安　燕　国家民委教育科技司科技处
李苑琛　人力资源社会保障部专业技术人员管理司
祁向雷　地质出版社、地质出版中心
史　静　中国地质图书馆文献数据室
禹　军　环境保护部科技标准司科技发展处
陈永梅　中国环境科学学会科普部
靳　红　农业部科技教育司教育处
冯　剑　中央农业广播电视学校
何晓丹　农业部科技教育司转基因生物安全与知识产权处
廖丹凤　农业部人力资源开发中心、中国农学会
刘修兵　中国文化传媒集团、中国文化报社科教城市部
曹丽萍　国家图书馆社会教育部讲座组
崔　颖　中国疾病预防控制中心全国 12320 管理中心
李英华　中国健康教育中心监测与评估部
陈君石　国家食品安全风险评估中心
吴　倩　质检总局科技司综合处
帅俊全　中央电视台新闻中心社会新闻部
张棉棉　中央人民广播电台中国之声
王　梅　国家体育总局体育科学研究所群众体育研究中心
周颖玉　中国药学会科技开发中心
杜婧举　中国医药科技出版社
唐红英　国家林业局科学技术司综合处
万志红　中国林学会科普部
方　言　国家旅游局规划财务司资源利用处
何　燕　国家旅游局规划财务司资源利用处
张冬梅　中科院自动化研究所
冯伟民　中科院南京地质古生物研究所
乔　玉　中国社会科学院考古研究所
杨斌艳　中国社会科学院新闻与传播研究所研究室
吴晓东　中国工程院科学道德办公室
陈冰玉　中国工程院三局学术与出版办公室
金　雷　中国地震局震害防御司社会宣教处
张　娟　中国气象局公共气象服务中心全媒体气象产品室
朱定真　中国气象局气象影视中心
田起宏　自然科学基金会计划局人才处
葛琴雅　中国文化遗产研究院
苑文会　中国文物信息咨询中心信息部
罗可亮　中国青少年发展服务中心科普部
奉朝晖　全国妇联妇女发展部扶贫处
陈艳华　中华女子学院思想政治教育科
吕　波　中国科协科普部
张　佳　中国科协青少年科技中心
刘昊宇　中国食品科学技术学会
肇晓兰　中国航空学会
王乃彦　中国原子能科学研究院
顾　君　同方知网（北京）技术有限公司农业食品事业部
黄　洁　百度 lbs 事业部
嵇晓华　北京果壳互动科技传媒有限公司
郭　威　腾讯科技（北京）有限公司

关于授予王飞等10位同志第十九届中国科协求是杰出青年成果转化奖的决定

科协发厅字〔2016〕80号

为鼓励在科技成果转化工作中做出优异成绩的青年科技人员，根据《中国科协求是杰出青年奖条例》规定，经中国科协求是杰出青年奖评审委员会审议通过，决定授予王飞等10位同志第十九届中国科协求是杰出青年成果转化奖。

荣获本届中国科协求是杰出青年成果转化奖的同志，热爱祖国，勇于创新，在科技成果向现实生产力转化等方面做出了突出贡献。希望获奖同志珍惜荣誉、认清使命、再接再厉、锐意进取，在科技创新的道路上不断创造新成就。希望广大青年科技工作者向获奖同志学习，始终秉持求真求实的科学精神，弘扬立志报国、勇攀高峰的优良传统，争当创新的推动者和实践者，勇担创新发展主力军重任，为深入实施创新驱动发展战略、建成创新型国家、建设世界科技强国，奋力实现中华民族伟大复兴的中国梦贡献智慧和力量。

获奖人员名单如下：

王　飞　王小丹　王　博　田　鹏　冉千平
肖维军　郑海学　郇丹丹　浦世亮　滕　瑶

中国科协
2016年9月13日

关于授予梁秀兵等15位同志第十九届中国科协求是杰出青年实用工程奖的决定

科协发厅字〔2016〕81号

为鼓励奋斗在工程技术科研和生产一线上的优秀青年科技人员，根据《中国科协求是杰出青年奖条例》规定，经中国科协求是杰出青年奖评审委员会审议通过，决定授予梁秀兵等15位同志第十九届中国科协求是杰出青年实用工程奖。

荣获本届中国科协求是杰出青年实用工程奖的同志，热爱祖国，甘于奉献，在工程技术相关领域做出了突出贡献。希望获奖同志珍惜荣誉、认清使命、再接再厉、锐意进取，在科技创新的道路上不断创造新成就。希望广大青年科技工作者向获奖同志学习，始终秉持求真求实的科学精神，弘扬立志报国、勇攀高峰的优良传统，争当创新的推动者和实践者，勇担创新发展主力军重任，为深入实施创新驱动发展战略、建成创新型国家、建设世界科技强国，奋力实现中华民族伟大复兴的中国梦贡献智慧和力量。

获奖人员名单如下：

梁秀兵　黄顺祥　关　欣　汪　诚　傅盛杰
倪志斌　康利鸿　许舟军　王恒樑　李英贤
李　智　陈小前　韩益亮　李欣竹　张　平

中国科协
2016年9月13日

中国科协 2016 年度
事业发展统计公报

中国科协 2016 年度事业发展统计公报 *

2017年7月

2016 年，在党中央、国务院的正确领导下，中国科协全面贯彻党的十八大和十八届三中、四中、五中、六中全会精神，深入贯彻落实习近平总书记系列重要讲话精神和治国理政新理念新思想新战略，紧密围绕党中央、国务院重大决策部署，全面推进《科协系统深化改革方案》和《中国科学技术协会事业发展“十三五”规划（2016—2020）》深入实施，积极履行为科技工作者服务、为创新驱动发展服务、为全民科学素质服务、为党和政府科学决策服务的工作职责，科协组织的政治性、先进性、群众性明显增强，开放型、枢纽型、平台型的组织特色进一步显现，提供科技类社会化公共服务产品的组织优势进一步加强，各方面工作取得新成效。

一、组织建设

（一）科协组织建设

各级科协组织 3206 个，直属单位 1505 个。各级科协驻会领导班子人数 5012 人；各级代表大会总人数 186671 人，其中中国科协第九次全国代表大会代表 1323 人；委员会委员总人数 50592 人，常务委员会委员总人数 19760 人。各级科协专门委员会及专门工作委员会 3427 个。

各级科协从业人员 38730 人，比上年增加 218 人，其中女性从业人员 16167 人，比上年增加 528 人。举办干部教育培训班 2714 次，共培训 28.1 万人次。

各级科协本年收入总额 115.7 亿元①，比上年增加 8.6 亿元，增长 8%（图 1）。①

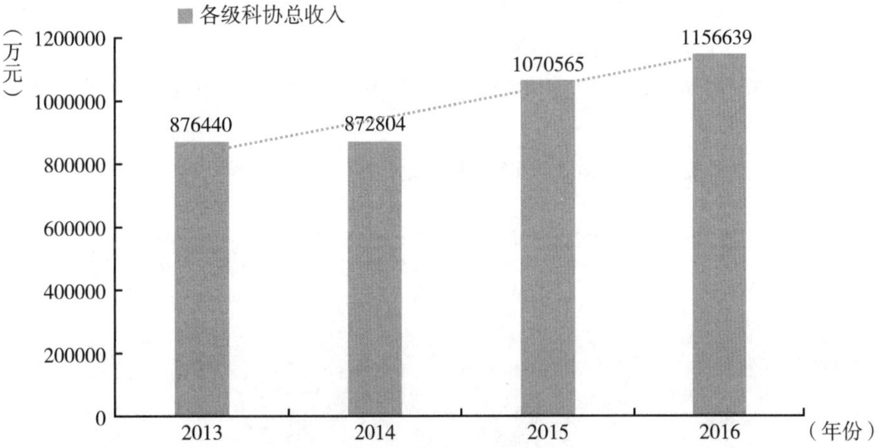

图 1 各级科协收入情况

企业科协 26945 个，比上年增加 3016 个，增长 12.6%，个人会员 375.5 万人，比上年增加 1.5 万人。高校科协 662 个，个人会员 54.7 万人，团体会员 1439 个。街道科协（社区科协）共 15076 个，比上年增加 1342 个，增长 8.9%，个人会员 71.8 万人，比上年增加 1.8 万人。乡镇科协 29052 个，个人会员 212.0 万人。农技协 10.4 万个，

* 公报中各种范围所表述的含义：
各级科协：指中国科协机关及直属单位、省级科协、副省级与省会城市科协、地级科协、县级科协。
地方科协：指省级科协、副省级与省会城市科协、地级科协、县级科协。
学会：指学会、协会、研究会简称。
两级学会：指全国学会、省级学会。
全国学会：指中国科协所属全国学会。
中国科协基层组织：指科学技术工作者集中的企业事业单位和有条件的乡镇街道社区等建立的科学技术协会（科学技术普及协会）。
各项统计数据均未包括香港特别行政区、澳门特别行政区和台湾地区。

① 该数据为各级科协财务上报汇总数据。

比去年下降5.7%，个人会员1482.8万人，下降0.3%，其中在民政部门注册的农技协43339个，占农技协总数的41.3%（图2）。

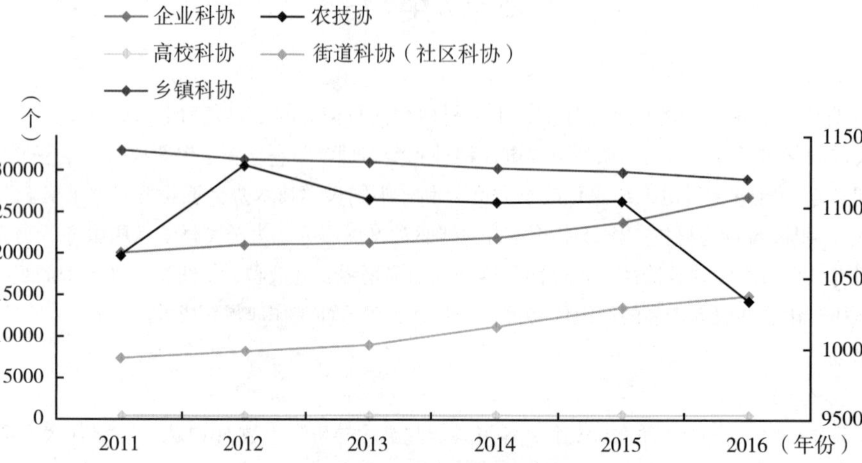

图2　科协基层组织建设情况

（二）学会组织建设

中国科协所属全国学会207个；省级科协所属省级学会4134个，比上年增加389个，增长10.4%。全国学会理事会理事34702人，省级学会理事会理事24.2万人。全国学会专门委员会及专门工作委员会1235个，省级学会专门委员会及专门工作委员会10131个。全国学会所属分科学会3368个，比上年增加264个，增长8.5%；省级学会所属分科学会17306个，比上年增加3902个，增长29.1%。两级学会共设立学会办事机构党组织977个，其中全国学会共设有183个，占全国学会总数的比重为88.4%。

两级学会从业人员36020人，比上年增加5334人，其中全国学会从业人员3555人，省级学会从业人员32465人。

全国学会本年收入总额32.8亿元①，比上年增加4.5亿元，增长16%（图3）。

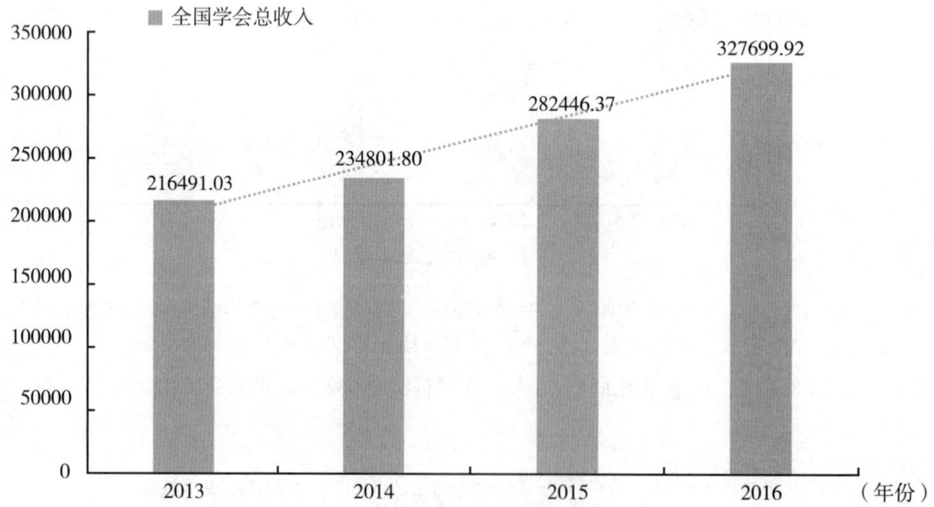

图3　全国学会收入情况

① 该数据为各级科协财务上报汇总数据。

中国科协成立学会联合体 4 个，分别是生命科学学会联合体、清洁能源学会联合体、信息科技学会联合体、智能制造学会联合体。省级科协成立学会联合体 13 个。

全国学会个人会员 462.8 万人，团体会员 5.9 万个；省级学会个人会员 794.0 万人，团体会员 18.1 万个（图 4）。

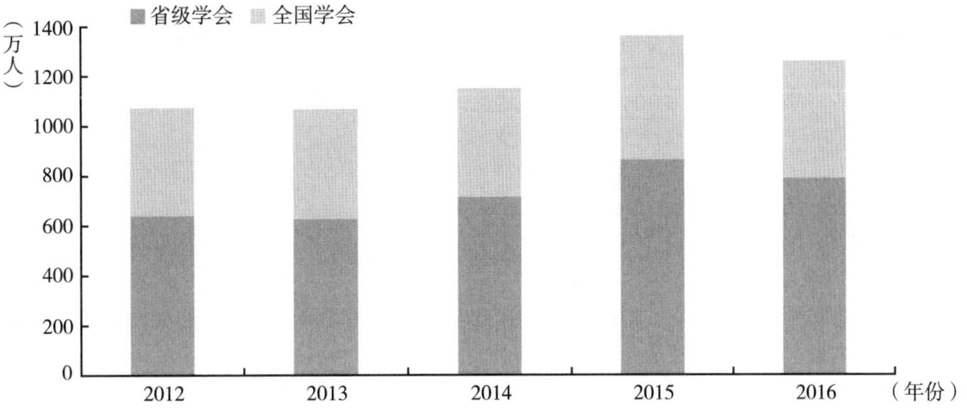

图 4　全国学会和省级学会个人会员情况

在基层直接为公众提供科普服务的专兼职科普工作者和注册科普志愿者共 170.2 万人，其中专职科普工作者（科普工作时间占其全部工作时间 60% 以上工作人员）4.4 万人，兼职科普工作者 43.8 万人，注册科普志愿者 121.9 万人。

二、为科技工作者服务

各级科协和两级学会向省部级（含）以上科技奖项、人才计划（工程）举荐人才 6574 人次，向省部级（含）以上科技奖项推荐项目数 3284 项。

设立科技奖项数 1321 项。其中省级及以上科协组织设立 45 项，全国学会设立 293 项，省级学会设立 989 项。表彰奖励科技工作者 13.5 万人次，比上年增加 9071 人次，其中女性科技工作者 40435 人次，40 岁以下科技工作者 58589 人次。

开展科学道德与学风建设宣讲活动 3190 场①，比上年增加 2839 场，宣讲活动受众人数 48.6 万人次，比上年增加 28.6 万人次，参加活动专家 1865 人次，比上年增加 1062 人次。

举办继续教育培训班 1.6 万场次②，比上年增加 0.5 万场次，培训结业人数 288.3 万人次，比上年增加 127.3 万人次。

通过媒体宣传科技工作者 32673 人次，其中中央媒体宣传科技工作者 4176 人次，省级媒体宣传科技工作者 18491 人次。宣传媒介呈多样化，通过电视宣传 2898 人次，通过纸质媒体宣传 11530 人次，通过网络与新媒体宣传 17243 人次。

三、服务创新驱动发展

建设双创服务平台 / 中心 1033 个，开展推进大众创业万众创新活动 12956 项。其中举办双创竞赛、论坛、展览等 4899 项，开展双创咨询、教育、培训等 5387 项，开展双创投融资、成果转化等 2036 项。

签订创新驱动助力工程项目合同 8420 个，参与创新驱动助力工程的科技工作者 11.5 万人。

两级学会研制技术标准数量 1608 个，其中全国学会 493 个、省级学会 1115 个。两级学会研制团体标准数量 1024 个，其中全国学会 378 个、省级学会 646 个。

各级科协指导组建专家工作站 7226 个，比上年增加 1715 个，全年组织进站专家达 4.3 万人次；组建专家服务团队 5440 个，比上年增加 1191 个，参加服务团队专家 6.4 万人次（图 5）。

① 开展单位包括中国科协机关及直属单位、省级科协、副省级城市及省会城市科协、全国学会。

② 开展单位包括中国科协机关及直属单位、省级科协、副省级城市及省会城市科协、地级科协、全国学会、省级学会。

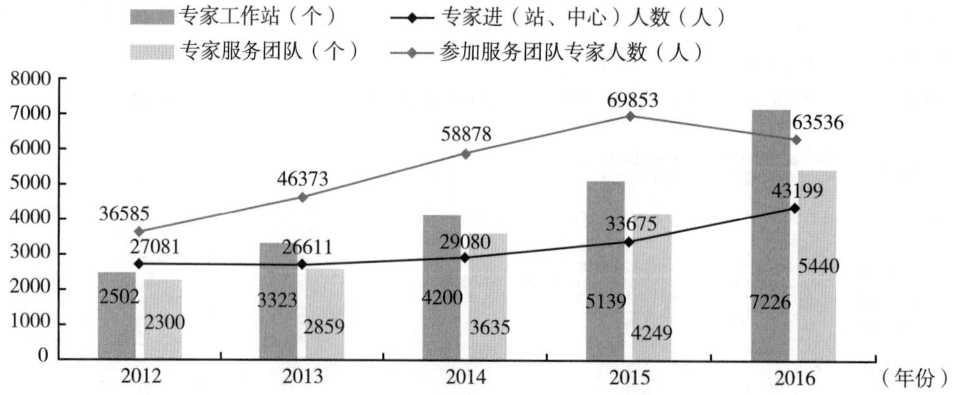

图5　各级科协指导组建专家工作站、专家服务团队情况

举办技术创新方法培训班669场次[①]，比上年增加171场次。其中，中国科协、省级科协、副省级城市和省会城市科协共举办286场次；全国学会共举办383场次。

四、学术交流活动

各级科协和两级学会共举办学术会议34542次。参加人数610万人次，比上年增加107.3万人次。交流论文109.4万篇，比上年增加12.6万篇（图6）。

举办国内学术会议31156次，比上年增加4701次。其中高端前沿学术会议8159次，占26.2%；综合交叉学术会议10661次，占34.2%；学术服务会议12336次，占39.6%。参加人数550.1万人次，比上年增加109.1万人次。其中企业科技工作者103.3万人次，比上年增加10.3万人次。交流论文93.3万篇，比上年增加7.0万篇。举办国内学术会议中举办学术年会7424次[②]，比上年增加2397次，增长47.7%。其中各级科协举办660次，全国学会举办1514次，省级学会举办5250次，比上年增加2095次。

举办境内国际学术会议3028次，比上年增加750次。其中高端前沿学术会议1806次，占59.6%；综合交叉学术会议766次，占25.3%；学术服务会议456次，占15.1%。参加人数56.4万人次，其中企业科技工作者14.8万人次。境外专家学者4.8万人次，比上年增加5139人次。交流论文15.1万篇，比上年增加5.5万篇。

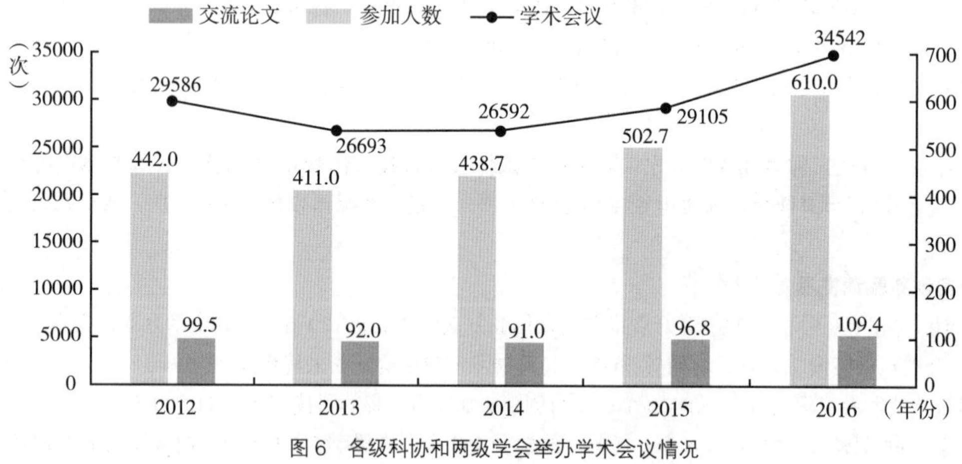

图6　各级科协和两级学会举办学术会议情况

① 举办单位包括中国科协机关及直属单位、省级科协、副省级城市和省会城市科协、全国学会。

② 举办单位包括中国科协机关及直属单位、省级科协、副省级城市和省会城市科协、地级科协、全国学会、省级学会。

举办港澳台地区学术会议358次。其中高端前沿学术会议156次，占43.6%；综合交叉学术会议127次，占35.5%；学术服务会议75次，占20.9%。港澳台地区学术会议参加人数3.5万人次。其中企业科技工作者1.2万人次。交流论文9554篇，比上年增加30篇。

五、科技期刊

各级科协和两级学会主办科技期刊2531种，比去年减少139种，降低5.2%（图7）。其中各级科协主办443种，全国学会共主办1015种，省级学会共主办1073种。科技期刊总印数1.5亿册，增加0.2亿册，增长17%。其中各级科协主办科技期刊总印数3463.6万册，全国学会主办科技期刊总印数8670.0万册，省级学会主办科技期刊总印数2416.7万册。已实行开放存取的期刊899种，占科技期刊的35.5%。

2531种科技期刊包括中文学术期刊、科普期刊、技术期刊和英文学术期刊。其中中文学术期刊1480种，科普期刊556种，技术期刊335种，英文学术期刊160种。中文学术期刊总印数2989.2万册，科普期刊印数1.1亿册，技术期刊印数712.1万册，英文学术期刊印数70.5万册。

发表论文总数58.6万篇，比上年增加4.0万篇。其中英文期刊发表论文数1.7万篇，比上年增加0.1万篇。

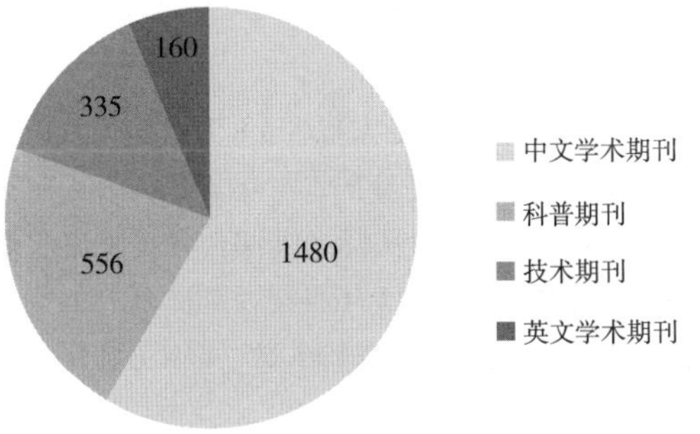

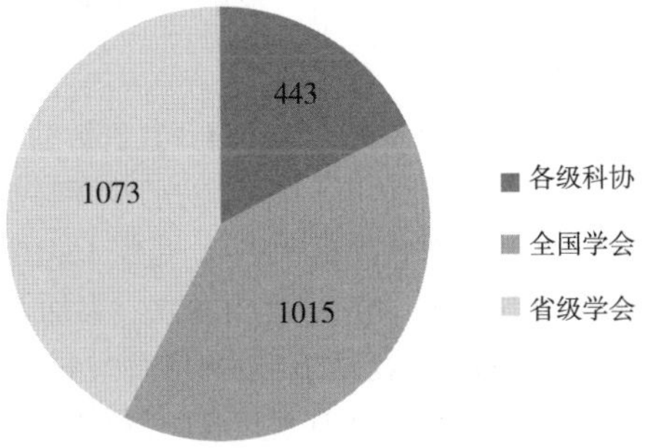

图7 各级科协和两级学会主办科技期刊种类及分布情况

六、科技开放与交流

各级科协和两级学会加入国际民间科技组织1423个，比上年增加262个。其中所属全国学会加入的组织486个，占34.2%；省级学会加入的组织555个，占39%。在国际民间科技组织中任职专家5218人，其中担任主席、副主席、执委或相当职务的高级别任职专家1721人，其他一般级别任职专家3497人。

参加国际科学计划329项，其中两级学会参加309项，占93.9%。参加国外、港澳台地区科技活动3.5万人次，比上年增加3238人次。接待国外、港澳台地区专家学者4.9万人次，比上年增加1.1万人次。促成双边合作交流项目1023个，减少374项。

中国科协推动建立海外人才离岸创业基地5个。其中江苏2个，天津1个，上海1个，四川1个。中国科协推动建立海智计划工作基地55个，省级科协推动建立的省级海智计划工作基地共90个。

七、科学技术普及活动

各级科协和两级学会举办科普宣讲活动40.0万次，比上年增加19651次，其中院士科普报告会5847次，专题展览62780次，流动科技馆巡展19766次，科技咨询15.5万次。科普宣讲活动受众人数6.2亿人次，比上年增加3.0亿人次，其中流动科技馆巡展受众人数6021.8万人次。举办实用技术培训25.4万次，减少1.7万次。接受培训人数3430.8万人次，增加252.8万人次。推广新技术新品种62995项。参加各类科普活动的科技人员476.6万人次，比上年增加69.5万人次，其中专家人数共46.2万人次；参加活动的学会、协会、研究会12.6万个次（图8）。

各类科普活动覆盖村40.6万个，其中科普日活动覆盖村6.8万个，科技周活动覆盖村6.8万个，日常科普活动覆盖村25.7万个。各类科普活动覆盖社区12.5万个，其中，科普日活动覆盖社区3.1万个，科技周活动覆盖社区3.3万个，日常科普活动覆盖社区5.7万个。

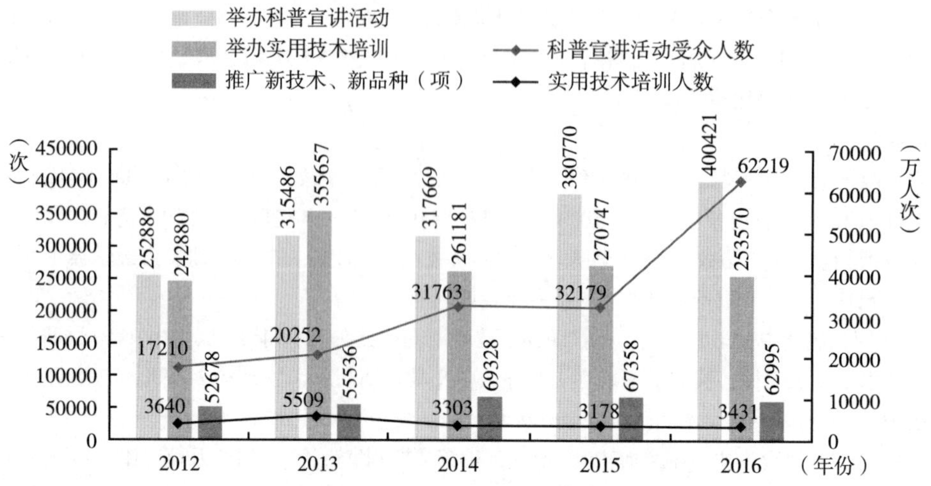

图 8　各级科协和两级学会科学技术普及活动情况

八、青少年科技教育

各级科协和两级学会举办青少年科普宣讲活动（图 9）38876 次，其中专家报告 1.8 万次，受众人数共 4693.0 万人次，比上年增加 1141.0 万人次。举办青少年科技竞赛 11906 项，参加竞赛的青少年 4484.4 万人次，获奖人数 158.3 万人次，比上年增加 32.3 万人次。组织 16410 人次青少年参加 374 次国际及港澳台科技交流活动，比上年增加 2016 人次。举办青少年科学营 2178 次，参加人数 30.1 万人次。编印青少年科技教育资料 1595 种，总印数达 686.0 万册。举办青少年科技教育活动和培训 27533 次，比上年增加 5417 次，培训人数 740.9 万人次，比上年增加 110.9 万人次。通过中学生英才计划共培养学生 3.1 万人。

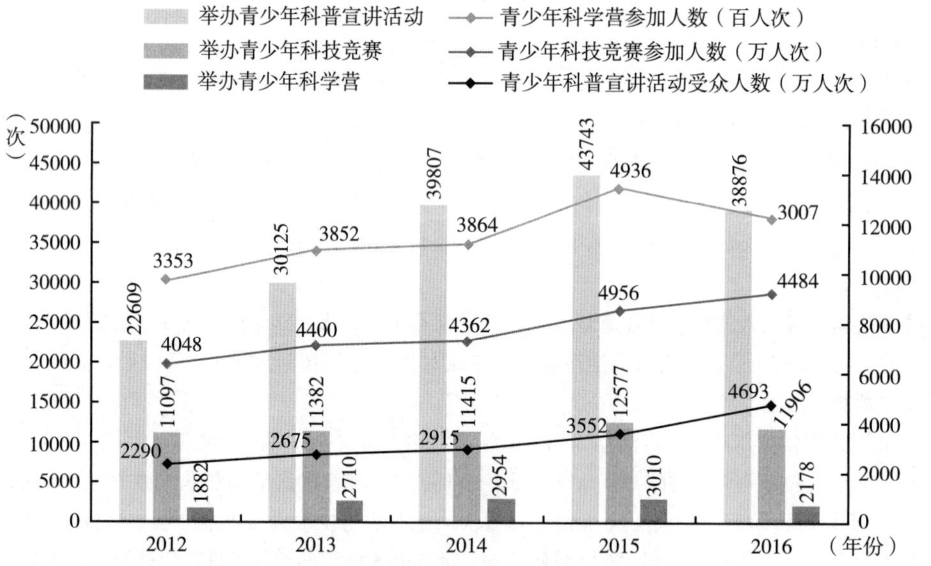

图 9　各级科协和两级学会开展青少年科技教育情况

九、科普基础设施建设

截至 2016 年年底，各级科协拥有所有权或使用权的科技馆 587 个（图 10），比上年增加 142 个。建筑面积达 313.8 万平方米，增加 55.7 万平方米；展厅面积达 154.7 万平方米，增加 31.7 万平方米，其中建筑面积 8000 平方米以上的 98 个，增加 22 个。已实行免费开放的科技馆 325 个，占 55.4%。科技馆全年接待参观人数 5786.7 万人次，增加 1568.7 万人次，其中少年儿童参观人数达 2883.3 万人次，增加 512.3 万人次。流动科技馆 581 个。农村中学

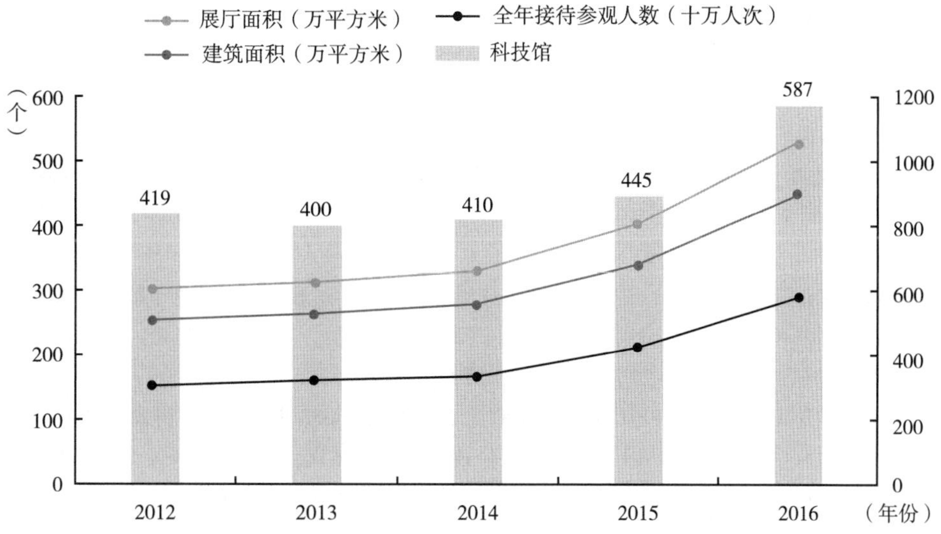

图 10　各级科协科技馆建设情况

科技馆 293 个[①]。科普活动站（中心、室）17 万个，与去年持平；全年参加活动（培训）人数 5305.5 万人次，增加 570.5 万人次。科普画廊建筑面积（宣传栏、宣传橱窗）290.4 万平方米，增加 14.4 万平方米，全年展示面积 522.4 万平方米，减少 110.6 万平方米。

截至 2016 年年底，中国科协配发给地方科协用于科普活动的大篷车 1345 辆。科普大篷车全年下乡次数 3.8 万次，比上年增加 1.2 万次。科普大篷车全年下乡行驶里程 980.1 万千米，比上年增加 337.8 万千米。受益人数 2867.8 万人次，比上年增加 499.8 万人次。

中国科协命名的全国科普教育基地 1080 个，全年参观人数达 1.6 亿人次，比上年增加 1036.2 万人次。省级科协命名的省级科普教育基地 4889 个，比上年增加 697 个，全年参观人数达 1.7 亿人次。各级科协命名的农村科普示范基地 39360 个，比上年增加 2006 个，其中省级科协命名 1442 个，副省级城市、省会城市命名 538 个，地级科协命名 8870 个，县级科协命名 28510 个。

各级科协命名的科普示范县（市、区）1686 个，其中中国科协命名 435 个，省级科协命名 712 个，副省级、省会城市科协命名 66 个，地级科协命名的 473 个。省级及以下科协命名的科普示范街道（乡镇）17617 个。其中省级科协命名 2175 个，副省级、省会城市科协命名 254 个，地级科协命名 3241 个，县级科协命名 11947 个。科普示范社区 77552 个，科普示范户 239.9 万个。

科普中国 e 站 11770 个（图 11），其中乡村 e 站 5967 个，社区 e 站 4557 个，校园 e 站 1246 个。

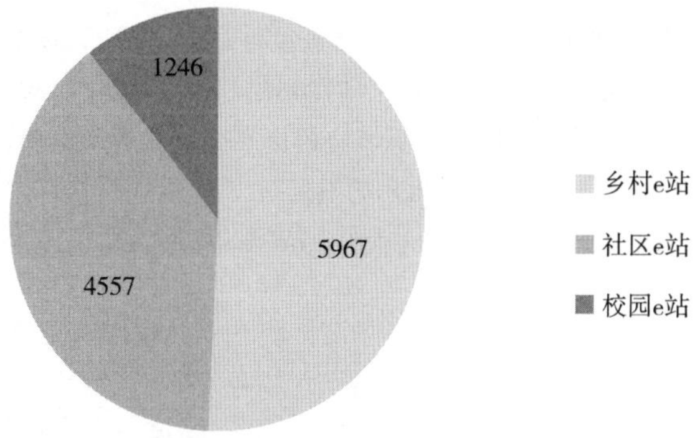

图 11　科普中国 e 站建设情况

① 农村中学科技馆特指由中国科技馆发展基金会统筹管理的农村中学科技馆。

中央财政和地方财政投入基层科普行动计划奖补资金 5.9 亿元，其中中央财政投入 4.0 亿元，地方财政投入 1.9 亿元。

各级科协会同财政部门表彰奖励 8918 个（人）有突出贡献的农村专业技术协会、农村科普示范基地、农村科普带头人、少数民族科普工作队等。其中基层科普行动计划奖补先进农村专业技术协会 2829 个，农村科普示范基地 2231 个，农村科普带头人 2460 个，少数民族科普工作队 48 个。其中，中国科协会同财政部表彰奖励 2411 个（人），占 27.0%。

十、科技传播

各级科协和两级学会编著科技图书 4831 种，比上年增加 506 种，增长 11.7%，总印数 2636.8 万册，增加 57.8 万册。主办科技报纸 239 种，增加 19 种，增长 8.6%，总印数 1.0 亿份，减少 0.15 亿份。制作科普挂图 9238 种，减少 1388 种，降低 13.1%，总印数 1757.7 万张，减少 310.3 万张。

制作科技广播影视节目 10934 套，比上年增加 4787 套，总时长 13058 小时。制作科普动漫作品 1800 套，比上年增加 1180 套，增长 1.9 倍，总时长 4610 小时。播放科技广播及影视节目 28.9 万小时，增加 6.5 万小时，其中电台电视台播放科技节目 14.1 万小时，增加 6.7 万小时。出品科普游戏 280 种（图 12）。

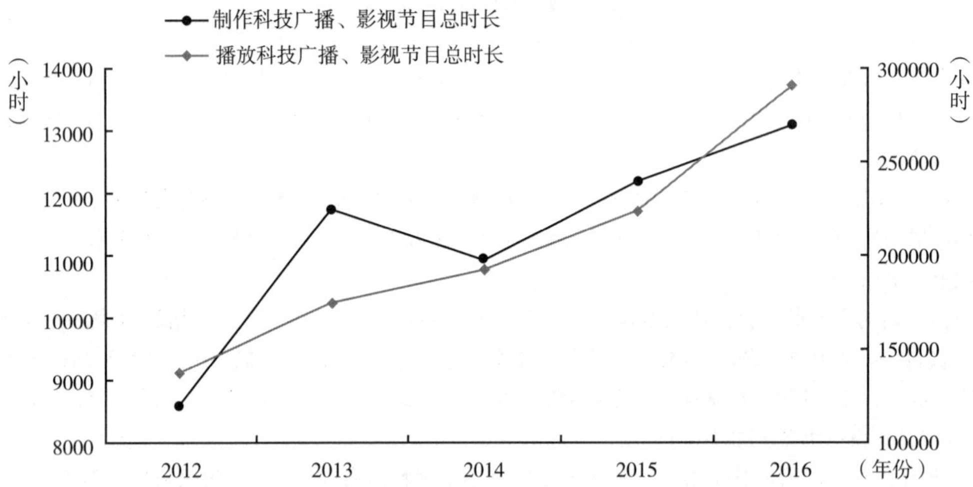

图 12　各级科协和两级学会科技广播、影视节目制作和播放情况

主办科技网站 2619 个，全年浏览量 28.0 亿人次，平均 106.9 万人次 / 个。主办科普网站 743 个，全年浏览量 42.7 亿人次，平均 574.5 万人次 / 个，其中科普中国全年浏览量 39.4 亿人次。主办科普 APP 128 个，主办科普手机报 314 个，主办科普微信公众号 1301 个，主办科普微博 418 个。开设科教栏目的电视台 282 家，广播电台 151 家。

十一、科技创新智库建设

中国科协建设全国科技工作者状况调查站点 504 个，省级科协建设省级科技工作者状况调查站点 351 个。

各级科协和两级学会举办决策咨询活动（图 13）7720 次，比上年增加 189 次，参与专家 5.7 万人次。开展科技评估 4162 项。组织参与立法咨询 274 次。组织政协科协界委员协商或调研活动 810 次。提供决策咨询报告 14405 篇，比上年增加 2510 篇，其中获上级领导批示的报告共 2781 篇。反映科技工作者建议 24686 条，其中获上级领导批示的建议 4547 条。答复人大、政协代表（委员）提案 857 件。发布智库品牌报告 176 份。组织政策解读活动 773 次。发布政策解读文章 752 篇。

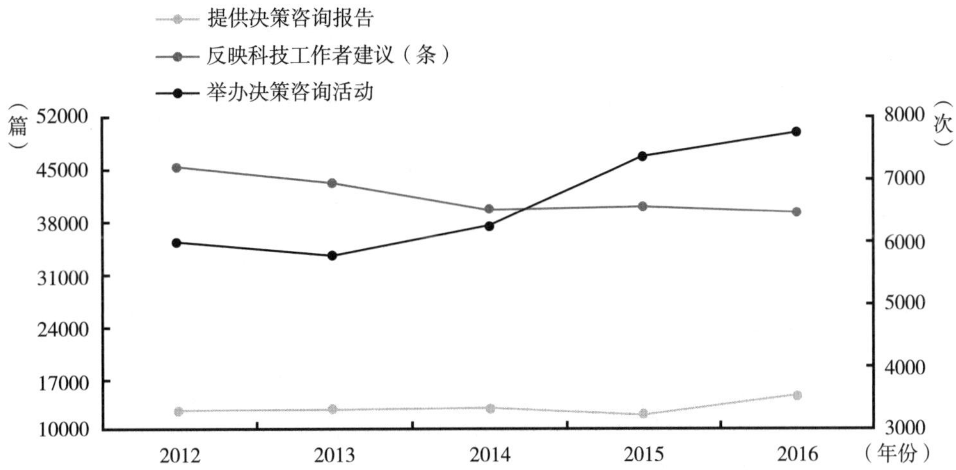

图 13　各级科协和两级学会开展决策咨询类活动情况

中国物理学会
参加第 47 届国际物理奥林匹克竞赛的 5 名中国选手全部获得金牌

中国光学学会
学会会士遴选委员会主任周炳琨为第二批会士代表颁发会士牌匾

中国气象学会
第 33 届中国气象学会年会

中国地质学会
第 35 届国际地质大会

中国地理学会
第 33 届国际地理大会

中国地球物理学会
地球物理推广试点单位
揭牌仪式

中国昆虫学会
第四届全国昆虫摄影比赛奖

中国微生物学会
2016 年中国微生物学会学术年会暨中国微生物学会第十一次全国会员代表大会

中国细胞生物学学会
2016 国际时间生物学夏令营

中国生态学学会
2016 第十届国际湿地大会

中国环境科学学会
2016 年学术年会

中国自然资源学会
2016 年学术年会

中国优选法统筹法与经济数学研究会
第十八届中国管理科学学术年会

中国岩石力学与工程学会
第八次全国会员代表大会第一次会议

中国系统工程学会
九届二次全国会员代表大会
暨第十九届学术年会

中国汽车工程学会
第八届国际汽车变速器及驱动技术研讨会

中国农业机械学会
2016 中国农业机械学会国际学术年会

中国电机工程学会
《中国电机工程学会专业发展报告（2015—2016）》《中国电机工程学会专题技术报告（2016）》《2016年电力新技术目录（电网部分）》3 项成果揭幕

中国电工技术学会
第 18 届国际电磁发射技术会议

中国水力发电工程学会
第八次全国会员代表大会

中国内燃机学会
第八次全国会员代表大会暨第九届学术年会

中国生物工程学会
Ho Nam Chang 教授向学会理事长高福颁发亚洲生物技术联合会主席证书

中国纺织工程学会
2016 中国纺织学术带头人颁奖仪式

中国印刷技术协会
2016 年中国技能大赛——第五届全国印刷行业职业技能大赛

中国材料研究学会
第七次全国会员代表大会

中国职业安全健康协会协会理事长王德学（左二）出席第二十六届中韩日职业卫生学术交流会

中国仿真学会
2016 互联网 + 时代的建模与仿真技术工程论坛

中国电影电视技术学会
2016 国际电影电视声音技术高端论坛

中国照明学会
海峡两岸第二十三届照明科技与营销研讨会

中国惯性技术学会
2016 年惯性技术与导航国际学术交流会

中国复合材料学会第七次会员代表大会向杜善义院士颁发荣誉理事长证书

中国图象图形学学会第十八届全国图象图形学学术会议

中国人工智能学会学会副理事长谭铁牛院士在 2016 中国人工智能大会致辞

中国遥感应用协会协会理事长罗格在北京参加京津冀天空地海一体化大数据应用联盟签约仪式

中国土壤学会第十三次全国会员代表大会

中国水产学会 2016'世界头足类渔业学术大会

中国园艺学会
第二届亚洲园艺大会

中国畜牧兽医学会第25届世界家禽大会开幕式上，中国科学院院士、学会原副事长吴常信入选世界家禽学会国际家禽名人堂

中国植物病理学会2016年学术年会暨第六届中美植物病理学学术研讨会

中国植物保护学会
2016 年学术年会暨植保科技奖颁奖大会开幕式上为植保科技奖一等奖获奖者颁发奖励证书

中国作物学会
第七届国际作物科学大会

中国热带作物学会
学会副理事长刘国道会见来访的国际热带薯类学会（ISTRC）Keith Tomlins 主席一行，并签署合作协议

中国蚕学会
第十次全国会员代表大会

中国水土保持学会
第五次全国会员代表大会

中国植物营养与肥料学会
第九次会员代表大会暨
2016 年学术年会

中华医学会
中华医学会与巴基斯坦医学会签署两会合作备忘录共建“中巴医学走廊”

中华中医药学会
春播行动高峰论坛

中国药学会
2016 年中国药学大会暨第十六届中国药师周为第十一届中国药学会科学技术奖一等奖获得者颁奖

中华护理学会
金砖五国护理合作备忘录签约仪式

中国生理学会
2016 年国际生理学学术大会

中国病理生理学会
血液肿瘤生物学和靶向治疗学组学术会议暨上海国际淋巴瘤高峰论坛

中国营养学会
第二届全民营养周启动仪式

中国针灸学会
第六次全国会员代表大会暨
第六届科学技术奖颁奖大会

中国防痨协会
2016 年全国学术大会

中国抗癌协会
第九届中国肿瘤学术大会

中华预防医学会
2016 年中国慢性病大会

中华口腔医学会
第五届全国会员代表大会

中国医学救援学会
中国·国际第 14 届现代救援医学论坛

中国女医师协会
中国最美女医师颁奖典礼

中国未来研究会
第十三届中国科学家论坛

中国城市科学研究会
第六次全国会员代表大会

中国农村专业技术协会
第23届中国杨凌农业高新科技成果博览会科普惠农兴村计划专题展

中国工业设计协会
2016世界工业设计大会暨2016年中国优秀工业设计奖颁奖典礼

中国自然科学博物馆协会
中国自然科学博物馆协会2016年年会暨全国科技馆发展论坛

中国可持续发展研究会
第五次会员代表大会

中国青少年科技辅导员协会
2016 STEM 教育国际论坛

中国流行色协会
第三届亚洲颜色学术会议（ACA 2016）

中国国土经济学会
第五次全国会员代表大会

中国土地学会
第七次全国会员代表大会

中国老科学技术工作者协会
2016年度中国老科学技术工作者协会表彰报告会

中国城市规划学会
第五届全国会员代表大会

中国产学研合作促进会
第十届中国产学研合作创新大会暨2016中国浙江网上技术市场活动周

中国知识产权研究会
“一带一路”暨拉美有关国家或地区知识产权环境报告发布会

中国生物材料学会
加拿大蒙特利尔 + 国际生物材料科学与工程学会联合会为“Fellow”获得者颁发荣誉证书

中国生物多样性保护与绿色发展基金会
2016 硅谷高科技创新创业高峰会（北京）

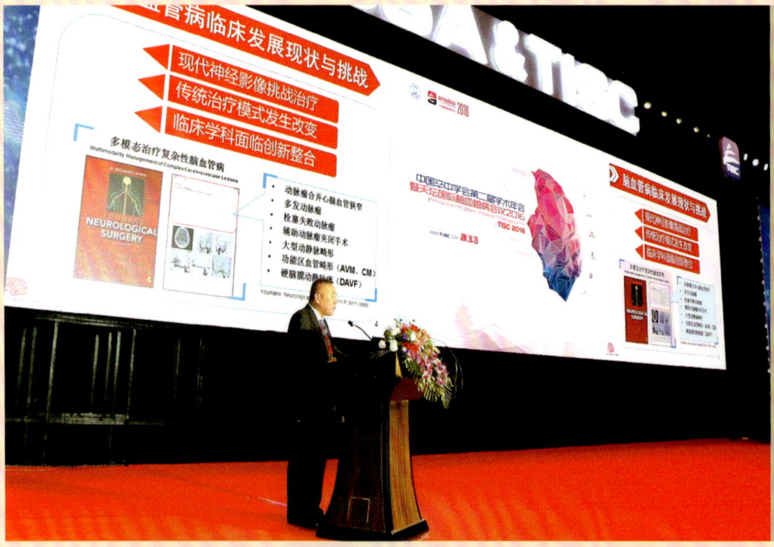

中国卒中学会第二届学术年会主题学术报告

国际粉体检测与控制联合会第四届国际粉体检测与控制联合会理事会议

国际数字地球学会国际科联国际科技数据委员会主席、学会秘书长郭华东与非洲环境遥感协会主席 Olajide Kufoniyi 签署谅解备忘录

全国学会、协会、研究会（含受委托管理的学会）简况

中国数学会

服务创新型国家和社会建设 2016年7月，学会向中国科协申请的“一带一路”丝路数学中心项目获得批准。12月10日，中国数学会丝路数学中心第一次会议正式启动。学会副理事长、国际交流工作委员会主任高小山，学会秘书长陈大岳、副秘书长陈亦飞，土耳其数学会理事长 Atilla Askar，菲律宾数学会前任理事长 Jose Maria Balmaceda、现任理事长 Marian Roque，格鲁吉亚数学会理事长 Rolandi Duduchava，尼泊尔数学会理事长 Tanka Nath Dhamala，莫斯科数学会理事会委员、俄罗斯科学院通讯院士 Alexander Gayfullin，新加坡数学会理事长 San Ling，波兰数学会理事长 Waclaw Marzantowicz，圣彼得堡数学会理事会委员、俄罗斯科学院通讯院士 Maxim Vsemirnov 出席。会议由陈大岳主持。会议确定了丝路数学中心的目标、组织机构、学术活动形式，确定了丝路数学中心的首次学术活动计划。

学会建设 2016年，学会召开1次学术年会，2次正副理事长、秘书长会议，2次常务理事会会议和1次理事会会议，会议讨论制定了《中国数学会分支机构管理办法》；全面改版学会网站，开通网上会员登记工作；推选中国科协第九次全国代表大会代表及委员；同意学会均匀设计分会及计算机数学分会换届申请；批准数理逻辑专业委员会成立；同意《数学进展》（中文版）编委会换届。

学术期刊 学会主办的期刊共9种，另有一本内部刊物《中国数学会通讯》。其中学术期刊7种，普及性期刊2种，科普性期刊1种。中文学术期刊目前都是国内的核心期刊，英文期刊都被SCI收录，其中《数学学报》（英文版）、《应用数学学报》等刊多次获得中国科协的精品期刊A类和B类的项目支持。

《数学学报》（英文版）2016年度共收稿656篇，数量与往年持平。稿件审稿周期约为7个月，出版周期约为15个月，出版12期（1556页），刊出116篇文章。

国际学术会议 2016年，学会召开4次国际会议，参会人数2000余人次，举办学术报告200余场。

5月20—22日，由学会非线性泛函分析专业委员会主办，华中师范大学数学与统计学学院、武汉理工大学理学院共同承办的非线性分析国际会议暨第十九届全国非线性泛函分析会议在湖北省武汉市召开。来自中国、美国、澳大利亚、芬兰等国内外80多所高校及学术研究机构的非线性泛函分析领域的510名专家、学者、研究生参加了为期3天的学术交流。学会非线性泛函分析专业委员会主任、会议学术委员会主席龙以明院士，华中师范大学党委副书记覃红，武汉理工大学副校长陈文出席开幕式。非线性泛函分析领域的著名专家李树杰、刘嘉荃等参加会议。

会议安排了9场本领域知名学者的大会特邀报告、近60场以青年学者为主的分组报告，内容涵盖非线性泛函分析及其在各个相关数学领域的应用。

6月27—29日，由中国科学院数学与系统科学研究院主办的现代优化与应用国际研讨会在北京举行，来自中国、美国、德国、英国的国内外专家、学者近200人出席会议。中国科学院数学与系统科学研究院副院长高小山致开幕词，中国科学院院士袁亚湘、徐宗本出席开幕式。

研讨会的报告内容包括现代优化技术及其在工程、工业及管理领域的创新应用。研讨会期间，与会者就相关领域的最新研究进展及国际前沿课题进行了学术交流。除大会报告外，还安排了墙报展示并开展了现代优化与应用暑期课程。

国内主要学术会议 2016年，学会及专业委员会召开学术年会8次，参会人数3000余人，组织学术报告600余场。

7月17—21日，学会生物数学分会第八届学术年会在江苏省扬州市举行。会议由学会生物数学分会主办、扬州大学承办，来自中国科学院数学与系统科学研究院、北京大学、清华大学、同济大学以及美国 The Ohio State University、Arizona State University，加拿大 York University，澳大利亚 University of New England 等国内外180余家科研院所与高校的700余名专家、学者出席会议。

会议安排大会报告8场、邀请报告26场、小组报告83场。会议报告内容集中于当前生物数学的重要研究领域：种群生态学、传染病动力学、生物统计、生物信息、计算生物学、农林生物数学、医药生物数学、生物医学工程与图像处理、环境、气候与应用气象等。

8月14—17日，第七届全国组合数学与图论大会在河北省石家庄市召开。会议由学会组合数学与图论专业委员会主办，来自国内外250余所高校、科研机构的近700名专家、学者、研究生参加会议。

会议期间，天津大学应用数学中心主任、南开大学组合数学中心主任、中国科学院院士陈永川，北京大学教授宗传明，福州大学副校长范更华，新疆大学教授孟吉翔，大连理工大学教授王毅，北京交通大学教授常彦勋，中国科学技术大学教授马杰等分别作大会报告。4个分会场进行了24场特邀报告及100余场小组报告。报告内容涉及结构图论、随机图论、代数图论、化学图论、组合设计、组合优化、组合计数、组合矩阵、离散几何、复杂网络、网络优化、代数组合论与应用图论等众多领域。

两岸交流 8月11—13日，由学会概率统计学会主办的第十届海峡两岸统计与概率研讨会在四川省成都市举行。200余名专家、学者参加会议。会议收到183篇论文，并按议题分为45个分组会场。分组报告所涉及的议题包括概率论与数理统计经典理论与方法的扩展，近年来统计学的热点问题，统计学在金融、环境、生物、社会学等诸多热点领域的研究与应用。

国际交往 中国、日本、韩国、东南亚数学会拟筹建亚洲数学联盟。4月1日，学会副理事长田刚赴日本京都讨论筹建事宜。5月7—8日，中国、日本、韩国、印度和东南亚数学会代表在北京就亚洲数学联盟筹备工作进行第二轮会议，经过两天的讨论，大致形成了亚洲数学联盟的章程。

7月25—29日，亚洲数学会议在印尼巴厘岛举行，来自国内外的600名专家、学者参加会议。学会副理事长田刚代表学会参加亚洲数学联盟论坛的对话活动。来自世界著名高校、院所的9位数学家，包括菲尔兹奖得主Martin Hairer和中国科学院数学与系统科学研究院研究员、中国科学院院士周向宇作大会报告。会议报告分为10个主题。

会议期间，学会在会场设置了展台，由学会副秘书长陈亦飞讲解，介绍了学会的情况。

科普活动 4月30日，第四届全国数学科普论坛在上海市举行。会议的主题为“大数据时代的数学”。论坛由上海大学、上海市静安区教育局主办，上海市新中高级中学、上海大学数学科学实践工作站、上海科普教育促进中心等共同承办，学会与中国运筹学会、上海市数学会、上海数学中心协办。

中国科学院院士林群、李大潜、袁亚湘，清华大学教授冯克勤，北京航空航天大学教授李尚志，中国运筹学会理事会理事长胡晓东，上海大学副校长丛玉豪，上海市教委，科普教育促进中心，静安区区政府，教育局，部分中学及大学师生500多人参加了论坛。

开幕式后，中国科学院院士李大潜、袁亚湘、林群，清华大学教授冯克勤，北京航空航天大学教授李尚志，中国运筹学会理事长胡晓东分别作科普报告。

3月中旬，2016年国际数学奥林匹克国家队集训选拔工作在湖南省长沙市举行。第57届国际数学奥林匹克于2016年7月中旬在香港特别行政区举行，中国队获得团体总分第三名，获得4金2银。

9月，在全国举行了2016年高中数学联赛，31个赛区约7万名中学生参加。经过复评，确定2016年全国高中数学联赛赛区一等奖名单1550名，确定2016年全国中学生数学冬令营营员名单350名。

11月21—25日，第32届中国数学奥林匹克在湖南省长沙市举行。来自国内外的35个代表队，共369名中学生参加了赛事。经过比赛，112名学生获得一等奖、124名学生获得二等奖、109名学生获得三等奖。成绩前60名的同学组成国家集训队。

表彰举荐优秀科技工作者 经学会推荐，上海交通大学教授王维克获得第七届“全国优秀科技工作者”称号，中国科学院数学与系统科学研究院研究员孙斌勇获得2016年中国优秀科技人才奖，上海交通大学教授范金燕荣获第十三届中国女青年科学家奖。

党建强会 为贯彻落实《中国科协关于加强科技社团党建工作的若干意见》和中国科协学会党建工作会议精神，学会于11月成立了理事会层面的功能型党支部，经中国数学会理事中86名党员投票通过，学会理事长袁亚湘担任支部书记。

【中国数学会2016年学术年会】 9月23—25日，中国数学会2016年学术年会在内蒙古自治区呼和浩特市举行。会议由学会主办，内蒙古大学数学科学学院与内蒙古数学学会承办。学会理事、各高校与科研单位专家、学者近500人出席会议。

开幕式于9月24日上午举行，学会秘书长陈大岳主持开幕式。中国科协副主席、学会理事长袁亚湘，中国科学院院士石钟慈、张伟平，学会前任理事长文兰，学会副理事长田刚，中国科学院院士陈恕行，中国工业与应用数学学会理事长张平文，内蒙古教育厅副厅长张亚民，内蒙古大学校长陈国庆出席会议。

袁亚湘致开幕词。他表示，学会最重要的工作之一就是开展学术活动，学会在学术年会建设方面花费了大量的精力。今后中国数学会将继续努力，把年会打造成有影响力、有品牌效应的年会。在学术交流方面，学会学术交流工作委员会在举荐人才、推荐会议报告人方面做了很多工作。向国际数学联盟推荐2018年国际数学家大会邀请报告人，组织推荐学会2016年学术年会大会报告人及分组报告人等。

袁亚湘表示，在学会建设方面，学会取得了一定的成绩，包括学会的个人会员网上登记工作，会员的管理和组织逐渐与国际接轨。学会将配合政府职能转移方面做更多的工作，在我国科技舞台上发挥越来越大的作用。

开幕式后，中国科学院院士张平文、张伟平，南开大学教授尤建功作大会报告《欧拉示性数漫谈》《计算与预测》、*Dry Ten Martini Problem*。

会议期间，就代数与数论、几何与拓扑、分析数学、计算数学、概率和统计、运筹与控制6个学科进行分组报告，95位报告人作报告。

会议期间，召开了学会正副理事长秘书长会议、中国数学会十二届三次常务理事会会议和中国数学会十二届二次理事会会议。

（撰稿人：武建丽）

中国物理学会

学会建设　2016年，学会组织召开了3次常务理事会议，审议并通过《个人会员管理条例》的修改意见。学会所属波谱专业委员会、电子显微镜分会、发光分会、核物理分会、粒子加速器分会、引力与相对论天体物理分会和质谱分会分别进行了换届改选。2016年，学会发展个人会员304人。

科技期刊国际影响力提升计划　2016年，学会主办期刊*Chinese Physics B*获得2016—2018年度中国科技期刊国际影响力提升计划A类项目资助，*Chinese Physics C*获得B类资助，*Communications in Theoretical Physics*和*Chinese Physics Letters*获得C类资助。

学术期刊　学会主办的科技期刊共11种。2016年，《物理学报》《物理》和《大学物理》分别获得中国科协精品期刊工程学术质量提升、期刊集群（联盟）建设和期刊出版人才培育项目资助。

2016年，*Chinese Physics B*、*Chinese Physics C*、*Chinese Physics Letters*和《物理学报》分别评出最有影响力论文19篇。

3月，学会出版委员会主任吕力与英国物理学会出版集团（IOPP）总监Jamie Hutchins在美国巴尔的摩市会面，并续签了2016—2020年度*Chinese Physics B*、*Chinese Physics Letters*与IOPP的合作协议。

2016年，*Chinese Physics C*编委会进行了换届。

国际学术会议　2016年，学会及其分支机构共组织召开各类学术会议20次。例如，组织外场调控下的化学反应——纳米等离激元光子学和纳米光谱国际研讨会、第五届液晶光子学国际讨论会、2016年强关联电子体系国际会议、第十届西湖国际研讨会暨第12届亚太等离子体理论会议、2016年国际电子束离子阱和先进光源物理学会议、第七届冷原子物理国际学术研讨会、第二届二维材料器件与应用国际会议、非均质多元相平衡国际研讨会、第33届国际半导体物理学术会议（ICPS-33）、第三届国际TeV实验物理暑期学校、希格斯物理和超出标准模型物理国际研讨会、2016年兰州固体核磁共振技术国际研讨会、第12届亚洲原子分子物理国际会议、第13届中日双边先进能源系统和聚变裂变工程材料会议、第20届先进显示材料与器件国际会议、散裂中子源第八次国际评审会、第十届亚太同步辐射论坛、第四届激光与物质相互作用国际会议等。

1月22—24日，学会在北京承办第32次亚太物理学会协会（AAPPS）理事会议、第54次AAPPS Bulletin编委会议和首届亚太地区物理期刊主编峰会。AAPPS主席、理事，AAPPS Bulletin编委等30余人参会。AAPPS副主席龙桂鲁，理事朱星、金奎娟，前理事吴令安，Bulletin编委王青，学会出版委员会主任吕力等参加会议。学会副理事长龚旗煌院士、常务理事薛其坤院士出席会议并致辞。

国内主要学术会议　2016年，学会及其分支机构召开各类国内学术会议77次。

9月1—4日，由北京工业大学承办的中国物理学会2016年秋季学术会议在北京举行。来自全国近2750名专家、学者出席会议。会议收录论文1523篇，安排了4个大会报告、361个分会报告、414个口头报告和748个张贴报告。会议邀请诺贝尔物理学奖得主Shuji Nakamura教授作公众报告。

国际组织任职　经学会推荐，17位学者在国际纯粹与应用物理联合会（IUPAP）执委会及专业委员会中任职。其中，执委会副主席1人、专业委员会主任2人、副主任2人、秘书1人、委员11人。

经学会推荐的3位学者继续在第八届AAPPS理事会任职。其中，副主席1人、理事2人。

12月4—8日，第九届AAPPS全体大会暨第13届亚太物理学术会议（APPC13）在澳大利亚布里斯班举行。500余名专家、学者、学生参会。大会选举产生新一届理事会，龙桂鲁当选第九届AAPPS主席，朱星、金奎娟连任理事。薛其坤作大会邀请报告。吴令安、龙桂鲁、金奎娟等作分会邀请报告。中国科学院物理研究所陆凌与澳大利亚Doherty、日本Sasagawa共同获得了本届“杨振宁奖”。

国际交往 2016年，学会与美国物理学会（APS）、英国物理学会（IOP）分别开展了交流活动。

2月21日，学会理事长詹文龙一行在英国伦敦与IOP首席执行官Paul Hardaker、出版总监Jamie Hutchins、国际部主任Tajinder Panesor等会面并交谈。

3月16日，由APS发起的第五届中美物理学会负责人早餐会，在美国巴尔的摩与APS春季会议同期举行。中美两国物理学会负责人以及中国部分主要物理科研机构负责人等约20人参加了会议。双方就期刊出版、女物理工作者宣传，以及人才交流等议题展开讨论。

8月31日，中英物理学会高层人员座谈会在北京举行。IOP首席执行官Paul Hardaker、出版总监Jamie Hutchins，中国物理学会理事长詹文龙、前理事长杨国桢、出版委员会主任吕力等10余人出席会议。双方就期刊出版、会员组成与服务、与工业界的联系沟通、物理竞赛和培训、奖项设置、女物理工作者等议题交换意见。

9月12日，学会秘书长方忠、出版委员会主任吕力、女物理工作者委员会主任金奎娟等在北京会见APS当选主席Laura H. Greene。双方就共同关心的议题交换了意见。

科普活动 2016年，学会及其分支机构开展了科学普及和科普宣传活动，举办了“公众科学日”、科普展览、科普报告会等。

9月25—28日，第四届中国物理学会女科学家巡回报告会在云南省举办。参加本届报告会的专家、学者共有15位，全部是中国物理学会女物理工作者委员会委员。她们是中国科学院物理研究所研究员金奎娟、吴令安、曹则贤、厚美瑛，北京工业大学教授隋曼龄，南京大学教授彭茹雯，清华大学教授李群庆，复旦大学教授刘韡韬，四川大学教授张红，贵州大学教授胡林，北京应用物理与计算数学研究所研究员刘海风，昆明物理研究所研究员史衍丽等。专家、学者们分别在昆明学院、云南大学附属中学、云南大学、云南师范大学、楚雄师范学院和大理大学举办了22场学术报告会。

10月16日，学会科普工作委员会在北京举办了院士科普报告会。薛其坤院士应邀为60余位来自全国各地的中学物理教师代表作了题为“神奇的量子世界”的报告。

10月21日，学会会刊——《物理》编辑部在北京举办了水基本物理问题高层科普论坛。7位从事水科学研究的专家应邀作主题报告，并与50余位来自不同领域的科学家和对水科学有兴趣的科研人员共同探讨水科学的研究进展。来自北京各高校及科研院所的200余人参加论坛。

11月15日，学会副秘书长谷冬梅、中国科学院物理所研究员曹则贤应邀赴江苏省无锡市参加了自然科学实验中心的揭幕典礼。曹则贤为300余名学生作了题为“科学是怎样做出来的”科普报告。

表彰举荐优秀科技工作者 经学会推荐，中国科学院高能物理研究所研究员赵强入选2015年科技部中青年科技创新领军人才；中国科学院物理所研究员方忠入选“2016年全国杰出科技人才”；山东大学教授梁作堂获得第七届“全国优秀科技工作者”称号；复旦大学教授张远波、中国科学院物理所研究员胡勇胜获得第十四届中国青年科技奖；张远波同时获得“中国优秀青年科技人才”称号；清华大学教授王亚愚、北京大学教授刘运全、中国科学院高能物理所研究员苑长征入选第二批国家“万人计划”科技创新领军人才；中国科学院物理所研究员曹则贤入选2016年度“十大科学传播人物”。

【中国物理学会2016年秋季学术会议】 9月1—4日，中国物理学会2016年秋季学术会议在北京举行。来自全国各地的近2750名专家、学者、学生参加会议。中国科技大学教授陈仙辉、清华大学教授高原宁、美国耶鲁大学教授曹蕙、中国科技大学教授卢征天应邀作大会邀请报告。诺贝尔物理学奖获得者、美国加州大学圣巴巴拉分校Shuji Nakamura教授应邀作了题为“高效蓝光LED的发明及未来固态发光展望”的公众报告。大会设粒子物理、场论与宇宙学，核物理与加速器物理，原子分子物理，光物理，等离子体物理，纳米与介观物理，表面与低维物理，半导体物理，强关联与超导物理，磁学，软凝聚态物理与生物物理等 19 个专题进行分组交流。大会安排 361 个分会报告、414 个口头报告、748 个张贴报告，组织评出优秀海报奖 82 篇。

与秋季会议同期召开的，还有物理学院（系）院长（主任）联谊会、女物理工作者圆桌讨论会、秋季会议组委会会议等。本届会议由北京工业大学承办。

【第 33 届国际半导体物理大会】 7 月 31 日—8 月 5 日，第 33 届国际半导体物理大会在北京举行。来自 35 个国家的 1200 余名专家、学者参加会议。该会议是国际纯粹与应用物理联合会（IUPAP）的系列会议，也是半导体物理学领域最具权威性和国际影响力的会议。北京大学校长林建华、中国科学院院长白春礼、国家自然科学基金委主任杨卫、国际纯粹与应用物理联合会半导体物理专业委员会（C8）主任 Michael Thewalt 教授出席开幕式并致辞。

会议主题涵盖了半导体物理和凝聚态物理领域的各个研究方向，会议安排了 11 场大会报告、72 个邀请报告、287 个口头报告和 792 个张贴报告。会议同期还举办了诺贝尔论坛，诺贝尔物理学奖获得者 Klaus von Klitzing 教授、Hiroshi Amano 教授、Shuji Nakamura 教授作主题报告。

本届大会由学会等相关部门共同申办，北京大学主办。

（撰稿人：谷冬梅）

中国力学学会

服务创新型国家和社会建设 学会先后与河北省保定市科协、河南省焦作市科协以及南京市高淳区政府联系，协调学会产学研工作委员会、计算力学专业委员会和实验力学专业委员会组织专家到地方调研和开展技术培训，进行专家咨询和技术对接，与地方政府部门签署创新驱动助力工程合作协议 1 份，组织专家举办技术培训班 3 次，为地方企业培训技术骨干超过 200 人次。

9 月，学会固体力学专业委员会生物材料与仿生专业组在江苏省南京市承办工信部“一带一路”仿生学技术研讨会。会议介绍了生物力学与仿生方面的研究成果。来自新加坡、老挝、菲律宾、越南等东南亚国家的专家、学者介绍了各自国家的相关研究，并表达了加强交流与合作的愿望。

10 月 20—22 日，学会在广东省深圳市召开第四届全国工业等离子体会议，针对工业等离子体技术（如刻蚀技术、薄膜沉积技术、材料表面处理技术等）在能源、平板显示、光学镀膜、医疗、新材料等产业中的应用，促进科研人员与企业界人士的交流与合作。

2016 年，学会运作北京国际力学中心，参与学术活动的国内外学者超过 1000 人次。北京国际力学中心新设立“力学大师学术讲座计划”，邀请国际著名力学专家来华作学术报告。

学会建设 学会加强分支机构管理，对《中国力学学会专业委员会、工作委员会、编委会管理规定》进行了第四次修订，增加了对分支机构财务管理的内容。学会严格审批分支机构活动申请，鼓励分支机构主动开展活动，90% 的分支机构按时提交了工作总结。学会常务理事会批准成立女力学科技工作者委员会。

学会秘书处对岗位级别和薪酬体系进行细化，制定《岗位职级管理制度》《年终考核评估办法》《实习人员管理办法》等管理办法，组织开展年终绩效考核和岗位竞聘工作。

科技期刊国际影响力提升计划 *Applied Mathematics and Mechanics* 和 *Theoretical and Applied Mechanics Letters*（TAML）获得第二期“中国科技期刊国际影响力提升计划”支持。

TAML 突出“新、快、短”的建刊特色，2016 年，在稿源质量、扩大宣传、提升期刊运营国际平台以及提高国际学术影响力等方面都取得了进展，被 Research Gate 和 DOAJ 数据库新增收录。针对重点学科热点组织“柔性电子学中的力学问题”“光测实验力学”“航空航天”专题文章。加强期刊海外宣传，在希腊举办的第 17 届国际实验力学会议、在韩国举办的第 12 届国际计算力学会议和在加拿大举办的第 24 届世界力学家大会上集中进行期刊宣传和约稿。

学术期刊 2016 年，学会继续推动所属期刊集群化发展，申请获得中国科技期刊主编（社长）沙龙项目资助。12 月 9 日，在北京举办主题为“协同创新——提升科技期刊学术服务能力”的沙龙活动，邀请期刊主编（社长）就选取科技期刊共同关注的热点问题进行交流和探讨。

《力学学报》在加拿大蒙特利尔召开 2016 年度第

二次全体编委工作会议，这是《力学学报》首次在国外召开编委会，较好地显示了《力学学报》国际化建设与发展的能力。

《力学学报》继续获得“中国科协精品科技期刊TOP50项目”资助,《力学进展》《工程力学》《岩土工程学报》继续获得“中国科协精品科技期刊工程——学术质量提升项目”资助，*Acta Mechanica Sinica*、*Acta Mechanica Solida Sinica*、*Plasma Science and Technology* 获得“2016中国最具国际影响力学术期刊”称号，*Theoretical And Applied Mechanics Letters*、《力学进展》《工程力学》《岩土工程学报》获得“2016中国国际影响力优秀学术期刊”,《工程力学》获得“百种中国杰出学术期刊”，*Acta Mechanica Sinica*、*Theoretical And Applied Mechanics Letters*、《力学学报》《力学进展》和《力学与实践》五刊联合编辑部获得中国科学院期刊整合试点项目奖励,《力学学报》获得“2016期刊数字影响力100强”称号，*Applied Mathematics and Mechanics* 荣获“2016年度中国高校杰出科技期刊”,《计算力学学报》获得“2016年度中国高校优秀科技期刊”。

国际学术会议 2016年，学会及所属分支机构举办国际会议21次，参会人数2903人次。其中，国外专家、学者近531人次，交流论文近1460篇。

3月17—18日，国际理论与应用力学联合会（IUTAM）主办，浙江大学承办的国际理论与应用力学联盟可延展柔性电子器件力学专题研讨会在浙江省杭州市召开。浙江大学教授宋吉舟担任会议主席。16名国内外知名专家参会并作邀请报告。与会专家、学者围绕柔性电子主题进行了交流。

5月19—22日，由学会主办的第十三届亚太等离子体科学与技术国际会议在上海市举行。200余名专家、学者参加会议。东华大学教授张菁担任会议主席。会议交流报告177篇，内容涉及等离子体源及其表征、等离子体物理、等离子体应用等议题。

5月23—27日，由学会主办的国际理论与应用力学联盟纳尺度物理力学专题研讨会在江苏省南京市举行。近百名专家、学者和科研人员参加会议。南京航空航天大学教授郭万林担任大会主席。会议交流大会报告、邀请报告、青年邀请报告37篇。会议内容涉及纳米材料的力学性质、纳米器件和生物系统中的物理力学问题等5个方面。

8月4—8日，由学会主办的第6届中美生物医学工程暨海内外生物力学学术研讨会在上海市召开。上海交通大学教授姜宗来、齐颖新共同担任中方会议主席。450余名专家、学者参会。交流大会报告13篇，录用论文摘要120篇。会议期间召开青年学者圆桌讨论会。

8月11—12日，由学会主办的第三届数字岩心分析技术国际研讨会在中国石油大学举行。中国石油大学（华东）教授姚军担任大会主席。会议安排19场学术报告、两次Poster展示，围绕数字岩心相关理论技术与应用前景展开了研讨与交流。

10月5—9日，高雷诺数湍流国际研讨会在甘肃省兰州市召开。西安电子科技大学校长郑晓静和澳大利亚墨尔本大学Ivan Marusic院士共同担任会议主席。18名国内外著名学者及50余名师生参会。论坛主题为“高雷诺数湍流以及颗粒—湍流相互作用”。

10月17—20日，由学会主办的国际理论与应用力学联盟风暴潮预报模型专题研讨会在上海市举行。40余名专家、学者参加会议。会议安排25篇特邀报告，内容围绕风暴潮成灾机理和减灾防灾预报需求，从理论模型、数值模拟、现场观测和实验等不同研究方法展示了当前风暴潮预报模型的最新研究进展。

国内主要学术会议 2016年，学会及所属分支机构举办国内会议50次，累计参会人数8883人次，交流论文5184篇。

6月5—9日，由学会主办的第11届全国爆轰学术会议暨凝聚炸药的爆轰及应用专题研讨会在云南省玉溪市召开。120余名专家、学者参会。会议内容围绕爆轰技术和凝聚炸药主题，涉及爆轰发展趋势与前沿、炸药安全性机理、爆轰诊断技术等。

7月20—23日，由学会主办的第十七届全国激波与激波管学术会议在四川省成都市召开。138名专家、学者参会。会议内容涉及高超声速进排气流动研究与设计、高焓与超高速地面试验设备和试验技术、超燃冲压发动机和斜爆轰发动机技术等。会议首次开展了优秀学生论文奖评选活动，评选出7篇优秀学生论文。

7月29—31日，由学会主办的极端环境实验力学新技术、新方法2016年全国研讨会在甘肃省兰州市召开。参会专家、学者70余人。会议主题为“极端环境实验力学新技术、新方法”。

7月31日—8月3日，由学会主办的航天工程动力学前沿问题暑期研讨会在黑龙江省哈尔滨市召开。35 名专家、学者参会。会议围绕多体系统动力学与航天动力学与控制当前的发展现状与趋势、航天工程领域“十三五”规划中的动力学与控制关键问题展开讨论。

8 月 7—9 日，由学会主办的 2016 年固体力学的挑战与发展研讨会暨固体力学专业委员会年度会议在陕西省延安市召开。60 余名专家、学者参会。会议直面固体力学面临的挑战，研讨固体力学的本质科学问题，拓展新的研究生长点，提高结合工程开展研究和解决工程问题的能力。

8 月 11—12 日，学会在吉林省长春市举办第 12 届中国 CAE 工程分析技术年会。年会以“智能仿真助力智能制造”为主题，300 余名航空、航天、汽车、机械、船舶、兵器、电子、土木工程、教育等行业的专家、学者参加会议。

8 月 11—12 日，由学会主办的第七届固体力学青年学者学术研讨会在黑龙江省哈尔滨市召开。大连理工大学教授郭旭、哈尔滨工业大学教授梁军担任会议主席。70 余名专家、学者参会。会议围绕固体力学与航空航天、机械、土木、纳米、生命和信息等新兴领域的交叉所面临的挑战和机遇，通过固体力学发展所提出新的共性问题等进行了交流。

8 月 16—19 日，由学会主办的第九届全国爆炸力学实验技术学术会议在四川省西昌市召开。150 余名专家、学者参会。会议内容涉及爆炸与冲击动力学实验技术、材料与结构动态响应及损伤演化研究、材料本构关系与物态方程等。

8 月 26—28 日，由学会主办的第十五届现代数学和力学学术会议在福建省厦门市召开。厦门大学教授王东东、上海大学教授张俊乾担任组委会共同主席，190 余名专家、学者参会。会议围绕现代数学和力学的发展和应用，对航空航天、土木、机械、海洋、能源及材料等领域重大工程中的关键力学问题展开了交流。

9 月 27—29 日，由学会主办的第十四届全国物理力学学术会议在四川省绵阳市召开。270 余名专家、学者参会。会议展示了物理力学在高温气体与复杂流体物理力学、表面与界面物理力学等方面所取得的新理论、新方法和新实验技术成果。会议首次开展了青年优秀论文、青年优秀墙展报告评选。

10 月 14—16 日，由学会主办的第十九届全国复合材料学术会议在陕西省西安市举行。杜善义院士任大会名誉主席，西安交通大学教授王铁军担任大会主席。会议主题为“复合材料：创新驱动发展”。270 余名专家、学者参加会议。

10 月 20—23 日，由学会主办的第九届全国流体力学学术会议在江苏省南京市举行。南京航空航天大学教授赵宁担任会议主席。700 余名专家、学者参会。会议内容涉及流体力学领域的各个方面。

10 月 21—24 日，由学会、中国声学学会共同主办的 2016 年全国压电和声波理论及器件应用研讨会在陕西省西安市举行。210 余名专家、学者参会。西安交通大学教授王铁军担任大会主席。会议内容涉及压电理论和声波器件研究领域的最新研究进展及成果。

10 月 26—28 日，由学会主办的全国环境力学学术研讨会在江苏省苏州市召开。100 余名专家、学者参会。会议分别以大气环境、水环境、海洋环境、重大灾害、地质体环境等领域的热点问题并结合环境力学的科学研究基本状况和发展思路，对环境力学学科发展的建议与思考等进行了交流。

两岸交流 2 月 15—19 日，由香港科技大学机械与航太系承办、香港理工大学协办的第八届海峡两岸激波 / 复杂流动学术会议在香港科技大学召开。57 名专家、学者出席会议，会议收录论文 45 篇。会议围绕激波相互作用、燃烧与爆轰、复杂流动、涡流动 4 个专题展开交流。

11 月 2—6 日，2016 海峡两岸破坏科学与材料试验学术会议暨第十一届 MTS 材料试验学术会议 / 第十三届破坏科学研讨会在湖北省武汉市召开。160 余名专家、学者参加会议。会议安排大会报告 8 篇，交流论文 120 余篇，分为疲劳与断裂、岩石力学、结构与材料测试 3 个专题开展交流。

国际组织任职 中国科学院院士、中国科学院力学研究所研究员白以龙新当选为国际理论与应用力学联盟（IUTAM）终身特聘理事，中国科学院院士、南方科技大学校长陈十一新当选为 IUTAM 大会委员会委员，至此中国共有 3 名学者在 IUTAM 大会委员会中担任委员。

国际交往 2016 年，学会先后与国际理论与应用力学联盟（IUTAM）秘书长 F. Dias 教授就承办 IUTAM 专题研讨会和在 IUTAM 奖励体系下设立“亚太力学奖”等国际合作项目进行商议；与美国科学院力学委员会主席 Wing Kam Liu 教授讨论联合主办全美力学大会，推动学会与美国科学院力学委员会之间的合作；与美国机械工程师学会（ASME）应用力学委员会执委 Pradeep Sharma 教授讨论确定在 ASME 年会期间组织分会场的相关合作事宜。8 月在 IUTAM 全体理事大会上通过了多项与中国有关的提议，中国在 IUTAM 的会员等级提升为最高等级。

7 月 24—29 日，第 12 届世界计算力学大会暨第 6 届亚太计算力学大会在韩国首尔召开。47 个国家和地区的 1980 余名专家、学者参会。北京国际力学中心在本次大会上组织了工程科学的计算力学专题研讨会，内容涉及有限元、边界元、结构与多学科优化、生物与微纳米力学、增材制造等方面。

科普活动　2016 年，学会举办多个科普品牌活动，包括近 3000 人参加的以“力学·创新·追梦·未来”为主题的 2016 年科技周活动，针对中学生的第九届全国中学生趣味力学制作邀请赛，针对研究生的第八届全国空间轨道设计竞赛等。

学会借助科普中国平台，传播科学内容，组织了近 20 篇的科普文章并制作了近 10 个科普微视频，如《天宫二号要上天！空间实验提前看》科普微视频，首周点击量超过了 990 万，总点击浏览量超过 1000 万。

表彰举荐优秀科技工作者　学会先后完成“全国杰出科技人才”奖、第七届“全国优秀科技工作者”奖、第十三届“中国青年女科学家奖”、教育部高等学校科学研究优秀成果奖青年科学奖的推荐工作。学会推荐的冯雪、庄茁、李玉龙、陈伟球获得了第七届“全国优秀科技工作者”称号，段慧玲获得了第十四届“中国青年科技奖”。

2016 年，学会完成了自设奖项“第二届中国力学科学技术奖”的评选工作。中国科学院力学研究所研究员杨国伟、杨乾锁，高级工程师郭迪龙获得“第二届中国力学科学技术奖”科技进步一等奖。中国科学院大学教授余永亮获得“第二届中国力学科学技术奖”自然科学二等奖。

清华大学教授张雄获得“第四届钱令希计算力学奖成就奖”，西北工业大学教授朱继宏获得“第四届钱令希计算力学奖青年奖”。中国工程院院士瞿金平获得“第五届流变学杰出贡献奖”。中国科学技术大学副教授宣守虎、青岛大学特聘教授谭业强获得“第九届流变学青年奖”。中国工程院院士乐嘉陵获得“第一届中国激波研究卓越成就奖”。清华大学李逸良、中国科学技术大学陆星阳等 88 名优秀学生获得“2016 年徐芝纶力学优秀学生奖”。

学会联合国务院学位委员会力学学科评议组在 2016 年共同设立“中国力学优秀博士学位论文”奖。

学会获得中国科协第二批“青年人才托举工程”实施资格，北京理工大学讲师曾祥远、华中科技大学讲师刘大彪、西安交通大学副教授卢同庆、中国科学技术大学副研究员王奉超、南方科技大学助理教授王建春、西南交通大学副教授于超获得资助。

党建强会　2016 年，学会成立了中共中国力学学会功能型党委，学会理事长杨卫担任党委书记，副理事长戴兰宏担任党委副书记兼党建工作负责人。

学会以“彰显祖国科技魅力，弘扬民族航天精神”为主题，以中国航天事业迎来 60 周年为契合点，组织策划了学会“党建强会”特色活动。同时，学会党支部结合自身业务工作，宣传了参与实践十号科学卫星的力学工作和力学工作者。

会员服务　学会加强学会网站、微博和微信公众号信息推送的时效，改版《中国力学学会会讯》，增加会费在线交纳功能。全年累计整理印发《会讯》6 期，电邮推送《会员专刊》8 期，发布《中国力学学会年报 2015》。

2016 年，学会推动网上“会员之家”建设，与互联网公司合作开发会员管理系统，增强服务会员成效。

【国家重点领域需求与力学研讨会】　1 月 18 日，国家重点领域需求与力学研讨会在黑龙江省哈尔滨市召开。来自国内 15 个力学相关单位的近 60 名中青年专家、学者出席会议。学会理事长杨卫院士参与讨论。他强调，力学是横跨理工的学科，理科偏供给、工科偏需求，力学恰好能够做到供需结合，力学工作者要紧跟行业需求，成为架在供需两端的桥梁。

研讨会分别就机器人、航空航天、核能等国家重点工程领域邀请业内专家作学术报告。国防科技大学副校长邓小刚作了题为“高阶精度格式的发展及应用”的报告，哈尔滨工业大学李瑞峰教授作了题为“中国机器人技术及产业发展”的报告，北京强度环境研究所张正平所长作了题为“新型飞行器极端环境下动力学响应分析与测试技术”的报告，哈尔滨工业大学孟松鹤教授作了题为“十三五规划力学学科战略研究”的报告，哈尔滨工程大学张志俭副校长作了题为“核能与力学”的报告，报告用科研实例向与会学者阐述了国家重大工程领域中的关键力学问题。

【力学大师学术讲座计划】 北京国际力学中心自2016年设立“力学大师学术讲座计划”，邀请国际知名力学专家到来中国作学术报告。

“力学大师学术讲座计划”分别邀请荷兰特温特大学教授Detlef Lohse、美国西北大学教授Wing Kam Liu作学术报告。

Detlef Lohse教授是流体力学领域国际著名学者，在2012年获得了国际理论与应用力学联盟（IUTAM）流体力学奖“George Batchelor Prize”，该奖项是IUTAM在流体领域评出的最高奖项。

Wing Kam Liu教授现任国际计算力学主席（IACM）、美国科学院力学委员会主席，曾获国际计算力学协会最高奖项，被评为SCI工程领域最高被引用研究者之一。

（撰稿人：刘　洋）

中国光学学会

服务创新型国家和社会建设 3月30日—4月2日，学会副理事长兼秘书长龚旗煌、学会常务理事顾瑛、学会常务副秘书长李淼、北京大学教授施可彬对福建省光电企业进行考察。3月30日，学会院士专家团队对福建省海峡（连城）光电产业研究院进行了调研考察，就光电产业发展存在的技术困难等与研究院的科研人员进行了座谈研讨。3月31日，学会院士专家团队考察了位于龙岩国家高新技术产业开发区的德泓（福建）光电科技有限公司。龙岩市市委书记李德金、市长池秋娜会见了院士专家团队，双方表示建立合作关系。

学会院士专家团队考察了龙岩市第一医院，顾瑛为20多名医务人员作了激光医学应用讲座。院士专家团队参加龙岩市经济社会发展座谈会。4月2日，围绕“北斗、高分遥感卫星与光谱检测在水流域水质控制和大坝安全监控的应用”，院士专家团队与福建省的专家进行了技术研讨，并对相关高新技术如何应用到泉州山美水库建设进行了技术指导。

6月17—20日，学会纤维光学与集成光学专委会在河南省鹤壁市召开2016光纤通信50周年高峰论坛。中国科学院院士褚君浩、侯洵、干福熹等，共300多名专家、学者参加论坛。论坛期间，专委会组织院士、专家参观考察了世佳光电子产业园，为园区的光学企业发展出谋划策。

10月17—19日，学会激光加工专委会与浙江省温州市联合举办了第二届国际激光产业高峰论坛，以“创新激光应用、引领产业发展”为主题，推动温州激光与国家级创新产业集群发展，带动激光产业上下游及相关配套企业创新创业，引领激光产业新发展。200多名专家、学者参加论坛。与会院士、专家与光学企业举行了创新助力工程对接活动。

学会各专委会在2016年举办各类培训活动5次，260人次参加培训。3月，学会在上海市举办工业用激光器及系统使用安全培训班，45人参加培训。6月，学会在浙江省杭州市举办激光光电及注射美容新进展学习班，80人参加学习班。10月，学会在上海市举办第三届红外成像系统、图像处理及测试学习班，第十二届光学设计高级讲习班，第七届光学检测与加工讲习班，共计135人参加讲习班。

学会建设 2016年，学会发展个人会员450人，单位会员4个。8月，学会全息与光信息处理专委会完成换届。9月，学会激光医学专委会完成换届，学会高速摄影与光子学专委会完成换届。10月，学会光电技术专委会完成换届。11月，学会微纳光学专委会成立。

学科发展研究 经过30多位院士、100多位专家、10余家科研院所和高等院校的努力，《中国光学工程学科史》完成编辑、校对。

学术期刊 由学会学术期刊牵头成立的中国光学期刊联盟2004年成立，至2016年，已经展开研讨会11届。学会理事长郭光灿、副理事长兼秘书长龚旗煌多次参加联盟的研讨会，并在会上发表讲话，推动光学期刊联盟的健康发展。现已经有50余种光学期刊加盟成员，涵盖了光学学术期刊数量的95%以上。

国际学术会议 学会及专委会全年举办国际学术会议11次，参加会议2993人次，收录论文1585篇。

10月12—14日，学会和国际光学工程学会联合在北京召开2016亚洲光电子会议。来自国内外的专家、学者1000多人参加会议。会议设立了15个分会场，573个口头报告，467个张贴布告。

10月15—18日，由学会生物医学光子学专委会等主办的2016生命科学中的激光应用国际会议（LALS 2016）在广东省深圳市举办。来自德国、俄罗斯等欧洲光学领域知名学者和国内外高校和科研机构的200多人参会。生命科学中的激光应用国际会议于20世纪80年代中期由苏联和欧洲一些科学家共同发起，每两年召开一次。会议主题包括基础研究、方法学研究、仪器设备研发以及生物学和医学应用。LALS会议主要在欧洲举办，本届会议是LALS首次在中国举办。LALS 2016除了设立传统的生物医学成像、激光光谱学、激光与组织相互作用、光学显微技术等主题外，还特别关注新型光学成像技术、装置、传感器及其在临床应用领域的新进展。

国内主要学术会议 学会及专委会举办国内学术会议18次，参加会议人数5178人次，收录论文2980篇。

7月27—30日，由学会光学材料专委会等主办的2016全国光学材料学术研讨会在新疆维吾尔自治区乌鲁木齐市召开。会议收录50余个报告，数十位活跃在激光和光学材料领域的学科带头人、青年科研骨干围绕激光材料与激光技术、红外光学材料、微结构光功能材料及光纤等研究方向的7个议题展开，在2个分会场展开进行了交流与研讨。中国科学院院士干福熹、祝世宁，中国工程院院士吴以成担任大会名誉主席，专委会主任委员邵建达担任会议主席。来自清华大学、山东大学、中国科学院上海光学精密机械研究所等30余所高校及相关研究所的光学材料领域的130余名专家、学者、学生参加会议。

10月13—15日，由学会激光专业委员会主办的第二十二届全国激光学术会议在北京召开。中国工程院院士范滇元、周寿桓、陈良惠、赵伊君、许祖彦、吕跃广、姜会林、费爱国、戴浩、陈志杰出席了会议。10位激光专委会委员作了大会报告。会议围绕激光物理、非线性光学与量子光学、全固态激光器及新型激光器、激光信息及处理技术、激光生物与激光医学、工业激光及其应用、激光材料、薄膜及元器件精密加工、光束传输、控制及光束特性、纳米激光技术及应用、激光探测及应用技术等专业方向进行交流研讨。200多名专家、学者参加会议。

国际组织任职 学会副理事长兼秘书长龚旗煌担任美国光学学会计划委员会、会士遴选委员会、国际委员会委员；学会副理事长李儒新担任欧盟大科学装置：极端光设施——阿秒光源装置科学顾问委员会委员、国际纯物理与应用物理联合会——国际超高强度激光委员会委员；学会常务理事陈伟民担任亚太地区智能结构技术协作网常务理事。

国际交往 10月12—14日，在2016亚洲光电子会议召开之际，学会副理事长兼秘书长龚旗煌院士，副理事长刘旭、李儒新等会见国际光学工程学会、国际光学联合会、日本光学学会和韩国光学学会代表，就光学与光学工程未来发展、学会间合作与交流进行了深入讨论。

10月16—20日，以学会副理事长兼秘书长龚旗煌为团长、副理事长刘旭为副团长的学会代表团，参加在美国罗彻斯特召开的光学前沿会议暨美国光学学会成立100周年庆典活动。学会与美国光学学会、欧洲光学学会等国际光学组织负责人一起召开了关于光学发展与人类社会的圆桌会议。

科普活动 2016年，学会举办了各类科普活动，4822人次参加活动。学会举办了“嫦娥奔月”“技术物理”等大中学生的夏令营。学会举办的第五届全国大学生光电知识竞赛，82所高校的276支代表队参加了决赛。

表彰举荐优秀科技工作者 在2016年召开的中国科协第九次全国代表大会上，学会副理事长兼秘书长龚旗煌、学会理事黄维当选为中国科协全国委员会常务委员。学会副理事长李儒新、学会理事许宁生当选为中国科协全国委员会委员。

学会常务理事相里斌研究员2016年获“全国杰出科技人才”奖。学会副理事长兼秘书长龚旗煌获2016年何梁何利奖电子信息技术奖，学会常务理事刘文清获2016何梁何利奖资源环保技术奖。

10月12日，在2016亚洲光电子会议上，学会前理事长周炳琨院士为第十二届王大珩光学奖中青年光学奖获得者国防科技大学周朴教授和中国科技大学许金时教授颁发证书；学会副理事长兼秘书长龚旗煌，副理事长刘旭、副理事长李儒新为北京大学耿基伟博士等21名高校学生获奖者代表颁发证书。

经学会推荐，中国科学院光电研究所研究员罗先刚获得“第十一届光华科技奖青年奖”，吉林大学教授孙洪波获第七届“全国优秀科技工作者”称号，中国科技大学教授郭国平获第十四届中国青年科技奖。

党建强会 7月，学会与中国科教电影电视协会、中国科技期刊编辑学会组成的学会联合党支部进行了调整，学会与中国未来研究会共同成立学会联合党支部。

中国科协会员日 1月9日，学会在北京大学举办了会员日活动。活动邀请北京空间机电研究所副总工程师马文坡作学术报告，参观北京大学人工微结构和介观物理国家重点实验室。学会常务理事、理事、专业委员会代表、期刊代表、学生会员代表，北京大学和清华大学的研究生，中国光学学会、中国科教电影电视协会、中国科技期刊编辑学会联合党支部和中国未来研究会党支部的党员、入党积极分子等80余人参加了会员日活动。

学会副理事长兼秘书长龚旗煌介绍了2015年国际光年学会举办的各项活动。学术报告会由学会常务副秘书长李焱主持，马文坡应邀作了题为《高分辨相机及其应用》的报告。马文坡在报告中介绍了由北京空间机电研究所设计的民用“高分一号”“高分二号”和“高分四号”卫星相机特点，以及高分辨率相机在监测自然灾害、地质观测等方面的广泛应用。

【2016亚洲光电子会议】 10月12—14日，由中国光学学会（COS）和国际光学工程学会（SPIE）联合主办的2016亚洲光电子会议（Photonics Asia 2016）在北京举办。学会前理事长周炳琨，副理事长兼秘书长龚旗煌，副理事长刘旭、李儒新，常务理事姜会林，常务理事顾瑛，SPIE首席执行官Eugene Arthurs等出席会议。1000多名来自世界各国的专家、学者参加会议，14家光学相关企业参加了同期光电展览活动。

10月12日，会议开幕式和大会报告由刘旭主持，龚旗煌和SPIE主席Philip Stahl分别代表主办单位致开幕词。SPIE首席执行官Eugene Arthurs为中国科学院光学精密机械与物理研究所副所长张学军颁发FELLOW证书和牌匾。学会会士遴选委员会主任周炳琨院士为新当选的中国科学院院士顾瑛等10位会士颁发会士牌匾。李儒新主持2015年度王大珩光学奖颁奖仪式，周炳琨院士为中青年光学奖获得者——国防科技大学教授周朴、中国科技大学教授许金时颁发证书。龚旗煌、刘旭、李儒新为北京大学博士耿金伟等21名高校学生获奖者代表颁发证书。大会举行了特邀报告会，中国科学院院士崔向群作了题为“创新型大视场望远镜”的报告，美国罗切斯特大学教授Jannick Rolland作了题为“自由曲面光学为成像仪器开创了一个光明的未来”的报告，日本东京大学教授Yasuhiko Arakawa作了题为“量子点光学：从科学到实践的实现”的报告。

会议设15个专题，包括高功率激光及应用、半导体激光器及应用、先进激光加工与制造、光电子器件与集成、光电成像与多媒体技术、光学设计和测试、全息与衍射光学及其应用、光学计量与检验的工业应用、医疗和生物医学光学、先进传感器系统及其应用、光电子实时测量、数据管理和处理、纳米光子学和微纳光学、表面等离子体光子学、量子与非线性光学、红外与毫米波及太赫兹技术等。

会议收录论文1040篇。会议期间，共有573个口头报告在15个分会场进行交流，467个张贴报告进行了交流。来自国内外从事光学领域研究工作的学者交流了各自工作的研究成果。

【第八届国际先进光学制造与检测学术会议（AOMATT 2016）】 4月26—29日，由学会、中国科学院光学精密机械与物理研究所和国际光学工程学会（SPIE）共同主办的第八届国际先进光学制造与检测学术会议（AOMATT 2016）在江苏省苏州市召开。姜文汉院士、潘君骅院士等来自十几个国家的500多位代表参加了学术会议。

美国SPIE国际会议高级主管Andy Brown博士为第八届国际先进光学制造与检测学术会议开幕式发来贺电，祝贺大会召开。他表示，AOMATT已经成长为国际光学制造与检测领域的著名国际学术盛会，成为美国SPIE同中国科学院光学精密机械与物理研究所以及中国光学学会之间一项合作范例。

4月26日上午，AOMMTT 2016学术大会开幕式举行，学会光学制造专委会主任委员杨力主持开幕式，中国科学院光学精密机械与物理研究所副所长许冰、苏州大学副校长袁银男致辞。学会常务理事、四川省政协副主席、中国科学院成都分院院长张雨东任大会主席。

开幕式结束后，举办了大会特邀报告会，姜文汉院士主持报告会，多名专家、学者作大会演讲。美国哈佛大学教授Eric Mazur作了题为“少即多：零折射率极端光学”的报告，从基本理论为切入点，介绍了实现零折射率的极端光学的方法；美国国立光学天文台台长David R.Silva作了题为“进入大视场观测纪元的大型天文望远镜”的报告，介绍了当今世界上多项重大天文光学工程研究计划的发展；欧南台光机总体项目主任Marc Cayrel博士的报告“欧洲南方天文台极大型天文望远镜——革命在进行中”对E-ELT的最新进展进行了介绍；新南威尔士大学教授章亮炽作了题为“超精密透镜模压制造前瞻和挑战”的报告；不来梅大学Oltmann Riemer博士作了题为“高性能先进超精机床技术”的报告；苏州大学教授陈林森作了题为“微纳光学与柔性电子材料（器件）：现状与展望”的报告；德国联邦物理技术研究院博士 Ralf D. Geckeler 作了题为“角度测量的新角度：趋近基本测量极限的新方法”的报告；中国科学院光学精密机械与物理研究所研究员罗先刚作了题为“功能性光子学纳米结构：从薄膜、狭缝到链状网”的报告。

专家、学者分别在 8 个专题的分会场进行了交流，110 多位学者作口头报告，300 多位学者作张贴报告。学会应产业界需求并配合苏州市创新助力工程工作的开展，在第八届国际先进光学制造与检测学术会议（AOMATT 2016）举办期间，增加了苏州市光学企业小型展览，设立 40 余个展位。

【第十届全国光子学学术会议】 9 月 18—21 日，由学会高速摄影和光子学专委会、纤维光学与集成光学专委会等主办的两年一度的第十届全国光子学学术会议在陕西省西安市召开。来自日本大阪大学、以色列巴伊兰大学、香港理工大学、北京大学、清华大学、中国科学院大学、中国科学技术大学、中山大学、暨南大学、吉林大学、南开大学、中国科学院物理研究所等 50 多个单位的 200 余名专家、学者参加会议。中国科学院院士侯洵担任会议名誉主席，中国科学院西安光学精密机械研究所研究员赵卫担任会议主席，中国科学院西安光学精密机械研究所研究员姚保利担任会议共主席。大会开幕式由姚保利主持，赵卫致欢迎词。

会议聚焦微纳光学、光电子学和信息光子学领域的最新研究进展。本次大会共设有 4 个主题：微纳光子学与集成光子学、瞬态光学、光电子材料与器件、信息光子学技术与应用。会议安排报告 140 个，其中大会报告 4 个、邀请报告 69 个、口头报告 29 个、张贴报告 38 个。会议期间，专家、学者就光子学领域的最新进展、机遇挑战和未来的发展方向进行了交流。

主会场的 4 个大会报告涉及了光子学领域的研究前沿。日本大阪大学教授 Takeharu Goji Etoh 介绍了超高速图像传感器的发展历史和最新研究进展；以色列巴伊兰大学教授 Zeev Zalevsky 介绍了基于纳米颗粒激发与定位的纳米成像技术；上海理工大学教授朱亦鸣介绍了太赫兹成像和成谱技术及应用；西安光学精密机械研究所研究员姚保利介绍了结构照明超分辨光学显微成像技术及应用。69 位知名学者分 3 个分会场报告了各自领域的最新研究成果。

（撰稿人：张建萍）

中国声学学会

服务创新型国家和社会建设 学会组建电声技术开发、声频工程设计、建声设计等领域技术服务专家团队 20 余人。2016 年，专家团队多次参加重要咨询活动，在沈阳、成都、广州、北京为当地重要工程项目提供声频工程设计及解决方案，并按国家有关标准对 5 个已竣工的声频工程项目进行专家测量评估，对其多项声学特性进行实地主观和客观评价，出具测量评价报告 5 份。

学会在广州、上海等地举办了 4 个实用技术培训班：第十一届神经外科术中超声应用学习班、声频工程专业培训班、第十三届乳腺超声新技术新理论学习班、外周神经与骨骼肌腱超声诊断学习班，约 200 人次参加培训。

学会建设 2016 年学会组织召开了八届三次、四次、五次常务理事会议。学会加强民主决策与监督，成立了学会监事会，完善内部治理结构，形成了学会管理制度体系。完善学会和分支机构（分会）财务报销制度，学会所属分会有 4 个已经纳入总会财务管理。

学科发展研究 学会与科学出版社合作，组织国内外专家、学者编写出版《现代声学科学与技术丛书》。2016 年，学会出版《电磁检测式磁声成像》，总印数量 1600 册。

国际学术会议 学会与其他学会及境外的学术团体联合举办了 2 次国际会议。

1 月 9 日，2016 中国海洋声学国际研讨会（COA 2016）在哈尔滨工程大学召开。来自 11 个国家 100 多个研究机构的 300 余名专家、学者参加会议，16 家中外企业举办设备展览。会议由美国电气和电子工程师协会（IEEE）和其海洋工程分会（OES）共同主办，这是该协会首次在中国召开的学术会议。中国工程院院士杨士莪为会议的荣誉主席，中国工程院院士杨德森为会议的联合主席。

10 月 20—21 日，国际生物医学超声会议暨第 10 届近代声学国际研讨会在南京大学召开。会议由江苏省声学学会、中国声学学会生物医学超声工程分会等学术团体联合主办。会议主席由南京大学物理学院副院长章东、台湾大学教授李百祺共同担任。会议设 1 个主会场、2 个分组报告会场，分别进行了超声成像及临床应用、超声治疗、微气泡及超声热疗、超声换能器及系统 4 个专题的学术研讨。来自中国、美国、英国、法国的近 150 名专家出席会议。会议安排口头学术报告 60 人次。

国内主要学术会议 学会组织召开了 19 次学术活动，征集交流学术论文 588 篇，2098 人次参加活动，参加会议的企业科技工作者 886 人次。

学会举办的学术活动包括 4 次前沿学术研讨：第七届全国储层声学与测井技术前沿研讨会，非线性超声理论及应用研究新进展—— 2016 年太原论坛，海洋声学技术应用、发展和创新论坛，舰船振动低频线谱传播、探测与控制技术研讨会。为进一步促进学术交叉与融合，学会举办了声学交叉技术论坛。

学会召开的学术会议还有：中国声学学会 2016 年全国声学学术会议、2016 年度全国检测声学与物理声学会议、2016 中国西部声学学术交流会、中国生物医学超声联合学术年会、第十三届音响技术交流大会、2016 年声频工程分会学术交流年会、第十五届全国噪声与振动控制工程学术会议、医学超声与脑疾病精准诊疗研讨会、2016 年船舶通讯导航学术会议、2016 年苏鲁黑浙四省声学技术学术会议等。

科普活动 5 月 14 日，学会参加了中国科学院声学所举办的“公众科学日”活动。学会所属各分会相继参加了所在省、市组织的“公众开放日”或“科技日”活动。

党建强会 2016 年，经中国声学学会的挂靠单位——中国科学院声学研究所党委批复，中国声学学会办公室党支部正式成立。12 月 22 日中国声学学会办公室党支部成立大会在中国科学院声学研究所院内举行。

学会在学会理事会层面成立了学会功能型党组织，在学会办事机构层面成立学会基层党组织。

会员服务 学会完善单位会员、个人会员入会申请审批程序。开展了单位会员特别是个人会员的发展工作，推进个人会员使用中国科协会员管理系统重新完成会员登记和注册。经清理与发展，学会现有已按规定缴费的单位会员 30 个，个人会员 4682 名。

学会加强服务平台建设，完善学会网站，增加学术会议版块。建立学会常务理事及分会秘书微信群，建立了“声学与信息”微信公众号。

【中国声学学会 2016 年全国声学学术会议】 10 月 29—30 日，由学会主办，船舶振动噪声重点实验室承办，中船重工集团 701 所、湖北省声学学会协办的中国声学学会 2016 年全国声学学术会议在湖北省武汉市召开。来自大学、科研院所、公司企业等相关单位的 350 名专家、学者出席会议。

会议以“创新驱动 · 弘声致远”为主题，特邀 4 名声学专家进行了主题报告。开展了“舰船振动低频线谱传播、探测与控制技术”“超声成像与应用”“声学超材料的研究及应用”“通信声学、声频工程与语音信号处理”“微声学”和“智能媒体信息与未来网络”6 个专题研讨，并设立了“水声物理、水声工程和水声信号处理”专业的墙报展示。

中国声学学会 2016 年全国声学学术会议

10 月 30 日，大会共设 7 个分会场进行了不同专业的分组学术交流。参会专家、学者就会议录用的 200 余篇论文进行了专题交流与探讨。

【2016 年全国压电和声波理论及器件应用研讨会】 10 月 21—24 日，2016 年全国压电和声波理论及器件应用研讨会（2016 SPAWDA）在西安理工大学召开。会议由中国力学学会、中国声学学会和美国电子电气工程师协会超声学（IEEE UFFC）分会共同主办，西安理工大学和西安交通大学机械结构强度与振动国家重点实验室联合承办，宁波大学、晶体生长设备及系统集成国家地方联合工程研究中心、中国物理学会电介质物理专业委员会协办。学会副理事长、西安电子科技大学校长、中国科学院院士郑晓静，中国科学院院士、上海大学教授张统一，IEEE UFFC 分会副主席 Clemens Ruppel 博士，会议发起人、宁波大学教授王骥，浙江大学教授陈伟球，电子电磁器件力学工作组组长、南京航空航天大学教授高存法以及来自 6 个国家、40 多个高校、科研院所及企业的 210 多名专家、学者出席会议。

会议采用特邀报告分会场报告等形式，重点交流压电理论和声波器件研究领域的最新研究进展及成果。上海大学教授张统一、宾夕法尼亚州立大学教授Thomas R. Shrout、EPCOS公司的Clemens Ruppel博士、兰州大学教授周又和、中国科学院上海微系统与信息技术研究所研究员李欣昕、无锡好达电子技术有限公司总工程师王为标、西安交通大学教授申胜平7位学者作大会特邀报告。与会专家、学者就压电智能材料及结构中力学理论计算与分析，微纳米压电与声学器件，压电、铁电材料，石英晶振、声表面波器件及应用，压电、超声测量技术及应用等方向的前沿问题进行交流。

会议共设有6个主题分会场和学生竞赛分会场，分会场报告139个，近40名学生参加学生论文竞赛，会议评选出优秀论文10篇。

（撰稿人：刘　臻）

中国化学会

服务创新型国家和社会建设　2016年，学会正式加入全国科技工作者状况调查站点，开通会员意见窗口，及时处理、汇报、反馈会员意见、建议和诉求。作为中国科协在全国设立的全国科技工作者调查站点之一，2016年学会累计向中国科协报送站点信息4篇，参与问卷调查两次。

7月，学会举办以“科技前瞻分析”“实验室安全管理”和“科技论文写作”为主题的3场继续教育课程，针对化学工作者实际需求，分别讲解了中国科技现状及趋势、系统分析实验室安全考量、科技论文的写作和投稿的流程技巧，500余名化学科研工作者参与学习。

学会作为环保部《新化学物质申报登记指南》修订版征求意见单位，收集会员单位的反馈，提出36条意见和建议。学会参与《优先评估化学品筛选指南（征求意见稿）》的意见反馈。学会承担的环保部社会公益项目“化学品危害诊断、分类、暴露预测及名录研究”结题。

学会建设　学会面向会员开放在线学术资源。建立学会年报制度，让会员及时了解学会工作。梳理会员层级结构，升级会员管理服务。2016年，新增个人会员8749名，总数达4.4万余名，团体会员总数达119个。

学会于2015年年底申报民政部社会组织评估工作，围绕基础条件、内部治理、工作绩效、社会评价4个评分大类，100多个评分分项进行了筹备，于2016年4月接受现场考察与评估并获得4A等级。

1月，学会常务理事会议审议通过《中国化学会学科专业委员会管理办法》，加强对分支机构的管理、监督和考核。学会明确建立新设分支机构依据，解决增设分支机构无据可依、界定不清的问题。明确建立分支机构量化指标及奖惩机制，解决分支机构管理涣散的问题。新增燃烧化学专业委员会和食品化学专业委员会。

学会网站上线学术会议栏目、“地方风采”二级栏目，展示地方学会特色活动。

学术期刊　2016年，学会主办10种学术期刊影响因子实现增长，10种期刊影响因子超过1.0,《化学学报》达到1.843，为这个领域中文期刊之最。

学会与英国皇家化学会合作出版的前沿系列期刊——《有机化学前沿》（OCF）和《无机化学前沿》（ICF）获得首个影响因子，分别达到4.693和4.532，双双跻身全球有机化学和无机化学领域期刊排名的前10名，该系列第3本《材料化学前沿》于11月正式出版发行。

7月，中国化学会期刊集群平台（www.ccspublishing.org.cn）上线试运行，目前已收录《大学化学》《物理化学学报》《燃料化学学报》《无机化学学报》《催化学报》《色谱》《分析化学》《化学教育》等13本期刊。

学科发展研究　2016年，学会完成《2014—2015化学学科发展报告》。学会首次与国际出版商爱思唯尔合作，定量对比分析了学科发文、高被引文献、论文归一化影响因子和国际合作率等方面的内容，报告首次对我国高等化学教育的发展现状进行了调研和整理。

10月，学会在北京召开《2016—2017化学学科发展报告》编撰工作启动会。来自学科专业委员会的30多位专家出席，对《2016—2017化学学科发展报告》的定位、整体框架、报告大纲、报告内容、工作进度等进行了研究。

国际学术会议　9月24—26日，学会在陕西省西安市承办第十八届中国科协年会分会场——绿色化学与清洁能源论坛。论坛主题为“新丝绸之路经济带国家战略中的绿色化学与洁净能源”，来自中国、韩国、澳大利亚、日本等10个国家和地区的200余名专家、学者参会。其中，中国科学院院士3人、国际代表17人、国家杰出青年及长江学者等知名学者40余人，与会者围绕绿色化学与清洁能源前沿的研究热点、发展现状和今后发展重点，作了4个大会特邀报告和 48 个邀请报告。

国内主要学术会议 2016 年，学会及分支机构共举办学术会议 27 个，参会人数达 2.2 万余人次，交流论文 1.3 万余篇。其中，9 个学术会议参会专家、学者超过 500 人。

7 月 1—4 日，中国化学会第 30 届学术年会在辽宁省大连市召开，由大连理工大学承办。参会专家、学者 1.1 万人次，两院院士近 60 人，交流论文 7500 余篇。此次学会主办的年会设置 46 个分会场、12 个专题论坛及科普、产学研、继续教育活动。

国际组织任职 2016 年是学会副理事长周其凤任职国际纯粹与应用化学联合会（IUPAC）副主席的第一年，学会聘请了华东师范大学教授姜雪峰担任周其凤的助手，协助推动 IUPAC 各项工作。

国际交往 7 月，学会举办主题为“共同提升化学正面形象”的化学领导人论坛。邀请美国化学会、英国皇家化学会、中国台北的化学会、赢创工业集团、爱思唯尔出版集团，就科普经验交流、维护化学声誉经验分享等进行交流。学会副理事长张希主持会议。

9 月，学会邀请亚洲化学学会联合会（FACS）执委会在陕西省西安市召开工作会议，这是该组织第一次在中国来举办会议。11 月，国际纯粹与应用化学联合会（IUPAC）执委会应邀访问北京并召开 2016 年度执委会工作会议，这是 IUPAC 首次在中国召开的执委会。执委会期间，学会举办“大数据时代的 IUPAC”研讨会，邀请青年化学工作者共同为 IUPAC 的未来发展出谋划策。邀请 IUPAC 现任主席 Natalia Tarasova 在中国科学院化学研究所举办以“化学——能否满足世界需求”为主题的演讲，介绍了 IUPAC 的使命、核心价值、会员构成、分支机构和业务范围等，鼓励中国化学工作者更好地了解 IUPAC，参与 IUPAC 各项事务和活动。

科普活动 6 月，学会与中国化工学会、中国化工报社、北京化工大学、化学工业出版社、中国化工博物馆 6 家单位联合发起公益性科普组织——中国石油和化学工业科普联盟。该组织致力于科学普及化学化工知识，正面传播化学化工贡献，持续改善舆论生态，推进行业自律，倡导企业科学发展、绿色发展。

7 月，学会选拔 4 名队员参加在格鲁吉亚举行的第 48 届国际化学奥林匹克竞赛，4 名队员全部获得金牌并获团体总分第一。8 月，学会主办的第 30 届中国化学奥林匹克初赛在全国 31 个省、市、自治区同时举行，共约 14 万学生参加。11 月，决赛暨冬令营活动在湖南省举办，来自包括澳门特别行政区的 340 名学生参加活动。

7 月，中国化学会第 30 届学术年会期间，学会与美国化学会再次合作举办综合性科普活动“化学嘉年华”，设置“可生物降解的积木”“吸油小能手”“超级吸水小魔术”等 10 余个特色趣味化学小实验，并特别邀请知名科普专家、北京化工大学特聘教授 David 表演化学“魔术秀”，吸引大连市公众尤其是青少年 1000 余人参加。

表彰举荐优秀科技工作者 7 月，学会于中国化学会第 30 届学术年会开幕式上举办学术奖励颁发仪式，分别颁发了“2014、2015 年度中国化学会青年化学奖”“第八届中国化学会—巴斯夫青年知识创新奖”“第五届中国化学会—英国皇家化学会青年化学奖”“第三届中国化学会—赢创化学创新奖”和“第五届中国化学会—中国石油化工股份有限公司化学贡献奖”。

除 5 项总会奖励外，学会各分支机构设奖 20 余项。学会全面统计分支机构设奖，加强分支机构设奖的管理，建立专门网页予以展示，以提升学会学术奖励公信力、号召力和关注度。

12 月，学会获得第二期中国科协“青年人才托举工程”项目支持。第一轮海选共收到 400 份申请，经评审、答辩，最终评选出 6 名第二期青年科技人才。

党建强会 11 月，中国化学会秘书处党支部正式成立并召开了第一次党支部大会。中国化学会理事会党委的筹建工作启动。

【中国化学会第 30 届学术年会】 7 月 1—4 日，中国化学会第 30 届学术年会在辽宁省大连市召开。年会的主题是“转型中的中国化学”。

中国化学会第 30 届学术年会开幕式

大会开幕式由学会秘书长杨国强主持。学会理事长姚建年致开幕词，他呼吁参会代表以及全国的化学家和化学工作者，面向新形式和新要求，勇于在科学研究领域率先转型。中国科协书记处书记项昌乐出席大会并讲话，他提出三点要求：要突出创新，聚焦世界科技发展前沿；要突出战略，紧密结合国家重大需求；要突出服务，满足科技工作者学术需求。大连市副市长朱程清、大连理工大学校长郭东明分别在开幕式上致辞。美国化学会、英国皇家化学会、法国化学会、韩国化学会等友好学会的主席和代表团，中国科协“英才计划”中学生代表，中国化学会学术奖励获奖人等参加开幕式。

年会特邀美国工程院院士、美国斯坦福大学教授鲍哲楠，中国科学院院士、中国科学院长春应用化学研究所研究员安立佳，中国科学院院士、湖南大学教授谭蔚泓，大连理工大学教授彭孝军作大会报告。

此次年会参会人数达11000余人，其中院士近60人，交流论文7500余篇，是学会历史上首次正式注册人数规模过万的学术活动。年会设46个学术分会场，以及创新论坛、发展论坛、双边论坛、产学研论坛等4大类共12个专题论坛以及科普活动、新技术与新仪器成果展览、继续教育活动。

【中国化学会期刊集群平台上线试运行】 7月1日，中国化学会第30届学术年会开幕式上，学会副理事长周其林主持中国化学会期刊集群平台发布仪式，宣布期刊集群平台（www.ccspublishing.org.cn）上线试运行。

中国化学会期刊集群平台，以学会现有学术期刊为基础，整合现有期刊，实现平台统一、信息共享、数据积累和跟踪分析等各项功能，克服现有期刊单刊发展的瓶颈和弊端，探索集群化发展模式。通过集群建设、期刊数据的整合，形成中国化学会的独有学术资源及可持续性市场模式。

截至2016年年底，中国化学会期刊集群平台一期建设工作完成，部分期刊上线试阅读，已完成《大学化学》《物理化学学报》《燃料化学学报》《无机化学学报》《催化学报》《色谱》《分析化学》《化学教育》部分刊期的导入工作。

（撰稿人：郝临晓）

中国天文学会

学会建设 2016年，学会组织召开十三届三次、四次和五次常务理事会议，十三届三次理事会议，第十三届张钰哲奖评审会议，十三届二次组织工作会议。

2016年，学会发展新会员74名。学会组织成立了中国天文学会青年工作委员会、中国天文学女工作者委员会。

学会常务理事会组织召开针对学会改革的专题会议，确定学会改革的总目标，制定学会改革方案，并报理事会通过。

国内主要学术会议 学会举办的学术活动共13次，其中大型综合性学术年会1次，参加人数达1540多人次，交流论文506篇。

5月7—11日，学会在新疆维吾尔自治区举办2016天文业务培训班暨天文研讨会，会议期间成功观测了水星凌日。

学会举办了中国天文学会2016年学术年会、中国天文学会景东90米脉冲星望远镜科学目标与关键技术研讨会、中国天文学会射电天文前沿与技术研讨会、中国天文学会系外行星系统的发现和刻画Ⅱ、中国天文学会行星科学与深空探测前沿研讨会、中国天文学会天文教育论坛、中国天文学会2016年全国太阳物理学术研讨会、中国天文学会第19届郭守敬学术研讨会——2016年星系宇宙前沿研讨会、中国天文学会“基本天文学”2016年度学术研讨会、中国天文学会2016年天文期刊与文献情报研讨会、2016年中国天文学会天文科普研讨会暨普及工作委员会工作会议等。

学术期刊 学会主办的*Research in Astronomy and Astrophysics*（RAA）再次获得中国科技期刊国际影响力提升计划B类资助，再次被中国学术期刊（光盘版）电子杂志社的科学文献计量评价研究中心评为“中国最具国际影响力学术期刊”之一。

学会新增《天文技术与方法》期刊。2016年，《天文爱好者》再次获得中国科协“精品科技期刊”建设工程项目。

科普活动 2016年，全国中学生天文奥林匹克竞赛决赛在山西举行。来自近20个省、自治区、直辖市共116名中（小）学生以及37名领队和观察员参加了决赛。通过理论、望远镜实测、目视观测三个环节的比赛，13 名同学获得金牌，22 名同学获得银牌，34 名同学获得铜牌。

表彰举荐优秀科技工作者 2016 年，学会组织开展了中国天文学会第十三届张钰哲奖、第七届全国优秀科技工作者、第十三届中国青年女科学家奖以及 2016 年度“未来女科学家计划”项目候选人、青年人才托举工程等表彰举荐工作。

学会党建 在中国科技社团党委指导下，学会成立了功能型党委。制定了经中国天文学会理事会党员会议讨论通过的中国天文学会党建方案。

会员服务 2016 年，学会发展会员 74 名。学会完成团体会费和国际天文学联合会（IAU）会费收缴工作、财务管理工作，完善了会员管理工作、档案管理工作。

【中国天文学会 2016 年学术年会】 11 月 1 日，中国天文学会 2016 年学术年会在湖北省武汉市召开。

开幕式上，学会理事长武向平院士为获得中国天文学会“第十三届张钰哲奖”的中国科学院国家天文台韩金林研究员颁奖。来自 75 家研究机构、高校、天文馆等单位的 750 余位天文学者和研究生出席会议。

9 位专家、学者分别就天文学各领域的最新研究进展作了特邀大会报告：中国科学院紫金山天文台研究员常进作题为“暗物质粒子卫星初步观测结果介绍”的报告，中国科学院院士苏定强作题为“中国 12 米光学红外望远镜”的报告，北京大学教授刘晓为作题为“基于 LAMOST 大科学装置的银河系研究”的报告，中国科学院上海天文台研究员袁峰作题为“黑洞吸积及外流的研究进展”的报告，南京大学教授周济林作题为“系外行星探测与动力学研究进展”的报告，清华大学教授莫厚俊作题为“邻近宇宙历史的再构造”的报告，中国科学院云南天文台研究员林隽作题为“太阳爆发的 Lin-Forbes 模型：理论、观测与模拟”的报告，中国科学院国家天文台研究员彭勃作题为“SKA 进展综述”的报告，华中师范大学教授郑小平作题为“湖北及武汉天文的现状与未来”的报告。

年会期间组织院士、专家、学者走进校园，面向学生和社会公众作科普报告。中国科学院高能物理所研究员张双南作题为“引力波与广义相对论之美”的科普报告，中国科学院国家授时中心研究员李孝辉作题为“时间在天文导航和卫星导航中的作用”的科普报告，中国科学院国家授时中心副研究员刘娅作题为“高精度时间传递方法及其应用 ”的科普报告。

年会为期 3 天，设射电天文，太阳、行星，恒星与银河系，仪器、时频，天力、天测，高能星系、宇宙，天文学史、教育与科普 8 个分会场。年会交流口头报告 337 个，张贴报告 40 篇。

（撰稿人：孟红宇）

中国气象学会

服务创新型国家和社会建设 2016 年，学会完成中国科协学会创新和服务能力提升专项工程优秀科技社团建设项目年度任务。

学会组织申报了中国科协承接政府转移职能与科技公共服务工程学会承接职能转移职能扩大试点项目“气象科技发展战略研究”。

6 月 19—21 日，由中国气象局、中国气象学会主办的第八届中国气象科技和水文技术装备展、第十届中国防雷技术与产品展在北京举办，100 余家企业参展。11 月 2—4 日，中国气象学会第 33 届年会期间，邀请了 30 余家仪器装备、应用系统开发商参与展览，搭建成果应用转化平台。

7 月 26 日，受重庆市黔江区人民政府的委托，学会在北京召开了中国・黔江生态旅游气候资源评估报告论证会。根据专家组建议，9 月 27 日在“2016 年重庆黔江・中国武陵山国际民俗文化旅游节”闭幕式上，由全国政协常委、中国气象局副局长、学会副理事长宇如聪代表学会向重庆市黔江区正式授予“中国清新清凉峡谷城”牌匾，为黔江经济发展和生态文明建设提供科学咨询。

学会面向“一带一路”发展需求，主办和协办首届热带气象与海洋科学技术国际论坛、第二届中亚气象论坛；面向东盟合作需求，协办东盟防灾减灾专家论坛。学会名誉理事长曾庆存院士获得第 61 届国际气象组织（IMO）奖，这是中国科学家第三次获此奖项。

学会建设 2016 年，学会组织召开理事会会议 1 次、常务理事会议 3 次、全国气象学会秘书长会议 1 次、理事长办公会议 3 次、秘书长办公会 6 次。其中，在第二十八届常务理事会第 5 次会议上，审议并原则通过了学会新设奖励工作方案及有关事项，同意从 2016 年起全面启动中国气象学会大气科学基础研究成果奖、气象科学技术进步成果奖组织推荐和评审工作。

学会第 33 届年会首次开通基于二维码管理的会

议服务系统，会议服务效率和水平大幅提高。

学术期刊 《气象学报（中文版）》在中国科协精品科技期刊工程项目的资助下，编辑队伍素质显著提高,《气象学报》网站增设新栏目，聘请国外的专业翻译公司对刊物文章中的英文部分进行润色，使《气象学报》的综合评价指标排名得到提升。《气象学报》获得“2016 中国国际影响力优秀学术期刊”称号。

《气象学报（英文版）》2016 年最新影响因子超过 1.5，较 2015 年提高 39%。1 月,《气象学报（英文版）》派员参加了美国气象学会（AMS）年会。在年会展会上展出海报宣传刊物、网站及国际影响力状况和《气象学报》的历史。

5 月，学会气象期刊委员会首次派员参加 AMS 出版委员会年会，双方探讨了学会期刊合作前景。

7—9 月，气象学报组织了多场期刊宣传展示活动。如亚洲大洋洲地球科学学会（AOGS）年会、全球华人大气海洋科学大会（COAA）、第二届中国大地测量和地球物理学学术大会等。

气象学报刊制作“叶笃正先生《气象学报》发文集锦”书册，在叶笃正院士百年诞辰专题分会现场发放。

国际学术会议 4 月 6—9 日，热带气象与海洋科学技术国际研讨会在广东省广州市召开。会议由中国科协国际联络部、中国国际科技会议中心共同主办，学会联合有关单位协办。会议主要为落实国家“一带一路”，加强同东南亚、热带太平洋、印度洋等海上丝绸之路国家和地区在海洋、气象方面的科技交流与合作。会议由学会理事长王会军主持，来自中国、美国、英国等国家的科研院所、大学、业务单位及相关机构的 10 余名专家、学者作特邀报告，来自近 20 个国家、地区和国际组织的 180 余名专家、学者参加研讨。

5月23—25日，世界气象组织气候学委员会（WMO/CCl）极端天气气候事件定义任务组（TT-DEWCE）第二届二次会议在广东省广州市举行。会议由中国气象局向世界气象组织（WMO）申办，学会承办。来自世界气象组织秘书处和中国、美国、阿根廷、澳大利亚、科特迪瓦、德国、印度尼西亚、日本、黑山、西班牙等国家的 20 多位专家参加了会议。会议在总结前期工作基础上，介绍了 WMO 和其他国际组织有关极端天气气候事件的工作，交流了不同国家关于极端天气气候事件监测、预警有关情况，讨论和明确了《极端天气气候事件定义指南》的基本框架，包括极端事件的类型、定义，需要考虑的气象要素，重点关注强度、区域范围、持续性等。会议重点对前期起草的《极端天气气候事件定义指南》及经过专家同行评议的评审意见进行了讨论。

7 月 27 日，2016 年全球华人大气海洋科学大会暨第七届美华海洋大气学会（COAA）国际大气海洋气候变化会议在北京举办。会议由 COAA 主办，学会协办。会议围绕大气成分观测、分析与模拟，数据同化，热带气旋，强对流天气与强降雨，降水与水文学，卫星气象学 / 海洋学，季风与热带气象学 / 海洋大气相互作用，海洋过程与模拟等大气、海洋和气候变化等领域进行了 4 天的交流，

9 月 11—12 日，学会协办 2016 年中国—东盟防灾减灾与可持续发展专家论坛，该论坛是第 13 届中国—东盟博览会和中国—东盟气象合作论坛的一项重要活动。来自中国和东盟国家的防灾减灾业务部门、大学、研究机构的 100 多名专家、学者参加论坛。

国内主要学术会议 4 月 27—30 日，安徽、山东、河南、江苏 4 省气象学会及淮河流域气象中心联合举办的第六届淮河流域暴雨·洪水学术交流研讨会在山东省滕州市举行。110 余名专家、学者参加会议。

5 月 19 日，学会与北京天域云图公司在北京联合主办了“互联网 +”医疗气象发展研讨会，来自 301 医院、中日友好医院等医院的专家及气象系统有关专家、学者 20 余人参加会议。与会专家就基于互联网的医疗气象方面的发展机遇与重点方向展开讨论。

6 月 19—20 日，2016 中国雷电防护高峰论坛在北京召开。论坛由学会、深圳市防雷协会联合主办，学会雷电委员会、中国气象服务协会、广东省气象局、广东省气象防灾减灾协会、深圳市防雷协会、上海市防雷协会、乐清市防雷协会、北京市避雷装置安全检测中心、中讯邮电咨询设计院等多家行业机构的负责人和 ABB（中国）有限公司、深圳市海鹏信电子股份有限公司等 100 多家企业的 200 余名专家、学者参加会议。论坛以“智能防雷 网赢未来”为主题，围绕“互联网 +”时代的产业发展态势、国务院有关防雷技术市场发展的新要求等，从技术和产业政策两方探讨了防雷行业面临的问题和未来的发展趋势。

两岸交流 4 月 22 日，2016 年海峡两岸灾害性天气分析与预报研讨会在台湾地区台北市举办。学会名誉理事沈晓农率学会代表团出席会议。来自两岸科

研、业务与教育等部门的 21 位气象专家分别围绕台风、季风与气候，资料同化与数值模拟，中尺度分析与暴雨，气象防灾减灾等多个专题展开研讨。

6 月 11—13 日，2016 两岸民生气象论坛在福建省厦门市举办。论坛由学会、台湾大学联合主办。海峡两岸科研、业务和技术人员 100 余人参加了会议交流。此次论坛重点围绕两岸气象信息共享、气象灾害联防、最新气象业务技术、气象监测和预报在防灾减灾中的应用等热点难点问题展开交流。

国际交往 1 月 13—14 日，国际气象学会论坛（IFMS）第四次会议在美国路易斯安那州新奥尔良市举办，学会副理事长胡永云率团参加，与美国气象学会商讨深化合作事宜。8 月，学会分别与日本、韩国、美国气象学会理事长会谈合作事宜。

科普活动 学会联合 17 个省、自治区、直辖市气象学会，组织举办了 60 余场气象科普报告会，通过科普讲座、观云测天、知识竞赛、微信竞答、气象谚语探究等方式传播普及气候变化和防灾减灾科普知识，受益学生 26000 余人次。

5 月 9 日，以“创新引领　共享发展”为主题，学会与中国气象局联合在北京组织第二届气象科普讲解大赛活动。

6 月 1 日—8 月 31 日，学会与中国知网及相关 9 个学会共同举办第二届资源环境与生命科技创新知识网络大赛系列活动，气象行业数万人参加。

7 月 9 日，2016 年气象防灾减灾宣传志愿者中国行活动在四川省成都市启动。来自全国 11 所高校的 2000 余名学生志愿者组成 200 多个宣传小分队，分赴全国各地，采用人民群众喜闻乐见的方式开展气象科普宣传活动。

7 月 14 日，学会组织第 35 届气象夏令营活动。夏令营主题为“见证气候变迁，寻根中原文化”，来自 24 个省、自治区、直辖市的 140 余名营员、辅导员参加活动。

8 月 23 日，学会举办主题为“校园气象科普教育的机遇与挑战”的 2016 年校园气象科普教育论坛，来自教育界的专家，全国各地的中小学校长、科技老师、气象科技工作者 130 人参加会议。

11 月 3 日，学会举办 2016 年校园气象科普嘉年华活动，1500 余名学生参加了科普讲座、气象知识竞赛、气象立体拼图比赛、气象摄影比赛、气象演讲、气象 VR 之初体验、小小气象主播、参观气象应急车等活动。

学会完成气象科普基地网站平台建设，启动第五批全国气象科普教育基地评审认定工作。2016 年，学会新开发气象科普产品 10 余种。

学会获得《全民科学素质行动计划纲要》实施工作先进集体、中国科协全国学会科普工作优秀单位、2016 年全国科普日特色活动组织单位等。

表彰举荐优秀科技工作者 学会完成了中国气象学会大气科学基础研究成果奖、气象科学技术进步成果奖及中国气象学会第五届邹竞蒙气象科技人才奖等奖项的推荐、评审工作。

学会推荐并评审出了新设的大气科学基础研究成果奖 3 项，其中一等奖 1 项、二等奖 2 项、气象科学技术进步成果奖 10 项，第五届邹竞蒙气象科技人才奖 5 人。经学会推荐，获得第七届“全国优秀科技工作者”称号 4 人，“全国杰出科技人才”1 人，第十四届中国青年科技奖 1 人。

党建强会 学会推动学会党建工作，制定组建方案，学会秘书处党支部完成“党建强会”活动计划，推进学会秘书处自身改革发展，重点面向理事会改革和学会党建工作目标。在处理秘书处人员挂靠关系、财务管理方式、争取新增职能等方面提出改革任务，制定了深化改革实施方案，提出了学会功能性党组织组建建议，已报中国气象局有关部门审核。

会员服务 完成学会奖励评审系统、会议服务系统，完成气象学报中文版网站改版，开通了学会微信公众号，门户网站新增在线收费、科普基地展教功能等。学会编发《中国气象学会会讯》4 期，发放各类资料 20000 余册。截至 2016 年年底，会员 19303 人，其中注册会员 1119 人。

【第 33 届中国气象学会年会】 11 月 2—4 日，第 33 届中国气象学会年会在陕西省西安市召开。年会的主题为“加强学科融合　助力气象事业发展”。年会开幕式由学会秘书长翟盘茂主持。学会理事长王会军，中国气象局副局长、中国气象学会副理事长宇如聪，陕西省副省长冯新柱，陕西省科协党组书记呼燕出席年会。年会还特别邀请了学会名誉理事长、中国科学院院士曾庆存，中国工程院院士丁一汇，中国科学院院士万卫星、张人禾参会。学会副理事长杨修群主持颁奖仪式。

曾庆存、丁一汇、万卫星、北京大学物理学院大气科学系教授胡永云分别作特邀报告《气象监测、预测和灾害的防控调度能力的进一步提高问题》《2015—2016年超强El Nino事件对中国降水的影响与预报评估》《空间环境与国家安全》《太阳系外行星的气候和宜居性》。

11月2—4日，来自中国气象局，各省、自治区、直辖市气象局，科研院所，高等院校，企业及国内外气象领域部分期刊约1500余名专家、学者，分别在22个分会场围绕灾害天气监测、分析与预报，副热带气象与气象灾害风险，青藏高原与复杂山地天气气候等热点问题展开交流。同时，学会组织了应用气象学科专业发展战略研讨暨冯秀藻先生诞辰一百周年纪念会、城市降水与雾霾观测试验专题研讨、城市气候与城市规划专题研讨3场专题学术活动。

本届年会首次设立了5个交叉学科的交流会场，分别涉及大气环境与气候变化、青藏高原等复杂天气气候与气象灾害风险关系、全球变暖与各大圈层变化、气象信息化与气象卫星技术等科研与业务应用领域。通过交叉学科的交流与融合，促进了学术繁荣和信息的交流沟通。为鼓励和促进青年气象科技人才积极参加交流，本届年会特增设了“青年论坛”分会场，为青年学者搭建了一个成果展示和学术交流平台。

在旻生展览（上海）有限公司和学会秘书处的组织下，安徽威德萨科技有限公司、北京国遥新天地信息技术有限公司、北京航天宏图信息技术有限责任公司等借助年会平台，分别组织专题讲座《空气质量监控新技术探讨》《基于模式预报及大数据机器学习的行业气象服务介绍》《气象应用系统技术发展汇报》。《大气科学学报》《气象科学》《高原气象》《干旱气象》《气象学报》*Journal of Meteorological Research*等气象期刊展示了期刊产品。1558名专家、学者参加会议，会议收到论文2800篇，现场交流965篇，特邀报告125篇，墙报交流259篇，评出优秀论文25篇、优秀墙报21篇。

【中国气象学会初步完成2016年“一院八所”评估工作】 6月14日，中国气象局科技与气候变化司正式发文委托学会开展中国气象科学研究院和中国气象局八个专业气象研究所（以下简称“一院八所”）的评估工作。

根据中国气象局对“一院八所”的要求和定位，学会制定了评估工作方案，组织气象行业知名科研、业务专家组成专家组，对“一院八所”2012—2015年的发展状况进行了现场评估，评估的主要内容包括优势研究领域的科技创新能力、对业务发展的科技支撑能力、人才队伍和科研团队建设、科研基础条件建设及效益、运行管理和开放合作情况。

整个评估过程从8月4日开始到9月7日结束，学会秘书处积极与委托方和有关研究院所沟通，保证了评估工作衔接有序，及时起草了“一院八所”评估报告草稿，总结了“一院八所”4年来取得的成绩和重要进步，汇总整理了专家组提出的发展中存在的问题和建议，评估的初步结果提交给委托方，并为全国气象科技创新大会有关交流研讨提供依据。

（撰稿人：张　静　刘文泉）

中国空间科学学会

服务创新型国家和社会建设 2月29日，学会在北京召开全国空间科学及其应用标准化技术委员会标准审查会，会议审定了《月球数字地图质量检查与验收》《月球数字高程模型数据制作规范》《月球探测数据产品分级》《月球信息要素数据字典》《月球信息元数据》《月球影像平面图制作规范》《月球与行星数据产品格式规范》《天体辐射源命名规范》《空间科学数据产品服务规范》9项标准。

学会于2014年向中国科学院重大科技局申请在“实践十号”卫星上搭载微生物菌种，得到了批准。2016年，学会经过菌种筛选、实验以及装置设计等，搭载装置完全满足总体设计要求，通过了验收。

学会建设 2016年，学会召开两次常务理事会议、一次理事扩大会议，完成了分支机构一年一度的年审工作，完成了6个项目的申报工作，发展了100名新会员。学会被科协评为“2016年度全国学会科普工作优秀单位”。

学术期刊 《空间科学学报》全年发表论文115篇，完成了两年一度CNCOSPAR会议论文集的文字编纂及电子版印制，承担了“实践十号”科学实验卫星科普宣传手册的编纂工作。《空间科学学报》组织微重力科学专刊刊登43篇论文，集中刊载反映近年来我国微重力科学研究最新进展的研究成果；开通期刊微信平台，在手机或PAD上实现了论文状态查询、稿件审阅、论文在线阅读等操作；承办了主题为“学术出版领域的新媒体策划与运营”的“小编讲堂”学术沙龙。举荐学报2015年度发表的3篇优秀论文入选

F5000“中国精品科技期刊顶尖学术期刊论文——领跑者5000”平台并取得证书；在2016国际地球科学与遥感大会（IGARSS 2016）上，以张贴海报的形式进行了学报宣传介绍；对近几年的期刊引证数据进行了统计、分析，调研了国内外同类期刊成功的发展模式与经验。

国内主要学术会议 2016年，学会及各分支机构专业委员会共举办5次学术交流会议，分别为：空间材料学术研讨会、第二十九届空间探测学术研讨会、第十二届海峡两岸空间/太空科学研讨会、第十一届微重力科学学术研讨会等。参会人数600人次，收集论文400篇，优秀论文获奖人数30人。

3月27—29日，学会空间材料专业委员会2016学术报告暨专业委员工作会议在福建省厦门市召开学术会议。会议由中国空间科学学会空间材料专业委员会主任、中国科学院上海硅酸盐研究所所长宋力昕主持。上海交通大学教授张荻、中国科学院上海硅酸盐研究所研究员董绍明、厦门大学教授刘兴军分别作了题为《Al基复合材料的制备科学与应用研究》《空间光学系统陶瓷基复合材料研究与应用》和《太阳系类地行星形成机理的材料学研究》的邀请报告。

张荻介绍了针对Al基复合材料开展的从基础研究、应用研究到实际应用的整体研究情况，详细介绍了金属基复合材料设计、界面形成与调控、结构建模与拟实等内容。董绍明从空间光学系统结构材料的发展趋势、SICCAS（上海硅酸盐所）C/SiC支撑结构研究与应用等方面作了深入介绍，重点讨论了陶瓷基复合材料微区原位反应制备技术、微孔高效熔渗反应制备技术以及支撑结构设计、制备及应用等。刘兴军教授阐述了从材料学角度研究太阳系中金星、火星、地球、水星、月球的层状形成机理和成分分布情况，介绍了通过制备自组装复合材料以及通过对材料进行表征来研究类地行星层状结构形成的机理与成分等。

6月29日—7月1日，第二十九届全国空间探测学术研讨会在西藏自治区拉萨市召开。会议由中国空间科学学会空间探测专业委员会主办，中国科学院高能物理研究所、西藏大学承办。学会副理事长吴季代表学会向西藏自治区政府、西藏大学赠送了吉林一号卫星遥感图像。近400名专家、学者参加会议。

国际交往 10月25—29日，第十一届亚洲微重力科学学术会议（11th Asian Microgravity Symposium）在日本召开，200名专家、学者参加会议。

会议由日本微重力应用学会（JASMA）和空间生物科学协会（JSBSS）、中国空间科学学会微重力科学与应用专业委员会（NSMSA）、中国科学院力学研究所、中国科学院空间应用工程与技术中心、韩国微重力协会（KMS）等联合主办。日本北海道大学Fujita教授担任会议主席，中国空间科学学会前任理事长顾逸东院士、微重力专委会前任主任委员刘秋生研究员与来自日本、韩国、马来西亚和泰国等国的专家、学者出任会议共同主席。

与会专家就空间科学的微重力热与流体流动、燃烧与化学物理、空间材料科学、蛋白质与胶体、热物性及基础物理、空间生命科学的空间医学、空间辐射生物技术、空间植物、空间生存与食物以及地基微重力研究、空间装置与微重力实验技术等领域议题进行了交流。

科普活动 2016年，学会共举办50多场针对青少年的科普报告。

5月14日，围绕“比远方更远——空间科学初游记”主题，学会举办了参观“东方红一号”专题展览、空间科学先导专项专题展览，听取科普报告《太空探索背后的故事》，走进科研第一线，参观复杂航天重点实验室与论证大厅、空间环境研究预报中心，与科研人员零距离互动交流等走近空间科学系列科普活动。来自北京市中小学的师生家长、空间科学爱好者等400余人参加了活动。

5月，受中国科学院科学文化传播中心委托，学会参与了“第十八届北京青少年翱翔科学论坛”数学与信息科学领域论坛的评审工作。

6月28—30日，学会举办“空间科学与技术”科普拉萨行活动。活动由西藏大学、西藏自治区科协科普部、西藏自治区物理学会联合承办，本次活动邀请到我国空间科学与技术领域的多位专家，在拉萨阿里地区高级中学、拉萨中学、拉萨市北京实验中学、拉萨市江苏实验中学和西藏大学五所学校举办多场科普报告，约2万名学生和科技工作者参加了活动。

7月至8月，学会全国科普教育基地中国航天员科研训练中心接待了150余名营员。参加夏令营的各地中学生体验了多项航天员训练设施及产品，参观了模拟失重水槽、出舱活动训练模拟器、逃逸塔、舱外航天服等。

表彰举荐优秀科技工作者 经学会推荐，上海技术物理研究所研究员刘银年获得“优秀科技工作者”

称号。

党建强会 学会党支部在中国科协“党建强会”计划“十百千”特色活动支持下，基于学术交流会议平台，组织了以“爱心助学，科普讲座”为主题的科普拉萨行活动。完成《新时期学会党组织的功能、定位研究》报告。

【中国空间科学学会第九次全国会员代表大会】 8月28—30日，中国空间科学学会第九次全国会员代表大会暨第十次学术年会在陕西省西安市召开。包括12名院士在内的260名专家、学者参加会议。

会议由学会副理事长吴季主持。学会理事长顾逸东致开幕词，并作了题为“迎接我国空间科学发展的新高潮”的第八届理事会工作报告。吴季传达中国科协第九次全国代表大会精神，就学会章程修改草案作了说明。学会秘书长邱理作了第八届理事会财务报告。会议就理事会工作报告、章程修改草案、财务报告、会费标准草案、下届理事候选人等分3组进行了讨论。

8月29日下午，由大会主席顾逸东主持召开了全体代表大会，顾逸东就分组讨论结果向大会作了报告，对第八届理事工作报告、章程修改草案、财务报告、会费标准提出的修改意见和建议进行了解释说明，并采纳了部分意见和建议。大会表决通过了第八届理事会工作报告、中国空间科学学会章程修改草案、财务报告、会费标准等。

大会形成了《关于通过〈第八届理事会工作报告（审议稿）〉的决议》《关于通过〈中国空间科学学会章程（修改草案）〉的决议》《关于通过〈第八届理事会财务报告（审议稿）〉的决议》和《关于通过〈中国空间科学学会缴纳标准（审议稿）〉的决议》。经过投票选举产生了131位理事。

会议期间，大会主席顾逸东主持召开了第九届理事会第一次会议，投票选举产生了第九届理事会理事长、副理事长、秘书长和常务理事会理事。第九届常务理事会由9位学会领导和34位常务理事组成，中国科学院国家空间科学中心研究员吴季当选学会事长。

【第十二届海峡两岸空间/天空学术研讨会】 9月6日，第十二届海峡两岸空间/天空科学研讨会在云南省昆明市召开。会议由学会、中国科学院国家空间科学中心、台湾地区中央大学太空科学研究所、空间天气学国家重点实验室联合举办，中国科学院云南天文台、台湾太空科学学会协办。中国科学院海峡两岸科技合作中心、国家自然科学基金委地学部等单位的相关负责人出席开幕式。

中国科学院国家空间科学中心主任、学会理事长、大会主席吴季在开幕式致辞中，回顾了海峡两岸老一辈科学家与海外华人学者共同创建海峡两岸空间/太空科学研讨会的历程。他表示，在两岸科学家的共同努力下，第十二届海峡两岸空间/天空科学研讨会为加深两岸空间科学的交流、凝聚中华民族的智慧发挥了重要作用。

研讨会围绕太阳与行星际物理、近地空间物理（磁层、电离层及中高层大气）、空间探测和空间应用4个主题开展学术交流，介绍中国科学院空间科学先导专项、空间环境地基监测系统“子午工程”，中欧合作太阳风—磁层相互作用全景成像卫星任务等重要空间科学计划，报告了近年来在日地空间物理、行星科学方面取得的进展，探讨了未来海峡两岸空间科学探测计划相互配合的可能性。

（撰稿人：庞红勋）

中国地质学会

服务创新型国家和社会建设 2016年，学会完成“‘一带一路’沿线矿产资源开发与合作”调研项目。调研组围绕“‘一带一路’矿产资源开发合作”的现状、政策扶持等方面进行了调研。在第十八届中国科协年会陕西省党政领导与院士专家座谈会上作了专题报告，形成了《发挥地质工作先导作用，为“一带一路”倡议实施提供能源资源保障》的专家建议。

受山东省第四地质矿产勘查院委托，学会主持召开“山东省地质矿产系列图及其应用”研究成果鉴定会，提出鉴定意见。学会桩检专委会参与编制了交通部标准《公路工程基桩动测规范》、浙江省《地下工程施工和运行监测规程》等多项省部级技术规范，为地方工程建设提供技术服务。学会农业地学专委会结合“三深一土”科技创新战略，完成浙江杭嘉湖平原地区水土地质环境监测预警以及风险评估等多项研究。学会组织召开中国南方喀斯特世界自然遗产保护管理培训会，助力重庆市政府“金佛山喀斯特世界自然遗产”申请。

4月26—27日，学会地质灾害研究分会在云南省主办2016年地质灾害与防治学术会议，就乌蒙山科技减灾及精准扶贫等关键问题建言献策。

学会洞穴专业委员会联合捷克洞穴学会首次在我国热带—亚热带岩溶区最北界重庆发现岩溶台原区天坑地质奇观，为地方开展旅游开发、生态文明建设和精准扶贫服务。

学会能力提升计划 2016年，学会开展了与同济大学等8所高校的工程教育认证现场考查工作。学会制订了《专业认证专家考核暂行办法》。开展国家自然科学奖候选项目的推荐工作，推荐二等奖候选项目一项。开展2016年度十大地质科技进展和十大地质找矿成果评选工作，终评委员会从学会常务理事单位、分支机构、省级地质学会推荐的95个有效候选项目中评选出入选项目。学会向国土资源部推荐13个候选项目参评2016年度国土资源科学技术奖，共计12个项目获奖。

学会建设 学会召开常务理事会议、理事会议5次，行业秘书长会议4次。学会聘请了法律顾问，为学会提供法规政策咨询和法律专项服务。

根据地质学科发展要求，学会新成立了矿山水防治与利用专业委员会，学会分支机构达到了57个。矿床地质专业委员会召开会议，筹备设立矿产资源终身成就奖及矿产资源青年奖；工程地质专业委员会新成立了铁路工作委员会、海洋工作委员会；桩基无损检测专业委员会、岩矿测试技术专业委员及《岩矿测试》编委会、青年工作委员会、构造地质学与地球动力学专业委员会等按时完成了换届工作。

学会加强网站建设维护，出版《会讯》《情况通报》方便会员了解学会工作动态。推出学会手机客户端，实现学术会议在线申报、总结提交及会员发展等线上服务。国土资源部授予学会“2016年度信息化优秀单位。”

科技期刊国际影响力提升计划 《地质学报》（英文版）继续被SCI数据库收录，影响因子为1.996，排名居我国地学刊物第一位。《地质学报》（中文版）被EI收入，其登载的古生物部分，被汤森路透旗下数据库收录。《地质学报》（英文版）获得2015年国家新闻出版广电总局“百强报刊”称号,《地质学报》（中文版）获得2015年度“百种中国杰出学术期刊”称号，这是第八次获此殊荣。《地质学报》中、英文版，《地质论评》三刊同时获得CNKI数据库等单位评选的“2016年度中国最具国际影响力学术期刊”。

《地质学报》中文版收稿569篇，发表244篇。《地质学报》英文版收稿322篇，发表132篇。《地质论评》收稿344篇，发表118篇。《地质学报》英文版出版增刊1期，发表论文摘要170篇;《地质论评》出版增刊1期，发表论文摘要208篇。2016年《地质学报》英文版获得中国科协、财政部等6部委科技期刊登峰计划项目支持。《地质学报》中文版、《地质论评》获得中国科协精品科技期刊项目支持。

科技期刊 在中国科技期刊优秀编辑奖评选中，学会常务副秘书长郝梓国、学会期刊处副处长章雨序分别获得金牛奖和银牛奖。学会与水文地质专委会合办的*Journal of Groundwater Science and Engineering*（《地下水科学与工程》）英文刊物，被《新资源引文索引》（ESCI）、《美国剑桥文摘》（CSA）、《GeoRef数据库》、《文摘杂志》（AJ）收录。《矿床地质》全年出版6期，发表论文100篇，总印数5346册，并获得精品期刊项目资助。

国际学术会议 由学会主办的第三十四届国际非开挖技术协会年会暨展览会在北京召开。来自26个国家及地区的1978名专家、学者参加了会议。16个国家的国际展商、6家媒体及协会组织共81家企业至现场展出、推广交流非开挖领域最新的产品和技术。

国内主要学术会议 2016年，学会及所属57个分支机构全年共召开国内外学术会议、论坛、研讨班56余次，提交论文或摘要8000余篇，参加人数15000余人次。

学会“智慧地球·智慧城市”地质制图与地理信息专委会会同中国测绘地理信息学会地图学与GIS专业委员会等5家专委会联合主办第八届全国地图学与地理信息系统学术大会。近300名专家、学者参加会议。会议交流了地层古生物、古地理、沉积学及相关学科在科学研究、社会服务等方面取得的新进展和新认识。

学会勘探地球物理专业委员会与中国石油大学（华东）等9所高校在山东省青岛市联合主办了第一届全国油气勘探地球物学研究生学术交流论坛。

国际交往 8月13—19日，学会洞穴专业委员会组团赴英国参加欧洲第五届洞穴学术会议，系统介绍了中国岩溶世界遗产和世界地质公园申报和建设情况，展示了岩溶地学旅游资源开发利用在推进地质遗迹保护和地方社会经济发展方面取得的成果。学会勘查地球化学专业委员会应邀赴伊朗地调局访问，为伊朗30余名技术人员进行了地球化学填图培训。学会非常规油气地质专业委员会邀请美国奥斯汀大学地质专家从全球能源转型，美国页岩气勘探开发现状，地震沉积学、地球化学在美国及中国鄂尔多斯盆地的应用等开展学术交流。

8月29日—9月3日，第35届国际地质大会在南非开普敦召开。来自115个国家和地区的4200多名专家、学者参加会议。学会组织全国地勘行业的400余名地学领域的科学家和科技人员组成中国代表团出席会议。

科普活动 2016年，学会推进"'互联网+'科普+地学"宣传，组织开展了一系列特色科普活动。学会被中国科协评为2016年度全国学会科普工作优秀单位。

学会举办第47届世界地球日活动，学会会员近万人参加活动。学会组织开展了第四届首都高校大学生主题演讲比赛活动，来自中国地质大学（北京）等9所高校的20名选手进入决赛。

10月14—16日，第四届全国大学生地质技能竞赛在湖北省武汉市举行。54所高校、142个队、670名师生参赛。学会常务副理事长、第四届全国大学生地质技能竞赛组委会主任孟宪来，中国科学院院士殷鸿福、金振民，中国地质大学（武汉）院校有关负责人参加了竞赛开幕式、闭幕式。竞赛分为本科院校和高职高专院校两组，经过地质技能综合应用、野外地质技能、地质标本鉴定和地学知识4个竞赛环节比拼专业知识和技能。中国地质大学（武汉）获团体一等奖；吉林大学、西南石油大学、西北大学、成都理工大学、南京大学获团体二等奖；长安大学、山东科技大学、中国矿业大学、中国石油大学（华东）、中国地质大学（北京）、中国海洋大学、合肥工业大学、河海大学获团体三等奖，桂林理工大学等10所高校获团体优胜奖。

学会主办的2016年全国青少年地学夏令营在宁夏回族自治区开营，来自22个省、自治区、直辖市的250多名中小学生和工作人员参加夏令营活动。

学会组织科学传播专家团队参加2016年全国科普日北京主场——"健康伴我行"活动。以"水与健康"为核心内容，宣传介绍地下水污染防治、地热资源利用、水与健康等科技知识。地质灾害研究科学传播团队在防灾减灾日、科普活动、地球日活动期间多次走进校园，介绍地球科学和防灾减灾知识。页岩气科学传播专家团队在"科普进校园"活动中走进中国科学院大学、北京大学和中国矿业大学（北京）开展中国页岩气资源特征与调查勘查进展的科普讲座。科学传播专家团队开发制作的《页岩气勘探流程教学动画》和《页岩气开发流程教学动画》，以通俗易懂的动画形式，向公众宣传、普及国土资源科学知识。

学会搭建维护地学科普网站，组织录制中央10台《地理中国》科教节目二期，讲述了内蒙古阿拉善沙漠地貌变迁和山海关长城。科技周期间组织参加"振兴草原 服务三农 科技列车赤峰行"主题科普活动。

表彰举荐优秀科技工作者 学会完成院士候选人的推荐（提名）工作，开展了第八届黄汲清青年地质科学技术奖评选。学会开展了第二届中国地质学会野外青年地质贡献奖——"金罗盘奖"评选，100名来自基层一线的青年地质工作者获奖。学会组织完成中国科协全国优秀科技工作者、中国青年科技奖、中国青年女科学家奖、中国科协光华工程奖等奖项的推荐工作。

2016年，学会设立了"优秀科学传播专家团队"和"优秀科学传播专家"奖项，评选出了作出突出成绩的5支优秀科学传播专家团队、8名优秀科学传播专家。

党建强会 学会党支部筹备组建中国地质学会功能性党组，提交了学会系统"五清"工作报告。将党的制度建设和勤政廉政作风建设贯穿于学会整个工作过程。

会员服务 2016年，学会分别开展与湖南、江西省级地质学会和地质队员、优秀青年地质科技者代表座谈。

学会加强会员数据库建设，开通微信公众号，建立了微信群，在网络平台及时更新介绍学会动态。通过《会讯》《情况通报》，让会员了解学会动态。

【第35届国际地质大会】 8月29日—9月3日，第35届国际地质大会在南非开普敦召开。来自115个国家和地区的4200多名专家、学者参加会议。为做好中国地勘行业地质成果展示，学会组织全国地勘行业的400余名地学领域的科技人员组成中国代表团出席会议。本届国际地质大会主题是"地球科学为社会服务、基础地球科学研究、经济发展中的地球科学研究"。中国展台的展览主题是"促进和支撑中国社会经济发展的地质调查与地质科学研究"。为组织好中国代表团的参展工作，学会开展成果资料的征集、遴选工作，展出了59项成果，向世界全面宣传展示了中国近

5 年地勘工作取得的成绩，展示了中国对地学科学发展和应用的最新贡献。南非电视台、中央电视台分别作了现场报道。大会共设 48 个专题，每个专题特邀 3 ~ 15 个专题报告。由于各项工作准备充分，参会的中国科学家紧扣大会主题，在地质遗迹保护、全球气候变化、地下水、地质大数据、地球动力学、深部地球探测、矿物学、地层年代学、矿产勘查等领域作了学术报告。

会议期间，中国地质代表团 8 人代表参加了国际地科联理事会会议，会议开展了新一届的国际地科联领导机构选举工作，华人地质学家成秋明当选为新一届国际地科联主席。

【第十三届全国矿床会议】 11 月 19—21 日，以“科技创新引领找矿突破，绿色矿山共享经济发展”为主题的第十三届全国矿床会议在安徽省合肥市召开。与会专家、学者就新发现大型—超大型矿床典型案例，重大成矿事件与成矿规律，与镁铁质—长英质岩浆活动有关矿床，典型矿床及有关主岩，成矿过程与物质来源，同生、表生过程与成矿作用，矿床模型、找矿技术与勘查评价，矿产资源战略，矿产预测与成矿远景区划，找矿突破战略行动专题研讨，“一带一路”重要矿产研究及找矿勘查新进展，矿产地质志与成矿规律，绿色勘查、绿色矿山与可持续发展，稀有、稀土和分散资源成矿规律与找矿勘查，矿田地质研究、调查与深部外围找矿勘查 15 个专题进行了深入探讨。中国科学院院士常印佛、翟明国，中国工程院院士陈毓川、何继善、裴荣富、汤中立、蔡美丰、邱爱慈，以及来自全国科研院所、大专院校、地勘单位、矿业公司和政府部门的 1200 多名专家、学者、学生参加了会议。

会议展示了自 2014 年来我国矿床地质研究方面取得的成果，重点探讨了大宗紧缺矿产和新兴战略资源上找矿持续取得重大突破，成矿理论及找矿新技术、新方法等。

会议安排了中国科学院院士翟明国，中国工程院院士陈毓川、何继善等 14 位报告人就矿业形势与对策、成矿理论研究、找矿技术方法研究和找矿突破进展作主题报告。会议评选出了 18 个优秀学生报告。

【第三十四届国际非开挖技术协会年会暨展览会】 10 月 10—12 日，第三十四届国际非开挖技术协会年会暨展览会（International Nodig Beijing 2016）在北京举行。来自 26 个国家及地区的 1978 名专家、学者参加会议，3 天会期共有 6160 人次参观了展览。学会常务副理事长孟宪来、学会非开挖技术专业委员会主任委员王复明院士、国际非开挖技术协会（ISTT）主席 Enrico Boi 等出席开幕式。

年会设立了特邀报告、注浆与修复、管道检测与评价、设备制造商报告、水平定向钻进的应用 、大学研究、供水管道修复等 10 个专题分会，年会经过了摘要、初稿、终稿三轮审核，收集了来自 16 个国家和地区的 57 篇专业论文。81 个企业展出了各自最新的产品和技术。其中，69 个中国展商、16 个国际展商、6 个媒体及协会组织参展。德国和日本展团展出了两个国家最新的技术和产品。展会吸引了阿联酋、印度、新加坡和马来西亚等国外设备采购商前来观展。

展会开始前，举行了国际非开挖技术协会会员国理事会会议，会上产生了国际非开挖技术协会新任主席和副主席。

（撰稿人：唐　序）

中国地理学会

服务创新型国家和社会建设　2016 年，受中国大百科全书出版社的委托，学会全面启动了《中国大百科全书》第三版地理学卷和中国地理卷的编写工作。

1 月 24 日，学会召开《高等院校地理科学类专业系列规划教材》第二次编委会工作会议，20 多位参编专家出席了会议，进一步促进了教材编写工作。

围绕 2016 年国际“全球共识年”（International Year of Global Understanding，IYGU）目标，学会开展了系列推广活动。4 月 22 日，学会与甘肃省酒泉市人民政府在北京市联合举行了 2016“全球共识年”中国在行动启动仪式暨《酒泉低碳发展模式》研讨会，来自科技部、国家发改委、环境保护部、酒泉市人民政府、中国地理学会、中国中小商业企业协会、中国科学院系统、北京大学等高校的领导和专家、学者 100 多人参加会议。国务院参事刘燕华、国家发改委应对气候变化司副司长蒋兆理、酒泉市人民政府常务副市长周学海、国家应对气候变化战略研究与国际合作中心副主任马爱民、北京师范大学教授周尚意分别以《巴黎会议后的全球气候治理思考》《关于碳市场试点与统一市场的几个思考》《酒泉低碳发展模式探索与实践》《中国自愿碳减排市场设计与运行》《气候变化：从全球共识到地方行动》为题作大会报告。

2016“全球共识年”中国在行动启动仪式

受国家发展和改革委员会规划司委托，学会于12月19—20日在贵州省贵阳市举办了资源环境承载能力监测预警技术方法培训与研讨会。来自国家发展和改革委员会、地方发展与改革委员会的领导，以及全国各相关领域的技术专家240多人参加了培训和研讨。学会邀请有关科研团队专家解读《资源环境承载能力监测预警技术方法（试行）》，并就技术方法完善、监测体系建立等进行研讨交流。

12月30日，学会与广东省揭阳市政府在揭阳市以“全球共识与地方行动”为主题举办了林超地理博物馆2016年会。来自科技界、地方政府、企业和民间的600多人参加了年会活动。学会理事长、中国科学院院士傅伯杰和中国科学院可持续发展研究中心主任樊杰分别作科学发展报告。

学会建设 8月22—25日，在第33届国际地理大会期间，国际地理联合会代表大会召开，在学会推动下，创建了国际地理联合会农业地理与土地工程委员会，秘书处设在中国。会议期间，学会组织召开了亚洲国家地理学会联盟建设专题论坛，就成立亚洲地理学会事宜达成初步共识。

12月26—27日，学会在广东省广州市召开了十一届七次常务理事会议和十一届三次全体理事会议，选举产生了学会理事会党委，批准成立了政治地理与地缘关系专业委员会和生物地理专业委员会。

2016年，学会发展个人会员814人，学会个人会员总数为10815人。

科技期刊国际影响力提升计划 2016年，学会主办的*Journal of Geographical Sciences*（《地理学报》英文版）和*Chinese Geographical Science*（《中国地理科学》英文版）分别获得“中国科技期刊国际影响力提升计划”二、三等奖资助。

《地理学报》（英文版）在“中国科技期刊国际影响力提升计划”的支持下，期刊质量和国际影响力不断提升。据美国科技信息研究所公布的2015年度期刊引证报告显示，该刊影响因子由上年的1.344提高到1.923，在49种国际地理学期刊排名第28位，在中国大陆被收录的185种期刊中排名第42位。

学术期刊 《地理学报》入选“2016学术类期刊数字影响力100强”，并连续15年获得“百种中国杰出学术期刊”称号，其发表的论文《青藏高原国家生态安全屏障保护与建设》被评为“中国科技期刊2016年度优秀论文”，《20世纪80年代末以来中国土地利用变化的基本特征与空间格局》被评为“2015年中国百篇最具影响国内学术论文”。

Journal of Geographical Sciences、《地理学报》、*Chinese Geographical Science*和《经济地理》4种期刊入选“2016中国最具国际影响力学术期刊”（TOP 5%）。

1月至3月，为了落实中国科协等5部委《关于准确把握科技期刊在学术评价中作用的若干意见》，学会组织评选了首届最具影响力中国地理期刊优秀论文，评选出30篇优秀学术论文，文章被引频次和下载次数均为TOP100。

4月22—24日，学会在重庆市举办了2016中国地理编辑出版年会暨首届最具影响力中国地理期刊优秀论文发布会。来自商务印书馆、科学出版社、《地理学报》等20多家学术出版机构以及数十家科研院所和高校的专家、学者近300人参会。会议邀请5位著名学者作大会报告、8位编辑出版界专家作科技写作讲座，举办了首届（2016年度）最具影响力中国地理期刊优秀论文发布仪式。

学科发展研究 1月22—23日，学会在北京举办了变化背景下我国人文与经济地理学发展高层论坛，来自科研院所和高等院校的30余位专家、学者出席会议，就人文与经济地理学科发展问题进行研讨。会议总结了过去多年来我国人文与经济地理学发展所取得的成绩，分析了存在的问题，探讨了学科发展方向和路径。会后，组成了以中国科学院院士陆大道为首席专家的编写组，组织编写《互联网时代的人文与经济地理学》一书。

1月至8月，学会组织200多位中青年专家开展了中国地理学、人文与经济地理学和历史地理学科发展研究工作，召开学术研讨会10多次，编写出版了

《地理科学三十年：从经典到前沿》（中英文版）、《中国人文与经济地理学者的学术探究与社会贡献》（中英文版）和《历史与现代的对接：中国历史地理学最新研究进展》5 部学术著作。

2016 年，学会成功申请并启动了中国科协研究项目“中国地理科学发展路线图”。学会全面完成了《自然地理系列学术专著》出版工作。

决策咨询 1 月 8—9 日，学会在吉林省长春市举办了第一期东北地区创新发展与振兴论坛。来自国家发展改革委宏观经济研究院、中国科学院地理科学与资源研究所、北京大学、国家自然科学基金委员会等单位的 30 多位专家、学者围绕论坛主题作专题报告，9 位特邀专家围绕东北振兴发展的阶段性与需要破解的关键问题研究、东北创新发展的新机制与模式研究、东北创新发展的新动力与路径研究、产业结构调整与新产业培育研究、示范区建设与产业转移研究和“一带一路”建设与区域开放合作研究等问题作重点发言。会后提交咨询报告 3 份。

9 月 25 日，学会在吉林省长春市举办了第二期东北地区创新发展与振兴论坛，来自全国有关科研单位的 40 多位专家、学者参会，其中 23 人在论坛上作学术报告。会后形成咨询报告集 1 本，收录报告 17 篇，提交咨询报告 1 份。

12 月 19—20 日，受国家发展和改革委员会委托，学会在贵州省贵阳市举办了资源环境承载能力监测预警技术方法培训与研讨会，240 多位专家、学者参加培训和研讨。学会邀请有关技术团队专家解读了《资源环境承载能力监测预警技术方法（试行）》，并就技术方法完善、监测体系建立等进行了研讨，为形成全国全覆盖的常态化、业务化监测预警工作机制奠定了基础。

2016 年，学会《国情与发展》战略研究组围绕“一带一路”“胡焕庸线”、长江经济带和山地发展等问题组织 4 次专题学术研讨，出版《国情与发展》报告 4 期，刊登咨询报告 31 篇，出版了《中国地理资源国情快报》政策版。

国际学术会议 9 月 11—15 日，学会参与主办的第十一届中日韩地理学术研讨会暨第二届亚洲地理学大会在日本札幌召开，会议由中国、日本、韩国 3 国的地理学会联合主办。会议以“亚洲地理前沿：回望十年，用青年精神创造未来”为主题，来自中国、日本、韩国、印度等国的 171 名地理工作者参会。学会派出了由中国科学院院士、学会理事长陶澍副为团长的 73 人代表团参加会议。日本地理学会理事长 Murayama Yuji、韩国地理学会会长 Yang Bokyung、中国地理学会副理事长陶澍分别在开幕式上致辞。日本山口大学教授 Araki Hitoshi、北京大学教授陶澍和韩国釜山大学教授 Park Sun 分别作大会主题报告。与会学者围绕城市结构与住房、城市网络、土地利用、区域规划、政治地理、管治、移民与人口、旅游、文化、城市文化、农业与农村、行为地理、地理信息系统与遥感、地震与灾害、环境等专题作专题报告，交流和分享亚洲地理学前沿研究进展，探讨共同面临的发展问题以及探寻新的学术合作机会。会议还设立了“（女性）青年学者的对话”特色版块，中、日、韩 3 国代表结合女性青年学者自身经历分别就 3 国青年学者面临的就业机会与职业发展、研究支持等研究环境进行经验交流。本次会议评选表彰青年优秀论文 6 篇。

12 月 9—11 日，学会在广东省广州市举办了东南亚区域经济发展国际论坛，主题为“变革中的东南亚和华南经济区：机遇与挑战”，来自加拿大、美国、西班牙、荷兰、新西兰、泰国和中国的 70 余位专家、学者参会。学会经济地理专业委员会主任刘卫东、加拿大约克大学亚洲研究中心主任 Philip F. Kelly、中国科学院广州地理研究所所长张虹鸥分别作题为《“一带一路”及其对东南亚的影响》《东南亚国家的移民、侨汇及其发展》《中国对东盟直接投资的特征、展望与经济地理学议题》的大会主旨演讲。香港大学社会科学学院副院长林初昇主持圆桌论坛，华南师范大学副校长朱竑，北京大学城市与环境学院院长贺灿飞，学会副理事长、中山大学地理科学与规划学院院长薛德升，荷兰乌德勒支大学副教授 Maggi Leung，美国哈佛商学院助理教授 Meg Rithmire 和新西兰梅西大学 Junjia Ye 博士作为研讨嘉宾，围绕“东南亚社会经济发展的重大议题与理论、政策启示”“中外学者在方法论与视角的差异”以及“‘一带一路’国家战略对东南亚国家的机遇或挑战”等议题发表见解。与会代表分中英文会场，围绕“区域一体化过程中的政治经济”“人口流动、劳动力市场与以及贫困人口生计”“区域贸易网络与区域发展”与“跨国贸易、投资与基础设施建设”4 个专题进行学术报告与讨论交流。

国内主要学术会议 2016 年，学会及分支机构共开展国内学术交流活动 28 次。

11月18—20日，第四届地理学与中国全球战略高层论坛暨首届“春芬论坛”在上海市举行。50余位专家、学者参加论坛。中国科学院院士秦大河、香港大学地理系主任章典、辽宁师范大学教授张耀光、北京大学教授贺灿飞、华东师范大学教授杜德斌分别作大会报告。与会者围绕论坛主题，就“一带一路”与经济全球化、气候变化对地缘关系与格局的影响以及中国边境地缘环境等世界经济地理学与政治地理学领域的相关热点问题进行了学术研讨。会议同期举行了我国杰出地理学家、地理教育家和区域地理学的主要奠基人李春芬先生铜像揭幕仪式。

11月27日，“中国历史地理学重要成果汇报及学科发展高层论坛”在北京举行。此次论坛由学会主办，学会历史地理专业委员会等联合承办，全国主要历史地理研究机构共同协办。120余位专家、学者参会。学会历史地理专业委员会主任吴松弟阐述了中国历史地理学的发展历程、学科现状、标志性重大成果、当前的学术热点、总体的学科贡献以及未来展望。北京大学、复旦大学、陕西师范大学的专家分别汇报了本单位历史地理学研究概况、特长和重要成果。

两岸交流 6月25—26日，学会在福建省福州市召开了第六届海峡两岸经济地理学研讨会。会议主题为“经济地理学的创新发展”，300余位专家、学者围绕全球产业网络与产业转移，产业转型与集群，区域网络与发展规划，城镇化与城乡关系，城市空间与土地利用，城乡关系与资源保护，乡村复兴与区域发展，全球城市、区域与空间管制，以及新时期经济地理学发展等议题，进行学术交流。

9月20—26日，学会在台湾地区举办了第十四届海峡两岸休闲产业与乡村旅游学术研讨会。来自海峡两岸的50余位专家、学者围绕全域旅游的创新发展、美学创意与乡村旅游、海洋休闲渔业转型升级、乡村自然景观美质的健康效益等主题进行演讲和学术交流。

国际组织任职 2016年，学会加入的国际地理联合会（International Geographical Union，IGU）和国际冻土协会（International Permafrost Association，IPA）分别召开代表大会，进行机构换届。中国科学院院士周成虎继续担任IGU副主席，蔚东英继续担任IGU地学遗产委员会主席，苏奋振当选IGU地理信息科学委员会联合主席，刘彦随创建了IGU农业地理与土地工程委员会并担任主席。马巍连任IPA执委。杨小平继续担任国际地貌学家协会执委会副主席，彭华继续担任国际地貌学家协会红层与丹霞地貌工作组组长。

国际交往 8月17—21日，学会在天津市承办了国际地理联合会（IGU）执行委员会2016年夏季工作会议，邀请了IGU奥赛工作组来京指导工作。

学会组团参加2016年美国地理学家协会学术年会，组团赴日本参加第十一届中日韩地理学国际研讨会，组团赴斯里兰卡参加第37届亚洲遥感大会。

科普活动 1—6月，学会以国际“全球共识年”中国在行动为主题，开展了第十届“地球小博士”全国地理科普大赛活动，1000多所中小学校的12万名老师和学生参加大赛活动。

2月1—10日，学会林超地理博物馆工作组组长刘闯带队前往中国科学院珠穆朗玛大气与环境综合观测站，开展了世界屋脊气候变化与国际“全球共识年”中国在行动集邮展论坛，50多人参加了活动。

5月15日，在中国科学院第十二届公众科学日活动上，学会举办了“可持续发展——全球共识年”宣传活动，邀请中国科学院院士和中国科学院地理资源所的研究人员等为公众讲解。学会还开展了各类自然灾害知识和防范应对措施的科学普及和宣传教育，向公众发放中小学生防灾减灾科普教材和科普漫画600余本。

8月，学会协助“科普中国”相关栏目，编制了《让生态融入城市　实现和谐绿色发展》《遥感改变生活》《中国地理学科的发展及展望》3部视频短片。

8月16—21日，学会在北京承办了第13届国际中学生地理奥林匹克竞赛活动，来自47个国家和地区的174名参赛学生和88名带队老师参加本届国际地理奥林匹克竞赛活动。

11月5—6日，学会在安徽省宿州市举办了第八届全国中学生地理奥林匹克竞赛，来自全国88支代表队的417名中学生参加了本届全国奥赛。

12月4日，由学会和北京超图软件股份有限公司联合主办的SuperMap杯第十四届全国高校GIS大赛决赛答辩会暨颁奖典礼在北京市举行，来自全国9所高校的10支团队参加决赛。本届大赛共设置了“Web与移动开发组”“地理分析组”“三维应用组”“制图组”以及“论文组”。最终，聊城大学“爱游出行监控系统”获得一等奖，武汉大学“基于地理围栏技术的女大学生出行安全保护APP——Safe软件”、山东科技大学“爱青岛爱呼吸——青岛市空气质量智慧分析系统”、华北理工大学“二类疫苗监控管理平台”获得二等奖，浙江农林大学“古树名木在线管理保护系统”等6个项目获得三等奖。

12月30日，学会与广东省揭阳市真理中学签署了共建“校园科普展厅基地”协议。中国首位南极科考专家张青松为真理中学师生作科学报告，3000多名师生参加活动。

2016年，《中国国家地理》出版12期，年发行量超过600万册，入选2016大众类期刊数字影响力100强，被新闻出版广电总局报刊司评为“全国报刊媒体融合创新案例二十佳”。

学会组织“中国国家地理大讲堂”28次，大讲堂立足自然科学，内容涉及地理、天文、生物、环保等学科，涵盖和地理相关的考古、探险、历史等多个学科领域，面向社会公众免费开放，参加人数超过5000多人次。《中国国家地理》杂志社制作的《8分20秒走遍中国VR》入选中共中央宣传部“2016年重点外宣影视项目”。

学会主办的“林超地理博物馆（网络版）”和“全球可持续发展城市网络”两个信息化、国际化科普平台在第33届国际地理大会上设立展台。

学会利用官网微博、微信公众号和QQ群等进行科普宣传。创办了电子杂志《地理学求索》，出版了《中国地理资源国情快报》科普版、《行旅》等科普刊物。

表彰举荐优秀科技工作者 2016年，学会开展第七届“中国地理科学成就奖”评选活动，授予中国科学院院士陆大道、中国科学院地理科学与资源研究所研究员廖克和华中师范大学教授景才瑞“中国地理科学成就奖”。

党建强会 11月至12月，按照中央和中国科协关于加强社会团体党建工作的要求，学会完善和完成了学会办事机构和学会理事会层面的党组织建设工作。通过与挂靠单位中国科学院地理科学与资源研究所党委协商，理顺了学会办事机构党支部设置问题，设立了科技平台与信息党小组，并成立了中国地理学会、中国自然资源学会和中国青藏高原研究会联合党支部。经过常务理事党员代表投票选举，产生了学会理事会层面的功能型党委，学会理事长傅伯杰任书记。

会员服务 学会出版《中国地理学会会讯》4期，发行量30000多份。组织开展了“中国地理学会优秀中学地理教研论文评选活动”，表彰优秀论文71篇。

学会坚持重要学术会议和《地理学报》发表文章对会员实行优先和优惠政策。

学会组织学术讲师团到边远地区地方院校和科研单位作学术报告，先后有20多位专家开展了40多次专场学术报告，将最新研究成果和国际学术前沿问题带给广大会员。

【第33届国际地理大会】 8月22日，第33届国际地理大会（33rd International Geographical Congress）在北京开幕。国际地理联合会主席Vladimir Kolosov、中国科学院院士秦大河担任大会学术委员会联合主席，中国地理学会前理事长刘燕华、现理事长傅伯杰担任大会组织委员会联合主席。大会以“构建我们的和谐世界（Shaping Our Harmonious Worlds）”为主题，来自100多个国家和地区的近5000名专家、学者参会。国际科学理事会（ICSU）副主席、中国科协副主席、中国科学院副院长、中国科学院院士李静海，中国科协党组成员、书记处书记束为，国际地理联合会主席、俄罗斯科学院研究员Vladimir Kolosov，大会学术委员会主席、中国科学院院士秦大河，大会组织委员会主席、国务院参事刘燕华出席大会开幕式并致辞。大会组织委员会主席、中国地理学会理事长、中国科学院院士傅伯杰，中国科学院院士刘昌明、郑度、孙九林、王颖、陆大道、叶嘉安、姚檀栋、郭华东、崔鹏、陈发虎、夏军，俄罗斯地理学会名誉理事长Vladimir Kotlyakov，俄罗斯地理学会第一副主席Nikolay Kasimov，法国地理学会主席Jean R. Pitte，国际地理联合会秘书长Michael Meadows，以及国际地理联合会主席、副主席、秘书长等出席大会。大会组委会秘书长、国际地理联合会副主席、中国科学院院士周成虎主持大会开幕式。

在5天的会期内，未来地球计划科学委员会主席Mark Stafford Smith，中国科学院院士、学会理事长傅伯杰，韩国前驻华大使、首尔大学教授柳佑益，法国的Denise Pumain博士，加拿大的Mark W. Rosenberg博士，中国科学院院士秦大河，南美的Michael Meadows博士，德国的Benno Werlen博士，荷兰的Virginie Mamadouh博士和日本的Takashi Yamazaki博士10位国际知名科学家分别作大会特邀报告《地理科学和未来地球计划：研究解决方案，从区域尺度到全球尺度》《了解中国的地理位置：链接科学与社会》《回到未来：探究区域生活方式》《地理科学和未来的地球：研究解决方案，从区域尺度到全球尺度》《了解中国的地理位置：链接科学与社会》《回到未来：探究区域生活方式》《城市动力学和地理差异：从理论到建模》《通过区域卫生和护理研究塑造“和谐世界”》《气候变化及其影响》。

大会围绕地理科学与未来地球、气候变化与全球理解、城市化与可持续发展、环境健康与人类福祉、地理学与多元文化5个主要议题，设立了262个分会场，共进行了400多个场次的报告会、论坛和研讨会，包括面向中国重大需求，大会设立“一带一路”国际科学家联盟智库论坛、丝绸之路经济带中亚资源与环境论坛、山地论坛，以及非洲对话、拉美对话、青年沙龙等特色活动。大会交流学术论文3800多篇，其中口头发言2600多篇，张贴学术墙报1200多份。大会开幕式前，7个国际地理联合会所属专门委员会分别在北京、上海、南京、广州、西安召开了专业学术年会。

8月16日，来自45个国家和地区的174名参赛学生和88名带队老师参加了为期1周的第13届国际地理奥林匹克竞赛。开幕式上，大会向“第十三届国际地理奥林匹克竞赛”获奖者颁发了金牌奖。

【2016年中国人文地理学联合学术年会】 9月24—25日，2016年中国人文地理学联合学术年会在吉林省长春市召开，来自全国120多所高校和科研院所的专家、学者共1000余人出席了大会。会议由学会人文地理专业委员会、经济地理专业委员会等10个分支机构联合主办。

本次会议的主题为“‘十三五’时期中国人文地理学的协同创新”和“面向世界和服务国家的中国人文地理学发展”。近100位专家、学者出席会议。10位专家、学者作《地理区域综合集成研究路径》《地理学思维与地理思维》《中国人文地理综合区划的探索》《东北地区创新发展》《人类活动下的大尺度土地利用变化模拟》《聚焦中国农村发展》《中国城市社会空间研究实践与思考》《我国空间（区域）规划的趋势与地理学的应对》《高速铁路对航空运输流量的影响》等报告。

本次年会共收到学术论文（含摘要）600余篇，设立了“人文地理学的新领域、新理论与新方法”“全球化下的地缘格局与区域治理”“‘一带一路’建设与区域开发开放”“区域协调发展与东北振兴”“新型城镇化与资源环境影响”“产业发展与经济转型”“城市转型与城市群建设”“城乡协调与新农村建设”“旅游业发展转型与旅游地理创新”“社会发展转型与文化地理”“人口地理研究进展”“人文地理学术论文写作与编辑论坛”12个专题分会场，290多位专家、学者作分会场专题报告。

（撰稿人：张国友）

中国地球物理学会

学会建设 2016年，学会发展会员398人，其中女会员35人。截至2016年年底，会员总数为16158人，其中女会员2221人。新增普通单位会员6个，常务理事单位会员6个。截至2016年年底，单位会员总数80个。增补常务理事4人、理事3人，新成立了岩石物理专业委员会和中国地球物理学会科技推广中心。

组织召开学术会议29个，其中计划内会议19个，计划外会议10个，累计参加学术交流人员5322人次。

召开了常务理事会议3次，秘书长工作会议2次，春节座谈会1次，全国秘书长联席会1次，中国科协会员日工作会议1次。

学术期刊 中国科协批准成立 *Earth and Planet Physics* 英文期刊编辑部，主办单位为中国地球物理学会、中国科学院地质与地球物理研究所、科学出版社，年内进行筹备工作。

国际学术会议 6月27—29日，由学会与中国工程院牵头主办、国家自然科学基金委员会地球科学部等单位联合承办的第七届环境与工程地球物理国际会议（ICEEG 2016）和地球物理与资源环境国际工程科技发展战略高端论坛北京召开。大会的主题为“地球物理与资源环境”。会议议题涉及工程、环境、生态、水资源和灾害等领域的地球物理方法、技术和仪器等方面的最新成就与新进展，以及地球物理方法、技术在重大工程中的新近应用成果。

国际交往 6月，在维也纳举办的欧洲2016地质学家与工程师学会（EAGE）年会上，学会与欧洲地质学家和工程师联合会（EAGE）签订合作协议，双方成为关联学会。

科普活动 中国科协授予学会“2016年度科普工作优秀学会”称号。

利用学会建立的“地球探秘”和“上天入地”两

个科普微信公众号开展科普知识传播工作。为配合防灾减灾宣传周，“上天入地”微信平台做了8期科普宣传，在平台开展了线下线上的互动。移动端科普融合创作作品“热力图怎么和城市减灾挂上钩了”通过《科普中国》微平台进行传播。

由新华网制作、学会监制的科普视频《油气资源的宝库——海洋》和《地震多了吗？》在新华网《科技前沿大师谈》栏目首发，传播量达100万人次。

4月18日，学会认定中国地质大学附属中学为中国地球物理学会科普教育基地，授牌仪式在北京举行。学会在学校和企事业单位共设立了9个科普教育基地。

8月15日，学会联合《知识就是力量》杂志社和中国电子学会在辽宁省大连市举办2016年全国中学生科学技术创新夏令营。

2016年全国中学生科学技术创新夏令营

12月8—10日，由学会主办、北京桔灯地球物理勘探有限公司等单位承办的“创新杯”第二届全国大学生地球物理知识竞赛在山东省济南市举行，来自吉林大学的“地心引力”代表队获得冠军。

表彰举荐优秀科技工作者 学会推荐的长江勘测规划设计研究院长江地球物理探测（武汉）有限公司张建清获得第七届“全国优秀科技工作者”称号。

学会组织开展“中国地球物理科学技术奖”“顾功叙地球物理科技发展奖”等奖项的评选。2016年度，9个项目获得“中国地球物理科学技术奖”。其中，“低频可控震源与低频地震勘探技术”1个项目获得一等奖，“基于地震纹属性分析的储层含气性评价方法技术”等6个项目获得二等奖，“利用地震属性预测煤层瓦斯富集带的研究”等2个项目获得三等奖。北京大学黄清华获得科技创新一等奖。

上海同济大学海洋与地球科学学院教授王家林荣获2016年“顾功叙地球物理科技发展奖”。中国科学院青藏高原研究所白玲、中国石油集团东方地球物理勘探有限责任公司贺维胜、武汉大学电子信息学院倪彬彬、中国地震局兰州地震研究所沈旭章、中国石油大学（北京）地球物理与信息工程学院张峰5名会员荣获2016年“傅承义青年科技奖”。

按照《刘光鼎地球物理青年科学技术奖评选办法》，刘双、刘云鹤、任政勇、肖亮、袁三一5位青年学者荣获第七届“刘光鼎地球物理青年科学技术奖”。

根据期刊检索系统对《地球物理学报》论文引用率查询统计的结果，《鲁甸6.5级地震发震断层判定及其构造属性讨论》（作者：徐锡伟等）、《接地源瞬变电磁短偏移深部探测技术》（作者：薛国强等）、《一套格点化的中国区域逐日观测资料及与其他资料的对比》（作者：吴佳等）、《基于POCS方法指数阈值模型的不规则地震数据重建》（作者：高建军等）4篇论文荣获2016年“陈宗器地球物理优秀论文奖”。

会员服务 学会为会员单位评定正高级职称1人、副高级职称5人、中级职称15人。

2016年中国注册地球物理工程师考试、考核答辩于12月19—21日在北京举行。经笔试、考核答辩，评审专家仔细阅读参评人员的申报材料并对其进行评议、打分，最终72人通过考核，其中工程类通过35人，矿产资源类通过37人。

中国科协会员日 12月27—29日，学会在河北省涿州市举办了2016年中国科协会员日活动暨中国地球物理学会2017年工作会议。学会分支机构代表、单位会员代表、学会有关领导及学会办公室工作人员近80人参加会议。

【中国地球物理学会第32届学术年会】 10月11—14日，由中国地球物理学会与中国地震学会、全国岩石学与地球动力学研讨会组委会、中国地质学会构造地质学与地球动力学专业委员会、中国地质学会区域地质与成矿专业委员会、中国科学院地质与地球物理研究所共同主办的中国地球科学联合学术年会在北京举行。

中国地球物理学会第32届学术年会作为本次年会的分会场同期进行。中国科学院院士陈颙作了题为“探测地下构造的主动源系统”的报告，中国科学院院士万卫星作了题为“太阳系空间环境与行星粒子逃逸”的报告，吉林大学教授黄大年作了题为“地球物理勘探技术前沿——移动平台探测技术”的报告，中石化石油勘探技术研究院总工程师、教授级高工魏嘉作了题为“π-Frame——大数据时代的开放式地震勘探软件平台”的报告，2016年度顾功叙奖候选人、同济大学教授王家林作了题为“盆地综合地球物理的研究与实践”的报告。

【推动地球物理院士专家工作站建设】 7月13日、8月22日、9月23日，学会组织专家现场考察，同意山西省煤炭地质物探测绘院、西北有色地矿集团、山东正元地球物理信息技术有限公司建立地球物理院士专家工作站。

8月17日，山西省煤炭地质物探测绘院院士专家工作站地空瞬变电磁法推广示范成果交流会在吉林省长春市举行。由山西省煤炭地质物探测绘院与吉林大学合作进行的“地空电磁法在煤矿采空区的探测试验”在会上进行了成果汇报交流。山西省煤炭地质物探测绘院针对地空电磁法在野外施工中存在的问题及相关施工的要求，分别与吉林大学负责发射机研制、时间域电磁法研究、频率域电磁法研究的团队进行了深入交流。

8月23—28日，由西北地矿集团院士专家工作站组织的地空瞬变电磁法培训会在陕西省西安市召开。大会主题为“电磁法探测高端前沿技术”，会议议题涉及矿井瞬变电磁法、地面瞬变电磁法、地空瞬变电磁法、航空电磁法等领域的基本理论、方法、技术和仪器等方面的最新成就与进展，以及相应技术在重大工程中的新近应用成果。

山东正元地球物理信息技术有限公司院士专家工作站助力智慧城市建设，该公司在院士专家工作站的指导下，通过地球物理技术、GIS技术和云计算技术相结合，以感知、物联、智能为设计理念，针对燃气、供水、排水、热力、路灯、井盖6大类特殊行业建立了专门的智慧管网监管平台，开发了相应的专用产品，实现了智慧燃气、智慧供水、智慧排水、智慧热力、智慧供电和智慧路灯。

（撰稿人：乔忠梅）

中国矿物岩石地球化学学会

学会建设 学会使用会员管理系统，并对个人会员资料进行整理、统计，及时更新会员联系方式，2016年新增会员41人。截至2016年底，学会会员总数为7474人，其中终身会员1115人。

4月9日，学会在浙江省杭州召开了第八届理事会第七次常务理事（扩大）会议，交流和研讨国家科技奖推荐、承接政府转移职能与国民经济建设相结合，以及学会进一步发展战略问题等。

8月5—8日，学会在贵州省荔波市召开了2016年秘书长工作会议。会议讨论并修改了学会理事会和分支机构换届方案（讨论稿）、学会青年人才托举计划实施办法（试行）、学会16届学会年会主题分会场设置、大会报告设置、团体会员及《会员条例》和侯德封矿物岩石地球化学青年科学家奖推荐书，以及地球科学集群优秀论文遴选方案。

11月27日，学会在北京召开了第八届理事会第八次常务理事（扩大）会议。讨论通过了变更岩矿分析测试专业委员会主任委员和挂靠单位、撤销地球科学认识论方法论专业委员会、新设立大数据与数学地质专业委员会的决议。讨论了学会评优活动、学会党建工作。

科技期刊影响力提升计划 学会主办的英文期刊*Acta Geochimica*（《地球化学学报》）获得中国科技期刊国际影响力提升计划项目资助。为了切实提高刊物的影响力，组织开展了4期*Acta Geochimica*地学之星论坛，邀请国内外科学家参与。

学术期刊 学会主办的《岩石学报》获得了中国科协精品期刊TOP50项目资助，电子刊上线。学会主办的《矿物岩石地球化学通报》获得中国科协精品期刊“期刊数字出版与传播建设项目”的资助，实现全文开放获取。

表彰举荐优秀科技工作者 经学会推荐，中国科学院广州地球化学研究所研究员孙卫东获得第七届“全国优秀科技工作者”称号。经学会推荐，学会理事长胡瑞忠当选中国科协第九次全国代表大会代表和中国科协第九届全委会委员。

经学会推荐，中国科技大学秦礼萍教授获第14届中国青年科技奖和首届中国优秀青年科技人才奖。

学会授予丛志远等18名科技工作者第八届“侯德封矿物岩石地球化学青年科学家奖”。

国内主要学术会议 学会及其所属专业委员会共组织召开了16次全国性学术会议，包括地球内部挥发分的分布和效应高端学术研讨会、第十三届全国古地理学及沉积学学术会议近红外光谱技术与快速元素分析技术结合进行找矿勘探应用交流会、第十八届全国包裹体及地质流体学术研讨会、变质岩专业委员会

2016年学术研讨会、第六届全国应用地球化学学术会议、花岗质岩浆的起源、演化与成矿学术研讨会等，参会人数共计2393人次，收到会议论文872篇。

8月29—31日，学会火山与地球内部化学专业委员会联合其他学会、科研单位在内蒙古自治区扎兰屯市联合召开了全国第八次火山学术研讨会。

9月23—25日，学会岩相古地理专业委员会主办的第十三届全国古地理学及沉积学学术会议在河南省郑州市召开。

10月20—21日，由学会主办、浙江大学承办的地球内部挥发分的分布和效应高端学术研讨会在浙江省杭州市召开。

11月11—13日，学会应用地球化学专业委员会主办的第六届全国应用地球化学学术会议在陕西省西安市召开。

国际交往 学会理事鲁安怀前往意大利里米尼参加2016年度国际矿物学协会理事会，讨论年度协会学术交流工作和组织工作。

学会化学地球动力学专业委员会在戈尔德施米特（Goldschmidt）2016国际会议期间，组织了专题“版块过程与版块—地幔交互作用”，该专题设置口头报告16个、展板报告22个；在大洋洲地球科学学会（AOGS）2016国际会议上组织了专题“俯冲带结构与形成过程”，该专题设置口头报告14个、展板报告10个。

科普活动 学会在科技活动周期间开展科普活动。5月21日，学会与学会支撑单位中国科学院地球化学研究所共同举办主题为“科技创新 追梦未来”的科普开放日活动，来自贵州省内高校、科研院所及中小学的1600余人亲身体验、感受科学魅力。

党建强会 4月，学会向支撑单位中国科学院地球化学研究所党委申请成立学会党支部，经过考察，支撑单位同意成立学会办事机构党组织。学会共5名党员，刘莉任党支部书记。

【中国矿物岩石地球化学学会第16届侯德封矿物岩石地球化学青年科学家奖】 4月9日，学会在浙江省杭州市组织召开了第16届侯德封矿物岩石地球化学青年科学家奖评审会。经评选委员会预审和综合评议，以无记名投票方式评选出丛志远、侯通、惠鹤九、李杰、刘娟、龙晓平、倪怀玮、苏本勋、汪福顺、王孝磊、吴怀春、杨蔚、杨燕、杨智、袁顺达、张宝华、张华、朱润良18名获奖人。

侯德封矿物岩石地球化学青年科学家奖旨在鼓励与表彰在矿物学、岩石学与地球化学（含沉积学）研究中作出创造性贡献，推动我国矿物学、岩石学和地球化学（含沉积学）事业发展的青年地球科学工作者。

（撰稿人：刘 莹）

中国古生物学会

学会建设 2016年，学会召开了第十一届理事会第四次理事会议，第六次、第七次常务理事会议。2016年度，学会发展个人会员22名、团体会员单位1个。截至2016年年底，学会共有会员2966人、团体会员27个。

学会新成立古无脊椎动物学分会，该分会涵盖了科研、教育教学以及古无脊椎动物学的各个分支。

学会及所属分支机构共举办国内外学术会议7次，征集到论文摘要274篇，767余人参加了会议，242人作了会议报告，出版论文集及论文摘要集5册。

学术期刊 2016年，学会主办的《古生物学报》出版4期，共刊发论文52篇，全年共印发4800册。该期刊入选中国学术期刊（光盘版）电子杂志社、中国科学文献计量评价研究中心及清华大学图书馆发布的“2016中国最具国际影响力学术期刊”。

国际学术会议 5月15—17日，国际古生物学协会（IPA）理事会工作会议在北京召开，中国科学院院士周忠和主持会议，会议就加强IPA与其他国际学术组织合作、促进各古生物分支领域组织交流、评选年度古生物学重大发现、设立学术荣誉和奖励、健全会员制度、协会网站建设、世界古生物公园和古生物化石资源保护、国际化石日以及下一届国际古生物学大会筹备等议题展开讨论，并达成有效共识。国际古生物学协会（IPA）官方的新网站将由中国古生物学会牵头建设。

国内主要学术会议 6月24—27日，学会微体古生物学分会第十届会员代表大会暨第十六次学术年会、化石藻类专业委员会第十七次学术年会在甘肃省和政县召开，88位专家、学者参会，共收到论文摘要52篇。26位专家、学者在会上作了口头报告，展示了微体古生物和化石藻类学科近年来的最新成果。

8月21—25日，学会古脊椎动物学分会第十五次学术年会在黑龙江省大庆市召开，90多家单位的

260余位专家、学者参加会议。大会共安排70多场学术报告，出版了会议论文集，收录30多篇学术论文。

11月18—22日，学会古植物学分会2016年学术年会在云南省昆明市举行，160多位专家、学者和研究生参加了本次会议。会议共收到论文摘要102篇，特邀4位年青学者作大会报告，共有分会场学术报告75个，评选出了研究生优秀报告奖和展板奖。

12月17—18日，学会古无脊椎动物学分会成立大会及第一届学术年会暨古生态专业委员会2016年学术年会在贵州省贵阳市召开，来自全国30多家单位的100余位专家、学者参加会议。本次大会共安排23场学术报告，并出版论文集。

国际交往 4月3—9日，学会秘书长王永栋、常务副秘书长蔡华伟代表中国古生物学会赴俄罗斯圣彼得堡出席俄罗斯古生物学会第62届年会暨纪念俄罗斯古生物学会成立100周年国际会议，会议期间与俄罗斯、美国、蒙古、哈萨克斯坦、白俄罗斯等国家的古生物学会、古生物学研究机构以及古生物学专家等进行了学术交流。

8月27日—9月3日，学会组织专家、学者参加在南非开普敦召开的第三十五届国际地质大会，并作学术交流。会议对早期生命起源、石炭纪地层学、二叠纪和三叠纪综合地层学与环境、侏罗纪生态危机、白垩纪海平面变化以及新生代生物与环境变化等进行了研讨。

10月23—28日，学会组织专家、学者参加在巴西萨尔瓦多召开的第14届国际孢粉学暨第10届国际古植物学联合大会，并作学术报告交流。学会秘书长王永栋作为召集人分别主持两个分会场报告会，并作口头报告。

11月5—10日，德国古生物学会主席Joachim Reitner教授一行3人访问了学会，与学会理事长杨群、学会秘书长王永栋等进行会谈，就中国古生物学会与德国古生物学会就共同举办2017年第二届中德古生物学国际学术研讨会交换了意见。该会议将于2017年10月10—13日在湖北省宜昌市举办。

科普活动 9月10—11日，由学会科普工作委员会主办的第三届全国地质古生物科普研讨会在重庆市举行。来自自然类博物馆、地质博物馆、古生物博物馆、国家地质公园的160余人参加研讨会。会议就古生物科普工作新尝试与新经验、“互联网+”在博物馆管理中的创新与实践、新媒体及文创产品在博物馆科普宣传中的作用、博物馆在STEAM教育实践中的作用、博物馆特色科普活动5个主题展开交流。会议共收到论文摘要40多篇，22位专家、学者作学术报告。

北京大学首届化石文化周活动举办

5月3—7日，由国土资源部地质环境司、北京大学地球与空间科学学院、国家古生物化石专家委员会、中国古生物学会共同发起主办的北京大学首届化石文化周活动在北京大学百年讲堂和英杰交流中心举行。本次活动旨在加强化石遗迹保护研究、助力“一带一路”倡议发展。活动展示了产自贵州兴义、安徽巢湖、辽宁北票、新疆鄯善、黑龙江青冈的古生物化石。此次化石文化周还组织开展了五四主题宣讲“科学与艺术的对话”、化石书画笔会、化石文化讲座、化石书画展等活动。

9月11日，学会授予四川省遂宁市射洪县硅化木国家地质公园核心区的所在地王家沟为“化石村”。学会秘书长王永栋等20多位古生物学专家、当地市县级相关部门及乡镇负责人、公园核心保护区王家沟村群众代表参加了授牌仪式。

党建强会 学会按照中国科协加强全国学会党建工作会议精神，完成了学会党建工作“五个清”工作，即业务运行情况清、职工队伍情况清、学会负责人情况清、党员队伍情况清、未建党组织原因清的摸底调查工作，确定了学会党建负责人和联系人。完成了中国古生物学会成立功能型党委和办事机构成立党支部的组织架构和组成人选，并得到了中国科协科技社团党委和挂靠单位党委批准。学会功能型党委设委员5名，朱怀诚任书记。办事机构党支部书记由学会秘书长王永栋担任。

（撰稿人：唐玉刚）

中国海洋湖沼学会

学会建设 2016 年，学会召开了常务理事会议和分支机构秘书长会议。学会湖泊分会、海洋底栖生物学分会、微生物海洋学分会、海洋与气候分会 4 个分支机构召开了成立大会暨第一次会员代表大会。学会常务理事会批准成立渔业资源生物学分会。学会向中国科协申报的 2016 年承接政府转移职能与科技公共服务工程、"两个全覆盖"党建项目、2016 中国科协国际民间科技组织事务项目、2016 中国科技期刊国际影响力提升计划项目获得资金支持。

科技期刊国际影响力提升计划 学会主办的期刊《中国海洋湖沼学报》（英文版）承担的"中国科技期刊国际影响力提升计划"第一期项目结题，并获得中国科技期刊国际影响力提升计划第二期项目资助。

学术期刊 学会主办《中国海洋湖沼学报》（英文版）、《海洋与湖沼》《水生生物学报》《湖泊科学》《海洋科学》5 种科技期刊。《湖泊科学》荣获"中国百种杰出学术期刊"称号。《中国海洋湖沼学报》《海洋与湖沼》《水生生物学报》被评为 2016 中国国际影响力优秀学术期刊。

国内主要学术会议 学会及分支机构举办了 2016 年中国海洋湖沼学会学术交流会、海洋地质与环境学术研讨会、第三届全国蓝藻水华专题会议"蓝藻水华与微生物相互作用的生物学和生态学机制"学术研讨会、微生物海洋学发展战略研讨会等 8 次国内学术会议，共有 2100 人次参会，征集论文 637 篇，交流论文 299 篇。

3 月 31 日，学会地质分会和华东师范大学河口海岸学国家重点实验室共同主办的海洋地质与环境学术研讨会在山东省青岛市召开。70 余位专家、学者参加会议。会议交流了 23 个学术报告，涵盖地球物理、地球化学、沉积学、岩石学和古海洋学等领域。

11 月 7—9 日，2016 年中国海洋湖沼学会学术交流会在海南省海口市召开，会议主题为"全球变化下的海洋与湖沼——区域响应和未来海洋"。来自全国各分会、专业委员会、地方学会、会员单位和海洋湖泊等科研单位、高校的 900 余人参加大会。大会邀请 6 位专家作大会特邀主题报告，邀请了 7 位曾呈奎海洋科技奖获奖者作大会报告。大会设置 13 个分会场，与会专家、学者围绕海洋与湖沼分领域进行学术交流和研讨。大会共收到提交的论文摘要 237 篇，学术海报 99 份。大会还举行了第四届曾呈奎海洋科技奖颁奖仪式。

11 月 11—14 日，由学会甲壳动物学分会主办、上海海洋大学等单位承办的第十届世界华人虾蟹养殖研讨会暨中国河蟹产业发展高峰论坛在上海市召开。论坛主题为"生态、健康、品质"。本届大会共收到论文摘要 333 篇，进行交流学术报告 105 个，包括 13 个特邀报告、72 个分组报告和 20 个研究生论坛报告。来自澳大利亚、比利时，中国大陆、香港特别行政区、台湾地区的 600 余名从事虾、蟹养殖研究的专家、学者参加会议，共同探讨虾蟹养殖学术问题。会议还设立了"2016 中国河蟹产业发展高峰论坛"和"研究生学术论坛"。

科普活动 5 月 14 日，学会与中国科学院海洋研究所联合开展公众科学日活动，免费向山东省青岛市市民开放海洋生物标本馆、海洋科普展厅等展馆，组织了"青岛市第九届中、小学生'我心目中的海洋'主题绘画比赛"、海洋湖沼科普知识有奖问答、"我是小小海洋科学家"海洋科学小实验、"龙宫探宝"科普报告等主题活动。

5 月 14 日，学会与中国科学院海洋研究所联合筹办的"科学"号海洋科学考察船及深海科考成果参加全国科技活动周开幕式的主场活动。

"科学"号海洋科学考察船及深海科考成果参加全国科技活动周开幕式主场活动

6 月 3 日，学会组织科普专家到山东省日照市岚山区实验小学开展"科普进校园"活动，围绕海洋生物、深海探潜等方面为学生作科普讲座。

学会科学传播团队分别到浙江余杭实验中学、盐城师范学院、科学出版社、贵州财经大学、集美大学等进行科学传播，受众人数达 6000 余人次。

学会与山东省青岛市第 39 中学联合评选颁发了"海洋科学未来之星奖"。

表彰举荐优秀科技工作者 学会完成了第四届曾呈奎海洋科技奖评审工作，授予中国科学院海洋研究所原所长相建海第四届曾呈奎海洋科技奖“突出成就奖”，中国科学院南海海洋研究所研究员张长生、中国科学院海洋研究所研究员沙忠利获曾呈奎海洋科技奖“青年科技奖”。

党建强会 11月7日，学会召开了理事扩大会议，会上通过了成立中共中国海洋湖沼学会党委及组成人选的建议。经中共中国科协科技社团委员会批准，中国海洋湖沼学会党委正式成立，学会理事长孙松任党委书记。

会员服务 学会每周向理事会员发送提供国外同行最新研究进展的情报资料《海洋科学快报》和《海洋科学消息》，发送潮汐与海平面专业委员会内部刊物《气候变化与海平面上升研究动态》月刊。定期向学会理事会理事提供学会《中国海洋湖沼学报》（英文版）、《海洋与湖沼》《水生生物学报》《湖泊科学》《海洋科学》5种科技期刊目录。为会员提供贝类养殖、浮游生物监测、基准潮位核定、计量认证知识等方面的培训活动30余次，2000多名会员参加。

【2016年度中国海洋与湖沼十大科技成果评选】 学会组织评选2016年度中国海洋与湖沼十大科技成果，评选范围为2016年度在国际或国内产生重大影响的海洋湖沼领域的科技成果。经过海洋与湖沼领域相关单位、专家、学者推荐，以投票方式，评选出“2016年度中国海洋与湖沼十大科技成果”：①虫黄藻全基因组测序完成；②中尺度海气耦合对西边界流的影响；③西太平洋科学观测阵列稳定运行，规模和功能拓展再创新高；④海洋沉积物中古菌参与碳循环的过程和机制的解析；⑤发现海洋涡旋对北太平洋副热带模态水形成的影响机理；⑥非模式生物基因组学关键技术取得突破；⑦第一张贝类高密度单核苷酸多态SNP芯片构建完成；⑧深海多金属硫化物资源与环境综合调查研究取得重要进展；⑨海洋原生生物与藻类共生研究取得重要进展；⑩海洋附着微生物的生态过程和生物地球化学作用研究取得新突破。

（撰稿人：潘文静）

中国海洋学会

服务创新型国家和社会建设 学会创新科技评价功能，承接“海洋科技专项招投标实施”。6月，学会在北京组织召开全球变化与海气相互作用专项任务和年度任务公开招投标工作。

11月，学会支持举办了第四届上海国际海洋技术与工程设备展览。来自20余个国家和地区的供应商展示国内外顶尖技术、装备，推动在海洋资源开发利用、海洋生态环境保护、海洋石油天然气勘探、海洋工程及海洋监测等领域的学术研究、信息交流和国际合作。

学会能力提升计划 2016年，学会继续实施“学会能力提升专项优秀科技社团奖项目”计划，主办以“五大发展理念与海洋强国”为主题的第八届海洋强国战略论坛。400多名专家、学者通过6个分会场进行专题交流。会议共收到论文100余篇，扩大了学会在海洋科学领域的影响力。主办海峡两岸学术研讨会、“气候变率及其可预报性研究项目（CLIVAR）”2016年开放科学大会、西湖国际海水淡化与水再利用大会等学术会议，国际（地区）化运作能力得到增强。

学会建设 2016年，学会所属分支机构海洋观测技术分会完成了换届工作，成立极地科学分会、海洋标准化分会，新增全国海洋科普教育基地。

2016年，学会新增团体会员2个，会员约6700人。

1月29日，中国海洋学会第八届一次常务理事会议在北京召开。会议由学会理事长陈连增主持，学会常务理事和代表共34余人出席了会议。会议通报了民政部、中国科协对学会换届登记预审情况及说明，审议通过了常务理事会议、理事会各工作委员会工作职责及议事规则等内容。

3月15—16日，中国海洋学会2016年度工作会议暨全国海洋科普工作会议在浙江省宁波市召开。会议总结了学会2015年工作，并对2016年重点工作进行了部署，来自地方海洋学会、分支机构、工作委员会、期刊编辑部、涉海相关企业、科普教育基地、高校海洋社团的近200位工作人员参加会议。

12月6—7日，2016年度中国海洋学会所属机构政策研讨会在江苏省南通市召开。60余名地方海洋学会、分会、专业委员会、期刊工作委员会负责人及联络员参加会议。

学术期刊 9月中旬，学会组织由海洋科技期刊代表组成的期刊改革发展出访团，前往美国和加拿大进行学习交流。学会与加拿大气象与海洋学会达成系列合作意向，与加拿大科学出版社就期刊数字化出版进行交流，与美国缅因大学、美国伍兹霍尔海洋研究所就相关期刊及实验室建设开展了交流。

2016年，根据ISI发布的JCR(《期刊引用报告》),《海洋学报》期刊影响因子为0.771。编委会由80人组成，国际编委比例达18.7%。期刊使用汤森路透Scholar One Manuscripts在线投审稿平台，稿件处理流程趋于国际化。

学会海洋调查专业委员会主办的《海洋调查》复刊，首期于11月正式出版发行。

国际学术会议 学会及所属分支机构共举办国际会议2次。

9月19日，学会在山东省青岛市支持举办了“气候变率及其可预报性研究项目（CLIVAR）”2016年开放科学大会。来自中国、美国、英国、法国、德国等50多个国家和地区的600多位海洋和大气领域的专家、学者，以及联合国教科文组织、世界气候组织、政府间海洋学委员会等重要国际组织的专家、学者，围绕“引领气候和海洋研究航向”的主题，共同研讨海洋和气候变化领域最新的研究成果。

10月23—25日，学会与中国海水淡化与水再利用学会、中国工程院、国际脱盐协会在浙江省杭州市联合主办了2016年第四届西湖国际海水淡化与水再利用大会。来自法国、意大利、加拿大、中国大陆及香港特别行政区等国家和地区的300余名专家、学者参加会议。大会以“和谐环境·绿色发展”为主题，设立了西湖国际海水淡化与水再利用院士高峰论坛、“和谐环境·绿色发展”圆桌对话会等11个分会场。来自国内的专家、学者作了近50个专题报告，探讨国内外相关产业的发展战略和技术。

国内主要学术会议 学会及所属分支机构举办了中国海洋学会第八届海洋强国战略论坛暨海洋科学技术奖颁奖仪式等3个学术论坛，举行大型学术研讨会1次，收到学术交流论文600余篇。

本次论坛主会场还通过微信平台进行现场直播。

中国海洋学会第八届海洋强国战略论坛

6月1日—8月31日，学会等9个学会共同主办“生态文明，我知我行，创新驱动，我们先行——第二届资源环境与生命科技创新知识网络大赛”系列活动。截至8月31日，累计参赛62399人次，参赛人数20096人，总人次较去年增长63%。主题征文活动共收到来稿69篇；“创新知识汇编”竞赛征得合格作品102部。

10月13—15日，学会主办的第十三届军事海洋战略与发展论坛在江西省南昌市举行。与会专家围绕“聚焦新军事变革，创新海洋科技发展”的主题进行研讨。会议还设立了“海洋战略、海洋权益、军事变革与海洋科技创新发展”“战场海洋环境建设与军事海洋环境保障”两个分会场进行分组讨论。海洋出版社正式出版论坛论文集，收入论文223篇，会议评选出优秀论文46篇。

10月21日，中国海洋学会第八届海洋强国战略论坛暨海洋科学技术奖颁奖仪式在福建省厦门市举行。400余位专家、学者参加会议。论坛以“‘五大发展理念’与海洋强国”为主题，展开大会报告和分组研讨。论坛设立6个分会场，探讨新形势下用新的发展理念指导海洋强国建设的战略、策略、理论与实践，结合海洋科学技术的最新进展对有关议题展开交流。会议共收到论文100余篇。海洋科学技术奖励委员会向383名2015年海洋科学技术奖获奖者及获奖单位的36名代表颁发了奖励证书。大会为获得“2049年的中国——海洋科技与资源利用社会愿景展望”征文大赛特等奖的获奖代表颁奖。学会为新成立的中国海洋学会海洋标准化分会和中国海洋学会极地科学分会举行了授牌仪式。

12月28日，学会主办的21世纪海上丝绸之路巡礼——中国（深圳）海洋产业交易会暨第二届深圳海洋发展论坛在广东省深圳市召开，来自国内外海洋产业知名企业、院校和科研机构等上百家参展商进行了为期6天的展览与交流。会议分为“强国战略”“科技创新”“产业发展”“国际合作”4个论坛单元。

两岸交流 10月29日，学会主办的“第二届海峡两岸21世纪海上丝绸之路研讨会”在上海市召开。海峡两岸的20余位专家、学者作主题报告，研讨会旨在通过两岸学术界的合作，凝聚战略与人文领域学术优势，共同探讨21世纪海上丝绸之路建设中的相关问题。

科普活动 学会新命名全国海洋科普教育基地13

个，开展900余场次的科普活动，参与活动的科技人员1000人次。制作了大洋考察科普展板26张、大洋考察科普挂图1套，编印了《深海资源探秘》科普资料。中国海洋学会被中国科协评为“2016年度全国学会科普工作优秀单位”“2016年度全国科普日特色活动组织单位”。

学会成立了包括海洋生态环境保护、海洋地质与资源、海洋化学等学科的18支海洋科普传播专家团队，并于3月正式被中国科协聘任为全国首席科学传播专家。在全国科普日和“6·8”海洋日期间，海洋灾害、极地、卫星遥感、海岛等领域的10多位专家走进学校，开展了30多场的海洋科普讲座。

4月19日，学会在北京召开海洋科普研讨会，邀请来自中国科普研究所，海洋系统、高校、海洋科普教育基地以及相关新闻媒体的近30位代表，围绕“如何做好海洋科普宣传、提高公众海洋意识”展开讨论，并为学会科普工作发展出谋划策。

“5·12”防灾减灾日期间，学会调动专家资源，联合兄弟单位，制作海洋防灾减灾宣传片并下发到海洋科普教育基地。各基地结合“减少灾害风险，建设安全城市”主题，开展了形式多样、内容丰富的宣传活动。青岛同安路小学组织三、四年级的学生制作“减少灾害风险，建设安全城市”手抄报，太平洋海底世界为北京市门头沟区育园小学200多名师生开展海洋防灾减灾知识讲座，广东海洋大学海洋遥感实验室举办免费防灾减灾展览等。

“6·8”海洋日期间，学会指导各海洋科普基地举办了各种科普活动。学会联合全国14所涉海高校、12家涉海高校社团举办第三届“奔向大海，跑向未来”大学生公益慢跑活动暨全国海洋科普志愿者招募活动，近万名师生参加活动。组织青岛同安路小学、杭州水处理中心、广东雷州珍稀海洋生物国家级自然保护区、青岛市市南区实验小学、学会全国海洋科普教育基地西沙深海海洋环境观测研究站、青岛崂山区晓望小学、上海长江河口科技馆等单位开展“清洁沙滩，保护蔚蓝”等活动。

全国科普日期间，学会组织了一系列海洋科普宣传活动。学会联合相关单位、海洋科普教育基地开展海洋科普进延安活动；联合天津市科协、学会海域海岛分会、国家海洋信息中心举办“海洋科技·涌动校园”活动；联合海洋科普教育基地北京海洋馆开展海洋科普进社区活动。同时，各海洋科普教育基地在全国科普日期间开展互动体验、海洋科普进校园及通过新媒体平台的线上科普宣传活动。上海海洋水族馆开展水下情景课堂“鱼眼看世界”活动，极地科普馆联合上海地区海洋科普教育基地开展极地科普系列讲座活动，青岛海底世界走进石红涯小学为同学们进行“鹦鹉螺的秘密”科普讲座等。

6月，学会联合中国海洋报社创立《亲海周刊》科普专刊，面向学校、海洋场馆等海洋科普教育基地试刊发行。联合中国海洋报社联合编制《我国海域使用与管理》科普宣传展板，“6·8”海洋日期间在各海洋科普教育基地展出。全国科普日期间联合《海洋世界》杂志社编制“大洋百科展”，在延安、天津、昆明等地展出。

6月2—8日，学会联合科普基地中国大洋样品馆，举办“走向深蓝海洋科普教育培训计划2016”青岛地区科普基地教师义务培训班。青岛市12所中小学的老师以及中国海洋大学、青岛市科技馆、青岛大港海关等单位的几十位学员参加培训。

8月，学会联合国家海洋局第一研究所、中国海洋报社完成了“2049年的中国——海洋科技与资源利用社会愿景展望”征文活动。11月，完成了中国科协“2049年的中国——海洋科技与资源利用社会愿景展望”项目。

11月17—18日，学会举办海洋科普能力提升培训会。邀请专家围绕科普理论与实践、科普信息化传播等内容，面向科普基地骨干和涉海学生高校社团负责人开展海洋科普能力提升专项培训，参训人数约120人。

【2016年度中国海洋十大科技进展项目评选】 中国海洋学会、中国太平洋学会、中国海洋湖沼学会联合组织常务理事、理事、同行领域专家及相关单位，经过广泛推荐、专家评议及投票排序，评选出2016年度中国海洋十大科技进展：①我国大陆架科学钻探在南黄海资源及环境方面取得重要进展；②我国海洋潮流能发电取得领先世界的重大突破；③高分三号卫星发射成功；④我国科学家首次揭示海马基因组及其环境适应性进化机制；⑤研制基于羟基自由基高级氧化快速杀灭海洋有害生物的新技术，⑥我国科学家首次提出海洋中尺度涡与大气的耦合对维持西边界流具有重要作用；⑦我国科学家揭示近60年来珠江口地貌演变基本规律；⑧我国组织开展马里亚纳海沟多学科万米综合试验并取得一系列原创性成果；⑨我国科学家

首次揭示南极版块岩石圈三维整体格架；⑩国内首艘海洋隐身测量无人艇研制成功并投入应用。

【2016 年度海洋科学技术奖】 9 月 28—30 日，学会组织的 2016 年度海洋科学技术奖评审委员会评审会在辽宁省大连市召开。由中国工程院院士潘德炉、方国洪，中国科学院院士苏纪兰、王颖等 37 名专家组成的评审委员会对 49 个研究类项目、39 个转化类项目、23 部海洋优秀科技图书进行了评审。

海洋科学技术研究类共有 19 项成果获奖，其中一等奖 5 项、二等奖 14 项。获得一等奖的项目为：①基于多源遥感手段的北海区海洋灾害业务化应急监测系统研制与应用；②赤潮立体自动监测技术与系统集成应用；③“十二五”北极海域物理海洋和海洋气象考察；④海洋烷烃降解菌与代谢机制研究；⑤胶州湾生态系统长期监测与系统研究。

海洋科技转化类共有 19 项成果获奖，其中特等奖 1 项、一等奖 4 项、二等奖 12 项。获得特等奖的项目为海洋智能无人艇平台技术。获得一等奖的项目为：①海洋功能蛋白规模化制备及高值产品产业化；②海洋环境中病原微生物检测评价技术研究与应用；③北极冰下自主遥控水下机器人研制与应用；④保密项目。

海洋科技图书共有 12 项成果获奖：①铸海——中国海洋钻井装备飞跃发展 30 年；②海洋涡旋探测与分析；③中国综合水产养殖的生态学基础；④大陆边缘地质特征与 200 海里以外大陆架界限确定；⑤中国极地考察三十年；⑥中国海洋鱼类（上、中、下卷）；⑦中国风暴潮灾害史料集（1949—2009）（上、下册）；⑧中国海滩养护技术手册；⑨低纬度西太平洋硅藻席沉积与碳循环；⑩海底光缆工程；⑪ 海洋与健康：海洋环境中的病原体；⑫ 海洋物理化学。

（撰稿人：李　静）

中国地震学会

学会建设　2016 年，学会所属分支机构完成换届工作。新成立构造地貌专业委员会、地方工作委员会、地震应急专业委员会、岩土工程防震减灾专业委员会、地壳应力与地震专业委员会和工程隔震与减震控制专业委员会 6 个分支机构，并报中国科协备案。强震动观测技术与应用专业委员会成立了青年工作委员会。

学会与中国保险学会开展了关于地震风险与保险工作的合作，并签署了《战略合作备忘录》。根据《战略合作备忘录》，两学会联合成立了“中国地震风险与保险实验室”并聘任中国地震局地球物理研究所研究员李小军为实验室主任，聘请中国财产再保险有限责任公司副总经理左惠强为实验室副主任，初步完成实验室的管理和学术机构的组建。

学会全年召开常务理事会议 6 次，其中 5 次为通讯会议；理事通讯会议 1 次；全国秘书长工作会议 1 次。

截至 2016 年 12 月 31 日，学会个人会员共 1725 人，其中女性会员 419 人，资深（永久）会员 1062 人。

学会授予云南省地震学会等 17 家单位“2016 年度中国地震学会系统优秀学会（会员单位）”的荣誉称号，授予李道贵等 15 名同志“2016 年度中国地震学会系统先进工作者”的荣誉称号。

学术期刊　《地震学报》出版 6 期，共发表文章 88 篇，策划出版了《卫星地震应用研究》《纪念唐山大地震 40 周年》两个专辑。

据中国科技引证报告（核心版）数据，《地震学报》2016 年的核心影响因子为 0.803，较 2015 年提高 17%；核心总被引频次为 1455，较 2015 年提高 15%；综合评价总分为 44.15；学科扩展指标为 10.27；学科影响指标为 0.93，在 15 种地球物理学类期刊中排名第三位。据中国科学院 CSCD 引证报告显示，《地震学报》被引频次为 1327，影响因子为 0.6907，在地球科学期刊中处于 Q2 分区。该期刊入选中国学术期刊（光盘版）电子杂志社、中国科学文献计量评价研究中心及清华大学图书馆发布的“2016 年中国国际影响力优秀学术期刊”。

Earthquake Science 全年出版文章 32 篇，在 Springerlink 上 OA（开放存取）出版，免费浏览。该期刊在 Springerlink 上的下载量有显著上升，截至 2016 年 7 月，下载量已经超过 2 万。期刊被汤森路透集团推出的 ESCI 数据库收录，所有发表文章在 Web of Science 上展示。

国际主要学术会议　全年共召开了 5 次国际学术会议，参加会议人数为 425 人次，其中，境外专家、学者 33 人次。共交流学术论文 119 篇。

8 月 6—7 日，由学会构造物理专业委员会和中国岩石力学与工程学会高温高压岩石力学专业委员会组织，地震动力学国际重点实验室承办的断层和地震动力学国际研讨会在北京举行。会议由学会常务理事、中国地震局地质研究所所长马胜利主持。60多名专家、学者参加研讨会。与会专家、学者围绕断层摩擦性质的实验研究和微观力学模型、地壳流变结构及其影响因素、断层摩擦性质与地震过程的观测和模拟、诱发地震的观测和模拟、地震成核过程的实验研究和野外观测、流体在断层活动及地震孕育中的作用等问题进行研讨。

国内主要学术会议 学会与中国地球物理学会等5家单位联合主办了2016年中国地球科学联合学术年会。学会及专业委员会组织召开了中国地震学会地震预报专业委员会换届暨中国地震预报论坛2016学术交流研讨会、中国地震学会地震观测技术专业委员会换届暨2016年度学术研讨会、第九届全国青年岩土力学与工程会议等17次学术研讨会议。参会人数共3501人次，交流学术论文2028篇。

10月25—28日，学会与中国地震局地球物理研究所、学会强震动观测技术与应用专业委员会在山东省烟台市联合召开强震动观测数据质量保障与大数据应用学术研讨会。120名专家、学者参加会议，围绕强震动观测在烈度速报和地震预警中的应用、强震动观测记录分析处理与大数据应用、强震动观测数据质量保障体系建设、强震动观测台网布局、强震动观测台站建设与运行维护、强震动观测新型仪器设备等进行交流。

国际交往 7月31日—8月2日，学会历史地震专业委员会副主任王健作为专题主持人，在第13届亚洲大洋洲地球物理协会（AOGS）学术年会大会上主持专题“古地震和历史地震以及地震活动性定量研究”。共有16位专家、学者作学术报告。

9月5—8日，应学会工程勘察专业委员会主任薄景山邀请，国际知名火山地震学专家、墨西哥科学院院士、墨西哥科利马大学教授Vyacheslav Moisseevitch Zobin Peremanova到防灾科技学院进行交流访问。交流访问期间，Vyacheslav Moisseevitch Zobin Peremanova教授分别作学术报告《火山活动及火山地震活动》《活火山喷发过程的地震监测》《活火山喷发引起的火山碎屑流、落石和火山泥流运动的地震监测》。

12月，学会地震地质专业委员会主任徐锡伟在2016年美国地球物理联合会秋季年会中设立“Neotectonics, Seismology and Surface Processes in South and East Asia”专题，共有94人参加，设置了31个口头报告、63个张贴报告。

科普活动 学会围绕“减少灾害风险 建设安全城市”的主题，通过专家讲授、网络及期刊宣传等形式，开展防灾减灾基本知识和防范应对技能普及活动。

4月27日，学会空间对地观测专业委员会开展了“4·24”中国航天日纪念日——科普讲堂和开放日活动。空间对地观测专业委员会主任申旭辉研究员作了题为“从空间看地震——卫星地震观测技术发展现状与趋势”的报告。100多名研究人员参加。

6月1日—8月31日，学会与9家单位联合主办、中国知网承办了“生态文明，我知我行，创新驱动，我们先行——第二届资源环境与生命科技创新知识网络大赛”系列活动。截至8月31日，创新知识网络大赛参赛人数达20096人次，总人次较去年增长63%。主题征文活动共收到来稿69篇，“创新知识汇编”竞赛征得合格作品102部。

学会及下属分支机构举办了29次防震减灾科普讲座及科普辅导，受众人数约为25300人次。

表彰举荐优秀科技工作者 经学会推荐，中国地震台网中心研究员张永仙获得第七届“全国优秀科技工作者”称号。

党建强会 根据《中国科协关于加强科技社团党建工作的若干意见》，经学会常务理事会表决，完成学会功能型党委的组建工作，学会理事长张培震任书记，副理事长吴忠良任副书记。学会向挂靠单位中国地震局地球物理研究所党委请示，正式与中国地震局地球物理研究所成立联合党支部。

会员服务 学会向每月交纳会员会费的会员免费发放《国际地震动态》。

【第3届中国地球科学联合学术年会】 10月15—18日，学会与中国地球物理学会等5家单位联合在北京举办了第3届中国地球科学联合学术年会。参加本次学术年会的专家、学者共1800人，其中中国科学院院士和中国工程院院士10人。会议收到学术论文1600多篇，开设专题87个，设置23个分会场进行学术交流，共有1582篇口头报告、662篇张贴报告。

开幕式上，中国科学院院士、中国科学技术大学教授郑永飞，学会理事长、中国科学院院士张培震先后主持大会报告。国家自然科学基金委地球科学部常务副主任柴育成，中国科学院院士、中国科学院古脊椎动物与古人类研究所研究员周忠和，中国科学院地质与地球物理研究所研究员潘永信，中国科学院广州地球化学研究所研究员徐义刚，中国科学院地球化学研究所研究员胡瑞忠，中国石油天然气勘探开发研究院教授级高级工程师邹才能分别作特邀报告《地球科学“十三五”发展战略》《中国陆相侏罗——白垩纪脊椎动物群演化》《地磁场与生物圈：新观测和解释》《西太平洋版块俯冲与东亚壳幔演化》《华南大规模低温成矿作用》《中国页岩气：进展、挑战及潜力》。中国科学院院士、中国科学院地质与地球物理研究所研究员朱日祥在会上宣布了2015年联合学术年会学生优秀论文奖名单。

会议探讨了海洋战略、油气勘探、成矿机理、灰霾成因、地震灾害、空间探测工程、地学大数据等地球科学领域中的热点问题。

本次学术年会还进行了学生优秀论文评选，117位学生获奖。

（撰稿人：顾　玲）

中国动物学会

服务创新型国家和社会建设　学会组织7位专家对2015年国家科学技术奖励工作办公室初评通过的养殖组的1项技术发明奖、6项科学技术进步奖项目提出了专家科技咨询意见。

学会建设　6月，召开学会常务理事会议，传达关于学习贯彻落实中国科协第九次全国代表大会精神的通知及相关会议精神，审议通过成立学会斑马鱼分会、学会灵长类学分会，扩大中国动物学会青年科技奖获奖人选规模（不超过10名）、增加评选次数，每年组织评选。

科技期刊国际影响力提升计划　《动物学报》（*Current Zoology*）2016年度位列JCR Q1区行列，在动物学领域排位前22%（35/160）。6月，第四次获得SCI JCR影响因子为1.758。该期刊获得中国科协等6部委“中国科技期刊国际影响力提升计划项目”B类项目资助。

《动物学研究》（*Zoological Systematics*）获得中国科协等6部委“中国科技期刊国际影响力提升计划项目”B类项目资助。

学术期刊　2016年，《动物分类学报》（*Zoological Systematics*）被评为“中国国际影响力优秀学术期刊”（中国知网评选）。《鸟类学研究（英文）》（*Avian Research*）被SCIE收录。《动物学杂志》进入中国科学院科学出版基金科技期刊排行榜（三等），排名第73位。《蛛形学报》入选2015年《中国学术期刊影响因子年报》统计源期刊。《生物学通报》针对读者关心的热点问题约稿，组织北京大学医学部教授徐国恒撰写《青蒿素发现历程的介绍与再认识》，北京师范大学生命科学学院教授刘全儒撰写《提取青蒿素的原植物》，北京大学医学部教授王月丹撰写《疟疾与疟原虫》。“生物探秘”栏目邀请美国南加州大学医学院教授朱钦士撰写了11篇文章，进行生物学知识传播教育。

决策咨询　1月，学会广泛征集专家对《中华人民共和国野生动物保护法（修订草案）》的修改建议，并组织7位野生动物保护专家召开专题会议，形成修改建议上报中国科协。

学科发展研究　学会完成《中国动物学学科史发展研究》并交稿，共计35万余字。承担国家科技名词审定委员会的“动物学名词审定释义”项目，分学科组织召开动物学名词专家审定会议，审校和修改词条。

国际学术会议　学会主办国际会议4次，1573名学者参加，其中国外学者518名；收到论文摘要1032篇。

10月21—23日，2016北京国际雉类学术研讨会暨第六届国际鸡形目鸟类学术研讨会（2016 International Symposium on Galliformes）在北京召开。近20个国家和地区的190余位学者参会，其中国外学者53位。会议共收录论文摘要59篇。组织召开了中国自然保护区建设与鸟类科研基地建设研讨会、灰腹角雉野外调查研究项目和笼养雉类繁育座谈会2个圆桌会议，为7个国家级自然保护区授“中国濒危雉类研究基地”牌。

10月29—31日，2016北京国际干细胞及血液发育论坛（2016 Beijing International Workshop for Hematopoiesis and Stem Cells）在北京举办。100余名来自美国、英国、法国等国家，以及中国大陆、香港特别行政区和台湾地区的学者参会。论坛邀请国际知名学者作9场报告。

11月11—14日，第十届世界华人虾蟹养殖研讨会在上海市召开，600多名专家、学者参会，共收到论文摘要333篇。会议设置3个分会场，分别围绕虾蟹生物学和生物技术、健康养殖和病害防控、营养饲料与种质遗传等主题进行了72个分组报告。会议还设立了2016中国河蟹产业发展高峰论坛和“高邮湖大闸蟹杯”研究生学术论坛。

国际交往 学会组织2个代表团共59人次参加国际学术会议。8月21—28日，学会组织14位学者组成的代表团赴美国参加国际灵长类学会（IPS）第二十六届大会暨美国灵长类学会会议（The XXVIth Congress of the IPS meeting jointly with the American Society of Primatologists），来自51个国家的1225余名学者出席大会。大会设置了22个专题研讨会，共有口头讲演890人次，海报讲演221份。中国灵长类生态与保护研究专题研讨会上，我国6位学者作了报告。

11月13—19日，学会组织45人代表团赴日本参加第二十二届国际动物学大会（22nd International Congress of Zoology，ICZ）。学会常务副理事长、国际动物学会主席张知彬作大会特邀报告。张知彬、王德华、张洪茂组织了3个分会场，我国15位专家在分会场上作学术报告。

国内主要学术会议 学会组织召开了中国动物学会第23届学术年会暨鱼类学分会学术讨论会等13次国内学术会议，共有3211人次参加，交流学术论文1373篇。编辑出版论文集、摘要集10部。

5月12—15日，学会比较内分泌学专业委员会第十一次学术研讨会在重庆市召开。200余位专家、学者参加研讨会。会议共收到论文摘要95篇。与会人员就比较内分泌学专业所涉及的性别决定与分化、性别转换与调控、转基因表达及功能研究、激素的作用机制及其调控网络、干扰RNA及DNA甲基化等方面进行探讨。

7月23—28日，学会动物行为学分会主办的动物行为学系统理论培训暨教材教学研讨会在安徽省黄山市召开。160余名专家、学者参加讨论会。会议邀请国内外15位专家分别围绕不同的主题讲述了动物行为学的知识体系及理论框架。分会牵头召开了动物行为学教材编写讨论会，长远谋划动物行为学教材体系的构建与撰写。

8月5—12日，第二届野生动物多样性监测学术研讨会暨红外相机技术培训班在北京举办。150多名专家、学者参加会议。研讨会邀请11位专家，从红外相机监测技术规范、红外相机数据管理与分析（R语言）、GIS项圈应用、动物保护、自然保护区管理等方面进行授课。学术交流和讨论环节，4名专家作主题演讲报告。与会专家、学者就我国野生动物资源监测的现状与发展对策以及自然保护区野生动物常态监测工作进行研讨。

9月23—26日，第三届全国斑马鱼PI大会暨中国动物学会斑马鱼分会成立大会在湖北省武汉市召开。来自中国大陆、香港特别行政区、台湾地区以及美国等地的200多名专家、学者参加会议。大会设有21个大会报告，41个分会场报告，3个蔡司-斑马鱼科学研究奖获奖者报告。

国际组织任职 学会常务副理事长研究员张知彬续任国际动物学会主席，会员韩春旭续任秘书长，两人任期为2016—2020年。学会会员计翔担任世界两栖爬行动物学大会秘书长，任期为2016—2020年。

科普活动 7月16—24日，学会组织我国代表团一行9人（参赛学生4名）赴越南河内市参加第27届国际生物奥林匹克竞赛。我国4名选手全部获得金牌，并取得了团体总分第二名的优异成绩。其中，河南省郑州外国语学校的王远卓同学获得第2名。

学会组团参加国际生物奥林匹克竞赛

5月14—15日、5月22日，学会与中国科学院动物研究所国家动物博物馆共同举办科技周活动。活动包括参观国家动物博物馆、聆听《野生动物疫病与人类健康》讲座，约4000余名群众参与活动。

9月24—25日，学会与国家动物博物馆共同组织主题为“生态科普——北京的候鸟”的宣传活动。活动期间，共计发放爱鸟护鸟等鸟类知识手册1000余份，受众500多人次。

11月15—18日，学会组织了第六届全国自然科学类场馆科普培训班，主题为“动物分类学知识在自然科学类场馆的传播”。来自全国各地的自然博物馆、科技馆、科研院所、高校、教育机构、科普机构或公司的135名学员参加。

学会开发“北京的候鸟”系列科普课程及科普教

师培训平台及产品，主要产品是 4 套以立体书为核心的课程包和为课程推广而建设的 PC 端和手机端教师培训平台。立体书和课程包旨在解决“北京的候鸟”生态课程专业老师缺乏的现状，将科普工作标准化和简单化，使中小学的科学老师经过简单培训就能掌握课程讲解。

学会组织科普作家开展动物学科的优秀科普图书即《假如我是一只蚂蚁》的创作，创作定位于人文科普与科学研究的结合，将科学家的研究成果进行梳理，并用文学的形式予以普适化，以系统全面的基本知识为主线，用换位思考的方法予以引领，从人文的角度看蚂蚁世界，引领孩子和社会大众从中体会到蚂蚁的神奇，从蚂蚁的成功中获得启迪。

3 月，学会与中国科学院动物研究所等单位联合主办第三届中国动物标本大赛，共收到作品 127 件。大赛评审委员会由 7 位标本行业专家、动物学家和艺术家组成，对参展作品进行评奖。世界动物标本大赛评委会主任 Wesley Skip 先生受邀参加评审。大赛评出一等奖作品 12 件、二等奖作品 24 件。

学会常务理事李新正参加了“蛟龙”号首个试验性应用航次南海深海考察，并随“蛟龙”号下潜考察海洋生物。2016 年，李新正先后 28 次为广大学生作科普报告《乘“蛟龙”探险深海——“蛟龙”号试验性应用首航南海航段深海生物考察》和《神奇的海洋生物》，累计受众 5300 多人次。

表彰举荐优秀科技工作者 经学会推荐，武汉大学教授卢欣获得第七届“全国优秀科技工作者”称号。经学会推荐，陈苏仁、王璐 2 位青年学者入选中国科协青年人才托举工程。学会完成推荐实验室评估专家工作，共向中国科协推荐 40 名有效专家。学会组织开展 2016 年度“蔡司－斑马鱼科学研究奖”评选工作，共有罗凌飞、徐进、姚园园等 17 名青年科技工作者和学生获奖，并在第三届全国斑马鱼 PI 大会上颁奖。

党建强会 10 月 22—24 日，学会与中国科学院动物研究所共同组织“第六届全国自然科学类场馆科普培训班暨党建强会”活动。来自全国博物馆、科研院所、高校、教育公司等单位的共 135 名学员参加。10 月 29 日，学会在湖北省武汉市召开了学会党员常务理事会议，通过无记名投票方式，选举出 9 名学会功能型党委委员。

会员服务 2016 年，中国动物学会开发完成 5 个省级动物学会网站上线，并已投入运行。设计制作完成面对会员的各种奖项的专家评审系统。

【第八届世界两栖爬行动物学大会】 8 月 15—21 日，第八届世界两栖爬行动物学大会在浙江省杭州市桐庐县召开。会议主题为“两栖爬行动物的适应、进化与全球生存危机”。会议由中国动物学会、南京师范大学、中国动物学会两栖爬行学分会、浙江师范大学主办。来自 60 个国家和地区的 683 位学者注册参会，其中国外学者 451 人，我国大陆、香港特别行政区和台湾地区学者分别为 201 人、23 人和 8 人。大会设置了 4 个专题专题研讨会，30 个讨论会和 13 个开放专题，邀请 9 位专家作大会报告、5 位专家作微大会报告，进行了 471 个口头报告和 180 个墙报，收集论文摘要 640 余篇。

会议期间，召开 2 次世界两栖爬行动物学大会执委会会议，推选我国教授计翔接任 WCH 秘书长，匈牙利国家自然博物馆 Judit Vörös 博士为世界两栖爬行动物学大会候任秘书长，决定第九届世界两栖爬行动物学大会（WCH9）于 2020 年在新西兰但尼丁举办。

【中国动物学会第 23 届学术年会暨鱼类学分会学术讨论会】 中国动物学会第 23 届学术年会暨鱼类学分会学术讨论会于 10 月 29—31 日在湖北省武汉市召开。会议由中国动物学会主办，中国科学院水生生物研究所、中国动物学会鱼类学分会、湖北省动物学会、武汉市动物学会承办。共有 600 余人参加会议，收到论文摘要 303 篇。

本次会议邀请 12 名专家、学者作大会报告，设置了 9 个分会场报告，共有 92 位专家、学者作口头报告。会议组织了鱼类学青年学生专场，共有 92 名研究生汇报了各自的研究成果，并评出优秀研究生报告奖一等奖 5 名、二等奖 15 名。

开幕式上，大会为杜震宇、屈延华、李家堂、徐士霞、聂永刚 5 名科技工作者颁发了中国动物学会第六届青年科技奖。

【纪念郑作新院士诞辰 110 周年纪念活动暨鸟类学系列讲座】 11 月 12 日，纪念郑作新院士诞辰 110 周年纪念活动暨鸟类学系列讲座在北京举行。该活动由中国科学院动物研究所、国家动物博物馆、学会鸟类学分会、北京师范大学生命科学学院联合主办。

中国科学院动物研究所副所长、中国科学院院士周琪在致辞中详细介绍了郑作新院士生平的科研成果。学会鸟类学分会名誉理事长、中国科学院院士郑光美在致辞中表示，郑作新院士带领几位学生将中国鸟类学研究从“零”发展到现在，为我国鸟类学发展作出了杰出贡献。北京师范大学生命科学学院教授张正旺高度评价郑作新院士培养出一大批鸟类学事业接班人。郑作新院士的儿子郑怀竞代表家属发言。

郑作新院士在研究中国鸟类分布的同时，不断探索创新和追求，把“古北”“东洋”两个动物地理界在中国境内的分界线划在秦岭山脉、秦岭分界的观点具有世界意义，得到国际认同。他还根据鸟、兽的分布情况，提出“中国地理区划”，将全国划为7个区和19个亚区，在动物地理学领域作出了开拓性的贡献。

（撰稿人：张永文　张　欢）

中国植物学会

学会建设　学会开展多种形式的学术活动，2016年共组织召开学术会议11次，其中国际会议2次，共有4860余位专家、学者参加了交流。

按照民政部和中国科协要求，完成2015年财务审计和民政部年度审计工作，完成2016年度中国科协财务统计工作，并被中国科协评为“全国学会财务决算工作先进单位”。

科技期刊国际影响力提升计划　2016年*Journal of Integrative Plant Biology*（《植物学报》英文版，简称JIPB）。获得“中国科技期刊国际影响力提升计划”A类项目资助。*Journal of Systematics and Evolution*（《植物分类学报》英文版，简称JSE）、*Journal of Plant Ecology*（《植物生态学报》英文版，简称JPE）分别获得“中国科技期刊国际影响力提升计划”C类项目资助。

JIPB计量指标呈良好上升趋势，2012—2015年，连续四年位于Q1区。根据2016年《期刊引用报告》（JCR）发布的数据，JIPB最新影响因子为3.67，总被引频次为3374。

根据2016年《期刊引用报告》（JCR）发布的数据，JSE最新影响因子为1.134，总被引频次787。2016年出版《生命之树》专辑，该专辑入选中国科学院植物研究所2016年代表性科研进展，较全面地展示了中国学者近年来在生命之树重建领域取得的进展和成果；出版《国际蕨类会议》专辑，刊登了一个相当于被子植物APG系统的蕨类植物新系统（PPGI），由来自全世界68个单位的94名科研人员参与并联合署名发表。

JPE是目前国内植物生态学领域唯一被SCI收录的英文期刊，根据2016年JCR发布的数据，JPE最新影响因子为1.769，总被引频次为870。

学术期刊　学会作为主办单位之一，共主办《植物生态学报》《植物学报》《生物多样性》《生命世界》《生物学通报》、*Journal of Integrative Plant Biology*（JIPB）、*Journal of Systematics and Evolution*（JSE）、*Journal of Plant Ecology*（JPE）、*Plant Diversity*（PD）9种期刊，共出版84期，发表论文1078篇，总发行量131890册。

《植物生态学报》和《生物多样性》荣获“中国科协精品科技期刊TOP50项目”资助;《植物学报》《植物分类与资源学报》荣获“期刊学术质量提升项目”资助;《植物生态学报》和《生物多样性》获得中国科学院科学出版三等基金择优支持。

据中国科技信息所《中国科技期刊引证报告》，《植物生态学报》《生物多样性》《植物学报》最新影响因子分别为0.507、1.898、1.015。

《植物分类与资源学报》由中文版改版为英文版*Plant Diversity*。该刊从2016年起改为月刊，该刊全文数据进入了Elsevier的Science Direct平台。

国际学术会议　7月16—18日，由学会民族植物学分会主办的第八届中国民族植物学学术研讨会暨第七届亚太民族植物学论坛在内蒙古自治区呼和浩特市举行，主题为“民族植物学与生态文明建设”。260多位专家、学者参加会议，其中国外学者15位。

7月19—23日，由学会和中国细胞学学会联合主办的第四届国际植物维管生物学大会在广东省深圳市召开。来自17个国家和地区的151位专家、学者参加会议。会议开展了31个特邀报告和20个摘要报告。研讨内容包括植物维管组织的结构、发育、演化和功能、信号转导、物质运输、逆境响应等专题。与会专家、学者探讨了植物维管束功能及其在农业、林业、生物能源领域的应用前景等。会议共收到40份墙报，最终评出“纪念丁彪教授优秀墙报奖”3份。

学会开展第19届国际植物学大会筹备工作，完成大会各类报告人邀请。

国内主要学术会议　4月20—23日，2016年全国光合作用学术研讨会在湖北省武汉市召开。300多位代表参加会议，中国科学院院士匡廷云等40余名专家、学者作大会报告。会议评选了“光合作用研究成就奖”和“优秀墙报奖”。

7月25—27日，全国苔藓植物学学术研讨会在辽宁省沈阳市召开。近140名专家、学者参加会议，13位专家作大会报告。

8月1—5日，第十二届全国植物结构与生殖生物学学术研讨会在陕西省西安市召开。165位专家、学者参加会议，会议设置学术报告43个。

9月9—15日，全国系统与进化植物学研讨会暨第十二届青年学术研讨会在青海省西宁市举行。200余位专家、学者参加会议。会议特邀11位植物学专家作大会报告。来自17家单位的45位青年学者在分组报告中作专题报告，并在现场与专家自由讨论和交流。

9月27—29日，中国植物学会第十四届全国药用植物及植物药学术研讨会在湖南省吉首市召开。主题为“药用植物与健康产业”，300多名专家、学者参加了会议。11位专家作大会主题报告，约60位专家作分会场专题报告。会议论文集收录论文摘要190篇。会议还设立了产业发展论坛、人才培养论坛和青年学术沙龙。

10月9—12日，2016年全国植物生物学大会在湖北省武汉市召开。大会主题为“现代农业与绿色发展”，近1600位专家、学者参加大会。10位专家作大会报告，88名中青年科学家作分会场报告。大会收到会议摘要150余篇、墙报120余份。大会评选出墙报一等奖3名、二等奖5名、三等奖10名。

10月25—27日，2016年中国植物园学术年会在北京召开。400余名专家、学者参加年会，年会主题为“植物园：创新　绿色　共享”，共有12场大会报告，90场专题报告。大会收录论文45篇，发表于《中国植物园》第19期。大会颁发了中国植物园终身成就奖、2016年度中国最佳植物园“封怀奖”以及“优秀青年报告奖”评选。

12月17—27日，第六届全国植物蛋白质研究大会暨第二届植物蛋白质组最新研究技术培训班在海南省海口市举办。1319位专家参加了会议，14位专家、学者作大会特邀报告。会议设置69个专题报告，收录31份大会墙报、125份大会摘要。会后举行了蛋白质组技术培训班，218名学员参加培训。

国际交往　6月6—9日，学会组织青年科学家赴意大利罗马参加国际标准化组织中医药技术委员会（ISO/TC249）第七次全体会议。

科普活动　4—5月，由学会组织的粮食安全和农业生物技术——科学认识转基因技术系列展览分别在山东省泰安市、河北省石家庄市、山东省青岛市举行。通过转基因技术展览、科普讲座、国家重点实验室参观以及实验互动等多种形式开展科普活动。

5月15日，由学会与中国动物学会联合主办的2016年全国中学生生物学联赛在29个省、自治区、直辖市举行，共有65840名中学生参加活动。联赛共评出一等奖1015名、二等奖5598名、三等奖8396名。

8月22—25日，由学会与中国动物学会联合主办的第25届全国中学生生物学竞赛在四川省绵阳市举行，240名中学生参赛。其中，73名同学获得金牌，71名同学获得银牌，93名同学获得铜牌。

9月17日，全国科普日举办之际，由学会组织的第19届国际植物学大会多地联动科普活动在北京市、上海市、陕西省西安市、云南省昆明市和广东省深圳市同时举行。各地以“绿色创造未来”为主题，举办各类专题科普讲座、科普展览和体验互动等活动。

表彰举荐优秀科技工作者　学会推荐的中国科学院植物研究所种康研究团队的“发现水稻低温QTL基因编码蛋白COLD1感受与防御寒害机制”科研成果，入选中国科协生命科学学会联合体发布的2015年度“中国生命科学领域十大进展”。

经学会推荐，中国科学院遗传与发育生物学研究所研究员杨维才获得第七届“全国优秀科技工作者”称号。

学会推荐的清华大学姚瑞枫、新疆农业大学吉乃提汗·马木提获得中国科协“青年人才托举工程”2016—2018年度项目资助。

学会推荐的穆婧、何雅莉两位青年学者获得中国科协“2016年青年科学家参与国际组织及相关活动”项目资助。

党建强会　根据《中国科协关于加强科技社团党建工作的若干意见》的通知精神，经学会常务理事会党员会议（通讯）通过，学会在常务理事会层面建立党委，选举产生了首届党委委员：书记种康、副书记葛颂、纪检委员瞿礼嘉、组织委员安黎哲、宣传委员李德铢，并得到中国科协科技社团党委批复。学会向挂靠单位中国科学院植物研究所党委提交了关于学会办事机构与中国科学院植物研究所文献与信息管理中心建立联合党支部的申请。

会员服务 《中国植物学会会讯》电子版每年发行6期，为会员提供更加快速、便捷的服务。积极推进会员管理服务信息平台建设，建全会员网上注册管理系统；在学会网站开设“会员成就”栏目，为注册会员提供展示和交流平台。与各省级植物学会合作，对原有会员进行重新整理，筛选采集有效会员信息，建立多层次会员信息库。

以中国科协开展“学会治理体系与改革发展状况调查”为契机，抽取100名会员作为调查样本，进行在线问卷调查，了解会员的主要诉求。

【设立吴征镒植物学奖】 为弘扬吴征镒严谨治学、无私奉献和执着追索的科学精神，奖励为发展中国植物科学事业作出重要贡献的植物学科技工作者，激励植物学科技工作者为建设创新型国家作出新贡献，1月22日，经学会常务理事会讨论，同意与云南吴征镒科学基金会共同设立“吴征镒植物学奖”。6月，双方正式签订协议书。“吴征镒植物学奖”评奖计划于2017年开始组织评选，此后每两年评选一次，于颁奖年的6—7月（吴征镒诞辰日）颁奖。“吴征镒植物学奖”设置“杰出贡献奖”和“青年创新奖”两个奖项，奖励在植物学研究上取得重要成就、作出重大贡献或在植物资源合理利用上取得突破性成果并产生较好经济效益的植物学科技工作者。其中“青年创新奖”奖励年龄在45岁（含）以下的中青年植物学科技工作者。

（撰稿人：蔡瑞娜）

中国昆虫学会

服务创新型国家和社会建设 2016年，学会组织专家先后承担了国家公益性行业专项和陕西省农业攻关项目，开展苹果食心虫监测和防控技术研究，并协助陕西省植保总站和有关地市开展了苹果食心虫的监测和防控技术的示范推广。学会围绕陕西省农林业发生的主要害虫，组织专家重点开展了重大害虫——钻蛀性害虫、蔬菜害虫、小麦害虫的发生规律、防治技术的研究，并深入田间和果区进行了监测和防治工作。

学会建设 截至12月底，学会共有会员10899名，其中单位会员5个，个人会员10894名。学会于1月31日成立了昆虫产业化专业委员会，学会分支机构由原来的24个增至25个。

科技期刊国际影响力提升计划 *Insect Science*（《昆虫科学》英文版）获得中国科技期刊国际影响力提升计划B类项目资助。根据2016年《期刊引用报告》（JCR）发布的数据，*Insect Science* 2015年影响因子为2.551，在JCR昆虫学领域排位TOP10（9/94，Q1）。出版学术专栏两期：*Roles of biotic interactions in invasion biology*（《生物互作在入侵生物学中的作用》）、*Insect molecular ecology and pest management*（《昆虫分子生态学和害虫治理》）。出版题为 *Insect Genomics*（《昆虫基因组》）的学术专辑一期，共发文章20篇。

评选2015年最佳引用论文奖，获奖论文7篇，其中国内3篇、国际4篇，向作者颁发获奖证书和奖金。

编辑部向国际昆虫学者发送每期论文目录。开通“昆虫科学”微信公众号，吸引国际昆虫学者关注，在微信公众号中推送期刊文章。

学术期刊 学会主办《昆虫科学》（英文版）、《动物分类学报》（英文版）、《昆虫分类学报》（英文版）、《昆虫学报》《应用昆虫学报》《寄生虫与医学昆虫学报》《环境昆虫学报》7种期刊，共发行27880册，发表文章725篇。

根据2016年中国科技期刊引证报告（CJCR）发布的数据，《昆虫学报》2015年影响因子为0.699，影响力指数在97种生物学学科中排名第20位，在昆虫学、动物学期刊中综合影响因子继续排名第一位。

学科发展研究 学会承担了中国科协2016—2017昆虫学科发展项目，该发展战略报告将主要通过对近5年来昆虫系统学与进化、昆虫基因组学、昆虫分子生物学、昆虫生态学、媒介昆虫学、害虫生物防治学、害虫综合防治学、资源昆虫保护利用和外来入侵昆虫学等昆虫分支学科的发展研究报告的调研，了解我国昆虫学发展的现状，总结国内外昆虫学研究的新进展、新成果、新见解、新观点、新方法、新技术，制定我国昆虫学未来发展的规划与战略，提出昆虫学未来发展的方向与优先发展领域，提升我国昆虫学研究的原始创新和集成创新能力。

国内会议 学会举办了中国昆虫学会2016年学术年会、第十一届全国蜱螨学学术讨论会、全国第十二届化学生态学学术研讨会、全国昆虫发育与遗传高峰论坛暨中原生命科学论坛——昆虫与植物生物逆境发展战略研讨会、中国昆虫学会传粉昆虫学术研讨会、2016年全国害虫生物防治学术研讨会、全国生物系统学学术论坛等17个全国会议，共计4217人次出席，交流论文878篇。

国际组织任职 9月，在国际昆虫学会的执委会改选中，学会理事长康乐和副理事长刘树生连任国际昆虫学会执委。

国际交往 学会组织国内专家、学者参加9月24—30日在美国佛罗里达州奥兰多市召开的第25届国际昆虫学大会。大会主题为“昆虫学无国界”。来自102个国家的6682位昆虫学者参加会议，其中中国学者300余位。在会后举办的世界昆虫学学会领导人联合峰会上，中国科学院院士、学会理事长康乐担任联合主席。

科普活动 中国昆虫学会被中国科协评为2016年度全国学会科普工作优秀单位。

2016年举办15场科普报告会，举办夏令营2期，直接受众人数2000人次。举办第四届全国昆虫摄影比赛，600多人参赛。

通过“互联网+”科普形式，以“爱护资源，保护环境”为主题，举办各类科普宣传活动，承办活动及学术研讨会议6场次、科普巡展22场、专家科普讲座22场；在学会官网、华商网、陕西省青少年服务网开设“自然科普大讲堂”，刊发科普知识1000条以上；利用官方网站等多种形式开展科普宣传活动。结合蝴蝶分会科普工作，开办科普大讲堂和科普专栏的“11152工程”。“111152工程”指的是1个科普主题开放日，1场专题展览，1个青少年科普互动活动，1场大学生创新实践大赛，5次科普大篷车走进校园巡展巡讲，线上新媒体科普专栏互动宣传和科研成果科技惠农2大系列主题宣传活动。

表彰举荐优秀科技工作者 经学会推荐，中国科学院院士、中国科学院动物研究所研究员康乐和中国农业大学教授杨定获得第七届“全国优秀科技工作者”称号。经学会推荐，沈阳农业大学植物保护学院杨雪清、中国计量大学生命科学学院王正亮获得中国科协2016—2018年度青年人才托举项目资助。

学会创新发展 受中国科协和中国科协生命科学学会联合体委托，学会作为牵头学会，联合其他8个学会共同承担生命科学领域前沿跟踪研究项目，项目由学会理事长康乐主持，执行时间为2016年7月—2017年6月。围绕生命科学领域在新一轮科技革命和产业变革的前沿热点进行研究，持续跟踪全球生命科学领域新技术、新发现、新趋势，定期发布跟踪研究成果，提出前沿取得突破的可能领域及方向，为培育国家未来核心竞争力提供基础性科技知识储备提出方向性建议。

会员服务 学会编辑出版《中国昆虫学会2016年学术年会论文集》和《中国昆虫学会通讯》，在学会网站提供电子版下载，为会员提供服务。

党建强会 为贯彻落实《中国科协关于加强科技社团党建工作的若干意见》和中国科协学会党建工作会议精神，学会在全国理事范围内推荐了党委成员，经过全体理事中的党员网上投票，同意在理事会层面建立功能型党组织和党组织人选。经过学会上报、中国科协批复，同意学会成立中国昆虫学会党委，由戈峰担任党委书记。

【中国昆虫学会2016年学术年会】 10月10—13日，学会主办的中国昆虫学会2016年学术年会在云南省昆明市召开。来自全国的1138名专家、学者参加会议，欧洲科学院院士、德国科学院院士、德国柏林自由大学神经研究所教授Randolf Menzel出席会议。会前共收到论文摘要201篇。学会副理事长兼秘书长黄大卫主持开幕式。学会理事长康乐院士致开幕词。

年会设置12个大会报告，涵盖了昆虫学的主要领域。德国柏林自由大学神经研究所教授Randolf Menzel、华南师范大学生命科学学院昆虫分子生物学教授冯启理、中国科学院动物研究所研究员邹振、中国农业大学教授周欣、中国科学院西双版纳热带植物园研究员彭艳琼、浙江大学教授黄健华、北京市农林科学院研究员张帆、中国农业科学院植保所研究员江幸福、中国农业大学副教授刘星月、中国科学院动物研究所副研究员白明、北京市植物保护站高级农艺师张智、中国疾病预防控制中心传染病预防控制所研究员刘起勇分别作报告《气候变化对中国蚊媒传染病的影响研究》《非双螺旋DNA高级结构对基因转录调控的作用》《媒介昆虫发育的代谢调控》《大数据时代昆虫学的未来》《传粉榕小蜂及其寄主榕树协同进化的生态学机制》《Hippo信号通路在昆虫卵巢发育中的作用》《中国生物防治研究六十年》《我国粘虫迁飞的研究与防控》《脉翅类昆虫的多样性与系统演化》《形态特征的数字化及方法创新》《双模式数字化昆虫雷达的构建与初步应用》《气候变化对中国蚊虫及蚊媒传染病的影响研究》。大会报告分别由中国昆虫学会副理事长高希武、黄勇平、戈峰及云南省昆虫学会副理事长陈晓鸣主持。

年会还设置了昆虫分类、古昆虫与传粉昆虫、昆虫生理生化与分子生物学、基因组学等8个专业组进行讨论。

闭幕式上，颁发了优秀报告和优秀墙报奖，其中8名研究生获得一等报告奖、16名获得二等报告奖、10名获得优秀墙报奖。

（撰稿人：孟晓星）

中国微生物学会

服务创新型国家和社会建设 中国微生物学会农业微生物学专业委员和湖南豫园生物科技有限公司合作建立“中国农业微生物科技馆”，围绕科技馆定位、展览馆、种植馆和水处理馆的主题内容设置、展示方式、科研楼布局以及中国农业微生物科技奖设置等问题进行了认真研讨，目前已在建设之中。科技馆建成后，将对农业微生物学知识进行科普宣传和展示，使人们能了解微生物与农业的密切关系，提高公众对农业微生物的认知水平，吸引各方资源投入农业微生物研究及产业化中，更好地促进学科与产业发展。

学会建设 截至2016年12月，学会会员总数有17600余名，比2015年增加近400名。

10月，学会进行了换届选举，产生了新一届理事会。

学会各专业委员会充分利用学术研讨会举办之时召开专业委员会会议，调整委员组成结构，制订各阶段发展计划。

学会召开了2次常务理事会议。7月，召开了第十届理事会第十次常务理事会会议，会议讨论了全国会员代表大会的有关事宜。10月，召开了学会第十一届理事会第一次常务理事会会议，成立了中国微生物学会功能性党委。

科技期刊国际影响力提升计划 学会主办的英文期刊 *Virologica Sinica*（《中国病毒学》英文版），在中国科技期刊国际影响力提升计划第一期项目的大力支持下，于2015年正式被SCI收录，成为中国病毒学领域第一本被SCI收录的期刊。2016年，又成功获得中国科技期刊国际影响力提升计划第二期项目的支持。

学术期刊 学会主办的期刊有《微生物学报》《生物工程学报》《病毒学报》《中国人兽共患病学报》《微生物学通报》《微生物学杂志》和 *Virologica Sinica* 7种。

期刊在学会换届的同时，也调整了编辑委员会的组成。

国际学术会议 2016年，学会举办国际学术会议3次。

10月16—20日，第十三届国际工业微生物遗传学大会在湖北省武汉市召开。来自33个国家或地区的1115名专家、学者参会，其中海外代表291人。会议围绕“基础微生物遗传学”“微生物发掘：从天然到合成生物学”“工业威力与应用潜力”三大主题、18个议题进行了153场专题报告，集中展示工业微生物遗传学发展的前沿和热点，凸显国际微生物遗传学科技工作者的最新成就。

10月19—21日，第二届噬菌体国际学术研讨会在湖北省武汉市召开。此次学术研讨会的主题是“噬菌体与裂解酶的基础和应用研究”，吸引了来自国内各大、专院校、研究院（所）、医院、疾控中心等单位以及美国国立卫生研究院（NIH）、俄亥俄州立大学、Novo Med Integrative Medicine Center of Georgia、加拿大劳瑞尔大学、中国台湾义守大学的国内外170余名专家、学者参会。

11月16—18日，由中国微生物学会酶工程专业委员会、日本酶工程学会、韩国酶工程学会主办的第14届中日韩国际酶工程学术研讨会在广西壮族自治区南宁市召开。来自日本、韩国、新加坡、英国等国家的83家高校、研究机构和企业界的300余名专家、学者出席会议，与会人员就酶工程研究最新成果及发展趋势进行了广泛交流。

国内主要学术会议 2016年，学会及所属专业委员会共组织各类学术会议26次，参加人数共有9800余人次。

4月15—17日，2016年工业过程优化与控制研讨会在湖北省宜昌市举行，会议邀请了中国科学院、清华大学、浙江大学、上海交通大学、复旦大学、梅特勒—托利多、阿法拉伐、海泰工程等在内的全国百余所高校、科研院所以及相关生产企业的300多位专家参会。与会期间，研究单位和企业人员积极展示在各自领域取得的成果和产品，并从先进技术的实际应用和企业生产过程中遇到的实际问题出发，探讨解决方案以及后续深入产业提升的可能性。

11月11—14日，第十九次全国环境微生物学学术研讨会在重庆市召开。812位国内外专家、学者参会。大会共收到论文及摘要297篇，评选了20个简浩然环境微生物优秀论文奖和1个优秀环境工程奖，并颁发了奖杯和荣誉证书。

科普活动 9月22日，学会科普工作委员会主任委员杨海花研究员应西城区图书馆的邀请，为社区居民作了题为“微生物与人类生活”的科普报告。

12月22日，学会科普工作委员会主任委员杨海花研究员应牛栏山第一中学的邀请，为高中部的同学作了微生物与人类生活的科普讲座。

表彰举荐优秀科技工作者 经学会推荐，中国兽医药品监察所研究员丁家波获得“第十四届中国青年科技奖”。经学会推荐，学会副理事长黄力研究员获“全国优秀科技工作者”称号。

向中国科协生命科学学会联合体推荐“2016年度中国生命科学领域十大进展”3项；向中国科协生命科学学会联合体推荐国家重点实验室评估专家40名。

推荐云南大学生命科学学院教授李文均为国际原核微生物系统学委员会成员。

党建强会 10月29日，学会召开常务理事会期间成立中国微生物学会党委，中国科协批复同意。11月，学会与中国生物工程学会、中国菌物学会联合成立办事机构党支部。

【中国微生物学会第十一次全国会员代表大会暨2016年学术年会】 10月28日—11月1日，由学会主办的中国微生物学会第十一次全国会员代表大会暨2016年学术年会在陕西省西安市召开。来自全国470多家单位的1600余名代表及专家、学者参加大会。

学会秘书长东秀珠研究员主持开幕式，学会理事长邓子新院士致大会开幕词。中国科协学会学术部副部长魏军锋，国际微生物学会联合会主席、新加坡国立大学李元昆教授等出席大会并致辞。与会代表听取了理事长邓子新院士向大会所作的第十届理事会工作报告，组织工作委员会主任张霆研究员作了修改章程报告，常务副秘书长肖昌松教授级高工作了财务报告及换届工作情况报告。代表大会按照中国微生物学会章程和中国科协《全国性学会召开全国会员代表大会及理事会换届工作办法》，进行了换届选举，产生了新一届理事会，共161位理事。

学会第十一届理事会第一次理事会会议选举中国科学院院士邓子新为学会理事长，黄力、邵一鸣、徐志凯、杨瑞馥、中国科学院院士焦念志、中国工程院院士徐建国、张克勤和王磊为学会副理事长，东秀珠为学会秘书长，并选出44名常务理事组成新一届常务理事会。随后，召开了第十一届理事会第一次常务理事会会议，通过了学会副秘书长人选和各专业委员会、工作委员会、各期刊编委会组成人员名单等。

会议期间围绕“微生物与绿色发展”主题进行了学术交流活动，本次大会收集和编录了论文摘要集，其中包括1个前辈事迹报告、4个大会报告、1个励志报告、31个主旨报告及76个分会场报告。交流论文摘要454篇，墙报41个。大会还设置了5个分会场主题，共有107位代表在5个主题中作了主旨报告和分会报告。

（撰稿人：王　旭）

中国生物化学与分子生物学会

服务创新型国家和社会建设 学会承担了《中国大百科全书》第三版生物化学学科的编写组织工作。

9月14—15日，四川绵阳高新区生物医药孵化器有限公司与学会工业生物化学与分子生物学分会签订了战略合作协议书。

学会建设 截至2016年底，学会发展个人会员350人，学会会员总数超过7000人。学会对分支机构进行评估，完成多肽专业委员会并入蛋白质专业委员会工作。

学会召开常务理事会会议2次、理事会议1次，分支机构负责人会议1次，地方学会负责人会议1次。完成了糖复合物专业委员会、海洋生物化学与分子生物学分会、蛋白质组学专业委员会的换届工作。

5月19—20日，学会在上海召开了第一届代谢会议，同时宣布代谢专业委员会正式成立。

10月20日，召开2016年度分支机构负责人会议。分支机构管理工作组、17个分支机构代表29人参加了会议。各分支机构代表依次介绍了本年度的工作进展并对下年工作计划进行了交流。

10月20日，召开省（自治区、直辖市）学会负责人联席会议，来自21个省（自治区、直辖市）生化学会的25名代表参加了会议。上海市和安徽省代表在会上作典型发言。此外，大家就地方学会发展、区域联合活动、会员发展等工作进行了交流。

编撰出版了《中国生物化学与分子生物学会2016年工作年报》，同时发行纸质及电子版材料。

国际学术会议 11月9—10日，第四届广州核酸国际论坛（Canton Nuclei Acids Forum）在广东省广州市召开。论坛邀请到18位全球核酸领域最具影响力的科学家及企业家，对非编码RNA结构与功能研究、尖端核酸技术开发与应用、生物信息学等前沿领域进行报告，与参会者分享CRISPR、RNAi和反义核酸等治疗技术的最新进展。200余人出席会议。

国内主要学术会议 2016年，学会及下属分支机构共组织学术交流活动21次，内容涵盖临床应用、多糖多肽、脂质、医学、中医药、工业、酶学、蛋白质、农业、基因、教学、系统生物学、核酸等多个专题领域，参与人数7784人次。

两岸交流 10月22日，海峡两岸生化学会座谈交流会在浙江省杭州市召开。会议对2006年以来全国生物化学与分子生物学会与台湾地区同行编辑《海峡两岸生物化学与分子生物学名词》的历史做了简要回顾，并就两岸英文名词翻译出现差异事宜进行了讨论。双方就增加学会学术会议的互动达成一致意见：下届海峡两岸生物化学与分子生物学学会联合会议将在台湾地区举行，可以根据主题互相推荐会议报告人。

国际交往 *IUBMB Life*是国际生物化学与分子生物学会联盟主办的刊物。该专刊是继2009年为纪念第21届IUBMB Congress在上海市举行而出版*IUBMB Life*专刊后的又一中国专刊。应IUBMB前任主席、*IUBMB Life*主编Angelo Azzi教授邀请，由北京大学教授昌增益、中国科学院生物物理所王志珍院士和中国科学院上海生命科学研究院李林院士担任该专刊的客座主编。专刊邀请了近年在分子和细胞生物学领域获得突出成果的中国科学家撰稿，共收集了十篇综述文章，已于2016年11月正式出版。

学会副理事长昌增益教授（FAOBM候任主席）、周从照教授（FAOBMB中国代表）、中国科学院院士邵峰（2016年度FAOBMB杰出研究奖获得者）、杨荣武教授（2016年度FAOBMB教育奖获得者）参加在菲律宾马尼拉举行的第25届FAOBMB国际会议。邵峰院士、杨荣武教授分别作大会报告，昌增益教授在开幕式上致欢迎词。

科普活动 5月，学会在全国各省（自治区、直辖市）学会、学会各分支机构发出开展2016年学会科普活动月倡议。共有21个省、直辖市的52家高校实验室及医院结合自身特色举办相关主题科普活动。活动包括科普报告、实验观摩、展板介绍、疑问解答、动手操作、发放宣传手册、免费检测等形式。部分单位还免费提供了转基因科普教育基地、生物标本馆、山西医科大学生命科学馆等科普场馆。研究生、大学生、中小学生、学龄前儿童、社区居民等，共计12251人次参加了活动。

7月9—11日，学会副理事长昌增益实验室承担“北京青少年科技俱乐部”的暑期夏令营活动。

8月，脂质与脂蛋白专业委员会开展高脂血症防治科普宣传活动。

学会应邀参与编撰科普读物《新科技知识干部读本》，分别组织了7篇相关领域的内容。

表彰举荐优秀科技工作者 经学会推荐，中国科学院院士邵峰获得2016年度亚洲及大洋洲生物化学家和分子生物学家联盟（FAOBMB）“卓越研究奖”。

经学会推荐，南京大学生命科学院教授杨荣武获得2016年度亚洲及大洋洲生物化学家和分子生物学家联盟（FAOBMB）“教育奖”。

经学会推荐，中国科学院院士、中国科学院上海生命科学研究院研究员李林、刘小龙分别当选中国科学技术协会第九次全国代表大会代表及第九届全国委员会委员。

学会颁发北京大学汤富酬“2016年普洛麦格生物化学奖”。

经学会推荐，中国科学院上海生命科学研究院生物化学与细胞生物学研究所研究员陈玲玲荣获第十三届中国杰出青年女科学家奖。

经学会推荐，中国科学院上海生命科学研究院生物化学与细胞生物学研究所研究员许琛琦荣获第七届“全国优秀科技工作者”称号。

会员服务 学会及各专业委员会召开的学术会议，对会员实行注册费减免制度，减免幅度一般在20%左右。同时提供免费寄送刊物、免费发放CNKI论文数据库检索卡等服务。

学会年底制作2016年年报和2017年工作手册，对会员免费邮寄发放。

3月14—18日，由学会临床分会主办的面向一线临床检验诊断学专业科研人员的科研中常用实验室技术原理及实践培训班在北京举办。本期培训班共招收来自北京地坛医院、北京世纪坛医院、301医院等机构40余名学员。本次培训课程采用理论和实际操作并重的教学方法，采取分组式授课方式。通过5天的系统培训，学员学到了分子生物学（核酸提取、PCR技术、Western技术）、细胞生物学（细胞培养、流式细胞术）、组织化学（冰冻切片、石蜡切片、HE染色）等相关理论知识和实验技术。

8月2—5日，由蛋白质组学专业委员会主办的第五期蛋白质组信息学培训班在北京举办。本课程为生命科学研究人员介绍如何合理利用和开发蛋白质生物信息学资源。课程着眼于实际数据库搜索、工具使用、大型数据库分析、生物学网络构建、可视化和数据分析等。培训班采取小班授课、专人指导、理论课与实践课相结合、讲师与学员研讨的方式进行。

8月16—19日，蛋白质组学专业委员会在北京举办第九期蛋白质组学技术与应用高级培训班。培训班由蛋白质组学国家重点实验室、军事医学科学院等从事蛋白质组学研究的一线专家授课，通过技术讲座结合实验操作，展示应用实例，现场解答科研疑问，帮助学员拓展研究思路。

党建强会 学会联合党支部申请了中国科协“党建强会”计划项目。4家全国学会共同完成2016年度“党建强会”计划“十百千”特色活动。

经中国科协科技社团党委批准于2016年12月正式成立学会党委。学会副理事长昌增益担任党委书记。

【中国生物化学与分子生物学会2016年全国学术会议】 10月20—23日，中国生物化学与分子生物学会2016年全国学术会议在浙江省杭州市召开。会议由学会副理事长兼秘书长刘小龙主持。中国科学院院士、学会理事长李林，浙江大学党委副书记朱世强分别致开幕词。本次会议主题为“整体生物化学”。2200余名来自国内外科研院所、高等院校等单位的专家、学者参加了本次大会。

围绕大会主题，会议特别邀请了厦门大学教授林圣彩、浙江大学教授冯新华、以色列威兹曼科学院教授Dan Tawfik、中国科学院院士施一公、北京大学教授汤富酬、武汉大学教授宋保亮等作大会特邀报告。会议设立了6个分会场，分别邀请100位专家、学者围绕蛋白质的动态复合物和结构功能、能量代谢的动态平衡、蛋白质翻译后的动态修饰与功能效应、功能蛋白质的亚细胞动态分布、核酸的动态修饰与基因表达调控、动态糖修饰与功能、靶分子药物筛选与作用机制、生物化学教育等生化领域的研究前沿进行了广泛交流和讨论。会议期间，交流论文摘要368篇、学术墙报149篇。

会议特别为青年学者组织了青年科学家论坛、博士生论坛、知名期刊见面会、资深科学家见面会等活动，通过多种途径为青年人才的学术发展助力。

闭幕式颁发了“青年科学家论坛奖”“博士生论坛奖”“优秀墙报奖”“叶惠兰基金资助青年学生参会奖”“郑集—张昌颖奖励基金获奖优秀论文”“Promega生物化学奖”等奖项。

【第九届全国核糖核酸（RNA）学术研讨会】 9月25—27日，第九届全国核糖核酸（RNA）学术研讨会在上海市召开。会议由学会RNA专业委员会主办。中国科学院、中山大学以及美国加州大学圣地亚哥分校、耶鲁大学、加州大学、克利夫兰医学中心等400多位国内外RNA研究领域的专家、学者出席了大会。

大会围绕RNA领域最新发展趋势和我国RNA学科的研究动态，就RNA组学及信息学，RNA生成、加工和降解，RNA生理与遗传，RNA结构生物学，非编码RNA与医学，非编码RNA与农学，RNA研究方法和技术7个专题安排了40余场学术报告。大会还设立了学术墙报展示环节，评选出优秀学术墙报奖。

学会核糖核酸（RNA）专业委员会还对我国未来RNA科学研究进行了前沿性战略研讨，并就提升我国RNA研究的国际影响力展开讨论。专业委员会决定全力推动RNA重大研发项目计划的立项，拟成立亚太RNA联合委员会，并申办2020年国际RNA学会会议。

（撰稿人：孙晓丽）

中国细胞生物学学会

服务创新型国家和社会建设 学会承担中国科协承接政府转移职能与科技公共服务工程项目“细胞生物学领域社会科技奖励设置”，收集了国内外与细胞生物学相关的主要奖项，通过比较分析，找出其运营方法中对提高公信力、保证持久运行等方面起重要作用的步骤，为探索适合基础研究学科领域的奖励设置、评奖机制与流程提供依据。

学会作为生命科学联合体秘书长单位，负责国家重点实验室评估方案的起草制定，并向中国科协推荐60位国家重点实验室评估专家。

学会共推荐16位权威专家担任《中国大百科全书第三版》词条编写作者，完成了103个细胞生物学领域相关条目初稿编撰工作。

学会向中国科协推荐各类奖项候选人，共有8人次入选；向中国科协生命科学联合体推荐4项科研进展参加“2016年中国生命科学领域十大进展”评选。

学会承担“细胞生物学科方向预测及技术路线图”“生命科学领域前沿跟踪研究项目”2项中国科协学科领域调研类课题，从专业角度为政府决策咨询提供理论依据和参考。

学会干细胞生物学分会发布《中国干细胞领域自律宣言》。成立干细胞分会标准工作组，与中国国家标准化管理委员会、中国计量科学院等职能部门直接对接，积极参与我国干细胞产业的标准化建设。

学会能力提升计划 面向广大科技工作者举办各类技术培训班、技术讲座。2016年继续开展新青年课题组长（PI）职业起航培训，塑造学会品牌培训项目，助力青年科学家全面成长。此外，学会作为生命科学联合体2015—2017年青年人才托举项目的轮值负责单位，负责联系各项目参与单位，跟踪青年人才托举状况，填报科协人才跟踪系统，并积极组织2016—2018年青年人才托举项目的申报评选工作。

学会建设 2016年，细胞工程与转基因生物分会、细胞结构与细胞行为分会、免疫细胞生物学分会、医学细胞生物学分会、功能基因组信息学与系统生物学分会、再生细胞生物学分会6个分支机构进行了换届。由于工作需要，学会细胞生物学教学与普及工作委员会拆分为科学普及工作委员会和继续教育工作委员会；原染色体基因组蛋白质组分会经过学术重组，更名为染色质生物学分会；学会新成立细胞治疗研究与应用分会，使学会增至14个专业分会和7个工作委员会。学会新设立19个地区团体会员，作为会员服务的基层站点，加强与地方会员之间的联系。

学会改版网站于11月25日正式上线。改版网站对会员管理系统进行了升级，增加了会员邮箱验证、会员信息的自助修改、在线自助缴纳会费、会费收据寄送提醒等多项功能，还设计开发了经费申请、旅费申请、活动申报、专家评审等工作平台，提升了学会整体信息化水平和会员服务能力。

学会召开了第十一届理事会第二次全体会议，第二次专业分会评估会议，第六期全国各省、直辖市细胞生物学学会工作会议等重要工作会议。

学会被评为中国科协学会创新和服务能力提升工程“优秀科技社团”“2016年全国学会科普工作优秀单位”，获得“党建强会”计划“十百千”特色活动组织奖。

学会作为中国生命科学学会联合体秘书长单位，参与2016世界生命科学大会的筹备工作。

学会面向科技工作者组织专业技术人才培训班、技术讲座及青年教师讲课比赛共14次，总计参加人数378人。

科技期刊国际影响力提升计划 该计划进一步提升学会英文科技期刊国际影响力与核心竞争能力。*Cell Research*（CR）2015年最新影响因子为14.812，在SCI收录的187种国际细胞生物学领域期刊中影响因子排名首次进入前十，2016年顺利入选中国科技期刊国际影响力提升计划二期项目，获得A类资助。*Journal of Molecular Cell Biology*（JMCB）2015年最新影响因子为6.459，在SCI收录的187种国际细胞生物学领域期刊中影响因子排名第33位，成功入选“中国科技期刊登峰行动计划”“上海市新闻出版专项资金资助项目”（2016—2017）。这两本期刊均入选2016年“中国最具国际影响力学术期刊”（自然科学与工程技术）。

学术期刊 学会主办科技期刊包括*Cell Research*（英文、月刊）、*Journal of Molecular Cell Biology*（英文、双月刊）和《中国细胞生物学学报》（中文、月刊）、*Cell Discovery*（英文、开放存取）四种，其中*Cell Discovery*（CD）是2016年新增英文学术期刊。该期刊借助CR的国际影响力，期刊范围较CR更为广泛，通过开放获取的方式以增加期刊传播的便利度，最大限度地传播科研成果，全年共发表论文61篇，2016年7月27日被Pubmed Central收录。

Cell Research（CR）最新影响因子为14.812，超过Nat Struct MolBiol和Mol Cell，论文水平已与*Nature*、*Cell*子刊相当，总引频次为1.04次。本年度CR共发表论文149篇，通过优秀稿件的“绿色通道”吸引发表了一批学科热点文章。

*Journal of Molecular Cell Biology*最新影响因子为6.459，被PubMed、SCI、JST、Scopus、EBSCO等著名出版集团收录，共发表论文57篇，总被引频次达1555次，较上年度提高36%。2016年组织约稿出版“脂联素20周年回顾与展望”特邀专辑1期，主题专刊5期。

中文期刊《中国细胞生物学报》始终坚持服务科研的办刊理念，搭建国内科研成果的优秀、高速的发布平台，本年度共发表论文207篇。

学科发展研究 学会主持承担了中国科协“细胞生物学科方向预测及技术路线图”项目（2015—2017），由中国科学院上海生化细胞所研究员朱学良牵头负责，已完成干细胞与分化、细胞增殖、生物膜与膜细胞器、细胞骨架与运动、细胞应激、细胞通讯、细胞生物学新技术新方法 7 个学科发展方向的预测和技术路线图研究报告。

学会作为联合体成员单位参与“生命科学领域前沿跟踪研究项目”，由云南大学教授张建牵头负责，邀请专家撰写了细胞衰老、细胞命运的转录与表观遗传调控、超分辨率细胞显微技术、细胞治疗、环境污染与细胞损伤、细胞自噬 6 份专题前沿跟踪研究报告。

国际学术会议 6 月 24 日，第五届国际转化医学信息会议暨第三届全球华人转化医学信息研讨会在贵州省贵阳市召开。会议主题为“大健康与精准医学模型”。本届会议被列入贵州省首届绿色博览会大健康论坛的卫星会议，由学会功能基因组信息学与系统生物学分会主办，贵州医科大学、苏州大学系统生物学研究中心、中国运筹学会计算系统生物学分会医学系统生物学学组、太仓市正兴转化医学信息学中心、苏州正兴转化医学信息科技有限公司联合承办。参会代表 120 余人，其中来自国内外的知名专家 40 余人。

7 月 19—23 日，第四届国际植物维管生物学大会在广东省深圳市召开。受国际植物维管生物学学术研讨会学术委员会委托，第四届国际植物维管生物学大会由中国植物学会和中国细胞学会主办，中国科学院植物分子生理学重点实验室和中国林业科学研究院林木遗传育种国家重点实验室共同承办。来自 17 个国家和地区的 151 位专家、学者参加了会议。会议共有 31 个特邀报告和 20 个摘要报告，研讨内容包括植物维管组织的结构、发育、演化和功能、信号转导、物质运输、逆境响应等重要专题，与会人员探讨了植物维管束功能及其在农业、林业、生物能源领域的应用前景等。会议共收到海报 40 份。

10 月 14—17 日，第六届国际生物医学和环境科技大会暨第七届 DNA 损伤国际研讨会在四川省成都市举办。本次大会由四川大学、DNA 损伤应答北京市重点实验室、北京细胞生物学会和中国细胞生物学会细胞信号转导分会共同举办。本届大会的主题是“DNA 损伤应答与癌症”，大会共安排了 70 多场报告，其中包括 3 个主旨报告、11 个特邀报告以及 10 场分会场专题研讨会。本次大会征集交流论文 70 余篇，评选出 5 篇优秀墙报展示论文。

11 月 1—3 日，学会作为中国科协生命科学学会联合体秘书长单位，共同筹备召开 2016 年世界生命科学大会。负责组织 Neuroscience、Genetic Programming，Innate Immune Response and Inflammation 3 个专业分会场，学会副理事长韩家淮院士、周琪院士、张旭院士分别担任分会场主持人。积极协助大会招展以及会议期间举办的“2015 年度中国生命科学领域十大进展”的成果展示资料的收集整理工作。本次大会共有 10 位诺贝尔奖获得者、4 位世界粮食奖和沃尔夫农业奖获得者、英国皇家学会会长、美国科学院院长等众多生命科学领域国际重量级大师应邀出席，400 余名国际知名学者作报告，是世界生命科学和中国生命科学界的一次盛会。

12 月 19—21 日，第 9 届广州国际干细胞与再生医学论坛暨第五届中国再生细胞生物学年会在广东省广州市举行。论坛的主题是“纪念诱导多能干细胞技术发明十年”，论坛特邀请干细胞多能性转录因子及相关研究的多位原创发现者，围绕干细胞、遗传学和表观遗传学、iPS 细胞重编程和疾病模型、转化医学等问题，共同探讨干细胞与再生医学的最新科研进展。论坛邀请了 30 余名主讲嘉宾，累计 300 余人参会。论坛由学会再生细胞生物学分会、广州市外国专家局、中国科学院等单位主办，中国科学院广州生物医药与健康研究院等单位承办。

国内主要学术会议 学会及各专业分会积极主办年会、研讨会、论坛等国内高层次学术会议 14 次，共有 6069 人次参会，567 位专家、学者在会议中作报告，交流论文 1071 篇，展示墙报 465 篇，51 人次被评选为优秀墙报奖。

国际组织任职 学会副理事长丁小燕研究员现任第七届亚太地区细胞生物学组织（APOCB）秘书长，任期为 2014—2017 年。学会理事曾艺研究员被推选为 APOCB 后备人才。学会青年工作委员会委员欧光朔教授被推选为国际细胞生物学联盟（IFCB）后备人才。

国际交往 12 月 4 日，美国细胞生物学会 2016 年学术年会中国专场在美国旧金山召开。中国科学技术大学教授姚雪彪主持会议，美国细胞生物学会（ASCB）国际事务委员会主席 Yixian Zheng 教授发表致辞，ASCB 会员委员会 Zuhang Sheng 教授等到场看望到会的中国专家。张传茂教授代表中国细胞生物学学会介绍学会；上海生化细胞所教授朱学良介绍细胞生物学国家重点实验室在中国的发展、研究发现和最新成果；*Cell Research* 期刊程磊博士介绍了该杂志的现状和新的子刊 *Cell Discovery* 的情况；JMCB 秦宇博士介绍了该杂志的办刊理念、进展与发展方向。巴西细胞生物学会长 Celia Garcia 博士对近年来中国细胞生物学学会的迅猛发展表现了极大的兴趣，表示愿意有机会进一步学习交流。

为了提升学会国际影响力，学会正在积极争取将 APOCB 秘书处设立在中国。目前 APOCB 官方网站由学会负责运营维护。7 月 20—25 日，学会副理事长丁小燕研究员作为第七届 APOCB 秘书长出席 2016 APOCB 国际事务执委会教育会议，建议发挥 APOCB 优势，促进亚太地区细胞生物学教育的发展。

为鼓励青年科技工作者积极参加国内外学术交流活动，学会设立青年学者旅费资助项目，2016 年共资助 5 位优秀青年学者参加 2016 美国细胞生物学学会（ASCB）年会等会议。

科普活动 科普活动线下与线上并驾齐驱，打造多元化科普传播平台。举办线下科普活动，包括学会 2016 年全国“实验室开放日”活动 173 场、学会 2016 年诺贝尔生理学或医学奖解读讲座 27 场；在新疆、青海两地开展医疗科普下乡活动，深入社区、乡村举办科普知识讲座 5 场、义诊 9 场，在浙江省境内开展禁毒知识进社区活动 10 场；承办“中科院科技创新年度巡展 2016”中“细胞编程与重编程的机制”展台，学会名誉理事长裴钢院士分别在新疆大学、井冈山大学和上海浦东图书馆“中科院 SELF 讲坛 X 墨子沙龙创新大会”上讲授“干细胞研究展望”“干细胞与人类可持续发展”科普报告。活动总计受众人数达 68322 人次，参加活动科技人员达 1665 人次，覆盖全国 21 个省（自治区、直辖市），参与活动的地方细胞生物学学会、学会专业分会、地方科协共 68 个，活动规模和参与度都较上年度有了显著提升。

线上科普活动包括：合作出品 5 集科普视频《糖尿病的科学传奇》，点击量累计达 161.3 万，1 集获“科普中国——科普影视厅”优秀科普视频一等奖，4 集获二等奖；与“科普中国——科技前沿大师谈”栏目组合作推出的系列科普微视频“热点热议”专栏，共邀请 3 位专家讲述“细胞治疗”的科普知识。

组织征集 5 部科普作品推荐申报《中国科协科普重大选题融合创作与传播选题》，其中 3 部作品受到项目后资助。

邀请专家参与新华网—科普中国“科技前沿大师谈”栏目组录制《2016 诺贝尔三大科学奖项深度解读报道视频》3 部，在新华网及其他主流门户网站传播。

开设中学“生物学教学你问我答”微信平台，对提出的问题进行梳理分类，组织学会专家进行专业解答，建立中学生物教师和细胞生物学专家之间新型沟通交流平台。

学会副理事长周琪院士做客 CCTV《大家》栏目，讲述重塑生命的干细胞；再生细胞生物学分会会长裴端卿教授做客 CCTV《开讲了》，讲述干细胞如何做到延缓衰老；学会科普工作委员会主任李斌研究员通过《知识分子》“直播科学家”栏目直播他的研究团队和实验室，使网友有机会一睹免疫技术的最前沿。

3 月 11 日，学会官方微信正式更名为“细胞世界”，关注人数达 9000 人，致力于利用碎片化时间传播细胞生物学科普知识、学科前沿动态，全年推送信息 318 条，阅读量达近 1 万次。

表彰举荐优秀科技工作者 经学会推荐，清华大学教授陈晔光、中国科学院动物所研究员陈佺、中国科学院上海生化细胞所研究员朱学良获“第七届全国优秀科技工作者”称号，中国科学院上海生化细胞所研究员李劲松获“第十一届光华工程科技奖——青年奖”称号，中国科学院上海生化细胞所刘巧珍、清华大学周林康入选中国科协“青年人才托举工程”（2016—2018）。

学会设立了科技类、公益类、教学类奖项 10 项，共有 99 人次和 8 家单位获奖。其中新设干细胞杰出贡献奖，中国科学院上海生化细胞所李劲松研究员获奖。新设中国细胞生物学学会科普活动优秀奖，首批共有 25 人获奖。

学会创新发展 建立学会下属分支机构有进有出的动态管理机制，对连续两次评估排在末位的分会直接撤销或进行整改，原染色体基因组蛋白质组分会就因两次评估均排在末位，经学会理事会批准，根据现有学科发展需求重新进行了换届改组，分会正式更名为染色质生物学分会。

4 月 8 日，学会会务服务中心（上海博生会展有限公司）正式成立，主要负责学会各类学术会议、培训班等活动的会务承办。

加强学会信息化建设，根据工作需求设计开发了学会项目申请、旅费资助申请、分支机构活动填报申请、专家在线评审、会议 APP、会议现场扫码签到等工作管理平台，有效提升了学会整体信息化水平和服务能力。

党建强会 学会此前已成立学会联合党支部，11 月 29 日，经中国科协科技社团党委批准，正式成立中国细胞生物学学会党委，中国科学院院士张旭任第一届党委书记。

学会联合党支部倡议开展的“发挥党员先锋模范作用，开展科普联动活动”受到中国科协“党建强会”计划“十百千”特色活动资助，获“党建强会”计划“十百千”特色活动组织奖。

会员服务 学会大力发展个人会员，截至 2016 年底，学会个人会员已达 1.05 万人，会员人数比 2016 年增加 1800 人。其中女性会员占比 46.7%，具有高级专业技术职称的会员占比 35.8%，学生会员占比 26.8%。

学会在学术会议中，设立个人会员优惠价格；面向会员开展新 PI 团队管理运行研修班和“青年人才托举工程”推荐工作；由上海市创新细胞生物学发展基金会设立境内外青年学者旅费支持，资助优秀青年会员有机会参加国内外学术活动等。

新设立资深会员、荣誉会员两种类型，为会员分类服务奠定基础。在每月定期发布学会电子简讯的基础上，新增发布学会年报，确保学会重要信息推送不间断，加强会员对学会的了解和联系。

设立地区团体会员单位，作为基层会员服务站点，在发展会员、收缴会费、组织会员参加各类活动以及优秀人才举荐表彰等方面发挥了积极作用。

学会网站发布了 230 条会议通知、新闻、招聘信息等信息，发布学会电子简讯 13 期和 2016 年学会年报，制作《中国细胞生物学学会 2017 年度工作手册》4000 册，学会会员免费申领，使会员通过多种渠道了解学会。

中国科协会员日 共组织开展 28 场学会 2016 年会员日活动，包括 1 场走访慰问一线科技工作者的冬令进补中医开膏方活动，以及 27 场面向公众的 2016 年度诺贝尔生理学或医学奖解读讲座活动，受众 4577 人次。

【中国干细胞第六届年会】 9 月 8—9 日，中国干细胞第六届年会在吉林省长春市举办。

本届年会由学会干细胞生物学分会主办，吉林大学和吉林大学白求恩第一医院联合承办。中国科学院院士裴钢为大会名誉主席，中国科学院院士周琪为主席。

年会以“干细胞——重塑生命与健康”为主题，共吸引了全国各地干细胞研究领域的 700 余名师生参加会议。

大会揭晓 2016 年干细胞杰出贡献奖、干细胞研究创新奖、干细胞青年研究员奖、干细胞成果转化奖、干细胞社会公益奖获奖者名单，周琪院士获本届大会“干细胞杰出成就奖”。优秀墙报奖通过现场投票评选，获奖名单在大会闭幕式公布。

会上，学会干细胞生物学分会组织了“中国干细胞领域自律宣言承诺书”签名活动，号召全体从业人员能够严格遵守国家的相关法律法规，自觉维护干细胞研究和转化的健康环境。

与会专家就干细胞学术研究、干细胞应用转化及干细胞产业链规范及布局等重大问题展开积极的交流探讨。

闭幕式上学会干细胞生物学分会理事会会长周琪院士宣布 2017 年中国干细胞第七届年会将由宁夏医科大学总医院承办。

（撰稿人：林晓静）

中国植物生理与植物分子生物学学会

学会建设 2016 年，学会共召开理事会议 1 次、常务理事会议 2 次。截至 12 月底，学会共有会员 6259 名，比上年增加 297 名。

学会网站发布动态 70 条，微信、微博发布消息 300 余条，浏览量上万次。向学会会员发放工作简报 4 期，赠阅学会主办期刊 1000 余份。

学会全年共主办、承办各类学术会议 12 次，参会专家 3017 余人次，收录摘要近 700 篇。

科技期刊国际影响力提升计划 学会主办的英文期刊《分子植物》（*Molecular Plant*），最新影响因子达 7.142，在 SCI 收录的 209 种国际植物科学领域期刊中影响因子排名第 6 位，继续在亚洲植物科学领域学术期刊中排名第 1 位。JCR 总被引频次超过 7500，月全文下载量达到 5 万次以上。入选“中国科技期刊国际影响力提升计划第二期项目”。

《分子植物》邀约了 12 名知名科学家加入编委会，引进具有英国 Leicester 博士后经历的吴斐婕博士担任科学编辑，形成一支由 5 人组成的具有国际视野的专业编辑人才团队。围绕学科热点领域组织了3个专辑，分别为《植物激素》(*Plant Hormones*)、《膜运输》(*Membrane Transport*)和《编辑的观点》(*Editor's Perspectives*)，出版12期，发表了110篇原创研究论文。

8月，在清华大学举办第二届"分子植物"国际研讨会暨第九届"分子植物"编委会。来自10多个国家的近300名代表参加了会议，提升了期刊国际影响力。

开展国际合作出版，月全文下载量达到5万次以上。《分子植物》获得2016年度中国最具影响力学术期刊荣誉称号。受邀在国际拟南芥大会ICAR2016和植物大数据和现代农业生物技术论坛上作大会报告介绍期刊，提高了MP在国内外的知名度。

学术期刊 《植物生理学报》是学会主办的中文核心期刊。学报全年共收到来稿597篇，刊出240篇(1982页)，退稿率为59.8%，与2015年(59.0%)基本持平；平均每期刊出论文20篇，约165页；2016年平均审稿周期约1个月，平均出版周期约3.5个月，与国内同类期刊相比处在较快水平。

12月，中国科学技术信息研究所出版的《中国科技期刊引证报告》(核心版)的"2015年植物学类期刊主要指标"中，该刊在12种入选的核心期刊中核心总被引频次排名第3位(5173次)，综合评价总分排名第4位(48.89分)；在中国科学文献计量评价研究中心(中国知网)公布的《中国学术期刊影响因子年报》中，该刊2015年复合影响因子为1.315，在97种生物学期刊中居第11位，期刊综合影响因子较2014年提高了24.7%。《植物生理学报》继续被国际上的美国化学文摘(CA)、俄罗斯文摘杂志(AJ)、日本科学技术文献速报(JI)、荷兰的Scopus等数据库(索引)收录。

2016年继续获得中国科协精品科技期刊学术质量提升项目支持。

国际学术会议 学会及各分支机构共主办、承办国际会议5个，共计参会人数1267人次，交流论文209篇，其中国外参会学者451人次。

8月10—12日，2016中国作物营养强化项目国际研讨会在山东省济南市召开。研讨会上展示了中国作物营养强化项目最新工作进展，来自国际国内的共27位专家、学者分享了来自不同研究领域的科研成果，并探讨了科研成果产业化的可能性、作物营养强化技术成果产业化的实现路径、与国际生物强化项目建立新型合作模式、中国与国际营养强化项目未来建立新型合作模式等议题。

8月11—14日，"第二届分子植物国际学术研讨会：从基因到网络"在清华大学召开。来自美国、德国、英国、智利、奥地利、瑞士、韩国和中国等10多个国家的近300名专家、学者参加了会议。27位国内外知名专家、学者围绕"从基因到网络"这一主题，分别在植物激素与生长和发育、表观遗传、胁迫与适应、生物互作和系统生物学和作物改良5个方面作了专题报告。与会人员共提交摘要78份和墙报35份，会议期间专家、学者通过多种形式开展了交流与讨论。

12月14日，2016上海辰山第二届"药食同源与植物代谢"国际学术研讨会在上海辰山植物园开幕。来自中国、美国、英国等国家的80多个中外科研机构、大学学院和企事业单位近200人参会。22位报告人围绕"植物次生代谢与功能""组学与合成生物学""功能性食品与药用植物""人类营养与健康"四大主题做学术报告，并开展交流和讨论。

国内主要学术会议 2016年，学会及各分支机构共召开学术年会、研讨会等7次，参会人数1750人次，征集论文368篇。

4月1—5日，植物生物学女科学家分会第三届学术交流会在西藏自治区林芝地区召开，来自全国各地的女科学家及特邀男科学家共计110余人参加了会议。20余位国内外知名专家、学者分享了各自最新的研究成果，参会人员就感兴趣的问题与报告专家进行了讨论。

4月20—23日，2016全国光合作用学术研讨会在武汉华中师范大学召开。来自全国科研院所、高校的300多位科研人员及研究生参加了本次大会，交流研讨了光合作用研究领域的最新学术成果。

12月18—21日，长三角光合作用学术研讨会在上海市召开。来自国内外的250余名专家、学者参会并分享了最新的研究进展。

两岸交流 11月26—27日，应台湾植物学会邀请，学会组织3位科技工作者参加了在台湾地区召开的2016植物学年会——气候变迁：植物演化之因应策略研讨会。与会专家、学者围绕气候变迁对植物多样性的影响、植物二次代谢物之应用及从植物生理生态学到植物表型学等方面进行了交流与研讨。

国际交往 10月3日，世界植物科学理事会(Global Plant Council，GPC)2016年年会在澳大利亚布里斯班举行。学会名誉理事长许智宏、副理事长何祖华代表学会受邀出席会议，秘书处郑亚洁受邀列席会议。副理事长何祖华研究员介绍了学会在学术交流、科学普及、女科学家分会及2017年的活动计划及发展战略等方面的工作。随后，与会代表围绕如何进一步加强各成员组织之间的合作交流，提高GPC作为全球植物科学组织联盟的国际影响力；如何团结全球植物科学组织应对全球植物科学焦点问题等展开讨论。会后，学会代表团一行应邀前往格里菲斯大学、澳大利亚联邦科学院、拉筹伯大学及迪肯大学进行学术交流访问，与这几所大学的植物生物学科学家及部分华人科学家、中国学生进行了学术交流及座谈。

表彰举荐科技工作者 经学会推荐，夏光敏教授荣获第七届“全国优秀科技工作者”荣誉称号。

会员服务 学会通过开展国际、国内学术会议，参加两岸学术交流等工作，为广大会员和科技工作者搭建学术交流平台。2016年，学会与美国植物学家学会达成共识，学会会员参加7月9—13日在奥斯汀召开的学会年会可享受注册费优惠价。

【组织开展2016年国际植物日全国大型科普活动】 在5月全国科技活动周期间，学会组织协调了“国际植物日”全国大型科普活动，2016年“国际植物日”全国大型科普活动主会场在浙江大学紫金港校区，同期在北京、上海、广州、深圳、南京、天津、昆明、合肥、贵阳、呼和浩特等城市的多家单位也举办了为期一周的国际植物日主题科普活动，参与人数超过10万人次。

本次科普活动中，多位知名科学家为民众带来科普知识讲座。在浙江大学主会场，洪德元院士和赵进东院士分别作了题为“植物多样性——物种与环境”和“蓝藻和被蓝藻改变的地球”的科普讲座，介绍了陆生植物和水生植物与人类环境之间的关系，呼吁人们保护植物多样性。

在科普展览方面，在上海科技馆举办的多肉大联“萌”科普活动，展示了上千种多肉植物，并设立了图文并茂的展板，吸引了大批观众前来欣赏。通过志愿者的讲解，观众们对多肉植物的分类、珍稀品种、日常养护等知识有了深入的了解。来自上海应用技术大学的黄清俊教授还为观众进行现场指导，解答了他们平时在多肉栽培过程中遇到的问题。活动增加了观众互动环节——自己动手盆栽多肉植物（DIY）。让小朋友在娱乐中增强了学习乐趣与动手能力。活动还邀请到了多肉达人、上海多肉协会理事，人称“多肉君”的吴桐博士带领小朋友们举办了一场“萌萌多肉君，达人带你逛”的科普活动，为小朋友们现场讲解了“什么是多肉植物”“常见的多肉品种”“多肉植物的代谢原理”以及“多肉植物的养护知识”等，受到了小朋友们的喜爱。

本届“国际植物日”期间还举办了全国中小学生征文大赛及植物学科知识竞赛活动，征文大赛共有20000余名中小学生参与，110篇优秀作品分别获得一、二、三等奖；知识竞赛活动共有16个代表队300余人参加，最终评选出团体一、二、三等奖各1名，优秀选手奖8名。

本次活动中发放科普资料20000余册，包括少儿科普画册《一棵植物的生命》、科普知识手册《多肉植物的养护知识》等。

【第一届中日韩植物生物技术国际研讨会暨第五届全国植物生物技术及其产业化大会】 8月3—6日，第一届中日韩植物生物技术国际研讨会暨第五届全国植物生物技术及其产业化大会在贵州大学召开。来自中国、日本和韩国78家科研机构的238名专家、学者参加了会议。

学会名誉理事长、中国科学院院士、北京大学原校长许智宏作大会主旨报告 *Plant for Our Health*，韩国植物生物技术学会理事长、韩国生命工程研究院Kwak Sang-Soo教授，日本植物细胞与分子生物学会协会理事长、大阪大学Muranaka Toshiya教授，学会常务副理事长、中国科学院上海生理生态所研究员何祖华等25位专家为大会作了学术报告。

会议期间还召开了中日韩三边植物生物技术研究联合会（The Trilateral Research Association on Plant Biotechnology，TRAPB）筹备会，拟定联合会章程并在大会上通过，确定了第二届、第三届中日韩三边研讨会将分别在日本、韩国举行。会议结束后，韩国生物技术学会理事长、韩国生命工学研究所KWAK Sang-Soo教授（韩国科学院院士）与贵州大学农业生物工程研究院签署了合作协议。

【2016海峡两岸植物生物学青年科学家学术论坛】 9月23—26日，2016海峡两岸植物生物学青年科学家学术论坛在浙江省杭州市举行。来自海峡两岸科研院所、高校的200余位专家、学者参加了学术论坛。中国科学院院士、北京大学原校长许智宏，中国科学院院士朱玉贤，日本冈山大学教授马建锋，学会副理

事长、中国科学院上海生命科学研究院植物生理生态研究所研究员何祖华，台湾清华大学教授林彩云、台湾大学教授靳宗洛，台湾“中央研究院”研究员吴素幸、叶国桢等专家出席了本次论坛。

本次论坛主题为“植物生物学与现代农业”，着重讨论植物生物学研究进展、植物生物学在现代农业中的应用与展望以及植物生物学与青年科学家成长。论坛中，许智宏院士以《中国农业面临的挑战和青年科学家使命》为题就全球的粮油生产态势、中国的农业生产及中国农业发展面临的挑战等多方面进行了论述。朱玉贤院士作了题为《棉花基因组数据分析与基因组演化》的报告，并介绍了乙烯合成与棉纤维细胞伸长的分子生物学机制。马建锋教授介绍了水稻对重金属镉和砷的耐性机制，特别阐述了重要的重金属转运体的克隆与功能研究。林彩云教授以“有机农业”为题作了报告，重点介绍了有机耕作技术，如轮作、绿肥、堆肥和生物虫害控制的方法，讨论了有机农业的一些成功例子。吴素幸研究员从转录、转录后、翻译以及翻译后等多种基因表达层次，介绍了拟南芥调控光信号转导的分子生物学机制。

除特邀专家外，海峡两岸植物生物学青年学者也作了论坛报告，就各自研究内容、最新研究进展等向参会人员进行了详细介绍，内容涉及植物营养学、植物逆境分子生理等方面。

（撰稿人：郑亚洁　周　丽）

中国生物物理学会

服务创新型国家和社会建设　作为中国科协生命科学学会联合体首届轮值责任学会，协助联合体完成了生物领域和医学领域国家重点实验室评估的相关工作。受科技部委托，制定了“生物领域和医学领域国家重点实验室评估指标体系”，并负责审查各重点实验室提交的书面材料，为科技部专家组的后续实地考核提供学术支持。

受中国科协委托，组织专家评选2015年度“中国生命科学领域十大进展”，并举办了“中国生命科学领域十大进展”颁奖活动暨青少年生命科学普及报告会。

借力中国科协创新驱动助力工程项目，建立“中国生物物理学会德州国家生物产业基地协同创新中心”，探索科技成果转化新形式、新渠道。

帮助遵义医学院引进美国斯坦福大学教授Richard Lewis、美国加州大学圣地亚哥分校教授Anjana Rao、美国范德堡大学教授Jeffrey Conn、法国蒙彼利埃大学教授Jean Philippe Pin、美国乔治亚州立大学教授Jenny Yang等5位国际知名教授担任遵义医学院国际特聘教授，为当地及周边地区科研及教学工作提供了国际化支持。

在北京举办高端专业技术培训班3个，分别为5月16—20日举办的2016生物电镜技术高级研讨会暨生物电镜制样高级培训班，6月24—26日开班的第九届郭可信电子显微学与晶体学暑期学校，11月19—24日举办的第二届中国结构生物学冷冻电镜培训班。三个培训班为需要使用冷冻电镜技术的科技工作者提供了不同程度的培训内容。来自世界14个国家和地区的400多位学员参与了培训班的理论学习和上机操作。

完成了中国科协“中国生物物理学近十年在世界生命科学领域的发展和贡献”课题的调研。结题报告从国际生物物理学发展态势、国际生物物理学研究重点与学科结构分析、中国生物物理学在国际上的学术贡献、中国生物物理学人才情况、中国生物物理学对社会、经济的贡献五大方面着手，全面分析了2006年至2015年十年间，中国生物物理学在世界生命科学领域的发展和贡献，为国家对学科资源配置提供了参考依据。

受《中国大百科全书生物卷第三版》编委会的委托，学会名词审定委员会主任沈恂作为编委会成员，担任“生物物理学分支编委会”主编，邀请了包括5位中国科学院院士在内的50多位专家、学者，参与相关条目释文的撰写。截至2016年年底，100个条目中的58条已完成初稿，预计2017年8月底前全部完成。

学会建设　7月1—3日，学会脂质代谢与生物能学分会在辽宁省大连市召开成立大会。会议推选中国科学院院士、清华大学教授李蓬担任首届分会理事长，武汉大学教授宋保亮、中国科学院生物物理研究所研究员刘平生、澳大利亚新南威尔士大学教授杨宏远、中国科学院遗传与发育生物学研究所研究员黄勋任分会副理事长，中国科学院动物研究所研究员金万洙为分会秘书长。

11月3日，经学会十届四次理事会投票通过，原学会生物超微结构显微成像专业委员会变更为冷冻电子显微学分会。中国科学院院士、清华大学教授隋森芳担任分会理事长，清华大学教授王宏伟、北京大学医学部教授尹长城担任副理事长，中国科学院生物物理研究所研究员孙飞担任副理事长兼秘书长。

科技期刊国际影响力提升计划 *Protein & Cell*（《蛋白质与细胞》）国际影响力逐年提高，并再次获选“中国科技期刊国际影响力提升计划评审”C类期刊、2016中国最具国际影响力学术期刊、2016年度中国高校杰出科技期刊。利用奖补资金，实现数字化出版，提供一站式期刊窗口。建立全球审者团队，2016年海外同行评议达到80%。组织了干细胞、免疫学等热点领域的专刊6期，并利用社交媒体，将优秀文章精准推送至相关学者。高质量约稿效果逐渐显现，2016年7月公布的2015年SCI影响因子为3.817，较上一年的3.20提高了20%。刊物的拒稿率逐年上升，2012年为39%，2013年为49%，2014年为62%，2015年为71%，2016年达到75%。

学术期刊 *Biophysics Reports*（原《生物物理学报》）自2015年8月改版为英文双月刊后，2016年与德国Springer出版商合作进行在线出版和发行工作。《生物化学与生物物理进展》自2016年起，开辟微信公众号，加强高水平论文针对性的单篇推送，提高了论文的受关注度，刊物宣传取得良好效果。

学科发展研究 由学会纳米生物物理专业委员会牵头，组织相关专家就未来纳米科学发展方向展开深入讨论，与会专家达成共识：利用DNA分子的自组装特性，可以获得新型纳米材料，用于发展全新的生物检测技术；纳米技术为模仿和构建细胞外基质提供了全新的视角和方法，对再生医学的发展具有重要影响和推动作用；纳米技术还可在单分子或单细胞体内成像、单一癌症细胞检测、药物释放直观技术等领域具有重大应用价值。

国际学术会议 2016年学会共主办、承办国际学术会议11个，参会人数2351人次，邀请到包括数位美国科学院院士在内的国外知名专家、学者351位，共交流学术论文840篇。

6月25—29日，第七届亚太地区秀丽线虫学术研讨会在北京举行。来自美国、日本、韩国、印度、马来西亚、新加坡、澳大利亚、中国、中国台湾地区、香港特别行政区、澳门特别行政区等10多个国家和地区的290多名专家、学者出席了本次大会，其中外宾人数81人。会议的主题涵盖了发育，细胞凋亡和细胞自噬，衰老、逆境和代谢，形态发生、细胞骨架和细胞器，神经生物学等8个领域。美国罗格斯大学教授Monica Driscoll和美国科罗拉多大学教授韩岷作了大会特邀报告。

承办了11月1—3日在北京举办的2016年世界生命科学大会有关工作。

国内主要学术会议 举办国内学术会议7个，参会人数764人次，交流学术论文300篇。

4月27—29日，第五届中国结构生物学讨论会在广东省深圳市召开，来自全国55个单位88个研究组的270余人参会。会议以“冷冻电镜技术”为主线，围绕结构生物学理论方法、疾病相关大分子复合体、复制转录和翻译以及蛋白质的修饰加工和转运相关的结构生物学研究四大主题，集中展示了我国结构生物学领域的最新研究成果。

两岸交流 10月20—22日，学会自由基生物学与自由基医学分会理事长刘扬、副理事长陈畅、刘健康等一行8人，组团赴台湾马偕医学院参加了第七届海峡两岸三地自由基生物学与自由基医学研讨会。来自香港特别行政区、澳门特别行政区、大陆及台湾地区共计百余位专家、学者参与了此次学术交流活动。经组委会讨论，澳门大学获得了下届研讨会的承办权。自此，此系列会议将正式扩大为两岸四地自由基领域专家、学者的学术交流论坛。

国际组织任职 经亚洲自由基学会全体会员投票选举，学会自由基生物学与自由基医学分会理事长刘扬当选亚洲自由基学会主席，任期为2017—2018年。

国际交往 11月2日，美国细胞生物学学会总干事长Erika女士访问学会，副理事长兼秘书长阎锡蕴、总干事长刘平生参与接待并与其共商学会之间合作与发展。12月3日，学会总干事长刘平生赴美参加美国细胞生物学2016年会期间，会晤了美国细胞学会主席Peter Walter、总干事长Erika Shugart、候任主席Pietro DeCamilli，双方就会员资源互享、联合办会、互设年会分会场、培养青年人才等初步达成共识。

11月25—27日，日本生物物理学会在2016年年会上特别设立中日双边论坛，邀请学会副理事长兼秘书长阎锡蕴担任中方主席并作大会特邀报告。阎锡蕴、常务理事陈畅及中国科学院生物物理研究所研究员王艳丽参加了此次论坛。

中国科技大学研究员石发展在世界分子影像大会上获得2016年度青年研究学者奖。

科普活动 围绕“我们的大灭绝时代”“闲谈生

物物理学”“肥胖的前世今生”“是什么决定了我们的性别和血型”“X—射线衍射及晶体学”“动物迁徙和导航的生物指南针学说”“直视生命”“美丽的生命现象”“科学研究之人间词话”等主题，开展青少年科普宣讲活动11场，受众18600余人次。

面向相关从业人员组织了以“实验室安全123”“病原实验室安全须知”“实验动物生物安全”为主题的科普报告；为火箭军及核潜艇基地官兵举办了《电离辐射医学防护知识》《富氢水对电离辐射损伤的防护原理》等科普讲座。主题科普报告受众1200余人次。为北京、长沙、深圳等地妇联开展了“儿童脑发育与情智智商发展问题”的科学宣传。将科普工作目标细化分解到各分支机构，由26位专家分别负责推动科普工作层层落实。学会微信公众号还针对公众所关注的健康热点问题，发表了关于转基因、眼保健操、内分泌干扰物、人工合成生命、寨卡病毒、脊髓损伤治疗、抗癌药、糖尿病药物、胎儿畸形防治、人体的免疫反应、2016诺贝尔奖介绍等原创科普文章20篇，多次被《环球科学》、*BioArt*、《科学家妈妈》《细胞世界》等转载，获得读者好评。2016年，学会微信公众号共推送文章约100篇，阅读总量超过10万次，阅读人数超过7万人次，转发2万余次。同时组建专门的科普专家团队，定制面向中小学生的系列科普讲座课程12个，为2017年学会“大手拉小手——科普进校园”活动奠定了基础。

创建生物医学大讲堂的腾讯视频、优酷视频账号以及微信公众账号，以“生物医学”为主题，定期上传针对普通民众和中小学生的专家演说视频。2016年共计上传演说视频290个，订阅数量8176人，总点击量近20万次，总转发次数超过10万次，在腾讯视频和优库视频的总播放量为237万余次。

表彰举荐优秀科技工作者 经学会推荐，中国科学院生物物理研究所研究员许瑞明荣获第七届“全国优秀科技工作者”称号，研究员王艳丽荣获“第十三届中国青年女科学家奖”，北京大学博士李宁宁、中国科学院神经科学研究所博士刘佳男入选中国科协2016—2018年度“青年人才托举工程”项目。

党建强会 11月成立了学会办事机构党支部。12月，经中国科协科技社团党委审批，成立了学会党委，建立了支部联系人制度，专人负责沟通协调，并通过学会党建专栏，加大学会党建工作宣传教育力度。

会员服务 运用微信平台，为会员和生物物理学领域的科技工作者提供精准服务。

寄送《中国生物物理学会2016年工作年报》，纸质版500册，电子版5000余份。组织500余人参加了2016世界生命科学大会，并为会员争取到注册费5折的优惠。

中国科协会员日 学会负责人带队，看望了老一辈科学家及一线科技工作者，悉心听取他们对学科发展、学会建设、服务能力提升方面的意见和建议。

【第三届“蛋白质介导的膜塑形与重装”国际研讨会】 5月18—22日，由中国科学院生物物理研究所、四川大学生物治疗国家重点实验室、生物大分子国家重点实验室、膜生物学国家重点实验室、中国生物物理学会共同主办的第三届“蛋白质介导的膜塑形与重装”国际学术研讨会在四川省成都市召开。

来自美国、澳大利亚、以色列、德国、法国、英国等国家的40余位专家、学者以及国内学者共计170余人出席了会议。30场学术报告围绕蛋白质与膜囊泡的形成，蛋白质与膜重组、融合与裂解，蛋白质介导的细胞器联系，蛋白质与胞内膜塑形4个议题展开讨论。四川大学生物治疗国家重点实验室主任、中国科学院院士魏于全，中国科学院生物物理所所长徐涛，生物大分子国家重点实验室副主任张宏，生物膜与膜生物工程国家重点实验室副主任陈佺出席了大会。组委会邀请了包括1位诺贝尔奖得主、5位美国科学院院士、1位英国皇家科学院院士在内的16位膜生物学领域国际知名科学家汇报了蛋白质与生物膜相关的最新研究进展。

会议期间，*Journal of Biological Chemistry* 杂志主编 Jodi Nunnari 和 *E-life* 杂志主编 Randy Schekman 领衔展开了一场关于科研论文发表的自由讨论。

大会邀请到5位美国科学院院士担任中国科学院生物物理研究所膜动态生物学研究中心的国际科学顾问，协助建立优秀人才引进平台和高效评估体系，推动我国膜生物与膜蛋白相关科学研究的进展。

【建立“中国生物物理学会德州国家生物产业基地协同创新中心”】 学会协同山东省生物物理学会（筹）及山东省生物物理重点实验室，与德州市政府、德州学院及德州生物产业龙头企业建立战略合作伙伴关系，共同建设“中国生物物理学会德州国家生物产业基地协同创新中心”，推动京津冀在生物医药、生物农业、生物能源等领域的沟通、交流、合作以及重大技术创新活动的开展，提升德州在产业转移承接、科技成果转化以及高素质劳动力培训输送方面的能力，助力德州及德州国家生物产业基地的发展。学会副理事长兼秘书长阎锡蕴代表学会签署了战略合作协议，学会总干事长刘平生为协同创新中心揭牌。

与山东省科协共同主办了“泰山科技论坛——精准医疗与生物传感技术、生物技术与生物产业创新暨第二届天衢科技论坛”。论坛上，中国科学院院士、中国科学院生物物理研究所研究员陈润生，中国科学院院士、中国生物物理学会副理事长兼秘书长阎锡蕴，国家杰出青年刘海燕教授和龙勉教授，中国生物物理协会总干事长刘平生研究员等在内的十余位国内外知名专家分别作报告《大数据与精准医学》《肿瘤药物研发》《分子靶向药物的精准治疗》。与会人员与来自澳大利亚格里菲斯大学、澳大利亚昆士兰理工大学、中国科技大学等国内外知名高校的专家一起，就这些具有良好科技转化前景的生物学前沿热点研究课题进行了交流与讨论。

（撰稿人：王　悦）

中国遗传学会

学会建设　2016年，学会个人会员总数12000名。学会召开学会九届六次、七次常务理事会，九届四次理事会，审议和研究学会工作。

学会和各专业（工作）委员会在国内共主办8次学术交流会议，其中1次国际学术交流会议，会议交流论文885篇，参加会议人数为3375人次。

学会得到中国科协学术沙龙项目、青年人才托举项目资助。

科技期刊国际影响力提升计划　学会主办的期刊JGG和GPB国际影响力显著提升。《遗传学报》（*Journal of Genetics and Genomics*）围绕热点选题组稿约稿，拓宽优秀稿源。组织出版专刊2期，分别是基因组编辑和植物营养专刊。为提升JGG的影响力，编辑人员积极参加国内和国际学术会议，通过flyer、poster、X—展架、微信公众号等多种形式宣传期刊。JGG的影响因子逐年上升，2016年公布的JCR报告显示，2015年度JCR影响因子达到3.981，在166种遗传学领域的SCI期刊中排名上升到第37位，进入Q1区。积极申报期刊项目和中国政府出版奖，获得第二期中国科技期刊国际影响力提升计划项目B类资助。组织编委会换届，吸引热心支持期刊工作的国际知名专家加入编委会中。2016年JGG再次获荣中国最具国际影响力学术期刊。

《基因组蛋白质组与生物信息学报》（*Genomics, Proteomics & Bioinformatics*，GPB）加大约稿力度，出版基因组稳定性、计算心脏病学及大数据和精准医学三期专辑；组织“第四届基因组学前沿研讨会”，加强学术交流，同时召开编委会议商讨期刊发展策略；增加12位新编委，编委会国际比例为53%。参加国内外学术会议近30次，3次作报告，13次设展台，7次利用主办单位或期刊出版单位平台进行宣传；并通过邮件和微信推送等，最大限度提高期刊和文章显示度。取得的主要成绩包括：获得“中国科技期刊国际影响力提升计划”（PIIJ）二期项目（2016—2018）C类资助；连续第4年入选“中国最具国际影响力学术期刊”名单；国际知名开放期刊数据库DOAJ收录。

学术期刊　《遗传》组织并推出了“中国遗传学研究领域若干重要进展”系列报告；围绕抗生素耐药性研究的热点问题，组织出版“抗生素耐药机理”专刊，“精准医学”专刊已经完成组稿，即将于2017年年初出版；开辟了“特邀综述”“专家评述”等新栏目。10月在武汉市召开了“第九届《遗传》编委会第二次会议”，并对优秀编委和2015年度优秀论文进行了表彰。2016年首次获得中国科学院科学出版基金科技期刊排行榜三等支持。10月发布的《中国科技期刊引证报告（核心版）》数据显示，2015年《遗传》核心影响因子为0.931，核心总被引频次为1694，在28种生物学基础学科期刊中，核心综合评价总排名第1位。2016年蝉联“中国百种杰出学术期刊”荣誉称号。

《激光生物学报》全年保质保量出版发行刊物6期，完成了本年度的出版发行任务。期刊学科排名前进11位。编辑人员参加了全国首届编辑业务大赛。责任编辑同时参加了2016年全国微生物学学术年会、2016年中国高校学报年会，提高了编辑业务水平和工作能力。

国际学术会议　9月23—25日，第三届全球华人遗传学大会在浙江大学举行。此次会议由中国遗传学会、中国科学院遗传与发育研究所、浙江大学和美洲华人遗传学会共同主办。大会以“遗传学与人类未来”为主题，就近年来人类遗传学、医学遗传学、植物遗传学、动物遗传学、微生物遗传学、生物信息学、遗传与生物产业和遗传咨询等相关领域的最新进展进行交流讨论。会议共吸引了500多位国内外一线科研工作者参加。大会共设置9个专题会场，安排近110场学术报告。

国内主要学术会议 4月7—9日，由学会、学会发育遗传专业委员会主办的第四届模式生物与人类健康发育遗传学峰会在上海市举行。来自中国科学院、清华大学、北京大学、上海交通大学、复旦大学、南京大学等高校的40多名动植物领域专家、学者应邀作大会报告。近200名来自全国各个研究机构、高校和上海交大本校的师生参与会议交流，会议主题包括动物和植物发育及其稳态维持的遗传调控机制、模式动物与模式植物在生物学和医学研究中的应用、模式生物基因组遗传修饰的前沿高新技术等领域的最新进展，全面展示中国遗传学领域研究的最新进展。

7月27—30日，2016基因组学前沿研讨会（2016 Genomics Frontiers Symposium）在辽宁省沈阳市举办。此次研讨会由学会和中国科学院北京基因组研究所主办。设有RNA表观遗传调控、癌症基因组学和测序技术3个主题。来自各研究所、高校或医院的科研人员、教师、医生及学生代表百余人参加了会议。

8月5—8日，第七届全国微生物遗传学学术研讨会在内蒙古大学举行。由学会微生物遗传专业委员会主办，内蒙古大学生命科学学院和微生物资源前期开发国家重点实验室共同承办。参加本次会议的有300多位专家、学者和研究生。会议共包括136篇摘要、48个报告、25个研究生论坛报告，重点讨论微生物基因组和功能基因组学、微生物分子遗传学、微生物代谢调控与合成生物学、微生物遗传与致病机制、微生物遗传与环境适应、微生物遗传育种及新技术新方法等方面。大会期间评出了优秀博士研究生论坛一等奖4个、二等奖8个。

10月9—12日，2016全国植物生物学大会在湖北省武汉市召开。此次大会由学会、中国细胞生物学学会、中国植物学会、中国植物生理与植物分子生物学学会、中国作物学会联合主办。大会主题是“现代农业与绿色发展”。来自全国各高校院所、研究机构的近1600名专家、学者参加了此次大会。大会围绕植物基因组学与基因组演化、植物表观遗传学、植物细胞生物学、植物发育生物学、植物激素生物学、非生物胁迫适应机理、生物胁迫与植物免疫、光合作用与光信号、作物营养学与代谢组学、复杂农艺性状解析与分子育种等10个专题进行了交流和研讨。大会收到会议摘要150余篇、墙报120余份。大会评选出墙报一等奖3名、二等奖5名和三等奖10名。

11月4—6日，首届儿童孤独症精准诊疗峰会暨中国科学院北京生命科学论坛第39次会议在北京召开。会议由中国科学院北京生命科学研究院、国家卫生计生委医药卫生科技发展研究中心、中国遗传学会联合举办。

11月11—13日，学会青年委员会在江苏省无锡市举办遗传学与表观遗传学前沿暨第四届中国青年遗传学家论坛。来自全国25个省、直辖市的280余名专家、学者出席了会议。本次大会共有11位专家、学者做大会报告，67位专家、学者作了分组报告。会议出版了《论文摘要汇编》，刊登论文摘要88篇。

科普活动 5月15日，中国科学院奥运村科技园区内“公众科学日活动”为广大公众尤其是青少年提供了亲近科学、亲近科学家的机会，播撒热爱科学的种子，激发大家探索科学的热情。学会科普教育基地府学胡同小学师生及家长一行50人参加了中国科学院遗传与发育生物学研究所公众科学日活动，四年级的小学生手持导览手册，跟随志愿者参观了国家重点实验室，听到了“小麦的故事”，看到了实验动物的饲养和实验操作过程，还听了科普报告“从细胞到个体”，活动内容丰富，小伙伴们不停地提问，与讲解员频繁互动。

学会创新发展 学会在组织开展常规学术活动的基础上，进一步打造学术会议品牌。全国植物基因组学大会已举办17届。学会在遗传咨询继续教育和培训领域积极开拓、发展迅速。2月29日，学会遗传咨询分会在江苏省苏州市召开了2016委员年会，探讨和规划中国遗传咨询师培训的发展方向。国家卫生计生委能力建设和继续教育中心成立临床遗传专科委员会专家小组，开展遗传咨询技能能力职业专项，将遗传咨询师培训教材编写提上日程，制定培训标准，加强与北美的交流合作，开展远程培训，进一步推进遗传咨询师在中国的职业化进程。

3月22日，国家卫生计生委能力建设和继续教育中心发布了《关于实施临床遗传咨询能力专项培训项目的函》。该项目联合学会遗传咨询分会，从2016年起实施临床遗传咨询能力专项培训，并正式将遗传咨询职业技能资质认证提上日程。专项的实施标志着中国已初步以正规方式建立起“行业培训——资质认证——临床应用”的遗传咨询体系。

党建强会 学会根据中国科协科技社团党委关于

推进中国科协所属学会党建“两个全覆盖”专项工作方案，10月14日，学会按照要求向挂靠单位中国科学院遗传发育所党委申请报批，10月18日遗传发育所党委批复同意成立学会办事机构党支部。10月25日召开党支部会议，选举支部书记，并上报挂靠单位党委批复。11月18日召开了支部工作会议，讨论了党内的工作分工、成立后的工作方向和计划，初步建立党支部的工作流程机制，共同商议了支部2017年工作开展计划，并报备中国科协科技社团党委。

【中国遗传学会科普嘉年华会议】 11月6日，由学会、深圳市科协主办的科普嘉年华会议在广东省深圳市召开。中国科协科普部部长杨文志，复旦大学教授、中国科学院院士郝柏林，云南省遗传学会副理事长、中国医学科学院医学生物学研究所研究员褚嘉祐，上海市遗传学会理事长、复旦大学生命科学学院副院长卢大儒，世界华人科幻协会副主席、新华社对外部副主任韩松等不同领域的专家、学者从不同角度作了科普主题报告。从2013年起，学会已经举办了3届科普论坛，在这里，科普工作者、科幻作者、科学教育者、科学家实现了友好的跨界交流，研讨了新形势下科学传播的创新方向与模式，为中国的生命科学普及工作奠定了基础。

（撰稿人：肖明杰）

中国心理学会

学会能力提升计划 学会作为“学会创新和服务能力提升工程优秀科技社团项目”三类项目建设单位，积极开展国内和国际学术交流，加强科普工作，注重提升服务社会能力，为承接政府转移职能打下基础。

举办了首次“心理学与‘一带一路’”国际论坛，发表《西安宣言》的倡议。搭建了探讨“心理学与‘一带一路’”学术交流、开展国际合作的重要平台，彰显了心理学深化研究与服务社会的能力。

发挥学科优势，为国家科学决策建言献策。针对城镇化进程研发网络舆情检测和预警分析系统，研究“互联网+”大战略中的心理学应用，提出针对灾害事件的心理工作策略与模式。

加强社会服务工作。继续推进心理咨询与心理治疗培训督导示范中心的建立；开展心理危机干预工作，针对高校学生心理骨干的调研；推进城镇化“心”常态计划项目。

学会建设 10月14日，学会第十一届四次会员代表大会、学会第十一届理事会第四次全体会议暨全国各省级心理学会理事长联席会议在陕西省西安市召开。

12月14日，组织召开2016年中国心理学会分支机构工作研讨会，修订完善《中国心理学会分支机构管理办法》，交流分支机构工作情况，探讨新形势下分支机构的管理模式，调研学会会员精准化服务方式需求。学会34个分支机构和3个筹备中的分支机构的65位负责人出席会议。

科技期刊国际影响力提升计划 《心理科学》继续获得中国科协精品科技期刊工程第四期学术质量提升项目支持。采用数字化期刊采编系统，优化审稿流程，提高审稿标准，2016年稿件录用率为29%。继续入选“中国最具国际影响力学术期刊”，入选“2016期刊数字影响力100强”科技期刊类100强。

学术期刊 《心理科学》印数为22463册，发表论文224篇；《心理学报》印数为38400册，发表论文142篇。两刊连续五年入选“2016年中国最具国际影响力学术期刊”，《心理学报》排在人文社科类期刊中的第3位，在中文人文社科类学术期刊中排名第1位；《心理科学》排名第16位。国际同行跨越语言障碍引用《心理学报》和《心理科学》发布的中文研究结果，其学术论文得到国际学者的关注和认同。

学科发展研究 9月9日，《2016—2017心理学学科发展报告》项目启动暨专家研讨会在北京召开。这是学会第六次组织撰写学科发展报告。

12月10—11日，《2016—2017心理学学科发展报告》“心理学与社会治理”研讨会在福建省福州市召开。

国际学术会议 7月19—20日，由学会决策心理学专业委员会主办的第三届决策与脑研究国际研讨会暨第二届全国决策心理学学术年会（DMBR 2016）在华东师范大学召开。会议主题为“变化世界中的人类决策”。来自美国、英国、德国、澳大利亚的11所国外知名大学以及国内40余所研究机构的30位决策与脑研究领域的口头报告人和56位墙报张贴者，与来自国内各科研机构和学校的100余位师生，就决策研究的基本理论、决策与脑研究的最新研究进展以及社会应用等进行了探讨。

10月12—13日，由学会网络心理专委会（筹）主办的第四届“网络时代的心理与行为研究前沿”国际会议在湖北省武汉市召开。会议主题为“行为分析方法与网络心理研究”。会议邀请了美国双院院士Richard Shiffrin教授、加州大学Mark Steyvers教授、密苏里大学Jeffrey Rouder教授、澳大利亚纽卡斯尔大学Scott Brown教授出席会议，国内有关高校、科研单位、企业的专家、学者和师生200余人参会。

国内主要学术会议 2016年，学会及所属分支机构举办国内学术会议23次，其中学术年会1次。参加人数5508人次，其中企业科技工作者271人。交流论文2501篇。

5月7—8日，中国心理学会普通心理和实验心理专业委员会2016年学术大会在重庆市召开。会议主题为“认识脑：心理学基础研究的贡献与使命”，来自全国各大高校及科研院所的300余人参会。

6月4—5日，由学会社会心理学专业委员会主办的2016学科发展论坛暨执委会工作会在浙江省召开，30余人参会。

7月7—9日，学会心理学普及工作委员会学术年会在福建省厦门市召开。来自全国各地的20名科普委委员、200余位心理学工作者和未成年人心理健康教育工作者参加会议。

7月9日，由学会员工心理促进工作委员会、中国科学院心理研究所、国际EAP协会中国分会共同主办的2016中国EAP学术年会暨国际EAP协会中国分会（CEAPA）第二次全国代表大会在北京召开。会议主题为“合作　发展　创新　突破”。来自国家有关部委、企业、科研院所、EAP从业机构及23个省（自治区、直辖市）的200余人参会。

9月16—18日，学会理论心理学与心理学史专业委员会2016年学术年会在江苏省苏州市召开，会议主题为“理论心理学的历史反思与时代担当”。会议论文摘要75篇，来自全国30多所高校、科研院所的近百名专家、学者参加了会议。

10月21—22日，学会社区心理学专业委员会2016年学术年会在重庆市召开。会议主题为“和谐社区的心理学研究与实践”。来自国内外40多个高校、科研机构、政府部门、出版社、医疗与社会服务机构的专家、学者、医生、研究生、社区心理工作者和社区心理服务需求单位等150余人参加会议。大会交流论文摘要74篇、全文28篇。

11月1日，由学会语言心理学专业委员主办的“语言和概念”国际交流工作坊在北京召开。来自剑桥大学的William Marslen Wilson教授和Lorraine Tyler教授以及北京师范大学教授毕彦超分别作主题报告，100余人参加会议。

12月2—4日，由学会护理心理学专业委员会和第二军医大学护理学院共同主办的学会护理心理学专业委员会第二届学术年会在天津市召开。会议主题为“护理领域的心理学研究与实践”。会议收到论文81篇，其中55篇入选论文集、27篇优秀论文作大会交流、28篇论文作张贴报告交流。来自全国22个省（自治区、直辖市）的91所医学院校和医疗卫生机构共300余人参加会议。

两岸交流 9月2—5日，由学会心理测量专业委员会和中国教育学会教育统计与测量分会主办的第十二届海峡两岸心理与教育测验学术研讨会在贵州省贵阳市召开。研讨会由两岸学术组织共同创立，每两年举办一次，轮流在中国大陆以及中国台湾地区举行。会议主题为“‘互联网+’心理测验”，收到论文147篇。来自中国大陆、香港特别行政区、中国台湾地区以及英国等国家和地区的200余位专家、学者参会。

10月26—28日，由学会学校心理专业委员主办的首届海峡两岸学生心理健康教育与发展论坛暨中国心理学会学校心理专业委员会2016年学术会议在天津市召开。论坛主题为“心灵之约——合作与超越”，来自全国各地心理健康教育一线教师300余人参加论坛。台湾著名心理学家张德聪教授作了题为“生涯之学即应变之学——华人生涯规划的意义与内涵”的专题报告。

11月5—6日，第二届文化心理学高峰论坛暨2016年中国心理学会社会心理学专业委员会、中国社会心理学会文化心理学专业委员会年会在湖北省武汉市召开。论坛主题为“社会文化心理学与中国发展”。共有来自海峡两岸的200余名社会及文化心理学研究者和工作者参加了本次会议，交流论文200余篇。

国际组织任职 学会副理事长张建新研究员连任国际心理科学联合会（International Union of Psychological Science，IUPsyS）执委。

国际交往 2月2—7日，由国际应用心理协会（IAAP）和国际心联（IUPsyS）联合主持的“心理学家胜任特征”（International project on competence of psychology）国际合作项目组在北京召开了最后一次工作会议。经过多轮研讨及广泛征求意见，项目组已经形成了《心理学竞争力宣言》（*International* *declaration on competence of psychology*）初稿，2月4日还专门安排了与中国心理学家研讨。

学会成功申办2022国际应用心理学大会（International Congress of Applied Psychology，ICAP）。4月25—28日，国际应用心理协会4名执委来北京考察会议设施并与学会负责人、大会组委会洽谈协商合作事宜。经过多轮研讨，国际应用心理协会最终与中方确定了合作协议。

7月24—29日，第31届国际心理学大会（31st International Congress of Psychology，ICP2016）在日本横滨召开。国际心联授予北京师范大学心理学院教授张厚粲“艰苦卓越成就”奖（Achievement Against the Odds Award）、北京大学心理与认知科学学院教授方方“青年科学家奖（基础科学）”[Young Investigator Award（Basic Science）]。

科普活动 学会荣获科技部、中央宣传部、中国科协授予的“全国科普工作先进集体”称号。

5月14—15日，学会联合中国科学院心理研究所举办了为期两天的科研院所科普开放活动。本次科技活动周的主题为“创新引领，共享发展”，围绕这一主题设计了多种的开放体验形式，向社会公众展示了心理学在各领域的广泛应用、心理学科技创新的重要成果。开放活动期间，共有近800名公众参与其中。

9月17—23日，学会参加全国科普日北京主场活动。本次展览以“健康伴我行　快乐‘心’成长——心理空间”为主题，参展的心理学科普展品深受参观领导的肯定和公众的喜爱。

依托首席科普传播专家团队指导形成全国范围的心理科普大联盟，在全国范围内授予11家单位“全国心理科学普及推广示范基地（试点）”称号。

日常依托全国各地的心理学普及工作委员会委员举办科普宣讲活动589次，其中举办院士科普报告会5次、专题展览50次、流动科技馆巡展102次、开展科技咨询238次，宣讲活动受众18.29万人次，其中流动科技馆巡展受众6.05万人次。

表彰举荐优秀科技工作者 学会开展了会士增选工作，增选凌文辁、卢家楣、孟昭兰、隋南、王启康、杨丽珠6名会士。

学会开展了终身成就奖评选工作，授予乐国安中国心理学会终身成就奖。

学会开展了学科建设成就奖评选工作，授予苗丹民、李纾、彭聃龄、舒华、杨玉芳、乐国安、张大均7人中国心理学会学科建设成就奖。

党建强会 学会秘书处党支部连续第四年深入开展“党建强会”计划“十百千”特色活动，2016年继续开展“弘扬社会主义核心价值观　展示优秀心理学家风采”系列宣传活动，本次的宣传对象为150位心理学家。

会员服务 2016年学会发展新会员813人。截至2016年年底，学会累计有会员约12300人。进一步推广使用“中国心理学会个人会员管理系统”，加强系统数据维护，保持会员发展数量的稳定增长。有效利用学会官方网站、官方微信、电子邮件等多种途径，提高为会员传递学会相关资讯的时效性，逐步优化会员服务机制，提高会员管理工作水平。

6月25—27日，学会青年工作委员会第九届青年学者研究能力建设培训班在吉林省长春市举行。本次培训班的主旨是提高国内高校心理学专业青年学者对心理测量学第二、三代理论技术的掌握。来自国内30所高校师生70余人参加了培训。

学会通过“荆其诚国际心理学大会青年学者资助计划”资助13名青年学者赴日本横滨参加第31届国际心理学大会。自2008年设立以来，累计资助了100名青年学者参加隔年国际心理学大会（ICP）及国际应用心理学大会（ICAP）。

【第十九届全国心理学学术会议】 10月15—16日，第十九届全国心理学学术会议在陕西师范大学雁塔校区举行。本次大会由学会主办，陕西师范大学承办，陕西省心理学会协办。来自国内外高校及科研机构近2000人参加了大会。大会主题为“心理学与‘一带一路’”，会议共计交流学术论文1187篇，包括6个大会重点报告、1场国际论坛、1场国际学术报告、37场专题报告、9场研究生论坛、87场分组口头报告、3场展贴报告。硕博论坛录用摘要106篇，提交全文76篇。

开幕式由大会执行主席、陕西师范大学心理学院院长王振宏教授主持。中国心理学会理事长、陕西师范大学副校长游旭群教授，陕西师范大学校长程光旭教授，陕西省科协党组书记、常务副主席呼燕，陕西省社科联党组书记、常务副主席李炜分别致辞。学会前任理事长沈模卫教授宣布了3位“全国优秀科技工作者”、6位中国心理学会2016年增选会士、1位中国心理学会终身成就奖及7位中国心理学会学科建设成就奖等获奖名单并颁奖，还宣读了学会新认定的6位心理学家名单。《心理学报》主编张侃研究员、《心理科学》主编李其维教授、*PsyCh Journal* 主编张建新研究员分别宣布了各自期刊2015年度优秀论文奖并为获奖者颁发了证书和奖金。

第十九届全国心理学学术会议

会议期间，国际心理学联合会主席 Saths Cooper 教授、中国科学院心理研究所研究员张侃、华中师范大学教授佐斌、北京师范大学教授伍新春、华南师范大学教授范方以及杭州师范大学教授臧玉峰分别作大会特邀报告 *Psychology must serve humanity*、《国民重要心理特征调查》《反刻板印象对个体创造力的影响》《青少年创伤后应激障碍（PTSD）与创伤后成长（PTG）的关系及其影响机制研究》《心理创伤与创伤修复研究》和 *Resting—state and "state"fMRI design in cognition and brain disorders*。

会议期间，举办了首次“心理学与‘一带一路’”国际论坛。论坛由学会国际学术交流工作委员会和陕西师范大学心理学院联合组织召开。提出成立“一带一路”心理学联盟、发表《西安宣言》的倡议。

闭幕式上，大会主席、陕西师范大学副校长游旭群教授作大会总结。新当选的学会候任理事长傅小兰研究员宣读了“第十九届全国心理学学术会议优秀研究生论文奖”，张厚粲教授、张侃研究员、游旭群教授、白学军教授为27位获奖的博士生和硕士生颁奖。

【中国心理学会第十一届四次会员代表大会】 10月14日，中国心理学会第十一届四次会员代表大会在陕西省西安市召开。本届代表大会共224名代表参会。

代表大会由原理事长沈模卫主持。首先，会议进行了学会新任候任理事长、副理事长的选举。在理事长游旭群宣读了《科协函学字〔2016〕201号 中国科协关于同意中国心理学会第十一届理事会理事长、副理事长候选人的批复》后，中国科学院心理研究所研究员傅小兰和北京大学教授周晓林分别作为候任理事长候选人进行了竞选演说。全体与会代表分别对候任理事长候选人、副理事长候选人进行了无记名投票。会员代表大会正式选举中国科学院心理研究所研究员傅小兰为中国心理学会新任候任理事长，增补山东师范大学教授张文新为副理事长。

南京师范大学心理学院教授邓铸、华中师范大学心理学院教授江光荣和中国科学院心理研究所研究员刘正奎分别作报告《风灾无情，大爱无疆——江苏盐城“6·23”龙卷风灾心理援助工作汇报》《中国心理学会临床心理学注册工作委员会、中国心理学会临床与咨询心理学专业委员会2016年年度工作汇报》和《中国心理学会在国民心理健康服务中的作用》。随后，新任理事长傅小兰研究员讲话。

最后，大会修改并通过了《中国心理学会关于理事会选举程序的决议》《中国心理学会关于实行“三理事长”后学会理事会的组成和相关规则的决议》以及《中国心理学会关于理事长（候任理事长）候选人、副理事长候选人、秘书长和司库候选人产生办法的决议》等相关决议。

（撰稿人：张　蔓　孔　君）

中国生态学学会

服务创新型国家和社会建设 2016年，学会参与全国人大法工委《中华人民共和国野生动物保护法（修订草案）》意见征询工作，累计提供建议40余条。学会分支机构和理事会员积极参与决策咨询和政策研究，向党和政府建言献策。参与了中国科协创新城市工作与多学科协同共治专家建议书撰稿、《全国生态旅游发展规划（2016—2025）》编制、《中药材种子管理办法》编制、《野生药材资源保护管理条例》修订、厦门市海洋生态环境保护议案、广东省水环境污染整治和珊瑚生态系统保护建议等工作。

学会与常熟市政府、南京大学常熟生态研究院等建立了战略合作关系，举办了第十届国际湿地大会，通过组织专家前往相关企业进行调研，助力地方经济发展。为企业技术集成、产品研发、构建生态技术标准体系，加强技术成果转化，以及企业的良好发展提出了建设性的意见和建议。

学会接受水利部综合事业局委托，4月在浙江省杭州市举办了水利风景区建设与管理培训班，强化了水利风景区人才队伍建设，提升了建设和管理水平，推进了水利资源开发与保护工作。

2016 年 3 月，圆满完成联合国开发计划署（UNDP）全球环境基金小额赠款项目“第六期中国国家项目战略开发项目”。5 月，在全国生态学会秘书长会议暨生态科技创新驱动地方发展研讨会上，北京嘉博文生物科技有限公司作技术报告《嘉博文耕地质量提升 5+1 服务模式创新与实践》。与来自全国 31 个省份和学会 28 个分支机构的秘书长们进行了交流，并商谈了共同合作，开展科技协同创新的相关事宜。8 月，学会在甘肃省兰州市召开了第十五届中国生态学大会，会议邀请生态学相关领域的公司企业等与专家、学者共享科技成果，推进深度合作，参会人数 1600 人。9 月，应江苏省常熟市人民政府邀请，学会组织 10 余名专家考察了南大（常熟）研究院有限公司、江南水务有限公司、新材料产业园生态湿地处理中心等相关企业，为企业技术集成、产品研发、构建生态技术标准体系，加强技术成果转化，以及企业的良好发展提出了意见和建议。10 月，学会组织 4 名专家赴大唐国际河北新能源公司骆驼沟风电场，针对火电、风电、水电、光伏电对生态环境的影响进行实地调研，提出了建设性建议，并撰稿《风力产业发展面临的生态环境问题的建议》。结合学会本年度承担的中国科协科技文献信息加工项目，翻译标引污染环境生态修复领域 1000 条，服务企业技术创新，并与 10 余家企业建立合作和科技咨询服务关系。

学会能力提升计划 按照“学会创新和服务能力提升专项——优秀科技社团奖”项目要求，学会完成了中期总结工作，全面完成各项任务指标，实现学会能力提升的预期目标。在学科发展体系研究、学术品牌巩固和发展、精品期刊建设等方面不断创新，并积极搭建产学研用协同创新服务平台，开展面向企事业单位和地方需求的决策咨询工作。

学会建设 2016 年，学会新发展个人会员 358 名，个人会员总数 9807 名。学会和各专业（工作）委员会共组织国内外学术会议、专题研讨会、高层论坛等共计 38 次，累计参会 8800 多人次，交流论文 2849 篇。

召开了 2 次常务理事会议，1 次全体理事会议。讨论通过了《中国生态学学会深化改革工作方案》。强化学会评价管理机制，制定了《中国生态学学会分支机构财务管理办法（试行）》。改革学会评价管理机制，对不遵守学会章程或不按学会规定开展活动的分支机构实行撤销机制。

5 月，举办了全国生态学会秘书长暨生态科技助力地方发展研讨会，就学会改革、人才建设、创新发展和生态科技助力地方发展等方面开展研讨和交流。

生态科技助力地方发展研讨会

学会及所属分支机构共举办 14 次专业技术培训和科技写作与学风道德培训，累计受训 1320 多人次。

科技期刊国际影响力提升计划 学会主办的期刊《林业研究》（英文版）继续获得中国科协中国科技期刊国际影响力提升计划项目资助，并入选 2016 年度中国高校“百佳科技期刊”。2016 年 6 月汤姆森路透社发布 2016 年期刊引证报告（JCR），《林业研究》（英文版）2015 年影响因子（IF）为 0.658，林业学科期刊排名为 44/66，进入 Q3 分区。

学术期刊 学会主办的期刊《生态学报》《应用生态学报》《生态学杂志》继续入选“中国科协精品科技期刊”，《生态学报》和《应用生态学报》获得 TOP50 项目资助，《生态学杂志》获得学术期刊质量提升项目资助。

根据 2016 年版《中国科技期刊引证报告》（核心版），《生态学报》被引频次为 1.93 万次，再列全国科技期刊第 1 位；综合评价总分 94.93，列第 6 位。《生态学报》《应用生态学报》和《生态学杂志》的总被引频次和影响因子分别列第 1、第 2、第 3 位和第 2、第 1、第 4 位。

学科发展研究 中国生态学学科发展体系研究进一步得到完善，《生态学透视：种群生态学》正式出版。学会承担了中国科协学科发展引领与资源整合集成工程项目《中国景观生态学学科发展报告》编撰工作。全年召开了3次专家会议，商讨确定了景观生态学学科发展报告的框架大纲和主要撰稿人员，计划于2017年完成《中国景观生态学学科发展报告》的编撰工作。

国内主要学术会议 8月25日，学会与甘南州委、甘南州人民政府共同主办的第七届中国生态文明腊子口论坛在兰州市举办。甘肃省委常委、副省长李荣灿出席会议并讲话，中国工程院院士李文华作了重要发言。来自全国各地的专家、学者以及新闻媒体、网络媒体的记者近300人出席了会议。

12月17日，以“生态旅游与社区发展”为主题的第十一届中国生态旅游发展论坛在海南省海口市举办。来自国家相关部委及全国各地的政府官员、企业代表、专家、学者100余人参加了论坛。会上还举行了《中国生态旅游发展报告》首发仪式。

国际组织任职 2016年，学会副理事长吕永龙新任太平洋科学协会（PSA）主席（2016—2020）。学会副理事长闵庆文新任联合国粮农组织全球重要农业文化遗产科学咨询小组（SAG）主席（2016—2018）。

国际交往 4月19—22日，第七届东亚生态学会联盟国际学术研讨会在韩国大邱召开。现任东亚生态学会联盟（EAFES）轮值主席、中国生态学学会理事长刘世荣率团参加会议，代表EAFES发言并组织完成了换届工作。长期生态专业委员会主任于贵瑞牵头组织了“陆地生态系统碳，氮和水循环的时空变化和控制”专题分会场，国内约30名生态学工作者前往参加了学术交流。

11月，学会在北京召开了第十二届国际生态学大会筹备会议，国际生态学会有关负责人，以及本地组委会和中国生态学学会的10名主要负责人参加了会议，就显著提升第十二届国际生态学大会的国际影响力、进一步扩大全球交流合作和促进全球生态学事业发展等事宜进行了深入讨论。

科普活动 2016年学会及分支机构总计举办主题科普活动76次，举办科普讲座45次，举办科普展览14次，举办其他形式科普宣传44次。参加活动的科技工作者166人次，主题科普活动受众人数28.78万人次。

3—12月，分别在重庆、北京、黑龙江、吉林、广东、云南、海南、宁夏、新疆、内蒙古等地开展了不同主题的10余场生态科普校园行活动。50位专家参与活动，受益人数4.6万人次。

学会民族生态专业委员会深入云南、内蒙古等少数民族集聚地区和学校，开展了科普进校园、科普进社区等活动。学会红树林生态专业委员会建立了红树林基础图片库，科普对象由中小学生向企业、媒体从业者和社会公众延伸，提高了公众服务的水平和范围。学会海洋生态、化学生态、湿地生态、水生生态、长期生态等专业委员会，结合相关的纪念日，开展了各具特色的生态保护意识和知识宣传活动。

通过学会网站的科普教育专栏、专业委员会网站、微博，结合学会电子通讯，发行内部刊物《中国生态旅游》《生物多样性与传统知识》等，进行生态科普教育宣传、推广和普及生态学知识。2016年开发了中国生态学学会生态科普微信公众号，更加便捷地向公众传播生态学常识、知识和生态环境保护的理念及具体做法等。

学会持续开展生态科普资源包集成创作和移动端科普融合创作，开展科普创新，助力科技成果转化。

经学会推荐，学会生态科普校园行及科普工作委员会组织的大美温州健康温州——全国科普日系列活动获得“2016年全国科普日活动优秀特色活动”奖项。

表彰举荐优秀科技工作者 学会结合第十五届中国生态学大会，开展了学术年会青年优秀报告奖、优秀墙报奖评选活动，62名青年科技工作者和研究生获奖。结合第八届青年生态学科技工作者学术研讨会、全国生态学研究生论坛和专业委员会年会，开展了青年科技创新奖、优秀科技工作者和学术年会青年优秀报告奖、研究生优秀报告奖、最佳墙报奖等评选，159人获奖。

党建强会 2016年学会在理事会层面成立了功能型党组织，制定了本学会党建工作方案和建立了办事机构基层党组织。结合学会业务，深入开展了科技工作者状况调查、针对科技工作者的科学道德和学风建设宣讲教育等推进党建工作的一系列活动。2016年，学会获得中国科协科技社团党委“两个全覆盖”专项党建活动经费资助。

会员服务 学会编印《中国生态学学会宣传册》，综合反映学会近年来的主要工作和服务信息。每半个月向会员发布1期《中国生态学学会电子通讯》，及时传递专业信息，并对电子通讯刊物的形式、内容作了全面改版。

为科技工作者提供多元化服务，建立学会及期刊微信公众号。2016年开通了官方微信公众号、生态科普微信公众号，以及学会主办期刊《生态学报》《应用生态学报》《生态学杂志》*Ecosystem Health and Sustainability* 的微信公众平台，有效提升了学会信息服务平台的网络交互能力。

【第十五届中国生态学大会】 8月26—27日，以“创新生态科学，建设美丽中国”为主题的第十五届中国生态学大会在甘肃省兰州市召开。开幕式上，学会理事长刘世荣总结了学会主要工作和成绩。

会上，围绕“创新生态科学，建设美丽中国”的大会主题，北京大学教授俞孔坚、北京师范大学教授葛剑平、中国科学院城市环境研究所研究员朱永官、中国科学院地理科学与资源研究所研究员闵庆文、兰州大学教授黎家、中国林业科学院研究员臧润国、中国科学院生态环境研究中心研究员陈保冬、中国科学院植物研究所研究员杨元合、华东师范大学教授刘权兴，分别从生态关系与美丽中国、动物生物多样性保护、农业文化遗产保护、土壤微生物生态学发展、森林生态学发展等方面作了大会报告。

来自全国31个省（自治区、直辖市）的1600名专家、学者参加了大会。大会共设置了29个专题分会场，来自不同单位的374位专家、学者和青年科技工作者作了分会场口头报告，60位青年生态学工作者通过学术墙报展示了研究进展与成果。

大会设立了“全国生态学研究生论坛”，120位优秀生态学研究生作了口头报告。大会共评选出30个青年优秀报告奖、20个研究生优秀报告奖和12个优秀墙报奖。

闭幕式上，学会领导向第十五届中国生态学大会青年优秀报告奖、研究生优秀报告奖、优秀墙报奖的获得者颁发了荣誉证书。

【第十届国际湿地大会】 9月19—24日，学会与南京大学、常熟市人民政府、常熟生态研究院等在江苏省常熟市举办了第十届国际湿地大会（the 10th INTECOL International Wetland Conference），全球10余个国际机构、72个国家和地区的800位专家、学者参会。

大会组织了11场特邀报告、71个分会场，进行了510场口头报告。大会云集了国内外重要专家、学者和地方管理人员，通过学术讨论、学科交流、问题答疑等方式，在传递和交流科学知识的同时也起到了科普宣教的作用。

大会发布了《湿地常熟宣言》，倡导湿地保护。这是国际湿地大会有史以来首次以“宣言”形式发布共识。

11场大会特邀报告聚集了国内外著名专家，分会场活动内容涉及全球变化、生物多样性、生态系统服务、生物地球化学过程、生态系统监测、生物入侵、污水处理、湿地价值评估、湿地可持续管理等领域。我国专家提出的三种与湿地相关的重要模式在会议期间引起了与会专家、学者的共鸣，包括具有“三生一体”的乡村湿地模式、倡导“湿地让城市更美好”的湿地城市模式以及与互联网紧密结合的智慧城市。

本次大会向湿地建设和保护中成绩突出的单位和在科学、教育、应用和国际学术交流等方面取得突出贡献的个人授予了“湿地建设最佳典范奖”“杰出贡献奖”“杰出湿地科学家奖”。大会颁发了青年学者优秀汇报奖和优秀展报奖，以鼓励优秀青年学者在湿地领域深入探索、建言献策。

大会吸引了包括中央电视台、新华日报、中国日报、人民网等50余家主流媒体进行宣传报道。

（撰稿人：施　茜）

中国环境科学学会

服务创新型国家和社会建设　学会联合河北省科协和保定市科协共同承接了中国科协区域性学术服务活动项目——企业废水循环利用与零排放技术交流与推广，搭建了一个环保科技交流与环境决策管理的平台。8月25日，学会联合保定市科协组织召开了中国环境科学学会企业废水循环利用和零排放技术交流与推广会议。会上专家向与会人员介绍了水处理及资源化利用的相关技术，并提供了多种解决方案。

学会为环保部国家环境保护工程技术中心管理支撑服务。为加强和规范国家环境保护工程技术中心，发挥其作为环保科技支撑平台的作用，根据《国家环境保护工程技术中心管理办法》（环函［2015］299号）的有关要求，采用自评、专家评价和现场调查相结合的方式，对正式命名3年以上的工程技术中心进行评价，评价结果向社会公开，评价服务获得环保部的肯定。

学会继续组织开展环境保护科学技术第三方评价，评价各项环境相关理论、技术、产品、方案等共计36项。

学会能力提升计划 承接中国科协承担政府转移职能试点项目“企业环境监督员职业水平评价”项目，组织制定了相关职业标准和制度，并试点开展职业培训和水平评价工作。开展“场地环境修复与评价专业技术”培训1692人，“环境监理工程师”培训1611人，“企业环境监督员”培训831人，“生态环境监测网络建设及运营管理技术”培训148人。

学会建设 学会在年初启动改选换届筹备工作，起草了改选换届方案及有关文件，先后三次向环保部、两次向中国科协报送改选换届及召开代表大会的请示并获批复。组织召开三次改选换届筹备组会议及四次常务理事会议，研究通过改选换届有关安排。根据国家关于社团改革的有关要求组织修订了学会《章程》及有关文件。于6月起组织分支机构、地方学会、国家有关部门、科研教学单位等开展理事候选人及会员代表推荐工作，进行了理事会领导机构候选人酝酿提名和组织审批，制订召开第八次全国会员代表大会计划。

学会组织工作委员会召开2016年拟成立分支机构论证会提出意见，经第七届常务理事会第十五次会议审议，批准新成立循环经济分会、传统文化与生态哲学分会、清洁生产分会、化学品环境风险防控专业委员会、沉积物环境专业委员会5个分支机构。

根据《中国环境科学学会分支机构管理办法》，学会组织进行了2015年度分支机构评选考评，环境法学分会等11个分支机构被评为先进分支机构。

2016年新增个人会员3500人，会员总数达7万人。新增单位会员238家，目前单位会员共计1345家，其中常务理事单位130家、理事单位266家。

学术期刊 《中国环境科学》2016年处理稿件2500余篇，发表论文近500篇。根据中国科学技术信息研究所2016年10月份发布的《2016年版科技期刊引证报告（核心版）》，《中国环境科学》核心影响因子为1.812，学科排名继续位居第一；近20篇论文入选“领跑者5000”提名；获评“2016年度中国国际影响力优秀期刊”；组织评选了2015年度十佳论文，并进行了宣传表彰工作；本年度持续推进双语数字出版工作。

学科发展研究 组织环境领域200余名专家、学者，编写了《“十二五”中国环境学科发展报告》和《大气环境学科发展报告》2本专著。其中，《“十二五”中国环境学科发展报告》约100万字，包括1篇综合报告、24篇学科（领域）专题报告，报告对“十二五”期间科学研究进展、技术研发进展、管理实践进展等进行了深入总结和分析评价；《大气环境学科发展报告》20余万字，包括1篇综合报告、5篇专题报告。

决策咨询 受中国科协委托，组织专家对《环境保护税法（草案）》和《文物保护法修订草案（送审稿）》进行研讨，并提出了意见和建议报送中国科协。

为了进一步探讨《核安全法（草案）》对环境科学领域的影响和要求，深入研究我国辐射环境领域工作的实际需求，提出可供立法机关参考的建设性意见，学会召开《核安全法（草案）》研讨会，形成建议书报送了全国人大法工委、环资委。

受环保部委托，组织专家对环境与健康工作“十三五”规划的建议等5项政策提供了咨询建议，并报环保部及中办国办等相关机构。

国际学术会议 4月25—27日，学会联合国际环境法医学联盟在山东省青岛市举办召开了首届环境法医及损害赔偿国际研讨会。来自美国、加拿大、英国等国际组织以及国内相关行业的专家、学者共计200余人出席了本次会议。

8月17—18日，学会联合环保部华南环境研究所、中山大学和国际影响评估协会在广东省广州市召开2016土壤与地下水国际研讨会。会议主题为“安全、持续和健康地利用土壤和地下水”。来自中国、英国、美国、日本以及中国台湾地区的专家、学者200余人出席会议。

11月9—11日，第七届传统文化与生态文明国际研讨会在河南省郑州市召开。会议由学会联合中国孔子基金会、北京市道教协会等单位共同举办。来自中国、俄罗斯、新加坡、韩国、泰国等国家和地区的专家、学者共计280余人出席会议。期间还举办了“一带一路”高端对话、生态文明建设沙龙。

国内主要学术会议 学会针对重点热点领域组织召开了第二十届SO_2、NO_X、PM2.5、Hg污染防治技术研讨会，第六届重金属污染防治技术及风险评价研讨会，第三届全国流域生态保护与水污染控制研讨会，2016全国水环境污染控制与生态修复技术高级研讨会，2016年高浓度难降解有机废水处理技术发展论坛，2016细颗粒物污染防治技术与环境健康影响研讨会。受中国科协委托承办了第六届中国湖泊论坛等会议。

学会各分支机构主办、联合主办学术会议 40 余场次。

两岸交流 8 月 29 日—9 月 2 日，学会组织 11 名会员的学术代表团，赴台湾地区出席在台北市举办的 2016 两岸环保高层专家论坛。论坛围绕“生态环境管理”的主题，从环境影响评估制度、生态环境管理和固体废弃物管理三方面进行了研讨和交流。会后，代表团对台北“山水绿”掩埋复育场地、公众环境宣传教育机构和建筑工地空气污染控制场地等进行了考察与交流。

国际交往 5 月 11—15 日，学会参加了国际影响评价协会（IAIA）在日本名古屋举办的第 36 届学术年会。期间与该组织签署合作备忘录，设立 IAIA 中国合作机构。

9 月 13—18 日，应英国环境产业委员会的邀请，学会组织会员单位 30 人赴英国伦敦出席了中英环保产业合作高峰会，并与英国环境产业委员会签订了战略合作协议。高峰会的主题是“应对新技术与新市场的合作共赢”，研讨和交流议题包括运用大数据监测、分析与管理环境质量，清洁能源技术，土壤修复治理及环境服务业等内容。学会秘书长王志华任团长出席了本届高峰会议，并在会议开幕式上致辞。

出席本次会议的中方人员来自中国光大国际有限公司、武汉凯迪电力环保有限公司、北京高能时代环境技术股份有限公司等 17 家上市环保企业，还有中国电建集团成都勘测设计研究院有限公司、环境保护设计院等科研单位和香港公开大学的专家、学者。中英两国的专家、学者主要就污染场地和场地修复技术与经济发展、清洁空气保障与经济可持续发展、水环境保护和水处理技术、绿色金融和环保投融资四个领域展开了研讨和交流。学会发表了题为“中国环境保护的战略转型与技术发展优先领域”的报告，对我国未来环保技术的发展作了深入的分析。

1 月 20 日—2 月 2 日，学会组织开展青年会员个人能力提升赴美考察交流活动。考察团走访了加州空气监测站、加州水利局、加州大学伯克利分校等大学的环境科学实验室，并与相关加州大学教授进行了探讨和交流。

科普活动 继续推进大学生志愿者千乡万村环保科普行动工作平台建设，组织 7000 多名大学生志愿者通过集市宣讲、自编环保短剧、开设小学环保课堂、入户宣传等多种形式，将环保科普知识带到农民身边。

学会依托 40 余个分支机构和专业委员会，形成了环保科普资源开发的工作平台。依托分支机构完成了 9 本环保科普基础图书的编写，共计千余条目和配图，累计 36 万字；动员清华大学、北京科技大学的专家对固体废物领域的热点百科词条进行编写和审核，共计新增加 39 个词条，修改 65 个词条，约 22 万字，其中白色污染词条的阅读量超过了 79 万人次。参与了中国大百科出版社《环境大百科》——综论部分编写，完成 97 个词条，共计 15 万字。依据环保科普基础图书，开发环保知识动画 20 集。

学会环保科普 365 微博发布文章 500 余篇，环保科普 365 微信公众号发布 320 余期，共传播文字量约 35 万字，图片和视频量约为 3000 个，绘制漫画 225 个，累计阅读量 16 万人次。

学会新建“中国环境科学学会气候变化与环境健康”团队 1 个，传播团队成员由 20 人扩充至近 40 人，针对热点问题及时发声、科学发声。科普传播专家团队成员参与各类电视台、网站、媒体采访 7 次；完成科普 2 册图书的编写和出版；完成一部科普专题片的拍摄（14 分钟）；撰写《室内环境与污染科普案例》50 条；编审完成《室内环境与健康文化词条》100 条。

表彰举荐优秀科技工作者 经学会推荐，高吉喜、吴振斌、陈吕军 3 人获第七届“全国优秀科技工作者”荣誉称号。

协助环境保护部推荐国家技术发明奖 1 项，推荐国家科技进步奖 2 项，其中，“国家环境分区—排放总量—环境质量综合管控关键技术与应用”和“国家环境质量遥感监测体系研究与业务化应用”两项均获国家科技进步二等奖。

10 月 22 日，2016 年度环境保护科学技术奖专家评审会在北京召开。经过评审委专业组初评以及全体委员会议复审，181 个有效参评项目中的 75 个项目提交会议审议，最终评选出 63 个项目获得 2016 年度环境保护科学技术奖，其中一等奖 6 项、二等奖 26 项、三等奖 30 项、科普类奖 1 项。

学会创新发展 学会成立创新驱动助力工程企业服务中心，并制定实施《创新驱动助力工程企业服务中心章程（试行）》和《创新驱动助力工程企业服务中心工作方案》两个文件。学会与成都市环境科学学会建立“创新驱动助力工程成都服务站”，与广东省珠海市旭日陶瓷有限公司建立“创新驱动助力工程试点企业”，与中天蓝瑞环保科技集团有限公司建立“创新驱动助力工程服务中心企业服务站”，与甘肃省庆阳市环县自来水公司签订了《创新驱动助力工程企业服务中心服务合作协议》。

党建强会 运用“‘互联网+’智慧党建”的模式，拓展党建工作空间，创新党建多维模式。适应党建工作新形势、新要求，建设党建工作的交流平台、党员学习教育的“空中”党校、服务企业服务党员的“绿色通道”，形成提升党员党性修养的有效途径。

会员服务 积极探索创新会员发展与服务模式，依托学会各项职能，梳理整合会员服务体系，编制会员服务手册便于会员全面了解服务内容。加强与会员的沟通服务，开展会员单位走访调研，一年来与会员及会员单位会谈200余次，其中组织邀请来访62次，走访会员单位30余家，为会员单位解决各类问题100余件。积极促进会员单位与学会的战略合作和业务合作，与华夏幸福集团、大唐环境集团等签订合作协议，共同开展技术产业化、专业技术培训等市场化服务，并为学会业务提供资源支持，实现会员与学会的双赢。积极通过学会业务平台为会员提供服务，包括学术交流、技术评价、科学普及等，一年来累计介绍会员与业务部门合作数十起，其中部分已开始合作服务。

运用网络信息服务平台，为会员单位建设二级网站，开发会员论文、专利数据库，完善微博、微信平台功能，加强信息服务。整合会员“服务包”，包括《中国环境科学》、学科发展报告、国际环境专利信息等。

【中国环境科学学会2016年学术年会】 10月13—14日，学会2016年学术年会在海南省海口市召开。年会主题为“环境科技创新改善生态环境质量”。会议由学会副理事长任官平主持，国家环境保护部副部长黄润秋，海南省常务副省长毛超峰，学会理事长王玉庆等领导出席开幕式并讲话。中国工程院院士、中国科学院安徽光学精密机械研究所所长刘文清，北京师范大学环境学院原院长、中国工程院院士杨志峰，环境保护部科技标准司巡视员兼副司长刘志全，环境保护部南京环境科学研究所所长高吉喜，德国德累斯顿工业大学教授Peter Werner等专家分别作了主旨报告演讲。年会共收到论文共934篇，经审核，共738篇学术论文收录于年会论文集出版发行，评选出18篇优秀论文，其中一等奖3篇、二等奖6篇、三等奖9篇。

中国环境科学学会2016年学术年会

年会设有1个主会场、16个分会场、1个论坛、1个优秀环保技术推介展示和一个面对面活动。共有73位专家、学者在专题分会场作了主旨报告，介绍了相应领域的技术进展；310余名专家、学者作了报告。各地从事环保工作的专家学者、管理人员、企业家代表等社会各界人士1800余人参加了此次年会。中国政府网、环境保护部官网、新华网等60多家媒体单位对会议进行了宣传报道。

【发布首例国际联合技术验证声明】 2月，学会官网发布公告，公布《中国丹麦环境保护技术联合验证评价声明》——牙科制水技术（牙科诊所制备医疗用水技术）。这是环境保护技术验证评价联盟成立后完成的首例验证评价项目，也是我国进行的首例国际联合验证评价项目，由学会与丹麦ETA公司、丹麦DHI集团公司共同完成。

【“口述当代中国环境史暨环境史学科建设”项目启动】 学会启动“口述当代中国环境史暨环境史学科建设”项目。主要以采访我国环境保护事业发展的亲历者，以文字或视频的形式记录展现当代中国环境保护事业发展的历史进程，并收集、整理报纸报道、研究论著及档案中的相关资料，注重以专题类别分类收集，确定对环境保护事业发展有重大影响的各类事件，梳理当代中国环境史的发展脉络，为环境领域学科史研究及环境史学科建设奠定基础。

【首次环境与健康素养抽样调查】 为了解我国居民环境与健康素养水平，学会组织有关单位于2015—2016年内在部分地区开展了首次环境与健康素养抽样调查，并于2016年10月发布调查报告。本次调查使用根据《中国公民环境与健康素养（试行）》编写的问卷，采用多阶段整群随机抽样方法，选取了北京、湖北、甘肃3省（市）的9个市/区、18个乡镇/街道、36个村/居委会的15—69岁常住居民3128人。调查显示：居民环境与健康素养水平较低，为8.41%，即每100个15—69岁的人群中不足9人具备基本的环境与健康理念、了解基本知识、掌握基本技能。其中，基本理念、基本知识、基本技能素养水平分别为20.11%、5.85%和24.27%。

调查显示，居民保护环境、维护健康的需求强烈，但知识储备、理性认识和自身行动不足，且缺乏责任担当和参与意识，既不利于个体对环境与健康问题作出正确判断，也妨碍环境与健康问题的风险交流，以理性共识促进环境与健康问题的社会共治面临巨大挑战。

【首届环境法医及损害赔偿国际研讨会】 4月25—27日，学会联合国际环境法医学联盟在山东省青岛市举办召开了首届环境法医及损害赔偿国际研讨会。来自美国、加拿大、英国以及国内环保、司法、海洋、农业、交通运输等行业的科研和管理人员，律师、咨询顾问以及国际组织的人员共计200余人出席了本次会议。研讨会围绕我国环境损害鉴定工作的研究成果，结合国际上环境法医学的基础原理，从损害鉴定技术标准、相关法律制度、评估方案和案例分析几个方面展开了交流和研讨。会议举办前，还邀请了美国爱益康咨询公司、*Environmental Forensics* 主要编写人之一的卢军教授就“环境损害责任分担”议题进行了讲授。学会副理事长任官平在会议期间会见了国际环境法医学联盟执行主席、英国威尔士大学教授史蒂芬·马奇，双方就未来进一步的合作等内容交换了意见。

（撰稿人：张宏亮）

中国自然资源学会

服务创新型国家和社会建设 2016年学会承担了中国科协创新驱动助力工程项目，完成了“宁波市国土规划战略研究”报告，探索了新形势下宁波市国土开发与保护的原则、定位、总体格局，并提出相应对策。在此基础上，协助宁波市国土资源局编制了《宁波市国土规划（2015—2030年）》。

学会组织完成了“滑雪资源调查、评价与滑雪场建设选址技术规范标准研制”，形成了初步的标准规范成果。以此标准对张家口滑雪资源进行了全面评价，指导完成了张家口崇礼赤城滑雪区域规划和京张文化体育旅游产业带规划等工作，为我国承办2022年冬奥会和推动京津冀协同发展提供了科技支撑。

学会组织完成“适应绩效管理的财政支出项目成果评价机制与方法研究报告”，报告分析了国内成果评价存在的问题，重点研究了财政支出项目第三方评价的流程，初步构建起财政支出项目成果评价体系和定性的评价标准，提出财政支出项目成果评价的政策建议。

学会完成了自然资源学科创新协同项目自然资源学科共享平台2016年工作任务。学科信息数据库建设和统一平台研发工作已经完成，进入数据录入及测试阶段。该平台包含三个综合性资源（资源经济、资源生态和资源地理）和三个专业性资源（水资源、土地资源、中药及天然药物资源）专业数据库。

学会能力提升计划 学会完成2016年度“学会创新和服务能力提升工程优秀科技社团项目建设”的各项工作，实现各项既定工作目标。在培育学术交流品牌、推动学科建设、开展决策咨询、承接公共服务工程、科学传播等方面取得了明显进步，学会综合实力得到显著提升。

学会建设 学会召开理事会议1次、常务理事会议2次，对学会重大事项进行民主审议、决策。制定了《中国自然资源学会理事会工作条例》，批准了郑凌志、齐亚彬、陈士林辞任学会理事的申请；增补黄健柏、张文忠、江荣风为学会候补理事。学会现有常务理事44人，理事143人，候补理事3人。

新设立资源制图专业委员会、矿产资源专业委员会、资源型城市专业委员会和科普工作委员会。学会现有22个专业委员会、4个工作委员会。2016年新增会员310人，个人会员总数6350人。

干旱半干旱区资源研究专业委员会、农业资源利用专业委员会进行了换届改选，马金珠、江荣风分别当选为新一届专业委员会主任。

全面启动学会改革工作。规范理事履职，狠抓理事的责权利等各项职责落实与完成情况；开展分支机构规范治理活动，加大管理执行力度，提高服务水平；扩大学会服务对象，拓展学会工作内容，创新学会工作方式。通过一系列改革措施全面提高学会的整体实力。12月29日，接受了中国科协学会服务中心纪委书记冯继谦一行对学会深化改革情况督导检查工作。

学术期刊 学会主办5种学术期刊:《自然资源学报》《应用基础与工程科学学报》《资源科学》《资源与生态学报(英文版)》和 *Journal of Arid Land*(《干旱区科学》)。

学会主办期刊 *Journal of Arid Land* 荣获2016年"中国最具国际影响力学术期刊",《自然资源学报》《资源科学》荣获2016年"中国国际影响力优秀学术期刊"称号。

10月14日,学会举办第八届资源期刊论坛——"资源科技期刊国际化发展:挑战与机遇"。国内资源环境领域的21种期刊及15所高校科研机构的专家、学者出席论坛,就期刊国际化发展等问题进行研讨。

学科发展研究 学会组织撰写的《中国资源科学学科史》于2016年年初按时提交中国科学技术出版社。

学会组织开展"2016—2017资源科学学科发展报告"研究项目,参加项目研究的单位包括北京师范大学、中科院地理资源所等10家单位。报告由学会副理事长、北京师范大学资源学院院长江源教授担任主编。

7月和11月,学会相继组织召开"2016—2017资源科学学科发展报告"项目启动会和项目研讨会。

围绕学科发展问题,学会举办了第二届中国青年旅游论坛、第十届全国资源学院院长论坛、资源地理学科发展交流会、第三届地图学发展高层论坛、自然资源循环与全球环境变化学术研讨会、新时期国家资源安全战略研讨会6次学术研讨会,探讨资源学科发展中出现的新成果、新进展、新技术、新问题。

决策咨询 学会向中国科协提交决策咨询报告3篇,其中王昶、黄健柏等撰写的《国家金属资源安全战略亟须顺势转型》,沈镭、刘纪远等撰写的《关于服务国家"一带一路"倡议,加强与东南亚国家资源环境科技合作的建议》分别刊发在《科技工作者建议》2016年第8期、第9期。

学会资源型城市专委会主任张文忠参与制定了由国家发改委牵头编制、国务院签发的《关于加快推进采煤沉陷区综合治理的意见》。

国内主要学术会议 学会及分支机构组织各类学术会议25场次,合计4480人次参会,交流论文1410篇,评选表彰优秀论文127篇。编辑论文集4部,其中2部正式出版。10位院士参加学术活动并作报告。

7月23—25日,由学会土地资源研究专业委员会等单位主办,东北大学文法学院承办的2016年中国新时期土地资源科学与新常态创新发展战略研讨会暨土地资源研究专业委员会30周年纪念会在辽宁省沈阳市举办。230多名专家、学者参加大会,交流论文70篇。15位专家、学者分别围绕土地资源科学的理论与学科思考、乡村转型发展与重构、土地管理的理论与实践、土地资源开发利用等论题作了大会主题报告。大会设立了2个分会场。会议同期举行了土地资源研究专业委员会工作会议暨土地资源研究专业委员会成立三十周年纪念会、西南大学林致远教授九十华诞暨学术贡献研讨会。会议论文集《中国新时期土地资源科学创新与发展研究》由东北大学出版社正式出版。

1月23日,学会在北京召开了新时期国家资源安全战略研讨会,研讨经济新常态下的国家金属资源安全管理及其政策问题。

8月26—27日,由水资源专业委员会主办,中国科学院东北地理与农业生态研究所等单位共同承办的第十四届中国水论坛在吉林省长春市召开。本届中国水论坛是以"面向未来的水安全与可持续发展"为主题,设置了11个专题分会场,来自美国及中国香港特别行政区和台湾地区的600多名专家、学者参加会议。会议交流论文300多篇,评选出"十佳青年优秀论文奖"。中国科学院院士刘昌明在报告中剖析了我国可持续发展水科学中所存在的问题,提出需要加强人类活动水文学研究。林学钰院士解读了中国地下水可持续开发利用与保护问题。夏军院士剖析了"一带一路"发展中国家水安全研究面临的机遇与挑战。严登华介绍了变化环境下气象水文预报的关键技术。胥毅军分享了美国密西西比河流治理的经验教训,为我国河流治理提供借鉴。会议论文集《面向未来的水安全与可持续发展》由水利出版社正式出版。

第十四届中国水论坛

5月21—22日，学会联合北京第二外国语学院在北京举办第二届中国青年旅游论坛。论坛以“传承与成长”为主题，350名专家、学者参会。7位专家作主题报告，对旅游学科发展、旅游战略、青年人才成长提出了建议。围绕国家“十三五”规划与旅游发展和旅游供给侧改革议题，举行了两场青年学者对话。围绕旅游学术研究领域设立了7个青年学者分论坛，70多位从事旅游研究的青年学者通过主题展示方式分享了自己的研究成果。

6月17—18日，学会资源产业专业委员会2016年学术年会暨全国第三届资源产业与管理会议在湖北省恩施市召开。围绕会议主题“地学文化与资源产业发展”，80多位专家、学者参加会议。会议强调了“地质文化是资源产业的表现，资源产业是地质文化的载体”的观点。《中国矿业》杂志提供了会议论文专刊。

9月10—11日，由学会城市废弃物资源化专业委员会等单位联合主办的2016污泥高峰论坛（第三届）在河南省郑州市举行。会议解读了行业技术标准，分享了国内外先进技术实践与发展趋势，交流了污泥处理处置工程的设计、建设、运营、管理经验。来自全国各地的行业主管单位、设计院、水务企业、运营单位、科研院校等120余家单位的220位专家、学者参会。

10月12—14日，资源地理专业委员会2016年年会暨资源地理学科发展交流会在江苏省南京市召开。50位专家、学者参加会议。围绕“城市发展与自然资源可持续利用”的主题，6位专家作了学术报告；南京大学杨达源作了题为“漫谈自然过程、自然资源、自然灾害的研究”的特邀报告。会议期间还举行了资源地理学科发展圆桌会议。

10月22—23日，学会资源循环利用专业委员会第二届全国学术研讨会暨自然资源循环与全球环境变化学术研讨会在陕西省西安市举行。会议由西安交通大学能源与动力工程学院等单位承办。100余位专家、学者针对资源循环与全球环境变化、新能源开发与废弃资源再生利用、水土资源危机与污染环境修复等热点议题进行了交流与讨论。

国际学术会议　学会及分支机构组织国际会议2次，合计参会人数220人，交流论文60篇。来自美国、德国、加拿大、澳大利亚等在内的国外专家、学者7人作报告。

6月7—8日，由北京师范大学人与环境系统可持续研究中心和学会资源持续利用与减灾专业委员会主办的第四届景观可持续科学国际论坛在北京市召开。来自美国、德国、澳大利亚和中国等国家的11位专家、学者作学术报告。120名专家、学者参加论坛。

9月24—25日，由上海师范大学和学会主办的可持续旅游与国家公园管理国际学术研讨会在上海市举行。来自国内及美国、澳大利亚、加拿大的100多位专家、学者参加会议。会议提出国家公园建设首先要加强生态保护，同时活化自然文化遗产，通过对公众的开放和环境教育，体现国家公园国民共享的特性的观点。

科普活动　学会获得了“2016年度全国学会科普工作优秀单位”荣誉。

5月15日，学会参加支撑单位组织的2016年公众开放日活动，开设科普讲座“为大地解毒的清洁工：神奇的超富集植物”；制作科普展板“节能减排，关注您身边的资源”。发放宣传资料200余份，受众人数400多人次。

5月，学会组织开展了2016年研究生科普作品创作大赛活动。围绕“节约能源资源、保护生态环境、保障安全健康、促进创新创造”的主题，征集原创科普作品。湖南工业大学陈洁迪等10位同学分别获一、二、三等奖。

表彰举荐优秀科技工作者　经学会推荐，云南大学何大明、南京中医药大学吴啟南、中国科学院地理科学与资源研究所董锁成获得第七届“全国优秀科技工作者”称号。学会推荐南开大学罗义获得“第13届中国青年女科学家奖”。

学会创新发展　搭建自然资源学科共享平台，开展学科信息数据库建设和统一平台研发。

7月，学会在江苏省南京市举办了湿地生态保护、恢复与湿地公园建设管理专业技术人员培训班。从湿地基础理论和技术方法结合高度，对国家级湿地保护区、国家湿地公园等技术人员进行技能培训。

党建强会　中国科协批准学会在理事会层面成立中国自然资源学会党委，成升魁理事长任书记，夏军任副书记，王立新、濮励杰、王艳芬任委员。同时成立学会党委办公室，由王捷副秘书长、办公室主任兼任主任。

组织开展研究学会党员如何在服务科技创新中

结合支撑单位党组织开展工作课题研究。7 月 9 日，学会秘书处组成党建调研组，到学会水资源专业委员会支撑单位——郑州大学水利与环境学院开展调研交流活动。

10 月 14 日，学术年会期间，举行主题为“群英荟萃，铭记云岭”的特色党建专项活动，近 40 位党员代表在陈发虎院士、陈曦副理事长、沈镭副理事长的带领下参观了皖南新四军军部旧址。

会员服务 在安徽师范大学建立了学会第 9 个志愿者工作站，发展志愿者 90 人，年会期间开展志愿者服务活动；学会利用网站、微信公众平台、微信服务号等发布信息，向会员传递期刊论文和科普资讯等。

中国科协会员日 12 月 22 日，学会在北京举行会员日活动，20 多人参加活动。表彰了 2016 年研究生科普作品创作大赛优秀作品的获奖代表。举办了自然资源学科共享平台的应用技术培训。

【中国自然资源学会 2016 年学术年会】 10 月 15—16 日，学会 2016 年学术年会在安徽省芜湖市召开。年会主题为“创新资源科技改革，助推区域绿色发展”。年会由学会和安徽师范大学主办，安徽师范大学国土资源与旅游学院承办，700 多位专家、学者参加年会。

安徽师范大学党委委员、纪委书记程度主持开幕式，安徽师范大学校长王伦致欢迎词，中国科学院地理资源研究所所长葛全胜致贺词。中国科学院院士陆大道作了题为“中速增长：中国经济的可持续发展—中国经济增长的资源环境支撑系统分析”的报告；中国科学院院士夏军作了题为“中国水安全和水电工程开发面临的环境影响问题与对策”的报告；中国科学院院士陈发虎作了题为“新资源利用驱动史前人类永久定居青藏高原”的报告，首次论证了距今 4000 年前后欧亚大陆农业传播引发的农业技术革新与农业新资源的利用，最终促成了史前人类在气候变冷大背景下大规模向青藏高原高海拔地区扩张并永久定居；国家自然科学基金委员会地球科学部冷疏影作了题为“自然地理学与陆地表层研究”的报告等。南京中医药大学原副校长段金廒、中国科学院南京分院副院长杨桂山、中国科学院地理科学与资源研究所副所长封志明、安徽师范大学科研处处长陆林、成升魁理事长分别作主题报告《中药资源循环利用与资源价值创新》《长江经济带绿色生态廊道建设策略》《自然资源资产负债表编制的理论与实践问题》《城市群乡土——生态空间：新的发展战略空间，新的人地关系》《食物浪费与生态文明建设》。

开幕式上还举行了“全国优秀科技工作者奖”颁奖仪式。

年会 14 个分会场分别以“新型土地资源开发与生态文明建设”“变化环境下的水安全问题与对策”“资源经济创新与区域绿色发展”“长江经济带资源保护与绿色发展”“国家公园与旅游资源可持续发展”“生态过渡带资源持续利用与景观 / 区域可持续性”“湿地资源保护与生态恢复的可持续性”“热带亚热带地区资源节约高效利用与绿色发展”“供给侧结构性改革下的矿业可持续发展”“新常态下资源型城市转型路径与对策”“大数据环境下的资源制图”“江淮流域水土资源生态安全与环境风险”“抗生素抗性基因污染与资源循环利用”“自然资源的监测与分析”为题进行了专题研讨。

第十届全国资源学院院长论坛、第十一届全国资源科学研究生论坛、第八届资源期刊论坛分别组织了专题研讨。

年会征集论文 270 篇，其中论文全文 100 篇，摘要 170 篇，汇编成《中国自然资源学会 2016 年学术年会论文摘要集》。

【首届中国中药资源大会】 8 月 11—12 日，以“中药资源和健康中国”为主题的首届中国中药资源大会在陕西省西安市举办。来自全国 308 家单位的 1400 余人齐聚西安，共商中药资源保护事业大计。大会由学会中药及天然药物资源研究专业委员会牵头，联合 8 家全国学会分会共同发起主办，陕西中医药大学、陕西步长制药有限公司、南京中医药大学等单位共同承办。大会共收到学术论文 318 篇。

首届中国中药资源大会

开幕式上举行了“中药资源动态监测任务管理移动终端系统”启动上线仪式，标志着我国对中药资源的动态监测管理水平迈上新台阶。

开幕式后，17位专家、学者作大会特邀报告。樊代明院士、刘昌孝院士、黄璐琦院士、段金廒分别作报告《整合医学走向医学新时代》《从中药资源—中约质量—中药质量标志物认识中药产业的健康发展》《中药资源发展现状及其战略思考》《中药资源化学研究与资源循环利用》。

125位专家、学者在6个分会场围绕“中药资源调查研究与资源保护”“中药资源生态与生产区划”“中药材规范化生产（GAP）与标准化”“中药材鉴定与品质评价”“中药资源化学与资源循环利用”“中药大健康产业与新产品开发”等作专题报告，为中药资源保护与开发利用提出了建设性意见。大会发布了《中国中药资源发展西安倡议书》。

（撰稿人：刘丽娜）

中国感光学会

服务创新型国家和社会建设 学会各专业委员会组织了2016第四届电子束固化技术高级研讨会、视频侦查技术培训班、继续教育培训班，累计参加培训人员达230人次。

学会牵线搭桥，促进了中国科学院理化技术研究所、中国乐凯集团有限公司、乐凯医疗科技有限公司等开展产学研协作。

学会影像保护专业委员会组织科技人员对国核工程有限公司某核电站核反应堆射线底片档案、广西壮族自治区档案馆“文化大革命”时期拍摄的“文化大革命”纪实电影胶片、河北辛集档案馆收藏的黑白照片档案，进行了修复与保护。

学会建设 2016年，学会个人会员总数累计为4302名，单位会员65个；2017年新增个人会员373名，单位会员1个。

学会召开了理事会1次，常务理事会2次，理事长联合办公会2次。新成立“生物与医学成像专业委员会”，将卤化银、非银盐专业委员会合并为“信息与成像材料专业委员会”。

学术期刊 《影像科学与光化学》和《影像技术》是学会的主要刊物，2016年两种刊物按计划编辑出版了12期，刊登主要文章200余篇。《影像科学与光化学》继续推动数字化推广和宣传，并评选了6篇优秀论文奖。

学科发展研究 学会获得中国科协“2016—2017年学科发展研究项目”支持，承担《感光影像学学科发展研究》的编写工作。

国内主要学术会议 学会及各专业委员会共举办国内学术交流活动10余次，参会专家、学者1300余人次，发表论文300余篇。

3月18日，学会视频侦查技术与特种照相专业委员会在浙江省杭州市组织举办视频侦查教程编写与新技术研讨会。来自公安部物证鉴定中心、省公安厅、省警察学院以及国内视频行业的技术骨干、视频侦查专家等50余人参加会议。

8月2—4日，学会辐射固化专业委员会联合中国印刷及设备器材工业协会喷墨及特种墨印刷分会联合在北京召开2016年UV墨技术专题研讨会，120名专家、学者参会。会议主题为“环保油墨、绿色印刷”。

10月21—23日，学会光催化专业委员会2016光催化中青年学者论坛暨中国感光学会光催化专业委员会2016年学术年会在上海市举办。参会专家、学者220人，发表论文90余篇。

11月25—28日，2016中国印刷包装与媒体技术学术会议暨印刷包装类专业建设与专业认证研讨会在陕西省西安市举办，由学会印刷技术专业委员会联合中国印刷科学技术研究院等单位共同主办。200多名专家、学者参会，交流论文143篇，评选优秀论文15篇。

国际交往 9月12—16日，学会组织专家一行12人，出席了在英国曼彻斯特举行的2016年印刷技术国际会议（Printing for Fabrication 2016），参加了大会的全部学术活动，提交了7篇论文，发表2篇口头报告、5篇交互式报告，介绍了中国影像材料、数字印刷及影像科技领域的现状和最新研究成果。

科普活动 2016年成立“光电技术科学传播专家团队”。光催化科普展示馆正式启动对外接待参观。完成微信科普及辟谣工作项目，“中国感光学会科普传播”微信公众号坚持每周至少发布1条科普微信，共发布微信文章69篇。

3月26日，学会立体影像技术专业委员会、上海科技馆及上海视觉艺术学院在上海市联合举办“3D智能立体影像展”。

5月14日，学会和中国科学院理化技术研究所、中国科学院老科协理化分会在北京联合举办“理化技术、创新为民”公众科学日活动。600余名中小学生和社会公众参加了活动。公众科学日的主要活动包括科普讲座、科普实验、互动体验、科普画廊、实验室参观等。

8月22日—9月30日，全国科普教育基地——陈塘庄美术科技馆参加了“2016天津文化惠民季”活动，推出了“艺术品惠民活动和长城瓷艺主题展”。

表彰举荐优秀科技工作者 学会开展了第二届青年科技奖评选工作，授予周树云、周亚军、李亚宁、谭翔、耿迅“青年科技奖”。

经学会推荐，北京大学副教授刘志红获得第七届“全国优秀科技工作者”称号。

党建强会 在学会理事会层面上成立学会功能型党组织。学会获得中国科协“党建强会”计划“十百千”特色活动项目资助，开展“优秀党员科技工作者宣讲活动”“党建强会”特色活动，在天津市和广西壮族自治区北海市举办了两场优秀党员科技工作者宣讲活动，作了4次宣讲报告。

会员服务 学会依托院士专家工作站、院士专家企业行等活动为会员单位提供咨询服务。

学会通过会员会议注册费减免制度、论文版面费优惠制度、免费寄送学会期刊等学术资料、同等条件下会员优先在期刊上发表文章等方式服务个人会员。

学会建立微信公众平台，向会员发布会议通知，介绍学会工作动态，传播学会工作信息。

【中国感光学会2016年学术年会】 11月8—12日，学会2016年学术年会在广西壮族自治区北海市召开。来自科研院所、企业、高校的130余名影像领域的专家、学者参加了会议。

大会开幕式由学会秘书长、中国科学院理化技术研究所副所长黄勇主持。学会理事长、北京印刷学院副校长蒲嘉陵出席大会开幕式并致辞。学会常务副秘书长牛桂萍宣读了《关于中国感光学会青年科技奖的表彰决定》，学会领导为获奖者颁发了奖牌和证书。

中国工程院院士刘文清、浙江大学研究员周民、中国科学院理化技术研究所研究员只金芳、北京印刷学院教授蒲嘉陵、北京师范大学教授邹应全、中山大学教授曾兆华分别作大会报告《大气环境立体监测技术与应用》《分子影像在医学生物领域的应用》《光催化技术在空气（大气）净化方面的应用》《影像技术的变迁：传统影像系统与数字影像系统》《光刻胶和光刻技术在非集成电路（IC）领域的应用》《功能聚合物微球的光化学合成》。

会议共设2个分会场，分别就新型成像材料和相关功能材料、数字成像技术和系统进行交流，22人进行了分会场报告。会议展示了26篇墙报，评选了13篇优秀论文。

会议同期举办了学会第九届四次理事会。会议期间还进行了“党建强会”特色活动暨优秀党员科技工作者宣讲活动。

中国感光学会第九届四次理事会

【第十七届中国辐射固化年会暨首届安庆市化工新材料产业高峰论坛】 9月7—9日，第十七届中国辐射固化年会暨首届安庆市化工新材料产业高峰论坛在安徽省安庆市召开。年会的主题是“合作创新开拓携手共赢未来”，346名专家、学者出席会议。

清华大学教授洪啸吟、吉林大学教授杨柏、北美辐射固化协会前任主席David Harbourne、复旦大学教授武利民、武汉大学教授唐红定、华东理工大学教授朱麟勇、中山大学副教授杨建文、北京化工大学教授聂俊、中国印刷及设备器材工业协会喷墨及特种墨印刷分会秘书长孙实祥等分别作大会报告《水性涂料概述》《新型聚合物纳米杂化光功能材料》《UV/EB固化技术的应用》《胶体微球的制备及其在功能涂层中的应用》《倍半硅氧烷光引发剂的合成及其光引发性能研究》《非自由基光交联构建生物医用材料》《辐射固化技术应用进展》《一张图看懂光固化》《UV喷墨及UV特种墨技术的新应用》。

报告和会下交流主题更多集中在UV LED光固化、水性UV、城市下水管道UV修复、3D打印、阳离子光固化等方面。会议报告涵盖高水平前沿基础研究、UV/EB行业国内外综合发展概况、辐射固化行业各细分领域技术应用，以及新技术、新应用、新材料方面的介绍。

会议收录论文46篇，安排口头报告34个，展示企业展位12个。会议评选出优秀论文奖5名，优秀行业新人论文奖3名。

（撰稿人：周云霞）

中国优选法统筹法与经济数学研究会

服务创新型国家和社会建设 2016年，研究会完成了承接政府转移职能“福建省核电厂烟羽应急计划区居民撤离机制评估与完善研究”项目以及国家电网能源研究院委托的“国家电网公司发展规划量化决策技术（SG-PQA）与应用研究”项目鉴定评价工作。

研究会对某核电厂福建烟羽应急计划区居民现状实际居住的村民数量及其结构、在不同季节等实际人口的变化情况、应急撤离资源保障机制等进行调查研究后，从撤离程序中行动的完整性、逻辑性，以及撤离资源的配置情况等进行了评估与完善研究，最终形成《核电厂烟羽应急计划区居民现状调查报告》《撤离程序评估报告》《撤离保障机制完善建议》等一整套方案，达到项目预期目标。

10月，研究会受国网能源研究院委托，组织相关专家组成专家鉴定委员会，对“国家电网公司发展规划量化决策技术（SG-PQA）与应用研究”科研项目的研究报告及相关材料进行了审阅，经讨论评审后完成该项目的鉴定评价工作。

学会建设 召开理事工作会议1次，常务理事工作会议2次，秘书长工作扩大会议11次，分支机构会议1次。截至2016年年底，学会团体会员单位总数42个，个人会员累计达到6569人。完成网站改版升级工作以及会员数据库的更新与维护。根据科协最新下发的《全国学会分支机构管理办法》文件修订了研究会《分支机构管理办法》。

11月11日，研究会第九届三次分支机构工作会议在西安交通大学举行。研究会负责人及秘书处工作人员与分支机构负责人等32人参加了会议，研究会秘书长李建平研究员主持了本次会议。

17个分支机构负责人分别汇报了各分会2016年工作情况和2017年工作计划以及研究会分支机构自测评情况。会议传达了中国科协第九次全国代表大会精神、《中国科协关于全国学会分支机构管理办法》；同时将研究会根据中国科协文件要求进行修改的《分支机构管理办法》向大家征求了意见。会议通报了依据研究会制定的《分支机构管理办法》和《分支机构测评标准》及各分会上报的工作总结和日常工作情况，评出9个工作优秀的分支机构。

学术期刊 研究会主办、出版期刊5种，其中，学术期刊3种（中文1种，英文2种），印数为19.62万册；科普期刊2种，印发总数为16.81万册。

2016年，《中国管理科学》加速数字化建设，与超星集团签署“学术期刊‘域出版’合作协议”打造移动终端平台；与仁和软件公司合作，建立期刊微信平台。

努力打造具有高端人才的优秀评审队伍。重组编委会，青年专家占编委会总数的65%，海外编委占13%。扩大了“评审专家库”，近两年新增评审专家40%；大量邀请长江学者、杰出青年科学家、学科带头人、海外学者、重大项目首席专家等学科领军人物做评审专家。开展了“优秀评审专家”的评选工作，依据审稿数量和审稿速度遴选出“《中国管理科学》优秀评审专家”31名，并颁发“优秀评审专家”奖。

《中国管理科学》再次获得“中国最具国际影响力学术期刊”奖，本刊已连续5年获得此奖项，并连续两年进入TOP5。

11月12日，在西安交通大学举办“第三届管理科学类期刊编辑、作者论坛”，近200名专家、学者参加了会议。

由研究会主办，数学教育委员会负责编辑、发行的《数理天地》杂志，全年共出版期刊24期（初中版、高中版各12期），发表文章613篇，印刷168130册。

国际学术会议 举办国际学术会议6次，参加会议人数1061人次，其中外国专家、学者近125位，交流论文241篇。

6月22—23日，由研究会大数据与数据质量研究分会与数据科学与信息质量研究中心共同主办的第三届数据科学国际学术会议（The Third International Conference on Data Science，ICDS 2016）在陕西省西安市召开。来自海内外近60名专家、学者出席了会议。大数据与数据质量研究分会理事长、西安交通大学管理学院院长黄伟教授主持了本次国际学术会议。

7月3—4日，由研究会高等教育管理分会、中国数量经济学会、中国科学院预测科学研究中心、东北财经大学经济计量分析与预测研究中心，东北财经大学经济学院联合举办的第六届经济计量分析与预测国际学术会议在东北财经大学举行。本次学术会议邀请了包括中组部"千人计划"专家、教育部长江学者，以及中国社会科学院学部委员等优秀学者在内的国内外数量经济领域的专家、学者。来自美国得克萨斯农工大学、堪萨斯大学、佛罗里达大学、日本产业能率大学以及中国社会科学院、北京大学等20多所国内外高校、科研单位的140余名专家、学者参加了本次会议。

国内主要学术会议 举办国内学术会议27次，其中学术年会15次。参加会议人数3931人次，其中企业科技工作者323位，交流论文1619篇。

4月22—24日，由研究会灰色系统专业委员会、研究会复杂装备研制管理专业委员会组织的第28届全国灰色系统学术会议在湖北省武汉市召开。来自全国近40所高校的100多位专家、学者参加了会议。会议采取大会报告为主，青年学者论坛/资深学者论坛、投稿论文张贴为辅的形式，通过主题报告和最新研究成果展开交流。

11月11日，由研究会青年工作委员会主办的第七届中国优选法统筹法与经济数学研究会青年论坛在西安交通大学召开。论坛由主题报告、"青年人才成长"专题论坛和青年工作委员会第二届二次全体会共3大版块构成。来自全国50多所高校的200多位专家、学者参加了会议。会议邀请上海财经大学金融学院教授、长江学者杨金强、四川大学商学院教授、长江学者特聘教授徐泽水等围绕我国社会经济发展面临的主要问题、学科发展前沿问题、理论研究与应用实践的最新进展作主题报告。并围绕管理科学及其交叉学科"青年人才成长"问题结合当前管理科学理论与实践热点问题开展了专题研讨。

国际交往 2月20—21日，出席在以色列贝尔谢巴沙蒙工程学院召开的第二届随机模型、可靠性工程、生命科学和运作管理国际研讨会（International Symposium on Stochastic Models in Reliability Engineering, Life Science and Operations Management，SMRLO'16）。研究会工业工程分会理事长崔利荣教授受大会邀请作了大会报告。

科普活动 4—7月，举办的全国第21届"华罗庚"少年数学邀请赛，经过初赛、总决赛后在7月落下帷幕，全国有近40万中小学生参赛。

8月20日，由研究会主办，清华大学等25所高校共同发起，低碳发展管理分会等单位共同承办的INE杯第二届全国大学生能源经济学术创意大赛在北京举行了总决赛。来自全国27所高等院校的271个团队参加了本届大赛。大赛收到有效参赛作品170份，参赛作品内容涵盖能源经济、能源环境与气候变化、能源战略与能源安全等多个方面，共评出特等奖2名、一等奖6名、二等奖11名、三等奖31名；17所高校获最佳组织奖；60余位教师获得"优秀指导教师"荣誉称号。

11月23—27日，由研究会、数学教育委员会等单位主办的第七届世界数学团体锦标赛（World Mathematics Team Championship，WMTC）在北京市举行。来自89个代表队的557名选手参加了比赛。本届WMTC共有20支儿童队、9支少年队、3支青年队获得团体奖杯；68名选手成绩优异获得个人赛金牌，125人获得银牌，236人获得铜牌。9名选手经过激烈对决最终夺得各年龄组前三名。

表彰举荐优秀科技工作者 经研究会推荐，学会秘书长李建平研究员荣获第十四届中国青年科技奖。

经研究会推荐，学会秘书长李建平获得第七届"全国优秀科技工作者奖"称号。

党建强会 根据中国科协关于加强科技社团党建工作的若干意见和具体要求，研究会于10月提交了《成立中共中国优选法统筹法与经济数学研究会功能性党委的请示》。经中共中国科协科技社团委员会批复同意建立后，11月12日在第九届第3次理事会暨第5次常务理事工作会议上听取了理事长池宏关于党建工作的汇报，以及研究会党委的组成人选，提请会议审议，经参会党员表决通过，同意在研究会理事会层面上建立党委和党委组成人选：学会理事长池宏为党委书记、学会秘书长李建平为党委副书记、学会副秘书长林则夫为纪检委书记、学会理事杨文国为组织委员、学会理事王书平为宣传委员。

会员服务 研究会每月为团体会员单位、理事和高级会员寄送《中国管理科学》学术期刊，努力做好科技工作者之家，为科技人才提供服务，搭建高端前沿学术交流平台。

【第十八届中国管理科学学术年会】 11月12—14日，由研究会、西安交通大学、中国科学院科技战略咨询研究院、《中国管理科学》编辑部主办，西安交通大学管理学院承办的第十八届中国管理科学学术年会在西安交通大学召开。中国工程院院士杨善林、欧阳晓平，中国科学院院士彭实戈和主办单位的领导出席了会议。来自中科院和全国80多所高校的校长、院长、长江学者特聘教授、国家杰出青年科学基金获得者和650多位管理学界专家、学者参加了本届年会，共同围绕大数据与管理创新等领域展开交流与讨论，分享最新的研究成果。

11月12日，大会开幕式在西安交通大学举行，西安交通大学管理学院院长黄伟教授、研究会秘书长李建平研究员主持了会议。全国农工党中央副主席、陕西省人大常委会副主任朱静芝，西安交通大学校长王树国，中国工程院院士杨善林、欧阳晓平，中国科学院院士彭实戈，研究会理事长池宏研究员，中国科学院科技战略咨询研究院副院长刘清等参加了大会开幕式并致辞。大会宣读了国家自然科学基金委管理学部常务副主任李一军，中国工程院院士、西安交通大学管理学院名誉院长汪应洛为大会发来的贺信。

本届年会以“大数据驱动的管理创新”为主题，针对当前管理科学领域研究的热点问题结合当前社会经济发展的前沿问题进行学术交流研讨。大会特邀中国科学院院士彭实戈，国家自科管理学部副主任高自友教授，北京航空航天大学副校长黄海军教授，湖南商学院校长陈晓红等7位教授分别作了大数据研究方面的主题学术报告。

大会以优选学与优化管理、经济数学与金融风险管理、决策优化与企业经营管理等为专题设立了8个分会场，开展了学术交流和优秀论文评选。同时分别举行了“青年论坛”“中国管理科学及教育改革论坛”“第三届《中国管理科学》期刊与学者学术交流论坛”等5个论坛。

在大会期间，研究会还召开了理事长联席会议、第九届3次理事第5次常务理事工作会议、分支机构工作会议，传达了中国科协第九次全国代表大会文件精神。会议表决通过2017年第十九届中国管理科学学术年会由南京信息工程大学举办，举办地为江苏省南京市。

本次会议共收到论文450余篇，其中22篇论文获得优秀论文报告奖。获奖论文将在2017年《中国管理科学》期刊上发表。

【2016年灰色系统与不确定性分析国际会议】 8月8—11日，由灰色系统专业委员会刘思峰教授和英国德蒙福特大学Yang Yingjie教授共同组织的2016年灰色系统与不确定性分析国际会议在英国德蒙福特大学（De Montfort University）召开。

本次会议由Leverhulme Trust基金会资助，德蒙福特大学计算研究中心、南京航空航天大学灰色系统研究所、研究会灰色系统专业委员会承办。来自中国、美国、英国、加拿大、西班牙、荷兰、瑞典、伊朗等国家的专家、学者50余人出席了本次会议。

本次会议主要议题是研讨国际灰色系统理论的最新进展，促进灰色系统研究的交流与合作，加快灰色系统理论在中国以外的国家和地区的推广和应用。会议采取主题报告、专题报告和论坛交流三种形式进行，通过主题报告展示灰色系统理论热点问题的最新研究成果；通过专题报告交流使青年学者掌握在相关领域的最新理论研究成果和创新应用；通过论坛研讨交流，自由讨论形式激发与会学者思考，深入探讨灰色系统理论发展中存在的难点问题，以及探索加强灰色系统研究交流与合作的途径和渠道。

会议组织大会主题报告12场，分别从灰色系统与模糊理论的区别、大数据背景下的灰色系统应用、灰信息覆盖建模理论、灰关联模型的最新研究成果与应用等方面作了报告。

【2016中国项目管理大会暨中国特色与跨文化项目管理国际论坛】 11月26—27日，由研究会项目管理研究委员会（PMRC）、全国项目管理领域工程硕士教育协作组、西北工业大学联合主办，西北工业大学管理学院、西北工业大学国际项目管理研究院共同承办的2016中国项目管理大会暨中国特色与跨文化项目管理国际论坛在西北工业大学召开 。

来自全国高校、科研单位的300余位专家、学者参加了会议。全国项目管理领域工程硕士教育协作组组长、清华大学国际工程项目管理研究院副院长王守清，研究会秘书长李建平研究员，国际项目管理协会（IPMA）主席Reinhard Wagner，西北工业大学党委书记张炜教授，西北工业大学副校长张卫红教授，西安石油大学党委书记赛云秀出席了会议并致辞。IPMA副主席、PMRC副主任委员兼秘书长欧立雄主持了开幕式。

本届大会以“项目管理标准化与个性化”为主题，会议围绕着项目管理跨文化交流日益频繁的背景下，中国如何通过平衡项目管理标准化与个性化，把握发展契机，形成具有中国特色的项目管理发展道路等方面问题进行了探讨。IPMA主席Reinhard、中国航天科技集团公司宇航部部长尚志、IPMA理事会主席Mladen教授、国际项目管理协会（IPMA）教育培训管理委员会委员Hans、丝绸之路国际总商会副秘书长李强分别作《在全球范围内推进项目管理的挑战与解决方案》《中国航天科技集团公司宇航型号项目管理》《标准化对重大项目管理成功的重要性》《瑞士阿尔卑斯新铁路干线重大工程集成控制系统》《共建“一带一路”机制与平台助力产业园区国际化合作》等9个大会主旨报告。

会议期间举行了中国特色与跨文化项目管理国际论坛、项目管理专业教育论坛、项目管理标准化发展论坛等6个论坛。同期还举行了PMRC成立25周年、中国加入IPMA20周年以及IPMP（国际项目管理专业资质认证）引入中国15周年的庆典活动。

（撰稿人：张　玲）

中国岩石力学与工程学会

服务创新型国家和社会建设　组织完成了《特长岩溶隧道地质灾害预控分析与安全快速施工关键技术》《煤矿突水的微破裂前兆信息微震监测预警技术研究》《复杂岩溶地区高速铁路隧道支护关键技术开发研究》《基于振弦传感技术的预应力锚索（杆）受力监测成套技术》等15项科技成果鉴定，已形成品牌优势。

学会地下空间分会编写了《2015年中国城市地下空间发展报告（蓝皮书）》，8月公开出版发行。

举办了两期“岩土工程BIM技术应用培训班”，117名学员参加了培训，并获得了国家人力资源和社会保障部“急需紧缺人才项目”支持和颁证许可。

学会副理事长何满潮院士先后10余次组织专家深入煤炭一线企业，通过井下调研、学术报告、技术交流等形式，把先进技术传授给一线的技术人员，极大推进了科技成果在实际工程中向生产力的转化，解决了煤矿企业技术难题。

学会建设　12月12日，学会第八次会员代表大会在广东省广州市举行。

组织各类国内、国际及港澳台学术活动16次，参加人员3637人次，发表论文568篇。

学会秘书长刘大安、副秘书长张维等人组成工作组，分别前往南京、上海、广州、广西、贵州等地进行了分支机构工作调研活动，向有关单位发布了调研计划和主要调研议题。

科技期刊国际影响力提升计划　《岩石力学与岩土工程学报》（英文）获得中国科协“期刊国际影响力提升计划B类”资助。

学术期刊　《岩石力学与工程学报》再次被评为“百种中国杰出学术期刊”。2016年在中国科技期刊力学类和土木工程类期刊中综合评价总分第一名。

学科发展研究　撰写了《城市地下空间研究现状与展望报告》，主要从城市地下空间开发利用现状评价、国内外城市地下空间研究现状和城市地下空间研究展望三个方面进行阐述，提出了城市地下空间开发利用、地下空间规划、地下物流系统、地下综合管廊和地下空间综合管理等方面新的思路和新观点。

国际学术会议　学会召开国际及港澳台学术、技术交流活动7次，参加人员869人次，发表论文246篇。

10月5—6日，由哥伦比亚岩土学会、国际软岩专委会主办的第15届哥伦比亚岩土工程大会暨第2届国际岩石力学学会软岩专业研讨会在西班牙卡塔赫纳举行，共同讨论了软岩变形特性、软岩工程灾害防控、岩土工程前沿技术等。中国科学院院士、学会副理事长何满潮在大会上作了特邀主题报告。

11月10—11日，第三届国际多尺度、多场耦合岩土力学与工程研讨会在同济大学召开。会议由学会青年工作委员会、学会地面岩石专业委员会共同主办，有30余所国内外科研院校的知名专家、学者和研究生150余人参加了会议。

国内主要学术会议　4月17—21日，第二期岩土工程BIM技术应用培训班在北京举办，共有来自全国各地的24家高校、科研院所、企业的42人参加了培训。培训班由学会主办，欧特克软件（中国）有限公司、云南省岩土力学与工程学会联合承办。课程由岩土工程领域具有丰富工程技术经验并熟练应用BIM设计软件（Autodesk Civil 3D）的欧特克全球认证讲师讲授。培训班评选出了6位优秀学员。

8月20—21日，由学会组织申请并承办的中国科协第111期新观点新学说学术沙龙在北京举行。沙龙的主题是“大地震孕育机制及其物理预测方法”，由中国科学院地质与地球物理研究所王思敬院士、秦四清研究员和中国地震局地质研究所徐锡伟研究员担任领衔科学家并主持。来自高校、科研院所、相关管理部门和企业的60余位不同研究领域的专家、学者围绕主题展开了讨论。白以龙院士、马瑾院士、何满潮院士、秦四清研究员和尹祥础研究员进行了重点主题发言，李世海研究员、徐锡伟研究员、池顺良教授高工、杨树新研究员和岳中琦教授等11名专家进行了主题发言。

11月8—9日，由中国科协主办，学会和同济大学承办的中国科协第309次青年科学家论坛在上海市召开。论坛以“地下工程多尺度、多场耦合前沿理论、方法及工程应用”为主题，与会专家、学者们围绕复杂地质环境下地下工程的安全和稳定性问题，多尺度先进力学试验方法、多尺度高级岩土体本构模型、多场耦合数值计算方法等议题展开交流。来自33所高校、科研院所及企业单位的150余名岩土力学与工程领域优秀青年学者参加论坛，46位青年学者作了学术报告。

11月11日，学会承办的以“提升公共服务能力，发挥学会在科技评估中的主导作用”为主题的第十八期中国科协学会改革发展论坛在浙江省绍兴市召开。中国科协学会学术部副部长苏小军出席论坛并致辞。中国科协荣誉委员冯长根教授作开场报告。学会理事长钱七虎院士作特邀报告。中国科协及所属全国学会、地方科协、省市级学会、高校等86人参加了本次论坛。

大会专题发言后，全体参会人员共分为7个小组分别进行讨论。大家围绕学会能力提升、新形势下学会科技评估的优势、如何提高学会在第三方科技评估的公信力，以及目前学会主导科技评估工作遇到的主要问题及对策等进行了交流讨论。

11月19日，学会2016青年人才托举论坛在湖北省武汉市召开。议题是获得2015—2017年中国科协支持的2位托举人才和学会支持的4位托举人才就项目进展情况进行亮点汇报，学会理事长冯夏庭教授及各青年托举人员导师对汇报情况进行评估和指导，并就项目的开展和托举人员的需求进行充分交流，共计34名青年及导师等参加了论坛。

12月13—14日，第十四次全国岩石力学与工程学术大会在广东省广州市召开，并首次设置国际分会场，于12月15—17日在香港大学举办。870余人参加会议，另有150名人参加了香港分会场会议。会议的主题是“创新驱动、转型发展——由大到强的岩石力学与工程”。会议安排了3个特邀报告，19个主题报告，4个分会场68个专题报告。香港分会场的主题是“灾难性岩土破坏的机理、预测与防治”，安排了11个特邀报告、22个主题报告和33个论文报告。本次大会设立了青年学者论坛，举办了学会首届“全国青年岩石力学与工程创新创业大赛”决赛，10个青年团队向与会的专家、学者展现自己的科技成果。还组织了创新成果展和设备软件展，实现“会、展、赛”的一体化。

两岸交流 8月13—14日，第十五届海峡两岸隧道与地下工程学术及技术研讨会在湖南省长沙市主办，300余人参加了会议。会议分为1个主会场，5个分会场；作特邀报告1个，主题报告4个，分会报告49个，共计54个。交流论文147篇，会务组择优向国内知名期刊推荐55篇论文。

8月22—26日，由学会废物地下处置专业委员会等单位主办，在甘肃省组织召开了废物地下处置专家学术研讨会。本次会议围绕废物地下处置的理论、实践探索、工程实例、新技术与新方法、国际进展等方面进行广泛的学术交流。70名专家、学者与会，作大会特邀报告16个、专题报告13个。

国际组织任职 国际岩石力学学会是学会对应的国际组织，学会副理事长何满潮院士担任国际岩石力学学会副主席。

国际交往 3月22—29日，应中国地震局地壳应力研究所所长谢富仁邀请，尼泊尔特里布文大学Magh Raj Dhital教授来华进行了学术交流，对中国龙门山逆冲推覆构造带进行了实地考察，并分别在中国矿大深部国家重点实验室和地壳所进行了学术交流访问。

9月26日，中国科学院院士、学会副理事长何满潮应邀带队前往澳大利亚开展学术交流。共有200余名专家、学者参加了此次会议，共同讨论了地球深部能源和矿产开采、非常规油气开发等前沿科学问题。

10月17—20日，由国际岩石力学学会主办、印度尼西亚国家小组承办的第九届亚洲岩石力学大会在印度尼西亚巴厘岛举行。本届大会的主题是“岩石力学与经济可持续协调发展”。23个国家和地区的221位专家、学者、工程技术和科研人员参加了会议，其中学生80余名，中国专家、学者28名。中国有多名专家、学者作了论文报告，展现了我国岩石力学的最新成果和进展。

科普活动 5月12日，是我国第八个防灾减灾日，为北京市海淀区清河宝盛里社区居民开展了“地震灾害及其应急救援”的地震科普讲座。通过真实震例，介绍了地震成因及其造成的灾害，以及中国地震局在国内外几次大震后的应急救援工作，发放了防震减灾科普读物200余册。

通过开发创作基于微信的地下空间科普资源，展示地下空间系列互动科普作品，拓展移动数字空间科普的新阵地。

中国科协对全国学会的科普工作进行了表彰，学会连续第三年获得了“2016年度全国学会科普工作优秀单位”的称号。

表彰举荐优秀科技工作者 设立“全国岩石力学与工程优秀本科毕业设计（论文）奖”。首次评奖共收到全国21所高校推荐的12个专业的61份毕业设计。

经学会推荐，何满潮、马栋、周小平三人获得第七届“全国优秀科技工作者”称号，薛强获第十四届中国青年科技奖。

颁发学会第九届青年科技奖，5人获得“金奖”，10人获得“银奖”。第七届中国岩石力学与工程学会科学技术奖评选出特等奖1项、一等奖8项、二等奖14项、三等奖16项。

第七届中国岩石力学与工程学会科学技术奖领奖

学会创新发展 12月13日，学会主办的首届全国青年岩土力学与工程创新创业大赛决赛在广州揭幕。大赛的主题为“智能岩土”，表达了青年科技工作者在岩土实验测试、加固处理、检测监控、仿真模拟、信息处理等各个相关技术领域追求创新和突破的诉求。创新大赛加入了观众评分环节和展板展示评分环节，进行赛前视频培训，增加了可看度和参与度。首次采用现场网络系统评分与微信手机客户端评分相结合的方式，多方面探索与时俱进的办会办赛模式。学会理事长冯夏庭和何满潮院士作为评委参加了大赛，并作了大赛总结。

党建强会 3月23日，学会秘书处党建活动小组组织了2016年度第一次党建活动。

12月9日，中国科协科技社团党委发文科协社团党发〔2016〕66号文，“经科协社团党委第八次办公会议审议，同意成立中国岩石力学与工程学会办事机构临时党支部，张维任书记、牛晶蕊任组织委员、王焯任宣传委员”。学会办事机构基层党组织正式成立。

12月12日召开了党员代表大会，经过选举，成立了第八届理事会党委。

会员服务 截至2016年年底，学会个人会员达到1.03万人，团体会员91个；国际个人会员人数2016年增长了11%，国际团体会员20个。

会员信息化服务平台搭建了学会资源数据库系统，录入学会编撰的《英汉大辞典》和《动态》等学会刊物，对会员开放使用。学会全部报奖系统流程网络化，并开发了微信评奖投票系统。

【中国岩石力学与工程学会第八届全国会员代表大会】 12月12日，中国岩石力学与工程学会第八次会员代表大会在广东省广州市举行，337人到会。会议由学会第七届理事会理事长冯夏庭主持。学会理事长钱七虎院士致开幕词，并宣读中国科协《关于同意中国岩石力学与工程学会换届方案的批复（科协学函管字〔2016〕89号）》。中国科协学会学术部副部长魏军锋到会致辞祝贺。

学会第七届理事会秘书长刘大安作《第七届理事会工作报告》和《财务报告》。会议汇报了《岩石力学与岩土工程学报》（英文版）工作、第八届理事会换届选举筹备工作以及学会章程修改和会费调整方案，并审议了学会工作报告、财务报告、章程修改与会费调整方案。

大会进行了第八届理事会理事选举。197名理事候选人全部当选学会第八届理事会理事。

会议期间，还举行了第七届理事会先进学会、优秀个人、科普工作团队优秀奖、英文学报杰出贡献奖、优秀学科编辑和审稿专家奖等奖项的颁奖仪式。

12月12日，学会第八届全国会员代表大会第二次会议召开。会议由第八届新当选理事长何满潮院士主持。会议宣布了第八届理事会学会领导、常务理事、监事选举结果。

在学会第八届理事会党员代表大会上，新当选的学会第八届理事会党委书记冯夏庭宣读了第八届理事会党委成员。党委书记为冯夏庭，党委副书记为何满潮，纪委书记为康红普等。

【第一届全国岩土工程BIM技术研讨会】 4月17

日，第一届全国岩石工程BIM技术研讨会在北京举行。会议由学会主办，国家能源水电工程技术研发中心高土石坝分中心承办，中国电建集团昆明勘测设计研究院有限公司、中国水利水电勘测设计协会计算机应用工作委员会及欧特克软件（中国）有限公司协办。大会的主题为“提高广大岩土工程技术人员 BIM 技术应用水平，交流 BIM 技术应用经验，探讨岩土工程 BIM 工作的推进思路”。本次会议是我国岩土工程领域首次针对 BIM 技术组织的全国性的专题研讨会议。来自全国从事岩土工程、水利水电工程的建设管理单位、勘测设计单位、施工单位、高等院校、科研院所及软科公司等共 65 家单位的领导、专家、学者共 156 人参加了会议。大会共有 7 个主题报告，两个分会场分别就“水利水电工程 BIM 应用经验”和“三维地质建模及地下空间技术”等邀请到 11 个专家、学者作报告。

【第一届国际岩石工程安全学术研讨会】 5月25—27 日，第一届国际岩石工程安全学术研讨会在陕西省西安市召开。会议由国际岩石力学学会、中国岩石力学与工程学会、中国科学院主办，岩土力学与工程国家重点实验室、西安理工大学等单位承办，陕西省岩土力学与工程学会等十余家单位协办。本次会议也是国际岩石力学学会的特别会议。来自中国、英国、美国、法国、澳大利亚以及日本等 18 个国家的共计 270 多名国内外岩石力学与工程领域的专家、学者参加了会议，其中外国专家、学者 36 人。

大会的主题为“岩体现场调研方法—程序和风险确定、岩石力学建模与设计—技术和确认、构建程序—风险管理和减少”，主要围绕岩石工程全过程中的现场调研、建模和构建等多个方面前沿研究开展交流与研讨。共举行了荣誉特邀报告 1 场、邀请报告 12 场、大会报告 3 场、分组技术报告 18 场，Poster 报告 14 个。

此次学术大会对推动全球岩石工程现场调查、建模和构建方面理论的发展，促进岩石工程分析方法、设计方法以及运营管理等方面理论与技术的发展有着重要的意义。会议共收到来自 18 个国家的投稿论文、摘要以及全文 65 篇，编制了 400 多页大会论文集。

【第六届中—俄双边高端论坛】 6 月 13—16 日，中俄矿山深部开采岩石动力学高层论坛暨中俄深部岩石力学与工程科技联合常设论坛在俄罗斯阿帕季特举办。论坛由学会、中国工程院土木、水利与建筑工程学部、俄罗斯科学院西伯利亚分院、俄罗斯科学院远东分院、俄罗斯远东联邦大学等多家单位联合主办。

该论坛由中俄双方轮流承办，本次论坛由俄罗斯科学院克拉科学中心采矿研究所承办。来自吉尔吉斯斯坦、乌克兰、哈萨克斯坦、中国和俄罗斯等地 30 多个单位近 110 名专家、学者参加了此次会议。以中国科学院院士、学会理事长钱七虎为首的国内 8 个院校的 20 位专家、学者参加了本次论坛。

本次论坛的主题是“深部非线性岩石力学的问题与挑战”。论坛以大会报告、分会场报告和展览的形式围绕大会主题开展学术交流，大会报告共 15 个，分会场报告 20 个，中国代表团在分会场作了 9 个报告。

会议期间，中国代表团与矿山研究所所长卢基乔夫进行了座谈，该所所长对研究所的历史沿革、研究方向、任务和成果进行了详细介绍，就进一步合作达成了意向性合作协议，并草签了合作备忘录。

（撰稿人：胡　威）

中国野生动物保护协会

学会建设　截至 2016 年 10 月底，全国范围内会员总数达到 36 万人，团体会员 3892 个，全国各级协会达到 832 个，资深会员总数达 275 名。

不断扩大大熊猫国际合作研究。截至 2016 年年底，协会与 12 个国家 14 家合作单位开展了大熊猫合作研究项目，并同步做好检查评估、研修交流等工作。

组织普法培训、野外放归、企业座谈等活动。获资金和电子产品捐赠及 174 件野生动物标本，支持了基层保护单位的能力建设，丰富了中小学自然科学教育素材。

国内主要学术会议　组织开展第十二届全国野生动物生态与资源保护学术研讨会、野生动物疫源疫病专业委员会 2016 年年会暨第九届亚太地区野生动物疫病区域监测与研究国际研讨会等 11 次专业技术交流会。组织起草《中国野生动植物保护白皮书》，开展中国、老挝、越南三国打击非法野生动物贸易执法合作调研。

两岸交流　3 月 24 日，协会与广东省林业厅、广东省野生动植物保护协会、深圳市林业局、广州长隆集团有限公司在广东省深圳市联合举办了首届海峡两岸暨香港澳门黑脸琵鹭自然保育论坛。来自海峡两岸 100 多名专家、学者参加了论坛，19 位专家、学者作了大会报告，收录论文 22 篇。此次论坛为海峡两岸自然保育工作的开展搭建了互动平台，两岸鸟类专家学者加强了学术交流，进一步促进了物种保护。

国际交往 9月1—10日，IUCN第六届世界自然保护大会（WCC）在美国夏威夷召开，来自190多个国家和地区的政府机构、商业机构、非政府组织等共计11000多人参加了大会。现任IUCN理事会主席、我国教育部原副部长章新胜连任新一届理事会主席。

协会作为IUCN的会员单位全程参加了本届会议，积极参与打击野生动物非法贸易、野生动物可持续利用、中非野生动物保护等议题的讨论。举办了中国野生动物保护和自然保护区展览，展示了我国在大熊猫和藏羚羊等野生动物保护工作中做出的巨大努力以及在自然保护区建设60周年当中所取得的成绩。积极参与动议磋商、投票和选举，行使会员权利，履行会员义务。

科普活动 围绕野生动物保护，在全国举办科普知识讲座719次，科普展览654次，制作、摆放宣传展板18.28万块，保护区开展活动2531次，开展观鸟活动或观鸟比赛383次，在1454所学校开展活动8671次，举办征文比赛64次、演讲比赛42次，开展网络“爱鸟周”活动5300次。

3月3日，根据国家林业局部署安排，协会以“世界野生动植物日”为契机开展野生动植物科普宣传活动。以科普宣传为主要内容，以走基层为主要形式，以未成年人为主要对象，采取多点宣传的方式，让“关爱野生动植物”这一生态意识植根于孩子们心中。

3月26日，协会在广州长隆野生动物世界举办了2016年全国“爱鸟周”活动启动仪式。来自海峡两岸暨香港澳门黑脸琵鹭自然保育论坛与会人员，部分省野生动植物保护协会人员、“未成年人生态道德教育示范学校”师生、广州深圳部分学校师生等3000多人参加了现场活动。

5月28日，协会在深圳市盐田区外国语学校开展了“全国林业科技活动周暨千名学生共绘千米黑脸琵鹭迁徙画卷”挑战吉尼斯世界纪录大型公益宣传活动。来自深圳、厦门、香港特别行政区、台湾地区的2000余名师生、专家、社会各界人士以及志愿者参加了活动。

7月，第十一期自然体验公益活动志愿者项目在湖北省襄阳市举办，培训学员93名。

7月11日，由国家林业局主办，协会、中国大熊猫保护研究中心、中国绿化基金会、艺术家生态文化工作委员会、四川省雅安市人民政府、四川卧龙国家级自然保护区管理局承办的“弘扬生态文明　传播熊猫文化”系列活动之“大熊猫书画邀请展”开幕式在四川省雅安市举行。国家林业局副局长陈凤学、全国政协常委、中国书法家协会主席苏士澍出席开幕式并致辞。国家林业局相关司局和直属单位、中国绿化基金会、四川省林业厅、雅安市政府等相关领导出席了开幕式。

开幕式上，陈凤学向中央电视台主持人李修平、张宏民颁发了“中国大熊猫文化推广形象大使证书”。本次书画邀请展共有来自全国各地百位艺术家参加。

10月中旬，协会联系了全国20家候鸟保护民间组织和志愿者团队，在全国开展候鸟保护志愿者行动与普法宣传。协会派出3个候鸟保护行动小组前往候鸟迁徙重要地点与当地志愿者共同参与候鸟保护和普法宣传，组织志愿者候鸟保护宣传车队，共计20多人参加。历时3天，从秦皇岛到天津滨海湿地沿途宣传，讲解候鸟保护知识，宣传野生动物保护法律法规，向民众发放宣传资料。

10月15日，协会第五届中国·北戴河国际观鸟摄影大展暨颁奖仪式在河北省秦皇岛市举办。来自世界各地的观鸟爱好者共计150余人参加活动。

10月24日，协会向全国各省、自治区、直辖市野生动植物保护协会、自然保护区等单位发出评选2016年度“斯巴鲁生态保护奖”的通知，继续开展评选工作。协会积极组织开展了“2016森林中国·寻找中国生态英雄”“‘发现森林文化小镇’推选标准审定会”“森林中国·艺术家委员会筹备会”“绘美家园松花湖公益写生”等系列公益活动，大力宣传林业生态保护建设成果，提升了社会公众的生态保护意识。

11月12日，第七届亚洲赏鸟博览会在湖北省京山县举办，来自22个国家和地区、国内17个省的79个生态保护机构爱鸟人士、社会各界人士以及各级媒体记者1000多人参加，共同分享交流了自然保育经验与成果。

会员服务 以会员通讯杂志、协会官网、微信公众号为平台，加强野生动物保护方面的宣传与交流，发布微信公众号130多期信息，关注人数达到2万多，比2015年翻了一番。

2016年协会举办了“猴年话猴·中国灵长类动物摄影作品展”“雉鹑至美·中国雉鸡”“北极熊·四季”“企鹅家园”等野生动物会员摄影作品系列展，

启动“自然影像中国”项目。

2016年共编辑、出版了3期《中国野生动植物保护》通讯，分发理事和会员，同时及时做好协会网站栏目信息更新工作。

【中国野生动物保护协会第五次全国会员代表大会】 12月21日，中国野生动物保护协会第五次全国会员代表大会在北京召开。大会选举产生协会第五届理事会、第五次全国会员代表大会监事会。国家林业局副局长陈凤学当选协会会长，张习文当选理事会监事长，李青文当选理事会副会长、秘书长。大会审议通过了《第四届理事会工作报告》和《财务工作报告》，审议了《中国野生动物保护协会章程（修改草案）》和《中国野生动物保护协会会员管理办法（草案）》。

【与央视合作宣传新修订的《野生动物保护法》】 12月初，协会联合国家林业局保护司与央视《动物世界》栏目合作，开始在每期《动物世界》片尾插播一条《野生动物保护法》1分钟宣传视频，对该法律进行逐条介绍。

协会还印制了《野生动物保护法》宣传手册20000册，向广大群众普及《野生动物保护法》内容。

【举办“打击珍稀野生动植物非法贸易查没实物巡回展”】 6月6日，为呼吁全民关爱珍稀濒危野生动物，动员全民加入保护野生动植物、打击非法贸易的行列中来，协会在北京开展了“和谐生态自然精灵——珍稀野生动植物摄影作品暨打击野生动植物非法贸易查没实物巡回展”。国家林业局副局长陈凤学、美国国务院助理国务卿嘉伯等中美两国政府有关代表，北京市民以及青年志愿者代表共计150多人参加了开幕式。本巡回展展示了100余种我国濒危野生动植物种图片，图文并茂地展现了中国政府在法治建设、监督执法以及专项打击等方面所作出的不懈努力与取得的成绩。

【签署“白金汉宫声明”】 3月15日，由英国威廉王子和“野生动物保护联盟”国际运输特别工作组主席黑格先生牵头，全球运输行业和环保组织的40位代表在伦敦白金汉宫签署了《白金汉宫声明》。协会以及中远集团、中国邮政、中国国际航空货运公司派员参加会议并签署声明，向国际社会展示了中国政府主动参与打击野生动物非法贸易活动的立场和决心。

【与阿里巴巴集团合作推动野生动物网络交易规范化】 协会帮助阿里巴巴集团研究拟定了《野生动物产品网络交易审核标准》，并于3月8日与阿里巴巴集团共同主办了野生动物产品网络交易管控标准研讨会，来自国家林业局、农业部、国家网信办、国家海关以及国家濒科委等部门领导和专家参加了研讨会，提出多项建议。

（撰稿人：斯　萍　黄　玲）

中国系统工程学会

学会建设　学会召开理事会议1次，常务理事会议3次。按照章程履行民主程序，增补常务副秘书长1名，增补理事3名。截至2016年年底，学会新增个人会员220名，个人会员数已达到4540人，其中已经缴纳会费的个人会员有1150人；单位会员数为126家，其中缴纳团体会费的有34家。

新成立水利系统工程专业委员会和应急管理系统工程专业委员会2个分支机构。至此学会共设有专业委员会23个，工作委员会6个。系统科学与系统工程与农业、军事、信息、交通、金融等众多领域交叉融合。

10月28日，学会九届八次常务理事会议就学会章程修改进行讨论，主要增加了学会关于党建工作的内容以及学会分支机构设立部分的修改。本次章程修改在九届二次会员代表大会上表决通过。

学术期刊　学会主办期刊有8个，其中第一主办5个，分别为《工程理论与实践》《系统工程学报》《交通运输系统工程与信息》、*Journal of Systems Science and Systems Engineering*、*Journal of Systems Science and Information*。

学会加强了所属期刊的管理，所属刊物在作者、评审、学术内容、专题策划、学术会议、网络建设等方面展开多项工作，提高了期刊的整体质量。其中，《系统工程理论与实践》在信息科学与系统科学类期刊中总被引频次、影响因子、综合排名均为第一，文献计量学各项指标获得大幅度提高；获得“2016期刊数字影响力100强科技期刊”“RCCSE中国权威学术期刊（A+）”等称号，继续获得“中国科协精品科技期刊TOP50”项目资助；在中国科学院科学出版基金科技期刊排行榜中名次继续上升，被国家自然科学基金委员会管理科学部评为A级重要学术期刊。

国际学术会议　学会及所属专业委员会组织了9次国际会议。

7月27—29日，学会过程系统工程年会（PSE2016）

在陕西省西安市召开，年会的主题是“PSE与智能制造、大数据”。大会报告学者及嘉宾包括中国工程院院士3人、长江学者3人、来自美国哥伦比亚大学和中国台湾大学的国际著名学者2人、央企高管1人。

7月8—9日，学会能源资源系统工程分会在中国矿业大学（北京）举行2016能源经济与管理国际学术研讨会暨第五届中国能源与资源“6+2”经济管理论坛。本次论坛主题是“新形势下的能源经济与管理”。中国矿业大学校长杨仁树教授出席开幕式并致辞，中国科学院数学与系统科学研究院教授杨晓光向与会嘉宾介绍论坛基本情况，美国环保协会高级经济学家Oleg博士表达了对论坛的期望和祝愿，管理学院院长丁日佳教授主持开幕式。500多名专家、学者及青年学生参加了研讨和交流。

7月8—10日，学会服务系统工程分会首届理事会扩大会议与IEEE风险分析国际研讨会在中国科学院大学召开。此次会议由学会服务系统工程分会与国科大经济与管理学院、IEEE风险分析专委会、多伦多大学RiskLab实验室等单位联合举办，芝加哥大学教授John Birge、中国科技大学教授汪寿阳、多伦多大学教授Luis Seco担任主席，分会主任委员吴德胜教授担任组委会主席。

8月6—7日，在哈尔滨工业大学管理学院举办了第十四届金融系统工程与风险管理国际年会。本次年会由学会金融系统工程专业委员会、国家自然科学基金委员会管理学部、哈尔滨工业大学主办，300位专家、学者和研究生参加了本次会议。会议为期两天，共有3个主题报告、15个邀请报告以及176个分组报告。

国内主要学术会议 学会及分支机构共举办国内学术交流活动53次。其中，学术会议25场次，论坛讲座类28场次。

8月6—7日，学会林业系统工程专业委员会在湖南省长沙市举办第九届海峡两岸森林经理学术研讨会。研讨会由中国林业科技大学和学会林业系统工程专业委员会主办。来自中国大陆和中国台湾地区的30多所高校和科研院所的260多人参加了会议。

8月26日，学会青年工作委员会与陕西省委网信办、西安交通大学在陕西省西安市举办了陕西省2016年网络经济发展研讨会。本次研讨会以“建设网络强省、发展网络经济、助推转型升级”为主题，围绕推动网络经济健康发展交流经验、共谋良策。来自省内外的专家、学者以及网信企业、主流媒体和省市有关部门共200余人参会。

9月23—25日，学会物流系统工程专业委员会在湖北省宜昌市三峡举办2016年第十二届物流系统工程学术研讨会。由学会物流系统工程专业委员会和湖北省系统工程学会联合主办，三峡大学经济与管理学院和三峡区域经济社会可持续发展协同创新中心联合承办。三峡大学校长何伟军教授、学会物流系统工程专业委员会主任委员王红卫教授参加了开幕式并致欢迎词。来自全国70余所科研院校220余名物流系统工程相关领域的专家、学者参加了会议。三峡大学经济与管理学院以及其他学院40多位师生参加了研讨会。本届研讨会的主题为“大型工程与物流”，分为主题报告、分组讨论、博士生论坛等形式，主办了近70场报告。同时召开专业委员会年度委员会会议。

10月28—30日，2016全国农业系统工程学术研讨会在昆明理工大学召开。由中国农业工程学会农业系统工程专业委员会、学会农业系统工程专业委员会主办，昆明理工大学现代农业工程学院承办。中国农业工程学会农业系统工程专业委员会副主任委员、吉林大学教授杨印生应邀主持研讨会开幕式，并作了题为“DEA模型与方法研究”的主题报告。

国际组织任职 2016年，学会副理事长谭跃进担任INCOSE中国南方分会副理事长，前副理事长系统理论专业委员会主任委员徐玖平教授担任国际管理科学与工程管理学会（International Society of Management Science and Engineering Management）主席，前副理事长国际交流工作委员会主任委员陈剑教授担任国际知识与系统科学学会（ISKSS）主席，副主任委员唐锡晋研究员担任ISKSS副主席和秘书长。

国际交往 保持与所属的国际系统研究联合会（IFSR）的密切沟通，参与IFSR总部活动。4月4—8日，中国科学院数学与系统科学研究院研究员、学会理事唐锡晋参加两年一度的IFSR对话会议（IFSR Conversation 2016）和IFSR理事会，是唯一被邀请参加具有悠久历史的IFSR对话会议的亚洲学会的代表。

推荐学会会员当选国际系统与控制科学院（IASCYS）的院士。2016年当选IASCYS院士的中国学者为学会副理事长张纪峰和杨新民。

表彰举荐优秀科技工作者 经学会推荐，中国科学院数学与系统科学研究院研究员杨晓光获得第七届“全国优秀科技工作者”荣誉称号。

8月30日，学会选聘15名专家组成评审委员会，根据学会《系统科学与系统工程科学技术奖奖励条例实施细则》，对提名候选人的推荐材料进行最终评审，评选出第三届“系统科学与系统工程科学技术奖”的获奖者，其中成就奖2名、理论贡献奖2名、应用贡献奖2名、青年科技奖4名。

党建活动 学会理事长汪寿阳根据中国科协部署，牵头组织建立学会党委。中国科协科技社团党委2016年11月28日发布《关于同意中国系统工程学会成立党委及组成人选的批复》。学会党委书记由理事长担任，党委纪检委员由张纪峰副理事长担任，组织委员由黄海军副理事长担任，宣传委员由熊熊副秘书长担任。

【中国系统工程学会九届二次全国会员代表大会暨第19届学术年会】 10月28—30日，学会九届二次全国会员代表大会暨第19届学术年会在北京市召开。此次大会由学会主办，中国航天系统科学与工程研究院承办。来自全国各地30个省、自治区、直辖市的180余所科研院所的支持系统工程发展的企业人员近1000名。大会开幕式由学会副理事长、中国科学院数学与系统科学研究院系统科学研究所所长张纪峰研究员主持。开幕式上，中国科协副主席、中国科学院院士、中科院数学与系统科学研究院袁亚湘研究员，学会理事长汪寿阳研究员，中国航天系统科学与工程研究院薛惠锋院长及原总后勤部政委张文台上将分别致辞。学会副理事长、国家自然科学基金委管理学部常务副主任李一军宣读“中国系统工程学会科学技术奖”评奖结果并为获奖者颁奖。会议表决通过了新的学会章程。

本次年会主题为“系统工程与创新发展”。两天的会议中，先后进行了6个大会报告，同时设立了6个分会场、13个专题论坛和3个分组报告，共计289场报告。

国务院应急管理专家组组长闪淳昌教授作了题为关于“健全公共安全体系，提高社会治理水平”的报告；中国科学院数学与系统科学研究院研究员程代展作了题为关于“网络演化博弈的建模与控制”的报告；北京交通大学教授吴建军作了题为“大城市地铁网络首末班车时刻表优化研究”的报告；大连理工大学特聘教授王延章作了题为“大数据环境下基于知识的大系统分析方法”的报告；中国船舶工业系统工程研究院院长张宏军作了题为“从海军装备建设谈对体系工程的认识与思考”的报告；哈尔滨工业大学管理学院教授叶强作了题为“在线搜索的异质性与股票价格的关系”的报告。

其中“钱学森论坛——集贤汇智·‘一带一路’”和“系统科学与系统工程发展论坛”两个论坛参加人数和影响力最大。钱学森论坛邀请到了系统科学与系统工程领域的知名国际机构的专家，包括国际系统与控制科学院（IASCYS）Karl H. Müller会士、国际系统工程协会（INCOSE）前主席Heinz Stoewer、国际系统研究联合会副主席（IFSR）Gary Metcalf教授和圣塔菲研究所（SFI）William Brian Arthur教授。他们为与会者报告了不同视角下的系统科学与系统工程发展，并对中国发展现状和潜力给予积极评价。

系统科学与系统工程发展论坛召集了包括国内系统科学与系统工程领域的专家于景元研究员、顾基发研究员、陈光亚研究员，孙东川教授和李毓堂教授等在内的200多名专家、学者参加。论坛从中国系统科学与系统工程发展、钱学森系统科学思想、中外系统发展、国家发展对系统科学与系统工程的需求等诸多方面全面呈现了系统科学与系统工程在中国大地上的茁壮发展和历史贡献，同时就应对未来需求的挑战进行了讨论。

【自动化、信息与智能科学科技社团联合体2016年度“青年人才托举项目”考核工作会议】 10月30日，“自动化、信息与智能科学科技社团联合体”7家学会以中国系统工程学会为责任学会召开2016年度“青年人才托举项目”考核工作会议。参加会议的正式人员由8位被托举人才、8位导师（专家）以及联合体各学会人员组成，学会副秘书长唐锡晋研究员主持会议。8位被托举人才分别作学术报告，中国人工智能学会被托举人才、北京工业大学教授韩红桂作了题为“基于数据挖掘技术的污水总磷智能检测系统”的报告；中国仿真学会被托举人才、国防科技大学段伟博士作了题为“动态数据驱动的复杂社会系统建模”的报告；中国系统工程学会被托举人才、中科院数学与系统科学研究院张新雨博士作了题为*Detecting Financial Data Dependent Structure by Averaging Mixture Copula*的报告；中国自动化学会被托举人才、西安交通大学任鹏举博士作了题为“可重构的神经网络计算平台初探”的报告；中科院自动化所张家俊博士作了题为“动态神经机器翻译模型研究”的报告；中国图象图形学学会被托举人才、华中科技大学王心刚博士作了题为“基于深度学习的目标检测和目标发现”的报告；中国指挥与控制学会被托举人才韩威工程师作了题为“基于深度学习的目标检测和目标发现”的报告。

被托举人才导师就被托举人所介绍的问题高度、目前的成就以及国际学术交流方面等进行了点评。

（撰稿人：杨晓光　唐锡晋）

中国实验动物学会

服务创新型国家和社会建设　8月30—31日，学会召开了香山科学会议（第568次），会议主题为“实验动物科技创新的关键科学问题与技术”。会议邀请了多学科跨领域的专家、学者，围绕生命科学重大问题对实验动物的需求与展望、实验动物遗传资源与新型动物模型创制、实验动物科学支撑与驱动相关科学发展的关键问题、实验动物科学共性关键问题与发展瓶颈等中心议题进行了深入讨论。

本年度，学会作为中国科协生命科学学会联合体成员学会，积极参与联合体的工作。由联合体主办的2016世界生命科学大会11月1—3日在北京召开，学会作为联合体发起单位、会议主办单位之一，积极组织本领域科技人员参加了本次会议。年底，中国科协启动2016—2018年度青年人才托举工程项目。学会在全国范围内开展候选人申报、推荐和评选工作，向生命科学联合体及中国科协推荐两名候选人。最终，两名候选人均获得托举资助。此外，学会作为生命科学联合体成员还开展了“全国杰出科技人才”和“国家实验室评估专家”推荐工作等。

为贯彻落实《国务院关于印发深化标准化工作改革方案的通知》要求，开展好团体标准试点工作，国家标准化管理委员会办公室2015年向学会下发了《国家标准委办公室关于开展团体标准试点工作的通知》，并下达任务要求。2016年，学会在完善团标相关组织建设的同时，全面开展团体标准的研究、制定、实施工作。团体标准——《实验动物从业人员要求》（T/CALAS00001—2016）于2016年1月1日起正式实施，并在年内进行了宣传贯彻。

根据国家人才发展战略的要求，结合实验动物科学技术人才岗位需求的特点和队伍现状，学会依据从业人员要求团体标准，开展了专业技术人员等级培训和资格认定工作。学会教育培训工作委员会组织相关专家编写了专业技术人员等级培训系列教材，并不断修改完善，即将全面出版。并在全国范围内对实验动物相关施教机构进行认可，设立继续教育基地。截至年底，共征集继续教育基地14家，即将进入评估阶段。

2015年10月—2016年3月，学会开展了针对国内从业人员的教育状况、从业能力、实验动物继续教育需求的深入调查与研究。调研结果显示，现有人才的增长速度难以满足我国目前经济发展实力和科技实力增长的要求，应建立、完善相应的教学体系及人才评价体系。

根据培训需求，学会有计划地组织生物安全技术培训班、国家标准宣传贯彻培训班和实验动物福利操作技术规范培训班以及实验动物医师岗位培训班。培训班受到中国科协继续教育高端前沿培训项目和国家人社部岗位培训项目的支持。

学会整合已有继续教育资源，构建网络培训平台，为从业人员提供网上学习的便利，促进人才队伍建设。2016年期间依据技术等级认可培训工作进行网络搭建，即将进入调试运行阶段。

学会建设　根据章程要求，学会共召开2次常务理事会会议和1次理事会会议，审议学会重大议项，如年度工作报告、来年工作重点、理事会换届方案、年会举办地、党建工作等。

根据常务理事会会议精神，年内分别成立了实验动物资源鉴定与评价工作委员会、实验动物医师工作委员会，召开了工作会议。

本年度学会媒介实验动物专业委员会届满，自下半年起启动了换届工作。经过前期审核，11月10日在重庆市召开了第二届委员会全体会议，选举产生了常委、主委和副主委。

科技期刊国际影响力提升计划　在学会的有序组织下，《中国实验动物学报（英文版）》（后调整为 *Animal Model and Experimental Medicine*）成功入选中国科技期刊国际影响力提升计划D类项目。这是我国实验动物行业唯一入选的期刊，是我国实验动物科学领域唯一的英文学术期刊。

学术期刊　按时完成《中国实验动物学报》6期、《中国比较医学杂志》12期的出版任务，并通过年检。两刊继续被2016年版“中国科技核心期刊”（中国科技论文统计源期刊）收录；《中国实验动物学报》继续获得中国科协精品科技期刊工程第四期资助。据来自2016版《中国科技期刊引证报告》（核心版）显示，《中国实验动物学报》2016年综合评价总分在13种昆虫学、动物学类期刊中排名第2位，《中国比较医学杂志》亦跻身前10。2016年，两刊推出6期专题文章，内容涉及复杂性状遗传 CC 小鼠、实验动物国家标准、实验动物质量检测、实验动物模型和评价等。

此外，学会理事长秦川组织国内知名实验动物专家、学者编撰了《中华医学百科全书·医学实验动物学卷》和《实验动物学词典》，是本学科最具权威性的重要工具书。

国际学术会议 3 月 15—17 日，中英第三届实验动物福利伦理国际论坛在安徽省巢湖市举行。来自英国、美国和国内的 280 余人参加了会议。本次论坛由学会和英国政府共同主办。论坛主题为“在工作岗位中履行 3R 原则”。与会的中外专家、学者围绕实验动物福利伦理问题和相关技术操作问题展开了学术研讨和交流活动。

中英第三届实验动物福利伦理国际论坛

国内主要学术会议 1 月 15 日，实验动物与精准医疗高层论坛在北京市召开，120 余位专家、学者参加。论坛主题为“实验动物如何为精准医疗提供有力支撑”。论坛特别邀请了“中国精准医疗战略专家组”负责人中国工程院院士詹启敏作了题为“精准医学发展的需求和重点任务”主题报告。另外还邀请了中国药理学会理事长杜冠华研究员等专家分别作了《精准医学中的药物与实验动物研究》《应用实验模型在肿瘤精准治疗的研究》等前沿学术报告。专家、学者一致认为，精准医疗无论在疾病遗传学与疾病诊断，还是在靶点药物研发、药物转化等方面都具有很好的切入点。

此外，学会下设 10 个专业委员会 2016 年度均积极开展学术交流活动。8 月 10—12 日，实验动物中医药专业委员会在甘肃省兰州市举办了第九届中医药实验动物科技交流会；11 月 8—12 日，媒介实验动物专业委员会在重庆市举办了媒介实验动物论坛等。随着各分会专家队伍的不断完善和强大，以及学会支持力度的不断增加，各专业分会学术活动的规模、效果和影响力也在不断提高。

国际组织任职 学会理事长秦川作为国际实验动物科学理事会（ICLAS）理事、ICLAS 教育与培训委员会负责人，出席了 11 月 6—7 日在新加坡召开的 ICLAS 理事会会议及全体会员大会。会议期间，秦川理事长与 ICLAS 相关负责人探讨了继续教育相关工作，以及中国实验动物学会在继续教育方面与 ICLAS 开展合作的模式等。同时，秦川理事长作为 AFLAS 副主席，出席了 11 月 9 日在新加坡召开的亚洲实验动物学会联合会（AFLAS）理事会会议。会议讨论了年度工作报告、2020 年会议举办地、教育培训项目、亚洲学术期刊等重要议题。秦川理事长就国际期刊编辑出版问题进行了说明，并主导了会议讨论，对期刊的发展形成了建设性意见。

国际交往 学会本年度三次组织和推荐业内专家、学者出国交流。5 月 18—20 日，赴日本川崎市参加了第 63 届日本实验动物科技年会，并参观了日本东京大学医科学研究所的实验动物研究设施。6 月 13—16 日，组织参加了在比利时布鲁塞尔召开的第 13 届欧洲实验动物联合会大会，并参观考察了相关单位。11 月 8—10 日，组织参加了在新加坡举办的第 7 届亚洲实验动物学会联合会大会。

科普活动 在 5 月的科技周、9 月的全国科普日两次现场宣传活动期间，学会与多家单位联合在北京自然博物馆进行了科普宣传。多名科普专家亲临现场，向群众介绍了常用实验动物、实验动物在生命科学、医学等领域研究中的重要作用和为人类健康作出的巨大贡献，以及实验动物福利等知识。

学会还向北京市朝阳区潘家园南里社区居民赠送了由秦川教授主编、曹雪涛院士作序的《我们身边的人兽共患病》一书。同时，在社区常年进行橱窗展示。

在第十二届中国实验动物科学年会在广西壮族自治区南宁市举办期间，开设了“实验动物与实验动物福利”专场科普讲座。200 余人聆听了“实验动物与科学研究”“人类有，我也有——谈实验动物福利”科普报告。

学科发展研究 学会承担了中国科协《2014—2015 实验动物学学科发展研究》编撰工作。4 月，中国科协召开学术建设发布会，《2014—2015 实验动物学学科发展报告》由中国科学技术出版社正式出版，成为介绍本行业发展情况和探讨引领未来趋势的重要资料。

党建强会 根据中国科协科技社团党委要求，经过学会第六届理事会第七次常务理事会讨论决定在学会理事会成立党委。12 月 29 日，中国科技社团党委批复（科协社团党发〔2016〕97 号），“中国实验动物学会党委”正式成立。

本年度学会继续承担并完成了中国科协机关党委和中国科协学会党建研究会的项目课题“发挥党组织作用，促进与地方学会（科协）联合”“在学会理事会层面设立党建工作组研究”。

表彰举荐优秀科技工作者 学会开展了第四次科学技术奖的评审表彰工作。本年度学会还组织各地方学会进行了中国实验动物学会终身贡献奖的推荐，经审核，6 位从事实验动物及相关科学领域工作 25 年以上、有突出贡献和影响力的老科技工作者获此殊荣。学会继续进行 2016 中国实验动物学会国际青年奖的推荐，本年度中国实验动物学会国际青年奖授予了来自日本、中国台湾地区的实验动物科研人员，获奖者在年会上作了学术报告。

会员服务 学会一直致力于为会员提供交流和自我发展的平台，除学术交流、继续教育、国际交流、科技奖励等活动以及会员应享受的权益，如信息共享、活动优惠等以外，学会还通过多种新的方式与会员加强互动和沟通，如开展文体活动等，丰富会员服务内容。

【第十二届中国实验动物科学年会】 10 月 8—12 日，第十二届中国实验动物科学年会在广西壮族自治区南宁市召开。本次会议由学会主办，广西实验动物学会承办。来自全国 30 个省、自治区、直辖市的实验动物科技工作者，以及来自美国、日本、荷兰、英国、澳大利亚、丹麦等国家的专家、学者近 700 人参加了会议，交流论文 200 余篇。

第十二届中国实验动物科学年会

会议在秉承学会历届年会经典模式的同时，融入了地方学会的特色和理念。学术内容以特邀大会报告、专题研讨、学术沙龙等为主要形式，就实验动物学与交叉学科、比较医学与比较基因组学、实验动物福利及替代、实验动物管理及标准化等方面的新研究、新理论和新技术开展学术交流。会议期间，举办了“实验动物设备及相关产品展示会”。

【2016 年中国实验动物学会科学技术奖】 根据《中国实验动物学会科学技术奖奖励办法》，学会开展了第四次科学技术奖的评审表彰工作。3 月，学会发布了申报通知，共收到 21 个单位推荐的 20 个科技项目和 8 个优秀青年人才候选人。评审工作实行初审、终审二审制，均采取现场会议形式进行评审。终审前进行了为期 30 天的公示。经奖励委员会最终审定，颁布一等奖 2 项、二等奖 5 项、三等奖 7 项，优秀青年人才奖 4 人。并在第十二届中国实验动物科学年会开幕式上举行了颁奖仪式。

（撰稿人：宋　晶）

中国青藏高原研究会

服务创新型国家和社会建设 学会向中国科协申报中国科协“一带一路”国际科技组织合作平台建设项目并获得资助。在项目推动下，11 月 6—16 日，组织尼泊尔安纳普纳大环线综合科学考察，建立季风影响的冰川—湖泊—植被综合监测断面，推动多学科交叉研究。

11 月 18—27 日，在尼泊尔加德满都组织 R 语言培训班，为“一带一路”周边国家培养优秀青年人才。

研究会理事、中国科学院拉萨农业生态试验站执行站长余成群研究员，受西藏自治区脱贫攻坚指挥部和自治区扶贫办的委托，全面主持了“西藏 2016 年脱贫攻坚第三方评估”工作。这一工作是根据西藏自治区贫困县摘帽工作计划，围绕减贫成效、精准识别、精准帮扶三方面的四项主要内容（贫困县退出、贫困地区农村居民收入增长、贫困人口退出、因村因户帮扶工作）进行年度评估工作，重点对自治区 2016 年计划摘帽的 10 个脱贫县（区）开展详细调查，从计划摘帽县中遴选 9 个贫困县进行动态监测，面上考核 5 个地市的扶贫开发成效。为顺利推进这一工作，项目组组织了院内外数家单位的近 40 名科研人员和学生，分拉萨、日喀则、山南、昌都、林芝5个组，于11月1日全面铺开。县（区）调研工作于12月10日完成，5市19个县（区）的评估报告于12月中下旬完成初步编制。

学会建设 学会组织各类学术活动6次，其中国际会议4次、国内学术会议2次。

5月30日—6月2日，中国科学院院士、研究会理事长姚檀栋作为正式代表，研究会秘书长欧阳华研究员作为列席代表参加了中国科协第九次全国代表大会。理事长姚檀栋被选为中国科协九届全委会委员。

8月8—12日，在青海省西宁市举办青藏高原地表多圈层过程国际研讨会期间，召开了第二次理事扩大会议，30多位理事和专业委员会主任等参加了会议。中国科学院院士、研究会理事长姚檀栋主持会议，研究会秘书长欧阳华传达了学习中国科协“九大”会议上中央领导的讲话精神，并汇报了研究会秘书处2016年的工作及2017年的工作计划。与会理事就中国科协关于学会工作改革方案进行了讨论，并对青藏高原研究会改革工作提出了建议。

完善管理制度。修改制定了秘书处工作管理规定、档案归档制度、印章使用管理办法等相关的规章制度，依法依规开展活动。

加强与年轻科研人员交流、积极发展年轻科研人员入会。2016年新入会的会员有43人，会员总数已达1511人。

决策咨询 在中国科学院院士、研究会理事长姚檀栋主持下，完成了《西藏高原环境变化科学评估》报告。该报告通过建立合理的环境指标体系、采用国际科学评估的通用原则、选用正式发表的科学论文和权威报告的数据、结合评估工作组和评审专家的意见等方法从气候、水体、生态系统、陆表环境、人类活动影响和灾害风险六个方面综合评估了西藏高原从过去2000年到未来100年的环境变化。报告还对西藏高原的未来发展提出长期应对战略和近期应对措施建议，为西藏自治区社会经济发展的政策制定及涉藏环境外交提供了科学依据。西藏自治区领导对报告给予了高度评价，并受到了党和国家领导人的重视。

国际学术会议 3月28—29日，在尼泊尔首都加德满都与“第三极环境（TPE）”国际计划等联合举办印度季风与地球系统国际研讨会。中国科学院与尼泊尔政府对此次研讨会的召开给予了大力支持。来自中国、尼泊尔、美国、德国、瑞典、巴基斯坦、塔吉克斯坦、斯里兰卡、孟加拉国、新加坡10个国家的100多位国际知名科学家和国际组织代表参加会议。研究会理事长、TPE科学委员会主席、中国科学院院士姚檀栋介绍了TPE的发展历程。中国科学院院长白春礼亲临大会并致辞。尼泊尔教育部长Giriraj Mani Pokhrel出席开幕式并致辞，对TPE计划表示支持，并希望能进一步促进中尼相关科学领域的交流。

8月8—10日，由研究会与“第三极环境（TPE）”国际计划等联合主办青藏高原地表多圈层过程国际研讨会在青海省西宁市召开。会议深入探讨了当前青藏高原研究中的热点问题，总结了现有研究中的亮点和不足，提出了未来青藏高原研究的发展方向和研究方法。来自中国、美国、德国、瑞典、荷兰、加拿大、日本、韩国、尼泊尔、孟加拉国、伊朗等十多个国家的200多位专家、学者参加了会议。TPE科学委员会主席、中国科学院院士姚檀栋，TPE科学委员会联合主席、美国国家科学院Lonnie Thompson院士和德国科学院Volker Mosbrugger院士，以及瑞典皇家科学院陈德亮院士，中国科学院院士张人禾、崔鹏、陈发虎，美国加州大学洛杉矶分校薛永康教授等国内外知名专家参加了本次研讨会。研究会理事长姚檀栋介绍了青藏高原的重要研究价值和研究意义，以及“第三极环境（TPE）”国际计划的发展与演化。来自中国、美国、德国、瑞典、日本的11位科学家围绕青藏高原气候变化、冰川融化、地表水文过程模拟、东亚季风演化、地理生物多样性、地表过程与亚洲季风的相互作用、季节性波动对青藏高原涡旋的影响、大尺度大气环流分类及其对降水变率的影响、高山灾害风险评估和管理等主题作了大会主旨报告。此外，本次会议还围绕“青藏高原地表多圈层过程”的主题，在“第三极环境”“对青藏高原大气过程的区域尺度和全球尺度的理解”“水循环和水资源”“青藏高原冰冻圈变化以及水文响应”“青藏高原大气和地表过程模拟”“青藏高原气溶胶及其气候影响”“第三极地表过程的遥感监测”“第三极古环境”“气候变化对青藏高生态系统的影响”9个分会场进行了深入探讨，共有近百位科研人员作了学术报告。10月16日，由研究会常务理事地表过程专业委员会主任方小敏、中国科学院青藏高原所研究员颜茂都、中国科学院地质地球所研究员孙继敏、中国地震局地质研究所研究员刘静以及南京大学教授李高军联合召集，举办了第三届中国地球科学联合学术年会（CGU）“青藏高原隆升与风化剥蚀和气候变化”专题分会。本次专题分会围绕高原隆升和风化剥蚀的会议主题，来自中科院、中国地震局地质研究所以及兰州大学等国内不同科研单位的36位学者以口头报告和展板形式，详细交流了青藏高原及其周边地区新生代地层年代、构造演化、古气候、古环境、古高度以及风化剥蚀等方面的最新研究成果。其中方小敏研究员、孙继敏研究员以及金章东研究员分别作主题邀请报告《陆内前陆盆地构造地层演化模式及其对地层古生物古气候研究的指导》《新生代帕米尔构造演化与塔里木盆地海水退出的时间与机制》和《大地震或为构造作用—侵蚀风化—碳循环的纽带》。

12月12—16日，2016年美国地球物理联合会（AGU）秋季大会（AGU Fall Meeting）在美国旧金山举行，吸引了世界各地近3万名科学家参会，共同探讨地球科学领域的最新研究成果。在本次AGU秋季大会上，由研究会理事长、TPE国际计划联合主席姚檀栋院士、美国俄亥俄州立大学Lonnie G. Thompson院士、德国森肯堡自然历史博物馆Volker Mosbrugger院士和张凡研究员共同组织了The Third Pole Environment（TPE）under Global Changes的专题分会。会议围绕“全球变化背景下的第三极地区环境变化”这一研究主题，分会邀请兰州大学陈发虎院士和华盛顿州立大学Jade D Alpoim Guides博士作了特邀报告。收到了62篇“第三极环境”研究主题相关的摘要，组织了3场口头报告和一场展板。

国内主要学术会议 12月28—30日，研究会2016年度会议在福建省泉州市举办，会议的主题是“青藏高原地球系统科学与‘一带一路’建设”。中国科学院院士、研究会名誉理事长孙鸿烈，中国科学院院士、理事长姚檀栋，副理事长侯增谦研究员，朱立平研究员等200多位专家、学者参加会议。姚檀栋院士、崔鹏院士等10位专家、学者作了大会学术报告，会议还分7个分会场进行了学术报告和交流。

科普活动 3月20日，中国科学院院士、研究会名誉理事长孙鸿烈为中国科学院附属实验学校少先队员讲述“怎样走上科研之路”，勉励同学们要珍惜现在的美好时光，德智体全面发展，迎接美好的未来。

5月15日，以“走进青藏高原”为主题的“公众科学日”活动在青藏研究所拉萨部、珠穆朗玛大气与环境综合观测研究站、藏东南高山环境综合观测研究站、纳木错多圈层综合观测研究站和北京部同时举行。来自西藏自治区的100多名中小学生和北京40余名公众参加了本次活动。

10月30日，研究会组织会员给海淀区北部文化中心图书馆捐赠图书活动。中国科学院院士、研究会名誉理事长孙鸿烈，中国科学院院士郑度，中国科学院院士、理事长姚檀栋等陆续捐图书700余册。

11月14—15日，研究会联合中国科学院加德满都科教中心在尼泊尔加德满都开展了主题为“第三极地区气候变化”的科普调查活动，调研中亚、南亚、西亚国家科普工作的现状和需求，开展科普交流，提升中国与“一带一路”沿线国家科普合作水平。

表彰举荐优秀科技工作者 经研究会推荐，兰州大学资源环境学院教授苟晓华荣获第十四届中国青年科技奖。苟晓华教授是兰州大学资源环境学院学术带头人，她热爱所从事的科研和教学工作，近年来在青藏高原及周边地区气候与生态环境变化研究中成绩斐然，贡献突出。2005年入选教育部“新世纪优秀人才计划”，2007年获“第九届全国青年地理科技奖”，2009年获“第七届甘肃省青年科技奖”“第七届青藏高原青年科技奖”，2012年获“中国青年女科学家奖”。

经研究会推荐，中国科学院青藏高原研究所研究员王磊荣获第七届“全国优秀科技工作者”称号。王磊研究员在青藏高原水循环研究方面做出了优异的成绩。他开发了分布式陆面水文模型系统（Water and Energy Budget—based Distributed Hydrological Model，WEB—DHM），该系统已作为主导水文模型应用于多个重大科研项目。王磊曾入选2011年中国科学院青藏高原研究所“百人计划”，并获得2013年国家自然科学基金委优秀青年科学基金。

12月28日，中国科学院院士、研究会理事长姚檀栋等“青藏高原冰心高分辨率气候环境记录研究”获得2015年度国家自然科学二等奖。姚檀栋院士捐赠奖金用于支持“青藏高原科技奖”；研究会副理事长侯增谦研究员兼任江西省“井岗学者”和东华理工大学特聘教授时所获的岗位津贴，捐赠资金用于支持“青藏高原科技奖”。

党建强会 6月12日，研究会联合党支部与地理资源所科信处共同举办廉政清风主题党日活动。在现场召开了“两学一做”的支部学习会议，学习习近平总书记系列讲话中关于党风廉政建设和反腐败斗争的内容，并请党员代表进行了发言。

会员服务 扩大会员队伍、加强自身建设、推进研究会的良性发展，完善会员信息数据库建设、发放会员证。研究会秘书处已更新完善研究会的会员信息库，并在此基础上，陆续颁发新的会员证。

（撰稿人：宁建贞）

中国环境诱变剂学会

学会建设 4月17日、11月20日，学会在北京分别召开第六届第八、九次常务理事会议及第五次理事会议。会议确定了2017年学会换届方案及第十七届学术大会召开的相关事宜。

8月25日，学会风险评价专委会在湖北省宜昌市召开专委会第六届换届大会。

9月11日，学会毒性测试与替代方法专委会在浙江省杭州市举行专委会委员会议。

学术期刊 学会主办的《癌变·突变·畸变》杂志为“中国科技论文统计源”期刊（中国科技核心期刊），2016年发行6000册，收录该刊的数据库有14种。

国际学术会议 9月11—14日，学会毒性测试与替代方法专委会在浙江省杭州市举办2016（第二届）毒性测试替代方法与转化毒理学国际学术研讨会，参会人员489人，交流论文167篇。来自中国、美国、英国、法国、德国、荷兰、韩国等国家和地区的22名专家、学者出席会议。

国内主要学术会议 2016年度学会举办重点学术会议5次，其中前沿高端会议3次，综合交叉会议2次。参会专家、学者1130人次，交流论文700篇。

8月23—26日，学会风险评价专委会在湖北省宜昌市举行第十八届全国学术交流会暨环境风险与健康防护学术大会，参会人员103人次，交流论文98篇。

8月27—29日，学会致畸专委会在内蒙古自治区呼伦贝尔市举办遗传毒理和发育毒理专题研讨会，参会人员98人次，交流论文86篇。

10月29日，学会活性氧生物学效应专委会在陕西省西安市举办吸入毒剂研究现状与对策高端论坛，参会人员270人次，收到论文217篇。

11月1—3日，学会致畸专委会、出生缺陷与防治专委会、致癌专委会、《癌变·突变·畸变》杂志社在上海市联合举办发育毒理学术报告会，参会人员170人次，交流论文132篇，邀请3位德国专家参会。

科普活动 2016年学会充分利用各专业委员会的专业特点开展科普活动，举办论坛、科普讲座、专家咨询，发放科普挂图、宣传册。

3月，学会致畸专委会在上海举办“环境内分泌干扰物对健康影响”科技活动周，以讲座、图片展板、现场对公众咨询解答的形式进社区。6月24日，学会抗诱变剂和抗癌剂专委会在黑龙江省哈尔滨市举办《食品安全与健康》科普讲座。10月22—23日，学会党支部组织专家在北京市门头沟区组织主题为“宣科普知识，助健康管理”的科普活动。

2016年，学会共组织科普活动3次，50名专家、学者参加了主题科普活动，科普活动受众约1600人次。

【健康科普活动暨学会党支部2016年“党建强会”活动】 10月22—23日，由学会副理事长兼秘书长、北京大学公共卫生学院党委书记郝卫东带队，学会党支部一行8人，前往北京市门头沟区雁翅镇田庄村，举办主题为“知识共享，促进健康”的健康科普活动暨学会党支部2016年“党建强会”活动。

党员们向村里群众发放学会自制的《饮食与健康》宣传册，内容包含“中国居民膳食宝塔”“中国居民膳食指南”“反式脂肪酸”“转基因食品”等与大众健康息息相关的知识。党员们对宣传册中的内容进行讲解，并回答了群众提出的问题。

学会的2名教授分别以“预防冠心病发作和脑卒中”“吃得营养，吃得安全”为主题作健康科普知识讲座，为村民讲解了冠心病和脑卒中发作的危险因素，为大家解读了《中国居民膳食指南》《转基因食品》。

活动中，组织参观了京西山区中共第一个党支部纪念馆、瞻仰雁翅镇革命烈士纪念碑。了解了京西山区田庄村党支部的创建历史、北平西部地区抗日战争和解放战争斗争历史。

（撰稿人：高苏堤）

中国运筹学会

学会建设 2016年，学会召开正副理事长、秘书长工作会议1次，召开常务理事会议5次，召开理事会议2次，召开分支机构领导会议1次。

2016年，学会加强分支机构管理，修改分支机构管理条例，制定了学会财务管理和现金管理制度，成立了中国运筹学会监事会。学会3个期刊与理事会同步完成了换届工作。

6月17—19日，经学会第九届八次常务理事会批准，学会策论分会完成换届工作。主任委员由中国科学院数学与系统科学研究院研究员杨晓光担任。

学术期刊 学会主办3个学术期刊。2016年,《运筹与管理》收到稿件1330篇，刊出论文231篇，刊出率小于20%。2016年,《运筹与管理》获得中国科协期刊数字出版与传播建设项目资助，对原有的稿件电子处理系统进行优化。2016年，学会召开了1次全体编委会会议，由主编和执行副主编听取编委、审稿专家和作者意见。《运筹与管理》杂志进行由双月刊改版为月刊的准备工作。

2016年,《运筹学学报》收到文章120篇，刊出文章52篇。在中国高校科技期刊研究会公布的年度中国高校杰出·百佳·优秀科技期刊,《运筹学学报》被评为中国高校优秀科技期刊。

Journal of the Operations Research Society of China（《中国运筹学会会刊》），2016年被汤森路透公司Web of Science最新发布的数据库Emerging Sources Citation Index（ESCI）收录。2016年,《中国运筹学会会刊》收稿104篇，印刷版正式出版30篇文章，优先在线出版43篇文章，被中国科学引文数据库列为核心期刊。2016年，在Web of Science核心数据库中的引用次数提升，中国高校科技期刊研究会公布的年度中国高校杰出·百佳·优秀科技期刊中,《中国运筹学会会刊》被评为中国高校优秀科技期刊。

国际学术会议 2016年，学会举办境内国际学术会议8次，参加人数1310人次，交流论文265篇。

6月3—5日，由上海大学主办，学会、重庆师范大学等单位协办的2016年最优化理论、方法及其应用国际会议在上海大学召开。来自美国、英国等国100多名专家、学者参加会议。英国明尼苏达大学教授张树中等4位学者作特邀报告。专家、学者围绕关于稀疏优化、非线性优化、全局优化与控制、随机优化、锥优化与张量优化、优化与应用等作了12场邀请报告。

6月18日，由国家统计局、陕西省统计局、西安财经学院主办，中国（西安）丝绸之路研究院、学会承办的“一带一路”框架下的多边经济合作战略与博弈论的发展前景展望国际会议在陕西省西安市召开。来自国家统计局、陕西省统计局、中国科学院数学与系统科学研究院、西安财经学院、学会相关单位负责人以及高校、研究机构的110多名专家、学者、师生参加会议。来自美国、日本、韩国、印度的35位专家、学者分别作大会邀请报告和分组报告，共同探讨了中国与国际在博弈论及其应用，尤其是“一带一路”框架下的多边经济合作中的研究成果，共同展望多边经济合作与博弈论的发展前景。

11月20—23日，由福州大学、学会对策论专业委员会、荷兰Twente大学和西北工业大学主办的第三届中国—荷兰博弈论及其应用国际研讨会在福建省福州市举行。180多名国内外博弈论领域的专家、学者参加会议，会议收到论文160多篇。会议设18个大会报告和3个分组报告，与会代表围绕合作博弈及其应用、非合作博弈及其应用、联盟结构型博弈、模糊博弈、动态博弈及其应用等议题展开交流。

12月4—5日，由学会主办的第二届智能工业数据解析与优化国际研讨会在东北大学召开。中国工程院院士殷瑞钰、凌文，国家自然科学基金委信息学部主任、中国工程院院士柴天佑，轧制技术领域的国际知名专家、中国工程院院士王国栋，国际运筹管理最高学术组织INFORMS副主席Grace Lin教授，美国佐治亚理工学院（GIT）教授、国际质量学会院士Jianjun Shi，美国佛罗里达大学教授、俄罗斯外籍院士Panos M. Pardalos，东北大学校长赵继、副校长汪晋宽出席会议。来自国家电网等企业与清华大学、北京大学等著名高校的100余名专家、学者参加会议。会议由东北大学信息科学与工程学院院长唐立新主持。Grace Lin对INFORMS进行了介绍，希望能以此次会议为契机，加强合作与交流，并通过多种形式促进智能工业数据解析与优化的快速发展。凌文、殷瑞钰、柴天佑、Jianjun Shi、Grace Lin、Panos M. Pardalos围绕“智能工厂与大数据”的主题，分别作报告《数字神华的发展与展望》《关于智能化钢厂的讨论—从物理系统一侧出发讨论钢厂智能化》《智能制造与工业大数据》《制造解析：工程与统计协同增效》《大数据引领产业结构调整与创新》《数据不确定情况下的鲁棒机器学习优化模型》。大会还设立了智能钢铁、智能石化与有色、智能能源与电网、智能矿山与物流系统4个工业论坛分别进行了交流。

国内主要学术会议 2016年，学会举办国内学术会议13次，其中学术年会1次，参加人数2200人次，交流论文653篇。

4月22—24日，由学会排序专业委员会主办的2016年全国排序论与组合最优化学术会议在西北工业大学召开。来自全国数学、运筹学、工业工程、管理科学、系统科学、机械、自动化、控制、信息、计算机、电子等学科领域的100余所高校科研院所的近300余名专家、学者围绕“工业工程与管理中的调度（排序）理论与方法”主题，展示研究成果、交流学术思想，探讨排序和组合最优化学科前沿理论和热点。

开幕式由西北工业大学机电学院王军强教授主持。学会排序专业委员会顾问秦裕瑗、涂菶生、乞建勋、唐国春，香港大学教授黄国全，上海交通大学教授万国华，学会秘书长刘克教授，上海交通大学教授江志斌，清华大学教授王凌，北京航空航天大学教授陶飞作大会报告。在7个分会场中，54位专家、学者针对排序与调度理论、运输与交通调度、物流与供应链调度、生产管理与调度、医疗运作调度等10个研究主题进行了口头报告。

会议期间，还召开了学会排序专业委员会第八届理事会第四次（扩大）会议、《排序与调度丛书》编辑委员会第三次会议、《运筹与管理》和《计算机集成制造系统》期刊编辑见面会。理事会（扩大）会议通报了2017年将在长沙湖南师范大学召开排序专业委员会第九次全国代表会议，并将进行理事会换届。《排序与调度丛书》编委会确定了将出版丛书的第一本教材《排序与调度：理论、模型和算法》。

11月3—4日，由学会医疗运作管理分会（筹）主办的大数据驱动下医疗运作管理研讨会在大连东北财经大学举办。来自国内外高校、医院和医疗行业企业的80多位运筹学、管理科学、信息系统、医院管理等领域的专家、学者及医院管理工作者参加了会议。会议邀请美国得克萨斯大学达拉斯分校教授堵丁柱、国家优秀青年基金获得者、哈尔滨工业大学教授郭熙铜、大连医科大学附属第一医院信息中心主任牛铁、大连大学附属新华医院党委书记兼常务副院长曲刚作了主题报告。堵丁柱作了题为*Group Testing*, *Pooling Design*, *and Decoding*的主题报告。郭熙铜作了题为“大数据驱动的电子健康信息服务管理研究与实践”的报告。

牛铁作了题为“建设数字化医院提升医院核心竞争力”的报告；曲刚作了题为“基于大数据背景下的医院精细化管理认识与思考”的报告。

科普活动 2016年，学会主办院士科普报告会3次，举办专题展览4次、青少年科普讲座4次、其他科普活动3次。

5月13日，中国运筹学会2016科普日暨运筹学科普工作会议在中国科学院举行。学会理事长胡旭东，学会名誉理事长、中国数学会理事长袁亚湘，中国科学院传播局局长周德进，以及来自中国军事科学院、上海大学数学工作实践站、北京四中、北京八中、北大附中、清华附中、北京一〇一中学等的50余名专家、学者参加会议。会议由学会科普工作委员会主任闫桂英主持。

胡晓东致辞，袁亚湘、中国科协科普部副部长钱岩为第一批运筹学科普教育基地揭牌，中国科学院科学传播局局长周德进等分别为北京四中、北京八中、北大附中、清华附中和北京一〇一中学授牌。胡旭东正式开通了中国运筹学会科普官方微信号。袁亚湘等专家、学者分别围绕如何做好运筹科普工作发表了演讲。

9月20日，学会在北京和全国各地集中开展全国科普日活动。学会理事长胡晓东、秘书长刘克、科普工作委员会主任闫桂英带领部分青年运筹学者，与河北省运筹学会副理事长兼秘书长刘新为一起，深入河北省廊坊市经济技术开发区调研与座谈，了解新奥能源研究院企业生产管理中的一些运筹学问题，与企业探讨如何实现创新发展、协同发展和绿色发展。

9月22日，为推广运筹朴素文化、普及运筹科普知识，学会联合北京运筹学会和山东运筹学会在山东日照港开展了科普进企业活动。学会秘书长刘克为日照港研发、经营管理人员作了题为《运筹学介绍》的科普报告。科普团与日照港研发、经营管理等部门负责人就生产经营管理中存在的问题进行了交流。

表彰举荐优秀科技工作者 经学会推荐，中国科学院数学与系统科学研究院研究员闫桂英、杨晓光获得第七届“全国优秀科技工作者”称号，北京大学北京国际数学研究中心教授文再文荣获第十四届“中国青年科技奖”。

党建强会 11月11日，经中国科协科技社团党委批准同意成立中国运筹学会党委，由胡旭东担任党委书记。学会党委为功能型党组织，在学会建设中发挥政治核心、思想引领和组织保障作用。

6月14日，在中国共产党成立九十五周年前夕，运筹支部在圆明园遗址公园举行了以“勿忘国耻、复兴中华”为主题的支部活动。

【中国运筹学会2016年学术交流会】 10月14—16日，中国运筹学会2016年学术交流会在云南省昆明市召开。来自国内外的700余名专家、学者参加会议。

开幕式由学会秘书长刘克主持，学会理事长胡旭东致欢迎词，中国科协副主席袁亚湘、云南大学副校长张克勤出席大会开幕式并致辞。开幕式上还举行了第五届中国运筹学会科学技术奖的颁奖仪式，袁亚湘院士为复旦大学教授管梅谷颁发了终身成就奖，学会荣誉理事长章祥荪为重庆师范大学教授杨新民颁发了运筹研究奖。开幕式还颁发了首届 J. of Operations Research Society of China 优秀论文奖，3 篇优秀论文获奖。开幕式后，获奖者分别作了报告。国际运筹学会联合会（IFORS）前任主席 Nelson Maculan 教授作大会报告。

美国得克萨斯大学达拉斯分校计算机系教授堵丁柱、中国科学院上海生命科学研究院教授陈洛南应邀作大会报告。香港理工大学数学系教授陈小君、上海交通大学安泰经济与管理学院教授蒋炜、浙江大学管理学院教授华中生、上海财经大学经济学院经济学系教授孙宁就相关方向的最新学术进展作大会邀请报告。

学术交流会分 6 个分会场并行举行了 17 组 30 分钟的专题特邀报告和 10 组 15 分钟的自由报告，105 位运筹学专家、学者、研究生作学术交流。学术交流会组织召开了“运筹学应用奖”和“青年科技奖”评审会。经过申报人答辩、评奖委员会讨论和无记名投票，中国科学院大学教授郭田德等完成的项目“指纹自动识别系统”、杨周旺等完成的项目“3D 打印中的优化设计”获得运筹应用奖。中国科学院的刘歆、丁超，上海财经大学的葛冬冬，南京大学的杨俊峰 4 位青年学者获得青年科技奖。清华大学的姜海、西安电子科技大学的张欣获得提名奖。

闭幕式上举行了颁奖仪式，学会副理事长陈国庆、修乃华颁发了运筹应用奖，学会副理事长杨晓光颁发了青年科技奖提名奖，学会副理事长白延琴颁发了青年科技奖。学会理事长胡旭东致闭幕词。

会议期间，学会主办的《运筹与管理》《运筹学学报》中英文期刊分别召开了学报编委会会议。袁亚湘在云南大学作了题为“从瞎子爬山到优化方法”的报告。学会举行了九届常务理事会第八次会议。

【中国运筹学会第十次全国会员代表大会】 10 月 15—16 日，中国运筹学会第十次全国会员代表大会在云南省昆明市召开。500 名专家、学者参加会议。会议由学会秘书长刘克主持。

学会理事长胡旭东作第九届理事会工作报告和关于修改学会章程的说明。学会常务副秘书长刘德刚作财务报告和关于调整会费的说明。会议期间进行了学会理事会换届选举，产生了由 140 人组成的第十届理事会，以及 8 人组成的首届监事会。

15 日，学会召开第十届理事会的第一次会议，学会常务副秘书长刘德刚主持会议，124 位理事出席会议。第九届副理事长杨新民介绍了第十届常务理事及正副理事长、秘书长候选人的产生过程。学会常务副秘书长刘德刚作了选举办法的说明。经投票选举，产生了 45 人组成的新一届常务理事会，并选举胡旭东为第十届理事长，杨晓光、修乃华、陈国庆、李勇、范更华、戴彧虹、赵晓波、张玉忠、白延琴为第十届副理事长，刘克为秘书长。选举结束后，胡旭东主持了第十届理事会第一次会议，推举产生了 8 个工作委员会的负责人。

10 月 16 日，会议举行闭幕式，学会常务副秘书长刘德刚主持闭幕式。闭幕式上通过了关于学会第九届理事会工作报告和财务工作报告的决议，通过了关于修订中国运筹学会章程和会费的决议。

（撰稿人：胡　洁）

中国菌物学会

服务创新型国家和社会建设 2016 年，学会举办系列菌物产业专题会议 3 个，分别为 2016 年第四届全国天麻会议暨中国（大方）天麻产业发展高峰论坛、2016 中国南华野生菌大会、首届中国菌物健康前沿产业高峰论坛。研讨内容涵盖单品天麻、云南野生菌、菌物健康产品等多个食药用菌产业领域，参会人数约 500 人次。

2016 年，学会举办真菌天然产物生物合成讲习班。110 名学员参加论坛，12 位国内外著名学者作特邀讲座，10 位青年教师作试验培训讲座。

学会建设 2016 年，学会个人会员 3085 名，会员人数比 2016 年增加 51 名。

学术期刊 学会主办学术期刊 3 种，其中英文期刊 *Mycology* 自开放电子版免费下载后，在线下载量不断增加。中文核心期刊《菌物学报》改为月刊，组织出版了虫草专刊、植物病原菌物专刊。

国内主要学术会议 2016 年，学会举办中国菌物学会 2016 年学术年会、剧毒蘑菇基因组与功能解析学术研讨会、第六届全国农业微生物研究及产业化研讨会暨第十五届全国杀虫微生物学术研讨会与第十一届全国虫生真菌学术研讨会、第一届中国真菌毒素大会等国内学术会议 4 次。

国际组织任职 学会是国际真菌协会（IMA）国家成员、亚洲菌物协会（AMA）国家成员。学会理事长刘杏忠担任亚洲菌物协会（AMA）主席（2015—2019），学会副秘书长蔡磊担任亚洲菌物协会（AMA）秘书长（2015—2019），同时担任国际真菌分类委员会委员。

科普活动 5 月，学会在北京市朝阳区枫林绿洲社区建立中国菌物健康前沿产品展示厅，1000 人次参观，10 位科技人员进行日常展览展示讲解。展厅展示经过专家审核推荐的中国菌物健康前沿产品，包括冬虫夏草、金蝉花、蛹虫草、灵芝、天麻、香菇、真菌菌丝体发酵菌粉等。

学会举办的科普展览“菌物世界”对外开放。“菌物世界”中的“真菌与人类”部分，受众人数约 850 人次。

表彰举荐优秀科技工作者 8 月 20 日，2016 年度戴芳澜科学技术奖颁布，安徽农业大学原校长、教授、博士生导师李增智获得戴芳澜终身成就奖；中国医学科学院毒物药物研究所研究员、博士生导师车永胜，北京林业大学教授、博士生导师戴玉成获得戴芳澜杰出成就奖；中国科学院微生物研究所研究员、博士生导师、中国科学院大学医学院岗位教授刘宏伟获得戴芳澜优秀青年奖。美国马里兰大学教授、微生物学院士 Raymond John St. Leger 获得戴芳澜国际合作奖。经过 11 位评委的现场评审计分，北京林业大学的陈圆圆、华中农业大学的郭孟配、中国科学院微生物研究所的孙微、中国科学院上海植物生理生态研究所的王平平、山东农业大学的夏吉文、福建农林大学的严俊杰、中国科学院上海植物生理生态研究所的杨秀青 7 名研究生获得 2016 年戴芳澜优秀研究生奖。

党建强会 学会在理事会层面建立功能性党组织，充分发挥学会理事会层面功能性党委的作用，制定工作计划，建立工作制度。

学会与挂靠在中国科学院微生物研究所的中国微生物学会、中国生物工程学会共同成立联合办事机构党支部。已报挂靠单位党委申请获得批准。

【中国菌物学会 2016 年学术年会、2016 中国食用菌产业年会暨第三届食用菌博览会】 8 月 19—21 日，由学会主办、福建农林大学和易菇网联合承办的中国菌物学会 2016 年学术年会、2016 中国食用菌产业年会暨第三届食用菌博览会在福建省福州市召开。来自全国科研院所、企事业单位的近 800 余名专家、学者参加会议。

本届年会首次实行三会合一、打造产学研一体紧密结合的交流平台，年会邀请了美国马里兰大学教授 Raymond John St. Leger、西北农林科技大学植物保护学院教授许金荣、中国农业科学院生物技术研究所研究员徐玉泉、福建农林大学副校长王宗华、中国科学院上海植物生理生态研究所研究员王四宝、美国密歇根大学副教授 Timothy Y. James 作特邀大会报告。

会议安排口头报告 176 个，分设 9 个分会场报告，内容涵盖真菌多样性、系统发育与分类、菌物分子遗传与代谢、内生真菌和菌根真菌、虫生真菌、菌物化学及药用真菌、真菌毒素预防与控制、植物病原真菌、食用菌以及黏菌生物学与系统学分会场等菌物学研究领域，收录 260 余篇论文摘要，展示 10 张墙报。

作为学术年会历年来的特色版块，专题论坛主题包括毒蘑菇识别与中毒预防、创新性平台在真菌学研究中的应用，从科普教育到实用技术，为会员提供服务。

闭幕式上，颁布了 2016 年戴芳澜科学技术奖。与年会同期举行的 2016 中国食用菌产业年会暨第三届食用菌博览会，安排了第三届中国食用菌产业发展高峰论坛、第二届药用真菌应用与开发研讨会、第二届珍稀食用菌发展研讨会暨羊肚菌专题研讨会、食用菌产业链创新发展研讨会、中国菌物学会菌物产业分会第一届理事会第二次会议，重点关注食用菌产业链的延伸和珍稀品种、药用种类的开发，聚焦最具市场潜力和投资价值的食用菌品种及栽培技术交流，从产业宽度、深度出发，拓宽思路，交流学习，为行业再谋发展。第三届中国食用菌博览会举行了食用菌新产品新技术展览展示、食用菌新产品、新技术暨招商推介会、2016 第三届中国食用菌摄影作品展等活动，共展示了 60 多家企业的新产品、新技术。

【中国菌物健康前沿产业高峰论坛】 10 月 26 日，由中国科学院微生物研究所真菌学国家重点实验室与学会共同举办的首届中国菌物健康前沿产业高峰论坛在北京举行，150 余名专家、学者参加了论坛。论坛开幕式由中国科学院微生物所真菌学国家重点实验室研究员刘杏忠主持。

中国科学院微生物研究所党委书记李俊雄致辞，学会常务副理事长郭良栋发表讲话。开幕式上，中国科学院院士魏江春与李俊雄、郭良栋为12家入驻中国菌物健康前沿产品展厅的企业授牌。

魏江春院士围绕"食药用菌与健康"主题作特邀报告。魏江春建议，以会议为基础，由政府主导，组织科研、产业、学会、协会等联合共同制定助力健康中国的食药用菌发展战略规划（2016—2030）。中国医学科学院药用植物研究所研究员郭顺星就菌物保健食品和新食品原料研发与注册的关键点作大会特邀报告。台湾利得生物科技有限公司博士陈启祥、安琪酵母股份有限公司总工程师李啸作企业特邀报告。

与会人员就菌物健康前沿产业未来发展及前景进行了讨论。学会产业分会会长文华安致闭幕词。

【活性天然产物生物合成及合成生物学学术论坛暨真菌天然产物生物合成讲习班】 10月14—19日，由中国科学院真菌学国家重点实验室、学会菌物化学专业委员会共同举办的活性天然产物生物合成及合成生物学学术论坛暨真菌天然产物生物合成讲习班在北京举行。来自全国各研究所、高等院校、企业的70多名专家、学者参加了培训。中国科学院微生物所近110名专家、学者参加论坛交流。

为期2天的学术论坛中，美国普渡大学兼西北农林科技大学的"千人计划"学者许金荣，中国科学院上海植物生理生态研究所研究员王成树，中国科学院南海海洋研究所研究员张长生，上海交通大学教授林双君，中国科学院上海有机所研究员唐功利，中国医学科学院药物研究所研究员戴均，中国科学院微生物所的研究员谭华荣、刘钢、尹文兵等来自天然产物化学及合成生物学领域的国内外著名学者作特邀报告。报告就活性天然产物生物合成、生物技术、合成生物学的研究进展和最新成果与学员进行了交流分享。

在3天的讲习中，真菌学国家重点实验室创新平台中心的10位青年教师围绕对真菌遗传操作体系的建立、基因导向的天然产物发现及生物合成、活性天然产物的分离纯化、化学结构鉴定等方面的新技术、新方法的现场讲解与培训，让学员进行具体的实验操作培训。

（撰稿人：蒋　娜）

中国晶体学会

国内主要学术会议 12月19—22日，中国晶体学会第六届学术年会在广东省广州市举办。会议设立了大分子晶体学、功能分子晶体、多晶（粉晶）衍射、非线性光学及激光晶体材料、电子晶体学、药物晶体学、极端条件晶体材料、晶体学教育论坛8个分会，600余名专家、学者参加会议。会议安排了9个特邀报告、255个分会邀请报告和口头报告、100余个墙报，评出15个优秀青年报告奖和15个优秀墙报奖。

【中国晶体学会第六次全国会员代表大会】 12月20日，中国晶体学会第六次全国会员代表大会在广东省广州市召开，500余名专家、学者出席会议。会议由学会理事长高松主持。

会议听取了学会理事长高松作的中国晶体学会第五届理事会工作报告（审议稿），及第五届理事会秘书长王哲明作的关于修改章程的说明和中国晶体学会第五届理事会财务工作报告（审议稿），审议了中国晶体学会章程修改草案。与会专家、学者无记名投票表决通过了理事会工作报告（审议稿）、财务工作报告（审议稿）和章程修改草案。

会议选举了新一届理事会成员，与会专家、学者无记名投票选举产生了由90位理事组成的中国晶体学会第六届理事会及第一届监事会成员，监事会共由5人组成。

会议同期召开了中国晶体学会第六届理事会第一次会议，经无记名投票选举产生了由30人组成的中国晶体学会第六届理事会常务理事会，苏晓东当选学会第六届理事长，靳常青、来鲁华、吕扬、牛立文、苏成勇、王牧、于荣、郑伟涛当选学会副理事长，孙俊良当选学会秘书长。会议同期召开了中国晶体学会第一届理事会第一次监事会会议，麦振洪当选监事长。会议期间召开中国晶体学会党委成立大会，孙俊良当选学会党委书记。

【2016年电子晶体学高级培训班】 9月18—24日，2016年电子晶体学高级培训班在北京举办。来自全国28个科研院所、高校博士生、青年学者等70多名学员参加培训。培训班由学会和北京大学化学与分子工程学院共同承办。培训班以报告、实习、答疑3种方式进行。在5天的课程中，每天安排3 ~ 4小时的报告，共计40多课时。学员每天在学习2个报告后，参与2小时的实习与答疑，并分批在北京大学化学与分子工程学院内的两台透射电子显微镜上实习。培训后期，学会对学员进行了对所学内容掌握程度的测试，90%的通过者获得了学会颁发的结业证书。

（撰稿人：陈　冲）

中国神经科学学会

服务创新型国家和社会建设 2016年，学会执行民政部社会服务示范项目，组织由全国100余名疼痛专家组成的专家团队，依托理事单位的医疗机构开展服务活动。

学会扩展了上海市崇明区、陕西省延安市、甘肃省定西市、广东省深圳市4个点，在甘肃省定西市、黑龙江省龙江县、江西省新余市分别建立癌痛患者救助站，通过救助站开展癌痛义诊、体检、赠药等医学救助服务和综合性姑息宁养服务。与当地卫生局等政府部门联系，签订合作协议。开设微信公众号，注册患者达1600余人，通过多种方式为这1600多人提供远程咨询随访，培养患者自我管理的健康习惯。

学会举办癌痛知识讲座4次，受益者达1416人次。学会组织专家42人次，进行义诊3次，受益患者达739人次。为部分癌痛患者开展免费体检和义诊等，为经济条件差的终末期患者适当提供镇痛及增强免疫力药品2680人次，减免了9位患者的治疗费用。该项目组织医务人员47人次，为癌痛患者免费体检6次，累计受益人数705人次。学会以癌痛规范化病房为抓手，开展多种不同形式的基层医护人员癌痛规范化诊疗培训系列讲座5次，培训人员965人次。项目组向各级医护人员累计免费发放国家卫计委《市县级医院常见肿瘤规范化诊疗指南》800余册。

7月20—25日，由学会神经干细胞和组织工程分会、复旦大学脑科学研究院、医学神经生物学国家重点实验室、脑科学协同创新中心主办的神经干细胞暑期学习班在复旦大学举办。复旦大学、上海交通大学、同济大学、上海市第十人民医院、浙江大学、第三军医大学、第四军医大学附属唐都医院、华东师范大学、中国医科大学等23所高校和研究所128人报名参加。

学会于5月、7月分别在浙江省杭州市举办神经影像学培训初级入门班和高级班。

学会建设 学会设立了不同层次的会议议事制度，如理事长会议、秘书处工作会议、常务理事及分会主任扩大会议、理事会议制度等。2016年，学会共召开4次理事长会议、2次常务理事会议、2次理事会议。

学会建立财务内控制度，完善报销审批财务制度，严格管理印章和法人证，规范使用印章，建立使用登记入册制度。通过《中国神经科学学会下属分支机构管理规定》，规定学会的各分会务必在学会年会上设立分会场，以及对分会的财务作出严格规定，由学会统一管理。2016年，学会21个分会全部完成换届，上报相关组织机构。学会新成立了3个分会，分别为应激神经生物学分会、儿童认知与障碍分会、神经退行性疾病分会。

科技期刊国际影响力提升计划 *Neuroscience Bulletin*（《神经科学通报》）获得“中国科技期刊影响力计划C类”项目资助，资助期为2016—2018年。该刊入选“2016中国最具国际影响力学术期刊”，在175种期刊中排名第45位，在其中119种英文期刊中排名第42位，较2015年有了较大提高；在2016年上海市期刊编校质量检查中获“优秀奖”，在“优秀奖”中名列英文刊第1位（差错率最低），2016年度影响因子为2.322。

学术期刊 学会会刊《神经科学通报》(*Neuroscience Bulletin*）出版32卷共6期合计596页，发表文章68篇。2016年，共收到稿件290篇，退稿率为76%。在SpringerLink上的全文下载量为53622次。被美国SCI-E，Medline/PubMed,《化学文摘》、荷兰《医学文摘》、荷兰《斯高帕斯》、波兰《哥白尼索引》《中国科学引文数据库》、中国期刊网、万方数据网和重庆维普资讯数据库收录，是中国科技论文统计源期刊、中国学术期刊光盘版录入期刊、中国学术期刊综合评价数据库的来源期刊。

学科发展研究 学会承担了中国科协《神经科学方向预测与技术路线图》项目。学会副理事长张旭院士担任项目负责人，项目组与中国科学院上海生命科学信息中心情报部门合作，总结出两期项目简报，并在《生命科学》杂志发表。

国内主要学术会议 4月28—29日，由学会离子通道与受体分会、浙江大学共同主办，浙江大学医学院基础医学系具体承办，浙江省生物医学学会和浙江省神经科学学会协办的2016年度离子通道青年学者论坛会议在浙江省杭州市召开。会议旨在报告新发现、讨论新想法，为离子通道研究者的交流和合作创建平台。

5月13—15日，学会在北京主办了神经损伤与修复分会第六次全国学术会议及神经损伤修复与神经调控国际高峰论坛（北京）。会议邀请8位国内外院士、12位国内外专家进行大会报告及学术交流。主要内容为意识障碍病的脑网络及神经调控治疗研究、生物3D技术与脑损伤的神经再生修复研究、脑损伤的精准医疗救治技术研究。300余名专家、学者参会。

6月30日—7月2日，中国神经科学学会精神病学基础与临床分会第十三届学术年会在江苏省南京市召开。会议由学会精神病学基础与临床分会主办，上海交通大学医学院附属精神卫生中心、南京医科大学附属脑科医院、东南大学附属中大医院承办。中国科学院院士段树民、中国科学技术大学教授申勇、清华大学教授钟毅等围绕精准医疗进行了主题演讲。会议期间，还举办了青年科学家论坛、博士论坛、专题论坛、会议论文交流，对于精神疾病的精准诊断、精准治疗、长程精准管理等临床问题的学科研究进展进行交流。500名专家、学者出席年会。会议收到论文投稿246篇，评选出“优秀博士论文奖”5名、“论文优秀奖”8名、大会“优秀壁报论文奖”18名。

11月26—27日，学会在福建省福州市举行中国神经科学学会神经病学基础与临床分会首届学术会议暨成立大会。会议期间，举行了第一届委员会会议，就分会工作开展方式、发展计划、合作共赢模式进行了讨论，达成以临床与基础研究相结合的优势，促进多方位、多模式交流合作的意见。

国际交往 7月1—7日，学会与学会期刊*Neuroscience Bulletin*参加了欧洲神经科学联合会第十届神经科学论坛。

科普活动 3月21日，学会联合第二军医大学附属长征医院举办“世界睡眠日”科普讲座与义诊活动。学会组织多位知名专家为大众免费开展睡眠问题的医学咨询，向公众提供了《睡眠的奥秘与调控技巧》和睡眠健康科普知识宣传页。

3月22日，在第20个世界帕金森病日，由上海交通大学医学院附属瑞金医院神经内科、功能神经外科和学会共同举办的“中国帕金森病万里行”公益活动正式启动。学会副理事长、瑞金医院神经内科主任陈生弟和功能神经外科主任孙伯民带领专家团队，普及帕金森病知识，让更多患者接受正规治疗。活动首站从上海市到达安徽省铜陵市等，举办了以“大爱东方”“丝绸之路·健康论坛”为主题的科普活动。

在学会理事长段树民的带领下，学会理事徐富强、胡海岚、方贻儒做客凤凰卫视，解读百变的大脑，用通俗易懂的语言为公众讲述不同专题的神经科学知识。

表彰举荐优秀科技工作者 学会与日本神经科学学会联合，推荐了6名优秀的学生参加日本第40届神经科学年会。

经学会组织推荐，学会理事吴志英当选“第七届全国优秀科技工作者”。

会员服务 2016年，学会会员人数达8000多人。学会制定发展会员的政策，每个申请成立的分会首要条件为至少发展200名会员。实施会员参会注册费优惠政策，学会各项奖项申报评奖和各类免费的科普、培训班等活动限定会员才能参加。

学会编纂2016年年报，反映学会年度工作的综合信息；学会每季度出版1期简报，供会员参考。学会建立微信平台，向会员发布会议通知，介绍学会工作动态，传播学会工作信息。11月，开通学会的官方微信，至2016年底已有近1000人关注。

【第九届海内外华人神经科学家研讨会】 7月25—29日，第九届海内外华人神经科学家研讨会在安徽省合肥市召开。400名专家、学者参加会议。

会议共设置8个专题，包括神经发育、神经环路、神经疾病、认知与行为、计算神经科学等领域等。会议还设立128个墙报展示，26家展商参加展览。会议设立优秀墙报奖，8名专家针对墙报的学术质量、交流能力和制作水平进行综合打分，最终从26个参评墙报中评选出6个优秀的墙报。

【《神经科学方向预测与技术路线图》】 学会承担了中国科协的《神经科学方向预测与技术路线图》项目。项目为期3年，学会副理事长张旭院士担任项目负责人。6月28日，项目在上海市临港地区启动，成立了项目领导组、情报组和秘书组。2016年，项目重点工作在于广泛调研。项目组与中国科学院上海生命科学信息中心情报部门合作，开展国内调研和国外调研，采用个人访谈与问卷调查等多种形式相结合，多方位、多领域地对近100位专家进行个人访谈，包括神经科学基础、临床、类脑人工智能、企业和管理层的专家。采用横向调研和纵向调研，将每期简报寄送给相关院士、专家和领导征求意见，将其意见整理形成下一期简报。2016年总结出2期项目简报，在《生命科学》杂志发表。

【非人灵长类脑科学未来发展态势国际研讨会】 3月22—23日，非人灵长类脑科学未来发展态势国际研讨会在中国科学院深圳先进技术研究院召开。会议由中国科学院深圳先进技术研究院主办，中国科学院深圳先进技术研究院—MIT麦戈文联合脑认知与脑疾病研究所、中国神经科学学会神经科学研究技术分会承办，来自美国、英国、日本等200多名非人灵长类脑科学领域、基因编辑技术领域等知名的专家、学者参会。

会议旨在推动世界范围内非人灵长类脑疾病动物模型、以非人灵长类作为模型的脑认知规律研究及针对脑疾病治疗新技术的研究与国际合作。MIT—布罗德研究所研究员张锋、MIT教授Polina Anikeeva、哈佛—布罗德研究所大学教授Steve Hyman、云南省灵长类生物医学重点实验室教授季维智、中国科学院武汉物理与数学所研究员徐富强、国家自然科学基金委员会医学科学部教授薛丽香等围绕感知认知、神经科学尖端技术、脑疾病模型等作主题演讲。来自*Nature*、*Nature Neuroscience*等杂志的资深编辑、国际知名制药公司和美国、英国等国内外专家、学者参加会议。

美国科学院院士、MIT麦戈文联合脑认知与脑疾病研究所所长Robert Desimone教授在致辞中回顾了MIT与中国科学院深圳先进技术研究院的合作情况，并表示双方的合作模式卓有成效，取得了一系列的进展，期待相关成果能够为最终治愈脑疾病提供帮助。

（撰稿人：傅　璐）

中国机械工程学会

服务创新型国家和社会建设　6—8月，根据中国科协安排，学会承担“先进装备制造与智能制造”专业组的国家引才目录编制工作，组织了包括5位院士在内的20余位专家进行研究，最终完成13个分技术领域的438名顶尖人才信息、273位引进人才目录信息，以及132个引才主体单位信息。

12月19—21日，按照《中国科协关于对首批双创示范基地开展第三方评估的工作方案》和组织安排，由学会副理事长兼秘书长张彦敏领衔，9名专家组成评估组，开展对中信重工双创示范基地的评估，并形成评估报告。

承办中国好设计奖评选工作。2016中国好设计奖共有500余个项目参评，27项获奖，其中金奖8项、银奖19项。

在“数控一代”技术推广交流过程中，组织编辑出版了《“数控一代”案例集》，2016年共出版8卷。

截至2016年年底，学会围绕“增材制造（3D打印）技术”共研制了3个团体标准，分别是增材制造基本原理第1部分术语、增材制造基本原理第5部分零件精度检验要求、增材制造基本原理第6部分零件采购与服务需求。

继续推进机械工程师资格认证工作，通过考试、专家评审和认证程序，2016年共有2035人获得学会颁发的专业技术资格证书。2016年，学会对十多年来开展工程师资格认证工作进行了全面回顾与梳理，对未来进行了展望，编撰《机械工程师资格认证既往与未来》一书，由机械工业出版社出版。

2016年，学会承担的机械类专业认证委员会受理并审核了42个专业点的认证申请，36个专业点的自评报告通过审核，进入现场考查环节，并最终形成认证报告。学会配合《华盛顿协议》专家组对最后两所中国高校4个专业的现场考查工作，其中包括两个机械类专业。接待日本工程教育认证委员会和印尼工程教育认证指导委员会一行7人来华观摩机械工程专业认证现场考查工作。

在开展机械工程教育专业认证基础上，学会在教育部的指导和支持下，联合高校、企业，共同成立“中国机械行业卓越工程师教育联盟”，于8月26日在北京召开联盟成立大会暨中国机械类工程教育专业认证十周年专题研讨会。

学会能力提升计划　2016年，学会根据中国科协《学会能力提升专项资金管理办法（试行）》和工作进度安排，将专项资金用于提升学会能力。启动了第二轮“中国机械行业人才状况”调查研究工作，并完成了《机械行业工程技术人员调查报告》。组织编写了《学会系统继续教育规划纲要》，以系统全面指导学会的继续教育工作的开展。搭建了知识服务中心平台，通过汇集、整合制造业专利、标准、文献、成果等信息，开展数据与信息分析加工和知识服务，并尝试开展为科技工作者提供个性化知识推送服务。全面升级改造学会的信息化网络平台，启动了会员管理系统、会议系统、学会门户网站全面改版、上银科技奖励系统、数字期刊平台、项目管理等系统建设。以中国工程科技知识中心制造业分中心建设项目为依托，2016年开始组织成立制造业知识服务分中心，并在开始在部分城市布局区域中心。

学会建设　学会编辑出版了《中国机械工程学会八十周年》图片集，汇集了学会各个历史阶段的资料图片326张；制作了学会视频宣传片；组织开展了

“学会发展展望”研究并撰写研究报告。

10月10日，在北京举行了中国机械工程学会成立80周年座谈会，学会荣誉理事长、第八届和第九届理事长、全国人大常委会原副委员长、中国科学院原院长路甬祥院士，理事长、中国工程院院长周济院士等新老学会人和中国科协党组成员，以及书记处书记项昌乐、中国机械工业联合会会长王瑞祥、中国工程院副院长田红旗院士等70余人聚集一堂，回顾历史，展望未来。学会1951年复会后的第一届理事、97岁高龄的陈学俊院士发来了视频祝词。

2016年，召开理事会议1次、常务理事会议2次。通过了开展“创新争先行动”的倡议书，审议通过了第十一次全国会员代表大会筹备工作的相关事宜，通过了《关于成立中国机械工程学会标准化工作委员会的议案》和《关于启动筹组中国机械工程学会机器人分会的议案》。

召开全国总干事秘书长工作会议1次。部署2016年学会工作，对学会系统2015年度最具影响力学术会议、最具影响力综合活动平台、2015年度先进分会和先进省区市学会进行了表彰。

2016年，学会表彰学会工作成果奖229项、学会先进工作者495名。

2016年，学会所属8个专业分会完成换届，8个分会委员会做了调整，成组技术分会更名为成组与智能集成技术分会，启动筹组中国机械工程学会机器人分会，成立了中国机械工程学会标准化工作委员会。

科技期刊国际影响力提升计划 2016年，《中国机械工程学报》（英文版）入选中国科技期刊国际影响力提升计划，获得C类项目资助。在项目支持下，建立了国际区域主编和学科客座编辑的科学编辑制度。根据热点学科研究方向，聘请国际上有影响力的学者担任区域主编、学科客座编辑，发挥其学术优势，约请国际著名专家的高质量稿件，组织国际热点专栏、专刊，提高国际优秀论文的刊登比例。

学术期刊 2016年，学会主办科技期刊36种，总印数1702100册，刊载论文11241篇。学会主办的7种期刊获得国家有关科技期刊的项目资助。《机械工程学报》继续获得中国科协精品科技期刊工程TOP50项目资助，《中国机械工程》《中国表面工程》《材料热处理学报》和《焊接学报》继续获得中国科协精品科技期刊工程学术质量提升项目资助，《汽车知识》获得中国科协精品科技期刊工程精品科普期刊项目资助，《中国机械工程学报》获得中国科技期刊国际影响力提升计划C类项目和中国科技期刊登峰行动计划资助。

2016年，受中国科协委托，学会作为牵头单位承担并完成中国科技期刊制造业与材料集群年度优秀论文遴选工作。

2016年，继续推进中国机械工程学会期刊集群建设，成立期刊联盟，建立期刊网站。

学科发展研究 2016年，继续承担中国科协学科发展研究项目之“机械工程学科发展研究”，组成以两位副理事长郭东明院士和谭建荣院士共同为首席科学家的项目组，开展“机械工程学科发展研究（机械设计与制造）”调研和报告撰写工作。

决策咨询 承担中国工程院重点咨询项目“设计竞争力研究”综合组和第5个子课题的研究工作。2016年，项目完成了《设计竞争力与国家竞争力关联性研究》《国家设计竞争力研究》《城市设计竞争力研究》《企业设计竞争力研究》《设计竞争力综合研究》5个报告，形成了国家设计竞争力、城市设计竞争力以及企业设计竞争力评价指标体系，选取了20多个国家、60余个国内外城市、40多个企业为代表的设计竞争力排名比较，并在此基础上研究形成了提升设计竞争力的措施和建议。

承担工业和信息化部委托项目“制造业创新设计发展行动纲要研究”综合组和第二个子课题的研究工作。2016年完成了《制造业创新设计发展行动纲要》和《制造业创新设计发展行动纲要研究》两个报告。

承担中国工程院咨询项目“中国机械工程重点技术发展研究”，通过研究和分析面向2030年我国机械工程技术发展环境与需求，提出12项机械工程技术发展趋势以及影响我国制造业发展的重大机械工程技术。

2016年，组织专家继续开展“中国机械工程发展预测及技术路线图”研究，形成服务《中国制造2025》的《中国机械工程技术路线图》（第二版）；联合行业协会共同研究各分领域技术路线图，2016年共出版6种。

国际学术会议 2016年学会组织召开的较有影响的国际会议有2016智能制造国际会议、第七届表面工程国际会议、第十一届中美工程技术研讨会——创新·智能制造论坛、第十二届中日超精密加工国际会，以及第十一届国际可靠性、维修性、安全性学术会议等。

国内主要学术会议 2016年，学会举办的国内学术会议主要有2016年中国机械工程学会年会、第十一届中国热处理活动周、第十三届全国铸造年会暨2016中国铸造活动周、第十八届全国疲劳与断裂学术会议、2016年全国青年摩擦学学术会议、第二十一次全国焊接学术会议、2016年全国高分子材料科学与工程研讨会、2016年全国材料检测与质量控制学术会议、第九届全国流体传动与控制学术会议等。

两岸交流 3月28日—4月3日，学会副理事长兼秘书长张彦敏率团赴台湾地区参加第十八届海峡两岸机械工程技术交流会。此次会议以“创新设计”为主题，10位专家、学者作了报告。期间，学会还访问了台湾大学、台湾工业技术研究院等机构。

9月25日，学会与陕西省科协、西安市人民政府在陕西省西安市共同承办了第十八届中国科协年会“海峡两岸暨港澳科技合作论坛”，论坛主题为“创新设计引领制造强国”。来自中国大陆、香港特别行政区、澳门特别行政区、台湾地区及部分“一带一路”沿线国家的30多名专家、学者作主旨报告或主题发言，来自全国各地及部分境外友好组织约500名代表参会交流。

学会副秘书长左晓卫到台湾地区，与上银集团就合作开展第六届上银优秀机械博士论文奖评选活动进行商谈，并签署了补充合作协议。

国际组织任职 2016年，学会9名专家在国际学术组织担任执委以上职务，其中主席2人，副主席1人，执委（理事）7人。

国际交往 5月18日，学会副理事长兼秘书长张彦敏在学会工作总部会见了美国机械工程师学会国际合作部总监Mark Sheehan、新兴技术主任Raj Manchanda一行，双方交换了各自的组织机构及活动信息，并达成了在会员服务、研讨会领域开展合作的意向。

5月20日，第十一届中美工程技术研讨会——创新与智能制造论坛在北京举行。学会荣誉理事长陆燕荪，学会理事长、中国工程院院长周济，学会副理事长、中国机械工业集团公司董事长任洪斌等学会领导与人力资源和社会保障部副部长、国家外国专家局局长张建国，在会前会见了美国机械工程师学会理事长Keith Roe先生等美国客人。

11月9—10日，第六届中日韩机械工程学会联席会议在北京召开。联席会分中日韩机械工程学会工作会议、中日韩机械工程教育认证交流会两个会场，分别围绕互联网生态下的学会务实与思考以及学会近期的重点工作、华盛顿协议框架下能力导向的人才培养模式的主题开展交流。中国机械工程学会、日本机械学会、韩国机械工程师学会的理事长及部分理事和会员参加交流。

2016年，学会分别派团参加1月11—14日在德国召开的第20届国际摩擦学研讨会暨国际摩擦学理事会会议，4月18—22日在美国召开的第23届国际热处理与表面工程联合会（IFHTSE）大会，5月21—25日在日本召开的第72届世界铸造会议（WFC 2016），7月9—15日在澳大利亚召开的国际焊接学会（IIW）第69届年会，9月22—24日在德国召开的世界铸造组织（WFO）执委会会议，10月14—17日在美国召开的第八届材料与热加工物理模拟及数值模拟国际学术会议。西安交通大学教授徐可为、北京工业大学教授李晓延分别当选新一届IFHTSE、IIW执委。

学会组团出访了德国、日本、奥地利、澳大利亚等国，就双方合作事宜交换意见，考察相关企业、高校和研究院所。

表彰举荐优秀科技工作者 2016年度中国机械工业科学技术奖共受理申报项目731，共有344项获奖，其中，特等奖1项、一等奖35项、二等奖119项、三等奖189项。2016年，通过中国机械工业科学技术奖项目向国家科学技术奖推荐候选项目14项，最终获得国家技术发明二等奖3项。

向中国科协推荐全国优秀科技工作者候选人4人，4人获奖。作为牵头学会向中国科协推荐全国杰出科技人才候选人6人，1人获奖。向教育部推荐2016年度高等学校科学研究优秀成果奖青年科学奖候选人1人。

学会设立的“绿色制造科学技术进步奖”2016年度共授予10个项目，其中，一等奖1项、二等奖2项、三等奖3项、优秀奖4项。学会承办的第六届上银优秀机械博士论文奖评选，共有18篇论文获奖，其中金奖论文1篇、银奖论文2篇、铜奖论文2篇、优秀奖论文3篇、佳作奖论文10篇。

学会创新发展 在中国科协的积极倡导和指导下，由学会联合中国仪器仪表学会、中国汽车工程学会、中国电工技术学会、中国电子学会、中国自动化学会等11家中国科协所属全国学会共同发起，并广泛联合相关企业、科研机构、高等院校，组建成立中国科协智能制造学会联合体。

联合体理事会由11家学会、15家企业、10家科研机构和11家高等院校共47家单位组成。专家委员会由76位专家组成，其中院士33位。秘书长单位挂靠在中国机械工程学会。

联合体确定了“一智库三平台”的工作定位，打造智能制造领域高端智库，搭建智能制造领域学术交流服务平台、搭建智能制造领域协同创新服务平台和建设智能制造领域人才培养平台。

会员服务 2016年，针对会员需求，新增了电子期刊服务。推荐团体会员单位参加了第二届中国创新创业成果交流会，其中1个项目被专家委员会评为A类项目。推荐青年会员参加中国科协的“青年人才托举”项目等。

为了提升和完善会员服务水平，学会启动了新版会员系统开发工作，同时开通了“会员中心”微信服务号。

【中国机械工程学会第十一次全国会员代表大会暨2016年中国机械工程学会年会】 11月10—11日，中国机械工程学会第十一次全国会员代表大会暨2016年中国机械工程学会年会在北京举行。

学会荣誉理事长、原机械工业部部长何光远，学会荣誉理事长、原机械工业部副部长陆燕荪，工业和信息化部部长苗圩，学会第十届理事长、中国工程院院长周济，中国科协副主席、书记处书记、党组副书记徐延豪，中国科协党组成员、书记处书记项昌乐，中国机械工业联合会会长王瑞祥，中国仪器仪表学会、中国电工技术学会、中国农机学会等兄弟学会代表和来自全国各地的会员代表及获奖者代表等500人出席了开幕式。

中国机械工程学会第十一次全国会员代表大会在北京举行

开幕式上，周济、徐延豪、王瑞祥和兄弟学会代表中国仪器仪表学会秘书长朱险峰先后致辞，学会副理事长兼秘书长张彦敏报告了纪念中国机械工程学会成立80周年活动情况，发布了《中国机械工程技术路线图》系列丛书、《“数控一代”案例集》系列丛书、《绿色制造技术与应用》以及《机械工程师资格认证既往与未来》等学会编撰的图书。

开幕式上颁发了中国机械工程学会学会工作成果奖、中国机械工程学会先进工作者、第六届“绿色制造科学技术进步奖”和第六届“上银优秀机械博士论文奖”。

开幕式后举行了年会主旨报告会，苗圩、周济分别围绕我国装备制造业发展和“创新驱动，产业升级”发表主旨演讲。

11月11日召开会员代表大会全体会议。周济作了中国机械工程学会第十届理事会工作报告，报告总结了学会过去5年的主要工作，分析了目前面临的新形势与新使命，对学会今后工作提出了建议；学会第十届理事会副理事长钟志华作了关于修改《中国机械工程学会章程》的报告；学会第十届理事会副理事长兼秘书长张彦敏作了《中国机械工程学会第十届理事会财务报告》；学会第十届理事会副理事长蔡惟慈作了《中国机械工程学会会费标准和会费管理办法》的报告。大会选举产生由李培根等191人组成的第十一届理事会、由宋天虎等5人组成的第二届监事会，通过了《中国机械工程学会会费标准和会费管理办法》。

随后召开了第十一届理事会第一次会议和第二届监事会第一次会议，分别选举产生了第十一届理事会领导机构和第二届监事长。李培根当选中国机械工程学会新一届理事长，王德成、尤政、杨海成、张彦敏、陆大明、陈钢、陈学东、林忠钦、钟志华、郭东明、蒋庄德、谭建荣当选副理事长，陆大明当选秘书长。宋天虎当选中国机械工程学会新一届监事长。

在十一届一次理事会议上，通过了授予周济为中国机械工程学会荣誉理事长的决定和授予王吉生等31人为荣誉理事的决定。通过了理事长提名的常务副理事长人选，张彦敏担任中国机械工程学会第十一届理事会常务副理事长。

在闭幕大会上，审议通过了《中国机械工程学会第十届理事会工作报告》《中国机械工程学会章程》和《中国机械工程学会第十届理事会财务报告》；宣读了中国机械工程学会第十一届理事会《关于授予周济为中国机械工程学会荣誉理事长的决定》和《关于授予王吉生等31人为荣誉理事的决定》。

年会期间，举办了绿色制造科技成果交流会、青年论坛之第六届“上银优秀机械博士论文奖”获奖论文交流会、中日韩机械工程学会工作联席会、中日韩机械工程教育认证交流会等活动。

【2016 制造业知识服务高峰论坛暨中国制造业知识服务联盟成立大会】 5 月 11 日，2016 制造业知识服务高峰论坛暨中国制造业知识服务联盟成立大会在北京举行。来自全国各地的研究院所、高校、企业、学会等单位的代表 130 余人出席会议。

中国制造业知识服务联盟是在中国工程院支持下，由中国机械工程学会等单位发起，汇聚知识资源提供机构、工程软件研发机构、咨询服务机构、科研院所、高校和制造企业组建成立联盟组织，以知识创新服务制造强国为宗旨，按照自愿平等、开放合作、共创分享、互补共赢的原则，依托中国工程科技知识中心制造业分中心，构建开放性数据汇聚、信息加工、知识服务体系，构筑协同式以制造业企业需求导向的用户通道，搭建网络化服务创新创业的双创平台，依托市场机制配置知识服务资源，发挥专家荟萃优势、激活知识资产，努力提供精准、快速、个性化的知识服务，实现联盟成员知识需求与服务的共建、共创、共享和共赢，助力创新驱动发展战略实施和中国制造转型升级。

会议审议通过了联盟章程、联盟首届理事会领导成员和专家委员会成员。李培根院士担任联盟首届理事长，卢秉恒院士担任专家委员会主任。李培根院士向联盟副理事长单位颁发了证书，向卢秉恒院士颁发了专家委员会主任聘书。

在 2016 制造业知识服务高峰论坛上，中国工程院办公厅副主任宋德雄作了关于中国工程科技知识中心的介绍。杨海成教授、武汉天喻软件公司熊体凡博士、IBM 中国研究院认知物联网行业运维总监李少春博士、云南省机械研究设计院院长施庆华、北京索为系统技术股份有限公司董事长李义章、武汉制信科技有限公司总经理黄培博士分别作报告《中国工程科技知识中心制造业知识中心建设与探索——助力创新驱动发展战略实施和中国制造转型升级》《CoModel——中国工业知识众创分享网》《认知计算和“工业 4.0”》《知识创新服务地方、助推企业转型升级》《知识自动化是智能制造的根基》《智能制造知识服务实践》。

【中国机械行业卓越工程师教育联盟成立大会暨中国机械类工程教育专业认证十周年专题研讨会】 8 月 26 日，由学会主办、北京工业大学承办的中国机械行业卓越工程师教育联盟成立大会暨中国机械类工程教育专业认证十周年专题研讨会在北京召开。中国工程院院长、学会理事长周济院士，教育部党组成员、副部长林蕙青，中国科协党组成员、书记处书记束为，中国工程教育认证协会理事长吴启迪，学会监事长宋天虎，学会副理事长李培根院士，北京市相关领导，学会、中国工程教育认证协会相关负责人，以及来自高校、企业、学会的 500 余名代表参加会议。

为推动高校深化改革，面向机械行业培养造就一大批高质量的创新型工程技术人才，学会在教育部的指导和支持下，联合百余所高校、80 余家企业和学会组建“中国机械行业卓越工程师教育联盟”。

联盟成立大会由宋天虎主持。周济在致辞中指出，中国机械工程学会发挥自身在行业中的组织优势，在教育部的指导和支持下，联合高校、企业，共同成立“中国机械行业卓越工程师教育联盟”，建立高校—企业人才培养合作的共同体，以“共建共享、互惠共赢、优势互补、共同发展”为宗旨，加强高校间、校企间关于机械行业“卓越工程师”教育的创新与合作，逐渐形成服务行业、培养工程型人才的合力。

林蕙青、束为、吴启迪、北京市教育委员会委员黄侃、北京工业大学校长柳贡慧先后致辞。

周济、林蕙青、束为和吴启迪共同为中国机械行业卓越工程师教育联盟揭牌。

教育部高等教育教学评估中心主任、中国工程教育专业认证协会副理事长兼秘书长吴岩，清华大学原副校长、专业认证专家余寿文教授，上海交通大学常务副校长、专业认证专家林忠钦院士，上海通用汽车有限公司人力资源执行总监徐珍分别发表主旨演讲《历史性突破开启新征程》《国际工程教育的发展与我国的工程教育专业认证》《回归工程本质，培养学生综合工程能力》《热爱·卓越·梦想，上海通用汽车工程人才成长之路》。

联盟秘书长何存富向与会代表介绍了联盟筹备情况。会议审议通过了联盟《章程》和组织机构名单。大连理工大学副校长贾振元作为联盟轮值副理事长介绍了联盟本年度的工作计划和重点。

【第十一届中美工程技术研讨会——创新与智能制造论坛】 5 月 20 日，由中国工程院、国家外国专家局、美国机械工程师学会主办，学会、中国机械工业集团有限公司承办的第十一届中美工程技术研讨会——创新与智能制造论坛在北京举行。中国工程院院长、学会理事长周济，人力资源和社会保障部副部长、国家外国专家局局长张建国，美国机械工程师学会理事长 Keith Roe，中国机械工业集团公司董事长、学会副理事长任洪斌等中美两国工业界、学术界和政府部门的代表约 300 人出席。

周济、张建国、Keith Roe、任洪斌先后致辞。

中国工程院院士、清华大学教授柳百成，前美国国家先进制造项目办公室助理主任 Gloria Wiens 教授分别以"《中国制造 2025》——建设制造强国纲领性文件"和"美国面向未来的先进制造举措"为题作主旨报告。

论坛分 4 个单元进行专题演讲。

在"先进制造技术及可持续发展技术"单元，中国工程院副院长徐德龙院士以"推进绿色制造建设幸福家园"为题，论述了中国政府对绿色发展的追求。来自加州大学洛杉矶分校的技术总监 Jim Davis 讲述了"智能制造——新一代制造业的新一代信息技术"。

在"数字化设计与制造"单元，中国工程院院士李伯虎介绍了"互联网 +"时代的智能制造模式、手段与业态。来自 GE 数字化战略研究与创新主任 Uday Tennety，以"工业互联网"为题，阐述了 GE 的思路和战略部署。

在"增材制造"单元，西安交通大学教授魏正英代表卢秉恒院士作了题为"增材制造发展趋势"的报告。美国制造技术协会副理事长 Tim Shinbara 发表了题为"使能技术：连接、互操作和数据驱动的智能"的演讲。

在"先进材料与制造"单元，哈尔滨工业大学校长、学会常务理事周玉院士讲述了先进陶瓷基复合材料制造与应用。Gloria Wiens 教授作了题为"机器人技术与智能制造的创新展望"的报告。

【2016 焊接国际论坛】 6 月 13 日，由学会及焊接分会主办，大连理工大学、天津大学、《焊接技术》杂志社、天津市设计学学会共同承办，以"绿色 · 智能焊接"为主题的 2016 焊接国际论坛（IFWT 2016）在北京举行。中国科学院院士潘际銮，中国工程院院士徐滨士、关桥、林尚扬出席论坛。学会监事长宋天虎、学会副理事长兼秘书长张彦敏，以及来自国内外焊接界的专家、学者 200 余人参加论坛。

此次论坛共有 14 位国内外专家受邀作大会报告，潘际銮院士作了题为"百万千瓦核电汽轮机低压转子焊接技术"的报告，日本广岛大学筱崎贤二教授作了题为"高效优质热丝激光焊接"的报告，再制造技术国家重点实验室徐滨士院士及朱胜教授作了题为"绿色再制造技术的创新发展"的报告，英国 Meta 视觉有限公司总经理 Robert Beattie 博士作了题为"基于视觉的数字自适应焊接"的报告，北京航空制造工程研究所关桥院士作了题为"高能束焊接、加工与增材制造"的报告，美国肯塔基大学教授张裕明作了题为"焊工智能提取之科学基础"的报告，德国乐驰焊接技术有限公司 Augustin Thomas 先生作了题为"高效化焊接革命—— Speed 脉冲电弧焊"的报告，美国南卡罗来纳大学教授唐继军作了题为"数字散斑相关方法在变形量测上的原理，发展历史及应用"的报告，郑州机械研究所国家重点实验室主任龙伟民研究员作了题为"绿色钎焊——连接生态文明"的报告，哈尔滨焊接研究所研究员王威作了题为"中厚钢板激光氧气切割新机理"的报告，液化空气中国投资有限公司研发全球实验室总监 Francis Briand 作了题为"三种气体分子助力应对焊接行业的挑战"的报告，伏能士焊接技术国际有限公司东亚区域销售总监 Michael Eberhard 作了题为"智能焊接：TPS/i 平台带来超乎寻常的稳定性"的报告，大连理工大学教授刘黎明作了题为"基于电弧设计的绿色焊接制造技术"的报告，论坛主席宋天虎研究员作了题为"走向焊接制造的数字化"的总结发言。

焊接国际论坛是"北京 · 埃森焊接与切割展览会"的学术交流活动之一，与展会同期同地举办，自 2002 年起已成功举办了 14 届。

（撰稿人：陈超志）

中国汽车工程学会

服务创新型国家和社会建设 2016 年，学会完成了北京航空航天大学"电动汽车能源系统高效、高安全优化及集成控制技术研发与应用"、吉林大学"汽车车身轻量化设计方法研究与应用"等 9 项科技评价工作。

2016 年，学会发布了《电动汽车的电磁场发射强度（9kHz–30MHz）测试规范》（T/CSAE 45–2015）、《纯电动乘用车再生制动能量回收率的评价及试验方法》（T/CSAE 44–2015）等 13 项标准，包含 5 项电动车标准、7 项材料标准和 1 项转向标准。

学会举办专业技术人才培训班和技术讲座17次，参加培训人数2243人次。

受工业和信息化部委托，学会组织行业力量开展了节能与新能源汽车技术路线图研究编制工作。500多位专家参与本项研究，累计进行60余场研讨会，完成了“1+7”的节能与新能源汽车技术路线图，10月26日正式发布。

10月27日，学会结合国家汽车强国建设对战略咨询的重大需求，联合汽车及汽车相关行业院士成立了中国汽车工程学会院士工作室。首批加入工作室的院士有郭孔辉、钟志华和李骏。

2016年，学会与16个省级、市级科协建立了联系，走访调研了9个地级市，调研企业50余家，与6个地级市科协签署创新驱动发展合作协议，建立了1个创新服务基地、1个“双创中心”、1个轻量化技术研究院、1个院士工作站。与地方科协签订合作协议3项。

1月，学会按照《中国科协关于实施创新驱动助力工程的意见》的总体要求，依托国汽（北京）汽车轻量化技术研究院有限公司设立德州分院。2016年3月，国汽（北京）汽车轻量化技术研究院有限公司德州分公司完成工商注册，德州分公司正式成立。

学会能力提升计划　2016年，学会根据中国科协《学会能力提升专项资金管理办法（试行）》和工作进度安排，将专项资金用于提升学会自身发展能力、提升服务创新能力、提升服务社会和政府能力、提升服务科技工作者能力4个方面。

提升学会服务创新能力方面，推进精品学术会议战略，举办2016年中国汽车工程学会年会暨展览会、第四届中国汽车防腐蚀与老化论坛（VCAP），承办中国科协第十八届年会第二分会场暨2016中国新能源汽车产业创新发展论坛。建立科研资源平台，完成了人才数据库、实验室和工程中心数据库等方面的创新资源平台建设，共收到申请加入的高校11家，高校科研团队申报研究团队37个，247名专家入库科研资源平台库。

提升服务社会和政府能力方面，推进产业技术联盟间合作和交流，轻量化产业技术创新战略联盟牵头申报的“十三五”国家重点研发计划“新能源汽车”试点专项“电动汽车结构轻量化共性关键技术研究与应用”项目获批。召开中国汽车产业技术战略咨询峰会，增加了本田、福特、大陆3家公司的技术高管作为新成员，中国汽车技术首脑峰会经过探讨，形成了行业共识。

提升服务科技工作者能力方面，组织2016年中国汽车工程学会巴哈大赛，完成了系列汽车新技术培训班，完成了以“汽车高强度钢轻量化设计与应用”为主题的两期培训工作，完成了以新能源汽车为焦点的“车辆测试、样车分析”培训工作。开展了中国汽车文化史研究。

提升学会自身发展能力方面，举办首届中国汽车工程学会和地方汽车工程学会秘书长联席工作会，实现学会系统上下联动。建立“会士”制度，优化会员结构。2016年上半年参加第52届AFC执委会会议，11月9—11日承办第53届执委会会议和相关工作组会议，加强国际交流与合作，提升学会的国际影响力。

学会建设　10月25日，学会召开八届五次理事会暨八届八次常务理事会议，来自本行业及相关行业的210位理事及理事代表出席会议。会议同意设立学会党建工作小组，选举出12位专家成为学会会士，同意设立学会电器技术分会、可靠性技术分会和汽车空气动力学分会。2016年，学会建设会员数据管理系统，实现会员的线上管理。召开团体会员代表大会并授牌，发放个人会员证。截至2016年年底，学会个人会员16403名，团体会员1300个。

2016年，学会获科技部批复同意加入先进燃料电池项目实施协议（AFC TCP），并于2016年11月在中国举办AFC TCP第53届执委会会议。

学术期刊　2016年《汽车工程》出版12期，共刊出论文240篇，总印数为26764册。据中国科学技术信息研究所统计数据显示,《汽车工程》综合评价总分为72.86，在1985种核心期刊中排名第117位，在10种公路运输类期刊中排名第2位。影响因子为0.540（2014年0.481），总被引频次为1709（2014年1570）。

学科发展研究　8月31日，由学会、国务院发展研究中心产业经济研究部和大众汽车（中国）联合编著的《中国汽车产业发展报告（汽车蓝皮书）》第10次出版，主题为“我国汽车产业智能化发展趋势及格局变化”及“我国智能网联汽车发展战略及政策建议”。

9月5日，学会举行《中国汽车技术发展报告2016》发布暨研讨会。

9月，学会联合中国汽车工程研究院共同组织汽车相关企业、高校、研究机构和知识产权服务机构编制《中国汽车产业知识产权发展报告》。

2016年,《中国汽车产业文化简史》编撰大纲通过业内权威专家论证，经过对北汽等5家整车集团进行调研，实地考察史实资料后，召开内审会。12月下旬，修改后的终稿提交总课题组。

决策咨询 2016年，学会提供决策咨询报告13篇。向工信部提交《汽车中长期发展规划》《汽车动力蓄电池行业规范条件》企业目录（第二批、三批）、《免征购置税新能源汽车目录》(第八批)、《乘用车胎压监测系统强制性国家标准准备材料》《电动客车安全技术条件》、2017《中国制造2025》重点工作计划表报告；向科技部提交新能源汽车监督平台方案、电动汽车产业技术现状，2017年百人会发言稿、氢能燃料电池汽车发展政策研究等决策建议；向环保部提交《轻型汽车污染物排放限值及测试方法（中国第六阶段）》；协助国务院办公厅进行新能源汽车专项核查工作。

国际学术会议 2016年，学会及分支机构共举办25项国际学术交流活动，主要有2016中国汽车工程学会年会暨展览会、第八届国际汽车变速器及驱动技术研讨会（TMC2016)、2016第四届中国汽车防腐蚀老化技术论坛、2016年第十届中国汽车轻量化技术研讨会、2016中国（长春）国际汽车技术高层论坛等。参加交流人数9037人，其中境外专家、学者466人，交流论文807篇。

国内主要学术会议 2016年，学会及其分支机构共举办年会、研讨会、论坛等学术活动35次。主要有2016年第十届中国汽车轻量化技术研讨会、第二届汽车可靠性技术研讨会、2016中国汽车先进技术与制造高峰论坛、2016中国新能源汽车产业创新发展论坛、2016中国汽车先进技术与制造高峰论坛、第十届中国（花都）汽车论坛、中国汽车防腐蚀与老化技术论坛（VCAP)、首届中国汽车产业知识产权发展论坛、第十三届全国汽车职业教育年会等。参加交流人数5122人次。

国际组织任职 4月11日，在美国底特律举行的国际汽车工程学会联合会（FISITA）常务理事会上，经学会推荐，来自中国的清华大学汽车产业与技术战略研究院院长赵福全，全票当选FISITA 2018—2020年轮值主席。此表决提案于9月28日在釜山的FISITA理事会上获得高票通过。赵福全教授成为继李骏院士之后代表亚洲成为FISITA主席的第二位中国汽车工程师。

国际交往 2016年，学会共派25人次前往德国、美国、日本等国家开展国际交流活动。

4月9—17日，学会理事长付于武一行4人赴美国和加拿大，出席在美国底特律举行的FISITA 2016年常务理事会议，参加在当地举行的美国SAE 2016年会，并应邀到加拿大Stackpole公司实地考察“智能工厂”模式在零部件企业中的成熟运用。

5月23—27日，由学会副秘书长公维洁带队，赴日本横滨参加了日本汽车工程学会春季年会暨展览会，并在会议期间，与日本同行一同探讨了组织会展的相关经验。

7月3—10日，学会秘书长张进华、技术发展部副部长赵立金赴欧洲进行电动汽车技术交流的活动。在奥地利期间，参加了联合国工业发展组织（UNIDO）组织的EGM技术交流会议，了解参会国家电动汽车规模化推广、基础设施建设、财税政策、电动汽车和电网一体化融合发展等项目活动。

科普活动 2016年，学会及分支机构共开展16项科普竞赛和展览活动，包括中国大学生方程式汽车大赛（FSC)、全国职业院校技能大赛中职组汽车营销赛项、2016中国汽车工程学会巴哈大赛、2016中国汽车工程学会“北汽新能源杯”新能源汽车技术技能大赛等。

表彰举荐优秀科技工作者 10月,“中国汽车工业科学技术奖”颁奖大会举行，共有62个项目及个人获奖，其中一等奖6项、二等奖18项、三等奖34项、“中国汽车工业优秀科技人才奖”2人、“中国汽车工业优秀青年科技人才奖”2人。

会员服务 2016年学会启动了首届中国汽车工程学会会士评选工作。首次会士提名评选工作共收到19位候选人资料，经过23位专家评选，最终选出12位会士。

【2016中国汽车工程学会年会暨展览会】 10月26—28日，由学会主办，中国汽车人才研究会、安亭上海国际汽车城协办的第23届中国汽车工程学会年会暨展览会（2016 SAECCE）在上海市举办。

本届年会主要聚焦汽车智能化和网联化、汽车节能环保、电动汽车、材料与轻量化和汽车安全等热点话题，组织了包括1场全体大会高层访谈、1场技术路线图发布、4场院士论坛、5场发布及颁奖典礼、12

场技术分会、3 场国际化并行会议、4 条企业参观路线、8 场试乘试驾体验活动，由院士、行业组织、专家、企业发起的 29 场专题分会和 4 场院士论坛，邀请中、日、韩、欧、美等国家和地区的技术人员，围绕发动机、电池技术、电控技术、电气化方案、转向、变速器、轮胎技术、NVH、材料、车辆动力学、空气动力学、混合动力汽车、智能网联技术、安全、排放等全球汽车热点话题展开研讨，参会人数达 2604 人次。同期举办的技术展览面积达 10000 平方米，来自 13 个国家和地区的 150 余个企业参展，参观人数达 1 万余人次。本届展会首次设立智能网联汽车技术专区、自主零部件展区。

此次年会收到论文投稿共 927 篇，录取 519 篇。其中，53 篇入选《2016 中国汽车工程学会年会论文集精选》，另有 442 篇入选《2016 中国汽车工程学会年会论文集》。

【第一届国际燃料电池汽车大会（FCVC）】 11 月 7—8 日，第一届国际燃料电池汽车大会（Fuel Cell Vehicle Congress，FCVC）在北京举办。来自国内外政府部门、氢能基础设施、燃料电池整车及关键部件、高校及研究机构、产业投资界共计 400 多名人员参加了本届大会。

大会得到了国内政府部门、企业及单位的支持，并获得了联合国开发计划署（United Nations Development Programme）、丰田汽车（Toyota）、美国阿岗国家实验室（Argonne National Laboratory）等国外相关单位的支持。国外报告占比达到 60%，国外参会人员接近三分之一。本届大会主题为“凝聚共识、促进技术与产业协同发展”，共设有全体大会和 4 个分会场。

大会是学会携手国内外同行共同打造的国际交流平台，来自国内外燃料电池相关行业的嘉宾就燃料电池汽车前沿热点话题进行了交流。此次大会也正式对外发出了联合发起筹备“国际燃料电池协会”的倡议。

【2016（第十届）中国汽车轻量化技术研讨会】 9 月 22—24 日，2016（第十届）中国汽车轻量化技术研讨会在江苏省丹阳市举办。会议由汽车轻量化技术创新战略联盟和中国汽车工程学会共同主办，丹阳市汽车零部件商会、中国钢结构协会冷弯型钢分会、激光加工产业技术创新战略联盟、粉末冶金产业技术创新战略联盟和江苏大学协办。参会单位有整车及零部件企业、高等院校、科研院所、原材料企业、政府机构、检测机构和装备企业等，参会人数 450 余人次。

技术交流以全体大会和分会场的形式进行。轻量化联盟专家委主任、吉林大学教授王登峰，中国工程院院士、武钢集团副总工程师毛新平，轻量化联盟副秘书长杨洁，诺贝丽斯中国区总裁刘清，东风汽车技术中心研究部副部长史建鹏等专家、学者分别就“节能与新能源汽车轻量化技术发展趋势”“低碳低成本热成型用钢开发”“轻量化联盟‘十三五’期间工作计划”“全铝车身轻量化设计及典型案例分析”“节能与新能源汽车铝镁合金制造技术路线”等发表了主旨演讲。

分会场分别以汽车用高强钢开发及应用技术、汽车用铝镁合金开发及应用技术、汽车用非金属材料开发及应用技术、汽车轻量化连接技术、汽车轻量化设计技术为主题，邀请了来自国内外从事汽车轻量化技术研究与开发的 110 余位专家、学者和工程技术人员作专题技术报告。期间，会议还首次开设了研究生分论坛。

【首届新能源汽车技术技能大赛】 11 月 12—15 日，首届中国汽车工程学会新能源汽车技术技能大赛在北京汽车技师学院举行。大赛由学会主办，学会汽车应用与服务分会、北京汽车技师学院承办。大赛设新能源汽车基础知识测试、电机电控系统台架实验、新能源汽车维护与检测 3 个赛项，共有 76 个院校报名参赛，通过培训考核，共有 32 支参赛队进入决赛。比赛选手、裁判、工作人员、媒体等近 200 人参加了大赛全过程。

比赛由教师和学生联合组队参赛，并与企业代表队同场竞技互相切磋。大赛为 100 多位职业院校教师提供了免费新能源汽车检测维修培训。

（撰稿人：张　静）

中国农业机械学会

服务创新型国家和社会建设　12 月 4 日，学会“东方红”杯第二届全国大学生智能农业装备创新大赛决赛在江苏大学举行。围绕“智能农装、创新未来”的主题，参赛大学生们携带着 210 件智能农业装备创新作品展开创新成果比拼角逐。本届大赛评选出特等奖作品 18 件、一等奖作品 53 件、二等奖作品 102 件，优秀指导教师 93 位，高校“优胜杯”11 个。

为贯彻落实国务院《深化标准化工作改革方案》，

学会申报并实施完成了中国科协学会学术部“农机团体技术标准制度和协作机制建立”课题，制定了《中国农业机械学会团体标准管理办法》《中国农业机械学会团体标准制定程序》《中国农业机械学会团体标准知识产权管理制度》《中国农业机械学会团体标准组织机构和职责》等文件。

学会举办专业技术人才培训班和技术讲座7次，培训人数350人次；在中国农机论坛大讲堂开设了“物理农业”专栏，组织讲座8场，受众人数8000人次。

学会建设 2016年，学会分别召开了十届三次常务理事会议和十届四次常务理事扩大会议，对学会工作总结和计划、重大活动方案和2016年会筹备等重大事项进行民主协商、集体决策。召开理事会1次。增补副理事长和常务理事1人、理事3人，完成了学会法人的变更。理事会人数182人，其中常务理事61人。学会现有团体会员175个。注销了学会农业技术经济分会，并于4月向中国科协提交了报备材料。8月成立了农业航空分会，分支机构增加到24个，5个分支机构完成了换届工作。

4月25—27日，学会2016年工作会议暨创新驱动助力工作研讨会在安徽省芜湖市举行。来自学会18个分支机构和15个地方学会秘书长或代表，以及学会秘书处工作人员共45人出席会议。

8月6日，学会农业航空分会成立大会在新疆维吾尔自治区昌吉回族自治州召开。农业航空分会第一届委员会由来自从事农业航空教育、科研、管理、推广、生产、营销和使用等各方面的代表共67人组成。会议审议通过了《中国农业机械学会农业航空分会管理办法》。

学会获准执行中国科协“青年人才托举工程”项目，在2015—2017年连续三年每年获中国科协资助，托举农机行业制造企业青年科技人员2人。

学术期刊 《国际农业与生物系统工程学会期刊》（*CIGR Journal*）共出版4期，刊发学术论文144篇；亚洲农业工程学会（AAAE）学术期刊——《国际农业工程》（IAEJ）共出版4期，刊发论文90篇。

学会主办的《农业机械学报》影响因子为1.439，比上年度提高17%；总被引频次为6398，比上年度提高14%，被引频次和影响因子均居学科排名第二位。据中国学术期刊（光盘版）电子杂志社发布的《2016中国学术期刊影响因子年报》数据显示，《农业机械学报》复合总被引频次为15810，复合影响因子为2.092；期刊综合总被引频次为8259，期刊综合影响因子为1.580；居农业工程类科技期刊Q1区，再次被中国学术期刊（光盘版）电子杂志社评为“2016中国国际影响力优秀期刊”。学会期刊创建了英文网站，全年共选取57篇高质量论文进行了双语出版。

对2015年学报刊出论文从学术质量、审稿综合评价、高下载量、高引用量等方面进行筛选，评选出30篇高水平、高影响力学术论文；综合考虑2015年度审稿数量、质量和时效，评选出20位2015年度优秀审稿人并予以表彰奖励。

决策咨询 学会农业机械化分会开展农业机械化发展研究，为农业机械化发展提供理论支撑。为联合国可持续农业机械化中心起草《联合国可持续农业机械化中心发展规划（2016—2020年）》；参与农业机械化评价体系与扶持政策研究，包括“十三五”农机购置补贴扶持重点与政策创新研究，畜牧业、林果业、渔业、综合机械化水平评价指标体系的研究及数据评估等；参与中国工程院咨询项目——我国农业全程全面机械化发展面临的新挑战和应对策略，与国务院发展研究中心合作研究相关课题等。

国际学术会议 学会及所属分支机构全年共举办国际会议3个，分别为2016学会国际学术年会暨十届三次理事会、“智能化精准施药、施肥”国际学术研讨会、第二届空化与多相流国际会议。参会人数共计1070人次，交流论文153篇。

6月27—28日，学会农业机械化分会、联合国可持续农业机械化中心、农业部农业贸易促进中心在云南省昆明市联合举办了亚太马铃薯生产全程机械化研讨会。会议探讨交流了新形势下亚太地区马铃薯生产全程机械化相关问题，交流了亚太各国成功的做法及相关经验。来自十余个亚太国家或地区的专家、学者，以及国内各省农机管理部门、农机企业、科研院所、高等院校等相关人员120余人出席研讨会。

10月，学会排灌机械分会在江苏省镇江市举办了第二届空化与多相流国际会议。来自中国、美国、瑞士、日本、法国、新加坡、韩国等国家的10余位专家参加会议。会议收到论文135篇，特邀专题报告13个，参会人员300余人（其中外籍50余人）。

国内主要学术会议 2016年，学会及所属各分支机构举办各类学术活动30次，征集交流论文536篇，近4500人次参加了交流活动。

6月9—11日，学会科普委员会联合农业机械杂志社在江苏省南京市举办了中国农机高峰论坛。来自全国各地农机企事业单位的120余位代表出席了活动，期间举办了企业家沙龙、农机高峰论坛及农机年度产品TOP50的颁奖等活动。

12月16—18日，学会排灌机械分会与中国机械工业标准化技术协会排灌专业委员会在江苏省徐州市联合召开了“第三届全国节水灌溉装备与技术战略研讨会及第十届排灌机械分会换届大会”。200余位专家、学者参加会议，从不同角度解读了排灌专业与行业的发展趋势及需求、团体标准及标准创新的相关政策和信息。

12月27日，学会农业机械化分会与中国农技推广协会农业装备与工程技术分会、雷沃重工股份有限公司在山东省潍坊市联合举办了农机推广高峰论坛。论坛主题是“补短板　促全面　推进主要农作物全程机械化”。论坛围绕《农业部关于开展主要农作物生产全程机械化推进行动的意见》的相关要求，结合农业部主要农作物生产全程机械化示范县的建设，同时针对目前我国农业全程全面机械化面临的问题展开研讨交流。来自农业部主要农作物生产全程机械化指导组全体专家、全国各省（市、自治区）农机推广部门、相关科研单位等的近1000人出席会议。

国际交往　2016年共接待来自13个国家、6个批次共43人次的来访外宾；全年派出研究员、工程师约10人赴美国、加拿大、德国等国参加学术会议和专业展览，进行学术交流和合作洽谈。

11月初，受韩国农机学会邀请，学会理事长罗锡文赴韩国出席了该学会主办的国际学术会议并作学术报告，参观了2016年韩国国际农业机械博览会。

科普活动　12月2日，学会科普委员会在江西省南昌市召开2016年度全国农机科普培训暨先进表彰会，来自20多个省、自治区、直辖市的60余位代表参加了会议。会上，代表们交流了开展农机科普活动的经验，并对39个全国农机科普先进集体、168位农机科普先进工作者、4件优秀农机科普作品进行了表彰。

12月4日，由学会联合国内有关机构共同主办、江苏大学承办的“东方红”杯第二届全国大学生智能农业装备创新大赛决赛在江苏省镇江市举行。来自农业工程领域39所高校参加决赛的大学生和研究生、33家国内农业装备制造企业特邀代表、有关高校特邀评委和教师等620余人出席了大赛决赛开幕式并观摩了大赛决赛。大赛共评出特等奖作品18件、一等奖作品53件、二等奖作品102件、优秀奖作品164件、优秀指导教师93位、高校“优胜杯”11个。

表彰举荐优秀科技工作者　学会评选出“现代农装杯中国农业机械学会第五届青年科技奖”获奖者10名。

经学会推荐，中国农业机械化科学研究院方宪法获得第七届“全国优秀科技工作者”称号。

2月29日，经中国科协正式批复，由学会上报的中国一拖集团有限公司翟营和现代农装科技股份有限公司刘忠军入选中国科协“青年人才托举工程”。

党建强会　12月19日，学会正式成立了中国农业机械学会党委（功能型党组织），由学会副理事长（法人）王博担任党委书记。

学会荣获中国科协“党建强会”计划“十百千”特色活动组织奖，学会党支部承接的中国科协党建调研课题研究——“青年拔尖人才培养机制研究”被评选为优秀课题研究报告。

7月21日，学会党支部赴石河子大学开展了中国农机学会“党建强会”走进新疆特色活动，活动包括青年人才成长论坛和科技论文讲座两部分。

【2016中国农业机械学会国际学术年会暨十届三次理事会议】　10月24—27日，2016中国农业机械学会国际学术年会暨十届三次理事会在湖北省武汉市召开。来自中国、韩国、印度、德国、苏丹、牙买加6个国家的720余位专家、学者出席大会。

十届三次理事会议传达了中国科协党建工作相关文件精神。大会向叶章颖等10名青年学者颁发了“现代农装杯中国农业机械学会第五届青年科技奖”。

同期举行的学术年会主题为“践行五大发展理念，促进农机科技创新”。针对“中国制造2025”、智能农业装备以及农业机械和工程领域的诸多热点难点问题，农业部农机化司副巡视员孔亮围绕国家农机化“十三五”发展规划与部署，中国工程院制造业研究室教授董景辰就我国智能制造发展态势，韩国成均馆大学教授Chang Hyun Choi聚焦韩国生物系统工程新趋势，中国科学院院士闫楚良针对经济寿命与结构可靠性评定技术，施帝莱企业管理咨询（上海）有限公司常务董事George Stieler就世界领先行走机械制造商的技术创新，中国科学院院士任露泉针对农业装备创新发展的仿生思考，中国工程院院士罗锡文围绕对中国农业全程全面机械化发展的思考，德国慕尼黑OHB公司高级项目经理、国际地面车辆系统学会秘书长Lutz Richter博士就地面力学与农业工程，中国工程院院士陈学庚聚焦农田残膜污染治理进展与展望，中国机械工业集团有限公司总工程师陈志就我国农机工业发展与新常态，印度农机制造商协会 Technical Advisor 技术顾问 Surendra Singh 博士针对印度农业机械化最新发展、技术需求与政策支持，中国农业机械化科学研究院副院长方宪法围绕“中国制造 2025”——农业装备部署，分别作了 12 个学术报告。

同期，学会 16 个分支机构联合有关单位组织了 14 个专题分会场的学术交流。在大会主会场的 11 个分会场和在武汉国际博览中心的 3 个分会场，有 136 位学者进行了口头学术演讲，930 余人参加了相关分组学术讨论。

大会还组织全体代表参观了 2016 中国国际农业机械展览会。

【中国农业机械化展望大会】 8 月 13 日，学会农业机械化分会主办的中国农业机械化展望大会在天津市召开。来自国家有关部委、农机管理和推广部门、高校和科研院所、行业协会的近 200 位代表出席会议。与会嘉宾围绕“农业结构调整与农业机械化”这一主题，共议现阶段我国农业机械化发展所面临的一系列挑战，分析“十三五”期间我国农业机械化面临的挑战和机遇，为促进农业机械化与农机工业又好又快发展，保障粮食安全和农产品有效供给建言献策。国务院发展研究中心农村经济研究部部长叶兴庆、农业部产业政策与法规司张长、国家发展和改革委员会农经司原副司长方言、农业部农业机械化管理司产业发展处处长宋建武先后作主题报告《以问题为导向推进农业供给侧结构性改革》《农业转方式调结构的政策取向》《“十三五”种植业结构调整方向与重点》和《农业机械化“十三五”发展思路与重点》，就我国现阶段农业产业结构调整与改革等方面问题进行了探讨与分析。中国农业大学校务委员会副主任傅泽田、中国农业机械工业协会会长陈志、环保部大气环境管理司机动车环境管理处处长韦洪莲、约翰迪尔（中国）投资有限公司总裁刘镜辉分别作主题报告《农业机械化发展阶段的规律性认识与思考》《“十三五”农机科技发展的方向和重点——智能农机装备》《坚持走环保道路，促进未来农机健康、可持续发展》《发达国家农机排放标准升级的应对策略与经验分享》，就农业机械化发展、智能装备、可持续发展、农机排放标准升级等话题展开了交流与分享。

（撰稿人：袁爱洁）

中国农业工程学会

服务创新型国家和社会建设 2016 年，学会持续实施中国科协创新驱动助力工程，入选工程链状试点学会。学会出台了《中国农业工程学会创新驱动助力工程项目管理办法》《中国农业工程学会关于实施创新驱动助力工程的意见》，与内蒙古自治区、河北省、山东省、广东省等多地政府与企业签订协议，建设学会科技成果转化基地和学会开放实验室。8 月，学会首次对接政府部门，在河南省南阳市召开工业化循环水养殖技术项目（南阳）项目进度报告会，助推科技成果转化。学会组织编写了《大众创业 精准扶贫走出去合作 项目选择分析与规划》。学会组织编写工业化循环水养殖技术、蓖麻产业化种植技术的扶贫方案，报送国务院扶贫办备选。

2016 年，学会完成了对河南农业大学、河南省科学院能源研究所有限公司“生物质耦联发酵生产沼气沼肥技术与整套装备研究”，厦门大学、河南省科学院能源研究所有限公司“生物质清洁水解制备低聚木糖及乙酰丙酸酯工作技术”等 2 项科技成果的评价工作。

学会建立了常态会议机制，稳妥推进农业类工程教育专业认证工作。8 月 24 日，学会教育委员会暨工程教育专业认证工作会议在吉林省长春市召开，就农业工程职业教育、农业工程类专业认证标准等问题进行了研讨，50 余名专家参会。

4 月 19—21 日，学会与中国农业国际合作促进会联合举办 2016 中国国际现代农业博览会（第七届）。20 余个国家和地区的 420 家企业参展，展出面积 2 万平方米，国内外观众 3 万余人次参观。

学会承担人力资源和社会保障部专业技术人才知识更新工程 2016 年度岗位培训项目 2 项，分别于 10 月、11 月举办了设施养殖技术专题培训班和全国农用无人机植保理论及技术培训班（第二届），共计培训 90 余人次。

7 月 20—22 日，第四届全国大学生农业建筑环境与能源工程相关专业创新设计竞赛在广东省广州市举行。竞赛以“新乡村建设与现代农业工程”为主题，设工艺与环境、设施与设备、清洁能源工程、农业建筑类 4 个单元，共 26 所高校 364 人、91 件作品参赛，数量为历届之最。

10月15日，学会主办的全国大学生无人机与机器人创新创业方案赛在北京启动。大赛以推动我国无人机与机器人技术在高校的自主创新为主旨，作品类型分为无人机、机器人创新设计、改进方案和无人机、机器人应用方案，共有50件作品入选。

11月13日，首届全国大学生无人机创新大赛在广东省广州市举行。大赛以“科技创造生活，创意点亮生活”为主题，分为竞技类的障碍穿越赛（穿越机）和应用类的喷洒竞技赛（农业无人机），共有来自26家单位的97名选手参赛。

11月15日，第二届全国大学生智能农业装备创新大赛在江苏省镇江市举行。大赛以“智能农装、创新未来”为主题，共有420名大学生的210件智能农业装备创新作品角逐决赛。大赛同期举行学生项目成果供需洽谈会会、专场人才招聘会，为“双创”人才和成果转化搭建平台。

学会能力提升计划 学会持续实施学会创新和服务能力提升工程，稳步提升学会服务创新能力、服务社会和政府能力、服务科技工作者能力和服务自身发展能力。

服务创新能力方面，打造学会立体化学术交流平台。举办第十二届全国高等院校农业工程及相关学科建设与教学改革学术研讨会；持续实施专业学术会议资助制度，资助专业学术会议10个，其中国际会议4个，受众2335人次。学会在吉林大学、中国地质大学、首都经济贸易大学组织4场院士专家校园行活动，以“科学大师与学风素养”为主题，听众达600余人次，发放农业工程专家文集200本。

服务政府和社会能力方面，学会提出科学家建议5项，完成了科技成果转化基地规划设计2个，助力特色农业工程技术转化。学会开展了设立中国农业工程科技奖的可行性调研，开展了国外农业工程师制度调研，为承接政府转移职能做准备。

服务科技工作者能力方面，拓展人才举荐宽度广度，实现人才举荐及培养体系全年龄段覆盖。持续实施中国科协青年人才托举工程，出台《中国农业工程学会青年人才托举工程项目实施与管理细则（试行）》《中国农业工程学会关于青年人才托举工程的项目资金管理办法（试行）》。

服务自身能力方面，持续完善分支机构绩效评估及理事评估办法，逐渐强化分支机构和理事的职责意识。

学会建设 2016年，学会拥有个人会员9982名。相比2015年，个人会员增加15%，重新登记会员缴费率增加15%。

2016年，学会召开九届八次、九届九次、九届十次常务理事会（通讯）会议以及九届五次理事会议。学会召开理事长工作会议2次、秘书长工作会议2次。

学会和分支机构共组织各类学术、技术交流活动20次，参加人员3900人次，发表论文495篇。

2016年，学会组建了专兼职工作人员与志愿者相结合的办事机构队伍，完善了办事机构管理制度，统计、档案、财务、年鉴等工作获中国科协表彰奖励。

学术期刊 《农业工程学报》出刊24期、增刊2期，联合中国知网双语出版优秀论文120篇，官方微信公众号推送消息700余条。《农业工程学报》入选了中国科协精品科技期刊TOP50、全国行业“百种中国杰出学术期刊”“2016中国最具国际影响力学术期刊”。8月，学会在吉林省长春市举办了《农业工程学报》创刊30周年庆典，出版了《〈农业工程学报〉创刊30周年纪念册》。

《国际农业与生物系统工程学报》2016年出刊6期，刊登论文105篇，同比增长28%。《国际农业与生物系统工程学报》编辑队伍人员同比增加15%，审稿专家同比增加20%。

学科发展研究 完成出版了《2014—2015农业工程学科发展报告》。中国科技新闻学会邀请光明网、《农民日报》等媒体对学科发展报告进行推介。

国际学术会议 学会及分支机构2016年共举办国际会议7个，主要有9月9—11日在北京召开的首届智慧国际畜牧业国际研讨会；10月19—21日在山东省东营市召开的第十届国际计算机与计算机技术在农业中的应用国际研讨会；10月21—24日在辽宁省大连市举办的第五届工业化循环水养殖国际学术研讨会；11月13—14日在广东省广州市举行的第五届国际精准农业航空会议。

国内主要学术会议 7月30—31日，全国种业机械化技术研讨会在河北省固安县举行。研讨会就我国种子生产机械化现状与攻关目标、智能农机装备发展方向、我国育制种试验机械化研究进展等进行探讨，近180人参会。

8月5—17日，学会青年科技工作委员会第三届学术年会在黑龙江省佳木斯市召开。会议在传统农业装备逐渐信息化智能化的背景下，为青年学者提供了为我国智能农业装备发展建言献策的平台。

8月18—20日，学会蓖麻经济技术分会学术年会在辽宁省锦州市召开。会议就如何在农业产业结构中恢复蓖麻种植面积以及优化、延伸下游产业结构等问题进行了交流和讨论。

8月19—21日，学会农业水土工程专业委员会第九届学术研讨会在湖北省武汉市召开。研讨会就我国灌区农业水土资源高效利用、涝渍灾害防控、现代灌排技术与设备、生态环境保护、"互联网+"灌区信息化及现代化灌区建设理论等方面进行学术交流和研讨，1000余人参会。

9月29日—10月1日，学会设施园艺工程专业委员会2016学术年会在云南省蒙自市召开，200余位设施园艺界专家、学者参会。

10月28—30日，学会农业系统工程专业委员会2016年学术研讨会在云南省昆明市召开。会议就农业系统工程领域学术交流、学科改革、建设和发展等问题开展研讨，60余名专家、学者参会。

11月5—7日，学会农产品加工及贮藏工程分会2016学术年会在湖北省武汉市举行。年会以"创新驱动发展，科技引领未来"为主题，就农产品加工共性技术及装备、食品营养与功能食品等专题进行探讨，共600余名专家、学者参会。

国际组织任职 2016年，学会共有28位专家在18个国际学术组织任职。学会秘书长管小冬当选世界工程组织联合会（WFEO）能力建设委员会执委。

国际交往 6月26—30日，学会理事长朱明、常务副理事长罗锡文、副理事长李树君等赴丹麦奥胡斯参加第4届国际农业与生物系统工程学会（CIGR）国际会议，向国际同行宣传、介绍我国农业工程的发展成就和经验。会议同期举行的颁奖典礼上，授予学会常务副理事长罗锡文"国际农业与生物系统工程学会国家/区域奖"，以表彰其对亚洲和中国的农业机械发展所作出的巨大贡献。

6月，学会作为国家会员，完成国际农业与生物系统工程学会2017—2018年继任主席、2018—2021年秘书长的选举工作。

科普活动 2016年，学会建立科普传播基地2个，出版《农业工程技术》36期。

3月，学会出台《中国农业工程学会关于加强科普信息化建设的意见》。

3月，经学会推荐，学会14位专家获批成为全国首席科学传播专家（第四批），聘期3年。

6月，学会科普微信公众号"现代农业123"入选"'科普中国微平台'移动互联科学传播榜"2016年第6期"科普微信潜力榜"。

8月，学会组织开展2016年度农业工程及相关学科科学传播专家团队建设情况中期评估。

表彰举荐优秀科技工作者 2016年，学会推荐"全国杰出科技人才"、第七届"全国优秀科技工作者"、中国科协"九大"代表、"全国科协系统先进工作者"共7人次。杜太生获第十四届"中国青年科技奖"，朱明、廖庆喜、李保明等3人获第七届"全国优秀科技工作者"称号。

8月，学会完成第二届优秀论文评选，表彰了2009—2015年优秀论文483篇、特别优秀论文110篇。

学会创新发展 学会优化活动形式，搭建"会、展、赛、刊"立体交流机制。学会坚持前沿高端学术年会/教改会制度及专业学术会议资助制度，连续举办中国国际现代农业博览会，创建4个大学生"双创"大赛，《农业工程学报》入选"全国百强报刊"。通过"会、展、赛、刊"的形式，学会的学术交流工作形成了从平面到立体，由散点式逐步链接成系统性、示范性、可持续性的网络式学术交流机制。同时，不间断的学科发展研究和各层面国际学术交流活动使学会学术交流机制在深度和广度上不断延伸。

党建强会 学会发挥秘书处党支部作用，在理事会组建功能型党委，获中国科协科技社团党委批准。

学会以"学会组织的'政治性、先进性、群众性'"为题开展党建调研，发放问卷400余份，形成调研报告1份。

学会将扶贫与党建相结合，开展"党建强会"特色活动。学会党支部组织学会蓖麻经济技术分会专家在内蒙古自治区莫力达瓦旗开展座谈论证和咨询，进行蓖麻试种和实地技术指导活动，助推旗内实现蓖麻等经济作物的订单农业。

会员服务 2016年，学会在山东省日照市的海卓液压有限公司建设学会企业会员工作站1个，推动学会组织体系向下延伸。

学会定期出版会讯4期。

学会组织专家力量服务会员需求，成功推动国家玉米全程机械化生产科技创新基地项目。

学会积极推进网站、手机报、微信三位一体的信息化平台建设，打造"'互联网+'学会"，网站浏览量同比增加30%，手机报年发送信息3000余条。

中国科协会员日　12月3—4日，学会与中国铁道学会、中国体育科学学会、中国公路学会联合承办的2016中国科协全国学会乒乓球赛（第七届）在北京召开。球赛以“党建引领、建家交友、服务创新、团结会员”为主题，共有来自50多个全国学会和中国科协机关、直属单位的360名科技工作者参赛，其中理事长、秘书长50余名。中国科协党组成员、书记处书记项昌乐出席开幕式并致辞，中央直属机关工委群工部部长、中央直属机关工会联合会常务副主席马勇明出席开幕式并为比赛开球。

【第十二届全国高等院校农业工程及相关学科建设与教学改革学术研讨会】　8月23—24日，第十二届全国高等院校农业工程及相关学科建设与教学改革学术研讨会在吉林省长春市召开。研讨会由学会联合国务院学位委员会农业工程学科评议组、教育部农业工程类专业教学指导委员会、全国高等院校农业工程相关学科（校长）联谊会主办，吉林大学承办。来自全国近50所高校及科研单位的400余名专家参加了会议。

中国工程院院士、学会名誉理事长汪懋华，中国工程院院士、学会荣誉理事长蒋亦元，中国科学院院士、吉林大学教授任露泉，中国工程院院士、学会常务副理事长罗锡文，中国工程院院士、学会副理事长康绍忠，中国工程院院士、新疆农垦科学院研究员陈学庚，中国工程院院士、吉林大学校长李元元，中国工程院院士、沈阳农业大学教授李天来等出席开幕式。

研讨会以“践行‘五大发展’理念，促进农业工程学科发展”为主题，就中国农业工程学科与人才培养创新发展、打造特色学科品牌，培养综合创新人才、农业工程博士硕士学位授权一级学科点申请基本条件编制及研究生课程建设调研等，邀请8位院士作了大会特邀报告。16位专家就学科专业建设作大会报告。

会议同期举办3个平行活动，分别为院士专家校园行活动、国务院农业工程学科评议组扩大会议暨研究生课程建设调研交流会、教育委员会暨工程教育专业认证工作会议。会前举办了“我国农业全程全面机械化发展面临的新挑战和应对策略”项目阶段交流会、《农业工程学报》创刊30周年庆典、中国农业工程学会九届五次理事会暨全国农业工程学会理事长、秘书长工作会议。

【《农业工程学报》创刊30周年庆典】　8月22日，《农业工程学报》创刊30周年庆典在吉林省长春市举行，共有112位专家参会。

庆典由学会理事长、《农业工程学报》第七届编委会常务副主任兼主编朱明主持并作第七届编委会工作报告，学会常务副理事长、编委会主任罗锡文与农业部规划设计研究院院长隋斌致辞，编辑部主任魏秀菊作了学报高被引论文分析报告，蒋亦元院士、汪懋华院士、任露泉院士、康绍忠院士发言并对期刊发展提出建设性意见，兰玉彬教授作了题为“关于开设农业航空栏目的可行性与必要性分析”的报告。会议对学会第二届优秀论文进行了颁奖。随会印发了《〈农业工程学报〉30周年纪念册》。

【中国农业工程学会创新创业论坛暨全国大学生无人机与机器人创新创业方案赛启动仪式】　10月15日，学会联合中国农业大学主办的中国农业工程学会创新创业论坛暨全国大学生无人机与机器人创新创业方案赛启动仪式在北京举行。本次活动以“大学生创新创业的探索与实践”为主题，是中国科协参加2016全国大众创业万众创新活动周（北京会场）的重点活动之一。

在创新论坛发言暨新闻发布会上，中国农业大学教授宋卫堂及学生代表李国铭、江苏大学教授徐占东及学生代表徐静云、中国农业大学教授王忠义、农业部南京农业机械化研究所研究员秦维彩分别作主题报告《全国大学生农业建筑环境与能源工程相关专业创新设计竞赛介绍》《全国大学生农业建筑环境与能源工程相关专业创新设计竞赛感言》《依托大赛平台，推动校企协同培养农业装备创新人才的探索与实践》《自走式蔬菜穴盘苗全自动移栽机》《我国先进传感与智能控制技术的应用与发展》《中国大学生无人机创新大赛、第五届国际精准农业航空会议与无人机植保培训班系列活动》，并对学会4个大学生“双创”大赛进行了集中推介。

大会还举行了全国大学生无人机与机器人创新创业方案赛启动仪式。

【2016中国国际现代农业博览会（第七届）】　4月19—21日，由学会和中国农业国际合作促进会联合主办的2016中国国际现代农业博览会（第七届）在北京举办。中国农业国际合作促进会理事长翟虎渠，中国工程院院士、学会常务副理事长罗锡文，国家发展和改革委员会巡视员胡恒洋，学会理事长朱明，学会副理事长崔明，中国民用航空局中国航空器拥有者及驾驶员协会执行秘书长柯玉宝等出席开幕式。

博览会以“科技驱动，创新发展”为主题，展览内容涵盖农业航空、农业信息化、智能农机装备、新型肥药、节水灌溉、园艺苗木，展出面积2万平方米，参展企业420家，吸引了20多个国家和地区的3万多名观众参观洽谈，成交额为4.56亿元。博览会上还有20个国家现代农业示范区及科技园区集中参展。

博览会同期举办了第六届现代都市农业高层论坛、第三届中国农业精准灌溉创新论坛、中国美丽乡村创新论坛、全国农业科技创业创新联盟座谈会、2016澳洲农业投资项目推介会等10余场学术交流活动。

博览会开设了科普展区，通过展板形式，向大众展示农业工程领域的技术热点，向公众普及农业工程基本知识。

博览会期间，由学会农业航空分会、国际农业与生物系统工程学会精准农业航空分会、农业航空产业技术创新战略联盟联合主办的2016世界精准农业航空大会同步召开，500余人参会。大会特邀报告涉及农业航空、精准农业、航空植保技术、无人机应用与管理等领域，分享海内外农业航空领域的最新资讯、前沿技术和创新成果。

（撰稿人：黄　莺　武　耘　管小冬　秦京光）

中国电机工程学会

服务创新型国家和社会建设　2016年，学会建立了学术报告编撰体系和学术研究成果发布制度；2016年出版电力建设、火力发电、燃气轮机发电、电力土建、电站焊接、高电压、输电线路、变电、用电与节电、电力通信10个专业发展报告以及煤电调峰、燃煤锅炉低碳燃烧、循环流化床、柔性直流配电网、超导输电、水电生态保护6个专题技术报告；编制完成《电力新技术目录（电网部分）》，面向社会公开发布。

学会作为开展团体标准的试点单位，2016年继续完善中国电机工程学会标准化组织体系，形成规范的中国电机工程学会标准化流程，成立标准工作委员会，有序推进团体标准各项工作，着力打造中国电机工程学会标准品牌。2016年，中国电机工程学会标准立项71项，完成22项。学会积极探索与电气与电子工程师学会进行国际标准互认，首批两项特高压输电技术标准的英文版已提交电气与电子工程师学会审核。

学会承担中国科协、中国科学院、国家电网公司、神华集团等单位委托开展的项目研究、项目评价200余项，完成科技成果登记600余项，确认电力科技查新资质机构35家。

学会推荐的互联电网动态过程安全防御关键技术及应用项目荣获国家科技进步奖一等奖，电网大面积污闪事故防治关键技术及工程应用、250 MW级整体煤气化联合循环发电关键技术及工程应用项目荣获国家科技进步奖二等奖。

按照中国科协部署，作为牵头学会，与9家相关学会共同发起成立中国科协清洁能源学会联合体。

学会能力提升计划　2016年，学会完成了“学会创新和服务能力提升工程优秀科技社团建设”项目年度总结及中期考核，实现学会能力提升的预期目标。

学会建设　根据工作需要，增设学会标准工作委员会。

首次组织院士、专家座谈会等活动，听取院士、专家对学会发展、学术建设的意见和建议。

加强会员管理，开展会员规范登记，2016年完成规范登记超过5000人。2016年发展个人会员1588人，103人晋升高级会员。重新启动会士遴选工作，50人入选会士。

学会推进信息化建设，完成新版会员系统、数字化图书馆系统及APP、门户系统、会议系统、论文评审系统、查新系统、专家库系统、团体标准管理平台、统一资源管理平台和微信服务号等系统的开发建设。

学术期刊　2016年学会召开首次期刊工作会议，加强学会期刊工作。《中国电机工程学报》连续两年荣获“期刊数字影响力100强”称号，是电气工程领域唯一入选期刊，并获得谷歌学术中文工程技术类出版物第一名，在全部学科中文学术出版物排名第三位。

《中国电机工程学会电力与能源系统学报》（英文刊）2016年出版4期，国际稿源比例达到58.3%，入选中国科协科技期刊登峰行动计划，被ESCI、INSPEC和CSAD数据库收录。

学科发展研究　2016年学会组织编撰完成10个专业发展报告和6个专题技术报告，正式出版《中国电机工程学会专业发展报告（2015—2016）》《中国电机工程学会专题技术报告（2016）》《2016年电力新技术目录（电网部分）》，并在2016年学术建设发布会上发布。

决策咨询　学会开展“电气工程方向预测及2050电网技术路线图”“新能源领域前沿技术跟踪研究”和“多种新能源发电技术路线发展研究”等课题研

究，完成新一代能源系统、电网新技术目录、3D打印技术应用研究等课题。组织完成中国科协委托开展的国家“863”计划“十二五”作用与影响评估子课题——先进能源技术领域专题评估工作。

国际学术会议 2016年，学会组织召开第七届中国国际供电会议、第二届国际高压直流会议、国际大电网委员会亚太区域理事会（CIGRE AORC）C6专委会年会。

2016年，学会首次组织境外国际性学术交流活动，与美中绿色能源促进会共同在美国旧金山举办美中绿色能源高峰论坛，与北美华人电力协会共同在美国波士顿举办能源互联网与清洁能源论坛。

国内主要学术会议 学会围绕创新驱动与电力转型发展主题召开2016年学术年会，召开第十四届青年学术会议、2016电气工程学院院长论坛、海峡两岸微网与分布式能源技术及应用研讨会等学术活动。

国际组织任职 2016年，学会推荐的36名专家加入国际大电网委员会（CIGRE）各工作组。

国际交往 学会与国际大电网委员会（CIGRE）、国际供电会议组织（CIRED）、电气和电子工程师学会（IEEE）及电力与能源分会（PES）和标准化委员会（SA）、世界工程组织联合会（WFEO）、美国机械工程师学会（ASME）等国际组织进行会谈，共同探索新的合作领域、合作方式，为国内电力科技工作者“走出去”营造良好的环境。积极探索同电气与电子工程师学会（IEEE）进行国际标准互认，学会首批2项特高压输电技术团体标准进入电气与电子工程师学会（IEEE）标准审核流程，正在编制的71项团体标准进入电气电子工程师学会（IEEE）采标范围。国际大电网委员会（CIGRE）中国国家委员会会员数位居全球第一。

科普活动 学会联合有关企业和省级学会开展光伏扶贫调研和科普下乡回访、“科普下乡·情暖戈壁”、《太阳能——金色的能量》科普送书进西藏等活动，面向高校学生开展中国电机工程学会·天津大学超导与智能电网秋令营活动。

开展“电力科普教育基地”评选，2016年13个单位获“电力科普教育基地”授牌。

学会荣获中国科协“科普工作优秀单位”称号，组织编著出版的《风吹电来》（蒙汉、彝汉双语读物）获得第四届中国科普作家协会优秀科普作品银奖。

表彰举荐优秀科技工作者 通过科协项目资助、学会资金支持、依托单位配套支撑、导师培养指导相结合的方式，开展“青年人才托举工程”24项。

2016年度“中国电力年度科技人物奖”，评选出“中国电力科学技术杰出贡献奖”获奖者10人、“中国电力优秀科技工作者奖”获奖者50人、“中国电力优秀青年工程师奖”获奖者40人。

完成2016年“顾毓琇电机工程奖”评审工作，南瑞继保集团孙光辉获得2016年“顾毓琇电机工程奖”。

经学会推荐，何雅玲院士、张伯明教授成为中国科协首席科学传播专家。

学会党建 贯彻落实中央关于加强社会组织党建工作的决策部署，研究探索在学会理事会层面成立功能型党组织。积极开展“两学一做”学习教育活动，召开学会党组民主生活会和党员组织生活会，查找存在的问题，研究制定有效的整改措施。

会员服务 构建一体化信息平台，完成会员信息管理系统改造，完善信息化服务方式，提升服务满意度。定期向会员推送学会编辑出版的《动力与电气工程师》《电信息》以及学术活动预报等信息及节日问候。

【2016年中国电机工程学会年会】 11月15—18日，以“创新驱动与电力转型发展”为主题的2016年中国电机工程学会年会在江苏省南京市召开。年会期间举办了清洁高效发电技术论坛、院士专家论坛、学术建设发布会、智能电网技术与装备论坛、电力创新与能源变革论坛等23项学术活动，1600余位电机工程领域的专家、科技人员、工程师及高校师生参加。学会理事长郑宝森，国家电网公司党组成员、副总经理栾军，江苏省人民政府副秘书长王志忠，国家能源局监管总监李冶，中国科协党组成员兼学会学术部部长宋军，韩国电气学会会长朴俊灏分别在开幕式上致辞或讲话。中国能源研究会常务副理事长史玉波，中国科学院科技战略咨询研究院院长潘教峰，中国国电集团副总经理米树华分别作大会主旨报告。

2016年中国电机工程学会年会

开幕式上举行了颁奖、授牌仪式。郑宝森为“2016年度顾毓琇电机工程奖”获奖者南京南瑞继保电气公司孙光辉颁奖。现场还为“2016年度中国电力科学技术奖”“中国电力年度科技人物奖”“年会优秀论文”，以及第九届“中国电机工程学会杯”全国大学生电工数学建模竞赛一等奖的获奖代表颁奖。13家“电力科普教育基地”获得授牌。

为期4天的年会还安排了“清洁高效发电技术协作网年会”“中国电机工程学会院士专家论坛”“2016年度中国电机工程学会学术建设发布会”“智能电网技术与装备论坛”和“电力创新与能源变革论坛”5项主题活动，“外绝缘及绝缘子技术论坛”“电力供给侧改革与电力市场论坛”“分布式能源接入占高比例时配电网消纳能力论坛”“电力保护和控制技术论坛”“‘互联网+’风电发展机遇与挑战技术论坛”“虚拟现实技术与电力行业应用论坛”“2016年电力系统学术年会”和“2016年电力系统自动化学术年会”8项专题技术论坛以及8组论文宣讲和张贴交流。会议同期举办2016年电力科技创新成果展。

【发布《中国电机工程学会专业发展报告（2015—2016）》《中国电机工程学会专题技术报告（2016）》和《2016年电力新技术目录（电网部分）》】 11月16日，在学会2016年学术年会期间，召开了2016年度中国电机工程学会学术建设发布会，发布了《中国电机工程学会专业发展报告（2015—2016）》《中国电机工程学会专题技术报告（2016）》和《2016年电力新技术目录（电网部分）》。

《中国电机工程学会专业发展报告（2015—2016）》分上、中、下三卷，由电力建设、火力发电、燃气轮机发电、电力土建、电站焊接、高电压、输电线路、变电、用电与节电及电力通信10个专业发展报告组成。报告总结了相关专业领域近年来的技术进展，对比了国内外相关专业的差距，提出了专业技术发展方向和创新发展战略与建议。

《中国电机工程学会专题技术报告（2016）》涉及煤电调峰、燃煤锅炉低碳燃烧、超低排放、循环流化床、柔性直流配电网、超导输电及水电生态保护等电力行业普遍关注的热点焦点问题，针对相关技术内容展开透彻分析，提出了专业性研究建议和应对措施。

《2016年电力新技术目录（电网部分）》围绕我国电网发展的实际需求，广泛征集电网公司、科研院所、设备制造企业、学会各分支机构等单位的先进新技术和新产品，经专家多轮评估、反复审核后编撰而成，包含特高压输变电技术、防灾与减灾、新能源发电及并网等14个技术领域、232项新技术。

（撰稿人：刘雁斌）

中国电工技术学会

服务创新型国家和社会建设 2016年，学会作为中国科协“创新驱动助力工程链状试点学会”，先后组织专家深入福建宁德电机企业、安徽芜湖电缆和四川德阳企业考察调研，开展技术咨询服务。

编撰完成《产业考察调研报告》。在安徽省芜湖市设立中国电工技术学会专家工作站，成立中国电工技术学会福安电机产业会企协作创新联盟、中国电工技术学会芜湖电缆产业会企协作创新联盟。

2016年，学会共收到118份工程教育认证申请书，受理53个专业点的认证申请，最终51个专业提交《自评报告》。组织专家对51个专业《自评报告》进行了网络初评和会议审议，确定同意31个专业入校考查。

学会牵头承担的水平评价学会群网站完成二期建设。编写完成《中国电工技术学会专业技术人员专业水平评价工作体系和管理办法》，并在八届二次常务理事会议上审议通过。

7月15日，学会与中国电器工业协会签订了《团体标准战略合作框架协议》，联合发布团体标准7项。受理两所科研院所的50项申请，通过17项。

完成并向全国科学技术名词审定委员会上报《电气工程名词》各二级学科整体词条的查重工作。

学会承担中国科协“企业科协科技信息服务项目”，共计提交科协标引专利1326项。

学会建设 2016年学会召开常务理事会议、理事会议及秘书长工作会议各1次。

学会全年新增个人会员127人，团体会员2个。批复新成立等离子体及应用专业委员会、超级电容器与储能技术专业委员会、能源互联网装备技术专业委员会。督促15个超期未换届的专委会进行换届。协助等离子体及应用专业委员会筹备成立大会和2016全国“高电压与放电等离子体”学术会议。

9月，学会举办2016年度学会系统秘书长培训班。来自学会系统的60多名秘书长及专兼职秘书参加了培训。

2016 年，学会荣获“中国科协先进学会”称号。

学术期刊 2016 年《电工技术学报》共出版 24 期正刊和 2 期增刊，在线收稿 2032 篇，出版论文篇数 666 篇，稿件录用率 20.7%。组织专题 8 个，专题围绕行业和学术热点研究展开，向权威专家约稿综述论文 22 篇。2016 年中国知网和万方数据库的引证报告中,《电工技术学报》的学科排名均为第 4 位，较 2015 年上升 1 位。

《电气技术》出版 12 期正刊。在线处理稿件 980 篇，录用 304 篇，录用率 31%。送外审稿件 726 篇。

为提升学会国际影响力，搭建国际学术交流平台，学会筹备编辑出版《中国电工技术学会电机与系统学报（英文）》。

国际学术会议 5 月 20—25 日，学会与美国电气和电子工程师协会电力电子学会主办的第八届国际电力电子与运动控制会议在安徽省合肥市召开。会议共收到论文 1000 篇，录用 700 篇。来自各国的 680 多位代表参加会议，针对电力电子与控制领域的最新研究成果和前沿技术进行了研讨。

国内主要学术会议 4 月 14—15 日，学会主办的电子电气类专业工程教育学术研讨会在四川省成都市召开，共计 200 余人参会。

7 月 10—11 日，学会主办的 2016 第十一届中国电工装备创新与发展论坛在北京举办，论坛主题为“电工行业十三五规划研究与解读”。同期举办第七届年度“十大电气企业及十大电气创新产品”发布活动。200 多位专家和代表参加本届论坛。

7 月 28—29 日，学会主办的风力发电绝缘系统及材料专题研讨会在北京召开。会议报告 13 篇，行业对话一场，参会人数 79 人次。

8月 11 日，由学会和中国电机工程学会共同主办、西安交通大学电气工程学院承办的“2016 年电气工程学院院（校）长论坛”在陕西省西安市召开。近 50 所高校电气工程学科的 90 位高校院（校）长、学者、专家参加论坛。

9 月 26—27 日，学会主办的 2016 第五届新能源发电系统技术创新大会在安徽省合肥市举办。

10 月 22 日，由学会承办的 WRC 2016“工业机器人与智能制造”专题论坛在北京召开。

12 月 23 日，学会主办的“2016 第三届轨道交通供电系统技术大会”在北京召开。

国际交往 2016 年，学会有关负责人先后赴加拿大参加第 29 届世界电动车会议，赴日本参加国际电机与系统会议。

科普活动 学会组织专家开展《中国大百科全书（电气工程学科）》《新科技知识干部读本》编纂工作，举办科普讲座 3 场，并被中国科协评为“2016 年度全国学会科普工作优秀单位”

6 月 28 日，学会“科普教育基地”揭牌仪式在中国电线电缆科技展览馆举行。

7 月 8 日，在学会科普教育基地——中国科学院电工研究所举办了“绿色能源 科技先行”主题科普活动。40 余位师生聆听了《光伏发电规模化技术：基础、现状和趋势》报告，参观了电工所的电力电子、蒸发冷却、直流电网和汽车电子 4 个实验室。

为提高科普宣传普及度，学会建立“电气工程科普”公众微信号。

表彰举荐优秀科技工作者 学会评选出“中国电工技术学会科学技术奖”共 30 项，其中，一等奖 5 项、二等奖 10 项、三等奖 15 项。

学会根据《电工行业——正泰科技奖评选奖励办法》的有关规定，选出“科技成就奖”5 人、“科技创新奖”10 人。

经学会推荐，南寅、邹孟奇、唐炬、秦勇四人获得第七届“全国优秀科技工作者”称号。

根据《国家能源局综合司关于请推荐能源软科学研究优秀成果评审专家的函》的精神，学会推荐理事长杨庆新，副理事长孙鹤旭、孙逢春、肖立业、郝玉成、姚为正、徐殿国、张文亮 8 位专家成为能源软科学研究优秀成果评审专家。

党建强会 经中国科协科技社团党委正式批复，同意成立中国电工技术学会党委。

学会开展“两学一做”学习教育活动，申报并完成中国科协“党建强会”计划“十百千”特色活动资助项目以及中国科协学会党建研究会 2016 年度调研课题。

会员服务 12 月 15—16 日，学会在北京举办 2016 年度会员科技成果交流展示大会，来自企业、科研院所、高校的 200 名会员出席活动。同期对学会 2016 年度“优秀会员”、2016 年度“十佳会员”“优秀科技成果”获奖者进行了表彰。

【第 18 届国际电磁发射技术会议】 10 月 24—28 日，由学会和美国战略与创新技术研究所共同主办的第 18 届国际电磁发射技术会议（The Electromagnetic

Launch Technology Symposium，EML）在湖北省武汉市召开。来自13个国家和地区的170余名专家、学者与工程技术人员参会。

会议通过主旨报告、技术研讨会、论文交流和技术参观等形式，围绕电磁发射技术在航空航天、武器、交通、工业等多领域的技术研究和应用，就发射器、发射物、脉冲电源技术、建模与仿真、诊断、应用技术等主题进行交流与研讨。

会议收到投稿论文378篇论文，经审查录用223篇，其中宣读论文27篇，张贴论文196篇，优秀论文推荐到*IEEE Trans on Plasma*（SCI检索）期刊发表。

会议评选出学生奖以及最佳论文宣读奖和最佳论文海报奖，诺丁汉大学航天技术学院博士生Luca Bertola Mrunal Parekh和西北机电工程研究所张涛（华中科技大学在读博士生）荣获颁Peter Kemmey学生奖。

【第十四届一维二维磁特性测量国际研讨会】 9月23—25日，由学会、天津工业大学、悉尼科技大学和河北工业大学联合承办的第十四届一维二维磁特性测量国际研讨会在天津工业大学召开。

作为国际磁测量技术研究领域的高水平研讨会之一，本届会议首次在中国召开，旨在推动磁性材料特性测量方法的理论，来自实验和先进磁材料的应用研究与发展，促进磁特性测量的基础理论研究和工业应用间的结合，并以特定专题的形式为本领域的研究者提供广泛、高层次的交流平台。

本届研讨会以特邀报告、主题报告和海报宣讲为主，会议共收录63篇论文，来自中国、德国、澳大利亚、英国、日本、韩国等10个国家的65名参会代表就磁测量技术研究领域的热点问题进行了交流讨论。

【2016全球华人电气与能源工程师大会暨能源互联网装备技术高峰论坛】 10月11日，由学会和许继集团有限公司共同主办的2016全球华人电气与能源工程师大会暨能源互联网装备技术高峰论坛在北京召开。来自欧洲、美洲、亚洲、非洲等国家和地区的华人专家、学者，以及国内电气与能源领域的专家、学者、行业高端用户、企业家和知名人士等300多人出席大会。大会围绕全球电气技术发展、能源结构调整和能源互联网装备技术进行了交流、研讨、对接。学会理事长、天津工业大学校长杨庆新出席会议。

大会得到了电气与电子工程师学会电力与能源分会、英国工程技术学会、中国产业海外发展协会、中国电力教育大学院（校）长联席会、学会英国分会、中国电机工程学会英国分会、北美华人电力协会、美中绿色能源促进会 、德国华人新能源协会、中国青年海归协会、日本华人电力与能源协会、北欧华人新能源协会（筹）、澳亚华人电力与能源协会（筹）等单位的大力支持。

（撰稿人：马佳佳）

中国水力发电工程学会

服务创新型国家和社会建设 在中国科协统一领导下，学会与其他8家全国学会发起组建了“中国科协清洁能源学会联合体”。2016年联合体组织开展了全国杰出科技人才推荐、中国科技期刊能源学科集群优秀论文遴选推介、制定国家引才目录（新型能源技术组）等活动。

受中国三峡集团委托开展了乌东德水电工程枢纽区地质灾害监测预警与应急管理研究课题，为该项目建立地质灾害监测预警平台，实时为乌东德水电枢纽防灾减灾提供风险评估和预警。

完成了四川大渡河大岗山水电站机组启动试运行技术咨询、新常态下中国水电可持续发展政策研究、电力市场与水电弃水分析研究等课题。

全年共受理承担了11个单位的15项成果的鉴定评价工作，还有10多个项目由行业单位组织、学会选派专家进行鉴定。

决策咨询 围绕四川、云南两省弃水情况严重的问题，9月，学会组织专家赴当地水电企业进行了调研。11月初在北京组织召开了电力市场与水电弃水分析研究座谈会，来自电网、流域公司和水电企业、设计院、研究机构、行业团体等单位的30多位专家、学者出席会议，讨论研究了由学会组织开展的电力市场与水电弃水分析研究课题大纲。经过一个多月的调研和撰写报告，12月21日召开了课题结题会，会议通过了结题意见，形成了有关建议报告送政府部门供决策参考。

学会建设 截至2016年年底，学会有团体会员单位190个（包括下设的31个专委会和1个工作委员会），联系指导22个省级学会。

3月17—18日，学会在贵阳召开了全国各省级水电学会和各专业委员会秘书长工作会议，来自全国22个省级水电学会和32个专业（工作）委员会的秘书长和代表近 80 人参会。

11 月 22 日，中国水里发电工程学会第八次全国会员代表大会在北京召开，选举产生了第八届理事会。

开展科协学术会议质量提升计划项目资助申报工作，学会联合抗震防灾专委会申报的“2016 高坝抗震防灾国际研讨会”获得资助。

潘家铮水电科技基金自 2008 年由学会发起设立，至 2016 年底已有 55 个单位和 9 名个人捐资。

学术期刊 全年出版《水力发电学报》12 期，共收到论文稿件 532 篇，录用刊登 170 篇。《水力发电学报》核心影响因子为 0.67，比上年有所提升，在 21 种水利工程类刊物中排名第三位。完成了 2016 年度《水力发电学报》优秀论文奖评定工作，共评出一等奖 2 篇、二等奖 3 篇、三等奖 5 篇。

编撰《中国水力发电年鉴》（第二十卷）和《中国水力发电信息（2016 年报）》并出版。

国内主要学术会议 11 月 25—26 日，由学会和中国水力发电工程学会、中国大坝工程学会联合主办的第一届全国水利水电工程信息化技术研究与应用研讨会在北京召开。会议就水利水电规划设计信息化、水利水电工程管理信息化、水利水电工程物联网技术、水利水电工程信息化前沿（BIM、大数据、云计算、智能化等），以及水利水电工程数字化、标准化和行政支撑体系等方面的新理念、新技术、新方法开展学术交流。

11 月 28—30 日，学会联合环保部评估中心、河海大学主办了中国水电企业海外项目环境社会管理研讨班第一期，为水电工程规划设计咨询、开发建设和科研教学等机构搭建环境社会管理方面沟通和交流的平台。

12 月 15—16 日，学会联合风险管理专委会在四川省成都市举办了 2016 全国大中型水电站风险管理年会暨水电安全与项目管理论坛峰会，深入探讨了水电安全与项目风险管理的经验及方法。

12 月 21 日，学会与中国水利水电出版社、中国石化出版社共同举办了水与能源可持续发展高峰论坛。论坛围绕水与能源可持续发展战略、生态文明建设与能源开发利用、水与能源经济价值与金融创新等议题，探讨水与能源可持续发展的机遇，供给侧改革下的产业发展政策，绿色、低碳、生态文明与新能源开发的战略，科技与金融、实业与资本融合的创新模式等问题。

两岸交流 1 月，学会理事长张基尧率团赴台湾地区开展了水利水电科技学术交流和水利水电工程考察活动。期间拜访了台湾中兴工程科技研究发展基金会，考察了有关电站水库，并召开了中国大陆南水北调与水电建设工程专题演讲暨学术交流会。

国际交往 1 月 29 日，学会有关负责人会见了来访的国际水电协会执行长理查德·泰勒一行。泰勒对学会牵头成功筹办 2015 世界水电大会表示感谢，邀请学会组团参加 2017 大会（埃塞俄比亚）。3 月 29 日、8 月 30 日，理查德·泰勒一行又两次来北京，双方就深入合作事宜进行了商谈，达成了共识。

4 月 6 日，学会名誉理事长陆佑楣等学会有关负责人会见了来访的世界工程组织联合会（WFEO）主席乔治·斯皮塔尼克，双方就扩大中国水电在世界水电界的影响力、培养更多的中国水电工程师、共同努力推进全球范围内的节能减排等进行了会谈。

科普活动 3 月 26 日，在第 24 届“世界水日”和第 29 届“中国水周”期间，学会和中国大坝协会联合在北京举办水资源可持续开发利用科普论坛。邀请专家、学者作了题为“大坝在水资源可持续利用中的作用”“从‘澜湄合作’的成功看五大发展理念”“中国能源转型向何处去”等报告。

利用“中国水电网”网站和微信公众号“中国水力发电工程学会”（微信号：CSHE1980），结合水电行业热点和社会关注焦点，推送重要新闻和消息，开展水电知识普及宣传。

2016 年，学会设立并承办的“水力发电科学技术奖”共收到行业单位申报的科技成果 129 项，45 个成果项目获奖，其中特等奖 3 项、一等奖 8 项、二等奖 11 项、三等奖 23 项。

表彰举荐优秀科技工作者 学会组织开展第四届“潘家铮奖”评选工作，共有 26 人申报。经评审，清华大学张建民、葛洲坝集团江小兵、水利规划总院刘志明 3 人获得第四届“潘家铮奖”。

3 月，经学会推荐，清华大学张建民获得第七届“全国优秀科技工作者”称号。

经学会常务理事会审议推荐，学会副理事长晏志勇、秘书处雷定演当选中国科协“九大”代表，晏志勇当选中国科协九届全委会委员。

党建强会 根据《中国科协科技社团党委关于推进中国科协所属学会党建“两个全覆盖”专项工作方案》要求，经学会常务理事（党员）专题会议研究通过，组建学会功能型党组织，成立学会党委，张野任党委书记。12月，获中国科协科技社团党委批复。

【中国水力发电工程学会第八次全国会员代表大会】 11月22日，中国水力发电工程学会第八次全国会员代表大会在北京召开。中国科协党组成员、书记处书记项昌乐，学会名誉理事长陆佑楣、周大兵，来自水利部、国家能源局、国务院南水北调工程建设委员会办公室等有关部门的领导，我国水电界的新老领导、院士、知名专家及全国100多家水电企事业单位共280多名专家、学者参会，共商水电发展和科技创新大计。

项昌乐在讲话中对水电学会的创新发展提出了要求：一是要以高度的政治责任感和担当精神挺进学会改革深水区，努力打造能负责可问责的中国特色现代科技社团。二是要坚持围绕学术交流这一基本职能开展工作，加强学术品牌建设，不断推动我国水力发电事业的科技进步和创新发展。三是要不断提供多样化高质量科技类公共服务产品，真正让学会成为有公信力、有地位、有知名度的科技类公共服务产品的提供者。四是要坚持以会员为本，密切关注广大科技工作者的需求，用“家的温馨”凝聚和引领广大科技工作者创新争先，为建设世界科技强国贡献力量。

大会听取并审议通过了学会理事长张基尧所作的第七届理事会工作报告。会议期间，来自全国的水电工作者代表积极建言。大会选举产生了第八届理事会理事，期间召开的八届一次理事会议选举产生了新一届常务理事会成员。国务院南水北调办副主任张野担任第八届理事会理事长，中国电力建设集团原副总经理袁柏松担任第八届理事会常务副理事长兼秘书长。大会聘请汪恕诚、陆佑楣、张基尧、周大兵为第八届理事会名誉理事长。

大会还表彰了在第七届学会理事会期间作出突出贡献的46个学会工作先进集体和51名优秀学会工作者。

【2016中国水电发展论坛暨水电科技奖颁奖典礼】 2月1日，由学会与国家开发投资公司联合主办的2016中国水电发展论坛暨水力发电科学技术奖颁奖典礼在北京召开。来自全国水力发电战线80多个单位的300余名水电工作者代表出席。中国科学院院士张楚汉，中国工程院院士王浩、钟登华、陈厚群、张永传、胡春宏等出席论坛。

论坛邀请了来自水电第一线的单位代表，就中国水电“走出去”战略实施、水电技术创新及优先发展水电、发挥水资源综合效益以及可再生能源发展等方面进行了专题演讲。中国电力建设集团总工程师周建平、中国能源建设集团副总经理兰春杰、水电水利规划设计总院院长郑声安、中国水利水电科学研究院水资源所所长王建华，分别作报告《未来20年，水电开发仍将大有可为》《抓住机遇，奋发有为，积极参与全球水电建设》《我国可再生能源发展规划及前景展望》《关于提高水资源利用率几点思考》。

学会名誉理事长周大兵主持了2015年度水力发电科学技术奖暨《水力发电学报》优秀论文奖颁奖典礼。2015年共评选出“水力发电科学技术奖”49项，大会对获奖单位进行了颁奖。同时，对获得2015年度“《水力发电学报》优秀论文奖”的10篇获奖论文作者进行了表彰。

论坛还举行了中国水电会旗交接仪式。学会常务副理事长李菊根、国家开发投资公司副总工程师胡刚、中国水利水电科学研究院副院长贾金生进行了会旗交接。2017中国水电发展论坛暨水力发电科学技术奖颁奖典礼，将由中国水利水电科学研究院和中国水力发电工程学会共同主办。

【国际水电融资风险管理暨水电可持续评估规范研讨会】 3月29日，由学会和国际水电协会联合主办的国际水电融资风险管理暨水电可持续评估规范研讨会在北京召开。学会名誉理事长周大兵致辞，国家能源局新能源和可再生能源司副司长史立山、中国银监会政策研究局巡视员叶燕斐、国家开发银行评审一局副局长陈孙蛟分别作主旨演讲《政府部门对推进水电可持续发展的作用》《水电绿色信贷融资指南》《中国金融机构的作用》。来自国内各大金融机构、电力企业、流域公司、设计科研单位、国内外行业学/协会、媒体等40多个单位90多名代表参加会议。

会上，国际水电协会执行长理查德泰勒、TNC全球保护战略执行总监Dietmar Grimm及双方团队人员分别介绍了国际水电发展概况、水电项目融资风险管控经验、《水电可持续性评估规范》推广应用实践及案例分析研究。

【2016高坝抗震防灾国际学术研讨会】 9月23日，由学会、学会抗震防灾专业委员主办，中国水利水电科学研究院、河海大学承办的2016高坝抗震防灾国际学术研讨会在北京举行。会议主题为“高坝抗震新理论与新方法、抗震设计标准、安全评价体系、水利水电工程防灾减灾与风险管理”。中国科学院院士

林皋、张楚汉、陈厚群以及来自国内外的120多名专家、学者出席会议。

陈厚群院士、张楚汉院士、周建平、美国AECOM工程咨询公司首席地震学家Paul博士等国内外知名专家分别作特邀报告《2008年汶川地震中沙牌拱坝震情验证》《高混凝土坝的抗震性能》《水电工程防震抗震设计研究的思考》《大坝设计地震动的研究进展》，报告就国内外典型强震的震例、设计理论和方法的最新进展和研究思考，特别是地震动输入、抗震设计标准等核心问题作了深入剖析。

【大型抽水蓄能电站变频启动装置（SFC）的国产化及应用研讨会】 5月20日，学会主办的大型抽水蓄能电站变频启动装置（SFC）的国产化及应用研讨会在北京召开。来自有关部委、电力企业、流域公司、设计院、抽水蓄能企业/电厂、设备制造、行业媒体等单位的专家、学者参加会议。

会议围绕如何进一步促进我国抽水蓄能事业健康发展、推动抽水蓄能电站SFC设备国产化及应用等议题，就抽水蓄能电站装备国产化的国家政策、我国抽水蓄能发展现状、SFC国产化重大科研成果等进行了演讲和报告。

会议认为，SFC设备作为抽水蓄能电站的关键设备，其成功实现国产化是我国推进抽水蓄能装备国产化进程中的又一重大突破，打破了SFC长期依赖进口、采购和维护费用高昂的局面，对推动我国抽水蓄能事业可持续发展是重大利好。同时，与会专家就国产SFC设备的应用推广给予了专业的技术指导和建议。

会议指出，大力推动电力装备国产化是全面实施制造强国战略的重要支撑。在我国抽水蓄能事业科学有序发展的大形势下，抽水蓄能电站的建设和管理单位应对国产变频启动装置的应用推广给予大力支持。国产设备制造商应及时总结已有设备的运行经验，持续提升现有产品的技术、质量和服务水平，同时要紧跟抽水蓄能技术的发展前沿，持续增强研发投入和自主创新实力，大力开发新技术、新产品，不断为我国抽水蓄能事业可持续发展作出新贡献。

（撰稿人：雷定演）

中国水利学会

服务创新型国家和社会建设 受水利部委托，学会承担水利部标准化日常工作，全年共完成了156项在编标准项目管理、239项水利技术标准复审、109项项目立项论证、101项会签材料审查、34项报批稿审定等工作。完成了《中国水利学会团体标准管理办法》的制定和多项团体标准的选题、编制工作；完成了国家标准复审和国家标准转化为团体标准的试点工作。

2016全年开展工程教育认证专业点8个，分别是长沙理工大学（再次认证）、上海海事大学的港航专业，昆明理工大学、兰州交通大学和山东农业大学的水工专业，扬州大学的农水专业、吉林大学的水文专业（再次认证）、江苏科技大学的港航专业。截至2016年底，水利类专业认证专家共有78名，已对28所高校的38个水利类专业点进行了认证。

2016年，学会多层次多途径参加和举办水利类工程教育专业认证培训。90余名水利类专家和教师参加了中国工程教育专业认证协会组织的5次培训班，其中培训新专家8名。分别于9月、10月和12月对16个学校专业点教师、太原理工大学水利学院和华北水利水电大学水利学院的部分教师共200余人进行了培训。

11月15—17日，学会与法兰克福展览（上海）有限公司在北京共同举办2016中国水博览会。共有12个国家和地区的156家企业参展，展览面积1万平方米。展示内容包括节水灌溉、水利自动化与信息化、防汛抢险设备等领域的新理念、新方法、新技术与新设备，其中包括34项2016大禹水利科技奖获奖成果。来自各级水行政主管部门、各省市水利学会、参展企业、科研机构、设计生产、大学院校等单位和部门的1万多名观众到会观展。

学会能力提升计划 学会获得中国科协“学会创新和服务能力提升工程”二类“优秀科技社团”。学会按照要求开展了各项工作：开展了科普创意大赛、知识竞赛等不同形式的科普活动；完成了一集《小水滴漫游记》等水利科普动漫作品的制作；完成《水利科普“十三五”规划》《全国水利科普教育基地认定管理办法》（修订稿）等文件的编制工作。利用中国水博览会平台，展示最新水利科研成果，加大科研成果的推广应用。开展期刊能力提升建设，有效提高学会主办的6个科技期刊的办刊质量与水平。组织开展学科发展报告编制工作，推动水利学科的协调发展。启动“青年人才托举工程”和“青年人才助力计划”。启动“互联网+”工程建设，提高学会自身能力建设。

学会建设 4月12日，学会在北京召开十届三次常务理事会议。会议选举了中国科协第九届全国委员会委员、中国科协第九次会员代表大会代表学会人选，审议了“全国优秀科技工作者”候选人推荐人选、5家新申请入会单位会员等事宜，研究讨论了学会有关工作。42位常务理事出席会议。

9月8—9日，学会在辽宁省大连市召开了省级秘书长工作座谈会。学会秘书长于琪洋传达了中国科协九大会议精神和《中国科协事业发展“十三五”规划（2016—2020）》等文件精神，介绍了《中国水利学会事业发展“十三五”规划（2016—2020）》和学会工作情况，部署了下一步工作安排。学会副理事长顾浩出席会议并讲话。各省级学会60余名代表参加会议并进行交流。

11月15日，学会在北京召开十届三次理事会议。会议传达学习了中国科协学会党建工作会议及有关文件精神，审议通过了成立会计专委会、理事及常务理事变更、分支机构负责人聘任、单位会员入会等事项，审议通过了学会2016年工作报告及2017年重点工作安排。学会十届理事、秘书处工作人员等共计150余人参加会议。

2016年，共编印12期《中国水利学会通讯》，每月1期。

学术期刊 2016年《水利学报》继续获得“中国科协精品科技期刊TOP50项目”资助，连续15次获“中国百种杰出学术期刊”的称号，并获中国（武汉）期刊交易博览会组委会主办的“2016期刊数字影响力100强”（学术类期刊）称号。根据中国科技信息所2016年的检索报告,《水利学报》在水利学科21种统计源期刊中排名第2位。《岩土工程学报》在2016年《中国学术期刊（光盘版）》电子杂志社（中国知网）发布中国学术期刊国际引证报告中被评为中国国际影响力优秀学术期刊。

12月8—9日，学会在黑龙江省哈尔滨市举办了第三届水利科技期刊发展研讨会，并同期召开了学会主办的6种期刊的工作座谈会。来自学会分支机构和省级水利学会主管（办）科技期刊（或内部刊物）的40余家科技期刊单位编辑部负责人共80余人参加了会议。会上，6个期刊的代表就新时期下水利科技期刊发展的困境与出路等问题进行认真讨论。

学科发展研究 学会在《2007—2008水利学科发展报告》基础上，启动新一轮的《水利学科发展报告》编写工作，并制定了编写方案，共组织了30个学科的编写工作。截至2016年年底，已有28个学科提交报告。

决策咨询 2016年，学会承担了中国科协面向“一路一带”建设和陕西“十三五”规划目标任务，围绕陕西省战略新兴产业、支柱产业、主导产业等方面的科技需求确定的10个专题调研中的两个项目——“汉江水资源保护与开发利用”和“引汉济渭水资源保护优化配置及工程施工关键技术”，并分别于7月11—14日和7月26—30日组织专家完成专题调研，形成专题调研报告。调研专家代表在第十八届中国科协年会期间召开的陕西省党政领导与院士专家座谈会上对调研成果进行了汇报。

国际学术会议 10月19—20日，中国水利学会2016学术年会国际分会场在四川省成都市举办，主题为“变化环境下的水科学与水安全”。来自中国、加拿大、韩国、日本、马来西亚等国的专家、学者60余人参加了会议，围绕水资源开发与保护、工程安全、河流管理、水环境和水生态等问题进行深入交流探讨。

国内主要学术会议 2016年，学会及其专业委员会共举办国内会议65个，共计参会人数1万余人次，交流论文4000余篇。

10月19—21日，学会主办的2016学术年会在四川省成都市召开，主题为“创新绿色发展、共享水利成果”。会议特邀9名专家学者作报告，来自国内外的700余名专家、学者参会，围绕江河治理与水生态文明、水库大坝管理信息化、疏浚与泥处理利用、水利扶贫、水利标准化、PCCP管道安全和技术等内容展开研讨。同期还举办了青年学术交流分会场暨水利学会第六届青年科技论坛。会议共收到论文400余篇，经专家评审，269篇论文入选论文集，其中55篇被评为优秀论文。

11月16日，在中国水博览会同期举办了第11届中国（国际）水务高峰论坛。包括1个主论坛和3个分论坛。主论坛围绕“绿色发展　创新优先”的主题，特邀4位专家作了专题报告。3个分论坛分别围绕“现代信息技术与水利信息化”“水生态文明建设模式与技术”和“水利促进城市发展”进行研讨。来自国内外水利行业主管部门、科研院所、水博会参展企业的代表800余人参加了高峰论坛。

11月23—25日，在云南省昆明市召开跨流域调水与区域水生态文明建设学术研讨会暨调水专委会

2016学术年会，主题为“跨流域调水与区域水生态文明建设”。来自全国各地的大型跨流域调水工程建设及运行管理单位、勘测设计单位、高等院校及科研院所等单位的调水专委会委员、有关专家和代表共80余人参加了会议。邀请了12位专家和代表围绕跨流域调水与生态文明建设主题进行了交流发言。会上对5家积极组织论文征集的委员单位和8篇优秀论文进行了表彰。经专家评审，31篇论文被收录《跨流域调水与生态文明建设》论文集。

11月25—26日，第一届全国水利水电工程信息化技术研究与应用研讨在北京召开。会议邀请了水利水电和信息化领域的知名专家、学者，就水利水电规划设计信息化、水利水电工程管理信息化、水利水电工程物联网技术等前沿以及新理念和新技术新方法开展学术交流。来自全国各地的水利水电工程信息化技术人员在分会场作了50余场技术交流报告。来自有关高等院校、科研院所，设计、施工和管理等单位的专家、学者200余人参加了本次会议。会议共收到130余篇论文，经过审查筛选，收录了117篇论文汇编成册，会后择优推荐给相关期刊发表。

国际交往 5月25—29日，应韩国水文水资源协会邀请，学会组团3人赴韩国参加韩国水资源学会2016年会。3位代表的3篇论文被大会论文集收录并在会议上进行了交流。

9月15—19日，应日本水文水资源学会邀请，学会组团3人赴日本福岛参加日本水文水资源学会2016年会。3位代表的2篇论文在会上进行了交流并被大会论文集收录，2位专家在国际分会上作了主旨报告及特邀报告。

9月21—28日，应世界水理事会及斯德哥尔摩国际环境研究院邀请，学会派员赴法国与世界水理事会相关负责人座谈，探讨深化合作的意向；在瑞典斯德哥尔摩国际环境学院与瑞典专家举行双边学术研讨会，并作报告交流，针对欧洲水资源管理最新研究成果等方面进行了探讨。

两岸交流 10月31日—11月5日，学会派员赴台湾地区参加水利管理与政策海峡两岸研讨会，并就海峡两岸水利发展规划政策与实施经验进行了交流研讨。

科普活动 2016年，学会共组织开展科普品牌活动30余次，受众人员3000余人，总投入15万余元，全力打造科普活动品牌。“小水滴大课堂”与水利部部分直属单位的团委合作，共开展活动10余次，受众人数300余人次。2016年“汇聚点滴节水先行”在北京人大附中实验小学、呼家楼中心小学以及河南省修武县、贵州省贵阳市等地学校开展活动30余次，参与学生、家长超2000人次。

在全国科普日期间，学会组织开展了“江苏的水”专题讲座，积极参与“创新放飞梦想科技引领未来”主题科普等一系列活动，组织编印了《节约用水保护水资源》科普宣传手册。受众人数500余人次。

在全国科技周期间，学会围绕“突出科技创新、共享水利成果”主题，制定了2016年中国水利学会科技活动周活动方案，共组织开展活动12次，受众人员1000余人次。

2016年，学会组织开展了主题为“节约水资源，保护水环境，建设美丽中国”的“水利科普创意大赛”活动。共收到微电影、动画、文字、漫画、摄影5类近300件作品。学会组织专家评选出各类作品三等奖（含）以上获奖作品50件、优秀创作奖21件。4个单位荣获优秀组织奖。获奖作品在中国水利报、水利行业相关网站进行了宣传推广。

2016年，学会发展科普志愿者40余名。此外，通过在网站播放科普视频、建设“爱水社团”、开展“水品德”和“水品如人品”主题班会等形式，对志愿者进行培训，发动广大会员、志愿者、家长、老师学习水利科普知识，传播水利科普文化。

6月，学会完成了水利科普传播专家遴选工作，共有60余位水利科普专家入围。

表彰举荐优秀科技工作者 完成了2016年度大禹水利科学技术奖的评审，36项成果获奖。其中一等奖8项、二等奖14项、三等奖14项。

2016年，评出2015年度“刘光文科技成就奖”1人，“刘光文工程技术奖”2人，“刘光文青年科技奖”3人，完成了2015年度“刘光文奖学金”的评审。共评选出获2015年度“刘光文奖学金”本科优秀学生奖一等奖3名、二等奖8名，研究生优秀学生奖一等奖3名、二等奖8名。

根据《张光斗科技教育基金优秀青年科技奖管理办法》，学会推荐的刘家宏、宋志忠、王晓刚获得第四届张光斗优秀青年科技奖荣誉。

【中国水利学会2016学术年会】 10月19—21日，由学会主办，四川省水利厅、水利学会，四川大学、水利部移民局、长江科学院、河海大学、北京韩建河山管业有限公司和成都市水务局等14家单位协办的中国水利学会2016学术年会在四川省成都市召开，主题为“创新绿色发展、共享水利成果”。学会理事长胡四一主持大会开幕式并致开幕词，四川省副省长王铭晖和成都市委常委谢瑞武分别致辞。水利部副部长陆桂华作了题为“突出创新驱动和科技引领，为实现水治理体系和治理能力现代化提供科技支撑”的讲话。学会十届理事，各分支机构、省级学会、单位会员代表，有关高等院校、科研院所，设计、施工和管理等单位的技术骨干，以及加拿大、韩国、日本、马来西亚等国外友好学会代表700余人参加了此次年会。

本届年会为期3天，中国水利水电科学研究院陈祖煜院士、中国农业水问题研究中心主任康绍忠院士、四川省水利厅厅长胡云、水利部移民局副巡视员朱闽丰、海河水利委员会副主任户作亮、长江水利科学院副院长陈进、南京水利科学研究院副院长李云、清华大学水利系教授周建军、长江三峡集团公司枢纽管理局教授级高级工程师王海等9位专家、学者，分别作了题为“水利工程信息化建设：实践与思考”“农业高效节水研究应关注的几个问题”等特邀报告。大会设8个分会场（包括1个国际分会场），分别围绕江河治理与水生态文明、水库大坝管理信息化、疏浚与泥处理利用、水利扶贫、水利标准化、PCCP管道安全和技术等内容展开研讨。同期还举办了青年学术交流分会场暨水利学会第六届青年科技论坛。

会议共收到论文400余篇，经专家评审，269篇论文入选论文集，其中55篇被评为优秀论文。国际分会场收到来自加拿大、韩国、日本、马来西亚等国以及国内有关专家、学者的20篇论文。

年会还颁发了2016年度大禹水利科技奖、年会优秀论文奖和刘光文水文科教基金奖。

（撰稿人：王　琼）

中国内燃机学会

学会建设　10月19日，学会在上海市召开了第八次全国会员代表大会，进行了理事会、常务理事会的改选。截至2016年12月31日，新增会员48名，其中女性会员17名。新增航空内燃机分会和后处理技术分会。学会下属分会由原来的9个新增加到11个。学会共召开了3次常务理事会议、2次理事会议、1次秘书长工作会议。

学术期刊　2016年，学会编辑出版的《内燃机学报》（双月刊），共刊出学术论文78篇；2015年总被引频次为3061次，影响因子为1.223，基金论文比0.95，在能源与动力工程类44种期刊中排名第2位。《内燃机工程》（双月刊），共刊出学术论文202篇；2015年总被引频次为2400次，影响因子为0.825，基金论文比为0.8，在能源与动力工程类44种期刊中排名第5位。《内燃机》（双月刊）共刊出科普性文章106篇。

国内主要学术会议　2016年，学会及所属各分会共举办年会、研讨会、报告会、论坛等学术活动18次，交流学术论文648篇。

国际组织任职　在2016年第28届国际内燃机大会（简称CIMAC）上，学会理事长金东寒院士被推选为国际内燃机大会CIMAC执行副主席，这是中国首位进入CIMAC执行董事会的代表。

国际交往　5月18—19日，在江苏省无锡市召开了CIMAC第19工作组第三次工作会议，共有来自9个国家的40多位专家出席。济南汽车排放检测中心的王世龙、英国的Kloppenburg先生、中船动力研究院的吴朝晖、荷兰的Joseph McCarney先生和中船重工第七一一研究所的肖飞分别作专题报告《中国内河航运排放法规立法背景及趋势》《液化天然气技术在内河航运的应用》《小缸径低速机在内河近海的应用前景》《后处理的催化性能》《中国船舶柴油机排放控制技术设想与展望》。

6月5日，学会委派CIMAC常设委员会委员、执行理事长金东寒院士和副理事长兼秘书长李树生（代）赴芬兰赫尔辛基出席了“CIMAC 2016年春季常设委员会会议”。会议由CIMAC秘书长彼得主持，CIMAC主席克里特福致欢迎词。会上，交流了CIMAC各工作组的活动情况，各成员国开展行业活动的情况，当今国际内燃机技术发展近况，CIMAC会费、财务审计情况和“第28届CIMAC大会”的筹备工作情况。会上，金东寒汇报了CIMAC第19工作组第三次工作会议的有关情况和2015年10月在浙江省杭州市承办“CIMAC第七届国际青年工程师论坛”的有关情况。

6月7—10日，学会组织了22名专家、学者出席在芬兰赫尔辛基召开的第28届CIMAC大会。会议设4个分会场进行学术交流，我国学者被录用的学术论文6篇。

10月6—8日，学会执行理事长、上海大学校长金东寒院士，常务理事、哈尔滨工程大学原校长刘志刚教授和学会秘书张丹丹出席了在日本京都召开的 2016 年 CIMAC 第七届远东会议。会议对第六届 CIMAC 远东国际会议的召开情况和会议纪要进行了回顾，并对历届 CIMAC 远东国际会议召开的情况进行了总结，各成员国分别介绍了 2016 年学术活动情况，以及下一阶段的工作安排。

11 月 15—16 日，学会理事长金东寒院士、副理事长孙少军和学会秘书张丹丹出席了在德国法兰克福召开的 2016 年秋季常设委员会会议。来自德国、法国、芬兰、奥地利、意大利、荷兰、英国、挪威、瑞典、中国、日本、韩国、美国和加拿大等国的 30 名理事出席。会议主要议程是确认上次理事会的讨论事项、CIMAC 章程的修改、执委会信息通报、会员情况、各会员国工作汇报、工作组情况、CIMAC 学术活动、CIMAC 大会情况和财政支出情况等。会议还讨论了对 CIMAC 2016—2019 年发展战略、2017 年 CIMAC 活动安排以及组织 2016—2019 年 CIMAC 青年工程师论坛等有关事项。

科普活动 学会及下属各分会共举办科普讲座 17 次，受众人数 612 人次。

学会汽油机煤气机分会于 2016 年 3 月、6 月、7 月和 9 月在湖北武汉市邀请 5 位专家，分别作专题科普报告《柴油机节能与控制》《柴油机排放控制》《发动机动力系统匹配与控制技术》《发动机机电一体化技术》《柴油机燃烧技术》，253 人参加活动。

测试技术分会分别于 1 月、3 月、4 月、5 月、7 月、8 月和 9 月在天津市邀请了 12 位专家、学者作科普报告，359 人参加活动。

表彰举荐优秀科技工作者 2016 年，学会推荐的黄佐华获得第七届“全国优秀科技工作者”称号；学会推荐的郑新前荣获中国科协第十四届“中国青年科技奖”。学会授予李骏和阳树毅中国内燃机学会第三届“杰出成就奖”，崔晓娟、杨振寰、王志荣获中国内燃机学会 2016 年度昆仑“突出贡献奖”，王金华和杨加成荣获中国内燃机学会 2016 年度“史绍熙人才奖”。

【中国内燃机学会第八次全国会员代表大会】 10 月 19 日，中国内燃机学会第八次全国会员代表大会在上海市召开，与会代表 350 名。学会副理事长董建福主持大会并致开幕词。

项昌乐对学会创新发展提出三点希望：一是深入学习贯彻习近平总书记系列重要讲话精神，认真落实中国科协“九大”部署。二是把握科协系统深化改革的良好契机，深化学会改革，全面推进学会创新能力建设。三是不忘初心，立足本职，努力搭建世界一流的学术交流平台。要加强学术能力建设，创新不同形式、不同层次的学术交流平台，培育品牌学术会议；积极加强国际交流；加大对学会期刊的支持力度，打造一批在内燃机领域有较强影响力和辐射力的科技期刊。

学会副理事长兼秘书长（代）李树生受第七届理事会委托作工作报告，学会副理事长李骏院士作了关于章程修改说明的报告，学会副理事长李继凯作了学会第八届理事会理事推荐工作报告。会议审议了第七届理事会财务审计报告、第八届理事会会费标准报告、选举第八届理事会理事的选举办法等。会议通过了学会第七届理事会工作报告、学会章程修改说明的报告、第七届理事会财务审计报告、学会第八届理事会理事推荐工作报告、第八届理事会会费标准报告和选举第八届理事会理事的选举办法等。

大会选举产生了第八届理事会，共计 138 名理事。学会八届一次理事会会议选举何光远、蒋德明、苏万华为第八届理事会名誉理事长，金东寒院士任理事长，孙少军、刘志刚、李继凯、许传国、张树勇、邵煜、董建福、舒歌群、谭贵荣担任副理事长，李树生担任秘书长，并选举产生了由 43 名常务理事组成的常务理事会。聘任苏万华为专家委员会主任委员，聘任金东寒、李树生、孙少军为学会在 CIMAC 国际组织的常设委员会委员，李树生负责中国委员会的联络工作。

【中国内燃机学会第九届学术年会】 10 月 17—20 日，中国内燃机学会第九届学术年会在上海市举行，主题是“内燃机节能减排与清洁燃料”。大会分别由学会副理事长刘志刚、张树勇、邵煜和学会副秘书长冯明志共同主持。会议特邀中国工程院院士李骏、天津大学教授尧命发、北京航空航天大学教授丁水汀、哈尔滨工程大学教授马修真、广西玉柴机器股份有限公司高级工程师黄永仲、清华大学教授帅石金、中国北方发动机研究所研究员张俊跃、中国船舶重工集团公司第七一一研究所高级工程师林琳，分别作大会报告《商用车发动机技术——挑战与创新》《提高内燃机热效率燃烧技术路线探讨》《通用航空重油活塞发动机（HFE）技术发展趋势分析》《船舶柴油 / LNG 双燃料发动机应用研究》《玉柴船用高速柴油机研发》《汽油机的节能技术路径及潜力分析》《柴油机二级增压技术研究与应用》《6CS21 主推进柴油机在拖轮上的应用》。大会还特邀 Sonus Technologies / 声运技术公司总经理李志峰和中国石油润滑油公司工程师冯涛分别作专题报告《关于汽油发动机异常燃烧现象中的火焰分析》《国内航运市场新形势对船用润滑油的需求及未来国内航运业所面临的机遇与挑战》。

年会共设 5 个分会场，宣读交流学术论文 110 多篇，并评选出一等奖论文 11 篇、优秀论文奖 30 篇。年会还委托同济大学出版社编辑出版了《内燃机科技——中国内燃机学会第九届学术年会论文集》。论文集共录选了 278 篇学术论文，分为上、中、下 3 册，上册为企业篇正式出版发行；中、下两册为高校篇，作为内部资料编辑出版。

【发动机润滑油中国标准开发创新联盟成立大会】 9 月 13 日，“发动机润滑油中国标准开发创新联盟成立大会”（简称“创新联盟”）在上海大学举行。来自中国内燃机学会、中国汽车工程学会、中国石油、中国石化、石油化工科学研究院和业内发动机企业的 30 名代表出席了会议。会议由学会秘书长李树生主持。

“创新联盟”由中国内燃机学会发起，联合中国汽车工程学会、全国石油产品和润滑剂标准化技术委员会，以及行业内添加剂、润滑油和发动机整机和零部件企业等各方面专家，以“创新联盟”形式，推进汽车发动机、润滑油、添加剂及其他相关行业与学会的合作。

大会上，学会理事长金东寒院士从国家内燃机行业的发展角度，对创建中国自主的发动机润滑油标准的意义进行了深入的阐述。曹湘洪院士表示中国石化将鼎力支持中国自主发动机润滑油标准的建立，并以亲身经历的中国催化剂产品标准自主发展史为借鉴，强调要立足长远，以及发展自主发动机润滑油标准的必要性。

大会邀请锦州惠发天合化学有限公司、新乡市瑞丰新材料股份有限公司、汉地润滑科技（中国）有限公司、上海纳克润滑技术有限公司 4 家国内民营润滑油与添加剂企业的代表分别作了主题报告，并确定了第一汽车集团、东风汽车集团、潍柴动力和北汽福田戴姆勒公司 4 家发动机企业提供用于柴油机油性能评价的试验发动机机型。同时明确了首期目标：于 2019 年 12 月完成发动机润滑油中国标准体系研究，并协助石化标委会修订 GB 11122《柴油机油》标准。

会上，产生了首届“创新联盟”理事会。金东寒院士任理事长，曹湘洪院士任总技术顾问，张建荣、杨俊杰任技术顾问。理事会还成立了专家组，负责指导标准体系和产品标准修订开发工作，组织技术研讨和标准审查。

由于我国的发动机润滑油标准从 20 世纪 80 年代开始，一直沿用美国 API 标准，造成了至今没有中国自己的润滑油标准的尴尬局面。“创新联盟”的成立标志着中国针对发动机润滑油的自主规格标准化工作拉开了帷幕。

（撰稿人：祝维瑾）

中国工程热物理学会

服务创新型国家和社会建设 11 月 21 日，学会受西安交通大学委托，组织院士、专家 21 人，对该校历时 20 年研发的“煤炭超临界水气化制氢发电多联产技术”进行论证。

9 月 7—8 日，学会秘书长杜建一、副秘书长柯红缨以及来自学会的专家一行 7 人，赴山东日照市开展创新驱动助力活动。为当地高耗能企业解决面临的技术难题和新型节能技术推广提供咨询服务。

学会建设 2016 年，学会召开理事长办公会 12 次，常务理事会议 3 次，理事会议 1 次。

学会推选学会理事长金红光为中国科协第九届全国委员会委员候选人并当选。

国内主要学术会议 全年举办 9 次学术会议，参会人数近 2300 人次，交流论文 2160 篇。举办的主要学术会议有 2016 年燃烧学术会议暨国家自然科学基金项目进展交流会、2016 年多相流学术会议暨国家自然科学基金项目进展交流会 、第八届火灾与爆炸国际学术研讨会等。

学术期刊 《工程热物理学报》全年共刊登论文 750 篇，其中重大研究计划和其他国家重点项目，各类国家、省、部级基金资助项目论文占发表论文总数约 83%。为方便论文作者查阅文献，2016 年编辑出版了学术论文全文光盘 6 种，收录论文 2000 多篇。

国际组织任职 2016 年学会理事齐飞在韩国首尔召开的第 36 届国际燃烧学会年会上当选国际燃烧学会秘书长和理事会理事，成为我国首位在该委员会担任这一职务的专家。

【2016 年度中国工程热物理学会燃烧学学术年会】 10 月 21—23 日，2016 年中国工程热物理学会燃烧学学术会议在安徽省马鞍山市召开，来自中国、美国、德国、韩国、加拿大等国家 117 家高校、科研机构、企业集团的近 1200 位代表参加会议。学会理事长金红光院士、国家自然科学基金委工程三处主任纪军、国际燃烧学会主席 J. F. Driscoll 教授、第 37 届国际燃烧会议大会主席 H. Pitsch 教授等出席会议。会议期间，共安排了 6 个大会报告、11 个专题报告、440 余个口头报告和 260 余篇墙报。同期还举办了国家自然科学基金燃烧项目进展交流会和青年学者座谈会。会议上颁发了燃烧学分会 2016 年度杰出贡献奖和优秀论文奖。10 月 22 日召开了 2016 年度燃烧学专业委员会会议。

（撰稿人：柯红缨）

中国空气动力学会

服务创新型国家和社会建设 2016 年，学会及各专委会为多家企业提供了产品设计技术咨询，包括苏州频聿精密机械有限公司自行车赛车轮组空气动力学性能试验方案，成都运城风机制造有限公司高铁隧道射流风机抗风性能校核方法，唐山航岛海洋重工有限公司大型海上平台水上结构抗风性能试验方案以及水下部分洋流导致内力的测量方法，成都汇腾有限公司高铁车站指示牌抗风校核试验方法，华为公司天线风载及结冰、积雪下信号衰减问题研究方法等。学会所属专委会直接为企业提供相关技术服务，包括为中车集团提供了高速列车气动噪声风洞试验服务以及试验结果外推到实物的数据修正，为山东汇丰能源科技有限公司 HF-1 大型多用途回流式风洞提供了全套流场校测服务。

12 月 10 日，学会邀请 9 名院士、6 名专家组成鉴定委员会，对中国空气动力研究与发展中心完成的“脉冲燃烧风洞技术研究及应用”工作进行成果评价，中国航天科工集团研究员冯志高担任评价委员会主任。

12 月 21 日，由学会组织鉴定的“复现高超声速飞行条件激波风洞实验技术及其应用”成果荣获 2016 年国家技术发明二等奖。

学会建设 6 月 20 日，学会召开第七次全国会员代表大会，所属专委会开展了相应的换届工作，截至 2016 年年底，有 6 个专委会完成换届。7 月 5 日，学会测控专委会在贵州省兴义市召开换届工作会，选举第七届专委会领导机构，成立 8 个专业组，委员 151 名。8 月 18 日，学会流动显示专委会在辽宁省大连市召开换届改选工作会，选举第七届专委会领导机构，包括主任委员 1 名、副主任委员 5 名、秘书长 1 名、委员 55 名。10 月 29 日，学会计算空气动力学专委会在北京举行换届工作会议，选举产生主任委员 1 名、副主任委员 4 名、秘书长 1 名、委员 82 名，聘请专委会顾问 3 名。11 月 23 日，学会高超声速空气动力学专委会在浙江省杭州市召开换届工作会，推选产生第七届专委会领导机构，包括主任委员 1 名、副主任委员 3 名、委员 39 名、秘书长 1 名、总干事 1 名。12 月 3 日，学会风工程与工业空气动力学专委会在福建省厦门市召开换届工作会，选举产生第七届委员会委员 98 名。12 月 23 日，学会物理气体动力学专委会在北京召开第七届中国空气动力学会物理气体专委会会议，推选产生新一届领导机构，包括专委会主任 1 名、专委会副主任 3 名、专委会委员 26 名、秘书长 1 名、副秘书长 1 名。

学术期刊 《空气动力学学报》为双月刊，内容涉及空气动力学各领域及其相关学科。2016 年刊登论文总数 113 篇，其中计算空气动力学占 90%，实验空气动力学占 10%，全年印刷发行共计 5400 册。

《实验流体力学》是学会主办的中文核心期刊（双月刊），主要刊载实验流体力学新理论、新技术、新设备的研究成果与进展。2016 年编辑出版 6 期，共刊登论文 96 篇，印刷发行 5400 册。

11 月 25—26 日，《空气动力学学报》在北京召开第六届编委会第一次会议，来自航空航天领域 26 个单位的 73 名编委及专家、学者出席了会议。会议审议通过了《空气动力学学报编委会章程》，表彰了年度优秀论文 10 篇及优秀审稿专家 60 名，并围绕学报发展进行了研讨。

国内主要学术会议 1 月 18 日，空气动力学春节学术座谈会在北京召开，来自 20 多个单位的 180 多名专家、学者参加了会议。会议邀请中国科学院力学研究所研究员姜宗林和南京航空航天大学教授史志伟分别作了题为《复现高超声速飞行条件激波风洞技术及其应用》和《主动流动控制技术与无人飞行器创新设计》的报告。

7 月 22—26 日，2016 年全国环境风工程学术会议在青海省西宁市召开。会议由学会风工程与工业空气动力学专委会主办，空气动力学国家重点实验室和国家气候中心联合承办，来自31家单位的83名专家、学者及企业代表参会。会议特邀报告7篇，大会交流10篇，分组交流27篇论文。会议围绕大气边界层模拟、大气污染扩散模式、计算风工程的数值模拟技术、建筑结构抗风与建筑周边风环境、车辆空气动力学等方面进行交流研讨。会议共征集录用论文60篇。

8月5日，学会风能空气动力学专业委员会主办的第十三届全国风能应用技术年会在甘肃省酒泉市召开。会议由兰州理工大学承办，酒泉新能源研究院协办。会议围绕如何更好地开发和利用高寒、高海拔、低风速等特殊环境的风能资源，继续推动和深化发展规模化和分布式风电模式等问题进行研讨交流。100余名专家、学者参会，交流论文26篇。

8月17—19日，学会流动显示专委会在辽宁省大连市召开第十一届全国流动显示学术交流会。会议由中国航天空气动力技术研究院和大连理工大学航空航天学院联合承办。来自各研究院所、高校的近70名专家、学者参加了会议。本次会议共收录学术论文31篇，内容涵盖了壁面/空间流场接触式和非接触式流动显示测量与显示技术、风洞试验与飞行试验等极端条件下流动测量与显示技术、激波—边界层干扰/湍流/分离流/燃烧等复杂流动参数与物理场组分测试与流动显示技术、数值模拟技术以及其他流动显示新技术/方法/应用等。

9月20—23日，学会测控专委会在浙江省杭州市召开了七届一次测控技术交流会，参会专家、学者100余名。会议交流内容涉及国内外测控技术发展、先进风洞测量控制系统设计、现代控制理论在风洞中应用、新型风洞试验技术等多个领域，展示了近年来测控领域在新技术研究和应用中取得的成果。会议共收录论文104篇。

10月28—29日，全国第十六届分离流、旋涡和流动控制会议在湖南省长沙市召开。本届会议由本学会与中国航空学会、中国宇航学会联合主办，国防科学技术大学航天科学与工程学院承办。来自26个单位的100余名专家、学者参加会议。会议组织了57个报告，反映了流体力学学科近期的重要前沿热点问题。会议着重讨论了在非定流动分离、旋涡运动及其控制研究中的新现象、新机理和新方法，探讨了该研究领域的发展方向，能推动分离流、旋涡和流动控制的学术研究及其在航空航天工程领域中的应用研究。

11月22—26日，学会高超声速空气动力学专委会在浙江省杭州市召开了第十八届全国高超声速气动力/热学术交流会。高超声速冲压发动机技术重点实验室与浙江大学航空航天学院联合承办本次会议。来自国内23家科研机构、17所高校的近300位专家、学者出席了本次大会。大会安排了《高超声速飞行技术展望及其主要空气动力与控制问题》《疏导式热防护研究的进展》《燃烧空气动力学的研究与发展》《高超声速进气道起动问题研究》《临近空间地面模拟理论与方法研究》《近连续稀薄气体流动计算方法》6篇特邀报告。会议收到论文稿件206篇，评选表彰了优秀论文16篇。

12月2—5日，学会风工程和工业空气动力学专委会在福建省厦门市召开全国风工程学术论坛。会议由空气动力学国家重点实验室承办，厦门大学航空航天学院协办。来自64家单位的97名专家、学者参加本次论坛。同济大学教授赵林、厦门大学教授鲍锋、北京大学教授刘树华、中国空气动力研究与发展中心研究员黄汉杰、中南大学教授梁习锋分别作邀请报告《大型冷却塔结构风致气动和气弹效应综合研究》《流动可视化的物理过程探究》《京津冀地区大气污染成因机制研究与展望》《气动中心风工程与工业空气动力学研究进展》《大风环境下防风设施过渡段流场分析及优化方案研究》。

12月17日，由学会主办、清华大学航天航空学院承办的第八次钱学森学术讲座在清华大学举办。本次学术讲座的主讲嘉宾是清华大学教授吴子牛和美国北卡罗来纳州立大学教授罗宏，报告的题目分别是《大攻角突然启动问题流场与启动力演化解析规律》和 *Status and Trend of Unstructured Grid Methods for Computational Fluid Dynamics*。

科普活动 5月21日，学会风工程和工业空气动力学专委会联合空气动力学国家重点实验室举行公众开放日活动。来自四川大学、电子科技大学、西南交通大学、西南科技大学、绵阳中学的近200名师生参加了此次活动。

11月5日，学会风工程和工业空气动力学专委会邀请四川大学建筑与环境工程学院力学系50余名师生，到中国空气动力研究与发展中心参观见习。师生们参观了1米 ×1米水洞、5.5米 ×4米声学风洞、

3 米 ×2 米结冰风洞等设备，还参观了计算中心和 3D 演示，并与工作人员进行了交流。

表彰举荐优秀科技工作者 2016 年，学会参与完成了中国科协“青年人才托举工程”2016—2018 年度项目申报和答辩工作。这是学会首次参与该项目的申报。

党建强会 12 月 19 日，经中国科协科技社团党委第十次办公会审议，同意成立中国空气动力学会党委，由唐志共担任党委书记。中国空气动力学会党委为功能型党组织，在学会建设中发挥政治核心、思想引领和组织保障作用，委员任期与在学会理事会任职同步。

【中国空气动力学会第七次全国会员代表大会】 6 月 19—21 日，中国空气动力学会第七次全国会员代表大会在四川省绵阳市召开。会议传达了中国科协九大会议精神，听取了中国空气动力学会第六届理事会工作报告和财务工作报告，修订了《中国空气动力学会章程》和会费标准，会议选举产生新一届理事会及领导机构。中国科协副主席、西安电子科技大学校长郑晓静出席会议。会议邀请了中国科学院院士俞鸿儒、周恒、张涵信、乐嘉陵、唐长红、韩杰才、陈政清作为大会特邀嘉宾。参会的正式会员代表有 165 名，列席代表 6 名，分别来自航天、航空、船舶、核工业、兵器工业等领域 73 家空气动力学研究、设计、教学单位。

大会期间，学会召开七届一次理事会议，选举产生常务理事 43 人，唐志共等 9 人任学会副理事长。唐志共主持学会工作。

（撰稿人：胡汉东　刘金合　孟　琳　陈二云）

中国制冷学会

服务创新型国家和社会建设 2016 年，学会完成了国家标准《易腐食品冷藏链低温检测方法（送审稿）》、《低温医用冷库通用技术要求（送审稿）》、国家安监总局行业标准《氨制冷企业安全规范（报批稿）》，参与标准化研究院《中小型冷库及冷凝机组能效限定值》国家标准的立项。

2016 年，学会为北京华源泰盟节能设备有限公司、北京工业大学、华南理工大学等单位研发的“烟气余热回收系列产品”和格力电器股份有限公司研发的“双级变容积比压缩技术”进行技术鉴定。12 月 14 日，学会科技评估工作委员会为“泵驱动热管自然冷却技术及其在数据机房的应用”项目、大连冷冻机股份有限公司“果蔬快速预冷＋冰温联合保鲜技术”项目进行评估。

4 月，学会与高等学校建筑环境与能源应用工程学科专业指导委员会，美国采暖、制冷与空调工程师学会共同主办的 CAR-ASHRAE 学生设计竞赛在中国制冷展上举办颁奖仪式。获得第一名的团队受邀赴美国参加 ASHRAE 冬季年会。

8 月 3—5 日，学会在黑龙江省哈尔滨市与中国肉类协会合作，组织召开冷库精细化管理高级研修班，71 人参加。11 月 5—10 日，学会在广西壮族自治区南宁市举办冷库运营管理师培训班，43 人参加。该培训班获得人力资源和社会保障部专业技术人才知识更新工程急需紧缺人才培养培训项目和岗位培训项目计划批准。培训考试合格后，获得人力资源和社会保障部统一编号印制的证书。

8 月 5 日，由学会和能源动力类专业教学指导委员会联合举办的中国制冷学会创新大赛评选出了一、二、三等奖及优胜奖和优秀奖。大赛共收到了来自 84 所高校和 14 家企业投送的 234 件作品。

9 月 6 日，学会组织 6 名专家对新疆维吾尔自治区哈密地区进行调研考察，并形成《哈密市推广冷链技术，发展冷链产业》和《蒸发冷却技术在哈密市的应用前景分析》两个调查报告。

学会与相关机构合作编写了《家用智能空调》和《家用节能空调》等白皮书。

学会建设 4 月 5 日，中国制冷学会第九次全国会员代表大会在北京召开。会议选举产生中国制冷学会第九届理事会理事 135 名、常务理事 45 名、副理事长 15 名、理事长 1 名、秘书长（兼）1 名，并聘任了 6 个专业委员会主任。7 月，学会九届二次常务理事会议聘任了各工作委员会主任，批准成立了科技评估工作委员会、节能环保技术和信息化工作委员会、社团标准工作委员会。

截至 2016 年年底，学会共有个人会员 15556 名，其中女性会员 2682 名，资深会员 101 名，高级会员 858 名，普通会员 7699 名，学生会员 4216 名。会员人数比 2015 年增加 1597 名。单位会员 581 家，比 2015 年增加 62 家。

2016 年，学会共申请获得中国科协精品科技期刊工程、专业技术人员水平评价、“创新驱动助力工程”试点、国际民间科技组织事务专项、青年科学家参与国际组织及相关活动项目、学术会议质量提升计划、“党建强会”7个项目的支持。

学术期刊　2016年,《制冷学报》继续获得中国科协精品科技期刊工程学术质量提升项目支持。根据2016年发布的中国科技期刊引证报告（核心板）显示,《制冷学报》在动力工程类期刊中，核心综合评价总分排名第5位，核心影响因子排名第4位，核心总被引频次为482次，核心影响因子为0.424。

2016年,《制冷学报》评选出2016年度优秀论文奖。其中优秀论文奖12篇，高被引论文奖5篇，杰出作者奖5人，突出贡献奖3项。

《中国制冷简报》出版6期，共计288页，刊载242篇文章，约55万字，印刷发行约32800册。学会与上海制冷学会合作出版《制冷技术》期刊6期，发行10万册。

学科发展研究　中国制冷学会数据中心冷却技术工作组组织国内相关专家和企业编写了《中国数据中心冷却技术年度发展研究报告（2016)》。

4月，由学会和佰世越管理咨询（北京）有限公司共同编著的《2015年度中国制冷行业发展分析报告》发布。

学会组织国内院士、专家编写出版了《中国制冷行业战略发展研究报告》，以中国制冷行业发展的机遇和挑战开篇，从需求和技术两个层面阐述制冷技术的创新发展和应用。

决策咨询　2016年，学会联合中国科学院理化技术研究所向有关部门提交了《我国冷链物流的技术现状和发展对策》，向商务部提交了《冷链流通环节制冷装备发展建议》，通过政协委员向全国政协、北京市政协提交了《关于发挥制冷领域科技社团和科技人员力量举办一届节能、环保、安全、可持续发展的冬奥会》的建议提案。

国际学术会议　4月6日，中国制冷学会和美国采暖、制冷与空调工程师学会（ASHRAE）在北京联合主办技术交流会。100余名专家、学者和高校学生参加了会议。会议围绕高性能建筑和室内空气品质等议题进行了交流。

10月20—21日，中国制冷学会、中国制冷空调工业协会与西安工程大学共同组织召开的第一届“一带一路”可持续制冷与空调国际研讨会在陕西省西安市举办。来自“一带一路”沿线国家制冷空调学会和相关组织，国内相关部门、高校和科研院所制冷空调领域专家、学者约160余人参会。会议共收录来自中国、英国、美国、波兰、澳大利亚、葡萄牙、意大利等国家的论文43篇。

11月20—22日，第四届国际制冷空调技术交流会在广东省珠海市召开，会议主题为“绿色、创新、应用”。来自中国、美国、挪威、日本、德国等国的约500位专家、学者参会。会议重点围绕行业发展与市场分析、节能技术、控制技术、标准化和温湿度独立调节技术等内容设置主题报告和专题研讨。会议共组织报告演讲46场，收到国内外投稿论文约100篇，论文收录70篇，邀请论文宣读15篇，评选出优秀论文7篇。

国内主要学术会议　2016年，学会及6个专业委员会开展了10项活动及学术会议。

3月23日，学会数据中心冷却技术工作组2016年第二次会议及数据中心冷却技术研讨会在北京召开，250余名专家、学者参会。

8月4日，第九届全国高等院校制冷及暖通空调学科发展与教学研讨会在河南省洛阳市召开。会议由学会和上海交通大学联合主办。来自100余所高校的300余名专家、学者参加了会议，交流论文160篇。新加坡南洋理工大学教授杨纯、上海交通大学教授王如竹、清华大学教授朱颖心、河南科技大学教授徐斌分别作《南洋理工大学的精英培养计划与经验》《研究型教学的实践与思考——以新生研讨课为例》《对建环专业课程教学方法的思考》《卓越工程师校内实践探索》报告。研讨会开设了学科建设与人才培养、课程建设与改革、实践性教学环节的改革与创新、教学方法与研究、高职高专专场等7个主题分会场。

8月5—6日，第九届全国制冷空调新技术研讨会在河南省洛阳市召开。会议由学会和上海交通大学联合主办。来自美国、新加坡，中国大陆和香港特别行政区的100余所高校的专家、学者约500余人参加会议，会议交流论文241篇。中国科学院院士陶文铨、中国工程院院士王浚分别作报告《沸腾换热的数值模拟：从宏观尺度到介观尺度》《环境模拟技术及前言》。研讨会开设了制冷循环与低温制冷技术、制冷工质与蓄能技术、暖通空调系统及数值模拟技术、建筑可再生能源利用与热泵技术、换热器强化及热回收技术等7个主题分会场。

9月11—13日，由学会主办，中国文物保护技术协会、陕西省制冷学会、陕西省暖通空调与制冷行业协会、西安交通大学协办的首届文物保存环境监测与调控技术论坛在陕西省西安市召开。论坛共设置了12个主题报告，近130名专家、学者参会。会议收到投稿论文30篇。出版了《文物保存环境监测与调控技术》创刊号。本次论坛共邀请了12个主题报告，并针对《环境控制新技术带给文物保存的解决方案》设置了专家交流环节。

9月21日，由西安交通大学、合肥通用机械研究院、中国制冷空调工业协会、清华大学、中国制冷学会共同主办的第三届中国制冷空调专业产学研论坛在安徽省合肥市举行。200余名专家、学者参会。论坛就制冷压缩机及系统配件技术发展、新型能源利用技术及工程化应用、空调系统节能和创新、空调关键技术研究进展等行业热点、技术问题进行研讨。

11月8—12日，由学会空调热泵专业委员会和中国建筑学会暖通分会共同主办的第二十届全国暖通空调制冷学术年会在海南省海口市举行。会议主题为“协调创新，互联共享”，1600余位专家、学者参会，收录论文531篇。

两岸交流 5月1—17日，学会组织人员赴台湾地区台北市参加第八届亚洲制冷空调大会，约250名专家、学者参会。会议期间安排4个主题报告和30场分会场会议。本次会议共收录论文152篇。

国际交往 1月23—27日，学会有关负责人赴美国芝加哥参加美国采暖、制冷、空调工程师学会（ASHRAE）冬季会议。

3月20—23日，学会有关负责人赴美国参加在奥兰多举办的国际氨制冷学会年会，并与国际氨制冷学会就有关氨安全标准的翻译合作达成协议。

4月11—17日，学会有关负责人出席了在澳大利亚珀斯市举办的第十八届国际液化天然气国际会议及展会（LNG 18）。

6月16—19日，学会有关负责人赴法国参加国际制冷学会执委会会议。中国制冷学会是国际制冷学会二级会员国，在国际制冷学会执委会中任职。

8月21—24日，学会有关负责人赴英国参加第十二届国际天然工质大会，了解联合国环境规划署对于气候变化、臭氧层保护等国际协定的修改与更新。

学会组织人员参加在美国、日本、德国、意大利、土耳其、印度举办的制冷展，并在展会期间与到会行业组织、企业进行交流。

科普活动 中国制冷学会“制冷与食品安全”和“建筑节能与室内健康环境”两个科学传播专家团队共同制作了“制冷在你身边”系列科普卡通动漫。截至2016年年底，卡通动漫受众约300万人次。

全国科普日活动期间，学会联合上海制冷学会、重庆制冷学会等12个省市学会共同开展45场科普进社区和11场科普进校园活动，专家参与人数127人次，工作人员及志愿者参与人数458人次，现场受众人数约1.7万人次。

学会与湖南卫视《新闻大求真》栏目组合作完成3期科普专访节目。

2016年，学会获得中国科协科学普及部颁发的“2016年度全国学会科普工作考核优秀单位”和“2016全国科普日特色活动优秀单位”称号。

表彰举荐优秀科技工作者 经学会推荐，上海交通大学机械与动力工程学院教授王丽伟、西安建筑科技大学环境与市政工程学院教授王怡获第十四届“中国青年科技奖”。

党建强会 2016年，学会将党建工作融入学会日常工作中，并获得中国科协“党建强会”计划“十百千”特色活动项目资助。活动主题为“党建强会促发展，服务民生利国强”。

7月18—23日，中国制冷学会、湖北省制冷学会、湖北省制冷协会及湖北省部分制冷空调企业开展主题为“学先烈、见行动、传科普、送温暖”的“党建强会”特色活动。活动共计为湖北省襄阳市、宜城市100余个家庭和10家福利院进行了服务，开展咨询服务115人次，发放冰箱除味剂300个，检查维护电冰箱57台，清洗、维修空调器165台，赠送《制冷与健康》科普手册600余册。

会员服务 学会服务企业会员，出版《中国制冷空调行业名册》2016版，以及行业报告和资料等。免费向会员发放学会出版的期刊。

3月和12月，学会开展了两次全国会员日活动。两次活动期间共走访开设制冷空调学科的高等院校8所，1000余名学生会员参加了会员日活动。

【第二十七届中国制冷展国际制冷、空调、供暖、通风及食品冷冻加工展览会】 4月7日，由中国国际贸易促进委员会北京市分会、中国制冷学会、中国制冷空调工业协会共同主办，北京国际展览中心承办的第二十七届国际制冷、空调、供暖、通风及食品冷冻加工展览会在北京举办。展会的主题是“喜迎开局　高瞻远瞩　诚信务实　共奔小康”。

来自30个国家和地区的企业和专业机构参展，展会汇聚了全球制冷空调暖通行业的绝大多数知名品牌，其中包括美国、欧洲、韩国、印度等国家展团。来自全球100多个国家和地区的近6万名观众和用户参观洽谈。参展单位1050余家，展览总面积106800平方米，展出净面积超过43000平方米。

主办方及来自国内外的专业展商在展会期间举办了主题论坛、专题研讨会和技术交流会等，解析国家相关政策、关注行业技术创新情况和未来发展方向。

展会期间，制冷展组委会与联合国环境规划署、环保部等国内外机构联合举办臭氧气候技术路演及工业圆桌会议，共同探讨行业制冷剂的替代技术及路线，为行业未来的发展提供信息参考。

【第十一届全国食品冷藏链大会暨第八届全国冷冻冷藏产业创新发展年会】 9月22—23日，第十一届全国食品冷藏链大会暨第八届全国冷冻冷藏产业创新发展年会在江苏省南京市召开。大会主题为“展望未来　创新发展”。来自全国食品冷链行业的企业人员、专家、学者、工程技术人员以及冷链装备生产企业有关人员400余人参会。会议由中国制冷学会和国内贸易工程设计研究院联合主办，中国制冷学会冷链工作委员会、中国制冷学会冷藏冻结专业委员会承办，江苏省制冷学会协办。

会议期间，浙江大学校长助理陈昆松教授介绍了国家科技计划改革与农产品冷链研发，环境保护部对外合作中心李小燕介绍了制冷剂替代以及今后我国冷链行业制冷剂政策导向，中国科学院理化技术研究所研究员田长青介绍了冷链装备中基础技术和关键技术。

大会特别设置了高层对话环节。中国科学院院士周远，国内贸易工程设计研究院院长孟庆国，中国食品集团公司总经理汪云等专家、学者、企业人员围绕我国冷链装备制造和应用的发展趋势进行交流。

会议组织了研讨会、沙龙及技术参观。针对冷链装备和技术、冷库设计规范国家标准征求意见稿等内容进行了技术交流和研讨，并组织参观了南京天环食品有限公司。

（撰稿人：范　薇）

中国真空学会

服务创新型国家和社会建设　2016年，学会质谱分析与检漏专业委员会参加全国真空技术标准化委员会的工作，承担了5项国家标准的制定工作。

1月，学会质谱分析与检漏专业委员会邀请德国著名质谱分析学者 Goztes 博士进行了质谱分析人员培训，重点介绍四极质谱仪在线工业分析技术，培训相关工程技术人员30名。

7月11—15日，学会表面与纳米科学专业委员会举办2016年微纳米加工技术公益讲习班，培养微纳米加工技术领域人才，220余人参加。

7月9—16日，学会真空冶金专委会、真空工程专委会联合主办第十三期真空技术培训班，58人参加培训并获《继续教育证书》。

学会建设　学会全年召开2次常务理事会议，1次理事会议，2次学会办公会。

学会制定《科普工作管理办法》，按照“分工负责、统一信息”原则，将科普工作融入各职能部门日常工作中。

5月5日，学会显示技术专业委员会在湖北省武汉市举行全国平板显示器件标准化技术委员会第三次委员大会，会议增加了从事量子点方面研究的委员。

2016年学会成功申报了“中国科协创新驱动助力工程试点项目”课题。

2016年，新入会团体会员单位12个。截至2016年年底，团体会员已达375个。

学术期刊　学会主办《真空科学与技术学报》，全年共发表论文243篇，影响因子为0.761。7月，召开学报工作会议，围绕学报社务工作、编审工作、出版质量，特别针对如何提高期刊论文质量、提高期刊量化指标等议题展开了讨论。

国内主要学术会议　5月，学会质谱分析与检漏专业委员会邀请欧瑞康莱宝真空低温技术专家、低温产品全球技术支持经理 Stefan Lausberg 博士就低温泵在真空获得及真空质谱分析进行专题学术报告，约50余人参加了学术讨论。

5月13日，学会质谱分析与检漏专业委员会协办首届“航天杯”真空技术学术交流会，围绕真空获得、真空计量、质谱分析、真空检漏、材料出气和航天器的研制等议题作学术报告，约150人参会。

8月12日，学会电子材料与器件专业委员会在云南省昆明市举办近场光学显微镜技术及其在纳米光电子学研究中的应用专题研讨会。与会专家、学者就散射式近场光学显微镜的关键技术及其在纳米光学和光电子学表征和研究中的应用进行了研讨，20余名专家、学者参加本次研讨会。

10月11—12日，学会举办两岸三地研究生显示技术研讨会。研讨会涉及的主题包括薄膜晶体管技术、液晶器件和系统、柔性显示技术、显示电子学及光学、显示材料等。58人参加了研讨。

两岸交流 6月23日，学会显示技术专业委员会举办海峡两岸平板显示产业高峰论坛。大会以“LCD与OLED竞争与发展”为主题，吸引了200余家新型显示企业人员参会，会议首次采用了“线上互动＋线下报告”的形式。

国际交往 5月24—26日，学会显示技术专业委员会组织人员参加2016年美国显示周及SID年会，出席年会理事会及相关工作组会议，参与讨论、制订平板显示国际标准。

8月21—26日，第二十届国际真空大会（The International Vacuum Congress，IVC）在韩国釜山召开。100多名中国专家、学者出席了本次大会，分别作大会特邀报告、分会邀请报告、口头报告和张贴报告等。学会理事长许宁生、副理事长董振超、秘书长郭海明出席了真空科学技术与应用国际协会（International Union for Vacuum Science Technique and Applications，IUVSTA）全体会员国大会、执委会会议和亚洲—澳大利亚真空与表面科学会议（VASSCAA）指导委员会会议等。学会副理事长苏原代表中国真空学会作关于中国真空行业的科技现状与发展的大会特邀报告。学会组织了20余人的企业代表团前往韩国参展、参会。会议期间，学会成功申办了第10届亚洲—澳大利亚真空与表面科学会议（VASSCAA-10），会议计划2020年在中国召开。

科普活动 学会科学技术普及和教育委员会依托中国航天科技集团公司第五研究院第五一〇研究所（兰州空间技术物理研究所）开展科普教育活动。4月24日，学会在兰州航天科技园举办“中国航天日”公众开放活动。160余名学生参观展室、观看科普宣传片，参加《为中国航天点赞》学术报告。

5月14日，学会表面与纳米专委会联合中国科学院物理研究所举办第十三届“公众科学日”活动。进行了“微观世界的‘眼’与‘手’”的主题展示。开展“走进实验室”活动，6000余人参加了本次活动。

6月，学会编制出版专业科普图书——《真空材料》。10月出版《真空工程设计》一书。

全国科普日期间，学会组织学生和家长200余人参观航天育种基地。学会先后组织人员到中小学开展真空、航天知识科普讲座，共有300多名学生参加。

2016年，学会不断强化科普途径，在已有展厅、开放实验室、航天育种基地的基础上，在学会官网上开设了科普专栏。

表彰举荐优秀科技工作者 经学会推荐，中国科学院院士高鸿钧获第七届“全国优秀科技工作者”称号。

2016年学会颁发了4项奖励。中国科学院院士、北京大学教授俞大鹏获中国真空科技成就奖，沈阳科学仪器股份有限公司研究员王光玉获中国真空科技青年创新奖，5人获真空科学硕士、博士优秀论文奖学金，5人获真空科学与技术硕士生奖学金。

党建强会 按照中国科协《关于加强科技社团党建工作的若干意见》通知的要求，学会召开办公会议，在学会会员和理事会中宣传、贯彻通知精神，组建学会常务理事会层面的党组织。2016年完成了学会党委的审批和组建。结合“两学一做”学习教育，制定了党组织活动计划。

会员服务 学会建立微信公众平台，将中国科协会议精神、学会工作计划、会议纪要、学术会议、科普活动、会员发展等情况发至微信平台，方便学会会员了解学会信息。

1月11日，学会召开中国真空学会会员日活动暨2016新春联谊会。组织会员参观航天科技实验室，针对学会发展和行业科技开展答题活动，组织会员单位员工开展联谊活动。

【中国真空学会2016学术年会】 8月12—14日，中国真空学会2016学术年会在云南省昆明市举办。会议主题为“新理论、新技术、新成就”。大会由中国真空学会主办，云南师范大学与北京大学共同承办。来自各真空学科领域、工作在科研生产第一线的科技工作者和真空企业人员500余人参会。会议由学会秘书长郭海明主持，学会理事长、复旦大学校长许宁生，云南师范大学校长蒋永文分别致开幕词和欢迎词。

会议设6个分会场，分别为真空科技与工程、表面科学与应用、薄膜科学与技术、纳米科学与技术、电子材料与器件、等离子体和显示技术。会议围绕国内外真空生产企业的需求、新技术与新设备以及真空技术创新、建设与发展等课题开展学术交流和研讨。

在本届学术年会大会上，颁发了中国真空科技成就奖、中国真空科技青年创新奖和最佳张贴报告奖。

本次年会共收到论文351篇，大会特邀报告8篇，邀请报告65篇，口头报告121篇，张贴报告157篇。

（撰稿人：刘　锋）

中国自动化学会

服务创新型国家和社会建设　2016年，学会先后组织100余位专家深入河北省石家庄市、保定市以及重庆市永川区、江苏省常熟市、浙江省宁波市、辽宁省沈阳市等地方企业进行调研，通过了解企业技术需求，开展人才培养、水平评价等工作，并建立学会服务站，助力企业转型升级和技术攻关。学会在浙江省杭州市建立了院士专家工作站，并与宁波市、常熟市等地的企业签署战略合作协议，助力地方经济发展。

9月27日，学会启动第八届ABB杯全国自动化系统工程师论文大赛。本届论文大赛主题为“创新互联　智造未来”，征文对象主要包括企事业单位从事自动化系统及相关专业工作的科技、设计、管理、施工、运行、维护及培训人员，高等院校或科研院所从事自动化、信息化专业教学和科研工作的教师、学生及工程技术人员等。论文截稿日期为2017年5月31日。

2016年，学会完成中国科协2016科技文献信息加工项目，项目由33个团队承担，共完成标引成果1228条。

学会建设　截至2016年年底，学会个人会员近3万人，团体会员150个。新成立大数据专业委员会等10个分支机构。

学会每两个月召开一次学会秘书长工作会议，每季度召开一次学会理事长工作会议。2016年共召开理事长工作会议4次、秘书长工作会议6次、全国秘书长工作会议1次、常务理事会工作会议2次、理事会1次，形成决议60余项。

2016年，学会通过微信公众号与官方微博，面向公众发布国内外科研技术动态、学会活动及相关科普知识。截至2016年年底，学会官方微信公众号关注人数为21000余人。

学会面向自动化科技工作者赠阅《中国自动化学会通讯》《自动化博览》《自动化信息》等刊物，2016年累计赠阅10万余册。

科技期刊国际影响力提升计划　*IEEE/CAA Journal of Automatica Sinica*（《自动化学报》英文版）2016年共收录稿件266篇。投稿来自22个国家，国际稿源比例由19.3%提升至26.7%。发表稿件51篇。《自动化学报》（英文版）被EI、Scopus、Inspec、CSCD、SCImago等数据库收录。

学术期刊　学会主办期刊和杂志共9种，其中学术类期刊5种，包括《自动化学报》《机器人》《信息与控制》《模式识别与人工智能》《计算技术与自动化》；科技杂志类4种，包括《中国自动化学会通讯》《自动化博览》《电气传动》《自动化技术与应用》。

2016年，《自动化学报》共收稿865篇。发表稿件180篇，全部发表稿件从投稿到录用的平均周期为168天，从录用到发表的平均周期为134天。根据中国科学技术信息研究所发布的《2016年版中国科技期刊引证报告》（核心版），《自动化学报》2015年影响因子为1.464，总被引频次为2978，核心影响因子在信息与系统科学相关工程与技术类期刊中排名第1位。该刊荣获中国科协精品科技期刊、百种杰出科技期刊、2016中国最具国际影响力学术期刊称号。

学科发展研究　5月29日，学会启动自动化学科方向预测及技术路线图工作，召开了4次工作会议，将自动化学科发展路线图确定为需求指导、系统牵引、功能驱动、问题创新和技术突破5个部分。

11月11日，2016—2017年控制科学与工程学科发展研究项目正式启动。通过讨论，明确了控制科学与工程学科的研究方向、撰写框架、时间节点以及人员构成。

2016年，学会第九届理事长孙优贤院士组织50余位专家、学者，共同撰写《中国自动化产业发展报告》《中国自动化新技术发展报告》《中国自动化新技术丛书》。本系列丛书由化学工业出版社出版。

国际学术会议　2016年度，学会及所属分支机构主办、承办以及筹备举办了第18届IFAC系统辨识会议、第16届中日韩神经生物学与神经信息学专家研讨会、第七届国际绿色智能交通系统与安全学术会议、智能产业系统安全问题前沿国际研讨会等国际学术会议。

10月17—18日，中国自动化学会主办的首届世界人工智能大会在北京举办。会议主题为“世界人工智能六十载”和“开启‘智能+’中国新纪元”。论坛安排了6个特邀主旨报告，17个分会场报告和机器人应用及产品展示，安排了3个主题圆桌论坛。国内外2000余名人工智能领域专家、学者、企业人士参会，共同探讨人工智能发展历史、现在与未来。会议发布了《2015—2016 中国人工智能产业发展报告》。

10 月 22 日，学会承办了 2016 世界机器人大会智能机器人专题论坛。论坛安排了 7 个特邀主题报告，并设置了互动交流环节，邀请来自日本、美国、芬兰的知名学者与中国学者共同探讨有关机器人方面的最新进展和研究成果。学会还通过微博和微信平台对论坛现场进行了直播。

10 月 23 日，学会承办了 2016 世界机器人大会无人驾驶智能车新发展专题论坛。论坛安排了 8 个特邀主题报告，邀请了高校、科研院所及企业代表共 200 余人参会，探讨无人驾驶智能车相关领域的最新发展成果。

国内主要学术会议 2016 年，学会及所属分支机构共举办国内学术会议 43 次，交流论文 5000 余篇。

4 月 13 日，由学会与重庆市科协和重庆市永川区人民政府联合主办的 2016 国家机器人发展论坛在重庆市召开。大会安排了 6 个特邀主旨报告、23 个分会场报告和机器人应用及产业展示，来自科研院所、高等院校、相关企业负责人的专家、学者 400 余人参会。中国工程院院士郑南宁在论坛上表示，人工智能技术不可能对所有问题提前建模。未知的现实世界是构建稳健人工智能系统的挑战，而“健壮”的人工智能系统是指对用户错误、目标偏差、错误模型以及未建模对象的适应性，这是未来人工智能发展需要解决的问题。

9 月 26—28 日，由学会与宁波市委人才办、宁波市科协、宁波市江北区人民政府共同主办的 2016 国家智能制造论坛在浙江省宁波市举行。大会安排了 16 个特邀主题报告，来自全国智能制造相关领域的专家、学者近 300 人参加论坛。

2016 国家智能制造论坛

11 月 10—12 日，由国家自然科学基金委员会信息科学部、中国科协和中国自动化学会共同主办的 2016 中国智能车大会暨国家智能车发展论坛在江苏省常熟市召开。大会安排了 4 个特邀主题报告和 17 个分论坛报告。来自无人车驾驶以及相关领域的研发、生产、使用等领域的专家、学者 300 余人参会。会议期间举办了中国智能车未来挑战赛。

科普活动 2016 年，学会面向大学生组织了 2016 中国机器人大赛暨 2016 RobotCup 机器人世界杯中国赛、第十届“三菱电机自动化杯”大学生自动化创新大赛、第三届“台达杯”两岸高校自动化设计大赛、“I Love Control”2016 中国自动化大奖赛。

表彰举荐优秀科技工作者 2016 年，学会完成了中国自动化学会科学技术奖、中国自动化学会优秀博士论文奖、中国自动化学会青年科学家奖、中国自动化学会高等教育教学成果奖、中国自动化企业创新奖、杰出自动化工程师奖及中国自动化小微企业奖等 8 个奖项的评审工作。北京力控华康科技有限公司董事长马国华等 8 人荣获 2015 年中国自动化领域年度人物称号，北方工业大学等 6 支队伍荣获 2015 年中国自动化领域年度团队称号，西门子（中国）有限公司等 10 个企业荣获 2015 中国自动化领域十大年度企业称号，中国电子科技网络信息安全有限公司等 10 个企业荣获 2015 年度中国自动化领域十大年度新锐企业称号。此外，还评选出 2015 年度最具影响力工程项目、OEM 项目、最具竞争力创新产品和用户信赖产品。

经学会推荐，丁进良、黄华获得中国青年科技奖，王飞跃、孙长银、蒋昌俊、高会军获得第七届“全国优秀科技工作者”称号。

党建强会 2016 年，学会围绕“强化战斗堡垒作用，促进学会健康发展”主题，开展党建活动，并荣获“党建强会”计划“十百千”特色活动组织奖。

7 月 5—6 日，学会党支部全体党员走进西北农林科技大学，举办了主题为“以自动化思维服务三农”的学术报告会。8 月 22 日，学会党支部全体党员走进北京昌平区延寿镇黑山寨村党支部，参观了北京市委科技助农项目示范基地。11 月 23—24 日，学会党支部全体党员到浙江省宁波市江北区新城外国语学校和鹤浦中学进行了参观学习，学会党员们围绕自动化、信息与智能科学的相关知识为学校学生作了科普报告，学会还向学校师生赠送了书籍、学习用品以及体育用品等。

会员服务 2016年，学会借助“要闻通报”邮件服务平台，面向学会会员发布《中国自动化学会通讯》电子刊，传播学会最新工作信息，丰富会员服务内容。

2016年，学会邀请了在京理事和会员代表参观中国科学技术馆、北京天文馆、北京自然博物馆、中国地质博物馆，参与理事和会员人数达100余人。

【2016国家智能制造论坛】 9月27日，2016国家智能制造论坛在浙江省宁波市举行。此次论坛由学会与宁波市委人才办、宁波市科协、宁波市江北区人民政府共同主办。中国工程院院士、学会理事长郑南宁，中国工程院院士、学会第九届理事长孙优贤，中国工程院院士、学会副理事长柴天佑，中国工程院院士、学会副理事长桂卫华，学会副理事长兼秘书长王飞跃，学会副理事长杨孟飞、王迎春等出席会议。会议安排了16个主题报告。来自智能制造相关领域的专家、学者300余人参加了论坛。

郑南宁在开幕式致辞中指出，要实现新一代信息技术与制造业的深度融合，必须坚持问题导向，统筹谋划，突出重点，凝聚全社会共识，加快制造业转型升级。希望企业能够加速信息化与工业化深度融合，积极培育新模式新业态。

孙优贤作了题为“高安全成套专用控制装备及系统的研究与大规模应用”的报告。孙优贤指出，工业控制装置及系统是现代工业装备的重要组成，是工业生产安全可靠和高效优化运行的重要保证，有利于推动科学与技术进步、提升国家和产业安全、改善大气和生态环境。

柴天佑在题为“智能制造与智能优化制造”的报告中，通过分析流程工业智能优化制造对自动化科学与技术、计算机与通信技术、数据科学具有挑战的科学与技术问题，提出了实现我国流程工业智能优化制造的建议。

王飞跃在题为“‘工业5.0’：平行时代的智能制造体系”的报告中，探讨了“工业5.0”的概念与理念，指出工业发展进入了平行时代。

论坛还进行了学术报告《从制造到智造：ABB“物联网+”之数字化实践》《打造智能制造的核心——智能工厂》《智能制造FA综合解决方案e—F@ctory及实现》《菲尼克斯电气与“工业4.0”》《智能制造中的5G》《机器人视觉关键技术与应用》《面向智能制造的机器人与数控装备控制技术》《注塑成型智能装备与智能服务——国家智能制造基地建设情况汇报》《浅谈中国智能制造》《智能电厂的核心技术与理念》《柯力物联网发展》。

论坛期间，举办了智能制造推进合作创新联盟成立仪式、江北区省级高新园签约仪式、江北区与星河公司共建智慧物联产业基地签约仪式。

（撰稿人：叩　颖）

中国仪器仪表学会

服务创新型国家和社会建设 2016年，学会承接中国科协、工业和信息化部、中国工程院等政府及社会组织项目共计15项。参加工业和信息化部2016年智能制造标准化专项初审和终审两个阶段的工作，评出基础共性标准和行业应用标准项目共38项。承担工业和信息化部2015年智能制造标准化43项实施方案的审查。

参加工业和信息化部2016年智能制造标准化“企业资源计划（ERP）/制造执行系统（MES）与控制系统之间软件互联互通接口规范标准研究和试验验证平台建设”专项。完成专利信息加工项目，标引专利1000项，收集科技成果100项。

参与《中国制造2025》十大重点领域——医疗仪器领域的路线图制定发布，承担中国工程院《中国工程科技2035战略发展研究》仪器仪表跨领域组课题的研究工作。参加“制造强国二期”——产业发展路线图中仪器仪表领域的编写，参与工业强基工程二期智能传感器专题的研究。

参加数据字典、数字化车间、智能装备产品、通信协议、信息模型、智能工厂、智能工厂安全评估、工业大数据等专项标准的技术审查会议。

学会参加中国科协学会治理改革群，并被推选为主席单位，协调牵头单位组织召开治理改革各类会议，并参加治理架构、议事规则和运行机制等子群的活动，推动学会治理架构、议事规则的改革。

9月21—24日，第27届中国国际测量控制与仪器仪表展览会、中国（北京）国际智能制造技术装备博览会同期在北京举办。20多个国家和地区的500余家中外公司参展，展出面积近3万平方米。与展会同时举办的还有2016北京国际智能工厂与互联企业解决方案高峰论坛等大型学术会议。活动期间开设了30多场技术交流、专题论坛、信息发布等各种活动。

由中国机械工业联合会主办、学会承办的“全国首届仪器仪表制造工职业技能竞赛”赛项列为2016年国家级二类竞赛赛项。按京津冀赛区、东北赛区、华东赛区、华南赛区、西南赛区、西北赛区六大预赛分赛区分别开展组织工作。

2016年，学会参与创新驱动助力工程项目，与江苏省金湖县、辽宁省大连市、河南省焦作市、吉林省珲春市、新疆维吾尔自治区克拉玛依市开展合作。应重庆市科协邀请，组织自动化、机器人等领域专家参加重庆地区“创新驱动助力工程”考察调研活动，开展国产传感器产需对接活动。

颁布学会标准《T/CIS 17001—2016 激光拉曼珠宝玉石检测仪》《T/CIS 19001—2016 船用磁罗经安全距离测试方法》《全国工程师能力标准》等。

2016年完成工程师资格认证175人。

学会能力提升计划 2016年，学会调整项目总体目标，发挥优势资源，将学会社会信誉度、发展能力、学术水平、服务成效、内部管理等方面提档升级，推进学会向创新型、学习型和研究型学会转型。

根据中国科协学会创新和服务能力提升工程的立项目的，学会在该项目的资助下设立20个子项目。项目实施后，学会在构建智库专家网络，聚集优秀人才，推动跨行业、跨领域协同创新，推动科技成果转化，提升学术及科技服务质量，树立国际视野等方面取得了成效。

学会建设 2016年，学会发展个人会员580名、单位会员35个。新增理事10人，常务理事4人。

中国仪器仪表学会八届四次理事大会

学会制定了《中国仪器仪表学会深化改革实施方案》，提出了深化改革方案与措施：拓宽党建覆盖面，为改革保驾护航；改革治理架构，建设现代化社团；推进秘书处职业化建设，保证改革顺利进行；革新会员发展与会员服务模式等。

修订学会分支机构管理办法，建立总会与分支机构挂靠单位定期碰头机制，鼓励分支机构建立联合体开展活动。举办分支机构培训班，推行学会年报制度，编写年初活动计划和年终活动总结。

科技期刊国际影响力提升计划 《仪器仪表学报》（英文版）与英国工程技术学会等国际仪器仪表相关领域的学会及组织建立联系，邀请专家担任英文刊编委，与同类期刊联系合作关系，互相宣传促进。2016年度,《仪器仪表学报》(英文版）先后刊登来自剑桥大学、牛津大学、清华大学、天津大学等国内外高校的优秀专题文章，提升英文刊的国际知名度及影响力。《仪器仪表学报》(英文版）使用投审稿系统，纸质刊与电子刊同时刊登，全面实现办公办事自动化。

学术期刊 学会组织召开期刊编委会工作会议，商议在互联网环境下期刊的创新发展，推进数字化建设。更新期刊网站信息动态，新增最新论文录用发布、论文下载排行等功能，实现最新目次、摘要、关键词搜索，热点文章在线订阅等功能。建立期刊微信公众平台，定期推送期刊最新目次，传递行业政策、信息动态，发布企业资讯。

学科发展研究 学会承担了中国大百科全书出版社委托的《中国大百科全书》第三版《仪器科学与技术卷》的编撰工作。编委会组织架构已设立，完成设计学科条目框架和分支，制定选条标准等工作。进入具体条目的编写工作。

决策咨询 2016年，学会为行业提供咨询、培训服务。为机床、船舶、电工、传感器、机器人等领域的12个智能制造标准化专项实施方案进行现场咨询服务，并对标准起草单位进行标准编写规则和制定程序的培训。

国际学术会议 9月19—21日，学会电子测量与仪器分会承办的第六届国际测试自动化与仪器仪表学术会议在北京召开。会议主题为“面向‘工业4.0’和‘互联网+’的智能测控技术”。来自中国、美国、英国、加拿大、法国、瑞典、俄罗斯、日本、韩国、意大利、德国等仪器仪表与测试测量领域知名专家，以及相关领域的专家、学者约200人参会。会议围绕基础理论与前沿技术，信号与图像处理，系统运行状态监测、故障诊断及预测，仪器仪表与系统设计应用，传感器技术与物联网技术，光机电液一体化技术及综合测控技术，环境监测与保护，新能源设备安全运行测控方法及系统等内容进行交流。

10月15—17日，由学会设备结构健康监测与预警分会承办的第三届国际结构健康监测与完整性管理会议在四川省成都市举办。来自美国、德国、西班牙、英国、加拿大、丹麦、韩国，以及中国大陆和香港特别行政区、澳门特别行政区、台湾地区近200名专家、学者参会。本次会议以“大数据时代结构健康监测的机遇与挑战”为主题，对如何保障大型基础设施、特种设备、工业装备、发电设备等结构装置或设施使用过程中的安全问题以及如何科学地延长其使用期限问题进行了学术交流。会议安排主题报告13个，分会场报告59个。

11月29—30日，学会主办的2016年国际生物医学工程与医疗仪器学术产业大会在北京召开，来自国内外科研院所、各大高校、医院、相关仪器企业的630余名专家、学者参会。中国工程院院士金国藩，中国医学科学院院长、中国工程院院士曹雪涛，中国科学院院士、上海中医药大学教授陈凯先，美国约翰霍普金斯大学教授李兴德等知名专家参会。曹雪涛、陈凯先、李兴德、国家食品药品监督管理总局医疗器械技术审评中心副主任邓刚以及中国工程院院士、清华大学医学院教授程京分别作学术报告《医药科技交叉创新与融合发展》《中医诊疗设备的创新发展——现状、趋势和思考》、*Translational Biomedical Optics for Label-free Imaging of Tissue Histology in vivo*、《创新医疗器械工作情况综述及相关规定解读》《问道中国健康》。会议安排了先进临床检验技术、先进诊断与治疗技术、中医药发展论坛和新技术发展论坛4个分会场。

国内主要学术会议 2016年，学会举办各类学术会议和活动共计150余场。

5月25—26日，2017年核电仪控国际会议在北京召开，会议由中国仪器仪表学会与中国核学会联合主办。

7月21日，由学会主办的大海洋战略与仪器仪表发展高峰论坛在辽宁省大连市召开。会议围绕海洋工程装备、海洋监测技术、海上无人艇技术等，剖析了大海洋战略发展过程中，海洋工程装备对仪器仪表的需求，海洋监测系统的构成，无人艇作为海洋测绘、环境监测的关键技术实现等。

11月24日，2016年中国仪器仪表学会学术产业大会在四川省绵阳市召开。中国工程院院士尤政、电子科技大学教授王厚军、中国工程物理研究院研究员赵剑衡等9位专家作主题报告。

11月29日，2016年国际生物医学工程与医疗仪器学术产业大会在北京召开，会议由学会与中国生物医学工程学会、中国光学工程学会联合主办。来自科研院所、各大高校、医院、相关仪器企业的近400名人员参会。

国际交往 4月6—12日，学会常务副理事长吴幼华一行4人赴法国、英国拜访了英国皇家测量控制学会的主要负责人，就国际互认及工程教育认证工作展开了充分交流，为进一步推动工程师资格国际互认做好了充分准备。

科普活动 2016年“科技活动周”及“全国科普日”活动期间，学会组织8家分支机构、会员服务分中心及培训示范基地组织了8场活动，主题涉及食品营养安全、“互联网+”传感器的发展趋势、智能机器人、智能物联生活、环境保护等。

表彰举荐优秀科技工作者 2016年，学会建成体系化的科技奖励平台，科学技术奖、青年科技人才奖、奖学金的征集和申报工作统一通过科技奖励平台申报，简化办公流程，提高工作效率。

中国仪器仪表学会科学技术奖评选出50项，其中科技奖24项（一等奖4项、二等奖6项、三等奖14项）、产品奖26项（科技成果奖15项、优秀产品奖11项）。

中国仪器仪表学会评选出青年科技人才奖4位。评选出全国优秀博士论文5篇，提名论文5篇。从23所大学中评选出中国仪器仪表学会奖学金54人，其中特等奖1人、一等奖16人（本科6人，硕士生5人，博士生5人）、二等奖37人（本科15人，硕士生15人，博士生7人）。

评选出金国藩奖学金10人，完成了二次奖学金获奖者专访。推荐入选“青年人才托举工程”6人。经学会推荐，郗继贵、徐立军、徐建平获得第七届“全国优秀科技工作者”称号。

党建强会 采取多种形式深入开展“十百千”特色活动，学会党支部先后举办了2次“科技到基层、进厂矿”活动。组织专家深入基层调查研究，服务用户，帮助企业和会员解决实际问题，提供专家和技术服务。

会员服务 2016年，学会建设“全职业生命周期会员服务平台”，对学会已有活动和服务进行梳理和整合，为不同职业生命周期的会员找到相关阶段的会员服务活动。开展“线上+线下”会员活动相结合，把会员服务活动向在线平台上传，通过会员服务分中心，为6个阶段的会员举办有针对性的线下活动聚会，通过线上和线下的活动促使会员之间互动，形成“会员服务会员”的良性循环。

根据“会员与科技工作者个人职业发展全程服务”系统的设计，采用“成长记录袋”方式，针对会员在个人职业发展的启蒙期、择业期、成长期、成熟期、顶峰期、荣誉期的各个环节，提供定向的服务。

推行学会年报制度，将学会年度活动计划等发放给会员，让会员及时了解学会工作和活动情况。征集团体会员及个人会员需求，组织专题对接活动，推动会员活动向沙龙形式演进。

【推进国家智能制造标准化工作】 参加工业和信息化部2016年智能制造标准化专项初审和终审两个阶段的工作。评出基础共性标准和行业应用标准项目共38项。承担工业和信息化部2015年智能制造标准化43项实施方案的审查。

8月22日，为全面贯彻落实《中国制造2025》的总体部署及《国家智能制造标准体系建设指南》的要求，国家标准委、工业和信息化部联合发文成立“国家智能制造标准化协调推进组、总体组、专家咨询组”。学会是总体组和专家咨询组的成员单位，代表国家智能制造标准化专家咨询组，参加“数据字典”、数字化车间、智能装备产品、通信协议、信息模型、智能工厂、智能工厂安全评估、工业大数据等12个专项技术审查工作。

学会承担“2016年智能制造标准化‘企业资源计划（ERP）/制造执行系统（MES）与控制系统之间软件互联互通接口规范标准研究和试验验证平台建设’”专项中的一项子任务。

学会承担了2015年智能制造标准化“智能制造测控装备语义化描述和数据字典标准研究与验证平台建设”专项标准（草案）审查工作。9月28—29日，组织召开了工业和信息化部2015年智能制造专项“智能制造测控装备语义化描述和数据字典标准研究与验证平台建设”和“数字化车间术语及通用技术要求研究和试验验证”两个项目共6个标准（草案）的专家审查会，重点对6项标准草案进行了技术审查，并就标准适用范围、结构、智能化特征、语义化描述以及数字化车间的功能，以及与专项中其他标准的协调等方面提出了意见和建议。

（撰稿人：王兰萍）

中国计量测试学会

服务创新型国家和社会建设 按照中国科协关于《实施创新驱动助力工程的意见》的要求，中国计量测试学会深入探索计量测试服务企业的有效途径，联合云南省质量技术监督局，本着“政府主导、企业主体、专家主力、学会助力”的协同创新模式，本着“问题导向、需求导向”的服务要求，组织开展了“计量测试专家云南行”服务活动。

学会建设 截至2016年12月，学会下设分支机构32个，其中工作委员会5个、专业委员会及分会27个，新增设运动信息专业委员会。学会共有8500余名会员、500个团体会员。

经学会推荐，学会理事长蒲长城当选中国科协第九次全国代表大会委员，中国计量科学研究院房芳作为代表出席中国科协第九次全国代表大会。

学术期刊 《计量学报》2016年共出版6期，出版学术论文143篇。刊发论文中，与国民经济密切相关的应用性课题有了大幅度增长，如小电流接地故障诊断、芝麻油质量检测、喷枪位置软测量等文章。授予《基于形状误差不确定度的大尺寸测量系统优化配置方法》等10篇论文为“2016年度中国计量测试学会《计量学报》优秀论文”称号。

国内主要学术会议 以纪念“5·20世界计量日”为契机，5月19—20日，学会与清华大学联合举办了全国计量测试技术学术交流会暨第三届计量测试科技成果推介会。

9月25—26日，学会在陕西省西安市举办第十八届中国科协年会第三分会场，这是本届中国科协年会唯一一个在线分会场。

计量测试技术与仪器学术研讨会

2016年，学会各分支机构分别召开了年度学术工作会，就相关领域的计量测试技术进行研讨，参会人数2000多人次。

两岸交流 6月19—24日，学会与台湾计量工程学会共同举办海峡两岸计量测试大学生交流活动。学会组织清华大学精密仪器系10名优秀大学生赴台湾地区，与台湾地区清华大学、中原大学就学习方法、研究方向以及如何运用计量测试知识创作科技成果的问题进行了深入交流。

11月1—5日，学会与台湾计量工程学会共同举办第11届海峡两岸计量学术研讨会。研讨会内容涵盖计量技术、计量仪器、校准检测与认证、计量与产业及其他计量领域的最新进展，以专题演讲、学术报告、海报张贴等多种形式进行学术交流。会议编辑出版论文集，收录文章104篇。

国际交往 9月4—9日，学会秘书长作为国际测量技术联合会（IMEKO）理事参加了第59届IMEKO总理事会会议，研讨重要决议，执行投票权，成功申请第60届IEMKO总理事会于2017年9月在中国杭州举办。学会组织专家参加温度计量国际研讨会（IMEKO）、电磁计量国际研讨会（IMEKO）、食品计量国际研讨会（IMEKO）、流量计量国际研讨会（FLOWMEKO），与国际同行研讨、交流、分享计量测试科学的重大发现和最新科技进展。

科普活动 学会加强科普教育基地建设，制定并颁布了《中国计量测试学会科普教育基地建设管理办法》，对申报的科普教育基地进行评审。2016年，经申报、现场考核和审批，批准中国计量科学研究院等7家单位为“中国计量测试学会科普教育基地”。

在全国范围推荐计量科普专家，组建计量学科科普专家传播团队，并在全国开展了计量科普宣传教育活动。

承办了由中国科协、国家质检总局主办的“全国计量科普知识竞答”活动，于5月20日正式启动。

7月19—25日，学会与云南省质量技术监督局联合举办第二届“计量筑梦　我爱北京”夏令营公益活动。来自云南省贡山县的5名独龙族、2名傈僳族、1名白族、1名怒族共9名中学生参加夏令营活动。

表彰举荐优秀科技工作者 经学会推荐，中国计量科学研究院闫小克、中国科学院计算技术研究所国家重点实验室李晓维获得第七届“全国科技工作者”称号；天津大学吴斌获得第十四届“中国青年科技奖”。

学会创新发展 学会认真研究经济发展新常态下测量管理体系认证的新需求，创新测量管理体系认证新思路、新模式，为企业转型升级以及可持续发展服务。截至今年11月初，学会颁发测量管理体系AAA证书249家、AA证书86家、A证书52家，总计387家，组织监督审核1176家。

随着社会经济、科技等各方面的发展，测量管理体系的具体实施细则也要随之相应变化，以适应目前社会发展的需要。学会设立的中启计量体系认证中心组织各行业在计量领域一线工作的具有丰富经验的专家共同编写新的测量管理体系教材。

在认证过程中，特别是对大中型企业的复查认证中，学会探索开展认证增值服务活动，免费增加认证服务内容，提升认证服务价值，增强服务质量和效果。

在测量管理体系认证中，2016年通过调查问卷等方式，加强对企业需求调研，了解企业实际生产经营活动中在能源计量、体系建设特别是计量测试技术方面的需求。

加强中启计量体系中心建设。在上海、河南、重庆、安徽等省（市）成立中启计量体系分中心。

做好计量技术法规的审定工作，2016年共接收各种计量技术法规草案107种，审查完毕并上报国家质检总局计量司19种，确保规程审查保质保量顺利进行。

对抽检的全国38家新闻媒体单位进行了计量单位的审查。

做好标准物质管理，鼓励社会开展基础前沿标准物质研究，扩大国家标准物质覆盖面。全年组织召开12次二级标准物质评审、一次一级标准物质预审会和二次一级标准物质终审会。截至2016年11月初，上报质检总局批准发布的国家一级标准物质73种、二级标准物质938种。

起草《2015年食品相关有证标准物质质量核查的实施方案》，组织开展对食品相关有证标准物质的质量核查工作；编写《食品及相关标准物质发展规划》；起草“标准物质制造计量器具生产许可证”下放工作方案。

做好注册计量师管理，开展注册计量师资格考试命题、网络阅卷。组织注册计量师教材的修订，做好注册计量师的注册工作。截至2016年11月初，申请注册计量师人员925人，注册发证602人。截至2016年10月，申报注册计量师人员3713人，注册发证3360人。

组织开展职业技能标准、培训教材、考试大纲修订等工作；完善鉴定试题库，统一全国考试内容和要求。在部分实训基地开展技师、高级技师的鉴定试点工作。加强对考评人员及质量监督员的管理、培训等工作。截至2016年12月，通过国家职业资格鉴定考试，报人社部备案的初、中、高级技师24992人。

【“‘5·20’世界计量日”系列纪念活动】 以纪念“‘5·20’世界计量日”为契机，5月19—20日，学会与清华大学联合举办了全国计量测试技术学术交流会暨第三届计量测试科技成果推介会。

会议期间，结合当前计量测试与产业升级发展的现状和趋势还举办了计量测试高层论坛，国际计量测试联合会（IMEKO）主席肯尼斯·格拉森，国际计量委员会（CIPM）委员华金·巴尔德斯，中国工程院院士、西安交通大学教授蒋庄德，清华大学教授毛淑德分别作专题学术报告《相互关联世界中的计量——合作是成功的工具》《在工业和社会需求下计量的新定义》《计量测试——“中国制造2025”的基础》《三十米望远镜：系外行星和引力波探测》。

举办了以“创新发展　计量先行”为主题的全国计量测试技术学术研讨会，11篇优秀论文在会上进行了宣读，共征集论文91篇，并编辑出版了会议论文集。

【计量测试技术与仪器学术研讨会】 9月25—26日，学会在陕西省西安市举办第十八届中国科协年会第三分会场计量测试技术与仪器学术研讨会，这是本届中国科协年会唯一一个在线分会场。学会邀请新华网作为网络支持单位，采用了网络在线互动的形式。

学会举办了“计量测试与中国制造”高端访谈。采取网络在线互动“三地两个主持人”的形式，设1个主论坛——陕西宾馆、2个在线分论坛——中国计量科学研究院（北京）和长春理工大学（长春），邀请中国工程院院士、西安交通大学教授蒋庄德，中国科学院院士、大连理工大学教授王立鼎，中国工程院院士、天津大学教授叶声华，中国工程院院士、中国计量科学研究院研究员李天初，中国工程院院士、长春理工大学教授姜会林，通过互联网与学会理事长蒲长城共同参与访谈活动。访谈还有12个在线分会场，包括3个大学、5个科研机构和4个企业。共3100多人在现场和线上参与访谈活动。活动共收集问题150多个。

举办计量测试与仪器学术研讨会专题报告。邀请计量测试领域5位专家，围绕计量、测试及仪器相关学科领域内的重大科技、技术创新问题进行专题报告。共有10篇优秀论文进行了宣读。本次会议共征集论文82篇，经过专业委员会评选，选出59篇文章收入到中国科协《创新发展 科技引领》论文集中。

【“计量测试专家云南行”服务活动】 12月起，学会联合云南省质量技术监督局组织开展了“计量测试专家云南行”服务活动。

为提高服务的有效性，学会联合云南省质量技术监督局，在云南省重点支柱企业开展了“计量测试助力企业创新升级”需求调研，收集到来自云南省支柱企业反馈问题32条。学会针对企业需求和提出的问题进行分析和归类，并将有关资料转交相关专业的计量测试技术机构或专家，请他们确认能否对需求和问题进行解答或处理。随后学会针对这些企业需求，从有关机构中邀请了6位计量测试专家共赴云南省开展帮扶活动。

12月底，学会组织专家在云南省开展了为期两天的帮扶活动。召开了企业与专家“面对面”座谈解答活动，共有14家支柱企业近30名技术人员参加了座谈会，专家针对企业提出的计量测试问题和需求进行回应和解答。

专家赴云南白药、中国铁建装备集团和贵研铂业3个企业进行调研，深入企业车间、班组、实验室等生产现场进行考察，了解生产工艺、制造流程以及计量测试相关情况，并与企业一线、工艺、检验测试、质量管理以及安全技术等相关人员进行了交流和座谈。

据不完全统计，在此次服务活动中，企业共提出46个问题，30多个问题现场得到解决或满意答复，未解决的问题也都建立了联系渠道。

为建立长效服务机制，学会本着“服务永远在路上”的宗旨，主要建立了三种服务企业的渠道：一是将有关专家的联系方式直接留给云南调研的企业，企业可以就有关计量测试技术问题直接与专家联系。二是学会成立了专门的计量测试服务办公室（与中启计量体系认证中心合署办公），收集企业需求，为企业提供各方面的计量测试技术咨询和服务。三是学会联合云南省质监局，在云南省计量院设立“中国计量测试学会云南企业服务站”，作为中国计量测试学会服务企业的延伸，定期到企业走访，了解企业所需所急，为企业解决实际计量测试问题。服务站不能解决的问题，上报试学会，由学会邀请专家进行解决。

（撰稿人：郭　谡）

中国标准化协会

服务创新型国家和社会建设　2016年，协会参与和承担国家标准委推动的团体标准试点工作，在团体标准工作机制文件、运行模式、标准推广应用等环节开展试点探索。参与或承担“重要农产品中不同类型标准样品研究”等质检公益性行业科研项目。完成《团体标准的结构与编写指南》等27项协会标准的立项，发布《技术传播术语对照表》等9项标准。

协会承担的5个全国标准化专业技术委员会秘书处组织上报了79项标准样品研复制计划，组织召开312项标准样品评审会，审查报批218项标准样品，完成等同转化IEC 62561《雷电防护系统部件》系列8项国家标准，开展了《洁净室能源管理》IEC标准和医院洁净环境方面5项国家标准、4项原产地域产品国家标准的修订工作。

协会围绕标准化基础知识及标准化应用等热点需求，组织各类培训班28期，培训总人数达2800余人次。举办2期“标准化技能高端人才”基础和应用培训班，由近10位计量大学教授和国内标准化专家授课，培训人数198人次。联合德国技术传播协会组织了技术传播国际研修班培训课，培训人数40人次。

协会牵头承担“中国科协学会能力综合考评体系研究项目”，参与全国学会/协会治理改革研究小组，2016年共申立了20多个专题项目。

学会建设　协会全面开展“两学一做”活动，丰富网上党建园地。全面梳理党员组织关系，按照要求补缴党费。积极培养发展新党员。设立“党建强会”专项活动。参与国家标准化管理委员会党建标准化研究工作。

10月，协会召开第八次全国会员代表大会，选举产生新一届理事会，纪正昆当选理事长，王宗龄、高建忠、冀晓东、陈锦汉、季飞、王晔、刘泽洪、吴江徽、王中丹、钱建林、吴道洪、宋明顺、董若琳、陈璐当选副理事长，高建忠当选秘书长。按照中国科协和民政部的有关规定，修订了协会章程和会费标准。批准筹建装备制造工作委员会以及家电和太阳能2个新分会。

中国标准化协会第八次全国会员代表大会

学术期刊　协会主办 *China Standardization*（《中国标准化》英文版）、《中国标准化》《标准科学》《标准生活》《产品安全与召回》《ISO焦点》6种专业期刊。通过纸媒杂志、专刊和网站、公众微信号、电子期刊、网上销售等综合运营方式进行推广。

国内主要学术会议　4月8日，协会与北京大学技术传播协会联合举办了第5次北京大学“技术传播沙龙”，50余人参加。

6月30日，协会主办了首届中国技术传播论坛，主题为“新价值·新趋势·新实践”，共90余人参会。组织“技术传播论坛企业行活动”，参观考察知名企业，就企业技术传播工作现状与管理等问题与企业高层座谈交流。

9月24—25日，协会承办第18届中国科协年会第4分会场“技术传播与本地化服务”国际研讨会，110余名专家、学者参会。研讨会设立了技术信息传播优秀团体/人物颁奖、主题演讲、企业作品展示、咨询交流4个环节。

国际交往　5月9—13日，协会组织参加在印度尼西亚巴厘岛举行的第39届太平洋地区标准大会（PASC）及第54届PASC执委会（PASC/EC）。

7月11—13日，协会随国家标准委参加了第十五届东北亚标准合作会议，推进中国、日本、韩国3国间标准化领域务实合作。

8月23—25日，协会参加2016年日本技术传播研讨会暨2016年技术传播国际圆桌会议，学习日本等国家技术传播领域先进知识及组织推广形式。

科普活动　5月29日，协会与中国翻译协会本地化服务委员会和北京大学软件与微电子学院共同主办了第5届计算机辅助翻译与技术传播大赛决赛，邀请了全国各高校以及韩国、荷兰、德国等国外高校的选手参赛。

10月，协会在中国计量大学和山东大学分别设立“中国标准化协会学生会员工作站”，推进标准科普走进校园活动。

会员服务 为扩展和丰富会员结构，制定了大学生会员、个人会员发展计划及相关配套文件。加强分会工作管理，推进实施分会会员登记、会费收支统一管理。

【第13届中国标准化论坛】 10月26日，协会主办的第13届中国标准化论坛在山东省济南市召开，主题为“标准化助力供给侧结构性改革与创新”。国际标准化组织（ISO）主席张晓刚为论坛发来贺信。协会理事长纪正昆讲话。共有450余位专家、学者参会。

论坛聚焦“标准化新政策、新机制”“标准化助力新技术及产业发展”和“标准化·信息化·数据化”3个议题进行研讨。大会设置了主论坛及化工标准化分论坛、团体标准分论坛、中国传统工艺标准化论坛、中国仓储标准化论坛、羊绒产业标准化论坛5个分论坛。

论坛还举办了“标准化服务山东”和“标准化走进校园”活动。论坛颁发了首届年度中国标准化助力奖。

（撰稿人：高　威）

中国图学学会

服务创新型国家和社会建设 2016年，学会联合国际几何与图学学会在全国范围内共同开展“计算机辅助设计绘图员（CAD）技能等级”培训与考评工作，共有23个省、自治区、直辖市的50余个报名点、培训点组织开展了CAD相关培训考评工作。6月和12月分别举办了第十六、十七期“CAD技能等级”考试，共有2.8万余名学员报名参加考试。8月7日，举办第七期全国CAD考评员培训班，有50余位来自全国各培训点、报名点的教师参加会议。

学会与人力资源和社会保障部教育培训中心共同开展“全国建筑信息模型（BIM）技能等级考试”考评工作。年内考点数量和报名人数呈现出激增态势。6月和12月分别举办了第八、九期“全国BIM技能等级”考试，报名人数近25000人，100余个考点遍布全国主要省市。6月，首次举办“全国BIM技能等级考试”二级结构、设备设计专业考试。学会分别在北京、成都、南京举办了4期全国BIM技能等级考试考评员培训班和1期师资培训班，来自全国的近300名教师或企业培训师参加培训。

学会建设 3月26日，学会第七届第二次常务理事会议在北京举行。学会理事长孙家广主持会议。会议传达并学习了中国科协相关文件精神，审议讨论了《中国图学学会“十三五”发展规划（讨论稿）》及2016年学会工作计划。审议并通过了学会重新修订的《中国图学学会分支机构条例（试行稿）》和《中国图学学会会员条例》。

8月4日，学会第七届第二次理事会会议在北京举行，学会理事及其委托代表共91人出席会议。会议传达了中国科协“九大”会议精神。通过无记名投票选举，同意增补赵罡为中国图学学会副理事长。

2016年，学会共发展个人会员1007人，个人会员累计25380人。团体会员7家。

学术期刊 2016年，《图学学报》被收录为《中文核心期刊要目总览》核心期刊、中国科技核心期刊、中国科学引文数据库（CSCD）核心期刊，入选中国知网“中国学术期刊影响因子年报”统计源期刊、“中国学术期刊文摘”源期刊，被评为2015年度中国科协主管科技期刊审读“优”级期刊。《图学学报》年内共出版6期，刊发论文137篇，共892页。《图学学报》网站从2015年上线开始至2016年12月底，网站访问量达到52933人次；网站建立了完善的投审稿系统，实现了作者网上投稿、专家在线审稿、读者免费检索或下载，2016年下载量达85861次。

学会主办的英文期刊CADDM（《计算机辅助设计与制造》英文版）在原编委会的基础上，改选组建新一届编委会，中国科学院自动化研究所研究员田捷任CADDM主编。

《土木建筑工程信息技术》（双月刊）年内共出版6期，刊发论文140余篇。该刊被收录在中国学术期刊网络出版总库及CNKI系列数据库、万方数据——数字化期刊群、维普资讯中文科技期刊数据库。吸纳全球BIM领域专家加入期刊编辑委员会，提高刊发学术论文的质量。

国际学术会议 10月26—28日，由学会土木工程图学分会主办的第四届“BIM技术在设计、施工及房地产企业协同工作中的应用”国际技术交流会在北京召开。600余位国内外专家、学者参加会议。会议设置了主题为“中外项目BIM技术实践应用”的主会场演讲与国际高端圆桌会议，并围绕设计、施工、业主、教育等方面设置了4个分论坛。来自美国、加拿大、韩国、日本等国家的50余位专家、学者作特邀报告。大会出版论文集，收录了80余篇论文。

国内主要学术会议 8月12—15日，由学会图学教育专业委员会与计算机图学专业委员会共同主办的第二十届全国图学教育研讨会暨计算机图学研讨会在湖北省襄阳市举行。来自全国各地142所高校、企业及科研机构的200余位专家、学者出席会议。大会围绕“‘互联网+’时代智慧教育”新理念及全球一体化背景下与国际接轨的新趋势，探讨如何抓住机遇、应对挑战，寻求图学教育新的发展与突破。中国工程院院士谭建荣作题为“工程图学面临的问题、挑战与机遇”的报告，指出数字化时代工程制图面临的困境以及如何多个方向寻求突破。上海交通大学教授何援军作题为“构建大图学，引领图形图像新时代”的报告，提出融合多学科的“大图学”概念，引起与会者的关注。本次研讨会设置了图学教育和计算机图学2个分会场。与会专家就“互联网+”时代新型教学方法的应用、学生创新能力的培养、应用型人才培养的教改实践、“互联网+”驱动的定制产品智能设计、面向智慧制造的物联网技术等多个议题进行研讨。

9月26日，学会动漫图学工程专业委员会在辽宁省大连市召开图学、大数据与医疗研讨会议。

11月12—13日，由学会全国建筑信息模型（BIM）专业委员会主办的第二届全国BIM学术会议在广东省广州市召开。700余位专家、学者参加会议。收到投稿论文80余篇，大会论文集最终收录论文53篇，由中国建筑工业出版社出版。会议还组织了优秀论文评选活动，15篇论文荣获优秀论文奖。华中科技大学教授骆汉滨、上海现代集团资深总工王国俭、清华大学土木工程系教授马智亮、华润深圳湾国际中心项目总工陈凯分别作主题报告《基于BIM的工程施工项目管理》《互联网环境下的BIM协同工作和数据管理》《IPD及其在我国应用的关键问题对策》《华润深圳湾国际中心项目BIM综合应用》，25位论文投稿作者围绕BIM基础研究、BIM系统研发和BIM应用推广3个主题进行交流。大会还就BIM在轨道交通中的应用举办专场交流会。

11月18—21日，学会数字化设计与制造专业委员会在浙江省丽水市召开2016年会暨第二届数字化论坛。

国际组织任职 8月4—8日，在北京举行的第17届国际几何与图学会议上，学会副理事长、国际联络工作委员会主任韩宝玲当选国际几何与图学学会副理事长。

科普活动 4月9日，第五届“龙图杯”全国BIM大赛启动会暨第四届“龙图杯”全国BIM大赛颁奖典礼与高峰论坛在北京举行。

7月24—26日，学会制图技术专业委员会、产品信息技术专业委员会联合举办第九届高教杯全国大学生先进成图技术与产品信息建模创新设计大赛，全国333所高校的2360名学生围绕尺规绘图、产品信息建模及工程图绘制及计算机虚拟创新设计方面展开竞赛。山东理工大学、广东工业大学等57支高校院系代表队获得不同类别的团体一等奖。

表彰举荐优秀科技工作者 经学会推荐，学会副理事长李华研究员荣获第七届“全国优秀科技工作者”称号。

会员服务 2016年，学会搭建的官方微信平台正式上线，及时向会员传达学会活动信息。学会主办的学术会议，免费或优惠向会员开放，通过邮件、微信、网站等方式向会员推送学会组织的会议及活动信息。学会主办的刊物优先发表会员理论和实践论文，免费发给理事、高级会员阅读。为普通会员推送每期期刊的电子版。

【第17届国际几何与图学会议】 8月4—8日，第17届国际几何与图学会议（The 17th International Conference on Geometry and Graphics，ICGG 2016）在北京召开。主题为“图学与发展·图学与设计·图学与制造·图学与生活”。会议由国际几何与图学学会（ISGG）主办，中国图学学会、北京理工大学共同承办。来自美国、德国、俄罗斯、奥地利、日本、意大利、巴西、澳大利亚和中国等28个国家的近200名专家、学者参加会议。

会议以理论图学与几何学、应用几何学与图学、计算机图形学、图学教育等为主题，设立了32个分会场，共有144篇论文和19篇海报进行了学术交流。

国际几何与图学学会（ISGG）主席、奥地利格拉兹技术大学教授Otto Röschel，中国工程院院士、学会理事长、清华大学教授孙家广，北京理工大学副校长陈杰等出席开幕式。美国俄亥俄州立大学教授Frank

Maxfield Croft Jr.、日本神户大学教授 Hirotaka Suzuki、克罗地亚萨格勒布大学教授 Željka šipuš、上海交通大学教授何援军、北京理工大学教授牛振东分别作特邀报告。与会专家、学者围绕图学研究热点与成果进行学术交流。

【第六届“龙图杯”全国BIM大赛启动会暨第五届“龙图杯”全国BIM大赛颁奖典礼与BIM高峰论坛】 12月17日，学会主办的第六届“龙图杯”全国BIM大赛启动会暨第五届“龙图杯”全国BIM大赛颁奖典礼与BIM高峰论坛在北京市举行。中国工程院院士、学会理事长孙家广等出席活动。

大会宣布了第五届“龙图杯”全国BIM大赛获奖名单。第五届“龙图杯”全国BIM大赛分为设计、施工、综合、院校4个组别，收到参赛作品434项。经过初审、复审、答辩、公示等环节，最终四个组别共评出一等奖16名、二等奖33名、三等奖57名、优秀奖63名。大会出版了《2016第五届“龙图杯”全国BIM大赛获奖工程应用文集》，展示了各获奖成果BIM应用亮点及最新技术，还举办了优秀获奖作品展览展示活动。大会同期启动了第六届“龙图杯”全国BIM大赛。

在BIM高峰论坛上，上海现代建筑设计（集团）有限公司总工程师高承勇、中建八局副总工程师邓明胜、清华大学土木工程系教授马智亮分别作报告《BIM与多元数据的集成应用》《由施工总承包主导的BIM运用实践》《住建部〈2016—2020年建筑业信息化发展纲要〉解读》。

（撰稿人：杨　洁）

中国电子学会

服务创新型国家和社会建设 2016年，学会开展了工程教育专业认证、电子信息领域科技评估公共服务、团体标准研制、社会科技奖励、专业技术人员水平评价等11项职能转移扩大试点工作。

学会完成20余个科技项目的第三方评估，完成信息领域“863”计划“十二五”作用与影响专题评估，参与国家发展改革委组织的“全面创新改革试验第三方评估”。

启动机器人、物联网、数据中心、信息安全4个技术领域20项团体标准研制，发布《教育机器人术语》等6项团体标准，推进《物联网参考体系结构》等14项团体标准的研制工作。

学会作为“国家绿色数据中心试点工作”的主要支撑单位，对国家绿色数据中心试点单位展开技术支持，指导84家试点单位开展节能技术改造和节能减排数据的监测工作。经过专家评审后确定了17项技术。11月，由工业和信息化部正式发布了《绿色数据中心先进适用技术目录（第一批）》。

学会能力提升计划 学会联合其他14个全国学会发起成立了中国科协信息科技学会联合体，年内承接了5个项目。学会与其他学会共同发起成立中国科协智能制造学会联合体。依托中国科协信息科技学会联合体，学会发起筹建了“智能社会研究所”，该研究所年内共承接工业和信息化部、中国科协、国家网信办等单位15个咨询研究项目。

学会获批人力资源社会保障部设立的国家级专业技术人员继续教育基地。学会自2005年开展电子信息专业技术资格认证工作以来，在电子信息专业体系建设上共设立4个大类共计20余个工程师序列。2016年度技术资格认证人数4924人，累计共认证近7万名电子信息工程师。

学会作为首批中国科协创新驱动助力工程试点学会之一，已与20余个地方科协等机构签署合作协议，为地方经济和企业创新发展提供专家资源和智力支持。

学会承担了由中组部、人力资源社会保障部牵头，教育部、科技部、财政部、国资委、外专局等部门配合，中国科协具体协办的国家引进海外高层次人才参考目录工作，具体负责新一代信息技术、智慧城市和数字社会两个专业组的人才目录制定工作。

学会建设 2016年，经学会九届七次全体理事会议民主选举，李树深、张军、陆建华、蒋亚非、王海峰5人当选学会第九届理事会副理事长，增补吴一戎、丁汉、丁文华、尹浩、何友、邬江兴6位院士为学会第九届理事会常务理事，调整常务理事3名。调整后学会本届理事会共有理事215名、常务理事51名。同时，根据有关文件要求，经九届七次理事会表决通过，同意李未、邬贺铨、刘汝林3位同志不再任学会本届理事会副理事长，任学会本届理事会名誉副理事长。

学会新设立了虚拟/增强现实技术与产业分会、脉冲星导航专家委员会、电子设计自动化专家委员会，所属分支机构增至56个。年内共召开5次组织工作委员会议，指导5个分会完成了换届工作。召开学会九届五次监事会议，审议通过了学会年检报告、学会综合统计报表及学会财务审计报告。完成强化制度执行严肃财经纪律专项工作的自查自纠，开展内部控制建设并完成了“营改增”工作。

学会举办了4期分会秘书长沙龙活动，分别以“加强分会组织建设，做好分会基础性工作”“实施创新争先，拓宽工作思路”“夯实工作基础，延伸工作思路”“加强制度建设，促进分会发展”为主题进行了交流研讨。

学术期刊 2016年，学会主办的科技期刊共14种。根据中国科技期刊引证报告（CJCR）发布的数据，《电子测量与仪器学报》核心影响因子为2.394，连续5年影响因子指标超过2，在电子技术类期刊中排名第1位；《电子学报》综合评价总分为71.42分，在电子技术类期刊中排名第1位，总被引频次连续12年排名第1位；《信号处理》综合评价总分为49.79分，在通信技术类期刊中排名第2位；《数据采集与处理》《电波科学学报》《微波学报》分别在通信技术类期刊中排名第3、第6和第12位。

学会主办的《电子学报》和《电子测量与仪器学报》继续获得中国科协精品科技期刊工程项目资助，《电子学报》获2016中国国际影响力优秀学术期刊称号。

学科发展研究 学会在云计算、物联网、大数据、机器人等领域不断深入研究，完成了《“十三五”机器人产业发展规划》《“十三五”软件与信息服务业发展规划》《国家信息化发展战略纲要》《网络与大数据学科方向预测及技术路线图》《物联网、云计算等新一代信息技术发展政策建议》《2049中国科技与社会愿景之先进计算》《智能社会评价指标体系研究》等研究报告。

决策咨询 2016年，学会共承接了工信部、中国科协、国家网信办等单位18个咨询研究项目，已完成报告9篇，获上级领导批示2篇。《我国机器人产业发展评估与人才培养》《中国电子学会关于成立全球智能机器人发展合作组织的建议》获得中国科协批示。

《学会视点》刊发了《机器人：智能制造的柱石》《大数据产业生态谋局》《国内语音语义技术企业发展简析》《新版Atlas机器人到底有多牛》《国内外机器人产业生态对比分析》《虚拟现实：从虚拟走向现实》《人工智能：引领产业、颠覆未来》《世界机器人大会：擦亮制造业皇冠顶端的明珠》8期内容。

国际学术会议 2016年，学会举办或联合举办国际会议16个，共计23万人次参加。

8月17—19日，第十七届电子封装技术国际会议在湖北省武汉市召开，会议由学会电子制造与封装技术分会主办。来自美国、英国等近20个国家和中国大陆、香港特别行政区及台湾地区的500余位专家、学者参加了会议。会议邀请到2014年诺贝尔物理学奖获得者中村修二（Shuji Nakamura）等13位国际知名专家作特邀报告。会议总计收到投稿论文摘要456篇，通过全文审稿最终录用的论文共计336篇，其中口头报告105篇、海报展示231篇。大会设7个分会场进行口头报告，其中分会场主题特邀报告8篇。

国内主要学术会议 2016年，学会举办国内学术会议95个，参会人数近3万人次，交流论文5000余篇。

学会主办了第八届中国云计算大会、第七届中国物联网大会、二十二届青年学术年会等会议，承办了中国科协主办的第52期中国科技论坛——大数据与智能制造论坛、第116期新观点新学说学术沙龙——虚拟现实学术技术研讨会等会议。

两岸交流 5月17日，第七届海峡两岸云计算合作论坛在北京举办。论坛邀请到台湾地区云计算大数据、智慧城市研究实践专家，以及海峡两岸云计算大数据创业团队代表，探讨了两岸在云计算大数据创新应用等领域的合作。双方通过创新团队展示、落地项目合作等形式，开展在云计算大数据领域的交流与共享。

11月1—3日，由学会和台湾电机电子工业同业公会（电电公会）共同主办的海峡两岸电子行业绿色可持续性发展合作交流会议在台湾地区台北市召开。参会代表围绕两岸电子行业共同关心的绿色工厂、绿色供应链等主题分享了先进案例，就节能环保政策法规、两岸能效标准等内容进行了探讨。双方计划在节能环保政策、行业数据分析、绿色供应链、可持续发展项目试点、团体标准研制等方向上开展进一步交流与合作。

国际组织任职 学会共有6位专家在国际组织任职，学会常务理事龚克担任世界工程组织联合会（WFEO）副主席，学会副秘书长林润华进入国际信息处理联合会（IFIP）执委会，学会理事颜毅华担任国际无线电科学联盟（URSI）协调委员会成员，学会生命电子学分会主任委员邓玉林任国际宇航科学院

（IAA）学术委员会副主席，学会洁净技术分会副秘书长王大千担任国际污染控制学会联盟（ICCCS）国际洁净室教育委员会主席，学会电磁兼容分会秘书长石丹担任国际无线电科学联盟（URSI）中国委员会电磁干扰与噪声分会副主席。

国际交往 学会代表中国参加了国际无线电科学联盟（URSI）、国际信息处理联合会（IFIP）、国际医药信息学会联合会（IMIA）和国际污染控制学会联合会（ICCCS）4 个科技组织，并参加了在日本东京举办的国际信息处理联合会执委会会议。学会承接了联合国咨商工作信息通讯技术专业委员会秘书处和世界工程组织联合会创新专委会秘书处的工作，参加了 12 月 5 日在秘鲁召开的 2016 世界工程减灾大会和 12 月 6 日在墨西哥召开的第十一届联合国互联网治理论坛。

11 月 29 日，学会副秘书长孙以林出席了中德智能制造及生产网络化第一次副部长级会议，并在“智能制造和‘工业 4.0’”分论坛上作了主旨发言，以“现行政策中企业面临的挑战”为题，从中方视角进行了全面阐述。

科普活动 2016 年度学会获得全国学会科普工作优秀单位，荣获中国科协 2016 全国科普日特色活动优秀单位。学会设立全国青少年机器人技术等级评价标准及考试，已设立全国考试服务中心 5 个、考点 40 余个。开展以电子信息、机器人为主题的全国科普活动 20 余场，服务青少年达数万人。参与中国科协“科普中国”系列信息化项目，完成电子信息类百科词条新编 340 条的编辑认证工作，累计共完成 2340 条的编辑认证工作。举办了第十一届中国研究生电子设计竞赛、第十二届全国大学生嵌入式设计大赛、第六届全国大学生物联网创新应用设计大赛等活动。

表彰举荐优秀科技工作者 学会推荐 8 个项目参加国家科学技术奖评选，其中《新一代立体视觉关键技术及产业化》《多界面光—热耦合白光 LED 封装优化技术》《面向服务创新的可扩展路由交换关键技术、系统及产业化应用》等项目荣获国家科技奖二等奖。十三年来由学会推荐并获得国家科学技术奖的共有 28 个项目，获奖率达 42%。

经学会推荐，北京航空航天大学计算机学院教授百晓、北京邮电大学教授邓中亮、中国科学院国家天文台研究员韩金林、中国科学院半导体研究所研究员林学春获得第七届“全国优秀科技工作者”称号。

学会创新发展 2016 年，学会开展了《知识共享及产业技术交流平台》基建项目的建设工作，完成了“学会云”存储系统建设工作，依托“学会云”实现了资料集中存储及工作资料共享协同。同时，学会正在积极开展《科技评价与成果转化平台》基建项目的申报工作，该项目的可行性研究报告已经得到工信部批复。

学会与电子工业出版社合作搭建的中国电子信息科技期刊数字平台进入实施阶段。创新科普工作模式，打造了青少年电子信息科普综合服务网络平台、研究生电子设计竞赛平台。学会搭建的会议活动管理系统正式运行，所属分会评估考核评优系统陆续上线。

党建强会 12 月，中国共产党中国电子学会总部委员会召开第四次党员大会，选举产生第四届党委和第四届纪委。加强党建制度建设，完成党支部设置调整，完善并规范了党支部学习、工作、会议等制度，完成学会工会和共青团换届工作。

学会启动党员排查工作，规范党费收缴、使用、管理和专项检查工作。在全体党员中开展系列“两学一做”学习教育活动。2016 年度共举办了 2 次党委理论学习中心组学习（扩大）会，召开了 2 次党员集体学习会，观看了《认清历史虚无主义危害》的专题讲座，各党支部结合“三会一课”组织开展学习教育多次。制定并印发了《中国电子学会总部党委 2016 年党建工作要点》《中国电子学会总部“两学一做”学习教育实施方案》。

会员服务 截至 2016 年年底，学会新发展个人会员 1980 名，新增单位会员 135 个，会员总数达 14811 人，单位会员总数 524 个。目前，学会已建立会员学术技术交流基地 20 个，学生会员工作站 28 个。

学会积极搭建为会员服务的“互联网 + 会员服务”工作模式，利用互联网，开通会员服务频道，全面实行电子会员证书，为会员提供咨询，为会员推送一年一度的会员服务手册，赠阅 11 种电子信息类期刊等。通过举办青年科学家学术交流大会，组织“优秀博士学位论文、优秀硕士学位”论文评选，两场“电子信息大讲堂”系列活动，单位会员交流年会、会员日、会员年会等活动，以服务促进会员发展。

7 月 3 日，学会在浙江省嘉兴市举办了 2016 中国电子学会青年科学家学术交流大会暨院士与青年科学家学术交流会。

【第十一届中国电子信息技术年会】 4 月 26 日，由中国电子信息行业联合会和学会共同主办的第十一届中国电子信息技术年会在北京召开。年会以“颠覆技术与产业变革”为主题，与会院士专家围绕虚拟现实、人工智能、脑认知、增强现实、量子信息和寒武纪神经网络处理器等前沿颠覆技术作会议主题报告。

中国电子信息行业联合会会长、原信息产业部部长、党组书记王旭东，中国科协副主席、中国工程院院士赵沁平，中国电子科技集团科技委副主任、中国工程院院士王小谟，学会名誉副理事长、中国工程院院士李德毅，学会副理事长、北京航空航天大学党委书记、中国工程院院士张军，学会副理事长、中国科学院院士陆建华，中国工程院院士、中央电视台总工程师丁文华等出席会议。

赵沁平院士、李德毅院士、中国科学技术大学教授陆朝阳分别作主题报告《虚拟现实：一项可能的颠覆性技术》《人工智能在奔跑》《量子信息技术前沿进展》。

会上，颁发了“2015年度中国电子学会科学技术奖”与第三届“中国电子学会优秀科技工作者”奖；发布“2016—2020推动产业变革的十大信息技术”；提出智能终端跟云服务、下一代网络通信技术、先进传感和物联网技术、机器人和无人系统、高级人工智能、虚拟现实/增强现实、快数据、3D打印技术、新型半导体材料和高端元器件10项是未来五年推动产业变革的十大新兴技术。

【第八届中国云计算大会】 5月18日，第八届中国云计算大会在北京召开，主题为“技术融合应用创新”。会议由工业和信息化部、中国科协、北京市人民政府指导，中国电子学会主办，世界工程组织联合会创新专委会（WFEO-CEIT）协办。9名院士、100多位海内外专家参加大会。

工业和信息化部副部长、学会理事长怀进鹏出席会议并致辞。怀进鹏在致辞中指出，以云计算为代表的新一代信息技术不仅引发了信息产业的变革，也有力推动了信息技术与其他行业的融合发展。怀进鹏表示，工业和信息化部将按照国务院决策部署，以“创新、协调、绿色、开放、共享”发展理念为指导，加快推动供给侧结构性改革，从技术、标准、应用、安全、人才等方面，积极营造良好的发展环境，推动云计算产业健康快速发展。

大会主题分别为远见、实践、创新和前沿四部分。南开大学校长、世界工程组织联合会（WFEO）副主席龚克，中国工程院院士李伯虎，中国工程院院士倪光南分别担任主席。

上海交通大学副校长、中国科学院院士、学会副理事长梅宏，中国工程院院士李德毅，国家自然基金委副主任、中国工程院院士高文，中国科学院院士郭光灿，中国工程院院士俞梦孙等发表学术演讲，涉及云计算落地实践、大数据与智慧城市建设、云计算大数据之软件定义等。《大数据时代》作者舍恩伯格（Viktor Mayer Schonberger）教授作主题演讲《爆发式创新：云中大数据如何赋能下一轮经济增长》。

大会期间，“2016云计算大数据创新创业评选”最终评选出创新创业团队10强。

【2016（第七届）中国物联网大会】 9月23日，2016（第七届）中国物联网大会在天津市召开。大会在工业与信息化部与中国科协的指导下，由中国电子学会主办，中国电子物联网专家委员会、天津南站科技商务区发展有限公司联合承办。大会以“万物互联、智创未来”为主题，举办了一系列交流活动，包括主论坛、展览会、6场分论坛、50余场主题演讲、3场圆桌论坛、高端访谈等。中国工程院院士邬贺铨作题为《大智移云联万物》的主题报告。邬贺铨指出，移动互联网已进入“大智移云”（大数据、智能化、移动互联网和云计算）时代，“大智移云”不仅深刻影响人们生活，更酝酿着新一轮产业变革。

2016（第七届）中国物联网大会

美国高通公司市场总监方学勇作题为《打造万物互联的生态系统》的主题报告，他结合生动的案例介绍了物联网生态链。

中国工程院、电气和电子工程师协会（IEEE）消费电子协会、中国电信上海研究院、清华大学、中国电子技术标准化研究院等研究机构的专家、学者围绕物联网新兴技术作学术报告。

会议期间，电气和电子工程师协会（IEEE）消费电子协会与中国电子学会物联网专家委员会签约并达成战略合作关系。双方就技术会议、技术标准以及其他共同活动等方面进行深入讨论，共商合作。

【中国信息科技创新成果转化大会】 12月17日，在工业和信息化部、河北省人民政府指导下，中国电子学会、中国科协信息科技学会联合体主办的中国信息科技创新成果转化大会在河北省固安市召开。本次大会主题为“推进信息科技成果转化，服务京津冀协同发展”。

工信部党组成员、办公厅主任莫玮，河北省工业和信息化厅党组书记、厅长龚晓峰，以及浪潮集团执行总裁王柏华，腾讯副总裁王巨宏等企业代表，北京大学、清华大学等高校代表，金桥资本、雅瑞资本等投融资机构代表，以及艾肯、优创动力等创客机构代表等共计500余人参加会议，研讨在京津冀协同发展大背景下，如何加速信息科技创新成果转化，助力中国经济转型升级。

本届大会期间上线了由学会搭建的两化融合创新创业服务平台及科技成果转化保定分平台。

大会期间举行了河北省工信厅与中国电子学会战略合作协议签约仪式、科技成果转化平台服务百家创客签约仪式。学会与优客工场、创客总部、HIFIVE 创新中心等10大创客机构现场签订了合作协议，合作内容涵盖科技成果展示及交易、专家咨询与企业服务、科普知识及信息咨询、投资与科技成果服务对接等。

同期举办了工业和信息化部高校服务京津冀协同发展研讨会，举办了创客学院、项目路演等活动。

大会打造的政产学研资对接平台，将高校、企业、行业组织、社会团体的智力资源和创新科技成果汇聚到京津冀产业链上，推动高端科研成果及科技项目的转化、应用、落地，为京津冀产业升级，提升京津冀地区经济的整体竞争力发挥作用。

（撰稿人：刘　静）

中国计算机学会

服务创新型国家和社会建设 2016年，学会共举办了3次计算机软件能力认证考试（CSP），参加认证人数达20426人，已在全国73所知名高校设立认证点。清华大学等16所高校计算机专业以多种方式认同CSP认证成绩，将CSP认证成绩作为考研复试成绩、计入创新学分、评定奖学金、研究生毕业论文开题条件或将CSP认证纳入教学计划等。

中国计算机学会学科前沿讲习班全年组织12期，主题为计算领域热点话题，如人工智能、大数据、类脑计算、区块链等内容，已经成为学会的品牌活动。

新创建了面向企业的技术前线（TF），加强为企业服务的能力，由活跃在技术前沿的具有“实战”经验的企业专家为在企业第一线从事技术工作的工程师进行前沿技术讲座。学会建立了TF工作机构，首期“网络安全”TF于10月19日举行。

举办IT女性沙龙和论坛，进行女性IT从业者调研。

学会能力提升计划 学会新成立生物信息学专业组专委会。设立、评选并颁发了“CCF杰出工程师奖”，授予在计算机工程技术及应用领域有突出成就和重要贡献者。

计算机类专业工程教育认证完成对13个高校计算机专业的认证；组织了面向专家和专业负责人的培训；根据我国加入华盛顿协议组织后新的形势和要求，组织了4次认证专家工作研讨会，参加专家64人次，参加培训的专业负责人145人次。新遴选23名认证专家，有20名专家完成现场见习。

学会开展专委会改革试点，专委会按照学会要求完善组织架构、规范决策制度。按照学会规定流程和要求，做好学术年会、出版学术文集、规范学术年会的财务预决算管理等工作。

学会建设 1月，新一届理事会履职，明确了正副理事长、常务理事、理事的职责，并建立常务理事联系专委会的制度，常务理事要对口联系专业委员会，参加专委会的学术年会，支持专委工作并了解各专委会的基本情况和存在的问题。

召开常务理事会议2次、理事大会1次。常务理事会议审议通过中国计算机学会工作委员会设立的动议及工作委员会负责人提名，审议通过2015年度专委会评估结果，审议通过中国计算机学会专委会改革办法、中国计算机学会青年人才发展计划以及设立“中国计算机事业60周年特别贡献奖”等动议，审议通过学会2015年度财务决算和2016年度财务预算等。

监事会监督理事会参会情况和决议的合法性，对理事履职情况进行统计和报告。

截至12月31日，学会会员总数为37840人，年度新增会员14357人。

学科发展研究 10月，由学会主编的《2015—2016中国计算机科学技术发展报告》出版。报告包含新型绿色数据中心体系结构研究现状与展望、分布式并行计算在科学与工程领域的应用、众包数据管理研究进展与趋势、网络空间安全学科发展报告、深度学习在计算机视觉领域的进展与应用、强化学习研究进展及其在电脑围棋的应用、类脑计算的研究进展与发展趋势等11篇报告，详细介绍了相应研究方向的国际研究现状、国内研究进展、国内外研究进展的比较以及发展趋势与展望等。

学会计算机术语审定工作委员会按计划完成新词挖掘2.8万条，继续挖掘词条及其释义5万余条，根据新词挖掘结果定向挖掘释义4万余条。联合学会中文信息技术专委会在中国计算机大会（CNCC）期间举办了自然语言理解研讨会。启动术语审定手机版的设计。

决策咨询　6月，学会常务理事会决定设立中国计算机学会“启智会”自由研讨基金，鼓励计算机领域资深专家就计算机领域的前沿和交叉领域进行自由研讨和探索，提出未来发展的建议性意见。该基金自2016年10月正式开始实施，每逢双月受理申请。

国际学术交流　9月18日，学会主办的2016亚太网构软件会议在北京召开，来自国内外多所高校及科研单位的180余位学者参加会议。

9月24—26日，学会、中国图象图形学学会、中国系统仿真学会共同主办的2016虚拟现实与可视化国际会议在浙江省杭州市召开，来自国内外多所高校及科研单位的120余位学者参加会议。

11月4—6日，学会主办的第15届计算机辅助设计与图形学国际会议在浙江省杭州市召开，来自国内外多所高校及科研单位的600余位学者参加会议。

12月2—6日，学会主办的第五届国际自然语言处理与中文计算会议暨第24届国际东方语言计算机处理会议在云南省昆明市召开。会议邀请美国科学院院士、美国加州大学伯克利分校教授Bin Yu，新加坡资讯通信研究院研究部主任Haizhou Li，美国微软研究院自然语言处理高级科学家Jacob Devlin，美国亚利桑那州立大学教授Huan Liu作特邀报告。

国内学术会议　学会及所属专业委员会共组织学术会议58个，参加人数约16000人次。学会青年计算机科技论坛总部和分论坛全年共开展200多场活动，其中总部组织17场报告会，参与人数1万人多次。

国际交往　1月30日，学会邀请美国计算机学会（ACM）、电子和电气工程师协会计算机学会（IEEE-CS）、日本信息处理学会（IPSJ）和韩国信息科学学会（KIISE）的理事长、秘书长等学会新一届理事会上任仪式，并与学会理事长、秘书长进行合作会谈。

3月，学会理事长高文、秘书长杜子德受邀访问日本信息处理学会，并在日本信息处理学会学术大会上作特邀报告。

7月，学会秘书长杜子德等一行4人访问韩国信息科学学会，参加韩国信息科学学会年度学术会议。

7月，学会理事长高文、监事长杨士强赴美国访问美国计算机学会和电子与电气工程师协会计算机学会总部。

10月，学会邀请美国计算机学会、美国电子与电气工程师协会计算机学会、日本信息处理学会、韩国信息科学学会和澳大利亚计算机学会主席和秘书长等出席2016中国计算机大会，与学会探讨未来合作与发展。学会与日本信息处理学会和韩国信息科学学会召开了三方会谈，共同致力于推进东亚计算机专业的发展。

科普活动　5月23—29日，学会组织第六批吕梁优秀教师到北京举行为期7天的观摩学习与交流活动。本次优秀教师来自吕梁地区兴县、岚县，共19人。组织吕梁优秀教师到北京第八十中学及分校、人大附中听课及交流；参观游览中国科技馆、毛主席纪念堂、奥运场馆、故宫、长城等科技和人文景观。学会吕梁教育扶贫团于9月1日赴吕梁兴县、岚县进行调研和支教活动，此次扶贫活动志愿者报名人数达40余人。在吕梁期间，教育扶贫团分两组走访了7所中、小学，并为小学生上了生动的励志课与计算机科普课；与当地教育局领导、校长、教师进行座谈，探讨学会如何在当地开展教育扶贫工作；向学校和学生们捐赠了爱心文具，向贫困家庭的留守儿童捐赠了助学金和文具。

组织信息学奥林匹克冬令营、中国队选拔赛、亚太信息学奥林匹克中国赛区比赛、全国青少年信息学奥林匹克竞赛以及信息学奥林匹克联赛等活动，参与的中学生7万多人次。第28届国际信息学奥林匹克竞赛中，中国队选手获得3枚金牌、1枚银牌的好成绩。

表彰举荐优秀科技工作者　中国计算机学会终身成就奖授予中国科学院院士沈绪榜和清华大学教授唐泽圣；中国计算机学会王选奖授予清华大学李星和中国王码集团王永民；中国计算机学会海外杰出贡献奖授予新加坡科学院院士黄铭钧；中国计算机学会杰出教育奖授予国防科技大学教授胡守仁和北京工业大学

教授蒋宗礼；中国计算机学会青年科学家奖授予东南大学张敏灵、浙江大学潘纲和中国科学院自动化研究所黄凯奇，该奖项首次与 IEEE-CS 联合评审与颁发；中国计算机学会卓越服务奖授予航天科工集团二院 706 所研究员刘恩德和长沙雅礼中学教师朱全民；中国计算机学会杰出贡献奖授予《中国计算机通讯》执行主编冀复生；中国计算机学会夏培肃奖授予清华大学教授蔡莲红。

清华大学陆游游、北京大学罗勇、西北工业大学任堃、清华大学吴陈沭、上海交通大学严骏驰、中国科学院软件研究所窦文生、武汉大学江俊君、中国科学院计算技术研究所杜子东获中国计算机学会优秀博士学位论文奖；中国科学院计算技术研究所的“神经网络处理器指令集和体系结构研究”、天津中科蓝鲸信息技术有限公司“蓝鲸企业存储软件”项目获得 2016 中国计算机学会科学技术奖一等奖；澎峰（北京）科技有限公司“OpenBLAS”、北京大学“中国网页信息博物馆（Web InfoMall）及其数据开放”项目获得二等奖；滴滴公司副总裁章文嵩获得中国计算机学会首届杰出工程师奖；曙光公司总裁历军和搜狗公司 CEO 王小川获得中国计算机学会企业家奖。

会员服务 学会为会员免费提供《中国计算机学会通讯》，编辑并给会员发送学会动态、技术动态等电子刊物，会员参加学会主办的学术活动和培训班等可享受注册费优惠，会员在学会会刊发表论文可享受版面费优惠。

学会在 28 个城市建立了会员活动中心，本年度新增 3 个，在 30 所高校建立了学生分会。会员活动中心组织了 64 场学术技术讲座和走进企业、本地联谊、社会公益等活动。学生分会结合当地的社会、经济发展需求，组织了 36 场适合大学生的学术活动。学会派遣专家支持地方活动，并为会员活动中心提供了部分活动经费。学会全年共组织 110 场走进高校社会公益讲座。

2016 年中国计算机学会优秀大学生奖共评出 108 名，学会全额资助获奖者参加 2016 年中国计算机大会。

【2016 中国计算机大会】 10 月 20—22 日，2016 中国计算机大会在山西省太原市召开。大会由中国计算机学会主办，太原市人民政府和山西大学联合承办。大会主题为“计算改变未来”，探讨了计算技术领域最新进展与未来发展趋势。

2016 中国计算机大会

学会前任理事长、清华大学教授郑纬民担任大会主席，学会会士、中国工程院院士卢锡城担任本次大会指导委员会主席，学会会士、华中科技大学教授金海和美国卡耐基梅隆大学教授邢波担任程序委员会主席。

美国计算机学会、美国电子与电气工程师协会计算机学会、日本信息处理学会、韩国信息科学学会和澳大利亚计算机学会主席和秘书长出席会议并致辞。

学会理事长、中国工程院院士高文，中国工程院院士、学会会士陈纯，中国科学院院士、学会会士张钹、谭铁牛，中国科学院院士陆汝钤，新加坡科学院院士、学会海外杰出贡献奖获得者黄铭均，ACM 杰出科学家、学会会士周志华，2015 年度马克·维瑟奖获得者周源源，搜狗 CEO 王小川，洛桑联邦理工学院 Willy Zwaenepoel，DARPA Cyber Grand Challenge 获奖团队领袖 Jack Davidson，北京理工大学计算机学院院长黄河燕，获 CSE 2016 创新奖的全球首款智能家庭机器人 Rokid 机器人创始人 Misa. Z，“出门问问”创始人兼 CEO 李志飞，中国计算机学会青年“两秀讲者”包云岗，2014 中国计算机学会青年科学家奖获得者陈云霁 16 位国内外顶级专家学者及企业领袖作大会特邀报告。众多国内外专家、学者在专题论坛和活动作学术报告。

本次大会共安排了 80 余场论坛及活动。其中，30 余场前沿技术论坛吸引了逾 300 位国内外计算机领域著名专家、企业家齐聚 CNCC 2016，讨论人工智能（AI）、虚拟现实（VR）、无人驾驶、深度学习、云计算、大数据等计算领域尖端话题。50 余场特色活动包括 CCF（TF）联合 IEEE-CS（Rock Stars）举办的网络安全 Event、女性精英论坛、CCF 优秀大学生奖互动讲座和颁奖会、教育发展研讨会、CCF 颁奖晚宴等。

大会参会人数5000余人。为纪念人工智能六十周年，大会推出“人工智能六十年特别论坛”，论坛由中国科学院院士陆汝钤、中国工程院院士高文领衔，为参会者讲述如何将智能带进人类的生活，诠释计算如何改变未来。

大会同期举办技术展览，展示国内IT领域的创新成果。

会议期间，颁发了2016年度CCF王选奖、CCF海外杰出贡献奖、CCF科学技术奖，并向“CCF—Intel青年学者提升计划”“CCF—腾讯犀牛鸟科研基金项目”和“CCF—启明星辰鸿雁科研基金项目”获奖者颁发证书。

（撰稿人：宋　洋）

中国通信学会

服务创新型国家和社会建设　学会遴选的6个项目，工业和信息化部推荐参加了2016年度国家科技奖励评选，其中“第四代移动通信（TD-LTE）关键技术与应用”项目获得国家科技进步奖特等奖，这是我国信息通信领域的首个国家科技进步特等奖。“广域宽带协同通信技术与应用”项目获国家技术发明奖二等奖。

12月19日，完成“中国通信学会科学技术奖”评审。由包括6位院士在内的22名评审委员会选出一等奖5项、二等奖22项、三等奖25项。

学会承接政府转移职能扩大试点项目——国家科技奖励（自然科学奖）推荐组织工作，组织完成13项科技成果鉴定评审。

学会能力提升计划　学会完成了“学会能力提升专项——优秀科技社团奖”第二期项目，2016年度的项目组织及总结工作完成年度全部任务指标，实现学会能力提升的预期目标。学会牢牢把握“宽带网络建设”“大数据”“互联网+”和“两化深度融合”等国家重点建设要求和新技术需求，在学术引领、促进产业与应用的发展中发挥的作用进一步凸显，学术地位和引领效应明显提升。学会还积极为政府科学决策提供支撑，在提升学会国际影响力、科技评价等方面取得了成效。

学会建设　截至2016年年底，学会会员总数67959人，团体会员72家，高级会员8210人，学生会员1935人。

1月，召开学会七届六次常务理事会，审议年度工作报告、部分同志请辞学会兼职的议案、理事会换届方案，审批2015年度分支机构换届结果、2015年度会士遴选结果。4月，召开学会七届七次常务理事会，选举中国科协“九大”代表和九届全委会委员候选人，审批分支机构增补副主任委员，审议两位同志请辞理事会兼职和拟申报中国科协的项目；审定第七届“全国优秀科技工作者”推荐评审结果。8月，召开学会七届八次常务理事会，审议拟增补理事会成员和变更秘书长的提议。

12月16日，学会召开第八次全国会员代表大会，会议选举产生了第八届理事长、负责人以及第一届监事会。第八届理事会46名理事，常务理事8名。

学会正式成立中国通信学会信息通信测试技术专业委员会，并完成了通信专用集成电路委员会、信息通信发展战略与政策委员的换届工作。

科技期刊国际影响力提升计划　学会主办的期刊《中国通信》（英文版）完成了法人变更、理事会和编委会换届以及编委团队重组工作。11月24日召开2016年度编委会，明确了期刊发展的方向。2016年共出版正刊12期、增刊2期，期刊共组织了10期专题，印刷1.2万册，发表文章230篇，全部进入SCI和Xplore检索。

学术期刊　学会主办的《通信学报》《电信科学》《现代通信》《中国电信业》共印刷36.8万余册。其中学术期刊18.4万册、科普期刊4万册、技术期刊14.4万册，科技期刊发表论文数1470篇。完成《中国通信年鉴》（2016卷）的组编、出版工作。

学科发展研究　学会承接并开展2049年中国科技与社会愿景——信息通信与未来社会课题研究，以及ICT企业双创平台支撑能力提升路径研究工作。

整理、组织编写《专家观点》并发表在《中国通信学会会员通讯》上。

决策咨询　学会完成“关于加快高速宽带网络建设推进网络提速降费指导意见”地方政府政策落地情况调研报告，参与中国科协立法咨询工作，完成《中华人民共和国测绘法（修订草案）》、修改意见征集、提交工作和中国科协《科协系统第三方评估导则实施细则》意见征集和修订工作。

国际学术会议　7月，学会与美国电气电子工程师协会（IEEE）合作举办第五届中国国际通信大会（ICCC 2016）。大会以“未来互联网络中的泛在通信与计算”为主题，设15场特邀报告、9场专题讲座、4场专题研讨会、1场工业学术论坛。征集论文300多篇，录用152篇，240余名专家、学者参会。

学会还举办了无线通信与信号处理国际学术会议、第五届国际电磁兼容学术会议。

国内主要学术会议 5月15—16日，学会举办第二届全国大学生物联网技术与应用“三创”（创意设计、创新技术、创业方案）大赛，征集600余个项目，来自53所高校的1800余名学生参赛。最终评出一等奖26项、二等奖49项。大赛同期举办“‘互联网+’众创论坛暨大学生物联网创新创业指导会”“大学生物联网科技成果鼓楼区模范马路科技街区现场展示与众创沙龙”“物联网技术协同创新成果发布与技术转移对接会”等活动。

5月17日，学会在北京举办2016年世界电信和信息社会日大会，主题为“创新引领　共享发展”和“提倡ICT创业精神，扩大社会影响”。以科普报告会为主，大学生创新展、ICT新品展等内容为辅，来自国家部委、大型央企、高校、科研单位以及社会各界、新闻媒体400余人参会。为配合“5·17”世界电信日，学会在江苏省南京市召开“物联网技术与应用大会”。邀请柴天佑院士、陈国良院士、尹浩院士、陆建华院士作主题报告，设6场专题报告、7场分论坛、1场高层圆桌论坛，近千人参会。

2016年世界电信和信息社会日大会会场

5月26日，学会承办2016中国贵阳电子商务大会暨贵阳国际大数据产业博览会——智能城市大数据与基础设施建设论坛。贵阳市副市长钟钛甬出席并讲话。中国工程院院士刘韵洁、同济大学校长吴志强等知名专家到会作报告。与会人员达400余人。

6月，学会举办了第三届信息通信测试技术大会。会议以“软件与计算——应对5G测试新挑战”为主题，聚焦硬件平台通用化和软件智能化的发展趋势，从技术研究、产品开发、应用发展、产业升级等多个角度开展研讨。200余人参会，参会厂商超过20家。

8月，学会举办纪念仙农诞辰100周年学术报告会暨中国通信学会学术新锐论坛成立大会。中国科学院院士、中国工程院院士陈俊亮、中国工程院院士刘韵洁、中国科学院院士尹浩、中国科学院院士陆建华等专家到会作学术报告，200余位专家、学者参会。会议围绕仙农的科学思想和治学方法、科研成就和理论贡献、信息论在新时期的发展等方面进行了研讨。会上，中国通信学会学术新锐论坛宣告成立，论坛顾问委员会由信息通信领域的院士和战略科学家组成，指导委员会由资深专家、学术领军人物组成，技术程序委员会由科研一线国家杰出青年基金获得者、长江学者等组成，执行委员会有100多位委员。

9月22日，学会按照工业和信息化部的要求，针对中央各部委、大型国企的高层领导举办了第二十二届电信新技术新业务高级报告会。会议围绕“5G推动跨行业融合创新”主题，邀请权威专家从工业互联网、车联网等重点领域应用、技术标准演进方向等层面作主题报告。来自中央国家机关和大型国有企业信息化部门的领导及相关同志和会员代表180人出席报告会。

9月28—29日，学会主办2016加快网络强国建设研讨会暨信息通信基础设施建设与电信普遍服务示范经验交流会。会议围绕加快网络强国建设、夯实信息通信基础设施建设、强化电信普遍服务三大专题进行报告和研讨。工业和信息化部相关部门主要领导，各省、自治区、直辖市工业和信息化主管部门及“宽带中国”示范城市、电信普遍服务试点城市、运营企业260多人参会。

10月，学会举办2016年中国卫星应用大会，主题为“天地海三位一体的服务解决方案”，结合当前Ka波段卫星技术与应用的最新发展，展开研讨，800余人参会并参观同期举行的“中国国际卫星应用技术与设备展览会”。

11月5—6日，学会举办青年科学家论坛。主题为“5G与未来无线网络”，设4场专题研讨会，邀请8位国家杰出青年基金获得者、长江学者，27位青年科学家作学术报告，260余人参会。

12月16—18日，举办了2016（第七届）中国云计算学术大会。邀请8位院士，23位国内外知名学者（包括“千人计划”入选者、长江学者、国家杰出青年基金获得者、IEEE Fellow），45位云计算与大数据重点专项课题组成员，5位透明计算及10位医疗大数据领域的专家、学者，24位论文作者，作了115场精彩报告。1300余名专家、学者、科技工作者、青年学生参会。

学会还召开了第十二届卫星通信学术年会、信息通信网络技术委员会学术年会、信息通信测试技术专业委员会、第35届通信线路学术年会、第十四届中国通信集成电路技术与应用研讨会、第26届全国电磁兼容学术会议、第七届卫星通信产业发展研讨会、全国无线及移动通信学术会议、通信建设工程技术委员学术交流会、2016年全国物联网技术与应用·智能制造主题论坛等学术会议。

国际交往 12月，学会参加IEEE ComSoc（电气电子工程师协会通信学会分会）在美国华盛顿举办的"全球通信大会"（Global Com 2016）。会议期间，学会与IEEE ComSoc负责人进行4次双边交流讨论，达成3项协议，并就《中国通信》国际期刊续签备忘录（MOU）；与韩国、澳大利亚通信学会就加强双边合作进行了交流；与澳大利亚通信协会达成签署备忘录（MOU）意向。

科普活动 学会在"全国科普日""科技活动周"期间先后举办3项活动。承接全国科普日北京主会场智慧健康展区工作，从服务渠道、典型疾病防治两个层面进行展示，以互动体验、技术讲解、现场咨询方式，在7天展期内吸引观众超过千人。

发挥信息通信科学传播专家团队在科技传播中的作用，团队首席专家做客科普中国科技前沿大师谈频道，为广大网友讲解大数据、云计算等信息技术。

学会承担中国科协"科技文献信息加工""继续教育精品课程开发""百度百科信息通信部分词条""微信辟谣"等科普项目，完成1200个专利文献翻译、692个百度词条、4本教程书籍、61篇科普短文、383万字的编辑工作。

表彰举荐优秀科技工作者 学会组织开展了中国科协第九次全国代表大会代表和全委会人选的推荐，中国信息通信研究院院长曹淑敏同志当选中国科协常委，北京邮电大学副校长温向明同志当选中国科协全委会委员。

学会向"第七届全国优秀科技工作者""第十四届中国青年科技奖"、中国科协"青年人才托举工程""第十三届中国青年女科学家奖""教育部青年科学奖"等推荐科技工作者共计9人次。其中，沈少艾（女）、忻向军、张知恒三位同志荣获"全国优秀科技工作者"称号，胡春明荣获"中国青年科技奖"，李勇、张海君获得"中国科协青年托举工程2016—2018年度项目扶持人才"名额。

学会开展了第一届网络与信息安全杰出人才奖评选工作，8名网络与信息安全杰出人才获得表彰。

学会开展首届全国信息通信领域优秀博士学位论文评选活动，收到13所高校或研究机构推荐的34篇博士学位论文，评选出《高效无线网络中面向服务质量保障的资源优化策略研究》等10篇获奖论文。

学会创新发展 学会深入开展"双创"（"大众创业、万众创新"）推进工作，创新组织方式，首次与地方政府合作举办"第二届全国移动互联创新大赛"，获得房山区政府大力支持。参赛项目800余项，评选特等奖2项、一等奖28项、二等奖58项、三等奖82项，评选"黑科技"奖7名、最佳团队奖9名、最具市场潜力项目奖9名。工业和信息化部信息通信发展司、中国科协学会学术部的领导出席颁奖大会。

学会与中国研究型医院学会正式建立战略合作关系，于8月在新疆维吾尔自治区乌鲁木齐市共同举办了"互联网+健康"中国博览会暨高峰论坛。新疆维吾尔自治区原党委常委、自治区原常务副主席黄卫院士，原中国人民解放军原总后勤部副部长秦银河中将，中国科学技术协会党组成员、学会学术部部长宋军，中央军委后勤保障部卫生局副局长刘殿荣少将，中国工程院三局局长李仁涵等领导出席会议，1200余人参会。学会卫星通信委员会、通信设备制造技术委员会和物联网委员会分别举办了分论坛，与会专家对卫星宽带通信与远程医疗、机器人与智慧医疗、物联网与泛在健康等主题进行研讨。

党建强会 学会党支部不断加强党建工作，12月16日，学会召开了第八届理事会党员大会，在新一届理事会层面建立党委，并选举产生了7名党委委员。党支部获得中国科协"党建强会"计划"十百千"特色活动的项目资助。开展"两学一做"学习教育活动，在纪念中国工农红军长征胜利80周年之际，组织党员干部职工观看了原创歌剧《长征》；10月27日，冒雨到中国人民革命军事博物馆参观"'英雄史诗'不朽丰碑——纪念中国工农红军长征胜利80周年主题展"。党支部先后邀请专家、学者11人次参加学会举办的系列讲座和学术活动。开展"第二届党员在一线摄影作品展”活动，展现了通信行业内奋战在偏远地区的广大共产党员的风采。

会员服务 学会组织团体会员、个人会员参加学会举办的学术、普及教育活动，共计18场，4000余人次参加。在网站和会讯上宣传学会的“全国优秀科技工作者”“中国青年科技奖”获奖者。将中央领导重要讲话和科协系统改革方案印发全体理事学习。为中国科协第九次全国代表大会代表订阅刊物，向团体会员单位、高级会员、会士寄送刊物一万余册。学会出版《会员通讯》供会员参考。

中国科协会员日 学会组织开展了2016年中国科协会员日活动。组织会员及代表一行百人参观了2016中国国际信息通信展览会、参加第二十二届电信新技术新业务高级报告会等活动。

【中国通信学会第八次全国会员代表大会】 12月16日，学会第八次全国会员代表大会在北京举行。陈肇雄当选新一届理事长，田进、乔建永、衣雪青、江阳、余少华、张新生、高步文、韩志刚和真才基当选副理事长，衣雪青兼任秘书长，季仲华当选第一届监事会监事长，聘请吴基传、朱高峰、周德强和刘立清为理事会顾问，选举产生46名常务理事、139名理事、5名监事。

工业和信息化部副部长陈肇雄在讲话时指出，作为中国科协领导下的全国性科技社团，中国通信学会在落实国家发展战略、推动行业科技进步中肩负重任。在下一步工作中，学会将始终坚持正确的办会方向，深入贯彻党的十八届六中全会和习近平总书记系列重要讲话精神，自觉增强“四个意识”，在思想上政治上行动上始终与以习近平同志为核心的党中央保持高度一致。坚持“四服务”职责定位，积极作为，不断取得新的工作成效。深化学术交流，服务创新发展大局；集聚专家优势，增强决策支撑能力；促进科学普及，提高民众科学素质；健全体制机制，提升内部管理水平。

中国科协党组成员、书记处书记项昌乐在会上表示，中国通信学会密切结合学科和国民经济发展的需要，在学术交流、科技普及、人才培养和决策咨询等方面开展了大量卓有成效的工作，行业影响力不断提升。项昌乐对学会下一步工作提出几点建议：一是要深入学习贯彻党的十八届六中全会精神和习近平总书记系列重要讲话精神，全面增强攻坚克难的改革魄力；二是要以创新争先行动为统领，团结引领广大科技工作者开拓创新；三是着力打造学会学术品牌活动和提升科技期刊水平；四是要常态化推进承接政府转移职能工作；五是要凝聚和引领广大科技工作者，把实现个人价值和服务国家发展有机统一起来，为建设网络强国贡献力量。

会议审议并通过了第七届理事会工作报告、财务报告、中国通信学会章程（修订案）等文件。

【第十二届中国通信学会学术年会】 9月7日，第十二届中国通信学会学术年会在云南省蒙自市召开。来自全国信息通信领域高等院校、科研机构、企业以及部分省级通信学会的科技工作者200余人参加了会议。学术年会主题为“下一代网络技术支撑信息社会发展”。

学会秘书长衣雪青、云南省通信管理局局长向剑、云南省科学技术协会副主席刘强、云南省红河州副州长贺德银出席了大会并在开幕式上致辞。

中国工程院院士、原邮电部副部长、中国工程院原常务副院长朱高峰，中国工程院院士、国家数字交换系统工程技术研究中心主任邬江兴，中国科学院院士、清华大学信息科学技术学院院长陆建华应邀在学术年会上发表了主旨学术报告。他们分别就通信业生态、智慧信息网络和空间信息网络进行了分析和阐述，展现了我国信息通信领域战略科学家的深邃思考和远见卓识。学术年会还邀请了北京邮电大学网络与交换技术国家重点实验室主任张平、电信科学技术研究院副院长兼无线移动通信国家重点实验室主任陈山枝、北京交通大学下一代互联网互联设备国家工程实验室主任张宏科、北京邮电大学科学技术发展研究院常务副院长邓中亮、北京邮电大学电子商务研究中心主任吕廷杰、中国联通研究院副院长张云勇到会作学术报告，分别在SDN/NFV、5G移动通信、认知无线网络、导航通信融合等领域发表了见解。

（撰稿人：徐智君）

中国中文信息学会

学会建设 学会分别于9月和11月召开了第七届理事会第一次和第二次常务理事会会议。12月，在北京召开学会第八次全国会员代表大会，选举产生了学会第八届理事会、常务理事会以及学会领导班子成员。随后召开了学会第八届理事会和第八届理事会第一次常务理事会会议。

学会共有专业委员会及工作委员会22个，继续完善学会分支机构管理办法，严格落实执行分支机构财务管理制度，确保各专委会合规、高效地开展学术活动。

为顺应当前学科融合交叉的新特点、新趋势，学会于7月参与组建"信息科技学会联合体"，该联合体由15家信息科技领域的成员学会组成。

年初，学会成立了学会医疗健康与生物信息处理专业委员会。专委会计划每年举办医疗健康与生物信息处理学术研讨会，为科研单位、企业和政府部门提供交流合作的平台。

学术期刊 2016年是《中文信息学报》加入中国科协精品科技期刊工程第四期——学术质量提升项目的第二年，编辑部继续加强学报网站的电子化建设，不断完善网站的各项功能，实现投审稿一体化，所有刊出文章免费下载浏览，以期进一步缩短审稿周期，扩大期刊影响力，提高网站服务功能。

国际学术会议 9月17—19日，学会在辽宁省沈阳市举办第16届中日自然语言处理联合推进会议（CJNLP2016），吸引了约50名自然语言处理领域的中日专家、学者参会，成为中日两国自然语言处理领域的重要学术交流平台。双方专家、学者就自然语言领域的研究课题进行了交流探讨。

11月30日至12月2日，学会承办第十二届亚洲信息检索会议（The Asia Information Retrieval Societies Conference，AIRS 2016）。会议在清华大学举办，汇集了约100名信息检索领域的国内外专家、学者前来参会；共收到74篇投稿，通过遴选收录57篇，并在施普林格出版。

国内主要学术会议 学会及分支机构共举办研讨会、学术讲座、报告会、年会等学术活动近30次，总参会人数约为4000人次。

5月5—6日，学会在海南省海口市举办2016中国中文信息学会战略研讨会，会议的主题为"语言智能处理技术发展趋势"。会议采取邀请制，邀请了十几位特邀讲者进行了大会发言，同时邀请了40多位来自全国各地的中文信息处理领域的专家、学者围绕我国中文信息处理事业当前发展状况和今后发展的战略机遇进行了研讨。

7月25—26日，第六届全国少数民族自然语言处理青年论坛在内蒙古自治区赤峰市召开，共有来自全国各省（自治区、直辖市）的110余人参加。会议邀请到中国工程院院士吾守尔·斯拉木、北京语言大学党委书记李宇明教授等语言信息处理领域的专家、学者作主旨报告和特邀报告。

7月29—30日，第十三届自然语言处理青年学者研讨会（YSSNLP 2016）在甘肃省兰州市举办。会议采取邀请制，会议主题为"加强产学研交流合作"。会议宗旨是面向国家需要，面向国际上的学科发展趋势，建设成为国内智能信息处理领域的学术研究与学术交流、高层次科技人才培养的重要平台。研讨会主要包括特邀报告、学术报告、热点话题专题讨论、海报和系统演示，包括2个特邀报告、15个学术报告以及专题讨论和海报演示。与会国内自然语言处理领域的高校、科研机构和知名企业的青年学者，就自然语言处理研究工作在移动互联网时代、"互联网+"等新兴环境下所面临的机遇与挑战等方面展开讨论。

8月25—26日，由学会主办的第十二届全国机器翻译研讨会（CWMT 2016）在新疆维吾尔自治区乌鲁木齐市召开。来自国内外49家高校、研究机构、相关企业的机器翻译领域专家、学者共计70余人参加会议，分享各自的最新研究成果，并讨论机器翻译的发展趋势。研讨会旨在为国内外机器翻译界同行提供开放交互平台，促进国内外专家、学者的学术交流。会议共征集到稿件76篇，录用24篇。研讨会的召开进一步提升了我国机器翻译领域研究水平，推动我国"一带一路"建设向纵深发展，为加强产学研交流合作及该领域科研和工业工作者搭建交流合作平台。

8月28日，首届语言与智能技术高峰论坛（Language & Intelligence Summit）在北京召开。会议由学会和中国计算机学会联合主办，首届会议由学会负责组织。论坛的主题为"语言与智能的未来"，旨在向社会公众介绍国际语言与智能及相关领域的发展趋势和创新成果，进一步推动我国语言与智能技术领域的发展。论坛邀请到中国科学院院士怀进鹏等8位来自学术界和产业界的专家、学者进行主旨报告，与会专家、学者针对人工智能、语言理解、深度学习、大数据挖掘等热门技术现状和所面临的困难和挑战进行了剖析和展望。大会吸引了来自全国学术界、产业界从事语言与智能相关研究的500余人参加，共同探讨语言与智能领域的新发展和新技术。

9月19—22日，学会主办的全国知识图谱与语义计算大会（CCKS 2016）在北京召开。会议主题是

“语义、知识与链接大数据”，分为讲习班和主会场两个主要部分，吸引了来自全国学术界、产业界从事知识图谱相关研究的400多人参加。会议包括学术讲习班、特邀报告、工业界论坛、评测与竞赛、学术论文、海报及演示等主要环节。特邀报告邀请了4位国内外的知名研究者；工业界论坛邀请了产业界的8位研发人员，分享了实战经验；主旨为“知识图谱与认知智能”的论坛环节邀请了学术界和工业界的5位专家、学者和研究人员参与讨论。会议探讨了知识图谱领域的新发现、新技术和新应用，旨在向社会公众介绍知识图谱相关领域的发展趋势和创新成果，进一步推动我国知识图谱技术领域的发展。

10月14—16日，学会2016年学术年会暨第十五届全国计算语言学会议与第四届基于自然标注大数据的自然语言处理国际学术研讨会在山东省烟台市举行。会议邀请了中国科学院院士张钹等6位专家、学者作了大会主旨报告；安排了1个口头报告主会场、2个海报张贴分会场和1个系统展示分会场。来自中国大陆、香港、澳门及海外的约600名与会人员就计算语言学相关领域的前沿问题展开了交流和探讨。会议还吸引了11家科研院所和企业参加系统展示。会议收到稿件301篇，录用100篇，其中口头报告论文20篇、张贴报告论文80篇。会议评选出最佳中文论文2篇和最佳英文论文2篇。会议录用的中文论文推荐至《中文信息学报》《中国科学》和《清华大学学报》发表，英文论文由*Springer LNAI*出版。

10月29—30日，第五届全国社会媒体处理大会（SMP 2016）在江西省南昌市召开。大会专注于以社会媒体处理为主题的科学研究与工程开发，为传播社会媒体处理最新的学术研究与技术展示提供广泛交流的平台，旨在构建社会媒体处理领域的产学研生态圈，成为中国乃至世界社会媒体处理的风向标。大会共吸引来自国内外350余名研究人员和业界人员参会，收到投稿共计109篇，分四组进行报告。其中，英文论文由施普林格出版，中文论文将被推荐至《中国科学》和《中文信息学报》发表。会议围绕社会物理学、社会化推荐、社会媒体可视化、深度学习与社会计算等主题举办了6场特邀报告，并设立了数据挖掘（SMP-KDD）论坛、情感分析论坛、计算社会科学论坛以及表示学习论坛等多个专题论坛就社会媒体处理当下的研究热点问题展开讨论。会议期间举办了首届技术评测竞赛——“微众杯”技术评测，技术评测的任务是利用给定的新浪微博数据来进行微博用户画像，吸引了超过100家参赛队伍报名参赛。

11月11—13日，由学会和中国计算机联合举办的第二十二届全国信息检索学术会议（CCIR 2016）在广东省广州市召开。参加会议的人员来自全国从事信息检索理论与应用研究的近70所高校和科研机构，共250余人。既有享誉国内外学术界和产业界的专家，也有青年学者。会议既包含传统的会议论文、海内外知名学者的大会报告，还包括青年学者论坛、企业论坛、热点研究问题的前沿讲座等。会议录用的所有论文均在分组会上进行了宣读和Poster展示。会议期间，围绕信息检索、文本分类、聚类及挖掘、多媒体检索、社会媒体分析等学术前沿问题，与会人员展开了深入研讨。

国际组织任职 学会有4人在国际组织中任职。其中，在领导层及管理委员会担任职务的有3人，分别为国际信息与通信处理联合会2人、国际计算语言学协会1人；在专委会担任职务的有1人。

学会第八届理事会理事赵世奇，2016年当选国际计算语言学协会（Association for Computational Linguistics，ACL）秘书长，成为该组织首位当选的亚洲人。ACL是自然语言处理领域影响力最大的国际学术组织。

科普活动 7月2—5日，学会在北京语言大学举办第十一届语言技术暑期学校。自2005年以来，该系列活动已举办了10届。

表彰举荐优秀科技工作者 6月2日，学会推荐科大讯飞股份有限公司轮值总裁胡郁获得第十四届“中国青年科技奖”，并荣获首届“中国优秀青年科技人才奖”。

6月3日，学会推荐的清华大学教授孙茂松荣获第七届“全国优秀科技工作者”称号。

7月8日，学会开展了两年一度的钱伟长中文信息处理科学技术奖申报工作。2016年评选产生了钱伟长中文信息处理科学技术奖一等奖2项，分别授予了厦门大学史晓东、陈毅东等完成的多目标智能化简繁文本双向转换平台和东北大学朱靖波等完成的东北大学机器翻译系统Niu Trans。2016年汉王青年创新奖奖项分别授予了清华大学计算机系的助理教授刘知远、复旦大学副教授张奇、中国科学院软件研究所副研究员韩先培和苏州大学教授熊德意。

7月12日，学会优秀博士学位论文奖评选工作开始。2016年优秀博士论文奖分别授予了清华大学博士王超和哈尔滨工业大学博士唐都钰。

12月23日，在学会第八次全国会员代表大会暨学会成立35周年学术会议上，为哈尔滨工业大学教授李生和新疆大学教授吾守尔·斯拉木颁发了中国中文信息学会终身成就奖。学会终身成就奖的设立旨在向在中文信息处理领域作出杰出贡献的老科学家致敬。

党建强会 根据《中国科协关于加强科技社团党建工作的若干意见》和中国科协学会党建工作会议关于各学会在理事会或者常务理事会层面成立功能型党委、学会办事机构成立基层党组织的具体要求，12月20日，学会办事机构（秘书处）和中国科学院软件研究所中文信息处理研究室全体党员召开了党支部成立大会，并于28日收到中国科学院软件研究所党委的批复，学会办事机构的基层党组织正式成立。12月24日，学会召开第八届理事会第一次常务理事会，会上经讨论确定了学会党组织架构，选举出了7名党委委员。会后，经过中国科技社团党委批准，学会党委正式成立，方滨兴为书记，贾焰为副书记，孙乐、黄河燕、马少平、王海峰、宗成庆为委员。

会员服务 在向会员赠阅《中文信息学报》期刊的基础上，借助社交媒体平台加强对学会的宣传，2016年继续完善学会微信公众平台，青年工作委员会和社会媒体专业委员会也继续建设微信公众号，力求突破传统的媒介，及时发布相关学术领域的新闻、积极宣传学会的学术活动，加强与科技工作者的互动。

【中国中文信息学会前沿技术讲习班（CIPS ATT）】 为使青年学者了解自然语言处理领域学科前沿的进展，自2016年起，学会开设前沿技术讲习班，讲解自然语言处理的理论、技术和发展趋势。每年举办3—6期讲习班，每期2天。前沿技术讲习班每期人数稳定在400人左右，共吸引了超过千人的青年学者广泛参与。

7月2—5日，学会在北京语言大学举行第一期、第二期前沿技术讲习班。邀请来自研究第一线的知名青年专家、学者系统讲述面向自然语言处理的深度学习基础知识、表示学习、神经网络模型和编程实践，为感兴趣的学者、学生和工程师提供4天的学习交流机会，快速了解有关的基本概念、研究内容、发展趋势、算法实现和开源工具。第一期主题为“神经网络与表示学习”；第二期主题为“面向自然语言处理的神经网络模型”。

9月19—20日，学会在北京举办了第三期前沿技术讲习班，主题为“知识图谱”。讲习班邀请到8位国内外知名专家、学者，分别是奇点机智公司林德康博士、文因互联公司鲍捷博士、阿伯丁大学教授Jeff Z. Pan、华东理工大学教授阮彤、Facebook的王海勋博士、微软公司王仲远博士、南京大学胡伟博士和程龚博士，共分享了4个前沿技术讲座。

【中国中文信息学会第八次全国会员代表大会暨学会成立35周年学术会议】 12月23—24日，学会第八次全国会员代表大会暨学会成立35周年学术会议在北京中国科技会堂举行。大会开幕式由学会副理事长兼秘书长、中国科学院软件研究所研究员孙乐主持。学会理事长李生教授致欢迎词。会上颁发了钱伟长中文信息处理科学技术奖、中国中文信息学会终身成就奖、青年创新奖，以及中国中文信息学会优秀博士学位论文奖。会议邀请了5位专家、学者进行了学术报告，还设立了专题研讨环节，就智能时代的中文信息处理进行了探讨。来自中国科协、教育部国家语委等部委领导、学会支撑单位领导和中文信息处理领域的专家、学者400余人参加了会议。

会上，学会发布了2016年《中文信息处理发展报告》。该报告是学会召集专家对本领域学科方向和前沿技术的一次梳理，定位是深度科普，旨在向政府、企业、媒体等对中文信息处理感兴趣的人士简要介绍相关领域的基本概念和应用方向，向高校、科研院所和高技术企业中从事相关工作的专业人士介绍相关领域的前沿技术和发展趋势。

学会第七届理事会理事长李生教授向与会代表作了学会第七届理事会工作报告；秘书长孙乐作了章程及章程修改报告和财务报告，并汇报了拟订的会员会费收取办法；代表们讨论并通过了本届理事会工作报告、章程修改报告、财务报告及会员会费收取办法。

大会通过无记名等额投票方式选举产生了学会第八届理事会全体成员、常务理事会全体成员以及学会领导班子成员。中国电子信息产业集团方滨兴院士当选学会第八届理事会理事长，北京理工大学教授黄河燕、北京语言大学教授李宇明、科大讯飞董事长刘庆峰、拓尔思董事长施水才、中国科学院软件所研究员孙乐、清华大学教授马少平、内蒙古大学教授那顺乌日图、格微软件董事长张桂平、百度副总裁教授王海峰、中国科学院自动化所宗成庆研究员当选副理事长，中科院软件所研究员孙乐当选秘书长，北京语言大学教授杨尔弘当选副秘书长。

在随后召开的学会第八届理事会第一次全体会议上，学会专委会和工委会主任们向理事会汇报各委员会的工作，学会新任理事长方滨兴院士针对学会工作发表了讲话，为学会今后工作指明了方向。同期，召开了学会第八届理事会第一次常务理事会，经方滨兴理事长提议，大家一致赞同李生教授担任学会名誉理事长。

（撰稿人：肖千慧）

中国测绘地理信息学会

服务创新型国家和社会建设　受国家测绘地理信息局法规与行业管理司的委托，学会协助开展全国测绘地理信息市场信用信息管理工作。5月26日，学会在广西壮族自治区南宁市举办测绘地理信息行业管理与发展座谈会。会议期间法规与行业管理司进行了相关政策解读，国家测绘地理信息局管理信息中心讲解并演示如何使用测绘地理信息行业信用管理平台。各省、自治区、直辖市测绘地理信息行政主管部门行业管理职能处室主要负责人、工作经办人和技术人员100余人参加会议。

学会牵头承担国家测绘地理信息局科技与国际合作司下达的“信息化测绘体系技术测试与评价大纲”编写任务。根据编制计划和实施要求，学会组成专家组在对4家单位进行调研的基础上，先后召开4次编写工作会议，完成了测评大纲初稿，并征求了包括刘先林、杨元喜、李建成等5位院士在内的26位专家的意见。同期对甘肃、山东两省所属4个测绘院及地信中心进行试验性测评打分。在此基础上，对《测评大纲》再次进行修改补充，形成了送审稿并通过科技与国际合作司组织的专家验收评审。

学会组织专家对5家测评的工程中心进行会议评估，由专家汇总得出意见、分数与名次。工程中心的评估工作由科技成果测试评价国家测绘地理信息局工程中心实施，确定评估工作方向、时间节点、指标设计及模拟评估等预先准备内容，重点对评估指标体系进行内部研讨，征求专家委员会及相关专家意见，以及现场测试等环节，制定完成《国家测绘地理信息局工程技术研究中心评估方案》《国家测绘地理信息局工程技术研究中心评估指标体系》《国家测绘地理信息局工程技术研究中心评估申请书》《“十二五”总结及“十三五”规划报告》等。

学会开展测绘地理信息类教育专业认证工作，新认证测绘工程专业高校7所，开展遥感科学与技术专业试点工作高校2所，修订、制订遥感科学与技术补充标准，完成了中国工程教育专业认证协会各项工作任务。开展了认证专家的培训工作，先后遴选教育、生产与企业方面的29名专家分别参加中国工程教育认证协会2016年工程教育认证专业的2次培训，其中新增专家4位，目前已建立起由52名正式专家及秘书等组成的工作队伍，为提高认证工作质量提供了基本保证。

学会承担了“智慧城市时空信息云平台建设技术大纲”和“无人机测绘航空摄影专业培训”等继续教育工作。与职业技能鉴定指导中心分别在辽宁省沈阳市和湖北省武汉市共同开展了两期“民用无人驾驶航空器系统驾驶员合格证”培训。已有174人取得由国土测绘司监制、学会颁发的无人机测绘航空摄影专业培训合格证书。

学会成立了无人机测绘航空摄影培训及管理办公室，并牵头组织专家完成统一制定无人机测绘航空摄影业务培训大纲，遴选、指定、组织编写出版无人机测绘航空摄影业务培训教材，制定无人机测绘航空摄影业务考试大纲及题库编写，制定无人机测绘航空摄影业务理论教员、实操教员、考官相关条件及管理办法等，统一和规范国内无人机航空摄影测量培训体系及从业人员的培训考核及管理工作。学会与中国航空器拥有者及驾驶员协会签署战略合作协议，在无人机法规制度建立、人员培训、信息共享、技术交流等方面进行全方位对接与无缝合作，推动无人机在测绘航空摄影领域的规范管理与有序发展。中国科协将“全国无人机航空摄影测量培训管理体系建设及其团体标准的制定”列为承接政府转移职能与科技公共服务类工程项目，给予经费支持，促进无人机航空摄影测量培训与标准制定工作开展。

学会受理测绘地理信息创新产品申报产品45项，经形式审查，共45项参加认定。经评审会议专家主审，分专业组评审，专家组汇总，共有26项上报测绘地理信息创新产品认定委员会。经审议批准，拟认定“基础测绘数字调绘系统”等产品为2016年测绘地理信息创新产品。

由学会和中国测绘科学研究院负责组织《中国

大百科全书》第三版测绘学科编写工作，依托学会测绘学名词审定工作委员会具体开展。在中国大百科全书出版社及国家测绘地理信息局的指导下，由各分支包括综论、大地测量学、导航定位、摄影测量学、遥感、地图学、地理信息工程、工程测量学、海洋测绘学等学科的专家分组、分阶段共同完成。

学会建设 11月，学会新成立了地图大数据创新工作委员会。

3月，在湖南省长沙市召开了全国测绘地理信息学会工作会议暨团体会员工作会议，学习贯彻中国科协相关精神和全国测绘地理信息工作会议精神，通报测绘地理信息事业发展的新形势、新要求，以及关于学会改革发展的新政策、新思路，全面总结2015年工作情况，研究部署2016年各项任务。会议表彰了2015年学术年会和全国测绘地理信息技术装备展览会的有关单位。

学会完善团体会员服务管理机制，通过统一流程、规范管理、提高工作效率等措施，全年新发展团体会员127家。团体会员达到493家。

学科发展研究 学会编著的测绘学科发展白皮书《2014—2015测绘科学与技术学科发展报告》在4月6日举办的中国科协学术建设发布会上与读者见面。报告为中国科协推出的33卷我国学科发展系列报告之一。报告通过综合报告、专题报告、索引与英文摘要三方面内容，结合当前测绘学科转型升级内涵，回顾了传统测绘学演变为包括全球导航卫星系统、航天航空遥感、地理信息系统、网络与通信等多种科技手段的新兴学科——地球空间信息科学的历程，阐述了2014—2015年我国测绘地理信息学科在新理论与技术研究、重大应用与服务方面的进展。

组织编著《中国测绘学科发展蓝皮书（2015—2016卷）》，修编了“专业发展报告篇编写总体要求”“专业篇编写内容要求”“测绘学科发展蓝皮书撰稿技术规范”“测绘学科发展蓝皮书排版要求”“参考文献著录示例”等文件。

决策咨询 由学会、中国地理信息产业协会及中国卫星导航定位协会、武汉大学、香港理工大学联合组织评估专家组，对第一次全国地理国情普查项目工作进行总体评估，为该项目的国家验收、绩效评价提供了参考依据。5月初，整理形成了《评估报告》及《附件》，8月进行项目验收。

国际学术会议 在国内承办了第20届国际地图制图大会、第21届国际摄影测量与遥感大会、第8届亚太全球综合地球观测系统研讨会等相关国际学术会议。参加德国学会主办的2016年国际测绘地理信息技术与装备展览（Inter GEO 2016），专设中国测绘地理信息企业专区，并与德国学会探讨两会在专业展会方面开展机制性合作。

国内主要学术会议 2016测绘地理信息高端论坛以“‘互联网+’时代的测绘地理信息”为主题，探讨大数据背景下信息化测绘、地理信息技术的改变与创新，展望了我国测绘地理信息与地球空间信息学未来发展的新趋势、新理念。中国科学院院士、中国工程院院士李德仁，中国工程院院士李建成，中国科学院院士周成虎分别作主题报告。设立3个分论坛，举办了自主创新产品及装备展览。来自测绘地理信息主管部门、地理信息企业、有关科研院所及高校的500多名科技工作者和各界人士参加论坛。

学会与江苏省测绘地理信息局、中国矿业大学和盐城市人民政府联合主办的中国智慧城市与测绘地理信息发展高层论坛在江苏省盐城市举办，中国科学院院士、中国工程院院士李德仁，中国科学院院士杨元喜，中国工程院院士王家耀、张祖勋、郭仁忠等出席论坛。论坛设置6个主题报告，还设立了主题为“智慧城市与测绘地理信息发展”的高端对话环节，共9位学者围绕测绘地理信息在智慧城市建设中的作用、测绘地理信息行业如何借助“‘互联网+’时空大数据”实现跨界融合跨越发展、测绘地理信息行业如何更好地服务智慧城市建设等议题进行了高端对话，并与参会人员进行互动。

国际交往 学会建立与皇家特许测量师学会（RICS）等国际组织的联络机制，就双方测绘地理信息及相关领域最新进展、学术年会交流活动、会员及资格互认等情况进行探讨。

学会组织国内科研人员参加国际摄影测量与遥感学会ISPRS、国际测量师联合会FIG、国际地图制图协会ICA、国际大地测量协会、地球观测组织、国际标准化组织地理信息标准化技术委员会等国际组织重要活动。

科普活动 “中国四维杯”第十二届全国测绘地理信息职工定向越野赛在贵州省黔西南布依族苗族自治州兴义市举办，来自全国测绘地理信息行业56家单位的700余名职工参加比赛。比赛分短距离赛、中距离赛、百米定向、积分赛、接力赛、团队赛等项目。

首届资源与环境网络知识大赛，学会作为主办单位之一，由“中国知网”承办，以“生态文明，我知我行，创新驱动，我们先行”为主题，内容包括生态文明知识与科技创新知识在线学习、行业创新知识在线答题、行业创新实践主题征文、创新知识遴选汇编等不同类型的网络竞赛项目。“中国知网”测绘地理信息知识服务平台，充分整合行业学术期刊、学术论文、科技成果、标准、专利、会议论文等各类知识信息资源，并应用先进的知识发现与挖掘技术，为参赛者提供最新的测绘地理信息科技创新成果。活动借助“中国知网”的专业知识服务支撑平台，大力推进测绘地理信息行业知识的科普宣传工作。活动设置优秀组织奖、网络竞赛奖、创新设计奖等奖项。

表彰举荐优秀科技工作者 学会授予测绘科技进步奖特等奖 5 项、一等奖 13 项、二等奖 45 项、三等奖 62 项；授予全国优秀测绘工程奖白金奖 10 项、金奖 21 项、银奖 86 项、铜奖 168 项；授予优秀地图作品裴秀奖金奖 16 项、银奖 30 项、铜奖 59 项。

学会推荐 2 个项目均荣获国家科技进步奖二等奖，连续两年直推的国家奖项目中奖率 100%。学会有 3 个一等奖项目，通过其他渠道申报并荣获国家技术发明二等奖和国家科技进步二等奖。

经基层单位推荐，学会组织考察和评审，同济大学测绘与地理信息学院教授童小华、武汉大学测绘遥感信息工程国家重点实验室教授邵振峰 2 位专家获得第七届“全国优秀科技工作者”称号。

会员服务 学会长期致力于与各团体会员单位共同发展，探索新工作模式，联合成立分支机构、创新中心等“企会联盟”“协同创新共同体”等。学会分支机构组织专家编审《测绘大地图》内部刊物，每季度出版，供会员单位参阅。

学会建立、推广自身微信公众平台，为会员推送会议活动通知、行业资讯，更新介绍学会动态，向团体会员单位传播工作信息。

【中国测绘地理信息学会 2016 年学术年会及第六届全国测绘地理信息技术装备展览会暨全国测绘地理信息博览会】 11 月 10 日，以“‘互联网 +’测绘地理信息”为主题的学会 2016 年学术年会在广西壮族自治区南宁市召开。国家测绘地理信息局局长库热西·买合苏提出席会议并讲话。广西壮族自治区党委副书记、中国科学院院士侯建国，国家测绘地理信息局副局长、中国测绘地理信息学会理事长李维森在开幕式上致辞。科技部原部长、中国科学院院士徐冠华，广西壮族自治区党委常委、自治区政府常务副主席蓝天立，中国科学院院士陈俊勇、龚健雅，中国工程院院士刘先林、王家耀、李建成、郭仁忠，国家测绘地理信息局总工程师李志刚，中国卫星导航定位协会会长张荣久，广西壮族自治区政府副秘书长黄胜杰等出席开幕式。

大会开幕式上颁发了 2016 年测绘科技进步奖、优秀测绘工程奖、优秀地图作品裴秀奖、夏坚白院士测绘事业创业与科技创新奖、《测绘学报》优秀论文等 9 个奖项。

大会邀请多位院士专家围绕“互联网 +”时代的地理信息、云计算与大数据等主题作特邀报告，并举办卫星导航定位、无人机遥感组网观测、智慧城市跨界融合、现代海洋测绘发展等十余场分论坛。会议期间，还召开了学会第十一届四次理事会议。

第六届全国测绘地理信息技术装备展览会暨全国测绘地理信息博览会也于同日在南宁国际会展中心开幕，集中展出了测绘地理信息高科技装备，从不同层次、不同角度全面展现了测绘地理信息发展的新动态、新理论、新技术。展会首次由学会分支机构——仪器装备专业委员会承办，以“促进测绘地理信息产业发展，为测绘地理信息企业服务”为宗旨，将展会办成集产品展示、业务洽谈、技术推广、学术交流、成果转化于一体的综合平台。展会首次与学术年会同期举办，举办多场专题技术论坛，形成“展”中有“会”、“会”中有“展”的互动模式。

国家测绘地理信息局相关司室和直属单位负责人以及来自全国各地测绘地理信息学会、相关企业和港澳台地区的 3800 多人参加年会各项活动。

【首届全国青少年海洋测绘地理信息文化科技周】 5 月 14 日，由中国海洋学会、中国测绘地理信息学会共同主办的“首届全国青少年海洋测绘地理信息文化科技周”启动仪式在山东省青岛市中华人民共和国水准零点广场举行。结合海洋、测绘地理信息科学知识为一体的大型青少年科普教育活动，是引导青少年关心海洋、了解和学习测绘地理信息知识，开阔视野，陶冶情操，感受科技无穷魅力的示范活动，也是一项推动测绘地理信息走进生活、惠及群众、从娃娃抓起的群众性科普活动。来自全国各地的上千名中小学生实地参观了中华人民共和国水准零点，了解中国海拔起点设置以及全国一些标志性地物的海拔数据。活动为同学们准备了GPS、无人机等现代测绘工具、让同学们亲自体验和感受高科技工具实测海拔高度的技术性能。

（撰稿人：谢大尉）

中国航海学会

服务创新型国家和社会建设 11月7—10日，在广东省广州市从化潜水打捞基地组织了2016年度全国船舶系列高级技术职务任职资格评审工作会，162人取得船舶系列高级技术职务，其中海洋船舶系列151人、内河船舶系列11人。

磁罗经服务工作调整了磁罗经自差表并完成新表印制，组织了磁罗经校正员培训班，完成了磁罗经换证和磁罗经培训教材修改等。完成了对29个单位37个科研项目科技成果的评审鉴定，成绩创历史新高。

向20所航海院校100名优秀学生发放2014—2015学年“中国航海学会—中国船级社航海奖学金”15.25万元。向20所大陆航海院校的134名贫困学生审核发放2015—2016学年“中国航海学会—张荣发助学金”50万元。

向中国科协申报并完成以“永盛轮北极航行安全研讨会”为题的高端学术专题项目。

学会船闸专业委员会按照《中国职业大典》（2015版）新的职业工种，编写船闸（升船机）水工员、运行员、调度员的培训教材。编写交通运输行业标准《通航建筑物运行方案编写规则》。

学会能力提升计划 入选“全国学会创新和服务能力提升工程优秀科技社团建设项目”，从2015—2017年连续3年获经费支持。

学会建设 加大学会自身建设力度，将秘书处按现有任务分类划分为六个职能部门，明确了各部门及个人岗位职责，完善了秘书处实体化运行机制。学会全年召开理事会议1次、常务理事会议2次、理事长办公会议3次，决策议题50余项。审议并通过了增补3名理事、变更3名理事事宜。12月20日召开八届三次理事长办公会，审议通过了天津大学申请设立中国航海学会航海图书专业委员会事宜。

梳理并形成准确详实的会员信息电子数据，完成114家单位会员信息（共336家单位会员）和920名个人会员信息（共4920名个人）的数据更新。加强网站和信息化建设，建立全新的“中国航海学会信息平台”，并于7月11日正式启动使用。

科技期刊国际影响力提升计划 《中国航海》杂志荣获2015年上海市期刊编校质量优秀奖、第二届上海市高校精品科技期刊和2016年度中国高校优秀科技期刊，继续被《中文核心期刊要目总览》评为核心期刊。2016年《中国航海》共发表论文115篇，106万余字，其中论文属国家自然科学基金、国家“973”项目基金和国家重大课题支撑项目等61篇，占论文总数的53%，与2015年相比，国家级基金项目论文数增长大，刊物质量有新提高。根据中国学术期刊文献评价统计分析系统显示，《中国航海》网上的访问量不断增加，《中国航海》各类指标在水路运输与船舶类期刊中名列前茅。

学术期刊 《航海技术》全年刊发论文160篇，并荣获2015年中国高校技术类优秀期刊、第二届上海市高校优秀科技期刊、2016年中国高校优秀科技期刊。6月13日，组成了32人的新一届《航海技术》编委会。变更《航海技术》的第二主办单位，学会和上海海事大学通过上海市新闻出版局报国家新闻出版广电总局同意，《航海技术》的第二主办单位从2016年第4期变更为上海海事大学。

决策咨询 学会共编撰7份决策规划报告或咨询建议，分别为《南中国海自由航行报告》《上海市“十三五”现代物流业发展规划》《2015年长江航运发展报告》《长江干线航道通航主尺度研究》《川江上段航运发展问题研究》《推进长江航运市场供给侧改革研究》《“十三五”水运发展规划》等。其中《南中国海自由航行报告》以专家、学者的研究成果，阐述了南中国海航行是自由的这一无可辩驳的客观事实，将择时发布。这一研究成果，将向全世界发出中国学者专业的声音，有力地维护我国南海主权权益。

国际学术会议 学会及分支机构共举办境内国际学术会议7次，与会专家、学者共计905人，境外专家、学者305人，交流论文161篇。

4月13日，学会船舶防污染专业委员会在北京举办船舶排放控制区监管方法和技术国际研讨会。会议邀请了美国自然资源保护委员会、美国加州空气资源委员会、瑞典查尔莫斯理工大学、北美燃料咨询公司等国外船舶排放控制区领域的专家、学者共计50余人参会，就《遥感技术应用——合规控制船舶排放的远程测量》等进行研讨。

国内主要学术会议 学会及分支机构共举办年

会、研讨会、报告会、论坛等学术活动42次，与会专家、学者共计2880余人，交流论文共计650余篇。

4月28日，学会海洋船舶驾驶专业委员会在广东省广州市召开北极航行安全学术研讨会，43人参会。与会专家、学者通过历史冰情对比，对2016年冰情进行预测并给出商船适航的窗口时间。

6月16—17日，学会内河海事专业委员会在海南省海口市举办长江、珠江有关电子巡航监管技术、内河水上交通安全智能监管技术研讨会，参会专家、学者47人。会议对电子巡航监管方式的理念内涵、工作平台、运行管理、应用效能以及发展方向进行了探讨，值得推介全国海事管理机构。

9月22日，学会救捞专业委员会在浙江省宁波市召开学术年会，共计180余人参会。组织救捞新产品、新技术推广应用，参展企业由2015年的13家增加到23家。

10月24日，学会航标专业委员会在广西壮族自治区钦州市举办2016年中国航海学会航标专业委员会沿海航标学组与无线电导航学组学术研讨会，共95人参会。6位厂家代表介绍了AIS应用、遥测遥控系统、北斗应用、新材料应用、航标灯器、无人机等方面的新技术与新产品。

12月2日，学会与宁波市航海学会共同举办题为“创新驱动和建设海洋强国战略”的机遇研讨会，展示了航海领域节能减排、新工艺、新技术等科技创新产品。

两岸交流 9月22日，台湾地区“中华搜救协会”一行9人应邀参加学会救捞专业委员会主办的第九届中国国际救捞论坛。

10月17日，台湾地区“中华海洋事业协会”理事长张清风一行6人抵北京拜会中国航海学会。双方围绕海上救捞、海上航运、船员认证、服务“一带一路”建设等方面加强具体合作的方式方法进行了沟通交流。

10月19—20日，台湾地区“中华海洋事业协会”理事长张清风应邀率团参加学会2016年学术年会。

12月12日，学会航海心理学专业委员会在大连海事大学举办2016年学术研讨会暨主题年会。台湾心理学家、“心灵柯南心理电影沙龙”创始人蔡凯仲进行了主题为“影像心理学在航海心理学教学中的应用”的讲座。

国际组织任职 学会共加入三个国际组织，并在其中两个组织中任有职务。陈爱平在“国际航标协会”任理事，任期为2015—2019年。章荣军在“国际海上救助联盟”任理事，任期为2015—2019年。此外，学会还是国际航行学会联合会成员国。

国际交往 11月10—12日，2016年度中日韩学术会议在韩国丽水举行。黄有方理事长率24人代表团参会。大会共交流论文63篇，其中韩国推荐27篇，中国和日本各推荐18篇。上海引航站蔡斌的“吊舱式电力推进器船舶的标准操纵口令研究”被评为年度会议优秀论文。

科普活动 学会共举办科普宣讲活动51次，比2015年增加2次；宣讲活动受众人数达30660人次，比2015年增加820人次；举办专题科普展览35次，播放科技广播、影视节目1980分钟，比2015年增加780分钟；举办青少年科技竞赛2项，比2015年增加1项。2016年首次编印青少年科技教育资料2种，共印3000册。

7月9日，在浙江万里学院主办全国青少年航海科普知识竞赛。

7月，与北京宏志中学共同组织了首次“青岛航海游学体验夏令营”活动，将学生游学形式纳入青少年航海教育活动，成为学会科普教育活动的新亮点。

“青岛航海游学体验夏令营”活动

10月，全国科普日活动期间，学会航标专业委员会获得2016年全国科普日特色活动优秀单位。

12月13日，学会被科技部、中央宣传部、中国科协联合评为全国科普工作先进集体，这是学会自1999年以来时隔17年再次获此殊荣。12月，学会被评为2016年度全国学会科普工作优秀单位。

表彰举荐优秀科技工作者 学会有10人获第二届中国航海学会青年科技奖。上海海事大学的万征和大连海事大学的徐敏义被确定为中国科协青年托举工程扶持人员。由学会推荐的“耙吸挖泥船动力定位与动态跟踪系统”项目获国家科学技术发明二等奖。由学会推荐的“超大型自航自升式海上风电安装船研制与工程应用”项目获第八届中国技术市场金桥奖。

11月12—14日，在山东省青岛市召开学会科学技术奖评审会议，评选出60项获奖项目，其中，特等奖2项、一等奖13项、二等奖31项、三等奖14项。共计590余人获奖。

学会推荐的吴澎、李海波获得第七届“全国优秀科技工作者”称号。

吴澎曾被评为“水运工程建设标准突出贡献个人”“中国工程建设标准化年度人物”，2015年经中国工程院主席团审定，进入中国工程院院士增选有效候选人名单。获国家科技进步奖3项、詹天佑奖5项，获各类知识产权10余项，出版专著1部，合著3部，发表论文50余篇。编制了《船闸设计创新》《内河航运工程水工结构半概率设计法》等，将中国的标准和技术纳入到国际设计指南中。

李海波是我国交通运输节能减排领域专家，曾获省部级以上奖8项，获专利28项，软件著作权3项，编制国家和行业标准14项，发表科技论文40余篇。在港口工艺装备轻型化、智能化、节能低碳化等方面创新科技成果显著。

学会创新发展 学会对国内外数十家相同或相似行业网站、信息平台进行了集中考察研究借鉴，在此基础上建立了以“互联网+”模式的新的学会网站以及学术交流平台，即全新的“中国航海学会信息平台”。该平台可以兼容PC端和手机端，浏览方便实用，并搭建有航海高校、科研机构、涉海企业、国外合作”四大版块共享平台，以便于涉海的国内外相关机构、单位、高校、企业相互对接，共享资源、合作发展。全版逐条中英文对照，为中国航海学会逐步走向国际化打下基础。7月11日，学会新版网站启动仪式在中国航海日论坛（开幕式）上举行。交通运输部副部长何建中，浙江省副省长朱从玖，宁波市委副书记、代市长唐一军，中国航海学会理事长黄有方四位领导在启动仪式上共同触摸启动球，正式宣告中国航海学会新版网站上线。

筹划并落实将中日韩航海学术年会正式更名为“亚洲航海学术年会”，鼓励吸引印尼、越南、印度、泰国、中国台湾等国家和地区参与，使之真正成为亚洲航海界的盛会。

党建强会 12月20日，学会在上海召开的八届三次理事长办公会和二次常务理事会审议通过了学会建立党委和党支部的方案。学会于12月21日向中共中国科协科技社团委员会递交了成立中国航海学会党委和成立中国航海学会办事机构党支部的请示。中国科协科技社团党委于12月29日批复同意成立中国航海学会党委。

会员服务 7月11日，启动了新的学会网站，新的网站内容资料更全，更新速度更快，与会员联络更方便快捷，为会员服务内容更新更全。

7月11日，颁布了新修订的《中国航海学会会员管理办法》。

8月11日，下发了新修订的《关于执行〈中国航海学会科技成果技术服务收费规定〉的通知》，新修订的收费规定进一步明确了为单位会员服务的宗旨。

【中国航海学会2016年学术年会】 10月19—20日，学会2016年学术年会在大连海事大学召开。学会理事长、上海海事大学校长黄有方，学会常务副理事长余世成、秘书长王群出席了会议。出席会议的还有大连海事大学党委书记郑少南、大连海事大学校长孙玉清、副校长潘新祥、孙培廷等领导以及来自全国航海领域多个机构的专家、学者、论文作者共计210人。

学术年会特意安排了专家主旨报告、专家专题报告、2016年度学术论文交流三项内容。会议邀请到了中国国际战略学会高级顾问、总装科技委顾问、海军网络安全和信息化专家咨询委员会主任尹卓作主旨报告《南海问题的历史和法律依据》。尹卓从南海诸岛主权属于中国的历史依据、中国对南海诸岛主权和断续疆界线内海域管辖权的法理依据、中国对南海诸岛主权和断续疆界线内海域管辖权的科学依据、中国对南海问题的基本立场四个方面对南海的诸多热点问题作了阐述。尹卓集自身30多年对南海问题的研究成果、并从众多历史文献和我国人民数千年南海海上活动实践记录资料中，总结梳理并分享了中国对南海拥有无可争辩主权的历史依据和法律依据。

会议邀请大连海事大学校长孙玉清作主旨报告《航海科技新发展及教育展望》，邀请业内资深远洋船长胡月祥作专题讲座，邀请交通运输部海事局、救捞局、通信信息中心以及中国远洋海运集团、上海海事大学等单位的专家、学者作专题报告。

学术年会吸引了比以往更多领域更广范围的人员参与，大家从不同角度、不同领域为我们带来了有关航海科技方面新的研究成果和成绩，进一步巩固提高了国内航海技术研究领域的整体水平。论文数量多于2015年，研究的范围广于2015年，论文质量也较2015年有所提高。2016年共收到上报参选论文462篇，其中评为优秀论文的87篇，获得优秀论文奖励的有11篇。

【2016年中国国际海员论坛】 7月11日，由学会承办的2016年中国国际海员论坛在浙江省宁波市举办，共有来自国内外的350余人参会。中国国际海员论坛是中国航海日论坛的主要论坛之一，是国内唯一以海员为中心视角的论坛，以关注中国海员发展现状、讨论海员发展战略、聚焦海员培养和教育、了解国内外海员政策、促进中国海员走向国际化为重点。论坛以“标准、权益、发展”为主题，采用主旨演讲、嘉宾对话等形式展开，致力于打造多方参加的、高层次、国际化和专业化的交流合作平台。来自波罗的海航运公会、亚洲船东论坛海员委员会、中华人民共和国海事局、澳大利亚海事局、缅甸海事局、上海海事大学、大连海事大学以及国内外航运企业、船舶管理公司、海员劳务服务等机构的专家、学者发表了主旨演讲。

学会理事长黄有方在论坛上进行了题为“深度聚焦海运软实力建设，实现中国海运强国发展战略”的主旨演讲，强调的观点主要有：海运强国战略的实施应高度对接“一带一路”倡议；我国海运业必须适应科技发展快速新常态；国内海运业应积极主动与国际组织开展广泛合作；海运强国离不开航海文化的建设与教育；我国应加强高端海运人才的培养。

【“苏浙闽粤桂沪”五省（区）一市航海学会2016年学术研讨会】 10月26—27日，“苏浙闽粤桂沪”五省（区）一市航海学会在福建省平潭市召开以“科学航海助力海洋强国战略”为主题的2016年学术年会，会议由福建省航海学会承办。出席会议的有学会领导、福建省科协领导、福建省交通运输集团有限责任公司领导、“苏浙闽粤桂沪”各航海学会领导和专家、学者共80余人。会议共推荐出获奖优秀论文67篇，并编印成论文专集进行出版。

在学术年会上，学会秘书长王群对今后航海学术研究提出了五点建议：要注重把握正确的研究方向；要注重保持行业特色，巩固学术研究质量，推出研究成果，促进行业发展；要注重与实际结合；要注重成果转化应用，要见效果；要注重培养新人。

福建省政府发展研究中心副主任黄端为大会作专题报告《海丝国家发展战略与福建在海丝战略中的地位及其作用》。为与会人员提供了大量的国家“一带一路”建设方面的前沿信息和科研成果。会议就“航海科技成果推广与应用”等12个专题进行了研讨。

【第九届中国国际救捞论坛】 9月22日，由学会救捞专业委员会主办的第九届中国国际救捞论坛在浙江省宁波市召开。黄有方理事长出席论坛并致辞。共有15个国家和地区以及国内救捞界专家、学者270人出席。论坛安排了3个主旨发言和20个论坛发言。国际海上人命救助联盟秘书长布鲁斯·里德先生作了题为“全球搜救的发展——救助面临的挑战”的主旨发言。大会共收到100多篇论文，对《北斗卫星导航系统中海上搜救领域的应用现状及前景》等12篇优秀论文进行了表彰。论坛期间，还组织了装备展览和技术展示以促进科研成果的应用转换。参展企业数量达到了23家，比2015年多13家。

（撰稿人：官诗石）

中国铁道学会

服务创新型国家和社会建设 学会组织完成2015年度中国铁路总公司重点课题——铁路车站危险品检测关键技术及设备配置管理研究。

学会能力提升 学会努力提升办会能力，发起成立了中国轨道交通检验检测认证联盟和轨道交通工程信息化国家重点实验室，抢占轨道交通科研和检测认证制高点。10月初，国际铁路信号工程师协会（IRSE）2016年会在北京召开，并成立了中国分会（挂靠在中国铁道学会），为配合实施中国铁路“走出去”战略展示了中国铁路技术创新成果，为铁路科技工作者了解世界铁路技术发展现状、发展趋势以及关键技术等方面搭建了交流平台。

学会建设 学会组织召开两次常务理事会，分别审议选举中国科协第九次全国代表大会代表及推选中国科协第九届全国委员会委员候选人事宜；推荐第七届“全国优秀科技工作者”候选人事宜。组织召开三次理事会会议，分别审议选举学会秘书长马福海为副理事长，审议设立中国铁道学会通信信号分会，审议发展6家企业成为学会单位会员议案。组织召开四次组织工作委员会会议，审议材料工艺委员会换届，安全委员会、自动化委员会调整秘书长，文博委员会增补委员事宜，并按审议意见及时批复。

学术期刊 《铁道学报》对学报封面封底进行更新，开辟了卷首语专栏，强化审稿专家队伍建设与沟通，建立每期刊发稿件统一审核、公章使用登记等制度。全年受理稿件1100余篇，出版发行12期，共刊发203篇文章。10月,《铁道学报》再次荣获“百种中国杰出学术期刊”称号，在中国科技论文与引文数据库所收录的全部1985种中英文核心期刊中，综合评价总分排名第14位。

《铁道知识》调整确定栏目内容，先后与中国铁路总公司宣传部、运输局，中国铁道科学研究院，中铁第四勘察设计院集团有限公司，詹天佑基金会等有关单位或人员联系，对拟定出版内容进行组稿，全年出版发行6期杂志，6期共刊登100余篇文章、500余张照片，绘制200余张科普文章示意图、40余幅艺术书画；包含动态6篇，专注8篇，世界铁路12篇，科普画廊36篇，群英谱6篇，科普活动报道2篇，铁路文史7篇，沿线导游12篇，客货服务6篇，艺术园区6篇；采访了詹天佑大奖及成就奖获得者8名。6月，在中国铁路新闻工作者协会四届五次理事会暨新闻业务工作会议上,《铁道知识》2015年度第3期及第5期有2篇作品被选入2015年度铁路优秀新闻作品。

国际学术会议 9月6—9日，由学会承办的国际重载协会2016年度理事会会议在北京、山西省大同市和陕西省西安市举办。15位来自8个国家的理事及嘉宾出席了会议。国际重载协会年度主席赛米·卡雷主持会议，国际重载协会中国理事、中国铁道学会副理事长兼秘书长马福海致欢迎词。各位理事交流所在国家的重载运输情况改成技术交流会形式。中国铁路总公司科技管理部、运输局和中国铁道科学研究院、中国中车集团有限公司等单位的技术专家、相关管理人员80余人到会听取报告，并进行现场互动交流。各国理事、专家分别在会上进行演讲和报告，介绍各自国家铁路重载运输现状和未来发展战略。参加理事会会议的各国理事和嘉宾前往大同市，对大秦铁路湖东编组站和中国中车大同电力机车有限公司进行了现场技术参观和考察。

国内主要学术会议 6月25—26日，学会在西藏自治区拉萨市举办青藏铁路运营十周年学术研讨会。西藏自治区、中国铁路总公司、中国工程院有关领导及嘉宾和300多名科技工作者出席研讨会。学会理事长、中国工程院院士孙永福担任大会主席。会议围绕“青藏铁路运营管理与技术创新”和“高原铁路卫生保障”主题进行研讨。傅志寰、孙永福、何华武等19位专家作了专题报告。会议安排参会人员乘坐列车考察拉日铁路，参观日喀则车站，听取了青藏铁路公司关于拉日铁路建设和运营管理的情况介绍。

12月14日，由学会、中国中铁股份有限公司和中国中铁二院工程集团有限责任公司共同举办的川藏铁路建设的挑战与对策学术交流会在四川省成都市召开。学会理事长、中国工程院院士孙永福出席会议并作了主旨发言，中国科协副主席、中国铁路总公司总工程师、中国工程院院士何华武等14位专家围绕会议主题作了主题报告。论文作者、相关工程技术人员约200人参加了会议。会议共收到论文120多篇，经专家评审，选取76篇收入会议论文集，作为书面交流材料。会后向有关部门报送了研讨会专家建议。

学会指导有关分支机构开展了大量学术活动。重点包括：材料工艺委员会组织召开的第五届无损检测学组工作会议暨学术交流会；学会工务专业委员会组织召开的2016年铁路防洪工作学术交流会；自动化委员会、青藏铁路公司组织召开的青藏铁路通车运营十周年通信信号技术交流会等。

科普活动 5月，学会组织开展铁路科技周活动。下发关于开展铁路科技活动周的文件，制作了铁路科技周活动的科普挂图，免费赠送各省级铁道学会在活动中使用。按照开展科技周文件精神，召集中国铁道博物馆（全称）等相关单位开展铁路科技周活动的筹备工作。联系有关媒体，将活动内容在铁道影视新闻中播出，并在《人民铁道报》《铁道知识》等平面媒体刊登。

9月17日，学会组织铁路科普日活动启动仪式在中国铁道之父詹天佑的家乡——江西省婺源县高铁婺源站詹天佑广场举行。学会、詹天佑科学技术发展基金会、婺源县委、县政府有关工作人员出席了启动仪式。启动仪式现场，以詹天佑像、和谐号动车组和绿色婺源为背景的“2016年中国铁道学会铁路科普日启动仪式”大型展板矗立在广场正中，以“创新　梦想　绿色　健康　发展”为主题的28幅展板架设在会场两侧。婺源县詹天佑小学师生代表接受了由学会和詹天佑科学技术发展基金会捐赠的科技图书、科普读物和学习用具等，近千名来自婺源县有关部门、婺源高铁车站铁路职工、婺源县詹天佑祖居纪念馆、婺源县詹天佑小学等单位的各界人员和中、小学生参加了启动仪式。同期，组织全国各省级铁道学会开展了铁路科普日活动。

9月24—26日，为配合第十八届中国科协年会，学会开展了“科普中国示范列车”延安行活动。活动开展期间，西安至延安之间所有具备视频播放系统的列车上均播放了科普中国V视频。

表彰举荐优秀科技工作者 4月，按照中组部、人力资源和社会保障部、中国科协开展第十四届“中国青年科技奖”评选活动的要求，学会开展推荐工作，在98名获奖人员中有2名学会推荐的人员当选。

10月21日，由学会提名推荐的北京交通大学校长宁滨获得2016年度何梁何利基金科学与技术进步奖。

启动2016年度中国铁道学会科学技术奖评审工作，共收到推荐申报432项，经形式与技术审查，合格项目共399项。10月23日，学会组织专业评审组评审，经评审共推荐获奖项目240项。11月5日，学会组织召开评审委员会会议，对专业评审组推荐的项目进行了审定，最终审定239项为2016年度中国铁道学会获奖项目，其中特等奖7项、一等奖32项、二等奖89项、三等奖111项。

组织完成2015年度茅以升铁道工程师奖专业评审组、评审委员会评审，在人民铁道报和学会网站进行公示及异议处理，2015年度共评选出茅以升铁道工程师奖人选85名。启动2016年度茅以升铁道工程师奖的推荐申报、形式审查、技术审查、专业组评审和评审委员会评审工作，共评选出2016年度茅以升铁道工程师奖拟获奖人选85名，并在《人民铁道报》和学会网站进行了公示。后续发文公布、召开颁奖大会等工作计划在2017年开展。

学会创新发展 学会开展承接政府转移职能工作。自学会被中国科协和国家标准委列为全国12家团体标准研制试点单位后，组建了中国铁道学会标准化委员会，负责铁道行业全产业链的团体标准工作。2016年拟定了《中国铁道学会标准化技术委员会章程》《中国铁道学会团体标准管理办法》等相关规章；编制了学会标准化委员会及13个专业技术委员会的组建方案；继《高速铁路设计规范》《城际铁路设计规范》之后，组织编制第3本综合性客运专线铁路技术标准——《市域铁路设计规范》，计划于2017年正式发布。

党建强会 学会以“党建强会”为抓手，按照中国科协和中国铁路总公司党组部署，组织党员干部和工作人员系统学习习近平总书记系列重要讲话精神和十八届三中、四中、五中、六中全会精神，认真开展“两学一做”学习教育活动。

会员服务 学会发展单位会员总数133个。在学会及分支机构组织的各项活动中，邀请广大会员积极参加。按期为全体单位会员免费寄送《铁道学报》和《铁道知识》。

中国科协会员日 12月3—4日，学会与中国农业工程学会、中国公路学会、中国体育科学学会共同承办了由中国科协会员日乒乓球赛（第七届）活动。比赛项目包括团体和个人赛（男、女单打比赛），比赛活动采取“1+4”模式，即1个主赛场馆，4个分赛场馆（在北京市北城、南城、西城、东城各选定1个分赛场馆）。学会组成代表队参加了比赛，获得理事长、秘书长组单打第二名，35岁以下组单打第三名和团体组织奖。

【2016中国国际轨道交通博览会暨高铁经济论坛】 11月28—30日，学会联合中国交通运输协会、长沙市人民政府在湖南省长沙市举办2016中国国际轨道交通博览会暨高铁经济论坛。论坛主题为“高铁经济——新技术、新业态、新引擎”。原铁道部部长、中国工程院院士傅志寰，国家旅游局原局长邵琪伟，中国科协副主席、中国铁路总公司总工程师、中国工程院院士何华武，农业部原常务副部长尹成杰，中国铁路总公司原副总经理卢春房，国家铁路局党组成员郑健，以及中国城镇化促进会理事长陈炎兵，湖南省发展改革委员会主任谢建辉，台湾高铁原董事长欧晋德等16位院士和专家、学者，分别围绕高铁及轨道交通对经济布局、产业结构升级、新型城镇化、商贸物流、旅游文化等方面的作用，特别是在配合实施“一带一路”和铁路“走出去”等国家战略中的地位和作用，高铁经济发展策略等热点话题作了主题报告，就高铁对社会经济发展的影响进行了分析、研判和展望。学会理事长、中国工程院院士孙永福作了论坛总结。国家有关部委，湖南省委、省政府，长沙市委、市政府有关领导，150多家国内外知名企业负责人以及来自“一带一路”沿线18个国家的驻华大使、公使、经济参赞共计600多人出席论坛。人民日报、新华社、中央电视台、人民铁道报等主流媒体以不同形式进行了报道，并重点采访了何华武等领导和专家。

（撰稿人：李　旭）

中国公路学会

服务创新型国家和社会建设 学会与浙江省舟山市人民政府、中国路桥集团等13家政、产、学、研单位建立战略合作关系。推进以学会为主导，联合企业、高校、科研机构、政府部门以及其他机构共同参与的产业创新协作共同体建设。构建产业创新集群，探索协同创新运作机制，助力公路交通产业转型升级。

学会能力提升计划 学会根据中国科协《学会能力提升专项资金管理办法（试行）》和新形势对学会的新要求，加强了对秘书处财务、档案、监督、信息公开等规范化建设，先后制定了《中国公路学会学术活动管理办法》《中国公路学会财务管理办法》《中国公路学会分支机构管理办法》等。

学会对接行业需求，拓宽各级公路学会参与公共科技服务渠道，完成交通运输部委托的“高速公路服务区等级评定”“扮靓收费站窗口服务”等工作，引导和联合地方学会参与政府购买服务竞争。成立“中国公路学会团体标准委员会”，在70多项团体标准申报项目中，遴选21项参编，并在年内完成了5部团体标准的研制工作。

学会修改完善了《中国公路学会会员管理办法》，强化会员入会审批制度，建立优秀会员等级上升和不作为会员退出机制，规范会员行为，严肃会员纪律。不断强化会员服务，在原有服务会员项目的基础上，增加了“中国公路学会”“中国公路”“中国高速公路”“中国服务区”等公众微信号的信息推送量，并开展“出行中国”APP服务产品的开发工作，帮助会员解决在创新、创业中遇到的实际问题。

学会建设 1月8日，学会召开第八次全国会员代表大会。交通运输部原党组副书记、副部长翁孟勇当选为学会理事长，大会并选举产生了第八届理事会领导机构和73名常务理事、239名理事。

截至2016年12月31日，学会个人会员71637名，其中高级会员15787名、团体会员2456名。在此基础上，学会又发展了新的单位会员15家，个人会员和团体会员同比2015年增长5.8%。

学术期刊 在国家新闻出版广电总局举办的“全国百强报刊”评比中，学会主办的《中国公路学报》和《中国交通信息化》杂志均荣获“全国百强科技期刊”称号。

学会利用创办的《国际公路时讯》刊物，加强国内外公路科技信息交流，并向中国科协申报《公路交通工程》英文期刊。

学科发展研究 学会围绕公路行业发展的重大交通问题组织研究，提出决策建议和政策咨询20余篇。如《2016年度公路学科发展报告》《中国交通信息化发展年度报告》《智慧交通支撑未来出行——2049展望》《公路建设期全过程环境管理对策研究》《公路行业科技文献信息加工及成果服务》等。

决策咨询 学会和省级公路学会开展的成果鉴定、评审项目共计180多项。

10月24日，学会与浙江省舟山市签订战略合作协议。为浙江省舟山市区域交通发展政策研究、舟山重大工程前期规划提供技术咨询和建设指导。

国际学术会议 学会全年共举办国际会议4次，分别为第二届国际公路基础设施防灾减灾技术研讨会、第三届中加冬季道路养护与管理研讨会、新丝绸之路互联互通国际学术会议、第二届“一带一路”交通建设论坛。参会人数共计800余人次，交流论文100余篇。

6月13日，主题为“公路设施的健康与安全”的第二届国际公路基础设施防灾减灾技术研讨会在陕西省西安市召开。会议由学会联合美国交通运输研究会、中交第一公路勘察设计研究院有限公司、长安大学及高寒高海拔地区道路工程安全与健康国家重点实验室联合主办。研讨会获得中国科协“2016年高端学术会议”项目支持。为期2天的研讨会，中外专家共作了38场防灾减灾方面的学术报告。

会议邀请了美国交通运输研究会（TRB）重大交通基础设施保护委员会副主席劳瑞·拉多，美国德州大学奥斯汀分校、美国工程院院士迈克尔·沃顿，美国交通部应急办公室主任迈克尔·劳德等嘉宾出席研讨会开幕式，近300位来自国内外的专家、学者参加大会。会议展示了公路工程基础设施在抗灾减灾等领域的最新进展和成果，为国内相关领域专家、学者搭建了与国际一流实验室合作的桥梁。

国内主要学术会议 学会及分支机构全年共举办年会、研讨会、报告会、论坛等学术活动118次，提交学术交流论文2000余篇。与往年相比，参与人数、学术水平和社会影响力均有所提高。

7月12日，2016年京津冀交通一体化发展论坛在北京香山饭店举行。论坛由中国科协主办、学会承办，来自三地市政、科研院（所）、大专院校及相关企业的专家、学者，京津冀周边省份及有关省厅、市等交通主管部门（单位）的负责人300余人参会。

交通运输部副部长戴东昌在会上指出，京津冀协同发展是当前国家的重要发展战略，而交通一体化是区域协同发展的重要支撑。“十三五”时期是深入推进京津冀区域协同发展的重要时期，要深刻认识三地一体化发展大局，创新供给侧改革，将京津冀打造为我国区域一体化示范区，从国际视角打造成世界级城市群。

8月24—25日，由学会和吉林省交通运输厅共同举办的第二届全国绿色公路发展暨鹤大高速公路科技示范工程技术交流会在吉林省延吉市召开。交流会以“科技创新引领，推动公路建设转型升级”为主题，着力推动公路建设可持续发展。来自全国28个省（自治区、直辖市）交通运输部门、交通科研院所及企业的领导、技术干部共计600余人参加交流会。

会上，交通运输部科技司副司长袁鹏解读了《交通运输科技“十三五”发展规划》，交通运输部公路局工程建设管理处处长周荣峰解读了《关于实施绿色公路建设的指导意见》，美国工程院院士邓文中作了题为“科研、创新、创业”的报告，克瑞斯·布劳德本特作了题为“使用可持续性评估体系打造更好的基础设施项目”的报告。参会人员考察了吉林省鹤大高速公路科技示范工程项目。该项目对占国土面积53.5%的季冻地区具有重要的典型示范意义，标志着我国季冻地区公路交通建设科技创新工作迈出了关键一步。

9月12日，BIM建筑信息模型在交通领域推广与应用技术交流会在浙江省杭州市举行。来自全国各地近400名业内人士参加了会议。会上，中国工程院院士欧进萍、中国建筑标准设计研究院BIM研发中心主任魏来、清华大学教授张建平等行业专家分别作了报告。报告的内容涵盖政策、技术和工程实践等各个方面，对BIM技术在交通领域的推广具有积极意义。

11月26日，香港公路学会会长郑定宁一行5人到访中国公路学会进行交流座谈。双方商定，香港公路学会将作为协办单位，在香港交通学术、企业界进行推广，强化中国公路学会与香港公路学会的全天候战略合作伙伴关系。

国际交往　全年共接待了十余批次、共计100多名来自20个国家和台湾地区、香港特别行政区的同行和科技工作者。邀请了30余名国外专家到我国进行技术交流。

7月18—25日，学会组团赴巴基斯坦和塔吉克斯坦进行了“一带一路”交通标准与科研合作调研。代表团拜访了当地交通建设主管部门，接洽了有关科研机构、社团组织和著名企业，探讨了落实“一带一路”倡议的具体需求、互利共赢合作潜力及措施，并宣传了我国交通运输尤其是公路方面的建设成就，且为推动成立“‘一带一路’公路交通联盟”和2017年召开“世界交通运输大会”作了先期推介与铺垫。

10月17日，学会组团参加了国际桥隧及收费公路学会（IBTTA）2016墨西哥峰会，并与IBTTA首席执行官（CEO）帕特里克·琼斯先生举行会谈，介绍了中国高速公路的建设成就以及即将在2017年6月举办的世界交通运输大会筹备情况，提出了与IBTTA共同举办收费公路专题论坛的方案。帕特里克·琼斯先生表示国际桥隧及收费公路学会将全力以赴支持筹办世界交通运输大会，与中国公路学会进一步商讨专题论坛有关事项，并将组织邀请IBTTA的会员国代表参加会议。

科普活动　在“2016年全国科技活动周”期间举办了“创新引领，共享发展——公路知识普及宣传活动”。动员全国各省级公路学会、各分会、25家全国公路科普教育基地、64名公路科学传播专家联合行动，加快了公路科学技术的普及，受到了科技部的表彰。

在“2016年全国科普日公路科普活动”期间举办了“创新放飞梦想，科技引领未来——公路知识普及宣传活动”，邀请院士、专家进校园，全国公路科普教育基地免费向公众开放并开展丰富多彩的科普宣传。据统计，此次活动参与公众达10万余人次。

学会举办了“第四届中国公路公益广告大赛”。大赛共收到参赛作品3367件，有713件（套）作品进入终审，规模和影响较往届均有大幅提升。

学会副理事长兼秘书长刘文杰被科技部、中宣部和中国科协授予“全国优秀科普工作者”称号。

表彰举荐优秀科技工作者　学会开展了第二届“全国公路优秀科技工作者”的评审工作。经过严格的评审，并经奖励委员会审核确认，50名同志获得了首届“全国公路优秀科技工作者”称号，其中10名同志荣获“十佳全国公路优秀科技工作者”称号。

完成了“第八届中国技术市场金桥奖”公路行业推荐工作，共推荐了1个项目奖、2个个人奖。受中国土木工程学会委托，启动了组织公路及场道工程专业领域相关工程参加“第十四届中国土木工程詹天佑奖”遴选与初评工作，推荐的2个项目入选。

完成了第十一届“中国公路青年科技奖”评选工作，表彰奖励了10位在我国公路交通科技工作中取得突出成绩的青年科技人才。

学会创新发展 学会自2016年年初以来，推进创办世界交通运输大会（英文简称：WTC）工作。首届大会将于2017年6月4—6日在北京举办。首届大会主题是“创新引领·绿色融合”，集中展示世界交通运输领域特别是“一带一路”发展中国家的最新科研成果、应用产品和解决方案，为政、产、学、研提供一个酝酿创新、主导创新、展示创新和实施创新的国际化平台。

为推动学校设计艺术学科与土木工程学科的紧密结合，学会发起举办“首届世界大学生桥梁设计大赛”。经专家评选，计划于2017年首届世界交通运输大会期间对获奖作品和作者进行表彰。

党建强会 9月28日，中国科协全国学会党建工作会议召开，学会以“立足党建强会，推动创新发展”为题，作了大会发言。学会党支部开展的“蓝色飘带”工程，已持续十余年。为基层科技工作者和公路职工送温暖，送科技书籍和电脑等下基层，累计金额达60多万元。学会党支部依托承担的中国科协综合信息服务平台项目和全国科技工作者状况调查站点等工作，密切联系本专业、本学会的科技工作者和会员，听取他们对党员、党的工作的意见和建议。

会员服务 受会员委托，2016年共受理并完成科技成果鉴定申请60多项。该项工作的开展，不仅为会员单位提供了有效的技术服务，也大大加强了学会科技服务品牌的影响力。

接待会员来访4次，每月定期为理事发送学会刊物和有关信息，学会举办的各类活动信息也都进行了发送。

学会进一步完善了会员入会申请审批和会费缴纳制度，并探索实行“会士制度”。申请入会的单位和个人持续增加。

中国科协会员日 12月15日，学会以“‘家’的温馨，节日的问候”为主题，召开了第八届全国会员日活动。会员日表彰了2016年度优秀秘书长和“会员之星”，通过召开座谈会和举办先进科技工作者事迹报告会，宣传他们恪守科学道德、奋力科技创新、服务社会发展的精神风貌。同时，走访慰问了定安黄竹公路养护道班的养护职工和科技工作者，向他们赠送了由学会编撰的公路科技类读物及笔记本电脑等办公用品。通过座谈，向他们宣传中国科协会员日，征求了他们对于学会的期望和服务要求。

学会牵头举办2016中国科协全国学会乒乓球赛（第七届）。此次比赛50多家全国学会、300多名运动员参赛。

【首届公路交通基础设施建设投融资创新论坛】 4月7日，由学会主办的首届公路交通基础设施建设投融资创新论坛在重庆市召开。来自全国20多个省（自治区、直辖市）的400多人参加会议，会议内容涉及交通、金融、科研学术等机构领域。

学会理事长翁孟勇指出，2016年是“十三五”开局之年，国家实施“三大战略”，交通建设要先行，交通建设规模将持续攀升，“十三五”期间，全国高速公路新增里程将超过4万千米。同时，他谈到资金是制约发展的问题，公路投融资面临挑战，由于财税体制改革，预算体制改革等使地方预算吃紧，基础设施供给能力下降。此外，公路建设向中西部深入推进，建设成本增长，建设难度大，收益期长，难以吸引社会资本，而收费公路制度对社会资本的吸引力越来越弱，地方债务压力较大等。在这样的背景下，财政部、国家发展改革委努力推行PPP模式，并得到了响应。

交通运输部规划司副司长范振宇在主题报告中提到，当前公路建设面临的挑战与机遇，“硬约束”包括国家整肃审批程序，未批先建要追责；项目审批环节复杂，前置条件多；交通专项资金来源收紧；清理融资平台，资金到位率下滑。同时，发展机遇前所未有，行业发展思路目标明确，建设任务基本确定，政策措施基本落地；国家政策的大力支持，国家专项基金用于高速公路和一级公路建设，增加地方一般债券和专项债券规模。此外，审批程序简化、两行支持、政府购买服务等都为发展提供了有力支持。

创新论坛举办两天，通过专家报告、主题对话、实践交流三个方面，探讨公路交通基础设施投融资方式和措施，为政府、企业、专家、学者等各方面搭建沟通交流平台，并提供公路投融资培训，培养高层次管理人才。4月8日，与会人员还对遂渝高速进行了现场考察。

【“一带一路”交通科研合作与标准调研】 为推动中国与“一带一路”沿线各国特别是中亚、南亚国家在公路交通领域的交流合作，学会组团于7月18—25日赴巴基斯坦伊斯兰堡和塔吉克斯坦杜尚别进行了“一带一路”交通标准与科研合作调研。

代表团先后拜访和调研了巴基斯坦国家交通研究中心、国家公路局、国家工程服务有限公司

（NESPAK）、边境工程组织（FWO）、公路交通研究中心、M–1高速公路、E–35建设工地，以及塔吉克斯坦交通部和设计研究院，中国路桥驻巴和驻塔办事处，进一步了解了两国境内交通运输尤其是公路建设、运营和维护方面的整体情况，包括其政策导向与发展规划、科研实力与技术水平、工程项目与施工条件、人才培训与资金需求等。

代表团在巴基斯坦期间实地参观了M–1高速公路和E–35在建项目，了解了有关运营、维护和工程造价、施工进展等情况，为我国交通企业因地制宜地进入国际市场收集一手资料。

同时，推动成立"'一带一路'公路交通联盟"和宣传将于2017年6月召开的"世界交通运输大会"。

【创新引领·共享发展——公路知识普及宣传活动】 5月14—21日期间，学会组织开展了"创新引领·共享发展——公路知识普及宣传活动"，动员全国各省级公路学会、学会各分会、25家全国公路科普教育基地、64名公路科学传播专家联合行动，各方积极参与，线上与线下相结合，加快了公路科学技术的普及。据统计，学会2016年全国科普日活动的参与公众达8万余人次。

活动以"增强公民爱路护路意识，服务公众安全便捷出行"为主题，各省公路学会及有关单位，针对全国重点地区高速公路收费站、高速公路服务区等地以及公共宣传载体，发布、张贴、悬挂宣传标语和挂图，发放宣传资料；邀请科学传播专家，开展科普专家公路安全保护法律法规讲座、现场咨询活动；组织有关媒体进行专题报道，引导社会公众自觉遵守公路安全保护法律和法规，增强公路安全出行意识。

（撰稿人：毕　鑫）

中国航空学会

服务创新型国家和社会建设 学会在开展2016年度科技奖励评审中，共收到2个省市学会和41个单位会员共43个单位推荐的153份材料。共评出35个拟授奖项目，其中，一等奖4项、二等奖10项、三等奖21项。为配合奖励评审，学会开展了科技成果鉴定工作，共收到来自19个团体会员单位的成果鉴定申请，经审查，共完成了63个项目的技术成果鉴定。

学会能力提升计划 学会完成了"学会创新和服务能力提升工程——优秀科技社团建设项目"2016年度中4个阶段的工作，实现了学会能力提升的预期目标。加强决策咨询和智库建设，航空科普信息建设，参与创新助力工程，引导相关行业自律，促进行业健康发展等方面均取得了成效。

学会建设 学会新成立贵阳会员工作站，总计设立会员工作站6家，使会员工作站服务一线会员的比例提高至70%。举办学会分支机构培训班，支持举办地方航空学会秘书长沙龙，加强与地方学会的联系与合作，完善会员服务体系的层级建设，鼓励学会分支机构和地方学会的相互合作，培育新的品牌。

科技期刊国际影响力提升计划 8月，学会主办的《中国航空学报》（英文版）入选"2016—2018中国科技期刊国际影响力提升计划"，排名第二位，获得A类资助。

学术期刊 学会主办的各期刊全部完成了预定编辑出版及发行工作，期刊质量和影响力大幅提升。宣传工作全面进入新媒体时代，学会被关注程度持续上升。《航空学报》以精品化为工作重点，加大约稿和组稿力度，组织一批专刊、专栏和高影响力的综述文章。6月、11月分别在沈阳、北京组织召开第2届航空期刊集群交流研讨会、航空期刊集群第2次研讨沙龙，集群中的各航空期刊代表踊跃参会，从自身发展以及集群网站的建设出发进行研讨。《中国航空学报》（英文版）继续推进开放存取和优先出版，缩短电子版发表周期，提升期刊的显示度和国际影响力。《航空动力学报》按时完成期刊编辑出版工作，发表文章全部被美国EI等国内外著名检索机构收录。《航空材料学报》邀请院士和知名专家、学者撰写论文，提高期刊影响力。《航空工程进展》按时完成了年度出版发行工作。《航空知识》完成了全年的编辑出版，保持了发行量稳定。《航空模型》全面改扩版取得初步成效。

国际学术会议 4月19—20日，在上海市召开第五届民用飞机航电国际论坛，来自国内外政府部门、行业协会、科研院所、大专院校和企业的390余人参加了论坛。

10月10—12日，在北京市召开2016 IEEE/CSAA机载机电系统国际学术会议，国内外300余人参加了会议。会议共收到稿件292篇，最终录用论文235篇。

国内主要学术会议 1月16日，由学会主办、中国航空工业发展研究中心和中航传媒协办的第二届民用无人机管理规定研究高层论坛预备会在北京召开，40余家民用无人机企业代表共60余人参加了会议。

5月11—13日，由学会主办的第十一届国际先进材料与工艺技术学会中国年会在上海市举办。会议设28个分会场，3个英文会场，来自16个国家和地区的专家、企事业相关人员共计967人参加会议。

6月22—24日，第十六届华侨华人创业发展洽谈会在湖北省武汉市举办。其间，学会召集中华航太学会与美华航太工程师学会代表召开全球华人航空科技研讨会筹备会，拟订于2017年再次结合华侨华人创业发展洽谈会举办第七届会议。

8月18—19日，第32届全国直升机年会在四川省绵阳市举行。会议由学会直升机分会主办，中国空气动力研究与发展中心低速所承办。年会共收到论文403篇，其中316篇收入论文集，33家单位共122人参加了会议。

11月2—3日，由学会和空军装备研究院主办，浮空器分会、深圳光启高等理工研究院及东莞前沿技术研究院联合承办的中国浮空器大会在广东省东莞市召开，共有110余人参加会议。

11月24—25日，由学会、中国雷达行业协会、中国兵工学会和空军航空大学联合举办的雷达与电子对抗新技术研究和应用研讨会在空军航空大学召开。会议邀请了空军预警学院教授王永良、西安电子科技大学教授张光义、西安电子科技大学教授张锡祥3位院士以及中央军委装备发展部、中国科学院、中国电子科技集团等多个军地专业研究机构的30余位专家出席。

此外，学会其他分支机构也开展了各自专业领域的学术交流活动，其中会员工作站相继举办了中国航空航天先进制造技术学术论坛、第六届全国航空维修理论研究及技术发展等活动。2016年，学会及分支机构全年共举办国内学术交流活动42次，参加人数6000余人次，交流论文2500余篇，编辑论文集16种，光盘8种。

国际交往 6月12—18日，组织国内30余名科技工作者参加在美国华盛顿召开的美国航空航天学会2016年度航空大会暨展览。

6月16日，学会与捷克航空航天学会在捷克大使馆签署谅解备忘录。捷克总理索博特卡出席签约仪式，学会副理事长张新国与捷克航空学会理事长Daniel Hanus分别代表双方进行了签署。

9月25—30日，第30届国际航空科学大会（ICAS 2016）在韩国大田举办。学会作为国际航空科学大会（ICAS）的正式会员，组织60余名代表参会，参会人数创历史新高。会议经过陈述和问答，ICAS执委和全体理事全票通过了学会的申办方案，确定ICAS 2020在我国上海市举办，并选举张新国副理事长为ICAS执委会委员。

10月25—27日，组织国内作者百余人赴日本富山，参加由中国、澳大利亚、韩国和日本四国航空宇航学术组织联合举办的2016亚太航空航天技术学术会议。

科普活动 3—4月，在四川省举办“四川省航空科普文化月”，内容包括：科普讲座和航模制作活动走进32所中小学校，每个周末在郫县瑞赛新楼盘主场举办国际航模飞行表演等科普互动活动。

4月21日，在四川省成都市举办了全国航空特色学校工作交流会，47名代表参会；2016年新增2个科普教育基地和科普定点单位；新增全国航空特色学校13所，省级40余所。

5月11—13日，在上海举办第八届SAMPE超轻复合材料桥梁／机翼学生竞赛。与2015年相比，参赛院校从19所增至40所，参赛队伍从70支增至103支。

6—7月，学会联合空军举办“全国航空科普文化月”，内容包括：科普进中小学、科普进大学、军营开放、航空知识大赛等，共有200所中小学、35所大学和20个军营参加。

9月23—24日，在北京航空航天大学举办了国际空中机器人大赛（亚太赛区），国内外10余支高校队伍参赛。

2016国际空中机器人大赛（亚太赛区）

11月11—13日，在北京市举办蓝天飞梦——2016全国青少年模拟飞行大赛。来自全国81所大、中、小学的582名学生参赛，参赛单位比上届增加了15个。5月下旬举办了北京市比赛。

表彰举荐优秀科技工作者 5月，经学会九届五次常务理事会审议后，完成了中国科协第九次全国会员代表大会代表和全国委员会委员推荐工作，共推荐吴松、吴姗姗、段海滨、向河4名代表参会，秘书长吴松当选中国科协第九届全国委员会委员。

完成第七届全国优秀科技工作者的推荐工作，王永庆、冯军、黄维娜、梁晓庚4位航空科技专家当选。

学会共推荐刘瑜、邱雷、李伟林、王恒、骆晨5位航空青年人才入围（全国182人）首批中国科协青年人才托举工程，培养工作已全面开展。

学会创新发展 首次举办中国遥控飞行器竞速巡回大奖赛（DRT），并设立分站赛。6月，在重庆市启动首场分站赛，吸引了42余支队伍参赛。8月举办成都分站赛，有47支队伍参赛。此项大赛成为国内最规范、最有影响力的无人机爱好者赛事，两次比赛媒体有效覆盖人群达3亿人次。

发起组建并召开航空企事业科协技术创新联盟成立大会，成员单位达32家，涵盖航空领域的企业、高校、科研单位等，全面推动航空科技创新发展。

发起组建了中国科协信息技术学会联合体，积极承接有关服务职能。

10月19—23日，学会在浙江省湖州市安吉县举办“歌尔杯——第四届国际无人飞行器创新大奖赛暨2016安吉航空嘉年华活动”。大奖赛以“创新＋科普”为主题，内容包括固定翼竞技赛、旋翼竞技赛、中国涡喷编队大师赛（CTO）、第五届国际航模大师秀、首届中国民用无人机交流峰会、安吉航空嘉年华、航模及无人机展示等7项，现场观众人数超过5万人次。首次举办的CTO赛成为最大亮点，共有代表国际最高水平的8支国外队伍和37位国外选手参赛。活动吸引了CCTV、东方卫视等媒体进行直播，据统计媒体宣传覆盖人群达上亿人次。大奖赛初步形成“科技创新＋科学普及＋航空特色旅游产业＋通航和无人机产业”的发展新模式。

党建强会 9月，学会党建典型材料在中国科协全国学会党建工作会上进行交流。

11月，按照中国科协要求，制定提交了《中国航空学会加强学会党建工作实施方案》，并开展成立理事会功能性党委的前期准备工作。

学会动员各级组织的党员力量，开展学会党建强会项目活动，已在四川省巴中，广西壮族自治区南宁、来宾、钦州，江西省南昌、吉水、浮梁，广东省恩平、珠海等地开展活动近30场，直接受众近10万人，推动学会党建工作全面开展。牵头搭建党建强会服务平台3次。

办事机构持续强化党建工作，认真开展“两学一做”学习教育活动，坚持每月的全体政治学习，办事机构专职人员的政治素质和理论水平进一步提高。

会员服务 研究制定了《中国航空学会会员服务深化改革实施方案》，全面提升会员发展与服务工作，实现会员服务和管理的全覆盖。开发“中国航空学会”APP，进一步提升服务会员的能力。根据会员需求，开展各类培训近20场。实施了学术会议论文集和5本学术期刊的电子刊推送服务，使优质资源发挥更大服务效率;《中国航空学会通讯》电子刊已实现各级组织的全覆盖。

中国科协会员日 学会组织开展的中国科协会员日活动以服务更广大会员为目的，以会员工作站为实施主体，共有沈阳站、南京站、西安站、贵阳站、洪都站、庆安站等全国50余家组织开展有关活动，开展APP推广、科技培训、先进科技工作者宣传、主题科普、组织会员参观科技场馆等活动近20场，直接参与人数达5100人以上，会员日活动的影响进一步扩大。

【第四届国际无人飞行器创新大奖赛暨安吉2016航空嘉年华活动】 10月19—23日，第四届国际无人飞行器创新大奖赛暨安吉2016航空嘉年华活动在浙江省安吉市举办。大奖赛以“创新＋科普”为主题，旨在促进科技创新、普及航空知识、培育航空创新文化、提高国民航空意识，是我国最有影响的航空科技创新赛事，融科技性、趣味性、娱乐性于一体，该届大奖赛得到歌尔集团有限公司冠名赞助支持。

大奖赛由中国航空工业集团公司、浙江省人民政府和中国航空学会联合主办，歌尔集团有限公司特邀主办，安吉县人民政府、航空大世界科技文化有限公司、中国航空学会无人驾驶航空器系统专门委员会等单位承办。学会名誉理事长朱育理、刘高倬，浙江省政协副主席吴晶等领导参加了现场活动。共有25支队伍、217人参赛，其中包括37名国外飞手，现场有近5万人参观。中央电视台进行了现场直播，央视电视端和手机端进行了超过1小时的直播，东方卫视手机端进行1小时的直播，光明网、新华网、人民网等100余家媒体进行海量报道，宣传覆盖人群超过8000万人次。

大奖赛包括固定翼类竞技赛、旋翼类竞技赛、中国涡喷（编队）公开赛（CTO）、2016中国遥控飞行器竞速巡回大奖赛——安吉站（DRT）、第五届国际航模大师秀、航模及无人机展示、2016首届中国民用无人机交流峰会、2016安吉航空嘉年华活动8项内容。南京航空航天大学的“海鸥战队”获固定翼类竞技赛一等奖，沈阳自动化研究所的沈自所多旋翼队获旋翼类竞技赛一等奖，奖金均为20万元。在首次设立的单程穿越竞速项目中，海军航空工程学院的云都队以10.78秒的成绩创造了记录并获3万元奖金。CTO赛是首次在欧洲以外国家举办的国际最高水平赛事，共有6支国际队伍和1支国内队伍参赛，来自德国的Red Bull队摘得冠军，奖金为1万美元。因固定翼竞技赛大奖50万元空缺，该届实发总奖金93万元。

现场的航空嘉年华活动不仅有飞翔家带来的“飞行探秘”、航空模型制作与比赛、德国Mic-o-mic（益智飞行玩具）亲子拼装比赛、航空科普展等互动体验活动，还新增了风洞飞行、热气球的表演与体验、1∶1歼10模型参观合影等项目。

大奖赛期间举办了首届中国民用无人机系统峰会，以“无人机与国民经济”为主题，邀请了民用无人机行业有关部门领导、专家、百强企业的代表共同探讨并展望了民用无人机产业的未来发展。

【2016（第六届）中国国际无人驾驶航空器系统大会暨展览】 9月19—21日，2016（第六届）中国国际无人驾驶航空器系统大会（UAS 2016）在北京举办。UAS 2016创始于2006年，10年来获得了国内外无人机业内外人士的广泛认可和赞誉，会议为无人机行业搭建了最权威的学术交流及商业展示平台。

该届活动以“融创成序智领未来”为主题，旨在激发无人驾驶航空器领域大众创业、万众创新的热情，突出监管特色，引导行业面向未来、有序发展。大会汇聚了来自100家单位的300余位业内人士，并邀请到18位国内外的无人机领域及相关领域领导、专家进行报告发言。

9月20日，2016（第六届）中国国际无人驾驶航空器系统大会暨展览在中国国际展览中心开幕。中国科协学会学术部副部长刘兴平、学会副理事长张新国以及众多行业嘉宾出席开幕仪式。在无人驾驶航空器系统大会暨展览上，来自航空、航天、科研院所以及众多民企展示了无人驾驶航空器系统当前优秀成果技术及产品。

同以往5届展览一样，来自国内外无人驾驶航空器系统的产、学、研、用各个领域的专家、企业悉数到场。展会云集了中国直升机设计研究所、成都飞机设计研究所、中国航天空气动力技术研究院等国内主流研发制造厂商以及以西北工业大学、北京航空航天大学、南京航空航天大学、沈阳航空航天大学、浙江大学、同济大学6所高校为代表的航空科研院校。

展览面积8000平方米，与上一届相比显著提升，参展企业100家，航空、航天制造企业约占13%，航空相关院校占7%，外资企业占4%，民企占76%。参展商数据同上一届相比有了很大的变化，在2014年的展览中，无人机民营企业约占45%，2016年参展的无人驾驶航空器民企已远远超过半数。

2016年无人驾驶航空器企业的参展展品也与往届有很大不同，越来越多的民营无人驾驶航空器企业带来了众多大型无人驾驶航空器系统，这些无人飞行器起飞重量一般在300～500千克。大型化无人驾驶系统俨然成为众多无人驾驶系统企业未来竞相发展的重要目标，中航工业直升机所的AV500无人直升机、北京中航智科技有限公司的TD220大载荷长航时无人直升机、一飞智控公司MQ-300无人直升机、上海优伟斯展出的17∶1的大滑翔比、翼展12米的水陆两用的无人机U650等热门展品都吸引了众多参展观众。

【2016年中国（成都）航空动力发展暨学术论坛】 10月11—13日，由学会、四川省科协联合主办的2016年中国（成都）航空动力发展暨学术论坛在四川省成都市新都区召开，论坛的主题是“动力引领、创新发展、产研结合、共建园区”。学会副理事长甘晓华和刘大响、王华明、杨凤田、闻雪友5位中国工程院院士参加大会，四川省科协，省经信委、省发改委、省科技厅及成都市科协、成都市新都区的相关领导出席论坛。来自航空学会动力分会各个专业委员会的全国航空发动机领域的专家、学者以及成都市相关企业400多人参加论坛。

论坛引起各大媒体的广泛关注，新华社、成都电视台、成都日报、成都晚报、成都商报、中国新闻网、成都市人民政府网站、新华网、中国科学技术协会网站、新浪网、中国长江网、新都电视台等诸多新闻媒体派人参加会议，并进行专题采访和报道。

【2016中国航空创新创业大会暨中国航空国际合作与投融资大会】 8月28—29日，在北京举办2016中国航空创新创业大会暨中国航空国际合作与投融资大会。大会由学会联合商务部投资促进事务局等6家单位共同主办。大会以前瞻性、创新性、权威性为原则，以发现优秀创业人才、发现创新性技术、发现创业明星企业为目标，以促进投资、整合资源、扶持落地为宗旨，汇集国内外航空产业专家与企业，探讨在

新的政策环境下中国航空产业发展的增长点和突破口，挖掘航空领域的创新项目和国际合作机会，促进有价值的项目对接、发展、落地。大会分为两部分：一是以“创新巅峰，启航未来”为主题的演讲群，邀请院士、专家、国外政府机构和知名企业作主题报告；二是中国航空创新创业大赛，吸引众多项目参赛，经过评选，共评选出一、二、三等奖各1名。大会共吸引近400家单位的关注，500余人次出席了活动，其中包括30余家创业企业、100余家有投资意向单位、100余家寻求商业合作单位和33家媒体。

（撰稿人：聂　荣）

中国宇航学会

服务创新型国家和社会建设　学会在中国科技馆举办了“航天，放飞中国梦——庆祝中国航天事业创建60周年航天科技成果展”。展览展示了长征火箭、神舟飞船、玉兔号月球车、北斗卫星导航系统等航天科技60年取得的辉煌成就，搭建了航天成果转化平台。9月18日上午，中共中央政治局常委刘云山，中共中央政治局委员刘奇葆、李源潮、郭金龙，全国政协副主席万钢5位党和国家领导人在学会理事长、中国航天科技集团公司董事长、党组书记雷凡培的陪同下参观了展览。

学会承接了中国科协国家引才目录中海洋、空间与地球开发领域的编制工作，先后组织三大领域的50余位院士、专家参与此项工作，对三大领域专业发展状况、全球顶尖人才的分布状况以及承接机构进行了研究。

学会协助中国科协创新战略研究院开展双创示范基地第三方评估工作，在策划评估调研工作方案过程中组建高水平的院士、专家评估组，保证评估工作的中立性和独立性。

学会与中国科技馆共建“太空探索”常设展厅，该展厅投资2000万元，从1000平方米扩展到2000平方米。

为庆祝首个“中国航天日”，4月23日，由中国科协、中国航天科技集团公司共同主办，学会承办的“梦想启航——航天科技中华行”系列活动启动仪式在北京举行。中国科协党组书记、常务副主席、书记处第一书记尚勇和中国航天科技集团公司董事长雷凡培、副总经理袁洁和孙家栋院士、戚发轫院士、余梦伦院士到会并讲话。启动仪式上成立了航天科普专家志愿团，命名了首批12所全国航天特色学校，举办了第二届全国“神箭神舟杯”航天知识大赛启动仪式。

5月22—31日，学会组织中国航天科技集团公司一院及其下属单位9人调研团一行对位于欧洲的阿里安火箭研制企业和SLS重型火箭关键制造装备研制商进行了技术交流和调研，主要包括欧洲阿里安火箭的商业运营模式、研制流程、能力布局和美国SLS重型运载火箭超大结构件关键制造工艺及装备，以及欧洲载人航天计划、先进焊接和数控加工技术发展现状、航天专业人才培养模式等相关内容。对欧洲运载火箭的先进设计理念、运营模式、能力布局方式和关键制造技术等有了理解。

学会能力提升计划　学会按照第二期学会能力提升专项——优秀科技社团奖的工作计划，完成了2016年的各项任务指标，实现了学会能力提升的预期目的。完成了第二期学会能力提升专项《优秀科技社团奖获奖学会成果汇编》的编撰工作，进一步总结和提炼了第一期45家学会在能力提升工作中取得的成绩和经验。

学会建设　全年共吸纳个人实名会员8567名，会员总数达到31733人，单位会员总数达到192个。

3月19日，学会组织召开六届五次理事会。中国航天科技集团公司董事长雷凡培当选学会新一任理事长，北京航空航天大学校长徐惠彬、中国航天科技集团公司副总经理杨保华、徐强，书记王一然当选学会副理事长，探月中心、重庆大学等11家单位成为学会常务理事和理事单位，批准成立学会飞行器任务规划、电推进、弹药安全技术3家专业委员会。

学术期刊　《宇航学报》编委会换届会议在北京召开。会议对第四届编委会工作进行了总结，成立了第五届编委会。

《宇航学报》继续保持中文核心期刊、中国科技核心期刊、EI源刊，并继续获得中国科协“精品科技期刊工程项目（期刊学术质量提升）”资助。再次荣获中国科学技术信息研究所颁发的“百种中国杰出学术期刊”称号，这是连续3年获此称号。

学科发展研究　学会承担了中国科协“2049年的中国：科技与社会愿景展望”项目航天领域的编撰工作。学会组织专家对未来特别是到2049年航天运载器、卫星、深空探测器等的发展趋势进行了预测。11月，学会《航天科技与航天梦》发展报告通过了中国科协组织的答辩。

决策咨询 学会成功申请中国科协承接政府转移职能与科技公共服务工程——学会承接政府转移职能扩大试点项目，获得中国科协专项资金支持用于国家航天立法与法制航天建设问题的研究工作。

9月，学会完成国家工业和信息化部专项课题“北斗产业发展现状、问题及相关对策研究”的工作，提出了未来北斗产业发展的管理体系。

国际学术会议 11月25日，学会与国际宇航科学院在北京联合举办了航天国际合作促进发展中国家经济社会发展国际研讨会。来自中国、孟加拉、白俄罗斯、玻利维亚、巴西、日本、哈萨克斯坦、老挝、巴基斯坦、尼日利亚、俄罗斯、美国、乌克兰、委内瑞拉等多个国家的政府部门、驻华使馆、航天企业、航天科研机构以及国际宇航科学院、国际宇航联合会、亚太空间合作组织的200余名专家、学者参会。大会围绕“航天国际合作促进发展中国家经济社会发展”这一主题进行了主旨报告、专题技术分会、嘉宾座谈相结合的讨论。大会同期举办了中国航天国际合作图片展。

国内主要学术会议 学会和各专业（工作）委员会共组织各类学术交流活动29次，参加人员4350人次，发表论文3380篇。

国际交往 3月22—25日，学会组织代表团出席了IAF（中文名称）春季会议及先期召开的相关活动，学会理事荣获IAF“杰出服务奖”。

6月5—9日，学会组团赴瑞士日内瓦参加由国际宇航联和国际电信联盟联合举办的2016年全球航天与信息社会大会（GLIS）。

8月20—25日，应学会邀请，美国航天基金会首席执行官艾利奥特·加洛德·普尔马和高级副总裁斯蒂文·理查德·艾森哈特来华访问。双方签署了为期五年的合作谅解备忘录，就未来联合颁奖、联合举办中美航天企业对接会、中美科普教育工作者研讨会等事项达成初步意向。

学会分别在北京和荷兰阿姆斯特丹组织了第四届中德、中荷航天企业对接会，利用对接平台助力学会团体会员单位与德国、荷兰航天界高管和企业建立联系，提出合作意向，并就潜在合作项目进行了洽淡。

学会与亚太空间合作组织进行了多次互访，双方就未来合作进行了探讨，计划签署合作备忘录。合作领域涵盖共同举办国际会议、研讨会、论坛、青少年科普竞赛等活动。

9月25—30日，学会组织来自团体会员单位近60人参加在墨西哥瓜达拉哈召开的第67届国际宇航大会，由学会向IAF申报的三场全球网络论坛在大会期间举行，从不同角度向世界各国与会人员宣传了中国航天成就。

10月，由学会向IAF申请成立小卫星商业应用专门委员会。经IAF执行局和全体成员大会批准，在第67届国际宇航大会期间宣布成立。这是首个由中国主导发起成立的委员会。

表彰举荐优秀科技工作者 学会推荐的中国空间技术研究院王敏获得第十四届中国青年科技奖，中国运载火箭技术研究院朱广生、中国空间技术研究院杨宏等4人获得第七届“全国优秀科技工作者”称号。

学会依托国防科技社团联盟继续开展青年人才托举工程，2016年获得6人、90万元的资金支持，助力航天青年科技工作者成长、成才。

学会推荐的6名中国科协第九次全国代表大会代表和委员候选人均当选。中国运载火箭技术研究院院长李洪当选为中国科协副主席，探月与工程中心总设计师吴伟仁院士当选常务委员会委员，学会副理事长兼秘书长王一然当选全国委员会委员。

经学会推荐，在2016年国际宇航大会期间，王希季院士获得IAF航天“名人堂”奖，为中国航天人在国际上赢得新荣誉。

会员服务 学会进一步修订了《中国宇航学会个人会员管理条例》和《中国宇航学会会费收取和使用管理办法》等制度文件，逐步完善了基于PC端和微信端的学会会员服务管理系统。

【航天国际合作促进发展中国家经济社会发展国际研讨会】 11月25日，学会与国际宇航科学院在北京联合举办了航天国际合作促进发展中国家经济社会发展国际研讨会。来自中国、孟加拉、白俄罗斯、玻利维亚、巴西、日本、哈萨克斯坦、老挝、巴基斯坦、尼日利亚、俄罗斯、美国、乌克兰、委内瑞拉等多个国家的政府部门、驻华使馆、航天企业、航天科研机构以及国际宇航科学院、国际宇航联合会、亚太空间合作组织共200余人参会。

大会围绕“航天国际合作促进发展中国家经济社会发展”的主题，进行了主旨报告、专题技术分会、嘉宾座谈相结合的讨论。参会人员一致认为，各国应该加强航天领域的务实合作，特别是航天发达国家与发展中国家之间的合作，共同努力，以航天发展增进全人类的福祉。大会同期举行了“中国航天国际合作图片展”。

开幕式上，中国航天科技集团公司董事长雷凡培、国际宇航科学院副主席松尾弘毅、中国国家航天局秘书长田玉龙、科技部原部长徐冠华分别致辞。雷凡培在致辞中表示，当前国际合作成为各国加快航天技术发展、使之更好地服务人类社会进步的重要方式。松尾弘毅致辞重申了国际宇航科学院以航天发展增进全人类福祉的宗旨，介绍了国际宇航科学院为促进航天国际合作作出了各种努力，并强调航天发达国家与发展中国家开展航天国际合作是实现航天惠及全人类的重要途径。田玉龙重申了中国政府和平利用外空的一贯宗旨，以及在平等互利、和平利用、共同发展基础上与世界各国开展空间领域的国际交流与合作的意愿。徐冠华在致辞中表示，航天科技是现代高科技的代表，航天国际合作也是现代国际科技合作的重要内容，航天合作还是国际科技合作中具有战略意义和象征意义的重要内容。

会议为2016年新当选和转正的部分国际宇航科学院中国院士颁发了院士证书。

【中国航天高峰论坛暨中国宇航学会·中国空间法学会2016学术年会】 为庆祝中国航天事业创建60周年，“中国航天高峰论坛暨中国宇航学会·中国空间法学会2016学术年会”于10月20—21日在北京召开。本届论坛暨年会以“创新驱动发展，共铸航天强国”为主题，旨在通过学术交流落实创新驱动发展战略，促进航天强国建设。论坛暨年会采用主旨报告与分论坛专题研讨相结合的方式，内容涵盖空间技术、空间科学、空间应用、空间法律和空间政策等相关领域。来自中国航天科研院所、企业单位、高等院校、军队等有关单位的领导、专家、学者300多人出席会议。

大会作了《关于中国航天事业的战略思考》《当前的国际形势与法律外交工作》《中国载人航天工程前景展望》《颠覆式创新对中国航天发展的启示》《国家“一带一路”战略与北斗卫星导航系统国际化应用》《智慧云制造——一种“互联网+”时代的智能制造模式、手段和业态》《“十三五”空间科学与应用展望》和《中国航天2049愿景展望》等主题报告。

（撰稿人：王续伯）

中国兵工学会

服务创新型国家和社会建设 完成国家发展改革委“推进经济建设与国防建设融合发展的路径、模式及实施策略研究”课题研究，经过与国防大学专家调研，形成1份报告和4个分报告，近5万字。

启动兵器科学技术学科优博、优硕论文评选工作，并起草了《兵器科学与技术学科全国优秀博士、硕士学位论文评选办法（试行）》和《中国兵工学会优秀博士学位论文评选实施细则》，共收到来自12个相关专业院校报送的博士论文42篇、硕士论文66篇，共108篇，其中评出优博论文5篇、提名8篇。

开展创新助力驱动工程，在科技成果转化服务方面学会建立了成果转化专家库，组织完成了“科技文献信息加工项目”任务，在材料、自控（机械）、电子（军用）三个专业领域遴选专利文献并翻译，每个专业领域600条，总共完成1800条，完成关键词索引5400余条。采集建设专业科技成果库，已采集科技成果数据200余个，服务企业40家。

学会的兵器大学招生工作保持高位，报学人数将近1万，选课总人次数17411，举办了3期兵器系统2016年度中央企业“企业信息师”国家职业资格认证培训和1期“企业人力资源管理师（国家职业资格一级）国家职业资格认证”培训，有18人通过考试获得国家职业资格证书，通过率超过70%。年内培训会计人员877名。

学会能力提升计划 学会专委会开展学术交流活动比去年提高近20%。学会深化改革完成治理结构改革2项、办事机构改革1项、会员发展与服务方式改革2项、创新和服务方式改革8项、学会党建3项。学会开展兵器学科优博论文评选，开拓了承接政府职能工作中完善科技奖励、提高学会主办奖励社会公认度的业务，在兵器领域具有博士授予点的院校、军队及研究所得到广泛的支持和认同。

学会建设 学会召开了八届五次常务理事会会议、八届六次常务理事会通讯会议、八届三次理事会通讯会议和第35次工作会。

学会新成立了含能材料制造技术专业委员会、无人智能平台技术专业委员会、毁伤评估技术专业委员会、军用防护技术专业委员会、安全防范专业委员会。截至2016年年底，学会共有专委会48个，地方学会16个；学会普通会员数32169人，高级会员762人，会士49人。

学会内部制度管理改革，建立了组织架构、战略管理、全面预算管理、资金管理、应收账款管理等15个一级流程、31个二级流程、10个三级流程，共计37个末级流程的业务流程体系框架，梳理制度101项，学会制定了《中国兵工学会职工教育培训管理规定（试行）》《人才招聘管理办法》《职工调动管理办法》等共11项制度，废除3项制度，新订制度数量占现行制度数量的10%。

学会完善网络化建设，组织了学会学术会议管理系统的建设，完成了会议管理系统的网络部署、系统测试，举办了培训班，实现了与收费系统、通讯系统的连接，组织系统验收，学会学术会议管理系统的建设工作已经完成。7月，完成学会OA系统建设，举办培训班并开始使用。完成兵器大学教育培训管理系统的建设工作，10月进行了系统网络部署。11月配合教育培训部进行培训，开始在线试用。学术论文集资源整合并电子化，为单位会员免费提供检索。

学术期刊 《兵工学报》各项学术影响力指标均排列第1位，综合评价得分在全国1989种核心期刊中名列第28位。学报获得中国科协精品科技期刊工程TOP50项目资助，资助周期为3年。

《防务技术》（英文刊）获得中国科技期刊国际影响力提升计划项目的资助，被评选为2016年中国国际影响力优秀学术期刊。

学科发展研究 学会举办了33次专题学术交流。完成了《兵器科学技术学科——装甲兵器卷》的撰写与出版工作。与北京理工大学合作开展了“支持兵器科学协同创新的跨学科科研协作集群”工作，完成了有关跨学科科技信息资源集成技术研究、资源共享机制研究2篇研究报告，以及跨学科科研协作平台开发及服务技术总体设计。

国际学术会议 10月，在浙江省杭州市召开了第十一届国际可靠性、维修性、安全性会议（ICRMS'2016）。会议规模500人，其中国内专家、学者300余人，境外专家、学者100多人。大会报告18篇，论文300多篇。

11月25—27日，在陕西省西安市召开2016精密与特种加工及智能制造技术国际会议，会上专家、学者作了5篇相关的专题报告。

国内主要学术会议 全年举办39次学术会议，参会人数6000余人次，专家789人次。大会报告数405个，投稿数2740篇，收录2302篇，优秀论文142篇。

开展全国杰出科技人才候选人推荐工作，候选人毛明为荣获“2016年度全国杰出科技人才”称号。

11月24日，学会在吉林省长春市举办了雷达与电子对抗新技术研究和应用研讨会、第四届环境工程研讨会、跨越险阻2016地面无人系统装备与技术发展论坛，开创了跨学科、跨领域学术交流合作模式。学会与兵器201所共同主办装甲兵器科学家论坛等。

11月24日，学会在浙江省宁波市与中国工程院机械运载学部共同举办第四届特种车辆全电化技术发展论坛高层次学术交流。

科普活动 组织兵器科普专家团，深入中国兵器西北工业集团，实地考察会员单位工作情况，通过座谈了解会员单位的实际需求。

表彰举荐优秀科技工作者 4月，学会开展了创新人才推进计划推荐工作，并向中国科协推荐了2名优秀科技工作者和1个创新团队。

6月，经学会牵头组织联合体共同推荐的某新型主战坦克总设计师毛明入选“2016年度全国杰出科技人才”。

12月，完成国防科技社团联盟“青年人才托举工程”候选人推荐工作，共有6名候选人获得托举工程项目的资助。

12月，完成“第七届中国兵工学会科技奖励”的评审工作，有23名候选人入选。

党建强会 学会党建围绕“强化战斗堡垒作用，促进学会健康发展”的活动主题，研究如何将学会中心工作与“党建强会”特色活动相结合。年初组织兵器科普专家团赴陕西省西安市开展“党建强会”系列活动，赴西安工业大学举办“走进校园、爱我国防”国防科普教育主题活动，西安工业大学师生共计2000人参与了活动。同时，应西北工业集团要求，学会党委牵头联系外国专家赴西安讲学。

会员服务 7月，学会组织举办了专兼职干部培训班。培训内容分为两个部分：一是分支机构财务管理制度，学会就分支机构有关收费标准及要求、活动经费报销流程等作了解答。二是学会应如何为行业、科技工作者服务，培训从创新和服务能力提升、中国科协政策解读、如何提高学术会议质量、学科发展引领与资源整合集成、学会基层工作者的四个注意等方面进行讲解。43 个专业委员会、10 个地方学会共 70 人参加了培训。

【国防科技社团联盟青年人才托举工作会】 5 月 6 日，学会牵头组织的国防科技社团联盟青年人才托举工作会在北京召开。来自国防领域的 39 位青年托举对象及导师参加了会议。

国防科技社团联盟轮值主席、学会副理事长、秘书长于小虎作了关于国防科技社团联盟青年人才托举工作情况的报告；中国科协副主席、北京理工大学教授冯长根作报告《谈谈如何成为科研的领军人才》；中国兵器工业第 208 研究所研究员韩国华作报告《反恐武器装备及技术的发展思考》，提出了以需求为牵引的“十三五”反恐装备发展建议；中国航空学会组织工作与会员服务部部长周竞赛，讲解了国防科技社团联盟青年人才托举工程工作规范及经费使用范围和应遵循的财务管理制度。

中国科协学会学术部部长宋军和学会学术部副部长范唯作了简短发言。

学会与 5 位青年托举人才签订合同，并在青年托举平台上进行信息录入。学会还积极组织青托人才参加各种学术会议，全年共组织 5 位青年托举人才及 9 位导师参加了 4 次学会组织的学术交流会议。

（撰稿人：殷宏斌）

中国金属学会

服务创新型国家和社会建设 学会面向企业和会员提供公共服务，构建“冶金与新材料产学研协同创新服务平台”，整合行业创新资源，上传了近 30 项包括产业化示范工程、“863”课题、“973”课题等相关资料；拓展建立“钢铁工业绿色发展关键共性技术评价系统”，对 40 项冶金节能减排关键共性技术应用效果进行对标评价。学会与中国自动化学会、中国人工智能学会联合组织“中国钢铁工业智能制造跨学科协同创新”，促进钢铁行业转型升级。

学会组织完成了“十二五”国家科技支撑计划项目“高炉炼铁 CO_2 减排与煤气高效利用关键技术开发”项目，在国际上首次实现 4038 平方米超大型高炉喷吹焦炉煤气示范应用，完成炉顶煤气循环氧气鼓风高炉炼铁技术相关基础理论研究，并于 6 月 30 日通过科技部验收。

2016 年，学会继续对选出的 22 项关键共性技术进行推广，其中焦炉烟道气综合治理技术、烧结矿竖罐式冷却技术、膜结构轻钢封闭料场技术等 5 项技术在行业中受到重视，为钢铁企业的环保治理、达标排放、节能减排等提供了技术支撑。

对“节能环保低温干燥型煤调湿工艺技术及装备成套”项目等 12 项科技成果开展评价工作；开展“科技专家资信评价制度研究”，完成研究报告，对科技社团开展科技专家资信评价的优势、建立科技专家资信渠道与评价机制等进行了探讨。

承接中国科协“企业科协科技服务——科技文献信息加工”项目，标引翻译并审核的英文专利共 552 条，其中英文专利 377 条、日文专利 154 条、韩文专利 21 条。

开展学会标准化工作，起草了《中国金属学会标准化工作管理办法》，并在九届九次常务理事会审议通过；12 月 7 日印发了《中国金属学会团体标准制修订程序和编写规则》，已通过国标委网站公示，备案审核通过。

学会举办专业技术人才培训班 19 次，培训人数 800 余人次。

学会申请并承担人社部专业技术人才知识更新工程 2016 年高级研修项目，分别于 7 月、8 月举办了低碳绿色炼铁生产技术高级研修班、大数据与钢铁工业智能制造高级研修班；申请获得人社部急需紧缺人才项目，于 12 月举办京津冀冶金企业环境监督员培训班。

学会参与材料类专业工程教育认证，承担秘书处办公室工作。组织培训专家 54 名，秘书 3 名；新增正式专家 28 名；开展 22 个专业的认证工作，包括自评报告审阅、现场考查、结论审议等。

学会联合其他 6 家材料类相关学会，共同承担中国科协“青年人才托举工程”项目，14 名青年人才获得项目资金资助。

学会能力提升计划 学会深化改革，实施“创新和服务能力提升工程”。在冶金科技精品会议工程、创新驱动助力工程、关键共性技术推广、产学研协同创新服务平台、青年人才培养、承接政府转移职能、学会治理结构和治理方式改革等方面开展工作，共完成 16 方面 34 个分项指标工作任务，达到预期目标。

学会建设 2016 年，学会新发展会员 1109 人次、高级会员 4 名，学会会员总数 89689 人次，单位会员总数 138 个，32 个分支机构完成换届。

学会和各专业（工作）委员会共组织各类学术、技术交流活动 72 次，参加人员 10121 人次，发表论文 2632 篇。

在十届一次理事会议上，选举产生了第十届理事会负责人，干勇为理事长，赵沛为常务副理事长，王新江为秘书长；选举于勇等 62 人为十届理事会常务理事。在一届一次监事会上，选举产生监事会负责人，李克敏为监事长，杨天钧为副监事长。

科技期刊国际影响力提升计划 学会主办的期刊《材料科学与技术》（英文版）和《金属学报》（英文版）分别获得中国科协期刊国际影响力提升计划项目 A 类和 C 类资助。

《材料科学技术》（英文版）编委会新增编委 33 人，主要为院士、国家杰出青年科学基金获奖者、长江学者以及青年科学家；2016 年出版了“生物材料适配性专刊”，并提出全新概念 Bioadaptability；《材料科学与技术》（英文版）影响因子达到 2.26。

学术期刊 《金属学报》（中文版）、《钢铁》和学会会刊《中国冶金》继续获得中国科协 2015 年度精品科技期刊工程第四期项目资助。《金属学报》2015 年 JCR 影响因子为 0.523，总被引频次为 1461 次。《钢铁》和《中国冶金》核心影响因子也创新高，分别达到 1.058 和 0.687。

学科发展研究 学会承担中国科协“冶金工程技术学科方向预测及技术路线图”项目，为冶金工程学科研究创新、促进相关产业发展等提出建议。先后召开了项目启动会和工作会议，研究实施方案、部署工作安排，强调以挖掘关键基础理论、重大工程技术，重点产品和关键材料为发展方向，突出项目成果的前沿性、战略性和原创性。

决策咨询 学会常务副理事长赵沛作为京津冀协同发展专家咨询委员成员，参与国家《京津冀协同发展战略规划》的一系列重要咨询、调研、编制工作；以学会专家委员会的名义提出禁止中频炉生产地条钢的建议。学会参与由中国工程院、工信部、国家质检总局共同开展的重大咨询项目，组织提出“十三五”“中国制造 2025”重点研发前沿技术项目的建议。

国际学术会议 9 月 20—22 日，在陕西省西安市召开第七届国际耐火材料学术会议（ISR 2016）。中国工程院副院长徐德龙院士、弗赖贝格工业大学 Christos G. Aneziris 教授、学会秘书长赵沛、国际耐火材料研究与教育联合会 Christopher Parr 教授等出席会议并作特邀报告。来自 14 个国家的 400 名专家、学者参加了会议，其中国外学者 80 名。会议围绕“更先进的耐火材料，更绿色的高温工业”的主题，进行了 95 个学术报告，包含 13 个特邀报告、82 个分会场报告。

10 月 19—21 日，在重庆市召开第八届中韩双边钢铁技术学术会议。会议内容包括高温物理化学、炼铁、炼钢、热轧与冷轧、可持续发展与环境保护、钢铁流程余热回收与节能等方面。会议特邀中方和韩方的冶金学者作报告，宣讲报告 22 篇。

国内主要学术会议 5 月 18—20 日，学会在福建省厦门市召开 2016 年全国炼铁生产技术会暨炼铁学术年会。近 400 位专家、学者、技术人员参加了会议。会议围绕“新常态下低成本、低碳、环境友好的炼铁生产技术”的主题，对炼铁系统生产技术，烧结、球团和焦化工序中先进生产技术以及节能减排技术、低碳生产、能源回收和再利用等方面进行交流。

8 月 25—26 日，2016 年全国轧钢生产技术会议在贵州省贵阳市召开。会议围绕轧钢生产中取得的成果、遇到的问题、未来轧钢的发展方向等，探讨了轧钢质量控制、生产绿色化和智能化问题。75 个单位的 140 多人参会，录用论文 178 篇，其中宣讲论文 48 篇。

9 月 20—21 日，2016 年全国炼钢—连铸生产技术会在宁夏回族自治区银川市召开。中国工程院院士殷瑞钰作了题为“智能化钢厂雏议”的大会主题报告。会议就如何提高炼钢高效优质和智能化水平，促进炼钢—连铸节能减排，实现高效优质、低成本、低排放清洁生产，打造智能化工厂等方面的重点问题进行深入研讨，明确了钢铁企业的发展方向，即减量化、品牌化、绿色化和智能化。

10 月 30 日—11 月 1 日，2016 年全国冶金能源环保生产技术会在北京召开。会议探讨了钢铁行业在能源环保方面取得的成绩及存在的问题，就新技术、新工艺和典型企业经验作了报告与交流。

12 月 15—16 日，学会与中国自动化学会、中国人工智能学会在北京联合举办 2016 年人工智能在钢铁工业中的应用技术研讨会。会议针对智能制造感知、控制、决策、执行过程中存在的问题及其新技术、新成果进行交流研讨。

国际组织任职 学会常务副理事长赵沛担任国际矿业冶金和材料联合会副主席。

国际交往 2月14—17日，学会秘书长赵沛参加美国矿物、金属和材料学会（TMS）2016年年会。期间，还参加了PRICM 9国际组织委员会第三次会议、Energy Materials 2017筹备会以及TMS-CSM双边领导层会议等。

8月1—5日，学会与韩国金属材料学会、美国矿物金属材料学会、日本金属学会和澳大利亚材料学会在日本京都共同主办第九届环太平洋先进材料和工艺国际会议。来自十多个国家1100人参加了会议，中国科学院院士成会明代表中国作了题为“石墨烯样品的制备与应用”的大会报告。

9月5—6日，学会和日本钢铁协会在日本仙台共同主办第十四届中日双边钢铁技术研讨会。双方共63人参会，对各自工作进展及成果进行了交流和讨论。

11月8—11日，学会常务副理事长赵沛等赴德国杜塞尔多夫市参加国际钢铁学会秘书长联席会议和德国钢铁学会2016年年会。

科普活动 2016年，学会举办科普展览2次，受众1万余人，发放科普宣传材料1500份，组织科普工作志愿者500余人次参与活动。学会被中国科协评为2016年度全国学会科普工作优秀单位。

5月，学会在福建三钢（集团）有限责任公司举办“全国冶金科技周”活动。针对企业生产和科技创新需求，组织院士、专家等9人专家团赴基层，开展主题报告会、技术咨询交流、企业调研、冶金科技成果展览、赠送科普书籍等活动。

学会依托“金属材料学科”科学传播专家团队，在浙江省宁波市举办2016年转炉炼钢生产仿真模拟培训班暨宁钢杯全国转炉模拟炼钢比赛。30多家单位的70余名学员参加了培训及比赛。武汉科技大学和宁波钢铁有限公司代表队分别获得院校组和企业组第一名。

6月，学会启动第二届冶金青年创新创意大赛。比赛收到30余家单位240份参赛作品。评审产生一等奖13个、二等奖35个、三等奖58个。决赛于12月3日在东北大学举行，13支一等奖队伍经过自我陈述、专家答辩等环节，最终5个项目获得特等奖，其中企业组3个、高校组2个。

表彰举荐优秀科技工作者 学会与中国钢铁工业协会共同开展了“冶金科学技术奖”评选工作。64个项目获奖，其中特等奖1项、一等奖11项、二等奖19项、三等奖33项。2016年度“冶金医学奖”获奖项目46项，其中二等奖13项、三等奖33项。

学会牵头联合5家学会组织全国杰出科技人才推荐工作。经学会推荐，李国保、刘雪峰、杨景玲、朱荣获第七届“全国优秀科技工作者”称号，戴厚良获“全国杰出科技人才”称号。

学会评选出“第七届中国金属学会冶金青年科技奖”13人，“第七届中国金属学会冶金先进青年科技工作者称号”17人。

在中国金属学会第十次全国会员代表大会上，学会授予“优秀科技工作者”52名（其中10名十佳科技工作者）、“学会贡献纪念奖”19人、“优秀学会工作者”90人。

党建强会 学会健全党的组织生活，完善党建工作机制，开展“两学一做”学习教育活动，制定了《中国金属学会推进学会党建工作方案》。学会总部实行党政领导班子联席会、秘书长办公会、全体员工会议制度，研究决定学会有关改革、重要规章制度建立、机构调整、“三重一大”事项等重大问题。学会获中国科协2016年“党建强会”计划“十百千”特色活动项目资助。

会员服务 学会编写2016年年报，反映学会年度工作的综合信息。聘请专家编纂《国际钢铁技术内参》，每月出版1期，供会员参考。

学会通过学会工作站、院士专家企业行活动等，开展创新驱动助力工程工作，为单位会员提供技术咨询。与天津市科协、天津市金属学会联合组织“中国金属学会助力天津冶金产业创新发展系列活动暨2016高端制造（天津）论坛”。学会理事长干勇院士，名誉理事长殷瑞钰院士，常务副理事长王天义在论坛上作报告，天津市科协主席、中国科学院院士饶子和出席会议。会上，学会与荣程祥泰投资控股集团有限公司签署了战略合作协议，建立“中国金属学会专家工作站”。7月15日组织专家召开天丰钢铁公司烧结矿节能环保、显热回收、竖冷窑工艺及设备成套技术专家评价会，殷瑞钰院士任评价委员会主任。11月3日，学会顾问王天义、洪及鄙一行赴辽宁海城东四型钢有限公司进行现场调研，对“50万吨煤制气——竖炉还原海绵铁项目”的投资和可行性进行交流。

学会建立微信平台，向会员发布会议通知，介绍学会工作动态，传播学会工作信息。

【中国金属学会第十次全国会员代表大会】 10月30日，中国金属学会第十次全国会员代表大会暨中国金属学会60周年创新发展论坛在北京召开。第十届全国政协副主席、中国工程院主席团名誉主席、中国金属学会原理事长徐匡迪院士出席会议并作特邀报告。中国科协党组成员、书记处书记王春法，中国钢铁工业协会党委书记兼秘书长刘振江出席会议并讲话。

中国金属学会第八、九届理事会名誉理事长殷瑞钰院士，中国金属学会理事长干勇院士，工信部原材料司巡视员骆铁军，中国钢铁工业协会常务副会长顾建国，中国铝业公司党组书记、董事长葛红林，国家自然科学基金委员会副主任何鸣鸿，中国金属学会第九届理事会常务副理事长王天义等参加此次大会。

大会正式代表381名、列席代表63名参加了会议。

干勇主持会议，他回顾了中国金属学会伴随着中国钢铁工业共同成长60年来的发展历程，介绍了中国金属学会争做一流科技社团所付出的努力和为行业科技进步作出的重大贡献。

徐匡迪院士作了题为“当前经济形势与中国钢铁工业”的报告。他对当前面临的国际国内宏观形势作了分析，并指出，中国的钢铁工业去产能是在势难免，可通过优势企业的减量重组来淘汰落后产能，降低生产成本；亦可通过土地置换，使原料运输成本降低，靠近产品消费地点，使钢企的综合经济效益提高。

王春法对学会今后的工作提出四点建议：要团结、联系广大会员、科技工作者；提供科技公共服务产品；深化学会治理结构改革；加强党的领导，健康有序发展。

刘振江代表中国钢协祝贺中国金属学会成立60周年，他指出，中国金属学会九届理事会做了大量卓有成效的工作，对推动科技创新和技术进步发挥了积极作用。在新形势下，中国钢铁工业面临从规模效益型向新的发展模式转变，中国钢协和中国金属学会将合作研究钢铁工业发展的战略和途径，共同促进中国成为钢铁强国。

会议选举产生了第十届理事会和第一届监事会，并颁发了“中国金属学会冶金科技终身成就奖”“中国金属学会贡献纪念奖”“中国金属学会优秀科技工作者（十佳科技工作者）”“中国金属学会冶金青年科技奖”“中国金属学会冶金先进青年科技工作者”“中国金属学会先进集体”“中国金属学会优秀学会工作者”等奖项。

【第八届中国金属学会青年学术年会】 12月1—3日，第八届中国金属学会青年学术年会在东北大学举行。学会理事长、中国工程院院士干勇，学会副理事长、东北大学校长赵继，学会常务副理事长赵沛，学会秘书长王新江，学会顾问王天义，中国工程院院士王国栋和中国科学院院士叶恒强等出席会议，来自全国企业、研究院所和高校的160余名专家、学者参加会议。

第八届中国金属学会青年学术年会暨
第二届冶金青年创新创意大赛

干勇理事长作特邀报告《“中国制造2025”框架下的冶金流程智能化和产品生态化》，介绍了“中国制造2025”的四大领域、五项工程、六大规划、九大任务，并指出“中国制造2025”要抓住创新驱动、智能转型、强化基础、绿色发展这几个要素。

赵沛通过讲述“青年冶金工程师应该了解的故事”，介绍了我国古代的炼铁炼钢技术，以及近、现代炼铁炼钢技术的发展演进过程，同时指出了中国钢铁面临的现状：需要削减过剩产能，加快结构调整，实现创新驱动和转型升级。

王国栋院士作了题为“加强钢铁材料创新，中国领跑世界发展”的报告。他指出由于面临资源和能源的制约，钢铁产品必然向着资源节约型、环境友好型方向发展，开发新产品或产品升级换代要同时注重新原理、短流程、新工艺和新装备，做到工艺、装备、产品和服务一体化，实现绿色制造，并制造绿色。

叶恒强院士的报告《在亚埃尺度研究材料微结构》从微观视角介绍了材料的微结构。他指出，原子尺度显微分析的进步为材料研究提供了机遇，材料科学的核心是研究结构和性能的关系。

第七届中国金属学会冶金青年科技奖获奖代表，分别从炼铁、炼钢、轧钢、产品、环保、焊接等专业方向作了学术报告，并分享了青年科技人才成长的感悟。

举行了青年学术交流会，并进行了优秀论文评比。会议共收到投稿 120 篇，经过专家评审，录用稿件 76 篇，14 名优秀论文候选人到会进行了宣讲，评选出 7 篇优秀论文。

会议同期举办了“第二届冶金青年创新创意大赛”决赛。学会秘书长王新江，学会专家委员会主任王天义，本钢集团有限公司副总经理许家彦，学会能源与热工分会秘书长、东北大学教授杜涛，东北大学教授刘振宇，学会青年工作委员会主任委员张波出席活动并担任了专家评委。经过近 3 小时的自我陈述、专家答辩等环节的激烈角逐，宝钢、鞍钢、武钢代表队获得企业组特等奖，东北大学、北京科技大学代表队获得高校组特等奖。

【第一届汽车用钢国际大会和第三届高锰钢国际会议】 11 月 16—18 日，第一届汽车用钢国际大会和第三届高锰钢国际会议在四川省成都市召开。来自福特、通用、尼桑、一汽、丰田等汽车企业，浦项、阿赛洛、蒂森克虏伯、宝钢、鞍钢等钢铁企业，以及德国亚琛工业大学、马普所、韩国延世大学、美国科罗拉多矿业大学、清华大学、东北大学、北京科技大学、中国科学院等院校和科研单位的 455 名专家、学者参加了会议。会议收到文章 260 篇，评审收录文章 198 篇，其中中方文章 114 篇、外方文章 84 篇。

会议交流了钢铁材料在汽车行业中的研究和应用，以及国际高锰钢领域近年来取得的研究成果，覆盖了从钢铁材料制造、加工和应用以及相关汽车制造技术等主题。旨在加强钢铁企业、科研院所和汽车生产企业以及其他用户单位的合作。同时学习借鉴国外同行的先进理念和技术，逐步形成适合我国国情的绿色可持续发展的先进汽车用钢深加工体系。

会议邀请到国内外汽车用钢生产领先的钢铁企业介绍其最新产品情况。宝钢介绍了第三代汽车钢和热成型钢产品研发、生产和应用情况；韩国浦项钢铁公司基于新能源汽车和商业用车的轻量化要求以及对高强汽车用钢的选择和车型设计以达到碰撞安全性的要求，着重介绍了高锰 TWIP 钢在不同车型设计中的应用情况；Arcelor Mitaal 的子公司 VAMA 公司介绍了最新热成型钢产品 Usibor 1500、Ductibor 450 和 Ductibor 500，并展示了这些产品在制作汽车门框架的成功应用。

各汽车企业还介绍了最新高强汽车钢产品在汽车设计中的应用。日本日产汽车公司将 1.2 GPa 汽车钢板应用在 Infiniti Q50 车型上，成功解决了磷化、成形、回弹、点焊、氢脆等一系列的应用技术问题；中国一汽公司介绍了用于汽车侧板镀锌热成型件、激光远程焊接、模具成形时的软区控制、成形部件的激光软化处理和三维熔覆焊接技术等应用创新技术；美国福特公司介绍了福特车型 Fusion 和 Escape 上先进高强钢的应用和轻量化设计方案，尤其是美国汽车和钢铁企业联合研发的针对 10 Mn 和 3 Mn 体系的第三代汽车用钢的材料基因计算项目，旨在通过材料设计直接用于汽车零部件的设计，实现轻量化 35% 的目标。

来自德国、韩国、日本等国的科学家对锰钢领域的基础研究进行了前瞻性的展望。包括锰钢在两相区退火工艺中发生的组织演变特点和获得高强度高塑性的变形机制、中高锰钢中晶粒大小对亚稳相转变的影响、不同类型的中锰钢的组织和变形特点、锰钢在原子尺度的组织特点和表征结果等。

（撰稿人：曹莉霞）

中国有色金属学会

服务创新型国家和社会建设 2016 年，学会与中国科协签订了“中国科协创新驱动助力工程试点资助”项目。在上年工作的基础上，进一步加强和各省市科协的联系，在得到各地企业技术需求的信息后，及时组织专家到企业一线，通过座谈、现场调研，积极为企业转型、技术改造建言献策；同时把研究院所的科技成果带到企业去，搭建产学研平台，使科技成果能及时推广应用到企业的生产中去。上半年应安徽省芜湖市科协及企业的要求组织专家两次赴芜湖，并在芜湖市建立了“中国有色金属学会专家工作站”；组织专家深入河南省焦作市有关企业调研，并和焦作市科协签订了合作协议书。

8 月，组织专家赴宁夏回族自治区石嘴山市参加创新驱动助力工程调研对接活动，并组织北京有色金属研究总院与企业签订了框架合作协议。9 月 14 日，学会接待了江西省赣州市科协和赣州市高新区管委会领导，就学会协助赣州市引进稀土和钨的高端产业、高端技术，打造中国“稀金谷”的战略规划，引进高端人才等事项进行了磋商。

学会秘书处分别在昆明和乌鲁木齐举办了“矿区水文地质工程地质勘探技术培训班”，共有75人参加培训。学会安全学术委员会举办“危险化学品生产经营单位主要负责人和安全管理人员培训班”18期、“非煤矿山主要负责人和安全管理人员培训班”13期，培训总人数2010人次。

为促进有色行业设备制造企业与厂矿企业的技术交流和对接，促进新成果、新设备、新技术的推广应用，学会于5月在北京联合中国冶金矿山企业协会等单位共同举办了第四届中国（北京）国际矿业展览会（CIME 2016）。展览面积12000平方米，参展商家166家，参观人数达8500人次。同期举办了第二届中外矿山技术装备发展论坛，300余人参会，中国工程院院士蔡美峰和孙传尧等15位专家作了专题演讲。由学会参与组织的2016上海有色金属展览会于10月10—12日在上海新国际展览中心举办，展览面积6000平方米，参展单位60多家。

学会应邀与TMS及南山铝业、东北大学共同主办了2016工业铝电解培训课程，邀请了7位国内外著名专家授课，课程的讲授内容涉及铝电解生产的各方面。授课讲师都是铝电解领域的专家，工业实践经验丰富，课程内容对工业技术人员和管理人员有帮助，许多知识和理念可以直接应用于工业生产中。来自铝电解企业的49人参加了课程学习。

学会建设 6月15日，中国有色金属学会第七次全国会员代表大会在北京召开。有色金属行业重点骨干企业、高等院校、科研设计院所会员代表近400人出席会议。中国有色金属工业协会副会长贾明星在会上传达了中国科协第九次全国代表大会会议精神。大会进行了第六届理事会换届工作，选举产生192名理事，68名常务理事及理事长、副理事长和秘书长。贾明星当选为第七届理事会理事长。会议对2015年度中国有色金属工业科学技术奖一等奖以及17个学会先进集体、45名学会优秀工作者进行了表彰及颁奖。

会后，新当选的学会第七届理事会为推进学会改革和创新能力建设，结合学会现状，按照中国科协对学会改革的要求，着手健全学会组织和机制，解决了秘书处各部门人员新老交替问题，完善了学会办事机构。学会理事长贾明星组织召开学会、工业协会科技部和科技交流中心三部门的联席会议，强调今后各部门要三位一体，统一领导，加强联系，通力合作，共同做好我国有色金属系统的科技服务工作，为有色金属行业转型升级、科技创新做出新贡献。

依据《中国科协事业发展“十三五”规划研究与编制工作方案》的要求，结合学会自身发展需要，编制完成《中国有色金属学会事业发展“十三五”规划》。为促进学会和分支机构健康发展，制定了《中国有色金属学会分支机构管理暂行办法》，发布了《秘书处员工守则》，完善了学会规章制度，进一步提升了学会的办事效率和影响力。

2016年，学会先后批准成立了节能减排、熔盐化学与技术、特种冶金3个专业委员会和创新发展工作委员会。

2016年学会按时完成了向科协申报的“科协第十八届学术年会第七分会场”“中国有色金属学会杰出青年工程师奖”等11个项目。“2016—2017矿物加工工程技术学科发展报告”正在按计划撰写中，预计2017年末编写完成。

学术期刊 2016年学会主办的《中国有色金属学报》（英文版）获得中国科技期刊国际影响力提升计划项目A类资助，《稀有金属》（英文版）获得中国科技期刊国际影响力提升计划项目C类资助；《稀有金属》（中文版）、《中国有色金属学报》（中文版）、《稀有金属材料与工程》（中文版）获得中国科协精品科技期刊工程资助。

国内主要学术会议 2016年，学会组织各学委会和地方学会共同举办综合性、交叉性、跨学科的学术交流活动。全年共召开国内学术会议34次，参会人员9006人次，发表论文2024篇、大会专题报告319篇。

9月23—24日，学会在第十八届中国科协年会上组织召开了“全国稀有及贵金属材料学术交流会”。两百余人参加了会议。中国工程院院士何季麟等16位专家、学者作了高纯铌材料制备、钨钼等稀贵金属绿色冶金与综合利用、新型钛合金及生物钛合金、稀土功能材料、贵金属材料等大会专题报告。会议共收录53篇论文并出版论文集。

10月10—13日，在湖南省长沙市召开2016矿业前沿与信息化智能化科技年会，近500人出席会议。会上就“绿色开发、深部开采、智能采矿”议题展开学术交流。

10月14—16日，在辽宁省沈阳市召开中国有色金属冶金第三届学术会议。大会以“有色金属冶金的可持续发展”为主题，专家和代表共计450人出席会议。中国工程院副院长徐德龙院士、何季麟院士等57位专家、学者作大会专题报告。

12月16—18日，在辽宁省沈阳市中国有色金属学会召开第十届青年学术论坛，近200位来自全国大专院校、科研院所的青年科技工作者参加论坛。成会明、王国栋等13位冶金领域专家分别就有色行业科技发展与“十三五”规划、石墨烯材料的制备与应用探索、钢铁和有色行业技术创新的互动和协同作主题报告，与青年学子们分享了有色金属冶金领域最前沿的发展动态。会上，为丛福官等16名青年学者颁发了全国有色金属优秀青年科技奖。

国际交往 11月13—16日，学会理事长贾明星率领中国有色金属学会代表团赴日本出席了在日本神户市召开的第九届国际铜会，并应邀作了题为 *The Latest Development of Copper Industry in China* 的报告。会议期间，就中国有色金属学会成为国际铜会正式会员和2018年与加拿大采矿、冶金和石油学会合办国际铜会的事宜进行了讨论。

12月14日，第十四届中俄双边新材料新工艺研讨会组委会会议在海南省召开。中俄双方与会专家认真商讨了第十四届中俄会的会议主题和议题，确定了研讨会举办的时间、地点，为研讨会的顺利召开做好准备。

表彰举荐优秀科技工作者 学会与中国有色金属工业协会共同开展了“中国有色金属工业科学技术奖”评选工作。252个项目获奖，其中一等奖65项、二等奖101项、三等奖86项。

学会设立了“中国有色金属学会杰出青年工程师奖”，评选出10名获奖人员。

党建强会 学会认真落实中国科协党建强会要求，积极开展党建工作。向科协申报了“学会党组织和党员在提升学会能力建设中的作用研究”“有色金属学会党建强会‘十百千’项目”两项党建强会项目。学会秘书处认真做好学会党建情况“五个清”的工作，并积极筹备建立学会理事会功能性党组织。经请示中国有色金属工业协会党委同意，学会党委筹建方案已上报中国科协。

学会秘书处党支部组织全体党员群众学习习近平总书记“七一”讲话，并请学会理事长贾明星讲党课；学习习近平总书记在纪念红军长征胜利80周年大会上的重要讲话并组织参观《纪念中国工农红军长征胜利80周年主题展览》，及时组织学习十八届六中全会精神和习近平总书记在国企党建工作会上的讲话。

【中国有色金属学会第十届学术年会】 8月23—25日，中国有色金属学会第十届学术年会在青海省西宁市召开，大会的主题是“科技创新引领有色行业发展”。中国有色金属工业协会副会长兼秘书长、学会理事长贾明星等分别主持会议。国务院参事、中国有色金属工业协会会长、党委书记陈全训出席大会并讲话。学会领导、中国工程院院士郑绵平等专家、学者，有色金属行业企事业单位技术及管理人员近300人参加了会议。

郑绵平院士在题为“我国盐湖资源概括及开发利用”的报告中介绍了目前我国盐湖的资源分布状况。中国工程院院士桂卫华、谢建新分别作了题为“两化融合与智能优化制造”和“高端制造用铜合金带材发展现状与趋势”的主题报告。其他专家就当前有色金属行业的研究背景、难题和挑战、现有技术问题与难点及发展运用等作了大会报告。

本次学术会议为行业人士及时了解行业现状和发展前景，共同探讨产业技术创新、绿色环保等课题提供了学术平台，也为企业拓展新业务、开发新市场提供了前沿信息资讯。

【第十六届全国钛及钛合金学术交流会】 4月25—27日，学会在陕西省西安市召开第十六届全国钛及钛合金学术交流会，本次会议以“创新、发展、应用”为主题。学会名誉主席周廉院士、曹春晓院士，中国有色金属工业协会会长、国务院参事陈全训，学会常务副理事长贾明星，副理事长兼秘书长张洪国以及全国各地90余家单位的500余名代表参加了会议。会议共收到244篇论文并编辑出版了论文集。

来自于中国科学院金属研究所、中航工业北京航空材料研究院、宝钛集团有限公司、上海交通大学等国内64家单位的239名代表通过大会特邀报告、分会邀请报告、分会口头报告等报告形式进行了学术交流。

本次交流会就我国钛及钛合金行业涉及的提取冶金、半成品加工与构件制造、合金成分—组织—性能关系、金属间化合物与钛基复合材料等12个主题的钛科学与技术的最新进展、研究热点、发展重点等问题进行交流和研讨。

会议授予曹春晓院士、周廉院士“中国钛科技终身成就奖”。

【首届特种粉末冶金及复合材料制备与加工学术会议】 11月12日，首届特种粉末及复合材料制备/加工学术会议在湖南省宁乡县召开。学会理事长贾明星主持大会开幕式，中国有色金属工业协会会长陈全训、中南大学邱冠周院士分别在大会上致辞。特种粉末及复合材料制备/加工行业科研院所、高校、行业企业共计1000余名代表参加了学术会议。会议共设1个主会场、6个分会场，会议期间还开设了30余个行业企业产品展区。

在学术会议主会场，王兴治院士以“特种材料在反坦克导弹的应用”为题作了主旨报告；张立同院士以“连续纤维增强陶瓷基复合材料的研究与应用进展”为题，从SIC-CMC结构与性能特征、国际SIC-CMC在航天领域的运用进展等方面作了主旨报告；中南大学副校长周科朝以“金钢石涂层硬质合金和钢基体的研究”为题，从金钢石涂层硬质合金、钢基体的研究背景、现状和发展运用等方面作了主旨报告；中南大学教授范景莲以“纳米/微纳复合设计理念与新型难熔基复合材料”为题，重点对难熔钨钼材料的研究背景、难题和挑战、现有技术问题与难点及发展运用等方面作了主旨报告。此次学术会议还设置了难熔金属、高温合金及硬质合金材料，高性能铝、镁、铜、钛合金制备/加工，先进粉末冶金材料，金属基与陶瓷复合材料，快速成型与复杂构件制备/加工技术，表面涂层与防护6个主题分会场。分会场对特种粉末冶金与复合材料先进科技成果的发展水平进行探讨，总结国内外各类材料先进生产工艺，并结合典型工程实例进行归纳和对比分析。

（撰稿人：杨焕文　刘为琴）

中国稀土学会

服务创新型国家和社会建设 2016年，学会出资组织全国稀土各领域内著名专家、学者编写《稀土科学与技术》丛书。本丛书包括稀土采选与环境保护、稀土冶炼分离技术、稀土功能材料、稀土在传统产业中应用等17分册，稀土发光材料、稀土玻璃、稀土陶瓷材料、稀土顺丁橡胶4个分册已经出版，并获得了“2016年度国家出版基金资助项目”的支持。

11月，由中国稀土学会主办的2016稀土永磁材料及应用知识更新研修班在北京举办。来自全国各地16个不同单位的53名学员以及学会全体人员参加了此次研修班。本次研修班聘请了精进电动科技（北京）有限公司的首席技术官蔡蔚等6位教师进行授课。

2016稀土永磁材料及应用知识更新研修班

4月，学会承担了工信部委托的“稀土在高端制造业中的应用现状与前景分析”项目，11月通过项目答辩验收，并获工信部稀土办好评。

学会积极申报中国科协各类项目，2016年获批科技文献信息加工、2016—2017年稀土科学技术学科发展研究和中国稀土学科史3项。学会按照项目要求，召开了3个项目启动会，稳步推进项目的各项工作。

学会建设 2016年，学会召开了五届十九次至二十三次常务理事会议和第六次全国会员代表大会，完成换届工作，并召开六届一次理事会议和六届一次常务理事会议。

学会本部和各专业委员会召开15次会议和3次项目工作会议，其中举办学术会议14次、学术论坛1次。共有1900人次参加了学术交流，共收到会议交流论文310篇。

学会在换届期间着手更新个人会员资料。截至2016年年底，在原有3559名个人会员人数上，新入会登记的个人会员数量为600人，团体会员单位总数为58个。

12月，在北京举行中国稀土学会第六次全国会员代表大会。本次会议由中国稀土学会原理事长干勇主持，中国科学院院士张洪杰致开幕词。中国科协党组成员兼学会学术部部长宋军、中国钢铁工业协会党委书记兼秘书长刘振江、国家工业和信息化部稀土办贾银松发表讲话，兄弟学会代表、中国金属学会秘书长王新江到会宣读贺信。

宋军对学会今后的工作提出四点建议：扎实推进学会改革；坚持高水平学术交流，打造一流的学术交流品牌；努力提供高质量科技类公共服务产品；继续坚持以会员为本，努力把学会建设成为温馨的科技工作者之家。

会议听取、审议并通过了第五届理事会工作报告、《中国稀土学会章程》及修改说明、第五届理事会财务报告、单位会员条例和缴纳会费办法以及《中国稀土学会监事会条例》。会议选举产生了第六届理事会160名理事和第一届3名监事会成员，通过了表彰五届理事会先进集体和学会优秀工作者的决议，并在会议现场举行了颁奖仪式。

学会随后召开了六届一次理事会和常务理事会，选举产生了六届常务理事53名，聘任了名誉理事长、高级顾问、名誉理事，授予荣誉会员，聘任学会副秘书长及15个专业委员会主任委员。

根据《中国稀土学会章程》第十四条第五款规定，经学会办公会议研究决定，在中国稀土学会第六次全国会员代表大会期间，表彰2009—2016年度先进集体21个和优秀学会工作者35名。

学会组织编纂了《中国稀土学会年鉴（2015版）》。学会根据近几年国内外稀土资源、技术、应用和市场的变化，对年鉴内容进行调整，着重记载稀土学术研究新方向，技术进步、专利、标准方面的新成果、新进展。

科技期刊国际影响力提升计划 《稀土学报》英文版继获得中国科协延期共四年（2012—2015）的“优秀国际科技期刊”二等奖之后，2016年再一次获得科协“中国科技期刊国际影响力提升计划”B类项目（与上届二等奖等同）的资助。目前，《中国稀土学报》中、英文版均荣获中国科协和提升科技期刊学术影响力相关的项目资助。

在2016年6月汤森路透公司公布的2015年度期刊引证报告（JCR）中，《稀土学报》英文版SCI影响因子为2.188，与2014年的1.261相比，增长幅度达73.5%，学科排名从原来的36位升至23位，学科分区为Q2区。总被引频次持续增长，从2014年的2808次增长到3361次。

学术期刊 2016年版《中国科技期刊引证报告》（核心版）统计，2016年《稀土》杂志的影响因子为0.984，在材料科学综合类期刊的排名第3。2016年完成了6期《稀土》杂志的编辑出版工作，发表154篇，共计180余万字。2016年，《稀土》杂志共收到来稿200篇，印刷7800本，发行约7200本。

国际学术会议 8月，第八届国际稀土开发与应用研讨会暨第三届中国稀土峰会在甘肃省兰州市召开。本次会议由学会主办，兰州大学、甘肃稀土新材料股份有限公司、中国稀土行业协会、中国工程院化工、冶金和材料学部等单位协办。来自英国、美国、日本、德国、哈萨克斯坦、埃及、瑞士、捷克、荷兰、意大利等国家的代表约300人参加了会议。

研讨会由中国科学院院士严纯华主持，学会理事长干勇院士、欧洲稀土学会原秘书长班兹立教授、兰州大学校长助理贺德衍分别致辞。

来自中国、德国、英国等国家的专家学者分别就稀土化学、催化、永磁、晶体、发光等重点领域作大会特邀报告。在为期三天的研讨会中，与会代表围绕稀土化学和物理、稀土资源和冶金、生态环境保护、稀土结构与功能材料等方面展开了交流和讨论。

同期举办了第三届中国稀土峰会，就稀土行业、市场及未来稀土应用发展趋势及需求进行了探讨。

国内主要学术会议 固体科学与新材料专业委员会与产学研技术创新联盟共同举办的2016中国功能新材料学术论坛于7月27—31日在浙江宁波市召开。来自全国各知名院校、研究院所等两百余名代表参加了此次会议。会议围绕功能材料及稀土科学的最新进展，特别是稀土永磁材料、电子信息功能材料、纳米功能材料、新能源材料等开展研讨和学术交流，并对国际前沿材料发展，及国内外具有产业化和市场应用前景的关键技术发展等问题进行了展望。

8月，第八届中国包头·稀土产业国际论坛暨2016中国稀土功能材料与应用产品国际展览会在内蒙古自治区包头市召开，近1000名参会代表出席本届论坛。此次论坛由内蒙古自治区人民政府、中国工程院、中国稀土学会、中国稀土行业协会共同主办。

9月，学会火法冶金专业委员会、环境保护专业委员会、化学和湿法冶金专业委员会在广西壮族自治区南宁市共同主办了全国稀土冶炼与环境保护技术交流会。会议以“技术创新，低碳环保”为主题，针对目前制约我国稀土冶炼、三废治理及放射性污染等瓶颈问题进行研讨。来自稀土行业各科研院校或企业的16位专家、学者和企业家就稀土冶炼分离绿色工艺、稀土资源回收利用、稀土三废治理和环境监测技术等相关领域进行了报告发言。

9月，由学会催化专业委员会主办的第二十一届全国稀土催化学术会议在辽宁省沈阳市召开。来自77个单位的229名代表参加了会议。本届会议共收到参会稿件100余篇，会议特邀国内高校、中国科学院和大型企业稀土催化稀土材料领域的4位专家、学者作了大会报告。同时，邀请了16位学者作主题报告。会议安排了39个口头报告及69篇墙报展示。

学科发展研究 9月，学会在北京召开2016—2017年稀土科学技术学科发展研究项目开题会。学会秘书长林东鲁教授、首席科学家黄小卫教授、项目研究专家及学会秘书处工作人员参加了会议。该项目工作得到了稀土界多名专家的大力支持和积极响应，34位专家参加了开题会讨论。参加本项目研究的科研院所、高校、企业等23个单位具有广泛代表性，涵盖了稀土科学技术的重点研究领域。

科普活动 “中国稀土学会”微信公众号有效关注人数达到1500多人。学会利用公众号进行科普推介，科普作品日阅读量最高达10000人次，每篇科普文章被转载、点击量和传播量均有提高。

7月，中央电视台组织了第十期科教频道编导人员科普讲座。学会副理事长龚斌应邀作了题为“漫谈稀土”的科普讲座，从稀土元素、稀土产业、稀土应用材料及应用、稀土环境保护及资源回收、稀土行业问题和展望五个方面作了详细讲解。

学会在“稀土资讯”网上建立了“科普天地”版块，传播科普知识。学会以17种稀土元素为主题创作了系列科普作品，形成科普品牌，其中“稀土与我们的生活”科普幻灯片在1天内的阅读量超过10000人次。

党建强会 学会申请了中国科协学会服务中心党委组织的“2016年‘党建强会’计划‘十百千’特色活动”项目，并成立了中国稀土学会功能性党委，学会理事长李春龙任党委书记。

6月，中国稀土学会全体在职党员和入党积极分子参观了李大钊故居和纪念馆，并举行了重温入党誓词及向党旗宣誓活动。

（撰稿人：王　勇）

中国腐蚀与防护学会

服务创新型国家和社会建设 12月30日，学会组织业内专家对申报2016年度中国腐蚀与防护学会技术发明奖和科技进步奖的项目进行了评审。专家委员会同意对13个项目授奖，其中8个项目被授予科技进步一等奖、1个项目被授予技术发明二等奖、4个项目被授予科技进步二等奖。

举办了第27、28期防腐蚀工程师技术培训班，并为廊坊管道局投运公司举办了一期培训班，共培训学员56人次。

进行两次水平评价工作。通过研究员级高级工程师3人、高级工程师7人、工程师24人、助理工程师3人。

2016年开始防腐蚀工程师技术水平评价复审工作。按照复审要求为申请者办理复审，并颁发学会群统一印制的证书。

与美国防腐工程师协会合作举办了5次阴极保护培训，其中CP1、CP3、CP4各开展1次培训，CP2开展了2次培训，共有107名学员参加了培训课程。

学会建设 第九届四次常务理事会通讯会议同意学会2016年工作计划；同意申请开展中国科协学科史研究项目以及学科发展研究项目。

第九届三次理事会暨第九届五次常务理事会通讯会议同意增设电网腐蚀防护与安全专业委员会、海洋污损防护技术专业委员会的申请。

学术期刊 《腐蚀学报》2016年全年来稿数量约250篇，年发表论文92篇，共计664页，退稿率为50%。稿源主要来自于高等院校和科研院所，其中高校来稿占70%以上。第一作者以研究生为主（65%以上），博士及博士后的论文不断增加。发表文章的学科中，以电化学为主，还包括高温氧化、环境腐蚀、腐蚀疲劳、生物腐蚀等。基金论文比例约为80%。2016年中信所发布的最新数据中，《中国腐蚀与防护学报》的CJCR影响因子为0.719，被引频次达到837次，在材料综合类期刊中排名第五位。2016年建立了英文网站。OA（开放存取）出版势头良好，截至2016年年底，OA开放全文的篇数达2354篇。

《材料保护》全年的收稿数量比2015年微幅下降，质量有所提升。截至2016年12月25日，收稿512篇。据采编系统统计，其中国际级共21篇，约占全年 4.1%；国家级基金项目共 106 篇，约占全年 20.7%；省部级 133 篇，约占全年 26.0%；中国科学院 3 篇，约占全年 0.58%；其他类型基金产文 63 篇，约占全年 12.3%。基金产文合计占比 63.7%。全年出版正刊 12 期，共发表文章 246 篇，比 2015 年增加 21 篇，字数 120 余万字，比 2015 年同期增长 20% 左右；全年应用类文章比 2015 年增多，实用性增强，比 2015 年提高约 7.5%；出版增刊 1 期，发文 55 篇，总计约 50 万字。子刊《表面工程与再制造》全年出版 6 期，共约 85 万字，全年采集和提交信息 1000 多条（篇）。

推动材料腐蚀与防护领域顶级刊物 *npj.Materials Degradation*（《npj- 材料腐蚀》英文版）出版，于 2016 年 6 月 1 日起接受投稿。

国内主要学术会议 9 月 20 日，由学会主办的 2016 第三届海洋材料与腐蚀防护大会在浙江省宁波市召开。共有来自全国各地 500 多名腐蚀与防护及材料领域的专家、学者出席会议。本次会议得到了中国科协创新驱动助力工程项目的支持，共收到 300 余篇论文摘要。共有来自国内外腐蚀与防护领域的 118 位专家、学者进行了分组报告。会议同期举办了产品技术展览会，14 家单位参展。

学会和各专业（工作）委员会全年组织各类学术、技术交流活动 18 次，参加人员 3259 人次，发表论文 1213 篇。

两岸交流 10 月 30 日—11 月 2 日，由台湾大学举办的第十届海峡两岸材料腐蚀与防护研讨会在台湾地区台北市召开。200 多位海峡两岸的学者参加了本次会议。10 月 31 日，海峡两岸青年科学家腐蚀与防护论坛暨讲评会举办，来自中国科学院金属研究所、中国科学院海洋研究所、台湾大学、台湾清华大学等相关研究机构的 40 名青年科研工作者参加了论坛。

国际交往 学会开展东南亚、美国和加拿大等严酷海洋环境下材料腐蚀状况系列调研。

学会在国际腐蚀协会（ICC）的支持下，对世界腐蚀组织成员国的环境腐蚀野外试验站的资源及开放情况进行问卷调查。向 35 个成员国发放调查表，收到加拿大、荷兰等 24 个国家的反馈数据。该调查对各国环境腐蚀试验条件及数据库建设进行摸底，了解了全球自然腐蚀试验基础数据资源分布。

学会与泰国金属结构中心建立项目合作机制，对泰国典型东南亚热带气候环境开展两次腐蚀调查，对泰国大气、土壤海洋等环境腐蚀进行深入了解分析，并撰写中英文双语泰国腐蚀调查报告。

整合加拿大腐蚀数据，开展了泰国、新加坡、马尔代夫等国腐蚀调查，对太平洋沿岸和印度洋沿岸的材料腐蚀状况进行全面调查，并就互相关心的腐蚀基础研究、腐蚀防护技术展开全面合作，尤其是对自然环境暴晒试验和腐蚀数据积累等方面，进行深入调研与成果共享。

科普活动 学会于 4 月举办“世界腐蚀日”科普宣传活动。在网站、杂志、微信等平台开办专题宣传腐蚀与防护知识；与北京科技大学学生会联合举办腐蚀与防护知识科普宣传活动；科学传播专家团的部分专家深入地方，分别在沈阳、武汉、廊坊等地指导开展“世界腐蚀日”的宣传活动。直接参与活动的共有 2000 余人次、专家 20 人次。

2016 科技周活动期间，在科学传播专家团的指导下，学会举办了“2016 科技创新创业成果作品展”，并在微信平台推出“科技创新创业成果作品展”新多媒体网页作品。

继续进行《材料延寿与可持续发展》系列高级科普丛书的编写工作。该丛书计划出版 31 本分册，2016 年完成 8 本分册的编写、修改工作，进入编辑出版环节。

学会主办的科普刊物《腐蚀防护之友》杂志开设专题格式、风格、内容深度、广度、热点相比 2015 年明显提升，平均每期增加 50 页，每期发行量 2000 余册。

学会与中国可持续发展研究会、德国阿德菲研究院联举办三期“环境、冲突与合作”（ECC）巡展活动。德国阿德菲研究院院长及学会相关领导出席了活动。

党建强会 经中国共产党中国科协科技社团委员会批准，同意成立中国腐蚀与防护学会党委。由李晓刚同志担任党委书记。

【第四届国际腐蚀工程大会】 学会联合国家材料环境腐蚀平台、北京科技大学腐蚀与防护中心、国际腐蚀理事会（ICC）等单位，承办了第四届国际腐蚀工程大会。大会于 8 月 9 日在北京开幕。该会议是国际腐蚀工程大会首次由中国举办，是国际腐蚀界最大规模的盛会之一。大会以“共享与创新 . 安全与发展”为主旨，汇聚国内外院士、专家，院所研究人员及企业高层管理技术人员，交流腐蚀防控新技术、新材料、新问题，分享宝贵经验与最新成果。共有来自中国、美国、澳大利亚等十几个国家的450余名国内外腐蚀与防护及材料领域的专家代表出席了大会。

本次大会由学会秘书长、北京科技大学教授李晓刚主持，学会理事长、东北大学教授王福会致辞。参会人员有中国工程院院士侯保荣、中国科学院院士张统一、美国加州大学伯克利分校 Digby Macdonald、加拿大工程院院士骆静利等。侯保荣院士介绍了中国工程院重大咨询项目“中国腐蚀状况及控制战略研究”的最新调研成果。Digby Macdonald 教授作了分析可通过声发射和电偶电流检测技术证实微观断裂行为的存在、微裂纹尺寸决定于裂纹尖端前部的氢致开裂的报告。

会议共收到230余篇论文摘要，在“海洋工程”“石油化工”“涂层与表面技术”“腐蚀监测和检测”“先进材料与新技术应用”“微生物腐蚀和生物污损”为议题的14个平行分会场，共有来自国内外腐蚀与防护领域的155位专家、学者进行了分组报告。

会议同期举办了产品技术展览会，国内外20多家单位参展。

会议期间，各国代表还就成立国际腐蚀工程理事会（International Corrosion Engineering Council）相关筹备工作召开了专题讨论会，就理事会成员国申请与批准、理事会工作范围、理事会办公地点与条件、网站建设以及下一届大会主办国等事宜进行了磋商。

（撰稿人：张小红）

中国化工学会

服务创新型国家和社会建设 2016年，学会编撰出版了《石化产品高端化发展报告》，从战略高度审视国际石化产业发展的路径及方向，全面梳理了当前国内外石油和化学工业产品高端化发展的现状，提出了我国石化产品高端化发展方向及技术路线。《石化产品高端化发展报告》是学会在中国科协2015年度推进学会有序承接政府转移职能扩大试点项目支持下的研究成果。

2016年，学会承担中国科协主导的工程教育认证任务，参与江苏大学、湘潭大学、南华大学、大连理工大学等10余所高校的本科教育认证工作。

2016年，学会承担全国科学技术名词审定《化工名词》（第二版）工作，各分学科全部完成终审；《海峡两岸化学工程名词》（第二版）审定工作全部完成。学会承担的《中国大百科全书》第三版化工卷的编纂工作全面开展。

8月19—22日，学会与中国化工教育协会、教育部高等学校化工类专业教学指导分委员会共同主办的第十届全国大学生化工设计竞赛总决赛在四川大学举办。共有262所高校的991支团队提交作品参赛，48个代表队参加全国总决赛，其中，8支队伍获得特等奖、40支队伍获得一等奖。

3月5日，学会组织召开由山东丰源轮胎制造股份有限公司等单位共同研发的“一次法混炼新技术与应用”项目的科技成果鉴定会。该成果填补了国内一次法炼胶技术的空白，并达到了国际先进水平。

4月20—22日，学会与江苏省化工行业协会、江苏省化学化工学会等单位在江苏省南京市共同举办2016第三届全国化工行业（园区）污染综合治理大会。来自研究院所、知名企业的近30个专家作报告，近400人参加会议。同期举办2016第三届全国化工行业废（污）水、废气治理技术与设备展览会，参展面积超过8000平方米，近200家企业参展。

学会会同中国金属学会就钢铁行业烧结烟气脱硫脱硝综合治理、煤气资源高效利用等难题，组织联合调研，研究钢铁、化工行业交叉技术的环保解决方案。2016年召开了4次研讨会。12月，两个行业的13位专家联合赴唐山钢铁集团现场考察调研，逐步形成环保解决方案共识，计划联合深入推进催化剂生产、工程改造等工作。

学会拓展创新驱动助力工程实施范围，先后到岳阳市、重庆市、芜湖市、日照市、宁波市、辽阳市等地进行了实地考察、对接，建立合作意向。学会与地方政府部门、科协联合主办中国（濮阳）石化产品精细化发展大会、2016中国（国际）烯烃大会、2016（第二届）中国（德阳）磷钛高端化工论坛等学术活动。

此外，学会及其分支机构举办各类专业技术人才培训班和技术讲座26次，培训人数1575人次。

学会建设 2016年，经理事会审议通过，学会增补常务理事6人、理事9人。截至2016年年底，常务理事为71人，理事为248人。

2016年，学会修订了《中国化工学会分支机构管理办法》，完成25个分支机构的证书授权及资料备案。新增橡塑产品绿色制造、过程模拟与仿真、石化设备检维修 3 个专委会。

1—7 月，学会陆续完成更新了系列内部规章制度，包括考核奖励制度 4 项、日常工作制度 5 项、财务制度 2 项。7 月，完成《中国化工学会内部规章制度汇编（2016 版）》。

学会第 40 届会员代表大会（换届）筹备工作启动，学会拟定的换届方案于 11 月 8 日获中国科协正式批复。

4 月 21 日，学会在江苏省南京市举办全国（化学）化工学会理事长 / 秘书长联席会。来自 19 个省、自治区、直辖市（化学）化工学会的理事长、秘书长等 40 人参加会议，交流特色发展创新模式，探索在基础建设、资源共享、业务支撑、会员服务、创新驱动等方面进行多方位的合作。

截至 2016 年 12 月 31 日，学会个人会员发展和重新登记 1800 名，比 2015 年增加 600 名。

科技期刊国际影响力提升计划 学会主办的《中国化学工程学报》（英文版）是纳入中国科协科技期刊国际影响力提升计划的期刊。该刊实行主编审稿负责制，办刊模式逐步与国际接轨，加强了对国家重要基础研究项目、应用研究项目及其产业化情况的追踪报道。2016 年 SCI 影响因子为 1.207，入选 2016 中国最具国际影响力学术期刊。

学术期刊 2016 年学会主办的《化工学报》《中国化学工程学报》（英文版）和《化工进展》三刊入选第七届全国石油和化工行业优秀报刊；《化工学报》入选百种中国杰出学术期刊、期刊数字影响力 100 强、2016 中国国际影响力优秀学术期刊；《化工学报》《化工进展》继续获得中国科协精品科技期刊工程项目资助。

学会主办的《储能科学与技术》SCI 影响因子为 0.627，在能源类期刊中排名第 4 位，中国知网发布的影响因子为 1.493，保持能源动力学科期刊排名第 1 位。《化工学报》综合评价总分保持化工学科排名第 1；《化工进展》2016 年被 EI 收录。

国际学术会议 学会及所属专业委员会全年共举办国际会议 13 次，共计参会人数 1561 人次，交流论文 156 篇。

3 月 29—30 日，学会与日本化学工学会、德国德西玛协会共同主办的 2016 中国（国际）烯烃大会在浙江省宁波市召开。来自国内外高等院校、科研院所、大型企业等产学研各界 300 余位专家参会，探讨在国际低油价挑战下的烯烃产业升级战略。

5 月 9—12 日，由学会和德国德西玛展览公司主办的第十届阿赫玛亚洲展在北京国家会议中心举办。来自德国、法国、美国、中国等 17 个国家的近 300 家参展商参展，观众超过 12000 人次。展会同期还召开了多个国际卫星会议，近 1000 名代表参加了交流。

国内主要学术会议 学会及所属专业委员会在全年共举办国内会议 82 次，参会人数共计 11903 人次，交流论文 2656 篇。

5 月 26 日，由学会橡塑产品绿色制造专业委员会主办的中国化工学会橡塑产品绿色制造专业委员会成立大会暨技术论坛在浙江省杭州市召开。60 余家单位的 100 多名专家参会，交流论文 32 篇。

8 月 10—11 日，由学会主办的以“责任、创新、突破”为主题的 2016 中国芳烃产业链发展大会在北京召开。来自国内外石化、芳烃等领域的产学研各界 160 余位专家共同探讨了我国芳烃产业链的发展和科技创新。

10 月 29—30 日，由学会化工机械专业委员会主办的 2016 全国化工机械学术会议在江苏省南京市召开。来自 67 家高校、科研院所的 140 多位专家参会，中国工程院院士曹湘洪等作主题报告。

国际组织任职 学会常务理事陈建峰担任世界化学工程联合会（World Chemical Engineering Council）执委委员；学会副理事长钱旭红担任亚太化工联盟（Asian Pacific Confederation of Chemical Engineering）理事；学会理事何晓玫担任国际橡胶组织（International Rubber Conference Organisation）执委委员。

国际交往 学会向世界化学工程联合会正式申办“2025 年第十二届世界化学工程大会（WCCE）暨二十一届亚太化工联盟大会（APCChE Congress）”，并通过亚太化工联盟理事会的第一轮审议。

科普活动 2016 年，学会共举办科普宣传活动 13 次，受众 1822 人次，发放科普宣传材料 3000 份。

6 月 5 日，学会和中国化工报社等 6 家单位联合发起的公益性化工科普组织——中国石油和化工科普联盟在北京正式成立。该科普联盟致力于树立化工形象、普及化工知识、引导公众科学认知化学工业，共同维护化工行业的良好舆论环境及教育环境。

表彰举荐优秀科技工作者 2016 年，学会开展了第八届“侯德榜化工科学技术奖”的评奖工作，评选出“侯德榜化工科学技术奖”成就奖获得者 3 名、创新奖获得者 12 名、青年奖获得者 25 名。由学会推荐的陈国强、李伯耿、马光辉、乔金樑4名候选人全部获得第七届“全国优秀科技工作者”称号，由学会推荐的中国石油化工集团公司戴厚良荣获2016年度“全国十大杰出科技人才”称号。

党建强会 3月28日，学会组织会员单位17家大型石化企业和科研院所赴秦山核电站开展学习交流活动，促进化学工业企业和核工业企业在科学普及、社区沟通、安全环保方面的交流，获得“中国科协党建强会”计划“十百千”特色活动的项目资助。

2016年，学会完成党支部换届，开展“做合格党员，结构调整当先锋”主题党日活动等，获得上级党委颁发的先进基层党组织称号。

【2016中国煤化工精细化发展论坛】 9月24—25日，由学会承办的第十八届中国科协年会分论坛——2016中国煤化工精细化发展论坛在陕西省西安市召开，200余位业界人士参加会议。陕西延长石油（集团）有限责任公司董事长贺久长、中国神华副总裁张继明担任论坛主席并致辞，学会副理事长兼秘书长杨元一主持开幕式，谢克昌和金涌两位专注煤化工领域的院士作主旨报告。

论坛特设“思路与破局、科技与创新、实践与示范”三大版块，重点围绕“十三五”期间，在低碳发展和节能减排要求下，中国煤化工产业如何实现升级技术路线及高端精细化产业链延伸，并紧密结合陕北地区实际情况，探讨环保与煤化工的转型之路。来自中国工程院、中国科学院大连化学物理研究所、西北化工研究院、煤炭科学院国家水煤浆工程技术研究中心、华东理工大学、大连理工大学、清华大学等高校和科研院所，以及陕西延长石油（集团）有限责任公司、中国神华能源股份有限公司、中煤陕西榆林能源化工有限公司、中石化宁波工程有限公司等行业领军企业的近20位专家，报告了煤化工产业链发展战略、技术与市场的前沿进展情况。论坛期间，学会副理事长兼秘书长杨元一等应邀出席了陕西省党政领导与院士专家座谈会，详实地汇报了由学会组织、中国科学院大连化学物理研究所刘中民院士牵头的专家组开展的“陕北能源化工基地建设与生态环境保护”调研情况。调研报告关注了陕北能源化工基地发展的特点与瓶颈，提出了顶层设计、优化布局、技术先行、推进环保等八大建议，为陕西省的能源化工健康可持续发展建言献策。

【2016中国（德阳）磷钛化工高端论坛】 11月7—9日，由学会和四川省科协、德阳市政府主办的2016中国（德阳）磷钛化工高端论坛在四川省绵竹市召开。论坛以“科技供给、协同创新”为主题，探讨磷钛化工的“十三五”发展规划、创新技术和高端化转型之路。

来自国内外磷钛领域的产学研业界人士约200人参会。学会副理事长兼秘书长杨元一、德阳市副市长程永波、中共绵竹市委书记陈万见出席论坛并致辞。

2016中国（德阳）磷钛化工高端论坛

中国工程院院士张懿、中国科学院过程工程研究所研究员李佐虎提出的“磷化工新技术生态循环体系”新思路引起广泛关注。学会高级顾问洪定一博士、中国无机盐工业协会副秘书长问立宁、中国钛白粉行业协会副秘书长付一江等分别从磷钛化工创新发展转型升级的方向和建议、磷钛化工“十三五”发展规划等方面进行了系统论述，并就德阳当地磷钛化工的绿色可持续发展提出了建议。

日本磷酸株式会社的用山德美博士就日本磷酸生产和副产物磷石膏利用进行了讲解。日本是全球磷石膏综合利用领先的国家，用山德美博士的报告从技术和应用层面启发了国内同行，引起了热烈反响。

论坛期间，还举办了“化工企业创新发展培训会”“中国磷钛化工高峰论坛闭门会”“中青年硕博专家化工分论坛”以及成果展示和发布等分支活动，提出了推进磷钛化工绿色发展转型升级的倡议。论坛结束后，与会代表考察了德阳市磷钛化工相关代表企业，就磷钛化工产业最新技术、供需、研发项目等信息进行了实地对接。

（撰稿人：王　燕）

中国核学会

服务创新型国家和社会建设 2016年，中国工程教育认证协会正式将核工程专业类认证委员会秘书处设在中国核学会。12月8日，哈尔滨工程大学核工程与技术专业作为首个试点专业顺利完成认证入校现场考查工作，达到了《华盛顿协议》的标准，拉开了我国核专业本科教育国际认证工作的序幕。

12月22日，中国核学会德阳市服务站揭牌暨签约仪式在德阳市举行。2016年德阳市创新驱动系列学术交流活动“企业合作与发展论坛”同期举行。中国核学会与德阳市科协计划在《中国核学会德阳学会服务站共建协议》的框架下，开展相关工作，为学会与德阳市人民政府《关于助力德阳核工业装备制造及核技术应用产业发展合作协议》提供具体工作切入点。

学会连续6年承担“双创科技信息应用服务——科技文献信息加工”项目，在2015年度“企业科协科技信息服务”项目中国科协第三方验收中，工作质量在25个学会中排名第6位。2016年继续组织专家标引适合企业产业转化的核心技术、关键技术、共性技术专利文献不少于1500项；引导组织专家开展企业技术咨询服务；参照企业创新信息服务平台数据规范，汇集完善科技成果转化服务专家库信息；采集本领域科技成果信息不少于200项。

承担“清洁高效安全的核能——2049展望”项目。项目成果面向公众、科技工作者和决策者，目标是凝聚社会各界对科技、对未来生活的美好共识，促进社会对科技活动的理解和支持。计划于2017年6月完成报告。

学会建设 组织召开八届九次、十次常务理事会议（通信方式），八届四次理事会会议。审议通过新增锕系物理与化学专业分会，新增两个团体会员单位。

组织并完成中国科协第九次全国代表大会代表及第九届全国委员会委员候选人推选工作。推荐学会副理事长雷增光当选为第九届全国委员会常委，李朝晖、宋代勇当选为中国科协第九次全国代表大会代表。学会理事樊明武院士被授予中国科学技术协会荣誉委员职务。

3月26日，中国核学会第八届理事会标准工作委员会成立大会暨第一次工作会议在北京召开。会议通过《辐射加工用电子加速器装置运行维护管理通用规范》《卓越核安全文化基本原则》两项团体标准，于10月正式发布。

3月5日、11月27日，中国核学会第八届理事会科普咨询教育工作委员会第二次、第三次会议在北京召开，对首届中国核科普奖和全国核科普教育基地申报材料进行了评审。

3月8日，中国核学会第八届理事会妇女工作委员会第四次会议在北京召开，讨论妇女工作委员会2016年工作计划及2017年世界核妇女大会筹备工作。

2016年通过社会公开招聘方式引进优秀人才，学会新增专职工作人员4名。

学术期刊 《核科学与工程》《核技术》入选“中国科协精品科技期刊工程科技期刊培育计划”，依照中国科协要求开展培育系列工作。

组织评选推荐的《Z箍缩驱动聚变—裂变混合能源堆总体概念研究》《超重核性质与合成机制的理论研究》两篇论文荣获中国科协科技期刊2016年度前100优秀论文。

学科发展研究 12月，《中国核科学技术进展报告》（第四卷）出版，收集中国核学会2015年学术年会730余篇论文，结集成10册。为了便于读者订购和查阅，24个二级学科分别设立分卷。

决策咨询 8月，学会组织王乃彦、邱爱慈等10余名专家、学者在陕西省西安、宝鸡、渭南等地开展了“利用核能取代燃煤锅炉治理关中城市大气污染”调研。9月25日，在第十八届中国科协年会陕西省党政领导与院士专家座谈会上向陕西省党政领导作建议报告。12月，在此调研报告的基础上形成了科技工作者建议上报中共中央办公厅、国务院办公厅等相关单位。报告得到了中国科协主席万钢及陕西省省长胡和平等领导和专家的一致好评，并作为2016年的四个科技工作者建议之一上报中央相关部门。

5月28日，受能源局委托，邀请中核集团、中国广核集团、清华大学核研院等单位专家举办研讨会，对《核供热项目技术方案》提供专家咨询建议。

12月5日，组织召开《核安全法（草案）》研讨会。邀请中国科学院、环境保护部、中核集团、核能行业协会等单位专家进行研讨，形成会议意见后上报全国人大常委会法制工作委员会。

国际学术会议 7月25—28日，由国际青年核能理事会主办、中国核学会承办的以“核能助力美好生活”为主题的第九届国际青年核能大会（IYNC 2016）在浙江省杭州市开幕，来自32个国家和地区的182个国际组织、政府、企业、科研机构的近500名青年核科技专家参会。大会还组织青年专家赴秦山核电站、三门核电站、大亚湾核电站、中国原子能科学研究院、上海核工程研究设计院及上海电气集团实地参观交流。

国内主要学术会议 8月26—27日，第二届中国锕系物理与化学学术交流会在四川省成都市召开。武胜、彭先觉、傅依备、柴之芳4位院士及40余所国内外高校、科研院所、核工业企业的320余位专家、学者参会。锕系材料在国防和民用核技术领域有着广泛的应用，属于尖端战略科研领域。

9月21—24日，西部核学会联合体成立大会暨2016年学术年会在四川省召开。孙玉发、于俊崇、傅依备、邱爱慈、夏佳文5位院士及科技工作者140余人出席大会。

10月26—29日，第十二届中国核学会核科学、核应用、核经济“三核”论坛在安徽省绩溪市召开。中国科学院高能物理研究所方守贤、中国科学技术大学万元熙、中科院等离子体物理研究所李建刚等150多位专家、学者参加了此次论坛。本届论坛主题为“创新核科学技术、服务国计民生”，结合当地科研特色，探讨了核科技研究领域的新思想和新方法。

第十二届中国核学会“三核”论坛合影

两岸交流 4月7日，台湾“中华核能学会”常务理事陈布燦、秘书长黄小琛一行来访，就世界核能发展现状进行了交流。

12月4—11日，学会率团赴台湾地区参加第十五届届海峡两岸核能研讨会，围绕“原子能应用技术与安全，核能产业技术及人才培育”等议题进行了交流探讨。

国际交往 4月7日，由学会主办的中美核安全文化行业研讨会在北京国家会议中心举办。中美双方专家就两国核安全文化发展和核能项目的重要案例和经验进行了分享，共同推进核安全文化建设。

4月8日，学会理事长李冠兴与国际辐照加工协会总经理保罗·维尼在北京国家会议中心举行了合作协议签字仪式。通过签约建立分享信息、加强合作的有效机制。

6月28日—7月2日，第二十四届国际核工程大会在美国夏洛特召开。学会副理事长雷增光担任大会主席，率团赴美参会并作报告，被大会授予主席荣誉证书。

10月17—22日，学会组织由相关会员单位专家组成的代表团赴马来西亚举办中国核能推介会，宣传我国核电事业的成就和发展，为我国核电企业创造合作机遇。

11月20—23日，学会组织妇女工作委员会、专业分会以及理事单位28名代表参加在阿联酋阿布扎比召开的第二十四届世界核妇女大会，向世界展示中国核行业妇女风采，为2017年在中国举办第二十五届世界核妇女大会吸取经验。

科普活动 2016年，学会科普部荣获“《全民科学素质行动计划纲要》‘十二五’实施工作先进集体”称号，连续四年荣获“全国学会科普工作优秀单位”称号；学会荣誉理事长、首席科学传播专家王乃彦荣获“《全民科学素质行动计划纲要》‘十二五’实施工作先进个人”称号。

学会举办第四届“魅力之光”杯全国中学生核电科普知识竞赛及夏令营活动。全国34个省、自治区、直辖市的38万名参赛者参与网上答题，新媒体平台点击量突破4000万次。51名一等奖获奖学生和特邀营员参加了海南环岛核科普夏令营，参观了昌江核电站、文昌航天发射中心等科普和爱国主义教育基地。新华网、新浪网、知力网、中国中学生报等媒体全程参与活动。

承办第二届核科普开放周活动。8月5—12日，中核集团8大版块44家成员单位，共组织活动116场（次），参与人数10万余人，发放科普资料1.5万余册，地方媒体报道150余篇，延续了首届核科普公众开放周在社会上的积极影响和品牌效应。

10月23—29日，学会在北京举办“2016年全国核科普讲师培训班”，邀请王乃彦院士、中国科协、中国科普研究所、环境保护部、中国科技大学、清华大学、果壳网、腾讯网、中国核电、中国广核集团的14位专家为学员授课。来自全国近40家核电厂、公司企业、科研院所的近60名核科普宣传人员参加了培训。开展全国核科普教育基地评选认定工作。学会科普教育咨询工作委员会对25家申报单位进行集中评审，初评中国核工业科技馆等10家入选单位，经第八届理事会批准并公示后授予“全国核科普教育基地”称号。学会与中国科技馆共同立项在中国科技馆建设500平方米“核能应用”展区。通过互动展品和多媒体、图文版面等形式揭示能源利用的现状与未来，国内外核电研究、发展和应用，核电站技术发展和安全保障等。

组织策划拍摄国内首部内陆核电站科普宣传片

《核电安全吗》。在中外对比中引导公众认识核电，理解核电的安全性、清洁性和对社会发展的贡献。参与中国科协重点科普图书《新科技知识干部读本》编写工作。承担“核能引领绿色能源发展”章节的组稿任务，推荐叶奇蓁院士担任编委。在新华网“科普中国”平台推出“盘点我国核技术自主创新之路”专题，展播王乃彦、叶奇蓁和陈子元院士的核科普访谈及中国首届核科普奖作品。为《科技导报》“核能安全”专刊、中共中央党史研究室《百年潮》杂志“改革开放后的中国核电”专题、中国青年出版社《百年追梦——共和国科学拓荒者传记》系列丛书组稿，保存重要历史资料。

表彰举荐优秀科技工作者 为更好地承接政府转移职能，中国核学会、中国兵工学会、中国航空学会等6家全国国防科技社团组成国防科技社团联盟，申请了中国科协“青年人才托举工程”项目。学会推荐中国科学院上海应用物理研究所邓海啸等5名青年核科技工作者成为“青年托举对象”，为其制定了培养方案。

承担中国科协“国家引才目录”项目。完成了磁约束核聚变能、未来先进核裂变等7个重点领域引才报告，包含领域内世界范围人才发展动态、我国的优势和差距、国内的人才需求、全球尖子人才的分布情况、国内人才接引平台等内容。

经学会推荐，唐立、邢继获得第七届“全国优秀科技工作者”称号。

学会创新发展 2016年学会与中国能源研究会、中国环境科学学会等9家学会共同发起成立中国科协清洁能源学会联合体，积极参与联合体各项工作。

党建强会 学会党支部抓好理论学习，及时召开“两学一做”和“党风廉政建设”专题会。

4月24—26日，学会组织开展了国防科技社团联盟“‘党建强会’科普行”走进巴中、走进防城港活动，在川陕革命根据地将帅碑林、红四方面军总政治部旧址纪念馆举行了党建活动，参与人数约12000人。

学会党支部被中国科协学会服务中心党委授予“‘党建强会’计划‘十百千’特色活动组织奖”。

会员服务 建立分会联络人机制，完善学会个人会员信息库，2016年重新登记和新发展的会员总人数接近4000人，为2000名会员发放了会员证。

《中国核学会会刊》2016年出版会刊4期，印发4000余册。

开展专项技术培训，服务会员成长。10月19—21日，举办2016年核科技高级翻译培训班，组织来自23家企业、科研院所的40余名学员参加培训。

中国科协会员日 配合中国科协会员日活动，学会秘书处赴上海、苏州等地核技术应用相关团体会员单位走访调研，增强学会为会员服务、为核科技工作者服务的意识和能力。

举办青年会员沙龙，开展拜访、慰问老科学家，走访一线会员等活动。积极参与2016年中国科协全国学会乒乓球赛，获得了团体赛并列第三名、最佳组织奖。

【第十四届中国国际核工业展览会】 4月6—9日，第十四届中国国际核工业展览会在北京国家会议中心举办。展会以“发展核能科技，创建美丽家园”为主题，中国馆和国际馆展出总面积达16500平方米，来自40余个国家的3万余名观众前来参观洽谈。本届展览会重点展示我国核工业“十二五”创新成果，包括“华龙一号”核电站、CAP 1400核电站、高温气冷堆核电站、中国科学院核科技成果、涉核高校人才培养和创新成果等。本届展览中，学会作了创新尝试，与第二十届太平洋地区核能大会（PBNC 2016）同期同地举办，对促进国际核能产学研的合作发展具有重要意义。

【第二十届太平洋地区核能大会】 4月6—9日，以“核能助力太平洋和世界发展”为主题的第二十届太平洋地区核能大会（PBNC 2016）在北京国家会议中心召开。

李克强总理向大会致贺信，世界主要涉核国家能源部门及大型跨国企业领导人，以及“一带一路”沿线重点涉核国家和地区、我国正在开拓的核电市场如阿根廷和马来西亚等40余个国家的800余名代表参会，提交论文400余篇。

第十四届中国国际核工业展览会暨第二十届太平洋地区核能大会开幕式

【核工程教育认证】 2016年中国科协代表中国加入《华盛顿协议》，成为准会员国家，标志着中国的工程教育认证与国际接轨的新阶段，中国科协确定中国核学会作为首批试点单位。

2013—2015年，学会秘书处在与中国工程教育认证协会反复沟通的同时开展一系列筹备工作：组建了15人的核工程类专业认证委员会，组织撰写《核工程类专业工程教育认证补充标准》及《我国高等学校核工程科技人才培养及专业认证工作》调研报告。2016年，中国工程教育认证协会正式将核工程专业类认证委员会秘书处设在中国核学会。学会继续推进哈尔滨工程大学核科学与技术学院核工程专业类认证试点工作，组织核工程类专业认证委员专家及高校教师参加专业培训会并入校见习，指导自评报告撰写。12月8日，哈尔滨工程大学核工程与技术专业作为首个试点专业顺利完成认证入校现场考查工作，达到了《华盛顿协议》的标准，由此拉开了核工业界本科教育国际认证工作的序幕。

【首届中国核科普奖评选】 为了推动全国核科普资源的开发、整合和利用，学会开展了“中国核科普奖”评选活动。首届中国核科普奖集中展示了近年来我国核电行业的科普成果，共有40家涉核单位84个作品入围，行业参与度高，形式新颖，表现手法多样。经第八届理事会科普咨询教育工作委员会第二次会议评审及核工展现场观众投票，最终评出特等奖1名、一等奖5名、二等奖7名、三等奖16名等53个奖项。李冠兴、杜祥琬、王大中、陈佳洱、王乃彦、钱绍钧、彭先觉7位院士为获奖人员颁奖。

（撰稿人：王　笑）

中国石油学会

服务创新型国家和社会建设 2016年，学会与教育部全国工程专业学位研究生教育指导委员会签订《石油工程硕士研究生教育认证合作框架协议》，召开咨询委员会、认证委员会成立大会和认证标准评审会，制定《石油工程硕士研究生教育认证办法》《石油工程硕士研究生教育认证标准》，并启动认证试点工作，扩大承接政府转移职能工作范围。

组织中国工程院院士赵文智、周守为、曾恒一等专家编写低品位原油原位探测及开发、深层油气资源勘探与有效开发、深水勘探、深水开发、海洋天然气水合物资源勘探开发5个新型能源技术重点方向的国家引才目录，为国家人才战略提供决策参考。组织推荐专家、委员参与全国油气行业标准和企业标准制修订，对石油物探、石油储运专业标准提出修订意见。

学会承担的塔里木油田公司“塔中地区奥陶系碳酸盐岩层序划分及控储作用研究”及华北油田公司“文安斜坡下古生界至中上元古界层序格架下有利储层发育特征研究及预测”科研项目完成验收，所获成果为油田勘探提供决策依据和技术支撑。与山东省日照市、菏泽市等地方科协举行创新驱动助力工程工作对接，组织3名专家赴山东莒县对5家地方企业进行实地调研，并提供技术咨询。

组织举办第六届中国石油工程设计大赛、第二届全国大学生测井技能大赛和首届全国大学生油气储运工程设计大赛。继续承担国家专业技术人才知识更新工程培训项目，举办全国石油石化通信信息技术应用培训班。联合开展全国石油管材螺纹检测人员中级、高级资格鉴定与认证培训和非常规油气高效开发关键技术培训等专业培训17次，培训人数1276人次。

学会常务理事、中国科学院院士高德利率研究团队与宁夏石油学会成立“院士专家工作站”，为宁夏地区人才培养与技术创新提供支持。

学会建设 学会全年发展会员501人，重新登记个人会员达17338人次。组织召开理事会议1次、常务理事会议2次、常务理事会全体党员大会1次、秘书长办公会议4次、秘书处办公会议12次和年度工作会议1次。3月18日在北京市召开中国石油学会第九次全国会员代表大会，修订章程和会费管理办法，进行理事会换届选举。第九届理事会理事117名，其中常务理事39名。比起第八届理事会人数（理事199名，其中常务理事65名）大幅精简。下属天然气、石油物探、石油统计等专业委员会完成换届选举，非常规油气专业委员会进行了委员补充。

推荐周抚生、高德利、孙丽丽、王婷、周守为5人为中国科协第九次全国代表大会代表。周守为当选中国科协第九届全委会副主席，周抚生当选中国科协第九届全国委员会委员。6月17日，学会举办学习中国科协九大精神宣贯会，组织京津冀地区的理事、常务理事和分支机构委员会成员等学会工作者，学习中央领导同志重要讲话精神、韩启德主席的工作报告和《关于在科技工作者中开展“创新争先行动”的倡议》，提出《“创新争先，石油学会在行动”活动实施意见》。周抚生申报中国科协九大代表调研课题“开展创新争先活动的主要作法与效果研究”，开展基层调研、编制调查问卷并撰写调研报告。

制定印发《中国石油学会“十三五”发展规划》，申报参加民政部全国性学术类社团组织评估。签订全员年度考核绩效合同，开展全员年度考核与民主测评。邀请民政部、中国科协、先进全国学会的领导授课，组织学会秘书处及基层学会秘书长业务培训。

研究编制《分支机构财务管理办法》，清理分支机构设立银行账号。组织分支机构及地方学会自查自评、数据统计、年度考核和评先选优，评选表彰年度优秀秘书长15名、优秀学会领导22名、优秀通讯员6名、先进集体22个、科普工作先进单位10个。学会再次获得中国科协“全国学会财务决算先进单位”称号。

学术期刊 学会与石油工业出版社有限公司联合主办的 *Petroleum Research* 英文季刊于3月25日获国家新闻出版广电总局批准。11月8日在北京市举办 *Petroleum Research* 创刊仪式，并邀请地方学会学术期刊编辑出版单位交流研讨，构建学会期刊联盟。

《石油学报》继续获得中国科协精品期刊工程TOP50项目资助，继续被评为“百种中国杰出学术期刊”和“中国最具国际影响力学术期刊”。据《2016年版中国科技期刊引证报告》（核心版）数据显示，在全国1985种核心科技期刊中，《石油学报》综合排名第64位；影响因子为2.650（上年为2.451），排名第7位；总被引频次为4808（上年为4549），继续在能源类科技期刊中排名第一位。《石油学报》编委会于5月16日在北京召开换届暨八届一次会议，选聘编委100名（其中院士26名、外籍知名专家19名），聘任贾承造院士为第八届编委会主任。

《石油学报（石油加工）》影响因子为0.764（上年为0.722），总被引频次为1454（上年为1309）。在石油下游（石油加工和石油化工）领域期刊中排名继续保持第3名，并获中国石油和化工联合会“第七届全国石油和化工行业优秀报刊”。

《石油知识》与企业合办专栏，建设网络传播体系，并于5月开通微信平台，上传原创文章431篇。

学科发展研究 学会在完成“深层油气地质学发展研究”项目基础上，组织召开深层油气地质理论与勘探实践高级研讨会，发布《深层油气地质学学科发展报告》，并将深层油气地质理论应用于深层油气勘探实践。组织中国工程院院士黄维和等40名专家组成研究小组，继续承担中国科协“2016—2017年油气储运工程学科发展研究”项目，并于9月13日在北京召开项目启动会，落实责任分工，提出总体设计、进度安排和综合报告、7个专题报告编写提纲及要求。

国际学术会议 4月20—22日，学会与国际勘探地球物理学家学会（SEG）在北京联合举办国际地球物理会议。SEG主席John Bradford出席会议并作大会报告，来自9个国家近600名地球物理工作者参加会议。会议围绕“面向地质目标的地球物理一体化解决方案”主题，交流论文228篇（含e-Poster论文），内容涵盖复杂地表和山前带地球物理勘探、低频和宽频地震勘探、油藏描述综合研究、非常规油气藏勘探开发中的地球物理技术、全波反演在地震成像和解释中的应用、深水勘探的挑战与机遇、地球物理数据采集新方法、地球物理勘探新方法等内容。其间，学会副理事长兼秘书长周抚生与SEG主席John Bradford会见，就双方进一步加强合作、扩大学术交流领域交换了意见。

9月24日，学会在陕西省西安市组织召开能源环境监测与管理国际会议，并作为第十八届中国科协年会第九分会场会议。会议围绕“能源建设与生态系统面临的挑战”主题，邀请中国科学院院士贾承造等22位国内外专家、学者，重点对油、气、煤领域二氧化碳、二氧化硫、硫化氢等气体的治理与再利用技术进行交流报告，来自6个国家的200余名代表参加会议。

国内主要学术会议 学会及分支机构全年组织召开各类重点学术会议34次，参加人数9867人次，交流学术论文5148篇，出版论文集13部。

4月6—9日，学会石油腐蚀与防护专业委员会、石油储运专业委员会、石油管材专业委员会、石油炼制分会在四川省成都市联合举办第二届中国石油石化腐蚀与防护技术交流大会。中国工程院院士柯伟等近600名专家、学者参加大会，国际腐蚀工程师学会（NACE）主席Sandy Williamson到会作报告。大会征集论文391篇，论文集收录论文287篇，交流论文60篇，重点展示近年来我国油气生产、管道集输、炼制加工、石油化工领域腐蚀防护技术最新成果和研究进展。

5月24—25日，学会在北京召开主题为“推进石油石化信息技术进步，提升企业生产管理水平和经济效益”的中国石油石化企业信息技术交流大会。来自国家有关部委、国内各大石油公司、高等院校、研究院所、IT企业的领导、专家500余人参加大会，工业和信息化部原材料工业司副司长潘爱华、中国工程院院士钱锋出席大会作报告。大会征集论文500余篇，论文集收录论文198篇，交流数字油田、智能工厂与管道、云计算与软件定义网络、信息安全等方面论文90篇。

8月4—5日，学会石油储运专业委员会与新疆石油学会、中国石油西部管道公司在新疆维吾尔自治区乌鲁木齐市召开中国油气储运技术交流大会暨储运新技术、新设备和新材料展示会。大会以“发挥科技创新先导作用，运用科学技术与资源，助推实现我国‘一带一路’倡议”为主题，国内油气储运企业、科研院所和设备技术供应厂商代表约500人参加大会，新疆维吾尔自治区科协副主席谢国政到会致辞。大会交流43篇技术报告，涉及油气储运技术现状及发展趋势、国内外管道标准差异分析和油气管道自动化信息化数字化、管道安全运行、设计施工、检测防护与安全预警、腐蚀控制、管道完整性等内容。30余家企业进行了技术产品展示。

9月21—22日，由新疆维吾尔自治区人民政府、中国科协、中国科学院、中国工程院共同主办，学会和克拉玛依市人民政府等12家单位承办的主题为“智慧城市　智能油田”的第四届信息化创新克拉玛依国际学术论坛在新疆维吾尔自治区克拉玛依市召开。在学会与克拉玛依市人民政府主办的智能油田专题论坛上，中国科学院院士高德利等15位专家围绕智能油田建设思路与实践、油田油气生产物联网示范工程中的技术创新与应用等国内外智能油田建设前沿技术进行主题发言。论坛征集论文96篇，论文集收录64篇（其中智能油田方面论文48篇，占比75%）。

10月13—14日，学会石油储运专业委员会联合石油工业标准化技术委员会油气储运专业标准委员会等单位在北京召开第五届中国管道完整性管理技术交流大会。大会以“积极实施首部管道完整性国家标准，全面推进我国管道完整性管理工作”为主题，围绕完整性数据采集整合与平台、线路完整性、站场完整性3个方面交流技术报告60篇。国家有关部门、国内各大石油公司、高等院校、科研院所、材料设备制造企业的领导、专家600余人参加大会。大会共征集论文360篇，论文集收录244篇，评选优秀论文一等奖11篇、二等奖17篇、三等奖28篇。

11月16—19日，学会在重庆市召开第二届中国石油石化安全生产与应急管理技术交流会。邀请国家安全生产应急救援指挥中心、国家能源局国家石油储备中心专家对《安全生产法》《企业安全生产应急管理九条规定》、石油储备和油气输送管道保护政策进行解读宣贯，400余名代表围绕“加强安全生产管理与技术应用，提高突发事件处置能力”主题进行研讨。会议征集论文348篇，论文集收录277篇，交流论文37篇。

11月24—25日，由海南省人民政府和中国海洋石油总公司主办，学会海洋石油分会和海南省发改委、海口市政府承办的深海能源大会在海南省海口市举行。全国人大常委会委员、全国人大环境与资源保护委员会副主任、海南省原省委书记卫留成，海南省常务副省长毛超峰，中国科协副主席、中国工程院院士周守为，中国船舶工业行业协会会长郭大成，中国工程院院士邱爱慈、曾恒一等领导和专家500余人出席大会。大会以“科技创新引领绿色、安全、高效”为主题，中国工程院院士杜祥琬、林忠钦与国土资源部科技和国际合作司司长姜建军、中国科学院院士焦念志就海洋资源开发利用、中国能源低碳转型战略、海洋经济产业发展、深水装备科技创新发展等热点议题展开论述。大会还设立海洋能源开发工程技术、海洋工程装备、深海资源与探测以及青年英才论坛4个分论坛，围绕抵御低油价寒冬中的油气开发、油田工程服务、船舶重工制造等产业发展新思路进行研讨。

国际交往　7月12—14日，学会与日本石油能源技术中心（JPEC）和韩国石油管理院（Kpetro）在韩国蔚山市召开主题为“石油加工与环境保护”的第九届中日韩炼油技术研讨会。学会副理事长兼秘书长周抚生和韩国蔚山市经济副市长吴奎泽、韩国石油管理院经营理事金中浩、日本石油能源技术中心执行理事饼田祐辅等92名代表参会（中方代表11人），交流技术报告21篇（中方7篇、日方6篇、韩方8篇）。内容涉及能源政策与节能减排形势、石油加工工艺、催化剂、大气污染治理、油品质量等内容。会后，中、日两国代表参观了S-Oil蔚山炼厂。

9月19—22日，学会石油测井专业委员会与俄罗斯欧亚地球物理学会在俄罗斯圣彼得堡市联合召开第九届中俄测井国际学术交流会。参会中方代表25名、俄方代表76名；交流论文47篇（中方22篇），内容涉及随钻、核磁、地层元素、地质导向、地层测试器、方位远探测声波、过套管电阻率、爬行器、油气井射孔、复杂储层评价等测井技术。

11月20日，学会副理事长兼秘书长周抚生与美国腐蚀工程师国际协会（NACE）主席Sandy Williamson先生代表双方在北京签署合作协议。双方就联合在涂装检测、阴极保护等腐蚀防护领域开展国际资格认证培训、举办学术交流活动、参与国际标准研制等事项达成共识。仪式后，27名中国学员参加了为期5天的NACE国际阴极保护技术（Cathodic Protection Tester-CP2）资格认证培训班。

科普活动 学会各级组织全年共举办院士专家科普报告会1次、专题讲座8次、科普展览10次，科普活动受众人数73480人次。学会获得中国科协“2016年度全国学会科普工作优秀单位”称号。

学会调研命名第二批科普教育基地7个，截至2016年年底，科普教育基地数量增至13个。为大庆石油科技馆、克拉玛依市黑油山公园、上海石油化工科技馆、延长石油“中国陆上第一口油井”等科普教育基地授牌。

在全国“科技周”“科普日”期间，学会组织中国工程院院士曹湘洪、李大东在上海石油化工股份有限公司举办“石油院士走基层，科技传播进厂矿”科普报告会系列活动暨全国科普日启动仪式。学会石油地质专业委员会举办叠合盆地与油气勘探科普报告会、油气科学探索井工程科普橱窗社区宣传活动；学会石油工程专业委员会举办企业降本增效技术和方法宣传周活动，组织“蔚蓝力量青年志愿者服务队”开展“安全开发蓝色国土，大力保护海洋环境”社会宣传；学会石油通信专业委员会组织召开大数据技术交流会、知识产权报告会；学会天然气专业委员会联合四川省石油学会举办“十二五”天然气科技与信息化创新成果科普展。

表彰举荐优秀科技工作者 学会评选表彰“十佳优秀期刊论文”“2014—2015年度百篇优秀（会议）论文”作者474人，第二届“全国石油石化优秀科技工作者”20人，推荐“全国杰出科技人才”候选人1人。经学会推荐，刘合获第七届“全国优秀科技工作者”称号，祝效华获第十四届“中国青年科技奖”。

学会创新发展 学会研究制定《中国石油石化科技创新十大进展评选办法》，首次开展“2015—2016年度中国石油石化科技创新十大进展”评选活动。参与中国科协学会联合体建设，与另外8个全国学会共同组建成立中国科协清洁能源学会联合体，学会推荐的赵政璋任联合体副理事长，周抚生任联合体副秘书长兼组织工作委员会委员，赵文智、计秉玉、李忠涛为学术技术委员会成员。

党建强会 学会组织召开常务理事会全体党员大会，审议通过学会理事会建立功能型党组织，落实党对学会工作的领导，实现党的组织全覆盖及党的工作全覆盖。

学会党支部加强党建工作，逐级签订党风廉政建设责任书，扎实开展“三严三实”专题教育、“两学一做”学习教育。提出“爱心助学”倡议，组织全体职工为国家级贫困县河北蔚县柏树乡中心小学捐款捐书，受到乡政府和学校师生欢迎。

2016年，学会党支部获得中国科协学会服务中心党委全国学会“党建强会”计划“十百千”特色活动组织奖和中国石油天然气集团公司直属机关“先进基层党组织”，1名党员被评为“优秀共产党员”。

会员服务 学会通过国际小行星命名“王德民星”和科学探索井项目实施30周年等活动，向会员宣传优秀科技工作者的先进事迹。通过会员管理服务系统，为新疆、四川两地会员提供地方学会活动信息。

中国科协会员日 12月12—16日，学会向在京石油石化科研院所的会员和科技工作者进行问卷调查，征集开展创新争先活动和对学会的工作建议。学会组队参加（第七届）中国科协全国学会乒乓球比赛，荣获团体组织奖、团体赛亚军和全国学会领导人员单打季军，并获女子青年组冠军。

【中国石油学会第九次全国会员代表大会】 3月18日，中国石油学会第九次全国会员代表大会在北京召开。学会第八届理事会副理事长曹湘洪、王志刚、周守为、周抚生等正式代表和列席代表近200人参加大会。中国地质学会秘书长朱立新到会致贺词，中国煤炭学会、中国化工学会、中国硅酸盐学会、中国地质学会、中国金属学会、中国公路学会、中国航空学会、中国仪器仪表学会、中国腐蚀与防护学会、中国汽车工程学会、中国石油教育学会、中国石油企业协会等兄弟单位发来贺电贺信。

中国石油学会第九次全国会员代表大会

大会审议并通过了第八届理事会工作报告、财务报告、章程修订说明及修订草案、会费管理办法修订说明及修订草案，并对八届期间工作成绩优异、贡献突出的石油炼制分会等12个分支机构、北京石油学会等12个地方学会共24个先进集体，以及王军锋等50名学会先进工作者、丁建林等51名热心支持学会工作的领导进行表彰。

大会通过无记名投票表决方式，等额选举产生学会第九届理事会理事117名。

在大会休会期间召开的第九届理事会第一次会议上，通过无记名投票表决方式，选举产生常务理事39名，选举赵政璋为第九届理事会理事长，孙龙德、金之钧、陈伟、张涛、黎明、周抚生为副理事长，周抚生兼任秘书长。会议审议并举手表决通过聘任曾玉康为第九届理事会名誉理事长。

赵政璋在大会闭幕式上发言时表示，新一届理事会要坚决贯彻党的群团工作会议精神，稳妥推进承接政府转移职能工作，充分发挥学术交流科技引领作用，全面提升期刊学术权威地位和影响力，大力推进科普方式方法创新，不断提高科技咨询服务水平，积极推动科技人员成长成才，持续开展全国一流科技社团创建工作，不断开创各项工作新局面，继续谱写学会稳健发展新篇章。

【第三届全国石油经济学术年会暨2017年油气市场形势研讨会】 11月10—11日，主题为“创新与绿色发展”的第三届全国石油经济学术年会暨2017年油气市场形势研讨会在山东省青岛市举行。

学会副理事长兼秘书长周抚生和中国石油天然气集团公司总会计师、党组成员刘跃珍，中国石油化工股份有限公司高级副总裁、党组成员王志刚到会致辞。学会副理事长、中国科学院院士金之钧，中国工程院院士黄维和、李大东，中国石油和化学工业联合会副会长李润生，以及来自国内各大石油公司、研究机构、高等院校等单位的450余名代表出席会议。年会征集论文322篇，评选优秀论文61篇（一等奖10篇、二等奖21篇、三等奖30篇），交流论文24篇。

年会邀请6位院士、专家作主旨演讲。李大东院士在《炼油工业：市场变化与技术对策》报告中认为，未来炼油工业的技术重点是石油资源的高效利用技术、清洁燃料生产技术、多产汽油技术、多产航煤技术以及油化结合技术。黄维和院士在《大力推动天然气利用，发挥天然气在能源革命中的作用》报告中提出，未来天然气利用的方向是工业燃料、天然气发电、城镇燃气，要推动我国天然气价格机制的完善，推动天然气产业链的技术创新，提高天然气的市场竞争力。清华大学中国与世界经济研究中心研究员袁钢明认为，在世界金融波动中的中国经济基本正常，未来宏观政策面临转型升级的挑战，必须要忍痛调整，破除房地产依赖，缩减政府大规模投资，打破政府的利益保护。

与会专家还对国内外油气市场形势进行预判。

（撰稿人：邹　刚）

中国煤炭学会

服务创新型国家和社会建设　学会与中国煤炭工业协会共同组织中国煤炭工业科学技术奖评审工作，共收到来自煤炭企事业单位申报的662个项目，履行程序评选出273个奖项，其中一等奖30项、二等奖107项、三等奖136项。

根据《中国煤炭学会科技成果鉴定办法》，严格鉴定程序，共组织完成“WC55E铲板式搬运车”“煤与非煤清洁发电竞争力与节能减排比较研究”等19项科技成果的评价鉴定。

学会开采损害技术鉴定工作是中国科协推进学会有序承接政府转移职能试点培育项目之一。全年完成重庆市第二中级法院委托的“金富煤矿西风井财产损失鉴定”等4项鉴定任务。完成孟县煤炭工业局和开滦集团有限责任公司委托技术咨询工作2项。

制定了《中国煤炭学会标准工作管理办法（暂行）》。完成了全国团体标准信息平台的注册工作。接受国家煤矿安全监察局委托，进行了《“三下”采煤规程》的修订工作。

学会承办了人力资源与社会保障部专业人才知识更新工程“知识产权专业培训班”“煤炭清洁高效利用—洗选加工急需紧缺人才培养培训”3项培训，累计授课超过144学时，培训学员600人。完成中国科协委托地方政府特种作业（爆破）培训研究项目，举办专业人才岗位培训班2期。

完成中国科协“双创科技信息应用服务—科技文献信息加工”项目，根据国家“十三五”发展规划要求，组织专家前往主要矿区重点调研煤炭绿色开采和清洁高效利用相关领域。在调研基础上，对行业急需的专利条目进行梳理，完成1300余条专利遴选、1113项翻译加工任务，采集科技成果信息100项，全部通过项目验收。

学会与山东省菏泽市签署了合作协议，与宁夏回族自治区石嘴山市建立合作关系，为菏泽地区煤矿冲击地压灾害防治和石嘴山地区煤基炭材料发展等提供技术支持。

组织有关专家对煤炭行业申报2016年度“科技部国家重点研发专项”的5个项目进行了技术论证，提出修改意见。

学会与中国煤炭工业协会联合发布《煤炭工业“十三五”科技发展规划指导意见》，指导行业科技工作，促进行业科技进步。完成了中组部《国家引才目录》新能源组煤炭相关重点领域方向引才计划编制工作。

学会建设 学会召开理事会议1次，常务理事会议4次（包括通讯会议）。增补学会理事11人，免去理事7人。学会指导科普工作委员会，科技情报、煤层气、计算机通讯、短壁机械化开采4个专业委员会，严格按规定程序完成换届。

学会对34个直属分支机构和25个地方煤炭学会及企业煤炭学会进行了工作考核，评选出2013—2015年度中国煤炭学会先进集体20个，优秀工作者20名。

开展第二次全国会员普查工作，召开第二次全国会员普查专题培训会，组织制定普查方案，逐项落实。2016年，学会会员系统重新登记个人会员21000人，其中新发展登记个人会员3500人。

4月16日，在江苏省苏州市召开学会常务理事会暨改革发展座谈会。学会常务理事、各分支机构主任、秘书长和各省级煤炭学会理事长、秘书长，会员单位代表170余人出席了会议。会上传达了中国科协《科协系统深化改革实施方案》等文件精神，分组讨论学会改革发展面临的挑战和机遇，座谈学会改革发展重点工作和任务。会上发布了《中国煤炭学会事业发展“十二五”规划》，确立学会今后五年改革发展规划和主要任务。

与中国能源研究会等9家学会联合发起成立中国科协清洁能源联合体，成为中国科协现有的五大学会联合体之一。

11月25日，中国煤炭学会第七届理事会第四次会议在北京市举行。学会理事、常务理事，分支机构、地方学会和会员单位的代表，相关煤炭企业、高等院校、研究机构的专家400余人参加了会议。会议传达了中央及中国科协对社团工作的指示精神，表决通过了《关于中国煤炭学会七届理事会第四次会议工作报告的决议》《关于对2015年度经费收支和拟实施岗位绩效薪酬管理制度报告的决议》。会议对煤炭行业获得第十四届“中国青年科技奖”、第七届“全国优秀科技工作者”称号的人员进行表彰；对“2016年全国煤炭青年科学技术奖”“第二届杰出工程师煤炭行业提名奖”“第一届全国煤炭优秀科技期刊”“《煤炭学报》年度影响力优秀学术论文”进行了表彰；为“中国煤炭学会科学传播专家”代表颁发了聘书。

中国煤炭学会第七届理事会第四次会议

学术期刊 根据科技部中国科学技术信息研究所发布的中国科技期刊论文统计结果,《煤炭学报》核心总被引频次由2015年的6419次提高到2016年的7749次，增长了21%；核心影响因子由2015年的1.701上升到1.966，增长了16%；扩展总被引频次达到了12250次，扩展影响因子达到了3.013。2篇学术论文入选“中国百篇最具影响国内学术论文”，22篇优秀论文入选“中国精品科技期刊顶尖学术论文（领跑者5000）”。《煤炭学报》第9次荣获“百种中国杰出学术期刊”称号，第5次入选“中国最具国际影响力学术期刊”，并荣获“2016期刊数字影响力100强”称号。

学科发展研究 组织20个专业委员会提出了“十三五”时期本学科研究方向与目标，以及主要研究攻关内容，收录在《中国煤炭学会事业发展“十三五”规划》中。

承担了中国科协《煤矿区土地复垦与生态修复学科发展报告》的编写任务，成立课题组，制定编写大纲，确立了综合报告与10个专题报告的构架。

国际学术会议 9月1—3日，由学会主办，神华新疆能源有限公司协办的“一带一路”倡议联盟矿业科技创新国际研讨会在新疆维吾尔自治区乌鲁木齐市召开。来自哈萨克斯坦、美国的9位外籍专家和国内专家、学者110人到会。中国工程院院士彭苏萍、蔡美峰，哈萨克斯坦国家研究技术大学院士 Azimhan、Marzihan 共4人发表主旨演讲。16名中外学者作了专题学术报告，在矿产资源绿色开发、煤炭清洁高效利用、矿物勘探、地球物理、生态修复与监测、能源互联网、矿业可持续发展、能源技术及区域产业合作等多个领域展开交流，探讨“一带一路”区域国家矿业资源产业链的经济技术合作。

10月19—20日，由辽宁工程技术大学、美国西弗吉尼亚大学、国家自然科学基金委员会、中国煤炭学会、中国矿业大学联合主办的第35届国际采矿岩层控制会议（International Conference on Ground Control in Mining，ICGCM）在辽宁省阜新市召开。来自中国、美国、俄罗斯等9个国家和地区的230名专家、学者出席会议。美国西弗吉尼亚大学教授、美国工程院院士 Syd S. Peng，国家自然科学基金委员会信息科学部副主任张兆田致辞；中国工程院院士康红普等5位专家作特邀报告，26名专家、学者作了专题学术报告，交流了国内外在采矿岩层控制领域的研究与应用成果。

国内主要学术会议 2016年，学会和各专业（工作）委员会共组织国内学术会议31个，出席人数4356人次，交流学术论文1190篇，编辑出版论文集12本。

8月14—16日，全国煤矿科学采矿新理论与新技术学术研讨会在山西省忻州市召开，153名专家、学者到会。中国科学院院士、中国矿业大学（北京）教授何满潮作了题为《无煤柱自成巷开采110工法——第三次采矿技术变革》的专题学术报告，全面阐述了110-N00工法与传统长壁开采121工法的区别和优势，并结合工程实例和三维动画模拟，讲解了110工法的原理、工艺和核心技术。17位专家和青年学者作了专题学术报告。

8月20—21日，全国选煤技术交流会在河北省唐山市召开，170名专家、学者到会。24位选煤科技工作者就最新研究课题、新工艺技术的应用、技术革新和改造的成功经验进行了深入的交流，对今后如何发展我国的选煤技术与装备提出了建议。会议期间，举办了青年学者论坛，邀请5位专家对青年人的科技成果和创新思路进行指导点评。

9月8—9日，全国煤矿支护技术新进展交流研讨会在青海省西宁市举办，108名科技工作者出席会议。中国工程院院士康红普作了题为“锚杆支护构件力学性能及匹配性”的特邀报告；中国矿业大学（北京）副校长王家臣作了题为“煤炭开采从经验走向科学”的报告；16位代表进行了大会交流，内容涉及采空区注浆充填、特厚煤层综放开采、深部大变形巷道围岩控制、智能掘进等方面。在顶板与冲击地压防治专题研讨阶段，10位代表作了专题报告，内容涉及冲击地压巷道支护关键技术、防控思路与对策、综合监测预警技术、爆破卸压等方面。

9月29日，2016年煤炭安全高效绿色开采地质保障技术研讨会在广西壮族自治区北海市召开，140余名专家、学者参加了会议。中国工程院院士武强解读了新版《煤矿安全规程》水害防治部分。19位专家、学者作了学术报告，内容涵盖矿山水文地质与水害防治、绿色矿山生态建设、煤炭地质与综合勘探、煤矿隐蔽致灾因素精细探查治理、煤层气与页岩气勘探开发、煤矿瓦斯抽采等方面。会议印发了论文集。

10月20—22日，第二届煤炭行业青年科学家论坛在安徽理工大学召开，来自中国矿业大学、中国科技大学、天津大学等9所高校和40余家企业的150名青年科学家及技术人员参加了会议。论坛以“煤炭·青年·创新·未来”为主题，就煤地质和矿山测量、煤矿开采与安全、机电一体化、煤炭清洁高效利用、煤矿生态环境保护等煤炭行业热点问题进行交流与探讨。中国青年科技奖获得者毕银丽、国家杰出青年基金获得者周福宝、教育部新世纪优秀人才田原宇等6人应邀作了主题报告；20名青年学者发表学术演讲，与会代表进行了互动交流。

国际组织任职 5月24日，2016世界煤炭协会技术委员会会议在北京举行。世界煤炭协会（The World Coal Institute）会长米克·巴菲尔宣布任命学会副理事长田会、刘峰担任世界煤炭协会技术委员会副主席。

9月12日—15日，国际矿山测量学会第十六届国际大会在澳大利亚布里斯班召开。其间举行的国际矿山测量学会第44次主席团会议上，学会常务理事黄乐亭当选为国际矿山测量学会（ISM）第十七届副主席。

学会青年工作委员会主任代世峰任职国际有机岩石学会（The Society For Organic Petrology）2015—2017年主席。

学会理事长王显政继续担任世界采矿大会（World Mining Congress）国际组委会副主席。

国际交往 6月27日—7月1日，学会副理事长兼秘书长刘峰率团出席在俄罗斯举办的第十八届世界选煤大会，俄罗斯能源部部长诺瓦克及来自20多个国家和地区的600余名代表参加了大会。刘峰在会上介绍了我国煤炭洗选及煤化工发展现状与前景展望，我国11名专家、学者作了专题报告，内容涉及选煤厂设计、重力选煤、浮选、煤炭深加工等方面，介绍了我国在煤炭洗选加工方面的最新研究成果和科技进展情况。

科普活动 学会及分支机构举办主题科普宣讲活动29次，受众人数5000余人次；举办科技培训4次，参加人数1000余人次；在北京、陕西、山西、新疆、山东组织了院士报告会7次；编辑出版科普期刊12期，发行70000册；评选出2014—2016年度中国煤炭学会科普工作先进单位10个。通过学会官网和科普网站、微信平台发布科普知识200余条。

表彰举荐优秀科技工作者 经学会推荐，毕银丽教授、周福宝教授荣获第十四届“中国青年科技奖”；刘志强、李全生、林柏泉获得第七届“全国优秀科技工作者”称号；王国法、祁和刚2人荣获第二届杰出工程师奖，王宏、文光才、刘志强、曲思建、唐永志5人获得第二届杰出工程师鼓励奖。

依据国家科学技术奖励工作办公室批准，学会每年开展“全国煤炭青年科学技术奖”评审奖励工作，2016年评选出32名获奖者。学会培养中国科协托举青年人才2名，推荐中国科协高端科技创新智库青年1人。

开展了第十届全国煤炭工业生产一线青年技术创新交流活动。41家企事业单位上报了216篇论文和64名优秀青年，从中评选出优秀论文81篇、煤炭工业生产一线优秀青年科技工作者20名。

党建强会 2016年，学会党支部在中国科协“党建强会”计划特色活动项目中，申报并开展了“矿山情 科技梦”征文和宣传活动。在《当代矿工》杂志、学会网站设立了先进事迹宣传专栏，先后刊发煤炭科技领军人物专访3篇、获奖专家简介10篇、矿区基层优秀科技人员报道38篇，展示了煤炭行业优秀科技工作者和创新团队的先进事迹。

按照《中国科协关于加强科技社团党建工作的若干意见》要求，将学会党建作为学会全面改革的硬举措来抓，实现党的组织全覆盖和党的工作全覆盖。制定了党建工作方案，学会第七届四次理事会议通过了在常务理事会层面筹备建立功能型党组织。

会员服务 全年向理事、会员提供行业技术信息700余件、高层专家报告23份、学会主办期刊6000本；编辑出版《第十届全国煤炭工业生产一线青年技术创新文集》，向会员免费发放600册；从会员中举荐各类专业人才30余人次，利用手机微信平台推送青年科技人才介绍85篇。

【关爱全国矿区留守儿童科技夏令营】 8月15 19日，由民政部批准，学会发起主办的“关爱全国矿区留守儿童科技夏令营”活动在内蒙古自治区鄂尔多斯市举行。来自全国18家煤炭企事业单位的200名留守儿童和70位志愿者参营。活动安排了安全培训、爱国主义教育、文艺活动、科技体验、民族文化学习、采矿知识科普教育、心理辅导、写作训练、沙漠运动等12项内容。

参营的矿区留守儿童分别来自云南、安徽、山东、山西、甘肃、内蒙古、北京、河北等地，包括汉族、蒙古族、回族、彝族、白族、壮族、哈尼族、拉祜族8个民族，营员最小年龄8岁。在为期5天的活动中，全体营员参观了全国爱国主义教育基地、生态植被修复区、露天煤矿采场、青少年科技场馆等，开展了科普讲座、写作训练、体育运动、篝火晚会，动手参加了科技实验，参加了探索天体宇宙、3D打印等为主要内容的系列活动，学习的知识涉及动植物学、地理学、地质学、力学、历史文化等内容。

【第八次全国煤炭工业科学技术大会】 4月25日，由中国煤炭学会、中国煤炭工业协会共同主办的第八次全国煤炭工业科学技术大会在北京召开。国家安全生产监督管理总局副局长、国家煤矿安全监察局局长黄玉治，中国工程院院士张玉卓、彭苏萍、康红普、武强，中国科学院院士何满潮出席会议，来自企业、高校、科研院所的科技工作者800余人参会。

学会理事长、中国煤炭工业协会会长王显政作了题为“坚持服务宗旨，推动转型升级，努力提升煤炭工业发展的科学化水平”的报告。他深刻分析了煤炭工业面临的形势，提出了“十三五”时期煤炭行业以科技创新为支撑，进行供给侧结构性改革的思路、方法和途径。

会议同期召开了煤炭工业“十三五”科技创新与产业转型升级发展论坛。彭苏萍院士作了题为“能源科技发展方向及其对我国能源格局影响研究”的报告；张玉卓院士作了题为“煤炭绿色发展及其路径”的报告；行业知名专家王金华等4人介绍了近5年能源和煤炭领域取得的重大科技创新成果。中煤能源集团有限公司、兖矿集团有限公司、陕西煤业化工集团有限公司等大型煤炭企业代表，就企业科技创新和转型升级发展的经验作了报告。

会议颁发了2015年度中国煤炭工业协会科学技术奖，命名了第二批煤炭行业工程研究中心，表彰了2013—2015年度中国煤炭学会先进集体和优秀工作者。

【第十八届中国科协年会第十分会场煤炭清洁高效利用学术论坛】 9月24—25日，由中国科协和陕西省政府主办，中国煤炭学会承办的第十八届中国科协年会第十分会场煤炭清洁高效利用学术论坛在西安市高速神州酒店举办。到会专家、学者、工程技术人员和高校研究生共195人。

第十八届中国科协年会第十分会场煤炭清洁高效利用学术论坛

会议邀请中国工程院院士谢克昌就煤炭在国民经济发展中的作用和地位、能源科技发展战略等重大问题作主题报告；15位专家和青年学者主要针对煤炭绿色开发中的资源利用、环境生态保护与修复，矿业的可持续发展，煤炭清洁高效利用的主要技术方向，关键技术创新等普遍关注的问题作了专题报告。互动环节提问踊跃，对煤矿区煤层气开发瓶颈，散煤清洁燃烧问题，燃煤电厂超低排放技术，煤炭转化过程中水耗与废水处理及煤炭液化的经济问题等进行了提问、解答和讨论。

论坛征集论文64篇，评选出10篇优秀论文，推荐至《煤炭工程》正刊发表；遴选51篇论文收录在《第十八届中国科协年会论文集》。

（撰稿人：岳燕京　赵　奇）

中国可再生能源学会

服务创新型国家和社会建设　学会承担实施了中国科协“双创科技信息应用服务——科技文献信息加工”项目。截至2016年年底，共计遴选出了国际先进可再生能源技术专利3526篇，其中完成专利全文下载的有2838篇，完成精深加工并进入文献库的标引成果有2073项，累计超过510万字。征集、遴选推荐了112家单位的123项技术进入中国科协企业创新信息服务平台。组建了由70余位专家参与的专家服务团，先后为十余个省市（地区）的50多家企业提供技术服务。学会完成了项目各项任务的考核要求。

2016年，学会与绿色和平组织合作，组织国内领域专家，从调整河北能源结构出发开展研究，提出河北省能源转型目标及实施路径，为河北省“十三五”规划的实施提供支撑。经实地调研和专家研究论证，完成了《河北“有可能”》研究报告的相关内容，提出了将河北省建设为国家级能源转型示范区的若干行动建议和政策保障措施，为河北省能源转型、大气环境改善和地方产业结构调整、发展绿色能源产业提供支撑。

5月17日，学会组织专家在北京工业大学对由中投亿星红日太阳能科技有限公司、北京工业大学共同组织实施的“弃风弃光或谷电加热熔盐蓄热供热”项目可行性进行了论证。全国政协常委、京津冀协同发展专家咨询委员会能源环境组组长谢克昌院士任专家组组长，清华大学教授过增元院士任专家组副组长。经过会议质询讨论，专家认为，熔盐蓄热式电加热集中供热技术是一项具有自主知识产权的创新专利技术，已获得授权发明专利7项、实用新型7项、公开发明专利13项。该技术利用弃风弃光或谷电加热，通过熔盐蓄热实现全天的供热，是一种不烧煤不烧气的绿色供热技术，可实现弃风弃光的就地消纳和电力削峰填谷，是代替燃煤供暖、解决北方由于燃煤造成雾霾的有效技术途径之一，也是国家大气污染防治行动计划、国家可再生能源消纳、电力削峰填谷等国家政策明确支持和推广的技术。项目的市场容量大，实施和推广可带动熔盐、熔盐罐、熔盐泵、换热器、控制系统等上下游相关产业的发展形成新的产业链，产生良好的社会和经济效益。项目产业化具有重要意义，建议国家和地方有关部门对该技术的产业化给予支持。

学会光伏专委会与风能专委会合作开展了国家能源局“大比例可再生能源发展战略课题”研究。该研究针对参考情景和大比例情景，提出大规模发展风电、太阳能发电、生物质能、地热能的可行方案，明确2050年前发展的阶段性目标、重点方向和重大布局，提出需要配套的资金、政策、调峰设施和通道建设等相关事项。

学会风能专委会以学术研究为抓手，开展了一系列风能市场、产业和技术发展状况的调研，承担了相关机构委托的重要研究课题，编写了有价值的研究报告，并通过多种渠道和方式，为政府部门制定相关规划、政策提供建议和决策咨询。11月，学会风能专委会参与编制了国家《风电发展“十三五”规划》和《可再生能源发展“十三五”规划》。

配合中国科协企业创新服务中心完成“企业创新信息服务平台上线试运行及征集领域内优秀科技成果”工作等。

1月，由学会风能专委会组织国家发改委能源研究所、清华大学能源环境经济研究所、卓尔德环境研究中心等机构，开展了“中国风电和太阳能光伏发展社会经济效应评估”项目。通过系统研究，量化地综合评价了我国风电和太阳能光伏发展的社会贡献，有助于为决策者、学界和产业界提供统一的认识，为我国可再生能源的发展提供更为积极、正面的话语环境。

学会光伏专委会与中国环境科学研究院合作开展《多晶硅制造业污染防治技术政策》编制工作。该技术政策将用于制定多晶硅制造业（包括硅片制造）的发展政策，引导产业结构调整升级；同时作为环境保护相关规划、污染物排放标准、环境影响评价、总量控制、排污许可等环境管理有关工作的制定依据；在企业层面主要用于指导企业污染防治技术路线选择，引领污染防治技术进步，推动行业实现绿色发展。

学会太阳能建筑专委会承担的“863”计划先进能源技术领域重大项目“户用光伏发电智能控制模块集成技术研发及示范”通过了中期审查。该项研究是以户内用电需求为核心，瞄准世界户用光伏发电发展前沿，在国家先进能源技术领域，实现自主创新，研发成果将填补国内光伏发电智能控制模块集成设备生产、检测的空白，促进户用光伏系统集成应用和产业化示范。牵头研究制定的行业产品标准《建筑用光伏构件通用技术要求》《建筑用光热构件通用技术要求》《太阳能光伏系统支架通用技术要求》正式出版，这些标准填补了国内相关领域的技术空白，具有重要的指导作用。编制的《被动式太阳能建筑设计》图集颁布，配合《被动式太阳能建筑技术规范》的实施，为推动被动式太阳能建筑的不断发展创造技术条件。

2016年，学会产业工作委员会开展的研究项目包括“可再生能源财税体系研究”“绿色金融与低碳城市投融资（能源篇）”“2016中国风电发展报告”“2016中国光伏发展报告”“分布式能源技术路线图”“分布式光伏发电项目融资机制创新示范”“世行CRESP项目”“世界资源研究所（WRI）项目”“能源基金会（EF）项目”“中广核定制咨询项目”等。

为提高我国天然气水合物新能源的基础研究和应用技术水平，促进天然气水合物相关学科的发展，推进我国天然气水合物新能源的勘探开发，为国家制订能源战略政策服务，2016年，学会天然气水合物专业委员分别在天然气水合物基础物性、成藏机制与资源评价、开采技术、应用技术四个重点研究方向进行了一系列示范性科研工作和学术活动。

3月29—31日，2016第八届中国国际生物质能展览暨大会（Bio—Energy China2016）在北京召开。大会由中国电力企业联合会、学会生物质能专委会、中国循环经济协会可再生能源专业委员会、中国农村能源行业协会生物质能专业委员会、北京市新能源与可再生能源协会、北京泰格尔展览有限公司等单位共同主办。本届展览全面展示了生物质成型燃料成套设备、生物质供热与燃烧设备、生物质发电机组及动力机械、生物质气体燃料技术与设备、生物质液体燃料技术与设备等生物质能领域的新技术和新产品，国内外生物质能技术与产品将同台竞技，有力地推动了我国生物质能源的快速发展。

学会建设 2016年，学会风能专委会、光伏专委会、发电并网专委会相继开通公众号，发表了数百篇文章，通过新媒体形式，丰富了服务会员手段。

10月16日，学会光伏（电）专业委员会第九届三次全体委员大会在天津市召开。专委会委员代表80人出席会议，听取专委会工作汇报，共商专委会发展建设大计。

学会生物质能专委会常委工作会议审议并通过了《中国可再生能源学会生物质能专业委员会工作实施条例》。10月17日，学会生物质能专业委员会在北京召开了2016年度工作会议。会议上各位委员就专委会主办各种会议的频率和形式进行了讨论，并于会后形成了调查问卷，发放给各位委员征询意见，开创了专委会议事“公开、民主、平等”的新局面。

学术期刊 2016年，《太阳能学报》发表文章480

篇，约288万字。该刊从2015年起每期发表论文篇数增加到40篇，以缩短录用论文的发表周期时间。在学报网站给出了太阳能学报的写作模板，对规范稿件格式、减小编辑修改量和指导新的论文作者效果明显。

2016年,《太阳能》杂志的编辑、记者参与了20多次行业活动，不仅对活动进行了报道，也通过活动扩大了杂志的社会影响力。该杂志全程报道了第10届上海国际太阳能光伏与智慧能源大会暨展览会（SNEC 2016）；先后两次对学会的合作伙伴台达集团的社会公益活动进行了实地采访和深入报道等。

2016年，学会风能专委会进一步加大宣传力度，继续提升《风能》杂志办刊质量。全年共完成12期的《风能》杂志出版任务，刊载内容覆盖“十三五”风电发展、海上风电、风电后市场、弃风限电、配额制和绿色证书交易等多个行业热点，在业内引起反响。

《国际能源变革进行时》一书按时出版，对2015年11月5—7日举行的“国际能源变革论坛”所取得的成果进行了系统性总结，探索出此类会议后期宣传的模式。

学科发展研究 学会光伏专委会主持编制了《2016年中国光伏技术发展报告》。该报告的编制汇聚了50余位光伏专委会委员和业内专家参与撰稿，全面展示了2015年度中国光伏科技创新亮点成果，除对行业普遍关注的主流技术、前沿科技进展进行梳理总结外，还对行业最新涌现创新技术研究领域、方向与所取得的突破进行关注和发布。

决策咨询 1月，完成国家能源局关于对《可再生能源发电全额保障性收购管理办法》(征求意见稿)建议征求的复函。10月，配合国家能源局完成关于协助开展光伏发电领跑先进技术指标相关研究工作的意见调研工作。

学会与中国进出口银行签订咨询论证合作协议，充分发挥学会在专业领域的业务特长，就进出口行信贷项目相关专业问题提供咨询意见。先后为4个省市的5项重大投资项目提供了决策咨询服务，有效提高了领域内金融支持效率，防范相应风险，维护行业经营秩序，促进了中国进出口银行在本领域内信贷业务的有序健康发展。

10—11月，学会地源热泵专业组多次受邀访问浙江省台州市，就“地源热泵区域建筑清洁减霾供热制冷能源服务与产业发展项目”提供咨询等服务。

8月，学会氢能专委会参加了“中国氢能产业发展·如皋峰会”，为地方政府“如何更有效地从市场应用层面，以燃料电池汽车为切入点，推动氢燃料电池在中国的产业化发展”提供咨询，促进江苏省如皋市走国际合作、集成创新和自主研发相结合的产业化道路，实现氢能主要产品技术达到国际一流水平，建设“氢经济示范城市”。参与了广东省佛山市政府“佛山市加氢站审批流程”，为佛山（云浮）产业转移工业园在发展氢能产业、实现氢能燃料电池技术落地实现产业化提供相关技术咨询，促进地方氢能产业发展。

国际学术会议 10月16—19日，第五届生物质能源国际会议暨展览会（ICBE 2016）在北京国家会议中心举行。本次会议由学会生物质能专业委员会联合生物质能源产业技术创新战略联盟、中国循环经济协会可再生能源专业委员会、美国化学工程师学会林产品分会、浙江大学共同主办，欧洲生物质能行业协会和ETA佛罗伦萨可再生能源机构提供支持，北京泰格尔展览有限公司承办。本次会议为国际生物质能领域的专家、学者和企业家等提供交流和展示的平台，促进生物质能源产业与国际大型企业、投资机构的对接，在全球范围内为生物质能技术研究机构和企业开拓发展机遇。

国内主要学术会议 2016年，学会和各专业委员会共组织学术、技术交流及论坛30余次，参加会议和参观展览人员近5万人次，交流论文近1000篇。

5月23—26日，在上海市举办“SNEC第十届（2016）上海国际太阳能光伏大会暨展览会”。该会展平台从2007年第一届的展出面积1.5万平方米发展到2016年的15万平方米，参展企业超过1500家，其中国际展商比例占30%，展出内容涵盖光伏产业链各个环节。参会人员包括4000名业界学者、专家，逾80000名专业人士和5000多家企业及采购商、供应商、集成商等。

9月，学会风能专委会、产业工作委员会主办的“《可再生能源法》实施十周年研讨会”召开，大会以“依法治能 奠定可再生能源发展之基”为主题，系统回顾了我国“十一五”和“十二五”时期可再生能源法制进程，总结了执行过程中的实践经验和教训，对今后落实法律提出了具体的行动建议。

10月14—16日，第十届全国研究生生物质能研讨会在北京召开。本次会议由学会生物质能专业委员会联合生物质能源产业技术创新战略联盟、北京化工大学共同主办。来自中国科学院广州能源研究所、中国科学技术大学、天津大学等34个研究所、高校的150余名硕士生和博士生，以及30多名青年学者和专家参加了会议。会议收到了来自全国30多家高校、研究院所和企业的134篇学术论文，论文内容涉及生物质资源开发、生物燃料技术、生物质成型及生物质发电技术、材料与化学品以及平台技术研究政策等5个专题18个方向，集中反映了我国生物质能领域近年来所取得的具有创新性的研发成果，展示了生物质能学科前沿研究热点和和最新进展。

10月15—17日，第十六届中国光伏学术大会在天津市举办，大会由南开大学、学会光伏专业委员会联合主办，南开大学光电子薄膜器件与技术研究所承办。参会代表总计500余位，大会主旨发言16篇，分会特邀报告44篇，分会口头报告201篇。其中，21篇论文被评选为本次大会的优秀论文，被推荐到EI源刊《太阳能学报》录用发表。中国科学院电工研究所和天合光能有限公司获得大会组织贡献奖。

11月5—6日，学会氢能专委会联合浙江大学在浙江省杭州市主办第五届全国氢能博士生学术论坛。来自全国高校科研院所的150余名青年氢能科学工作者参加了会议，发表学术论文近百篇。论坛就氢能的制取、储存、运输、利用等专业领域的新思维、新材料、新技术、新方法等成果进行交流与研讨，同时邀请专家对氢能领域的热点问题作专题报告，并评选出7位优秀口头报告、7篇优秀墙报。学会氢能专委会副主任委员、浙江大学材料科学与工程学院副院长陈立新教授为开幕式致辞；学会氢能专委会主任委员、北京有色金属研究总院教授蒋利军作了题为“金属氢化物储氢技术”的报告，受到与会者热烈欢迎。本次论坛通过针对氢的制取、储运、应用等基础科学问题和应用技术问题的交流，展示了有关氢能研究的最新研究成果，对吸引和激励更多的年轻科学家加入到氢能科学技术发展领域中起到推进作用。

两岸交流　2016年，学会光化学专委会和中国科学院物理研究所、化学研究所和南京工业大学共同主办了第三届新型太阳能电池学术研讨会。会议共收到摘要295篇，来自我国28个省、自治区、直辖市和香港特别行政区、台湾地区及日本和瑞典的121个单位668人网上注册，701人到场签名报到。李永舫院士作了大会特邀报告。参会的会议学术委员会委员和特邀代表70余人举行了工作会议，对新型太阳能电池研究现状、未来发展等焦点科学问题进行了讨论，为该领域的未来发展群策群力，出谋划策。

国际交往　2016年，学会接待国际机构、组织来访数十余人次，多次派代表团和专家团队出访国外交流学习。

2月28日—3月1日，学会光伏专委员会组织赴日本光伏技术交流活动，由专委会副主任王斯成、常州天合技术副总裁冯志强博士、上海微系统所研究员刘正新博士担任技术指导，总计31位业内人士共同参与。技术交流活动对日本国家级科研机构、知名大学、行业协会，以及农业光伏、水上光伏、住宅微电网等示范项目进行了深入考察和交流。

3月14—18日，学会产业工作专委会受德国商会邀请，赴德国参加了为期5天的参观考察及会议交流活动。3月14—16日为主题为“德国能源转型——可再生能源并网”的考察活动，3月17—18日为德国经济能源部和外交部共同主办的第二届“柏林能源转型对话”。本次活动帮助专委会会员单位与国际企业建立联系，提出了更多国际合作路径。

6月，学会应邀参加古巴工业展并拜会了古巴的老一辈革命家拉美罗司令。基于古巴能源短缺、能源效率低，可再生能源资源丰富但开发利用技术水平低，缺少系统性、战略性研究与规划，也没有充足的经济实力来支持展开自主研究的现状，学会向古巴提出了帮助其建设古巴可再生能源研究中心的建议，这一建议得到了拉美罗司令的赞同。学会已经向我国发改委、古巴工信部等相关部门提交了研究中心的建设方案。

学会天然气水合物专委会共接待新加坡、加拿大、德国等国来访专家5批次9人次来华合作研究和学术交流。组织专委会成员4批次10人次出国访问和学术交流。

8月25日—9月2日，学会光伏专委员会组织光伏技术考察团赴美国考察。秘书长李宝山任团长，由中国科学院电工研究所研究员王一波、刘向鑫任技术指导，来自北京、天津、江苏、新疆的行业和企业人士参与。此次技术考察访问了美国国家可再生能源实验室、劳伦斯伯克利国家实验室、斯坦福大学，考察了加州独立系统运营商和萨克拉门托市电力公司，参观了First Solar、Alta Devices和Miasole等知名薄膜电池生产企业，实地感受了加州Stone Edge Farm Micro-Grid Project先进示范项目。

12月，学会氢能专委会参加了国际能源署氢能执行协议第75届执委会召开的4次网络会议。作为新加入会员单位的代表，参与了2015年相关项任务（Task）的研究情况总结，并主动提出加入到新启动第39项任务（Task 32）——氢在航运中的应用研究。

科普活动 9月21日，由云南省科协与学会联合主办的“2016年科普进藏区系列活动暨迪庆州全国科普日启动仪式”在迪庆州文化馆召开，大会旨在带动可再生能源走进香格里拉藏区。2016年的“科普进藏区系列活动”由云南省绿色能源行业协会具体承办，内容侧重于可再生能源知识的普及和传播，特别是太阳能光伏发电与太阳能光热基础技术知识的推广。学会光伏专委会秘书长吕芳以“重塑能源”为题，全面讲解了全球能源变革的趋势和机遇，结合新能源产业发展介绍了国内外可再生能源综合应用的典型案例。云南省绿色能源行业协会与白马雪山管理局签订了在可再生能源方面的技术、产品的合作协议，代表多家企业与机构向藏区捐赠了价值24万元太阳能设备及助学金，并授予了白马雪山管理局等3家单位“科技创新与科学普及示范基地”称号。

2016年年初，针对四川甘孜石渠海拔高，电力设施匮乏，人畜共用地表水，导致格龙寺公益小学30多名高原孩子面临失学风险和饮用浅沟水感染包虫病高危风险的情况，学会光伏专委会和深圳市太阳能学会联合发起了年度公益慈善活动“2016太阳能公益人在甘孜石渠藏区”，倡议利用太阳公益人的力量，为当地打造一口应用光伏发电作为动力提水、道法自然的一口爱心深井，提供清洁的饮用水，切断包虫病传染源。通过近4个月的义演、微店和摄影作品义卖以及募捐等形式，共募集资金十余万元。

5月30日，学会地缘热泵组与2016中国（北京）国际供热通风空调、卫生洁具及城建设备与技术展览会主办方合作，参加展览并开展多项地源热泵技术推广与宣传活动。现场接受咨询人数450人，散发资料3500份。同期在展览中心举办讲座，参加人数110人。

10月16日，学会风能专委会组织的“奔跑吧！风电人——风电百人公益健跑”活动在北京奥林匹克森林公园开跑，来自风电行业企业所组成的团队和个人，约300多人参与了此项活动。自2015年首次举办以来，该活动得到了越来越多人的支持和参与。活动共筹集善款16万元，用于资助风能人·儿童舒缓治疗活动中心的运作。

【中国光伏大会】 10月19—21日，学会与中国光伏行业协会、国家可再生能源中心、工业和信息化部赛迪研究院、中国循环经济协会可再生能源专业委员会联合主办的2016 PVCEC中国光伏大会暨展览会在北京举办。大会以“缔造有影响力的光伏产业”为宗旨，通过汇聚全球顶级优质资源，展示光伏行业伟大成就，探索中国最佳实践路径，目标是建设全球性光伏行业高端交流合作平台，做亚太区最好的光伏大会。

本次大会以“引领光伏产业发展，推动能源战略转型”为主题，集政策宣讲、产品展示、研究动态与发展趋势、技术交流、应用对接为一体，为期3天，从政策、产业和技术三方面进行研讨。国家工业和信息化部电子信息司副司长吴胜武、国家能源局新能源与可再生能源司司长朱明、科技部高新司能源处处长郑方能、商务部贸易救济局副局长刘丹阳、全球太阳能理事会主席Bruce Douglas以及主办方代表中国光伏行业协会理事长、天合光能董事长兼CEO高纪凡在开幕式上致辞。

（撰稿人：梁　媛）

中国能源研究会

服务创新型国家和社会建设 研究会承担国家能源局政策法规司委托的能源软科学研究优秀成果奖评审、专家库建设、成果库建设的工作；承担国家能源局科技司委托的核事故放射性废水应急处理技术及工艺研究项目预算调整审核和验收工作；承担国家科学技术奖励工作办公室委托的2016年国家科技奖初评通过项目的有关行业咨询工作，对通过资源调查与矿山工程组初评的项目提供咨询意见。

研究会会能源互联网专委会受国家能源局委托与华北电力大学合作完成“促进我国‘十三五’能源规划中大规模可再生能源并网消纳的需求侧响应作用及实施路径研究”课题，受南方电网科学研究院、广西电网电力科学研究院委托完成“我国电力市场改革目标模式及分阶段实施路径研究”“广西电力市场景气指数模型及系统开发”等课题。

研究会会能源监管专委会承担国务院参事室的“中国能源监管研究”课题，以此研究为基础提炼而成的咨询报告获得了国务院主要领导的批示；学会承担完成的“推进政府与社会资本合作（PPP）的有关问题和对策建议”研究报告、“关于当前电力体制改革存在的突出问题及对策建议”等课题获国务院有关领导批示。

中国能源研究会（中能智库）先后开展了“输配电价改革对贵州省电力发展的影响分析及政策建议”“2016年中国企业能源互联网商业生态调研”“中国核电国内核电市场开发环境跟踪与分析”“京津冀地区可再生能源一体化发展战略与实施方案研究”“售电企业电力业务许可管理研究”“《电力业务许可证管理规定》实施情况评估及完善建议”等研究课题。

6月，研究会承担中国科协学会服务中心“2016年度配网带电作业专业人才研修班”相关工作，研究开发了一套配网带电作业专业人才培训课程及课件。

10月，研究会受科技部和意大利环境部的委托，继续承办了在意大利举行的“中国意大利能源环境可持续发展培训班”。

研究会电力安全与应急技术中心配合国家能源局派出机构开展业务培训工作，先后配合华东能监局、甘肃能监办、山西能监办对其管辖区域内的相关电力企业进行了安全生产法律法规和应急管理专项业务培训工作；应地方政府要求，参与指导了广东、河南、海南、云南等省大面积停电事件应急预案编制工作，组织政府部门和企业专家对“广东省大面积停电事件应急预案”“河南省大面积停电事件应急预案”进行了评审。

研究会下设的节能减排中心研究的创新技术获国家专利。3月9日，国家知识产权局下发“一种空冷和湿冷混合运行的蒸汽轮机乏汽冷却系统”发明专利证书。该技术在大唐集团下属托克托电厂、阳城电厂进行试点应用，达到既节煤又节水的效果。

研究会下设的国际能源专家俱乐部成立了清洁能源评估与推广平台，并举办清洁能源技术评估与推广——全钒液流电池储能技术、杭州泉浦循环水系统节能技术、“千足踏浪”海浪发电专利技术3场专家评议会。

研究会编辑出版《电动汽车充电基础设施》；开展能源经济形势跟踪研究，编写发布月度、季度分析报告；继续参与编写《中国能效投资进展报告2014》，该报告主要以能效投资的规模、来源、用途、效果、评价为主线，总体介绍2014年中国能效投资状况；参与完成《中国能效投资进展报告2015》报告的编写。

研究会承接了国家能源局安全司的“大面积停电事件省级应急预案编制指南”和“国家大面积停电事件应急预案释义”两个课题，指导全国各地方政府和企业贯彻落实《国家大面积停电事件应急预案》；跟踪电力体制改革新形势，与贵州省能监办共同开展了“电改多运营商环境下电力应急工作策略研究”研究课题。

完成“国家能源局信息中心通报工作研究”“国家能源局安全监管司人才培养体系研究”“中电瑞铠公司产品电力行业市场研究”等课题。

受国家能源局委托，完成“我国天然气市场形势及其走势研究”；完成《昆泰燃气市场研究报告及沾化区天然气市场项目建议书》；受河南省发展燃气集团委托完成《河南省发展燃气有限公司战略规划（2016—2025年）》。

编辑《能源研究参考》（内参）12期，发行11000余册，作为内部资料主要寄送部委和省、自治区直辖市主管能源工作的领导和部门，以及能源央企和地方主要能源企业。国家发改委基础司、中财办、国务院研究室、科技部办公厅、财政部经济建设司已指定每期报送《能源研究参考》，为其提供政策研究依据。

学会建设 研究会联合中国电机工程学会等9家中国科协所属学会，以及21家企业、19家研究机构、8所高等院校共同成立中国科协清洁能源学会联合体。研究会理事长吴新雄出任联合体第一届理事会理事长。

2016年，研究会新成立能源互联网专业委员会、储能专业委员会、电能技术专业委员会、燃料电池专业委员会、能源网络安全技术研究中心，并接纳中国煤炭经济30人论坛为研究会直属单位。

研究会秘书处增设研究咨询部和会员信息部等职能部门，提升研究会自主运营能力。

2016年，研究会理事长吴新雄主持召开了8次理事长办公会议，学习贯彻了中国科协九大及各项文件精神，修订并制定了研究会规章与管理制度。修订了《公文处理规定》《印章使用管理办法》《会员管理办法》《会费收支管理办法》《项目经费收支管理办法》《分支机构软科学研究课题项目管理办法》等，制订了《咨询研究项目管理办法》《项目评价验收管理办法》《专家库管理办法》等管理办法。

学术期刊 2016年，《中外能源》出刊12期，针对热点话题，先后组织专家撰写了《国外典型电力批发市场模式比较及启示》《互联网企业参与下能源企业合作效应研究》等40余篇科技论文。《中外能源》杂志为美国《化学文摘》(CA)、美国《石油文摘》(PA)、美国《剑桥科学文摘》(CSA)、波兰《哥白尼索引》(IC)、美国《乌利希期刊指南》、中国期刊网、中国期刊全文数据库、中文科技期刊数据库(全文版)、中国核心期刊(遴选)数据库收录期刊。

《地热能》是由研究会地热专业委员会和天津大学地热研究培训中心共同主办的我国目前唯一的地热专业期刊。2016年，杂志全年出版6期，每期印制1000册。

学科发展研究 研究会完成《中国能源展望2030》，对“十三五”及2030年中国能源发展概况进行了研究和预测；继续发布《中国能源发展报告(2016)》；编写、发行《能源数据简明手册2016》《中国能源发展“十二五”回顾及“十三五”展望》。

国际学术会议 研究会及各分支机构全年共举办以及国际学术会议5次，分别为“低碳和低油价背景下石油行业的发展前景”研讨会、“墨西哥油气改革：投资机遇和法律风险”研讨会、2016(第十二届)中国分布式能源国际论坛、2016中美能源专家对话暨清洁能源政策研讨会、储能定价国际研讨会。

8月17—18日，2016(第十二届)中国分布式能源国际论坛在上海市召开。该论坛始于2005年，截至2016年已举办12届，被业界公认为“中国分布式能源第一会”。研究会常务副理事长史玉波出席论坛并致辞，来自分布式产业链相关企业代表以及业内资深专家、学者共200余人出席论坛。论坛采用研讨、项目考察相结合的形式，推动新思路、新技术、新模式在产业中应用，旨在经过各方共同参与合作，建设更多有效分布式能源项目。

12月10日，研究会在北京召开储能定价国际研讨会，特邀美、德、英、日等国专家与国内电力市场与储能市场化方面的专家，共同探讨国际储能定价的方法与机制，并为制定中国电力市场化改革下的储能定价政策建言献策。

国内主要学术会议 研究会及分支机构共举办研讨会、报告会、论坛等30余次，共计参会人数1500余人次。与往年相比，参与人数、学术水平和社会影响力均有提高。

3月26日，研究会举办第一期中国能源金融高端论坛，与会代表就充电基础设施的国家和地方性补贴政策、充电基础设施商业模式创新以及2016年充电基础设施需求分析等进行了互动交流。

6月5日，研究会举办第二期中国能源金融高端论坛，论坛旨在深入贯彻落实国家发展和改革委员会、国家能源局《能源技术革命创新行动计划(2016—2030年)》及《关于推进新能源微电网示范项目建设的指导意见》，充分发挥金融资本在电力体制改革中促进新型商业运营模式、新业态发展的行业升级助力作用。

7月25日，受全国政协副主席陈元的委托，研究会牵头在北京召开了煤炭清洁高效利用技术研究座谈会议，陈元出席座谈会并讲话。来自国家能源局、环境保护部、国家开发银行等有关主管部门，神华集团等30余家企业、高校及院士、专家等出席会议，座谈讨论煤炭清洁高效的利用。

8月10—13日，研究会在浙江省杭州市举办2016第八届中国地源热泵行业高层论坛，主要交流了国内外地源热泵的最新科研成果、行业现状与发展趋势，分享了国内外地源热泵技术经验及成功案例。

8月31日，研究会在北京市举办2016中国能源互联网峰会。峰会以“新产业、新机遇、新发展”为主题，针对能源互联网新机遇、新格局、新标准、新趋势，以及电网跨国互联互通新发展等主题开展交流。

11月12日，研究会在北京市组织召开电力体制改革与国有电力企业做强做优做大专家论坛。来自政府部门、国有电力企业、高校、科研院所的260位代表出席。论坛围绕在电力体制改革的背景下电力国企应采取哪些措施来实现做强做优做大，电力体制改革应设计哪些机制、提出哪些举措以推动电力国企做强做优做大等业内人士普遍关注的问题，进行讨论交流。

国际交往 3月，研究会常务副理事长史玉波与印度驻华大使馆公使举行会谈，就中印在能源领域的合作与交流交换了意见。

4月，研究会与加拿大驻华大使馆在北京市联合举办了“对话加拿大——应对当前国际油气市场的挑战”专题论坛活动。研究会常务副理事长史玉波和加拿大驻华大使分别出席对话会。

7月3—8日，研究会地热专委会参加在吉林省长春市举办的中国东部多井孔深部地下实验室国际学术研讨会。此次国际研讨会的主要目的是开展对“多井孔深部地下实验室”科学问题和工程问题的交流和探讨，最后形成完整的项目申请书（full proposal）提交给国际大陆科学钻探计划（ICDP），参加会议的有来自中国、美国、日本、德国、韩国、奥地利6个国家的共80位代表。

党建强会 11月，为贯彻落实《中国科协关于加强科技社团党建工作的若干意见》和中国科协学会党建工作会议精神，根据中国科协的统一部署并得到中国科协科技社团党委的批复，研究会决定在第七届常务理事会基础上成立中国能源研究会党委，研究会理事长吴新雄为书记。

【2016能源革命与绿色低碳发展高层论坛】 11月25—26日，研究会在北京举办2016能源革命与绿色低碳发展高层论坛，研究会理事长吴新雄、国家能源局副局长李仰哲、中国科协党组成员兼学会学术部部长宋军出席论坛并讲话，研究会常务副理事长史玉波、秘书长郑玉平分别主持了上午、下午的会议。两院院士和能源领域知名专家、学者应邀在大会上就我国能源政策、能源转型与能源体制革命、构建新型能源消费体系、国际能源战略方向及发展路径、新能源与可再生能源发展等作主题演讲。来自国家有关部门、相关机构、科研院所、高校及能源企业的代表共计500人出席了论坛。

11月26日的会议由“能源互联网助推能源革命”“推进电能技术创新，促进绿色低碳发展”“储能技术支撑中国能源变革”“燃料电池催生新能源革命”“节能、低碳、绿色”5个分论坛组成。

研究会能源互联网专委会承办了“能源互联网助推能源革命”分论坛，包括能源互联网助力能源革命、多能互补集成优化示范工程建设、能源互联网的发展机制和能源互联网关键技术4个主题。研究会电能专委会承办“推动电能技术创新，促进绿色低碳发展”分论坛，针对能源发展与装备创新、城市电网智能化关键技术、新能源并网标准与新能源发展、电能替代等方面议题进行交流。研究会储能专业委员会承办“储能技术支撑中国能源变革”分论坛，重点探讨储能技术快速发展背景下的商业应用模式创新及产业发展政策。研究会燃料电池专委会承办了“燃料电池催生新能源革命”分论坛。研究会节能减排中心承办“节能、低碳、绿色”分论坛。

在“燃料电池催生新能源革命”分论坛上举行了中国能源研究会燃料电池专业委员会成立仪式。

（撰稿人：刘淑琴）

中国硅酸盐学会

服务创新型国家和社会建设 4月11—14日，第27届中国国际玻璃工业技术展览会在上海市举办。该展会由学会主办，展出面积达80500平方米，来自31个国家的886家厂商参展，其中国外厂商230家；来自65个国家的30000多名专业观众参观展览，其中外国观众近3000名。展会展出内容涵盖玻璃生产的各个领域，低碳经济、节能减排、新能源技术和与绿色建材相关的新技术、新产品和新设备等受到关注。展会期间，举办了14场技术讲座。

9月4—5日，全国水泥制品标准化技术委员会在新疆乌鲁木齐市主持召开JC/T 412《纤维水泥平板》、JC/T 564《纤维增强硅酸钙板》行业标准修订内审会议。标委会委员及科研、检验机构、生产企业的36位专家和代表参加会议。学会混凝土与水泥制品分会参与的修订工作组已经完成标准的送审稿，并于12月完成标准的报批工作。

学会测试技术分会参与的“陶瓷涂层常温和高温弹性模量与弯曲强度评价技术及国际标准研制”项目中，ISO/TC206/WG10陶瓷涂层工作组按照项目预期对《陶瓷厚涂层弹性模量和强度测试方法》国际标准（ISO/TC 206 DIS 19603）和《陶瓷厚涂层高温弹性模量测试方法》国际标准（ISO/TC 206 DIS 20343）进行讨论，并根据专家组提出的意见对国际标准进行修改。

学会建设 3月24日，中国硅酸盐学会第八届理事会第八次常务理事会议在北京召开。会议选举徐永模、王发洲为中国科协第九次全国代表大会代表，推选徐永模为中国科协第九届全国委员会委员候选人。

会议审议通过玻璃分会、薄膜与涂层分会、房屋建筑材料分会、工艺岩石学分会、固态离子学分会、混凝土与水泥制品分会、耐火材料分会、自动化分会和陶瓷分会换届结果；审议通过《硅酸盐学报》第七届编辑委员会组成名单。

12月12日，由学会、清华·红旗渠新材料产业化发展中心联合主办的中国硅酸盐学会服务工作站暨绿色建材专题论坛在河南省林州市召开。论坛建立由100余名高端人才组成的专家团队，并建立专家库。针对林州当地需要，学会服务工作站聘请38位专家，其中高级顾问8名、专家30名，为活动的持续开展提供人才保证。

截至2016年年底，学会新发展个人会员309人，个人会员总数达20749人，团体会员总数达50个。学会共举办专业培训9期、技术讲座4场，受众700多人次。

学术期刊 《硅酸盐学报》刊发的6篇论文入选“领跑者5000——中国精品科技期刊顶尖学术论文”。据《中国科技期刊引证报告（核心版）》（2015年版）统计,《硅酸盐学报》的总被引频次为2547次，影响因子为0.79，第13次被评为“百种中国杰出学术期刊”。

学会通过学术会议为《硅酸盐学报》组约稿件，组织“功能玻璃研讨会”论文专题，刊发论文4篇。4月,《硅酸盐学报》参加第24届国际玻璃大会，并在会上约稿1篇。6月,《硅酸盐学报》参加2016年原子力显微技术暨纳米尺度力电及化学耦合高级研讨会。

在第11届中国硅酸盐学会《硅酸盐学报》优秀论文奖评选奖励工作中,《硅酸盐学报》刊发的6篇论文获奖，其中，一等奖2篇、二等奖2篇、三等奖2篇。

国际学术会议 学会全年举办国际学术会议2个，共700余人次参加，其中境外专家、学者252人次，收到论文566篇。

11月3—7日，第18届全国固态离子学学术会议暨国际电化学储能技术论坛在广西壮族自治区桂林市召开。本次会议由学会固态离子学分会主办，广西师范大学承办。来自海内外的专家、学者及企业界代表共850余人参加会议。本次论坛以近年来我国固态离子学领域在理论、材料及器件方面的最新研究成果为交流重点，涉及固态离子学的基础理论、离子导体或混合导体、固态离子器件、燃料电池、锂离子电池（动力电池、储能电池和小功率电池）、氧传感器及应用、电化学电容器、固态离子学研究测量新技术与仪器以及固态离子学在新型能源材料与技术领域的潜在应用等主题。会议分9个分会场进行了94场邀请报告以及78场分会口头报告，共收到摘要论文近550篇，389份墙报进行展示交流。

11月26—29日，由学会薄膜与涂层专业委员会、中国物理学会、上海市物理学会共同发起，中国科学院上海技术物理研究所和武汉理工大学硅酸盐建筑材料国家重点实验室承办的第九届薄膜物理与应用国际学术会议（The 9th International Conference on Thin Film Physics and Applications，TFPA 2016）在上海市召开。来自美国、英国、意大利、新加坡、韩国、中国的高校、科研院所、企业单位代表参加本次会议。会议围绕薄膜物理、薄膜技术、薄膜材料及薄膜应用4个主题领域研讨、展示薄膜领域的最新成就，并结合薄膜技术领域内的热点问题，展开学术探讨和技术交流。大会评选出“优秀oral speakers”一等奖1名、二等奖2名、三等奖3名。

国内主要学术会议 2016年，学会和各分支机构举办学术会议61个，其中学术年会20个、学术论坛4个，12124人次参加学术交流，收到论文3392篇。

1月8—9日，学会玻璃钢分会在江苏省南京市举办GB/T 31539—2015结构用纤维增强复合材料拉挤型材标准宣贯暨FRP拉挤型材工程应用技术研讨会。清华大学、北京玻钢院复合材料有限公司、中冶建筑研究总院有限公司等起草单位对行业企业进行宣贯。会议分3个主题，近20个报告，230余人参会。

4月20—22日，学会测试技术分会主办的第七届无机材料结构、性能及测试表征技术研讨会在陕西省西安市召开。中国科学院上海硅酸盐研究所、航天材料及工艺研究所、中国科学院金属研究所、武汉理工大学、清华大学材料学院、哈尔滨工业大学、厦门大学等100余家相关单位和机构的专家、学者共160余人出席。会议共安排5个大会报告、21个邀请报告、16个口头报告，收到论文投稿200余篇。

4月28日，学会工业陶瓷专业委员会在上海市召开中国硅酸盐学会陶瓷分会工业陶瓷专业委员会2016学术年会，100余人参加会议。会议安排10位专家作主题报告，重点介绍各单位在工业陶瓷、技术陶瓷等方面的最新研究成果，并为参会企业提供技术咨询。

5月18—20日，学会房建分会防水保温材料专业委员会主办的全国第十八届防水保温材料技术交流大会在北京召开。来自全国各地有关建筑防水堵漏材料及原材料生产、工程施工、新闻媒体、防水社团组织等单位的1000余名代表出席大会。

6月14—15日，学会玻璃钢分会在江苏省常州市举办2016年聚氨酯复合材料应用及发展论坛，来自行业的220余位代表参加会议。会议以“聚氨酯树脂性能研究”“聚氨酯复合材料成型技术及装备”“聚氨酯复合材料性能及产业应用”三方面为主题，各赞助单位的相关产品进行现场展览和视频演示。

7月3日，由学会主办、学会设计艺术专业委员会和景德镇陶瓷大学共同承办的首届“CHINA·中国”中国陶瓷艺术设计大展颁奖典礼在景德镇举行。学会理事长徐永模、景德镇市副市长熊皓、景德镇陶瓷大学校长江伟辉出席颁奖典礼并致辞。学会秘书长晋占平出席颁奖典礼。1000余件作品参加本次大赛评选。在日用瓷类作品中，评出1项金奖、2项银奖、5项铜奖、32项优秀奖；在艺术瓷类作品中，评出6项金奖、13项银奖、21项铜奖、179项优秀奖。

7月16—17日，由学会主办、学会固废分会和中国矿业大学共同承办的中国国际固废处理与生态材料学术交流会在北京召开，来自国内外共计560余位代表参加本届会议。学会副秘书长谭抚公布固废分会第一届理事会第二次全体会议增补理事名单。固废分会分别成立6个专委会，各专委会共计400多位专家、学者和企业家，学会固废分会成为我国固废领域最大的学术团体。会议期间，举行多场学术交流会。包括固废利用英文分会场、冶金渣分会场、煤矸石与粉煤灰分会场、建筑固废分会场、工业副产石膏分会场、青委会分会场以及研究生论坛专场等，共有85个报告进行交流。

11月16日，由学会科普工作委员会、建筑材料工业技术情报研究所主办的“改变的力量”2016第十三届全国商品混凝土可持续发展论坛（2016中国商品混凝土年会）在江苏省苏州市召开。本次论坛以“改变的力量”为主题，共有600余位代表参加。开幕式上，举行了“2015—2016中国商品混凝土行业最佳品牌示范企业”和“2016全国商品混凝土企业优秀实验室主任”的颁奖活动。大会出版论文集，收入论文66篇。

科普活动 11月6日，学会固态离子学分会组织部分与会专家、学者，赴广西壮族自治区资源县开展科普和扶贫活动。

表彰举荐优秀科技工作者 2016年度中国建筑材料联合会·中国硅酸盐学会建筑材料科学技术奖获奖项目共表彰科技工作者279人，其中向省部级以上科技奖项推荐72人。

【第24届国际玻璃大会】 4月8日，第24届国际玻璃大会在上海开幕。本届大会由国际玻璃协会和学会主办，中国建材国际工程集团有限公司和中国科学院上海光学精密机械研究所承办。大会议题内容涵盖玻璃的研究、技术开发、教育和出版等领域。共有来自33个国家的800多名代表参加本次大会。大会执行主席、国际玻璃协会顾问委员会主席彭寿发表主旨演讲。

第24届国际玻璃大会

大会开幕式由学会理事长徐永模主持，彭寿致开幕词。上海市政协副主席张恩迪出席大会并致欢迎词。中国科学院院士干福熹，上海大学党委书记、学会副理事长罗宏杰，国际玻璃协会主席Manoj Choudhary，副主席Alicia Duran等出席开幕式。大会开幕式颁发了国际玻璃协会Woldemar A. Weyl Award、ICG Presidents Award、ICG Vittorio Gottardi Prize和ICG W. E. S. Turner Award四个奖项。

本届大会报告分4天举行，共有8个大会报告、87个邀请报告内容、318个一般口头报告和103篇墙报论文。其中，87个邀请报告覆盖玻璃结构与理论模拟、玻璃化转变与弛豫、玻璃性能测试与表征、功能玻璃、晶化与分相、非氧化物玻璃、玻璃纤维、玻璃光纤、溶胶凝胶、玻璃薄膜与镀膜、玻璃考古等专题。

【第8届无机非金属材料专题研讨会】 8月15—16日，第8届无机非金属材料专题研讨会在山东省济南市召开。会议由学会主办，济南大学和重庆大学协办。中国科学院院士南策文，学会副理事长兼秘书长晋占平等330余名代表参加会议，与会代表中既有知名专家、学者，也有包括博士研究生和硕士研究生在内的青年科技工作者，其中青年科技工作者约占70%。

会议设“高性能无铅压电及新型铁电材料”和“水泥基材料水化硬化机理与微结构形成”两大主题。“高性能无铅压电及新型铁电材料”分会场就高性能无铅压电材料、多铁性材料及新型铁电材料及器件等展开研讨和交流，共交流报告40个，其中特邀报告11个、学术报告15个。“水泥基材料水化硬化机理与微结构形成”分会场围绕水泥基材料的组成、水化硬化机理、微结构形成及其与物理力学性能的关系等进行研讨和交流，共交流报告77个，其中特邀报告13

个、学术报告 24 个。

包括博士研究生和硕士研究生在内的 39 名青年科研人员参加演讲。评委们对演讲报告进行点评，评选出 7 名科研创意奖、5 篇优秀墙报奖。

（撰稿人：孙睿哲）

中国建筑学会

服务创新型国家和社会建设 学会启动团体标准研究工作，制定《中国建筑学会标准管理工作架构》《中国建筑学会标准管理办法（试行）》《中国建筑学会标准编制工作流程（试行）》3 个文件。审定通过中国建筑学会第一部标准——《水泥和混凝土用镍铁渣粉》。

受住房和城乡建设部人事司和全国高等学校建筑学专业教育评估委员会的委托，开展 16 所高校的进校视察和建筑学专业教育质量督查的协调和组织工作，并完成全国高等学校建筑学专业教育评估委员会 2016 年全体会议的组织工作。

受国家奖励办的委托，开展国家科技奖初评通过项目行业咨询工作，组织相关专家对国家科技进步奖的 6 个候选项目、国家技术发明奖的 3 个候选项目提出了行业咨询意见。

受住房和城乡建设部规划司、监管司的委托，完成关于《城市设计管理办法》和《工程设计资质标准》等文件的意见征求工作。

学会承担住房和城乡建设部"建筑师负责制制度研究"课题，先后召开两次专家咨询讨论会，并派专家组赴厦门和上海进行调研。课题报告已经撰写完成并结题。

针对不同层面技术人员的需求，学会举办各专业相关新规范、新标准培训。举办培训班 35 个，参加培训人员 1260 人次。

学会建设 8 月 23 日，中国建筑学会第十三次全国会员代表大会在北京召开。选举产生新一届理事会、第一届监事会和学会领导班子。来自全国各地的会员代表共计 260 余人参加大会。

全年新增个人会员 69 名，新增团体会员 28 家，编辑会讯 35 期，总发行 13000 余份。2016 年认定 51 人成为资深会员。

学会网站发表或转载近 18 万篇文章，45 个专题，766 名资深会员内容全部上线，继续完善《中国当代著名建筑师》微刊。继 2015 年之后，网站搜索引擎优化继续进入百度新闻源。

学会能力提升计划 继续与中国科协签订"学会创新和服务能力提升工程"项目合同书，2016 年以提升学会能力建设为着力点，着力自身改革创新，提升学会综合管理和运营能力；加强国际交流与合作，继续提高中国建筑界和中国建筑学会的国际影响力和知名度；启动对会员和会员单位的科技评价工作，加强中国建筑学会奖项评选，启动中国建筑学会品牌学术活动培育等工作。

学术期刊 学会及直属分会公开出版和内部发行的刊物 16 种，全年累计发行 60 余万册。

《建筑学报》获得国家新闻出版广电总局信息中心颁发的"2016 期刊数字影响 100 强"和"2016 年度中国期刊海外发行百强排行榜"。《建筑结构学报》组织召开第四届建筑结构基础理论与创新实践论坛，参与中国知网"中文精品学术期刊外文版数字出版工程"，荣获"2015 年百种中国杰出学术期刊"。《建筑知识》开展"我心中的好建筑"微摄影公益主题活动。

学科发展研究 10 月，学会启动《2016—2017 年建筑学学科发展动态》编制工作，项目总目标为：对国际建筑学学科的发展动态进行综述；在国际视野下评述中国建筑学学科的发展现状；分析并聚焦未来建筑学学科发展的关键问题和前沿方向。

国际学术会议 2016 年，我会继续作为国际建协和亚洲建协会员出席相关会议，在国际建协代表大会的代表人数投票比重增加。

3 月，学会常务副秘书长张百平赴坦桑尼亚出席国际建筑师协会第 128 次理事会。

9 月，由中国建筑学会、韩国建筑学会、日本建筑学会共同主办，并由日本建筑学会承办的"第十一届亚洲建筑国际交流会"在日本仙台东北大学举行。以学会理事长修龙为团长的中国建筑学会代表团出席会议。

9 月，以清华大学建筑学院朱文一教授为团长、学会副秘书长顾勇新为副团长的一行 6 人赴香港特别行政区参加亚洲建筑师协会第 37 届理事会和第 17 届亚洲建筑师大会。

10 月，第七次 APEC 建筑师中央理事会在马来西亚举行。以住房和城乡建设部执业资格注册中心副主任于洋为团长的中国代表团出席会议。学会副理事长庄惟敏与代表团一同出席会议。

国内主要学术会议 5 月 18—19 日，以"建筑的春天”为主题的2016年中国建筑学会学术年会在北京召开。学会理事长修龙出席年会开幕式并致辞，中国工程院院士孟建民、王建国，中国科学院院士常青，法兰西建筑科学院院士阿兰·莫阿提等12位国内外著名专家、学者作学术报告，来自全国各地的建筑科技工作者、会员以及部分高校师生500余人参加会议。本届年会分为“主旨报告”“城市设计”“建筑文化遗产”三大版块，主旨报告由中国工程院院士崔愷主持。

3月19日，中国建筑学会建筑教育评估分会2016年年会暨第一届五次理事会在黑龙江省哈尔滨市召开。

8月，香港建筑师学会会长吴永顺、澳门建筑师协会会员大会主席梁颂衍和台北“中华全球建筑学人交流协会”理事长陆金雄出席中国建筑学会第十三次全国会员代表大会，并获得学会颁发的荣誉资深会员证书。

9月，学会与中国文物学会在北京共同举办“致敬百年建筑经典：首届中国20世纪建筑遗产项目发布暨中国20世纪建筑思想学术研讨会”。来自全国文博界、文化界、城市建筑界、出版传媒界和高校师生共计200余人出席会议。

11月，应香港建筑师学会会长吴永顺邀请，学会副理事长王建国代表学会出席2016年香港建筑师学会60周年庆典。

两岸交流　2月，学会理事长修龙在中国建筑设计研究院会见到访的台湾新党主席郁慕明和“中华全球建筑学人交流协会”理事长陆金雄等一行18人。会见中，双方对建筑师执业、注册等问题交换意见，并对大陆和台湾建筑业的发展进行探讨。会后台湾建筑师一行参观建筑师崔愷、李兴钢和曹晓昕工作室并与相关人员进行交流。

4月，在北京召开2016吸碳建筑研讨会。此次研讨会由中国建筑学会和台湾绿领协会主办，中国环境科学学会协办。

国际组织任职　学会副理事长庄惟敏任国际建筑师协会理事、国际建筑师协会职业实践委员会联席主任、学会常务副秘书长张百平任国际建筑师协会副理事；学会常务理事刘克成任国际建筑师协会遗产委员会联席主任。

国际交往　1月，中韩建筑院校学生交流工作坊在西安建筑科技大学建筑学院举行。本次工作坊是由全国高等学校建筑学专业教育评估委员会、学会建筑教育评估分会、韩国建筑教育评估委员会以及韩国建筑院校联合会主办，西安建筑科技大学建筑学院承办。

2月，学会常务副秘书长张百平会见日本建筑学会代表、第十一届亚洲建筑国际交流会组委会主席小野田泰明教授、组委会成员Kosuke Matsubara教授和香港大学王维仁教授。双方就第十一届亚洲建筑国际交流会的筹备事宜进行交流，并就继续扩大亚洲建筑国际交流会的学术水平和国际影响力进行探讨。

科普活动　完善科普制度，加强基地建设。修订完善《中国建筑学会科普教育基地认定办法》形成讨论稿。继续开展2016年度科普基地申报工作。积极开展实地调研，努力挖掘潜在社会资源满足广大社会公众的科普需求。拟定并印发科普基地申报相关文件并主动与相关部门进行沟通。2016年共有33家单位申报科普基地，其中22家入围。截至2016年年底，学会科普基地已发展至34家，覆盖19个省、自治区、直辖市。

截至2016年年底，中国建筑大家科普讲堂已在北京、成都、广州、上海、天津、哈尔滨举办7场活动，得到包括彭一刚院士、关肇邺院士、何镜堂院士、郑时龄院士、孟建民院士、许溶烈院士、黄星元大师夫妇、刘力大师夫妇在内的中国工程院院士、中国科学院院士、国外院士、中国工程设计大师、中国建筑材料专家、中国杰出中青年建筑师的大力支持。

2016年，学会与北京交通大学联合主办“北京市建造节”，与贵州省建筑设计研究院共同举办“传统村落的保护与更新”学术沙龙。

表彰举荐优秀科技工作者　为服务建筑科技工作者，表彰优秀建筑科技工作者，推广优秀建筑作品，学会在2016年开展一系列奖项评审工作。

受住房和城乡建设部委托，学会承担2016年度田园建筑优秀实例推荐工作。本届实例推荐活动共收到全国21个省区市推荐的209个项目，涵盖民宅、农村公共建筑、农业生产用房等种类。9月26日，评选会议召开，共评选出一等奖6项、二等奖12项、三等奖28项。

党建强会　结合巡视工作反馈意见，制定《中国建筑学会“三会一课”制度》《中国建筑学会党员学习制度》，修订《中国建筑学会党支部纪检工作制度》《中国建筑学会党员教育管理制度》《中国建筑学会党员学习制度》和《中国建筑学会民主生活会制度》，并将8项党支部制度汇编成册。

2月23日，召开中国建筑学会党支部党员大会，选举产生新一届秘书处支部。

由学会主办，贵州省建筑设计研究院承办，贵州省土木建筑工程学会协办的“党建强会”——西部巡讲之“传统村落的保护与更新”学术沙龙于8月在贵州省贵阳市举行，近200人参加学术交流。组建青年党员专家团队参访亟须保护的古建筑——长城，并邀请中国长城学会会员周万萍就长城文化的传承和长城建筑的保护进行座谈。通过实地调研、学术讨论，团队成员对古建筑保护提出建议，并根据反馈对原建议进行修改完善。

会员服务 为了提高资深会员学术地位和知名度，扩大社会影响，学会会员部与中国城市出版社编辑出版《中国建筑学会资深会员工作实录（2016）》，共收录建筑设计、结构、材料、室内设计等各专业领域120名资深会员。该书预计于2017年3月正式出版。

2016年出版会讯35期，累计发行13000册，共49万字。会员之家微信平台发布各类专业信息近300条，浏览量达12万余人，主要是会员和业内人士。为学会600名资深会员制作个人网页，个人网页可以通过微信链接同步。

【2016梁思成建筑奖】 梁思成建筑奖是由中国建筑学会主办、国际建筑师协会大力支持、面向世界引领国际建筑方向的奖项，是授予建筑师和建筑学者的最高荣誉。

本届梁思成建筑奖提名工作于2016年4月正式启动，5月18日举行2016梁思成建筑奖提名委员会工作会议。会议全程邀请住房和城乡建设部、中国科协相关领导出任观察员，对本届奖项的提名工作进行监督和指导。各位专家严格按照梁思成建筑奖评选办法的要求，对申报人及相关附件资料进行认真阅览、讨论，并对符合梁思成建筑奖评选办法规定条件而未被提名的建筑师和建筑学者进行统一提名，最后通过无记名投票，确定庄惟敏（中国）、周恺（中国）、梅洪元（中国）、郭明卓（中国）、杨经文（马来西亚）、严迅奇（中国香港）、隈研吾（日本）、姚仁喜（中国台湾）为梁思成建筑奖候选人（排名次序不分先后）。

7月18日，中国建筑学会在北京举行2016梁思成建筑奖评选。最终，Kenneth King Mun Yeang（杨经文，马来西亚）、周恺（中国）成为2016梁思成建筑奖获得者。

（撰稿人：李　佳）

中国土木工程学会

服务创新型国家和社会建设 组织完成“十二五”国家科技支撑计划课题——“软土地下空间开发工程安全与环境控制”的研究工作，完成课题预期目标任务，形成软土地下空间开发工程安全、环境、节能与可持续发展的核心支撑技术，促进我国软土地下空间技术的持续进步。学会于2016年年初组织完成课题及子课题研究成果的验收评审工作；4月25—26日在杭州通过住房和城乡建设部组织的课题验收；10月18日在北京通过科技部组织的项目验收。作为参与单位，学会申报并参加“十三五”国家重点研发计划“工业化建筑标准体系建设方法与运行维护机制研究”课题；参与由中国标准化协会承担的住建部“团体标准培育和发展政策研究课题”。

2016年，学会继续开展团体标准的编制工作。制定完善相关制度文件；征集标准项目，开展2016年第一批及今后学会标准项目征集工作；开展2015年学会标准的编制管理、跟踪管理，对标准编制项目进行引导、规范、监督、审查等，并提供技术指导。

开展中国科协2016年承接政府转移职能与科技公共服务工程项目。主要包括：“特种设备（压力管道设计及元件制造）鉴定评审”项目。作为特种设备之压力管道设计和压力管道元件制造鉴定评审单位之一，学会燃气分会承接国家特种设备行政许可鉴定评审工作，完善评审程序和评审规范，充实和加强培训评审专家队伍，购置办公和实验设备软件，加强评审部门管理，完成鉴定评审任务。“建筑工业化专家评估体系”项目。学会住宅工作委员会针对建设行业的发展需求，研究建立建筑工业化专家系统、建筑工业化专家委员会运作模式，研究探讨建筑工业化发展动态及趋势，开展行业技术咨询与服务工作。“隧道工程师专业技术水平评价”项目。学会隧道分会对隧道工程师的现状进行调查、研究，探索建立隧道工程师的考核体系、标准，建立考试题库，建设专家队伍，建立隧道工程师评价机构，对隧道工程师作出业务水平评价。

3月25—30日，学会组织44位香港特别行政区青年土木工程师赴东北三省考察内地的高铁、桥梁、港口、隧道等方面的工程项目建设和内地的工程建设成就。

学会能力提升计划 2016年，学会加强与有关国际以及国家学术组织的联系，与英国、加拿大、美国、中国香港等国家和地区的学术组织开展双边互动，并协商今后进一步合作方向。为服务“一带一路”国家发展战略，学会与蒙古、格鲁吉亚等国家的土木工程学会建立联系并开展协商，为推动学会与相关国家学术组织的友好往来、落实“一带一路”国家发展战略奠定基础。

推荐国内专家参与国际学术活动，在国际组织中任职，实质性参与工作，在国际舞台上展现中国学者风采。

学会实现工作人员专职化。对新进人员采用聘用制管理办法，学会空缺岗位面向社会公开招聘。

全面推进学会信息化建设。将现有的网站内容重新梳理并结合各业务部门的需求搭建新的门户网站。建设协同办公系统，建设学会及分会交流的统一平台，用信息化手段提高整体工作效率。

学会建设 学会召开九届五次理事会通讯会议、九届六次理事通讯会议、九届七次常务理事扩大会议。

计算机分会、市政工程分会、燃气分会、水工业分会完成换届改选工作。学会组织召开地方学会工作会议及专业分会工作会议。

学术期刊 编辑出版《土木工程学报》《现代隧道技术》《防护工程》《建筑市场与招标投标》《煤气与热力》《城市公共交通》《公交信息快递》《城市公交》文摘报、《预应力技术与工程应用》《空间结构简讯》《土木工程师》《城市道桥与防洪》等期刊。

《土木工程学报》结合第九届全国防震减灾学术大会出版2期增刊，发表土力学方面优秀论文共计51篇文章。《土木工程学报》每期发行1700余册，国外发行10余册。《土木工程学报》2016年首次获得中国科协“精品期刊”项目资助。

学会与中国建筑工业出版社联合编辑出版《第十三届詹天佑大奖获奖工程图集》，在学会网站制作第十三届詹天佑大奖展示专栏，首次与《土木工程学报》联合编辑出版《土木工程应用技术专刊》。

国际学术会议 主办城市综合管廊建设与管理技术专题研讨会、第十八届中国国际工业博览会科技论坛专题活动——智慧停车技术论坛、中日岩土工程技术交流会、2016中国城市基础设施建设与管理国际大会、2016全装修住宅及内装工业化（国际）论坛、第十二届国际绿色建筑与建筑节能大会暨新技术与产品博览会、2016中国隧道与地下工程大会暨隧道分会第十九届年会、第七届全国运营安全与节能环保的隧道及地下空间学术研讨会、第十五届海峡两岸隧道与地下工程学术与技术研讨会、第十九讲黄文熙讲座学术报告会、第一届土动力学及岩土工程可持续发展国际研讨会、中国（上海）国际节能与新能源汽车技术装备展览会暨上海国际客车技术展览会、第九届全国防震减灾工程学术研讨会、“站城共融　绿色宜居”——地铁与城市空间一体化建设国际研讨会、第四届全国工程风险与保险研究学术研讨会、首届全国青年工程风险分析和控制研讨会、第六届亚太地区结构可靠度及应用研讨会、第七届中日隧道安全与风险国际研讨会等国际会议。

5月9—11日，第二十二届全国桥梁学术会议及国际桥协（IABSE）广州学术会议在广东省广州市召开。参加大会的代表来自29个国家，共1110人。会议收录论文229篇。

第二十二届全国桥梁学术会议

国内主要学术会议 共举办学术会议50余次，参会人数约1万人次，出版论文集20余种，提交论文2000余篇。

3月18日，土木工程院士、专家系列讲座——中国科协创新驱动助力工程试点项目在四川省德阳市举办。来自德阳市建设单位的青年技术人员和四川建筑职业技术学院的师生代表530余人参加会议。

4月21—22日，2016中国（深圳）城市轨道交通关键技术论坛暨第25届地铁学术交流会于2016年在广东省深圳市召开。26位专家作专题报告，来自全国轨道交通建设、设计、科研高校、建设领域央企及其他企业、装备商的300多名专家、学者参加大会并进行技术交流。本次大会共收录论文66篇。

7月1—7日，“2016年土木工程院士知名专家系列讲座暨第七届全国研究生暑期学校”在江苏省南京市举办。活动邀请包括4位院士在内的44位国内外知名专家、学者就土木工程领域热点、难点问题发表学术观点和学术成果。专业讲座分为结构与防灾、桥梁与岩土、工程管理、力学四个专题，来自全国各高校的优秀研究生、本科生400余人参加活动。

8月26—28日，第四届全国工程风险与保险研究学术研讨会在武汉召开。会议围绕土木工程安全风险管理与保险、水利水电工程风险评估与管理等11个议题展开讨论。参加本次会议的共有来自海内外有关土木、水利、交通、保险等领域的科研单位与知名企业参会代表220余名，安排14个特邀报告和36个分会场学术报告，共收录论文40篇。

9月26—27日，中国土木工程学会2016年学术年会在北京召开。此次年会以“全面提升城市功能”为主题，针对建设理念、绿色建筑、既有建筑改造、绿色施工、结构工程创新、海绵城市建设、轨道交通、桥梁工程、地下空间、城市综合管廊建设、防灾减灾等热点难点问题进行报告与交流。来自全国建设、交通、铁路、道桥、隧道、市政等土木工程各个领域的专家、学者、学会会员和新闻媒体代表约300人参加此次会议。

10月24—27日，2016中国隧道与地下工程大会暨中国土木工程学会隧道及地下工程分会第十九届年会在四川成都召开。大会以“现代隧道工程的挑战”为主题。12位两院院士、国际隧协主席以及来自建设单位、科研院校、企业的专家学者、师生1200多人参会。会议安排13个大会报告、15个国际专场报告和135个分会场报告，其中6位院士进行大会交流。会议首创“石门论道”专场。会议论文集收录论文134篇。

10月27—29日，第九届全国防震减灾工程学术研讨会在安徽省合肥市召开。研讨会以“防震减灾的新技术、新进展、新应用”为主题，邀请包括4位工程院院士在内的28位国内外工程防震减灾领域知名学者作特邀报告。会上还举办7场分组报告，119位中青年专家作分组报告，730多位国内外专家、学者参会。会议共收录论文176篇，其中《土木工程学报》收录55篇，论文集收录121篇。

11月10—11日，2016中国土木工程詹天佑奖优秀住宅小区技术交流暨高品质绿色住区规划设计与建造论坛在北京召开。

12月，学会组织举办第十八届香港、内地青年土木工程师科技冬令营活动，来自相关单位的21位青年工程师赴港进行为期1周的交流和考察活动。

国际交往 学会隧道分会组织赴俄罗斯的国外地下空间开发利用的考察和交流活动；公交分会组织赴加拿大和美国考察新能源客车活动、赴德国参加汉诺威商用车展活动；轨道推广委员会组织赴柏林开展世界轨道交通展览考察活动；隧道分会组织专家参加在国（境）外举办的2016年世界隧道大会暨第42届会员国大会、国际地下空间学术大会、第八届严酷环境条件下混凝土耐久性国际会议、第七届桥梁和结构工程中的先进复合材料国际会议、第六届中俄矿山深部开采岩石动力学高层论坛、第一届城市隧道可恢复性国际研讨会等交流活动。

学会接待来自英国土木工程师学会3个代表团8人次的来访，共同探讨今后的合作与交流情况；接待加拿大土木工程学会2个代表团3人次的来访，就明年开展的相关合作进行详细的交流和探讨。接待美国土木工程师学会岩土分部国际及事务部主席、加拿大CANMET/ACI大会主席、美国土木工程师学会可恢复性分会有关人员、英国隧道协会前秘书长等国外专家的来访和交流考察活动。

表彰举荐优秀科技工作者 2016年，学会向科技部推荐第二批国家“万人计划”拟推荐人选2人；受科技部委托，继续承担科技部2016年“创新人才推进计划”暨国家“万人计划”之“中青年科技创新领军人才”候选人的组织推荐工作，推荐3名中青年科技创新领军人才候选人；推荐的2015年“中青年科技创新领军人才”有2人入选；受教育部委托，学会组织推荐2016年度教育部青年科学奖候选人1位；推荐中国科协奖项提名委员会专家人选3人；继续组织实施中国科协“青年人才托举工程”项目，学会组织遴选土木工程领域的5名青年科技人才进行托举；推荐第十四届中国青年科技奖有1人入选。

【第十三届中国土木工程詹天佑奖颁奖大会】 3月30日，第十三届中国土木工程詹天佑奖颁奖大会在北京举行。来自住房城乡建设部、交通运输部、水利部、科技部、中国科学技术协会、中国铁路总公司（原铁道部）、国家科技奖励工作办公室、中国建筑工程总公司、中国交通建设股份有限公司、中国铁路工程总公司、中国铁道建筑总公司、第十三届詹天佑奖

244 家获奖单位代表，以及来自全国各省市的土木建筑科技工作者近 500 人参加大会。

中国土木工程詹天佑奖注重发挥科技奖励激励、导向、促进作用，坚持弘扬科技创新精神，鼓励自主创新与新技术应用，致力于引领、促进土木工程行业科技进步。奖项的评选始终坚持“数量少、质量高、程序规范”的评选原则和“公开、公正、公平”的设奖原则，得到社会各界的广泛关注和认可。获奖工程反映我国当前土木工程在规划、设计、施工、管理等方面的最高水平和最新科技创新与应用。

中国土木工程詹天佑奖是经住房城乡建设部认定、并经科技部首批核准登记，由中国土木工程学会和北京詹天佑土木工程科学技术发展基金会于 1999 年联合设立，在土木工程建设领域组织开展的以表彰奖励科技创新与新技术应用成绩显著的工程项目为宗旨的重要奖项。

目前，詹天佑大奖已组织完成十三届评选，先后有 374 项具有较高科技含量和代表性的土木工程建设项目获此殊荣，香港和澳门地区以及海外项目共有 12 项工程获奖。

【第二十二届全国桥梁学术会议】 5 月 9 日，国际桥梁与结构工程协会 2016 广州会议及第二十二届全国桥梁学术会议在广州召开。来自国际、国内的专家学者及代表共 1110 人参加会议。来自中日韩美奥丹等国的 9 位专家作大会报告。

会议颁发同济桥梁教育和研究发展基金设立的桥梁奖项。大奖共分三项，分别是奖励对桥梁科技发展做出原创性成果贡献的桥梁科技人员的“李国豪原创桥梁技术奖”、奖励在桥梁科教事业中有突出成绩的杰出青年的“项海帆杰出桥梁青年奖”、奖励正式出版的桥梁专业优秀专著、译著和教材等作者的“范立础优秀桥梁图书奖”。三项大奖每两年评奖一次。邓文中院士的《钢与混凝土混合连续桥梁》荣获 2016 年李国豪奖，天津大学的朱劲松博士获得 2016 年项海帆奖，项海帆院士的《高等桥梁结构理论》获 2016 年范立础奖。

闭幕式中，由国际桥协颁发的“年轻工程师大奖”和由国际桥协与此次会议的组委会共同颁发的“年轻工程师贡献奖”举行颁奖仪式。“年轻工程师大奖”的 3 个杰出设计大奖分别由同济大学团队、福州大学团队、华南理工大学团队获得。“年轻工程师贡献奖”，获奖者分别是 Igor Kavrakov 和来自西南交通大学的 Xiaoyu Chen。

本次国际桥协广州会议共收到来自 33 个国家和地区的 229 份论文摘要，其中 216 份得到收录；共收到来自 23 个国家和地区的 151 份论文全文，其中 131 份得到收录。

（撰稿人：张　君）

中国生物工程学会

服务创新型国家和社会建设　2016 年，学会承担中国工程院“十三五”生物产业发展重大行动计划研究咨询项目。课题研究目标是：提出我国合成生物学及生物制造业的发展思路、发展目标、重点任务、关键技术路线图。提出推动我国生物产业可持续发展对策和建议，为促进我国生物产业发展，提出具有战略性、前瞻性的综合研究报告和咨询报告。课题研究任务主要选择合成生物学领域为重点研究对象，研究国内外合成生物学发展总体情况、产业规模和发展趋势。借鉴国外合成生物学发展模式与政策，分析我国发展的规律和障碍。对合成生物学在医药和农业领域新的生长点中需要解决的瓶颈问题进行研究，提出可能形成的产业和发展趋势的预见。结合传统工业过程的转型升级，对生物制造业的新原料、新技术进行前瞻性的研究。就产业发展中出现的新情况、新问题提出新的发展建议。

11 月 8—10 日，学会与浙江省台州市的 6 家企业进行协作创新服务签约活动，为扶持台州市的重点企业攻关难题，建立资源整合共享机制，共同推动企业的创新发展与转型升级。

11 月 16—19 日，学会组织中国食品发酵工业研究院副院长张五九等 5 位食品与酿酒的国家级专家赴安徽省阜阳市开展创新驱动助力工程项目的专家与企业对接工作，对工业发酵过程中遇到的难点、技术进行现场指导。

2016 年，学会申请中国科协承接政府转移职能项目，编写《中国生物产业发展报告 2015》。根据项目要求，编写小组召开论证会议，讨论并拟定编写大纲和拟邀请专家及单位，在半年的时间内完成该项目预定目标。

受《中国大百科》全书第三版总编辑委员会的委托，学会承担编写生物学生物工程分支条目的工作，分别是生化工程、酶工程、发酵工程、细胞工程、基因工程、蛋白质工程和生物技术方法。

学会建设 学会按照章程中的规定按期召开2次常务理事会议、1次理事会议。

学会个人会员2220人，团体会员单位131个，学会分支机构数量16个。为扩大青年科技工作者积极参与学会工作，6月，学会成立中国生物工程学会青年工作委员会。筹建氨基酸生物技术专业委员会和生命科学仪器专业委员会。

学术期刊 学会会刊《中国生物工程杂志》每月出版1期，每期印刷数为1800册。2016年共印刷20000册，发表论文236篇。

学会与中国化工出版社共同主办《生物产业技术杂志》，该杂志为双月刊。2016年印制9000册，发表论文150篇。

国际学术会议 9月5—7日，学会在北京举办世界微生物数据中心成立五十周年纪念暨国际微生物大数据研讨会。来自全球二十余个国家的150多名代表参会，环保部、科技部、中国科学院国际合作局、中国科学院科技促进发展局有关领导出席会议。会上，专家就国际微生物大数据研发态势和重要的科研进展进行探讨，对大数据环境下微生物数据资源的挖掘和利用的新技术和新方法进行交流。

11月1—3日，2016世界生命科学大会在北京国家会议中心召开，会议由中国科协和生命科学学会联合体共同主办。本次会议围绕生命科学、医药卫生、农业及环境等领域的基础研究、科技进展、科学普及、政策法规及伦理方面展开研讨。作为生命科学学会联合体的一员，学会全程参与会议的筹备与组织工作并协助邀请大会报告人。会议召开期间，学会组织专家为280名中小学生现场讲解生命科学。

国内主要学术会议 4月14日，学会在北京举办“农作物生物育种产业化高层研讨会·2016”，来自科研院所、高校、企业、政府管理部门的近300名专家、学者参加会议。会议就国际生物技术作物产业化、基因组编辑技术日新月异的发展、新育种技术的管理等问题进行广泛交流。

4月15—16日，在广东省广州市举办第三届计算生物学与生物信息学学术会议。会议围绕“生物信息学、组学数据及应用”展开生物大数据挖掘与组学研究、微生物组学与生物工程、植物基因组学与分子育种、生物信息与精准医疗等主题交流，约220余人参加会议。

6月18日，中国生物工程学会首届青年科技论坛在北京召开。本届论坛为青年科技人员提供了自我展示的机会，提高了青年科技工作者对学会的认知度，并鼓励他们积极参加学会的学术活动。

7月5—7日，由学会牵头联合19家国家级学、协会及湖北省人民政府共同主办的第九届中国生物产业大会在湖北省武汉市召开。大会以实施创新驱动发展战略、推动生物产业引领转型为主题，旨在为生物产业创造良好的发展环境，引导各要素向生物产业聚集，发挥市场和政府配置资源的作用，促进产学研结合。20多位院士出席开幕式，600多家国内外顶尖生物企业参展。

9月22日，学会在苏州召开先进医疗器械产业高端论坛，11位业内专家分别作学术报告。

10月24日，学会在中国海洋大学召开蓝色粮仓科学技术发展战略研讨会。

11月26日，面向精准医学的微生物组学及其应用高峰论坛在北京召开。会议邀请业内知名专家共同探讨微生物组学将如何影响精准医疗产业的发展，近60人参加研讨。

11月18—20日，第二届全国生物资源保护与产业利用学术研讨会——内生菌与益生菌专题在浙江理工大学举办。会议报告涵盖植物微生物、动物微生物、食用微生物、海洋微生物等领域，收到投稿论文和摘要90篇，评选出优秀论文奖。约150多位专家、学者参加会议。

12月4日，由学会组织的生物化工、生物能源领域发展方向和策略研讨会在天津市召开，20余位专家就生物化工及能源的利用、开发以及今后的发展趋势进行讨论，提出生物化工、生物能源领域未来的发展方向和目标。

两岸交流 10月13—15日，在广东省深圳市召开2016年海峡两岸暨港澳精准医疗协同创新论坛。本次论坛由中国科协交流部和学会主办，台湾玉山科技协会、台湾工业技术研究院、台湾大学等科研单位参加。本次论坛邀请11位海峡两岸的学者及企业代表围绕精准医疗协同创新重点科技与项目、政策与机制进行主题报告。

10月14日，学会理事长高福院士、台湾工业技术研究院前院长李钟熙、台湾玉山科技协会何小台等11人，共同签署了《成立海峡两岸暨港澳精准医疗协同创新研究院倡议书》。

国际组织任职 学会理事长高福院士于10月当选亚

洲生物技术联合会（Asian Federation of Biotechnology，AFOB）主席，自2016年10月1日至2018年9月30日，任期2年。亚洲生物技术联合会（AFOB）成立于2008年，现已发展成为拥有12个分支机构和13个国家和地区会员的非营利国际性组织，是目前亚洲生物技术领域覆盖面最广、参与国家和地区最多、具有广泛影响力的国际学术组织。

科普活动 学会举办科普活动8次，其中院士科普报告会1次、科技咨询1次、大型专题展览1次。宣讲活动受众人数约2000人次。参加活动科技人员总数98人次，包括专家56人次。

3月20日，学会授予山东东阿一中“中国生物工程学会科普教育基地”称号并举行科普报告会。

3月26日，学会在中国科学院遗传与发育生物学研究所举行科技创新与科学传播研讨会。

5月20日，学会在三峡大学举行转基因技术的科学基础报告会，220人参会。

表彰举荐优秀科技工作者 2016年，学会推荐理事长高福院士为“全国杰出人才”，并入选。经学会推荐，南京工业大学教授应汉杰、清华大学教授张学工获得第七届“全国优秀科技工作者”称号。经学会推荐，2名青年科技工作者入选“青年人才托举工程”。

【第一届亚洲生物技术联合会夏季论坛】 8月16—19日，由学会和亚洲生物技术联合会（Asia Federation of Biotechnology，AFOB）共同主办的“第一届亚洲生物技术联合会夏季论坛（AFOB Summer Forum 2016）”在山东省青岛市举办。

本次夏季论坛的主题为“亚洲生物技术在人类健康和福祉领域所面临的问题”（*Current Issues in Asian Biotechnology for Human Health and Welfare*），学会理事长高福院士和韩国仁和大学（Inha University）Yoon-Mo Koo教授共同担任大会主席。开幕式上，Ho Nam Chang教授介绍了2016年AFOB主席和秘书长换届选举情况，并正式宣布高福院士当选AFOB第三任主席，Yoon-Mo Koo教授当选AFOB第三任秘书长。

来自亚洲9个国家和地区的100余位代表参会。来自中国、韩国、日本、菲律宾、印尼、泰国、新加坡和马来西亚的53位学者应邀在7个分会场作专题报告和分会报告。与会专家重点围绕“新发疾病”“功能食品”“化妆品”“生物制药”4个专题开展讨论。论坛组织评选了优秀墙报奖，并为获奖者颁发证书。

会议期间，召开了第十届AFOB理事会会议。

【中国生物工程学会第十届学术年会暨2016年全国生物技术大会】 中国生物工程学会第十届学术年会暨2016年全国生物技术大会于8月10—12日在黑龙江省哈尔滨市隆重举行。科技部中国生物技术发展中心主任黄晶、华大基因理事长杨焕明院士、中国科学院植物研究所副所长研究员种康、台湾清华大学化工系主任胡育诚、韩国东国大学生命科学研究院院长朴正克、黑龙江大学生命科学学院教授及美国佛罗里达大学蛋白质组学实验室主任陈思学、中国科学院微生物研究所研究员温廷益、军事医学科学院毒物药物研究所研究员张学敏院士、军事医学科学院军事兽医研究所研究员金宁一院士、军事医学科学院生物工程研究所所长陈薇、学会理事长高福院士等近90位专家分别在大会和9个分会场作专题报告。各分支机构委员、地方生物工程学会代表、个人会员及会员单位代表、投稿的论文作者等450人参会。会议期间，召开学会第六届理事会和常务理事会议，讨论学会未来发展及今后的工作重点。

大会同期安排9个专题分会场，分别是工业与环境生物技术研论会、全国医学生物技术暨全军第十三届生物技术学术研讨会、农业生物技术学术研讨会、计算生物学与生物信息学研讨会、第三届全国干细胞与组织工程治疗峰会、组学技术在农业及微生物领域的应用研讨会、全国生物技术职业教育教学指导委员会2016年年会、海峡两岸及港澳生物技术论坛、生物医药产品药学研究和市场发展论坛。

会上颁发了中国生物工程学会2016年学术年会“中生华美”青年优秀论文奖。会议期间，举办了生命科学领域技术与产品展览、观摩及技术交流活动。

（撰稿人：蒋玉清）

中国纺织工程学会

服务创新型国家和社会建设 学会分别与15个地方科协通过面谈等方式对接，组织纺织行业高水平专家70人次到48家企业进行调研。与34家企业及地方科协形成合作意向，签订中国科协创新驱动助力工程学会服务站合作共建协议及中国纺织工程学会技术研发合作协议等25个，建立12个学会服务站，为企业提供决策咨询、技术攻关、技术推广和人才培训等多种形式的服务。

向中国科协上报创新驱动大事记与月报各9篇，

完成创新驱动助力工程阶段性工作总结及2个案例的编写。

学会组建以姚穆院士为首的专家团队，对由福建圣龙纺织实业有限公司与西安工程大学共同完成的“涤纶革基布免水洗轧染技术”科技成果进行鉴定。

《中国大百科全书》三版纺织科学与工程学科主编与副主编第一次工作会议在北京召开。落实后期编写工作，明确15个分支条目及层级修改方法。

学会承办全国人大常委、中国科协副主席、继续教育专委会主任冯长根率领中国科协继续教育委员会专家组对福建省民营纺织企业继续教育工作进行考察调研任务。专家组一行先后考察晋江佶龙机械工业有限公司、浩沙实业有限公司和泉州海天材料科技股份有限公司3家企业，听取相关企业开展继续教育的情况汇报，与企业技术人员进行座谈交流。

学会组织技术研发中心企业参加在福建省福州市举行的第十四届“中国·海峡项目成果交易会”，为技术研发中心的发展和科研成果的推广搭建平台。

学会推进纺织跨行业团体标准体系建设工作，学会标准化技术委员会分别成立纺织生态助剂分标准化技术委员会、纺织品外观质量检验分标准化技术委员会、服装及辅料配件分标准化技术委员会、纺织品及制品检测技术分标准化技术委员会4个分标准化技术委员会。学会就建设纺织跨行业团体标准体系工作组织专家前往30家单位进行走访调研，以准确定位标准范围。2016年申请获批5个标准立项，公开发布一个团体标准T/CTES 1001—2016《纺织品外观检验》。

学会承担中国科协科技文献信息加工项目，已采集完善创新平台入网专家资料96份，采集整理科技成果135项，遴选专利2502项；组织专家对13家企业进行咨询服务。

11月14日，由学会和中国化纤协会联合主办的“2016全国纺织复合人才培养工程高级培训班”毕业典礼在北京举行。37位中、高级技术及管理人员完成培训，成为“全国纺织复合人才培养工程高级培训班”二期毕业生，并获得人力资源和社会保障部委托颁发的《国家专业技术人才知识更新工程培训证书》。

学会能力提升计划 学会根据中国科协《学会能力提升专项资金管理办法（试行）》和工作进度安排，将专项资金用于提升学会自身发展能力、提升服务创新能力、提升服务社会和政府能力、提升服务科技工作者能力4个方面。

提升学会自身发展能力方面。学会重点培育中国纺织学术年会品牌，10月24—25日在上海市召开2016中国纺织学术年会。

提升服务创新能力方面。学会新发展全国再生纤维织物印染、全国纺织数码涂料印花、全国特宽幅家纺产等12家企业技术研发中心。对7家技术研发中心企业进行复审工作。10月24日，与3家单位签约合作成立3个产业研究院，搭建面向地方政府、高校、企业的实用性产学研协同创新平台。12月24日，学会与中国机械工程学会、中国仪器仪表学会等11家全国学会共同发起成立了中国科协智能制造学会联合体。12月5日，在大连工业大学成立了由学会、大连工业大学、阳光集团等9家单位组成的超临界二氧化碳无水染色技术工程化联盟。

提升服务社会和政府能力方面。10月31日—11月2日，学会承办国家发改委“互联网+”和大数据（2个）创新能力建设专项评估项目。

提升服务科技工作者能力方面。为青年科技工作者成长搭建阶梯，创建95名博士人才库，依托中国科协青年人才托举工程，为青年人才提供“产学研用”的环境和条件，助力行业和企业创新驱动。

学会建设 学会分别召开第25届常务理事会第4、第5次会议和第25届理事会第2、第3次会议，分别审议并通过的重要事项有：选举中国科协第九次代表大会代表及推选第九届全国委员会委员候选人，推荐王华平、陈南梁、王锐、丁彩玲为第七届“全国优秀科技工作者”候选人，学习贯彻落实中国科协第九次全国代表大会精神，调整中国纺织工程学会第25届理事会部分组成人员等。

学会发展高级会员719名，学生会员1198名。向会员发送《纺织学报》和《毛纺科技》杂志约5000余册。

学术期刊 组建《纺织学报》第九届编辑委员会，由69名委员组成。《纺织学报》加强期刊网站和信息短信、微信和微博互动平台的建设，全年共刊登论文360篇，约205万字。2016年年初被《工程索引》收录。

组建《毛纺科技》第一届编委会，由34名委员组成，《毛纺科技》杂志全年刊登论文207篇，约140万字。启用了DOI编码，开通使用中国知网期刊协同采编系统，实施稿件的在线投稿编辑管理，开通微信互动平台。

决策咨询 4月，学会向环保部提供有关生态纺织品的法规及标准，印染用染料、化工料的分类，禁限用重点危害化学品的替代、行业部分节能减排工艺的推广等内容，客观实际地反映我国印染行业推进绿色环保工艺技术、实行清洁生产、节能减排的真实情况。

协助广东省汕头市起草《潮南纺织印染环保综合处理中心企业入园指导意见》，包括技术导则、企业用地分配、创新平台建设三方面内容。

国内主要学术会议 学会共举办国内学术会议23次，出席会议人员达2900余人次，交流论文756篇。

4月15日，由学会和上海市护理学会联合在上海召开2016全国医卫纺织科技创新研讨会，来自80多家医院的120余位医疗工作者参会。

5月5—6日，学会在江苏省南通市举办2016全国家纺产业链新兴技术论坛。来自科研院所、高等院校及家纺产业链上下游企业的200余位代表参加会议，中国工程院院士姚穆出席大会并作主旨报告。

5月26日，学会产业用纺织品专业委员会与中国产业用纺织品行业协会联合在广东省佛山市召开2016中国产业用纺织品产业发展大会。中国工程院院士周翔、孙晋良、蒋士成、姚穆、俞建勇，有关领导和专家共400多人参会。

7月13—14日，由学会主办的源明杯第十届全国印染后整理学术研讨会在山东省烟台市召开。230余人参会，共收录论文60余篇。

8月3—4日，由学会主办、学会环保专业委员会承办的2016天工开物杯中国生态纺织环保科技年会在山东省青岛市召开。120余人参会。

9月24日，学会与陕西省咸阳市人民政府、西安工程大学联合承办，咸阳市科协、咸阳市新兴纺织工业园管委会、陕西省纺织工程学会协办的第十八届中国科协年会第11分会场——“三品建设构建纺织产业‘一带一路’新格局”论坛在陕西省咸阳市召开。中国工程院院士姚穆以及来自科研院所、高等院校和企业的200余名专家、学者出席本次论坛。

国际组织任职 学会理事长孙瑞哲、常务副理事长伏广伟在亚洲纺织学会联盟组织中担任理事。

国际交往 10月24日，学会理事长孙瑞哲在上海市会见参加2016中国纺织学术年会的美国加州大学戴维斯分校、日本信州大学、澳大利亚迪肯大学以及来自香港特别行政区的专家、学者，就今后的合作及纺织学科发展方向等议题进行交流。

科普活动 完成科普读物《电磁辐射与纺织品》一书初稿，计划2017年出版。与中央电视台合作制作完成“功能性服装”采访视频。通过微信平台传播纺织服装领域科普知识。

表彰举荐优秀科技工作者 10月24日，学会评出“2016中国纺织学术大奖”获奖者2名、学术带头人5名、技术带头人5名，评出“2016中国纺织青年科技奖”获奖者3名。

经学会推荐，王华平、陈南梁、王锐、丁彩玲4人获得第七届“全国优秀科技工作者”称号；王栋荣获第十四届中国青年科技奖。

学会协办“2016年度香港桑麻纺织科技奖”，获奖者18名，其中一等奖4名、二等奖14名。

党建强会 学会党支部组织全体党员积极参与“两学一做”学习教育，学习习近平总书记在全国国有企业党的建设工作会议上的重要讲话精神和中央十八届六中全会的有关文件。学习党章，重温入党誓词，坚持每天一题。组织党员参观焦庄户地道战遗址纪念馆、毛主席纪念堂、天安门，庆祝中国工农红军长征胜利80周年纪念活动。

建立学会党支部微信群，以此作为党员交流学习的平台。

贯彻习近平总书记在“科技三会”上的讲话精神，学会在12月5日成立的“超流体无水染色”技术工程化联盟中组建党小组，这是学会首次在跨单位的项目攻关团队内成立党小组。

12月10日，学会党支部牵头组织在浙江宁波召开了首届全国纺织机器人应用高峰论坛。来自全国纺织行业、科研院校的专家学者300人以“机器人开启纺织智能生产新时代”为主题，围绕纺织机器人技术的需求分析和发展路径、缝纫机器人、机器人柔性制鞋、机器人标准化和人才培养等议题展开交流。

会员服务 从2016年1月开始，学会将原有的《纺织动态信息》（纸媒）改为《纺织动态信息网络月刊》，以电子邮件方式向会员发送。全年完成12期《纺织动态信息网络月刊》的编辑发送工作，累计发送7000余次。

通过学会微信公众号向会员传送学会的各项工作和学术活动信息。截至2016年11月底，共发布图文消息36次98条，累计阅读26512次，被转发12555次，分享12374次。

学会发挥会员工作站和技术研发中心的作用，为单位会员提供技术咨询服务，探索创新服务协同发展的模式。

【2016 中国纺织学术年会】 10 月 24—25 日，2016 年中国纺织学术年会在上海市召开，大会的主题为“发展新经济，培育新动能”，来自国内外的专家、学者、纺织科技工作者 650 余人参加会议。中国工程院院士郁铭芳、周翔、蒋士成、姚穆，中国纺织工业联合会副会长李陵申、中国科协企业创新服务中心副主任冯师斌等出席大会。学会常务副理事长伏广伟主持会议。中国纺织工业联合会会长、学会理事长孙瑞哲出席大会并作题为“发展新经济培育新动能”的主题报告。与会专家、学者在纤维材料、现代纺织技术论坛、技术纺织品、相变调温技术与植物染料技术、生物基合成纤维的开发与应用 5 个分会场中，围绕高新技术纤维材料、先进纺织工艺和产品开发技术、高性能产业用纺织品、节能减排和资源循环利用技术、智能纺织、“‘互联网 +’纺织”等热点内容展开交流。

年会期间，2016 中国纺织学术大奖、2016 中国纺织学术带头人、2016 中国纺织技术带头人、2016 中国纺织青年科技奖、第 17 届陈维稷优秀论文奖颁奖活动相继举行。

会议期间，学会分别与青岛中科纺织研究院有限公司、江苏吴江高新技术产业园区（筹）管理委员会、石狮市人民政府合作成立中国纺织工程学会生态纤维和纱线产业技术研究院、中国纺织工程学会面料产业研究院、中国纺织工程学会纺织服装和辅料产业石狮研究院，并举行签约仪式。为新加入学会技术研发中心的无锡市万邦机械制造厂等 12 家企业举行授牌仪式。

【第 35 届全国毛纺年会暨“唯尔佳”优秀新产品颁奖大会】 8 月 3—5 日，由学会毛纺织专业委员会、《毛纺科技》杂志社 、国家纺纱工程技术研究中心联合主办，山东如意科技集团有限公司协办的第 35 届全国毛纺年会暨“唯尔佳”优秀新产品颁奖大会在北京举办，学会毛纺织专业委员会委员、毛纺织企业的负责人和技术人员、高校师生约 120 人参加会议。

学会副理事长伏广伟、龚进礼，秘书长尹耐冬、副秘书长刘军出席会议。学会副理事长施楣梧博士主持会议，伏广伟致辞。

会议围绕新型纤维在毛纺面料中的应用开发、毛纺面料的数码印花及染整技术、毛纺织面料的设计及产品开发三个主题展开。施楣梧博士就毛型阻燃面料的研发作专题报告。会议评选出 38 篇优秀论文入编《第 35 届全国毛纺年会论文集》。同期，学会第 25 届毛纺织专业委员会第一次全体会议召开。

在“唯尔佳”优秀新产品评比中，共有 22 家企业的 110 余款作品参评，并首次面向大专院校在校学生征集作品，共有 5 个院校的 130 余款作品参评。企业作品评选结果：2 款作品获优秀设计奖、2 款作品获一等奖、4 款作品获二等奖、6 款作品获三等奖。学生作品评选结果：7 款作品获设最佳作品奖、7 款作品获最佳材料应用奖。

（撰稿人：郭建伟）

中国造纸学会

服务创新型国家和社会建设 学会依托在浙江省衢州市建立的专家工作站继续推进中国科协创新驱动助力工程，对衢州市内重点特种纸企业能耗状况开展调研，组织专家进行学术研讨，针对企业的特点制定相应节能减排方案。计划深入企业进行节能改造工作。

学会与河南省新乡市科协签署《关于促进新乡市造纸产业发展合作框架协议》，搭建科技服务平台，计划成立学会专家工作站，为企业技术改造、科技创新、清洁生产、人才培养提供智库支持。

学会建设 学会有个人会员 17552 人，单位会员 203 个，2016 年新发展单位会员 2 个。个人会员以中青年为主，50 岁以下个人会员占比 72%。

学会召开理事会议 1 次、常务理事会议 3 次。推荐了中国科协第九次全国代表大会代表及九届全国委员会委员候选人，审议并通过了《中国造纸学会推选院士候选人工作方案》，投票选举出评审委员会等机构具体成员名单。

按照中国科协“关于全国学会深入贯彻落实《科协系统深化改革实施方案》的通知”要求，学会制定了 2016 年中国造纸学会改革计划方案。

4 月，学会接受社会组织第三方评估机构专家现场评估考察，被评为 4A 等级全国性学术类社团。

学术期刊 学会主办的《中国造纸学报》《中国造纸》《纸和造纸》《造纸信息》共编辑出版学术论文 357 篇。获中国科协精品科技期刊工程资助的《中国造纸学报》和《中国造纸》是制浆造纸工业仅有的 2 本中文核心期刊，总被引频次、影响因子逐年上升。CNKI（中国知网）公布的 2016 年《中国造纸学报》复合影响因子为 0.876，在制浆造纸行业排名第一。

《中国造纸学报》和《中国造纸》期刊启用电子采编系统，方便投稿、询稿及审稿。

学会主办了全英文季刊《造纸与生物质材料》，完成编委会的建立，国外编委成员16名，于7月出版第一期，全年共收录论文17篇。

学会编撰出版了《2016中国造纸年鉴》，全书共有13个栏目，正文755页，发行500余册。

学科发展研究 学会承担了中国科协学科发展研究项目"制浆造纸科学技术学科发展研究"。9月，学会组织制浆造纸行业相关学科专家在江苏省南京市召开了学科发展研究启动工作会议，讨论了研究报告的框架体系、专题分配、内容撰写、截稿时间等相关工作。《制浆造纸科学技术学科发展报告》制定了6个专题报告，记述制浆、造纸、纸基功能材料、制浆造纸装备、制浆造纸化学品和制浆造纸污染治理领域的科学技术发展，对比国内外制浆造纸行业各领域的研究进展，并对制浆造纸学科的发展趋势和研究方向提出建议。

国内主要学术会议 学会召开了中国造纸学会第十七届学术年会、第三届中国造纸装备发展论坛、2016中国国际造纸创新发展论坛3次会议，参会人数共计970余人次，交流论文155篇。

7月15—17日，第三届中国造纸装备发展论坛在山东省潍坊市召开。全国造纸、装备及相关行业的400多人出席了论坛，共收到论文55篇。论坛以"中国造纸装备2025并加快企业走出去"为主题，就造纸装备发展战略、技术创新升级、深度融合、智能制造等话题进行了研讨。

10月11日，由学会、中国造纸协会和中国制浆造纸研究院共同主办的2016中国国际造纸创新发展论坛在上海市召开。会议规模近300人，以"创新驱动 智造未来"为主题，论坛特设主题报告、专题演讲和高端对话3部分。来自工业和信息化部、中国科学院、德国造纸技术研究所的相关专家针对国际造纸最新产品与技术发展、制造业与互联网的融合发展、科技创新的战略管理等方面作了主题报告。来自国内制浆造纸及相关领域的优秀企业家就"一带一路"沿线国家造纸工业发展、转型时期的战略选择和创新服务做了专题演讲。高端对话围绕战略创新和模式创新展开讨论，企业家与参会专家之间互动交流。论坛发布了《2016中国造纸产业竞争力报告》，对造纸行业研究和企业家的决策提供参考和指导。

国际交往 2月24日，学会接待芬欧汇川（中国）有限公司执行副总裁Bernd Eikens一行4人。Bernd Eikens介绍了公司的发展规划、项目建设及市场竞争情况，双方确定了长期深入合作的意向。

7月13日，学会接待了日本惠尔得株式会社大山芳男、铃木淳一一行4人。铃木淳一介绍了近年日本造纸工业的发展现状、公司在中国市场的销售情况以及公司最新研究开发的多种毛毯和成形网产品。学会常务副秘书长杜荣荣介绍了学会举办的活动情况。

8月29日，美国矿物技术有限公司（MTI）副总裁Rand Mendez一行4人到访学会。学会常务副理事长曹振雷接待了来宾，双方进行了深入交流，曹振雷介绍了淘汰落后产能和节能减排政策，我国南方地区白纸板发展趋势及蔗渣制浆造纸现状，对公司在我国的发展提出建议。

11月16日，学会秘书长曹春昱、学术交流工作委员会顾问邝仕均会见美国废品回收工业协会副会长Scott J. Horne，曹春昱秘书长介绍了学会组织机构组成、开展学术活动及国际交流的情况，Scott J. Horne解读了美国废纸分类标准的修订。学会主办的《造纸信息》杂志刊登了美国废品回收工业协会供稿的美国废纸分类标准修订对市场的影响。

科普活动 9月17—23日，学会参加了由中国科协举办的"健康伴我行"全国科普日北京主场活动。活动现场，学会搭建了"纸为健康"主题展台。为市民解释卫生纸、面巾纸、餐巾纸、厨房用纸等生活用纸的生产标准及使用注意事项，针对市民普遍关注的"本色卫生纸与白色卫生纸的区别，本色卫生纸是否比白色卫生纸更健康？"问题，学会科普专业委员会从生产角度解释了本色和白色卫生纸的安全性和对水体环境污染的差异，通过简易小实验，向市民传授鉴别卫生纸是否添加化学助剂的方法。

表彰举荐优秀科技工作者 经学会推荐，张美云、郑丽萍获得第七届"全国优秀科技工作者"称号。

党建强会 12月，中国科协科技社团党委批准同意学会成立功能型党组织，由学会副理事长曹振雷担任党委书记，学会副理事长曹春昱担任副书记，学会副理事长李耀、学会副理事长李义民、学会常务理事程言君担任委员。

经中国轻工业联合会党委同意，学会与中国照明学会成立联合党支部，并已报备中国科协科技社团党委。

会员服务 学会对官方网站进行了局部调整，丰富了单位会员的滚动展示窗口，增加了对按时缴费会员单位的宣传力度。学会建立了微信公众平台，及时向会员发布会议通知，介绍学会动态，通报活动资讯。向会员单位定期寄发学会主办期刊和年鉴。科技工作者可通过学会网站、微信平台、电子邮件办理入会。学会会员享有优先在学会主办期刊发表论文和参与学会举办活动优惠的权利。

学会组织会员参加世界机器人大会、人工智能大会，组织会员单位参与全国科普日活动。

中国科协会员日 学会组队参加了“2016年中国科协全国学会乒乓球赛”，这是学会第二次参加比赛，来自3家会员单位的11名会员参加了比赛，整体成绩较2015年有所提升，进入8强的有3人，学会荣获中国科协会员日乒乓球赛团体组织奖。

科协会员日期间，学会走访、慰问了6位在北京的造纸老科技工作者，向老专家介绍学会的现状和发展情况，赠送最新出版的《中国造纸年鉴》。学会调研走访了9家位于衢州市特种纸产业园区内的科研单位和生产企业。通过与企业科技工作者的讲座交流，宣传科协会员登记系统，介绍学会组织开展学术活动、举荐优秀人才、组织科学普及活动等相关职能，学会了解到他们希望针对企业普遍存在的问题开展岗位培训、技术交流、合作开发等活动，希望组织专家深入企业，指导企业解决关键技术难题，为企业创新发展做好服务。

【中国造纸学会第十七届学术年会】 5月19—20日，学会第十七届学术年会在陕西省西安市召开。来自国内高校、科研机构、相关企业的270名制浆造纸及相关领域的专家、学者参加了会议。年会收录论文100篇，以《中国造纸学报》增刊的形式出版了论文集。评选出28篇优秀论文。

年会开幕式由学会秘书长曹春昱主持，学会常务副理事长曹振雷和陕西科技大学校长、党委副书记姚书志分别致开幕词。大会邀请第二届中国造纸蔡伦奖的4位获奖者——陕西科技大学教授张美云、华南理工大学研究员李继庚、杭州市化工研究院教授级高工郑丽萍和中国轻工业长沙工程有限公司教授级高工陈劲，围绕纸基功能材料、造纸企业智慧系统、造纸化学品和EPC总承包管理等内容作了报告。另有22位优秀论文获奖者围绕生物酶处理纸浆、高黏度溶解浆的制备、生物胶乳的应用机理、芳纶浆粕在纸基材料中的应用、造纸湿部系统污染物的控制、造纸固废资源化利用、高端制浆造纸装备开发、造纸污泥机械脱水方法等领域进行了现场学术汇报。年会期间学会还举办了新技术新产品成果展示活动，采用展板的形式展示高等院校、科研院所和企业最新的工艺技术、产品设备和研究成果。

【2016国际造纸技术报告会】 10月12日，由学会、德国造纸技术研究所和中国制浆造纸研究院联合主办的2016国际造纸技术报告会在上海市召开。来自中国、德国、加拿大、日本、芬兰、韩国、孟加拉、巴基斯坦、马来西亚等国家的近170名专家、学者参加了会议。

会议邀请了学会常务副理事长曹振雷、德国造纸技术研究所所长Frank Miletzky、加拿大森林产品创新工业研究院贲玉霞博士等7位专家、学者，重点围绕中国造纸工业的发展、“工业4.0”时代驱动下造纸工业的创新应用、废纸回收利用技术、涂布加工纸的节能降耗技术、造纸化学品等领域展开讨论。从理论和应用角度为相关领域科技工作者提供了指导思想，促进了国内与国外制浆造纸领域科研院所交流、合作与发展。

（撰稿人：杨　扬）

中国文物保护技术协会

服务创新型国家和社会建设 在中国科协的指导和国家文物局的大力支持下，协会承接了2016年度承接政府职能转移试点项目——可移动文物保护修复组织管理工作，并通过项目的推进与实施，进一步优化了组织架构与工作流程，完善协会财务、机构规章制度，建立起一套有效承接各级政府部门原有职能工作的办法、制度、队伍与运行机制。

学会建设 协会新发展会员30人，个人会员数达到1280名。

国内主要学术会议 协会和各专业（工作）委员会共举办学术会议5次。

【中国文物保护技术协会第九次学术年会】 11月22—24日，由协会、重庆市文物局主办，重庆市文化遗产研究院承办的协会第九次学术年会在重庆市举办。国家文物局科技司副司长罗静，协会理事长李化元，重庆市委宣传部副部长、重庆市文化委员会主任张洪斌，以及来自国内各相关单位的专家、学者、媒体代表和参展厂商代表300余人参加了会议。

此次会议以“新时期文物保护的理念、任务与方向”为主题，是针对文物保护工作的新形势和新任务进行的文物科技成果展示和学术交流会议。

会议期间，与会专家、学者围绕新时期文物保护理念、任务与方向，文物保护传统工艺与现代科技相结合的创新，可移动文物（出土文物和馆藏文物）的保护，不可移动文物（古建筑、石窟寺等）的保护，文物保护工作的标准化及保护效果评价体系，近年来文物科技事业的成功经验与教训六个方面进行了交流，并参观考察了重庆市文保科技方面所作的工作。

【中国文物保护技术协会近现代建筑保护委员会成立大会暨城市发展中近现代建筑抢救保护技术研讨会】 6月12日，我国第十一个“文化遗产日”期间，在上海交通大学召开了协会近现代建筑保护委员会成立大会暨首次研讨会。来自遗产保护领域的上百名专家、学者参会。

研讨会主要围绕三方面的议题：一是宣布“中国文物保护技术协会近现代建筑保护委员会”成立，从此我国的近现代建筑遗产有了专门的保护机构和交流平台；二是开展了主题为“城市发展中近现代建筑抢救保护技术”的专题研讨，从技术角度出发，以重点案例为基础，多方面、多角度探讨城市更新中近现代建筑的有效抢救保护方法；三是围绕研讨专题举办了相应的近现代建筑保护技术图片展，主要包括病害抢救、构件保护、数据测量、建筑平移、抢险加固、灾后抢修和无损检测等7个专题。

【高校历史校园保护与发展研讨会】 12月19日，协会主办的高校历史校园保护与发展研讨会在武汉大学召开。来自全国的80多名相关保护专家、学者参加了此次会议，从规划、设计、施工、管理多角度出发，探讨目前高等教育现实需求背景下历史校园的保护价值、合理规划、更新利用，以及如何改善无序更新带来的风貌破坏问题。

（撰稿人：曲　亮）

中国印刷技术协会

服务创新型国家和社会建设　受国家新闻出版广电总局委托，协会完成《印刷业“十三五”发展规划》编制工作。

受国家新闻出版广电总局委托，协会开展“中小特色印刷企业调查”工作。该项调查工作旨在全面了解我国中小特色印刷企业的生产经营现状和相关政策落实情况，客观真实地反映中小特色印刷企业发展中存在的问题和需求，为政府部门决策提供了数据支撑。

4月，协会组织中国印刷科学技术研究院等3家单位向国家知识产权局申报参评第18届中国专利奖，中国印刷科学技术研究院申报的“一种大幅面UV烫印膜及其制备方法、烫印方法”获得优秀奖。

受国家新闻出版广电总局和人力资源与社会保障部委托，协会组织第五届全国印刷行业职业技能大赛暨第44届世界技能大赛选拔赛。9—11月，通过比赛有200余人获得“省级技术能手”，15人获得“全国技术能手”称号，近2000人获得职称晋级。选送上海出版印刷高等专科学校朱修泉作为行业选手参加世界技能大赛“印刷媒体技术”项目。

协会配合国家新闻出版广电总局组织开展印刷工程等系列高级专业技术职务（职称）的评定工作。协会编制完成印前处理和制作员、印刷操作员、印后制作员3个国家职业技能标准。

年内，协会完成制定国家标准13项、行业标准5项，发布行业标准3项。协会举办了2016年中国印刷标准化年会暨标准化发展论坛。

协会对初审符合印刷行业信用等级评级要求的7家企业，通过第三方机构评审、专家委员评审等程序，评出4家AAA信用等级企业、3家AA信用等级企业。

协会完成对46家企业2016年度印刷行业信用等级年审工作。

10月18日，协会发布2016版《绿色原辅材料产品目录》，该目录可在印刷企业提高绿色原辅材料采购效率、从源头上控制污染物的产生、促进产业链绿色协调发展等方面发挥作用。

2016版《绿色原辅材料产品目录》发布仪式

12月28日，中国印刷技术协会2016年年会暨绿色印刷总结表扬大会在北京举行，协会理事长王岩镔出席大会。127家获奖单位分别获得“推进绿色印刷标兵企业”“绿色原辅材料质量管理先进单位”“绿色印刷特别贡献单位”“绿色印刷特别贡献组织推进单位”称号。截至2016年年底，31个省区市有1031家企业获得绿色印刷认证。

年内，协会举办各类培训活动7次，参加培训人员近600人次。

学会建设 12月28日，协会召开八届二次理事会议，变更副理事长3人，增补、变更常务理事7人，增补、变更理事25人。2016年，协会新增单位会员30个。

结合国家新闻出版广电总局党组巡视组的专项巡视工作，协会下发《关于加强协会建设、提升分支机构管理工作的通知》，修订《中国印刷技术协会费用报销管理制度》。

年内，协会与山东省日照市、江西省赣州市的4家企业、高校签订合作框架协议。

协会获得中国科协创新驱动助力工程“点”类试点工作资格和奖补资金。

国内主要学术会议 6月22日，协会在福建省厦门市举办新思路 新构想 新动能——2016网版印刷产业创新发展论坛。协会理事长王岩镔，协会网印及制像分会理事长沈春燕及全体理事、会员代表、专家、学者200余人参加论坛。

本次论坛分为企业实战讲坛和高峰论道沙龙两部分。协会常务副秘书长陈迎新、田菱精细化工（昆山）有限公司董事总经理郑军明、柯尼卡美能达办公系统（中国）有限公司营业部印刷销售课/业务发展课课长王晔、中益油墨涂料有限公司总经理郑敬尉、深圳市美丽华油墨涂料有限公司总裁胡萍、大家智合（北京）网络科技股份有限公司总经理龙熙芳在“企业实战讲坛”中就绿色、数字和智能等问题，围绕行业现状、行业未来发展趋势、技术管理创新等方面发表讲演。

10月16日，协会与香港印刷业商会、台湾地区印刷暨机器材料工业同业公会、澳门印刷业商会在上海市共同举办第14届“两岸四地”印刷业交流联谊会暨2016丝路印刷发展论坛，论坛主题为“‘新丝路’与印刷业的开放、融合”。来自主办机构以及澳大利亚印刷工业协会、马来西亚印刷商工会、菲律宾印刷技术联合会等业内人士及企业家代表100余人参加论坛。协会理事长王岩镔致欢迎辞并作主题演讲。国家新闻出版广电总局进口管理司副司长赵海云作报告《国家新闻出版业“一带一路”——走出去》。北京外国语大学教授、中国文化走出去效果评估中心执行主任何明星以斯里兰卡为例，解读“一带一路”国家印刷业发展的研究情况。香港印刷业商会永远荣誉会长杨金溪、台湾地区印刷暨机器材料工业同业公会理事长朱勇、澳门印刷业商会副会长刘健华向与会者报告港澳台地区印刷业及对外贸易的发展情况。北京盛通印刷股份有限公司总经理栗延秋结合企业发展的经验，作印刷企业“走出去”案例分析报告。温州市印刷行业协会常务副会长兼秘书长陈平勋、江苏凤凰出版传媒集团有限公司董事长黎雪、中华商务联合印刷（香港）有限公司总经理梁兆贤分享了地区及企业践行“一带一路”倡议的发展经验。

11月25日，协会与中国印刷科学技术研究院、西安理工大学、斯图加特媒介大学在陕西省西安市共同主办2016中国印刷包装与媒体技术学术会议、印刷包装类专业建设与专业认证研讨会。来自国内外高校、科研院所和企业科研机构的专家、学者200余人参会，会议收集论文246篇，评审出143篇论文推荐到国际期刊发表。

两岸交流 9月21—25日，协会常务副秘书长陈迎新赴台湾地区参加台湾地区印刷暨机器材料工业同业公会第二十七届理、监事就职活动，出席台湾印刷服务与应用发展论坛，同与会专家、学者就行业发展、新兴技术进行交流探讨。

国际组织任职 协会副理事长、北京印刷学院副校长蒲嘉陵继续担任国际标准化组织/印刷技术委员会主席。协会常务理事、网印及制像分会理事长沈春燕继续担任亚太网印及制像协会主席。

国际交往 5月6—10日，协会网印及制像分会理事长沈春燕率团赴印度孟买参加亚太网印及制像协会会议及展览会，出访任务是履行亚太协会主席职责主持会议，并且带领网印及制像分会会员参加展览会。我国15家企业代表35人参加本届亚太网印展览会，展示了中国最先进的网印材料、设备和最佳印刷解决方案，收获了意向订单。

5月23—27日，国际标准化组织/印刷技术委员会（ISO/TC 130）第30届春季工作组会议在德国柏林召开。协会副秘书长、全国印刷标准化技术委员会秘书长胡桂绵，协会副秘书长李永林，全国印刷标准化技术委员会秘书、ISO/TC 130秘书崔远超及8位专家出席会议。5月26日，ISO/TC 130/WG12工作组召开会议，北京印刷学院副教授、国际标准化组织第130

号技术委员会（印刷技术委员会）第12工作组（印后工作组）的召集人何晓辉组织来自德国、英国、加拿大、日本等国的10余位专家对中国主导的ISO/DIS 16762《印刷技术　印后加工　一般要求》标准进行推进，对国际标准草案（DIS）投票后收集的评论意见进行讨论。鉴于DIS投票为100%通过，且技术类评论意见被全部采纳，与会专家一致同意将修改后的草案出版。ISO 16762《印刷技术　印后加工　运输、处理和储存的一般要求》成为继我国2016年3月主导出版ISO 16763《印刷技术　印后加工　装订产品要求》后的第二项印刷领域国际标准。

8月30日—9月2日，协会副理事长兼秘书长陈彦，全国印刷标准化技术委员会秘书、ISO/TC 130秘书崔远超赴韩国首尔参加世界印刷与传播论坛。

9月11—16日，协会副秘书长、全国印刷标准化技术委员会秘书长胡桂绵和全国印刷标准化技术委员会秘书李美芳以及11位专家参加在美国圣何塞举行的ISO/TC 130第30届秋季工作组会议及全体会议。胡桂绵代表中国对全部10项重要议题进行表决，履行我国作为ISO/TC 130积极成员（P成员）的义务。

科普活动　5月14—21日，全国科技活动周期间，协会与深圳力嘉国际集团以“创新引导　共享发展”为主题，在力嘉创意文化产业园共同举办创新展览、互动体验、现场知识问答等活动。国家新闻出版广电总局、地方政府机构、行业协会及印刷、包装、创意文化企业的专家、学者、艺术家以及媒体记者约400人，大专院校师生、市民约3600人参加活动。活动期间，发放科普资料3000余册，接待咨询2000多人次。

8月10日，协会与富士胶片（中国）投资有限公司在内蒙古自治区科尔沁左翼后旗共同举办“2016行业共建绿色印刷林”公益活动。协会理事长王岩镔、协会副理事长祁和亮、协会常务副秘书长陈迎新，与来自全国绿色印刷企业的30多位志愿者代表参加活动，在3200平方米荒芜的沙地里种下200余棵樟子松。

9月17—23日，全国科普日期间，协会以“森林里的魔幻印刷”为主题，在中国印刷博物馆举办绿色印刷成果展，引领公众了解绿色印刷的具体环节，解析绿色印刷的意义。

11月2—4日，在国家新闻出版广电总局与北京市新闻出版广电局举办2016“全国绿色印刷宣传周”活动中，协会发布《2016年绿色印刷调查报告》。围绕绿色印刷产业链上的各个环节，协会人员从原辅材料的绿色化、生产过程中的节能减排到末端治理，通过综合展示、科学研讨、面对面交流，向参加活动的群众展现绿色印刷、清洁生产全过程。

表彰举荐优秀科技工作者　经协会推荐，中国印刷科学技术研究院院长褚庭亮获得第七届“全国优秀科技工作者”称号。北京印刷学院副校长许文才、中国印刷科学技术研究院院长褚庭亮、中国科学院化学所研究员宋延林入选中国科协奖项提名专家委员会专家库。

党建强会　协会通过召开理事长办公会、专题学习、宣讲宣教、党课、举办专题培训等形式，组织协会党员干部学习贯彻中央重大决策部署和习近平总书记系列重要讲话精神，牢固树立“四个意识”特别是核心意识、看齐意识。

年内，协会党支部发展新党员1名，预备党员转正1名。

会员服务　协会按时为会员发送《中国印协通讯》，组建中国印协会员QQ群、微信群，与近500个会员单位建立联系。

【第六届中国国际印刷技术及设备器材展览会】10月18—22日，协会与中国印刷技术研究院和杜塞尔多夫展览（上海）有限公司在上海新国际博览中心共同举办第六届中国国际印刷技术及设备器材展览会（简称全印展），展会以“发现印刷未来”为主题，全面展示近年来印刷技术的推进成果与发展趋势，体现印刷技术所焕发的活力与动力，凸显出创新、升级、融合和发展在印刷行业的重要性。

本届展会汇聚来自22个国家和地区的724家展商，其中境内展商550家、境外展商174家，展商数量为历届之最，展区面积达8万平方米。在5天展期内，海内外专业观众达76818人次，其中境内观众69765人次，境外观众7053人次，参观总人数109710人次，创全印展参观人数纪录。5天的展期里，全印展接待国内协会和企业组团超过100个，接待来自美国、德国、韩国、澳大利亚、印度、菲律宾、马来西亚、泰国等20多个国家超过45个海外买家团体。

国家新闻出版广电总局副局长阎晓宏，上海市副市长翁铁慧，协会理事长王岩镔等出席展会开幕式并参观展览，对全印展的展出规模、组织水平和海内外宣传表示认可，特别肯定了全印展在推动印刷标准化建设、展示中国印刷业最高技术装备水平、推动印刷业国际合作与交流、服务行业人才建设等方面的重要作用。

本届展会包括数字印前主题馆、综合印刷主题馆、包装印后主题馆、标签产业主题馆、柔印专馆等7个主题馆和2个特色主题专区——创新材料馆、印刷梦工厂。各领域技术、产品独立呈现，分类更清晰，主题更突出，且紧扣行业热点。展示印刷未来技术的“印刷梦工厂”，从印刷未来、网络印刷、创新应用、绿色印刷、印刷文化5个版块，集中展示最新、最潮的前沿技术和应用方案，1500平方米展示区内展示30项印刷包装解决方案，举行了22场演讲。

本届展会共举办印刷论坛和技术交流会、发布会60余场。

【2016中国国际网印及数字化印刷展】 11月21—23日，协会在广东省广州保利世贸博览馆举办以“绿色网印，点亮未来”为主题的2016中国国际网印及数字化印刷展。550个国内外供应商参展，其中国际品牌展商数量达200个，来自中国、美国、日本、印度尼西亚、越南、马来西亚、泰国、韩国、菲律宾等100余个国家和地区的专业观众32944人次参观，其中外国观众4941人次，占观众总数的15%，刷新展览会此项统计纪录。展会展览面积达3.5万平方米。

协会理事长王岩镔宣布展会开幕，并与国内外嘉宾观看开幕式演出，和演员观众互动，共同庆祝此项展会举办30届。

作为亚洲地区历史悠久、规模巨大的第一品牌展会，本届展会聚集全球纺织品数码印花设备及材料、智能化高效的网版印刷设备以及环保印刷耗材、广告数码印刷设备及材料等相关领域的品牌供应商，共同探求节能降耗技术最前沿的新产品、新技术、新应用，共议产品变革、节能降耗过程中遇到的困难和问题。

同期举办的2016纺织品印花产业创新发展论坛、功能性网版印刷在工业产品上的应用高峰论坛、行业标准解读会上，专家、学者、企业家代表就如何保护和利用知识产权、重构新技术、优化产品结构、提高生产质量、保护生态环境、适应新常态、满足市场发展的需求等论题进行讲演。

（撰稿人：张　宣）

中国材料研究学会

服务创新型国家和社会建设 4月，学会与福建省漳州市科协签署创新驱动助力工程（漳州）项目合作意向书，双方在科技成果创新、转化及服务等方面开展合作。

5月，学会与山东省日照高新区签署创新驱动助力工程（日照）项目合作意向书，中国材料研究学会日照高新区工作站挂牌成立，双方在科技成果创新、转化及服务等方面开展合作。

9月，学会与重庆市科协签订战略合作协议。

9月底，学会参加中国科协组织的内蒙古自治区赤峰市创新驱动助力工程对接活动。

10月，学会与湖北省宜昌市企业签订《创新驱动助力工程会企合作框架协议书》。

11月，学会与山西省长治高新区管委会共同举办新材料新技术创新成果招商推介会，与长治国家高新区签署战略合作协议设立专家服务工作站。

学会建设 截至2016年年底，学会有会员5470人、理事261人、常务理事83人、工作委员会9个、二级分会14个，团体会员单位174个。

科技期刊国际影响力提升计划 8月，学会和国际材料研究会联盟（简称“国际材联”）联合主办的英文期刊《自然科学进展——国际材料》（*Progress in Natural Science：Materials International*）获得由中国科协、财政部、教育部、国家新闻出版广电总局、中国科学院、中国工程院组织实施的“中国科技期刊国际影响力提升计划”第二期项目（2016—2018）B类资助。

学术期刊 《自然科学进展——国际材料》期刊稿源质量和期刊影响力不断提升。期刊2016年的SCI影响因子为2.038，比2015年提高16.26%。2016年出版两期专刊，分别为由纳米研究领域的青年科学家、学会理事和期刊编委王荣明、沈国震以及新加坡南洋理工大学范宏金组织的以*Nanomaterials and Device*为主题的专刊（2016年第三期），由美国卡耐基—梅陇大学青年科学家金荣超组织的以*Nanomaterials*为主题的专刊（2016年第五期）。

学科发展研究 学会从2012年起，先后组织近200余名专家历时4年编纂完成《材料大辞典》（第二版），于2016年10月在山东省青岛市举行首发式。该书被列入“2014—2025年国家辞书编纂出版规划”。《材料大辞典》（第二版）分为材料科学基础、金属材料、无机非材料、高分子材料、复合材料、信息材料、能源材料、生物医用材料、特种功能材料、天然材料、纳米材料等11个子领域，收集词条8500多条。

国际学术会议　10月18—20日，以“新能源材料与社会可持续发展”为主题的第五届国际材联世界材料峰会暨新材料产学研日照对接会（5th IUMRS—World Materials Summit & New Materials Industrialization Meeting）在山东省日照市召开。来自16个国家和地区的专家、学者130人参会，会议围绕可再生能源的利用与储存、新能源汽车材料、绿色和智能建筑材料以及先进海洋工程材料4个专题进行交流研讨。

国际组织任职　12月22日，国际材联公布中国材料研究学会秘书长韩雅芳教授当选为国际材联第一副主席（任期为2017—2018）和主席（任期为2019—2020），这是该组织历史上第一位女性主席，于2017年1月1日正式上任。表明我国材料界在国际材料界地位的提高和影响力的提升。

国际交往　5月24日，国际材联（IUMRS）秘书、新加坡国立大学教授冯元平访问学会，学会秘书长韩雅芳、副秘书长武英、咨询部主任唐见茂等参加会见。冯元平通报7月份在新加坡召开国际材联电子材料大会、国际材联执委会会议和国际材联全体大会的筹备工作情况。韩雅芳汇报了学会承办国际材联亚洲材料大会（IUMRS-ICA 2016）和第五届世界材料峰会（5th IUMRS-WMS）的筹备工作情况。冯元平对两个会议的筹备工作给予充分肯定，并对峰会的主题设置表示认可，对峰会报告人的邀请提出建议。冯元平还对办好国际材联和中国材料研究学会合办期刊《自然科学进展——国际材料》提出意见。

7月2—5日，学会副理事长魏炳波院士、秘书长韩雅芳和副秘书长武英赴新加坡参加国际材联电子材料大会（IUMRS-ICEM 2016）和国际材联2016年工作例会（IUMRS General Assembly Meeting 2016）。会议由新加坡材料研究学会承办，来自近50个国家和地区的专家、学者800余人参加会议。

7月12日，《自然科学进展——国际材料》期刊副主编、英国圣安德鲁斯大学（University of St Andrews）教授、国家自然科学基金2016年度科学基金项目特邀海外评审专家周午纵（Wuzong Zhou）博士访问期刊编辑部，与期刊主编韩雅芳及编辑部相关工作人员就PNS：MI期刊的运营状况进行交流和探讨。

11月29日—12月2日，学会理事、上海交通大学教授邓涛参加在美国马塞诸塞州波士顿召开的美国材料协会秋季年会。会议围绕生物材料、能源材料和纳米材料等领域设置55个分会场，来自世界各国的专家、学者6000余人参加会议。

表彰举荐优秀科技工作者　经学会推荐，北京大学教授侯仰龙、青海大学教授铁生年获得第七届“全国优秀科技工作者”称号。

学会推荐的北京化工大学教授尹梅贞获得第十三届“中国青年女科学家奖”。

学会继续与其他6个学会组成联合体，参与中国科协“青年人才托举工程”，扶持有较大创新能力和发展潜力的青年科技人才2人。

经学会奖励委员会组织专家评审，评选出2016年“中国材料研究学会科学技术奖”一等奖2项、二等奖2项，奖励人员35人。

党建强会　10月8日，经中国科协学会服务中心党委批复，中国材料研究学会正式成立党支部。

会员服务　学会在中国科协所属学会个人会员管理系统网站以及中国材料研究学会网站发布期刊电子版共24期（每月两期），供会员下载和浏览。

学会秘书处印制工作月历，与学会期刊等一并邮寄给会员。

【中国材料研究学会第七次全国会员代表大会】4月16日，中国材料研究学会第七次全国会员代表大会在北京召开。中国科协党组书记、常务副主席、书记处第一书记尚勇，中国科学院副院长王恩哥出席大会并讲话。国家自然科学基金委副主任、学会第六届理事会副理事长高瑞平主持大会。来自全国各地的材料科技工作者300余人参加大会。

中国科协副主席、学会第六届理事会理事长黄伯云作工作报告。学会副秘书长张增志对学会章程修改内容进行说明。学会秘书长韩雅芳作财务报告。会议审议通过了学会章程、监事会条例。

通过全体参会代表无记名投票，选举产生第七届理事会理事261名。通过参会理事无记名投票，选举中国工程院院士、吉林大学校长李元元为第七届理事会当任理事长（2016年5月—2018年4月），选举中国科学院院士、西北工业大学副校长魏炳波为第七届理事会候任理事长（2018年5月—2020年4月）。

第七届理事会第一次会议批准成立学会第一届监事会，监事会7人，其中主席2人（轮值）、委员5人，由常务理事会提名，经理事会表决产生。

大会期间，授予70人“中国材料研究学会贡献奖”。

【第17届国际材联—亚洲材料大会（IUMRS-ICA 2016）暨中国材料大会2016】 10月20—24日，第17届国际材联—亚洲材料大会（IUMRS-ICA 2016）暨中国材料大会2016在山东省青岛市召开。

第17届国际材联—亚洲材料大会

会议设置28个分会场，收到论文摘要2308篇，邀请报告人548人分140个单元从不同的侧面、以不同的形式和风格，交流讨论全球范围内材料的研究现状和发展趋势，共享最新的研究成果，交流各国的方针政策和取得的经验。来自美国国家工程院、英国皇家工程院、加拿大皇家科学院和工程院、丹麦科学院、澳大利亚科学院、中国科学院、中国工程院的22位院士以及国内外高校院所的专家、学者和企业界代表2500余人参加会议。

（撰稿人：张艳红）

中国食品科学技术学会

服务创新型国家和社会建设 年内，学会承接国家食品药品监督管理总局、科技部、工业和信息化部、中国科协、新闻出版署、国家食品安全风险评估中心、中国科学院的项目总计30余项。

学会组织专家完成食品安全风险解析活动30期，其中，热点解析17期、风险提示13期。6月，学会与国家食品药品监督管理总局合作出版发行《〈食品安全风险解析〉汇编（2014—2016年）》。

学会承担食品科学技术名词审定工作，截至2016年年底，学会名词释义工作提交3400个名词。

根据“全国学会专业技术人员专业水平评价工作群”的工作部署，学会推进评价工作在食品科技领域开展。经过三级评审，来自酿酒、罐头、冷冻、饮料、调味料等食品领域中的60人取得相应的技术级别。

学会成立食品类工程教育认证分委会，建立食品类工程教育认证工作制度和文件，完成6所高校的食品类专业认证。

学会参与完成制修订并颁布《冲调谷物制品》《食品工业用植物蛋白》国家及行业标准。

8月，学会在陕西省韩城市与韩城市政府共同主办中国韩城首届国际花椒节，30余家食品企业参展并参与同期举办的食品创新竞赛。

年内，学会联合杜邦营养与健康、福建盼盼食品集团和李锦记（中国）销售有限公司3个食品企业，在两岸三地推进学生创新大赛。

2016年学会以创新驱动助力工程为源，共服务省级单位1个（福建省）、市级单位14个（福建省莆田市、福建省漳州市、福建省泉州市、四川省德阳市、河南省鹤壁市、山东省日照市、辽宁省阜新市、江西省赣州市、河北省保定市、河南省郑州市、河南省濮阳市、山东省菏泽市、河南省汤阴县、陕西省韩城市）。期间共调研企业30个，邀请参与专家人数50人次，共形成30项合作意向，签订19个合作协议，开展30项咨询活动。

9月7—9日，学会在北京主办以“创新激发活力”为主题的第十六届中国方便食品大会暨方便食品展。来自企业界和科技界的专家、学者800人参会。展区面积6000平方米，200余个方便食品企业集中展示2016年的创新成果。

学会能力提升计划 年内，学会获得中国科协学会创新和服务能力提升工程优秀科技社团项目三等奖。学会在组织学术会议、推进科技创新奖规范评审、强化食品安全风险交流、加速科普信息化建设、推进青年人才培养计划等方面有所提升。

学会建设 11月8日，中国食品科学技术学会第六届全体会员代表大会在北京召开，会员代表近300人参加会议。

年内，学会增加高级会员30人，高级会员总数达到587人；增加团体会员16个，团体会员总数达到165个。

学术期刊 3月，《中国食品学报》（以下简称《学报》）被美国《工程索引》（EI）收录。

6月1日起，《学报》采编平台正式启用。提高稿件审核标准，初审稿拒稿率达80%左右。

根据2016版《中国科技期刊引证报告》（核心版），《学报》的核心被引频次、核心影响因子、综合评价总分分别较2015年上升3、3、1位，排名分别为第8、第3、第2位。

学报杂志社与《中国学术期刊（光盘版）》电子杂志社签订为期3年的学术期刊数字出版合作协议（独家合作）。

学科发展研究 由工信部组织，学会牵头联合19家单位共同编写的《食品工业发展报告（2015年度）》（以下简称《报告》）连续第三年出版,《报告》包括综合篇、行业篇、境外篇和附录4个部分，对我国2015年食品工业发展的总体状况、基本特征，食品工业的14个重点行业，欧洲、美国、日本和我国台湾地区的行业现状等进行分析，为政府部门提供决策支持，为行业发展提供参考和指导。

决策咨询 学会承担科技部科技创新战略研究专项——新常态下推进农村产业技术创新的对策研究项目。完成项目研究工作总结报、研究成果主报告，向国务院相关部委提交政策建议2项，在核心期刊发表研究学术1篇。

国际学术会议 5月26—27日，学会在河北省石家庄市主办以“乳酸菌健康及产业化”为主题的第十一届乳酸菌与健康国际研讨会，来自加拿大、爱尔兰、美国、日本，我国大陆和台湾地区的专家、学者50人发布40个权威报告，境内科技界、企业界、媒体界的专家、学者代表近400人参会。会议期间，张贴交流论文32篇，发布创新产品12款。

10月19—20日，学会与中国农业大学在北京联合主办以“食品非热加工技术的创新”为主题的2016食品非热加工国际研讨会。来自国内外食品科技界及产业界的专家、学者240余人参会，大会交流36个权威报告、12个学生报告，收录论文55篇，张贴交流论文20篇。

国内主要学术会议 6月5—8日，学会在新疆维吾尔自治区塔里木大学举办以“食品科学的创新与发展”为主题的新疆特色农产品加工技术战略研讨会。来自全国各地的食品科技界专家、学者600余人参加会议，收录论文97篇。

9月7—9日，学会在北京主办以“创新激发活力”为主题的第十六届中国方便食品大会暨方便食品展。学会理事长孟素荷，国家食品安全风险评估中心总顾问、中国工程院院士陈君石，学会副理事长、中国工程院院士、北京工商大学校长孙宝国，中粮集团总工、中国工程院院士岳国君等专家参会并作报告。食品科技界和企业界的专家、学者800余人参会。展区面积达6000平方米，200余家企业集中展示方便食品行业2016年的创新成果。大会期间，40款产品被授予“2016年中国方便食品创新奖”。在“最受欢迎的方便食品评选”活动环节，邀请业内专业人士、媒体代表、网络美食大V、经销商参与品评，以现场投票的形式评选出最受欢迎的方便食品。学会与光明网食品安全频道合作，开展实时网络视频直播，在线为消费者展示参评产品，互动问答。

两岸交流 9月6—7日，由学会承办的2016中国科协海峡两岸青年科学家学术活动月——海峡两岸青年科学家食品科技前沿论坛在福建省福州市召开。包括我国台湾地区20名青年科技工作者在内的专家、学者210余人参会。论坛包括大会报告、青年学者论坛、成果推介对接会、企业参访4个版块，重点就食品功能性研究、食品安全研究的最新进展进行交流。

国际交往 7月16—21日，应美国食品科技学会（IFT）、美国乳品出口协会（USDEC）邀请，学会组团赴美国参加IFT年会以及美国乳品出口协会技术参观与交流活动。

8月21—25日，学会组团参加在爱尔兰都柏林召开的第十八届世界食品科技大会。会议期间，国际食品科技联盟（IUFoST）高层邀请学会代表团正式会面，双方就在食品安全与营养健康方面的相关动态进行沟通，讨论2017年国际食品安全大会有关事宜。

9月20日，学会在荷兰瓦赫宁根大学与荷兰乳业协会联合主办第三届中荷乳业产业链安全保障研讨会，研讨中国乳品行业最新动态及与荷兰乳业产业模式的对比和借鉴。

科普活动 1月6日，学会在北京主办2016年食品安全热点科学解读媒体沟通会。学会以“科技界共识”的方式对公众所关心的食品安全事件进行回顾分析，提出科学建议。国家食品安全风险评估中心总顾问陈君石院士、北京工商大学校长孙宝国院士等多位专家、学者以及来自60余家媒体的代表参会。

6月，学会与国家食药总局合作编制的《如何吃得更安全——食品安全消费提示》（第一版）出版发行，其中收录消费提示27篇。

6月25日，学会与北京经济技术开发区管理委员会联合承办全国食品安全宣传周中国科协主题日活动。活动围绕“尚德守法共治共享食品安全”主题开展食品安全进社区、食品安全进网络、食品安全进工广等活动。

9月17—23日，在2016年全国科普日期间，学会组织中国经济网、养乐多（中国）投资有限公司、北京勤邦生物技术有限公司共同参与中国科学技术馆户外展区的“健康伴我行”主题活动。

学会联合中央电视台科教频道合作拍摄乳制品、调味品等3部科普纪录片。学会制作完成5个食品安全科普动画。

学会举办大学生科普动画创作竞赛，推动移动端科普创作繁荣。截至2016年年底，由学会支持并联合主办的微信公众号“食今不昧”已拥有粉丝7000余人，2016年发布食品安全科普知识165期，合计文章185篇。

表彰举荐优秀科技工作者　4月，在2016年国际食品安全大会上，学会向罗云波、王兴国、Judith Meech三位中外科学家授予“科学精神奖”；向钟凯和果壳网授予“科学传播奖”。

经学会推荐，王强、郜海燕、石彦国、陈历俊等多位食品科技工作者获得第七届“全国优秀科技工作者”称号。学会推荐的谢明勇、王硕、史贤明增选为国际食品科学院院士。截至2016年年底，我国食品领域已有13名科学家获此称号。

党建强会　学会申报并承担中国科协学会服务中心党委“党建强会”项目，完成组建学会党建工作两个全覆盖方案。学会在常务理事会层面成立了功能型党委。

【中国食品科学技术学会第六届全体会员代表大会】 11月8日，中国食品科学技术学会第六届全体会员代表大会在北京召开。来自中国科协、中国轻工业联合会、国家食品药品监督管理总局、工业和信息化部、科学技术部等相关部门的领导，包括陈君石、孙宝国、朱蓓薇、吴清平、中岳国君等5位院士在内的会员代表近300人参加会议。中国轻工业联合会会长张崇和、中国科协学会学术部副部长魏军锋、国家食品药品监督管理总局食品安全监管三司司长王红、科学技术部农村科技司巡视员王喆、工业和信息化部消费品工业司食品处处长张军代表相关主管部门参加开幕式并致辞。会上，学会理事长孟素荷代表学会致辞，秘书长邵薇代表第五届理事会作工作报告。会议审议通过了《第五届理事会工作报告财务报告》《章程》《会员管理办法》《会员会费标准规定》修改及说明以及《聘请顾问及名誉副理事长的说明》等文件。对冷冻与冷藏食品分会等10家分支机构和地方食品学会、刘秀梅等10位优秀学会工作者给予表彰。

大会经无记名投票选举，产生由197名理事组成的第六届理事会，3名监事组成的监事会。孟素荷当选为第六届理事会理事长。

【中国食品科学技术学会第十三届年会】 11月9—10日，中国食品科学技术学会第十三届年会在北京召开。来自食品科技界、产业界的专家、学者与企业家代表近1500人参加会议。《食品工业技术进步“十三五”指导意见》在会上同期发布。

学会理事长孟素荷，学会副理事长、中国工程院院士、北京工商大学校长孙宝国分别代表主办方和承办单位致辞。

年会凸显“学科交叉和综合性强”的特征，成为科技奖励以及科技与产业对接的国家级平台。

年会特别设立院士论坛，孙宝国、朱蓓薇、庞国芳、吴清平、岳国君5位院士就如何提升我国农产品质量安全水平，围绕营养健康创新发展食品产业、食品微生物安全科学大数据库构建以及企业食品安全事件舆情演化机理和应对措施等主题，论述食品产业未来发展与科技创新，研判我国食品科技发展走向。

中新乳业健康论坛以及营养与特殊食品论坛上，来自美国、英国、新西兰等国家的专家围绕乳制品全产业链安全控制、婴儿特医食品新技术、婴幼儿发育相关营养研究以及乳制品在运动营养方面的重要作用等分享其科研成果，中国疾病预防控制中心营养与健康所专家围绕我国居民营养现状及营养改善状况等作报告。来自国内外的专家还报告了在营养与健康产业的相关科研成果及最新研究发现。

【2016年国际食品安全大会】 4月14—15日，学会与国际食品科技联盟（IUFoST）在北京联合举办以“供应安全食品，保证公众健康”为主题的2016年国际食品安全大会。来自政府部门、科技界、工业界和媒体界的中外专家、学者533人参会。大会设置权威报告、八大专题会议以及企业界高峰对话和会前培训班。国家食品药品监督管理总局食品安全监管三司司长王红，工业和信息化部消费品工业司司长高延敏，科学技术部农村科技司巡视员王喆，农业部农产品质量安全监管局副局长金发忠出席开幕式并致辞。大会成为国际食品科技界对中国食品安全状况进行“年度评估”及政府相关部门对外展示中国食品安全有效进展的平台。来自美国、欧盟、爱尔兰、澳大利亚、荷兰、印

度等10余个国家的23位国际权威食品安全专家，以及中国食品科技界和工业界的40多位知名专家作报告。

【2016食品非热加工国际研讨会】 10月19—20日，学会与中国农业大学在北京共同主办以“食品非热加工技术的创新”为主题的2016食品非热加工国际研讨会，来自国内外食品科技界及产业界的专家、学者240余人参加会议。专家、学者围绕非热加工技术的基础研究、产品创新、装备研制及产业化应用等方面进行了交流，展示国内外最新的食品非热加工技术和应用情况。学会理事长孟素荷指出，发展中的食品非热加工技术及装备产业，有效契合我国食品工业健康、环保、天然化的大命题。在中国食品科技与工业近10年的创新实践中，食品非热加工技术及装备是一个高水平的成功范例。与会专家认为，中国市场潜力巨大，民众对于营养健康产品的需求不断增长，结合特色传统风味食品、即食调理食品、即制料理食品与方便中式菜肴等领域，食品非热加工技术具有广阔的开发前景，能够形成潜力巨大的新兴产业。

（撰稿人：侯　威）

中国粮油学会

服务创新型国家和社会建设　根据《科协系统深化改革实施方案》，学会制定了《中国粮油学会深化改革工作计划》。

学会完成2016年度中国粮油学会科学技术奖评审，申报项目63项，受理60项，评奖33项，其中一等奖4项、二等奖10项、三等奖17项。编辑出版《2015年度中国粮油学会科学技术奖获奖项目汇编》。

学会制修订《粮油科技成果评价管理办法》，启动粮油科技成果评价工作，停止粮油科技成果鉴定。年内，学会先后组织中国工程院院士、业内资深专家100余人次，对19项成果进行评价。

受国家粮食局委托，学会开展全国粮食系统第三方科技评价，协助国家粮食局完成了“十二五”国家科技支撑计划、粮食公益专项等行业重要科技项目的检查和验收工作。

学会与国家粮食局在湖北省武汉市共同开展“首届全国粮食科技成果转化推介”活动。

学会组织专家完成《文冠果油》《核桃油》《红花籽油》等油脂产品以及玉米淀粉、甘薯淀粉等10项国家标准的制修订工作。

学会组织专家完成编写《粮油食品安全与营养健康知识问答》。

学会举办各类技术培训100余场次，培训人数约1500人次。

围绕国家“创新驱动”发展需要和“京津冀一体化”战略部署，学会联合天津市科学技术协会、天津粮油学会、中国粮油控股有限公司等单位开展服务环渤海粮油产业可持续发展活动。完成约5万字的《环渤海粮油产业副产物综合利用》调研报告。举办环渤海粮油产业可持续发展研讨会，邀请30多位专家探讨交流经济新常态下粮油产业面临的挑战、发展模式、装备研发、营养与安全、“互联网+”与粮油产业等内容。举办粮油集群与可持续发展主题展示会，组织20多家企业展示新产品、新技术与新成果，推动环渤海粮油产业创新和可持续发展，保障粮食安全。

5月，由国家粮食局与中国科协联合主办的主题为“加快粮食科技成果转化，促进粮食产业经济发展”的第十一届粮食科技活动周——首届粮食科技成果转化对接推介活动在湖北省武汉市举行。经学会组织行业专家评审遴选汇总形成《粮食企业技术难题和科技需求汇编》《可面向企业转化的粮食科技成果汇编》《粮食科研机构和创新团队及学科带头人汇编》。同时，学会现场推介发布粮食仓储物流、玉米深加工及转化、油脂加工和粮食加工等方面共25项粮食科技重要成果。

首届粮食科技成果转化对接推介活动启动式

11月，学会与四川省遂宁市人民政府在遂宁市共同举办西部金穗粮油产品科技创新与产销衔接会。展会期间，签约及交易金额达人民币59.44亿元。

学会油脂分会组织专家编写《彻底澄清社会上对“油脂加工与营养”方面的不实之词》，从油脂加工工艺和技术等五个方面详细阐述科学的真相，驳斥谣言，为消费者排疑解惑。

学会发酵面食分会举办第五届“安琪酵母杯”中华发酵面食大赛，10月，在台湾地区台北市进行首场预选赛。

学会建设 截至2016年年底，学会理事会理事235人，其中常务理事78人。个人会员达到12810人，团体会员1567个，分别比2015年增加9.96%、12.25%。学会所属分会13个，专门工作委员会3个。

中国粮油学会科学技术奖申报和评审首次使用科技奖励评估系统，系统中嵌入专家库信息资源管理系统，实现专家管理的动态化及网络申报、网络专评和网络管理功能。

学术期刊 在中国科学技术信息研究所发布的2016年版《中国科技期刊引证报告》（核心版）中，《中国粮油学报》（以下简称《学报》）在食品科学技术类24种期刊中排名第6位，总被引频次为2200，比2015年的2097提升4.9%；核心影响因子为0.708，比2015年降低7.6%；基金论文比为0.74，比2015年的0.71略有提高。

《学报》出版12期，发表稿件339篇，其中有基金项目资助的稿件共318篇，占总稿件数的93.8%；有国家级基金资助的稿件为184篇，占总稿件的58.4%。

为缓解稿件积压严重问题,《学报》每期增至168页，比2015年增加10.5%。《学报》扩大稿件的优先数字出版工作，年内发表15篇优先数字出版稿件。

《学报》组织评选优秀论文、优秀审稿专家，评出优秀论文30篇、优秀审稿专家30位。

6月，中国科协开展中国科技期刊年度优秀论文遴选推介活动，经学会推荐,《学报》2014年第7期发表的《食用油中邻苯二甲酸酯类物质的来源分析及预防措施》荣获优秀论文。

学会储藏、食品、饲料、发酵面食等分会主办的4种粮油科技期刊共发表论文580余篇，发行总量206800册。

学科发展研究 学会建立学科发展报告制度，组织近150名专家历时两年时间，完成并出版发行《2014—2015年粮油科学技术学科发展报告》。该报告分为1个综合报告和9个专题报告，总结“十二五”期间粮油科学技术学科的发展概况，展示取得的重要新理论、新技术、新成果、新贡献，研究国外粮油科学技术的发展前沿，剖析国内粮油科学技术与世界同行先进水平的差距及原因，探讨粮油科学技术学科如何适应我国经济发展新常态下的战略需求，提出“十三五”期间粮油科学技术学科的发展方向和研发重点。该报告为国家粮食局编制《“十三五”粮食行业科技创新发展规划》提供依据。

决策咨询 学会组织专家为国家粮食局、地方政府部门决策提供依据和咨询服务，提出规划和政策建议等12份，为国家粮食局编制《“十三五”粮食行业科技创新发展规划》提供研究咨询，为《粮食行业“十三五”发展规划纲要》《粮食科技项目督导评估管理办法》等提出建议和意见。

国际学术会议 10月，学会在河南省开封市举办主题为“全谷物产业发展助力‘健康中国’建设”的第三届全谷物食品与健康国际研讨会。国内外专家、学者130余人参加会议，与会人员围绕全谷物营养与健康、技术与装备、质量与安全及产品开发等进行研讨。

国内主要学术会议 学会举办学术会议44次，参会专家、学者近8000人次，提交论文537篇。

学会开展粮油全产业链健康产品与科普教育展、粮油全产业链发展助力“健康中国”战略研讨会和健康粮油产品竞赛三位一体的综合学术交流活动，先后在北京、河南省郑州市举办3次产品及科普教育展，设立健康粮油产品金奖。专家、学者600余人参加研讨会，收集论文350余篇。邀请学会常务理事、中国工程院院士、北京工商大学教授孙宝国，学会理事、中国工程院院士、大连工业大学食品学院院长朱蓓薇以及业内专家、学者作专题报告110余个。

8月，学会食品分会、米制品分会、玉米深加工分会、粮油营养分会与内蒙古自治区呼和浩特市人民政府在呼和浩特市联合主办2016年粮食食品与营养健康产业发展科技论坛暨行业发展峰会。专家、学者300余人参加大会，交流粮食食品与营养健康的现状与发展趋势方面的大会报告近50个。

8月，学会储藏分会举办主题为“智能＆绿色”的智能化粮库建设与绿色储粮学术研讨会。专家、学者240多人参会，会议征集论文48篇并收录于论文集，内容涉及智能化粮库建设、“四合一”升级新技术、氮气气调储粮、储粮生态系统研究、粮库光电一体应用等方面。

9月，学会油脂分会在山东省邹平市举办主题为“创新、协调、绿色、共享”的第25届学术年会暨产品展示会。专家、学者400多人参加年会，会议征集论文100余篇，《论文选集》刊用论文89篇，会议交流论文19篇。与会专家、学者围绕节能减排及安全生产，油脂制取、精炼、储藏等新工艺、新设备、新技术，专用油脂、功能性油脂的开发和油脂精细化工产品的研究，特种油料新油源的开发利用及油脂副产品的综合利用等方面进行学术交流研讨。

国际交往 年内，学会组团出国参会5次，共13人次，接待来访外国专家14人次。

4月，学会组团赴土耳其参加国际谷物科技协会（ICC）第15届谷物面包大会暨会员大会。6月，学会组团赴日本参加2016国际食品工业展。9月，学会组团赴美国参加2016年美国国际谷物化学家协会（AACCI）年会。7月和11月，学会分别派员赴奥地利参加2016年国际谷物科技协会（ICC）第二次执委会会议和第30届欧洲食品科技大会。

科普活动 学会开展各类科普活动60余次，近200名专家参与现场讲解，受众人数达20余万人次。

学会在全国科普日期间开展以“粮油全产业链助力‘健康中国’”为主题的科普活动。涉及粮食收储与农户家庭储粮、节粮减损与粮食安全、粮油加工，使消费者了解从田间到餐桌的消费全过程。张贴科普展示海报20张，发放科普图书500多本，发放米发糕、油条制作等科普资料1000余份。健康公开课活动中，现场听众百余人，网络直播在线参与人数达1500余人。米发糕及面包的现场品尝参与市民逾万人。学会获得中国科协2016年全国科普日北京主场优秀活动单位奖。

5月，学会在湖北省武汉市举行的第十一届粮食科技活动周——首届粮食科技成果转化对接推介活动中，邀请学会常务理事、中国工程院院士孙宝国，中国工程院院士岳国君，中国粮油学会首席专家王瑞元，国际标准化组织食品技术委员会谷物与豆类分会主席、学会面条制品分会会长卞科面向粮食部门和全国粮食企业等进行粮食科技大讲堂科普讲座。

学会发酵面食分会成立科普宣讲团，在全国10多个省近30个县开展发酵面食科普宣传和面点加工职业技能培训等系列专题活动。农民群众参加人数逾20万人次，数万名面点师受益。学会营养分会组织6场“营养健康大讲座”专题活动，邀请院士、行业专家学者聚焦公众关注热点，进行科普宣传。

学会组织50余名粮油科技专家完成编写《粮油食品安全与营养健康知识问答》，该书分设稻米篇、小麦篇、油脂篇、储藏篇和杂粮篇，近20万字，设有知识问答300余个。内容包括粮油主食品种分类、营养价值、加工方法、包装储存、选购方法、科学食用与健康养生等诸多常识性和热点关注的问题，成为公众了解粮油科学知识的普及读物。

学会营养分会出版3期科普刊物《食营养》，包括行业热点、专业知识、观察视点、膳食健康等栏目，每期收录文章20余篇，宣传营养健康的理念与知识。

表彰举荐优秀科技工作者 学会储藏分会在河南工业大学、南京财经大学和武汉轻工大学开展“新苗奖”和“铸才奖”的评审和奖励工作，奖励学生22人。

学会向中国科协举荐第七届“全国优秀科技工作者”候选人3名，河南工业大学教授卞科和江南大学教授王兴国获得“全国优秀科技工作者”称号。

学会配合国家粮食局开展首届粮食行业拔尖人才的评审工作。经过现场答辩、专家评审，从申报的39名候选人中评出行业青年拔尖人才7人。

党建强会 学会党支部以“爱粮节粮从我做起党建强会特色活动——全面推进‘两学一做’+‘党建强会’建设”为主题，开展系列专题教育和党建特色活动。学会党支部被中国科协科技社团党委授予“党建强会”计划“十百千”特色活动组织奖。

学会党支部报送的《建立多种形式的学会党建活动阵地和窗口研究》被中国科协学会党建研究会评为优秀调研报告，并经其推荐获得中直机关党建研究会课题研究优秀成果奖。

9月，学会党支部与中粮集团营养健康研究院、首都师范大学联合举办“健康营养大讲堂”“党建强会”特色活动，学会党支部向首都师范大学捐赠科普图书300册 。

会员服务 学会会员积分系统建设完成。

学会开通微信公众号“天下粮油”，发布相关政策、行业信息、科普文章等，同时成为吸纳会员的平台。

学会通过“点对点”“点对多”的方式，组织专家帮助企业会员解决生产、销售过程中遇到的各种问题，提供技术咨询服务200余次。

【西部金穗粮油产品科技创新与产销衔接会】 11月4—6日，由中国粮油学会、四川省粮食行业协会共同主办，中国粮油学会营销技术分会、遂宁市人民政府联合承办，以“创新科技、绿色健康、共享美好”为主题的西部金穗粮油产品科技创新与产销衔接会在四川省遂宁市举行。来自22个省（市、区）和香港特别行政区的专家、学者以及469家企业（单位）的代表1262人参加大会，大会展区面积1.5万平方米。

与会人员加强沟通交流，共同探讨保障国家粮食安全、推进粮油创新科技发展的课题。

参展参会的企业涵盖粮食生产、收储、加工、流通、消费等全产业链条，集聚全国涉粮产业优秀资源，涵盖395个品牌、4800多个品种。展会期间，签约及交易金额达人民币59.44亿元。

（撰稿人：魏　然　张　勇）

中国职业安全健康协会

服务创新型国家和社会建设　协会受国家安全生产监督管理总局委托，完成编写《金属非金属矿山建设项目安全管理实用手册》。

协会完成中国职业安全健康协会科学技术奖评奖工作，评奖项目91项，其中一等奖14项、二等奖31项、三等奖46项。

协会完成编写《实用职业卫生学》教材，完成报名考试网络系统。

协会举办职业卫生管理师试点班、职业卫生监管业务研讨班、职业卫生服务机构专业技术人员培训班、煤矿职业卫生服务机构专业技术人员培训班、职业卫生管理人员培训班、放射卫生技术培训班共10期，培训人员1000余人次。

10月，受广东省佛山市里水镇政府委托，协会对其辖区内的110家企业进行安全隐患排查，发现安全隐患1300个，并对这些隐患提出相应的治理措施。

11月，受广州经济技术开发区委托，协会对其辖区内的20个企业进行安全隐患排查，发现安全隐患200个，并对这些隐患提出相应的治理措施。

协会完成对北京理工大学等9所学校安全工程专业认证，并向中国工程教育认证协会提交认证报告。

学会建设　截至2016年年底，协会个人会员总数为1948人，团体会员2992个。年内新增副理事长团体会员3家、常务理事团体会员10家、理事团体会员2家、团体会员3家。新增个人会员4人。

协会秘书处增设财务部，促进协会及分支机构的财务管理。

协会副理事长马骏当选为中国科协第九次全国代表大会代表。

协会召开年度工作会议，协商分支机构建设。27个分支机构的主任委员、秘书长或代表参加会议。要求各分支机构贯彻落实《民政部、财政部、人民银行关于加强社会团体分支（代表）机构财务管理的通知》精神以及《中国职业安全健康协会分支机构管理暂行办法》的有关要求，认真做好分支机构相关工作，使各分支机构与协会成为有机的整体，共谋发展。

协会完成编制《中国职业安全健康协会“十三五规划”》。

年内，协会专家库增加专家近300人，专家库中专家数量超过1000人。

学术期刊　年内，协会出版发行《中国安全科学学报》10期。中国安全科学学报采编系统正式投入使用。

国内主要学术会议　3月3日，协会与3M中国有限公司在北京合作举办第四届工作场所的噪声危害和听力防护高峰论坛。来自美国的3M资深技术专家、听觉学博士Lauraine Wells女士作题为“全球噪声聋诊断标准”“听力保护领域的新技术、新趋势及立法”的学术演讲。来自国家标准化管理委员会的专家、学者以及相关企业、媒体代表100余人参加论坛。

10月19—21日，协会与香港职业安全健康局、澳门劳工事务局、香港职业安全卫生协会、台湾地区中华安全卫生协会、中国安全生产协会、中钢集团武汉安全环保研究院联合在湖北省武汉市举办第二十四届海峡两岸及香港、澳门地区职业安全健康学术研讨会。协会理事长王德学出席会议并致开幕词，协会副理事长兼秘书长马骏作题为《中国大陆煤矿粉尘危害的防治》的主旨报告。

两岸交流　7月25日，协会副理事长马骏在北京会见台湾地区劳工安全卫生管理学会张振平理事长一行，双方就计划2017年在大陆开展“国际企业家职业安全健康高峰论坛”的可能性进行研讨。

国际交往　4月4—7日，协会副理事长兼秘书长马骏率队赴印度新德里参加第31届亚太地区职业安全健康年会（APOSHO），年会主题为“联合行动，共创安全、健康与环境安全共同愿景”。来自亚太地区的职业安全健康专家、学者及业内人士300余人参加会议，与会人员围绕职业安全健康工作的经验和成果及世界职业安全健康的最新发展趋势展开交流和研讨。

5月20日，协会理事长王德学出席在北京召开的第二十六届中韩日职业卫生学术交流会。王德学代表协会致开幕词，他希望协会与韩国和日本的学者扩大学术交流，共同促进职业卫生事业的发展。协会副理事长兼秘书长马骏参加会议并致闭幕词。

9月29日，协会理事长王德学在北京会见美国安全工程师协会（ASSE）理事长汤姆·赛奇一行。双方围绕促进中美双方职业健康工作合作，在我国开展职业卫生师双认证达成合作意向。

表彰举荐优秀科技工作者 协会按程序开展全国优秀科技工作者的推荐评选工作，经协会推荐，中国安全生产科学研究院的康荣学获得“全国优秀科技工作者”称号。

学会创新发展 6月，协会与广东省佛山市里水镇政府签署《共建职业健康示范基地协议》，双方制定“职业健康示范基地”建设方案，明确基地建设任务（4大工程14项任务）、重点项目和工作安排，从2016年起到2018年，把里水镇打造成职业健康监管体制机制较为完善、职业健康监管手段科学有效，职业危害治理效果明显、企业职业健康主体责任得到有效落实的国家级“职业健康工作示范基地”，并形成职业健康监管决策优化系统、三维可视化安全风险平台等一系列创新成果和工作模式。

党建强会 7月12日，协会党总支选举产生新一届总支委员会，协会副理事长兼秘书长马骏当选为党总支书记。

协会成立“两学一做”学习教育领导小组，制定《“两学一做”学习教育方案》，协会党总支把抓好学习教育作为履行党建主体责任的重要任务，纳入党建工作述职评议考核的重要内容。

【中国职业安全健康协会2016学术年会】 10月25—26日，中国职业安全健康协会2016年学术年会在广东省珠海市举行。来自高等院校、科研院所的专家、学者，有关安全生产领域的企事业单位分管安全生产的负责人以及中国安全生产报、劳动保护杂志等新闻媒体共200余人参加会议。会议收到论文156篇。

北京科技大学教授李仲学、中国职业安全健康协会副秘书长杨书宏、清华大学教授钟茂华分别作学术报告《基于风险管理和面向生命周期的矿山生产安全完整性理论框架》《中国职业安全健康协会注册职业卫生师介绍》《北京猿人用火可能性分析》。中国地质大学（北京）教授樊运晓、上海海事大学商船学院教授刘英学、中国疾病预防控制中心职业卫生与中毒控制所研究员张敏、华北科技学院教授陈学习、中国安全生产科学研究院研究员马海涛、中国劳动关系学院副教授王起全等9位专家作大会学术报告。

年会期间召开安全管理、安全科学技术、职业卫生和个体防护装备与技术分会场学术会议，共有30余名专家、学者、科技工作者作学术报告。安全管理分会场重点对我国高校职业安全与公共健康专业培养方案进行研讨和论证。安全科学与技术分会场针对生产过程中的安全新技术、新装备、新方法进行研讨。职业卫生分会场重点讨论我国职业卫生领域的重点和难点问题。个体防护装备与技术分会场研讨个体防护新技术，展示个体防护最新装备。

（撰稿人：吴艳华）

中国烟草学会

学会建设 5月17日，学会在北京召开七届四次理事会议，批准成立安全生产专业委员会。

6月22日，学会召开七届五次理事扩大电视电话会议，学习传达中国科协第九次全国代表大会精神，连线32个分会场，640余人参加会议。

7—8月，学会农业专业委员会组织植保学组相关专家对全国烟叶主产区病虫害预测预报工作和农药使用情况进行调研并指导。

年内，学会发展会员966人。截至2016年年底，学会个人会员总数为12061人。

学术期刊 年内，《中国烟草学报》（以下简称《学报》）刊发原创学术论文115篇，影响因子为1.182，论文被引频次为1865，基金论文比保持在70%—80%，在TS3/TS9轻工业学科期刊中排名第一位。

《学报》编辑部在烟草学术期刊微信平台上对优质稿件实行优先网络出版。“烟草学术期刊”微信公众号在年内开通。

《学报》网站完成改版，英文版全面升级，增加英文检索内容，参考文献采用双语模式，实现与国际检索标准接轨。

12月7日，《学报》编委会会议在上海市召开。《学报》编委会新老编委及工作人员45人参加会议。会议完成编委会换届，《学报》编委会聘任学会副理事长、郑州烟草研究院院长谢剑平为编委会主编。

国际学术会议 学会组织行业优秀科技工作者52人次参加烟草科学研究合作中心（CORESTA）等国际组织学术交流，10篇论文入选CORESTA大会宣读论文，入选CORESTA大会墙报论文9篇。学会会员、云南省烟草公司的张立猛博士受邀在CORESTA大会“农学与植病方向关于推广应用及培训”专题研讨会上作题为《烟叶生产过程中技术推广应用的案例分析》的报告。

在2016年德国柏林纪念CORESTA成立60周年大会上，正式确定CORESTA 2018年大会在中国云南省昆明市召开。学会副理事长、郑州烟草研究院院长谢剑平代表中国向全体与会人员介绍大会准备情况，并播放大会的宣传视频。

国内学术会议 学会举办学术年会、研讨会等学术活动8次，专题报告8个，收集学术论文1108篇，评选表彰优秀论文448篇。

7月7—8日，学会在河南省郑州市举办教育培训课题研讨会，围绕培训机构标准化评级和考核指标体系、职工教育培训经费使用管理、审定ZJ118卷接机组和ZB48包装机组视频课程技术脚本、修订《烟草行业培训教师管理暂行办法（试行）》4个课题进行研讨，课题组成员70余人参加会议。

国际组织任职 学会副理事长、郑州烟草研究院院长谢剑平继续担任CORESTA理事会理事。

学会推荐的青州烟草研究所郭永峰连任CORESTA科学委员会农学及烟叶整体性学组委员。

在10月举行的CORESTA科学委员会委员选举中，学会推荐的郑州烟草研究院胡斌博士当选产品技术科学学组委员。

科普活动 学会利用科普中国微平台、学会和《学报》微信公众号、学会网站、微博等媒介，发布科普信息500余条，受众达1万余人次。

学会联合国家烟草专卖局组织翻译出版“供给侧经济学”之父、美国知名经济学家阿瑟·拉弗的《烟草税：理论与实践》，使公众了解烟草税收，普及烟草税收知识。

学会组织编撰《新中国卷烟烟标精选图集》工作，收集编撰时间范围为1949—2015年出品并生产销售过的卷烟精品商标。

4—10月，学会联合中国烟草博物馆完成第二次全国烟草文物普查和征集工作，摸清行业文物家底，为行业留史存志，传承文化作出努力。

8—9月，学会工业专业委员会以2016年全国科普日活动为契机，结合举办“郑州烟草研究院2016全国大学生夏令营”，组织开展科普活动。学会副理事长、郑州烟草研究院院长谢剑平介绍该院历史发展、科研方向以及学生培养目标、学科方向等情况，带领学生参观郑州烟草研究院、河南省科技馆、观看科普宣传短片等形式，使烟草行业学生及科技工作者了解烟草科研现状，普及烟草科技知识。

表彰举荐优秀科技工作者 经过专家委员会评审，青州烟草研究所王凤龙等10人获得“中国烟草学会优秀科技工作者”称号。

党建强会 学会完成党支部换届工作。

在中央国家机关工委举办的“党章党规在我心中——中央国家机关党章党规知识测试和竞赛活动”中，学会党支部获得“支部组织奖”的荣誉称号。

会员服务 学会完成个人会员重新登记工作，截至2016年年底，重新登记个人会员11095人。

学会对CORESTA入选论文作者进行英语语言能力培训，年内培训30人次。

【中国烟草学会2016年学术年会】 11月24日，中国烟草学会2016年学术年会在北京举行，学会各专业委员会主任委员、各省级烟草学会理事长和秘书长、年度优秀论文作者代表约150人参加会议。

2016年学会学术研究和学术交流活动取得新成果，488篇优秀论文，内容覆盖了11个专业领域，学术研究成果涵盖面宽泛，学术活动贴近行业实际，学术研究氛围浓厚，对指导行业工作具有针对性。

会议通报了中国烟草学会2016年度优秀论文获奖情况，2016年学会共收到学术论文1108篇，评选出一、二、三等奖论文448篇。会上，8位专家、学者和优秀论文作者代表作专题报告。

（撰稿人：王文静）

中国仿真学会

服务创新型国家和社会建设 2016年，学会参与了中国科协科普部“虚拟现实科技馆研发项目”。

学会组织撰写的《2049项目——仿真科学与工程及其社会愿景展望》报告结题。

11月11—14日，学会承办的中国工程院“仿真科学与技术发展趋势预测及路线图研讨会”在云南省昆明市召开。会上，清华大学教授范文慧作《仿真科学与工程及其社会愿景展望》主题报告，与会专家针对报告相关内容进行讨论，最终形成学科方向预测及技术路线图实施方案，对下一阶段的工作进行了部署。

学会建设 2016年，学会召开了2次理事长办公会议、2次常务理事会议和1次理事会议。2016年1月7日，经民政部下发更名批复，中国系统仿真学会正式更名为中国仿真学会，英文名为China Simulation Federation（CSF）。第七届第四次常务理事会议正式通过学会标识设计方案。学会重新申请域名www.csf—sim.org.cn。个人会员7048人。

学术期刊 《系统仿真学报》全年共出版正刊12期，共刊发423篇文章，出版文集1期，35篇文章。全年共印刷14400册。

国际杂志*International Journal of Modeling, Simulation, and Scientific Computing*（IJMSSC）的影响扩大，年收稿量200余篇。2016年出版4期正刊，组织了1期专刊，即亚洲仿真会议ASIASIM 2016专刊。

国际学术会议 10月9日，学会主办的2016国际仿真大会在北京召开，主题为"复杂系统建模与仿真的理论、方法、工具与应用"。大会共收到来自15个国家共649篇投稿论文，录用267篇，由Springer出版并被EI收录，30篇优秀论文推荐至SCI期刊发表。会议通过大会报告、分组讨论和Special track的方式进行学术交流，讨论的主题包括建模与仿真理论与方法、模型工程、高性能计算与仿真、智慧城市建模与仿真、智能制造仿真、军事仿真、仿真应用中的云技术等。

科普活动 5月25日，教育部与西门子（中国）有限公司共同签订了新的教育合作备忘录。根据备忘录的内容，"西门子杯"中国智能制造挑战赛大赛正式更名为"西门子杯"中国智能制造挑战赛。2016年"西门子杯"中国智能制造挑战赛由教育部高等学校自动化类专业教学指导委员会、西门子（中国）有限公司和中国仿真学会联合主办，比赛共设ITEM1过程控制、ITEM2逻辑控制、ITEM3运动控制、ITEM4工程创新、ITEM5硬件研发以及ITEM6工业网络六大赛项，并分为高校组、高职组两个组别。来自全国300所高校的2200支队伍近6600人参加了预赛，通过10个分赛区的选拔，共有300支队伍进入决赛。来自北京联合大学、桂林理工大学、青岛理工大学、三峡大学、山东科技大学、西安邮电大学、中国石油大学（华东）及青岛科技大学共8所院校的8支代表队获得了过程控制赛项特等奖；来自安徽工程大学、北京化工大学、北京联合大学、东北大学秦皇岛分校、阜阳师范学院、厦门大学、华中科技大学、西安邮电大学及安徽国防科技职业学院共9所院校的9支代表队获得了逻辑控制赛项特等奖；来自北京科技大学、东北大学秦皇岛分校及河北工业大学共3所院校的3支代表队获得了工业网络特等奖；来自北京科技大学、东北大学秦皇岛分校、辽宁科技大学、三峡大学及兰州理工大学共5所院校的5支代表队获得了运动控制赛项特等奖；来自重庆工商大学和长春理工大学共2所院校的2支代表队获得了硬件研发赛项特等奖；来自合肥学院、天津工业大学、烟台大学及中国计量大学共4所院校的4支代表队获得了工程创新赛项特等奖。

10月9—11日，由学会主办、北京中航双兴科技有限公司承办的2016世界仿真技术应用展览会在北京举办。来自航空、航天、兵器、船舶、高校、科研院所、空军、海军、武警、环保、电力、铁路、海洋等行业的单位参展，涵盖仿真行业产、学、研、商、用各个环节，有100多家高新技术企业参加展览。本届展览会面积近1.1万平方米，接待参观观众近1.5万人次。本届仿真展览会以"仿真推动创新，虚拟探索未来"为主题，旨在将北京仿真展打造成为国家级、国际性仿真技术交流与展示的平台。

【中国工程院第237场工程科技论坛——"互联网+时代"的建模与仿真技术】 10月11日，由中国工程院主办，信息与电子工程学部、中国仿真学会共同承办的中国工程院第237场工程科技论坛——"'互联网+'时代的建模与仿真技术"在北京举行。

李伯虎院士主持开幕式，6位中国工程院院士及国内仿真领域的专家240余人出席此次论坛。论坛报告分两部分，分别由学会常务副理事长、北京航空航天大学教授张霖，学会常务理事、上海大学教授费敏锐主持。

中国工程院院士、浪潮集团首席科学家王恩东作了题为"'互联网+'时代的数据中心技术创新"的大会报告，微软亚洲研究院常务副院长芮勇教授作了题为"从'互联网+'到'人工智能+'"的大会报告，中国工程院院士赵沁平作了题为"虚拟现实：一项可能的颠覆性技术"的大会报告，中国工程院院士建平作了题为"浅谈网络空间安全的挑战和机遇"的大会报告，中国工程院院士李伯虎作了题为"智慧云仿真（云仿真2.0）——一种'互联网+'时代的智能仿真模式、手段与业态”的大会报告，中国工程院院士高文作了题为“AVS2与VR标准及其端到端系统”的大会报告，中国工程院院士、中国电子信息产业集团首席科学家方滨兴作了题为“打造安全可信的云”的大会报告。

（撰稿人：赵　罡）

中国电影电视技术学会

服务创新型国家和社会建设　学会受广播电视规划院、中央电视台等8家单位委托，对“自适应滤波分布式算法在NGB无线通讯中抗干扰性能研究”等24个科研项目组织了科技成果鉴定。

学会组织单位会员编制完成了《高清晰度电视节目录制规范》等3项团体标准，其中《演播室LED灯具技术要求和测量方法》被采纳为广电总局行业标准；完成《互联网电视标准体系》等6项团体标准立项。经《GB/T 20004.1—2016团体标准化 第1部分：良好行为指南》审核，学会进入国家标准化管理委员会组织建立的全国团体标准信息平台。

学会共举办专业技术培训班和技术讲座7次，培训人数1870人次。

学会建设　截至2016年年底，学会单位会员137个，个人会员3290人。新成立了节能技术专业委员会、广播制播融媒体专业委员会、转播技术专业委员会、新技术应用专业委员会、台网协作发展专业委员会，专业委员会增加到19个。

4月，学会接受了民政部评估专家组对学会基础条件、内部治理、工作绩效等评估内容的实地考察。10月11日，民政部正式公布中国电影电视技术学会为全国学术类4A级学会。

2016年学会召开了3次常务理事会议和1次理事会会议。审议通过了《理事会选举条例》《会员代表大会代表产生办法》《监事会条例》《学会换届工作方案》等换届相关文件。成立了25个团体会员代表组成的换届筹备组，为2017年5月召开学会第八次会员代表大会作准备。

8月4日，学会在北京召开学习贯彻中国科协九大精神暨2016年分支机构工作会议，传达科协九大会议精神，总结分支机构近年来的工作成绩，明确分支机构的工作定位和工作职责，提出了继续按照“六个一”标准强化对分支机构组织建设、民主办会、学术建设和财务管理的有关要求。

为开展科学技术奖评审、专业技术资格水平评价和影视科技成果评估，学会建立专家库，专家库成员由全国广播电视工程、电影工程、传输覆盖工程和网络信息工程的专家组成。

学科发展研究　学会编著科技图书《西部电视技术研究与应用》《西部电视技术的融合与创新》《2015—2016中国电视媒体融合发展报告》，总印数3000册。

8月23日，在中央提出媒体融合政策两周年之际，学会和中国电视艺术家协会媒体融合推进委员会共同编辑发布《2015—2016中国电视媒体融合发展报告》。这是我国电视行业第一个对媒体融合开展系统研究的年度报告。

以学会网络视频专业委员会和标准与测试专业委员会为主体的广电信息运维工作组组织专家编写了《广播电视信息系统运维能力建设指南》，在广电行业属于首创。

国际学术会议　学会举办国际学术交流活动4次，共3160人次参加。

5月11—12日，学会主办了2016年北京国际电视技术研讨会，结合国内外媒体技术发展的新形态和新趋势，利用战略发展峰会、制播应用峰会、媒体融合峰会和业务调研的形式进行了研讨与交流。中央电视台技术总负责人姜文波、国家广播电影电视总局网络视听节目管理司司长罗建辉、科技司副司长孙苏川等分别作了报告。国内外各级广电媒体、相关技术企业和研发机构的专家、学者489人参会。

10月26—28日，2016国际电影电视声音技术高端论坛（IFTT）在上海市举办。论坛主题为“跨界融合·创新发展”，活动邀请德国录音师协会音乐与语言制作部总监Andrew Levine、杜比实验室解决方案工程总监Mike Babbitt、Adamson亚太区域技术总监David Dohrmann等11位外国专家作演讲。邀请中央电视台及省市电视机构、中影集团等电影机构、北京电影学院、中国传媒大学、媒体的专家、学者410人参加。

12月1日，学会先进影像专业委员会主办了第七届北京国际先进影像大会暨展览会（ICEVE）。大会主题为“未来影像·影响未来”，国际3D与先进影像协会总裁Jim Chabin等多位国际先进影像领域的专家参会。研讨的主题聚焦于高质量影像、先进电影制作流程、VR/AR 内容制作和未来影像技术 4 个领域。国内从事先进影像和虚拟技术应用领域的专家、教师和学生 1200 人参会。会上举行了“中国电影电视技术学会先进影像奖”颁奖仪式。

国内主要学术会议 2016 年，学会共举办国内学术交流活动 18 项，2523 人次参会。

5 月 18 日，学会城市电视台技术分会在浙江省宁波市举办了中国电影电视技术学会城市电视台技术年会，学会理事长何宗就、国家广播电影电视总局科技司副司长孙苏川、宁波市副市长张明华，城市电视台技术分会 104 个成员台及 55 家广电行业厂商、媒体单位等共 364 人参会。

8 月 25 日，学会在北京举办了中国视觉效果峰会电视产业论坛融合媒体研讨会。来自中央电视台、中视广信、成都索贝、捷成世纪、新奥特等单位的新媒体研究专家、工程师，分别就融合媒体互动技术在演播室的应用、中央电视台体育节目融合媒体一体化云制作系统、三云合一的 P2 Cloud 现场新闻生产云服务、新闻演播室集中控制制作系统、全媒体融合平台综合节目生产应用、云视频包装和制作平台等主题进行了研讨。省市电视台、传媒机构的专家、学者，及各大院校传媒专业教师等 220 人参会。

国际交流 3 月 22 日，学会与来访的韩国放送技术人联合会、KBS 放送技术人协会代表在北京进行了中韩广电技术交流。双方分别介绍了办会宗旨、机构组成和主要业务活动情况，并就韩国现行超高清节目的播出覆盖状况、编码格式及未来计划、双方学会与协会内部的技术人员培训工作、巨变媒介环境中传统电视媒体的应对策略、中韩双方学会与协会技术交流定期化等内容进行了讨论。双方达成了多项共识，确立了双方的定期合作交流机制，并制定了未来的合作计划。韩国访问团还参观了中央电视台新址的 4K 超高清制作岛及环绕声音频后期制作系统。

科普活动 9 月 24 日，学会组织在京会员在学会科普基地——索尼探梦科普馆举办了中国电影电视技术学会 2016 科普会员日活动。65 位会员家长带着孩子体验了有趣的涉及电视原理和声光电科普实验。

表彰举荐优秀科技工作者 学会进行了中国电影电视技术学会科学技术奖、影视青年科技奖、广播电视节目技术质量奖、中国化妆金像奖、先进影像优秀作品奖等奖项评选。共奖励单位 695 个，奖励个人 3588 人次。

学会举办全国电影电视青年科技奖评选活动，依照《全国电影电视青年科技奖表彰条例》，从科学思想品德、重要科技贡献、影视科技界威望以及专家系数等四方面对 28 个单位推荐的 39 名候选人进行评审，评选出“全国电影电视青年科技奖”26 名。

会员服务 9 月 23 日，学会在广东省深圳市举办香港特别行政区会员座谈会。座谈会以“新媒体和超高清电视技术发展现状”为主题，就超高清技术、VR 与 AR 技术在电影电视领域的应用等内容与香港会员进行了交流和探讨。

利用学会微信公众号，向会员发布会议通知，介绍影视科技发展动态，传播学会工作信息。

【第二届“世界电视日”中国电视大会】 11 月 21—22 日，由学会发起，联合中国电视艺术家协会媒体融合推进委员会、北京国际广播电影电视展览会（BIRTV）组委会、北京电视台、中国传媒大学、凤凰卫视等共同主办，中广互联承办的第二届“世界电视日”中国电视大会在北京召开。来自中国大陆、香港特别行政区、台湾地区，以及韩国、德国、老挝、缅甸、柬埔寨、美国等国家的电视业务人员共 1600 人参会，围绕电视媒体融合发展、电视技术演进与节目形态变革、传统电视模式的互联网创新、电视产业战略与区域合作、电视广告与营销迭变、新兴技术在电视业的应用、电视节目模式与资本驱动等议题展开讨论。学会理事长何宗就、中国电视艺术家协会主席赵化勇、中国科协学会学术部副部长魏军锋致开幕词。

本届“世界电视日”中国电视大会共举办了 13 场专业论坛，围绕行业热点开展单边、双边、多边的交流研讨。

本届大会设立院士论坛和亚洲电视论坛。院士论坛邀请中国科学院院士简水生，中国工程院院士高文、丁文华出席论坛并进行交流。论坛集中展现了电视最新技术趋势及相关标准制定进展。亚洲电视论坛汇集了来自老挝、缅甸、柬埔寨、韩国等国家以及中国台湾地区、香港特别行政区的演讲嘉宾，在对本国或本地区电视产业现状进行介绍的基础上，对今后加强区域性合作及媒体融合探索进行了沟通交流。

（撰稿人：李慧芳）

中国振动工程学会

学会建设 3 月，学会选举理事长苏义脑院士为中国科学技术协会第九次全国代表大会代表，并推选为第九届全国委员会委员候选人。5月31日—6月2日，苏义脑院士出席中国科学技术协会第九次全国代表大会，并当选为中国科学技术协会第九届全国委员会委员。

11月6日，学会在南京航空航天大学召开八届二次常务理事扩大会议。学会理事长苏义脑院士传达了中国科协“九大”会议和有关重要会议精神。学会秘书长陈国平传达了中国科协学会党建工作会议精神，并作了学会2016年工作报告。会议学习了《中国科协所属全国学会分支机构管理办法（试行）》，要求各专业委员会认真贯彻执行该管理办法。会议对2016年度学会青年科技奖进行了评审。会议讨论了理事会和学术会议筹备、学会期刊等工作。会议批准高级会员19人。

2016年，根据学会章程和《中国振动工程学会分支机构/编委会管理办法》，振动与噪声控制专业委员会、转子动力学专业委员会、模态分析与试验专业委员会、动态测试专业委员会、包装动力学专业委员会完成了换届。

学术期刊 2016年，《振动工程学报》出版6期。年收稿量517篇，发表论文138篇。根据中国学术期刊影响因子年报（2016版），《振动工程学报》2015年复合影响因子为0.921，在力学类19种期刊中排名第7位，在工程技术类52种期刊中排名第9位，基金论文比为0.96。

11月，学会调整充实了《振动工程学报》第八届编委会，常务理事会聘任苏义脑院士任《振动工程学报》主编，聘任陈国平（常务）、褚福磊、胡海岩、华宏星、李杰、孟光、欧进萍、邢誉峰、杨绍普、翟婉明为副主编（以姓氏汉语拼音为序）。

2016年，《振动与冲击》出版24期。年收稿量3000篇，发表论文869篇，其中20篇论文入选“2016年中国精品科技期刊顶尖学术论文（F5000）”。根据中国学术期刊影响因子年报（2016版），2015年他引总被引频次为4618，他引影响因子0.559，影响力指数为1346.417，在工程技术类52种期刊中排名第1位。

国际学术会议 9月22—25日，学会包装动力学专业委员会在北京召开了第三届包装技术与科学国际会议暨第十六届全国包装工程学术会议。来自美国、英国、瑞典、西班牙、韩国等国家的专家、学者，与国内80多家高校、科研院所、龙头骨干企业的包装工程科技人员，共280余人参加了会议，交流学术论文120余篇。

8月18日，学会随机振动专业委员会在韩国首尔召开的国际可靠性工程与风险管理学术会议上组织了工程结构和系统随机动力学与控制专题研讨会。来自国内高校和科研院所的30余位学者（其中随机振动专业委员会委员6人）参加了本次会议。

国内主要学术会议 7月27—29日，学会振动与噪声控制专业委员会主办的第27届全国振动与噪声应用学术会议在黑龙江省哈尔滨市召开。会议收到学术论文110余篇，180余人参会。

8月5—8日，学会转子动力学专业委员会主办的全国第十二届转子动力学学术讨论会（ROTDYN 2016）在湖南省株洲市召开。会议由中国航空动力机械研究所、哈尔滨工业大学、航空发动机振动技术航空科技重点实验室等共同承办。来自高校和企业的专家、学者220余人参加会议。

8月12—14日，学会模态分析与试验专业委员会在天津市召开了第十六届全国模态分析与试验学术会议。来自高等院校和工业应用部门的148名专家、学者参会，大会交流学术报告5篇，分会场报告学术论文69篇。

8月20—23日，学会动态测试专业委员会在陕西省西安市召开了学术年会，100余名专家、学者参加会议。

9月23—25日，学会结构抗振控制与健康监测专业委员会在辽宁省沈阳市召开了第六届全国结构抗振控制与健康监测学术会议。会议由沈阳建筑大学和大连理工大学等共同承办。会议收到学术论文80余篇，来自高校和企业的专家、学者200余人参加会议。

11月4—6日，学会随机振动专业委员会在福建省福州市召开了第十届全国随机振动理论与应用学术会议暨第五届全国随机动力学学术会议。来自中国、美国、意大利、爱尔兰4个国家的近50个科研与工程单位的250余名专家、学者参加会议。会议安排了13个大会主题报告、101个分会场报告，颁发了优秀青年学者论文奖和优秀研究生论文奖。

表彰举荐优秀科技工作者 学会推荐大连理工大学教授伊廷华为“全国优秀科技工作者”候选人，并获得第七届“全国优秀科技工作者”称号。

11月，开展了学会2016年度青年科技奖候选人推荐与评选工作，评选南京航空航天大学王立峰、季宏丽，同济大学彭勇波，清华大学韩勤锴，重庆大学肖扬5人为中国振动工程学会2016年度青年科技奖获得者。

党建强会 11月6日，学会召开八届二次常务理事扩大会议集体学习党的十八届六中全会精神。会议还召开了党员会议，学习了《中国科协科技社团党委关于推进中国科协所属学会党建“两个全覆盖”专项工作方案》。为贯彻落实《中国科协关于加强科技社团党建工作的若干意见》和中国科协学会党建工作会议精神，发挥党组织在学会中的政治核心、思想引领、组织保障作用，经过讨论，决定组建中国振动工程学会功能型党委，并酝酿推荐了党委组成人员名单。中国振动工程学会功能型党委拟设委员5名，学会副理事长华宏星任党委书记。与会代表中的民主党派和无党派人员列席了会议，并提出了建议。

学会于11月20日向中国科协科技社团党委提交了《关于成立中共中国振动工程学会功能型党委的请示》，中国科协于12月6日发文（科协社团党发〔2016〕53号）同意中国振动工程学会成立功能型党委及组成人选。

（撰稿人：刘　红　孙久厚）

中国颗粒学会

服务创新型国家和社会建设 10月19—21日，由学会与纽伦堡会展服务（上海）有限公司共同主办的第十四届中国国际粉体加工/散料输送展览会（IPB 2016）在上海市举行。来自粉碎、研磨、筛分、干燥、混合、过滤、输送、包装、测试、安全防爆等领域的14个国家近200家展商在6500多平方米的空间展示了最新的粉体加工和散料输送技术。为期3天的展会，共有7988名观众参观，观众人数较去年增长了近11%。

10月19日，由学会、上海颗粒学会、北京粉体技术协会共同主办的2016年颗粒测试与表征技术培训班在上海市举办，来自高校、科研机构、企业的80位学员参加培训。

学术期刊 《颗粒学报》已有的6个SCI影响因子数据均位列SCI化工类期刊的Q2区，2016年的最新数据为2.280。2016年，《颗粒学报》进入了中国科技期刊登峰行动计划。

国内主要学术会议 6月10—11日，由清华大学、中国科学院金属所、中国科学院“长续航锂电池”先导项目组及学会能源颗粒分会共同举办的2016年锂硫电池前沿研讨会暨第六届全国能源颗粒材料学术研讨会在北京召开。来自高校和科研机构的近180名代表参会。会议收到论文及摘要70余篇，设置了9个大会特邀报告、8个口头报告、60份墙报。锂硫电池具有极高的理论容量，电极材料对环境友好，是理想的下一代储能电池。会议涵盖了锂硫电池的负极、正极、隔膜、电解质及组件，探讨了电极材料优化、电池性能表征、电池装配工艺等领域的研究进展。

7月25—27日，由学会气溶胶专业委员会主办的第九届全国大气细及超细粒子技术研讨会暨第十四届海峡两岸气溶胶技术研讨会在江苏省盐城市召开。会议主题为“大气细粒子污染控制新技术”，来自中国、美国的150余名专家、学者参会。会议安排了3个会前专题培训。中国科学院地球环境研究所研究员黄汝锦、黄宇，香港中文大学助理教授何建辉，分别针对大气污染源解析和测量技术，环境大气NO_x及VOCs纳米催化控制技术，PM2.5及其健康效应等进行专题授课。会议组织了8个大会报告、36个分会报告、17个Poster报告，并有8家展商参展。

8月12—14日，中国颗粒学会第九届学术年会暨海峡两岸颗粒技术研讨会在四川省成都市召开。670人参会，共收到论文及摘要389篇。会议期间共安排大会报告7个、分会邀请报告69个、口头报告278个，另有103篇文章在专门设置的墙报交流时段进行了交流。29家企业参加了会议附展，21个学会理事、青年理事的研究成果在会议期间进行了展示。本次会议共设置分会场11个，分别围绕颗粒测试与表征、气溶胶、颗粒制备与应用技术、生物颗粒材料、能源颗粒材料、3D打印技术等主题进行交流。此外，还特别开设了颗粒与标准化专场，与会代表通过分析解读美国材料与试验协会（ASTM）百年的发展历程，共同探讨中国颗粒团体标准发展的未来。

9月24—25日，由学会承办，学会气溶胶专业委员会、中国科学院地球环境研究所、陕西省硅酸盐协会联合举办的第十八届中国科协年会第十二分会场大气雾霾及PM2.5控制先进技术研讨会在陕西省西安市召开。来自中国和日本多个科研机构、大学、环境监测单位共130多名专家、学者参会。

国际交往 1月8—11日，由亚洲气溶胶研究学会发起，学会气溶胶专业委员会、国际空气与废物管理学会中国学会、中国科学院地球环境研究所、中国科学院大气物理研究所、日本熊本县立大学承办的第一届中日空气污染及控制技术研讨会在日本熊本市举办。来自中国、日本近40位专家、学者参加。会议针对气溶胶研究技术现状及纳米光催化大气污染控制技术理论和应用等前沿领域，安排了29个学术报告进行深入交流，举办了纳米技术研究座谈会，并在会后参观了位于熊本县的Reihoku火力发电厂及天草气溶胶监测站。

（撰稿人：韩秀芝）

中国照明学会

服务创新型国家和社会建设 学会承接并完成北京市发展改革委、北京节能环保中心项目“制定北京市绿色照明‘十三五’规划的建议”，获得中国科协“2016年承接政府转移职能与科技公共服务工程”项目资助。

学会承接中国科协学术会议质量提升计划项目，举办了健康照明与LED照明质量的评价专题研讨会。50余名专家、学者参会，交流专题报告10个，发布健康照明与LED照明质量的评价专题研讨成果1份，内容涵盖了蓝光对人眼视网膜的影响、光对生理与心理的作用、光疗技术等热点课题。

广东省中山市小榄镇人民政府向学会提出申请，学会组织专家对中山市小榄镇进行“中国半导体智能照明创新基地”评审认定工作。

学会举办照明设计师培训19次，参加培训人数538人，正式实施照明设计师注册管理制度，首批注册照明设计师120名。

学会制定并发布《车库LED照明技术规范》（T/CIES 001-2016）、《照明工程设计收费标准》（T/CIES 002-2016）两项团体标准。

4月，学会与国家半导体照明工程研发及产业联盟、雅式展览服务有限公司联合举办2016中国（北京）国际照明展览会，汇聚了全球308家照明企业参展，展示面积达3万平方米，国内外观众32700人次参观。

10月，学会联合四川美术学院启动中国高校照明艺术设计大赛。大赛评出获奖作品三等奖11名、二等奖8名、一等奖1名，展出了34所高校的285件优秀作品。

11月，学会联合广州市政府举办2016年广州国际灯光节。本届灯光节以“光影之爱”为主题，花城广场主会场的30余件灯光艺术作品、分会场沙湾古镇的光影秀及珠江前航道七座大桥的灯画作品等向市民展现了更亮、更炫、更高科技的灯光艺术。

学会建设 学会召开第七次全国会员代表大会，选举产生第七届理事会、常务理事会、理事会领导成员，新成立了监事会、专家工作委员会、标准化工作委员会、农业照明专业委员会，修订了《中国照明学会章程》，完成了编辑工作委员会、学术工作委员会、室外照明专业委员会等9个分支机构换届工作。

截至2016年年底，学会个人会员4123名，其中高级会员589名，比2015年增加17名；团体会员941个，比2015年增加56个。

学术期刊 2016年，学会主办的期刊《照明工程学报》共出版6期，继续被中国科技核心期刊（中国科技论文统计源期刊）、俄罗斯《文摘杂志》收录。

国际学术会议 6月17—18日，学会交通运输照明和光信号专业委员会与中国汽车工业协会车用灯具委员会、复旦大学电光源研究所、上海机动车检测中心联合主办的第四届中国国际汽车照明论坛（IFAL）在上海市召开。学会副理事长刘世平、联合国灯光与信号法规部（GRE）前主席Marcin Gorzkowski、复旦大学信息与科学工程学院副院长刘冉等400多位专家、学者参会，共有43位专家作演讲报告。论坛交流了汽车照明领域的最新研究成果，讨论了联合国灯光与信号法规简化工作的进展，同期举办了整车厂与车灯照明企业圆桌会议。

国内主要学术会议 2016年，学会及所属分支机构共举办国内学术交流活动28次，参会人数共计3560人次，交流论文290余篇。

10月28日，学会与香港贸易发展局在香港特别行政区联合举办2016“LED与全球化”国际照明论坛，170余名专家、学者参加，5位专家作报告。

11月1日，学会与浙江省照明学会、杭州市城市照明行业协会联合举办杭州G20峰会照明建设成果研讨会，400余名专家、学者、设计师参会。会议探讨了G20峰会给杭州城市建设带来的影响，分享了G20峰会的城市规划、建设及照明改造的经验。

11月16日，学会在北京召开2016年照明设计师交流中心年会，共有500余名专家、学者、设计师参会。年会主题为“携手·创造”。

国际交往 3月3—5日，我国照明专家、学者共25名前往澳大利亚墨尔本参加国际照明委员会（CIE）

照明质量与能效大会。来自32个国家的170余位专家、学者参加大会，共进行口头报告54篇、口述墙报22篇、张贴报告32篇。大会设立专题讨论会4场、CIE分部会议3场、CIE技术委员会会议33场，研讨内容包括颜色质量、视觉感知、眩光评价等未来照明领域发展的热点。

3月15—19日，学会理事长郗树奎、秘书长窦林平前往德国法兰克福参加第九届法兰克福国际灯光照明及建筑物技术与设备展，了解国际最新照明产品及技术，与多家国际照明企业进行了交流。

表彰举荐优秀科技工作者 学会开展了第十一届中照照明奖评选工作，共评选出工程设计奖一等奖14项、二等奖22项、三等奖22项、优秀奖17项，城市照明建设奖一等奖3项、优秀奖1项、进步奖2项，杰出设计师3人、优秀设计师10人、先锋设计师10人，优秀管理者14人。

党建强会 学会加强党建活动，结合绿色照明推广工作，向江西省上饶市婺源县赋春中学捐赠了LED灯100套、《绿色照明200问》120本。获得中国科协“党建强会”计划的项目资助。

11月5日，学会党支部在上海市举办了2016“中照杯”会员羽毛球赛，学会理事、会员近100人参加活动。

11月25日，学会与中国造纸学会在北京成立联合党支部，7名党员出席成立会议。学会专职副理事长高飞当选为支部书记。

会员服务 学会为会员免费寄送《照明工程学报》7000余份、《中国照明学会简讯》2000余册。学会会员可优先参与学会活动，可优先在《照明工程学报》发表论文。

【中国照明学会第七次全国会员代表大会】 9月10—11日，中国照明学会第七次会员代表大会在山东省济南市召开，近200名会员代表参加了第七次会员代表大会。中国轻工业联合会、中国科协学术学会部有关负责人出席大会。学会理事长郗树奎代表第六届理事会作工作报告，学会副理事长刘世平作了关于修改章程的说明的报告，学会副理事长赵建平作了会费收取标准的报告，学会副理事长汪猛作了关于修改分支机构、代表机构管理办法的说明的报告，学会副理事长崔一平作了财务工作的报告。会议审议并通过了以上报告。会员代表选举产生了第七届理事会，共188位理事。新当选的理事以无记名投票方式选举产生了第七届常务理事会（共58位常务理事）和第七届理事会领导成员。郗树奎当选第七届理事会理事长。大会表彰了学会第六届理事会的先进分支机构、先进个人。

9月11日，学会第七届理事会第一次会议召开。会议审议并通过中国照明学会第七届理事会成立监事会与监事会人选的决议，到会的157位理事以无记名投票方式，选举王大有担任监事长，刘世平、李国宾担任监事。

【2016年中国照明论坛】 9月9—10日，学会主办的2016年中国照明论坛在山东省济南市召开。学会理事长郗树奎、山东省科协副主席于洪文出席并致辞。照明行业专家、学者、设计师等300余人参加论坛。

2016年中国照明论坛

本次论坛以“智慧照明”为主题，学会秘书长窦林平作了题为“中国照明产业机遇与挑战”的报告，飞利浦照明（中国）投资有限公司总监姚梦明作了题为“智能互联下的LED照明质量”的报告，同济大学电子信息与工程学院教授肖辉作了题为“智能灯光，智慧设计”的报告，中国建筑科学研究院建筑环境与节能研究院高级工程师王书晓作了题为“智能照明系统标准化问题”的报告。

20位专家、学者从智慧照明技术、标准、工程应用等方面作了学术报告。大会设立了1个主论坛和“照明设计与应用”“照明产业与技术”2个分论坛，共进行了24篇学术汇报。论坛同期举行了第十一届中照照明奖颁奖活动，举办了照明企业新产品新技术展览展示。

【海峡两岸第二十三届照明科技与营销研讨会】 11月10—12日，海峡两岸第二十三届照明科技与营销研讨会在安徽省马鞍山市召开。大会由中国照明学会与台湾地区照明灯具输出业同业公会共同主办，马鞍山市人民政府及郑蒲港新区现代产业园管委承办，来自我国大陆及台湾地区的专家、学者300余人参会。大会开幕式由学会秘书长窦林平与台湾地区照明灯具输出业同业公会秘书长李辉阳主持。中国照明学会理事长邴树奎、台湾地区照明灯具输出业同业公会理事长黄明智、马鞍山市市长左俊出席开幕式并致辞。

中国科学技术大学教授刘文作了题为“农作物智能光照技术研发”的报告，提出了可广泛适用于农业大棚的微纳多层聚合物薄膜光学膜技术；南京农业大学教授徐志刚作了题为“光电技术在现代农业中的应用与展望”的报告；我国台湾地区清华大学教授周卓辉作了题为“启动照明复兴的烛光OLED”的报告，介绍了其团队研发的烛光OLED产品；台湾科技大学教授萧弘清作了题为“照明闪烁测量技术探讨与新型低闪烁AC LED驱动电路之研究”的报告，针对LED光源闪烁问题作了详细阐述；伟圣国际股份有限公司董事长陈金锡作了题为“企业的危机”的报告，分析了企业成长的四大危机，提出了企业突破成长极限的方向，指出创新在企业管理中的重要性。

16位专家、学者作专题演讲报告，主题涵盖了农业照明、健康照明、半导体照明、企业运营、市场营销等。会议期间，专家、学者参观考察了马鞍山市规划馆及郑蒲港新区现代产业园。

【第九届中日韩照明大会】 8月18—19日，学会和日本照明学会、韩国照明电气设备学会在韩国釜山釜庆大学联合举办第九届中日韩照明大会（The 9th Lighting Conference of China，Japan and Korea）。大会以“城市光污染”为主题，来自中国、日本、韩国的高校、科研机构、照明企业的169位专家、学者参加会议。学会副理事长、中日韩照明大会中方主席郝洛西在开幕式上致辞。

悉尼大学教授Warren Julian作了题为“针对视力障碍的光环境设计要素”的报告，他通过人体视神经系统及视知觉特性，提出光环境的设计要素，从生理的视角对照明设计进行了诠释和开拓。大连工业大学副教授房媛作了题为“基于智能终端APP对光学测量环境的改善效果”的报告。同济大学建筑与城市光环境实验室葛凯博士作了题为“关于产科水下分娩空间的LED界面研究实验”的报告。重庆大学何思琪博士作了题为“工人工作休息排程研究与工厂光暴露研究的研究综述”的报告。大会共交流论文127篇，内容涵盖城市光污染、照明测量、照明技术、照明设计及照明工程等。会议同时召开了住宅照明专场研讨会。

会议同期召开了中日韩照明大会第19次组织委员会议，学会理事长邴树奎、韩国照明电气设备学会主席Hyun Ji Kim、日本照明学会副理事长Furusyou等参加会议。会议决定自2017年起中日韩照明大会将正式更名为亚洲照明大会（Asia Lighting Conference）。

（撰稿人：郑炳松）

中国动力工程学会

服务创新型国家和社会建设 11月28—30日，学会与中国电工技术学会、北京企发展览服务有限公司共同举办了2016中国国际核电装备展览会、2016中国国际燃气轮机装备与技术展览会，同期举办了2016核电可持续发展高峰论坛和2016中国国际燃气轮机技术装备高峰论坛。展览集中、全面展示了核电装备制造及核电技术应用和燃气轮机技术装备等方面的最新技术和设备，来自国内外300多家企业参展，展区面积8000平方米。

受相关单位委托，学会组织专家对北京国电智深控制技术有限公司“锅炉主要辅机单列配置的660 MW超超临界”、上海发电设备成套设计研究院“核电汽轮机叶片安全性试验平台”、上海汽轮机厂有限公司“半速大容量核电汽轮机1905 mm末三级长叶片开发”以及苏州热工研究院有限公司“弹簧隔振基础振动特性研究”项目进行成果鉴定。

2016年，受企业委托，学会组织专家对“电站扩建350 MW褐煤机组除灰渣系统选型”进行技术咨询，完成5.5万字的书面咨询报告；对“电厂联合循环热电联产机组燃机选型及系统匹配”进行技术咨询，组织专家进行调研和分析。

学会建设 2016年，学会变更副理事长1人，变更副秘书长1人。学会第十届三次理事会议同意张英健为十届理事会副理事长，王贵为副秘书长。

为规范学会工作，根据《中国动力工程学会章程》和学会主管单位相关规定，学会制定了《中国动力工程学会专业委员会工作细则》和《中国动力工程学会工作委员会工作细则》，修订了《中国动力工程学会团体（单位）会员条例》和《中国动力工程学会个人会员条例》，制定了《中国动力工程学会青年科技奖条例》，学会十届三次理事会议审议通过了上述条例和细则。

学会对个人会员和团体会员资料重新进行了整理、统计，学会会员总数为 1471 人，单位会员总数为 78 个。

学术期刊 学会主办的期刊《动力工程学报》完善了期刊采编系统的各项设置，提升了工作效率。据《中国学术期刊影响因子年报（自然科学与工程技术・2016 版）》报告统计，2016 年《中国动力工程学报》在能源与动力工程类的 44 种期刊中排名第三位，被列为中文工程类核心期刊。

由《动力工程学报》出版并推荐的《重型燃气轮机转子—轴承系统综合试验平台》入选 2016 年中国科技期刊年度优秀论文。

国际学术会议 4 月 20—22 日，学会材料专委会在湖北省武汉市召开"T/P91-92 和 T/P23-24 钢的制造、焊接、质量控制及使用经验"国际会议。来自美国、英国、德国、波兰、比利时、澳大利亚、希腊、日本、韩国、沙特等国家的行业专家以及国内主要钢厂、发电设备制造企业、高校及科研院所的电站材料领域专家、学者及一线科技工作者就 T/P91-92 和 T/P23-24 钢的制造、检验、使用和寿命评估等主题进行讨论。

9 月 28—29 日，由学会环保专委会和上海电力学院联合主办的第五届亚洲垃圾资源化处理大会（Asia Waste to Energy Congress 2016）在上海市举行，来自亚洲、北美等地区 10 多个国家的 100 余名代表参会。会议主要讨论了垃圾资源化处理的技术、管理、政策、企业运营，垃圾资源化处理技术发展趋势、发展中国家垃圾资源化处理应有路线、瓶颈和出路等内容，拓展了与"一带一路"沿线国家的合作与交流。

国内主要学术会议 学会和各专业（工作）委员会共组织各类学术、技术交流活动 23 次，学术论坛 4 个，参加人员 1456 人次，发表论文 702 篇。

1 月 5—6 日，学会工业气体专委会在上海市召开 2015 年年会暨工业气体标准规范研讨会，参会代表对三项国家标准的实施提出建议或补充、修改、完善的意见。

3 月 28—30 日，学会自控专委会组织召开核电站堆机协调技术研讨会，来自 10 余家单位的 30 多名代表参加了会议。会议围绕 AP/CAP 系列核电站堆机配合接口要求、启动规程、工程仿真验证、CPR/VVER 等现役机组堆机配合特点分析及其实施经验反馈等议题作了专题报告。

8 月 11—12 日，学会环保专委会在湖北省武汉市举行燃煤发电锅炉富氧燃烧节能环保技术学术研讨会。会议对空分膜技术、富氧燃烧技术研究、设计与应用以及 CO_2 减排、烟气脱硝脱汞关键技术等内容进行了交流。

9 月 18—21 日，学会热力与燃气专委会在浙江省杭州市召开 2016 年年会暨学术交流会。会议主题为"绿色发展，创新转型"，32 位专家、学者参加会议。

10 月 20—22 日，学会叶片制造专委会在北京召开第三届叶片年会，来自全国汽轮机行业的 30 余位专家、学者出席。与会代表对智能制造、提高叶片加工质量和稳定性、降低工艺加工成本、提高工艺效率等方面的热点问题进行了讨论。

10 月 21—23 日，学会水轮机专委会在江苏省南京市召开水力机械学科发展战略研讨会暨第九届全国水力机械及其系统学术会议，本次会议共宣读 28 篇学术报告。

10 月 26—28 日，学会锅炉专委会在上海市举办学术交流年会、锅炉行业总工程师研讨会。行业内的专家、学者及论文宣读者等 70 余人参会。会议征集论文 32 篇，文章内容涉及高钠煤燃烧、循环流化床锅炉、超超临界锅炉的设计、制造、运行以及节能环保、材料工艺等学科领域的科研成果。

10 月 26—29 日，学会透平专委会在浙江省杭州市召开 2016 年汽轮机行业总工程师工作研讨会暨透平专委会年会。会议共收到论文 62 篇，内容涉及行业技术动态及最新进展、产学研共同研究课题。

11 月 1—4 日，学会新能源设备专委会在四川省成都市举办氢能技术交流会。与会代表参观了中国东方电气集团中央研究院燃料电池实验室，此次交流活动旨在使能源企业了解前沿氢能技术及市场趋势。

11 月 10—11 日，学会环保专委会在上海市举行 2016 年燃煤发电清洁燃烧与污染物综合治理技术研讨会暨环保技术与装备专委会年会，150 多名代表出席会议。会议围绕"清洁燃烧与污染物综合治理、资源化回收——助力绿色煤电"主题，就加快建设生态文明，深入推进燃煤电厂超低排放和节能改造建设，全面提升煤电能效水平，不断提高污染控制效率、降低污染控制成本和能耗等方面进行研讨。

表彰举荐优秀科技工作者 经学会推荐，上海锅炉厂有限公司总工程师徐雪元获得第七届"全国优秀科技工作者"称号。

党建强会 2016 年，学会获得中国科协"党建强会”计划“十百千”特色活动的项目资助，该项目为“节能减排技术服务与垃圾转换能源科普推广”，项目依托学会雄厚的节能减排技术与垃圾转换能源专家团队和研发推广实力，组织专家尤其是党员专家进行节能减排技术服务与科普推广。

为贯彻落实《中国科协科技社团党委关于推进中国科协所属学会党建“两个全覆盖”专项工作方案》等文件的要求，结合学会的工作实际，学会在理事会层面建立功能型党组织。11月26日，学会召开十届五次常务理事会议后召开了学会常务理事党员会议，结合学会的工作实际，讨论通过了学会功能型党组织的组建方案，报中国科协科技社团党委并于12月6日获得批复同意。

会员服务 6月22—24日，学会在浙江省宁波市举行第十四次团体会员工作会议，团体会员单位联系人或代表共51人参会。会上传达了中国科协“九大”会议精神以及科协对于学会深化改革提出的新要求。会议期间，学会秘书处就《中国动力工程学会团体会员条例》和《中国动力工程学会个人会员条例》的讨论稿向参会代表征求建议和意见。

2016年，学会建立了微信平台，向会员发布会议通知，介绍学会工作动态，开展科学普及工作。传播中国科协有关会议精神。学会网站开通了在线会议注册交费版块，方便会员注册参会。

【中国动力工程学会第六届青年学术年会】 11月27—28日，中国动力工程学会第六届青年学术年会在四川省成都市召开，大会的主题是“能源高效利用与污染物治理”。学会理事长黄迪南和第六届青年学术年会主席白博峰致开幕词，学会秘书长张树林、学会学术工作委员会主任丰镇平和第六届青年学术年会副主席王晓亮分别主持了会议。学会理事会成员及其代表、青年学者、行业专家等230多人参会，年会共录用论文132篇。

学会常务理事、中国工程院院士黄其励作了题为“几个能源的热点问题和高比例可再生能源高效利用”的报告，国务院原参事徐锭明作了题为“科技创新与能源革命”的报告。会议邀请中国东方电气集团东方汽轮机有限公司巩秀芳、西安交通大学副教授刘明和东南大学教授许传龙等青年学者，分别作了题为“电站透平材料基础研究现状和发展新趋势”“褐煤高效发电系统理论与技术研究”“稠密气固流动参数静电与电容融合测量方法及应用”的报告。

会议还安排了口头报告、研究海报、学术沙龙、参观国家重点实验室等多种形式的活动。

（撰稿人：施亦龙）

中国惯性技术学会

服务创新型国家和社会建设 按照中国科协科技工作者调查工作总体框架及要求。2016年，学会全面展开了惯性技术科技工作者调查，包括制订问卷调查总体方案、目标、调查内容和调查方式，编制调查处理软件，分配任务，在多种会议和学会网站上均进行了宣传和动员。截至2016年年底，收到有效答卷2543份，统计工作仍在进行中。

学会建设 2016年，学会发展个人会员217名，审议批准了12名资深会员，个人会员总数4132名；新增团体会员单位6个，团体会员总数为149个。批准成立天空海一体化导航与探测专业委员会，专委会数量为6个。

2016年，学会召开了常务理事会议2次、理事会议1次、秘书长与联络员工作会议1次、工作机构办公会议6次。

2016年，为使新入职的青年科技工作者会员尽早适应一线技术岗位，学会科普部、重庆惯性技术学会、南京惯性技术学会分别举办了惯性技术、半球陀螺、多旋体飞行器中导航与感知技术等6次讲座，受众320余人次。

学术期刊 《中国惯性技术学报》全年按计划编辑出版发行6期，刊登论文150余篇。与2015年相比，2016年《中国惯性技术学报》在国际的总引频次数增幅14%，总引篇数增幅16%。

国际学术会议 5月10—11日，学会惯性仪表与元件专业委员会联合中国航天科技集团13所在北京召开了第五届国际光纤传感技术及应用研讨会，征集论文160余篇。会议由学会副理事长王巍院士、中国工程院院士姜德生等共同担任大会主席，邀请了来自国内外光纤传感领域的40余名专家、企业家进行演讲。会议邀请到英国皇家工程院院士大卫·佩恩、美国贝尔实验室林清隆教授、加拿大皇家工程院院士鲍晓毅等作为特邀嘉宾对大会报告进行点评，同时回答参会的300余名科技工作者的提问。

11月1日，学会在北京召开了2016年惯性技术与导航国际学术交流会。重点围绕惯性传感器技术、惯性导航系统技术、组合导航技术及应用等方面开展学术交流，设置了4个分会场，展示和反映了近5年来国内外惯性技术研究的最新成果和发展情况。来自中国、美国、俄罗斯、乌克兰、意大利等国家的180余位专家、学者出席会议。本次会议共收到国内论文130余篇，录用86篇。

国内主要学术会议 2016年，学会及其所属专业委员会、地方学会共举办年会、研讨会等学术会议8次。征集论文280余篇，会议交流132篇，评选表彰优秀论文42篇，参加学术交流活动670余人次。

9月27日，学会在江西省九江市召开了2016年光学陀螺及系统技术发展与应用研讨会。中国航天、中国航空、中船重工及有关高校等10余家单位的60余名代表参加了研讨和交流。会议特邀北京航天航天大学教授张春熹作了题为“光学陀螺技术国内外发展状况”的专题报告，12位从事惯性技术研究的专家、学者在会上作了学术报告。

11月18日，学会光电专业委员会在湖南省长沙市组织召开了第十二次学术交流会，来自科研机构、高等院校、产业公司等29个单位的86位代表参加会议。浙江大学教授马慧莲作了题为“谐振式光学陀螺技术”的报告。会议上共交流了论文21篇。

12月8日，学会天空海一体化导航与探测专业委员会在北京举办了钱学森讲坛。大会围绕“天空海一体化海洋导航与探测”专题进行学术探讨，4位院士及来自近百家单位的200余位专家、学者出席会议。会上，许厚泽院士作了题为“水下重力匹配导航研究：进展和展望”的学术报告，杨元喜院士作了题为“海洋大地测量基准、水下导航及其关键技术”的报告，杨德森院士作了题为“海洋（水下）预警问题研究”的报告。

国际交往 4月12—15日，学会组团参加在俄罗斯圣彼得堡举办的第四届陆地重力测量国际研讨会。该会议由国际大地测量协会（IAG）发起主办，俄罗斯圣彼得堡中央电器科学研究院承办。学会征集的4篇论文均被大会录用，在大会上报告了1篇。

5月29日—6月2日，学会组织了20余名一线科技工作者会员赴俄罗斯圣彼得堡参加了第23届组合导航系统国际学术会议。学会征集论文15篇，大会录用12篇，其中3篇在大会上作了报告，分别涉及惯性导航技术、组合导航技术、先进惯性技术产品研发制造技术、基于惯性技术产品的重力勘测、组合导航产品飞行试验等多个前沿关键技术议题，与参会国内外专家、学者进行讨论。

9月20—21日，学会组织13名一线科技工作者会员赴德国卡尔斯鲁厄大学参加了“惯性传感器和系统会议”（原名“德国陀螺技术大会”）。该会议始于1979年，每年举行一次，已举行34届。

科普活动 9月18日，学会科普部联合会员单位北京理工大学参加了在中国科技馆举行的2016全国科普日北京主场活动。学会会员研制的自主移动金融机器人、特立笃行号地面无人平台在展区亮相。在全国科普日期间，学会“陆海空天惯性技术科普展厅”作为一个科普展示的载体，对社会公众开放。

6月，学会建立“海陆空天惯性世界”公众微信号，开设7个栏目，每周进行3期内容更新。

7月31日至8月3日，学会与哈尔滨惯性技术学会在哈尔滨联合举办了第22届青少年惯性技术夏令营活动。20余名师生参加了此次夏令营活动。营员们不仅学习了解到履带式坦克、火炮等相关兵器的结构组成、功能用途和发展情况，还参观了生产车间，看到了坦克等重兵器的真实面貌和制造过程。

表彰举荐优秀科技工作者 2016年，两名一线科技工作者会员获得“惯性技术创新优秀论文奖”。

经学会推荐，刘付成研究员获得第七届“全国优秀科技工作者”称号。

党建强会 12月13日，学会召开了六届十一次常务理事会议，同意在常务理事层面建立中国惯性技术学会党委。学会理事长包为民院士当选党委书记。

会员服务 2016年，学会坚持全年向资深会员赠送主办的两本期刊——学术期刊《中国惯性技术学报》、科普期刊《海陆空天惯性世界》，累计赠送3200余册。

【2016年惯性技术与导航国际学术交流会】 11月1日，学会在北京召开了2016年惯性技术与导航国际学术交流会。大会重点围绕惯性传感器技术、惯性导航系统技术、组合导航技术及应用等主题开展学术交流，以展示和反映近5年来国内外惯性技术研究的最新成果和发展情况。会议共收到国内外130余篇论文投稿，经过学术委员会评审，录取了其中的86篇。

会议由学会副理事长王巍院士主持，学会理事长包为民院士、美国普林斯顿大学教授阿兰·科恩豪泽出席会议并致辞。国内外180余位专家、学者参加学术交流。

会议特邀中外4位专家作专题报告，中国航天科技集团九院十三所所长王巍院士作了题为“惯性技术发展”的报告，普林斯顿大学教授阿兰·科恩豪泽作了题为“机动性无人驾驶展望：我们在哪里，我们怎样相处”的报告，北京航空航天大学副校长房建成院士作了题为“原子陀螺仪：科技与展望”的报告，俄罗斯门捷列夫计量研究院副院长科里夫佐夫·叶夫格尼作了题为“微观测量与纳米电子制造情况与发展趋势”的报告。另有38名国内外科技工作者在分会场进行了交流。

（撰稿人：励小姝）

中国风景园林学会

服务创新型国家和社会建设 配合住房城乡建设部完成生态园林城市创建过程中的理论研究与实践指导工作。11月23日，在北京举办了全国各省、自治区、直辖市主管部门领导生态园林城市建设培训班（住房城乡建设部2016年度培训计划之一）。本次培训是学会首次举办正式培训班，内容包含政策解读、调研报告、对策讲解、经验交流、分组讨论、技术考察等形式。会上，就贯彻落实中央城市工作会议精神作了专题辅导报告，对生态园林城市创建标准及相关政策进行了解读，多视角多方面就生态园林城市建设等问题进行了深入探讨。200多位来自全国各省、自治区、直辖市住房城乡建设主管部门、园林绿化主管部门分管领导及主管处室负责人、各省市园林学（协）会负责人参加了此次培训。

推进建立风景园林师职业制度。5—7月，先后在北京召开了风景园林师职业制度委员会第一次会议和办公室在京人员会议，讨论并原则通过委员会组成名单（建议稿）、委员会办公室组成名单（建议稿）、风景园林师职业制度筹备工作方案（征求意见稿）、委员会工作职责（征求稿）及筹备工作计划和分工（征求意见稿）。起草并完成了《关于设立风景园林师职业制度的论证报告》，完成了提交住房城乡建设部的申请报告，编制了行业基本情况调研方案。同时，支持在北京、上海和浙江开展风景园林师职业制度试点工作。其中，上海市风景园林学会已设立专门课题，就设立风景园林师职业制度框架及其与当前行业管理体系衔接等问题展开研究。

积极配合住房城乡建设部组织专家完成了武汉园博会展园的复评和终评工作。

学会建设 学会继续通过举办多种形式的活动，拓展会员规模。截至2016年年底，个人会员已达9518人，较2015年新增2010人，增长率为26.8%；单位会员已达到1052家，较2015年新增131家，增长率为14.2%，会员数量实现了稳步增长。

3月15日，学会第五届六次常务理事会议在江苏省无锡市召开。会议传达并学习了中国科协2016年全国学（协）会工作会议及住房城乡建设部部长陈政高在部机关“全面落实中央城市工作会议”上的讲话精神，对“如何做好学会改革工作、如何做好三个服务及如何提高学会能力与素质”进行了讨论。会议审议通过了学会2016年工作计划和学会2016年会初步方案，审议通过了推荐高翅副理事长为中国科协九大代表、九届委员候选人及花卉盆景分会正式更名为花卉盆景赏石分会的提议。

9月22日，学会第五届第四次理事会议暨五届七次常务理事会在广西壮族自治区南宁市召开。会议传达了中国科协2016全国学会和地方科协工作会议精神，审议通过了学会2016年工作报告、学会财务报告、学会第六届理事会换届方案。会议同意组建成立中国风景园林学会标准化技术委员会。

配合学会理事会换届，认真梳理、建立和完善各项规章制度，加强分支机构建设。3月，召开了分支机构负责人工作会议，学习住房和城乡建设部有关社团管理方面的文件精神，研究贯彻《中国风景园林学会分支机构管理办法（2015年修订）》和《中国风景园林学会财务管理办法》，更加规范地开展活动，以充分发挥分支机构的作用。

加强与省（自治区、直辖市）风景园林学会的沟通与交流。学会与湖北省风景园林学会进行了工作交流，使彼此加深了解，起到了相互促进、共同提高的目的。

继续开展《风景园林科学技术名词》一书的撰写工作。全国科学技术名词审定委员会风景园林学名词审定委员会第二次审定会议7月10日在北京召开。此次会议基本确定了风景园林学名词的条目和分类，并明确了下一部编写要求和计划进度。

学科发展研究 “风景园林学学科史”项目自2012年启动申报以来，连续三次申报，2016年经中国科协正式批准立项资助。该研究是自一级学科设立以来，学会在学科建设方面最为重要的一项工作，也是学会“十三五规划”的重要工作之一。目前，已配合课题负责人，拟定了研究计划、大纲，并召开了开题预备会议，各项工作正在有序进行中。

国际学术会议 2016“城市树木栽培和养护管理”国际研讨会10月25日在上海市召开。此次研讨会由学会主办，上海市绿化和市容管理局科学技术委员会、上海辰山植物园、上海市绿化管理指导站、美国莫顿树木园、上海市风景园林学会等单位承办，上海市科学技术协会、上海市绿化和市容管理局等单位支持。来自美国等6个欧美国家以及中国的近20个城市的园林绿化技术管理部门、企业和大专院校的师生等240多人参加本次研讨会。美国、英国、澳大利亚、德国、法国与中国的相关研究机构和院校的8位专家、学者，分别就城市树木及行道树管理、城市树木根系及土壤改良研究、植物的生态及园艺研究和国际旅游度假区绿化建设相关技术等方面进行了专题报告。

国内主要学术会议 学会16个分支机构都围绕自身工作及行业中大家关注的热点问题召开了年会，另有其他培训班、高峰讲坛、研讨会、交流会等。

4月16日，园林生态保护专委会首次主办了2016全国园林科技成果交流会和2016上海家庭园艺展——铁线莲、杜鹃双花展活动。会上，来自同济大学、上海市城市规划设计研究院等单位的专家作了有关观赏植物与家庭园艺的报告。此次园艺展为期48天，依托行业协会、科研机构、园艺企业、民间达人等优势资源，旨在推动家庭园艺产业向专业化、社会化和市场化方向发展。

园林生态保护专业委员会和菊花分会受河北省唐山市政府的委托，承办了2016唐山世界园艺博览会首次国际花境景观展赛、学术论坛和菊花展赛。6月10日—8月10日，学会举办“2016唐山世界园艺博览会国际花境景观展赛”活动，园林生态保护专委会负责具体组织协调工作。展赛以“百花齐放、缤纷世园”为主题，设置路缘花境、坡地花境、林下花境、滨水花境、岩石花境等五大类展示项目，邀请了国内外擅长花境景观营造的42家单位参加，其中国际参赛单位10家。各类花境以宿根花卉为主，搭配灌木、一二年生花卉、观赏草等植物，共计210多个品种，共计10万多株，展示了花境产业发展现状和趋势。经专家认真评审，从38件参赛作品中评选出花境景观综合奖大奖5项、金奖11项、银奖9项、优秀奖13项、花境景观创新奖10项、花材品种新优奖4项。此外，为了更好地达到相互交流的目的和给大学生提供学以致用的机会，学会还举办了花境方案设计大赛及大学生花境设计大赛活动。本次花境展赛，充分展现了国内外花境水平，促进了专业交流，达到了引导行业发展、丰富展会多彩看点的目的。

6月11日，2016唐山世园会“花·境”论坛在唐山召开。本论坛由学会、2016唐山世园会执委会主办，学会园林生态保护专委会承办。论坛旨在总结世园会国际花境景观竞赛，更好地促进国内外花境技术交流，推动行业发展，来自26个参赛单位的120多人参加了论坛。论坛围绕主题“花·境——可持续花境景观营造”进行了广泛深入的研讨。国内外从事花境研究和实践的专家、学者及单位代表作了报告，全面展现了国内外花境造景水平与发展趋势，促进了专业交流，引领了行业发展，为2016唐山世园会的成功举办增添了重要砝码。

9月23—26日，学会年会在广西壮族自治区南宁市国际会展中心召开。本次会议由学会主办，南宁市风景园林学会承办，广西风景园林学会、广西大学协办，广西住房和城乡建设厅、南宁市人民政府、南宁市林业和园林局为支持单位。来自全国各高校、科研院所和企业等单位的专家、学者和在校学生等1000余人参加了大会。会议主题为“城市·生态·园林·人民”，围绕主题设置了7个主旨报告、65个分会场交流报告及3个技术考察地点。年会同期举办了中国风景园林学会2016年会优秀论文评选和2016中国风景园林学会大学生设计竞赛等活动。学会第五届第四次理事会议暨五届七次常务理事会和全国省级风景园林学（协）会理事长（会长）联谊会也在大会前夕召开。会议同期举办大学生风景园林设计竞赛、优秀论文和学会相关奖项的颁奖活动。

9月25日—10月16日，2016唐山世园会国际精品菊花展赛在世园会园区内举行，展期22天。本次竞赛以“秋香菊韵、淳美世园”为主题，以菊科植物为主，展示盆栽菊、案头菊、小菊、品种菊等300多个品种，共计20多万株，邀请荷兰、日本等6个国家和国内37个科研院所、菊花企业、高等院校等单位参展。本次展览是历届世园会首次举办室内外共同竞赛的菊花类展览，设置了栽培技术竞赛、新品种培育竞赛、景观布置竞赛、盆景艺术造型竞赛四大类菊花项目，从463件参赛作品中评选出精品菊花展赛各类奖项243项，包括特别奖1项、大奖43项、金奖102项、银奖97项。

10月25日，园林生态保护专委会在上海市举办了2016学术年会暨第三十四届全国园林科技信息网网会。会议主题为“绿化空间拓展和生态功能优化”，来自全国27个省、自治区、直辖市以及香港特别行政区的44个城市60家单位的200多人参加了会议。

国际交往 4月20—22日，第53届国际风景园林师联合会世界大会在意大利都灵举办。由学会组织、中国城市建设研究院有限公司风景园林院院长李金路带队的3人代表团参加了本次会议。代表团学习听取大会报告、参与交流活动，并在都灵、佛罗伦萨进行了城市园林绿地建设及古城保护的技术考察，通过本次活动了解国际风景园林行业的热点议题，促进了我国与国际风景园林界的学术与行业交流，取得了良好效果。

10月28—30日，第十五届中日韩风景园林学术研讨会在日本东京举办。本次大会由中国风景园林学会、日本造园学会、韩国造景学会共同主办。作为主办方之一的中国风景园林学会组织并参加了会议，并对日本的风景园林建设进行了交流学习，学会副理事长陈重在大会开幕式上致辞。本次大会活动包括技术考察、学生竞赛作品评审会、三国会长会议、研讨会和研究报告会等内容，会长们就三国风景园林行业的合作与发展进行了探讨，并签订了协议。学会副理事长、北京林业大学教授王向荣代表中方作了题为“城市内外的自然”的演讲。会议期间，日本造园学会组织并出版了《第十五届中日韩风景园林学术研讨会论文集》，其中共收录来自中方的20篇学术论文。此外，日方举办了设计竞赛的作品展览，吸引了参会者前来交流学习。本届中日韩大学生设计竞赛共收到来自三国43所高校的117个作品，竞赛主题为“重新定义42.195千米的绿色基础设施”，经评委会评审最终有14个作品入围。来自北京林业大学的学生钟誉嘉等荣获大赛金奖，日本、韩国学生分别获得银奖和铜奖。

科普活动 继续以“中国风景园林月”系列活动为重点，开展学术科普活动。2016中国“风景园林月”系列学术科普活动主题为“城市与风景园林”。活动期间，与北京园林学会、湖北省风景园林学会、云南省园林行业协会共同在北京、武汉和玉溪举办了3场学术科普报告会。在上海举办了“说园”专题沙龙，邀请部分园林企业参加，交流讨论了当前改革发展大背景下，涉及园林企业发展密切相关的如企业IPO实践、园林工程PPP模式、营改增后对园林企业的影响，以及风景园林师职业制度等问题。在城市建设研究院举办了“大学生走进企业沙龙”活动，让在校学生更好地感知风景园林师的工作氛围，了解自身需具备的能力，为今后的学习确立更为清晰的努力方向。北京、上海、武汉、成都等城市都举办了“风景园林走近百姓身边”活动。

学会继续与中国园林博物馆合作，12月10日，“2016全国大学生规划设计竞赛获奖作品展”在中国园林博物馆开展，本次展览由学会和中国园林博物馆联合举办，展期持续至12月25日。本次展览集中展出了2009年以来获得学会大学生规划设计竞赛三等奖以上的优秀作品100个，其中包括两届IFLA大学生设计竞赛作品。这些作品较好地反映了我国高校风景园林专业教育成果和在校大学生的规划设计水平。

表彰举荐优秀科技工作者 由学会推荐的北京林业大学园林学院教授林箐荣获第十四届中国青年科技奖，中国城市规划设计研究院风景园林和景观研究分院院长贾建中荣获第七届“全国优秀科技工作者”称号。

学会继续开展了“中国风景园林学会科技进步奖”评选。本次评选收到申报材料73份。经过评审委员会的认真审议，评出《重要草本绿化植物自主创新研究与应用》等34项获奖成果。

年初，经与华夏建设科学技术奖励办公室协商，学会首次参与华夏建设科学技术奖的推荐工作。从学会科技进步奖历年获奖项目中，优选符合条件的14个优秀项目参加评选，经过华夏建设科学技术奖奖励委员会组织的两级评审，最终学会推荐的“杨柳飞絮控制技术体系的研究与示范”“北京城市绿地综合节水技术的研究与示范”等6个科技项目荣获“2016年华夏建设科学技术奖”。

党建强会 学会秘书处与《中国园林》杂志社联合党支部进行了换届选举，成立了新一届党支部。

会员服务 学会积极利用“中国科协会员管理系统”全面推行个人电子会员证。2016年，共向会员免费寄发学会会刊《中国园林》达一万余册。

开展了“中国风景园林学会首届会员乒乓球赛”。积极开展表彰奖励优秀会员工作，激发会员的荣誉感、自豪感和使命感，开展了“中国风景园林学会星级单位会员评选”等活动，作为2016年第八届会员日活动的重要内容。

【第十二届中国（荆门）菊花展览会】 10月28日，第十二届中国（荆门）菊花展览会在荆门市隆重举行。本届菊展由学会和湖北省荆门市政府共同主办，主题为“菊韵荆门、花耀中华”。来自荷兰、日本等国家和北京、上海、天津、重庆等58个城市及香港特别行政区参加了本次展览。展会期间，除举行室外景点、标准展台、百菊赛、专项品种、新品种、案头菊、盆景菊、造型菊、栽培新技术、悬崖菊、大立菊、插花艺术、菊花盆景造景艺术13个竞赛项目的评比外，还举办了国际菊花学术论坛、商务及文化旅游等相关活动。

第十二届中国（荆门）菊花展览会闭幕式

11月26日，菊展圆满闭幕，学会副理事长兼秘书长陈重指出，荆门菊展体现了几个特点：一是全国菊展首次在华中地区举办；二是参展城市数量多，除湖北省外，共有47个城市参展；三是展园建设规模和投入大；四是布展设计新颖、水平高，许多城市把园林造园艺术与菊花造型艺术融合起来，形成了丰富的园林景观；五是游人游园量大。据不完全统计，共接待游客40余万人次。除本地游人外，菊展还吸引了湖南、江西、安徽、河南等地旅游团前来参观。同期举办的研讨会主题突出了中国菊花产业化，专家们结合高等院校自主知识产权国内育种的科研成果来加快提升传统菊花产业。专家、学者走进生产一线，结合菊花产业案例提出深层次问题，用高新技术和现代学科发展的成果优化产业结构。

菊展商务活动结合国际菊花产业学术研讨会、江汉平原城市书画展、名特优农产品推介会、民俗文化表演等，使本届菊展成为招商引资的平台和服务地方经济发展的盛会。

（撰稿人：付彦荣　刘艳梅）

中国电源学会

服务创新性国家和社会建设　6月7日—7月10日，学会面向行业进行标准提案征集工作，共计收到提案14项。学会就提案内容采用公开与定向结合的方式广泛征求相关企业人员以及业内专家、学者的意见，经学会团体标准审查委员会审议，学会团体标准工作领导小组审批，首批共有11项提案正式获批立项。目前相关立项标准均已进入标准编写阶段，将于2017年完成首批标准编写工作。

为了对电源界的年度发展进行全面系统的总结，学会对电源界进行统计调查，编辑出版《中国电源行业年鉴》，由出版社正式出版，作为资料性工具书，为行业发展和其他有关方面提供参考。

学会提升继续教育质量，培训科技人员。2016年共组织培训5期，参训人员共计264人次。5月13—15日在福建省福州市举办功率变换器磁技术分析、测试与应用高级研修班，由福州大学电气工程与自动化学院、学会磁技术专业委员会承办，参训人员53人。6月17—19日在浙江省杭州市举办国际前沿电源技术系列培训——电动和混合动力汽车专题研修班，由浙江大学承办，邀请美国工程院院士Kaushik Rajashekara教授主讲，参训人员38人。7月30日—8月1日在安徽省合肥市举办光伏系统设计与应用专题研修班，由合肥工业大学、学会新能源电能变换技术专业委员会、科普工作委员会承办，参训人员41人。10月29—31日学会在上海市举办国际前沿电源技术系列培训——高功率与功率密度电源变换技术：器件、设计与应用高级研修班，由上海海事大学承办，邀请德国科学院院士Leo Lorenz博士主讲，参训人员83人。11月12—13日，在江苏省南京市举办高效率高功率密度电源技术与设计高级研讨班，由南京航天航空大学承办，参训学员68人。

学会建设　学会以国家标准化改革为契机，启动学会团体标准工作。在广泛调研和征求意见的基础上，制定了《中国电源学会团体标准管理办法》，于2016年6月3日正式颁布实施。

学会召开了七届六次、七次常务理事会议和七届四次全体理事会议，提升学会的民主办会和议事能力。根据技术发展需要，完善机构设置，成立新能源车充电与驱动专业委员会。

《中国电源行业年鉴》内容方面加强了原创分析文章的数量和质量，加强行业发展报告及细分行业报告内容，增加行业重要选题的要闻汇总文章、专利分析文章等，进一步提升年鉴质量，增加了《年鉴》的可读性，使读者能够更加全面了解上一年度行业全貌。

开展网络服务。学会建有官网，发布学会信息，并与相关单位合作共建了行业门户网站，发布行业信息，开设网上交流、网上招聘、展示优质产品、推广先进成果等。每天访问独立 IP 超过一万个，具有广泛的社会影响。

学术期刊 经学会常务理事会讨论通过，学会正式启动并完成了《电力电子技术及应用英文学报》（*CPSS Transactions on Power Electronics and Applications*, CPSS-TPEA）创刊筹备工作。

初期每期发表论文 8 篇左右，论文以开放获取的形式收录于 IEEE Xplore 数据库，邀请 IEEE 电力电子学会参与期刊学术工作。首期试刊于2016年12月出版。

学会中文期刊《电源学报》全年出版 6 期，共计发表论文 119 篇，组织专辑 3 期，发行 12000 册。学报总体发展势头良好，存稿量基本满足未来两年出版需要，影响因子、被引频次等均有提升，学科排名在 120 本统计期刊中排名 25 位，较上年上升 28 位。

国内主要学术会议 学会开展重点学术活动 1 次，各类专题研讨会 9 场，共计有 2798 人次参加，内容涉及电力电子技术、数据中心供电技术、变频电源、功率器件、电能质量、无线电能传输、新能源、电磁兼容以及面向青年科技人员的论坛活动。

3 月 15—16 日，学会在上海市举办 2016 国际电力电子技术创新论坛。会议设置“电源变换与微电网技术”“无线充电与汽车电源技术”“‘工业 4.0’与‘互联网 +’时代的电源技术”三个主题分会场。会议共安排演讲 19 场，到会总人数 500 多人。

5 月 23 日，学会在安徽省合肥市举办国际青年学者 / 学生论坛，会议由 IEEE 电力电子学会青年学者分委会和中国电源学会青年工作委员会共同发起并主办，100 余位国内外电源技术领域的青年学者、博士和硕士研究生参会。论坛为青年学者和学生提供了一个国际性的前沿学术交流与研讨、科研方法和事业发展平台，有效促进了电力电子学科青年学者和学生的学术交流、思想碰撞与创新争鸣。

6 月 10—12 日，学会在江苏省常州市召开 2016 电力电子与变频电源新技术学术论坛。会议聚焦电力电子技术在电动汽车控制技术、节能、新能源发电和电力传动等领域的应用，特邀浙江大学汪槱生院士等 6 位专家作报告，120 多人参会。

7 月 2 日，学会在重庆市召开第二届电力电子学科青年学者论坛，共有 60 余位青年电源科技工作者参加，论坛围绕电力电子技术最新发展动态、电力电子化电力系统的思考与探索等主题开展交流与讨论。

7 月 31 日，学会在北京召开 2016 中国信息系统供电技术交流会。共计 70 余人围绕数据中心供电技术、安全、节能和发展趋势”进行了深入交流研讨。会议同期召开了学会信息系统供电技术专业委员会工作会议。

8 月 12—13 日，学会在河南省登封市召开第七届中国功率变换器磁元件联合学术年会。会议就近两年来行业功率变换器磁元件最新技术成果、应用方向、未来发展趋势等话题展开深入探讨，共计 200 余人参会。

8 月 30 日—9 月 1 日，学会在福建省厦门市召开第六届全国特种电源学术交流会，近 100 名行业专家参会。会议展示了我国各相关科研院所、高校以及企业在特种电源领域的最新研究成果，针对特种电源发展中的技术难点进行交流，共计安排特邀报告 4 个、大会报告 6 个、口头报告 42 个。

10 月 15 日，学会在陕西省西安市召开学会元器件专业委员会西安学术研讨会，会议聚焦电子元器件及其应用的国际最新发展动态，邀请了国内外著名专家、学者进行主题报告和学术交流，近 300 人参会。会议同期召开了学会元器件专委会工作会议。

11 月 29 日，学会在上海市举办 2016 中国电源学会电磁兼容专业委员会学术年会。会议重点围绕新能源汽车电磁兼容技术设计、应用经验等主题进行了交流。

表彰举荐优秀科技工作者 按照中国科协的有关部署，学会推荐“数据中心大功率电源系统关键技术与产业化”项目参与国家奖评选；推荐的阮新波获得第七届“全国优秀科技工作者”称号。

国际交往 学会继续加强国际交流与合作，组织 APEC 2016 国际会议出访，并加深了与 IEEE-PELS、PSMA 等国际组织的联系与合作。

3 月 19—28 日，由徐德鸿理事长率领学会 16 人代表团顺利出访美国参加 APEC 2016 国际会议，并与美国电源制造商协会（PSMA）、IEEE-PELS 进行了会谈。

为进一步加强与国际相关组织的联系与合作，学会于3月和8月与IEEE-PELS及PSMA分别举行三次工作会议，就双方合作进行会谈。

科普活动 为加强国内高校电力电子及相关专业学生的相互交流，培养学生理论联系实际及工程实践的能力，学会举办第二届高校电力电子设计大赛。本次竞赛由学会及科普工作委员会主办，上海海事大学、上海电源学会承办。竞赛以高效高功率密度DC/DC电源设计为主题，采用最新氮化镓功率器件为指定器件，共有来自28所高校的40支队伍参赛。决赛于12月10—11日在上海海事大学举行，10支队伍参加，最终评选出一等奖1个、二等奖2个、三等奖3个、优秀奖4个，并向获奖队伍颁发了获奖证书和奖金。

党建强会 学会重点加强组织建设，建立学会党组织，在学会建设发展中充分发挥党组织政治核心和战斗堡垒作用。

会员服务 在中国科协的支持下，学会探索建立会员需求量化评估体系和动态跟踪制度。学会率先针对个人会员进行需求和满意度调查，通过问卷和电话访问的方式收到有效反馈超过400份。

【2016中国新能源车充电与驱动技术大会】 11月26—27日，由学会主办的2016中国新能源车充电与驱动技术大会在上海市举办。近600位行业专家、学者参会，共论新能源车行业发展趋势，并就相关领域的新理论、新技术、新成果及新工艺进行深入交流与研讨。会议特邀5场大会报告、技术分会场11个主题39场报告，工业分会场4个主题21场报告，18家相关企业现场展示。

本次会议邀请了国内外5位顶级专家、学者作大会报告。

中国工程院院士、英国皇家工程院院士陈清泉指出，新能源汽车产业将是一场颠覆性产业，总体上看，提高技术水平、降低生产成本，仍然是新能源车发展的主题，但是产业的长期发展更取决于技术、市场和政策的协调。

美国工程院院士、休斯顿大学教授Kaushik Rajashekara曾在Delphi和通用汽车公司以及劳斯莱斯集团担任技术和管理领导职位。Kaushik Rajashekara教授表示，当前运输行业面临节能减排的压力，交通电气化是必然趋势，但是利用化石燃料发电在减少温室气体排放方面效果不大。目前的趋势是研究基于可再生能源的电动汽车以及不同的可再生能源如何给汽车充电。Kaushik Rajashekara教授介绍了目前在48 V汽车领域取得的重要突破。

会议还邀请了富士电机株式会社电子器件开发首席技术执行官藤平龙彦博士、中国科学院电工研究所的温旭辉教授、学会理事会长浙江大学教授徐德鸿进行大会报告。

大会同时安排了3场专题讲座，内容涉及：动力电池管理、无线充电系统、电机驱动控制等。

大会分会场设有10个主题39场技术报告、4个主题21场工业报告。内容涵盖国内外交通电气化的研究与发展，电动汽车电机及其驱动技术，电动汽车的充电技术、无线充电技术，电动汽车的集成技术、磁技术，双向DC/DC变换器，新能源车辆储能及其管理系统设计，电动汽车入网相关技术、整车能量管理和优化算，新能源车辆能源互联网技术、地面充电设施联网信息系统，高铁与动车电源系统、电机驱动器及其控制策略，轨道交通的电源技术与驱动控制系统，新能源车辆用功率器件及其封装、散热技术，电磁兼容设计（EMC），故障诊断和冗余控制及其他相关技术等。

（撰稿人：张　磊）

中国复合材料学会

服务创新型国家和社会建设 学会顺应复合材料学科与产业突破式发展的现状，初步搭建了多模式、多层次的社会组织协同创新平台。全年共举办了11场创新助力活动；分别与5个省级科协或相关单位、11个地市级科协、两个省级学会进行了合作对接；与地方政府（地方科协）签订战略合作协议8个；建立6个学会服务站；联合或参与建立产业基地3个；走访服务89家企业。

在学会创新助力活动中，由北京航空航天大学与宁波精达成形装备股份有限公司联合成立的“汽车复合材料成形装备联合实验室”于4月在北京举行了挂牌仪式，联合实验室成立以攻克复合材料装备成形的相关技术为目标，对提高我国复合材料的自主研发能力、完善我国复合材料产业链具有重要意义。

学会年内召开团体标准工作会议3次，第一批通过团体标准2项，第二批已立项团体标准5项，年内收到两家单位新申请团体标准4项。

学会完成复合材料专利翻译1943项，印刷推广《欧美复合材料领域（1998—2012年）专利信息索引》，与有关单位进行科技文献信息加工推广合作，目前已有两家公司应用了3项专利。

学会分别于4月在北京大学昌平校区建成继续教育基地、于12月与河北省新材料产业研究院联合成立河北省复合材料继续教育基地，通过引进国际先进测试设备，形成理论与实践课程并重的教学特色。年内举办4期继续教育培训班及24场岗位培训，累计培训1491人次。

学会开发的“企会宝”APP于11月5日正式上线发布，中国科协学会学术部副部长苏小军，中国科协学会服务中心主任刘兴平，中国科协信息中心副主任于小晗，以及地方科协、企业及复材专业媒体等机构的百余人出席了上线发布会。“企会宝”产品是学会为响应国家创新驱动发展战略，自主开发的一款复合材料行业移动互联网产品。产品整合了行业专家、企业及产业链等资源，构成高效、专业及全面的产学研一体化服务平台。作为复合材料领域首款APP产品，“企会宝”的上线引领国内复合材料领域产学研合作对接步入了移动信息化时代。

学会建设 2016年是学会换届年。根据《科协系统深化改革实施方案》，学会及时将换届工作与深化改革有机结合，进一步完善组织结构、理顺工作流程，为持续开展深化改革工作打下了良好基础。年内学会召开了第七次会员代表大会与七届一次理事会，并召开理事长工作会2次、常务理事会2次。

在11月13日召开的第七次会员代表大会上，学会选举产生了以陈祥宝院士为理事长的七届理事会，共171名理事和59名常务理事当选。换届工作通过差额化、开放式的民主选举，85%的理事、80%的常务理事来自基层一线科技工作者，中青年科技工作者的比例达3/4，理事会规模也较上届大幅缩减。

大会表决成立了学会第一届监事会，完善了学会组织结构，通过监督保障了理事会工作的有序开展。会议期间表决通过了学会章程修订案，对有关条款进行了修改完善。

截至2016年年底，学会个人会员3988名，其中，高级会员465名、学生会员131名，会员人数比2015年增加140名。分支机构建设领域，学会超细纤维材料分会于11月召开了成立大会，截至年底学会已建立2个分会、14个专业委员会及6个工作委员会。

学术期刊 学会主办了2个学术期刊，《复合材料学报》2016年1月起由双月刊变为月刊，使论文刊载量增加了50%；审稿流程进度加快，论文CNKI网络在线优先发表时滞缩短。该刊严格控制录用论文的学术质量，影响因子一直在复合材料领域中文期刊中名列前位，被引用次数持续增长。

学会与国际知名出版集团Elsevier合作创立的英文期刊*Composites Communications*影响力进一步扩大，面向广大复合材料界学者长期约稿，并计划成为SCI收录期刊。

学科发展研究 学会实施中国科协学科方向预测及技术路线图编写项目，召开了3次编写工作会，在调研国内外复合材料学科发展现状、研究总结学科发展态势和规律的基础上，先后制定路线图框架、确定专家分工及预审初稿。

国际学术会议 9月14—19日，由学会与日本复合材料学会联合主办的第12届中日复合材料学术会议在日本高知工科大学召开。来自国内多家高等院校及科研机构，以及日本东京大学、东京工业大学等高校的约100位中日专家、学者参加了会议。会议共进行了11场特邀报告、42场报告，内容涵盖复合材料的设计、制备、应用、表征和理论计算等多个方面。学会还组织与会人员参观广岛大学工学部，就学术研究与合作等问题进行了广泛的探讨与交流。

11月18—20日，由学会超细纤维材料分会主办的中国第四届静电纺丝大会（CICE 2016）在北京化工大学成功举行。会议主要围绕新型静电纺丝技术与功能纳米纤维复合材料，特别是在生物医学、柔性器件、催化、过滤和吸附等方面开展了深入探讨。来自国内外近200家单位的400余名专家、学者、技术人员参加了会议。大会通过邀请报告、专题报告、产学研论坛以及墙报等相关活动，为国内外同行专家、学者、相关企业搭建了一个学术交流、探讨国际发展新动向，寻求和发展跨单位合作的平台。

国内主要学术会议 学会于11月12—13日举办了中国复合材料学术峰会，邀请15位专家、学者进行了报告。报告人既有学会理事会领导，又有获得过学会复合材料青年奖的优秀青年科技工作者，报告内容体现了国内最高水平，近400人参会。

7月12日，学会介电高分子复合材料与应用专业委员会在第九届高技术聚合物材料国际会议（HTPM）

上组织了介电高分子复合材料分会场，安排了6个学术报告，并召开了第2次专委会会议。来自高校和企业的人员参加了会议。

7月17—19日，学会先进复合材料结构制造技术专业委员会在山东省威海市组织召开“第四届先进复合材料结构制造技术论坛”。会议主题为“先进复合材料制造技术主要问题及解决方案，复合材料制造数字化、自动化和智能化的发展方向和发展重点”，全国100多名专家、学者参会。

10月20—22日，学会生物复合材料专业委员会在江西省九江市举办2016学术研讨会。会议由华东交通大学承办，300余人参加会议。会议共安排10个大会报告、21个特邀报告、120个口头报告，全面反映了生物材料领域的动态与趋势。

11月18—20日，学会超细纤维材料分会在北京化工大学举办中国第四届静电纺丝大会（CICE 2016）。会议力图构建国内静电纺丝领域规模最大、水平最高的学术交流和产学研合作平台，参会人员达到400多名。

12月16—18日，学会天然纤维复合材料专业委员会在广东省广州市召开第一届天然纤维复合材料学术研讨会。会议以“创新推动发展，应用引领未来——天然纤维复合材料的现状和发展机遇”为主题，围绕天然纤维复合材料学科发展技术路线图和天然纤维复合材料在建筑、家居、交通运输、资源综合利用、节能减排等领域的应用进行研讨，交流最新研究成果，200多人参加会议。

学会举办了8期学术沙龙，主题涉及复合材料仿真技术、高分子及复合材料领域中的关键问题、纳米复合材料、锂电池、先进耐高温聚合物/陶瓷基体及复合材料、短纤维/连续纤维复合材料等学科内的热点、难点问题。沙龙活动由高校、科研院所与外企等单位的会员申请及承办。8期沙龙累计参会500多人，涵盖一线科研、生产工作者与在校硕博士生，体现了沙龙轻松活跃、鼓励思想碰撞的特色。

国际组织任职 学会副理事长冷劲松教授及六届理事益小苏研究员续任国际复合材料委员会执委。

国际交往 学会于8月接待了来华访问的国际复合材料委员会副主席、日本复合材料学会会长武田展雄教授。学会领导与武田教授进行了会谈，并陪同考察了承接2017年国际复合材料大会的西安会场及筹备组织接待工作。

10月18—20日，美国复合材料制造商协会（ACMA）主席汤姆·多宾斯（Tom Dobbins）访问学会。与学会领导就中美复合材料行业的发展趋势、合作情况及潜在合作机会等相关问题交换了看法，并在制定行业团体标准及复合材料专业人才培训方面初步达成合作意向。

科普活动 学会于11月编辑、制作了《创新助力——中国复合材料学会集萃（2012—2016）》纪念册。画册集中展示学会四年来取得的成果，从一个侧面展现中国复合材料事业在新时期走过的历程，生动直观地回顾与总结学会创新发展的探索与实践。

学会于12月参与由中国科协和中央电视台共同打造的科学科普类节目《实现隐身》以及《天生我材必有用》的录制工作。

表彰举荐优秀科技工作者 学会向“全国杰出科技人才”“第七届全国优秀科技工作者”“第十三届中国青年女科学家奖”“2016第十八届中国专利奖”“全国科协系统先进集体先进工作者”等科技奖项推荐科技工作者6人次。其中学会副理事长成来飞教授（西北工业大学）和徐坚研究员（中国科学院化学研究所）获得第七届“全国优秀科技工作者”荣誉称号，北京化工大学教授尹梅贞获得第十三届中国青年女科学家奖，也是材料科学领域唯一获奖的女科学家。

11月在学会第七次会员代表大会上，学会授予荣誉理事114名，同时向为中国复合材料事业及学会发展作出突出贡献的杜善义院士颁发了“荣誉理事长”称号。

党建强会 学会在牵头成立的“北航全国学会联合党支部”统一领导下，积极开展党小组活动，探索建立以党组织为纽带的理事会、秘书处、分支机构、会员党员联动机制，领导学会服务经济、服务社会、服务科技工作者。学会正开展“有效扩大学会党组织覆盖面的探索途径”研究。

学会在科技奖励、青年人才托举等工作中突出政治要求，优先推荐党员参加，发挥党在人才培养方面的积极作用。

会员服务 学会结合换届工作，在会员基本信息的基础上进行会员需求梳理、分类，分别开展会员调研、跟踪及定向服务。学会制定了各项会员服务细则以及三大特色机制：会员积分制度、晋级制度与专家库制度，推进会员分类服务与管理，提高会员黏性。

学会在完善申请审批、注册及缴费等入会流程与制度的基础上，重点加强了科学道德与学风的审核力度。在学术活动中，学会根据会员管理制度规范会员行为，加强会员沟通力度，提醒会员明确责权利，保障各项服务工作的开展。

学会建立了完善的会员管理系统，能够较好地实现会员信息管理、活动管理等功能，并配有O2O精准邮件系统，可为会员发送节日、生日、晋级、获奖等祝福和活动通知。

学会参考美国复合材料制造商协会（ACMC）等国内外先进经验，引入终身服务跟踪的方式，为每个会员建立人才成长档案，将学术提升、继续教育、水平认证及人才流动等工作整合，保障了青年会员在职业生涯各个时期都能从学会获得学术、信息与人力支持。

5月，学会继续教育基地在北京大学昌平校区建成。基地教学设备齐全，拥有理论授课教室、实践操作教室等专业授课场地，并配有学员宿舍、学员餐厅等完善的教学、生活配套设施。

【中国复合材料学会第七次全国会员代表大会暨中国复合材料学会学术峰会】 学会第七次全国会员代表大会暨学术峰会于11月12—13日在北京召开。学会六届理事会领导及拟任的七届理事会领导以及来自全国各地的约400名代表出席了会议。

中国科协书记处书记项昌乐出席了会员代表大会。项书记在致辞中对学会四年来取得的成绩给予了充分肯定，并希望学会在新一届理事会的带领下取得更大的进步。

会议审议并通过了六届理事会工作报告、财务报告，以及关于学会成立监事会的报告、《中国复合材料学会章程》修订议案。第六届理事会理事长杜善义院士作了工作报告。

会议选举产生学会第七届理事会与第一届监事会成员，陈祥宝院士当选七届理事长，成来飞、方岱宁、韩克岑、侯晓、冷劲松、冯志海、陶智、徐坚、邢丽英、薛忠民、俞建勇等11人当选七届副理事长，张博明教授当选秘书长。会议上成立了学会第一届监事会，上海大学教授孙晋良当选监事长，赫晓东教授、谢富原研究员、杨旭研究员、朱建勋教授级高级工程师4人当选监事会副主席。

新当选的七届理事长陈祥宝院士作了题为“我们会努力”的就职演讲。陈祥宝首先对杜善义院士及复合材料界前辈表示了敬意，对上届理事会所做的工作以及各界的支持表示了感谢。陈祥宝表示新一届理事会将承担责任，继承发扬优良传统，将各项工作融入到会员服务中，带动学会整体发展。同时学会将响应中国科协号召，做好四个能力提升，打造现代化科技社团。

在12—13日的中国复合材料学术峰会上，学会安排在学术上享誉盛名的理事会及秘书处领导，以及获得学会青年奖的杰出青年科技工作者作学术报告。

【2016（第三届）全国交通运输领域复合材料科技会议】 2016（第三届）全国交通运输领域复合材料科技会议于6月16—17日在山东省泰安市举办。中国科协学会学术部副部长苏小军等领导以及来自全国科研机构、高等院校及企业的300余人出席了会议。会议组织了来自行业组织、高等院校及企业的14名专家、学者，就复合材料生产技术以及在航空航天、船舶、汽车制造等领域的应用进行了专题学术报告。学会与泰安市政府在会上签署了战略合作协议，并进行了泰安市高新区学会工作站的授牌仪式。

会议同期举办了“汽车与复材制造工艺对接研讨会”，长安汽车研究院副院长曹渡主持会议。会议主题为“轻量化、快速、低成本、高性能”，与会人员就如何实现汽车用低成本快速制造复合材料工艺进行了探讨。

【2016先进功能新材料发展趋势研讨会】 2016先进功能新材料发展趋势研讨会于6月25—26日在中国科学院大学雁栖湖校区召开。本次研讨会由学会、中国材料研究学会高分子材料科学与工程分会主办。来自全国30多家高校、企业和科研院所的124人与会，共同研讨先进功能新材料的发展趋势。会议提交论文摘要50篇，口头报告34个。本次研讨会同时还设立研究生专场，参加中国科学院大学“先进功能材料研究进展”课程的20位研究生作了报告，中国科学院大学化学化工学院高分子教研室主任李永舫院士对研究生报告给予了高度评价。

（撰稿人：叶金蕊　郝江涛）

中国消防协会

服务创新型国家和社会建设　协会对消防行业特有工种职业技能鉴定和注册消防工程师工作等承接政府职能转移工作有序推进。

协会组织了第5期消防行业特有工种职业技能鉴定质量督导员资格培训班、第12期全国“建（构）筑物消防员”职业技能鉴定考评员资格培训班和第5期“灭火救援员”职业技能鉴定考评员资格培训班。组织了4次消防行业特有工种职业技能鉴定理论知识全国统考。为推行持证上岗制度，夯实火灾防控工作打下基础。

协会组织完成了第六届“中国消防协会科技创新奖”征集评奖活动。在申报的30个项目中，评审出获奖项目18项，其中，一等奖3项、二等奖6项、三等奖9项，有126人次获奖。协会组织了对部分省（自治区、直辖市）新建消防行业特有工种职业技能鉴定站、鉴定站新增设的鉴定考试点资格条件进行了审查验收。对8个省鉴定站进行了年检抽查，并配合部消防局对17个省、自治区、直辖市鉴定站进行了检查评估工作。

协会对技能鉴定考务系统进行了升级改造，提前完成了新版消防行业特有工种国家职业资格证书管理系统使用和新证书的发放。

协会出版发行了5.5万册消防职业技能鉴定统编教材和考试指导手册，制作核发了94241本消防行业特有工种国家职业资格证书，其中初级85872本、中级8369本，为社会消防从业人员持证上岗就业提供了服务。并先后分两批次为北京、内蒙古、新疆、浙江、黑龙江、吉林、安徽、甘肃等省（自治区、直辖市）的21个消防行业特有工种职业技能鉴定站重新核发了人社部《国家职业鉴定许可证》，目前消防行业特有工种职业技能鉴定站均已具备“建（构）筑物消防员”和“灭火救援员”鉴定资格，为全面做好消防行业特殊工种职业技能鉴定工作提供了保障。

注册消防工程师资格考试取得新进展。配合公安部、人社部完成了2016年度全国一级注册消防工程师资格考试工作。2016年度注册消防工程师资格考试共有415733名考生报名参加考试，有6261人取得注册消防工程师证书。

学术期刊 协会主办的《中国消防》《消防技术与产品信息》和《消防科学与技术》杂志紧密配合消防中心工作，不断加强舆论宣传，及时报道火灾科学与消防工程学科的前沿动态，普及消防科技知识，反映部队建设，弘扬消防部队灭火救援中的英雄事迹，发挥期刊舆论监督作用。

《中国消防》编辑部全年编辑、出版25期（正刊24期、增刊1期），共审阅来稿3600多万字，编辑成品稿件240万字，制作专题策划24期，出版专刊2期，刊登综合类稿件1800篇，图片1020幅。

《消防技术与产品信息》编辑部全年编辑出版了12期正刊、1期增刊。共收到论文731篇，检测合格494篇，编审稿件560篇，刊登410篇。全年印刷发行6万册。刊登广告192个版位。

《消防科学与技术》编辑部全年编辑出版12期正刊和2期“增刊”。共收到并审查消防科技论文1800余篇。其中正刊录用510篇，约370万字；增刊录用239篇，约122万字。全年印刷发行11.52万册。刊登广告约280个版位。

国际学术会议 6月27日，协会在北京主办了第32次中日两国消防协会定期协议会。中国消防协会会长陈伟明，副会长谢模乾、杨建民，代秘书长曹忙根及日本消防协会会长秋本敏文、常务理事市桥保彦等出席会议。会议就2017年在日本举行中日两国消防协会第33次协议会、日本消防协会第31次友好访华团访华、中国消防协会派遣短期进修生赴日研修等议题交换了意见，并达成共识。

10月，学会组团赴日本参加了“区域防灾及志愿消防团发展国际会议”，协会会长陈伟明在大会上作了发言，向与会11国200多人介绍了中国消防防灾工作基本情况和志愿消防队发展情况。

国际组织任职 协会是国际消防协会联盟成员。在2014年全体会议上，经协会推荐，公安部天津消防研究所研究员张少禹担任联盟执委和亚洲分会副主席。

国际交往 2016年，协会不断扩大与相关民间消防组织的业务交流。5月，协会组团赴澳大利亚参加了国际消防协会联盟执委会和亚洲分会会议，就联盟章程修改、设立“杰出贡献奖”、向联合国经济社会理事会提交外保温消防安全的“观点文章”以及推动联盟与公安部天津、四川消防研究所开展科研合作事项进行了讨论交流。7月，协会应英国消防协会邀请，组团赴英国访问，与英国消防协会、英国消防学院进行了业务交流，了解英国消防管理体制和英国消防协会、消防学院基本工作情况，参观了英国消防协会的火灾试验室和消防学院的教育培训设施。11月11日，在协会科技年会期间，积极邀请国际消防协会联盟、美国FM等机构的专家、学者进行消防业务研讨交流。同时，在上海主办了国际消防协会联盟亚洲分会会议。

科普活动 5月14日，协会举办了以“科技创新引领，减少火灾风险”为主题的2016年科技活动周消防主题宣传活动，并在北京举办了启动仪式。活动期间，全国多个省（自治区、直辖市）开展了消防系列宣传教育活动。通过消防知识讲座、消防设备展示等使民众零距离受到了消防知识的教育。

协会组织开展了第十届“火凤凰杯”全国优秀消防科普工作者评选活动。12名同志被评为第十届“火凤凰杯”全国消防优秀科普工作者。获奖者中包括多年战斗在消防宣传教育一线的消防部队宣传干事，也包括在地方基层单位工作的教育工作者、新闻工作者和消防志愿者。

表彰举荐优秀科技工作者 经协会审核推荐，武警学院灭火救援技术公安部重点实验室副主任、中国消防协会灭火救援技术专业委员会副主任康青春教授获得第七届“全国优秀科技工作者”称号。

【2016中国消防协会科学技术年会】 11月11日，协会科学技术年会在江苏省南京市召开。江苏省政府副秘书长杨勇、公安部消防局副局长杜兰萍、协会会长陈伟明出席会议并讲话。江苏省公安厅副厅长程建东，协会副会长王铁民、谢模乾、李引擎、朱力平、尹俊士、冷俐，江苏省消防协会会长李明朝，江苏省消防总队总队长周详、政委梁新国等出席会议。年会由协会代秘书长曹忙根主持。来自各省、自治区、直辖市消防协会，协会各分支机构、科研院所、高等院校、企业代表和获奖代表汇聚一堂，共议消防科技创新与发展。

陈伟明指出，协会要紧密围绕消防中心工作，充分发挥在公安消防部门、市场、社会之间的重要桥梁纽带作用。要积极开展消防学术交流、推动消防科技创新、服务消防产业发展、开展消防科普宣传教育、认真完成消防职业技能鉴定等政府职能转移的工作。协会要做好服务行业、服务政府、服务社会工作，首先应强化自身建设，按照协会章程行事，提高自我调节、自我约束和自我管理的能力。协会要加强党的建设，要深入调查研究，切实为消防企业在市场信息、技术咨询、法律援助等方面解决问题，为维护他们的合法权益、促进消防行业的自律和健康发展作出应有的贡献。

公安部消防局副局长杜兰萍、江苏省公安消防总队长周详、美国FM全球副总裁路易斯·格雷佐分别以“吸取火灾事故教训完善火灾防控体系”“如何提高化工灾害事故的防范与处置效能”“火灾预防与风险管理的新技术”为题在会议上作了特邀报告。

会上，协会副会长冷俐传达了中国科协“九大”会议精神。

此次年会共收到科技论文530篇，186篇论文获奖。大会为优秀论文作者代表颁发了2016中国消防协会优秀论文奖，为6个单位颁发了年会论文征集优秀组织奖。大会还分别为第六届中国消防协会科技创新奖、第七批A级以上信用等级评价单位以及第十届“火凤凰杯”全国优秀消防科普工作者颁发了奖牌、奖杯和证书。

会议期间，设立了3个分会场。在“省级协会、协会分支机构负责人座谈会”上，传达学习了社团改革的相关文件；陕西、安徽、江苏、重庆、广东、天津、福建、江西、河南等省（直辖市）消防协会和森林消防专业委员会的负责人先后发言，介绍了本单位开展工作的情况，并就协会改革工作提出了意见和建议。在“青年学者论坛”和“防火和灭火救援分会场”，来自国内外的专家、学者就消防领域的前沿话题分享自己的观点和理念。

2016中国消防协会科学技术年会
暨全国省级消防协会负责人座谈会

（撰稿人：田庆忠）

中国图象图形学学会

服务创新型国家和社会建设 学会的机器视觉专业委员会，分别在上海、深圳、北京三个城市举办Vision China展览会。展出面积达7000多平方米，吸引了国内外知名企业前来参展，参观人数达到45528人次，Vision China已成为亚洲第一大展览会。

学会和企业联合开展了学术交流暨校园行活动，利用人才库和专家库为企业提供技术支持和人才招聘对接，企业为学会会员提供科研转化平台和资金扶持，真正实现了学会与企业的双赢。

学会能力提升计划 在提升学会自身发展能力方面，学会制度建设委员会制定了专业委员会管理相关的3个条例，规范了专业委员会的管理，通过会员管理、财务管理等服务，保障专业委员会充分发挥学科推进作用。

在提升服务科技工作者能力方面，学会对门户网站进行了全新改版，建立了学会公众号和会员微信群，充分发挥网络优势，不断提升服务会员的能力。

学会建设 学会对个人会员资料重新整理、统计，截至2016年年底，学会个人会员为2068名。

7月29日，学会在北京召开了第七届全国会员代表大会。全年召开了2次常务理事会议、1次理事会议和1次理事长会议。

学会下属专业委员会由原来的4个调整为11个，分别为组织建设工作委员会、会员发展与服务工作委员会、制度建设工作委员会、学术会议与交流工作委员会、青年工作委员会、科普与教育工作委员会、国际合作与交流工作委员会、企业联络工作委员会、出版宣传工作委员会、咨询与评议工作委员会、提名与奖励工作委员会。各个工作委员会分工合作，落实理事会/常务理事会相关决议，高效地完成学会的各项工作。学会正在通过顶层布局和自发申请相结合的方式，对专业委员会进行全面改革。

学会建立了理事长负责制，理事长负责学会的发展规划，9位理事长分别负责指导1—2个工作委员会的工作。学会构建了强有力的秘书处，秘书长及副秘书长均由有较大学术影响力并热心学会工作的年轻学者担任，分工明确，有思路有执行力。秘书长负责学会的日常工作，督促并协调各工作委员会的工作，5位副秘书长分别协助副理事长指导、督促工作委员会工作。

学术期刊 根据《2016年版中国科技期刊引证报告》，学会主办的期刊《中国图象图形学报》影响因子提升，名列“计算机科学技术”类第4位。《中国图象图形学报》的科学论文数字出版平台在第十届新闻出版业互联网平台系列评选中荣获“优秀互联网创新项目”荣誉称号。

国际学术会议 9月24—26日，由学会主办、学会虚拟现实专业委员会承办的中国虚拟现实大会2016（International Conference on Virtual Reality and Visualization）在浙江省杭州市召开，国内有关高校、研究所、企业等专家、学者300多人参加了大会。此次大会收到论文170篇，录用78篇。专家、学者就建模技术、图象处理与可视化、图形技术、人机交互、增强现实、虚拟现实应用等方面进行了交流。

11月6—10日，学会主办、学会铁道专业委员会承办的第13届IEEE国际信号处理学术会议（IEEE-ICSP 2016）在四川省成都市召开。业内专家、学者300多人参加了大会。此次大会共收到论文814篇，录用373篇。会议设立了6个特别专题分组和50余个分组会场。日本东京大学教授藤崎博也（Hiroya Fujisaki）、巴黎通信技术研究所教授Henri Maitre、法国计算机科学、控制及应用研究所主任DrRachid Deriche教授等分别作了特邀报告。

国内主要学术会议 学会及分支机构举办年会、研讨会、报告会、论坛等学术活动十多次，提交学术交流论文800多篇，评选优秀论文4篇。

7月9—11日，学会主办、学会青年工作委员会承办的主题为“视觉感知与健康应用”的青年科学家论坛在宁夏回族自治区银川市召开。论坛聚集了国内图象、图形、多媒体领域的优秀青年学者30多人参加，参会人员围绕国际科学前沿、国家重大需求以及产业急需，共同探讨图象图形的新理论、新方法和新技术。

8月12—15日，学会在北京召开VR/AR最新技术研讨会，主要内容是当前较热门的虚拟现实/增强现实技术的研讨，受众200多人。

8月26—28日，学会主办、学会多媒体专业委员会承办的第十二届和谐人机环境联合会议（HHME 2016）在上海召开，国内著名高校、研究所和企业的专家、学者400多人参加了大会。此次大会共收到论文260篇，录用90篇口头报告论文。会上进行了人机交互、多媒体领域杰青论坛、普适大数据等专题研讨。

9月24—26日，由学会主办、学会虚拟现实专业委员会承办的第十六届中国虚拟现实大会（ChinaVR）在浙江省杭州市召开，国内各大高校、研究所、企业等专家、学者300多人参加了大会。大会旨在促进虚拟现实与可视化技术的发展和应用，推进成果转化。此次大会共收到论文235篇，录用145篇。

科普活动 学会开展科学普及和新技术培训，参加中国科协组织的全国性科普展览2次，承接“中国科普”虚拟现实专项课题4项。

学会举办青少年科普宣讲活动2次，受众100多人，举办科普活动和技术培训班等10多次，完成了“科学家在做什么”丛书的《视觉盛宴》科普读书编写工作。

表彰举荐优秀科技工作者 学会向“第十三届中国青年女科学家奖”“2016年度未来女科学家计划”推荐科技工作者共计2人。

党建强会 11月10日，学会在常务理事会层面建立了功能性党组织，采取了“亮出旗帜，带上队伍”的新措施，公开党员理事名单，在各种活动中宣传党员贡献，提高了党组织和理事会的凝聚力。

会员服务 学会提供免费寄送并邮件推送《中国图象图形学报》服务。学会出版《中国图象图形学学会通讯》电子版，每两个月一期，便于会员了解学会相关信息，向学会会员传播学会工作信息。学会建立微信平台，向会员发布会议通知，介绍学会工作动态，传播学会工作信息。

【中国图象图形学学会第七届全国会员代表大会】 7月29日，中国图象图形学学会第七届全国会员代表大会在北京召开。

246名来自全国高等院校、科研院所、企业单位从事图象图形领域研究的会员代表参加了大会。学会副理事长周明全代表第六届理事会作工作报告，学会副理事长陈武凡作了关于修改章程的说明。第六届理事会理事长徐冠华院士作了学会换届工作报告。代表们以无记名投票方式选举产生了第七届理事长和155名理事会理事。中国科学院副院长谭铁牛院士当选为理事长，并向新一届理事会和会员代表发出号召，希望大家团结协作，利用学科优势，努力把中国图象图形学学会建设成为中国科协领导下的优秀学会，成为图象图形领域的人才高地。会议特邀中国工程院院士赵沁平和中国科学院院士张钹分别作题为“虚拟现实：一项可能的颠覆性技术”和“图象处理与神经科学”的大会报告。

理事长谭铁牛主持召开学会第七届理事会第一次会议，127名新当选的理事参加了会议。10名副理事长候选人做了副理事长参选报告，大会通过无记名投票方式，选举产生了赖剑煌、卢汉清、潘志庚、汪国平、吴一戎、俞能海、章毓晋、赵忠明8位副理事长和51名常务理事。理事会通过了授予13名理事为学会第七届理事会名誉理事的决定。由理事长谭铁牛提名，理事会表决并通过了马惠敏任秘书长的决议。

理事长谭铁牛主持召开了第七届常务理事会第一次会议，40名新当选的常务理事参加了会议并作了深入的交流和讨论。秘书长马惠敏作了学会工作设想的报告，围绕班子建设、制度建设、组织建设、品牌建设四个关键问题提出了下一步的工作思路。常务理事围绕发展和服务会员、承接政府转移职能、扩大专业委员会等展开了深入讨论，为学会今后的工作提出了非常宝贵的建议及重要的指导思想。谭铁牛理事长希望作为学会核心的常务理事紧密团结在一起，并用“聚是一团火，散是满天星”激励大家为学会奉献，提高学会的服务意识和服务能力。

【第十八届全国图象图形学学术会议】 11月10—12日，第十八届全国图象图形学学术会议（NCIG 2016）在广西壮族自治区南宁市召开。来自全国各地的专家、学者300多人出席会议。

大会分为特邀报告、8个分组报告和7场高峰论坛，与会人员进行了深入交流。

在特邀报告单元，中国科学院院士谭铁牛、美国纽约州立大学教授梁正荣分别作了题为《大规模视觉计算》《低剂量CT图象重建》的报告。

本届会议收到论文175篇，录用109篇。大会根据论文评审结果和报告评选出4篇优秀论文。

（撰稿人：骆岩峰）

中国人工智能学会

服务创新型国家和社会建设 4月，学会联合23个国家一级学会、协会在北京举办2016全球人工智能技术大会，纪念人工智能诞生60年，来自学术界、产业界的人工智能领域专家、学者1600余人参会。

6月11日，学会在福建省泉州市主办第八届海峡论坛·海峡两岸智能制造研讨会，签订《中国人工智能学会 泉州市科学技术协会共建中国科协创新驱动示范市协议书》，助力“泉州制造2025”。

学会完成《中国原创学科可拓学发展报告2016》和《中国智慧医疗健康发展报告2016》。

学会推进落实“大众创业、万众创新”，各分支机构举办研讨会、讲座和竞赛等多种形式的双创活动42场。

9月23—25日，学会在安徽省合肥市举办第六届中国智能博览会，展览展示了国内外装备制造业先进技术和智能产品，总展出面积达5000平方米，参观人数1万余人次。博览会设置了人工智能学科展、创新驱动助力工程成果展、机器人展区、智慧农业展区、智慧医疗展区等，展出无人驾驶的智能车、3D打印技术等。

学会承接2016年全国大众创业万众创新活动周项目。10月15日，在北京市中关村国家自主创新示范区展示中心主办“新未来与人工智能创业创新论坛——虚拟VS增强现实论坛”。10月17日，主办“创未来——新未来与人工智能创业创新论坛”。

2016年，学会推荐两名青年教师作为中国科协青年人才托举项目的推荐扶持人才。

11月6日，学会承接民政部委托的智慧助残示范项目成果——智能交互综合服务平台在北京大学第六医院投入运行。

在中国科协指导下，学会联合中国机械工程学会、中国仪器仪表学会、中国汽车工程学会、中国电工技术学会、中国电子学会、中国自动化学会、中国农业机械学会、中国微米纳米技术学会、中国光学工程学会等学会共同发起成立中国科协智能制造学会联合体。

12月17—19日，学会在广东省深圳市举办第二届全国青年人工智能创新创业大会。大会以“为青年人创新创业提供专业系统的辅导”为主旨，以“让创业的梦想插上创新的翅膀”为口号，学会理事长李德毅院士分享创新创业观点。大会现场共进行5场辅导，40个团队参赛，9个团队获得一等奖。

学会举办专业技术人才培训班和技术讲座8次，培训人数1500余人次。

学会建设 2016年学会注册个人会员数达18323人，新增个人会员2723人；单位会员数达84个，新增单位会员48个。缴纳会费会员达6429人，新增缴纳会费会员2869人。增补常务理事1人、理事5人。学会现有理事187人、常务理事56人，专业委员会35个和工作委员会6个。

2016年年内，学会召开全体理事会议1次，常务理事会议1次，常务理事通讯会议2次。成立女科技工作者工作委员会、智能交互专业委员会和语言智能专业委员会。

学会网站改版，建立以学会秘书处、分支机构、省级学会共建共享的信息资源体系；学会公众微信号粉丝数量从1万增至3万；微信运营从兼职改为专职人员负责，推送频率为每周5次。

学术期刊 《中国人工智能学会通讯》增加“专家视野”“观点交锋”和“学会动态”3个栏目。截至2016年年底，学会通讯发表原创文章106篇，翻译文章10篇，网上转载34篇。

《智能系统学报》（以下简称《学报》）获得国家自然科学基金资助，荣获“中国高校百佳科技期刊奖”。《学报》被波兰《哥白尼索引》、英国《科学文摘》和中文核心期刊、中国科学引文数据库CSCD、中国科技核心期刊收录。

6月16日，学会在重庆理工大学举办首届中国（重庆）智能技术国际学术论坛暨《智能技术学报》（英文刊）创刊发布会。学会和哈尔滨工程大学联合主办的*CAAI Transactions on Intelligence Technology*（智能技术学报）由Elsevier出版社出版，该刊是中国人工智能界第一本综合性AI国际学术英文季刊。

学科发展研究 2016年年内，学会完成中国科协“学科方向预测及技术路线图”项目。

学会成立“智能科学与技术”一级学科论证工作组，完成一级学科建议书初稿——《论“智能科学与技术”的学科地位》。

学会组织完成编写可拓学、智能交通、智能农业3本专题白皮书。

学会组织编撰出版《中国智能机器人年鉴2015—2016》。

学会组织编撰《机器人与人工智能》书系，年内出版发行《与机器人共舞》《情感机器》《人工智能的未来》《人工智能时代》《第四次革命》《虚拟人》。

国际学术会议 8月18—19日，学会与电气和电子工程师协会（IEEE）北京分会在北京联合主办2016年第四届IEEE云计算与智能系统国际会议（IEEE CCIS 2016）。来自国内外的专家、学者100余人参会，收到投稿论文260余篇，大会设立10个分会场。

9月23—25日，学会和IEEE北京分会在北京联合主办2016年第五届IEEE网络基础设施与数字内容国际会议，来自国内外的专家、学者100余人参加会议。会议收到来自国内外的论文230余篇，最终收录论文103篇，由IEEE出版，并全部被EI收录。

9月26—28日，由学会主办，IEEE CAS协会、日本IEICE ESS、泰国ETCI协会联合支持的第16届国际通信与信息技术研讨会ISCIT（International Symposium on Communications and Information Technologies）在山东省青岛市召开。会议收到论文投稿430篇，最终录用146篇。

11月9—11日，学会与全国智能机器人创新联盟在山东省济南市联合举办第二届中国智能制造国际高峰论坛暨中德中小企业合作交流会。会议主题是“创新融合、促进智能制造产业健康发展；开放合作、共创中德协同发展美好未来”。学会理事长李德毅院士，浙江大学机械工程学院院长、中国工程院院士谭建荣，香港中文大学（深圳）校长、中国工程院院士徐扬生以及德中经济联合会、德国弗劳恩霍夫协会和德国标准化协会航空航天委员会的负责人作主旨报告，国内专家学者、企业代表120余人，德国专家、学者40余人参会。大会设置智能制造圆桌对话、中德中小企业合作交流圆桌会议、智能制造领域重点实验室（工程技术中心）专家论坛、智能制造学科建设与创新型人才培养专家论坛。大会同期举行中国智能制造企业创新产品设计大赛路演活动。

国内主要学术会议 3月26—27日，学会在重庆市举办2016大数据决策高峰论坛，专家、学者近400人参加会议。

3月31日，学会与中国围棋协会联合主办AlphaGo人机大战的解读与中国人工智能研讨会。

5月20日，学会在广西壮族自治区桂林市举办生物医学数据挖掘论坛，来自全国高校和研究机构的专家、学者约120人参会，探讨生物医学大数据对现有机器学习和数据挖掘方法所带来的机遇和挑战，以及未来的发展方向。

7月4日，学会在广东省东莞市举办2016“裂变 集群”设计思维驱动产业创新论坛。来自不同领域的5位资深设计师作报告，220人参加论坛。

9月23—25日，学会在安徽省合肥市举办中国智能产业高峰论坛，学会理事长李德毅院士、学会副理事长谭铁牛院士参加会议。与会专家、学者围绕人工智能领域的创业、创新、应用及个性化发展等方面开展分享交流研讨。会议同期举办机器人——地球新物种论坛、智能驾驶论坛、虚拟现实与增强现实论坛、智慧教育论坛、AlphaGo开启通用智能时代论坛和人工智能产业促进对接会6个专题论坛，专家、学者和产业代表就我国智能产业的创新和发展进行探讨和交流。

9月24—25日，学会在安徽省合肥市承办主题为“人工智能：问题与创新”的第113期中国科协新观点新学说学术沙龙，完成新观点新学说学术沙龙文集。

10月21—23日，学会在福建省厦门市举办第12届中国智能系统会议。来自智能系统领域的专家、学者140余人参会，探讨轨道机器人控制、无人机编队控制、航天器姿态控制等智能系统的发展。

12月17日，学会与中国工程院战略咨询中心联合主办首届机器智能前沿论坛（MIFS 2016）。来自国内外的数据挖掘、机器学习和自然语言处理方面的专家、学者交流研讨机器学习的发展和趋势。会议同期举行2016年Byte Cup国际机器学习大赛颁奖典礼。

科普活动 年内，学会举办主题科普活动61次，其中科普讲座23次、科普展览19次、其他形式科普宣传19次，受众人数8900人次。学会被中国科协评为“2016年度全国学会科普工作优秀单位”。

4月22日，学会主办的“博耳杯”全国大学生创客大赛首届颁奖典礼在北京举行。来自人工智能领域的专家、学者、企业代表和投资机构代表对入围决赛的“实干家”和“梦想家”方案或作品进行评审，通过现场打分的方式评定金、银、铜奖。

11月3日，学会主办的“博耳杯”第二届全国大学生创客大赛启动，先后走进北京邮电大学、北京理工大学、北京科技大学、北京航空航天大学、首都师范大学等20所高校进行面对面宣讲与交流，创新双创活动新模式。

表彰奖励优秀科技工作者 学会开展吴文俊人工智能科学技术奖评选活动，评选出成就奖1项、创新奖13项、进步奖14项。

中国人工智能学会优秀博士学位论文评选出优秀博士学位论文9篇、优秀博士学位论文提名3篇。

党建强会 学会联合中国造船工程学会和中国科协科技社团党委组织处成立科技社团党委学会办事机构联合党支部。

会员服务 年内，学会秘书处配备专职工作人员专门负责会员服务中心的工作，更新与完善会员管理系统，提供会员咨询与服务。学会利用微信平台和官网平台，向会员发布会议通知、学会工作动态等。学会定期为会员发送学会通讯。

【2016全球人工智能技术大会】 4月22日，学会联合23个全国学会及协会在北京联合举办2016全球人工智能技术大会暨人工智能60年纪念活动启动仪式。来自学术界、产业界的专家、学者、业界代表共1600余人参加会议。

全球人工智能技术大会（GAITC）设置主题报告、专题报告、嘉宾互动交流三个环节。学会理事长李德毅作专题报告，并邀请IBM、微软、英伟达、科大讯飞等企业高管作前沿技术报告，报告主题涉及人工智能自学习、新型计算架构、虚拟现实等热点问题，对于人工智能发展的核心技术、未来趋势进行探讨。

人工智能60年纪念活动启动仪式由15位嘉宾通过扫描大荧幕手印的方式拉开纪念活动的帷幕，并正式发布“纪念人工智能60年十大重点活动和百场专项纪念活动”。

【第二届中国人工智能大会】 8月26—27日，学会在北京举办2016中国人工智能大会。来自中国科学院和中国工程院的8位院士和国际人工智能促进会、麻省理工学院等机构40位人工智能领域的专家共同探讨人工智能走向。来自学术界、产业界的专家、学者、业界代表共1600余人参加会议。

大会设置人工智能驱动的“人机交互”、人工智能产业论坛、人工智能青年论坛和机器学习的明天4个专题论坛。大会议题覆盖机器学习、人机交互、模式识别、自然语言处理等人工智能领域的热门问题、前沿研究和产业实战等方面。

（撰稿人：贾晓丽）

中国体视学学会

服务创新型国家和社会建设 8月16日，学会与中国金属学会、北京科技大学在河南省洛阳市联合举办校地企产学研合作创新论坛，北京科技大学国家大学科技园、洛宁县人民政府、蓝思泰晶新材料科技有限公司签订三方战略合作协议。北京工业大学与洛阳金鹭硬质合金工具有限公司合作签约。

10月14—16日，学会金相与显微分析分会在湖北省武汉市举办第四届蔡司·金相学会杯高校大学生金相比赛暨第二届标乐·金相学会杯大学生材料综合技能大赛。比赛分为金相比赛和综合技能比赛两部分，来自全国78所高校的300余名选手参加比赛。

12月12—16日，学会金相与显微分析分会在上海市举办第一届全国失效分析大奖赛。复旦大学研究生毕彤彤团队获得大奖赛特等奖。

学会建设 9月17日，学会六届八次常务理事会议在四川省西昌市召开，讨论学会换届筹备工作事宜，审议通过增选1名副理事长人选的议案。

9月18日，学会六届四次理事会议在四川省西昌市召开，学会理事长康克军主持会议。理事会审议通过《中国体视学学会第七届理事会换届选举方案》《中国体视学学会团体标准管理办法》《中国体视学学会标准化技术委员会名单》。

《中国体视学学会青年科学技术奖评选办法》经学会六届八次常务理事会议、六届四次理事会议修改审议通过。

学会理事长康克军参加中国科协第九次全国代表大会，并当选为中国科协第九届全国委员会委员。

学术期刊 《中国体视学与图像分析》为中国科技核心期刊，期刊为季刊，2016年共发表论文56篇。

《中国体视学与图像分析》创刊20周年纪念专刊于3月出版。14名体视学领域的知名专家特邀为纪念专刊撰稿。

9月18日，主管期刊工作的学会副理事长赵忠明主持召开期刊工作会议，6个分会负责人参加会议。会议决定自2016年第四期开始，每一期以某一个研究领域为主题，稿件的组织、审定等由相应各专业分会负责。12月，出版办刊改革后的第一期，主题为图像分析。

国内主要学术会议 年内，学会和各专业委员会共组织各类学术、技术交流活动17次，参加人员约2000人次，交流论文1000余篇。

7月19—21日，学会金相与显微分析分会在青海省西宁市举办第十五届全国金相与显微分析学术会议。来自高校、科研院所及企业的专家、学者120余人参加会议，会议交流论文40篇。会议同期举办机械学院中的材料专业建设与发展论坛，30余所高校的专家、学者结合实际工作进行交流探讨。

8月16日，学会与中国金属学会、北京科技大学在河南省洛阳市联合举办第十届全国材料科学与图像科技学术会议。来自高校、科研院所的专家、学者和企业代表近100人参加会议，会议交流论文80篇。中国科学院教授白雪冬等3名专家作大会特邀报告，25名材料与图像科技领域的专家、学者分别作主会场交流报告。

9月20—21日，学会CT理论与应用分会在四川省成都市举办全国射线数字成像和CT新技术研讨会。学会理事长康克军出席研讨会并致辞，来自科研机构、高校、相关企业的专家、学者近100人参加研讨会。美国芝加哥大学教授潘晓川等国内外专家作特邀报告。会议交流论文30篇，经专家评议，评选出3篇优秀论文。

10月16日，中国体视学会图像分析分会年会在陕西省西安市召开。图像分析分会第五届委员会委员及来自高校、科研院所的近40名专家、学者参加年会。西北工业大学教授赵荣椿，学会副理事长、中国科学院遥感所研究员赵忠明，中国科学院自动化所研究员张晓鹏等作特邀报告。

科普活动 年内，学会及各专业分会开展社区及校园科普活动8次，受众人数约2000人次。

表彰举荐优秀科技工作者 12月23日，2016年中国体视学学会科学技术奖、中国体视学学会青年科学技术奖评审会在清华大学召开。经各分会推荐，并通过专家函评的科技成果申报人和青年科技奖候选人进行了现场汇报和答辩。经过专家评议、打分，最终评出拟授予本年度科学技术奖项目和拟授予本年度青年科技奖获奖者。

经学会推荐，学会副理事长、中国科学院遥感所研究员赵忠明获得第七届"全国优秀科技工作者"称号。

党建强会 12月5日，体视学科普高校行活动在南昌大学举行，学会副理事长唐勇、学会生物医学分会秘书长李杨为300余名师生作体视学科普报告。本次活动得到中国科协"党建强会计划"资助支持。

经中国科协科技社团党委办公会审议，同意成立中国体视学学会党委，学会理事长康克军担任党委书记。

【第一届全国失效分析大奖赛】 12月12—16日，学会金相与显微分析分会在上海市举办第一届全国失效分析大奖赛。来自27所高校的37支代表队、100余名指导教师与选手参加比赛。中国科协全国金相与显微分析学科科学传播专家团队首席专家、复旦大学教授杨振国担任大奖赛组委会主席，东北大学教授尹立新任秘书长。

来自复旦大学、东北大学、西南交通大学、四川大学、西安科技大学、内蒙古科技大学6所高校的7支代表队进入大奖赛的决赛。最终，复旦大学研究生毕彤彤团队以题为《上海地铁3号线与共新路路段埋地燃气管道的失效分析》的参赛作品获得大奖赛特等奖。东北大学胡杰鑫等3个团队和西安科技大学郭建光等3个团队分别获得研究生组与本科生组一等奖。

（撰稿人：胡　蓓　王　锂　刘克音）

中国工程机械学会

服务创新型国家和社会建设 在原出版7种语言工程机械辞典的基础上，学会组织编写汉韩韩汉、汉意意汉、汉语阿拉伯语3种辞典。截至2016年年底，学会组织编写10种语言的工程机械辞典，服务"一带一路"和工程机械行业走出国门的需要。

学会起重机械分会会员单位蚌埠华峰起重机职业培训学校开展10期培训班，参加培训人员350人次。主要培训对象为汽车起重机操作人员，培训内容为起重机安全、起重机基础、吊装基础知识理论和上机操作实践。

学会建设 6月14日，学会重大工程施工技术与装备研讨会暨第一届重大工程施工技术与装备分会成立大会在上海市召开，专家、学者84人参加会议。

6月18日，学会在上海召开第四届第六次常务理事会议，讨论并通过召开第五届全国会员代表大会的相关事宜，确定会员代表和理事会理事候选人的条件和产生的办法。审议第四届理事会工作报告和财务审计报告。

12月，学会召开第五届会员代表大会，选举产生第五届理事会。

学术期刊 《中国工程机械学报》已申报并受理进入Scopus数据库收录系统。

国内主要学术会议 4月7—10日，学会港口机械分会在湖北省武汉市举办2016中国港口新技术交流会，专家、学者200余人参加会议。会议研讨提升港口行业的竞争能力，推动港口设备管理现代化、信息化、自动化、智能化发展。

4月15—17日，学会在湖南省长沙市召开第18届全国大型起重设备安全技术研讨会，交流研讨起重运输设备安全生产与管理、节能、环保等主题。专家、学者100多人参加会议。

5月24日，学会维修和再制造工程分会在北京举办以"共同建设合格的再制造企业，努力推动再制造事业健康发展"为主题的机电产品再制造试点工作研讨会。11月3日，在河北省秦皇岛市召开《再制造土压平衡式盾构企业标准》评审会。

6月14日，学会重大工程施工技术与装备研讨会在上海市召开，专家、学者84人参加会议，围绕土建结构工业化建造技术发展趋势、矩形盾构机的创新研发和港珠澳大桥人工岛施工技术等议题作专题报告。

8月20日，学会特大型工程运输车辆分会在江苏省海门市召开年会，除进行学术交流外，还就

《2012—158IT-YB 冶金设备用液压油换油指南》进行评审。

10月28—29日，学会混凝土机械分会在北京举办以“创新驱动发展转型升级共赢”为主题的2016年年会，交流研讨行业形势及未来发展趋势，明确学会的定位和战略发展方向。专家、学者160余人参加会议。

科普活动 11月20—21日，学会起重机械分会在上海举办的第18届年会上启动“匠心传承、谱写新篇”公益宣传片拍摄仪式，推动起重机械及装卸工程科普活动。

党建强会 学会党支部利用开展学术活动之际，组织党员开展活动。

4月7日，在学会港口机械分会年会上传达李源潮同志在中国科协2016年全国学会工作会议上的讲话精神、中国科协2016年党建工作要点。

6月18日，学会在上海市召开的常务理事会议上举办庆祝建党95年座谈会，学习习近平总书记系列讲话精神和加强社会团体党建工作的重要指示，传达“科技三会”的精神、2016年中国科协学会党建工作要点。

年底，学会党支部看望曾为学会创立和建设作出贡献的老同志。

【中国工程机械学会第五届会员代表大会】 12月29—31日，学会在上海市召开第五届会员代表大会，参加会议的代表140余人。第四届理事会理事长、全国政协常委、民盟中央副主席、上海市人大副主任、同济大学教授郑惠强代表第四届理事会作工作报告。学会名誉理事长、同济大学教授石来德作财务报告。大会讨论并表决通过了第四届理事会的工作报告、财务报告和章程。

大会选举产生第五届理事会理事95人。随后，召开第五届理事会第一次全体会议，选举产生常务理事33人，同济大学教授卞永明当选为理事长、同济大学教授刘钊当选为秘书长。经选举产生由9人组成的监事会，选举学会名誉理事长、同济大学教授石来德任监事长。

（撰稿人：石来德）

中国遥感应用协会

服务创新型国家和社会建设 受国家发展和改革委员会委托，协会参加国家遥感领域2016年度“十三五”规划实施情况评估工作，提交评估报告。

协会参与国家航天局和国防科技工业局重大专项工程中心组织的中国航天、遥感应用、“一带一路”空间信息走廊等培训活动，培训国内外遥感应用人员数百人。

协会参与湖南省国防科技工业局“多云多雨区域高分辨率遥感典型应用关键技术研究暨示范验证”项目，完成“多云多雨区域典型水体水质监测与评价技术研究”子课题，形成课题研究报告，为湖南省水资源管理提供支撑。

3月26—29日，协会举办中国航天遥感技术与遥感数据应用培训班，协会理事长罗格参加开班仪式。东盟及其他国家30余名留学生参加培训。

协会承担的中国科协“科研管理体制与科研经费使用问题调查分析及对策”课题通过验收。

5月17日，协会参加2016中国·廊坊国际经济贸易洽谈会，与河北省国防科技工业局、河北省廊坊市人民政府联合主办“‘互联网+’天基信息应用”峰会，200多位专家、学者参加会议。河北省廊坊市人民政府聘请协会高级顾问、中国科学院院士孙家栋为该市科技顾问。

12月5日，协会与中国卫星导航定位协会和中国卫星全球服务联盟签署战略合作框架协议。

12月22日，协会与润泽科技发展有限公司、中国资源卫星应用中心等11家单位共同发起成立京津冀天空地海一体化大数据应用联盟，以促进联盟单位凝聚资源、技术及人才，加速遥感等技术创新、成果转化，共同推动天空地海大数据在生态环保、智能制造、海洋经济、通用航空等领域的应用。

京津冀天空地海一体化大数据应用联盟签约仪式

学会能力提升计划 协会获得中国科协创新驱动助力工程项目资助，围绕央地遥感科研成果转化、遥感市县级应用模式和空间信息助力京津冀协同发展等议题，组织对河北省石家庄市、秦皇岛市、唐山市、廊坊市、保定市、沧州市、张家口市、承德市进行调研，以座谈会和问卷调查的形式邀请各市发改委等10余个部门及区、县等相关部门研讨和调查。利用各种活动、工作契机以及定点走访交流等形式，与国家自然资源和地理空间基础信息库管理办公室等7家典型行业单位，河北省12个市区高分辨率对地观测系统数据与应用中心，中国科学院遥感与数字地球研究所等10余家科研机构以及10余家企业进行调研交流，最后形成《关于推动空间信息产业创新促进京津冀协同发展的研究报告》。

学会建设 2月26日，协会召开五届二次理事会暨会员代表大会，审议通过《中国遥感应用协会章程》，批准设立中国遥感应用协会科学技术奖。协会新增常务理事3名，理事25名。

5月27日，协会召开中国遥感应用协会科学技术奖奖励委员会第一次会议，审议通过《中国遥感应用协会科学技术奖奖励办法（暂行）》。6月，协会组织会员单位进行申报。8月，中国遥感应用协会科学技术奖2016年度评审委员会对申报材料进行评审，评出一等奖建议1项、二等奖建议3项、三等奖建议5项。

11月18日，协会专家委员会召开常委会议，对机构进行调整，增选副主任5人、常务委员15人。

截至2016年年底，协会共有个人会员1485人，单位会员382个，常务理事70人，理事149人。新增《中国遥感应用协会员工年度考核办法》《中国遥感应用协会费用预算管理办法》《中国遥感应用协会安全管理办法》，修订《中国遥感应用协会差旅费管理办法》。

学术期刊 协会主办的期刊《红外》开通官方微信公众号“红外”（sitpir），发布国内外红外与光电子科技领域信息。

国际学术会议 5月9—11日，协会与中国光学工程学会、中国宇航学会光电专业委员会和中科遥感科技集团公司联合举办2016年国际高光谱遥感应用研讨会。来自美国、加拿大、澳大利亚、美国等国家的专家、学者数百人参加会议。大会发布特邀报告10篇，中国工程院院士赵文津、姜景山代表协会出席会议，并代表大会为获奖人员颁发奖品和奖状。

5月30日，协会与中国卫星全球服务联盟在北京联合举办第三届中国卫星全球服务国际合作商洽会暨微小卫星商业化论坛。来自18个国家或国际组织的专家、学者300余人参加会议。

国内主要学术会议 5月10日，协会灾害遥感分会协办第七届国家综合防灾减灾可持续发展论坛。论坛以“防灾减灾与全面建成小康社会”为主题，200余位灾害管理人员和专家、学者参加了论坛。协会副理事长、灾害遥感分会主任委员范一大主持“防灾减灾科技应用与产业发展”分论坛，并作题为《我国灾害风险管理的未来挑战》的主旨报告，协会常务副秘书长卫征作题为《基本空间信息大数据应用提升防灾减灾能力分析》的专题报告。

8月10—12日，协会与广东省深圳市人民政府作为特别支持单位，支持中国遥感委员会在广东省深圳市举办第20届中国遥感大会。近20名两院院士和超过1500名国内遥感界专家、学者、企业家等参加会议。同期举办国内遥感知名企业展、遥感影像艺术展、第九届中国青年遥感辩论会等活动。协会主办区域遥感应用论坛，邀请全国10个省（区、市）的专家交流研讨，展示我国区域遥感最新成就。

8月25—26日，协会环境遥感分会在辽宁省辽阳市举办第二届中国环境遥感应用技术论坛。论坛以“国产卫星遥感数据在各行业、地区的应用”为主题，专家、学者70多人参加会议。

9月27—28日，协会与河北省廊坊市人民政府、北华航天工业学院、中国科学院北京国家技术转移中心在河北省廊坊市联合举办以“扩面、深化、完善，多元化发展”为主题的第二届中国国际农业遥感应用技术高峰论坛，推动遥感科技与农业主体业务有机结合，促进精准农业发展。来自国内外的专家、学者近100人参加会议。

11月8—9日，协会与国家自然基金委员会、中国工程院信息与电子工程学部和中国光学工程学会在江苏省苏州市联合举行第三届高光谱成像技术及应用研讨会。会议聚焦高分五号高光谱卫星数据应用，交流载荷研制及其数据应用技术，专家、学者近300人参加会议。

两岸交流 5月8日，协会与台湾地区地理资讯学会、香港遥感学会在广东省深圳市举行理事长/会长座谈会。三会达成长期合作意向，在遥感数据接收、应用等方面加强合作。

10月30日—11月1日，协会与香港遥感学会、台湾地理资讯学会和澳门特别行政区政府地图绘制暨地籍局在广东省深圳市举办第10届海峡两岸暨港澳地区遥感与空间资讯研讨会，内地和港澳台专家、学者100余人参加。各方商定今后三年分别在香港特别行政区（香港回归20周年）、台湾地区、澳门特别行政区（澳门回归20周年）按年度举办会议。

国际交往 在国家航天局指导下，协会与亚太空间合作组织（APSCO）加强联系，研究筹建APSCO中国空间信息应用委员会，促进APSCO各成员国形成相应组织或机构。

协会与哈萨克斯坦加强双边合作，形成《中国—哈萨克斯坦航天遥感合作方案》（建议稿），组建中哈航天遥感合作专家组。

在中国科协支持下，协会组织中国科学院遥感与数字地球研究所、国家卫星气象中心、中国资源卫星应用中心的4位专家，出访相关国际科技组织。

2月18日，阿尔巴尼亚资源局局长Dael Dervishi一行到访协会，交流探讨我国遥感科技服务阿尔巴尼亚石油开采、金属矿产开发等合作事宜。

9月27日，荷兰乌特勒支市政府战略发展部主任Albert Hutschemaekers一行到访协会，交流探讨我国遥感单位参与乌特勒支市旅游资源开发、市政建设、精准农业、环境保护、科学研究等合作事宜。

10月17—21日，以“推动空间数据基础设施建设促进经济可持续发展”为主题的第37届亚洲遥感会议在斯里兰卡首都科伦坡召开。协会理事刘善军，会员毛亚纯、包妮沙参加会议，作学术报告2个，张贴论文1篇。

科普活动 1—4月，协会与湖南省科学技术厅、湖南省郴州市人民政府联合主办“中国梦 航天梦 郴州航天主题嘉年华暨遥感应用技术展”，通过遥感数据和应用实例展示遥感技术发展前景。展览面积近6000平方米。

4月24日，首个“中国航天日”，协会与国防科技工业局重大专项工程中心在北京联合举办航天遥感科普报告会，同期指导有关会员单位在广东省深圳市举办大型航天科普展览。

7月8日，在中国科协支持下，协会与四川省国防科学技术工业办公室在四川省成都市联合举办四川遥感应用推广交流活动，邀请15位专家对四川省直机关、市州政府、科研机构、高等院校、部队和企业的170余人进行遥感数据应用培训。

协会指导并支持会员单位北京中航伟业文化发展有限公司与内蒙古三主粮集团合作，在呼和浩特市建成内蒙古国际太空馆（建筑面积2000平方米），8月18日投入使用。

协会与香港永记食品集团合作，在广东省惠州市开工建设惠州航天主题园，包括航天文化广场、航天主题馆（2000平方米）、航天俱乐部等。

表彰举荐优秀科技工作者 协会组织第七届全国优秀科技工作者、全国科协系统先进集体、第13届中国青年女科学家奖等推选活动。经协会推荐，环境保护部卫星环境应用中心研究员王桥获得“全国优秀科技工作者”称号。协会专家委员会荣获“全国科协系统先进集体”称号。

党建强会 1月，经国防科技工业局直属机关党委批准，协会成立党支部。

协会秘书处及分支机构开展梳理理事党组织关系、组织支部党员开展“两学一做”“三会一课”，学习十八大、十八届三中、四中、五中、六中全会精神，开展党风廉政建设宣传教育，组织观看有关警示片活动。

6月16日，协会参加国防科技工业局组织的“学党章党规、学系列讲话”知识竞赛。

会员服务 协会出版《中遥通讯》2期，增设“党建工作”“技术专题”和“行业动态”等专栏。

协会继续为会员办理CRS数据服务，为61个会员单位提供数据支撑。

（撰稿人：卫 征 许夏妃）

中国指挥与控制学会

学会能力提升计划 12月2日，学会认知与行为专业委员会组织委员到中国航天员中心进行调研，就航天员训练环境、内容、特点等，与中国航天员中心负责人进行了沟通。

12月20日，学会在北京召开《智能化无人系统学科方向预测及技术路线图》研究课题启动会，集中讨论了《智能化无人系统学科方向预测及技术路线图》课题初步研究方案，确定撰写框架、组织方式、研究进度计划、课题组成员分工等事项。

学会建设 学会新发展个人会员766人，学会会员总数超过4000人，团体会员100个。发展了第一批高级会员，高级会员人数644人。学会新成立分支机构5个，分支机构达14个。学会召开全体理事会议1次，常务理事会议2次，学会秘书长工作会议1次，分支机构工作会1次。修改了《中国指挥与控制学会会员管理办法》。

2016年，学会坚持秘书处职业化、专业化，固定与聘用、专职与兼职相结合。学会秘书处专职人员8人，秘书长和1位副秘书长为专职，4位副秘书长为兼职，学术交流部、会员服务部、期刊出版部和办公室均设专职负责人，部门明确，权责清晰。

学术期刊 学会主办的《指挥与控制学报》第2卷共出版4期，共15000册，为10000余名指挥与控制领域专家学者和会员提供学术服务。

学科发展研究 受中国科协委托，学会承担了指挥与控制学科发展研究工作，编写《2014—2015指挥与控制学科发展报告》，该报告是国内首部关于指挥与控制学科领域发展的研究报告，于2016年4月由中国科学技术出版社正式出版。7月6日，《2014—2015指挥与控制学科发展报告》发布会暨第二届智能指挥与控制论坛在北京召开。首席科学家、编写专家组成员，指挥与控制领域的专家、学者共200多人出席发布会。

国内主要学术会议 2016年，学会及分支机构共举办36次学术活动，较2015年有明显增加。

1月28日，学会在北京召开无人化作战中的C4ISR（自动化指挥系统）研讨会暨院士专家新春茶话会。来自中央军委装备发展部、陆军装备发展部、国防大学、军事科学院、空军指挥学院、空军工程大学和国防工业部门的专家60余人出席研讨会。

6月1日，学会电磁频谱安全与控制专业委员会成立大会暨2016中国信息化装备复杂电磁环境效应技术大会在北京召开。90余名专委会委员及500余名专家出席了大会。

7月6日，学会主办的第四届信息系统建模与仿真论坛在北京召开。论坛以“打造仿真生态圈”为主题，120多名专家共同探讨新一轮技术革命和产业革新浪潮下仿真产业的发展机遇。

7月11日，军地协同灾害防护与应急救援研讨会在北京召开，学会专家委员会和秘书处成员等共20余人参加了会议。与会专家围绕“建立‘千源同图’的即时平台”“公共安全信息共享技术体系架构”“构建无线高速宽带警务专网”“突发事件应急救援指挥调度系统发展思考与建议”等主题作报告和项目情况汇报，详细说明了各单位应急救援体系建设现状及实际应用情况。

10月22—24日，学会火力与指挥控制专业委员会、海上指挥控制专业委员会在山西省太原市举办了主题为“智能化网络化时代的火力与指挥控制”的2016年学术年会。来自部队、地方高等院校、科研院所的100余名专家出席学术年会。年会论文集共收录论文83篇。

11月5—6日，2016首届全国公共安全与应急防控论坛暨北京化工大学第十八次科技工作会议学院论坛在北京召开，150余位专家、学者出席。论坛明确了公共安全风险防控领域的中短期重点发展方向，梳理了安全科学与工程学科“十三五”规划期间的重点研究方向和研究任务。

12月17日，第四届中国指挥与控制学会青年科学家论坛在重庆召开。论坛主题为“智能交互与指挥控制”，来自科研院所、军事院校、高等院校、企业等单位的近200名学者参加了活动。

表彰举荐优秀科技工作者 学会完成中国指挥与控制学会科学技术奖的评定工作，评出科技进步奖9项、创新奖3人、曙光奖（终身成就奖）1人。

经学会推荐，哈尔滨工业大学高会军获得第七届“全国优秀科技工作者”称号。

党建强会 11月28日，中国科协科技社团党委正式批复中国指挥与控制学会（科协社团党发〔2016〕42号），同意成立中国共产党中国指挥与控制学会委员会，由学会理事长戴浩担任党委书记。

会员服务 学会完善了会员信息服务系统，升级学会网站、微信公众平台、会员系统、中国指挥与控制学会书铺等信息化平台，并联合国防建设领域的8家自媒体，发起成立“防务俱乐部”，联合60余家科技类媒体成立“科技创新媒体联盟”，为会员和广大用户提供在线信息服务。截至2016年年底，学会微信公众平台已拥有读者3万余人，“防务俱乐部”读者群达40万人，“科技创新媒体联盟”覆盖读者几百万人。学会向会员邮寄《中国指挥与控制学会通讯》纸质版。

（撰稿人：郭　帅）

中国密码学会

服务创新型国家和社会建设 学会受政府部门委托开展“Z分组密码算法安全性分析评估”“无序排列

型编码方法评估”任务 2 项 。

7 月 21—22 日，学会受政府部门委托在甘肃省兰州市开展“全国商业银行密码应用系统改造升级技术培训”。300 多名商业银行、商密企业和政府部门技术、管理人员参加。培训期间举办了密码应用专题展览。

10 月 25—29 日，学会在北京市举办“密码学高端系列培训之五——格密码高端培训”，120 多名科研院所、企业单位科技工作者及研究生参加。

8—12 月，学会组织开展了“2016 年第二届全国密码技术竞赛”。竞赛以“提高密码意识、普及密码知识，实践密码技术、培养密码人才”为宗旨，先后组织了初赛、复赛和决赛。竞赛结束后举办了“获奖作品产学研沙龙”。活动共有 151 个参赛队伍，2000 多人次参加。

学会建设 5 月 7 日，学会在北京市召开学会第四次全国会员代表大会，进行了理事会改选。

修订《中国密码学会章程》《中国密码学会分支机构管理办法》，制定《中国密码学会固定资产管理办法》《中国密码学会分支机构报备指南》等制度。

学会按《章程》办会，召开常务理事会 4 次、理事会 2 次。截至 2016 年年底，学会共有个人会员 2525 人、单位会员 135 家，较上年分别增加 185 人和 22 家。

完成学会网站、年会网站和密码学报网站迁移至新的第三方服务器，对学会年会网站进行了升级改造，创建了密码学报微信公众号，使学会管理、服务更便捷。

学术期刊 《密码学报》全年出版 6 期，发表论文 54 篇；学报改选组建了第二届编委会，设置了新专栏，新增了邮政发行渠道。

学科发展研究 5 月，学会组织专家审议并修订完成了《中国密码学会推荐学术刊物和国际会议目录（2016 年）》。组织编撰出版《2014—2015 密码学学科发展报告》《中国密码学发展报告 2014》《中国密码学发展报告 2015》。

决策咨询 受政府部门委托，学会组织专家完成了“德国密码管理政策研究”“英国密码管理政策研究”课题 2 个，经验收合格。

国际学术会议 11 月 4—6 日，学会与信息安全国家重点实验室在北京市联合主办第十二届信息安全与密码学国际会议（INSCRYPT 2016），来自加拿大、以色列等 9 个国家的 100 多名专家、学者参加了会议。

会议安排 3 个特邀报告：宾尼法西亚州立大学 Adam Smith 副教授的 *Rigorous Foundations for Privacy in Statistical Databases*（《论统计数据库中隐私的严格基础》）介绍了数据挖掘中的保护隐私问题；哥伦比亚大学 Moti Yung 教授的 *On Deploying Secure Computations Commercially*（《论安全计算方案的商业部署》）提出了涉及商业应用“安全的对特定任务的多方计算协议”；比利时荷语天主教鲁汶大学 Elena Andreeva 博士的 *Authenticated Encryption and the CAESAR Competition*（《认证加密方案与 CAESAR 竞赛》）介绍了认证加密方案的基本设计原理、与 CAESAR 认证加密竞赛中优秀参赛方案的概况。

会议录用论文 32 篇，论文作者分别在公钥加密系统、对称加密系统、基于格的同态加密系统、网络安全及其应用、云计算安全、混淆、抗泄露和抗量子攻击密码系统等领域对最新的研究成果进行专题报告。

国内主要学术会议 学会及分支机构主办国内学术会议 17 次，交流论文 278 篇，累计 3500 多人次参加。与往年相比，会议的学术水平、参会人数和社会影响力明显提升。

4 月 27 日，学会电子认证专业委员会与全国信息安全标准化技术委员会鉴别与授权工作组（WG4）、联想创投集团在北京市联合主办网络空间可信身份管理技术研讨会。320 多名专家、学者及研究生参加会议。会议围绕进一步推动网络空间可信身份体系建设、统一互联网用户身份认证管理、安全标准化需求，以及国际国内身份认证管理实践等主题展开讨论、交流。

5 月 28 日，学会青年工作委员会在河南省郑州市主办“中国密码学会 2016 年青年论坛”，240 多名专家、学者及研究生参加会议。大会安排了 10 个特邀报告。

6 月 23 日，学会电子认证专业委员会和中国信息协会信息安全专业委员会在贵州省贵阳市联合主办 2016 年全国电子认证技术交流大会，150 多名专家、学者及研究生参加会议。大会主题为“应用与需求：引领电子认证发展方向”，与会者围绕电子认证技术在应用中的创新模式、最佳实践技术成果、国家标准规范应用经验、商业发展前景等内容进行交流研讨。

7 月 9—10 日，学会密码算法专业委员会在四川省成都市主办 2016 年密码算法学术会议，150 多名专家、学者及研究生等参加了会议。大会的特邀报告围绕整数分解问题研究进展、MDS矩阵构造及相关问题、高速铁路列控通信系统的安全性分析、密钥相关S盒的设计与分析、云数据完整性验证研究进展、SPN结构针对不可能差分密码分析的可证明安全等问题进行研讨、交流。会议还安排了9个专题报告，设置了自由论坛讨论环节。闭幕式上，向最佳论文作者颁发了证书。

7月28—29日，学会2016年量子密码专业委员会学术会议在山东省青岛市举办，250多名专家、学者及研究生参加了会议。大会特邀报告围绕格密码数学问题的研究、QKD实际系统安全性中的问题、面向量子网络的单元技术研究、基于单光子频率编码的量子安全直接通讯等进行研讨。其他专题报告内容涉及量子密码、量子信息等研究的前沿问题。

8月28—30日，学会密码芯片专业委员会在北京市主办了中国密码学会2016年密码芯片学术会议，160多名专家、学者及研究生参加了会议。会上，清华大学教授王志华作报告《集成电路的医疗应用与信息安全》，阐述了未来集成电路在医疗应用和信息安全中的重要作用，提出“社会需求是创新的源泉，长期坚持是成功的关键”的理念；比利时鲁汶大学的Benedikt Gierlichs博士作关于CHES及CHES 2016的报告，简要回顾了国际密码协会创办CHES的历史，详细介绍了CHES 2016在论文投稿、程序委员会组成、评审人回避、论文所涉研究方向、最终录用论文、学生论文与非学生论文和优秀论文等方面的情况等。会议还围绕密码芯片领域最新学术动态、技术现状和未来发展方向等主题，进行研讨和交流。

8月30日—9月1日，学会密码数学理论专委会2016年学术研讨会在宁夏自治区银川市召开，150多名专家、学者和研究生参加会议。会上，中科院外籍院士姚期智作报告 *Privacy Loss and Information Complexity*（《隐私泄露和信息复杂度》），介绍了信息复杂度的相关概念和一个新定理，并用该定理解决了通信复杂度领域一个困扰人们20年之久的开放问题；中国科学院院士潘建伟作题为“量子信息技术前沿进展”的报告，介绍了量子通信的基本原理和前沿应用，以及国际国内量子通信技术的实践情况和未来的可能规划；来自法国国家信息与自动化研究所的GaëtanLeurent博士作 *Breaking Symmetric Cryptosystem using Quantum Period Finding*（《量子技术破译对称密码》）的报告，介绍对称密码算法在量子模型下的安全性等。

9月23—24日，学会在浙江省杭州市举办中国密码学会2016年会，700多名专家、学者及研究生参加会议。开幕式上举行了“2016年密码创新奖”颁奖仪式，于艳萍秘书长宣读《关于授予谷大武等8名科技工作者2016年密码创新奖的决定》，王杰理事长向一等奖获得者谷大武、张斌颁发证书奖金，陈克非、吴文玲副理事长向二等奖获得者刘胜利、郁昱、林璟锵、赵兵、陈晓峰、张卫国颁发证书奖金。

本次年会安排9个特邀报告、17个论文报告、4个技术报告和7个自由发言。会议围绕密码学理论和应用的前沿进展问题深入研讨，内容涉及：基础算法和理论、对称密码、公钥密码与密码协议、密码安全实现、混沌与视觉密码、密码应用等。大会主题报告与论文集反映了我国密码学的最新研究动态和成绩。会议搭建产学研交流平台，特设自由论坛。

10月15日，学会安全协议专业委员会在江苏省南京市举办2016安全协议进展国际会议（PSP 2016），160多名专家、学者及研究生参加了会议。大会围绕安全协议最新研究进展、密码协议分析、有效零知识证明、移动平台密码协议分析、大数据安全与隐私保护、TLS协议安全、物联网协议安全、SDN协议安全等主题进行深入研讨和交流。

10月22—23日，学会2016年混沌保密通信专业委员会学术会议在湖南省长沙市举办，130多名专家、学者及研究生参加会议。大会以“混沌保密最新动态与发展趋势”为主线，围绕混沌保密基础、混沌密码、混沌保密通信三个主题进行交流，分享创新研究成果。会议首次增设青年论坛，并安排5个专题报告。

科普活动　学会举办密码科普讲座5次，受众约1000人次。通过举办全国密码技术竞赛活动，在初赛、复赛和决赛阶段推广普及密码知识、实践密码技术，直接受众2000多人次。

学会组织翻译推广的科普图书《密码的奥秘》荣获第十一届文津图书奖推荐图书和第四届“中国科普作家协会优秀科普作品”金奖。

12月，学会被评为2016年度全国学会科普工作优秀单位。

表彰举荐优秀科技工作者　学会组织开展了2016年“密码创新奖”评奖活动，评选出“密码创新奖”一等奖2名，获奖者为谷大武、张斌；二等奖6名，获奖者为刘胜利、郁昱、林璟锵、赵兵、陈晓峰、张卫国。

学会推荐的清华大学教授王小云荣获第七届“全国优秀科技工作者”称号。

学会创新发展 2016 年，学会加入中国科协信息科技学会联合体。

党建强会 加强学会党建，以开展第二届全国密码技术竞赛活动为载体，申报并获得中国科协“党建强会”计划“十百千”特色活动项目资助。

会员服务 学会开展会员日活动 1 次，110 多人参加。为会员举办密码技术竞赛“获奖作品产学研沙龙”，100 多人参加。日常利用网站、邮件、微信等形式加强与会员沟通，提供服务。

组织编撰《中国密码学会通讯》6 期。累计向会员、会员单位赠送《中国密码学会通讯》《密码学报》《密码的奥秘》《2014—2015 密码学学科发展报告》和《中国密码学发展报告 2014》《中国密码学发展报告 2015》等书刊 8000 多册。学会网站向会员提供《密码学报》《中国密码学会通讯》电子版免费下载。

【中国密码学会第四次全国会员代表大会】 5 月 7 日，学会第四次全国会员代表大会在北京市召开，国家密码管理局局长李兆宗、中国科协党组成员、学会学术部部长宋军以及学会会员代表、特邀嘉宾共 108 人出席了会议。

宋军、李兆宗先后向大会致辞，对学会今后的发展提出了要深入学习贯彻习近平总书记系列重要讲话精神，贯彻落实《科协系统深化改革实施方案》等中央文件精神，加强学会自身建设，继续在“四服务一加强”中发挥好学会职能作用，不断推动学会健康发展。

大会审议并通过了学会第二届理事会工作报告、学会第二届理事会财务报告，听取《中国密码学会章程（修订草案）》说明，审议并通过了《中国密码学会章程（修订草案）》；以无记名投票方式选举产生了学会第三届理事会，理事会共由 64 名理事组成。

5 月 7 日下午，学会召开中国密码学会三届一次理事会，选举产生了第三届理事会常务理事，理事长、副理事长、秘书长。第三届常务理事会由 20 人组成，王杰当选为第三届理事会理事长，杨义先、王小云、陈克非、吴文玲当选为副理事长，于艳萍当选为秘书长。

【2016 第二届全国密码技术竞赛暨获奖作品产学研沙龙】 8—12 月，学会组织开展了 2016 年第二届全国密码技术竞赛。竞赛以“提高密码意识、普及密码知识，实践密码技术、培养密码人才”为宗旨，分初赛、复赛和决赛三个阶段进行。初赛、复赛由各参赛团队通过网络进行，决赛由参赛团队参加现场评审。本次活动吸引了 151 个参赛团队，2000 多人次参加。经过网上初赛、复赛评审后，共有 32 所高校、61 个团队胜出进入决赛。

12 月 29 日，全国密码技术竞赛决赛在贵州省贵阳市经开区举行。61 个参赛团队分成 3 组进行比赛，每组设评审专家 7 名。经过参赛团队的竞赛作品演示、讲解和评审专家质询、评审打分后，最终评选出一等奖 6 名、二等奖 9 名、三等奖 15 名、优胜奖 31 名。

12 月 30 日，学会举行颁奖仪式。颁奖仪式后，学会组织了竞赛“获奖作品产学研沙龙”，学会常务理事、中国科学院信工所研究员荆继武等 6 名评审专家作点评嘉宾。沙龙共安排 12 个获奖团队的作品进行专题介绍，每个作品介绍完后由专家进行点评，企业家对作品进行了质询，对进一步完善作品提出了很好的意见和建议。

（撰稿人：陈　灏）

中国农学会

服务创新型国家和社会建设 学会开发了职称评审系统，完成 2015 年度农业部系统专业技术职务任职资格评审工作，249 人获得专业技术职务晋升资格。完成第十二届农业技术推广研究员任职资格评审工作，1754 人通过资格评审。编制《“十三五”农业职业技能标准制定工作规划》，制定、修订了 5 项国家职业技能标准、3 套培训教材和 5 个职业的国家鉴定试题库，开发了职业技能鉴定在线版考务管理系统，全年完成鉴定 18 万人次。组织举办了 26 期鉴定工作人员、质量督导人员和鉴定考评人员培训班，培训学员 4000 余人次。协助有关部门举办农产品质量安全检测员、动物疫病防治员和茶艺师技能竞赛活动。推荐优秀技能人才参加第十三届中华技能大奖和全国技术能手评比表彰活动。

完善农业科技成果评价相关制度，组织院士、专家 900 余人次对 120 余项重大农业科技成果进行了评价。遴选推荐 3 项成果参加国家科技奖评审，其中 1 项成果获得了 2016 年度国家科技进步奖。受国家奖励办委托，组织专家对 14 项国家科技奖初评通过的农业项目开展了行业咨询评议。升级全国农业科技成果转化交易服务平台主要模块功能，研制了4个领域农业科技成果价值评估模型，提升平台实用性。

完成农产品质量安全检测技术与认证管理、农业科研杰出人才及其创新团队等高级研修项目，300余名专家参加研修培训。举办农产品质量安全检测机构考核评审员换证培训班和新增考核评审员培训班，330名考核评审员参加了培训。围绕农业行业能力提升和继续教育需求举办8期专业技术人员和管理人员培训班，培训学员1000多人次。

2016年，学会围绕农业重点领域和关键需求，邀请国外专家93人次，引进农业关键技术11项、优质种质资源7项，累计培训专业技术人员1800人次，示范推广面积达15.2万亩。争取到出国（境）培训项目49项，选派了33个团组197人次，推动高层次创新型农业人才队伍建设。

依托院士专家农业企业工作站，举办了5次院士专家农业企业行和30余次咨询培训活动，到40余个农业企业、园区开展技术指导，累计培训3000余人次。组织院士专家赴河北省石家庄市、四川省德阳市、福建省泉州市等近20个地市开展创新驱动助力工程对接活动，与地方政府签订合作协议，组织专家提供技术服务。

学会能力提升计划 2016年，学会以实施学会创新和服务能力提升工程为依托，围绕创新驱动发展战略和创新型国家建设需求，发挥项目的引领带动作用，推进学术交流、决策咨询、科学普及、科技评价、人才评价等工作。

全年举办国内、国际各类综合性、专业性学术交流活动50余场次，1万多名农业科技工作者参与。

中华农业科技奖受到农业科技界的普遍关注，申报成果、参与单位和参与人员数量逐年提升。学会农业科技成果评价工作得到院士专家和相关部门的认可，经过评价后的80%成果获得了省部级科技奖，30%得以转让、入股、融资，或得到政府财政资金的再次支持。2016年度国家科学技术奖获奖的30项农业成果中，有15项经过学会评价，占获奖成果总数的50%。

学会与辽宁省阜新市、浙江省丽水市、河北省保定市等地签订了长期战略合作协议，帮助当地和企业有效解决了现代农业发展过程中遇到的区域发展战略、科技成果转化、农产品加工、养生农业等现实问题。

以老少边穷地区为重点，学会组织了科普援藏、援疆等活动，对当地农民进行培训，助推精准扶贫。以职业农民、农村妇女等为重点，开发系列科普制品，举办形式多样的各类科普活动。创新科普形式，探索“‘互联网+’农业科普”模式，开通“科普三农”微信平台。

学会从农业人才和现代农业发展需求出发，创新人才评价机制和方法，举荐激励农业人才，承接了农业部和农业部系统人才评价、推荐以及培养、奖励等工作。

学会建设 3月1日，学会十届十三次常务理事会议在北京召开。农业部副部长、中国农学会会长张桃林作题为“中国农学会2015年工作总结和2016年工作思路”的报告。推选中国科协第九次全国代表大会代表和第九届全国委员会委员候选人。

按照民政部、财政部、中国人民银行的有关要求，修订了《中国农学会分支机构管理办法》，收回了分支机构原有证书和印章，对其业务开展、公文办理、财务往来等进行规范。开展分支机构全面核查，调整优化分支机构设置，新成立了科技评价分会和农业环境损害鉴定评估分会，变更农业分析测试分会名称为农业分析测试与耕地质量评估分会，撤销了庭院经济分会、持续农业分会和青年经纪人工作委员会。

实施绩效考核，制定《2016年度绩效管理指标体系》和《2016年度绩效计划任务书》，强化跟踪检查和过程管理。强化业务能力建设，选派255人次参加中国科协、农业部等组织的业务培训、学习交流和实践锻炼。

学术期刊 《中国农学通报》和《农学学报》继续入选中国科技核心期刊。全年分别刊载论文1236篇和238篇。受中国科协委托，组织编制了中国科技期刊年度优秀论文遴选推介活动“农林学科集群”实施方案，组织承办了优秀论文评审会，评选出特等奖10篇、一等奖10篇、二等奖15篇、三等奖25篇。

选派编辑人员分批参加了有关部门举办的期刊行业学术会议、技能培训和继续教育活动，提升编辑人员业务能力。

学科发展研究 自2006年开始，学会连续研究和编撰了5辑《农业科学学科发展研究（基础农学）》，成为服务农业学科发展和广大科技工作者的学术品牌之一。2016年，继续申请承担了“2016—2017年农学学科发展研究（基础农学）项目”，召开项目开题会，组织相关研究领域的20余名专家、学者参加会议。确定了农业环境、农产品加工和农业耕作等3个领域的11个专题作为本期农学学科的研究方向，计划用1年时间完成相关专题研究。

决策咨询 完成了学会承接政府转移职能专题研究、涉农国际组织人才推送中长期规划研究、兽医从业人员培训考核制度专题研究、国家引进人才目录——农业与粮食安全领域引进人才专题研究等多项研究任务，提交共计10余万字的研究（调研）报告。依托中国农业专家咨询团，承担编制了《莲都国家农业公园总体规划》，服务地方社会经济发展。

国内主要学术会议 2016年，学会组织召开了现代农业、都市农业、农业环境、农业园区、耕作制度、棉花产业发展、农产品加工等综合性和专业性学术交流活动60余场次，1万多名农业科技工作者参与。

6月21—22日，第十六届中国农业园区研讨会在甘肃省天水市召开。会议以“特色产业与循环农业”为主题开展研讨交流，来自全国各地的500余名专家、学者参加了会议。

8月1—4日，学会耕作制度分会学术年会在新疆维吾尔自治区乌鲁木齐市召开。会议以“农业耕作制度创新、农业制度转变”为主题，围绕农业结构调整、生态高效农业、绿洲农作制度及耕作方法创新等专题进行研讨，来自28个省（区、市）的400余名专家、学者交流了最新学术成果。

9月19—22日，学会主办的2016中国现代农业发展研讨会在北京举办。来自科研机构、教学单位、管理层和企业界专家、学者近200人参加了研讨。会议总结回顾了都市农业10年的发展历程，研讨了“十三五”都市农业发展方向。

2016 中国现代农业发展论坛

两岸交流 11月21—27日，应台湾地区“中华农学会”邀请，以学会秘书长邹瑞苍为团长的农业科技交流团一行10人参加了农学与提升农业竞争力学术研讨会，实地考察了农会组织、农业企业和农业科研教学机构，并举行座谈交流。

科普活动 2016年，学会继续承担农民科学素质行动协调小组办公室日常工作，开展农民科学素质理论和实践研究，发布了《农民科学素质行动发展研究报告》。举办农民科学素质研讨会，组织承办全国农民科学素质网络知识竞赛活动。开发编制《扶贫惠农政策知识百问》《科学种植知识百问》《农产品产加销知识百问》等“百问”系列丛书。编创了治理农村污染的“一控两减三基本”（即控制农业用水，减少化肥、农药使用量，农用秸秆、畜禽粪尿、田间残膜得到科学处理）网络动漫宣传片，开通了“三农科学传播”微信公众号，推送了《农业主导品种与主推技术》《农村致富新技术》等电子刊物。

学会参与科技文化卫生“三下乡”活动，在湖北省麻城市和福建省长汀县发放科普图书6000余册、无纺布袋近3000个，推进送科学、送技术、送服务进村入户，培训农民近500人次。

2016年科技活动周期间，学会围绕“创新引领　共享发展”主题，举办了“全国科技活动周暨通州区第六届国际都市农业科技节”活动。利用上海交通大学生物转基因科普教育基地开展转基因科普宣传活动。

7月，学会在新疆维吾尔自治区新源县举办了全国外来入侵生物豚草现场灭除及科普宣传活动。20余个省份150余位农业资源环境保护管理与技术人员和当地群众近1000人参加了活动。

12月12日，受农民科学素质行动协调小组委托，学会举办了农民科学素质研讨会，研讨会主题是“农民科学素质跨越提升的机遇与挑战”。会议在总结贯彻实施《全民科学素质行动计划纲要》、开展农民科学素质行动工作取得的成效与经验的同时，修改完善《农民科学素质行动实施方案（2016—2020年）》。

表彰举荐优秀科技工作者 2016年，学会完成了2016—2017年度中华农业科技奖奖项网络申报工作。组织完成了中国优秀青年科技人才候选人推荐、全国杰出科技人才候选人推荐和第七届全国优秀科技工作者候选人推荐、第十四届中国青年科技奖候选人推荐等人才举荐工作。组织承担了农业部2016年享受政府特殊津贴人员选拔推荐、创新人才推进计划推荐评审、国家“万人计划”青年拔尖人才申报推荐等人才举荐工作。

学会创新发展 学会牵头组建了由中国林学会、中国土壤学会、中国水产学会等16家全国科技社团参与的农科科技社团联合体，制定了联合体章程。

牵头组建由中国工程学会、中国电子学会等23家全国学会参与的科技奖励工作群，制定了《奖励工作群管理办法》《奖励工作管理规范》，共同探讨科技奖励工作机制。

党建强会 2016年，学会成立了理事会党委，在理事会和办事机构两个层面实现“两个覆盖”。制定《2016年党建、纪检工作要点》，认真落实党建工作责任制。

开展“两学一做”学习教育活动。成立领导小组，制定实施方案。各支部召开了以“落实党建责任、增强党员意识”为主题的专题组织生活会。学会领导班子成员先后4次给全体干部职工讲专题党课。组织开展了3次副处级以上干部参加的专题研讨和理论中心组（扩大）学习活动。举办纪念建党95周年主题党日活动。

会员服务 探索学会与分支机构、地方农学会共同发展和管理会员的联动机制，积极发展个人会员，扩大基层会员数量。推荐会员参与各类表彰奖励及人才举荐，并针对不同类型的会员优先开展科技评价、继续教育、技能培训、科学普及等服务。强化信息服务力度，升级改造学会信息网，增设会员服务栏目。开发会员管理信息系统，搭建信息化综合服务平台，及时报道学会动态，了解会员诉求。在会员集中的科研院所、企事业单位建设“中国农学会会员之家”。

【2016中国现代农业发展论坛】 12月5日，2016中国现代农业发展论坛在江苏省南京市召开，论坛主题为“科技创新与农业废弃物综合利用”。农业部副部长、学会会长张桃林出席论坛并作主旨报告。来自全国各地的专家、学者及相关部门负责人员近700人参加了会议。

张桃林在报告中指出，建设生态文明是一场涉及生产方式、生活方式、思维方式和价值观念的革命性变革，必须依靠制度和法治，建立科学的考核评价体系，真正体现“良好生态环境是最公平的公共产品，是最普惠的民生福祉”，让“保护生态环境就是保护生产力，改善生态环境就是发展生产力”成为各地各部门工作业绩的“指挥棒”和“度量器”。

与会专家、学者围绕农业废弃物利用与耕地质量提升、秸秆饲料化利用、农业废弃物能源化利用、秸秆食用菌基质化利用、农业废弃物综合利用与环境影响鉴定评估、江苏省农业科技发展6个分论坛进行了研讨交流，研讨推进农业发展方式转变、发展生态循环农业的关键技术和重大成果，交流我国农业废弃物特别是农作物秸秆综合利用的经验和做法。会议期间，参会专家、学者赴南京市六合区实地考察了江苏省农业废弃物综合利用典型示范点。

【编制《莲都国家农业公园总体规划》】 3月，浙江省丽水市莲都区启动了国家农业公园规划编制工作，并委托中国农学会主持编制《莲都国家农业公园总体规划》。学会组织相关专家组建规划编制组，多次到莲都区蹲点调研，走访九龙国家湿地公园、通济堰水利工程、绿谷铁皮石斛种植基地等碧湖平原相关点位，并召集莲都区相关部门召开规划对接会，完成了规划编制工作。

10月13—14日，《莲都国家农业公园总体规划》论证会召开。论证委员会由中国农业专家咨询团主任委员、农业部原副部长刘成果，农业部原副部长、中国作物学会原理事长路明，中国工程院院士刘旭，中国工程院院士李文华、方智远、程顺和、陈温福等13位专家组成。专家们通过调研、讨论，对《莲都国家农业公园总体规划》给予肯定并提出意见和建议。论证委员们表示，莲都区生态禀赋得天独厚、历史文化底蕴深厚、产业发展特色鲜明、地理区位优势明显，已具备创建国家农业公园的基础和条件，《莲都国家农业公园总体规划》科学地提出了莲都国家农业公园建设的指导思想、总体布局、重点工程和保障措施，定位准确、目标明确、内容具体、措施可行，具有较强的科学性和可操作性。

《莲都国家农业公园总体规划》论证会

中国农学会与莲都区委、区政府合作，提出创建国家农业公园的构想，以加快转变农业发展方式，探索现代农业建设新的路径，推进莲都农业农村经济可持续发展。《莲都国家农业公园总体规划》以创建全域旅游示范区为目标，以推进农旅融合、文旅结合为主线，以建设特色小镇、健康主题村落和特色养生农业产业为抓手，立足莲都资源禀赋、文化积淀、产业特色和区位优势，形成“一带（养生农业产业带）、三廊（古堰文化长廊、碧湖田园长廊、瓯江生态长廊）”的空间布局和“九园（稻鱼共生文化园、绿色蔬菜产业园、特色中药康养园、食用蕈菌养生园、鲜奇果品采摘园、精品花卉游览园、生态种养循环园、农业加工物流园、休闲观光垂钓园）”的功能分区。

（撰稿人：韩允垒　顾玉红）

中国林学会

服务创新型国家和社会建设　作为中国科协“创新驱动助力工程”试点学会之一，学会积极开展“会省合作”“会市协作”“会企协作”等活动，组织专家提供技术服务，重点在木材加工、林下经济、竹产业、珍贵树种培育等领域开展示范推广活动。在山东省日照市建立“中国林学会现代林业科技园”。组织参加福建“6·18”创新驱动助力工程暨院士专家项目签约，开展“一带一路”项目咨询对接活动，与福建省南平市科协签约共同推进“创新驱动助力工程”实施。

制定了行业标准《林下经济术语》，牵头制订并发布了《古树名木普查技术规范》和《古树名木鉴定规范》两个林业行业标准。

受中国科协创新战略研究院委托，赴大兴安岭开展森林生物灾害情况调研，提出了有害生物防治的指导思想和建议。

举办2016中国（宁波）竹产业高层论坛暨科技成果对接会，并与浙江省宁波市林业局联合共建宁波市中林竹产业研究院；组织专家开展宁波市四明山区域生态修复与产业发展学术考察活动，形成专家咨询意见和建议。

联合中华文化促进会、世界自然保护联盟等组织在内蒙古自治区呼伦贝尔市举办2016—2017生态影像公益行活动。

联合光明日报社举办“2016森林中国·寻找中国生态英雄”“发现森林文化小镇”和“绘美家园”大型生态公益活动。

组织开展“寻找最美树王”活动，评选出100棵树王。

学会首次承担了中国科协年度期刊审读项目，完成191种样刊审读工作，向2012年45篇高被引频次论文作者颁发证书，向2015年度528位审稿专家颁发审稿专家证书。

学会建设　2016年，学会制定了《中国林学会中央财政预算类（非财政预算类）项目经费管理办法》《中国林学会分支机构财务报账暂行办法》《中国林学会关于委托业务财务管理的暂行规定》等规章制度，加强学会制度建设。

启动“森林中国”林业科普频道和微信公众号的筹建工作，申请开通“中国林学会资讯”订阅号；完成学会网站改版工作，基本完成会员管理系统的开发工作。

学术期刊　学会主办期刊《林业科学》全年收稿1069篇，发稿266篇。2016年1月起被工程索引数据库收录，5月起被Scopus数据库收录。该刊第14次被评为“百种中国杰出期刊”，在中国科技信息所全国核心科技期刊综合评价的排名由第78位升至第23位。

学科发展研究　8月，出版《林学名词》（第二版），编辑出版了《中国林业优秀学术报告2016》。

决策咨询　2016年全年共编印了5期《林业专家建议》，编撰出版了《林业专家建议汇编》。开展了《天然林全面保育的科学内涵、风险与对策》等4个重大林业问题调研并提出对策建议。编写2016年《预防与控制生物灾害咨询报告》林业部分。

国际学术会议　10月24日，第四届森林科学论坛在北京召开。论坛由中国林学会主办，主题为“森林的多目标服务”，200余位专家、学者参会。学会理事长赵树丛，国际林业研究组织联盟主席迈克尔·温菲尔德，中国工程院院士曹福亮为大会致辞。论坛共设置6个分会场，涉及多功能林业与多功能森林、森林改造、育种、育种与生理、病虫害等议题。来自中国、澳大利亚、加拿大、日本、韩国、英联邦及美国的学者作报告，会议交流论文110篇。

国内主要学术会议　学会及各分会共举办综合性和专题性国内学术交流80余次，参会人数达9000余人次，交流论文5000余篇。

学会组织召开了中国珍贵树种人工林培育学术研

讨会、林药与医药健康发展学术研讨会、湿地保护与绿色发展学术研讨会、首届全国毛梾产业发展学术研讨会、首届中国杉木学术研讨会等学术活动。协调指导分会举办了经济林分会2016年学术年会暨成立30周年庆祝活动、第十六届全国森林培育学术研讨会等品牌学术活动。

5月12—13日，林药与医药健康发展学术研讨会在北京召开。会议由中国林学会和中国药学会联合主办。与会专家、学者围绕林药产业培育、中药提取物及药物研发、林药质量标准体系等内容展开交流。

7月15—17日，中国林下经济发展高峰论坛在黑龙江省伊春市召开。200余名专家、学者参加。论坛由中国林学会与东北林业大学共同主办。论坛以“林下经济与天然林保护”为主题，围绕林下经济发展理论研究、农林复合经营与林下经济、林下经济发展与国有林区改革、林下经济规划与政策支持等方面进行研讨。

8月16—18日，经济林产业创新发展与“一带一路”建设高层学术研讨会在新疆维吾尔自治区乌鲁木齐市召开。会议由中国林学会主办。浙江省林学会理事长吴鸿、北京市农林科学院研究员王玉柱、中国林业科学研究院森林生态环境与保护研究所研究员张永安、中国林业科学研究院林业研究所研究员裴东、新疆林业科学院经济林所研究员史彦江5名专家作特邀报告。180余名专家、学者参会。

10月9—11日，首届全国毛梾产业发展学术研讨会在山东省新泰市召开。会议由中国林学会主办。研讨会期间，召开了毛梾油企业标准新闻发布会。会议组织参会专家、学者实地考察了新泰市毛梾良种繁育基地。150余名专家、学者参加了本次研讨会。

10月12—14日，林业大数据学术研讨会在湖南省长沙市召开。研讨会围绕“促进林业大数据应用、共赢物联网时代机遇”主题，与会专家、学者从林业大数据、云计算、物联网和3S技术研究及应用等方面进行汇报交流。中国科学院院士徐冠华作了大会特邀报告。170余名专家、学者参加了本次研讨会。

10月13—15日，第十二届中国竹业学术大会在四川省眉山市召开。会议由中国林学会、四川省林业厅、四川农业大学、青神县人民政府共同主办。国家林业局北京林业机械研究所研究员傅万四、国家竹藤中心研究员王戈、四川省青神县云华竹旅有限公司董事长陈云华等作特邀报告。专家、学者230余人参加了本次会议。

10月25日，学会举办了栎类经营研讨会，邀请了10余名国内外知名林业专家，就如何推进中国天然栎类林的科学经营进行交流探讨。

11月8—9日，第四届中国（邳州）银杏节在江苏省邳州市开幕。本届中国银杏节由中国林学会、江苏省林业局和徐州市人民政府共同主办。开幕式上宣读了《中国林学会关于“寻找十大最美古银杏”活动结果的通报》，宣布了江苏省“最美银杏”评选结果。期间举办了中国林学会银杏分会理事会会议、银杏产业高峰论坛、银杏盆景展、银杏摄影展等活动。

11月9—12日，第六届中国森林保护学术大会在湖南省长沙市召开，大会主题是“新形势下森林保护学发展的机遇与挑战”。大会按基础研究和防治技术两部分进行学术报告和交流，讨论并通过了《第六届中国森林保护学术大会长沙共识》。会议期间举办了青年学术沙龙。300余名专家、学者参加了本次会议。

11月24—25日，大数据林业应用高级研讨班在安徽省合肥市举办，会议邀请来自中国林业科学研究院资源信息研究所、北京大学、南京大学等单位的6位专家分别作学术报告《大数据时代：林业面临的机遇与挑战》《大数据技术及应用》《大数据技术发展和案例分析》《大数据的现状和发展》《林业物联网与大数据应用》《大数据林业应用顶层设计》。

国际交往　2016年，学会共完成赴美国、法国、韩国、菲律宾等6次出访任务，接待国际林业研究组织联盟及芬兰、法国、德国、奥地利等国际组织人员5次来访。

8月28—9月1日，学会理事长赵树丛率团赴法国参加第五届世界生态高峰论坛。

8月31—9月12日，学会副秘书长刘合胜率团赴美国参加2016年IUCN世界自然保护大会，提交了2个提案。

10月25日，学会理事长赵树丛在北京会见了日本、韩国、澳大利亚、加拿大四国的林学会代表。会见期间，学会副理事长兼秘书长陈幸良与上述四国的林学会代表分别签署了双边合作备忘录。

科普活动　2016年，学会共举办科普活动12次，受众人数达3600人次，参加活动的科技人员303人次，其中专家69人次。

学会结合实际搭建“林业科学传播公众服务平台”，组织召开了林业科普信息化建设座谈会，制定了“1357”模式（即1个林业科学传播公众服务平台，3个科普资源系统，5大方面的科普资源内容，7个科普展示版块）的林业科普信息化年度工作计划，组织开展2016年林业科普示范活动征集工作，充实“林业科学传播公众服务平台”图片900余幅、视频7部。

利用植树节、“科技活动周”“全国科普日”等科普节日，学会开展9次线上线下互动交流科普活动，近2000名青少年直接参与了活动，植树造林4000余棵，发放各种宣传资料5000份，完成手工设计作品200余个。学会联合南京大学组织举办了主题为“城市与森林”的首届“憧憬·美丽中国”艺术设计大赛活动，收集科普作品近1000件。

7月20—24日，第33届林学夏令营暨2016年青少年林业科学营在四川省都江堰市举行。来自北京四中、北京八中等18所学校的76名师生参加了活动。活动期间，营员开展了亚热带树木识别、森林定向越野、灌溉和防洪工程原理探秘、大熊猫救援示范、大熊猫营养师体验、夏令营纪念树种植、北京汶川两地青少年互动交流、无动力污水小实验操作、专题科普报告、营员分享会议等11项专题性体验与实践活动。CCTV-14《心里有数》栏目组派出团队对活动进行了全程跟踪拍摄，并制作成专题科普节目。

2016年，学会先后获得“全国科普工作先进集体”“全国生态建设先进集体”“全国学会科普工作优秀单位”“全国科普日特色活动优秀单位”等称号。

表彰举荐优秀科技工作者 组织开展了第七届梁希林业科学技术奖的评选工作，评出获奖项目71项，其中一等奖4名、二等奖33名、三等奖34名。

完成第六届梁希青年论文奖的评选工作，评选出获奖论文214篇，其中一等奖14篇、二等奖54篇、三等奖146篇。

继续实施2015—2017年中国科协青年人才托举工程，申报2016—2018年中国科协青年人才托举工程并获得2个名额。

党建强会 2016年，学会认真履行“两个主体责任”，强化全面从严治党的责任担当，扎实开展“两学一做”专题教育活动和“党建强会”活动，创办“学习与实践”专题教育平台。学会“党建强会”计划被评为国家林业局基层党组织十大学习品牌。

【中国林业学术大会暨中国林业青年学术年会】 9月27日，第四届中国林业学术大会暨第十二届中国林业青年学术年会在浙江农林大学举行。大会由中国林学会主办，主题是“创新引领　绿色发展”。学会理事长赵树丛、国家林业局副局长张永利、浙江省人大常委会副主任程渭山、中国工程院院士李文华等出席大会开幕式。大会开幕式由学会副理事长兼秘书长陈幸良主持。

赵树丛对今后一段时期的学会工作提出了四点要求：一是要坚持服务国家及林业发展大局。二是要注重培养和造就宏大的青年人才队伍。三是要增加生态建设和林业产业发展的科技供给。四是要深入开展林业科学基础研究。

本次学术大会共设12个分会场，研讨内容涉及林木遗传育种、森林培育、森林生态学、森林碳汇、森林生态安全等众多学科领域，以及林业发展改革、林业扶贫攻坚等问题。专家、学者1300余人参加本次大会。会议期间，颁发了第七届全国优秀科技工作者证书、第十三届中国林业青年科技奖、第七届梁希林业科学技术奖、第六届梁希青年论文奖。

【2016森林中国大型公益系列活动】 6月21日，由中国林学会、光明日报社共同主办，国家林业局、共青团中央特别支持的“2016森林中国大型公益系列活动”在北京正式启动。学会理事长赵树丛，国家林业局党组成员、副局长彭有冬，光明日报社总编辑杜飞进，共青团中央书记处书记傅振邦，中国光华科技基金会理事长兼秘书长任晋阳，中国高科技产业化研究会副理事长刘延宁等出席。来自光明日报、中国绿色时报、新华网、中国网等100多家新闻媒体参加了启动仪式。

2016森林中国大型公益系列活动启动

2016年森林中国大型公益系列活动的主体活动为“寻找中国生态英雄”，包括新增的“绘美家园”“发现森林文化小镇”两个系列活动。

“绘美家园”活动共征集了来自16个省、自治区、直辖市的近万件作品，作品涵盖了儿童画、剪纸、皮影、泥塑等十余种艺术形式。经过专家评审和筛选，近500幅作品在北京巡展上展出。

“寻找中国生态英雄”和“发现森林文化小镇”公益活动共收到各地申报的中国生态英雄65个、森林文化小镇77个。经形式审查、专家初审和专家委员会评议，遴选出10名中国生态英雄和10个森林文化小镇。

（撰稿人：林昆仑）

中国土壤学会

服务创新型国家和社会建设 2016年，学会申请并承担了中国科协承接政府转移职能与科技公共服务工程——土壤学相关科技成果鉴定项目，构建了土壤学相关科技成果鉴定的操作程序框架，制定了《科技成果鉴定办法》《科技成果鉴定流程》《科技成果鉴定申请表》《科技成果鉴定合同书》和《科技成果鉴定证书》，建立了专家库，形成了适合本领域本学会的科技评价体系。

2016年，学会与宁夏回族自治区石嘴山市科协合作对接，邀请浙江大学教授王校常前往大荣化工冶金有限公司进行调研，重点讨论了农用氰胺系列产品在茶园土壤改良中的应用，并针对大荣化工冶金有限公司相关技术问题提出了治理意见。

学会土壤质量标准化工作委员会共开展国家标准制定项目26项，其中11项已发布实施，1项已报批，9项已在审查，5项正在编制。2016年新提出国家标准项目建议5项。根据标准体系构建目标和原则，结合土壤质量的特性和需求，学会土壤质量标准化工作委员会建立了土壤质量标准体系，形成由7个大类、248项标准构成的《土壤质量标准体系表》，覆盖了土壤质量标准的重点领域和关键环节，完成了我国土壤质量领域标准的初步系统设计。

5月29日—6月2日，稳定性同位素示踪DNA/RNA-SIP与全基因组关联分析技术培训班在江苏省南京市召开。来自国内18所高校和研究机构的83位青年科研人员参加了培训班。

9月10—13日，第五届污染场地土壤与地下水风险评估技术HERA软件培训班在重庆市召开。来自国内几十所知名研究机构、高校与企业共计150余名学员参加。培训班通过专家授课、案例分析、电脑操作培训以及互动问答的方式，针对包括项目预计课程内容在内的共计21章课程向学员进行了授课。6位业内知名专家授课，内容包括国内外场地风险管理前沿发展动态，污染场地风险管理的基本理论、框架与流程，HERA软件实践运用等。

学会建设 2016年，学会共召开理事会议1次、常务理事会3次、全国会员代表大会1次。修订了《中国土壤学会会员会费标准和收取办法》《中国土壤学会分支机构管理条例》。成立了中国土壤学会土壤工程工作委员会。

2016年，学会网站进行了改版和升级，新增学术会议专页，实现网上提交回执、论文等功能。

科技期刊国际影响力提升计划 2016年，《土壤圈》（英文版）获得中国科协科技期刊国际影响力提升计划（B类）支持。该刊2016年全年作者投稿量772篇，高于2015年的635篇，增长了21.6%；全年发表79篇，占来稿总量的10.2%，其中，国际第一作者稿件为43篇，占全年发表论文篇数的54.4%。年度Scopus影响因子位于Q2区，在收录的全部中国期刊中综合指数排名位居前5%；2016年列入Google学术统计指标“热门出版物——土壤学”榜。

学术期刊 学会主办或合办《土壤通报》《土壤学报》《土壤圈》（英文版）、《水土保持学报》《干旱区研究》5种期刊，2016年刊出文章共计991篇，发行量共计35700册。

《土壤学报》2016年开设了“新视角与前沿”栏目，特邀专家对土壤学相关领域研究提出新观点。该刊入选“中国国际影响力优秀学术期刊”（全国TOP5—10%）、“RCCSE中国权威学术期刊”（A+等级）。

《土壤圈》（英文版）2016年入选“中国最具国际影响力学术期刊”，获得中国科学院科技期刊择优支持出版基金奖。

国际学术会议 2016年，学会及其专业委员会共举办国际学术会议3次，参会人数约1330人次，交流论文约800篇，其中国外专家、学者参会人数约300人次。

8月17日，第五届全球可持续磷峰会（SPS 2016）在云南省昆明市召开。来自20多个国家和地区的500余名专家、学者参会。会议围绕磷可持续利用相关的基础和技术研究、产业发展及其引起的环境及社会问题进行交流。

9月24—26日，第五届土壤污染与修复国际会议在浙江省杭州市举办。来自21个国家和地区的510位专家、学者参加会议。会议设19个专场，共有115个口头报告、180篇论文摘要及80份墙报展示。与会专家、学者就土壤（场地）污染的特征与界面过程，土壤污染物的形态与有效性，污染土壤及地下水的修复材料、技术及其田间示范，污染土壤（场地）的风险评估、环境监管及产业化等方面的研究成果与实践经验进行了交流。

9月26—28日，第十三届国际植物技术会议在浙江省杭州市举办。会议主题为“用植物解决环境问题——从实验室走向田间”，来自30个国家和地区的315位专家、学者参加会议。会议设有15个专场、1个青年植物学家专场、1个植物技术培训专场，共有104个口头报告、231篇论文摘要、60份墙报展示。与会专家、学者就重金属污染土壤的植物提取修复、植物稳定化修复、微生物强化植物修复、有机污染土壤的植物修复、纳米颗粒污染物、新型污染物、人工湿地与废水处理、污染空气的植物修复等方面的研究成果与实践经验进行了交流。

国内主要学术会议 2016年，学会及专业（工作）委员会共举办9次学术会议，参会人数4300余人次，交流论文500余篇。

5月18—20日，学会主办的第十五届中国青年土壤科学工作者暨第十届中国青年植物营养与肥料科学工作者学术讨论会在山东省泰安市召开，来自118家单位共518名土壤、植物营养与肥料学界的青年科学工作者参加了会议。会议以“土壤肥料与生态环境”为主题，设置4个分会场共89个专题报告，另设24个研究生专场报告及31个墙报。

9月10—12日，国家土壤污染防治行动计划战略研讨会在重庆市召开。150余名专家、学者参加了会议。研讨会以《土壤污染防治行动计划》的重要内容为主题，解读计划实施后对建设与农用地环境管理的新要求，分享国家政府部门及各地土壤污染防治工作方案编制的思路和阶段性成果，探讨污染场地风险管控政策措施，促进土壤污染修复行业健康发展。参会专家、学者、企业负责人通过专题报告、点题发言、互动问答等多种形式探讨《土壤污染防治行动计划》的土壤环境科技体系、管理体系、产业体系等战略性问题。

9月19—21日，土壤科学与生态文明学术交流研讨会在陕西省西安市召开，1800余名专家、学者参加会议，包括22名台湾地区专家、学者及部分外国专家。会前正式出版会议论文集《土壤科学与生态文明》，收录论文（摘要）131篇。

两岸交流 9月20日，由中国土壤学会和台湾地区“中华土壤肥料学会”共同举办的第十一届海峡两岸土壤肥料学术交流研讨会在陕西省西安市召开。会议开幕式由学会副理事长胡锋主持，学会理事长沈仁芳致欢迎词，“中华土壤肥料学会”理事长许正一发表讲话。来自海峡两岸的14位土壤肥料专家作学术报告。

科普活动 2016年，学会共举办青少年科学营2次，受众青少年170余人次。

7月9—14日，2016青少年高校科学营在江苏省南京市举办。此次土壤科学专题营是连续第三年举办。来自安徽省、湖南省、云南省、福建省、河南省、广西壮族自治区和江苏省的100位同学参加了土壤科学专题营。营员们通过专家报告、野外实地考察以及参观、亲自动手制作等相关活动，增强对土壤科学的认识。

7月18—23日，以“绿色土壤，健康生活”为主题的第四届大学生夏令营在江苏省南京市召开，来自高校的70余名在校大学生参加。本届夏令营安排了开营仪式、学术报告、海外归国学者交流会、专业分组学术研讨会、野外科考、交流联欢会、参观历史遗迹、闭营仪式等多项内容。闭营仪式上，组织者为营员们颁发了结业证书。

表彰举荐优秀科技工作者 2016年，经学会推荐，山东农业大学教授张民获第七届“全国优秀科技工作者”称号。

学会开展了第四届中国土壤学会奖评选工作，授予张佳宝、朱永官、曾希柏、张旭东4人第四届中国土壤学会奖。

开展第十一届中国土壤学会科技奖的评选工作，评选出一等奖1项、二等奖3项，共表彰奖励32人次、11个单位。

开展第四届中国土壤学会优秀青年学者奖评选表彰，授予王云强、刘同旭、朱晓芳、张广斌、赵旭、肖波、蔡红光、刘玉荣、刘新敏、靳红梅10人第四届中国土壤学会优秀青年学者奖。

党建强会 根据《中国科协关于加强科技社团

党建工作的若干意见》和中国科协学会党建工作会议的具体要求，学会在理事会层面成立了功能型党组织——中国土壤学会党委，学会副理事长胡锋担任书记，学会专职副秘书长严卫东担任副书记。

【中国土壤学会第十三次全国会员代表大会暨土壤科学与生态文明学术研讨会】 9月21日，中国土壤学会第十三次全国会员代表大会在陕西省西安市召开，250余名会员代表出席了会议。学会专职副秘书长严卫东代表理事会作第十二届理事会工作报告，学会秘书长蒋新宣读了关于修改学会章程的说明。会议无记名投票等额选举产生了170名学会理事，其中中国台湾地区2名理事、香港特别行政区1名理事。成立了由6名监事组成的第一届中国土壤学会监事会，刘强任监事长。

第十三届理事会第一次会议无记名投票等额选举产生了49名学会常务理事，选举沈仁芳为理事长。第十三届常务理事会第一次会议聘请周健民为名誉理事长。

同期举行的学术研讨会以“土壤科学与生态文明”为主题，1800余名专家、学者参加会议，其中包括22名中国台湾地区专家、学者及部分外国专家。大会重点就土壤资源合理开发与永续利用，土壤障碍的形成过程与调控，土壤污染过程与污染土壤修复，土壤肥力提升与养分高效利用，土壤圈物质循环与生态环境效应，土壤高强度利用与全球变化及持续优质高产农业与生态环境协调发展的技术、理论及对策等生产实践方面的导向问题，以大会报告、专题研讨和墙报三种形式进行交流。会议正式出版了《土壤科学与生态文明》论文集，收录论文（摘要）131篇。会议特邀北京师范大学教授宋长青、台湾大学教授陈尊贤、中国科学院南京土壤研究所研究员张佳宝、中国科学院水利部水土保持研究所研究员邵明安作大会报告。

会议期间，举办了22场专题学术研讨会和5场研究生专场研讨会，380余位专家、学者作报告。会议期间展示墙报78份，交流了近年来土壤学各领域的研究进展和最新成果。

（撰稿人：蒋宇霞）

中国水产学会

服务创新型国家和社会建设 2016年，学会完成2015年渔业统计年报数据汇总、审核工作。出版了《2016中国渔业统计年鉴》、2015年全国渔业统计手册、全国主要统计数据卡片，2015年各省、自治区、直辖市主要渔业统计指标情况手册等。完成2016年上半年渔民家庭收支情况调查样本户数据的采集、汇总工作，进行数据集中审核评估，将评估意见向有关省份反馈。学会参与农业部农产品批发价格200指数体系（日价格指数）的编制和构建工作。

2016年，学会开展渔业信息监测工作。截至2016年12月10日，学会共收集水产品价格信息条目345612条，同比增加5.27%；品种成交量条目336359条，同比增加4.96%；市场月成交额和成交量信息731次，同比增加4.13%；市场月度分析文章1089篇，同比增加5.07%；省级专家月度分析文章149篇，同比增加4.59%。

学会对全国水产品批发市场信息采集平台进行了全面升级改造，同步构建了全国水产品市场信息微信公众平台，实现了市场信息采集和发布在电脑端和移动端的同步共享。按照农业部渔业渔政管理局的相关要求，汇总完成了全国市场综合运行情况和重点受灾地区市场运行情况的日报和周报，通过微信公众号、全国水产品批发市场信息采集分析平台、全国水产品批发市场信息员交流群和学会网站对外发布了11篇水产品市场重点情况监测预警报告。

3月，组织全国渔业贸易跟踪专家组成员讨论2016年度渔业国际贸易重点研究内容和研究计划。共设立“鳗鲡国内外贸易跟踪及产业发展研究”“日本的水产品市场、贸易及产业政策跟踪研究”“TPP对中国水产品贸易的影响分析”“东盟水产品市场研究”“中国与欧盟水产品外贸现状与趋势分析”“中美水产品贸易现状及趋势预测”“国际贝类生产与贸易动态研究”“中国鱼粉产业现状与发展对策分析”“我国来进料水产加工产业跟踪研究”9个研究课题。

制作每月全国水产品进出口情况数据汇总，包含水产品进出口情况以及不同贸易方式、主要市场、主要品种、主要省份等出口情况。完成《2016中国农产品贸易发展报告》中“水产品”部分的撰写。

9月5—8日，学会组织人员赴江西省南昌市及上饶市调研并撰写《实施品牌引领，促进水产品对外贸易——江西水产品对外贸易调研报告》。9月18—19日，组织人员赴吉林省珲春市调研并撰写了《发挥区位优势，对接“一带一路”，加快推进水产品加工贸易持续发展——吉林珲春水产品边境贸易调研报告》。10月26—28日，组织人员赴江苏省南通市调研并撰写《品质引领出口，责任创造明天——江苏水产品（紫菜）贸易调研报告》。

4月27—28日，学会在湖南省长沙市召开全国水产品批发市场信息员专题培训班，来自全国市场的信息员和部分市场信息分析专家组成员近90人参加培训班。培训内容包括信息采集工作的相关文件精神及工作重点、信息采集的技能技巧、信息采集数据分析要点等方面。

7月14日，学会在黑龙江省牡丹江市召开2016年上半年全国水产品市场形势分析会，来自省、自治区、直辖市及计划单列市的市场分析专家共计21人参会。会议围绕各地区市场运行的特点、问题和走势进行研讨，对下半年国内水产市场走势进行预测分析。

11月19日，学会在上海市召开了渔业“走出去”发展战略研讨会；12月2日在吉林省吉林市召开2016年度全国水产品贸易形势分析会。在上述两次会议上，渔业国际贸易跟踪研究专家，有关省市渔业主管部门人员，高校、科研院所和企业人员从各自研究领域出发，分析在“一带一路”发展机遇下渔业“走出去”战略主攻方向、合作领域和实施重点，探讨全年水产品进出口贸易波动原因，预测今后水产品贸易走势，提出促进水产品贸易发展的意见建议。

学会分别于9月、10月在贵州省遵义市和福建省厦门市举办2期渔业执法人员能力提升培训，来自11个沿海省市的230多名各级渔政监督管理部门的行政执法人员参加。

学会与山东省海洋与渔业厅合作开展了休闲渔业产值核算方法研究，建立反映转型、促进转型的渔业统计指标体系。开展内陆捕捞渔业统计抽样调查试点工作。

组织完成“中国水产科技创新示范基地”专家评审和现场考核工作，19个企业入围。

学会能力提升计划 2016年，学会以实施“学会能力提升专项”为契机，在开展学科创新、科技普及、人才培养、服务产业、服务会员、自身建设等多个方面开展工作。

通过健全会员管理制度，实行信息化管理，多渠道发展会员，采取各省市水产学会会员符合中国水产学会会员条件的互认机制，会员单位专人联系机制。增加服务项目，包括开展会员奖励工作、搭建人才交流服务平台、学会活动优惠服务等。改版会员网络服务系统，提升会员管理服务水平。

学会秘书处秘书长以下岗位实行全员聘用，签订劳动用工合同，公开招录，同工同酬。加强学会工作人员培训力度，开展深入基层、体验渔业生产活动，提高水产专业水平，建设高水平的专业型团队，提高服务能力。加强职业道德建设，开展工作人员职业培训。加强学会党组织建设。

与中国农学会等农科社团一同筹备建立农科科技学会联合体。组织开展有关项目的申报、实施、成果总结等工作，整合中国科协农科社团的优势资源。

推进中国科协精品期刊集群（联盟）项目实施。4月，组织召开中国水产学会期刊分会成立筹备会议暨中国水产期刊网优秀期刊评选会议，评选出了2015年度中国水产期刊集群优秀期刊奖、最佳进步奖和贡献奖。

学会建设 4月8日，中国水产学会九届八次常务理事会议在江西省九江市召开。会议通过了推荐中国科协九大代表及委员候选人人选的议案和推荐第七届“全国优秀科技工作者”候选人人选的议案。会议审议通过了成立“中国水产学会渔文化分会”和“中国水产学会期刊分会”的议案。

11月3日，学会九届五次理事会议在四川省成都市召开。会议审议了《中国水产学会2016年工作报告》和《中国水产学会2017年重点工作》。审议通过了设立中国水产学会理事会党委的决定，选举中国水产学会理事会党委书记、副书记和委员等7人。

12月15日，学会九届九次常务理事会议在贵州省兴义市召开。会议审议了《中国水产学会2016年工作报告》和《中国水产学会2017年重点工作》。会议宣读了《农业部关于全国水产技术推广总站与中国水产学会合署办公的决定》和中国科协科技社团党委《关于同意中国水产学会成立党委及组成人选的批复》。会议审定了19家首批中国水产科技创新示范基地名单。会议期间召开了全国水产科研院所长论坛。

截至2016年年底，学会九届理事会成员166人，其中常务理事59人、女性理事11人。2016年学会成立了海洋牧场研究会、渔文化分会和水产期刊分会3个分支机构。学会共有淡水渔业专业委员会等21个分支机构。个人会员数量17826人，其中资深会员438个，团体会员207个。

学术期刊 经国家新闻出版广电总局批复，同意

创办 *Aquaculture and Fisheries*（《渔业学报》英文版）期刊，主办单位为中国水产学会、上海海洋大学、科学出版社。9 月 24 日,《渔业学报》(英文版）杂志召开第一届编委会第一次会议。来自美国、加拿大、新加坡、中国大陆和台湾地区的 19 位主编、副主编，上海海洋大学学报编辑部的工作人员参加会议。

国际学术会议 3 月 13—15 日，由学会与美国大自然保护协会联合主办，中国水产科学研究院东海水产研究所承办的可持续渔业与海洋生态系统修复国际研讨会在上海市召开，来自国内外的 30 余名专家、学者参会。会议从渔业法律、渔业执法、渔业资源评估和海洋保护规划等不同角度对中国、美国和南澳大利亚在可持续渔业与海洋生态系统修复方面所作的工作进行介绍，围绕人工鱼礁建设、牡蛎礁修复、渔业法律法规等问题进行交流。

3 月 21 日，学会在北京主办中外渔业法律优势比较座谈会。来自中国和美国的 15 位专家、学者出席座谈会。会议议题包括两国渔业管理中的捕捞限制问题、传统渔民安置等问题。农业部渔业渔政管理局渔政处处长陈家勇与美国自然资源保护协会海洋项目渔业政策主任 Brad Sewell 分别对中国和美国的渔业法律和政策进行了介绍。会议围绕中美两国的渔业法、渔业资源保护政策及渔业数据统计方法等进行了交流讨论。

5 月 23—25 日，学会与澳大利亚西澳洲渔业部联合主办，中国水产科学研究院黄海水产研究所、中国科学院海洋研究所和农业部海洋渔业可持续发展重点实验室共同承办的海洋渔业资源保护与人工鱼礁国际论坛在山东省青岛市举办。来自中国、澳大利亚、美国、日本、韩国等国家的 150 余名渔业领域的专家、学者参会。学会理事长贾晓平、澳大利亚西澳洲渔业部部长 Heather Brayford，学会常务理事、中国水产科学研究院黄海水产研究所所长金显仕分别致辞，论坛开幕式由学会秘书长司徒建通主持。会议围绕海洋资源保护、人工渔礁建设和海洋牧场建设等主题进行交流。

11 月 19—20 日，由学会和浙江海洋大学共同主办的 2016 世界头足类渔业学术大会在浙江省舟山市举行，会议主题为“头足类渔业可持续发展”。会议邀请了美国、俄罗斯、日本、英国、法国、意大利、澳大利亚、巴西、西班牙、南非、墨西哥、阿根廷等 15 个国家和地区的专家、学者 120 余人参会。会议得到了联合国粮农组织、头足类国际咨询委员会以及浙江省自然科学基金委员会的共同支持。学会理事长贾晓平出席大会并致辞。

12 月 7—9 日，学会在北京举办海洋渔业捕捞限额管理专家研讨会。来自美国、加拿大、日本、中国等国家以及联合国粮农组织、欧盟等国际组织的专家及管理人员 50 余人参会，会议交流讨论捕捞限额制度在有关国家实施的经验和教训、制度体系建设，以及捕捞限额制度与其他渔业管理制度的关系等问题。

国内主要学术会议 9 月 22—25 日，中国水产学会渔业资源与环境分会学术年会在新疆维吾尔自治区乌鲁木齐市召开。会议主题为“新时期我国渔业资源与渔业环境的新理念、新思路、新方式和新技术”，200 余名专家、学者参会。会议安排了 4 个主题报告、4 个专题报告和 80 个分组交流报告。会议针对新时期下我国渔业资源利用与保护和渔业环境污染治理对策等问题进行了探讨，围绕渔业资源可持续利用、渔业资源增殖养护和生态环境保护等问题进行了交流。本次学术年会收到论文 230 余篇。

10 月 20—21 日，中国水产学会水产生物技术专业委员会第八届学术研讨会在海南省海口市举行。来自国内外 40 个单位的 260 余名专家、学者参会。会议收到论文摘要 140 余篇，其中有 95 位专家、学者及研究生分别在基因组资源发掘、重要性状遗传基础、遗传改良与种业相关技术三个分会场进行口头报告。

11 月 17—18 日，由中国水产学会海水养殖分会等主办的 2016 年全国海水养殖学术研讨会在福建省厦门市召开。海水养殖领域科技工作者 360 余人参会。会议围绕海水养殖遗传育种、养殖模式、养殖环境与生态保护、病害防治、营养与饲料、海水养殖设施养殖以及海水养殖发展战略等相关领域进行研讨，共有 80 余篇报告进行了交流。会议共收到论文报告 200 余篇。海洋多层次生态养殖论坛同期举办。

11 月 24—26 日，2016 年中国水产年会水产品加工与综合利用分会学术年会在福建省厦门市召开。会议主题为“科技创新与水产品加工产业升级发展”，350 余名专家、学者参会。华南理工大学教授赵谋明、江南大学教授夏文水、华中农业大学教授熊善柏、中国检验检疫科学研究院研究员陈颖分别作大会主题报告《海洋生物蛋白深加工关键技术研究进展》《淡水鱼发酵技术研究进展》《淡水鱼加工保鲜技术开发与产品创新》《水产品真伪鉴别技术研究进展》。会议设置了水产品加工与综合利用基础理论、水产品质量与安全、水产品加工流通新技术与新装备3个分会场，37位专家、学者从不同角度介绍了学科的最新研究成果。会议安排了42位研究生作专场学术报告。本届学术年会交流论文摘要258篇，墙报32份。

11月25日，由学会与中国海洋经济博览会筹委会共同主办的现代海洋渔业发展论坛在广东省湛江市召开。论坛主题为“调优结构布局，促推转型升级”。来自部分行业主管部门，水产领域专家、学者，企业代表等400余人参会。会议围绕现代水产种业、鱼类营养、现代水产养殖业、渔业转型升级路径以及渔业供给侧结构性改革等议题进行交流。

国际交往　5月22—27日，学会常务理事、海水养殖分会主任委员、黄海水产研究所研究员王清印赴韩国釜山出席第七届世界渔业大会。会议期间举办了以“中国的水产养殖业：食物供给、资源保护和环境可持续性”为主题的中国专场研讨活动。

8月3—7日，由亚洲水产学会、泰国农业部渔业司、联合国粮农组织亚太水产养殖中心联盟联合举办的第十一届亚洲渔业和水产养殖论坛在泰国曼谷召开，近600人参加了论坛。亚洲水产学会第11届理事会理事长、学会常务理事、上海海洋大学教授黄硕琳在论坛开幕式上代表亚洲水产学会致开幕词，并主持召开了亚洲水产学会第12届会员大会和第48次理事会。水产学报编辑部主任江敏在会上作了口头报告。黄硕琳继续担任亚洲水产学会第12届理事会理事和执行委员会委员，江敏当选亚洲水产学会第12届理事会理事。

9月7—10日，应日本水产学会邀请，学会副理事长兼秘书长司徒建通一行2人赴日本奈良参加日本水产学会2016年秋季大会。双方共同探讨了进一步扩大水产科技交流合作问题，并就续签交流协议和备忘录达成共识。

科普活动　3月23—25日，学会与云南省水产技术推广站联合在云南省昭通市威信县举办渔业资源保护与开发利用培训班，来自云南省有关市县区共计100余人参加。

5月13日，2016年水产科技活动周启动仪式在福建省厦门市举行。活动包括基地授牌、现场参观、标本赠送、讲座交流等内容。活动期间，各地方水产学会、学会单位会员、分支机构、学生会员工作站、科普教育基地等开展科普培训、技术推广40余次。

9月17—23日，全国科普日期间，学会以“观赏鱼与健康生活”为主题，通过观赏鱼视频播放、海洋生物图书展示、观赏鱼水族缸展览、互动体验等多种形式宣传观赏鱼与人类健康的密切联系，普及观赏鱼养殖的健康知识。活动期间，学会展区流动公众量总计为2万～3万人次，累计发放各种海洋宣传资料2000余份，奖品2500余件，接待科普咨询5000余次。

9月24—26日，学会承办了中国科协第十八届年会“水产科普进延安”活动，调动学会各科普教育基地和会员单位的优势，组织了捐献活动，共捐献标本61个、科普图书和科普光盘2040份。组织专家为陕西省延安市儿童进行科普讲座，传播水产科技和文化。

2016年，学会组织高层次专家80余人赴云南、贵州等西部地区省市送科技下乡，就推广稻田生态养殖、土著鱼类保护等重点问题，以专题讲座、现场咨询、座谈交流、培训、田间指导、生产资料赠送等形式，对渔农进行技术指导。

表彰举荐优秀科技工作者　完成第三届范蠡科技奖评审工作，共评出一等奖3名、二等奖5名。

完成首届中国水产青年科技奖的评审工作，按照《中国水产青年科技奖奖励办法》的有关规定，经过奖励工作领导小组研究决定，向中国海洋大学海洋生命学院王师等17人授予了首届中国水产青年科技奖。

党建强会　根据中国科协党组和农业部党组的有关要求，学会4月启动了“两学一做”专题教育工作。以“三会一课”、理论学习中心组、每月集中学习制度等党员日常教育制度为依托，开展了习近平总书记系列讲话和党章党规的学习。

6月3—4日，学会在云南省昆明市南涧彝族自治县和巍山县开展了“党建强会”特色活动。邀请3位专家针对当地养殖品种、健康养殖与新型养殖模式进行讲解，并组织专家以座谈会和现场交流的形式开展活动，共向当地赠送水产养殖系列丛书、病害防治挂图及农村实用图书等1000余册（张）。在南涧彝族自治县碧溪乡松林小学开展爱心餐桌捐赠活动，捐赠餐桌椅30套，可同时容纳240人用餐，捐赠学习用具300余件（套）。

【2016年中国水产学会学术年会】　11月3—4日，由中国水产学会和四川省水产学会共同主办的以“创新发展，科技先行”为主题的2016年中国水产学会学术年会在四川省成都市召开，来自全国各地的700余位水产科技工作者参会。学会理事长贾晓平，日本水

产学会国际交流委员会副委员长萩原笃志，美国水产学会会长 Joseph Margraf 参加会议并致辞。会上颁发了第三届中国水产学会范蠡科技奖和首届中国水产青年科技奖。

开幕式后，中国科学院院士、中国科学院水生生物研究所研究员桂建芳，中山大学海洋学院院长何建国，中国科学院海洋所副所长张国范，中国水产科学研究院渔业机械仪器研究所所长徐皓分别作大会报告《水产养殖业的现状及其发展》《对虾病害生态防控》《牡蛎重要经济性状的遗传解析》《深蓝渔业模式的构建与装备研究》。

年会设 6 个分会场，举办了水产资源与环境、水产动物医学、水产生物技术、水产育种、水域生态、水产饲料与营养、水产增养殖、水产捕捞、渔业管理、经济信息、渔业工程与装备 11 个专题的学术报告。

本次年会参加专题交流 326 人，收到论文摘要 443 篇。

【建立水产院士工作站】 1 月 5 日，经过半年的筹备，江西省第一个水产院士工作站在江西省鄱阳县鄱阳湖壹号渔业集团揭牌。在中国科协的支持下，学会在鄱阳县创建了水产 120 服务站，进行了"党建强会"送科技下乡活动，并发动会员加入学会科技服务活动。学会的倡议得到了学会常务理事、中国科学院水生生物研究所桂建芳院士的支持，在共同考察调研的基础上，决定在鄱阳县建立院士工作站，将鄱阳湖的资源优势与院士、专家的科技优势结合起来，以助力江西省水产业的创新驱动发展。桂建芳表示，通过院士工作站这个平台把团队多年积累的技术成果应用于解决实际问题，增强企业的创新能力和核心竞争力，使鄱阳湖壹号金鳙鱼繁育、选育及苗种培育形成产业化经营和规范化管理，为社会提供优质的水产良种，促进水产养殖品种的更新，提高渔业生产效率和养殖经济效益。

6 月 21—22 日，学会与宁夏回族自治区农牧厅、石嘴山市人民政府、西北农林科技大学联合主办的中国科协创新驱动助力工程首届西部地区水产饲料实用技术论坛在宁夏回族自治区石嘴山市举办。中国工程院院士、学会副理事长、中国海洋大学教授麦康森，学会副理事长兼秘书长司徒建通，学会常务理事、中国水产科学研究院首席专家戈贤平等参加会议。西部、华北、东北等 10 省区渔业局负责人、水产饲料企业家 300 多人出席论坛。开幕式上，中国水产学会石嘴山服务工作站揭牌。麦康森与宁夏马兰花生态农业有限公司负责人签订了《院士工作站合作协议》。会议期间，参会专家作了有关水产饲料生产应用、渔业养殖、鱼病防控、西鱼东运等方面的专题技术讲座，讨论了如何提高水产饲料质量、科学养殖，实现水产产业提质增效、绿色品牌发展等问题。

（撰稿人：李利冬）

中国园艺学会

服务创新型国家和社会建设 2016 年学会承担中国科协创新驱动助力工程项目，依托西甜瓜专业委员会在十余个西瓜、甜瓜主产区建立了品种试验示范基地，对西瓜、甜瓜新品种在不同生态区域、不同栽培模式的生产表现进行试验评价工作，将评价报告分别报送政府主管部门和有关试验单位，促进优良新品种的应用推广。

受中国科协委托，学会组织专家赴宁夏回族自治区石嘴山市和浙江省宁波市象山地区对当地园艺产业进行调研和座谈，了解企业技术需求，针对蔬菜和果树生产技术、产业发展等问题提出意见和建议，建立学会专家工作站。

学会建设 通过学术会议和分支机构等渠道发展会员，2016 年学会新增个人会员 72 人，个人会员总数达到 7964 人。

2016 年学会召开常务理事会议 2 次，全体理事会议 1 次。

学术期刊 2016 年学会主办的期刊《园艺学报》获得中国科协精品科技期刊项目的资助（连续三年）。

2016 年《中国科技期刊引证报告》（核心版）数据显示，《园艺学报》在全国 1985 种核心期刊中排名第 8 位，总被引频次为 4552 次，影响因子为 1.060，均为学科排名第一。2016 年中国学术期刊影响年报数据显示，《园艺学报》最新复合总被引频次为 11045 次，影响因子 1.345，均为学科排名第一。

国际学术会议 9 月 26—28 日，第二届亚洲园艺大会在四川省成都市召开。来自 17 个国家和地区的近 800 名园艺科技工作者参会，交流园艺学科研究的最新进展，探讨园艺科技和产业发展的未来。本届大会上，来自中国、日本、韩国和泰国的园艺学会有关人员，分别就各自国家园艺产业和研究情况作大会主题报告。本次会议设立了基因组学与分子遗传学，遗传资源与育种，植物生理与生产技术体系，病虫草害综合控制，采后处理与供应链技术，品质、营养与健康，园林景观与城市环境，教育、培训和推广8个分会场进行交流。会议安排果树、蔬菜和观赏园艺三个专题。会议期间，与会专家、学者参观了猕猴桃生产基地、柑橘生产基地、蔬菜育苗工厂、花卉种苗生产基地。亚洲园艺大会由中国、日本和韩国3国的园艺学会共同发起，第一届于2008年在韩国济州岛召开。

10月10—16日，第一届世界苹果大会在陕西省杨凌农业高技术产业示范区召开。来自26个国家的800余名从事苹果产业的专家、学者、企业人员参加会议。会议围绕种质资源与育种、果园环境与栽培管理、分子生物学与生物技术、植物保护与生态防治等内容作大会报告。展示学术墙报98份，展览栽培品种35个，野生苹果种质资源82个。102位专家、学者在分组会上进行交流报告。会议期间，与会专家、学者分别参观了延安市宝塔区的山地苹果园、洛川塬上苹果园、铜川现代农业示范园和千阳矮砧密植苹果示范园。对集雨节水栽培、果园生草覆草、防雹网防灾减灾、品种选育等生产现状进行了现场考察，就生产中存在的问题和今后的可能趋势进行了探讨。

国内主要学术会议 学会和专业委员会组织各类学术会议和新品种展示等活动38次，编辑出版会议论文和汇编16本，收集论文4613篇。国内参会代表共计6915人次。

7月15—18日，学会在新疆维吾尔自治区哈密市召开了2016丝绸之路特色瓜果（哈密）高端论坛。论坛主题是“自主创新、提升产业、依托国家大局，率先跨越发展”。来自十余个西瓜、甜瓜主产区的50余位专家、学者研讨交流了在丝绸之路经济带，以哈密瓜、哈密大枣等代表的特色瓜果作物育种、栽培、加工等领域的研究新进展和产业发展新趋势。

7月19—21日，中国园艺学会观赏园艺专业委员会2016学术研讨会在湖南省长沙市举办。来自25个省、自治区、直辖市的122所大专院校、科研院和花卉园林企业的600余名专家、学者和企业人员参加会议。会议主题是“花卉创新与转型升级”。大会围绕花卉种质资源评价与利用、新品种选育、新花卉开发、产业化生产、采后技术和花卉应用等方面展开了研讨和交流。会议出版了《中国观赏园艺研究进展（2016）》论文集。

7月22—25日，学会在新疆乌鲁木齐市举办了第五届全国现代果业标准化示范区创建暨果树优质高效生产技术交流会，会议主题为“果树产业升级及创新发展”。来自高校、科研院所及果树企业的108个单位的387名专家、学者、企业人员参加了本次会议。会议围绕我国水果产业发展和科技创新、果树优良品种和优质高效栽培技术以及果园标准化建设等方面展开交流。

10月18日，园艺产业发展论坛暨2016年华耐园艺科技奖颁奖大会在北京召开。来自国内200多名农业科技以及种业界专家、学者参加会议。会议特邀中国工程院院士方智远、中国农业科学院郑州果树研究所副所长王力荣、北京林业大学副校长张启翔分别就蔬菜、果树、花卉等园艺产业发展现状进行了大会专题报告。

园艺产业发展论坛

10月31—11月2日，学会在天津市召开2016中国园艺学会设施园艺学术年会，来自农业院校、科研院所的410余名专家、学者参会。会议围绕园艺设施结构与性能、设施装备新技术和新设备、设施环境调控、设施作物栽培基质、栽培生理生态、物联网技术等方面进行了交流和讨论，45名专家、学者在分组会上作交流报告。大会收到论文及摘要共55篇，评选优秀论文5篇。会议期间，与会专家、学者参观考察了天津大顺国际花卉股份有限公司花卉基地和天津齐心菌类种植有限公司生产基地。

科普活动 2016年，学会开展了设施蔬菜、花卉、果树栽培技术培训活动，培训1500人次以上。通过网络、电话接受生产单位的技术咨询350人次。

7月30—31日，学会在河北省承德市隆化县七家镇贫困村扶贫，指导规划蔬菜基地和栽培技术，60余人参加。

8月11日，在新疆克孜勒苏柯尔克孜自治州阿克陶农业局组织设施蔬菜生产技术培训班，140余名技术人员参加。

10月29日，在北京举办设施蔬菜生产技术培训班，150余人参加。

表彰举荐优秀科技工作者 根据《中国园艺学会华耐园艺科技奖管理办法》的有关规定，学会开展"2016年华耐园艺科技奖"评审工作。经过评审委员会评审，2016年评选出14项获奖成果，其中2项成果获特等奖。

会员服务 2016年，学会依托工作站为单位会员提供咨询服务。学会会员享受学术会议注册费优惠活动，对学会主办的期刊《园艺学报》稿件投稿优先送审，为会员免费发放论文数据检索卡2000余张。

学会建立网络平台，向会员介绍学会工作动态，发布会议通知和学会工作信息等。

（撰稿人：张　彦）

中国畜牧兽医学会

服务创新型国家和社会建设 2016年，学会组织专家赴山东省、四川省等地，对企业在中兽药产品的研发和新兽药申报、产品推广、应用等方面给予指导建议。

10月，学会组织专家赴湖北省宜昌市参加全国"大众创业万众创新活动周"活动，并与宜昌市企业对接洽谈。

学会建设 2016年，学会加强高级会员的发展和服务工作，发展和批准了400多名高级会员。

5月，学会在重庆市召开十三届六次理事会议，深入学习贯彻党的十八大和十八届三中、四中、五中、六中全会精神，发展团体会员，审批年度活动计划，讨论了召开学会十四届全国会员代表大会、理事会换届等事宜。会议同意中国畜牧兽医学会养犬学分会更名为中国畜牧兽医学会犬学分会。

11月17日，学会在浙江省绍兴市召开了十四届全国会员代表大会暨成立80周年纪念活动，进行了理事会、常务理事会的改选。第十四届理事会共有172名理事、常务理事67名；会议通过了修改学会章程的报告；通过成立中国畜牧兽医学会理事会党委；批准了35个单位为学会十四届团体会员；表彰奖励了24名老科技工作者、39个先进集体、41名先进学会工作者。

2016年，学会调整了学科分会的组织机构，家畜环境卫生学分会、家畜生态学分会、动物繁殖学分会、动物解剖与组织胚胎学分会、生物制品学分会、动物药品学分会、动物营养学分会等7个学科分会完成了理事会换届改选工作。

科技期刊国际影响力提升计划 学会英文期刊*Journal of Animal Science and Biotechnology*（《畜牧与生物技术杂志》）获得中国科技期刊国际影响力提升计划项目B类支持。期刊的SCI（科学引文索引）影响因子由2015年度的1.681提升到2.037，在58种同学科类别期刊中排名第4位，被中国学术期刊文献国际评价研究中心等期刊评价机构评为"2016中国最具国际影响力学术期刊"。2016年继续与BioMed Central（生物医学中心开放获取期刊）合作，以开放获取出版形式出版发行。来稿量从2012年的135篇上升到2016年656篇，稿件来源增加到40多个国家。

学会英文期刊*Animal Nutrition*（《动物营养》）获得中国科技期刊国际影响力提升计划项目C类支持。2016年整期出版4期，共刊登论文60篇。6月，*Animal Nutrition*被期刊数据库Ulrich's Periodicals Directory（乌利希国际期刊指南）收录。

学术期刊 学会共主办期刊6种，合作主办期刊2种。《畜牧兽医学报》连续8年出版英文增刊。《动物营养学报》举办3期研究生投稿培训，连续两年获得中国科技核心期刊畜牧兽医类综合评价总分第一名。《中国畜牧杂志》重建了编委会，10月，被中国科技核心期刊数据库收录。《中国兽医杂志》加强电子化编辑工作，包含采、编、审、发全部流程的期刊协同采编平台进入试运行阶段。

决策咨询 1月，学会继续与中国植物保护学会等4个学会合作，组织专家承担一年一度的《预防与控制生物灾害咨询报告》项目，向中国科协提交了《"十二五"生物灾害状况和2016年预防与控制生物灾害报告》。

2016年，学会继续为农业部生猪等畜禽产品信息统计监测预警系统提供信息决策服务，为农业部生鲜乳质量安全监管提供信息决策服务，为全国饲料工作办公室提供饲料原料的市场研究及风险评估研究。学会承担农业部畜牧业司主要畜禽饲养总量及关键参数专题调查研究，承担河南省畜牧局畜牧业生产形势信息咨询服务研究。

国内主要学术会议 2016年，学会及所属各分支机构举办各类学术年会、研讨会、交流会、报告会和学术论坛等共36次，征集交流论文2905篇，参加交流活动人数10464人次。

4月19—20日，2016年中国狂犬病年会在北京召开。会议由中国畜牧兽医学会、中华预防医学会、中国工作犬管理协会联合主办。来自国内公共卫生、临床医学、畜牧兽医、工作犬管理等领域的专家、学者400余人参加会议。

5月24—26日，第七届中国畜牧科技论坛在重庆市召开。论坛主题为“现代畜牧业‘生态、循环、安全’发展之路”。来自全国畜牧兽医行业的院士、专家和科技工作者及畜牧企业负责人共1300余人参会。会议围绕如何深度融合畜牧科技与畜牧产业发展进行交流。

11月15—18日，第八届全国畜牧兽医青年科技工作者学术研讨会在浙江省绍兴市召开。会议主题为“科技引领，创新发展”，来自全国各地畜牧兽医行业教学、科研、生产一线的畜牧兽医青年科技工作者300余人参会。

2016年，学会还举办了2016中国氨基酸与饲料原料应用研讨会、助力2016中兽医高端论坛会、第十一届中国维生素产业发展高层论坛等技术交流活动。

国际学术会议 8月18—21日，中日韩第四届动物繁殖学术交流会在江苏省南京市举行。来自中日韩三国的600余位科技工作者参会交流。会议收到论文281篇，51位中外专家作大会交流，77篇论文作墙报交流。

9月5—9日，由世界家禽学会和中国畜牧兽医学会主办的第25届世界家禽大会（25th World's Poultry Congress）在北京举行。来自72个国家和地区的4210位专家、学者参加大会。会议主题为“优质安全的家禽产品满足人类需要”。

国际组织任职 6月7—10日，第24届世界猪病大会在爱尔兰都柏林召开。学会秘书长杨汉春当选为新一届世界猪兽医学会主席。

9月5—9日，第25届世界家禽大会在北京举行。会议期间，世界家禽学会召开理事会进行换届选举，大会中国组委会主席、中国农业大学教授杨宁当选为新一届主席，这是首位中国科学家任此职务。

国际交往 6月7—10日，学会派代表团赴爱尔兰都柏林参加第24届世界猪病大会，并设展位宣传将于2018年在中国重庆召开的第25届世界猪病大会。

科普活动 2016年，学会组织专家参与了全国科技周、全国科普日、全国会员日和科技下乡、科技服务等活动，举办科普宣讲活动40次，宣讲受众20000余人次，参加活动科技人员1404人次。学会举办科普宣讲活动32次，受众14100余人次；举办实用技术培训74次，参加培训人数4178人次。

4月，学会联合农民日报社开展了“2016寻找中国美丽猪场”大型公益活动。

2016年开展3期“健康养猪增效行动中国行大讲堂”公益培训活动，受训猪场98个。

表彰举荐优秀科技工作者 9月8日，中国畜牧兽医学会2016年学术年会上评选出中国畜牧兽医学会奖（优秀论文奖）6个、优秀论文提名奖6个。

11月16—17日，第八届全国畜牧兽医青年科技工作者学术研讨会上，评选出中国畜牧兽医学会奖（优秀论文奖）6个、优秀壁报奖6个。

经学会推荐，中国农业大学教授呙于明、中国农业科学院哈尔滨兽医研究所研究员陈化兰获“全国优秀科技工作者”称号。

会员服务 学会每季度编辑一期《会讯》，反映学会、学科分会、省级学会季度工作的综合信息，免费发给学会高级会员和相关单位。

改版后的中国畜牧兽医学会网站增加了相关栏目，加大了学会、分会、省级学会活动报道信息量。

学会组织专家深入企业团体会员单位走访，为企业团体会员提供技术咨询和企业内训。

【第25届世界家禽大会暨中国畜牧兽医学会2016年学术年会】 9月5—9日，由世界家禽学会和中国畜牧兽医学会联合主办的第25届世界家禽大会在北京国家会议中心举行。来自72个国家和地区的4210位专家、学者参加大会。中国畜牧兽医学会2016年学术年会同期举行。本次大会和年会主题为“优质安全的家禽产品满足人类需要”。

世界家禽学会主席Edir Silva、中国畜牧兽医学会常务副理事长阎汉平、农业部总畜牧师王智才、中国农业大学校长柯炳生等出席开幕式。开幕式上举行了世界家禽学会国际家禽名人堂颁奖典礼，中国科学院院士吴常信等5位科学家入选，还进行了世界家禽学会研究奖颁发仪式。

会议历时3天半，安排了3场全体大会和38场分论坛，邀请了来自35个国家和地区的75位专家进行学术交流，还有312篇口头报告和600篇墙报，围绕饲料营养、遗传育种、疫病防控、养殖模式、环境控制、废弃物处理等方面，探讨如何在资源环境硬约束下保障家禽产品的有效供给和质量安全，提升全球家禽业的可持续发展能力。

本次大会和年会收到英文论文1400余篇，中文论文400余篇。6篇论文获得“中国畜牧兽医学会奖”优秀论文奖，6篇论文获得优秀论文提名奖。

闭幕式上，举行了“吴常信动物遗传育种奖励专项基金”颁发仪式，来自8个国家的20位青年学者获得资助。

会议期间，世界家禽学会召开理事会进行换届选举，中国农业大学教授杨宁当选为新一届主席。

【第十一届世界家兔科学大会】 6月15—18日，第十一届世界家兔科学大会（11th World Rabbit Congress）在山东省青岛市举行。会议由世界家兔科学学会和中国畜牧兽医学会联合主办。来自30多个国家的高校、科研机构的专家、学者以及养兔相关企业科技工作者共计450余人参会。世界家兔科学学会主席、意大利帕多瓦大学教授Gerolamo Xiccato，农业部总兽医师王智才，学会常务副理事长阎汉平等出席开幕式。学会副秘书长马闯主持会议。

本次大会采用特邀报告、分会报告、圆桌会议、墙报展示和产业展示5种交流形式，除8个特邀报告外，大会共安排了63个分会报告、5次圆桌会议、142个墙报展示，参展企业或机构21个。

大会报告内容涉及家兔遗传育种、繁殖、营养与生理、饲料与饲养、疾病防控、动物行为与福利、毛皮加工管理与经济等9个领域。圆桌会议主要讨论了母兔排卵、家兔貂肠炎病毒的控制、兔肉营养和消费促进、家兔生物学和遗传的发展趋势、发展中国家兔场的发展目标等。会议共收到来自28个国家和地区的论文226篇，评选出9篇优秀论文。

会议期间，召开了世界家兔科学学会理事会，选举产生了新一届的世界家兔科学学会执委会。中国畜牧兽医学会养兔学分会理事长、中国农业大学教授秦应和当选为副主席。

【中国畜牧兽医学会第十四次全国会员代表大会暨成立80周年纪念活动】 11月15—17日，中国畜牧兽医学会成立80周年纪念暨第十四次全国会员代表大会、第八届全国畜牧兽医青年科技工作者学术研讨会在浙江省绍兴市举行。来自全国各地的会员代表以及相关领域的专家、学者600余人参加会议。

中国畜牧兽医学会第十四次全国会员代表大会

11月16日，第八届全国畜牧兽医青年科技工作者学术研讨会召开。会议设置2个分会场，安排4位报告人作学术报告，64位青年科技工作者作专题报告，50位青年科技工作者作壁报交流。

11月17日，学会成立80周年纪念颁奖盛典举行。学会授予24名老专家“中国畜牧兽医学会奖‘终身贡献奖’”，授予39个先进集体和41名先进工作者“第七届中国畜牧兽医学会先进集体、先进工作者”称号，授予第八届全国畜牧兽医青年科技工作者学术研讨会的6名优秀论文作者和6名优秀壁报作者中国畜牧兽医学会奖（优秀论文奖）、第八届全国畜牧兽医青年科技工作者学术研讨会优秀壁报奖。此外，还颁发了2016年度勃林格殷格翰“猪蓝耳病”研究进步奖、“猪圆环病毒病”研究进步奖。颁奖盛典期间，中国科学院院士、江西农业大学校长黄路生，山西农业大学原校长董常生，华南农业大学副校长廖明，新疆石河子大学副校长陈创夫，中国农业大学教授杨宁分别代表各学科领域作了特邀报告。

11月17日，中国畜牧兽医学会第十四次全国会员代表大会召开。会议听取并审议了学会理事长陈焕春所作的十三届理事会工作报告《团结带领广大畜牧兽医科技工作者　为促进科技创新和畜牧业的健康发展作贡献》，听取了常务副理事长阎汉平作的关于五年来学会财务状况的报告，听取并审议关于修改《中国畜牧兽医学会章程》的报告。会议选举产生了由172人组成的中国畜牧兽医学会十四届理事会。在随后召开的十四届一次理事会上，选举产生了由67人组成的十四届常务理事会和15人组成的理事会领导班子。黄路生当选为学会十四届理事会理事长，杨汉春任秘书长。会议同意授予吴常信、陈焕春、阎汉平为名誉理事长，阎汉平为资深顾问，吴常信、陈焕春、黄路生、刘守仁、夏咸柱、刘秀梵、张改平、李德发、印遇龙、高福、金宁一、沈建忠为学术顾问。会议通过成立了中国畜牧兽医学会十四届理事会党委。

（撰稿人：石　娟）

中国植物病理学会

学会建设　8月6日，学会在江苏省南京市召开第十届三次理事会议。原则通过了由学会秘书长汇报的2016年主要工作、2017年工作计划以及执行情况。理事会一致同意修改学会会士、终身成就奖、青年科学家奖和学会优秀论文奖评选办法中有关评审委员会组建和委员更换等部分条款。会议还讨论了由秘书处编制的学会未来五年的改革发展规划草案和学会绿色防控奖评审办法草案，以及加强会员发展与信息统计等事宜。

国际学术会议　8月5—9日，中国植物病理学会2016年学术年会暨第六届中美植物病理学学术研讨会在江苏省南京市召开。来自31个省、自治区、直辖市的1300余名专家、学者参会。会议收录论文及论文摘要500余篇。大会设7个分会场进行专题研讨，内容包括植物病原真菌学、植物病毒学、植物病原细菌学、植物病原线虫学、植物抗病性与抗病育种、植物病害防治、植物病原卵菌学，151名专家、学者作了口头报告。

中国植物病理学会2016年学术年会

国内主要学术会议　7月7—10日，第二届京津冀地区植物保护学术交流会在河北省保定市召开。会议由学会青年委员会主办，河北农业大学生命科学学院、河北省农林科学院植物保护研究所和河北农业大学植物保护学院共同承办，北京植物病理学会协办。会议主题为“京津冀地区植保科技协同发展与创新”。来自中国农业大学、中国农业科学院、中国科学院、北京农学院、北京市农林科学院、北京市植物保护站、河北农业大学、河北农林科学院、河北北方学院、天津农学院、天津市植物保护研究所等高等院校、科研院所和农技推广部门的150多名专家、学者参加了会议。

8月10—13日，由中国植物病理学会植物病原线虫专业委员会主办，云南农业大学与中国农业科学院植物保护研究所、植物病虫害生物学重点实验室承办的第十三届全国植物线虫学学术研讨会在云南省昆明市召开。会议收到学术论文稿件93篇，举行特邀学术报告10个、专题报告62个。300余名来自29个省、自治区、直辖市的专家、学者参加了会议。会议期间有参展企业8家。

8月18—20日，中国植物病理学会病毒与生物技术专业委员会2016年学术年会在新疆维吾尔自治区石河子市召开。本次会议由学会病毒专业委员会与学会生物技术专业委员会主办，石河子大学承办，新疆植物保护学会协办。来自全国40所高等院校和科研院所的近130位专家、学者和研究生出席了本次会议，会议研讨交流植物病毒领域的最新研究进展。会议邀请了加州大学戴维斯分校著名植物病毒学专家Bryce Falk教授作题为 *Two plant infecting viruses transmitted by the whitefly*, *Bemisia tabaci*, *differ greatly in their whitefly vector and host plant interactions* 的特邀报告。北京大学教授李毅、中国农业科学研究院植物保护研究所教授周雪平、中国科学院微生物研究所研究员郭慧珊、清华大学教授戚益军等35位植物病毒学专家和青年学者作大会报告，围绕植物病毒病害流行防控、病毒—寄主植物—介体互作、植物的抗病毒免疫机制、病毒复制机制、病毒生物信息学等学术热点问题开展学术研讨。

8月21—24日，中国植物病理学会产后病理学专业委员会2016年学术年会在江苏省镇江市召开。会议由江苏大学承办。来自中国科学院植物研究所、浙江大学、中国农业大学、重庆大学、江苏大学等82所高校、科研院所的272名专家、学者参会。

12月3—5日，第一届中南地区植物病理学学术交流会在湖北省武汉市召开。会议由中国植物病理学会青年委员会主办，华中农业大学植物科学技术学院、中国农业科学院油料作物研究所、湖北省农业科学院植保土肥研究所、湖北省植物病理学会等单位共同承办。来自中国农业大学、中国科学院微生物研究所、中国农业科学院作物科学研究所等高校、科研院所的160余名专家、学者参会。

科普活动 学会举办科普宣传活动16次，实用技术培训36次。参加活动科技人员数461人次，受众人数5572人次，活动覆盖152个村镇。

党建强会 学会在理事会层面设立功能型党委，党委书记由副理事长王慧敏担任。

会员服务 学会做好会员信息登记工作，充实完善学会会员数据信息，在建立完善会员交纳会费制度、初步实现会员交纳会费目标的基础上，提高对会员的服务质量。对所有按时交纳会费的会员，学会为其以优惠价格加入美国植物病理学会和订阅美国植物病理学会期刊提供服务，为加入美国植物病理学会的会员在期刊上发表文章提供版面费减免推荐。为促进会员与国际同行合作交流，与美国植物病理学会会员实行交叉入会制度，目前有187位会员加入美国植物病理学会。

【中国植物病理学会2016年学术年会】 8月5—9日，中国植物病理学会2016年学术年会暨第六届中美植物病理学学术研讨会在江苏省南京市召开。本次会议由中国植物病理学会主办，南京农业大学、江苏省植物病理学会、江苏省农业科学院植物保护研究所和江苏省科学技术协会承办。共有来自美国、韩国、新加坡、意大利，以及全国31个省、自治区、直辖市的1300余名专家、学者注册参会，参会单位涉及271所高校、科研院所。

大会开幕式由学会副理事长、南京农业大学教授郑小波主持。学会理事长彭友良致开幕词。南京农业大学校长周光宏教授和江苏省农业科学院院长易中懿研究员在开幕式上致辞。会议宣读了中国植物病理学会终身成就奖和青年植物病理学家奖获奖名单。

终身成就奖获得者方荣祥院士作大会报告。南京农业大学教授陶小荣、西北农林科技大学副研究员刘慧泉、华中农业大学教授谢卡斌、福建农林大学特聘副教授郑文辉、浙江大学教授李正和、中国科学院动物所研究员张晓明、中国农业科学院植物保护研究所研究员周焕斌、全国农业技术推广服务中心防治处研究员杨普云、马萨诸塞大学安姆斯特分校副教授Dong Wang、中国农业大学教授王琦、华南农业大学教授廖金铃、中国农业大学副教授杨俊、中国农业科学院植物保护研究所副研究员杨秀玲分别作专题报告。

大会设7个分会场进行专题研讨，内容包括植物病原真菌学、植物病毒学、植物病原细菌学、植物病原线虫学、植物抗病性与抗病育种、植物病害防治、植物病原卵菌学。共计151名专家、学者作口头报告。

第六届中美植物病理学学术研讨会由学会副理事长陈保善教授主持，内容涵盖病原物鉴定技术、致病机理、抗病机制和防控研究等方面，研究对象涉及病原真菌、卵菌、细菌、病毒、线虫等。

大会期间，来自全国各地师生的85份科研成果进行了墙报展示，评出了分组报告优秀奖16名、优秀墙报一等奖2名、优秀墙报二等奖6名。中国农业科学技术出版社出版了《中国植物病理学会2016年学术年会论文集》，收录论文及论文摘要500余篇。

会议期间，召开了中国植物病理学第十届理事会三次会议和植物病理学报编委会会议。

【第十届中国植物病害化学防治学术研讨会】 10月27—29日，第十届中国植物病害化学防治学术研讨会在南京农业大学召开。本次会议由学会化学防治专业委员会主办，南京农业大学植物保护学院承办。会议开幕式由学会化学防治专业委员会主任委员、南京农业大学植物保护学院教授周明国主持。南京农业大学副校长丁艳锋教授为大会致欢迎词。来自日本吉备国际大学、巴黎第十一大学、浙江大学、中国农业大学、巴斯夫有限公司、先正达有限公司等近70家科研院所、跨国公司的260余位杀菌剂和植物病害化学防治领域的专家、学者参加了本次会议。

周明国以“协同防控、减量用药，提高中国植病化防科技水平”为题，对专业委员会成立18年进行了回顾。中国植物病理学会秘书长韩成贵宣读了化学防治专业委员会改选报告批复。

本次中国植物病害学会化学防治学术研讨会共计28个大会特邀报告，并以墙报形式展示了近30项最新研究成果。

会议期间开展了两场主题讨论会议。内容包括：新技术研发与成果转化的经验及存在问题与解决方案、如何能够更好地开展学研合作与科技普及、重大作物病害防控的经验及存在问题与解决方案、如何开展主要杀菌剂抗性监测与治理。会议期间还组织召开了杀菌剂抗性治理国际合作座谈会。

会议期间颁发了“中国植物病害化学防治杰出贡

献奖”。会议向获得“中国植病学会化学防治专业委员会—先正达优秀论文奖”的28名青年学者颁发证书和奖金，并表彰了4名“中国植物病害化学防治学术活动—巴斯夫积极分子”。

（撰稿人：邹菊华）

中国植物保护学会

服务创新型国家和社会建设 2016年3月至12月期间，学会组织有关专家承担北京市科协项目——北京市农民致富科技服务套餐配送工程。学会在北京市大兴、顺义、房山、昌平、延庆等地区开展了花卉、西瓜、草莓、番茄等农作物土传病害防治技术示范等一系列的科普惠农活动。对农户生产大棚进行了土壤消毒技术现场指导和示范，讲解技术原理及消毒处理后的田间管理规范，并跟踪防治效果。

承担中国科协科技工作者状况调查站点的调研任务，走访慰问一线科技工作者，听取专家意见和建议，了解科技工作者的诉求。通过深入调研和走访会员，提交《有关公车改革后基层农技推广面临困境》《农作物病虫害测报人员严重短缺》《我国农作物病虫害测报队伍专业知识有待提高》《我国农作物病虫害测报工作队伍现状的调查报告》等反映科技工作者状况的调查报告。

学会和分支机构与挂靠单位联合举办科普实用技术培训班14个，培训学员1700多人次，与有关单位联合编著科普出版物和挂图各1种，组织科技下乡3次。

7月14日，学会植保机械与施药技术专业委员会与全国农技中心联合在山东省济南市举办了新型植保机械观摩展示与技术培训班，参加学员200余人。

10月25—28日，学会鼠害防治专业委员会在广东省珠海市举办第十三期全国农区鼠害监测和防控技术培训班，参加培训学员120余人。编印《农业鼠害防控技术与杀鼠剂科学使用指南》3000册，免费发放给培训学员。

11月13—16日和11月21—24日，学会科学普及工作委员会分别在广西壮族自治区南宁市和山东省济南市举办南（北）方绿色防控技术培训班，培训人员共300余人。培训内容包括水稻、果树、蔬菜等农作物的重大病虫绿色防控技术集成与应用等方面。

学会建设 截至2016年年底，学会新增个人会员50人，会员总数达到22200余人。

3月3日，学会以通讯方式召开了第十一届八次常务理事会议。会议审议了学会拟申报《2016—2017年植物保护学科发展研究项目》的依据、目的、研究内容、目标和实施条件等情况，并征求常务理事对申报该项目的意见。

4月13日，学会2016年工作会议暨十一届九次常务理事会议在北京召开。学会副理事长、中国科学院院士康乐，学会常务理事、中国工程院院士宋宝安和来自全国各省、自治区、直辖市植物保护学会理事长、秘书长及各分支机构的主任委员、学会十一届常务理事等80余人出席会议。会议通报了关于国家科技奖励办组织第三方对植保科技奖的评价结果，审议了《中国植物保护学会科学技术奖》的调整方案、《2016—2017年植物保护学科发展报告计划方案》，总结2015年的工作，部署2016年的工作要点。

11月10日，学会第十一届理事会第四次会议暨第十次常务理事会会议在四川省成都市召开。参会理事和常务理事135位。会议传达了习近平总书记及中央领导在“科技三会”上的重要讲话精神，总结了学会2016年主要工作，研究了2017年工作要点及关于第十一届理事会换届工作计划。

2016年，学会完善和加强了学会网站、会员管理系统、科技奖励评审系统、学术会议系统等学会信息化建设。

2016年，学会官方公众账号关注总用户数达到3958人，累计推送科普文章184篇，阅读数106190次，平均每篇文章的阅读数达到590次。累计收到留言667条。

学术期刊 学会主办的期刊《植物保护学报》和《植物保护》继续得到中国科协精品科技期刊工程第四期项目资助。《植物保护学报》经中国精品科技期刊指标体系综合评价，获得中国科学技术信息研究所颁发的“第三届中国精品科技期刊”的称号，并有4篇文章入围“领跑者5000——中国精品科技期刊顶尖论文”。

《植物保护》学术质量有显著提升，根据2016版《中国科技期刊引证报告（核心版）》数据，2015年总被引频次为2084，在11种植保类期刊中排名第1位；影响因子为0.738，排名第3位；综合评价总分为75.88分，排名第1位。

学科发展研究 学会承担中国科协《2016—2017

年植物保护学学科发展研究》撰写工作。学会成立了项目研究课题组，由中国工程院院士吴孔明为首席科学家，学会理事长陈万权、中国农业科学研究院植物保护研究所教授周雪平任课题组组长，并于8月30日在北京召开了2016—2017年植物保护学学科发展研究项目开题会议。30余名院士、专家、学者参会。会议研究确定了项目编写内容由植物病理学等9个专题组成，确定了综合报告和各专题报告的牵头专家，补充和调整了编写专家组主要成员，审定了项目实施方案和编写框架规范。与会专家还研究讨论了编写学科发展报告需要注意的问题。

决策咨询 学会作为牵头学会，与中国林学会等4个全国学会联合完成了《2016年预防与控制生物灾害咨询报告》。在组织农业、林业、水产、畜牧兽医、气象领域的院士、专家开展生物灾害调查研究的基础上，于1月11—13日在北京召开了2016年中国科协生物灾害防治研讨会。50余位专家、学者参会。会后编写了《2015年生物灾害状况和2016年预防与控制生物灾害的报告》，由中国科协报送国务院，得到了国务院副总理汪洋的批示。

国际学术会议 5月15—19日，学会联合中国农业科学院植物保护研究所等有关单位在北京召开了第一届国际生物防治组织亚太区生物防治用捕食螨工作组会议。会议主题为“链接、资源与产业”。来自中国、新西兰、日本、加拿大等9个国家的专家、学者50余人参会。会议就捕食螨的资源及其评价、形态与超显微结构、捕食行为、田间监测与利用、规模化生产等方面进行了交流。会议还评选表彰了4名35岁以下青年专家的优秀口头报告。

国内主要学术会议 学会及分支机构共举办年会、高端前沿学术论坛、专题研讨会等学术交流活动20余次，总参会人数近5157人次，交流论文808篇。出版论文集2部。与去年相比，参会人数、交流论文数分别增加了14%和50%。

3月24—25日，学会植保产品推广委员会主办的第二届除草剂发展交流与应用推广会议在安徽省合肥市召开。300余名专家、学者参会。大会主题为“除草剂与农田杂草解决方案”。中国工程院院士、南开大学教授李正名应邀出席开幕式。

8月25—27日，中国植物保护学会园艺病虫害防治专业委员会2016年度学术研讨会在青海省西宁市召开，120余位专家、学者参会。会议主题是“精准植保与生态安全”。会议针对目前国内园艺病虫害防治领域的学术前沿动态、应用技术发展、基础研究等，尤其在病害虫抗药性研究、生物防治应用的新技术、新方法等展开了研讨。

10月31—11月2日，学会热带作物病虫害防治专业委员会在福建省福州市举办了全国热带农业科技协作网植保专委会暨中国植保学会热作病虫防治专委会工作会议。40位专家、学者参会。会议就热带作物的病虫害和农药应用等研究领域的先进适用技术和发展趋势进行了研讨。

12月7—10日，学会青年工作委员会在江苏省南京市主办第十一届全国青年植保科技创新学术研讨会，120名专家、学者参会。会议主题为“植物保护与农产品安全”。针对病虫害绿色防控、农产品质量安全等领域进行了交流与讨论。会议编制出版了《植物保护与农产品安全》论文集1部，共收录稿件156篇。

12月10—11日，学会葡萄病虫害防治专业委员会在河南省开封市召开第十二届全国葡萄病虫害防治技术与经验研讨会。来自高等院校、科研院所专家、学者、技术推广科技人员、葡萄种植大户以及企业界人员760余人参会。会议围绕“葡萄病虫害防控与优质葡萄生产”主题，以特约报告、专题报告、专家论坛、展览及卫星会议的形式分别就2016年葡萄病虫害成灾成因分析与防控对策、葡萄的栽培管理、夏黑葡萄发展现状与发展方向、葡萄农药化肥减施增效技术种类等方面展开交流研讨。华东理工大学原校长钱旭红院士应邀作特约报告，报告介绍了农药发展历程、农药与安全、农药转型与创新历程、绿色农药的研发，展示了农药对人类的贡献，阐述了农药与残留、食品安全性的关系，说明了农药创新机制的极其复杂性，描绘了中国走向国际农药创制中心的路线图，演示了新一代绿色农药的研发思路和成果。

12月17—19日，学会植保信息技术专业委员会主办的昆虫研发技术发展研讨会在浙江省舟山市召开。会议以“昆虫雷达在迁飞性害虫监测中的需求与新进展”为主题，30位来自科研单位、企业、农业部有关管理部门的专家、学者参会，围绕“十三五”我国昆虫雷达的推广应用规划、建设昆虫雷达网的可行性分析、垂直昆虫雷达解算方法的研究进展、昆虫雷达研发与应用的发展历程等进行了交流。会议形成《关于加快推进昆虫雷达在迁飞性害虫监测预警领域的应用》专家建议，提交农业部有关领导部门参考。

两岸交流 学会与台湾地区“中华植物保护学会”协商沟通，将两岸学会合作交流的学科领域由植物保护学科分支学科——生物防治学拓宽到整个植物保护学科。原定2016年9月在台湾地区召开的海峡两岸植物保护学术交流研讨会延期到2017年9月。

国际交往 6月18—25日，学会杂草学会分会组团赴捷克布拉格出席第7届国际杂草科学大会。来自61个国家的700余位专家、学者参会，中方参会人员52人。杂草学会分会主任委员、中国农业科学研究院植物保护研究所研究员张朝贤等24位专家分别在分会场作主题报告。

科普活动 2—10月，学会植保系统工程和信息技术等专业委员会组织专家对云南、贵州、四川、湖北、陕西、河南等省小麦病虫害流行和发生情况进行调研，并开展有关小麦病虫害绿色防控技术的实地科普宣讲活动，受众人数3000余人。

表彰举荐优秀科技工作者 学会组织开展“2016年度中国植物保护学会科学技术奖”评审表彰工作。获奖项目17项，其中一等奖5项、二等奖5项、三等奖6项、科学普及成果奖1项。

经学会推荐，中国农业科学院植物保护研究所陆宴辉获得首届“中国优秀青年科技人才奖”，中国农业大学教授、学会常务理事高希武获第七届“全国优秀科技工作者”称号。

经学会组织申请和推荐，中国农业科学研究院植物保护研究所副研究员宁约瑟、中国农业大学副教授朱文涛入选青年人才托举工程项目。

党建强会 2016年，学会召开常务理事党员专题讨论会，提出学会理事会层面建立党委的组织架构和领导人选，成立学会理事会党委。

11月28日，学会组织召开学会办公室党员大会，选举产生党支部委员，并召开支部委员第一次会议，研究委员分工。讨论今后党支部的工作计划。

【中国植物保护学会2016年学术年会暨植保科技奖颁奖大会】 11月10—12日，会议由学会主办，四川省植物保护学会承办，四川省农业科学研究院、四川农业大学、植物病虫害生物学国家重点实验室和中国农业科学研究院植物保护研究所协办。1100余位来自全国31个省、市、自治区的科研、教学、技术推广、企业等单位的专家、学者参会。大会开幕式由学会副理事长陈洪俊主持。学会名誉副理事长、中国工程院院士陈剑平等出席会议。

大会开幕式上举行了“2016年度中国植物保护学会科学技术奖”颁奖典礼。会议向17个获奖项目颁发了奖励证书，同时举办了获奖成果墙报展示。

华东理工大学教授李忠、中国科学院亚热带生态所研究员王勇、中国农业科学研究院植物保护研究所研究员邱德文、中国科学院动物所研究员张润志、江苏省农业科学研究院植物保护研究所研究员周益军、浙江大学教授马忠华、江苏省农业科学研究院研究员刘凤权7位专家应邀作大会主题报告。

会议设立5个分会场，议题分别为农业昆虫与可持续控制技术研究、植物病害与可持续控制技术研究、生物防治技术研究、农田草害与可持续控制技术研究、农田鼠害与可持续控制技术研究，120位专家、学者作了分会场专题报告。会议评选出青年优秀学术报告奖16个。

大会期间，召开了学会第十一届理事会第四次会议暨第十次常务理事会议、《植物保护学报》编委会、中国植保学会与农医生合作总结研讨会。

会前征集论文、研究简报及摘要300余篇，编辑出版了《植保科技创新与精准扶贫》论文集。

【水稻病虫害绿色防控战略研讨会】 10月21—23日，由学会主办、中国科协资助的高端前沿学术专题——水稻病虫害绿色防控战略研讨会在福建省福州市召开。会议主题为“水稻病虫害基础生物学研究与可持续控制”。中国科学院院士、福建农林大学教授谢联辉等4位专家作主旨发言，30位专家作专题报告。

会议期间，中国科学院院士谢联辉在题为《水稻病毒病害绿色防控的战略思考》的主旨发言中提出：水稻病毒病害防治越勤种类越多，此起彼伏，反复暴发的原因值得我们反思，要改变单纯的“治虫防病”的思维定式，立足以植物健康为根本的绿色生态防控，以被动为主动。

会议增设了基础研究如何推动水稻病虫害绿色防控——从水稻抗性分子基础出发、监测预警及生态治理如何推动水稻病虫害绿色防控2个讨论热点分会场。

本次会议有60余名专家、学者参会，与会专家围绕研讨会主题，就各自承担的研究领域、重大项目和重要研究课题取得的主要研究进展，与国际同领域研究前沿对比存在的主要差距和“十三五”发展趋势及研究方向进行了研讨。

会议召开前编印了《水稻病虫害绿色防控战略研讨会》论文、摘要集。

（撰稿人：文丽萍　倪汉祥）

中国作物学会

服务创新型国家和社会建设　2016年，学会参加中国科协组织的“创新驱动助力工程”，组建了河北省谷子产业技术创新战略联盟。建设创新联盟网站，建立河北省谷子产业技术创新联盟QQ群和微信群，发布产业调研报告12期，发布新品种、新技术及产业信息120余条。向河北省政府、河北省农业厅提供谷子文化建设、谷子产业发展现状分析、大力发展河北省杂粮产业等产业发展规划和建议3次，均得到采纳。

全年共组织技术培训会7次，产业研讨会1次，参会人数680余人次。

学会建设　5月26—27日，2016年中国作物学会秘书长联席会议在宁夏回族自治区银川市召开。会议总结了2015年度学会开展的各项工作，传达了中国科协2016年工作重点及有关精神，并就“第六届中国作物学会科学技术成就奖”及“2016年度中国作物科技奖”推荐的有关事项进行了部署。各专委会、分会及省级学会分别汇报和交流了2016年已开展的相关工作情况及下一步工作计划。

2016年，学会开发了奖励评审系统，并建设了学会专家库，实现了科技奖励网上申报、推荐、在线评审、管理及专家库建设，记录奖励网评全过程，按权限实现了信息共享。

5月5日，学会麻类专业委员会在湖南省长沙市召开了麻类专业委员会主任委员扩大会议，就如何加强自身建设进行了研讨，并提出了具体方案。

7月，学会马铃薯专委会召开全体会议，公布了对中国马铃薯产业突出贡献奖获奖单位和年度优秀论文评选结果，增选了专业委员会委员16名和团体会员单位3个，讨论了新形势下专业委员会组织开展马铃薯品种区域试验等事宜。

学会粟类作物专业委员会建立了以成果和服务吸引人，以产业发展促进学会发展的工作思路。2016年共发展边缘会员30多个，其中种业、加工业9个，生产合作社23个。

学会特用作物产业专业委员会与中国种子信息网合作，针对新颁布的《中华人民共和国种子法》有关规定，开发产品溯源二维码，帮助与种子有关的会员单位解决难题。

大豆专业委员会、栽培专业委员会、大麦专业委员会、吉林作物学会、甘肃作物学会在学会的指导下分别完成了换届工作，选举产生了新一届领导班子。

科技期刊国际影响力提升计划　2016年，学会主办的 *The Crop Journal*（《作物学报》英文版）编委会人数96人，其中国际编委51人。2016年共收到投稿291篇，发表47篇。从2013年创刊至今，累计共收到投稿835篇，稿件录用率为24.3%。全年共出版6期，共计516页，刊登文章55篇，完成在线预出版文章24篇（Online first）。该刊在科学引文索引中的被引次数呈稳定上升态势，入选中国科技核心期刊和“2016中国最具国际影响力学术期刊”。

该刊目前已加入的数据库有Emerging Sources Citation Index、Scopus、Chemical Abstracts、CABI、Food Science and Technology Abstracts、AGRIS（FAO）、Directory of Open Access Journals、Ulrich's Periodicals Directory、中信所中国科技论文统计源期刊、中国科学引文数据库（CSCD）核心库来源期刊、中国知网、万方数据、中国科技论文在线、维普资讯。

学术期刊　2016年，学会主办的《作物学报》全年共出版12期，刊出文章191篇，稿件录用率为30%。全年共出版1872页。

据中国科学技术信息研究所发布的2016年版《中国科技期刊引证报告》（核心版），《作物学报》2015年总被引频次为6944，影响因子为1.553，综合评价总分为97.2，较上年均有不同程度增加。3项指标均排名本学科期刊的第一位，综合评价总分列1985种中国科技核心期刊第3位。《作物学报》在中国知网的总上网文献数为5550篇，“篇均被引次数”为31.25次，“篇均他引次数”为29.10次。

《作物学报》获中国科协精品科技期刊工程项目TOP50项目资助，被中国科技信息研究所评为“2015年百种中国杰出学术期刊”。被中国知网、清华大学图书馆和中国学术文献评价研究中心评为“中国最具国际影响力学术期刊”，被中国期刊协会评为“2016年期刊数字影响力100强”，被中国科协列入19种推荐期刊名单中。

2016年，学会主办的《作物杂志》增加页码至172页。全年收稿878篇，6期共刊出179篇，录用率为20.38%。8月17日，《作物杂志》审稿专家座谈会暨编委会扩大会在北京召开，会上宣布了2015年度《作物杂志》优秀审稿人名单，并颁了发证书。

2016年，学会与西北农林科技大学联合主办的《麦类作物学报》获得中国高校百佳科技期刊奖。据中国科学院文献情报中心对《中国科学引文数据库》1200种期刊统计，《麦类作物学报》2015年度的影响因子为0.6681，总被引频次为1692。

决策咨询 学会大豆专业委员会完成《转基因大豆萌发率检测报告》，撰写了《黑河地区优质食用大豆生产论证报告》。

甘蔗专业委员会向教育部和农业部提交《作物优质高产与产业提质增效科技创新》意见稿，研究制定了《2016年甘蔗秋冬季生产技术指导意见》，协助云南省政府完成《云南省人民政府关于推进蔗糖产业提质发展3年行动计划的意见 》。组织专家调研，形成《关于以科技进步推动广西糖业转型二次创业的建议》政策建议报告。

大麦专业委员会向农业部提交了《2016大麦青稞产业发展趋势与政策建议》。专委会组织专家组编写制定了《2016年春播啤酒大麦生产技术指导意见》《秋播大麦春季生产指导意见》和《2016年青稞生产指导意见》。

油料作物专业委员会为农业部提供《2016年冬季科学施肥指导意见》中的“冬油菜科学施肥指导意见”部分。

国际学术会议 9月20日，第三届世界小米起源与发展国际会议在内蒙古自治区赤峰市召开。会议由学会粟类作物专业委员会、中国科学院考古所、内蒙古敖汉旗政府共同举办。与会专家、学者共计120余人。会议围绕谷子产业带布局、谷子简化栽培品种及技术、谷子市场动态与产业发展趋势等进行交流。

10月11—14日，第七届中日韩国际甘薯学术研讨会在山东省济南市召开。研讨会由中日韩甘薯研究协会、学会甘薯专业委员会、国家甘薯产业技术体系及山东省农业科学院共同主办。研讨会主题为“甘薯生态安全与可持续性发展”。来自国际马铃薯中心、美国、日本、韩国、哈萨克斯坦、中国大陆和台湾地区的国际组织、甘薯科研机构及加工企业有关人员200余人参会。研讨会主要围绕甘薯生物技术、资源与育种、栽培与耕作、病虫害防控、加工与利用等领域进行交流。

国内主要学术会议 2016年，学会及各专业委员会、分会共举办国内学术交流活动18次。

8月7—9日，由学会主办、河南农业大学承办的第七届全国小麦基因组学及分子育种大会在河南省郑州市召开，近500名专家、学者及研究生参加了会议。会议围绕小麦基因组学及分子育种进行专题讨论。本次大会收到论文157篇，内容包括小麦结构与功能基因组学、小麦基因资源、小麦基因组育种及其与常规育种的结合等，其中31篇进行了大会交流、30篇进行了墙报交流，并从中评选了研究生优秀报告论文和优秀墙报。

10月9—12日，学会与中国植物生理与植物分子生物学学会等联合主办的2016全国植物生物学大会在湖北省武汉市召开。大会主题为“现代农业与绿色发展”，1600余名专家、学者参加会议。中国科学院院士陈晓亚、李家洋、张启发等作大会报告，88名中青年学者作分会报告。会议分10个专题进行交流和讨论。大会收到会议摘要150余篇、墙报120余份，评选出墙报一等奖3名、二等奖5名、三等奖10名。

10月26—28日，学会主办的2016年全国青年作物栽培与生理学术研讨会在山东省泰安市召开。会议主题为“作物可持续生产与现代农业”。来自48所高校及科研院所的260余名专家、学者参加了研讨会。中国工程院院士张洪程等作大会报告，会议安排29名青年学者作专题学术报告。

国际交往 学会甘蔗专业委员会邀请南非、印度、毛里求斯等国的专家、学者来华参加国际糖业科技协会特别学术研讨会，围绕共同关注的杂交育种、抗旱品选和高通量表型等甘蔗研究领域进行讨论。

科普活动 2016年，学会的5个作物科学传播专家团队根据农业现代化发展新形势新要求，普及作物科学技术和知识，围绕新型职业农民、农村留守人群开展多层次的专业技术培训和科普帮扶活动。

科技活动周期间，学会邀请中国农业科学院作物科学研究院研究员董志强、中国农业科学院油料研究所研究员张春雷、西藏农业科学院青稞专家强小林、甘肃省农业技术推广总站李城德、甘肃省农业科学院马铃薯专家陆立银等先后来到甘肃省甘南藏族自治州卓尼、临潭两县，围绕青稞、油菜、马铃薯的栽培技术开展科技讲座，进行了田间技术指导与咨询，并向参会人员免费赠送科技图书、科普挂图、宣传册等资料。

全国科普日期间，学会在湖北省枝江市问安镇开展科技扶贫和科普活动。邀请中国工程院院士、扬州大学教授张洪程，中国农业科学院油料研究所研究员张春雷，中国农业科学院作物科学研究所研究员董志强等围绕“水稻栽培技术及水稻细条病防治”“油料栽培技术及油菜根虫病防治”“新型肥料及其应用技术”等内容开展科技讲座。活动现场发放了《油菜丰产新技术》《吨田宝应用技术》等相关科技图书、科普挂图、宣传册等1000余份。

2016年，学会被中国科协评为全国科普日特色活动优秀单位。

表彰举荐优秀科技工作者 2016年，学会设立了中国作物科技奖并开展了“第一届中国作物科技奖”的评奖工作。寒地早粳稻育种技术与新品种选育及应用，突破性高产优质多抗玉米新品种成单30选育与利用，南方超高产大果花生品种“粤油7号”的培育及应用，大豆重要功能基因的克隆、高产优质新品种选育及区域丰产增效栽培技术研究4个项目获“2016年中国作物科技奖”。山东省农业科学院小麦遗传育种创新团队获“2016年中国作物科技奖——创新团队奖”。

开展第六届中国作物学会科学技术成就奖的评奖工作。经评审，万书波、赵明、番兴明3位科技工作者获奖。

实施青年人才托举工程。学会制定了《中国作物学会青年人才托举工程项目实施与管理细则》。2016年继续支持郭刚刚、胡兆荣两位学者。

党建强会 2016年，学会党支部组织建设紧紧围绕“以党建促会建，以会建强党建”的工作思路，紧密结合脱贫攻坚和“两学一做”学习教育，以开展“党建强会”计划“十百千”特色活动为契机，加强支部组织建设。围绕全面推进精准扶贫、精准脱贫工作，着力解决基层党组织联系服务群众“最后一公里”问题。

5月20—21日，中国作物学会党支部组织数名党员专家一行先后来到甘肃省甘南藏族自治州卓尼、临潭两县，开展“建强堡垒、精准扶贫助力致富奔小康”“党建强会”活动，通过组织科技讲座，为当地群众讲解普及青稞、油菜、马铃薯科学种植知识。

9月30日，中国作物学会加强农业技术服务推广力度、推进科技示范辐射带动作用党建强会活动在湖北省枝江市问安镇关庙山村举办，向群众普及专业知识，传授水稻、油料栽培技术以及相关虫害病害的防治技术。

2016年，学会党支部获得中国科协“党建强会”计划“十百千”特色活动的项目资助，并被中国科协评为特色活动组织奖。

【第七届国际作物科学大会】 8月15—19日，由学会和中国农业科学院联合主办的第七届国际作物科学大会在北京召开。会议主题为“作物科学——创新与可持续发展”。来自69个国家的2400多位中外学者参会。农业部副部长、中国农业科学研究院院长李家洋院士，国际作物学会副主席肖恩·开普勒分别在大会开幕式上致辞。李家洋院士、国际作物学会主席Antonio Costa de Oliveira、国际食物政策研究所所长樊胜根、华中农业大学教授张启发、首尔大学教授Suk-Ha Lee等17位专家受邀，分别就国际作物生产形势和面临的挑战、保障全球粮食安全供应和可持续发展、作物贸易及相关政策作大会报告，内容涉及作物种质资源与进化、遗传学与基因组学、生物技术、育种与种子生产、农学与作物生理学、全球变化与可持续发展、品质与加工、作物生产与社会经济等多个议题。

会议共设300多个分会报告、900多张墙报，议题包括作物种质资源、遗传育种、生理和生产、分子生物学和生物技术、全球变化与可持续发展、作物保护、加工与应用、供求与贸易等。除学术交流外，大会增设作物新品种、新技术、新产品和新书刊展览，并组织与会者到农场实地参观。

国际作物科学大会是作物科学领域的“奥林匹克”，每4年举办1次，截至2016年年底共举办6次。承办国包括美国、印度、德国、澳大利亚、韩国和巴西。第七届国际作物科学大会是中国首次获得主办权。

【2016年中国作物学会学术年会】 8月17日，2016年中国作物学会学术年会在北京召开。近2000名专家、学者参加了会议。年会主题为“作物科学创新与青年人才培养”。

大会授予万书波、赵明、番兴明第六届中国作物学会科学技术成就奖；授予江丽华、刘斌、王瑞英、秦峰、陈锋第一届中国作物学会青年科技奖；授予“寒地早粳稻育种技术与新品种选育及应用”等4个项目2016年中国作物科技奖。授予山东省农业科学院小麦遗传育种创新团队“2016年中国作物科技奖——创新团队奖”。

会议安排第六届中国作物学会科学技术成就奖、第一届中国作物学会青年科技奖的获奖者作大会邀请报告，报告介绍了目前相关领域的研究热点和最新进展。

（撰稿人：杜　娟）

中国热带作物学会

学会建设 2016年，学会组织召开九届二次理事会议，2016年学会工作会议，以及九届一次、二次、三次、四次、五次常务理事会议。

2016年，学会组织开展会徽的征集和评选工作，启用学会会徽。

学会加强制度建设，制定了《中国热带作物学会劳务费管理办法》，修订了《中国热带作物学会会议费管理办法》。

学会组织青年工作委员会、科普工作委员会、科技推广咨询工作委员会、遗传育种专业委员会和植物保护专业委员会开展换届工作，选举产生了新一届专委会和工委会。

组织开展2015—2016年度中国热带作物学会先进集体和先进工作者的评选表彰活动，对中国热带作物学会秘书处等8个先进集体以及14名先进个人进行表彰。

2016年制作了8期工作简报并发送给学会理事和会员单位。

学术期刊 2016年，学会主办的《热带作物学报》最新影响因子为0.996，较上一年的0.962提升了0.034，在47种农艺学类杂志中排名第13位。全年共出版12期，载文375篇，总页数2448页。

国内主要学术会议 2016年，学会及所属分支机构共举办年会、研讨会等学术活动14次，征集论文或论文摘要120多篇。

9月5—7日，云南高原特色热作产业创新发展研讨会在云南省瑞丽市召开。会议由学会南药专委会和云南省热带作物学会共同主办。来自海南、广西、云南等40多家科研教育、企业单位的140名专家、学者参会。会议围绕橡胶、咖啡、澳洲坚果等传统热作产业的研究进展和发展新策，辣木、罗汉果、麻欠等新兴特色产业的发展前景等议题展开交流。

12月5—8日，中国热带作物学会热带香料饮料作物专业委员会和咖啡专业委员会2016年年会暨学术研讨会在云南省普洱市召开。来自云南、广西、贵州、湖北、四川、海南等省区的科研院所、高等院校、企业等70多名专家、学者参会。会议主题为“聚焦产业关键、创新服务发展”。会议围绕咖啡等热带香料饮料作物产业的发展进行了交流。会议期间，相关专家、学者考察了农业部国家种子工程云南省小粒咖啡良种苗木繁育基地、普洱咖啡产地加工基地以及云南咖啡交易中心，了解咖啡从种植到加工各环节，找准产业关键问题，为今后的联合创新作准备。

11月29日，学会遗传育种专委会召开了2016年学术午会。来自广东、广西、云南、海南、福建等省、自治区的28家科研院校单位60余名专家、学者参加了会议。12位专家、学者作专题报告，报告内容涉及植物基因组学、生物安全、作物遗传育种、植物天然产物化学、植物生理生化、海洋微生物学等多个研究方向多个领域。会议展示了热带生物资源与基因资源挖掘与综合利用、热带特色植物和微生物资源研究与利用等领域的最新成果。

国际交往 1月24日，学会副理事长刘国道在海南省海口市会见了来访的国际热带薯类学会（ISTRC）主席Keith Tomlins一行，并签署合作协议。双方计划在学术交流、人才培养、专业培训、技术支持以及国际合作项目的申报和实施等方面开展合作。

科普活动 2016年，学会各专业委员会和省级学会全年举办科普展览34期，受众人数4500余人次。举办科普讲座25场，受众人数2000余人次；发放宣传挂图、科普丛书、技术手册、技术光碟等科普宣传资料7000余册（张）。兴隆热带植物园、椰子大观园等科普基地和全国青少年科普教育基地共接待中小学生5000余名。

全国科普日期间，学会科普工作委员会分别于8月22日、9月29日联合中国农学会科普工作处及云南省保山市相关学（协）会，共同举办了以“科技创新驱动引领，推动农业产业发展”为主题的保山市特色农业产业发展研讨会和以“农业科普助推精准扶贫脱贫”为主题的科普工作调研座谈会，近150名专家、学者出席会议。

表彰举荐优秀科技工作者 经学会推荐，中国热带农业科学院研究员彭政荣获第七届“全国优秀科技工作者”称号。

2016年，学会设立了中国热带作物科学技术奖，何康、黄宗道奖，青年科技奖三大奖项，计划于2017年启动奖项的申报和评审工作。

党建强会 10月，学会成立了中共中国热带作物学会秘书处支部委员会。

11月10日，学会在广西壮族自治区南宁市召开学会党建工作专题会议，就理事会层面成立功能型党组织进行研究。第九届理事会常务理事中的中共党员参加会议，学会挂靠单位中国热带农业科学院有关同志列席会议。

11 月，中共中国热带作物学会功能型党委委员会获中国科协科技社团党委批复成立。

【中国热带作物学会 2016 年学术年会】 11 月 9—12 日，中国热带作物学会 2016 年学术年会在广西壮族自治区南宁市召开。学会名誉理事长吕飞杰、中国工程院院士吴孔明、学会理事长李尚兰、英国格林威治大学教授 Keith Ian Tomlins，以及来自全国各地从事热带作物科学研究、教学、生产和管理的 400 多名专家、学者出席会议。学会副理事长兼秘书长刘国道主持大会。

中国热带作物学会 2016 年学术年会

年会的主题是“‘一带一路’国家战略与热带农业走出去”。会议特邀中国工程院院士吴孔明，Keith Ian Tomlins 教授，广东农业科学院研究员易干军，广西农业科学院研究员白先进，中国热带农业科学院研究员刘国道，华中师范大学教授杨万年，广西农业科学院研究员孙健，中国热带农业科学院研究员易克贤、陈松笔分别作大会报告《“一带一路”发展战略与农业科技国际合作》、*Postharvest processing of root and tuber crops and the impact of climate change*、《香蕉枯萎病——世纪难题？》《热区葡萄栽培前景》《构建科技支撑平台，助推中国热带农业走出去》《剪接体相关蛋白 SAPH2 在拟南芥热胁迫响应中的功能研究》《广西特色水果保鲜加工现状及其发展思考》《加强我国热带作物病虫害绿色防控技术研究》、*Proteomics Provides a Great Clue for Cassava Breeding*。

会议设置了 7 个分会场，来自全国各地的 70 余名专家、学者分别在分会场作学术报告。会议期间，举行了热带作物科学领域杰出科学家事迹报告会，主要介绍广西农业科学院原副院长彭绍光研究员的先进事迹。

（撰稿人：唐　弼　杨礼富）

中国蚕学会

服务创新型国家和社会建设　9 月 19 日，学会在江苏省东台市举办全国标准化优质茧丝基地观摩会。14 个省、自治区、直辖市蚕学会、蚕业推广部门、专业合作社、茧丝生产基地和茧丝绸企业的 180 余人参会，交流学习茧丝标准化生产经验，推进我国茧丝绸生产标准化、产业化。

全国标准化优质茧丝基地观摩会

学会建设　学会召开常务理事会议 4 次，理事会议 2 次，会员代表大会 1 次。

3 月 25—28 日，学会以通讯方式召开理事会，推荐全国优秀科技工作者候选人。

3 月 29 日，学会在四川省成都市召开九届六次常务理事会议。报告 2015 年学会、各专委会工作情况及制定 2016 年工作计划，传达中国科协关于学会改革的精神，选举学会理事长鲁成为中国科协九大代表，审议通过学会换届方案。

8 月 13 日，学会在辽宁省凤城市召开九届七次常务理事会议。学会理事长鲁成传达“科技三会”精神，学会秘书长李龙传达中国科协关于学会治理改革有关精神。会议部署了学会第十次会员代表大会筹备工作。

12 月 15 日，学会在广东省广州市召开九届八次常务理事（扩大）会，落实第十次会员代表大会有关事项。

12 月 16 日，学会在广东省广州市召开学会第十次全国会员代表大会。

学术期刊 学会主办的学术期刊《蚕业科学》2016年出版6期，1166个版面，刊登论文160篇，选派编辑参加国家新闻出版总署主办的教育培训1人次。

科普活动 2016年，学会秘书处在江苏省扬州市和镇江市面向中小学生开展蚕桑主题科普活动“蚕桑科普进校园”，参加科普专家25人次，受众师生4000人次。

表彰举荐优秀科技工作者 学会按照《中国科协办公厅关于开展第七届“全国优秀科技工作者”推荐评选工作的通知》，常务理事会投票推荐西南大学教授鲁成获得第七届“全国优秀科技工作者”称号。

党建强会 11月，学会秘书处与挂靠单位组建联合党支部。12月，经中国科协科技社团党委批复同意，学会理事会成立功能型党组织中国蚕学会党委。

【中国蚕学会第十次全国会员代表大会】 12月16日，中国蚕学会第十次全国会员代表大会在广东省广州市召开。广东省科协党组书记、常务副主席何真，广东省农业科学院院长陆华忠、学会名誉理事长舒惠国，中国工程院院士、学会名誉理事长向仲怀出席会议。来自全国各地200多位会员和列席代表出席了会议。

大会审议通过中国蚕学会第九届理事会工作报告、财务报告、中国蚕学会章程修订方案。以无记名投票方式选举产生134名理事组成的第十届理事会。

第十届理事会第一次会议，以无记名投票方式选举产生43人组成的第十届常务理事会和学会领导成员。廖森泰当选学会第十届理事会理事长，李龙、代方银、李标、杨彪、吴海平、宋国柱、钱永华当选副理事长，沈兴家当选秘书长。理事会聘任向仲怀、舒惠国、鲁成为名誉理事长，还聘任了学会副秘书长、各分支机构负责人、《蚕业科学》编委、荣誉理事等。

向仲怀院士肯定了学会在我国蚕业科学和蚕丝产业发展过程中作出的重要贡献，指出21世纪是蚕丝业因地制宜、开拓创新、多元发展的时期，要对蚕丝文化和蚕丝业多元化发展道路充满自信。中国蚕学会肩负历史重任，推动蚕业生态型、多元化、高效益和可持续发展。

新当选理事长廖森泰致闭幕词，他表示，学会新一届理事会将继续坚持“四个服务”的职责定位，加强组织建设、学术创新、成果转化和人才培养，积极拓展学会业务，团结和带领广大会员和蚕业科技工作者，共同推动我国蚕业科技与产业的发展。

【第十二届家（柞）蚕遗传育种及良种繁育学术研讨会】 7月1—3日，由学会主办，西南大学生物技术学院承办的第十二届家（柞）蚕遗传育种及良种繁育学术研讨会在重庆市召开。来自国内20多个省、自治区、直辖市70余家从事相关领域科研、生产、教学及管理单位的200余人参加会议，收到学术论文300余篇。

中国工程院院士向仲怀、农业部种植业管理司经济作物处调研员封槐松、西南大学副校长崔延强、中国农科院蚕业研究所所长张国政等出席会议，学会理事长鲁成主持会议。

向仲怀院士在会上作题为“农业现代化与蚕桑产业转型”的主题报告，从蚕桑产业模式革新和国家创新发展的战略背景出发，结合国内外农业现代化发展的大数据，对蚕桑产业转型的战略方向、基本原则、实施路径等方面进行了系统论述。调研员封槐松介绍了当前我国蚕业生产情况。廖森泰、何宁佳、代方银等13位国内知名专家在会上作特邀报告。

会议设置了遗传学和育种及良种繁育两个分会场，38人次在会上进行了交流。会议研讨和分享了蚕桑产业最新的科学研究和实践动态。

（撰稿人：刘　挺）

中国水土保持学会

服务创新型国家和社会建设 2016年，学会对原持有生产建设项目水土保持方案编制资格证书且自愿申请水土保持方案编制单位水平评价的1558家单位进行水平评价，统一换发生产建设项目水土保持方案编制单位水平评价证书，其中四星131家、三星694家、二星733家。

12月，学会印发《生产建设项目水土保持方案编制单位水平评价管理办法（试行）》（中水会字〔2016〕第64号）。

2016年，分3批次完成生产建设项目水土保持方案编制单位和监测单位水平评价证书变更工作，其中方案编制单位212家、监测单位37家。

1月26—29日，受水利部委托，针对2014年学会向水利部推荐的52家国家级生产建设项目水土保持设施验收技术评估单位的技术人员，学会在广西壮族自治区南宁市举办生产建设项目水土保持设施验收技术评估培训班，培训学员 300 余人。

6 月 3—6 日，学会在四川省成都市举办第一期生产建设项目水土保持设施验收技术评估技术人员培训班，培训学员 600 余人。

7 月 16—18 日，在陕西省西安市举办生产建设项目水土保持设施验收技术评估管理人员培训班，培训学员 100 余人。

7 月 16—19 日，学会在陕西省西安市举办第二期生产建设项目水土保持设施验收技术评估技术人员培训班，培训学员 360 余人。

9 月 4 日，学会在北京召开"中国水土保持与荒漠化防治学科史研究"项目启动会暨学术研讨会。中国科协学术部有关领导出席会议并介绍了学科史研究的相关规定和要求，以及已实施项目的一些经验和教训，并对本项目提出期望和建议。会议咨询专家、全体与会人员就项目实施方案、编写大纲、任务分工等进行了讨论，20 余人参会。

12 月 4—8 日，学会防护林专业委员在广西壮族自治区南宁市举办长江流域等防护林工程建设技术培训班，培训学员 100 余人。

学会建设　12 月 21—22 日，学会在北京召开第五次全国会员代表大会。

2016 年，学会申报获批中国科协项目 14 项，其中择优项目 3 项，承接政府转移职能与科技公共服务工程项目 3 项，学科发展引领与资源整合集成工程项目 2 项，第十八届中国科协年会分会场活动 1 项，第十八届中国科协年会咨询服务专题调研项目 1 项，创新驱动助理工程试点单位及调研课题 1 项，中国科协"十百千"特色活动 1 项，中国科协资助出国参加国际会议 1 项，2016 年青年人才托举工程 1 项。

4 月 13—15 日，学会在陕西省西安市召开秘书长工作会议。14 个专委会、29 个省级学会的秘书长，尚未成立省级学会的 3 个省份主管水土保持工作的领导和学会秘书处人员 70 余人参加会议。

泥石流滑坡专业委员会和小流域综合治理专业委员会完成换届选举工作。

学术期刊　学会完成《中国水土保持科学》编委会换届工作。学会会刊《中国水土保持科学》出版正刊 6 期，总印数 6000 余册，刊出文章 112 篇。

经中国科协和国家新闻出版广电总局批复，《中国水土保持科学》由原来的中文版变更为中、英文版。

学会与中国知网签订优先出版协议，实现期刊纸质版印刷前，电子版优先在线发表，缩短文章的发表周期。

国际学术会议　6 月 14 日，学会与日本学术振兴会（JSPS）中国同学会主办中日水土保持学术交流暨 JSPS 相关资助项目说明会。会议围绕"山地灾害预测预报与灾后植被恢复、重建技术"主题，来自日本和国内的专家、学者作了特约主题报告。来自大学、研究所和水土保持公司等单位的专家、学者 50 人参加会议。

8 月 9—15 日，由中国环境资源与生态保育学会主办，中国水土保持学会等单位协办的可持续高产农业系统——东亚和北美的经验会在加拿大温哥华举办。会议主题为"可持续高产农业系统——东亚和北美的经验"，74 位专家、学者参加会议。

8 月 22—26 日，由世界水土保持学会主办，中国水土保持学会等单位协办的第三届国际水土保持科技大会在塞尔维亚贝尔格莱德举办，33 个国家和地区的 200 多名水土保持科技工作者参加会议。

国内主要学术会议　12 月 22—24 日，学会在北京举办中国水土保持学会 2016 年学术年会。会议主题为"水土保持与生态文明"，设置 8 个分会场，分别为：林业生态与建设工程生态防护学术研讨会、小流域生态治理与生态文明建设学术研讨会、泥石流滑坡专业委员会换届暨学术研讨会、科技协作工作委员会 2016 年年会、水土保持生态修复理论与技术体系高端专题论坛、城市水土保持学术研讨会、水土保持产业论坛、第二届全国水土保持与荒漠化防治青年学术论坛。议题涵盖了防护林、水土保持规划、工程绿化、小流域综合治理、泥石流滑坡、科技协作、生态修复、城市水土保持、水土保持产业等水土保持领域的不同方向。900 多名农业、林业、水利、地质、矿产、环保、电力、交通和城市建设等多行业的专家、学者参加会议，同时组织了水土保持与生态文明建设高新技术成果及产品展览会。

7 月 28 日，在陕西省西安市召开学会承担的第十八届中国科协年会咨询服务专题调研项目"渭河治理与保护——加强水库库区综合治理，提升渭河流域生态和经济安全"专题调研座谈会。会议围绕渭河流域水土保持与水资源保护问题，渭河流域内水库现状、功能和存在问题及渭河流域水库管理与流域综合功能提升等方面进行探讨，30 余人参会。

9月14日，学会在北京召开“水土保持与荒漠化防治学科发展研究”项目启动会暨学术研讨会。会议对项目主要任务进行交流和讨论，并制定项目技术路线。就项目实施方案、编写大纲、任务分工等进行讨论，并部署项目后续实施计划，明确2016年度任务和关键时间节点，20余人参会。

9月24—26日，学会与中国科学院水利部水土保持研究所、西北农林科技大学水土保持研究所、陕西省水土保持学会在陕西省西安市联合承办第十八届中国科协年会分会场学术交流活动，主题为“水土保持与生态服务”。8位专家、学者和44位代表进行交流。会议收到论文和摘要66篇，200余人参会。

9月29日，由学会、中国科学院水利部成都山地灾害与环境研究所、中国科学院青藏高原研究所、水利部长江水利委员会长江科学院、西藏自治区水利厅联合主办的把脉生态文明 问道雪域高原——西藏水土保持与生态文明高端论坛在西藏自治区拉萨市举办。主题为“西藏水土保持与生态文明建设”。中国科学院院士王光谦、崔鹏作了主题报告，中国科学院院士姚檀栋委托人员在论坛宣读报告，中国工程院院士多吉出席论坛。来自国内的相关科研机构、高等院校和西藏区直相关单位、水利系统的150余人参会。

11月4—8日，由学会主办，学会泥石流滑坡专业委员会、西南大学、重庆市水土保持学会等单位联合承办的长江经济带水土保持与防灾减灾学术研讨会暨高层论坛在重庆市召开。与会专家、学者围绕长江水安全与小流域山洪灾害非线性预报方法、长江经济带绿色生态廊道建设策略、长江经济带生态环境保护战略的思考等热点作主题报告。会议设置“水土保持组”“生态恢复组”和“防灾减灾组”3个分会场，150余人参会。

12月24日，由中国科协资助，学会主办的水土保持生态修复理论与技术体系高端专题论坛在北京举行，论坛主题为“生态修复与生态建设”。中国科学院院士傅伯杰、刘昌明和中国工程院院士唐孝炎出席论坛并作报告。来自全国各大高校、研究院所等48个单位的150余人参加论坛，与会者与院士面对面就目前生态修复和生态建设方面的热点问题进行探讨。

两岸交流 10月24—30日，学会与台湾“中华水土保持学会”在台湾中兴大学共同主办海峡两岸水土保持学术研讨会。会议主题为“水土保持提升生态环境永续能力”。来自大陆和台湾地区的100余名专家、学者参加会议，大陆20人参加了学术交流。

12月21—25日，学会协办的第十七届海峡两岸三地环境资源与生态保育学术研讨会在香港特别行政区召开。会议主题为“社会与自然和谐、城市与乡郊共荣”。

科普活动 《水土保持读本（小学版）》印刷2万册，截至2016年12月31日，累计印刷8次，发行9.5万册，在全国19个省市推广。

5月11日，学会联合四川省水土保持学会在四川大学开展2016年全国防灾减灾日科普宣传活动。活动的主题是“减少灾害风险，建设安全城市”。特邀中国科学院成都山地灾害与环境研究所的2位专家现场咨询答疑，发放《山地灾害防灾减灾科普知识 》画册、水土保持科普读本、宣传水土保持法的扑克牌等科普宣传材料，400多名四川大学的学生参加了宣传活动。

表彰举荐优秀科技工作者 学会组织评选第八届中国水土保持学会科学技术奖8项，其中一等奖2项、二等奖3项、三等奖3项。

评选第十届中国水土保持学会青年科技奖，5位青年科技工作者获奖。

评选第一届中国水土保持学会突出贡献奖，66人获奖。

经学会推荐，中国科学院水利部水土保持研究所刘国彬、北京师范大学刘宝元、北京林业大学余新晓获得第七届“全国优秀科技工作者”称号。

党建强会 12月29日，中国科协科技社团党委向学会下发了《关于同意中国水土保持学会成立党委及组成人选的批复》（科协社团党发〔2016〕106号）文件，批准学会成立功能型党委。

2016年，学会党支部开展“两学一做”专题教育活动。学会党支部组织党员学习《习近平总书记七一讲话精神》《习近平总书记教师节重要讲话》《学习李保国精神，做优秀共产党员》等系列专题党课。

12月2—3日，学会党支部与李保国教授生前所在党支部河北农业大学林学院林学系党支部开展主题为“学习李保国愚公精神，发挥水土保持专业优势，帮扶山区百姓精准扶贫，为京津冀一体化建设出力”的共建活动。

【2016中国水土保持学会第五次全国会员代表大会】 12月21—22日，学会在北京召开2016中国水土保持学会第五次全国会员代表大会。会议选举产生

了第五届理事会理事144名。在第五届理事会第一次会议上，选举产生了43名常务理事。在第五届常务理事会第一次会议上，选举产生了第五届理事会领导机构。来自相关单位的代表260余人参加了会议。

学会第四届理事会副理事长刘震主持开幕式。会议表彰了第七届中国水土保持学会科学技术奖、第八届中国水土保持学会科学技术奖、第十届中国水土保持学会青年科技奖、第一届中国水土保持学会突出贡献奖获得者，以及中国科协第七届全国优秀科技工作者。学会第四届理事会理事长、水利部副部长刘宁作第四届理事会工作报告《把握机遇真抓实干　努力开创水土保持学会工作新局面》，四届理事会秘书长吴斌作了财务报告以及学会会费收取和使用管理暂行办法、暂不修改《中国水土保持学会章程》的说明，四届理事会副理事长刘国彬作了第五届理事会理事、常务理事候选人推荐情况的说明。

会议通过无记名投票选举形式，产生了第五届理事会理事，表决通过了《中国水土保持学会会费收取和使用管理暂行办法》、第四届理事会工作报告、财务报告和暂不修改《中国水土保持学会章程》的说明。

水利部副部长刘宁当选学会第五届理事会理事长，蒲朝勇、王祝雄、崔鹏、吴斌、谢建华、刘国彬、王玉杰当选第五届理事会副理事长，聘任北京林业大学副校长王玉杰为第五届理事会秘书长。

（撰稿人：郑　慧）

中国茶叶学会

服务创新型国家和社会建设　2016年，学会与浙江省桐庐县政府、黄山市科协、黄山市洪通农业科技有限公司、宜昌市鑫鼎生物科技有限公司签订创新驱动助力工程合作协议，提供咨询服务。邀请专家赴各合作单位实地考察，对茶叶生产中存在的技术瓶颈，开展座谈交流、人员培训、技术服务。

1月21日，受农业部南京农业机械化研究所的委托，学会在江苏省南京市召开跨行自走式履带采茶机技术与装备研究科技成果评价会。

3月，学会与《中国茶叶》杂志专访中国工程院院士陈宗懋，就有关社会热点“稀土限量去留”问题，向公众作简要说明。在学会官网、官微、各大茶叶相关网站共同发布，总阅读量达60136人次。

3月24—26日，学会组织专家走进广西，助力桂茶发展。专家对2016“圆通禅舍杯”广西春茶（绿茶）擂台赛茶样进行感官审评，作了题为“茶叶品质与管理”“绿茶与红茶的审评技术与品质特征”的专题讲座，讲解全国茶艺职业技能竞赛的技术要求和发展方向。

7月、10月，学会开展第四届“国饮杯”全国茶叶评比活动。收到20个省、自治区、直辖市选送的茶样544个。由7名专家、7名消费者组成的专家评审团和消费者评审团，根据《“国饮杯”全国茶叶评比办法》对茶样进行感官审评，由杭州市公证处公证人员跟踪、审核。本届评比特等奖上线茶样74个，获奖率为13.6%；一等奖上线茶样248个，获奖率为45.6%。

9月，学会开展第五届“中国名茶之乡”评选活动。收到来自11个省、自治区、直辖市产茶区域的申请。根据公平、公正原则和《中国名茶之乡评选指标》，评选出福建省松溪县等14个重点产茶县（市）、乡（镇）为第五届“中国名茶之乡”，评选结果经网站公示，学会常务理事会审核通过，正式命名为第五届“中国名茶之乡”。

10月12—14日，学会在江苏省金坛市举办2016年中国茶叶学会茶叶科技示范基地创新驱动交流会。来自广西壮族自治区、安徽省等地30余家茶叶科技示范基地，以及金坛市部分企业代表50余人参加会议。交流会设置品牌建设、茶园绿色防控、茶叶机械3个专题，邀请相关专家、学者作专题报告与交流。

学会受浙江省职业技能鉴定指导中心委托，组织专家编写茶艺培训师、茶园植保员专项职业能力考核规范，聘请专家组成题库编写组，开展浙江省茶艺师职业考核题库开发和审定工作。

2016年，学会举办茶艺师、评茶员职业技能培训班19期，培训学员1412人次。举办4期专业技术人才研修班，包括普洱茶品质评鉴研修班2期、茶业经营管理研修班、闽北乌龙茶品质评鉴研修班，培训学员273人次。

学会与农业部人力资源开发中心、中国就业培训技术指导中心联合举办“绿宝石杯”第三届全国茶艺职业技能竞赛。个人赛前3名由学会向人力资源和社会保障部推荐授予“全国技术能手”荣誉称号。

学会与安徽省、湖北省、广西壮族自治区的多个贫困山区政府、企业签订合作协议，开展科技下乡、科技成果推广应用、全民饮茶日等科普扶贫服务。

邀请专业人员录制中级茶艺师视频课程8个，扩充“中国茶产业远程教育平台”线上课程内容。

学会获2016年度全国学会科普工作优秀单位。

学会建设 截至2016年12月31日，学会会员总数9879人，单位会员总数69个。

学会制定《2016学会改革工作计划》《中国茶叶学会财务管理制度》《中国茶叶学会分支机构财务管理办法（试行）》，新成立监事会议，召开九届八次常务理事会、九届九次常务理事会议。九届八次常务理事会选举学会理事长江用文作为中国科协会第九次全国代表大会代表，推选为第九届全国委员会委员候选人。

学会加入海峡两岸暨港澳协同创新联盟。9月12—14日，在广东省深圳市召开的2016年海峡两岸暨港澳协同创新联盟工作会议，学会常务副秘书长周智修出席会议并当选联盟理事。

学术期刊 2016年，学会处理稿件323篇，其中《茶叶科学》录用79篇，编辑出版期刊6期，约100万字。完成6期网络版合作任务。向中国知网、科学引文数据库等提供排版电子文档和样刊，向万方数据、中国科协提供《茶叶科学》各期文摘。根据中国科学技术信息研究所最新报告，《茶叶科学》核心影响因子提升至1.058，核心综合评价总分排名全国园艺学类期刊第三位。

学科发展研究 10月17日，学会在浙江省杭州市召开《2016—2017茶学学科发展报告》编写启动会议。来自6个省、直辖市的17名专家出席会议。会议明确本卷茶学学科报告分茶树资源学、育种学、分子生物学、栽培学、植保学、加工学、深加工学、产业经济与文化学、质量与标准研究、茶叶健康功能与机理研究10个研究领域，确定各领域的召集人和进度安排。

学会茶叶经济研究专业委员会开展茶业经济学科发展研究，撰写《我国茶产业经济研究进展（2011—2016）》的学科发展研究报告。

决策咨询 7月7日，学会与湖北省恩施州政府共同召开恩施州茶产业发展咨询会。学会名誉理事长陈宗懋、理事长江用文等27位常务理事，以及中国农业科学院茶叶研究所党委书记姜仁华、副所长鲁成银等茶叶专家出席会议。专家针对恩施州关心的茶叶产业结构调整、品牌建设、科技创新、质量安全等问题提出建议。

湖北省恩施自治州茶产业发展咨询会

国内主要学术会议 学会及所属分支机构组织召开4次学术交流活动，包括第九届海峡两岸暨港澳茶业学术研讨会、2016有机茶生产者贸易者合作会议、第四届茶叶感官审评研究学术沙龙、茶艺研究与推广沙龙。共计592人参与，收录论文132篇。

2月26日，学会有机茶专业委员会参与举办的2016有机茶生产贸易者合作会议在浙江省杭州市召开，来自全国的100多家有机茶生产和贸易企业的150余人参加会议。会议主题为“‘互联网+’品牌”驱动，有机茶产业发展。

6月21日，学会在浙江省杭州市召开以“茶艺传承、创新和发展”为主题的“茶艺研究与推广沙龙”。来自16个省、自治区、直辖市的茶学专家、茶艺研究者、茶艺推广者计82人参加。沙龙围绕茶艺的定位、传承及创新，当代茶艺的核心内涵与社会责任，传统茶艺如何融入现代生活，以及“一带一路”与茶艺传播和茶席的审美价值等10个议题展开讨论，现场发言近百人次。

8月29—31日，学会在四川省犍为县举办第四届茶叶感官审评研究学术沙龙。中国科协书记处原书记沈爱民、学会理事长江用文等出席沙龙。来自14个省（区、市）的7个农业（茶叶）主管部门、8个专业研究所、9所高校、9家品牌企业的100余人参加了沙龙。沙龙聚焦花茶及代用茶的感官品质研究，就香气物质构成及特性表现、品质控制技术与价值、茉莉花新品种应用与生产、代用茶品质与审评方法四个方面展开探讨。对具有突出代表性的45只花茶及代用茶进行感官审评。

两岸交流 6月15—16日，由学会与台湾茶协会、安徽农业大学共同主办的第九届海峡两岸暨港澳茶业学术研讨会在安徽省合肥市举行。来自我国大陆17个省、自治区、直辖市50余家高校、科研院所、茶叶龙头企业，以及香港特别行政区、澳门特别行政区和台湾地区的科技工作者260人参加了会议。会议收录论文132篇，以大会报告、专题研讨、论文墙报、专项考察等形式。展开研讨与交流，推动海峡两岸暨港澳地区在茶业、医学、文化学科领域的学术交流与合作。

第九届海峡两岸暨港澳茶业学术研讨会

国际交往 4月5日，学会分别与韩国圆光网络大学、韩国国际茶俱乐部在浙江省杭州市签署合作谅解备忘录，双方计划在茶叶自然科学、茶文化、茶业经济等多方面开展交流合作。

科普活动 2016年，茶叶科普专家在全国开展100余次科普讲座、宣传、技术培训等活动，浙江大学教授王岳飞等应中央电视台邀请，讲授茶叶知识。

2016年，学会微信平台发微文122篇，点击量106.76万人次。5月，学会微信平台荣登2016年第5期科普中国微平台移动互联科学传播榜的科普微信公众号潜力榜。

表彰举荐优秀科技工作者 经学会推荐，王云、夏涛、屠幼英3名茶叶科技工作者获得第七届“全国优秀科技工作者”称号；评选第三届全国优秀茶叶科技工作者10名、首届“全国优秀女茶叶科技工作者”10名，推荐中国农业科学院茶叶研究所副研究员许勇泉入选中国科协“青年人才托举工程”。

学会创新发展 2016年，学会推出“名师公开课”系列活动，让“茶”深入寻常百姓家。活动共举办3期，邀请了中国工程院院士、中国茶叶学会名誉理事长陈宗懋，韩国国际茶俱乐部事务总长、圆光网络大学茶文化经营学科教授孙莲淑作了题为“饮茶与健康”“韩国茶文化”的专题讲座。来自马来西亚以及国内北京、上海、云南、江苏等18个省、自治区、直辖市的326名茶友现场听课，学会微信平台、网站等推广普及，受众85612人次。

新设立“全国优秀女茶叶科技工作者”奖项，与原有的青年科技奖、科学技术奖配合，将“青年科技奖”等青年人才评选与中国科协“青年人才托举工程”项目申报相结合，形成长效青年人才举荐模式。

党建强会 11月28日，中国科协科技社团委员会科协社团党发〔2016〕33号文，批复学会成立功能性党委。

连续四年获中国科协“党建强会”项目支持。每月定期召开办事机构党支部会议，深入开展“两学一做”教育活动，安排理事长、支部书记等讲党课，参与支撑单位党建活动，听取党风廉政建设专题报告，组织支部成员走进浙江省金华市浦江县“郑义门”、杭州市富阳区抗日受降纪念馆等。

7月7—8日，学会办事机构党支部组织专家和部分党员走进湖北省鹤峰县，为鹤峰县有关部门及各乡镇负责人、茶叶企业代表等200余人作了题为“鹤峰县茶产业发展的建议”“从浙江的实践论鹤峰茶叶品牌建设”的专题报告。考察鹤峰县龙潭村和木耳山两个茶叶基地、青翠源茶业有限公司、龙福茶业有限公司，向鹤峰县茶农赠送了一批茶叶书籍、刊物及茶园生产物资，向当地茶叶技术干部及茶农现场演示、指导黄板和诱捕器的安装及使用方法，介绍茶园害虫无公害防治技术。

【2016中国茶业科技年会】 11月9—11日，学会在四川省雅安市举办2016中国茶业科技年会。年会以“创新驱动·绿色发展”为主题，促进产、学、研、政合作交流。会议主要内容包括主会场特邀报告和科技、经济两个分会场专题交流。邀请著名专家介绍国内外产业、技术发展动态，分析茶业产销形式。科技、经济分会场以优势区域和优良品种、绿色生态安全生产，市场和品牌建设等议题展开交流与探讨。来自全国各地的科研院所、茶叶龙头企业、产茶县市茶叶主管部门、茶叶社团900余人参加会议。11位专家作专题报告，发布成果39项，交流人才信息569份。

2016中国茶业科技年会

年会还开展了优秀茶叶科技工作者宣传、最新科技成果展示、第四届“国饮杯”全国茶叶评比获奖茶品、雅安藏茶慈善拍卖、2017年应届毕业生人才信息交流等活动。

【2016第八届全民饮茶日活动】 4月，学会在杭州、北京、上海、成都、广州等80余个城市开展“2016第八届全民饮茶日活动”，活动主题为“茶为国饮　品味生活”。江苏省仪征市作为主会场城市，4月9日举行启动仪式。据统计，1036家茶叶企业、近1200万人参与了本届全民饮茶日。全国各地组织开展茶事活动、茶艺演示297场、茶叶评比31次、知识讲座164场。学会制作资源包，组织专家编印《新茶知识100问》科普小册子，向全国各举办城市发放5万余份。4月20—24日，学会官方微信推出“全民饮茶日——茶知识有奖竞答”活动，共计20144人次参与答题，其中10人获第四届茶业经营管理研修班免费研修机会。

【“绿宝石杯”第三届全国茶艺职业技能竞赛】 9月，学会与农业部人力资源开发中心、中国就业培训技术指导中心共同主办“绿宝石杯”第三届全国茶艺职业技能竞赛活动。竞赛分个人赛、团体赛和茶席设计赛3项赛事，设立分赛区选拔和总决赛两个阶段。在全国29个省、自治区、直辖市成立23个分赛区开展选拔赛，全国数万人参与。由茶艺专业委员会牵头组织协同有关专家，对竞赛的项目设置、裁判依据、权数分配进行反复考量，广泛征求意见，形成《茶艺职业技能竞赛技术规程》。特别增设“茶汤质量比拼”项目，强调茶汤质量。

9月19—22日，以“弘扬工匠精神，提升茶艺技能”为主题的总决赛在贵州省贵阳市举办，由学会、贵州省贵阳市人民政府承办。来自26个省、自治区、直辖市的268名选手现场参与总决赛，个人赛69人，团体赛33队，茶席设计赛45席。评出个人赛金奖3个、银奖12个、铜奖25个，团体赛金奖1个、银奖3个、铜奖6个，茶席设计赛金奖3个、银奖10个、铜奖17个、优秀组织奖20个。个人赛前3名由学会向人力和社会资源部推荐授予“全国技术能手”荣誉称号。

（撰稿人：马秀芬）

中国草学会

服务创新型国家和社会建设 2016年，学会饲料生产专业委员会副主任李向林等10余人分别赴青海省西宁市、玉树州，新疆维吾尔自治区和田市，山西晋中市，四川省阿坝州，黑龙江省哈尔滨市，浙江省湖州市等地进行优质饲草生产、玉米青贮、人工种草以及牛羊养殖等关键技术进行答疑解惑，培训基层技术人员近2000人次。

2月24—26日，学会草地植保专业委员会联合中国农业科学院植物保护研究所在广西壮族自治区北海市组织召开全国草地有害生物防控技术培训会。全国畜牧总站副站长贠旭江、草业处副处长洪军、中国农业科学院植物保护研究所书记张步江出席会议。兰州大学教授李春杰、新疆治蝗灭鼠指挥部办公室研究员倪亦非等9位专家分别交流了草地有害生物监测预警、防控技术研究及应用情况。来自内蒙古、新疆等9个草原省、自治区草原站，以及大专院校、科研院所、企业的180人参加了培训。

6月11日，国务院学位委员会草学学科评议组第二次会议在兰州大学草地农业科技学院召开，会议由南志标院士主持。学会草地生态委员会副主任委员韩国栋和王德利，以及学会副理事长呼天明、韩烈保教授、师尚礼常务理事崔国文以及草学学科评议组秘书段廷玉等出席会议。会议分析了草学学科发展中的问题，重点讨论了学科评议组成员编写的《草学硕士学位授权一级学科点申请基本条件》，确定了《草学博士、硕士学位授权一级学科点申请基本条件》内容和指标。

7月6—8日，学会草地植保专业委员会在内蒙古自治区锡林浩特市农业部锡林郭勒草原有害生物科学观测实验站召开全国草地有害生物防控技术培训会。全国畜牧总站、中国农业大学、中国科学院动物研究所、中国农业科学院植物保护研究所、兰州大学、西北大学从事草地有害生物研究的专家参与授课，分别讲解了草地病害、虫害、鼠害、毒害草发生规律及防控技术课程。50人余人出席了会议。

7月19—21日，学会种子科学与技术专业委员会与北京市畜牧局合作在北京举办种子检测人员培训，来自检测机构和企业的30余名学员参加培训。

8月5—6日，学会草地植保专业委员会牧草病害团队在新疆维吾尔自治区昌吉市举办草地病害防治技术研究与示范培训班。来自全国10所高校，中国农业科学院3个所，9省区农业科学院或畜牧研究院，新疆和宁夏草原总站及区县草原站，新疆建设兵团，5家牧草相关企业等单位的科研人员、草业技术人员和企业负责人 120 余人参加培训。

9 月 4—8 日，学会组织专家和大学生共计 15 人深入甘肃肃北县和阿克塞县农牧户，对该地区草原生态补奖政策实施效果进行了实地调查。此次调查采用入户访谈和问卷调查相结合的方式进行。10 月，学会对调查进行了总结。12 月，学会参加了在河北承德召开的草原生态补助奖励机制政策实施效果调查报告会，向农业部畜牧业司和全国畜牧总站的参会领导汇报了本次调查工作，并提交调查报告一份。

学会建设 10 月 14—16 日，中国草学会草坪专业委员会第九次全国会员代表大会在宁夏回族自治区银川市召开。与会代表听取并审议通过了第八届草坪专业委员会理事会的工作报告，同时依据学会等的相关章程选举产生了新一届草坪专业委员会理事会（第九届）。中国农业大学副教授孙彦当选为主任委员。

10 月 29 日，学会在北京召开了 2016 年度常务理事会。学会理事长马启智对学会下一任（第九届）理事长、副理事长酝酿产生作了说明。学会常务副秘书长邓波向各位常务理事介绍了第九次全国会员代表大会筹备进展情况。12 月 9—11 日，中国草学会第九次全国会员代表大会在北京召开。

学术期刊 2016 年，学会主办的学术期刊《草业科学》和《草业学报》均获得了首届甘肃省“十佳期刊”提名（科技类）。《草地学报》入选 2016《中国学术期刊影响因子年报》统计源期刊。

《草业科学》被遴选为 CSCD-C 库来源期刊，2015 年的核心他引率从 0.71（2014 年）提高到 0.80，核心总被引频次从 2294（2014 年）增加到 2907，2016 年获得了中国科协“精品科技期刊工程项目——学术质量提升”的资助，并开通了《草业科学》微信服务号。

据 2016 年版《中国科技期刊引证报告》核心版，《草业学报》（2015 年）影响因子为 3.743，在全国 2000 多种统计源期刊中排名第 2 位，在全国草原学类期刊中名列第 1 位；获得“中国科技论文在线优秀期刊”（2015 年度）一等奖。6 月，《草业学报》被 Scopus 数据库收录。

决策咨询 2016 年，学会副理事长师尚礼等以及部分理事、常务理事先后参与了兰州大学、西北农林科技大学、新疆农业大学、内蒙古农业大学的博士点评估，以及农业部、甘肃省等有关部门关于草业方面的多次论证、规划、咨询，同时参加了甘肃省草业联盟协会的成立论证会。

7 月 23 日，学会常务理事李向林参加了“柴达木（中国）生态农牧业创新平台”暨“柴达木（中国）生态农牧业创新联盟”成立技术咨询会。在会上重点讨论了地方牧草产业的培育和发展，对当地栽培和管理技术进行了指导。

国际学术会议 8 月 15—19 日，第九届国际牧草与草坪草分子育种学术研讨会（The 9th International Symposium on Molecular Breeding of Forage and Turf, MBFT）暨第三届全国草业生物技术大会在甘肃省兰州市举办。学会为主办方之一，学会草业生物技术专业委员会和兰州大学草地农业科技学院承办。共有来自中国、澳大利亚、美国、日本、韩国、荷兰和墨西哥等 10 余个国家的 280 余名草业科学研究领域的专家、学者参会。甘肃省副省长郝远，中国工程院副院长刘旭，兰州大学校长王乘，中国农业大学副校长王涛，国际牧草与草坪草分子育种委员会主席、澳大利亚科学技术和工程院院士 German Spangenberg，国际牧草与草坪草分子育种学术研讨会委员、美国诺贝基金会副主席王增裕，国际牧草与草坪草分子育种学术研讨会委员、日本滨松农业研究院教授仁裕中川，学会顾问任继周院士、南志标院士等出席了开幕式。German Spangenberg 教授和王增裕教授分别作了大会开幕式和闭幕式主旨报告，21 位专家作了大会特邀报告，30 多位专家作了大会专题报告。这次会议是草类植物分子育种学术界规格最高、规模最大的一次世界性学术与技术盛会，并且是首次在中国举办。会议就全球化背景下，对草业生物技术、草业与现代农业、草业与生态安全、食物安全、能源安全等问题进行了深入探讨，内容涉及牧草与草坪草种质资源多样性及其对育种的影响、草类植物基因组学、牧草和草坪草研究的新技术和新方法、饲草植物与微生物互作、牧草与草坪草遗传育种技术以及草品种与环境等各个方面。

国内主要学术会议 2016 年，学会及分支机构共举办研讨会、论坛等学术活动 10 余次，提交学术交流论文 200 余篇，参会人数 1000 余人次。

1 月 14 日，学会草地植保专业委员会联合中国农业科学院植物保护研究所在北京举办了 2016 年度草地有害生物防控研讨会。全国畜牧总站副站长贠旭江、农业部畜牧业司草原处处长李维薇、内蒙古自治区草原工作站副站长赵英、相关大学、科研院所、地方技术推广部门、企业单位负责人 40 余人出席了会议。

8月21日，学会种子科学与技术专业委员会联合北京克劳沃草业技术开发中心等单位在青海省举办了现代草种业论坛。来自国内外的专家、学者、企业家和行政管理人员200余人参加了此次论坛，参会人员围绕我国草种子产业化发展存在的关键问题进行了专门研讨。

9月28—29日，中国草学会青年工作委员会2016年学术研讨会在重庆召开。本次会议由重庆市畜牧科学院承办，青年工作委员会主任委员杨富裕主持开幕式。中国农业大学副校长王涛作了开幕式致辞。中国农业大学教授张英俊作了开篇报告《苜蓿在呼伦贝尔改良草场中的构建与维持机制》，会议重点围绕天然草原合理利用、农区粮草兼顾型农业系统的建立和饲草产品开发与利用等问题进行了讨论分析。重庆畜牧科学院研究员张健介绍了重庆市草业发展战略情况，四川省草原科学研究院院长白史且讲解了青藏高原老芒麦种质资源研究与利用。此次会议有来自科研院所、高校等以及国外学者共计150余名草业青年参加，其中，30名国内外学者作了会议报告。

国际组织任职 7月18—22日，在第十届国际天然草地大会（The 10th International Rangeland Congress，IRC）上，学会副理事长侯扶江当选为IRC连续委员会委员。

学会顾问、中国农科院草原所所长侯向阳任国际草原大会连续委员会委员。

国际交往 2016年，学会接待来自澳大利亚、美国、英国、新西兰、加拿大、巴基斯坦等国家的草地专家来访，共举办学术报告25场，同时出国参加国际学术交流6次。

7月18—22日，第十届国际天然草地大会（The 10th International Rangeland Congress，IRC）在加拿大萨斯卡通市召开，学会理事长马启智等中国代表20余人参加了会议。大会围绕草地资源现状、草地生态食品与服务、草地经营与管理、草地的多样化利用、高纬度高海拔地区的牧场与牧草、草地气候变化、放牧土地评价与管理7个专题开展了学术研讨，学会副理事长侯扶江、韩国栋作了大会报告。此次大会共有500多名来自世界五大洲的专家参会。

8月16—21日，第六届中日韩国际草地会议（The 6th China-Japan-Korea Grassland Conference）在韩国济州岛召开，来自世界各地100余名专家参加了会议。学会副理事长王德利、常务副秘书长邓波、草地生态委员会主任委员沈禹颖等50余名中国代表参加了此次会议。大会围绕牧草生产、管理利用与质量评价，马的饲草、牧草遗传，育种与生理生态学，牧草利用及家畜生产4个主题开展了学术研讨。沈禹颖和王德利作为大会分会主席，主持了相关会议。

科普活动 2016年，学会开展牧草新品种宣传推广、配套技术培训等活动，对全国不同地区牧草种植和管理技术进行了指导，通过网络、实地培训等方式，举办科普科技进村活动，举办实用技术培训100余次，开展科技咨询30次，直接受众达4000人次。

11月1日，学会草地生态专业委员会主任委员沈禹颖带领其团队参加了兰州大学庆阳黄土高原草地农业试验站举办的主题为“高效优质、生态涵养草地农业”的科技开放日活动。

表彰举荐优秀科技工作者 5月7日，由学会主办的2015年度王栋奖学金颁奖典礼在南京农业大学举行。南京农业大学草业学院教授沈益新宣读了《关于表彰2015年度“王栋奖学金”获得者的决定》，兰州大学、中国农业大学、南京农业大学、西北农林科技大学、四川农业大学的6名博士研究生和的4名硕士研究生获奖，中国农业大学博士研究生唐士明代表获奖者发言。

12月10日，在中国草学会第九次全国会员代表大会开幕式上进行中国草学会草业科技奖（2014—2015年度）颁奖仪式。获奖项目共16项，其中一等奖2项、二等奖7项、三等奖7项。获奖项目的领奖代表有内蒙古农业大学教授武晓东、中国科学院植物研究所研究员刘公社、中国热带农业科学院热带作物品种资源研究所研究员白昌军、中国农业科学院草原研究所研究员孙启忠、黑龙江省畜牧研究所研究员李红等16人。

会员服务 2016年，学会主办的期刊《草业科学》开展了学会会员优秀论文的评选活动。从2016年刊出的论文中，依据被引频次、文章学术质量及文章类型进行了优秀论文的评选，共选出10篇文章，并对每篇论文予以奖励。

【中国草学会第九次全国会员代表大会】 12月9—11日，中国草学会第九次全国会员代表大会在北京召开。学会理事长马启智、农业部副部长于康震、中国科协党组成员兼学术部部长宋军、农业部畜牧业司司长马有祥、农业部草原监理中心主任李伟方、全国畜牧总站书记何新天等出席开幕式。学会首席顾问任继周、名誉理事长云锦凤以及中国植保学会等兄弟学会发来贺信，对大会举行表示祝贺。

学会理事长马启智致大会欢迎词，希望与会代表关心学会工作，对学会的工作多提意见。于康震在致辞中对学会近期的工作给予充分的肯定，他指出，学会作为草业界的最高学术团体，团结带领学会会员，投身于草业科学研究、科学普及、技术推广和政策研究，在各方面发挥了重要作用。他还分析了“十三五”的全国农业及草牧业形式，并对中国草学会在今后的草牧业发展中的作用提出了更高的希望。宋军在致辞中阐述了社会团体在国家发展中的重要性，对中国草学会的工作和肯定，并希望在学会新一届理事会的领导下，紧密团结在党中央周围，分发作为，开拓创新，为建设创新型国家、全面建成小康社会作出应有的贡献。

大会听取、审议和通过了王堃秘书长所作的《第八届理事会工作报告》《第八届理事会财务报告》，常务副秘书长邓波作的修改《中国草学会章程》报告。会议投票选举产生了第九届理事会。会议期间，召开了第九届第一次理事会议。会议投票选举产生了第九届理事会常务理事、正副理事长、秘书长。第九届理事会聘请马启智为名誉理事长，王培等17人为理事会顾问，任继周院士为首席顾问，南志标院士为学术指导委员会首席科学家兼主任，王明玖等13人为学术指导委员会委员。

何新天致大会闭幕词。他指出，今后5年是我国实施国民经济和社会发展第十三个五年规划的重要时期，中国草学会将继续贯彻实施中国科协的规划纲要，将生态文明建设、精准扶贫、建设小康社会等精神落实到具体的工作与学习中；紧密团结广大草业科技工作者不断开拓创新，努力增强学会的凝聚力、影响力和战斗力，为我国草业科学与草业的发展作出新的贡献。

【纪念《草原法》颁布31周年】 6月18日，学会和农业部有关单位在北京共同举办了“纪念《草原法》颁布31周年，倡导设立‘6·18草原保护日’”主题活动。全国人大常委会副委员长艾力更·依明巴海出席活动并作讲话。会议由学会理事长马启智主持。全国人大民委、环资委、中国科协、农业部等单位领导，中国工程院院士，有关科研院所和高等院校的专家、学者，中国农学会、中国土壤学会、中国林学会、中国水土保持学会等学会的领导和专家，相关草业企业、基层草原工作者和媒体代表共60余人出席了活动。

会议认为，我国是草原资源大国，拥有天然草原近4亿公顷，约占国土面积的2/5，居世界第二位。草原生态生产功能兼备，既是我国面积最大的陆地生态系统和生态安全屏障，也是牧区各族群众赖以生存的生产资料和脱贫致富奔小康的重要依托，做好草原工作事关国民经济和社会发展全局。《草原法》于1985年6月18日颁布施行以来，对我国草原资源的保护、建设、利用起到了至关重要的促进作用，“依法治草、依法兴草”的理念逐步深入人心，为草原资源管理和生态保护提供了坚实的法制保障。特别是“十二五”以来，我国草原工作坚持“生产生态有机结合、生态优先”的方针，紧紧围绕“草原生态向好、牧区生产发展和牧民生活改善”的目标任务，认真贯彻草原法律法规，不断加大草原保护建设力度，草原生态明显改善。

会议强调，加强草原生态保护是建设生态文明的重要内容。当前，建立完善草原生态保护制度、加大草原生态恢复和保护力度、打击破坏草原的违法犯罪行为、改善草原生态环境的任务仍然繁重而艰巨。进一步加强草原生态保护建设，离不开全社会的关心与支持。设立“6·18草原保护日”，对进一步加大草原宣传力度，深化社会各界对草原生态保护工作重要性的认识，凝聚起全社会“知草、爱草、护草”的强大合力具有重要意义。会议倡议，在对《草原法》进行修订时，明确规定将每年的6月18日确立为“草原保护日”。

（撰稿人：陈力玉　邓波）

中国植物营养与肥料学会

服务创新型国家和社会建设　9月，依据学会《科技成果鉴定暂行管理办法》，对河南远东生物工程有限公司、河南奈安生态治理有限公司和河南省土壤肥料站共同完成的“炭吸附聚谷氨酸有机水溶肥的研发与示范推广成果”项目进行科技成果评价。

2016年，学会组织20余位专家走访宁夏回族自治区石嘴山市、甘肃省庆阳市、山东省济南市、辽宁省大连市、河南省西华县等8个城市20余家企业进行调研，了解企业技术需求。

9月25日，由学会新型肥料专家委员会、华中农业大学和中国化工报社三方共同发起，以学会及华中农业大学、中国农业大学、南京农业大学、中国化工报社《农资导报》等32家科研院所为技术依托，联合史丹利农业集团股份有限公司、迪斯科化工集团股份有限公司、北京绿色农华植保科技有限责任公司、深圳德钾盐贸易有限公司、山东瓮福金谷化肥有限公司、龙灯作物科技有限公司、深圳诺普信等43家肥料企业，自愿组成中微肥创新联盟。

学会与甘肃省庆阳市、福建省龙岩市建立学会工作站，与大北农集团签署为期5年的战略合作协议，与大连亚农农业科技有限公司共同建立全国标杆性质的中微量元素肥料研发中心。

学会建设 11月22日，学会在山东省济南市召开第九次会员代表大会。大会选举产生第九届理事会理事150名、常务理事50名。新增农化服务工作委员会、标准术语工作委员会、肥料产业工作委员会、对外交流工作委员会，增加一个绿肥工作组。学会下属工作委员会由原来的6个增加为10个。

2016年，学会编撰出版《林葆论文选》《历程——中国植物营养与肥料学会30年》《理事建言献策》等书籍。

学会启动对个人会员资料重新整理、统计的工作。

学术期刊 2016年，学会主办的《植物营养与肥料学报》出刊6期，刊发论文191篇，印刷5760册。中国科技论文与引文数据库（CSTPCD）统计,《植物营养与肥料学报》2015年度文献计量学指标结果与排名核心影响因子为1.848，核心总被引频次为4893，在“土壤学”类期刊中均排名第1位；在核心统计源1985种期刊总排名分别为第35位和第61位；综合评分82.19，在“土壤学类”期刊中排名第2位，在核心统计源1985种期刊排名第53位。

《中国土壤与肥料》出刊6期，刊发论文150篇，印刷9200册。根据《中国科技期刊引证报告（核心版）》的结果,《中国土壤与肥料》影响因子为0.881，在土壤学类期刊中排名第4位。2015年《中国学术期刊影响因子年报》统计期刊复合影响因子为1.348，在“土壤学”类期刊中均排名第10位。

国际学术会议 3月16—18日，由学会与国际植物营养研究所（IPNI）、中国农业科学院农业资源与农业区划研究所共同举办的化肥零增长下养分高效利用国际学术研讨会在北京召开，会议以“化肥零增长下肥料减施增效策略”为主题。来自美国、英国、德国、加拿大、澳大利亚、印度、法国、意大利等国的专家和国内学者300余人参加大会。举行大会报告31场，报告内容包括粮食作物、经济作物、蔬菜、果树化肥减施增效技术以及新型肥料5方面主题。

国内主要学术会议 4月11—13日，由学会新型肥料专业委员会和华中农业大学微量元素研究中心主办，大连亚农农业科技有限公司承办的第七届全国新型肥料学术研讨会——中微量元素肥料国际学术交流会在辽宁省大连市召开。来自全国各地科研院所、大专院校、中微量元素肥料生产和销售企业、农技推广部门以及媒体记者等共200余名专家、学者参加本届学术研讨会。会议围绕中微量元素对作物和人体的重要性以及缺乏现状、中微量元素肥料的应用效果和研究进展、我国中微量元素肥料技术创新与突破、新产品研发及技术发展、中微量元素肥料与化肥减量增效等进行了全方面的研讨，并就国内外中微量元素肥料新产品进行推广和交流。

5月18—20日，由学会青年工作委员会、中国土壤学会青年工作委员会主办，山东农业大学、土肥资源高效利用国家工程实验室、山东土壤肥料学会、山东省土壤肥料工作总站、山东省农业科学院、农业资源与环境学报承办，山东宏发重型机械有限公司、山东泉林嘉有肥料有限责任公司、山东农大肥业科技有限公司协办的第十五届中国青年土壤科学工作者暨第十届中国青年植物营养与肥料科学工作者学术讨论会在山东省泰安市召开。来自高等院校、科研院所等118个单位的518名青年科学工作者参加了会议。

会议的主题为“土壤肥料与生态环境”。会议邀请5位国内外专家作特邀报告，报告内容从我国农业生产和经济社会环境协调发展的实际需求出发，从土壤肥料科学发展、化肥提质增效、肥料减施、微生物协调改善土壤植物营养环境以及减少面源污染保护生态环境等多个视角，阐释了土壤、植物营养与肥料科学在解决国家经济发展中面临的社会问题以及解决思路，展示了学术进展。

大会交流学术报告118个、墙报31个，展示土壤肥料科学青年工作者的科学研究进展。大会评选出研究生优秀学术报告一等奖18个、研究生优秀墙报一等奖15个，山东农业大学资源与环境学院获大会优秀组织奖。

11月21—23日，由学会主办，山东省农业科学院、山东农业大学、山东省土壤肥料总站、青岛农业大学联合承办的第九次会员代表大会暨2016年学术年会在山东省济南市召开。

12 月 15—18 日，第六届中国有机（类）肥料大会在江苏省南京市召开。会议由学会生物与有机肥料专业委员会主办，来自全国各省、自治区、直辖市高校和科研机构的 326 名专家、学者及 58 家企业代表 99 人参加了大会。会议围绕有机（类）肥料研究与产业发展的学术成果与产业经验进行交流，邀请专家、学者就国内外有机（类）肥料与土壤微生物研究现状与发展趋势、有机（类）肥料产业发展和政策支持、有机（类）肥料产品生产技术工艺与产品标准、有机（类）肥料田间应用效果、有机肥中有害物质行为与消除、功能微生物行为特征六个方面作了 35 场报告。

科普活动 学会探索开展科学传播专家团队建设，组建“中国植物营养与肥料学科传播团队”，并上报中国科协。

党建强会 11 月 22 日，学会第九届理事会党员大会在山东省济南市召开。中国农业科学院党组书记陈萌山，中国农业科学院农业资源与农业区划研究所党委书记陈金强，学会理事长白由路，学会副理事长谢建华、王敬国、周卫、杨少海等出席了会议。学会第九届理事会及第一届监事会中的党员参加大会。会议传达中国科协党组《中国科协关于加强科技社团党建工作的若干意见》文件精神。

陈金强在会上宣读中国科协党委《关于同意中国植物营养与肥料学会党委人选调整的批复》，同意中国植物营养与肥料学会第九届理事会党委人选调整，白由路担任中国植物营养与肥料学会党委书记。

中国植物营养与肥料学会党委为功能性党组织，委员任期与在学会理事会任职同步。

会员服务 5 月 12—13 日，学会在北京举办“测土配方施肥技术”培训班，来自企业的 33 人参加。

学会编纂《中国植物营养与肥料学会会讯》，每两月出刊一期，便于会员及时了解学会工作综合信息。

学会依托专家工作站、专家企业行活动为单位会员提供咨询服务，探索为会员服务新模式。

学会建立微信平台，向会员发布会议通知，介绍学会工作动态，传播学会工作信息。

【中国植物营养与肥料学会第九次会员代表大会暨 2016 年学术年会】 11 月 21—23 日，中国植物营养与肥料学会第九次会员代表大会暨 2016 年学术年会在山东省济南市召开。

中国农业科学院党组书记陈萌山，农业部种植业司副司长何才文，中国工程院院士、南京林业大学教授张齐生，中国科学院院士、中国科学院南京土壤研究所研究员朱兆良，土肥届老前辈、老专家、嘉宾以及中国植物营养与肥料产学研专家、学者近 1000 人参加第九届会员代表大会。陈萌山在会上讲话，中国农业科学院农业资源与农业区划研究所党委书记陈金强宣读中国科协给大会的贺信。学会第八届理事长白由路作第八届理事会工作报告。学会第八届理事会秘书长赵秉强作关于修改《中国植物营养与肥料学会章程》的报告。学会第八届理事会副理事长刘宝存作了第八届理事会财务报告。会议审议通过学会新的章程。会议选举产生了 150 名理事，组成第九届理事会。

白由路当选学会第九届理事会理事长。

在第九届一次常务理事会上，会议通过了朱兆良院士、金继运研究员为学会第九届理事会名誉理事长的议案。会议讨论副理事长的分工，确定了副秘书长人选，确定了部分专业（工作）委员会主任人选。

同期举行的学术年会的主题为“创新发展、开创植物营养与肥料发展新局面”。1000 余名专家、学者参加会议。大会收到论文 65 篇，邀请 6 位专家作大会主题报告。中国农业科学院党组书记陈萌山在大会上作了题为“农业现代化发展的几个问题”的报告，农业部种植业司副司长何才文在会上作了题为“使用量零增长行动与肥料登记管理政策”的报告，张齐生院士做了题为“科学还田　建设现代循环农业”的报告，中国农业大学教授李保国、中国农业科学院农业资源与农业区划研究所研究员周卫、山东省农业科学院副院长刘兆辉分别为大会做了题为“农业用水所面临的巨大挑战与解决途径”“化学肥料减施增效调控途径”“我国主要粮食作物简化施肥（一次性施肥）研究进展与实践”的报告。

大会依据植物营养与肥料的各分支学科设置养分循环与环境、植物营养与生物学、高效施肥技术、肥料创新与产业发展、肥料新技术与工艺设备、青年分会 6 场分论坛 112 个报告。会议展示了 40 篇墙报，交流了近几年来植物营养与肥料各领域的最新研究成果。

（撰稿人：宋震震）

中华医学会

服务创新型国家和社会建设 学会启动继续医学教育网络服务平台建设，组织制订了《国家级继续医学教育项目申报指南》和《国家级继续医学教育项目评审工作实施方案》，组织2017年国家级继续医学教育项目申报与评审工作。公布并组织实施国家级项目1.6万余项，参加继续医学教育人数近50万人次。

学会共举办继续教育项目145项182期次，提供继续教育总学时6568小时，17万人次医务工作者接受了专业系统的继续教育培训。学会举办的肿瘤消融规范化治疗、临床研究者培训等15个项目继续教育培训班，为5057位基层医生提供专业化技术指导。在传统继续教育面授培训的基础上，学会尝试推出网上培训课程，探索线上和线下相结合的培训模式。组织建立“中华医学继教在线”平台，并推出移动端APP，满足学员在线学习的需求。

学会共收到各省、自治区、直辖市卫生和计划生育委员会，高级人民法院以及商请委托的鉴定案例87例，组织医疗事故技术会议93次，完成了8例全国最高级别权威鉴定。组织专家参与各地医学会的预防接种鉴定工作12次。在山东疫苗事件期间，配合地方政府完成多起预防接种鉴定工作。

学会启动高级卫生专业技术资格考试指导用书（第二版）25个专业的再版工作，完成了《中国医学发展系列研究报告》等5个套系的图书出版工作。被国家新闻出版广电总局授予首批“数字化转型示范单位”、国家复合出版工程应用试点单位。

关注基层支持西部，开展健康扶贫工作。积极落实《科技助力精准扶贫工作实施方案》部署，开展了专题援藏工作，在西藏自治区拉萨市建立肾病和血液透析中心，开展专项调研和设备、药品捐赠。在学会举办的活动中，超过5000位西部基层医师在30个学术会议中获得资助，免除了注册费、住宿费、交通费，并赠送医学人文期刊。响应国家健康扶贫的号召，支持“一带一路”建设，学会专门在新疆维吾尔自治区喀什市针对新疆学员免费举办了重症医学专科资质培训班，专家全程现场指导学员利用模拟人进行操作训练。为西部地区医疗卫生发展提供智力支持。

学会建设 学会以不同形式召开了5次常务理事会会议，对学会工作部署、改革发展举措、重大疾病救治临床合作体系、财务管理制度、组织建设等重要事项进行研究、审批，对多部重要文件进行审议。根据《中华医学会章程》关于理事会设立工作委员会的要求，结合学会改革发展，组建了卫生政策研究与咨询等11个工作委员会。全年召开行政办公会议1次、党政领导班子会议26次、党委会议25次、秘书长办公会议12次。

学会全面系统地分析专科分会组织建设现状，结合学会改革发展实际情况，起草了《中华医学会关于进一步加强专科分会组织管理促进健康发展的意见》，提出了探索建立学会联合联动机制等多项加强专科分会组织管理的具体措施。

学会完成23个专科分会的换届工作，30个专科分会完成了青年委员会的组建或换届工作。19个专科分会完成了119个专业学组的换届或组建工作。学会召开了主任委员秘书长培训会议，举办了新任主任委员就职仪式，保证了本年换届的专科分会主委及时履职，分会各项工作平稳过渡。

学会加强信息网络平台的整体规划与顶层设计，研究制定了学会信息网络平台整体规划方案。大力宣传报道学会党建工作动态、大型公益活动、精品会议、期刊和继续教育项目、科技成果展示等内容，大力宣传学会改革创新的新亮点、新举措。学会网站访问量276万人次，比2015年增长了54%。

科技期刊国际影响力计划 2016年，《中华医学杂志》（英文版）得到中国科协国际影响力计划第二期项目的支持。重点任务是继续与荷兰威科集团开放获取医学期刊品牌Medknow合作，完成期刊出版任务。对稿件采编系统提出建设性意见，以便出版商改进，从而提高工作效率，增强对作者的吸引力。制定对编委和审稿专家的评价条例，整理审稿专家数据库，优胜劣汰。评选和奖励高质量、高影响力论文的作者和组稿编辑参加国内外学术交流会议，努力组织优秀稿件。《中华医学杂志》（英文版）在2016年中华医学会系列杂志编辑出版质量评比中获得第一名。

学术期刊 2016年，学会全系列杂志中有2种期刊被SCI收录，25种期刊被PubMed收录，81种期刊被美国《化学文摘》收录。在《中文核心期刊要目总览》（2014版）中，学会共有60种期刊被收录，占所收录医药卫生类期刊的28%；有72种期刊被《中国科学引文数据库（CSCD）》收录。《中国科技期刊引证报告（核心版）》2016年版共收录学会期刊112种，有23种在本专业期刊综合排名中位列第一名，19种荣获“百种杰出学术期刊”称号，12篇刊发论文荣获“中国百篇最具影响学术论文”。

学会全年完成134种期刊1400余期的杂志编辑

出版工作，总印数超过500万册，总发行量超过400万册，全年发表论文超过3.7万篇。全年共出版电子音像出版物38种、中华医学会电子版系列杂志43种、图书36种。

学科发展研究 学会积极倡导专科分会以年会召开为契机，总结本学科的国内外最新进展，形成学科进展报告。2016年完成了《麻醉学进展（2016）》《重症医学2016》《呼吸与危重症医学2015—2016》，成为临床医生必备的工具书。专科分会还在学术年会召开期间，开展了流行病学等多个领域的调查，掌握了相关疾病的第一手材料，为政府部门在医疗卫生保健、教学、科研等方面制定政策提供了科学依据。

决策咨询 根据国家卫生和计划生育委员会大力推进临床路径工作的相关政策要求，学会与上海医学创新发展基金会联合启动基于临床路径的病种质量评价与分析——试点项目。学会接受委托，组织相关专科分会制（修）订了阿尔茨海默病等1010个病种临床路径，并在中华医学会网站公布，供卫生计生行政部门和医疗机构参考使用。完成了超声刀是否属于医疗美容行为等关于医疗美容项目、免疫细胞治疗技术、烧伤湿润暴露疗法等60余项技术咨询论证工作。

接受国家卫生和计划生育委员会科技教育司委托，完成委级重点科研基地评估工作。为进一步规范国家卫生计生委重点科研基地（包括委级重点实验室和委级工程技术研究中心）的管理，推动重点科研基地发展，受国家卫生计生委科技教育司委托，学会于2016年对委级重点科研基地进行第三方独立评估。在国家卫生和计划生育委员会科技教育司的指导下，学会贯彻以评促建的评估目的，依靠高质量、可信赖的评估专家团队，坚持公开、公平、公正的评估原则，以高度的服务意识，经100余位评估专家严格把关，完成了委级重点科研基地评估工作。

国际学术会议 学会与巴基斯坦医学会共同举办了第一届中巴医学大会，举办了中日医学交流会议论坛。

国内主要学术会议 第十四届中国介入心脏病学大会（CIT 2016）于3月17—20日在北京召开。大会共征集论文摘要421篇、病例622个，安排了141场次1280个讲座，发布最新临床试验结果12个，进行了40例来自国内外7个心脏中心的手术演示。参会总人数6082人，包括来自国外35个国家和地区的344位专家、学者，以及4480位国内专家、学者，企业界人士1115人出席大会。

9月2—4日，由学会与学会消化内镜学分会主办的2016中国消化内镜学学术年会在湖北省武汉市召开，约4000人参加会议。此次大会分为规范化培训胃肠、规范化培训胆胰、青委会场及早癌病理联合会场等20余个分会场，组织专题报告160余个。大会收录投稿论文814篇，评选优秀论文20篇。

11月16—19日，由学会与学会糖尿病学分会（CDS）主办的中华医学会糖尿病学分会第二十次全国学术会议（CDS 2016）在福建省厦门市召开。会议以“发现（Discovery）、整合（Integration）、提高（Improvement）”为主题，共有来自全国各地及海外近8000名从事糖尿病临床、基础研究、教育管理及相关领域的专家、学者参会。

国际交往 1月8—10日，学会与巴基斯坦医学会签署共建“中巴医学走廊”合作备忘录。10月17日，学会与斯里兰卡医学会正式签署了两会合作备忘录，确立双方建立合作共赢伙伴关系，在学术会议、继续医学教育、临床诊疗指南等方面开展专业性合作。

学会深化与美国医学会的合作，签署合作框架协议。开展了“欧盟第七框架中欧国际合作项目”和法国梅里埃基金耐药项目工作。

科普活动 学会利用专家力量和优势资源，策划和组织系列科普主题公益活动100余次。在全国范围继续开展“中华医学会健康大讲堂”“中华医学会西部行”“中华医学会基层行医疗帮扶活动”等延续性、品牌性科普活动。部分专科分会成立健康传播专家团，在全国建立40个“中华精准健康传播基地”，健康科普受益公众近100000人次，12个分会通过远程视频为基层医务人员免费授课。学会通过科普资源的互补与联动形式，组织了《中国2型糖尿病防治指南》的培训推广工作，免费培训医务人员近30000余人次。实施了2016年糖尿病规范化诊疗专题巡讲公益项目，免费培训医务人员近5000名。组织专家开展“全国科普日”系列科普活动，编辑出版中国心血管疾病健康教育系列丛书。

表彰举荐优秀科技工作者 中华医学科技奖经推荐、形式审查、初审、公示、终审和常务理事会审议，通过了83项获奖项目。

作为国家科学技术奖励直接推荐单位，学会组织专家对奖项推荐项目逐一辅导把关，2016年推荐国家科技奖共7项，其中1项通过2016年国家技术发明二等奖评审，4项通过2016年国家科技进步二等奖评审。

党建强会 学会制订了《理事会五年工作规划》，明确以“党建强会”战略为统领，实施“质量强会”“协同创新强会”的发展战略，全面加强党的领导，着力提升学会履职和服务能力，全力推进学会事业健康发展。

学会加强党组织建设，完成了学会第二届党委、纪委的换届选举工作。大力加强党风廉政建设和反腐败工作的监督执纪工作，围绕权、钱和合作项目开展现场巡查，在学会公文系统中增设风险警示功能，提高了防控意识和能力。

【“一带一路”医学走廊服务平台建设】 1月8—10日，学会与巴基斯坦医学会在巴基斯坦卡拉奇共同举办了第一届中巴医学大会，签署了关于共建“中巴医学走廊”的合作备忘录。学会副会长兼秘书长饶克勤率由32位专家、学者组成的代表团出席大会。大会期间，中巴双方专家开展了学术交流活动。巴基斯坦总统马姆努恩·侯赛因出席大会并会见了中华医学会代表团一行。

10月17日，学会与斯里兰卡医学会正式签署了两会合作备忘录，确立双方建立合作共赢伙伴关系，并将在学术会议、继续医学教育、临床诊疗指南等方面开展专业性合作。在签署备忘录之后，两会就中华医学会邀请斯里兰卡医学会代表团参加中华医学会学术年会、2017年7月斯里兰卡医学会年会期间设中国专场学术研讨会、中华医学会邀请斯里兰卡在华留学生参加中华医学会学术会议，以及医生短期进修、儿童神经外科与肾脏病科等重点专科培训等合作项目进行了沟通。

【中华医学会第十八届骨科学术会议暨第十一届COA国际学术大会】 11月16—20日，中华医学会第十八届骨科学术会议暨第十一届COA国际学术大会在北京举行。国内外参会人数21386人次，投稿19795篇，大会发言1965篇，电子壁报6000篇，纸质壁报300篇。

11月16日，大会进行了中国骨科学术年会（COA）2016骨科基础青年研究奖评比和COA腕关节国际论坛。来自美国、西班牙、挪威、日本、韩国、澳大利亚等国家和国内的专家在演讲中介绍了当今腕关节领域的诸多研究结果、临床经验和诊疗技能。

11月17—19日，中华医学会骨科学分会、美国骨科医师学会（AAOS）和国际内固定研究学会（AO）等国内外学术组织各专业领域专家进行了学术课程、中青年医师优秀论文评选、COA中青年骨科医师论坛——“针锋相对”骨科焦点问题辩论会、最有价值的设计发明TOP10等学术活动及赛事。新增了外固定会场、骨放射会场和华裔骨科会场。38位选手获得COA中青年优秀论文奖。

11月20日上午，“骨科三十年大师讲坛”开讲，中国工程院院士王正国、邱贵兴、戴尅戎，英国的Ian Kristensen Ritchie教授，美国的Daniel M. Sciubba教授、Anthony T. Yeung教授、Javad Parvizi教授、Kevin Tetsworth教授等专家，分别在创伤、脊柱、关节、骨肿瘤、微创与影像导航技术分论坛进行了专题演讲。

【重症医学专科资质培训班】 学会在西安、扬州、太原、天津、银川、襄阳、喀什、大连、湘潭、上海、重庆、东莞、台州、珠海等地举办14期重症医学专科资质培训班。培训地点除兼顾西部、中部、东部和东北外，还深入到襄阳、湘潭、扬州、东莞、台州、喀什、珠海等地级市，方便基层学员参会。截至11月16日，2016年前12期共培训学员2483人次，2043人次考核合格。

8月22—26日在新疆维吾尔自治区喀什市举办的培训班，提供了学费减半和20个免费学习名额的优惠政策。其中，98%的学员来自新疆维吾尔自治区，40%的学员来自新疆的二甲医院。学员平均年龄34岁，73%具有初级或中级职称。此次培训采用了网络同步授课、教师现场讲课、延时影音授课和两地互动答疑4种不同的授课形式。培训结束后，主办方委托第三方专业机构——国家卫生计生委人才交流服务中心对学员进行了严格的结业考核，78%的学员通过考核，获得“重症医学专科资质培训合格证”。

【全国县级医院人才培养计划大型公益项目】 学会于2015年10月启动了“全国县级医院人才培养计划”大型公益项目，以中华医学会各专科分会为核心执行团队，通过“走下去——医务人员专业培训”“请上来——基层医生进修计划”“建纽带——搭建医疗信息平台”等多种方式，定期培训县级医院医生，并支持部分县级医院医生到三甲医院培训基地进行学术交流或进修，加强县级医院人才、技术、学科建设，提升县级医院医疗技术水平和医疗服务能力。2016年，学会选择泌尿外科结石领域开展“全国县级医院人才培养计划”专项试点，在北京、上海、广东、四川、江苏、江西、山西、贵州等28个省市建立了30个培训基地。截至12月，全国各培训基地共接收进修学员310名，部分培训对象在培训结束回到原单位后，已能独立开展工作。

6月，项目建立了网络培训视频直播，并同步进行在线咨询，视频直播培训数千人，进一步扩大了培训范围。在此基础上，学会总结经验和模式，于10月启动了第二个培训专项——泌尿腹腔镜人才培训。

【第十七届国际内分泌大会暨中华医学会第十五次全国内分泌学学术会议】 8月31日—9月4日，第十七届国际内分泌大会暨中华医学会第十五次全国内分泌学学术会议在北京举办。大会由国际内分泌学会、中华医学会、中华医学会内分泌学分会主办，5228人参会，其中境外专家、学者709人，香港特别行政区专家22人，台湾地区专家28人。会议收到投稿论文1821篇，其中国内投稿（包括港澳台）996篇、国外投稿825篇。

第十七届国际内分泌大会暨中华医学会
第十五次全国内分泌学学术会议

本次会议安排了11个大会报告，大会主席、上海瑞金医院教授宁光作题为“糖尿病和代谢性疾病”的大会报告，中国医科大学滕卫平教授作大会报告《碘与甲状腺疾病》。

来自澳大利亚、日本、英国、美国、法国、比利时等国的专家分别作大会报告《类固醇激素受体在乳腺癌和前列腺癌治疗中的新见解》《原发性醛固酮增多症的过去、现在和未来》《细胞信号转导胰岛素分泌及其临床意义》《骨骼发育过程中甲状腺激素作用机制》《遗传策略与生理途径对体重调节的影响》《脑发育在性别差异之间的关系》《核受体与发展：从药物到胚胎》《多囊卵巢综合征的研究进展》《环境内分泌干扰物的影响》。

国际上内分泌代谢病学科正在走向亚学科细分、与相关学科融合、预防与临床诊治结合、基础研究与临床成果相互转化的阶段，而在我国虽有一定萌芽，但系统尚未健全。会议展示了我国近年来在内分泌代谢病临床和基础研究领域的最新进展和成果，与国外10余家大学和研究机构建立了稳定的学术交流机制。

（撰稿人：陈　旸）

中华中医药学会

服务创新型国家和社会建设 学会审核通过继续教育项目41项，完成继续教育项目36项，共计4万余人次参加培训。

成立了四大怀药产学研协同创新等联盟，与制药企业开展合作，服务中医药产业发展，开展全民健康养生指数研究，指导公众更加正确科学地进行养生。

完成了5项推荐性国家标准、31项推荐性国家标准项目和9项推荐性行业标准的复审工作。24项推荐性国家标准完成送审，2项推荐性国家标准公开征求意见。受国家中医药管理局委托，完成90项中医临床诊疗指南公开征求意见工作；4项中医治未病标准完成送审，48项中医治未病标准公开征求意见。

在河南省建立首个创新驱动生殖服务基地，举办中医生殖医学创新服务国家两孩政策暨少林道地安全药材种植研究论坛。

1月19日，组织召开了“深入学习中央领导同志重要指示精神，推动中医药事业创新发展专家座谈会”，140余位与会人员深入学习了中央领导同志对中医药事业发展的重要指示精神，结合屠呦呦获得诺贝尔生理学或医学奖，围绕中医药事业振兴发展中的重大问题进行了深入研讨。

7月20—24日，完成了第十八届中国科协年会咨询服务活动——协同创新驱动陕西中药资源产业发展专题调研。

10月30日，学会联合北京藏象职业技能培训学校共同召开了全国中医药养生产业发展论坛，来自全国养老、母婴护理、中医药调理等领域的代表1300余人参加了大会。论坛设立8个展区，以成果展示方式介绍中医药在亚健康领域的研究成果。成立了中华中医药学会中医健康产学研联盟，联合制药企业、执业培训机构，以及养老、母婴护理等各个领域企业，孵化技能项目，转化研究成果。

学会能力提升计划 学会是学会创新和服务能力

提升工程优秀科技社团项目一类项目建设单位。学会开展了“第四届岐黄论坛”“诺贝尔奖获得者医学峰会”“第2次青年学者论坛”等活动。

2016年1月，通过举办“学习贯彻国务院办公厅关于优化学术环境的指导意见、加强学风道德建设专家座谈会”，探讨了解决学术不端行为的途径。同时制定了《中华中医药学会学术道德行为规范》。

11月6—7日，由学会主办的首届“中药大品种联盟与研究型中医医院联盟联合高峰论坛”在北京举行。联盟以培育中药大品种为目标，着力构建中药大品种孵化、成果转化、科技协同创新的平台，针对中药企业的全产业链需求，集聚金融、人才、技术、营销、信息等大品种培育的核心要素，进行有效链接；联合临床、科研优势单位，构建科技创新协作网络，促进中药大品种临床研究、技术提升、产业转化。

学会建设 学会新发展个人会员4072人，同比增长26.1%，会员总数达11304人。新发展单位会员7家，单位会员总数达73个。

学会中成药分会等15个分支机构完成换届工作，新成立了乳腺病分会等8个分支机构。

完成学会网站改版工作，开通了学会微信官方服务号“智慧杏林”。建立了学会会议管理系统微平台，在第四届岐黄论坛等会议中投入使用。

建立学术会议质量评价机制及体系，通过学术会议质量评价引导学术会议规范化。

建设学术管理规范，形成了《中华中医药学会学术行为规范》及《中华中医药学会学风道德建设委员会工作规则（草案）》。制定了《中华中医药学会廉洁阳光行为准则》《中华中医药学会部门理念》。

与“中医在线”共同启动了以“未来名医‘1+1’成长计划”为主题的“基石行动”。面向地市级及基层医院开展“线上+线下”的各种培训活动、中医药健康教育活动，帮助基层医生提高学术水平、临床诊疗能力和健康服务能力，建立了有200多人的基石行动专家库。

在全国范围内开展了“最美中医”宣传活动，弘扬“大医精诚”精神，讲好中医故事，传播中医药正能量，对221位初审合格候选人进行了公示。

科技期刊国际影响力提升计划 学会主办的《中医杂志》英文版获得中国科协中国科技期刊国际影响力提升计划项目资助。

2016年，《中医杂志》英文版从国内外著名大学、科研机构和先进期刊主编中遴选编委30人，与国内热点学科、重点学科课题团队建立了5个网络联系站，参加国内外重要学术会议3次，向国内外知名专家团队约稿5篇，对网站进行了部分改版，建设网站浏览用户的后台数据收集和分析系统，继续与北京世纪超星信息技术发展有限责任公司、中国科学引文数据库合作发布期刊网络版，与中国知网和爱思唯尔合作优先出版。

2016年，《中医杂志》英文版入选SCI来源期刊。杂志省部级以上基金论文比达到85%以上，2016年海外论文达到16%以上，2016年网站全文下载量达4.4万次。采用汤森路透科技与医疗集团投审稿系统ScholarOne Manuscripts，优化出版流程，论文平均发表速度从项目实施前的6个月降低到平均5个月。2016年6月14日，汤森路透集团（Thomson Reuters）发布的《期刊引用报告》（JCR）显示，《中医杂志》英文版2015年影响因子从2014年的0.716提高到了1.023，实现SCI影响因子首次破1，总被引频次从2015年的578次提高到了2016年的637次。

学术期刊 开展了期刊集群化建设与“蒲公英”人才培育项目，资助4位编辑开展中医药期刊集群化、评价体系理论等研究。学会与中国知网文献计量评价研究中心共同制定“中医药期刊评价体系”。

6月7日，与搜狗搜索开展了中医药期刊“净网”活动，经过学会的官方认证和推荐，对中医药期刊的官方网站进行识别和标注。学会对60余本中医药期刊进行了认证和推荐。

国际学术会议 学会举办了以络病学、传统药物学、经方、脉学、海峡两岸地道药材、五运六气、岐轩医学、经典中医传承、医圣仲景、大健康、中医影响世界为专题的11个国际学术研讨会。

2月27日，由学会、中国工程院医药卫生学部、世界中医药学会联合会、中国农村卫生协会共同主办的第十二届国际络病学大会在上海市召开。中国工程院院士陈灏珠、顾健人、杨胜利、杨宝峰、张运、陈亚珠、王威琪、唐希灿、王红阳、丁健、于金明、王广基、吴以岭，中国科学院院士陈凯先、葛均波等15位院士，来自英国、马来西亚、泰国、罗马尼亚、加拿大等国家和地区的专家，以及国内的专家、学者1700余人出席会议，400多个视频分会场同步直播。

5月20—22日，第三届国际中医脉学大会暨中医脉学培训班在四川省成都市召开。来自全国各地以及美国、加拿大等国家和地区的近200名专家、学者围绕中医脉学及其临床应用进行了交流。

国内主要学术会议 学会组织召开学术会议152场，参会43000余人次。

8月27日，中国长白山健康养生产业论坛在吉林省长白山市开幕，500多人参加活动。《东北家庭养生指南》一书在论坛首次发布。

9月1—3日，由学会与中国医师协会、中国高科技产业化研究会、诺贝尔奖得主国际科学交流协会联合主办的2016·诺贝尔奖获得者医学峰会暨中美院士论坛在四川省成都市举办。国家卫生计生委副主任、国家中医药管理局局长、学会会长王国强，1993年诺贝尔生理学或医学奖获得者理查德·罗伯茨，2006年诺贝尔生理学或医学奖获得者克雷格·梅洛，2008年诺贝尔生理学或医学奖获得者哈拉尔德·楚尔·豪森，2008年诺贝尔化学奖获得者马丁·查尔菲，1979年诺贝尔物理学奖获得者谢尔登·格拉肖，2004年诺贝尔化学奖获得者阿龙·切哈诺沃，美国科学院院士史蒂夫·卡伊，中国科学院院士陈凯先、刘新垣、魏于全、杨焕明，中国工程院院士陈志南、詹启敏出席峰会。峰会联合中央电视台《对话》栏目组举行了中外嘉宾巅峰对话，诺贝尔奖获得者与国内专家、学者、现场参会人员进行了交流互动，场内场外参加人数达3000余人。

11月5—6日，2016全国第八届中医膏方交流大会暨上海市中医药学会膏方分会成立大会在上海市举办。全国20位著名中医膏方专家、老字号医馆膏方从业人员400余人参加了此次会议。

两岸交流 8月10—11日，由学会、台湾地区“中华海峡两岸中医药合作发展交流协会”、台湾地区“中华药用植物学会”、甘肃省科协共同主办的第三届海峡两岸地道药材临床应用论坛暨地道药材寻根之旅活动在甘肃省兰州市召开。本次活动旨在通过海峡两岸对地道药材临床应用的经验交流和寻找地道药材之旅活动，加强两岸纯正中药材临床应用和中医美容的交流与合作。

国际交往 9月4日，由学会、英国中医药学会主办的第二届海上丝绸之路国际中医药论坛暨中欧中医皮肤科峰会伦敦峰会在英国伦敦举办。来自英国、德国、爱尔兰和澳大利亚等国家及国内的中西医皮肤科专家、中医临床医生和中药企业界人士共130多人出席论坛。与会专家、学者就中医皮肤科临床思路、疑难病症诊疗、皮科治疗新方法推广和药物制剂研究新进展等进行了演讲。论坛期间，学会与英国中医药学会签署友好合作意向书。

9月10日，学会代表团出席了在德国德累斯顿市举办的德国中医学会成立大会暨第二届海上丝绸之路中医药国际论坛德国峰会。学会皮肤科分会主任委员杨志波致贺词，鲁建云、龚丽萍、李领娥3位教授作大会演讲，并就议题“‘一带一路’战略下海内外同仁如何作为”进行了讨论。

科普活动 学会共组织10位专家在北京市、四川省等27个省市举办健康中国·区域行系列科普及义诊公益活动800余场，主题包括足行千里·健康伴你大型公益活动、惠眼工程、中医特色护理·服务百姓健康、母婴专题科普讲座活动等，40000余人次直接受益。

联合开展了5场“国医名师大讲堂”系列培训活动，1500余人次现场受益。活动旨在学习国医名师做人、育人、医人的高尚品德和理论思想，提高科技工作者的综合素养。

9月17—23日，学会在中国科技馆设立了“健康伴我行”中华中医药展示区，采取科普讲座、专家义诊、适宜技术体验和中医药展示等形式向公众传播科学的中医药养生常识，现场受益2000余人次。

表彰举荐优秀科技工作者 2016年度学会共选出科学技术奖48项，政策研究奖3项，学术著作奖43部，中青年创新人才5名，优秀管理人才5名，岐黄国际奖3人。

经学会推荐，学会肺系病分会主任委员张洪春、实验药理学分会副主任委员刘建勋、眼科分会副主任委员彭清华获得第七届“全国优秀科技工作者”称号。

党建强会 通过专题学习、征文演讲、参观教育基地、观看爱国影片等多种形式扎实开展“两学一做”学习教育系列活动。制修订了《中华中医药学会党建工作责任制度》，编制了《中华中医药学会党建制度汇编》。

会员服务 学会开通会员微信综合服务平台，实现与专科分会、地方学会间的会员信息共享与管理，探索上下联动的会员发展、服务与管理新模式。着力加强会员联络站信息化建设。增设了3个会员联络站，完善了联络站网络。成立了中华中医药学会学术自律与维权委员会，引导推进行业学术自律，维护会员合法权益。

【第四届岐黄论坛】 7月23日，第四届岐黄论坛在北京召开。论坛坚持以“传承、创新、发展”为基本宗旨，以“学术性、权威性、包容性、有效性”为总体要求，以“加强学术引领，推动传承创新”为主题。国家卫生和计划生育委员会副主任、国家中医药管理局局长、中华中医药学会会长王国强出席大会并讲话。

国家中医药管理局副局长、学会副会长马建中主持大会开幕式。世界中联创会副主席兼秘书长李振吉，国医大师晁恩祥，国医大师孙光荣，中国工程院院士、中国中医科学院院长、天津中医药大学校长、学会副会长张伯礼，中国科学院院士、学会副会长陈凯先，中国工程院院士、中国中医科学院常务副院长黄璐琦，北京市中医管理局局长、学会副会长屠志涛，学会副会长曹正逵，辽宁中医药大学校长、学会常务理事杨关林，国家科技部中医药发展战略研究课题组成员、中国科技创新与战略研究中心医药保健工作委员会首席顾问兼副主任李伯淳，中国医学科学院药用植物研究所所长、学会常务理事孙晓波，固生堂董事长兼总裁、学会常务理事涂志亮，国家中医药管理局部分直属单位负责人，学会部分在京常务理事等，以及来自中医药医疗、保健、教育、科研、管理、文化、产业相关领域的专家、学者1000余人参加了论坛。

李伯淳、陈凯先、黄璐琦、孙光荣在主会场分别作报告《中西医方法论比较及展望——探索中医现代化与人类新医学》《精准医学和中医药的创新发展》《中药资源现状与发展战略》《中医药学传承是提升中医药服务能力的核心工程》。

社会各界知名人士分论坛、青年杰出中医药人才分论坛、民间中医药创新人才分论坛、中医院校博士生分论坛、会员单位分论坛、感染病学术交流分论坛、检验医学学术交流分论坛、社会办医分论坛8个分论坛同期召开。

本次论坛联合“中医在线”对大会实况进行全程在线直播，截至7月23日中午12:00，现场在线收看直播的中医界人士达到9897人，其中90%为中医医师，线上观看人群分布全国及海外。

【春播行动论坛】 7月17日，春播行动论坛在北京人民大会堂举行，论坛主题为“梦想·飞翔”。国家卫生与计划生育委员会副主任、国家中医药管理局局长、学会会长王国强，中国工程院院士肖培根，以及来自北京各大医疗、教育、科研机构的近百名专家，全国各地的5000余名基层医生代表参加论坛。

该论坛自2012年底开展活动以来，共完成初级中医贴敷技术培训595场、受训学员52836人次；二级中医贴敷技术提高培训班229场、受训学员22642人次；三级北大高级培训班70场、受训学员4790人次；四级中医药专业技术培训班33场，受训学员1827人次。

春播行动论坛

在论坛上，来自基层的医生代表讲述了春播行动给他们带来的改变，春播行动不仅让他们开阔了视野，而且提高了他们运用中医药进行诊疗的能力，增强了他们对中医药的感情，坚定了他们运用中医药服务百姓健康的信心。此外，春播行动所开展的《弟子规》巡讲活动，让他们深刻地感受到传统文化的魅力，树立了医者仁心的人文情怀。

本次传承活动在传统的“一师带多徒”的基础上进行了改进，建立了“集体带，带集体”的传承模式，指导老师和学员都分为若干组，每个组的指导老师由6名不同研究方向的专家组成，共同对该组的学员们进行指导，以确保基层医生的综合能力能够得到全面提升。

（撰稿人：庄乾竹　余珍珍）

中国中西医结合学会

服务创新型国家和社会建设 学会举办继续教育项目41项，其中18项为国家中医药管理局批准的继续教育项目，参加学习和培训人数37910人次。“西医学习中医”项目有学会肾脏疾病专业委员会的常见肾脏病的中西医结合规范化诊治培训班、学会内分泌专业委员会的代谢性疾病中西医结合诊疗研修班等；“中医学习西医”项目有学会检验医学专业委员会的免疫和分子诊断技术进展及在中西医结合临床和基础研究中的应用学习班、学会重症医学专业委员会的中医院冠心病介入研修班等。学会肝病专业委员会的中西医结合肝病研究进展学习班、学会烧伤专业委员会的再生医疗技术治疗难愈性创面培训班、学会灾害医学专业委员会的创伤脓毒症中西医结合临床救治新进展学习班等成为国家中医药管理局继续教育备案项目。

根据《中国科协关于实施创新驱动助力工程的意见》相关要求，学会传染病专业委员会在浙江省建德市乾潭中心卫生院开展了第二次帮扶活动。项目开展以来，经过专家的授课、查房，医院对病毒性肝炎，尤其是丙型肝炎的诊治水平得到了提高。学会心血管疾病专业委员会分别在四川、福建、山东、湖南、江西等地开展了10余次公益诊疗活动，为对口地区带去了医疗资源，切实服务当地社会经济建设和公共卫生事业。学会成为2016年度创新驱动助力工程试点单位。

学会建设 1月14—16日，学会第七届二次理事扩大会议、三次常务理事会议在北京召开。学会常务理事、理事，省级学会会长、秘书长，各专业委员会主任委员、候任主任委员、秘书长等约300人出席会议。会议审议通过了《专业委员会管理办法》。

7月1日，学会第七届四次常务理事会议在北京召开。会议审议了专业委员会改选换届工作、拟成立专业委员会的申请报告、新修订的学会科学技术奖奖励办法等。

学会成立第七届科普与宣传工作委员会，组建眩晕病、疼痛学两个专业委员会，学会分支机构达到60个，肾脏疾病、循证医学2个专业委员会成立了青年委员会。

全国中西医结合标准化技术委员会和活血化瘀、脑心同治、皮肤性病、精神疾病、神经科、实验医学、呼吸病、急救医学、妇产科、周围血管病、脊柱医学、内分泌、围手术期、泌尿外科、眼科、心身医学16个专业委员会及青年工作委员会完成改选换届工作。

组织传染病、大肠肛门病、检验医学、普通外科、烧伤、生殖医学、虚证与老年医学、血液病、疡科、中药10个专业委员会增补一批专家、学者成为会员。

学术期刊 学会主办的学术期刊2016年度实际共出版97期，发表论文3016篇。其中,《中国骨伤》《中国中西医结合急救杂志》《中国中西医结合杂志》获得了中国科协精品科技期刊工程项目资助。《中国中西医结合杂志》获得“2015中国最具国际影响力优秀学术期刊”称号。《中国中西医结合急救杂志》《中国中西医结合杂志》共有32篇论文入选2016年度领跑者5000——中国精品科技期刊顶尖学术论文。

决策咨询 学会在国务院印发《中医药发展战略规划纲要（2016—2030年）》、全国人大制定通过《中华人民共和国中医药法》等重要法规文件的起草过程中组织专家提出了意见和建议，关于中西医结合的部分建议得到采纳。学会是国家标准化管理委员会所属全国中西医结合标准化技术委员会（TC476）的支持单位，学会支持该委员会对国务院法制办公室《标准化法（征求意见稿）》、国家标准化管理委员会《全国专业标准化技术委员会管理办法（征求意见稿）》、国家中医药管理局《中医药标准化行动计划（2017—2020年）（征求意见稿）》《中医药团体标准备案实施办法（征求意见稿）》等文件进行了意见反馈。

国际学术会议 学会举办国际学术会议共3个，分别为第五届传统医学与现代医学比较国际学术大会、第三届国际中西医结合肝病学术会议和第二届国际抑郁共病学术年会，700余人参会，交流论文500余篇。

国内主要学术会议 学会共举办全国性学术会议60个，参会人数25435人次，内容覆盖耳鼻咽喉、皮肤性病、脑心同治、麻醉、肾脏疾病、医学检验等领域。

科普活动 学会37个专业委员会共组织科普活动273次，其中科普讲座206场，义诊咨询活动67次，编纂科普专著10余册，受益人数达到17.9万余人次。学会被中国科协评为2016年度全国学会科普工作优秀单位。

学会利用各专业委员会专家资源优势，组织专家深入社区及乡村基层，开展各种健康科普、义诊和医学救治活动，相关专业委员会在世界肾脏病日、全国防灾减灾日、世界过敏性疾病日等传统防治日（周）开展了健康科普讲座和义诊咨询活动，为公众提供咨询、诊疗和指导。

表彰举荐优秀科技工作者 经学会推荐，上海中医药大学刘平荣获第七届“全国优秀科技工作者”称号。

学会申报中国科协“青年人才托举工程”，并获得2个资助名额。学会按照民主程序，开展了青年人才遴选工作。

学会科学技术奖共收到115项科技奖推荐项目。经形式审查、初审、终审，最终评出获奖项目44项，其中一等奖6项、二等奖14项、三等奖20项、科普奖4项。

由学会会长陈香美院士作为第一完成人的“IgA肾病中西医结合证治规律与诊疗关键技术的创研及应用”项目荣获2016年度国家科学技术进步奖一等奖。

【全国中西医结合皮肤性病学术年会】 4月21—25日，学会皮肤性病专业委员会主办的全国中西医结合皮肤性病学术年会在山东省青岛市召开，来自全国30个省、自治区、直辖市的1000余名专家、学者参加会议。

全国中西医结合皮肤性病学术年会

会议邀请8位皮肤科专家作特别演讲。复旦大学附属中山医院教授秦万章就中医皮肤美容的理论指导进行了演讲，中国医学科学院皮肤病研究所教授孙建方作粘蛋白沉积性皮肤病的临床与病理的讲座，沈阳市第七人民医院教授李铁男的演讲题目是《如何应对医改冲击挑战，切实搞好皮肤科的中西医结合诊疗工作》，北京医院教授常建民主讲了色素增加性皮肤病的诊断和鉴别诊断，北京中医院教授周冬梅介绍了清热除湿汤应用要点，中国人民解放军总医院第一附属医院教授邹先彪介绍了皮肤科医生的听诊器——皮肤镜，北京友谊医院教授李邻峰总结了嗜酸性粒细胞增多性皮肤病的诊疗进展，武汉市第一医院教授曾宪玉浅析了皮肤病的经方“原因”治疗。

会议结合临床医生的需求，组织天津中医药研究院附属医院、中山大学附属第一医院、吉林大学中日联谊医院、浙江大学医学院附属第一医院等20家有临床教学经验的医院进行了专题病例交流。

本次会议从600多篇自由投稿的论文中筛选出大会交流论文20篇、分会交流论文87篇、病例交流17篇。性病、色素病、痤疮、光医学与皮肤屏障、环境与职业性皮肤病、皮肤影像、中西医特色疗法、真菌、皮肤外科9个专家组进行了专题学术交流。大会还设立了“雷公藤在皮肤科的应用”专场、“适用几种主要皮肤病的中成药治疗精选”及专家解读专场，突出了学会中西医结合的特色和优势。

【第二届国际抑郁共病暨第十二届中国中西医结合基础理论学术年会】 10月14—15日，学会基础理论专业委员会主办的第二届国际抑郁共病暨第十二届中国中西医结合基础理论学术年会，在江苏省南京市召开。

会议包括9个特邀报告、专业委员会工作报告、问答互动、墙报交流等，内容涉及本领域的国际新进展、新思路、新方法，囊括了中西医药以及两者结合的基础与临床研究。复旦大学教授王文健作题为“精准医学时代的中西医结合”的大会报告，美国约翰·霍普金斯大学教授王建作题为“脑出血或外伤性脑损伤与抑郁”的大会报告，学会精神疾病专业委员会主任委员贾竑晓作题为“基于‘五神藏’的以精神症状为主的精神疾病中医辨证论治体系的构建”的大会报告。学会基础理论专业委员会主任委员黄熙作了专业委员会工作报告。

本次会议共有来自国内外的127名专家参会，投寄99篇论文摘要。会议评选出23篇青年优秀论文。

（撰稿人：史冬云　孔令青）

中国药学会

服务创新型国家和社会建设　学会围绕医药卫生体制改革、药物政策及医药产业等方面开展课题研究，承担科技部、工业和信息化部、国家卫生和计划生育委员会、国家食品药品监督管理总局、中国科协等部门辅助决策研究任务19项，其中2016年新承担项目18项、延续项目1项。

完成国家级和学会继续教育项目34项54场次，培训人员21270人次。其中，利用高校资源举办高级管理人才培训活动3次，利用“‘互联网+’继教”模式开展网络讲堂活动9次，举办一线药师药学服务技能培训活动8次。

学会所属全国医药经济信息网完成工业和信息化部、国家卫生和计划生育委员会、国家食品药品监督管理总局等数据服务项目14项。完成辅助决策研究项目数据支持，为网员医院提供报告2600份，累计数据查询量8000万条。

学会能力提升计划　学会是中国科协学会创新和服务能力提供工程优秀科技社团项目二类项目建设单位。学会承担“中国科协政府转移职能与科技公共服务工程”支持的4个项目：药学类本科专业认证与评估延续、限制类和鼓励类药品目录研究、药物流行病学研究方法学指南制定、中国药学会科学技术奖提升。其中“限制类和鼓励类药品目录”研究任务已成为学会承接政府转移职能的长期工作任务，并连续2年得到中国科协“承接政府转移职能与科技公共服务工程”项目支持。

学会参加药品审评审批制度改革实践，承担国家食品药品监督管理总局委托任务，为药品审评审批改革提供技术支撑。参与仿制药质量和疗效一致性评价工作，建立2381人的大型药学领域专家库，完成美国食品和药物管理局（FDA）《特定药物的生物等效性指导原则》数据库185个品种翻译工作；承担科技成果登记工作，协助完成《食品药品监管科技成果登记办法》和《食品药品监管科技成果登记办法实施细则》及成果登记软件的编制；承接调研临床试验收费价格工作任务，组织专家对生物等效性/药物代谢动力学（BE/PK）与Ⅱ/Ⅲ期临床试验进行调研和讨论，形成研究报告；承担医药知识产权政策调研工作，协助开展《药品专利强制许可实施办法》制定前期调研和起草工作。

学会建设 2016年发展高级会员128人。新制订学会制度有因私出境管理办法、差旅费管理办法、公务接待用餐管理办法等6项。完成学会网站改版升级。2016年召开理事会议1次，常务理事会议5次，理事长办公会议5次，秘书长办公会议2次，组织工作委员会会议、国际交流工作委员会会议等，学会10个工作委员会共召开会议21次。加强分支机构建设和管理，组织开展专业委员会评价工作，全面评估各专业委员会2012—2016年开展工作情况；组织筹备第二十四次全国会员代表大会；加强人才队伍建设，合理配备和引进高素质管理和专业技术人员。通过公开招聘、人才引进选调干部等方式，新入职工作人员4名。

科技期刊国际影响力提升计划 《中国天然药物》《药学学报》和《中国药学》（英文版）完成国际影响力提升计划项目（2013—2015）总结验收。

学术期刊 组织完成了《药学学报》《中国中药杂志》《中国药学杂志》《药物分析杂志》《中国药物化学杂志》《中国现代应用药学杂志》《国际药学研究杂志》《中草药》及中国药学会期刊集群项目等学会及主办期刊承接的9项中国科协精品科技期刊工程第四期项目（2015—2017）任务。

在2016年《中国学术期刊国际引证年报》中，《中国中药杂志》《中国天然药物》《药学学报》、*Acta Pharmaceutical sinica B*、《中草药》5本期刊入选“2016中国最具国际影响力学术期刊”。学会主办期刊发表的论文有3篇入选中国科技期刊2016年度优秀论文。

承接中国科协起草《关于改进学术评价和人才评价体系的意见》项目，并协助中国科协组织召开了完善学术评价体系、治理遏制论文发表不良倾向有关课题开题会。

在第四届中国出版政府奖评选中，学会推荐的主办期刊《药学学报》《中国中药杂志》《中国药学杂志》进入中国科协主管在京期刊序列申报第四届中国出版政府奖期刊奖推荐公示目录。《中草药》杂志通过了天津市新闻出版局报第四届中国出版政府奖期刊奖的推荐公示。

学科发展 学会依托所属26个专业委员会，跟踪药学学科发展前沿，年度内出版《中国创新药物研发战略研究报告（2014—2015）》《中国医院药学学科发展史》《〈医疗机构药学工作质量管理规范〉操作手册》。

决策咨询 承担国家卫生和计划生育委员会“短缺品种供应保障和预警机制研究”等3项任务，组织专家提出相关政策制定意见建议。参加国家食品药品监督管理总局《药品注册管理办法》修订会议，对药品注册管理办法二级文件目录提出10条建议。报送国家食品药品监督管理总局科技和标准司关于《国家科技报告管理暂行办法（征求意见稿）》的意见建议。

国际学术会议 10月18—20日，学会与韩国药学会、日本药学会在韩国首尔共同举办了中韩日药学论坛，10多个国家和地区1500余名药学工作者出席会议。

国内主要学术会议 学会共召开学术会议44个，参会人数15086人次。

学会及各专业委员会召开了全国21世纪迈向精准医学高峰论坛、第三届药物检测质量管理学术研讨会、2016年第五届肿瘤药学大会、药物临床评价研究专业委员会2016年学术年会、2016年全国眼科药学学术会议、第十六届全国中药和天然药物学术研讨会、2016年中国药物制剂大会、2016年中国医药创新与发展高层论坛、2016年生物技术药物理化特性分析与质量研究技术研讨会等学术会议。

国际组织任职 经学会推荐，中国药科大学教授尤启东担任2016年国际药学联合会（FIP）药学教育大会计划委员会成员。

国际交往 2016年，在与英国皇家化学会签署合作备忘录基础上，两会药学科研人员开展了药物化学科研项目的实质性合作，中英药物化学学术会议在两国轮替召开、两国药物化学专业人员实现了常态化互访。7月，学会与韩国药剂师协会签署合作备忘录，双方计划在药学信息交换、药剂师继续教育、青年药学工作者交流、会议支持与互访等方面开展深入合作。学会利用多种工作渠道，实现了与澳大利亚药学会、阿根廷药学会等国家药学组织的联络。与韩国药学会、日本药学会探讨建立区域性药学专业交流、药学科技合作的工作机制。与美国药学科学家协会接洽，在草药和天然药物、生物利用度、生物等效性、信息保护、网络课程等领域开展进一步合作。

科普活动 以“安全用药共享健康”为主题开展科普宣传活动8项，受益公众4346.4万人次，呈现出“线下活动稳定开展、线上活动互联互动”的形势。在全国科普日活动期间，聚焦重大疾病防治、食品药品安全、人口老龄化等重大民生问题，开展50余次科普活动，受益公众逾170万人次。举办“全国安全用药月”活动6项。10月18日，2016年全国安全用药月启动仪式暨第一届中国药品安全论坛，得到中共中央政治局委员、国务院副总理汪洋的重要批示。学会理事长桑国卫，国家食品药品监督管理总局局长毕井泉，中国科协党组副书记、副主席、书记处书记徐延豪等出席开幕式并讲话。

2016年全国安全用药月启动仪式暨第一届中国药品安全论坛

学会组织科普传播专家团和骨干策划组织大型科普活动8项；官方微博“药葫芦娃”微博拥有52万余名粉丝，发表博文3519条，2016年浏览量增加300万人次，总浏览量超过2100万人次。“宝葫芦娃”科普微信公众号发布科普文章3000余篇，浏览量增加879万人次，总浏览量达1059万人次。

表彰举荐优秀科技工作者 学会共组织推荐评选7种奖项。第十一届中国药学会科学技术奖共评选奖项14项，其中一等奖2项、二等奖5项、三等奖7项，评选出第十九届中国药学会—施维雅青年药物化学奖5人，第八届中国药学会—赛诺菲青年生物药物奖8人，第四届中国药学会—施维雅青年医院药学奖7人。推荐第十七届吴阶平—保罗杨森医学药学奖药学专业候选人2名，首届中国药学会—以岭生物医药奖10名，中国药学会优秀药师73名。

经学会推荐，贺浪冲、任进、赵宇亮、梁争论4位药学科技专家获得第七届“全国优秀科技工作者”称号。学会推举中国科学院上海药物研究所李序文、中国药科大学莫然两位青年学者入选中国科协青年人才托举工程（2015—2017）。

会员服务 修订《中国药学会会员管理制度》，强化会员服务意识，明确不同类型会员的责任、权利、义务。完成年度《中国药学会会讯》4期的编辑和印发工作。

党建强会 学会党支部深入开展“两学一做”学习教育，根据中央专项巡视和国家食品药品监督管理总局党组巡视学会有关要求，学会党支部于9月完成换届改选工作，同时按照要求对巡视中发现的问题及时整改。按照中国科协党组部署，积极筹备并完成在学会理事会层面建立功能型党组织，成立了学会党委，实现了学会党的组织和工作全覆盖。学会党支部以“强化战斗堡垒作用，培养以基层优秀党员科技工作者为核心的药学人才队伍”为主题，以“2016年中国药学会青年药学人才成长之路系列巡讲活动”为载体，实施了“党建强会”计划“十百千”特色活动项目。学会党支部承担中国科协学会党建研究会调研课题“‘互联网+学会’党建宣传创新研究”，探索以广大会员、药学工作者为核心受众的“互联网+”党建宣传新模式，全面提升党建宣传工作的水平和效果。

【2016年中国药学大会暨第十六届中国药师周】 12月7—9日，2016年中国药学大会暨第十六届中国药师周在北京召开。大会主题是“服务创新驱动发展、推进健康中国建设”。中国科协、国家食品药品监督管理总局等有关负责人，中国科学院院士和

中国工程院院士，学会理事，医药科研院所、高等院校、医疗机构、医药企业等专家、学者2000余人出席大会。会上表彰了2016年中国药学会优秀药师73人，首届中国药学会—以岭生物医药奖10人、第四届中国药学会—施维雅青年医院药学奖7人、第八届中国药学会—赛诺菲青年生物药物奖8人、第十九届中国药学会—施维雅青年药物化学奖5人，颁发了第十一届中国药学会科学技术奖14项，其中一等奖2项、二等奖5项、三等奖7项。

大会分别邀请院士、专家作大会报告，设立10个分会场。经专家评审，637篇论文被收录到大会论文集中。举行论文报告达150个，评选出获奖优秀论文54篇，其中，一等奖5篇、二等奖17篇、三等奖32篇。

大会期间，召开了学会23届理事会第六次会议、2016年全国医药经济信息网工作会议、"新起点·新机遇·新发展"高峰论坛及"安全用药，共享健康"系列科普公益活动之"药师您好"等系列活动。

【全球药学教育会议】 11月7—9日，由国际药学联合会（FIP）、中国药学会联合主办，中国药科大学和美国药学院协会（AACP）承办的全球药学教育会议在江苏省南京市举行。本次会议是国际药学联合会《药学教育5年行动计划》核心活动之一，来自美国、加拿大、日本、澳大利亚、法国、印度等47个国家和地区的561名药学专家围绕"为全球药学从业人员建立全球视野"的主题展开了讨论。

十一届全国人大常委会副委员长、学会理事长桑国卫，国家食品药品监督管理总局副局长孙咸泽，江苏省人大常委会副主任赵鹏，国际药学联合会主席卡门·佩尼娅及本届大会共同主席、美国亚利桑那大学药学院副院长菲利普·施耐德等出席开幕式并致辞。

会议发布了《关于药学从业人员及其发展的全球愿景（从教育和培训的角度）》《药学从业人员发展目标》等纲领性文件，在从业人员的综合执业技能、药学教育资源和质量等方面达成全球共识。国际药学联合会在会上还形成了关于药学教育现状的总结报告，部署了围绕药学教育将要开展的主要工作。

与会专家、学者采取现场投票的方式，就"共同的全球愿景""综合职业技能""基础训练和领导能力""教育质量保证"等8个方面共70个话题逐一表决，形成《国际药学联合会关于全球药学教育的专家共识》，希望通过教育改革和培训推动药学专业人员的职业发展，满足社会对药学人才的需求。

本次会议作为全球性药学教育会议，提供了一个让中国了解世界药学教育和让世界了解中国药学教育的机会，全面展示了中国药学教育发展水平、药学教育改革的成果。

会议同期举办了2016高等药学教育研讨会、国际大学生药苑论坛药学教育论坛。

（撰稿人：梁　毅　李亚娟）

中华护理学会

服务创新型国家和社会建设　受国家卫生和计划生育委员会委托，学会承接了《临床疾病护理指南》《临床护理技术操作规范》的编写工作。同时，修订专科护士培训教材（人民卫生出版社出版），组织起草《新入职护士培训大纲（试行）》《优质护理创新医院评价标准》等文件。

按照国家卫生和计划生育委员会医疗卫生服务管理中心关于成立护理专家委员会，组织起草《优质护理创新医院评价标准》的要求，年内组织临床护理、护理教育、护理管理、医院管理等不同研究方向的近40名专家，依据《护理条例》《医疗机构管理条例》《优质护理医院评价标准（2014版）》等国家政策文件要求，翻译资料、查阅文献、开展调研，完成初稿，接受国家卫生和计划生育委员会医管中心对《优质护理创新医院评价标准（草稿）》的多次评审。在两个月内，召开5次座谈会，征求意见50余人次，并多次进行了书面修改。

学会加强专科基地建设与管理，按专科、专业分期举办中华肿瘤基地、急诊基地、手术室基地师资培训班，共举办专科护士培训班6个，专业技术规范化培训班3个，专题培训班5个，受训人数1638人次。继续做好国家级、学会级继续教育培训项目工作，完成学会2017年国家级及2016年学会级（第二期）继续教育培训项目申报，其中国家级新增继续教育项目23项。

举办多个专家咨询及专题论证会议，确定了护理员技能培训教材编写定位、编写原则及第一轮编写要求，护理员技能培训教材已完成初稿。

在科研课题立项招标工作方面，学会科研工作委员会开展了2016—2017年度科研课题招标立项，加强科研基金扶持力度，扩大覆盖范围，有18项课题获得了科研基金支持，其中《中国护理理论体系的研究建设》《全国护士人力资源现状调查报告》等重点课题，形成了初步研究成果。

在产学研体系建设方面，学会产业工作委员会广泛开展了养老行业专题调研，参观了浙江省乌镇云医院和当地的养老机构，就服务运行模式等进行了探讨，对“‘互联网+’医疗养老”进行了相互交流。

学会能力提升计划 学会是中国科协学会创新和服务能力提升工程优秀科技社团项目二类项目建设单位。1—4月，由学会决策咨询工作委员会发起成立了专家库，对36名专家进行了决策咨询、智库建设的培训，邀请中国科协调研宣传部部长郭哲就创新评估与“十三五”科协事业发展进行了专题演讲。在两会期间，学会理事长李秀华在全国政协十二届四次会议医药卫生界委员联组会发言中，系统分析了目前护理学科发展的现状，论述了国民健康和医卫事业发展对护理队伍建设的要求。对继续通过立法保护护士的合法权益，保障护士队伍的稳定；对逐步建立科学的成本管理体系，合理确定医务人员薪酬水平，从实处体现护士的劳动价值；对护理人才培养应列入国家急缺人才工程建设等方面，提出了科学、系统的意见和建议。

学会建设 截至2016年10月，学会共有团体会员31个，个人会员人数共计105114人，较2015年同期增长2%；其中普通会员100807人，增长1.4%；资深会员4307人，增长17%。

为甄选和储备学术发展的后备引领人才，4月学会在江苏省南京市举办了以“开拓、创新、领导力”为主题的青年委员骨干培训班。10月，在辽宁省沈阳市举办了学会专业委员会骨干培训班，帮助专业委员会骨干进一步了解国家医药卫生体制改革政策与护理事业发展趋势，了解学会发展新思路、护理学术发展新动态等。

为及时全面了解和掌握国内外护理政策法规，促进依法办会的能力，学会专门成立了中华护理学会护理研究室，探索建立中国护理研究智库。

学会采取面向社会公开招聘、公平竞争、择优录取的竞聘上岗模式，分别于1月和8月完成部室主任公开招聘工作，岗位分别是学术部主任、护理研究室主任和杂志社中层专业骨干。

学会修订规章制度35项，汇编成册并组织管理培训。

学术期刊 中华护理杂志社已初步完成独立经营模式的转变，杂志围绕重点、热点护理专科，侧重开展危重症护理、手术室护理、门急诊护理、伤口造口失禁护理、静脉治疗护理及护理管理6个专题，提高护理科技工作者的科研设计与论文写作能力水平，为中华护理杂志打造精品期刊提供优质文稿。根据《2016年版中国科技期刊引证报告（核心版）》发布的数据，《中华护理杂志》核心总被引频次（8468）、核心影响因子（2.272）、综合评价总分（98.33）等主要指标均排名护理学类期刊第一位。在中国科学技术信息研究所公布的《2016年中国卓越科技论文产出状况报告》中，《中华护理杂志》有5篇论文入选“2015年中国百篇最具影响国内学术论文”。根据《2016年版中国科技期刊引证报告（扩刊版）》发布的数据，《中华护理教育》在体现期刊质量的重要指标中，文献选出率（0.98）排名第二位、基金论文比（0.387）排名第三位、海外论文比（0.018）排名第二位、扩展即年指标（0.283）排名第六位。

2016年，经国家新闻出版广电总局审核批准（新广出审〔2016〕502号），《国际护理科学（英文版）》（*International Journal of Nursing Sciences*）创刊。期刊主管单位为中国科协，主办单位为中华护理学会。

国际学术会议 11月13日，第四届中日韩护理大会在北京召开，来自日本护理学会、韩国护理学会及国内的专家、学者1522人参会。

11月15—16日，国际护士会第17届亚太劳工会议在北京召开，会议期间还召开了亚太联盟会议。

国内主要学术会议 学会共举办计划内学术会议31项，会议注册培训护理人员达到18480人次，会议投稿篇数及参会人员数量相比2015年整体提升14%—31%。

国际组织任职 国际护士会（ICN）成立国际护士节资源指导委员会，学会理事长李秀华作为专家被ICN邀请加入了指导委员会，标志着中华护理学会在全球护理领域的专业地位和行业影响力。学会鼓励并协助专业委员会加入国际组织，不断提升中华护理学会的国际地位及行业影响力。2016年，学会供应室专业委员会成为世界医院消毒灭菌科学联盟（World Federation for Hospital Sterilization Sciences，WHFSS）的会员。

国际交往 学会理事长李秀华2014年率先提出了建立金砖国家护理学会深度合作的意向，经过两年的沟通与协商，2016年11月12日金砖五国的护理学会主席在北京国家会议中心共同签署了《金砖五国护理合作备忘录》，并一致同意在合作备忘录的框架下，加强五国护理之间的合作与交流，共同推动五国护理事业的发展，并使之成为全球护理合作模式的典范。

2016年5月18日，应国际护士会（ICN）邀请，学会副秘书长吴瑛与国际部主任吴道志出席了由国际护士会（ICN）在瑞士日内瓦举办的国家级护理学会代表大会。ICN主席Judith Shamian女士、首席执行官（CEO）Frances Hughes女士，以及来自全球100多个国家护士会的代表出席了本次会议。本次会议的主题是“探讨国家级护理学会在推进2030全球卫生人力资源（HRH）、可持续发展目标（SDGs）和全民医疗保险（UHC）中的作用”。吴瑛作主旨演讲，并与其他5个发言代表进行了“共谋发展，共迎挑战，造福人类健康”的交流，得到ICN和与会代表的一致好评。

学会按照国际护士会（ICN）“国家护士学会创新奖”ICN创新奖申报通知要求，专门组成写作小组准备素材，7月完成申报材料的准备，并按时向国际护士会递交了申报书。

ICN确定国际护士节2017年的主题为“护理，领导的声音，实现可持续发展目标”，ICN希望中国能够提供反映护理实践的案例。这是国际护士会首次邀请中华护理学会提供此类素材。为此，学会邀请全国护理各领域专家，征集案例25个，优选上报了3个。

学会与国际护士会签订的“结核/耐多药结核”骨干护士培训项目，截至2016年年底已完成20多个省、自治区、直辖市共231名学员的培训，其中8人荣获国际护士会的“领导者之光”杰出结核病护士荣誉称号，1人的论文被第46届世界肺部健康大会收录为海报交流。

科普活动 学会科普工作委员会开展了全国护理科普教育基地认定评估工作。

5月8—14日，结合国际护士会庆祝“5·12”国际护士节主题，学会在江西省南昌市八一广场启动了“健康中国、科普助力”为主题的活动周，中国科协副主席程东红出席会议并讲话，500余人参加了启动仪式。

学会在全国范围内陆续开展了“健康中国、科普助力”主题活动，通过科普工作4C战略（常态、长效、畅通、唱响），用护理专业知识和护理操作技能，发挥护理在预防疾病、维护生命、减轻痛苦和促进健康等方面的作用。

会员服务 学会以提升服务能力为目标，建立了为边远、贫困、革命老区会员送知识的长效机制。在服务手段建设方面，搭建了具有会员发展、管理和交流服务等功能的网络平台，通过网络等信息化手段，为经济欠发达地区会员提供免费培训。7月20日，学会在太原市，对山西省内37所医院的136名助产专科护理骨干进行了免费培训。同时召开了中华护理学会联络秘书工作会议，通过秘书间的相互交流和深入探讨，查找出会员发展中的问题，并提出了解决建议。

【签署《金砖五国护理合作备忘录》】 在国家“一带一路”发展战略倡导和鼓励下，学会率先提出倡议开展金砖国家护理学会深度合作。

11月12日，来自中国、巴西、俄罗斯、印度和南非的护理学会主席，在北京签署了《金砖五国护理合作备忘录》。五国护理学会一致表示，应在相互支持、相互学习和尊重各国文化差异性的基础上，通过讨论与友好协商，建立长期合作伙伴关系；在国际组织和场合中，协调立场，引领国际护理发展；加强护理各领域交流，共同支持各国卫生发展，促进护理及健康事业的发展。金砖国家人口占全球人口总量的40%，护士总数占全球的50%。备忘录的签署，为学会下一步开展“一带一路”国家或地区间交流合作积累了经验、打下了基础。

【中华护理学会首届科技创新大会暨2016年护理学术年会】 2016年11月12日，中华护理学会首届科技创新大会暨2016年护理学术年会在北京国家会议中心拉开帷幕。大会以“促进学术发展　提升创新能力”为主题，在会议开幕式上发布了设立“中华护理学会创新发明奖”的决定，并为首届获奖者颁奖。金砖国家护理学会领导人出席开幕式并共同签署《金砖五国护理合作备忘录》。国际护士会主席茱迪丝·莎缅（Judith Shamian）、国家卫生计生委医政医管局副局长郭燕红等出席开幕式。茱迪丝·莎缅和郭燕红发表讲话，强调了护士在人类健康事业中的重要作用，高度赞扬了中华护理学会取得的成就，并对未来护理发展方向和工作重点提出了期望。

学会决定自2016年起，设立“中华护理学会创新发明奖”，以表彰为护理事业的创新发明作出突出贡献的护理工作者。首届中华护理学会创新发明奖评选活动共收到全国27个省、自治区、直辖市护理学会申报的项目131项。参照《中华护理学会创新发明奖奖励、实施办法（试行草案）》，经过中华护理学会创新发明奖评委会评审专家客观、认真、公正、严谨的初评及终评，以及法律顾问全程的监督，最终评出二等奖5项、三等奖8项、优秀奖37项，共计50项，一等奖空缺。出席会议的领导为50名获奖者颁奖。

此外，与会代表还参加了为期两天的第四届中日韩护理大会暨2016年护理学术年会。

【签订“全球护理领导力变革”培训项目】 8月5日，中华护理学会理事长李秀华与国际护士会（ICN）首席执行官（CEO）Frances Hughes女士在北京共同签订了“全球护理领导力变革”培训项目（The ICN Leadership for Change™ programes）。“全球护理领导力变革”项目是由ICN组织提出并实施，是受版权保护的行动学习、领导能力建设的培训项目，自1996年以来积极在60多个国家和地区推广实施。“全球护理领导力变革”项目是中华护理学会与国际护士会为推动中国医疗制度改革，培养优秀护理领导人才，为社会大众提供优质护理服务的一个长期合作项目。项目约定，2017年在全国12个省市开展护士领导力培训，逐步扩及全国，培养500名中国杰出的护理领导者和管理者。

【建言献策健康中国发展战略】 3月4日上午，在全国政协十二届四次会议医药卫生界委员联组会上，学会理事长李秀华作为全国政协委员发言，结合护理界工作实际，以调研为基础，以数据为依据，客观分析了目前护理事业在健康中国建设中的重要作用，指出我国老龄化趋势对护理事业发展的挑战与紧迫形势，并指出了以下3点建议：一是尽快制定《护士法》。通过立法保护护士的合法权益，保障护士队伍的稳定；通过立法授予护士独立执业的权利，使优秀护理资源向社区及基层辐射。二是建立科学的成本管理体系。护理服务的费用低廉，一直延续着几十年前的老标准，严重挫伤了护士积极性。要合理调整护理收费标准，理顺医疗服务收费结构；合理确定医务人员薪酬水平，体现护士劳动价值。三是培养紧缺人才。护理专业技术人才严重不足，护理人才培养应列入国家紧缺人才工程建设中，重点扶持，更好地应对中国快速进入老龄化社会的服务需求并储备人才。

（撰稿人：吴淑华）

中国生理学会

服务创新性国家和社会建设 受全国名词审定委员会委托，学会名词审定工作委员会举行了第二次全体委员专场审议讨论会，汇报了《生理学名词》（第二版）定名初稿的收稿情况和对定名初稿三轮审阅的情况，并对后续的定义工作提出了要求、注意事项和时间安排。会议规定提交定名和定义定稿的截止时间为2016年年底。

学会运动生理学专业委员会承担了《运动生理学研究生教程》《运动生理学双语》等教材的编写工作。

学会在贵州省贵阳市举办了中国生理学会新型生理学实验技术平台培训班，来自21个省46个单位的100名生理科学工作者参加了学习。培训形式包括专题讲座、演示实验、教学实验和技能比赛，内容涉及医学虚拟仿真实验教学中心的建设、动物行为学实验方法与技术、不同类型心律失常模型的复制等。培训班采用新的实验方法、技术和教学法进行了多项实验教学和演示。

学会建设 学会发展会员72人，截至2016年年底，会员总人数3212人。

学会召开了2次常务理事会议，讨论和审议了外事工作委员会和开发、仪器工作委员会的组成人员名单。讨论和审议了学会对分支机构管理规定的细则，明确了分支机构主任委员的责任。

学会基质生物学专业委员会、学会消化与营养专业委员会召开成立大会。学会内分泌与代谢专业委员会、运动生理专业委员会和中医院校生理学专业委员会完成了主任委员变更，增补了委员。

学会确定了对基层和边远地区年轻生理科学工作者参加学术会议减、免收注册费的条件和收费优惠的标准。

学会完成了学会网站新版设计及内容充实，启动了学会微信公众号的建设工作。

为纪念学会成立90周年，学会编纂出版了纪念图文集《执着和奉献》，发行1000余册。

学术期刊 《生理学报》获得由中国学术期刊（光盘版）电子杂志社、清华大学图书馆、中国学术文献国际评价研究中心联合发布的“2016中国国际影响力优秀学术期刊”称号。在中国科技信息研究所公布的《2016年版中国科技期刊引证报告（核心版）》中，《生理学报》在我国基础医学类27种学术期刊中综合排名第2位。

国内主要学术会议 学会及所属分支机构举办各类国内学术研讨会议8个，1240余人次参会，交流论文近400篇。

3月18—20日，中国生理学会基质生物学专业委员会成立大会暨第一次全国基质生物学学术会议在北京召开。来自大陆、香港特别行政区和台湾地区的34家单位150位专家、学者及青年科研人员参加大会。大会报告共设6个主题版块，30名国内外基质生物学专家、学者分别从细胞外基质与形态发生、稳态和疾病、整合素信号转导、蛋白质水解和组织工程等多方面进行了学术报告，并与参会学者进行了讨论。

4月15—17日，由学会消化与营养专业委员会主办的中国生理学会消化与营养专业委员会成立大会暨第一届学术会议在江苏省苏州市召开，来自全国各地生理及营养专业领域的专家、学者100余人参加了大会。会议分为离子通道受体与胃肠疾病，脑肠轴功能可塑性，胃肠运动生理与功能障碍，胃肠黏膜与免疫，营养、代谢与重大疾病以及肝胆胰功能与疾病6个专题，包含32个大会报告及18个墙报展示，来自30余所高校的专家、学者以口头发言或者墙报的形式展示了自己的科研成果。

7月26—28日，大连医科大学肾脏病中心成立大会、医学科学研究院第二届学术年会暨中国生理学会肾脏生理专业委员会第三届学术年会在大连医科大学举行，来自全国各地的400余位专家、学者参加了会议。会议聚焦肾脏科学学科前沿和热点，共举行了21场高端学术报告，专家、学者从多个角度介绍了近年来肾脏病领域在病因和机制研究及诊疗方面取得的新进展，并在学科建设、教学和实验技术方面进行了交流。会议设立了青年学者报告专场，开展墙报学术交流，对优秀墙报进行了表彰。

8月12—14日，2016年中国生理学会心血管生理学术研讨会在宁夏回族自治区银川市召开。本届会议由学会循环生理专业委员会主办，宁夏医科大学承办。来自35个医学院校和科研院所的120位专家、学者参加了本次学术研讨会。会议举办了3场特邀报告和5场主题报告，同时评选出11位来自全国的青年学者进行青年优秀论文报告。

10月14—16日，中国生理学会疼痛转化研究专业委员会第三次学术会议在江苏省南通市召开。来自近20家机构的专家、学者130余人参加大会。大会围绕疼痛的发病机制、疼痛共病、临床治疗展开交流，17位专家就“脑科学与疼痛医学的回顾和展望”“疼痛临床与转化”“疼痛的外周机制”“疼痛的脊髓机制”“疼痛的脊髓上中枢机制”5个主题版块做了专题报告，15位从事疼痛基础研究工作和临床治疗的专家对疼痛发生发展的最新研究进展和诊疗手段做了报告。

10月29—30日，2016年中国生理学会运动生理学专业委员会会议暨“运动生理学（实验）教学改革”教学研讨会在湖南长沙市举办，80余位专家、学者参会。会议共收录论文80余篇，其中大会报告4篇、专题报告18篇、墙报交流45篇。会议评出了4篇优秀专题报告及8篇优秀墙报。

科普活动 5月14日，学会与有关全国学会在北京自然博物馆共同举办了以“创新引领·共享发展”为主题的2016全国科技活动周活动。学会向参与科普活动的市民及青少年发放了学会印制的健康科普知识宣传材料500余份及科普问答题300余份，飞镖趣味问答50余人次，直接受益群众1000余人次。

表彰举荐优秀科技工作者 经学会推荐，马兰、王世强获得第七届“全国优秀科技工作者”称号。

会员服务 学会会员电子信息和纸制会员表全部存档，完善了会员的个人信息，更新了会员数据库。学会编纂会员刊物《生理通讯》（双月刊），在建立电子版的同时，纸质印刷版免费向会员邮寄。学会通过电子邮件向会员发送学会通知，会员可通过学会网站了解学会最新动态。学会和各专业委员会召开的学术会议对会员实行会议注册费减免制度。

【中国生理学会成立90周年庆典暨2016国际生理学学术大会】 9月26—28日，中国生理学会成立90周年庆典暨2016国际生理学学术大会（90th Anniversary of the Chinese Association for Physiological Sciences and 2016 International Conference of Physiological Sciences）在北京召开。会议的主题是“生命的逻辑”。

中国生理学会成立90周年庆典暨2016国际生理学学术大会

学会理事长、大会主席王晓民在《中国生理学会成立90周年的历史回顾与展望》的报告中回顾了学会在90年的风雨历程中取得的成绩。学会名誉理事杨雄里院士在题为“历史的启示”的特别报告中讲到了老一代生理学家“学术为先，持之以恒，坚忍不拔”的精神，鼓励年轻人肩负起历史重任。

学会向与会的老一辈生理学家及学会老会员赠送了中国生理学会成立90周年纪念图文集《执着和奉献》。

学会邀请了中国生理学会名誉会员、美国科学院院士、加州大学圣地亚哥分校惠特克生物医学工程研究院院长钱煦，国际生理科学联合会（International Union of Physiological Sciences，IUPS）副主席、亚大地区生理科学学会联合会（Federations of Asian and Oceanian Physiological Societies，FAOPS）前任主席华瑜，IUPS秘书长Walter Boron，IUPS司库Peter Wagner，FAOPS第一副主席Javad Mirnajafi-Zadeh，第二副主席Yoshihiro Kubo，秘书长Harbindar jeet Singh，司库Anuwat Dinudom，国际脑研究组织（International Brain Research Organization，IBRO）秘书长Larry William Swanson，美国生理学会主席Jane F. Reckelhoff，澳大利亚生理学会秘书长Matthew Watt，奥地利生理学会秘书长Nandu Goswami，中国台北生理学会秘书长Jiuan-Miaw Liao，法国生理学会秘书长Naim Khan，日本生理学会主席Yoshinori Marunaka，英国生理学会主席David Eisner和前主席Richard D. Vaughan-Jones，新西兰生理学会主席Brown Colin，斯堪的纳维亚生理学会主席Tomi Taira，斯堪的纳维亚生理学会秘书长Bryndis Birnir，心理神经免疫学研究会理事Keith W. Kelley以及皇家学会院士、伦敦大学学院教授Michael Hausser等出席了学会成立90周年庆典活动及学术大会。

本次大会由12个国家或地区学会联合举办，来自24个国家和地区的专家、学者900余人出席会议。会议共收到摘要613篇。会议安排了7个特邀大会报告，钱煦，美国科学院院士、南加利福尼亚大学Larry William Swanson，英国皇家学会院士、伦敦大学学院教授Michael Hausser，中国科学院院士、清华大学教授李蓬，日本生理学会候任主席、京都府立医科大学教授Yoshinori Marunaka，中国科学院院士、上海生命科学院研究员张旭，北京大学分子医学研究所所长肖瑞平分别作报告《血管机械传导的表观遗传调节》《支持自主行为和认知的皮层联络网络构筑》《行为过程中神经回路的全光学审视》《体积关乎重要：脂滴融合和生长的生物学和机制》《氯和氢离子如何调控身体功能？》《躯体感觉神经元的分类和痛觉调制机制》《E3连接酶在代谢综合征中的作用》。

会议设38个专题报告，以其他国家（地区）生理学会组织和冠名专题报告17个，由中国生理学会各专业委员会组织的专题报告21个，共221个专题报告人。报告内容涵盖生理学研究的多个方面，包括细胞生理学、血液和循环生理学、内分泌和生殖生理学、神经生理学、呼吸生理学、肾脏泌尿和稳态等。会议设立了4场青年生理学工作者报告会，评选出优秀口头报告8名、“优秀墙报”奖35名。

【中国生理学会“第十一届全国生理学教学研讨会”】 7月2—3日，中国生理学会“第十一届全国生理学教学研讨会”在辽宁省大连市召开。会议共收到论文摘要121篇，来自88所院校的220余位生理学工作者参加了会议。

会议共设7个大会特邀报告。学会教育工作委员会副主任委员、中山大学中山医学院教授王庭槐作了题为“生理学实验教学改革三十年的回顾与展望”的报告，学会副理事长兼秘书长、北京大学医学院教授王韵作了题为“学科与器官系统整合体系下生理学教学”的报告，学会副理事长、大连医科大学副校长管又飞作了题为“培养创新和应用兼顾型医学人才的教学改革实践”的报告，学会常务理事、南京大学生命科学学院教授王建军作了题为“生理学名词审定简介”的报告，学会副理事长、教育工作委员会主任委员、中南大学教授罗自强作了题为“以胜任力为导向开展生理学教学综合改革的思考与实践”的报告，中南大学湘雅医学院教授秦晓群作了题为“基础医学实验设计大赛助推研究型学习”的报告，南京医科大学教授高兴亚作了题为“医学教育信息化的发展与展望”的报告。

本届教学研讨会对生理学教学领域进行回顾和展望，结合生理学教学改革、学科建设、教学方法、师资培养、双语教学、研究生教育、课程建设、新媒体技术的应用等13个领域设立了2个分会场共进行了39场高端教学会议报告。会议期间许多年轻教师在报告过程中对生理学教学方法、教学改革、实验课内容设置以及网络教学等领域提出了自己的看法、思路与建议，与在场各专家、学者进行了交流。

（撰稿人：刘　璐）

中国解剖学会

服务创新型国家和社会建设 由学会科技开发和咨询工作委员会制定的《中国解剖学会关于产品和技术成果鉴定管理暂行办法》(以下简称《鉴定管理办法》),经中国解剖学会常务理事讨论和修改,于8月5日通过并执行。

根据企业的申请,学会科技开发和咨询工作委员会组织相关专家对5家企业的10余个产品和技术成果作了鉴定。

4月8—10日,第二届全国数字解剖学教学培训班在山东省济南市举办。全国医学院校200多名解剖学教师参加学习。9位教师作学术报告和示范教学。

学会建设 学会全年共发展会员162人,会员总人数达3998人(其中交费会员1150人)。

经学会常务理事会议批准,护理解剖学分会召开成立大会。

学会期刊 学会主办的7种期刊2016年共发表论文1179篇,发行量共33000册。

国际学术会议 11月1—3日,2016年世界生命科学大会在北京召开。学会作为中国科协生命科学学会联合体18家成员学会之一,主办了"Visible Human and Digital Medicine"(数字化人体与数字医学)分会场,学会理事长张绍祥为分会场主席,有6位学者在分会场作学术报告。张绍祥作了题为*Chinese Visible Human and Digital Medicine*(《中国数字化人体与数字医学》)的报告,学会副理事长刘树伟作了题为*The Digital Metal Brian Project*(《胎儿数字化脑研究计划》)的报告,欧阳钧教授作了题为*Digital Medicine and Innovaipon of Spinal Surgery*(《脊柱外数字医学与导航》)的报告。

国内主要学术会议 7月22—25日,第十二届护理解剖学学术会议在贵州省贵阳市召开。中国工程院院士钟世镇、学会护理解剖学分会主任委员丁自海等150位专家、学者出席会议。钟世镇院士、汪华侨教授、丁自海教授、黄文华教授等作专题报告,10位参会学者作了论文报告,2位专家作了护理解剖学微课制作技术讲座,10位参会人员作了教学课件、微课演示。

11月19日,由学会、中国生物医学工程学会、南通大学、南通高新区共同举办的2016再生医学与健康产业发展论坛在江苏省南通市举办。5位中国工程院院士,北京航空航天大学、上海交通大学、浙江大学、东南大学等科研院所再生医学和生物医药领域的专家及企业代表共200余人出席会议。

1月15—18日,学会教育与继续教育工作委员会主办的教育与继续教育工作委员会2016年教学研讨会在贵州省遵义市召开。会议主题为"人体解剖与组织胚胎学教学的传承与创新",来自67所院校的200余位解剖与组织胚胎学专家、学者参加大会。大会共收到与人体解剖和组织胚胎学教学研究有关的论文73篇,其中全文56篇、摘要17篇。

科普活动 应广东医科大学邀请,学会科普专家于11月25日在广东省广州市广东医科大学东莞校区向全校师生作科普工作专家报告。同济大学教授袁琼兰作了题为"Neuroplastin 65通过ERK信号和兴奋性抑制与抑制性神经递质失衡调节小鼠的认知功能"的报告,第四军医大学教授王亚云作题为"现代教学手段在解剖学中的应用"的报告,大连医科大学教授隋鸿锦以《生命奥秘展览与进化论的诠释》为素材,介绍了科普工作的转化成果。

学会科普工作委员会借助学会科普工作平台——生命奥秘博物馆,在全国布局,覆盖全国各大科技馆、博物馆、医科院校、农业院校、美术院校及海洋院校等。2016年,在成都建立生命奥秘博物馆。在辽宁省大连市、江苏省苏州市、四川省成都市等地,全年组织各类科普活动100余场,直接受益公众近10万人次。

表彰举荐优秀科技工作者 经学会推荐,赵春华教授获得第七届"全国优秀科技工作者"称号。

经常务理事及各省、自治区、直辖市解剖学会推荐,全体理事对候选人的材料进行审查、公示,常务理事会会议答辩、无记名投票等多个环节,王亚云、马超、王越、李七渝、黄飞等获得第二届中国青年解剖科学家奖。

党建强会 经中国科协科技社团党委审议批准(科协社团党发〔2016〕72号),中国解剖学会党委正式成立。张绍祥担任学会党委书记。学会党委为功能性党组织。

【中国解剖学会第32届学术年会暨第3届亚洲临床解剖学大会】 8月5—9日,中国解剖学会第32届学术年会暨第3届亚洲临床解剖学大会在山东省济南市召开。来自亚洲各国和国内的700余名人体解剖学、组织学与胚胎学、人类学、外科学、医学影像学、信息科学、再生医学与组织工程、发育生物学和神经科学等领域的专家、学者参加了会议。大会共收到论文摘要521篇，其中大会报告14篇、分会场报告209篇、墙报展示110篇。

中国工程院院士钟世镇作了“我的临床解剖学配角人生”的大会报告。中国工程院院士顾晓松在大会报告中介绍了他所从事的神经再生工作。香港大学医学院教授陈立基在报告中系统地介绍了香港大学是如何在解剖操作中激发学生反思性学习。中国、日本、韩国专家在大会报告中，从临床神经解剖学、美容解剖学和口腔临床解剖学等方面讲述临床解剖学最新进展。报告内容涉及解剖学发展史、数字化教学、PBL教学、案例式教学、模拟手术和大规模开放的在线课程（慕课）等。

中国科学院自动化研究所教授蒋田仔在大会报告中介绍了脑网络组技术，日本熊本大学玉卷平章教授作了题为“新皮质表面的软脑膜能提供新神经元”的大会报告。

3个临床解剖学分会场分别报告了显微外科解剖学、临床生物力学、断层影像解剖学和美容解剖学等的新成果。

会议设立了教学研究分会场。山东大学教授刘树伟的报告《齐鲁大学与解剖学名著》展示了齐鲁大学学者为中国解剖科学早期发展所作出的奠基性贡献，引发了与会学者对如何做出具有中国气派解剖学大作的思考。福建医科大学教授王玮的报告《如何上好一门课》对青年教师具有普遍的指导意义，北京大学医学部教授张卫光详细介绍了其临床解剖学教学经验以及青年教师应如何应对教学危机，山东大学教授李振中介绍了如何利用互联网开展局部解剖学开放式教学的做法和经验。

会议颁发了第二届中国青年解剖科学家奖、优秀青年论文报告奖和优秀墙报奖，为各地建设的合格数字解剖学实验室进行了授牌。

【人类发育与生殖医学研究前沿论坛】 12月10日，人类发育与生殖医学研究前沿论坛在上海市召开，150余位专家、学者出席论坛。论坛获得中国科协“学科发展引领与资源整合集成工程项目”资助。

同济大学教授高绍荣在《早期胚胎发育的表观遗传调控机制》的报告中，详细阐述了胚胎发育中的重要调控机制，并探讨了表观遗传机制的基础研究及临床应用方面的最新进展。中国科学院上海生命科学研究院研究员李劲松的报告《“人造精子”的建立与应用》介绍了单倍体干细胞作为替代精子进行基因编辑和转基因动物研究的研发历程、发展前景等内容。同济大学教授康九红的报告《非编码RNA在干细胞分化和胎源性疾病中的作用》介绍了利用干细胞中的非编码RNA研究技术，探索了小体重胎儿等临床生殖医学问题的转化研究的具体做法。

上海交通大学教授高维强在报告《小脑颗粒神经元发育和肿瘤病变研究的新视觉：干细胞的对称不对称分裂》中，通过对人多能干细胞的基因操纵，多能干细胞培养与神经定向分化等技术模拟人神经系统的早期发育过程，介绍了其从基础到临床对干细胞不对称性分裂和小脑病变的系列研究。复旦大学医学院副教授沙红英的报告《人极体基因组移植阻断线粒体疾病的子代遗传》通过其发明的极体移植技术为线粒体疾病的治疗提供全新的策略，并为相关疾病的临床生殖医学解决方案提供了极具应用前景的方案。第二军医大学副教授王越作报告《干细胞与细胞通讯：从基础到转化》，讲述了其所在课题组围绕干细胞的自分泌和旁分泌作用展开研究，鉴定了一系列能够改变干细胞微环境的重要分子成分，并讨论了其应用前景。

论坛还举办了首届Labcracker青年创客大赛、青年学者创新技术评比活动。8名来自同济大学、中国科学院上海生命科学研究院、中国科学院动物研究所、复旦大学、南京医科大学、第二军医大学等高校的青年学者参赛。大赛评选出创客奖2名，分别为中国人民解放军第二军医大学讲师蒋俊峰、同济大学博士研究生刘晓雨。

【参加第18届国际解剖学工作者协会联盟2016年执行委员会会议暨第111届德国解剖学会会议】 9月20—24日，学会副理事长、国际解剖学工作者协会联盟副主席、第四军医大学基础医学院教授李云庆，学会秘书长、北京大学医学部教授周长满作为正式代表参加了在德国哥廷根市哥廷根大学召开的第18届国际解剖学工作者协会联盟（International Federation of Associations of Anatomists，IFAA）2016年执行委员会会议暨第111届德国解剖学会会议（The 111th Annual Meeting of the Anatomische Gesellschaft）。

9月22日，李云庆在“神经网络联系及其功能”会场作了*Midbrain neuronal circuits for antiniciceptive behaviors*（《中脑内参与镇痛行为的神经环路》）的专题报告。9月23日，周长满在“神经系统疾病的发生机理及其防治”会场作了 *Voltage-dependent anion channels（VDACs）promote mitophagy to protect neuron from death in early brain injury stage following a subarachnoid hemorrhage*（《VDAC在蛛网膜下腔出血后的急性脑损伤促进线粒体保护脑细胞机理研究》）的专题报告。

9月20日，国际解剖学工作者协会联盟（IFAA）执委会会议在哥廷根大学召开。会议欢迎台湾地区解剖学同仁加入IFAA组织，李云庆和周长满在发言中明确指出，中国解剖学会是代表全中国的唯一合法组织，欢迎台湾地区参照奥林匹克运动会的方式以“中华台北解剖学会”的名义参加IFAA，但坚决不接受所谓的“台湾解剖学会”。他们的提议获得了参会执委的一致认可，并决定在批准台湾地区解剖学会加入IFAA前，必须要按照要求改变申请时上报的团体名称。

【《中国解剖学会关于产品和技术成果鉴定管理暂行办法》】 根据《中华人民共和国国家科学技术委员会科学技术成果鉴定办法》和《中华人民共和国国家科学技术委员会科学技术成果鉴定规程》，结合本学会实际情况，学会科技开发和咨询工作委员会制定了《中国解剖学会关于产品和技术成果鉴定管理暂行办法》，经学会常务理事讨论和修改，于8月5日通过并执行。《鉴定管理办法》的制定是为了适应学会改革发展的需要，促进解剖科学相关领域及企业产品和技术成果的应用和推广，正确评价产品和技术成果的水平，加强学会对产品和技术鉴定工作的管理，更好地服务于广大会员、会员单位和企业。

按照《鉴定管理办法》，学会受政府有关部门或学会单位会员委托，组织解剖科学领域专家，按照规定的形式和程序，对产品和技术成果进行审查和评价，并作出相应的结论，颁发产品或技术鉴定证书。

鉴定工作由学会科技开发和咨询工作委员会负责并主持，根据产品和技术成果的特点，组成项目鉴定委员会，采用会议鉴定或函审鉴定方式。

申请产品和技术成果鉴定应提供相关资料，要求内容必须真实可靠，引用文献资料和他人技术必须说明来源。包括：①技术研究报告（包括技术方案论证、技术特征、总体性能指标与国内外同类先进技术的比较、技术成熟程度、对社会经济发展和科技进步的意义、推广应用的条件和前景、经济效益和存在的问题等基本内容）；②测试分析报告或实验、测试记录报告，涉及污染环境和劳动安全等问题的产品成果需有关主管机构出具的报告或证明；③质量标准（企业标准、行业标准、国家标准、国际标准）；④用户使用情况报告；⑤相关产品的样品；⑥其他文件等。

根据产品的情况由同行专家采用会议形式对产品和技术成果作出评价。需要进行现场考察、测试，并经过讨论答辩才能作出评价的技术成果，可以采用会议鉴定形式。产品和技术成果经学会审核、鉴定后，由成果鉴定申请单位负责打印，经鉴定专家签字和学会盖章后颁发。

（撰稿人：房桂珍）

中国生物医学工程学会

服务创新型国家和社会建设 学会承担了国家食品药品监督管理总局（CFDA）创新医疗器械特别审评工作，学会扩大专家库，开展了对专家针对性的培训。全年累计完成审评工作200项，组织召开专家会近50次，参与审评的专家达208人次。学会制定了一系列有针对性的工作制度，确保专家咨询工作的顺利实施，为建立学会与政府部门的长期战略性合作奠定基础。

完成国家食品药品监督管理总局《医疗器械科技前沿》杂志4期内容撰写及编印工作，为政府部门及时了解医疗器械科技前沿的动态，为国家制定科学有效的管理政策提供决策支持。为编印该杂志，学会还与国家食品药品监督管理总局医疗器械注册司进行了专题研讨和课题研究。

承接国家食品药品监督管理总局“组织工程类产品注册管理制度设计及评估标准研究”课题。中国工程院院士、学会副理事长顾晓松担任项目课题组组长，课题组由40名专家组成。

学会参与了中国科协《科技前沿：领导干部读本》关于医疗健康章节的编写任务。

3月25—27日，学会健康医学工程分会在第28届国际医疗仪器设备展览会上主办了“健康医学工程展区”，展区面积448平方米，遴选12家国内拥有自主知识产权的医疗器械研发制造企业参展。

学会举办“飞越驼峰——2016 HTM中国行”医疗器械管理与实践系列巡讲，在北京市、重庆市、广东省广州市3个城市开展。巡讲6月、8月、10月在北京市、上海市、江苏省南京市、湖南省长沙市、浙江省杭州市5个城市开展。举办巡讲的目的是进一步规范医疗技术的管理，减少因医疗器械原因造成的伤害。巡讲邀请美国临床医学工程学会（ACCE）等机构的专家介绍目前医疗技术管理的国际经验，共同探讨如何在新形势下帮助医院设备及耗材管理者具备更前瞻性的眼光及策略和更实操性的管理方法。近800家三级医院和二级甲等医院1000多人次参加巡讲。

学会建设 学会新增会员1183人，比2015年增长8%，会员总数达13903人，学会已建立专业委员会29个。

学会建立OA办公系统、分支机构管理系统、学会人才库和奖励系统、项目管理系统、继续教育管理等信息系统。

学会召开常务理事会议2次、理事会议1次、各类工作会议30余次。

2016年举办各种继续教育培训班共计31期次，参加培训人数约1448人次。

7月21日，学会九届二次常务理事会扩大会议在北京召开。会议决定在2017年4月下旬举办中国生物医学工程学术大会，规模为2000～3000人。大会将整合黄家驷生物医学工程奖、创新科技路演大赛、生物医学工程教育与工程认证等内容。

11月3日，第九届三次常务理事会议在北京召开，讨论了2017中国生物医学工程大会筹备工作。

学术期刊 《中国生物医学工程学报》（中文版）经中国科技期刊引证报告（CJCR）发布影响因子为0.53，同比上年度提高了0.093，长期保持本领域期刊的领先地位，在同类期刊排名第一位。

决策咨询 2016年全国两会期间，全国政协委员、学会理事长曹雪涛，全国政协委员、学会候任理事长胡盛寿，全国政协委员、学会秘书长池慧联合提交政协提案，呼吁重视临床工程师的培养和使用。曹雪涛在政协分组讨论会上提议医院设立“首席工程师”，总管医院大型设备的引进、使用、配额。

国际学术会议 10月22日，学会承办了2016世界机器人大会分论坛——医用机器人产业发展与未来战略论坛，邀请20位国内外医用机器人领域的专家作特邀报告及圆桌讨论，其中8位国内外专家作特邀主旨报告。与会人员达到300多人。论坛内容涵盖了医用机器人的理念、技术和产业展望及预测。

10月，学会在浙江省杭州市举办了首届国际临床工程与医疗技术管理大会，来自23个国家的63名外籍专家，以及国内专家、学者共500多人参会。大会以技术创新提升医疗服务为主题，大会主席团将开幕式日期——10月21日定为“国际临床工程师节”，形成了注册临床工程师执业的决议案并提交国际劳工组织。

11月1—3日，2016世界生命科学大会在北京召开，中国工程院院士、学会理事长曹雪涛担任大会学术和程序委员会中方主席。学会作为中国科协生命科学学会联合体的成员，在大会上设置“医学影像”和“介入治疗”两个专题。

国内主要学术会议 学会全年共举办国内学术会议32次，参会人数达8995人次。

4月17日，中国国际医疗器械博览会（CMEF 2016春季）期间，学会在上海市举办了第一届中国医疗设备“产学研用”创新论坛。论坛由创新故事、历史回眸、激发启迪、医学未来4个模块组成，旨在汇聚和协同我国医疗健康领域的各方力量，共同探讨我国医疗健康领域产、学、研、用四位一体的协同发展模式。

国际交往 9月18—21日，学会代表团出席了在法国图尔举行的美国电气和电子工程师学会（IEEE）国际超声技术年会（IUS 2016）。出席年会的学会会员以口头报告、壁报等形式进行了学术交流。

科普活动 学会推进“‘互联网+’生物医学工程科普”平台建设，加大网络科普内容开发，结合学会重大活动开展科普工作。共建立科学传播专家团队6支，组织科普报告2场、创新成果科普展2次，制作科普视频4个、展板20块。开发1套“月宫一号”科学小游戏，制作挂图11幅、科普宣传手册1册，组织专家撰写科普文章36篇。科普报告听众1000余人次，展览会现场直接互动累计超过10000人次，各类参观受众约5000人次。

学会整合“学科首席科普专家团队”，利用学会各种资源，对“百度百科”涉及生物医学工程学科的词条进行整理、审核和加工，完成词条300个。词条内容涉及基础概念、典故、知识和应用的延伸，以图文并茂的方式展示，并根据条件注意采用声效、动画等多媒体形式。学会被中国科协评为2016年度全国学会科普工作优秀单位。

学会在北京市、上海市、福建省福州市、陕西省西安市、浙江省杭州市等地开展多种形式的健康宣传教育活动。宣教活动以普通群众、终末期肾脏病患者和肾移植患者为主要受众，以慢性肾脏病防治、透析治疗管理、移植后康复和保护等为主题，通过专题宣讲、基层义诊、网络平台宣传、微信公众号推送等形式开展宣传教育活动。网上宣传材料约5000字，微信推送材料约9000字，印制、分发各种主题的宣教材料、折页约2000份。专题宣讲和义诊接触人民群众累计约2000人次。

表彰举荐优秀科技工作者 经学会和中国科协生命科学联合体推荐，北京航空航天大学刘肖、电子科技大学董立2名优秀青年会员，通过了中国科协生命科学学会联合体“青年人才托举工程”评选，将连续3年获得资助。

学会创新发展 学会绍兴服务站建立的专家（院士）工作站专家库入库专家人数达到了150余人。学会依托绍兴“330海外英才计划”项目，创新海外智力引入模式，协助建立了多家创新创业公司（绍兴欧艾迪医疗科技有限公司、绍兴锐创生物科技有限公司等），设立了17项合作项目，并吸引多家企业达成了15项意向合作项目，促进了学会“助力地方健康工程产业”创新创业的发展。

学会以提升创新驱动发展能力为突破口，与中国医疗器械设备国际展合作，以“健康医学工程”为主题，组织举办“中国生物医学工程学会专展区”，遴选生物医学工程领域中发展迅速或有潜力的中国企业，与学术论坛结合，向专业人士和公众介绍中国企业和中国的生物医学工程学科发展方向和理念。

党建强会 6月，学会党支部被评为中国科协先进基层党支部，荣获中直机关党委“先进基层党组织”称号。11月3日，中国生物医学工程学会党委成立。

学会党支部坚持党建工作与业务发展相结合，通过开展建立分支机构党建联席制度、评先活动、共建活动、深入开展“十百千”特色活动以提高“党建强会”的实效。各分支机构建立了以分会主任、副主任及联系人为一体的“分会党建工作小组”。以党建工作为平台，开展学术道德宣讲及学风建设宣讲活动。在体外循环分会学术会议和军事医学与卫生装备分会学术大会期间，开展学风道德建设宣讲专题活动，受众1000多人次。

会员服务 学会通过微信公众号增强服务，发布生物医学工程领域及医疗器械行业动态及行业信息热点等内容，密切会员间的沟通联系。

【第八届生物医学工程与医疗器械论坛——健康医学工程与健康物联网】 3月25日，第28届国际医疗仪器设备展览会首日，学会健康医学工程分会主办的第八届生物医学工程与医疗器械论坛——健康医学工程与健康物联网在北京召开，400多位相关领域的专家、学者、企业界人士出席论坛。中国工程院院士、学会名誉理事长、论坛大会主席俞梦孙表示，健康医学工程是中国科学家群体提出的新的学科概念，其学术内涵是将中国传统文化精髓与钱学森开放复杂系统理论为代表的现代科技相融合，用综合和分析相结合的方法，认识人的生命运动规律。通过尊重和顺应人、环境自然规律途径，以恢复和增强人的自组织功能，维持和提升人整体水平为主要目标，用工程化、规模化手段，达到群体化维护健康、适应环境、祛除疾患。

专家、学者围绕SIR模式［健康医学的SIR模式，即以身心健康状态的检测（S）、辨识（I）、调理（R）为主要内容，重建自组织功能后，祛除慢性病或现代文明病是机体与生俱来的功能］，以及健康物联网相关理论研究、关键技术研发、实施模式探索、产业发展规划等内容作报告。

【首届医疗器械创新与发展研讨会】 7月22日，由学会和国家食品药品监督管理总局共同主办的首届医疗器械创新与发展研讨会在北京召开，150余人参会。

首届医疗器械创新与发展研讨会

中国工程院院士、学会理事长曹雪涛在主题演讲中表示，医疗器械是疾病治疗的重要手段，也是医疗发展与提升的根本基础。推动我国医疗器械的发展，是保障公共健康水平的必然选择，也是一个国家集成创新发展水平的体现，具有重大的现实意义和战略意义。

大会设立3个分论坛。中国工程院院士、学会候任理事长胡盛寿在第一分论坛以“心血管诊疗器械创新及临床进展”为题作主旨发言。胡盛寿院士讲道，我国心血管领域的医疗器械创新，现阶段重点要审视并提高三个方面的能力：一是在政策层面上要对原创性创新或模仿性创新给予鼓励和支持；二是在风险度极高的心血管领域一定要重视审批程序的科学性；三是必须提升第三方检测平台的能力，如体外测试平台和动物实验载体测试平台。专家们还就如何借鉴国外经验、如何激发医生作为创新医疗的主体等问题发表了意见。

中国工程院院士、学会副理事长顾晓松在第二分论坛作题为《组织工程技术创新与发展》的主旨演讲。顾晓松院士介绍了其研制的组织工程神经修复材料的研发和临床应用过程。与会专家和企业界人士在讨论中表示，希望国家食品药品监督管理总局能够专门为组织工程技术项目制定相应的法规。

国家心血管病中心医学研究统计中心主任李卫在第三分论坛作题为《医疗器械临床试验与评价》的主题发言。

【2016年中国生物医学工程联合学术年会（高层论坛）CBME2016】 11月20—22日，2016年中国生物医学工程联合学术年会（高层论坛）CBME2016在广东省广州市召开。

会议邀请中国科学院院士徐冠华，中国工程院院士、学会名誉理事长俞梦孙，中国科学院院士、天津大学教授姚建铨，中国科学院院士、华东师范大学大学软件学院院长何积丰，中国科学院院士、南京工业大学校长黄维，中国科学院院士、西安交通大学教授徐宗本，中国科学院院士、中国人民解放军总医院主任医师顾瑛作特邀报告，同时邀请了11位国家杰出青年基金获得者作大会报告。

会议主题为“生物医学工程的使命与未来”。大会报告议题涉及生物医学工程学科方向的发展和变革、医疗设备的研究现状与未来、生物医药的发展未来、神经信息学的发展、生物医学信息学的最新发展、基因工程领域的研究进展等。

（撰稿人：康亚文　刘雪莉）

中国病理生理学会

服务创新型国家和社会建设　学会常务理事陈琪、肖献忠等代表学会向国家医学考试中心提交《将病理生理学作为独立考试项目的建议》得到回复和认可。10月，华中科技大学同济医学院基础医学院副院长王建枝、暨南大学医学院副院长王华东和肖献忠教授在参加国家医学考试中心会议时提出，病理生理学考试要单独设科目，有独立的考试大纲，获得与会专家的基本认同。

学会完成了《病理生理学》第8版数字教材、《病理生理学》国家医学电子书包、《心血管系统》《学习指导及习题集》和人民卫生出版社供高等医学院校非临床医学类专业用《病理生理学》的编写。完成了《人体病理生理学》（第4版）的交叉审稿及主编审稿。5月，由王建枝主编的《病理生理学》（英文版）编撰工作在安徽医科大学召开启动会。学会常务理事、暨南大学医学院副院长王华东，学会前任理事长、北京大学医学部生理学与病理生理学系教授吴立玲，中山大学中山医学院病理生理学教研室教授杨惠玲3位专家参加了全国高等院校护理学类专业“十三五”规划教材《高级病理生理学》的编写工作。学会动物病理生理专业委员会组织翻译的《兽医病理学》（第5版）、组织编写的全国高等农业院校特色教材《动物性食品病理学检验》由中国农业出版社出版。

7月18—24日，中国病理生理学会机能学科实验教学平台建设研讨会及新实验方法技术培训班在浙江省温州市召开，来自全国41所院校的80余位机能学及相关学科的教师、实验技术人员参加。北京大学医学部、天津医科大学、西安交通大学、哈尔滨医科大学等高等院校相关领域的专家，成都泰盟软件有限公司、埃德仪器国际贸易（上海）有限公司的技术工程师在会上授课。授课内容包括如何进行科学实验研究、医学实验动物伦理学、最新VR技术在医学虚拟仿真实验教学中心的应用、药理和行为学研究设备应用技术探讨、机能学自主学习教学模式改革与实践等。专题演示和分组操作内容涉及心室—压力容积系统及数据分析、肺动脉插管技术、人体机能学实验项目、蟾蜍心肌、骨骼肌、神经干实验项目、离体胸主动脉环、气管条实验项目等。

3月22—24日，中国病理生理学会缺氧和呼吸专业委员会主任委员黄庆愿带队，为解放军医护人员和卫生员进行了“高原医学知识培训班”的培训。培训内容包括高原缺氧对人体的影响、急慢性高原病以及高原卫生学防护。

学会建设　截至2016年年底，学会交费会员

5275人，终身会员143人，共5418人。

7月，学会动物病理生理专业委员会进行换届，云南农业大学党委委员、校长助理高洪教授担任新一届主任委员。学会大中专教育工作委员会于7月召开八届二次常委会，推荐福建泉州医学高等专科学校教授杨维群主持工作委员会工作。

9月，学会受体专业委员会换届，北京大学医学部心血管研究所教授汪南平担任主任委员。同月，学会危重病医学专业委员会完成换届，解放军309医院重症医学科主任马朋林担任新一届主任委员。学会炎症、发热、感染、低温专业委员会于10月进行换届，暨南大学医学院副院长王华东担任主任委员。

经学会第十届二次常务理事会议讨论，同意筹备成立内分泌和代谢专业委员会。

学术期刊 学会主办的3种科技期刊全年共出版34400册，发表论文1029篇。

《中国病理生理杂志》入选中国科协精品科技期刊工程第四期期刊学术质量提升项目（2015—2017年），杂志缩短了论文发表周期，对优秀论文给予优先发表，对论文发表费给予减免。2016年《中国病理生理杂志》第8次荣获“百种中国杰出学术期刊”奖，第7次在中国科技核心期刊基础医学类综合排名第一位，在中国（武汉）期刊交易博览会上荣获“2016期刊数字影响力100强”（学术类期刊）称号。该刊发表的7篇论文2016年被评选为“中国精品科技期刊顶尖学术论文（领跑者5000）”。11月，《中国病理生理杂志》编委会完成换届，实现编委的年轻化、国际化。

《中国实验血液学杂志》荣获清华大学图书馆和中国学术文献国际评价研究中心授予的2016年中国国际影响力优秀学术期刊等称号，被美国国立医学图书馆（The National Library of Medicine，NLM）Index Medicus/MEDLINE、美国大型文献服务专业公司Elton B. Stephens Company（EBSCO）、美国《化学文摘》（Chemical Abstracts，CA）、世界卫生组织西太平洋地区医学索引（The Western Pacific Region Index Medicus，WPRIM）和荷兰爱思唯尔出版集团（ELSEVIER）科技与医学文献库收录。各期文章出版后，国内外读者可在一个月或更短时间内查阅到，个人读者分布在13个国家和地区。根据《中国科技期刊引证报告》（2016年版）和《中国学术期刊影响因子年报》（2016年版）统计，2年影响因子为0.8～0.9，5年影响因子约为0.7。

根据“中国知网”统计，《中国动脉硬化杂志》2016年度个人读者分布在35个国家和地区。截至2016年年底，期刊网站总浏览量超过419万人次。2016年期刊复合影响因子为0.896，5年影响因子为0.893，基金论文比由0.65增加到0.67，在基础类研究22种期刊中排名第8位。

国际学术会议 学会实验血液学专业委员会召开国际学术会议2次，分别为血液肿瘤生物学和靶向治疗学组学术会议暨上海国际淋巴瘤高峰论坛和中法血液高峰论坛，参会专家、学者400多人次。

国内主要学术会议 学会共举办国内学术交流活动15次，参会约7000人次，交流论文2000余篇。

2016年学会举办了第十三届国际心脏研究学会中国分会暨第十六届中国病理生理学会心血管专业委员会学术代表大会、2016中国危重病医学大会、第一届中国微循环周、中国病理生理学会血管医学专业委员会第一次学术研讨会、中国病理生理学会实验血液学专业委员会血液免疫学组学术会议、中国病理生理学会机能学科实验教学平台建设研讨会及新实验方法技术培训班、中国病理生理学会动物病理生理专业委员会第二十一次学术研讨会、中国病理生理学会第十六届免疫专业委员会、第十五届肿瘤专业委员会联合学术会议、中国病理生理学会第十三届受体与信号转导专业委员会学术会议、中国病理生理学会实验血液学专业委员会血管生物学组学术会议、中国病理生理学会炎症、发热、感染、低温专业委员会和中医专业委员会第15次联合学术交流会、首届华东病理生理学论坛、中国病理生理学会西北交流学术会议和军队缺氧和呼吸病理生理学座谈与学术交流会。

国际交往 4月18—22日，国际心脏研究会第二十二届世界大会（XXII ISHR World Congress）在阿根廷首都布宜诺斯艾利斯召开。来自中国、加拿大、英国、法国、巴西、美国、澳大利亚、日本等18个国家的近600位专家、学者参会，大会共接受论文摘要307篇。1992年，学会心血管专业委员会经中国科协审批，以中国分会的身份加入“国际心脏研究会”（International Society for Heart Research，ISHR），成为国际心脏研究会中国分会。此次26位国际心脏学会中国分会专家、学者代表中国病理生理学会参加了本届学术大会。中国科学院院士程和平荣获国际心脏学会杰出贡献奖，北京大学分子医学研究所所长肖瑞平出席了心血管著名国际杂志期刊工作会议，8位中国代表团学者作专题报告、口头发言，18位中国学者进行了壁报展示，10位中国青年教师和博士获本次会议的青年研究者旅游奖（Young Investigator Travel Award）。中国分会主席朱毅教授代表中国分会向理事会汇报了2019年将在北京召开的第二十三届国际心脏学会世界大会筹备情况。

7月29日至8月1日，加拿大—中国2016年动脉粥样硬化、血栓与血管生物学研讨会（Canada-China Symposium 2016 Atherosclerosis，Thrombosis and Vascular Biology）在加拿大卡尔加里大学举行，学会动脉粥样硬化专业委员会主任委员姜志胜和加拿大曼尼托巴大学加里·沈教授、郑希龙教授担任共同主席。中国驻卡尔加里总领事馆副总领事王磊和卡尔加里大学科研执行副校长约翰·雷诺兹教授等应邀出席会议。中方专家、学者42人参加了此次会议。会议共进行大会报告36个，加拿大动脉粥样硬化、血栓与血管生物学（Atherosclerosis，Thrombosis and Vascular Biology，ATVB）学会主席多伦多大学爱理克·戈特利布教授、南华大学教授姜志胜、北京大学教授刘国庆、香港中文大学教授黄聿等进行了主题演讲。39人参加优秀壁报展示和优秀青年论文评选。

科普活动　学会中医专业委员会主任委员李萍在全国科普日期间参加了同仁堂集团、同仁堂医院举办的“中医药文化助力区域经济发展”“中国荷文化”“中国桑文化”等系列讲座，并带领中医专业委员会在京委员在北京市的中小学开展了“中医文化进校园”活动。

学会常务理事、第三军医大学高原军事医学系主任高钰琪，应邀到中国人民解放军第三二三医院、解放军昆明总医院等地宣讲高原卫生防护知识。受原兰州军区联勤部、中国人民解放军原总后勤部军需装备研究所的邀请，进行了题为“进驻高原我们该怎么办”“高原医学研究进展”等专题授课。高钰琪教授完成了《高原卫生知识科普》教材的初稿。

党建强会　中国病理生理学会功能型党委于12月6日正式成立。学会功能型党委设委员9名，学会理事长张幼怡任党委书记。

【血液肿瘤生物学和靶向治疗学组学术会议暨上海国际淋巴瘤高峰论坛】 6月25—26日，血液肿瘤生物学和靶向治疗学组学术会议暨上海国际淋巴瘤高峰论坛在上海市召开。

论坛由学会实验血液学专业委员会主办，300余位国内外的血液学领域的专家、学者参加会议。会议围绕血液肿瘤靶向治疗和细胞生物治疗等前沿议题进行了讨论。邀请美国《临床肿瘤学杂志》（*Journal of Clinical Oncology*）主编乔纳森·弗里德贝格，美国加州大学旧金山分校教授詹姆斯·鲁本斯坦，韩国三星医学中心教授金万锡，日本自治医科大学教授神田嘉延，学会实验血液学专业委员会副主任委员兼秘书长、北京大学血液病研究所所长黄晓军等国内外专家作了发言。圆桌讨论会围绕着靶向CD19分子的嵌合体抗原受体基因修饰的T细胞（CAR-T beyond CD19）进行讨论，专家们分别从不同疾病、并发症等防治等角度介绍了进行CAR-T治疗的临床经验。上海国际淋巴瘤高峰论坛邀请长期致力于淋巴细胞恶性疾病诊治的国内知名专家进行交流，介绍国内外相关领域的最新进展。与会者既有国内外造诣深厚的科学“大”家，又有具有影响力的临床专家。医学同道借此机会，展现科学研究的成果，分享临床工作的经验。会议展现血液肿瘤相关领域的最新进展，搭建了合作与交流的平台。

【第十三届国际心脏研究学会中国分会暨第十六届中国病理生理学会心血管专业委员会学术代表大会】 9月21—24日，由国际心脏研究学会中国分会、中国病理生理学会心血管专业委员会主办的第十三届国际心脏研究学会中国分会暨第十六届中国病理生理学会心血管专业委员会学术代表大会在湖北省武汉市举行。来自美国、德国、英国、澳大利亚，中国香港特别行政区和内地的心血管科研工作者近1200人参加了大会。

大会共收到论文211篇，内容覆盖了血管重构、心脏重构、干细胞、心律失常、高血压等领域。通过大会特邀报告、大会专题报告、心青年英文论坛、青年优秀论文竞选、壁报论文交流等形式进行学术交流。

来自美国国立卫生研究院（National Institutes of Health，NIH）的伊丽莎白·墨菲教授作大会主题报告《心脏保护的新机制》（*Novel Mechanisms of Cardioprotection*），曼彻斯特大学心脏生理学系的戴维·艾斯纳教授作题为“心肌的舒张期钙调控”的大会主题报告，北京大学分子医学研究所的肖瑞平教授作题为“生命在于运动”的大会主题报告。

会议共收到青年参评论文42篇，评出青年优秀论文一等奖2名、二等奖3名、三等奖5名。

大会期间，学会心血管专业委员会、国际心脏研究会中国分会进行了换届，产生了中国病理生理学会第九届心血管专业委员会、国际心脏研究会中国分会第七届委员会，余细勇教授当选学会第九届心血管专业委员会主任委员，朱毅教授当选国际心脏研究会中国分会第七届委员会主席。会议推选全国政协副主席、中国科协名誉主席韩启德再次担任国际心脏研究会中国分会名誉主席，推选张幼怡教授担任学会心血管专业委员会名誉主任委员。

【2016 中国危重病医学大会】 9 月 23 日，学会危重病医学专业委员会与中国医师协会重症医学医师分会共同主办的 2016 中国危重病医学大会在辽宁省大连市开幕。大会主题为“二十年，我们风雨兼程——忆往昔，看今朝，再起航”。

大会共有 3137 人注册参会。国内外 200 余位专家共举行专题学术报告 230 余场，内容涉及重症感染、机械通气、镇静镇痛、急性呼吸窘迫综合征、急性肾损伤、神经重症、重症营养、重症护理等领域。

席修明作题为“追求重症医学的卓越”的报告，提供大量调查数据阐述一个卓越的医生应该具备的素质。

来自英国伦敦大学学院的默文·辛格教授的主要研究领域为全身性感染（sepsis）。sepsis 是因为感染而导致的一系列病理、生理方面的异常，是导致全世界感染患者致死致残的重要因素，因此一直是医学界关注的焦点。他作了题为“全身性感染的新定义——我们取得了进展吗？”（*The new Sepsis Definitions -have we made progress*？）的报告。

阿里巴巴“互联网 +”事业部总经理徐栋作了题为“互联网医疗究竟是怎样的？”的报告，作为在线医药服务和医药 O2O 的先行者，徐栋对可能再次改变大众生活的互联网医疗进行了解读。

加拿大多伦多大学重症医学研究中心的戈登·鲁本菲尔德教授的研究领域为急性呼吸窘迫综合征（acute respiratory distress syndrome，ARDS）的流行病学及诊断。他在报告中就近年来流行的临床证据与指南进行阐述，对 ARDS 柏林定义进行了回顾分析。

中山大学第一附属医院重症医学科管向东教授以“特利加压素治疗感染性休克”为题作报告。加拿大多伦多大学重症医学研究中心的汉娜·温斯切教授的研究领域为重症医学的管理、ICU 资源配置与使用、大数据分析、危重病患者预后（包括远期预后）的流行病学。她作了题为“ICU 究竟需要多少床位？ICU 是否越大越好？”的演讲。

大会召开期间恰逢中国病理生理学会危重病医学专业委员会成立 20 周年，特别邀请昆明医科大学附属第一医院况铣教授、广东医科大学附属第一医院呼吸疾病研究所肖正伦教授和北京大学第三医院陈浩辉教授三位德高望重的老专家到会。中国危重病医学的创始人、北京协和医院陈德昌教授发来贺词。

【第一届中国微循环周】 10 月 28—30 日，由学会微循环、血管医学和休克专业委员会，中国微循环学会，中国中西医结合学会微循环专业委员会和世界中医药学会联合会气血专业委员会联合主办的第一届中国微循环周在北京召开。北京大学医学部天士力微循环中心研究员刘育英作题为《脏器微循环的观察技术》的报告。北京大学医学部中西医结合教研室主任韩晶岩教授作题为《缺血再灌注引起的心脑微循环障碍》的报告。《微循环》（*Microcirculation*）杂志主编杰拉尔丁·弗朗西斯·克拉夫教授作题为“*Microcirculation* 的投稿和常见问题的教育”的讲演。46 位专家和青年学者分别就脑微循环和脑血管疾病、心血管疾病和心脏微循环、休克、血栓、糖尿病与微循环、气血等 8 个专题作报告。34 名青年学者在心脑、肾脏、休克、糖尿病微血管综合征、传统医学等 6 个壁报交流区进行了交流。会议评选出 10 篇优秀论文奖。

世界中医药学会联合会创会副主席、秘书长李振吉谈到，中医理论中的气血理论在指导治疗微循环障碍相关疾病方面有很好的临床优势，借助微循环研究的技术，有助于研究气血理论的科学内涵，气血理论的研究也可以丰富微循环的理论。本届中国微循环周搭建了中医与西医、气血与微循环、基础与临床、医学与药学、国内与国际的交流平台，促进了中医理论、特别是气血理论科学内涵在微循环领域的理解和普及。

（撰稿人：张幼怡　丛　馨）

中国营养学会

服务创新型国家和社会建设　学会完成《中国居民膳食营养素参考摄入量（DRIs）卫生标准》4 个标准的制定，提交国家卫生和计划生育委员会并完成审查。首次以标准的形式规定了中国居民膳食能量、蛋白质、脂类及碳水化合物参考摄入量。

承担了编纂《中国大百科全书》第三版现代医

学——营养学分支条目的工作。学会理事长杨月欣担任主编，14 名营养学专家参加撰写和审稿工作，营养学分支条目共 160 余条，2016 年完成了 30% 条目的撰写任务。

在北京市教育委员会、北京市科学技术委员会开展的北京市初中开放科学实践活动中，学会承担“营养梦之雅”“营养梦之美”和“营养梦之声”3 个项目，旨在提高中学生营养素养，培育中学生营养理念。

针对食品企业需求，学会 2016 年组织专家先后召开了“关于发酵乳粉在婴幼儿食品中的应用”专家咨询会、“A2 酪蛋白临床研究结果”专家评审会、“婴儿奶粉改善婴儿肠道吸收及舒适性的临床试验研究”专家评审会等技术咨询和科技评价活动。

国家食物与营养健康产业技术创新战略联盟建设了联盟网站，开通微信公众号，发布报告，定期向成员单位征集相关新闻报道和宣传报告。全年吸纳企业会员 120 余家，召开 2 次学术研讨会，建立了“生态硒谷”，针对婴儿乳粉、特殊膳食食品、糖尿病患者食品等与相关企业建立食品研究合作中心。

预包装食品包装正面标识体系（FOP）研究工作组继续进行 FOP 标准研究工作，收集预包装食品信息建立数据库，召开多次工作会议建立食品分类原则、营养评价指标和评价标准阈值。就相关研究进展召开座谈会，听取来自食品企业等单位的意见和建议，对 FOP 标准进行修改和完善。

学会成立工作组制定完成《中国食品工业减盐指南》，设定减盐目标，提出减盐措施，并多次召开企业意见征询会对指南进行改进和完善。

中国贫困地区学龄儿童营养改善项目于 2016 年结项，项目历时 4 年，在广东省、湖北省和河北省选取 6 个贫困县 18 所小学作为项目试点学校，为 6500 名 6—12 岁学龄学生免费提供为期一年的“营养包”并进行健康干预。通过科学的营养干预，项目覆盖的贫困地区学龄儿童在贫血率、消瘦率、生长迟缓率等均得到了明显改善。

学会建立工作组，结合我国餐饮业实际情况，为提高我国餐饮业儿童配餐的营养标准，研究并编写了《餐饮业学龄儿童正餐营养指导原则》，为餐饮业对于儿童配餐提供科学专业的营养指导。

5 月，中国注册营养师水平认证（上海试点）举行了第一次考试，考试通过率为 36%。

7 月，学会受达能亚太（上海）管理有限公司委托，召集专家召开“关于发酵乳粉在婴幼儿食品中的应用”专家咨询研讨会，就目前国内对可用于婴幼儿食品中的菌类管理情况及发酵乳粉是否可用于婴幼儿食品中的法规等问题进行交流讨论，帮助企业解答相关疑问，并共同探讨了其在中国应用的可行性及前景。

10 月，学会启动了“我能”——肿瘤患者长期营养治疗关爱公益项目。项目采取医院内（科室内）患者教育与医院外患者教育相结合的方式，对肿瘤患者进行营养干预，帮助肿瘤患者建立长期营养治疗的观念，掌握肿瘤营养的知识，让患者在家中也能从家庭营养、心理、家庭护理等多个方面得到全面的专业辅导。项目在北京市、浙江省等地进行了试点。

学会作为中国科协 2016 年度创新驱动助力工程试点一类参与学会，推动富硒产业发展，扶持贫困地区经济发展，将营养与食物产业发展的需要相结合，发挥学会在专家队伍、重点专业技术服务能力、信息渠道等多方面的优势，先后组织专家赴福建省、黑龙江省、宁夏回族自治区等富硒地区进行实地调研，精准服务。授予福建省寿宁县“中国硒锌绿谷”、黑龙江省海伦市“中国黑土硒都”、宁夏回族自治区吴忠市“中国塞上硒都”称号。

10 月，联合国儿童基金会（UNICEF）与学会达成项目合作，学会承担其在中国的项目。针对孕妇乳母以及婴幼儿在全国开展科普活动，活动内容包括全国科普日、生命 1000 天营养视频制作、幼儿营养教育教材的编写。

学会营养科研基金—— DSM 专项科研基金，资助孕前 / 孕期营养干预的母婴健康结局研究，包括维生素、类胡萝卜素和 Omega-3 脂肪酸等对高龄女性、再生育女性的营养干预研究等 3 个方向的 8 个项目，资助总金额 125 万元。

学会全年共举办 9 个继续教育培训班，参加培训约 1300 人次，编辑教材 8 种。

学会能力提升计划 学会自 2015 年至 2017 年连续 3 年获得学会创新和服务能力提升工程优秀科技社团项目经费。学会围绕《科协系统深化改革实施方案》部署要求，以提升学术交流创新能力为重点，将项目任务和自身发展紧密结合，取得了阶段性成果。学会于 2016 年 5 月 15 日继续开展第二届“全民营养周”活动，组织修订了《中国居民膳食指南（2016）》，并由国家卫生计生委疾控局在北京发布，2016 年相继举办了两期新版膳食指南培训班。在2016年第五届两岸四地营养改善学术会议上，特别设立了青年学者论坛。在能力提升项目的支持和指导下，学会实现了四个服务能力的全面提升，在国内外的学术领域和社会上的影响力与知名度也得以提高，2016年学会在中国举办和承办3场国际会议，并在美国和韩国联合举办了两场学术交流会议。

学会建设 全年发展个人会员1500人，会员总数20412人；单位会员新增7家，总数为43家。

全年召开1次理事会议、3次常务理事会议以及5次理事长办公会议。7月，召开第四次全国营养学会理事长联席会议。

成立营养与转化医学分会、运动营养分会，筹备成立食物营养分会。特殊营养分会、营养与保健食品分会、妇幼营养分会完成换届工作。

学术期刊 《营养学报》全年收稿425篇，录用166篇，稿件采用率为39%，刊发论文146篇，纸版发行量全年保持在1.2万册。建立《营养学报》微信平台，3000余人关注，发布原创消息20余条，单篇点击阅读量最多达1万余次。

学科发展研究 《2014—2015年营养学科发展研究》于2月出版。报告讨论了营养学在科学研究和国民经济建设中的战略地位，研究和分析了营养学的发展现状、面临形势和优先领域，提出了我国营养学科近期发展的战略设想。报告由综合报告和公共营养、临床营养、妇幼营养、老年营养、微量元素营养、特殊营养、食物营养、营养与慢病控制、营养与代谢机制研究9个专题报告组成，系统回顾和总结了近年来营养学科的新进展、新成果、新方法、新技术等发展状况，研究和比较国内外学科发展现状，提出了学科未来的发展趋势。

决策咨询 3月，针对新修订的《食品安全法》中关于保健食品原料目录管理的相关规定，学会召开备案营养素补充剂目录研讨会，收集各方意见、建议，形成研究报告，提交国家食品药品监督管理总局。

国际学术会议 4月，学会和北美华人营养学会在美国圣地亚哥共同主办美国实验生物大会（Experimental Biology）2016中国分会场，学会组成20多人代表团出席会议，学会有关专家在分会场作专题报告。

6月，受国际食物政策研究中心（IFPRI）委托，由学会主办，联合国儿童基金会支持的《2016年全球营养报告》发布会在北京举行，这是该报告全球发布以来在亚洲的首发。该报告收集了全球各国营养状况并且对面临的挑战以及解决办法提出意见和建议，是营养政策的重要参考文件。该报告也是第一次在中国发布，来自30多个组织的专家、学者以及媒体工作人员共90余人参加了会议。

6月，第二届亚洲营养领导人高峰论坛在北京举办。来自印度、日本、韩国、马来西亚、巴基斯坦、新加坡、泰国、越南、中国香港特别行政区以及内地的营养学专家共22人出席论坛。此次高峰论坛的主题为“亚洲国家的营养政策与行动”，与会专家就亚洲国家一般人群、孕产妇、儿童、学生及老年人的营养政策，亚洲国家改善食品和营养的国家营养行动，亚洲国家在促进营养政策和行动中的多部门协作经验，亚洲国家改善营养状况、推动营养行动的挑战与机会等内容进行了探讨。

10月，学会和韩国食品科学会联合举办的2016年中韩植物营养素国际学术研讨会在韩国首尔举行。

11月，2016世界生命科学大会在北京召开，学会承办了“生物活性物质：新功能和人类健康”“生命周期与健康的可持续发展”两个专题论坛，国内外相关领域的专家、高校及企业界人士近300人参会，来自中国、英国、美国、荷兰、韩国、新西兰等国专家共交流报告17个。

国内学术会议 全年共召开国内学术会议26次，参加人数共4490人次，其中企业科技工作者278人次，交流论文375篇。

6月，首届营养转化医学学术大会在重庆市召开。15位专家围绕“创新驱动营养发展——从基础到应用”的主题，就转化医学、转化营养学、营养科学技术创新、营养与食品科学基础理论研究与技术应用等内容作大会报告。来自国内外相关领域380余位专家、学者参会。

7月，在2016年“世界母乳喂养周”前夕，学会召开“母乳喂养启程，妈妈你准备好了吗”研讨会，旨在通过中国近期母乳喂养情况的交流与分析，发起呼吁社会各界支持母乳喂养的倡议。近100位营养学界专家、学者出席会议，交流主题报告4个。

国际交往 1月，亚洲创新食品营养改善圆桌会议在新加坡召开，学会国际交流委员会副主任委员李铎出席会议。

1月，学会专家出席了新加坡亚洲食品企业联盟（FIA）会议。

2月，美国乳品出口协会出口原料市场部副主席赛美佳（Kristi Saitama）和全球市场高级副主席维姬·尼克尔森（Vikki J. Nicholson）访问学会，与学会理事长杨月欣，常务理事杨晓光、常翠青进行了座谈。

4月，受新西兰商务创新部和奥克兰大学人类营养中心邀请，学会理事长杨月欣作为高营养价值项目专家顾问，出席在新西兰举办的高营养价值项目（High Value Nutrition）会议。

5月，应选择国际基金会（Choices International Foundation）邀请，学会理事长杨月欣出席在荷兰阿姆斯特丹举办的关于预包装食品正面标签会议，同与会专家探讨了中国预包装食品正面标签的形式以及开展合作的可能性。

7月，全球甜叶菊学会正式加入中国营养学会，成为单位会员，建立长期合作关系。

9月，第十二届国际脂肪酸和脂类研究学会在南非斯泰伦博斯召开，学会常务理事李铎作为国际脂肪酸和脂类研究学会专家组委会执委，率5人代表团参加会议。

10月，国际油脂大会在马来西亚吉隆坡召开，学会理事长杨月欣出席会议，并在卡夫曼荣誉演讲中介绍了中国在食用油方面的研究。为感谢杨月欣在油脂研究方面作出的贡献，大会主办方授予她卡夫曼荣誉奖章。

10月，学会代表团一行9人出席在美国波士顿召开的美国营养师协会年会，介绍了《中国居民膳食指南（2016）》，了解了美国营养师的发展以及相关企业最新研究成果与产品，探讨了未来合作可能性。

10月，学会7人代表团访了美国哈佛大学医学院贝斯以色列迪康医院BIDMC（Beth Israel Deaconess Medical Center）医学中心、乔斯林（Joslin）糖尿病中心以及塔弗茨大学，就临床营养和最新营养科学发展进行了讨论。

10月，学会常务副理事长翟凤英出席韩国营养学会年会，在大会上作了《中国居民膳食指南（2016）》的介绍报告。

11月，日本植物营养素大会在日本东京召开，日本营养素学会邀请学会理事长杨月欣出席会议并就植物化合物最新研究进展作报告。

学会与马来西亚棕榈油局合作开展了“甘油三酯上脂肪酸位置分布对血脂和脂肪沉积的影响研究”课题，该课题在南京和北京两个现场同时进行，现场试验已完成，正在进行数据统计和撰写的报告。学会继续开展中国甘肃省农村地区学龄儿童维生素A干预项目，在原项目基础上开展了第二期的干预项目。

科普活动 5月，国家卫生和计划生育委员会正式发布《中国居民膳食指南（2016）》。学会定制的《中国居民膳食指南（2016）科普版》由人民卫生出版社出版。并分别在5月、6月、7月举办3次主题为“《中国居民膳食指南（2016）》应用和传播”的科普培训班，来自全国大专院校、疾控中心、科研院所、医疗机构、各省市营养学会等单位的3000余人参加了培训。

9月，学会参加全国科普日活动北京主场活动。学会展位位于“健康伴我行”展区。根据受众人群特点，现场发放了《中国居民平衡膳食指南》系列折页及“中国居民平衡膳食餐盘”贴纸。于康、范志红等4位营养专家来到展位，为现场群众答疑解惑并与线上网友进行互动。

12月，学会发布2016九大营养新闻。

12月，学会发起第一届青年营养师知识大赛和中国好谷物评选初步征选两个线上征选活动。

学会官方科普微信平台“中国好营养”承担中国科协微信科普及辟谣工作，利用学会科学传播专家团队资源，发表辟谣科普文章和讯息，已累计辟谣100余次。

微信公众号“中国好营养”拥有用户80000多人，2016年累计发表文章500余篇，单篇阅读量最高达10万次以上。官方微博“中国营养界”拥有微博粉丝9000多人，微博话题访问量一度达到5000万。

继续开展中国儿童营养健康教育项目，依据《中国学龄儿童膳食指南（2016）》，编写趣味性更强的图画版教材，同时通过录制营养教育人物视频、微信推送、活动直播等形式进一步向儿童及家长进行宣传。

表彰举荐优秀科技工作者 经学会推荐，学会副理事长马爱国、理事蔡威2人获得第七届“全国优秀科技工作者”称号。

党建强会 7月28日，学会秘书处党支部召开成立大会，选举产生党支部委员会。

【《中国居民膳食指南（2016）》发布】 5月13日，国家卫生和计划生育委员会新闻办公室举行了

《中国居民膳食指南（2016）》发布会。国家卫生和计划生育委员会疾病预防控制局监察专员常继乐，学会理事长杨月欣，学会常务副理事长翟凤英，副理事长丁钢强、马冠生等参加了新闻发布会并回答记者提问，50余家媒体的80余位记者参会。

常继乐宣布《中国居民膳食指南（2016）》正式发布，介绍了新版指南的主要内容和修订意义。

我国于1989年首次发布了《中国居民膳食指南》，之后于1997年和2007年进行了两次修订。为了更加切合当前我国居民营养状况和健康需求，2014年起，国家卫生和计划生育委员会疾病预防控制局委托学会再次启动指南修订工作。

修订过程中，根据《中国居民营养与慢性病状况报告（2015）》中指出的我国居民面临营养缺乏和营养过剩双重挑战的情况，结合中华民族饮食习惯以及不同地区食物可及性等多方面因素，参考其他国家膳食指南制定的科学依据和研究成果，对部分食物日摄入量进行调整，提出了符合我国居民营养健康状况和基本需求的膳食指导建议。

经过修订专家委员会百余位专家两年多的辛勤工作，本着规范、科学、严谨的制定原则，按照证据收集、科学循环、多重论证的工作程序，同时广泛征求相关领域专家和社会各界意见，最终形成《中国居民膳食指南（2016）》。

《中国居民膳食指南（2016）》由一般人群膳食指南、特定人群膳食指南和中国居民平衡膳食实践3部分组成。同时推出了“中国居民膳食宝塔（2016）”“中国居民平衡膳食餐盘（2016）”和“儿童平衡膳食算盘”3个可视化图形，指导大众在日常生活中进行具体实践。

为了方便百姓应用，这次特别推出了《中国居民膳食指南（2016）（科普版）》，以更加贴近百姓生活的方式回答百姓关切的问题，提出科学建议，帮助公众做出有益健康的饮食选择和行为改变。

【第五届两岸四地营养改善学术会议】 9月22—24日，由学会主办的第五届两岸四地营养改善学术会议在上海市召开。本次大会以“临床营养：新发展　新挑战”为主题，来自大陆，中国香港特别行政区、澳门特别行政区和台湾地区的营养学界专家、学者共600余人出席会议，围绕两岸四地民众共同关注的营养健康问题开展学术交流。

中国工程院院士樊代明、王陇德、陈君石、宁光，美国国家医学院院士胡丙长5位院士在演讲中介绍了营养学科研究前沿的观点。对当前我国居民面临的健康问题、相关政策法规进行深入剖析，反复强调合理均衡的膳食摄入原则，并提出简单易行的营养改善方法。他们认为，中国居民目前在营养摄入方面还存在诸多问题，如蛋白质、脂肪的过多摄入和微量营养素的摄入不足等，需要不断加强居民的健康意识，延缓或避免慢性疾病的发生。

为推动注册营养师资格在两岸四地的互认互通，本次大会设立专题讨论环节，两岸四地专家、学者分别介绍了各自的发展现状。除主会场外，会议还举办了会前会——特殊医学用途配方食品（FSMP）论坛，4个分会场和7场卫星会议，设置展览展示14个。

4个分会场包括全谷物与健康论坛、青年学者论坛、儿科营养论坛、老年营养论坛，55个报告在分会场上进行了交流。

本次大会共收到论文投稿80余篇，经过审稿专家评选，18篇优秀论文获得推荐在大会上进行交流。

【第二届“全民营养周”活动】 5月15日，第二届“全民营养周”活动在北京启动。活动的主题是“平衡膳食，营养健康”，推广膳食平衡、合理营养的健康理念。

主场启动仪式上，学会荣誉理事长王陇德院士、国家卫生和计划生育委员会疾病预防控制局监察专员常继乐、国家卫生和计划生育委员会宣传司司长毛群安，中国疾病预防控制中心主任王宇、副主任梁晓峰，以及中国科协、北京大学、北京疾病预防控制中心有关人员，30多家媒体出席了启动仪式。

作为“全民营养周”活动中唯一的零售商，家乐福集团在全国200多家门店悬挂本届“全民营养周”标牌30000余幅，设立健康行走路线200余条，发放营养周宣传册8万余册，促销海报近800万幅。

“全民营养周”活动期间，全国28个省、自治区、直辖市根据地方特色，组织开展了不同风格的启动仪式，同时联动各省、市级疾病预防控制中心、医院和大学。除了进学校、进社区、广场活动、咨询体检、演讲课堂，还组织了科技下乡等深入农村的活动，把营养理念带入农村基层地区，利用通俗易懂的语言传递营养科普知识。

活动共计开展4043次，参与单位1826家，参与媒体302家，网络报道、电视广播等间接受众覆盖数亿人次。

2015年，国际公益组织野生救援（WildAid）与学会建立了战略合作伙伴关系。在2016“全民营养周”活动中，野生救援邀请李冰冰、黄磊、何炅、刘涛、倪妮、李晨6位明星担任2016“全民营养周”形象大使，并制作了宣传海报，引起广泛关注，营养周微博话题一周内浏览量超过了5000万次。

（撰稿人：李耕华）

中国药理学会

服务创新型国家和社会建设 受科技部重大专项办公室委托，学会作为主要承担单位完成《我国药物研发创新竞争分析及对策研究》总报告，通过对全球研发创新体系及竞争格局的调研，对比分析我国药物研发创新过程中存在的问题，提出针对性建议。

学会有关专家参与了药物临床试验数据核查标准制定，《药物临床试验质量管理规范》（GCP）修订，《药品注册管理办法》修订，最高人民法院、最高人民检察院《关于办理危害药品安全刑事案件适用法律若干问题的解释（二）》修订等。

学会完成《中国万古霉素治疗药物监测指南》。

“中国药师卓越师资培训班”2016年完成第二期学员培训。全新的引导式培训模式形成了“关爱生命，安全用药”的优秀药师培训网，培训班的影响不断扩大。

学会建设 学会举办常务理事会议2次。对全国会员进行了系统登记，会员总数达到12120人，全部纳入中国科协所属学会个人会员管理系统。成立了中国药理学会肾脏药理专业委员会，学会专业委员会达到27个。

10月，学会临床药理学专业委员进行了换届。

2016年，学会推进信息化建设，建立了中国药理学会常务理事微信群。

科技期刊国际影响力提升计划 《中国药理学报》（*Acta Pharmacologica Sinica*）获得中国科技期刊国际影响力提升计划第二期项目支持。根据汤森路透2016年《期刊引证报告》（JCR），《中国药理学报》2015年影响因子达到3.166。10月，2016《中国药理学报》编委会在北京召开。

学术期刊 2016年科技部中国科学技术信息研究所中国科技期刊引证指标数据显示，《中国药理学通报》核心综合评价总分在药学44种期刊中排名第一位，2016年再次被科技部中国科学技术信息研究所评为“百种中国杰出学术期刊”。《中国临床药理学与治疗学》重新被收录为“中国科技核心期刊”（中国科技论文统计源期刊）。

国际学术会议 5月，由学会安全药理学专业委员会主办的第二届（2016年）中国安全药理学学术年会暨第五届安全药理学国际学术研讨会在山东省济南市召开。

7月，由学会、中国工程院医药卫生学部、黑龙江省教育厅、中俄医科大学联盟、中华医学会心血管病学分会、中国病理生理学会心血管专业委员会青年委员会、亚洲心脏病学会和中国医疗保健国际交流促进会联合主办的第二届中俄青年学者心脏病学会议、第八届中俄医药学会议暨第六届寒地心脏病学会议在黑龙江省哈尔滨市召开。

国内主要学术会议 2016年，中国药理学会及所属分支机构共举办国内学术会议31次，参会人数7757人次，交流论文1927篇。

4月，老年人群安全用药与药源性疾病防治专题论坛在北京举行。这是药源性疾病与安全用药中国论坛第八次系列活动。

8月，学会中药与天然药物药理学专业委员会在山东省滕州市举办了中药药理研究与创新中药研发思路研讨会，重点就中药药理研究与创新中药研发思路与方法进行了研讨。

9月，由学会治疗药物监测委员会监测专业委员会主办的第六届全国治疗药物监测学术年会在江苏省南京市召开，600余人参会。

10月，由学会临床药理学专业委员会主办的全国第十五次药理学术会议在浙江省杭州市召开，400余人参会。会议的主题是“临床药理推进精准医学与新药创制”。会议期间召开了中国药理学会临床药理学专业委员会会议，进行了委员会换届选举，产生了临床药理学专业委员会第十届委员会。

国际交往 3月，学会派办公室秘书赵颖到位于美国堪萨斯市的国际药理学联合会（IUPHAR）秘书处进行为期6个月的培训交流，这是IUPHAR首次接受会员参加工作培训。

5月22日，亚太药理学家联盟副主席、澳大利亚墨尔本大学药理学系教授阿拉斯泰尔·斯图尔特（Alastair Stewart）访问中国药理学会、中国医学科学院药物研究所。学会理事长杜冠华会见阿拉斯泰尔·斯图尔特（Alastair Stewart）教授。

11 月，由澳大利亚实验药理学与 Dave 毒理学学会与 G 蛋白偶联受体分子药理学会联合主办的联合学术会议及 IUPHAR 执委年度工作会议在澳大利亚墨尔本举行。学会理事长杜冠华受邀参会并作题为“中国的新药研发：现状与展望”的报告，介绍中国新药开发的特点和现状，未来发展的规划，以及面临的机遇和挑战。会议期间，杜冠华还与墨尔本大学、墨尔本皇家医院的药理学家进行了交流，共同讨论了中澳临床合作试验项目。

表彰举荐优秀科技工作者　经学会推荐，缪朝玉获得第七届“全国优秀科技工作者”称号。

学会与法国施维雅（Servier）研究院联合设立的“中国药理学会—Servier青年药理学工作者奖”和“中国药理学会青年药理学工作者奖”，2016 年共评出 8 名“中国药理学会—Servier 青年药理工作者奖”获得者和 8 名“中国药理学会优秀青年药理学工作者奖”获得者。颁奖仪式于 10 月中国药理学会第十四次全国学术大会暨中国药理学会—施维雅青年药理学工作者奖 20 周年学术论坛期间举行。

【中国药理学会第十四次全国学术大会暨中国药理学会—施维雅青年药理学工作者奖 20 周年学术论坛】 10 月 22—25 日，中国药理学会第十四次全国学术大会暨中国药理学会—施维雅青年药理学工作者奖 20 周年学术论坛在北京召开。800 多位专家、学者和相关领域科技工作者参加了会议。

中国药理学会第十四次全国学术大会暨中国药理学会—施维雅青年药理学工作者奖 20 周年学术论坛

会议邀请国际药理学联合会主席 S. J. 埃纳（S. J. Enna）、副主席饭野正光（Masamitsu Iino）、提名委员会主席金·布鲁森（Kim Brusen），亚洲太平洋地区药理学家联盟（APFP）主席三品昌美（Masayoshi Mishina），美国药理学会前主席肯尼斯·森梅尔（Kenneth Thummel），香港中文大学教授容永豪，军事医学科学院教授张永祥等专家作大会报告。

在院士论坛环节，中国工程院院士丁健、杨宝峰、周宏灏、王广基围绕精准医学与传统医学发展与创新的主题进行了演讲。5 个分论坛主题包括新药发现、中药与网络药理学、分子与生化药理学、治疗药物监测、药源性疾病——中药性肝损伤。

10 月 24 日，施维雅青年药理学工作者奖 20 周年纪念仪式上，法国施维雅研究院总裁奥利维耶·劳雷奥（Olivier Laureau）、研发高级执行副总裁伊曼纽尔·卡耐（Emmanuel Canet）等 7 位专家，为历届获奖者颁发了纪念牌，并为设立该奖作出特殊贡献的中国药理学会和施维雅研究院的资深专家颁发了特殊贡献者纪念牌。5 位历届获奖者作了学术报告。

【第六届日中药理学与临床药理学交流会】 12 月 2—4 日，第六届日中药理学与临床药理学交流会在日本鸟取县米子市召开。本次学术会议由日本药理学会和中国药理学会共同主办，22 位中国专家、学者出席会议。

学会理事长杜冠华、学会副秘书长陈乃宏与日本药理学会有关人员就彼此关心的议题进行了沟通，介绍了各自学会近年来的工作、学科发展、新药研发的现状和临床药理学研究的重要进展，就将于 2018 年在日本京都举办的国际药理学联合会世界药理学大会的筹办和中国代表团参与等事宜进行磋商，并对下一届双边学术会议有关筹备工作提出了建议。

学会理事长杜冠华、北京大学教授杨宝学、南方医科大学教授刘叔文、日本临床药理学会理事长渡边弘、千叶大学教授安西尚彦在会上作报告，双方专家还就学术问题进行了研讨。

此次日中药理学双边学术会议本次会议是继 2011 乌鲁木齐召开的第五届中日基础和临床药理学双边学术会议后的又一次中日药理学领域的学术交流，体现了药理学研究注重基础与临床紧密结合的特点。

【整合与器官系统药理学培训班】 6 月 22—29 日，由国际药理学联合会与学会主办的整合与器官系统药理学培训班（Integrative & Organ Systems Pharmacology Courses，IOSP）分别在北京市和山东省烟台市举办。来自国内高校和科研院所的青年教师、科研人员和研究生 60 多人参加了培训。本次培训的重点内容是药理学实验过程中实验动物伦理相关知识和要求、药物发现和评价实验规范化操作以及实验设计等。

培训由国际药理学联合会整合与器官系统药理学分会主席、英国利兹大学神经科学和伦理学系的戴夫·路易斯（Dave Lewis）博士主讲。Lewis 博士致力于动物伦理与实验药理学的专门培训和研究教学工作。培训期间特别邀请了中国人民解放军军事医学科学院药理与毒理学教授丁日高介绍了我国实验动物管理与法规进展，首都医科大学附属宣武医院教授张兰和首都医科大学基础医学院药理学系副教授于新凤分别就动物疾病模型在神经和肿瘤药理的应用作了报告，通过实际应用的事例阐明了在实验过程中应该如何使用动物。

（撰稿人：赵　颖）

中国针灸学会

服务创新型国家和社会建设　学会完成中国科协“企会协作创新计划”试点项目，在项目实施过程中，项目组完成了关键技术研究任务，组织业内专家进行了指导和帮助，完善了有关关键技术的解决方案。

“中国针灸学会承接政府职能科研项目和成果评估探索研究”项目召开了学会第三方评估项目主题论证研讨会，形成评估专家遴选办法。

完成了对 2015 年中国针灸团体标准（中国针灸学会标准）项目《针灸针具消毒灭菌技术规范》《“冬病夏治穴位贴敷”疗法临床应用指导意见（草案）》（修订）的立项审查。确定了 15 项病症循证针灸临床实践指南的研究单位。举办了针灸团体标准研制方法培训班和针灸临床实践指南文本框架研讨会。“针灸国际标准涉及知识产权问题处置策略研究”获得中国科协立项。

协助全国针灸标准化技术委员会组织申报了 2016 年中国标准创新贡献奖，推荐相关项目、单位和个人参加评选活动。《经外奇穴名称与定位》等 7 项针灸推荐性国家标准项目通过国家标准技术审评中心评审获得立项。同时，协助国际标准化组织中医药技术委员会（ISO/TC 249）召开了 2016 年 ISO/TC 249 第七次会议中方针灸国际标准制定培训会。协助全国针灸标准化技术委员会完成了《针刺安全使用风险控制通则》《一次性针灸埋线针针具》国际标准新工作标准项目和针灸国际标准化新领域“安全使用”（safe use）相关术语研究。

组织继续教育项目培训班、学习班、研修班 55 期，培训学员 1807 人次。举办各种针灸特色疗法培训班 17 期，培训学员 800 人次。

学会能力提升计划　学会是中国科协学会创新和服务能力提升工程优秀科技社团项目三类项目建设单位。学会成立了穴位贴敷产学研创新联盟和减肥美容产学研创新联盟，将社会资源与学会资源有机整合，促进了学会发展社会化、职业化，加速了学术成果的转化，推动了科研创新。

学会与浙江省衢州市衢江区签署了《衢州市衢江区人民政府与中国针灸学会双向战略协议书》《中国科协创新驱动助力工程学会工作站合作协议书》和《院士专家工作站合作意向书》3 份合作协议。

为宣传推进针灸非物质文化建设，11 月 19—20 日，学会在上海市举办了“世界针灸周‘中医针灸’申遗成功 6 周年传承保护活动”；与此同时，科特迪瓦博瓦尼大学孔子学院在当地举办了“中医药文化与养生知识展览”，香港博爱医院也在香港特区举办了“中医针灸”宣传活动。

学会建设　学会发展个人会员 4070 人，团体会员 4 个。召开常务理事会议 4 次，全国秘书长工作会议 1 次。

根据《民政部　财政部　人民银行　关于加强社会团体分支（代表）机构财务管理的通知》的要求，学会拟定了《分支机构财务管理暂行办法》，将所属分支机构财务全部纳入了总会统一管理。

成立了穴位埋线专业委员会和针灸装备设施工作委员会 2 个分支机构，完成了科普工作委员会等 5 个分支机构的换届改选工作。

学会修订了《中国针灸学会会员管理办法》《中国针灸学会科学技术奖奖励办法》，增设了科普著作奖。

根据《社会团体登记管理条例》《中国科协全国学会组织通则（试行）》和《2016 年学会改革工作要点》，学会制定了《中国针灸学会换届方案》，成立了换届筹备工作组。12 月 24 日，学会召开第六次全国会员代表大会，审议通过了中国针灸学会第五届理事会工作报告、财务工作报告和《章程》修改报告。选举产生了中国针灸学会第六届理事会，选举产生了中国针灸学会第六届理事会监事会，通过了《中国针灸学会会员会费标准》。刘保延当选为中国针灸学会第六届理事会会长。

学会秘书处组织各部门共同编制了《中国针灸学会“十三五”改革发展规划》(讨论稿)。

学术期刊 《中国针灸》荣登“国图集团公司2016年度中国期刊海外发行百强排行榜”，被中国知网(CNKI)评为“中国国际影响力优秀期刊”。《针刺研究》CNKI影响力指数在中医学与中药学期刊中排名第12位，较2015年上升2位，被收入“日本科学技术振兴集团数据库”(JST)。

《世界针灸杂志》被汤森路透集团收入其新建的“新兴资源数据库”(ESCI)。

学科发展研究 根据《中国科学技术协会事业发展“十三五”规划》和国家中医药管理局《中医药事业发展“十三五”规划》，学会召开会议，邀请专家经过多次论证和修改，制定了《针灸学科“十三五”发展规划》(讨论稿)。

国内主要学术会议 学会及所属分支机构共举办各类年会、研讨会、论坛、技能比赛等学术交流活动29次，参会总人数达到8000余人次，收录学术论文700余篇。

国际交往 8月，学会协助世界针灸学会联合会组织中国专家参加了“世界针灸学会联合会‘一带一路’中医针灸风采行”活动，与挪威、瑞典、匈牙利等国家有关学者就针灸发展进行了交流讨论。

学会与挪威克里斯蒂安尼亚大学签订了合作谅解备忘录，共同筹建“中挪中医针灸传承基地”。学会在匈牙利布达佩斯举行了WFAS中医针灸传承基地挂牌仪式，与匈牙利医学联合会签署了合作谅解备忘录。首次与瑞典针灸学术研究会共同举办了瑞典中医针灸医生的国际针灸医师水平考试。

10月，第二届俄罗斯贝加尔湖国际传统医学研讨会在俄罗斯布里亚特共和国首府乌兰乌德市召开，学会协办此次研讨会。来自中国、俄罗斯、英国、蒙古、哈萨克斯坦、乌克兰、亚美尼亚等8个国家的中医针灸专家、学者，中俄、中蒙医药企业机构的200多人参加了会议。34位专家、学者分别就针灸临床经验、临床技法、康复医学、蒙医学和传统东方医学等作专题报告。

11月，学会协办的2016世界针灸学会联合会国际针灸学术研讨会在日本筑波召开。与会专家、学者分别就针灸机理研究、针灸教育标准、针灸立法发展、针灸临床安全及有效性、针灸新技术新成果等专题展开了研讨，并举办针法技能现场演示、小型专题论坛研讨。

科普活动 学会在全国各地开展了2016“针情无限”针灸科普系列活动，主题活动包括“百名专家进科技园(校园)”针灸科普系列讲座、“针情无限”微视频大赛、“健康伴我行”社区健康咨询等，共举办讲座30场，受益人数2000多人次。

开展了第三批中国针灸学会科普教育基地申报与评选工作，新建中国针灸学会科普教育基地2个。开展了3轮科普人员培训，培训人员200人次。完成了科协科普课题“小穴位，大健康”“腧穴取穴与健康”结题验收和“科普视频”录制工作。

表彰举荐优秀科技工作者 学会开展了“第六届中国针灸学会科学技术奖”评选工作，20个项目获奖，其中一等奖6项、二等奖7项、三等奖7项，对获奖的单位和个人进行了表彰和奖励。

经学会推荐，王舒、赵百孝、常小荣3人获得第七届“全国优秀科技工作者”称号。

党建强会 根据中国科协科技社团党委相关要求，学会制定了党建工作方案，填写上报了《中国科协学会党建情况(五个清)统计表》。根据《中国科协关于加强科技社团党建工作的若干意见》的要求，学会成立了中国针灸学会党委。

会员服务 利用微信搭建会员综合服务平台，完成会员注册系统、学术活动会务系统初版上线。对会员信息进行了补充和完善，核查信息16337人次，16337名会员信息录入中国科协个人会员管理平台，2377名会员因会员到期被提示，初步实现利用平台发展会员。

【中国针灸学会第六次全国会员代表大会】 12月23—24日，中国针灸学会第六次全国会员代表大会在北京召开。中国科协、国家科技奖励办公室、国家中医药管理局、中国中医科学院、中华中医药学会等单位的代表，国家名老中医传承工作室代表，中医针灸代表性传承人，国医名师，国家级名老中医及第六次全国会员代表大会代表共371人参加了大会。

开幕式上，对中国科协第七届“全国优秀科技工作者”获奖者王舒、赵百孝、常小荣3人进行了表彰，对获得“第六届中国针灸学会科学技术奖”20个项目的集体及个人颁发了奖杯和证书。

全体会员代表大会审议通过了中国针灸学会第五届理事会工作报告、财务工作报告和《章程》修改报告。选举产生了中国针灸学会第六届理事会、中国针灸学会第六届理事会监事会，通过了《中国针灸学会会员会费标准》。

12月24日下午，召开了中国针灸学会第六届理事会第一次会议，选举产生了60名常务理事、1名会长、13名副会长、1名秘书长，刘保延当选为中国针灸学会第六届理事会会长。会议通过了《关于授予名誉会长、副会长、荣誉理事的决定》《关于聘请高级顾问的决定》《关于表彰于连云等74位同志的决定》《关于授予中国针灸学会中医针灸传承贡献奖的决定》和《关于授予中国针灸学会突出贡献奖的决定》。

在召开的中国针灸学会六届一次常务理事会上，对加强和完善会员管理、加强和完善分支机构管理和加强理事会管理的意见进行了讨论。会议审议并原则通过了《中国针灸学会“十三五”改革发展规划》和《针灸学科“十三五”发展规划》，审议通过了《中国针灸学会会员管理办法（修订稿）》，审议通过申请成立针灸治未病专业委员会、针药结合专业委员会和针灸技师工作委员会的报告，审议了成立青年工作委员会的申请方案。六届一次常务理事会结束后，召开了六届一次常务理事会党员大会，成立了中国针灸学会党委。

【2016全国中医药院校针灸推拿临床技能大赛】 9月22—24日，学会与全国中医药高等教育学会联合主办的2016全国中医药院校针灸推拿临床技能大赛在吉林省长春市举行。

全国中医药院校针灸推拿临床技能大赛是国家级一类竞赛、学会的品牌活动。来自全国中医药高等院校的33支代表队、60位裁判共计400余人参与活动。大赛分为学生组、临床教师组、留学生组3组，有个人单项比赛和个人全能比赛，竞赛内容包括刺法、温针灸、推拿手法、腧穴定位及经典背诵等内容，设个人单项奖、全能奖、团体奖。

经过比赛，广州中医药大学、辽宁中医药大学、天津中医药大学、成都中医药大学、南方医科大学荣获本次大赛团体一等奖；山东中医药大学等10所院校荣获团体二等奖；山西中医学院等18所院校荣获团体三等奖；120名选手荣获个人单项奖，27名选手荣获个人全能奖。

【“一带一路”针灸国际化发展高层论坛】 11月9日，由学会和世界针灸学会联合会共同主办的“一带一路”针灸国际化发展高层论坛在广东省深圳市召开。

世界针灸学会联合会主席、中国针灸学会会长刘保延以“擦亮针灸这块中医‘金字招牌’——针灸‘一带一路’发展战略研究”为题作主题报告，从针灸国际化发展的视野，回顾了古丝绸之路中医针灸和文化传播的历史沿革，分析了国内外针灸发展的进程和现存问题，提出了针灸“一带一路”发展战略的目标和思路。来自俄罗斯、荷兰、中国香港特别行政区和内地的11位针灸专家分别从针灸国际教育、临床医疗、科研成果、人才培养、信息交流、健康旅游，以及国际中医药发展现状等多个方面，围绕“以‘针灸为突破口’，带动中医药走出去”主题进行了专题汇报。

论坛交流展现了针灸在“一带一路”沿线国家和地区以及国际健康医疗活动中所发挥的重大作用和未来发展的广阔前景。中外专家在论坛上与参会学者一起分享了科研成果和针灸特色技法的运用经验，共同探讨推动“一带一路”中医药发展的战略路径。

【中国针灸学会“互联网+”针灸医院战略研讨会暨第二届全国中青年针灸推拿学术研讨会】 8月11—14日，由学会主办的中国针灸学会“互联网+”针灸医院战略研讨会暨第二届全国中青年针灸推拿学术研讨会在山东省日照市举行。来自全国高等院校和科研机构专家、企业家、新闻媒体，社会各界中医针灸从业人员150余人参加了会议。

本次研讨会采用主旨演讲、主题发言和讨论的方式进行，学会会长刘保延，学会副秘书长文碧玲，中国技术市场协会副会长、中国产学研合作促进会常务理事盛小列，卫宁健康公司总裁师成，山东中医药大学副校长高树中分别作主题报告《中医药+互联网的研究进展》《三伏贴的临床应用与研究》《针灸医学+互联网》《“互联网+”背景下的针灸服务模式创新与实践》《穴位思考与高氏奇穴》。

研讨会围绕借力互联网打造针灸云医院、中医移动医疗设备研发与应用前景、针灸网络医院发展模式的思考与构想、“互联网+”学会会员综合服务平台的创建与思路等进行了研讨。

（撰稿人：吴　远）

中国防痨协会

服务创新型国家和社会建设　制定国家卫生和计划生育委员会疾病预防控制局《2016年全国结核病防治交叉督查方案》，安排专家参与现场督导。受国家卫生和计划生育委员会疾病预防控制局委托，编写《公共卫生专业人员结核病防治培训教材》《临床医务人员结核病防治培训教材》《基层医疗卫生人员结核病防治培训教材》；组织实施“学校结核病防治工作宣传委托项目”，编写《学校结核病防治知识科普宣传手册》，开展结核病防治网络知识竞赛活动。

8月2—6日，全国结核病防治骨干培训班在北京举办，来自全国各地结核病防治科技工作者201人参加培训。15位专家授课，授课内容包括结核病监测、诊断、治疗、预防性治疗等。经过考试和评比，全部学员获得了优秀学员证书。

9月27—30日，协会在四川省都江堰市举办了“结核病控制学术研讨会暨结核病研究”培训。来自全国各省、自治区、直辖市结核病防治机构、医疗机构、大专院校和企事业单位500多位结核病防治专业人员参加培训。授课内容包括全球加速结核病发病率降低、耐多药结核病防控的挑战和应对策略、耐药结核分子检测、流行病学方法及应用、结核病相关实施性研究与设计等。

学会建设 协会新增单位会员21个，单位会员总数达104个；发展个人会员6643人，个人会员总数达15001人。

为了推进民主办会和规范管理，协会制定了《中国防痨协会分支机构管理办法》《中国防痨协会分支机构开展学术活动管理办法》《中国防痨协会结核病西部论坛管理办法》《中国防痨联合体管理办法》和《中国防痨协会个人会员和团体会员入会条件和申报程序》等。

4月26日，协会第十一届理事会和常务理事会第二次全体会议在广东省珠海市召开。12月16日，协会第三次常务理事会（扩大）会议在海南省三亚市召开，协会常务理事、各分支机构负责人和中国防痨杂志期刊社60余人出席会议。会议通报了《中国科协关于同意中国防痨协会成立党委及组成人选的批复》，宣读了《中国防痨协会党委关于表彰全国结核病防治工作优秀共产党员的通报》。协会秘书长成诗明作协会第十一届理事会2016年度工作报告，各分支机构和中国防痨杂志期刊社负责人汇报了2016年工作总结和2017年工作计划。会议讨论并通过了《中国防痨协会分支机构管理办法》修改意见和《中国防痨协会公益基金管理办法》。会议讨论并同意变更2名常务理事和理事，同意设立基层结核病防治专业分会和儿童与学校结核病防治专业分会。

学术期刊 《中国防痨杂志》和《结核病与肺部健康杂志》全年分别出版12期和4期，载文量分别为242篇和86篇。

中国科学技术信息研究所《2016年版中国科技期刊引证报告》（核心版）显示，《中国防痨杂志》核心影响因子达到了1.603，在全部1985种科技核心期刊中排名第63位；总被引频次为2020，在全部1985种核心期刊中排名第355位；《结核病与肺部健康杂志》扩展总被引频次为996，扩展影响因子为1.544。

《中国防痨杂志》2篇论文被评为“2016年度百篇中华医学优秀论文”。

《中国防痨杂志》期刊社对2015年在《中国防痨杂志》上刊出的论文进行了优秀论文评选活动，评选出优秀论文20篇，其中，一等奖3篇、二等奖6篇、三等奖8篇、提名奖3篇。

11月17日，《中国防痨杂志》《结核病与肺部健康杂志》编辑委员会编委座谈会在江苏省苏州市召开，完成了两刊通信编委的聘任工作。

国际学术会议 4月28日，中国—中亚结核病控制论坛在广东省珠海市举办。来自哈萨克斯坦、吉尔吉斯斯坦、塔吉克斯坦、乌兹别克斯坦等国家及国内的专家、学者80余人参加了会议。

中国防痨协会、吉尔吉斯斯坦防痨协会、哈萨克斯共和国国家结核病研究中心、乌兹别克斯坦结核病防治所、塔吉克斯坦结核病防治研究院负责人作报告，讨论了“中国—中亚结核病控制合作机制”、《2016年中国—中亚结核病控制合作计划》和中国和中亚国家间交流计划等内容。

国内主要学术会议 协会及所属分支机构全年举办学术会议9次、论坛4次，参加人数6402人次，收到论文1256篇。主要学术会议有中国防痨协会2016全国学术大会、第五届科学研究与结核病防治高峰论坛、首届结核病防控科技创新与转化医学临床应用高峰论坛、首届结核病防治青年论坛、第二届结核病及肺部相关疾病影像诊断与介入治疗高峰论坛、第四届骨关节结核临床诊断与治疗进展及其规范化专题研讨会、全国结核病诊疗与防控暨首届中西医结合治疗的基础与临床新进展研讨会、结核病防治服务体系建设研讨会和第三届耐药结核病防控与诊治新进展研讨会等。

10月12—15日，第五届科学研究与结核病防治高峰论坛在浙江省嘉兴市举办。论坛邀请美国哈佛大学、美国疾病预防控制中心、荷兰阿姆斯特丹大学、荷兰国家卫生与环境研究所、荷兰皇家防痨协会、俄罗斯中央结核病研究院、蒙古国公共卫生与结核病研究所、日本结核病研究所、巴西 CRUZ 传染病研究所等院所、机构有关专家作报告。

国际交往 10 月 25—29 日，国际防痨与肺部疾病联合会第 47 届肺部健康大会在英国利物浦召开，会议主题是“抗击耐药，创新引领”。协会首次协调我国结核病防治企业、专家 28 人参会，与国外有关企业和学术机构就结核研发新药、新技术和新产品进行了交流与探讨。

为建立协会与中亚国家结核病控制合作交流的窗口和平台，协会将新疆维吾尔自治区胸科医院作为中国防痨协会中国—中亚结核病控制研修基地。6 月 20 日，协会在新疆维吾尔自治区乌鲁木齐市组织召开了结核病精准扶贫研讨会暨中国—中亚结核病控制研修基地揭牌仪式，协会理事长刘剑君向新疆维吾尔自治区胸科医院易星院长授牌。已有 3 位吉尔吉斯斯坦临床专业人员到该院进修学习。

科普活动 2015 年 12 月 16 日—2016 年 2 月 28 日，协会举办了首届结核病防治知识网络竞赛，在中国防痨协会官网、微信公众平台等开放答题，216597 人次参与答题，参加人数 131113 人。本次竞赛活动评选出 5 个优秀组织奖和 10 个组织贡献奖，538 人获得个人优秀奖。

协会开展全国结核病防治科普作品评选，对全国选送的 2013 年 1 月至 2015 年 12 月期间制作的 1226 件宣传作品，按照影像、美术、文字和其他类进行了分类评审，最终各评选出一等奖 5 名、二等奖 10 名、三等奖 20 名、特别奖 1 名。获奖作品在中国防痨协会 2016 年全国学术大会进行展示和颁奖。协会设计、制作的“健康包”被评选为特等奖。

全国科普日北京主场活动期间，协会以“防痨小卫士，健康你我他”为主题在中国科技馆“健康伴我行”展区设置了展台。协会 30 位专家参加活动，展台接待参观群众 2100 余人次，发放宣传材料 4500 册、各类奖品 4000 个，公众参与手机“挑战结核君”游戏和作结核病防治知识测试题共 1500 人次。2 位专家分别在“健康大讲堂”作讲座，2 位专家接受了光明网和人民网的专题采访。

协会被中国科协评为 2016 年度全国学会科普工作优秀单位。

表彰举荐优秀科技工作者 4 月，协会对推选出的首届 21 位“中国防痨协会全国先进科技工作者”进行了表彰。

经协会推荐，肖和平获得第七届“全国优秀科技工作者”称号。

学会创新发展 协会成立“中国防痨协会结核病西部论坛”。西部 12 个省、自治区和新疆建设兵团防痨协会、结核病防治机构在原“西部结核病控制论坛”的基础上，遵照“平等、自愿、协商和共享”的原则组成了“中国防痨协会结核病西部论坛”。9 月，中国防痨协会结核病西部论坛在四川省都江堰市召开了论坛执委会第一次工作会议，11 月，在广西壮族自治区召开西部地区结核病服务体系研讨会。

为了集中学科、专家、资源和制度等方面的优势，充分发挥平台集聚效应，深入贯彻国家创新驱动发展战略，在我国建立一个结核病防治医疗机构和企业之间平等对话平台，协会牵头组建“中国防痨联合体”。4 月，在中国防痨协会 2016 年全国学术大会上公布了“中国防痨联合体”主席团主席和副主席名单。6 月 29 日，中国防痨联合体主席团成员单位在河北省举办了中国防痨联合体第一次工作会议，会议上讨论并通过了《中国防痨联合体管理办法》。

党建强会 协会网站开辟了“党建强会”专栏。协会开展了首届推选“全国结核病防治优秀共产党员”活动，72 名共产党员获得“全国结核病防治优秀共产党员”光荣称号。在《中国卫生画报》专辑、中国科协网、协会官方网站和微信公众号宣传每位优秀共产党员的先进事迹。

中国防痨协会党支部获得 2016 年度全国学会“党建强会”计划“十百千”特色活动组织奖。

11 月，为加强学会党建工作，实现党的工作和党的组织“两个全覆盖”，协会成立了中国防痨协会党委，协会理事长刘剑君担任党委书记。12 月，中国防痨协会秘书处党支部成立，协会秘书长成诗明任党支部书记。

会员服务 升级改造协会官方网站会员管理系统。实时掌握会员人数增长动态，统计会员地域、单位分布状态，统计会员年龄、性别、职业、职称等分布，实现了会员管理系统与其他新媒体系统对接。

协会微信公众号“结核联盟”更名为“中国防痨协会”，内容包括关于协会（协会官网、会员之家、会员申请)、项目动态(党建强会、结核病贫困救助“双千行动”项目等)和网络竞赛等版块，及时向会员传达协会工作最新动态。

采用微信、短信平台发布会议通知。每年向团体会员赠送5套全年12期《中国防痨杂志》和《结核病与肺部健康杂志》，为会员提供杂志实时电子版。

【中国防痨协会2016年全国学术大会】 4月27—28日，中国防痨协会2016年全国学术大会在广东省珠海市召开。

协会秘书长成诗明主持开幕式，协会理事长刘剑君、吉尔吉斯斯坦共和国卫生部副部长阿曼凯迪·穆尔扎利耶夫，中国科协、国际卫生和计划生育委员会疾病预防控制局有关负责人出席开幕式并致辞。

共有来自31个省、自治区、直辖市，香港特别行政区、澳门特别行政区和台湾地区的2300余人参会。

大会设立5个专题会场，涵盖结核病控制、结核病临床、结核病健康促进、结核病基础和转化医学等领域。举办了中国—中亚结核病控制论坛等。

大会举行了中国防痨公益基金揭牌仪式和中国—中亚结核病控制论坛启动仪式，进行了中-韩耐多药结核病防治战略合作伙伴协议文本交换仪式，同时宣布“中国防痨联合体”和“中国防痨协会结核病西部论坛”成立。对协会首届“全国先进科技工作者”评选获奖者、结核病防治网络知识竞赛获奖者和科普作品评选获奖者进行了颁奖。

世界卫生组织流行病学家格拉兹尤 Philippe Glaziou 博士，中国医学科学院病原生物研究所教授金奇，全球遏制结核病伙伴联盟部门主任 Jacob Creswell，中国健康教育中心教授田本淳，中山大学结核病研究所教授黄曦和中国食品药品检定研究院教授徐苗等专家、学者围绕结核病防治各领域主题作专题报告。

【中国防痨公益基金——结核病贫困救助“双千行动”项目】 3月24日是第21个世界防治结核病日，我国的宣传主题是“社会共同努力，消除结核危害”。2014年，世界卫生组织提出了到2035年全球结核病终止的目标，我国政府也提出了全民健康和消除贫困的目标。为此，协会建立了“中国防痨公益基金”，并与复星公益基金会携手上海复星医药(集团)股份有限公司成员企业沈阳红旗制药有限公司共同发起中国防痨公益基金——结核病贫困救助“双千行动”项目。

3月22日，在由国家卫生和计划生育委员会和北京市人民政府共同主办的世界防治结核病日主题宣传活动中，中国防痨公益基金——结核病贫困救助“双千行动”项目宣布全面启动。当天，世界卫生组织结核病/艾滋病防治亲善大使彭丽媛应邀参加了活动，并给进城务工人员发放了“健康包”，慰问了现场参加义诊的医务人员和进城务工人员。

项目自2016年启动，持续时间为5年，至2020年结束。每年至少可以救助1000名贫困结核病患者，每位患者的救助经费不少于1000元。复星公益基金会携手沈阳红旗制药有限公司计划持续支持这个项目，提供资金、药品等多种形式的赞助。

11月5日，国家卫生和计划生育委员会疾病预防控制局、中国防痨协会在四川省甘孜藏族自治州举行了中国防痨公益基金——结核病贫困救助“双千行动”项目捐赠仪式。中国防痨公益基金、沈阳红旗制药有限公司和广州迪澳生物科技有限公司在甘孜藏族自治州救助了100位贫困患者，为结核病防治机构提供了结核病分子诊断仪器和试剂。

12月23日，协会在辽宁省沈阳市举行了中国防痨公益基金——结核病贫困救助“双千行动”项目年度总结会暨贫困肺结核患者救助评审研讨会。协会理事长刘剑君，副理事长王黎霞、洪峰，秘书长成诗明，沈阳红旗制药有限公司总经理杨波，以及来自部分省疾病预防控制中心、结核病防治所负责人和专家，沈阳红旗制药有限公司等有关机构工作人员共30余人参加了会议。与会人员对项目管理机制、工作程序等方面进行了讨论。

【中国防痨协会抗结核药物供应协调储备库建立】 为解决国家结核病控制药品供应和患者需求，确保中国抗结核药品持续不断的供应，促进我国抗结核药品企业健康发展，促使我国结核病控制策略的有效实施，12月24日，中国防痨协会抗结核药物供应协调储备库在辽宁省沈阳市举行揭牌仪式。

中国疾病预防控制中心副主任、协会理事长刘剑君，中国疾病预防控制中心结核病预防控制中心主任、协会副理事长王黎霞，协会秘书长成诗明，上海复星医药(集团)股份有限公司总裁兼首席执行官吴以芳、副总裁王冬华，沈阳红旗制药有限公司总经理杨波等出席揭牌仪式。

成诗明宣读了《中国防痨协会关于建立抗结核药物供应协调储备库的函》，来自全国各省、自治区、直辖市疾病预防控制机构（结核病防治机构）及医疗卫生机构有关负责人、专家，沈阳红旗制药有限公司员工等共 80 余人参加揭牌仪式。

2016 年，中国防痨协会对全国抗结核药物供应状况进行了调研，在与部分省疾病预防控制中心商议后，结合我国结核病防控的需求，筹备建立抗结核药物供应协调储备库。上海复星医药（集团）股份有限公司及其成员企业沈阳红旗制药有限公司积极响应，自筹资金 2000 余万元，建立了抗结核药物供应协调储备库。

这是由中国防痨协会倡议、我国抗结核病专家组指导、生产企业自筹资金建立的第一个抗结核药物供应协调储备库。协会将在专家队伍建设、药品互联网供应管理体系建设、药品供应协调等方面提供全面支持。抗结核药物供应协调储备库按照市场规律运行，以招标采购机制作为支撑，促进我国抗结核药物企业健康发展，使我国抗结核药物企业和结核病患者从中受益。

（撰稿人：成诗明　樊海英）

中国麻风防治协会

服务创新型国家和社会建设　9 月 17—21 日，协会举办了国家级继续医学教育项目第 19 届国际麻风会议暨全国麻防科技工作者专题培训班全国麻风皮肤病学术年会，培训学员 796 人。

中央财政支持社会组织参与社会服务项目给予协会麻风受累残老者综合康复救助示范项目资助，1667 人受益。利用该项目资金，云南省哈尼族彝族自治州龙潭田麻风疗养院开垦 40 亩确权土地，种植红心火龙果；云南省大理白族自治州洱源县山石屏疗养院种植核桃 100 亩；甘肃省两当疗养院种植核桃 80 亩。同时开展医疗服务、心理咨询及受累者体检、科普宣传等工作。

学会建设　协会新增团体会员单位 1 个，理事单位 1 个。共召开 5 次常务理事会议。成立了专家委员会、青年专家委员会和女专家委员会。

协会成立中国麻风防治协会监事委员会，聘请了法律顾问，制订了理事会、常务理事会、监事会、理事长办公会议事规则。设立了企业会员、爱心会员。

协会设立山东省济南市皮肤病防治院为中国麻风防治协会麻风康复与培训基地，云南省文山壮族苗族自治州皮肤病防治所为中国麻风防治协会全国麻风防治教学基地，广东省江门市新会区皮肤医院麻风住院部为中国麻风防治协会康复器具新会生产培训基地，武汉麻风防治中心为中国麻协全国麻风健康促进示范基地。在广东泗安医院麻风博物馆增挂“中国麻协广东泗安医院麻风博物馆”牌匾。在麻风、皮肤病、性病、银屑病、皮肤美容、地方病、社会心理康复学科学传播专家团队的首席科学家所在单位挂“麻风、皮肤病、性病、银屑病、皮肤美容、地方病、社会心理康复学科普教育基地”牌匾。

国内主要学术会议　9 月 19—21 日，神经电生理学与影像技术在麻风学科中的应用研讨会在北京举办。会议邀请全球皮肤科基金会顾问荷兰专家伯纳德纳夫斯 Bernard Naafs 教授，国际麻协专家、巴西索萨利马·劳罗学院神经生理学系主任约瑟·嘉比奴（Jose Garbino）教授等 5 位专家作报告，全国麻风研究防治人员 100 多人参加会议。

国际组织任职　2016 年，协会会长张国成当选为第 19 届国际麻风防治协会（ILA）副主席。

科普活动　1 月 31 日是第 63 届世界防治麻风日暨第 29 届中国麻风节。协会围绕“加速行动，消除麻风危害”主题，开展系列科普宣传活动。1 月 31 日，国家卫生和计划生育委员会副主任王国强，中国残疾人联合会、中国红十字会总会、广东省政府有关部门负责人，协会会长张国成等到广东省泗安医院开展宣传慰问活动，看望和慰问麻风休养员、病人及医务人员。王国强通过《健康报》，呼吁社会消除对麻风病的歧视，关注关爱麻风病人，共同努力，早日战胜这个在人类历史上肆虐了几千年的疾病，创造一个没有麻风的世界。各省、自治区、直辖市麻风防治协会开展了相应的科普宣传及慰问活动。

1 月 25 日，协会麻风学科学传播专家团队成员与北京市热带医学研究所在北京友谊医院门诊楼大厅开展了麻风防治知识科普宣传活动，同时进行了麻风防治知识知晓率调查。

9 月 17—23 日，全国科普日期间，协会性病学科学传播专家团队开展了以“性传播疾病　安全与防护”为主题的系列宣传活动。活动共发放宣传资料 3000 余册，开展性病相关咨询 1000 余人次。针对大学生群体、男男同性性行为人群、女性性工作者等性病艾滋病高危人群的各自特点，共开展了 3 期宣传讲座。专家团队还走进工厂、工地，对外来流动人口及务工人员进行性病艾滋病危险行为、梅毒等性病早期症状等健康知识的宣传，共发放宣传资料、相关海报600份，宣传册2000余份。专家团队成员所在单位分别利用本单位的微信公众号、网站、微博等平台进行梅毒等性病的健康教育内容的宣教。

3月11日是国际尊敬尊严日，协会社会心理康复学科学传播专家团队依托广东省汉达康福协会开展了主题为“3·11携力行　携手助他/她有尊严地活着”的科普活动，在云南省大理白族自治州祥云罗贤观康复村及凤仪黄草坝为36位康复者进行眼科义诊。3月12日，在大理白族自治州祥云新村为50位村民眼科义诊。5月26日，在广州市广东工业大学举办“麻风康复村生活图片展”，向学生介绍村里老人的生活情况，讲解麻风知识，派发宣传单250份，以及康复村生活明信片、《关于麻风》小册子。

协会地方病学科学传播专家团队结合“4·26”疟疾宣传日、“5·15”碘缺乏病宣传日开展地方病防治科普活动，利用媒体广播、宣传展板、墙体标语、宣传单等开展克山病、大骨节病、氟中毒、碘缺乏病、寄生虫病、麻风等地方病防治知识的科普推广活动共320余次，受益人群约6.5万余人次。8—10月，专家团队集中开展了地方病防治科普宣传，到甘肃省6个市州的13个地方病重点县开展科普活动31次。

协会皮肤美容科学传播专家团队在四川省德阳市皮肤病医院举办了“5·25护肤日”大型义诊活动，专家团队20余人参与，义诊300多人次，介绍护肤知识，免费发放了护肤宣传资料。

协会银屑病学科学传播专家团队每月举办一次医患健教会。首席专家宋顺鹏教授联合中华医学会皮肤性病学分会银屑病研究中心、中华医学会皮肤性病学分会银屑病学组、疑难重症皮肤症诊治协同创新中心联合举办大型银屑病科普讲座，共举办15场。

协会皮肤病学科学传播专家团队在首席专家张福仁带领下，制作麻风防治知识5分钟动画、海报1万份、折页5万份，分发到各级皮肤病防治机构和医疗卫生机构进行播放和散发。该专家团队自8月起，每月第二周和第四周的周六上午8:30—11:30到山东省济南市吉尔西苑社区卫生服务站、吉尔南苑社区卫生服务站开展义诊活动，宣传麻风、皮肤病防治知识。

党建强会　7月，协会办事机构党支部成立。11月，中国科协科技社团党委批准成立了中共中国麻风防治协会委员会及其组成人选。12月8日，协会功能型党委成立大会在福建省龙岩市召开，张国成任党委书记。

在中国科协“党建强会”计划“十百千”特色活动中，协会党支部以“两学一做，促一带一路；东西合璧，创均衡发展”为主题，分别于5月15—22日在云南省、6月3—10日在甘肃省开展了系列活动。

【第19届国际麻风大会】　9月18—21日，由国际麻风防治协会（ILA）、世界卫生组织（WHO）和国际抗麻风组织联合会（ILEP）联合主办，协会承办的第19届国际麻风大会在北京召开。大会主题为“未竟事业，终止传播，预防残疾，促进融合”。

中共中央总书记、国家主席、中央军委主席习近平9月17日发来贺信，向大会的召开表示诚挚的祝贺，向参加会议的麻风学界专家、学者及各位来宾表示热烈的欢迎，向为人类健康作出贡献的国际国内麻风学界所有人士表示崇高的敬意。

中共中央政治局委员、国家副主席李源潮出席大会并宣读习近平总书记的贺信。国家卫生和计划生育委员会副主任、大会中国组委会主席王国强，中国科协党组副书记、副主席、书记处书记徐延豪等出席开幕式。王国强代表国家卫生和计划生育委员会及中国组委会致欢迎词。国际麻风防治协会主席马科斯·乌蒙德（Marcos Virmond）、世界卫生组织麻风项目官员埃尔文·科勒曼（Erwin Cooreman）、国际抗麻风组织联合会主席简·范·伯克利（Jan van Berkeley）、国际理想协会主席J.K.荣格（J. K. Jung）、第19届国际麻风大会科学委员会主席凯恩斯·威廉·史密斯（Cairns William Smith）、诺华基金会代表法理德·米尔扎（Fareed Mirza）及中国麻风康复者代表冯克腾等出席大会并发言。

来自国际组织、非政府组织的代表，中国、美国、印度、巴西等近百个国家和地区的专家、学者共1300余人参加会议。大会共收录743篇论文，其中中国学者论文163篇。

会议内容涵盖了麻风基础研究、临床医学与实验技术、流行病学与社会医学、疾病控制与消灭、畸残预防与康复医学、规划与管理、培训与教育等。

国家卫生和计划生育委员会疾病预防控制局副局长王斌报告了《中国麻风防治66年》。协会副会长张福仁作了题为“麻风皮肤病方面的进展”的报告，协会秘书长陈志强作了题为“推进麻风患者的参与”的报告。在49个分会场中，中国学者张国成、张福仁、张连华、王景权、王晓华、陈志强、司占杰、吴李梅、陈祥燕等分别担任分会场主席。

经第19届国际麻风大会科学委员会评审，10位40岁以下的青年学者获得“青年科学奖”，中国青年学者金广杰、杨德刚、刘红获奖。

【首届麻风防治终身成就奖、突出贡献奖和青年科技奖颁发】 9月21日，第19届国际麻风大会期间，举办了首届“中国麻风防治终身成就奖、突出贡献奖、青年科技奖”（下称“三奖”）颁奖大会。奖项的设立旨在突出宣扬获奖者为麻风事业无私奉献，开拓进取，取得的创新研究成果和为我国麻防事业发展作出的重要贡献，在全社会弘扬尊重劳动、尊重知识、尊重人才、尊重创造的良好风尚，充分调动激发广大麻风科技工作者的创新活力和创新热情。

国际麻风协会主席马科斯·乌蒙德 Marcos Virmond，第19届国际麻风大会科学委员会主席凯恩斯·威廉·史密斯（Cairns William Smith）和世界卫生组织麻风项目官员埃尔文·科勒曼（Erwin Cooreman）作为国际观察员出席大会。

国家卫生和计划生育委员会疾病预防控制局副局长王斌，中国佛教协会副会长圣辉大和尚，中国麻风防治协会顾问申鹏章，候任会长张福仁、专职副会长潘春枝等为获奖者颁奖。

邓云山、李桓英、张国成、胡鹭芳、赵天恩、黄文标荣获首届“麻风防治终身成就奖”；李桂科、陈树民、严良斌、杨军、熊俊浩获首届“突出贡献奖”；刘红、刘杨英荣获首届“青年科技奖”；广东省汉达康福协会获“突出贡献集体奖”。

（撰稿人：潘春枝）

中国心理卫生协会

服务创新型国家和社会建设 协会参与了中国科协组织实施的“十二五”国家科技支撑计划“公众健康知识及技术筛选与评价研究”项目。该项目历时3年，分为6个课题，由中国药学会牵头，中华医学会、中华预防医学会、中国心理卫生协会、中华中医药学会、中国营养学会、中国体育科学学会、中国社区卫生协会和中国医学科学院医学信息研究所等9个单位具体承担。这是协会首次参与的大型研究项目，课题在2016年6月通过验收。

协会加大对心理咨询师考前培训的管理，从报考人员的资格审查、面试，专业辅导，到伦理教育，着力打造合格心理咨询师。协会依托所属中北心理咨询师职业技能培训学校开展医疗卫生系统内的培训，保证生源质量、教学质量、培训时数，从源头把好质量关。年内共举办心理咨询师考前培训班6个，培训人数400余人次，举办了一期心理咨询师师资班，培训人数380人。

学会建设 8月25日，协会在北京召开第七次全国会员代表大会，来自各分支机构和地方心理卫生协会的200余名代表出席了会议。

科普活动 协会在围绕突发事件、社会热点事件开展科普活动的同时，还开展了多种面向不同人群的主题科普宣传。12月25日，协会与大学生创业团队“我想认识你”共同举办了中国高校恋爱心理高峰论坛。

表彰举荐优秀科技工作者 经协会推荐，樊富珉获得第七届“全国优秀科技工作者”称号。

【中国心理卫生协会第七次全国会员代表大会】 8月25日，中国心理卫生协会第七次全国会员代表大会在北京召开，来自协会各分支机构和地方心理卫生协会的200余名代表出席了会议。

协会六届理事会理事长马辛作了题为“抓住机遇 承担责任不辱使命”的工作报告，全面总结了协会、各分支机构、各地方协会及团体会员单位在为普及心理卫生知识、提高全民的心理素质方面所做的工作。据不完全统计，5年来，协会共举办学术会议360场，参会人员59405人次，交流论文9150余篇，参加境内国际交流7900余人次。举办科普宣讲活动9070场次，受众人数逾500万人次。编著科技图书180种，发行期刊2529000册，制作科技广播和影视节目8732分钟，电台电视台播放科技节目3215分钟。举办实用技术培训700余次，参与活动的科技专家4100余人次。举办青少年科普活动725场次。

协会副理事长赵国秋作了章程修改说明，副理事长王向群作了换届工作报告，副理事长兼秘书长王刚对第六届理事会财务审议情况向大会进行了汇报，副理事长张建新进行了调整会费说明的报告。

大会选举产生了协会第七届理事会，选举产生了139名全国理事、47名常务理事，马辛当选为第七届理事会理事长，王刚、谢斌、杨甫德、赵旭东、刘靖、王力6人当选为第七届理事会副理事长，王刚兼任秘书长。

【第九次全国心理卫生学术大会】 8月26—28日，中国心理卫生协会第九次全国心理卫生学术大会在北京召开。来自国内外的100余名专家、近1200名心理卫生领域的工作者出席会议。

大会以“健康中国与心理健康促进”为主题，共举办特邀报告1个、主题报告2个、分会场交流8场、工作坊31场、专题会1场、专题论坛7场、媒体研讨会1场。会议内容涉及社会热点问题、政府职能、实操技能、学术研究、国内外动态等。

大会邀请塔维斯托克心理疗法发展中心负责人Deborah Abrahams教授对动力性人际治疗项目作简单介绍；邀请《中华精神科杂志》总编于欣教授，指导各位参会代表如何保持心理健康；兼任国家卫计委精神卫生专家委员会委员和世界心理治疗学会副主席的赵旭东教授，就关于人文精神与心理卫生服务模式改进的问题和与会者作了深入交流。

【牵头完成“十二五”国家科技支撑计划项目“公众健康知识及技术筛选与评价研究”项目心理卫生研究课题】 协会参与了中国科协组织实施的“十二五”国家科技支撑计划项目“公众健康知识及技术筛选与评价研究”项目心理卫生研究课题。该项目历时3年。协会开展了《社区民众心理健康需求调查》，在全国5个社区取样，了解社区居民对心理健康知识的知晓现状和存在的问题，了解居民对心理健康教育和科普知识接受方式的偏爱情况，并调查社区心理健康服务队伍的构成及胜任能力；研发了社区心理健康服务专业人员培训与继续教育平台和社区心理健康服务宣传平台：搭建了两个平台的硬件建设和网络课程建设，制作多媒体课程；编写健康教育书籍，编写了“十万个为什么”系列心理健康分册和17本心理健康的图书（其中5本已出版）、24种科普宣传折页、24种科普宣传单页、36种宣传海报；在全国建立了5个健康科普培训基地；编写了“全民健康科普知识网络竞赛”试题。该课题在2015年12月结题，协会完成了牵头研究任务，在2016年6月通过验收。

（撰稿人：姜婧怡）

中国抗癌协会

服务创新型国家和社会建设 7月21日协会在青海省西宁市举办了中国抗癌协会肿瘤专家西部行活动。邀请10余位肿瘤领域院士、专家为当地医生讲授肿瘤防治领域新进展，为百姓免费义诊咨询，向患者代表赠送《癌症知多少》科普系列丛书。

协会各专委会编写并更新了肿瘤诊疗规范、指南及共识，陆续发布《中国原发性肺癌诊疗规范（2016）》《中国晚期乳腺癌临床诊疗专家共识（2016）》《中国淋巴瘤诊治专家共识（2016）》《甲状腺微小乳头状癌诊断与治疗专家共识》《中国肿瘤心理治疗指南》等。

协会实施国家级继续医学教育项目21项，培训学员13600人次。

协会联合国际抗癌联盟开展高端国际培训，培训对象为45周岁以下的中青年肿瘤专业技术人员，培训期分别为3个月和12个月。经申请人提出研究计划、专家委员会评审、并提交国际抗癌联盟国际评审委员会评定，第一批5人已分赴美国、加拿大肿瘤机构培训。

学会能力提升计划 协会在综合能力建设上取得显著提升。建立了一支成熟、稳定、高素质的专职人员队伍，完成秘书处的职业化和实体化建设，为协会工作的高效运转提供了可靠保证；承接各种大型项目，积累了丰富的项目执行经验；建立了规范的管理体系，申请加入协会的分支机构不断增加，分支机构不断壮大；青年人才培养成绩卓著，陆续开展UICC-CACA国际肿瘤联合培训、CCO等大型学术会议，设立青年专场、中国肿瘤青年科学家奖评选、专业委员会青年委员会建设等工作，为青年人才搭建成长平台；社会影响力不断增强，全国肿瘤防治宣传周品牌科普活动和癌症患者救助公益活动的持续开展，为协会赢得了声誉；国内外学术影响力显著加强，行业认可度不断提升，“一带一路”国际肿瘤联合培训项目获得各个沿线国家的踊跃参与，为我国科技界实现“走出去”战略进行了有益尝试。

学会建设 协会成立肿瘤药物临床研究、肿瘤靶向治疗专业委员会。小儿肿瘤、胰腺癌、肉瘤、肿瘤放射治疗、妇科肿瘤、肿瘤标志、肿瘤临床化疗、大肠癌、胆道肿瘤、中国抗癌协会康复会10个专业委员会完成换届工作。接收华中科技大学同济医学院附属同济医院、华中科技大学同济医学院附属协和医院、湖南景峰医药股份有限公司成为团体会员单位。

协会开展会员管理系统会员数据导入工作，系统内会员人数已达47421人。协会共有省市抗癌协会31个，专业委员会45个，团体会员单位50个。

年内，协会网站发布信息400余篇，访问量100余万次。协会官方微信发布信息100余篇。

科技期刊国际影响力提升计划　协会期刊《中国癌症研究》英文杂志2016年入选中国科技期刊国际影响力提升计划第二期C类项目，项目总目标是至2018年，期刊影响因子达到2.5。2016年,《中国癌症研究》英文杂志在编委国际化、审稿人国际化、专题出版、出版周期、数字化出版、新媒体应用、编辑队伍建设、国际显示度和国际影响力等方面均得到明显提升。截至2016年12月31日,《中国癌症研究》估算的影响因子为2.713，总被引频次为2302，较2015年度影响因子（2.201）有明显提升。

学术期刊　协会主办和合办的7种期刊共出版68期73110册。其中《中国肿瘤临床》《癌症康复》《中国肿瘤生物治疗杂志》继续实施中国科协精品科技期刊工程。以学科为纽带，建立了中国抗癌协会系列期刊集群平台，搭建肿瘤领域刊群数字平台，提升了协会系列期刊的影响力。7种期刊贯彻《在国际学术期刊发表论文的“五不”行为守则》，共同签署了《中国抗癌协会系列期刊坚决抵制学术不端的联合声明》。

决策咨询　协会邀请10多位专家，在《中国癌症防控策略》研究的基础上，提出了《关于在2030年实现癌症发病率死亡率双下降的建议》。2016年，在补充相关材料后，该建议上报中央和国务院有关领导同志，并刊登在中国科协《科技工作者建议》专刊上。

国内主要学术会议　10月14—15日，第九届中国肿瘤学术大会在湖北省武汉市举办，同期举办第15届海峡两岸肿瘤学术会议。会议主题为“科学严谨，规范精准，携手共创肿瘤防治新纪元”，7500余位专家、学者参会，收到论文1835篇。会议设立3个主题会场、28个分会场和青年论文演讲专场。首次在大会上设立中外院士论坛，会议颁发了第四届中国抗癌协会科技奖、首届中国肿瘤青年科学家奖、中国抗癌协会国际合作奖和青年优秀论文奖。

两岸交流　10月14日，由协会与台湾临床肿瘤医学会共同举办的第十五届海峡两岸肿瘤学术会议与第九届中国肿瘤学术大会同期在湖北省武汉市召开，会议获得了2016年度中国科协学术会议质量提升计划项目支持。

国际组织任职　协会多位专家在国际组织中担任重要职务。协会理事长郝希山新当选为国际乳腺疾病协会常务理事。

国际交往　6月8—10日，协会理事长郝希山出席在法国里昂举办的国际癌症研究机构成立50周年大会。10月31日—11月3日，协会50余人代表团出席在法国巴黎举办的第24届世界抗癌大会，5位中国学者在中国专场上作学术报告，60多篇中国学者的论文作壁报交流。

相关专业委员会组团参加了世界食管疾病大会、国际姑息治疗联盟学术年会、国际心理社会肿瘤学大会等。

科普活动　1月21日，协会在江西省南昌市举行世界癌症日启动仪式。4月15日，协会在北京举办第22届全国肿瘤防治宣传周启动仪式。

9月17—23日，协会在全国科普日北京主会场活动中，开展了“健康伴我行——科学防癌”主题活动。内容包括启动仪式、专家讲座、专家访谈、网上答疑、抗癌明星表演、公益赠书、科普图片展、《院士谈防癌》视频展播、有奖竞答、“癌症知多少”线上科普专题活动等。活动期间，协会讲座、演出及展区等共接待观众6000余人次，网上专家访谈直播受益群众8万余人。

“世界无烟日”之际，协会与中国控烟协会、乐约健康——“‘互联网+’医疗”运营服务平台合作，开展了全国网上控烟科普知识竞答活动，全国各地共有14.1万名患者及家属参与活动。

协会在北京，河北省石家庄市、邢台市，江苏省南通市等地举行《癌症知多少》公益赠书活动。与中国人民广播电台合作录播4期“肿瘤专家谈防癌”节目，与《三联生活周刊》合作出品“医生的角色”系列专题。组织肿瘤专家做客《信息日报》，接听热线解答公众问题，与腾讯·大申网合作开展专家“微访谈”节目。“今日头条”推出协会宣传周活动报道，点击率突破250万次。

10月13日，协会在湖北省武汉市举行了“同一天一起行”大型健步走活动。活动期间，全国各地5万余名癌症患者积极参与活动。

表彰举荐优秀科技工作者　协会开展2015年度中国抗癌协会科技奖评审工作，经对66个推荐项目进行专业组、评委会和科技奖励领导小组三级评审，评出获奖项目32项，其中一等奖5项、二等奖10项、三等奖17项（含特定地区3项）。共有47个完成单位、203位完成人获奖。10月14日，在湖北省武汉市召开的第九届中国肿瘤学术大会开幕式上举行了颁奖仪式。首次举办中国抗癌协会科技奖推广会，邀请优秀获奖者介绍获奖项目和经验。

为激励肿瘤领域的青年科技人才锐意创新、勇攀高峰，协会首次设立了中国肿瘤青年科学家奖。经所属团体推荐、青年人才评审委员会评审、协会人才奖励领导小组审定，有10名青年学者获得首届中国肿瘤青年科学家奖，并在第九届中国肿瘤学术大会上颁奖。

经协会推荐，石远凯、周清华、步宏3人获得第七届“全国优秀科技工作者”称号。

学会创新发展 协会发起并建立了“一带一路”国际肿瘤防治专业人员培训中心，旨在促进“一带一路”沿线国家民间组织的交流与合作，提高“一带一路”沿线国家的肿瘤诊治水平。协会与世界卫生组织国际癌症研究机构、马来西亚国家癌症协会、约旦侯赛因国王癌症基金会等十家国际组织达成了共识，于11月1日在法国巴黎召开了筹备会议。

党建强会 协会党支部认真学习习近平同志系列重要讲话精神，开展“两学一做”活动。开展的调研课题获得中直机关党建课题研究优秀成果二等奖。协会组织党员专家赴江苏省南通市、河北省邢台市等地开展“医患携手，科学抗癌”宣教惠民活动。

会员服务 每季度出版《中国抗癌协会通讯》，使会员及时了解协会动态。

【第九届中国肿瘤学术大会暨第十五届海峡两岸肿瘤学术大会】 10月13—15日，第九届中国肿瘤学术大会暨第十五届海峡两岸肿瘤学术大会在湖北省武汉市开幕。大会由中国抗癌协会、中华医学会肿瘤学分会主办，国际抗癌联盟（UICC）协办。会议的主题为“科学严谨、规范精准、携手共创肿瘤防治新纪元”。7500余名专家、学者参会。

大会设立中外院士论坛1个、主题会场3个、专题分会场28个，邀请国内外院士、专家及学者72人次作主题演讲，482人次作专题分会场演讲。大会收到征文2290篇，其中400余篇参加电子壁报交流，1600篇收入论文汇编。大会就肿瘤领域基础研究、预防、诊断、治疗、康复护理等领域进行了研讨，交流了肿瘤精准医疗、肿瘤整合医学、肿瘤规范化诊治技术、肿瘤转化医学等肿瘤防治领域新观点、新技术、新方法的前沿进展。

大会开幕式上，举行了2015年度中国抗癌协会科技奖颁奖仪式，授予一等奖5项、二等奖10项、三等奖17项。举行了第一届中国肿瘤青年科学家奖颁奖仪式，授予10名青年学者“中国肿瘤青年科学家奖”荣誉称号。向国际抗癌联盟前主席、南瑞士肿瘤研究院院长弗兰克·卡瓦利（Franco Cavalli）颁发了“国际合作突出贡献奖”，表彰他为中国癌症防控事业作出的贡献。

【第22届全国肿瘤防治宣传周】 4月15日，第22届全国肿瘤防治宣传周启动仪式在北京举行。本次宣传周主题为“科学抗癌，关爱生命”，副主题为“癌症防治，我们在行动”，倡议通过均衡膳食、戒烟限酒、适时筛查、规范诊疗、快乐生活等健康生活方式，提升公众防癌抗癌的科学素养，推动癌症有效防治，践行“预防为主、关口前移”的癌症防控战略。活动由协会主办，北京大学肿瘤医院承办，北京抗癌协会、北京市肿瘤防治研究办公室、北京癌症康复会协办。肿瘤医护人员、康复会会员、社会热心人士共400余人参加了启动仪式。

第22届全国肿瘤防治宣传周

启动仪式现场还举行了公益赠书活动，将抗癌科普图书——《癌症知多少》科普系列丛书送给了北京癌症康复会的患者会员。协会理事长、中国工程院院士郝希山，协会副理事长、中国工程院院士詹启敏等专家、学者还就我国癌症防控策略、早诊早治、生活方式、临床诊疗进展等问题进行解读，对公众最关心的癌症防控问题作了解答。活动期间，举办了“心音坊”爱心志愿者音乐会。

4月15日上午，300余名癌症患者参加了在北京玉渊潭公园开展的北京癌症康复会健康环湖走活动。北大肿瘤医院健康大讲堂、肺腑之言——肺癌防治健康大课堂等科普宣教活动，以及“视觉科普健康中国”等新媒体特色专题活动也在同期举办。

【中国抗癌协会代表团出席2016年世界抗癌大会】 10月31日—11月3日，由国际抗癌联盟（UICC）主办的2016年世界抗癌大会在法国巴黎召开。会议围绕主题“引领行动，激发变革”（Mobilising Action，Inspiring Change），通过主题发言、专题报告、壁报交流、圆桌讨论、现场辩论等形式对癌症的预防和筛查、诊断和治疗、康复和姑息治疗、癌症防控系统、社会组织能力提升五方面议题进行了探讨与交流。大会会期4天，设有144个专场，500个学术报告，收录688篇学术论文摘要。来自世界139个国家的3260名专家、学者参会，其中中国专家、学者100余名。中国抗癌协会理事长郝希山率代表团出席会议，中国专家的46篇论文被大会遴选为口头发言和壁报交流篇目。

11月2日，大会特设中国专场，以“中国的癌症治疗和转化研究”为主题，从40余篇中青年专业技术人员投稿中遴选出4篇作为中国专场发言报告。

中国抗癌协会在“全球村”设立展台，先后接待了来自亚洲、美洲、非洲、欧洲等70余个国家的专家、学者，并与国际抗癌联盟（UICC）、世界卫生组织国际癌症研究机构（IARC）、英国卫生部区域办公室、香港特别行政区卫生署卫生防护中心，以及马来西亚、新加坡、以色列癌症协会等就今后双方建立国际合作进行了交流。会议期间，协会理事长郝希山、秘书长王瑛受邀出席2016世界癌症领导人峰会和国际抗癌联盟会员代表大会。

【设立“中国肿瘤青年科学家奖”】 为树立行业楷模，激励青年科学家投身科技创新，2016年协会设立了“中国肿瘤青年科学家奖”，并进行首届评选。中国肿瘤青年科学家奖每两年评选一次，旨在表彰奖励在肿瘤医疗、科研、教育岗位勇于创新，作出突出成就的青年科技人才，造就一批进入世界肿瘤科技领域前沿的青年学术带头人。

经过协会所属机构的推荐，共有来自44家推荐单位的69名候选人申请报名。经协会人才奖励评审委员会评审，中国抗癌协会人才奖励领导小组审定、中国抗癌协会七届十二次理事长办公会批准，决定授予郝继辉等10位青年学者第一届“中国肿瘤青年科学家奖”荣誉称号。

（撰稿人：刘　齐）

中国体育科学学会

服务创新型国家和社会建设　学会举办了国家体育总局国家队集中采购运动营养食品入围采购目录公开招标大会，确定了132种国产营养品和25种进口营养品。学会严格执行国家体育总局反兴奋剂工作的有关规定，共为50多个国家队采购了价值2000余万元安全有效的运动营养食品。

学会承担并完成了国家体育总局2015年度全国科技统计调查工作，包括2015年度全国科普统计、2015年度综合科技统计调查和全国科技成果统计调查，向科技部上报了150项体育科技成果的统计表及统计分析报告。

学会承担了国家体育总局科教司委托的“十二五”国家科技支撑计划项目“运动促进体质健康关键技术的研究与应用”和“科学健身专家指导系统和服务平台的关键技术研究”课题预验收和验收工作。完成了25项2013年重点研究项目、28项2015年国家体育总局科学健身示范区建设研究课题、67项全民健身研究领域课题、5项群体工作类课题的结题验收工作。

受国家体育总局科教司委托，学会组织专家为广东骏丰频谱股份有限公司和国家体育总局应激适应重点实验室联合完成的“骏丰‘内喝外照’生物频谱技术对国家体操运动员训练后消除疲劳、促进体能恢复的研究项目”进行了科技成果鉴定工作。

学会及分会共举办各类培训活动20余次，培训人数达3000多人次。

学会建设　学会新发展个人会员600人、单位会员11个。目前，学会个人会员总数为5736人，单位会员总数为143家。

3月25日，2016年中国体育科学学会分会及地方学会秘书长工作会议在北京召开，共50余人参会。会议传达了中国科协领导在全国学会工作会议和地方科协工作会议上的讲话精神，总结和通报了2015年学会开展的主要工作及换届筹备工作情况，研讨了分会财务管理和学术会议网络信息化建设等热点问题。

学会以完善会员管理系统为内容申报了中国科协“2016年度学会治理机制改革和评价体系建设工程项目”，并获得资助。

学会完成了网站改版升级，建设了学会科技奖申报评审网络平台、科学健身指导网络平台，国家队集中采购运动营养食品电子采购服务管理平台、资助出版申报管理系统，与华奥星空商谈合作运营科学健身网络和微信双平台，形成学会提供专家资源、华奥星空提供技术支持的合作模式。年内在学会网站编辑发布通知和新闻60余篇。

学术期刊 2016年,《体育科学》通过了国家社科基金资助期刊年终考评，并继续被中国知网（CNKI）评选为最具国际影响力学术期刊，在CNKI发布的《中国学术期刊影响因子年报（人文社会科学2016）》上的影响力指数CI值为1318.756，复合影响因子为1.997，在体育类中均排名第一位。《体育科学》2016年发行12期共48000册，发表论文150篇。

《中国运动医学杂志》在中国知网（CNKI）发布的《中国学术期刊影响因子年报（自然科学与工程技术2016）》上的影响力指数CI值为461.976，复合影响因子为0.750，在国内军事医学与特种医学同类学术期刊中排名第6位。

《中国运动医学杂志》发行12期共20000册，发表论文数近180篇。

国际学术会议 学会及分会全年共举办国际学术会议3个，分别为第四届中国多巴高原训练与健康国际研讨会暨首届高原训练与体能培训班、第三届广州运动与健康国际学术研讨会、第六届亚洲运动生物力学学术大会暨第十八届全国运动生物力学学术交流大会。参会人数850余人，交流论文709篇。

8月2—6日，第四届中国多巴高原训练与健康国际研讨会暨首届高原训练与体能培训班在青海省西宁市多巴镇举办。会议规模200余人，交流论文95篇。大会邀请了德国的乌里希·哈特曼教授、法国的布雷·尼古拉先生、日本的朴泽泰治教授和笠原岳人教授、韩国的宋宏孙研究员，围绕“高原·训练·健康”的主题和相关专题作报告。此次会议展示和分享了国际高原训练和高原健康理论与实践方面世界前沿的研究成果、应用技术、创新理念，讨论和交流了国内外高原训练与健康科学研究领域所面临的问题与挑战，共同研讨了今后的发展趋势与解决对策。

11月18—21日，第三届广州运动与健康国际学术研讨会在广东省广州市召开，300余人参会。会议邀请美国、英国、加拿大、澳大利亚、芬兰、乌克兰、韩国、越南等国专家围绕“科学运动，健康第一”作报告，会议共收录论文299篇。

10月13—15日，第六届亚洲运动生物力学学术大会暨第十八届全国运动生物力学学术交流大会在浙江省宁波市召开。会议交流论文395篇，来自美国、英国、澳大利亚、新西兰、日本、韩国、新加坡等国家的100余名专家以及250余名国内专家、学者参会。

国内主要学术会议 学会及分会共举办会议36次，参会人数4600余人，交流论文3800余篇。主要学术会议包括第六届中国体育博士高层论坛、2016年全国运动增强体质与健康学术会议、第四届全国运动生理与生物化学学术会议等。

12月8—11日，学会和国家体育总局体育科学研究所在上海市共同举办2016年全国运动增强体质与健康学术会议，会议主题为“运动增强体质·助力健康中国”。来自高等院校、科研院所的400余名专家、学者参加了会议。会议探讨国内外运动增强体质和体育促进健康的新理念和新方法，交流“全国第四次（2014年）国民体质监测”和“2015年全民健身活动状况调查”的研究成果。

10月21—23日，学会运动生理与生物化学分会在江苏省无锡市举办第四届全国运动生理与生物化学学术会议。会议主题为“运动·体质·健康”。来自体育科研单位和高等院校的600余名专家、学者参加了会议。共收到投稿论文584篇，收录478篇。

两岸交流 10月21—24日，应台湾运动心理学会邀请，学会运动心理学分会组织6位专家赴台湾师范大学参加了2016台湾运动心理学学会年会暨海峡两岸运动心理学学术研讨会。

国际组织任职 12月16—18日，在香港特别行政区召开的亚洲运动医学联合会（AFSM）理事代表大会上，学会副理事长、运动医学分会主任委员李国平卸任AFSM主席，担任前任主席；学会理事谢敏豪、运动医学分会秘书长詹晖分别当选亚洲运动医学联合会副主席和司库。

国际交往 4月4—8日，学会2位专家赴美国明尼苏达州参加了美国体育与健康协会（Shape America）2016年年会，与该协会主席斯蒂芬和首席执行官保罗就加强双方体育学术交流合作进行了会谈。同时，参加了国际华人体育与健康协会（ICSPAH）主办的第3届国际学术领导力年度论坛，就加强中美之间的合作和交流、促进体育与健康领域的海外学者与中国学术组织和高校的联系等进行了交流，达成了合作意向。

6月23日，学会副理事长祝莉在北京会见了来访的国际华人体育与健康协会主席刘展一行。

9月18—22日，学会5人代表团出访丹麦，参加了第二届中北欧体育学术论坛，以“足球——科学理论、训练实践和组织管理”为主题，围绕青少年足球人才培养、体育俱乐部运营机制、运动员的心理调控和干预手段、足球运动中的损伤防护、大众足球和健康促进、竞技足球的技战术分析等内容与国际足球联合会、欧洲各国足球专家进行了研讨和交流。

科普活动 学会依托河北省、黑龙江省、安徽省、江西省、湖北省、广东省、四川省、新疆维吾尔自治区等地方体育科学学会，在全国科技周、全民健身日和全国科普日期间开展了以科学健身讲座和国民体质检测及咨询为主要形式的“科学健身志愿服务神州行”活动，8个地方学会在19个城市组织开展活动共计26次，惠及群众约50000人次。“科学健身志愿服务神州行”活动已连续开展6年，逐步形成品牌。

5月至9月，学会和中国知网共同举办了第二届全民健身网络知识竞赛。活动覆盖全国31个省、自治区、直辖市的375个市、区、县，近3000家单位和团体参与竞赛，参赛总人数达3万余人次，得到了人民网、新华网、腾讯网、《人民日报》《体育报》等7家媒体的宣传报道。经评审，评出优秀组织奖15个，优秀团体奖20个，个人一等奖50名、二等奖150名、三等奖300名。

学会参加了在北京展览馆举办的国家“十二五”科技创新成果展。向参观展览的公众发放科学健康、健身相关的宣传材料，累计发放各类宣传页2000余张、运动健身“能量转盘”700余套，近300名体育爱好者通过扫描二维码关注学会的微信公众号。

学会参加了在中国科技馆举办的2016年全国科普日北京主场“健康伴我行”主题活动。围绕运动能力评估、运动干预指导、运动损伤康复等内容，搭建“科学健身房”展区，并邀请专家到现场进行科学健身指导咨询服务。

学会推荐学会副理事长兼秘书长田野在中国科协首席科学传播专家高级研修班上围绕“科技前沿科学传播”专题进行了经验交流。

作为发起单位，学会与中国药学会、中华医学会、中国营养学会等8家全国学会共同成立了“公众健康科技知识普及产学研联盟”。

表彰举荐优秀科技工作者 经学会推荐，学会副理事长、北京大学第三医院教授敖英芳和学会理事、体育社会科学分会副主任委员、北京体育大学任海荣获得第七届“全国优秀科技工作者”称号。

党建强会 12月6日，学会成立了中国体育科学学会党委。学会副理事长祝莉任党委书记。

学会与中国农业工程学会、中国铁道学会、中国公路学会共同承担了“中国科协‘党建强会’计划之‘建家交友’系列活动平台建设项目”。

会员服务 学会及各专业委员会召开的学术会议，对会员都会实行会议注册费减免制度，减免幅度一般为15% ~ 20%。2016年度，为单位会员免费邮寄学会期刊《体育科学》780册。

学会建立微信平台，向会员发布会议通知，介绍学会工作动态，传播学会工作信息。

【第六届中国体育博士高层论坛】 10月13—15日，学会在浙江省杭州市举办第六届中国体育博士高层论坛。来自国家体育总局科教司、体育总局体育科学研究所、北京体育大学、上海体育学院、天津体育学院、首都体育学院、北京大学、北京师范大学、华南师范大学等高校和科研单位的有关负责人和专家，部分体育院校科研处、地方体育科学学会的负责人，以及各高校和体育科研单位的青年学者和博士研究生100多人参加了本次论坛，围绕“国家战略下的体育与社会进步”的主题和5个专题进行了研讨。

第六届中国体育博士高层论坛

学会副理事长、北京体育大学党委书记杨桦作了题为《我国体育博士培养的问题与对策》的大会主题报告，报告回顾了中国体育博士培养近30年的历程，总结了目前我国体育博士培养的六大问题：培养观念滞后、研究方向偏离、指导过程松散、授位把关不严、管理措施不紧、教育模式老化，提出了转变观念、重定方向、创新结构、一体化课程体系、加强导师队伍建设、构建淘汰激励机制、建立预答辩制度等七大对策。

学会理事、上海体育学院院长陈佩杰作了题为“2015年上海市青少年体育健身指数报告”的大会主题报告。报告以2015年上海市儿童青少年身体活动发展评估为案例，详细介绍了此项目的选题依据，如何利用大数据技术，系统构建包含儿童青少年体育健身环境、体育健身行为和体育健身效果三个维度、10个二级指标、39个观测指标的评估内容，以体育健身指数的形式综合评测上海市儿童青少年体育健身状况的过程。

专题论坛以学术沙龙形式进行，任海、卢元镇、钟秉枢、陈小平、冯连世、张勇、鲍明晓、易剑东、骆秉全、毛振明等专家带来了体育科技前沿的最新观点和研究成果。

【2016年中国体育科学学会科学技术奖】 学会共收到2016年中国体育科学学会科学技术奖申报项目78项。其中，体育行政管理系统及科研机构的申报数为18项，占23.1%；体育院校的申报数为57项，占73.1%；普通高校的申报数为1项，占1.28%；其他单位的申报数为2项，占2.52%。最终确定参评的申报项目为63项。

评审委员会根据《中国体育科学学会科学技术奖奖励章程》和《中国体育科学学会科学技术奖奖励章程实施细则》，评选出获奖推荐项目25项，其中，一等奖2项、二等奖9项、三等奖14项。一等奖获奖项目分别是北京体育大学推荐的《迈向体育强国的制度框架和思想基础》和国家体育总局体育科学研究所推荐的《中国居民身体活动状况研究》。

《迈向体育强国的制度框架和思想基础》以亟须解决的国家重大理论和现实问题为导向，聚焦体育事业的全面、协调、可持续发展，在深入探索群众体育、竞技体育、体育产业等各项体育工作特点和规律的基础上，对迈向体育强国的制度框架和思想基础以及二者之间的辩证关系进行了深入系统的研究和阐述，对加强中国特色社会主义的体育制度体系建设提出了针对性的建议。

《中国居民身体活动状况研究》通过2010年在全国范围对我国居民的身体活动状况开展的第三次国民体质监测调查工作，建立了中国居民身体活动状况基础数据库，完成了《2010年国民体质监测报告》中幼儿、成年人、老年人身体活动的现状分析；出版了《中国国民体力活动水平的特征研究》，发表了《中国成年人身体活动量》等23篇论文，形成了“中国居民身体活动状况研究”的系列成果。首次量化地提出了我国成年男、女的每周身体活动总量分别为9046—9911和7686—8785梅脱/分钟，证明我国成人职业的身体活动占身体活动总量的主要比例，而体育锻炼所占比例较小，为促进体育锻炼，从而改善身体活动不足的策略提供了翔实的依据。

（撰稿人：高利君）

中国毒理学会

服务创新型国家和社会建设 学会举办继续教育培训班2次，参加培训人员共计400人次。

3月8日，学会第二届毒理学资格认证工作委员会第五次会议在北京召开。会议对2015年毒理学培训、资格认证与再认证工作进行了总结；确定2015年毒理学资格认证考试通过率及通过人员名单，26人通过了此次考试；讨论通过2016年度毒理学资格再认证人员名单。通过资格审查和书面考试，26人获得了再认证资格。

6月25—30日，学会在北京举办了第八期“现代毒理学基础与进展”继续教育高级研修班，共有来自全国各地的100名毒理学工作者参加研修班。南京医科大学教授周建伟、广州医科大学教授蒋义国、首都医科大学教授孙志伟等担任主讲教师，中国工程院院士、国家食品安全风险评估中心研究员陈君石，国家食品药品监督管理局新药审评中心部长王庆利等专家作了专题讲座。

10月20日，学会在广东省深圳市开展了第八次毒理学资格认证考试。来自全国各地的48名考生报名参加了由学会资格认证委员会组织的考试。

学会社会服务部组织评审专家参照《化学物潜在致癌性科学评估实施细则》对三种化学物对人类的潜在致癌性进行了科学评估。

学会建设 年内学会新发展会员1252人，会员总数达12335人；新增单位会员8个，单位会员总数159个。

学会放射毒理专业委员会、灾害与应急毒理学专业委员会、纳米毒理专业委员会、生殖毒理专业委员会完成了换届改选工作。

为了规范学会科技奖励，修订了中国毒理学科技奖励相关制度文件。学会奖励委员会审议通过了《中国毒理学会优秀青年科技奖奖励实施细则》（修订版）。

学术期刊 学会与英国皇家化学会（RSC）合作创办的 *Toxicology Research*（《毒理研究》英文版）全年共出版6期，共刊登来自中国大陆学者的65篇论文。

学科发展 学会申请并获得中国科协的资助，于9月19日组织召开了《毒理学学科发展报告》开题会，2016年度进行资料采集、整理、研究和分析。

国际学术会议 学会及其下属专业委员会全年共举办国际学术会议3次，分别为第十四届全国药物依赖性学术会议暨国际精神疾病研讨会、国际毒理学与安全性评价专题负责人培训班、2016毒性测试替代方法与转化毒理学（国际）学术研讨会，共计参会人数1060人次，交流论文245篇。

11月30日—12月2日，学会药物依赖性毒理专业委员会在广东省深圳市召开国际精神疾病研讨会。大会主要分为基础研究（包括药物成瘾及相关精神疾病机制等研究）、临床研究（药物成瘾与相关精神障碍的药物、心理及物理治疗等研究）及流行病学研究、管理与社会学（我国药物滥用与成瘾的现状及流行趋势等）三个方向。来自美国、英国、中国大陆、中国香港特别行政区、中国台湾地区的海内外专家和学者300人参加了会议。北京大学深圳医院院长陈芸教授在大会上作了题为“利用超声微泡载药系统开放血脑屏障精准治疗药物成瘾研究”的学术报告，讲解了一种无创开放血脑屏障治疗药物成瘾的新技术。

国内主要学术会议 学会及所属专业委员会共开展学术活动16次，参加人数3288人次，收到论文1177篇。

6月28日—7月1日，由学会药物毒理与安全性评价专业委员会、毒理研究质量保证专业委员会、遗传毒理专业委员会、生殖毒理专业委员会共同主办的2016年（第六届）药物毒理学年会在重庆市举行。会议以“把握需求和发展动向，提升药物毒理研究和应用水平”为主题，来自全国大专院校、科研院所、药物安全性研究评价中心、药物研发机构、制药企业的相关人员共528人参加会议。

共有10位专家、学者作大会报告，104位专家、学者作了专题报告。报告内容主要涉及一般毒性、特殊毒性、安全药理、质量保证、毒性机制等药物毒理的各个方面。会议收到学术交流论文395篇，既有应用研究和经验总结，也有基础理论和新技术新方法的研究。

8月13日，学会灾害与应急毒理学专业委员会第一次全国学术会议在北京举行。会议就化学突发事件应急救援、职业化学中毒的现状和控制、化学中毒公共卫生事件的处置、化学性食物中毒的应急分析和临床中毒诊治等内容展开了交流讨论。相关领域专家、学者分享了多年的研究成果和实践经验。

国际交往 3月13—17日，学会秘书长付立杰博士和副秘书长马璟研究员代表学会赴美国参加了美国毒理学会55届年会暨毒理学展览会。会议期间，学会参与了美国毒理学年会国际长廊展示，介绍了学会的组织机构、会员队伍、主办会议及国际论文期刊等内容，首次通过展板的形式向全球毒理学研究者展现学会的风采，让世界了解中国毒理学会。

9月4—7日，学会组织中国毒理学界27人赴西班牙塞维利亚参加了第五十二届欧洲毒理学大会。大会的主要议题是“通过对毒理学的理解和交流来保护公共健康和环境健康”，具体内容涵盖毒作用机制、药物毒理、遗传毒理、分析毒理和风险评估等多个毒理学研究领域。大会包括16个专题研讨会和10个研讨会报告，以及6个继续教育课程和800多个壁报展示。来自中国的10名毒理学者作了口头报告和壁报展示。

10月2—6日，第十四届国际毒理学大会在墨西哥梅里达市国际会议中心举行。大会主题是“毒理学与国际可持续发展”，旨在为毒理学基础研究和应用研究提供一个平台。来自世界53个国家的859名毒理学者注册参加大会，与会者就毒理学领域的最新技术与理念进行了交流。学会副理事长江桂斌院士、付立杰博士、孙祖越研究员全程参加了大会，江桂斌院士作了题为“集成综合毒性测试系统的开发：中国未来毒理学研究方向”的大会主旨报告，介绍了中国存在的环境污染与毒理、健康问题，探讨了未来毒理学特别是毒性分析及测试系统的发展趋势。

科普活动 学会共举办科普活动12场次，受众10000人次，编著科技图书和宣传册种数12种，总印数12000册。

学会神经毒理专业委员会主任委员单位第四军医大学与陕西省宝鸡市疾控中心签订战略合作框架协议。合作协议涉及人才进修培训、科研项目研究等方面内容。该专业委员会2016年度三次前往宝鸡市东岭冶炼集团厂矿和厂区幼儿园进行健康宣讲，开展流行病调查，内容包括日常生活中常见的重金属类型和自然界的分布、接触途径及代谢、污染及对机体的毒性、相应预防和治疗措施。编写科普宣传教材。

4月25日，学会灾害与应急毒理专业委员会在北京开展尘肺及职业性化学中毒科普宣传。

6月28—29日，学会生物毒素专业委员会在广东省广州市举办广东省普通高校实验室生物安全培训班，受众人群为全省高校老师，通过网络和媒体采访等手段，传播有关“毒素”的相关知识。

表彰举荐优秀科技工作者 曹志贱、陈瑞、何潇、李爱峰、王治东、薛言学、杨细飞、张惠东、张勇9名学者获得2016年第四届“中国毒理学会优秀青年科技奖”。颁奖活动于10月25日学会第五次全国中青年学者科技论坛开幕式上进行。

学会常务理事沈建忠当选中国工程院院士。

学会理事长周平坤获得第七届全国优秀科技工作者称号；当选中国科协第九次全国代表大会代表、第九届全国委员会委员。

学会荣誉理事长陈君石院士当选2015“十大科学传播人”。

国际组织任职 10月6日，学会副理事长兼秘书长付立杰当选国际毒理学联合会执委。

党建强会 10月25日，学会第六届十次理事会在广东省深圳市召开。学会112名理事参加会议，6名青年委员会常委委员列席会议，会议将成立学会理事会党委列入一项重要议程。这项议题由学会理事长周平坤主持，学会副理事廖明阳长作了成立学会理事会党委的工作报告。报告对前期学会办公会议讨论在学会建立党的组织以及如何确定党委成员名单给全体理事作了说明。学会党委设委员9名，周平坤为书记，廖明阳为副书记，彭双清、杨杏芬、郑玉新、江桂斌、孙祖越、周建伟、陈景元为委员，全部副理事长均在党委中承担相应的职责。以“建设服务型学会党组织，努力提升学会服务能力”为活动主题，先后在深圳、杭州、句容、青岛和北京等城市举办了5次特色活动，宣传学会优秀科技工作者，普及辐射和药品安全等科普知识，正确引导公众，体现科技工作者的社会责任。党建活动获得中国科协“十百千”活动资助。

会员服务 组织召开毒理学专业领域的学术会议、培训班和沙龙等，以期促进科技工作者的成长和提高，促进毒理学知识的普及和推广，促进毒理学学科的发展。

【中国毒理学会第五次中青年学者科技论坛】 10月25—28日，中国毒理学会第五次中青年学者科技论坛在广东省深圳市召开，大会主题为“同筑毒理学梦想，共创科技辉煌”。来自全国各地的540人参加论坛。在开幕式上，举行了第四届中国毒理学会优秀青年科技奖的颁奖仪式。曹志贱、陈瑞、何潇、李爱峰、王治东、薛言学、杨细飞、张惠东、张勇9名科技工作者被授予第四届“中国毒理学会优秀青年科技奖”。

开幕式后，学会理事长周平坤研究员、罗氏制药总部的托马斯·桑格教授、美国哈佛大学医学院副教授陆军及中国科学院生态环境研究中心研究员汪海林作了大会特邀报告。

大会共收到论文185篇，其中展示了69份壁报，有7人获得优秀论文壁报奖。会议安排了国家级继续医学教育项目“现代毒理学评价的前沿新技术及其应用”分会场，15位专家、学者介绍了毒理学评价前沿新技术和新方法，有助于将这些新技术推广应用于毒理学评价从而为人类健康服务。

会议期间，学会还召开了第六届第十次全体理事会议和学会生殖毒理专业委员会第七届委员会换届选举大会暨专业委员会第八届委员会第一次会议。此次大会还组织40余名与会人员参观了深圳市疾病预防控制中心。

（撰稿人：关　华）

中国康复医学会

服务创新型国家和社会建设 5月，学会组织申报了“中国科协创新驱动助力工程试点单位项目”并获得资助，为期1年。项目结合康复辅具产业发展的需要，围绕“京津冀协同创新”“长江经济带”等国家和区域发展重大战略部署，加强自主创新能力建设，发挥学会在专家队伍、重点技术领域服务能力等方面的优势，推进科技成果转化和服务“大众创业、万众创新”活动在康复辅具行业的发展。

6月，学会组织申报了中国科协学科创新协同项目——康复诊疗数字化研究并获得项目资助，为期3年。项目致力于构建功能丰富、流程合理、符合国际标准认证的康复数字化诊疗平台，实现临床康复数据的集中与共享，解决了康复治疗服务院外延伸等问题。基于云计算和大数据的全国康复诊疗数字化云平台规划，助推康复医疗三级诊疗、双向转诊、远程诊疗等方案落地，为康复医疗服务体系建设作出积极的努力。

学会建设 截至12月底，学会新增个人会员586

人，个人会员总数为17838人，团体会员6个。

7月5日，学会召开了第六届理事会首次会长办公会议，会议传达学习了中国科协“九大”及全国学会工作会议精神，统一思想，凝聚共识，谋划工作。9月4日，学会召开了第二次会长办公会议，传达学习了中国科协“高层次科技领军人才专题研修班”精神，审议学会几个管理办法，讨论《中国康复医学会十三五规划》（征求意见稿），研究学会其他有关工作。截至11月底，学会脊柱脊髓专业委员会和脑血管病专业委员会按照民主程序，完成了换届选举。

由学会康复医学教育专业委员会和中国康复治疗国际化教育物理治疗学专家委员会主办的《物理治疗师网络课程》顺利完成，来自全国各省（自治区、直辖市）的580名学员参加了培训课程和笔试，并取得了结业证书。

学术期刊 学会共主办8本期刊，其中《中国组织工程研究》荣获2016“中国国际影响力优秀学术期刊”；《中国神经再生研究（英文版）》杂志荣获2016年“中国最具国际影响力学术期刊”。

国内主要学术会议 学会和各专业委员会共组织各类学术、技术交流活动13次，参加人员5412人次，交流论文3938篇。

7月15—17日，学会第十四届运动疗法大会在四川省成都市召开。本次会议共有大会主题报告6场、9个分会场、专题讲座66场。

8月18—21日，学会修复重建外科专业委员会第20次全国学术交流大会在云南省昆明市召开。大会收到学术论文2900余篇，注册人数800名，参会人数1200名，特邀嘉宾近200名，本次会议上完成了修复重建外科专委会的换届选举。

8月25—28日，第七届全国儿童康复、第十四届全国小儿脑瘫康复学术会议暨国际交流会议在陕西省西安市举办。来自全国各省、自治区和直辖市的注册人员1163人参加了会议，12位国内外知名康复医学专家进行大会主旨演讲，设立分会场9个，进行专题讲座66场。

国际交往 6月，学会有关负责人先后赴马来西亚吉隆坡市参加第10届国际物理医学与康复医学（ISPRM）学术年会，并进行了主旨演讲。

6月12日，第八届中德经济技术合作论坛在北京举办，学会参加了中德生物技术和医药经济合作工作组会议，并牵头组织了康复医学小组工作会议，促成了2家国内企业和高校与德国对口单位的合作和签约，开辟了学会对外交流与合作的新渠道。

科普活动 学会科普部专设科普工作人员1人，建立了3个科普微信公众平台。

5月，学会启动了首届康复医学创新创业大赛线上微信推广及线下比赛活动。经过山东、广东、云南、江苏、黑龙江等地的巡回演讲，共吸引了全国27所高等院校的47个项目参赛，经过专家网络评审和复评等环节，共遴选出6个项目参加总决赛，共有6万余次点击量，3万多人进行网络投票。

截至11月底，康复科普微信平台自开通起向大众推送了100余篇专业实用的科普文章、图文海报等，向专业人士推介国内外优质康复医学资源、科普图书、挂图和科普活动资源包等信息。目前微信平台累计微信粉丝数13909名，微信文章阅读量126888次，科普文章累积阅读量22.4万人；开设科普栏目，单篇文章最高阅读量4万多人次；单篇文章《我们是治疗师》点击率达43409次，总转载/收藏量为3575人次。共发布辟谣文章数45篇，累计微信粉丝数13909名，微信文章阅读量126888次。

学会运动疗法专委会微信公众平台共有粉丝数2000余人，推送专业文章及会议信息等共18篇，阅读量3万余人次，转发/收藏量近2500人次。

康复汇微信平台共有粉丝40000余名，发送康复专业文章及相关学术信息100篇，阅读量达到350000余人次，转发量近32000人次。开设康复汇微信公众平台在线直播功能及科普专栏，开展科普传播专家团队大讲堂及在线直播节目，已完成两期讲堂课程和三期在线直播。

表彰举荐优秀科技工作者 经学会推荐，李晓捷获得第七届“全国优秀科技工作者”称号。

党建强会 学会加强党建活动，按照中国科协部署，于12月底成立中国康复医学会党委。

会员服务 学会建立微信平台，向会员发布会议通知，介绍学会工作动态，传播学会工作信息。

（撰稿人：张　霞　王跃进）

中国免疫学会

服务创新型国家和社会建设 学会建立“全国科技工作者状况调查站点”，通过问卷调查及访谈的方式及时了解科技工作者的需求和困难，定期编写并报送站点信息；组织完成了年度“双创政策实施情况”调查工作。

学会申请并承担中国科协“一带一路”国际科技组织合作平台建设项目，“一带一路”动物疫病防治联合研究中心建设项目计划进展顺利。

7月1—10日，在北京协和医学院护理学院举办了以“疫苗与抗感染免疫治疗”为主题的第五届中国免疫学会博士研究生暑期学校。由学会常务理事推荐的45名在校博士生和少数西部院校青年教师参加，分别来自全国34个省市的高等院校和科研院所，涵盖了免疫学基础研究、临床医学、生物制剂等不同领域。以学会理事长田志刚教授和学会感染免疫分会主任委员王福生院士领衔的14位国内从事预防和感染免疫基础和临床相关领域的专家为学员授课。

12月15—16日，学会主办的第五届中国免疫学会青年学者论坛在北京召开。第五届、第六届“中国免疫学青年学者奖”获得者等共25位优秀青年学者参加了会议并作了学术报告。

学会能力提升计划 学会完成了“学会创新和服务能力提升工程——优秀科技社团”2016年度项目组织及总结工作，实现并在部分领域超额完成了年度项目预期目标。学会秉承国际化发展战略，召开全国免疫学学术大会，承办国际学术大会，评选颁发学会学术奖，开展继续教育培训及资助青年学者参加国际会议，发挥学会在同行中的聚焦和引领作用；加强与国外学会的合作与交流，搭建了“中美、中德、中芬、中英、中日韩”的双边及多边交流平台，为我国免疫学把握主动权、不断提升领域国际地位做好布局。在承接政府转移职能服务社会方面，学会科普工作委员会投入大量人力物力，通过微信科普公众号向公众提供免疫学专业知识，组织出版科普丛书。

学会建设 截至2016年年底，学会个人会员数达到9352人，比2015年增长了9.2个百分点。

学会完成了中文网站的改版工作。新的学会官方网站进一步完善了页面布局，加强了美工设计。增加“科普天地”及“学术动态”版块。通过与中国科协个人会员系统直接对接，强化了网站的会员服务功能。

3月4—6日，学会举办专业分会和省市免疫学会秘书长（扩大）会议，就学会能力建设、社团组织改革、创新助力工程等方面开展交流研讨。

科技期刊国际影响力提升计划 学会主办英文期刊 *Cellular & Molecular Immunology*（CMI）再次获得中国科协学会能力提升专项的优秀国际科技期刊二等奖。

6月，美国ISI（美国科技信息研究所）发布新一期的SCI影响因子，CMI期刊为5.193，在国内免疫学乃至医学类期刊中排名第1位；在亚洲免疫学SCI期刊中排名第1位；在各国国家级免疫学会所办会刊中排名第1位。2016年度CMI期刊在中国科学院评比中位列“中国优秀科技期刊一等奖”。

10月，CMI经过全体编委会的讨论表决，向国家新闻出版总署递交了申请书，计划从双月刊变更为单月刊。

学术期刊 学会主办的期刊《中国免疫学杂志》《中国肿瘤生物治疗杂志》继续获得中国科协精品科技期刊工程的资助。《中国免疫学杂志》入选了“精品科技期刊TOP50项目”，《中国肿瘤生物治疗杂志》入选了“期刊学术质量提升项目”，均获得连续三年的滚动资助。

《中国免疫学杂志》2016年获得第三届吉林省新闻出版精品奖（期刊类）。

《中国肿瘤生物治疗杂志》向中国科协、中国免疫学会和上海市新闻出版局正式提出改办月刊的申请，已获批准，计划从2017年第24卷开始正式出版月刊。

学科发展研究 学会于2015年底启动了基于文献计量的“中国免疫学现状与国际地位调研”工作，依托中国科学院文献情报中心进行调查研究和统计分析，内容涵盖我国近10年SCI收录的杂志上发表的免疫学学术论文的数量、总被引次数、篇均被引次数，中国免疫学国际排名以及与免疫学强国的差距，近期可能取得突破的领域等方面，该项目已于7月完成并提交报告。

学会承担了中国科协《生命科学领域前沿跟踪研究》项目中免疫学课题的编撰工作，计划于2017年7月结题。

国际学术会议 3月31日—4月1日，学会和芬兰免疫学会在北京联合主办“第二届中芬免疫学研讨会”。两国17位顶级专家、学者就细胞发育和免疫调节、免疫相关疾病、感染与免疫等三个专题作主题发言并与参会学者进行研讨。

11月1—3日，由中国科协主办，生命科学联合体承办的“2016世界生命科学大会”在北京召开。学会承办了4个分会场。

国际交往 5月14日，学会在美国免疫学会年会

（AAI 2016）期间组织“中国免疫学会分会场”，这是中国免疫学会第九次在AAI期间组织分会场。学会组织了5位中国专家围绕“*Innate Immunity in Stress and Homeostasis*（应激和稳态中的固有免疫）”主题作了学术报告，来自全球400多位专家、学者参加了会议。

8月，第十六届国际免疫学大会（IUIS）在澳大利亚墨尔本市召开，大会的主题是“*Immunotherapy: Harnessing the Power of the Immune System*”（免疫治疗：支配免疫系统的力量）。中国免疫学会理事长田志刚教授特邀作Innate Lymphoid（先天性淋巴）大会主持人，秘书长曹雪涛教授受邀作题为*Epigenetic regulation of dendritic cell differentiation and function*（《树突状细胞分化及其功能的表观遗传调控》）的大会报告。

第十七届国际免疫学会大会将于2019年在北京召开。8月24日，国际免疫学联合会与中国免疫学会在墨尔本市召开2019年国际免疫学大会筹备工作启动会，双方领导人出席了会议。会议讨论了大会的组织委员会、学术委员会成员的构成，在曹雪涛教授担任大会主席、学术委员会主席的基础上，进一步确认田志刚教授担任组织委员会共同主席，布置了2016—2017年的工作任务。IUIS执委会成员将于2017年在天津市召开工作会议，讨论和部署下一步的会议筹备工作。

12月4—8日，学会和德国免疫学会在德国联合主办召开了第五届中德免疫学研讨会暨第二届中德肿瘤免疫合作组会议。会议的主题是“微环境、炎症及肿瘤免疫”，来自中德两国的30位专家、学者围绕大会主题作了精彩的学术报告。会议组织了“讨论小组”环节，邀请专家作报告的同时重点围绕细胞活化和信号、免疫细胞与微环境、自身免疫与炎症、肿瘤免疫应答等几个领域展开了讨论。

学会理事长田志刚教授、秘书长曹雪涛院士率领秘书处参加了在澳大利亚墨尔本市举行的第十六届国际免疫学大会。学会会员代表参加了国际免疫学联盟和第十六届会员代表大会、年度执委会、理事会等工作会议。

国内主要学术会议 7月9—10日，2016中国免疫学会临床免疫分会年会暨广东省免疫学会临床免疫学专业委员会成立大会在广东省广州市召开。来自国内外风湿病学、临床检验学及基础研究领域的300余位专家、学者齐聚一堂，对免疫疾病相关的基础研究进展和临床应用现状进行了交流与讨论，30余位专家、学者作大会报告。

7月20—24日，由学会女科学家工作委员会主办、新疆免疫学会协办的医学免疫学研究前沿论坛在新疆维吾尔自治区乌鲁木齐市召开。论坛作为2016喀纳斯科学与艺术论坛——免疫学分论坛，来自全国19个省、自治区、直辖市的高等院校和科研院所的43名免疫学专家、学者与新疆免疫学会专家及相关研究人员近100人参加了会议，共同交流相关领域的发展，探讨了与新疆免疫学合作的方式和切入点。

9月8—10日，第四次中国免疫学会血液免疫分会临床流式细胞术学组学术会议在四川省成都市召开。来自全国血液学界共250余人出席了会议，会议征集论文50余篇，邀请14人进行了大会报告。

10月19—21日，中国畜牧兽医学会畜牧兽医生物技术学分会暨中国免疫学会兽医免疫分会第十二次学术研讨会在云南省昆明市召开。会议主题为“创新科技驱动，绿色产业发展”。来自中国、美国、德国、英国、瑞典等相关领域的近400名专家、学者参加了会议，收到稿件167篇。

国际组织任职 田志刚教授当选为国际免疫学联合会新一届执委。

8月22日，亚洲大洋洲免疫学会联盟（FIMSA）2016年理事会在墨尔本市召开。FIMSA现任秘书长及前任主席曹雪涛院士、FIMSA现任理事田志刚教授代表中国免疫学会提议将FIMSA秘书处设置在北京，由中国免疫学会秘书处组织专人管理相关事务，议案获得了通过。

科普活动 9月17—23日，学会科普工作委员会组织参与了中国科协科普部主办的全国科普日北京主场的“健康伴我行”活动。学会在中国科技馆设立了“免疫与免疫治疗”展区，通过专家向观众介绍“疫苗接种”“免疫治疗”“囊泡技术”等免疫学知识，解答大家关注的相关健康热点问题；科普工作委员会主任委员于益芝教授、副主任委员黄波教授分别在“健康大讲堂”栏目中作专题讲座，并与现场群众互动，在讲座之后参与“人民网科普部”的访谈节目。学会被中国科协评为“2016年全国科普日北京主场优秀活动单位”。

9月20日，内蒙古免疫学会和中国免疫学会科学普及教育工作委员会联合参加2016年内蒙古自治区全国科普日活动。内蒙古免疫学会理事长石艳春理教授率团参加，组织多种科普宣传和现场互动活动。学会科学普及教育工作委员会提供了工作指导和部分科普宣传资料。

由学会科学普及教育工作委员会创建的“免疫与健康”微信科普公众号开通，定期发布免疫学相关的科普知识，其中的常设栏目包括“漫画免疫”“免疫史话”“今日免疫之星”等。

表彰举荐优秀科技工作者 学会评选出“中国免疫学会第六届学术奖”获奖者23名。

经学会推荐，高福荣获“全国杰出科技人才”称号，吴玉章荣获第七届“全国优秀科技工作者”称号。

学会选拔资助优秀青年学者参加领域重要学术会议。共有25名优秀青年学者在学会资助下参加了德国免疫学会春季学习班、第四届国际细胞因子学术年会（美国）、亚洲冷泉港国际峰会（日本）、第16届国际免疫学大会（澳大利亚）等国际会议。

党建强会 中国生物医学工程学会—中国免疫学会联合党支部被评选为2014—2016年度中国科协学会服务中心先进党支部，免疫学会秘书处陈朱波获得“2014—2016年度中国科协学会服务中心优秀共产党员”称号。

按照中国科协科技社团党委要求，学会七届五次常务理事会审议通过了《关于成立中国免疫学会功能性党委的提议》，并选举产生了党委班子。会后，此项工作报告上报至中国科协科技社团党委并获得批复。

会员服务 学会编纂2015年通讯，反映学会年度工作的综合信息，供会员参考。

学会进一步完善了中英文网络会议管理系统及邮件群发系统，向会员发布会议通知，介绍学会工作动态，传播学会工作信息。

【第14届国际树突状细胞研讨会】 10月14—18日，学会与第二军医大学医学免疫学国家重点实验室、国际树突状细胞疫苗协会联合举办的第14届国际树突状细胞研讨会在上海市召开。

会议共收到论文摘要200余篇，经专家评审有179篇收入汇编。这些汇编论文展示了国际一流的研究水平，其中原创性强的42篇摘要作者被选为大会报告人。来自全球500多位专家、学者参加了会议。

大会组织了27场主报告及42场口头报告。特邀的报告人中包括著名免疫学家：美国国立卫生研究院教授Ronald Germain、洛克菲勒大学教授Michel Nussenzweig与加拿大多伦多大学教授Tak Mak的主题报告3场，以及数名美国科学院院士在内的著名免疫学家的大会报告24场。会议涵盖了8个主题，分别是DC发育和转录调控、DC模式识别受体与表观遗传调控、抗原处理与提呈、DC与T细胞亚群、DC与微生物传染病的关系、DC与炎症疾病、DC与肿瘤免疫疗法、DC与临床转化医学。

会议还邀请了国际著名期刊*Nature*副主编Ursula Weiss、*Immunity*主编Peter Lee、*Science Immunology*主编Angela Colmone、*Nature Reviews Immunology*副主编Lucy Bird、*Nature Immunology*副主编IoanaVisan等参加会议。在“Meeting Editors”主题会议上，各位主编为参会者讲解了文章发表相关知识并与参会者互动回答疑问。

【第十一届全国免疫学学术大会】 11月4—7日，第十一届全国免疫学学术大会在安徽省合肥市召开。大会开幕式由学会秘书长曹雪涛院士主持，学会理事长田志刚教授致开幕词。参加本次大会的正式注册人员1820人，大会特邀29人，展商152人，大会志愿者40人，参会总人数为2041人。共有1115篇论文摘要收录在大会论文集中。

学会共组织国内外顶级报告人29位为参会人员作大会特邀报告。他们围绕基因完整性的固有免疫识别、解决HIV疫苗问题的新策略、血液恶性肿瘤患者的基于NK细胞的免疫治疗、细胞表面PI蛋白暴露、抗病毒防御的核酸识别途径调控、肿瘤免疫的代谢调控、辅助性T细胞与固有免疫细胞在发育与功能上的相似性、同种异体干细胞移植后基于选择性清除的免疫治疗新策略、mTOR信号与T细胞分化命运的代谢调控等免疫学相关领域研究热点和发展趋势作了大会报告。

大会设立了分会场主题13个，共组织了包括天然免疫应答的识别与调控、感染免疫、肿瘤免疫与肿瘤免疫治疗、自身免疫病与过敏性疾病、免疫调节与免疫耐受、血液免疫、移植免疫、大数据时代下的免疫学课程设计等20场分会场。分会场共有241人作了口头报告交流，组织交流壁报140篇。

同期，大会设立了国际青年免疫学者论坛，并扩大了资助范围。继2015年选拔资助了11名国外优秀青年学者之后，2016年共为来自美国、意大利、德国、法国、英国、日本的15位国际青年学者提供差旅资助，为中外青年学者提供互相了解、交流、长期合作的平台。

（撰稿人：姚　婕）

中华预防医学会

服务创新型国家和社会建设 2015年，经国务院批准，国家卫生计生委、财政部、民政部联合发文，国家正式建立了社会组织参与艾滋病防治基金（以下简称“社会组织防艾基金”），基金办公室设在学会。2016年，学会有序推进社会组织参与艾滋病防治基金工作，基金项目业务指标和经费执行率均达到了项目预期要求。12月1日，中共中央政治局委员、国务院副总理刘延东专程来学会调研，对学会承担的基金管理工作给予了充分肯定。

学会履行国家卫生计生委突发事件卫生应急专家咨询委员会秘书处和中国科协联合国咨商生命科学与人类健康专业委员会秘书处工作职责，为国家卫生应急事业建言献策。

学会先后完成了“重大传染病防治科技重大专项绩效评估”“省级消除疟疾考核评估”“省级疾控机构规范化建设综合评估”和“科研诚信档案建设”等多个政府委托项目、承接政府职能项目以及科技社团参与第三方评估的机制研究等工作。执行了“疫苗接种率评估”“中国控烟立法项目”“中国慢病管理最佳实践专题研究项目”，启动了“基层互联网慢病管理领航项目”和“疫苗与免疫青年人才托举项目”等新项目。

学会能力提升计划 按照中国科协学会创新与服务能力提升工程的整体部署，2015—2016年度计划开展的10项重点工作已全部启动。截至2016年年底，共完成9项重点任务，均已达到预期目标。

完成了学会办事机构和分支机构能力建设、科技文献研究与品牌学术交流活动成果提炼、系列期刊管理与能力建设、探索科普信息化服务机制等9项工作；完成《中华预防医学会2016年办事机构能力建设工作报告》《慢性病（传染病）领域科技工作者建议》《消除疟疾第三方评估研究报告》《系列期刊能力提升工作报告》《科普信息化工作报告》等14份研究报告。

学会建设 实行了学会分支机构业务活动计划申报、实施结果信息报告以及公章使用、经费使用报告制度等。实行学会秘书长与新拟任主任委员任前谈话和签订《聘期责任书》等制度，按照中国科协、民政部和国家卫生计生委的有关规定，将分支机构业务活动的财务纳入学会统一管理。撤销了1个分支机构，更名2个分支机构，批准13个临床与预防交叉融合学科的分支机构，完成9个分支机构的组建成立，完成3个分支机构换届工作。

一期工程中OA办公系统、会员管理系统和会议管理系统已建设完成，处于试运行阶段。

学术期刊 学会系列期刊共有69种，健康科普类报纸1种。

学会修订了《中华预防医学会系列期刊管理办法》，与系列期刊重新签署协议，实行目标责任管理。45种期刊入选“中国科技统计源期刊（中国科技核心期刊）”，16种期刊被“北大中文核心期刊”收录。

进一步健全《系列期刊审读工作》，建立了《中华预防医学会系列期刊质量评估体系》。

参加国家卫生计生委委管出版物主题宣传激励活动，学会系列期刊展现了我国卫生计生工作的新技术、新成就和新知识，得到国家卫生计生委的肯定。学会5种期刊获得委管出版物主题宣传“最佳期刊”，学会获得“最佳组织单位”奖。

国际学术会议 学会召开了第21届世界艾滋病大会中国卫星会、首届国际免疫规划管理者联盟亚太区域会议等国际会议，促进了国际学术交流与合作。

国内主要学术会议 学会共举办了2016年中国慢性病大会、首届全国疾控机构领导力建设研讨班、第六届媒介生物可持续控制国际论坛、2016年全国感控大会等学术活动85场，参会人员3万余人次，开展国家级和学会级继教培训170余场，培训26000余人次。

国际组织任职 学会秘书长杨维中继续担任新一届世界公共卫生联盟执委（2016—2019）及亚太区联络办公室主任。学会副秘书长李黎担任国际免疫规划管理者联盟执委。

国际交往 5月，学会作为世界公共卫生联盟执委赴日内瓦参加第50届世界公共卫生联盟年会，并向联盟汇报2015年度亚太区联络办公室工作情况。联盟主要负责人提出希望中国台湾以完全会员身份加入联盟，学会坚持“一个中国”立场，针锋相对，据理力争，终于使联盟主委放弃了“台湾公共卫生学会以完全会员身份加入联盟”的提议。

8月，学会代表世界公共卫生联盟亚太区联络办公室赴泰国参加第6届亚太区公共卫生大会，并组织成员国学会召开会议。

科普活动 学会获批全国科普信息化建设应用试点，组织建设了湖南、云南玉溪、北京朝阳3个健康科普基地，组织开展了全国科普日“健康伴我行——疫苗怎么打”专题科普活动，组织开展2016年世界肝炎日“爱肝护肝享受健康”主题活动。

针对“山东非法经营疫苗事件”对公众造成的疑虑，邀请中国工程院院士庄辉、世界卫生组织（WHO）免疫专家Lance博士开展“科学家谈疫苗”

应急科普活动。

学会与中国疾控中心、光明日报光明网联合举办寻找最美接种医生公益活动，活动评选出10名“全国十佳最美接种医生”和21名“最美接种医生”。

【艾滋病防治基金工作】 学会作为社会组织参与艾滋病防治基金建立项目绩效考核和奖励机制，制定培育基地及基金捐赠管理办法，进一步完善了项目管理手册。在中国性病艾滋病防治协会的支持下，学会进一步完善了项目管理系统，实现了基金项目申报、评审、审核、实施数据上报、项目验收以及财务管理的网络化。2016年，基金项目周期从原来的一年调为两年，2016—2017年项目共收到671个社会组织或培育基地申请的1062个项目，经过“两审三公示”，确定资助585个社会组织或培育基地申请的884个项目，两年资助总经费9039万元。学会已与葛兰素史克（中国）投资有限公司达成捐赠1500万元的初步意向，双方签署了合作框架。基金办通过各种途径展示了基金工作成效，加强国内外宣传。

【2016年中国慢性病大会】 9月2—3日，学会举办了2016年中国慢性病大会，来自全国医疗、康复、疾控、社区卫生服务的专业人员以及慢性病相关企业的1200多人参加会议。会议围绕呼吸疾病、心血管病、糖尿病、肿瘤、骨与关节病、肛肠病预防与控制，生殖健康、血脂管理、组织感染与损伤、心身健康管理与心脏康复、社区慢性病预防与控制、健康保险，新媒体时代的健康传播、互联网与疾病预防控制以及石油系统疾病预防控制等设置了15个分会场，共同探讨慢性病防控的新进展、新经验、新方法，促进实施综合防控战略，减少过早死亡。

2016年中国慢性病大会

【首届国际免疫规划管理者联盟亚太区域会议】 9月22—23日，学会在北京召开首届国际免疫规划管理者联盟亚太区域会议。会议以“创新协作、共克时艰”（Innovate, Collaborate and Overcome Obstacles）为主题，旨在繁荣我国疫苗和免疫领域的学术活动，促进国际免疫规划管理者的交流与合作，分享中国经验，贡献中国智慧，推动中国学术引领行业发展。会议介绍了国际、国内免疫规划进展、免疫策略制定、消除麻疹、冷链管理、疫苗供应及预防接种最佳实践等方面的内容。会议期间，举行了中华预防医学会疫苗与免疫分会成立仪式，聘请世界卫生组织Lance先生等6位国际免疫规划领域权威专家担任分会顾问。

首届国际免疫规划管理者联盟亚太区域会议开幕式

【“一带一路”沿线主要国家重点传染病概况研究】 截至12月31日，学会共完成34个“一带一路”主要国家（其中包括2015年完成的与我国7个接壤国家）重点传染病流行现状分析报告，共覆盖“一带一路”沿线国家89.2%的地理面积和53.4%的人口。分析了上述国家公共卫生体系现状和主要公共卫生指标，进一步掌握了这些国家脊灰、霍乱、疟疾、白喉、结核、艾滋、疟疾等主要传染病防控能力和面临的主要传染病威胁，评估了“一带一路”沿线国家传染病潜在的传播风险，并提出我国应对重点传染病综合防控的具体建议。

【《中国公共卫生与预防医学学科史》编撰】 10月29日，中国公共卫生与预防医学学科史项目启动会在北京召开。中国公共卫生与预防医学学科史以梳理公共卫生与预防医学学科的确立和知识的发展进步为重点，研究学科发生、发展以及在医疗卫生事业和经济社会发展中的作用，向党、政府、公众以及学术界呈现一部具有历史探索性、科学普及性和发展预测性的综合报告。于竞进、王宇、王克安、王钊、孔灵芝、叶广俊、李立明、陈贤义、陈昌杰、陈育德、赵铠、南俊华、黄永昌、蔡纪明、杨维中等学科奠基人、学科重要传承人，主管疾病预防控制以及学会的前任、现任领导等40余人参加了会议。

【寻找最美接种医生公益活动】 学会与中国疾控中心、光明日报光明网联合举办“寻找最美接种医生公益活动”，旨在通过寻找、发掘预防接种领域的典型代表，传播预防接种知识，呼吁全社会关心预防接种事业，关注儿童健康。

寻找最美接种医生公益活动

活动在全国广泛开展，经过基层寻找、省级推荐、网络评选、专家评审，评选出10名“全国十佳最美接种医生”和21名“最美接种医生”。活动过程中，征集、传播了主题歌曲、美术、文学、视频、摄影等作品1000余件，中央电视台等100余家媒体参与活动报道和预防接种知识的传播，500余万人次参与网络评选，广泛传播了“让预防接种深入人心”的主题。国家卫生计生委主任李斌、副主任王国强对活动给予了充分肯定。

（撰稿人：牛霏霏）

中国法医学会

服务创新型国家和社会建设 4—7月，学会在广西壮族自治区桂林市举办了5期《全国刑警骨干提升破案能力和办案水平高级培训班》，培训学员近2400人。

培训部在全国范围内遴选著名法医和刑侦专家30余名，授课内容包括：命案鉴定结论如何应对质疑；命案成为难案、悬案及系列案件的成因分析；命案专案侦查的组织指挥；刑事技术在处置重大灾害事故中的应用；DNA技术的作用、信息化及前景；死亡时间、致伤工具推断与现场重建；从近期侦破的两起案件看侦查手段在侦查实践中的应用；要善于发现和解决办理命案中现场的关键难题；命案侦破过程中的侦技结合；关于命案现场系统重建；非正常死亡事件的处置；犯罪现场血迹勘查与分析；杀人犯罪行为及其指向价值分析；以审判为中心给公安办案带来的挑战与应对；以庭审为中心标准下的刑事侦查观；尽快适应以审判为中心的诉讼制度改革；新形势下公安机关提升打击犯罪能力与水平的途径；透视侦查破案成败的关键问题；大数据背景下的刑侦信息化；利用信息化手段实施情报导侦进行精确打击，在新常态下开展重大疑难命案侦破工作的实践与思考；刑侦实战应用基础知识；信息化时代侦查模式的传承与发展；命案侦查的突破口；信息应用技战法；大数据思维与命案侦破；严打暴恐犯罪，维护社会稳定——暴恐犯罪的特点及其打与防；大要案侦查指挥的几点体会；重特大案件的侦查思路与技巧；合成侦查新机制在多发性侵财案件中的应用；火案现场勘查与分析；声像、电子证据检验技术在刑事侦查中的应用；视频侦查技术实用战法；电信诈骗犯罪的侦查方法；银行账户资源在电信诈骗案件侦查中的应用；解读物证时空信息在命案侦破中的应用；特殊人群（女性、未成年人、老人）杀人案件特点分析；军队刑事侦查工作；夯实基础，完善命案证据等。

学会医疗损害鉴定专业委员会和中国法医学习物证鉴定专业委员会参与法医相关司法鉴定标准的编撰和完善工作。

学会建设 学会对个人会员全部资料进行梳理，及时登记和完善会员信息的变更情况，截至2016年年底，学会共有个人会员6688人、团体会员2个，其中2016年新批准个人会员10人。

10月17—26日，召开学会第五届五次理事会通讯会议，通过了《关于同意丛斌同志辞去中国法医学会副会长、常务理事、理事职务的决议》《关于同意胡占山同志辞去中国法医学会副会长、常务理事、理事职务的决议》《关于同意吴少军同志辞去中国法医学会副会长、常务理事、理事职务的决议》《关于同意皮侃正同志辞去中国法医学会副秘书长、常务理事、理事职务的决议》。

学会各专业委员会召开各类学术、技术和工作会议10次，参加人员400余人次。

进一步完成对学会资产的清理和统计报告，制定了《中国法医学会固定资产管理规定》，确定了学会固定资产兼职管理员并加强学会固定资产管理工作。

学术期刊 《中国法医学杂志》杂志社2016年强调通过创新，保质量，上台阶，可持续。11月7—8日在北京市大方饭店召开了《中国法医学杂志》编审工作座谈会。执行主编翟恒利主持会议，通报了过去一年编审工作情况；研究是否进行杂志编审制度改革，改革思路、目标及措施，以适应目前新兴媒体对杂志的冲击；研究如何提升期刊质量；落实2016年两期增刊的审编工作。总结了一年来编审队伍建设的成功经验和需要改进与创新的方面、对编审队伍建设提出了新的要求。

《中国法医学杂志》全年收到稿件1002篇，编辑出版正刊6期、增刊2期，共刊发稿件511篇。

《中国法医学杂志》是武汉大学中国科学评价研究中心（RCCSE）中国核心学术期刊、中国科技论文统计源期刊（中国科技核心期刊）、荷兰国际科学文献数据库（Elsevier）收录期刊、荷兰医学文摘（EMBASE）收录期刊、《中国学术期刊综合评价数据库》（CAJCED）统计源期刊、《中国期刊网》《中国学术期刊（光盘版）》收录期刊、《中国期刊全文数据库》（CJFD）全文收录期刊、《中文科技期刊数据库》收录期刊、《CAJ—CD规范》执行优秀期刊。

决策咨询 在国务院法制办将《医疗纠纷预防与处理条例（征求意见稿）》（以下简称《条例》）在其官网公开征求意见，国家卫生和计划生育委员会针对《条例》涉及的医疗损害鉴定问题，发布了《医疗损害技术鉴定管理办法（征求意见稿）》（以下简称《办法》）后，学会医疗损害鉴定专业委员会向各位委员发出征求意见邮件，并在微信"医疗损害鉴定讨论群"中进行讨论。根据各委员提出的意见，专业委员会主任刘鑫汇总整理后，在规定的时间内针对医疗技术鉴定二元化问题、法医参与鉴定的问题、医疗损害鉴定标准等方面的意见反馈给国家卫生和计划生育委员会相关部门。

学会法医物证专业委员会联合刑标委DNA标准化工作组，推进法医DNA专业的标准化工作。2013年立项的5个标准化项目均已形成报批稿，已经提交刑标委审议。2014年立项的4个标准化项目按照标准制修订程序，按照专家意见修改稿件形成报批稿呈送刑标委审核；2015立项的2个项目进行了审议。

国内主要学术会议 8月16—19日，学会法医临床学专业委员会在内蒙古赤峰市召开了全国第十九届法医临床学学术研讨会暨中国法医学会法医临床专业委员会五届七次工作会议，全国20多个省、自治区、直辖市的公安、检察、法院、司法系统、相关院校200余名法医学专家、学者参加了会议。与会专家、学者就《人体损伤程度鉴定标准》在实际检案中出现的问题进行了为期两天的学术研讨。会议发表论文200余篇。

科普活动 学会秘书处组织会员参加了中国科协组织的2016年科普歌曲征集活动，报送了原创科普歌曲1首并获奖；与《知识就是力量》杂志合作，在2016年第10期特别策划了"破案中的科学"专题科普宣传活动，刊发科普文章5篇，在保密的前提下，宏观介绍了现代法庭科学技术在刑事诉讼中的应用；配合《知识就是力量》杂志，在2016年第10期"破案中的科学"特别策划活动中，由学会科普部主任侯安山于10月29日，在中国科技馆"中科馆大讲堂"作了一期专题讲座《现代科学技术在侦查工作中的应用》。

党建强会 12月21日，学会在北京召开党建工作会议，学习党的十八届六中全会精神。副秘书长赵丽娜主持会议。副会长兼秘书长翟恒利传达了中国科协学会党建工作会议的主要内容、领导讲话及要求；宣读了《中国科协关于加强科技社团党建工作的若干意见》及其说明和《中国科协科技社团党委关于推进中国科协所属学会党建"两个全覆盖"专项工作方案》及《中国科协科技社团党委"关于在中国科协所属学会建立党组织有关问题的说明"》。在此基础上，研究成立中国法医学会党委。

学会会长刘耀院士作会议总结讲话，他强调在学会理事会层面建立党委是一项庄严的政治任务，也是确保学会听党的话、跟党走、沿着党指引的方向前进、做大做强学会的前提，必须根据中国科协党组和中国科协科技社团党委的精神和要求，在规定的时间成立学会党委。

会员服务 学会编写简报"中国法医"6期，向会员（包括理事、常务理事）通报学会工作、法医学现状、会议信息、表彰推荐公告、党的建设等方面情况。

接待到访会员十余人次，并通过问卷调查、座谈等多种渠道了解会员需求、听取会员意见。

【全国第十九届法医临床学学术研讨会】 8月16—19日，学会法医临床学专业委员会在内蒙古自治区赤峰市召开了全国第十九届法医临床学学术研讨会暨中国法医学会法医临床专业委员会五届七次工作会议。来自全国20多个省、自治区、直辖市的公安、检察、法院、司法系统、知名院校和全国司法鉴定所200余名法医学专家、学者参加了此次会议。学会第五届法医临床学专业委员会主任、公安部物证鉴定中心主任法医师张继宗，内蒙古公安厅刑侦总队宁显玉和赤峰市公安局李文勇同志出席了开幕式并致辞。

与会专家、学者就新《人体损伤程度鉴定标准》在实际应用中出现的问题进行了为期两天的学术研讨。司法部上海司法鉴定研究所教授夏文涛，中国医科大学法医学系教授刘继辉，西安交通大学法医学院教授陈腾，四川大学华西基础医学与法医学院教授邓振华，湘雅医学院教授蔡继峰参加会议并主持了部分专业研讨。会议发表论文200余篇。

（撰稿人：赵丽娜）

中华口腔医学会

服务创新型国家和社会建设 受国家卫生和计划生育委员会委托，学会组织专家361人次，制定行业标准和规范22项，涵盖口腔医学分支学科13个。完成《临床诊疗指南》《临床技术操作规范》修订出版工作。承接《口腔科数字化标准教程》编写工作。

6月9—12日，学会与国家卫生和计划生育委员会国际交流与合作中心、北京大学口腔医学院联合举办第二十一届中国国际口腔设备材料展览会，观众超过9万人次，举办14个专题的24场次讲座，129位专家参与授课，学员3000余人次。

学会举办专业技术人才培训班和技术讲座354场次，参加培训人员53549人次。

2016年，学会受国家卫生和计划生育委员会、国家卫生和计划生育委员会人才交流中心、中国医师协会委托，成立住院医师规范化培训口腔专业委员会和考核委员会，完成住院医师规范化培训口腔专业基地标准和培训细则制定，完成住院医师规范化培训口腔专业基地评估指标修订，组织建设口腔专业国家住院医师规范化培训基地评估专家库，完成92个口腔专业住院医师规范化培训师资培训基地的申请、遴选、上报，完成住院医师规范化培训口腔专业部分数字教程建设，完成14个住院医师规范化培训口腔专业考核大纲起草。

学会组织专家对“口腔健康促进与口腔医学发展西部行临床科研基金项目”进行评审，11个项目获资助。9月，组织2014年项目结题答辩会，9个项目通过答辩。

学会连续九年承担国家卫生和计划生育委员会疾病预防控制局委托，组织实施2016年度“全国儿童口腔疾病综合干预项目”管理。两次召开国家项目办和技术组工作研讨会，就《全生命周期口腔疾病综合防控策略研究报告》《国家疾控局关于加强口腔卫生工作通知》开展专家座谈。该项目覆盖全国31个省、自治区、直辖市、建设兵团，涉及793个项目县和3409家医疗机构，2016年同比2014年，项目县数量增长10%，医疗机构数量增长27.8%。

学会承接国际卫生和计划生育委员会科教司公益科研项目“第四次口腔健康流行病学调查”，项目覆盖全国31个省、自治区、直辖市，合作单位35家，调查样本涉及5个年龄组，受检者近20万人。2016年完成全部现场调查工作，协助国家项目办组织122名专家进行两轮督导。

学会“口腔健康促进与口腔医学发展西部行”大型公益活动举办10周年，在西部11个省、自治区、直辖市启动，进行设备捐赠、继续医学教育、免费进修、志愿者医疗帮扶和人才培养等多项工作。2016年举办口腔各专业免费继续教育培训班14期，57名全国知名口腔医学专家走进西部授课讲学，培训西部地区口腔医生3000余人次，63名来自各大口腔医学院校的志愿者医生在西部基层口腔医疗机构医疗帮扶1—3个月，安排15名西部口腔医疗骨干赴全国各大知名口腔医学院校免费进修学习，省内免费进修50余人次，组织22名西部口腔医生参加国际学术会议，资助100人参加学会学术年会。

8月，在新疆维吾尔自治区乌鲁木齐市，由学会联合新疆口腔医学会和新疆医科大学第一附属医院共同举行“西部行”公益活动工作会议，主题为“西部十年　不忘初心　携手同行”。

学会受国家卫生和计划生育委员会委托，9月完成《临床诊疗指南》《临床技术操作规范》口腔医学分册修订工作。

学会能力提升计划 2015年，学会获中国科协“学会创新和服务能力提升工程”二等奖。2016年，学会将专项资金重点用于引领口腔医学学科创新发展、提升服务口腔医学工作者的能力和水平、推进公益事业提升服务社会和政府能力3个方面。

学会重点打造精品学术年会。9月25—28日在上海市召开以“数字化口腔医学”为主题的中华口腔医学会第18次全国口腔医学学术会议（2016年年会）暨2016上海国际口腔设备器材博览会（CDS）。学会设立“口腔疾病与全身健康关系研究”专项基金。

学会设立新星讲坛，分为面向全国在校硕士、博士研究生的“新秀奖学金”和面向全国口腔医学青年医师的病历展评活动。学会资助国际交流部部长刘怡、病理专业委员会主任委员李铁军竞聘世界牙科联盟（FDI）工作委员会委员。

学会主办的“口腔健康促进与口腔医学发展西部行”大型公益活动已连续举办10年，遍及西部11个省、自治区、直辖市。2016年，开展设备捐赠、继续医学教育、免费进修、志愿者医疗帮扶和人才培养等多项活动。学会持续举办“9·20全国爱牙日”大型科普活动。

学会建设 9月27日，学会召开第五次全国会员代表大会，进行理事会、常务理事会的改选和监事会选举。第五届理事会198名理事，常务理事63名。截至2016年12月31日，学会个人会员57380名，比2015年新增加12571名，专科会员36165名，团体会员244个。2016年，学会下属二级分支机构增至33个，新增口腔急诊、镇静镇痛、口腔激光医学专业委员会、口腔医学科研管理分会。3月，第八次专业委员会（分会）工作会议在广东省广州市召开，33个专业委员会（分会）87人参加会议。6月，学会会员微信注册缴费系统投入使用。8月，学会中英文网站改版上线，2016年浏览人数590万人次。学会启动档案管理信息建设及数字化项目，建立电子档案资源库，3月完成所有文书档案数字化并与系统数据挂接。

2016年，学会成立20周年，编纂出版《流金岁月——中华口腔医学会成立二十周年纪念画册（1996—2016）》。

学术期刊 学会主办中文学术期刊2本，刊印总数26.6万册，发表论文163篇；英文学术期刊1本，刊印总数1万册，发表论文25篇。组织研发数字化期刊平台“口腔信息云”APP，在2016学术年会期间上线运行。5月，学会独资成立精诚口腔医学出版有限责任公司。9月，与人民卫生出版社签署战略合作协议。

2016年，学会投入专项资金创建完善期刊新媒体融合出版平台。该平台以纸媒作为基础，2016年完成iOs和安卓版本手机与平板电脑端应用程序（APP）的开发，上传云端服务器和APP Store。9月，在学会2016学术年会期间上线运行。

决策咨询 2016年，学会举办决策咨询活动20次，1400名专家参与活动。提供决策咨询报告90篇。

国际学术会议 学会及下属二级分支机构2016年举办3次国际会议，分别是2016国际口腔种植学术会议——浦江论坛、第九届亚洲齿科麻醉联盟会议和2016中国国际正畸大会。参会人数3358人次，交流论文345篇，作报告的境外专家、学者164人。

10月10—14日，2016中国国际正畸大会在陕西省西安市举办，3000余人参会，外国专家参会人数38人。会议邀请40余名国内外正畸知名专家作专题演讲，组织了隐形矫治专场和民营正畸专场，设置6个分会场和6个卫星会场，内容涵盖生物力学、数字化正畸等前沿话题。发布论文集收录论文摘要740份、大会发言254篇、壁报展示244篇。

国内主要学术会议 2016年，学会及下属二级分支机构举办年会、研讨会、报告会、论坛等学术活动38次，参加总人数7万余人次，提交学术论文4127篇，编辑论文集30余本，参与授课专家1200余人，其中包括国际学者70余人。

10月13—23日，第13次全国口腔颌面外科学术会议暨中华口腔医学会口腔颌面外科专业委员会成立30周年庆典活动在辽宁省沈阳市举行，1200余人参加会议。会议采用主旨演讲、会前学习班、专题口头发言、壁报和书面交流等相结合的方式进行。会议围绕口腔颌面外科各领域的最新研究进展进行交流与讨论，内容涵盖肿瘤、修复重建、唾液腺疾病及脉管疾病、创伤及关节疾病、唇腭裂及美容整形、牙槽外科及种植、正颌外科等各领域。

两岸交流 9月2日，学会会长王兴、副会长俞光岩受邀参加在台北市举办的“中华牙医学会”第20届第二次会员大会暨第39次学术研讨会暨全国牙科器材展。

9月25—28日，台湾牙医师公会全联会及“中华牙医学会”一行38人参加中华口腔医学会第五届全国会员代表大会暨2016年学术年会。

国际组织任职 学会有4名会员在世界牙科联盟（FDI）继续任职：学会副会长徐滔任教育委员会委员、学会副会长赵铱民任世界军事齿科学会主席、学会副秘书长荣文笙任公共卫生委员会委员、学会民营口腔医疗分会主任委员卢海平任牙医执业委员会委员。学会副会长边专继续担任国际牙科研究协会（IADR）理事会理事。学会副会长周学东继续担任国际牙医师学院（ICD）中国区主席/国际理事一职。

国际交往 4月15日，学会会长王兴等受邀参加在韩国首尔举办的第51届韩国齿科医学会学术大会暨2016首尔齿科医学会年会。

6月22日，学会副会长俞光岩、副秘书长岳林等受邀参加第94次世界牙科研究会（IADR）年会。

6月，学会会长王兴、副会长俞光岩、副秘书长岳林等受邀出席香港牙医学会年会暨第38届亚太牙科联盟会议（APDC）。

9月7日，学会会长王兴等受邀出席第104届世界牙科联盟大会。

9月25日，韩国首尔齿科协会国际交流促进委员会主席Kim Jae-Ho博士、健康政策事务部部长Joe Jeong-Keun、秘书处副主管Choi Jung-Jin，延世大学牙科学院江南区口腔医院院长Kim Sun-Jai教授、国际关系部部长Youn Suk-Hyun、公共关系部部长Kim Soo-Jin一行6人来访，参加中华口腔医学会2016学术年会。

科普活动 2016年，学会举办主题科普活动17项，科普展览2场，参加的科普工作者1470余人，受众达155万人次。举办青少年科普宣讲活动6次，受众1000人次。

开展“规范化口腔健康教育材料和方法研究”项目，13家高校参与，分6个年龄组设计相应的口腔健康教育材料。形成一套规范化的口腔健康教材，包括幻灯片、指导用书、视频和推荐的科普作品等，项目成果在中华口腔医学会2016学术年会上进行展播。

5月14日，学会参与中国科协主办的主题为“创新引领 共享发展”的科普宣传活动。学会与北京口腔医学会社区口腔分会合作举办主题为“爱牙、健齿、强身”的口腔科普知识宣传及义诊活动。

9月20日，由国家卫生和计划生育委员会疾病控制局和北京市卫生和计划生育委员会主办，学会联合中国牙病防治基金会、中国疾病预防控制中心承办的“全国爱牙日”在北京启动主题宣传活动。主题为“口腔健康全身健康”。学会发布了规范化口腔健康教育系列教材，免费捐赠给参加现场活动的基层口腔医生和社区医务人员。来自社区的医务工作者和基层口腔医生200余人参加主题宣传活动。1400余位科普工作者参加了活动，科普活动受众人数近155万人次。北京大学口腔医院派出两批20名专家参与两场义诊咨询活动。由南京医学会口腔医学分会和南京预防医学会口腔卫生专业委员会主办、南京市口腔医院（南京大学医学院附属口腔医院）承办的“健康南京 服务百姓”全国爱牙日健康宣教义诊活动在江苏省南京市举办。沈阳市口腔医院对市民免费发放爱牙丛书——“我的爱牙成长日记”。院长张桂荣带领10余名专家与现场观众进行“给牙齿过个生日”的特别活动。重庆市口腔医学会联动重庆市20家公立医院和7家民营单位，在重庆市开展“9·20全国爱牙日”大型公益活动，58场次。

“9·20全国爱牙日”大型科普活动

学会与中国科学技术出版社合作，组织专家编写出版系列丛书《牙好，生活更美好》，与人民卫生出版社合作，组织专家编写出版用于部分地区学校健康教育课程的《小学生口腔健康》读本。

12月17—18日，学会借助在北京召开的2016年北京口腔医学论坛，在口腔医生中发起现场签名推广含氟牙膏的科普活动。

表彰举荐优秀科技工作者 学会承接中国科协政府转移职能与科技公共服务工程，设立“口腔医学科技创新人物”项目，评选出在口腔医学领域，为防治疾病、提高人民口腔健康水平做出突出贡献的、具有创新和领军示范作用的人物10名。

学会承接中国科协青年人才托举工程。中国科协提供2个资助名额，学会等额配套资金资助支持3个名额。

9月，学会举办口腔医学青年科学家论坛，来自21个省、自治区、直辖市的47家单位的102名青年口腔医学科技工作者参加了会议。14名专家和专业领域杰出青年医师作大会报告，34名青年医师进行壁报展示，评选出“明日之星”“最具风采奖”和“最具潜力奖”各2名。

2016年，中华口腔医学会科技奖为第2次评奖，9个项目获奖，其中一等奖2项、二等奖3项、三等奖4项。四川大学华西口腔医院胡静教授项目组完成的“提高骨质疏松状态下骨再生与整合能力新策略与技术研究”和中国人民解放军第四军医大学口腔医院陈永进教授项目组完成的“心理应激对口颌系统的负性效应、影响机理及其防治策略研究”获一等奖。

学会创新发展 学会对中华口腔医学会继续教育平台进行升级完善，包括项目管理和远程教育两大模块。1月，经全国继续医学教育委员会办公室批准，国家级和学会级继续医学教育项目开始启用电子学分系统，2016年审核发放学分近5万分。首次举办学会各分支机构之间的现场观摩示范会议。

2016年，学会组织开展下属二级分支机构代表现场观摩示范会议。5月25—27日，学会首次组织观摩在河南省郑州市举办的第九次民营口腔医疗分会年会，16个专业委员会（分会）的17人参加，其中主任委员8人。此次民营年会针对口腔各专业领域开设9个学术主题专场、8个精品会前班。10月11—13日，学会组织观摩在陕西省西安市举办的2016中国国际正畸大会暨第十五次全国口腔正畸学术会议。13个专业委员会（分会）的17人参加，其中主任委员12人。11月5—6日，学会组织17个专业委员会（分会）的21人到会观摩在辽宁省大连市举办的2016国际口腔及颅颌前沿研究研讨会暨全国口腔生物医学年会。

党建强会 学会获批正式成立功能性党委。学会党支部获中国科协2015年度全国学会"党建强会"计划"十百千"特色活动组织奖。5月，学会党支部"党建强会"西部行送健康系列活动走进四川省南充市，联合北京大学口腔医院相关支部开展义诊和慰问活动。同期举办培训并召开"党建工作"座谈会。8月，以"两学一做"活动为契机，学会联合广东省口腔医学会和北京大学口腔医院在贵州省遵义市组织免费培训和查房指导，开展大型科普义诊活动，为群众免费发放口腔护理保健用品。

会员服务 学会向会员免费赠阅2016年《中国口腔医学继续教育杂志》6期、《中华口腔医学会通讯》4期、《中华口腔医学会信息导报》6期。会员免费参加学会学术年会，优惠参加学会主办的继续教育学习班，提供免费在线远程诊疗培训。学会组织22名西部口腔医生代表参加国际学术会议，资助100人参加中华口腔医学会2016学术年会。学会建立了会员服务网和微信群。

中国科协会员日 12月3—4日，学会组织来自全国各理事单位的10名会员参加"2016中国科协会员日暨第七届全国科协系统乒乓球赛"，团体进入16强。

【中华口腔医学会第五届全国会员代表大会】 9月27日，学会第五届全国会员代表大会在上海市召开，699人参加大会。中国科协党组成员、书记处书记束为，上海市卫生与计划生育委员会党委书记黄红，中国工程院院士、北京大学医学部主任詹启敏，世界牙科联盟（FDI）前任主席黄殿春，韩国牙医学会会长崔南燮，第四届理事会名誉会长邱蔚六、王大章、樊明文，以及来自香港特别行政区、澳门特别行政区和台湾地区的专家、学者出席大会。

学会会长王兴代表第四届理事会作了题为"不忘初心，继续前进"的工作报告，总结了第四届理事会的工作及取得的成绩。会议审议通过《中华口腔医学会章程修改报告》《中华口腔医学会第四届理事会财务工作报告》《中华口腔医学会监事会条例报告》等文件。选举产生了由198名理事组成的学会第五届理事会。学会首次设立了监事会，选举产生以孙正为监事长，黄洪章为副监事长，闫福华、高平、李新春任监事的监事会成员。

9月27日，学会召开第五届理事会第一次会议，选举产生由63名常务理事组成的第五届中华口腔医学会常务理事会。王兴、张志愿、赵铱民任第五届理事会名誉会长，俞光岩任会长，王林等15人任副会长，岳林任秘书长。

同期举办的中华口腔医学会成立二十周年庆典大会。王兴、张志愿、赵铱民、徐韬、黄洪章、孙正、王渤7位第四届理事会主要负责人被授予学会建设与发展杰出贡献奖，叶钟泰、闫福华等13位获学会建设与发展贡献奖，孙正、王林等18人获得学会优秀工作者奖。口腔种植专业委员会、口腔正畸专业委员会等8个学会下属二级分支机构获得优秀专业委员会（分会）奖，民营口腔医疗分会和口腔护理专业委员会获得发展专科会员突出贡献奖，上海市口腔医学会、高露洁棕榄（中国）有限公司等19个单位会员获优秀单位会员奖。

2016 中华口腔医学会科技奖颁奖晚会

【中华口腔医学会第 18 次全国口腔医学学术会议（2016 年会）暨 2016（上海）国际口腔设备器材博览会】 9 月 25—28 日，中华口腔医学会第 18 次全国口腔医学学术年会（2016 年会）暨 2016（上海）国际口腔设备器材博览会在上海市召开。年会主题为“数字化口腔医学”，举办了 506 场次学术活动，436 位国内外专家进行学术演讲和现场操作演示。参展企业 500 余家，展位 1500 余个，展览面积 5 万多平方米，参观展览的口腔医学工作者 5 万余人次。

学术年会通过主题报告、热点论坛、交叉论坛、民营口腔论坛、青年医师论坛、专题学术会议和现场操作与演示等多种形式进行学术交流。主题会场特邀美国口腔修复学会前任主席围绕“CAD/CAM 技术”，介绍数字化口腔美学重建最前沿理念。热点论坛分为两个专题，知名专家现场点评病例，围绕热点进行辩论和投票，通过微信直播，专家与观众实时互动。4 场交叉学科论坛促进各口腔分支学科融合与交流。3 场民营口腔论坛分别从资本、互联网、价格和制度化管理经营等展开讨论。年会首次举办青年医师论坛——闪报 · 小咖秀，100 多名口腔青年医师参与活动。

会议期间，召开中华口腔医学会口腔医学科研管理分会和口腔激光医学专业委员成立大会以及口腔种植、牙体牙髓病学、口腔麻醉、老年口腔医学、口腔材料、口腔预防专业委员会的学术年会，举办新星讲坛、中华口腔医学会新秀奖学金评选、第三次西部口腔医学发展论坛等系列活动。

【中华口腔医学会“关爱孤独症儿童口腔健康”试点项目】 2016 年，学会获民政部中央财政支持社会组织参与社会服务项目“关爱孤独症儿童口腔健康”试点项目立项资助，项目编号 B028，立项资金 100 万元，学会配套资金 32 万元。4 月，在北京召开项目启动会，学会委托儿童口腔医学专业委员会前任主任委员葛立宏作为项目负责人，遴选全国 12 个省（区、市）的 13 家单位作为项目执行单位。各执行单位的 40 余名儿童口腔科、麻醉科专家及护理人员参会接受项目执行培训。

（撰稿人：李晨曦）

中国医学救援协会

学会建设 2016 年，协会成立家庭救护分会、空中急救分会、医学救援标准化委员会。

2 月 13 日，协会在北京召开中国医学救援协会内部管理能力提升专项评估考核机制定稿总结会。

5 月 8 日，协会家庭救护分会在北京成立并召开一届一次理事会议，选举 8 名常务理事、25 名理事。

6 月 24 日，协会空中急救分会成立大会在北京召开。会议选举产生空中急救分会首届会长、副会长以及常务理事。

6 月 30 日，协会召开一届九次理事（扩大）会议，协会理事及所属各分会、专业委员会的负责人和《中国急救复苏与灾害医学》杂志编辑部 116 人参加会议。中国科协“九大”代表李宗浩传达习近平总书记在全国科技创新大会、两院院士大会和中国科协“九大”上的重要讲话精神。

8 月 22 日，协会标准化工作委员会在北京成立。委员会在协会的指导下，制定医学救援领域急需的团体标准，主导或参与国家标准、行业标准的制定和修订。

科普活动 10 月 17—23 日，协会家庭救护分会参加 2016 年全国科普日活动。活动主题为健康一生版块《动漫急救》。《动漫急救》将工作、学习和生活中常见的扭伤、烫伤、割伤、异物卡喉、中风、火灾、中毒等意外和伤害应对方法制作成 70 集动漫小片，告知人们如何去预防和处置。《动漫急救》分家庭版、学生版和职工版。“健康伴我行”展览期间，进行《动漫急救》12 集短片电视播放、《动漫急救》APP 卡免费发放、“急救棋”比赛和急救知识手机比赛活动。

学术期刊 协会主办期刊《中国急救复苏与灾害医学杂志》2016 年影响因子是 0.44。

国际学术会议 5 月 24 日，第五届中国航空医疗救援国际会议在上海市举办，来自国内急救中心、医院、通航公司以及行业组织 200 余人参加会议。协会会长李宗浩在会议开幕式上致辞，他就国家卫生主管部门的政策动向、协会推动空中急救事业发展、行业学术建设、规划发展四个主题作了阐述。

6 月 19 日，由中国卫星应用产业协会、中国防灾减灾应急产业协会、中国医学救援协会等共同主办，北京新格拉斯国际会展有限公司承办的北京国际防灾减灾应急产业博览会在北京开幕。同期还举行防灾应急高峰论坛、应急产品展示互动、减灾应急知识宣教、重大国家项目对接等交流活动。

国内主要学术会议 5 月 24 日，协会在北京召开“灾害紧急医学救援组织关键抢救技术、流程规范研究”项目研讨会，会议围绕应急救援队建设、灾害救援现场知识等内容进行交流。

国际交往 3月23日—4月3日，协会专家团一行5人赴美国、加拿大进行考察，学习美国、加拿大在灾害救援医学现场救援最新进展与先进经验，探索标准化、模块化、集成化手段实现人员、物资装备最优化配置的有效途径，建立卫生应急现场救援工作流程，拟定突发公共事件卫生应急响应指标及程序。

表彰举荐优秀科技工作者 12月28日，第四届“中国科普作家协会优秀科普作品奖”颁奖大会在北京举行。协会推荐的武警总医院郑静晨主编的《人生必须知道的健康知识科普系列丛书》(18册)，获“中国科普作家协会优秀科普作品奖”金奖。

【2016年中国·国际第14届现代救援医学论坛】 6月29日—7月3日，由协会、中国灾害防御协会、国际SOS救援中心共同主办，徐州医科大学救援医学研究所承办的2016年中国·国际第14届现代救援医学论坛在江苏省南京市召开。来自美国紧急医疗救护中心、国际SOS总部、荷兰阿姆斯特丹灾害急救研究所、法国、日本医疗救援中心，中国大陆、香港特别行政区的800余名专家、学者参加论坛，论坛交流研讨现代救援医学，协会常务理事刘惠亮主持论坛开幕式。

协会会长、论坛主席李宗浩在论坛开幕式上作了题为“把论文写在祖国的大地上，将才华奉献于急救事业中”的主题演讲。协会下属急诊、儿科、装备、矿山灾害救援、石油石化灾害、灾害救援、社区救护、护理救援、空中急救、家庭救护等分会结合各自的行业属性和专业特点，围绕国家标准化基础战略、国家级救援队伍的建设与实践、“8·12”天津港重大火灾爆炸的医学救援、大规模伤害事件的专家共识、化学品急性中毒的医学救援、儿童意外伤害数据及基层防范推广、社区传染病防控、中法卫生应急比较，以及日本、新加坡的医学救援研究等内容，同期举办分论坛行业、学术活动。

（撰稿人：吴　慧）

中国女医师协会

服务创新型国家和社会建设 10月30—31日，协会在河北省石家庄市举行“智慧母亲　健康家庭”健康教育公益活动启动仪式及女性健康教育三十条的师资培训和社会讲座。

11月20日，协会在湖南省株洲市举行“智慧母亲，健康家庭”健康教育公益活动启动仪式及师资培训和社会讲座。

协会疼痛专委会完成《解密脊髓损伤后疼痛》《解密会阴痛》《解密颈肩痛》《解密肌筋膜痛》《解密腰椎间盘突出症》系列丛书出版。

协会建设 2016年，协会成立门诊专业委员会，上海市长征医院柴双担任主任委员。建立乳腺疾病研究中心、心脏康复研究中心，主任委员分别由北京大学肿瘤医院李惠平、北京协和医院张抒扬担任。截至2016年12月31日，协会个人会员35492人，比2015年增加831人。地方女医师协会达到13个，专业委员会30个，研究中心2个，新发展个人会员513名。

4月11日，协会第四届第十一次常务理事会议议定理事、常务理事变更事项。7月1日，协会第四届第五次理事会议同意杜克琳请辞第四届理事会副会长职务。学会糖尿病专业委员会变更主任委员为北京大学第一医院内分泌科郭晓蕙。6月，眼科专委会完成第二届换届。

学科发展研究 9月，协会糖尿病专委会完成《中国胰岛素泵护理规范》编写。该项目由北京大学第一医院内分泌科主任郭晓蕙和东南大学临床医学院副院长孙子林发起，北京大学第一医院护理部副主任沈犁作为总协调。

决策咨询 9月24日，协会在北京市怀柔区召开推进养老服务专题研讨会，会议由协会常务理事侯惠荣主持，来自中国民主建国会中央委员会、中国女医师协会、国家与发展改革委员会、民政部、国家卫生和计划生育委员会、统战部、北京市妇联、北京市老龄委、北京市旅游委等部门领导和民建各级会员、养老机构的代表120余人参加研讨会。课题组以“智汇养老服务模式、助推养老服务产业”为主题，探讨养老需求模式，探究民资参与的瓶颈。

协会妇产科专委会与中国妇女发展基金会合作进行“五癌”认知筛查。自行设计问卷，对医务工作者、患者及普通人群进行调研，了解不同人群子宫内膜癌、宫颈癌、卵巢癌、结直肠癌和乳腺癌的病因、高危因素、预防及治疗方法等。

国内主要学术会议 2016年，协会及专业委员会组织学术交流活动119次，参加人数7503人次，交流论文571篇。与2015年相比，增加学术活动86次，参加人数增加 2543 人次。

9 月 17—18 日，由协会肛肠专业委员会主办的 2016 中国女医师协会肛肠专业委员会学术年会暨第十届上海市曙光中西医结合肛肠论坛在上海市召开，协会会长何界生参加会议并讲话。会议邀请辽宁中医药大学附属第三医院原院长田振国、上海中医药大学附属龙华医院院长陆金根、南京市马应龙中医医院名誉院长丁义江、中国中医研究院广安门医院主任医师李国栋、北京马应龙长青肛肠医院院长韩宝、中山大学附属第六医院副院长任东林等 60 余名肛肠界专家、学者，以及日本肛肠医院高野医院高野正太参加会议，学科领域包括中西外科、肛肠、妇科、放射、公共健康。会议主题为“女性特色和当前肛肠学科重点问题”。论坛设盆底疾病、炎症性肠病、肛肠高新技术 3 个专场，内容涉及盆底解剖、病理、免疫学基础到中西基础理论等多角度研究。

5 月 13—15 日，第 4 届复发转移乳腺癌的管理和综合治疗进展学习班（CABC4）暨第 4 届阳光长城肿瘤学术会议及第 1 届中国女医师协会乳腺疾病研究中心学术年会在北京召开。香港仁康医疗乳腺综合诊治中心教授周永昌作了题为“进展期乳腺癌化疗的原则及进展”的报告，复旦大学附属肿瘤医院邵志敏作了题为“特定乳腺癌人群的靶向治疗潜力探索”的报告，台湾大学医学院教授卢彦伸作了题为“亚洲乳腺癌的流行病学研究和相关内分泌治疗”的报告，新加坡医疗集团癌症中心黄醒荣教授作了题为“靶向联合内分泌在 ER 阳性进展期乳腺癌治疗中的进展”的报告，上海交通大学医学院瑞金医院教授陈佳艺作了题为“进展期乳腺癌新辅助化疗后放疗的作用”的报告，北京大学第一医院教授徐玲讲述了外科治疗为局部晚期和复发转移性乳腺癌带来的获益。

8 月 26 日，协会心脏康复研究中心主办的心脏康复基层巡讲活动之北京市同仁堂中医医院站学术沙龙举行。北京协和医院陈丽霞、中国医学科学院阜外医院心脏康复中心冯雪、吴岳、俞莞琦，中国中医科学院西苑医院李四维，首都医科大学附属北京朝阳医院杨晶等出席活动，推广心脏康复规范和流程。

10 月 15—16 日，第六届生命物理论坛在北京召开，论坛以“中医基础理论与生命物理学”为主题，邀请台湾大学原校长李嗣涔、香港安老协会荣誉顾问高也陶、北京市中医骨伤医学研究会会长闫喜换等 22 位专家、学者围绕“中医基础理论的数理科学研究”“生理四象结构与脾土”“红外光谱宏观组学”“《黄帝内经》生理学纲要”“中医骨伤拨筋通络疗法”“X 信息对经络实质的启示”等方面内容进行讨论。

科普活动 截至 2016 年 12 月 31 日，协会开展咨询义诊、科普讲座 270 次，受众 48280 人次。

3 月 8—10 日，协会健康教育专委会“智慧母亲健康家庭”项目在上海市启动。开展主题为“走进楼宇，为白领健康服务”的义诊和讲座。

4 月 21—23 日，上海市女医师协会会长带领 9 名专家赴贵州省桐梓县义诊和讲座，为山区群众送医送药，为当地医院送技术送管理。与贵州省卫生和计划委员会签署了三年行动计划。

4 月 24 日，由协会主办、协会肛肠专委会承办，北京市 10 家医疗机构共同参与的“关爱围产期女性健康公益行——幸孕守护天使”启动，协会妇产专委会主任委员魏丽惠、整形美容专委会主任委员穆籣、儿科专委会钟旭辉、心身医学与临床心理专委会杨丽、健康教育专委会副主任委员韩萍以及 6 个专业委员会委员分别就孕产妈妈针对性医疗健康在各学科的医疗保障给出详细讲解。启动仪式后现场进行公益沙龙，央视主持人奚纬，广安门医院肛肠科李峨、何颖华，北京市妇产医院田宁、马莹，与现场观众分享“高龄孕产妇常见疾病及预防”“孕期辣妈远离痔疮与便秘烦恼”沙龙主题，从医学角度剖析女性在孕期的肛肠疾病诱因。微信微博公益平台上，进行 9 位妇产肛肠专业医师的科普专访。

9 月 18 日，协会参加中国科协在北京主办的全国科普日活动，在健康伴我行之健康大讲堂活动中，协会任在晋、张铁梅、安秀清、郭曦、郭晓蕙、李慧平、王从妙分别作健康科普知识宣讲《未成年女性健康十条》《中老年女性健康十条》《成年女性健康十条》《青少年近视防控》《认识糖尿病》《关爱乳房，远离乳腺癌》《膝骨关节炎自身管理与运动健康》。

湖北省女医师协会与湖北省妇联组织“公益木兰”项目，成立了武汉大学中南医院少女保健门诊，建立公众信息平台，开展宣传、讲课及问卷调查。2016 年宣讲 12 场，公众达 2000 余人次，少女保健门诊接受患者 100 余人，随访病人 20 余人，印发《青春期大朋友们应该知道的那些事》1000 份，受益人数 4000 人。

表彰举荐优秀科技工作者 经协会推荐，北京肿瘤医院沈琳、复旦大学附属妇产科医院华克勤获第七届“全国优秀科技工作者”称号。

协会开展“中国最美女医师”推选活动。经评委无记名投票产生20名“中国最美女医师”。

党建强会 9月1日，协会成立党支部，选举于冬任党支部书记。

【第四届中国女医师大会】 10月28—30日，第四届中国女医师大会在河北省石家庄市举办，来自全国的400多名女医师参加了会议。协会会长何界生，中国科协荣誉委员程东红，河北省政协副主席曹素华，全国妇联妇女发展部扶贫处处长奉朝晖，河北省卫生计生委党组书记、主任张绍廉，河北省妇联党组书记、主席贾玉英，河北省科协副主席郑丽萍出席大会开幕式。

会议收到论文及摘要95篇。大会设12个分会场，协会12个专委会围绕神经内科学、心脏与血管、肿瘤、眼科皮肤、病理、检验医学、健康教育、康复医学、医疗信息、整形美容和全科医学等12个专业的新进展、新技术、新成果以及关注热点、重点问题，进行专题报告与学术交流。

大会邀请中国红十字会原副会长郝林娜、中国疾病预防控制中心营养与健康研究所何丽等10位专家，分别作《关注女性发展　促进人类进步》《女性医学人文与职业精神》《全科姐妹联手　居民健康无忧》《女性的力量——从身体到心灵》《女性医护在实现PCMH模式中的作用》《中国老年慢性疼痛药物治疗专家共识》《吃动平衡　享受健康美丽人生》《心脏康复与医疗本质的回归》《女药师在未来医疗改革中的创新作用》和《音乐欣赏与素质提升》等专题报告。

【“中国最美女医师”推选活动】 协会开展“中国最美女医师”推选活动。31位专家函审投票产生36名入围者，12月24日，经28名评委无记名投票产生20名“中国最美女医师”。她们是贵州省人民医院张湘燕、武警西藏总队医院尼玛卓玛、北京中医医院陈彤云、青海省互助县中医院李萍、上海市瑞金医院赵维莅、山东省青岛大学附属医院张默道、苏州市第五人民医院孙颐、北京市解放军总医院陈韵岱、河北省人民医院李莉、哈尔滨医科大学附属第二学院田家玮、石家庄市第一医院乞国艳、广西中医药大学第一附属医院吴西西、湖南省中南大学湘雅三医院薛敏、云南普洱市中医医院刘丽春、安徽医科大学第一附属医院杨森、山西省儿童医院刘彩霞、首都医科大学宣武医院魏嘉平、广州第一人民医院于力、上海市儿童医学中心陈静、江西省妇幼保健院雷钧。

6月19日，协会在上海市举办了“中国最美女医师”颁奖活动。第十届全国人大常委会副委员长顾秀莲、第十一届全国人大常委会副委员长陈至立、全国政协社会和法制委员会副主任甄砚、上海市副市长翁铁慧、国家计划生育与卫生委员会医政司副司长郭燕红，以及上海市相关部门的领导出席颁奖典礼并颁发奖牌。顾秀莲向协会会长何界生颁发了“中国女医师协会终生成就奖”。

（撰稿人：徐芳菲）

中国研究型医院学会

服务创新型国家和社会建设 8月21日，由学会心血管介入学专业委员会为主体发起“胸痛援疆项目”，联合相关企业，针对新疆本地具备PCI能力、有意申请胸痛中心认证的医院每家给予300万元补贴。学会心血管介入学专业委员会，参加由民政部社会组织管理局组织的西藏科技扶贫工作，获得项目资助200万元，开展对边远地区和少数民族人群的“扶贫救心”活动。学会微创外科学专业委员会以“互联网外科学院”作为平台，参加9月19—20日全国“银龄”扶贫志愿服务团走进郴州活动。

举办多期腹部心肺复苏技术救护师培训班，为960名培训合格者授予腹部心肺复苏救护师资质证书。

受《中华医院管理杂志》邀请，组织专家承担《中华医院管理杂志》2016年第一期有关“研究型医院”理论和实践研究论文征集工作。

学会建设 8月19日，学会在新疆维吾尔自治区乌鲁木齐市召开2016年第一届理事会议。会议报告了《中国研究型医院学会2015年工作报告与2016年工作计划》《中国研究型医院学会2015年财务工作报告》《关于学会奖项设置和评奖情况说明》《关于现代公立医院管理制度建议的情况说明》《2016中国研究型医院学会高峰论坛议程和安排情况汇报》，审议通过《关于学会增选副会长、常务理事的建议》，同意增补名誉会长1名、常务理事18名、理事5名。

学会2016年个人会员11136人、团体会员238个。2016年学会新增二级机构37个。

7月3日，学会召开二级机构主委、秘书长会议，传达学习中国科协“九大”会议精神，部署《开展创新争先行动实施方案》。学会所属53个分会、专业委员会的主任委员、秘书长及秘书和《中国研究型医院》杂志编辑部等60余人参加会议。会议传达习近平总书记在“科技三会”上的重要讲话精神、中国科协

“九大”会议精神，部署学习贯彻。

学术期刊　出版《中国研究型医院》杂志6期，刊登论文120篇。加入中国知网、万方数据网络数据库。

学科发展研究　2016年，学会组织专家起草发布《2016中国心肺复苏专家共识》《腹部提压心肺复苏专家共识》《危险化学品爆炸致复合伤现场急救与卫生应急处置中国专家共识（2016）》《狭窄空间事故现场急救与卫生应急处置中国专家共识（2016）》《急性创伤性凝血功能障碍与凝血病诊断和卫生应急处理专家共识（2016）》《中国消化道肿瘤多学科综合治疗协作组（MDT）诊疗模式专家共识》《机器人胃癌手术专家共识》《复杂性肝脏肿瘤切除三维可视化精准诊疗专家共识》《肝胆管结石三维可视化精准诊疗专家共识》和《肝门部胆管癌三维可视化精准诊疗专家共识》《门静脉系统血栓诊疗指南》等。

学会修订《中国器官移植临床诊疗指南》（第二版）、《腹腔镜胃癌手术操作指南》《骨肌疾病体外冲击波疗法专家共识》。

决策咨询　学会承接国家卫生和计划生育委员会任务，就现代公立医院管理制度课题进行研究，完成并提交《现代公立医院管理制度研究综述》《关于建立现代公立医院管理制度的指导意见》《关于建立现代公立医院管理制度的指导意见的补充建议》等报告。

国际学术会议　9月2—4日，在国家卫生计生委和美国卫生与公众服务部的支持下，由中国医学科学院与清华大学公共管理学院、哈佛大学陈曾熙公共卫生学院联合主办的“第六届中美健康峰会”在陕西省西安市召开。学会评价与评估专委会作为学术指导单位身份承办的“中美医院院长高峰论坛”同期召开。论坛以“现代化医院管理体系及评价与评估”为主题，吸引了中外卫生领域专家学者、大型医院管理者近600人参加。

11月11—13日，学会和亚洲细胞治疗组织联合在北京举办第七届亚洲细胞治疗组织及中国研究型医院学会细胞研究与治疗专业委员会第一次学术会议。国内外细胞治疗、血液病、再生医学等领域的500余位专家、学者参加会议，会议对细胞治疗的最新前沿技术进展，以及细胞治疗规范标准进行探讨交流。学会细胞研究与治疗专业委员会主任委员、北京大学人民医院血液科黄晓军团队开创的单倍体造血干细胞移植“北京方案”在会上受到关注。

国内主要学术会议　2016年，学会组织召开77场学术会议。

6月25日，中国研究型医院学会感染与炎症放射学分会第一届学术大会在辽宁省大连市举办。大会以“让感染及炎症放射学走向世界，让世界了解感染与炎症放射学，共建、共享、共联、共赢”为主题，来自全国各地1000位放射学专家、学者参会讨论交流。

9月21—23日，中国研究型医院学会烧创伤修复重建与康复专业委员会学术年会在山东省威海市举办。学术年会的主题是“学科融合与技术整合”，1200人参会。

9月24日，2016中国人文医院建设峰会在江苏省常州市召开，来自国内医院管理者近600人参加会议。大会以“担当使命、创新文化、塑造品牌”为主题，围绕中国研究型医院建设的时代使命、医院管理的人文特质、医院品牌的人文魅力等内容展开研讨。

10月19日，由学会和中南大学湘雅医院主办的H7 SUMMIT优势临床专科合作医院峰会在湖南省长沙市召开，200人与会。会议以“学科建设，质量安全”为主题，探讨新医改时代医院优势临床专科的合作与发展。

11月27日，2016中国研究型医院学会心理与精神病学专业委员会高峰论坛在陕西省西安市举办。会议内容紧紧围绕心理与精神病学的预防与治疗，详述了有关领域临床和基础研究方面的最新进展，具有很强的临床指导意义和启示作用，启发了与会人员的临床和科研思维，开拓了与会人员对创伤防治研究领域的视野，吸引了100余位专业人士的关注和参与。

12月9—11日，第二届中国研究型医院学会微创外科学专业委员会年会在山东省济南市举办。会议邀请143位国内知名腹腔镜外科专家到会进行学术讲座和手术演示，1000余名代表参加了本届研讨会。

国际组织任职　学会细胞研究与治疗专业委员会主任委员黄晓军担任亚太血液联盟主任，学会甲状腺专业委员会主任委员田文担任亚太内分泌外科理事；学会冲击波专业委员会主任委员邢更彦担任国际冲击波医学会候任主委。

科普活动　11月20日，学会心肺复苏学专业委员会和中华医学会科学普及分会，联合在北京举办全国心肺复苏普及进亿家精准健康工程启动仪式暨第二届中国心肺复苏与中华精准健康传播联盟高峰论坛，860余人参会。原国家卫生部副部长殷大奎、学会会长王发强、中华医学会副会长金大鹏、中国工程院副院长樊代明、著名电视主持人白岩松等嘉宾和企业代表出席会议。大会执行主席王立祥在大会上报告了“全国心肺复苏普及进亿家精准健康工程——‘525+’我爱我家工程”具体内容，即5年之内，心肺复苏普及人群达到2亿人，每名医务工作者承担培训5户家庭任务。

表彰举荐优秀科技工作者 推荐2016中国科协系统先进集体候选单位、第七届“全国优秀科技工作者”候选人、“中国青年女科学家奖”候选人、中科院青年科学家候选人各1名。学会心肺复苏学专业委员会获“2016中国科协系统先进集体”奖，柴家科教授获得第七届“全国优秀科技工作者”称号。

学会出台《中国研究型医院学会奖励表彰管理办法》，设立5项个人奖：中国研究型医院终身成就奖、中国研究型医院特殊贡献奖、中国医学科学家奖、中国医院杰出领导者奖、中国研究型医院杰出中青年人才奖；2项集体奖：中国研究型医院建设示范医院奖、中国研究型医院建设示范学科奖；1项项目奖：中国研究型医院转化医学奖。首次评选出终身成就奖1人、特殊贡献奖4人、中国医学科学家奖20人、中国医院杰出领导者奖20人、中国研究型医院建设示范医院（疗养院）奖20家。

党建强会 12月5日，民政部正式批复同意成立中国研究型医院学会党支部。学会按照规定程序，组建学会党支部，截至2016年12月31日，学会有党员3名。

会员服务 向会员免费提供《中国研究型医院》杂志版面，刊登优秀论文。向会员单位免费提供学会组编的《研究型医院管理学》。学会网站每周刊登医学新观点、新理论，为会员及网友提供资讯。

【2016中国研究型医院高峰论坛暨“互联网+”健康中国博览会】 8月19—21日，学会与中国通信学会、健康界传媒联合主办的2016中国研究型医院高峰论坛暨“互联网+”健康中国博览会在新疆维吾尔自治区乌鲁木齐市召开，论坛以“‘互联网+’健康与研究型医院”为主题，1300人参会。在论坛开幕式上，学会向新疆地区组织捐赠医学书籍和医疗仪器。学会与新疆维吾尔自治区政府有关部门建立医疗保健服务机制、人才培养机制、科研协作机制、成果转化机制、公共事件（三防医学）应急机制5个合作机制。

学会名誉会长、中国人民解放军原总后勤部副部长秦银河，新疆维吾尔自治区党委常委、常务副主席黄卫，中国科协党组成员兼学会学术部部长宋军，中国工程院三局局长李仁涵，中国人民解放军军委后勤保障部卫生局副局长刘殿荣，学会会长王发强，中国通信学会秘书长衣雪青等出席开幕式。

论坛设主旨报告、主论坛和15个分论坛。学会名誉会长秦银河作了题为《研究型医院的政治思考》的主旨报告。同期举办的2016“互联网+”健康中国博览会，围绕移动医疗、远程医疗、APP、大数据、云端解决方案、体检、健康、康复、精准医疗、家用医疗、可穿戴设备、运动健康、医学影像、医用耗材、康复设备、智能养老服务平台/方案等产业链进行展示。

大会颁发了中国研究型医院系列奖项。秦银河获“中国研究型医院终身成就奖”。王辰、王福生、付小兵、卢世璧、乔杰、吴孟超、赵玉沛、郎景和、詹启敏、韩雅玲、樊嘉、董家鸿、沈中阳、温浩、石炳毅、柴家科、彭宝淦、蔡秀军、窦科峰、张学军等获“中国医学科学家”奖。

（撰稿人：王雅捷）

中国自然辩证法研究会

服务创新型国家和社会建设 研究会继续推进全国科学技术名词审定委员会委托的“修订编纂第二版《自然辩证法名词》”项目。6月29日，召开自然辩证法名词审定工作第五次会议，审定委员会顾问、委员30余人出席会议。会议听取了8个小组的汇报，讨论了重复名词的处理问题，确定了名词条目，并布置撰写名词定义工作。

研究会自然辩证法史专业委员会协助推进教育部“马工程”《科学技术哲学》编写工作。自然辩证法史专业委员会主任刘大椿、秘书长刘劲杨等参加了4月下旬教育部组织的《科学技术哲学》评审会。针对评审会专家们提出的修改建议，自然辩证法史专业委员会协助编写组召开多次工作会议，对一些重要的建议予以吸收。

研究会地质哲学专业委员会承担国家社会科学基金项目“地学哲学再研究——为了找矿突破战略行动”，按项目计划书进行了调研和论文、论著等的著述、编写工作。

6月20—22日，研究会科技与社会专业委员会与东北大学马克思主义学院哲学系主办的全国哲学学科学位授权点与研究生课程建设学术研讨会在辽宁省沈阳市举办。会议研讨了全国哲学学科博士、硕士授权点申请基本条件，哲学学科研究生课程建设等议题。

来自北京大学、中国人民大学、中国社会科学院、复旦大学、东北大学等科研单位和高校的近20位哲学学科评议组成员、5位特邀专家，以及50余位全国高校哲学博士点的专家参加会议。

研究会技术与经济咨询工作委员会围绕创新驱动战略，赴江苏省丹阳市进行调研；围绕混合所有制改革，在北京吴裕泰茶叶公司进行调研；另外，还对北京亦庄生物产业工业园区、河北省秦皇岛开发区进行调研。

开展科学道德和学风建设宣讲活动，全年在海南师范大学、云南师范大学、西南大学、集美大学举办4场科学道德宣讲活动，1000余名青年教师和研究生参加报告会。

2016年中国自然辩证法研究会科学道德宣讲报告会

学会建设 研究会全年共召开4次理事长会议、2次常务理事会议、2次理事会议、1次全国工作会议。根据《中国自然辩证法研究会分支机构管理办法》，在研究会七届十一次常务理事会议上，对44个工作委员会、专业委员会2015—2016年度的工作进行了考核。在研究会七届六次理事会议上，按照研究会章程，增选2名理事和3名常务理事。

研究会对个人会员资料重新进行整理、统计，将1482名会员资料上传至中国科协会员管理系统。研究会结合科学道德和学风建设宣讲活动发展了青年教师和学生会员。

2016年，研究会内部刊物《工作通讯》出版了12期。

学术期刊 研究会主办的《自然辩证法研究》《医学与哲学》，以及委托主办的《科学技术哲学研究》杂志，2016年均按期出刊。其中，《自然辩证法研究》被CSSCI（南京大学中国社会科学研究评价中心）核心期刊目录收录，2016年的复合影响因子为0.45，综合影响因子为0.292。

学科发展研究 研究会在《自然辩证法研究》杂志2016年第2期开设“自然辩证法”课程教学与研讨专栏，发表了3篇有关教育教学理论研究专栏论文，加强自然辩证法教育教学理论研究成果推广。

决策咨询 9月，研究会常务理事马来平提交的《关于全面启动“山东省老科学家学术成长资料采集工程”的建议》受到山东省政府的重视，获山东省副省长等领导的批示。

国内主要学术会议 2016年，研究会及其下属委员会主办、承办或协办的各类年会、研讨会、报告会、专题论坛等学术活动50余次。其中由下属委员会举办的重要会议有：第十六届全国技术哲学学术会议、第五届全国科学技术与公共政策论坛、第六届全国科学技术与工程伦理学术研讨会暨“第三届全国赛博伦理学研讨会”、跨学科视野下的“基因编辑技术”学术研讨会等。

3月26日，由研究会主办，海南省自然辩证法研究会承办的“绿色科技与宜居城市建设”学术研讨会在海南大学召开。来自20余所高校和科研院所的50余名学者和研究生参加会议。会议收到21篇论文。与会专家、学者围绕绿色科技与宜居城市建设、海南生态省建设与国际旅游岛、现代城市与绿色文明等问题进行了交流探讨。

4月24日，由研究会和云南省自然辩证法研究会主办、云南师范大学马克思主义学院承办的全国“传统文化的创新价值”学术研讨会在云南师范大学呈贡主校区举行。来自30多所高校和科研院所的专家、学者和研究生70余人围绕传统文化的创新价值、科技发展与文化建设、云南省经济社会发展等问题进行探讨和交流。会议收到51篇论文，到会报告42篇。研讨会分两个会场进行了论文交流讨论。

5月14日，由研究会主办、漳州市自然辩证法研究会承办的全国“地域文化与生态文明”学术研讨会在福建省漳州市召开。来自20多所高校和科研机构的50多位代表参加会议。

6月24—25日，由研究会主办的“文化创新与‘一带一路’建设”学术研讨会在青海省西宁市举行。来自全国各地的学者和青年学生30余人参加会议。会议围绕文化创新与“一带一路”建设、“一带一路”倡议与西部大开发的经济社会发展、文化软实力与生态文明建设等议题展开讨论和研究。

7月30—31日，由中国自然辩证法研究会、黑龙江省自然辩证法研究会和黑龙江大学哲学院联合主办的“生态文明视阈下东北亚的科技与社会发展”学术研讨会在黑龙江省漠河市举行。来自全国20余所高校、科研所的50余名专家、学者参加会议。

9月24日，由研究会和重庆市自然辩证法研究会主办、西南大学科技哲学与生态文明研究所承办的“科技创新与当代中国”学术研讨会在西南大学召开。来自高校的专家、学者、研究生共80余人，围绕会议主题，从“科技创新与中国经济发展方式的转变”“科技创新的体系、管理、政策、服务”“科技创新的哲学反思”“科技文化与人文文化”等维度展开研讨。

11月26日，由研究会与华南师范大学系统科学与系统管理研究中心联合主办的“绿色发展与环境教育”专题研讨会在广东省广州市举行。会议由华南师范大学公共管理学院承办。研讨会分为主题报告会和圆桌讨论会。来自全国各地的60名专家、学者和研究生参加会议。

国际组织任职 6月9日，亚洲科学院与科学协会联合会特别委员会正式成立。研究会理事、科学传播与科学教育专业委员会秘书长、北京大学哲学系副教授朱效民当选为委员。

国际交往 2月18—21日，研究会青年工作委员会组织中国人民大学哲学院教师和研究生，赴美国参加第二十五届实践与职业伦理国际年会，并作中国专场报告。

6月22—26日，研究会青年工作委员会组织中国人民大学哲学院教授和研究生赴新加坡国立大学参加国际技术史协会2016年会，并组织了中国科技史专题讨论。

研究会生命伦理学专业委员会主任翟晓梅应邀参加在法国举办的基因编辑国际会议并作主题发言。

7月4—5日，研究会科学技术与工程伦理专业委员会主要成员单位大连理工大学、北京理工大学、东北大学、东南大学、华南理工大学、清华大学、浙江大学、华南理工大学8所理工科大学的科技伦理工作者出席了在荷兰特温特大学举办的第5届4TU—8TU科技伦理学术研讨会，与荷兰4所理工科大学的科技伦理工作者交流了双方在负责任创新、高科技伦理、科技伦理教育等方面的研究成果，讨论了进一步合作的课题，包括共同申请欧盟和中国的相关项目、教师和研究生交流、科技伦理教育经验交流等方面的合作计划。

研究会副理事长陈凡赴日本城西大学、庆应义塾大学、北海道大学和韩国的明知大学、弘益大学就科技与社会（STS）问题与外方学者进行学术交流，就中日韩三方在人才培养、共同组织召开学术会议、联合开设科技与社会（STS）学术讲座、成立区域研究中心等方面加强合作进行商讨。

科普活动 研究会副秘书长、保卫科学精神工作委员会主任董春雨深入中学，作学术讲座，开展科学精神、科学思想和科学方法教育。保卫科学精神工作委员会副主任段伟文在《人民日报》和《科技日报》发表5篇评论文章，对国家科学奖、韩春雨事件、大型对撞机和网络新媒体等引起社会关注的科技事件作了分析和探讨，就《国家创新驱动发展战略纲要》、“快播案”、大数据等议题接受《科技日报》和《中国社会科学报》的采访。

研究会常务理事、化学化工专业委员会主任任定成出版《兰科植物的受精》《关于两门新科学的对谈》《星云世界》《费米讲演录》《宇宙发展史概论》共5种。

研究会农业哲学专业委员会与农业高校自然辩证法研究会负责运行的智库“生物经济发展研究中心”网站（www.bioec.org），对生物经济与农业发展相结合、生态文明与可持续发展、生物经济在中国的发展内容进行应用推广与普及。

研究会地学哲学专业委员会分别在中国地质大学（北京）北戴河实习基地、长安大学、河南理工大学开展“地学哲学进校园”活动。邀请专家分别作报告《阶梯式发展与中国地质教育历程》《地质选择了你我他——三光荣是你我他的核心价值观》《地学哲学与地质人的家国情怀》。600余名师生参加报告会。

4月22日，研究会地学哲学委员会与中国地质学会合作举办主题为“节约集约利用资源，倡导绿色简约生活”的世界地球日活动，向公众宣传地学科普知识。

表彰举荐优秀科技工作者 研究会推荐的研究会副理事长兼秘书长、中国科学院大学教授尚智丛获得了第七届“全国优秀科技工作者”称号。

会员服务 研究会每月定期向会员邮寄杂志，全年共向会员发放13000余册《自然辩证法研究》和11000余册《工作通讯》。

【中国自然辩证法研究会2016年学术年会暨七届六次理事会议】 10月29—30日，中国自然辩证法研究会2016年学术年会暨七届六次理事会议在北京召开。研究会理事及参加学术年会的专家、学者和研究生共 200 余人参加会议。会议的主题为“新发展理念与自然辩证法”。

研究会七届六次理事会议传达了党的十八届六中全会精神，传达了中国科协党组关于印发《中国科协关于加强科技社团党建工作的若干意见》的通知精神，听取和审议了研究会理事长吴启迪所作的工作报告，表决通过了《中国自然辩证法研究会学术奖励条例》和学术奖励委员会组成人员名单，按照章程增选了 2 名理事和 3 名常务理事。

学术年会分主题报告和分会场交流两个单元。研究会副理事长吴彤主持大会主题报告单元。北京师范大学教授李建会和中国科协创新战略研究院研究员陈锐分别作了题为“生物学哲学重要问题研究”和“中国科协的时代使命与建设国家高端科技智库的战略构想”的专题报告。学术年会设自然哲学与科学哲学、技术与工程哲学、科学技术与社会、科技思想史 4 个分会场。学术年会共收到论文 85 篇，经学术委员会审查后，录用 82 篇，59 篇论文在会上进行了交流。

【设立中国自然辩证法研究会学术奖】 为推动我国自然辩证法事业的发展，奖励在自然辩证法研究和实践领域中作出突出贡献的科技工作者，研究决定设立“中国自然辩证法研究会学术奖”。10 月，研究会七届十一次常务理事会议审议通过了《中国自然辩证法研究会学术奖励条例》和学术奖励委员会成员名单。“中国自然辩证法研究会学术奖”设学术成果奖、青年成果奖、社会贡献奖、优秀博士论文奖 4 个奖项，每两年评选一次。学术奖励委员会制定了《中国自然辩证法研究会学术奖第一届奖励评审实施细则》，第一届“中国自然辩证法研究会学术奖”计划于 2017 年实施申报评奖。

（撰稿人：赵月刚）

中国管理现代化研究会

服务创新型国家和社会建设 研究会公司治理专业委员会组织完成央视财经指数和系列指数 2016 年度换股工作，完成公司治理指数报告、年度发展报告等。

研究会政府战略与公共政策研究专业委员会针对城市战略与公共政策等领域的实际问题，与水利部等部委合作，进行政府战略与公共政策重大实践问题研究。

研究会商务智能专业委员会参与中国大百科全书（第三版）管理科学与工程卷“大数据与知识管理”学科编撰工作。3 月 27 日，分支编委会在辽宁省大连市召开第一次会议，就分支的条目设定以及撰写工作进行讨论和安排。

3 月，研究会公司治理专业委员会与 MBA 全国教育指导委员会、世界银行国际金融公司共同举办第二届全国 MBA 院校公司治理专业师资教学培训研讨会。来自 50 余所高校的专家、学者参加培训与研讨。

3—5 月，研究会决策模拟专业委员会组织开展第 15 届（2016）全国 MBA 培养院校企业竞争模拟大赛和第 7 届全国高等院校企业竞争模拟大赛。来自 30 个省、自治区、直辖市的 160 所院校的 2499 支代表队参加比赛。经过初赛、复赛、半决赛的网络选拔，4 月 29—30 日，现场总决赛在北京联合大学举行。40 支高等院校代表队、16 支 MBA 培养院校代表队，共计 168 名学生参加全国总决赛。现场总决赛带队指导教师 60 余人参加了教学研讨会。

7 月 19—20 日，研究会管理案例研究专业委员会在上海市举办第三届中国管理案例共享中心——陈时奋教授教学案例建议书大赛专题培训班。近 30 名专家、学者参加培训。

8 月 13—14 日，研究会决策模拟专业委员会承办的 2016 决策模拟课程全国师资培训班在北京举行。20 余所高校的 40 余名教师参加培训。

学会建设 3 月 5 日，研究会国际商务谈判专业委员会在北京召开中国管理现代化研究会国际商务谈判专业委员会发展研讨会，就专委会的业务重点和发展目标进行探讨，对未来发展方向达成了共识：服务国家、链接社会、学术研究、科学普及。

4 月 16 日，研究会廉政建设与治理研究专业委员会在江苏省无锡市举行工作会议，审议通过了《中国管理现代化研究会廉政建设与治理研究专业委员会工作规程》，研究决定筹备专委会学术委员会。

4 月 22 日，研究会管理案例研究专业委员会一届四次会议暨《管理案例研究与评论》编委会及大百科全书（案例卷）编委会会议在江苏省无锡市召开。近 70 名专家、学者参加会议。

6 月 23 日，研究会商务智能专业委员会在陕西省西安市召开换届会议，选举产生新一届专委会领导成员。

9 月 14 日，研究会风险投资研究专业委员会在北京召开换届会议，选举北京大学教授金李担任专委会主任委员，该专委会挂靠单位和秘书处变更至北京大学国家金融研究中心。

9月28日，经研究会六届二次理事会议审议批准，研究会决定成立企业并购重组研究专业委员会，北京交通大学教授张秋生任专委会主任委员，专委会挂靠北京交通大学经济管理学院。

学术期刊 2015年11月，学会成立了期刊工作委员会和管理学期刊联盟，截至2016年年底,《管理世界》《南开管理评论》《管理科学》《管理学报》等近50种国内管理学期刊加盟。

4月28—29日，由研究会期刊工作委员会主办的第三届中国管理学期刊年会暨管理创新研讨会在湖北省武汉市召开。来自44家期刊的负责人、编辑、学者等近100人参加会议。与会专家围绕管理类期刊如何更好地引领中国的管理学研究、管理学期刊办刊经验交流、期刊工作委员会的联盟建设与发展等议题展开探讨和交流。

国际学术会议 4月22—23日，研究会公共管理专业委员会与清华大学公共管理学院、德国全球与区域问题研究所共同举办的亚洲智库发展和建设国际研讨会在北京举行。来自中国、德国和英国的18家智库及大学的智库问题专家，共同探讨了亚洲智库发展以及中国特色新型智库建设的成就与面临的挑战。会议分智库建设的中国实践、中国智库与世界、亚洲智库的国别考察、知识与政治之间的东亚智库4个分论坛。13篇学术论文在会上进行交流。

5月27—28日，研究会生产与运作管理专业委员会与清华大学现代管理研究中心联合主办的第七届运营管理前沿问题国际研讨会在北京召开。研讨会围绕共享经济下的运营管理问题展开研讨，13名专家、学者作学术报告。

6月22—23日，研究会商务智能专业委员会协办的第三届数据科学国际学术会议在陕西省西安市召开。来自海内外的近60名专家、学者参加会议。20余篇被录用论文进行了展示与交流。

6月24—26日，研究会生产与运作管理专业委员会与昆明理工大学联合举办的第十三届服务系统和服务管理国际学术年会在昆明理工大学召开。来自中国、美国、日本等10个国家和地区的200余名专家、学者参加会议。会议得到美国电气和电子工程师协会（IEEE）、清华大学和香港中文大学的支持。

国内主要学术会议 4月23—24日，研究会管理案例研究专业委员会主办的第七届中国管理案例学术年会在江苏省无锡市召开。350余名专家、学者参加会议。大会设置了6个大会主题报告、4个平行论坛（包括新增的博士生论坛）。论坛共收到论文163篇，其中，案例研究论文93篇、案例教学与研究方法论4篇、教学案例66篇。大会评选出3篇大会优秀论文和6篇博士生优秀论文。

5月8日，研究会政府战略与公共政策研究专业委员会与全国公共管理专业学位研究生教育指导委员会主办的第二届全国城市管理与公共政策学科发展研讨会在北京召开。国家住房和城乡建设部有关负责人，来自全国50多所高校的80余名专家、学者参加会议。

5—9月，研究会管理案例专业委员会与MBA教育指导委员会等单位联合主办的第四届全国管理案例精英赛在全国范围内展开，71所院校的400多支代表队参加比赛。9月24日，16支晋级代表队参加了在中山大学举行的总决赛，大连理工大学代表队获得冠军，中山大学、同济大学、华东师范大学代表队分获亚军。

10月22—23日，研究会公司治理专业委员会等单位主办的第三届全国公司治理青年论坛在天津市举办。论坛的主题为“互联网背景下的国有企业改革与治理能力现代化”，围绕混合所有制企业治理、利益相关者与企业社会责任、治理风险与公司治理评价、企业集团治理、跨国公司治理、金融机构治理、公司治理与创新创业、网络组织治理等议题进行了研讨。

10月30日，中国管理现代化研究会组织与战略专业委员会年会在南京大学召开。会议的主题为“新常态下的企业战略与组织变革”，设立靶子论坛和自由论坛两类活动。

11月18—19日，由研究会组织行为与人力资源管理专业委员会与全国MBA教育指导委员会等单位联合主办的第十七届全国人力资源管理课程师资研讨会在南京大学召开。会议就人力资源管理教学中的案例教学、专业课程建设、人力资源管理各模块教学等领域进行了专题讨论。

11月25—27日，研究会组织行为与人力资源管理专业委员会与南京大学管理学院、华中科技大学管理学院共同主办的第五届中国人力资源管理论坛在华中科技大学召开。论坛设置了主题报告、小组讨论与专家点评、专题对话等环节，500多名专家、学者参加会议。

12 月 16—17 日，中国管理现代化研究会廉政建设与治理研究专业委员会年会在中山大学召开。120 名专家、学者参加会议。会议共设 5 个大会报告，安排了国家治理、公共治理、大学治理等方面的治理创新与廉政建设，反腐败体制机制改革与创新研究，地方廉政制度创新的经验与困惑，公民参与腐败治理的机制与路径等分会场讨论，16 篇论文进行会议交流。

国际组织任职 5 月 3—4 日，研究会公共管理专业委员会主任委员、清华大学公共管理学院院长薛澜出任联合国大学理事会成员，并出席了在奥地利维也纳召开的联合国大学第 65 次理事会议。

科普活动 4 月至 5 月，研究会廉政建设与治理研究专业委员会组织开展了第五批廉洁大使评选，来自 37 所高校的 40 名在校大学生被评为廉洁大使。全国廉洁大使总数达到 147 名。

7 月 8—14 日，研究会廉政建设与治理研究专业委员会主办的第六届全国大学生廉洁领袖夏令营在内蒙古自治区呼和浩特市举办。来自 21 个省、自治区、直辖市的 47 所大学的 71 名廉洁大使和廉洁社团骨干参加夏令营活动，专委会有 6 位老师参与辅导。

10 月 15—16 日，研究会国际商务谈判专业委员会主办的“北外杯”2016 未来国际商务（英语）谈判精英赛在北京外国语大学举办。200 多人参加比赛。专委会组织专家编写和翻译英文比赛案例 17 个。

表彰举荐优秀科技工作者 5 月，2016 中国管理学青年奖评选工作正式启动。2016 年度评审的方向是工商管理学科。共有 8 个专业委员会提名 11 位学者参与评奖。经匿名评审，有 5 位候选人进入第二轮评审程序。7 月 20 日，2016 中国管理学青年奖学术委员会评审会议在北京举行，会议表决通过进入主席团评审程序的候选人名单。经评审主席团终审确认，田轩、陈旭、张兮 3 人获得 2016 年度中国管理学青年奖。

【第十一届（2016）中国管理学年会】 9 月 29—30 日，由研究会与复旦管理学奖励基金会联合主办、哈尔滨工业大学承办的第十一届（2016）中国管理学年会在黑龙江省哈尔滨市召开。黑龙江省副省长孙东生、哈尔滨工业大学党委书记王树权、国家自然科学基金委员会管理学部常务副主任李一军、研究会轮值理事长石勇、复旦管理学奖励基金会副秘书长兼评奖办公室主任黄丽华出席开幕式并致辞。开幕式由学会秘书长赵景华主持。来自学术界、产业界和社会各界的 500 余名专家、学者参加会议。

第十一届（2016）中国管理学年会

年会围绕“绿色与共享：新常态下的管理与创新”主题开展跨学科、跨行业、跨地区的学术研讨，为实现“绿色与共享”的管理与创新提出建议与意见。中国工程院院士杨善林、凌文，北京交通大学教授高自友，清华大学教授陈国青，中国科学院数学与系统科学研究院研究员杨晓光、美国亚利桑那州立大学教授顾彬分别作大会报告《智能互联时代的能源系统管理》《神华集团煤电超低排放技术的创新实践》《积极关注颠覆性技术对管理科学研究与发展产生的变革性影响》《新形势下管理挑战与研究思考》《系统性风险和边缘革命》《共享经济下的管理模式》。

年会设立市长论坛、院长论坛、女管理学家论坛、期刊论坛、企业家论坛等分论坛。专家、学者们就组织与战略、会计与财务、金融管理、组织行为与人力资源管理、运作管理、市场营销、管理与决策科学、信息管理、公共管理、创业与中小企业管理、技术与创新管理、城市与区域管理、平行管理、商务智能、公司治理、管理案例研究、大数据、电子商务等有关议题进行了探讨。大会同时举行了高层次人才招聘会、中国管理学青年奖颁奖和年会优秀论文颁奖活动。

【人力资源管理专业建设高峰论坛】 6 月 3—5 日，研究会组织行为与人力资源管理专业委员会与教育部高等学校工商管理类专业教学指导委员会人力资源管理组联合主办的人力资源管理专业建设高峰论坛在广东省广州市召开。来自全国 70 多所高校的 130 名教师参加会议，交流经验分享教学心得。

南京大学商学院名誉院长赵曙明以“新形势下人力资源管理专业教学与科研动向”为题、华南理工大学教授陈春花以“激活个体——互联时代组织管理新范式”为题分享了研究成果。华南理工大学教授刘善仕等专家分别作了主题报告，报告内容涉及新形势下的人力资源管理专业建设、数字化教学资源建设、教学交流与教学示范、互联网时代下的人力资源和组织行为研究与企业实践等。

会议设有现场讨论环节和教师教学经验分享环节，通过互动交流，分享人力资源管理和组织行为学教学经验，探讨新环境新形势下人力资源管理专业和组织行为学专业课程的建设和发展。

（撰稿人：石谷山）

中国技术经济学会

学会建设 修订《中国技术经济学会分支机构管理办法》，筹备建立企业技术创新、复杂科学管理、知识产权、中小企业4个分会。全年召开理事会议1次，常务理事会议2次。

全年发展高级会员68人，个人会员总数达到7315人。

在中国科协“学会治理机制改革和评价体系建设工程项目”支持下，开发理事会决策系统、会员管理系统和学术会议管理系统。制定理事不能按章履职淘汰制度。聘任司库1名，对学会财务工作进行指导和监督，确立了定期向理事会报送财务报告的工作制度。

学术期刊 学会主办期刊《技术经济》紧跟学科前沿和社会热点问题，全年组织策划“创新管理”专栏9期，刊发相关论文65篇；组织策划“创业管理”专栏7期，刊发相关论文17篇。《技术经济》引文指标和国际影响力不断提升，入选“2016中国国际影响力优秀学术期刊”（10%）、“中国人民大学复印报刊资料”重要转载来源期刊（2015年版）。

学会主办期刊《科学技术与工程》开放获取和数字化推广工作取得进展，官方网站和微信公众号均实现全文下载。截至2016年年底，该期刊官方网站累计访问量逾1500万人次。

国内主要学术会议 学会及所属分支机构全年共举办学术年会、研讨会、论坛等大型学术活动8次，收录论文440余篇，表彰优秀论文56篇。

5月20—22日，学会林业技术经济专业委员会等单位主办的第十届中国林业技术经济理论与实践论坛在福建省福州市召开。论坛主题为“建设美丽中国，创新林业发展”，100余位林业技术经济领域的专家、学者出席论坛，28篇论文被评为优秀论文。会议期间，学会林业技术经济专业委员会进行了换届选举。北京林业大学教授陈建成连任专业委员会主任委员，北京林业大学教授田明华当选执行主任委员兼秘书长。

第十届中国林业技术经济理论与实践论坛

7月9—10日，学会与北京工业大学等单位共同主办的第七届中国技术未来分析论坛在北京召开。论坛的主题是“数据驱动的新兴技术未来分析与创新管理”。来自清华大学、北京航空航天大学等单位的专家、学者200余人出席论坛。

9月23—25日，2016年中国技术经济学会农业技术经济分会学术研讨会在上海市召开。年会的主题是“农业技术创新与结构性供给侧改革”。80余名农业技术经济领域的专家、学者出席会议。上海市人大农业与农村委员会主任委员孙雷作大会报告。

会员服务 向会员赠阅《技术经济》期刊2万余册，实行会员参加会议优惠注册费、学生会员免交会费等优惠制度。编撰电子会讯，宣传学会工作综合信息和学术活动，通过电子邮件和微信向会员推送。

【中国技术经济学会第六次全国会员代表大会暨第二十三届学术年会】 8月6日，中国技术经济学会第六次全国会员代表大会暨第二十三届学术年会在北京召开。中国科协党组成员兼学会学术部部长、企业工作办公室主任宋军，学会第四届理事会理事长罗冰生出席开幕式并讲话。来自高等院校、科研院所、政府部门和企业界的202名会员出席大会。

宋军在讲话中说，中国技术经济学会长期以来紧密结合学科发展和国民经济建设，坚持理论联系实际，在学术交流、期刊出版、人才推荐、表彰奖励等领域取得了一定的成绩。宋军对学会发展提出了四点建议：一要认真学习贯彻习近平总书记系列重要讲话精神，贯彻落实中国科协九大相关工作部署，不断加强学会改革，提高对改革的紧迫感和使命感；二要把握改革的契机，要坚持问题导向，深入推进学会各项改革；三要积极组织开展好创新争先活动，不断激发广大科技工作者的创新热情；四要坚持以科技工作者为主，把人才作为第一资源，不断提升对广大科技工作者的凝聚力吸引力。

大会审议通过了学会第五届理事会工作报告、财务工作报告、修改后的学会章程，选举产生了第六届理事会理事158名。在随后召开的第六届理事会第一次会议上，25人当选为常务理事，中国社会科学院数量经济与技术经济研究所所长李平当选为学会理事长，清华大学经济管理学院教授杨德林被聘为秘书长。会议决定聘请吴明瑜、罗冰生、孙晓郁为名誉理事长，聘请李京文、徐寿波、傅家骥、郭励弘、吴贵生、吴季松为学会顾问。

会员代表大会后，召开了中国技术经济学会第二十三届学术年会，全国人大常委会委员、国务院发展研究中心技术经济研究部部长吕薇，科技部调研室原主任胥和平分别作大会学术报告《创新驱动，实施制造强国战略》《创新与中国经济转型发展》。

【第十三届中国技术管理学术年会】 5月21—22日，第十三届中国技术管理学术年会在河南省郑州市召开。会议主题是“技术创新网络与协同创新”。200余名专家、学者出席会议。会议收录论文101篇，评选出优秀论文12篇。

会议分为主题报告和分会场报告两个单元，10位学者作大会主题报告。清华大学教授陈劲从科技创新的内涵和发展新形势出发，深入剖析科技创新的本质和核心，提出科技创新管理需要标准化的观点。大连理工大学教授苏敬勤基于国家逻辑和行业逻辑情境，分析了企业技术创新回应的作用机理。山东大学教授杨蕙馨从理解创新和创新驱动的内涵出发，对比分析了产业生态系统、商业生态系统和新产业生态系统的特点，重点剖析了新产业生态系统的特征及竞争模型。中国科学院研究员余江在报告中认为，中国网络数字创新的新平台新模式需要新理论和新视角，提出可以从信息设施和平台两个视角分析中国数字化浪潮发展驱动的机制。中国科学院蔺雷博士以创业为主题，划分了中国创业的四次浪潮，并重点分析了第四次创业浪潮的新动力与新逻辑。分会场报告单元设分会场4个，分别以创新驱动战略与政策、企业技术创新与创新网络、产业技术创新与协同创新、“互联网+”与创业管理为主题展开研讨。

本届会议由学会与河南财经政法大学联合主办。

【第五届中国服务创新论坛】 10月29日，第五届中国服务创新论坛在浙江省杭州市召开。100余名专家、学者出席论坛。论坛的主题是“大众创业万众创新下的服务创新”。20名服务创新领域的学者和企业家作主题演讲，就我国服务创新创业的最新理论、最佳实践取向进行交流研讨。

清华大学教授吴贵生在演讲中提出，从改革开放时的市场井喷到“工业4.0”时代的新需求，无不体现了创新的本质是满足、挖掘和创造需求。中国科学院蔺雷博士基于服务创业活动在大众创新万众创业中的主体地位，提出了构建服务创业理论体系的构想，为服务创新学科未来的发展指出一条可能的道路。浙江省电子商务促进中心主任阮刚辉分析了大数据从工具到思维再到文化三个层面的社会渗透和影响。

本届论坛由中国服务创新研究小组发起，清华大学技术创新研究中心（RCTI）和中国技术经济学会主办，法海风控网联合主办，浙江工商大学工商管理学院承办。

【中国技术经济论坛2016】 11月12—13日，中国技术经济论坛2016在重庆市召开。论坛的主题为“创新驱动发展与双创实施”。来自高校、科研机构的160余名专家、学者出席论坛。论坛由学会与中国社会科学院数量经济与技术经济研究所、清华大学经济管理学院、重庆大学经济与工商管理学院共同主办。

本届论坛设置4个分会场、8个讨论议题、4个特邀报告。学会理事长、中国社会科学院数量经济与技术经济研究所所长李平，清华大学经济管理学院教授雷家骕，中国科协创新战略研究院创新环境研究所所长王宏伟，重庆大学教授杨俊分别作大会报告《社会科学与自然科学的交叉融合》《我国经济基本态势与可能的出路》《知识产权与经济增长》《能源发展趋势及天然气利用前景》。

（撰稿人：张小珍）

中国未来研究会

服务创新型国家和社会建设 2016年，研究会教育培训中心与清华大学合作开展工商管理学研修项目、企业资本运作研修项目两个培训项目，为企业董事长、总裁、总经理和企业核心骨干人员及政府部门相关领导干部提供相关知识培训。95人参加工商管理课程进修项目培训，25人参加企业资本运作研修项目培训。

学会建设 研究会全年召开理事会议1次，常务理事会议7次。发展会员21人，其中学生会员12人。

贯彻落实中共中央办公厅印发的《科协系统深化改革实施方案》，根据中国科协对研究会换届工作的建议意见，对新一届理事会拟任负责人人选作了调整，优化学会领导人员构成，突出年轻化，理事和常务理事候选人三分之二以上为基层一线科技工作者，提高了中青年科技工作者比例。研究会六届十五次常务理事会议审议通过了第七届理事会理事长、副理事长候选人人选。

学术期刊 《未来与发展》出刊12期，全年收到稿件1127篇，发表学术论文272篇，用稿率24.13%，其中，基金文章178篇，基金文章占发表文章的比例为65.44%。省部级以上基金文章64篇，省部级以下基金文章114篇，高影响作者数逐年增加。2016年，该刊有7篇文章被《新华文摘》转载，1篇被《新华文摘》电子版全文转载。《未来与发展》是RCCSE中国核心学术期刊（扩展版），是中国人民大学人文社会科学学术成果评价研究中心和中国书报资料中心“复印报刊资料”重要转载来源期刊和“中国人文社会科学综合评价AMI”扩展期刊，《中国学术期刊影响因子年报》统计源期刊，“中国期刊全文数据库”全文收录期刊，论文被“中国核心期刊（遴选）数据库”和“万方数据库”全文收录。

研究会与北京国际交流协会联合主办的《发现》杂志，全年出版12期，发行量10万册。

国际学术会议 5月20—22日，研究会现代化研究分会与中国科学院中国现代化研究中心、联合国教科文组织国际社会科学理事会等五家单位联合主办的第二届世界现代化论坛在北京举行。来自美国、俄罗斯、意大利、挪威、芬兰、罗马尼亚、波兰、英国、印度等14个国家的100多名专家、学者参加论坛。论坛主题是“现代化与多样性”。论坛收到论文60多篇。学者们从现代化原理、现代化挑战、现代化政策三个角度，对多元现代性与文化多样性、现代化的动力与路径、生态现代化与绿色发展、社会现代化与人类发展、区域现代化与消除贫困和不平等5个议题进行了讨论。

国内主要学术会议 研究会举办第十三届中国科学家论坛、第十三届中国教育家大会等主要学术会议4次，与会专家、学者2000余人次。

11月22日，研究会在北京召开国家战略目标调研座谈会。研究会副理事长顾朝林、研究会学术交流工作委员会主任邓寿鹏、研究会国际交流工作委员会主任罗肇鸿等参加座谈会。会议就如何理解和把握“中国梦”“两个一百年”的国家战略目标；在中国即将实现全面建成小康社会的时代背景下，如何看待中国未来的发展方向；当前需要设计怎样的理论框架和内涵来指引未来发展；如何看待在未来几十年人类与科学技术的关系等问题进行探讨和交流。

6月21日，研究会教育分会“幼儿创造性思维培养的理论与实践研究”课题发布会在北京举行。

11月20日，研究会评估与预测专业委员会与天津市未来与预测科学研究会、天津工业大学公共危机研究所在天津市联合举办了主题为“全视域中的中国未来研究”的学术年会。

科普活动 研究会医学委员会在广西壮族自治区南宁市举办中国未来研究会医学委员会公益健康科普活动2期，受众200余人次。

党建强会 研究会联合党支部组织召开党员学习会议、党员会议各4次，组织党员听党课4次，召开民主生活会4次。

1月9日，研究会党支部在北京大学物理学院举办会员日活动，听取北京空间机电研究所副总工程师马文坡所作的学术报告，参观北京大学人工微结构和介观物理国家重点实验室。

1月22日，研究会党支部与中国技术经济学会党支部走访中华口腔医学会，与学会相关负责人座谈交流学会管理工作经验。

根据《中国科协关于加强科技社团党建工作的若干意见》的要求，12月21日，研究会党支部在研究会常务理事会（扩大）会议期间召开了党员会议，与会的18名党员投票选举出书记、副书记、委员共5人，成立了中国未来研究会党委。

【第十三届中国科学家论坛】 9月27—28日，第十三届中国科学家论坛在北京召开。论坛的主题是“创新驱动发展与产学研协同创新”。原国务委员、第十一届全国人大常委会副委员长陈至立，第十一届全国政协副主席厉无畏，科技部原部长朱丽兰，全国政协人口资源环境委员会副主任齐让，研究会理事长张文范，以及10余位中国科学院院士、中国工程院院士出席大会。来自全国各行业的1000多名科技管理者、科技专家、企业家参加大会。

开幕式上，北京大学光华管理学院名誉院长厉以宁，中国工程院院士、北京航空航天大学教授刘大响分别作特邀报告《创新驱动中迫切需要解决的六个问题》《创新驱动跨越发展——对加快航空动力发展的思考》。中国工程院院士、研究会原副理事长侯立安主持特邀报告会。

会议设置了院士论坛、2016科技创新成果展演、科技创新创业资本论坛、院士专家与科技创新创业精英恳谈会、2016科技成果转化与专利技术交易合作对接洽谈会、科技创新创业成果分享联谊会、科技成果与专利技术交流会等活动。

【中国未来研究会海洋战略与未来学术研讨会】 12月21日，中国未来研究会海洋战略与未来学术研讨会在北京召开。30余名专家、学者出席会议。

研究会理事长张文范出席会议并致辞。张文范认为，21世纪是海洋世纪，是对人类面临的客观实际进行理性分析后的结论。海洋在人类未来发展中所占有的特殊地位，海洋意识和海洋发展战略对一个国家来说都是至关重要的，世界各国都正在把目光转向海洋，这就引发了海洋管辖权的激烈争夺，而争夺的实质是争资源、争未来发展的优势、争子孙后代的生存空间。当前，中国的海洋权益和海洋安全面临着日趋严峻的挑战，维护中国海洋权益是当前中国海洋安全战略的当务之急，妥善处理海洋权益争端是中国海洋安全战略的重要课题。

研究会副理事长阎耀军作了题为"海洋战略与未来"的主题报告，对我国南海面临的严峻形势、南海之争的实质、海洋在全球中的战略地位、海洋经济已成为世界经济的新增长点进行了分析，对我国海洋强国战略的意义、海洋强国战略的内涵及总体目标和举措进行解读。

与会专家就当前全球化新形势、世界政治经济新格局、海洋资源的重要性、海洋战略的重要性等问题展开了讨论。会议认为，中国的海洋战略体现在国内和国际两个战略层面。从国内方面看，中国海洋战略有利于全面提升全民海洋意识，贯彻科学发展观，科学合理开发、利用和保护海洋，实现海洋的可持续和协调发展，使海洋事业的发展服务于经济与社会的协调发展和全面进步、服务于和谐社会的构建。从国际方面看，中国海洋战略有利于捍卫和维护国家主权完整和领土统一，解决与周边国家的海洋争端，维护和捍卫中国海洋权益，创造服务于中国和平发展的国际环境，全面参与国际海洋制度和海洋秩序的建设。

【第十三届中国教育家大会】 11月27—28日，研究会教育分会、产学研交流合作促进分会、中国管理科学研究院教育科学研究所共同主办的第十三届中国教育家大会在北京召开。会议的主题是"'互联网+'时代：教育创新与人才培养新路径"。原国务委员、第十一届全国人大常委会副委员长陈至立，第十一届全国人大常委会副委员长周铁农，科技部原部长朱丽兰，全国政协教科文卫体委员会原副主任张秋俭，全国政协社会和法制委员会副主任张世平，教育部原副部长张天保，北京大学原校长陈佳洱，中国工程院院士侯立安出席开幕式。研究会理事长张文范致开幕词。教师、教育专家、学者等共500余人参加大会。

开幕式上，第十届全国政协委员、北京航空航天大学原校长沈士团，清华大学原副校长、国际工程教育学会联盟原副主席余寿文，CCTV《百家讲坛》栏目主讲人、中央民族大学副教授蒙曼分别作报告《工程教育和工程教育改革》《大学教育与人才培养》《历史上的教育创新》。

（撰稿人：夏　震）

中国科学技术史学会

服务创新型国家和社会建设 2016年，学会承担中国科协学会服务中心"处理科技工作者来信来访"项目。共收到科技工作者来信79封，涉及物理学、化学、生物学、医学、数学等学科。邀请专家10人次参与审阅、讨论、回复科技工作者来信，召开科技工作者来信评审会2次，共回复来信66封。

学会承担中国科协国际联络部"一带一路"区域科技组织/联盟建设项目，筹建国际丝绸之路科学与文明学会，旨在广泛联络相关领域国际知名学者，开展跨学科、跨文化的交流与合作，以科技与文明互动、天文丝绸之路、丝路科技考古、科学文化传播为重点，逐步开展天文学、数学、农学、地理学、冶金考古、医学、文明比较等方面的学术交流与合作研究，促进"一带一路"的科学文化建设和共享。召开隶属国际丝绸之路科学与文明学会的首届国际会议，创办学会网站和学术刊物。

学会常务理事、科学文化专业委员会主任委员袁江洋主持完成"学科发展路线图、学科资源共享与学科群集成创新项目实施和评价方案"和"'十三五'

时期学会推进学科领域集成创新和学术水平提升研究”项目。该项目是中国科协学会学术部委托学会进行的政策研究类项目，旨在配合党中央国务院关于简政放权、有序转移政府职能的决策，为中国科协及所属学会承担政府职能转移，并以此为契机加强学会学术能力建设、提高学会工作水平，提供政策建议并建立评价指标体系。

11月26日，学会受中国科学院南京天文仪器有限公司委托，组织召开张衡地动仪的立柱型原理研究与实验成果鉴定会。鉴定内容为胡宁生研究员关于“张衡地动仪”的研究成果，包括正式出版的论著《张衡地动仪的奥秘》、地动仪模型、地动仪有关论文。

学会建设 5月21日，学会九届一次常务理事会议在北京召开。会议传达学习了《中国科协办公厅关于印发〈2016年学会改革工作要点〉的通知》《关于全国学会深入贯彻落实科协系统深化改革实施方案的通知》《中国科协全国学会组织通则（试行）》，讨论了学会未来5年改革线路图。会议决定成立中国科学技术史学会整改领导小组，审议通过了《中国科学技术史学会整改方案》，原则通过《中国科学技术史学会常务理事会议事规则》。贯彻《科协系统深化改革实施方案》，会议决定学会秘书处支撑单位改为中国科学院大学。为办好《中国科技史杂志》，决定向主管单位提出变更申请，中国科学技术史学会为《中国科技史杂志》唯一主办单位。会议审议通过成立学会科技考古专业委员会，审议批准学会网站实施方案，听取和审议第十四届国际中国科学史会议承办方提交的会议主题、议题等相关事项的报告，同意推荐孙小淳为第25届国际科学技术史学会执行理事会执委（及以上领导职务）、第33届国际哲学与人文科学联合会执委以上领导职务候选人。会议审议了与成立丝绸之路科学与文明国际学会的相关事宜，同意学会常务理事以个人身份参与该国际学会筹备委员会。会议就全面改革学会治理结构和治理方式等方面的具体内容进行了讨论，尤其对提高秘书处服务能力和工作效率提出了要求。

11月26日，学会召开第九届常务理事会及理事会第二次会议。会议就学会整改进展情况及常务理事会决议向全体理事会成员进行通报。学会九届二次常务理事会议审议通过成立中国科学技术史学会造纸史与纸质文物专业委员会。

国际组织任职 12月17日，学会副理事长曲安京、理事长孙小淳增选为国际科学史研究院院士，学会秘书长鲁大龙当选为国际科学史研究院通讯院士。

国际交往 11月14—30日，学会接待了秘鲁库斯科大学物理系教授罗哈斯来访，罗哈斯先后在中国科学院大学、南京信息工程大学发表演讲，并在第十四届国际中国科学史会议上发表研究报告。

党建强会 学会积极学习传达中国科协学会党建工作会议精神，按照《关于印发〈中国科协关于加强科技社团党建工作的若干意见〉》的要求，拟出《中共中国科学技术史学会委员会工作办法（征求意见稿）》，筹备成立学会党委。11月26日，学会召开党员常务理事专题会议，研究并提出在理事会层面建立功能型党组织的组织架构和组成人选，组建了学会党委，党委设委员7名。

10月28日，学会秘书处根据中国科技社团党委下发的《科技社团党委关于推进中国科协所属学会党建工作“两个全覆盖”专项工作方案》提出学会党建工作规划，并对《中共中国科学技术史学会委员会工作办法（征求意见稿）》进行修订。

【第十四届国际中国科技史会议】 11月24—28日，第十四届国际中国科技史会议暨首届中国古代四大发明国际学术研讨会在南京信息工程大学召开。会议以“中国古代科技与文明进程”为主题，160余名国内外专家、学者参加会议。会上，为南京信息工程大学中国传统工艺研究所揭牌。

会议邀请12位专家作了主题报告，设9个分会场，聚焦四大发明、交流史、气象史和天文史、技术史、学科史、计量史、综合史专题等领域，从历史、文化、气象学等角度开展交流，共有106位专家、学者对其研究成果进行了报告。南京信息工程大学语言文化学院科技史研究院执行院长李晓岑的《蔡伦前250年：世界上第一张纸是怎样造出来的？》等论文论述了中国传统的造纸技艺。李晓岑用考古学方法，在陕西灞桥、中颜，甘肃悬泉置、金正等地进行纸张考古，通过实体显微镜分析出土的西汉古纸得知甘肃省放马滩出土的西汉古纸是世界上最早的纸张，早于蔡伦造纸250年，并首次完整揭示了西汉“浇纸法”造纸的工艺流程。

会议设置了古代天文气象仪器展览，展品包括复制的水运仪象台、擒纵器水钟、地平经纬仪等30种中国古代的天文气象仪器。会议现场还演示了中国古代的造纸印刷技术。

（撰稿人：刘安婕）

中国科学技术情报学会

服务创新型国家和社会建设 3月，学会普及工作委员会与上海市科学技术情报学会联合举办2016年专利查新与侵权分析及专利检索高级培训班。5月，举办2016年专利分析高级培训班。

5月26—27日，学会科技出版与科技声像专业委员会业务交流及培训会在浙江省温州市召开。来自天津市、上海市、广东省等13个省、直辖市情报系统的33名专家参加会议。学会副理事长、科技出版与科技声像专业委员会主任委员叶缘民提出了对科技声像工作发展的期望和专业委员会未来工作的思路。与会专家结合自身工作特点与工作内容，研讨了服务科技主体工作的认识、感受和体会，交流了具体做法与经验。

11月2—4日，学会创新方法专业委员会与黑龙江省科学技术情报研究院、黑龙江省科学技术情报学会组织在黑龙江省哈尔滨市召开黑龙江省科技情报（信息）社会化服务工作研讨会暨NSTL（国家科技图书文献中心）全国开通电子资源推介会。来自国家科技图书文献中心、黑龙江省地市科技情报机构、黑龙江省直科研院所、大专院校的40余名专家参加会议。会议进行了系列主题培训。国家科技图书文献中心专家对NSTL全国授权开通的电子科技文献资源、NSTL资源与服务作了介绍。黑龙江大学信息管理学院专家作了题为“我国信息安全法制建设与治理重点”的专题培训。黑龙江省情报院战略研究中心、科技查新咨询中心、科技文献中心、科技企业服务中心、创新方法工程中心分别结合服务创新创业工作作了相关业务交流、研讨和推广。

12月8—9日，学会知识组织专业委员会与中国科学技术信息研究所共同主办的2016年知识组织系统建设培训会暨知识服务与情报工程学术交流会在北京举行。会议邀请中国科学院武汉文献情报中心主任张智雄、国家基础地理信息中心教授陈军、北京市科学技术情报研究所副所长吴晨生等23位专家作了专题报告。来自18个省、自治区、直辖市的工程科技领域和新闻出版领域的专家，高校、科研院所和情报机构的专家和研究人员共160余人参加会议。与会专家对“知识”“知识组织”“知识服务”的概念进行诠释，并分享相关应用案例。

学会向中国科协申请了5项公共服务方面的项目，最终获批立项4项，包括2016年国家人力资源和社会保障部急需紧缺人才培养培训项目“专利情报分析理论与实务高级培训班”，中国科协2016年高端学术交流活动项目“创新视域下的科技情报及情报学前沿论坛”，中国科协承接政府转移职能与科技公共服务工程项目“国家科技计划项目产出影响力的定量评估研究”。学会与天津市科技厅、天津市科学技术情报研究所联合申报的“链状”区域创新工程获得了中国科协创新驱动助力工程试点项目资助。

学会建设 在12月8—9日举办的2016年知识组织系统建设培训会暨知识服务与情报工程学术交流会期间，学会知识组织专业委员会举行了换届选举。

学术期刊 学会会刊《情报学报》编辑部启用了网络投稿系统（http://qbxb.alljournals.net.cn/ch/index.aspx），提高了作者来稿的稿件处理速度，缩短了稿件的刊出周期。学会主办的《情报工程》于2016年10月被核心期刊收录。

国际学术会议 10月21—23日，学会情报理论方法与教育培训专业委员会与武汉大学信息资源研究中心、武汉大学信息管理学院在湖北省武汉市共同主办第二届信息获取与知识服务国际学术会议暨第七届搜索行为与用户认知研讨会。来自中国、美国、英国、韩国等国的30多所大学、研究机构的130余名专家、学者和5家重要学术期刊的主编出席会议。

国内主要学术会议 5月29日，由学会情报研究与咨询专业委员会与中国人民大学信息资源管理学院主办的助力平台经济大布局——2016中国CIO（首席信息官）论坛（第四届）在北京举行。来自平安集团、同程旅游等企业的企业家和首席信息官参加会议并演讲。论坛以“助力平台经济大布局”为主题，与会专家就互联网时代的平台经济、共享经济进行了探讨和交流。

6月22—24日，学会合作交流委员会联合湖南省科学技术情报学会等单位联合举办基于信息挖掘与精准推送的企业竞争情报研究与实践学术研讨会。来自北京市、上海市、广东省等20多个省、直辖市科技情报信息机构的150多名专家参加会议。宝钢集团、楚天科技等企业的专家就企业对科技情报信息的需求和解决的办法作了交流发言。与会的科技信息情报领域的专家围绕企业情报信息需求展开讨论，并提出了解决方案。华中师范大学信息管理学院院长夏立新、中国科学技术信息研究所科技报告与产业情报研究中心主任郑彦宁等5位专家围绕科技报告的科技监测、竞争情报分析方法、专利分析在竞争情报中的应用、“情报 3.0”、情报生产和人工智能等主题作了学术报告。

7 月 22 日，学会竞争情报分会与北京市科学技术情报学会知识管理与竞争情报专业委员会在内蒙古自治区包头市联合举办第六届技术竞争情报助力科技创新研讨会。来自情报研究机构、咨询公司、企业的近 60 名专家参加研讨会。与会专家围绕如何在助力科技创新的情报支撑中加强技术竞争情报的应用，探索我国情报研究的技术竞争情报策略和技术支撑方案，依据技术竞争情报流程如何设置和调整科技情报体系，科技动态的监测与产品，国内外技术预测的发展，企业开展专利分析的重要性等内容展开研讨。

9 月 20 日，学会信息资源专业委员会与中国科学技术信息研究所、国家科技图书文献中心共同主办，华中师范大学信息管理学院承办的第七届全国知识组织与知识链接学术交流会在湖北省武汉市举行。学会理事长、中国科学技术信息研究所所长戴国强，国家科技图书文献中心主任彭以祺，华中师范大学党委副书记谢守成出席会议并致辞。来自北京大学、武汉大学等 65 所科研机构、高等院校的 150 多名专家、学者参加会议。会议以主题报告为主。与会的图书情报界、计算机领域、产业界的专家，围绕知识组织体系的相关研究、知识组织与知识链接领域的新理念与新技术、知识组织与知识链接新理念和新技术的具体应用以及相关实践三个方面进行了交流。

10 月 15 日，学会主办的中国科技信息事业创立 60 周年科技情报所长座谈会在北京举行。国家部委有关负责人、各省科学技术情报研究所所长共 68 人出席会议。学会理事长、中国科学技术信息研究所所长戴国强出席会议并致辞。学会常务副理事长邢宪力主持会议。

中国科技信息事业创立 60 周年科技情报所长座谈会

10 月 30 日—11 月 2 日，学会竞争情报分会和北方科技信息研究所在重庆市共同举办第二十二届中国竞争情报年会。来自钢铁、汽车、航天航空、化工、电力、电气、电信、机电和医药等行业的 250 余名专家、学者出席会议。年会以推动竞争情报发展为核心，设置了主旨报告，包括趋势与战略、服务与创新、互动论坛、业界专家演说、高峰对话五个版块，征文颁奖，联谊活动等内容。20 余名专家作大会报告和演讲。会议收到论文 46 篇，40 篇论文入选评奖论文，经过专家评审，其中 25 篇论文获奖。《基于竞合关系的战略情报研究理论框架与应用——以长江经济带建设中的生态环境保护为例》《竞争情报的协同决策模型研究》《我国竞争情报研究学派、核心思想及热点的可视化分析》《基于 AHP 法的竞争情报软件可用性测评研究》4 篇论文获一等奖，8 篇论文获二等奖，13 篇论文获三等奖。会上为获奖论文作者颁发了证书。

11 月 18—20 日，学会情报理论方法与教育培训专业委员会与吉林大学管理学院、全国高校图书情报专业学位教育指导委员会在山东省青岛市联合举办网络信息生态链建设与社会发展学术研讨会。

科普活动 学会普及工作委员会与上海市科学技术情报学会合作举办的“科技情报服务宣传周”活动，聚焦“科技情报与前沿科技”，在开展新兴产业和前沿科技的情报研究基础上，开展了具有公益性和科技情报双重特色的健康物联网主题展览活动。

表彰举荐优秀科技工作者 经学会推荐，广东省科技情报研究所所长曾祥效获得第七届“全国优秀科技工作者”称号，学会推荐的中国农业大学赵勇博士获得中国科协“高端科技创新智库青年项目”资助。

党建强会 学会落实《中国科协关于加强科技社团党建工作的若干意见》，建立了学会党建工作台账，并开展对党员队伍情况的摸底工作。

10 月 15 日，学会常务理事会议决定建立学会党委，推选学会理事长戴国强担任学会党委书记，并将上述决定上报中国科协科技社团党委。

学会上报了组建中国科学技术情报学会办事机构党支部的申请，在学会办公室的基础上，建立党支部，开展党组织活动。同时推进各专业委员会和分会建立党的工作小组，加强党组织的基层领导力度。

【第二十九届全国计算机信息管理学术研讨会】 10 月 8—10 日，学会信息技术专业委员会在甘肃省张掖市举办第二十九届全国计算机信息管理学术研讨会。来自科研院所、高校的40余名专家参加会议。会议以“推进科技信息服务技术的创业创新”为主题，分为专题报告和论文交流两个环节。来自中国国防科技信息中心、中国科学技术信息研究所等单位的专家、学者就现代信息服务技术，知识服务平台建设，知识资源服务中心建设，科技信息行业的大数据工程应用，智库建设，科技信息行业资源融合，深度学习、人工智能等技术在信息行业的探索与实践等内容进行了研讨。与会专家还就科技信息新型技术应用、科技信息服务未来发展方向、科技信息人才队伍建设等话题进行交流并提出建议。会议共录用优秀论文26篇。

【第一届全国信息与文献标准化研讨会】 10月21日，学会信息资源专业委员会与中国科学技术信息研究所、国家科技图书文献中心（NSTL）、全国信息与文献标准化技术委员会在北京组织召开第一届全国信息与文献标准化研讨会。来自图书、情报、档案、出版、博物馆等相关行业的专家、学者、标准化工作者和实践者共160余人参加研讨会。学会理事长、中国科学技术信息研究所所长、全国信息与文献标准化技术委员会主任委员戴国强在致辞中介绍了全国信息与文献标准化技术委员会的总体发展情况，包括所取得的成绩、“十三五”时期工作重点和发展目标等。国家科技图书文献中心副主任沈仲祺在致辞中强调了标准化的重要性，介绍了标准化总体发展形势。上海图书馆、中国人民大学、北京大学等单位的专家作了报告。

（撰稿人：赵维娜　赵筱媛）

中国图书馆学会

服务创新型国家和社会建设　承接文化部县以上公共图书馆评估定级职能，组织行业专家开展标准研制，形成“服务效能、业务建设、保障条件”三位一体的评估指标体系。在吉林省、浙江省、重庆市、安徽省、福建省5省（直辖市）的8家单位开展了试评估工作，对标准进行了检验和完善，被中国科协列为全国学会试点工作典型案例。

承接文化部公共文化司“基层文化队伍培训县级示范性培训（全国县级图书馆馆长培训）”项目，在辽宁省、四川省、安徽省开展了全国县级图书馆馆长培训，共计培训604人。受文化部公共文化司委托，开展全国公共文化巡讲项目。

2016年，在云南省、广西壮族自治区和新疆维吾尔自治区组织开展“网络书香·数字图书馆建设与服务宣传推广项目”系列活动，主要包括启动仪式、高级研讨班、数字阅读体验、展览、视频播放等内容。活动由文化部公共文化司指导，中国图书馆学会、国家图书馆和各省（自治区）文化厅（局）主办，各省图书馆和省图书馆学会承办。各级公共图书馆、部分高校图书馆馆长及业务骨干510人参加活动，数字图书馆体验区和展览共接待参观人数6000余人次。

在全国范围内组织实施“阅读推广人”培育行动，围绕少儿阅读推广、阅读推广基础工作、阅读推广基础理论、数字阅读推广、经典阅读推广等主题举办5期专题培训班，提升阅读推广人的业务水平和能力。1401人次参加培训。根据培训需求，编辑“阅读推广人”系列教材，包括《中国阅读的历史与传统》《图书馆讲坛工作》《大学图书馆阅读推广》《图书评论与图书馆阅读推广》《图书馆家庭阅读推广》《图书馆绘本阅读推广》6种教材。

通过培训和研讨相结合的方式宣传推广《图书馆参考咨询服务规范》和《社区图书馆服务规范》等全国文化行业标准，策划组织图书馆员在职专业培训等继续教育项目，培训全国各级各类图书馆馆长及业务骨干686人次。

5月18—20日和8月24—25日，学会分别在浙江省绍兴图书馆和河北省图书馆举办2016“全国图书馆未成年人服务提升计划”巡讲活动。来自市（州）、县（市、区）图书馆、少儿图书馆、中小学图书馆和绘本馆、出版界及媒体和图书馆相关技术的学员526人参加培训。

6月至10月，学会面向全国各级各类图书馆举办信息时代数字未来——2016年数字图书馆业务技能竞赛。竞赛设立初赛、复赛和决赛三个阶段，采取网上竞赛与现场竞赛相结合的方式进行，共有来自全国31个省、自治区、直辖市的6500余名图书馆从业人员参加竞赛。决赛评出一等奖5名、二等奖10名、三等奖20名。

学会组织专家就《中华人民共和国公共文化服务保障法（草案）》等法律法规草案提出咨询意见，并向中国科协等主管部门复函反馈意见。

编辑出版《中国图书馆年鉴》（2016卷）、《中国图书馆学会年会论文集》（2016卷），出版《全国公共图书馆评估上等级图书馆全集（第五次）》。

学会能力提升计划 认真落实中国科协学会创新和服务能力提升工程优秀科技社团项目的各项任务，顺利通过项目中期考核。

学会建设 完善学会规章制度，修订《中国图书馆学会财务管理办法》和《中国图书馆学会分支机构管理办法》，制订《中国图书馆学会分支机构活动管理办法》。完成第九届理事会分支机构组建工作，共设立分支机构17个，其中委员会5个、分会12个，吸引和凝聚了一批专家、学者和图书馆工作者参与学会分支机构管理。

国内主要学术会议 学会举办学术出版与图书情报机构转型变革高层论坛暨《图书情报工作》创刊60周年学术研讨会、2016中国高校图书馆发展论坛、专业图书馆分会2016年学术年会、医学图书馆分会第24届学术研讨会暨2016年学术年会、首届阅读推广青年论坛、第十四次全国民族地区图书馆学术研讨会、第28届全国十五城市公共图书馆工作研讨会等系列品牌学术活动34场，参会人数共计10499人次，征集论文1400篇。

8月31日—9月1日，学会与河南省文化厅主办的第二届全国图书馆未成年人服务论坛在河南省郑州市举办。论坛以“阅读与成长”为主题，特邀德国驻华大使馆学校图书馆部主任卡嘉·维斯多夫博士作了题为“德国未成年人图书馆服务——分年龄段阅读”的主旨报告，集中展示、表彰和推广近年来图书馆界未成年人服务实践中形成的优秀案例35项，举办了包括未成年人特色活动和未成年人分级阅读在内的6个分会场。全国各地公共图书馆、少儿图书馆和中小学图书从业人员，以及媒体和图书馆相关技术企业人员近500人出席论坛。

国际交往 2016年，学会接待国际图书馆协会联合会代表团，美国、日本等国家图书馆同行多批次来访。

为图书馆界代表参加2016年美国图书馆协会年会及2016年国际图书馆协会联合会大会提供专业信息咨询与服务，包括翻译相关会议文件、申请邀请函等相关工作。

科普活动 学会发布了2016年“全民阅读”工作的通知，联合全国各级各类图书馆，围绕“阅读推广人”培育行动、书香城市（区县级）发现活动、书香社区发现活动、“我与中华古籍”创客大赛等阅读推广活动，以少儿阅读为抓手，以数字图书馆推广工程为依托，重点主题活动与自主策划相结合的方式开展“全民阅读”活动，提高社会公众对阅读重要性的认识。

4月28日，2016全国少年儿童阅读年活动启动仪式在天津市少年儿童图书馆举办。活动以“红色记忆——优良传统代代相传”为主题，以连环画为载体。连环画艺术家王永扬、青年画家李云中分别作演讲《连环画：一座一艺术长廊》《连环画：一座知识宝库，一座教育殿堂——讲述经典故事，展现中华气魄》。系列活动安排了12项主旨活动，按照统一策划、规范组织、总分结合、上下互动的组织原则开展，号召全国各地少年儿童图书馆、公共图书馆、中小学图书馆联合行动，引导广大少年儿童多读书、会读书、爱读书。

为了加强民国时期文献保护工作宣传，推动保护工作的进一步开展，在吉林省、辽宁省和黑龙江省举办了民国时期文献保护计划宣传推广活动。推广活动采取讲座、展览、培训班等形式开展，并以省份为单位进行面向全省图书馆的巡展和巡讲，将推广活动深入基层。活动由文化部公共文化司指导，中国图书馆学会、国家图书馆和各省文化厅主办，各省图书馆和省图书馆学会承办。各级公共图书馆、高校图书馆业务骨干304人参加活动。

表彰举荐优秀科技工作者 经学会推荐，李春明、陈锐、李俊国获得第七届“全国优秀科技工作者”称号。

组织开展中国图书馆学会第四届青年人才奖评选工作，16位图书馆工作者获奖。

会员服务 完善会员管理与服务平台和官方微信等信息化平台，为会员参加学术交流、继续教育、奖项申报和成长成才提供服务。2016年中国图书馆年会期间，3200多名专家、学者通过平台提交论文、报名参会、下载资料等，学会官方微信发布56条报道，并同步直播开闭幕活动。

组织开展韦棣华助学金评审工作，共计34名学生获得2016年韦棣华助学金。组织开展“李炳穆交流合作奖”申报和评审工作，北京大学图书馆刘大军获奖。授予27个单位“全民阅读示范基地”称号，16个单位“全民阅读优秀组织奖”，73个单位“全民阅读先进单位奖”。

【2016年中国图书馆年会——中国图书馆学会年会·中国图书馆展览会】 10月26—27日，2016年

中国图书馆年会——中国图书馆学会年会·中国图书馆展览会在安徽省铜陵市召开。年会的主题为“创新中国：技术、社会与图书馆”，由文化部指导，中国图书馆学会和铜陵市人民政府主办，国家图书馆（国家古籍保护中心）、文化部全国公共文化发展中心、中国古籍保护协会和安徽省文化厅协办，包括开闭幕活动、学术活动、展览会、文化之夜等内容。文化部党组成员、部长助理兼办公厅主任于群，安徽省副省长谢广祥，国家图书馆名誉馆长周和平，国际图书馆协会联合会主席多纳·希德，以及来自全国各级各类图书馆工作者、有关专家、学者，文化部相关司局和直属单位、各省（区、市）文化厅（局）和公共文化处有关负责人，企业家等共3200多人参加会议。

开幕式上，举行了“2016年最美基层图书馆”“2016年中国图书馆榜样人物”风采展示仪式，第二批国家公共文化服务体系示范区颁牌仪式。国家图书馆馆长韩永进作了题为“创造出中华文化新的辉煌”的演讲。演讲以“创造出中华文化新的辉煌”为主题，从中华民族的文化辉煌、中国共产党的文化自觉、大国崛起的文化准备三方面进行了分析和阐述。

年会共征集论文1131篇，举办了3个工作论坛、4个主题论坛、25个学术分会场和4场卫星会议。

【“我与中华古籍”创客大赛及巡展活动】 学会联合有关单位策划主办了“我与中华古籍”创客大赛。大赛面向全国古籍收藏单位征集创意元素，并引导各地、各系统图书馆和图书馆学会、创客团队、专业艺术院系、古籍工作者、设计工作者和社会公众积极参与，开展文化创意活动。活动共征集到创意元素1160个，平面创意、产品创意、多媒体创意作品等300余件（套），评选出获奖作品21件（套）、优秀组织单位12个。为了提升大赛的社会影响力，组织策划了创客@图书馆——“我与中华古籍”创客大赛展览，在12个省（自治区、直辖市）的100余个基层站点展出。活动将现代化元素融入古籍保存与保护中来，让更多的社会公众关注并参与古籍保护事业，扩大重点文化工程和图书馆行业的社会影响力。

【全国数字图书馆建设与服务联席会议第十七次会议】 5月26日，全国数字图书馆建设与服务联席会议第十七次会议在福建省厦门市召开。会议以“数字环境下的阅读推广”为议题，讨论了如何宣传数字阅读理念，交流数字阅读经验，提炼数字阅读成效，研讨数字阅读推广策略，发展数字阅读文化等。国家图书馆副馆长孙一钢以“国家数字图书馆的数字阅读服务与推广”为题，文化部全国公共文化发展中心副主任陈胜利、高级工程师吴晓以“文化共享工程在数字阅读方面的经验与做法”为题，上海图书馆李颖以“上海图书馆数字阅读推广实践——以两微一端为例”为题，中国科学院文献情报中心新媒体传播中心主任吴昊以“文献移动获取第一平台——‘中国科讯’APP简介”为题，中央党校图书馆副馆长刘俊瑞以“中央党校图书馆宣传推广数字阅读情况”为题，国防大学图书馆副馆长李抒以“国防大学之阅读推广”为题，北京大学图书馆馆长朱强以“高校图书馆数字阅读”为题，分别进行专题发言。会后计划编辑出版“数字图书馆发展趋势研究报告”。

（撰稿人：马　骏）

中国城市科学研究会

服务创新型国家和社会建设　研究会组织开展国家“十三五”课题“基于实际运行效果的绿色建筑性能后评估方法研究及应用”研究。申报国家“十三五”课题“基于全过程管理的大数据绿色建筑管理技术”。

研究会申报的“我国公用事业PPP的制度性缺陷分析与治理对策研究”“标准必要专利滥用的竞争效应及反垄断规制政策研究”获国家社会科学基金重点课题立项。“移动源污染物排放的核算及相关政策研究”“广延边际资源错配的形成机制、监管治理与优化配置研究”“我国电力市场中市场势力的形成机制与管制政策研究”获国家自然科学青年基金立项。

研究会完成3项科研任务验收工作，分别为水专项子课题“饮用水流域的管理体制运行机制与保障体系研究”、科技支撑计划子课题“绿色建筑基础数据库的建设”、高分专项“保障房建设过程监管和违章建筑判别子系统等研究与示范”。

研究会承担4个水专项课题，分别为“城市内涝预警与雨水径流综合管控平台研究与示范——镇江示范”“地表空间特征识别和数字解析技术研究”“城市供水智能化平台与城市公共信息服务集成技术研究”“基于遥感数据的水体水质评估研究”。

研究会申报的国家水体污染控制与治理科技重大专项子课题“城镇排水与污水处理监管机制与政策研究”获批立项。

研究会学术部开展了“生态文明背景下的绿色城镇化研究”“中德建筑节能激励政策比较研究”“国内外绿色建筑和生态城市政策梳理和发展建议”“GEF可持续发展城市综合解决方法中国筹备项目”“水专项创新任务‘污泥干化焚烧’”“农村污水排放模式和要求”“城市旧住宅小区综合改造技术导则”“珠海市宜居城市建设水平评估研究”“农村污水处理模式与评价标准研究”等课题研究。研究会县镇工作部完成了“特色小城镇案例、政策和评价标准”“2016年美丽宜居村镇遴选组织”等住房和城乡建设部村镇司委托的课题。研究会历史文化名城专业委员会完成了住房和城乡建设部村镇司委托的“传统村落立法前期研究”课题。研究会中小城市分会完成了“乡村建设规划许可制度实施中的新问题及其对策研究”“县（市）域推进新型城镇化规划建设政策研究”“县（市）域城乡统筹规划中的生态文明建设研究”。研究会绿色建筑委员会完成住房和城乡建设部科技司委托的“建筑工业化中的若干问题研究及案例分析”“建筑碳排放计算研究”课题。

研究会学术部以生态规划为主，完成了“南京青龙山绿色生态示范城规划咨询”“吉林高新区中德生态城生态规划”“银川中德生态城生态规划”“江苏淮安高新区中德生态城生态规划”“株洲市云龙新城环境卫生专项规划研究”“陕西西安沣西新城生态规划”“怀来冬花园生态规划”“南京南部新城生态规划”“南京南部新城海绵城市专项规划”“珠海海绵城市专项规划”“阿尔山中芬生态城规划”和“贵阳花溪国际生态城控规优化”。以城市发展与规划研究为主，完成了“徐江苏州发展战略研究”“甘孜州城乡规划编制与城市管理法规体系建设研究”“珠海市海绵城市标准与规划导则研究”“新型城镇化和高铁时代中深圳城市形态的发展趋势与对策项目”等课题。研究会数字城市专业委员会完成“北京市城市总体规划——智慧城市发展战略专题研究”，并通过了北京市规划和国土资源管理委员会评审。研究会县镇工作部承担了贵州桐梓县“九坝镇特色小镇规划”“绿色低碳技术服务清单编制”“山堡村村庄规划”课题研究。研究会生态城市研究专业委员会配合湖北省荆门市出台《实施“生态立市”战略的决定》，提供目标定位、战略指标分析。研究会新能源中心与内蒙古自治区建立战略合作，双方签署了《促进城镇低碳生态宜居智慧发展战略合作框架协议》。

研究会绿色建筑委员会完成了国家标准《绿色校园评价标准》和《绿色生态城区评价标准》的编审工作，并报住房和城乡建设部批准。研究会绿色建筑研究中心参与编制了《民用绿色建筑建设标准》和《健康建筑评价标准》。研究会生态城市研究专业委员参与编制《生态城市规划技术导则》。

在智慧城市专项试点管理工作方面，研究会数字工程研究中心完成了中国科协所属学会承接政府职能转移项目扩大试点项目——数字化城市管理系列标准研究，制定了《中国城市科学研究会团体标准建设管理办法（建议稿）》。

学会建设 5月18日，研究会召开换届大会。截至12月31日，研究会会员共有3500人，其中高级会员151人、荣誉会员13人、团体会员2个。研究会本部共有221名科研人员（硕士和博士占85%以上）。

研究会新成立了城市大数据专业委员会、建设互联网与BIM专业委员会、城市更新专业委员会、景观设计学与美丽中国专业委员会4个专业委员会，研究会下属专业委员会由原来的9个增为13个。研究会对机构进行整合，将学术一部和学术二部合并成为学术部，研究会秘书处成立了组织人事处。

对研究会官方网站进行改版，及时更新信息内容，展示研究会研究成果及所获荣誉奖项，扩大研究会的影响力。

利用新媒体，加大宣传力度，建立了7个分支机构的微信公众号，定期推送相关学术动态、学术观点等。

开发建立绿色建筑标识评价申报系统，与北京市、香港特别行政区、广东省深圳市、河北省、贵州省等地合作，在当地建立绿色建筑标识评价申报系统。

学术期刊 《城市发展研究》杂志编委会进行了调整，吸纳了城市研究领域近年比较活跃且成果突出的专家进入编委会。根据2016年汤森路透集团公布的统计报告,《城市发展研究》影响因子由1.567上升到1.679，比上年度提高0.112；影响力指数学科排序为4/36；获得2016年度最具国际影响力期刊称号（TOP50)。2篇文章获得“金经昌城市规划优秀论文奖”提名奖。2016年中国人民大学报刊复印资料全文转载7篇，索引数147篇，索引数较上年130篇增加17篇，增长了13%。

学科发展研究 研究会编写出版了《中国绿色建筑报告2016》《中国城市交通规划报告2014》《中国数

字化城市管理发展报告2015》《中国城市规划发展报告2015—2016》《中国低碳生态城市发展报告2016》《中国小城市和村庄发展报告》《中国城市公用事业发展报告2015》《中国智慧城市年度发展报告2015》《中国建筑节能年度发展研究报告》和《中国智慧城市年鉴2015》10本年度报告和年鉴。

决策咨询 研究会理事长仇保兴针对经济建设、社会发展中的重大问题，积极建言献策，其中《以推进政府与社会资本合作（PPP）的有关问题和对策建议》《化解房地产库存的八点建议》《首付贷存在四种风险》《“一行三会”应暂缓合并，合力应对金融风险》《城市老旧小区绿色化改造——增加我国有效投资新途径》《关于对“江河联通骨干工程”的看法》《关于使用异辛烷降低城市交通污染的建议》《防范三种风险、实行七项对策，促进国民经济形势持续发展》《影响我国房地产市场长期健康发展的若干问题》9篇建议获国务院总理李克强批示，《关于永嘉水库前期工作的建议》获国务院副总理张高丽批示，《关于“十三五”规划的两个建议》获国务院副总理汪洋批示。

研究会理事长仇保兴分别在国务院总理李克强、全国政协主席俞正声召开的经济形势座谈会上发言。5次在经济政策“闭门会”上发言。在湖南省委中心组、福建省委中心组、云南省委中心组、宁夏回族自治区委中心组、广州市委中心组讲授“新型城镇化”“城市规划”等课程。

国际学术会议 研究会全年共举办4次国际学术会议，参会人数3820人次，其中，国外专家、学者共计280人次。收到学术论文891篇，收录518篇。共设分论坛104个。

3月30—31日，研究会与绿色建筑与节能专业委员会、生态城市研究专业委员会共同主办的2016第十二届国际绿色建筑与建筑节能大会暨新技术产品博览会在北京举办。大会以“绿色化发展背景下的绿色建筑再创新”为主题，交流国内外绿色建筑与建筑节能的最新科技成果、发展趋势、成功案例，研讨绿色建筑与建筑节能技术标准、政策措施、评价体系、检测标识，分享国际国内发展绿色建筑与建筑节能工作新经验。博览会展示了国内外建筑节能、绿色建筑、智能建筑和绿色建材的最新技术成果与产品应用实例。

6月29日—7月1日，研究会与同济大学共同主办的2016全球智慧城市高峰论坛暨国际智慧城市博览会在上海市举办。高峰论坛以“构建创新具有活力的智慧城市”为主题，设立“趋势与战略”和“路径与创新”两个版块，与会专家围绕智慧城市的发展大势和战略选择、建设路径及落地实施策略等议题展开演讲和研讨。研究会理事长、国务院参事仇保兴就智慧城市建设的趋势与路径作了主旨演讲。中国科学院院士、中国工程院院士、武汉大学教授李德仁发表了题为“智慧城市时空大数据”的演讲。中国科学院院士、中国科学院地理研究所研究员周成虎发表了题为《智慧城市发展的思考》的演讲。瑞典皇家工程科学院院士、同济大学副校长吴志强发表了题为《智慧城市创新战略》的演讲。

8月16—17日，研究会与长沙市政府、湖南省住房和城乡建设厅联合主办的2016第十一届城市发展与规划大会在湖南省长沙市召开。大会以“绿色循环　包容韧性　和谐宜居”为主题。大会设有19个分论坛，300多名专家、学者围绕新型城镇化与中国生态城市建设、生态城市规划建设经验与范例、中外城镇化发展进程比较、生态城市的规划建设与管理等19个专题展开研讨和交流，探索业内关键问题的解决途径，勾勒中国城市发展的未来。

12月8—9日，研究会与中国城镇供水排水协会、广东省住房和城乡建设厅、广州市人民政府联合主办的第十一届中国城镇水务发展国际研讨会暨新技术设备博览会在广东省广州市举办。会议的主题是“贯彻中央城市工作会议精神，探索城市水务绿色循环低碳之路”。研讨会共设立海绵城市规划建设与管理、城市智慧水务建设与运行、城镇水务改革与发展战略、供水设施改造与运行管理、供水管网运行与漏损控制、二次供水设施建设与管理、水质监测预警与应急管理等17个专题论坛。博览会展出了智慧水务设备、海绵城市相关技术与设备、水处理技术设备、给排水管网系统技术设备、膜与膜分离技术设备、污泥处理新技术和新设备等。

两岸交流 8月28日—9月3日，应台湾都市计划学会邀请，研究会组团赴台湾地区参加第二十三届海峡两岸城市发展研讨会暨学术参观考察活动。代表团由18名专家、学者组成。台湾地区参加会议的专家、学者60名。本届研讨会的主题为“因应气候变迁之城市管理”。围绕主题，研讨会设置了城乡建设与管理、城乡建设与文化、城乡气候与环境（一）、城乡气候与环境（二）、城乡规划与创新、城乡安全与再生6个场次专题研讨。研讨会编辑了论文集，收录论文20篇，共计35万字。

国际交往 研究会县镇工作部完成了与英国大使馆、英国外交和联邦事务部合作的“中英小城镇绿色发展技术导则”“中英珠海村镇垃圾处理”等项目，确定并实施了“中英绿色低碳试点小城镇”项目。

研究会绿色建筑委员会与美国劳伦斯伯克利国家实验室签署了合作备忘录，双方将在绿色建筑、绿色生态城区、绿色建筑和城区的碳排放及建筑工业化领域加强交流，开展合作；协助广东等省的地方机构组成80多人代表团，参加新加坡2016国际绿色建筑大会；与新加坡建设局共同举办中新合作讨论会和中新合作洽商会，重点在立体绿化、绿色园区和既有建筑绿色改造等领域开展具体项目合作。筹备在英国、德国等国家建立事务部，推动交流与合作。

科普活动 研究会绿色建筑委员会联合相关学校、地方政府组织开展了9场绿色科普教育巡回课堂及绿色科普主题讲座；组织了第二届全国青年学生绿色建筑网络知识竞赛，300多名大学生参加；与沈阳建筑大学、北京绿建软件有限公司共同举办第二届全国青年绿色建筑夏令营，来自12所高校的20名学员参加夏令营活动。

学会创新发展 研究会被中国科协确定为2016年度创新驱动助力工程试点参与学会。

11月14日，经国家自然科学基金委员会批准，研究会被批准为国家自然科学基金依托单位。研究会成为国家科技支撑计划项目“智慧城镇综合管理技术集成与示范”牵头单位。

党建强会 11月，经中国科协科技社团党委批复，研究会成立了功能型党委。党委由5人组成，研究会理事长仇保兴任党委书记。

研究会积极开展“两学一做”教育活动，把发挥党员的先锋模范作用和发挥研究会的科研优势相结合，开展“绿色低碳 助力奥运”党建主题活动，为河北省张家口市城市建设举办义务咨询。

编撰《党的十八大以来中央重要文件及习近平总书记系列讲话党建部分资料汇编》《党建工作资料汇编》，两书共计10万字。

【中国城市科学研究会第六次全国会员代表大会】 5月18日，中国城市科学研究会第六次全国会员代表大会在北京召开。近200名代表参加会议。

大会审议并通过了研究会第五届理事会工作报告、财务工作报告、《中国城市科学研究会章程》修改草案以及《会费收缴标准》修改草案，选举产生了研究会第六届理事会理事112名。

在随后召开的研究会六届一次理事会议上，选举产生常务理事33名，国务院参事仇保兴当选为研究会第六届理事会理事长。

（撰稿人：李志强）

中国科学学与科技政策研究会

服务创新型国家和社会建设 研究会承接中国科协创新驱动助力工程项目，与山西省科协、晋中市科协合作组织专家、学者赴晋中市太原重机液压工业园、晋中市丰润泽生态园进行调研，围绕企业创新战略、企业发展过程中对国家科技政策知晓情况、对创新驱动助力工程的了解情况以及国家科技政策落实过程中存在的障碍等问题进行座谈。

研究会积极参与中国科协组织的立法咨询活动，组织专家对《中华人民共和国中小企业促进法（修订草案）》《人力资源市场条例（草案）（送审稿）》等法案进行讨论，并提交了相关建议。

学会建设 2016年，研究会增补副理事长2人、常务理事6人、理事18人，恢复理事资格2人。学会批准新成立科技基础设施专业委员会，调整科技政策等3个专业委员会、1个工作委员会的主任委员。

11月12日，研究会七届二次理事会议在重庆市召开。会议审议通过《中国科学学与科技政策研究会奖励办法》，自2017年起，设立“中国科学学与科技政策研究会终身成就奖”“中国科学学与科技政策研究会杰出贡献奖”“中国科学学与科技政策研究会优秀青年奖”等系列奖项。

2016年新增会员328人。研究会建立了微信公众号为会员提供交流平台，截至2016年年底，会员关注人数540人次。

学术期刊 研究会主办的《科学学研究》《科研管理》《科学学与科学技术管理》获得“中国科协科技期刊精品工程”项目资助。

根据《中国学术期刊影响因子年报（人文社会科学·2016年版）》显示，《科学学研究》影响因子为2.752，总被引频次为10194，影响力指数（CI）学科排序是2/30。根据《2016年版中国科技期刊引证报告（核心版）》,《科学学研究》核心总被引频次为2728，在管理类期刊中排第3位。核心影响因子为1.251，排第5位。2012年至今，连续五年被中国学术期刊（光盘版）电子杂志社评为“中国最具国际影响力学术期刊”。

《科研管理》被收入2016版南京大学、北京大学、中国科学技术信息研究所核心科技期刊目录。2016年10月“中国科技论文统计结果发布会”公布的数据显示,《科研管理》在管理学类期刊中排第5位，与2015年相比上升3位；核心影响因子排第4位，与2015年相比上升1位。根据《中国学术期刊影响因子年报（人文社会科学·2016年版）》发布的数据,《科研管理》2015年在30种科学学与科研事业类期刊中，复合总被引频次为9933次，与2014年相比提高1306次；复合影响因子为2.911，提高0.234，排第2位。2016年，获得“中国国际影响力优秀学术期刊（人文社科期刊）”。该刊微信公众号关注人数达到2368人。

《科学学与科学技术管理》被收入2016版南京大学、北京大学、中国科学技术信息研究所核心科技期刊目录。根据《中国学术期刊影响因子年报（人文社会科学·2016年版）》发布的数据,《科学学与科学技术管理》复合影响因子为2.379，比2015年度的2.073提高15%；期刊综合影响因子为1.343，比2015年度的1.180提高14%，上升至管理学类期刊前十名。2016年，获得“中国国际影响力优秀学术期刊（人文社科期刊）”。组织了2期专题，进行杰出审稿人评选和2016年度最佳论文TOP10评选。微信公众号关注人数达到1302人。

学科发展研究 研究会承接中国科协“科技政策学学科发展研究”项目。10月8日，召开“科技政策学学科发展研究”项目开题会，对科技政策学学科进展报告编撰工作进行了研讨和部署。依托各专业委员会召集本领域权威专家，组成研究队伍，对近年本领域学术研究进展、国内外比较和未来发展趋势做梳理和概述，形成专题报告。

国内主要学术会议 研究会各专业（工作）委员会共组织各类学术活动8项，参加人员1790人次，会议交流论文420篇。

6月4—5日，研究会与武汉大学中国科学评价研究中心联合主办的第九届全国科学计量学与科教评价研讨会在湖北省武汉市召开。

7月9—10日，由研究会技术预见专业委员会与北京工业大学、中国技术经济学会、中国企业管理研究会共同主办的第七届中国技术未来分析论坛在北京召开。约200名专家、学者出席论坛。论坛的主题是“数据驱动的新兴技术未来分析与创新管理”。

8月26—27日，研究会主办，研究会青年工作委员会、北京科技大学科学技术与文明研究中心、《科学学研究》编辑部承办的第八届中国青年创新论坛在北京召开。论坛的主题是“创新驱动发展与生态文明建设”。来自高校及科研院所的教师和研究生约100人参加论坛。

10月20—21日，研究会技术预见专业委员会与中国科技发展战略研究院、中国科学院科技政策与管理科学研究所、上海市科学学研究所主办，浙江省科技发展战略研究院（浙江省科技信息研究院）承办的第十一届全国技术预见学术研讨会在浙江省杭州市召开。会议以“技术预见：创新驱动与产业变革大趋势”为主题，就技术预见在推动创新型国家建设中的支撑作用，加强技术成熟度预测、技术路线图研究和竞争情报分析，增进技术预见的方法、实践和应用等方面进行了研讨和交流。来自全国各地的近200名专家、学者参加会议。

10月29—30日，研究会与《科研管理》编辑部主办，浙江工业大学政治与公共管理学院和中国中小企业研究院、中国科学院管理创新与评估研究中心承办的第十六届全国科技评价学术研讨会在浙江省杭州市举办。来自科技部、教育部、国家自然科学基金委、中国科学院、高校、地方政府和企业界人士共300余名专家参加会议。

两岸交流 11月12—13日，研究会与台湾“中华科技管理学会”共同主办、西南大学承办的第四届海峡两岸科技管理与政策博士生论坛在重庆市举办。研究会名誉理事长方新、西南大学校长张卫国担任论坛主席。来自海峡两岸30余所高校、科研院所及相关科研管理机构的教师和博士生等80余人参加论坛。

论坛从海峡两岸博士生论文投稿中精选了20余篇优秀论文，分3个会场，作了论文交流报告，10余名教授对博士生的报告进行了点评。

国际交往 研究会与加拿大魁北克大学蒙特利尔分校续签了五年合作协议，在人员交流、学术研究方面开展合作。

党建强会 12月23日，研究会组织研究会全体常务理事召开通讯会议，讨论建立研究会党组织。会议研究推选了研究会党委委员。

会员服务 研究会在会员较集中的北京科学学研究中心等9家机构设立了“会员之家”，为科技工作者提供服务，为会员打造就近接受资讯服务和发挥自身作用的平台。

【第十二届科技政策与管理学术年会】 11月12—13日，研究会主办，西南大学经济管理学院承办，《科学学研究》编辑部、《科研管理》编辑部、《科学学与科学技术管理》编辑部联合协办的第十二届中国科技政策与管理学术年会在重庆市召开。来自政府机构、高校、科研院所、产业界的450余名专家、学者参加会议。

研究会理事长穆荣平对新时期创新发展政策科学面临的问题与挑战进行了分析，中国科学技术发展战略研究院院长胡志坚分享了对我国当前创新研究的思考，上海交通大学教授李垣认为，在强调产业升级的同时，更要注重企业创新管理理念。清华大学教授陈劲、吉林大学教授蔡莉、台湾交通大学教授袁建中、西南大学教授温涛分别作大会报告《建设科技创新强国》《对创业生态系统的思考》《两岸在车联网发展的机会》《创新要素集聚、行政腐败与创新效率》。中国科学院大学教授柳卸林、大连理工大学教授苏敬勤、上海交通大学教授吴建南、中国科协创新战略研究院研究员陈锐、西南大学教授肖亚成分别作大会报告《创新的评价困境与政策错位》《国家政策还是国家逻辑——给予企业创新视角的思考》《战略执行目标偏差如何发生？》《第三方评估视角下的区域创新管理》《挑战与抉择：科研经费管理政策目标取向的思考》。

会议设立了科技政策、科技人力资源、区域创新、创业创新、科技基础设施5个分会场和科学学与科学计量学、科技与创新政策、企业创新与管理、产业创新、区域创新、创新与发展6个分组进行专题研讨。与会专家围绕实现创新驱动发展战略的政策与制度保障、科技和创新体制改革、创新和创业、绿色发展生态文明与科技创新、科学学理论与科学计量学等内容进行了研讨。

年会共收到论文近200篇，评出优秀论文13篇，会上为优秀论文作者颁发了荣誉证书，优秀论文刊载于《科学学研究》《科研管理》《科学学与科学技术管理》等期刊。

【第五届中国科技政策论坛】 9月12日，以“建设世界科技强国”为主题的第五届中国科技政策论坛在北京召开。论坛由中国科协常委会决策咨询专门委员会主办，中国科协调研宣传部支持，中国科协创新战略研究院和中国科学学与科技政策研究会共同承办。中国科协党组成员、书记处书记王春法，研究会名誉理事长方新出席论坛并发言。

第五届中国科技政策论坛

论坛包括大会主旨报告与专题对话两个部分。中国科协副主席、中国科学院副院长、中国科学院院士李静海，中国科学院院士、北京大学纳米科学与技术研究中心主任刘忠范，中国科学院院士、中国科学院高能物理研究所所长王贻芳，研究会理事长穆荣平分别作了题为《探索知识体系的逻辑与架构》《从石墨烯热到科技强国梦》《积极发起国际大科学计划 建设国家实验室》《科技强国能力建设的政策思考》的主旨报告。围绕论坛主题，报告人分别就科学界的开放性、战略新兴材料、大科学装置及国家实验室、科技体制改革等问题进行探讨，并为与会人员现场答疑。

专题对话环节，中国科学院院士、南京大学物理系教授邢定珏，中国科学院深圳先进技术研究院院长樊建平，中国科协创新战略研究院院长罗晖，国家自然科学基金委员会政策局副局长郑永和，中国运载火箭技术研究院副院长王国庆围绕科技人才问题发言。北京科技大学国家科学中心教授金莹、国家科技基础条件平台中心副主任苏靖、中国科学院上海光源生命科学研究部主任何建华、中国科学技术大学教授刘万东、中国工程物理研究院研究员苗红波就大科学装置与国家实验室建设话题进行发言。

（撰稿人：张 悦）

中国农村专业技术协会

服务创新型国家和社会建设 5月，协会起草了《中国科协关于促进农技协转型升级的意见》及实施方案，明确农技协转型升级的主要方向、目标任务和措施，要求各级科协统一思想、加强领导、科学规划、系统推进农技协转型升级工作。通过实施农技协产业聚合领航行动、农技协桥头堡行动、“‘互联网+’农技协”行动、精准帮扶行动、智慧农民引领行动，推动农技协由技术示范推广型协会向产业服务型协会转变、由封闭粗放的服务方式向协同精准的服务方式转变、由传统手段向现代信息化手段转变，切实增强农技协开展精准科技推广和科普服务的能力。经与中国科协科普部、各地方农技协多次讨论，对《中国科协关于促进农技协转型升级的意见》修改十余稿，形成了征求意见稿。

5月至11月，协会开展推动农技协转型升级调研。对河北省、安徽省等6个省份，以各级农技协联合会提交有关材料的形式进行调研。对内蒙古自治区、黑龙江省等8个省、自治区，以实地走访、研讨、座谈等形式进行调研，深入挖掘典型经验，梳理存在问题。

协会根据农技协转型升级的要求确定了9个分专题，涵盖了农技协转型升级的各个方面，由来自高校、科研院所、各级科协、农技协的16个调研组进行分片区调研，探寻农技协转型升级的方向，明确科协组织促进支持农技协发展的方式和方法。

协会组织实施农技协转型升级项目。经申报和评审，共选出省级农技协联合会能力提升项目16个、“银会合作”专家服务团项目9个、基层农技协转型升级试点项目21个，给予项目资金支持。

8月，协会实施“银会合作”专家服务团项目。通过以奖代补的方式，着力推进申请政策、资金支持，制订工作计划，建立沟通机制，宣传科技金融，实现重点突破。

学会建设 9月6日，协会第四届常务理事会第十三次会议在江苏省宿迁市召开。31个省、自治区、直辖市的52位常务理事出席会议。会议审议并通过了《中国农技协第五次全国代表大会换届方案（审议稿）》，并就农技协组织建设与创新发展工作进行交流和探讨。河南省、甘肃省、四川省、安徽省、福建省、江苏省等地农技协负责人就各地农技协工作情况作了汇报。中国科协农村专业技术服务中心主任师铎出席会议并作总结讲话。

会议强调，农技协是以专业技术为纽带形成的农民合作组织，在新形势下，应当面向市场，提供产前、产中、产后一体化服务，打造核心品牌，制定安全生产标准。各级科协、农技协要深入挖掘典型经验，认真总结、提炼，不断思考、探索农技协转型升级的发展方向。

会议要求，协会秘书处在农技协转型升级工作中要摸清底数，深入思考，明确发展方向，打造升级版农技协，并做大做强，为农民发家致富提供服务平台。中国科协农村专业技术服务中心要谋划顶层设计，深入调研农技协现状和未来发展趋势，坚定不移地支持农技协各项工作，为打造2.0版农技协开创新局面。

2016年，协会个人会员达到1012名，团体会员126个。专业委员会4个、技术交流中心38个。

协会加强对会员的管理，建立基础信息统计与会员申报系统，实现对基层协会和会员状况的及时掌控，促进协会基础信息和会员信息的有效管理，为基层政策的制定和实施提供决策依据。

协会开通了中国农村专业技术协会微信公众号。加强对协会官网管理，截至2016年年底，网站点击率增加至55万人次。

科普活动 11月5—9日，协会在第23届中国杨凌农业高新科技成果博览会上，举办了科普惠农兴村计划专题展。协会从全国15783个“科普惠农兴村计划”奖补对象中，精选出近50个在农业科技创新，新品种、新技术引进及示范推广和运用信息化手段开展农村科普等方面取得突出成绩的单位参加展览，展览内容涵盖了蔬菜、水果、畜禽产品、手工艺、茶叶等领域。

表彰举荐优秀科技工作者 协会推荐的中国农村专业技术协会科普信息网络技术交流中心主任顾君荣获第七届“全国优秀科技工作者”称号。

党建强会 12月，协会成立功能性中国农村专业技术协会党委，协会常务副理事长张晓军任书记。

（撰稿人：王健豪）

中国工业设计协会

服务创新型国家和社会建设 协会承办了“国家企业经营管理人才素质提升工程”2016届工业和信息化部中小企业经营管理领军人才工业设计高级研修班，课程为期半年。从2013年开始，协会已连续四年承办该研修班，累计培训近500名创新企业家。

协会申报承接了“中国科协继续教育示范项目”，开展CDO首席设计官——中国工业设计协会继续教育高端前沿培训。

受中国轻工业联合会委托，协会承办了人力资源和社会保障部“专业技术人才知识更新工程”2016年设计服务与产业融合发展创新能力建设高级研修班。

协会加强与中西部地区和东北地区的联系，把沿海地区和国际先进资源及设计创新理念向内陆地区推广。协会与贵州省贵阳市签订了战略合作协议，策划并与河南省、河北省、山西省、陕西省、内蒙古自治区、安徽省、江西省、湖南省联合发起成立工业设计联盟，与辽宁省沈阳市共建装备制造业工业设计中心。协会与四川省经济和信息化委员会、重庆市经济和信息化委员会、甘肃省工业和信息化委员会等部门共同开展论坛、峰会、展览、宣讲等活动。

12月21—27日，第十一届中国工业设计周暨第十届中国（深圳）国际设计周在广东省深圳市举办。本届设计周由协会与深圳市经济贸易和信息化委员会主办，深圳市设计联合会、深圳市南山区经济促进局、荷兰国际文化合作中心等承办。设计周举行了中国工业设计行业企业信用评价结果发布、中荷创意大使馆签约暨发起仪式、2016年度“深圳市工业设计十佳公司”颁奖、深圳设计商学院启动及系列论坛、展示等活动。

学会建设 根据中共中央办公厅、国务院办公厅印发的《行业协会商会与行政机关脱钩总体方案》和《民政部 国家发展改革委关于做好全国性行业协会商会与行政机关脱钩试点工作的通知》要求，协会作为全国首批脱钩单位，按期完成了脱钩方案上报并得到民政部批复。

协会对原有平台和分支机构工作进行优化提升，取消了长期不开展工作的分支机构，终止了没有推动作用或没有合同约束的共建平台和设计中心，增设了设计标准、服务设计、大飞机设计、装备设计等新的设计分会。

持续提升协会秘书处管理水平和服务能力，坚持工作项目化、项目责任化，做到实化、细化、量化、具体化和可比较、可检验、可考核。健全绩效考核机制，用机制的作用促进和提升团队建设水平。

学术期刊 协会主办的《设计》杂志刊登专家、学者特约稿件39篇，理论稿件来源于200多所国内外院校，所刊载论文的转载率实现翻倍增长。策划24个设计热点专题，内容涉及绿色设计、民生设计等。杂志社加强与设计机构、设计类院校的合作，主办了中国高等院校设计作品大赛，大赛收到来自300多所院校的2400多份设计作品。杂志社实行了实习生和特约编辑等制度。

对会刊《设计通讯》的栏目设置进行简化。《设计通讯》在报道行业发展资讯的同时，增加对协会重点工作的报道，让业界和公众了解协会的发展方向和工作重点。紧跟国家和行业发展形势，设计和制作了“‘十三五’工业设计展望”“2016世界工业设计大会—2016年中国优秀工业设计奖”“行业信用建设”“设计人才培养”“交融与创新”等专题。

学科发展研究 协会组织编写了《中国工业设计产业发展报告》（绿皮书），以数据和视觉系统，从工业设计产业链分布及发展趋势、国家工业设计政策现状及建议、全国工业设计中心、全国工业设计服务平台建设与建议、推动设计创新创业、提升企业设计创新能力等方面进行了分析和预测，展示并解读了中国工业设计行业发展全貌。

决策咨询 协会积极为工业和信息化部、国家发展改革委等部委提供智库咨询服务，在“十三五”规划、服务型制造、战略性新兴产业发展规划等方面的国家政策调研、咨询和制定过程中发挥作用，其中关于人才、平台、知识产权等方面的一些建议被采纳。协会多次为国务院发展研究中心提供行业发展信息和报告，从顶层架构层面推动全国工业设计向更高层面发展。

协会承担了财政部、工业和信息化部“设计驱动创新发展的国际现状和趋势研究”“工业设计推进两化融合战略研究”课题，联合7所大学及企业组成课题组，为国家产业政策研究提供专项研究和政策建议。

国际学术会议 12月2—3日，2016世界工业设计大会期间，协会举办了设计产业发展论坛、设计教育主旨论坛、服务设计主旨论坛3个国际学术会议。国际设计委员会主席大卫·格罗斯曼，印度设计委员会执行主席、印度国家设计学院院长普拉丢姆那·维亚斯，国际服务设计联盟主席波吉特·麦格，欧洲设计协会副主席、英国设计委员会前首席执行官约翰·马瑟斯，法国工业创新推广协会国际委员会主席杰哈尔·卡龙，日本设计振兴会首席执行官青木史郎，奥地利设计协会主席塞韦林·费莱克等100余名设计行业专家出席会议，围绕设计产业与世界经济发展趋势、全球设计生产力及中国设计的机会等内容进行研讨。

设计产业发展论坛以“设计、合作、发展、共赢”为主题，就建立公开共享的数据库搭建、设计产业资源平台建设、知识产权保护、成立设计产业基金、老龄产业市场机遇与投资等议题展开探讨。

设计教育主旨论坛围绕移动互联网时代下如何通过合作加强设计教育合作，以“推动世界设计发展”为主题展开讨论，并就共建设计师人才数据库、合作共建开放大学等方面达成合作意向。

服务设计主旨论坛，就共同推动服务设计教育，为下一代设计的发展打好基础，共同推动设计实践与产业创新能力的进步，共同优化产业环境与人类生活环境，加强知识产权保护与政府支持的力度等方面达成了共识。论坛期间，举行了《触点服务设计的全球语境》发布仪式。

国内主要学术会议 12月2日，中国工业设计协会五届二次理事会议暨全国工业设计行业发展高端对话（开放论坛）在浙江省杭州市良渚小镇召开。

12月8日，2016年第六届中国工业设计北滘论坛在广东省佛山市顺德区广东工业设计城举办。工业和信息化部、中国工业设计协会、清华大学美术学院等机构的专家出席会议。论坛以“工业设计与社会组织创新”为主题。论坛发布了第六期《中国工业设计园区基础数据与发展指数研究》。

国际交往 协会联合德国、意大利、英国、丹麦、美国、澳大利亚、南非、印度、韩国、日本等26个国家的设计组织联合发起世界工业设计大会，为筹办和承办2016年世界工业设计大会，协会与这些国际设计组织和机构进行了磋商与合作探讨。

科普活动 协会主办、协办或支持设计大奖、设计大赛、设计周等活动20项，其中“红星奖”、山东“省长杯”、深圳国际工业设计周等活动，成为具有国际国内影响力的品牌。

协会直接发起和参与组织的各种培训和推广论坛、峰会达50多场，直接受众10000多人次。

学会创新发展 经协会申请、商务部和国务院国有资产监督管理委员会批准，2016年协会首次开展了中国工业设计行业企业信用等级评价工作，开启工业设计行业企业信用体系建设。29家工业设计企业获得了首批中国工业设计行业A级以上信用等级资质。

2016年，协会正式开展了“中国工业设计协会注册设计师认证”，3000名设计师通过了协会制定标准的培训，获得专项能力水平认定。

协会筹划建立“设计开放大学”，这所新型大学将融合科技、商业、管理、艺术与文化的内涵和力量，汇聚行业协会、高等学校、科研机构和企业联合开展大学建设，打破产学研用人才的协同培养壁垒，重点培养懂设计的企业家、懂企业的设计师，旨在通过培养越来越多的国际化人才，参与乃至引导国际工业设计发展。

会员服务 协会通过分支机构工作、行业发展项目、各种服务平台等，为会员提供参与、宣传和发展机会。2016年，在世界工业设计大会、课题研究、中国工业设计行业企业信用等级评价、设计师能力水平培训与认证、大奖、大赛、论坛、设计周等协会重点活动中，协会会员积极参与和发挥作用，同时得到了宣传推广和发展机会。

【世界工业设计大会】 12月2—4日，世界工业设计大会在浙江省杭州市良渚梦栖工业设计小镇召开。中共中央政治局委员、国务院副总理马凯出席大会并致辞。大会由中国工业设计协会和26个国家和地区的设计组织联合发起，由工业和信息化部与浙江省人民政府共同主办，大会的主题是“设计·生产力”。

马凯指出，产业因工业设计而更具活力，世界因工业设计而更加美好。中国政府高度重视工业设计产业发展，近年来设计企业加快成长、设计产业加速聚集、创新设计成果不断涌现，为经济社会发展作出了积极贡献。今后时期，我们将牢固树立“创新、协调、绿色、开放、共享”的发展理念，以促进制造业转型升级、增强核心竞争力为目标，以提高设计创新能力为主线，大力优化工业设计发展环境，着力推动与相关产业深度融合发展，加快推动设计产业向高端综合设计服务转变，为制造强国建设提供更加有力的支撑。

马凯倡议，各国应携手并进、深化合作，努力推动全球工业设计走上数字化、网络化、智能化、绿色化发展道路，为促进世界经济实现创新、活力、联动、包容增长作出更大贡献。要共同促进技术创新，完善全球设计创新体系，搭建协同创新平台，提升工业设计创新能力；共同推动产业进步，大力支持基于新技术、新工艺、新装备、新材料的设计应用，推动工业设计服务领域延伸和服务模式升级，促进产业繁荣发展；共同优化发展环境，加强产业政策沟通，增进人才交流，推动标准体系互认，联合开展打击侵犯设计成果知识产权行动。

国务院国有资产监督管理委员会主任肖亚庆，工业和信息化部部长苗圩，浙江省委副书记、代省长车俊，全国政协常委、外事委员会主任潘云鹤等出席大会。来自德国、意大利、英国等26个国家和地区的43个国际组织和机构的负责人和专家，以及国内的院士、专家，中国工业设计协会的理事，媒体工作者等1000余人参加大会及相关活动。

大会期间，马凯主持召开了全国工业设计座谈会。

大会同期举办了中国优秀工业设计奖颁奖典礼和中国优秀工业设计产品（作品）展览。中国优秀工业设计奖由工业和信息化部主办，中国工业设计协会等5家单位组成的评审工作委员会负责评审工作。作为评委会主任单位，协会负责组织大奖的评审、宣传、颁奖、展示等工作。本届中国优秀工业设计奖产品涵盖办公用品、家居产品、家用和类似用途电器、纺织服饰、五金制品、文体休闲用品、交通工具（轻便型）、医疗保健产品等12大类。评审工作自2016年7月启动，70多名专家参与评审，共征集产品（作品）1973件，其中9件产品（作品）获得金奖。中国优秀工业设计产品（作品）展览，对进入复评的1000余件产品（作品）进行陈列展示，约2万多人次参观展览。

大会举办了10余场创新论坛、30余场设计产业多边会谈，主要包括全球设计发展圆桌峰会、设计产业论坛、设计教育论坛、服务设计论坛等，发布了《中国工业设计产业发展报告》(绿皮书)。

会议期间，中国工业设计协会与国际设计委员会、欧洲设计协会、德国设计委员会、德国TÜV NORD、意大利全国工业设计协会、法国工业创新推广协会、西班牙工业设计协会、巴西设计中心、奥地利设计协会、丹麦设计协会、印度设计委员会、土耳其专利局、荷兰埃因霍芬理工大学、香港设计商会、浙江大学、南方科技大学16个组织机构签订了工业设计合作框架备忘录，在智能制造、产业资源、人才培养、设计教育合作、产品创新、知识产权保护、社会可持续发展以及国际交流与合作等领域进行交流和合作。

协会与杭州市余杭区政府签约，共建中国第一个工业设计小镇——良渚梦栖小镇。工业和信息化部为小镇授牌“中国工业设计小镇”，并与浙江省政府签署合作协议，共同支持中国工业设计小镇建设，支持协会在小镇建设中国工业设计产业研究院、中国工业设计博物馆、中国工业设计博览会等服务平台，支持建设“设计开放大学”等。

（撰稿人：田文苗）

中国工艺美术学会

服务创新型国家和社会建设 4月28日—5月3日，在第十一届中国（莆田）海峡工艺品博览会期间，学会与中国轻工业联合会、中国轻工珠宝首饰中心联合主办了2016年中国工艺美术“百花奖”评选。本届百花奖共有2062件作品入围，评出金奖作品240件、银奖250件、铜奖220件。

3月10—14日，学会与辽宁省大连市人民政府联合主办的第十四届全国工艺品、旅游品、礼品暨国际珠宝、古玩、书画艺术品博览会在大连市举行。展览设近700个国际标准展位，展览面积达1.6万平方米。来自30个省、自治区、直辖市，香港特别行政区、台湾地区，以及国外的厂商共400多家参加展览。

学会与台湾工艺之家协会、海峡两岸文化产业博览交易会组委会办公室联合组织策划了“第四届中华工艺精品奖”评选。活动共征集到海峡两岸的近1000件工艺作品申报参评，包括陶瓷、木/竹雕、玉/石雕、综合等多个品类。最终评选出金奖作品23件，最佳技艺、最佳传承、最佳创新奖作品34件，银奖作品44件，铜奖作品47件。来自福州的寿山石雕《“丝路”吉祥物》等23幅作品获得金奖。

9月22—25日，由中华文化促进会、中国工艺美术学会、合肥市人民政府、安徽文化产业发展促进会联合主办的第十届合肥国际文化博览会开幕。本届博览会设有文化科技主题展、文化旅游主题展、文博文创主题展、文房用品主题展、经济圈文化主题展、文化艺术主题展等，展区面积达7.3万平方米。

学会建设 2016年，学会注册会员数有增长，学会个人会员总数达5000多人，团体会员4个。

7月19日，学会鼻烟壶专业委员会成立大会在陕西省西安市召开。学会常务副理事长赵之硕出席会议并讲话。张铁山当选为鼻烟壶专业委员会会长。

国内主要学术会议 学会及所属分支机构全年共举办国内学术会议11次，共有1107人次参加会议，其中企业科技工作者219人次，交流论文8篇。

8月，中国工艺美术学会民间工艺美术专业委员会第31届年会在河北省沽源县召开。年会以“非遗文化的保护、传承与发展”为主题，就中国民间工艺的传承、非遗文化的保护与发展展开探讨。350名专家、学者参加会议。开展了7场专家讲座，受众2100人次。

12月2日，中国工艺美术学会织锦专业委员会2016年年会暨民族织锦产品创新研讨会在广西壮族自治区南宁市召开。52名专家、学者参加会议，其中企业科技工作者30人，提交论文4篇。会议以“弘扬中国织锦艺术优秀传统，为当代经济与社会发展服务”为主题，交流探讨各地民族织锦传承、保护和可持续发展的经验，以弘扬中国织锦艺术优秀传统，促进民族织锦文化与旅游产业融合发展。

科普活动 学会鼻烟壶专业委员会和西安美术学院创建“西安美术学院特殊教育艺术学院就业创业实训基地”。基地侧重青少年的教育培养和专业技能实训，对来自西安美术学院、西北大学、东方美术高中、普通中学以及社会不同年龄段的学生和青少年，包括残疾人和残疾艺术专业学生，进行持续的教育培训，为他们提供专业老师、专业工具、专业教程以及视频资料，播放关于鼻烟壶专业的科技广播及影视节目。基地经常开展青少年科技竞赛活动，组织人员参加港澳台科技交流活动，其中有5人参加了10月25—29日在英国爱丁堡举办的第23届康复国际世界大会，并展出鼻烟壶艺术作品。

江苏省南京云锦研究所周双喜大师在南京文化艺术中心开展了博物馆日活动暨云锦专题讲座。

会员服务 《中国工艺美术学会通讯》以季刊形式按期出版，免费发放给会员，会员通过该刊物基本了解学会主要工作情况和行业发展近况。

【“大匠丹青”——首届全国工艺美术界书法绘画艺术大展】 12月23日，学会主办，学会书画专业委员会、学会展览部承办的“大匠丹青”——首届全国工艺美术界书法绘画艺术大展在北京开幕。学会常务副理事长赵之硕，学会书画专业委员会主任委员、文化部中国艺术研究院研究员邓远坡等专家、学者出席开幕式。展览共展出全国特邀和征稿作品102件，展览同时发行了“大匠丹青”大型画册。

【丝绸之路中国鼻烟壶艺术全国巡回展首展】 7月19日，学会鼻烟壶专业委员会主办的丝绸之路中国鼻烟壶艺术全国巡回展首展在陕西省西安市开幕。参展艺术家、艺术爱好者500余人出席活动。

展览期间召开的丝绸之路中国鼻烟壶艺术西安论坛上，西北大学艺术学院讲师张辉以“鼻烟壶内画艺术与中国传统文化”为题，分析了中国传统文化和内画艺术之间相互不可分割的关系。亚洲国际鼻烟壶联合会荣誉主席柯佐融以“鼻烟壶收藏的历史与艺术价值”为题，通过世界各地鼻烟壶拍卖实例，讲述了鼻烟壶的艺术价值、收藏意义和投资潜力。中国工艺美术大师刘守本以“鼻烟壶艺术的现状和发展”为题，从鼻烟壶的历史渊源、现状以及未来的发展作阐述和分析。中国工艺美术大师马进贵在《宝玉石类鼻烟壶现状和发展》的演讲中，分析了宝石、玉石类鼻烟壶在行业中的发展以及对其未来前景的期望。

（撰稿人：张　赫）

中国科普作家协会

学会建设 9月27日，中国科普作家协会正式成为中国作家协会团体会员，中国科协科学技术普及部部长杨文志增补为中国作家协会第八届全国委员会团体委员。

6月15日，协会以通讯方式召开六届六次全国理事会扩大会议，学习贯彻中国科协第九次全国代表大会精神。

协会全年发展个人会员200余人，新会员年龄趋于年轻化，绝大多数为本科以上学历。启动了针对3300名在册会员的调查和信息登记工作，完善更新会员资料，征询会员意见与建议，掌握会员创作情况和动态。截至2016年年底，完成对2800名会员的调查和信息登记。

协会网站“中国科普作家网”进行改版升级，优化栏目，进一步充实数据。新网站设有独立的域名和服务器，设立会员中心，在服务会员的同时，汇聚优秀网络科普创作资源。10月底，协会官方微信公众号“中国科普作家协会”正式上线，每天推送协会相关动态资讯，为会员和科普创作爱好者提供了新的交流平台。

协会启动了繁荣科普创作服务平台建设，加强对中国科普作家协会优秀科普作品奖、“王麦林科学文艺创作奖”等评奖工作的社会宣传，扩宽社会申报渠道，提升管理效率，促进评奖过程的公平、公正，并加强优秀科普作品的推介。

协会完成了《中国科普作家协会35周年历程回顾》的史集编写工作，从协会诞生之初的国家政策扶持、筹建工作，回溯协会35年来的成长历史，总结了协会组织建设、主办刊物、科普活动、设立奖项等各方面的工作成绩，收录了历史上国家领导人关于协会工作的重要讲话和老会员感言和思考。

学术期刊 协会会刊《科普创作》于1992年停刊。2016年，协会启动了《科普创作》期刊复刊工作。计划将协会主办期刊《科技与企业》变更为《科普创作》，办刊宗旨变更为：秉承“科学与文学、艺术圆融”思路，打造集科学性、文学性、艺术性、专业性、大众性、开放性于一体的科普、科幻创作、评介与研究刊载平台，发现和推出优秀科普、科幻文学作品，丰富科普资源，发现和培养科普创作人才，加强我国科普创作力量。

《科普创作通讯》全年出刊4期，发表文章230余篇、动态图片和消息200多条（幅）。

两岸交流 10月26—30日，以“多元视野下的科学传播”为主题的第九届海峡两岸科普论坛在甘肃省兰州市举办。论坛由甘肃省科协、福建省科协、上海市科协、山东省科协、中国科普作家协会和台湾《科学月刊》杂志社、元智大学、海峡两岸学术文化交流协会8家单位联合主办。来自海峡两岸科技界、科普界的100多名专家、学者参加论坛，其中台湾地区专家40多人。

本届论坛由开幕式暨主旨报告、分论坛、院校科普交流、考察交流4个版块组成。

协会常务副秘书长、《科技文摘报》总编辑尹传红，台湾《科学月刊》杂志社理事长曾耀寰，北京农学院都市农业研究所所长史亚军，台湾成功大学电机工程学系教授杨竹星分别作主旨报告《当前科学传播中若干问题的思考与探讨》《科普传播的新方向——从网络公民科学谈起》《商机无限的美丽乡村与特色小镇建设》《融入中小学磨课师资源之创新教学应用设计与实作》。

在分论坛上，近40名专家、学者围绕网络时代科普创新、科学传播的创新与发展、科学与人文的融合、科普理论、实践探索科学文明与现代生活、科普设施与公众科学素养等议题作了演讲。

科普活动 协会承担了中国科协“大手拉小手科普报告希望行”科普演讲任务。中国科普作家演讲团到北京市、天津市、浙江省等省、自治区、直辖市为青少年进行科普演讲。截至2016年10月31日，演讲团共派出200多人次，为15个省、自治区、直辖市的100多个城市的大学、中学、小学举办科普演讲1400余场，听众达几十万人次。中国科普作家演讲团在演讲的基础上，编写了《行走的科学故事》系列丛书，丛书由具有一线演讲工作背景的专家和科普作家原创。该套丛书已出版8本，分为“军事主题”和“科学人文主题”。

中国科普作家演讲团依托新媒体专业委员会与蝌蚪五线谱合作开设的“今日科普”公众号纳入“科普中国”系列，截至2016年10月底，共发布文章400余篇。

协会编印了《科普之道：创作与创意新视野》和《魅力之眼：科学摄影集萃》。《科普之道：创作与创意新视野》从科普综论、科普创作、科学幻想、科普图书、科普美学与创意艺术等角度对科普创作的多个方面进行了解读。文章的作者是协会具有丰富科普创作经验的会员和知名科普作家。《魅力之眼：科学摄影集萃》由协会科普摄影专业委员会组织编写，用图片诠释了科学与摄影的关系，展现科学与摄影二者的融合之美。两部作品作者集结了一批科学摄影专家，其中很多是工作在前沿科学领域的科学家和科技工作者。

11月7—11日，协会新媒体科普专业委员会在北京举办2016年新媒体科普培训班暨科普创客集训营。培训形式包括专家讲座、实地考察、院士沙龙等。

12月12日，内蒙古自治区人民政府新闻办公室、内蒙古科协主办，协会与内蒙古科技报社协办的中蒙俄少年儿童科学幻想美术作品展在内蒙古科技馆开幕。展览的主题为“乘风科幻　创意未来”，共展出中国、蒙古、俄罗斯的少年儿童科学幻想美术作品600多幅，作品内容包括现代农牧业、草原生态保护、航空航天、电子信息、生物工程、海洋工程、抗震减灾、人工智能、食品安全、环保与治理、新材料新能源及健康保健等领域。画展评委会从600幅展览作品中评选出60幅优秀作品。

党建强会 中国科普作家协会第七次全国会员代表大会期间，举行了协会第七届理事会党员大会，按照《中国科协关于加强科技社团党建工作的若干意见》的要求，在理事会层面成立了功能性党组织。协会副理事长王康友任党总支书记。

【中国科普作家协会第七次全国会员代表大会】12月27—28日，中国科普作家协会第七次全国会员代表大会在北京召开。中国科协党组副书记、副主席、书记处书记徐延豪，中国作家协会副主席、党组成员、书记处书记白庚胜，国家新闻出版广电总局规划发展司副司长、改革办副主任李建臣出席大会开幕式并讲话。中国科学院科学传播局副局长赵彦，中国科学院院士周忠和、杨焕明，中国工程院院士郑静晨，协会名誉理事长章道义以及会员代表等共200余人参加会议。协会第六届理事会理事长、中国科学院院士刘嘉麒主持大会开幕式。协会第六届理事会副理事长刘泽林致开幕词。中国青少年科技辅导员协会常务副理事长李晓亮代表兄弟协会向大会致贺信。

中国科普作家协会第七次全国会员代表大会

徐延豪在讲话中肯定了中国科普作家协会在推动科普创作、开展科普服务、培养和发现科普创作人才等方面取得的成绩，并对协会的未来发展提出了五点希望：一是深入贯彻落实习近平总书记在“科技三会”上的重要讲话精神，充分认识和准确把握科普工作的重大意义和时代要求。二是扎实推进科普作家协会深化改革，完善组织结构和治理体系，增强协会的凝聚力和创造力，把不同领域的专家、学者有机地整合起来，推动科普创作更加繁荣。三是围绕青少年这个重点人群扎实开展科普创作，努力为青少年创作出更多更好的科普作品。四是紧扣科技前沿推动科普创作创新发展，不断更新科普创作理念，创新科普创作形式，革新科普传播方式，有效整合科技、文艺、媒体等诸多领域的优势资源，推动科普创作多元化发展。五是全面加强科普作协组织自身建设，不断发展壮大会员队伍。

大会审议通过了协会章程及修改说明、第六届理事会工作报告、财务工作报告、会费标准及会费管理决定，选举产生了协会第七届理事会。中国科学院院士、中国科学院古脊椎动物与古人类研究所所长周忠和当选为协会第七届理事会理事长。

大会期间，举办了第四届中国科普作家协会优秀科普作品奖和王麦林科学文艺创作奖颁奖典礼。

第四届“中国科普作家协会优秀科普作品奖”评奖活动共征集参评科普图书作品345种、参评影视动画作品84部。经组织作品申报、初评、终评等环节的筛选，评选出图书类金奖作品25种、银奖作品48种，影视动画类金奖作品6种、银奖作品12种。

中国科普作家协会第二届“王麦林科学文艺创作奖”奖项由科普、科幻和传记文艺作家叶永烈获得。获得“王麦林科学文艺创作奖”提名的还有科普科幻作家刘慈欣、王晋康、刘兴诗和郭曰方。

【繁荣科普创作高层论坛】12月27日，协会主办的繁荣科普创作高层论坛在北京召开。协会第六届理事会理事长、中国科学院院士刘嘉麒，中国科普研究所有关负责人，科普科幻作家王晋康以及协会全国会员代表等约200人参加论坛。会议由协会第六届理事会秘书长石顺科主持。

中国科学院国家天文台研究员、2016年卡尔·萨根奖获得者郑永春，协会常务副秘书长、《科技文摘报》总编辑尹传红，协会副理事长、中国青少年研究中心首席专家孙云晓分别在论坛上作了主题报告，分享了各自做科普传播的经验及对科普教育的认识。

郑永春在题为《人类宇宙观》的报告中提出，做科普是科学家的社会责任，一方面有助于普及科学知识，提高全民科学素质；另一方面有利于科技成果转化，提高社会经济效益。对于如何履行科普责任，他认为科学家应该做到“三个一”，即一年做一场科普报告、一年写一篇科普文章、一生出一部科普书籍，听从内心的追求，做最真的自己，永远保持天真，永远怀有梦想，尽自己的努力奉献社会、影响社会。他强调做科普不仅仅是写科普文章，随着新媒体的发展，科普视频、动画、漫画、科普讲座、科普展览等都是科普传播的重要途径，应该迎合社会发展的潮流，丰富科普的表现形式。

尹传红认为，科普工作的出发点和中心目标是提升全民科学素质，为人的全面发展服务。科普的功能和作用是帮助公众理解科学，引导公众欣赏科学，促进公众参与科学，传扬理性，发掘理趣。对公民个人而言，科学素养的提升应是终身教育，科学在不断地发展和进步，每个人都要面临巩固既有知识、学习新知识的挑战，因而科学普及工作至关重要。在新媒体环境下，人们的阅读兴趣、阅读习惯、阅读方式等都发生了很大的变化，所以科学传播和科普创作要不断拓宽视野。

孙云晓对加强科学教育提出四点建议：一是将科学课纳入小学核心课程。提高科学教育在小学教育体系中的地位，从课时、师资配备、课程资源等方面予以保障。二是加快学校科学教育改革步伐。从课程内容、课程结构、教学方法、教学途径、师资培养、评价标准等多方面，深化对科学教育的系统改革。三是推动对科学家等科学技术职业形象的传播。加强对优秀科学家和科技工作者的宣传，加大科学家、科普作家进校园活动力度，增强青少年对科学家和科技工作者形象的准确认识，鼓励科学家积极参与科学传播。四是科普作家要具备高度的文化自信，勇于承担起“科普”神圣职责。

（撰稿人：孟　雄　谢丹杨　李姗姗）

中国自然科学博物馆协会

服务创新型国家和社会建设　2016年，为提升全国自然科学类博物馆行业人才队伍的专业素养及综合能力，开展标准化、规范化和系统化继续教育，在前期工作基础上，协会针对全国自然科学类博物馆人才队伍建设现状及发展对策，提出人才培养的方式方法，编写《科普场馆专门人才队伍建设“十三五”专项实施方案》，指导全国自然科学类博物馆“十三五”期间对专门人才进行继续教育培训工作。

10月上旬，协会与北京果壳网共同组织举办科普场馆新媒体传播能力建设培训班。通过“线上+线下”的培训方式，帮助各会员单位工作人员了解科普工作中新媒体的国内现状和国际趋势、掌握新媒体使用的基础工具和新媒体选题的设置与内容写作等，提升会员单位工作人员使用新媒体开展科普工作的能力。15名专家参与授课，80余个场馆的200余人参加培训。

10月16—21日，自然科学类博物馆科教活动设计与实施培训班在广西壮族自治区桂林市举办。来自全国各地的自然科学类博物馆的101名学员参加培训。培训安排来自国内外高校与科研机构的10名专家、学者进行授课，包括科学实验开发与设计、教育活动评价、教学理念与实践、活动策划与实施、STEM教育创新实践等科技场馆科教活动内容，开展了分组讨论、方案设计和动手操作活动。

11月21—25日，自然博物馆动物标本保护与修复技术培训班在天津市举办。培训聚焦专业技术的发展和国际前沿，就动物毛皮的养保与修复、动物标本规范管理与数字化平台建设、毛皮知识及维护、动物标本养护基础知识等专业知识进行培训。来自故宫博物院、国家动物博物馆、上海自然博物馆、天津自然博物馆、北京动物园、标本制作企业等单位的9位专家进行授课和现场演示。

协会秘书处组织35位专家，分成16个组，赴28个省、自治区、直辖市开展全国科技馆免费开放运行情况实地调研，全面了解免费开放科技馆具体情况。

协会专业科技博物馆委员会邀请部分会员单位参与“服务中国科协九大代表”工作，中国农业博物馆、中国铁道博物馆等10家场馆受邀参与此项工作，接待中国科协九大代表实地调研。

学会建设　3月27日，协会展项研发及环境设计工作委员会2016年工作会议在江西省南昌市召开。来自全国8个科技馆、4家科协、35家企业的60余人参加会议。与会人员围绕展品设计研发、布展施工等工作提出了建议。

协会全年发展单位会员40个，个人会员71人；在册单位会员达658人，个人会员1274人。全年收缴会费46万元。

4月，协会科普场馆特效影院专业委员会会员大会召开。45家场馆会员的150余位代表和部分企业会员代表参加会议。2016年，专委会总结并吸取2015年影片联合采购的经验和教训，在联合采购之前对会员单位的影片类型、影片内容、影片价位等情况进行调研，根据调研结果确定联合采购影片目录，供会员单位参考。截至2016年年底，共有8家场馆对7部影片签订购买合同。

4月，根据专业委员会推荐，协会评选表彰了江苏科技馆丁晓蕾等50人为协会2015年度优秀联络员。

9月22日，协会主办、新疆自然博物馆协会承办的地方自然科学博物馆协会2016年工作会议在新疆维吾尔自治区乌鲁木齐市召开。协会理事长程东红，执行副理事长赵有利，新疆科协党组成员、副主席、新疆自然博物馆协会理事长恰汗·合孜尔等出席会议并讲话。来自黑龙江省、四川省、江苏省等16个省、自治区、直辖市自然科学博物馆协会的45名工作人员参加会议。

11月9日，协会六届五次常务理事会议在安徽省芜湖市召开。会议听取了协会理事长程东红的《关于六届四次常务理事会以来工作情况以及下一步工作考虑的报告》，研究讨论了继续教育教材编撰、服务标准化、文创产品开发、博物馆教育功能定位、年鉴工作改进等方面的问题。协会副理事长、国土资源博物馆专委会主任贾跃明作了题为"不忘初心，恪守宗旨；与时俱进，再立新功"的报告，重点汇报了国土资源博物馆专委会2016年的主要工作，特别介绍了习近平总书记为中国地质博物馆百年华诞发来贺信的情况。会议审议通过了协会相关人员变动的提议等内容。

根据《中国自然科学博物馆协会优秀集体及优秀个人评选表彰办法》，由各专业委员会提名推荐优秀集体，各单位会员推荐优秀工作者。经过评选，并经协会理事长办公会议审批，12月公布了协会2016年度优秀集体和优秀工作者表彰决定，共评选表彰优秀集体67个、优秀工作者143名。

学术期刊　3月，协会完成《自然科学博物馆研究》杂志首刊的出版发行工作，截至2016年年底，出版发行3期。

学科发展研究　协会开展了《中国科普场馆年鉴（2016卷）》的编辑工作。3月，完成年鉴2016卷大纲和工作方案；5月，向各专委会、地方自然科学博物馆协会、会员发出了年鉴资料征集通知。《中国科普场馆年鉴（2016卷）》在收集单位会员基础数据的基础上，加入我国自然科学类博物馆发展研究报告、地方自然科学博物馆协会、自然科学博物馆相关企业等新的内容门类。

国际学术会议　5月17—21日，由中国科技馆承办、协会办公室牵头开展的第16届亚太科技中心协会年会（ASPAC 2016）在中国科技馆召开。全国政协副主席、中国科协主席韩启德向大会发来贺信。中国科协党组书记、常务副主席、书记处第一书记尚勇出席开幕式并致辞。开幕式由中国科协党组成员、中国科技馆馆长束为主持。中国科协及相关单位领导，亚太科技中心协会全体执委，亚太地区及部分域外国家的科学中心和科技馆专业人士、学界和企业界代表，2017世界科学中心峰会国际程序委员会委员，有关媒体及赞助商等520人参加会议。

第16届亚太科技中心协会年会

西澳大利亚埃迪斯科文大学埃迪斯科文教育研究学院名誉教授马克·哈克林，清华大学副校长、中国科学院院士施一公分别作主旨报告《优化科学中心对科学、技术、工程和数学教育的贡献》和《结构生物学之美：人类理解事业的重要工具》。

年会以"全民的科学中心"为主题，探讨亚太地区及国际科学中心发展的趋势和共同关切的问题，分享彼此经验。大会共收到论文摘要332篇，其中境外场馆投稿56篇、国内场馆投稿276篇。年会设有主旨报告2场、特邀报告4场、平行会议12场、会前研讨5场、小组讨论3场，还包括科学表演和实验活动会演以及有27家参展单位参加的行业展会。

年会期间，举行了2017世界科学中心峰会国际程序委员会会议和全国科技馆馆长培训班。

国内主要学术会议　9月22—23日，中国自然科学博物馆协会湿地博物馆专业委员会2016年学术研讨会在江苏省常州市召开。会议以"博物馆的社会功能研究"为主题进行研讨。

11月10—11日，由协会主办，协会科技馆专业委员会、芜湖市科协承办的中国自然科学博物馆协会2016年会暨全国科技馆发展论坛在安徽省芜湖市召开。自然科学博物馆界的专家、学者、科技馆馆长等400多人参加会议。会议以"面向未来的教育创新——自然科学类博物馆持续发展的动力"为主题，共设置2个主旨报告、5个分会场36个学术报告、6个相关专题会议，5个分会场的议题分别是博物馆教育的理念及趋势、展览/展品的教育内涵与创新、教育活动的研发与实施、信息技术在博物馆教育中的应用、教育延伸：场馆衍生品研发。

会议征集到论文98篇，评选出优秀论文50篇，其中29篇获得"青年学者优秀论文奖"。

11月21—24日，由协会水族馆专业委员会主办、宁波神凤海洋世界有限公司承办的中国自然科学博物馆协会水族馆专业委员会2016年年会暨第二届水族相关产业展示会在浙江省宁波市召开。来自中国大陆、香港特别行政区、台湾地区，新加坡、马来西亚等国家和地区的80多家海洋馆和60多家相关企业的450名专家、学者参加会议。共有44篇报告在大会或分组会上进行交流。与会专家围绕生物的饲养、繁育和疾病防治，动物的训练、饲养、繁育和疾病防治，设备运行中的节能降耗等议题展开交流研讨。29家相关企业在第二届水族相关产业展示会上进行展示。年会评选出10个优秀论文奖和2个优秀信息奖。

协会天文馆专业委员会与中国天文学会普及工作委员会在新疆维吾尔自治区乌鲁木齐市联合举办了2016年天文业务培训班暨天文研讨会。会议期间成功观测到“水星凌日”天文现象。

国际组织任职 协会副理事长、科技馆专业委员会主任束为在国际博协（ICOM）科技馆专委会中担任副主席、在亚太科技中心协会（ASPAC）执行委员会担任执委。协会副理事长、天文馆专业委员会主任朱进在国际天文馆学会（IPS）担任理事。

国际交往 协会继续与美国科学技术中心协会（ASTC）合作，将其代表性刊物《维度》引进中国，翻译发行了《维度》中文版。全年翻译印发《维度》中文版第10期至第12期。

9月和11月，协会水族馆专业委员会协助国内各水族馆参加在加拿大温哥华召开的第九届国际水族馆大会，有20多个水族馆的50多人参加大会。协会协助国内各水族馆参加在美国圣地亚哥召开的国际动物训练员大会。

科普活动 协会从理论研究、科普培训、科普期刊出版、响应全国科普日等方面举办各类科普活动。根据《中国科协科普部关于公布2016年度全国学会科普工作考核结果的通知》，协会获得“2016年度全国学会科普工作优秀单位”称号。

协会水族馆专业委员会与《中国海洋报》合作，在《中国海洋报》科普增刊上，每月对1家会员单位进行宣传推介，介绍水族馆的特色科普活动。

协会向中国科普作家协会推荐《越做越好玩的科学》《玩出来的科学家：随手能做的194个实验》《魔力门票》3套作品参与第四届“中国科普作家协会优秀科普作品奖”评选。

表彰举荐优秀科技工作者 经协会推荐，贾跃明获得第七届“全国优秀科技工作者”称号。

党建强会 协会认真组织学习《中国科协关于加强学会党建工作的若干意见》，贯彻落实《中国科协科技社团党委关于推进中国科协所属学会党建“两个全覆盖”专项工作方案》的要求。2016年年底，协会根据理事会党员的实际情况，计划成立协会党委，并向协会全体理事中的党员发出了征求意见函。

会员服务 5月，第六届全国科技馆馆长培训班在北京举办。来自全国74家单位的95名馆长或相关人员参加培训。培训班依托国际科学中心协会2016年年会（ASPAC），注重国际视野和跨界融合。

协会科普场馆特效影院专业委员会开展影片联合采购，在一定程度上降低科普场馆影片租赁成本、丰富影片资源。

协会水族馆专业委员会正式开通网站，为水族馆之间及时沟通信息、促进会员单位工作交流搭建了新的平台。

（撰稿人：陈　春）

中国可持续发展研究会

服务创新型国家和社会建设 受中国科协委托，研究会承担了中国科协九大代表调研课题，组织专家开展中国与东盟国家开展防灾减灾交流合作可行性研究。研究旨在为学会提升国际影响力提出策略。

学会建设 12月21日，研究会召开换届大会，选举产生新一届理事会。研究会共设有4个工作委员会和5个专业委员会。截至2016年年底，研究会有个人会员2045名，女性会员715名，高级（资深）会员255人；团体会员62个，较2015年度有所下降。

学会期刊 根据中国人民大学发布的《复印报刊资料转载指数排名研究报告（2015年度）》数据显示，研究会会刊《中国人口·资源与环境》在经济学科期刊中全文转载量排名第15位，综合指数排名第28位。经济学科涉及全文被转载的期刊数量为445种，转载全文总量为1998篇，约占复印报刊资料学术刊全文转载总量（12153篇）的16.4%。

决策咨询 2月21—25日，研究会副秘书长周海林、学术工作委员会副主任孙新章等一行赴浙江省和江苏省开展实地调研。调研组先后与浙江省杭州市上城区、下城区、宁海县、嘉善县、安吉县，湖州市南浔区、桐乡市，以及江苏省苏州市、昆山市等12个实验区代表进行交流座谈，了解实验区建设情况，为实验区发展提出咨询建议。

国内主要学术会议　3月29日，研究会配合国家可持续发展实验区办公室举办了推进国家可持续发展实验区建设专题研讨会。会议结合《2030年可持续发展议程》的相关内容，把实验区作为我国落实《2030年可持续发展议程》的重要载体。研究会秘书长周海林，研究会理事、中国农业科学院教授吴永常，中国科学院生态环境研究中心教授吕永龙、国家住宅与居住环境工程技术研究中心教授何建清，以及来自国家可持续发展实验区、环保企业、金融企业、媒体、环保机构的62名专家、学者出席会议。周海林介绍了国家可持续发展实验区30年的发展成果，总结了可持续发展实验区发展中需要改进之处。与会专家从国际、国内、中央、地方等不同的角度分析说明了当前实验区面临的新形势、新问题、新机遇，探讨了新时期实验区的发展方向。可持续发展实验区代表介绍了2016年度工作要点，就探索提供战略咨询服务、国际合作等方面进行了讨论，并针对实验区发展劣势、技术需求等方面向研究会提出了建议。

有关新能源开发与利用、垃圾收集、环保处理等相关技术的团体会员企业，分别在会上就各自的公司特点和技术优势进行介绍，同时与实验区负责人进行技术交流。

【中国可持续发展研究会第五次全国会员代表大会】12月21日，中国可持续发展研究会第五次会员代表大会在北京开幕。全国政协教科文卫体委员会副主任、研究会第四届理事会理事长邓楠，科技部副部长徐南平，中国科协党组成员、书记处书记吴海鹰，研究会常务理事、国务院参事刘燕华，研究会名誉理事长甘师俊、张坤民以及会员代表等共350人出席大会。

邓楠在报告中阐述了对当前全球可持续发展的认识，并对研究会的未来发展提出几点建议：一是向高端智库的方向努力；二是积极承担政府职能转移；三是面向地方发展提供多元化服务；四是积极开展国际合作；五是大力加强自身能力建设。

徐南平在致辞中介绍了日前国务院印发的《中国落实2030年可持续发展议程创新示范区建设方案》的有关情况。徐南平认为，中国落实2030年可持续发展议程创新示范区建设是一项高起点、挑战巨大的工作，许多问题需要深入研究，希望研究会积极参与，为相关工作开展发挥好智库作用。

吴海鹰在致辞中对研究会的创新发展提出三点希望：一是要深入学习贯彻习近平总书记系列重要讲话精神和“科技三会”精神，推动学会工作再上新台阶。二是要积极组织开展好“创新争先行动”，激发全体会员的创新创造热情。三是要坚持以会员为本，不断提升研究会对广大科技工作者的吸引力和凝聚力。

大会审议通过了研究会章程修改案、第四届理事会工作报告、财务工作报告，选举产生了研究会第五届理事会理事78名，其中女性理事9名。中国工程院院士、中国水利水电科学研究院研究员王浩当选为研究会第五届理事会理事长。

2016年是中国可持续发展研究会成立25周年和邓小平同志为会刊《中国人口·资源与环境》题字25周年，为此，在大会期间举办了国家可持续发展实验区工作交流会、《中国人口·资源与环境》期刊发展讨论会和2016中国可持续发展论坛。

（撰稿人：温月英）

中国青少年科技辅导员协会

服务创新型国家和社会建设　协会研究制定了《中国科协科技辅导员培训体系建设方案（2016—2020年）》，用以指导科协系统的科技辅导员培训工作。为指导和规范科技辅导员人才培养和培训工作，协会开展了《青少年科技辅导员培训大纲（试行）》的研究和编制。

应用“‘互联网＋’教育”理念创新培训手段，搭建科技辅导员在线学习平台。建设完成了科技辅导员在线学习中心“科技学堂”，为科技辅导员提供在线学习和培训课程，以及各类科教活动资源。在30个省、自治区、直辖市组织开展了科技辅导员状况调查，回收中小学和校外教育机构的科技辅导员问卷近1700份，初步掌握了科技辅导员的队伍状况及他们对于培训、专业发展等方面的需求，并形成了调研报告。在此基础上，编制了《青少年科技辅导员专业标准（试行）》（征求意见稿），计划于2017年发布。

面向全国骨干科技辅导员先后开展了科学表演创作、科学调查体验、科学影像节、骨干科技辅导员培训等主题培训11次，培训科技辅导员1554人次。与中国自然科学博物馆协会在广西师范大学共同举办科普场馆科技教育活动的设计开发和实施培训班，该培训班纳入人力资源和社会保障部的培训项目。举办在线慕课课程及调查体验等微课培训，参加培训的科技辅导员超过3222人次。选派培训专家赴新疆维吾尔自治区、贵州省、内蒙古自治区、宁夏回族自治区等地开展“送培到基层”活动，培训科技辅导员975人次。

继续承担中国科协科普部委托的中国科协科学传播团办公室的工作，主要负责专家团队数据库建设管理、活动简报搜集与日常联络，以及活动组织策划等工作。组织召开第4批首席科学传播专家聘任仪式，承办中国科协科普部首席科学传播专家高级研修班。

编印出版了《第四届全国科学表演大赛优秀科普剧本作品选集》《STEM案例集——桥世界》和《国外优秀STEM教育案例集（第一辑）》。

学会建设 利用各种培训和活动机会，宣传协会，加强会员发展工作。协会全年发展个人会员370人，现有会籍有效个人会员5112人；新增加单位会员30个，现有会籍有效单位会员503个。会费收入149762元。

建设命名首批全国青少年科技辅导员培训基地，推进科技辅导员三级培训体系建设。制定了《全国青少年科技辅导员培训基地建设和管理办法（试行）》。将华东师范大学教育学部开放教育学院、东南大学学习科学研究中心、重庆师范大学初等教育学院、广西师范大学、上海科技艺术教育中心、北京市第三十五中学、广西科技馆7家单位发展为首批全国科技辅导员培训基地。

协会官方网站进行升级改版，正式开通微信公众号“中国青少年科技辅导员协会”，开设会员风采、科教资讯、学习中心等栏目，每周3次定期推送，订阅人数达1855人。

学术期刊 协会主办期刊《中国科技教育》出版12期，全年发行量达70500份，共发表论文220余篇。杂志社的微信公众号每周5天按时推送，订阅人数达7453人。

国际学术会议 9月22—23日，在上海市举办的首届STEM（科学、技术、工程、数学）世博会上，协会和中国科协青少年科技中心作为活动的战略合作伙伴，与中国友好和平发展基金会、联合技术公司共同主办了2016 STEM教育国际论坛。邀请10位来自美国、印度、以色列和中国的教育专家对STEM教育领域的议题进行交流并作主题演讲。

国内主要学术会议 8月15日，由中国科协青少年科技中心、中国青少年科技辅导员协会、英特尔公司、华东师范大学共同主办的第31届全国青少年科技创新大赛科技教育论坛在上海市举行。论坛以“STEM教育和创客教育”为主题，邀请了4位科技教育研究者、实践者作主旨发言，从不同视角阐述他们的研究成果和实践经验。华东师范大学党委常务副书记任友群介绍了STEAM（科学、技术、工程、艺术、数学）教育和创客教育理念对教育改革的促进。台湾师范大学教授洪荣昭通过台湾机器人文化、创客文化、青少年科技创作竞赛，以及机关王大赛等台湾地区经典青少年科技创新赛事案例，介绍了台湾地区创客与STEAM教育的发展。上海交通大学附属中学教师彭禹介绍了终身学习的意义。来自美国的年轻创客Joey Hudy在演讲中分享了他的创客成长过程以及感受。参加第31届全国青少年科技创新大赛的科技辅导员和来自全国各地的科技教育工作者共300余人参加论坛。

国际交往 3月30日—4月2日，应美国科学教师协会（NSTA）的邀请，以协会秘书长林利琴为团长的4人代表团，赴美国参加了美国科学教师协会在美国田纳西州府纳什维尔举办的主题为“科学驱动实践”（Science：Empowering Performance）的全国年会。期间，代表团与美国科学教师协会进行了非正式会谈。林利琴与NSTA前任主席朱莉安娜讨论了双方合作的具体事宜，邀请英国和美国的科技教育专家为第七期“做中学”科学教育实验项目高级研修班的科技辅导员进行培训。

科普活动 协会被中国科协科普部评为2016年“科普工作优秀学会”。

协会与中国科普作家协会、中国青少年宫协会共同主办以“气候变化”为主题的第四届全国科学表演大赛。大赛收到各类作品近500部。经过专家评审和公众投票，共70部表演类作品入围现场决赛。7月22—23日，在新疆维吾尔自治区克拉玛依市举办现场决赛，共有来自16个省、自治区、直辖市的35支代表队报送的40部科普剧、科学秀节目参加了现场决赛。

协会与中国科协青少年科技中心等单位共同主办了科普场馆科学教育项目展评、全国青少年科学影像节等科技教育活动。支持《中国科技教育》杂志社主办2016全国青少年创意工程挑战赛，来自13个省、自治区、直辖市的120支代表队近300名学生参加比赛，开展了工程结构、物联网传感器等方面的竞赛活动。

11月11—14日，由中国科协青少年科技中心、中国青少年科技辅导员协会和辽宁省科协共同主办，辽宁省青少年科技活动中心和辽宁省科学技术馆承办的第7届全国青少年科学影像节展映展评活动举办。来自30个省、自治区、直辖市，新疆生产建设兵团和香港特别行政区的32个代表队的近400名学生和科技辅导员携95项作品参加活动，其中科学探究纪录片48项、科学微电影作品29项、科普动画作品18项。

协会秘书处承担了第31届全国青少年科技创新大赛科技辅导员活动版块评审的组织实施工作。初评共收到科技辅导员创新作品申报项目684项，评选出200个项目入围终评。经过终评，评选出一等奖32项、二等奖70项、三等奖91项。同时，评选出“全国十佳优秀科技辅导员”“中国科技教育杂志专项奖”“科技辅导员创新奖”等专项奖。大赛期间，协会与英特尔公司共同组织了科教论坛、工作坊等教师培训交流活动。

表彰举荐优秀科技工作者 协会推荐的全国“十佳优秀科技辅导员”、山东省临沂市罗庄区高都小学老师王克伟获得第七届“全国优秀科技工作者”称号。

学会创新发展 协会集成开发一批青少年科技教育数字化资源，通过科普中国网“校园e站”栏目、在线学习平台和云教室服务平台，以及在全国建设“校园e站”示范站点，为中小学的青少年学生和科技辅导员提供专业化的科技教育和科普活动资源服务。试点项目已得到中国科协的批准，在上海市青少年科普促进会和上海科学社的支持下，在陕西省、山东省等地建设了近30个科普中国“校园e站”，并开始了“校园e站”资源服务中心建设和资源服务的试点工作。

发起成立“青少年科技创新教育资源协作网”，探索优质科教资源集成和服务机制。协作网由中国科协青少年科技中心、中国科学院科学传播局、中国青少年科技辅导员协会、华东师范大学开放教育学院、北京四中、中国人民大学附属中学、北京市第三十五中学、天津市实验中学、华东师范大学第二附属中学、上海交通大学附属中学、上海STEM云中心等单位共同发起建立，旨在推动关注青少年科技教育并促进具备丰富科技教育资源的中小学校、高校、科研院所、校外教育机构，以及相关企事业单位、社会团体的合作发展，发挥优质科教资源的辐射带动作用，促进校内外科技教育的协同融合，全面提高青少年科技创新教育水平。协作网成员的优质课程资源集成在“科技学堂”平台上。

党建强会 经协会常务理事会议全体党员通过，并报经中国科协科技社团党委批准，成立了协会党委，由协会理事长陈赛娟担任党委书记，常务副理事长李晓亮担任副书记。经中国科协党委批准，协会秘书处与支撑单位中国科协青少年科技中心有关处室成立了联合党支部。

协会积极组织秘书处的党员参加“两学一做”学习教育活动，参与中国科协机关党委各项党建征文活动。

会员服务 在中国科协学会学术部的支持下，实施“深化学会治理体系改革”项目，探索会员发展与服务的模式和途径。按照修订的《中国青少年科技辅导员协会理事会工作条例》和《中国青少年科技辅导员协会会员条例》，简化会员入会手续，丰富会员服务内容。完成在线会员管理系统升级，方便会员简单快捷地在线申请入会和获得各项服务信息。为会员提供系列服务，如赠送《中国科技教育》杂志和科教图书，总计5200余册，提供线上线下专业培训和各类科教活动机会等。

开展以“科学教育新理念的实践探索”为主题的第24届全国青少年科技辅导员论文征集活动。22个理事单位会员、5个单位会员报送了推荐论文516篇。经协会理论工作委员会组建的评委会评审，10篇论文获一等奖，75篇论文获二等奖，187篇论文获三等奖。

（撰稿人：于　波）

中国科教电影电视协会

服务创新型国家和社会建设 协会承接中国科协第十八届年会宣传片的项目任务。制作完成以“西天取经、路在何方”为主题的介绍历届年会历史背景的长版，以及以介绍本届年会现状为主题、突出“会、展、赛、高、精、实”的特点的短版，并在年会现场播放。

协会为50个优秀社团拍摄学会简介片。截至2016年12月，协会已为中国机械工程学会、中国细胞生物学学会、中国茶叶学会等拍摄制作了学会简介片。

学会建设 协会新发展个人会员166人，目前，协会会员总数756人，团体会员46个。协会召开了理事会1次，常务理事会2次。

国际学术会议 9月25—28日，中国国际科教影视制作人年会（CICSEP）在中国深圳市举办。会议由中国科协、国家新闻出版广电总局支持，中国科教电影电视协会、深圳市科协主办，中国教育电视台、中央电视台科教频道、北京科学教育电影制片厂、华风气象传媒集团有限责任公司、中国农业电影电视中心和中国传媒大学等单位共同协办。大会分为如何讲好科学故事、科学知识秀节目与模式化、跨媒体讲科学故事的挑战、科幻节目现状与发展的探讨、如何讲好自然历史故事、如何向儿童讲好科学故事6个论坛。参会人数188人，其中境外嘉宾24人，交流论文35篇。邀请了来自俄罗斯的柳德米拉·贝奇娃，日本的植木丰、重森贝峇，新加坡的方庆子，澳大利亚的肖恩·莱文、凯茜·贝克，美国的米切尔·法卡斯，韩国的宋永锡等24位境外专家、学者作了主题发言。

国际交往 9月，国际科学传媒协会主席亚历桑德罗·格里菲尼接受协会邀请出席了2016中国国际科教影视展评暨制作人年会，并在会上作了发言。在深圳广电集团演播大厅主办的CICSEP大会闭幕典礼上，为表彰协会在推动国际科教影视交流作出的突出贡献，国际科学传媒协会主席格里菲尼代表国际科学传媒协会向协会副理事长兼秘书长刘通海颁发了“国际科学传媒协会奖”。

科普活动 在全国科普日活动期间，协会甄选了“中国龙奖”和“科蕾奖”获奖作品和其他优秀科普影视作品在广东省深圳市公共场所进行展映，共计474分钟。展映范围涵盖30个社区和学校，累计播放70场次。

协会承接了国家新闻出版广电总局电影局《性诱剂防控农林害虫》《警惕“肝癌”》两部影片，已由专家审定完成将在全国院线推广和公映。

党建强会 协会和中国光学会、中国图象图形学学会联合党支部根据党章规定已任期届满。8月24日，协会和中国图象图形学学会成立联合党支部，召开了党员大会，直接选举产生新一届支部委员会。支部现有党员5人。协会1名党员7月按时转正，现有正式党员4人。

会员服务 协会在CICSEP大会上为会员提供优惠待遇和免费精美会刊和画册。

协会继续为团体会员单位提供《摄影与摄像》杂志并继续为有需求的会员提供专门的看片、选片服务。

【第九届中国国际科教影视展评暨制作人年会】 9月25—28日，由中国科协、国家新闻出版广电总局支持，协会、深圳市科协主办，中国教育电视台、中央电视台科教频道、北京科学教育电影制片厂、华风气象传媒集团有限责任公司、中国农业电影电视中心和中国传媒大学等单位共同协办的中国国际科教影视制作人年会（CICSEP）在广东省深圳市举办。

近200名来自全国各科协系统、影视机构和相关企业的科教影视工作者参会。大会邀请了来自中国、俄罗斯、美国、澳大利亚、法国、日本等国家和地区的33位科教影视专家、学者和从业者，作了主题发言和主题讨论。

协会首席专家、国家新闻出版广电总局电影局原局长刘建中讲述了如何办好制作人年会，推动科教影视发展；国家新闻出版广电总局电影局艺术处副处长高山介绍了科教影视的管理与现状；中国传媒大学新闻传播学部副部长何苏六汇报了融合媒体与科技传播；国际科学传媒协会主席亚历桑德罗·格里菲尼（Alessandro Griffini）阐述了欧洲电视科学传播的几个看点；俄罗斯欧亚广播电视协会副会长柳德米拉·贝奇娃（Liudmila Bakeeva）阐述了科学与自然节目的合作与合拍；国家地理全球节目及发展执行副总裁哈米什·麦库拉（Hamish Mykura）作主题发言《国家地理——打造精品内容》。五洲传播中心节目制作中心主任王媛媛、中央电视台纪录频道副总监周艳讲述了如何讲好中国故事。

会议分8个主题发言、3个新闻坊、6个论坛。被誉为国际科教影视奥斯卡的中国龙奖吸引了来自全球57个国家和地区的影视作品参评。

与会学者围绕科学知识节目制作、传播的多样性与市场前景进行交流、学习。

（撰稿人：刘　畅）

中国科学技术期刊编辑学会

服务创新型国家和社会建设 学会坚持“满足需要，形式多样，扩大影响”的教育培训方针，在过去多年取得突出成绩的基础上，2016年学会共举办各种类型培训班5期，培训人员665人，全部取得国家新闻出版广电总局印制的《继续教育合格证书》和《主编岗位证书》。

学会建设 学会召开了三次理事长办公会议，重点审议了学会管理制度文件、学会网站一期建设方案、第5届金牛奖和银牛奖评选方案，讨论了学会出席中国科协九大代表和委会候选人产生办法、《编辑学报》拟聘编辑人选、学会改革和党建工作方案，商议了六届三次、四次常务理事会议及六届二次理事会议的安排及主要议题等，保证了学会工作的有序开展。

学会召开六届三次、四次常务理事会议，讨论了学会的改革与发展、审议通过学会管理制度文件，学会改革和党建工作方案、各工作或专业委员会交流了2016年度工作总结及2017年度工作计划等。

学会召开六届二次理事会议，任胜利副理事长代表秘书处向理事会汇报了学会一年来的主要工作，包括制定改革方案、完善管理制度、建设学会网站、申报各类项目或奖项、财务收支情况等。组织工作委员会主任方梅主持了学会秘书长的选举工作。理事会同意任胜利副理事长兼任本届理事会秘书长。理事会议期间举行了学会新网站的启动仪式。

学会完善了规章制度，制订了秘书处工作细则、办公室管理制度、印章管理及使用规定、财务管理制度、会费管理办法、工作 / 专业委员会工作条例、会员管理办法、聘用人员管理办法等一系列管理制度文件，有力地促进了学会的规范化运作。

学会通过组织各种活动加强与广大会员的联系，吸引更多的编辑部加入学会组织中，学会团体会员数达到1195个、个人会员达到8365人。

学术期刊 学会主办的期刊《编辑学报》，继续入选2014年版中文核心期刊要目总览和2015年中国社会科学核心期刊，继续入选南京大学中国社会科学统计源期刊，一直是中国科技信息所评选的中国科技核心期刊。《编辑学报》的统计数据在同类期刊中始终名列前茅，据《2016年版中国科技期刊引证报告（核心版）：社会科学卷》报告，以核心影响因子0.904和核心总被引频次1229均列新闻学与传播学类期刊第二位；据《2016年版中国科技期刊引证报告（扩刊版）》报告，以扩展影响因子1.399和扩展总被引频次2729分别列43种新闻学与传播学类期刊第二、第三位。

国内主要学术会议 学会组织了8次学术研讨会：第16届中国科技期刊青年编辑学术研讨会，第8届科技期刊发展创新研讨会，第14届全国核心期刊与期刊国际化网络化研讨会，科技期刊出版创新与区域发展研讨会，第1、第2次中国科技期刊高峰论坛，“出版人的职责”专题研讨会，“科普与全媒体”研讨会。参加学术研讨人员共计约1350人次，会议共收到论文340篇，有156篇论文获奖或被《编辑学报》遴选发表。出版论文集1册、《编辑学报》增刊2册。

科普活动 学会科普工作委员会举办“科普与全媒体”研讨交流会，51人参加本次会议。任胜利秘书长致开幕词，朱邦芬、栗延文、俞敏、杜振雷分别作了主题报告。在研讨沙龙环节中，与会人员围绕“科普与全媒体”的主题进行了讨论和交流。探讨如何办好科普期刊。朱邦芬理事长指出，好的科普一般不用引用指标来反映，而是看阅读量、点击率和评价。现在获取科普的渠道多样化，纸媒需要和新媒体结合，要有好的内容。通过自媒体来宣传是增强科普期刊影响力的一个手段。科普期刊要整合，团结起来，产生更深广的影响。

表彰举荐优秀科技工作者 学会开展了第五届中国科技期刊编辑“金牛奖”“银牛奖”的申报评选工作。经专家组评审、讨论、投票并经学会网站公示，最终评选出常思敏等66人获得第5届金牛奖，毕洪文等99人获得第5届银牛奖。

学会积极推荐2016年度全国新闻出版行业领军人才。按照德才兼备、业绩突出、群众公认的优秀人才要求，经学会理事推荐，理事长办公会议讨论，推荐学会副理事长栗延文和副秘书长方梅为2016年度全国新闻出版行业领军人才选拔人选。

党建强会 根据中国科协的要求，学会在六届四次常务理事会议上讨论并通过了学会党建工作方案，经中国科协科技社团党委批准，12月19日学会党委正式成立。任胜利同志担任党委书记，栗延文同志担任副书记，彭斌、方梅、颜帅、杨亚政、汪新红任委员。

会员服务 学会办公室设1名专职人员负责学会团体会员和个人会员的信息维护及联络工作，通过举办各种学术会议、培训班，组织开展各种评优表彰活动，定期向会员赠送《编辑学报》等方式，为会员提供多方面服务。充分利用新技术手段，加强与会员的沟通交流，学会已开通官方微信公众账号，向会员及时传递行业资讯。

学会组织力量，通过细致的工作，向国际著名数据库和检索系统推荐期刊，以帮助会员所办期刊入选。学会办公室耐心解答会员提出的有关问题，尽可能帮助他们解决困难。

【第16届中国科技期刊青年编辑学术研讨会】 4月20—22日，第16届中国科技期刊青年编辑学术研讨会在河南省新乡市召开。202人参加了此次会议，围绕“科技期刊人才培养与知识服务”主题和科技期刊编辑学者化和专业化、科技期刊与新媒体的融合与发展、科技期刊提升内容质量、传播能力、经营能力以及整体竞争力的方法等热点问题进行了讨论和交流。

大会邀请8位专家作报告。中宣部出版局副局长张凡从中国梦、十八大、“一带一路”、“互联网+”等方面进行形势分析和政策解读，为科技期刊编辑在新时期认清科技期刊的任务与使命提出了指导性意见；学会理事长、中国科学院院士朱邦芬就“学术诚信是科技期刊的生命线”一题进行了深入探讨；学会原副理事长、《地球科学》主编王亨君用翔实的统计和独到的分析对国际化趋势下科技期刊的创新发展进行了阐述；中国科学技术信息研究所情报方法研究中心主任潘云涛结合国家政策就“科技期刊的供给侧改革”进行了主题报告；爱思唯尔科研管理学术产品合作经理谢晓琳总结了Scopus数据库的用途和期刊遴选原则对期刊发展的启示；青委会副主任、《航空学报》副主编、编辑部主任蔡斐基于《航空学报》中英文版的办刊实践，阐述如何利用知识传播与知识服务提升期刊的品牌影响力；青委会副主任、《中国学术期刊（光盘版）》电子杂志社有限公司副总经理王玮介绍了一种支持编学研结合的协同创新出版模式；河南省科技期刊研究中心主任刘雪立集中探讨了编辑审稿方法与高影响力论文的策划。与会人员普遍反映大会报告内容充实，各有侧重，深受启发，受益良多。

本次大会收到学术交流论文80余篇，评出优秀论文一等奖5名、二等奖10名、优秀奖15名。部分优秀论文推荐至《编辑学报》发表。

【第一、二届中国科技期刊高峰论坛】 7月10日，第一届中国科技期刊高峰论坛在北京举办。首届论坛的主题为“学术期刊在优化学术环境中的功能和作用”。论坛由学会副理事长兼秘书长任胜利主持，学会理事长朱邦芬院士到会致辞，学会理事、学术工作委员会委员、特邀代表等共计150多人参加了本次论坛。

第一届中国科技期刊高峰论坛

本次论坛邀请了美国田纳西大学植物科学系教授兼南京农业大学教授、Horticulture Research主编程宗明教授，中国科学院文献情报中心刘筱敏研究馆员，北京大学科研部部长周辉教授，中国农业科学院《作物学报》副主编程维红编审分别以“学术期刊和论文在研究评价中的作用：中美比较分析”“文献计量方法在科研成果评价中的作用及相关思考”“关于建立科学合理的研究评价体系的思考”“主要国家或地区发表OA论文数量和支付费用调查”为题作报告。4个报告从不同角度，围绕学术期刊及论文在科研评价中的作用进行了多层面、多视角的分析。

9月12日，第二届中国科技期刊高峰论坛在北京举办。此次高峰论坛采用学术沙龙形式，邀请百度公司学术产品设计师张晓婧和夏铭泽以“互联网思维助力学术期刊影响力”为主题，分享了百度学术在提升学术期刊影响力方面的应用，并与受邀的30余名国内一流科技期刊的编辑进行了互动和交流。这也是百度公司与国内科技期刊界第一次此种形式的交流。

两位专家介绍了如何从用户需求入手，通过间接感知和直接搜索两方面提升期刊和论文的影响力，介绍了学术论文—大数据建设—知识图谱的信息生态链等搜索引擎背后的原理。面对不少期刊提出的在百度搜索期刊本身网站出现的排名靠后、信息不准确等问题，两位专家也表示百度学术团队正与中科院等单位的期刊展开官网认证合作，实现了合作期刊“官网认证彰显权威、展现首位及时更新、去除非授权的期刊推广、多维度信息深度整合”等功能。30余位期刊（执行）主编和编辑就关心的百度与期刊的合作机制、投诉反馈渠道、期刊论文收录不全、虚假网页净化、基于网络的期刊评价指标构建等话题展开了深入讨论。

【第8届科技期刊发展创新研讨会】 7月27—30日，第8届科技期刊发展创新研讨会在甘肃省兰州市举行。来自各出版单位的领导、学者和专家共计124人出席了研讨会。

研讨会历时2天，总共作了13个大会报告。

3位特邀专家从各自不同的研究方向分别做了题为“出版文化理性研究”“科技期刊与学术评价关系的再认识”，“当代医学的成就与困境”的报告，分别探讨了如何提升出版文化理性修养水平的问题、如何发挥科技期刊在学术评价中的作用以及如何理解当代医学的成就与面临的挑战等问题。

来自科技期刊界的5位专家主要从各自从事的工作实践出发，分别讨论了 *International Journal of Applied Behavioral Economics*（IJABE，国际化办刊策略与国际交流实践），科技期刊网络平台建设实践，如何与国际出版商合作促进期刊发展，如何编辑、设计、制作线条符号繁多杂乱的科技插图，以及国际上第一个视频期刊的介绍与研究。

7月29日，首个报告从标准起草人角度，通过分析编校实践中常见问题的众多案例，分别对标准的"要求型条款""推荐型条款""陈述型条款"进行了解读。接下来的报告依次讲解了参考文献自动校对和网刊数据自动提取、基于XML一体化的期刊生产与发布平台、一种支持"编学研"结合的学术出版新模式，以及智能型学术出版传播神经网络的构建。

在典型科技期刊发展交流和研讨阶段，来自《北京化工大学学报》《原子核物理评论》和《中国机械工程》等6家期刊的人员分别交流了各自期刊在办刊过程中面临的困境和遇到的问题。

本次会议共收到投稿63篇，经专家投票选出一等奖5篇、二等奖12篇，其中8篇入选《编辑学报》正刊出版，其他各篇经过审核将在《编辑学报》增刊出版。

本次会议还开展了2016年科技期刊数字出版编辑业务技能竞赛，19位编辑积极参加了竞赛。竞赛考题包括选择、判断、改错、实务等5种类型，历时1.5小时。竞赛由专家评分，最终评出一等奖1名、二等奖3名、三等奖4名。

【第十四届（2016）全国核心期刊与期刊国际化、网络化研讨会】 9月9—12日，第十四届（2016）全国核心期刊与期刊国际化、网络化研讨会在宁夏回族自治区银川市召开。来自26个省、自治区、直辖市的375人到场参会。大会以"创新驱动发展　促进期刊繁荣"为主题。本届大会共评选出79篇获奖论文。

开幕式上，中宣部出版局有关负责人从矩阵思维的方式和角度，以一种新颖的观点阐述了如何在期刊大框架中找到自己的方位，找到学习方式和方法。而后就全国宣传思想工作会议的几次主旨报告，着重论述了思想文化工作的辩证关系。强调要从全局出发、树立正确的政治方向、进行改革创新、加强队伍建设、改善党的领导。提出矩阵思维中整体治国理念的观念。

新闻出版广电总局报刊司有关负责人讲话中指出，很多品牌期刊都遭到了假期刊假网站的侵权和骚扰，2016年国家新闻出版广电总局采取了很多有效的措施。希望广大编辑部学会如何过滤垃圾信息，大浪淘沙，留下真正的金子，大家集思广益，提出解决的思路。

针对本次大会的主题，大会邀请了国内5位行业知名专家作了非常精彩的专题报告。报告题目分别是《整合优质资源 优化服务能力 共谋创新发展》《学术出版范式创新与评价创新》《基于中国SCI论文分析的精品科技期刊发展思考》《科技期刊诚信体系建设》《世界主要国家SCI论文的OA发表费用调查》，从不同角度、不同层面对期刊的创新发展以及对科技期刊的评价等方面作了论述和解读。

会议期间，与会专家、学者开展了深入的交流，大家一致认为，在互联网数字出版新技术的推动下，科技期刊必须完成转型升级。

（撰稿人：张　霞）

中国流行色协会

服务创新型国家和社会建设　协会开展色彩搭配师国家职业资格培训及认证工作。全年累计开展色彩搭配师系列培训66期，来自服装、家具、建筑设计、室内装饰、形象设计、纺织品设计、环境艺术、机械制造、化妆品制造、互联网、工业设计、涂料等行业会员参加了培训与考评。其中，举办色彩搭配师四级培训44期，共培训634人次，累计614人次通过色彩搭配师国家职业资格四级认证；举办色彩搭配师三级培训21期，共培训人数240人次，累计220人次通过色彩搭配师国家职业资格三级认证；举办国家职业色彩搭配师考评员培训班1期，共培训22人。

协会开展色彩领域专业培训工作。全年举办培训班14期，共培训333人次。常规培训和高端培训相结合，满足不同层次色彩科技工作者需求，有效提升了行业从业人员素质。其中，"涂装色彩搭配与流行趋势"培训3期，培训150人；"电动车行业色彩搭配技术应用"培训1期，培训50人；"形象色彩设计"培训1期，培训50人；"服装风格定制"培训2期，培训32人；"运动类品牌色彩风格分析与配色技巧"培训1期，培训20人；"色彩与品位的联动体系理论及实践"高端课程培训2期，培训12人；"服装陈设色彩搭配高级研修班"3期，培训14人；"室内陈设软装色彩艺术设计高级研修班”1期，培训5人。

协会为会员企业开展专题培训。结合会员企业产品特点量身制订培训计划，全年开展5期，培训270人次。其中，为广州诗尼曼公司开展了“色彩搭配技巧”主题培训；为广东华润涂料有限公司分别在滕州、杭州、成都开展了“家居行业色彩搭配技术应用和流行趋势”培训；为上海电视台举办了“形象色彩设计”主题培训；为李宁（中国）体育用品有限公司举办了“运动类品牌色彩风格分析与配色技巧”主题培训；为东莞丽莉涂料和沈阳华润涂料举办了“涂装色彩搭配与流行趋势”主题培训等。

协会与政府联合开展色彩趋势研究和发布。11月，协会与广东省东莞市大朗镇政府联合发布2017/2018中国（大朗）毛织服装流行趋势、2017/2018秋冬中国（大朗）毛织服装动态发布会、2017春夏中国（大朗）毛织服装静态展示。协会已与大朗镇政府持续多年开展合作，促进了当地产业时尚度的发展，带动国内毛衫产业的发展。12月，协会联合河北省邢台市清河县政府共同开展“第二十三届中国清河国际羊绒及绒毛制品交易会”2016秋冬羊绒纱线色彩流行趋势发布，更新中国羊绒时尚馆的趋势空间及设计师空间，举办了2016中国·清河羊绒主题沙龙——色彩设计与流行趋势。与清河县政府的合作有效提升了我国羊绒产业发展水平、品牌形象和时尚的影响力。

建立学会工作站。服务中国科协创新驱动助力工程及创新驱动示范市建设，分别在浙江省绍兴市柯桥区、江苏省苏州市盛泽建立学会服务工作站2个，开展专业培训、咨询服务，为地方企业创新发展服务。

协会持续推进色彩研发基地建设。在企业建立色彩研发基地，为企业提供色彩趋势研究和发布、品牌色以及国际流行趋势、色彩设计、色彩搭配、色彩营销等相关色彩培训，帮助企业正确使用色彩，提升企业设计人员对色彩的应用能力。如与色彩研发基地澜点羊绒和万新毛纺的合作，通过为万新毛纺的全面服务，合作建立色彩数据库，以提升企业生产效率。

开展中国色彩提案研究。完成2018年春夏季中国色彩提案和2018/2019年秋冬季中国色彩提案，代表中国提交国际流行色委员会，参与制定国际色彩定案。

举办首届中国（新疆）旅游纺织礼品设计邀请赛。7月正式启动，在三个月内，先后完成设计师新疆伊犁采风、专家研讨会、赛事征稿、赛事宣讲、作品初评、实物制作、作品终评、静态展示和颁奖典礼等一系列流程。在第五届中国亚欧国际博览会期间，9月22日，“首届中国（新疆）旅游纺织礼品设计邀请赛”颁奖典礼在新疆维吾尔自治区乌鲁木齐市举行。本次邀请赛共计15个省（自治区、直辖市）的近200位选手参赛，初评共收到近1000款设计效果图，包括30多家国内艺术类高校师生、为APEC及G20设计礼品的多位国内重量级设计师和新疆本土设计师接受邀请并参赛，最终43位设计师的作品在第五届亚欧博览会进行静态展出，并对获奖选手进行了表彰。

10月，在北京服装学院举办“2016中国国际拼布邀请赛暨拼布手工艺术展”，来自中国、美国、日本、韩国、新加坡等国家的拼布专家参加了展会，共有200余幅各国拼布精品在现场展出，吸引了来自全国近10000名拼布爱好者来观展。同期举办了国际专家拼布培训课程。

学会建设 协会全年累计发展团体会员22个，团体会员总数达到742个；发展个人会员220名，个人会员总数达到7222名。

协会贯彻民主办会的原则，召开常务理事会2次、理事会1次，增补理事8人，筹备建立会员设计师俱乐部。

协会多次召开会长办公会等专题会议，讨论会员发展和服务提升的创新方法；充分发挥专业委员会作用，激发专业委员会活力，分行业、分地区召开小型交流会，逐步推举一批年轻、专业能力强、热心协会工作的会员，成为会员积极分子和各行业专家。

协会成立中国流行色协会亚欧时尚研究院，加强了亚欧色彩文化领域的交流与合作。

协会与广东华润涂料有限公司共同成立“华润”涂装色彩研发院，开启会员服务新模式。

学术期刊 协会推动期刊改革，提升期刊学术质量和办刊自主权，将《流行色》注册地由上海变更为北京；对协会《流行色》杂志进行改版，由双月刊变更为月刊，严控论文质量。全年共出版《流行色》12期。

国际学术会议 协会共举办国际学术会议2次，共有385人次参加，收录论文56篇。

5月22日，第三届亚洲颜色学术会议（ACA2016）在江苏省常熟市召开。会议主题为“色彩驱动力”，交流论文56篇。会议共吸引了来自7个国家和地区的26位外籍专家参加，国内外专家、学者共计150人参与此次会议。会议主旨是为城市色彩规划、生活环境中的光与色彩、色彩产品设计应用等方面解决实际问题，推动色彩领域科学、艺术、工业以及教育的合作和发展。

国际交往 协会全年接待来自日本、韩国、泰国、法国、芬兰、意大利、美国、瑞士、英国、土耳其、德国、英国12个国家相关色彩公司和机构的专家、学者65人次来访，就色彩应用、设计等相关专业领域的内容开展交流和会谈，并与部分机构和公司达成了合作意向。

5月和11月，协会两次派代表参加国际流行色委员会会议，提交2018年春夏季中国色彩提案、2018/2019年秋冬季中国色彩提案，并带回日本、韩国、泰国、英国、法国、美国、意大利、德国、瑞士、芬兰、西班牙、匈牙利、土耳其、葡萄牙、丹麦15个成员国的色彩提案和国际定案，出版《国际色彩趋势报告》，将最新的色彩信息传达给协会会员。

科普活动 协会开展色彩科普进校园活动。围绕色彩心理、服饰色彩搭配、流行趋势解读、色彩搭配技巧、色彩定位、色彩管理、色彩规划及色彩搭配师职业介绍等内容，分别在南通、沈阳、新乡、北京、呼和浩特、柯桥、郑州等地4所高校、2个企业、2个行业协会共举办色彩科普讲座8场，来自高校师生、企业科技工作者共计2000人参加，提升了与会者的色彩素养。

协会充分利用流行色和色彩搭配师微信公众号、微博等新媒体渠道传播时尚流行趋势、色彩科学常识、色彩设计理念、色彩时尚、色彩趋势、色彩营销、色彩培训等方面色彩知识，累计发布专业资讯300多篇，粉丝达3万余人。

表彰举荐优秀科技工作者 协会推荐的浙江大学教授徐海松荣获第七届“全国优秀科技工作者”称号。推荐的中国美术学院教授、博导宋建明荣获2016第十二届光华龙腾奖“中国设计贡献奖”银奖（金奖空缺）。

党建强会 协会加强党建知识普及，印制《党建问答知识手册》。9月，协会支部按期开展换届工作，选举王振为支部书记，李思乐为组织委员，李秀娟为宣传委员。

会员服务 协会修订《中国流行色协会会员服务条例》，进一步优化会员服务流程，扩大会员服务的内容和形式，搭建了专业杂志报告、色彩研究、学术交流、色彩培训等多元化的会员服务体系。

为会员企业提供全年12期《流行色》期刊，提供《2018春夏国际色彩趋势报告》《2018/19秋冬国际色彩趋势报告》《纺织服装流行趋势展望》等专业研究报告，传递业内最新资讯。

依托协会网站、协会公众号和服务号两个微信号平台，在协会现有发展会员的渠道基础上，充分结合协会微信平台，设立“在线入会”，便捷办理入会手续。通过微信和期刊推广优秀会员企业，宣传推广会员产品和服务，展示会员风采。

【中国国际时尚创意论坛暨第107届国际流行色委员会峰会】 5月26日，2016中国国际时尚创意论坛暨第107届国际流行色委员会峰会在上海市举行。来自英国、意大利、葡萄牙、荷兰、芬兰、日本、土耳其、德国、瑞士、法国、韩国、美国等国的25位外宾及210位国内专家、学者参加了此次盛会。

会议主题是“色彩·时尚·城市”，宗旨是以色彩为中心、创意为核心、时尚为目标，融智融力，为各行各业实现跨界整合发展提供交流平台。

本次论坛演讲嘉宾中国美术学院教授宋建明的演讲题目是《时尚生活方式的演绎》，他主要从人、事、物、场、静等各方面对时尚色彩和生活方式进行了系统阐述。上海龙头集团股份有限公司王卫民总监的演讲题目是《民族纺织品牌的时尚发展》，主要诠释他在品牌运营方面的经验及与国际品牌的合作、线上的双线策略以及线下渠道的转型三方面的内容。台湾辅仁大学教授林国栋的演讲题目是《深化、内化、转化之美学色彩生活与实践》，主要诠释了风格是思想的外衣，用这件外衣适度、均衡、洗练、不落俗套地阐述了历史、年代、文化、季节的色彩，以中国传统文化的主、副、从、韵的同中求异，阐述了他眼中的美学色彩。DPLG法国政府建筑师克洛伊的演讲题目是《色彩在设计和建筑中的应用》，主要诠释了色彩需要内和外的相互呼应才能达到整体的美感效果，有些建筑师在设计之初并没有把色彩加进去，只是把色彩作为建筑的附加值来应用，这并不是最佳优化的效果。意大利范思哲品牌核心创始人莫拉诺的演讲题目是《设计中该如何使用色彩、面料和款式》，主要诠释了在光的语境下能够呈现漂亮的色彩价值和90%的人愿意受到色彩的影响，新产品或者新品牌应该注重色彩的选择。LODA AUGUSTO ARCHITECT工作室创始人奥古斯的演讲题目是《活在色彩之中——城市和乡村的色彩经验》，主要诠释了用图片演绎了从城市到建筑、室内、时尚、家居、器物等因颜色带来的改变，给我们展现了前瞻性的色彩探索之路。国际流行色协会秘书长奥利维亚·圭莱曼的演讲题目是《巴黎时尚之都的成因》，主要诠释了巴黎如何成为时尚之都的历史背景，梳理了一个城市的时尚历史。与会专家和学者分享了各自的最新研究成果，推动中国色彩产业的发展，促进了中国自主品牌的建设和发展，并为会员提供流行色资讯及相关咨询、技术服务。

第107届国际流行色委员会峰会，主要内容是讨论色彩、研究色彩趋势。13个会员国的色彩专家提交了各自国家的“2018春夏季流行色彩提案”，每个国家的色彩主张体现了该国的色彩风潮和色彩风潮背后的文化时尚态度，为企业提供了未来产品色彩设计趋势及应用方法，可指导企业进行产品设计和产品开发。

【2016中国色彩学术年会】 12月11—12日，2016年中国色彩学术年会在北京市举行。年会的主题为“色彩—创新—融合”。来自全国的会员、理事、高校师生以及国内相关行业的专业人员和色彩科技工作者等180人参加会议。年会召开前，开展了色彩学术年会学术论文征集活动，经专家评审，收录论文59篇，其中优秀论文16篇，优秀论文将刊登在《流行色》杂志上，入选论文收录“中国知网”。

年会邀请到了韩国流行色协会会长、忠南大学教授李真淑，台湾汉声杂志社发行人兼总策划及艺术指导黄永松，日本Color Top会长、日本形象色彩协会副理事长野坂瑛子，清华大学美术学院教授、博士生导师李薇，旷达科技集团股份有限公司工业设计中心总监吴双全以及中国流行色协会副秘书长、色彩总监招霞等国内外色彩专家、学者。韩国李真淑教授的演讲题目为《韩国都市色彩的规划设计》，介绍了她在从事城市色彩规划中的一些想法，提出以建筑为强调色，尽力将公共设施变成背景色，为了突出特殊感，还会规划色彩特区，促成基础色与表现色彩相辅相成。清华大学美术学院教授李薇的演讲题目为《服装设计中的色彩语言》，提出了当全世界服装设计师都被吸引去巴黎，捕捉每年发生的新的色彩现象，中国的设计师一定要找到自己的DNA，从中国的审美视觉和文化元素找到自己的灵感。日本形象色彩协会野坂瑛子副理事长的演讲题目为《色彩信息化时代下如何发展》，指出信息化时代，企业已步入慎重选择的阶段，色彩工具和数据化相互协同，为色彩确立非常重要的时代位置。旷达科技集团股份有限公司工业设计中心吴双全总监的演讲题目为《汽车内饰纺织品中的色彩应用趋势》，分享了智能化、科技化互联网高度发展的时代，汽车内饰的色彩离不开材质的支持，色彩只是表面的呈现状态，必须依托于材质、形态和后处理的工艺才能达到整个产品的完美设计。研究涵盖色彩、材质和新科技、新技术的趋势，以此做前瞻性的储备设计，把新的技术引入产品设计当中。

专家、学者从不同领域、不同行业、不同学科的角度对色彩应用作了深入阐述，并进行了现场互动交流。

（撰稿人：秦爱梅）

中国档案学会

服务创新型国家和社会建设 学会参与“授渔计划精准扶贫一帮一助学行动”。6月19日，由学会、中国社会福利基金会主办，中国社会福利基金会授渔计划、四川省档案学校、四川省档案教育集团、喜德县人民政府承办的“授渔计划精准扶贫一帮一助学行动”在国家档案局扶贫点喜德县启动，国家档案局局长、中央档案馆馆长李明华出席启动仪式并致辞。学会部分单位会员参加启动仪式并捐资助学，帮助四川省喜德县300名学生完成中等职业教育。

学会组织开展2016—2018年度中国档案学会定点企业评审工作。为使评审工作做到公开、公平、公正，学会重新修订了《中国档案学会定点企业评审标准》，在中国档案学术网上发布评审通知，公开评审标准和程序。同时对原属定点企业分别进行梳理，派出工作人员前往申报企业进行实地考察。成立了由国家档案局中央档案馆机关司部室相关负责人员、学会及各专业委员会的专家共同组成评审委员会，对照评审标准，对申报企业进行集中评审，评审结果在中国档案学术网上予以公示，接受社会各界监督。

学会建设 4月19日，学会在北京召开全国档案学会秘书长工作会议。国家档案局局长、中央档案馆馆长李明华、学会理事长段东升出席会议并讲话。

会议传达了中国科协2016年全国学会工作会议和《科协系统深化改革实施方案》精神，总结了2015年学会工作，提出了2016年工作思路和计划要点。李明华在会上强调，档案学会要认真贯彻落实《中共中央关于加强和改进党的群团工作的意见》和《科协系统深化改革实施方案》精神，保持和增强档案学会工作的政治性、先进性、群众性。学会邓小军主持会议并作工作报告。来自全国各省、自治区、直辖市档案局馆的分管领导、学会秘书长，中央各专业系统档案学会、各分会秘书长，以及学会各专业委员会主任共80多人参加会议。

11月8日，学会在广东省广州市召开了八届三次常务理事会，在会上传达了中国科协学会党建工作会议精神，研究、审议学会的发展方向及学术工作的重点、学会分支机构的设置等问题。

3月30日和12月6日，学会在北京分别召开两次专业委员会主任工作会议，会议传达了中国科协学会党建工作会议精神。研究各委员会年度工作要点，并研究了2016年全国档案工作者年会大会主题和各专业委员会分会场主题。

12月13日，学会召开八届二次理事会（通讯会议），免去方鸣副理事长、常务理事职务，免去莫震常务理事职务。

学会目前加入2个国际民间组织——国际档案理事会和国际档案理事会东亚分会。

学会第八届理事会共有理事121人，其中常务理事37人。个人会员7966人，团体会员161个。

“中国档案学术网”得到不断加强和完善，制定了《中国档案学术网管理暂行办法》，及时关注国家档案局、中国科协高层动态和地方档案学会的工作动态，实现信息实时更新。

学术期刊 《档案学研究》为中文社会科学引文索引（CSSCI）来源期刊、全国中文（档案学）核心期刊，双月刊。学会执行由《档案学研究》编辑指导委员会进行指导、《档案学研究》编审委员会进行具体编辑工作的机制，完成期刊的编辑工作。全年刊登论文150余篇，全年印发21000册。

国内主要学术会议 7月21日，学会在湖南省益阳市举办“曾三与新中国档案事业体制发展——纪念曾三同志诞辰110周年学术研讨会”。这次学术研讨会是经中共中央办公厅批准召开的，由国家档案局、中国档案学会和湖南省档案局、湖南省档案学会共同主办。

国家档案局局长、中央档案馆馆长李明华、湖南省副省长向力力出席并讲话。会前向全国征集“曾三同志与档案工作”纪念文章，经过专家评委审议，评选出30篇优秀论文编入《曾三与新中国档案事业发展——纪念曾三同志诞辰110周年档案学术研讨会文集》，并公开出版。

4月8日，与浙江省档案学会在浙江省杭州市联合召开“档案安全体系建设学术研讨会”。学会理事长段东升、浙江省档案局局长刘芸出席并致辞。会议由学会邓小军、浙江省档案局副局长韩李敏分别主持，参会人员80余人。

6月2—5日，与中国人民大学《档案学通讯》杂志社在江西省南昌市联合举办“第五届中国档案职业发展论坛”。论坛由学会邓小军主持，江西省档案局副局长谭向文、广西民族大学副校长黄世喆致辞，学会理事长段东升、《档案学通讯》主编胡鸿杰出席并讲话。本次论坛以“档案职业：传承与变革”为主题，收到论文300余篇，参会人员300余人。

11月22—25日，由学会主办，江苏省档案局、江苏省档案学会协办，常州市档案局等单位承办的“档案文化展览研讨会”在江苏省常州市召开。研讨会由学会邓小军主持，国家档案局副局长、中央档案馆副馆长杨继波、江苏省档案局副局长欧阳旭明、常州市委秘书长蔡骏出席并致辞。本次研讨会以“弘扬档案文化，创新档案展览”为主题，会上10人进行交流发言，120余人参会。

国际组织任职 学会理事杜梅在国际档案理事会中担任专业协会处执行局委员。

科普活动 学会与北京市档案局、北京市社科联、北京市档案学会联合举办“档案见证北京”社会公益文化系列讲座。讲座坚持发挥档案部门丰富的档案文化资源优势，以宣传北京历史档案文化为出发点，坚持正确的政治导向，同时围绕中央和市委贯彻落实培育和践行社会主义核心价值观的要求，兼顾学术性与普及性相结合安排相应的讲座内容。并立足于北京区域特色，突出档案文化特点，聘请档案业内的顶级专家学者来到“档案见证北京”文化讲堂开讲，使尘封的历史档案文献走出档案馆，走进社会，贴近百姓，满足全市广大人民群众学习北京历史文化的需求。2016年固定每月15日在东城区第一图书馆开讲，截至12月15日，共举办12场讲座，听众达1700余人次。

为配合“6·9国际档案日”活动，6月7日在北京举办2016年“国际档案日”专题讲座。讲座由国家档案局国档案学会承办。会议邀请钱学森先生之子、上海交通大学钱学森图书馆馆长钱永刚为在北京的档案工作者作专题讲座。钱永刚馆长的讲座以“钱学森档案工作言与行”为题，通过各种案例来讲述钱学森同志强烈的档案意识。国家档案局局长、中央档案馆馆长李明华局主持会议，副局（馆）长杨继波、付华出席活动。来自中央和国家机关各部委档案部门、军队系统、人民团体档案部门、驻京中央企业档案部门等100余家单位的近千人聆听讲座。

【2016年海峡两岸档案暨缩微学术交流会】 6月12—18日，以国家档案局副局长、中央档案馆副馆长王绍忠为团长的学会代表团赴台湾地区参加2016年海峡两岸档案暨缩微学术交流会。

会议由学会、中国文献影像技术协会和台湾地区“中华档案暨资讯微缩管理学会”共同主办。2016年海峡两岸档案暨缩微学术交流会是自1992年海峡两岸档案学术交流以来的第二十五次学术会议。

交流会由“中华档案暨资讯微缩管理学会”理事长吴学燕主持。来自两岸的80多位专家、学者，围绕“数字资源的保存治理与应用”这一主题开展交流。

王绍忠代表学会、中国文献影像技术协会对交流会的成功举办表示祝贺。他指出，海峡两岸档案暨缩微学术交流会是两岸档案文献工作者的学术盛会，已形成常态化机制，对两岸档案文献工作的开展产生了多方面的积极影响。一是交流会得到“两岸三会”的共同认可，为两岸多领域的合作与交流作出了贡献；二是交流会发挥了桥梁和纽带作用，增进了两岸档案文献工作者的感情；三是交流会搭建了一个交流与学习的平台，促进了档案暨缩微工作的开展。希望一年一度的海峡两岸档案暨缩微学术交流会能够深入持久地开展下去，将其打造成档案学术交流的高端品牌。

交流会上，来自两岸的18位专家、学者围绕“数字资源的保存治理与应用”这一主题，结合工作实践分别从“档案、图书、文献数字化前端处理”“各类数字化档案馆、图书馆的比较研究”“档案、文献的修复与抢救”“数字存档技术在档案、文献长期保存工作中的应用”“档案、文献保存保护标准与规范”5个视角作了精彩的学术报告。

【2016年全国档案工作者年会】 11月8日，学会在广东省广州市召开2016年全国档案工作者年会，国家档案局副局长、中央档案馆副馆长杨继波、广东省省政府副秘书长张爱军出席会议并致辞。本次年会主题为“大数据时代的档案工作”，设有七个分会场论坛，主题分别为“档案与国家治理”“数字化后整理——电子档案的深度整理研究”“档案文化建设的创新”“抢救保护重点档案，服务国家核心利益”“档案数据长期安全存储与管理”“影像技术的核心要素——数据格式”“企业档案工作如何跟上大数据时代步伐”。

会上，来自腾讯云、阿里数据经济研究中心、侵华日军第731部队罪证陈列馆、天津市档案局馆、浙江省档案局馆、中山大学资讯管理学院的6名专家、学者，分别围绕“智慧城市中的大数据应用与安全”“DT时代的政府治理创新”“用文献档案还原历史真相”“档案信息资源建设与信息化”“数字记忆工程的思考与探索”“大数据时代的档案工作——坚守和创新”作了主题演讲。来自全国的1200余名档案工作者参加会议，与信息化专家共同探讨新时期档案工作者面临的挑战和使命。

（撰稿人：李　威）

中国国土经济学会

服务创新型国家和社会建设 学会组织实施的“三区一城”涵盖全国的各个省、自治区、直辖市，总数达到164个。其中，三个实验区42个，百佳深呼吸小城122个。

学会充分利用为“三区一城”量身打造的服务平台，主动为各实验区以及所在党委、政府、企业或基层单位办实事，提供发展战略、政策咨询、经验交流、政策解答、宣传推动等服务项目50项，其中有36项是实验区的考察回访，有8项为实验区做咨询服务，有6项是其他服务。

学会成功申请为中国科协创新驱动助力工程试点学会。组织了十余次的考察活动，为共建单位提供政策指导、技术引领等服务。一方面，巩固已签约的创新驱动助力工程共建单位成果。3月，学会指导、帮助河南省鹤壁市推出了全国首部多规合一国土空间优化发展纲要经鹤壁市人大批准，规划纲要已正式投入实施。另一方面，积极引进企业参与创新驱动助力工程。学会先后与鹤壁国立光电、湖北省先秾坛生态农业有限公司、北京中关村双微双创（北京）企业管理服务有限公司3家企业签署创新驱动助力工程。

学会建设 学会召开了第五次全国会员代表大会，完成了换届工作。为了完成学会改革试点要求，学会理事会层面成立了党委会，选举产生了第五届理事会监事会，秘书长实行了聘任制等。按照章程规定，学会召开了1次理事会、2次常务理事会、4次秘书长办公会议，新发展会员单位6家，新增个人会员400多人。学会新增空间规划、北斗应用创新、旅游发展3个专业委员会，同时，加强专业委员会的管理工作，强化分支机构的建设。

学术期刊 《今日国土》杂志创刊以来，一直围绕学会的工作主线——三个实验区建设和深呼吸小城评选评价全方位进行宣传推动。2016年以来，60%为实验区和深呼吸小城的新闻或经验介绍，为实验区在国内外尤其是在国家部委影响力的提升作出了重要贡献。宣传科技人物文章18篇，实验区先进工作经验文章15篇，学术研究成果30余篇。

决策咨询 学会的决策咨询工作坚持积极主动，对上积极建言献策，为国家宏观决策提供理论支撑；对下为中小城市政府决策服务，推动中小城市经济社会的可持续发展。

4月9日，学会在河南省鹤壁市召开了五大理念与国土空间规划研讨会，为鹤壁市的空间规划发展提供了理论支撑和现实指导意义。4月28日，在湖北省武汉市召开的中国好农业精准扶贫研讨会上，为英山县的精准扶贫工作提供了政策指导。10月15日，在河南省商丘市睢县组织召开了脱贫攻坚及城乡一体化研讨会，成立了“睢县经济社会发展顾问团”，为睢县的经济发展和扶贫攻坚提供了政策指导。

国内主要学术会议 学会围绕国土经济相关理论问题，主办和协办了20多项学术会议。4月23日，与洛阳师范学院共同主办了善行旅游·洛阳论坛；10月5—6日，承办了“中国科协第117期新观点新学说学术沙龙”。

科普活动 学会非常重视科学普及活动的开展，尤其重视资源环境保护的宣传普及。策划并组织实施了一系列科普宣传及继续教育活动。学会的国土知识大讲堂先后办到了洛阳师范学院、特克斯等3家实验区，学会专家分别发表主题演讲，1000多名副科级以上实验区干部参加讲座；配合学会百佳深呼吸小城评选评价，7月9日组织的绿色国土行走进河北省兴隆县。

党建强会 学会在理事会层面成立了功能性党委，用党的建设推动实验区共建工程。目前，学会已在河南、山西、辽宁、江西、湖南、山东六省的6个实验区选择了6个基层党支部作为学会秘书处党支部共建单位，通过共同开展学习实践、科学普及、创新交流、咨询服务、着力宣传、信息联动6项活动，扎扎实实服务于实验区党的基层建设，服务于基层经济发展。

2016年学会党支部被中国科协学会服务中心党委评为五星党支部，柳忠勤被评为优秀党务工作者，王京涛被评为优秀共产党员，肖海英被评为优秀党建通讯员。

会员服务 学会改革会员发展和服务方式。大力发展个人会员，提高基层一线科技工作者和管理人员在会员中的比例；健全优化个人会员入会申请审批制度、注册制度和缴费制度；制定会员分类服务管理办法；丰富、强化团体会员的服务内容、服务抓手。同时，强化学会服务功能，进一步完善造血机制。进一步完善奖励机制，激励学会会员努力投入到服务社会的实践中去。

【中国国土经济学会第五次全国会员代表大会】 11月19日上午，中国国土经济学会第五次会员代表大会暨第五届理事会第一次会议在北京市梅地亚中心举行。第十届全国政协副主席、学会理事长张怀西，全国政协人口资源环境委员会副主任江泽慧，中国科协党组成员兼学会学术部部长、企业工作办公室主任宋军，以及学会会员代表230多人出席大会。

全国政协第九、十届人口资源环境委员会副主任、原地质矿产部副部长、学会第三届理事会副理事长陈洲其致开幕词。宋军代表中国科协致辞。学会副理事长兼秘书长柳忠勤代表第四届理事会向大会作工作和财务报告。学会常务理事、国务院参事、国家气候变化专家委员会主任、科技部原副部长刘燕华作关于本会章程修改草案的说明。

学会常务理事、全国政协委员、环境保护部原副部长周建作关于本会第五届理事会理事长、副理事长、常务理事、理事候选人情况的报告并宣读候选人员名单。新一届理事会主要有以下特点：第一，体现了“大国土”理论研究与实践的需要；第二，体现基层科技工作者的广泛性和代表性；第三，全国实验区和百佳深呼吸小城的领导占有一定比例；第四，企业界代表占有一定比例；第五，缩减理事会、常务理事会规模，提高议事、决策效率。

通过投票选举，产生了新一届理事会成员。同时在召开的第五届理事会第一次会议上，选举产生了学会第五届理事会常务理事、副理事长、理事长。柳忠勤当选为第五届理事会理事长，李青松、赵林如、李国平 、严金明、吴文良、邹统钎当选为学会第五届理事会副理事长。为了更好地适应学会事业发展的需要，第五届理事会实行秘书长聘任制，理事会聘任刘军萍担任第五届理事会秘书长一职。

为了加强学会理事会层面的党组织建设，会上宣读了中国科协关于同意中国国土经济学会成立党委的批复。柳忠勤任党委书记，李青松任副书记。根据中国科协改革试点有关要求，学会第五届理事会设立了监事会。

新任理事长柳忠勤代表新一届理事会，发表了以“继往开来、勇往直前”为主题的讲话，柳忠勤表示，今后将和大家一起，共同努力，勇往直前，做到“一个坚持”，实践“三个担当”。柳忠勤表示今后一定努力学习、不负众望、恪尽职守、敬业做事、老实做人，负起带领团队继续前行的实际责任，和大家一起，继往开来，勇往直前，共创中国国土经济学会明天的辉煌。

【优化国土空间发展专家研讨会】 6月25日，全国第26个“土地日”，学会与河南省鹤壁市市委、市人民政府在北京联合举行优化国土空间发展专家研讨会。学会副理事长兼秘书长柳忠勤、国家发展改革委地区经济司原巡视员陈宣庆、国土资源部调控和监测司巡视员董祚继、中国人民大学土地规划研究中心主任严金明、鹤壁市市委书记范修芳、鹤壁市副市长朱言志以及来自国家部委、科研院校、新闻媒体的专家、学者和鹤壁市政府相关委办局等人员参加会议。

为落实中央优化国土空间的战略部署，2014年学会在鹤壁市创办全国首家国土空间优化发展实验区，编制了《鹤壁市国土空间优化发展纲要》，鹤壁市委书记范修芳对《鹤壁市国土空间规划纲要》给予了高度认可，认为该规划有力地指导了鹤壁市国民经济与社会发展第十三个五年规划、城市总体规划以及土地利用总体规划，在“多规合一”的实施中发挥了有效作用。

围绕“优化国土空间发展”，与会专家作了重点发言。陈宣庆认为，优化国土空间开发是国家现代化治理能力和治理体系建设的重要内容之一，也是深化改革的重要内容。董祚继介绍了我国空间规划取得的成效及存在问题，提出了未来“三规合一”的改革指向和开展建议。严金明认为，国土空间规划具有综合性、战略性、地域性和动态性的特点，是“政治＋科学＋技术＋艺术”的结合。在新的形势下，建立空间规划体系，推进“多规融合”的重点是生活、生产和生态“三生”空间的与永久基本农田保护红线、生态保护红线和城镇开发边界“三线”的划定。

鹤壁市副市长朱言志介绍了鹤壁市国土空间规划的编制和国土空间优化发展实验区建设情况。

在媒体提问和专家、学者交流阶段，重点对如何做好“三规合一”、如何保证“一张蓝图绘到底”进行了热烈讨论。与会领导和专家认为，“三规合一”的关键是规划灵魂与思想的统一。而要保证一张蓝图绘到底，首先要确保蓝图的科学性；其次规划蓝图要得到各级政府和人民的认可；最重要的是要走法治化道路，必须依法编制、实施和修改规划。

【第九届中国国土区域城市经济学家新春论坛】 2月21日，由学会主办，中国区域经济学会、中国区域科学协会、全国经济地理研究会、中国城镇化促进会联合承办的第九届中国国土区域城市经济学家新春论坛在北京市召开。学会专家委员会常务副主任、国务院参事、科技部原副部长刘燕华，中国科协学会服务中心副主任王玉平，学会副理事长兼秘书长柳忠勤，国家发改委国土开发与地区经济研究所所长史育龙以及来自5个学会的专家、学者70余人出席。

新春论坛主题为“五大理念与空间规划”。

专家发言阶段由学会副秘书长、专家委员会副主任肖金成主持。他首先指出，中共中央“十三五”规划建议首次提出，实现“十三五”时期的发展目标，破解发展难题，后置发展优势，必须牢固树立“创新、协调、绿色、开放、共享”的发展理念。作为我们国土、区域、城市的学者，每一大理念都和我们有关系，不仅需要我们去解读，还需要我们去深入地探索和研究。五大理念和空间规划既和我们研究的对象有密切关系，又对国民经济和国家长远发展有密切关系，需要我们专家、学者高度关注。空间规划需要五大理念的指导，五大理念的实施也需要空间规划的支撑。

专家、学者们围绕五大理念与空间规划的关系、空间规划的范畴与职能、空间规划与需求挖掘、空间结构与区域繁荣、空间规划与可持续城市、数据收敛与空间规划、制度框架与空间规划、空间规划中的问题等进行了热烈讨论。

【中国国土经济学会旅游发展委员会首次论坛】 11月19日下午，学会旅游发展委员会成立后的首次论坛活动在北京梅地亚中心举行。论坛以“全域旅游与旅游目的地建设”为主题，由全国政协委员、环保部原副部长、百佳深呼吸小城专家委员会主任周建主持，来自国家发改委、国土资源部、农业部、环境保护部、水利部、国家旅游局、国家林业局等多个部委的领导和学会“三个实验区”、百佳深呼吸小城代表200多人参加论坛。

学会旅游发展委员会首任会长、景域集团董事长洪清华说，未来20年中国旅游的主旋律是全域旅游，在全域旅游时代，中国旅游要更有创造性，创造的根本就是在国土上有所作为。前30年，中国旅游的发展是发展模式景点旅游，接下来20年是全域旅游的发展模式，中国旅游已从美景时代进入美宿时代，美食、美景、美人、美术，这些美的要素，是品牌塑造、旅游消费升级的载体。

海南旅游景区协会会长张涛就海南5A级景区呀诺达的景区开发、建设、管理以及善行旅游的推行进行了全方位的诠释。

国家林业局森林旅游管理处处长陈鑫峰就森林旅游现状和趋势作了翔实介绍。他说，森林旅游已成为林业第三产业的龙头，是我国大旅游重要版块。由于森林旅游与经济社会发展的多种需求相吻合，成为被各界最看好、最具增长潜力的旅游新业态。

全国政协委员、河南洛阳师范学院校长梁留科在论坛上就大健康时代呼唤养生旅游，高速时代注重移动旅游，“互联网+”的时代智慧旅游，自驾游、自助游、自主游时代促进全域旅游，“旅游+”的时代打造全产业链旅游，双创时代培育旅游新业态等在新时代、新理念下旅游发展的基本思路予以系统阐述。

学会旅游发展委员会联席会长、北京第二外国语学院校长助理、世界旅游城市联合会专家委副主任邹统钎重点介绍了旅游目的地建设的核心理念。

学会旅游发展委员会秘书长、中国社会科学院当代城乡规划院副院长张朝伟主持了论坛第二个环节，邀请学会部分实验区、百佳深呼吸小城代表和企业代表，就“全域旅游怎么搞”开展讨论和对话，从不同地区、不同经济社会发展水平和不同资源禀赋情况下全域旅游开发的不同方式和途径展开研讨。

（撰稿人：杨巧英）

中国土地学会

服务创新型国家和社会建设　学会积极履行社会职能，一是继续开展土地规划甲级机构年检工作，并承担国家级土地调查机构名录审核技术服务工作。二是配合国土资源部法规司和国土资源部整治中心，举办2期“土地整治专业技术人员培训班”，受训人数超过1000人。学会开发了继续教育证书远程查询打印系统，利用学会网站颁发继续教育证书，方便了培训学员对证书的查询、打印和保存，也极大地提高了工作效率。三是积极开展国土资源科学技术奖推荐工作，参与两院院士候选人、高层次人才库专家、青年科技奖、国家科技奖等推荐工作。四是继续参与《中国科协年鉴》《国土资源年鉴》的编写工作。

学会建设　5月20日，学会在北京召开六届九次常务理事会，学会理事长、国土资源部副部长王世元出席会议并讲话。王世元在讲话中强调，2016年，学会要顺应新形势新要求，全力打造高水平交流与服务平台，主要包括：做活做实国内学术交流平台，增强持续服务国土资源领域科技创新的能力；做强做大国际交流平台，不断增强学会的国际影响力和国际竞争力；巩固提升海峡两岸土地学术交流品牌，以学术交流带动两岸文化与经济互融互通；以承接政府转移职能为突破口，大力拓展学会服务社会的能力；精心组织开展科普教育活动，不断提升全社会的土地科学知识素养。就全面深化改革、不断提高学会治理能力建设。会议审议并原则通过了学会2015年度工作总结、财务报告及2016年工作思路，研究了成立换届领导小组及换届筹备有关事项，讨论了2016年会主题及成立学会土地生态分会事宜。学会副理事长、常务理事出席会议，各分支机构负责人列席会议。

12月22日，学会在京召开第七次全国会员代表大会，选举产生了学会第七届理事会。

学术期刊　完成1000余篇《中国土地科学》投稿文章的在线处理，编辑出版12期《中国土地科学》和6期《土地科学动态》，共计300多篇论文、300多万字。《中国土地科学》继2015年首次入选“中国最具国际影响力学术期刊”后，2016年再次入选“中国最具国际影响力学术期刊”，期刊影响因子实现历史最高值2.769，达到国际学术期刊水准。《土地科学动态》也受到越来越多读者的关注。

完成“中国科协精品科技期刊工程学术质量提升项目（2015—2017年）”2016年项目合同书确定的工作任务，包括《中国土地科学》过刊数字化等多项工作，实现《中国土地科学》由完全纸质延迟发布向数字化即时发布+编辑工作平台为主的转变。

学科发展研究 学会继续与中国土地勘测规划院等单位合作，开展年度土地科学学科发展专题研究，对2015年度国内土地科学最新进展情况，进行系统总结，完成年度《土地科学学科发展蓝皮书》的编写、出版工作。

按照“土地学科进展研究”的总体设计，组建了由学会编辑部和北京大学教授林坚团队、中国农业大学教授朱道林团队、中国矿业大学（北京）教授胡振琪团队和中国人民大学教授丰雷团队共同参与的研究课题组，就2016年度世界土地科学重要进展开展专题研究。截至2016年年底，已召开4次专题研讨会，并取得阶段性成果。

完成2016年度《国土资源年鉴》“土地科学研究”词条撰写工作。词条共3万多字，按固定体例，从土地调查与评价研究等5个方面入手，对2015年度国内土地科学研究的进展进行了系统梳理和总结。

两岸交流 11月1—7日，2016年海峡两岸土地学术研讨会在台湾地区台北市召开。主题为“经济转换期之土地问题”，海峡两岸100多位专家、学者出席，中国土地勘测规划院副总工邓红蒂研究员率大陆团18人参加。2016年恰逢海峡两岸土地学术交流25周年纪念，台湾“中国地政研究所”所长林英彦、“中国土地改革协会”名誉理事长赵淑德等台湾土地界学术名流全程出席。会议举行了1场大会报告和8场专题交流，就住房保障与公共政策、地价与地税、农地保护与生态修复、土地利用规划、不动产权利、土地征收与补偿等话题进行了深入研讨。两岸专家、学者39人在会上交流了学术观点。

国际交往 学会对外民间交流渠道不断延伸：一是继续深化与皇家特许测量师学会（RICS）的合作，成功推荐90多名土地专家直接入会成为RICS会员，为中国专家获得国际资格认证铺平了道路。二是继续参与国际测量师协会（FIG）活动，5月1—8日，学会组团赴新西兰参加了主题为“从灾难中恢复”的FIG2016年度工作周会议，推荐的8名专家作会议交流。三是协助中国农科院主办全球土地计划第三届开放科学大会，国土资源部副部长曹卫星出席大会并致辞，学会推荐的专家14名作会议交流、2名作论文展示。会议期间，学会还对全球土地计划主席彼得·凡布格进行专访，并借助报刊、网络平台等对大会进行宣传。

1月18日，学会理事长、国土资源部副部长王世元在北京会见皇家特许测量师学会全球首席执行官桑·汤健士一行，双方就深化土地管理相关领域合作交换意见，并见证中国土地学会与皇家特许测量师学会“直接入会”合作方案的签署。王世元对桑·汤健士一行的到来表示欢迎，并介绍了国土资源部、中国土地学会的主要职能，回顾了双方合作的有关情况，表示中方愿在合作谅解备忘录框架下，深化与皇家特许测量师学会的合作。桑·汤健士介绍了皇家特许测量师学会的基本情况，以及近期正在开展的主要工作。他表示，愿与中国国土资源部、中国土地学会进一步加强在相关方面的交流与合作。

科普活动 学会加大科普力度。一是积极参与“4·22世界地球日”科普活动，在学会网上开通专栏，倡导资源保护和生态文明建设。二是做好6·25全国土地日宣传周活动，学会联合中国土地勘测规划院等单位在中国土地学会网、国土资源网、中国土地规划网等网站上同时举办第15期全国土地日网上论坛，主题为“节约集约用地，切实保护耕地”；学会还利用宣传周组织召开土地日专家座谈会，20多位专家、学者出席。三是推荐学会及有关事业单位人员，参加中国科协科普部组织的科普培训活动。四是与中国知网及六家学会共同组织“生态文明，我知我行”第二届资源与环境网络知识大赛和“战略决策，情报支撑”主题征文活动，6000多人参与网络答题，多人获奖。五是开展“土地系统科技创新知识服务月”活动，让有关土地人员免费使用中国知网资源30天。

【中国土地学会第七次全国会员代表大会】 12月22日，中国土地学会第七次全国会员代表大会在北京召开，286人出席，代表着7894名注册会员。国土资源部部长、党组书记、国家土地总督察姜大明作出批示，党组成员、副部长赵龙出席会议并宣读批示。学会理事长、国土资源部咨询研究中心主任王世元讲话。大会审议并通过了第六届理事会工作报告、财务报告和学会章程（修改草案），选举产生160名理事组成学会第七届理事会。随后召开的学会第七届理事会第一次会议选举产生60名常务理事组成学会第七届常务理事会。王世元当选学会理事长，12名理事当选学会副理事长。七届理事会第一次会议还研究确定了学会法人代表、秘书长、副秘书长、各分支机构负责人。

姜大明批示指出，中国土地学会自1980年成立以来，在中国科协关心指导和学会历届理事会的正确领导下，团结广大土地科技工作者，围绕中心、服务大局，搭建交流平台，开展学术研究，在土地科学基础研究、学科建设、国际（地区）交流、科学普及、社会服务等方面做了大量工作，为推动土地科技进步、支撑土地管理改革创新作出了积极的贡献。当前，中国正处于全面建成小康社会决胜阶段，服务经济社会发展和供给侧结构性改革任重道远。希望学会充分发挥桥梁纽带作用，团结带领广大会员“尽职尽责保护国土资源、节约集约利用国土资源、尽心尽力维护群众权益”，瞄准学术前沿，着力开拓创新，扎实推进土地科技创新和土地科学学科发展，积极为土地管理建言献策，努力把学会建设成为具有重要影响力和充满活力的现代学术团体。

王世元指出，学会要全面贯彻落实新时期党中央对群团工作的新要求，按照姜大明部长“把中国土地学会建设成为具有重要影响力和充满活力的现代学术团体”的批示要求，凝心聚力、主动作为，始终把服务国土资源事业发展作为工作重点，立足当前，扎实做好2017年工作的计划安排，着眼长远着手研究新时期学会工作的整体谋划，突出优势，大力推进土地科技创新，强化服务促进土地科技人才队伍成长，提升能力，全面加强学会组织自身建设、学科建设，不断推进学会事业再上新台阶，为国土资源领域改革创新作出新贡献。

中国科协等单位高度评价了中国土地学会工作并向大会发来贺信。中国土地估价师与土地登记代理人协会秘书长王军、中国地质学会副秘书长郝梓国、美国规划师协会苏解放、德国汉斯·赛德尔基金会驻地代表迈克尔·克劳斯到会致辞。

【2016中国土地学会学术年会】 12月23—24日，2016中国土地学会学术年会在北京召开，主题为“‘多规合一’与土地利用创新”。学会理事长王世元到会并作主题讲话。会议规模350多人，共收到论文120余篇，经过专家严格筛选，92篇入选年会论文集，18篇荣获“2016中国土地学会学术年会优秀论文奖”，3篇荣获“2016中国土地学会学术年会优秀交流奖”。年会设置1个主会场、4个分会场和5个专题会场，47人参与会上交流，为完善国土空间规划体系、提升国土空间治理能力建言献策。

中国科学院地理科学与资源研究所研究员方创琳表示，在特定历史时期，各个部门作出不同尺度的空间规划和部门规划，对国家的国土空间优化和集约利用发挥了重要引领作用。“多规合一”要解决“多规分治”的矛盾，化解空间规划冲突，提升空间配置效率。方创琳认为，“多规合一”中“合”的核心是绘制一张核定地块主体功能并自由行使权利的约束蓝图，界定永久基本农田、林地、水域、自然保护区、湿地、生态保护区等不可建设的空间。中国人民大学公共管理学院教授严金明认为，要运用“自然资源空间管制”与“国土综合整治”的抓手，实现“多规合一”下的“生产、生活、生态”空间相统筹。

王世元指出，“多规合一”关键在于服务生态文明建设国家战略，适应各自功能定位的基本要求。一方面，充分尊重各类规划的法定功能和特色，实现优势互补；另一方面，要做好各类规划间的衔接和协调。“目前推进的城市开发边界、永久基本农田红线、生态红线三线互动，就是功能互补、有机衔接的最好创新、探索和实践。”据介绍，2014年以来国家发展改革委、国土资源部、住房城乡建设部和环境保护部联合在28个市县推行试点，探索“多规合一”的路径和经验。

不少与会专家参与相关试点工作，并介绍相关经验。中国土地勘测规划院研究员贾克敬介绍，国土资源部指导的7个试点形成了多方面经验，比如统一底图底数、科学评价资源环境承载能力、开展各类规划差异比对、突出集约节约用地、构建信息联动平台等。但也存在弱化土地调查“底数底图”等误区。他建议衔接自然资源统一登记等相关生态文明体制改革，将国家公布的法定土地调查数据做空间用途管控的“底数底图”，并在此基础上整合相关调查成果，形成空间规划的基础数据。同时，以强化国土空间用途管制为核心，充分发挥土地利用总体规划的统筹管控作用。

王世元表示，经过几十年的探索实践、改革创新，我国土地利用总体规划已建立了自上而下的规划目标管控体系、独立统一的土地利用调查体系、分级分区的用途转用管制体系、严格高效的实施考核监督体系，在服务国家战略、强化国家对自然资源开发利用和保护的整体管控方面具有独特优势。因此，要充分发挥土地利用总体规划优势，积极主动投身“多规合一”改革实践。

（撰稿人：许　坚）

中国科技新闻学会

服务创新型国家和社会建设 2016年，学会承担中国科协宣传活动38项，参加活动记者1200余人次，发稿1500余篇，与中央电视台新闻中心策划宣传活动，在中央电视台一台发稿28条。学会和中国科协调宣部策划，与中央电视台合作，在全国科普日、全国双创活动周、世界机器人大会期间推出3期《焦点访谈》，央视新闻手机客户端直播约4个多小时，组织报纸专版10余个、专刊2本。

受国家发改委、中国科协委托，学会与中国经济网共同主办2016年“大众创业 万众创新”优秀新闻作品评选工作。评选收到涵盖消息、通讯、述评、综述、图解、网络专题等多种体裁形式的作品，经评审委员会评审，59篇获奖，其中“创响中国好新闻”20篇、“优秀新闻作品”39篇。

学会与光明网合作，开展“光明杯”科技传播奖评选工作。11月5日，2016“光明杯”科技传播颁奖仪式在中国科技传播论坛大会上举行。评审工作经过申报、材料审核、网上初评、会议复评、网上公示等程序，评出49篇优秀科技新闻作品。其中，一等奖10篇、二等奖15篇、三等奖24篇。

5月30日—6月2日，中国科协第九次全国代表大会与全国科技创新大会和两院院士大会联合召开。学会受中国科协委托，主办“九大好新闻”——中国科协九大优秀新闻作品评选活动，面向参与“九大”报道的记者征集优秀新闻作品。经网上初评、会议复评、网上公示等评审程序，评选出33篇优秀新闻作品。

12月6—9日，由中国科协调宣部主办，学会与中国传媒大学培训学院联合承办的2016年中国科协宣传干部培训班在中国传媒大学举办。来自各学会联合体、全国学会，各省、自治区、直辖市科协、副省级城市科协以及中国科协部分直属单位70余人参加培训。培训班邀请学界专家、知名媒体人、政府部门资深新闻发言人执教。公安部原新闻发言人、宣传局局长武和平，铁道部政治宣传部原部长、新闻发言人王勇平，中国传媒大学教授、继续教育学部部长董关鹏，中华全国新闻工作者协会书记处书记顾勇华，中国传媒大学播音主持艺术学院院长鲁景超等专家进行了专题讲座。

学会建设 11月5日，经学会五届五次理事会议审议通过，成立中国科技新闻学会农业科技传播专业委员会。

学科发展研究 2016年学会组织有关专家和学者，完成研究课题“发挥群团作用促进科技传播研究”“中国科学传播能力评估方法研究”。其中，“发挥群团作用促进科技传播研究”课题被中国科协评为优秀调研报告。

国内主要学术会议 9月6日，由学会主办的首届2016中华医药传播论坛在内蒙古自治区呼和浩特市举行，论坛主题为“中医药、民族医药当代价值与传播”。论坛就中华医药传承发展所面临的舆论问题展开探讨。

国际交往 3月，美国物理联合会首席执行官罗伯特·布朗、首席运营官凯瑟琳·奥瑞沃丹、新闻部总监杰森·巴尔迪到学会交流工作，学会副理事长徐九武、常务理事伍刚、理事蒋建科、秘书长许英等参加座谈，双方就科技传播等合作事项进行探讨。

科普活动 2016年，学会继续与中国科学院科学传播局、光明网科技频道合作，在光明网开设《i科学》栏目。对社会热点主题进行联动报道，在科学流言、食品安全、环保、公共卫生事件、生命健康、天文地理等多个领域，邀请专家解读社会热点事件中的科学问题，解答读者、网友疑惑。

2016年，《i科学》栏目制作上线“科学门诊”“科学沙龙”“科学+”科普主题50期，浏览量超过4500万。

表彰举荐优秀科技工作者 由学会推荐，中央电视台科教频道《我爱发明》制片人王宁获得“全国优秀科技工作者”称号。

会员服务 5月26—27日，第二十九届（2015年度）科技报系统优秀作品评选评审会在陕西省杨凌市召开。通过评议，从202篇作品中评选出一等奖24篇、二等奖25篇、三等奖34篇、好标题2个。

【2016年中国科技传播论坛暨中国科技新闻学会第十三次学术年会】 11月5日，由学会主办的2016年中国科技传播论坛暨中国科技新闻学会第十三次学术年会在北京召开，论坛主题为“科技传播的引领与创新”。

中国记协党组书记翟惠生，中国科学院院士、中国科学院地球化学研究所研究员欧阳自远，中国工程院院士、中国军事医学科学院原院长秦伯益，中国科协副主席、中国科学院院士、中国科技大学常务副校长潘建伟，中国科协科普部部长杨文志分别作大会主旨报告。

论坛评选出优秀论文63篇，其中一等奖10篇。论坛设“下一代互联网与科技传播创新”“万物互联时代创新与传播”两个分论坛。中国科协有关部门、直属事业单位，科技部办公厅，中国科学院科学传播局等单位的领导，以及来自科研院所、新闻媒体200余人参加开幕式。

（撰稿人：杜　梦）

中国老科学技术工作者协会

服务创新型国家和社会建设　12月21日，中共中央政治局委员、国家副主席李源潮对中国老科协工作作出重要批示，批示内容：中国老科协在2016年认真学习贯彻习近平总书记在“科技三会”上的讲话精神，深入调查研究、发挥智力优势，在服务三农、创新科普、维护权益、加强基层等方面做了大量有效的工作，取得的成绩应充分肯定。

2017年，希望中国老科协继续深入贯彻习近平总书记讲话精神和中央对科协工作的总体要求，服务党和政府科学决策，服务全民科学素质提升，服务创新驱动发展，服务老科技工作者，努力更有效地为建设创新型国家建功立业。

5月3日，中国科协党组书记、常务副主席、书记处第一书记尚勇对《中国老科协2016年工作要点》作出批示。

2016年，中国科协、科技部和人力资源社会保障部联合印发《关于进一步加强和改进老科技工作者协会工作的意见》（以下简称《意见》）。《意见》从充分认识新时期老科协工作的责任和使命、畅通老科技工作者充分发挥作用的通道、竭诚为老科技工作者服务、高度重视老科协组织建设、为老科协开展工作创造良好条件5个方面，就加强和改进老科协工作提出18条意见。中国科协新一届常务委员会增设老科技工作者专门委员会。

2016年，协会依托中国科协创新战略研究院成立中国老科协创新发展研究中心，中心主任由中国科协创新战略研究院院长兼任，配有专职人员。聘请邓楠、汪光焘、李学勇、潘云鹤等13位院士、专家、科技管理专家担任协会特约高级顾问，将多层建筑增设电梯、深圳科技创新能力研究、老科学技术工作者家庭照护问题研究等设为2016年课题。

参与组织西部十二省区市老科技工作者协会协作网第九次会议，协会会长陈至立出席并讲话。会议还举办了“精准扶贫”论坛，讨论通过关于助力“精准扶贫、精准脱贫”的倡议书。十二个省、自治区、直辖市老科协根据各自条件，结合当地实际，提出助力“精准扶贫、精准脱贫”的计划。

学会建设　2016年，学会增补副会长10人，变更秘书长1人，增补常务理事12人、理事1人，变更常务理事1人。农业分会和铁道分会完成换届。

学会第六届二次理事会议选举增补齐让、申立国、岳明生为副会长，六届三次理事会议选举增补张友君、罗啸天、朱张才、蒋济雄、曾清华为副会长，第六届第四次理事会暨第三次常务理事会议同意李森辞去六届理事会秘书长职务，选举李志刚担任副会长兼秘书长，李森担任副会长。

建立第六届理事会会长办公会制度，制订议事规则，对在京副会长进行工作分工，实行分工负责制。

学会开展老科协工作调研。2016年，协会会长陈至立和其他副会长先后赴北京、辽宁、黑龙江、上海、广东、湖南、湖北、山东、河北、河南、江苏、浙江、福建、海南、安徽、陕西、宁夏、甘肃、新疆、四川等地调研老科协工作，召开老科协工作调研座谈会听取汇报、讨论交流，到县老科协、企业老科协、乡镇和街道社区老科协、老科协农业科技项目基地、农村中学科技馆等进行实地考察。

协会对各分会的情况进行调查，提出进一步加强分支机构建设意见。

决策咨询　2016年，协会组织相关专家从改善老旧住宅居住条件、提高居民生活质量、化解过剩产能等方面，开展“既有住宅加装电梯”专题调研。调研组赴北京、上海、南京、哈尔滨、西安、成都、广州等地进行实地调研，课题11月结题，建议得到李克强总理、张高丽副总理的批示。研究成果在北京、南京、广州、成都等地受到地方政府的重视。北京市召开专题会议，研究北京既有住宅加装电梯问题；南京市政府印发《南京市既有住宅增设电梯实施办法》。开展“深圳科技创新能力研究”课题，12月课题结题，建议报国务院，以中国科协《科技工作者建议》报送中办、国办和有关部门。

以协会副会长杨继平为组长的林业分会调研组开

展“关于进一步完善公益林政策法规体系建设的调查研究”“关于新一轮退耕还林实施情况调查研究”，形成调研报告，受到国家领导人重视，分别作出批示。

科普活动 8月，协会在山东省烟台市举办首期科普演讲专家培训班。

11月，协会在新疆维吾尔自治区乌鲁木齐市协会举办中国老科协科普演讲专家新疆培训班。培训分为高端科普报告会、业务培训、学员论坛、培训班总结等环节。

协会在北京、上海、厦门参与举办科学健康论坛，搭建院士、科学家同医务工作者交流平台。协会会长陈至立出席论坛并讲话。

协会在中国科协、中国科技馆发展基金会支持下，在新疆伊犁、四川、甘肃、黑龙江等地农村中学招标建设18所农村中学科技馆。

表彰举荐优秀科技工作者 2016年，协会设立中国老科学技术工作者协会奖（以下简称“中国老科协奖”），制定印发《中国老科学技术工作者协会奖管理办法》《2016年度实施方案》，成立以中国科协副主席、老科技工作者专门委员会主任、中国科学院院士沈岩为主任的评审委员会。

评选出2016年度中国老科协奖获奖者182名，其中突出贡献奖获奖者10名；评选出2016年度中国老科协奖先进集体12个。

会员服务 2016年，首次设立老科技工作者日。每年的农历九月初九的重阳节设立为“老科技工作者日”。

10月23—28日，协会组织部分来自北京地区三甲医院的老医疗专家，到山东省泗水县开展以“不忘初心、服务老区”为主题的医疗义诊活动。义诊活动还安排了学术讲座、查房、座谈等环节，4天接诊400多人次，6位老医疗专家对当地医务人员和护理人员作了12场学术报告和爱岗敬业教育报告。

2016年，协会对《今日科苑》进行改版，突出特色，发挥老科技工作者培养青年科技人才的作用。编发《中国老科协》通讯，每月出版1期，创办中国老科协微信公众号，及时发布协会和各地老科协以及老科技工作者的重要工作、重大活动信息。

【首届全国老科技工作者日主场活动】 10月9日，全国老科技工作者日主场活动在北京举行。全国政协副主席、中国科协主席、科技部部长万钢，原国务委员、十一届全国人大常委会副委员长、协会会长陈至立，中国科协常务副主席、书记处第一书记尚勇，全国政协人口资源环境委员会副主任、协会常务副会长齐让，全国政协教科文卫体委员会副主任、科技部原副部长、协会副会长陈小娅，国家林业局原党组成员、中央纪委驻国家林业局纪检组原组长、协会副会长杨继平，十二届全国人大常委会委员、中国科协原副主席、协会副会长冯长根，北京市科协党组书记、常务副主席马林，北京市老科学技术工作者总会会长叶文虎等出席启动仪式。

老科技工作者日设在每年农历九月初九的重阳节。2016年的老科技工作者日分为北京主场活动、全国统一活动和各地活动三个部分。

陈至立在启动仪式上讲话，万钢宣布全国老科技工作者日主场活动暨北京第十二届老科技工作者日活动启动。

北京主场活动包括医疗义诊、心理和法律咨询、科普大课堂、书画摄影展和航模表演等。

【全国老科协工作改革发展论坛】 6月28—29日，全国老科协工作改革发展论坛在湖南省长沙市举行。原国务委员、第十一届全国人大常委会副委员长、协会会长陈至立出席并讲话。全国政协人口资源环境委员会副主任、协会常务副会长齐让，中国科协党组成员、书记处书记吴海鹰，湖南省人大常委会党组书记、副主任韩永文，湖南省人民政府副省长、秘书长、党组成员向力力，学会副会长杨继平、岳明生、蔡力峰、张国梁出席论坛。

来自全国省、自治区、直辖市老科协的负责人和秘书处负责人，副省级城市老科协、省会城市老科协负责人，中国老科协各分会负责人，部分基层老科协负责人以及老科技工作者150余人参加了论坛。论坛分成5个小组，结合学习贯彻中国科协九大会议精神和本论坛会议精神，就《关于进一步加强和改进老科技工作者协会工作的意见》（代拟稿）、《全国优秀老科技工作者评选表彰办法》（征求意见稿）进行了讨论。齐让作大会总结。

【2016年度中国老科学技术工作者协会表彰报告会】 12月26日，2016年度中国老科学技术工作者协会表彰报告会在北京举行。原国务委员、十一届全国人大常委会副委员长、协会会长陈至立出席会议并讲话。中国科协党组书记、常务副主席、书记处第一书记尚勇，人力资源和社会保障部副部长、党组成员汤涛，科技部党组成员、秘书长徐建培，中国科协党组成员、书记处书记吴海鹰出席会议。全国政协人口资

源环境委员会副主任、中国科协原党组副书记、副主席、协会常务副会长齐让，第十二届全国人大常委会委员、中国科协原副主席、协会副会长冯长根分别主持大会第一、第二阶段。国家林业局原党组成员、协会副会长杨继平宣读表彰决定。

丁辉等182人获2016年度中国老科协奖，其中乐秀海等10人获突出贡献奖，山西省老科协交通分会等12个组织获2016年度中国老科协奖先进集体。会上举行了老科协学堂揭牌仪式，大会邀请清华大学教授颜宁、百度云副总经理傅徐军、中国科学院自动化研究所教授王飞跃，分别作报告《吃饭 睡觉 打豆豆——膜蛋白结构生物学》《走进ABC时代》《人工智能的本源与展望——从亚里士多德到平行智能》。

中国老科协六届理事会理事、2016年度老科协奖获奖者、老科技工作者代表等500余人出席表彰大会。

（撰稿人：胡　末）

中国科学探险协会

服务创新型国家和社会建设　协会在唐家河国家级自然保护区设立协会基地。11月24日，协会主席秦大河带队一行5人赴唐家河国家级自然保护区出席协会唐家河基地授牌仪式。秦大河被四川省广元市政府聘为“广元市决策咨询委员会特邀顾问”。

中国科学探险协会唐家河基地授牌仪式

10月23日—11月3日，由协会参与主办的第四届全国高校“自然地理学”骨干教师培训班在甘肃省兰州大学举行。秦大河等5名协会专家到培训班为学员作学术报告，来自全国58所高校的80位学员参加了培训班。

国内主要学术会议　11月28—30日，协会在四川省甘孜藏族自治州的泸定海螺沟景区召开贡嘎山山地科学学术研讨会。协会主席秦大河到会并作全球气候变化报告。在甘孜州海螺沟成立院士工作站与当地签订了协议。协会常务理事张文敬被海螺沟景区管理局聘请为科学顾问并被授予荣誉市民称号。

科普活动　5月1日，陨石科学考察专业委员会与广州佳坤陨石馆联合主办了陨石科普知识讲座。

5月15日，协会陨石科学考察专业委员会组织会员在新疆五彩城开展科学猎陨发现活动，活动对天上五彩城景区陨石群、火烧山进行实地科学考察。

8月8—16日，协会特种科学考察专业委员会、陨石科学考察专业委员会联合组织开展了“冰火之旅”河西走廊科普考察活动。34人驾驶11辆汽车参加活动，活动由协会常务副秘书长李杰带队，常务理事屈建军、理事井哲帆作为专家随队指导。活动沿途考察丹霞地貌、七一冰川、老虎沟冰川、雅丹地貌、库姆塔格沙漠、罗布泊、哈密等地。

2016年，南极村科普博物馆筹建工作在河北省涞水县展开。博物馆及配套设施建设施工中，进行展品收集及展厅布置。

协会组织开展青少年内蒙古自治区锡林郭勒草原科普活动。活动全程由科学家讲解相关草原生态、地质地貌、历史文化等知识，并及时答疑解惑。

表彰举荐科技工作者　4月，经协会推举，协会副主席张百平当选中国科协第九届全国委员会委员。

4月，经协会推荐，协会常务理事屈建军获得“全国优秀科技工作者”称号。

经协会推荐，协会常务理事张文敬撰写的《唯美四川海螺沟》一书，获中国科普作家协会主办的（2016）全国优秀科普图书银奖。

党建强会　落实中国科协学会党建工作会议和《中国科协关于加强科技社团党建工作的若干意见》具体部署，12月29日，成立协会功能型党委。

会员服务　2月，组织20名协会会员开展秘鲁亚马逊热带雨林和厄瓜多尔加拉帕戈斯群岛科普活动。在当地生态向导的带领下，考察秘鲁亚马孙上游热带雨林地区，并到厄瓜多尔加拉帕戈斯群岛考察。

5月10—13日，协会陨石科学考察专业委员会组织考察组走进甘肃，开展科普考察和座谈交流活动。

7月4—18日，由协会常务副秘书长李杰带队，组织特种探险考察专业委员会一行5人前往加拿大育空特区，自驾2000余千米，穿越北纬66°33′，到达北冰洋边，对从陆路进入北极的线路进行探查。制定了加拿大（北极）科普考察活动的具体实施方案。

8月，组织北极斯瓦尔巴德群岛科普活动，活动由协会副主席兼秘书长王维带队并做科学指导，46人参加。活动考察了北纬78°至81°的斯瓦尔巴德群岛及北冰洋边缘。协会理事丁明虎在北极黄河科考站介绍了黄河站科考科研工作情况。

9月，组织北极斯瓦尔巴德群岛、格陵兰岛与冰岛考察活动，25人参加，考察了北极北纬66°至80°的相关地区，观察了解北极的自然环境和野生动物，观测到了北极光，并到我国位于新奥尔松的北极黄河科考站参观访问。

2016年，协会组织会员开展极地及境外科普活动，组织会员开展了4次南北极科普活动，参与活动的人数达200余人。1月，组织109名会员参加了南极科普活动。活动由协会副主席王维带队，协会副主席康世昌作为指导科学家随队出行，活动主要前往南极半岛地区考察，并登陆长城站。

（撰稿人：霍翠萍）

中国城市规划学会

服务创新型国家和社会建设 学会配合住房和城市建设部完成《国家级标准城乡规划基本术语》的报批稿，承接并完成“住房和城市建设部国外空间发展政策研究”课题、“三沙海岛特色风貌技术指引研究”课题、大山包文化旅游特色小镇改造提升规划等。

学会完成澳门新城区总体规划、山西左云历史文化名城保护规划，完成湖北红安总体规划中的“新型城镇化”和“城市设计”两个专题研究，组织青海多巴新城总体规划及城市设计国际方案征集、张家港高铁生态城概念规划国际方案征集等项目。

学会参与中国科协对上海市“大众创业、万众创新”政策评估，参与承担中国科学院、中国工程院、中国科协多个决策咨询项目。学会利用国际规划学术资源，搭建北京、南京、杭州等地区不同类型项目的国际化咨询平台，组织专家赴福州、西安、贵阳、保定等地调研、咨询，组织专家为地方政府和企业提供规划设计服务，服务范围遍及浙江、江苏、海南等12个省（自治区、直辖市）。

3月26日，由《城市规划》杂志社和西南交通大学建筑与设计学院共同主办的城市规划论文撰写系列讲座（成都站）活动，在四川省成都市举行。活动作为学会的“青年托举工程”实施项目之一，邀请《城市规划》优秀审稿人、清华大学建筑学院教授武廷海和浙江大学建筑工程学院副教授傅舒兰主讲。

4月6日，2016全国城乡规划专业六校联合毕业设计在重庆大学建筑城规学院进行中期答辩。毕业设计以“更好的城市社区生活”为主题，六校联合毕业设计作为学会的“青年托举工程”实施项目之一。6月5日，参加“六校联合毕业设计”的六校22位教师与58名学生代表到天津大学，进行2016年“六校联合毕设”终期答辩。学会专家对六校同学终期成果进行点评。

11月24日，第五届山地城镇可持续发展专家论坛“山地城镇文化保护与文化建设”在浙江省台州市举行。中国科协、浙江省住房和城乡建设厅、台州市人民政府领导以及十几个国家学会和全国各个省（区、市）的200余名专家参加论坛。

12月13日，由学会、贵州省住房和城乡建设厅、贵阳市人民政府联合举办的“2016中国青岩·古镇峰会”在贵州省贵阳市召开。住房和城乡建设部副部长黄艳、故宫博物院院长单霁翔、中国科协党组成员宋军等相关部委领导，贵州省委、省政府领导，贵阳市委、市政府领导出席会议。来自城市规划、建筑、景观、旅游、地产、投融资等多个领域的专家、学者，以及来自全国63个古镇的代表参加峰会。峰会以“特色古镇　创新发展”为主题，探讨古镇历史文化传承与创新发展的思路和对策。学会牵头成立中国古镇联盟，签订有关创新发展协议。

2016年，学会系统开展“青年托举工程”。2016中国城市规划年会设7个青年专题会场举办第四届“西部之光”大学生暑期规划设计竞赛、2016城市规划专业六校联合毕业设计、第五届青年规划师演讲比赛、第二届全国青年工程规划师论文竞赛、城市规划论文撰写系列讲座等系列活动。

学会建设 5月29日，学会召开第五届全国会员代表大会。2016年学会新增个人会员285人，新增单位会员7个。截至2016年12月31日，学会个人会员总数6475人，单位会员71个。学会恢复成立城市更新学术委员会，批准成立控制性详细规划学术委员会，完成小城镇规划学术委员会换届、区域规划与城市经济学术委员会领导班子调整工作。

学术期刊 2016年，学会发行期刊52.21万册。学会会刊《城市规划》出刊13期，印数17.81万册；*China City Planning Review*（《城市规划》英文版）出刊6期，印数2000册；《人类居住》出刊4期，印数1万册；《城市交通》出刊6期，印数2.4万册；《凤凰品城市》出刊12期，印数30万册；《城镇化》出刊4期，印数8000册。

《城市规划》通过移动终端增加传播渠道，增加国际编委比重，扩大海外发行渠道。《城市规划》连续三年进入TOP5"中国最具国际影响力学术期刊"名单，2016年国际影响力指数（CI）达到146.885，国际他引总被引频次为111，国际5年影响因子为0.05。

学会承接政府转移职能，建立联合创新基地、跨地区、跨学科服务平台。做好网站、微信和微博平台的信息服务工作，2016年发布各类新闻2000多条，对学会重要活动进行微博直播和微信专题宣传。

学科发展研究 组织完成"城乡规划学科史"课题研究，编纂《城乡规划学名词》《中国城市状况报告（2016—2017版）》，以"全球视野与中国实践：谋划城市的未来"为主题，分成城镇化、城乡治理与社会融合、城市住房建设、城乡公共服务、城乡基础设施、生态文明建设、面向未来的城市空间7个章节向国际推介和评述中国城市发展。

决策咨询 学会承办创新城市工作与多学科协同共治研讨会，牵头筹建"建设宜居城市学会联合体"，探索学会联合体未来发展模式，并组织专家起草政策建议书向有关部门报送。

5月19日，学会专家石楠、李晓江、赵燕菁等参加全国政协第50次双周协商座谈会，座谈会围绕"加强城市规划工作"建言献策。

2016中国城市规划年会提炼22篇政策建言，通过年会官网、学会官方微信、学会微博、年会微博、城市规划杂志微博等传播，部分政策建言陆续在《城市规划》杂志刊登，提交住房和城乡建设部供决策参考。

国际学术会议 2016年，学会举办境内国际会议6个，参会人数1280人次，交流论文88篇。

3月25日，学习型城市：首期中德城市规划联合工作坊第二组联合研究与教学终期汇报在重庆市举行。6月，中方成员赴德国杜塞尔多夫考察交流，整理出版相关成果。

5月22—27日，由学会与国际城市和区域规划师学会（ISOCARP）主办的第二届ISOCARP国际青年规划师工作坊在广东省广州市举行。9月，优秀学员代表参加在南非德班举办的第52届ISOCARP年度大会，介绍本次青年规划师设计工作坊成果。

10月31日，由住房和城乡建设部、联合国人居署、福建省人民政府主办，厦门市人民政府承办，中国市长协会、中国城市规划学会、上海世界城市日事务协调中心协办的2016世界城市日论坛在福建省厦门市举行。

学会副理事长兼秘书长石楠主持专家论坛，论坛的主题是"共建城市、共享发展"，论坛重点研讨全球城市的可持续发展和宜居环境建设问题，探讨我国与"一带一路"沿线及相关国家开展城市领域国际合作的途径。来自中国、美国、英国、德国等近20个国家、地区和国际组织的官员、市长、专家、学者300余人出席论坛，共同签署发表《城市发展厦门倡议》。

11月5—6日，以"深化·交融·创新"为主题的第二届中国空间句法国际学术研讨会在江苏省南京市举办。来自英国、荷兰、新加坡等国家以及中国大陆和香港特别行政区的专家、学生500多人出席会议。

国内主要学术会议 2016年，学会举办国内学术会议52次，较2015年度增加8次；参会人数12702人次，较2015年度增加4764人次；交流论文4458篇，较2015年度增加28篇。出版《规划60年：成就与挑战——2016中国城市规划年会论文集》等8本学术出版物，发行1.57万册，制作光盘1.03万张。

3月26日，由学会新技术应用学术委员会、贵阳市城乡规划局主办的2016年城市规划信息技术专题研讨会在贵州省贵阳市召开。会议以"城市规划信息化建设模式探讨及案例交流"为主题，60家城市规划管理单位的150余名学者参加会议。

4月15—16日，由中国城市规划学会城市交通规划学术委员会主办、深圳市城市交通规划设计研究中心承办的2016年中国城市交通规划年会在广东省深圳市召开。来自全国各地的专家、学者和相关专业技术人员1500余人出席会议。会议围绕"交通变革：多元与融合"主题，研讨新型城镇化、"互联网+"背景下城市交通面临的新问题、新变化和新趋势，以及城市交通与城市互动协同发展的机制、策略，交流最新研究进展、实践经验和新思想。

5月28—29日，以"城市生态规划理论方法再深入"为主题的2016中国城市规划学会城市生态规划学术委员会年会在重庆市召开。100余名城市生态规划学术委员会委员，城市生态规划领域的专家、学者参加会议。

7月8—9日，2016年中国城市规划信息化年会在重庆市召开，会议主题是“精准规划、精明管理、精细服务”。来自200余个城市的600余名专家、学者参加会议。

10月19—21日，中国城市规划学会工程规划学术委员会2016年学术研讨会在浙江省宁波市召开。来自城市工程规划行业的专家、学者和专业技术人员200余人参加会议。本次研讨会的主题是“工程规划引领城市绿色发展”。

10月22日，以“转型与协同：全球视角下的城市与区域发展”为主题的中国城市规划学会国外城市规划学术委员会2016年会在天津市召开。会议探讨全球政治、经济、社会发展形势下城市规划学界的新思潮与热点关注领域。

11月11—12日，第8届城市规划历史与理论高级学术研讨会暨中国城市规划学会城市规划历史与理论学术委员会年会在江苏省南京市召开。部分委员及来自全国各地的100余名专家、学者参加会议。会议以“交通发展与规划演变”为主题，围绕“城市交通与规划”“城市文化与保护”“规划历史与理论研究”“都市区域空间与格局”等议题进行探讨。

11月12—13日，中国城市规划学会小城镇规划学术委员会2016年年会在浙江省德清县召开。年会以“新常态下的特色小镇规划、建设与管理”为主题，进行学术报告、专题考察、嘉宾互动等活动。

11月19—20日，中国城市规划学会学会区域规划与城市经济学委会2016年年会在浙江省杭州市召开。会议围绕“大都市区边缘区的发展”进行交流，针对富阳位于杭州大都市区边缘地带的区位特点，对其发展定位及发展路径建言献策。

11月19—20日，以“共建共治、创新发展”为主题的第四届中国城乡规划实施学术研讨会暨中国城市规划学会城乡规划实施学术委员会2016年年会在广东省深圳市举行。部分委员及来自全国各地的300多位规划同行参加大会。

11月26日，中国城市规划学会城乡治理与政策研究学术委员会2016学术年会在福建省厦门市召开。会议围绕“精明收缩：规划应对与治理创新”进行交流，针对我国城市间和城市内存在的收缩现实，对研究议题、理论构建与规划应对建言献策。

12月17日，中国城市规划学会城市更新学术委员会恢复成立大会暨学术研讨会在江苏省南京市召开。来自全国各地的专家、学者和部分师生100余人参加会议。

12月17—18日，中国城市规划学会山地城乡规划学术委员会年会在福建省龙岩市召开。来自全国各地的参会专家100余人参加会议。会议以“山地城镇规划与文化遗产保护”为主题，针对福建省的山地城镇规划与文化遗产保护工作，进行讨论和交流。

国际组织任职 学会副理事长兼秘书长石楠继续担任国际城市与区域规划师学会（ISOCARP）副主席，学会理事陈小卉担任国际规划师学会科学委员会委员，学会常务理事王凯担任世界规划大会分论坛学术总监和主席。

国际交往 2016年，学会派出参加国外科技活动6个团组13人次，接待36人来访。

3月18日，世界银行伙伴关系和资源调配业务副局长卡门·诺奈一行4人拜访学会。

4月5—6日，受乌兹别克斯坦驻华大使馆和外交部委托，学会接待乌兹别克斯坦国家奥委会副主席弗·图尔季耶夫率领的代表团一行4人，陪同考察清华大学综合体育馆、田径场和游泳馆，大兴区芦城体校自行车训练场以及北京工业大学体育馆等北京市重点体育项目类设施。学会还协调安排代表团赴广东省广州市访问。

4月25—29日，筹备第三届联合国住房和城市持续发展大会（以下简称“人居三”），联合国总部召开非正式磋商会，学会副理事长兼秘书长石楠参加会议。

10月17—20日，“人居三”在厄瓜多尔基多举行。来自世界多个国家的首脑、160多个国家的政府高层代表团以及各界代表3万余人出席大会。学会作为“人居三”第六政策小组组长单位和意大利规划学会一起组织以“城市空间战略、土地市场与空间分异”的对话活动。学会副理事长兼秘书长石楠在会议期间接受联合国电台专访。

科普活动 2016年，学会完善科普平台建设。学会科普类杂志《人类居住》面向社会公众推广可持续人居环境理念，普及世界范围的人居环境知识，2016年发行四期1万册。学会官网、微博、微信等信息平台协同普及规划知识，开辟学会声音、规划周刊等栏目，围绕城市设计、京津冀协同发展等主题，梳理城乡规划行业重大新闻事件，解读城乡治理问题。

表彰和举荐优秀科技工作者 学会开启科技奖励工程，评选第七届求是理论论坛、第四届“西部之光”大学生暑期规划设计竞赛、第二届青年工程规划师论文竞赛、第五届青年规划师演讲比赛等，表彰终身成就奖、第四届全国优秀城市规划科技工作者奖、中国城市规划学会杰出工作者奖、2016 中国城市规划年会优秀组织奖等。累积表彰城乡规划行业内优秀科技工作者 97 人次，其中女性科技工作者 25 人次，40 岁以下科技工作者 49 人次。

中国工程院院士、学会名誉理事长吴良镛获科技部小行星命名。经学会推荐，杨保军、吴志强、赵万民获得第七届“全国优秀科技工作者”称号；学会副理事长吴志强，常务理事杨保军、段进，理事何昉、段进获“全国工程勘察设计大师”称号。

党建强会 围绕“两学一做”学习教育活动、党风廉政建设和加强党建工作等重点工作，召开支部专题民主生活会 2 次、支部会议 5 次，参加住房和城乡建设部和中国城市规划研究院党委组织会议 10 余次，发放学习材料组织理论学习 5 次。

会员服务 2016 年，学会编印《学会简讯》（*UPSC Newsletter*）纸质版及电子杂志 12 期，学会会员优先参与学会各项活动。学会网站提供最新学术会议 PPT 和会议论文全文专供会员学习。

【中国城市规划学会第五届全国会员代表大会】 5 月 29 日，中国城市规划学会第五届全国会员代表大会在北京召开。住房和城乡建设部副部长黄艳出席会议并讲话，中国科协学会学术部副部长刘兴平致辞。大会通过了学会副理事长兼秘书长石楠所作的第四届理事会工作报告、财务状况报告，关于修改学会章程、会员管理办法的报告，选举产生学会第五届理事会。

同期召开的学会第五届理事会第一次会议，会议选举产生 62 人组成的第五届常务理事会和新的领导班子集体，审议批准学会终身成就奖名单、学会法定代表人人选、组织工作委员会名单。会议还审议通过《二级组织管理办法》《关于学会领导人分工办法与审议制度的规定》《关于设立中国城市规划学会决策咨询委员会的报告》，并审议了《学会深化改革发展战略》。

【2016 中国城市规划年会】 9 月 24—26 日，2016 中国城市规划年会在辽宁省沈阳市召开。年会主题为“规划 60 年：成就与挑战”。年会由学会与沈阳市人民政府共同主办，辽宁省住房和城乡建设厅协办，沈阳市规划和国土资源局承办。来自全国各地城乡规划研究和实践以及相关领域的专家、学者参加了年会。石楠主持开幕式，联合国人居署执行主任霍安・克洛斯（Joan Clos）、辽宁省政府副秘书长郭富春代表省政协副主席薛恒、沈阳市市长潘利国分别致辞。中国科协和国际城市规划师学会主席为本次年会发来贺信。6 位专家，就我国城乡规划学科发展、空间研究与城乡规划发展、“一带一路”、2016 年中国经济形势、城市治理、我国区位导向性政策等问题作主旨报告。年会设 51 个平行会议，包括 1 个主题论坛、28 场专题会议、19 个自由论坛、1 个高端论坛和 2 个特别论坛，会议交流了城乡规划各个领域最新研究和实践，关注城乡规划领域的热点和难点问题。

年会收到征文 3185 篇，1400 篇入选年会论文集，232 篇优秀论文在专题会议上进行了宣讲。专题会议还邀请各领域专家通过 37 个特邀主题报告，与参会者分享了领域中核心问题、重大课题的前沿研究成果。“第七届中国城市规划学会求是理论论文奖”获奖论文和“‘西部之光’大学生暑期规划设计竞赛”获奖作品在专题会议上进行了宣讲。

会上颁发了“终身成就奖”、全国优秀城市规划科技工作者奖、2016 年度国际青年规划师工作坊优秀学员奖、第四届“西部之光”大学生暑期规划设计竞赛优胜奖、第七届中国城市规划学会求是理论论文奖。

会议期间，还举办了“规划 60 年”主题展览。展览分为规划 60 年主题展区、沈阳展区和规划成果展区。

（撰稿人：刘静静　曲长虹）

中国产学研合作促进会

服务创新型国家和社会建设 2016 年，促进会加强政策调研与软科学研究，赴上海、重庆、贵阳、成都、广州、杭州、南昌、南宁、昆明、西安、合肥、海口、深圳、厦门、宜兴、江阴、海安、泰安、宁波、惠州、普洱、平潭、潍坊、盐城、荣成等地考察调研，走访当地高校、企业、科技园区和乡镇，举办多场专题讲座和研讨会，承担和参与国家重点软科学研究课题——“中国科协创新驱动助力工程”“能源互联网产学研协同创新高端研讨会”“学会创新与服务能力提升专项”“四川省政产学研金合作机制与发展模式研究”。承接政府转移职能与科技公共服务工程中的“中国产学研合作创新与促进奖质量提升与品牌建设”“高效能大气污染物控制装备评价技术要求——空气净化器标准研制”等项目。编撰发布2016年《中国产学研合作发展态势分析报告》。

促进会探索开展协同创新规律，提出解决协同创新对策建议。促进会会长路甬祥带队分别到福建省厦门市、陕西省西安市等地企业调研考察，指导如何通过创新设计促进创新成果转移转化。

结合区域经济和产业创新发展实际，促进会在各地举办数十项论坛、峰会和专项活动，推动县域经济和村镇经济创新发展。与重庆市南岸区、交通部信息中心共同举办2016中国通信技术与车联网发展论坛，与贵州省贵阳市政府联合举办大数据防范金融风险论坛，与浙江省宁波市政府合作举办新材料产业创新论坛。

促进会推动产学研创新服务体系建设，支持建立山东省产学研合作促进会、重庆市产学研合作促进会、泰州市产学研合作促进会，启动上海市产学研合作促进会、沈阳市产学研合作促进会等筹建工作。在中国科协指导下，与香港产学研合作促进会、澳门产学研合作促进会、台湾玉山协会合作成立“海峡两岸暨港澳协同创新联盟”，围绕新能源、机器人、精准医学开展系列对接活动。在广东、黑龙江、福建、河北、河南、浙江、重庆、山东、内蒙古、辽宁以及深圳市、哈尔滨市等地建立产学研合作促进会。

促进会继续与人力资源和社会保障部教育培训中心合作举办科技（研）经费管理师和科技科研经费专业管理人才培训各4期，500多名学员参加培训并通过考核获得岗位能力证书。

9月5日，促进会与工业和信息化部、国家标准管理委员会在北京联合首次发布空气净化器、电饭锅、陶瓷砖、房间空气调节器、纯净水处理器等13项第一批绿色设计产品评价技术规范团体标准。中国标准化研究院院长马林聪宣读了发布13项首批绿色设计产品评价技术规范团体标准的公告。

11月1—3日，由促进会主办、广东省惠州市政府承办的第五届中国（惠州）物联网·云计算技术应用博览会在广东省惠州市开幕。全国人大常委会原副委员长陈至立、科技部原副部长曹健林等出席活动并讲话。思科、阿里云、飞利浦、华大基因等国内外500多家企业和科研院所参展。21个手机、物联网、云计算、智慧城市、大数据、电子商务等产业项目签约，签约金额达355.74亿元。

第五届中国（惠州）物联网·云计算技术应用博览会

学会能力提升计划 促进会以联盟建设为抓手，推动会员之间交流，进行经验分享和成果对接。2016年支持构建大数据金融、绿色设计与制造技术、标准化产业技术创新、渔业物联网、智慧海洋、智慧城市与大数据、大学生电商、客户管理、稻田综合种养、玫瑰产业、优质小麦产业、母婴产业、油橄榄产业、消费易物物联网、科技文化传播产业、循环农业、非遗文化产业等联盟。各联盟通过促进相关产业链、创新链与资金链之间的对接，创建科技、经济及金融交流合作的协同创新平台。例如，校企协同联盟以中关村软件园为依托，搭建高校与企业间对接平台，举办创新创业IT人才培养新模式高峰论坛。中国半导体照明产业技术创新战略联盟在广东、江苏等地的社区化运营，支撑传统照明行业向智慧照明和光健康、植物工厂等新应用升级。反侵权假冒联盟举办互联网环境下企业维权打假实战培训班，构建“全国产品防伪溯源验证公共平台”。疼痛康复联盟建立互联网疼痛康复学院，启动“青苗培养计划”。虚拟现实与可视化联盟成立虚拟现实协同创新中心。国际大学创新联盟举办中美创新创业设计大赛，筛选出许多优秀国际创新创业项目及人才资源落户中国。

开展产学研合作创新示范基地、示范企业和示范镇的试点工作。2016年，促进会评审认定杭州智慧城、杭州青山湖科技产业城、湖北省赤壁市、泰州市海陵区、济南市长清区等创新示范基地16家，认定江苏中科重工股份有限公司、重庆莱美药业股份有限公司、福建安井食品股份有限公司、北京清华同衡规划设计研究院、陕西斯瑞新材料股份有限公司等创新示范企业38家，认定济南崮云湖镇、重庆仙女山镇、湖州织里镇、泰兴虹桥镇等示范小镇15个。

组织专家对浙江、湖北、山东、江苏、四川、重庆、陕西等省市和园区、大学、企业、乡镇示范单位进行考察调研，评选发布浙江大学、中国标准化研究院、中国大唐集团公司、中国船舶工业系统工程研究院、北京实创高科技发展有限责任公司等12个2016年度“中国产学研合作好案例”。

学会建设 提升《中国科技产业》杂志、中国产学研合作促进网、中国科技产业网办刊办网质量，完成对全国两会、全国科技活动周、科博会、“科技三会”、高交会、第十八届中国科协年会等重大活动的宣传报道，报道产学研合作示范基地、示范企业、产学研合作好案例等的新做法、新经验、新成果。

促进会召开了产学研协同创新联盟工作座谈会，修订产学研联盟的构建及管理办法。

国际学术会议 4月13日，由工业和信息化部指导，促进会支持，中国云体系产业创新战略联盟联合有关部门在北京举办第四届中国国际云计算技术和应用展览会暨论坛 / 中国云体系云思维年会。来自政产学研各界和云体系领域的领导、专家、学者等2000余人参加论坛，探讨云计算、大数据、移动互联网等新一代信息技术在信息化社会的发展方向和新兴产业的未来发展趋势。

9月6—7日，由促进会支持，中国国际商会、丝绸之路国际总商会、陕西省贸促会共同主办的丝绸之路工商领导人（西安）峰会·丝绸之路国际总商会合作发展大会在陕西省西安市举办。来自波兰、格鲁吉亚、阿尔及利亚、意大利、俄罗斯等52个“一带一路”国家的政府代表、国际组织负责人，以及国内工商界企业家等500余人参加，围绕共建“网上丝绸之路”平台等议题进行交流探讨。

9月26日，由促进会、中国农业大学与广西壮族自治区玉林市人民政府主办的第六届中国县域现代农业发展高层会议暨国际农业科技交流会在广西壮族自治区玉林市举行。政产学研金各界的国内外专家、学者500余人参加会议。

12月10日，促进会联合中国教育技术协会在广东省广州市举行“教育信息化产业创新驱动国际研讨会暨联盟行业标准发布和教育信息化创新创业奖评选活动”，发布《智慧校园建设与应用评价标准体系》行业标准。与会专家、学者就创新创业、教育信息化产业发展、教育产业资本化等展开交流。

国内主要学术会议 7月2日，在促进会支持下，由中国医疗产学研创新联盟、北京大学公共卫生学院等机构在北京举办第三届京津冀区域医疗发展学术会议。人力资源和社会保障部、北京市医改办、京津冀卫生计生委等政府相关部门人员参会，围绕京津冀协同下的分级诊疗进行学术研讨。

9月21日，由促进会联合中国企业联合会、平潭综合实验区管委会、福建省企业与企业家联合会、福建省产学研合作促进会主办的2016中国平潭，企业家科学家创新论坛在福建省平潭市举行。路甬祥、李毅中、田力普、陈小娅、刘燕华、周联清等政产学研界领导，300多位企业家、专家、学者出席论坛，探索创新驱动路径，寻求产业链、创新链和资金链的有效对接。

11月5日，由促进会联合中国报刊协会、中国经济网在北京举办了2016泰山论坛暨《巴黎协定》实施研讨会、中国微能源网产业技术创新联盟年会。全国政协资源环境委员会副主任、中国气候变化事务特别代表解振华作了气候变化的专题报告，全国政协经济委员会副主任石军作了我国经济形式的报告。来自全国各地的相关政府部门、产学研机构、社会组织的专家、学者300余人参加会议。

11月12—13日，促进会联合中国标准化研究院、能源基金会（中国）在安徽省合肥市举办第二届绿色设计与制造论坛。与会领导、嘉宾就绿色政策与标准、绿色技术创新、产业发展、绿色金融等重大议题展开交流讨论。促进会副会长干勇作了题为“绿色设计与制造”的报告。论坛发布了第二批绿色设计产品名录，成立了中国绿色设计与制造产业创新联盟，评选并颁发“绿链杯”优秀论文奖。

两岸交流 9月1日，由促进会支持，中国工业经济联合会、台湾工商协进会、澳门中华总商会和香港中华总商会主办的第五届海峡两岸暨港澳经贸论坛在北京举行。工业与信息化部原部长李毅中，以及港澳地区300余名专家、学者，行业代表出席论坛，论坛就如何整合配置资源、加强协同创新、促进经济转型展开探讨。

表彰举荐优秀科技工作者 2016年产学研合作创新与促进奖各奖项申报涉及航空航天、大数据、智能制造、新材料、生物医药、大健康、农业科技、生态环境等多个领域。2016年，经评审委员会评审的产学研合作创新与促进奖达462项。

促进会作为承接政府职能转移的创新人才推进计划推荐试点单位，2016年推荐了科技部中青年创新领军人才、杰出工程师奖等奖项候选人，推荐的南昌大学“益生菌发酵果蔬关键技术研发及产业化应用”项目获得国家科技进步二等奖，推荐的中国人民解放军总医院教授曹丰、首都医科大学宣武医院教授吉训明获得第七届“全国优秀科技工作者”称号。

会员服务 建立产学研合作成果项目库。加强与互联网企业合作，建立“互联网+”产学研协同创新信息平台。做好产学研合作及好案例的发掘、总结工作，宣传推广新经验、好案例。

【2016年中国产学研协同创新座谈会暨中国产学研合作促进会会长会】 10月29日，2016年中国产学研协同创新座谈会暨中国产学研合作促进会会长会在北京举行。促进会会长路甬祥出席会议并讲话。全国政协教科文卫体委员会副主任、促进会副会长马德秀，国家知识产权局原局长、中国知识产权研究会会长田力普，国务院国资委国有重点大型企业监事会主席刘顺达，中国工程院原副院长、中国工程院院士、促进会副会长干勇，武汉大学原党委书记、促进会副会长李健，中国船舶工业集团公司董事长董强，教育部科技发展中心主任李志民，浙江省人民政府副秘书长孟刚等出席会议。促进会执行副会长、秘书长王建华主持会议。

会议听取关于《中国产学研合作促进会2016年工作总结和2017年工作计划（征求意见稿）》、第十届中国产学研合作创新大会暨中国浙江网上技术市场活动周筹备情况、中国产学研合作创新与促进奖评审情况的汇报，通过增补副会长的提名事项。

路甬祥对促进会下一步工作提出新要求。与会副会长就如何进一步健全产学研联盟的构建及管理办法、提升产学研协同创新服务能力等促进会工作提出建议，中国船舶集团公司和中国船舶工业系统工程研究院负责人介绍了海洋信息化建设工作的开展情况。

【第十届中国产学研合作创新大会】 11月26—27日，由促进会与浙江省人民政府联合主办的第十届中国产学研合作创新大会在浙江省杭州市举行。习近平总书记、刘延东副总理分别对产学研合作促进会的工作和大会作了重要批示。大会以“协同创新、转化成果、绿色发展、开放共享”为主题，来自全国政产学研金各界的1500余名代表和浙江省、国家有关部委单位的领导和专家、学者出席了大会。

全国人大常委会原副委员长、中国科学院院士、中国工程院院士、促进会会长路甬祥作大会主旨报告，浙江省省委副书记、代省长车俊致辞。科技部党组成员、副部长，中国工程院院士黄卫，中国科协党组成员、书记处书记项昌乐代表部委支持单位致辞。浙江省副省长冯飞、中国工程院原副院长、全国政协人口环境资源委员会副主任干勇，华中科技大学原校长、中国工程院院士李培根，华立集团股份公司董事局主席汪力成分别作主题报告。全国政协教科文卫体委员会副主任、促进会常务副会长陈小娅主持会议。

大会通过《杭州宣言》，表彰了2016年在产学研合作创新以及军地融合创新方面作出突出贡献的单位和个人，为2016年认定的23家产学研协同创新战略联盟、16家产学研合作创新示范基地、38家产学研合作创新示范企业和产学研合作创新示范镇进行了授牌。

大会设置“创新设计、智能制造与品牌标准”“产业联盟、示范基地与特色小镇”“校企合作、创新创业与成果转化”“大健康、大数据与云医疗”4个专题论坛，中国工程院院士杨华勇、李兰娟以及50余名知名专家、企业家在论坛上进行讲演交流和项目对接。2016中国浙江网上技术市场活动周与大会同期举行。

（撰稿人：蒋向利）

中国知识产权研究会

服务创新型国家和社会建设 2016年，研究会组织完成“一带一路”有关国家或地区知识产权环境研究工作，举行研究成果发布会，围绕中东地区、中东欧地区、拉美地区、中亚地区、蒙古以及土耳其知识产权环境状况等主题开展讲座，发布《“一带一路”及拉美相关国家或地区知识产权环境概览》《“一带一路”相关国家和地区知识产权服务机构名录》。

组织完成“重点领域专利技术分析”“各行业专利技术现状及其发展趋势报告”“国际知识产权热点问题”课题研究工作。完成河北省重点企业专利战略引导计划项目、新业态创新成果知识产权保护需求调查等研究工作。

2016年，研究会举办知识产权实务培训班18期。

6月28—30日，研究会与北京市知识产权局在北京联合举办知识产权强国战略培训研讨班。国家知识产权局副局长、研究会常务副理事长甘绍宁出席研讨班，就《国务院关于新形势下知识产权强国建设的若干意见》进行解读。北京市知识产权局副局长周砚、研究会秘书长张云才发表致辞。有关专家就知识产权强国建设有关问题进行授课。研究会会员单位、北京市专利示范企业及有关单位150余人参加研讨班。

知识产权强国战略培训研讨班

学会建设 2016年，研究会新发展团体会员200个，截至2016年12月31日，团体会员总数498个，个人会员总数369人，第六届理事会成员334人。研究会召开理事会，总结研究会2016年完成的主要工作，并对2017年工作任务进行部署。

2016年，研究会举办知识产权实务培训班18期。

学术期刊 2016年，《知识产权》杂志出刊12期，发表论文207篇。策划“反不正当竞争法修订问题研究”“专利法第四次修改专题研究”“民法典与知识产权关系问题研究”等多个专题。

5月，组织召开全国知识产权研究会工作交流会，国家知识产权局副局长、研究会常务副理事长甘绍宁，民政部民间组织管理局副局长张勇出席会议并讲话。会议就新形势下社会组织的发展等问题进行探讨，提出“十三五”时期社团工作新思路和举措，对全国知识产权研究会组织机构和人员状况进行调查。

11月，《知识产权》杂志召开学术年会，就“知识产权法与民法典的关系”“标准必要专利相关问题”进行研讨。截至2016年12月31日，《知识产权》杂志理事会有理事单位65家。

学科发展研究 1月26日，由研究会所属的中国知识产权发展报告课题组在北京发布《中国知识产权发展报告2015（蓝皮书）》。蓝皮书剖析了中国知识产权发展现状和历史，对中国知识产权发展未来做了预测与建议。

国内主要学术会议 5月11—12日，全国知识产权研究会工作交流会在湖北省武汉市举行。国家知识产权局副局长、研究会常务副理事长甘绍宁，民政部民间组织管理局副局长张勇出席会议并讲话，研究会副秘书长马秀山主持会议。全国23个研究会（协会）的理事长、秘书长以及国家知识产权局专利局审查协作湖北中心有关负责人70余人参加会议。

7月14日，由国家知识产权局主办、研究会承办的“一带一路”暨拉美有关国家或地区知识产权环境报告发布会在北京举行。国家知识产权局副局长、研究会常务副理事长甘绍宁出席发布会，国家知识产权局规划司司长龚亚麟，研究会秘书长张云才、副秘书长马秀山分别主持会议。国家知识产权局有关部门负责人，地方知识产权局、研究会理事会成员、《知识产权》杂志理事会成员、团体会员以及高校、科研院所、企业和知识产权服务机构等350余人参会。

国内外知名专家、学者和律师围绕中东地区、中东欧地区、拉美地区、中亚地区、蒙古以及土耳其知识产权环境状况等主题开展讲座。会议发布了《“一带一路”及拉美相关国家或地区知识产权环境概览》《“一带一路”相关国家和地区知识产权服务机构名录》。概览共10册，涉及印度、俄罗斯、东盟、中亚、中东、中东欧及拉美等国家或地区，覆盖“一带一路”沿线47个国家、拉美地区11个国家，机构名录收录了“一带一路”沿线所有国家的知识产权主管机构与知名知识产权服务机构的基本信息与联络方式等。

11月25—27日，研究会在重庆市召开《知识产权》杂志理事会2016年年会暨知识产权学术热点问题研讨会。研究会副秘书长、《知识产权》杂志副主编马秀山主持会议，专家、学者及杂志理事单位60余人参会，会议通报杂志编辑部2016年的工作情况，就知识产权学术热点问题“知识产权法与民法典的关系”“标准必要专利相关问题”等进行研讨。

国际交往 3月，研究会接待日本知识产权协会（JIPA）代表团。4月，研究会与有关单位在东京联合举办中日知识产权交流论坛，中日专家以“中国知识产权发展现状及相关政策”“日本企业如何在中国市场做好商标保护中国商标保护现状”“中国版权保护相关政策”及“中国专利诉讼最新趋势和案例”为主题发表演讲，围绕知识产权保护等相关问题展开探讨。

6月13—17日，研究会接待美国知识产权法律协会代表团一行14人来华访问，安排代表团在北京和上海的访问活动。代表团在华期间，参加了国家知识产权局举办的中美专利实务研讨会，访问了最高人民法院、国家工商总局商标局、北京知识产权法院、美国知识产权法律协会中国分会、北京小米科技有限责任公司、上海市知识产权局、上海知识产权法院、浦东新区知识产权局等10余个部门和单位。代表团围绕专利侵权案件的司法解释、商标审查异议、知识产权法院最新发展情况、地方知识产权局行政执法状况、上海自贸区在知识产权保护方面所面临的挑战等问题与相关单位进行交流。

11月，接待日本汽车轮胎协会代表团，联系国家知识产权局条法司、复审委等部门与代表团进行业务交流。

表彰举荐优秀科技工作者 2016年，研究会推荐的中国移动通信有限公司研究院副院长黄宇红入选第十四届中国青年科技奖。

学会创新发展 7月，研究会与中国检验检疫学会等签订《艺术知识产权保护合作框架协议》。

研究会与有关单位共同开展第二批知识产权服务品牌机构评鉴活动，针对培育单位的基础能力、发展能力、风险承担能力和品牌影响力等方面进行评鉴，重点考察培育单位拓展服务范围、提升服务能力、创新服务模式和创建服务品牌的成效。

组织举办两次图形用户界面（GUI）外观设计专利侵权判定法律及实务研讨会，围绕GUI外观设计的发展现状、GUI侵权行为和责任的认定、侵权的判断规则以及赔偿数额的确定等前沿问题展开研讨。

党建强会 2016年，研究会定期组织党员学习政治理论，开展“两学一做”教育活动，坚持“三会一课”制度。1月，研究会召开全体员工大会，传达学习国家知识产权局党组扩大会议精神，传达国家知识产权局党组书记、局长申长雨所作的工作报告。

9月，研究会以贯彻落实中办国办印发《关于改革社会组织管理制度促进社会组织健康有序发展的意见》为主要内容，召开“两学一做”专题学习研讨会。

会员服务 2016年，研究会继续开展知识产权实务培训，举办知识产权实务培训班18期，向会员提供知识产权信息服务，赠阅《知识产权》杂志12期,《知识产权竞争动态》《中国知识产权研究会通讯》23期，以及《人民日报》2016年知识产权摘编一套。

组织会员参加知识产权研讨交流活动，包括2期“知识产权强国建设”巡讲活动，“十三五”时期知识产权焦点、难点和热点问题学术研讨会。6月、8月，研究会举办知识产权强国战略培训研讨班、“一带一路”暨拉美有关国家或地区知识产权环境报告发布会、中日韩国际知识产权研讨会和技术标准中必要专利认定与标准运营培训班、知识产权国际交流论坛、知识产权提升企业国际竞争力高级研讨会。

制订2017年知识产权培训计划印发会员单位，包括相关法律修改，知识产权管理，知识产权保护，知识产权运营，专利文件撰写、专利分析、地图及检索为主题的实务培训，以及研究会举办的研讨交流活动、国家知识产权局委托研究会承办的研讨交流活动等。

研究会多年来为会员提供的一系列服务，推动了会员单位的发展。2016年，有37家会员单位获评星级专利代理机构，多家会员单位人员入选全国专利信息实务人才库，12家会员单位入选第二批全国知识产权服务品牌机构，5家会员单位被认定为2016年国家技术创新示范企业，多家会员单位获第十八届中国专利奖。

2016年，研究会推荐会员单位参加国际发明展览会，参展会员单位的发明创新项目在展会上获奖。10月，研究会组织会员单位代表等一行30余人赴广东省深圳市对知识产权工作先进企业进行考察学习。

【中日韩国际知识产权研讨会】 8月26日，由研究会、日本知财学会、韩国产业财产权法学会主办的中日韩国际知识产权研讨会在北京召开。中国国家知识产权局副局长甘绍宁出席研讨会并致辞，研究会秘书长张云才主持开幕式。分别由12名和10名知识产权学术领域专家、学者组成的日韩代表团赴北京参会。来自全国各地的专家、学者，企事业单位、科研院所、大学、中介机构代表300余人参加研讨会。

中日韩三国知识产权专家分别就中日韩职务发明制度介绍最新动向、中日韩知识产权法院诉讼案件审理体系及特点、中日韩知识产权运营模式及技巧发表演讲。会议围绕中日韩知识产权法律制度建设、知识产权司法体系建设、知识产权运营模式等问题开展交流。

【“十三五”时期知识产权焦点、难点和热点问题学术研讨会】 4月14日，研究会在北京召开“十三五”时期知识产权焦点、难点和热点问题学术研讨会。研究会副理事长，研究会学术顾问委员会主任委员，中国科协副主席、党组副书记、书记处书记张勤主持会议，研究会秘书长张云才致辞，中南财经政法大学知识产权研究中心主任吴汉东、中国人民大学知识产权学院院长刘春田等多位研究会学术顾问委员、研究会副理事长参加会议并发言。来自《知识产权》杂志理事单位、研究会会员单位及国家知识产权局有关部门人员 80 余人参加会议。

与会专家、学者围绕体系化思维是解决知识产权难点问题的钥匙，知识产权与民法典的关系，知识产权强国的建设，标准必要专利相关问题，知识产权损害赔偿数额的确定，专利法、商标法和著作权法的修改，专利制度与商标制度的区别，知识产权纠纷的调解和仲裁，以及知识产权的实施等焦点、难点和热点问题进行了研讨。

（撰稿人：杨　丹）

中国发明协会

服务创新型国家和社会建设　2016 年，协会在北京、郑州、芜湖、厦门、天津、青海、廊坊、泉州等地举办 9 期各类发明创新与知识产权培训班以及青少年创新培训班，2100 多人次参加培训。

协会建设　5 月，中国发明协会第七次全国会员代表大会在北京人民大会堂召开。中共中央政治局常委、国务院总理李克强对大会召开和协会工作作出重要批示。

中国发明协会第七次全国会员代表大会

6 月，协会在河北省廊坊市召开全国发明协会秘书长工作会议，来自全国各省 27 位发明协会秘书长参加会议。会议主要议题包括学习传达全国科技创新大会、两院院士大会、中国科协九大会议精神，学习传达习近平总书记、李克强总理重要讲话精神，通报协会换届情况和下半年主要工作安排，介绍第九届国际发明展览会（昆山）筹备情况，听取全国各级各地发明协会工作情况汇报和建议。廊坊市委副书记兼副市长胡晓军介绍了廊坊市经济社会发展情况和“双创”工作情况。

国内主要学术会议　5 月，协会在北京举办第十届发明家论坛。论坛设立两个分论坛，邀请专家就大众创业万众创新、创客运动等进行研讨。论坛期间，举办项目对接洽谈会，809 人参加论坛，协会收集与会人员材料形成会刊。

11 月，协会在江苏省昆山市第九届国际发明展览会期间举办发明创业论坛和高端智能制造论坛暨成果转化推介会，120 余人参加，协会常务副理事长兼秘书长余华荣出席会议。会议邀请中国工程院院士、浙江大学教授谭建荣作了题为“智能制造与转型升级”的大会主旨演讲，中国工程院制造业研究室副主任董景辰作了题为“我国智能制造发展态势”的主题报告。

国际交往　2 月，协会组团参加泰国“发明者日”国际展会，代表团的 19 个参展项目全部获奖，获金奖 10 项、银奖 5 项、铜奖 4 项。参展项目还获得其他参展代表团颁发的 20 个奖项，包括世界知识产权网络论坛颁发的“领导创新奖”15 项、加拿大发明协会的特别奖 2 项、韩国妇女与小企业发明协会特别奖 1 项、菲律宾马尼拉青年发明协会特别奖 1 项。

11 月，协会组织国内优秀发明人和优秀发明项目参加德国纽伦堡国际发明展，参展 33 个项目获金奖 10 项、银奖 15 项、铜奖 3 项。在各国代表团评选的特别奖中，中国发明协会代表团共获得 11 枚奖牌，包括俄罗斯联邦科学教育部特别奖、波兰发明家和改革家协会特别奖以及来自葡萄牙、韩国和伊朗等国代表的奖项。

11 月，第九届国际发明展展会期间，举行了国际合作备忘录签约仪式。中国发明协会与发明者协会国际联合会、伊朗科技部、克罗地亚发明协会、韩国发明促进会分别签署合作备忘录。协会常务副理事长兼秘书长余华荣分别与伊朗科技部副部长阿哈迈迪、发明者协会国际联合会主席阿里、克罗地亚发明协会佐伦、韩国发明促进会主席李炯赛签署合作备忘录。

表彰举荐优秀科技工作者　5 月，协会举办了第九届“发明创业奖·人物奖”颁奖典礼。中国发明协会第六届常务副理事长邢胜才宣读了奖励决定，98 位发明人获第九届“发明创业奖·人物奖”，湖南省等 8 个单位被授予“伯乐奖”荣誉奖称号。协会推荐 5 个项目参评国家科技奖励。

【中国发明协会第七次全国会员代表大会】 5月16日，中国发明协会第七次全国会员代表大会在北京人民大会堂召开，中共中央政治局常委、国务院总理李克强对大会召开和中国发明协会的工作作出重要批示。李克强批示指出：发明创新点亮人类文明之光。中华民族五千年的历史，是一部发明创新的历史，诸多伟大发明深远影响了世界进程。中国发明协会多年来积极推动群众发明创造，为促进科技进步、弘扬创新精神做了大量工作。目前我国正在实施创新驱动发展战略，推动大众创业、万众创新，将极大地激发广大人民群众中蕴藏的无穷创造力，促进新技术、新产业、新业态加快成长，新经济的壮大将成为推动经济社会持续健康发展的强大动能。希望协会继续发挥桥梁和纽带作用，厚植创业创新沃土，发掘和支持发明创造人才，聚众智、汇众力，为加快创新型国家建设作出新贡献。

全国政协外事委员会主任、中国工程院原常务副院长潘云鹤院士当选中国发明协会第七届理事会理事长，余华荣当选常务副理事长兼秘书长，马云、王传福、邹远东、徐士龙、刘彭芝（女）、王锡娟（女）、房汉廷、闫楚良院士等52人当选副理事长和常务理事。七届一次常务理事会上，审议通过聘请袁隆平为协会顾问，王永民、包起帆、曹培生为协会名誉副理事长。

截至2016年12月31日，协会有单位会员208个、个人会员4002人。

【第九届国际发明展览会】 11月，第九届国际发明展览会在江苏省昆山市国际会展中心开幕。本届国际发明展览会由中国发明协会、发明者协会国际联合会共同主办，得到科技部、中国科协、国家知识产权局、国防知识产权局、江苏省知识产权局、苏州市科技局、昆山市市委市政府等单位的支持。波兰、俄罗斯、埃及、法国、菲律宾、韩国、加拿大、美国、印度、印度尼西亚等五大洲近40个国家和地区，以及世界知识产权组织、发明家协会国际联合会、环印度洋合作联盟、世界妇女发明家企业家协会、欧洲发明协会等国际组织组团参加展会。展会以“大众创业、万众创新”为主题。展会面积2.4万平方米，展位近1000个，参展项目近3000项，1000余人参加展会开幕式。

（撰稿人：史春明）

中国认知科学学会

服务创新型国家和社会建设 2016年，学会组织学术交流活动2项、培训活动5项，开设校园科普校本课程活动1项。

5月13—15日，学会联合四川省认知学会，在四川省绵阳市举办“脑认知与临床诊疗新技术”国家继续教育培训班。

7月、8月、12月，与美德医（北京）医疗技术服务有限公司合作举办3次功能磁共振影像数据处理相关培训班。培训由国内外影像学领域著名专家介绍不同模态的神经影像新技术和新方法的基本原理、实验设计和数据分析等基本知识，以及多模态影像技术在认知和临床脑疾病研究中的应用。

10月12日，学会在四川省成都市举办脑网络组图谱应用及数据处理培训班。

学会参与生命科学学会联合体建设，配合联合体承担国家重点实验室评估、召开2016年度世界生命科学大会等工作。

学会建设 截至2016年12月31日，学会会员总数667人，单位会员总数25个。学会与广东、辽宁、四川等省级认知科学学会建立合作联系。

学会修改完善分支机构成立办法。筹备成立认知科学与脑疾病工作委员会，制定工作委员会章程。

学会按照中国科协《第九届全国委员会委员候选人的通知》，推选秘书长马原野为中国科协九大代表。

学会建设和完善视频会议系统，为理事会、常务理事会、分支机构沟通交流提供技术保障。

国内学术会议 3月12日，学会与广东省认知学会联合，召开虚拟现实环境下的认知与医学科学研讨会。

10月9日，由学会主办，四川大学华西医院承办的第二届认知科学和脑疾病转化医学大会在四川省成都市召开，500人参加会议。四川大学华西医院副院长龚启勇主持会议并致开幕词，中国科学院院士、国家自然基金委副主任沈岩，中国科学院前沿科学与教育局生命科学处处长沈毅，四川大学华西医院院长李为民，电子科技大学生命科学院院长尧德中，中国科学院院士、中国科学院生物物理所陈霖分别讲话并致辞。会议开设6场专题研讨，内容涉及认知的变量、范式和脑疾病诊断、脑疾病基因研究、脑疾病影像大数据分析、脑疾病认知测量、脑疾病成像技术、7T 脑成像和脑疾病等基础研究及临床诊疗等多个方面，以及遗传学、影像学、电生理、计算机学等多学科的技术方法。

科普活动 9 月，学会与中国科学院京区科协合作，在牛栏山中学开展校本课程“脑与认知科学”，学会派 5 名会员围绕视觉认知及脑成像、果蝇学习记忆和抉择、生物磁和分子神经生物学 4 个主题，开展为期一个月的授课。

党建强会 根据《中国科协关于加强科技社团党建工作的若干意见》，10 月完成学会“五个清”（业务运行情况清、职工队伍情况清、党员队伍情况清、负责人情况清、未建党组织原因清）的填报工作。1 月 7 日，学会召开年度理事会，选举学会功能型党委委员 5 名，进一步完善党组织建设。

会员服务 学会通过学术年会、科普宣传、培训等工作方式发展和服务会员，开通支付宝在线支付会费功能。学会面向临床医生举办培训班，解决实际问题。

（撰稿人：周　馨）

中国生物材料学会

服务创新型国家和社会建设 4 月，推荐学会理事作为动物源方面的材料专家，参加国家食品药品监督管理总局医疗器械审评中心关于“肺动脉带瓣管道”产品的评审。8 月，推荐 21 位专家，包括化学 3 人、金属材料 2 人、无机非金属材料 12 人、光学 2 人、材料加工 2 人，进入医疗器械审评中心专家库。10 月，国家食品药品监督管理总局组织修订《医疗器械分类目录（修订稿）》，学会向理事及会员征集修改建议，汇总并提交国家食品药品监督管理总局。

5 月 18 日，学会主办世界生物材料大会中—外生物材料商务合作论坛（Chinese-Foreign Business Cooperation Forum on Biomaterials），促进中国与国际生物材料产业的合作。

10 月，学会常务理事钱福卿带领江苏省常州市武进区相关企业负责人一行 30 余人访问四川大学，举行生物医学材料、医疗器械产学研合作对接洽谈会。

2016 年，学会推动与科技公司、高等院校、科研院所合作，促成北京康为世纪生物科技有限公司、成都威力生生物科技有限公司、安徽禾臣新材料有限公司、浙江微凯新技术有限公司、堃博生物科技（上海）有限公司、杭州德诺科技有限公司等与成都天府国际生物城管理委员会签订战略合作协议。

学会建设 12 月，第二届学会理事会第二次会议同意成立产学研工作委员会及生物复合材料、智能仿生生物材料、神经修复材料、生物陶瓷、海洋生物材料 5 个分会。截至 2016 年 12 月 31 日，学会建立了组织工作委员会、学术委员会、评奖委员会、产学研委员会、青年委员会、外事工作委员会、科普委员会及产学研工作委员会 8 个工作委员会。理事会完善了学会财务管理、分支（代表）机构管理等制度。

学术期刊 2016 年，*Regenerative Biomaterials* 从季刊改版为双月刊。截至 2016 年 12 月 31 日，上线发行 10 期计 81 篇学术论文。

4 月，《中美院士论坛——本世纪生物材料科学与产业重大挑战》（专刊）出版。专刊特邀美国凯斯西储大学教授 James M. Anderson 担任主编，中美两国工程院院士 Nicholas A. Peppas、James M. Anderson、Kam W. Leong、Buddy D. Ratner、Arthur J. Coury、Cato T. Laurencin 以及丁文江、魏于全等 13 位中美生物医学工程领域知名科学家（其中包括 9 位美国院士和 2 位中国院士）为专刊撰稿。

11 月，*Regenerative Biomaterials* 被新兴资源引文索引数据库（Emerging Sources Citation Index，ESCI）收录。

国际交往 5 月 17—22 日，由国际生物材料科学与工程学会联合会主办、加拿大生物材料学会承办的第十次世界生物材料大会在加拿大蒙特利尔举行。来自 60 多个国家和地区的 3900 余位代表以及中国大陆 262 位代表注册参会，其中 215 人在大会上作了会议报告，包含 1 个大会报告、88 个口头报告和 161 个墙报，25 位专家主持大会分会，来自大陆的 9 名青年学者获大会不同类型新秀奖。

学会常务理事、中国科学院上海硅酸盐研究所研究员常江代表中国作大会报告，题为 *Tissue regeneration: the effect of biomaterials chemistry and microstructure*，从基础研究到临床应用系统阐述了生物活性陶瓷的组成与微结构如何影响组织再生。学会发起组织了中—外生物材料商务合作论坛，邀请美国、日本、韩国、加拿大、澳大利亚等国家和欧盟地区的企业界人士及部分学术界专家以及我国驻加拿大使馆代表参加论坛。论坛围绕中国生物材料产业现状与发展策略、中国生物材料医疗器械产品注册评估要求、中国医疗器械企业国际合作与投资 3 个主题进行讨论。学会在大会上发起组织华人恳谈会及中国生物材料学会期刊 *Regenerative Biomaterials* 编委会。

国内主要学术会议 4月22日，学会生物材料先进制造分会与清华大学生物制造中心联合主办3D组织构建与生物3D打印中的关键问题学术论坛在北京举行。论坛就3D组织构建及生物材料3D打印的关键学术问题和领域发展趋势进行交流讨论。论坛围绕形态发生在3D组织器官构建中的作用、3D打印医疗器械监管和质量控制、基于自主知识产权的3D组织构建专用生物材料、定制医疗器械注册法规研究进展介绍、3D生物打印与类器官构建的思考、3D打印技术研究现状、发展趋势和面临的挑战、抗菌骨修复材料的3D打印和评价、器官芯片等领域发表主题报告。

3D组织构建与生物3D打印中的关键问题学术论坛

8月18—20日，学会骨修复材料与器械分会2016年年会暨全国骨材料与器械产学研医管交流会在浙江省宁波市召开。通过专题会形式研讨骨材料与器械国内外前沿科学技术，并展示新技术、新产品。

9月25—27日，学会生物医用金属材料分会和东北大学联合主办的中国生物材料学会生物医用金属材料分会2017学术年会在东北大学召开。年会围绕生物材料的生物功能、抗菌材料和表面抗菌技术、生物材料表面改性、医用镁合金、医用钛和钛合金及表面改性、医用钴基合金及表面改性、医用锌合金、生物材料应用与器械8个专题进行研讨。

11月18—19日，学会心血管材料分会在江苏省苏州市主办中国心血管医疗器械高峰论坛。论坛以“介入医疗器械的临床表现与新产品研发方向”和“可降解金属对话可降解高分子”为主题，围绕心血管医疗器械相关领域的技术创新、产品研发、临床研究及政策法规现状等进行探讨。

国际组织任职 5月22日，在加拿大蒙特利尔举行的第十次世界生物材料大会全体大会上，四川大学教授、中国工程院院士、美国工程院外籍院士、学会名誉理事长张兴栋接任国际生物材料科学与工程学会联合会主席。

科普活动 依托四川大学，继续举办“生物医学工程学科海外名师报告年”活动，特别邀请国际杰出生物材料专家来华讲学。2月28日—3月6日，邀请美国国家工程院院士、医学院院士、美国莱斯大学Antonios G. Mikos教授来华访问讲学，以“组织工程基础与应用”为主题，近1200余人次参加。

9月17—23日，学会联合四川大学国家生物医学材料工程技术研究中心开展生物医学材料科学嘉年华系列科普活动。围绕生物材料前沿科技的最新成果，组织300余名在校大学生开展科普游园、科普论坛，邀请5位生物材料专家进行科普讲座，3次组织学生会员200余人次参观生物材料产业化基地和观看生物材料临床应用视频演示。

表彰举荐优秀科技工作者 学会特别设立青年科学家奖。2016年，经全体理事提名，学会评奖委员会初评，常务理事会无记名投票选举，蒋兴宇、吴成铁、张先正、郑玉峰4位专家获中国生物材料学会青年科学家奖，崔福斋、王迎军获中国生物材料学会杰出贡献奖，张兴栋获中国生物材料学会奠基人奖。

学会理事艾华、陈学思、丁建东、高长有、孔德领、刘伟、奚廷斐、杨柯、张胜民、张先正10位专家获生物材料科学与工程“Fellow”终身荣誉称号。新当选“Fellow”的颁奖仪式在第十次世界生物材料大会开幕式上举行，联合会秘书长Keith McLean教授和联合会“Fellow”院主席Joachim Kohn教授为获奖者颁发了荣誉证书。截至2016年12月31日，我国有31位专家、学者获得该荣誉称号。

经学会推荐，广东省赛莱拉干细胞研究院院长陈海佳获第七届“全国优秀科技工作者”称号。学会向中国科协推荐中国科学院过程工程研究所研究员张欣为第十三届中国青年女科学家候选人。

党建强会 经中国科协科技社团党委第六次办公会审议，同意成立中国生物材料学会党委，由学会理事长王迎军任党委书记，学会党委为功能型党组织。

12月，在学会理事会上，学会党委书记王迎军作了党建工作报告，提出新形势下学会党建工作的要求与职责，布置了学会党委2017年拟开展的工作。

会员服务 学会每季度末向会员免费提供资讯材料《中国生物材料学会简讯》，为会员提供生物材料科学与产业资讯。内容涵盖学会新闻、技术专题、技术新闻、产业新闻、政策法规及会员资讯、会员新闻等多个方面。学会主办专家讲坛，免费邀请会员参加，讲座视频上传至学会网站，供会员免费下载学习。

防灾减灾日期间，学会围绕“减少灾害风险，建设安全城市”主题，对秘书处及分支机构人员进行培训，针对冰雹、雷雨、地震等自然灾害，向2000多名会员免费发放宣传资料。

学会建立微信公众号，向会员发布行业动态、新闻资讯、会议通知，建立学会理事微信群，加强日常沟通。

（撰稿人：许秀娟）

中国睡眠研究会

服务创新型国家和社会建设 学会完成了“中国睡眠调研报告”“2016睡眠医学高端论坛”等申报项目。

2月21日—3月9日，研究会围绕“3·21”世界睡眠日，在《今日头条》调查了当今中产阶层人群对睡眠健康的关注状况，以及反映出来的睡眠问题。本次调研样本量为38117人，5个部分版块的参与人次合计为50070人；年龄范围主要集中在40岁以上的中年群体，其他年龄段均有参与者；涉及湖北、湖南、四川、海南、广西、新疆、江西、安徽、浙江等省份和香港特别行政区，并形成《中国睡眠医学现状调查和分析报告（2016版）》。

研究会完成了《中国失眠障碍诊断和治疗指南》的编辑出版工作。

学会建设 研究会秘书处重新制定和修改了16项内部管理制度，包括财务报销审批规定、货币资金管理办法、固定资产管理办法、会员管理办法、档案管理规定、印章管理及使用规定、分支机构管理和试行办法、秘书处办公室管理制度、秘书处考勤管理和带薪年休假管理制度等。

5月27日，研究会睡眠医学教育委员会（Committee of Sleep Medicine Education，CSME）在上海市成立。北京大学人民医院韩芳教授为睡眠医学教育委员会首任主任委员，南方医科大学附属南方医院张斌教授担任常务副主任委员，香港中文大学睡眠中心何国华教授为技术顾问，刘艳娇教授、王莞尔教授、于欢教授、周俊英教授、吴惠涓教授、张晓雷教授、王涵侨教授、韩旭教授担任副主任委员。睡眠医学教育委员会委员由来自全国26省（自治区、直辖市）及香港特别行政区的专家、学者共85人组成。

研究会增加了湖南梦洁等14家企业会员单位，新增个人会员198人。截至2016年12月31日，研究会共有团体会员107个，个人会员2714人。

研究会召开常务理事会3次、理事会1次，重大问题均由理事会（常务理事会）决定。

学科发展研究 12月4日，研究会发展战略研讨会在北京国际艺苑皇冠假日酒店召开。会议由韩芳理事长主持。会议邀请韩德民院士、解放军军事医学科学院教授范明参加了研讨会。韩德民院士为研究会发展战略研讨会题词“疾病防控，新时代共进共勉”。我国睡眠医学界专家、学者共60多人参加了研讨会。

国内主要学术会议 3月19—20日，由研究会睡眠障碍专业委员会主办，河北医科大学第一医院、首都医科大学宣武医院、天津医科大学总医院共同承办的第二届京津冀地区睡眠疾病诊断及规范化治疗学术研讨会在河北省石家庄市举办，同时在北京、天津、石家庄设立了3个分会场。会议结合睡眠领域常见及热点临床问题进行了深入探讨，睡眠专家韩芳、王玉平、赵忠新等30位教授作专题演讲，来自京津冀及全国各地的专家、学者共1300多人参加了会议。

4月22—24日，第三届中国西部睡眠医学大会暨陕西省睡眠障碍学习班在陕西省西安市举办。本次大会设立了睡眠诊疗新思路研讨会、睡眠—觉醒节律基础专场、失眠与精神障碍专场、神经精神障碍与睡眠障碍专场、睡眠呼吸障碍专场。参会人数达到400多人，收到论文50余篇。

7月7—9日，由北京大学第六医院、北京大学医学部睡眠医学中心、中国睡眠研究会联合举办的第三届中国睡眠与心身医学论坛在北京召开。会议期间，从事基础医学、整合医学、精神病学、神经科学、心脏内科、呼吸内科、成瘾医学和睡眠医学等多个学科临床实践与基础研究的专家、学者200多人为与会者带来了众多前沿学术报告。

2016年度睡眠呼吸疾患新进展学术会议暨学习班8月11—14日在陕西省咸阳市召开。会议由研究会睡眠呼吸障碍专委会主办，陕西省咸阳市中心医院承办，来自全国各省、自治区、直辖市睡眠医学界的专家、学者500余人参加了会议。会议邀请了美国哈佛大学 Robert Joseph Thomas 教授、Chung-Kang Peng 教授以及国内知名睡眠呼吸专家针对睡眠呼吸疾病的诊断、治疗、学科前沿动态、热点问题讨论和睡眠呼吸研究的最新进展进行大会报告。会议还举办了会前继续教育班、论文学术交流、睡眠监测和无创通气演示与交流。

9月9—10日，第三届中国睡眠研究会青年学术论坛暨四川省医学会第五次睡眠医学年会在四川省成都市召开。本届会议以研究会青年学术论坛首先拉开帷幕，30余位专家和青年学者分别围绕“睡眠呼吸障碍”“失眠障碍”“其他睡眠障碍”三个主题对近两年国际睡眠医学临床研究成果进行报告和解读。大会对为我国睡眠医学发展做出突出贡献的香港中文大学教授陈佳鼐和四川大学华西医院教授陈天善颁发了中国睡眠医学“特别贡献”奖。来自四川、云南、重庆、新疆、福建等省份的300多人参加了会议。

12月17日，由研究会睡眠生物节律专业委员会主办，解放军总医院睡眠医学研究中心承办,《世界睡眠医学杂志》编辑部、中国中西医结合会时间生物医学专业委员会协办的2016全国睡眠生物节律医学高峰论坛在解放军总医院召开。大会就昼夜节律与睡眠相关性研究、时间生物医学与睡眠节律的文献学研究、睡眠生物节律临床医学、特殊作业环境的节律紊乱问题及干预技术的研究/中医睡眠生物节律及时间生物医学案例研讨、睡眠生物节律障碍共病的临床诊疗研究、睡眠生物节律监测技术及产品的研究特殊作业环境的节律紊乱问题及干预技术的研究等进行研讨，100多人参加了会议。

科普活动 研究会继续打造“3·21”世界睡眠日大型全国科普系列活动、首席科学传播专家团队、微信公众号等延续项目，本年度并在科普志愿者团队建设、引进国际科普项目、知名公共网站开展睡眠疾病数据调查等方面形成新的亮点。科普工作方面，2016年度总投入61.5万元，其中研究会直接拨款19万元，筹资35万元，争取项目支持7.5万元。

研究会任命首批有奉献精神和工作热情、有睡眠及相关专业知识、已有睡眠相关微博或微信公众号/阅读号的中青年学者共7人作为睡眠医学科普达人，创建科普志愿者团队。同时给予科普达人一定经费扶持和鼓励，并在世界睡眠日中国主题发布会上予以推介。

3月19日，2016年“3·21”世界睡眠日中国主题发布会暨“美好睡眠　放飞梦想”大型科普宣传活动启动仪式在北京中国科技会堂举行。中国科协科普部副部长刘亚东出席会议并讲话。研究会理事长韩芳向社会宣布2016年“3·21”世界睡眠日中国主题为“美好睡眠　放飞梦想”。来自全国的睡眠专家、企业家、新闻媒体近百人参加了新闻发布会。启动仪式之后，全国各地开展睡眠日义诊、论坛、公益课、讲座等活动，70余家医院上千名医务人员参与。2016年世界睡眠日全国各地理事上报活动统计如下：

项目	统计数
科普讲座	44场
专家义诊	38场
科普文章	19篇
发放资料	33360份
报纸报道	86篇
电视报道	37次
网络报道	35次
调查问卷	12000份
其他形式宣传	19430场
科技工作者	1000人
受众人数	30余万人

5月14日，研究会在北京自然博物馆开展科普活动。2016年科技活动周的主题是“创新引领　共享发展”。本次科技活动周突出我会睡眠特色，面向社区居民普及睡眠知识，制作展板、易拉宝4个，发放宣传材料1000余份，并现场视频播放睡眠医学知识及病例，增强人们的防护意识，促进人们健康睡眠。北京大学口腔医院教授高雪梅、北大六院教授张卫华、北京煤炭总医院教授吴慧莉、北京儿童医院教授许志飞、首都医科大宣武医院教授侯月等专家以及研究会秘书长左和鸣和秘书处、科普部工作人员参加了科普宣传活动。

9月17—23日，中国科协在全国科普日北京主场举办“健康伴我行”主题活动。研究会作为承办单位之一，参加了此次活动。

研究会展区展出的“多功能光诱导失眠治疗仪”“智能止鼾枕”“手机端APP睡眠管理系统”等项目，通过技术人员的讲解和互动，对睡眠领域的远程医疗、精准医疗进行了诠释。

北京主会场健康大讲堂首位演讲者即是研究会理事长、北京大学人民医院睡眠中心主任韩芳，主讲“睡眠与健康”。清华大学长庚医院医疗部主任、研究会副理事长叶京英，解放军总医院睡眠医学研究中心、研究会常务理事张熙，首都医科大学附属北京朝阳医院呼吸睡眠中心主任、煤炭总医院耳鼻喉科主任医师吴慧莉和北京大学第六医院精神科副主任医师张卫华均借助健康大讲堂，向广大群众宣传健康睡眠理念和睡眠医学科普知识。

会议期间，研究会理事长韩芳做客人民网，就“日落而息如何拥有一个好睡眠”接受媒体采访。研究会会员，北京大学第六医院精神科副主任医师张卫华也在人民网进行了主题为“呵护睡眠能力，您应该知道的一些事儿”的访谈。

活动共张贴科普背板 9 幅，送出了 300 多份宣传品，收回公众满意度问卷 60 多份、睡眠自我评估问卷 120 多份。

国际交往 研究会协办了 8 月 1—6 日在北京大学举办的国际生物钟夏令营。国际生物钟夏令营由三大国际生物钟学会 JSC、EBRS 和 SRBR 每年组织举办。活动的主要形式是邀请国际生物科学家参与并通过授课方式，向参与活动的青年人介绍生物钟研究的前沿进展，传播先进科学研究理念。本届国际生物钟夏令营邀请了美国上届生物节律学会主席 Carl Johnson、Sato Honma，国际时间生物学联盟主席 Ken-ichi Homma，北京大学教授饶毅，研究会理事长韩芳和睡眠节律委员会徐璎等参与讲座并组织了活动。来自 7 个国家、27 所高校 / 研究所的共计 52 名学生参加了本届夏令营活动。

学会创新发展 研究会组织专家进行网络问卷设计和解读，并开展相关睡眠知识宣传。借助网络宣传及数据发布会等，影响范围几十万人。

研究会与科普中国微平台合作，共享后台，创办研究会公众微信号。栏目设置大众科普、学术活动、会员天地三个版块。在大众科普中发布前沿睡眠研究成果和睡眠健康常识，在学术活动栏目中发布学术年会、讲座等消息，会员天地则利用网络便捷促进会员发展。现有 12000 余人关注，浏览量在 20 余万次，回答问题 1000 余次。

会员服务 在原有会刊、邮件等服务基础上，研究会加强微信交流平台建设，开通学会和个人会员的互动与联系，既方便学会了解会员的需求，又可直接向会员，特别是企业类单位会员推广健康睡眠相关的新技术、新成果，促进科技成果转化为现实生产力并提升睡眠产业国际竞争力，形成服务会员的一种新形式。

【中国睡眠研究会发展战略研讨会】 12 月 4 日，研究会发展战略研讨会在北京召开。会议由研究会理事长韩芳主持。会议特别邀请了韩德民院士、解放军军事医学科学院教授范明参加了研讨会。韩德民院士为研究会发展战略研讨会题词“疾病防控，新时代共进共勉”。会上，韩德民以“构建覆盖全生命周期的服务体系”为题，讲解了阻塞性睡眠呼吸暂停低通气综合征的大众诊疗时代转型期医务人员应该承担的社会责任，并提出“防治结合，联防联控”的重点在于要树立大健康的概念，面向整个社会，以疾病的优化防治策略，建立针对高危人群的有针对性的防护措施。其中，最重要的是完善分期诊疗，完善生命周期的管理体系的建立。针对阻塞性睡眠呼吸暂停低通气综合征的大众诊疗，韩德民提出，一是要探索阻塞性睡眠呼吸暂停低通气综合征诊疗模式的变革；二是如何降低人工运营的成本；三是满足大量随访的需求。韩德民希望通过这次发展战略研讨会，能够达成更高的共识，能够共同承担起实现健康中国发展战略，促进学科进步，适应整个社会发展需求的新的思考。范明就“国内外脑计划情况”，从社会发展、产业进步、健康保健、国家安全等方面阐述了实施脑科学计划的战略意义。范明在介绍国际脑计划情况时指出，脑科学是当前国际科学与科学领域的战略制高点，正处于突破前夜；欧美脑计划的初衷都是强调技术突破，但在实施过程中都向应用转化、全领域覆盖；目前脑科学发展迅速，必须以快打快。他还简要介绍了我国脑计划情况以及国内有关省（自治区、直辖市）脑专项情况。范明表示，与脑科学有关的技术进步将对人类健康、高新技术发展和国家安全等多个领域产生深远影响。在研讨会上，研究会秘书长左和鸣宣读了研究会授予韩德民院士荣誉理事长的决定，韩芳理事长向韩德民院士颁发了证书。中华医学会、人民卫生出版社等有关部门领导、专家出席了研讨会，来自全国的业界专家、学者共 60 多人参加了研讨会。

【“3·21”世界睡眠日中国主题发布会暨“美好睡眠 放飞梦想”大型科普活动】 3 月 19 日，2016 年“3·21”世界睡眠日中国主题发布会暨“美好睡眠 放飞梦想”大型科普宣传活动启动仪式在北京举行。中央电视台、新华社、人民日报、参考消息、中国新闻报社、北京电视台、北京日报、新华网、千龙网等50家主流媒体的记者，以及来自全国的睡眠专家、企业家等近百人参加了启动仪式。

启动仪式由研究会秘书长左和鸣主持。韩芳理事长向社会宣布2016年“3·21”世界睡眠日中国主题为“美好睡眠　放飞梦想”。中国科协科普部副部长刘亚东在会上表示，研究会在每年“3·21”世界睡眠日期间都发布当年中国主题，并围绕主题在全国范围内组织开展学术交流、科普讲座、义诊咨询等大型科普活动，效果明显。

研究会常务理事、中国睡眠医学科学传播专家团队首席科普专家陈贵海介绍了世界睡眠日的由来，副理事长唐向东、赵忠新，研究会睡眠呼吸障碍专委会主委郭兮恒分别作了专题演讲，研究会常务理事会员单位慕思寝室用品有限公司总裁姚吉庆先生代表会员和会员单位发言。研究会科普达人张斌教授进行科普推介并发布《中国失眠障碍诊疗指南》。

发布会上，媒体朋友还就睡眠与健康相关问题对专家进行专题采访。

启动仪式之后，全国各地主题科普宣传活动相继展开，70余家医院上千名医务人员参与。

【中国睡眠研究会第九届学术年会】 研究会第九届学术年会5月27—29日在上海光大会展中心举办。会议围绕睡眠疾病的评估、诊断、治疗和研究新进展等方面，开展大会（专题）报告、主题演讲、技能大赛等多种形式的交流活动，介绍世界睡眠科学的最新研究进展和学科前沿动态。来自全国各地包括香港特别行政区、台湾地区的睡眠医学专家、睡眠科技工作者、睡眠产业的技术人员，以及来自美国、澳大利亚、日本等国家的睡眠医学专家共600多人参加了会议，收到论文210篇。

研究会理事长韩芳担任大会主席，研究会副理事长徐建任大会组委会主席，复旦大学特聘教授黄志力任大会学术委员会主席，研究会秘书长左和鸣任大会秘书长，研究会常务理事殷善开、李庆云等任大会组委会委员。会议由研究会常务理事王玉平主持，韩芳理事长代表研究会致辞。

开幕式后颁发杰出贡献奖（Outstanding Contribution Award Ceremony）和澳大利亚杰出青年奖（Outstanding Young Australian）及中国睡眠研究会青年优秀论文奖。

大会特邀嘉宾中国科学院院士杨雄里，美国科学院院士Yanagizawa Masashi，美国宾夕法尼亚大学睡眠与生物节律神经生物学中心主任Allan I. Pack，北海道大学名誉教授、Sleep Biol Rhythms主编Honma Kenichi等国内外著名专家分别作学术报告《大脑功能认识上的鸿沟》《清醒状态的多面性及其行为特异型调控》《全面认识睡眠呼吸疾病》。

本次学术年会共设立睡眠呼吸障碍专场、睡眠障碍专场、儿童睡眠障碍专场、中医药治疗失眠的基础与临床专场、CSRS—宾大专场、基于睡眠医学的临床特殊病例和疑难病例讨论专场、基础与生物节律专场、睡眠与心理卫生专场、Orexin与觉醒/睡眠专场9个专场的学术报告。

会议期间举行了学会教育工作委员会成立大会，召开了学会常务理事/理事会议，还举办了第二届睡眠新知青年辩论赛。

（撰稿人：潘继红）

中国高科技产业化研究会

服务创新型国家和社会建设　2016年，研究会开展高科技产业技术成果转化和项目推广论证会、项目对接、技术咨询等工作，组织专家团队赴地方科技园区实地考察75次。举办技术类培训班18个，参加专家38人次，培训人员316人次。

研究会与广西壮族自治区梧州市人民政府签署战略合作协议，就创建老龄科技产业园、国际医养庄园开展合作。

研究会参与两个扶贫项目，分别为建立革命老区优秀科技成果库和贵州省扶贫攻坚系列活动（香草小鲜猪养殖、羊肚菌种植、中草药种植技术改进）。

按照科技部开展“国家火炬特色产业基地”的建设要求，结合各地区（特别是经济开发区）的实际情况和需求，研究会帮助企业通过参与政府招标，完成3项特色产业基地的规划——江苏如东劳动保护特色产业基地发展规划（2016年第一批）、宁乡经济开发区国家火炬安全食品特色产业基地发展规划、科技部国家火炬计划（临颍）休闲食品特色产业基地建设实施方案（2016年第二批）。

研究会获准成为国家科技奖励办公室委托第二批科技成果评价试点单位，承担科技部委托第三方开展科技成果评价工作。2016年，研究会评价科技成果129项。

国际学术会议　2016年，研究会主办国际学术会议5次，交流论文95篇，参会人数1770人次，其中来自国外的专家、学者35人次。

5月9—11日，研究会在北京举办纪念光纤发明50周年大会。中国工程院院士赵梓森、邬贺铨、余少华，中国科学院院士王巍，工业和信息化部通信科技委常务副主任韦乐平，清华大学教授廖延彪，美国贝尔实验室教授Chinlon Lin，英国南安普顿大学教授David Payne，加拿大渥太华大学教授Bao Xiaoyi，北京邮电大学前校长林金桐，华为公司美国研究院首席专家刘翔博士，香港中文大学教授陈亮光等专家、学者，以及中国联通、中国移动、中国电信、烽火通信、富通集团等公司的企业家600余人参加会议，与会人员围绕前沿技术、产业成果、国际发展趋势等方面话题，回顾光纤发明对世界的深远影响，展望未来技术的最新发展趋势和新产业增长点。

9月2日，研究会与中华中医药学会、中国医师协会、诺贝尔奖得主国际科学交流协会（ISSCNL）在四川省成都市联合举办第三届诺贝尔奖获得者医学峰会暨中美院士论坛。6位诺贝尔奖得主和10余位中外院士及国内外专家、学者1400余人参加会议。与会专家围绕精准医学、中医药学重点学科进展问题，从生物医药产业新机遇、新趋势、新政解读等热点进行交流探讨。

国内主要学术会议 2016年，研究会主办国内学术会议12次，参会人数2860人次、交流论文235篇。

4月15日，研究会在广东省深圳市举办2016中国（深圳）移动医疗与医院信息化论坛，探索新一代信息技术为医疗信息化服务，推进移动医疗和医院信息化的发展。来自工业和信息化部、国家卫计委、中国移动、华为、思科、腾讯、解放军总医院、清华大学玉泉医院、阿里健康、九安医疗、新闻媒体的专家、学者，企业家、媒体代表300余人参加会议。第二届深圳国际移动医疗健康产业博览会同期举办。

10月21—23日，研究会在湖北省襄阳市举办第10届全国信号和智能信息处理与应用学术会议，专家、学者33人参加会议。会议收录论文117篇，在《计算机工程与应用》上以专刊的形式出版。

科普活动 2016年恰逢我国航天事业创建60周年，4月24日是首个“中国航天日”，研究会在北京、山东省青岛市、潍坊市、东营市，宁夏回族自治区银川市，陕西省西安市，浙江省温州市，湖南省长沙市，广东省深圳市举办航天科普展，展览总面积达10200平方米，展出228天，观众67万人次。开展科普宣讲145场、院士航天科普报告会2场。

【2016第一届深圳国际老龄博览会】 7月29—31日，研究会与中国老龄产业联盟、深圳市企业联合会在广东省深圳市联合举办第一届深圳国际老龄博览会。博览会是在深圳市老龄委、深圳市民政局的扶持下，由主办方携手国内外20家企业与机构发起，旨在以“汇聚合力积极行动，应对人口老龄化”为主题，秉承“政府引导、社会主导、市场参与、专业运作、全民共享”的办会模式和“以老龄事业为核心，以老龄产业为动力”的办会思路，采用“互联网+”的模式，打造“线上系统、线下展会”的“立足深圳、辐射全国、影响全球”的老龄资源交流对接平台和全民参与的老年主题会议。

博览会展览面积1.5万平方米，参展机构、企业222家，科技智能养老产品、养老金融、健康食品、养老旅游、老年社会组织、中医药保健义诊、养老地产、养老机构、养老培训机构、老龄产业线上平台专区、西藏健康产品、日本老龄产品展区等各型展位280个，参加路演的信息发布机构、企业40个。

科技创新推动老龄产业发展论坛和健康养老及服务模式创新论坛同期举行。

【第十九届中国北京国际科技产业博览会科技成果推广与商务合作项目推介会】 5月18—19日，研究会与中国民营科技促进会在北京联合主办第十九届中国北京国际科技产业博览会科技成果推广与商务合作项目推介会。200余人参加开幕式和政策解读专场活动。

结合本届科博会“推动科技创新　引领产业转型”的主题，推介会围绕中国经济和科技产业发展要求，推动科技与经济紧密结合，推广转化科技成果和产业合作项目，促进产学研协同创新、服务创新、区域合作创新、科技金融创新及创新资源优化配置，推进科技成果向现实生产力转化，推广科技成果和商务合作项目，促使产、学、研、用、金项目的产业对接和交易洽谈，以市场为导向，为科技成果转化和产业化搭建交流和合作平台。

国务院参事陈全生、科技部创新发展司副司长余健、工业和信息化部中小企业司综合处处长李毅、中国科学技术发展战略研究院科技投资研究所所长郭戎、中国社科院中小企业研究中心理事会副理事长吴瑕、中国科学院光电研究院中联空间科技有限公司总经理韩志海分别作报告《经济新常态下产业转型升级的挑战与机遇》《国家“十三五”规划、科技创新规划整体考虑》《聚焦双创，推动中小企业健康发展》《科技金融结合、助推创新驱动》《中小企业融资渠道》，解读我国创新驱动发展战略政策引导、科技金融支持中小微企业发展政策措施等。

推介会针对“大众创业，万众创新”、创客创业与众创空间、“互联网+”“中国制造2025”、智能制造（机器人）、战略性新兴产业、节能环保、生态文明、现代农业、养老产业、生物医药、平台建设与人才引进、“一带一路”等热点领域的项目进行推广，邀请专家、专业机构等现场点评解答项目方关注的问题，同期对科技成果项目进行推广展示、安排项目方进行互动交流与洽谈等。

（撰稿人：凌　芸）

中国微量元素科学研究会

学会建设　3月11日，研究会通过“常务理事微信群”召开四届二次常务理事会议，研究会理事长朱志国主持会议。会议确定递补1名理事、取消2名理事资格。

3月24日，研究会通过“常务理事微信群”召开四届三次常务理事会议，研究会理事长朱志国主持会议。投票选举产生中国科协第九次全国代表大会的代表人选。

6月6日，研究会通过“常务理事微信群”召开四届四次常务理事会议，研究会理事长朱志国主持会议。会议传达《中国科协第九次全国代表大会精神传达提纲》和《中国科协关于学习贯彻落实中国科协第九次全国代表大会精神的通知》。

10月28日，研究会在辽宁省沈阳市召开四届二次理事会暨四届五次常务理事会议。研究会理事长朱志国，副理事长赵春杰、范广勤、周欣欣，副秘书长徐斌分别介绍中国科协九大的参会情况，传达《中国科协第九次全国代表大会精神传达提纲》《中国科协学会学术工作创新发展“十三五”规划》《科协系统深化改革实施方案》和《2016年学会改革工作要点》。朱志国作研究会换届以来的工作总结。

10月30日，研究会硒研究与应用专业委员会在湖北省恩施市成立，专委会宗旨是推动硒学术交流，推进硒技术研究，加快硒研究成果转化，推广硒科普宣传等。

学术期刊　研究会主办期刊《世界元素医学》出版4期，发表论文93篇。

国内主要学术会议　9月29—30日，研究会在辽宁省沈阳市举办中国微量元素科学研究会第十六届全国微量元素学术会议暨首届“辽宁千一测试评价杯”全国药学研究生论文交流会，研究会理事长朱志国致开幕词，副理事长赵春杰主持会议。专家、学者300余人参加会议，会议收到论文100余篇，评选出微量元素学术会议获奖论文一等奖2名、二等奖4名、三等奖6名、优秀奖10名、药学研究生优秀论文28篇。

会议同期举办微量元素学术研究会和药学研究生论文交流会两个分会场，以墙报形式展示学术论文50余篇，20余人作学术论文交流报告。

党建强会　11月6日，研究会通过“常务理事微信群”召开四届六次常务理事会议，研究会理事长朱志国主持会议。会议落实《中国科协关于加强科技社团党建工作的若干意见》精神，按照《中国科协科技社团党委关于推进中国科协所属学会党建“两个全覆盖”专项工作方案》，选举产生中国共产党中国微量元素科学研究会委员会委员候选人，候选人名单报中国科协科技社团党委审批。

11月22日，中国科协科技社团党委批复同意。

（撰稿人：陈　岳）

中国国际经济技术合作促进会

服务创新型国家和社会建设　1月20—22日，促进会理事长杨春光带队，副理事长王志宗、胥和平等赴山西省运城市，考察科技支撑高效农业、城乡基础建设、金融资本投资等方面项目。

年内，促进会理事长杨春光带队走访国务院扶贫办，会见扶贫办副主任郑文凯，听取开展精准扶贫工作指导意见。

6月22日，促进会理事长杨春光带队，副理事长王志宗、田继生等赴湖南省湘西土家族苗族自治州吉首市，与湘西土家族苗族自治州签订《精准扶贫、区域建设战略合作框架协议》。

7月11日，促进会协调会员单位宁夏大地循环发展股份有限公司无偿提供（1000万元，分两期）的第一期500万元精准助力扶持资金，落实到湘西土家族苗族自治州吉首市矮寨镇补点村，用于新能源开发、水利工程建设、基础设施建设扶贫等项目，湘西土家族苗族自治州政协负责监督实施。

9月29—30日，促进会理事长杨春光一行赴陕西省西安市西安思源学院，参加“中国国际经济技术合作促进会‘带路建设’思源培训基地”挂牌仪式，并与该学院就促进会的“一带一路”培训基地建设达成初步合作协议。

学会建设 6月3日，促进会理事长杨春光主持召开专题会议，学习习近平总书记在“科技三会”上重要讲话，传达中国科协第九次全国代表大会精神。促进会副理事长宋和平、任树平，常务理事朱建平参加会议。

促进会本着“政社分开、依法自治、加强民主管理”的原则，完善学会法人治理结构，先后聘请秘书长、监事会监事、常务副秘书长，并对内部管理人员实行定向招聘。

按照中国科协的要求，促进会对会员单位、分支机构进行重新登记和整改，制定《中国国际经济技术合作促进会分支机构管理办法》。

党建强会 2016年，促进会成立理事会层面党的建设工作领导小组，完成办事机构层面党支部的改选工作，指导各分支机构根据自身条件成立各分支机构党组织。建立在京常务理事党员分支机构中的党员月学习制度。

会员服务 促进会网站改版升级，增加“会员之窗”栏目。

促进会通过讲座对会员开展培训，先后邀请北京大学全球治理研究所副主任兼秘书长、北京大学博士后办公室主任范德尚作题为“变化中的世界与国家治理”的讲座，国务院扶贫办副主任郑文凯作题为“‘十三五’时期的扶贫改革创新”的讲座。

（撰稿人：张志伟）

中国基本建设优化研究会

服务创新型国家和社会建设 1月23日，研究会在北京召开“三农优化实验区”座谈会，以中央农村工作会议精神为指引，论证和完善研究会策划的“三农优化实验区”项目实施方案。在全国先期选取3～5个乡镇开展“三农优化实验区”建设试点。

6月26日，研究会在北京举办全国城乡环卫行业改革与发展专家座谈会。

9月24日，研究会房地产与物业委员会同中国房地产总工工作委员会、中博精典（北京）建筑科学研究院在北京联合举办中国建筑零渗漏技术创新发展论坛，探讨建筑零渗漏原因，为解决建筑渗漏问题总结出实质性的技术方案。北京东方雨虹防水技术股份有限公司等13个单位获得建筑零渗漏技术创新奖，当代置业（中国）股份有限公司工程管理中心总经理杨帆等32名个人获得建筑零渗漏技术杰出贡献奖。

研究会会长厉无畏撰写的理论学术专著《文化资本论》定稿，被列入国家领导人文库。

学会建设 7月30日，研究会在北京召开第七届理事会第三次会议。十一届全国政协副主席、研究会第七届理事会会长厉无畏出席会议并讲话。副会长候选人徐小青主持会议，副秘书长张己芹作题为“以科协九大精神为指引，推动研究会事业健康发展”的报告。秘书长孙晓洲作题为“以‘四个全面’战略布局为指引，开创研究会事业发展新局面”的工作报告。

按照选举程序，选举增补徐小青、石俊志、傅泽田为第七届理事会副会长，选举孙晓洲为第七届理事会秘书长，确定孙晓洲为研究会法定代表人。

决策咨询 5月23—24日，研究会常务副会长徐小青带队赴广东省揭西县调研指导“三农优化实验区”工作。实验区打造以揭西县京溪园镇为核心区域，建立经济中高速增长的综合项目集群，采取“2+9”建设模式，形成“一城一带，三园三村三主业”的格局。

10月20日，研究会秘书长孙晓洲与中商企业集团公司、中国林业集团菌草科技有限公司有关负责人，应邀赴河北省威县考察乳业园区、梨业种植基地等，就“三农优化实验区”的项目对接、落地方式、实施路径进行交流探讨。

国内主要学术会议 1月30日，研究会在北京举办“2016推进绿色生产，倡导绿色消费论坛”，旨在倡导、培育和大力推行绿色生活方式及绿色消费，促进创建、推广发展绿色产业、绿色产品，坚持走绿色发展的道路。来自政府部门、相关机构的专家、学者200余人参加论坛。

5月28日，研究会在河南省遂平县举办畜禽养殖污染防控及废弃物无害化处理和资源化利用研讨会。会议解读国家畜禽养殖污染减排政策，了解发达国家的治理现状与措施，探讨我国畜禽养殖污染防控、病死猪无害化处理资源化利用的新方法、新模式和新思路。来自农业部、环保部、当地政府及相关机构的专家、学者300余人参加研讨会。

8月26—29日，研究会在山东省青岛市举办中国基本建设优化研究会第十九届学术年会。国内专家、学者110人参加会议。会议安排5个主题报告，交流论文23篇，形成论文集《生态智慧城市建设理念与技术应用》，由辽宁科学技术出版社出版。

9月17日—19日，研究会与中国园艺学会、中国园艺学会芦笋分会在山东省菏泽市联合举办中国芦笋大健康产业优化发展论坛。国际园艺学会副主席席尔瓦那·尼古拉博士出席论坛，国内外专家、学者围绕我国芦笋大农业、大食品、大健康产业优化发展开展学术交流。

10月29日，研究会在湖南省湘潭市举办中国生态养殖技术创新大会，探讨建立以“规模化”“集约化”为主要养殖模式的现代生态养殖模式，实现种养结合，发展绿色有机生态农业，建立绿色循环与生态旅游相结合的现代新型农业。来自农业部、科技部、环保部和湘潭市政府相关部门的有关人员、专家、学者300人参加大会。

国际交往 年初，国际园艺学会正式致函研究会，与研究会共同在中国发起设立国际芦笋科学院。9月17—22日，国际园艺学会副主席席尔瓦那·尼古拉博士到访研究会，了解关于在北京成立国际芦笋科学院的相关事宜。尼古拉博士就国际芦笋科学院成立后的运营等相关环节提出建议，前往北京市延庆县考察国际芦笋科学院的选址。

科普活动 6—10月，研究会权益保护工作委员会和民间组织评估委员会在北京亿律网络科技有限公司为百子湾社区和十里堡社区的150余名老年人开展法律服务讲座5次，为老年人提供一对一的法律帮助，并为有家庭困难的老年人进行法律援助。

学会党建 12月6日，中国科协科技社团党委批准研究会成立功能型党委，研究会副会长徐小青担任党委书记，秘书长孙晓洲担任党委副书记。

12月23日，受中国科协学会党建研究会委托，研究会秘书处党支部承办主题为“贯彻落实党的十八届六中全会精神和中国科协学会党建工作会议精神，充分发挥学会党支部书记作用”的全国学会党支部书记工作沙龙。中国科协党组成员、中国科协学会党建工作领导小组副组长、机关党委书记王延祜出席沙龙并讲话，中国科协学会党建研究会常务副理事长兼秘书长李桐海、副理事长李森和部分全国学会办事机构党支部书记参加沙龙。研究会常务副会长、党委书记徐小青主持沙龙。

（撰稿人：佟艳杰）

中国科技馆发展基金会

服务创新型国家和社会建设 2016年，基金会完成100所农村中学科技馆展品验收、安装、配发、布展工作，实现展示展览。

在全国“科普文化进万家”暨第十八届中国科协年会期间，基金会为陕西省延安市捐建10所农村中学科技馆。

基金会在新疆维吾尔自治区（含新疆生产建设兵团）和西藏自治区实现县级以上中学建设农村中学科技馆全覆盖。

基金会在湖北省武汉市举办2016年度农村中学科技馆项目工作研讨暨交流培训班，联合西藏自治区科协在山东省青岛市举办西藏地区教师培训班，两个培训班共有来自29个省、自治区、直辖市包括新疆生产建设兵团科协（科技馆）项目负责人及农村中学科技馆学校教师260人参加。

截至2016年年底，基金会全额资助82所农村中学科技馆。

2016年，基金会合展励学金项目资助贵州财经大学、贵阳职业学院、云南农业大学、昆明理工大学的450名贫困大学生，资助金额180万元。

学会建设 基金会建立由秘书处定期向理事会成员汇报沟通，理事长、秘书长定期走访理事单位交流，理事职责、任务分工等三项工作机制。

5月，基金会召开第五届理事会第三次会议，审议通过《中国科技馆发展基金会科技馆发展奖奖励办法》及其《实施细则》、2016年度基金会重点工作、2016年度基金会财务预算、2016年度农村中学科技馆、科技馆发展奖项目实施方案。

11月，基金会召开第五届理事会第四次会议，听取科技馆发展奖评审和颁奖活动方案、农村中学科技馆项目工作情况、基金会申报慈善组织工作方案、2016年度民政部等级评估工作报告。

12月9日，基金会荣获“2016年度全国学会科普工作优秀单位”称号。

表彰举荐优秀科技工作者 经专家评审委员会两次评审，评选出2016年度“中国科技馆发展基金会科技馆发展奖（展览奖）”5个、“中国科技馆发展基金会科技馆发展奖（创意奖）”7个、“中国科技馆发展基金会科技馆发展奖（贡献奖）”1个、“中国科技馆发展基金会科技馆发展奖（展览奖）”提名奖4个、“中国科技馆发展基金会科技馆发展奖（创意奖）”提名奖6个。评选结果通过理事会终审并在基金会网站公示。

借助中国科学技术馆举办第十六届亚太科技中心协会年会（ASPAC 2016）的契机，基金会邀请2015年度中国科技馆发展基金会科技馆发展奖的18位获奖代表列席ASPAC 2016年会，让获奖代表与国内外同行切磋交流，开阔眼界。

（撰稿人：范家旭）

中国生物多样性保护与绿色发展基金会

服务创新型国家和社会建设 2016年，基金会完成中国生物多样性保护与绿色发展示范基地评估体系研究、中国生物多样性保护与绿色发展“中华保护地”评估体系研究两项承接政府转移职能与科技公共服务工程项目。

1月22—24日，受民革中央邀请，基金会与国土资源部、国家林业局、成都理工大学等赴甘肃省武威市考察荒漠化治理情况。基金会推介“促进沙产业基金”，推广固沙新技术的建议得到考察单位的响应。

5月22日是第23个“国际生物多样性日”，基金会举办以“关注南海生物多样性保护”为主题的纪念活动，呼吁社会关注并支持中国海洋生物多样性保护和生态环境保护。基金会与新华网公益频道签订战略合作协议。

8月3日，基金会在北京举办校园问题塑胶跑道所涉技术、法律问题研讨会。来自全国高等院校、科研机构、律师事务所、北京市教委等部门和机构的专家30余人参加会议。与会人员就塑胶跑道的标准制定、安全检测、法律责任等方面展开讨论，征求各领域专家意见，为国家有关部门解决问题建言献策。

9月25日，基金会在陕西省西安市召开的全国科协系统对口援藏工作座谈会上与西藏科协签署战略合作协议。会后，基金会秘书长带队赴藏与西藏科协合作，前往拉萨羊八井、阿里、那曲等三地考察，并在阿里和那曲建立第一批暗夜星空保护地。

基金会在推进生物多样性保护行业发展过程中，积极承接中国科协学术会议质量提升计划项目，申办生物多样性保护立法问题学术研讨会，讨论制定《中华人民共和国生物多样性保护法》的可行性、范围及应该涵盖的主要内容等。

基金会完成了中国科协学会服务中心委托的“中国生物多样性保护与绿色发展示范基地体系研究项目”和“‘中华保护地’体制标准研究项目”。

受中国科协委托，基金会承办生物多样性保护立法问题学术研讨会，提交《中华人民共和国生物多样性保护法》的建议稿和生物多样性保护立法问题学术研讨会专题报告。

基金会举办生态系统生产总值核算（GEP）培训班、环境公益诉讼司法实务研修班、中国植物园学术年会专题培训班，培训人数180余人次。

学会建设 2016年，基金会建立“中华保护地”网站和中国生态环境保护大数据及举报中心网站，开拓小泰公益、微博头条号、中国发展简报、百度贴吧、腾讯视频、喜马拉雅音频等作为宣传出口发布信息。在Twitter、Facebook、YouTube、WordPress等国际平台实时发布基金会最新工作动态，扩大基金会国际影响力。

10月1日，基金会成立扶贫办公室（援藏办、援疆办）。

11月9日，在联合国环境署《保护野生动物迁徙物种公约》（CMS）第45届常务委员会上，基金会与CMS签订伙伴关系协议。

2016年，基金会印制内部刊物《中国绿色通讯》34期，制作基金会宣传册3种和《中华保护地》宣传册。

学科发展研究 5月13日，美国《科学》（*Science*）杂志刊发了基金会北京研究院副院长、中国科学院遥感与数字地球研究所副研究员卢善龙撰写的通讯文章《中国的环保新盟友》（*New allies fight for China's environment*）。该文系统总结新的《中华人民共和国环境保护法》实施一年以来，来自社会各界的质疑以及国家、部分地方政府、非政府组织及公民团体面对质疑采取的实际行动。

6月17日，美国《科学》（*Science*）杂志刊登了基金会理事、中国科学院生态环境研究中心研究员欧阳志云的文章《通过自然资本投资改善生态系统服务》。

决策咨询 基金会在全国两会期间，通过国务院参事、全国政协委员、全国工商联原副主席、中国绿发会负责人谢伯阳，提交关于将《消费者权益保护法》公益诉讼主体扩大到相关社会组织的提案、关于将《野生动物保护法（修订草案）》提升修订为《中华人民共和国生物多样性保护法》的提案、关于在《水污染防治法》修改和《土壤污染防治法》制定时增加环境行政公益诉讼条款的提案、关于加强潮间带滩涂湿地保护的提案、关于建立生态环境专项修复基金及规范管理的提案等。此外，基金会负责人从不同角度向有关部门建言献策，提议尽快修改海洋功能区划，划定全国海洋生态红线，将残存的具有重要生态价值的湿地列为禁止开发区。建议加大濒危野生生物保护力度，禁止国内象牙的商业性交易。

在“毒跑道”事件爆发期间，基金会致函民革中央领导及国家标准化管理委员会、教育部、住建部等部门，提交《请民革中央指导和支持绿会关于规范塑胶跑道建设和加强监管的建议的函》《关于规范塑胶跑道建设和加强监管的建议的函》《关于完善塑胶跑道检测标准及应急机制的建议》《关于合成材料跑道面层国家标准修订的几点建议》等建议，为推动问题的解决和相关材料的国家标准修订工作建言献策。

8 月 23 日，基金会召开社会团体登记管理条例修订征求意见稿研讨会，与会专家、学者对新修订版《社会团体登记管理条例》，从“鼓励社会团体发展”“明确直接登记范围”“健全内部管理机制”等方面提出修订意见。

国际学术会议 7 月 16 日，基金会与硅谷高创会（Silicon Valley Innovation & Entrepreneurship Forum，SVIEF）、北京创客空间、哈佛商业评论共同举办主题为“创新创业，国际合作，绿色发展”的 2016 硅谷高科技创新 · 创业高峰会（北京）暨全球产业互联网大会。基金会理事长胡德平出席会议并发表主题致辞。国务院参事、中国城市科学研究会理事长仇保兴、创新工场创始人李开复以及 50 个创新公司、硅谷 500 强企业高管以及业内人士、专家、学者 1000 余人参加会议。会议由硅谷高创会创始人雷虹主持。与会人员共同探讨中美风险投资、虚拟现实与增强现实、智慧未来、科技创新与绿色发展等议题。会议同期举办高峰论坛，设立主题分论坛，开放展区展示硅谷带来虚拟现实、人工智能、物联网、智能汽车等多个领域最前沿黑科技。

9月5日，基金会与世界自然保护联盟（International Union for Conservation of Nature，IUCN）、中国科学院生态环境研究中心和国家林业局在美国夏威夷檀香山联合举办“生态系统生产总值：将生态系统服务纳入国家决策和核算体系”研讨会。来自中国、美国、德国、澳大利亚的专家、学者参加会议，研讨会发布《生态系统生产总值（GEP）案例研究英文报告》。

10 月 29 日，基金会在北京举办生态“一带一路”与《保护野生动物迁徙物种公约》（CMS）研讨会。专家、学者 30 人会议。联合国环境署 CMS 执行秘书长布拉尼 · 钱伯斯（Bradnee Chambers）作主题报告。

国内主要学术会议 11 月 18 日，基金会与联合国开发计划署（UNDP）在北京共同举办生态环境修复专项基金项目试点研讨会。UNDP 项目官员吴迪、郑浩然，项目顾问专家 Dan Guttman 以及来自国内高校、科研院所的专家、学者参加研讨会。会议由基金会副秘书长兼法律工作委员会秘书长马勇主持，基金会顾问吕克勤将军致辞。会议围绕生态环境修复专项基金试点运行存在问题、专项基金管理流程、专项基金的使用等议题进行研讨。

国际交往 5 月 5 日，基金会成功申请 2016 中欧民间组织互换项目。基金会与德国环保协会（Deutsche Umwelthilfe）互换 1 名工作人员进行为期 4 ~ 8 周的交流学习，内容包括环境与社会正义、气候变化与低碳发展等方面。

6 月 20 日，基金会派专家参加在韩国举行的第一届国际自然保护联盟中日韩三方成员联席会议，三国成员单位对保护区、海岸带和海洋生态环境、岛屿生态文化多样性等主题进行汇报，基金会专家对岛礁保护与生态安全、现有保护区管理两方面重点关注，并与韩日两国参会代表讨论参加 2016 世界自然保护大会相关主题边会的意向和计划。

9 月 1 日，基金会秘书长周晋峰参加在美国夏威夷檀香山举行的主题为“议处于十字路口的地球：决定可持续发展的未来之路”的 2016 世界自然保护大会。周晋峰参加多个论坛并发言，会见了联合国环境规划署《保护野生动物迁徙物种公约》（CMS）执行秘书长布拉尼 · 钱伯斯等环保生态领域国际专家、学者等。

11 月 9 日，基金会秘书长周晋峰参加在德国波恩举行的联合国环境署《保护野生动物迁徙物种公约》（CMS）第 45 届常务委员会。会议上，周晋峰向参会的各国理事和国际组织人员作题为“针对野生动物迁徙物种的系统保护方案——来自中国一家社会组织的经验分享”的主题报告，并代表基金会与 CMS 签订伙伴关系协议，这是 CMS 首次与中国的社会组织签订伙伴关系协议。

科普活动 4 月 25—27 日，基金会组织南海生物多样性保护调研，并邀请中央电视台、人民网等媒体全程录制、采访，制作完成《关注南海生态保护》专题节目。5月18日，经报请外交部批复同意，中央电视台综合频道《朝闻天下》《晚间新闻》和新闻频道多次播出，呼吁公众关注南海生态环境，提高科普宣传效果。此外，基金会在喜马拉雅电台开设新媒体音频平台“绿之说”，开创基金会科普宣传新基地。

基金会举办首届少儿环保公益绘画大赛和第二届中国大连（旅顺）国际观鸟大赛两项环保大赛。

6月5日，首届少儿环保公益绘画大赛正式启动。活动历时4个多月，来自美国、加拿大、巴西、德国、法国、英国、日本、意大利、西班牙、葡萄牙、瑞典、南非，中国大陆和港澳台地区的上万名少年儿童参赛。在619幅优秀作品中评选出特等奖5名、一等奖15名、二等奖60名、三等奖100名、优秀奖439名。

10月20—22日，第二届中国大连（旅顺）国际观鸟大赛在大连旅顺举行。25支国内外队伍共计100人参赛。大赛共记录鸟种181种，国际队——海外之翼队获得金奖，观测鸟种77种，大连铁山金雕队、大连自然生态观察队分别获得银奖和铜奖，济南观鸟队获得至尊鸟奖，北京游隼队获得预测鸟种奖。

学会创新发展 基金会始终以环境保护为己任，着力打造环境公益诉讼品牌。2月，基金会诉讼的8家企业污染腾格里沙漠环境公益诉讼案、康菲溢油公益诉讼案被列入“企业污染年中国十大公益诉讼”。

4月15日，基金会提出“中华保护地”概念，制定“中华保护地”纲要，同时向社会开放征集建设“中华保护地”。截至2016年年底，基金会共批建中华保护地33个，涉及暗夜星空、南海珊瑚、文物古迹、古树名木、沙漠湿地等方面，地域涵盖河南省、甘肃省、天津市、西藏自治区等14个省区市以及南海地区。

党建强会 9月4—6日，基金会党员先锋代表亮相“慈善北京周”，对“中华保护地”与生物多样性保护工作进行宣传，同时为观众进行现场讲解。

11月14日，经中国科协科技社团党委批准，基金会党支部成立。

【第五届中国环境修复发展战略论坛】 11月23—24日，基金会与中国环境修复产业联盟、污染场地安全修复技术国家工程实验室、中国环境科学学会土壤与地下水环境专业委员会在北京联合举办以“创业创新　绿色修复”为主题的第五届中国环境修复发展战略论坛。基金会副理事长、环境保护部原副部长周建参加会议并作主题发言。来自政府机构、高校、科研院所的专家、学者和企业代表500余人参加会议，通过全体大会、分论坛探讨、圆桌会议等方式，多角度多层次探讨规划管理、试点示范、技术创新、产业整合、投资模式、推进机制、国际合作等问题，共商环境修复发展大计。

周建在发言时指出，近年来，中国土壤、地下水环境管理和产业发展的政策、法规、标准体系不断完善。在中国战略性新兴产业有关政策中，土壤地下水修复科研、技术、装备、药剂被列为重点发展领域，仅2016年中央财政预算首次新设土壤污染防治专项预算96.75亿元，用于土壤调查、监管、治理修复等方面的支出。周建强调，环境污染治理不仅需要政府发力，更需要民众和社会推动。中国环境修复产业朝气蓬勃，正驶入高速发展的轨道，但基础仍然比较薄弱，发展面临不少困难，希望社会各界共同努力，善于总结，勇于实践，深入交流，基金会也将在生态环境修复领域继续探索。

论坛邀请政产学研用工资代表，通过全体大会、分论坛探讨、圆桌会议等方式，多角度多层次探讨规划管理、试点示范、技术创新、产业整合、投资模式、推进机制、国际合作等问题。

基金会顾问、中国环境报社原社长杨明森主持“政策、管理、市场、模式、投资”分论坛。环境保护部政策法规司司长别涛、环境保护部环境规划院环境风险和污染损害鉴定中心主任於方等，围绕环境公益诉讼损害赔偿、污染场地损害鉴定、环境修复等问题，组织专题探讨。基金会副秘书长马勇从环境公益诉讼视角，阐述对环境修复的理解。

全国人大环境与资源保护委员会法案室、农业部农业资源与生态保护总站、国家发展和改革委员会高技术产业司、环保部固体废物与化学品管理技术中心、环保部规划院的代表，以及来自全国各地科研机构代表和环境科技领域企业代表等参加论坛。

（撰稿人：彭彦苹）

中国反邪教协会

服务创新型国家和社会建设 2016年，协会印发《中国反邪教协会2016年宣传资源创作指南》，引导各地协会创作宣传图书、展板、专题片、动漫、微电影、公益广告等各种宣传资源项目共计12项。

印发《中国反邪教协会2016年度课题研究指南》，提出了理论研究工作中5类重点研究方向、18个重点研究任务，择优对16个实证性和案例性研究类课题予以支持。

2016年，支持地方协会新建了4个反邪教理论研究基地，进一步整合理论研究资源，培育理论研究工作特色，培养和发现理论研究人才。

完成反邪教工作中如何培育和践行社会主义核心价值观主题征文评审工作。印制了《全国反邪教主题征文选编》。组织编印了《反邪教协会宣传资源集锦》，制作《揭穿"世界末日"谣言科普专题片》。

"反邪教宣传教育资源库"全年共上传图书、展板、挂图、专题片、文艺作品、微视频、讲座、动漫、论文、广告、短信、彩信等各类新资源1031个，总点击量52万次，同比增长67%，下载量6.6万余次，同比增长450%，资源库各类资源总计达7032个，资源数据总量达604 GB。

加强中国反邪教网原创内容建设。网站全年发布原创文章数量同比增长134%；网站点击量120余万次，同比增长90%。

9月，协会举办全国县级反邪教协会秘书长培训班。共有来自21个省、自治区的130余名学员参加了培训，推动全国反邪教协会组织建设和干部队伍建设，提升基层协会干部的政治素质和工作能力。

学会建设 2016年，协会召开1次理事会议、2次常务理事会议。按章程履行民主程序，增补理事1人，变更理事3人。组建成立第一个专门工作委员会——理论研究专门工作委员会。

截至2016年年底，全国共新成立反邪教协会18679个，其中新成立省级反邪教协会1个、地市级反邪教协会37个、县区级反邪教协会294个。

协会分别于4月和9月举办了全国反邪教协会秘书长培训班和县级反邪教协会秘书长培训班，累计参加培训人员达200余人次。

学术期刊 《中国反邪教通讯》新开设了"秘书长之声""特别报道"等新栏目，配合全年工作计划，总结交流工作动态，对各地协会工作进行指导。全年编印12期，约100万字，每期印发3000册。

学科发展研究 协会收集梳理2015年以来已结题的27个成果，编印《全国反邪教协会理论研究成果汇编》，推动研究成果的学习交流和相互借鉴。

国内主要学术会议 11月29日，协会在北京召开了全国反邪教协会理论研究成果交流会。湖南省反邪教协会等7家单位的论文作者就承担的课题进行了大会交流。

国际交往 9月25—29日，协会组织专家一行5人赴日本访问日中科技文化中心、日本脱离膜拜协会、立正大学心理学系，参观了日本科学未来馆，与日本专家进行了座谈。

科普活动 协会在中国反邪教网开办了"科学家与占星师的对话""正教克邪"等专栏，从人文、历史、现实、宗教等多维度进行科学解读，解疑释惑，引导公众追求科学理性。

11月14日，在北京市新街口社区举办了"健康关爱进社区"活动，开展健康知识和疾病预防科普宣传。活动邀请了心血管疾病专家和太极拳教练走进社区，讲解健康知识，倡导健康文明生活方式，现场参与群众达130余人。

协会利用全国农村党员干部远程教育平台播发反邪教专栏，对党员干部开展反邪教教育宣传。

学会创新发展 7—10月，在全国反邪教协会系统集中开展了以"积极培育和践行社会主义核心价值观，崇尚科学，反对邪教"为主题的防范邪教宣传日（周、月）活动。这是协会第一次组织发动全国反邪教协会参加的统一主题、统一标识的全国性活动。25个省级协会、2个大型企业及各级反邪教协会组织开展了17种形式多样的活动。

党建强会 协会加强党建工作，获得中国科协"党建强会"计划"十百千"特色活动的项目资助。协会结合业务工作特点，与北京市、山东省反邪教协会共同开展"党建强会"活动。

【全国反邪教协会理论研究成果交流会】 11月29日，全国反邪教协会理论研究成果交流会在北京召开。协会理事长、中国科学院院士欧阳自远及协会理事、各省区市反邪教协会分管领导及秘书长、理论研究专家共计90余人参加会议。会议由协会副理事长、协会理论研究专门委员会主任尹宝虎主持。会上，来自湖南省反邪教协会、郑州市反邪教协会、陕西师范大学、甘肃省社科院、广东省反邪教协会、内蒙古自治区反邪教协会、胜利油田反邪教协会7家单位的课题作者分别就取得的课题成果进行了大会交流，并同与会课题作者和专家进行了现场互动。

会议印发了《全国反邪教协会理论研究成果汇编》。

（撰稿人：姚　达）

中国卒中学会

服务创新型国家和社会建设 2016年，学会发起的中国卒中中心联盟项目吸纳了全国1700多家医院加盟，联盟通过对各医院的卒中患者医疗数据进行大数据云平台统计分析，将其中重要的9项临床关键绩效考核指标反馈给医院，指导医院通过对比发现自身诊疗工作环节中的弱项，并帮助制定医疗服务质量整改和提高措施。

11月25日，学会联合国家神经系统疾病临床医学研究中心在北京举办中国脑血管病临床研究峰会。会上启动了“十三五”脑血管病精准医学队列，倡议组建“医学人工智能研究联盟”，搭建我国脑血管病大数据、人工智能研究平台，推动脑血管病精准医学的发展。

学会建设 2016年，学会成立10个分会，包括移动医疗分会、中西医结合分会、脑血管外科分会、免疫分会、脑静脉病变分会、全科医学与基层医疗分会、护理学分会、急救医学分会、新药研发与评价分会及医学影像学分会，学会下属分支机构增至18个。

在学会支持下，2016年成立黑龙江省卒中学会、吉林省卒中学会、山西省卒中学会、江苏省卒中学会、四川省卒中学会。地方学会由2015年的2个增至7个。

学会共有理事104名，常务理事35名，每年按规定召开理事会议、常务理事会议，审议学会重大事项。制定了学会重大事项审议制度，规定了秘书长会议、秘书长办公会议、会长办公会议、（常务）理事会四层决策机制，确保办会民主和财务公开。

2016年，学会增补青年理事46人，青年理事由98人增加到144人。

学会秘书处有专职人员31名、兼职人员13名，秘书长实现了专职化。

2016年，学会个人缴费会员11577名，比2015年增加877名。

10月，世界卒中组织在第十届世界卒中大会期间向中国卒中学会颁发了“2015年度世界卒中日优秀活动组织奖”（中低收入国家）。

科技期刊国际影响力提升计划 2月，中国卒中学会与英国BMJ出版集团合作推出英文会刊*Stroke & Vascular Neurology*（SVN）创刊首期上线，全年共上线29篇文章。

8月1日，*Stroke & Vascular Neurology*入选2016年中国科技期刊国际影响力提升计划项目（D类）。

学术期刊 学会主办的期刊《中国卒中杂志》出刊12期，发行量5000册。据中国知网发布的2016年中国学术期刊影响因子年报显示为0.80（2015年为0.55），在31种神经病学杂志排名第9位。

学科发展研究 学会完成《2014—2015公共卫生与预防医学学科发展报告》中的“卒中预防与控制”专题报告，从脑卒中的流行趋势与疾病负担、脑卒中防控措施最新进展、脑卒中研究最新进展和学科发展趋势及展望等角度进行了总结和分析评价，引领学科发展与科技创新。

国际学术会议 6月24—26日，学会第二届学术年会暨天坛国际脑血管病会议2016在北京举行。来自国内外400余位专家、学者，近12000名神经科医师参加了会议。会议围绕脑血管病领域最新的研究成果和临床实践进行了交流。

国内主要学术会议 1月8日，学会青年理事会第一届学术年会在重庆市召开，来自全国各地的近150位青年理事参会。年会的主题是“血管内治疗的相关进展和策略”。

1月9—10日，“坐而论道·大师山城话卒中”——2016中国神经病学高层学术交流论坛在重庆市召开，100余名国内专家、学者出席会议。会议解读了2015全年的最新研究和指南，首都医科大学附属北京天坛医院副院长王拥军教授作题为“卒中：回眸2015”的回顾性总结报告，盘点了2015年卒中领域的大事。

2月26—28日，中国卒中学会脑血流与代谢分会第一届学术年会在河北省石家庄市召开，脑血流与代谢分会委员及来自全国各地的近1000名神经科专家、医师参会。会议设立了脑血流与代谢影像、侧支循环与血流、临床研究荟萃、干预方案新进展4个论坛开展专题报告和讨论，并举办壁报交流。

8月26—28日，中国卒中学会重症脑血管病分会第一届学术年会在北京召开，共有600余名相关专业专家、医师参会。会议认为，重症脑血管病已成为卒中领域的关注焦点，多学科协作的模式、新近的技术及监测手段的临床应用，为重症脑血管病患者的救治提供了更广阔的平台。

10月22日，由中国卒中学会、中山大学附属第三医院主办的首届中国卒中学会岭南地区卒中认知障碍国际高峰论坛在广东省广州市召开。本次大会共邀请了来自海外及国内的13位知名主讲专家进行了学术演讲，参会人员来自广东地区各大医院神经内科、老年科、康复科等相关学科共计200余人。会议内容包括认知功能障碍的免疫学机制，线粒体功能障碍机制，卒中后认知功能障碍的识别、管理以及治疗，中国卒中后认知功能障碍的专家共识，2016美国阿尔茨海默病协会国际会议痴呆研究最新进展等热点问题。

11月12日，中国卒中学会青年理事会第二届学术年会暨第三届深圳国际脑血管病高峰论坛在广东省深圳市举行，来自卒中相关领域的青年学者近500人参会。会议的学术研讨主题和内容包括脑血管病急性期治疗策略及救治体系建设、脑血管壁斑块、脑血流与脑小血管病、卒中临床研究思维训练营和优秀病例分享等。

12月9—11日，中国卒中学会神经介入分会第二届学术年会在北京举行。大会邀请国内外100余名神经介入领域专家，共计800余位医师参会。大会主题讲座内容包括中国急性缺血性卒中救治现状与挑战、颅内未破裂动脉瘤规范防治及“十三五”设计实施、载瘤动脉血管内重建理念、颅内动脉瘤血管壁及血流动力学研究等。会议开设了介入手术演示等学术课程。

国际组织任职 2016年，中国卒中学会成为世界卒中组织最大的社团会员。首都医科大学附属北京天坛医院教授刘丽萍代表中国卒中学会当选世界卒中组织执行委员。

国际交往 2月16—19日，学会组织25位专家参加2016美国国际卒中大会。

5月9—11日，学会组织20余名专家参加第二届欧洲卒中组织大会。

11月，学会资助近40名中青年学者到澳大利亚墨尔本大学附属皇家墨尔本医院参加为期一周的参观、学习。世界卒中组织（WSO）主席、澳大利亚皇家墨尔本医院神经科主任Stephen Davis组织了10余位教授与中国学者开展学术讲习、互动交流等活动。

科普活动 红手环志愿者服务团是由中国卒中学会发起并领导的全国性、公益性健康科普团队，已发展成为拥有826家志愿单位、22944名志愿者，覆盖全国30个省、自治区、直辖市的全国性公益科普团队，成为我国慢病领域规模最大的健康公益志愿者团队。2016年，红手环志愿者服务团组织开展了近4000场科普宣传及义诊活动，其中包括红手环走进社区、走进村镇、走进基层医院/卫生所、走进学术会议、走进健康节日、走进企事业单位、走进学校、走进养老院等，宣传卒中预防知识和理念。活动累计直接受众达40万人次。

5月至6月，学会发起举办了“红五月胆固醇管理月”科普活动，400多家医院约2000名志愿者参与。

6月，学会成立了由66名专家组成的卒中学科科学传播专家团队，承担起科普创作和在本地区领导开展红手环科普工作的职责。

7月至9月，学会举办红手环走进西部（西安、兰州、乌鲁木齐）“一带一路”科普活动，相继在西安、兰州、乌鲁木齐等多个西部城市开展科普和义诊活动。

学会首席科学传播专家缪中荣教授创作的《漫画脑卒中》一书，荣获2016年第四届“中国科普作家协会优秀科普作品奖”。

12月，学会被中国科协科普部评为“2016年度全国科学科普工作优秀单位”。

表彰举荐优秀科技工作者 2月，学会组织开展第二届中国卒中学会终身成就奖、中国卒中学会中国卒中奖的评审工作。授予中山大学附属第一医院教授黄如训中国卒中学会终身成就奖，授予中国人民解放军原南京军区南京总医院教授刘新峰中国卒中学会中国卒中奖。

5月，经学会推荐，首都医科大学附属北京天坛医院教授王拥军获得第七届“全国优秀科技工作者”称号。

6月，学会与匈牙利共和国驻华大使馆共同设立了“中匈科学合作基金——青年学者计划项目奖”。首都医科大学附属北京天坛医院郑华光、陆军总医院陈辉、复旦大学附属华山医院苏娅、吉林大学第一医院赵明明、上海市第六人民医院邓江山5位青年学者获得“中匈科学合作基金——青年学者计划2016优秀科研项目奖”。

7月，学会组织开展“第一届中国卒中学会科技成果奖”的评审工作。中山大学附属第一医院教授曾进胜获中国卒中学会科技成果奖一等奖。

12月，经学会举荐，中国卒中学会神经介入分会会长缪中荣荣获中国科协举办的“点赞2016科普中国——2016年度十大科学传播人物”荣誉称号。

学会创新发展 学会重视发挥多媒体、互联网时代的咨询传递技术特点，建设了“中国卒中学院APP”，将学会主办会议的现场学术报告“搬进”网络，帮助全国各地医生足不出户即可收看知名专家的讲演，接受最新诊疗观念和方法培训。

党建强会 7月，学会召开第一次全体党员会议，中国卒中学会党支部正式成立。12月，党支部成建制转移至中国科协科技社团党委，党支部成立后定期开展党课活动，并参加了上级单位组织的健康公益活动。

12月，中国卒中学会功能型党委成立，实现了党组织“双覆盖”。

会员服务 2016年，学会在原有基础上完善了中国卒中学会会员分级管理制度，进行会员管理系统的网络端升级，并联合开发手机移动端会员通道，打造了电脑和手机移动端信息互通、数据互享的会员社区。简化会员注册缴费流程，提供微信、银联转账等快捷支付通道，实现了实时的线上、线下交流，并增设会员商城，实现高效、便捷、现代化、信息化的会员管理和服务。会员可免费线上浏览电子期刊，学习卒中学院APP教育视频，参加学会举办的大型会议等。

【中国卒中学会第二届学术年会】 6月24—26日，学会第二届学术年会暨天坛国际脑血管病会议2016在北京举行。会议由中国卒中学会、世界卒中组织和美国心脏学会/美国卒中学会主办。来自国内外400余位专家、学者，近12000名神经科医师参加了会议。中国科学院院士、学会会长赵继宗，国家卫生计生委医政医管局副局长郭燕红，北京市科委党组成员、北京市科技协作中心主任季小兵，首都医科大学副校长王晓民，首都医科大学附属北京天坛医院院长王晨等出席大会开幕式并致辞。大会邀请了世界卒中组织主席、澳大利亚皇家墨尔本医院神经科主任Stephen Davis，Stroke杂志主编Marc Fisher，美国加州大学教授Joey English等专家参会。会议围绕脑血管病领域最新的研究成果和临床实践进行了交流。会议期间举行了中国卒中学会中国卒中奖、中国卒中学会终身成就奖等奖项的颁奖仪式。中国卒中中心联盟“综合卒中中心项目”正式启动。本次会议共计开设了20余个学术论坛，收到征文700余篇。

【第11个世界卒中日科普活动】 10月29日是第11个“世界卒中日”，世界卒中组织发布的宣传主题为“Face the Facts：Stroke is Treatable”。学会结合中国卒中防治现状和卒中科普宣传特点，确定中文宣传主题为“正视卒中，可防可治”。10月29日，学会在北京西山国家森林公园举办红手环走进第11个世界卒中日全国科普公益活动，开展了专家健康大课堂、专家义诊、血压和血脂免费检查等互动健康活动。

活动期间，全国近千家红手环志愿单位、数万名红手环志愿者在各地开展了近千场红手环志愿活动。据统计，活动信息覆盖了全国数以千万计的中国公众。中央电视台等多个媒体对红手环志愿活动及卒中防治科普知识做了宣传报道。本次活动荣获了世界卒中组织颁发的“优秀活动组织奖（中低收入国家）”表彰。

【中国神经病学论坛2016】 11月19—20日，由中国卒中学会、美国神经病学学会（American Academy of Neurology，AAN）联合主办的中国神经病学论坛在上海市举行，来自国内近100位神经病学专家、1000余位神经科医师参会。大会设立了缺血性脑血管病论坛、中西医结合论坛、眩晕论坛、特殊临床病例论坛、癫痫论坛、出血性脑血管病论坛、神经退行性疾病论坛、神经影像论坛、神经重症监护论坛、神经肌肉性疾病论坛、神经肌肉性疾病论坛、神经免疫疾病论坛、缺血性卒中介入诊疗规范论坛、情感障碍与抑郁论坛14个学术论坛，围绕神经病学临床热点、难点开展学术交流。

（撰稿人：王　枫）

国际粉体检测与控制联合会

学会建设 截至2016年年底，联合会个人会员达633人，外籍会员38人。会员分布在中国、美国、日本、韩国、澳大利亚、德国、英国、意大利、荷兰等国家。学会共有理事会理事30人，常务理事会成员7人。

联合会秘书处定期召开常务理事会网络会议，在常务理事会的监督和领导下，搞好学会建设。3月23日、7月20日和9月17日举办了3次常务理事会会议，议定学会重要事项。

为了加强联合会在国内的学会建设，与国内分支机构“工业应用委员会”联合，通过调查和完善材料，正式向国家有关部门提交了成立“中国粉体工业技术联合会”申请。在总部的指导下，分支机构组织有关专家完成了我国第一部《粉体颗粒技术标准》。

国际交往 11月3—11日，联合会副理事长、德国FSA公司总裁Siegfried Radandt教授带领的德国系统安全和粉尘爆炸防护专家3人小组，赴江苏省昆山市分析我国粉尘爆炸事故的原因，并指导昆山粉体加工企业建设粉尘爆炸实验基地。

11月18—20日，韩国粉体工业技术协会会长Woo-Sik Choi教授访问清华大学，并参加2016国际粉体检测与控制高端学术研讨会，就韩国粉体工业界与中国粉体工业企业合作进行交流。

国际学术会议 11月18—20日，由联合会发起，联合会工业应用委员会、清华大学和东北大学在北京联合主办了“2016国际粉体检测与控制高端学术研讨会”。来自美国、日本、韩国、英国、澳大利亚、德国、法国和中国粉体技术领域的70位专家、学者参加会议。会议收录了13篇国际粉体领域的学术论文，展示了粉体流量检测、粉尘爆炸防护技术研究、颗粒粒度测试技术、粉体产品生产过程的改性研究等方面的最新成果。

国内主要学术会议 联合会与工业应用委员会合作，在国内举办了4次粉体加工技术和应用论坛。

1月8—10日，联合会主办的2016吉安粉体加工技术及应用论坛在江西省吉安市举行。会议围绕塑料涂料用矿物粉体填料的粉体性能提高和技术改进进行研讨。85位专业技术人员参加会议。

5月27日，研究会主办的2016昆山粉体加工技术及应用论坛在江苏省昆山市举行。会议对我国近年来发生的粉尘爆炸造成的人员伤亡和财产损失情况、我国安全生产和粉尘爆炸的主要原因、粉体加工企业注意防止粉尘爆炸的技术措施等进行了研讨。

9月3—4日，研究会主办的2016淄博粉体加工技术及应用论坛在山东省淄博市举行，主题为“粉体新材料技术与传统产业技术创新”。33位专业技术人员参加会议。

10月26—28日，联合会主办的2016扬州粉体加工技术及应用论在江苏省扬州市举办。主题为“功能性粉体填料制备及在特种涂料/电线电缆/塑料中的应用”。62位专业技术人员围绕专用粉体材料在产品性能改进技术进行研讨。

党建强会 联合会秘书处积极探索境内国际学术组织开展党建工作，成立国际粉体检测与控制联合会秘书处功能型党支部。

【第四届国际粉体检测与控制联合会会员代表大会】 11月18—20日，第四届国际粉体检测与控制联合会会员代表大会在北京举办。来自中国、美国、英国、日本、韩国、澳大利亚、德国、荷兰的65位代表参加会议。

国际粉体检测与控制联合会理事长谢植教授代表第三届理事会作题为“发挥各国理事的积极性，进一步办好国际学术组织”的工作报告。

大会选举产生了第四届国际粉体检测与控制联合会理事会，举行了第四届国际粉体检测与控制联合会理事会全体理事会议。东北大学教授谢植当选理事长，澳大利亚纽卡索大学教授Mark Jones、日本京都大学教授Shuji Matsusaka、清华大学教授盖国胜、韩国庆尚大学教授IhnSup Ahn当选副理事长，东北大学教授李新光当选秘书长。

（撰稿人：金智贤）

国际数字地球学会

学会建设 学会全年发展会员32人、终身会员12名，会员总数522人。学会举办学术会议6个，500人次参加了学术交流，共收到论文260余篇。变更常务理事1人、理事7人。

学术期刊 根据2016年6月14日发布的《SCI期刊引证报告》,《国际数字地球学报》(*International Journal of Digital Earth*，*IJDE*）的影响因子为2.762，在全球28个遥感领域期刊中排名第7位，在49个自然地理学期刊中排名第13位。在SCI收录的184个中国期刊中，IJDE排名第21位，在我国地球科学和信息科学类别期刊中位居榜首，被《中国学术期刊国际引证年报》评为2016“中国最具国际影响力学术期刊”。

学会申请创办新刊《地球大数据》(*Big Earth Data*)，国家新闻出版广电总局已批准办刊，计划于2017年出刊。

国际学术会议 4月20—22日，由学会协办的第十二届西伯利亚国际地理会展与学术会议（Interexpo GEO—Siberia）在俄罗斯新西伯利亚市召开。

来自12个国家的2000余人参会并观展。在20日和21日下午，学会同期举办了“数字地球应用于全球变化和可持续发展”国际研讨会。此次会议的成功召开，加强了学会与西伯利亚国立地球系统与技术大学以及其他相关国际组织的交流与合作。

9月19—21日，学会参与联合主办的第三届干旱半干旱环境对地观测国际研讨会（International Symposium on Earth Observation for Arid and Semi—Arid Environments，ISEO 2016）在塔吉克斯坦首都杜尚别召开。本届会议以“对地观测大丝绸之路”为主题，共进行了6场50个学术报告，来自9个国家和地区的80余位专家、学者出席了会议。

第三届干旱半干旱环境对地观测国际研讨会

会上各国代表一致通过了《杜尚别宣言》，就派遣中亚地区留学生互访交流，科学数据共享以及围绕大会议题共同探讨通过地球观测技术与应用，对“一带一路”沿线区域内的国家和地区可持续发展提供决策支持。本届会议进一步推动了中亚地区对地观测技术和应用的学术交流，促进了中亚国家之间多边国际交流与合作，逐步扩大了ISEO系列会议在中亚地区的学术影响力。

10月24—28日，由学会协办的第十一届非洲环境遥感大会（AARSE 2016）在乌干达坎帕拉召开。会议期间签署了“ISDE-AARSE合作谅解备忘录”，就推动数字地球发展和空间对地观测服务“一带一路”可持续发展达成共识，为学会在非洲的发展奠定了良好的基础。

国内主要学术会议 11月3—4日，由学会中国国家委员会（全称）协办的第十一届中国智慧城市建设技术研讨会暨设备博览会在北京召开。本届智慧城市大会以“创新·共享”为主题，设置了一个主论坛（高峰论坛）和九个分论坛。大会同期还举办了“技术与设备博览会”，50多家国内外行业知名企业参展，展示了智慧城市建设最新成果和解决方案。

为总结近年来SAR/InSAR领域的研究成果，加强雷达对地观测理论、技术及应用的交流与合作，深化成像雷达在支持全球环境变化和地球可持续发展方面的研究，11月16—18日，学会中国国家委员会（全称）在湖南省长沙市召开“第三届成像雷达对地观测高级学术研讨会”，旨在搭建一个雷达对地观测理论、技术与应用的全方位学术交流平台。

国际交往 2月，学会正式向国际科学理事会（International Council for Science，ICSU）提交了入会申请。在得到执行局会议的资格批准后，国际科学理事会向其全球会员发出通知，对国际数字地球学会加入会员进行投票，并收到了超过要求数额的会员支持。目前国际科学理事会正式批准国际数字地球学会成为国际科学理事会成员。自2017年1月1日起，国际数字地球学会成为国际科学理事会第23个国际科学联系会员，也成为其176个会员之一，是第一个由我国发起成立的、加入国际科学理事会的国际组织。

学会参加了于11月9—10日在俄罗斯圣彼得堡召开的第13次地球观测组织GEO全会。7日，学会组织召开了数字丝路科学计划的专题会议，为GEO大会21个边会之一。会上介绍了由我国发起的数字丝路国际科学计划和在中国科协支持下的数字丝路科学联盟的有关工作和进展，并与参会的专家、学者进行了讨论。

学会创新发展 学会着力组织筹建“数字丝路国际科技联盟”，计划同参与联盟建设的国际组织和机构一道开展智库建设，实施“数字丝路”科学计划，共同促进数字地球科学技术服务于“一带一路”沿线国家的研究和国际交流与合作；提升“一带一路”沿线国家的数字地球能力建设，服务于资源环境的可持续发展。致力于“一带一路”空间地球信息和数字地球领域科技合作的共同设计、共同运作、共享成果。充分利用数字地球的国际科技组织资源，探索以我为主的“数字丝路”科技合作机制。

联盟主要建设内容包括：建设“一带一路”沿线国家的空间地球信息科技合作网络，形成数字丝路国际科技联盟建设能力。研究“一带一路”空间地球信息国际科技合作框架和“一带一路”沿线国家空间对地观测的区域合作机制，与“一带一路”周边重点国家和地区的科研机构、高校、科技社团建立合作网络。通过开展与国际知名科学类组织和机构以及空间观测领域重要国际组织和科学计划（如地球观测组织GEO、开放地理空间信息联盟OGC、未来地球FE计划等）的合作与交流，建设“一带一路”空间地球信息领域专家智库，促进相关学科领域的国际合作。推广数字地球典型应用示范，提升“一带一路”沿线国家生态环境格局空间观测与认知能力，促进空间信息技术研发与空间基础设施能力建设。以应用示范推广为基础，推进数字丝路国际科学计划的实施。

该联盟的组织筹备工作开展顺利，按照工作计划，将于2017年4月在澳大利亚召开“联盟”成立大会。

会员服务 经研究，学会推荐中国科学院遥感与数字地球研究所研究员王力哲为地球观测组织（GEO）

计划委员会委员，该提名在第13次地球观测组织全会上得到全票通过。此外，学会积极为科技工作者搭建国际学术交流及项目合作平台，助力科技工作者职业发展，以期提升我国科学家的国际地位和影响力。

【第六届国际数字地球高峰会议】 7月7—8日，学会在北京国际会议中心组织召开了以“大数据时代的数字地球”为主题的第六届国际数字地球高峰会议，并举行了庆祝学会成立10周年的活动。来自中国、美国、德国、意大利、澳大利亚等30余个国家及相关国际组织的300余人参加了会议。全国人大常委会原副委员长、学会创始主席路甬祥，全国政协副主席王钦敏，中国科协常务副主席、书记处第一书记尚勇，中国科学院副院长相里斌和该领域的国际知名专家出席开幕式。国际科技数据委员会（CODATA）、灾害风险综合研究计划（IRDR）、全球空间数据基础设施协会（GSDI）等国际组织的官员和代表也出席了会议。

在开幕式上，还举行了为学会作出重要贡献人员的颁奖仪式，授予路甬祥院士、Mike Goodchild院士学会会士称号，并为有关人员授予数字地球科技贡献奖、学会服务奖和会议组织奖。会议期间，组织了7个大会报告、13场分会专题报告会。峰会研讨大数据时代数字地球科学技术进展与面临的挑战问题，专题包括大数据与数字地球、数字地球进展、数字地球技术、数字地球应用。学会主席郭华东院士的大会报告介绍了“数字丝路科学计划”，学会将与其他国际组织一同为“一带一路”沿线国家的空间地球信息的能力建设提供支持与服务。

（撰稿人：王长林　刘婧娜）

国际动物学会

学会建设　截至12月31日，学会共有团体会员119个，覆盖各类科技人员3万多人，分布在36个国家。个人会员1243名，分布在73个国家和地区。团体和个人会员数量分别比2015年同期增加1.7%和8.1%。

科技期刊国际影响力提升计划　学会官方刊物、国际学术期刊——*Integrative Zoology*（《整合动物学》英文版）是国际动物学会与中国科学院动物研究所和Wiley-Blackwell出版社合作、共同出版的科技期刊。2016年，刊物得到“中国科技期刊国际影响力提升计划”第二期项目B类支持。期刊2016年SCI影响因子为1.722，在全球160种JCR动物学期刊当中排名第38位，进入动物学期刊JCR前25%（Q1区）。影响因子、排名、半衰期、总被引频次呈逐年增长趋势。根据国际出版商Wiley-Blackwell发布的2015年报显示，世界4071个单位阅读该刊，另有2909个发展中国家单位能够阅读该刊。2015年，该刊全文下载共计3.5万篇次，比前一年同期增长32%。其中，文章下载量前5名国家分别为美国（27%）、中国（12%）、英国（9%）、加拿大（6%）、澳大利亚（6%）；订阅量前5名的国家和地区为欧洲（40%）、美国（11%）、中国（5%）、日本（4%）和英国（3%）。

国内主要学术会议　9月25日，长白山国际自然保护区联盟年会在吉林省长白山召开。国际自然保护区联盟于2013年首届长白山生态论坛上发起建立。目前已有45个保护区、保护地注册成为会员单位。作为协助支持单位，学会主席张知彬出席会议并表示，几年来，虽然自然保护区的基础设施和人才队伍等都得到了很大改善，但科研能力和技术力量仍十分薄弱，导致生物多样性的检测和评估能力严重制约着自然保护区的决策与发展，为此国际动物学会将配合国家“一带一路”倡议，同长白山管委会、国际自然保护区联盟合作，一起为自然保护区的发展提供专家、技术和知识层面的支持。

11月25—28日，学会与中国动物学兽类学分会、中国生态学动物生态学专业委员会、中国野生动物保护协会科技委员会在广东省广州市联合主办第十二届全国野生动物生态与资源保护学术研讨会。来自国内各省、自治区、直辖市相关研究领域的近500名专家、学者出席。会议内容主要包括灵长类行为生态与系统进化，动植物关系协同进化，动物对环境的生理适应：从表型到基因型，温度适应：表型响应及分子机制，鱼类生态学和多样性保护，小型哺乳动物分类与系统演化，脊柱动物分子生态与适应性进化等多个专题。探讨了我国兽类学、动物生态学的发展战略和研究成果，促进全国兽类学和动物生态学工作者及相关领域科研人员之间的交流与合作。

11月28—30日，学会在江西师范大学生命科学学院主办全球变化下的动植物互作网络高端专题研讨会。80多位来自全国科研院所、高校的专家、学者、在读研究生出席了研讨会。学会主席、中国科学院动物研究所研究员张知彬，江西师范大学副校长项国雄教授，中国科学院动物研究所副所长魏辅文研究员在开幕式上致辞。开幕式由江西师范大学生命科学学院副院长邹峥嵘教授主持。会议围绕动植物互作网络对全球变化的响应和适应主题，基于种间关系和生态系统网络理论在栖息地选择、觅食、传粉、种子传播、化学通信等层面进行了交流与探讨。其中学会主席张知彬研究员以“非单调性如何影响生态复杂性和稳定性？”为题、中国科学院动物研究所副所长魏辅文研究员以“大熊猫的觅食与行为策略”为题、中国科学院西安分院副院长李保国以“人类活动影响下的金丝猴种群维持机制的研究”为题、中国科学院动物研究所研究员戈峰以“大气 CO_2 浓度升高对植物—昆虫互作关系的影响”为题、南京大学教授孙书存以“植物—寄生二分网与植物物种多样性维持”为题、华中师范大学教授黄双全以“探讨群落中植物与传粉者互作网络与花粉传递网络的关系”为题、南京师范大学生命科学学院院长杨光教授以“从植食性到肉食性：鲸类食性转变的分子机制”为题、中国科学院动物研究所研究员孙江华以“松材线虫种间互作的化学通讯与分子调控”为题、河南大学教授丁建清以“生物入侵与植物—昆虫互作关系演化”为题、安徽大学资源与环境工程学院院长周立志教授以“安徽沿江湖泊水鸟资源及其栖息地保护对策”为题，作了特邀报告。此外，来自中国科学院植物研究所、中国科学院西双版纳热带植物园、华中师范大学、郑州大学、南京林业大学等科研单位的专家、学者作了22个专题报告。

国际学术会议 7月25—29日，第八届整合动物学国际研讨会暨草原动物生态学国际研讨会在内蒙古自治区锡林浩特市召开。会议主题为“动物对全球变化的响应与适应”。会议由学会主办，中国科学院动物研究所、中国科学院动物研究所农业虫害鼠害综合治理研究国家重点实验室、内蒙古自治区锡林郭勒草原国家自然保护区、国际生物科学联合会中国全国委员会（CCIUBS）、俄罗斯科学院生物与进化研究所、挪威奥斯陆大学进化与生态中心、中国人与生物圈国家委员会、亚太森林入侵物种网络（APFISN）、亚太野生动物疫病网络（APWDN）等单位承办。中国科学院国际合作局、中国科协国际联络部、国家自然基金委生命科学部、国际生物科学联合会（IUBS）等提供支持。百余位来自美国、英国、法国、德国、澳大利亚、俄罗斯、蒙古、印度、巴基斯坦、以色列、缅甸、泰国、菲律宾、伊朗、马来西亚、孟加拉国、中国等“一带一路”沿线国家的科学家出席会议。中国科学院院士、全国政协常委、全国人大环资委副主任秦大河，欧洲科学院院士、欧洲科学理事会成员、挪威奥斯陆大学教授 Nils Stenseth，国家林业局保护司副司长贾建生，农业部全国畜牧总站草原处副处长洪军，锡林郭勒盟斯琴毕力格副盟长在开幕式上致辞。内蒙古自治区林业局副局长王才旺、锡林郭勒盟有关部门领导出席会议。开幕式由学会主席、中国科学院动物研究所研究员张知彬主持。60多位中外科学家围绕“一带一路”发展战略，以“动物对全球变化的响应与适应”为主题，就啮齿动物生物学与管理、野生动物疫源疫病、动物生理与野生动物保护等科学领域进行了研讨。会议期间，专门组织参会人员对动物生态学联合研究站进行了实地考察。

8月15—21日，由学会协办的第八届世界两栖爬行动物学大会（the 8th World Congress of Herpetology，WCH8）在浙江省杭州市桐庐县召开。会议主题为“两栖爬行动物的适应、进化与全球生存危机”。大会共汇集了来自全球60个国家和地区的683位专家、学者参会。大会由9个大会报告、24个主题研讨会、4个专题研讨会及13个开放研讨会组成。大会共有471个口头报告、180个墙报和640余篇摘要。大会展示了当前两栖爬行动物学研究领域的最新进展，为解决世界和我国面临重大问题寻找突破口。会议期间，我国科学家南京师范大学教授计翔当选大会秘书长。

10月18—22日，学会在海南省海口市组织了亚太地区棕榈科植物有害生物及入侵性林业蛀干害虫国际研讨会。鉴于棕榈科植物在我国南方作为重要经济林和景观绿化树种，加之其重要的经济价值和近年来我国与周边国家棕榈科植物活跃的贸易，研讨会和培训班集中聚焦于棕榈科植物病虫害。来自越南、老挝、柬埔寨、泰国、缅甸、马来西亚、印度尼西亚、马尔代夫、斐济、萨摩亚、印度、斯里兰卡、巴基斯坦、尼日利亚、日本、美国和中国等17个国家的70多位专家、学者、技术人员及政府官员出席会议。国家林业局造林绿化管理司司长王祝雄，中国科学院院士、动物研究所所长康乐，联合国粮农组织亚太区域办公室官员 Kenichi Shono，美国林务局 Gary Man，农业部中国热带农业科学研究院副院长朱恩林在开幕式上致辞。

国际交往 2月22—24日，由联合国粮农组织（FAO）组织的亚太森林入侵物种网络会议在菲律宾克拉克举行。来自印度、马来西亚、印度尼西亚、新加坡、柬埔寨、越南、孟加拉国、缅甸、泰国、菲律宾、斯里兰卡等国家和地区的数十位专家、学者出席会议。学会组织专门代表团出席会议，向参加会议的网络成员宣传我国“一带一路”倡议，推进实施建立面向“一带一路”等国际培训工作。会议期间，代表团成员中国科学院动物研究所研究员孙江华，就“中国森林入侵物种防控网络现状与建设”作报告。学会秘书长韩春绪就我国“一带一路”倡议及如何以“亚太森林入侵物种网络”为平台推进实施森林入侵物种防控国际培训工作作了报告。

11 月 14—19 日，第 22 届国际动物学大会在日本冲绳举行。会议由学会主办、日本动物学会承办，主题为“21 世纪动物科学的新浪潮”。

第 22 届国际动物学大会现场

来自 30 多个国家的 1000 多位科学家参加了会议。日本天皇二王子文仁亲王出席开幕式并致辞。学会主席、中国科学院动物研究所张知彬代表主办单位在开幕式上致辞，并代表中国科学家作大会报告。会议除由国际著名科学家所作的 15 个大会报告外，还组织了 27 个研讨会以及 700 多个科学研究工作海报展示。

科普活动　7 月 29 日—8 月 6 日，学会在内蒙古自治区锡林浩特动物生态学联合研究站组织举办第 6 届整合动物学国际培训班，主题为“草原动物生态学”。来自德国、俄罗斯、刚果（金）和中国科学院动物研究所、内蒙古大学、四川大学、沈阳师范学院、扬州师范大学、中国农科院植保所等大专院校和科学院所的 20 多位科研人员和学生参加了培训。在培训班过程中，来自德国雷根斯堡大学的 Jürgen Heinze 教授对蚁类生态学以及蚁类的形态与分类进行了系统讲解，同时带领学员对动物生态学联合研究站及锡林郭勒沙漠草原的蚁类进行了实地考察。来自俄罗斯科学院生态与进化研究所的 Alexey Surov 教授和 Natalia Feoktistova 博士分别就草原啮齿动物生态学及实验动物等问题对学员进行了授课，与学员一起对沙漠草原啮齿动物进行了标本采集与解剖等操作实验培训。

10 月 21—22 日，学会在海南省海口市举办了亚太地区棕榈科植物有害生物及入侵性林业蛀干害虫培训班。来自越南、老挝、柬埔寨、泰国、缅甸、马来西亚、印度尼西亚、马尔代夫、斐济、萨摩亚、印度、斯里兰卡、巴基斯坦、尼日利亚、日本、美国和中国等 17 个国家的 40 多位参会人员参加了培训。培训期间，不仅就棕榈及蛀干害虫的生态学、形态学和标本的诱捕及鉴别分类进行了系统讲解，同时组织学员就学习的理论内容到农业部中国热带农业科学研究院环境与植物保护研究所儋州基地进行了实习与考察。培训班对农业部中国热带农业科学研究院环境与植物保护研究所利用寄生蜂对椰心叶甲进行绿色生物防治成功项目案例，进行了了解与介绍。培训班还就出席研讨会和参加培训的期望与目的、自己工作中的问题与困难以及对亚太森林入侵物种网络（APFISN）的未来期望等内容，进行了分组讨论。在培训班闭幕式上，中国科学院动物研究所研究员、FAO 亚太森林入侵物种网络（APFISN）北京办公室负责人孙江华与美国林务局 Gary Man 向学员颁发了培训证书。

党建强会　根据中国科协《关于加强科技社团党建工作的若干意见》，学会联合中国动物学会和中国昆虫学会，在支撑部门党支部内，特别成立了学会工作专门党小组，组织开展学会党的日常工作。

（撰稿人：韩春绪　熊文华）

河北省科技创新大会
河北省科协第九次全省代表大会

浙江省科学技术协会第十次代表大会

湖南省科学技术协会第十次全省代表大会

宁夏回族自治区科学技术协会第八次代表大会

江苏省科协系统深化改革现场会

甘肃省科协所属学会有序承接政府转移职能试点工作会议

首都科技工作者助力河北（廊坊）创新发展活动对接大会

河北省科协所属学会有序承接政府转移职能试点工作推进座谈会

创新驱动助力工程暨院士专家“一带一路”项目咨询对接活动、项目签约授牌仪式

贵州科技馆展厅升级改造重新开放暨西双版纳热带雨林植物科普展启动仪式

2016 年青海省学会工作会议

中共江苏省科技社团委员会成立大会

省、自治区、直辖市科协，新疆生产建设兵团科协简况

北京市科学技术协会

服务经济社会发展 “小中心、大外围”的新型科技智库体系，吸收100余家优质资源单位作为思想库支撑单位，吸收1803位专家入库。在科技思想库技术和工作平台上，发布各类信息500余条，制作专题页面10篇，编发《科技参考》《科技人力资源专报》各4期、追踪科研人员关注热点问题舆情分析5期。

围绕京津冀协同、首都城市功能定位、科技人才发展科技体制改革等主题，组织开展了京津冀一体化轨道交通协同发展沙龙、北京节能措施多元化沙龙、首都科技人才国际化创新发展主题沙龙等19期决策咨询沙龙；《关于轨道交通运营振动与北京文物建筑保护的建议》被北京市人民政府办公厅主办的《昨日市情》采用。组织开展“京津冀协同发展视角下北京产业结构调整与就业研究”“北京科技工作者职业生涯发展状况调查”“首都科技智库建设研究”等16个思想库调研课题;《北京科技工作者状况调查报告》被收入《北京改革蓝皮书（2015）》,《首都青年科技人才培育机制研究》被收入《北京人才蓝皮书（2016）》。

2016年，共征集科技工作者建议92项，上报北京市委市政府、中国科协4项，编发《科技工作者建议》3期。其中,《中关村科学城核心区空间结构亟待调整优化》得到了北京市副市长隋振江批示;《北京城市社区住宅专项维修资金被盗用问题与对策建议》《建议基层医疗机构参与“医养结合模式”》等多篇建议得到了北京市住建委、市卫计委、市交管局等委办局回复意见;《关于在促进首都科技服务业发展中充分发挥科技类社会组织作用的提案》被评为北京市政协优秀提案。

围绕开展京津冀科技协同创新战略研究，搭建京津冀科技成果转化平台，三地科协学会联合开展学术交流活动。实施“首都科技工作者助力河北创新发展”行动计划，实现与河北省11个地市对接工作,60余家市级学会、200余名专家参与对接活动，签署合作协议94份。

组织实施2016年“基层科普行动计划”，奖补农村专业技术协会22个、农村科普示范基地24个、农村科普致富带头人9名、农业科技服务专家9名、专业技术指导员15名。8名个人获“全国科普惠农兴村带头人”，4个基地获“全国科普惠农兴村先进单位”称号，16个社区获得“全国科普示范社区”。

2016年，新建25家院士专家工作站，建站总数达到125家。新增院士专家服务中心1家，共引进院士206名。提供国外专利信息服务企业由273家增加到950家，培训专利应用工程师1214人，企业高管参训达30%以上，培育企业示范典型案例60个，组织技术专家服务中关村各行业类型企业共计30家。举办创新方法培训班7期，来自70多家企业的650多位科技工作者接受培训。举办第十届“北京—意大利”科技经贸周活动，来自22家单位42位中方代表与意方企业进行洽谈，达成合作意向10余项。

科技套餐工程支持科技社团开展科技服务项目205个。93个科技社团与“成果转化平台”签订了共建协议，征集科技社团科技成果320项，新增评价师202名。与首都科技服务业协会联合开展《科技成果转化成熟度评价规范》的研究制定工作。

举办第五届大学生科技创新作品与专利成果展示推介会，共计征集到来自京津冀等地54所高校报送的644件作品，其中专利成果179项、科技创新作品194件、创业计划书149份、文化创意作品31件、优秀论文91篇。其中39项科技创新作品通过专利申请绿色通道申请专利，6项成果与企业在现场签订合作意向书。

搭建科技社团承接政府转移职能服务平台，面向科技社团发布政府部门转移职能和购买服务的信息。2016年，56家科技社团承接了来自26个相关部门的158个政府转移职能和购买服务项目。

5月29日,市科协与西藏科协对口支援工作对接会召开。2016年市科协重点开展三项对口支援工作,包括“协助建设拉萨市科普示范社区”“北京科技专家拉萨行”活动和“拉萨市青少年科技夏令营”活动。市科协组织专家团组赴拉萨市实地调研，按照拉萨市社区科普工作和企业创新发展需求落实对口支援任务，并组织拉萨市青少年来北京参加科技夏令营。

8月2日，市科协和北京经济技术开发区管理委员会联合主办以“智造新经济·智能新生活”为主题的2016年首都创新驱动发展展示交流活动。来自智能机器人、3D打印、VR家装、动态血糖监测、智能驾驶等领域的智能制造行业有关人员参加活动。

《科学素质纲要》实施及科普工作 编制《北京市全民科学素质行动计划纲要实施方案(2016—2020年)》由市政府办公厅印发。方案明确了到2020年全市公民具备科学素质比例达到24%，并制订了5个分目标：一是大众创业、万众创新深入人心；二是公众提高科学素质的主动性不断增强；三是全民科学素质整体水平不断提升；四是科普信息化建设取得突破进展；五是公民科学素质建设体制机制不断完善。其他相关内容纳入《北京市国民经济和社会发展第十三个五年规划纲要》。加强纲要实施工作宣传，编印发行《全民科学素质行动专刊》21期，共印发60万份。

围绕"'互联网+'科普"主题，打造"蝌蚪五线谱"网站品牌。加强微博、微信订阅号和手机APP平台建设。开展第五届"网上科幻小说大赛"线上科普创作、青少年科普知识竞答等系列活动。承担中国科协科普信息化建设试点工作。

9月，全国科普日活动期间，举办第六届北京科学嘉年华活动，活动汇集航空航天、国防科技、新能源汽车、创新创造、创意制作等主题展项，来自10个国家和地区的55个国内外科普机构参展，公众到场参观人数10万余人次。"科普之春"活动助力都市型现代农业发展，开展实用技术培训与推广、"'互联网+'现代农业"等各类科普活动1000余项，受众15000余人次；"科普之夏"活动丰富社区居民暑期生活，开展"科学酷玩嘉年华"、科普大篷车巡回演出等各类科普活动1500余项，受众24000余人次。以互动展览为主要形式的第四届"科普超市行"进行了7场科普活动，现场参与人数累计超过7000人次。科学健康人项目开展各类型健康活动190余场，培训基层医生近4100人次，发放健康知识手册约13000册，项目直接受益人群达1.5万余人次。组织实施农民提素工程，开展活动103场，覆盖人群近2万人次，发放资料近14万份。

9月17日，由市科协主办、北京科普发展中心和北京国际科技协作中心承办的2016年北京国际科学节圆桌会议在北京举行。来自中国、德国、法国、南非、土耳其等13个国家及地区的27位科学节组织代表和科普领域专家参加了本次会议。本次会议主题为"腾飞科普之翼"。

打造每月"科学流言榜"，全年共发布12期117条。

举办青少年科普宣讲活动40次，受众18000人次。举办青少年科技竞赛14项，参加人数675000人次，获奖人数5700人次。青少年参加国际及港澳台科技交流活动5次，参赛人数10人次。举办青少年科学营1次，参加人数3000人。举办青少年科技教育培训5次，培训人数600人次。举办第36届北京青少年科技创新大赛，1859项优秀竞赛作品参赛。举办第16届北京青少年机器人竞赛、第14届北京青少年科技创新市长奖评选，10名同学获得由北京市市长王安顺签名的证书和奖牌。

12月22—23日，由北京市科协、天津市科协和河北省科协共同主办的以"e连互通·融合发展"为主题的首届京津冀科普资源推介会在中国气象局举行。活动期间，举办了京津冀科普资源共享合作协议签约仪式、京津冀科普发展论坛、京津冀科普理论创新与实践发展学术沙龙、科学秀表演、京津冀科普资源展示推介、北京地区全国科普教育基地和基层科普场馆调研6项活动。来自京津冀地方科协、科普专业机构、科普企业等40多家企事业单位的500多人参加活动。共展出科普信息化资源、青少年科技教育资源、青少年创客教育资源、智慧社区资源、航空航天科普资源、军事科普资源等40多项。

学术交流 举办以"创新驱动，协同发展"为主题的第18届北京科技交流学术月活动，集中举办各类学术活动100余项，立项支持130家科技社团开展学术交流活动230项。市级学会全年开展各类学术交流活动近1000项。立项支持学会开展青年学术交流活动94项，资助青年学者编辑出版学术专著12本，资助青年科技工作者参加国际学术交流53人次。承办首都高校科学道德和学风建设宣讲教育报告会，组织北京地区5450名新入学研究生参加。立项资助学会开展15场科学道德和学风建设宣讲活动。完成《科学道德和学风建设简明读本》再版、发放工作。"科学道德和学风建设微信平台"和"再版著名科学家科研诚信和学术风范故事汇编"两个项目获中国科协全国科学道德和学风建设宣讲教育专项经费资助。

3月21日，北京市科协海智计划大北农集团工作基地授牌仪式暨成果转化工作研讨会在北京举行。与会人员分别围绕大北农集团承担国家共性关键技术研发和转化、市科协科技成果转化平台建设交流研讨，并就开展农业科技成果转化工作的具体内容交换意见。

9月22日，由市科协和北京经济技术开发区管委会联合主办，北京电力电子学会承办的第十四届电力电子论坛——能源互联网时代的电力电子在北京举办。来自北京、上海、浙江等地120余位专家、学者参加了本次论坛。论坛分别就能源互联网发展与思索、支撑全球能源互联网的直流输电技术与核心装备、面向能源互联网的能量路由器、电力电子变压器相关器件研究、10kV配电网用电力电子变压器研究、宽禁带半导体材料与器件发展现状等方面展开了论述。

10月19日，以“创新发展的路径与突破口：建设全国科技创新中心与京津冀协同发展战略”为主题的2016北京自然科学界和社会科学界联席会议高峰论坛在北京举行。来自首都自然科学界和社会科学界的相关专家、学者、社团代表80余人参加论坛。论坛从教育体制、科研体制、成果转化和产业政策等方面分析创新与改革的关系，强调创新发展；重在改革，建议打造京津冀创新发展“互联网+”平台、京津冀创新研发成果推介交易平台和京津冀创新发展改革平台。

服务科技工作者 通过媒体宣传科技工作者459人次，其中中央媒体10人次、省级媒体449人次。在《北京科技报》集中宣传了19位优秀青年科学家成长成才事迹。

开展表彰奖励及评选推荐工作，向中国科协推荐第七届全国优秀科技工作者北京地区候选人6名、推荐全国科协系统先进集体4个、先进工作者8名、推荐第十九届中国科协求是杰出青年成果转化奖北京地区候选人1名，向北京市科技奖励办推荐北京市科学技术奖候选项目3个，向北京市侨办推荐第二届京华奖候选人1名。组织评选出15名第十九届茅以升北京青年科技奖获奖者。组织开展中国科协会员日活动，深入基层一线看望慰问科技工作者。

完成科技工作者状况调查全国和省级站点调整工作，2016年，共建立科技工作者状况调查站点48个，其中全国站点22个、省级站点26个。完成“北京科技工作者职业发展状况”等3次网上问卷调查任务，报送站点信息80余篇，编发《科技工作者状况调查站点信息专报》3期，其中《海外引进人才存在“水土不服”现象》等4篇信息被中国科协采纳。

自身建设 资助25个党建工作小组和党支部开展党建项目。召开社会组织党建工作沙龙。新建北京日化协会等5个学会党支部，11个党建工作小组。

制定出台《北京市科协落实党风廉政建设主体责任监督责任实施办法》。为扎实开展“两学一做”学习教育，制定了市科协开展“两学一做”学习教育实施方案，并组织召开动员部署会，统筹安排全年的学习教育。

全年共邀请国外及港澳台、海外华人科技组织团组49个363人次来京交流，组织出访团组20个共84人次，对外交流的范围和领域不断拓展。截至2016年年底，与52个国家和地区（含港澳台地区）的百余家科技组织建立关系，并与其中36个国家和地区的63家科技组织签署了长期合作协议或备忘录。重点发展了与美洲、欧洲、大洋洲等地区和“一带一路”沿线国家科技组织的友好交流。

区县科协基层组织 截至2016年年底，北京市有区科协16个。

西城区科协举办2016年第五届“简约生活·创意无限”设计大赛。通州区科协举办了2016年通州区科技创新成果展，共展出68家企业、11所学校的585件展品，5000多人次参观了展览。房山区科协举办了房山区名优农产品博览会，活动共吸引近5万人次前来参观。平谷区科协在100个村（社区）开展100场科普巡演和宣传咨询活动，参与群众达3万人次。昌平区科协开展了“首届黑山寨秋收节”活动，32000人次参加了活动。朝阳区科协举办2016年青年科技创新汇活动，近百家高校、企业的59项科技创新产品参展。门头沟区科协举办“非常小答客”——青少年科普知识竞答活动。

省级学会、企业科协、高校科协 截至2016年年底，北京市有市级学会182个、会员251029人，比2015年增加了10730人。

北京环境科学学会举办了北京市生态文明建设高级论坛。北京减灾协会、中国灾害防御协会承办首都圈巨灾应对高峰论坛，7位防灾减灾领域资深专家围绕京津冀协同发展综合减灾应急保障体系建设提出建议。北京图象图形学学会举办第四届生物电子学和生物信息学国际论坛，来自中国大陆和台湾地区、美国、加拿大、澳大利亚、马来西亚、法国、挪威、日本的100余位专家、学者参加了会议。京津冀医学会签署《京津冀医学会协同发展战略合作意向书》。

推进企业科协和高校科协的组织建设，年内批准成立企业科协8家、高校科协1家，企业科协总数达113家，高校科协达20家。

北京工业大学科协举办第六届科技节暨科技成果展。5月15日，清华大学科学技术协会成立大会暨“科技梦·中国梦——中国现代科学家主题展”巡展启动仪式在清华大学举行。会上召开了清华大学科协一届一次委员会会议，通过了《清华大学科协第一届主席、副主席和常委选举办法》，选举产生了清华大学科协第一届常委会委员，选举薛其坤为主席。

【京冀科协开展会企对接活动】 6—12月，由市科协、河北省科协牵头，组织北京市部分学会赴河北省唐山市、秦皇岛市、邯郸市、保定市、沧州市、衡水市、邢台市、承德市、张家口市、廊坊市10个地级市与当地企业开展对接活动，共有60余个学会200余人次专家参与对接活动，签订对接意向94项。

两地会企对接涉及的服务领域涵盖了低碳环保、城市管理、交通运输、防灾减灾、公共安全、现代农业、信息产业、智能制造业、医学与生物技术等方面，多数项目紧密围绕当地区域发展需求，针对性强。包括张家口市的风电运维开发、农产品智能制冷仓储设备技术，承德市的特种麦芽制备新技术及精酿啤酒研制、杏仁红衣脱苦及废水的处理，唐山市的水务物联网信息化平台及智能硬件终端研发等项目均源自本地区科技发展的迫切需求。

一批项目在现场签订意向合作协议后进行了后续对接。北京市农村专业技术协会、北京企业技术研究会、北京农业工程学会、北京地质学会、北京制冷学会等均就签约项目与企业进行了进一步交流。

【第一届“北京—弗罗依登”科技经贸交流活动】 10月23—24日，由市科协、德国弗罗伊登市政府共同主办，北京科技咨询中心承办的第一届“北京—弗罗依登”科技经贸交流活动在德国弗罗依登市举办，来自中国的42名专家、学者参加了此次活动。

弗罗依登市市长优利安·欧斯瓦尔德在开幕式上表示，“北京—弗罗依登”科技经贸周交流活动为双方企业、高校、科研院所提供了合作交流平台，通过这个平台将推动巴登—符滕堡州企业、高校与北京市优秀的合作伙伴合作，建立互惠共赢的合作关系。他还希望通过“北京—弗罗依登”科技经贸周交流活动平台，吸引更多中方企业来弗罗依登，促进当地的经济发展。

开幕式上，北京科技咨询中心与弗罗依登市政府合作单位——德国驰骋国际有限公司签订合作协议，为两国企业和单位提供优质服务，促进“北京—弗罗依登”科技经贸交流活动顺利开展。

活动期间共举办了3场研讨会。中德代表分别围绕“北京—弗罗依登”投资环境与总部经济发展政策解读与分享、中德生物医药发展与合作以及智慧交通展开探讨与交流。

7月，北京科技咨询中心与德国弗罗依登市政府签订合作备忘录，建立长期、稳定的合作关系。在《中德合作行动纲要：共塑创新》框架之下，北京科技咨询中心与德国弗罗依登市政府将发挥双方的人才智力优势和组织优势，全面提升北京市科协、弗罗依登市围绕企业、政府和社会服务的能力与水平。

（撰稿人：石　军）

天津市科学技术协会

服务经济社会发展 2016年，市科协按照市委、市政府年初统一部署，承担21个方面的分工任务；落实市委十届九次全会任务12项、十届十次全会任务19项，还就《天津市贯彻国务院大众创业万众创新政策》分解任务，确定了4个方面12项具体举措，均做到定期督查上报，按期完成。年内《天津新闻》报道市科协工作17次。

市科协《关于天津参与国家“一带一路”倡议并发挥重要作用的建议》等两项成果获得天津市第五届行政管理科研成果奖一、二等奖，组建了天津市可持续发展智库。受中国科协委托，对海淀区双创示范基地建设进行第三方评估，参与国家全面创新改革试验第三方评估等。针对天津市提出的关于促进产学研结合的对策受到天津市委书记李鸿忠的肯定，关于加快天津“双创”经济发展等两项建议得到天津市委常委陈浙闽的批示。

完成“推进大众创业万众创新”“京津冀协同创新共同体建设路径”“众创空间运营模式与瓶颈”“发展天津绿色建筑产业”等36个重点决策咨询项目结项和开题。推动生命科学学会联合体多家学会开展12项决策咨询项目。承担3项中国科协决策咨询调研课题。

促进企业提升自主创新能力。创建创新驱动助力工程示范区，已建成滨海新区等5个国家级、市创新驱动助力工程示范区，并组织专家为350家企业解决技术难题700余项。新建企业院士专家工作站16家，天津市建站总数达到115家。推荐10个院士专家工作站全部入选全国首批示范站，院士专家工作站累计承担省部级以上科研项目640个。向1027家企业无偿提供专利信息12294项，培训专利应用工程师和创新工程师1272人，组织67个创新成果参加了全国创新科技成果交易会。

《科学素质纲要》 市科协会同有关部门推出《天

津市“十三五”时期科学技术普及发展规划》，牵头起草了《天津市全民科学素质行动计划纲要实施方案（2016—2020年）》；实施“基层科普行动计划”，5个区建成全国科普示范区；青少年科技教育被中国科协青少年科技中心评选为全国五星评比一等奖；天津科技馆机器人展区提升改造项目启动；天津市反邪教警示教育“赶大集”等活动成效显著。

举办第30届天津市科技周活动、2016年全国科普日天津活动，开展市级、区县局级重点活动和基层科普活动3000余项，30余万人次参加。举办科普产品展览会，吸引1.5万余名群众参观。组织网络科普知识竞赛、公民科学素质电视大赛等活动。

整合全市32家全国科普教育基地的资源，建设科普教育基地微网站，提供信息查阅、场馆定位、乘车导航等便捷服务。“天津公众科技网”全年点击量5万余次，“天津科普说”微信新媒体入选“科普中国”2016年首季“科普微信公众号潜力榜”。

3月10日，2016年天津市全国科普教育基地工作交流会在天津科技工作者之家召开。会议围绕科普教育基地管理和组织开展科普活动的经验进行了交流，100余人参加会议。

5月13日，第30届天津市科技周主场活动暨第二届天津市科普产品展览会举行。本届科技周活动主题为“创新引领、共享发展”，主场活动分为中央舞台演艺区、中国科学院科技创新成果展示区、青少年科技创新项目展示区、智慧生活展示区、高端主题论坛及红桥区“科技之城”系列活动6个版块，汇集了无人机、3D打印、智能机器人等科技产品和创新成果。科技周期间，全市共开展优秀科普讲解员进校园、“创我所想、新随心动”天津市青少年创新互动体验活动、防震减灾与应急救援安全演练等7项市级重点活动，各区县开展400多项群众性科普活动，带动基层活动2000余项。

学术交流 制定《“天津科技工作者之家”学术活动项目管理办法（试行）》，强化学术活动的示范引导作用。以建设创新型城市和产业创新中心的重大需求和重点任务为导向，资助市级学会举办42项重点学术活动、14项青年科技论坛、16项学术月活动，邀请26位两院院士为天津发展献计，16100名科技工作者受益。

举办众绘京津冀——2016天津秋季规划论坛、第二届京津冀互联网气象减灾创新论坛等多层次、多方位的学术活动，参与主办京津冀大健康产业高端论坛，组织天津市生物医学工程学会、天津市色谱研究会等7个学会，就津冀两地医疗器械、新材料应用等项目需求进行洽谈对接。

3月18日，天津市科协2016年学会工作会议召开。会议传达了中央关于科协工作的指示等文件精神和中国科协学会工作会议精神，安排部署了2016年学会工作，并对获得2015年“学会之星”“先进学会”“先进学会工作者”的单位和个人进行了表彰。市科协所属学会、协会、研究会理事长、秘书长及有关人员共180余人参会。

6月25日，第十届天津青年科技论坛主论坛暨“‘互联网+’绿色生态行动”高峰论坛举办。本次论坛由市科协、市科委、静海区政府主办，天津市可持续发展研究会承办。来自全市从事可持续发展研究的科技工作者150余人参加了会议。中国工程院院士、中国环境科学研究院院长孟伟，清华大学教授、循环经济产业研究中心主任温宗国，中国可持续发展研究会常务副秘书长周海林等围绕国家《“互联网+”绿色生态三年行动实施方案》的任务和需求，分别作主题报告《我国绿色发展面临的环境形势、挑战与策略》《“互/物联网+”资源循环关键技术与模式创新》《国家可持续发展政策解读》，解析了互联网与生态文明建设的内在关系，并针对天津市经济建设和产业转型升级的新形势，探讨交流互/物联网与环保产业融合发展新技术、政策发展趋势，介绍“‘互联网+’回收”新模式。

10月15—16日，京津冀中西医结合论坛在天津礼堂举办，500余人参加会议。中国工程院院士吴咸中、张伯礼、陈香美、吴以岭出席会议并分别作大会报告《中西医结合前景广阔》《中医药现代化研究进展》《中西医结合肾脏病治疗的现状与展望》《络病研究与转化医学》。论坛设有中药、微创骨科、护理、周围血管、心身医学、中青年科技论坛等6个分论坛，40余位专家、学者进行了学术报告。

举办第五届棕榈油健康与营养论坛、英国—天津城镇化经验交流路演研讨会等国际会议。

服务科技工作者 积极落实“天津市杰出人才培养计划”，经85位院士函评、26位院士组评和会评，评出首批20名“天津市杰出人才”。天津青年科技奖、优秀科技工作者等评选出71名优秀科技人才。启动“天津市青年人才托举工程”。开展了陈玉恕等3位老科学家学术成长资料采集工程。

12月2日，2016年天津市科学道德和学风建设宣讲报告会在天津大学举行。中国科学院院士、发展中国家科学院院士严纯华应邀作宣讲报告，18所高校的900余名研究生聆听了报告。

组织专家赴力神电池有限公司、天士力制药集团等5家企业现场举办创新方法宣传培训活动，形成34项创新实践成果。举办科技政策解读会、大学生创新方法应用大赛、科技成果转化宣讲会等30余场次。推荐3项创新成果参加首届全国创新方法赛决赛，均获得二等奖。

推动海外人才离岸创新创业基地建设。会同天津市人社局、市外专局、滨海新区政府出台《天津市海外人才离岸创业基地实施方案》，提出以滨海新区—中关村科技园为核心的“一核四园多机构”的功能布局。

自身建设 研究出台《市科协贯彻落实中央和市委党的群团工作会议精神实施意见》，推动天津市科协系统深化改革实施工作。编制完成了《天津市科学技术协会事业发展“十三五”规划（2016—2020）》。

开展“两学一做”专题教育活动，全体党员边学边改，“四讲四有”和“四个意识”明显增强。根据市委部署的中央巡视“回头看”反馈意见，市科协自查并完成整改问题25个。起草完成《天津市科协系统深化改革的总体实施方案》。

对天津市153个学会党建工作进行了调研，印发《关于加强天津市科技社团党的建设工作的意见》，并进行专项部署，科协所属科技社团党的组织和党的工作实现“两个全覆盖”。

2月29日，市科协八届三次全委扩大会议在天津礼堂召开。中国科学院院士、市科协主席饶子和，中国工程院院士、市科协名誉主席王静康，中国科学院院士周其林出席会议。会议传达了中央书记处对科协工作的指示精神以及中国科协2016年全国学会和地方科协工作会议精神，审议通过了《天津市科协年度工作报告》和《天津市科协事业发展“十三五”规划》。

区、县科协及基层科协组织 宁河县政府与市科协共同开展了科普大拜年、农技专家基层行等活动，南开区政府与市科协联合举办了科技创新创业博览会，武清区有关部门与市科协共同举办了“送科技入户　助农民增收”农业实用技术培训对接活动。

红桥区科协与市科协联合，举办打造“科技之城”发展战略高端研讨会。静海区科协为促进区域绿色生态发展，举办“‘互联网+’绿色生态行动”高峰论坛，组建了由王静康、朱坦、包景岭等专家组成的天津市可持续发展智库，全面服务静海区节能减排、技术创新和成果转化。津南区、东丽区结合冶金产业转型升级，组织院士、专家为消化过剩产能、推进产业升级提供技术咨询。

市级学会、企业科协、高校科协 天津市技术市场学会组织专家制定评审管理办法，为科技项目评估把关。

学会承接了人才评价、标准制定等政府转移职能。职称评定方面，在做好生物医药技术职称评审工作基础上，开展了民用航空飞行技术系列任职资格评审的试点工作。标准制定方面，推动天津市输血协会制定了《血库基本标准》等3项标准。截至2016年年底，参与承接政府转移职能的市级学会共计36家，承接工作职能66项。

召开天津市高校科协工作推动会，整体推动高校科协组织建设。年内新成立市级学会2个、高校科协2个、企业科协15个，推动多所高校启动科协筹建工作，并成立了天津市生命科学学会联合体。

4月28日，天津市高校科协工作推动会召开。华中科技大学、南京理工大学、南京航空航天大学、武汉大学和天津大学科协的负责人从不同角度介绍开展高校科协工作的实践经验和理性思考。天津市47所高校相关部门的负责人100余人参加会议。

【第十三届天津青年科技奖颁奖大会】 7月12日，第十三届天津青年科技奖颁奖大会召开。天津市委常委、市委组织部部长尹德明出席大会并讲话。天津市人大常委会副主任荀利军，副市长何树山，市政协副主席、中国科学院院士陈永川，市科协主席、中国科学院院士饶子和，市科协名誉主席、中国工程院院士王静康，中国工程院院士刘昌孝，市人力社保局党组书记、局长孔长起出席会议，并为21名天津青年科技奖获奖者颁奖。会议由市科协党组书记、常务副主席姚建军主持。

饶子和介绍了第十三届天津青年科技奖评审工作情况，孔长起宣读了表彰决定，王静康为全市青年科技人才成长发表寄语。各区县、市有关部门分管负责人，市级科技团体和获奖者单位负责人，获奖者及青年科技工作者共200余人参加会议。

本次活动受到社会各界广泛关注，《天津日报》《今晚报》、天津电视台、天津电台等天津市主要媒体都对大会进行了报道。《天津日报》于次日头版以“创新大潮绽放青春力量”为题进行了延伸报道，刊发了对饶子和院士和部分获奖者的专访。

【天津市科协生命科学学会联合体成立】 9月14日，天津市自然科学领域第一个跨学科联合性的科技团体联合组织——天津市科协生命科学学会联合体成立大会在天津医科大学举行。中国科协生命科学学会联合体首届执行主席、市科协主席、中国科学院院士饶子和，市科协党组书记、常务副主席姚建军出席大会并讲话。市科协党组成员、副主席白景美，市科协所属的生命科学领域的12个学会的理事长、秘书长及领域内专家200余人参加会议。

会议讨论通过了联合体章程、主席团组成，确定了首届执行主席、执行秘书长和年度重点工作任务，并向联合体学术咨询顾问委员会委员颁发了聘书。天津市科协生命科学学会联合体是由天津市动物学会、天津市免疫学会、天津市神经科学学会、天津市生理科学会、天津市生物化学与分子生物学会、天津市生物工程学会、天津市微生物学会、天津市细胞生物学会、天津市遗传学会、天津市营养学会、天津市植物生理与分子生物学学会、天津市植物学会12家天津市生命科学领域的市级学会自愿发起成立的非法人联合性学术组织，计划吸引更多生命科学领域的市级学会加入。

【中国·天津土地利用与生态重建院士专家高端论坛】 9月26日，由市科协与天津工业大学联合主办的中国·天津土地利用与生态重建院士专家高端论坛在天津工业大学举行。市委常委、市委教育工委书记陈浙闽会见了出席论坛活动的中国工程院副院长、中国工程院院士刘旭，中国工程院院士唐华俊、孙九林等院士、专家。本次论坛由孙九林院士主持。200余名科技工作者参加论坛活动。

刘旭院士、唐华俊院士受邀作主旨报告。刘旭在题为“土地资源管理和国土空间格局与产业发展布局”的报告中指出，推进生态文明建设，要着重围绕优化国土空间格局，按照人口资源环境相均衡，生产、生活、生态空间三类空间科学布局，经济、社会、生态效益三态有机统一的原则，控制开发强度，调整空间结构，促进生产空间集约高效、生活空间宜居适度、生态空间山清水秀，给自然留下更多修复空间。唐华俊院士在题为“土地利用与遥感技术”的报告中，重点阐述了土地利用学科及其发展、遥感在农业土地系统中的应用、未来发展趋势等方面的内容和所取得的成果。国土资源部科技司处长单卫东、陕西省土地工程研究院院长韩霁昌、中国土地勘测规划院研究员冯广京等出席论坛并作学术报告。

论坛还围绕土地生态环境整治、土地修复与集约利用等问题进行了交流研讨。

（撰稿人：傅　彧）

河北省科学技术协会

服务经济社会发展　继续实施“创新驱动助力工程”。推动保定市全国创新驱动发展示范市建设和省级创新驱动发展示范县市建设。

举办京津冀科协科技成果转化平台项目发布和推介会，推介优质科技项目30项。同北京市科协、天津市科协联合举办2016年京津冀科普资源推介会。依托北京市人才资源和科技资源，与北京市科协联合开展首都科技工作者助力河北创新发展行动，在全省11个市组织开展相关活动，752家企业申报人才技术项目934项，与83家企业达成合作意向113项。

建立院士专家服务中心3家、院士工作站45家、科技专家企业工作站39家。通过开展科技信息推广，服务企业1636家，培训专利应用工程师3200余人，建设科技成果库收集科技成果706项。通过科技专家进园区等系列活动，帮扶企业160家，产生典型案例165个。举办创新方法培训活动12次，培训科技人员1000余人次。全省科协系统完成帮扶创建科技型中小企业300多家。

联合有关部门举办2016年全国大众创业万众创新活动周河北分会场活动，期间举办了企业创新能力建设专题论坛、大数据互联网发展专题论坛、电子商务发展专题论坛。

《科学素质纲要》实施及科普工作　起草了《河北省全民科学素质行动计划纲要（2016—2020年）实施方案》，并以省政府办公厅名义印发。评选出20个河北省公民科学素质教育基地和20个公民科学素质建设典型案例。

组织开展2016年全国科普日河北系列活动、“减少灾害风险　建设安全城市”全国减防灾社区公益活动、全国食品安全宣传周活动、全国科技活动周等系列主题科普活动。协调组织全省有关部门和科协组织举办科普活动1000余场次，受益公众100万余人次。

联合中国知网开展农民科学素质网络知识竞赛活动，全省共有167个县（市、区）的1298人参与，共答题11941次，满分次数9643次，提问6380条。与河北省环境科学学会、河北农业大学等13家单位联合开展2016年暑期大学生科普志愿者农村环保科普行动，3000多名师生组成98个小分队，分赴农村开展环保科普活动。组织开展“科技110”专家热线咨询和“百场讲座进百村”活动，举办第十届河北种子肥料信息交流暨产品订货会。举办第31届河北省青少年科技创新大赛、河北省青少年机器人竞赛、全省青少年高校科学营和青少年科学调查体验等活动，全省近50万名青少年参加。

9月17日，由省科协、省教育厅、省科技厅、省科学院共同主办的2016年全国科普日河北省主场活动在石家庄市举行。活动主题是“创新放飞梦想，科技引领未来”。省人大常委会副主任宋太平、省政府副省长许宁，省政协副主席、省科协主席段惠军出席活动。各主办单位有关负责人参加活动。主场活动现场设置了12大版块54项重点科普活动。全国科普日期间，全省科协系统及有关部门围绕科普日主题开展流动科技馆下基层、高校科普开放日、科研单位实验室开放等1000余场群众性科普活动。

2016年全国科普日河北省主场活动

争取中国科协和财政部支持，对河北省43个农村专业技术协会、12个农村科普示范基地、13名农村科普带头人和18个科普示范社区进行奖补。实施河北省基层科普行动计划，省级财政安排资金对全省9个农技协、28个农村科普示范基地、10名农村科普带头人和20个科普示范社区进行奖补。

河北省科技馆新馆建设被列入河北省“十三五”规划，并列入省委省政府支持省会建设重点项目。河北省科技馆、张家口市科技馆、邯郸市科技馆免费向社会开放，公众参观人数大幅增加。流动科技馆在邯郸、邢台、保定等10个市巡回展出42站，受益观众近75万人次，其中中小学生50万人次。全省科普大篷车深入市县居民社区、中小学校、矿区及偏远地区开展科普活动80余场次，受益公众80余万人次。

2016年河北省被中国科协评为全国科普信息化建设应用试点单位。出台《河北省“科普e站”建设及管理办法》《河北省“科普e站”建设步骤及实施规划》，完成了第一批“科普e站”公开招标工作，同时启动了第二批“科普e站”建设的政府采购手续。

学术交流 全省各级科协举办各类专业学术活动1800多场次。以“创新驱动 绿色崛起”为主题组织召开了第三届河北省科协年会。

征求省属高校、科技社团、专家学者和科技工作者和省直有关部门意见建议，起草《河北省关于优化学术环境的指导意见》，并以省政府办公厅名义印发。

组织实施了省级学会能力提升计划，涉及综合示范学会项目10项、燕赵高层论坛8项、重点学术活动20项。

11月30日，由河北省科协、北京市科协、天津市科协共同主办，保定市科协、毛竹科技孵化器有限公司承办的京津冀大健康产业高端论坛在保定市举行。来自京津冀三地大健康产业相关科技社团、机构和企业人员共150余人参加论坛。中国工程院院士、中日友好医院院长王辰，中国工程院院士、环境工程专家侯立安等15位院士、专家应邀作专题报告。与会专家、学者还到保定市毛竹科技孵化器有限公司进行了考察。

服务科技工作者 开展中国工程院院士候选人推选工作。省科协成立了以院士为主体的评审委员会，制定了《河北省科协推选中国工程院院士候选人工作实施细则》《河北省科协推选中国工程院院士候选人工作方案》。经过评审委员会评审，河北省推选出3名中国工程院院士候选人，全部被中国科协推荐提名。

在全省设立了16个省级科技工作者状况调查站点，举办了站点工作培训班。组织开展了科技工作者交流联谊、河北省科学道德和学风建设宣讲教育和2016年中国科协会员日活动。

自身建设 在充分调研的基础上，起草了《河北省科协系统深化改革实施方案》，广泛征求了各方面的意见。改革方案于10月20日经河北省委深化改革领导小组第22次会议审议通过，并报中央深改办备案，12 月 14 日由河北省委办公厅正式印发。《改革方案》提出科协系统六个方面的 25 项改革任务。

按照河北省委的统一安排部署，省科协组织开展了机关作风整顿，对照“八破八立”查找差距和不足，通过建制度、定奖惩、树标杆等多种举措，机关作风得到明显改善。

组织了全国科协系统先进集体、先进工作者的评选推荐工作，共推选出 8 个先进集体、23 名先进工作者，并从中推选出 2 个先进集体标兵和 2 名先进工作者标兵。

地市县及基层科协组织　截至 2016 年年底，全省共有设区市科协 11 个，省直管县科协 2 个，县级科协 171 个，街道（社区）科协 517 个，乡镇科协 1825 个，农技协 3815 个。

邢台市科协为促进大众创业，成立了企业创新服务中心。邯郸市科协举办了第二届京津冀青年创业创新大赛，创办了《邯郸科学素质》《邯郸学会》《邯郸青少年科技教育》《邯郸科技咨询》等期刊。张家口市科协组织编印了《领导干部和公民科学素质教育读本Ⅲ》。衡水市科协在《衡水日报》开办了科普专栏。秦皇岛市科协与广播电视台联合开办 48 期《科学 1+1》电视科普栏目。石家庄市科协开展了专家服务基层惠民生活动。承德市科协成立了专家服务团、科技推广服务团、农村科普宣讲团。邢台市科协成立了土专家服务队，开展了第四届“葡萄王”擂台赛。唐山市科协组织开展了“世园会科普行”活动。廊坊市构建了“科普组织 + 科普基地 + 科普活动 + 互联网”四位一体工作格局。沧州市科协在火车站站台通道建设了 58 平方米科普长廊，在市博物馆等地配置了 5 台全媒体科普阅览屏、7 台云科普终端。

省级学会、企业科协、高校科协　截至 2016 年年底，河北省共有省级学会 135 个，年内新成立省级学会 7 个。31 个省级学会完成换届改选，132 个省级学会进行了年检，新增 5A 级学会 1 个，接纳新学会 6 个。

落实《关于省科协所属学会有序承接政府转移职能试点方案》，河北省机械工程学会承接河北省发展改革委的机械工程实验室评估、河北省冶金学会和河北省中医药学会承接河北省科技厅的国家科技奖励推荐、河北省电子学会承接河北省工业和信息化厅的省级软件开发项目造价评估、河北省环境科学学会承接河北省环保厅的地方技术标准研究、河北省计量协会承接河北省质量监督管理局的计量检定员考核工作等 5 项试点工作全部完成。

在河北省机械工程学会举办的钢铁与装备制造产业转型升级论坛、河北省计算机学会举办的基于云计算的大数据技术与应用研讨会等一大批学术交流活动中，学术成果和专家建议在生产一线落地和转化，促进了科技创新、服务了经济社会发展。

【河北省科协第九次全省代表大会】 7 月 11—13 日，河北省科协第九次全省代表大会与河北省科技创新大会同期召开。7 月 11 日，河北省科学技术协会第九次全省代表大会在石家庄市举行。河北省委副书记赵勇，中国科协党组副书记、副主席、书记处书记徐延豪到会祝贺。河北省委常委、宣传部部长田向利，河北省委常委、组织部部长梁田庚等出席会议。省政协副主席、省科协主席段惠军主持会议。

赵勇在讲话中指出，河北省科协第九次全省代表大会是在习近平总书记发出建设世界科技强国动员令、深入实施创新驱动发展战略、加快建设创新型河北的新形势下召开的一次重要会议。省科协和各级科协组织要以此次会议为契机，进一步加强自身建设，提高服务能力，特别要在服务科技工作者、服务创新驱动发展、服务全民科学素质提升、服务党和政府科学决策等方面上新水平，不断提高在经济社会发展大局中的贡献率。各级党委、政府要加强和改进对科协工作的领导，高度重视科技人才队伍建设，不断提升河北省科技工作水平。

徐延豪在祝词中指出，全省广大科技工作者和各级科协组织要深入学习习近平总书记重要讲话精神，深入开展向李保国同志学习活动，深入开展“创新争先行动”。省科协要紧紧抓住学会改革这个牛鼻子，深入推进科协系统改革，着力推进开放型、枢纽型、平台型科协组织建设，搭建好服务创新驱动发展的平台，为建设创新型河北作出应有的贡献。

会上宣读了《关于在科技工作者中开展“创新争先行动”的倡议》。会议还听取了省科协八届全委会工作报告。

大会选举产生了省科协第九届委员会委员 108 名，常务委员 40 名。段惠军当选为省科协第九届委员会主席，刘纪雷当选为常务副主席。大会通过了省科协八届委员会工作报告的决议。

【创新驱动发展示范市县建设】 2016 年，河北省保定市、任丘市、渤海新区、涞水县、定州市和固安县创新驱动发展示范市县建设工作取得新进展。保定市带领企业走访了30余家全国学会，20余位院士，300多位专家、科技人员，签署项目技术合作协议50余个，重点推进三红口服液等10个项目。新建学会工作站20个，并建立战略合作关系。任丘市出台了《任丘市支持大众创业万众创新若干政策措施（试行）》，成立了注册资本3000万元的梧桐树任丘众创空间有限公司。渤海新区出台了《关于加快北京科创园渤海新区产业基地发展的实施意见》，成立省级以上研发机构10家。涞水县成立了天鹅湖梦想众创空间、星火创客空间。定州市组建了创客联盟。固安县与5所高校签署了校地共建"中国（固安）博士后成果转化基地"合作协议，与清华大学共建清华大学重大项目（固安）中试孵化基地。

【第三届河北省科协年会】 11月9日，第三届河北省科协年会在衡水市召开。本届年会以"创新驱动　绿色崛起"为主题，由省科协、衡水市人民政府联合主办。本届年会分为四个活动版块：开幕式暨大会特邀报告会、京津冀学会与河北企业人才项目洽谈对接活动、创新创业成果展及科普报告会。省政协副主席、省科协主席段惠军，中国科协党组成员兼学术学会部部长、企业工作办公室主任宋军出席大会开幕式并讲话。中国工程院院士刘尚合、侯立安出席大会开幕式暨特邀报告会。省农林科学院院长、省科协副主席王慧军主持大会特邀报告会。

在开幕式暨大会特邀报告会上，中国工程院院士沈昌祥、汪懋华，衡水市人民政府市长杨慧分别作专题报告《网络空间安全战略思考与启示》《休闲农业发展推动社会主义新农村建设研究》《衡水产业发展》。来自各部门、科研院所、高校、全国学会的负责人，专家、学者、媒体人员共计400余人参会。

（撰稿人：姚　琳）

山西省科学技术协会

服务经济社会发展　10月12—18日，省科协承办了2016年全国大众创业万众创新活动周山西省分会场活动。山西省府常务副省长高建民、副省长张复明等出席启动仪式。活动展出创新创业项目228个，开展路演7场58个项目，举办座谈交流会7场，35家企业挂牌山西"青年创业板"，为800余人提供创业创新服务，发布公益短信100万条，接待观众近2万人次。在太原、晋城等地区举办企业技术创新方法培训班，培养一线创新工程师210名，帮助企业解决技术难题40项，产生专利成果21项；实施完成"金桥工程"项目45项。实施科技信息服务企业创新项目，覆盖409家企业，有900余人参加专利技术应用培训和知识产权巡讲。开展院士专家企业技术创新协作行动，在山西焦煤和太原高新区、经开区举办了3场技术项目发布会。组织参加中国创新成果交易会及全国科技工作者创新创业大赛，参展参赛项目荣获A级项目1个、金奖1个、银奖2个、优秀奖1个和优秀组织奖。组织全国企业创新方法大赛山西分赛区竞赛，有74个创新项目参加角逐，遴选出10个项目参加全国总决赛，荣获全国金奖1个、一等奖2个、二等奖2个、三等奖4个和优秀组织奖。举办山西省大学生创新创业论坛，来自高校、企业、众创空间的专家、学者、企业家与200多名大学生分享创新创业经验。选派16名干部进入企业，聚焦问题精准服务，促进企业转型发展。全省累计建立院士工作站58个，仅太原市科协累计建立院士工作站45个，引进院士54名及专家团队252人，开展科技合作攻关项目168项。

2016年全国大众创业万众创新活动周山西省分会场

开展科普惠农精准服务。着力推动农村科普信息化建设从1.0、2.0升级到3.0，中标承担了"科普中国·乡村e站"建设项目，帮助农民成长成才、创业致富，截至2016年底，已在24个省、自治区、直辖市建设2605个乡村e站。加强农村科普示范体系建设，累计建成科普惠农中心服务站31个，新培育50个优秀农技协和50个农村科普示范基地，积极构建线上线下服务体系。深入推进基层科普行动计划，有98个基层科普先进单位、18个农村科普带头人受到国家和省级表彰。96110、96365、96580三条热线免费服务群众4.9万人次，组织农科110专家深入基层开展服务

120场次。在方山县麻地会乡开展下乡住村和包村增收工作，突出科技引领和精准服务，4个包扶村得到全面发展，农民收入大幅增长，连续4年受到省扶贫办的表彰。推进科技扶贫示范基地建设，大力开展农业技术培训和金融服务支持。打造“农村微课堂”微信平台，新增视频互动，全年发布信息1078期。

制定《山西省科协智库工作“十三五”规划》，组织开展了科协系统决策咨询能力综合培训和专题培训。历时两年开展山西省科技成果转化现状调研，在调查、分析、研究基础上，形成《山西省科技成果转化现状调研报告》。围绕科技创新体系建设、科技人力资源建设、新业态经济、科学传播等领域，组织开展了12个调研课题研究，为党委和政府科学决策提供服务。

《科学素质纲要》实施及科普工作 4月2日，《山西省国民经济和社会发展第十三个五年规划纲要》（以下简称《规划纲要》）正式颁布，确定了全省今后5年经济社会发展的主要目标任务、工作思路和保障措施。作为加快推动科技创新的重要任务，将山西省全民科学素质发展目标列入了《规划纲要》，提出“深入实施全民科学素质行动计划，加强科普信息化建设，到2020年公民具备基本科学素质的比例达到9%”。组织召开全省全民科学素质工作电视电话会议，实施“山西‘互联网+’科学素质行动”，加强重点任务落实情况的指导和督促，建立新一轮全民科学素质共建机制。

牵头各成员单位和各级科协开展“全国科普日”暨“科普三晋”系列活动，有报告讲座、展览展示、互动体验、科普剧表演、微信知识竞赛、科普教育基地开放等多种活动，受众100余万人次。举办了第五届“中国科普摄影大赛”，组织优秀作品参加平遥国际摄影大展和赴上海、新疆和北京等地巡展。“科普每一天”公交楼宇科普电视覆盖省城2600余辆公交车、1000多个公共场所。“山西科学讲坛”举办45场，被省直工委评为“省直机关十大学习品牌”和“省直机关十佳文明讲坛”。组织开展了山西省青少年科技创新大赛、青少年机器人竞赛、青少年高校科学营、青少年科学调查体验、宋庆龄少年儿童发明奖、青少年载人航天科普系列活动、助力科学梦等11项青少年科普活动，全省共计1000多所学校、47万余名中小学生参加活动。

充分发挥山西省科技馆科普教育主阵地作用，做到常展常新，全年开放254天，播放科普电影1646场，组织科学实验和科学表演536场，接待观众100余万人次。流动科技馆深入全省51个县（市、区）进行“体验科学”巡展，科普大篷车行程1.49万千米、巡展36站，受众36万人次。完成2016中国（太原）国际能源产业博览会“低碳生活”专题展览。在汾西县、繁峙县、阳高县、临县、岚县的5所中学建立了农村中学科技馆，为临县、岚县等5个县申请配发了科普大篷车。山西省科技馆被中央组织部、中国科协等9部门评选为全民科学素质纲要“十二五”实施工作先进集体。

山西科技传媒集团致力推动传统科普媒体和新兴科普媒体的深度融合，《科学之友》荣获“2016期刊数字影响力100强”，建设运营科技类网站17个，针对不同人群开发运营科技手机报21种，三农网络电视全面上线，山西科普网群点击量360万次，建有各相关领域微博17个、微信公众账号42个，微博、微信粉丝累计321万。编创科普影视、图书、动漫、游戏等340套件，制作科普节目2084分钟，数据存储总量110TB。举办“科学之春”科学传播新闻发布会，评选揭晓山西省十大科学新闻、十大科学传播人物、十大科学传播事件等。举办“专家与媒体面对面”活动10期。举办第二届山西省科技传播论坛、首届山西省大学生创新创意大赛。

学术交流 实施精品学术活动择优资助项目，重点对综合学术交流活动、前沿高端学术活动、区域性学术交流活动、新观点新学说学术沙龙、山西青年科技论坛等13项活动予以支持。开展第十八届山西省优秀学术论文评选，收到论文1118篇，涵盖数理、工业、农业、卫生等30个学科，评出特等奖3篇、一等奖45篇、二等奖146篇、三等奖282篇。据不完全统计，省级学会共举办高端学术交流会议56场，参与科技人员4000多人次。

服务科技工作者 定期组织召开科技工作者座谈会，加强科技工作者状况专项调查，及时掌握科技工作者群体的需求与关切，听取和反映科技工作者的意见与建议。

建设“山西省科技工作者之家平台”“山西省科协科技人才库”，举办第三届山西省科技·人才·创新论坛，引导广大科技工作者创新创业。

组织开展第七届“山西省十佳中青年优秀科技工作者”的评选，表彰了10名来自基层一线的科技领军人物。做好“全国优秀科技工作者”等有关科技奖励的遴选推荐，山西省有5名科技工作者荣获第七届“全国优秀科技工作者”称号。

在《科学导报》《山西科技报》《山西科协》开设科技人物宣传专版，编印《创新路上——山西省优秀科技工作者采访录》《创新争先谱华章——第七届山西省十佳中青年优秀科技工作者和全国优秀科技工作者事迹选编》等专辑，举办“山西优秀科技工作者风采展”等。

自身建设 面向全省科协系统和广大科技工作者，举办了6期科协干部和科技工作者培训班，组织了5场科学道德和学风建设宣讲活动。

根据省委的统一部署，在科协系统扎实开展了为期半年的“机关化、行政化、贵族化、娱乐化”问题教育整顿工作。

强化基层党组织建设，将党支部建在机关处室，并设置3个基层党委统筹抓好直属单位党建工作。加强制度建设和党务公开、政务公开，新制定各种规章制度20余项，做到用制度管权、靠制度管人、按制度办事，建立健全党风廉政建设长效机制。

2016年新增高校科协1个、园区科协2个、企业科协20个。组织省级学会党建工作全面调研，开展团体会员登记工作，确认135家省级社团为省科协首批团体会员。

11月16日，省科协召开干部大会。省委组织部副部长陈跃钢宣布中共山西省委关于省科协主要负责同志调整的决定，许富昌同志任省科协党组书记，免去杨伟民同志省科协党组书记职务。杨伟民主持会议并讲话。省科协党组书记许富昌、省科协主席侯晋川讲话。

地市县及科协基层组织 全省现有市级科协11个、县（市、区）科协119个，其中独立建制116个。行业科协2个，分别是省国防科协、省电力科协。

太原市科协指导所属各学会根据专业和行业特点、开展学术沙龙22次，学术讲座、报告会、论坛24场，职业资格培训6期，专业技术培训75期，技能大赛3场。对全市科普画廊建立电子档案，每季度定期更新内容，全年更换1600余个版面。开发新型科普资源，完成《生物治疗》《干细胞科技探秘》科普动画片的制作，编印《转基因科普知识手册》《领导干部信息化知识读本》等图书，为各县区农村、204所农村中小学、80余个市直单位、9个县区图书馆赠送科普图书13万余册。

大同市科协在全国科普日期间开展科普教育基地开放日活动，组织大同火山地质公园、晋华宫井下探秘游基地、大同植物园、气象基地、大同大学（炭材料研究所、应用化学研究所、光电功能材料实验室）等科普教育基地，推出科普展览展示，面向社会免费开放。

朔州市科技馆、晋中市科技馆基本建设工程已经完工，正在进行展品展项设计。

晋中市科协大力推进“创新驱动助力工程”，制定《晋中市院士专家工作站暂行管理办法》，出台“创新驱动示范市”建设奖补资金的实施细则，累计与22个全国学会、省级学会进行对接，建立院士专家工作站3个、学会服务站和专家服务站11个、省级产业技术创新联盟1个、成果转化平台1个，促成15个企业和院士专家签订合作协议。

运城市科协实施学会提升工程，指导并协助市民营医疗机构发展协会举办“子宫肌瘤切除术”研讨会、市睡眠协会举办“心理治疗在精神疾病治疗中的应用”学术交流会等；支持市科普惠农绿色通道服务站协会举办“苹果技术培训”、市茶文化协会举办“茶文化进校园”系列活动，市营养师协会开展《甜蜜的陷阱》等主题的饮食健康课，市营养保健行业协会面向500多名幼儿园园长举办《食育教育从幼儿园起航》培训活动等。

省级学会、企业科协、高校科协 省科协所属省级学会135个，其中，理科学会17个、工科学会34个、农科学会16个、医科学会21个、综合交叉学科学会47个。

省电工技术学会举办了2016学术年会，省医学会举办了华北地区第四届神经病学学术会议暨山西省医学会神经病学第十七届年会，省林学会举办了第三届华北五省（市、区）林学会联席会学术研讨会，省金属学会举办了第24届中国金属学会铁合金分会学术研讨会，省地球物理学会举办了环渤海、泛珠三角区域地球物理学术研讨会等众多学术会议。

全省企业科协总计385个，其中非国有企业科协100个，高新区、经开区等园区科协6个，高校科协8个。

【《山西省全民科学素质行动计划纲要实施方案（2016—2020年）》获省政府常务会议审议通过】 12月2日，山西省省长楼阳生主持召开省政府第138次常务会议，听取省科协党组关于全民科学素质工作的有关汇报，审议通过《山西省全民科学素质行动计划纲要实施方案（2016—2020年）》。

省政府要求，要大力推动科技教育、传播与普及，扎实推进全民科学素质建设，夯实创新驱动、转型升级的科学素质基础。要加强对青少年、城镇劳动者、农民特别是贫困地区农民等重点人群的教育培训，提高科普设施的利用率和共享率，推进“智慧科普”，提供便捷科普信息服务，促进全民科学素质整体提升。12月16日，正式印发《山西省全民科学素质行动计划纲要实施方案（2016—2020年）》。

【第七届山西省十佳中青年优秀科技工作者评选表彰】 2016年上半年，省科协组织开展了第七届山西省十佳中青年优秀科技工作者评选工作，在2015年表彰的78名第七届山西省优秀科技工作者的基础上，经过资格审查、专家评审、社会公示和常委会审议等环节，评选出第七届山西省十佳中青年优秀科技工作者10人。他们分别是太原理工大学电气与动力工程学院热能工程系主任、教授马素霞，中国北方发动机研究所首席专家、研究员王增全，中北大学信息与通信工程学院教授王黎明，山西农业大学动物科技学院教授吕丽华，晋西工业集团公司项目总师、研究员级高工张全秀，中铁三局集团公司副总经理、总工程师、教授级高工张俊兵，太原市中心医院副院长、主任医师李新华，大同煤矿集团公司技术中心常务副主任、高工杨智文，山西医科大学基础医学院生物化学与分子生物学教研室副主任、教授郭睿，山西省农科院旱地农业研究中心研究室主任、研究员高秀萍。

山西省十佳中青年优秀科技工作者每两年评选表彰一次，从理科、工科、农科、医科及交叉学科中的省级优秀科技工作者中择优遴选。

（撰稿人：王继龙）

内蒙古自治区科学技术协会

服务经济社会发展 组织开展2016年度科技工作者建议征集工作和调研课题申报工作，经专家委员会评审，在75条建议和300余份申报书中，择优选出11条建议和21个课题，报送自治区党委、政府及相关部门，并对每个调研课题进行经费资助。联合中俄蒙智库合作联盟、自治区发展研究中心共同举办中俄蒙智库国际论坛，承办科技交流与合作专题论坛。与自治区发展改革委等部门共同举办内蒙古2016大众创业万众创新活动周，承担“创客工坊”项目。

组织实施2016年基层科普行动计划，自治区共有90个单位和个人获中国科协、财政部奖补表彰；28个单位和个人获自治区“基层科普行动计划”项目奖补表彰奖励。

落实《内蒙古自治区科协所属学会有序承接政府转移职能试点工作实施方案》，承接自治区人力资源和社会保障厅委托的“国家科技咨询师”认证鉴定及培训工作，培训科技咨询师720名。联合自治区人力资源和社会保障厅印发《2016年全自治区职称工作安排意见》，争取自治区科协所属学会试点探索开展自治区非公有制经济组织专业技术人员中级职称评定工作。自治区科协所属107个学会中，已有16个学会承接9个政府部门的31项职能，30个学会有承接意愿、并基本具备承接政府转移职能条件。

2016年，成立33个院士专家工作站，现已累计建站102个；引进院士116人，专家、学者600余人；为企业开展战略咨询120项；授予科技专利40项。开展“科技信息企业推广应用服务项目”，服务自治区内创新企业785家。举办专利应用工程师培训班、知识产权战略巡讲活动，培训企业专利应用开发人才653名。服务企业申报认证高新企业89家，申请自治区、盟市研发中心7家，协助4家企业获得科技资金支持。推动企业转型升级，引进转化自治区外先进技术3项，总投资额约1500万元。

《科学素质纲要》实施及科普工作 2016年全民科学素质工作被纳入自治区国民经济和社会发展“十三五”规划。自治区政府组织召开了全民科学素质工作领导小组第四次全体会议，审议通过了《内蒙古全民科学素质行动计划纲要实施方案（2016—2020）》，确定了“十三五”末自治区公民具备科学素质比例达到10%的目标。

组织申报2016年中国农技协转型升级项目，内蒙古农技协联合会和通辽市扎鲁特旗玛拉沁艾力养牛协会获得了项目资金支持。开展科普示范县（市、区）创建活动，呼和浩特市赛罕区等15个单位被中国科协命名为“2016—2020年度全国科普示范县（市、区）”。

截至2016年年底，自治区建有科技场馆53个，其中自治区级科技场馆1个、盟市级10个、旗县级42个，科普网站55个，科普教育示范基地30家，科技教育示范学校61家。全自治区运行“中国流动科技馆”15套，配发更新科普大篷车55辆，巡展68站，覆盖12个盟市66个旗县（市、区），参观人数达140

多万人次。内蒙古科技馆等6家单位实施科技馆免费开放项目，获得了中央财政专项资金资助。招标配置45套“科普中国”乡村e站和社区e站并试点运行。

全年建成旗县（市、区）科普网络书屋46个，组织举办科普网络书屋专题培训班2期，11个盟市48个旗县（市、区）有关人员参加。组织开展“科普文化进万家”活动，科普大篷车、科普V视等7个版块数十项重点活动走进社区、农村牧区和校园。开展了以“尚德守法，共治共享食品安全”为主题的“2016全自治区食品安全宣传周科协主题日”活动。与内蒙古广播电台合作共建的“绿野之声”“天天科普”栏目影响日益增大。针对农牧区特点和需求，编辑出版《新编农牧民科普系列丛书》，赠阅农牧民8万余本。

举办第31届内蒙古自治区青少年科技创新大赛。活动以“中国梦，科学梦，青春梦”为主题，自治区11个盟市及2个单列市上报各类参赛作品997项，涉及13个学科。26个单位被推荐参加大赛优秀组织奖评选，152名青少年和18名科技辅导员参加决赛。共评出青少年科技创新成果竞赛一等奖46项、二等奖67项、三等奖264项；青少年科技创意竞赛一等奖9项、二等奖23项、三等奖60项；科技辅导员科技创新成果竞赛一等奖10项、二等奖20项、三等奖181项；青少年优秀科技实践活动展一等奖10项、二等奖14项、三等奖14项；少年儿童科学幻想绘画展一等奖60项、二等奖90项、三等奖150项。本次大赛首次设立了“比特科技创新奖”和“星光科技创新奖”各6项专项奖。

举办青少年机器人竞赛，并组织师生参加全国青少年科技创新大赛和机器人竞赛。组织全自治区320名学生参加12所“985”高校的青少年高校科学营活动，全自治区183所学校近30万名学生参加青少年科学调查体验活动，推荐36项作品参加全国青少年科学影像节。开展青少年科技教育大讲堂、全国科技周青少年科普大联动赤峰行等活动，共邀请6位院士、专家为青少年开展科普讲座10次、科技体验课及互动展示36次。启动“中学生英才计划”内蒙古试点项目，探索科技创新后备人才培养机制。全年开展9次“送培训到基层”及各类科教活动的专项培训，700余人次参加培训。

学术交流 全年自治区学会共举办学术交流会议200多场次，承办全国性学术交流会议16次。支持22家学会举办第十一届内蒙古自治区自然科学学术年会分会场学术交流活动。组织开展金秋学术月系列活动17项，对29个重点学术交流项目进行资助，编辑出版《第十一届自然科学学术年会优秀论文集》，收录优秀论文305篇。举办了第四届中俄蒙国际骨科满洲里论坛、中蒙俄少年儿童科幻美术作品展、中俄蒙国际论坛2016年会征文活动。深化两岸科技合作，举办了第七届海峡两岸青年学子科技交流活动。

服务科技工作者 举办2016年内蒙古自治区科学道德和学风建设集中宣讲教育报告会2场，评选表彰自治区优秀科技工作者40名，其中5人获“全国优秀科技工作者”称号。推荐内蒙古科协常委李国靖的调研课题“欧美科技社团服务会员方式和机制研究”入选中国科协专项资助项目。

发挥10个中国科协调查站点功能，收集整理上报稿件79篇，其中2篇由中国科协刊发，1篇获有关领导批示。向中国科协九大（内蒙古）代表和基层科技工作者赠阅《科协论坛》《身边科学》《内蒙古科协》《内蒙古科技报》等杂志报纸。建立科协系统科技工作者微信群，广泛征集意见建议，了解科技工作者诉求，加强与科技工作者日常交流。在内部刊物《内蒙古科协》开辟专栏宣传报道优秀科技工作者的先进事迹。9月，组织部分科技工作者赴江苏省、上海市等地调研学习科普信息化建设工作。组织医学专家50余人赴自治区乌拉特后旗医院、蒙医院坐诊，指导培训医务工作者。

自身建设 通过召开自治区科协常委会议、全委会议、干部职工大会、盟市科协工作座谈会等多种方式，传达党的十八届六中全会和自治区第十次党代会精神，学习领会全国“科技三会”和自治区科技创新大会精神。组织召开党风廉政建设暨“两学一做”推进会，与各党支部书记签订责任书。组织开展“责任担当、服务圆梦”主题教育活动。10月，完成自治区科协系统机关党委“两委”及10个党支部换届工作。

修订完善了《内蒙古科协党组会议议事决策制度》等10项制度。深入学习贯彻落实中央和自治区党委关于党的群团工作的各项部署要求，制定《内蒙古科协系统深化改革方案》，并于12月30日正式印发。

11月，举办自治区盟市旗县（市、区）科协系统骨干培训班，邀请中国科协5位专家作专题报告，180余人接受培训。

积极探索新时期网络和信息宣传工作的新方法、新思路，强化“两网两微”平台建设。改版升级内蒙古科协门户网站，健全信息发布机制，提升信息更新频率。利用官方微信、微博，围绕时政热点、科协重大活动等开展宣传活动，增强互动性。

地市县及科协基层组织 截至2016年年底，共有盟市、旗县(市、区)、乡镇苏木(街道)科协组织1115个。自治区12个盟市科协全部独立建制。103个旗县(市、区)科协中有85个独立建制。

中国科协创新驱动科技成果转化服务中心鄂尔多斯分中心在鄂尔多斯市高新技术园区挂牌成立。呼伦贝尔市科协举办呼伦贝尔市科技信息企业推广应用服务培训暨首届专利应用高级研修班，帮助企业实施专利导航。阿拉善盟科协举办了“民族医药，互鉴互融”——阿拉善盟第三届自然科学学术年会暨全国民族医药学者论坛。二连浩特市科协承办中蒙俄韩跨境经贸合作可持续发展专家学术研讨会，征集论文30余篇。呼和浩特市科协联合呼和浩特市虚拟现实（VR/AR）协会共同举办中国·呼和浩特虚拟现实与增强现实（VR/AR）首届高峰论坛。

锡林郭勒盟科协建立了公众号综合服务平台和“‘互联网+’双创”服务平台，创新科技工作者服务手段。包头市科协启动包头市科技工作者普查项目，为形成当地科技人力资源普查报告、建立当地科技人才库打基础。通辽市科协把原有的10个“科普讲师团”重新整合组建了一支由20名专家组成的“科普讲师团”队伍，深入23个乡镇45个嘎查举办农牧民实用技术培训班。

乌海市科协举办“家书载梦”航天科普主题实践活动。赤峰市科协举办首届“智慧之光”科普之夜文艺演出。巴彦淖尔市科技馆每周举办一次“科普小讲堂”和每月举办2次科普主题活动。乌兰察布市科协联合全民科学素质纲要成员单位开展以“提高科学素质、培养新型职业农民”为主题的农民科学素质网络知识竞赛。满洲里市科协与口岸旅游集团签署科技馆创建合作协议。兴安盟科协积极推进科技馆建设。

省级学会、企业科协、高校科协 截至2016年年底，自治区所属学会共有103个，团体会员1991个，个人会员53289人。企业科协133个，高校科协1个。31家学会出版学术期刊、专著和论文集累计53种。60%以上的省级学会设有科普工作委员会。内蒙古心理学会等自治区级学会全年举办各类科普活动（讲座）101场次，受众5万余人次。学会开展科技咨询和建言献策服务项目71项。全自治区43个学术交流项目承担单位累计开展技术培训、科技服务253次，引进农作物和果蔬新品种569个，帮助近1万家的农户和养殖场和19家中小企业实现增产增收。

内蒙古电机工程学会等18个学会入选2016年学会创新和服务能力提升专项承担单位。内蒙古农机学会等5个科技工作者创新团队获得了第十八届中国科协年会科技工作者创新创业大赛2个银奖、2个铜奖、1个优秀奖。内蒙古植物学会举办了第八届中国民族植物学术研讨会，中国大陆和香港特别行政区及美国的专家、学者240多人参加交流活动。内蒙古数学学会承办了中国数学会2016年学术年会。内蒙古蒙医药学会举办了全国首届蒙医药大会。

【2016年全国科普日内蒙古自治区主场活动启动暨内蒙古科技馆开馆仪式】 9月20日，2016年全国科普日内蒙古自治区主场活动启动暨内蒙古科技馆开馆仪式在内蒙古科技馆举行。自治区党委副书记李佳，自治区人大常委会副主任吴团英，自治区政协副主席牛广明，中国科学院院士李惕碚，国际博物馆协会执行局执行委员、中国自然科学博物馆协会名誉理事长、内蒙古科技馆建设专家顾问李象益，以及自治区相关厅局负责人出席启动仪式。自治区科协主席孙俊青主持开幕式。自治区科协党组书记、副主席斯琴毕力格致开幕词。全民科学素质工作领导小组成员单位、学会、科研院所、企业、新闻媒体有关人员，以及中小学生、社会公众参加活动。

活动以“创新放飞梦想　科技引领未来”为主题，由自治区科协、科技厅、教育厅联合主办。主要围绕自治区经济社会发展新常态的需求、前沿科技成果、企业科技进步展示以及公众关切的医药、食品、安全、转基因、气候变化等科技热点举办了多项科普活动。

学生们在科普日活动现场与机器人互动

在内蒙古科技馆开展了航天科普报告、交流座谈、科普嘉年华等主会场活动。内蒙古电机工程学会、通讯学会、农学会、气象学会等学会以及有关科研院所、企业开展了形式多样的活动。

内蒙古科技馆总建筑面积4.83万平方米，其中，展览展示面积2.8万平方米，共有展品展项457件套。

【《内蒙古科协系统深化改革方案》印发】 根据《中国科协系统深化改革方案》的总体要求，自治区科协启动了《内蒙古科协系统深化改革实施方案》（以下简称《方案》）起草工作，先后组织召开10多次自治区科协党组会、党组扩大会、中心组学习会等，针对一些突出重点难点问题，反复讨论，深入研究。8月初形成《方案》征求意见稿之后，2次征求自治区党委组织部、编制办、财政厅等18个相关部门的意见，多次进行修改完善。自治区党委副书记李佳多次组织专题会议研究《方案》，对职能优化调整、旗县科协机构独立建制、人均科普经费等给予有力指导和积极协调。12月30日，《内蒙古科协系统深化改革实施方案》正式印发。《方案》除引言外，共分三大部分，提出了4项改革任务、16项具体举措。

【第十一届内蒙古自治区自然科学学术年会】 12月22日，第十一届内蒙古自治区自然科学学术年会在内蒙古自治区呼和浩特市召开。各盟市科协、科研院所的专家、学者、科技工作者等300余人参加会议。本届年会由自治区党委组织部、科协、教育厅、科技厅、人力资源和社会保障厅共同主办，主题为“创新发展　科技引领”，突出学术性和学科交叉，促进不同学科领域间的交流、新兴科技与新兴产业的深度融合。

会上，宣读了第十一届内蒙古自治区自然科学学术年会优秀论文获奖名单，并为优秀论文获奖代表颁奖。年会特邀腾讯公司副总裁、技术管理委员会主任、中国计算机学会副理事长王巨宏作主题报告《“互联网+”时代大数据的发展与应用创新》。年会共征集科技论文634篇，经年会论文评审专家委员会评审和年会组织委员会终审，最终评选出优秀论文305篇，其中一等奖40篇、二等奖96、三等奖169篇，编辑出版了《创新发展　科技引领——第十一届内蒙古自治区自然科学学术年会优秀论文集》。

（撰稿人：吴欣倩）

辽宁省科学技术协会

服务经济社会发展　参与国务院委托中国科协开展“基层公共医疗设施建设、使用和管理政策措施落实情况”第三方评估工作，形成辽宁省评估报告。协助中国科协开展“双创示范基地建设和政策措施落实情况”第三方评估工作，完成对郑州航空港经济综合实验区评估任务。全省科协系统共完成决策咨询成果186项、建议20余篇。加强科技工作者状况调查站点体系建设，新增省级站点38个，上报信息79篇。

联合省财政厅实施“科普惠农兴村计划”，有50个项目获国家奖补，16个县（市、区）荣获全国科普示范县（市、区）。举办第29届辽宁省“科普之冬”暨2016年科普惠农·农超对接启动仪式，96个农村专业技术协会和科普示范基地组织200多种农产品参加展销。

2016年新建站11个，累计建站200个，柔性引进“两院”院士498人次，承担430个专项和重点科研项目，培养带动一线科技人才2150人，推荐13个院士专家工作站获辽宁省自然科学基金和辽宁省博士启动资金资助。引导企业科技工作者创新争先，评选北方重工集团有限公司烧结球团创新团队等16家单位为优秀创新团队，王凯琳等16人为创新标兵。“科技文献检索服务平台”服务企业500余家。培训知识产权应用工程师1492名。开展辽宁省第二届大学生创新方法大赛，举办创新方法高级培训班，培训企业科技人员520余名，产生技术方案318个。

《科学素质纲要》实施及科普工作　省政府发布《辽宁省全民科学素质行动计划纲要实施方案（2016—2020年）》，提出实施“四个重点人群”科学素质行动和“六项基础工程”。将《科学素质纲要》工作有关内容纳入《中共辽宁省委关于制定国民经济和社会发展第十三个五年规划的建议》。召开辽宁省全民科学素质行动实施工作电视电话会议，总结辽宁省“十二五”时期实施情况，部署“十三五”时期工作任务。启动“万众问科学工程”。针对“四大重点人群”发送科普图书25万册。

举办第31届辽宁省青少年科技创新大赛和第13届辽宁省青少年机器人大赛，共有1500余名师生参赛，辽宁省青少年科技活动中心获全国青少年机器人大赛优秀组织单位奖。举办2016年青少年高校科学营——辽宁分营活动，来自江苏、安徽等11个省的1000余名高中师生参加活动，辽宁省青少年科技活动中心获全国青少年高校科学营优秀组织单位奖。举办“大手拉小手——科普报告进校园”系列活动，全年举办科普报告会80场，听众达3万余人次。辽宁省科技馆实体馆全年受众120万人次，虚拟体验馆受众20余万人次，接待科技馆业界来访49次。科普大篷车先后在沈阳市、鞍山市、铁岭市、朝阳市等9个城市、38所学校、4个社区、3个公共场所巡展，共开展科普活动45次，总行程近10万千米。流动科技馆先后在铁岭市铁岭县、朝阳市朝阳县等7个县区巡展，受众20万余人次。

实施“社区科普益民计划”，沈阳市于洪区城东湖街道三龙社区等23个社区获得“全国科普示范社区”称号。全年举办5场“名家讲科普”报告会，近3500人次参加。全年制作“科普与生活”和“科技致富”电视栏目104期3120分钟。编发《科学文明健康生活》《天文知识》《雾霾》科普挂图3套印制9.9万张，在全国科协系统首创以手绘漫画宣传形式宣传环保政策和知识，印制4万册下发全省。

学术交流 辽宁省第十届学术年会暨2016年辽宁(辽阳)智能制造产业发展论坛，邀请400多名专家、学者和企业家出席论坛，促成辽阳市政府与中国自动化学会签署合作协议，10个科研团队与15家企业开展17项技术合作。联合省发展改革委、省财政厅、省农村经济委员会、省农科院、沈阳农业大学举办第七届辽宁现代农业发展论坛，主题为“供给侧结构性改革与农业资源高效利用”。邀请中国工程院院士陈温福等27名专家、学者围绕农业供给侧结构性改革开展学术交流和技术对接。开展辽宁省自然科学学术成果奖评审工作，征集论文3245篇，评出特等奖2篇、一等奖129篇、二等奖281篇、三等奖718篇，一等奖以上论文刊登在国内外核心期刊的比例占82%。

资助27个省级学会承办国际、国家和区域重点学术活动。省细胞生物学学会主办2016国际创伤骨科最新学术技术研究进展与临床应用研讨会，邀请《骨与关节外科杂志》美国卷主编作主旨报告。省环境科学学会承办了东北亚（沈阳）国际环保博览会。支持省级学会开展“辽宁省科学仪器产业发展对策研究”等11项软科学课题研究，编制《辽宁省创业农业发展》等9份行业科技发展报告。资助中青年科技工作者国（境）外交流提升计划项目44人次。

服务科技工作者 完成全国优秀科技工作者推荐工作，辽宁省8人获得第七届“全国优秀科技工作者”称号，其中李灿获“全国杰出科技人才”奖。联合省人力资源和社会保障厅开展第十届辽宁省优秀科技工作者评选工作，140名优秀科技工作者获奖。继续资助出版优秀自然科学著作20部，其中全额资助出版12部，差额资助出版8部。

宣传科技工作者的时代典型。开展以“与好书交友　与智慧牵手”为主题的读书节系列活动，采购图书300套共计3300册，发放全省185个国家级、省级科普示范社区。组织实施“老科学家学术成长资料采集工程”，启动中国工程院院士陈洪铎学术成长资料采集工作。加强辽宁省科协网站管理，编发《辽宁科技界》期刊。加强对重大事件、基层工作和先进典型宣传报道，在辽宁广播电视台、辽宁日报等主要新闻媒体发稿41篇。开展科学道德和学风建设宣讲教育。联合省教育厅、中国科学院沈阳分院在沈阳市、大连市、锦州市组织3场全省性宣讲报告会。

自身建设 4月7日，省科协召开八届五次全委会议，推选辽宁省出席中国科协第九次全国代表大会代表34名。8月18日，省科协在省科技馆召开八届四次常委会议和八届六次全委会议，经辽宁省委提名，补选崔铁民为辽宁省科协副主席。10月21日，省科协召开机关干部大会，宣布辽宁省委决定，张春英同志任省科协党组书记，并提名为省科协副主席人选；免去康捷同志的省科协党组书记职务。12月27日，省科协在省科技馆召开八届五次常委会议和八届七次全委会议，补选省科协党组书记张春英为省科协副主席。省委常委、统战部部长范继英出席并讲话。

做好全国科协系统先进集体和先进工作者候选人推荐工作，推荐先进集体7个、先进工作者19人。

6月5—7日，中国科协党组书记、常务副主席、书记处第一书记尚勇到省科协调研指导工作，传达中国科协九大会议精神，调研省科技馆运营情况，看望省科协机关和直属事业单位干部职工。8月2—3日，中国科协党组副书记、副主席、书记处书记徐延豪到省科协就省科技馆建设、运行和管理情况进行调研。

9月26—30日，省科协在东北大学举办主题为“科技”“创新”的全省科协系统干部创新发展理念专题培训班。各市科协领导班子、县区科协主席、省科协机关及直属事业单位处级干部等共计57人参加。

成立省科协领导班子和领导干部工作实绩考核领

导小组。完善机关规章制度，加强作风建设，锤炼干部队伍素质，提高服务能力。严格执行经费管理办法，对专项奖励经费执行情况进行考评和监管。加强档案管理，实现库存档案数字化。抓好定点扶贫工作。做好对口援疆援藏工作。2016年省科协获“辽宁省模范职工之家”“辽宁省直机关定点扶贫先进单位”称号。

地市县及科协基层组织 辽宁省共有省辖市（地）科协14个，县(市、区)科协100个，乡镇、街道（社区）科协1861个。

沈阳市科协打造海外人才离岸创新创业基地，策划22条具体推进措施。大连市科协成立创新创业服务基地，扶持科技型中小微企业与科研院所、高校、创客等协同合作。鞍山市科协举办首届微电商创业博览会，促成农商电商有效对接。抚顺市科协首次开展优秀科技工作者健康体检活动。阜新市科协开展主题为“搭建老百姓创新舞台，成就平凡人科学梦想”的“科技达人”评选活动。营口市科协开展“科技工作者风采录”系列宣传活动，盘锦市科协开展“科技工作者乡村行”惠农服务活动。葫芦岛市科协建立农业培训专家资源库，精选专家传授实用技术。铁岭市昌图县科协组织实施各种实用技术项目6项，推广玉米、水稻、生猪等新品种4项。

省级学会、企业科协、高校科协 全省共有省级学会126个，2016年新增个人会员10000人，个人会员总数达32万人。2016年新成立企业科协8个，累计成立企业科协310个。全省共有高校科协51个。省级学会全年举办国内学术会议300场，主办科技期刊40种，发表论文11319篇，印制期刊75万余册。

整合省级学会、企业科协和高校科协优势资源组建科技联盟，省造船工程学会、省航空宇航学会和省兵工学会结成学会国防科技社团战略联盟，大连船舶重工集团科协牵头组织中国科协船舶行业企业科协创新联盟，开展涉农学会学科联盟和环保科技联盟的建设试点工作。

建立“优秀科技社团创新和服务能力提升专项”制度，通过以奖代补、奖建结合支持省有色金属学会等10个学会提升能力，示范引领全省学会工作整体提升。推进学会承担科技类社会化公共服务职能7项，省造船工程学会承接工程系列专业技术职务任职资格评审，省通信学会承接制定“关于修订电信服务质量标准及制定第四代移动通信业务服务质量检查标准”，省环境科学学会制定《辽宁省餐饮业油烟排放标准》，省土木建筑学会承接编撰《辽宁省建筑工程施工图设计文件审查要点》，省可再生能源学会评价“城市生活垃圾热解气化成套设备”项目，省营养学会开发“公共营养师健康管理师题库”并参与考核评定。东北财经大学科协出资金设立“高端学术论坛”，举办各类学术讲座112场。大连工业大学科协举办40场高端国际学术会议，中央电视台特约军事评论员杜文龙、《百家讲坛》著名学者于赓哲教授、百家讲坛主讲人唐博先后在学校《博慧讲坛》作报告。

【辽宁省第十届学术年会】 9月12—13日，辽宁省第十届学术年会暨辽宁（辽阳）智能制造产业发展论坛在辽阳市召开，由省科协、中国自动化学会，辽阳市委、市政府共同主办。年会的主题为“推动智能制造，建设智慧辽阳”，共设立主会场1个、分会场24个。年会围绕《“中国制造2025”辽阳行动纲要》，探讨打造五百亿级装备制造及汽车零部件产业集群，千亿级芳烃及精细化工；推进解决工业化与信息化深度融合的战略性和方向性问题、重点领域创新发展问题及企业科技需求问题等；搭建学术交流、科技合作和咨询服务的平台，推动不同层次、不同形式的产业联盟和协同创新共同体形成，促进科技与地区经济相结合，促进经济与社会协调发展，积极服务地方产业转型升级，提升自主创新能力，加快辽宁老工业基地新一轮全面振兴。

省科协、辽阳市科协联合辽阳市人才工作办公室、辽阳市经济和信息化委员会深挖企业科技需求，收集整理企业需求30余项。省市科协走访全国各地的10余个科研院所，组织省土木建筑学会、省机械工程学会、省化工学会、省电工技术学会，联系中国自动化学会等5批次30余位专家与辽阳宏图碳化物有限公司、辽阳新风科技公司等15家企业对接，就智能制造领域技术问题进行洽谈合作。来自全国各地的专家、企业家，部分省级学会，辽阳市科技工作者代表等400余人参加了会议。

【《辽宁省全民科学素质行动计划纲要实施方案（2016—2020年）》发布】 省科协牵头起草《辽宁省全民科学素质行动计划纲要实施方案（2016—2020年）》。7月29日，省政府发布《辽宁省全民科学素质行动计划纲要实施方案（2016—2020年）》，提出实施青少年、农民、城镇劳动者、领导干部和公务员等四个重点人群科学素质行动和科技教育与培训基础、社区科普益民、科普信息化、科普基础设施、科普产业助力、科普人才建设六项基础工程。将《科学素质纲要》工作有关内容纳入《中共辽宁省委关于制定国民经济和社会发展第十三个五年规划的建议》和《辽宁省人民政府关于印发辽宁省国民经济和社会发展第十三个五年规划纲要的通知》。省科协牵头筹备《科学素质纲要》工作电视电话会议。9月7日召开辽宁省全民科学素质行动实施工作电视电话会议，总结辽宁省“十二五”时期全民科学素质行动实施情况，部署“十三五”时期工作任务。辽宁省全民科学素质工作领导小组组长、省政府副省长刘强出席会议并讲话。

（撰稿人：周英男）

吉林省科学技术协会

服务经济社会发展 组织开展科技助力精准扶贫“科技之冬”系列活动，全省全年举办实用技术培训班5500次，推广新技术新品种1150项，开展健康义诊活动200多次。省科协定点扶贫洮南市车力乡创业村，引导村民发展玉米制种产业和棚膜经济，帮建蔬菜大棚95栋27830平方米，建设科普院墙2000延长米。

承担省政府办公厅调研课题“全省深入实施创新驱动战略研究”、省科学技术与工程咨询委员会自选课题“中国吉林自由贸易区建设的思路与对策研究”等6项。组织省科学技术与工程咨询委员会委员参加、列席省政府有关决策咨询会议，对《省政府工作报告》等提出修改建议。6名省科学技术与工程咨询委员会委员被省政府办公厅评为2015年度优秀决策咨询委员，1篇委员建议被评为优秀决策咨询成果，省科学技术与工程咨询委员会秘书处被评为先进秘书处。

按照省人才工作领导小组安排部署，组织46位院士、专家为地方经济发展服务，深入152家企业走访调研，征集了44个专业类别科技需求170项，24家企业与26名专家签署了技术合作协议。全年新建院士专家工作站10家，进站专家25人。全省院士专家工作站共151家，进站专家176人。全年面向高校和企业开展创新方法培训2000余人次，针对学员提出的技术难题，经过培训产生解决方案247项、专利预案48项。持续跟踪一汽轿车股份有限公司受训技术人员培训成果，进行现场指导，受训技术人员已向国家知识产权局申报实用技术型专利3项。

《科学素质纲要》实施及科普工作 6月，省政府办公厅印发《吉林省贯彻全民科学素质行动计划纲要实施方案（2016—2020年）》（以下简称《科学素质纲要》）。省委书记巴音朝鲁对《科学素质纲要》实施工作作出批示，指出，“提高全民科学素质是实施创新驱动战略，推进创新发展的迫切需要。要认真落实好《科学素质纲要》，扎实做好我省全民科学素质行动实施工作”。

实施基层科普行动计划47个项目获得国家“科普惠农兴村计划”奖补资金，13个科普示范社区获得全国“社区科普益民计划”奖补资金。81个项目获得省级“科普惠农兴村计划”奖补资金，40个科普示范社区获得省级“社区科普益民计划”奖补资金。

举办2016年全国科普日暨吉林省第十四届科普周活动，时任省委副书记马俊清出席主场活动。组织开展历时4个月的送科技下乡活动，活动在四平市铁东区山门镇农贸大集启动，40余家大专院校、科研院所及有关涉农企业、商家参与活动。科普旅游活动全年共走进了40多个街道的145个社区。长白山科普游达8520人次，三角龙湾科普游7710人次，吉林松花湖丰满水电站万科度假区科普游4967人次，总计21197人次。

举办第31届吉林省青少年科技创新大赛等科技竞赛活动，组织开展2016年青少年高校科学营——吉林大学分营暨汽车科技专题营活动，组织实施2016年吉林省中学生英才计划等青少年科技交流活动。

与吉林日报合作，创办《求证·科学》栏目，为向网上伪科学宣战提供科普资源。推进宽带科普终端进村工程项目，年度投放科普终端播放器1784台。吉林手机报“e点科普”栏目受到公众特别是公务员群体的关注，受众达30余万人次。吉林科普微窗微信公众平台互动参与性不断加强，平台关注人数近5万人。

省科协全年开发制作科普系列动画14部、科普公益广告45部、开发设计科普动漫图书1部。向基层科协印制配送科普挂图6期4.8万张。集成科普视频节目520部上传吉林省科普资源共享平台。科普视频网全年完成50期2000小时左右的节目制作。与吉林电视台乡村四季栏目组合作，完成10期“特产之乡科普行”节目采录播放工作。全省20多个市、县电视台开设了大篷车电视栏目，每月向百度网盘上传一次《科普大篷车》高清电视节目，供地方电视台下载使用。

中国科协给予吉林省科技馆、延边州科技馆、集安市科技馆免费开放资金支持。省科技馆自5月开馆试运行以来，累计接待观众43万人次，平均日接待量达2000余人次。流动科技馆完成长春、四平、延边、辽源4个地区14个站点的巡展工作，累计参观人数48万人次，实现了全省贫困县巡展全覆盖。

学术交流 省科协以“强化科技引领支撑，推动吉林创新发展”为主题，举办第九届学术年会；举办科技论坛10场、青年科学家论坛22场、研究生论坛8场。省科协本级全年累计开展专题或系列学术交流活动47次，参会7000余人次。承办中国科协高端专题学术交流活动项目——区域空气质量与可持续发展研讨会，形成咨询报告《东北区域霾污染成因及防控》报送有关部门供决策参考。开展国际学术交流，与吉林大学、东北师范大学、长春应化所、吉林省农业机械研究院、吉林省心理学会、吉林省农机学会等大专院校、科研院所、省级学会联合举办了多孔材料国际研讨会、中日智能车辆技术论坛等学术交流活动，来自美国、俄罗斯、加拿大、英国等近20个国家的80多位专家作特邀报告或主旨报告，参会人数近2000人次。

经中国科协企业工作办公室批准，中国科协创新驱动科技成果转化服务中心四平市分中心设立。省科协总结、复制、推广四平市作为创新驱动助力示范市的经验与做法，探索应用中国科协10种工作模式，在全省县级区域继续扩大省级创新驱动助力示范区覆盖面。指导四平市科协与中国光学工程学会签署了战略合作协议。指导四平市科协与四平市邮储银行达成合作意向，针对企业需求，由邮储银行为企业提供融资、理财、汇兑、转账、代发工资等全方位金融服务。

服务科技工作者 完成2016年吉林省青年科技奖评选工作，评出吉林省青年科技奖30个、创新团队奖1个、特别奖3个。组织开展工程系列专业技术资格评审工作，98人评审通过取得中级职称资格。完成全省新型职业农民专业技术能力首批评定工作任务，评出高级农技师161名、中级农技师996名、初级农技师8372名。

走访慰问在长春的中国科学院院士、中国工程院院士、第三世界科学院院士。通过组织专题调研、座谈研讨、学术交流、科普活动等形式，密切与各层次科技工作者的联系。

自身建设 按照省委全面深化改革和群团组织改革的总体部署和中国科协的改革要求，省科协结合吉林省实际，经广泛征求意见，形成了《吉林省科协系统深化改革方案》。12月5日，《吉林省科协系统深化改革方案》经省委常委会议审议批准正式印发。

以开展“两学一做”活动为抓手，组织省科协干部职工深入学习党的十八大，十八届三中、四中、五中、六中全会和“科技三会”精神，学习习近平总书记系列重要讲话，学习党风廉政建设等党纪条规，提高思想政治素养，坚定理想信念。完成了机关党委、机关纪委的换届工作，召开了中共吉林省科协机关第四次大会，选举产生了省科协新一届机关党委和纪委。

5月13日，省委任命林天同志为省科协副主席、党组书记，同时免去李景涛同志省科协副主席、党组书记职务。

召开省科协八届九次、十次常委会议，八届五次、六次全委会议。指导省食品学会等8个学会完成换届选举工作。指导吉林大学等成立科协组织。

探索建立学会联合体，提高凝聚力和权威性。组织开展学会治理体系与改革发展状况调查，形成《吉林省科协所属省级学会总体情况报告》报送中国科协。省科协牵头发起成立了吉林省慢病防控学术联盟，成立吉林省生命科学学会联合体的筹备工作正在进行中。

地市县及科协基层组织 吉林省共有市、州科协10个（含长白山管委会科协），县（市、区）科协60个，农村专业技术协会3520个。地市县级科协2016年共开展学术交流活动14次，参加人数1099人；举办科普宣讲活动4910次，开展实用技术培训3869场次，推广新技术新品种579项，参加活动的科技人员数量达4万余人次，受众人数83万余人次。

省级学会、高校科协、企业科协 省科协所属省级学会134个，个人会员118万人，团体会员7834个。高校科协24个，企事业科协241个。2016年，省级学会积极搭建学术交流平台，举办了第七届吉林省照明科学技术奖颁奖大会暨北方城市（长春）照明论坛、2016吉林省智慧城市建设发展高层论坛、2016中国大数据暨智慧城市产业发展会议等学术交流活动600余次，参会人数9万余人次。

【《吉林省科协系统深化改革方案》印发】 12月5日，《吉林省科协系统深化改革方案》（以下简称《方案》）经吉林省委常委会议审议通过，以省委办公厅名义正式印发。方案明确了科协改革指导思想、基本原则和总体目标，提出科协改革的逻辑主线，即增强

"三性"（政治性、先进性、群众性），建设"三型"（开放型、枢纽型、平台型）科协组织，发挥好"三大功能"（党领导下团结联系广大科技工作者的人民团体、提供科技类公共服务产品的社会组织、国家创新体系的重要组成部分），坚持"四个服务"（为科技工作者服务、为创新驱动发展服务、为提高全民科学素质服务、为党和政府科学决策服务）的职责定位。

《方案》围绕改革和完善科协组织体系、改革联系服务科技工作者的机制、创新面向社会提供公共服务产品的机制、加强和改进党对科协工作的领导4个方面，确定了25项改革目标70个具体任务。一是改革和完善科协组织体系。要求提高科协领导机构中基层科技工作者比例，加大科协常委会、全委会、代表大会基层一线人员比例；深化科协机关事业单位改革，建立更加直接服务基层的体制机制；全面改革学会治理结构和治理方式。突出科技工作者的主体地位。二是改革联系服务科技工作者的机制。通过建立与科技工作者直接联系制度；完善科技人才培养举荐、同行评议、选拔任用、激励保障服务机制，助力科技工作者成长成才；密切与科技工作者的联系，建好科技工作者之家等工作举措，构建科协与科技工作者畅通稳定的双向联系渠道，从体制机制上解决科协组织与科技工作者联系不亲、不紧的问题。三是创新面向社会提供公共服务产品的机制。围绕科技成果转化、科学文化公共服务、承接政府转移职能、为党和政府决策服务等机制创新，充分调动激发科技工作者的积极性主动性创造性，发挥科协组织在提供社会化公共服务产品方面的独特优势，团结带领广大科技工作者助力吉林创新发展。四是加强改进党对科协工作的领导和对科技工作者的政治引领。以突出和增强政治性为导向，着重从加大对科协工作支持保障力度；强化科协系统党组织建设；加强对科技工作者的政治引领，着力加强党的领导，切实担负起团结带领广大科技工作者听党话、跟党走的政治任务。

【吉林省第九届科学技术学术年会】 11月10日，以"强化科技引领支撑，推动吉林创新发展"为主题的吉林省第九届科学技术学术年会在长春开幕。中国科协党组成员、学会学术部部长兼企业工作办公室主任宋军，吉林省科协主席、中国科学院院士冯守华，中国科协学会服务中心主任刘兴平，以及吉林省内有关部门负责人等出席开幕式。开幕式由吉林省科协党组书记、副主席林天主持。

吉林省科协副主席、中国工程院院士、吉林农业大学教授李玉作了题为《菌物药的探索与思考》的报告，介绍了国际菌物药的研究热点及吉林省发展现状，对未来发展前景进行了展望。吉林省科协副主席、长春理工大学校长于化东代中国工程院院士、长春理工大学教授姜会林宣读报告，报告分析了我国未来发展的重要机遇和严峻挑战，对吉林省加强科技创新提出了有见地的思考。中国科学院院士、中国科学院长春应用化学研究所研究员张洪杰作了题为《稀土功能及结构材料的研发与应用》的报告，介绍了其团队在稀土功能材料方面取得的创新性成果。中国科学院院士、中国科学院长春光学精密机械与物理研究所研究员王立军作了题为《激光科技与社会发展》的报告。

本届年会设立了院士专家报告会、11个学术交流分会场和系列创新驱动助力工程全国学会服务吉林活动。

分会场学术交流活动内容涉及森林生态系统修复、石油行业持续发展、智慧气象、智慧建筑业、生命科学与人类健康、能源互联网技术等方面。邀请了吉林省科协副主席、中国科学院院士、中国科学院长春光学精密机械与物理研究所研究员王家骐等59名专家作分会场报告。

在系列创新驱动助力工程全国学会服务吉林活动中，中国粮油学会等10个全国学会的专家，与吉林省长春、四平、白山、延边等地区的企业对接，开展了项目合作、成果推广、技术咨询、技术攻关等服务，帮助破解创新难题，实现协同创新。

本届年会论文内容涉及石油化工开发利用科学技术、资源环境可持续发展科学技术、现代教育与健康科学技术、科学进步与经济社会协调发展等4部分，共收录学术论文179篇。

开幕式上还举行了2016年吉林省研究生科技论文演讲比赛颁奖仪式。来自中国粮油学会、中国造船学会的专家、学者，吉林省科研、生产、教学第一线的科技工作者，优秀学术论文作者，省级学会有关负责人，吉林省科协有关人员共350余人出席开幕式。

【吉林大学科学技术协会成立】 9月8日，吉林大学科技创新大会暨科学技术协会第一次代表大会在吉林省长春市举行。中国科协党组成员、书记处书记王春法，吉林大学党委书记杨振斌，吉林大学校长李元元，教育部科技司副司长高润生出席会议并致辞。

吉林省科协党组书记、副主席林天，中国科协组织人事部，吉林省科协、省发展改革委、省教育厅、省科技厅以及吉林大学有关人员出席会议。

王春法对吉林大学科协未来的发展建设提出三点希望：一是积极探索科协与高校的协同机制，成为创新驱动发展的推动者。二是积极主动服务校内科技工作者，成为建家交友活动的力行者。三是积极服务“世界一流大学和一流学科”建设，成为学校中心工作的助力者。

省科协副主席曹军宣读了《关于吉林大学成立科学技术协会的批复》，吉林大学常务副校长邴正宣读了吉林大学科学技术协会领导机构组成。王春法、林天、杨振斌、李元元共同为吉林大学科学技术协会揭牌。

会议表彰了“十二五”期间吉林大学科技工作先进集体和个人。吉林大学机关干部以及各学院代表共1200余人参加大会。

（撰稿人：宋宁宁）

黑龙江省科学技术协会

服务经济社会发展　举办决策咨询专题研讨会20次，形成专家建议9篇，8篇得到省委省政府领导批示。主办“推动龙江企业创新发展　振兴老工业基地”专题研讨会，形成的专家建议《关于助推企业创新发展　全面振兴龙江的建议》得到黑龙江省委副书记陈润儿、副省长胡亚枫批示。与黑龙江省气象局共同主办2016年黑龙江省农业防灾减灾春季研讨会，形成专家建议《关于2016年科技备春耕的建议》《关于今春气象条件下发展林下经济的建议》《2016年我省农业自然灾害分析预测及防御对策建议》得到省委副书记陈润儿批示。与黑龙江省旅游发展委员会、伊春市政府和中国林业产业联合会森林旅游协会共同主办龙江森林生态旅游学术论坛，形成的专家建议《关于黑龙江省森林生态旅游的建议》《关于充实与提升我省森林生态旅游文化内涵的建议》《关于加快发展黑龙江省科普旅游的几点建议》《关于伊春市发展全域旅游的几点建议》得到了黑龙江省副省长郝会龙、吕维峰、王爱文的批示。

组织实施2016年“基层科普行动计划”推荐工作。12个农村专业技术协会、5个农村科普示范基地、27个农村科普带头人、16个科普示范社区被评为国家“基层科普行动计划”先进集体和个人。组织实施2016年黑龙江省“科普惠农兴村计划”推荐评审工作。6个农村专业技术协会、16个农村科普示范基地被评为省级“科普惠农兴村计划”先进集体。

举办企业一线工程师创新方法培训班。黑龙江贝因美乳业有限公司、黑龙江华丹乳业有限公司等企业，省能源环境研究院、省904水文地质工程地质勘察院的一线工程师50人参加培训。

实施创新驱动助力工程。组织大兴安岭地区申报并立项中国科协创新驱动助力工程。在大庆安达市开展科协县域创新驱动助力工程试点工作。与省森林工业总局、省农业科学院、省工业商业联合会、中国地震局工程力学研究所等单位签署战略合作协议。

启动科技助力精准扶贫工作。与人民网黑龙江频道联合在明水县、望奎县、海伦市开展试点工作，通过建设免费无线WiFi等形式，提高脱贫攻坚实效。成立农技专家小分队开展“冬闲充电，农技下乡”农技实用技术培训活动，400名农业带头人参与活动并受益。指导孙吴县农民种植汉麻，开展技术培训，种植面积达9.5万亩，成立了孙吴县汉麻协会及21家汉麻合作社，并被中国麻纺协会授予“中国汉麻之乡”的称号。

《科学素质纲要》实施及科普工作　全民科学素质纲要成员单位由2015年的27个增加到31个，增加了黑龙江省农垦总局、省森林工业总局、省地震局、省农业科学院4个单位。在绥棱林业局召开《全民科学素质行动计划纲要》现场推进会议，研究部署“十三五”期间黑龙江省全民科学素质工作的阶段目标、重点任务。

开展全国科普日暨黑龙江省金秋科普月活动。活动期间共开展204项重点科普活动，各类科普活动1000余项，受众300多万人次，省科协获得2016年“全国科普日”优秀组织单位。开展黑龙江省科技活动周活动，共组织科普讲座60余场，送科技下乡200余次，举办各类培训班300余次，培训人数约3万人次，发放各类科普宣传资料16余万份，受众100余万人次。开展“科普之冬”活动，共开展送科技下乡活动1500余次，举办科普流动课堂和培训班2000班次，培训农民、乡村干部60余万人次；发放科普图书、资料125余万份，推广实用技术10余项，举办各类科普展览670余次，受众90万人次。与哈尔滨广播电视台联合开展了“科普文化进万家”活动。在哈尔滨冰雪大世界开展了“无处不科普”活动，建设了龙江科普体验馆，设置了院士墙，利用LED电子屏宣传科普知识并推广科普中国。

3月25日，黑龙江省科普大集活动在哈尔滨市方正县城北世纪广场启动。本次活动由省委宣传部、省科协、省财政厅、省科技厅、省邮政储蓄银行联合主办。本次科普大集活动以“服务绿色食品大省建设 推动现代农业发展”为主题，特设13大主题展区，开办5个流动课堂，开展3次科技培训，进行两地参观走访，发放《中央一号文件解读》《健康科普漫画集》《不可不知的法律知识》等科普图书共计3万余册。

组织参加全国农民科学素质网络竞赛，省科协被评为全国农民科学素质网络竞赛活动优秀组织单位。组织开展黑龙江省青少年机器人竞赛，经选拔10支参赛队伍入围全国大赛，取得一等奖1名、二等奖3名、三等奖1名的成绩。组织开展全国中学生生物、化学、数学、物理学联赛（黑龙江赛区）选拔考试，近7000名中学生参与。开展高校科学营、中学生英才计划教育试点、青少年科学调查体验、英特尔求知计划、全国青少年探索计划魔抓创意编程、青少年科学映像节、科普公益校园行、院士专家校园行等活动，近2万人次青少年参加。

投资150万元建设了5个农村中学小型科技馆。与省财政厅联合组织实施了农村科普宣传栏建设工程，投资1060余万元在757个中心村建设科普宣传栏。投资130万元建设100个社区“科普e站”。截至2016年年底，黑龙江省共有国家级科普教育基地28个，省级科普教育基地198个，乡、村级科普宣传栏2947个，总长度17682米，县（市）级青少年科学工作室7个。

黑龙江省科普大篷车2016年总计行程近4.2万千米，共开展科普宣传活动132次，受教育人数近13.6万人次。组织科技专家服务团共开展农技培训12堂课，现场技术指导25次，邀请农业专家28人次，发放各类农技教材2000套，直接受益农民达3600人次。截至2016年年底，黑龙江省共有科普大篷车36辆，共设立科普大篷车科普活动站52所。

开展科普大篷车队边疆行“百地千场万里行”活动。活动历时27天，组织14辆科普大篷车，累计行驶3万余千米，开展“五进五送”活动48场，直接受众5.6万人次。

省科技馆全年累计开放309天，共接待公众11.15万人次。球幕影院共放映467场次，4D影院共放映782场次，观影人数6万余人次。完成18个市、县的中国流动科技馆巡展任务，受益公众120万人次。省科技馆网和数字科技馆点击量1200万次。

学术交流 实施2016年度学术活动质量提升计划项目，立项15个，包括3个学术沙龙、2个学科群学术活动、10个专题学术研讨活动，参与专家共500余人次。

与黑河市政府共同主办黑河中俄寒地红景天与小浆果开发应用研讨会，来自俄罗斯的9名专家和国内从事林业研究领域的学者以及黑河相关科研及生产单位和代表共计50余人参加了研讨会。举办中印杂粮生产加工技术学术研讨会暨黑龙江省杂粮产业发展研讨会，来自印度和国内杂粮研究领域的专家、学者和企业代表等300余人参加会议。举办首届中韩饮食文化与绿色食品产业发展策略研讨会，来自韩国世宗大学的国家碳水化合物研究所的4位专家及国内食品科学领域的专家、学者30余人参加研讨会。

开展“全国大众创业万众创新活动周”活动。组织哈尔滨理工大学、黑龙江省能源环境研究院、齐齐哈尔医学院、齐齐哈尔工程学院、齐齐哈尔齐三机床有限公司5个单位的9个项目参加2016年中国创新创业成果交易会展出。组织参加全国科技工作者创新创业大赛总决赛，黑龙江省九〇四水文地质工程地质勘察院的“一种寒区地温能开采装置”项目获得全国科技工作者创新创业大赛银奖。举办第四届全国“TRIZ”杯大学生创新方法大赛、黑龙江省第四届大学生物理学术竞赛、第七届黑龙江省大学生结构设计竞赛，共1500余人参加比赛。组织“创新创业报告会”走进哈尔滨商业大学、哈尔滨理工大学、黑龙江大学，共作报告10场，500余人参加报告会。

服务科技工作者 开展黑龙江省优秀科技工作者评选工作，经省科协推荐，5人获得第七届“全国优秀科技工作者”称号。经省科协推荐，哈尔滨工业大学王飞教授获得第二十届中国科协求是杰出青年成果转化奖。

开展“龙江创新力量”系列宣传活动。与省委宣传部、省科技厅共同组织全省各地推荐宣传典型，在200多个推荐事迹中，评选出50个典型在东北网设立专栏进行宣传。评出“龙江创新力量十佳”，在黑龙江电视台新闻联播、黑龙江日报设立专栏进行宣传。

自身建设 推进省科协系统改革。成立省科协系统深化改革领导小组，完成了《黑龙江省科协系统深化改革实施方案（送审稿）》起草工作，印发省直13个部门征求意见。

开展学会党建双覆盖工作。在对108个省科协业务主管学会（协会、研究会）进行全面摸底调查的基础上，对90家学会成立和改选党组织进行了批复。

开展“两学一做”学习教育。组织机关及所属事业单位党支部和全体党员深入学习党章和党纪党规、习近平总书记系列重要讲话特别是对黑龙江两次重要讲话、习近平总书记“七一”重要讲话精神和全国“科技三会”重要会议精神，组织召开5次党组中心组学习扩大会，组织处以上领导干部讲党课10余次，各党支部学习50余次，集中讨论30余次。举办了“学习型机关大讲堂”，开展了纪念建党95周年主题系列活动、四期青年党员学习营等学习教育活动。将“两学一做”与科协系统深化改革工作结合，组织开展了“我为改革献一策”“做合格党员演讲比赛”等活动。在黑龙江省直党政机关工作责任制考核中获得优秀档次。

11月2日，省委副书记黄建盛到省科协调研指导工作，重点听取了关于省科协系统深化改革情况的汇报，分析研究具体问题，指导完善改革方案，对下一步工作提出要求。黄建盛要求省科协要全面贯彻落实党的十八届六中全会精神，按照省委关于群团改革的统一部署，立足科协实际，进一步完善省科协系统深化改革实施方案，扎实推进科协改革工作。

地市县及科协基层组织　截至2016年年底，黑龙江省共有市（地）科协13个、省直管县科协2个、县级科协125个。

哈尔滨市科协与新华社黑龙江分社合作，在全国首创了“新华科普联播屏”。2016年，哈尔滨市政府投入350万元，集中采购543块新华科普联播屏，并全部安装到位。截至2016年年底，全市共有696个社区、科普基地、社区卫生服务中心安装了新华科普联播屏，基本实现了全市社区全覆盖，共制作播发科普短片200条（集），播发科普宣传标语2400余条（次），为社区提供个性化科普服务126次，科普宣传受众达600万人次。

鸡西市委书记康志文对鸡西市科协报送的《关于进一步加强基层科协组织建设的报告》作出批示，要求有关部门对市科协在报告中所提建议予以研究解决。12月27日，鸡西市委副书记陈哲到鸡西市科协进行调研，听取了2016年工作情况汇报，对2017年市科协工作提出了希望和要求。

10月13日，由绥化市政府主办、绥化市科协和市工业和信息化委员会承办的“大众创业、万众创新”论坛开幕，近200人参加论坛。

省级学会、企业科协、高校科协　截至2016年年底，黑龙江省共有省级学会202个、高校科协13个、企业科协204个，有科技工作者268万人，加入科协组织的会员28万人。

4月23日，省物理学会举办黑龙江省第四届大学生物理学术竞赛，哈尔滨工业大学、哈尔滨理工大学、哈尔滨工程大学、哈尔滨师范大学、黑龙江科技大学以及哈尔滨工业大学威海分校等院校的10支代表队参加。竞赛评选出2名特等奖、3名一等奖，并从参加竞赛的学生中选择优秀的队员，组成代表队参加第七届中国大学生物理学术竞赛，哈尔滨工业大学获全国特等奖。

11月12日，省微生物学会召开第八次会员代表大会暨2016年学术年会。全省微生物学会会员代表以及相关领域大专院校、科研院所、企业代表130余人参加会议。代表大会后召开了以“微生物技术与绿色农业和可持续发展”为主题的学术年会，东北农业大学教授王傲雪、哈尔滨师范大学教授郭长虹、中国科学院东北地理与农业生态研究所研究员王光华等10名专家作学术报告，与会代表围绕农用微生物制剂生产施用新技术、土壤修复与农残降解、农业废弃物资源化利用、农产品深加工和农业副产品生物转化4个方面内容开展了学术交流。

11月26日，省卒中学会召开成立大会暨首届黑龙江省卒中学会学术会议。中国工程院院士、哈尔滨医科大学校长杨宝峰出席会议。全省400余名专家、学者参加会议。国家神经内科培训中心主任饶明俐等专家作专题学术讲座。与会专家就纤维蛋白原在脑血栓疾病中的病理机制及其药物干预、2016 ISC荟萃、醒后卒中患者管理、卒中合并糖代谢异常的患者综合管理策略4个主题进行了交流。同时举办了中华医学会神经病学分会第三届曙光行动神经影像读片知识竞赛。黑龙江省成为继贵州省、河南省、吉林省、山西省和四川省之后，我国第6个拥有省级脑卒中学会的省份。

【中俄制造业重点企业总工程师交流会议】　6月18日，由中国科协、黑龙江省人民政府主办，省科学院、省科协、省外事办、哈尔滨工程大学承办的中俄制造业重点企业总工程师交流会议在哈尔滨市召开。

省政府副省长孙尧出席会议并致辞。省科协主席马淑洁，省科协党组书记、副主席毕卫星，省科学院党组书记赵梅等，以及中俄制造业重点企业总工程师代表等共50余人参加会议。来自俄罗斯国家技术集团、俄罗斯航空发动机股份有限公司、中俄友谊科技园、俄罗斯奥普宁斯克技术科研生产联合体、俄罗斯区域工程中心、西普龙工程中心、伊尔库茨克工商会、莫斯科联合工厂有限责任公司以及哈尔滨飞机工业集团有限责任公司、哈尔滨汽轮机厂、中国航天科工集团哈尔滨钛业有限公司、哈尔滨电碳厂、哈尔滨东安发动机有限公司、哈尔滨轴承制造有限公司、哈尔滨电机厂有限责任公司、中国第一重型机械股份公司的总工程师及代表先后发言，并就一些合作意向进行了交流。

【第八届黑龙江省科协学术年会】 10月14日，第八届黑龙江省科协学术年会暨太阳岛科技论坛特邀报告会在哈尔滨市召开。本次学术年会的主题是“科技创新助力龙江发展”。黑龙江省副省长王爱文出席报告会并致辞。省科协主席马淑洁参加报告会。报告会由省科协党组书记、副主席毕卫星主持。各地市科协、企业界、高校和科技界相关领域的科技工作者等共计500余人出席报告会。

中国工程院院士、哈尔滨工业大学校长周玉，中国林业科学研究院森林生态效益监测与评估首席科学家王兵，杭州绿盛集团董事长、LHD联合动能海洋能大型实验室总工程师林东分别作主题报告《敢为天下先　抓住机遇　主动作为　以科技创新助力龙江经济发展》《黑龙江省森林生态功能与生态产业发展的思考》《从LHD未来新能源开发谈创新与创业》。本届学术年会设有学术报告、学术沙龙、学术研讨和创新创业专题4个版块，包括特邀报告会和20个学术交流分会场，分会场包括3场学术报告、3场学术沙龙和14场学术研讨。

【龙江森林生态旅游学术论坛】 8月31日，省科协、省旅游发展委员会、伊春市人民政府和中国林业产业联合会森林旅游协会在伊春市共同主办了龙江森林生态旅游学术论坛。省科协党组书记、副主席毕卫星，省旅游发展委员会党组成员、副主任侯伟，伊春市人民政府副市长燕琴，中国林业产业联合会森林旅游协会理事长刘世勤出席论坛并致辞。省科协主席马淑洁，省科协副主席苏凤仙，省林业厅党组成员、副厅长张凤仙等出席论坛。本次论坛的主题是“科技助力龙江森林生态旅游发展”。中国林业科学研究院研究员王兵作了题为“森林生态功能与人类福祉”的主题报告，金陵科技学院教授严伟作了题为“森林生态旅游是传统林业可持续发展的重要产业路径”的主题报告，黑龙江大学旅游学院教授段光达作了题为“对黑龙江省森林生态旅游的几点认识”的主题报告。参加论坛的专家、学者、旅游企业和政府有关部门工作人员还分别就龙江森林旅游产品设计、提升龙江生态旅游开发核心竞争力、移动大数据助力龙江旅游信息化、打造世界级国家化旅游度假综合体、科技助推森工旅游业可持续发展、以全域旅游发展理念为引领推进旅游快速转型升级、黑龙江省森林生态旅游产品开发以及大力发展龙江科普旅游等进行了专题研讨和互动交流，为黑龙江省推动龙江森林生态旅游、全面振兴东北老工业基地建言献策。

（撰稿人：谢婷）

上海市科学技术协会

服务经济社会发展　积极服务上海科创中心建设。会同有关部门举办“上海科创中心建设22条意见解读系列讲座”12讲。编辑出版《上海科技创新中心建设百问百答》，上海市委副书记应勇为该书作序。根据市委组织部要求，举办以上海科创中心建设为主题的局级领导干部专题研讨班4期。推进上海自贸试验区海外人才离岸创新创业基地建设，会同自贸区管委会、浦东新区政府等，制定基地管理办法、完善运作机制和服务体系，建立包括“科创一号”在内的基地合作空间7个。基地与13个海外社团成为合作伙伴，遴选国内12个学会参与基地建设，组织对接交流活动15场。举办首届海外人才上海自贸区创业汇活动，征集创新创业项目350个，达成合作协议及意向83个。

推进院士专家工作站建设。截至2016年年底，全市建成院士专家工作站237个，其中，全国示范院士专家工作站14个；进站院士专家1057名，其中院士139名。院士专家工作站覆盖中小微企业2万余家，930余个产学研合作项目累计投入研发经费近44.6亿元，帮助企业开发关键技术2390余项，申请专利5100余项，获得国家级、省部级科技奖114个。组织开展企业行、调研和对接活动70余次，完成首批建站企业项目的社会化资本投资。深入实施创新驱动助力工程。制定实施办法，召开现场推进会，交流推广上海市静安区等3个区的成功经验和做法，推进青浦区等区相关工作，推荐杨浦区申报中国科协创新驱动助力工程试点区。

推进科技类公共服务平台建设。支持“科创365”在线服务平台建设，推进科技成果转化和企业技术攻关互动对接。实施双创科技信息服务项目，遴选130家重点企业作为典型企业培育，为其提供专业化、精准化服务。围绕科技创新、环境治理、创新社会管理等内容，做好科技工作者状况调查，开展“大众创业、万众创新”第三方评估，在课题研究和学术交流研讨基础上，形成建言、专报等。部分建言、专报获中国科协党组书记、常务副主席、书记处第一书记尚勇，上海市委副书记、市长杨雄，市委副书记应勇、副市长周波等领导批示。

《科学素质纲要》实施及科普工作 10月，市政府办公厅印发了《上海市公民科学素质行动计划纲要实施方案（2016—2020年）》，到2020年，上海市公民具备科学素质的比例将提升到25%。举办2016上海国际科普产品博览会，11个国家和地区350余家企业和单位参展，参观人数11.2万人次，促成各类交易额近2亿元。会同华东师范大学承办第31届全国青少年科技创新大赛。实施“科学种子”行动计划，举办第13届上海市家庭机器人挑战赛等青少年科技赛事。“科普进地铁”行动计划覆盖上海市14条地铁线路。加强科普培训工作，社区科普大学教学点拓展至全市15个区1000多个社区。开展上海市“全国科普日”活动，全市共实施科普项目900多个，市民参与达340万人次。2016上海公民科学素养知识竞赛参与及关注人次超1500万。与上海教育电视台联合推出《十万个为什么》等科普节目。举办2016上海国际科技电影展，围绕“科幻、科技、科普”的定位，集中展映来自10多个国家的科技影片。举办科技电影专业论坛，有效扩大了科技电影的社会影响。科技影城定期向市民和科技工作者开放公益专场。与东方网签署合作协议，共享共建科普信息资源。“科普产品e联盟”平台加盟单位增加到400家，科普产品数量达到3700余件。“上海科协MOOC（慕课）”平台推出科普、人文类课程90余种。

3月19日，由上海市科协、市教委、市科委等10多家单位联合主办的第31届上海市青少年科技创新大赛在复旦大学举办，主题为“创新·体验·成长”。大赛共吸引上海17个区县的30多万师生参与。评审委员会共收到4166份申报材料，其中竞赛版块收到青少年科技创新成果3057件、科技创意838件、科技辅导员科教创新成果39项；展示版块收到少年儿童科学幻想画170幅、青少年科技实践活动62项。最终评选出625个专项奖奖项，其中包含主办单位和政府专项奖148个、大学专项奖60个、中学专项奖160个、学术团体专项奖55个、国际专项奖12个和社会专项奖190个。

6月22日，全民科学素质行动实施工作电视电话会议在北京召开。上海同步设置分会场，市公民科学素质工作领导小组组长、副市长周波出席会议，并就本市进一步贯彻落实《全民科学素质纲要》实施工作提出要求。上海分会场会议要求各单位认真学习、领会习近平总书记在全国“科技三会”上的重要讲话，落实本次电视电话会议精神。力争到“十三五”末，上海公民具备科学素质比例达到25%。

7月22日，由市科协、市对外文协、东方网等主办的2016“谁是王牌诠释者”大赛决赛在上海科学会堂举行。10位“科学诠释者”用脱口秀、游戏、实验等形式，生动形象地向观众普及了科技知识、诠释了科学原理。上海自然博物馆选手余一鸣获得“王牌诠释者”称号，国家指南针计划专项青少年基地选手戴骋浩获得“最佳创意奖”，上海科技馆选手俞炯获得“最佳表现奖”。

9月17日，2016上海市“全国科普日”活动启动仪式在上海展览中心举行。上海市区两级、街镇村居、学会、企业、科研院所、科普教育基地组织策划了900多个科普项目。百家企业科普产品、百场科普讲坛活动、百项科学探究体验活动、百个商圈大屏科普公益广告联播活动在全市推动，形成了讲科学、爱科学、学科学、用科学的良好氛围。

12月27日，卞毓麟科普作品研讨会在上海科学会堂举行。中国科协党组副书记、副主席、书记处书记徐延豪出席会议并讲话。上海市科协党组书记、副主席杨建荣，中国科学院院士、中国科普作家协会理事长刘嘉麒，中国科普研究所所长王康友分别致辞。中国科学院院士褚君浩、杨雄里，及杨秉辉、尹传红、曾凡一等科普专家作交流发言。

学术交流 “上海科协大讲坛”邀请诺贝尔奖得主等国内外科学家举办各类科技讲座17场。举办上海市科协第十四届学术年会、第十八届中国国际工业博览会院士圆桌会议等，全市及海内外近200个科技社团和2.5万人次科技工作者参与。

9月19日，上海市科协第十四届学术年会暨第十一届上海工程师论坛在上海科学会堂开幕。400余名科技工作者参加了开幕式。学术年会主题为“推进科技创新中心建设”，由开幕式暨特邀报告、综合分论坛、专题学术交流活动组成，举办9个综合分论坛，40项专题学术年会、研讨会、报告会等活动，围绕推进上海科创中心建设、科技与经济社会发展的重大问题、科技工作者创新创业等开展研讨交流。

服务科技工作者 开展第八届上海青年科技英才评选，实施市科协“飞翔计划”。华东理工大学教授白志山，上海外高桥第三发电有限责任公司总经理、研究员级高级工程师冯伟忠，上海交通大学附属第六人民医院介入影像科主任、主任医师、研究员李明华，中国科学院院士、中国科学院上海生命科学研究院植物生理生态研究所研究员林鸿宣，中国科学院院士、复旦大学教授金亚秋，上海交通大学教授高峰6人获得第七届“全国优秀科技工作者”称号。发挥市科协法律咨询委员会作用，办好市科协“柯律师信箱”，编写上海科技工作者法律知识系列读本《知识产权问答》《科技工作者法律知识问答及案例解析》等，维护科技社团、科技工作者权益。推进职称申报受理服务工作。职称申报受理点总数增至41个，服务专业65个，覆盖全市4万多家企业、58万余位科技工作者。全年受理各类申报和咨询2.9万项。开展继续教育培训350场，培训科技人员3.1万多人次。

举办上海市科学道德和学风建设宣讲教育报告会。中国科学院院士、复旦大学教授杨福家，东华大学特聘教授、2016年“上海市教书育人楷模”奖得主邱夷平分别作题为“科学精神”和“我们今天怎么做人做事”的主题报告。上海市奉贤、闵行、杨浦、临港、松江5个区分会场同时进行了直播。

举办科学会堂草坪音乐会。举办春秋两场草坪音乐会，服务慰问科学家和广大科技工作者。与上海电视台联合摄制院士系列专题片。以院士及其团队作为拍摄对象，制作10集电视专题片《医道——院士墙》。搭建“网上科技工作者之家”。探索学会一门式服务窗口建设，线上线下结合，拓展学会服务渠道和内容。推进科技工作者云服务平台建设，提高服务科技工作者的能力和水平。

自身建设 作为上海第二批群团改革试点单位，市科协遵循中央和上海市委群团改革工作要求，稳妥有序地推进各项改革。做好改革顶层设计，研究制定《上海市科学技术协会改革实施方案》。推进科协组织代表性和广泛性提升，基层一线科技工作者在常委会委员中的比例从28%提高到45.6%，在全委会委员中的比例从48%提高到68.4%，在学会理事会理事中的比例提高到75%以上，在常务理事会常务理事中的比例提高到65%以上。稳妥调整机关、事业单位机构、编制和职能等，做好“减上补下”推进落实工作，凸显市科协“小机关、大服务、强基层”格局。扎实推进学会、区科协及基层科协干部双向交流挂职。明确挂职干部管理、教育培养、考核评价等工作机制，增强科协机关事业单位干部服务学会、服务科技工作者的能力。

以巡视、审计整改为契机加强科协自身建设。根据市委第四巡视组反馈意见，制定整改措施57项。对涉及的具体问题逐一调查核实，严肃查处。修订贯彻“三重一大”制度实施办法，坚持“三重一大”事项必须经市科协党组会议民主集中决策；对重大项目实施事后评估及财务审计，实施会计委派制，规范直属单位的财务核算与管理；制定完善公务出差、公务用车等规章制度。开展三轮“党建工作责任制”和“党风廉政工作责任制”自查自纠工作。开展“两学一做”学习教育活动。教育引导党员尊崇党章、遵守党规，以习近平总书记系列重要讲话精神武装头脑、指导实践。完善“三位一体”党建工作模式，持续推进党的组织和工作在科技社团全覆盖。加强干部队伍建设。市委组织部派出检查组，对市科协2012年度至2016年的选人用人工作进行了专项检查，并对市科协一家直属单位进行了延伸检查。巡视组和检查组对科协干部工作给予积极评价。

加强学会建设提升服务能力。实施2016年度星级学会评估工作，将促进学会承接政府转移职能作为参评四星级、五星级学会的重要依据。上海市医学会、市公路学会、市标准化学会等与政府部门对接，承接了医疗新技术应用、市政工程项目评估、质量监管体系建设等多项转移职能。推动学会做好社会化第三方科技评价工作。2016年，由市科协认证的55家科技评价机构完成政府部门和企事业单位委托科技评价524项。实施学会学科、产业技术发展项目，支持33个学会推动学科交叉融合和行业技术进步。启动购买学会办事机构管理服务试点。通过竞争性申报，确定了2家试点学会，购买专职秘书长或专职常务副秘书长的管理服务。推动学会治理结构改革，将试点范围扩大到四星级、五星级学会。

与上海交通大学共同承办了全国高校科协建设论坛，开展3期基层科协负责人培训班，通过典型经验交流、现场观摩等形式，加强对科协组织成立报批和成立程序规范性指导。通过"走出去、宣传上门"的方式向企业、园区、高校广泛宣传科协组织，编制了《上海市企业科协建设工作手册》《上海市高校科协建设工作手册》，详细介绍企业（高校）科协的性质、主要任务、成立程序，并宣传市科协在学术交流、创新服务和人才举荐等方面的具体工作内容，使基层能更好地了解科协工作，寻找企业工作和科协工作的结合点。

地市县及科协基层组织 截至2016年年底，上海市共有区科协16个。浦东新区科协全面建设基层科普宣传阵地，在全区36个街镇、1183个村居委建成科普画廊1382个。黄浦区科协充分利用社会资源，通过世纪广场、二百永新、华狮广场和新天地等商圈广告电子屏开展"科普宣传闪亮南京路、淮海路"科普大联播活动。徐汇区科协加强"人文科普"品牌建设，扶持杨雄里科技导师团工作室、吕龙多彩化学工作室、刘博士心理阳光工作室、邬志星园艺工作室和孙玲"社戏凌云"工作室、王懋功创新教育工作室等名家科普工作室，以名家引领示范推动科普社会化。长宁区科协"数字科普"品牌效应不断凸显，《科学传播新途径，数字科普惠万家》在全民科学素质行动实施工作电视电话会议上作了书面交流。静安区科协依托第三届上海国际科普产品博览会平台，以"众创静安，开放创新"为主题设立静安展区，组织创客作品展示和科学体验活动。普陀区科协坚持把科普与艺术相融合，通过歌曲、小品、舞蹈、相声等形式向人们传递科学理念，区科协创作的歌曲《期盼》在上海国际科普艺术展演活动中荣获一等奖。虹口区科协积极探索"互联网+"科普模式，开发定制"虹口终身教育"网络教育资源平台及共建课程，推出云中科普在线、云中科普学堂、云中科普机器人等版块科普资源供居民网上学习。杨浦区科协制作并发放"杨浦市民科普行一卡通"，组织社区居民参观科普场馆6000人次。闵行区科协依托科技园区，吸引文化创意企业入驻，引导区域内8000多家文化创意企业推出科普文化产品。宝山区科协继续加强"宝山i科普"新媒体建设，微信公众号获得"上海市十大科普公众号"称号。嘉定区科协坚持"企业做科普、科普进企业"的发展思路，完成技能人才培训2.5万多人次，逐步形成了以大众工业学校为主体的职业培训体系。奉贤区科协着力加强农民教育培训体系建设，根据各地一村一品的特色、农业主推技术来安排培训内容，以"田头学校"为主，采取面对面、手把手、零距离技术指导，完成农民培训2万多人次。松江区科协推动社区科普大学建设，区总校和全区17个街镇社区科普大学分校完成挂牌，共设立教学点31个，全年配送科普讲座137讲、"科学动手做"课程15次、科普智慧墙221面。金山区科协发挥科普讲师团作用，吸引115名科普志愿者参与，科普内容包含了3大类154个主题，在基层开展科普主题宣讲369场。青浦区科协与市女科学家联谊会联合举办"绿色青浦 科技惠民"——女科学家走进美丽乡村系列活动，聘请贺鸿珠教授等15位女科学家担任科普专家。崇明区科协以"科普早市""走百村讲百课""科普之家"等特色科普活动为平台，普及农业生产生活知识和技能。

省级学会、企业科协、高校科协 截至2016年年底，市科协所属学会共195个，个人会员25.6万人、团体会员1.6万个，年内共吸引1.5万余人、300余个单位加入学会；企业科协124个、园区科协32个、高校科协3个。2016年新建企业科协18家、园区科协1家，成立上海交通大学科协。

2016年，市科协组织市生物医学工程学会、市医学会、市康复医学会等10多个学会的专家赴青浦区冠瑞医疗科技产业园，与冠瑞医疗设备股份有限公司等医疗器械企业对接，在医学图像处理研究、直流电机有感驱动器设计、医疗机架的开发等项目上达成合作意向。市电影电视技术学会组织专家开展"环上大影视多媒体产业发展的战略研究"，推动静安区电影电视与多媒体产业创新创业。市公路学会联合奉贤区建设和交通委员会、同济大学道路与交通工程研究所、奉贤建设发展集团等单位，成立了道路交通科创联盟，搭建"政产学研用"的合作平台，对具有前瞻性和良好社会经济效益的技术项目进行联合攻关和成果转化，助力奉贤区道路交通发展。市机械工程学会与明兴开城超音波科技公司签署合作协议，为企业的超音波洁净技术在先进制造业领域应用提供专业化服务。市标准化协会以行业需求为导向，向国家标准化管理委员会申报《道路车辆流体回路零部件清洁度》等系列标准，推动我国制造业由粗放型向精细化发展，提升先进制造业的整体水平。市焊接学会获得美国焊接学会授权，开展焊接检验师证书考试认证及培训，助力科技人员取得国际专业技术资质。市工程图学学会与市职工技术协会合作，成立了市职工技术协会设计制造专业委员会，联合举行设计制造技术交流研讨会、识图技能培训及比武大赛。市化学化工学会积极开展社会化第三方科技评价工作，为西能化工科技有限公司的微球项目提供技术支撑和咨询服务。

【杨雄、周波等市领导对市科协建言、专报作出批示】 2月4日，市委副书记、市长杨雄对市科协2016年第1期科技建言《关于“十三五”期间上海滩涂湿地促淤、圈围的建议》作出批示：“请发改委、规土局、水务局研阅”。

建言提出，6000多年来，64.5%的上海土地面积由长江下泄泥沙堆积而成，仅“十一五”“十二五”期间上海市促淤267.3平方千米，圈围179.9平方千米，上海陆域面积从1984年的6340.5平方千米，扩展到2015年的7000多平方千米。科学合理地开发利用滩涂资源，是未来上海可持续发展不可或缺的重要方面。

随着城市的不断发展，本来已捉襟见肘的发展空间和脆弱的生态环境成为上海发展的主要瓶颈。建言提出关于上海市滩涂湿地资源“十三五”期间开发利用的意见建议，包括正确对待长江来沙减少现象，明确“泥沙积淤趋势没有改变”；抓住机遇，进一步加大促淤力度，扩大促淤范围；加强对促淤圈围工程的科学谋划、科学管理；改革滩涂资源开发、利用与保护的体制、机制。

1月25日，市政府副市长周波对市科协2016年第2期专报《破除体制机制障碍，更好发挥中央在沪科研院所在上海科创中心建设中的作用》作出重要批示：“请市科委阅处，可针对性做些工作”。

专报提出，中央在上海科研院所有30多家，为上海科技进步和社会发展作出了独特贡献，上海也历来重视并倚重这些院所。在当前上海建设具有全球影响力科创中心的大背景下，这批研发国家队也都跃跃欲试，希望有更大作为。如何推动这些大院大所真正成为上海科创中心建设的重要力量，市科协组织专家进行了专题研讨，提出推动大院大所与上海发展深度融合的相关建议：顶层设计上，由市政府出面或指定相关委办与这些中央在沪大院大所签订战略合作协议，加强全面合作；工作机制上，要求具体部门出台政策前与大院大所沟通、商议；政策衔接上，强调对中央在沪科研院所有更大兼容性，在操作上要有更灵活的机制安排。

【上海市科协与东方网签署“科普上海”战略合作协议】 5月24日，市科协与东方网签署战略合作协议，全面推进“科普上海”品牌战略合作，加强新闻宣传领域的合作，加强信息化合作，多渠道普及科学知识、传播科学思想，共同探索运用新型信息化技术推进市科协围绕群团改革的各项工作。市科协党组书记、副主席杨建荣，东方网董事长、党委书记何继良，市科协副主席蔡永莲，东方网党委副书记、纪委书记金丹，市科协副秘书长李志卫等出席签约仪式。

杨建荣谈到，科协的发展离不开媒体的支持，东方网合作单位多、人才基础好，说明东方网基础力量雄厚。希望在东方网的大力支持下，市科协的各项工作在原有的基础上有更好的发展。

双方将依托各自在专业领域内的优势，深入开发科技社团的组织资源、智力资源、场馆资源，充分利用互联网、新媒体、社区网点等渠道，推进“科技进社区”，探索传播和普及科学技术和创新精神的新形式，倡导和营造崇尚科学、勇于创新的社会氛围。双方还将以新一代信息技术为支撑，结合东方网集聚的政务资源，携手开展平台建设与推广，更好地服务于科技工作者。

【上海市委印发《上海市科学技术协会改革实施方案》】 7月，上海市委办公厅印发了《上海市科学技术协会改革实施方案》(以下简称《改革方案》)。

《改革方案》立足保持和增强政治性、先进性、群众性，破除“机关化、行政化、贵族化、娱乐化”，转职能、转方式、转作风，凝聚科技工作者、凝聚科技社团、凝聚科协干部群众，系统改革、做强学会、夯实基础、提升能力，坚持为科技工作者服务、为创新驱动发展服务、为提高公民科学素质服务、为党和政府科学决策服务的职责定位，全面推进开放型、枢纽型、平台型组织建设，把科协组织真正建设成为党领导下团结联系广大科技工作者的人民团体，成为提供科技类公共服务产品的社会组织，成为国家创新体系的重要组成部分。

《改革方案》依据《中国科学技术协会章程》，按照《上海市群团改革试点方案》和《科协系统深化改革实施方案》要求，结合上海市科协实际制定，从五个方面提出了多项举措。

一是优化联系服务科技工作者的体制机制。提高基层一线科技工作者在市科协代表大会、全委会、常委会中的比例，更好地发挥他们参与科协议事决策的作用。问政、问计、问需于科技工作者，创新需求发现和工作评价机制。探索“互联网+”的服务模式，建设网上“科技工作者之家”。

二是改革科协组织设置和干部管理模式。按照科协职责定位，优化整合市科协机关部门和直属事业单位设置。精简机关内设机构和机关行政编制，明确事业单位公益性、服务性定位。加强区科协和基层科协组织建设，落实服务基层一线科技工作者、服务创新创业和科学普及等工作职责，促进科协组织向新经济组织、新社会组织扩展，扩大科协组织和科协工作的覆盖面。改进科协干部的配置和培养选拔方式，探索实行专职干部遴选制，建立机关、直属事业单位与区科协、学会等干部双向挂职机制。

三是推进学会改革与发展。改革学会治理结构和治理方式，支持学会实施理事会聘任秘书长制，建立秘书长履职考核机制，由政府支持，试点购买学会办事机构管理岗位，提高学会办事机构专职人员比例，逐步推进学会工作人员队伍实现职业化、专业化。推进学会做好会员发展工作，积极推进学会在新兴学科、技术和产业领域，在青年科技工作者、“海归”科技工作者和创客中发展个人会员。推进相关部门和直属事业单位采用一门式服务方式，为学会提供党组织建设、人事档案管理、项目申报、会务、财务、税务、法律咨询、信息等服务。

四是增强面向社会提供公共服务产品的能力。搭建高端、前沿、国际化的学术交流平台，增强服务高水平学术交流的能力。推进院士专家工作站建设，支持学会承接政府转移职能，支持建设科技成果转化的助推平台，增强服务创新驱动发展的能力。为离岸创新创业企业提供专业化支持和服务，做实离岸创新创业服务平台。深入开展上海市科技精英等优秀科技工作者评选，做强科技人才服务平台，增强服务科技工作者成长成才的能力。全面完成国家全民科学素质纲要实施工作办公室确立的2020年上海市公民具备科学素质比例达25%的目标，做好“互联网+”的科普信息传播平台和市场化的科普产品展示交流平台，增强服务公民科学素质提高的能力。建设开放高端的科技创新智库平台，增强服务党和政府科学决策的能力。

五是加强和改进党对科协工作的领导。加大对科协工作领导支持保障力度，建立科协工作财政投入合理增长机制，对重大工作专项予以经费支持。完善学会党建工作机制，健全在学会理事会中建立党的工作小组、在学会办事机构中建立党支部、在学会群中委派党建工作指导员的“三位一体”党建模式。加强对科技工作者的政治引领，密切关注、准确把握科技工作者的思想动态，引导科技工作者增强政治意识、大局意识、核心意识、看齐意识。

市科协成立改革领导小组和推进机构，按照市群团改革工作领导小组的要求和部署，在市科协系统同步推进改革，总结工作经验，完善制度设计，确保改革工作取得实效。

【上海市政府印发公民科学素质行动计划纲要实施方案】 10月9日，市政府办公厅印发《上海市公民科学素质行动计划纲要实施方案(2016—2020年)》(以下简称《方案》)。《方案》明确上海市公民科学素质工作的目标：到2020年，科学教育、传播与普及长足发展，创新、协调、绿色、开放、共享的发展理念深入人心，公民具备科学素质的比例达到25%，继续保持全国领先水平。

《方案》提出，“十三五”期间，上海市将开展针对五大重点人群的“五个行动”：青少年科学素质行动、城镇劳动者科学素质行动、领导干部和公务员科学素质行动、社区居民科学素质行动和农民科学素质行动，以重点人群科学素质行动带动本市公民科学素质整体水平跨越提升。实施“五项基础工程”：科技教育与培训基础工程、科普信息化工程、科普基础设施工程、科普产业助力工程、科普人才建设工程，全面提升上海科普公共服务能力。《方案》对每项重点工作的任务内容进行了详细阐述，制定了完成任务的具体措施，明确了任务的牵头部门和责任部门。2020年，将组织开展督查，对“十三五”期间公民科学素质工作进行总结和评估。

【第十八届中国国际工业博览会院士圆桌会议暨长江三角洲区域协同创新发展战略论坛】 11月10日，由市科协和上海大学共同举办的第十八届中国国际工业博览会院士圆桌会议暨长江三角洲区域协同创新发展战略论坛在上海科学会堂召开。市政府副市长周波致辞，论坛由市科协主席陈凯先院士主持。

周波在致辞中指出，“一带一路”和长江经济带战略的实施，为长三角城市群充分发挥区位优势和开放优势，从更高层次、更高水平上参与国际合作和竞争带来了新空间、新动力。长三角城市群如何协同创新、如何创新发展方式、如何打造面向全球、辐射亚太、引领全国的世界级城市群等问题对长三角各城市定位和发展有着重要的战略意义。

中国工程院院士、上海大学校长、市科协副主席金东寒作题为《长三角区域协同创新发展战略》的主发言。刘玠、汪品先、张久俊、柴洪峰、郭重庆、黄维、褚君浩等10余位院士、专家放眼国家战略，立足上海科创中心建设大局，结合各自学科专长，分别从长三角地区立体交通、智能信息、生态环保、产业结构等不同角度，针对长三角协同创新发展中的难点和重点积极建言献策，为国家和上海地方发展提出了战略咨询建议。

来自复旦大学、上海交通大学、上海大学、上海市科学学研究所以及上海40余家科技社团等单位的100余位专家、学者参加会议。

（撰稿人：金哲亮）

江苏省科学技术协会

服务经济社会发展 搭建智库工作平台，设立苏科创新战略研究院，研究院被确定为中国科协创新战略研究院江苏分院，入选省级15个重点培育智库之一。与南京理工大学等高校合作，建立创新管理与评价等3个研究中心。新建科技创新智库基地10个。打造集课题网上申报与评审、专家与成果汇聚、科技工作者状况调查等于一体的科技智库综合信息服务平台，收录1000多位专家信息、486份科技工作者建议。建成智库微信推送平台，推送相关课题申报讯息、科技前沿知识1.6万条。向省委省政府报送《科技工作者建议》12篇、《科技智库专报》4份，获得省领导批示5次。发布《江苏省科技企业创新能力评价报告（2015）》，开展2016年江苏省装备制造业企业重点研发机构能力等项目第三方评估。“世界主要创新型国家的创新战略研究”等5个课题得到中国科协立项资助。发布研究课题72项，在全省遴选10个研究课题予以资助。全省科协系统形成决策建议533篇，党委政府批示56篇。

启动江苏省科协创新创业公共服务平台（科创汇）建设，江苏省科技工作者活动中心、省科技咨询中心、省国际科技合作中心、省科技干部进修学院4家省科协直属单位与南京氢联空间企业管理有限公司就建设省科协创新创业公共服务平台（科创汇）签订合作协议。

江苏省科协创新创业公共服务平台（科创汇）签约仪式

建成集创业产业导师1958人、实训机构6家、在线专家2108人、创投风投基金210家、孵化平台15个于一体的资源库。先后举办双创活动62场，累计培训2.03万人次。开展项目路演18场，引导1383名科技创业人才入驻孵化平台。“江苏农产品馆”上线运营，培育388家农业市场主体，服务252家科普惠农基地，辐射带动新型职业农民创新创业3000多人。创办《科学大众·创客》专刊，着力营造众创文化氛围。

举办2016中国（昆山）国际创新创业大会、海峡两岸暨港澳青年创新创业训练营、中欧（南京）生命科学论坛、省创新创业大赛海智分赛等海智专题活动，辐射带动全省举办海智活动406场、接待4576人、落地项目277个、引进创业人才315人。中国科协（苏州）海外人才离岸创新创业基地正式揭牌运营，常州等6个国家级海智基地被评为中国科协先进工作基地。

实施新一轮学会服务科技创新能力提升计划。建成省级综合示范学会32家、特色学会24家，评选认定创新创业服务示范基地10个、科技服务站100家，选派首席专家100名。依托已建学会服务平台，推广新技术1200项，培育专利740件，落地创业项目448个。通过实施学会服务科技创新能力提升计划，共认定81个学术创新项目和25个精品科技期刊项目。

开展科技信息服务。推送发达国家专利信息，基本实现县（市、区）全覆盖。培训专利应用工程师2850人，新增注册运用企业2622家，形成典型案例383个。培育新技术213项、专利167个、新产品133个，直接经济效益8亿元。

《科学素质纲要》实施及科普工作 2016年江苏省公民具备科学素质的比例达9.5%，比2015年提升1.25个百分点。

研究出台《江苏省全民科学素质行动计划纲要实

施方案（2016—2020年）》，全面落实市县目标责任制。成功创建2016—2020年度首批全国科普示范县（市、区）23个，命名省级科普教育基地119家、科普示范社区80家、科普惠农服务站99家，培养科普宣传员2000人。8个集体、9名个人获全国《科学素质纲要》“十二五”实施工作表彰。3个集体、6名个人被科技部、中共中央宣传部、中国科协评为全国科普工作先进集体、科普工作先进工作者。

推进科普信息化建设，与杭州顺网科技股份有限公司、江苏国瑞信安科技有限公司签署江苏科普信息化“云中心及终端”建设（一期）项目合作协议，共同建设“科普云”信息服务系统和数据监控中心、资源开发中心，实现门户网站、手机APP、科普大屏、微信微博四位一体。完成城镇社区2434块科普大屏安装，43个县（市、区）实现全覆盖。强化科普资讯精准推送，接入终端连接指数、正常指数、活跃指数均达85%以上。

9月7日，由省科协、教育厅、科技厅、中国科学院南京分院共同主办的以“创新放飞梦想　科技引领未来”为主题的2016年全国科普日江苏主场活动暨南京国际节能与新能源汽车展在南京市开幕。省委常委、宣传部部长王燕文出席开幕式。江苏主场活动挑选了200余项活动、1000余件展教品集中展示。开幕式上，为《全民科学素质纲要》“十二五”实施工作先进集体和先进个人代表，2016年江苏省优秀科普作品获奖者，2016年江苏省科普公益广告大赛获奖者进行颁奖。

省科协与省委宣传部、省科技厅、中国科学院南京分院联合主办以“创新引领　共享发展”为主题的2016年全国科技活动周暨江苏省第二十八届科普宣传周省主场活动。江苏主场51家省级学会、7家高校科协、8家高新企业、11家省科协事业单位、12家相关企事业单位参与活动，近5000人参加活动。开幕式上举行了2016年江苏省人民政府青少年科技创新培源奖颁奖仪式，并为23个全国科普示范县（市、区）获奖单位授牌。全省各地共开展各类科普宣传活动1319项。

举办第27届省青少年科技创新大赛和第28届省金钥匙科技竞赛，江苏各地普遍设立青少年科技创新市（县）长奖。围绕“创新放飞梦想　科技引领未来”主题，举办2016年全国科普日活动，引导全省开展1358项科普活动。推进百名首席科技传播专家进百校、百个科技传播专家服务团进百县（市、区）、百个科普志愿者服务团进百村（社区）的“三百行动”，建好用好科普人才队伍，全省注册科普志愿者达62万人。据不完全统计，全年举办大型主题户外科普活动2次，参加活动科技工作者4000人次，受众2万人次；举办青少年科技竞赛8次，参赛人数95万人次，获奖34038人次；举办科普讲座、科技培训、科技咨询300次，参与科技工作者1.2万人次，受众20万人次；举办科普展览2次，参与科技工作者3500人次，受众1.5万人次。

广泛调动社会各方力量，开发整合科普云数据资源近1 TB，其中自主创作362 GB。开通“科学号”科普专列，实现《科普动视》在全省公交地铁广覆盖。成功研发科普云校园版等产品，新研制、配发流动科技馆11套，巡展覆盖公众20万人次，运用VR、AR等新技术研发科普展教品15件。科普大篷车开展宣传活动210场次，行程10460千米，受益公众23万人次。南京市科技馆、扬州市科技馆等进行免费开放，并获中央财政补助，全省科普场馆开放水平逐步提高。

建立省市联动、常态长效工作机制，为西藏自治区援建2个农村中学科技馆，选派2名专家赴西藏自治区拉萨市举办8场讲座，受众达3000多人次。为新疆维吾尔自治区伊犁哈萨克自治州援建LED科普大屏，为克孜勒苏柯尔克孜自治州援建社区、学校科普馆，为新疆生产建设兵团援建青少年科学工作室。举办了青海省海南藏族自治州科协干部培训班。

学术交流　主办2016年江苏科技论坛（青年科学家年会）等学术交流活动，全年省级学会举办高端学术活动514场，引导全省举办学术活动490场，交流高水平学术论文1.8万篇。

服务科技工作者　5月，省科协启动第十二届江苏省优秀科技工作者和第十五届江苏省青年科技奖候选人推荐与评选工作，组织各设区市科协、各省级学会和高校科协等有关单位自下而上推荐申报。共收到“省优秀科技工作者”有效候选人120名、“省青年科技奖”有效候选人72名。唐于平等100人被评为“第十二届江苏省优秀科技工作者”，于敦德等20人被评为“第十五届江苏省青年科技奖”获奖者，其中10人被评为“江苏省十大青年科技之星”。

组织推荐中国科协九大代表34名。冉千平荣获第十九届中国科协“求是杰出青年成果转化奖”，张国良等 6 人获得中国科协第七届“全国优秀科技工作者”称号。组织开展科学道德和学风建设宣教示范活动，引导全省开展活动 2078 场次，受益研究生和青年教师 28.7 万人次，实现研究生培养单位全覆盖。

建有 32 个国家级、30 个省级科技工作者状况调查站点，开展科技工作者状况调查 10 次，通过《站点信息》反映科技工作者建议 192 篇，获省部级领导批示 2 篇。省科协被评为 2016 年全国科技工作者状况调查站点“优秀区域责任部门”。

配合中央电视台“焦点访谈”栏目完成江苏省青年托举工程入选者青年科技工作者跟踪采访。协调中央媒体和省媒体，集中宣传、采访江苏省新当选的院士、中国科协九大江苏代表、优秀科技工作者代表、双创平台负责人，制作专题宣传片、风采录，形成相关视频资料及采访报道 20 多篇。

自身建设 深入开展“两学一做”学习教育活动，将全面从严治党要求落到实处。主动配合江苏省委第五巡视组开展政治巡视。制定下发省科协党风廉政建设工作责任分解意见。

组织开展省级学会秘书长和市、县（市、区）科协主席培训班，定期组织秘书长沙龙。研究制定《关于进一步加强和改进新形势下省科协干部队伍建设的意见》，有序组织干部交流。印发《关于省级学会秘书长职业化秘书处实体化建设的实施意见（试行）》，推进省级学会秘书长职业化和秘书处实体化建设试点工作，选聘有专业背景、熟悉群众工作、热心社会服务的社工人才 19 人担任学会专职秘书长。省汽车工程学会 50 家学会实现秘书长职业化、秘书处实体化。健全完善自主、规范、依法管理机制，实现省级学会服务收入 9055 万元。实行理事会决策、秘书处执行、监事会监督学会运行机制，116 家学会成立监事会。

深入实施“党建强会”计划。经江苏省委批准，成立中共江苏省科技社团委员会，出台《关于加强江苏省科技社团党建工作的意见（试行）》，提升科技社团党建科学化、规范化水平。指导推动 135 个省级学会在理事会层面建立党建工作小组，41 个学会建立 38 个党支部，实现学会党的组织和工作有效覆盖。

深入实施县级科协创新发展能力提升计划，全省新增市县学会组织 33 家、农技协 153 个。

打造“互联网 +”双创、科普、智库、科技人才和政务 5 大服务平台。建立网上专家库、会员库、成果库等数据资源库，探索开展网上公共服务供给，实现点击量和服务价值量全面突破。建立服务市县科协、机关和直属单位以及科协委员的网上政务平台，服务效率大幅提升。全面改版升级江苏公众科技网，月浏览量比改版前提升近 50%。

地市县及科协基层组织 截至 2016 年年底，全省共有设区市科协 13 个、县级科协 98 个、街道（社区）科协 1481 个、乡镇科协 1194 个、农技协 5432 个。全省保有社区科普大学 2596 家，注册科普志愿者人数 62.4 万人。

南京市科协布设 847 块科普阅览屏，更新 24 期电子“科普画廊”，发布科普信息 6000 余条，推送 230 余条科普热点。常州市科协资助百名科技专家深入农村，大力推广“农技协 + 农户 + 公司”农业合作模式，辐射带动 2 万多户农民增收 1.2 亿元。南通市科协出台《南通市科普志愿者服务章程》《南通市科普志愿者管理办法（试行）》，制作南通市科普志愿者的标识，发展注册科普志愿者 49000 多人。淮安市科协建成淮安市科普讲师团，遴选讲师 69 名，举办科普讲座 40 多场，受众达 1 万多人次。盐城市科协全年组织 700 多名科技专家、3000 多名科普志愿者、150 多个单位开展各类重点科普活动 200 多场次。镇江市科协协调推进市县科普场馆建设，丹阳市科技馆建设已动工，句容市、扬中市科技馆建设已启动。泰州市科协联合市人力资源和社会保障局等 9 个部门开展市级“十二五”全民科学素质工作先进集体和个人表彰工作。宿迁市科协利用宿迁日报社《速新闻》手机客户端开通“人人科普网”栏目，精准推送市民需要的科普知识。

宜兴市投资 2 亿元建成的宜兴科技馆于 2016 年 11 月开馆。丰县科协依托县级果业、洋葱、木耳、羊业等 10 余家协会，全年为贫困地区举办培训 20 余场次，培训人数 6000 人次。灌云县科协组织“科普进校园”巡回展览活动，覆盖 8 所小学和 4 所中学的 1.8 万名学生。仪征市科协走进社区，开展卫生、环保、防疫、科技等科普讲座 60 多期。

省级学会、企业科协、高校科协 截至 2016 年年底，省科协所属学会共有 141 个（团体会员 9617 个，个人会员 410005 人），其中新成立省级学会 7 家，净增学会会员 2.95 万人；企业科协 4270 个，其中新增 752 个；园区科协 81 个；高校科协 63 个。依托这些团体，全年共组织举办国内学术活动 600 多次、国际和港澳台学术活动 150 多次，参会人员总数近 15 万人次。

省力学学会主办、承办、协办国内外学术会议20多次，参与交流3000多人次。省物理学会分别面向青年学者、学术骨干和学院院长举办了15期青年教师沙龙、10期钟山论坛和1期院长论坛。省科技期刊学会举办科技期刊发展论坛暨院士主编论坛，省复合材料学会承办了亚澳复合材料大会（ACCM），省汽车工程学会举办了新能源汽车展览暨学术研讨会和国际节能与新能源汽车展暨充电站技术设备展览暨学术研讨会。

各高校科协共举办青年科学家沙龙和青年科技创新沙龙20余期，吸引近1000人次参与。省高校科协学术年会探讨了采矿工程学科的聚焦与拓新、大数据时代的挑战与机遇两个选题，50多家高校的80多名专家、学者参加会议。

【江苏省科协系统深化改革工作】 5月3日，省委办公厅、省政府办公厅印发《江苏省科协系统深化改革实施方案》（以下简称《实施方案》）。《实施方案》明确了指导思想、基本原则和总体目标，强调要坚持加强政治引领、密切联系群众、突出问题导向、强化学会主体地位、系统推进等原则，还从改革联系服务科技工作者的体制机制、全面改革学会治理结构和治理方式、创新面向社会提供公共服务产品的机制、加强对科技工作者的政治引领4个方面提出了多项举措。建立深化改革“一办六组”组织体系及目标责任制。

11月10日，2016年省科协系统深化改革现场会在淮安市召开。会议为2016年学会服务科技创新能力提升计划项目授牌，淮安市科协、常熟市科协、江苏省硅酸盐学会等单位围绕科协系统改革创新工作作交流发言。

通过典型示范，推动省、市、县整体联动落实改革举措。常州市、无锡市、扬州市、淮安市4个市出台科协系统深化改革实施方案。

【江苏省科协所属学会有序承接政府转移职能扩大试点工作】 2016年，省科协调整了承接政府转移职能扩大试点工作领导小组，联合省编办、科技厅、民政厅、人力资源和社会保障厅、省质量技术监督局印发《省科协所属学会有序承接政府转移职能项目实施规范（试行）》和《省科协所属学会有序承接政府转移职能项目绩效评估办法（试行）》。按照“稳妥有序、先行试点、逐步推进”的原则，坚持“政府主导、科协主抓、学会主动”的运行机制，围绕科技评估、工程技术领域职业资格认定、技术标准研制、科技奖励推荐等四类职能，推动学会有序承接政府转移职能。截至2016年年底，共有71家学会承接37个政府部门267个职能项目。示范引领391家市县学会承接政府职能836项。由财政、科技等综合职能部门以及相关专家对所承接项目进行评估，学会承接政府职能满意率达95%以上。

【中共江苏省科技社团委员会成立】 6月29日，中共江苏省科技社团委员会成立大会在南京市召开。中国科协党组成员、机关党委书记王延祜，省委“两新”工委副书记周为号，省科协党组书记陈惠娟出席会议并讲话。省科协机关和直属单位党支部全体党员，省科协所属学会秘书处党支部的全体党员等共280人参加会议。

王延祜在讲话中希望，江苏省科技社团党委和江苏省科协党组继续加强对新时期科技社团党建工作的理论研究和实践探索，将科技社团党建工作和科协业务工作有机结合，不断扩大科技社团党的组织覆盖和工作覆盖，确保党的工作融入科技事业发展的全过程。

周为号宣读了省委组织部的批复，陈惠娟任中共江苏省科技社团党委书记。

【江苏省全民科学素质工作电视电话会议】 6月30日，江苏省全民科学素质工作电视电话会议召开。江苏省省长石泰峰对会议作出批示，副省长张敬华出席会议并讲话。会议由省政府副秘书长王志忠主持。江苏省全民科学素质工作领导小组副组长、省科协党组书记、副主席陈惠娟作了《关于全省全民科学素质工作情况的通报》。省全民科学素质工作领导小组成员单位有关负责人在主会场参加会议，各市、县（市、区）政府分管领导及有关部门和单位负责人在各地分会场参加会议。

石泰峰在批示中指出，科学素质作为公民素质的重要组成部分，是软实力的重要体现，是决定自主创新能力的关键因素。党中央、国务院对全民科学素质工作高度重视，习近平总书记强调要把科学普及放在与科技创新同等重要的位置。“十二五”以来，全省公民科学素质快速提升，有力推动了科技创新工作和创新型省份建设。在新的发展阶段，各地各有关部门要认真落实中央决策部署和习近平总书记重要指示，坚持“政府推动、全民参与、提升素质、促进和谐”的工作方针，在全社会形成讲科学、爱科学、学科学、用科学的良好氛围，为实施创新驱动发展战略奠定坚实基础，为建设“强富美高”新江苏提供有力支撑。

会上，省教育厅、无锡市、海门市等有关负责人作了交流发言。

（撰稿人：杨红梅）

浙江省科学技术协会

服务经济社会发展 2016年，省科协支持绍兴市、宁波市和杭州市等地示范创建，促成嘉兴市获批中国科协创新驱动示范市，新建磐安、德清、衢江、滨江、龙泉5个学会服务站，新增企业（产业）创新驿站12个，指导各地制定出台专家服务配套政策，搭建省科协助力工程网站平台，开展科技信息推广服务，与邮政储蓄银行共同推动金融助力科技创新发展，省新能源汽车产业联盟对接等系列活动相继举行。评审认定了22个第七批院士专家省级站。截至2016年年底，已建成市级以上院士专家工作站607个(其中省级站135个)。签约建站院士有345位(其中省外院士321位)，累计引进4000多名院士团队专家进站工作。“海智计划”先后在杭州、绍兴、台州举办第二届中欧生命论坛、海智浙江行等活动，推动海外专家开展项目对接。会同省发改委等单位开展了2016“创响中国”巡回接力杭州站活动和浙江省全国“双创”活动周系列活动，积极推进杭州未来科技城和阿里巴巴网络技术有限公司等在浙江2个全国“双创示范基地”的建设工作。

立项资助“浙江省科技资源配置的突出问题及对策研究”等8个重点软课题的研究。编报由中国工程院院士、著名汽车专家郭孔辉撰写的《关于构建浙江省智能网联汽车产学研协同创新平台的建议》，获得了浙江省副省长冯飞的批示。省老科协向省领导报送10篇建言稿，获得李强、王辉忠等省领导13人次批示。服务浦江“四个全面”试点工作，组织省纺织工程学会设立浦江绗缝家纺产业创新驿站，组织专家3批次与当地30余家企业进行对接。

截至2015年年底，全省已建市级以上院士专家工作站518个，其中省级站114个；签约建站院士311位，其中省外院士289位，有效推动了浙江省创新驱动发展战略的实施，为浙江创新创业搭起一个高端的“人才智库”，同时也圆满完成了“十二五”期间建100个省级院士专家工作站的目标任务。

中国科协公布“2016年服务企业科技创新项目——推进院士专家工作站建设子项目”评审结果，浙江有15个工作站获评“2016年示范院士专家工作站”，成为获评数量最多的省（自治区、直辖市）。省院士专家工作站服务中心、湖州市科技咨询中心获评“2016年院士专家工作站建设示范单位”。

《科学素质纲要》实施及科普工作 省委省政府联合召开全省《科学素质纲要》实施工作电视电话会议，省“两办”继续印发年度《科学素质纲要》实施工作方案，提出到2020年浙江省公民具备科学素质的比例超过13%的目标。主动推出“移动‘互联网+’科普”全媒体宣传，整合“科学+”微信公众号、“科学+”头条号和“科普短信”，传播食品安全、环境保护、健康医疗等方面科学知识。继续拓宽合作渠道、强化品牌科普传播，“科学+”举办各类特色品牌科普活动12期，组织中国工程院院士戚发轫等国内外知名科学家开展科普活动，活动受众达百万人次。实施“科普U”专题建设，强化与华数传媒合作，“最强科学+”实现全省48个站点、1600万互动电视家庭全覆盖。举办科技（科普）活动周、全国科普日、“菠萝科学奖”等大型科普活动，与有关部门联合开展“尚德守法共治共享食品安全”主题科普宣传、计量科普达人挑战赛、粮食科技活动周等专项科普活动，以《科学素质纲要》实施为平台的多角度、全方位社会化科普格局逐步形成。会同省政协开展大型送科技下乡活动，组织省级学会及高校专家、浙大博士生科技服务团、流动科技馆深入山区、海岛开展科普活动。

学术交流 实施省科协学会能力提升三年行动计划，立项资助89个服务创新项目，优先资助57项“跨区域、跨学科、综合性”的重点学术活动，全年举办“‘科学+’百日谭”7期、“东部科技沙龙”9期，组织开展2016中国药物创新及产业化院士论坛、第十三届长三角科技论坛等一批重点学术交流活动。引导学会参加社团等级评估，推动省科协学会服务办公室开展为学会提供财务托管、会务承办、年检年审等服务，联合省财政厅制发学会专项经费管理办法，加强对项目的监督考核，省长专项绩效评估取得良好成绩。继续在省林学会等5个学会中开展承接政府转移职能试点工作，组织召开承接职能工作研讨会，全年新增转移职能16项，76个省科协所属学会被民政厅列入承接政府转移职能和购买公共服务推荐性目录，48个省科协所属学会承担了100余项社会化服务职能，11个设区市科协所属126个学会已承接200余项职能。省科协服务新农村建设专家组深入泰顺、鄞州、岱山等地开展科技帮扶40余场次，省医学会等组织专家赴临安、余姚、兰溪、景宁等地开展送医下乡义诊活动。

服务科技工作者 积极参与中国科协求是杰出青年成果转化奖、第十四届中国青年科技奖、全国优秀科技工作者和全国科协系统先进集体、先进工作者候选人的举荐工作，推荐浙江大学田梅荣获第十三届中国青年女科学家奖。注重抓好青年科技人才队伍建设，"育才工程"支持20名35周岁以下的优秀青年科技工作者参加国际学术交流和出书立著；"希望之光"人才计划以科普报告会、中外科普连线、企业科技咨询服务等方式支持边远地区人才开发。与新华网合作开展优秀院士专家工作站团队的采访拍摄，《科学24小时》聚焦重点工作出版"特色小镇"专辑，展现小镇科技企业与创业团队的创新创业风采。

自身建设 积极参与省委群团改革方案的调研起草。围绕科协机关优化、职能定位、管理模式、运行机制、工作方式进行改革，形成了具有浙江特色的改革实施方案，并通过省委审议下发。与德清、景宁开展全面战略合作，探索建立直接服务基层的体制机制；推进学会治理改革，通过加强学会党建工作健全学会制度，推动学会工作人员专业化、职业化建设；选取省中医药学会等开展创建"科技工作者之家"试点工作，增强对会员的凝聚力和影响力。

省科协通过党组书记带头讲党课、党组专题学习研讨等，立足"讲规矩、守底线"进行全体党员的思想政治建设。深入基层服务站点、农业基地、企业园区，与基层科技工作者和一线科协干部谈心交心。组织编制《"十三五"科协事业发展规划》《科普事业发展规划》和科学素质纲要实施阶段性工作方案，将院士智力集聚工程、院士专家工作站建设纳入"十三五"国民经济和社会发展规划纲要和人才发展规划。

地市县及基层科协组织 截至2016年年底，浙江省共有市级科协11个、县级科协92个、街道（社区）科协606个、乡镇科协968个。市县级科协共举办科普活动1.4万次，开展实用技术培训1.2万场次。科技人员参与数量11.3万人次，受众人数570万人次，组织学会学术活动935场次，科技工作者参与数量达9.6万人次。杭州市发挥科协科普优势服务保障G20峰会，组织50余家青少年科普教育基地和60余家基层科普馆，讲好"绿水青山就是金山银山"的杭州故事、浙江故事和中国故事。宁波市科协以"院士专家企业行""全国学会宁波行""海智宁波之旅"等活动载体为抓手，柔性引进高端科技人才为转型发展提供智力"引擎"。温州市科协围绕党委政府中心大局开展核能科普宣传，吸引8.3万人次参观。湖州市科协注重引导院士专家工作站增强科技成果转化，被纳入"湖州市南太湖精英计划"工作体系。嘉兴市科协院士智力集聚工程纳入市委"十三五"人才工作规划，提出"515"工作目标。绍兴市组织近20家国家级、省级学会的200余位专家与600余家企业开展27场调研对接洽谈活动，学会服务站成效明显。金华市科协发挥学会主体作用开展社会化服务，推进市电工协会、市公路学会等探索公共服务取得成效。衢州市科协利用沪衢对接平台将招商与招才结合，与中国科学院、复旦大学、同济大学等单位合作促进人才项目交流。舟山市科协联合市科技局在创新工作机制上下功夫，积极推进"两科"融合共同发展。台州市科协以"五有学会工程"为抓手，加强学会党建，解决学会问题，促进学会发展。丽水市科协选拔"绿谷新秀"培养成为服务科技工作者的"金字招牌"，助推青年科技人才的成长。

省级学会、企业科协、高校科协 截至2016年年底，共有省级学会173个，其中5A级学会17个、4A级以上学会20余个。共有团体会员9381个，个人会员23.1万人。省、市、县三级学会共2685个。企业科协1802个，高校科协48个。1/3的学会建立较为完备的内部管理制度，20余个学会建有党支部，30个学会设有专职秘书长，94个学会有专职工作人员。2016年全省各级学会共开展学术交流活动2000余场，如省遗传学会举办第三届全球华人遗传学大、省膜学会召开第四届海水淡化与水再利用西湖国际论坛、省基层卫生协会召开浙江省第二十四届基层卫生改革与发展论坛、省气象学会举行"3·23"世界气象日主题活动等。"智汇'科'桥"创新驱动助力工程全国学会对接洽谈会在绍兴市柯桥举办；浙江省新能源汽车产业联盟成立暨技术对接活动在杭州市举行；由省中医药学会牵线搭桥引进的"袋中药配方颗粒剂生产线项目"正式落地，省药学会帮助引进俞同春药业有限公司投资的项目落户磐安，引进北京同仁堂在磐安建立3个药材基地；省茶叶学会与景宁县人民政府签订结对帮扶框架协议。

【浙江省科协第十次代表大会】 12月22—23日，浙江省科学技术协会第十次代表大会在杭州市举行。中国科协党组书记、常务副主席、书记处第一书记尚勇到会祝贺并讲话。省委副书记、代省长车俊出席开幕式并讲话。浙江省委副书记袁家军在闭幕式上讲话，省政协副主席蔡秀军出席闭幕式，浙江省科协主席姚克致闭幕词。

大会审议通过了省科协十大关于省科协九届委员会工作报告的决议，选举产生了浙江省科协第十届委员会。姚克当选为浙江省科协第十届委员会主席，授予朱位秋等同志浙江省科协荣誉委员职务。

【2016中国药物创新及产业化院士论坛】 10月15日，由中国工程院医药卫生学部、浙江省科协、杭州市科协、余杭区政府联合主办的2016生物医药余杭院士行暨2016中国药物创新及产业化院士论坛在杭州市余杭开发区举行，论坛探讨我国药物创新及产业化发展。

2016生物医药余杭院士行暨2016中国药物创新及产业化院士论坛

第十一届全国人大常委会副委员长、中国工程院院士桑国卫出席开幕式，浙江省委书记、省人大常委会主任夏宝龙出席并讲话，中国工程院副院长田红旗院士、贝达药业董事长丁列明博士分别致辞，省领导赵一德、陈金彪、冯飞、姚克，中国工程院院士杨宝峰等12位院士，省科协党组书记、副主席郑金平，党组成员、副主席姜长才等参加活动。

论坛期间，召开2016中国药物创新及产业化专题战略咨询会，50位院士专家共同商讨中国生物医药产业发展，提出了《关于促进我国自主创新药物发展的建议》。此次论坛发挥了中国工程院学术引领作用，汇聚院士、专家，对区域经济发展中的重大战略问题和生物医药产业发展中的重大科技问题，提供决策咨询、科技服务，探索政产学研联动的新模式，促进科技与经济的深度融合。

【第十三届长三角科技论坛暨浙江·杭州科协年会】 9月29日，第十三届长三角科技论坛暨浙江·杭州科协年会在杭州市开幕。浙江省政协副主席、省科协主席姚克宣布论坛开幕，浙江省科协党组书记、副主席郑金平主持开幕式，杭州市委常委、常务副市长马晓晖，江苏省科协党组书记、副主席陈惠娟代表联办单位致辞，上海市科协党组书记、副主席杨建荣参加会旗交接仪式，安徽省科协党组书记、副主席王洵，沈寅初等6位院士，以及来自“三省一市”科协及地方科协的领导、嘉宾，院士工作站建站企业代表，部分市级机关、科技园区代表，省、市学会会员，科技人员代表等500余人参加当日活动。

论坛由浙江省科协、上海市科协、江苏省科协、安徽省科协和杭州市人民政府联合主办，杭州市科协和“三省一市”有关学会（协会、研究会）共同承办。论坛针对长三角地区人工智能、机械制造、生物医药等产业发展需求，通过主题报告会、院士论坛、科技专家园区行、海外英才项目对接等多种形式，广泛开展学术交流、科技考察、成果转化等活动。论坛举办各类专题活动近40场次，内容涉及城市建设、防震减灾、环境保护、营养健康、能源电力、船舶工业等诸多领域，共有20余位院士出席有关活动。

长三角科技论坛是由浙江省科协、上海市科协、江苏省科协于2004年共同创办的高层次、综合性、大规模的学术交流平台，每年举办。

【第五届菠萝科学奖在杭州揭晓】 4月9日，第五届菠萝科学奖颁奖典礼在浙江省科技馆举行。航天员的体味研究等10个研究、事件以及相关人物获奖。中国科协副主席、中国自然科学博物馆协会理事长程东红，浙江省政协副主席、省科协主席姚克，浙江省科协党组书记、副主席郑金平，中国科学院院士、中国探月工程首席科学家欧阳自远，诺贝尔物理学奖得主、天体物理和宇宙学家George Smoot（乔治·斯穆特）等出席并为获奖者颁奖。联合国教科文组织“卡林加奖”得主李象益，理论物理学家、“天琴计划”负责人李淼等嘉宾参加颁奖礼。现场参会人员近400名，领奖典礼通过网易、优酷、bibi、新蓝网等网络平台同步直播。

第五届菠萝科学奖化学奖授予“航天员的体味研究”，获奖单位是北京化工大学及中国航天员科研训练中心祁欣等；物理奖颁发给了天津大学机器人与自主系统研究所的“屁味来源自动定位法”；生物医学奖授予“苍蝇通过搓手洗澡”，由来自美国佐治亚理工学院的华人科学家胡立德获得；台湾地区学者赖以威用统计学“回归分析”的方法，建立的“婚礼份子钱公式”获得了数学奖；来自美国奥多明尼昂大学的研究者杜娟等人的“加薪有助于戒烟”研究成果获得了心理学奖；美国加州大学洛杉矶分校的苏亭伟等人发明的“精子运动捕捉器”获得发明奖；“真空管道高温超导磁悬浮列车”获颁幻想奖；“柯洁叫战阿法狗”获得菠萝U奖；对科学传播作出贡献的“《博物》杂志官方微博——博物君”获得菠萝Me奖；2016年首次设立的国际友谊奖，由神经科学家Moren Cerf的“黑客的情人节研究”获得。

围绕第五届菠萝奖的主题，举办了科学论坛，邀请以色列前战斗机飞行员、黑客、神经科学家Moran Cerf与理论物理学家、“天琴计划”负责人李淼进行对话。组织了“科学人沙龙”，联合国教科文组织“卡林加奖”得主李象益、程东红、浙江大学海洋学院副院长韩喜球、上海纽约大学教授张铮等就“科学家如何兼顾科学传播重任”进行了讨论。

（撰稿人：王　科）

安徽省科学技术协会

服务经济社会发展　加强科技创新智库建设，省科协批复安徽省循环经济研究会开展高端科技创新智库试点工作。协助中国科协开展机器人产业、双创基地等第三方评估工作。开展科技工作者优秀建议评选工作，形成一批决策咨询成果。

实施创新驱动助力工程。组织700余位科技专家深入企业，解决难题402项，转化成果200项，开展培训7352人次，建立学会服务站72个、专家工作站13个、企会创新联盟9个、产学研平台36个。44个创新驱动助力工程项目获省科协奖补。省科协被确定为中国科协2016年度创新驱动助力工程省级试点单位，芜湖市再次被确定为中国科协创新驱动示范市。新增蚌埠市、安庆市为省科协创新驱动示范市。

实施全国基层科普行动计划。全省26个农村专业技术协会、11个农村科普示范基地、17名农村科普带头人、19个科普示范社区受表彰。

实施海智计划。开展新材料等专题性对接活动，达成合作项目27个，新增入库专家116名。中国科协海智计划第10个示范项目美时医疗技术有限公司落户合肥市。举办第六届皖台科技论坛，签约13个合作项目。安庆市、合肥市、马鞍山市获评中国科协海智计划先进工作基地。海外人才离岸创新创业基地建设列入《安徽省五大发展行动计划》。

《科学素质纲要》实施及科普工作　省政府办公厅印发《安徽省全民科学素质行动计划纲要实施方案（2016—2020年）》。“全民科学素质”首次列入省政府对省辖市政府目标管理绩效考核指标。全省9个集体、8位个人获评《全民科学素质行动计划纲要》实施工作先进集体和先进个人。

中国科协、安徽省政府联合举办第七届中国（芜湖）科普产品博览交易会。开展“全国科普日”系列活动548项。与省九三学社联合举办百名专家乡村学堂讲科普108场次。与有关单位联合开展科技活动周、“三下乡”、防震减灾、食品安全、网络安全等活动。推进“银会合作”，1942个项目获贷款3亿元。

省科协被确定为全国科普信息化建设试点单位。组织市、县科协做好“科普中国”落地应用，支持市、县科协与新闻媒体合作开设科普栏目。

全省18个县（市、区）被中国科协命名为首批2016—2020年度全国科普示范县（市、区）。命名52个2016—2020年度省科普示范社区。“国民教育与科学普及”列入文明县（县城、城区）测评指标。

安徽省科技馆新馆建设列入《安徽省五大发展行动计划》，合肥市、蚌埠市科技馆新馆，安庆市科技馆改造列入本市重点项目，滁州市、枞阳县科技馆等建成开馆，六安市、宿州市、阜阳市科技馆建设项目启动实施。

开展科学调查体验、高校科学营、英才计划等青少年科技教育活动。2016年安徽省在全国青少年科技竞赛中共获奖项126个。安徽省代表队在第十六届中国青少年机器人竞赛中获得冠军数和奖牌数均居全国第一。在国际青少年机器人竞赛中获金牌3项，在国际化学奥林匹克竞赛中获金牌1枚。举办青少年科技创新大赛、机器人竞赛等科技竞赛活动，青少年20余万人次参赛。与省教育厅、团省委联合举办第七届“安徽省百所高校百万大学生科普创意创新大赛”，

6000余名大学生参赛。

7月28日，省科协组织省农学会、省畜牧兽医学会4名农业科技专家，赴安徽省对口援建的新疆维吾尔自治区皮山县，开展为期1周的农村科普培训服务活动。活动以农业科技培训为重点，培训内容主要涉及大棚蔬菜种植与管理、常见病虫害识别与防治、畜禽健康养殖管理、重要疫病诊断与防控等农业实用新技术。培训采取集中授课、现场交流、互动答疑等形式进行。本次活动共举办集中培训班24场次、现场咨询活动6场次，服务范围覆盖皮山县全部15个乡镇30多个行政村，受益农户5000多家。

学术交流 建立省级学会重点学术会议项目库，择优支持64个学术会议。主办第十三届长三角科技论坛。

9月23—25日，由中国人工智能学会、省科协主办，科大讯飞股份有限公司承办的2016年第六届中国智能博览会暨第六届中国智能产业高峰论坛在合肥市举办。智博会以“智能体验 智慧生活”为主题，中国科学技术大学、科大讯飞、天津中科智能识别产业技术研究院、国家农业信息化工程技术研究中心等近50家国内外机构、企业参展，现场展示智能机器人、智能APP、智能家居、智能驾驶、智慧教育、智慧农业、可穿戴设备等人工智能技术成果。智博会同期举办第六届中国智能产业高峰论坛，围绕当前人工智能产业的应用与创新，人工智能未来新动向、新发展进行探讨。

2016第六届中国智能产业高峰论坛

10月12日，由省科协、省皖台交流协会、台湾科技产业协会、台湾台中教育大学等两岸有关科技团体主办的第六届皖台科技论坛在台湾地区举办。来自科研机构、高校、企业的200余名专家、学者参加论坛。论坛主题为“区域科技经济合作与发展”。论坛设立了科技传播与青少年科技教育、现代农业、健康医护3个分论坛，交流学术论文近百篇。论坛期间，开展项目对接，签约合作项目13个，举办了两岸青少年仿生机器人友谊赛。

12月1—2日，第十四届华东六省一市地学科技论坛在合肥市召开。中国科学院院士、中国工程院院士、安徽省地质学会名誉理事长常印佛出席论坛开幕式。来自华东六省一市200多名地学科技工作者参加论坛。论坛主题为“资源、创新、绿色、发展”。中国地质调查局局长、国土资源部找矿突破技术专家组组长叶天竺教授作了题为《成矿作用与找矿预测》的学术报告，中国地质大学教授陈鸿汉作了题为《长江三角洲地区土地功能转换过程中的水土污染调查评价与控制修复》的专题学术报告。论坛从不同学科、不同层面、不同角度交流基础地质、矿产地质、环境地质等方面的新成果与新进展。安徽科技出版社出版专题论文集，收集论文100篇。

服务科技工作者 全省3名科技人员获“中国优秀青年科技人才”奖，4人获第十四届中国青年科技奖，5人获“全国优秀科技工作者”称号。开展第三届安徽优秀科技工作者评选活动，表彰50名优秀科技工作者。

在全省科技工作者中组织开展创新争先行动，开展“作精神文明表率”等活动。

12月28日，由省科协、省教育厅主办，合肥工业大学承办的安徽省2016年科学道德和学风建设宣讲教育暨杨善林院士报告会在合肥工业大学举办。省政协副主席、省科协主席、合肥工业大学副校长赵韩出席会议。中国工程院院士、合肥工业大学教授杨善林作题为“至诚至善，务实求真——从互联网与大数据的资源观说起”的专题报告。1000余人参加报告会。

利用安徽科技报、安徽公众科技网、省科协微信公众号等载体，宣传科技工作者和团队在创新创业、科研攻关、成果转化、科技扶贫等工作中的先进事迹。开展“科技情·中国梦”主题宣传活动。

自身建设 省委书记李锦斌主持召开省委全面深化改革领导小组会议，审议通过《安徽省科协系统深化改革实施方案》。组织全省科协系统深入学习贯彻中央和省委对科协改革创新的决策部署，开展科协改革调查研究。

继续实施省科协常委联系点制度，23名常委深入29个县（市、区）调研指导。做好中国科协九大在皖代表联系服务工作。与省委组织部联合开展高层次人才联谊休假活动。

落实中央巡视组巡视“回头看”和省委专项巡视整改任务，深入推进全面从严治党。省科协领导班子在2015年度综合考核中获“好”等次。省科协荣获2015年度省直机关效能建设先进单位、2014—2016年度省直文明单位。年内培训全省科协系统干部300人次。

11月22—24日，省科协系统业务骨干培训班在合肥市举办。省科协党组书记、常务副主席王洵以“坚定不移走中国特色社会主义群团发展道路，积极推进科协组织和工作改革创新”为题为培训班上了第一课。王海彦、蔡士祥、魏军锋3位驻会负责人分别作专题讲座《如何做好新形势下科普工作》《深入把握科协组织建设规律、积极推动科协组织建设》《全面深化改革、持续推进创新、为学会发展增动力添活力》。省委党校教授汪兴福作了学习党的十八届六中全会精神辅导报告。来自全省科协系统的45名市县新任科协主席和15名省级学会负责人参加培训。

地市县及基层科协组织 截至2016年年底，全省共有省辖市科协16个、县级科协106个、街道（社区）科协602个、乡镇科协1207个、农技协3293个。

合肥市科协建设“产业技术专家库”“创业导师专家库”。安庆市科协开展科技人才状况调查，池州市科协开展民营科技企业调查，滁州市南谯区科协开展创新创业人才工作调研。滁州市、亳州市科协成立法律援助服务站。马鞍山市科协在全市科技工作者中开展“讲理想、比贡献，创新争先在行动”演讲比赛。芜湖市科协设立“创新驱动发展”芜湖十大领军人物奖，宿州市科协开展十佳女科技工作者评选，庐江县科协表彰优秀科技工作者。长丰、来安等县设立青少年科技创新县长奖。全椒、和县科协开展农民技术职称评定工作。

各市县“十三五”全民科学素质行动计划纲要实施方案出台。铜陵市成立全民科学素质工作领导小组，黄山、芜湖、马鞍山等市充实调整领导小组成员。六安市科协开展公民科学素质建设情况调查，宿松县开展《科普法》贯彻执行情况调研。蚌埠市淮上区、颍上县农民科学素质网络竞赛组织工作受到中国科协表彰。宣城市科协面向基层农技协和中小企业新增融资4652万元。

安庆市科协成立科技专家服务团投身防汛抗洪救灾。各乡镇科协积极开展农技服务和主题科普活动，街道（社区）科协着力建设社区科普大学、社区科普馆，举办各类社区科普节。

黄山市印发承接政府职能转移试点实施方案。蚌埠市科协批准21个学会设立党支部并任命党支部书记，淮南市科协为学会指派党建指导员。

省级学会、企业科协、高校科协 截至2016年年底，全省共有省级学会161个，个人会员204602人、团体会员5154个。新成立安徽省航空学会，26个省级学会换届。

推进学会承接政府转移职能试点工作。省委办公厅、省政府办公厅印发《安徽省科协所属学会有序承接政府转移职能试点工作实施方案》。省政府召开试点工作动员会，省科协与14个试点项目对应的8个省直单位、11个省级学会签署任务书，试点项目全部完成。推动学会能力建设，实施学会创新与服务能力提升计划，16个省级学会获得中国科协奖励项目，创建5A级学会5个、4A级学会7个、3A级学会15个。制定实施《安徽省科协团体会员管理办法》。实施“党建强会”计划。

年内，省级学会共举办各类学术会议450场次，6.5万人次科技工作者参与，交流学术论文1.2万篇；主办科技期刊51种，发表学术论文1万篇。省中医药学会创办“国医沙龙”，省真空学会举办青年创新大赛暨学术研讨会等。2016年省级学会共举办科普宣讲活动1057次，开展实用技术培训487场次，推广新技术新品种462项，举办继续教育培训班404场，参加活动的科技人员达5009人次，受众逾34万人次。省医学会、铁道学会、土木建筑学会等积极推进秘书处工作制度化、标准化、职业化，省茶叶学会、化工学会、制冷学会等积极吸纳新会员。省古生物学会相关调查研究获得省国土资源科技进步一等奖。省数学会设立“安徽省青年数学奖”，省中医药学会设立“安徽省中医药科学技术奖”。省畜牧兽医学会加强第三方专家评审、诚信协议等制度建设。

截至2016年年底，全省共有企业科协647个、园区科协59个，个人会员近7万人。

新增安徽牧翔禽业有限公司科协、铜陵新能科创投资集团科协、大华山龙人矿泉水公司科协等企业科协61家。铜陵市铜官区、定远县成立首家民营企业科协。马鞍山市实现园区科协全覆盖。

马钢集团科协组织本部及子公司参加首届全国企业创新方法大赛，选派的5支代表团全部获奖。黄山皖南机床公司科协着力开展技术攻关促发展，研发的产品先后被认定国家重点新产品1项、省高新技术产品5项，2项科技成果荣获市级科学技术奖二等奖；22项专利通过授权，其中发明专利6项；组建的安徽省数控铣床工程技术研究中心通过验收。宁国市开发区科协开展“科技创新带头人”“企业好管家”评选表彰活动。全椒县经济开发区科协组织园区企业开展科技创新竞赛。

截至2016年年底，全省共有高校科协19个，个人会员近2万人。

2016年马鞍山市成立安徽首家全市高校科协联盟，新成立合肥职业技术学院科协、六安职业技术学院科协等高校科协。

滁州学院科协联合安徽省计算机学会、台湾淡江大学主办2016年海峡两岸暨第三届皖台物联网研讨会。滁州职业技术学院科协承办全市第二届企业职工职业技能大赛。河海大学文天学院科协全年组织开展学术报告49场，申报各级科研项目95项；开展检验测试机构资质认证达标活动，获批的计量认证项目为二类8项188个参数；完成专利创新教育工作，获批专利8项；组织开展了科技文化艺术节、水文化节等系列科普活动。

【《安徽省科协系统深化改革实施方案》审议通过】 11月7日，中共安徽省委全面深化改革领导小组召开第十二次会议，省委书记、省委全面深化改革领导小组组长李锦斌主持会议并讲话。省委副书记、代省长李国英，省委副书记信长星，省委全面深化改革领导小组成员出席会议。会议审议通过了《安徽省科协系统深化改革实施方案》。会议指出，科协是党委政府联系科技工作者的桥梁纽带，要加强政治引领，坚持问题导向，紧扣改革联系服务科技工作者的体制机制、改革治理结构和治理方式、创新面向社会提供公共服务产品机制三大任务，深入推进科协系统改革，不断增强科协组织的政治性、先进性、群众性。

【第七届中国（芜湖）科普产品博览交易会】 11月11—13日，由中国科协、安徽省政府主办，安徽省科协、芜湖市人民政府承办的以“创新驱动发展，科技引领未来”为主题的第七届中国（芜湖）科普产品博览交易会在芜湖国际会展中心举办。中国科协党组副书记、副主席、书记处书记徐延豪，安徽省委常委、芜湖市委书记宋国权，省政协副主席、省科协主席赵韩，中国科协党组原副书记、副主席程东红，原总装备部科技委顾问唐贤明少将，航天员大队航天员王亚平等出席开幕式。中国工程院院士蔡鹤皋、刘文清及全国各省、自治区、直辖市和新疆建设兵团2万多名科技人员参加科博会。

来自美国、法国、德国、澳大利亚等23个国家和地区以及20多个省、自治区、直辖市的449家单位5500余件展品参加了展示，交易额达10.2亿元，观众达15万人次。

本届科博会大幅增加了科技产品的展示，量子通信、高铁轻轨、新能源、节能环保、航天航空等一大批高科技展品纷纷亮相。首次设立了机器人展区。活动期间，组织了3场专家与企业技术对接活动。邀请28名海外高端人才与相关企业开展中国科协“海智计划”项目对接活动；邀请20名国内学会专家与相关企业开展中国科协创新驱动助力工程对接活动；近30位国内机器人业界专家、学者与装备制造企业对接。

科博会期间，还举办了中国自然科学博物馆协会2016年年会暨全国科技馆发展论坛、科学传播论坛、服务机器人发展论坛、院士报告会、航天员报告会、海峡两岸小学生机器人竞赛、优秀科普产品奖和优秀组织奖评审颁奖等活动。

【印发《安徽省科协所属学会有序承接政府转移职能试点工作实施方案》】 3月9日，省委办公厅、省政府办公厅印发《安徽省科协所属学会有序承接政府转移职能试点工作实施方案》（以下简称《实施方案》）。

《实施方案》提出了省科协所属学会有序承接政府转移职能试点工作的试点范围、试点原则和试点流程。确定了完善协同推进机制、建立项目实施团队、建立例会制度、加强信息公开等组织实施措施和加强统筹协调、加强政策扶持、提升学会能力等保障措施。

（撰稿人：席　蕾）

福建省科学技术协会

服务经济社会发展　省科协组织刘旭院士、孟伟院士对福建省九龙江流域综合治理情况进行考察，考察后院士们提出《九龙江流域综合治理与生态补偿制度设计》的报告，报送福建省委。

通过举办学术沙龙和研讨会，形成专题报告4个、

《科技工作者建议》1期。提交《关于推动闽台两地休闲农业产业合作发展对策建议》等福建省政协提案12项，形成科技工作者建议8期。立项资助《福建省生态地球化学学科发展研究报告》等20个自然学科发展报告。

开展2016年福建省科技工作者创新事业发展需求及发挥作用状况调查。开展省级学会科技社团专职工作人员状况调查，形成对策建议。省委办公厅主办的《八闽快讯》《今日要讯》刊载科协信息26篇。设立福建省加快科技创新促进先进制造业基地建设研究等重点项目20项、一般项目20项。完成中国科协委托对广州高新技术产业开发区科学城园区双创示范基地的第三方评估。

省科协建立会企协作创新联盟7个、学会协同创新基地3个、全国学会服务站1家、船舶平台2个。确定连江县、涵江区、南安市、晋江市、龙文区、武平县、蕉城区、延平区、尤溪县为2016年省级创新驱动助力工程示范区。落实5家全国学会及其专家与省内企业达成技术或项目合作9项，现场签约7项，投资额2亿多元。

全省41个农技协、10个农村科普示范基地、14个社区和15名农村科普带头人获中国科协、财政部2016年基层科普行动计划先进单位和个人联合表彰。省科协联合省财政厅表彰了15个农技协、21个农村科普示范基地、26名农村科普带头人、23个社区。全省14个县（市、区）被中国科协命名为2016—2020年度全国科普示范县（市、区）。

省农村致富技术函授大学举办科技扶贫“万名农民培训班”94班次，培训4813人次；15个项目向贫困村进行“基层科普行动计划”奖补；落实银会合作协议，累计发放农户贷款1.81亿元；联合14家单位举办海峡两岸现代生态农业发展研讨会，签约项目4个；邀请台湾地区农技协专家廖树宏在福州市等9个市县调研，作科普报告2场，受众1700多人次。

全省1600多个企业参加“群众性的科技创新活动”，2.8万名科技工作者参与，立项2067项，提出合理化建议5613条。

新建授牌示范院士专家工作站29家，省级院士专家工作站达174家，进站院士154名，院士团队专家1066名，开展合作项目551项，总投资288.9亿元。

组织院士163人次、专家910人次，赴全省各设区市137家企事业单位，签约项目62项、签约项目资金13亿元；举办“院士专家八闽行”院士专家泉州行、漳州行、龙岩行、厦门行、茶叶行、海洋渔业行、水稻育种行、科技扶贫行等活动10场，科学论坛、工程论坛3场，科普报告16场，学术报告68场，听众17000多人次。成立福建省院士专家交流协会，136位院士加盟。承办首届全国院士工作站建设经验交流会。福建省8家院士工作站入选“全国百家示范院士专家工作站”。

省科协组织科技工作者参与港澳台科技活动23人次，接待港澳台专家、学者620人次。邀请50多个台湾地区科技社团、台湾地区专家550人次对接交流，签订合作协议16项；邀请61人次海外专家签约3项。与中国科协合作，在永泰县建立中国—以色列农业技术培训示范基地；与福建省商务厅合作开展海外人才离岸创新创业基地建设。

促成匈牙利欧盟药物提纯公司与福建南方制药股份有限公司开展紫杉醇提取技术合作。促成国家“千人计划”特聘专家陈忠苏博士与福建电信云计算分公司合作，开发建设“云计算”模式网络学习技术服务平台。与日本自然农法国际研究开发中心徐会连博士开展益生菌综合开发、有机富硒茶种植、大棚蔬菜种植等项目合作。与省港澳办、香港公开大学等联合举办香港大学生海上丝绸之路科学营——茶文化之旅，香港中文大学、香港大学等8所大学40名香港大学生来福建交流。省科协被中国科协评为“海智计划”工作先进单位。

6月17日，福建省院士专家交流协会成立大会在福州市举行，会议审议通过了《福建省院士专家交流协会章程》等，42位院士出席大会。

《科学素质纲要》实施及科普工作 全省科协系统全年组织开展科普活动1800项，参与群众980万人次。与省委宣传部等部门联合开展福建省文化科技卫生“三下乡”活动。与省公安消防总队签订《推进福建省全民消防科普工作共建协议》。持续开展“万名科技人员服务百万公众”活动，面向青少年、社区居民和公务员群体举办海西科普大讲坛的“每周一讲”专题科普讲座43场、专题讲座10场，举办海西少年科学家俱乐部27期、科普夏令营（冬令营）19个。组织编印并出版发行农村和城市科普挂图11600多套。省科协及基层30个单位被中国科协评为2016年全国科普日优秀组织单位、特色活动组织单位。各地科协配置科普大篷车20辆，受益公众140万人次。

推动省委办公厅、省政府办公厅印发《关于加强科学普及促进全民科学素质跨越提升的意见》，省政府办公厅印发《福建省全民科学素质行动计划纲要实施方案（2016—2020年）》。“2020年福建省公民具备科学素质比例超10%的目标”写入《省委、省政府关于实施创新驱动发展战略、建设创新型省份的决定》。省科协被中国科协列为全国科普信息化建设综合应用试点单位。推动中国科技馆与福州市人民政府签署VR内容创作基地建设战略合作协议；与网龙公司签署《福建省VR科普战略合作协议》；争取省财政资金在全省11个科技馆建设VR体验中心、开发15项VR科普体验内容，启动科普福建智慧云平台和“科普e站”建设，在全省城乡布设科普互动大屏。

省科协在全省科普工作“跟踪问效”信息平台、“福建科普”微信公众号和省、市、县三级科普电视栏目等科普信息化平台发布科普图文信息800多条，总阅读数20万次。制作以“创新放飞梦想　科技引领未来”为主题的科普大篷车进校园科普公益宣传片。

全省新启动或在建的科技馆、科普专业馆12个，新建社区青少年科学工作室30个。省科技馆老馆全年接待参观活动人数30.5万余人次，省科技馆新馆建筑主体结构封顶，总面积93000平方米。省数字科技馆年浏览量319多万人次，第五次被中国科技馆评为2015年度中国数字科技馆优秀二级子站点。完成数字科技馆网站系统升级改造。举办第三届福建省青少年科学素养网络竞赛、农民科学素质网络知识竞赛、专题科普知识网上竞答，26.5万名中小学生等参与网络竞答。7个科技馆被列入2016年全国科技馆免费开放试点单位。增配永安市等科协科普大篷车5辆、农村中学科技馆4个、科普云教室3套、科普气象站1个、中国流动科技馆展品2套，帮助基层规划设计30个青少年科学工作室新站点。福建省流动科技馆在13个县市区巡展，受益群众63万人次。

在莆田市举办第31届福建省青少年科技创新大赛，在霞浦县举办第14届福建省青少年机器人竞赛，持续在厦门大学开展中学生英才计划等活动。在浦城县举办第十三届福建国际英语科普夏令营。省科协牵头，海峡两岸有关单位在福州市举办第十五届海峡两岸大学生辩论赛，两岸各8支代表队参赛。

学术交流　省科协主办福建省小流域水质生态监测及应急措施、福建省水电站地质灾害特征分析及综合预防技术研究、康复产业星创天地等学术沙龙。与中央党校等联合举办“一带一路”倡议海丝智库高端论坛，与福建中医药大学联合举办第三届“旗山讲坛”工程论坛，与省社科联联合举办自然科学与哲学社会科学对话活动，承办中国科学院光学与光电子技术科学论坛，联合龙岩学院承办非线性数学分析及其应用科学论坛。举办第二届环境生态共治会议、第九届海峡两岸科普论坛、第十五届福建省科协年会。

6月12日，第八届海峡论坛·2016海峡科技专家论坛主会场活动在福建省厦门市举行。本届科技专家论坛主题为“两岸携手，创新创业，合作共赢”。活动设置分会场10个，议题50余个。来自多领域、多学科、多专业的专家、学者参会，其中台湾地区专家、学者393名。活动期间签约科技、经济合作项目16个。

服务科技工作者　实施“科技人才成长服务计划”，推动推选中国工程院院士、举荐优秀科技工作者等工作列入福建省委人才工作要点，纳入设市区市（含平潭）目标责任制考核指标。制定《关于充分发挥政治引领作用，深入开展创新争先行动的意见》。举荐厦门大学教授郑南峰获首届“中国优秀青年科技人才奖”称号，福建福光公司总工程师肖维军获第十九届中国科协“求是杰出青年成果转化奖”，江文清等5名科技工作者获第七届“全国优秀科技工作者”称号。与福建省人社厅联合推荐7个先进集体、22名先进工作者候选人。联合省委组织部等部门评选表彰第五届福建省优秀科技工作者30名、第二十三届福建运盛青年科技奖获得者10名、第八届紫金科技创新奖10名。

在《福建日报》开辟“科技工作者之家”专栏，宣传优秀科技工作者先进事迹。编印院士专家交流协会《会员通讯》3期和《第十三届福建青年科技奖事迹汇编》。

与有关部门联合组织中国工程院副院长樊代明等院士、专家进高校，开展科学道德与学风建设院士巡讲活动，受众600多人次。

组织开展科技管理类初中级专业技术职称评审3人，为非公组织科技人员参加专业技术职称评审提供服务。全年组织走访慰问院士230人次，开展“委员之家”活动3次。持续开展全国科技工作者调查站点建设，发放调查问卷4000多份，被中国科协评为全国科技工作者状况调查优秀区域责任部门。

自身建设　实施“党建带科建计划”，推动省委研究通过《福建省科协改革方案》。开展省科协各总支、支部书记述职述廉评议考核，成立省科技社团党委。召开党组中心组学习会6次、专题研讨会8次。

落实中央八项规定，出台省科协效能建设实施方案、日常考核办法，选拔2名年轻党员干部到基层一线挂职。组织党员向遭受台风灾害的闽清县捐款捐物，协调医疗专家进灾区服务。

省科协落实与新疆昌吉州科协对口援助协议，举办昌吉州农村实用技术人才培训班。启动实施支持西藏昌都市经济开发区科普设施建设项目。组织“福建院士专家宁夏行”活动，举办项目对接9场，签约合作项目5项。

制定《关于实施省级学会分类管理改革的意见》和《省科协推进所属学会有序承接政府转移职能试点工作实施方案》，指导8家所属省级学会换届、3家所属社团完成注销、5家所属社团负责人调整、9家挂靠省科协社团清理整顿，资助64个省级学会、高校科协开展重点学术交流活动73场。继续开展第七届福建省优秀科技期刊评选活动。

出台《创新驱动助力工程项目管理实施办法（试行）》《福建省产业会企协作创新联盟建设和管理实施办法（试行）》《福建省学会协同服务企业创新基地建设和管理实施办法（试行）》《福建省国家学会服务站建设和管理实施办法（试行）》《科技思想库研究项目经费使用管理实施办法》，编印《福建省科协科技思想库制度汇编》。

地市县及基层科协组织 福州市科协出台《福州市社区科普标准化建设实施方案（试行）》，在福建省首家制定科普服务平台地方标准，精选了17个社区作为2016年“福州市社区科普标准化建设”首批试点社区。

厦门市科协成立福建省首个学会联合体——厦门市科协信息科技与先进智造学会联合体，并发起共建“普瑞特—嘉庚先进打印技术创新实验室”。

4月，漳州市科协承办中国科学院学部咨询评议工作委员会五届十六次会议，举办院士专家八闽行—漳州行活动。

龙岩市科协推动北京大学与福建省龙岩市共建学生实践教育基地，在古田会议纪念馆建立学生红色教育基地。与龙岩市委组织部洽谈推进“鸿雁计划”，打造校地人才合作新模式。

南平市科协推动南平市科技馆列入武夷新区首批社会事业项目规划建设。

将乐县与南京林业大学签订战略合作框架协议，拟成立福建（将乐）科技创新和产业发展联合研究院。

省级学会、企业科协、高校科协 截至2016年年底，共有省级学会总数148个、企业科协2395个。省级学会共召开各类国内学术会议385场，交流论文5000多篇。省级学会主办科技期刊63种，印发30多万册。

5月17日，省护理学会与省政协联合开展基层医护工作情况调研，与当地卫生院建立帮扶联系。

省电机工程学会组织系统外单位开展以“‘文明共建·文化共享’，科普下乡（进校园）暨全球能源互联网知识宣传”为主题的党建“三级联创”活动，实现党建与科普知识推广、企业发展的良性互动。

全年组织企业科协科技信息服务项目推广与专利应用工程师、创新方法、知识产权巡讲培训会20场，建立福州、泉州、漳州、宁德、南平5个科技信息服务子站。选送企业5个项目参加全国科技工作者创新创业大赛，并全部获奖。选送4个项目参加首届全国企业创新方法大赛总决赛并获奖。

【第十六届福建省科协年会】 11月7日，省科协、福建师范大学联合主办的第十六届福建省科协年会在全省各地陆续举行。年会设置康复产业学术沙龙、福建省水电站地质灾害特征分析及综合预防技术研究学术沙龙、福建省小流域水质生态监测与治理以及应急措施学术沙龙、自然科学与哲学社会科学对话活动等分会场58个，海峡两岸专家高校讲坛4项，学术进校园活动15项。年会期间，邀请中国工程院院士等及省内外知名专家为福建经济发展建言献策；组织院士专家科技创新大讲坛、科技精准扶贫、年会科普活动、创新驱动助力工程对接、科技成果展示交流、海峡两岸科技交流等活动，交流学术论文5000多篇，科技人员1万多人次参加。

11月7日，第十六届省科协年会主场在福建师范大学举行。会议由福建省科协党组书记、副主席杨江帆主持，600余名院士专家、科技工作者、高校师生等出席开幕式。

中国工程院副院长樊代明院士、国家“千人计划”入选者刘震博士、台湾成功大学教授郑芳田分别作专题报告。中国科学院中国现代化研究中心主任何传启作主旨报告。

会上颁发了“全国优秀科技工作者”称号福建省获得者奖、第二十三届福建运盛青年科技奖、第八届紫金科技创新奖。

主会场外同步举办福建省科技成果展，16个省级学会开展科普活动。

【第十四届中国海峡项目成果交易会】 6月18日，第十四届中国海峡项目成果交易会和创新驱动助力工程暨院士专家“一带一路”项目咨询对接活动在福州市举行。活动由中国工程院、中国科协、中国电子学会、中国电工技术学会、中国纺织工程学会、福建省人民政府等联合主办。福建省委常委、组织部部长王宁，中国工程院副院长刘旭，福建省人大常委会副主任刘群英，福建省政协副主席陈绍军，中国科协党组成员兼学会学术部部长宋军，中国科学院原副院长詹文龙等出席活动。国家自然科学基金委、福建省委组织部、省科协、省科技厅、省财政厅等部门负责人，53位院士、75位专家，共计300多人参加活动。

第十四届中国海峡项目成果交易会

活动期间，泉州理工学院院士专家工作站等10家被授予省级院士专家工作站称号，神蜂科技有限公司院士工作站等10家被授予2015年度福建省院士专家示范工作站称号。

活动现场签订17个院士专家项目合作协议，签约金额达2.1亿元。18位院士、专家与福建省企事业单位现场开展项目咨询对接，项目主要分布在新一代信息技术、新材料、新能源、生物医药、高端装备制造、海洋高新、节能环保等相关领域。

组织承办第十四届中国海峡项目成果交易会院士专家展、中国工程院和中国科协创新成果展，活动由院士专家成果展、中国科协创新驱动助力工程成果展、全国学会成果展、海外引智成果展4个专题组成，集中展示创新成果147项。福建省委书记尤权，省长于伟国，省政协主席张昌平，省委常委、常务副省长张志南，省委常委、组织部部长王宁等参观院士专家项目成果展。

活动期间，院士、专家共赴5所中学、15所高校、20家企事业单位作科技报告57场，听众13870人次。

6月17—20日，第十四届中国海峡项目成果交易会期间，共对接项目62项，总投资13亿元。创新驱动助力工程项目8个，院士项目35个，专家项目17个，海外专家项目2个。安排院士44人次、60位专家到南平市等21个设区市开展送服务到基层活动，进行技术指导和战略咨询。举办2个高峰论坛、4场科普报告、20场技术交流活动，参与人数超过1万人次。

（撰稿人：邱雪如）

江西省科学技术协会

服务经济社会发展 组织实施2016年决策咨询课题10项。课题“实施精准扶贫 打造江西脱贫攻坚新样板”的阶段性成果《我省推进脱贫攻坚面临的主要问题及对策建议》获江西省委书记鹿心社批示。编辑《决策咨询专报》8期，报送省委、省政府、省人大、省政协领导和相关单位，其中《江西农村水污染治理对策建议》《关于推动我省锂电产业快速发展的建议》《应对农业劳动力老龄化对江西粮食生产发展影响的对策建议》3期专报分别获得江西省副省长郑为文、省政协副主席刘晓庄等的批示。

2016年，江西省20个农村专业技术协会、15个农村科普示范基地、13个农村科普带头人和18个科普示范社区获全国“基层科普行动计划”奖补。奖补省级精品农技协34个、优秀科普示范基地60个、优秀科普示范社区42个。

在规模以上企业力推广“专利信息工程”，推动1133家企业注册应用“专利信息数据库”，培训专利应用工程师1300余人，已引导70多家企业找到了适用专利并成功实现了科技成果转化，产生直接经济效益85237.34万元、间接经济效益128547.1万元，节约研发成本15854.4万元。全省共建立省级院士工作站76家，柔性引进院士105人、院士团队专家800余人，覆盖全省十大战略性新兴产业。4家省级院士工作站荣获“全国示范院士专家工作站”荣誉称号。2016年新建市级院士工作站33家，新引进院士31人。以院士工作站“‘互联网+’研发平台”的方式，推动院士团队科技成果向企业转化。深入实施“海智计划”，2016年新建海智工作站7家，全省共建成21家海智工作站，引进海外专家21人。全年开展对外学术交流活动40多场，签署合作协议39个，洽谈项目35项，引进项目8个，引进团队23个，与海外团体建立联系28家，被中国科协评为“海智计划工作先进单位”。

《全民科学素质纲要》实施及科普工作 8月15

日，省政府办公厅印发了《江西省全民科学素质行动计划纲要实施方案（2016—2020年）》，确定到2020年江西省公民具备基本科学素质的比例与全国同步达到10%以上。江西省7个单位和8名个人被中国科协等9部委评为《全民科学素质行动计划纲要》实施工作先进集体和先进个人。

3月，在全省范围内开展了“2016年科普之春暨学雷锋科普志愿者服务月活动”。5554名科普志愿者，1352名专家、学者参加活动。活动实现了所有县（市、区）全覆盖，社区开展科普活动297场，农村开展科普活动285场，学校开展科普活动167场，直接参加活动的社区居民达144372人次，直接参加活动的农村人员达130658人次，直接参加活动的学生达148134人次；解决实际问题3663件。

9月，在全省范围内开展以“创新放飞梦想　科技引领未来”为主题的全国科普日活动。共有5000余位科普工作者、30000余名科普志愿者参加全国科普日活动，共举办科普报告会500余场、科普知识展览1200余场次，举办培训班800余期，发放科普资料90余万份，播放科普录像500余场，展出科普展板4000余块，参与群众达到160余万人次。

开展“科学，让生活更美好——江西省百场科普报告进社区”活动。在11个设区市、100个县（市、区）的社区面向公众组织开展了118场科普报告。经2016年科普公共财政项目评选，54个科普教育基地特色科普活动项目、12个农村中学科技馆、55个科普云终端项目、54个重大科普活动及科普报告项目、49个“互联网+”科普项目获得资助。

实施“全国科普信息化试点建设”方案，搭建江西科普云平台系统。共定制科普云终端105台，建立一级频道13个、二级频道54个，基层自主发布文章378篇，上传图片372张、视频7个，推送通知110条。各“科普e站”推送科普中国“V视速递”视频63个1500集，科普信息10万多条，科普画廊6期，应知应会19期，专题45期，点击浏览量超过50万人次。“科普江西”微科普平台每个工作日发布内容3条以上，年推送信息1000条，点击量超过14万人次。江西手机报彩信版目前有1000万用户，每天发送1条科普信息，年发送超过20亿人次。

科普大篷车在20余个县（市、区）开展科普宣教，行程1.2万千米，受益公众12万人次。在24个县（市、区）进行流动科技馆巡展活动，参观人数达120余万人次，赠送科普读物20000余册。全省5万余名青少年参加江西省第三十一届青少年科技创新大赛。8万余名青少年参加“走进创客、体验创新”全省青少年科学调查体验活动。选拔140名优秀高中学生赴清华大学等9所高校参加全国高校科学营活动。在2016年数学、物理、化学、生物、信息学竞赛全国决赛中，江西省共获得7块金牌、33块银牌、15块铜牌。各级农村致富技术函授大学举办各类培训班410余期，培养各类农村人才27000余名。

4月21日上午，由省政府新闻办、省科协主办的江西省科技馆免费开放暨“十三五”科普工作专题新闻发布会在省政府新闻办新闻发布厅召开。省科协党组成员、副主席梁纯平和省科技馆主要负责人作为发布人分别介绍了江西省科技馆免费开放及江西省“十三五”科普工作具体情况。省科技馆主展厅免费对外开放施行“免费不免票”参观方式，散客可凭有效身份证领取免费入场券。

学术交流　以“推动科技与大众创业、万众创新深度融合”为主题，举办江西省科协第四届学术年会。主办、协办中国新型工业化与城镇化发展论坛第二届年会、中国稻作起源地学术研讨会、华东区第二届核同舟论坛、中国科协青年科学家论坛、第六届中国湖泊论坛等全国性的重大学术活动。省级学会承接全国性、区域性、专业性的学术会议40多场次，其中国际会议4次。中国科学院院士、中国工程院院士200余人次到江西讲学和技术指导。指导省级学会，市、县科协主办各类学术交流活动260多场次。大力实施“创新驱动助力工程示范区建设”项目，从省科普公共财政资金中专门列支100万元用于该项目的实施。赣州市被列为中国科协“全国创新驱动助力工程示范市”。2016年，104位中青年学者入选“百人远航工程”项目，资助金额500万元。

服务科技工作者　开展中国科协九大代表的推选、全国优秀科技工作者遴选和全国科协系统先进集体和先进工作者的推荐工作。组织14名县级科协主席、5名设区市科协主要负责人、3名机关部室负责人参加中国科协九大精神轮训班。组织推选了3名优秀女科技工作者为中国科协第十三届女科学家候选人。经省科协推荐，任军、刘成梅，陈日新、刘季春、廖春发5名科技人员获得第七届“全国优秀科技工作者”称号。加强与《江西日报》、江西卫视、中国江西网等主流媒体的联系合作，宣传报道优秀科技人物50余名。江西省科技工作者状况调查站点由原来的13个增加至15个，站点工作获中国科协表彰。全年出版12期《江西科协》，宣传优秀科技人才20余名。

自身建设 积极支持配合省委第三巡视组对省科协党组的巡视工作，对照巡视组反馈意见，扎实抓好整改，全面完成各项整改任务。修订和建立10项规章制度，扎实开展“两学一做”学习教育。省科协获得“江西省第十四届文明单位”称号，2015年度省直机关绩效管理考核优秀单位、综治工作（平安建设）先进单位、公共机构节能优秀单位。制定《江西省科协事业发展“十三五”规划（2016—2020）》。强化干部教育，进行干部轮岗。开展“身边好人榜”选树和宣传工作，2016年共发布8位“身边好人”的事迹材料。

加强省级学会自身能力建设，出台《江西省科协学会能力建设考核办法》和《江西省科协学会能力建设考核指标》。通过考核产生了2016年度省级示范学会6个，省级优秀学会16个。

10月28日上午，省科协召开七届五次常委会。根据江西省委决定，卢天锡同志提名为省科协主席候选人，李华栋同志不再兼任省科协主席职务。按照《江西省科学技术协会实施〈中国科学技术协会章程〉细则》，经投票表决一致通过，卢天锡同志当选为省科协七届委员会主席。省委组织部干部二处处长华智峰出席会议并作相关人事安排说明。省科协党组书记、常务副主席罗莹等省科协七届常委参加会议。会议由省政协副主席李华栋主持。

地市县及科协基层组织 省科协系统现有11个设区市科协，100个县（市、区、局）科协，农村、企业、院校、街道社区科协等2300余个。南昌市科协对市众创空间情况进行了调研，通过上门走访、举办座谈会等形式加强与所在县区、园区的众创空间及创业人员密切联系，了解众创空间需求，为吸引更多的创客入驻众创空间搭建了交流平台。九江市科协坚持“四情”（亲情、乡情、友情、真情）驱动，推进院士工作站建设。九江市委人才工作办公室和市科协在深入调研的基础上，与确有建站诚意的单位，通过登门拜访院士、反复沟通、邀请实地考察等方式，争取院士在九江建站。景德镇市科协开展科协基层组织建设情况等课题的调研，先后出台了《关于在高新区、陶瓷工业园区、高校等建立科协组织的实施意见》《关于加强企业科协组织建设的意见》《关于在非公企业中加强科协组织建设的意见》等一系列文件，使景德镇市科协基层组织建设有章可循、有据可依。萍乡市科协着力提升科技扶贫服务能力，开展科普宣传，利用科普宣传栏、科普画廊、科普图书室、科技活动室开展扶贫政策和相关知识宣传，传播科学理念，推动科学知识转化为带动群众增收致富和现代农业发展的动力。举办各类科普报告会、科普讲座，开展文化、科技、卫生“三下乡”等各类活动，参加群众超16万人次。新余市科协推进科普与“互联网+”深度融合，建成微信公众号等科普宣传媒介20余个。其中，“科普新余”微信公众号关注用户达到2200人，全年总阅读人次14.8万，阅读量38.3万次。鹰潭市科协积极探索“产业+企业+学会”模式，助力创新驱动发展。充分发挥桥梁纽带作用，与有关部门、单位共同推进院士专家服务站、博士后创新实践基地、创客之家的建立；推动建立市级学会服务站15个，协同创新体6个；推动3个全国学会、10个省级学会、10多所高校、50多名专家与鹰潭市科研院所、骨干企业建立合作关系，组织开展集中对接活动10余次。赣州市科协为500余家企业安装了科技信息库，培训专利应用工程师236名；组织工程技术专家对接科技信息应用企业156家；培育企业示范典型案例29个。建立了市、县二级科技成果转化服务体系，制定了《赣州市科协企业科技服务项目管理办法（试行）》和《赣州市科协企业科技服务项目经费管理办法（试行）》。宜春市科协围绕地方发展大局，发挥学（协）会人才智力资源优势，开展调查研究和建言献策，推动党委政府落实政策措施，搭建创新平台，谋划发展，促进产业进步。围绕院士工作站建设开展调研，撰写的《推进建站创点建设，为企业创新发展服务》调研报告被省科协选用上报中国科协，并作为典型在省政协十一届五次会议上作发言。上饶市科协开展科普信息化建设专项活动，全年直接投入建设专项资金78.7万元，完成了35个科普屏媒阵地建设点，分布在农村专业技术协会、农业科普基地、城镇社区、学校、公共活动景观区、科技场馆和党政办公中心。吉安市科协“银会合作”工作取得实效。3月，江西省首批“银会合作”项目贷款在吉安市发放；5月，江西省“银会合作”推进会在吉安市举办。截至2016年年底，吉安市“银会合作”累计发放贷款金额7919万元。抚州市科协不断拓展宣传阵地，创新宣传方式。特别是在召开抚州市科学技术协会第二次代表大会期间建立立体宣传网，建立市科协“二大”代表微信群，播放抚州科协"二大"专题片，在人员密集场所展出"二大"科普专版，联合江西省电视台对陈芬儿院士励志事迹进行专题报道；利用抚州电视台、抚州日报社、抚州广播电视报和抚州新传媒等众多媒体对会议进行全程追踪报道，扩大了科协组织的社会影响。

省级学会、企业科协、高校科协 截至2016年年底，江西省省级学会（协会、研究会）127个，会员38万余人。其中2016年新成立省级学会2个。江西省现有企业科协58家，国家级园区科协14家，省级园区科协43家，会员4万余人。2016年新建国家级园区科协2家、省级园区科协2家。江西财经大学、江西警察学院、萍乡学院3所高校成立科协。

指导14个省级学会召开会员代表大会完成换届工作。省级学会开展各类学术活动250次，参会5万余人次，交流论文1万多篇。省级学会承接全国性、区域性、专业性的学术会议40多场次，20多位中国科学院院士、中国工程院院士参加活动。指导省级学会、市科协、县科协主办各类学术交流活动约260多场次。

【华东区第二届核同舟论坛】 11月12日，省科协、中国矿业联合会核地矿专业委员会联合主办的华东区第二届核同舟论坛暨创新成果展示会在江西省南昌市举行。论坛以"助推核产业创新发展"为主题，中国工程院院士、中国核工业集团公司科技委主任潘自强，中国工程院院士、中国核工业集团公司专家委员会副主任陈念念，中国工程院院士、中国核工业集团公司科技委副主任叶奇蓁出席会议并作主旨报告。省科协主席卢天锡出席开幕式并致辞。中国核学会秘书长王德林，中国核工业集团地矿事业部党组成员、副主任兼总工程师张金带，省国防科工办副主任郑正春，省核工业地质局副局长朱永刚，省能源局局长郑沐春，省科协副主席孙卫民，中国矿联核地矿专业委员会秘书长袁柏祥，核工业江西矿冶局副局长徐小明、杨明泉，东华理工大学副校长孙占学，中国原子能科学研究院副院长叶国安，核工业江西矿冶局原副局长吴三毛出席会议。潘自强院士、陈念念院士和叶奇蓁院士分别作报告《持续发展核电是减少温室气体排放，改善我国环境的有效途径》《我国核燃料循环的发展》《核能造福人类——核电的发展与前景》，并与参会代表进行了问答交流。中国核工业集团地矿事业部党组成员、副主任兼总工程师张金带，中国原子能科学研究院副院长叶国安、东华理工大学副校长孙占学等专家、学者分别作学术报告《创新合作理念，共同夯实我国天然铀供应保障体系》《核能可持续发展与后处理》《放射性成因地热资源研究进展》《原子高科研发现状及放射性药物新进展》《相山地区铀矿地质勘查新进展》《相山地区铀矿找矿启示与反思》《核技术在医疗中的应用现状与前景》。论坛表彰了首批20位"江西省优秀核科技工作者"，以展板形式向上千名公众展示20多项核科技创新成果，发放2000多份核科普手册，组织了核医学分会场论坛。论坛征集论文126篇，出版了《华东区第二届核同舟论坛论文选集》。江西省核事故应急办公室、省工业和信息化委员会、省科技厅，抚州市、吉安市有关部门负责人，北京、天津、上海、浙江、江苏、安徽、山东、福建、江西、四川、广东、湖南、湖北、新疆维吾尔自治区等15个省、自治区、直辖市的核产业业界专家、论文作者和跨学科跨部门跨行业的江西有关省级学会代表近300人参加论坛主会场活动。

【中国新型工业化与城镇化发展论坛第二届年会】 11月2日，由华东交通大学、中铁十七局集团有限公司、省科协主办的中国新型工业化与城镇化发展论坛第二届年会在江西省南昌市举行。江西省副省长殷美根出席会议并讲话，省科协党组书记、常务副主席罗莹，华东交通大学校长罗玉峰致辞。年会由省社联党组书记、主席吴永明主持。本次论坛的主题是"江西供给侧改革与创新创业"。中国工程院院士王梦恕作了主旨报告，国务院参事谢伯阳，北京大学秘书长、中国区域科学协会会长杨开忠教授，中铁十七局集团有限公司董事长卢朋，江西软科学研究会会长、华东交通大学党委书记万明教授以"江西供给侧改革与创新创业"为主题分别作报告。本次论坛旨在为广大从事工业化、信息化和城镇化及相关领域研究人员搭建技术交流、成果展示、信息分享的平台，主要内容涵盖江西推进供给侧结构性改革的路径与方式、区域经济发展战略、高铁建设、企业发展、政策研究、"大交通"战略、对就业的影响、推动创新体制、高校创业教育创新以及"一带一路"倡议下江西省供给侧改革的成因、路径与对策等方面。

（撰稿人：刘　平　刘海平）

山东省科学技术协会

服务经济社会发展 继续实施"助力地方创新驱

动发展工程”。在总结试点经验的基础上，牵头学会扩大到15个，示范区扩大到30个。据统计，全年开展各种形式的技术服务181项，建立学会服务站249个，入库专家1096名，受益企业339个，达成合作协议165项，已落地60项。举办全省“大众创业万众创新活动周”活动，以论坛、路演、大赛等形式，举办活动65场，直接参与人数近4万人次，全面展示了山东省创新创业的新成就。山东省省长郭树清、副省长孙伟分别对活动作出批示，副省长张务锋参加了主会场活动。

持续打造学术交流品牌，提升对科技工作者的凝聚力吸引力。筹办“泰山科技论坛”和山东省科协年会，全年举办泰山科技论坛40期，邀请20余名院士和123名专家作报告，通过网站和手机直播，辐射近10万名科技工作者。举办大学生科技节，举行赛事39项、创新创业巡讲70余场。推进院士专家工作站建设，服务企业创新，新建省级院士专家工作站28个，总数达到101个，6个院士专家工作站被中国科协评为“2016年全国示范院士专家工作站”，柔性引进院士、专家187人。助力创新创业活动，开展了第二批创客之家评定工作，山东省创新创业协会筹建工作进展顺利。实施科技信息企业推广应用服务项目，注册入网企业888个，培训专利应用工程师1300人次。启动实施“学会创新和服务能力提升工程”，推动学会在创新创业大潮中提升能力，省财政投入资金，择优支持学会发展。省科协在制定实施方案、项目管理和学会评估办法的基础上，评选出22个综合示范学会和17个特色示范学会。

2016年，省科协所属学会继续开展助力地方创新驱动发展工程试点工作，工程牵头学会扩大到15个，示范区扩大到17个市的30个县（占全省20%以上的县），且首次将医科口的学会纳入其中。加大精准服务力度，拓展工作领域。先期面向各市进行了需求征集，共有50余个县（市、区）提出了产业需求，306家企业提出了具体需求。在此基础上，组织省级学会针对需求订单进行了申报。同时，助力工程将企业科协组织建设作为一项重要内容加以推进，2016年新建企业科协53个。丰富服务内容，2016年在服务内容、活动频次、受益企业等方面都较2015年有了大幅提高。据初步统计，截至11月中旬，通过助力工程，牵头学会共建立学会服务站249个，入库专家1096名（其中，院士6名，外籍专家2名），组织院士专家开展技术咨询、项目合作、人才培养与引进、学术交流等各种形式的技术服务181项，受益企业339个，达成合作协议165项，已落地60项，取得了良好的效益。如在蜂业协会的争取下，由东营区蜜蜂研究所等单位研发的养蜂移动平台被纳入2016年中央财政支持农机购置补贴范围，成为全国唯一的试点。新增的医科学会的助力服务，针对基层医疗机构亟须的技术指导和人才培养等进行助力，开展40余次医疗技术指导，培训基层医疗人员3000余人次。对基层科协而言，助力工程成为各地引才引智、招商引资的重要渠道，各基层科协变成了人才引进的“富矿”，得到了政府部门的“青睐”，比如日照、菏泽、泰安、德州等多个市的政府部门主动与科协联系，积极依托助力工程平台引进高端人才。市县科协组织在党政领导心中及社会各界的地位与影响力得到提升；带动了各级科协服务创新驱动工作的开展，日照、济南、菏泽三市入选全国的创新驱动发展市，泰安、临沂等市也立足实际，开展了多种形式的助力服务。

深入研究科技创新智库建设问题，形成了研究报告和《科技创新智库建设意见》。完善智库运行管理措施，拓展智库研究项目，全年确定23项课题、17项沙龙，报送《院士建议直通车》《科技工作者建议》19篇，其中《我省工业企业创新产出与广东江苏浙江差距远超预期》等4篇建议获山东省省长郭树清等6位省领导7次批示。建成比较完备的科技工作者调查站点体系，省科协管理的调查站点已扩建到60个，修订完善了一批管理制度，积极开展调查培训工作，完成了《科技工作者需求状况调查》等调查任务，被中国科协评为优秀区域管理单位。组织科技工作者建言献策，创立山东省《科技界情况》简报。编发信息60余篇，其中1篇被推荐到中央办公厅。受国家发展改革委、中国科协委托，组织开展了沈阳市浑南区“全国双创示范基地”建设情况的第三方评估，完成了评估任务。

《科学素质纲要》实施及科普工作 首次将全民科学素质指标纳入山东省“十三五”规划，确保2020年全省具备科学素质公民比例达到10.5%的目标。在6月召开的全国全民科学素质行动实施工作电视电话会议上，副省长王书坚代表山东省作了典型发言。

开展“精准扶贫专家服务行动”，以产业发展技术帮扶、就业扶贫技术帮扶、教育扶贫智力帮扶三大帮扶为主，建立了科技扶贫专家库，首批入库专家

233名，结帮扶对子230个，开展帮扶活动2148次，技术培训1425次。

启动实施了“山东省数字科普扶贫工程”，优选了2381个科普视频节目，为1900个省定贫困村安装数字科普终端。实施“基层科普行动计划”，提升基层科普服务能力，160个集体、36名个人获2016年度国家和省基层科普行动计划表彰。

统筹资源，全力推进省科技馆新馆建设。新馆规划、设计、建设工作，完成了概算编制，落实了代建单位，建立健全了涵盖建设、招标、监管的管理制度，进入全面开工建设阶段。推动优质科普资源开发开放，不断丰富科普服务产品，命名3个五星级、12个四星级、18个三星级山东省科普教育基地。推动科技馆免费开放，9个科技馆进入全国试点，获中央财政奖补，比2015年增加68.7%。

加强科普信息化建设，推动科普工作转型升级，被中国科协确定为全国16个科普信息化综合应用试点单位之一。开通了“科学山东人”等51个科协官方科普微信公众号，山东数字科普系统全年累计播出43200分钟，营造了学科学爱科学的良好氛围。扩大青少年科技教育和老科技工作者科普品牌影响力，举办科技创新大赛、机器人竞赛、五学科奥林匹克竞赛等重点赛事，面向全省青少年开展科普报告百校行、中学生“英才计划”等各类科普活动24项，累计受益青少年200余万人次。

6月，省科协联合山东广播电视台主办了第五届“山东科协星”杯科普动画公益广告大赛，大赛活动由山东科技报社、山东省科普创作协会、齐鲁网承办，历时4个多月，共收到来自全国的参赛作品300多部，内容涵盖低碳生活、防灾减灾、生态环保、节能减排、安全生产、生命健康、食品安全、航空航天、农业发展等方面，内容丰富，形式新颖，具有较高的科学性、知识性、趣味性、艺术性。经过专家评审,《抗生素，你吃了吗？》等4部作品获得二等奖,《减肥秘籍》等8部作品获得三等奖,《迟暮纸语》等10部作品获得优秀奖。五届“山东科协星”杯科普动画公益广告大赛，共征集作品2000余部。

推动反邪教工作向基层延伸，积极开展防范邪教宣传日（周、月）活动，持续开展“科学、关爱、和谐示范乡镇（街道）、社区创建活动”，累计评选出647个省级示范单位和一大批市级示范单位。在微信平台举办“崇尚科学、反对邪教”有奖知识竞赛，新建市县反邪教网站21个，形成网上覆盖面较大的反邪教“联盟网站群”。探索“‘互联网+’反邪教”成效初显。

服务科技工作者 推动科协人才工作纳入全省人才工作大局。联合省委组织部等10部门开展全省高层次科技人才专题调研，筛选出49名高端人选和131名有发展潜力的中青年人选，提出了在全省开展高端人选精准服务的建议，得到山东省省委书记姜异康、省长郭树清的肯定，推动建立了高层次人才精准服务工作体系。联合省委组织部，举办党委联系专家“十三五”人才发展专题研修班，完成山东人才发展专项研究课题。举办科技人员国际交流与合作能力提升高级研修班,服务山东省专业技术人才知识更新工程。承担全省智库高端人才遴选和管理服务工作，履行智库高端人才联席会议办公室职责，完成建组织、定任务、选人才等基础任务，面向海内外，遴选出涵盖经济建设、政治建设、文化建设、社会建设、生态文明建设和党的建设六大领域的首批183名智库高端人才，并报省委省政府批准。智库高端人才工作入选2016年山东人才工作十件大事。推动“海智强鲁计划”，组织“海智专家山东行”，50位专家达成服务意向。省科协被评为2016年中国科协海智工作先进单位，济南、菏泽入选全国先进工作基地。“国际科技交流扬帆行动”全年共支持项目29个。加大人才举荐表彰工作力度，省科协推荐的9名人选分别获中国科协求是杰出青年成果转化奖、中国青年科技奖、全国优秀科技工作者称号。完成2016年山东省自然科学学术创新奖评奖评选工作，91人获该奖项。启动山东省老科学家学术成长资料采集工程，弘扬老一辈科技工作者的科学精神和奉献精神。举办科学道德和学风建设宣讲教育工作研讨会及报告会，大力倡导科研诚信，营造良好学风。

自身建设 积极推进网上科协建设，开展“网上科协”建设调研，有序推进协同办公系统建设，增强省科协官网对外宣传、科技人员服务、科技资源服务、开放办公等功能。

2016年新建企业科协300多家，高校科研院所科协20余家。学会新建专业委员会100余个，吸纳会员3万余人。进一步提升农技协社会化服务能力，全省拥有基层农技协组织11989个，会员总数达到200多万人。

科学构建青少年科技辅导员服务体系，组织开展送培训到基层活动和科技辅导员素质提升项目，参与培训人员达到3000多人次。加强反邪教基层组织建设，市、县以上实现全覆盖，84.9%的乡镇和33.1%的村居建立了反邪教组织，全省各级反邪教协会总数达到30696个。

省科技馆年接待观众60万人次，2016年被省文明委评为“省级文明单位”，被中国自然科学博物馆协会评为“全国自然科学场馆优秀集体”。山东科技报社调整优化一报、一网、一刊业务布局，努力搭建“1+N”精准扶贫助力工程平台和创新发展平台。学会服务中心开展学会党建工作，为学会能力提升提供了坚实政治保障。省青少年科技活动中心被评为“省直机关青年文明号”“省直机关职业道德建设先进单位”。省离退休科技工作者活动服务中心荣获“中国老科协先进集体”荣誉称号。省科协信息中心以信息化平台建设服务科协工作大局，完成了机关网络升级改造。机关服务中心完成东楼改建工程，服务保障能力得到新提升。省科技咨询公司（筹）在科技成果评估、技术成果转化推广应用等方面探索了有益经验。

组织开展援藏工作，为日喀则市南木林县建设了校园科技馆，在全国科协系统对口援藏工作座谈会上作了典型发言。

地市县及科协基层组织 截至2016年年底，山东省共有市科协17个、县（市、区）科协137个，81%的乡镇、街道办事处建有科协组织。

济南市委、市政府印发《关于实施“泉城双创”人才计划的意见》，由市科协实施“泉城院士智力聚集计划”，计划在5年内分批次建设80家院士专家工作站。青岛市科协积极争取大型高端国际交流项目落户，举办了第17届国际材联—亚洲材料大会、2016青岛国际脱盐大会；加强与台湾地区的对口交流合作，先后举办了两岸科普论坛、交通学术研讨会。威海市科协院士专家工作站列入全市科技创新规划，成为财政支持的科技创新平台项目。滨州市科协会同人才办制定了《关于加快智库人才队伍建设的实施意见》，遴选60名左右智库高端人才，纳入滨州市人才储备库。德州市科协创办了“天衢科技论坛”，举办了企业科技工作者创新大赛；临沂市科协发挥职能优势，搭建起中国科协科技信息企业推广应用服务站和中国农科院支持助力沂蒙老区工作站等创新助力平台；泰安市科协借助科技信息推广应用为企业创新服务，入库企业164个，培训专利应用工程师594人，在中国科协双创科技信息应用服务工作总结会上作了典型发言。济宁市科协推进学会工作提档升级，市属学会新增44家，总数达到69家。聊城市科协组织开展了“发明创造之星”评选表彰活动，10名人选受到市委、市政府表彰。

各地科协积极创新科普工作，枣庄市科协联合市财政局，投入专项资金，开展了“百会联百村”科普扶贫行动；烟台市科协联合市财政局、市文广新局，开展了“烟台市基层科普行动计划”及“科普文化进万家”活动；东营市科协开展了“安全知识进万家，幸福送给你我他”科普知识宣传活动；淄博市科技馆新馆建设实现新突破，2016年5月动工，建筑面积近2万平方米；莱芜市科协发挥老科技专家顾问团作用，开展了科技咨询、科技培训和科技服务等活动；潍坊市科协组建了12支科普专家服务团和扶贫救弱科普志愿者队伍，打通了基层精准扶贫“最后一公里”。

省级学会、企业科协、高校科协 截至2016年底，山东省共有省级学会146个，会员46万人；反邪教协会1.6万个；老科协826个；农技协1.4万个。全年省级学会共举办学术活动近1000次，参与人数20余万人次；开展科普活动8000余次，参与人数近100万人次；开展或承担公共服务项目100多项。

日照港科协评选专业技术拔尖人才4名、专业技术优秀骨干32名。中国重汽科协开展了创新方法（TRIZ）培训活动，培训技术骨干70余人。山东大学科协推荐40余人进入中央各部委专家委员会，20人入选山东省高端人才库，3人入选山东省高端人才库首席专家。山东省青少年科技辅导员协会评选出优秀科技教师81名，优秀科技教育学校校长50名。山东化学化工学会新设立青年化学奖。山东土木建筑学会推荐的1项科技成果获得山东省科技进步一等奖。

山东省机器人研究会与中国消费电子博览会组委会合作，举办了“2016山东国际机器人会展”，吸引了国内外50多家机构参展，参观人数超过8万人次。山东汽车工程学会承办了2016第十五届青岛国际汽车工业展览会、2016山东国际节能与新能源汽车展览会等。

滨州医学院科协开展免费义诊活动，受益群众达14万人次。山东气象学会组织气象科普活动50余次，发放材料10万多份。山东省预防医学会举办科普活动780余次，发放宣传册670万余份，现场接待群众相关卫生知识咨询45000余人次。山东农机学会开展农机安全宣教活动，举办安全知识讲座4000多场次。

科技期刊质量稳步提升。山东软科学研究会主办的《科学与管理》杂志影响因子较2015年提高了60%。山东体育科学学会主办的《山东体育科技》2016年刊发国内知名专家、学者稿件比上年增加近20%。山东煤炭学会主办的《山东煤炭科技》已发行24个省份及省内煤炭单位。山东海岸工程学会主办的科技期刊《海岸工程》已成为《中国海洋文献数据库》核心期刊。

山东协和学院科协举办第二届环渤海高校高等教育论坛。山东解剖学会承办第3届亚洲临床解剖学大会，700余名专家、学者参加会议。山东能源学会承办“2016应用能源国际论坛”，来自瑞典、意大利、芬兰、香港特别行政区等国家和地区的专家、学者200多人参加活动。山东声学会联合发起举办2016中国西部声学学术交流会，15个省、自治区、直辖市近40所高等院校、科研院所的100余名声学专家出席了会议。山东省航空航天学会举办的第十届商用飞机复合材料应用国际论坛，吸引了来自美国等6个国家228名代表参会。山东省物联网协会主办了“山东物联网大会”。山东园艺学会邀请美国、加拿大、日本、波兰、荷兰、法国等国际专家作报告10余场次。

山东自然辩证法研究会马来平教授向省政府提出的《关于组建“山东科普研究院”的建议》，得到山东省副省长张务锋批示，省科协已经把该建议纳入科协体制改革框架中予以落实。山东科学学与科技管理研究会报送的《我省工业企业创新产出与广东江苏浙江差距远超预期》获得山东省省长郭树清批示。山东省应用统计学会上报的调研报告10篇，其中5篇调研报告分别获中央有关部委，中国科协，山东省委、省政协等15位省部级领导批示，有3篇调研报告得到采纳应用。

山东大学科协组建“济南产业技术创新联盟”。山东省老年医学研究会吸收新会员1500余名。山东省工程师协会发展团体会员单位11个，山东省物联网协会吸收近50家单位会员加入协会。山东省自动化学会发展团体会员11家，发起成立了“山东省机器人与智能制造领域创新协同联盟”等组织。山东煤炭学会接受山东煤矿安全监察局委托，承担了煤矿建设、职业病防治等8个方面的技术审查服务项目。

【牵头组织智库高端人才队伍建设】 按照省委组织部、省科协等12部门联合出台的《关于加快建设智库高端人才队伍的实施意见》的要求，建立了由15个部门组成的智库高端人才工作联席会议，制定了《联席会议工作规则》，形成了省人才工作领导小组抓总、科协牵头、相关部门协作配合、统分结合的智库高端人才工作机制。3月10日，召开了省智库高端人才工作联席会议第一次会议，研究部署了未来3—5年智库高端人才工作，安排了2016年的主要工作任务，审议了有关工作事项，全面启动了智库高端人才队伍建设工作。3月17日，在汇总有关意见和建议的基础上，智库人才办公室以联席会议办公室的名义正式印发了有关会议文件。研究制定了《智库高端人才队伍建设任务分工》，对未来5年的26项重点任务进行了细化分解，明确了各项任务的责任部门、工作任务、预期目标和时间进度。遴选出了首批智库高端人才。在省人才办指导下，研究制定了《智库高端人才遴选标准和遴选办法》。组织协调有关单位开展了申报、审查、评审、公示、考察、论证等一系列工作，从1019名人选中，遴选出183名首批智库高端人才。为督促配套政策措施落地，激励智库高端人才发挥作用，省科协积极协调各相关单位，按计划启动相关研究工作，推动相关政策文件出台。省科协承担的人才管理评价、成果奖励等政策文件进入论证阶段。2016年，山东省科协牵头组织的智库高端人才工作入选2016年山东省人才工作十件大事。

【山东省数字科普扶贫工程】 4月，省科协、省财政厅联合制定了《山东省数字科普扶贫项目（2016—2018）实施方案》，项目以加强贫困地区科普设施建设、提升贫困地区科普服务能力、提高贫困地区群众科学文化素质为目标，计划用3年时间，实现全省（除青岛）6805个省定贫困村每村安装1台数字科普播放终端，实现省定贫困村数字科普服务全覆盖，科技助力精准扶贫。按照实施方案要求，2016年度计划完成1900个贫困村的数字科普扶贫终端建设任务。

4月29日，省科协、省财政厅联合下发了《关于实施山东省数字科普扶贫工程的通知》，明确了工程的指导思想、目标任务和保障措施；明确了省级财政负责工程的经费保障工作，省及各市、县（市、区）科协是工程实施的主体单位，省科协负责工程的整体设计及设备、资源的统一招标采购、配发工作等；明确了县市科协与施工方负责终端设备的布点、安装工作等。省科协组织开展调研，综合分析贫困村的环境条件、管理服务能力和群众科学文化水平，确定了工程实施以山东数字科普工程系统为资源、技术、服务依托，在统一标准下追求差异，在统一管理服务中体现个性，精准施策，确保贫困地区数字科普公共服务水平不降低。截至2016年12月10日，安装工作全面完成，涉及16市45个县（市、区）。其中，集中在泰安、临沂、聊城、菏泽4市所辖东平等20个脱贫任务较重的县安装了1638台数字终端，其余12个市安装了262台。

【启动实施学会创新与服务能力提升工程】 2016年，积极推进学会承接政府转移职能试点工作，同时启动实施学会创新与服务能力提升工程。4月，山东省委、省政府印发了《中共山东省委山东省人民政府关于成立山东省推进省科协所属学会有序承接政府转移职能试点工作协调小组的通知》，成立了由省委副书记龚正担任组长，常务副省长孙伟、副省长王书坚等担任副组长，省委、省政府各1名副秘书长，省编办、省发改委、教育厅、科技厅、民政厅、财政厅、人社厅、卫计委、省科协等相关部门单位的负责同志作为成员的试点工作领导机构。为研究详细可行的实施方案，组织有关人员先后赴北京、江苏、浙江等地考察，及时了解贵州、内蒙古、河北等地制定出台实施方案的情况，学习不同模式的工作经验。多次召开省科协所属学会负责人座谈会，广泛听取省级学会的意见建议。5月，承办了全国地方科协学会有序承接政府转移职能工作经验交流会，系统了解了各地工作成果。在此基础上，起草了实施方案征求意见稿，从5月起，先后多次征求省委办公厅、省政府办公厅、省编办、省发展改革委等10个部门的意见建议。试点工作实施方案报省政府。

省科协与省财政厅积极协商，设立了“学会创新和服务能力提升工程”专项，“十三五”期间，每年投入财政资金，择优支持学会发展，提高学会承接能力。围绕工程实施，重点开展三方面工作：一是在充分调研和多次征求财政厅意见的基础上，制定了学会创新和服务能力提升工程实施方案、学会创新和服务能力提升工程项目管理暂行办法；二是围绕培育能负责、能问责的现代科技社团，参照省长质量奖的方法，研究制定了学会创新和发展能力评估指标，对学会进行量化评估；三是坚持公开、公平、公正的原则，积极组织学会自我完善、主动申报。

（撰稿人：王国晖）

河南省科学技术协会

服务经济社会发展 开展决策咨询。推进省级科技智库专家库建设，征集入库专家357名。

8月26日，省科协主办的“聚焦中原”第七期院士专家智库论坛——大气环境与绿色发展高端论坛在河南省郑州市举办。中国工程院院士、国家能源专家咨询委员会副主任、国家气候变化专家委员会主任杜祥琬，中国工程院院士、清华大学环境学院院长贺克斌分别作主题报告《大力改善环境，实现绿色发展》和《我国中长期空气质量改善：环境挑战与产业机遇》。与会院士、专家围绕大气环境治理目标及社会效益，大气环境影响及治理途径选择，大气环境变化综合科学研究与实践，绿色发展理念的传播、普及与公众参与等方面内容，从不同的专业角度进行讨论交流，为河南省大气环境治理和绿色发展理念普及等提出思路和建议。

9月9日，以“新观点·新思维·合作共享”为主题举办2016河南汽车海智沙龙，组织中外专家为河南省汽车产业发展建言献策。10月18—20日，组织开展了洛阳金属矿产资源勘查开发院士行活动，近20位院士围绕提升绿色矿山建设水平进行研讨。11月5—6日，借助2016中国（郑州）产业转移系列对接活动，组织开展了郑洛新国家自主创新示范区院士行活动，20位院士、专家分赴郑州市、洛阳市、新乡市进行调研，围绕创新驱动、人才引进、转型升级等提出指导意见建议。11月7日，以“中国制造2025”为主题，邀请中国工程院院长周济院士作专场报告《“中国制造2025”与供给侧结构性改革》，为现代制造业强省建设建言献策。11月7日，以“创新引领发展、抢占产业高端”为主题，组织了第八期院士专家智库论坛——“聚焦中原”院士专家座谈会，10余位院士、专家围绕深入实施“中国制造2025”、推进供给侧结构性改革、建设先进制造业强省等提出对策建议。11月17—19日，以“创新驱动、转型升级”为主题，举办中国橡胶轮胎发展高端学术论坛，与会院士、专家针对联合科技攻关、科技创新、成果转化、汽车充气轮胎智能设计研发中心建设等提出了意见和建议。围绕现代都市与美丽乡村建设等主题，全年举办39场院士专家报告会。

11月17—19日，省科协与河南省焦作市政府共同主办，中国复合材料学会、中国汽车工程学会、中国仪器仪表学会、中国力学学会、中国机械工程学会支持的中国橡胶轮胎产业发展高端学术论坛在焦作市举办。本次论坛以“创新驱动、转型升级”为主题，举行了“中国科协创新驱动示范市”授牌仪式和“汽车充气轮胎智能设计研发中心”揭牌仪式。中国机械工程学会与焦作市科协签订了创新驱动助力工程协议。

受中国科协委托，开展了“双创示范基地建设和政策措施落实情况”第三方评估和《国家中长期人才发展规划纲要（2010—2020年）》实施情况第三方评估。开展了河南省双创发展评价指标体系等课题研究。承担完成中国科协科技信息企业推广应用服务A类项目和一线创新工程师培养与实践项目。

开展创新争先行动。实施“百千万创新驱动助力工程”，以“百家学会服务百个产业集聚区”和“万名科技专家助千企”为载体，组织中国光学工程学会、中国食品科学技术学会等18家全国学会分别与鹤壁市、南阳市、郑州市、新乡市等13个市、县签订“学会服务站”“联合科技攻关”等23项合作协议。组织省纺织工程学会、省机械工程学会、省金属学会等省级学会与市、县签订了197项合作协议，合同金额59亿元，截至2016年年底，已有76个项目落地，项目资金2亿多元。承担了农村电商技能人才培训工程，承办了“双创活动周”河南分会场启动仪式及有关活动，引导科技工作者创业创新。

推动科技精准扶贫。印发了《关于加强科普扶贫工作的意见》，征集了140多个优秀基层扶贫项目，实施“银会合作”农村双创科普支撑工程，引导“基层科普行动计划”惠农项目、先进科普示范县（市、区）扶持建档立卡贫困户，推广科普扶贫项目。举办农村妇女致富带头人培训班，以提升科学素质助力打赢脱贫攻坚战。

《科学素质纲要》实施及科普工作 安排部署科学素质纲要实施工作。推动省政府办公厅印发了《河南省全民科学素质行动计划纲要实施方案（2016—2020年）》，领导小组成员单位由24个增加到32个，工作机制进一步健全。9月27日，召开河南省全民科学素质工作会议，对“十三五”期间全民科学素质工作进行动员部署，18个省辖市和10个省直管县向省政府递交了目标责任书。

组织开展“全国科普日”重点活动1256项。首次联合省人力资源社会保障厅开展了省科普成果奖评选。组织参加首届全国企业创新方法大赛。完成流动科技馆56个县站巡展，接待观众超过300万人次。科普大篷车活动受益群众达170多万人次。争取中央和省财政专项资金，支持市县科技馆免费开放。

实施基层科普行动计划。全省共有66个农技协、22个科普示范基地被评为“全国科普惠农兴村先进单位”，26人被评为“全国农村科普带头人”，21个社区被评为“全国科普示范社区”。省科协、省财政厅共表彰35个先进农技协、45个先进农村科普示范基地、60个先进农村科普带头人、50个先进科普示范社区、30个优秀科普示范暨公民素质建设先进县（市、区）。

推进“中学生英才计划”试点工作，组织动员80万人次参与第30届河南省青少年科技创新大赛，52.5万人次参加青少年科学素质网上知识竞赛、学科奥赛、高校科学营、青少年机器人竞赛等青少年科技教育活动。

部署实施“百千万科普工程”。组织每个县区百名以上、每个省辖市千名以上、全省万名以上科普人才，开展“科普五进”活动，推动建设资源集成、运转高效的科普工作新体系。全省申报科普人才1.8万余人，申报首席科普专家300余人。

2016年，召开4次河南省科技馆新馆建设协调推进联席会议，确定了“科技磁场·文化映像”为主题的新馆建筑工程方案。经省政府常务会议研究决定，新馆规划建筑面积由10万平方米调整为13.04万平方米，投资规模由16亿元调整为20.37亿元。依靠专家智慧和专业机构力量，先后赴中国科技馆、广东科技馆、辽宁科技馆、上海科技馆、山东科技场馆调研，与管理团队和专家研讨交流，召开专家论证会、咨询会等30多次。截至2016年底，新馆建设领导小组遴选确定了新馆法律顾问团队，比选确定了新馆建筑工程招标代理机构，完成了项目选址意见审查、建设用地审查、项目文物勘探和主体建筑地质勘察、项目场地施工准备、环境影响评价和节能评估等工作，委托编制并报批了项目可行性研究报告。

启动实施科普信息化工程，首期在信阳市光山县各行政村投放科普大屏80块。

科普中原云服务平台一期建成上线，被中国科协确定为全国科普信息化综合应用试点单位。完成中国数字科技馆移动子站13期科普资源开发，“新三农”

微信相关文章阅读量超过200万人次。

27个县被中国科协命名为全国科普示范县（市、区），创建命名了89个省科普示范社区和138家省科普教育基地。

学术交流 主办了河南省第八届学术年会、中国（濮阳）石化产业精细化发展大会、中国橡胶轮胎高端学术论坛、中国超硬材料产业发展高端论坛暨全国超硬材料及制品高级研修班等学术交流活动。召开了河南省铸造学科及铸造行业、城乡规划学两个重点学科建设发布会暨学术报告会。邀请比利时专家代表团到河南省开展科技交流合作。组团参加中国首届创新创业成果交易会。

服务科技工作者 做好中国科协九大代表推荐工作，选举产生了31名代表，按相关程序确定河南省科协党组书记曹奎，中国工程院院士、郑州大学校长刘炯天，河南省人民医院副院长刘广芝为河南省中国科协第九届全国委员会委员。7—8月，省科协在《河南日报》开辟“河南省科协贯彻‘科技三会’精神、推动创新驱动发展”专栏，刊发13篇中国科协九大河南代表学习体会文章，引领广大科技工作者深入学习大会精神。

省科协推荐的6名科技工作者获得中国科协“第七届全国优秀科技工作者”称号。

编辑出版了《奋斗在创新驱动发展主战场上的河南科技工作者》（上、下册），共收录95名优秀科技工作者的典型事迹。实施“老科学家学术成长资料采集工程”，收集高龄院士档案资料。

新增国家级科技工作者状况调查站点2个，总数达27个。联合郑州大学完成了河南省科技工作者状况调查研究工作。开展了科技创新领军人才及院士后备人才摸底调查。

自身建设 1月20日，省科协八届三次全委会议在河南省郑州市召开。省委副书记邓凯出席会议并讲话。省科协名誉主席李润田，中国工程院院士刘炯天、张改平、张新友、任辉启，省社科院院长张占仓等出席会议，省科协党组书记曹奎主持会议，省科协主席霍金花代表常委会作工作报告。邓凯在讲话中强调，河南省各级科协组织及广大科技工作者要围绕推动创新发展发挥优势、积极作为、贡献力量。一要聚焦动力转换促创新，二要广泛凝聚人才促创新，三要提升全民素质促创新，四要着力深化改革促创新。

会议听取并审议了省科协常委会工作报告，通过了关于聘请任辉启为省科协特邀顾问的决定，邓凯为任辉启颁发了“省科协特邀顾问”证书。会议对2015年度河南省创新驱动助力工程示范市、县和学会进行了表彰，焦作市、南阳市、商丘市柘城县和省机械工程学会、省纺织工程学会、省食品科学技术协会分别被评为河南省创新驱动助力工程示范市、县和学会。

6月28日，省科协八届四次全委会议在河南省郑州市召开，传达学习中国科协九大精神，研究贯彻落实中国科协九大精神的措施，并以大会精神为指导，谋划和安排下半年和“十三五”时期省科协工作。省科协名誉主席李润田，省科协党组书记曹奎，主席霍金花等出席会议。曹奎传达了中国科协九大精神并进行了解读，详细介绍了省科协党组提出的学习贯彻中国科协九大精神的意见。霍金花在会议上报告了省科协上半年工作进展和下半年工作安排情况。会议安排与会人员围绕传达学习“科技三会”精神、贯彻落实中国科协九大重要部署、完善科协事业发展“十三五”规划、改进和提高现阶段科协工作等内容进行了分组讨论。

组织举办了省科协庆祝建党95周年表彰大会暨“两学一做”学习教育党课、“两学一做”微型党课比赛，组织参观了“两学一做”学习教育主题展，组织开展了专题研讨交流活动，在全体干部中开展了主题活动。

扎实开展巡视整改工作。2月26日—4月26日，中共河南省委第六巡视组对省科协进行了专项巡视，并于5月24日反馈了巡视意见。省科协用两个月的时间对巡视发现问题进行整改，共整改存在问题52项，对19名处级干部作出了党内警告、行政警告、通报批评、诫勉谈话、批评教育等党政纪处分和组织处理。

积极推进学会改革。报请省委组织部批复成立了中共河南省科技社团委员会。呈请省委办公厅、省政府办公厅印发了《省科协所属学会有序承接政府转移职能试点工作实施方案》，为推进学会承接政府转移职能提供了政策支撑。协调省财政厅通过省科协委托省化学学会对河南省基本科研业务费专项资金进行绩效评价，这是试点实施方案印发后由政府部门委托省科协所属学会进行的第一次科技评估工作。以“创建五星学会提升服务能力计划”为抓手，连续三年共奖补30家省级学会加强自身建设。

地市县及科协基层组织 截至2016年底，全省共有省辖市科协18个，直管县（市）科协10个，县

（市、区）科协148个。

郑州市、开封市、安阳市、焦作市等市县，通过建设“‘互联网+’科普”平台、科普微信微博、网上科普馆、建设“科普e站”等途径，提升科普信息化水平。洛阳市、周口市等市县以信息化工程实施为抓手，积极开展“科普五进”、科普文化进万家、领导干部大讲堂、农民大讲堂等活动，培育常态化科普工作机制。郑州市、新乡市、汝州市等市县通过社区科普大学、主题科普广场、组建科普服务团、媒体开设科普专栏等形式，拓展科普服务覆盖面。南阳市、平顶山市等市县加快推进或启动了科技馆建设。

郑州市、洛阳市、许昌市等市县，通过开展“精准扶贫科技在行动”、建立专家联系农户机制、组建科普扶贫队伍、实施帮扶行动等方式，组织科技工作者参与精准扶贫。信阳市科技助力精准脱贫工作经验在“科技三会”上作了书面交流。

鹤壁市、焦作市创建成为全国创新驱动示范市。鹤壁市与中国国土经济学会等全国学会签订了合作协议，被列为中国国土经济学会国土空间优化发展实验区。焦作市与中国复合材料学会等全国学会签订了合作协议，风神轮胎联合科技攻关项目被中国科协确定为联合科技攻关平台试点，创新驱动示范市建设被纳入市党代会报告。郑州市做好企业难题需求库、科技成果库数据采集、信息录入工作，更新“企业难题需求库”103项、“科技成果库”1259项，新建3家院士工作站和21个产学研示范基地、教学科研实践基地。洛阳市搭建了融合发展平台、对接转化平台、协同创新平台、创新人才培养平台。

郑州市承办了“创响中国”巡回接力活动，安阳市、商丘市举办了双创活动周，许昌市成立了学生创客工作室，三门峡市围绕创新创造举办科技培训活动100余场次，巩义市开展了青少年创客教育师资培训。

省级学会、企业科协、高校科协　截至2016年年底，全省共有省级学会144个；新成立企业科协136家，达874个；高校科协13个。全省学会个人会员达30余万人。

省电机工程学会、省土壤学会、省化学会、省心理学会等分别召开了会员代表大会，选举产生了新一届理事会。经省级学会倡议，建立了河南省五星学会秘书长沙龙制度，举办了5次交流活动。

省医学会承办了中华医学会第10次全国重症医学大会。省图书馆学会承办了2016鲁豫皖赣新琼湘鄂八省图书馆学（协）会学术年会。省土壤学会、省化学会、省测绘学会分别召开了2016年学术年会。省煤炭学会承办了2016年全国矿山建设学术年会。省植物保护学会举办农药减量与机械标准化实用技术高端论坛。

【《河南省科协事业发展“十三五”规划》】　7月29日，省科协八届六次常委会议审议通过并印发《河南省科协事业发展“十三五”规划》（以下简称《规划》）。《规划》主要内容包括3个部分。第一部分是开创科协事业发展新局面。总结了“十二五”时期科协工作的主要成绩，分析了“十三五”时期科协事业面临的形势，提出了“十三五”时期科协事业发展的指导思想、遵循原则和预期目标。第二部分是事业发展布局。一是主动服务创新驱动发展战略，二是全面做好建家交友工作，三是努力提高全民科学素质，四是大力提升学会持续发展能力。第三部分是支撑条件和保障措施。一是从加强自身改革创新发展方面提出了工作思路，二是从优化外部内部保障条件方面提出了工作思路。

【河南省政府与中国工程院签署战略合作框架协议】　11月7日，由省科协倡导并推动的省政府与中国工程院新一轮战略合作框架协议签字仪式在河南省郑州市举行。河南省省长陈润儿、中国工程院院长周济出席签字仪式并讲话。

陈润儿在讲话中表示，希望通过新一轮合作协议的签订，中国工程院继续在决策咨询、人才培养、产业升级、成果转化等方面加大对河南省的支持力度，河南省也将全力做好服务与协调工作，为院士、专家到河南省开展学术活动和科研工作营造良好环境，提供优质服务。

周济表示，协议的签署会使双方合作迈向更高层次，为河南省加快实施创新驱动发展战略、提升自主创新能力、加快成果转化提供强有力的工程科技和人才智力支撑。

河南省副省长徐济超，中国工程院副院长田红旗分别代表省政府与中国工程院签署协议。根据协议内容，省院合作委员会办公室设在省科协，双方将针对河南省“十三五”经济社会发展重大科技需求，在重大战略咨询，创新人才培养，重大决策及项目论证，重点发展领域、重点产业科技，高端学术交流与科技成果转化等方面展开更深入的合作。

【2016中国（濮阳）石化产业精细化发展大会】

5月25—26日，省科协与中国化工学会、濮阳市政府共同主办的2016中国（濮阳）石化产业精细化发展大会在河南省濮阳市召开。中国科协党组成员王延祜、中国化工学会副理事长兼秘书长杨元一、河南省科协党组书记曹奎等出席会议。来自全国学会、科研院所、行业企业、省辖市科协有关负责人等400余人参加会议。

大会举办了高端论坛、学术研讨、企业参观、成果展示、合作洽谈和项目签订等活动。濮阳市政府与上海化工研究院签署了战略合作协议，濮阳经济技术开发区分别与华东理工大学化工学院、河南省化工学院签署战略合作协议。在大会主论坛和专业论坛上，中国工程院院士蹇锡高、中国石油和化学工业规划院副院长白颐等就中国石化工业“十三五”精细化发展方向、化工产品高端化转型以及国内外精细化工的新技术，结合濮阳市当地石化转型及创新等问题进行探讨。大会举行了全省科协学会建设观摩及座谈会。

中国化工学会组织相关专家和濮阳市有关企业进行了技术对接和合作项目信息发布，现场签约项目4项，签订协议资金27.07亿元，并签订意向项目1项，资金50万元。

【《河南省科协所属学会有序承接政府转移职能试点工作实施方案》印发】 7月8日，省委办公厅、省政府办公厅印发《河南省科协所属学会有序承接政府转移职能试点工作实施方案》（以下简称《方案》），对省科协所属学会有序承接政府转移职能试点工作进行了全面部署，要求各地各部门认真贯彻落实。

《方案》强调，围绕中央和省委全面深化改革的总体部署和要求，按照深化改革的有关政策规定，科技评估、工程技术领域职业资格认定、技术标准研制、科技奖励推荐等工作，适合由学会承担的，可整体或部分交由学会承担。政府部门取消部分职能后，积极引导有关学会采取有别于政府部门审批的方式，加强对服务行为的规范，发挥自律作用；政府部门有关职能中涉及专业性、技术性、社会化的部分公共服务事项，适合由社会力量承担的，可通过政府购买服务等形式委托学会承担。

《方案》要求，在试点阶段，围绕政府简政放权和放管结合、科技创新等工作，以科技评估、工程技术领域职业资格认定、技术标准研制、省级和国家级科技奖励推荐等适宜学会承接的科技类社会化公共服务职能的整体或部分转接为重点，创新工作方法，加强制度建设和机制建设，突出学会特点，强化效果监督和评估，建立完善可负责、可问责的职能转接机制，形成可复制可推广的经验和模式，为全面深化改革、推进国家治理体系和治理能力现代化提供示范案例。推动学会有序承接政府转移职能工作的常态化、规范化和制度化，进一步激发学会活力，培育打造一批有效服务社会管理创新的一流现代科技社团。

《方案》还对工作原则、主要内容、组织实施、有关工作制度、工作流程、保障措施等作出了规定。

【河南省第八届学术年会】 10月18日，省科协与河南省信阳市人民政府联合主办，信阳师范学院和信阳农林学院承办的河南省第八届学术年会在河南省信阳市召开。省委常委、省委统战部部长陶明伦出席会议并讲话，中国工程院副院长、中国工程院院士田红旗，中国工程院院士、省科协特邀顾问张铁岗，中国工程院院士邱志明，俄罗斯科学院院士、俄罗斯大气光学研究所所长马特文科，省科协党组书记曹奎等出席开幕式。

陶明伦在讲话中强调，河南省广大科技工作者要肩负时代之使命，勇担创新发展主力军重任，充分发挥创新作为引领发展第一动力和人才作为支撑发展第一资源的作用，紧紧围绕河南发展战略需求，推进科技创新竞相突破，着力打造河南发展新优势。大力深化科学普及，持续提升全民科学素质，筑牢创新型河南建设的社会基础。抓住全面深化改革机遇，激发科协组织活力，切实建好科技工作者之家。科协组织要竭诚为科技工作者创新创业提供服务，繁荣学会学术交流，表彰举荐优秀科技人才和创新团队，激发科技工作者源头创新活力，为科技工作者在创新发展的时代建功立业拓展空间、提供平台。

田红旗作了题为《中国铁路自主发展和创新之路——在“走出去”战略下的思考》的特邀报告。马特文科作了题为《高强度飞秒激光与大气媒介的相互作用——大气有害气体远程探测技术研究》的特邀报告。南京大数据研究院院长刘鹏作了题为《我的科技经历：从创新到创业》的特邀报告。

河南省学术年会每两年举办一次。本届年会的主题是“创新创业　驱动发展”。年会设立豫赣黑苏鲁五省光学年会、2016年河南省高血压及相关疾病学术研讨会、河南省农业工程与生态农业发展研讨会、2016年河南省仪器仪表学术年会、河南省生态学与美丽乡村建设研讨会、楚国科技文明研讨会暨城阳城址国家考古遗址公园古代科技展示咨询会等19个分会场。来自省级学会和省辖市科协、省直管县（市）科协的1500多名科技工作者参加年会。

（撰稿人：蒋云鹏）

湖北省科学技术协会

服务经济社会发展 10余篇信息专报得到省领导批示和省委、省政府内刊转载刊用，其中专报《加强中线水源区总氮问题研究 助力“一库清水北送”》由中共中央政治局常委、国务院副总理张高丽批转落实。继续实施国家“基层科普行动计划”和湖北省“基层科普服务行动计划”，一批农村专业技术协会，科普示范农业基地、社区、企业，农业科普示范带头人获得国家级、省级表彰。大力推进院士专家工作站建设，全年新建院士专家工作站95个，总数达到504个，共有省内外202位院士、302位专家与湖北省504个企事业单位进行了技术对接，并签订合作协议，湖北省科协被评为全国院士专家工作站建设示范单位。积极搭建服务基层企业和科技工作者的产学研结合平台，在襄阳、黄石、宜昌等市高新园区建立“企业科技信息服务推广应用平台”，运用国内外专利技术为园区439个企业服务，为企业新增利润。启动实施“创新驱动助力工程”，重点支持6个省级学会、4所高校科协在企业设立“会企创新协作基地”“协同创新示范基地”，推广科技成果、研发先进技术、培养企业创新人才。推动襄阳、宜昌全国“创新驱动助力示范市”建设，把全国学会的资源引到地方，开展点对点科技服务。

《科学素质纲要》实施及科普工作 围绕湖北“十三五”公民科学素养水平达到10%的目标，省政府办公厅印发了《湖北省“十三五”科学素质纲要实施方案》，省政府、各市州政府、各县（市、区）政府层层签订“十三五”科学素质建设目标责任书，启动市州科学素质状况年度监测评估，努力把科学素质工作任务落到实处。开展科普信息化建设，划拨专项经费，重点支持16个基层科协开展科普信息化建设试点工作，为全省推进科普信息化探索新思路积累了新经验、树立了新标杆。联合武汉市科协打造“江城科普快车”科普信息化品牌，探索流动人群科普服务新模式。开展主题性、全民性、群众性科普活动，与省教育厅、科技厅、中国科学院武汉分院联合主办以“创新放飞梦想 科技引领未来”为主题的2016年湖北省全国科普日活动启动仪式暨主场活动，吸引近1000名社会公众参加；开展文化科技卫生“三下乡”集中服务活动；继续开展科技活动周、全省青少年巡回科技报告、全省农民网络科技知识竞赛等主题活动。

2016年，湖北省共组织了3个高校营和1个专题营，共接收11个省（自治区、直辖市）的570名营员和57名带队老师。据统计，湖北营累计开展科学讲座、座谈会18次，开放实验室11个，举办动手科技实践活动14次，参观校园及名胜文化场所6个，开展联谊、交流活动8次，开展拓展活动、体育类活动1次，还选派290名高中生参加了外省高校科学营。

学术交流 围绕新技术开发和战略性新兴产业发展，组织145个省级学会（协会、研究会）开展学术交流活动162场次，2万多人次参加，交流学术论文5000多篇。组织国际学术交流活动10场次，组织出访4批，接待来访7批。组织开展第16届湖北省自然科学优秀学术论文评审活动，630篇优秀论文获奖。实施“晨光计划”，一批优秀青年学者获资助出国进修。实施省“科技创新源泉工程”，通报表扬了10个创新示范学会、5个能力提升示范学会、50名创新创业人才、5个优秀科技期刊、20名优秀科技期刊编辑。

服务科技工作者 组织编撰《湖北省减轻自然灾害白皮书》《湖北省投资环境蓝皮书》发给省人大代表和省政协委员。积极探索维护科技工作者权益的新机制，全年受理并解决科技工作者来信、来电、来访98人次。建立健全院士专家走访慰问和联系服务机制。编印《科技工作者状况调查站点信息要报》20期，10篇被中国科协内刊转载刊用。全面推进湖北省老科学家学术成长资料采集工程，编辑出版《楚天科技之星》，集中报道了17位优秀科技工作者的先进事迹。

10月25日，由省科协、省教育厅、中国科学院武汉分院和省社科院联合举办的2016年湖北省科学道德和学风建设宣讲教育报告会在湖北工业大学举行。中国科学院院士、清华大学副校长薛其坤教授受邀作题为“胸怀理想，追求卓越，做一个学风严谨的科学工作者”的宣讲报告。省科协副主席马忠星出席会议并致辞，省教育厅副厅长黄俭主持会议，中科院武汉分院党组副书记尚纳新，湖北工业大学校长刘德富、副校长董仕节出席会议。1000多位来自高校、科研院所的新入职教师、研究生新生代表聆听报告。

自身建设 强化巡视整改，针对省委第四巡视组向省科协党组反馈的 5 个方面、14 项主要问题，列出了 25 项具体整改任务，目前已基本完成 21 项整改任务，其余 4 项正按计划有序推进。

全面做好“四创建”等各项工作，机关自身建设取得明显成绩，保持省级文明单位、全省社会管理综合治理优胜单位、档案管理省特级单位、全省党建工作先进单位等荣誉称号。

湖北省科协第八届委员会第六次全体会议

地市县科协及科协基层组织 全省科协系统现有 17 个市（州、直管市、林区）级科协。全省市州科协共有干部职工 555 人。2016 年，各地科协共举办科普宣讲活动 1750 次，受众达 179 万人次，其中，青少年科普宣讲活动达 451 场次，受众达 26.87 万人次。共组织所属学会举办学术交流活动 160 多场，近 2 万人次参加活动，交流论文 4000 多篇。共举办决策咨询活动 37 次，参加活动专家 373 人次，提供决策咨询报告 280 篇，其中上级领导批示 42 篇。共反映科技工作者建议 325 条，其中获得上级领导批示 76 条，答复人大政协代表（委员）提案 11 件，走访看望、慰问院士专家 382 人次，宣传高层次科技人才 220 人次，表彰奖励科技工作者 405 人次。

全省现有 102 个县（市、区）级科协。县级科协干部职工达 886 人。各县级科协共举办科普宣讲活动 5100 次，受众人数 560 万人次，播放科技广播及影视节目近 1 万小时，举办实用技术培训 5200 次，124 万人次接受培训，推广新技术新品种 1200 项，参加各类科普活动的科技人员 4.8 万人次，各类科普活动覆盖行政村 1.46 万个，覆盖社区 3109 个。

全省共有街道科协（社区科协）1043 个，个人会员达 5.4 万人；乡镇科协（科普）组织 954 个，个人会员达 6.78 万人。全省共有各级各类农村专业技术协会 3553 个，会员总人数达 63.75 万人，已形成了以省农技协为牵头单位，市州农技协为骨干，县、乡、村农技协为主力的五级组织架构，服务涵盖蔬菜标准化栽培、畜禽综合养殖、特种水产和茶叶果树科技等多个产业。

省级学会、企业科协、高校科协 省科协共有所属学会 145 个，个人会员达 15.92 万人，团体会员 5370 个，学会从业人员 725 人。2016 年，省级学会紧紧围绕新技术开发应用和战略性新兴产业发展，共开展了 162 场学术交流活动，其中，国际性、全国性学术交流活动 22 场次，组织国际学术交流活动 10 场次。10 月 16 日，第十三届国际工业微生物遗传学大会在武汉市举办，围绕“基础微生物遗传学”“微生物发掘：从天然到合成生物学”“工业威力与应用潜力”三大主题，共举办 153 场专题报告会，集中展示了国内外工业微生物遗传学领域的前沿学术成果。国际工业微生物遗传学国际委员会主席斯蒂法诺·多纳蒂奥（Stefano Donadio）教授，李建成院士、邓子新院士，中国微生物学会名誉主席赵国屏院士、杨胜利院士出席大会，来自 33 个国家和地区的 1000 名专家、学者以及来自 20 多个生物技术企业的代表参会。

全省现有企业科协组织 600 多个，企业科协个人会员近 10 万人。组织 12 万多名企业科技工作者参与“讲理想、比贡献”活动。

省科协与省教育厅联合印发了《关于加强湖北省高等学校科协工作的意见》，推动高校科协组织建设。全省已有 39 所高校建立科协，占全省高校总数的 30%，个人会员共有 1.91 万人，专兼职工作人员 82 名，为近 4 万高校科技工作者提供服务。推动高校与企业的科技成果对接、高校间的科技合作及协同创新，搭建平台开展国内外学术交流和友好交往，促进学科繁荣和人才成长。大力弘扬科学道德，加强学风建设，积极宣传科技工作者中的先进典型人物，表彰奖励了一批优秀科技工作者。

【全省科协系统深化改革实施】 12 月 2 日，省全面深化改革领导小组第十一次会议审议通过了《湖北省科协系统深化改革实施方案》（以下简称《实施方案》），并由省委办公厅发文，科协系统深化改革进入实施阶段。在推动出台《实施方案》的同时，省科协对条件成熟的改革项目先行先试。省委、省政府办公厅联合印发了《湖北省科协所属学会有序承接政府转移职能试点工作实施方案》，进一步明确了组织领导、政府职能转接机制、经费保障、政策扶持等保障措施。省科协启动试点工作，重点支持16个学会承接政府转移职能，梳理可转移职能清单，遴选、确定承接项目的试点学会，签订《湖北省科协所属学会有序承接政府转移职能试点项目任务书》。不断扩大科协基层组织覆盖面，与省教育厅联合印发《关于加强湖北省高等学校科协工作的意见》，全省新增16个高校科协，总数达39个。推进所属学会党建工作，共有133个学会建立了党组织，科协所属学会党的组织覆盖率由4.8%增至94%。

【建设“一大十中百小多专”科技馆体系】 推进“一大十中百小多专”湖北特色科技馆体系建设，省科技馆新馆（“一大”）已完成土建工程总进度的22%，新馆内容建设和运营筹备工作同时展开。市（州）一批中型科技馆（“十中”）已建成开馆或正在加紧建设，武汉科技馆新馆、黄石科技馆等区域龙头科技馆作用日益彰显，宜昌、鄂州、襄阳、荆门、孝感、天门等地科技馆新馆建设有力推进。半数县级科技馆（“百小”）已投入使用，并以产业化推进的方式同步进行升级改造。一批高校科技馆（“多专”）已开始投入运营并面向社会开放。流动科技馆、科普大篷车全年在21个县（市、区）开展巡回展出活动28场次，30万人次参观。湖北省多层次科普主阵地作用日益凸显，基层科普服务能力得到加强。

（撰稿人：彭居毅）

湖南省科学技术协会

服务经济社会发展 联合省发改委出台《贯彻落实〈国家发展改革委、中国科协关于共同推进大众创业万众创新工作的意见〉的实施意见》，开展众创空间发展及运行情况调查、湖南省大众创业万众创新政策研究评估等。联合省发改委、省科技厅、省经信委、长沙市政府、湘江新区管委会等单位，先后举办全国双创活动周湖南分会场活动、2016“创响中国”巡回接力长沙站活动等。推动全省双创服务基地建设，配合省发改委等单位评选出全省首批“双创示范基地”20个。组织参加全国科技工作者创新创业大赛，湖南光蓝科技发展有限公司的智能型减灾预警系统项目获得银奖。配合省经信委举办技术创新与科技成果转化能力培训班。联络菁芒创客空间等7家单位发起成立全国首家省级创客协会。截至2016年年底，发展创客空间165家、会员5134人、创客团队427个、孵化器16个，创客空间场地面积近10万平方米。

与省科技厅联合开展院士专家工作站申报、评审、认定工作。2016年认定21个，全省院士专家工作站总数达到166个，其中省级76个。威胜集团、湖南尔康制药、中车株洲电力机车研究所3个院士专家工作站被评为“全国示范院士专家工作站”，省科学技术咨询中心被中国科协评为“2016年院士专家工作站建设示范单位”。开展科技信息咨询与培训服务。组织14场企业知识产权应用工程师培训班，为企业培训知识产权管理人员1596人次；为1174个企业提供科技信息服务，检索应用信息21856条，开发新技术407项、新产品286个，申请专利421个。组建先进装备制造、新材料、新能源、信息、节能环保5大产业专家组，工程技术专家库总人数275名。组织专家深入116家企业进行精准对接服务。

组织开展“关于鼓励支持大众创业、万众创新平台的研究”“湖南省促进科技成果转化的协同创新服务平台体系建设研究”等调研。承接中国科协和省发改委“院士专家工作站中部地区基本状况分析报告”“湖南省院士专家工作站基本状况深度分析报告”“长株潭区域自主创新能力建设研究”“湖南省‘大众创业、万众创新’政策研究”等咨询课题。牵头完成对深圳市南山区双创示范基地的第三方评估工作。协助湖北省科协组织的专家团队对湘江新区双创示范基地开展第三方评估。

联合省扶贫办、省农科院出台《湖南省精准扶贫科技助力工程实施方案》，在湘西自治州花垣县十八洞村举行湖南省精准扶贫科技助力工程启动式，确定首批选点村和帮扶科技专家小组。省科协党组领导带领各基层党组织开展精准扶贫、联基层、“一进二访”，共走访444户农户，资助贫困学生41名，完成11大类26项扶贫工作。省科协驻点扶贫村——涟源市杨市镇蓉峰村被评为全省脱贫攻坚示范村。联合省委统战部举办第二期西藏、新疆科协干部培训班，培训21名西藏、新疆科协干部。

推进海智工作发展，新建中电软件园、岳阳海智基地，全省海智基地总数5个。开展引智对接活动17

场，引进项目 58 个、人才 160 人，接待海外专家团体 63 人次，邀请海外专家开展讲座、培训 5 次。

依托省科协现有的科技信息服务平台与科技人才资源，借助大数据及“互联网 +”技术应用，构建科技专家智库，收录 1000 余名专家信息。

推进“银会合作”，支持农村产业发展。省邮储银行、省农村信用社联合社共支持项目 400 多个。

《科学素质纲要》实施及科普工作 起草《湖南省全民科学素质行动计划纲要实施方案（2016—2020 年）》，由省政府办公厅印发。到 2020 年公民具备科学素质比例达到 10% 的目标纳入省“十三五”规划。

实施“基层科普行动计划”，全年共有 92 个优秀集体和个人获得国家奖补，120 个优秀集体和个人获得省奖补。浏阳市等 18 个县（市、区）被命名为首批“2016—2020 年度全国科普示范县（市、区）”。15 个基层农技协荣获“中国农技协龙头协会”称号，15 名乡土人才荣获“中国农技协优秀乡土人才”称号。联合省委组织部等 9 部门，对全省 2011 年以来在实施科学素质纲要工作中作出突出业绩和贡献的 50 个单位、50 名个人予以表彰，分别授予湖南省《全民科学素质行动计划纲要》实施工作先进集体和先进个人荣誉称号。

组织参与全省文化科技卫生“三下乡”活动，举办全国科普日活动。省科技馆全年接待公众 178.5 万人次。

2016 年全国科普日湖南（常德）主场

联合省教育厅、邵阳市政府等举办第 37 届青少年科技创新大赛；联合省科技厅、株洲市政府等举办第 9 届青少年机器人竞赛；在国防科技大学、中南大学、湖南大学举办青少年高校科学营活动。组织开展青年科学家进校园巡回演讲活动，邀请 5 位青年科学家分赴张家界、湘西、岳阳等地为 5000 余名中学生作演讲。组团参加第 31 届全国青少年科技创新大赛决赛，获得 4 金、7 银、4 铜，并获得“中国科协主席奖”。选派学生代表参加五学科国际奥林匹克竞赛，获得 3 金、1 银。与省农委等部门联合组织全省 6.90 万人次参加全国农民科学素质网络知识竞赛。组织承担中国科协试点项目，指导新晃侗族自治县等 3 个县举办农村妇女致富带头人科学素质培训班，培训 600 余人。

“科普湖南”微信公众号发布 300 多期，发稿 400 余万字，湖南“科普地图”初步形成，共发布各级科普场馆（基地）信息 150 余条，荣获科普中国微平台移动互联科学传播 2016 年度最具活力科普微信公众号称号。

推进现代科技馆体系建设和科普设施建设。全省现有 22 个全国科普教育基地，312 个省科普教育基地，2000 多个农村科普示范基地，32 个青少年科技教育基地。2016 年新增科普大篷车 5 台，总数达到 32 台；新增流动科技馆设施 2 套，总数达到 9 套，巡展 23 个县、市、区。省科技馆和岳阳市、常德市科技馆被列为全国科技馆免费开放试点单位。湘潭、衡阳、郴州、益阳、张家界等市科技馆正在建设或已纳入建设规划。湘西自治州龙山县里耶民族中学、古丈县综合职业技术学校、怀化市辰溪县第一中学、娄底市涟源市石马山镇湖泉中学 4 所学校被中国科协列为“十三五”第一批农村中学科技馆项目资助单位。

学术交流 举办以“创新驱动和协调发展”为主题的湖南科技论坛，邀请中国工程院院士黄伯云、陈鲸等出席开幕式并作主题报告。论坛由主会场报告会和 4 个专题分论坛组成。征集论文 556 篇，精选辑录 220 篇出版论文集。

9 月 9 日，由省科协、省自然科学学会研究会联合承办的中西南学会学研究第 34 届年会在长沙市召开。来自 10 个省、自治区、直辖市科协分管学会工作的领导、学会部负责人，市州、县区科协负责人，学会学研究专家、学者，部分论文作者代表及省科协所属学会代表 200 余人参加了年会交流。年会以“深化学会治理体系改革，全面提升学会服务能力”为主题，组织与会代表深入开展学会学研讨。年会收集和整理 50 余篇论文，汇编成论文集。

服务科技工作者 制定并印发《湖南省科协科技人才托举工程实施方案》。制定科技工作者之家建设方案，并获省委、省政府批准。组织开展院士推荐

（提名）工作。推荐5名优秀科技人才获得第七届“全国优秀科技工作者”称号。推荐2名科技工作者获得省政府特殊津贴奖励。联合省委组织部、省人社厅开展湖南省首届优秀科技工作者和第十届湖南省青年科技奖评选工作，共评选出40名优秀科技工作者、20名青年科技奖获奖者。组织开展全国科协系统先进集体和先进工作者的评选推荐工作。举荐4名优秀科技教师获评“湖南好人”敬业奉献优秀典型，其中1人被评为“中国好人”。

自身建设 省科协党组明确工作要求，提出办会理念，确定了“1234”改革创新发展思路。出台《湖南省科学技术协会实施〈中国科学技术协会章程〉细则》《湖南省科协十届常委会工作规则》《湖南省科协十届委员会委员履职评估暂行办法》《湖南省科协推进“四联”工作、组织动员科技工作者开展“创新争先行动”实施方案》，完善省科协全委会、常委会运行机制。建立科协兼职副主席驻会制度，增强科协领导机构中基层科技工作者代表性。

扎实开展“两学一做”学习教育，发放《中国共产党章程》《习近平谈治国理政》《习近平总书记系列重要讲话》等学习辅导资料300多套。组织13个基层党支部（总支）开展“两学一做”学习教育知识抢答赛。指导各省级学会开展“两学一做”学习教育。

指导直属单位积极开展文明创建，坚持每月一次文明检查。清理完善或新制订省科协机关管理制度50多项。湖南科技报社等4个直属单位获得省直机关文明单位称号，省科协机关和省科技馆获得模范职工之家称号。

组建宣讲团分别到娄底、永州、衡阳、邵阳4个市州宣讲全国“科技三会”精神，全省各级科协组织举办宣讲报告会70余场次。

在北京大学和长沙市举办全省科协系统干部综合能力提升研修班。全年举办各类教育培训10余次，邀请省委组织部、省委讲师团等多个单位专家授课。

7月15日，与中南大学联合举行湖南省科学道德和学风建设集中宣讲教育报告会，中国工程院党组成员、副院长樊代明院士，全国人大常委会委员、省科协主席黄伯云院士，中南大学党委副书记高山，省科协党组书记、副主席刘小明，省科协党组成员、副主席廖任强，中南大学湘雅二医院党委书记周智广、院长周胜华出席会议。中国工程院党组成员、副院长樊代明院士作《科学与医学》专题报告，500余名医学科技工作者聆听了报告。

地市县及科协基层组织 截至2016年年底，全省共有省辖市科协14个、县级科协122个、乡镇（街道）科协1400个、农技协5853个。

长沙市科协打造了一批集小型科技馆、“科普e站”和信息化接收终端于一体的综合性科普示范社区。设立“长沙科技人才学术交流和建言献策平台项目”专项，资助青年科技工作者出版学术（科普）专著3部。长沙市科协联合中电软件园开展2016年院士专家长沙行系列活动，举办第七届中国卫星导航学术年会暨“智慧星耀”湖南导航产业发展主题论坛，促成中国电子学会、中国兵工学会与中电软件园共建国家级学会服务站。岳阳市科协成立石化产业创新联盟；启动实施巴陵千名小院士孵化工程，面向全市20所中小学校、1000名学生免费开设“培育青少年综合创新思维系列训练课程”；开展巴陵青年英才选拔工作，为青年科技人才成长成才争取政策和资金支持。株洲市科协举办2016中国（株洲）轨道交通产业国际峰会。衡阳市政协科协界委员工作室以“衡阳生态农村建设”为主题，组织农口7个学会及2所高校300名科技工作者深入调研，撰写论文200余篇。衡阳市科协在《衡阳日报》开辟“衡阳市科协科普行”专栏，联合衡阳电视台录制科普宣传片，录制科技人物风采录。常德市科协建立自然科学人才信息库，1067名专家、学者入选。张家界科协将“互联网+科普+旅游”深度融合。郴州市科协与科技局等单位合作，为市内162家企业安装“专利信息资源系统网络版”；联合市公汽公司将市内253辆公交车、18条公交线路打造为主题科普专线，开辟公交移动电视科普栏目。湘西、郴州、株洲、益阳等市州科协开通微科普平台、“三农”网络科普书屋。

汨罗市科协获批科技信息企业推广应用项目县级站点。醴陵市财源塔社区组织开展科普文艺演出。长沙市科协在浏阳市沙市镇桃源村、小河乡皇碑村、社港镇龙伏村等村镇建设5个科技扶贫示范点。临武县科协联合县教育局开展“科普公益大讲堂”活动。嘉禾县科协组织全县1.9万群众开展全国农民科学素质网络知识竞赛活动。宜章县科协与县电视台共同开播《科普大篷车》电视栏目。桃江县科协和安化县科协充分利用科普短信平台发送科普知识。

省级学会、企业科协、高校科协 2016年新建省级学会5个、高校科协2个、企业科协27个、园区科协3个。截至2016年底，省科协所属省级学会132个、高校科协25个、企业科协127个、园区科协13个。新建省级学会党组织27个，共有129个省级学会建立党的基层组织，覆盖率达到97.7%。

全年各省级学会开展各类学术交流活动近1000场次，交流论文1万余篇。省岩石力学与工程学会召开深部工程中的灾害机理与防治学术研讨会。省畜牧兽医学会承办全国物理生理生化分会第十四次学术交流会。省医药学会召开第十四次会员代表大会暨学术会议。省水产学会与省农学会联合在南县举办湖南稻田生态种养模式与技术学术交流研讨会。省实验动物学会举办第十六届中南地区实验动物科技交流会。省地质学会承办第十五届全国数学地质与地学信息学术研讨会。湘潭所属学会及高校科协全年举办国际国内学术活动162场次。

实施学会服务能力提升计划，资助42个项目，帮助学会提升服务科技创新、服务经济社会发展、服务科技工作者以及自我发展能力。

省委办公厅、省政府办公厅印发《湖南省科协所属学会有序承接政府转移职能工作实施方案》，推动省科协所属学会有序承接政府转移职能工作。省化学化工学会承接省经信委委托的参与化工行业技术标准制定的职能。省林学会承接省林业厅委托的造林营林施工单位资质认定工作。

岳阳市召开企业科协科技创新工作研讨培训会，分享交流工作经验，株洲市表彰企业科协工作优秀单位和先进单位8个、先进个人19名。

中南大学科协开展各类学术沙龙和学术讲座近400场，主办各类高层次学术交流会议100余场。

【湖南省科协第十次全省代表大会】 12月6—8日，湖南省科协第十次全省代表大会召开，会议规模600余人。全省科技创新大会同期召开，湖南省委书记、省人大常委会主任杜家毫出席开幕式并讲话，省委副书记、省长许达哲主持开幕式。中国科协党组副书记、副主席、书记处书记徐延豪和省委副书记乌兰出席开幕式并讲话，副省长向力力、在湘两院院士、省直部门单位负责人、市州分管科协工作负责人、省科协荣誉委员和部分老同志出席开幕式。副省长戴道晋出席闭幕式并讲话。会议选举产生了以中国工程院院士、中南大学校长张尧学为主席的新一届领导机构。审议通过了《湖南省科协事业发展“十三五”规划纲要》《湖南省科学技术协会实施〈中国科学技术协会章程〉细则》《湖南省科协十届常委会工作规则》《湖南省科协十届委员会委员履职评估暂行办法》《湖南省科协推进“四联”工作、组织动员科技工作者开展“创新争先行动”实施方案》等一系列文件。

【实施湖南省精准扶贫科技助力工程】 6月30日，湖南省精准扶贫科技助力工程启动式在湘西土家族苗族自治州举行。省科协、省扶贫办、省农科院、湘西自治州、花垣县领导，省科技专家组、省直派驻湘西定点村帮扶工作队负责人代表和十八洞村村民出席会议。省科协党组成员、副主席刘晓河，省扶贫办党组成员、副主任贺丽君，省农科院副院长邓华凤，湘西自治州副州长艾可知等在启动式上讲话。启动式上，宣布了凤凰县山江镇雄龙村、永顺县石堤镇落叶洞村、吉首市矮寨镇阳孟村等湘西自治区10个贫困村为“湖南省精准扶贫科技助力工程”首批省级项目选点村，同时宣布了对口帮扶的省首批10个科技专家小组成员名单；湘西自治州的首批20个市州级助力工程项目一并宣布实施。省直帮扶工作队和省科技专家小组在现场进行对接，省选派科技专家组和省直派驻湘西定点村帮扶工作队负责人代表分别发言交流。

【全国大众创业万众创新活动周湖南分会场活动】 10月14日，2016年全国大众创业万众创新活动周湖南分会场启动仪式举行。活动周以“发展新经济、培育新动能”为主题，由省发改委、省科协等单位共同主办。

省委常委、常务副省长陈向群，省政协原副主席、省科协副主席龙国键，省政府副秘书长陈仲伯，省发改委、省科协、省科技厅、省经信委、省财政厅、省人社厅等单位有关负责人，各市州代表以及园区、企业、高校代表等出席启动仪式。启动仪式由省科协党组书记、副主席刘小明主持，陈仲伯致辞。启动仪式上，向首批20家“省级双创示范基地”授牌。同时，双创发展报告会在湖南省展览馆会议中心举行。中国工程院院士、湖南师范大学生命科学院院长印遇龙，中南大学湘雅二医院教授、博士生导师周后德，湖南圣湘生物科技有限公司董事长戴立忠等专家、学者分享了科研成果以及创新创业经验。省发改委、省经信委、省人社厅等省直部门有关负责人对双创政策进行了详细解读。来自省直部门、园区、高校、科研院所和14个市州等单位的代表近400人参加。

【2016年湖南科技论坛】 11月10日，以“创新驱动和协调发展”为主题的2016年湖南科技论坛在湖

南省长沙市开幕。省科协所属学会、省内部分高校、省会科技界代表，以及来自全省住宅产业领域的企业界代表，共计400余人出席大会开幕式暨主题报告会。论坛由主会场报告会及2016年中国（长沙）住宅产业化与绿色建筑产业博览会暨第三届中国国际节能减排产业博览会和4个专题分论坛组成，分别由湖南省土木建筑学会、湖南省机械工程学会、湖南省自动化学会、湖南省科学技术情报学会等单位牵头承办。论坛征集论文556篇，精选辑录220篇汇编成论文集。

（撰稿人：徐　姣）

广东省科学技术协会

服务经济社会发展　参与第三方评估工作，完成对杭州未来科技城全国双创示范基地建设和政策措施落实情况的评估。继续实施广东科技思想库课题研究，共征集32份课题研究项目申报书，确定12个项目给予立项。

实施2016年“基层科普行动计划”。全省一批农村专业技术协会、农村科普示范基地、农村科普带头人获得国家级、省级表彰，获得奖补资金。广东省新增认定命名“全国科普示范社区”33个。开展第六批“广东省科普示范社区”创建活动，新命名“广东省科普示范社区”77个，创建的省级科普示范社区达378个，带动地方建立本级科普示范社区1500多个。

实施“千会万企金桥工程”，共建立院士专家企业工作站160家，累计引进了180名院士和2000多名专家。8家工作站被评为全国示范院士专家工作站。组织省市两级学会在基层企业、医院、农村创建了82个省级学会科技服务站和181个市级学会科技服务站。

省科协围绕科技评估、工程技术领域职业资格认定、技术标准研制、科技奖励推荐等四大类领域，共有40个学会提出了126项政府可转移职能的清单。省科协向省人力资源和社会保障厅推荐承担专业技术人员职称评审工作较为成熟、有基础的省电子学会、省计算机学会、省造船学会。省级学会已承接了72项政府转移职能，向政府购买服务事项165项。东莞市科协承担市委市政府交给的“科技东莞”工程项目评审的专家管理职能，截至2016年底，共组织专家按照规定和程序独立评审了30亿元的“科技东莞”工程资助项目。

省科协深入实施“千会万企金桥工程”。截至2016年底，共建立院士专家企业工作站160家，累计引进了180名院士和2000多名专家，帮助企业解决技术难题1800多项，帮助企业申请发明专利和实用新型专利6600多件，创造经济效益超过100亿元。广州白云山和记黄埔中药有限公司等8家工作站被评为全国“示范院士专家工作站”。组织省市两级学会在基层企业、医院、农村创建了82个省级学会和181个市级学会科技服务站，为地方政府、企业等提供科技服务8000多次，提供技术攻关和开发新产品700多项，帮助企业、专业镇、医院和农民新增经济效益近10亿元。

省科协进一步完善“南粤海智网”服务平台功能，已建立中国科协海智基地7个，建立海外（含香港）海智工作站8个，建立省内海智工作站14个。实施海外合作计划，与韩国科学技术人力开发院签署合作备忘录并建立广东省（韩国）海智工作站，推进中欧国际创新中心建设和项目落地。承办了中国科协2016年“全国海智计划基地工作会议”，开展了中国科协“海智专家助力企业创新创业广东行”活动。省科协被中国科协评为2016年“海智计划工作先进单位”、深圳被评为先进“海外人才离岸创新创业基地”，东莞、汕头、中山市科协被中国科协评为2016年“海智计划工作先进基地”。

省科协按照中央和省委有关精准扶贫的决策部署，认真落实“一把手”工程，出台了《广东省科协扶贫开发资金管理暂行办法》。驻点湛江市遂溪县岭北镇西塘村，精准识别贫困户，建档立卡，研究制定帮扶规划和工作计划。2016年省科协共投入帮扶资金30万元，争取上级资金及引入社会资金227万元，新建了便民服务中心、文化中心大楼等设施，帮扶成立了富硒农产品合作社，推动了绿化苗木种植示范基地和光伏发电科普基地的建设。

《科学素质纲要》实施及科普工作　经广东省政府批准，省政府办公厅印发了《广东省全民科学素质行动计划纲要实施方案（2016—2020年）》，提出了到2020年广东省公民具备科学素质的比例达到10.5%以上的目标。

开展了“全国科技活动周”“全国防灾减灾日”“全国食品安全周”“全国科普日”“广东省科技进步活动月”等全省性主题科普宣传教育活动。全省科协系统全年开展主题科普活动项目2500多项，参与人员和受益群众达1650多万人次。针对食品安全、节能减排、防灾减灾、垃圾分类、登革热防治等社会热点问题，组织开展社会公共科普服务进农村、进企业、进校园、进社区。打造了“广东科普大讲堂”“全省科普剧会演”“中小学校科普节”“科普进校园”和“科技馆巡展”等特色科普品牌。组织动员广东省科普教育基地、高等学校和科研院所、企事业单位公共实验室免费面向社会公众开放，开展了“科普一日游”和“科普自由行”等活动。

2016 年广东省“全国科普日”主场活动

开展科技创新竞赛活动，全省参与的青少年学生达到500多万人次。举办第31届广东省青少年科技创新大赛、第16届广东省青少年机器人竞赛，在全国竞赛中广东省选手成绩位居全国前列。

开展地方科技馆免费开放工作，惠州科技馆等5家机构被认定为全国科技馆免费开放试点单位。组织开展“广东省科普教育基地”评选活动，2016年新命名省级“科普教育基地”18家，省级科普教育基地总数达到190多家。

大力推动“‘互联网+’科普”行动，推广“科普中国”微信公众号，推进科普中国“社区e站”“乡村e站”“校园e站”在全省示范建设，推动“科普中国”“岭南科普”在e站全面落地。

学术交流 全年省科协及所属学会共组织了1466场次学术活动，其中国内1147场次、国际（境外）319场次。实施“省级学会重点学术活动项目资助计划”，对省级学会的10项学术水平高、规模影响大、上下合作的学术活动予以资助。开展第十四届广东省科协学术活动周活动，举办各类学术活动462项。举办广东科协论坛5场、广东院士讲坛11场、第八届粤港澳可持续发展研讨会、“9+2”泛珠三角区域科协与科技团体联席会议等学术交流活动。

服务科技工作者 省科协开展慰问走访院士等活动，听取和反映院士的意见和建议。组织在广东省工作的院士赴汕尾休养考察和青年科学家赴肇庆进行科技咨询服务。与中共广东省委保健委员会办公室落实解决院士就医绿色通道等事宜。

开展第十三届广东省丁颖科技奖推荐评选工作，做好第七届全国优秀科技工作者候选人、全国科协系统先进集体和先进工作者、第十三届中国青年女科学家奖、2016年度“未来女科学家计划”候选人的推荐评选工作。

组织科技工作者开展相关科技项目的申报工作，推荐了5个中国科协学术会议质量提升计划项目、7个广东省科技奖候选项目、1个广东省新型研发机构候选单位、5个广州市科技计划项目。推荐优秀项目参加第十八届中国科协年会全国科技工作者创新创业大赛，动员科技工作者参加2016年广东“众创杯”创业创新大赛。

推进科技工作者调查站点网络体系建设，开展科技工作者状况调查工作，省科协被中国科协评为优秀区域管理责任部门。

自身建设 省科协根据《中共中央办公厅关于印发〈科协系统深化改革实施方案〉的通知》的内容和形式，按照9月23日由中共广东省委政法委员会组织召开的推进地方党的群团工作改革座谈会的精神以及中国科协的有关要求，在充分调研和学习借鉴江苏、山东、上海、重庆等省（直辖市）有关做法的基础上，结合广东省实际，起草了《广东省科协系统深化改革实施方案》。方案文稿分别先后征求了各地级以上市科协和省级学会、23个省直有关单位、各地级以上市党委的意见，提交广东省科协常委会议审议，并上报省委分管领导和中国科协同意。

3月，省委第一巡视组对省科协进行巡视。根据巡视组反馈意见，省科协研究制定了巡视整改工作方案及《巡视反馈意见分项整改台账》，从严从实推进整改工作，落实整改任务。

扎实开展“两学一做”学习教育。在全省科协系统全体党员中，扎实开展“学党章党规、学系列讲话，做合格党员”学习教育活动，强化正面教育，突出问题导向，扎实开展5个专项工作。

聘请一批港澳科技界人士为广东省科协第八届委员会的特邀委员。

研究制定了《中共广东省科协党组关于落实党风廉政建设党组主体责任和纪委监督责任的暂行办法》《广东省科协关于开展谈话提醒构建抓早抓小工作机制实施细则（试行）》《广东省科协选人用人回避制

度（试行）》《广东省科协干部交流轮岗实施办法（试行）》等一系列制度。

地市县及科协基层组织 全省共有地市级科协21个，县级（市、区）科协121个，乡镇、街道（社区）科协1847个。各级科普教育基地全年开展重大科普活动700多场次，参与人数达1900多万人次。全省各级科协共组织33万科技人员参加各类学术活动，发表论文3万多篇。共主办科技期刊54种，发表论文6500多篇，共印发300多万册。

广州市科协通过举办穗港澳台科技·产业（大数据）发展论坛等学术活动，加强穗港澳台地区的科技交流。深圳市科协进一步加强国际科技合作，举办深圳—奥地利生命科学及生物技术论坛等国际交流活动。东莞市科协组织科技人员参加西班牙、葡萄牙的科技交流活动。中山市科协与海外、港澳台地区开展人才对接交流合作，与18家海外科技团体建立了科技合作交流机制。

深圳市科协承办全国“大众创业、万众创新”活动周深圳主会场主题展示的组织工作，遴选32个科技项目参加主题展示，得到了全国双创周组委会及深圳市委市政府的肯定。珠海市科协开展以送创新术、搭创融桥、建创想台和办科技人创新大会为主要内容的“三创一会”活动。云浮市科协承办第五届中国创新创业大赛（广东赛区）暨云浮市“科特杯”科技创新创业大赛。

广州市科协积极争取市委组织部支持共建院士专家工作站和学会科技服务站。东莞市向中国科协成功申报2016年度“创新驱动助力工程试点单位”项目，被确定为全国30个创新驱动示范市（区）之一。肇庆市科协启动科技信息企业推广应用服务项目，培育出应用典型企业5家，申请专利5项。珠海市科协举办技术创新方法培训，为丽珠制药等100多家企业免费培训近1000名核心研发人员。

湛江市科协出台《海智工作站管理办法》，江门市建立海智工作基地和示范基地。汕头海智基地与美国“中国旅美科技协会”开展“智汇广东”走进汕头交流活动，举办2016汕头海智专家讲坛暨项目推介会。

广州市科协加快建设“高水平科技创新智库”，提出《市科协新型智库建设工作方案》，市科协报送的5篇调研报告被《广州调研》和《广州蓝皮书》等收录，其中《改善广州反恐预防机制的措施建议》得到广州市委主要领导的批示。佛山市科协完成的《佛山市“互联网+”家具产业实施方案》，得到佛山市政府的充分肯定，并由有关部门予以实施。

汕头、潮州、揭阳三市科协联合开展的“第十届潮汕星河国瑞科技奖”成为区域性品牌。

省级学会、企业科协、高校科协 省科协所属学会、协会、研究会158个。省科协积极推动成立高校科协工作，全省共成立高校科协20个。推动地方科协在国有企业、非公有制企业建立科协，全省共建立企业科协634家。

省科协所属的5家协会被评为“5A等级社会组织”。

省食品学会推荐的“海洋焙烤食品新品类研发与营销”等4个项目获得第十八届中国科协年会全国科技工作者创新创业大赛奖项。

省机械工程学会建立的8个科技服务站，为36家企业提供专业技术咨询服务70多项。

省土木建筑学会设立的“省土木建筑学会科学技术奖”和“广东省土木工程詹天佑故乡杯奖”影响力不断扩大。

【2016中国创新创业成果交易会】 2016中国创新创业成果交易会（以下简称“创交会”）由中国科协、中国工程院、九三学社中央、广东省政府和广州市政府共同主办，由广东省科协、广州市科协等承办，是全国大众创业万众创新活动周的重要组成部分，也是“创响中国”巡回接力首站活动。5月27日，2016中国创新创业成果交易会启动仪式在琶洲广交会展馆隆重举行，中国科协党组书记、常务副主席、书记处第一书记尚勇，中国工程院院长周济，时任广东省省长朱小丹，国家发展和改革委员会副主任林念修，九三学社中央副主席赖明，22名中国科学院院士、中国工程院院士，地方科协、全国学会等科技团体，高校、科研院所、民办科研机构、技术成果持有人或团队，有关企业代表，以及境外科技专家和科技团体代表等1100多人参加启动仪式。启动仪式上有41项科技成果成功对接，12个优秀项目现场签约。

展览包括信息技术、生物医药、新材料与新能源、智能装备制造、精细化工、仪器仪表、新型农业、工程装备、传统产业改造等专业版块。大会还组织了政策宣讲、创业培训、论坛沙龙、创意设计、高层座谈对话等活动。创交会前组织了多场项目对接会，有41个项目达成转化意向。

尚勇表示，中国科协与广东省、广州市共同举办的创交会，为地方经济发展、企业转型升级增添了新的活力。中国科协作为桥梁纽带，将继续激励引导广大科技工作者广泛参与“双创”活动，为科技工作者投身“双创”事业保驾护航。林念修表示，“双创”对助力供给侧结构性改革，实现新旧动能转换，正发挥着越来越重要的作用。希望广东省、广州市继续弘扬“敢为人先”的改革创新精神，切实增强“双创活动周”的开放性、群众性和参与性，为全国各地作出示范。

2016 中国创新创业成果交易会围绕“会、展、赛、奖”等要求，突出“双创”特色，展馆展区面积近 2 万平方米，具体展示项目 2000 多个，共有 1000 多家单位参展。

（撰稿人：刘泽周）

广西壮族自治区科学技术协会

服务经济社会发展　全年向自治区党委、政府和中国科协报送《广西科技工作者建议》6 期，报送《科技创新智库成果专报》9 期，向自治区政协提交提案 6 篇。其中，《关于加快修订〈广西壮族自治区促进科技成果转化条例〉的建议》《关于改进我区食品安全问题的对策与建议》2 篇专报获自治区领导批示，《关于加快推进广西新能源汽车产业发展的建议》被列为自治区领导重点督办提案。开展了 2016 年度广西科协建言献策专题调研项目申报、调查研究课题申报、资助高校青年教师及研究生专项课题申报工作。编辑出版《2016 年自然灾害白皮书》《广西科技创新智库成果汇编（2011—2015）》《众创空间：理论、实践与案例》等科技智库丛书。

实施全国基层科普行动计划。全自治区共 50 个农村专业技术协会、26 个农村科普示范基地、20 个农村科普带头人、9 个科普示范社区受到表彰。实施广西“科普惠农兴村计划”，28 个农村专业技术协会、22 个农村科普示范基地、20 个农村科普带头人、2 个少数民族科普工作队受到表彰。举办第六届“科普惠农兴村计划”成果交流活动，200 多家农技协、科普示范基的 1600 多种绿色优质农产品展销。

开展“讲理想、比贡献”活动。深入南宁市、贵港市、百色市、桂林市等地举办 11 场创新方法巡讲，深入柳州欧维姆机械股份有限公司、广西南南铝加工有限公司开展了 5 场创新方法导入活动，助推企业技术创新能力提升。组织广西玉柴集团参加首届全国企业创新方法大赛并获一等奖。推荐北海市入选中国科协创新驱动助力工程试点项目城市。北海市通过创新驱动示范市建设，为全市有关企业解决技术难题 21 项，开展技术攻关项目 22 项，创造直接经济效益超过 1 亿元。联合广西发展改革委等部门承办“大众创业万众创新活动周”广西活动，为科技工作者搭建创新创业交流平台。

开展科技扶贫工作。选派 3 人到百色市平果县马头镇塘莲村、古念村和果化镇巴龙村任贫困村党组织第一书记。直接投入资金 101.5 万元用于定点扶贫工作，实施帮扶项目 29 个；帮助引进各类资金 1430 万元，帮助引进项目 27 个；帮助建档立卡的贫困人口脱贫 1806 人。

《科学素质纲要》实施及科普工作　编制《广西壮族自治区全民科学素质行动计划纲要实施方案（2016—2020 年）》，并由自治区人民政府办公厅印发实施，明确了广西“十三五”期间全民科学素质工作的总体要求、重点任务、支撑体系和保障措施，提出了到 2020 年广西具备基本科学素质的公民比例达到 7.16% 的目标。

开展广西科技活动周、全国科技活动周、全国科普日、全国食品安全宣传周、广西十月科普大行动等各类主题科普活动。“广西十月科普大行动”联动开展的科普活动达 500 多场次，受众超过 500 万人次。联合开展 2016 年全国科技活动周广西活动暨绿城科普广场活动，全自治区围绕八大主题开展 100 多项活动。开展广西中小学生食品药品安全知识竞赛活动，103.4 万名学生参加。联合组织开展 2016 年全国计量科普知识竞答广西赛区活动，发放竞答选拔宣传手册 5000 余份、宣传彩页 6000 余张，答题网站点击率超 100 万次。广西科协组织科普大篷车深入 18 个县（区）开展“月月行”科普宣传活动，行驶里程 10512 千米，服务群众约 5 万人次。广西科技馆开办各类青少年培训活动 400 多场次，举办承办专题科技学术交流活动 200 多场次，开展青少年科学工作室活动 400 多场次。组织开展青少年机器人竞赛、中小学生发明创造成果展等系列品牌活动。

9 月 24 日，由广西科协、文明办、教育厅、科技厅、共青团广西区委主办的第四届广西青少年科学节在广西科技馆启动。主场活动汇集了 5 家主办单位的特色亮点活动，包括“全民创客，创意无限——创客教育主题展”“广西中小学生发明创造示范单位”宣传展示、2016年“创青春”广西大学生创业大赛部分优秀作品展示、百所青少年学生校外活动中心百名骨干教师培训、百所乡村学校少年宫素质教育技能比赛等活动。在为期一个半月的科学节期间，广西200多所中小学校、青少年学生校外活动中心、乡村学校少年宫、中小学生发明创造示范单位等开展了一系列青少年广泛参与的参观、交流、实践、展示、竞赛等科技活动，参与人数超过100万人次。自治区大型的科普品牌活动也在科学节期间深入自治区各地开展活动。

3月18—20日，由广西科协、广西教育厅共同主办的第31届广西青少年科技创新大赛在广西科技馆举行。来自全自治区各市的14支代表队的331名学生和65名科技辅导员参加大赛，并有1068项优秀科技创新作品参与初评，229项入围决赛。展示项目有195项，其中中小学生科技创新成果竞赛项目125项、优秀科技实践活动53项、少年儿童科学幻想绘画105幅。大赛闭幕式前，大赛组委会邀请中国科学院上海光学精密机械研究所教授向世清为参赛的老师和学生们作专题讲座《中小学生创客理念培养》。

广西科技馆实体场馆年参观人数达123万人次，常设科普展厅全年接待观众超过75万人次。推动中国流动科技馆在广西各地巡展，受众人数超过120万人次，接待学校团体约550个，开展特色科普活动400多场。

15个县（市、区）被评为“2016—2020年全国科普示范县（市、区）”。2016年创建广西科普示范县（市、区）10个，总数增至59个。全国科普教育基地24个，自治区级科普教育基地102个。2016年创建13个广西科普示范社区，总数增至87个，确定33个社区建设科普中国“社区e站”。全自治区拥有科普大篷车40辆。

实施“五个一”农村适用技术培训工程，全自治区各级科协和农技协、科普示范基地、科普惠农服务站共培训基层农村干部群众16万人次，表彰奖励100个先进单位和100名先进个人。

学术交流 举办第五届广西学术月活动，累计开展学术交流活动245场次，全年开展学术交流活动超过1000场次。承办2016石墨烯产业·技术高峰论坛，举办中国—东盟减灾防灾论坛等主要学术活动。

2016石墨烯产业·技术高峰论坛

12月29日，由广西科协、广西社会科学界联合会、共青团广西区委联合主办的第七届广西青年学术年会在广西壮族自治区南宁市召开。自治区副主席黄日波出席会议并讲话。广西各科研机构、高校的青年科技工作者等近300人参加会议。本届年会的主题是“贯彻五大发展理念，实现‘两个建成’目标——广西青年学者的历史责任”。广西科协主席、中国工程院院士郑皆连，广西壮族自治区人民政府参事、广西壮族自治区政协委员、广西壮族自治区政协文史和学习委员会党组副书记、副主任黄健分别作大会报告《桥梁方面的科普知识》《“互联网+”时代的大众创业与万众创新》。年会共征集论文337篇，经年会学术委员会组织专家评审，评出一等奖论文10篇、二等奖论文20篇、三等奖论文58篇。

加强与海外尤其是东盟各国科技社团联系，派出3个科技交流团分赴泰国、马来西亚、日本、韩国开展科技交流。

服务科技工作者 组织开展了中国科协求是杰出青年成果转化奖、第七届“全国优秀科技工作者”、第十三届中国青年女科学家奖、“未来女科学家计划”等候选人推选工作。杨章旗、陈萍（女）、范航清、童张法、曾明华5名科技人员获得“全国优秀科技工作者”称号。组织了中国科协九大广西代表选举和中国科协第九届全国委员会委员广西候选人推选工作，选出19名广西代表出席中国科协九大。

开展科技工作者状况调查工作。建有全国科技工作者状况调查站点16个，省级科技工作者状况调查站点79个，编发站点信息摘报42期，6期摘报被中国科协采用，2期摘报获中国科协领导批示。依托调查站点立项开展“广西科技创新创业人才状况调查与政策研究”调查研究课题。广西科协连续7年获得“全国调查站点工作优秀区域责任部门”称号。

开展科技工作者宣传工作。在《南方科技报》《广西日报》《当代广西》以及广西科协网上，开设“八桂科技英才风采”“广西科技群英谱”“人物”“最美科技人”等专栏，宣传科技工作者69名。

自身建设 3月25日，广西科协七届四次全委（扩大）会议召开，自治区副主席黄日波出席会议并讲话。深入开展“两学一做”学习教育活动，组织科协系统广大党员干部学习党内重要文件，落实全面从严治党各项要求，不断增强党员干部的政治意识、大局意识、核心意识和看齐意识。接受自治区党委第八巡视组巡视并整改，针对党风党建、党组班子、财务管理等方面出台和修订完善37项规章制度。

研究编制《广西壮族自治区科协事业发展“十三五”规划（2016—2020）》，经广西科协七届四次常委会议审议通过，于3月28日正式印发。《规划》包括基础条件与发展形势、指导思想与发展目标、重点任务与发展部署、规划实施与条件保障四部分内容，提出了助推创新驱动发展取得积极成效、公民科学素质建设水平大幅提升、学会改革和能力建设日趋深化、联系服务科技工作者更富实效、科技创新智库发展格局初步形成、科协组织自身建设不断加强6项目标。

组织自治区级学会参加中国科协所属学会有序承接政府转移职能试点工作总结会、中国科协全国科技助力精准扶贫工程动员部署电视电话会议。举办2016年广西科协所属学会承接政府职能转移工作交流研讨会，所属3A级（含）以上学会秘书长或理事长60多人参加交流研讨。举办2016年学会秘书长和市科协分管领导培训班，150余人参加培训。

加强所属事业单位建设。《小博士报》在国家新闻出版广电总局产品质量监督检测中校差错率为零，入选全国优秀少儿报刊推荐名单。南方科技报社作品《桉树含冤多，何时复清白？》在2016年中国科技传播论坛上获科技传播奖一等奖，“视频＋文字”作品《覃祖怀：从零开始打造田螺王国》在中国科技新闻学会主办的2016年“大众创业万众创新”优秀新闻作品评选中获优秀新闻作品奖。《家庭医药杂志》继续保持龙源数字阅读影响力TOP100期刊称号。广西科技咨询中心按照中国科协企业创新信息服务平台系统建设标准，开展本地企业创新信息化基础建设并取得成效。广西科技馆先后获得全国科普工作先进集体、全国科普教育基地、科普信息化工作优秀基地、区直机关先进党组织等荣誉称号。

地市县及科协基层组织 截至2016年年底，广西共有地级市科协14个，县（市、区）科协110个，街道科协113个，乡镇科协876个。2016年新增农技协120个，总数达到4000余个。

南宁市科协推动3家单位成立中国科协“海智计划”南宁基地工作站，承办第三届南宁市海外高层次人才与项目对接会，与欧美科技产业联盟签署《共建南宁市(加拿大)海外引智工作站合作协议》，与海外华人高新技术协会签署《海外人才交流合作框架协议》。柳州市科协开展自然科学优秀论文评审工作，参评论文241篇，评出获奖论文81篇。桂林市科协撰写调研报告《桂林市贫困人口的现状及精准扶贫、精准脱贫的对策探讨》，上报中国科协。梧州市科协策划建设以粤桂特区科技创客城为中心的高新技术孵化基地，把一批即将获得或刚刚获得国家专利证书的民间发明家创客聚拢到粤桂科技创客城。北海市科协推动实施创新驱动助力工程，助力企业成为技术创新主体。贺州市科协统筹电台、电视台、微信公众号、LED显示屏、短信平台、“远教微科普”大喇叭等资源，构建了多元立体化的科普传播网络体系。南宁市科技馆、玉林市科技馆、贵港市科技馆建设稳步推进，柳州市科技馆新馆、梧州西江科技馆、崇左市科技馆获得立项并启动前期工作。防城港市科技馆年参观人数超过10万人次，柳州市科技馆年参观人数超过2.5万人次。贵港市覃塘荷花科普馆、桂平淮山黄沙鳖科普馆等县级专题科普馆建成并投入使用。

省级学会、企业科协、高校科协 截至2016年底，广西各级科协所属学会（协会、研究会）发展到1865个，其中自治区级学会（协会、研究会）115个、企业科协203个、大专院校科协33个、园区科协15个。2016年新成立企业科协25个，新成立河池市环江工业园区科协、来宾市高新区工业园区科协、桂林师范高等专科学校科协。

推进会企合作，促进科技成果转化。广西轻工协会与良圻糖厂合作，推进了7项科技项目，已验收1项，正在实施6项，申请专利9项，获授权4项，受理5项。广西水产学会与广西洪旭农业科技有限公司合作，在洪潮江水库库区设点开展净水保水生态养殖修复试验，试验成果获中央电视台军事农业频道《科技苑》宣传报道。

学会学术交流活动日益活跃。广西化学化工学会、甘蔗学会、实验动物学会和桂林电子科技大学科协、桂林理工大学科协等单位承办国际性高端学术交流活动。广西畜牧兽医学会、测绘学会、计算机学会、光学学会和广西师范大学科协等举办全国性学术交流活动。广西免疫学会、水利学会、遥感学会、生态学会等举办的学术交流活动，吸引了业内的院士参加。

【《广西壮族自治区科协系统深化改革实施方案》印发】 12月30日，广西科协研究起草的《广西壮族自治区科协系统深化改革实施方案》由自治区党委办公厅正式印发实施。该方案以中共中央办公厅印发的《科协系统深化改革实施方案》为指导，结合广西实际制定，目的是从根本上解决科协组织中存在的机关化、行政化、贵族化、娱乐化等脱离群众的突出问题，突出科协组织的政治性、先进性、群众性和开放型、枢纽型、平台型特色，增强科协组织服务科技工作者、服务创新驱动发展战略、服务全民科学素质提高、服务党委和政府科学决策的能力，把科协组织真正建设成为党领导下团结联系广大科技工作者的人民团体，成为提供科技类公共服务产品的社会组织，成为广西创新体系的重要组成部分。实施方案着重从改革联系服务科技工作者的体制机制、深化科协机关和科协组织设置改革、改革学会的治理结构和治理方式、创新构建普惠共享的现代科普体系、创新面向社会提供科技类公共服务产品的机制、加强和改进党对科协工作的领导等6个方面提出了20多项改革举措，为广西科协系统的深化改革指明了方向。

【2016年中国—东盟防灾减灾与可持续发展专家论坛】 9月11—12日，由财政部、外交部2016年亚洲区域合作项目重点支持立项，广西气象局、广西科协主办的2016年中国—东盟防灾减灾与可持续发展专家论坛在广西壮族自治区南宁市举行。来自中国以及东盟各国的气象、水利、地震、地质等领域的专家、学者近150人出席会议。论坛以“做好防灾减灾工作，更好地服务‘一带一路’”为主题，邀请中国工程院院士、国家气候中心研究员丁一汇，印度尼西亚技术评估与应用局Edvin Aldrian教授，国家“千人计划”专家、中山大学特聘教授杨崧，广西气象局特聘教授金龙，中国水利水电科学研究院副总工程师程晓陶，印度尼西亚气象、气候和地理物理局气候和空气质量研究室副主任Ardhasena Sophaheluwakan博士等13位专家作大会学术报告，针对中国与东盟国家区域天气、气候、水文、地质、地震、海洋、火险等灾害的监测、预测、防御等问题进行交流和研讨，探讨中国与东盟各国在全球气候变化环境下应对自然灾害的能力和防灾减灾协同机制，构建防灾减灾交流合作平台，促进中国—东盟区域经济可持续发展。

【2016年全国科普日暨广西“十月科普大行动”】 9月24日，2016年全国科普日暨广西“十月科普大行动”启动仪式在广西科技馆举行。本次活动主题为“创新放飞梦想　科技引领未来”。全区各级科协组织、各科普教育基地及有关单位开展了针对不同科普受众群体的活动，包括校园科普联合行动、社区科普益民联合行动、科普惠农兴村联合行动、科技馆科普主题日联合行动、科普教育基地主题日联合行动、专家学者科学传播行动和网络媒体在线科普活动7大主题活动共计500多场次的活动。本次活动采取“线上、线下”联合方式开展，除了运用传统的“线下”科普方式外，还运用互联网、电视、LED显示屏、微信、微博、移动终端等媒体手段，推出“科普之窗”“科普之春”“农业技术通”等公益科普电视节目，以及“科普广西”“微科普”“掌上科普”“数字科技馆”等科普信息化平台，多层次、实时满足大众对科普知识的需求。

（撰稿人：陈　磊　陈启浩）

海南省科学技术协会

服务经济社会发展 根据《中国科协关于建设高水平科技创新智库的意见》的要求，按照“小中心、大外围”的思路，推进南海海洋智库建设，调研论证集成资源、联合组建海洋智库的可行性方案。依托学会或学会联合体推进专业研究所建设，逐步形成网络化科技智库格局。

推进科技工作者数据库建设。开展科技工作者样本入库采集工作，共发放样本8000份，截至2016年年底，回收样本信息7500份。对回收的样本数据进行处理，为后续的课题研究、评估、评审、提炼等提供专家资源。

创建海南现代农业科技示范基地（科技扶贫培训中心），基地规模400余亩，分为太空作物科普区、新品种农作物展示区、循环农业沼气站技术改造区、农民科技培训区、基本农田提升改造区、互联网农业电商平台区6个功能区。组织实施2016年“全国基层科普行动计划”项目申报和“海南省基层科普行动计划”项目申报评选。4个农村专业技术协会、2个科普示范基地、3名个人获得全国科普惠农先进单位和个人称号。8个省级农村专业技术协会、8个农村科普示范基地、5名农村科普带头人被评为省级科普惠农先进单位和个人。

为提升海南雪茄烟叶原料质量，增强国产雪茄烟叶国际竞争力，省科协提出将海南雪茄种子送上太空进行太空育种科学试验计划。经多方协调，送上太空进行太空育种科学试验的雪茄种子总量达10克。

7月26日，海南省科协科技成果转移孵化基地正式揭牌运行，引进孵化企业12家，涵盖了卫星遥感探测数据分享、零能耗太阳能光热、无土栽培、光电复合新能源、VR虚拟现实、酷游海南AR智慧旅游、裸眼3D视频制作技术等新兴科技领域项目。共开展相关企业服务活动15次，其中，创新创业扶持政策解读2次，服务企业80多家；头脑风暴活动7期，累计吸引150余人次参加；金融对接服务2次，服务企业50余家；招聘会1次，服务企业11家；承办2016海南双创周主旨论坛活动，参与人员400余人；企业知识产权管理知识讲座1次，服务企业20余家；新能源行业项目交流会1次，参与企业60余家。

省科协与中国旅美科协洛杉矶分会达成共识，在美国建立海外人才高层次联络站并挂靠在中国旅美科技协会洛杉矶分会，这是海南继在香港特别行政区、台湾地区设立2个高层次人才联络站之后，第一个在外国设立的海外高层次人才联络站。

《科学素质纲要》实施及科普工作 研究编制《海南省全民科学素质行动计划纲要实施方案（2016—2020年）》（以下简称《方案》），并由省政府办公厅印发实施。《方案》针对四大人群广泛开展科技教育与培训基础工程、社区科普益民工程、科普产业助力工程、科普人才建设工程等10项工作。到2020年，海南省公民具备科学素质的比例力争达到10%。

对“科普一分钟”栏目内容等进行升级改版，制作科普宣传片，全年播出365期，制作9000张“科普一分钟”光盘，免费发放给海南省直机关单位、市县科协、企业、学校和社区。依托“科普海南”微信公众号，每天推送热点知识、前沿科技、生活健康、天气百科等，将全省科普教育基地纳入“科普海南”微信公众号，制作海南科普场馆地图，制作完成6集科普动漫。扎实推进中国科协科普信息化建设综合应用试点项目工作。

将奥秘万千·海南省青少年科普知识大奖赛升级打造成“奥秘万千”特色科普栏目，每周播出一期，时长45分钟。举办第28届海南省青少年科技创新大赛，24支代表队参赛，共申报青少年科技创新成果356项、科技创意30项、科技教师创新成果48项、少儿科幻绘画244幅、青少年科技实践活动50项、科学DV作品53个。举办海南省青少年机器人竞赛，21支代表队的51支队伍200多名选手和教练员参加竞赛，选拔出16支优秀队伍代表海南省参加全国青少年机器人竞赛。第八届海南省“七巧科技”竞赛，共有38个代表队、近200名中小学生参加。组织参加第十八届“飞向北京—飞向太空”全国青少年航空航天模型教育竞赛总决赛，海南代表队共有40多名选手参赛。举办第十届海南省“科普小先生”演讲比赛，88名中小学生参赛。深入开展“梦想航天”科普系列活动，15所中小学校开展太空种子种植活动，组织3名航天科普专家进校园，作12场航天科普报告，5000多名师生参加。邀请中国科学院老科学家科普报告团8位专家来海南省开展“大手拉小手科普报告海南行”活动，作30场前沿科普讲座，15000多名师生参加。组织开展科技馆进校园活动45场，受众人数达17.9万人次。青少年科技体验营活动新增3个活动基地，开展9场科技体验营活动，参与师生9500多人次。开展3场科普活动进课堂活动，参与师生2.95万余人次。举办第三届海南省青少年航空模型教育竞赛和第二届海南省青少年电子制作教育竞赛总决赛，共有21个单位、737名选手参加21个项目的比赛。组织开展2016年海南省“全国科普日”活动，开展73项科普系列活动，参与活动人数达29万人次。

6月29日，省政府召开专门会议，研究通过了省科协提交的《海南科技馆建设方案》，海南科技馆项目正式获准建设。推动创建科普教育基地24个，其中全国科普教育基地7个、省级科普教育基地17个，全年利用科普场馆和科普教育基地，开展各类科普活动和培训1500多场次，参与公众50多万人次。5个社区被评为全国科普示范社区，8个社区被评为省级科普示范社区。2016年，海南省“科普惠农兴村计划”表彰对象推广新技术新品种116项，开展科普活动160次，参加人数18700余人次；举办实用技术培训200多次，接受培训的农民达2万多人次，免费发放科普资料60000多册，带动农户16000多户。“社区科普益民计划”表彰对象开展品牌科普活动38次，参加人数7600多人次，开展培训讲座66次，参加人数3300人次，举办科普展览30场，参加活动人数14300人次。

学术交流 配合海南省发展改革委组织“双创周”活动，举办2016海南省科技创新与创业发展论坛等3次“双创周”交流活动。实施省科协学术交流项目28个，开展学术交流活动90余项，参加人数7000余人次，提交论文500余篇。

服务科技工作者 开展第七届海南省优秀科技工作者和第七届全国优秀科技工作者推荐评选工作，27名海南省优秀科技工作者获奖，推荐5名全国优秀科技工作者候选人。推荐3个中国科协系统先进集体和7名中国科协系统先进工作者。推荐1名青年女科学家为第十三届青年女科学家奖和2016年度“未来女科学家计划”候选人。举办首期科技人员创新能力提升培训班，共计培训50人。举办青少年科技教育骨干教师培训班，70名科技骨干教师参加培训。

实施“青年人才托举工程”项目，资助优秀青年科技人才开展探索性、创新性科学技术研发工作18项（理工组6项，农学组6项，医学组6项），项目涉及数学、物理、化学、防灾减灾工程、食品科学、生态学、植物保护、环境科学、园艺学、皮肤性病学、药物化学、分子遗传学、肿瘤学、内科学等学科领域。组织开展职称评定工作，共受理55人申报中级或初级职称资格认定，受理63人申报高、中、初级职称评审，完成申报职称评定材料的审核工作。

2016年，增设3个省级科技工作者状况调查站点，海南省科技工作者状况调查站点总数达到15个，其中国家级5个、省级10个。

编辑制作海南优秀科技工作者和创新团队科研创新故事电视专题栏目“最美科技人”，制作完成1期，播出3次，栏目时长15分钟。组织开展以“科技梦·双创情”为主题的基层优秀科技工作者宣传活动，完成9名基层优秀科技工作者专题电视宣传报道，制作完成并播出3期专题宣传片。协调海南省广播电视台、《海南日报》《光明日报》《科技日报》等媒体，宣传报道奥秘万千·海南省青少年科普知识大赛、海南省科协科技成果转移孵化基地启动仪式、南海海洋科技论坛等活动，播出电视新闻12条，纸质媒体和网络媒体共计发稿100余篇，播出宣传片4部，制作宣传海报8张。

自身建设 组织开展“两学一做”学习教育活动。组织处级以上党员干部举办12期专题学习活动。机关党委制作学习宣传栏3期。各党支部书记在所在支部讲党课17次，各党支部每周保证2小时以上集中学习讨论时间。开展“两学一做”学习教育知识测试3次。配合海南省委第十三巡视组做好巡视工作。

起草完成《海南省科协系统深化改革实施方案》（以下简称《方案》），《方案》明确提出创新完善科协组织体系、创新服务科技工作者的方式方法、增强服务创新驱动发展的能力、加强和改进党对科协工作的领导4个改革方向和10项重点改革任务：加强科协基层组织建设，包括高校、企业、社区、农村等科协组织建设；建设网上科协，着力打造科协文化；改革人才培养、选拔、奖励和宣传机制；全面改革学会治理结构和治理方式；改革学术交流评价支持机制、优化学术环境；引导学会助力创新发展、推动产业协同创新共同体建设；推动科普信息化服务体系建设；建设开放高端科技创新智库；拓展对外科技人文交流渠道；加强对科技工作者的政治引领等。

深化干部选拔制度改革，优化干部队伍结构，选拔任用3名副处以上干部，选派1名驻村第一书记。组织科协系统人员两批次共计98人赴延安干部培训学院进行党性教育培训，人员覆盖科协机关、直属事业单位、市县科协、省级学会以及中国科协“九大”代表等。

通过实地走访、座谈交流、填报调查表相结合的方式，对科协主管的96家学会开展调研摸查，详细了解各学会的现状、问题和原因，提出深化学会改革创新思路：实行团体会员制，草拟并下发《关于加强学会管理实行团体会员制的通知》，对于机构较健全、制度较完善、服务能力较强的57家学会，经公示无异议后自然过渡为海南省科协团体会员。对机构不健全、制度不完善、逾期未换届的15家学会，要求按章程规定进行换届整改。对活动不正常、多年未参加年检的7家学会，下文函告海南省民间组织管理局，建议按规定程序撤销其社团登记。开展星级学会评估活动，制定《海南省科协星级学会评估管理办法》，11月底下发《关于开展省科协星级学会评估活动的通知》，计划于2017年年初组织专家进行评审。根据海南省行业协会商会与行政机关脱钩联合工作组办公室要求，开展所属学会（协会）与行政机关脱钩工作。加强学会党建工作，推动对符合组建党支部条件的学会成立党支部，按《党章》规定正常开展党员活动。

完成省科协业务主管学会年检初审工作，指导6家学会完成换届工作，审查批准7个学会的法人代表、名称、办公场所变更和章程修改等事项。指导筹备海南省粥文化研究会，注销1家学会。

打造网上科技工作者之家，完成海南省科协门户网站改版和功能升级，增设在线咨询、法律援助、建言献策、网上信访等建家交友版块，向科技工作者和社会公众提供“‘互联网+’科技政策”等服务。海南省科协门户网站共采集并发布信息120条，比2015年增长20%。

【南海海洋论坛暨第八届海南省科技论坛】 10月28日，省科协与海南热带海洋学院共同主办的南海海洋论坛暨第八届海南省科技论坛在海口市开幕。省政协副主席、党组成员、省委统战部部长王勇，省科协党组书记、副主席胡月明等出席论坛开幕式。来自政府部门、人民团体、高校、科研院所、企业、省级学会的专家、学者500多人出席论坛。

中国工程院院士、国家海洋局第一海洋研究所研究员丁德文，中国工程院院士、中国海洋石油总公司副总工程师曾恒一，中国工程院院士、中山大学生命科学学院教授林浩然，国家海洋局科技司处长高学民应邀作主题报告。丁德文解读了人工生态系统生态学学科体系的创建，曾恒一提出了对加快南海能源开发的战略思考，林浩然介绍了创建环境友好型石斑鱼类养殖产业的发展新趋势，高学民从国家政策和战略层面解读了我国海洋科技的主要进展、支撑政策和工作考虑。

论坛以“科技引领，经略海南”为主题，围绕南海深水油气资源、海洋可再生资源开发与利用，海洋环境保护与发展、海洋水产与食品、海洋科技与人文等内容进行研讨交流。

论坛由1个特邀报告大会，海洋水产与食品、南海深水油气资源开发与利用、海洋环境保护与发展、海洋科技与人文、海洋可再生能源开发与利用等5个专题分论坛和1个海洋科技人才对接会组成。对接会上，海南省20家海洋科技企业发布岗位需求221个。论坛征集论文104篇，26篇论文被评为论坛优秀论文，优秀论文汇编成论文集。

（撰稿人：陈　理）

重庆市科学技术协会

服务经济社会发展　联合印发《重庆市科技助力精准扶贫工程实施细则》，重点针对城口县、开州区等9个区县开展“科技助力精准扶贫工程”。捐赠100万元帮助开州区群团活动中心打造“科技体验空间”，捐助50万元助力万州区长岭镇精准脱贫。

发挥科教体制改革专项小组成员单位作用，针对科技、教育方面的改革建议获有关部门采纳。中国科协与重庆市政府共建“一带一路”与长江经济带协同创新研究中心挂牌“中国科协创新战略研究院重庆分院”。升级重庆科协网，日浏览量比2015年提升2.76倍，累计上线达到50万人次。参与筹备重庆市市委四届九次全会，关于加强院士专家工作站建设、将公民具备科学素质的比例纳入经济社会发展指标体系等建议被重庆市委、市政府采纳。

94名院士、专家走进五大功能区域，到5个区实地调研，提出发展建议95条，21家重庆市级媒体新闻报道300篇（次）。

新建海智工作站5家，发挥已有的13家海智工作站平台作用，引进海外高层次人才135人，举办国际会议、研讨会56场，开展项目合作和技术合作38项。筹备成立“重庆市高端海智专家库”，首期入库专家155人。

开展科技信息推送服务和群众性创新活动。成功申报中国科协2016年科技信息企业推广应用服务A类项目。在璧山区科协、渝北区科协、江北区科协、九龙坡区科协、万州区科协建立5个科技信息服务子站，在沙坪坝、北碚、綦江、黔江、石柱等18个区县组织召开“科协科技信息数据库使用培训暨专利应用工程师培训会议”24次、科技信息服务工作交流会3次，服务重庆市注册使用专利信息资源系统网络1.0版的企业用户1174家；培训专利应用工程师1396名，其中企业高管（副总及以上职务）521名；回收企业应用反馈表453份，新培育企业应用典型案例105个产生新产品147项、新技术253项，申请新专利423项。

《科学素质纲要》实施及科普工作　重庆市政府召开2016年全民科学素质专题会，审议通过《重庆市全民科学素质行动计划纲要实施方案（2016—2020年）》，明确重庆市公民具备科学素质比例在2015年

4.74% 的基础上，到 2020 年要超过 8.3%，力争达到 10%。重庆市 11 个区县获评全国科普示范县（区），33 个责任单位联合举办科普活动超过 300 场次，受益群众 550 余万人次。

强化科普公共服务能力建设。组织开展 2016—2020 年全国科普示范县（区）创建工作，首批 11 个区县通过验收。组织开展新一轮全国科普教育基地申报和创建，永川区人口计生中心等 9 个单位被认定为 2015—2019 年全国科普教育基地。重庆科技馆面向全社会免费开放，全年开放 307 天，接待观众 245 万人次。实施“2020”科普示范工程项目，资助重庆机器人世界二期工程、重庆兰花园等 7 个项目。新建高标准社区科普活动室 84 个，累计建成 400 个。联合全民科学素质实施工作办公室成员单位，举办第二届优秀科普文艺作品征集活动，征集作品 275 件；开展“科普 60 秒”微视频公益广告创作大赛、第四届科普摄影大赛；组团参加“全国农民科学素质网络竞赛”，获团体第五名。完成《营养与食品卫生》等科普资源包建设项目，资助制作《科普伴我行》科普动漫 24 期、宣传标语及微视频 150 个。

重庆市科协被中国科协列入科普信息化综合应用试点，建成“科普之窗 e 站”117 台，“科普中国”在重庆落地；《课堂内外》杂志社牵头举办全国青少年科学素养大赛并首次推出在线科学素养测评系统，与重庆卫视开播全国首档青少年科学素养类电视竞赛节目《激战　科学少年》，携手重庆八中打造特色教育基地。举办第 27 届重庆市青少年科技模型大赛。组织参加第五届国际教育机器人奥林匹克竞赛，綦江区九龙小学罗锐强同学夺得小学组机器人迷宫赛冠军。

策划和组织科普活动。实施基层科普行动计划，落实奖补资金；举办第十届重庆市青少年科技创新市长奖、2016 年全国科普日等品牌活动，现代科技馆体系建设取得进展，450 个社区科普大学教学点培训市民 32.5 万人次。精心组织“青少年科技创新大赛”等工作，发挥全国科普日活动等作用，每月定期举办两次科技·人文大讲坛，推进科普人才队伍建设。

加强“重庆 Q 博士”“重庆科协”微博和微信公众号的内容建设和宣传推广。3 个微平台全年发布文稿 2700 条次，阅读总数超过 1000 万次，粉丝近 16 万人，其中，“重庆 Q 博士”保持日均阅读量 1.2 万人次。在人民网重庆视窗开设“重庆科协之窗”专题网页，推送科协重大活动、科技人物和科普知识类图文、视频稿件 130 余条次。

学术交流　举办 2016 年以“科技创新与持续发展”为主题的“重庆市科协学术活动月”，集中开展 15 场学术交流活动。举办重庆科技沙龙 4 期。资助市级学会重点学术交流项目 34 项。印发《关于进一步优化全市科协系统学术环境的实施意见》，推动科研、学术环境进一步优化。

资助市级学会开展重点学术交流项目，对“第七届中—法乳腺癌高级学术会议”等 12 个国际性会议和“中科院绿色智能研究院赴美交流引才活动”“2016 年第四届中荷优秀工业设计学术交流活动”两项活动予以资助。

联合第三军医大学大坪医院、世界脑图学会等单位共同主办第八届重庆国际神经病学论坛暨世界脑图学会高峰论坛，市科协党组书记、副主席王合清出席大会开幕式，并宣读了中国科协发来的贺信。来自美国、澳大利亚、土耳其等国家和地区的知名专家作了学术报告，全国各地 700 余名专家、学者参加了会议。

4 月 13 日，2016 国家机器人发展论坛在永川区举行。此次论坛由中国自动化学会、重庆市科协、重庆市永川区人民政府共同主办，来自科研院所、高等院校、行业企业的专家学者和业界人士等 400 余人参会。

开幕式上，中国自动化学会与重庆市科协签订了创新驱动示范市建设战略合作协议。此次论坛以“主论坛 + 分论坛”的形式进行，邀请了多名院士、专家及企业家代表作主旨报告，并举办了“机器人与智能制造、服务机器人与特种机器人、机器人投融资”三个分论坛。

服务科技工作者　做好与重庆市科委院士推选服务职责移交工作，推荐全国优秀科技工作者 6 人、全国科协系统先进集体 5 个和先进工作者 13 名、中国科协九大代表 24 名。设立重庆市科协创业种子投资引导基金支持科技人才创新创业，科技新星培育工程首批遴选在读优秀博士生 20 名，指导重庆科技青年联合会设立重庆市十佳青年科技工作者奖并表彰优秀人才 20 名。建立重庆市自然科学优秀学术论文评选制度，每年评选优秀论文 100 篇。

新建院士专家工作站 15 家，引进院士 23 名、专家 72 名。各海智工作站发挥平台作用，引进海外高层次人才135人。筹备成立“重庆市高端海智专家库”，首期入库专家155人。在重庆市委人才工作领导小组指导下，与重庆市人力社保局和两江新区管委会联合主办了2016重庆国际人才创新创业洽谈会，签约高端人才71名。

自身建设 全面谋划科协系统改革。认真学习贯彻党的十八届六中全会、全国“科技三会”和中央经济工作会议精神，市科协党组全年举行18次学习会，围绕“45条政策”举行巡回宣讲和系列解读，深刻领会精神实质。认真研究深化改革新举措，印发《重庆市科学技术协会深化改革实施方案》。市科协主编的《科协改革纵横谈》一书由重庆出版社正式出版。重庆市委改革办编发《重庆市科协系统改革主要做法和成效》上报中央全面深化改革领导小组办公室。

以开展“两学一做”学习教育为抓手，认真落实“三会一课”制度。出台《关于进一步加强科技社团党建工作的通知》《落实意识形态工作责任制的若干规定》等文件。

全面完成科普示范县（区）检查验收资料上报工作，11个区县被中国科协命名为2016—2020年度全国科普示范县（区），26个区县被命名为2016—2020年度重庆市科普示范县（区）。积极推进学会改革与发展，推进学会执行机构规范有序高效运作。10个学会调整了理事会、常务理事会人员构成，扩大领导人员代表性和覆盖面，在学会领导层中增加一线科技工作者，特别是中青年科技工作者的比例。75个学会建立了有序的会议制度，73个学会建立重大事项、重要大事、重要项目的议事、决策机制。22个区县新建科协27个，其中园区科协2个、民企科协20个、国企科协3个、事业单位科协2个。

组织协调机关干部参加重庆市委组织部、重庆市人社局举办的各类培训4人次。在西安交通大学分两期举行2016年重庆市科协系统领导干部培训班，共140人参加培训班。

市科协党组成员带头讲党课、参加双重组织生活会、深入基层调研，全面排查整改组织关系接转不规范等基层党建的问题，开展提质增效行动，形成全体动员、全面覆盖的良好格局。

健全党组议事决策制度，完善科技社团党委工作机制，办好科协系统所属报刊、网站等媒体，加强报告会、讲座和论坛等管理。

区、县及科协基层组织 涪陵、合川等区县制定加强镇街科协工作的意见，指导科协基层组织建设和发展。充实区县科协工作力量，38个区县科协机关采取选配兼挂职人员、政府购买服务等方式，增加干部和工作人员68名。建立科协工作经费合理增长机制，新增资金支持科技社团和区县科协工作；普遍增加人均科普经费，2016年渝北、沙坪坝等16个区县人均科普经费比2015年增长1倍。江津、巫溪等区县将科普服务中心整合到群团活动中心。綦江、垫江等区县科协联手打造青少年科普基地。

永川区邀请中国工程院院士涂铭旌针对永川发展战略、产业发展升级规划等开展决策建议服务，帮助企业解决技术问题20余个，学会专家与企业达成合作意向2个；联合中国自动化学会等单位承办了“2016国家机器人发展论坛”，来自全国各地的科研院所、高等院校、企业代表400余人参会。

涪陵区加大创新驱动助力工程投入力度，出台“六个十”奖补措施，投入科普经费鼓励开展科技创新活动。积极搭建区内企业和院校科技需求对接平台，11名来自长江师范学院和工贸职业学院的专家与19家参会企业开展了科技创新交流对接，2016年与全国学会、市级学会、区级学会签订意向合作协议13项，签订正式合作协议7项。

大足区搭建“自动化技术服务中心”“工程师专家库”“科技沙龙”等平台，解决企业技术创新、企业与企业、企业和专家交流难问题。组织大足区工程师协会铸造、机械专家，与通达铁路配件公司等10余家企业对接，有针对性地解决了一批技术难题和项目论证咨询。

市级学会、企业科协、高校科协 6家国有企业新建了科协组织，建立非公企业科协组织28个，并与500个企业建立了工作联系。重庆市工程师协会在2016年充分发挥人才优势，组织高级咨询师诸晓南、杨志明等专家为江北区房管局拆迁办、太平洋保险公司、嘉陵本田发动机有限公司、涪陵万达薄板有限公司等企业开展了企业风险评估、爆炸事故原因分析及损失评估、停产损失分析及设备设施资产评估等工作近20项，为相关会员和企事业单位挽回经济损失。

重庆大学科协打造了“科技教育”专家进中学活动，旨在提高青少年创新能力，助力青少年创新人才培养。

重庆百事达公司科协围绕“聚力·前行”的年度

主题，组织公司IT团队创新争先，研发出“百事达汽车”APP，通过APP工具为全体客户提供违章查询、道路救援、保险询价、路况查询、优惠活动、二手车咨询等全方位服务。先后组织销售顾问技能竞赛、服务顾问技能竞赛等劳动竞赛活动，开展各种方式的标兵巡回分享、对标会议、军训等，提升科技人员的基本技能与职业素养。

【“院士专家走进五大功能区”活动启动】 7月27日，市科协组织的“院士专家走进五大功能区”系列活动在渝北区率先启动。中国工程院院士、测控与遥感信息传输专家杨士中，台湾材料科学学会理事长、亚太材料学院院士金重勋，美国医学与生物工程院院士李长明，香港大学教授、世界陶瓷科学院院士王敏，重庆大学党委常委、副校长李茂国，中国科学院重庆绿色智能研究院党委书记韦方强，以及来自重庆大学、西南大学、重庆邮电大学、重庆理工大学、重庆科技学院、电子科技大学、重庆市科学技术研究院、重庆机电设计研究院、重庆光学机械研究所等单位的20余位专家参加活动。

院士专家一行到重庆感知科技孵化园、重庆仙桃数据谷和重庆创新经济走廊实地调研。在感知科技孵化园，参观了指讯科技公司、路泊通科技公司、邦山土木工程公司，听取了企业负责人的情况介绍；在仙桃数据谷，参观了规划体验馆，听取渝北在大数据产业发展和企业引进等方面的情况介绍，实地调研了亿赞普、钱宝公司、仙桃智能样机中心和重庆前沿大数据公司；在创新经济走廊，实地调研了重庆再升科技股份有限公司，听取了再升纤维研究院和院士工作站情况介绍，了解了企业在超细纤维的研究、制造和应用等方面的工作。

座谈会上，举行了“重庆光电信息研究院”揭牌仪式。“院士专家走进五大功能区”系列活动还在沙坪坝、南川、万州、黔江等区县相继开展。活动结束后，形成了专题调研报告报送重庆市委、市政府作决策参考。

【重庆科技馆获全国科技场馆科学教育项目展评特别奖】 6月21—23日，全国第三届科普场馆科学教育项目展评活动在上海市举办。重庆科技馆参评的2个项目共获得3项奖，其中馆校结合综合实践活动项目获得本届展评活动最高奖也是唯一特别奖，该项目同时获得最佳网络人气奖，另一项目寻找汽车人系列活动获得二等奖。

活动共有来自全国79家科普教育场馆、全国科普教育基地的167个项目参与，最终52家单位66个活动项目入围决赛评选。

重庆科技馆为充分利用场馆资源使社会效益最大化，创新开展的馆校结合综合实践活动项目在现场引起主办方、专家团队以及各参赛场馆高度关注。项目呈现出的展教产品差异化、标准化、批量化和展教服务规范化、便捷化、超值化更是具有行业示范性，被称为“重庆模式”，荣获此次展评活动唯一特别奖并同时获得最佳网络人气奖。

（撰稿人：宋先超）

四川省科学技术协会

服务经济社会发展 开展决策咨询。创办《科技智库要报》，其中，《四川省科技工作者创新创业问卷调查数据分析报告》《四川省新能源汽车动力电池产业技术现状及发展建议》等调研报告得到省委有关领导批示。积极参与中国科协国家“863”计划“十二五”绩效评估、全面创新改革试验第三方评估、“双创”示范基地建设和政策措施落实第三方评估工作，扎实开展绵阳市2013—2015年度人才发展专项资金绩效评价工作。

共有344个农村专业技术协会、科普示范基地、科普带头人受到“科普惠农兴村计划”项目表彰奖励。推广农业新技术新品种799项，开展实用技术培训5000余场次，受益人数20余万人次。

全省开展“讲理想、比贡献”活动企业1028家、参赛人数达6.98万人、完成项目1.58万项，表彰先进集体40个、创新团队20个、创新标兵60名、优秀组织者39名。推进“金桥工程”，促进科技成果转化，登记备案“金桥工程”项目共319项。推进院士专家工作站建设，全省院士专家工作站达310个，引进院士128名，合作开展科技项目670余项。举办首届科技工作者创新创业菁英大赛，积极参加全国“双创”活动周。建立中国海归创业联盟成都创业中心，创建中国科协（成都）海外人才离岸创新创业基地，在欧洲建立海外工作站2个，举办首届中国（成都）海外人才创新创业项目大赛。推进技术合同认定登记工作，全年完成技术合同认定登记48项，技术交易额6900余万元。

《科学素质纲要》实施及科普工作 制定《四川省全民科学素质行动计划纲要实施方案（2016—2020年）》，明确四川省公民科学素质建设“十三五”发展目标为8.0%左右。发挥《科学素质纲要》联席会议办公室职责，召开工作联席会议。研究完成《四川省公民科学素质调查研究报告》。

制定四川省科普信息化建设工作规划，搭建科普信息化管理、资源集成和精准推送平台，推进“四川科协”微信、微博和自媒体公众账号运营，促进科普活动线上线下结合。加强与大众传媒机构合作，与康巴卫视联办“云丹科普苑”科普栏目52期，与四川电视台录制科普教育节目“玩转科技馆”24期。推进“科普社区（乡村）e站”和“校园e站”建设，建新型电子科普宣传栏500多块。加强科技场馆建设，四川科技馆展厅展品改造加快推进，支持阿坝州青少年科技馆和资阳市雁江区校园科技馆建设，完成雅安科技馆、阿坝州青少年科技馆、通江县科技馆的开馆运行管理和展教业务培训工作。

参与迎新春科技大场、科技活动周、科普活动月等主题科普活动，积极开展农村实用技术培训，举办“科普进寺庙”活动。中国流动科技馆四川巡展32站、接待观众300余万人次。举办第三十一届四川省青少年科技创新大赛，共有来自全省21个市（州）的21支代表队213名青少年科技爱好者和50名科技辅导员参加，评选出青少年科技竞赛项目一等奖77项、二等奖157项、三等奖218项。举办青少年机器人竞赛、“明天小小科学家”奖励等活动，组织参加全国青少年科技创新大赛、中国青少年机器人竞赛等青少年科技竞赛活动。

学术交流 省级学会全年举办学术会议932场次、参与人数达14万余人次，收集学术论文2.5万篇，编印论文集288册。市州科协及所属学会共开展各种学术交流活动2852场次，交流论文4963篇，参加交流人数8.3万人次。支持、推动省级学会和市州科协开展对内、对外学术交流，举办第八届四川省博士专家论坛、第二届四川省科技青年创新沙龙、天府创新论坛、2016年中国（成都）航空动力发展暨学术论坛等活动。注重开展国际和港澳台科技交流，组织参加第二届中欧（南京）生命科学论坛，赴朝鲜开展沼气开发利用科技交流，接待澳大利亚、韩国和我国香港特别行政区、台湾地区等访问团8批次。

服务科技工作者 推进市县科协及企事业单位科协“建家交友”平台建设，拓展科技工作者状况调查站点功能，开展科技工作者状况调查、老科学家学术成长资料采集、企事业科协联系服务科技工作者情况调查统计，倾听科技工作者意见建议和诉求，定期看望慰问老科学家、基层一线科技工作者。

加强优秀人才举荐，完成第十九届中国科协求是杰出青年成果转化奖、第七届全国优秀科技工作者、第十三届中国青年女科学家奖、国家创新人才推进计划暨国家“万人计划”科技创新领军人才和科技创业领军人才、四川省科技进步奖、四川省学术和技术带头人和后备人选、四川省全国科协系统先进集体、先进工作者的推荐工作，选举推荐中国科协九大代表34名、中国科协第九届全国委员会委员候选人4名。推选的“深厚覆盖层上高心墙堆石坝防渗系统关键技术研究与应用”获四川省科技进步二等奖，“高水头大流量底流消能关键技术研究及应用”获四川省科技进步三等奖。

自身建设 4月7日，省科协八届六次全委会议在成都市召开。省委常委、省政协副主席、省总工会主席李登菊出席会议并讲话。省科协党组书记、副主席吴群刚，省科协副主席、省政府参事室主任吴显奎，省科协副主席、中国科学院院士李安民等出席会议。会议由省科协副主席、省社会科学院院长侯水平主持。会议审议通过了吴群刚代表省科协第八届常委会所作的2015年度工作报告，增补蔡晓军、周光志、余红星3名同志为省科协第八届委员会委员，增选蔡晓军为省科协第八届委员会常务委员，选举谢和平等34名同志为省科协出席中国科协九大代表，推选谢和平、吴群刚、杨凡、王建录4名同志为中国科协第九届全国委员会委员候选人。

召开省科协党组会议、全委会议、中心组学习会议，举办全省科协系统干部培训班，学习传达贯彻党的十八大、十八届五中、六中全会精神和习近平总书记系列重要讲话精神，学习贯彻全国“科技三会”和四川省委十届八次、九次全会精神，全年举办学习会议20多次。

四川省科协贯彻落实全国“科技三会”精神

7月28日，省科协贯彻落实全国“科技三会”、全省有关科技会议精神暨省科协八届七次全委会（扩大）会议在成都市召开。会议传达学习了全国“科技三会”精神，以及全省科技创新、科技奖励大会暨系统推进全面创新改革试验工作会议和省委十届八次全会精神。省委副书记刘国中出席会议并讲话。省直相关部门代表，省政协科协界别委员，市州党政领导，省科协第八届委员会委员，省级学会、各市州科协主要负责人，省内重点高校、企事业单位、园区科协有关负责人，省科协机关各部门、各直属事业单位主要负责人等共300余人参加会议。

扎实开展“两学一做”学习教育活动。制订省科协开展“两学一做”学习教育实施方案，认真开展主题活动和专题讨论。党组成员带头讲党课，参加双重组织生活，深入基层调研，进一步增强科协系统干部职工“四个意识”。

编制《四川省科协所属学会有序承接政府转移职能试点工作实施方案》《四川省科协系统深化改革实施方案》，经省委全面深化改革领导小组审议通过。不断加强学会创新服务能力建设，评选年度“十佳学会”10个、学会工作先进集体51个。

举办2016年全省科协系统干部培训班，各市（州）科协，县（市、区）科协，相关企事业科协、园区科协的有关负责人参加培训。

推动高校、企业、高新技术园区加强科协组织建设，2016年新建企事业（园区）科协103家。加强省级学会建设，开展省科协主管学会年检初审工作，稳步推进所属科技类社会组织党建工作。加强科协组织自身建设，完成省科协机关党委和四川科技馆党委换届。开展县级科协机构及人员结构调查，形成《四川省县级科协机构及人员结构调查报告》。

地市县及科协基层组织　截至2016年底，共有省辖市科协21个、县（市、区）科协183个、乡镇（街道）科协3832个、农村专业技术协会1.1万个、科普志愿者11.9万人。

德阳市科协到企业、科研院所开展“科技三会”精神巡讲，举办8期专题培训，组织科技界、科协界代表开展专题座谈研讨。承办了“首届全国企业创新方法大赛”四川分赛，已建立市级院士专家工作站38家，建成4个科技成果转促平台。

凉山州科协以州委、州政府名义召开学习传达贯彻全国“科技三会”精神科协系统工作会议。成都市建设海外人才离岸创新创业基地，成为全国创新驱动助力工程试点单位，郫县科协被确定为项目具体实施单位并获资金支持。

绵阳市科协承办第八届四川省博士专家论坛，组织科技人员开展“科技专家企业行，助力企业谋发展”活动，参与的科技专家300多人次。广元市科协搭建“会村共建”“农技牵引”“站村联动”等9个扶贫平台，开展精准脱贫，在贫困村建立了首个园区院士（专家）工作站。

省级学会、企业科协、高校科协　截至2016年年底，共有省级学会178个、市级学会887个、县级学会2466个、企事业科协888个（其中园区科协41个）。四川省地质学会召开第十次会员代表大会。四川省土木建筑学会、四川省土木建筑学会防水专委会等单位联合主办四川省首届大型“地下综合管廊防水技术研讨会”，研究综合管廊防水技术创新和行业发展趋势。

【中国（成都）海外人才创新创业项目大赛决赛暨颁奖仪式】　9月19日，首届中国（成都）海外人才创新创业项目大赛决赛暨颁奖仪式在四川省成都市举行。中国科协党组书记、常务副主席、书记处第一书记尚勇，成都市委书记唐良智，中国科协党组成员、书记处书记束为，成都市委副书记、代市长罗强等出席仪式，并为获奖者颁奖。

尚勇在讲话中表示，当前中国正处在全面深化改革转型期，释放出大量创新创业机遇，引才引智也成为共识和工作重点。中国科协在深圳、上海、武汉、苏州、成都建立了5个海外人才离岸创新创业基地，就是充分发挥离岸基地人才资源丰富、产业发达、政策环境良好的优势，在吸引海外人才回国或来华创新创业进行积极探索。

大赛历时两个多月，共聚集了16个国家的海外人才创新创业项目166个，入围决赛的项目30个。本次大赛决赛评选出新一代信息技术、生物技术与医药、高端装备制造和新材料/新能源三个专业一等奖各1名、二等奖各2名、三等奖各3名，优秀奖共12名。

【四川省委全面深化改革领导小组审议通过《四川省科协系统深化改革实施方案》】　12月9日，四川省委全面深化改革领导小组召开第十七次会议。会议审议了《四川省科协系统深化改革实施方案》等14个专项改革方案。《四川省科协系统深化改革实施方案》从改革联系服务科技工作者的体制机制、全面改革学会治理结构和治理方式、创新面向社会提供科技公共服务产品的机制、加强对科技工作者的政治引领4个方面提出了具体的改革措施。

改革联系服务科技工作者的体制机制。一是提高科协领导机构中基层一线科技工作者比例，明确来自基层一线的省科协代表大会代表比例达65%以上、全委会委员比例达70%以上、常委会委员比例达75%以上。二是深化省科协机关事业单位改革，对省科协所属事业单位、事业编制分别压缩，将力量配备和服务资源向基层倾斜。三是提出拓宽干部交流成长渠道，培养有活力有能力的科技群团骨干。四是推动科协组织向基层延伸，提升基层科协组织发展能力。五是建设网上科技工作者之家，创新服务科技工作者的平台。六是改革人才服务机制，助力科技工作者成长成才。

改革学会治理结构和治理方式。一是改革团体会员制度，择优吸纳部分大型企业科协和省属高校科协作为省科协团体会员。二是改革学会治理结构，引导学会实现政社分开。三是完善学会治理方式，推动学会秘书长职业化，建成一批综合示范学会和特色学会。四是建立学会联合体，推动面向大学科领域或全产业链的学会集群发展。

创新面向社会提供科技公共服务产品的机制。一是创新服务学术活动机制，推出一批学术交流活动品牌，打造一批科技类核心期刊。二是创新服务科技成果转化机制，实施“科技创新助力计划”“海智计划”，服务四川省创新驱动发展。三是创新承接政府转移职能机制，引导省级学会有序承接科技评估、科技奖励推荐等职能，增加科技类公共服务的有效供给。四是创新科学文化公共服务机制，推动现代科技馆体系建设，推进四川科普科幻传媒基地建设，建立普惠共享的现代科普体系。五是创新服务党委和政府决策服务机制，建设四川科技智库体系，深入开展第三方评估工作。

加强对科技工作者的政治引领。一是改革学会党建工作机制，在学会办事机构层面普遍建立党组织，扩大学会党组织的覆盖面。二是创新学会党组织运行机制，设立科技社团党委加强学会党建工作，强化对学会党建工作覆盖。三是加强思想引领机制，不断保持和增强政治性。四是突出和增强先进性，引导科技工作者自觉践行社会主义核心价值观。

【《四川省科协所属学会有序承接政府转移职能试点工作实施方案》印发】 11月29日，省委办公厅、省政府办公厅正式印发《四川省科协所属学会有序承接政府转移职能试点工作实施方案》（以下简称《方案》）。《方案》的整体框架分为“总体要求、工作原则、主要内容、组织保障、工作流程、有关工作制度”六个部分，重点在4类职能领域开展试点工作。一是相关科技评估。主要开展省级科研和创新基地评估、科技计划实施情况的整体评估和科研项目完成情况评估等三方面的评估。二是工程技术领域职业资格认定。突出学会专业属性和技术优势，参与或承担专业水平评价类职业资格认定工作，鼓励具备能力的学会积极参与非公有制经济组织专业技术人员的职称评定工作。三是技术标准研制。鼓励学会面向新兴交叉学科和市场需求空白，协调相关市场主体共同制定团体标准，促进形成产学研相结合的团体标准研制模式，增加标准的有效供给。四是科技奖励推荐。按照有关规定，完善国家、省级科技奖励推荐提名制度，在确保质量的前提下，扩大专业学会推荐范围。

试点工作总体协调组织由省科协牵头，有关试点项目对应的政府部门，省编办、省发改委、民政厅、财政厅等政策扶持部门以及试点学会共同参与，在省委、省政府领导下，切实加强统筹协调、着力形成工作规范、稳定提供经费支持、持续提升学会能力、有效加强监督检查，确保承接职能工作稳妥、有序推进。

【首届四川省科技工作者创新创业菁英大赛】 8月16日，以“创新发展、科技引领”为主题的首届四川省科技工作者创新创业菁英大赛决赛暨颁奖典礼在成都市郫县菁蓉小镇举行。省人大常委会副主任李向志出席颁奖典礼并讲话，省政协副主席陈放，中国工程院院士、省科协主席、四川大学校长谢和平和省直有关部门负责人出席颁奖典礼并为获奖项目颁奖。

李向志在讲话中希望四川省广大科技工作者以大赛为契机，树立强烈的机遇意识，走稳走好创业步伐，依靠科技创新为四川实施“三大发展战略”、决胜全面小康、建设经济强省的宏伟目标注入新的动力。

全省约有两万名科技工作者以不同形式参与大赛。78个项目参加决赛初评，来自全省各地高校、企业、科研院所和生产一线的450名科技工作者作为项目核心成员参加比赛。智能机器人放射治疗系统开发项目、新型深海可燃冰探测系统研发项目、高性能石墨材料研发及生产等10个项目获得大赛一等奖，另外评出二等奖项目20个、三等奖项目26个。

（撰稿人：余永刚）

贵州省科学技术协会

服务经济社会发展 开展科技助力精准扶贫工作，在智力支撑、发展思路、科学规划、人才培训、网络建设、科普宣传等方面重点向贫困地区倾斜，投入420万元在德江、紫云、平塘、台江、剑河、贞丰6个县开展精准扶贫工作。在全省科协系统开展“智富行动”，以“短平快项目精准脱贫、发展产业致富奔小康”的帮扶工作思路做好同步小康驻村帮扶工作。与中国邮政储蓄银行贵州省分行签署合作协议，在三年内对省内农技协、农村科普示范基地、农村科普带头人等提供20亿元的贴息贷款服务。

开展“院士专家援黔行动”，全年共邀请院士28人次、国外院士6人、国外专家86人、省外专家160人次开展相关活动；组织院士专家基层服务93人次；组织“科学与中国”院士专家巡讲团报告8场，受众7200余人次；组织培训专利应用工程师623名，促成731家企业注册使用专利信息系统，培育专利信息应用典型案例企业84家。完成“黔归人才综合信息数据库”2期升级工程，收集整理人才数据21万余条。

组织开展“科技对贵州经济社会发展贡献的年度分析”“贵州省大力实施乡村旅游扶贫战略研究”等课题研究。“2016院士专家援黔行动——凉都行”活动形成的《关于支持六盘水深入实施生态扶贫建设北盘江流域生态经济示范区的建议》通过中国科协呈报国务院；“黔东南州苗族医药和健康养生产业发展研究”课题形成的《关于加快推进黔东南州苗侗医药产业发展的建议》呈报贵州省委省政府。

组织开展“学会党建基层行——五送五促进”活动。有序推进学会承接政府转移职能工作，全年共有15个省级学会申报承接转移职能项目21个，其中科技评估类项目4个、资格认定类项目5个、标准研制类项目7个、奖励推荐类项目2个、其他项目3个；在中国科协召开的地方科协有序承接政府转移职能工作经验交流会上作交流发言。

开展对外民间科技交流，邀请台湾地区神农科技发展协会考察团赴安顺市、龙里县围绕农业产业园、茶产业项目进行考察和合作项目洽谈，并在安顺市举办了现代农业助推脱贫攻坚的专题讲座。7月，组织贵州省气象科技人员、农业技术人员和科普教育人员赴台湾地区开展气象为农服务、农业科普教育交流与项目合作洽谈工作。10月，接待朝鲜科学技术总联盟代表团来贵州考察中小水电站建设。12月，组织代表团赴南非、埃及开展“科技馆项目洽谈及科普工作交流”活动，就科技馆建设、科普人才培训、科普产品引进等方面进行合作洽谈。

中国反邪教协会通报表扬了贵州省反邪教协会工作，全省共7个市（州）、43个县（市、区）成立了反邪教协会。

深入开展2016年贵州省科学道德和学风建设宣讲教育工作，全省共有20所省直属高校、10所省市共建高校、10所科研院所开展宣讲教育，约1.6万名研究生、本科生、研究生导师、新入职的教职工和科技工作者接受了宣讲教育。

《科学素质纲要》实施及科普工作 制定了《贵州省全民科学素质行动计划纲要实施方案（2016—2020年）》，明确提出到2020年，公民具备科学素质的比例达到6.5%。

深入实施“基层科普行动计划”，全省37个农村专业技术协会、18个农村科普示范基地、17个农村科普带头人、9个科普示范社区受到中国科协表彰。在全省资助59个科技致富“二传手”培训项目。在9个市（州）资助建设110个“科普中国——贵州‘农村e站’”。新命名贵州省科普教育基地38个。开展贵州省科普工作先进集体、个人表彰活动，共有60个先进集体、99个先进个人获得表彰。

继续开展“百万公众网络学习工程”活动，全年共有2723.67万人次参与网络学习。与贵州电视台“百姓关注”栏目联合打造《去伪寻真》科普专栏。

通过“全国科普日”“科技活动周”、防震减灾宣传、食品安全宣传、文化科技卫生“三下乡”等活动，借助贵州科技馆、科普大篷车、流动科技馆、农村中学科技馆等载体开展科普宣传、反邪教宣传等活动。科技馆常设展厅、各类主题科普活动等共接待观众35万余人次；“流动科技馆”巡展全年共完成巡展23站，开展辅导员培训138次，辅导近1000人。“科普大篷车”走进余庆、印江等10个县（区），行驶里程3000千米，惠及25000余人次。开展反邪教宣传、科普宣传活动30余次，向广大群众发放科普图书、反邪教宣传品、宣传画册等7万余册（件）。获中国科协配发科普大篷车19台，全省共有科普大篷车76台；新建成农村中学科技馆10所、在建10所，全省已建成农村中学科技馆35所。

开展“我最喜爱的科普教育基地评选活动”、第三届贵州省青少年科普知识竞赛等。资助出版《贵州三叠纪古生物化石探秘》等科普作品16个。

省科协科普部被授予“全国科普工作先进集体”称号；铜仁市科协万国海、道真自治县科协姚永江、荔波县科协周利军3名同志被授予“全国科普工作先进工作者”称号。

4月15—17日，第2届贵州省“青少年科技节”暨第31届贵州省青少年科技创新大赛在六盘水市举办。9个市、州及仁怀市、威宁县的代表团领队、参赛选手和六盘水市学生代表共2000余人参加开幕式。大赛展示了青少年和辅导员科技创新成果、青少年“科学微电影”、3D打印、科普剧及青少年机器人表演、六盘水市青少年科技成果等。通过活动评选，向全国青少年科技创新大赛推荐青少年科技创新项目12项、科技辅导员创新项目20项、科学幻想画30幅、科技实践活动10项、科技创意作品93项、十佳学校2所、组织奖5个。

7月17日，贵州科技馆正式重新开放。此次改造是建馆以来最大的一次改造，集中对科技馆二、三、四层展厅和4D影院进行改造，并完善相关服务功能。此次展厅更新改造完成后，馆内共有展品共123套。贵州科技馆此次更新改造的主题是“科技之光”，由“智慧基石”“人与健康”“走进大数据”三个部分组成，其中“走进大数据”是创新及重点展区，该展区主要围绕计算机信息数据处理的基本过程研发和设计。

学术交流 制定了《贵州省科协所属学会换届工作有关规定》。根据中国科协学会学术部开展“学会治理体系与改革发展状况调查”工作安排，开展在线问卷调查，撰写了《关于贵州省科协省级学会“学会治理体系与改革发展状况调查”调研报告》。

开展重点学术活动资助工作，全年共资助了57个重点学会学术项目。举办了5期学术讲坛、5期学术沙龙、3期学会秘书长沙龙。组织参加了中国科协科技期刊论坛、第12届泛珠三角区域科协和科技团体合作联席会议暨建设领域“一带一路”创新发展研讨会等交流活动。

服务科技工作者 做好中国科协九大贵州代表服务保障工作。中国科协九大贵州代表申报的“加强基层科协组织建设研究”“科协兼职领导履职情况调查研究”两个调研课题获得中国科协专项资助，组织中国科协九大贵州代表赴榕江县、贵定县种养殖基地、科普示范基地开展考察调研活动。

加强与媒体合作，开展科技工作者先进典型、优秀科技工作者宣传活动。与贵州广播电视台科教健康频道联办《智汇贵州》栏目，通过电视媒体向观众传播省内优秀科技工作者的科学探索精神，全年播出45期，共宣传了45位优秀科技工作者。《科技日报》头版对留学归国创业科技人员、贵阳瑞极精密测量有限公司创办人蒙浩的事迹进行了宣传。

自身建设 2月25—26日，组织召开了2016年贵州省科协工作会议。省委常委、省委宣传部部长张广智出席会议，他要求全省各级科协组织要充分认识中央和省委对科协工作的新要求，要坚持正确的政治方向，坚持改革创新，提升服务能力和水平，充分发挥科协组织独特优势，结合贵州实际，主动奋发有为，为打赢输不起的脱贫攻坚战、抢占先机的大数据突围战、提升公民科学素质的持久战作出应有的贡献。会议传达了中央书记处关于科协工作的重要指示和中国科协有关会议精神，总结省科协2015年工作并安排部署了2016年工作任务，省科协与各市(州)科协签订了2016年职能绩效目标责任书。

2016年全省科协工作会议

3月，省科协结合贵州实际起草了《贵州省科协系统深化改革实施方案》，省科协党组先后6次召开会议进行讨论研究，并专门征求省委组织部、省编委办、省人社厅等单位意见。10月12日，省委全面深化改革领导小组第二十七次会议审议通过《贵州省科协系统深化改革实施方案》。12月28日，省委办公厅印发了《贵州省科协系统深化改革实施方案》。方案在加强对科技工作者的政治引领、改革联系服务科技工作者的体制机制、改革学会治理结构和治理方式等重点领域和关键环节提出了具体措施。

向中国科协推荐了黔西南州科协、省医学会等5

家单位为“全国科协系统先进集体”；推荐李碧峰、蔡娜等14名同志为“全国科协系统先进工作者”。

4月1日，省科协八届五次常委会暨八届五次全委（扩大）会议在贵阳市召开。会议审议通过了省科协八届委员会2015年度工作报告、《贵州省科协事业发展“十三五”规划》，选举产生了宋宝安等17名中国科协第九次全国代表大会代表，推选宋宝安、张美圣、张胤3名同志为中国科协第九届全国委员会委员候选人；增补了省科协八届委员会委员、常务委员。向全省科技工作者发出了《在脱贫攻坚中建功立业》的倡议书，号召广大科技工作者踊跃参与“三大战役”，全力参与脱贫攻坚战、大数据抢先突围战、提升素质持久战，深化科协系统全面改革。

6月8日，省科协八届六次全委（扩大）会议在贵阳市召开，专题传达学习“科技三会”精神。会议要求全省各级科协组织迅速掀起学习贯彻中国科协九大会议精神，特别是习近平总书记重要讲话精神的热潮，真正使中央的部署和习总书记的讲话精神落到实处；在全省科技工作者中开展“创新争先”行动，推动创新驱动发展战略在贵州落地生根；全面深入领会习近平总书记强调的“科技创新、科学普及是实现科技创新的两翼，要把科学普及放在与科技创新同等重要的位置”的重要意义，围绕省委省政府中心工作，扎实开展“智富行动”“院士专家援黔行动”，加强学会能力建设和“智库”建设，改进和加强科协自身建设，促进全省公民科学素质提升。

开展“两学一做”学习教育，制定印发《省科协“两学一做”学习教育实施方案》《省科协开展助推脱贫攻坚“五千行动”工作方案》《省科协“三创三树”活动实施方案》等。组织全省科协系统、脱贫一线人员共200余名干部赴井冈山红色文化教育学院参加为期7天的“两学一做”暨综合能力提升培训。

地市县及基层科协组织　截至2016年年底，全省共有市（州）科协9个、县级科协87个、街道（社区）科协247个、乡镇科协948个、农技协2823个。

贵阳市制定了《贵阳市科协关于学会服务站工作的意见》《贵阳市科协学会服务站暂行管理办法》，拨付启动经费建立8个学会服务站。遵义市制定了《关于开展“科技信息企业推广应用服务项目”的实施方案》，累计培训企业专利应用工程师102人，培训企业高管35人。六盘水市科协主办“院士专家援黔——凉都行”活动，聘请中国科学院院士陈润生、康乐、谢华安、夏军、袁道先和中国工程院院士卢耀如、王浩为六盘水市人民政府高级经济顾问。安顺市以“绿色发展　农旅结合　院士助力　脱贫攻坚”为主题，举办了中国安顺黄果树绿色发展院士论坛，中国工程院副院长刘旭等12位院士出席论坛活动。毕节市科协开展科普“赶百场、进百校”活动。铜仁市科协积极培育基层农技协组织，新注册农技协12个。黔东南州科协相继在岑巩县羊桥土家族乡、麻江县谷硐镇、榕江县忠诚镇建立了3个乡镇“科技专家工作站”，聘请了22名农、林、水、畜牧等方面的专家为工作站科技顾问。黔南州科协积极开展“认识大射电、普及天文知识”青少年科技教育活动。黔西南州科协邀请中国科学院专家一行23人开展为期5天的“科普志愿金州行”活动，共开展了26场次主题科普活动。

省级学会、企业科协、高校科协　截至2016年年底，省科协所属学会、协会、研究会（以下简称“学会”）共123个，其中理科学会23个、工科学会35个、农科学会11个、医科学会23个、综合交叉学会31个；共有学会会员88952人，分支机构322个；企业科协313个；高校科协23个。2016年省级学会举办国内学术会议260次，参加人员5万余人次，交流论文7000余篇；开展科普宣讲2500次，受众13万人次；技术培训1110次，培训人员75000人次。

贵州省植物生理与植物分子生物学学会举办了第一届中日韩三边植物生物技术国际学术研讨会。贵州省电子信息学会举办了材料基因工程与材料大数据国际学术会议。贵州省医学会举办了第十七届全国胆道外科学术大会第三届中国西部普通外科微创治疗高峰论坛。贵州省微生物学会举办了第四届全国天麻会议暨中国（大方）天麻产业发展高峰论坛。

省级学会共组织专家进企业、园区近2000人次，服务企业300余家，为地方、企业、园区开展科技咨询、成果鉴定、技术引进、规划标准制定、决策论证和技术支持220余项。

【开展“智富行动”】7月，省科协制定下发《关于开展“智富行动”的意见》，提出要加强智库建设，为贵州脱贫攻坚提供智力支撑；开展智创活动，释放科技人员创新创业的能量和活力；强化智联思维，推动科普工作转型升级；实施智援计划，借助外力助推脱贫攻坚战。

实施科技助力精准扶贫工程，在德江、紫云、平塘、台江、剑河、贞丰6个县开展精准扶贫工作。各市（州）科协及时制定工作方案，全面推进“智富行动”开展。遵义市科协培育农村科普示范基地 11 个、农村专业技术协会 1 个、农村科普带头人 2 名，开展农技培训 56 场次，发放培训资料 15000 余份，培训农民 6000 余人次，提供免费蔬菜种子 1040 包；铜仁市科协开展各类科技培训 9 场次，培训农民 700 余人；黔东南州科协深入 66 个乡镇、村开展农民实用技术培训 66 场，培训 5200 余人次。

在同步小康驻村帮扶点余庆县白泥镇魁龙村、新寨村，驻余庆县扶贫工作队在走访调研的基础上研判分析致贫原因，制订“一户一策”脱贫计划，确定“短平快项目精准脱贫，发展产业致富奔小康”的帮扶工作思路，支持 2 个村贫困户产业扶贫资金 46 万元。邀请相关省级学会深入帮扶村进行考察调研，帮助制定建设发展规划和协调项目引进，协调项目资金共计 808 万元。组织省科协机关党支部与帮扶村开展结对帮扶，到村开展联合支部活动；通过组织专题培训及考察学习，学经验、谋思路、促发展，提高村民种植、养殖技术水平。

组织学会专家赴基层开展技术指导 79 次，开展科技培训 39 次，培训基层科技人员 5600 人次；组织专家为地方和企业开展技术推广等有针对性的帮扶活动 100 项；组织开展健康咨询、免费检查、疾病诊治、药品发放等医疗服务 133 次，培训基层社区医务工作者 3486 名。

【开展 500 米口径球面射电望远镜科普宣传活动】 9 月，500 米口径球面射电望远镜（FAST）在贵州平塘县落成启用，省科协抓住“中国天眼”建成契机，积极开展 FAST 科普宣传活动。9 月 23 日，邀请诺贝尔奖获得者约瑟夫·泰勒以“探索星空奥秘　科技引领未来”为主题在贵阳市第一中学作科普报告。10 月和 11 月分别邀请国家天文台 FAST 项目负责人彭勃、郑晓年开展 FAST 科普讲座，并对 2 场科普报告进行了网络图文直播，点击量共 40 余万人次。

主办了科普创客·科幻作家走进 FAST 体验创作活动，邀请一批国内科幻作家体验由“天眼”引发的科普之旅，贵州日报以“科幻作家走进 FAST 体验科普之旅　汲取创作灵感”为题进行报道。牵头制作 FAST 科普宣传挂图，编辑 FAST 科普问答册子，资助出版 FAST 宣传丛书等。

【“百万公众网络学习工程”活动】 2016 年，省科协开展“百万公众网络学习工程”活动，活动以大数据、大众化为总抓手，引导公众关注“科普中国”网，通过在线成效测试、微信答题闯关、科普征文、贵州省全民科学素质知识电视大赛等活动，把“百万公众网络学习工程”活动与提升公民科学素质工作结合起来，为促进全省公民科学素质提升发挥作用。

据统计，2016 年度“百万公众网络学习工程”活动官网在线学习平台访问达 2723.67 万人次；参加在线成效测试答题的为 322.7 万人次，答题总次数为 656.2 万人次；微信闯关答题参与者达 88.1 万人次。有奖征文共收到来稿 700 余篇，共评选出一等奖 3 篇、二等奖 6 篇、三等奖 9 篇。

（撰稿人：黄德远）

云南省科学技术协会

服务经济社会发展　实施学术交流促创新发展工程。与红河哈尼族彝族自治州政府、中国通信学会联合举办了以“沿边开放开发与红河流域跨越发展”为主题的第 6 届云南省科协学术年会暨红河流域发展论坛。年会围绕红河流域特色产业转型升级，蒙自经开区、红河综合保税区、中越跨境经济合作区“三大平台”建设等开展研讨，并形成决策咨询报告上报省委、省政府和国家有关部门。支持省级学会开展学术交流和调查研究，形成一批高质量的决策咨询成果，并以《专家建议》等形式上报省委、省政府和国家有关部门，推动完善云南省科技决策咨询制度。其中，《关于加快推进云南省罗非鱼产业化发展的建议》和《关于建设生态扶贫先导区实现乌蒙山片区精准脱贫的建议》得到省主要领导批示，《云南玉米种子产业调研报告》得到有关省领导批示。全省各级科协组织共提供决策咨询报告 160 篇，有 30 多篇获各级领导批示。

扎实推进基层科普行动计划，80 个农村专业技术协会、21 科普示范基地、50 个科普带头人、1 个科普工作队和 10 个科普示范社区得到中国科协、财政部的奖补。与省财政厅联合，建设省级科普惠农示范村 100 个。

贯彻落实国家发展改革委、中国科协《关于共同推动大众创业万众创新的意见》，推进院士专家工作站建设。与省发展改革委联合出台了《全省大众创业万众创新工作考核激励办法》，建设“双创”云平台、资源库和专家库，为“双创”活动提供人才和科技支撑。深化“讲、比”活动，与省人民政府国有资产监督管理委员会联合出台了《全省企业科协组织建设和管理办法》。开展科技信息企业推广应用服务项目，在楚雄彝族自治州、昭通市、红河哈尼族彝族自治州科协建立3个子站，向1731家企业推送该项目，全省注册使用专利信息资源系统的企业用户达423家。举办专利工程师培训，共有404家中小企业的502名代表参训。"海智计划"云南行动邀请中国留德计算机学者学会、中国旅美科技协会的专家、学者举办了2场国际前沿学术报告会和海外新技术项目推介会。建立并完善海外专家人才数据库，推进"海智"创新创业云南基地建设。新建院士工作站2个、科技专家服务站28个，举办"双创"推进活动62场次，有347家企业的4300余名科技工作者参与"讲、比"活动，提出合理化建议400多条。

《科学素质纲要》实施及科普工作 完成云南省"十三五"时期公民科学素质建设实施方案编制并上报省政府审批。明确"十三五"末云南省公民具备基本科学素质的目标由原定4.2%上调为8%，并围绕8%的建设目标制定了工作方案。

推进边疆民族科普示范区建设。打造口岸科普、跨境科普、边贸集市科普、藏区科普、宗教院校科普、寺院科普、教堂科普等品牌。与省民族宗教事务委员会、云南民族大学联合，在9个民族自治县开展了第三批双语科普试点工作，并在云南民族大学成立了全省少数民族双语科普培训基地。组织开展科普日、流动科技馆、科普大篷车、百名专家科技下乡等主题性、全民性、群众性科普活动。举办第31届云南省青少年科技创新大赛及机器人竞赛，共有1879项作品和236支队伍参赛。

实施科普惠民服务工程。创建并命名34个省级科普示范县（市、区）、15个全国科普示范县（市、区），创建了10个全国科普示范社区、18个全国科普教育基地、112个省级科普教育基地、50个省级科普示范社区、50个省级科普示范学校、198所社区科普大学。

构建现代科技馆体系。推进省科技馆新馆建设，指导基层建设综合性科普场馆，目前共有4个州（市）、5个县（市、区）建成科技馆，全省流动科技馆展品达到15套，拥有科普大篷车77辆。省科技馆全年免费对外开放308天，接待观众281779人次，较2015年增加12%。积极推进"中国流动科技馆"云南巡展工作，2016年完成65个站点巡展，实现了全省129个县级站点全覆盖，累计受众超过400万人次。

推进科普信息化。实施"彩云科普网络传播行动"，着力打造"美丽云南微科普""奥秘真相工厂""彩云书屋"等信息平台，云南省选送的科普短片《新农村新生活——佤山生活指南》和《糊涂涂与金豆豆——食品安全》分别荣获中国科教影视协会2016"科蕾奖"和"中国龙奖"。全省已建设科普网站229个，电子科普屏34943块。举办第二届昆明信息化科普产品博览会，参观人数超过8万人次。

实施创新驱动助力精准扶贫工程。围绕云南省四大集中连片贫困地区，选择2个不同区域，发挥省级学会专业和人才优势，开展科技咨询、技术研发、实用技术推广和人才培训等，探索少数民族地区、边境地区、生态屏障地区脱贫示范。全力推进省科协精准扶贫工作，落实扶贫专项资金355万元，并对扶贫措施进行了细化。2016年，全省各级科协组织共举办科普宣讲活动7159次，举办实用技术培训14841次，推广新技术、新品种1122项，参加活动科技人员达11万人次，受益群众超过700万人次；各级农函大培训新型农民151019人次，发放教材87851册。

学术交流 着力增强学会服务创新发展的能力和实效，以项目资助形式，择优支持省级学会开展学会能力提升行动项目16项、高原特色农业献智献策行动项目12项、学会科普示范活动项目19项，资助金额420万元。参与主办了澜沧江—湄公河次区域传统医药学术交流会暨首届国际佤医药发展交流会、第15届海峡两岸大学生辩论赛等活动。组团参加了第59、第60、第61次东南亚测绘协会理事会议和防灾救灾测绘学术研讨会，地籍与土地管理区域学术研讨会，第13届海峡两岸休闲创意农业发展学术研讨会等国际民间科技交流活动。全省各级科协组织共举办国内学术会议320次，交流论文1万余篇，参加人数近9万人次；举办境内国际学术会议23次，交流论文191篇，参加人数1500多人次；参加国际及香港特别行政区、澳门特别行政区、台湾地区科技活动161人次。接待国外及香港特别行政区、澳门特别行政区、台湾地区专家、学者近500人次。

服务科技工作者 以在云南两院院士、科技领军人才、云岭学者、国家和省有突出贡献的专家等为重点，实行省科协系统干部"一对一"联系科技工作者制度，全面把握科技工作者思想状况、工作动态、生活情况，倾听科技工作者心声和诉求，维护科技工作者合法权益。

强化学术环境建设。认真落实国家和云南省《关于优化学术环境的指导意见》，在云南民族大学、中国科学院昆明分院等5个单位组织实施2016年科学道德与学风建设教育，以在校研究生、科研人员为重点，开展《发表学术论文“五不准”》宣讲教育。

深化宣传表彰举荐工作。完成第19届中国科协杰出青年成果转化奖、第13届中国青年女科学家奖等奖项的评选推荐工作。2016年，共增设6个省级科技工作者状况调查站点，组织14个国家级站点参与“博士学位获得者就业和职业发展追踪调查”“双创政策实施情况调查”等专题调查项目。

自身建设 按照中央《科协系统深化改革实施方案》的总体部署和云南省委要求，牵头制定云南省科协系统深化改革实施方案，将改革重点放在“防两脱、建三型、增三性、去四化和强四力”上（即防止省科协工作与大局工作脱节、与群众脱节，建设开放型、枢纽型、平台型省科协组织，增强科协组织的政治性、先进性和群众性，去除机关化、行政化、贵族化和娱乐化，强化省科协组织的引导力、凝聚力、服务力和创新力）。

配合省委巡视组对省科协开展巡视工作。按照巡视整改要求，及时对机关作风建设、出国（境）管理等方面存在的问题进行全面整改，修改完善了《省科协党组关于加强和改进作风建设的实施办法》《省科协因公临时出国（境）管理办法》《省科协科普专项转移支付资金绩效管理暂行办法》等12项规章制度，组织对8个州市30万元以上科普项目进行了专项检查，对部分不称职干部进行了调整处理，巡视整改工作取得阶段性成效。

全面加强省科协系统规范化、制度化、正规化建设。及时从强化党建工作、改进工作作风、完善制度建设、规范干部选用、加强项目管理等各个方面进行全面整顿、规范，树立正气、提振精神，大力营造风清气正、干事创业的良好氛围，确保中央和省委各项决策部署在省科协政令畅通、令行禁止。

加强基层组织和干部队伍建设。深入学习贯彻落实党的十八届六中全会精神，组织了全省科协系统学习贯彻党的十八届六中全会精神集中宣讲活动和党组理论学习中心组专题学习。深化“两学一做”学习教育，开展了“七个一”主题活动。推进社会组织覆盖提升行动，努力提高省级学会党组织覆盖率和党的工作覆盖率。召开省科协系统党风廉政建设工作会议，对全面落实党风廉政建设和党建责任制进行了部署和安排。按照“分类分级、全员培训”原则，与井冈山干部学院联合举办了全省科协系统干部培训班，举办了1期全省科协系统综合业务培训。

地市县及科协基层组织 截至2016年底，共有省辖州（市）科协16个、县级科协129个、街道（社区）科协317个、乡镇科协1100多个。全省共有农村专业技术协会7031个，会员73万名。

昆明市科协通过加强党建工作、创新决策服务机制、搭建优质学术交流平台等措施，全面推进学会治理改革，打造学会服务新品牌。昭通市科协主办的《昭通科普报》年发行3万份，成为展示科协工作、提高公众科学文化素养的重要载体。曲靖市科协结合当地支柱产业，依托全市农村致富技术函授大学网络，组织开展烤烟、养殖等实用技术培训，参训学员1.2万人次，为农业产业发展提供人才支撑。玉溪市科协基层科普组织建设不断加强，全年新发展农技协、科普示范基地、示范社区、示范学校、企业科协等各类基层科普组织45个。楚雄哈尼族彝族自治州科协强保障、抓落实，全民科学素质建设创造新成绩，2016年州级科普专项经费增加到444.67万元，达人均1.6元。楚雄哈尼族彝族自治州科技馆9月19日正式开馆，接待参观群众5万多人次。红河州科协精心组织开展青少年科技教育活动，选送139项作品参加省级大赛，获奖80项。文山壮族苗族自治州科协对“十二五”期间《科学素质纲要》实施工作进行自检自查，编制了《文山州“十二五”全民科学素质工作资料汇编》和《壮乡苗岭绽放科普之花——文山州实施〈全民科学素质行动计划纲要〉工作纪实（光碟）》等材料。西双版纳傣族自治州科协以举办“中国流动科技馆”巡展活动为契机，努力营造全社会参与科普、了解科普、支持科普的良好氛围。大理白族自治州科协实施“‘互联网+’科普大理”行动成效明显，所属县（市）科协实现“四开四运行”（开科普微信公众号并运行正常，开新浪、腾讯官方微博并运行正常，开QQ公众空间并运行正常，开展网络科普宣传员队伍培训一次以上）。德宏傣族景颇族自治州科协深入实施创新驱动发展战略，通过强化政策支撑、实施“英才兴边”计划，加快科技成果转化、深化对外科技合作等措施，不断增强科协组织科技引领和支撑经济社会科学发展的能力。怒江傈僳族自治州科协着力打造“教堂双语科普”平台，在全州创建示范教堂7个、教堂科普培训基地6个，开展双语科普及双语实用技术培训36期，培训农村信教群众9116人次。迪庆藏族自治州科协联合州委宣传部等6部门深入12个乡镇的8个村委会、1个社区、2个村民小组和1个学校，开展了为期16天的“四送一创”（送科普知识、送致富技能、送法律知识、送反邪知识、创平安家庭）主题科普活动。临沧市科协科学制定社区科普大学创建工作实施方案，开设医疗卫生、家政服务等44个专业，开展各类培训143期，培训社区居民6186人次。

曲靖市麒麟区科协以服务社区居民为根本，以满足社区居民科普需求为目标，把社区科普大学创建作为社区科普工作的龙头和抓手，不断优化配置社区科普资源，推进社区科普方式创新，积极探索社区科普大学建设新路。盐津县科协与县教育局联合，在6个高寒山区小学建设科普教育示范点，每个点投入资金2.5万元。临沧市临翔区科协在邦泰昔归庄园有限公司成立了全区首个企业科协，开展茶叶生态有机化种植培训，实施茶园栽培与管理技术引进、集成、创新与示范。华宁县政府将全民科学素质建设工作纳入宁华县国民经济和社会发展“十三五”规划纲要。

省级学会、企业科协、高校科协 截至2016年，云南共有省级学会（协会、研究会）132个，个人会员近20万人，团体会员11000个；企业科协306家，个人会员3.5万人；有10所高校成立了科协组织，个人会员7万人。其中，2016年新成立企业科协30家、高校科协1家。

省级学会全年共组织国内学术会议248次、境内国际学术会议22次、港澳台地区学术会议3次，交流论文9500多篇。

开展省级学会目标管理考核，省机械工程学会等18个省级学会获得“优秀学会”称号，省农业机械学会等10个省级学会获得“学术交流先进学会”称号，省物流学会等15个省级学会获得“特色创新先进学会”称号，省专家协会获得“决策咨询先进学会”称号。

推进学会承接政府转移职能试点工作，2016年，省中医药学会完成中医药继续医学教育学分验证、全国中药特色技术传承人才培训项目年度考核、中药特色技术人才培养项目考核、中医护理骨干人才培养项目考核等工作。省环境科学学会作为省环保厅排污许可证技术组开展相关工作。省医学会受理医疗事故技术再次鉴定47例，完成再次鉴定31例。

省通信学会等组织开展纪念“‘5·17’世界电信和信息社会日”系列活动。省地质学会、省环境科学学会、省农业机械学会等共同承办“第47个世界地球日主题宣传活动”。省抗癌协会开展第22届全国肿瘤防治宣传周活动健康讲座，举办“云南医患同心抗癌魔康复之光”摄影展。省防痨协会以“社会共同努力，消除结核危害”为主题，组织“第21个世界防治结核病日”宣传。省健康教育协会与健康教育所联合举办“健康中国行——全民健康素养促进行动”主题宣传及广场舞控烟知识宣传活动。省地震学会开展“5·12”防灾减灾日科普宣传活动。省物业管理行业协会开展“科普让生活更美好”科普进社区活动20次。省天文学会联合云南天文台、《支教地理》杂志、国际天文学联合会等，联合发起针对边疆偏远山区少数民族村寨及部队、学校、社区的科普支教活动。省昆虫学会在西双版纳、普洱、昆明等地开展红火蚁和登革热媒介昆虫防控科普报告9场。省肺癌防治协会开展了城市及农村癌症早诊早治筛查工作。

【第六届云南省科协学术年会】 9月7—8日，由省科协、红河哈尼族彝族自治州人民政府、中国通信学会联合举办的第六届云南省科协学术年会暨红河流域发展论坛在红河哈尼族彝族自治州蒙自市举行。本届年会以“沿边开放开发与红河流域跨越发展”为主题，来自四川、贵州、广西、湖北、广东、深圳等省、市科协，中国通信学会，部分省级学会，以及越南老街省科协的专家、学者和科技工作者约400人参加会议。年会共征集论文130余篇，论文集由中国学术期刊电子杂志社出版，并收录《中国重要会议论文全文数据库》。

年会邀请中国科学院院士陆建华，清华大学教授、清华科技园发展中心主任梅萌，云南农业大学校长、云南省高原特色农业产业研究院院长盛军，分别作大会特邀报告《空间信息网络》《科技服务业——服务创新与创业》《高原特色农业3.0》。邀请机械科学研究总院副院长、先进成形技术与装备国家重点实验室主任单忠德等省内外专家在红河流域特色产业转型升级分论坛、滇南中心智慧城市建设分论坛作专题报告。邀请省内外专家围绕“红河流域特色产业转型升级”“国家级蒙自经济技术开发区、红河综合保税区、中越河口——老街跨境经济合作区‘三大平台’建设”“滇南中心智慧城市建设”等专题进行了研讨。举办科普科技产品展，邀请和组织广东省、深圳市等省、市相关学会以及省内相关单位参展。

【纪念吴征镒先生百年诞辰】 7月12日，由省科协、中国科学院昆明植物研究所共同举办的纪念吴征镒先生百年诞辰座谈会在云南省昆明市举行。

中国科学院副院长张亚平，省委常委、省委宣传部部长赵金，省人民政府副省长和段琪，省科协、中国科学院昆明分院等省、市相关部门负责人，吴征镒先生生前好友、同事、学生等参加会议。省科协党组书记、第一副主席张泽军主持座谈会。

吴征镒先生是我国著名植物学家，1955年当选中国科学院学部委员（院士），是2007年度国家最高科学技术奖获得者。他从事植物科学研究70余载，定名和参与定名的植物分类群有1766个，是中国植物学家发现和命名植物最多的一位。他还编著了《中国植物志》《云南植物志》等专著30余部。

会上，吴征镒先生生前同事、学生代表，中国科学院院士许智宏、孙鸿烈、周俊，美国科学院院士彼得·雷文先后发言，深情回忆了吴征镒的学术成就和生平事迹。

张亚平在致辞中说，我们纪念吴征镒先生，就是要学习他对科学孜孜不倦的追求，学习他甘为人梯、提携后学的高尚品格和严于律己、淡泊名利的宝贵情操，为建设创新型国家作出更大贡献。

赵金代表省委、省政府向吴征镒表示敬意，向他的亲属表示慰问。他说，吴征镒同志献身科学、奉献云南，他的杰出贡献永远值得铭记，宝贵精神永远值得学习。希望全省广大科技工作者以吴征镒同志为榜样，不忘初心，继续前进，积极投身科技创新实践，为推动创新型云南建设作出新的贡献。

会后，张亚平、赵金与段琪等共同为“吴征镒植物学奖”揭牌并种植纪念树。该奖项每两年评选一次，奖励对植物科学事业作出重要贡献的植物学科技工作者。

（撰稿人：黄剑平）

西藏自治区科学技术协会

服务经济社会发展 4月15日，西藏自治区科协第五届学术年会在拉萨市召开。本届年会以“创新驱动，助力小康”为主题，自治区党委常委、自治区直属机关工委书记多托出席会议并讲话。自治区政府党组副书记、政府顾问孟德利，中国工程院院士多吉出席会议。自治区科协党组副书记、主席李秀珍致辞，5名专家、学者作大会主旨学术报告，11位论文作者进行了大会交流。大会征集来自科研、教学、生产、管理等不同战线的科技工作者学术论文132篇，其中70篇论文入选年会论文集和主旨报告集。

组织实施“基层科普行动计划”，助力精准扶贫工作。实施2016年全国“基层科普行动计划”，全区4个农村专业技术协会、8个农村科普示范基地、30名农村科普带头人、2个科普示范社区获得中国科协、财政部奖补。与自治区财政厅联合实施2016年全区“基层科普行动计划”，对1个农村专业技术协会、9个农村科普示范基地、3个科普示范社区、1个少数民族科普工作队和11名农村科普带头人进行奖补。在山南市和那曲地区安排5个村委会，开展精准扶贫科普示范点建设。与中国科协农技中心、中国薯网合作，策划在日喀则市建立马铃薯薯种种植基地，打造辐射西南地区及甘肃等地的薯种供应基地。联合自治区农科院、西藏农学会、园艺学会等召开以“发挥学会作用　推动精准扶贫”为主题的座谈会，就全区如何从各个领域理解和认识精准扶贫、农业科技专家如何帮助农牧民致富、如何为党委政府决策提供科学依据等进行研讨。

围绕自治区强基惠民七项重点任务，继续承担日喀则拉孜县苏村、乃村的驻村工作。进一步巩固基层政权，保持社会局势的稳定，采取“一村一策”帮扶措施，指导发展集体经济和劳务输出工作。组织专家开展农业技术培训，引导群众发展庭院经济。争取项目经费实施苏村防洪堤水利设施工程、农业开荒治理、高标准太阳能温室、奶牛养殖示范基地和马铃薯种植栽培示范基地建设项目。

参与重大科技活动，与中国载人航天工程办公室衔接，实现西藏物品首次进入太空。积极参与中国生物多样性保护与绿色发展基金会相关调研考察和论证，推动中国首批“中华暗夜保护地”试点落户西藏阿里、那曲地区。承办青藏铁路运营十周年学术研讨会，展示了全国高原铁路建设、运营管理等方面的成果及发展前景。

咨询建言工作稳中有升，以委托方式全年开展“自然科学专业技术职称评聘工作调研”“西藏典型冰湖调研”“西藏不同区域城镇垃圾处理处置技术建议”“西藏高校教师科普激励机制建设”、《科普信息化可行性研究》5个调研项目。

《科学素质纲要》实施及科普工作 编制《西藏自治区全民科学素质行动计划纲要实施方案（2016—2020）》，4月1日，自治区全民科学素质纲要实施工作领导小组成员单位联席会议召开，会议贯彻落实《全民科学素质行动计划纲要（2016—2020年）》、自治区实施《全民科学素质行动计划纲要》工作方案和任务分解，总结“十二五”全区全民科学素质建设工作，安排部署2016年重点任务和主要工作。开展《全民科学素质行动计划纲要》“十二五”实施工作先进集体和先进个人申报工作，全区5个单位和7名科技工作者分别被评为先进集体和个人。争取自治区政府支持，将人均科普专项经费由1元提高到2元，实施了5大类16个科普惠民项目。各地市财政预算人均科普经费逐年增加。

12月20日，自治区人民政府新闻办召开全民素质工作实施情况的新闻发布会。自治区科协党组成员、副主席、区全民科学素质工作实施领导小组办公室主任普布参加发布会并发言，自治区党委宣传部副部长唐献文主持发布会。自治区科学素质纲要实施办公室各成员单位参加发布会。

组织开展“西藏自治区全国科普日”“全国科技活动周”“五下乡”“‘5·12’防灾减灾日”“‘12·4’全国法制宣传日”等系列宣传活动。编辑出版藏文版《全民科学素质读本》《西藏农牧民科普知识》系列丛书，开发制作特色科普宣传品，免费向基层发放。开展系列科普宣传活动1万场次，发放各类科普资料107.3万份，受益公众近100万人次。自治区科协、七地（市）科协、西藏农牧学院科协和西藏甘露藏药股份有限公司科协10家单位被中国科协、教育部、科技部和中国科学院授予“2016年全国科普日活动优秀组织单位”荣誉称号，拉萨、山南、昌都、日喀则、林芝等地市科协和西藏农牧学院科协被授予“2016年全国科普日特色活动优秀单位”荣誉称号。朗县等7个县（区）被中国科协命名为西藏首批“2016—2020年度全国科普示范县（区）”。

8月18日，自治区科协联合教育厅组织中学生参加第31届全国青少年科技创新大赛，获得二等奖4项、三等奖14项。组织开展2016年全国青少年科学调查体验活动，墨竹工卡县和察隅县中学被评为全国青少年科学调查体验活动示范学校。组织参加全国青少年科学素质大会，3名学生进入全国面试。组织开展全国初中和高中数学联赛西藏区比赛、全国初中和高中西藏赛区应用物理竞赛、第33届全国中学生西藏赛区物理竞赛等一系列活动，激发了全区青少年学科学、用科学的兴趣与热情。开展《知识就是力量》青少年科普阅读活动，免费发放《知识就是力量》（藏汉文）杂志12万册。组织110名师生参加2016年全国青少年高校科学营活动，组织240名中学生参加西藏首届高校科学营活动，让中学生充分体验大学生活，了解前沿科技。配合中国空间科学学会开展“空间科学与技术拉萨行”系列活动。10月14日，第十二届全国中学物理青年教师教学大赛上，全区教师获初中组一等奖1个、高中组二等奖1个。组织77名中学科技馆科技教师赴山东省青岛市参加培训，组织5所中学科技馆科技教师赴湖北省武汉市参加“农村中学科技馆工作研讨暨交流培训会”。持续推进高校科技创新活动，组织第十四届全国“挑战杯”大学生课外科技学术作品竞赛，举办西藏第五届“成才杯”大学生创业大赛，与西藏大学联合举办首届大学生科技创新项目大赛。

科普基础设施建设实现三个“全覆盖”。2016年新建18个中学科技馆，实现全区74个县中学科技馆全覆盖。落实34辆科普大篷车，实现区地县科普大篷车全覆盖；落实3个流动科技馆项目，实现七地市流动科技馆全覆盖；继续实施寺庙科普活动站创建工作，落实18个寺庙科普活动站建设项目。新建6个社区科普活动站，命名授牌11个科普示范社区和1个“天文科普教育基地”。积极探索“互联网+”工作模式，在七地市开展“‘互联网+’科普”信息查询平台试点工作，设立27个科普信息查询平台终端。开通西藏首家“云”平台藏文科普信息服务系统。联合中国科协、自治区科技厅在西藏广播电台开通“科普知识”宣传栏目。

学术交流 组织自治区级学会开展学术交流活动，搭建高水平学术交流平台。举办了西藏水利学会西藏水资源保护与开发利用高峰论坛、西藏畜牧兽医学会年会暨学会研讨会、西藏土壤肥料学会年会暨学会研讨会、护理学会医疗人才“组团式”援藏系列学术活动、西藏太阳能学会阳光论坛、西藏植物保护学会西藏草原主要毒害草防治研讨会等品牌学术活动。

8月18日，西藏园艺学会与自治区外国专家局、西藏农业科学院蔬菜研究所在拉萨国家农业科技园区开展了国际学术交流活动。新西兰植物学家伊恩霍尔博士作专题报告《菌根技术、蘑菇灌溉和重新造林》

（*Mycorrhizas mushrooms irrigation and reforestation*）。尼玛扎西院长主持报告会。自治区农科院、林业厅、科技厅、科协，林木科学研究院、蔬菜所、农科所、拉萨市科技局、林业局等单位行政及科技人员共47人参加报告会。

鼓励学会加强自身建设和活跃学术活动，实施中国科协和自治区科协引领地方学会能力提升项目18个，指导支持西藏农牧学院科协、西藏地理学会等18家科协学会开展能力提升和创新能力建设。指导昌都、日喀则科协完成换届。

服务科技工作者 经自治区科协推荐，全区5名科技工作者获得“全国优秀科技工作者”称号，3个单位和6名科技工作者荣获全国科普工作先进集体和先进个人。推荐第十三届中国青年女科学家奖候选人1名、2016年度“未来女科学家计划”候选人1名。联合人社厅评选推荐4个全国科协系统先进集体、5名先进工作者。推荐西藏月王生物科技有限公司参加全国科技工作者创新创业大赛荣获铜奖。开展“双创”活动周，宣传全区23名科技工作者的先进事迹，组织3名专家参加国际科技组织任职后备人才培训，举办3期基层一线科技工作者知识更新培训班，培训基层科技工作者180人次。

院士专家工作站建设取得突破性进展。联合自治区农科院启动院士专家工作站建站工作，与西藏月王生物技术有限公司科协联合建立的科协系统首个企业专家工作站已完成项目前期准备工作。中国工程院院士曹福亮与拉萨市科协签订了共建院士服务中心协议。

开展网上“建家交友”活动，开通“雪域学会之桥”微信公众号，建立集维护科技工作者合法权益、宣传科技政策、开展学会活动等功能于一体的综合服务平台。支持山南、阿里、昌都等地市科协建设“科技工作者之家”。

自身建设 根据中共中央办公厅印发《科协系统深化改革实施方案》、中央深改办《关于推进地方党的群团改革工作的通知》和自治区全面深化改革的总体部署，成立改革工作领导小组和改革方案起草组，认真研究中央文件精神，深入开展调研，广泛征求意见，认真研究议题，编制了《西藏自治区科协系统深化改革实施方案》上报自治区深改办审核并报中央改革办备案。

5月12日，自治区科协六届二次全委会议，选举产生中国科协九大西藏代表11名，组建西藏代表团参加中国科协第九次代表大会。3名代表当选为中国科协九届全国委员会委员，其中1名代表当选为九届常务委员会委员。会议期间，代表团递交3件建议议案，2名代表被央视邀请作为“百名大咖谈科技创新”栏目嘉宾。6月16日，自治区科协召开六届三次全委扩大会议，传达学习“科技三会”精神，就全区科协组织如何学习贯彻会议精神提出了实施意见。自治区科协主席李秀珍主持会议。自治区科协六届全委会委员、自治区各学会、协会、研究会秘书长以及区科协机关干部共90人参加会议。

自治区科协党组认真履行党建工作责任制，以开展“两学一做”学习教育为载体，全面推进科协系统党的思想、组织、作风、制度和党风廉政建设。

推动西藏科技报社转型升级，策划《西藏科技报》改版和增版工作，全年出版发行藏汉文报纸208期244万份，继续向农牧区、寺庙免费发放《西藏科技报》。加强信息化建设，实施“科普网络平台建设”和“新闻采编与彩色照排系统建设”等项目。西藏科技报社被评为“2016年度全区民族团结先进集体”。

中国科协与援藏省市科协认真落实援藏工作部署，规划援藏工作，落实援藏措施，推动援藏工作深入开展。全年实施了基础科普设施建设、人才培养等30个项目，推动全区科协事业的创新发展。17个援藏省市科协均建立援藏工作机制，针对各地市实际情况，实施了一系列援藏项目，建立了援助与合作交流平台。9月25日，中国科协在陕西省西安市召开全国科协系统对口援藏工作座谈会，安排部署“十三五”援藏工作，对接援藏项目，推动援藏工作向纵深发展。

地市县及科协基层组织 全区地市科协7个，县级科协74个。拉萨市科协拓展“‘互联网+’科普”“云科普”科普平台模式，在各大机关单位和县区安装15台多媒体科普阅览屏，并开通“拉萨科普”微信公众号；拉萨市广播电台开通了“你知道吗？”科普广播频道，开通“科技专家做客直播间”节目。山南市科协开通科普手机报，并联合西藏人民广播电台每天播放《发展中的山南科技》。那曲地区科协开通《羌塘科普》微信公众号。林芝市科协在巴宜区电视台创办了“科普大篷车栏目”。

拉萨市科协举办第一届青少年科技创新大赛受到社会广泛关注。林芝市科协举办首届“六一”科普巡展活动，得到市委市政府高度重视。

12月19日，拉萨市科协第四届学术交流年会在拉萨市举行。本届年会以“创新发展、科技引领”为主题，围绕“大众创业 万众创新”和拉萨市小微企业两创基地示范城市工作进行专题讲座和座谈。自治区科协副主席普布、科技厅副厅长王俊杰、拉萨市人民政府副市长崔晓峰、拉萨市委副秘书长、团市委书记任映绮出席会议。拉萨市有关单位负责人、柳梧高新区等五大园区入驻企业负责人以及N次元众创空间、科技众创空间等科技公司负责人共130人参加年会。拉萨市科技局局长、科协主席黄前敏主持会议。

省级学会、企业科协、高校科协 全区省级学会65个，个人会员1.3万名，团体会员660个，企业科协2个，会员286名，高校科协5个。西藏教育学会、农学会、藏医药学会等完成换届。98%的学会完成年检工作，援藏工作者协会成立了党支部。组织自治区学会、协会、研究会和高校科协、企业科协开展了27场“雪域科普大讲堂”科普讲座宣传活动。

11月5日，西藏畜牧兽医学会2016年年会暨学术研讨会在拉萨市召开。会议以“西藏包虫病防治技术”为主题，开展了主旨报告、论文交流和议案的讨论与遴选。17个会员单位的60位专家、学者参加会议，会议从提交的69篇论文中精选出20篇论文进行了交流、答疑。经学术委员会评审，评选出优秀论文13篇，大会对3个基层先进集体和6名基层先进工作者进行了表彰。

【青藏铁路运营十周年学术研讨会】 6月25日，由中国铁道学会主办，自治区科协、发改委和青海省科协承办的青藏铁路运营十周年学术研讨会在拉萨市举行。自治区政府主席洛桑江村出席会议并作讲话，13位中国工程院院士出席会议，19位专家、学者先后作了大会报告。大会报告汇集了青藏铁路运营10年来在高原铁路运营管理、卫生保障、沿线植被恢复等方面的科研成果。

【西藏科技资源首次进入太空】 自治区科协与中国载人航天工程办公室衔接，达成西藏物品搭载航天飞行器升入太空的意向。8月3日，搭载来自西藏的211克黑玛咖种子的中国长征七号运载火箭顺利返回地球。8月30日，自治区科协与拉萨市委将黑玛咖种子交由曲水县才纳国家现代农业示范园区种植，开展太空育种技术研究。

【我国首批“中华暗夜保护地”试点落户西藏】 根据自治区政府与中国生物多样性保护和绿色发展基金会（以下简称中国绿发会）就西藏建立暗夜保护地试点工作达成的共识，自治区科协积极参与相关调研考察。6月21日，中国绿发会宣布，在西藏自治区政府支持下，中国首批“中华暗夜保护地”试点正式落户西藏阿里、那曲地区。自治区科协与中国绿发会召开援藏工作项目落实会，就具体工作的落实进行了研究部署，为下一步申请“暗夜保护地”国际认证奠定了基础。

【首届青藏高原水资源开发利用与保护高峰论坛】 6月18号，首届青藏高原水资源开发利用与保护高峰论坛在林芝举行。论坛的召开旨在落实“创新、协调、绿色、开放、共享”五大发展理念，贯彻“节水优先、空间均衡、系统治理、两手发力”的新时期水利工作方针，加快推进水资源管理制度体系建设，切实提高青藏高原水资源开发管理水平与保护能力。自治区人大常委会副主任李文汉出席并作主旨报告，自治区科协主席李秀珍致辞。来自清华大学、河海大学、中国科学院、中国电建集团、西藏大学等单位的多位区内外专家、学者围绕青藏高原水资源开发和保护进行了交流探讨，为青藏高原水资源开发利用与保护建言献策。

首届青藏高原水资源开发利用与保护高峰论坛

（撰稿人：李月桂）

陕西省科学技术协会

服务经济社会发展 开展决策咨询活动，服务科学发展。牵头承办的第十八届中国科协年会，以“创新驱动 科技引领”为主题，组织院士、专家围绕陕西经济社会发展需要开展课题调研，筹办陕西省党政领导与院士专家座谈会，将“秦岭国家中央公园建设和秦岭立法保护”等决策咨询报告上报国务院。围绕学科发展、产业转型升级、经济社会发展等领域的热点难点问题，组织专家、学者在调查研究和学术研讨的基础上撰写专家建议。先后报送3份专家建议，得到有关方面的重视和响应。

实施“基层科普行动计划”和陕西省“科普惠农富民计划”，全省70个农村专业技术协会、21个农村科普示范基地、18名农村科普带头人和12个科普示范社区受到表彰。投入资金实施2016年陕西省“科普惠农富民计划”和“社区科普益民计划”，表彰35个农村专业技术协会、20个农村科普示范基地、20名农村科普带头人、50个先进社区。组织全国基层科普行动计划获奖代表参加第23届中国杨凌农业高新科技成果博览会，达成合作意向914项，省科协被授予“优秀组织奖”和“优秀展示奖”。开展精准扶贫和科普援藏工作。

开展企业技术攻关和咨询服务，推动企业自主创新。举办企业创新知识技能培训、创新竞赛、推广应用创新方法等活动90余场次。实施“科普强企计划”“讲理想、比贡献，助力企业创新”等系列活动，取得技术转让成果1144项，获得技术创新项目立项826项。编印《优秀科技论文集》《陕西省技术创新方法培训教材》等资料，服务企业创新发展。推进院士专家工作站建设，持续开展院士专家企业行活动，组织专家670多人次，深入127个大中型科技企业，完成技术创新咨询服务活动59次，为企业解决技术难题730多项。开展技术创新项目对接并签订技术合同。

制定印发《陕西省发展改革委、陕西省科协关于共同推进大众创业万众创新工作的实施意见》，为科技工作者开展双创提供了新的政策引领和工作依据。举办首届全国科技工作者创新创业大赛，加速科技成果转化。制定下发《陕西省科协开展“创新争先行动”实施方案》，引导全省广大科技工作者短板攻坚争先突破、前沿探索争相领跑、转化创业争当先锋、普及服务争做贡献。择优支持学会开展海峡两岸土壤肥料学术交流、纳米科技学术交流、微生物学学术交流等科技服务，助力产业转型升级。推荐咸阳市为中国科协创新驱动助力工程“点”状示范单位，成立中国科协创新驱动科技成果转化服务中心咸阳分中心。承担国务院委托、中国科协组织的双创等第三方评估项目，评估成果得到了李克强总理、刘延东副总理的肯定。陕西省科协两项工作受到表彰，成为全国10个获“双奖”的省（自治区、直辖市）科协之一。

《科学素质纲要》实施及科普工作 组织召开全省全民科学素质纲要实施工作专题会议，总结“十二五”工作、部署“十三五”规划。积极协调，以省政府办公厅名义印发《陕西省全民科学素质行动计划纲要实施方案（2016—2020年）》，将科学素质指标列入陕西省“十三五”规划。开展陕西省科学素质纲要“十二五”实施工作评选表彰。组织参加全民科学素质行动实施工作电视电话会议。与省农业厅、省卫计委、省妇联、团省委五家单位联合组织参加2016年全国农民科学素质网络知识竞赛。

组织开展“全国科普日”等主题科普活动，积极参与2016年文化、科技、卫生“三下乡”活动和科技活动周系列活动，举办“微普在身边”网络科普、“科技我想说”网络互动等活动。组织1560余名科技专家和科技工作者参加减灾防灾科普宣传活动，举行安全演练96场次。组织反邪教宣传小分队深入基层开展活动，编印制作反邪教资料12500册，发放反邪教宣传品25900余份。

联合举办第31届陕西省青少年科技创新大赛、第16届陕西省青少年机器人竞赛，并组织参加全国竞赛，荣获30个奖项。实施中国科协与联合国儿童基金会非正规教育项目，举办项目课程培训24期，培训青少年179人次。举办第21届陕西省少儿科幻绘画活动，推荐30幅作品参加全国大赛，荣获28个奖项。开展青少年高校科学营活动陕西分营、“大手拉小手，专家进校园”、青少年科学调查体验、青少年科学影像节等活动。

围绕“普及科学知识，助推创新创业”主题，开展陕西省第24届“科技之春”宣传月活动。带动全省开展县级以上各类科普活动1000余项，举办科技报告会、座谈会、研讨会、科普文艺演出、科普展览、科教影片放映达4670场次，实用技术培训4250期次，科普展览223场次，发放各类科普宣传资料、图书130余万份（册），受益群众达450余万人次。

将陕西科技馆和延安市、榆林市科技馆纳入全国科技馆免费开放试点单位。争取科普大篷车31辆，精准扶贫革命老区，在延安市实现科普大篷车全覆盖。建设20个电子科普画廊、14所少年科普馆，承担中国科协农村中学科技馆项目12个。积极争取，将陕西科技馆新馆建设列入陕西省“十三五”规划。陕西科技馆常设展厅接待观众12万人次，完成“中国流动科技馆”在16个县（区）的巡展，接待公众33万人次。

出版《陕西科技报》96期318.3万份。全年制作配送科普挂图3万套18万张。

开展全国科普信息化建设试点工作，加强科普资源融合共建，形成“一报一刊多网融合，线上线下同步互动”的信息化新格局。创办陕西科技传媒网，2016年点击量达47.7万人次；“陕西科普”微博年阅读量达166万人次，微信年阅读量120万人次，粉丝数量分别增长了20.25%和42.33%；陕西科技传媒网、省科协网站全年发布原创稿件3400多篇。开展科普中国V视快递落地应用工作，V视快递覆盖7个市，设立终端大屏56个。

学术交流 动员和协调省级学会、市区科协开展“学术金秋”活动120多项。开展了第三届中国海峡两岸纳米科技青年论坛、中国微生物学会第十一次会员代表大会暨2016学术年会、第十九届全国心理学学术会议、中国气象学会第33届学术交流年会等重点活动。

联合开展中国应对气候变化技术需求评估项目相关工作。邀请日本专家到陕西开展青少年科技创新教育活动。联合承办“海峡两岸暨港澳科技合作论坛”，来自美国、俄罗斯、日本，中国大陆和香港特别行政区、澳门特别行政区科技机构的500余名专家、学者参加交流。组织陕西省高校学生赴台湾地区参加第七届海峡两岸青年学子科技交流活动。邀请台湾地区科技社团到陕西省开展智慧农业科技交流活动。

实施学会创新和服务能力提升计划，推动学会创新发展。支持优秀科技社团50个、学术交流项目23项、科学普及项目19项。加强学会管理服务，试运行学会管理与服务系统，年访问量达15000次，实现学会服务和专家库整合的信息化管理。

服务科技工作者 推荐5人荣获第七届“全国优秀科技工作者”称号；推荐26个单位和个人候选全国科协系统先进单位和工作者；推荐1人荣获第十三届中国青年女科学家奖；推荐2人荣获中国科协优秀网络撰稿人。评选出第十一届陕西青年科技奖72人、第十三届自然科学优秀学术论文160篇。做好中国科协九大代表（陕西）推选参会、服务联络和履职培训等工作。

完成2016年度“双创政策实施情况”、应届博士毕业生就业和职业发展问卷调查工作，向中国科协报送科技工作者状况调查站点信息117条，反映科技工作者建议15条。加强陕西省科技工作者状况调查站点建设工作，增设6个直管站点。举办2016年陕西省科学道德和学风建设宣讲教育集中报告会，引导研究生遵守学术规范，坚守学术诚信。组织陕西省科协会员日参观学习活动。举办继续教育活动24期，培训学员2800人次。

实施“大众传媒科技传播计划”，全年在陕西广播电视台、陕西日报、三秦都市报、华商报、陕西科技报播出，刊发《全民实验室》《科普惠生活》《学点科学》《三秦科普》等科普专题、专栏427期，宣传优秀科技工作者、科技团队105人次。

自身建设 成立陕西省科协深化改革领导小组和《陕西省科协系统深化改革实施方案》起草小组。在《陕西省科协系统深化改革实施方案》起草过程中，省科协立足实际，深入调研，通过召开座谈会、专题会、全委会和书面征求等多种方式，广泛征求中国科协、全省科协系统和省级相关部门的意见建议，在此基础上进行修改完善，形成《陕西省科协系统深化改革实施方案（审议稿）》。

2016年11月11日，省委全面深化改革领导小组召开第二十二次会议，审议通过《实施方案》。联合省发改委、省科技厅研究《陕西省科协所属学会有序承接政府转移职能清单》，起草《陕西省科协所属学会有序承接政府转移职能工作实施方案（代拟稿）》拟请示省委以两办名义印发。

坚持全面从严治党，深入开展“两学一做”学习教育、“三会一课”“对标定位、晋级争星”等系列活动，制定实施省科协“三项机制”实施办法。制定下发《陕西省科协所属学会党建工作实施方案》，推进学会党建工作，加强对科技工作的政治思想引领。

落实党风廉政建设责任制，加强反腐倡廉建设。制定《省科协党风廉政建设主体责任清单》，开展党风廉政教育活动和纠正“四风”廉政过节等专项行动。落实领导干部个人重大事项报告制度。深入落实中央八项规定精神，强化执纪监督。加强领导班子和干部队伍建设，实现教育培训全覆盖。

组织开展市、县科协机构编制调研。进一步理顺省科协机关机构设置，积极稳妥推进省科协直属单位机构改革。积极开展机关讲书堂、全民健身日等精神文明创建活动，省科协机关荣获“省直机关文明单位”荣誉称号。

地市县及科协基层组织 陕西省共有市级科协11

个、县级科协107个、乡镇科协1072个、街道（社区）科协538个。2016年新增农村专业技术协会377个，累计达4938个，注册科普志愿者13983人。

市县（区）科协全年开展科普宣讲活动6611次，受众353.08万人次；播放科技广播、影视节目23.84万分钟；举办实用技术培训7119次，培训105.69万人次；推广新品种1485项。编著印制科技图书、报纸、科普挂图总量达110.85万份（册/张）。主办的33个科技网站浏览量达75.29万人次。科普基础设施建设成效明显，科技馆建筑面积增加3.16万平方米，达到7.55万平方米；科普画廊展示面积8.61万平方米；科普大篷车新增19辆达到54辆，全年下乡1156次，较2015年增加了448次，全年行驶里程25.67万千米。青少年科技教育态势良好，89.9万人次参加各级青少年科技竞赛，1.48万人次获奖；编印青少年科技教育资料18种8.3万册；组织58.57万人次青少年开展科技教育培训。开展学术交流活动102次。

西安市科协社区科普大学示范体系建设持续发展，国家级科技思想库西安分库建设稳步推进。宝鸡市建立学会党建工作联络员制等制度探索学会党建新模式，青少年科技教育纳入县区目标责任考核体系。咸阳市科协积极推动双创试点，打造科技助力精准扶贫咸阳模式。铜川市科协广发“英雄帖”，优秀科技工作者宣教工作影响广泛。渭南市科协科学素质纲要工作和建言献策工作持续保持优势。延安市科协承办中国科协“科普文化进万家”系列活动点亮圣地科普之光。榆林市科协农村实用技术系列丛书编印和决策咨询服务工作扎实有效。汉中市科协持续打造科技报告会、科技成果调研等品牌工作，积极服务地方经济社会发展。安康市科协会同组织部门出台《关于切实加强镇、村（社区）科普组织建设的通知》，实现了镇级科协的全覆盖。商洛市科协扎实开展“创新争先行动”，打造服务科技工作者综合平台成为新亮点。杨凌示范区科协开启老科协专家利用移动互联平台开展科技服务的新模式。韩城市科协大篷车“驻”校园活动受到基层欢迎。

省级学会、企业科协、高校科协 截至2016年年底，全省共有省级学会137个，较2015年减少2个；团体会员3863个，个人会员17.82万人；20个学会完成换届；企业科协375个；高校科协24个。

省级学会全年举办决策咨询活动563次，159篇决策咨询报告获上级领导批示；开展46项科技评估；503人次参加国外科技活动；158人次参加港澳台科技活动；接待国外专家学者623人次，接待港澳台专家学者108人次。开展学术交流活动465次，参加人数6.97万人次，交流论文1.33万篇。举办科普宣讲活动3639场次，其中院士科普报告会21场次，青少年科普宣讲活动208场次。

编著科技图书45种18.99万册，主办科技期刊43种。主办科技报纸9种印数8.23万份，制作科普挂图177种印数29.7万张，制作科技广播、影视节目453套播放1.44万分钟，制作科技光盘83种1.22万张。主办科技网站37个，浏览人数达3230.32万人次。

省机械工程学会、省汽车工程学会等25家省级学会及西安电子科技大学、西北工业大学等高校，积极参与中国科协重大学术交流活动的筹办工作，利用平台加大与国内外高层专家、学者的学习交流。省消防协会、省野生动植物保护协会等30多个学会积极参加科技之春、全国科普日活动，采取咨询、讲座、展览等形式面向公众开展科普宣传。省医学会、省营养学会等25个学会开通了微信公众号。

全省346个企业积极开展“讲·比”活动，41779名企业科技人员参加活动，“讲·比”活动中被采纳合理建议4249条。企业科协举办技术创新方法培训班78场次。27490名企业科技人员参加国内外学术交流活动。

西安电子科技大学、西安石油大学、榆林学院、陕西广播电视大学等16所高校举办高校科协科学论坛21场次。高校科协举办了青年科技工作者学术沙龙等学术交流活动10类，参与活动的科技工作者上万人。西北工业大学、西安电子科技大学举办第十八届中国科协年会全国科技工作者创新创业大赛（陕西赛区）决赛，500余人参加大赛决赛开幕式。涉及信息技术、生命科学、材料与工程、能源化工、交叉学科等专业领域80个决赛项目，共评出金奖项目10个、银奖项目24个、铜奖项目46个。经大赛组委会推介，十余个项目与创投机构达成了合作意向。

【第十八届中国科协年会在陕西举办】 9月24—26日，由中国科协和省政府共同主办的第十八届中国科协年会在陕西省西安市举办。年会以“创新驱动 科技引领”为主题，以“会、展、赛”为主要形式，组织开展了开幕式暨大会特邀报告会、全国科技工作者创新创业大赛、陕西省党政领导与院士专家座谈会、海峡两岸暨港澳科技合作论坛等活动。119位院士和国内外科技工作者2400余人参加。年会着力搭建协同创新服务平台，凸显为举办地服务特色，组织138名院士、专家来陕调研，凝练4个议题形成决策咨询报告上报国务院；围绕陕西战略发展产业和主导产业需要，结合全国学会学术发展方向，在16个学术交流分会场开展高端学术交流。作为执委会办公室单位，省科协积极做好全方位的组织、协调，扎实推进筹备任务，提供周到细致的保障服务，受到省政府办公厅通报表彰。

【第十八届中国科协年会全国科技工作者创新创业大赛（陕西赛区）决赛】 7月2—3日，由省科协主办，陕西省高校科协联合会、西北工业大学、西安电子科技大学承办的第十八届中国科协年会全国科技工作者创新创业大赛（陕西赛区）决赛在西北工业大学举行。大赛的主题为“创新发展、科技引领”。经过各市、高校的筛选和省赛初赛的严格选拔，涉及信息技术、生命科学、材料与工程、能源化工、交叉学科等专业领域的80个项目进入决赛。决赛阶段由开幕式、决赛项目分组现场评审、项目展示及推介、项目路演等环节组成。

经过评审委员会的评审和交叉复议，共评出金奖项目10个、银奖项目24个、铜奖项目46个。

大赛组织金奖项目在西北工业大学国际会议中心进行公开路演，吸引了飞马旅、中汇涌金、北京博雅方略、苏州火炬孵化集团等近50个国内知名创投机构参与。

经大赛组委会向部分产业园区、科技孵化器、创业投资机构及企业家进行推介，十余个参赛项目与创投机构达成了合作意向。

【2016年企业创新争先青年人才托举计划】 企业创新争先青年人才托举计划是省科协为贯彻落实全国“科技三会”精神，积极响应中国科协“创新争先行动”倡议，打造企业科技创新争先人才队伍的一项具体举措。经调研和征求部分企业意见建议，7月印发《关于开展企业创新争先青年人才托举计划项目的通知》并组织实施。项目受到全省企业青年科技工作者的积极响应，众多企业和青年科技工作者纷纷来电咨询了解情况，进行项目申报。企业青年人才托举计划也引起有关新闻媒体的关注，陕西电视台新闻联播、西部网、新华网等媒体主动进行报道。

企业创新争先人才托举计划项目，按照企业科协申报、专家评审、立项实施、项目结题等四个阶段组织实施。2016年资助项目20个，支持参与企业创新争先的青年科技工作者100余名。

（撰稿人：田西平）

甘肃省科学技术协会

服务经济社会发展 实施创新驱动助力工程项目。推进“创新驱动示范市”建设，指导支持庆阳市开展企业技术需求征集、调研对接洽谈等工作，累计征集企业技术需求59项，组织开展对接活动3次，与18个全国学会建立了联系，建立学会工作站4个，促成签订合作协议7项，达成合作意向13项，落地实施5项。帮助参与企业解决关键技术50项以上，形成研究成果20多个，开发新产品10余个，新增产值5000万元以上。征集到企业创新技术诉求36项，组织相关领域专家开展调研和精准对接，帮助企业解决技术难题。在全省重点企业（集团）、高校建立130余家企业（高校）科协、17家院士工作站，给予重点技术攻关、科技人才培养支持，通过实施“企会协作创新计划”“金桥工程”，开展企业创新方法培训，构建企业和学会科技成果转化和服务渠道。

省科协以新型职业农民培育工程为依托，重点从农业实用技术培训、新型职业农民培育、农业科技示范户培育三个层次推动农民培训工作，累计培训农民94万人次，投入培训资金5330万元。加大扶贫开发投入，落实“精准扶贫”主体责任。举办农村妇女致富带头人科学素质培训班，180多人参加培训。投入20万元，为达麦乡乎尔卡加村兴建牧民专业合作社2个，动员合作社吸纳16户贫困牧民。投入资金8万元，对达麦乡50多名村干部进行集中培训，组织合作社领办人、致富能手10名赴临夏州进行考察。

推进所属学会有序承接政府转移职能试点。组织起草了《甘肃省科协所属学会有序承接政府转移职能试点工作实施方案》，并于2016年2月由省委办公厅、省政府办公厅印发实施，承接各类政府转移职能项目6项、政府购买服务项目20项。

在企业成立院士专家工作站8个，并积极争取将院士专家工作站建设列入了2016年甘肃省省级重点人才项目。获得中国科协、财政部基层科普行动计划奖补项目72个，其中农村专业技术协会37个、农村科普示范基地15个、科普示范社区7个、农村科普带头人13个。省级基层科普行动计划共奖励农村专业技术协会14个、农村科普示范基地14个、科普工作队8个、科普示范社区4个。

《科学素质纲要》实施及科普工作 8月，省政府常务会议审议通过《甘肃省全民科学素质行动计划纲要实施方案（2016—2020年）》并印发实施。组织召开甘肃省“十三五”公民科学素质行动实施工作电视电话动员会和全省全民科学素质纲要工作部署暨2016年科普工作培训会，对“十三五”期间全民科学素质建设工作进行了安排部署。截至2016年年底，已有三分之一的市州出台了本级的“十三五”纲要实施方案，22个市县将公民科学素质工作纳入本地“十三五”国民经济和社会发展规划。

各级科协组织以文化科技卫生“三下乡”“科技活动周”“全国科普日”“科普大篷车陇上行”、反邪教警示教育宣传等品牌宣传活动为载体，共组织开展各类科普宣传活动约2万场次，发放各类科普资约120万份，展出科普挂图万余幅，宣传教育群众约500万人次，开展培训565期，参与公众88万人次。全国科普日期间，全省共举办各类科普活动1000多场次，其中农业科普知识讲座、科普报告和心理健康讲座620场次，培训农民8000人次，走访农户5462户，发放各类技术知识资料36万份；“流动科技馆巡展”活动先后到20个县区展出，参观人数100万人次；大学生暑期科普扶贫社会实践活动中，7所高校的1.3万名大学生奔赴14个市州的76个县区，结合专业特色开展了以服务农村建设、普及科普知识、实用技术培训、医药卫生宣讲、义诊、社会调研、义务支教等为内容的实践活动；“科普进寺院”“科普进藏区”和“科普大篷车进校园”活动受到社会各界好评；青少年科技创新大赛和机器人竞赛活动参赛规模创历年新高；“走近创客 体验创新——2016年青少年科学调查体验活动”有168所中小学校的30余万名青少年参加，7所学校被中国科协评为示范学校；首次举办的甘肃省中小学校科普剧表演大赛选出的3部作品分获第四届全国科学表演大赛科普剧表演一等奖、二等奖、优秀奖。省科协联合省广播电视总台等单位承办了中国青少年科学素质大会兰州赛区遴选面试活动，组织“甘肃省反邪教讲师团”成员开展反邪教警示教育报告会10场次。全省49辆科普大篷车常年面向基层群众开展科普宣传活动，总行程65万千米，活动覆盖82个县区。

“邮储银行杯”中国流动科技馆巡回展

9月17日，2016年全国科普日甘肃省主会场活动启动仪式在兰州文理学院举行。启动仪式现场设置了“航天放飞中国梦”“走近创客”“感触高科技”“乐享科普生活”4个活动版块，开展了“中国流动科技馆”巡展、无人机飞行表演、机器人表演、脑思维展、球幕影院、3D打印技术展示及VR虚拟现实体验等活动。活动现场除了展示环节外，还将传统宣传手段和现代传播方式相结合，以“科普中国”品牌落地应用为统领，通过报刊、网络专栏、手机、微博、微信、移动客户端等渠道，让公众感受前沿科技的魅力。学生代表、群众共计2000多人参加启动仪式。

启动甘肃省科普信息化建设试点工作，建设“科普e站”150个。16个科普大篷车配备项目和4套科普大篷车展品于7月底完成了车辆的交接手续；7个中国科协2016年农村中学科技馆公益项目全部建成运行；组织开展了科普教育基地第三方评估认定工作，认定命名科普教育基地26个；联合省地震局、省教育厅、防减灾办命名第六批“甘肃省防震减灾科普示范学校”25所。

甘肃科技馆建设进入尾声，加紧进行展品展项的制作，预计2017年6月开馆运营。

7月24日，“走进科学，相约兰大”2016年全国青少年科学营兰州大学分营正式开营，来自云南、内蒙古以及甘肃的230余名中学生在兰州大学进行为期1周的科学营活动。科学营活动分为聆听名师讲座、感悟文化底蕴、体验科学魅力、放飞青春梦想4大版块。

11月2日，2016年甘肃省大学生暑期“定向扶贫”科普实践及“科普之星”评选活动在甘肃民族师范学院举行，大学生代表参加了“科普之星”演讲比赛及“科普剧”表演。

学术交流 10月27日，以“服务科技创新建设一流期刊”为主题的第十二届中国科技期刊发展论坛在兰州市举办。论坛设置了科技期刊的数字出版与传播、科技期刊服务创新驱动发展、科技期刊与学术生态环境建设、国际影响力提升计划项目实施经验交流4个分论坛。

省科协举办了学会承接政府转移职能论坛暨2016年专题学术年会，会议就如何推动学会改革和创新发展、有序承接政府转移职能等问题进行了交流。组织所属学会围绕“学会有序承接政府转移职能”年会主题和行业前沿学科发展举办论坛、沙龙等学术交流活动20余场。承办了第九届海峡两岸科普论坛。联合举办西部资源环境发展论坛、兰州生命科学论坛。

7月20日，由省科协主办，省科技教育促进会承办的学术类社会组织如何有序高效承接政府转移职能学术沙龙在兰州市举行，来自社会组织领域的多位专家、省内专家和社会组织负责人30多人出席会议。会议认为，社会组织要具备自身优势、特色，增强社会组织的权威性，要提高三方面能力，即提高服务科技工作者的能力、提高服务社会的能力、提高服务与自我发展的能力。

8月11日，由中华中医药学会和甘肃省科协共同主办的第三届海峡两岸地道药材临床应用论坛暨2016年中医美容学术年会在兰州市召开。此次会议由台湾“中华海峡两岸中医药合作发展交流协会”、台湾“中华药用植物学会”、甘肃省中医药大学以及甘肃省中医药学会协办。会上，两岸知名中医药专家和中医美容专家以“地道药材与中医美容”为主题，围绕中医美容新思想、新观点、新技术、新成果作专题演讲报告，开展了学术交流。

10月27日，第九届海峡两岸科普论坛在兰州市举办，论坛主题为“多元视野下的科学传播”。海峡两岸100多位专家、学者出席论坛。本届论坛由开幕式暨主旨报告、分论坛、院校科普交流和考察交流4部分内容组成。4位专家作大会主旨报告，36位专家、学者在3个分论坛作了学术交流。会后，与会专家在西北师范大学开展了主题为“‘一带一路’战略背景下中国西北地区科普工作的困境与出路”的交流讨论。

服务科技工作者 经积极协调争取，恢复了“甘肃青年科技奖”的评选表彰工作。

积极推荐省内科技工作者参加中国优秀青年科技人才奖、中国科协求是杰出青年科技成果转化奖、第十四届中国青年科技奖、全国优秀科技工作者等奖项的评选，有8名科技工作者获奖。其中，中国科学院兰州化学物理研究所周峰入选中国优秀青年科技人才奖。

自身建设 根据《科协系统深化改革实施方案》和中国科协《关于深入贯彻落实〈科协系统深化改革实施方案〉的通知》等文件精神，按照省委省政府要求，组织起草了《甘肃省科协系统深化改革实施方案（2016—2020年）》，并经省政府常务会议审议通过印发实施。

扎实开展“两学一做”学习教育。先后组织中心组集中学习12次、举办专题报告会3次。对“两学一做”学习教育进行了中期考核评估，并召开党组会，对“两学一做”学习教育和党建工作进行了专题研究，查缺补漏，推动整改。认真落实从严治党主体责任。党组主要领导认真落实第一责任，坚持对反腐倡廉重要工作亲自部署、重大问题亲自过问、重点环节亲自协调、重要案件亲自督办，坚持每月听取1次纪检监察工作汇报，并提出相关要求；对机关和事业单位副处以上领导干部进行党风廉政建设集体约谈4次，每季度听取1次分管部门单位党风廉政建设情况汇报或进行专题调研了解，每年与分管部门单位负责人集体约谈和谈心谈话至少1次，切实加强对直接管辖领导干部的廉政教育、日常管理和监督。

加强干部队伍建设。选拔符合任职条件的3名年轻干部、基层干部进入机关、事业单位领导岗位；根据工作需要轮岗交流干部2名；选派基层乡镇挂职锻炼干部2名；向省委组织部推荐符合条件的5名年轻干部，进入组织部门后备干部库；选派5名干部参加省委党校、行政学院主体班次培训学习。完善财务管理制度，强化预算约束，从严开展会计核算和报销工作，规范资金支出。

深入推进“双联”行动，在2015年度“双联”工作考核中获“民心奖”。省科协把联村联户作为提升干部能力、改进工作作风的重要抓手，在选派干部到联系村挂职开展帮扶的基础上，分批次组织干部深入联系村开展驻村帮扶，确保每周都有双联干部驻村工作，确保每个干部每年驻村工作时间不少于4次15天。

地市县及科协基层组织 继续推动县区科协独立建制，全省已有72个县区科协实现独立建制，其中定西市7个县区科协全部实现单设。2个县区成立反邪教协会。乡镇（街道）科协组织和村（社区）科普小组恢复重建的比例持续上升。

按照中国科协和农业部的安排部署，联合省农牧厅出台了《关于支持农村专业技术协会开展农技社会化服务的意见》，提出“各地农技协工作机构要与乡镇农技站合署开展工作，乡镇农技站加挂农技协牌子”的工作措施，并从全省6567个农技协中选择1012个进行了试点。目前，全省1562个乡镇中有55%的乡镇建成立农技协联合会。

省级学会、企业科协、高校科协 组织3个省级学会承接中国科协学会能力提升相关项目。举办3期学会创新和服务能力提升培训班，邀请社会组织管理部门负责人及有关专家作专题讲座，并安排部分省级学会交流了工作经验；组织部分学会负责人赴海南、福建等省份考察学习学会能力建设及承接政府转移职能等工作经验。

推动西北民族大学、西北师范大学、甘肃中医药大学成立科协组织，推动兰州高新技术开发区和13家规模以上企业成立科协组织。

组织实施中国科协2016年科技信息企业推广应用服务项目，举办推介会4场、培训会4场，439家企业注册使用专利信息数据库。举办甘肃省中小企业创新创业专项培训班活动和企业知识产权与创新方法实务培训班，培训企业家、企业技术人员180人次。

【第31届甘肃省青少年科技创新大赛】 4月16日，第31届甘肃省青少年科技创新大赛暨第十六届中国青少年机器人（甘肃赛区）竞赛活动在兰州市举行。甘肃省副省长、省科协主席夏红民，甘肃省委常委、宣传部部长梁言顺，中国科学院院士赖远明，兰州市委副书记李森洙，兰州市委常委、副市长俞敬东等出席开幕式。

本届创新大赛的主题是“体验·创新·成长”。创新大赛在市州竞赛基础上，限额选拔参赛作品1204项参加省级大赛，经大赛组委会进行资格审查和专家初评，确定入围终评展示活动项目423项，其中中小学科技创新成果竞赛189项、科技辅导员方案61项、科技辅导员科技创新成果42项、青少年创意项目7项、青少年科学DV作品11项、青少年科技实践活动13项、少年儿童科学幻想绘画100幅。

甘肃省机器人竞赛的主题是“快乐成长”，共有来自267支参赛队伍的770名参赛人员，他们分别参加机器人综合技能比赛、FLL机器人挑战赛、VEX机器人工程挑战赛、机器人足球比赛、机器人创意比赛、EV3机器人足球比赛6个项目的竞赛。

【甘肃省科协所属学会有序承接政府转移职能试点工作会议】 5月4日，甘肃省科协所属学会有序承接政府转移职能试点工作会议在兰州市召开。甘肃省副省长、省科协主席夏红民出席会议并讲话。省政府副秘书长张正锋主持会议。

夏红民指出，各有关部门和学会要从全面深化改革的大局出发，认真落实党中央、国务院和省委、省政府的决策部署，坚持以服务大局、稳妥有序，创新方式、破解难题，强化监管、规范运行，转变观念、提升能力为原则，以适宜学会承接的相关科技评估、自然科学领域职业资格认定、技术标准研制、科技奖励评审推荐等科技类公共服务职能的整体或部分转接为重点，积极稳妥有序推进，探索形成可复制可推广的制度规范和有效模式，建立完善可负责可问责的职能转接及后续服务机制，确保试点工作取得预期成果。

夏红民强调，各有关部门和省级学会要切实增强大局意识、责任意识，健全推进机制、加强统筹协调，建立投入机制、强化政策支持，深化学会改革、提升承接能力，扎实做好有关工作，为学会承接政府转移职能改革探索出一条新路子，为全面深化改革大局作出新贡献。

《甘肃省推进省科协所属学会有序承接政府转移职能试点实施方案》印发后，省科协按照省委、省政府部署要求和文件精神，组建了省推进试点工作领导小组办公室，制订了试点工作推进计划表，明确了各阶段的工作任务、完成时限和责任单位，并组织相关学会能够承接的政府转移职能进行了梳理，与相关职能部门进行了初步对接，有序推进试点工作。

（撰稿人：李晓伟）

青海省科学技术协会

服务经济社会发展 省科协全年共资助实施15个决策咨询调研课题，编发《科技工作者建言》8期，其中第4期《包虫病防治任重道远，要齐抓共管方显成效》得到时任省长郝鹏、副省长高华的批示。

2016年建立了青海省环境科学研究院、国网青海电力公司、青海省人民医院等3家院士专家工作站和生物产业园区院士专家服务中心，柔性引进9名院士专家驻站。全省已建成院士专家工作站（中心）8家。

《科学素质纲要》实施及科普工作 省科协以《全民科学素质行动计划纲要（2006—2015—2020）》实施为重点，结合实际做好五大重点人群的科学素质提升工作。组织召开了全民科学素质行动实施工作电视电话会议青海分会场会议。研究制定了《青海省全民科学素质行动计划纲要实施方案（2016—2020年）》并以省政府办公厅名义印发。

省科协围绕“推进生态文明建设”这一主题，动员社会各界力量共同参与科普和生态文明建设，从5月份开始分三个阶段开展了“科普与三区建设同行”系列科普活动。先后组织和动员市、州、县科协组织和各级全民科学素质纲要实施工作办公室80多家成员单位参加。5月至8月，先后赴海东市化隆回族县支扎寺、平安区洪水泉清真寺、互助土族自治县佑宁寺、海南藏族自治州兴海县赛宗寺4所寺院开展了“科普寺院行，服务到藏区”暨科普大篷车联合巡展活动。9月15日起在全省范围内开展了以“创新放飞梦想 科技引领未来”为主题的全国科普日活动。据不完全统计，全国科普日期间全省共开展重点科普活动100余项，上报中国科协重点活动82项，2700余名科技工作者、科普志愿者参与活动，受益群众达56万余人次。

向中国科协、财政部申请“基层科普行动计划”项目23个，获得国家奖补资金400万元，23个“基层科普行动计划”项目包括农村专业技术协会12个、农村科普示范基地4个、农村科普带头人4个、科普示范社区3个。

省科技馆从3月1日—5月30日闭馆，对部分展区和基础设施进行更新改造，改造总面积2800平方米，更新展品共计110件/套，全面改造了场馆内部的供热系统。6月1日开始重新开馆接待公众。全年共接待观众67万余人次，其中青少年40万余人次，约占接待总人数的59%，接待团体观众1.8万余人次。省科技馆与青海民族大学、青海师大附中等学校建立了科普志愿者服务合作关系，遇重大活动或法定节假日时邀请志愿者提供志愿服务。全年科普志愿者到馆服务288人次。

中国流动科技馆青海巡展活动全年累计巡展黄南藏族自治州、海西蒙古族藏族自治州、海北藏族自治州及西宁市所属市、县、区共10个站点，累计行程7600多千米，参观受益群众达10万余人次。

为西宁市湟源县日月藏族乡中心学校、海东市乐都区第二中学、海北州刚察县民族寄宿制初级中学、海南州共和县青海湖民族寄宿制学校、海西州格尔木市郭勒木德镇中心学校5所学校争取到中国科协农村中学科技馆公益项目资金支持。组织申报了中国科协2016年度“科普大篷车”项目，为省科技馆、玉树藏族自治州、海东市互助土族自治县、海西蒙古族藏族自治州都兰县、西宁市城东区、海西蒙古族藏族自治州乌兰县6家基层科协申请配发了科普大篷车，并获得了中国科协奖励的4套车载展品和14套科普活动资源包。截至2016年年底，全省拥有中国科协配发的科普大篷车38辆，其中省科技馆3辆，省少数民族科普工作队1辆，市、自治州级科协9辆（含海南州少数民族科普和信息中心1辆），县（市、区）科协25辆。

学术交流 7月8日，2016年全省学会工作会议在西宁市召开。会议书面传达了全国科技创新大会、两院院士大会和中国科协第九次全国代表大会精神，中国科协《科协系统深化改革实施方案》《青海省科协系统深化改革方案（试行）》。会议表彰了省科协2014—2015年度先进学会、优秀学会工作者和长期担任学会职务的“学会工作突出贡献者”。省地理学会、省回医药研究会、省电机工程学会和省质量管理协会作大会交流发言。会议邀请了甘肃省腐蚀与防护学会理事长李毅就着力提升科技类学会服务科技创新能力和承接政府转移职能工作作经验介绍。

开展并完成了“2013—2014年度青海省自然科学优秀学术论文奖”评审和颁奖工作。

省公路学会完成了中国科协批复并资助的“三江源地区生态保护与公路建设高端论坛”项目。全年分两批实施省级学会能力提升项目10个。举办了首届全国企业创新方法大赛（青海赛区）活动。

服务科技工作者 经省科协推荐，青海大学畜牧兽医科学院董全民、青海大学附属医院李毅、西部矿业集团公司李增荣、青海省农林科学院刘玉皎、青海省地方病预防控制所王祖勋5人获得第七届“全国优秀科技工作者”称号。在全省范围内开展了五个“十佳”评选活动。

2013—2014年度青海省自然科学优秀论文奖评审工作从2015年下半年开始启动，最终评选出46篇获奖学术论文，其中一等奖论文 6 篇、二等奖论文 15 篇、三等奖论文 25 篇。12 月 7 日，2013—2014 年度青海省自然科学优秀学术论文奖颁奖大会在青海省西宁市举行，省委常委马顺清，省人大常委会副主任苏宁，副省长王黎明，省政府副秘书长郭臻先，省政协副秘书长张周平等出席并为获奖者颁奖。

2013—2014 年度青海省自然科学优秀学术论文奖颁奖大会

省科协会同省教育厅制定了《青海省科学道德和学风建设宣讲教育 2016 年工作计划》及任务分解方案。制定出台了《青海省优化学术环境的指导意见》。9 月 19 日，在青海大学举办了 2016 年度科学道德和学风建设集中宣讲报告会，青海大学、青海师范大学、青海民族大学 3 所高校的师生代表 240 余人聆听了报告。据不完全统计，全年省内各研究生培养单位共开展各类学风建设报告会、讲座共 21 场次，基本达到了对 2016 级研究生和高年级本科生的宣讲教育全覆盖。

省科协办公楼旧址拆迁后，在西宁市海湖新区重建了包括科协机关和直属事业单位办公为一体的“科技工作者之家”。

自身建设 按照中央和省委群团工作会议精神和《中共青海省委关于加强和改进党的群团工作的意见》要求，推动省委制定出台了《中共青海省委办公厅关于印发〈青海省科协系统深化改革方案〉（试行）的通知》。

按照中央和省委关于认真开展“两学一做”学习教育活动的要求，制订了学习研讨计划和任务分工，围绕中心工作，组织专题讨论。在庆祝建党 95 周年之际，省科协组织全体党员赴青海原子城国家级爱国主义教育示范基地纪念馆参观，组织全体党员重温入党誓词，接受爱国主义教育。

按照省委关于开展“三基建设”（基层组织建设、基础工作建设、基本能力建设）的要求，省科协开展了机关干部专业基本能力培训与测试工作，指导市州科协开展专业基本能力培训。制定了《关于开展基本能力测评工作的方案》，编印培训讲义和考试卷，省科协机关 15 名干部参加了测试，完成 2016 年度省直单位加强“三基”建设考核工作。

5 月 2 日开始，在北京国家行政学院举办了“青海省科协系统应急管理能力与领导力提升专题培训班”。省科协机关各部室、直属事业单位、基层科协负责人等 48 人参加了为期 1 周的培训。主要学习社会治理创新前沿问题、国家法治建设、突发事件处理、公众沟通的策略与方法等方面的知识。

12 月 29 日上午，省科协召开干部大会。省委组织部副部长张学天宣布省委关于省科协主要领导职务任免的决定。由于石昆明同志到龄退休，尤伟利同志担任省科协党组书记、主席人选。

地市县及科协基层组织 海东市科协广泛开展科普大篷车巡展活动。针对社区群众、中小学生、寺院僧侣等不同的受众人群确定活动主题和活动方案，制作了相应的科普展板和科普宣传资料，联合四县两区科协组织出动科普大篷车 19 次，行程 4100 余千米，放映科普影院 10 余次，上报大篷车活动信息 20 多期。

海南藏族自治州科协以实施公民科学素质行动计划纲要为抓手，扎实开展青少年科技教育活动，举办了海南藏族自治州第一届中小学机器人大赛、第三十一届全州青少年科技创新大赛，首次在州级大赛中专设藏文小论文奖项。海南藏族自治州科协被中国科协评为第 31 届青海省青少年科技创新大赛优秀组织单位、第 31 届全国基层赛事优秀组织单位。

海北藏族自治州科协积极开展农牧民实用技术培训工作。刚察县、祁连县、海晏县 3 县科协发挥近年来获得中国科协表彰奖励的科普惠农先进单位和科普带头人的宣传示范带动作用，举办农牧区科技知识培训活动，提升农牧民科学素质，培育新型农牧民。刚察县科协邀请青海大学附属医院肝胆胰外科主任、包虫病外科主任王海久举办了包虫病综合防控科普知识专题讲座。门源县科协举办了牛羊育肥和繁殖、贩运等涉农科普专题讲座。全年共组织开展各类培训班 26 期，培训科技管理人员、乡（镇）村、新型职业农牧民、农牧民技术员等 2400 余人次。

果洛藏族自治州科协发挥州科技馆科普教育主阵地的作用，获得中国科协科技馆免费开放专项资金，有效解决了科技馆运营经费不足的问题。组织广大青少年、中小学生、驻地军警、基层干部、牧民群众等广泛开展内容丰富的科技教育培训活动，发挥科技馆服务青少年、服务学校、服务社会的科普展教功能。

省级学会、企业科协、高校科协 3月，在省民政厅公布的2015年度全省性学术类社会团体评估等级中，省回医药研究会、省藏医药学会、省护理学会、省医学会被评定为4A级社会团体。省解剖学会在停止活动22年后，于1月29日恢复活动。3月13日，省解剖学会召开了第五届会员代表大会。4月12日，中国南丁格尔志愿护理服务总队青海省护理学会分队成立大会在青海省西宁市举行，这是自2007年南丁格尔志愿护理服务总队成立以来的第111支分队，也是青藏高原上首个志愿护理服务分队。经省科协和省民政厅批准，省遥感学会成立并召开了第一届会员代表大会。省护理学会、省医学会、省中医药学会、省化学会、省地理学会、省汽车工程学会、省农业技术推广协会、省藏医药学会等16家省级学会按章程先后召开了理事会议。

11月30日，省水力发电工程学会承办了省科协推进深化学会改革及能力提升培训班。培训班邀请专家就如何开展学会工作、申请科协项目的经验和大数据高端科普作了专题讲座。省级学会、协会、研究会的部分理事长、秘书长及学会专职工作人员44人参加了培训。2月26日，省藏医药学会会长、青海金诃藏医药集团有限公司董事长、省藏医院院长艾措千荣获“2015年度青海省科学技术重大贡献奖”。

省动物学会承办了第六届全国动物生理生态学学术研讨会，省地理学会承办了第二十五届全国高校地质地貌教学研究会学术年会，省医学会重症医学分会承办了第九届西部重症医学论坛暨青海省医学会第九次重症医学学术会议，省水力发电工程学会举办了青海省区域水电站地质灾害风险防范及应急处置研讨会。应台湾神农科技发展协会的邀请，7月20日，省科协组织全省涉农科技工作者和科协工作者共14人赴台湾地区，与台湾地区有关农会、协会就台湾农业生产、加工、质量监管及农会组织运作等进行了为期1周的学习交流。

1月13日，青海民族大学科协成立。这是继青海师范大学科协后成立的省内第2家高等院校科协组织。

【中共青海省委印发《青海省科协系统深化改革方案（试行）》】 为贯彻《中共中央办公厅关于印发〈科协系统深化改革实施方案〉的通知》精神，根据青海省委全面深化改革的总体部署和《中共青海省委贯彻落实〈中共中央关于加强和改进党的群团工作的意见〉的实施意见》要求，6月22日，中共青海省委办公厅印发了《青海省科协系统深化改革方案（试行）》（以下简称《改革方案》）。

《改革方案》明确了科协改革的指导思想、基本原则和总体目标。提出了要按照习近平总书记重要讲话精神和中央关于科协工作的部署，以保持和增强科协工作和科协组织的政治性、先进性、群众性为改革主线，以切实解决“机关化、行政化、形式化、少数化”问题为主要任务，把自觉接受党的领导、团结服务科技工作者、依法依章程开展工作有机统一起来，把科协组织建设成为党领导下的服务广大科技工作者、服务创新驱动发展、服务全民科学素质提高、服务党和政府科学决策，并在实践中不断加强自身建设的人民团体。

《改革方案》强调要将加强思想政治引领，强化学会主体地位，突出“三型”组织特色，坚持系统推进，促进全民科学素质提高，一切从实际出发作为基本原则。通过深化改革，力争从体制机制上解决“四化”等脱离群众的突出问题，使所属学会的发展和服务能力显著提升，在工作手段信息化、组织体系网络化、治理方式现代化方面迈上新台阶，使科协组织的政治性、先进性和群众性更加突出，开放型、枢纽型、平台型“三型组织”特色更加鲜明，服务科技工作者、服务创新驱动发展战略、服务公民科学素质提高、服务党委政府科学决策的能力明显增强。

《改革方案》从四个方面提出了多项举措。

一是改革和完善科协组织体系。要求提高科协领导机构中基层科技工作者比例，将青海省科技咨询服务中心更名为青海省科协企业科技创新服务中心，组建青海省科普资源配送中心。全面改革学会治理结构和治理方式。突出科技工作者的主体地位，改革学会治理结构，强化学会依法依章程独立自主开展工作的能力等。

二是创新面向社会提供公共服务产品机制。以调动激发科技工作者的积极性主动性创造性为目标，着重从把握导向，服务青海“131”总体要求、创新服务学术活动机制，优化学术环境；创新服务科技成果转化机制，引导学会助力创新发展；创新科学文化公共服务机制，建立普惠共享的现代科普体系；创新服务党和政府决策服务机制，建设科技创新智库等5个方面，将改革与发展紧密融合，以体制机制的不断创新释放科协组织服务青海创新发展的能量，切实把“创新、协调、绿色、开放、共享”的发展理念贯穿在科协事业发展的全局。

三是创新服务科技工作者的机制。通过完善科技工作者服务体系、建立健全联系科技工作者的长效机制、建立科技工作者广泛参与科协工作和活动的制度等方式强化服务意识，挖掘服务资源，提升服务能力。

四是加强改进党对科协工作的领导和对科技工作者的政治引领。以突出和增强政治性为导向，着重从加大对科协工作支持保障力度；强化科协系统党组织建设；创新学会党组织运行机制、强化工作覆盖等3个方面，着力加强党的领导，切实担负起团结带领广大科技工作者听党话、跟党走的政治任务。

【青海民族大学科学技术协会成立】 1月13日，青海民族大学科协成立大会在青海民族大学新校区举行。省科协党组书记、主席石昆明，青海民族大学党委书记赵燕武出席大会并共同为青海民族大学科协揭牌。省科协相关部门负责人、青海民族大学各院、系教师代表70余人参加了成立大会。省科协党组成员、副主席刘青致辞。

大会听取了《青海民族大学科学技术协会筹备工作报告》，审议并通过了《青海民族大学科学技术协会章程》。选举产生了青海民族大学科协第一届一次委员会成员，选举索端智为青海民族大学科协主席。

【首届全国企业创新方法大赛（青海赛区）】 10月，由省科协主办、省技术创新方法学会承办的首届全国企业创新方法大赛（青海赛区）在青海省西宁市举行。亚洲硅业（青海）有限公司、青海之也科技咨询服务有限公司、青海红枫防火设备有限公司、青海省科学技术信息研究所4家企业选送的6个创新作品围绕“创新驱动，方法先行”主题，结合企业技术创新难题的解决，通过PPT演讲和答辩、视频、实物、模型、专利等多种形式展现了创新成果。

青海之也科技咨询服务有限公司的“提高冬虫夏草菌丝产量和质量的发酵技术研究”“提高枸杞汁在生产加工过程中的品质”，青海红枫防火设备有限公司的“提高黏稠液料混合均匀性”获得特等奖，并参加了在山东济南市举办的首届全国企业创新方法大赛决赛。

（撰稿人：潘永胜）

宁夏回族自治区科学技术协会

服务经济社会发展 2016年，宁夏科协深入实施“助力创新深化行动”。围绕宁夏产业园区及企业的创新需求，组织65位知名专家对接57家企业的97项技术创新需求，达成合作意向67项，签订合作协议31项，助力医药产业、石化产业和农产品加工业等转型升级创新发展。石嘴山市、银川市分别举办了“创新驱动助力工程”农业领域技术项目北京洽谈对接会和中国（银川）国际智能工厂技术与设备展览暨银川市助力创新工程对接洽谈会，为企业转型升级、可持续发展提供科技支撑。

组织实施科技信息企业推广应用服务项目和一线创新工程师培养与实践项目，开展专利信息检索系统的推送和全程跟踪指导、专家对接等工作，服务企业757家。举办培训班，培养一线创新工程师80多名。

组织开展“科技专家助力脱贫攻坚行动”，180名区内外专家开展集中现场指导等形式的科技服务125场次，举办专题报告12场次、座谈交流会13场次，直接受益群众4万多人次。结合精准扶贫的要求，组织专家深入固原市西吉县田坪乡，开展种养殖实用技术培训指导工作，帮助贫困乡村农民解决实际困难和技术问题，调研形成的《自治区科协组织专家深入西吉县培训指导种养殖业发展情况的报告》获得宁夏回族自治区领导批示。

科技专家助力脱贫攻坚行动

开展“福建院士专家宁夏行”活动。宁夏科协联合自治区党委组织部和福建省科协，邀请3位院士、11位高层专家深入银川市、石嘴山市的高校、企业、园区、科普基地开展科技服务、科普报告、交流合作等活动。活动期间成立研究机构1家，签订合作协议5项，完成项目对接交流合作12项。

积极推动把“发挥科技社团在科技创新中的作用”列入宁夏回族自治区政协2016年协商计划议题，提交了《更好地发挥科技社团在科技创新中的作用的专题协商报告》，获得自治区领导批示。

引导和组织广大科技工作者围绕宁夏经济结构调整、产业转型升级、创新体系建设、农业产业发展、民生等前沿、热点问题通过专题调研、研讨等方式，向自治区党委、政府及有关厅局提交对策建议80余项。

《科学素质纲要》实施及科普工作 联合自治区党委组织部、宣传部等9个部门表彰了“十二五”期间全民科学素质工作30个先进集体、60名先进个人。

7月5日，召开了宁夏深入实施全民科学素质行动计划纲要工作会议，总结宁夏“十二五”时期全民科学素质工作，研究部署“十三五”时期全民科学素质工作，安排2016年重点工作任务，与5市和34个成员单位签订了落实《自治区全民科学素质行动计划纲要实施方案（2016—2020）》责任书。

8月14日，自治区人民政府办公厅印发了《宁夏回族自治区全民科学素质行动计划纲要实施方案（2016—2020年）》（以下简称《实施方案》），对“十三五”时期宁夏全民科学素质工作进行全面部署。《实施方案》明确了“十三五”时期全民科学素质工作的主要目标，到2020年，社会化大科普工作机制更加完善，科学技术教育、传播与普及显著发展，基本形成适应经济社会发展需求的现代公民科学素质组织实施、基础设施、条件保障、监测评估等体系，公民科学素质建设的公共服务能力显著增强，宁夏公民具备科学素质的比例超过6.3%。《实施方案》提出了要认真落实青少年、农民、城镇劳动者、领导干部和公务员“四大重点人群”科学素质行动，确定了14项重点任务和16项措施。《实施方案》提出了要认真落实科学教育与培训基础工程、社区科普益民工程、科普信息化工程、科普基础设施工程、科普资源开发与共享工程、科普人才建设工程“六大基础工程”的20项重点任务和24项措施，明确了牵头部门和责任部门。《实施方案》还对工作进度作了安排。

举办宁夏科技活动周、全国科普日活动、科普“七进”、首届青少年科学节、第31届宁夏青少年科技创新大赛暨第16届中国青少年机器人（宁夏赛区）竞赛、2016年文化科技卫生“三下乡”、宁夏科普讲解竞赛、宁夏食品安全宣传周和农民科学素质网络知识竞赛及反邪教警示教育等系列科普活动。

宁夏科技馆向社会公众免费开放，年接待观众量突破60万人次。

学术交流 2016年，宁夏科协有针对性地引导、组织全区学会开展学术交流、业务培训、技术服务、科学普及等活动800余场，近10万人次科技工作者参与活动。

先后邀请120余名院士等专家学者，围绕新材料、医药产业、石化产业、特色农业、学科发展、产业升级等方面举办了80余场学术交流活动。

7月27日，举办第十一届宁夏资深专家论坛和第十二届宁夏青年科学家论坛。论坛围绕石化产业、枸杞产业创新发展举办了3个专题论坛，吸引近2000名科技工作者参加论坛。论坛出版论文集3册。

9月21日，举办宁夏科协2016年“塞上学术月”主场活动及系列学术活动。围绕工业技术、特色农业与气象科学、医药科技、人才培养等内容，支持20个区级学会集中举办了25场专题学术交流活动，累计吸引近万名科技工作者参与活动。

服务科技工作者 宁夏科协向中国科协推荐中国青年科技奖、全国优秀科技工作者候选人，宁夏医科大学总医院马良宏荣获第14届中国青年科技奖。

开展第15届宁夏青年科技奖评选表彰活动。联合自治区组织部和人力资源和社会保障厅在全区范围内开展优秀青年科技人才推荐工作，共45家单位推荐77名候选人，最终表彰16人。

出台《宁夏离退休专业技术人才突出贡献奖评选办法》，并组织开展了首届“离退休专业技术人才突出贡献奖”评选表彰工作，对26家单位申报的47名候选人进行了评审，最终评定了22位“离退休专业技术人才突出贡献奖”获奖者。

实施“种子计划——青年科技人才托举工程”，第一批共选拔40名30岁左右的科技“小人物”，他们来自高校、科研院所、企业等科研一线，涉及煤化工、装备制造、新材料、干细胞研究、特色农业等领域。

开展科技工作者状况调查站点工作，完成上报信息84篇，其中有效信息59篇。完成中国科协2016年度“双创政策实施情况”问卷调查。

自身建设 3月，制定完成《宁夏科协系统深化改革实施方案》，并经自治区党委印发，重点提出了四个方面16项改革任务的52项具体措施，包括优化科协组织领导机构，改革科协组织工作机构，加强和改进科技社团组织建设，扩大基层科协组织覆盖面，完善联系服务科技人才的工作机制，搭建科技工作者成长成才平台，构建网上“建家交友”联系服务机制；把“助力创新工程”打造成科协的优势特色服务品牌，构建普惠共享的现代科普公共服务体系，支持学会承接政府转移职能，提升学术交流的质量和水平；建设开放共享科技创新智库，加大对科协工作的支持和保障，强化科协系统党的建设，增强科协组织的政治引领，强化科协干部队伍建设。旨在通过改革，转职能、转方式、转作风，提高科协组织的服务能力和水平。

组织开展市县科协及全区学会年度工作评估（评价）。通过深入基层听情况汇报、查阅档案资料、实地查看设施设备及活动开展情况、座谈交流等形式调研了解基层科协组织年度工作情况，总结工作经验、形成评价结果及调研报告。

推动学会改革创新发展。确定宁夏食品生产质量管理协会等学会为治理结构和治理方式改革试点，全面推进会员结构、办事机构、人事聘任、治理结构、管理方式改革，在提升学会创新和服务能力，承接政府转移职能方面取得良好效果。鼓励支持宁夏机械工程学会设立“宁夏机械工业科学技术奖”。

开展“两学一做”学习教育活动，开展“三比三看”和“五讲五比一落实三提高”活动。在全区学会党组织中开展“三查三树”和学会星级党支部创建活动。强化问题导向，围绕党员干部存在的问题列出问题清单、整改清单和责任清单，边学习边整改，着力补齐党员队伍建设存在的短板，确保学习教育活动抓得实、有成效。

地市县及科协基层组织 截至2016年年底，全区共有市级科协5个，县（市、区）科协21个，乡镇、街道科协192个。市县科协全年组织举办科普宣讲活动3850次，举办实用技术培训2910场次，参加活动科技人员总数达2.1万人次，受众人数超过150万人次。

银川市科协深入实施“科技专家助力脱贫攻坚行动”，组织18位专家实地解决贫困村技术难题20多项。组织科技工作者开展调研，建言献策，共提交科技工作者建议和调研报告46篇，其中6项建议得到批示及转办。“银川市雾霾天气来源及防治对策研究”课题获得银川市科技成果二等奖。在中国（银川）国际智能工厂技术与设备展览暨系列峰会上，设立助力创新工程对接洽谈专区，17名专家成功对接15家企业，解决技术需求52项，3家企业签订了合作协议。成立了银川市院士专家工作总站，征集企业科技需求156项，邀请6个省级学会和9个高校团队与银川市企业及产业园区进行对接。联合邮政储蓄银行银川市支行为银川市35个农技协、科普示范基地、小微企业、移民村农业产业发展授信5060万元。

石嘴山市科协提请市委、市政府印发了《石嘴山市创新驱动助力工程实施方案》，并将创新驱动助力工程列入市委年度目标管理考核内容。3月底，组织10家涉农企业赴北京开展洽谈对接；10月底，组织25家化工环保领域企业赴北京开展洽谈对接。先后邀请中国水产学会、中国电子学会、中国煤炭学会、中国金属学会等30余位专家调研考察，开展科技咨询服务活动，共促成企业与全国学会及有关专家签订合作协议4项，签订合作意向12项，建立院士专家工作站2个，专家提出产业发展意见建议36条。

吴忠市科协科技工作者状况调查站点工作成效显著，上报信息21篇，其中17篇有效，荣获国家级优秀调查站点和AAA级科技工作者优秀调查站点称号。实施科技信息企业推广应用服务项目，上门走访对接168家企业，成立区级科技创新服务站，邀请院士、专家为28家企业的66项技术难题答疑解惑，签订了11项合作协议。建设吴忠市青少年科技馆，更新器材9件。开展了“科技专家助力脱贫攻坚吴忠行”科技服务活动，该系列活动共举办63场次，并建立起了长效工作机制。

固原市科协在开展“科技专家助力脱贫攻坚固原行”科技服务活动、利用农业技术支农助农的同时，利用“‘互联网+’科普扶贫”模式解决了西吉县吉强镇万崖村西芹价低销售不畅的问题。协调落实场地、资金，实现了固原市科技馆免费开放。承办2016年全国中学生天文奥赛西北赛区预赛。在5所学校建设了青少年科学工作室。

中卫市科协承办了第31届宁夏青少年科技创新大赛暨第16届中国青少年机器人（宁夏赛区）竞赛。指导6家农技协开展农技社会化服务试点工作，推进农技协转型升级。

省级学会、企业科协、高校科协 截至2016年年底，自治区科协所属学会共97个，学会共有团体会员2551个，个人会员71853人，分支机构302个。全区累计成立企业科协112个、园区科协7个、高校科协2个，院士专家工作站达到30个。

宁夏各自治区级学会先后组织举办国家级、自治区级学术活动1000余场，10万余人次科技工作者参与各类学术活动。宁夏医院管理协会举办了第六期中国医院管理协会西部行（宁夏）医院管理讲学活动、宁夏山区医院临床管理与医院质量控制发展论坛。宁夏水利学会举办中阿博览——中国（宁夏）国际节水展览会。宁夏草原学会举办全国草原有害生物监测与防治技术培训及研讨会。宁夏品牌研究会举办中国品牌人2016年草原品牌共创论坛、第十届全面品牌管理论坛等活动。

宁夏机械工程学会实现了办事机构独立化和秘书长职业化，专职工作人员达到11人，承接了机械行业职称评审等数项政府职能。与多家企业、院校联合组成产业联盟，3项成果荣获2016年度中国机械工程学会工作成果奖。宁夏老科技工作者协会积极发挥建言献策作用，提交的《宁夏葡萄酒产业发展调研报告》《对银南灌区土壤盐渍化治的思考与建议》等被采纳应用。宁夏气象学会气象科普基地、博物馆、各气象台共接待公众近万人次，利用“3·23”世界气象日、“‘5·12’防灾减灾日”“气象知识进农村进社区”等活动开展气象科普活动，受益群众10万人次以上。

【宁夏回族自治区科协第八次代表大会】 12月12—13日，宁夏科协第八次代表大会在银川市召开。宁夏回族自治区党委书记、人大常委会主任李建华，中国科协党组成员、书记处书记吴海鹰出席开幕式并讲话。区直有关部门、各地级市和县科协、基层科技工作者500余人参加会议。

李建华在讲话中要求，全自治区各级科协组织要认真贯彻落实中央和宁夏回族自治区党委关于群团改革的部署，努力开创科协工作新局面。要建设“开放型”科协组织，通过体制机制改革，不断提升科协组织对科技工作者的影响力吸引力凝聚力；要建设“枢纽型”科协组织，接长手臂、形成链条，进一步扩大科协组织和科协工作的覆盖面；要建设“平台型”科协组织，积极搭建学术交流、创新创业、人才成长、科学普及和决策咨询平台，更好地服务大众创业、万众创新。

吴海鹰在讲话时强调，要深入学习贯彻习近平总书记系列重要讲话精神，团结带领广大科技工作者听党话跟党走；要贯彻落实中央部署，积极推进宁夏科协改革创新；要深入开展“创新争先行动”，带动宁夏科协工作再上新台阶；要创新服务基层手段，不断提升联系服务科技工作者的能力和水平；要加强科协组织自身建设，打造一支过硬的科协干部队伍。

会议听取了刘平和代表宁夏科协第七届委员会作的题为“深化改革创新发展团结带领广大科技工作者为建设开放富裕和谐美丽宁夏而努力奋斗”的工作报告。审议通过了《宁夏科协“八大”关于宁夏科协第七届委员会工作报告的决议》和《宁夏科协“八大”关于实施〈中国科协章程〉细则的决议》，选举产生了宁夏科协第八届委员会领导机构，李晓波当选为宁夏科协第八届委员会主席，陈国顺、张晓玲当选为副主席，孙涛、李星、李健、彭凡、钟景明、田军仓、姚敏、马玉山当选为不驻会副主席，强盛当选为秘书长。大会授予中国工程院院士何季麟宁夏科学技术协会名誉主席职务。

闭幕式上，颁发了宁夏离退休专业技术人才突出贡献奖、宁夏第十五届青年科技奖。科技工作者代表马良宏宣读了致全区广大科技工作者的倡议书。

【福建院士专家宁夏行】 10月17—21日，宁夏科协联合自治区党委组织部、福建省科协，开展了福建院士专家宁夏行活动。活动邀请了中国科学院院士赵玉芬，中国工程院院士夏照帆、林东昕，以及林实、尹应武、青连斌、林锦新、史秋衡等专家、学者一行21人到宁夏开展对接洽谈、技术合作、学术交流等活动。

活动筹备阶段，宁夏回族自治区科协在全区范围内征集到83家单位的94项技术需求，涉及生物技术、生态农业、新材料等方面。活动重点在银川市和石嘴山市展开，期间举办了2个专场活动，进行了合作签约和学术交流，考察了3个工业园区、3个科普基地、10家科技企业，并与有关企业对接洽谈。院士、专家还深入银川市、石嘴山市对种苗生物、葡萄酒产业、枸杞产业、信息产业等发展情况进行了调研和对接洽谈，建立了联系，为进一步合作打下基础。

此次活动共签订合作协议5项，成立研究机构1家，项目对接及学术交流12项。

【科技专家助力脱贫攻坚行动】 2016年，宁夏科协在全自治区范围内组织开展科技专家助力脱贫攻坚行动，主题是“聚力科技脱贫攻坚，推进特色优势产业发展”，活动覆盖全区，计划用3年时间助力800个立档建卡贫困村、58万贫困人口的精准脱贫。2016

年行动的主要内容为：推广先进实用技术和科技成果转化，加强农村实用技术人才队伍建设，提升农民科学素质水平，围绕精准脱贫积极建言献策，提升农技协科技服务质量。

4月24日，科技专家助力脱贫攻坚宁夏行首场活动在固原市举行，活动邀请了来自全国各地的84名专家深入各县（区）教农民和技术人员学技术、学经营管理。活动覆盖固原市22个乡镇24个村（22个贫困村），举办农业实用技术讲座和培训班7场（次），现场技术培训指导咨询10场（次），实地调查观摩指导24场次，举办报告会、专题报告8场次，开展座谈交流会4场次，发放技术资料5000册，达成合作意向4个。

5—10月，宁夏科协科技专家助力脱贫攻坚行动分别在银川市、石嘴山市、吴忠市、固原市各县区陆续展开。据不完全统计，全区科技专家助力脱贫攻坚行动组织180名区内外专家，开展集中现场指导等形式的科技服务125场次，举办专题报告12场次、座谈交流会13场次，直接受益群众4万多人次。

【宁夏首届青少年科学节活动】 10月15日，由宁夏科协、自治区教育厅和文明办主办，宁夏科技馆、宁夏青少年科技活动中心、宁夏青少年科技辅导员协会、全区五市科协、教育局、文明办承办的宁夏首届青少年科学节暨全区青少年科技体育教育竞赛主场活动启动仪式在宁夏科技馆举行。

主场活动包括全区青少年优秀科普剧竞赛展演、全区青少年科技体育教育竞赛2项科技竞赛和科技馆展厅科普教育活动、机器人教育活动、前沿科技成果展示、航空航模活动展示、科普示范学校科技教育活动展示、科学工作室创客6项科技活动。

来自银川市唐徕回民中学、银川六中、银川二十一小等优秀科普示范学校的同学们展示了学校师生在科技发明和实践活动等方面的科技教育活动成果。在青少年科技体育教育竞赛活动场地，336名中小学生参加遥控车三对三足球赛、遥控直升机障碍赛等5大类35个科技体育项目。宁夏自治区航模协会开展航模制作、航模展示和无人机飞行展示活动。在前沿科技成果展示场地，前沿科技企业、科研院所和高校展示了在虚拟现实、3D打印、创客空间和智慧城市等方面的科技创新成果。同时，宁夏回族科技馆序厅的科学表演剧（秀）、科学小实验、深度看展品等科学互动体验和青少年机器人挑战赛，亲子体验赛和趣味机器人表演等系列活动也吸引了大批青少年参与体验。

9月15日—10月15日，科技专家和科普工作人员赴全区五市开展了科技骨干教师培训、科普校园行系列活动、流动科技馆巡回展览、科普报告希望行宁夏行活动等一系列活动。本届青少年科学节历时1个多月，共涉及全区5市22个县（区）的中小学校、科研机构、企业等41家单位，共开展了300多项内容丰富的青少年科技教育活动，参与青少年人数超过20万人次。

（撰稿人：周艳梅）

新疆维吾尔自治区科学技术协会

服务经济社会发展 组织实施“创新驱动助力工程”试点工作，在哈密市建设绿色清洁能源研究院，成立学会联盟，有针对性地解决哈密市重点关键技术需求。推荐克拉玛依市为实施“创新驱动助力工程”试点市。

深入开展“天山南北院士行”主题科技活动，组织100余名院士、专家围绕“新形势下塔里木盆地可持续发展”等主题开展专题调研，为塔里木盆地流域总体规划、精准扶贫、嵌入式发展以及卡拉麦里自然保护区与准东开发区生态环境保护提供咨询建议。活动期间，承办丝绸之路化学论坛等5个高峰论坛，组织院士、专家出席论坛并作报告，与中国科学院智能科学与技术科普联盟联合举办“中国科学院科普志愿新疆行”活动，举办院士科普报告会30余场。

加强级科技思想库建设，面向社会征集调研课题选题两批次共计94个，向自治区党委政府报送决策咨询专报11份，得到自治区党政领导批示5次。完成“中哈塔城国际合作示范园区战略规划”课题研究工作，承担了中国科协“科技文化抵御宗教极端思想渗透战略研究”课题。重视政协提案工作，有7件提案被自治区政协列为正式提案，引起自治区10余家单位的重视，并及时给予回复，部分提案建议得到采纳和落实。成立了由767名专家组成的自治区自然科学专家库，入库专家涵盖理科、工科、农科、医科及近100个细分门类，进一步推进自治区高层次智力资源管理科学化、合理化、规范化。

联合自治区发展改革委组织开展以“发展新经济、培育新动能”为主题的“双创”活动周系列活动，举办“双创”培训班、“双创”论坛、“双创”面对面等活动，联合开展“创客中国”创新创业新疆赛区竞赛、天山众创行动、青年就业创业服务系列活动。提升企业科技创新能力，大力推广专利信息平台应用，新增645家企业注册应用专利信息平台，有32家企业通过使用专利平台，成功申请国家发明专利11项、国家实用新型专利49项，创造直接经济效益6000余万元。遴选企业参加首届全国企业创新方法大赛，获得二等奖1个、三等奖2个。

组织实施国家、自治区“基层科普行动计划”，表彰205个先进集体和个人。第二十七届“科技之冬”活动先后组织各类培训班2万余期，培训农牧民近300万人次。资助43个自治区学会开展“百会万人下基层”科技服务活动，受益群众10余万人次。

深入推进“访惠聚”驻村工作和“民族团结一家亲”活动。投入和引进项目资金，培训村干部和农民1400余人次，确保安迪尔乡拉依亚提坎村如期脱贫。举办科技界民族团结演讲比赛。组织机关干部职工赴民丰县安迪尔乡结对认亲，举办民族团结联谊活动，增进民族感情，促进和谐稳定。

推动自治区党委办公厅、政府办公厅下发了《关于自治区科协所属学会有序承接政府转移职能工作的意见》。先后起草了《自治区科协学会承接政府转移职能工作机制》等6个操作性文件，学会承接政府转移职能工作取得进展。

《科学素质纲要》实施及科普工作 制定《自治区全民科学素质行动计划纲要实施方案（2016—2020年）》，并由自治区人民政府印发实施。《方案》提出，到2020年，自治区公民具备科学素质的比例达到8%。认真履行全民科学素质领导小组办公室职责，及时调整了自治区全民科学素质工作领导小组成员单位，新增文化厅、民政厅等7家单位为自治区全民科学素质工作领导小组成员单位。组织召开了自治区全民科学素质电视电话会议，自治区党委副书记、自治区主席雪克来提·扎克尔出席会议并讲话，会议表彰了自治区“十二五”全民科学素质工作先进集体和先进个人。

9月10日，由自治区党委宣传部、教育厅、科技厅、科协、中国科学院新疆分院主办的2016年全国科普日新疆系列科普活动启动仪式在新疆科技馆举行。自治区党委副秘书长刘艳梅出席启动仪式并讲话，自治区科协党组书记李春阳主持启动仪式。自治区党委组织部、文明办，自治区发展改革委、教育厅、科技厅等有关部门负责人，以及乌鲁木齐市部分中小学学生和社区居民，有关单位、企业、学会、协会工作人员共300多人参加启动仪式。2016年科普日活动的主题是“创新放飞梦想，科技引领未来”。新疆主场活动开展了“创玩科学欢乐行”——青少年系列互动体验活动、企业科技创新成果和科普产品展览、第四届全国科学表演大赛新疆获奖作品汇演等。全自治区各级科协共组织开展重点科普活动270多项。

加强科普阵地建设，投入资金对新疆科技馆进行升级改造，2016年新疆科技馆累计接待观众45万余人次。认定命名2016—2020年度自治区科普教育基地74个，塔城地区乌苏市等12个县（市、区）被中国科协命名为2016—2020年度全国科普示范县（市、区）。举办第五届优秀科普作品评选活动，47部优秀图书、剧本作品获奖。开展第五届自治区科学技术普及奖评选，10个先进集体、20名先进个人获奖。

2016年，编印制作双语科普年历、科普折页、微动漫、双语广播等宣传资料80万份，并通过自治区“访惠聚”工作领导小组办公室赠送给基层。在农村、社区、学校举办科学普及“去极端化”宣讲1000余场，开展“科学普及基层行”系列活动50余场，受益群众7万余人次。

深入基层开展“新疆科学大讲堂”160余场，30万人次群众参加讲座。编译维汉哈“每周科普园地”和“科普大篷车”电视栏目104期。

建设完成集总控播放中心、数字屏媒终端、远程播放与监控系统、科普数字资源库为一体的“科普新疆”网络传媒平台。通过总控播放中心向全自治区户外LED大屏定时定向播放科普节目，截至2016年年底，在乌鲁木齐市、吐鲁番市、伊犁州等地完成户外LED科普大屏建设部署，并与自治区50个县市签订合作协议，集成播控大屏近100块。“新疆科技新闻”“科学面对面”等自主制作科普品牌栏目的影响力日益扩大。科普数字资源库拥有各类科普视频资源1200多个、4万分钟以上，开发制作“科普新疆”双语微动漫792个，其中5个获得中国科普作家协会优秀科普作品奖。开发与编译双语科普资源，出版发行《科学与生活》《科普进行时》《科学与技术》等维吾尔语、汉语、哈萨克语3种文字5类科普杂志76万余册，录制“科普进万家”双语广播1200分钟，除哈萨克语杂志外，其他杂志及广播均上传至新疆科协官网和新疆科技在线网站，供基层和各族群众下载使用。依托微信移动互联新媒体，建立双语科普微信公众平台，搭建科普微网站，实现移动终端随时随地分享科普资源。

推动科学与文艺融合发展，举办、承办了新疆首届科学表演大赛和全国第四届科学表演大赛，举办科普微电影培训班和沙龙活动，拍摄完成《远山的歌唱》《我有五双眼睛》等5部科普微电影，“科学诗苑”微信栏目累计创作推送科学诗歌近200首。

举办第六届自治区青少年科技节，开展第五届青少年科技创新奖评选，举办自治区青少年科技创新大赛等各类青少年科技赛事，开展青少年高校科学营、青少年科学调查体验等科普活动，组织“送培到基层”系列科技培训和科技服务活动。

学术交流 对自治区学会56个重点学术交流项目予以资助。主办、承办第十一届新疆青年学术年会暨第五届新疆青年博士论坛、第六届喀纳斯科学与艺术论坛等学术交流活动。组织3批26名科技工作者赴我国台湾地区和中亚国家开展学术交流。

9月21日，由自治区人民政府、中国科协、中国科学院、中国工程院主办的第四届信息化创新克拉玛依国际学术论坛在克拉玛依市开幕。来自国内外的1000余名专家、学者参加会议。论坛以“智慧城市、智能油田”为主题，由主题演讲、专题讲座、展览展示、交流研讨、现场发布、示范成果考察等活动组成。围绕论坛主题，开设了智能油田专题论坛、云计算与大数据高峰论坛、智慧医疗专题论坛、公安科技信息化专题论坛、卫星应用专题论坛、空间信息与大数据专题论坛、网络安全专题论坛、新型智慧城市建设专题论坛。开幕式上，举行了新疆经济和信息化委员会与华为公司战略合作、推进“丝绸之路经济带影视动漫渲染基地”建设合作、克拉玛依市中心医院基于“互联网+”智慧医疗健康云医院启动3项合作签约仪式。同期举办了信息技术和产品博览会，展览内容包括数字城市建设成果、数字油田建设成果、最新信息技术产品、IT新技术和新设备等。

服务科技工作者 组织开展全国优秀科技工作者、全国科协系统先进集体和先进工作者等奖项推荐评选工作，先后推荐5个先进集体和22名优秀科技工作者。组织开展第八届新疆青年科技奖和第十四届自治区自然科学优秀学术论文评选，20名优秀青年科技工作者及310篇优秀学术论文获奖。注重农村实用人才队伍建设，与自治区人力资源和社会保障厅共同开展第二批300名农牧民高级技师认定工作，并发放科普补助经费。做好优秀科技工作者宣传工作，自治区各媒体刊载稿件350余篇，全国性媒体刊登稿件50余篇。继续实施“星光工程”，编辑出版第六辑《我与新疆的科技事业》，弘扬老科技工作者的无私奉献精神。举办科学道德与学风建设宣讲和2016年中国科协会员日活动，邀请院士、专家分别在新疆大学和新疆工程学院举办宣讲报告会。加强科技工作者状况调查站点建设，做好中国科协九大代表推选和服务工作。

自身建设 扎实开展“两学一做”学习教育活动，积极配合自治区党委专项巡视工作。按照自治区党委深化改革总体部署，制定了《自治区科协系统深化改革实施方案》，明确了改革思路和具体举措。

加强科协组织和干部队伍建设。推动自治区出台《新疆维吾尔自治区科技辅导员专业技术职务任职资格评审条件（试行）》，解决了自治区科协系统从事科学普及教育专业技术人员没有系列评职称的问题。加强机关党建工作，完成机关党委换届工作。

开展自治区科协学会评估工作，表彰了2015年度自治区科协先进学会、学会工作先进个人。指导15个自治区科协学会按期完成换届工作。

地市县及科协基层组织 截至2016年年底，新疆共有地州市科协14个、县级科协103个、地县少数民族科普工作队73个、农村专业技术协会1269个，会员人数24.33万人。2016年地县科协共举办科普宣讲活动4500余次，开展实用技术培训3万余场次，参加活动的科技人员达12万余人次，受众人数400余万人次。

乌鲁木齐市科协成立36所“社区科普大学”，将“去极端化”内容列入“社区科普大学”讲课内容。喀什、和田地区科协深入辖区内各县市开展多轮科学普及“去极端化”大宣讲活动。阿克苏地区科协实施“户户都有科技明白人”培育工程，着力在乡村培育一批思想上能想明白、政策上能听明白、技术上能讲明白、实践上能干明白的“科技明白人”。昌吉州科协组织高级农民技师赴福建省进行培训交流，加强农村科技人才队伍建设。哈密市科协新建多个LED电子科普画廊，开通“哈密科普”新浪微博，结合民生热点和公众关注焦点开展科普宣传。石河子市科协组织召开了2016年科技信息推广应用暨专利工程师培训会，石河子应用企业达70余家，近40家企业下载查看国外专利技术1000多项。吐鲁番市科协制定印发《吐鲁番市“百会万人下基层”系列科技服务活动工作方案》，指导相关学会围绕科协服务民生工作开展活动。伊犁州科协出台《“科普扶贫”工作实施方案》，对州直148个贫困村开展科普帮扶工作，引导每个县市建好几个农村专业技术协会、每个乡镇形成1个特色产业、每个科协组织联系点的扶贫村发展1

个扶贫主导产业。塔城地区科协在“精准科普”上求实效，打造以LED科普电子大屏、科普长廊、科普专栏为主要内容的科普文化广场，以“科普一角”“科普书屋”为载体，科普进宗教场所覆盖率达到90%。

省级学会、企业科协、高校科协 截至2016年年底，新疆共有自治区学会106个，会员12.98万余人。2016年，新接纳自治区学会团体会员1个、取消团体会员资格10个。推动企业科协和企业院士专家工作站及高校科协建设，共有企业和科技园区科协98个、企业院士工作站28个、高校科协18个，其中新成立（含批筹）自治区高校科协13个、企业科协5个、企业院士工作站9个。

2016年，自治区学会主办、联办重点学术交流活动130余场次，近2万人次国内外科技工作者参加活动。新疆土壤与肥料学会举办了国家“一带一路”沿线水肥一体化产业高峰论坛，新疆石油学会承办了第四届信息化创新克拉玛依国际学术论坛智能油田专题论坛，新疆地质学会主办了2016年新疆煤层气学术研讨会等学术交流活动。

【新疆维吾尔自治区“十三五”全民科学素质行动实施工作电视电话会议】 11月30日，新疆维吾尔自治区“十三五”全民科学素质行动实施工作电视电话会议召开。自治区党委副书记、政府主席雪克来提·扎克尔出席会议并讲话。自治区党委常委沙尔合提·阿汗主持会议。自治区人大常委会副主任马宁·再尼勒、自治区政协副主席刘志勇，自治区政府秘书长吐逊江·艾力，自治区政府副秘书长、自治区全民科学素质工作领导小组副组长于欢，自治区科协党组书记、自治区全民科学素质工作领导小组副组长李春阳出席会议。

会议总结了“十二五”自治区全民科学素质工作情况，安排部署了“十三五”重点目标任务，表彰了国家、自治区“十二五”全民科学素质工作先进集体、先进个人和第二批自治区农牧民高级技师。自治区党委组织部、教育厅，克拉玛依市、和田地区，塔城地区乌苏市进行了大会交流发言。自治区全民科学素质工作领导小组成员单位，自治区人民政府有关部门领导及相关处室负责人，自治区科协所属学会（协会、研究会）负责人在主会场参加会议。4000多人在各地州市、县（市）分会场参加会议。

【2016“丝绸之路”科学节】 7月22—26日，以“魅力丝路·科学圆梦”为主题的2016“丝绸之路”科学节在克拉玛依市举行。本届科学节由自治区科协、克拉玛依市人民政府、中国科协科普部主办，克拉玛依市科协、新疆科普活动中心等7家单位承办，活动得到北京航空航天大学、中国科普作家协会等13家单位的大力支持。来自美国、俄罗斯、乌克兰、韩国、印度、巴基斯坦、南非等11个国家，北京市、上海市等17个省、自治区、直辖市，以及新疆14个地州市的2000余名嘉宾、参赛选手和4.2万余名公众参与了各项活动。

自治区党委常委、副主席艾尔肯·吐尼亚孜出席科学节开幕式并讲话，中国科协党组副书记、副主席、书记处书记徐延豪，自治区人大常委会党组副书记、副主任、新疆科协主席王永明出席开幕式并致辞。自治区科协党组书记李春阳主持开幕式。

科学节由开幕式、科技竞赛、科普活动、主题论坛、展览展示5个版块、13项活动组成。活动主要包括网络空间安全助力丝绸之路发展、丝绸之路经济带科技合作两个高峰论坛，第四届全国科学表演大赛表演类作品现场决赛，2016年全国航空航天模型锦标赛，“丝绸之路”杯网络安全精英赛，人工智能创意大赛，主题科普展览，科普“微电影”展评·沙龙，“科学面对面·相约演播室”，“聊聊那些有意思的事——艺术·科学·校园”，2016“丝绸之路”创新创业成果展示会等。

【第十一届新疆青年学术年会暨第五届新疆青年博士论坛】 12月18日，第十一届新疆青年学术年会暨第五届新疆青年博士论坛在新疆大学举办。自治区党委常委沙尔合提·阿汗出席会议并讲话，自治区人大常委会党组副书记、副主任、科协主席、第十一届新疆青年学术年会指导委员会主任王永明，自治区人民政府副秘书长于欢出席会议。会议由自治区科协党组书记李春阳主持。本届年会指导委员会、执行委员会全体委员，自治区科协专、兼职副主席，第八届新疆青年科技奖获奖者，第十四届自治区自然科学优秀学术论文奖获奖者，以及青年科技工作者，共950余人参加会议。

本届年会由自治区科协主办，第十一届新疆青年学术年会执行委员会和新疆大学承办。年会的主题为“飞越梦想，创赢未来”，年会的宣传口号是“科技振兴新疆，青年开创未来”。会上，颁发了第八届新疆青年科技奖、第十四届自治区自然科学优秀学术论文奖，新疆医科大学中心实验室副主任艾尼娃尔·艾克木、新疆农业大学草业与环境科学学院副教授芦娟娟分别代表获奖者作了会议发言。会议邀请中国科学院地理资源研究所研究员方创琳、中国科学院新疆理化技术研究所副所长潘世烈、新疆大学生命科学与技术学院院长张富春分别作专题报告《从联合国2030可持续发展议程看丝绸之路经济带核心区建设》《发展光电功能晶体高新技术产业，助力丝绸之路经济带核心区建设》《青年人的成长之路》。

第五届新疆青年博士论坛的主题为“放飞科学梦想，让青春智慧闪光”，300余名青年博士参加论坛。新疆大学化学化工学院院长刘浪、新疆大学信息科学与工程学院副院长艾斯卡尔·艾木都拉、新疆大学数学与系统科学学院副院长冯新龙、中国科学院新疆生态与地理研究所研究员刘铁、中国科学院新疆理化技术研究所研究员周喜、新疆众维股份董事长曹建山，围绕新疆社会稳定和长治久安、丝绸之路经济带核心区建设、大众创业万众创新、成长成才责任等青年博士关注的问题分别作主旨报告。

（撰稿人：杨运明）

新疆生产建设兵团科学技术协会

服务经济社会发展 兵团科协邀请中国工程院院士余建勇、姚穆、蒋士成等专家赴兵团一师阿拉尔市、八师石河子市纺织工业园区调研，为兵团纺织产业发展进行现场指导。同时调研了塔里木大学学科建设情况。此次院士新疆行活动的主题是“兵团纺织服装工业绿色发展”。3位院士分析了我国纺织产业发展现状和形势，并围绕纺织产业新产品开发、材料加工技术、新兴科技应用等方面提出对策建议。

实施“科普惠农兴村计划”。兵团共有3个农村专业技术协会、2个科普示范基地、18名农村科普带头人获得中国科协、财政部表彰，培育了一批团场科普示范集体和科技示范户。

建立服务全兵团14个师的服务网络，开展企业创新信息平台基础建设，加强科协服务企业创新工作。兵团注册使用专利信息资源系统网络1.0版的企业用户达467家，开展培训会5场，培训人数320多人次。

《科学素质纲要》实施及科普工作 先后召开兵团全民科学素质工作领导小组第九次会议、兵团全民科学素质行动实施工作电视电话会议，编制《兵团全民科学素质行动计划纲要实施方案（2016—2020年）》，并由兵团党委办公厅印发实施。

5月9日，兵团全民科学素质工作领导小组第九次会议召开。22家兵团全民科学素质工作领导小组成员单位分管领导参加会议。大会审议通过了《兵团全民科学素质行动计划纲要实施方案（2016—2020年）》（审议稿）、《2016年兵团全民科学素质行动工作要点》，表彰了“十二五”《兵团全民科学素质行动计划纲要》实施工作60个先进集体与81个先进个人。兵团党委组织部、党委宣传部、农业局、教育局、人力资源和社会保障局、科技局、科协在大会上作了典型发言。

兵团全民科学素质工作领导小组第九次会议

根据《兵团科协关于开展“科技之冬”》活动方案，共举办各类实用技术培训班2200期，组织科技讲座等500场，印发科普资料20万份，培训职工群众近50万人次。

兵团科协、兵团科技局、兵团党委宣传部共同主办以“创新引领、共享发展”为主题的2016年全国科技活动周兵团主场活动，举办了兵团“十二五”科技成就展，启动上线“科普兵团”微信公众平台。邀请清华大学信息技术研究院副院长曹军威作了关于引力波的科普报告。

组织开展了全国科普专家进校园、主题科普展览、科普社区益民行动、团场科普惠农行动、流动科技馆南疆巡展等科普活动。

举办第14届兵团青少年科技创新大赛，组织参加第31届全国青少年科技创新大赛。举办24场“大手拉小手”科普报告会，2000多名师生参加报告会。举办科学影像骨干教师队伍培训班，培训教师110人。为6所学校建设青少年科学工作室。首次承办全国青少年高校科学营石河子大学分营活动和培训会。组织170人参加了2016年全国高校营活动，分别前往北京市、上海市、江苏省、浙江省、石河子市5个分营参加活动。中国流动科技馆在南疆4个师实现了巡展全覆盖，参观人数达到10万人次。

学术交流 起草《兵团优化学术环境的实施意见（送审稿）》。投入资金支持学术交流项目13项、调研课题11项，支持科技工作者创新创业，激发科技工作者创新创业热情。

9月28日，由兵团科协主办、石河子大学承办的兵团科技创新驱动发展研讨会在石河子大学召开。石河子大学、兵团各师（市）科协有关负责人，企业、科研院所的专家、学者共70余人参加研讨会。研讨会以专题发言和实地调研的形式进行，选取8个典型单位分别从各单位科学研究现状、取得成果、面临困境等方面作了专题发言。座谈会后，与会人员对大学科技产业园与天业集团节水灌溉系统、旱地水稻试验田进行了实地调研。

6月，在塔里木大学举办海峡两岸丝路西域物种技术传播与文明对话交流研讨会，围绕丝绸之路在西域地区的物种交流、技术传播进行研讨。研讨会征集学术论文60篇。

6月6—8日，2016年中国食品科学技术高峰论坛在塔里木大学举行。论坛由中国科协、兵团科协资助，塔里木大学、中国食品科学技术学会、一师阿拉尔市、石河子大学主办。论坛主题为“食品科学的创新与发展”，共有院士、专家和企业家等627人参加会议。在大会主会场，与会专家、学者作了14场主题报告。会议设立食品营养与品质、食品安全与生物技术、食品加工与贮运3个分会场，共作了59场主题报告。

服务科技工作者 兵团科协组织推荐18名基层科技工作者获得全国科普带头人称号，6名科普工作者获得全国公民科学素质工作先进个人称号，5名科技工作者获得“全国优秀科技工作者”称号，4名科普工作者获得科技部表彰的科普工作先进个人称号，5名科协工作人员获得全国科协先进工作者称号，81名科普工作者获兵团全民科学素质工作领导小组表彰。推选了中国科协“九大”代表、委员候选人。

兵团科协不断拓宽为科技工作者服务的渠道，为科技人员成才成长搭建平台。注重对基层优秀科普工作者、科普带头人的宣传工作，在《兵团日报》宣传了10名“兵团青年科技奖”获得者的事迹。

10月12日，由兵团科协主办的2016年科学道德与学风建设院士报告会在石河子大学举办。邀请运载火箭系列总设计师、中国工程院院士龙乐豪作了题为“我和共和国的火箭事业”的报告，石河子大学200多名师生参加报告会。

自身建设 扎实开展“两学一做”学习教育活动。组织开展对党的十八届五中、六中全会精神，习近平总书记系列重要讲话精神，“全国科技三会”精神，以及兵团党委六届十五次全委（扩大）会议精神的传达学习和贯彻执行。

按照兵团党委要求，兵团科协会同兵团编办起草了《科协系统深化改革实施方案》，提出健全兵师两级科协组织体制、加强兵师两级科协队伍建设，从改革联系服务科技工作者的体制机制、全面改革学会治理结构和治理方式、创新面向社会提供公共服务产品的机制、加强对科技工作者的政治引领等方面提出多项改革措施，深化兵团科协系统改革。

8月3日，兵团科协所属学会工作座谈会在乌鲁木齐市召开。兵团科协主席黄斌出席会议并讲话，24家兵团学会秘书长参加会议。会议学习传达《中国科协所属学会有序承接政府转移职能扩大试点工作实施方案》和《科协系统深化改革实施方案》，兵团作物学会等7家学会作了交流发言。会上还对第四届兵团优秀学会工作奖获奖单位进行表彰，并颁发奖牌。

12月23日，兵团科协三届八次全委会议审议通过了兵团科协三届六次常委会议提交的《关于调整兵团科协第三届委员会主席、副主席、常委、委员的报告》。孔军当选为兵团科协第三届委员会常委、主席，徐斌当选为兵团科协第三届委员会副主席。

为扩大科协组织在国有企业的覆盖面，2016年，在5家企业成立科协组织。

【兵团全民科学素质行动实施工作电视电话会议】 7月12日，兵团全民科学素质行动实施工作电视电话会议召开。兵团党委常委、副政委卢晓峰出席会议并讲话，兵团党委、兵团副秘书长宋光杰主持会议。兵团科协主席、科技局党组书记、局长黄斌，兵团全民科学素质工作领导小组成员单位有关负责人，兵团科协、科技局（知识产权局）工作人员等80余人参加主会场会议。各师（市）、院（校）全民科学素质工作领导小组成员，各团场分管领导等600余人在分会场参加会议。黄斌代表全民科学素质工作牵头部门作了工作汇报，兵团党委组织部、党委宣传部、八师党委、五师教育局、六师五家渠一小5个单位作了典型发言。

【2016年全国“双创”活动周兵团主场活动】 10月12日，2016年全国“大众创业　万众创新”活动周兵团分会场活动在乌鲁木齐市开幕。新疆维吾尔自

治区党委副书记、兵团党委书记、政委孙金龙出席活动并宣布启动活动周。兵团党委常委、副司令员于秀栋主持启动仪式并致辞，9位兵团党委常委出席启动仪式。兵团机关各部门主要负责人及工作人员、创新创业企业及创业者近300人参加启动仪式。

兵团“双创”成果展同时举办，展览分为综合展区、政策法规展区、双创成果展区三个部分，共展出108块展板。

兵团优秀“双创”青年分享会分别在六师五家渠市、新湖农场举办。会上进行了优秀榜样人物评选，兵团优秀青年创业家、全国青联委员、银铃养老院院长孔令媛等接受了兵团电视台“双创”活动的直播访谈。兵团电视台、《兵团日报》、胡杨网、兵团网、兵团在线、手机报等媒体对活动进行全程报道。

各分会场活动同步启动。一师阿拉尔市、二师铁门关市、三师图木舒克市、四师可克达拉市、六师五家渠市、第七师、第九师、第十师北屯市、第十二师、第十三师、第十四师昆玉市11个师（市）的“大众创业　万众创新”活动周同步启动。

【第四届兵团青年科技论坛】 10月13日，第四届兵团青年科技论坛在塔里木大学举行。兵团党委常委、副政委卢晓峰，兵团党委、兵团副秘书长宋光杰，塔里木大学党委副书记、校长张传辉，兵团科协专职副主席王红德等出席开幕式。师（市）科协领导、优秀论文作者、各师（市）、院（校）优秀青年科技工作者、塔里木大学师生共计200余人参加论坛。

卢晓峰在讲话中肯定了兵团青年科技论坛对促进兵团经济社会发展所发挥的积极作用，并结合国家“科技三会”精神，对青年科技工作者创新创业提出了建议和希望。一是青年科技工作者要把握难得的历史机遇，积极投身大众创业万众创新。二是青年科技工作者要勇当创新创业的主力军，在建设创新型兵团中再立新功。三是强化保障，形成合力，推动创新创业发展的良好态势。

论坛以“兵团青年创新创业潜能激发”为主题，邀请中国科学院上海光学精密机械研究所研究员向世清，优客工场执行合伙人、幂次方学院执行院长幸琳琳，北京大学中小企业职业化管理与人才梯队建设课题组组长、正和岛私董会总经理、约局APP创始人刘军，分别作大会主旨报告《让我们投身双创》《互联网时代下的创业创新》《关于创新，你所不知道六个真相》。

论坛设3个分会场，共征集论文187篇。

（撰稿人：刘　阳）

大事记

1月

1月5日　中国科协科技期刊工作专家座谈会在北京召开。尚勇主持会议，王春法出席会议。

1月7日　中国科协与澳门科学技术发展基金座谈会在北京召开。

1月8日　中国公路学会第八次全国会员代表大会在江苏省南京市召开。王春法出席会议并致辞，翁孟勇当选为中国公路学会第八届理事会理事长。

1月9日　茅以升与中国梦——纪念茅以升先生诞辰120周年座谈会在北京举行。韩启德、王志珍、王春法及茅以升先生亲属等出席会议。

1月11日　中央全面深化改革领导小组第二十次会议审议通过了《科协系统深化改革实施方案》。

1月13日　中共中央政治局委员、国务院副总理刘延东主持召开国家科技体制改革和创新体系建设领导小组第十四次会议，听取国家科技创新“十三五”规划总体思路和《全民科学素质行动计划纲要》实施情况汇报。万钢、江小涓、尚勇参加会议。

1月14—15日　中国科协党组在北京召开理论学习中心组学习扩大会，传达学习十八届中央纪委六次全会、全国宣传部长会议、全国组织部长会议等重要会议精神。尚勇主持会议。

1月18日　中国科协国际科联工作协调委员会（ICSU-CHINA）全体会议在北京召开。张勤、李静海及ICSU-CHINA主席、中国科学院院士吴国雄等出席会议。

1月22日　经中国科协八届常委会第十四次会议审议，同意接纳中国光学工程学会、中国微米纳米技术学会、中国指挥与控制学会、中国检验检疫学会为中国科协团体会员。

1月26日　中国科协在北京召开2016年全国学会、地方科协工作会议。中共中央政治局委员、国家副主席李源潮出席会议并讲话。韩启德出席会议并讲话，尚勇主持会议并传达了中央书记处关于科协工作的指示精神。

1月27—29日　张勤率中国科协高层代表团出席澳门创新经济多元化模式研讨会。会议期间，中国科协企业创新服务中心与金科智库、中国（澳门）金融科技产业智库共同签署了《关于促进澳门科技创新发展的战略合作协议》。

2月

2月25日　国务院办公厅印发全民科学素质行动计划纲要实施方案（2016—2020年）。

2月29日　中国科协党组召开扩大会议，研究部署“两学一做”学习教育工作。尚勇主持会议。

3月

3月2日　尚勇在北京会见美国物理联合会首席执行官罗伯特·布朗一行。

3月8日　尚勇看望全国政协科协界委员并参加界别联组会议。

3月10日　中国科协与澳门科技协进会在北京签订“科技师友计划”合作协议。

3月15—21日　徐延豪率代表团赴台湾地区出席中华青年交流协会成立二十周年庆祝活动并进行工作访问。

3月18日　《中国科协科普发展规划（2016—2020年）》正式发布。

中国石油学会第九次全国会员代表大会在北京召开。赵政璋当选为中国石油学会第九届理事会理事长。

3月19日　2015年度“中国生命科学领域十大进展”颁奖活动暨青少年生命科学普及报告会在北京举行，尚勇出席活动并致辞。

3月30日　中国科协2016年科普工作会议在北京召开。徐延豪出席会议，束为主持会议。

4月

4月1日　《中国科协学会学术工作创新发展“十三五”规划》正式印发。

4月5日　中国制冷学会第九次全国会员代表大会在北京召开。金嘉玮当选为中国制冷学会第九届理事会理事长。

4月6日　2016中国科协学术建设发布会在北京举行。

4月9—12日　韩启德率代表团赴香港特别行政区进行工作访问并出席香港求是科技基金会顾问和执行委员第二十四次周年联席会议等活动。

4月16日　中国材料研究学会第七次全国会员代表大会在北京召开。尚勇，中国科学院副院长王恩哥出席会议并讲话。李元元当选为中国材料研究学会第七届理事会理事长。

4月21日　《中国科协高水平科技创新智库建设“十三五”规划》发布。

4月22日　2016全球人工智能技术大会暨人工智能60年纪念活动启动仪式在北京举行。

5月

5月5日　中国科协印发《中国科协贯彻落实〈关于深化人才发展体制机制改革的意见〉的实施方案》。

5月7日　中国密码学会第四次全国会员代表大会在北京召开。王杰当选为中国密码学会第三届理事会理事长。

5月8日　《中国现代科学家（七）》纪念邮票首发式在北京举行。

5月15日　清华大学科协成立大会暨“科技梦中国梦——中国现代科学家主题展”巡展启动仪式在清华大学举行。尚勇出席大会。

5月16—17日　中国发明协会第七次全国会员代表大会在北京召开。中共中央政治局常委、国务院总理李克强对中国发明协会第七次全国会员代表大会作出重要批示。潘云鹤当选为中国发明协会第七届理事会理事长。

5月18日　第十六届亚太科技中心协会年会在北京开幕。韩启德向大会发来贺信。尚勇出席开幕式并致辞。

中国城市科学研究会第六次全国会员代表大会在北京召开。仇保兴当选为中国城市科学研究会第六届理事会理事长。

5月20日　地方科协有序承接政府转移职能工作经验交流活动在山东省济南市举行。王春法出席活动并讲话。

5月22日　在加拿大蒙特利尔举行的第十次世界生物材料大会特别全体大会上，中国工程院院士、美国工程院外籍院士、中国生物材料学会名誉理事长张兴栋正式接任国际生物材料科学与工程学会联合会主席。

5月27日　2016“创响中国”巡回接力首站活动暨2016中国创新创业成果交易会启动仪式在广东省广州市举办。尚勇、国家发展改革委副主任林念修出席启动仪式并致辞。中国工程院院长周济，广东省委副书记、省长朱小丹等出席启动仪式。

5月29日　中国科协八届八次全委会议在北京召开。韩启德出席会议并讲话，尚勇主持会议。

中国城市规划学会第五次全国会员代表大会在北京召开。

5月30日　全国科技创新大会、中国科学院第十八次院士大会和中国工程院第十三次院士大会、中国科协第九次全国代表大会在北京召开。中共中央总书记、国家主席、中央军委主席习近平出席大会并发表重要讲话。李克强主持会议。张德江、俞正声、刘云山、王岐山出席大会。

全国科技创新大会、两院院士大会、中国科协第九次全国代表大会第二次全体会议在北京举行。中共中央政治局常委、国务院总理李克强发表重要讲话。

5月31日　中共中央政治局常委、国务院总理李克强对中国科协在科技工作者中开展“创新争先行动”作出重要批示，强调激发创新创造热情，抢抓发展新经济机遇，促进科技成果转化应用和全要素生产率提高。

中国科协第九次全国代表大会第三次全体会议在北京举行。中共中央政治局常委、中央书记处书记刘云山到会祝贺，代表党中央作了题为《科技工作者要争做创新发展的时代先锋》的祝词。

中国科协发布《关于在科技工作者中开展“创新争先行动”的倡议》。

6月

6月2日　中国科协第九届全国委员会第一次会议在北京召开。全国政协副主席万钢当选为中国科协第九届全国委员会主席。

中国科协第九届全国委员会常务委员会第一次会议在北京召开。会议提名并通过了中国科协第九届书记处第一书记和书记人选。中国科协第九届书记处第一书记尚勇，书记徐延豪、王春法、吴海鹰（女）、束为、项昌乐（挂职）。

中国科协第九次全国代表大会闭幕。中共中央政治局委员、国家副主席李源潮出席闭幕会议并讲话。闭幕式上颁发了“全国杰出科技人才”奖和“中国优秀青年科技人才”奖。

在马来西亚吉隆坡举行的国际工程联盟2016年会议上，全票通过中国科协代表中国成为《华盛顿协议》第18个正式成员。

6月3日　中国科协党组在北京召开理论学习中心组学习扩大会，学习习近平总书记等中央领导同志在中国科协第九次全国代表大会上的重要讲话精神。尚勇主持会议。

6月5日　由中国化工学会和中国化学会等6家单位联合发起的公益性化工科普组织——中国石油和化工科普联盟在北京成立。

6月12日　第八届海峡论坛·2016海峡科技专家论坛在福建省厦门市开幕。束为出席开幕式并致辞。

6月12—17日　在第23届太平洋科学大会期间召开的太平洋科学协会理事会会议上，经中国科协提名，中国科学院生态环境研究中心研究员吕永龙当选太平洋科学协会主席。

6月15日　中国有色金属学会第七次全国会员代表大会在北京举行。宋军出席会议并讲话。贾明星当选为中国有色金属学会第七届理事会理事长。

6月20—21日　中国空气动力学会第七次全国会员代表大会在四川省绵阳市召开。

6月21日　全国学会学习贯彻中国科协“九大”精神工作会议在北京召开。王春法、项昌乐出席会议并讲话，宋军主持会议。

6月22日　中国科协党风廉政建设推进会暨审计整改工作会在北京召开。尚勇、中央纪委派驻纪检组组长郭向远出席会议并讲话。

6月25—26日　中国农业历史学会第六次全国会员代表大会在广东省广州市召开。刘新录当选为中国农业历史学会第六届理事会理事长。

6月28日　中国科协清洁能源学会联合体成立大会在北京举行。尚勇，国家能源局副局长李仰哲，中国科协清洁能源学会联合体理事长、中国能源研究会理事长吴新雄出席大会并讲话。宋军出席会议。

7月

7月1日	中国科协在北京召开庆祝中国共产党成立95周年表彰大会。尚勇出席会议并讲话。
7月5—7日	由湖北省人民政府、中国生物工程学会等单位共同主办的第九届中国生物产业大会暨首届“中国光谷”国际生物健康产业博览会在湖北省武汉市举行。全国人大常委会副委员长陈竺致辞。
7月11日	河北省科技创新大会、河北省科协第九次全省代表大会在河北省石家庄市召开。河北省委书记、省人大常委会主任赵克志，省委副书记、省长张庆伟讲话。省委副书记赵勇主持会议。段惠军当选为河北省科协第九届委员会主席。
7月13日	中国科协信息科技学会联合体成立大会在北京举行。万钢出席大会并讲话，尚勇、宋军出席大会。
7月19—22日	由中国科协和中央党校联合主办的学习习近平总书记系列重要讲话精神科技领军人才专题研修班在北京举办。中共中央政治局委员、国务院副总理刘延东出席研修班并讲话。中共中央政治局委员、国家副主席李源潮出席结业式并讲话。万钢主持研修班。
7月29日	中国图象图形学学会第七届全国会员代表大会在北京召开。吴海鹰出席大会并讲话。谭铁牛当选为中国图象图形学学会第七届理事会理事长。 中国科协国际组织任职工作座谈会在北京召开。尚勇出席会议并讲话，束为主持会议。

8月

8月6日	中国技术经济学会第六次全国会员代表大会在北京召开。宋军出席开幕式并讲话。李平当选为中国技术经济学会第六届理事会理事长。
8月14日	第31届全国青少年科技创新大赛在上海市举办。中共中央政治局委员、国家副主席李源潮出席闭幕式并发表讲话。万钢出席闭幕式并为“中国科协主席奖”获奖者颁奖。尚勇，上海市委副书记、市长杨雄等出席活动。
8月17日	亚洲生物技术联合会夏季论坛在山东省青岛市举行。中国科协常委、中国生物工程学会理事长、中国科学院院士高福当选亚洲生物技术联合会下任主席。
8月22日	第33届国际地理大会在北京开幕。李静海、束为出席大会开幕式并致辞。
8月23日	中国建筑学会第十三次全国会员代表大会在北京召开。宋军出席会议并讲话，修龙当选为中国建筑学会第十三届理事会理事长。
8月25日	中国心理卫生协会第七次全国会员代表大会在北京召开。马辛当选为中国心理卫生协会第七届理事会理事长。
8月29—30日	中国空间科学学会第九次全国会员代表大会在陕西省西安市召开。吴季当选为中国空间科学学会第九届理事会理事长。
8月30日—9月7日	尚勇率中国科协代表团访问法国、比利时、奥地利，并为中国科协–FCPAE欧洲（比利时）海智创新创业基地授牌。

9月

9月1日	中国科协副主席、中国科学院院士潘建伟在北京会见英国物理学会首席执行官保罗·哈达克。
9月8日	中国科协主办的2016中国科幻大会在北京开幕。中共中央政治局委员、国家副主席李源潮出席开幕式并致辞。尚勇、徐延豪出席大会。
9月10—11日	中国照明学会第七次全国会员代表大会在山东省济南市召开。郦树奎当选为中国照

明学会第七届理事会理事长。

9月18日 中共中央政治局常委、中央书记处书记刘云山和刘奇葆、李源潮、郭金龙、万钢等领导同志到中国科技馆参加全国科普日北京主场活动。

9月19日 第19届国际麻风大会在北京开幕。国家主席习近平向大会发来贺信。中共中央政治局委员、国家副主席李源潮在大会开幕式上宣读了习近平的贺信。

首届中国（成都）海外人才创新创业项目大赛决赛暨颁奖仪式在四川省成都市举行。尚勇出席颁奖仪式。

9月19—21日 中国土壤学会第十三次全国会员代表大会在陕西省西安市召开。沈仁芳当选为中国土壤学会第十三届理事会理事长。

9月20日 2016年中国科协海智计划联席会议暨首届海智菁英创新峰会开幕式在湖北省武汉市举行。尚勇出席会议。

2016年首都高校科学道德和学风建设宣讲教育报告会在北京举行。王春法出席并致辞。

9月22日 2016年地方科协深化改革工作交流研讨活动在河南省郑州市举办。王春法参加交流研讨活动并作总结讲话。

9月23日 全国“科普文化进万家”暨第十八届中国科协年会科普活动在陕西省延安市启动。尚勇出席启动仪式并讲话，徐延豪主持启动仪式。

第十八届中国科协年会全国科技工作者创新创业大赛总决赛在陕西省西安市开幕。

9月24日 第十八届中国科协年会在陕西省西安市开幕。中共中央政治局委员、国家副主席李源潮出席开幕式并讲话。万钢致辞。尚勇主持开幕式。陕西省委书记、省人大常委会主任娄勤俭致欢迎辞。

第十八届中国科协年会全国科技工作者创新创业大赛总决赛项目路演在陕西省西安市举行。中共中央政治局委员、国家副主席李源潮，万钢，陈至立赴现场参观大赛展示项目。

中国科协在陕西省西安市召开地方科协党组书记贯彻落实中央部署、深化地方科协改革座谈会。尚勇主持会议并讲话。

中国科协求是杰出青年奖获奖者座谈会在陕西省西安市举行。李静海、吴海鹰出席座谈会。

9月25日 第十八届中国科协年会陕西省党政领导与院士专家座谈会在陕西省西安市召开。万钢、尚勇，陕西省委副书记、省长胡和平等出席会议。

中国科协主席万钢与陕西大学生见面会在陕西省西安市举办。

第十八届中国科协年会海峡两岸暨港澳科技合作论坛在陕西省西安市举行。十一届全国人大常委会副委员长路甬祥出席论坛。

全国科协系统对口援藏工作座谈会在陕西省西安市召开。尚勇，西藏自治区党委常委、区直机关工委书记多托出席会议并讲话。

9月26日 第十八届中国科协年会女科学家高层论坛在北京举行。十一届全国人大常委会副委员长、中国老科技工作者协会会长陈至立，十一届全国政协副主席、中国女科技工作者协会会长、中国科学院院士王志珍，尚勇出席论坛并致辞。

中国生理学会成立90周年庆典暨2016国际生理学学术大会在北京开幕。王延祐出席大会。

9月27日 中华口腔医学会第五次全国会员代表大会在上海市召开。束为出席会议并讲话。俞光岩当选为中华口腔医学会第五届理事会会长。

9月28日　中国科协学会党建工作会议在北京召开。尚勇出席会议并讲话。会议发布了《中国科协关于加强科技社团党建工作的若干意见》。

10月

10月10日　中国机械工程学会成立80周年座谈会在北京举行。

10月12日　2016年全国大众创业万众创新活动周在广东省深圳市启动。

中国科协县级科协主席专题培训班（第一期）在甘肃省兰州市举行。王春法出席开班式并作主题报告。

10月14日　中国运筹学会第十次全国会员代表大会在云南省昆明市召开。胡旭东当选为中国运筹学会第十届理事会理事长。

10月16日　中国科协"青年人才托举工程"2016—2018年度项目启动仪式在北京举行。尚勇、项昌乐、宋军出席启动仪式。

10月17日　2016年中国科协海智计划基地工作会议在广东省东莞市召开。束为出席会议并讲话。

10月18日　全国高校科协建设论坛在上海市举行，王春法出席并讲话。

10月20日　中国科协所属学会有序承接政府转移职能试点工作总结电视电话会议在北京召开。中共中央政治局委员、国家副主席李源潮出席会议并讲话。

2016世界机器人大会开幕式在北京举行。中共中央政治局委员、国务院副总理刘延东出席并致辞。中共中央政治局委员、北京市委书记郭金龙，万钢，尚勇出席开幕式。

10月24日　中国科协、农业部、国务院扶贫办联合印发《科技助力精准扶贫工程实施方案》。

10月25日　中国标准化协会第八次全国会员代表大会在山东省济南市召开。纪正昆当选为中国标准化协会第八届理事会理事长。

10月28日　中国科协党组在北京召开理论学习中心组学习扩大会，传达学习党的十八届六中全会精神，对中国科协学习贯彻会议精神作出部署。尚勇主持会议。

10月29日　第16届"明天小小科学家"奖励活动颁奖典礼在上海交通大学举行。徐延豪、上海交通大学校长、中国科学院院士张杰出席颁奖典礼并致辞。

10月29—30日　中国微生物学会第十一次全国会员代表大会暨2016年学术年会在陕西省西安市召开。邓子新当选为中国微生物学会第十一届理事会理事长。

10月30日　中国金属学会第十次全国会员代表大会暨中国金属学会60周年创新发展论坛在北京召开。第十届全国政协副主席、中国工程院主席团主席徐匡迪，王春法出席会议并讲话。干勇当选为中国金属学会第十届理事会理事长。

11月

11月1日　2016世界生命科学大会在北京召开。尚勇在开幕式上宣读了中共中央政治局常委、国务院总理李克强的重要批示。

中共中央政治局委员、国务院副总理刘延东在中南海紫光阁会见出席2016世界生命科学大会的国际知名科学家。

11月7日　束为在北京会见美国科促会首席执行官拉什·霍尔特一行，双方签署了合作谅解备忘录。

11月8日　中国科协在北京召开全面创新改革试验第三方评估工作启动会。中国科协副主席、中国科协决策咨询专委会主任李洪，王春法等出席会议。

中国食品科学技术学会第六次全国会员代表大会在北京召开。孟素荷当选为中国食品科学技术学会第六届理事会理事长。

11 月 9 日　中国科协党组在北京召开理论学习中心组学习交流会，集中学习《关于新形势下党内政治生活的若干准则》《中国共产党党内监督条例》和习近平总书记关于《准则》和《条例》的说明。

11 月 10—11 日　中国机械工程学会第十一次全国会员代表大会在北京召开。徐延豪、项昌乐出席会议。李培根当选为中国机械工程学会第十一届理事会理事长。

11 月 11 日　第七届中国（芜湖）科普产品博览交易会在安徽省芜湖市开幕。徐延豪出席并致辞。

11 月 13 日　中国复合材料学会第七次全国会员代表大会暨学术峰会在北京召开。项昌乐出席会议并讲话。陈祥宝当选为中国复合材料学会第七届理事会理事长。

11 月 14 日　2016 年科协系统深化改革工作电视电话会议在北京召开。万钢、尚勇出席会议并讲话。

全国科技助力精准扶贫工程动员部署电视电话会议在北京召开。万钢出席会议并讲话，尚勇，国务院扶贫办党组书记、主任刘永富，农业部副部长张桃林出席会议。

11 月 16—18 日　中国畜牧兽医学会成立 80 周年纪念暨第 14 次全国会员代表大会在浙江省绍兴市召开。黄路生当选为中国畜牧兽医学会第十四届理事会理事长。

10 月 17—19 日　中国内燃机学会第八次全国会员代表大会暨第九届学术年会在上海市召开。项昌乐出席会议并讲话，金东寒当选为中国内燃机学会第八届理事会理事长。

11 月 19 日　中国青少年科学素质大会启动仪式在北京举行。尚勇、徐延豪等出席启动仪式。

中国国土经济学会第五次全国会员代表大会在北京召开。第十届全国政协副主席、学会理事长张怀西出席会议，宋军出席会议并讲话。柳忠勤当选为中国国土经济学会第五届理事会理事长。

11 月 22 日　中国水力发电工程学会第八次全国会员代表大会在北京召开。项昌乐出席会议并讲话。张野当选为中国水力发电工程学会第八届理事会理事长。

11 月 25 日　国务院批准，自 2017 年起将每年 5 月 30 日设立为“全国科技工作者日”。

12 月

12 月 5 日　中国科协印发“创新争先行动”实施方案。

全国学会深化改革情况督导工作正式启动，对 50 家学会创新和服务能力提升工程优秀科技社团建设项目学会深化改革情况进行督导。王春法、吴海鹰、束为、项昌乐、王延祜、宋军分别带队深入学会开展督导工作。

2016 中国（昆山）国际创新创业大会在江苏省昆山市举办。束为出席并致辞。

12 月 6 日　湖南省科协第十次全省代表大会在湖南省长沙市召开。徐延豪出席开幕式并讲话。张尧学当选为湖南省科协第十届委员会主席。

12 月 10 日　中国草学会第九次全国会员代表大会暨学术讨论会在北京召开。何新天当选为中国草学会第九届理事会理事长。

12 月 12 日　中国岩石力学与工程学会第八次全国会员代表大会在广东省广州市召开。何满潮、冯夏庭当选为中国岩石力学与工程学会第八届理事会理事长。

12 月 12—13 日　宁夏回族自治区科协第八次代表大会在银川市召开。吴海鹰出席开幕式并讲话。李晓波当选为宁夏回族自治区科协第八届委员会主席。

12 月 15—16 日　中国通信学会第八次全国会员代表大会在北京召开。项昌乐出席会议并讲话。陈肇雄当选为中国通信学会第八届理事会理事长。

12 月 16 日　中国蚕学会第十次全国会员代表大会在广东省广州市召开。廖森泰当选为中国蚕学会第十届理事会理事长。

12月18日 中国稀土学会第六次全国会员代表大会在北京召开。宋军出席会议并讲话。李春龙当选为中国稀土学会第六届理事会理事长。

11月19日 第四届国际粉体检测与控制联合会会员代表大会在北京召开。谢植当选为国际粉体检测与控制联合会第四届理事会理事长。

12月20日 中国晶体学会第六次全国会员代表大会在广东省广州市召开。苏晓东当选为中国晶体学会第六届理事会理事长。

12月21日 中国可持续发展研究会第五次会员代表大会在北京召开。全国政协教科文卫体委员会副主任、研究会第四届理事会理事长邓楠，吴海鹰出席大会并讲话。王浩当选为中国可持续发展研究会第五届理事会理事长。

中国野生动物保护协会第五次全国会员代表大会在北京召开。陈凤学当选为中国野生动物保护协会第五届理事会会长。

12月21—22日 中国水土保持学会第五次全国会员代表大会在北京召开。刘宁当选为中国水土保持学会第五届理事会理事长。

12月22日 中国土地学会第七次全国会员代表大会在北京召开。王世元当选为中国土地学会第七届理事会理事长。

12月22—23日 浙江省科协第十次代表大会在浙江省杭州市举行。尚勇出席开幕式并讲话。姚克当选为浙江省科协第十届委员会主席。

12月23日 中国科协与中央军委科技委战略合作协议签字仪式在北京举行。尚勇、项昌乐、宋军出席会议。

中国中文信息学会第八次全国会员代表大会暨学会成立35周年学术会议在北京召开。方滨兴当选为中国中文信息学会第八届理事会理事长。

12月23—24日 中国针灸学会第六次全国会员代表大会在北京召开。刘保延当选为中国针灸学会第六届理事会会长。

12月24日 中国科协智能制造学会联合体成立大会在北京举行。尚勇，中国科协智能制造学会联合体理事长、中国工程院院长周济，李静海、项昌乐、宋军出席会议。

12月26日 2016年度中国老科学技术工作者协会表彰报告会在北京举行。十一届全国人大常委会副委员长、中国老科学技术工作者协会会长陈至立出席会议并讲话。尚勇、吴海鹰出席会议。

12月27—28日 中国科普作家协会第七次全国会员代表大会在北京召开。徐延豪出席开幕式并讲话。周忠和当选为中国科普作家协会第七届理事会理事长。

12月30日 “典赞·2016科普中国”现场活动在北京举行。徐延豪出席活动。

附　录

中国科学技术协会组织体系框图

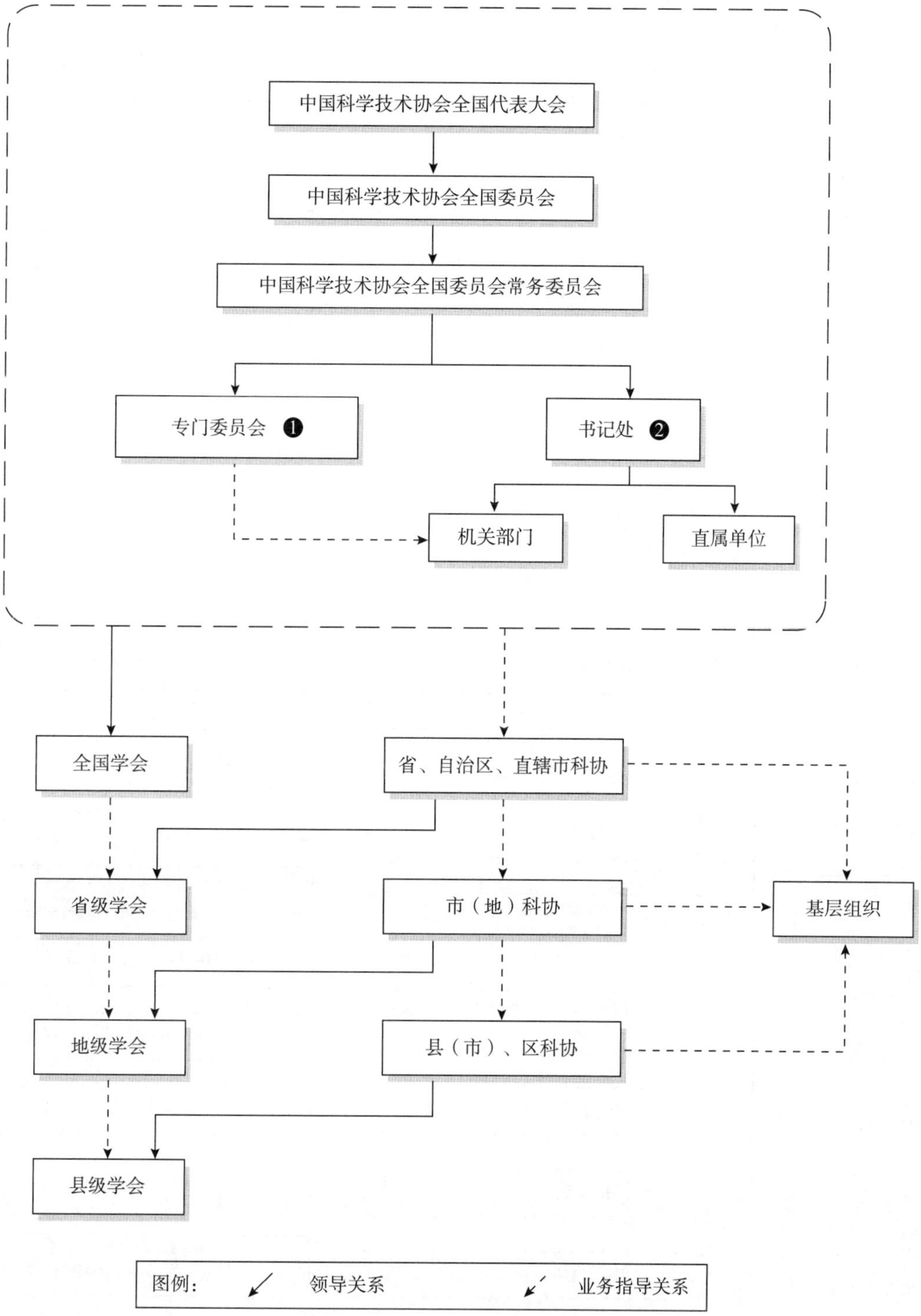

❶ 专门委员会

- 组织建设专门委员会
- 学术交流专门委员会
- 科学技术普及专门委员会
- 决策咨询专门委员会
- 人才与继续教育专门委员会
- 企业自主创新专门委员会
- 科技工作者道德与权益专门委员会
- 老科技工作者专门委员会
- 青年科技工作者专门委员会
- 女科技工作者专门委员会
- 国际合作与对外联络专门委员会

❷ 书记处

- 办公厅
- 计划财务部
- 组织人事部
- 调研宣传部
- 学会学术部（企业工作办公室）
- 科学技术普及部
- 国际联络部
- 机关党委
- 机关离退休干部办公室

- 中国科协创新战略研究院
- 中国科普研究所
- 中国科协学会服务中心
- 中国科协科技社团党委
- 中国科协信息中心
- 中国科学技术馆
- 中国科协青少年科技中心（中国科协科普活动中心）
- 中国科协企业创新服务中心
- 中国国际科技交流中心
- 中国科协农村专业技术服务中心（中国农村致富技术函授大学）
- 中国科协科学技术传播中心
- 中国科协培训和人才服务中心
- 科技导报社
- 中国科协机关服务中心
- 中国科技会堂
- 中国科协新技术开发中心
- 中国科学技术出版社（科学普及出版社）

中国科学技术协会名誉主席、荣誉委员

1986年6月27日中国科协三届一次全委会议通过

名誉主席　周培源　严济慈　茅以升

荣誉委员（以姓氏笔画为序）

王顺桐　王淦昌　许　杰　苏步青　汪德昭　沈　鸿　陈世骧　杨显东　金善宝
高士其　谈家桢　黄汲清　董纯才　裴丽生

1987年3月中国科学技术协会三届二次全委会议通过

荣誉委员　袁翰青　沈其益

1991年5月27日中国科学技术协会四届一次全委会议通过

名誉主席　钱学森　钱三强

荣誉委员（以姓氏笔画为序）

王大珩　卢嘉锡　刘东生　李国豪　吴仲华　沈　元　张　维　陆　达　唐敖庆
曹天钦　裘维蕃

1996年5月31日中国科学技术协会五届一次全委会议通过

名誉主席　朱光亚　卢嘉锡　吴阶平

荣誉委员　何　康　林兰英（女）强巴赤列（藏族）胡亚美（女）高景德

2001年6月24日中国科学技术协会六届一次全委会议通过

荣誉委员　干福熹　王连铮　石元春　叶叔华（女）母国光　朱高峰　庄逢甘　孙大涌
李振声　杨　乐　闵桂荣　张存浩　陈可冀　陈佳洱　施蕴邦　聂　力（女）
顾方舟　高　潮　龚育之

2006年5月25日中国科学技术协会七届一次全委会议通过

名誉主席　周光召

荣誉委员　左铁镛　旭日干（蒙古族）刘　恕（女）江泽慧（女）苏纪兰　李依依（女）
张玉台　国　林　胡启恒（女）钱　易（女）徐善衍　郭孔辉　曾庆存

2011年5月29日中国科学技术协会八届一次全委会议通过

荣誉委员 马国馨 王永炎 王震西 韦 钰（女，壮族） 邓 楠（女） 艾国祥 白春礼（满族） 齐 让 杜祥琬 杨福家 张开逊 张启发 陆延昌 陈运泰 赵忠贤 栾恩杰（满族） 高润霖 郭桂蓉 符淙斌 管华诗

2016年6月2日中国科学技术协会九届一次全委会议通过

名誉主席 韩启德

荣誉委员 干 勇 王 兴 王 韧 王小兰（女） 王诗宬 王恩哥 方 新（女） 邓中翰 卢锡城 冯长根 吕 植（女） 刘 玠 许振超 孙家广 杨 卫 杨 劼（女，蒙古族） 杨玉良 吴 跃 吴明江 沈爱民 张 勤 张桃林 陈惠娟（女） 陈赛娟（女） 周建平 郑南宁 赵沁平 哈木拉提·吾甫尔（维吾尔族） 饶子和 秦大河 袁家军 夏 强 唐启升 黄伯云 龚 克 屠海令 程东红（女） 谢克昌 樊明武

已去世的名誉主席（8名）

卢嘉锡 朱光亚 吴阶平 周培源 严济慈 茅以升 钱三强 钱学森

已去世的荣誉委员（36名，以姓氏笔画为序）

王大珩 王顺桐 王淦昌 卢嘉锡 母国光 刘东生 庄逢甘 旭日干 许 杰 吴仲华 张 维 李国豪 杨显东 汪德昭 沈 元 沈 鸿 沈其益 苏步青 陆 达 陈世骧 林兰英 金善宝 施蕴邦 唐敖庆 袁翰青 谈家桢 高 潮 高士其 高景德 曹天钦 黄汲清 龚育之 强巴赤列 董纯才 裘维蕃 裴丽生

中国科学技术协会顾问（41名）

1993年5月31日中国科协五届一次常委会议通过

王春正 李荣融 韦 钰 惠永正 陈达植 范宝俊 谢旭人 徐颂陶

2001年6月24日中国科学技术协会六届一次常委会议通过

王春正 王万宾 赵沁平 马颂德 张华祝 张佑才 舒惠国 陈宜瑜 江蓝生 朱高峰 陈佳洱

2006年5月25日中国科学技术协会七届一次常委会议通过

张晓强 赵沁平 刘燕华 孙来燕 张少春 王晓初 邵 宁 李静海 朱佳木 杜祥琬 陈宜瑜

2011年5月29日中国科学技术协会八届一次常委会议通过

张晓强 杜占元 王志刚 杨学山 张少春 王晓初 黄丹华 李家洋 朱佳木 潘云鹤 陈宜瑜

中国科学技术协会所属全国学会、协会、研究会及受委托管理的学会

序码	学会名称	理事长	秘书长
A-01	中国数学会	袁亚湘	陈大岳
A-02	中国物理学会	詹文龙	方 忠
A-03	中国力学学会	杨 卫	杨亚政
A-04	中国光学学会	郭光灿	龚旗煌
A-05	中国声学学会	王小民	张春华
A-06	中国化学会	姚建年	杨国强
A-07	中国天文学会	武向平	杨 戟
A-08	中国气象学会	王会军	翟盘茂
A-09	中国空间科学学会	吴 季	庞红勋
A-10	中国地质学会	钟自然	朱立新
A-11	中国地理学会	傅伯杰	刘 毅
A-12	中国地球物理学会	陈 颙	郭 建
A-13	中国矿物岩石地球化学学会	胡瑞忠	李世杰
A-14	中国古生物学会	杨 群	王永栋
A-15	中国海洋湖沼学会	孙 松	杨红生
A-16	中国海洋学会	陈连增	雷 波
A-17	中国地震学会	张培震	李小军
A-18	中国动物学会	孟安明	王德华
A-19	中国植物学会	武维华	葛 颂
A-20	中国昆虫学会	康 乐	黄大卫
A-21	中国微生物学会	邓子新	东秀珠
A-22	中国生物化学与分子生物学会	李 林	刘小龙
A-23	中国细胞生物学学会	陈晔光	王 纲
A-24	中国植物生理与植物分子生物学学会	陈晓亚	唐威华
A-25	中国生物物理学会	饶子和	阎锡蕴
A-26	中国遗传学会	张亚平	薛勇彪
A-27	中国心理学会	白学军	傅小兰
A-28	中国生态学学会	刘世荣	陈利顶
A-29	中国环境科学学会	王玉庆	任官平
A-30	中国自然资源学会	成升魁	沈 镭
A-31	中国感光学会	蒲嘉陵	黄 勇
A-32	中国优选法统筹法与经济数学研究会	池 宏	李建平
A-33	中国岩石力学与工程学会	冯夏庭 何满潮	刘大安

序码	学会名称	理事长	秘书长
A-34	中国野生动物保护协会	陈凤学	李青文
A-35	中国系统工程学会	汪寿阳	杨晓光
A-36	中国实验动物学会	秦　川	赵宏旭
A-37	中国青藏高原研究会	姚檀栋	欧阳华
A-38	中国环境诱变剂学会	柯　杨	郝卫东
A-39	中国运筹学会	胡旭东	刘　克
A-40	中国菌物学会	王成树	白逢彦
A-41	中国晶体学会	苏晓东	孙俊良
A-42	中国神经科学学会	段树民	何　成
B-01	中国机械工程学会	李培根	陆大明
B-02	中国汽车工程学会	付于武	张进华
B-03	中国农业机械学会	罗锡文	张咸胜
B-04	中国农业工程学会	朱　明	管小冬
B-05	中国电机工程学会	郑宝森	谢明亮
B-06	中国电工技术学会	杨庆新	裴相精
B-07	中国水力发电工程学会	张　野	袁柏松
B-08	中国水利学会	胡四一	于琪洋
B-09	中国内燃机学会	金东寒	李树生
B-10	中国工程热物理学会	金红光	杜建一
B-11	中国空气动力学会		徐　翔
B-12	中国制冷学会	金嘉玮	孟庆国
B-13	中国真空学会	许宁生	郭海明
B-14	中国自动化学会	郑南宁	王飞跃
B-15	中国仪器仪表学会	李天初	朱险峰
B-16	中国计量测试学会	蒲长城	马爱文
B-17	中国标准化协会	纪正昆	高建忠
B-18	中国图学学会	孙家广	赵　罡
B-19	中国电子学会	怀进鹏	徐晓兰
B-20	中国计算机学会	高　文	杜子德
B-21	中国通信学会	陈肇雄	衣雪青
B-22	中国中文信息学会	方滨兴	孙　乐
B-23	中国测绘地理信息学会	李维森	彭震中
B-24	中国造船工程学会	黄平涛	罗季燕
B-25	中国航海学会	黄有方	王　群
B-26	中国铁道学会	孙永福	马福海
B-27	中国公路学会	翁孟勇	刘文杰
B-28	中国航空学会	林左鸣	吴　松
B-29	中国宇航学会	雷凡培	王一然

序码	学会名称	理事长	秘书长
B-30	中国兵工学会	尹家绪	于小虎
B-31	中国金属学会	干　勇	王新江
B-32	中国有色金属学会	贾明星	张洪国
B-33	中国稀土学会	李春龙	牛京考
B-34	中国腐蚀与防护学会	王福会	李晓刚
B-35	中国化工学会	戴厚良	杨元一
B-36	中国核学会	李冠兴	王德林
B-37	中国石油学会	赵政璋	周抚生
B-38	中国煤炭学会	王显政	刘　峰
B-39	中国可再生能源学会	谭天伟	李宝山
B-40	中国能源研究会	吴新雄	郑玉平
B-41	中国硅酸盐学会	徐永模	晋占平
B-42	中国建筑学会	修　龙	张百平
B-43	中国土木工程学会	郭允冲	刘士杰
B-44	中国生物工程学会	高　福	马树恒
B-45	中国纺织工程学会	孙瑞哲	尹耐冬
B-46	中国造纸学会	陈学忠	曹春昱
B-47	中国文物保护技术协会	李化元	王时伟
B-48	中国印刷技术协会	王岩镔	陈　彦
B-49	中国材料研究学会	李元元	韩雅芳
B-50	中国食品科学技术学会	孟素荷	邵　薇
B-51	中国粮油学会	张桂凤	胡承淼
B-52	中国职业安全健康协会	王德学	马　骏
B-53	中国烟草学会	赵洪顺	王建雪
B-54	中国仿真学会	赵沁平	吴云洁
B-55	中国电影电视技术学会	何宗就	黄平刚
B-56	中国振动工程学会	苏义脑	陈国平
B-57	中国颗粒学会	陈运法	白蕴如
B-58	中国照明学会	邴树奎	窦林平
B-59	中国动力工程学会	黄迪南	张树林
B-60	中国惯性技术学会	包为民	王　岩
B-61	中国风景园林学会	陈晓丽	陈　重
B-62	中国电源学会	徐德鸿	韩家新
B-63	中国复合材料学会	陈祥宝	张博明
B-64	中国消防协会	陈伟明	曹忙根
B-65	中国图象图形学学会	谭铁牛	马惠敏
B-66	中国人工智能学会	李德毅	王卫宁
B-67	中国体视学学会	康克军	王　忠

序码	学会名称	理事长	秘书长
B-68	中国工程机械学会	卞永明	刘　钊
B-69	中国海洋工程咨询协会	周茂平	屈　强
B-70	中国遥感应用协会	罗　格	徐　文
B-71	中国指挥与控制学会	戴　浩	秦继荣
B-72	中国光学工程学会	张广军	赵雪燕
B-73	中国微米纳米技术学会	尤　政	王晓浩
B-74	中国密码学会	王　杰	于艳萍
C-01	中国农学会	张桃林	邹瑞苍
C-02	中国林学会	赵树丛	陈幸良
C-03	中国土壤学会	沈仁芳	张甘霖
C-04	中国水产学会	贾晓平	肖　放
C-05	中国园艺学会	杜永臣	孙日飞
C-06	中国畜牧兽医学会	黄路生	杨汉春
C-07	中国植物病理学会	彭友良	韩成贵
C-08	中国植物保护学会	陈万权	王振营
C-09	中国作物学会	翟虎渠	万建民
C-10	中国热带作物学会	李尚兰	刘国道
C-11	中国蚕学会	廖森泰	沈兴家
C-12	中国水土保持学会	刘　宁	王玉杰
C-13	中国茶叶学会	江用文	阮建云
C-14	中国草学会	何新天	张英俊
C-15	中国植物营养与肥料学会	白由路	赵秉强
D-01	中华医学会	马晓伟	饶克勤
D-02	中华中医药学会	王国强	王国辰
D-03	中国中西医结合学会	陈香美	吕文良
D-04	中国药学会	桑国卫	丁丽霞
D-05	中华护理学会	李秀华	应　岚
D-06	中国生理学会	王晓民	王　韵
D-07	中国解剖学会	张绍祥	刘树伟（代）
D-08	中国生物医学工程学会	曹雪涛	池　慧
D-09	中国病理生理学会	张幼怡	李　萍
D-10	中国营养学会	杨月欣	郭红卫
D-11	中国药理学会	杜冠华	张永祥
D-12	中国针灸学会	刘保延	喻晓春
D-13	中国防痨协会	刘剑君	成诗明
D-14	中国麻风防治协会	张国成	王　红
D-15	中国心理卫生协会	马　辛	王　刚
D-16	中国抗癌协会	郝希山	王　瑛

序码	学会名称	理事长	秘书长
D-17	中国体育科学学会	段世杰	田　野
D-18	中国毒理学会	周平坤	付立杰
D-19	中国康复医学会	方国恩	王跃进
D-20	中国免疫学会	田志刚	曹雪涛
D-21	中华预防医学会	王陇德	杨维中
D-22	中国法医学会	刘　耀	翟恒利
D-23	中华口腔医学会	俞光岩	岳　林
D-24	中国医学救援协会	李宗浩	李立兵
D-25	中国女医师协会	何界生	于　冬
D-26	中国研究型医院学会	王发强	刘希华
E-01	中国自然辩证法研究会	吴启迪	尚智丛
E-02	中国管理现代化研究会	石　勇	赵景华
E-03	中国技术经济学会	李　平	杨德林
E-04	中国现场统计研究会	耿　直	程维虎
E-05	中国未来研究会	张文范	夏　震
E-06	中国科学技术史学会	孙小淳	鲁大龙
E-07	中国科学技术情报学会	戴国强	潘云涛
E-08	中国图书馆学会	韩永进	霍瑞娟
E-09	中国城市科学研究会	仇保兴	余　刚
E-10	中国科学学与科技政策研究会	穆荣平	陈　光
E-11	中国农村专业技术协会	吕飞杰	李彦捷
E-12	中国工业设计协会	刘　宁	应放天
E-13	中国工艺美术学会	陶小年	孙金瑞
E-14	中国科普作家协会	周忠和	陈　玲
E-15	中国自然科学博物馆协会	程东红	欧建成
E-16	中国可持续发展研究会	王　浩	周海林
E-17	中国青少年科技辅导员协会	陈赛娟	林利琴
E-18	中国科教电影电视协会	高　峰	刘通海
E-19	中国科学技术期刊编辑学会	朱邦芬	任胜利
E-20	中国流行色协会	梁　勇	贺显伟
E-21	中国档案学会	段东升	
E-22	中国国土经济学会	柳忠勤	刘军萍
E-23	中国土地学会	王世元	高延利
E-24	中国科技新闻学会	宋南平	许　英
E-25	中国老科技工作者协会	陈至立	李志刚
E-26	中国科学探险协会	秦大河	王　维
E-27	中国城市规划学会		石　楠
E-28	中国产学研合作促进会	路甬祥	王建华

序码	学会名称	理事长	秘书长
E-29	中国知识产权研究会	田力普	张云才
E-30	中国发明协会	潘云鹤	余华荣
E-31	中国工程教育专业认证协会	吴启迪	吴 岩
E-32	中国检验检疫学会	魏传忠	周 琦
W-01	中国认知科学学会	陈 霖	马原野
W-02	中国农业历史学会	刘新录	王一民
W-03	中国生物材料学会	王迎军	艾 华
W-05	中国微循环学会	詹启敏	刘乃丰
W-06	中国创造学会	徐建平	张亚雷
W-08	中国经济科技开发国际交流协会	李振声	张 帆
W-09	中国睡眠研究会	韩 芳	左和鸣
W-10	中国高科技产业化研究会	许达哲	巴 蕉
W-11	中国微量元素科学研究会	朱志国	陈 岳
W-12	中国国际经济技术合作促进会	杨春光	陈万国（代）
W-13	中国基本建设优化研究会	厉无畏	孙晓洲
W-14	中国科技馆发展基金会	殷 皓	初学基
W-15	中国生物多样性保护与绿色发展基金会	胡德平	周晋峰
W-17	中国卒中学会	赵继宗	王彩云
W-18	国际粉体检测与控制联合会	谢 植	李新光
W-20	国际数字地球协会	郭华东	Mario Hernandez
W-21	国际动物学会	张知彬	韩春绪

中国科学技术协会机关各部门及主要负责人

办公厅
主 任 任福君 **副主任** 于小晗 张晓梅
下设：综合处（信访办公室）、秘书处（督查室）、委员工作处、文档处（值班室）、信息处（代表联络处）

计划财务部
部 长 杨文志 **副部长** 王江宏 王 蓓 **副巡视员** 刘 艳
下设：综合处、规划发展处、预算管理处、财务处、经费资产监督处

组织人事部
部 长 王守东 **巡视员、副部长** 公坤后 **副部长** 解 欣
下设：综合处（干部监督处）、干部处（干部教育培训处）、事业单位人事管理处、人才工作处、组织处

调研宣传部
部 长 郭 哲 **副部长** 王 挺 郑 凯
下设：综合处、改革协调处、政策法规处、调查研究处、宣传处

学会学术部
部 长 宋 军（兼） **副部长** 苏小军 刘宴兵
下设：综合处、学会管理处、改革发展处、学术交流处、期刊出版处、企业工作处

（企业工作办公室）
主 任 宋 军（兼） **副主任** 郑浩峻

科学技术普及部
部 长 白 希 **副部长** 刘亚东 钱 岩 刘 阳（兼）
下设：综合处、资源办（联络处）、基层处、传播处、科普信息化处

国际联络部
部 长 张建生 **副部长** 王庆林 张 森
下设：综合管理及港澳台交流处、国际组织处、双边合作处、海智工作办公室

机关党委
书 记 王延祜（兼） **常务副书记、纪委书记** 李志刚
党委副书记、纪委副书记 许向阳 **副巡视员** 徐 斌
下设：办公室、党风监督室、纪律检查室（审计室）、机关工会

机关离退办
主 任 王志舜
下设：服务一处、服务二处、办公室综合处

中国科学技术协会直属单位及主要负责人

中国科协创新战略研究院	院长、党委副书记　罗　晖　　副院长、党委书记　周文标 副院长　周大亚　阮　草　张　藜　陈　锐
中国科普研究所	所　长　王康友　　副所长　颜　实　王玉平　赵立新
中国科协学会服务中心	主任、党委副书记　刘兴平　　党委书记、副主任　刘亚东 副主任　楼　伟　朱文辉　徐　强 纪委书记　冯继谦
中国科协科技社团党委	党委书记　项昌乐（兼） 党委副书记　李志刚（兼）　刘亚东（兼）
中国科协信息中心	主　任　高　勘　　副主任　杨秀萍　魏时刚
中国科学技术馆	馆长、党委副书记　殷　皓　　党委书记、副馆长　苏　青 副馆长　欧建成　隗京花　庞晓东　廖　红 纪委书记　蒋志明
中国科协青少年科技中心（中国科协科普活动中心）	主　任　刘　阳　　副主任　张振威　刘会强
中国科协企业创新服务中心	主　任　郑浩峻　　副主任　郭　昊　冯师斌　乔　云（挂）
中国科协农村专业技术服务中心（中国农村致富技术函授大学）	主　任　师　铎　　副主任　王　诚　杨利军
中国国际科技交流中心	主　任　陈　剑　　副主任　刘　莉　秦久怡
中国科协科学技术传播中心	主　任　王进展　　副主任　梁　华　毛大庆（挂）
中国科协培训和人才服务中心	主　任　范　唯　　副主任　邓　芳　王书瑞
科技导报社	主　编　项昌乐（兼）　　社长、副主编　秦德继 副社长　史永超
中国科协机关服务中心	主　任　顾　斌　　副主任　白元平　周庆云
中国科技会堂	总经理、党委书记　余建坤 副总经理、党委副书记　杨　亮　杨绍丽
中国科协新技术开发中心	主　任　陈　剑（兼）
中国科学技术出版社（科学普及出版社）	社长、党委副书记　秦德继　　党委书记、副社长　辛　兵 副社长、总编辑　吕建华 党委副书记、纪委书记　林　立　　副社长　郭　晶

中国科协主管科技期刊目录

截至2016年12月（共479种）

序号	中文刊名	联系电话 / 传真	主办单位
1	数学进展	010-62751805	中国数学会
2	数学通报	010-58807753	中国数学会，北京师范大学
3	数学学报（英文版）	010-62551910	中国数学会
4	应用概率统计	021-54345267	中国数学会概率统计学会
5	中学生数学	010-68902486	中国数学会，北京数学会，首都师范大学
6	大学物理	010-58808024	中国物理学会
7	电子显微学报	010-82671519	中国物理学会
8	化学物理学报（英文版）	0551-63601122	中国物理学会
9	物理教学	021-62232813	中国物理学会
10	物理学进展	025-83592484	中国物理学会
11	工程力学	010-62788648	中国力学学会
12	固体力学学报	027-87543737	中国力学学会
13	固体力学学报（英文版）	027-87543737	中国力学学会
14	力学学报（英文版）	010-62536271	中国力学学会，中国科学院力学研究所
15	实验力学	0551-63601246	中国力学学会，中国科学技术大学
16	光谱学与光谱分析	010-62181070	中国光学学会
17	光学学报	021-69918427	中国光学学会，中国科学院上海光学精密机械研究所
18	中国激光医学杂志	010-66937194	中国光学学会
19	噪声与振动控制	021-62932221	中国声学学会
20	电化学	0592-2181469	中国化学会
21	分子科学学报	0431-85099521	中国化学会，东北师范大学
22	高分子科学（英文版）	010-82625102	中国化学会，中国科学院化学研究所
23	高分子通报	010-62588926	中国化学会，中国科学院化学研究所
24	化学教育	010-58807875	中国化学会，北京师范大学
25	色谱	0411-84379021	中国化学会，中国科学院大连化学物理研究所
26	无机化学学报	025-83592307	中国化学会
27	物理化学学报	010-62751724	中国化学会，北京大学
28	中国化学（英文版）	021-54925243-13	中国化学会，中国科学院上海有机化学研究所
29	中国化学快报（英文版）	010-63165638	中国化学会，中国医学科学院药物研究所
30	天文爱好者	010-51583027	中国天文学会，北京天文馆

续表

序号	中文刊名	联系电话 / 传真	主办单位
31	气象学报（英文版）	010–68407634	中国气象学会
32	地质论评	010–68999804	中国地质学会
33	地质学报	010–68999025	中国地质学会
34	地质学报（英文版）	010–68999023	中国地质学会
35	矿床地质	010–68327284	中国地质学会矿床地质专业委员会，中国地质科学院矿产资源研究所
36	岩矿测试	010–68999562	中国地质学会岩矿测试技术专业委员会，国家地质实验测试中心
37	岩石矿物学杂志	010–68328475	中国地质学会矿物学专业委员会，中国地质学会岩石学专业委员会，中国地质科学院矿产资源研究所，中国地质科学院地质研究所
38	地理学报（英文版）	010–64889293	中国地理学会，中国科学院地理科学与资源研究所
39	经济地理	0731–85584716	中国地理学会，湖南省经济地理研究所
40	世界地理研究	021–62233749	中国地理学会
41	应用地球物理（英文版）	010–64266649	中国地球物理学会
42	矿物岩石地球化学通报	0851–85893143	中国矿物岩石地球化学学会，中国科学院地球化学研究所
43	海洋与湖沼	0532–82898791	中国海洋湖沼学会
44	中国海洋湖沼学报（英文版）	0532–82898754	中国海洋湖沼学会
45	海洋工程	025–85829332	中国海洋学会，南京水利科学研究院
46	海洋世界	010–62100962	中国海洋学会
47	海洋学报	010–62179976	中国海洋学会
48	海洋学报（英文版）	010–62179976	中国海洋学会
49	中国海洋工程（英文版）	025–85829388	中国海洋学会
50	地震学报	010–68729330	中国地震学会，中国地震局地球物理研究所
51	地震学报（英文版）	010–68729344	中国地震学会，中国地震局地球物理研究所
52	国际地震动态	010–68729339	中国地震学会，中国地震局地球物理研究所
53	生物学通报	010–58807645	中国动物学会，中国植物学会，北京师范大学
54	兽类学报	0971–6143617	中国科学院西北高原生物研究所，中国动物学会兽类学分会
55	植物生态学报（英文版）	010–62836667	中国植物学会，中国科学院植物研究所，中国科技出版传媒股份有限公司
56	昆虫科学（英文）	010–64807095	中国昆虫学会，中国科学院动物研究所
57	病毒学报	010–63536460	中国微生物学会
58	中国人兽共患病学报	0591–87552018	中国微生物学会
59	生命的化学	021–54921091	中国生物化学与分子生物学会
60	中国生物化学与分子生物学报	010–82801416	中国生物化学与分子生物学会，北京大学

续表

序号	中文刊名	联系电话 / 传真	主办单位
61	植物生理学报	021-54922836	中国植物生理与植物分子生物学学会，中国科学院上海生命科学研究院植物生理生态研究所
62	生物物理学报	010-64888458	中国生物物理学会，中国科学院生物物理研究所
63	激光生物学报	0731-88872208	中国遗传学会
64	心理科学	021-62232236	中国心理学会
65	生态学报	010-62941099	中国生态学学会，中国科学院生态环境研究中心
66	生态学杂志	024-83970394	中国生态学学会，中国科学院沈阳应用生态研究所
67	环境与生活	010-67080443	中国环境科学学会
68	中国花卉盆景	010-64050797	中国环境科学学会
69	中国环境科学	010-62215145	中国环境科学学会
70	应用基础与工程科学学报	010-62753153	中国自然资源学会
71	自然资源学报	010-64889771	中国自然资源学会，中国科学院地理科学与资源研究所
72	数理天地（初中版）	010-69795937-1	中国优选法统筹法与经济数学研究会
73	数理天地（高中版）	010-69795937-1	中国优选法统筹法与经济数学研究会
74	岩石力学与工程学报	027-87199250	中国岩石力学与工程学会
75	交通运输系统工程与信息	010-51684836	中国系统工程学会
76	系统工程理论与实践	010-62541828	中国系统工程学会
77	系统工程学报	022-27403197	中国系统工程学会
78	系统科学与系统工程学报（英文版）	010-62789928	中国系统工程学会
79	系统科学与信息学报（英文）	010-62541828	中国系统工程学会，中国科技出版传媒股份有限公司
80	中国比较医学杂志	010-67779337	中国实验动物学会，中国医学科学院医学实验动物研究所
81	中国实验动物学报	010-67779337	中国实验动物学会，中国医学科学院医学实验动物研究所
82	癌变·畸变·突变	0754-88900267	中国环境诱变剂学会
83	运筹学学报	021-66137605	中国运筹学会
84	运筹与管理	0551-62901503	中国运筹学会
85	中国运筹学会会刊（英文）	010-62541695	中国运筹学会，中国科技出版传媒股份有限公司
86	材料热处理学报	010-62914115	中国机械工程学会
87	粉末冶金技术	010-67621317	中国机械工程学会，中国金属学会，中国有色金属学会，北京科技大学
88	焊接学报	0451-86323218	中国机械工程学会，中国机械工程学会焊接分会，机械科学研究院哈尔滨焊接研究所

续表

序号	中文刊名	联系电话 / 传真	主办单位
89	机床与液压	020-32385312	中国机械工程学会，广州机械科学研究院有限公司
90	机械工程学报	010-88379907	中国机械工程学会
91	机械设计	022-27343427	中国机械工程学会，天津市机械工程学会，天津市机电工业科技信息研究所
92	流体机械	0551-65335505	中国机械工程学会
93	汽车知识	010-59476671	中国机械工程学会，中国汽车工业经济技术信息研究所
94	润滑与密封	020-32385313	中国机械工程学会，广州机械科学研究院有限公司
95	设备管理与维修	010-64014125	中国机械工程学会，北京卓众出版有限公司
96	塑性工程学报	010-62912592	中国机械工程学会
97	特种铸造及有色合金	027-85358206	中国机械工程学会铸造分会，武汉机械工艺研究所有限责任公司
98	无损检测	021-65556775-225	中国机械工程学会，上海材料研究所
99	压力容器	0551-65335515	中国机械工程学会压力容器分会
100	制造技术与机床	010-64739683	中国机械工程学会，北京机床研究所
101	中国表面工程	010-66719325	中国机械工程学会
102	中国机械工程	027-59750772	中国机械工程学会
103	中国机械工程学报	010-88379907	中国机械工程学会
104	中国铸造装备与技术	0531-87979297	中国机械工程学会，济南铸造锻压机械研究所有限公司
105	组合机床与自动化加工技术	0411-86645290	中国机械工程学会生产工程分会，大连组合机床研究所
106	汽车工程	010-50950106	中国汽车工程学会
107	农业机械学报	010-64882610	中国农业机械学会，中国农业机械化科学研究院
108	农业工程学报	010-65929430	中国农业工程学会
109	农村电气化	010-63123088	中国电机工程学会
110	农电管理	010-63123088	中国电机工程学会
111	中国电机工程学报	010-82812535	中国电机工程学会
112	中国电机工程学会电力与能源系统学报（英文）	010-63416544	中国电机工程学会
113	电工技术学报	010-68595056	中国电工技术学会
114	电气技术	010-68595026	中国电工技术学会
115	水力发电学报	010-62783813	中国水力发电工程学会
116	泥沙研究	010-68786628	中国水利学会
117	水利学报	010-68786238	中国水利学会

续表

序号	中文刊名	联系电话 / 传真	主办单位
118	岩土工程学报	025-85829534	中国水利学会，中国土木工程学会，中国力学学会，中国建筑学会，中国水力发电工程学会，中国振动工程学会
119	中国防汛抗旱	010-68532207	中国水利学会
120	内燃机工程	021-25079814	中国内燃机学会
121	内燃机学报	022-27406812	中国内燃机学会
122	实验流体力学	010-82317341	中国空气动力学会
123	制冷学报	010-68711412	中国制冷学会
124	真空科学与技术学报	010-58206280	中国真空学会
125	模式识别与人工智能	055-65591176	中国自动化学会，国家智能计算机研究开发中心，中国科学院合肥智能机械研究所
126	自动化博览	010-57116299	中国自动化学会
127	自动化学报（英文版）	010-82544459	中国自动化学会，中国科学院自动化研究所，中国科技出版传媒股份有限公司
128	办公自动化	010-65947653	中国仪器仪表学会
129	光学仪器	021-55270110	中国仪器仪表学会，上海光学仪器研究所，中国光学学会工程光学专业委员会
130	化学传感器	0523-88819706	中国仪器仪表学会
131	气象水文海洋仪器	0431-85515135	中国仪器仪表学会气象水文海洋仪器分会，长春气象仪器研究所
132	仪器仪表学报	010-64007711-886	中国仪器仪表学会
133	仪器仪表学报（英文版）	010-64007711-813	中国仪器仪表学会，科学普及出版社
134	自动化仪表	021-64368984	中国仪器仪表学会，上海工业自动化仪表研究院
135	计算机辅助绘图设计与制造（英文版）	010-82317091	中国图学学会
136	图学学报	010-82317091	中国图学学会
137	土木建筑工程信息技术	010-64517910	中国图学学会
138	电波科学学报	0373-3712411	中国电子学会
139	电子测量与仪器学报	010-64007711-868	中国电子学会
140	电子技术与软件工程	010-68278572	中国电子学会
141	电子商务	010-83221751	中国电子学会，中国信息产业商会，北京思得易咨询中心
142	电子世界	010-68278572	中国电子学会
143	电子学报	010-68285082	中国电子学会
144	软件	022-23352257	中国电子学会，天津电子学会

续表

序号	中文刊名	联系电话 / 传真	主办单位
145	数据采集与处理	025-84892742	中国电子学会，信号处理学会，中国仪器仪表学会，中国物理学会，微弱信号检测学会，南京航空航天大学
146	网友世界	010-68278572	中国电子学会
147	微波学报	025-51821076	中国电子学会
148	信号处理	010-64010656	中国电子学会
149	电子学报（英文）	010-68279116	中国电子学会
150	计算机辅助设计与图形学学报	010-62562491	中国计算机学会，北京中科期刊出版有限公司
151	电信科学	010-81055476	中国通信学会，人民邮电出版社
152	通信学报	010-81055478	中国通信学会
153	现代通信	010-81055333	中国通信学会，人民邮电出版社
154	中国电信业	010-64812778	中国通信学会，人民邮电报社
155	中国通信（英文版）	010-64553845	中国通信学会
156	中文信息学报	010-62562916	中国中文信息学会，中国科学院软件研究所
157	测绘学报	010-68531192	中国测绘地理信息学会
158	航海技术	021-38284907	中国航海学会，上海海事大学
159	中国航海	021-38284906	中国航海学会
160	铁道工程学报	010-51878339	中国铁道学会，中国铁路工程总公司，中国中铁股份有限公司
161	铁道学报	010-51892393	中国铁道学会
162	铁道知识	010-51845521	中国铁道学会
163	中国公路学报	029-82334387	中国公路学会
164	航空材料学报	010-62496277	中国航空学会
165	航空模型	010-82328057	中国航空学会，中国航空运动协会
166	航空学报	010-82314519	中国航空学会，北京航空航天大学
167	航空知识	010-82317823	中国航空学会
168	中国航空学报（英文版）	010-82317032	中国航空学会，北京航空航天大学
169	太空探索	010-68767130	中国宇航学会
170	宇航学报	010-68768614	中国宇航学会
171	爆破器材	025-84315530	中国兵工学会
172	兵工学报	010-68962718	中国兵工学会
173	兵器材料科学与工程	0574-87902254	中国兵工学会，中国兵器工业集团第五二研究所
174	兵器知识	010-68962716	中国兵工学会
175	车辆与动力技术	010-68911172	中国兵工学会
176	弹道学报	025-84315487	中国兵工学会

续表

序号	中文刊名	联系电话 / 传真	主办单位
177	弹箭与制导学报	029–88293167	中国兵工学会
178	防务技术（英文）	010–68964830	中国兵工学会
179	火炮发射与控制学报	029–33787828	中国兵工学会
180	火炸药学报	029–88291297	中国兵工学会，中国兵器第二〇四研究所
181	材料科学技术（英文版）	024–83978208	中国金属学会，中国材料研究学会，中国科学院国际材料物理中心
182	钢铁	010–62182345	中国金属学会，钢铁研究总院，北京钢研柏苑出版有限责任公司
183	金属世界	010–62332773	中国金属学会，中国有色金属学会，北京科技大学
184	金属学报	024–23971286	中国金属学会
185	金属学报（英文版）	024–83978879	中国金属学会
186	连铸	010–62183313	中国金属学会，北京钢研柏苑出版有限责任公司
187	中国冶金	010–62182341	中国金属学会，北京钢研柏苑出版有限责任公司
188	分析试验室	010–82013328	中国有色金属学会，北京有色金属研究总院
189	稀有金属	010–82241917	中国有色金属学会，北京有色金属研究总院
190	稀有金属（英文版）	010–82240869	中国有色金属学会，北京有色金属研究总院
191	稀有金属材料与工程	029–86231117–802	西北有色金属研究院，中国有色金属学会，中国材料研究学会
192	稀有金属材料与工程（英文版）	029–86269273	中国有色金属学会，西北有色金属研究院，中国科技出版传媒股份有限公司
193	中国有色金属学报	0731–88876765	中国有色金属学会
194	中国有色金属学报（英文版）	0731–88830949	中国有色金属学会
195	分析检测（英文）	010–82013328	中国有色金属学会，北京有色金属研究总院
196	稀土学报（英文版）	010–82241916	中国稀土学会，北京有色金属研究总院
197	中国稀土学报	010–82241916	中国稀土学会，北京有色金属研究总院
198	中国腐蚀与防护学报	024–23971819	中国腐蚀与防护学会，中国科学院金属研究所
199	化工进展	010–64519466	中国化工学会，化学工业出版社
200	化工学报	010–64519451	中国化工学会，化学工业出版社
201	中国化学工程学报（英文版）	010–64519484	中国化工学会，化学工业出版社
202	核科学与工程	010–68462973	中国核学会
203	计算物理	010–59872547	中国核学会
204	石油学报	010–62067130	中国石油学会，北京陆海丰科技咨询服务中心
205	石油学报（石油加工）	010–62310752	中国石油学会
206	石油知识	010–62069406	中国石油学会

续表

序号	中文刊名	联系电话 / 传真	主办单位
207	石油研究（英文）	010–62067139	中国石油学会，石油工业出版社有限公司
208	当代矿工	010–84657942	中国煤炭学会，煤炭信息研究院
209	国际煤炭科学技术学报（英文）	010–84262174	中国煤炭学会
210	煤炭学报	010–84262930	中国煤炭学会
211	太阳能	010–62001037	中国可再生能源学会
212	太阳能学报	010–62001037	中国可再生能源学会
213	中外能源	010–64294988	中国能源研究会
214	硅酸盐通报	010–65492963	中国硅酸盐学会，中材人工晶体研究院有限公司
215	硅酸盐学报	010–57811253	中国硅酸盐学会
216	硅酸盐学报（英文版）	010–57811253	中国硅酸盐学会
217	建筑结构学报	010–58933734	中国建筑学会
218	建筑热能通风空调	027–87822050	中国建筑学会
219	建筑学报	010–58933628	中国建筑学会
220	城市公共交通	010–68729968	中国土木工程学会，北京市公共交通控股（集团）有限公司
221	纺织学报	010–65917740	中国纺织工程学会
222	纸和造纸	010–64778756	中国造纸学会
223	中国造纸学报	010–64778756	中国造纸学会
224	自然科学进展・国际材料（英文版）	010–68475052	中国材料研究学会
225	中国食品学报	010–65223596	中国食品科学技术学会
226	中国粮油学报	010–68357810	中国粮油学会
227	中国安全科学学报	010–64464782	中国职业安全健康协会
228	中国烟草学报	010–63605769	中国烟草学会
229	振动工程学报	025–84895885	中国振动工程学会
230	振动与冲击	010–62821366	中国振动工程学会
231	颗粒学报	010–62647657	中国颗粒学会，中国科学院过程工程研究所
232	照明工程学报	010–65830997	中国照明学会
233	海陆空天惯性世界	010–68018962	中国惯性技术学会
234	中国惯性技术学报	022–26032791	中国惯性技术学会
235	中国园林	010–68348041	中国风景园林学会
236	中国体视学与图像分析	010–62776336	中国体视学学会
237	中国工程机械学报	021–65985015	中国工程机械学会
238	棉花学报	0372–2525369	中国农学会

续表

序号	中文刊名	联系电话 / 传真	主办单位
239	农学学报	010–59194480	中国农学会
240	农业科研经济管理	010–82109632	中国农学会
241	中国农学通报	010–59194480	中国农学会
242	林业科学	010–62889820	中国林学会
243	土壤通报	024–88487213	中国土壤学会
244	淡水渔业	027–81780185	中国水产学会，中国水产科学研究院长江水产研究所，中国水产科学研究院淡水渔业研究中心
245	海洋渔业	021–65680116	中国水产学会，中国水产科学研究院东海水产研究所，中国科技出版传媒股份有限公司
246	科学养鱼	0510–85550198	中国水产学会，中国水产科学研究院淡水渔业研究中心，全国水产技术推广总站
247	水产学报	021–61900228	中国水产学会
248	渔业学报（英文）	021–61900230	中国水产学会，上海海洋大学，中国科技出版传媒股份有限公司
249	园艺学报	010–82109523	中国园艺学会，中国农业科学院蔬菜花卉研究所
250	园艺学报（英文）	010–82109523	中国园艺学会，中国农业科学院蔬菜花卉研究所，中国农业科学技术出版社
251	中国葡萄酒	010–64455742	中国园艺学会，中国农业大学
252	动物营养学报	010–62817823	中国畜牧兽医学会
253	动物营养（英文版）	010–62817823	中国畜牧兽医学会
254	畜牧兽医学报	010–62815987	中国畜牧兽医学会
255	畜牧与生物技术杂志（英文版）	010–62734403	中国畜牧兽医学会
256	中国畜牧杂志	010–62732723	中国畜牧兽医学会
257	中国兽医杂志	010–62733040	中国畜牧兽医学会
258	植物病理学报	010–62732364	中国植物病理学会
259	植物保护	010–62819059	中国植物保护学会，中国农业科学院植物保护研究所
260	植物保护学报	010–62732528	中国植物保护学会，中国农业大学
261	作物学报	010–82108548	中国作物学会，中国农业科学院作物科学研究所，中国科技出版传媒股份有限公司
262	作物学报（英文版）	010–82108548	中国作物学会，中国农业科学院作物科学研究所，中国科技出版传媒股份有限公司
263	作物杂志	010–82108790	中国作物学会，中国农业科学院作物科学研究所
264	热带作物学报	0898–66988986	中国热带作物学会
265	蚕业科学	0511–85616835	中国蚕学会，中国农业科学院蚕业研究所
266	中国水土保持科学	010–62338031	中国水土保持学会
267	茶叶科学	0571–86651902	中国茶叶学会

续表

序号	中文刊名	联系电话 / 传真	主办单位
268	草地学报	010-62733894	中国草学会
269	草业科学	0931-8912486	中国草学会，兰州大学草地农业科技学院
270	草业学报	0931-8913494	中国草学会，兰州大学
271	健康世界	010-88324245	中华医学会
272	慢性疾病与转化医学（英文）	010-85158176	中华医学会
273	世界耳鼻咽喉头颈外科杂志（英文）	010-85158176	中华医学会
274	药物不良反应杂志	010-83198246	中华医学会
275	英国医学杂志（中文版）	010-85158315	中华医学会
276	中华病理学杂志	010-85158243	中华医学会
277	中华超声影像学杂志	0311-86266994	中华医学会
278	中华传染病杂志	021-62670744	中华医学会
279	中华创伤骨科杂志	020-61641748	中华医学会
280	中华创伤杂志	023-68757482	中华医学会
281	中华创伤杂志（英文版）	023-68757483	中华医学会
282	中华儿科杂志	010-85158220	中华医学会
283	中华耳鼻咽喉头颈外科杂志	010-85158191	中华医学会
284	中华放射学杂志	010-85158384	中华医学会
285	中华放射医学与防护杂志	010-62389620	中华医学会
286	中华放射肿瘤学杂志	010-67700737	中华医学会
287	中华风湿病学杂志	0351-7553295	中华医学会
288	中华妇产科杂志	010-85158215	中华医学会
289	中华肝胆外科杂志	010-66936223	中华医学会
290	中华肝脏病杂志	023-63727251	中华医学会
291	中华骨科杂志	022-28334734	中华医学会
292	中华航海医学与高气压医学杂志	021-81883312	中华医学会
293	中华航空航天医学杂志	010-52737182	中华医学会
294	中华核医学与分子影像杂志	0510-82731904	中华医学会
295	中华急诊医学杂志	0571-87783951	中华医学会
296	中华检验医学杂志	010-85158273	中华医学会
297	中华健康管理学杂志	010-85158217	中华医学会
298	中华结核和呼吸杂志	010-85158252	中华医学会
299	中华解剖与临床杂志	0552-3062505	中华医学会
300	中华精神科杂志	010-85158210	中华医学会

续表

序号	中文刊名	联系电话 / 传真	主办单位
301	中华口腔医学杂志	010-85158254	中华医学会
302	中华口腔正畸学杂志	010-82195350	中华医学会
303	中华劳动卫生职业病杂志	022-24333581	中华医学会
304	中华老年医学杂志	010-64012981-8001	中华医学会
305	中华临床感染病杂志	010-85158174	中华医学会
306	中华临床营养杂志	010-65105895	中华医学会，中国医学科学院
307	中华流行病学杂志	010-58900730	中华医学会
308	中华麻醉学杂志	0311-85989620	中华医学会
309	中华泌尿外科杂志	010-65223499	中华医学会
310	中华内分泌代谢杂志	021-64315587	中华医学会
311	中华内分泌外科杂志	023-89012705	中华医学会
312	中华内科杂志	010-85158280	中华医学会
313	中华皮肤科杂志	025-85478124	中华医学会
314	中华普通外科杂志	010-66124704	中华医学会
315	中华器官移植杂志	027-82806143	中华医学会
316	中华全科医师杂志	010-85158309	中华医学会
317	中华烧伤杂志	023-65460278	中华医学会
318	中华神经科杂志	010-85158263	中华医学会
319	中华神经外科杂志	010-65113169	中华医学会
320	中华神经外科杂志（英文）	010-67096523	中华医学会
321	中华神经医学杂志	020-61643273	中华医学会
322	中华肾脏病杂志	020-87331532	中华医学会
323	中华生物医学工程杂志	020-81340157	中华医学会，广州医科大学
324	中华实验和临床病毒学杂志	010-63540009	中华医学会
325	中华实验外科杂志	027-87893475	中华医学会
326	中华实验眼科杂志	0371-65580904	中华医学会
327	中华实用儿科临床杂志	0373-3831456	中华医学会
328	中华手外科杂志	021-52888215	中华医学会
329	中华糖尿病杂志	010-85158310	中华医学会
330	中华外科杂志	010-85158247	中华医学会
331	中华微生物学和免疫学杂志	010-52245168	中华医学会
332	中华围产医学杂志	010-66513519-802	中华医学会
333	中华胃肠外科杂志	020-38254094	中华医学会，中山大学
334	中华物理医学与康复杂志	027-83662874	中华医学会，华中科技大学同济医学院
335	中华显微外科杂志	020-87330683	中华医学会

续表

序号	中文刊名	联系电话 / 传真	主办单位
336	中华现代护理杂志	010–83191170	中华医学会
337	中华消化内镜杂志	025–83472831	中华医学会
338	中华消化外科杂志	023–68754655	中华医学会
339	中华消化杂志	021–62531885	中华医学会
340	中华小儿外科杂志	027–82846835	中华医学会
341	中华心律失常学杂志	010–68330771	中华医学会
342	中华心血管病杂志	010–85158281	中华医学会
343	中华胸心血管外科杂志	010–64456425	中华医学会
344	中华血液学杂志	022–27304167	中华医学会
345	中华眼底病杂志	028–85422535	中华医学会
346	中华眼科杂志	010–85158241	中华医学会
347	中华眼视光学与视觉科学杂志	0577–86699366	中华医学会
348	中华眼外伤职业眼病杂志	0371–66993497	中华医学会
349	中华医史杂志	010–64014411–3217	中华医学会
350	中华医学教育探索杂志	023–68485014	中华医学会
351	中华医学教育杂志	010–82801578	中华医学会
352	中华医学科研管理杂志	010–82802696	中华医学会
353	中华医学美学美容杂志	010–66352462	中华医学会
354	中华医学信息导报	010–85158609	中华医学会
355	中华医学遗传学杂志	028–85501165	中华医学会
356	中华医学杂志	010–85158196	中华医学会
357	中华医学杂志（英文版）	010–85158264	中华医学会
358	中华医院管理杂志	010–65257767	中华医学会
359	中华胰腺病杂志	021–31161362	中华医学会
360	中华预防医学杂志	010–85158365	中华医学会
361	中华整形外科杂志	010–88772126	中华医学会
362	中华肿瘤杂志	010–67788231	中华医学会
363	中华血管外科杂志	020–28823189	中华医学会
364	贫困所致传染病（英文）	021–54562376	中华医学会
365	中华生殖与避孕杂志	021–64438975	中华医学会，上海市计划生育科学研究院，复旦大学附属妇产科医院
366	生殖与发育医学（英文）	021–64438975	中华医学会，上海市计划生育科学研究院，复旦大学附属妇产科医院
367	中华新生儿科杂志（中英文）	010–66181701	中华医学会

续表

序号	中文刊名	联系电话 / 传真	主办单位
368	实用疼痛学杂志	0311–86095279	中华医学会，河北医科大学第四医院
369	中华心力衰竭和心肌病杂志（中英文）		中华医学会
370	中华心血管病杂志（网络版）	010–85158281	中华医学会
371	风湿病与关节炎	010–64822337	中华中医药学会
372	世界中西医结合杂志	010–64822253	中华中医药学会
373	糖尿病天地	010–51260912	中华中医药学会
374	中国中医骨伤科杂志	027–87409653	中华中医药学会，湖北省中医院
375	中华中医药杂志	010–64216650	中华中医药学会
376	中医临床研究	010–59420369	中华中医药学会
377	中国中西医结合耳鼻咽喉科杂志	0556–5519852	中国中西医结合学会
378	中国中西医结合急救杂志	022–23306917	中国中西医结合学会，中国中医科学院，天津市第一中心医院，天津中医药大学
379	中国中西医结合皮肤性病学杂志	022–27283090	中国中西医结合学会，天津市中西医结合皮肤病研究所
380	中国中西医结合肾病杂志	0351–4639609	中国中西医结合学会
381	中国中西医结合外科杂志	022–27420471	中国中西医结合学会，天津市中西医结合急腹症研究所
382	中国中西医结合影像学杂志	0531–68616919	中国中西医结合学会，山东中医药大学附属医院
383	中国中西医结合杂志	010–62886827	中国中西医结合学会
384	药物分析杂志	010–67095201	中国药学会
385	药学学报	010–63035116	中国药学会，中国医学科学院药物研究所
386	药学学报（英文）	010–63035116	中国药学会，中国医学科学院药物研究所
387	中国海洋药物	0532–82031949	中国药学会
388	中国临床药理学杂志	010–82802540	中国药学会
389	中国临床药学杂志	021–54237256	中国药学会
390	中国现代应用药学	0571–87297398	中国药学会
391	中国新药与临床杂志	021–64511836	中国药学会，上海市食品药品监督管理局科技情报研究所
392	中国药学（英文版）	010–82801713	中国药学会
393	中国药学杂志	010–58691633	中国药学会
394	中国医院药学杂志	027–82809190	中国药学会
395	中国中药杂志	010–64087488	中国药学会
396	中华护理教育	010–53779541	中华护理学会
397	中华护理杂志	010–53779541	中华护理学会

续表

序号	中文刊名	联系电话 / 传真	主办单位
398	国际护理科学（英文）	010–53779541	中华护理学会
399	生理科学进展	010–82802443	中国生理学会，北京大学
400	解剖科学进展	024–31939627	中国解剖学会
401	解剖学报	010–82802969	中国解剖学会
402	解剖学杂志	021–81870955	中国解剖学会
403	中国临床解剖学杂志	020–61648203	中国解剖学会
404	中国组织化学与细胞化学杂志	027–83692949	中国解剖学会，华中科技大学同济医学院
405	中国生物医学工程学报	010–65248786	中国生物医学工程学会
406	中国生物医学工程学报（英文版）	022–88326305	中国生物医学工程学会
407	中国心脏起搏与心电生理杂志	027–88075495	中国生物医学工程学会，武汉大学人民医院
408	中国血液流变学杂志	0512–67780961	苏州大学，中国生物医学工程学会
409	中国病理生理杂志	020–85220269	中国病理生理学会
410	中国动脉硬化杂志	0734–8160765	中国病理生理学会，南华大学
411	中国实验血液学杂志	010–66930873	中国病理生理学会
412	中国临床药理学与治疗学	0553–5738350	中国药理学会
413	中国药理学报（英文版）	021–54922822	中国药理学会，中国科学院上海药物研究所
414	中国药理学通报	0551–65161222	中国药理学会
415	中国针灸	010–84014607	中国针灸学会，中国中医科学院针灸研究所
416	结核病与肺部健康杂志	010–62257257	中国防痨协会
417	中国防痨杂志	010–62257257	中国防痨协会
418	中国麻风皮肤病杂志	0531–87298860	中国麻风防治协会，山东省皮肤病性病防治研究所
419	心理与健康	010–62389483	中国心理卫生协会
420	中国健康心理学杂志	0315–2245110	中国心理卫生协会
421	中国心理卫生杂志	010–62010890	中国心理卫生协会
422	癌症康复	010–88196152	中国抗癌协会，北京市肿瘤防治办公室，北京大学临床肿瘤学院
423	癌症生物学与医学（英文版）	022–23522919	中国抗癌协会
424	中国癌症研究（英文版）	010–88196612	中国抗癌协会
425	中国肺癌杂志	022–27219219	中国抗癌协会，中国防痨协会，天津医科大学总医院
426	中国肿瘤临床	022–23527053	中国抗癌协会
427	中国免疫学杂志	0431–88925027	中国免疫学会，吉林省医学期刊社
428	中国免疫学杂志（英文版）	0551–63600844	中国免疫学会，中国科学技术大学
429	中国肿瘤生物治疗杂志	021–81871002–22	中国免疫学会，中国抗癌协会
430	中国牙科研究杂志（英文）	010–82195785	中华口腔医学会，科学普及出版社

续表

序号	中文刊名	联系电话 / 传真	主办单位
431	医学与哲学	0411-86110141	中国自然辩证法研究会
432	自然辩证法研究	010-68598471	中国自然辩证法研究会
433	管理现代化	010-64249510	中国管理现代化研究会
434	中外管理	010-88232780	中国管理现代化研究会，中国中小企业国际合作协会，北京中外企业管理培训中心
435	技术经济	010-62174221	中国技术经济学会
436	科技和产业	010-62174221	中国技术经济学会
437	科学技术与工程	010-62118920	中国技术经济学会
438	数理统计与管理	010-67392433	中国现场统计研究会
439	发现	010-84024966	中国未来研究会，北京国际交流协会
440	未来与发展	010-62103296	中国未来研究会
441	中国科技史杂志	010-57552528	中国科学技术史学会，中国科学院自然科学史研究所
442	情报工程	010-58882075	中国科学技术情报学会，中国科学技术信息研究所
443	情报学报	010-68598273	中国科学技术情报学会，中国科学技术信息研究所
444	城市发展研究	010-58933424	中国城市科学研究会
445	设计	010-65815864	中国工业设计协会
446	科技与企业	010-62103259	中国科普作家协会
447	生物技术世界	010-62103259	中国科普作家协会
448	大自然	010-67020595	中国自然科学博物馆协会，中国野生动物保护协会，北京自然博物馆
449	自然科学博物馆研究	010-59041303	中国自然科学博物馆协会，科学普及出版社，中国科学技术馆，《自然科学博物馆研究》杂志社
450	中国科技教育	010-62178764	中国青少年科技辅导员协会
451	科技尚品	010-64097589	中国科教电影电视协会，摄影与摄像杂志社
452	摄影与摄像	010-64097589	中国科教电影电视协会
453	编辑学报	010-63577685	中国科学技术期刊编辑学会
454	流行色	010-85229560	中国流行色协会
455	档案学研究	010-63018706	中国档案学会
456	今日国土	010-87557760	中国国土经济学会
457	中国土地科学	010-66562683	中国土地学会，中国土地勘测规划院
458	电子竞技	010-65681316	中国科技新闻学会
459	科幻画报	010-88568630	中国科技新闻学会
460	科技传播	010-65681316	中国科技新闻学会
461	科技创新与品牌	010-68457597	中国科技新闻学会

续表

序号	中文刊名	联系电话 / 传真	主办单位
462	科学家	010-65681316	中国科技新闻学会
463	科学中国人	010-51601954	中国科技新闻学会
464	新媒体研究	010-65681316	中国科技新闻学会
465	中国科技信息	010-68003056	中国科技新闻学会
466	今日科苑	010-62170582	中国老科学技术工作者协会
467	中国科学探险	010-65545137	中国科学探险协会，电脑爱好者杂志社
468	密码学报	010-81033101	中国密码学会，科学普及出版社（中国科学技术出版社）
469	地球大数据（英文）	010-82178196	国际数字地球学会，中国科学院遥感与数字地球研究所，中国科技出版传媒股份有限公司
470	科技导报	010-62138113	中国科学技术协会
471	科普研究	010-62103285	中国科普研究所
472	科协论坛	027-87811722	中国科学技术协会普及部
473	科学大观园	010-62103350	科学普及出版社
474	数码影像时代	010-64823035	中国科学技术投资有限公司
475	知识就是力量	010-62103117	科学普及出版社
476	中国动物保健	010-62819395	中国乡镇企业协会，北京中美欧畜牧科学研究院有限公司，中国动物保健品协会
477	中国学术期刊文摘	010-62172009	科技导报社
478	中国学术期刊文摘（英文版）	010-62172009	科技导报社
479	中国总会计师	010-63381767	中国总会计师协会

全国学会、协会、研究会简介

中国数学会
Chinese Mathematical Society (CMS)

地址：北京市海淀区中关村南四街甲 1 号
邮政编码：100190
电子信箱：cms@math.ac.cn
主页网址：http://www.cms.org.cn
电话：010-82541197/82541448
理事长：袁亚湘
副理事长：王跃飞　高小山　陈　敏　田　刚　扶　磊　程　晋　罗懋康　叶向东　韦　维　王万义
秘书长：陈大岳

中国物理学会
Chinese Physical Society（CPS）

地址：北京市海淀区中关村南三街 8 号中国科学院物理研究所内
邮政编码：100190
电子信箱：cps@iphy.ac.cn
主页网址：http://www.cps-net.org.cn
电话 / 传真：010-82649019
理事长：詹文龙
副理事长：王玉鹏　朱少平　朱邦芬　陈和生　龚旗煌
秘书长：方　忠

中国力学学会
The Chinese Society of Theoretical and Applied Mechanics（CSTAM）

地址：北京市海淀区北四环西路 15 号
邮政编码：100190
电子信箱：office@cstam.org.cn
主页网址：http://www.cstam.org.cn
电话：010-62559588/62559209
传真：010-62559588
理事长：杨　卫
副理事长：戴兰宏　樊　菁　方岱宁　韩杰才　申长雨　袁　驷　翟婉明　郑晓静　周哲玮
秘书长：杨亚政

中国光学学会
The Chinese Optical Society（COS）

地址：北京市海淀区学院南路 86 号
邮政编码：100081
电子信箱：cos@cast.org.cn
主页网址：http//www.cncos.org
电话：010-62103292/62103275
传真：010-62103275
理事长：郭光灿
副理事长：刘　旭　李儒新　郁道银　倪国强　龚旗煌
秘书长：龚旗煌（兼）

中国声学学会
Acoustical Society of China（ASC）

地址：北京市海淀区北四环西路 21 号
邮政编码：100190
电子信箱：asc@mail.ioa.ac.cn
主页网址：http://www.aschina.org
电话：010-82547910
传真：010-82547909
理事长：王小民
副理事长：李　琪　毛东兴　邱小军　谢波荪　张春华
秘书长：张春华（兼）

中国化学会
Chinese Chemical Society（CCS）

地址：北京市海淀区中关村北一街 2 号
邮政编码：100190
电子信箱：spzheng@iccas.ac.cn
主页网址：http://www.chemsoc.org.cn
电话：010-62625584
传真：010-62568157
理事长：姚建年
副理事长：包信和　戴厚良　丁奎岭　董孝利　洪茂椿　侯建国　黄　维　江桂斌　李　彬　沈殿成　万立骏　张　希　周其凤　周其林
秘书长：杨国强

中国天文学会
Chinese Astronomical Society（CAS）

地址：江苏省南京市鼓楼区北京西路 2 号
邮政编码：210008
电子信箱：cas.nj@pmo.ac.cn
主页网址：http://astronomy.pmo.cas.cn
电话：025-83332036
传真：025-83332036
理事长：武向平
副理事长：刘晓为　沈志强　郑晓年　戴子高
秘书长：杨　戟

中国气象学会
Chinese Meteorological Society (CMS)

地址：北京市海淀区中关村南大街 46 号
邮政编码：100081
电子信箱：cms@cms1924.org
主页网址：http://www.cms1924.org
电话：010-68409840
传真：010-68406821
理事长：王会军
副理事长：宇如聪　费建芳　钱泽宏　端义宏　杨修群　胡永云　李廉水
秘书长：翟盘茂

中国空间科学学会
Chinese Society of Space Research（CSSR）

地址：北京市海淀区中关村南二条 1 号
邮政编码：100190
电子信箱：cssr@nssc.ac.cn
主页网址：http://cssr.org.cn
电话：010-62559882
传真：010-62582961
理事长：吴　季
副理事长：张　涛　万卫星　陆　卫　曹喜滨　高　铭　邹永廖　黄江川
秘书长：庞红勋

中国地质学会
Geological Society of China（GSC）

地址：北京市西城区百万庄大街 26 号
邮政编码：100037
电子信箱：cgdzxh@cags.ac.cn
主页网址：http://www.geosociety.org.cn
电话：010-68999605
传真：010-68995305
理事长：钟自然
副理事长：孟宪来（常务）王京彬　马永生　邓　军

刘玉辰　朱伟林　李丕龙　李金发　杜金虎
邱建刚　范蔚茗　孙升林　琚宜太
秘书长：朱立新

中国地理学会
Geographical Society of China (GSC)

地址：北京市朝阳区大屯路甲 11 号
邮政编码：100101
电子信箱：gsc@igsnrr.ac.cn
主页网址：http://www.gsc.org.cn
电话：010-64870663/64889598
传真：010-64889598
理事长：傅伯杰
副理事长：陈发虎　崔　鹏　葛全胜　宫辉力　冷疏影
刘宝元　刘　毅　陶　澍　薛德升　杨桂山
俞立中　张国友
秘书长：刘　毅（兼）

中国地球物理学会
Chinese Geophysical Society（CGS）

地址：北京市海淀区民族学院南路 5 号
邮政编码：100081
电子信箱：cgs@cgs.org.cn
主页网址：http://www.cgs.org.cn
电话：010-68729347/82998257
传真：010-82998257
理事长：陈　颙
副理事长：常　旭　陈晓非　曲寿利　王小牧　吴秋云
熊盛青
秘书长：郭　建

中国矿物岩石地球化学学会
Chinese Society for Mineralogy Petrology and Geochemistry (CSMPG)

地址：贵州省贵阳市观山湖区林城西路 99 号
邮政编码：550081
电子信箱：csmpg@vip.skleg.cn
主页网址：http://www.csmpg.org.cn
http://csmpg.gyig.cas.cn
电话：0851-5895823
传真：0851-5895823
理事长：胡瑞忠
副理事长：邓　军　高　山　倪师军　翟明国　周卫健
徐义刚　王世杰　邹才能
秘书长：李世杰

中国古生物学会
Palaeontological Society of China (PSC)

地址：江苏省南京市玄武区北京东路 39 号
邮政编码：210008
电子信箱：psc@nigpas.ac.cn
主页网址：http://www.china-psc.org.cn
电话：025-83282138
传真：025-83357026
理事长：杨　群
副理事长：童金南　孙　革　邓　涛　姚建新
秘书长：王永栋

中国海洋湖沼学会
Chinese Society for Oceanology and Limnology（CSOL）

地址：山东省青岛市市南区南海路 7 号
邮政编码：266071
电子信箱：csol@qdio.ac.cn
主页网址：http://csol.qdio.ac.cn
电话：0532-82898636
传真：0532-82868636
理事长：孙　松
副理事长：丁平兴　杜建芳　焦念志　马德毅　沈　吉
吴德星　杨红生　张海生
秘书长：杨红生（兼）

中国海洋学会
Chinese Society for Oceanography (CSO)

地址：北京市丰台区莲宝中路马官营家园 3 号楼
邮政编码：100161
电子信箱：csoxhb@163.com
主页网址：http://www.cso.org.cn
电话：010–68047614
传真：010–68567980
理事长：陈连增
副理事长：雷　波（常务）　于志刚　孙　松　周守为
　　蒋兴伟　窦希萍　潘德炉　戴民汉
秘书长：雷　波（兼）

中国地震学会
Seismological Society of China (SSC)

地址：北京市海淀区民族大学南路 5 号
邮政编码：100081
电子信箱：zgdzxh@sina.com
主页网址：http://www.ssoc.org.cn
电话：010–68729352
传真：010–68417858
理事长：张培震
副理事长：陈晓非　吴忠良　孙柏涛　高孟潭
秘书长：李小军

中国动物学会
China Zoological Society (CZS)

地址：北京市朝阳区北辰西路 1 号院 5 号
邮政编码：100101
电子信箱：czs@ioz.ac.cn
主页网址：http://www.czs.ioz.cas.cn
电话：010–64807051
传真：010–64807051
名誉理事长：陈宜瑜
理事长：孟安明
副理事长：张知彬（常务）　王德华　冯　江　孙青原
　　李保国　宋微波　张正旺　张希武　桂建芳
　　魏辅文
秘书长：王德华（兼）

中国植物学会
Botanical Society of China (BSC)

地址：北京市海淀区香山南路南辛村 20 号
邮政编码：100093
电子信箱：bsc@ibcas.ac.cn
主页网址：http://www.botany.org.cn
电话：010–62836505
传真：010–82599636
理事长：武维华
副理事长：安黎哲　种　康　葛　颂　黄宏文　李德铢
　　朱玉贤
秘书长：葛　颂（兼）

中国昆虫学会
The Entomological Society of China (ESC)

地址：北京市朝阳区北辰西路 1 号院 5 号中国科学院
　　动物研究所内
邮政编码：100101
电子信箱：entsoc@ioz.ac.cn
主页网址：http://entsoc.ioz.ac.cn
电话：010–64807135
传真：010–64807198
理事长：康　乐
副理事长：黄大卫　乔格侠　戈　峰　王　韧　陈生斗
　　张永安　高希武　吴孔明　黄勇平　张雅林
　　刘树生　洪晓月　郭明昉　金道超
秘书长：黄大卫（兼）

中国微生物学会
Chinese Society for Microbiology (CSM)

地址：北京市朝阳区北辰西路 1 号院 3 号
邮政编码：100101

电子信箱：csm@im.ac.cn
主页网址：http://csm.im.ac.cn
电话：010-64807200
传真：010-64807950
理事长：邓子新
副理事长：黄　力　邵一鸣　徐志凯　杨瑞馥　焦念志
　　　　　徐建国　张克勤　王　磊
秘书长：东秀珠

中国生物化学与分子生物学会
The Chinese Society of Biochemistry and Molecular Biology（CSBMB）

地址：上海市徐汇区岳阳路320号
邮政编码：200031
电子信箱：csbmb@sibs.ac.cn
主页网址：http://www.csbmb.org.cn
电话：021-54921088/54922818/54921090
传真：021-54922818
理事长：李　林
副理事长：昌增益　焦炳华　林圣彩　刘小龙　隋森芳
　　　　　汤其群　许瑞明
秘书长：刘小龙（兼）

中国细胞生物学学会
Chinese Society for Cell Biology（CSCB）

地址：上海市徐汇区岳阳路320号
邮政编码：200031
电子信箱：cell@cscb.org.cn
主页网址：http://www.cscb.org.cn
电话：021-54922879
传真：021-54922891
理事长：陈晔光
副理事长：丁小燕　韩家淮　李朝军　宋纯鹏　张　旭
　　　　　周　琪
秘书长：王　纲

中国植物生理与植物分子生物学学会
Chinese Society for Plant Biology（CSPB）

地址：上海市徐汇区岳阳路319号31楼A211
邮政编码：200031
电子信箱：cspb@sibs.ac.cn
主页网址：http://www.cspb.org.cn
电话：021-54922859/54920737
传真：021-54922859
理事长：陈晓亚
副理事长：韩　斌　何祖华　宋纯鹏　夏光敏　赵德刚
　　　　　赵进东
秘书长：唐威华

中国生物物理学会
The Biophysical Society of China（BSC）

地址：北京市朝阳区大屯路15号
邮政编码：100101
电子信箱：wangyue@ibp.ac.cn
主页网址：http://www.bsc.org.cn
电话：010-64889894/64887226
传真：010-64889892
理事长：饶子和
副理事长：程和平　丁建平　高　福　雷　鸣
　　　　　哈木拉提·吾甫尔　隋森芳　徐　涛
　　　　　许瑞明　阎锡蕴
秘书长：阎锡蕴（兼）

中国遗传学会
Genetics Society of China（GSC）

地址：北京市朝阳区北辰西路1号院2号
邮政编码：100101
电子信箱：geneticssociety@163.com
主页网址：http://www.gsc.ac.cn
电话：010-64806529
传真：010-64806636
理事长：张亚平
副理事长：贺　林　薛勇彪　杨　晓　杨焕明　孟安明

沈 岩 谭华荣 韩 斌 金 力 周天鸿
秘书长：薛勇彪（兼）

中国心理学会
Chinese Psychological Society（CPS）

地址：北京市朝阳区林萃路 16 号院中国科学院心理研究所内
邮政编码：100101
电子信箱：cps@psych.ac.cn
主页网址：http://www.cpsbeijing.org
电话：010-64888946
传真：010-64855830
理事长：白学军 傅小兰（候任）
副理事长：金盛华 李 红 王登峰 张建新 周晓林 卢家楣 张文新
秘书长：傅小兰

中国生态学学会
Ecological Society of China（ESC）

地址：北京市海淀区双清路 18 号
邮政编码：100085
电子信箱：esc@rcees.ac.cn
主页网址：http://www.esc.org.cn
电话：010-62849101
传真：010-62849113
理事长：刘世荣
副理事长：安黎哲 董 鸣 吕永龙 闵庆文 欧阳志云 彭少麟 王克林 魏辅文 吴文良 薛建辉
秘书长：陈利顶

中国环境科学学会
Chinese Society for Environmental Sciences (CSES)

地址：北京市海淀区红联南村 54 号
邮政编码：100082
电子信箱：hybcses@163.com
主页网址：http://www.chinacses.org
电话：010-62210708
传真：010-62210728
理事长：王玉庆
副理事长：丁仲礼 王灿发 宁吉喆 任官平 任南琪 曲久辉 张远航 杨朝飞 陆新元 陈吉宁 孟 伟 赵英民 郝吉明
秘书长：任官平（兼）

中国自然资源学会
China Society of Natural Resources（CSNR）

地址：北京市朝阳区大屯路甲 11 号
邮政编码：100101
电子信箱：csnr@igsnrr.ac.cn
主页网址：http://www.csnr.org
电话：010-64861455/64889806
传真：010-64861455
理事长：成升魁
副理事长：王仰麟 王艳芬 江 源 吴文良 沈 镭 陈 曦 陈发虎 林家彬 封志明 夏 军 高 峻 濮励杰
秘书长：沈 镭（兼）

中国感光学会
Chinese Society for Imaging Science and Technology（CSIST）

地址：北京市海淀区中关村东路 29 号
邮政编码：100190
电子信箱：xh@csist.org.cn
主页网址：http://www.csist.org.cn
电话：010-82543686/82543687
传真：010-82543687
理事长：蒲嘉陵
副理事长：张丽萍（常务） 马礼谦 薛 唯 杨 斌 魏 杰 周秉锋 杨建文
秘书长：黄 勇

中国优选法统筹法与经济数学研究会

Chinese Society of Optimization,Overall Planning and Economic Mathematics(CSOOPEM)

地址：北京市海淀区中关村东路 55 号中国科学院思源楼 1201 室（北京 8712 信箱）
邮政编码：100190
电子信箱：shuangfa@casipm.ac.cn
主页网址：http://www.scope.org.cn
电话：010-62542629
传真：010-62542629
理事长：池　宏
副理事长：马超群　杨善林　范　英　周　勇　高自友　徐玖平　梁　樑　黄海军　魏一鸣
秘书长：李建平

中国岩石力学与工程学会

Chinese Society for Rock Mechanics and Engineering（CSRME）

地址：北京市朝阳区北土城西路 19 号（北京 9825 信箱）
邮政编码：100029
电子信箱：csrme@vip.sina.com
主页网址：http://www.csrme.com
电话：010-82998163/82998164/82998165/82998528
传真：010-82998163
理事长：冯夏庭　何满潮
副理事长：杜时贵　郭熙灵　康红普　李术才　李夕兵　李　晓　潘一山　唐春安　王明洋　杨更社　杨　强　殷跃平　朱合华　宋胜武　谢富仁　赵阳升　郑炳旭
秘书长：刘大安

中国野生动物保护协会

China Wildlife Conservation Association (CWCA)

地址：北京市东城区和平里东街 18 号
邮政编码：100714
电子信箱：cwca84239015@126.com
主页网址：http://www.cwca.org.cn
电话：010-84239015/84239556
传真：010-64238030
会长：陈凤学
副会长：王洪杰　刘建顺　李书民　李青文　张希武　张举彦　陈万成　高振坤　蒋志刚　臧春林
秘书长：李青文（兼）

中国系统工程学会

Systems Engineering Society of China (SESC)

地址：北京市海淀区中关村东路 55 号思源楼
邮政编码：100190
电子信箱：sesc@iss.ac.cn
主页网址：http://www.sesc.org.cn
电话：010-82541431
传真：010-82626697
理事长：汪寿阳
副理事长：陈国青　狄增如　高自友　黄海军　李一军　凌　文　王红卫　薛惠锋　杨新民　张纪峰　朱桂龙
秘书长：杨晓光

中国实验动物学会

Chinese Association for Laboratory Animal Sciences（CALAS）

地址：北京市朝阳区潘家园南里 5 号
邮政编码：100021
电子信箱：calas@calas.org.cn
主页网址：http://www.calas.org.cn
电话：010-67781534
传真：010-67781534
理事长：秦　川
副理事长：卢金星　王佑春　李根平　曲连东　黄　韧　曾　林　高　诚
秘书长：赵宏旭

中国青藏高原研究会

The China Society on Tibetan Plateau (CSTP)

地址：北京市朝阳区大屯路甲 11 号
邮政编码：100101
电子信箱：qingzang@igsnrr.ac.cn
主页网址：http://www.cstp.org.cn
电话：010–64889819
传真：010–64889769
理事长：姚檀栋
副理事长：邓本太（藏） 岗　青（藏） 侯增谦 洛桑·灵智多杰（藏） 于贵瑞 张人禾 朱立平
秘书长：欧阳华

中国环境诱变剂学会

Chinese Environmental Mutagen Society (CEMS)

地址：北京市海淀区学院路 38 号北京大学医学部公共卫生学院 236 室
邮政编码：100191
电子信箱：iaems_cn@163.com
主页网址：http://www.cems.org.cn
电话：010–82335754
传真：010–82335754
理事长：柯　扬
副理事长：曹　佳 石刚刚 孙长颢 郝卫东 浦跃朴 张天宝
秘书长：郝卫东（兼）

中国运筹学会

Operations Research Society of China (ORSC)

地址：北京市海淀区中关村东路 55 号
邮政编码：100190
电子信箱：orsc@amt.ac.cn
主页网址：http://www.orsc.org.cn
电话：010–82541190
传真：010–82541190
理事长：胡旭东
副理事长：白延琴 陈国庆 戴彧虹 范更华 李　勇 修乃华 杨晓光 张玉忠 赵晓波
秘书长：刘　克

中国菌物学会

Mycological Society of China (MSC)

地址：北京市朝阳区北辰西路1号院3号中国科学院微生物所 B410
邮政编码：100101
电子信箱：msc@im.ac.cn
主页网址：http://www.mscfungi.org.cn
电话：010–64807455
传真：010–64807455
理事长：王成树
副理事长：车永胜 陈双林 李泰辉 刘维达 谭　琦 杨祝良 文华安 张修国
秘书长：白逢彦

中国晶体学会

Chinese Crystallographic Society(CCrS)

地址：北京市海淀区北京大学陈守仁国际研究中心伟利楼 207 室
邮政编码：100871
电子信箱：ccrs@pku.edu.cn
主页网址：http://www.ccrs.net.cn
电话：010–62757857
传真：010–62767969
理事长：苏晓东
副理事长：靳常青 来鲁华 吕　扬 牛立文 苏成勇 王　牧 于　荣 郑伟涛
秘书长：孙俊良

中国神经科学学会
The Chinese Neuroscience Society (CNS)

地址：上海市徐汇区岳阳路319号31A楼211室
邮政编码：200031
电子信箱：cns@sibs.ac.cn
主页网址：http://www.cns.org.cn
电话：021-54922854/54922893
传真：021-54922893
理事长：段树民
副理事长：陈生弟　高天明　何士刚　王以政　谢俊霞
　　徐如祥　于常海　张　旭　张玉秋
秘书长：何　成

中国机械工程学会
Chinese Mechanical Engineering Society
(CMES)

地址：北京市海淀区首体南路9号主语国际4号楼11层
邮政编码：100048
电子信箱：headquarters@cmes.org
主页网址：http://www.cmes.org
　　http://www.cmes.org.cn
电话：010-68799009
传真：010-68799050
理事长：李培根
副理事长：张彦敏（常务）　王德成　尤　政　杨海成
　　陆大明　陈　钢　陈学东　林忠钦　钟志华
　　郭东明　蒋庄德　谭建荣
秘书长：陆大明（兼）

中国汽车工程学会
Society of Automotive Engineers of China
(SAE-China)

地址：北京市西城区莲花池东路102号天莲大厦4层、10层
邮政编码：100055
电子信箱：office@sae-china.org
主页网址：http://www.sae-china.org
电话：010-50950000
传真：010-50950095
理事长：付于武
副理事长：张进华　丁宏祥　姚一鸣　任晓常　刘卫东
　　孙逢春　朱华荣　严　刚　余卓平　吴绍明
　　李书福　李立忠　李庆文　程惊雷　欧阳明高
　　范　仲　赵　航　钟志华　高卫民　董　扬
　　管　欣
秘书长：张进华（兼）

中国农业机械学会
Chinese Society for Agricultural Machinery
(CSAM)

地址：北京市朝阳区德胜门外北沙滩1号
邮政编码：100083
电子信箱：csam@caams.org.cn
主页网址：http://www.agro-csam.org
电话：010-64882291/64882232
传真：010-64882291
理事长：罗锡文
副理事长：方宪法　王金富　王桂民　王　博　刘恒新
　　刘　敏　朱　明　佟　金　应义斌　陈学庚
　　李树君　姜卫东　胡乐鸣　赵春江　赵剡水
　　袁寿其　韩鲁佳
秘书长：张咸胜

中国农业工程学会
Chinese Society of Agricultural Engineering
(CSAE)

地址：北京市朝阳区麦子店街41号502室
邮政编码：100125
电子信箱：hqcsae@agri.gov.cn
主页网址：http://www.csae.org.cn
电话：010-59197100
传真：010-59197100
理事长：朱　明
副理事长：罗锡文（常务）　王铁良　包　军　杜瑞成
　　李畅游　李树君　李瑞川　佟　金　应义斌

汪 春 张全国 陆华忠 赵春江 郧文聚
袁寿其 崔 明 康绍忠 韩鲁佳
秘书长：管小冬

中国电机工程学会

Chinese Society for Electrical Engineering (CSEE)

地址：北京市西城区白广路二条 1 号
邮政编码：100761
电子信箱：csee@csee.org.cn
主页网址：http://www.csee.org.cn
电话：010–63414320
传真：010–63414319
理事长：郑宝森
副理事长：栾 军 谢明亮 王良友 刘国跃 金耀华
邓建玲 米树华 魏 锁 张 诚 王树民
姚 强 赵 洁 刘吉臻 宋永华 陈 斌
秘书长：谢明亮（兼）

中国电工技术学会

China Electrotechnical Society (CES)

地址：北京市西城区三里河路 46 号
邮政编码：100823
电子信箱：esintl@public.bta.net.cn
主页网址：http://www.ces.org.cn
电话：010–68595357
传真：010–68511242
理事长：杨庆新
副理事长：尹天文 叶向东 刘 杰 孙逢春 孙鹤旭
朱元巢 宋永华 宋晓刚 张文亮 肖立业
苗立杰 姚为正 荣命哲 郝玉成 徐殿国
秦汉军 郭嵋俊 梁曦东 黄 瓯 管瑞良
裴相精 裴振江
秘书长：裴相精（兼）

中国水力发电工程学会

China Society for Hydropower Engineering (CSHE)

地址：北京市海淀区车公庄西路 22 号院 A 座 11 层
邮政编码：100048
电子信箱：b07@cast.org.cn leidy5378@126.com
主页网址：http://www.hydropower.org.cn
电话：010–58381747/58382515
传真：010–63547632
理事长：张 野
副理事长：袁柏松（常务） 么 虹 王 琳 王 森
朱跃龙 刘国跃 杨清廷 邱希亮 张建云
张建民 陈云华 周厚贵 郑声安 贺建华
夏 忠 晏志勇 韩 水 谢长军
秘书长：袁柏松（兼）

中国水利学会

Chinese Hydraulic Engineering Society (CHES)

地址：北京市西城区白广路二条 16 号
邮政编码：100053
电子信箱：ches@ches.org.cn
主页网址：http://www.ches.org.cn
电话：010–63204863
传真：010–63202154
理事长：胡四一
副理事长：顾 浩（常务） 匡尚富 张建云 马建华
薛松贵 李新军 殷保合 徐 辉 陈永灿
吴 澎
秘书长：于琪洋

中国内燃机学会

Chinese Society for Internal Combustion Engines (CSICE)

地址：上海市闵行区华宁路 3111 号
邮政编码：201108

电子信箱：zhuweijin66@126.com
主页网址：http://www.csice.org.cn
电话：021-31310973
传真：021-31310973
理事长：金东寒
副理事长：孙少军　刘志刚　李继凯　许传国　张树勇
邵　煜　董建福　舒歌群　谭贵荣
秘书长：李树生

中国工程热物理学会
Chinese Society of Engineering Thermophysics (CSET)

地址：北京市海淀区北四环西路 11 号
邮政编码：100190
电子信箱：cset@iet.cn
主页网址：http://www.cset.org.cn
电话：010-82543040/82543037
传真：010-82543037
理事长：金红光
副理事长：陈　勇　李应红　朱俊强　杨勇平　姚春德
郭烈锦　张　兴
秘书长：杜建一

中国空气动力学会
Chinese Aerodynamics Research Society (CARS)

地址：北京市海淀区学院路 37 号国家计算流体力学实验室
邮政编码：100191
电子信箱：carsqdxh@gmail.com
主页网址：http://www.cars.org.cn
电话：010-82317341
传真：010-82317341
副理事长：唐志共　王志川　沈　清　任玉新　孙　茂
高正红　赵　宁　张新宇　杨　炯
秘书长：徐　翔

中国制冷学会
Chinese Association of Refrigeration (CAR)

地址：北京市海淀区阜成路 67 号银都大厦 10 层
邮政编码：100142
电子信箱：car@car.org.cn
主页网址：http://www.car.org.cn
电话：010-68715723
传真：010-68434679
理事长：金嘉玮
副理事长：孟庆国　江　亿　陈学东　何雅玲　纪志坚
李增群　罗二仓　刘长永　王翔雨　路　宾
刘　挺　黄　辉　王如竹　李先庭
秘书长：孟庆国（兼）

中国真空学会
Chinese Vacuum Society (CVS)

地址：北京市朝阳区建国路 93 号万达广场 9 号楼 6 层 612 室
邮政编码：100022
电子信箱：cvs@chinesevacuum.com
主页网址：http://www.chinesevacuum.com
电话：010-58208908/58208985
传真：010-58207735
理事长：许宁生
副理事长：高鸿钧　李言荣　巴德纯　雷震霖　彭练矛
王西龙　董振超　于天化　李得天　苏　原
秘书长：郭海明

中国自动化学会
Chinese Association of Automation (CAA)

地址：北京市海淀区中关村东路 95 号自动化大厦 509
邮政编码：100190
电子信箱：caa@ia.ac.cn
主页网址：http://www.caa.org.cn
电话：010-82544542
传真：010-62522248
理事长：郑南宁

副理事长：王飞跃　柴天佑　张剑武　张纪峰　陈　杰
杨孟飞　于海斌　李少远　周东华　桂卫华
王成红
秘书长：王飞跃（兼）

中国仪器仪表学会

China Instrument & Control Society (CIS)

地址：北京市海淀区知春路6号锦秋国际大厦A座23层
邮政编码：100088
电子信箱：info@cis.org.cn
主页网址：http://www.cis.org.cn
电话：010-82800755
传真：010-82800879
名誉理事长：包叙定　金国藩　庄松林
名誉副理事长：陆廷杰　孙优贤　龚惠兴　王雨生
周兆英　张开逊　张钟华　薛一平
向晓波
理事长：李天初
副理事长：尤　政　张广军　胡小唐　史红民　吴　朋
许大庆　高明璋　王　健　宣瑞国　吴幼华
秘书长：朱险峰

中国计量测试学会

Chinese Society for Measurement (CSM)

地址：北京市朝阳区育慧南路3号西单元5层
邮政编码：100029
电子信箱：mingjianlyu@163.com
主页网址：http://www.china-csm.org
电话：010-84639822
传真：010-84639822
理事长：蒲长城
副理事长：丁雪梅　于化东　马爱文　张广军　林建忠
方　向　钟新明　欧阳证　王　巍　万立骏
秘书长：马爱文（兼）

中国标准化协会

China Association for Standardization (CAS)

地址：北京市海淀区增光路33号中国标协写字楼
邮政编码：100048
电子信箱：cas@china-cas.org
主页网址：http://www.china-cas.org
电话：010-68482899
传真：010-68486228
理事长：纪正昆
副理事长：王宗龄　高建忠　冀晓东　陈锦汉　季　飞
王　晔　刘泽洪　吴江徽　王中丹　钱建林
吴道洪　宋明顺　董若琳　陈　璐
秘书长：高建忠（兼）

中国图学学会

China Graphics Society (CGS)

地址：北京市海淀区知春路1号学院国际大厦1006室
邮政编码：100083
电子信箱：cgs@cgn.net.cn
主页网址：http://www.cgn.net.cn
电话：010-62165983
传真：010-62165987
理事长：孙家广
副理事长：许杰峰　孙林夫　李　华　杨海成　陈锦昌
赵　罡　韩宝玲　强　毅　魏小鹏
秘书长：赵　罡（兼）

中国电子学会

Chinese Institute of Electronics (CIE)

地址：北京市海淀区玉渊潭南路普惠南里13号楼（北京市165信箱）
邮政编码：100036
电子信箱：liujing@cie-info.org.cn
主页网址：http://www.cie-info.org.cn
电话：010-68277281
传真：010-68233917

理事长：怀进鹏
副理事长：王海峰　芮晓武　李树深　张　军　陆建华
周子学　徐晓兰　梅　宏　蒋亚非　熊群力
秘书长：徐晓兰（兼）

中国计算机学会
China Computer Federation (CCF)

地址：北京市海淀区中关村科学院南路 6 号
邮政编码：100190
电子信箱：ccf@ccf.org.cn
主页网址：http://www.ccf.org.cn
电话：010-62562503
传真：010-62527485
理事长：高　文
副理事长：孙凝晖　吕　建　王巨宏
秘书长：杜子德

中国通信学会
China Institute of Communications (CIC)

地址：北京市海淀区万寿路 27 号院 8 号楼
邮政编码：100846
电子信箱：xuzhijun@china-cic.cn
主页网址：http://www.china-cic.org.cn
电话：010-68209078
传真：010-68209074
理事长：陈肇雄
副理事长：田　进　余少华　衣雪青　张新生　乔建永
韩志刚　高步文　江　阳
秘书长：衣雪青（兼）

中国中文信息学会
Chinese Information Processing Society of China (CIPSC)

地址：北京市海淀区中关村南四街 4 号中国科学院软件园 7 号楼 201 房间
邮政编码：100190
电子信箱：cips@iscas.ac.cn
主页网址：http://www.cipsc.org.cn
电话：010-62562916
传真：010-62562916
理事长：方滨兴
副理事长：马少平　王海峰　刘庆峰　孙　乐
那顺乌日图　张桂平　李宇明　宗成庆
施水才　黄河燕
秘书长：孙　乐（兼）

中国测绘地理信息学会
Chinese Society for Geodesy Photogrammetry and Cartography (CSGPC)

地址：北京市海淀区莲花池西路 28 号中国测绘创新基地 14 层
邮政编码：100830
电子信箱：cssmg1401@163.com
主页网址：http://www.csgpc.org
电话：010-63881401/63881402/63881406
传真：010-63881410
理事长：李维森
副理事长：彭震中　王　瑞　申慧群　孙和平　朱　光
李志刚　吴劲风　张继贤　张文若　张卫强
邹熹光　杨宝峰　周成虎　宫辉力　郭华东
高延利　倪庆华　龚健雅　翟跃欢　陈　军
刘耀林　程鹏飞
秘书长：彭震中（兼）

中国造船工程学会
The Chinese Society of Naval Architects and Marine Engineers (CSNAME)

地址：北京市西城区月坛北街 5 号
邮政编码：100861
电子信箱：msc@csname.org.cn
主页网址：http://www.csname.org.cn
电话：010-59517926
传真：010-59517928
理事长：黄平涛

副理事长：李国安 路小彦 金才宽 张相木 李长江
李科浚 李建红 林建清 周守为 刘海胜
何生厚 苏 明 刘志刚 方书甲 刘郑国
吴永杰
秘书长：罗季燕

中国航海学会
China Institute of Navigation (CIN)

地址：北京市东城区和平里东街10号院1-401
邮政编码：100013
电子信箱：cinnet@163.com
主页网址：http://www.cinnet.cn
电话：010-65299797
传真：010-65299796
理事长：黄有方
副理事长：曹 迪
秘书长：王 群

中国铁道学会
China Railway Society (CRS)

地址：北京市海淀区复兴路10号
邮政编码：100844
电子信箱：crstdxh@sohu.com
主页网址：http://www.crs.org.cn
电话：010-51841782/51842251
传真：010-51847402
理事长：孙永福
副理事长：马福海 何华武 余邦利 耿志修 杨建兴
瞿建明 吕长清 康维韬 徐啸明
秘书长：马福海（兼）

中国公路学会
China Highway and Transportation Society (CHTS)

地址：北京市朝阳区安华西里三区中国公路学会办公楼（甲6号楼对面）
邮政编码：100011
电子信箱：glxh@chinahighway.com
主页网址：http://www.chts.chinahighway.com
电话：010-84951487
传真：010-84951487
理事长：翁孟勇
副理事长：周纪昌 郑健龙 孟凤朝 陈奋健 游庆仲
冯西宁 刘文杰 邓仁杰 马 建 唐伯明
王 民 张喜刚
秘书长：刘文杰（兼）

中国航空学会
Chinese Society of Aeronautics and Astronautics (CSAA)

地址：北京市朝阳区安外北苑2号院
邮政编码：100012
电子信箱：csaazhb@126.com
主页网址：http://www.csaa.org.cn
电话：010-84924375
传真：010-84923942
理事长：林左鸣
副理事长：王 政 张新国 汪劲松 罗荣怀 徐惠彬
聂 宏 高建设
秘书长：吴 松

中国宇航学会
Chinese Society of Astronautics (CSA)

地址：北京市海淀区阜成路8号
邮政编码：100048
电子信箱：cast_wangxb @126.com
主页网址：http://www.csaspace.org.cn
电话：010-68767281
传真：010-68768617
理事长：雷凡培
副理事长：王一然 王树国 阴和俊 李 跃 杨保华
吴燕生 胡亚枫 胡海岩 姜澄宇 高红卫
袁 洁 袁家军 徐 强 徐惠彬 曹健林
谢良贵
秘书长：王一然（兼）

中国兵工学会
China Ordnance Society

地址：北京市海淀区车道沟 10 号院 2431 信箱
邮政编码：100089
电子信箱：suggest@cos.org.cn
主页网址：http://www.cos.org.cn
电话：010-68963154/68963055
传真：010-68962962
理事长：尹家绪
副理事长：胡海岩　刘仓理　曾　毅　聂晓夫　邓智尤
王晓锋　于小虎
秘书长：于小虎（兼）

中国金属学会
The Chinese Society for Metals (CSM)

地址：北京市东城区东四西大街 46 号
邮政编码：100711
电子信箱：csmoffice@csm.org.cn
主页网址：http://www.csm.org.cn
电话：010-65133322-1612
010-65270210
传真：010-65124122
理事长：干　勇
副理事长：赵　沛（常务）　马国强　唐复平　靳　伟
才　让　杨　锐　张欣欣　赵　继　于　勇
沈　彬　国文清
秘书长：王新江

中国有色金属学会
The Nonferrous Metals Society of China (NFsoc)

地址：北京市海淀区复兴路乙 12 号
邮政编码：100814
电子信箱：nfsoc@163.com
主页网址：http://www.nfsoc.org.cn
电话：010-63971451
传真：010-63965399
理事长：贾明星
副理事长：葛红林　李福利　桂卫华　严纯华　孙加林
杨志强　刘江浩　胡岳华　彭金辉　杨　斌
张少明　蒋开喜　陆志方　张平祥　张洪国
秘书长：张洪国（兼）

中国稀土学会
The Chinese Society of Rare Earths (CSRE)

地址：北京市海淀区学院南路 76 号
邮政编码：100081
电子信箱：csre@cs-re.org.cn
主页网址：http://www.cs-re.org.cn
电话：010-62182748/62173497
传真：010-62173501
理事长：李春龙
副理事长：严纯华　龚　斌　李　波　杨占峰　黄松涛
胡伯平　黄长庚　张尚虎　薛冬峰　黄光惠
王　涛　李　琼
秘书长：牛京考

中国腐蚀与防护学会
Chinese Society for Corrosion and Protection (CSCP)

地址：北京市海淀区学院路 30 号
邮政编码：100083
电子信箱：mail@cscp.org.cn
主页网址：http://www.cscp.org.cn
电话：010-62320080
传真：010-82372305
理事长：王福会
副理事长：刘建华　孙明先　李　劲　李晓刚　吴建华
张　盾　张三平　张启富　张政军　张鉴清
林　安　林昌健　宫声凯　郭兴蓬　路民旭
秘书长：李晓刚（兼）

中国化工学会
The Chemical Industry and Engineering Society of China (CIESC)

地址：北京市朝阳区安定路 33 号化信大厦 B 座 7 层
邮政编码：100029
电子信箱：wangyan@ciesc.cn
主页网址：http://www.ciesc.cn
电话：010-64449479
传真：010-64411194
理事长：戴厚良
副理事长：李静海（常务） 蔺爱国（常务） 杨元一（专职） 曲景平 刘良炎 李 彬 吴秀章 张 勇 张积耀 范小森 周伟斌 郑长波 钱旭红 徐大刚 谭天伟
秘书长：杨元一（兼）

中国核学会
Chinese Nuclear Society (CNS)

地址：北京市西城区三里河南三巷 1 号
邮政编码：100822
电子信箱：cns@ns.org.cn
主页网址：http://www.ns.org.cn
电话：010-68576163/68555559
传真：010-68527188
理事长：李冠兴
副理事长：王 森 刘永德 孙汉虹 余剑锋 张廷克 张维岩 相 斌 贺 禹 赵 军 康克军 詹文龙 雷增光
秘书长：王德林

中国石油学会
Chinese Petroleum Society (CPS)

地址：北京市西城区六铺炕街 6 号
邮政编码：100724
电子信箱：syxhqn@126.com
主页网址：http://www.cps.org.cn
电话：010-62067135
传真：010-62067135
理事长：赵政璋
副理事长：孙龙德 金之钧 陈 伟 张 涛 黎 明 周抚生
秘书长：周抚生（兼）

中国煤炭学会
China Coal Society (CCS)

地址：北京市朝阳区青年沟路 5 号
邮政编码：100013
电子信箱：mtxh@chinacs.org.cn
主页网址：http://www.chinacs.org.cn
电话：010-84262776/84262778
传真：010-84264526
理事长：王显政
副理事长：田 会 卜昌森 王 安 王金华 刘建功 刘 峰 张玉卓 张铁岗 武华太 袁 亮 谢和平 葛世荣
秘书长：刘 峰（兼）

中国可再生能源学会
Chinese Renewable Energy Society (CRES)

地址：北京市海淀区中关村北二条 6 号
邮政编码：100190
电子信箱：cres@mail.icc.ac.cn
主页网址：http://www.cres.org.cn
电话：010-82547225
传真：010-82547220
理事长：谭天伟
副理事长：许洪华 柳 地 仲继寿 吴创之 赵 颖 喜文华 蒋利军 姚兴佳
秘书长：李宝山

中国能源研究会
China Energy Research Society (CERS)

地址：北京市西城区三里河路 54 号
邮政编码：100045

电子信箱：cers@cei.gov.cn
主页网址：http://www.cers.org.cn
电话：010-56034651/56034652/56034653
传真：010-68513097
理事长：吴新雄
副理事长：王　敏　王禹民　史玉波　李　东　李　辉
李庆奎　杨长利　吴　吟　沙先华　陆启洲
陈进行　祖　斌　贺锡强　曹培玺　喻宝才
秘书长：郑玉平

中国硅酸盐学会
The Chinese Ceramic Society (CCS)

地址：北京市海淀区三里河路 11 号
邮政编码：100831
电子信箱：guisuanyanxuehui@ceramsoc.com
主页网址：http://www.ceramsoc.com
电话：010-57811248
传真：010-57811249
理事长：徐永模
副理事长：张联盟　李建保　李新华　陈立泉　周　玉
罗宏杰　南策文　姚　燕　徐德龙　晋占平
彭　寿
秘书长：晋占平（兼）

中国建筑学会
Architectural Society of China (ASC)

地址：北京市海淀区三里河路 9 号
邮政编码：100835
电子信箱：asczhb@126.com
主页网址：http://www.chinaasc.org
电话：010-88082227
传真：010-88082223
理事长：修　龙
副理事长：曹嘉明　崔　愷　丁　建　丁烈云　官　庆
刘　军　龙卫国　孟建民　王　俊　王建国
徐　建　张　桦　赵　琦　朱小地　庄惟敏
秘书长：张百平

中国土木工程学会
China Civil Engineering Society (CCES)

地址：北京市海淀区三里河路 9 号建设部内
邮政编码：100835
电子信箱：cceszhb@163.com
主页网址：http://www.cces.net.cn
电话：010-68311313
传真：010-58933953
理事长：郭允冲
副理事长：卢春房　冯正霖　刘士杰　袁　驷　李永盛
易　军　李长进　孟凤朝　刘起涛　王　俊
秘书长：刘士杰（兼）

中国生物工程学会
Chinese Society of Biotechnology (CSBT)

地址：北京市朝阳区北辰西路 1 号院 3 号
中国科学院微生物所 B 座 411 室
邮政编码：100101
电子信箱：csbt@im.ac.cn
主页网址：http://www.biotechchina.org
电话：010-64807678
传真：010-64807678
理事长：高　福
副理事长：陈惠鹏　林　敏　刘双江　马树恒　马延和
麦康森　岳国君　张　偲
秘书长：马树恒（兼）

中国纺织工程学会
China Textile Engineering Society (CTES)

地址：北京市朝阳区延静里中街 3 号
邮政编码：100025
电子信箱：ctes@public.bta.net.cn
主页网址：http://www.ctes.com.cn
电话：010-65016537
传真：010-65016538
理事长：孙瑞哲

副理事长：伏广伟 封亚培 徐卫林 俞建勇 胡 克
崔世忠 刘 迪 蒲宗耀 程博闻 夏志林
刘子斌 李鹏飞 高卫东 陈建勇 龚进礼
彭燕丽
秘书长：尹耐冬

中国造纸学会
China Technical Association of Paper Industry (CTAPI)

地址：北京市朝阳区望京启阳路 4 号院中轻大厦 B 座 10 层
邮政编码：100102
电子信箱：123123@ctapi.org.cn
主页网址：http://www.ctapi.org.cn
电话：010-64778766/64778768
传真：010-64778759
理事长：陈学忠
副理事长：曹振雷（常务） 刘 忠 李 耀 李义民
李友生 何北海 张 辉 张美云 陈鄂生
陈嘉川 赵 伟 胡开堂 姜海斌
秘书长：曹春昱

中国文物保护技术协会
China Association for Conservation Technology of Cultural Heritage (CACTCH)

地址：北京市东城区景山前街 4 号故宫博物院内
邮政编码：100009
电子信箱：cactch@gmail.com
电话：010-85007412
传真：010-85007412
理事长：李化元
副理事长：付清远 龚 良 马清林 潘 路 王立平
王时伟 王旭东
秘书长：王时伟（兼）

中国印刷技术协会
The Printing Technology Association of China (PTAC)

地址：北京市西城区太平街 6 号富力摩根中心 E 座 818 室
邮政编码：100050
电子信箱：ptac_zhx@163.com
主页网址：http://www.chinaprint.org
电话：010-59361480
传真：010-59361489
理事长：王岩镔
副理事长：梁成林 陈 彦 任王成 钱 薇 陈 均
李新立 郭 全 刘 杰 贾春琳 黎 雪
马五一 万 捷 陈忠民 乔鲁予 费屹立
管政明 朱 敏 杨 斌 李 莉 张培武
张 涛 陈 斌 汤 帜 王 冰 褚庭亮
许文才 蒲嘉陵
秘书长：陈 彦（兼）

中国材料研究学会
Chinese Materials Research Society (CMRS)

地址：北京市海淀区紫竹院路 62 号 4102 室
邮政编码：100048
电子信箱：chinese_mrs@163.com
主页网址：http://www.c-mrs.org.cn
电话：010-68475052
传真：010-68722033
理事长：李元元
副理事长：魏炳波 丁文江 韩高荣 聂祚仁 潘复生
王迎军 翁 端 谢建新 杨 锐 姚 燕
张平祥 周科朝 周少雄 朱美芳
秘书长：韩雅芳

中国食品科学技术学会
Chinese Institute of Food Science and Technology (CIFST)

地址：北京市海淀区阜成路北三街 6 号轻苑大厦三层
邮政编码：100048
电子信箱：cifst@163.com
主页网址：http://www.cifst.org.cn
电话：010-65265375
传真：010-65264731
理事长：孟素荷
副理事长：孙宝国 周光宏 朱蓓薇 邵 薇 金征宇
丁钢强 岳国君 吴清平 李 宁 石维忱

谢明勇　路福平
秘书长：邵　薇（兼）

中国粮油学会
Chinese Cereals and Oils Association (CCOA)

地址：北京市西城区百万庄大街 11 号粮科大厦
邮政编码：100037
电子信箱：yong@ccoaonline.com
主页网址：http://www.ccoaonline.com
电话：010-68357523
传真：010-68357522
理事长：张桂凤
副理事长：胡承淼　张　元　刘民钢　鞠兴荣　金征宇
潘洪亮　岳国君　王　进　胡新民　丹志国
宫旭洲　俞学锋　谢松柏
秘书长：胡承淼（兼）

中国职业安全健康协会
China Occupational Safety and Health Association (COSHA)

地址：北京市东城区和平里北街 21 号
邮政编码：100713
电子信箱：anniewyh@aliyun.com
主页网址：http://www.cosha.org.cn
电话：010-64463339
传真：010-64463339
理事长：王德学
副理事长：杨宇栋　马　骏　伊　烈　贺黎光　孟斌成
周　彬　金耀华　魏山峰　张兴凯　王金华
秘书长：马　骏（兼）

中国烟草学会
China Tobacco Society (CTS)

地址：北京市西城区月坛南街 55 号
邮政编码：100045
电子信箱：wang-wj@tobacco.gov.cn
网址：http://www.tobacco.org.cn
电话：010-63605829
传真：010-63605760
理事长：赵洪顺
副理事长：王建雪　张　虹　杨先杰　谢剑平　刘建福
杨　俊　王元英
秘书长：王建雪（兼）

中国仿真学会
China Simulation Federation (CSF)

地址：北京市海淀区学院路 37 号
邮政编码：100191
电子信箱：cassimul@vip.sina.com
主页网址：http://www.csf-sim.org.cn
电话：010-82310612
传真：010-82317098
理事长：赵沁平
副理事长：戴　岳　范文慧　胡晓峰　纪志成　李国雄
刘　金　马世伟　邱晓刚　吴云洁　杨　明
张　霖　张志利　赵　民
秘书长：吴云洁（兼）

中国电影电视技术学会
China Society of Motion Picture and Television Enginnees (CSMPTE)

地址：北京市西城区真武庙二条真武家园 4 号楼一层西区
邮政编码：100045
电子信箱：csmpte@163.com
主页网址：http://www.csmpte.com.cn
电话：010-63983646
传真：010-63959031
理事长：何宗就
副理事长：宋宜纯　田　方　李金荣　汪建强　张建平
林长海　姚　平　姚　威　高少君　谢锦辉
秘书长：黄平刚

中国振动工程学会
Chinese Society for Vibration Engineering
(CSVE)

地址：江苏省南京市秦淮区御道街 29 号
邮政编码：210016
电子信箱：csve@nuaa.edu.cn
主页网址：http://www.csve.org.cn
电话：025-84892135
传真：025-84892135
理事长：苏义脑
副理事长：褚福磊　华宏星　李　杰　孟　光　王永亮
邢誉峰　杨绍普　翟婉明
秘书长：陈国平

中国颗粒学会
Chinese Society of Particuology (CSP)

地址：北京市海淀区中关村北二街 1 号过程大厦 1003
邮政编码：100190
电子信箱：klxh@ipe.ac.cn
主页网址：http://www.csp.org.cn
电话：010-62647657/62647647
传真：010-82629146
理事长：陈运法
副理事长：蔡小舒　曹军骥　陈建峰　马光辉　宋延林
魏　飞　张　忠　郑水林　朱庆山
秘书长：白蕴如

中国照明学会
China Illuminating Engineering Society
(CIES)

地址：北京市朝阳区大北窑厂坡村甲 3 号南楼二层
邮政编码：100022
电子信箱：cies@lightingchina.com
主页网址：http://www.lightingchina.com.cn
电话：010-65815905/65836525 /65830997
传真：010-65812194
理事长：邴树奎
副理事长：华树明（专职）　高　飞（专职）　汪　猛
徐　华　郝洛西　杨春宇　梁荣庆　潘建根
庄申安　魏　彬　官　勇　梁　毅　王立雄
姚梦明
秘书长：窦林平

中国动力工程学会
Chinese Society of Power Engineering
(CSPE)

地址：上海市闵行区剑川路 1115 号
邮政编码：200241
电子信箱：cspe@speri.com.cn
主页网址：http://www. cspe.cpeweb.com.cn
电话：021-54705106
传真：021-54705106
理事长：黄迪南
副理事长：刘吉臻　朱元巢　严宏强　张英健　胡寿根
倪明江　黄　瓯
秘书长：张树林

中国惯性技术学会
Chinese Society of Inertial Technology
(CSIT)

地址：北京市西城区月坛北小街 2 号
邮政编码：100037
电子信箱：guanxing86627@163.com
主页网址：http://www.csit.org.cn
电话：010-68386627
传真：010-68386627
理事长：包为民
副理事长：谢良贵　王　巍　夏　刚　赵连元　刘　飞
付梦印　万彦辉　宋科璞
秘书长：王　岩

中国风景园林学会
Chinese Society of Landscape Architecture
(CHSLA)

地址：北京市海淀区三里河路 9 号

邮政编码：100835
电子信箱：chsla@vip.sina.com
主页网址：http://www.chsla.org.cn
电话：010-58933918/88082568
传真：010-58933918
理事长：陈晓丽
副理事长：方　岩　王　翔　王向荣　刘秀晨　吴桂昌　张　兵　张殿纯　陈　重　陈　敏　郑西平　郑淑玲　高　翅　董瑞龙　王磐岩　杜　挺　杨　锐
秘书长：陈　重（兼）

中国电源学会
China Power Supply Society (CPSS)

地址：天津市南开区黄河道 467 号大通大厦 16 层
邮政编码：300110
电子信箱：cpss@cpss.org.cn
主页网址：http://www.cpss.org.cn
电话：022-27680796
传真：022-27687886
理事长：徐德鸿
副理事长：刘进军　张　波　李占师　陈成辉　周雒维　徐殿国　曹仁贤　章进法
秘书长：韩家新

中国复合材料学会
Chinese Society for Composite Materials (CSCM)

地址：北京市海淀区学院路 37 号
邮政编码：100191
电子信箱：office@csfcm.org.cn
主页网址：http://www.csfcm.org.cn
电话：010-82317092/82338581
传真：010-82317092
理事长：陈祥宝
副理事长：成来飞　方岱宁　韩克岑　侯　晓　冷劲松　冯志海　陶　智　徐　坚　邢丽英　薛忠民　俞建勇

秘书长：张博明

中国消防协会
China Fire Protection Association (CFPA)

地址：北京市朝阳区华威西里甲 19 号
邮政编码：100021
电子信箱：tianqz@cfpa.cn
主页网址：http://www.cfpa.cn
电话：010-87789619
传真：010-87789619
会长：陈伟明
副会长：王铁民　谢模乾　杨建民　李引擎　陈　飞　朱力平　尹俊士　张荣昌　许兆亭　冷　俐
秘书长：曹忙根

中国图象图形学学会
China Society of Image & Graphics (CSIG)

地址：北京市海淀区中关村东路 95 号东楼 307、308 室
邮政编码：100190
电子信箱：info@csig.org.cn
主页网址：http://www.csig.org.cn
电话：010-82544676
传真：010-82544676
理事长：谭铁牛
副理事长：赖剑煌　卢汉清　潘志庚　汪国平　吴一戎　俞能海　章毓晋　赵忠明
秘书长：马惠敏

中国人工智能学会
Chinese Association for Artificial Intelligence (CAAI)

地址：北京市海淀区西土城路 10 号北京邮电大学教一楼 122 室
邮政编码：100876
电子信箱：caai@bupt.edu.cn
主页网址：http://www.caai.cn

电话：010-62281360
传真：010-62282983
理事长：李德毅
副理事长：杨放春　谭铁牛　焦李成　黄河燕　马少平
　　　　　刘　宏　王国胤　蒋昌俊
秘书长：王卫宁

中国体视学学会
Chinese Society for Stereology (CSS)

地址：北京市海淀区清华大学工物系刘卿楼 211 室
邮政编码：100084
电子信箱：tscss@mail.tsinghua.edu.cn
主页网址：http://www.tscss.org
电话：010-62776336
传真：010-62784659
理事长：康克军
副理事长：赵忠明　唐　勇　张　跃　左　良　申　洪
秘书长：王　忠

中国工程机械学会
China Construction Machinery Society (CCMS)

地址：上海市杨浦区四平路 1239 号同济大学机械学院机械南馆 303-305 室
邮政编码：200092
电子信箱：lmdai@tongji.edu.cn，lmy@tongji.edu.cn
主页网址：http://ccms.tongji.edu.cn
电话：021-65985015
传真：021-65985015
理事长：卞永明
副理事长：杨华勇　宓为建　肖汉斌　朱真才　黄兴华
　　　　　赵静一　焦生杰　许武全　刘元洪
秘书长：刘　钊

中国海洋工程咨询协会
China Association of Oceanic Engineering (CAOE)

地址：北京市丰台区马官营家园 3 号院
邮政编码：100161
电子信箱：caoe@vip.163.com
主页网址：http://www.caoe.org.cn
电话：010-68040020
传真：010-68040020
名誉会长：周钦农　孙志辉
会长：周茂平
副会长：李春先　吕　波　郭立峰　刘修德　吴德星
　　　　谭建生　王海怀　靳　伟　逯　鹰　梁伟康
　　　　王永福　屈　强
秘书长：屈　强（兼）

中国遥感应用协会
China Association of Remote Sensing Application (CARSA)

地址：北京市海淀区永丰产业基地丰贤东路 5 号中国资源卫星应用中心 A 座三层
邮政编码：100094
电子信箱：ygxh@carsa.org.cn
主页网址：http://www.carsa.org.cn
电话：010-58937034
传真：010-57503347
理事长：罗　格
副理事长：王　桥　尹秋岩　左群声　田玉龙　李传荣
　　　　　李国平　杨　军　杨保华　吴一戎　张　凯
　　　　　范一大　贺晓江　顾行发　徐　文　徐振川
　　　　　高　平　郭华东　龚健雅　蒋兴伟　童旭东
　　　　　童旭东　谭克龙　潘旭东
秘书长：徐　文（兼）

中国指挥与控制学会
Chinese Institute of Command and Control (CICC)

地址：北京市海淀区车道沟紫竹院路 10 号院 1 号科技楼 10 层
邮政编码：100089
电子邮箱：hyfw@c2.org.cn
主页网址：http://www.c2.org.cn
电话：010-68964611
传真：010-68964756

名誉理事长：李德毅　曾　毅
理事长：戴　浩
副理事长：李定主　李恒邵　宋跃进　丁全心　杨树兴　张有建
秘书长：秦继荣

中国光学工程学会

Chinese Society for Optical Engineering (CSOE)

地址：北京市丰台区海鹰路1号院6楼
邮政编码：100070
电子信箱：info@csoe.org.cn
主页网址：http://www.csoe.org.cn
电话：010-83739883
传真：010-63723558
名誉理事长：金国藩　杜祥琬　邬贺铨
理事长：张广军
副理事长：吕跃广　王立军　王　巍　刘文清　王恩东　相里斌　范国滨　苏建忠　马　晶　王　健
秘书长：赵雪燕

中国微米纳米技术学会

Chinese Society of Micro-Nano Technology (CSMNT)

地址：北京市海淀区清华大学精密仪器系3301室
邮政编码：100084
电子信箱：csmnt@mail.tsinghua.edu.cn
主页网址：http://www.csmnt.org.cn
电话：010-62796707/62772108
传真：010-62796707
理事长：尤　政
副理事长：蒋庄德　王　琛　许建中　王跃林　王　政　邱介山　黄　如　王晓浩
秘书长：王晓浩（兼）

中国密码学会

Chinese Association for Cryptologic Research（CACR）

地址：北京市丰台区靛厂路7号
邮政编码：100036
电子信箱：cacr@cacrnet.org.cn
主页网址：http://www.cacrnet.org.cn
电话：010-59703621
传真：010-59703621
理事长：王　杰
副理事长：杨义先　王小云　陈克非　吴文玲
秘书长：于艳萍

中国农学会

China Association of Agricultural Science Societies (CAASS)

地址：北京市朝阳区麦子店街22号楼
邮政编码：100125
电子信箱：59194203@163.com
主页网址：http://www.caass.org.cn
电话：010-59194203/59194204
传真：010-59194204
会长：张桃林
副会长：邓秀新　旭日干　刘　旭　孙其信　李　宁　吴孔明　张亚平　周光宏　赵方田　柯炳生　唐启升　唐　珂　喻树迅　曾一春
秘书长：邹瑞苍

中国林学会

Chinese Society of Forestry (CSF)

地址：北京市海淀区东小府2号
邮政编码：100091
电子信箱：zglxhbgs@126.com
主页网址：http://www.csf.org.cn
电话：010-62889975
传真：010-62888312

理事长：赵树丛
副理事长：张建龙 陈章良 尹伟伦 彭有冬 谭光明
张守攻 吴 斌 杨传平 曹福亮 陈幸良
费本华
秘书长：陈幸良（兼）

中国土壤学会
Soil Science Society of China (SSSC)

地址：江苏省南京市玄武区北京东路 71 号
邮政编码：210008
电子信箱：sssc@issas.ac.cn
主页网址：http://www.csss.org.cn
电话：025-86881532
传真：025-86881538
理事长：沈仁芳
副理事长：邓良基 吴金水 张兴昌 张旭东 李保国
胡 锋 徐建明 徐明岗 谢建华
秘书长：张甘霖

中国水产学会
China Society of Fisheries (CSF)

地址：北京市朝阳区麦子店街 18 号楼
邮政编码：100125
电子信箱：csfish@csfish.org.cn
主页网址：http://www.csfish.org.cn
电话：010-59195075
传真：010-59194140
理事长：贾晓平
副理事长：赵进东 麦康森 司徒建通 张显良 孙 松
潘迎捷 魏宝振 吴厚刚
秘书长：肖 放

中国园艺学会
Chinese Society for Horticultural Science (CSHS)

地址：北京市海淀区中关村南大街 12 号
邮政编码：100081
电子信箱：cshs@caas.cn
主页网址：http://www.cshs.org.cn
电话：010-82109528
传真：010-82109528
理事长：杜永臣
副理事长：王有年 韩振海 孙日飞 邹学校 包满珠
张启翔 刘君璞 张 显
秘书长：孙日飞（兼）

中国畜牧兽医学会
Chinese Association of Animal Science and Veterinary Medicine (CAAV)

地址：北京市朝阳区农展馆南路 9 号博雅园 1-106
邮政编码：100125
电子信箱：c06@cast.org.cn，caav001@163.com
主页网址：http://www.caav.org.cn
电话：010-85959009/85959010/85959006
传真：010-85959010
理事长：黄路生
副理事长：冯忠武 朱 庆 乔玉峰 杨汉春 步志高
呙于明 张许科 陈伟生 邵根伙 秦玉昌
殷 宏 焦新安 廖 明 薛廷伍
秘书长：杨汉春（兼）

中国植物病理学会
Chinese Society for Plant Pathology (CSPP)

地址：北京市海淀区圆明园西路 2 号
邮政编码：100093
电子信箱：office@cspp.org.cn
主页网址：http://www.cspp.org.cn
电话：010-62731025
传真：010-62813785
理事长：彭友良
副理事长：王宗华 王锡锋 王慧敏 朱有勇 吴元华
李宝笃 陈保善 陈剑平 郑小波 姜道宏
康振生 韩成贵
秘书长：韩成贵（兼）

中国植物保护学会
China Society of Plant Protection (CSPP)

地址：北京市海淀区圆明园西路 2 号中国农业科学院植物保护研究所院内
邮政编码：100193
电子信箱：cspp62@163.com
主页网址：http://www.ipmchina.net
电话：010-62815913/62811917
传真：010-62815913
理事长：陈万权
副理事长：万方浩　马　祁　马万杰　朱有勇　张青文　陈生斗　陈洪俊　周常勇　康　乐　顾宝根　喻大昭
秘书长：王振营

中国作物学会
The Crop Science Society of China (CSSC)

地址：北京市海淀区中关村南大街 12 号中国农业科学院作物科学研究所育种楼
邮政编码：100081
电子信箱：zwxh@caas.cn
主页网址：http://www.chinacrops.org
电话：010-82108616
传真：010-82108785
理事长：翟虎渠
副理事长：万建民（常务）　刘　旭　李召虎　李绍明　陈　刚　张爱民　潘文博
秘书长：万建民（兼）

中国热带作物学会
China Society of Tropical Crops (CSTC)

地址：海南省海口市龙华区城西学院路 4 号
邮政编码：571101
电子信箱：cstcorg@126.com
主页网址：http://www.cstcs.org.cn
电话：0898-66962928
传真：0898-66962962
理事长：李尚兰
副理事长：符月华　郭安平　吴金玉　刘　波　张治礼　刘国道　胡新文　范源洪　吕林汉　陈东奎　钟广炎
秘书长：刘国道（兼）

中国蚕学会
Chinese Society of Sericulture Science (CSSS)

地址：江苏省镇江市四摆渡江苏科技大学西校区
邮政编码：212018
电子信箱：liuting68@163.com
主页网址：http://www.sricaas.com
电话：0511-85616661
传真：0511-85622507
理事长：廖森泰
副理事长：李　龙（常务）　代方银　李　标　钱永华　宋国柱　吴海平　杨　彪
秘书长：沈兴家

中国水土保持学会
Chinese Society of Soil and Water Conservation（CSSWC）

地址：北京市海淀区清华东路 35 号北京林业大学四教 505 室
邮政编码：100083
电子信箱：zgsbxh@263.net
主页网址：http://www.sbxh.org
电话：010-62336451
传真：010-62336451
理事长：刘　宁
副理事长：蒲朝勇　王祝雄　崔　鹏　吴　斌　谢建华　刘国彬　王玉杰
秘书长：王玉杰（兼）

中国茶叶学会
China Tea Science Society (CTSS)

地址：浙江省杭州市西湖区梅灵南路 9 号

邮政编码：310008
电子信箱：chinatss@mail.tricaas.com
主页网址：http://www.chinatss.cn
电话：0571-87310353/86653176
传真：0571-87310353
理事长：江用文
副理事长：王 云 毛祖法 刘仲华 张 定 夏 涛 黄 政 梁月荣
秘书长：阮建云

中国草学会
Chinese Grassland Society (CGS)

地址：北京市海淀区圆明园西路2号中国农业大学新动科楼0118室
邮政编码：100193
电子信箱：cgsoffice@163.com
主页网址：http://www.chinagrass.org.cn
电话：010-62732799/62731666
传真：010-62732799
理事长：何新天
副理事长：王 堃 王德利 师尚礼 沈益新 张 博 呼天明 侯扶江 高洪文 韩国栋 韩烈保
秘书长：张英俊

中国植物营养与肥料学会
Chinese Society of Plant Nutrition and Fertilizer Science (CSPNF)

地址：北京市海淀区中关村南大街12号中国农业科学院资源楼
邮政编码：100081
电子信箱：zwyyxh@caas.cn
主页网址：http://www.cspnf.org.cn
电话：010-82109093
传真：010-82109093
理事长：白由路
副理事长：王敬国 谢建华 周 卫 杨少海 孙 波 王俊忠 赵秉强
秘书长：赵秉强（兼）

中华医学会
Chinese Medical Association (CMA)

地址：北京市东城区东四西大街42号
邮政编码：100710
电子信箱：cma@cma.org.cn
主页网址：http://www.cma.org.cn
电话：010-85158114
传真：010-85158028
会长：马晓伟
副会长：赵玉沛 买买提·牙森 石应康 刘雁飞 刘德培 苏 志 李清杰 杨宝峰 张伯礼 陈赛娟 金大鹏 郑树森 柯 杨 饶克勤 贺福初 徐建光 高 福
秘书长：饶克勤（兼）

中华中医药学会
China Association of Chinese Medicine (CACM)

地址：北京市朝阳区樱花园东街甲4号
邮政编码：100029
电子信箱：xinxibu102@126.com
主页网址：http://www.cacm.org.cn
电话：010-84257895
传真：010-84255568
会长：王国强
副会长：马建中 王 辰 王 阶 王新陆 刘维忠 闫希军 李俊德 杨殿兴 吴以岭 吴勉华 张伯礼 陈达灿 陈凯先 徐安龙 萧 伟 曹正逵 屠志涛
秘书长：王国辰

中国中西医结合学会
Chinese Association of Integrative Medicine (CAIM)

地址：北京市东城区东直门内南小街16号
邮政编码：100700

电子信箱：caim@caim.org.cn
主页网址：http://www.caim.org.cn
电话：010-64010688/64025672
传真：010-64010688/84035154
会长：陈香美
副会长：范吉平（常务） 王文健 李显筑 吴以岭 姚树坤 郭 姣 唐旭东 高思华 凌昌全 崔乃强 黄光英
秘书长：吕文良

中国药学会
Chinese Pharmaceutical Association (CPA)

地址：北京市朝阳区建外大街四号建外 SOHO 九号楼 18 层
邮政编码：100022
电子信箱：cpalyi@163.com
主页网址：http://www.cpa.org.cn
电话：010-58699270
传真：010-58699270
理事长：桑国卫
副理事长：陈凯先 陈志南 孙咸泽 王晓良 吴晓明 吴春福 黄璐琦 丁丽霞
秘书长：丁丽霞（兼）

中华护理学会
Chinese Nursing Association（CNA）

地址：北京市东城区东四西大街 42 号
邮政编码：100710
电子信箱：wshsmn@163.com
主页网址：http://www.cna-cast.org.cn
电话：010-65265331
传真：010-53779547
理事长：李秀华
副理事长：刘华平 吴欣娟 姜小鹰 孙 红 郑一宁 张洪君 成守珍 李继平 皮红英 张利岩
秘书长：应 岚

中国生理学会
Chinese Association for Physiological Sciences (CAPS)

地址：北京市东城区东四西大街 42 号
邮政编码：100710
电子信箱：zgslxh@126.com
主页网址：http://www.caps - china.org
电话：010-65278802/85158602
传真：010-65278802
理事长：王晓民
副理事长：马 兰 王 韵 王世强 李葆明 陈应城 罗自强 谢俊霞 管又飞
秘书长：王 韵（兼）

中国解剖学会
Chinese Society for Anatomical Sciences (CSAS)

地址：北京市东城区东单三条 9 号
邮政编码：100005
电子信箱：d07@cast.org.cn
主页网址：http://www.csas.org.cn
电话：010-65273712/65296459
传真：010-65273712
理事长：张绍祥
副理事长：李云庆 赵春华 高福禄 刘树伟 丁文龙 刘厚奇
秘书长：刘树伟（代）

中国生物医学工程学会
Chinese Society of Biomedical Engineering (CSBME)

地址：北京市东城区东单三条 5 号
邮政编码：100005
电子信箱：swyxgch@126.com
主页网址：http://www.csbme.org
电话：010-65136537/65296448
传真：010-65265035

名誉理事长：俞梦孙　刘德培
理事长：曹雪涛
候任理事长：胡盛寿
副理事长：陈武凡　王智彪　赵大哲　李德玉　王广志
　　　　　程　京　顾晓松　赵毅武　王国胜　尧德中
　　　　　万遂人
秘书长：池　慧

中国病理生理学会
Chinese Association of Pathophysiology (CAP)

地址：北京市海淀区学院路38号北京大学医学部生理楼104室
邮政编码：100191
电子信箱：zgblslxh@163.com
主页网址：http://www.caop.ac.cn
电话：010-82802403
传真：010-82802403
理事长：张幼怡
副理事长：陈　琪　陈国强　陆大祥　刘秀华
秘书长：李　萍

中国营养学会
Chinese Nutrition Society (CNS)

地址：北京市西城区广安门内大街6号枫桦豪景A座5单元16层
邮政编码：100053
电子信箱：cns@cnsoc.org
主页网址：http://www.cnsoc.org
电话：010-83554781
传真：010-83554780
理事长：杨月欣
副理事长：翟凤英（常务）　严卫星　丁钢强　马爱国
　　　　　马冠生　孙长颢　郭长江
秘书长：郭红卫

中国药理学会
Chinese Pharmacological Society (CNPHARS)

地址：北京市西城区先农坛街1号中国医学科学院药物研究所3楼
邮政编码：100050
电子信箱：zhaoying@imm.ac.cn
主页网址：http://www.cnphars.org
电话：010-63165211
传真：010-63165211
理事长：杜冠华
副理事长：李学军　刘俊田　杨宝峰　张岫美　张永祥
　　　　　陈建国　丁　健　魏　伟
秘书长：张永祥（兼）

中国针灸学会
China Association of Acupuncture and Moxibustion (CAAM)

地址：北京市东城区东直门内南小街16号
邮政编码：100700
电子信箱：caambgs@126.com
主页网址：http://www.caam.cn
电话：010-64030959
传真：010-64030959
会长：刘保延
副会长：王　华　王　舒　王麟鹏　方剑乔　朱　兵
　　　　刘智斌　许能贵　孙忠人　杨金生　吴焕淦
　　　　余曙光　夏有兵　高树中
秘书长：喻晓春

中国防痨协会
Chinese Anti-Tuberculosis Association (CATA)

地址：北京市东城区东四西大街42号210室
邮政编码：100710
电子信箱：zglnxyx@163.com
主页网址：http://www.cata1933.cn

电话：010-65257475
传真：010-65257475/65257409
理事长：刘剑君
副理事长：许绍发　洪　峰　王黎霞　王栩东　张宗德
　　　　　钟　球　袁政安
秘书长：成诗明

中国麻风防治协会
China Leprosy Association (CLA)

地址：北京市丰台区角门北路甲 8 号 1 号楼 1107 室
邮政编码：100068
电子信箱：clabj@vip.163.com
主页网址：http://www.chinalep.org
电话：010-67522205
传真：010-67522206
会长：张国成
副会长：潘春枝　冯清华　宁　湧　严丽英　严良斌
　　　　吴建中　张连华　张锡宝　李　伟　李延庆
　　　　李俊华　杨　军　郑道城　格鹏飞
秘书长：王　红

中国心理卫生协会
Chinese Association for Mental Health (CAMH)

地址：北京市西城区德外安康胡同 5 号
邮政编码：100088
电子信箱：yyt808@sina.com.cn
主页网址：http://www.camh.org.cn
电话：010-58303238
传真：010-82029354
理事长：马　辛
副理事长：王　刚　谢　斌　杨甫德　刘　靖　王　力
　　　　　赵旭东
秘书长：王　刚（兼）

中国抗癌协会
Chinese Anti-Cancer Association (CACA)

地址：天津市新技术产业园区兰苑路 5 号 A 座 10 楼
邮政编码：300384
电子信箱：bgs@caca.org.cn
主页网址：http://www.caca.org.cn
电话：022-23359958
传真：022-23526512
理事长：郝希山
副理事长：樊代明　曾益新　唐步坚　蒋国梁　高国兰
　　　　　詹启敏　于金明　张岂凡　季加孚
秘书长：王　瑛

中国体育科学学会
China Sport Science Society (CSSS)

地址：北京市东城区体育馆路 11 号
邮政编码：100061
电子信箱：csssbgs@126.com
主页网址：http://www.csss.cn
电话：010-87182586 /87182594
传真：010-87183928
理事长：段世杰
副理事长：田　野　王　清　祝　莉　张　剑　蒋志学
　　　　　杨贵仁　李国平　吴侔天　杨　桦　赵　黎
　　　　　敖英芳　高　岱　李　强　李晓西
秘书长：田　野（兼）

中国毒理学会
Chinese Society of Toxicology (CST)

地址：北京市海淀区太平路 27 号
邮政编码：100850
电子信箱：cst@chntox.org
主页网址：http://www.chntox.org
电话：010-66932387
传真：010-68183899
理事长：周平坤

副理事长：付立杰　江桂斌　郑玉新　孙祖越　杨杏芬
　　　　　周建伟　廖明阳　彭双清　陈景元
秘书长：付立杰（兼）

中国康复医学会
Chinese Association of Rehabilitation Medicine (CARM)

地址：北京市朝阳区北三环东路甲 11 号维特写字楼 609 室
邮政编码：100029
电子信箱：zhangxia@carm.org.cn
主页网址：http://www.carm.org.cn
电话：010-64227280
会长：方国恩
副会长：牛恩喜　彭明强　李建军　陈立典　周谋望
　　　　燕铁斌　黄晓琳　岳寿伟
秘书长：王跃进

中国免疫学会
Chinese Society for Immunology (CSI)

地址：北京市东城区东单三条 5 号
邮政编码：100005
电子信箱：csi@pumc.edu.cn
主页网址：http://www.csi.org.cn
电话：010-69156451
传真：010-69156451
理事长：田志刚
副理事长：何　维　马大龙　高　福　王小宁　孙　兵
　　　　　吴玉章
秘书长：曹雪涛

中华预防医学会
Chinese Preventive Medicine Association (CPMA)

地址：北京市朝阳区华威里 25 号 5007 室
邮政编码：100021
电子信箱：cpma_zhxt@126.com
主页网址：http://www.cpma.org.cn
电话：010-84039879
传真：010-84039879
会长：王陇德
副会长：杨维中　王　宇　蔡纪明　王撷秀　孔灵芝
　　　　肖东楼　柯　杨　李兰娟　胡大一　张伯礼
秘书长：杨维中（兼）

中国法医学会
Chinese Forensic Medicine Association (CFMA)

地址：北京市西城区木樨地南里 17 号
邮政编码：100038
电子信箱：fyxh6626@sina.com
主页网址：http://www.fyxh.org
电话：010-66269250
传真：010-63495531
会长：刘　耀
副会长：翟恒利
秘书长：翟恒利（兼）

中华口腔医学会
Chinese Stomatological Association (CSA)

地址：北京市海淀区中关村南大街甲 18 号北京国际大厦 C 座 4 层
邮政编码：100081
电子信箱：csa@cndent.com
主页网址：http://www.cndent.com
电话：010-62116665
传真：010-62110880
会长：俞光岩
副会长：王　林　王松灵　卢海平　白玉兴　边　专
　　　　刘洪臣　沈国芳　张　斌　陈吉华　周　诺
　　　　周学东　郭传瑸　凌均棨　章锦才　路振富
秘书长：岳　林

中国医学救援协会
China Association for Disaster & Emergency Rescue Medicine (CADERM)

地址：北京市海淀区永定路 69 号武警总医院行政楼 6 层 613 室
邮政编码：100039
电子信箱：caderm@163.com
主页网址：http://www.caderm.org
电话：010-57976109
传真：010-57976104
会长：李宗浩
副会长：钱阳明　王明晓　徐卸古　黎檀实　殷　明
　　封志纯　田军章
秘书长：李立兵

中国女医师协会
China Medical Women's Association (CMWA)

地址：北京市朝阳区秀水街 1 号建国门外交公寓 3-141
邮政编码：100600
电子信箱：nysh120@126.com
主页网址：http://www.cmwa.org.cn
电话：010-88129685
传真：010-88129685
会长：何界生
副会长：丁　洁　于　冬　王香平　王捍峰　孙　斌
　　朱凤珍　李一石　杜克琳　杨蓉娅　陈晓枫
　　周绍明　尚　红　柯　杨　郭明华　韩　陆
　　魏丽惠
秘书长：于　冬（兼）

中国研究型医院学会
Chinese Research Hospital Association (CRHA)

地址：北京市海淀区永定路 24 号
邮政编码：100039
电子信箱：yjxyyxh@163.com
主页网址：http://www.crha.cn
电话：010-57975230
传真：010-57975230
会长：王发强
副会长：刘希华　丁义涛　马保根　王延军　王明晓
　　王深明　刘玉村　孙　虹　朱正纲　许树强
　　李为民　李景波　沈中阳　易学明　侯世科
　　郭启勇　高长青　温　浩　程晓曙　熊利泽
　　何昆仑　王　辰　瞿介明　吕吉云　张抒扬
秘书长：刘希华（兼）

中国自然辩证法研究会
The Chinese Society for Dialectics of Nature，Philosophy of Nature，Science and Technology (CSDN，PNST)

地址：北京市西城区三里河路 54 号
邮政编码：100045
电子信箱：zrbzhf@vip.sina.com
主页网址：http://www.chinasdn.org.cn
电话：010-62149306
传真：010-68598476
理事长：吴启迪
副理事长：瞿振元　程天权　王基铭　邓　勇　冯　俊
　　张彦英　郭贵春　刘大椿　颜泽贤　张体勤
　　陈　凡　吴　彤　张大庆　刘孝廷　尚智丛
秘书长：尚智丛（兼）

中国管理现代化研究会
Chinese Academy of Management (CAM)

地址：北京市海淀区中关村东路 80 号青年公寓 7 号楼
邮政编码：100190
电子信箱：csmm2011@163.com
主页网址：http://www.csmm.org.cn
电话：010-82680396
传真：010-82680396
理事长：石　勇　李维安　杨善林　席酉民
　　张　维（轮值）
副理事长：陈　剑　陈国青　陈晓红　杜越新　黄丽华
　　陆雄文　汪寿阳　薛　澜　曾　勇　赵曙明
秘书长：赵景华

中国技术经济学会
Chinese Society of Technology Economics (CSTE)

地址：北京市海淀区学院南路 86 号
邮政编码：100081
电子信箱：jishujingjixuehui@vip.163.com
主页网址：http://www.cste.org.cn
电话：010–62128485
传真：010–62128485
理事长：李　平
副理事长：李志军　牛东晓　王宗军　李开孟　杨德林
秘书长：杨德林（兼）

中国现场统计研究会
Chinese Association for Applied Statistics (CAAS)

地址：北京市朝阳区平乐园 100 号北京工业大学应用数理学院（数理楼 2417 室）
邮政编码：100124
电子信箱：e04@cast.org.cn
主页网址：http://www.caas.org.cn
电话：010–67392433
传真：010–67392433
理事长：耿　直
副理事长：郭建华　黄　权　何书元　潘　璠　濮晓龙　吴耀华　王兆军　于　丹　杨　虎　张忠占　张建方
秘书长：程维虎

中国未来研究会
China Society for Futures Studies (CSFS)

地址：北京市海淀区学院南路 86 号
邮政编码：100081
电子信箱：e05@cast.org.cn/csfs3636@sina.com
主页网址：http://www.csfs.org.cn
电话：010–62103295/62103296/62103216
传真：010–62103294
理事长：张文范
副理事长：顾朝林　阎耀军
秘书长：夏　震

中国科学技术史学会
Chinese Society for the History of Science and Technology (CSHST)

地址：北京市海淀区中关村东路 55 号
邮政编码：100190
电子信箱：zgkjs_xuehui@163.com
主页网址：http://www.cshst.ihns.cas.cn
电话：010–57552527
传真：010–57552567
理事长：孙小淳
副理事长：胡化凯　关增建　梅建军　张大庆　曲安京
秘书长：鲁大龙

中国科学技术情报学会
China Society for Scientific and Technical Information (CSSTI)

地址：北京市海淀区复兴路 15 号
邮政编码：100038
电子信箱：zhaozy@istic.ac.cn
主页网址：http://www.cssti.org.cn
电话：010–58882540
传真：010–58882550
理事长：戴国强
副理事长：邢宪力　马费成　代　涛　叶缘民　刘林山　陈　超
秘书长：潘云涛

中国图书馆学会
Library Society of China (LSC)

地址：北京市海淀区中关村南大街 33 号
邮政编码：100081
电子信箱：ztxhmsc@nlc.gov.cn
主页网址：http://www.lsc.org.cn
电话：010–88545677
传真：010–68417815

名誉理事长：周和平
理事长：韩永进
副理事长：方　卿　朱　强　刘小琴　李广建　吴建中
　　　　　张晓林　陈　力　程焕文
秘书长：霍瑞娟

中国城市科学研究会
Chinese Society For Urban Studies (CSUS)

地址：北京市海淀区三里河路 9 号
邮政编码：100835
电子信箱：csus@chinasus.org
主页网址：http://www.chinasus.org
电话：010-58933149/68317852
传真：010-68313149
理事长：仇保兴
副理事长：杨焕明　曲久辉　江　亿　郭仁忠　王　俊
　　　　　俞孔坚　吴志强　张爱林　詹纯新
秘书长：余　刚

中国科学学与科技政策研究会
The Chinese Association for Science of Science and S&T Policy (CASSSTP)

地址：北京市海淀区中关村东路 55 号思源楼 1209
邮政编码：100190
电子信箱：casssp@casipm.ac.cn
主页网址：http://www.casssp.org.cn
电话：010-62542615
传真：010-62542615
理事长：穆荣平
副理事长：李廉水　柳卸林　李　光　李　垣　魏　江
　　　　　蔡　莉　胡志坚
秘书长：陈　光

中国农村专业技术协会
China Rural Special Technology Association (CRSTA)

地址：北京市朝阳区白家庄东里 13 号楼 7 层
邮政编码：100026
电子信箱：zgnjx2015@sina.com
主页网址：www.nongjixie.com
电话：010-65032609
传真：010-65032609
理事长：吕飞杰
副理事长：苑郑民　杨雄年　王　喆　徐小青　吴孔明
　　　　　傅泽田　翟晓斌　纳　翔　傅雪柳　王有年
　　　　　王乐义　卢怀玉　丁志用　谢华安　张晓军
秘书长：李彦捷

中国工业设计协会
China Industry Design Association (CIDA)

地址：北京市海淀区万寿路 27 号院 8 号楼 7 层
邮政编码：100036
电子信箱：cida@vip.163.com
主页网址：http://www.chinadesign.cn
电话：010-68209323
传真：010-68209323
会长：刘　宁
副会长：应放天　赵卫国
秘书长：应放天（兼）

中国工艺美术学会
China National Arts & Crafts Society (CNACS)

地址：北京市西城区阜外大街乙 22 号
邮政编码：100833
电子信箱：xuehuiwangzhan@126.com
主页网址：http://www.cnacs.org
电话：010-68396408
传真：010-68396408

理事长：陶小年

副理事长：赵之硕（常务） 马 佩 李幼梅 王建中 何炳钦 张玉骉 张春雷 李 节 岳芙蓉 杨明贤 沈国臣 邹本柱 黄宝庆

秘书长：孙金瑞

中国科普作家协会

China Science Writers Association (CSWA)

地址：北京市海淀区学院南路 86 号

邮政编码：100081

电子信箱：mengxiong@vip.sina.com/ivydanyang@126.com

主页网址：http://www.cswa.org.cn

电话：010-62187884/62103258

传真：010-62103258

理事长：周忠和

副理事长：崔丽娟 冯伟民 汤书昆 王晋康 王康友 吴 岩 颜 宁 杨焕明 郑永春

秘书长：陈 玲

中国自然科学博物馆协会

Chinese Association of Natural Science Museums (CANSM)

地址：北京市朝阳区北辰东路 5 号

邮政编码：100012

电子信箱：cansm@vip.sina.com

主页网址：http://www.cansm.org

电话：010-59041302

传真：010-59041331

理事长：程东红

副理事长：束 为 赵有利 孟庆金 朱 进 王小明 张希武 贾跃明 齐继光 陈博君 黄克力

秘书长：欧建成

中国可持续发展研究会

Chinese Society for Sustainable Development (CSSD)

地址：北京市海淀区玉渊潭南路 8 号

邮政编码：100038

电子信箱：cssd@acca21.org.cn

主页网址：http://www.kcxfz.org

电话：010-58884796/58884794

传真：010-58884795

理事长：王 浩

副理事长：曲久辉 郭日生 赵 清

秘书长：周海林

中国青少年科技辅导员协会

China Association of Children's Science Instructors (CACSI)

地址：北京市海淀区复兴路 3 号中国科技会堂 C 座 302

邮政编码：100863

电子信箱：cacsi@cacsi.org.cn

主页网址：http://www.cacsi.org.cn

电话：010-68516005/68518719/68580512

传真：010-68516771

理事长：陈赛娟

副理事长：李晓亮（常务） 王康友 刘 阳 林长春 俞伟跃 欧建成

秘书长：林利琴

中国科教电影电视协会

China Science Film and Video Association (CSFVA)

地址：北京市海淀区学院南路 86 号西楼 414

邮政编码：100081

电子信箱：cicsep@cast.org.cn

主页网址：http://www.csfva.org.cn

电话：010-62113038

传真：010-62113038

理事长：高 峰

副理事长：石曙卫 刘天金 刘通海 齐建新 孙丽艳 何苏六 张 健 陈 宏 金 越 殷 皓 傅雪柳 谢九如

秘书长：刘通海

中国科学技术期刊编辑学会
China Editology Society of Science Periodicals (CESSP)

地址：北京市海淀区学院南路 86 号
邮政编码：100081
电子信箱：cessp1987@vip.163.com
主页网址：http://www.cessp.org.cn
电话：010–62147743
传真：010–62147743
理事长：朱邦芬
副理事长：任胜利 栗延文 彭 斌 饶子和 汪新红 宋培元 杨亚政 颜 帅
秘书长：任胜利（兼）

中国流行色协会
China Fashion & Color Association (CFCA)

地址：北京市朝阳区东三环中路 16 号京粮大厦 4 层
邮政编码：100022
电子信箱：fashioncolor@fashioncolor.org.cn
主页网址：http://www.fashioncolor.org.cn
电话：010–85229522/85229531
传真：010–85229531
会长：梁 勇
副会长：朱 莎 于西蔓 李小白 姚映佳 徐海松 吴 剑 张志峰
秘书长：贺显伟

中国档案学会
The Society of Chinese Archives (SCA)

地址：北京市西城区永安路 106 号
邮政编码：100050
电子信箱：daxsw@263.net
主页网址：http://www.idangan.com
电话：010–63020081
传真：010–63018703
理事长：段东升
副理事长：丁志隆 吕和顺 高大岭 张 斌

中国国土经济学会
China Society of Territorial Economists (CSOTE)

地址：北京市丰台区紫芳园六区 2 号楼 1 单元 213 室
邮政编码：100078
电子信箱：bj_jrgt@126.com
主页网址：http://www.csote.org
电话：010–87692301
传真：010–87699631
理事长：柳忠勤
副理事长：李青松 赵林如 严金明 吴文良
秘书长：刘军萍

中国土地学会
China Land Science Society (CLSS)

地址：北京西城区冠英园西区 37 号
邮政编码：100035
电子信箱：zgtdxh@vip.sina.com
主页网址：http://www.zgtdxh.org.cn
电话：010–66562607/66562609/66562613
传真：010–66562563
理事长：王世元
副理事长：李海兵 高延利 王仰麟 张凤荣 严金明 黄贤金 冯淑怡 赵继成 谢俊奇 范树印 蒋文彪 何 平
秘书长：高延利（兼）

中国科技新闻学会
Chinese Society for Science and Technology Journalism (CSSTJ)

地址：北京市西城区三里河路 54 号
邮政编码：100045
电子信箱：kjxw@sina.com
主页网址：http://www.csstj.org.cn
电话：010–68598030/68598032
传真：010–68598473

理事长：宋南平
副理事长：马　利　陈　鹏　苏志武　周建强　郝建新
李立波　江巨源　刘志军　阚兆江
秘书长：许　英

中国老科学技术工作者协会
China Association of Senior Scientists and Technologists（CASST）

地址：北京市海淀区学院南路 86 号
邮政编码：100081
电子信箱：zhglkx@cast.org.cn
主页网址：http://www.casst.org.cn
电话：010-62170582
传真：010-62170582
会长：陈至立
副会长：齐　让（常务）　申立国　冯长根　朱张才
仲跻权　李志刚　李　森　杨继平　张友君
张国梁　陈小娅　罗啸天　岳明生　蒋济雄
曾清华　蔡力峰
秘书长：李志刚

中国科学探险协会
China Association for Scientific Expeditions (CASE)

地址：北京市海淀区西小关中国科学院大气物理所铁塔分部内
邮政编码：100083
电子信箱：e26@cast.org.cn
主页网址：http://www.case.org.cn
电话：010-62378038
传真：010-62379818
名誉主席：高登义
主席：秦大河
副主席：王会军　张树义　邹　捍　马耀明　张百平
康世昌　郭　柯　吕茅利　王　维
秘书长　王　维（兼）

中国城市规划学会
Urban Planning Society of China (UPSC)

地址：北京市海淀区三里河路 9 号
邮政编码：100037
电子信箱：planning@planning.gov.cn
主页网址：http://www.planning.org.cn
电话：010-58323862/58323863/58323864/58323866
传真：010-58323850
副理事长：王建国　尹　稚　石　楠　吕　斌　伍　江
吴志强　何兴华　张　泉　赵万民　赵燕菁
周　岚　施卫良　樊　杰
秘书长：石　楠（兼）

中国产学研合作促进会
China Industry-University-Research Institute Collaboration Association（CIUR）

地址：北京市海淀区阜成路北三街 6 号轻苑大厦 10 层 11 信箱
邮政编码：100048
电子信箱：zgcxy06@163.com
主页网址：http://www.360cxy.cn
电话：010-68987182
传真：010-68986913
会长：路甬祥
副会长：陈小娅　王建华
秘书长：王建华（兼）

中国知识产权研究会
China Intellectual Property Society (CIPS)

地址：北京市西城区北三环中路乙 6 号伦洋大厦 601-603
邮政编码：100120
电子信箱：cips1985@126.com
主页网址：http://www.cnips.org
电话：010-58515222
传真：010-58515188

名誉理事长：路甬祥　姜　颖　任建新
理事长：田力普
副理事长：甘绍宁（常务）孔祥俊　王　涛　王玉庆
王宏祥　刘春田　吕国强　许瑞表　何训班
吴汉东　张　平　张　辉　张　勤　张雪峰
李成钢　李明德　李顺德　杨铁军　单晓光
周渝波　孟庆丰　林　新　贺志辉　徐志武
郭庆存　高　峰　黄　峰　曾祥奕　宋晓明
秘书长：张云才

中国发明协会
China Association of Inventions (CAI)

地址：北京市复兴路 12 号恩菲科技大厦 A 座 515
邮政编码：100120
电子信箱：fmxhzlb@163.com
主页网址：http://www.cainet.org.cn
电话：010-63951008
传真：010-63951008
理事长：潘云鹤
副理事长：余华荣（常务）　马　云　王子纯　王传福
王锡娟　尹　利　朱义明　刘彭芝　闫楚良
孙连桂　李家民　杨　松　邹远东　沈福昌
林晓东　林章利　易　建　郑浩峻　房汉廷
房建成　钱为强　徐士龙　徐宇栋　唐大立
曹　强　崔卫燕　粟　斌　蔡　镭
秘书长：余华荣（兼）

中国检验检疫学会
China Society of Inspection and Quarantine

地址：北京市朝阳区惠新西街惠新里 241 号
邮政编码：100029
电子信箱：info@csiq.org
主页网址：http://www.csiq.org/main.html
电话：010-82261111
传真：010-82261122
名誉会长：白立忱　白春礼
会长：魏传忠
副会长：姜宗亮（执行）　武津生　李新实　张　明
徐金记　刘胜利　于凤琴　郭喜良　于　桦
张超武　刘大旺　蒋新祺　卫　平　苏志刚
李　原　王力平　万　捷　陈立辉　黄宝庆
刘学景　卜基田　刘云夏　王　振　马纯济
秘书长：周　琦

中国认知科学学会
Chinese Society for Cognitive Science

地址：北京市朝阳区大屯路 15 号中国科学院生物物理所 7300 房间
邮政编码：100101
电子信箱：sec@cogsci.org.cn
主页网址：http://www.cogsci.org.cn
电话：010-64861049
传真：010-64861049
理事长：陈　霖
副理事长：韦　钰　郑南宁　段树民　郭爱克
秘书长：马原野

中国生物材料学会
Chinese Society for Biomaterials (CSBM)

地址：四川省成都市望江路 29 号四川大学生物材料楼
邮政编码：610064
电子信箱：csbm@csbm.org.cn
主页网址：www.csbm.org.cn
电话：028-85417078
传真：028-85410246
理事长：王迎军
副理事长：曹谊林　付小兵　蒲忠杰　王云兵　奚廷斐
赵毅武
秘书长：艾　华

中国睡眠研究会
Chinese Sleep Research Society (CSRS)

地址：北京市海淀区高梁桥斜街 40 号 B 座 902 室
邮政编码：100044
电子信箱：sleepcn@163.com
主页网址：http://www.csrs.bj.cn

电话：010-65230156
传真：010-65230156
理事长：韩　芳
副理事长：叶京英　张希龙　汪卫东　胡志安　赵忠新　唐向东　徐　建　高雪梅
秘书长：左和鸣

中国高科技产业化研究会
China High-Tech Industrialization Association (CHIA)

地址：北京市海淀区阜成路 8 号档案馆楼 315 室北京 849 信箱 62 分箱
邮政编码：100830
电子信箱：zghw10@163.com
主页网址：http://www.chia.org.cn
电话：010-68370413/68370784
传真：010-68370884
名誉理事长：刘纪原
理事长：许达哲
副理事长：巴　蕉　方向明　王礼恒　吕新奎　季恒宽　邬贺铨　张新国　李国安　李临西　贺东风　真才基　强伯勤
秘书长：巴　蕉（兼）

中国微量元素科学研究会
Trace Elements Science Association of China

地址：江苏省南京市玄武区龙蟠中路 26 号
邮政编码：210016
电子信箱：3058553545@qq.com
主页网址：http://www.elementmedical.com
电话：025-86621959
传真：025-5309310
理事长：朱志国
副理事长：赵春杰　范广勤　周欣欣
秘书长：陈　岳

中国国际经济技术合作促进会
China Association for Promoting International Economic & Technical Cooperation

地址：北京市丰台区南四环西路 128 号院北京诺德中心 2 号楼 9 层
邮政编码：100070
电子信箱：capc_capc@sina.com
主页网址：http://www.capc.com.cn
电话：010-53635604
理事长：杨春光
副理事长：王志宗　田继生　任树平　刘敬桢　何　巍　宋　旭　宋和平　张学记　李　勇　李长云　陈凯慧　胥和平　黄福水　彭　东　霍庆华
秘书长：陈万国（代）

中国基本建设优化研究会
China Optimization Society of Capital Construction（COSOCC）

地址：北京市海淀区阜成路 73 号裕惠大厦 A 座 8 层
邮政编码：100142
电子信箱：cosocc123@126.com
主页网址：http://www.cosocc.org.cn
电话：010-62809310
传真：010-62809310
理事长：厉无畏
副理事长：徐小青　解思忠　卢中原　孙祁祥　石俊志　傅泽田
秘书长：孙晓洲

中国科技馆发展基金会
Foundation for the Development of Science and Technology Museums in China (FDSTMC)

地址：北京市朝阳区北辰东路 5 号
邮政编码：100012
电子信箱：fdstmc@cstm.org.cn
主页网址：http://www.fdstmc.org.cn

电话：010–59041573
传真：010–59041578
理事长：殷 皓
秘书长：初学基

中国生物多样性保护与绿色发展基金会
China Biodiversity Conservation and Green Development Foundation (CBCGDF)

地址：北京市海淀区板井路 69 号世纪金源国际公寓
邮政编码：100097
电子信箱：v1@cbcgdf.org
主页网址：http://www.cbcgdf.org
电话：010–68485952
传真：010–88431370
理事长：胡德平
副理事长：胡昭广 张佐双 金亦石 吴稼祥 刘海彬
秘书长：周晋峰

中国卒中学会
Chinese Stroke Association (CSA)

地址：北京市朝阳区广渠路 66 号院 22 号楼百环大厦 808 室
邮政编码：100022
电子信箱：csa.office@chinastroke.net
主页网址：http://www.chinastroke.net
电话：010–57986000
传真：010–57986256
会长：赵继宗
副会长：王拥军 董 强 徐安定 葛均波 纪立农
秘书长：王彩云

国际粉体检测与控制联合会
International Federation of Measurement & Control of Granular Materials (IFMCGM)

地址：辽宁省沈阳市和平区文化路 3 号巷 11 号东北大学信息楼 209 室
邮政编码：110004
电子信箱：mcgm2012@126.com
主页网址：http://www.ifmcgm.com
电话：024–83689395
传真：024–23891977
理事长：谢 植（中国）
副理事长：Mark Jones（澳大利亚）
Shuji Matsusaka（日本）
Siegfried Ranandt（德国）
InShup Ahn（韩国）
盖国胜（中国）
秘书长：李新光（中国）

国际数字地球学会
International Society for Digital Earth (ISDE)

地址：北京市海淀区邓庄南路 9 号
邮政编码：100094
电子信箱：isde@radi.ac.cn
主页网址：http://www.digitalearth–isde.org
电话：010–82178912
传真：010–82178916
主席：郭华东
副主席：Alessandro Annoni John Townshend
秘书长：Mario Hernandez

国际动物学会
International Society of Zoological Sciences (ISZS)

地址：北京市朝阳区北辰西路 1 号院 5 号中国科学院动物研究所 C506 室
邮政编码：100101
电子信箱：iszs@ioz.ac.cn
主页网址：http://www.globalzoology.org
电话：010–64807295
传真：010–64807295
主席：张知彬
副主席：Abraham Haim（以色列） 长滨嘉孝（日本）
秘书长：韩春绪

省、自治区、直辖市科协，新疆生产建设兵团科协简介

北京市科学技术协会

地址：北京市朝阳区育慧里 4 号
邮政编码：100101
电子信箱：bastbgsh@126.com
主页网址：http://www.bast.net.cn
电话：010-84635008/84635009
传真：010-84655007
主席：顾秉林
副主席：马 林　王志珍　王恩哥　尹伟伦　田 文　任福君　华 炜　刘德培　许达哲　许健民　李彦宏　沈 岩　贺福初　景晓东

天津市科学技术协会

地址：天津市和平区和平路 287 号
邮政编码：300041
电子信箱：tastbgs@163.com
主页网址：http://www.tast.org.cn
电话：022-27120933
传真：022-27112792
主席：饶子和
副主席：姚建军

河北省科学技术协会

地址：河北省石家庄市西大街 73 号
邮政编码：050011
电子信箱：skxbgs2015@163.com
主页网址：http://www.hbast.org.cn
电话：0311-86049311
传真：0311-86049311
主席：段惠军
副主席：刘纪雷　许顺斗　郑丽萍　张建辉

山西省科学技术协会

地址：山西省太原市迎泽大街 366 号
邮政编码：030001
电子信箱：sxskx@163.com
主页网址：http://www.sxast.cn
电话：0351- 4041018
传真：0351- 4068848
主席：侯晋川
副主席：杨伟民（常务）　王德贵　崔 忠　郝建新　申瑞涛　刘四龙　刘惠民　张文栋　张卓玉　金智新　段志光　胡玉亭　赵世卫　高步文

内蒙古自治区科学技术协会

地址：内蒙古自治区呼和浩特市回民区新华大街 70 号
邮政编码：010020
电子信箱：nmgkxbgs@126.com
主页网址：http://www.nmgzkj.com
电话：0471-6290014
传真：0471-6939371
党组书记、副主席：斯琴毕力格
主席：孙俊青

副主席：闫　伟　乌日吉图　耿晓旭　周纯烈

辽宁省科学技术协会

地址：辽宁省沈阳市浑南区智慧三街159号
邮政编码：110167
电子信箱：kx06@cast.org.cn
主页网址：http://www.lnast.net
电话：024–23227601/23221693
传真：024–23221693
主席：王天然
副主席：王元立　朱玉宏　李　天　杨路平　张春英　张晓芳　陈温福　赵　继　胡永康　袁　立　郭东明　黄其励　崔铁民　韩恩厚　鲍振东

吉林省科学技术协会

地址：吉林省长春市人民大街6255号
邮政编码：130021
电子信箱：jlskxbgs@163.com
主页网址：http://www.jlstnet.net
电话：0431–85682405
传真：0431–85685244
主席：冯守华
副主席：林　天　曹　军　韩宇鸿　穆晓东　张明耀　于吉红　王利祥　冯　江　刘益春　安立佳　李　骏　冷春生　宋柏林　张会轩　陈　岗　金宁一　姜会林　贾　平

黑龙江省科学技术协会

地址：黑龙江省哈尔滨市南岗区中山路204号
邮政编码：150001
电子信箱：hljkx@sina.com
主页网址：http://www.hljkx.cn
电话：0451–82624293
传真：0451–82626403
主席：马淑洁
副主席：毕卫星　刘　福　陶福胜　王树国　王德民　刘志刚　李已华　杨传平　杨宝峰　张政文　徐　梅　陶　然　韩贵清　潘　忠

上海市科学技术协会

地址：上海市南昌路47号
邮政编码：200020
电子信箱：zhuzhu@sast.gov.cn
主页网址：http://www.sast.gov.cn
电话：021–53838388
传真：021–53826013
主席：陈凯先
副主席：杨建荣　高小玫　王智勇　陆　樑　李虹鸣　蔡永莲

江苏省科学技术协会

地址：江苏省南京市北京西路30号宁海大厦23–24层
邮政编码：210024
电子信箱：jskx2412@163.com
主页网址：http://www.jskx.org.cn
电话：025–83323435
传真：025–83303700
主席：陈　骏
副主席：陈惠娟　刘志红　祝世宁　张建云　黄　维　缪昌文　王广基　朱怀诚　易中懿　胡敏强　尤肖虎　杨　辉　孙力斌　郁霞秋　任晋生　阮仁良　冯少东　徐春生

浙江省科学技术协会

地址：浙江省杭州市武林广场8号省科协大楼
邮政编码：310003
电子信箱：info@zast.org.cn
主页网址：http://www.zast.org.cn
电话：0571–85106947
传真：0571–85106947
主席：姚　克
副主席：郑金平　姜长才　陆　锦　王忠民　田　梅　王　涛　方剑乔　李家彪　杨小牛　吴常文　邱飞章　应义斌　陈剑平　范　渊　蔡袁强

安徽省科学技术协会

地址：安徽省合肥市花园街4号科技大厦

邮政编码：230001
电子信箱：ahkxxx@126.com
主页网址：http://www.ahpst.net.cn
电话：0551-2661725
传真：0551-2655031
主席：赵　韩
副主席：王　洵　王英俭　王海彦　王群京　朱长飞　刘庆峰　苏世怀　汪莹纯　宋　扬　张学军　陆建辉　陈学东　宛晓春　袁　亮　彭　寿　戴茂方　蔡士祥

福建省科学技术协会

地址：福建省福州市鼓楼区东大路73号省直机关东湖大院二号楼
邮政编码：350001
电子信箱：kx3031@qq.com
主页网址：http://www.fjkx.org
电话：0591-87520612/87557137
传真：0591-87532632
主席：郑兰荪
副主席：杨江帆　吴瑞建　林学理　史　斌　洪茂椿　谢华安　付贤智　田中群　焦念志　陈元仲　孙世刚　郑金贵　刘　波　徐西鹏　黄汉升　尤民生　陈立典　苏文金

江西省科学技术协会

地址：江西省南昌市北京西路39号
邮政编码：330046
电子信箱：634456872@qq.com
主页网址：http://www.jxkx.gov.cn
电话：0791-86261298
传真：0791-86261298
党组书记、常务副主席：罗　莹
主席：卢天锡
副主席：彭玲华　梁纯平　孙卫民

山东省科学技术协会

地址：山东省济南市杆南东街8号
邮政编码：250001
电子信箱：bgs@sdast.org.cn
主页网址：http://www.sdast.org.cn
电话：0531-82073209
传真：0531-82073209
主席：唐启升
副主席：王春秋　纪洪波　朱　明　奉维强　于洪文　万书波　王英龙　王金宝　张宏明　徐茂波　凌沛学　唐　波　韩圣浩　韩金祥　谢立信

河南省科学技术协会

地址：河南省郑州市花园路53号
邮政编码：450008
电子信箱：hnskxnba@163.com
主页网址：http://www.hast.net.cn
电话：0371-65707511
传真：0371-65707512
党组书记：曹　奎
主席：霍金花
副主席：李宝红　谈朗玉　冯　琦　童孟进　张占仓　张新友　刘炯天　张改平　陈祥恩　薛松贵

湖北省科学技术协会

地址：湖北省武汉市武昌区八一路9号
邮政编码：430071
电子邮箱：hubeikexie@163.com
主页网址：http://www.hbkx.org.cn
电话：027-87823704
传真：027-87823704
主席：郭生练
副主席：叶贤林（常务）　马伟明　马忠星　邓秀新　王国斌　田玉科　朱耀仲　朱　瑛　刘经南　李晓红　李培根　秦顺全

湖南省科学技术协会

地址：湖南省长沙市开福区东风路17号
邮政编码：410005
电子信箱：hnkxbgs@163.com
主页网址：http://www.hnast.org.cn
电话：0731-84884371

传真：0731-84884348
主席：张尧学
副主席：丁荣军　于起峰　王玉立　刘小明　刘晓河　印遇龙　李　华　陈晓红　周后德　罗　安　郑健龙　柏连阳　段美娟　秦裕辉　童旭东　蒋晓云　廖任强　谭蔚泓

广东省科学技术协会

地址：广东省广州市连新路171号
邮政编码：510040
电子信箱：stainfo@sta.gd.cn
主页地址：http://www.sta.gd.cn
电话：020-83550424
传真：020-83549085
主席：黄达人
副主席：王迎军　冯日光　吴焕泉　何　真　陈　新　陈晓阳　陆华忠　罗　俊　周克崧　秦　伟　黄小玲　黄宁生　瞿金平

广西壮族自治区科学技术协会

地址：广西壮族自治区南宁市古城路31号
邮政编码：530022
电子信箱：gxkx123@126.com
主页网址：http://www.gxast.org.cn
电话：0771-2630589/2630595
传真：0771-2617248
主席：郑皆连
党组书记：纳　翔
副主席：方　芳　叶宗波　白志繁　李杨瑞　何　求　陈大克　钟夏平　梁春花

海南省科学技术协会

地址：海南省海口市国兴大道69号海南广场人大政协楼7层
邮政编码：570203
电子信箱：hnkxxcb@163.com
主页网址：http://www.hainanast.org.cn
电话：0898-65393360
传真：0898-65332244
主席：康耀红
副主席：胡月明　林　峰　史海涛　刘　丹　吕传柱

重庆市科学技术协会

地址：重庆市渝中区双钢路3号科协大厦16楼
邮政编码：400013
电子信箱：cqkxbgs@yahoo.cn
主页网址：http://www.cqast.cn
电话：023-63003916
传真：023-63003916
副主席：王合清　方振东　付子堂　杜云贵　李志高　李银国　李儒冠　张卫国　陈昌明　罗长坤　周　雄　周后康　周泽扬　袁家虎　唐伯明　唐洪军　刘　彤　程　伟　舒立春　雷　寒　潘复生

四川省科学技术协会

地址：四川省成都市武侯区人民南路4段11号
邮政编码：610041
电子信箱：bgs@sckx.org.cn
主页网址：http://www.sckx.org.cn
电话：028-85221933
传真：028-85222804
主席：谢和平
副主席：王为民　石　碧　刘　进　朱　颖　吴显奎　吴群刚　张维岩　李元峰　李安民　李言荣　侯水平　黄润秋　黄竞跃　赖　静　翟婉明

贵州省科学技术协会

地址：贵州省贵阳市瑞金南路2号
邮政编码：550002
电子信箱：gzskxbgs@126.com
主页网址：http://www.gzast.org
电话：0851-5832225
传真：0851-5832225
主席：谢庆生
副主席：张美圣　钱　斌　刘炳银　刘开树　马克俭　马建华　伍鹏程　刘丛强　刘作易　何志旭　宋宝安　季　泳　胡瑞忠　高贵龙　潘继录

云南省科学技术协会

地址：云南省昆明市护国路 26 号
邮政编码：650021
电子信箱：ynast@163.com
主页网址：http://www.ynast.cn
电话：0871-3138614
传真：0871-3155032
主席：朱有勇
副主席：王　华　刘　强　孙　航　吴启明　张泽军　郑　进　唐　兵　赖永良　戴陆园

西藏自治区科学技术协会

地址：西藏自治区拉萨市江苏大道东三路
邮政编码：850000
电子信箱：xzkx-006@163.com
主页网址：http://kjg.cdstm.cn/index.php?a=subweb&wsid=39&webname=xzkx
电话：0891-6890529
传真：0891-6828576
党组书记、副主席：顿珠旦增
党组副书记、主席：李秀珍
副主席：普　布　杜恩社

陕西省科学技术协会

地址：陕西省西安市新城省政府大院内
邮政编码：710006
主页网址：http://www.snast.org.cn
电话：029-87291601/87291507
传真：029-87291496
主席：蒋庄德
副主席：呼　燕（常务）　方光华　王前进　王跃进　孙　科　孙振霖　李　跃　李金城　杨效宏　郑晓静　赵　卫　赵铱民　郝　跃　党广录　翁志黔　程光旭　韩开兴　熊中元　蔡钊利　谭永华

甘肃省科学技术协会

地址：甘肃省兰州市城关区东岗西路 486 号兰州饭店迎宾楼
邮政编码：730000
电子邮箱：gsskxbgs@126.com
主页网址：http://www.gsast.org.cn
电话：0931-8851386
传真：0931-8881617
主席：夏红民
副主席：杨新科　陈炳东　李克平　张　炯

青海省科学技术协会

地址：青海省西宁市西川南路 53 号君庭国际 4 楼
邮政编码：810008
电子信箱：qhkxbjb@163.com
主页网址：http://www.qhkxw.com
电话：0971-6302839
传真：0971-6302839
主席：石昆明
副主席：刘　青　徐东向　马　玉

宁夏回族自治区科学技术协会

地址：宁夏回族自治区银川市金凤区人民广场西路宁夏科协综合楼
邮政编码：750011
电子信箱：nxkxbgsh@163.com
主页网址：http://www.nxdzkj.org.cn
电话：0951-5085100/5085150
传真：0951-5043588
主席：李晓波
副主席：陈国顺　张晓玲　孙　涛　李　星　李　健　彭　凡　钟景明　田军仓　姚　敏　马玉山

新疆维吾尔自治区科学技术协会

地址：新疆维吾尔自治区乌鲁木齐市新医路 686 号
邮政编码：830054
电子信箱：xjqkxbgs@126.com
主页网址：http://www.xast.org.cn
电话：0991-6386011/6386038
传真：0991-6386012
主席：王永明

副主席：李春阳　陶　鹏
阿布都艾尼·依干拜尔迪
恰汗·合孜尔　谢国政　米　宁
依明江·扎日

新疆生产建设兵团科学技术协会

地址：新疆维吾尔自治区乌鲁木齐市光明路196号
邮政编码：830002
电子信箱：xjbtkx@126.com
主页网址：http://kjj.xjbt.gov.cn
电话：0991-2896193
传真：0991-2896163
主席：孔　军
副主席：王红德　王晓严　周　霖　徐　斌　李宝成
代　斌　张传辉

索　引

主题索引

编制说明

1. 本索引为主题索引，以年鉴内容述及的主题为索引对象，包括收入书名、机构名、会议名等专有名词。主题选取力求概括全面，突出重点，揭示特色内容，提供多方位检索。

2. 索引范围为全书正文及附录中的部分相关内容。

3. 索引排序按先汉语拼音音序，再阿拉伯数字、拉丁字母的次序排列。

4. 索引以“见”的形式将非标引词指向标引词，例如：表彰举荐优秀科技工作者　见　优秀科技工作者表彰举荐；以“参见”揭示相关条目之间的联系，例如：干部队伍建设　参见　自身建设；再如，国际科技交流与合作　参见　各全国学会、各省级科学技术协会。后一例指可参看年鉴中全国学会、省级科学技术协会条目下的相关内容。

5. 检索页码后的“a”为文献左栏，“b”为文献右栏。检索数字“d1.01”中“d”表示“大事记”，“1.01”表示1月1日的记录。连续页码只记录起始页。在主标题下以缩格方式显示，以“，”表示主标题的补充说明。文中图表于页码后以“(图)”或“(表)”注明，以便识别。

D

G

H

J

K

L

M

N

O

P

Q

R

S

Y

Z

人名索引

本索引收入年鉴中的人名，先按汉语拼音音序排列中文人名，再按西文字母的次序排列其余人名。检索页码后的“a”为文献左栏，“b”为文献右栏。检索数字“d1.01”中“d”表示“大事记”，“1. 01”表示1月1日的记录。

D

H

J

K

L

T

W

Y

Z

国际组织机构名称索引

本索引收入年鉴中出现的国际机构组织和名称，先按中文译名的拼音排列，再按西文字母的次序排列。检索页码后的“a”为文献左栏，“b”为文献右栏。